Full수록
수능기출문제집

수능 준비 최고의 학습 재료는 기출 문제입니다.
지금까지 다져온 실력을 기출 문제를 통해 확인하고, 탄탄히 다져가야 합니다.
진짜 공부는 지금부터 시작입니다.

"*Full수록*"만 믿고 따라오면
수능 1등급이 내 것이 됩니다!!

" 방대한 기출 문제를 효율적으로 정복하기 위한 구성 "

1 일차별 학습량 제안

하루 학습량 30문제 내외로 기출 문제를 한 달 이내 완성하도록 하였다.

→ 계획적 학습, 학습 진도 파악 가능

2 평가원 기출 경향을 설명이 아닌 문제로 제시

일차별 기출 경향을 문제로 시각적·직관적으로 제시하였다.

→ 기출 경향 및 빈출 유형 한눈에 파악 가능

3 보다 효율적인 문제 배열

문제를 연도별 구성이 아닌 쉬운 개념부터 복합 개념 순으로, 유형별로 제시하였다.

→ 효율적이고 빠른 학습이 가능

일차별 학습 흐름

2026학년도 수능은 Full수록으로 대비합니다.

일차별로 / 기출 경향 파악 ➔ 기출 문제 정복 ➔ 해설을 통한 약점 보완 / 을 통해 계획적이고 체계적인 수능 준비가 가능합니다.

1 오늘 공부할 기출 문제의 기출 경향 파악
✓ 빈출 문제, 빈출 자료를 한눈에 파악 가능

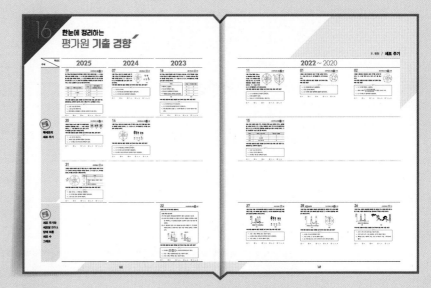

2 오늘 공부할 기출 문제를 유사 자료 중심으로 구성
✓ 효율적인 문제 구성을 통해 자료 중심의 문제 정복 가능

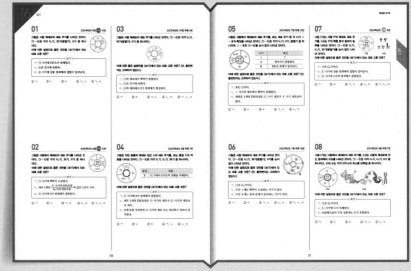

Full수록 기출문제집

Full수록은 Full(가득한)과 수록(담다)의 합성어로 '평가원의 양질의 기출문제'를 교재에 가득 담았음을 의미한다.
또한, 교재 네이밍인 Full수록 발음 시 '풀수록 1등급 달성'과 '풀수록 수능 만점' 등 목표 지향적 의미를 함께 내포하고 있다.

Full수록 기출문제집은 평가원 기출을 가장 잘 분석하여 30일 내 수능기출을 완벽 마스터하도록 구성하였다.

세상이 변해도
배움의 즐거움은
변함없도록

시대는 빠르게 변해도
배움의 즐거움은
변함없어야 하기에

어제의 비상은
남다른 교재부터
결이 다른 콘텐츠
전에 없던 교육 플랫폼까지

변함없는 혁신으로
교육 문화 환경의 새로운 전형을
실현해왔습니다.

비상은 오늘, 다시 한번
새로운 교육 문화 환경을 실현하기 위한
또 하나의 혁신을 시작합니다.

오늘의 내가 어제의 나를 초월하고
오늘의 교육이 어제의 교육을 초월하여
배움의 즐거움을 지속하는 혁신,

바로, 메타인지 기반 완전 학습을.

상상을 실현하는 교육 문화 기업 비상

메타인지 기반 완전 학습

초월을 뜻하는 meta와 생각을 뜻하는 인지가 결합한 메타인지는
자신이 알고 모르는 것을 스스로 구분하고 학습계획을 세우도록 하는
궁극의 학습 능력입니다. 비상의 메타인지 기반 완전 학습 시스템은
잠들어 있는 메타인지를 깨워 공부를 100% 내 것으로 만들도록 합니다.

3 개념과 연계성이 강화된 해설

✓ 문제에 연계된 개념 재확인 및 사고의 흐름에 따른
   쉬운 문제 풀이

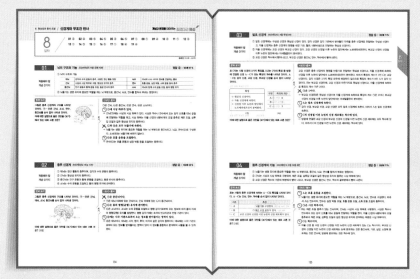

마무리 정답률 낮은 문제 반복 제시

✓ 본문에 있는 까다로운 문제를 다시 풀어보면서
   확실하게 내 것으로 만들기

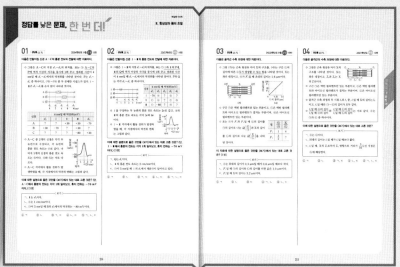

부록 실전모의고사 3회

풀 수 록 1 등 급 · 풀 수 록 수 능 만 점

일차별 학습 계획

제안하는 학습 계획 857제 30일 완성

나의 학습 계획 857제 ( )일 완성

한눈에 정리하는
평가원 기출 경향

주제 \ 학년도	**2025**	**2024**	**2023**

29   2025학년도 수능 1번

다음은 넓적부리도요에 대한 자료이다.

넓적부리도요는 겨울을 따뜻한 남쪽 지역에서 보내고 봄에는 북쪽 지역으로 이동하여 ⓐ 번식한다. 이 새는 작은 해양 생물을 많이 먹어 ⓑ 장거리 비행에 필요한 에너지를 얻으며, ⓒ 갯벌에서 먹이를 잡기에 적합한 숟가락 모양의 부리를 갖는다.

이 자료에 대한 설명으로 옳은 것만을 〈보기〉에서 있는 대로 고른 것은?

〈보기〉
ㄱ. ⓐ 과정에서 유전 물질이 자손에게 전달된다.
ㄴ. ⓑ 과정에서 물질대사가 일어난다.
ㄷ. ⓒ은 적응과 진화의 예에 해당한다.

① ㄱ ② ㄴ ③ ㄱ, ㄷ ④ ㄴ, ㄷ ⑤ ㄱ, ㄴ, ㄷ

---

24   2024학년도 수능 1번

다음은 식물 X에 대한 자료이다.

X는 ㉠ 잎에 있는 털에서 달콤한 점액을 분비하여 곤충을 유인한다. ㉡ X는 털에 곤충이 닿으면 잎을 구부려 곤충을 잡는다. X는 효소를 분비하여 곤충을 분해하고 영양분을 얻는다.

이 자료에 대한 설명으로 옳은 것만을 〈보기〉에서 있는 대로 고른 것은?

〈보기〉
ㄱ. ㉠은 세포로 구성되어 있다.
ㄴ. ㉡은 자극에 대한 반응의 예에 해당한다.
ㄷ. X와 곤충 사이의 상호 작용은 상리 공생에 해당한다.

① ㄱ ② ㄷ ③ ㄱ, ㄴ ④ ㄴ, ㄷ ⑤ ㄱ, ㄴ, ㄷ

---

05   2023학년도 수능 1번

다음은 어떤 해파리에 대한 자료이다.

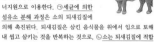

이 해파리의 유생은 ㉠ 발생과 생장 과정을 거쳐 성체가 된다. 성체의 촉수에는 독이 있는 세포 ⓐ가 분포하는데, ㉡ 촉수에 물체가 닿으면 ⓐ에서 독이 분비된다.

이 자료에 대한 설명으로 옳은 것만을 〈보기〉에서 있는 대로 고른 것은? [3점]

〈보기〉
ㄱ. ㉠ 과정에서 세포 분열이 일어난다.
ㄴ. ⓐ는 물질대사가 일어난다.
ㄷ. ㉡은 자극에 대한 반응의 예에 해당한다.

① ㄱ ② ㄴ ③ ㄱ, ㄷ ④ ㄴ, ㄷ ⑤ ㄱ, ㄴ, ㄷ

---

28   2025학년도 9월 모평 1번

다음은 생물의 특성에 대한 자료이다.

○ ㉠ 발생 과정에서 포식자를 감지한 물벼룩 A는 머리와 꼬리에 뾰족한 구조를 형성하여 방어에 적합한 몸의 형태를 갖는다.
○ 메뚜기 B는 주변 환경과 유사하게 몸의 색을 변화시켜 포식자의 눈에 띄지 않는다.

이에 대한 설명으로 옳은 것만을 〈보기〉에서 있는 대로 고른 것은? [3점]

〈보기〉
ㄱ. ㉠ 과정에서 세포 분열이 일어난다.
ㄴ. ⓑ은 생물적 요인이 비생물적 요인에 영향을 미치는 예에 해당한다.
ㄷ. '펭귄은 물속에서 빠른 속도로 움직이는 데 적합한 몸의 형태를 갖는다.'는 적응과 진화의 예에 해당한다.

① ㄱ ② ㄴ ③ ㄷ ④ ㄱ, ㄷ ⑤ ㄴ, ㄷ

---

20   2024학년도 9월 모평 1번

표는 생물의 특성의 예를 나타낸 것이다. (가)와 (나)는 생식과 유전, 적응과 진화를 순서 없이 나타낸 것이다.

생물의 특성	예
(가)	아메바는 분열법으로 번식한다.
(나)	뱀은 큰 먹이를 먹기에 적합한 몸의 구조를 갖는다.
자극에 대한 반응	ⓐ

이에 대한 설명으로 옳은 것만을 〈보기〉에서 있는 대로 고른 것은? [3점]

〈보기〉
ㄱ. (가)는 생식과 유전이다.
ㄴ. ㉠은 세포로 구성되어 있다.
ㄷ. '뜨거운 물체에 손이 닿으면 반사적으로 손을 뗀다.'는 ⓐ에 해당한다.

① ㄱ ② ㄷ ③ ㄱ, ㄴ ④ ㄴ, ㄷ ⑤ ㄱ, ㄴ, ㄷ

---

15   2023학년도 9월 모평 1번

다음은 소가 갖는 생물의 특성에 대한 자료이다.

소는 식물의 섬유소를 직접 분해할 수 없지만 소화 기관에 섬유소를 분해하는 세균이 있어 세균의 대사산물을 에너지원으로 이용한다. ㉠ 세균에 의한 섬유소 분해 과정은 소의 되새김질에 의해 촉진된다. 되새김질은 삼킨 음식물을 위에서 입으로 토해 내 씹고 삼키는 것을 반복하는 것으로, ㉡ 소는 되새김질에 적합한 구조의 소화 기관을 갖는다.

이 자료에 대한 설명으로 옳은 것만을 〈보기〉에서 있는 대로 고른 것은?

〈보기〉
ㄱ. ㉠에 효소가 이용된다.
ㄴ. ㉡은 적응과 진화의 예에 해당한다.
ㄷ. 소는 세균과의 상호 작용을 통해 이익을 얻는다.

① ㄱ ② ㄷ ③ ㄱ, ㄴ ④ ㄴ, ㄷ ⑤ ㄱ, ㄴ, ㄷ

---

25   2025학년도 6월 모평 1번

표는 생물의 특성의 예를 나타낸 것이다. (가)와 (나)는 발생과 생장, 항상성을 순서 없이 나타낸 것이다.

생물의 특성	예
(가)	사람은 더울 때 땀을 흘려 체온을 일정하게 유지한다.
(나)	달걀은 병아리를 거쳐 닭이 된다.
적응과 진화	ⓐ

이에 대한 설명으로 옳은 것만을 〈보기〉에서 있는 대로 고른 것은?

〈보기〉
ㄱ. (가)는 항상성이다.
ㄴ. (나) 과정에서 세포 분열이 일어난다.
ㄷ. '더운 지역에 사는 사막여우는 열 방출에 효과적인 큰 귀를 갖는다.'는 ⓐ에 해당한다.

① ㄱ ② ㄷ ③ ㄱ, ㄴ ④ ㄴ, ㄷ ⑤ ㄱ, ㄴ, ㄷ

---

22   2024학년도 6월 모평 1번

다음은 어떤 기러기에 대한 자료이다.

○ 화산섬에 서식하는 이 기러기는 풀과 열매를 섭취하여 ㉠ 활동에 필요한 에너지를 얻는다.
○ 이 기러기는 ㉡ 발생과 생장 과정에서 물갈퀴가 완전하게 발달하지는 않지만, ㉢ 길고 강한 발톱과 두꺼운 발바닥을 가져 화산섬에 서식하기에 적합하다.

이 자료에 대한 설명으로 옳은 것만을 〈보기〉에서 있는 대로 고른 것은?

〈보기〉
ㄱ. ㉠ 과정에서 물질대사가 일어난다.
ㄴ. ㉡ 과정에서 세포 분열이 일어난다.
ㄷ. ㉢은 적응과 진화의 예에 해당한다.

① ㄱ ② ㄷ ③ ㄱ, ㄴ ④ ㄴ, ㄷ ⑤ ㄱ, ㄴ, ㄷ

---

14   2023학년도 6월 모평 1번

다음은 곤충 X에 대한 자료이다.

(가) 암컷 X는 짝짓기 후 알을 낳는다.
(나) 알에서 깨어난 애벌레는 동굴 천장에 둥지를 짓고 끈적끈적한 실을 늘어뜨려 덫을 만든다.
(다) 애벌레는 ATP를 분해하여 얻은 에너지로 청록색 빛을 낸다.
(라) 빛에 유인된 먹이가 덫에 걸리면 애벌레는 움직임을 감지하여 실을 끌어 올린다.

이에 대한 설명으로 옳은 것만을 〈보기〉에서 있는 대로 고른 것은?

〈보기〉
ㄱ. (가)에서 유전 물질이 자손에게 전달된다.
ㄴ. (다)에서 물질대사가 일어난다.
ㄷ. (라)는 자극에 대한 반응의 예에 해당한다.

① ㄱ ② ㄷ ③ ㄱ, ㄴ ④ ㄴ, ㄷ ⑤ ㄱ, ㄴ, ㄷ

2022 ~ 2020

13
2022학년도 수능 1번

다음은 벌새가 갖는 생물의 특성에 대한 자료이다.

(가) 벌새의 날개 구조는 공중에서 정지한
    상태로 꿀을 빨아먹기에 적합하다.
(나) 벌새는 자신의 체중보다 많은 양의 꿀
    을 섭취하여 ㉠ 활동에 필요한 에너지를 얻는다.
(다) 짝짓기 후 암컷이 낳은 알은 ㉡ 발생과 생장 과정을 거쳐 성
    체가 된다.

이에 대한 설명으로 옳은 것만을 〈보기〉에서 있는 대로 고른 것은?

〈 보기 〉
ㄱ. (가)는 적응과 진화의 예에 해당한다.
ㄴ. ㉠ 과정에서 물질대사가 일어난다.
ㄷ. '개구리알은 올챙이를 거쳐 개구리가 된다.'는 ㉡의 예에 해
    당한다.

① ㄱ　　② ㄷ　　③ ㄱ, ㄴ　　④ ㄴ, ㄷ　　⑤ ㄱ, ㄴ, ㄷ

03 대표 문제
2021학년도 6월 모평 1번

표는 생물의 특성의 예를 나타낸 것이다. (가)와 (나)는 물질대사, 발생
과 생장을 순서 없이 나타낸 것이다.

생물의 특성	예
(가)	개구리 알은 올챙이를 거쳐 개구리가 된다.
(나)	ⓐ 식물은 빛에너지를 이용하여 포도당을 합성한다.
적응과 진화	㉠

이에 대한 설명으로 옳은 것만을 〈보기〉에서 있는 대로 고른 것은?

〈 보기 〉
ㄱ. (가)는 발생과 생장이다.
ㄴ. ⓐ에서 효소가 이용된다.
ㄷ. '가랑잎벌레의 몸의 형태가 주변의 잎과 비슷하여 포식자의
    눈에 띄지 않는다.'는 ㉠에 해당한다.

① ㄱ　　② ㄷ　　③ ㄱ, ㄴ　　④ ㄴ, ㄷ　　⑤ ㄱ, ㄴ, ㄷ

04
2022학년도 6월 모평 1번

표는 생물의 특성의 예를 나타낸 것이다. (가)와 (나)는 생식과 유전, 항
상성을 순서 없이 나타낸 것이다.

생물의 특성	예
(가)	혈중 포도당 농도가 증가하면 ⓐ 인슐린의 분비가 촉진된다.
(나)	짚신벌레는 분열법으로 번식한다.
적응과 진화	고산 지대에 사는 사람은 낮은 지대에 사는 사람보다 적혈구 수가 많다.

이에 대한 설명으로 옳은 것만을 〈보기〉에서 있는 대로 고른 것은?

〈 보기 〉
ㄱ. ⓐ는 이자의 β세포에서 분비된다.
ㄴ. (나)는 생식과 유전이다.
ㄷ. '더운 지역에 사는 사막여우는 열 방출에 효과적인 큰 귀를
    갖는다.'는 적응과 진화의 예에 해당한다.

① ㄱ　　② ㄴ　　③ ㄱ, ㄷ　　④ ㄴ, ㄷ　　⑤ ㄱ, ㄴ, ㄷ

01

표는 강아지와 강아지 로봇의 특징을 나타낸 것이다.

구분	특징
강아지	• ㉠ 낯선 사람이 다가오는 것을 보면 짖는다. • 사료를 소화·흡수하여 생활에 필요한 에너지를 얻는다.
강아지 로봇	• 금속과 플라스틱으로 구성된다. • 건전지에 저장된 에너지를 통해 움직인다.

이에 대한 설명으로 옳은 것만을 〈보기〉에서 있는 대로 고른 것은?

〈 보기 〉
ㄱ. 강아지는 세포로 되어 있다.
ㄴ. 강아지 로봇은 물질대사를 통해 에너지를 얻는다.
ㄷ. ㉠과 가장 관련이 깊은 생물의 특성은 자극에 대한 반응이다.

① ㄱ ② ㄴ ③ ㄱ, ㄷ ④ ㄴ, ㄷ ⑤ ㄱ, ㄴ, ㄷ

02

다음은 사막에 서식하는 식물 X에 대한 자료이다.

X는 낮과 밤의 기온 차이로 인해 생기는 이슬을 흡수하여 ㉠ 광합성에 이용한다. ㉡ X는 주변의 돌과 모양이 비슷하여 초식 동물의 눈에 잘 띄지 않는다.

이에 대한 옳은 설명만을 〈보기〉에서 있는 대로 고른 것은?

〈 보기 〉
ㄱ. X는 세포로 구성된다.
ㄴ. ㉠에 효소가 이용된다.
ㄷ. ㉡은 적응과 진화의 예이다.

① ㄱ ② ㄷ ③ ㄱ, ㄴ ④ ㄴ, ㄷ ⑤ ㄱ, ㄴ, ㄷ

03 대표 문제

표는 생물의 특성의 예를 나타낸 것이다. (가)와 (나)는 물질대사, 발생과 생장을 순서 없이 나타낸 것이다.

생물의 특성	예
(가)	개구리 알은 올챙이를 거쳐 개구리가 된다.
(나)	ⓐ 식물은 빛에너지를 이용하여 포도당을 합성한다.
적응과 진화	㉠

이에 대한 설명으로 옳은 것만을 〈보기〉에서 있는 대로 고른 것은?

〈 보기 〉
ㄱ. (가)는 발생과 생장이다.
ㄴ. ⓐ에서 효소가 이용된다.
ㄷ. '가랑잎벌레의 몸의 형태가 주변의 잎과 비슷하여 포식자의 눈에 띄지 않는다.'는 ㉠에 해당한다.

① ㄱ ② ㄷ ③ ㄱ, ㄴ ④ ㄴ, ㄷ ⑤ ㄱ, ㄴ, ㄷ

04

표는 생물의 특성의 예를 나타낸 것이다. (가)와 (나)는 생식과 유전, 항상성을 순서 없이 나타낸 것이다.

생물의 특성	예
(가)	혈중 포도당 농도가 증가하면 ⓐ 인슐린의 분비가 촉진된다.
(나)	짚신벌레는 분열법으로 번식한다.
적응과 진화	고산 지대에 사는 사람은 낮은 지대에 사는 사람보다 적혈구 수가 많다.

이에 대한 설명으로 옳은 것만을 〈보기〉에서 있는 대로 고른 것은?

〈 보기 〉
ㄱ. ⓐ는 이자의 β세포에서 분비된다.
ㄴ. (나)는 생식과 유전이다.
ㄷ. '더운 지역에 사는 사막여우는 열 방출에 효과적인 큰 귀를 갖는다.'는 적응과 진화의 예에 해당한다.

① ㄱ ② ㄴ ③ ㄱ, ㄷ ④ ㄴ, ㄷ ⑤ ㄱ, ㄴ, ㄷ

05

2023학년도 수능 1번

다음은 어떤 해파리에 대한 자료이다.

> 이 해파리의 유생은 ㉠ 발생과 생장 과정을 거쳐 성체가 된다. 성체의 촉수에는 독이 있는 세포 ⓐ가 분포하는데, ㉡ 촉수에 물체가 닿으면 ⓐ 에서 독이 분비된다.

이 자료에 대한 설명으로 옳은 것만을 〈보기〉에서 있는 대로 고른 것은? [3점]

> ───〈 보기 〉───
> ㄱ. ㉠ 과정에서 세포 분열이 일어난다.
> ㄴ. ⓐ에서 물질대사가 일어난다.
> ㄷ. ㉡은 자극에 대한 반응의 예에 해당한다.

① ㄱ   ② ㄴ   ③ ㄱ, ㄷ   ④ ㄴ, ㄷ   ⑤ ㄱ, ㄴ, ㄷ

06

2024학년도 5월 학평 1번

다음은 민달팽이 A에 대한 설명이다.

> 바다에 사는 A는 배에 공기주머니가 있어 뒤집혀서 수면으로 떠오를 수 있다. ㉠ A 의 배 쪽은 푸른색을, 등 쪽은 은회색을 띠어 수면 위와 아래에 있는 천적에게 잘 발견되지 않는다.

㉠에 나타난 생물의 특성과 가장 관련이 깊은 것은?

① 아메바는 분열법으로 번식한다.
② 식물은 빛에너지를 이용하여 포도당을 합성한다.
③ 적록 색맹인 어머니로부터 적록 색맹인 아들이 태어난다.
④ 장수풍뎅이의 알은 애벌레와 번데기 시기를 거쳐 성체가 된다.
⑤ 더운 지역에 사는 사막여우는 열 방출에 효과적인 큰 귀를 갖는다.

07

2022학년도 3월 학평 1번

다음은 가랑잎벌레에 대한 자료이다.

> ㉠몸의 형태가 주변의 잎과 비슷하여 포식자의 눈에 잘 띄지 않는 가랑잎벌레는 참나무나 산딸기 등의 잎을 먹어 ㉡생명 활동에 필요한 에너지를 얻는다.

㉠과 ㉡에 나타난 생물의 특성으로 가장 적절한 것은?

	㉠	㉡
①	적응과 진화	발생과 생장
②	적응과 진화	물질대사
③	물질대사	적응과 진화
④	항상성	적응과 진화
⑤	항상성	물질대사

08

2022학년도 10월 학평 1번

다음은 문어가 갖는 생물의 특성에 대한 자료이다.

> (가) 게, 조개 등의 먹이를 섭취하여 생명 활동에 필요한 에너지를 얻는다.
> (나) 반응 속도가 빠르고 몸이 유연하여 주변 환경에 따라 피부색과 체형을 바꾸어 천적을 피하는 데 유리하다.

(가)와 (나)에 나타난 생물의 특성으로 가장 적절한 것은?

	(가)	(나)
①	물질대사	생식과 유전
②	물질대사	적응과 진화
③	물질대사	항상성
④	항상성	생식과 유전
⑤	항상성	적응과 진화

09

다음은 어떤 지역에 서식하는 소에 대한 설명이다.

이 소는 크고 긴 뿔을 가질수록 포식자의 공격을 잘 방어할 수 있어 포식자가 많은 이 지역에서 살기에 적합하다.

이 자료에 나타난 생물의 특성과 가장 관련이 깊은 것은?

① 물질대사
② 적응과 진화
③ 발생과 생장
④ 생식과 유전
⑤ 자극에 대한 반응

11

다음은 아프리카에 사는 어떤 도마뱀에 대한 설명이다.

이 도마뱀은 나뭇잎과 비슷한 외형을 갖고 있어 포식자에게 발견되기 어려우므로 나무가 많은 환경에 살기 적합하다.

이 자료에 나타난 생명 현상의 특성과 가장 관련이 깊은 것은?

① 올챙이가 자라서 개구리가 된다.
② 짚신벌레는 분열법으로 번식한다.
③ 소나무는 빛을 흡수하여 포도당을 합성한다.
④ 핀치새는 먹이의 종류에 따라 부리 모양이 다르다.
⑤ 적록 색맹인 어머니에게서 적록 색맹인 아들이 태어난다.

10

다음은 어떤 산에 서식하는 도마뱀 A에 대한 자료이다.

A는 고도가 낮은 지역에서는 주로 음지에서, 높은 지역에서는 주로 양지에서 관찰된다. ㉠ 두 지역의 기온 차이는 약 4 ℃이지만, 두 지역에 서식하는 A의 체온 차이는 약 1 ℃이다.

㉠과 가장 관련이 깊은 생물의 특성은?

① 발생   ② 생식   ③ 생장   ④ 유전   ⑤ 항상성

12

다음은 어떤 문어에 대한 설명이다.

문어는 자리돔이 서식하는 곳에서 6개의 다리를 땅속에 숨기고 2개의 다리로 자리돔의 포식자인 줄무늬 바다뱀을 흉내 낸다. ㉠문어의 이러한 특성은 자리돔으로부터 자신을 보호하기에 적합하다.

㉠에 나타난 생물의 특성과 가장 관련이 깊은 것은?

① 짚신벌레는 분열법으로 번식한다.
② 개구리알은 올챙이를 거쳐 개구리가 된다.
③ 식물은 빛에너지를 이용하여 포도당을 합성한다.
④ 적록 색맹인 어머니로부터 적록 색맹인 아들이 태어난다.
⑤ 핀치는 서식 환경에 따라 서로 다른 모양의 부리를 갖게 되었다.

13

2022학년도 수능 1번

다음은 벌새가 갖는 생물의 특성에 대한 자료이다.

> (가) 벌새의 날개 구조는 공중에서 정지한 상태로 꿀을 빨아먹기에 적합하다.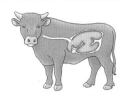
> (나) 벌새는 자신의 체중보다 많은 양의 꿀을 섭취하여 ㉠ 활동에 필요한 에너지를 얻는다.
> (다) 짝짓기 후 암컷이 낳은 알은 ㉡ 발생과 생장 과정을 거쳐 성체가 된다.

이에 대한 설명으로 옳은 것만을 〈보기〉에서 있는 대로 고른 것은?

〈 보기 〉
ㄱ. (가)는 적응과 진화의 예에 해당한다.
ㄴ. ㉠ 과정에서 물질대사가 일어난다.
ㄷ. '개구리알은 올챙이를 거쳐 개구리가 된다.'는 ㉡의 예에 해당한다.

① ㄱ ② ㄷ ③ ㄱ, ㄴ ④ ㄴ, ㄷ ⑤ ㄱ, ㄴ, ㄷ

14

2023학년도 6월 모평 1번

다음은 곤충 X에 대한 자료이다.

> (가) 암컷 X는 짝짓기 후 알을 낳는다.
> (나) 알에서 깨어난 애벌레는 동굴 천장에 둥지를 짓고 끈적끈적한 실을 늘어뜨려 덫을 만든다.
> (다) 애벌레는 ATP를 분해하여 얻은 에너지로 청록색 빛을 낸다.
> (라) 빛에 유인된 먹이가 덫에 걸리면 애벌레는 움직임을 감지하여 실을 끌어 올린다.

이에 대한 설명으로 옳은 것만을 〈보기〉에서 있는 대로 고른 것은?

〈 보기 〉
ㄱ. (가)에서 유전 물질이 자손에게 전달된다.
ㄴ. (다)에서 물질대사가 일어난다.
ㄷ. (라)는 자극에 대한 반응의 예에 해당한다.

① ㄱ ② ㄴ ③ ㄱ, ㄷ ④ ㄴ, ㄷ ⑤ ㄱ, ㄴ, ㄷ

15

2023학년도 9월 모평 1번

다음은 소가 갖는 생물의 특성에 대한 자료이다.

> 소는 식물의 섬유소를 직접 분해할 수 없지만 소화 기관에 섬유소를 분해하는 세균이 있어 세균의 대사산물을 에너지원으로 이용한다. ㉠세균에 의한 섬유소 분해 과정은 소의 되새김질에 의해 촉진된다. 되새김질은 삼킨 음식물을 위에서 입으로 토해 내 씹고 삼키는 것을 반복하는 것으로, ㉡소는 되새김질에 적합한 구조의 소화 기관을 갖는다.

이 자료에 대한 설명으로 옳은 것만을 〈보기〉에서 있는 대로 고른 것은?

〈 보기 〉
ㄱ. ㉠에 효소가 이용된다.
ㄴ. ㉡은 적응과 진화의 예에 해당한다.
ㄷ. 소는 세균과의 상호 작용을 통해 이익을 얻는다.

① ㄱ ② ㄷ ③ ㄱ, ㄴ ④ ㄴ, ㄷ ⑤ ㄱ, ㄴ, ㄷ

16

2022학년도 7월 학평 1번

표는 생물의 특성 (가)와 (나)의 예를, 그림은 애벌레가 번데기를 거쳐 나비가 되는 과정을 나타낸 것이다. (가)와 (나)는 항상성, 발생과 생장을 순서 없이 나타낸 것이다.

구분	예
(가)	㉠
(나)	더운 날씨에 체온 유지를 위해 땀을 흘린다.

애벌레 → 번데기 → 나비

이에 대한 설명으로 옳은 것만을 〈보기〉에서 있는 대로 고른 것은?

〈 보기 〉
ㄱ. (가)는 발생과 생장이다.
ㄴ. 그림에 나타난 생물의 특성은 (가)보다 (나)와 관련이 깊다.
ㄷ. '북극토끼는 겨울이 되면 털 색깔이 흰색으로 변하여 천적의 눈에 띄지 않는다.'는 ㉠에 해당한다.

① ㄱ ② ㄴ ③ ㄷ ④ ㄱ, ㄴ ⑤ ㄱ, ㄷ

17

다음은 히말라야산양에 대한 자료이다.

> (가) 털이 길고 발굽이 갈라져 있어 춥고 험준한 히말라야 산악 지대에서 살아가는 데 적합하다.
> (나) 수컷은 단독 생활을 하지만 번식 시기에는 무리로 들어가 암컷과 함께 자신과 닮은 새끼를 만든다.

(가)와 (나)에 나타난 생물의 특성으로 가장 적절한 것은?

	(가)	(나)
①	적응과 진화	물질대사
②	적응과 진화	생식과 유전
③	발생과 생장	항상성
④	발생과 생장	생식과 유전
⑤	물질대사	항상성

18

아메바와 박테리오파지에 대한 설명으로 옳은 것만을 〈보기〉에서 있는 대로 고른 것은?

─〈 보기 〉─
ㄱ. 아메바는 물질대사를 한다.
ㄴ. 박테리오파지는 핵산을 가진다.
ㄷ. 아메바와 박테리오파지는 모두 세포 분열로 증식한다.

① ㄱ   ② ㄷ   ③ ㄱ, ㄴ   ④ ㄴ, ㄷ   ⑤ ㄱ, ㄴ, ㄷ

19

다음은 심해 열수구에 서식하는 관벌레에 대한 자료이다.

> (가) 붓 모양의 ㉠ 관벌레에는 세균이 서식하는 영양체라는 기관이 있다.
> (나) 관벌레는 영양체 내 세균에게 서식 공간을 제공하고, 세균이 합성한 ㉡ 유기물을 섭취하여 에너지를 얻는다.

이에 대한 옳은 설명만을 〈보기〉에서 있는 대로 고른 것은?

─〈 보기 〉─
ㄱ. ㉠은 세포로 구성된다.
ㄴ. ㉡ 과정에서 이화 작용이 일어난다.
ㄷ. (나)는 상리 공생의 예이다.

① ㄱ   ② ㄷ   ③ ㄱ, ㄴ   ④ ㄴ, ㄷ   ⑤ ㄱ, ㄴ, ㄷ

20

표는 생물의 특성의 예를 나타낸 것이다. (가)와 (나)는 생식과 유전, 적응과 진화를 순서 없이 나타낸 것이다.

생물의 특성	예
(가)	아메바는 분열법으로 번식한다.
(나)	㉠ 뱀은 큰 먹이를 먹기에 적합한 몸의 구조를 갖는다.
자극에 대한 반응	

이에 대한 설명으로 옳은 것만을 〈보기〉에서 있는 대로 고른 것은? [3점]

─〈 보기 〉─
ㄱ. (가)는 생식과 유전이다.
ㄴ. ㉠은 세포로 구성되어 있다.
ㄷ. '뜨거운 물체에 손이 닿으면 반사적으로 손을 뗀다.'는 ⓐ에 해당한다.

① ㄱ   ② ㄷ   ③ ㄱ, ㄴ   ④ ㄴ, ㄷ   ⑤ ㄱ, ㄴ, ㄷ

21

다음은 습지에 서식하는 식물 A에 대한 자료이다.

> (가) A는 물 밖으로 나와 있는 뿌리를 통해 산소를 흡수할 수 있어 산소가 부족한 습지에서 살기에 적합하다.
>
> (나) A의 씨앗이 물이나 진흙에 떨어져 어린 개체가 된다.

이에 대한 설명으로 옳은 것만을 〈보기〉에서 있는 대로 고른 것은?

> ──〈 보기 〉──
> ㄱ. A에서 물질대사가 일어난다.
> ㄴ. (가)는 적응과 진화의 예에 해당한다.
> ㄷ. (나)에서 세포 분열이 일어난다.

① ㄱ   ② ㄷ   ③ ㄱ, ㄴ   ④ ㄴ, ㄷ   ⑤ ㄱ, ㄴ, ㄷ

23

다음은 누에나방에 대한 자료이다.

> (가) 누에나방은 알, 애벌레, 번데기 시기를 거쳐 성충이 된다.
> (나) 누에나방의 ㉠ 애벌레는 뽕나무 잎을 먹고 생명 활동에 필요한 에너지를 얻는다.
> (다) 인간은 누에나방의 애벌레가 만든 고치에서 실을 얻어 의복의 재료로 사용한다.

이에 대한 설명으로 옳은 것만을 〈보기〉에서 있는 대로 고른 것은?

> ──〈 보기 〉──
> ㄱ. (가)는 생물의 특성 중 발생과 생장의 예에 해당한다.
> ㄴ. ㉠은 세포로 되어 있다.
> ㄷ. (다)는 생물 자원을 활용한 예이다.

① ㄱ   ② ㄴ   ③ ㄱ, ㄷ   ④ ㄴ, ㄷ   ⑤ ㄱ, ㄴ, ㄷ

22

다음은 어떤 기러기에 대한 자료이다.

> ○ 화산섬에 서식하는 이 기러기는 풀과 열매를 섭취하여 ㉠ 활동에 필요한 에너지를 얻는다.
>
> ○ 이 기러기는 ㉡ 발생과 생장 과정에서 물갈퀴가 완전하게 발달되지는 않지만, ㉢ 길고 강한 발톱과 두꺼운 발바닥을 가져 화산섬에 서식하기에 적합하다.

이 자료에 대한 설명으로 옳은 것만을 〈보기〉에서 있는 대로 고른 것은?

> ──〈 보기 〉──
> ㄱ. ㉠ 과정에서 물질대사가 일어난다.
> ㄴ. ㉡ 과정에서 세포 분열이 일어난다.
> ㄷ. ㉢은 적응과 진화의 예에 해당한다.

① ㄱ   ② ㄷ   ③ ㄱ, ㄴ   ④ ㄴ, ㄷ   ⑤ ㄱ, ㄴ, ㄷ

24

다음은 식물 X에 대한 자료이다.

> X는 ㉠ 잎에 있는 털에서 달콤한 점액을 분비하여 곤충을 유인한다. ㉡ X는 털에 곤충이 닿으면 잎을 구부려 곤충을 잡는다. X는 효소를 분비하여 곤충을 분해하고 영양분을 얻는다.

이 자료에 대한 설명으로 옳은 것만을 〈보기〉에서 있는 대로 고른 것은?

> ──〈 보기 〉──
> ㄱ. ㉠은 세포로 구성되어 있다.
> ㄴ. ㉡은 자극에 대한 반응의 예에 해당한다.
> ㄷ. X와 곤충 사이의 상호 작용은 상리 공생에 해당한다.

① ㄱ   ② ㄷ   ③ ㄱ, ㄴ   ④ ㄴ, ㄷ   ⑤ ㄱ, ㄴ, ㄷ

25

표는 생물의 특성의 예를 나타낸 것이다. (가)와 (나)는 발생과 생장, 항상성을 순서 없이 나타낸 것이다.

생물의 특성	예
(가)	사람은 더울 때 땀을 흘려 체온을 일정하게 유지한다.
(나)	달걀은 병아리를 거쳐 닭이 된다.
적응과 진화	ⓐ

이에 대한 설명으로 옳은 것만을 〈보기〉에서 있는 대로 고른 것은?

〈 보기 〉
ㄱ. (가)는 항상성이다.
ㄴ. (나) 과정에서 세포 분열이 일어난다.
ㄷ. '더운 지역에 사는 사막여우는 열 방출에 효과적인 큰 귀를 갖는다.'는 ⓐ에 해당한다.

① ㄱ   ② ㄷ   ③ ㄱ, ㄴ   ④ ㄴ, ㄷ   ⑤ ㄱ, ㄴ, ㄷ

26

다음은 전등물고기(*Photoblepharon palpebratus*)에 대한 자료이다.

전등물고기는 눈 아래에 발광 기관이 있고, 이 발광 기관 안에는 빛을 내는 세균이 서식한다. ㉠ 전등물고기는 세균이 내는 빛으로 먹이를 유인하여 잡아먹고, ㉡ 세균은 전등물고기로부터 서식 공간과 영양 물질을 제공받아 ⓐ 생명 활동에 필요한 에너지를 얻는다.

이 자료에 대한 설명으로 옳은 것만을 〈보기〉에서 있는 대로 고른 것은?

〈 보기 〉
ㄱ. ㉠은 세포로 구성되어 있다.
ㄴ. ㉠과 ㉡ 사이의 상호 작용은 분서에 해당한다.
ㄷ. ⓐ 과정에서 물질대사가 일어난다.

① ㄱ   ② ㄴ   ③ ㄱ, ㄷ   ④ ㄴ, ㄷ   ⑤ ㄱ, ㄴ, ㄷ

27

표는 사람이 갖는 생물의 특성과 예를 나타낸 것이다. (가)와 (나)는 물질대사, 자극에 대한 반응을 순서 없이 나타낸 것이다.

생물의 특성	예
(가)	ⓐ 뜨거운 물체에 손이 닿으면 자신도 모르게 손을 떼는 반사가 일어난다.
(나)	ⓑ 소화 과정을 통해 녹말을 포도당으로 분해한다.

이에 대한 옳은 설명만을 〈보기〉에서 있는 대로 고른 것은?

〈 보기 〉
ㄱ. (가)는 자극에 대한 반응이다.
ㄴ. ⓐ의 중추는 연수이다.
ㄷ. ⓑ에서 이화 작용이 일어난다.

① ㄱ   ② ㄴ   ③ ㄱ, ㄷ   ④ ㄴ, ㄷ   ⑤ ㄱ, ㄴ, ㄷ

28

다음은 생물의 특성에 대한 자료이다.

○ ㉠ 발생 과정에서 포식자를 감지한 물벼룩 A는 머리와 꼬리에 뾰족한 구조를 형성하여 방어에 적합한 몸의 형태를 갖는다.
○ ㉡ 메뚜기 B는 주변 환경과 유사하게 몸의 색을 변화시켜 포식자의 눈에 띄지 않는다.

이에 대한 설명으로 옳은 것만을 〈보기〉에서 있는 대로 고른 것은?

[3점]

〈 보기 〉
ㄱ. ㉠ 과정에서 세포 분열이 일어난다.
ㄴ. ㉡은 생물적 요인이 비생물적 요인에 영향을 미치는 예에 해당한다.
ㄷ. '펭귄은 물속에서 빠른 속도로 움직이는 데 적합한 몸의 형태를 갖는다.'는 적응과 진화의 예에 해당한다.

① ㄱ   ② ㄴ   ③ ㄷ   ④ ㄱ, ㄷ   ⑤ ㄴ, ㄷ

29

다음은 넓적부리도요에 대한 자료이다.

넓적부리도요는 겨울을 따뜻한 남쪽 지역
에서 보내고 봄에는 북쪽 지역으로 이동
하여 ㉠번식한다. 이 새는 작은 해양 생
물을 많이 먹어 ㉡장거리 비행에 필요
한 에너지를 얻으며, ㉢갯벌에서 먹이를 잡기에 적합한 숟가락
모양의 부리를 갖는다.

이 자료에 대한 설명으로 옳은 것만을 〈보기〉에서 있는 대로 고른 것은?

〈 보기 〉

ㄱ. ㉠ 과정에서 유전 물질이 자손에게 전달된다.

ㄴ. ㉡ 과정에서 물질대사가 일어난다.

ㄷ. ㉢은 적응과 진화의 예에 해당한다.

① ㄱ　　　② ㄴ　　　③ ㄱ, ㄷ　　　④ ㄴ, ㄷ　　　⑤ ㄱ, ㄴ, ㄷ

한눈에 정리하는
평가원 기출 경향

| 주제 \ 학년도 | **2025** | **2024** | **2023** |

빈출

생명 과학의 탐구 방법

2025

29
2025학년도 수능 4번

다음은 숲 F에서 새와 박쥐가 곤충 개체 수 감소에 미치는 영향을 알아보기 위한 탐구이다.

(가) F를 동일한 조건의 구역 ⓐ~ⓒ로 나눈 후, ⓐ에는 새와 박쥐의 접근을 차단하지 않았고, ⓑ에는 새의 접근만 차단하였으며, ⓒ에는 박쥐의 접근만 차단하였다.

(나) 일정 시간이 지난 후, ⓐ~ⓒ에서 곤충 개체 수를 조사한 결과는 그림과 같다.

이 자료에 대한 설명으로 옳은 것만을 〈보기〉에서 있는 대로 고른 것은? (단, 제시된 조건 이외는 고려하지 않는다.) [3점]

〈보기〉
ㄱ. 조작 변인은 곤충 개체 수이다.
ㄴ. ⓒ에서 곤충에 환경 저항이 작용하였다.
ㄷ. 곤충 개체 수 감소에 미치는 영향은 새가 박쥐보다 크다.

① ㄱ   ② ㄴ   ③ ㄱ, ㄷ   ④ ㄴ, ㄷ   ⑤ ㄷ

04
2025학년도 6월 모평 6번

다음은 어떤 과학자가 수행한 탐구이다.

(가) 암이 있는 생쥐에서 면역 세포가 암세포를 인식하지 못해 암세포를 제거하지 못하는 상황을 관찰하고, 면역 세포가 암세포를 인식하도록 도우면 암세포의 수가 줄어들 것이라고 생각했다.

(나) 동일한 암이 있는 생쥐 집단 I과 II를 준비하고, II에만 ⊙ 면역 세포가 암세포를 인식하도록 돕는 물질을 주사했다.

(다) 일정 시간이 지난 후, I과 II에서 암세포의 수를 측정한 결과, ⓐ에서만 암세포의 수가 줄어들었다. ⓐ는 I과 II 중 하나이다.

(라) 암이 있는 생쥐에서 면역 세포가 암세포를 인식하도록 도우면 암세포의 수가 줄어든다는 결론을 내렸다.

이 자료에 대한 설명으로 옳은 것만을 〈보기〉에서 있는 대로 고른 것은? [3점]

〈보기〉
ㄱ. 조작 변인은 ⊙의 주사 여부이다.
ㄴ. ⓐ는 II이다.
ㄷ. (라)는 탐구 과정 중 결론 도출 단계에 해당한다.

① ㄱ   ② ㄴ   ③ ㄱ, ㄷ   ④ ㄴ, ㄷ   ⑤ ㄱ, ㄴ, ㄷ

2024

25
2024학년도 수능 3번

다음은 플랑크톤에서 분비되는 독소 ⊙과 세균 S에 대해 어떤 과학자가 수행한 탐구이다.

(가) S의 밀도가 낮은 호수에서보다 높은 호수에서 ⊙의 농도가 낮은 것을 관찰하고, S가 ⊙을 분해할 것이라고 생각했다.

(나) 같은 농도의 ⊙이 들어 있는 수조 I과 II를 준비하고 한 수조에만 S를 넣었다. 일정 시간이 지난 후 I과 II 각각에 남아 있는 ⊙의 농도를 측정했다.

(다) 수조에 남아 있는 ⊙의 농도는 I에서가 II에서보다 높았다.

(라) S가 ⊙을 분해한다는 결론을 내렸다.

이 자료에 대한 설명으로 옳은 것만을 〈보기〉에서 있는 대로 고른 것은? [3점]

〈보기〉
ㄱ. (나)에서 대조 실험이 수행되었다.
ㄴ. 조작 변인은 수조에 남아 있는 ⊙의 농도이다.
ㄷ. S를 넣은 수조는 I이다.

① ㄱ   ② ㄴ   ③ ㄱ, ㄷ   ④ ㄴ, ㄷ   ⑤ ㄱ, ㄴ, ㄷ

20
2024학년도 6월 모평 20번

다음은 동물 종 A에 대해 어떤 과학자가 수행한 탐구이다.

(가) A의 수컷 꼬리에 긴 장식물이 있는 것을 관찰하고, ⊙ A의 암컷은 꼬리 장식물의 길이가 긴 수컷을 배우자로 선호할 것이라는 가설을 세웠다.

(나) 꼬리 장식물의 길이가 긴 수컷 집단 I과 꼬리 장식물의 길이가 짧은 수컷 집단 II에서 각각 한 마리씩 골라 암컷 한 마리와 함께 두고, 암컷이 어떤 수컷을 배우자로 선택하는지 관찰하였다.

(다) (나)의 과정을 반복하여 얻은 결과, I의 개체가 선택된 비율이 II의 개체가 선택된 비율보다 높았다.

(라) A의 암컷은 꼬리 장식물의 길이가 긴 수컷을 배우자로 선호한다는 결론을 내렸다.

이 자료에 대한 설명으로 옳은 것만을 〈보기〉에서 있는 대로 고른 것은? [3점]

〈보기〉
ㄱ. ⊙은 관찰한 현상을 설명할 수 있는 잠정적인 결론(잠정적인 답)에 해당한다.
ㄴ. 조작 변인은 암컷이 I의 개체를 선택한 비율이다.
ㄷ. (라)는 탐구 과정 중 결론 도출 단계에 해당한다.

① ㄱ   ② ㄴ   ③ ㄱ, ㄷ   ④ ㄴ, ㄷ   ⑤ ㄱ, ㄴ, ㄷ

2023

22
2023학년도 수능 18번

다음은 어떤 과학자가 수행한 탐구이다.

(가) 갑오징어가 먹이의 많고 적음을 구분하여 먹이가 더 많은 곳으로 이동할 것이라고 생각했다.

(나) 그림과 같이 대형 수조 안에 서로 다른 양의 먹이가 들어 있는 수조 A와 B를 준비했다.

(다) 갑오징어 1마리를 대형 수조에 넣고 A와 B 중 어느 수조로 이동하는지 관찰했다.

(라) 여러 마리의 갑오징어로 (다)의 과정을 반복하여 ⓐ A와 B 각각으로 이동한 갑오징어 개체의 빈도를 조사한 결과는 그림과 같다.

(마) 갑오징어가 먹이의 많고 적음을 구분하여 먹이가 더 많은 곳으로 이동한다는 결론을 내렸다.

이 자료에 대한 설명으로 옳은 것만을 〈보기〉에서 있는 대로 고른 것은?

〈보기〉
ㄱ. ⓐ는 조작 변인이다.
ㄴ. 먹이의 양은 B에서가 A에서보다 많다.
ㄷ. (마)는 탐구 과정 중 결론 도출 단계에 해당한다.

① ㄱ   ② ㄷ   ③ ㄱ, ㄴ   ④ ㄱ, ㄷ   ⑤ ㄴ, ㄷ

18
2023학년도 9월 모평 20번

다음은 어떤 과학자가 수행한 탐구이다.

(가) 물질 X가 살포된 지역에서 비정상적인 생식 기관을 갖는 수컷 개구리가 많은 것을 관찰하고, X가 수컷 개구리의 생식 기관에 기형을 유발할 것이라고 생각했다.

(나) X에 노출된 적이 없는 올챙이를 집단 A와 B로 나눈 후 A에만 X를 처리했다.

(다) 일정 시간이 지난 후, ⊙과 ⊙ 각각의 수컷 개구리 중 비정상적인 생식 기관을 갖는 개체의 빈도를 조사한 결과는 그림과 같다. ⊙과 ⊙은 A와 B를 순서 없이 나타낸 것이다.

(라) X가 수컷 개구리의 생식 기관에 기형을 유발한다는 결론을 내렸다.

이 자료에 대한 설명으로 옳은 것만을 〈보기〉에서 있는 대로 고른 것은? [3점]

〈보기〉
ㄱ. ⊙은 B이다.
ㄴ. 연역적 탐구 방법이 이용되었다.
ㄷ. (나)에서 조작 변인은 X의 처리 여부이다.

① ㄱ   ② ㄴ   ③ ㄱ, ㄷ   ④ ㄴ, ㄷ   ⑤ ㄱ, ㄴ, ㄷ

15
2023학년도 6월 모평 18번

다음은 어떤 과학자가 수행한 탐구이다.

(가) 벼가 잘 자라지 못하는 논에 벼를 갉아먹는 왕우렁이의 개체 수가 많은 것을 관찰하고, 왕우렁이의 포식자인 자라를 논에 넣어주면 벼의 생물량이 증가할 것이라고 생각했다.

(나) 같은 지역의 면적이 동일한 논 A와 B에 각각 같은 수의 왕우렁이를 넣은 후, A에만 자라를 풀어놓았다.

(다) 일정 시간이 지난 후 조사한 왕우렁이의 개체 수는 ⊙에서가 ⊙에서보다 적었고, 벼의 생물량은 ⊙에서가 ⊙에서보다 많았다. ⊙과 ⊙은 A와 B를 순서 없이 나타낸 것이다.

(라) 자라가 왕우렁이의 개체 수를 감소시켜 벼의 생물량이 증가한다는 결론을 내렸다.

이 자료에 대한 설명으로 옳은 것만을 〈보기〉에서 있는 대로 고른 것은? [3점]

〈보기〉
ㄱ. ⊙은 B이다.
ㄴ. 조작 변인은 벼의 생물량이다.
ㄷ. ⊙에서 왕우렁이 개체군에 환경 저항이 작용하였다.

① ㄱ   ② ㄴ   ③ ㄱ, ㄷ   ④ ㄴ, ㄷ   ⑤ ㄱ, ㄴ, ㄷ

2022 ~ 2020

14
2022학년도 수능 6번

다음은 어떤 과학자가 수행한 탐구이다.

> (가) 바다 달팽이가 갉아 먹던 갈조류를 다 먹지 않고 이동하여 다른 갈조류를 먹는 것을 관찰하였다.
> (나) ㉠ 바다 달팽이가 갉아 먹은 갈조류에서 바다 달팽이가 기 피하는 물질 X의 생성이 촉진될 것이라는 가설을 세웠다.
> (다) 갈조류를 두 집단 ⓐ와 ⓑ로 나눠 한 집단만 바다 달팽이가 갉아 먹도록 한 후, ⓐ와 ⓑ 각각에서 X의 양을 측정하였다.
> (라) 단위 질량당 X의 양은 ⓐ에서가 ⓑ에서보다 많았다.
> (마) 바다 달팽이가 갉아 먹은 갈조류에서 X의 생성이 촉진된다 는 결론을 내렸다.

이 자료에 대한 설명으로 옳은 것만을 〈보기〉에서 있는 대로 고른 것 은? [3점]

〈 보기 〉
ㄱ. ㉠은 (가)에서 관찰한 현상을 설명할 수 있는 잠정적인 결론 (잠정적인 답)에 해당한다.
ㄴ. (다)에서 대조 실험이 수행되었다.
ㄷ. (라)의 ⓑ는 바다 달팽이가 갉아 먹은 갈조류 집단이다.

① ㄱ   ② ㄷ   ③ ㄱ, ㄴ   ④ ㄴ, ㄷ   ⑤ ㄱ, ㄴ, ㄷ

10
2021학년도 수능 18번

다음은 어떤 과학자가 수행한 탐구이다.

> (가) 딱총새우가 서식하는 산호의 주변에는 산호의 천적인 불가 사리가 적게 관찰되는 것을 보고, 딱총새우가 산호를 불가 사리로부터 보호해 줄 것이라고 생각했다.
> (나) 같은 지역에 있는 산호들을 집단 A와 B로 나눈 후, A에서 는 딱총새우를 그대로 두고, B에서는 딱총새우를 제거하였다.
> (다) 일정 시간 동안 불가사리에게 잡아먹힌 산호의 비율은 ㉠에 서가 ㉡에서보다 높았다. ㉠과 ㉡은 A와 B를 순서 없이 나 타낸 것이다.
> (라) 산호에 서식하는 딱총새우가 산호를 불가사리로부터 보호 해 준다는 결론을 내렸다.

이 자료에 대한 설명으로 옳은 것만을 〈보기〉에서 있는 대로 고른 것 은? [3점]

〈 보기 〉
ㄱ. ㉠은 A이다.
ㄴ. (나)에서 조작 변인은 딱총새우의 제거 여부이다.
ㄷ. (다)에서 불가사리와 산호 사이의 상호 작용은 포식과 피식 에 해당한다.

① ㄱ   ② ㄷ   ③ ㄱ, ㄴ   ④ ㄴ, ㄷ   ⑤ ㄱ, ㄴ, ㄷ

12
2022학년도 9월 모평 3번

다음은 어떤 과학자가 수행한 탐구이다.

> (가) 초파리는 짝짓기 상대로 서로 다른 종류의 먹이를 먹고 자 란 개체보다 같은 먹이를 먹고 자란 개체를 선호할 것이라 고 생각했다.
> (나) 초파리를 두 집단 A와 B로 나눈 후 A는 먹이 ⓐ를, B는 먹 이 ⓑ를 주고 배양했다. ⓐ와 ⓑ는 서로 다른 종류의 먹이다.
> (다) 여러 세대를 배양한 후, ㉠ 같은 먹이를 먹고 자란 초파리 사이에서의 짝짓기 빈도와 ㉡ 서로 다른 종류의 먹이를 먹 고 자란 초파리 사이에서의 짝짓기 빈도를 관찰했다.
> (라) (다)의 결과, Ⅰ이 Ⅱ보다 높게 나타났다. Ⅰ과 Ⅱ는 ㉠과 ㉡을 순서 없이 나타낸 것이다.
> (마) 초파리는 짝짓기 상대로 서로 다른 종류의 먹이를 먹고 자 란 개체보다 같은 먹이를 먹고 자란 개체를 선호한다는 결 론을 내렸다.

이 자료에 대한 설명으로 옳은 것만을 〈보기〉에서 있는 대로 고른 것은? [3점]

〈 보기 〉
ㄱ. 연역적 탐구 방법이 이용되었다.
ㄴ. 조작 변인은 짝짓기 빈도이다.
ㄷ. Ⅰ은 ㉡이다.

① ㄱ   ② ㄴ   ③ ㄷ   ④ ㄱ, ㄴ   ⑤ ㄱ, ㄷ

06 대표 문제
2021학년도 9월 모평 1번

다음은 어떤 과학자가 수행한 탐구이다.

> (가) 서식 환경과 비슷한 털색을 갖는 생쥐가 포식자의 눈에 잘 띄지 않아 생존에 유리할 것이라고 생각했다.
> (나) ㉠ 갈색 생쥐 모형과 ㉡ 흰색 생쥐 모형을 준비해서 지역 A 와 B 각각에 두 모형을 설치했다. A와 B는 각각 갈색 모래 지역과 흰색 모래 지역 중 하나이다.
> (다) A에서는 ㉠이 ㉡보다, B에서는 ㉡이 ㉠보다 포식자로부터 더 많은 공격을 받았다.
> (라) ⓐ 서식 환경과 비슷한 털색을 갖는 생쥐가 생존에 유리하다 는 결론을 내렸다.

이 자료에 대한 설명으로 옳은 것만을 〈보기〉에서 있는 대로 고른 것은?

〈 보기 〉
ㄱ. A는 갈색 모래 지역이다.
ㄴ. 연역적 탐구 방법이 이용되었다.
ㄷ. ⓐ는 생물의 특성 중 적응과 진화의 예에 해당한다.

① ㄱ   ② ㄴ   ③ ㄱ, ㄷ   ④ ㄴ, ㄷ   ⑤ ㄱ, ㄴ, ㄷ

11
2022학년도 6월 모평 20번

다음은 초식 동물 종 A와 식물 종 P의 상호 작용에 대해 어떤 과학자 가 수행한 탐구이다.

> (가) P가 사는 지역에 A가 유입된 후 P의 가시의 수가 많아진 것 을 관찰하고, A가 P를 뜯어 먹으면 P의 가시의 수가 많아 질 것이라고 생각했다.
> (나) 같은 지역에 서식하는 P를 집 단 ㉠과 ㉡로 나눈 후, ㉠에만 A의 접근을 차단하여 P를 뜯어 먹지 못하도록 했다.
> (다) 일정 시간이 지난 후, P의 가시의 수는 Ⅰ에서가 Ⅱ에서보 다 많았다. Ⅰ과 Ⅱ는 ㉠과 ㉡을 순서 없이 나타낸 것이다.
> (라) A가 P를 뜯어 먹으면 P의 가시의 수가 많아진다는 결론을 내렸다.

가시

이 자료에 대한 설명으로 옳은 것만을 〈보기〉에서 있는 대로 고른 것은? [3점]

〈 보기 〉
ㄱ. Ⅱ는 ㉠이다.
ㄴ. 연역적 탐구 방법이 이용되었다.
ㄷ. 조작 변인은 P의 가시의 수이다.

① ㄱ   ② ㄷ   ③ ㄱ, ㄴ   ④ ㄴ, ㄷ   ⑤ ㄱ, ㄴ, ㄷ

07
2021학년도 6월 모평 20번

다음은 먹이 섭취량이 동물 종 ⓐ의 생존에 미치는 영향을 알아보기 위 한 실험이다.

> [실험 과정]
> (가) 유전적으로 동일하고 같은 시기에 태어난 ⓐ의 수컷 개체 200마리를 준비하여, 100마리씩 집단 A와 B로 나눈다.
> (나) A에는 충분한 양의 먹이를 제공하고 B에는 먹이 섭취량을 제한하면서 배양한다. 한 개체당 먹이 섭취량은 A의 개체 가 B의 개체보다 많다.
> (다) A와 B에서 시간에 따른 ⓐ의 생존 개체 수를 조사한다.
>
> [실험 결과]
> 그림은 A와 B에서 시간에 따른 ⓐ의 생존 개체 수를 나 타낸 것이다.

이 자료에 대한 설명으로 옳은 것만을 〈보기〉에서 있는 대로 고른 것 은? (단, 제시된 조건 이외는 고려하지 않는다.) [3점]

〈 보기 〉
ㄱ. 이 실험에서의 조작 변인은 ⓐ의 생존 개체 수이다.
ㄴ. 구간 Ⅰ에서 사망한 ⓐ의 개체 수는 A에서가 B에서보다 많다.
ㄷ. 각 집단에서 ⓐ의 생존 개체 수가 50마리가 되는 데 걸린 시 간은 A에서가 B에서보다 길다.

① ㄱ   ② ㄴ   ③ ㄷ   ④ ㄱ, ㄴ   ⑤ ㄴ, ㄷ

01
2023학년도 10월 학평 3번

그림 (가)와 (나)는 연역적 탐구 방법과 귀납적 탐구 방법을 순서 없이 나타낸 것이다.

이에 대한 옳은 설명만을 〈보기〉에서 있는 대로 고른 것은?

〈 보기 〉
ㄱ. (가)는 귀납적 탐구 방법이다.
ㄴ. 여러 과학자가 생물을 관찰하여 생물은 세포로 이루어져 있다는 결론을 내리는 과정에 (가)가 사용되었다.
ㄷ. (나)에서는 대조 실험을 하여 결과의 타당성을 높인다.

① ㄱ   ② ㄷ   ③ ㄱ, ㄴ   ④ ㄴ, ㄷ   ⑤ ㄱ, ㄴ, ㄷ

02
2023학년도 3월 학평 6번

다음은 어떤 과학자가 수행한 탐구이다.

(가) 뒷날개에 긴 꼬리가 있는 나방이 박쥐에게 잡히지 않는 것을 보고, 긴 꼬리는 이 나방이 박쥐에게 잡히지 않는 데 도움이 된다고 생각했다.
(나) 이 나방을 집단 A와 B로 나눈 후 A에서는 긴 꼬리를 그대로 두고, B에서는 긴 꼬리를 제거했다.
(다) 일정 시간 박쥐에게 잡힌 나방의 비율은 ㉠이 ㉡보다 높았다. ㉠과 ㉡은 A와 B를 순서 없이 나타낸 것이다.
(라) 긴 꼬리는 이 나방이 박쥐에게 잡히지 않는 데 도움이 된다는 결론을 내렸다.

이 자료에 대한 옳은 설명만을 〈보기〉에서 있는 대로 고른 것은? [3점]

〈 보기 〉
ㄱ. ㉠은 B이다.
ㄴ. 연역적 탐구 방법이 이용되었다.
ㄷ. 박쥐에게 잡힌 나방의 비율은 종속변인이다.

① ㄱ   ② ㄷ   ③ ㄱ, ㄴ   ④ ㄴ, ㄷ   ⑤ ㄱ, ㄴ, ㄷ

03
2024학년도 3월 학평 10번

다음은 어떤 학생이 수행한 탐구의 일부이다.

(가) 밀웜이 스티로폼을 먹을 것이라고 생각했다.
(나) 상자 A와 B에 각각 스티로폼 50.00 g을 넣고 표와 같이 밀웜을 넣었다.

상자	A	B
밀웜의 수 (마리)	100	0

(다) 한 달간 매일 ㉠ 스티로폼의 질량을 측정한 결과, A에서만 ㉠이 하루 평균 0.03 g씩 감소했다.

이에 대한 옳은 설명만을 〈보기〉에서 있는 대로 고른 것은?

〈 보기 〉
ㄱ. 연역적 탐구 방법이 이용되었다.
ㄴ. 대조 실험이 수행되었다.
ㄷ. ㉠은 조작 변인이다.

① ㄱ   ② ㄷ   ③ ㄱ, ㄴ   ④ ㄴ, ㄷ   ⑤ ㄱ, ㄴ, ㄷ

04
2025학년도 6월 모평 6번

다음은 어떤 과학자가 수행한 탐구이다.

(가) 암이 있는 생쥐에서 면역 세포가 암세포를 인식하지 못해 암세포를 제거하지 못하는 것을 관찰하고, 면역 세포가 암세포를 인식하도록 도우면 암세포의 수가 줄어들 것이라고 생각했다.
(나) 동일한 암이 있는 생쥐 집단 Ⅰ과 Ⅱ를 준비하고, Ⅱ에만 ㉠ 면역 세포가 암세포를 인식하도록 돕는 물질을 주사했다.
(다) 일정 시간이 지난 후 Ⅰ과 Ⅱ에서 암세포의 수를 측정한 결과, ⓐ에서만 암세포의 수가 줄어들었다. ⓐ는 Ⅰ과 Ⅱ 중 하나이다.
(라) 암이 있는 생쥐에서 면역 세포가 암세포를 인식하도록 도우면 암세포의 수가 줄어든다는 결론을 내렸다.

이 자료에 대한 설명으로 옳은 것만을 〈보기〉에서 있는 대로 고른 것은? [3점]

〈 보기 〉
ㄱ. 조작 변인은 ㉠의 주사 여부이다.
ㄴ. ⓐ는 Ⅱ이다.
ㄷ. (라)는 탐구 과정 중 결론 도출 단계에 해당한다.

① ㄱ   ② ㄴ   ③ ㄱ, ㄷ   ④ ㄴ, ㄷ   ⑤ ㄱ, ㄴ, ㄷ

05

다음은 어떤 학생이 수행한 탐구 과정의 일부이다.

> (가) 콩에는 오줌 속의 요소를 분해하는 물질이 있을 것이라고
> 생각하였다.
> (나) 비커 Ⅰ과 Ⅱ에 표와 같이 물질을 넣은 후 BTB 용액을 첨
> 가한다.
>
> | 비커 | 물질 |
> |------|------|
> | Ⅰ | 오줌 20 mL+증류수 3 mL |
> | Ⅱ | 오줌 20 mL+증류수 1 mL+생콩즙 2 mL |
>
> (다) 일정 시간 간격으로 Ⅰ과 Ⅱ에 들어 있는 용액의 색깔 변화
> 를 관찰한다.

이에 대한 설명으로 옳은 것만을 〈보기〉에서 있는 대로 고른 것은?

〈 보기 〉
ㄱ. 이 탐구 과정은 귀납적 탐구 방법이다.
ㄴ. (나)에서 대조 실험을 수행하였다.
ㄷ. 생콩즙의 첨가 유무는 종속변인에 해당한다.

① ㄱ　　② ㄴ　　③ ㄷ　　④ ㄱ, ㄴ　　⑤ ㄴ, ㄷ

06 대표 문제

다음은 어떤 과학자가 수행한 탐구이다.

> (가) 서식 환경과 비슷한 털색을 갖는 생쥐가 포식자의 눈에 잘
> 띄지 않아 생존에 유리할 것이라고 생각했다.
> (나) ㉠ 갈색 생쥐 모형과 ㉡ 흰색 생쥐 모형을 준비해서 지역 A
> 와 B 각각에 두 모형을 설치했다. A와 B는 각각 갈색 모래
> 지역과 흰색 모래 지역 중 하나이다.
> (다) A에서는 ㉠이 ㉡보다, B에서는 ㉡이 ㉠보다 포식자로부터
> 더 많은 공격을 받았다.
> (라) ⓐ 서식 환경과 비슷한 털색을 갖는 생쥐가 생존에 유리하다
> 는 결론을 내렸다.

이 자료에 대한 설명으로 옳은 것만을 〈보기〉에서 있는 대로 고른 것은?

〈 보기 〉
ㄱ. A는 갈색 모래 지역이다.
ㄴ. 연역적 탐구 방법이 이용되었다.
ㄷ. ⓐ는 생물의 특성 중 적응과 진화의 예에 해당한다.

① ㄱ　　② ㄴ　　③ ㄱ, ㄷ　　④ ㄴ, ㄷ　　⑤ ㄱ, ㄴ, ㄷ

07

다음은 먹이 섭취량이 동물 종 ⓐ의 생존에 미치는 영향을 알아보기 위한 실험이다.

> [실험 과정]
> (가) 유전적으로 동일하고 같은 시기에 태어난 ⓐ의 수컷 개체
> 200마리를 준비하여, 100마리씩 집단 A와 B로 나눈다.
> (나) A에는 충분한 양의 먹이를 제공하고 B에는 먹이 섭취량을
> 제한하면서 배양한다. 한 개체당 먹이 섭취량은 A의 개체
> 가 B의 개체보다 많다.
> (다) A와 B에서 시간에 따른 ⓐ의 생존 개체 수를 조사한다.
>
> [실험 결과]
> 그림은 A와 B에서 시간에
> 따른 ⓐ의 생존 개체 수를 나
> 타낸 것이다.
>
>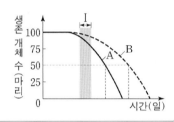

이 자료에 대한 설명으로 옳은 것만을 〈보기〉에서 있는 대로 고른 것은? (단, 제시된 조건 이외는 고려하지 않는다.) [3점]

〈 보기 〉
ㄱ. 이 실험에서의 조작 변인은 ⓐ의 생존 개체 수이다.
ㄴ. 구간 Ⅰ에서 사망한 ⓐ의 개체 수는 A에서가 B에서보다 많다.
ㄷ. 각 집단에서 ⓐ의 생존 개체 수가 50마리가 되는 데 걸린 시
간은 A에서가 B에서보다 길다.

① ㄱ　　② ㄴ　　③ ㄷ　　④ ㄱ, ㄴ　　⑤ ㄴ, ㄷ

08

다음은 어떤 과학자가 수행한 탐구의 일부이다.

> (가) ㉠ 도마뱀 알 20개 중 10개는 27 ℃에, 나머지 10개는 33 ℃
> 에 두었다.
> (나) ㉡ 일정 시간이 지난 후 알에서 자란 새끼가 부화하면, 알을
> 둔 온도별로 새끼의 성별을 확인하였다.

이에 대한 옳은 설명만을 〈보기〉에서 있는 대로 고른 것은?

〈 보기 〉
ㄱ. ㉠은 세포로 구성된다.
ㄴ. 알을 둔 온도는 조작 변인이다.
ㄷ. ㉡은 생물의 특성 중 발생의 예이다.

① ㄱ　　② ㄴ　　③ ㄱ, ㄷ　　④ ㄴ, ㄷ　　⑤ ㄱ, ㄴ, ㄷ

09

다음은 철수가 수행한 탐구 과정의 일부를 순서 없이 나타낸 것이다.

> (가) 화분 A~C를 준비하여 A에는 염기성 토양을, B에는 중성 토양을, C에는 산성 토양을 각각 500 g씩 넣은 후 수국을 심었다.
>
> (나) 일정 기간이 지난 후 ⊙ 수국의 꽃 색깔을 확인하였더니 A 에서는 붉은색, B에서는 흰색, C에서는 푸른색으로 나타났다.
>
> (다) 서로 다른 지역에 서식하는 수국의 꽃 색깔이 다른 것을 관찰하고 의문이 생겼다.
>
> (라) 토양의 pH에 따라 수국의 꽃 색깔이 다를 것이라고 생각하였다.

이 자료에 대한 설명으로 옳은 것만을 〈보기〉에서 있는 대로 고른 것은?

> ─〈 보기 〉─
> ㄱ. ⊙은 종속변인이다.
> ㄴ. 연역적 탐구 방법이 이용되었다.
> ㄷ. 탐구는 (다) → (라) → (가) → (나) 순으로 진행되었다.

① ㄱ   ② ㄷ   ③ ㄱ, ㄴ   ④ ㄴ, ㄷ   ⑤ ㄱ, ㄴ, ㄷ

10

다음은 어떤 과학자가 수행한 탐구이다.

> (가) 딱총새우가 서식하는 산호의 주변에는 산호의 천적인 불가사리가 적게 관찰되는 것을 보고, 딱총새우가 산호를 불가사리로부터 보호해 줄 것이라고 생각했다.
>
> (나) 같은 지역에 있는 산호들을 집단 A와 B로 나눈 후, A에서는 딱총새우를 그대로 두고, B에서는 딱총새우를 제거하였다.
>
> (다) 일정 시간 동안 불가사리에게 잡아먹힌 산호의 비율은 ⊙에서가 ⓒ에서보다 높았다. ⊙과 ⓒ은 A와 B를 순서 없이 나타낸 것이다.
>
> (라) 산호에 서식하는 딱총새우가 산호를 불가사리로부터 보호해 준다는 결론을 내렸다.

이 자료에 대한 설명으로 옳은 것만을 〈보기〉에서 있는 대로 고른 것은? [3점]

> ─〈 보기 〉─
> ㄱ. ⊙은 A이다.
> ㄴ. (나)에서 조작 변인은 딱총새우의 제거 여부이다.
> ㄷ. (다)에서 불가사리와 산호 사이의 상호 작용은 포식과 피식에 해당한다.

① ㄱ   ② ㄷ   ③ ㄱ, ㄴ   ④ ㄴ, ㄷ   ⑤ ㄱ, ㄴ, ㄷ

11

다음은 초식 동물 종 A와 식물 종 P의 상호 작용에 대해 어떤 과학자가 수행한 탐구이다.

> (가) P가 사는 지역에 A가 유입된 후 P의 가시의 수가 많아진 것을 관찰하고, A가 P를 뜯어 먹으면 P의 가시의 수가 많아질 것이라고 생각했다.
> 가시
>
> (나) 같은 지역에 서식하는 P를 집단 ⊙과 ⓒ으로 나눈 후, ⊙에만 A의 접근을 차단하여 P를 뜯어 먹지 못하도록 했다.
>
> (다) 일정 시간이 지난 후, P의 가시의 수는 Ⅰ에서가 Ⅱ에서보다 많았다. Ⅰ과 Ⅱ는 ⊙과 ⓒ을 순서 없이 나타낸 것이다.
>
> (라) A가 P를 뜯어 먹으면 P의 가시의 수가 많아진다는 결론을 내렸다.

이 자료에 대한 설명으로 옳은 것만을 〈보기〉에서 있는 대로 고른 것은? [3점]

> ─〈 보기 〉─
> ㄱ. Ⅱ는 ⊙이다.
> ㄴ. 연역적 탐구 방법이 이용되었다.
> ㄷ. 조작 변인은 P의 가시의 수이다.

① ㄱ   ② ㄷ   ③ ㄱ, ㄴ   ④ ㄴ, ㄷ   ⑤ ㄱ, ㄴ, ㄷ

12

다음은 어떤 과학자가 수행한 탐구이다.

(가) 초파리는 짝짓기 상대로 서로 다른 종류의 먹이를 먹고 자란 개체보다 같은 먹이를 먹고 자란 개체를 선호할 것이라고 생각했다.

(나) 초파리를 두 집단 A와 B로 나눈 후 A는 먹이 ⓐ를, B는 먹이 ⓑ를 주고 배양했다. ⓐ와 ⓑ는 서로 다른 종류의 먹이다.

(다) 여러 세대를 배양한 후, ㉠ 같은 먹이를 먹고 자란 초파리 사이에서의 짝짓기 빈도와 ㉡ 서로 다른 종류의 먹이를 먹고 자란 초파리 사이에서의 짝짓기 빈도를 관찰했다.

(라) (다)의 결과, Ⅰ이 Ⅱ보다 높게 나타났다. Ⅰ과 Ⅱ는 ㉠과 ㉡을 순서 없이 나타낸 것이다.

(마) 초파리는 짝짓기 상대로 서로 다른 종류의 먹이를 먹고 자란 개체보다 같은 먹이를 먹고 자란 개체를 선호한다는 결론을 내렸다.

이 자료에 대한 설명으로 옳은 것만을 〈보기〉에서 있는 대로 고른 것은? [3점]

〈 보기 〉
ㄱ. 연역적 탐구 방법이 이용되었다.
ㄴ. 조작 변인은 짝짓기 빈도이다.
ㄷ. Ⅰ은 ㉡이다.

① ㄱ   ② ㄴ   ③ ㄷ   ④ ㄱ, ㄴ   ⑤ ㄱ, ㄷ

13

다음은 곰팡이 ㉠과 옥수수를 이용한 탐구의 일부를 순서 없이 나타낸 것이다.

(가) '㉠이 옥수수의 생장을 촉진한다.'라고 결론을 내렸다.

(나) 생장이 빠른 옥수수의 뿌리에 ㉠이 서식하는 것을 관찰하고, ㉠이 옥수수의 생장에 영향을 미칠 것으로 생각했다.

(다) ㉠이 서식하는 옥수수 10 개체와 ㉠이 제거된 옥수수 10 개체를 같은 조건에서 배양하면서 질량 변화를 측정했다.

이에 대한 옳은 설명만을 〈보기〉에서 있는 대로 고른 것은? [3점]

〈 보기 〉
ㄱ. 옥수수에서 ㉠의 제거 여부는 종속변인이다.
ㄴ. 이 탐구에서는 대조 실험이 수행되었다.
ㄷ. 탐구는 (나) → (다) → (가)의 순으로 진행되었다.

① ㄱ   ② ㄷ   ③ ㄱ, ㄴ   ④ ㄴ, ㄷ   ⑤ ㄱ, ㄴ, ㄷ

14

다음은 어떤 과학자가 수행한 탐구이다.

(가) 바다 달팽이가 갉아 먹던 갈조류를 다 먹지 않고 이동하여 다른 갈조류를 먹는 것을 관찰하였다.

(나) ㉠ 바다 달팽이가 갉아 먹은 갈조류에서 바다 달팽이가 기피하는 물질 X의 생성이 촉진될 것이라는 가설을 세웠다.

(다) 갈조류를 두 집단 ⓐ와 ⓑ로 나눠 한 집단만 바다 달팽이가 갉아 먹도록 한 후, ⓐ와 ⓑ 각각에서 X의 양을 측정하였다.

(라) 단위 질량당 X의 양은 ⓑ에서가 ⓐ에서보다 많았다.

(마) 바다 달팽이가 갉아 먹은 갈조류에서 X의 생성이 촉진된다는 결론을 내렸다.

이 자료에 대한 설명으로 옳은 것만을 〈보기〉에서 있는 대로 고른 것은? [3점]

〈 보기 〉
ㄱ. ㉠은 (가)에서 관찰한 현상을 설명할 수 있는 잠정적인 결론(잠정적인 답)에 해당한다.
ㄴ. (다)에서 대조 실험이 수행되었다.
ㄷ. (라)의 ⓐ는 바다 달팽이가 갉아 먹은 갈조류 집단이다.

① ㄱ   ② ㄷ   ③ ㄱ, ㄴ   ④ ㄴ, ㄷ   ⑤ ㄱ, ㄴ, ㄷ

15

다음은 어떤 과학자가 수행한 탐구이다.

(가) 벼가 잘 자라지 못하는 논에 벼를 갉아먹는 왕우렁이의 개체 수가 많은 것을 관찰하고, 왕우렁이의 포식자인 자라를 논에 넣어주면 벼의 생물량이 증가할 것이라고 생각했다.

(나) 같은 지역의 면적이 동일한 논 A와 B에 각각 같은 수의 왕우렁이를 넣은 후, A에만 자라를 풀어놓았다.

(다) 일정 시간이 지난 후 조사한 왕우렁이의 개체 수는 ㉠에서가 ㉡에서보다 적었고, 벼의 생물량은 ㉠에서가 ㉡에서보다 많았다. ㉠과 ㉡은 A와 B를 순서 없이 나타낸 것이다.

(라) 자라가 왕우렁이의 개체 수를 감소시켜 벼의 생물량이 증가한다는 결론을 내렸다.

이 자료에 대한 설명으로 옳은 것만을 〈보기〉에서 있는 대로 고른 것은? [3점]

〈 보기 〉
ㄱ. ㉡은 B이다.
ㄴ. 조작 변인은 벼의 생물량이다.
ㄷ. ㉠에서 왕우렁이 개체군에 환경 저항이 작용하였다.

① ㄱ   ② ㄴ   ③ ㄱ, ㄷ   ④ ㄴ, ㄷ   ⑤ ㄱ, ㄴ, ㄷ

16

다음은 어떤 과학자가 수행한 탐구 과정의 일부이다.

(가) 동물 X는 사료 외에 플라스틱도 먹이로 섭취하여 에너지를 얻을 수 있을 것이라고 생각했다.

(나) 동일한 조건의 X를 각각 20마리씩 세 집단 A, B, C로 나눈 후 A에는 물과 사료를, B에는 물과 플라스틱을, C에는 물만 주었다.

(다) 일정 기간이 지난 후 ㉠ X의 평균 체중을 확인한 결과 A에서는 증가했고, B에서는 유지되었으며, C에서는 감소했다.

이 자료에 대한 설명으로 옳은 것만을 〈보기〉에서 있는 대로 고른 것은?

─〈 보기 〉─
ㄱ. ㉠은 조작 변인이다.
ㄴ. 연역적 탐구 방법이 이용되었다.
ㄷ. (나)에서 대조 실험이 수행되었다.

① ㄱ ② ㄴ ③ ㄱ, ㄷ ④ ㄴ, ㄷ ⑤ ㄱ, ㄴ, ㄷ

17

다음은 어떤 과학자가 수행한 탐구이다.

(가) 아스피린은 사람의 세포에서 통증을 유발하는 물질 X의 생성을 억제할 것으로 생각하였다.

(나) 사람에서 얻은 세포를 집단 ㉠과 ㉡으로 나눈 후 둘 중 하나에 아스피린 처리를 하였다.

(다) ㉠과 ㉡에서 단위 시간당 X의 생성량을 측정한 결과는 그림과 같았다.

(라) 아스피린은 X의 생성을 억제한다는 결론을 내렸다.

이에 대한 옳은 설명만을 〈보기〉에서 있는 대로 고른 것은? (단, 아스피린 처리의 여부 이외의 조건은 같다.) [3점]

─〈 보기 〉─
ㄱ. 대조 실험이 수행되었다.
ㄴ. 아스피린 처리의 여부는 종속변인이다.
ㄷ. 아스피린 처리를 한 집단은 ㉠이다.

① ㄱ ② ㄴ ③ ㄷ ④ ㄱ, ㄴ ⑤ ㄱ, ㄷ

18

다음은 어떤 과학자가 수행한 탐구이다.

(가) 물질 X가 살포된 지역에서 비정상적인 생식 기관을 갖는 수컷 개구리가 많은 것을 관찰하고, X가 수컷 개구리의 생식 기관에 기형을 유발할 것이라고 생각했다.

(나) X에 노출된 적이 없는 올챙이를 집단 A와 B로 나눈 후 A에만 X를 처리했다.

(다) 일정 시간이 지난 후, ㉠과 ㉡ 각각의 수컷 개구리 중 비정상적인 생식 기관을 갖는 개체의 빈도를 조사한 결과는 그림과 같다. ㉠과 ㉡은 A와 B를 순서 없이 나타낸 것이다.

(라) X가 수컷 개구리의 생식 기관에 기형을 유발한다는 결론을 내렸다.

이 자료에 대한 설명으로 옳은 것만을 〈보기〉에서 있는 대로 고른 것은? [3점]

─〈 보기 〉─
ㄱ. ㉠은 B이다.
ㄴ. 연역적 탐구 방법이 이용되었다.
ㄷ. (나)에서 조작 변인은 X의 처리 여부이다.

① ㄱ ② ㄴ ③ ㄱ, ㄷ ④ ㄴ, ㄷ ⑤ ㄱ, ㄴ, ㄷ

19

다음은 어떤 과학자가 수행한 탐구의 일부이다.

(가) 식물 주변 O_2 농도가 높을수록 식물의 CO_2 흡수량이 많을 것으로 생각하였다.

(나) 같은 종의 식물 집단 A와 B를 준비하고, 표와 같은 조건에서 일정 기간 기르면서 측정한 CO_2 흡수량은 그림과 같았다. ㉠과 ㉡은 각각 A와 B 중 하나이다.

집단	주변 O_2 농도
A	1 %
B	21 %

(다) 가설과 맞지 않는 결과가 나와 가설을 수정하였다.

이에 대한 옳은 설명만을 〈보기〉에서 있는 대로 고른 것은? [3점]

〈 보기 〉
ㄱ. 연역적 탐구 방법이 이용되었다.
ㄴ. 주변 O_2 농도는 종속변인이다.
ㄷ. ㉠은 A이다.

① ㄱ   ② ㄴ   ③ ㄷ   ④ ㄱ, ㄴ   ⑤ ㄱ, ㄷ

20

다음은 동물 종 A에 대해 어떤 과학자가 수행한 탐구이다.

(가) A의 수컷 꼬리에 긴 장식물이 있는 것을 관찰하고, ㉠ A의 암컷은 꼬리 장식물의 길이가 긴 수컷을 배우자로 선호할 것이라는 가설을 세웠다.

(나) 꼬리 장식물의 길이가 긴 수컷 집단 I과 꼬리 장식물의 길이가 짧은 수컷 집단 II에서 각각 한 마리씩 골라 암컷 한 마리와 함께 두고, 암컷이 어떤 수컷을 배우자로 선택하는지 관찰하였다.

(다) (나)의 과정을 반복하여 얻은 결과, I의 개체가 선택된 비율이 II의 개체가 선택된 비율보다 높았다.

(라) A의 암컷은 꼬리 장식물의 길이가 긴 수컷을 배우자로 선호한다는 결론을 내렸다.

이 자료에 대한 설명으로 옳은 것만을 〈보기〉에서 있는 대로 고른 것은? [3점]

〈 보기 〉
ㄱ. ㉠은 관찰한 현상을 설명할 수 있는 잠정적인 결론(잠정적인 답)에 해당한다.
ㄴ. 조작 변인은 암컷이 I의 개체를 선택한 비율이다.
ㄷ. (라)는 탐구 과정 중 결론 도출 단계에 해당한다.

① ㄱ   ② ㄴ   ③ ㄱ, ㄷ   ④ ㄴ, ㄷ   ⑤ ㄱ, ㄴ, ㄷ

21

다음은 어떤 과학자가 수행한 탐구 과정의 일부이다.

(가) '황조롱이는 양육하는 새끼 수가 많을수록 부모 새의 생존율이 낮아질 것이다.'라고 생각하였다.

(나) 황조롱이를 세 집단 A~C로 나눈 후 표와 같이 각 집단의 둥지당 새끼 수를 다르게 하였다.

집단	A	B	C
둥지당 새끼 수	3	5	7

(다) 일정 시간이 지난 후 A~C에서 ㉠부모 새의 생존율을 조사하여 그래프로 나타내었다. I~III은 A~C를 순서 없이 나타낸 것이다.

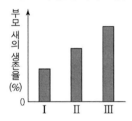

(라) 황조롱이는 양육하는 새끼 수가 많을수록 부모 새의 생존율이 낮아진다는 결론을 내렸다.

이에 대한 설명으로 옳은 것만을 〈보기〉에서 있는 대로 고른 것은? [3점]

〈 보기 〉
ㄱ. (가)는 가설 설정 단계이다.
ㄴ. ㉠은 종속변인이다.
ㄷ. III은 C이다.

① ㄱ   ② ㄷ   ③ ㄱ, ㄴ   ④ ㄴ, ㄷ   ⑤ ㄱ, ㄴ, ㄷ

22

다음은 어떤 과학자가 수행한 탐구이다.

> (가) 갑오징어가 먹이의 많고 적음을 구분하여 먹이가 더 많은 곳으로 이동할 것이라고 생각했다.
>
> (나) 그림과 같이 대형 수조 안에 서로 다른 양의 먹이가 들어 있는 수조 A와 B를 준비했다.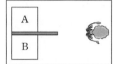
>
> (다) 갑오징어 1마리를 대형 수조에 넣고 A와 B 중 어느 수조로 이동하는지 관찰했다.
>
> (라) 여러 마리의 갑오징어로 (다)의 과정을 반복하여 ⓐ A와 B 각각으로 이동한 갑오징어 개체의 빈도를 조사한 결과는 그림과 같다.
>
> (마) 갑오징어가 먹이의 많고 적음을 구분하여 먹이가 더 많은 곳으로 이동한다는 결론을 내렸다.

이 자료에 대한 설명으로 옳은 것만을 〈보기〉에서 있는 대로 고른 것은?

〈 보기 〉
ㄱ. ⓐ는 조작 변인이다.
ㄴ. 먹이의 양은 B에서가 A에서보다 많다.
ㄷ. (마)는 탐구 과정 중 결론 도출 단계에 해당한다.

① ㄱ   ② ㄷ   ③ ㄱ, ㄴ   ④ ㄱ, ㄷ   ⑤ ㄴ, ㄷ

23

다음은 어떤 과학자가 수행한 탐구 과정의 일부이다.

> (가) 비둘기가 포식자인 참매가 있는 지역에서 무리지어 활동하는 모습을 관찰하였다.
>
> (나) 비둘기 무리의 개체 수가 많을수록, 비둘기 무리가 참매를 발견했을 때의 거리(d)가 클 것이라고 생각하였다.
>
>
>
> (다) 비둘기 무리의 개체 수를 표와 같이 달리하여 집단 A~C로 나눈 후, 참매를 풀어놓았다.
>
> | 집단 | A | B | C |
> |------|---|----|----|
> | 개체 수 | 5 | 25 | 50 |
>
> (라) 그림은 A~C에서 ㉠ 비둘기 무리가 참매를 발견했을 때의 거리(d)를 나타낸 것이다.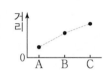

이 자료에 대한 설명으로 옳은 것만을 〈보기〉에서 있는 대로 고른 것은? [3점]

〈 보기 〉
ㄱ. (가)는 관찰한 현상을 설명할 수 있는 잠정적인 결론을 설정하는 단계이다.
ㄴ. ㉠은 조작 변인이다.
ㄷ. (다)의 C에 환경 저항이 작용한다.

① ㄱ   ② ㄷ   ③ ㄱ, ㄴ   ④ ㄴ, ㄷ   ⑤ ㄱ, ㄴ, ㄷ

24

다음은 어떤 과학자가 수행한 탐구이다.

(가) 해조류를 먹지 않는 돌돔이 서식하는 지역에서 해조류를 먹는 성게의 개체 수가 적게 관찰되는 것을 보고, 돌돔이 있으면 성게에게 먹히는 해조류의 양이 감소할 것이라고 생각했다.

(나) 같은 양의 해조류가 있는 지역 A와 B에 동일한 개체 수의 성게를 각각 넣은 후 ㉠에만 돌돔을 넣었다. ㉠은 A와 B 중 하나이다.

(다) 일정 시간이 지난 후 남아 있는 해조류의 양은 A에서가 B에서보다 많았다.

(라) 돌돔이 있으면 성게에게 먹히는 해조류의 양이 감소한다는 결론을 내렸다.

이 자료에 대한 설명으로 옳은 것만을 〈보기〉에서 있는 대로 고른 것은? (단, 제시된 조건 이외는 고려하지 않는다.)

〈 보기 〉
ㄱ. ㉠은 B이다.
ㄴ. 종속변인은 돌돔의 유무이다.
ㄷ. 연역적 탐구 방법이 이용되었다.

① ㄱ   ② ㄷ   ③ ㄱ, ㄴ   ④ ㄱ, ㄷ   ⑤ ㄴ, ㄷ

25

다음은 플랑크톤에서 분비되는 독소 ㉠과 세균 S에 대해 어떤 과학자가 수행한 탐구이다.

(가) S의 밀도가 낮은 호수에서보다 높은 호수에서 ㉠의 농도가 낮은 것을 관찰하고, S가 ㉠을 분해할 것이라고 생각했다.

(나) 같은 농도의 ㉠이 들어 있는 수조 Ⅰ과 Ⅱ를 준비하고 한 수조에만 S를 넣었다. 일정 시간이 지난 후 Ⅰ과 Ⅱ 각각에 남아 있는 ㉠의 농도를 측정했다.

(다) 수조에 남아 있는 ㉠의 농도는 Ⅰ에서가 Ⅱ에서보다 높았다.

(라) S가 ㉠을 분해한다는 결론을 내렸다.

이 자료에 대한 설명으로 옳은 것만을 〈보기〉에서 있는 대로 고른 것은? [3점]

〈 보기 〉
ㄱ. (나)에서 대조 실험이 수행되었다.
ㄴ. 조작 변인은 수조에 남아 있는 ㉠의 농도이다.
ㄷ. S를 넣은 수조는 Ⅰ이다.

① ㄱ   ② ㄴ   ③ ㄱ, ㄷ   ④ ㄴ, ㄷ   ⑤ ㄱ, ㄴ, ㄷ

다음은 어떤 과학자가 수행한 탐구이다.

(가) 유채가 꽃을 피우는 기간에 기온이 높으면 유채꽃에 곤충이 덜 오는 것을 관찰하였다.

(나) ㉠유채가 꽃을 피우는 기간에 평균 기온보다 온도가 높으면 유채꽃에서 곤충을 유인하는 물질의 방출량이 감소할 것이라고 생각하였다.

(다) 유채를 집단 A와 B로 나눠 꽃을 피우는 기간 동안 온도 조건을 A는 ⓐ로, B는 ⓑ로 한 후, A와 B 각각에서 곤충을 유인하는 물질의 방출량을 측정하여 그래프로 나타내었다. ⓐ와 ⓑ는 '평균 기온과 같음'과 '평균 기온보다 높음'을 순서 없이 나타낸 것이다.

(라) 유채가 꽃을 피우는 기간에 평균 기온보다 온도가 높으면 유채꽃에서 곤충을 유인하는 물질의 방출량이 감소한다는 결론을 내렸다.

이에 대한 설명으로 옳은 것만을 〈보기〉에서 있는 대로 고른 것은? [3점]

〈 보기 〉

ㄱ. ㉠은 (가)에서 관찰한 현상을 설명할 수 있는 잠정적인 결론에 해당한다.

ㄴ. ⓐ는 '평균 기온보다 높음'이다.

ㄷ. 연역적 탐구 방법이 이용되었다.

---

① ㄱ   ② ㄴ   ③ ㄱ, ㄷ   ④ ㄴ, ㄷ   ⑤ ㄱ, ㄴ, ㄷ

다음은 어떤 과학자가 수행한 탐구이다.

(가) 개미가 서식하는 쇠뿔아카시아에서는 쇠뿔아카시아를 먹는 곤충 X가 적게 관찰되는 것을 보고, 개미가 X의 접근을 억제할 것이라고 생각했다.

(나) 같은 지역에 있는 쇠뿔아카시아를 집단 A와 B로 나눈 후 A에서만 개미를 지속적으로 제거하였다.

(다) 일정 시간이 지난 후 ㉠과 ㉡에서 관찰되는 X의 수를 조사한 결과는 그림과 같다. ㉠과 ㉡은 A와 B를 순서 없이 나타낸 것이다.

(라) 쇠뿔아카시아에 서식하는 개미가 X의 접근을 억제한다는 결론을 내렸다.

이 자료에 대한 설명으로 옳은 것만을 〈보기〉에서 있는 대로 고른 것은?
[3점]

〈 보기 〉

ㄱ. ㉠은 A이다.

ㄴ. (나)에서 대조 실험이 수행되었다.

ㄷ. (다)에서 X의 수는 조작 변인이다.

---

① ㄱ   ② ㄴ   ③ ㄷ   ④ ㄱ, ㄴ   ⑤ ㄴ, ㄷ

28

다음은 물질 X에 대해 어떤 과학자가 수행한 탐구의 일부이다.

> (가) X가 개미의 학습 능력을 향상시킬 것이라고 생각했다.
> (나) 개미를 두 집단 A와 B로 나누고, A는 X가 함유되지 않은 설탕물을, B는 X가 함유된 설탕물을 먹였다.
> (다) A와 B의 개미가 일정한 위치에 있는 먹이를 찾아가는 실험을 여러 번 반복 수행하면서 먹이에 도달하기까지 걸린 시간을 측정하였다.
> (라) (다)의 결과 먹이에 도달하기까지 걸린 시간이 ㉠에서는 점점 감소하였고, ㉡에서는 변화가 없었다. ㉠과 ㉡은 A와 B를 순서 없이 나타낸 것이다.
> (마) X가 개미의 학습 능력을 향상시킨다는 결론을 내렸다.

이 자료에 대한 옳은 설명만을 〈보기〉에서 있는 대로 고른 것은? [3점]

> ─── 〈 보기 〉 ───
> ㄱ. ㉠은 A이다.
> ㄴ. 조작 변인은 먹이에 도달하기까지 걸린 시간이다.
> ㄷ. 연역적 탐구 방법이 이용되었다.

① ㄱ ② ㄷ ③ ㄱ, ㄴ ④ ㄱ, ㄷ ⑤ ㄴ, ㄷ

29

다음은 숲 F에서 새와 박쥐가 곤충 개체 수 감소에 미치는 영향을 알아보기 위한 탐구이다.

> (가) F를 동일한 조건의 구역 ⓐ~ⓒ로 나눈 후, ⓐ에는 새와 박쥐의 접근을 차단하지 않았고, ⓑ에는 새의 접근만 차단하였으며, ⓒ에는 박쥐의 접근만 차단하였다.
> (나) 일정 시간이 지난 후, ⓐ~ⓒ에서 곤충 개체 수를 조사한 결과는 그림과 같다.

이 자료에 대한 설명으로 옳은 것만을 〈보기〉에서 있는 대로 고른 것은? (단, 제시된 조건 이외는 고려하지 않는다.) [3점]

> ─── 〈 보기 〉 ───
> ㄱ. 조작 변인은 곤충 개체 수이다.
> ㄴ. ⓒ에서 곤충에 환경 저항이 작용하였다.
> ㄷ. 곤충 개체 수 감소에 미치는 영향은 새가 박쥐보다 크다.

① ㄱ ② ㄴ ③ ㄷ ④ ㄱ, ㄷ ⑤ ㄴ, ㄷ

한눈에 정리하는
평가원 기출 경향

주제 \ 학년도	**2025**		**2024**

물질대사 (빈출)

43   2025학년도 수능 11번

사람에서 일어나는 물질대사에 대한 설명으로 옳은 것을 〈보기〉에서 있는 대로 고른 것은?

〈보기〉
ㄱ. 녹말이 포도당으로 분해되는 과정에서 이화 작용이 일어난다.
ㄴ. 암모니아가 요소로 전환되는 과정에서 효소가 이용된다.
ㄷ. 지방이 세포 호흡에 사용된 결과 생성되는 노폐물에는 물과 이산화 탄소가 있다.

① ㄱ   ② ㄴ   ③ ㄱ, ㄷ   ④ ㄴ, ㄷ   ⑤ ㄱ, ㄴ, ㄷ

10   2025학년도 6월 모평 2번

그림은 사람에서 일어나는 물질대사 과정 I 과 II 를 나타낸 것이다. ⊙과 ⓒ은 암모니아와 이산화 탄소를 순서 없이 나타낸 것이다.

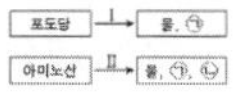

포도당 → ⊙ → 물
아미노산 → 물 → ⓒ

이에 대한 설명으로 옳은 것만을 〈보기〉에서 있는 대로 고른 것은?

〈보기〉
ㄱ. ⊙은 이산화 탄소이다.
ㄴ. 간에서 ⓒ이 요소로 전환된다.
ㄷ. I 과 II 에서 모두 이화 작용이 일어난다.

① ㄱ   ② ㄷ   ③ ㄱ, ㄴ   ④ ㄴ, ㄷ   ⑤ ㄱ, ㄴ, ㄷ

02   2024학년도 6월 모평 2번

다음은 사람에서 일어나는 물질대사에 대한 것이다.

(가) 단백질은 소화 과정을 거쳐 아미노산으로 분해된다.
(나) 포도당이 세포 호흡을 통해 분해된 결과 생성되는 노폐물에는 ⊙이 있다.

이에 대한 설명으로 옳은 것만을 〈보기〉에서 있는 대로 고른 것은? [3점]

〈보기〉
ㄱ. (가)에서 이화 작용이 일어난다.
ㄴ. 이산화 탄소는 ⊙에 해당한다.
ㄷ. (가)와 (나)에서 모두 효소가 이용된다.

① ㄱ   ② ㄷ   ③ ㄱ, ㄴ   ④ ㄴ, ㄷ   ⑤ ㄱ, ㄴ, ㄷ

08   2024학년도 수능 2번

다음은 사람에서 일어나는 물질대사에 대한 자료이다.

(가) 녹말이 소화 과정을 거쳐 포도당으로 분해된다.
(나) 포도당이 세포 호흡을 통해 물과 이산화 탄소로 분해된다.
(다) 포도당이 글리코젠으로 합성된다.

이에 대한 설명으로 옳은 것만을 〈보기〉에서 있는 대로 고른 것은?

〈보기〉
ㄱ. (가)에서 ⊙이 흡수된다.
ㄴ. (가)와 (나)에서 모두 이화 작용이 일어난다.
ㄷ. 글루카곤은 간에서 ⓒ을 촉진한다.

① ㄱ   ② ㄷ   ③ ㄱ, ㄴ   ④ ㄴ, ㄷ   ⑤ ㄱ, ㄴ, ㄷ

세포 호흡

19   2025학년도 9월 모평 2번

표는 사람에서 영양소 (가)와 (나)가 세포 호흡에 사용된 결과 생성되는 노폐물을 나타낸 것이다. (가)와 (나)는 단백질과 탄수화물을 순서 없이 나타낸 것이고, ⊙과 ⓒ은 암모니아와 이산화 탄소를 순서 없이 나타낸 것이다.

영양소	노폐물
(가)	물, ⊙
(나)	물, ⓒ

이에 대한 설명으로 옳은 것만을 〈보기〉에서 있는 대로 고른 것은?

〈보기〉
ㄱ. (가)는 단백질이다.
ㄴ. 호흡계를 통해 ⊙이 몸 밖으로 배출된다.
ㄷ. 사람에서 지방이 세포 호흡에 사용된 결과 생성되는 노폐물에는 ⓒ이 있다.

① ㄱ   ② ㄴ   ③ ㄷ   ④ ㄱ, ㄴ   ⑤ ㄱ, ㄷ

ATP와 ADP

대사성 질환

42   2025학년도 수능 2번

그림 (가)는 정상인 A와 B에서 시간에 따라 측정한 체중을, (나)는 시점 t_1과 t_2일 때 A와 B에서 측정한 혈중 지질 농도를 나타낸 것이다. A와 B는 '규칙적으로 운동을 한 사람'과 '운동을 하지 않은 사람'을 순서 없이 나타낸 것이다.

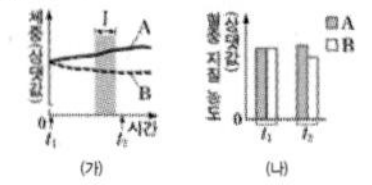

(가)   (나)

이 자료에 대한 설명으로 옳은 것만을 〈보기〉에서 있는 대로 고른 것은? (단, 제시된 조건 이외의 다른 조건은 동일하다.) [3점]

〈보기〉
ㄱ. B는 '규칙적으로 운동을 한 사람'이다.
ㄴ. 구간 I 에서 에너지 섭취량은 A에서 B보다 작다.
ㄷ. t_2일 때 혈중 지질 농도는 A에서 B보다 낮다.

① ㄱ   ② ㄷ   ③ ㄱ, ㄷ   ④ ㄴ, ㄷ   ⑤ ㄱ, ㄴ, ㄷ

39   2025학년도 9월 모평 12번

그림 (가)는 같은 종의 동물 A와 B 중 A에게는 충분히 먹이를 섭취하게 하고, B에게는 구간 I 에서만 적은 양의 먹이를 섭취하게 하면서 측정한 체중의 변화를, (나)는 시점 t_1과 t_2일 때 A와 B에서 측정한 체지방량을 나타낸 것이다. ⊙은 A와 B를 순서 없이 나타낸 것이다.

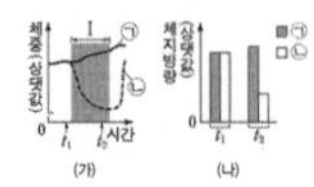

(가)   (나)

이 자료에 대한 설명으로 옳은 것만을 〈보기〉에서 있는 대로 고른 것은? (단, 제시된 조건 이외는 고려하지 않는다.) [3점]

〈보기〉
ㄱ. ⊙은 A이다.
ㄴ. 구간 I 에서 ⊙은 에너지 소비량이 에너지 섭취량보다 많다.
ㄷ. B의 체지방량은 t_1때가 t_2일 때보다 적다.

① ㄱ   ② ㄴ   ③ ㄷ   ④ ㄱ, ㄴ   ⑤ ㄱ, ㄷ

37   2024학년도 수능 5번

다음은 에너지 섭취와 소비에 대한 실험이다.

[실험 과정 및 결과]
(가) 유전적으로 동일하고 체중이 같은 생쥐 A~C를 준비한다.
(나) A와 B에게 고지방 사료를, C에게 일반 사료를 먹이면서 시간에 따른 A~C의 체중을 측정하고, t_1일 때부터 B에게만 운동을 시킨다.
(다) t_2일 때 A~C의 혈중 지질 농도를 측정한다.
(라) (나)와 (다)에서 측정한 결과는 그림과 같다. ⊙과 ⓒ은 A와 B를 순서 없이 나타낸 것이다.

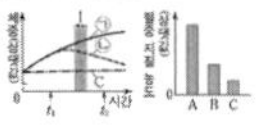

이에 대한 설명으로 옳은 것만을 〈보기〉에서 있는 대로 고른 것은? (단, 제시된 조건 이외는 고려하지 않는다.) [3점]

〈보기〉
ㄱ. ⊙은 A이다.
ㄴ. 구간 I 에서 B는 에너지 소비량이 에너지 섭취량보다 많다.
ㄷ. 대사성 질환 중에는 고지혈증이 있다.

① ㄱ   ② ㄴ   ③ ㄷ   ④ ㄱ, ㄴ   ⑤ ㄱ, ㄴ, ㄷ

2023

2022 ~ 2020

01
2023학년도 9월 모평 4번

사람에서 일어나는 물질대사에 대한 설명으로 옳은 것만을 〈보기〉에서 있는 대로 고른 것은?

〈보기〉
ㄱ. 지방이 분해되는 과정에서 이화 작용이 일어난다.
ㄴ. 단백질이 합성되는 과정에서 에너지의 흡수가 일어난다.
ㄷ. 포도당이 세포 호흡에 사용된 결과 생성되는 노폐물에는 이산화 탄소가 있다.

① ㄱ   ② ㄴ   ③ ㄱ, ㄷ   ④ ㄴ, ㄷ   ⑤ ㄱ, ㄴ, ㄷ

04
2022학년도 수능 2번

그림은 사람에서 일어나는 물질대사 과정 (가)와 (나)를 나타낸 것이다.
이에 대한 설명으로 옳은 것만을 〈보기〉에서 있는 대로 고른 것은?

아미노산 →(가)→ 단백질
암모니아 →(나)→ 요소

〈보기〉
ㄱ. (가)에서 동화 작용이 일어난다.
ㄴ. 간에서 (나)가 일어난다.
ㄷ. 포도당이 세포 호흡에 사용된 결과 생성되는 노폐물에는 ㉠이 있다.

① ㄱ   ② ㄴ   ③ ㄷ   ④ ㄱ, ㄴ   ⑤ ㄴ, ㄷ

09
2020학년도 9월 모평 5번

그림 (가)는 사람에서 녹말이 포도당으로 되는 과정을, (나)는 사람에서 세포 호흡을 통해 포도당으로부터 최종 분해 산물과 에너지가 생성되는 과정을 나타낸 것이다. ⓐ와 ⓑ는 CO₂와 O₂를 순서 없이 나타낸 것이다.

녹말 → 엿당 → 포도당   포도당 →세포 호흡→ 최종 분해 산물 ⓑ, H₂O

이에 대한 설명으로 옳은 것만을 〈보기〉에서 있는 대로 고른 것은? [3점]

〈보기〉
ㄱ. 엿당은 이당류에 속한다.
ㄴ. 호흡계를 통해 ⓑ가 몸 밖으로 배출된다.
ㄷ. (가)와 (나)에서 모두 이화 작용이 일어난다.

① ㄱ   ② ㄷ   ③ ㄱ, ㄴ   ④ ㄴ, ㄷ   ⑤ ㄱ, ㄴ, ㄷ

16
2023학년도 수능 3번

다음은 세포 호흡에 대한 자료이다. ㉠과 ㉡은 각각 ADP와 ATP 중 하나이다.

(가) 포도당은 세포 호흡을 통해 물과 이산화 탄소로 분해된다.
(나) 세포 호흡 과정에서 방출된 에너지의 일부는 ㉠에 저장되며, ㉠이 ㉡과 무기 인산(Pᵢ)으로 분해될 때 방출되는 에너지는 생명 활동에 사용된다.

이에 대한 설명으로 옳은 것만을 〈보기〉에서 있는 대로 고른 것은? [3점]

〈보기〉
ㄱ. (가)에서 이화 작용이 일어난다.
ㄴ. 미토콘드리아에서 ㉡이 ㉠으로 전환된다.
ㄷ. 포도당이 분해되어 생성된 에너지의 일부는 체온 유지에 사용된다.

① ㄱ   ② ㄴ   ③ ㄱ, ㄷ   ④ ㄴ, ㄷ   ⑤ ㄱ, ㄴ, ㄷ

15
2022학년도 9월 모평 7번

그림 (가)는 사람에서 녹말(다당류)이 포도당으로 되는 과정을, (나)는 미토콘드리아에서 일어나는 세포 호흡을 나타낸 것이다.

녹말 → 포도당   포도당 →(나)→ 에너지, 노폐물 O₂

이에 대한 설명으로 옳은 것만을 〈보기〉에서 있는 대로 고른 것은? [3점]

〈보기〉
ㄱ. (가)에서 이화 작용이 일어난다.
ㄴ. (나)에서 생성된 노폐물에는 CO₂가 있다.
ㄷ. (가)와 (나)에서 모두 효소가 이용된다.

① ㄱ   ② ㄷ   ③ ㄱ, ㄷ   ④ ㄴ, ㄷ   ⑤ ㄱ, ㄴ, ㄷ

13 대표 문제
2020학년도 6월 모평 3번

그림은 사람의 미토콘드리아에서 일어나는 세포 호흡을 나타낸 것이다.
이에 대한 설명으로 옳은 것만을 〈보기〉에서 있는 대로 고른 것은?

〈보기〉
ㄱ. 미토콘드리아에서 이화 작용이 일어난다.
ㄴ. ATP의 구성 원소에는 인(P)이 포함된다.
ㄷ. 포도당이 분해되어 생성된 에너지의 일부는 체온 유지에 이용된다.

① ㄱ   ② ㄷ   ③ ㄱ, ㄷ   ④ ㄴ, ㄷ   ⑤ ㄱ, ㄴ, ㄷ

22
2023학년도 6월 모평 2번

그림은 사람에서 세포 호흡을 통해 포도당으로부터 생성된 에너지가 생명 활동에 사용되는 과정을 나타낸 것이다. ⓐ와 ⓑ는 H₂O와 O₂를 순서 없이 나타낸 것이고, ㉠과 ㉡은 각각 ADP와 ATP 중 하나이다.
이에 대한 설명으로 옳은 것만을 〈보기〉에서 있는 대로 고른 것은?

〈보기〉
ㄱ. 세포 호흡에서 이화 작용이 일어난다.
ㄴ. 호흡계를 통해 ⓐ가 몸 밖으로 배출된다.
ㄷ. 근육 수축 과정에는 ㉠에 저장된 에너지가 사용된다.

① ㄱ   ② ㄴ   ③ ㄱ, ㄷ   ④ ㄴ, ㄷ   ⑤ ㄱ, ㄴ, ㄷ

20
2021학년도 6월 모평 2번

그림은 ATP와 ADP 사이의 전환을 나타낸 것이다.

이에 대한 설명으로 옳은 것만을 〈보기〉에서 있는 대로 고른 것은?

〈보기〉
ㄱ. ㉠은 ATP이다.
ㄴ. 미토콘드리아에서 과정 Ⅰ이 일어난다.
ㄷ. 과정 Ⅱ에서 인산 결합이 끊어진다.

① ㄱ   ② ㄷ   ③ ㄱ, ㄴ   ④ ㄴ, ㄷ   ⑤ ㄱ, ㄴ, ㄷ

33 대표 문제
2022학년도 수능 4번

그림은 사람 Ⅰ~Ⅲ의 에너지 소비량과 에너지 섭취량을, 표는 Ⅰ~Ⅲ의 에너지 소비량과 에너지 섭취량이 그림과 같이 일정 기간 동안 지속되었을 때 Ⅰ~Ⅲ의 체중 변화를 나타낸 것이다. ㉠과 ㉡은 에너지 소비량과 에너지 섭취량을 순서 없이 나타낸 것이다.

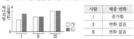

사람	체중 변화
Ⅰ	증가함
Ⅱ	변화 없음
Ⅲ	변화 없음

이에 대한 설명으로 옳은 것만을 〈보기〉에서 있는 대로 고른 것은?

〈보기〉
ㄱ. ㉠은 에너지 섭취량이다.
ㄴ. Ⅲ은 에너지 소비량과 에너지 섭취량이 균형을 이루고 있다.
ㄷ. 에너지 섭취량이 에너지 소비량보다 적은 상태가 지속되면 체중이 증가한다.

① ㄱ   ② ㄴ   ③ ㄷ   ④ ㄱ, ㄴ   ⑤ ㄴ, ㄷ

31
2021학년도 수능 2번

표는 성인의 체질량 지수에 따른 분류를, 그림은 이 분류에 따른 고지혈증을 나타내는 사람의 비율을 나타낸 것이다.

체질량 지수*	분류
18.5 미만	저체중
18.5 이상 23.0 미만	정상 체중
23.0 이상 25.0 미만	과체중
25.0 이상	비만

*체질량 지수 = 몸무게(kg) / 키의 제곱(m²)

이에 대한 설명으로 옳은 것만을 〈보기〉에서 있는 대로 고른 것은?

〈보기〉
ㄱ. 체질량 지수가 20.0인 성인은 정상 체중으로 분류된다.
ㄴ. 고지혈증을 나타내는 사람의 비율은 비만인 사람 중에서가 정상 체중인 사람 중에서보다 높다.
ㄷ. 대사성 질환 중에는 고지혈증이 있다.

① ㄱ   ② ㄴ   ③ ㄷ   ④ ㄴ, ㄷ   ⑤ ㄱ, ㄴ, ㄷ

30
2021학년도 9월 모평 4번

그림 (가)와 (나)는 각각 사람 A와 B의 수축기 혈압과 이완기 혈압의 변화를 나타낸 것이다. A와 B는 정상인과 고혈압 환자를 순서 없이 나타낸 것이다.

이에 대한 설명으로 옳은 것만을 〈보기〉에서 있는 대로 고른 것은?

〈보기〉
ㄱ. 대사성 질환 중에는 고혈압이 있다.
ㄴ. 1일 때 수축기 혈압은 A가 B보다 높다.
ㄷ. B는 고혈압 환자이다.

① ㄱ   ② ㄴ   ③ ㄱ, ㄷ   ④ ㄴ, ㄷ   ⑤ ㄱ, ㄴ, ㄷ

01

2023학년도 9월 모평 4번

사람에서 일어나는 물질대사에 대한 설명으로 옳은 것만을 〈보기〉에서 있는 대로 고른 것은?

〈 보기 〉
ㄱ. 지방이 분해되는 과정에서 이화 작용이 일어난다.
ㄴ. 단백질이 합성되는 과정에서 에너지의 흡수가 일어난다.
ㄷ. 포도당이 세포 호흡에 사용된 결과 생성되는 노폐물에는 이산화 탄소가 있다.

① ㄱ   ② ㄴ   ③ ㄱ, ㄷ   ④ ㄴ, ㄷ   ⑤ ㄱ, ㄴ, ㄷ

03

2021학년도 10월 학평 20번

그림은 체내에서 일어나는 어떤 물질대사 과정을 나타낸 것이다.
이에 대한 옳은 설명만을 〈보기〉에서 있는 대로 고른 것은?

〈 보기 〉
ㄱ. 인슐린에 의해 ⓐ가 촉진된다.
ㄴ. ⓑ에서 동화 작용이 일어난다.
ㄷ. ⓐ와 ⓑ에 모두 효소가 관여한다.

① ㄱ   ② ㄷ   ③ ㄱ, ㄴ   ④ ㄴ, ㄷ   ⑤ ㄱ, ㄴ, ㄷ

02

2024학년도 6월 모평 2번

다음은 사람에서 일어나는 물질대사에 대한 자료이다.

(가) 단백질은 소화 과정을 거쳐 아미노산으로 분해된다.
(나) 포도당이 세포 호흡을 통해 분해된 결과 생성되는 노폐물에는 ㉠이 있다.

이에 대한 설명으로 옳은 것만을 〈보기〉에서 있는 대로 고른 것은? [3점]

〈 보기 〉
ㄱ. (가)에서 이화 작용이 일어난다.
ㄴ. 이산화 탄소는 ㉠에 해당한다.
ㄷ. (가)와 (나)에서 모두 효소가 이용된다.

① ㄱ   ② ㄷ   ③ ㄱ, ㄴ   ④ ㄴ, ㄷ   ⑤ ㄱ, ㄴ, ㄷ

04

2022학년도 수능 2번

그림은 사람에서 일어나는 물질대사 과정 (가)와 (나)를 나타낸 것이다.
이에 대한 설명으로 옳은 것만을 〈보기〉에서 있는 대로 고른 것은?

〈 보기 〉
ㄱ. (가)에서 동화 작용이 일어난다.
ㄴ. 간에서 (나)가 일어난다.
ㄷ. 포도당이 세포 호흡에 사용된 결과 생성되는 노폐물에는 ㉠이 있다.

① ㄱ   ② ㄴ   ③ ㄷ   ④ ㄱ, ㄴ   ⑤ ㄴ, ㄷ

05

2022학년도 3월 학평 3번

그림은 사람에서 일어나는 물질대사 과정
㉠과 ㉡을 나타낸 것이다.
이에 대한 옳은 설명만을 〈보기〉에서 있
는 대로 고른 것은?

아미노산   단백질

──────〈 보기 〉──────
ㄱ. ㉠에서 동화 작용이 일어난다.
ㄴ. ㉡에서 에너지가 방출된다.
ㄷ. ㉡에 효소가 관여한다.
─────────────────────

① ㄱ   ② ㄷ   ③ ㄱ, ㄴ   ④ ㄴ, ㄷ   ⑤ ㄱ, ㄴ, ㄷ

06

2022학년도 7월 학평 3번

그림은 사람에서 일어나는 물질대사 과정
Ⅰ ~ Ⅲ을 나타낸 것이다.
이에 대한 설명으로 옳은 것만을 〈보기〉
에서 있는 대로 고른 것은?

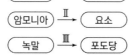

단백질 ──Ⅰ→ 아미노산
암모니아 ──Ⅱ→ 요소
녹말 ──Ⅲ→ 포도당

──────〈 보기 〉──────
ㄱ. Ⅰ에서 에너지가 방출된다.
ㄴ. 간에서 Ⅱ가 일어난다.
ㄷ. Ⅲ에 효소가 관여한다.
─────────────────────

① ㄱ   ② ㄷ   ③ ㄱ, ㄴ   ④ ㄴ, ㄷ   ⑤ ㄱ, ㄴ, ㄷ

07

2022학년도 4월 학평 2번

그림 (가)는 간에서 일어나는 물질의 전환 과정 A와 B를, (나)는 A와
B 중 한 과정에서의 에너지 변화를 나타낸 것이다.

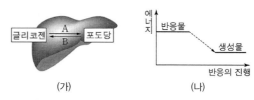

글리코젠 ←A/B→ 포도당

에너지 | 반응물 ─→ 생성물
반응의 진행

(가)   (나)

이에 대한 설명으로 옳은 것만을 〈보기〉에서 있는 대로 고른 것은? [3점]

──────〈 보기 〉──────
ㄱ. (나)는 A에서의 에너지 변화이다.
ㄴ. 글루카곤에 의해 B가 촉진된다.
ㄷ. A와 B에서 모두 효소가 이용된다.
─────────────────────

① ㄱ   ② ㄴ   ③ ㄱ, ㄷ   ④ ㄴ, ㄷ   ⑤ ㄱ, ㄴ, ㄷ

08

2024학년도 2번

다음은 사람에서 일어나는 물질대사에 대한 자료이다.

──────────────────────────────
(가) 녹말이 소화 과정을 거쳐 ㉠ 포도당으로 분해된다.
(나) 포도당이 세포 호흡을 통해 물과 이산화 탄소로 분해된다.
(다) ㉡ 포도당이 글리코젠으로 합성된다.
──────────────────────────────

이에 대한 설명으로 옳은 것만을 〈보기〉에서 있는 대로 고른 것은?

──────〈 보기 〉──────
ㄱ. 소화계에서 ㉠이 흡수된다.
ㄴ. (가)와 (나)에서 모두 이화 작용이 일어난다.
ㄷ. 글루카곤은 간에서 ㉡을 촉진한다.
─────────────────────

① ㄱ   ② ㄷ   ③ ㄱ, ㄴ   ④ ㄴ, ㄷ   ⑤ ㄱ, ㄴ, ㄷ

09

그림 (가)는 사람에서 녹말이 포도당으로 되는 과정을, (나)는 사람에서 세포 호흡을 통해 포도당으로부터 최종 분해 산물과 에너지가 생성되는 과정을 나타낸 것이다. ⓐ와 ⓑ는 CO_2와 O_2를 순서 없이 나타낸 것이다.

(가)   (나)

이에 대한 설명으로 옳은 것만을 〈보기〉에서 있는 대로 고른 것은? [3점]

〈보기〉
ㄱ. 엿당은 이당류에 속한다.
ㄴ. 호흡계를 통해 ⓑ가 몸 밖으로 배출된다.
ㄷ. (가)와 (나)에서 모두 이화 작용이 일어난다.

① ㄱ   ② ㄷ   ③ ㄱ, ㄴ   ④ ㄴ, ㄷ   ⑤ ㄱ, ㄴ, ㄷ

11

다음은 사람에서 일어나는 세포 호흡에 대한 자료이다. ㉠은 포도당과 아미노산 중 하나이다.

○ 세포 호흡 과정에서 방출되는 에너지의 일부는 ⓐ ATP 합성에 이용된다.
○ ㉠이 세포 호흡에 이용된 결과 ⓑ 질소(N)가 포함된 노폐물이 만들어진다.

이에 대한 옳은 설명만을 〈보기〉에서 있는 대로 고른 것은?

〈보기〉
ㄱ. 미토콘드리아에서 ⓐ가 일어난다.
ㄴ. 암모니아는 ⓑ에 해당한다.
ㄷ. ㉠은 포도당이다.

① ㄱ   ② ㄷ   ③ ㄱ, ㄴ   ④ ㄴ, ㄷ   ⑤ ㄱ, ㄴ, ㄷ

10

그림은 사람에서 일어나는 물질대사 과정 Ⅰ과 Ⅱ를 나타낸 것이다. ㉠과 ㉡은 암모니아와 이산화 탄소를 순서 없이 나타낸 것이다.

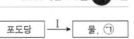

이에 대한 설명으로 옳은 것만을 〈보기〉에서 있는 대로 고른 것은?

〈보기〉
ㄱ. ㉠은 이산화 탄소이다.
ㄴ. 간에서 ㉡이 요소로 전환된다.
ㄷ. Ⅰ과 Ⅱ에서 모두 이화 작용이 일어난다.

① ㄱ   ② ㄷ   ③ ㄱ, ㄴ   ④ ㄴ, ㄷ   ⑤ ㄱ, ㄴ, ㄷ

12

그림은 사람에서 일어나는 물질대사 과정 Ⅰ과 Ⅱ를 나타낸 것이다.
이에 대한 설명으로 옳은 것만을 〈보기〉에서 있는 대로 고른 것은?

〈보기〉
ㄱ. Ⅰ에서 이화 작용이 일어난다.
ㄴ. Ⅰ과 Ⅱ에서 모두 효소가 이용된다.
ㄷ. ㉠이 세포 호흡에 사용된 결과 생성되는 노폐물에는 암모니아가 있다.

① ㄱ   ② ㄴ   ③ ㄷ   ④ ㄱ, ㄴ   ⑤ ㄱ, ㄷ

13 대표 문제

그림은 사람의 미토콘드리아에서 일어나는 세포 호흡을 나타낸 것이다.

이에 대한 설명으로 옳은 것만을 〈보기〉에서 있는 대로 고른 것은?

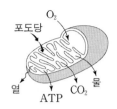

─〈 보기 〉─
ㄱ. 미토콘드리아에서 이화 작용이 일어난다.
ㄴ. ATP의 구성 원소에는 인(P)이 포함된다.
ㄷ. 포도당이 분해되어 생성된 에너지의 일부는 체온 유지에 이용된다.

① ㄱ   ② ㄷ   ③ ㄱ, ㄴ   ④ ㄴ, ㄷ   ⑤ ㄱ, ㄴ, ㄷ

14

그림은 사람의 미토콘드리아에서 일어나는 세포 호흡을 나타낸 것이다. ㉠~㉢은 각각 ADP, ATP, CO_2 중 하나이다.

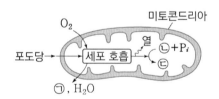

이에 대한 설명으로 옳은 것만을 〈보기〉에서 있는 대로 고른 것은?

─〈 보기 〉─
ㄱ. 순환계를 통해 ㉠이 운반된다.
ㄴ. ㉡의 구성 원소에는 인(P)이 포함된다.
ㄷ. 근육 수축 과정에는 ㉢에 저장된 에너지가 사용된다.

① ㄱ   ② ㄷ   ③ ㄱ, ㄴ   ④ ㄴ, ㄷ   ⑤ ㄱ, ㄴ, ㄷ

15

그림 (가)는 사람에서 녹말(다당류)이 포도당으로 되는 과정을, (나)는 미토콘드리아에서 일어나는 세포 호흡을 나타낸 것이다.

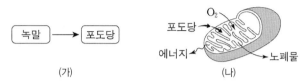

이에 대한 설명으로 옳은 것만을 〈보기〉에서 있는 대로 고른 것은? [3점]

─〈 보기 〉─
ㄱ. (가)에서 이화 작용이 일어난다.
ㄴ. (나)에서 생성된 노폐물에는 CO_2가 있다.
ㄷ. (가)와 (나)에서 모두 효소가 이용된다.

① ㄱ   ② ㄷ   ③ ㄱ, ㄴ   ④ ㄴ, ㄷ   ⑤ ㄱ, ㄴ, ㄷ

16

다음은 세포 호흡에 대한 자료이다. ㉠과 ㉡은 각각 ADP와 ATP 중 하나이다.

(가) 포도당은 세포 호흡을 통해 물과 이산화 탄소로 분해된다.
(나) 세포 호흡 과정에서 방출된 에너지의 일부는 ㉠에 저장되며, ㉠이 ㉡과 무기 인산(P_i)으로 분해될 때 방출된 에너지는 생명 활동에 사용된다.

이에 대한 설명으로 옳은 것만을 〈보기〉에서 있는 대로 고른 것은? [3점]

─〈 보기 〉─
ㄱ. (가)에서 이화 작용이 일어난다.
ㄴ. 미토콘드리아에서 ㉡이 ㉠으로 전환된다.
ㄷ. 포도당이 분해되어 생성된 에너지의 일부는 체온 유지에 사용된다.

① ㄱ   ② ㄴ   ③ ㄱ, ㄷ   ④ ㄴ, ㄷ   ⑤ ㄱ, ㄴ, ㄷ

17

다음은 효모를 이용한 실험 과정을 나타낸 것이다.

(가) 증류수에 효모를 넣어 효모액을 만든다.

(나) 발효관 I과 II에 표와 같이 용액을 넣는다.

발효관	용액
I	증류수 15 mL + 효모액 15 mL
II	3 % 포도당 용액 15 mL + 효모액 15 mL

(다) I과 II를 모두 항온기에 넣고 각 발효관에서 10분 동안 발생한 ㉠ 기체의 부피를 측정한다.

이에 대한 옳은 설명만을 〈보기〉에서 있는 대로 고른 것은?

〈 보기 〉

ㄱ. ㉠에 이산화 탄소가 있다.

ㄴ. II에서 이화 작용이 일어난다.

ㄷ. (다)에서 측정한 ㉠의 부피는 I에서가 II에서보다 크다.

① ㄱ　　　② ㄷ　　　③ ㄱ, ㄴ　　　④ ㄴ, ㄷ　　　⑤ ㄱ, ㄴ, ㄷ

18

다음은 효모를 이용한 물질대사 실험이다.

[실험 과정]

(가) 발효관 A와 B에 표와 같이 용액을 넣고, 맹관부에 공기가 들어가지 않도록 발효관을 세운 후, 입구를 솜으로 막는다.

맹관부

발효관	용액
A	증류수 20 mL + 효모액 20 mL
B	5 % 포도당 수용액 20 mL + 효모액 20 mL

(나) A와 B를 37 ℃로 맞춘 항온기에 두고 일정 시간이 지난 후 ㉠ 맹관부에 모인 기체의 양을 측정한다.

이 실험에 대한 옳은 설명만을 〈보기〉에서 있는 대로 고른 것은? [3점]

〈 보기 〉

ㄱ. ㉠은 조작 변인이다.

ㄴ. (나)의 B에서 CO_2가 발생한다.

ㄷ. 실험 결과 맹관부 수면의 높이는 A가 B보다 낮다.

① ㄱ　　　② ㄴ　　　③ ㄷ　　　④ ㄱ, ㄴ　　　⑤ ㄴ, ㄷ

19

표는 사람에서 영양소 (가)와 (나)가 세포 호흡에 사용된 결과 생성되는 노폐물을 나타낸 것이다. (가)와 (나)는 단백질과 탄수화물을 순서 없이 나타낸 것이고, ㉠과 ㉡은 암모니아와 이산화 탄소를 순서 없이 나타낸 것이다.

영양소	노폐물
(가)	물, ㉠
(나)	물, ㉠, ㉡

이에 대한 설명으로 옳은 것만을 〈보기〉에서 있는 대로 고른 것은?

〈 보기 〉

ㄱ. (가)는 단백질이다.

ㄴ. 호흡계를 통해 ㉠이 몸 밖으로 배출된다.

ㄷ. 사람에서 지방이 세포 호흡에 사용된 결과 생성되는 노폐물에는 ㉡이 있다.

① ㄱ　　　② ㄴ　　　③ ㄷ　　　④ ㄱ, ㄴ　　　⑤ ㄱ, ㄷ

20

그림은 ATP와 ADP 사이의 전환을 나타낸 것이다.

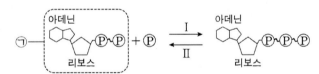

이에 대한 설명으로 옳은 것만을 〈보기〉에서 있는 대로 고른 것은?

〈 보기 〉

ㄱ. ㉠은 ATP이다.

ㄴ. 미토콘드리아에서 과정 I이 일어난다.

ㄷ. 과정 II에서 인산 결합이 끊어진다.

① ㄱ　　　② ㄷ　　　③ ㄱ, ㄴ　　　④ ㄴ, ㄷ　　　⑤ ㄱ, ㄴ, ㄷ

21

그림은 ATP와 ADP 사이의 전환을 나타낸 것이다.

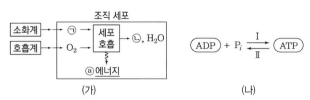

이에 대한 설명으로 옳은 것만을 〈보기〉에서 있는 대로 고른 것은?

〈 보기 〉
ㄱ. ㉠은 아데닌이다.
ㄴ. 과정 Ⅰ에서 에너지가 방출된다.
ㄷ. 미토콘드리아에서 과정 Ⅱ가 일어난다.

① ㄱ ② ㄷ ③ ㄱ, ㄴ ④ ㄴ, ㄷ ⑤ ㄱ, ㄴ, ㄷ

22

그림은 사람에서 세포 호흡을 통해 포도당으로부터 생성된 에너지가 생명 활동에 사용되는 과정을 나타낸 것이다. ⓐ와 ⓑ는 H_2O와 O_2를 순서 없이 나타낸 것이고, ㉠과 ㉡은 각각 ADP와 ATP 중 하나이다.

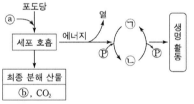

이에 대한 설명으로 옳은 것만을 〈보기〉에서 있는 대로 고른 것은?

〈 보기 〉
ㄱ. 세포 호흡에서 이화 작용이 일어난다.
ㄴ. 호흡계를 통해 ⓑ가 몸 밖으로 배출된다.
ㄷ. 근육 수축 과정에는 ㉡에 저장된 에너지가 사용된다.

① ㄱ ② ㄴ ③ ㄱ, ㄷ ④ ㄴ, ㄷ ⑤ ㄱ, ㄴ, ㄷ

23

그림 (가)는 사람에서 일어나는 물질 이동 과정의 일부와 조직 세포에서 일어나는 물질대사 과정의 일부를, (나)는 ADP와 ATP 사이의 전환을 나타낸 것이다. ㉠과 ㉡은 각각 CO_2와 포도당 중 하나이다.

이에 대한 설명으로 옳은 것만을 〈보기〉에서 있는 대로 고른 것은?

〈 보기 〉
ㄱ. ㉠은 포도당이다.
ㄴ. ⓐ의 일부가 과정 Ⅰ에 사용된다.
ㄷ. 과정 Ⅱ는 동화 작용에 해당한다.

① ㄱ ② ㄴ ③ ㄷ ④ ㄱ, ㄴ ⑤ ㄱ, ㄷ

24

다음은 사람에서 일어나는 물질대사에 대한 자료이다. ㉠~㉢은 ADP, ATP, 단백질을 순서 없이 나타낸 것이다.

(가) ㉠은 세포 호흡을 통해 물, 이산화 탄소, 암모니아로 분해된다.
(나) 미토콘드리아에서 일어나는 세포 호흡을 통해 ㉡이 ㉢으로 전환된다.

이에 대한 옳은 설명만을 〈보기〉에서 있는 대로 고른 것은?

〈 보기 〉
ㄱ. ㉠은 ATP이다.
ㄴ. (가)에서 이화 작용이 일어난다.
ㄷ. ㉢에 저장된 에너지는 생명 활동에 사용된다.

① ㄱ ② ㄴ ③ ㄱ, ㄷ ④ ㄴ, ㄷ ⑤ ㄱ, ㄴ, ㄷ

25

그림 (가)는 사람에서 일어나는 물질대사 과정 Ⅰ과 Ⅱ를, (나)는 ATP와 ADP 사이의 전환 과정 Ⅲ과 Ⅳ를 나타낸 것이다.

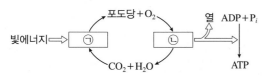

이에 대한 설명으로 옳은 것만을 〈보기〉에서 있는 대로 고른 것은? [3점]

〈 보기 〉
ㄱ. Ⅰ에서 효소가 이용된다.
ㄴ. 미토콘드리아에서 Ⅳ가 일어난다.
ㄷ. Ⅱ와 Ⅲ에서 모두 에너지가 방출된다.

① ㄱ   ② ㄷ   ③ ㄱ, ㄴ   ④ ㄴ, ㄷ   ⑤ ㄱ, ㄴ, ㄷ

26

그림은 광합성과 세포 호흡에서의 에너지와 물질의 이동을 나타낸 것이다. ㉠과 ㉡은 각각 광합성과 세포 호흡 중 하나이다.

이에 대한 옳은 설명만을 〈보기〉에서 있는 대로 고른 것은? [3점]

〈 보기 〉
ㄱ. ㉠에서 빛에너지가 화학 에너지로 전환된다.
ㄴ. ㉡에서 방출된 에너지는 모두 ATP에 저장된다.
ㄷ. ATP에는 인산 결합이 있다.

① ㄱ   ② ㄴ   ③ ㄱ, ㄷ   ④ ㄴ, ㄷ   ⑤ ㄱ, ㄴ, ㄷ

27

그림 (가)는 미토콘드리아에서 일어나는 세포 호흡을, (나)는 ADP와 ATP 사이의 전환을 나타낸 것이다.

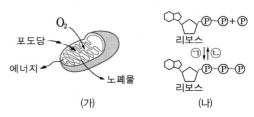

이에 대한 설명으로 옳은 것만을 〈보기〉에서 있는 대로 고른 것은? [3점]

〈 보기 〉
ㄱ. 포도당이 세포 호흡에 사용된 결과 생성되는 노폐물에는 암모니아가 있다.
ㄴ. 과정 ㉡에서 에너지가 방출된다.
ㄷ. (가)에서 과정 ㉠이 일어난다.

① ㄱ   ② ㄴ   ③ ㄱ, ㄷ   ④ ㄴ, ㄷ   ⑤ ㄱ, ㄴ, ㄷ

28

그림은 ADP와 ATP 사이의 전환을 나타낸 것이다. ㉠과 ㉡은 각각 ADP와 ATP 중 하나이다.
이에 대한 설명으로 옳은 것만을 〈보기〉에서 있는 대로 고른 것은?

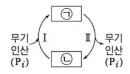

〈 보기 〉
ㄱ. ㉠은 ATP이다.
ㄴ. 미토콘드리아에서 과정 Ⅰ이 일어난다.
ㄷ. 과정 Ⅱ에서 에너지가 방출된다.

① ㄱ   ② ㄷ   ③ ㄱ, ㄴ   ④ ㄴ, ㄷ   ⑤ ㄱ, ㄴ, ㄷ

29

29

2020학년도 3월 학평 7번

표는 사람의 질환 (가)와 (나)의 특징을 나타낸 것이다. (가)와 (나)는 당뇨병과 고지혈증을 순서 없이 나타낸 것이다.

질환	특징
(가)	혈액에 콜레스테롤과 중성 지방 등이 정상 범위 이상으로 많이 들어 있다.
(나)	호르몬 ㉠의 분비 부족이나 작용 이상으로 혈당량이 조절되지 못하고 오줌에서 포도당이 검출된다.

이에 대한 옳은 설명만을 〈보기〉에서 있는 대로 고른 것은?

〈보기〉
ㄱ. (가)는 당뇨병이다.
ㄴ. ㉠은 이자에서 분비된다.
ㄷ. (가)와 (나)는 모두 대사성 질환이다.

① ㄱ   ② ㄴ   ③ ㄱ, ㄷ   ④ ㄴ, ㄷ   ⑤ ㄱ, ㄴ, ㄷ

30

2021학년도 9월 모평 4번

그림 (가)와 (나)는 각각 사람 A와 B의 수축기 혈압과 이완기 혈압의 변화를 나타낸 것이다. A와 B는 정상인과 고혈압 환자를 순서 없이 나타낸 것이다.

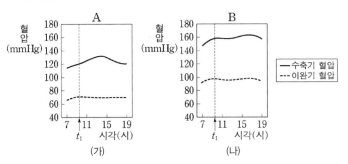

이에 대한 설명으로 옳은 것만을 〈보기〉에서 있는 대로 고른 것은?

〈보기〉
ㄱ. 대사성 질환 중에는 고혈압이 있다.
ㄴ. t_1일 때 수축기 혈압은 A가 B보다 높다.
ㄷ. B는 고혈압 환자이다.

① ㄱ   ② ㄴ   ③ ㄱ, ㄷ   ④ ㄴ, ㄷ   ⑤ ㄱ, ㄴ, ㄷ

31

2021학년도 수능 2번

표는 성인의 체질량 지수에 따른 분류를, 그림은 이 분류에 따른 고지혈증을 나타내는 사람의 비율을 나타낸 것이다.

체질량 지수*	분류
18.5 미만	저체중
18.5 이상 23.0 미만	정상 체중
23.0 이상 25.0 미만	과체중
25.0 이상	비만

*체질량 지수$= \dfrac{몸무게(kg)}{키의 제곱(m^2)}$

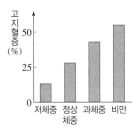

이에 대한 설명으로 옳은 것만을 〈보기〉에서 있는 대로 고른 것은?

〈보기〉
ㄱ. 체질량 지수가 20.0인 성인은 정상 체중으로 분류된다.
ㄴ. 고지혈증을 나타내는 사람의 비율은 비만인 사람 중에서가 정상 체중인 사람 중에서보다 높다.
ㄷ. 대사성 질환 중에는 고지혈증이 있다.

① ㄱ   ② ㄴ   ③ ㄱ, ㄷ   ④ ㄴ, ㄷ   ⑤ ㄱ, ㄴ, ㄷ

32

2023학년도 10월 학평 2번

다음은 대사성 질환에 대한 자료이다.

㉠ 에너지 섭취량이 에너지 소비량보다 많은 상태가 지속되면 비만이 되기 쉽다. 비만이 되면 ㉡ 혈당량 조절 과정에 이상이 생겨 나타나는 당뇨병과 같은 ㉢ 대사성 질환의 발생 가능성이 높아진다.

이에 대한 옳은 설명만을 〈보기〉에서 있는 대로 고른 것은?

〈보기〉
ㄱ. ㉠은 에너지 균형 상태이다.
ㄴ. ㉡에서 혈당량이 감소하면 인슐린 분비가 촉진된다.
ㄷ. 고혈압은 ㉢의 예이다.

① ㄱ   ② ㄴ   ③ ㄷ   ④ ㄱ, ㄴ   ⑤ ㄴ, ㄷ

33

그림은 사람 Ⅰ ~ Ⅲ의 에너지 소비량과 에너지 섭취량을, 표는 Ⅰ ~ Ⅲ의 에너지 소비량과 에너지 섭취량이 그림과 같이 일정 기간 동안 지속되었을 때 Ⅰ ~ Ⅲ의 체중 변화를 나타낸 것이다. ㉠과 ㉡은 에너지 소비량과 에너지 섭취량을 순서 없이 나타낸 것이다.

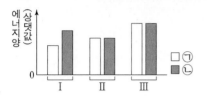

사람	체중 변화
Ⅰ	증가함
Ⅱ	변화 없음
Ⅲ	변화 없음

이에 대한 설명으로 옳은 것만을 〈보기〉에서 있는 대로 고른 것은?

〈 보기 〉
ㄱ. ㉠은 에너지 섭취량이다.
ㄴ. Ⅲ은 에너지 소비량과 에너지 섭취량이 균형을 이루고 있다.
ㄷ. 에너지 섭취량이 에너지 소비량보다 적은 상태가 지속되면 체중이 증가한다.

① ㄱ   ② ㄴ   ③ ㄷ   ④ ㄱ, ㄷ   ⑤ ㄴ, ㄷ

34

표는 대사량 ㉠과 ㉡의 의미를, 그림은 사람 Ⅰ과 Ⅱ에서 하루 동안 소비한 에너지 총량과 섭취한 에너지 총량을 나타낸 것이다. ㉠과 ㉡은 기초 대사량과 활동 대사량을 순서 없이 나타낸 것이다. Ⅰ과 Ⅱ에서 에너지양이 일정 기간 동안 그림과 같이 지속되었을 때, Ⅰ은 체중이 증가했고 Ⅱ는 체중이 감소했다.

대사량	의미
㉠	생명을 유지하는 데 필요한 최소한의 에너지양
㉡	?

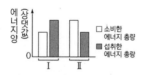

이에 대한 설명으로 옳은 것만을 〈보기〉에서 있는 대로 고른 것은?

〈 보기 〉
ㄱ. ㉡은 기초 대사량이다.
ㄴ. Ⅱ의 하루 동안 소비한 에너지 총량에 ㉠이 포함되어 있다.
ㄷ. 하루 동안 섭취한 에너지 총량이 소비한 에너지 총량보다 적은 상태가 지속되면 체중이 감소한다.

① ㄱ   ② ㄴ   ③ ㄱ, ㄷ   ④ ㄴ, ㄷ   ⑤ ㄱ, ㄴ, ㄷ

35

다음은 비만에 대한 자료이다.

기초 대사량과 ㉠ 활동 대사량을 합한 에너지양보다 섭취한 음식물에서 얻은 에너지양이 많은 에너지 불균형 상태가 지속되면 비만이 되기 쉽다. 비만은 ㉡ 고혈압, 당뇨병, 심혈관계 질환이 발생할 가능성을 높인다.

이에 대한 설명으로 옳은 것만을 〈보기〉에서 있는 대로 고른 것은?

〈 보기 〉
ㄱ. ㉠은 생명 활동을 유지하는 데 필요한 최소한의 에너지양이다.
ㄴ. ㉡은 대사성 질환에 해당한다.
ㄷ. 규칙적인 운동은 비만을 예방하는 데 도움이 된다.

① ㄱ   ② ㄷ   ③ ㄱ, ㄴ   ④ ㄴ, ㄷ   ⑤ ㄱ, ㄴ, ㄷ

36

다음은 대사량과 대사성 질환에 대한 학생 A ~ C의 발표 내용이다.

제시한 내용이 옳은 학생만을 있는 대로 고른 것은?

① A   ② B   ③ A, C   ④ B, C   ⑤ A, B, C

37

다음은 에너지 섭취와 소비에 대한 실험이다.

[실험 과정 및 결과]

(가) 유전적으로 동일하고 체중이 같은 생쥐 A~C를 준비한다.

(나) A와 B에게 고지방 사료를, C에게 일반 사료를 먹이면서 시간에 따른 A~C의 체중을 측정한다. t_1일 때부터 B에게만 운동을 시킨다.

(다) t_2일 때 A~C의 혈중 지질 농도를 측정한다.

(라) (나)와 (다)에서 측정한 결과는 그림과 같다. ㉠과 ㉡은 A와 B를 순서 없이 나타낸 것이다.

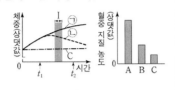

이에 대한 설명으로 옳은 것만을 〈보기〉에서 있는 대로 고른 것은? (단, 제시된 조건 이외는 고려하지 않는다.) [3점]

〈보기〉

ㄱ. ㉠은 A이다.

ㄴ. 구간 I에서 B는 에너지 소비량이 에너지 섭취량보다 많다.

ㄷ. 대사성 질환 중에는 고지혈증이 있다.

① ㄱ　　② ㄴ　　③ ㄱ, ㄷ　　④ ㄴ, ㄷ　　⑤ ㄱ, ㄴ, ㄷ

38

다음은 사람의 질환 A에 대한 자료이다. A는 고지혈증과 당뇨병 중 하나이다.

A는 혈액 속에 콜레스테롤과 중성지방 등이 많은 질환이다. 콜레스테롤이 혈관 내벽에 쌓이면 혈관이 좁아져 ㉠고혈압이 발생할 수 있다. 그림은 비만도에 따른 A의 발병 비율을 나타낸 것이다.

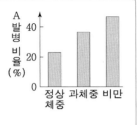

이에 대한 옳은 설명만을 〈보기〉에서 있는 대로 고른 것은?

〈보기〉

ㄱ. A는 고지혈증이다.

ㄴ. A의 발병 비율은 비만에서가 정상 체중에서보다 높다.

ㄷ. 대사성 질환 중에는 ㉠이 있다.

① ㄱ　　② ㄷ　　③ ㄱ, ㄴ　　④ ㄴ, ㄷ　　⑤ ㄱ, ㄴ, ㄷ

39

그림 (가)는 같은 종의 동물 A와 B 중 A에게는 충분히 먹이를 섭취하게 하고, B에게는 구간 I에서만 적은 양의 먹이를 섭취하게 하면서 측정한 체중의 변화를, (나)는 시점 t_1과 t_2일 때 A와 B에서 측정한 체지방량을 나타낸 것이다. ㉠과 ㉡은 A와 B를 순서 없이 나타낸 것이다.

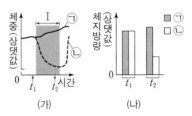

(가)　　　　(나)

이 자료에 대한 설명으로 옳은 것만을 〈보기〉에서 있는 대로 고른 것은? (단, 제시된 조건 이외는 고려하지 않는다.) [3점]

〈보기〉

ㄱ. ㉠은 A이다.

ㄴ. 구간 I에서 ㉡은 에너지 소비량이 에너지 섭취량보다 많다.

ㄷ. B의 체지방량은 t_1일 때가 t_2일 때보다 적다.

① ㄱ　　② ㄴ　　③ ㄷ　　④ ㄱ, ㄴ　　⑤ ㄱ, ㄷ

40

다음은 비만에 대한 자료이다.

(가) 그림은 사람 Ⅰ과 Ⅱ의 에너지 섭취량과 에너지 소비량을 나타낸 것이다. Ⅰ과 Ⅱ에서 에너지양이 일정 기간 동안 그림과 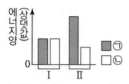 같이 지속되었을 때 Ⅰ은 체중이 변하지 않았고, Ⅱ는 영양 과잉으로 비만이 되었다. ㉠과 ㉡은 각각 에너지 섭취량과 에너지 소비량 중 하나이다.

(나) 비만은 영양 과잉이 지속되어 체지방이 과다하게 축적된 상태를 의미하며, ⓐ가 발생할 가능성을 높인다. ⓐ는 혈액 속에 콜레스테롤이나 중성 지방이 많은 상태로 동맥 경화 등 심혈관계 질환의 원인이 된다. ⓐ는 당뇨병과 고지혈증 중 하나이다.

이 자료에 대한 설명으로 옳은 것만을 〈보기〉에서 있는 대로 고른 것은?

〈 보기 〉
ㄱ. ⓐ는 당뇨병이다.
ㄴ. ㉠은 에너지 섭취량이다.
ㄷ. 당뇨병과 고지혈증은 모두 대사성 질환에 해당한다.

① ㄱ   ② ㄷ   ③ ㄱ, ㄴ   ④ ㄴ, ㄷ   ⑤ ㄱ, ㄴ, ㄷ

41

그림은 사람 Ⅰ~Ⅲ의 에너지 섭취량과 에너지 소비량을, 표는 Ⅰ~Ⅲ의 에너지 섭취량과 에너지 소비량이 그림과 같이 일정 기간 동안 지속되었을 때 Ⅰ~Ⅲ의 체중 변화를 나타낸 것이다. ㉠과 ㉡은 Ⅱ와 Ⅲ을 순서 없이 나타낸 것이며, Ⅲ에서 고지혈증이 나타난다.

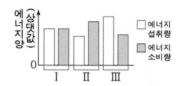

사람	체중 변화
Ⅰ	변화 없음
㉠	감소함
㉡	증가함

이에 대한 옳은 설명만을 〈보기〉에서 있는 대로 고른 것은?

〈 보기 〉
ㄱ. ㉡은 Ⅱ이다.
ㄴ. 고지혈증은 대사성 질환에 해당한다.
ㄷ. Ⅰ은 에너지 섭취량과 에너지 소비량이 균형을 이루고 있다.

① ㄱ   ② ㄴ   ③ ㄱ, ㄷ   ④ ㄴ, ㄷ   ⑤ ㄱ, ㄴ, ㄷ

42

그림 (가)는 정상인 A와 B에서 시간에 따라 측정한 체중을, (나)는 시점 t_1과 t_2일 때 A와 B에서 측정한 혈중 지질 농도를 나타낸 것이다. A와 B는 '규칙적으로 운동을 한 사람'과 '운동을 하지 않은 사람'을 순서 없이 나타낸 것이다.

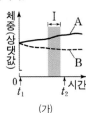
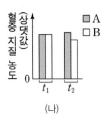

(가)   (나)

이 자료에 대한 설명으로 옳은 것만을 〈보기〉에서 있는 대로 고른 것은? (단, 제시된 조건 이외의 다른 조건은 동일하다.) [3점]

〈 보기 〉
ㄱ. B는 '규칙적으로 운동을 한 사람'이다.
ㄴ. 구간 Ⅰ에서 $\dfrac{에너지\ 섭취량}{에너지\ 소비량}$은 A에서가 B에서보다 작다.
ㄷ. t_2일 때 혈중 지질 농도는 A에서가 B에서보다 낮다.

① ㄱ   ② ㄷ   ③ ㄱ, ㄴ   ④ ㄴ, ㄷ   ⑤ ㄱ, ㄴ, ㄷ

43

사람에서 일어나는 물질대사에 대한 설명으로 옳은 것만을 〈보기〉에서 있는 대로 고른 것은?

〈 보기 〉
ㄱ. 녹말이 포도당으로 분해되는 과정에서 이화 작용이 일어난다.
ㄴ. 암모니아가 요소로 전환되는 과정에서 효소가 이용된다.
ㄷ. 지방이 세포 호흡에 사용된 결과 생성되는 노폐물에는 물과 이산화 탄소가 있다.

① ㄱ   ② ㄴ   ③ ㄱ, ㄷ   ④ ㄴ, ㄷ   ⑤ ㄱ, ㄴ, ㄷ

한눈에 정리하는
평가원 기출 경향

주제 \ 학년도	2025	2024	2023

빈출

소화계, 순환계, 호흡계, 배설계

07   2024학년도 9월 모평 2번

다음은 사람에서 일어나는 물질대사에 대한 자료이다.

> (가) 암모니아가 ㉠ 요소로 전환된다.
> (나) 지방은 세포 호흡을 통해 물과 이산화 탄소로 분해된다.

이에 대한 설명으로 옳은 것만을 〈보기〉에서 있는 대로 고른 것은?

> 〈보기〉
> ㄱ. 간에서 (가)가 일어난다.
> ㄴ. (나)에서 효소가 이용된다.
> ㄷ. 배설계를 통해 ㉠이 몸 밖으로 배출된다.

① ㄱ ② ㄷ ③ ㄱ, ㄴ ④ ㄴ, ㄷ ⑤ ㄱ, ㄴ, ㄷ

01   2023학년도 수능 4번

사람의 몸을 구성하는 기관계에 대한 설명으로 옳은 것만을 〈보기〉에서 있는 대로 고른 것은?

> 〈보기〉
> ㄱ. 소화계에서 흡수된 영양소의 일부는 순환계를 통해 폐로 운반된다.
> ㄴ. 간에서 생성된 노폐물의 일부는 배설계를 통해 몸 밖으로 배출된다.
> ㄷ. 호흡계에서 기체 교환이 일어난다.

① ㄱ ② ㄷ ③ ㄱ, ㄴ ④ ㄴ, ㄷ ⑤ ㄱ, ㄴ, ㄷ

12   2025학년도 6월 모평 8번

다음은 사람 몸을 구성하는 기관계에 대한 자료이다. A와 B는 배설계와 소화계를 순서 없이 나타낸 것이다.

> ○ A에서 음식물을 분해하여 영양소를 흡수한다.
> ○ B에서 오줌을 통해 노폐물을 몸 밖으로 내보낸다.

이에 대한 설명으로 옳은 것만을 〈보기〉에서 있는 대로 고른 것은? [3점]

> 〈보기〉
> ㄱ. A는 소화계이다.
> ㄴ. 소장은 B에 속한다.
> ㄷ. A에서 흡수된 영양소의 일부는 순환계를 통해 조직 세포로 운반된다.

① ㄱ ② ㄴ ③ ㄱ, ㄷ ④ ㄴ, ㄷ ⑤ ㄱ, ㄴ, ㄷ

08   2024학년도 9월 모평 4번

다음은 사람의 몸을 구성하는 기관계에 대한 자료이다. A와 B는 소화계와 순환계를 순서 없이 나타낸 것이고, ㉠은 인슐린과 글루카곤 중 하나이다.

> ○ A는 음식물을 분해하여 포도당을 흡수한다. 그 결과 혈중 포도당 농도가 증가하면 ㉠의 분비가 촉진된다.
> ○ B를 통해 ㉠이 표적 기관으로 운반된다.

이에 대한 설명으로 옳은 것만을 〈보기〉에서 있는 대로 고른 것은? [3점]

> 〈보기〉
> ㄱ. A에서 이화 작용이 일어난다.
> ㄴ. 심장은 B에 속한다.
> ㄷ. ㉠은 세포로의 포도당 흡수를 촉진한다.

① ㄱ ② ㄷ ③ ㄱ, ㄴ ④ ㄴ, ㄷ ⑤ ㄱ, ㄴ, ㄷ

02   2023학년도 6월 모평 5번

그림은 사람의 혈액 순환 경로를 나타낸 것이다. ㉠~㉢은 각각 간, 콩팥, 폐 중 하나이다. 이에 대한 설명으로 옳은 것만을 〈보기〉에서 있는 대로 고른 것은? [3점]

> 〈보기〉
> ㄱ. ㉠으로 들어온 산소 중 일부는 순환계를 통해 운반된다.
> ㄴ. ㉡에서 암모니아가 요소로 전환된다.
> ㄷ. ㉢은 소화계에 속한다.

① ㄱ ② ㄷ ③ ㄱ, ㄴ ④ ㄴ, ㄷ ⑤ ㄱ, ㄴ, ㄷ

기관계의 통합적 작용

2022 ~ 2020

10
2022학년도 9월 모평 4번

표는 사람 몸을 구성하는 기관계의 특징을 나타낸 것이다. A~C는 배설계, 소화계, 신경계를 순서 없이 나타낸 것이다.

기관계	특징
A	오줌을 통해 노폐물을 몸 밖으로 내보낸다.
B	대뇌, 소뇌, 연수가 속한다.
C	㉠

이에 대한 설명으로 옳은 것만을 〈보기〉에서 있는 대로 고른 것은? [3점]

〈보기〉
ㄱ. A는 배설계이다.
ㄴ. '음식물을 분해하여 영양소를 흡수한다.'는 ㉠에 해당한다.
ㄷ. C에는 B의 조절을 받는 기관이 있다.

① ㄱ ② ㄷ ③ ㄱ, ㄴ ④ ㄴ, ㄷ ⑤ ㄱ, ㄴ, ㄷ

16
2021학년도 수능 1번

그림은 사람에서 일어나는 영양소의 물질대사 과정 일부를 나타낸 것이다. ㉠과 ㉡은 암모니아와 이산화 탄소를 순서 없이 나타낸 것이다.

이에 대한 설명으로 옳은 것만을 〈보기〉에서 있는 대로 고른 것은? [3점]

〈보기〉
ㄱ. 과정 (가)에서 이화 작용이 일어난다.
ㄴ. 호흡계를 통해 ㉠이 몸 밖으로 배출된다.
ㄷ. 간에서 ㉡이 요소로 전환된다.

① ㄱ ② ㄷ ③ ㄱ, ㄴ ④ ㄴ, ㄷ ⑤ ㄱ, ㄴ, ㄷ

03 대표문제
2021학년도 9월 모평 2번

그림 (가)와 (나)는 각각 사람의 소화계와 호흡계를 나타낸 것이다. A와 B는 각각 간과 폐 중 하나이다. 이에 대한 설명으로 옳은 것만을 〈보기〉에서 있는 대로 고른 것은? [3점]

(가)   (나)

〈보기〉
ㄱ. A에서 동화 작용이 일어난다.
ㄴ. B에서 기체 교환이 일어난다.
ㄷ. (가)에서 흡수된 영양소 중 일부는 (나)에서 사용된다.

① ㄱ ② ㄷ ③ ㄱ, ㄴ ④ ㄴ, ㄷ ⑤ ㄱ, ㄴ, ㄷ

20
2022학년도 6월 모평 2번

표는 영양소 (가), (나), 지방이 세포 호흡에 사용된 결과 생성되는 노폐물을 나타낸 것이다. (가)와 (나)는 단백질과 탄수화물을 순서 없이 나타낸 것이다.

영양소	노폐물
(가)	물, 이산화 탄소
(나)	물, 이산화 탄소, ⓐ 암모니아
지방	?

이에 대한 설명으로 옳은 것만을 〈보기〉에서 있는 대로 고른 것은? [3점]

〈보기〉
ㄱ. (가)는 탄수화물이다.
ㄴ. 간에서 ⓐ가 요소로 전환된다.
ㄷ. 지방의 노폐물에는 이산화 탄소가 있다.

① ㄱ ② ㄴ ③ ㄷ, ㄷ ④ ㄴ, ㄷ ⑤ ㄱ, ㄴ, ㄷ

09
2021학년도 6월 모평 7번

표는 사람 몸을 구성하는 기관계의 특징을 나타낸 것이다. A와 B는 배설계와 소화계를 순서 없이 나타낸 것이다.

기관계	특징
A	오줌을 통해 노폐물을 몸 밖으로 내보낸다.
B	음식물을 분해하여 영양소를 흡수한다.
순환계	?

이에 대한 설명으로 옳은 것만을 〈보기〉에서 있는 대로 고른 것은? [3점]

〈보기〉
ㄱ. A는 배설계이다.
ㄴ. 소장은 B에 속한다.
ㄷ. 티록신은 순환계를 통해 표적 기관으로 운반된다.

① ㄱ ② ㄷ ③ ㄱ, ㄴ ④ ㄴ, ㄷ ⑤ ㄱ, ㄴ, ㄷ

27
2022학년도 수능 4번

그림은 사람 몸에 있는 각 기관계의 통합적 작용을 나타낸 것이다. A와 B는 배설계와 소화계를 순서 없이 나타낸 것이다.

이에 대한 설명으로 옳은 것만을 〈보기〉에서 있는 대로 고른 것은? [3점]

〈보기〉
ㄱ. 콩팥은 A에 속한다.
ㄴ. B에는 부교감 신경이 작용하는 기관이 있다.
ㄷ. ㉠에는 O_2의 이동이 포함된다.

① ㄱ ② ㄴ ③ ㄱ, ㄷ ④ ㄴ, ㄷ ⑤ ㄱ, ㄴ, ㄷ

23 대표문제
2020학년도 수능 10번

그림은 사람 몸에 있는 각 기관계의 통합적 작용을 나타낸 것이다. A와 B는 각각 소화계와 호흡계 중 하나이다.

이에 대한 설명으로 옳은 것만을 〈보기〉에서 있는 대로 고른 것은?

〈보기〉
ㄱ. A는 호흡계이다.
ㄴ. B에는 포도당을 흡수하는 기관이 있다.
ㄷ. 글루카곤은 순환계를 통해 표적 기관으로 운반된다.

① ㄱ ② ㄷ ③ ㄱ, ㄴ ④ ㄴ, ㄷ ⑤ ㄱ, ㄴ, ㄷ

25
2020학년도 6월 모평 6번

그림은 사람 몸에 있는 순환계와 기관계 A~C의 통합적 작용을 나타낸 것이다. A~C는 각각 배설계, 소화계, 호흡계 중 하나이다.

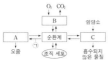

이에 대한 설명으로 옳은 것만을 〈보기〉에서 있는 대로 고른 것은? [3점]

〈보기〉
ㄱ. ㉠에는 요소의 이동이 포함된다.
ㄴ. B는 호흡계이다.
ㄷ. C에서 흡수된 물질은 순환계를 통해 운반된다.

① ㄱ ② ㄷ ③ ㄱ, ㄴ ④ ㄴ, ㄷ ⑤ ㄱ, ㄴ, ㄷ

01
2023학년도 수능 4번

사람의 몸을 구성하는 기관계에 대한 설명으로 옳은 것만을 〈보기〉에서 있는 대로 고른 것은?

─〈 보기 〉─
ㄱ. 소화계에서 흡수된 영양소의 일부는 순환계를 통해 폐로 운반된다.
ㄴ. 간에서 생성된 노폐물의 일부는 배설계를 통해 몸 밖으로 배출된다.
ㄷ. 호흡계에서 기체 교환이 일어난다.

① ㄱ   ② ㄷ   ③ ㄱ, ㄴ   ④ ㄴ, ㄷ   ⑤ ㄱ, ㄴ, ㄷ

02
2023학년도 6월 모평 5번

그림은 사람의 혈액 순환 경로를 나타낸 것이다. ㉠~㉢은 각각 간, 콩팥, 폐 중 하나이다. 이에 대한 설명으로 옳은 것만을 〈보기〉에서 있는 대로 고른 것은? [3점]

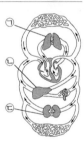

─〈 보기 〉─
ㄱ. ㉠으로 들어온 산소 중 일부는 순환계를 통해 운반된다.
ㄴ. ㉡에서 암모니아가 요소로 전환된다.
ㄷ. ㉢은 소화계에 속한다.

① ㄱ   ② ㄷ   ③ ㄱ, ㄴ   ④ ㄴ, ㄷ   ⑤ ㄱ, ㄴ, ㄷ

03 대표 문제
2021학년도 9월 모평 2번

그림 (가)와 (나)는 각각 사람의 소화계와 호흡계를 나타낸 것이다. A와 B는 각각 간과 폐 중 하나이다. 이에 대한 설명으로 옳은 것만을 〈보기〉에서 있는 대로 고른 것은? [3점]

(가)   (나)

─〈 보기 〉─
ㄱ. A에서 동화 작용이 일어난다.
ㄴ. B에서 기체 교환이 일어난다.
ㄷ. (가)에서 흡수된 영양소 중 일부는 (나)에서 사용된다.

① ㄱ   ② ㄷ   ③ ㄱ, ㄴ   ④ ㄴ, ㄷ   ⑤ ㄱ, ㄴ, ㄷ

04
2021학년도 10월 학평 3번

그림은 사람의 배설계와 소화계를 나타낸 것이다. A~C는 각각 간, 소장, 콩팥 중 하나이다.

 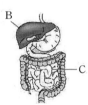

이에 대한 옳은 설명만을 〈보기〉에서 있는 대로 고른 것은?

─〈 보기 〉─
ㄱ. B에서 생성된 요소의 일부는 A를 통해 체외로 배출된다.
ㄴ. B는 글루카곤의 표적 기관이다.
ㄷ. C에서 흡수된 포도당의 일부는 순환계를 통해 B로 이동한다.

① ㄱ   ② ㄴ   ③ ㄱ, ㄷ   ④ ㄴ, ㄷ   ⑤ ㄱ, ㄴ, ㄷ

05

그림은 사람의 배설계와 호흡계를 나타낸 것이다. A와 B는 각각 폐와 방광 중 하나이다.
이에 대한 옳은 설명만을 〈보기〉에서 있는 대로 고른 것은?

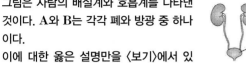

배설계   호흡계

───〈 보기 〉───
ㄱ. 간은 배설계에 속한다.
ㄴ. B를 통해 H_2O이 몸 밖으로 배출된다.
ㄷ. B로 들어온 O_2의 일부는 순환계를 통해 A로 운반된다.

① ㄱ   ② ㄴ   ③ ㄱ, ㄷ   ④ ㄴ, ㄷ   ⑤ ㄱ, ㄴ, ㄷ

06

다음은 사람의 기관 A와 B에 대한 자료이다. A와 B는 이자와 콩팥을 순서 없이 나타낸 것이다.

───────────────
○ A에서 생성된 오줌을 통해 요소가 배설된다.
○ B에서 분비되는 호르몬 ⓐ의 부족은 ⊙ 대사성 질환인 당뇨병의 원인 중 하나이다.
───────────────

이에 대한 옳은 설명만을 〈보기〉에서 있는 대로 고른 것은? [3점]

───〈 보기 〉───
ㄱ. A는 소화계에 속한다.
ㄴ. ⓐ의 일부는 순환계를 통해 간으로 이동한다.
ㄷ. 고지혈증은 ⊙에 해당한다.

① ㄱ   ② ㄴ   ③ ㄷ   ④ ㄱ, ㄷ   ⑤ ㄴ, ㄷ

07

다음은 사람에서 일어나는 물질대사에 대한 자료이다.

───────────────
(가) 암모니아가 ⊙ 요소로 전환된다.
(나) 지방은 세포 호흡을 통해 물과 이산화 탄소로 분해된다.
───────────────

이에 대한 설명으로 옳은 것만을 〈보기〉에서 있는 대로 고른 것은?

───〈 보기 〉───
ㄱ. 간에서 (가)가 일어난다.
ㄴ. (나)에서 효소가 이용된다.
ㄷ. 배설계를 통해 ⊙이 몸 밖으로 배출된다.

① ㄱ   ② ㄷ   ③ ㄱ, ㄴ   ④ ㄴ, ㄷ   ⑤ ㄱ, ㄴ, ㄷ

08

다음은 사람의 몸을 구성하는 기관계에 대한 자료이다. A와 B는 소화계와 순환계를 순서 없이 나타낸 것이고, ⊙은 인슐린과 글루카곤 중 하나이다.

───────────────
○ A는 음식물을 분해하여 포도당을 흡수한다. 그 결과 혈중 포도당 농도가 증가하면 ⊙의 분비가 촉진된다.
○ B를 통해 ⊙이 표적 기관으로 운반된다.
───────────────

이에 대한 설명으로 옳은 것만을 〈보기〉에서 있는 대로 고른 것은? [3점]

───〈 보기 〉───
ㄱ. A에서 이화 작용이 일어난다.
ㄴ. 심장은 B에 속한다.
ㄷ. ⊙은 세포로의 포도당 흡수를 촉진한다.

① ㄱ   ② ㄷ   ③ ㄱ, ㄴ   ④ ㄴ, ㄷ   ⑤ ㄱ, ㄴ, ㄷ

4
일차

09

표는 사람 몸을 구성하는 기관계의 특징을 나타낸 것이다. A와 B는 배설계와 소화계를 순서 없이 나타낸 것이다.

기관계	특징
A	오줌을 통해 노폐물을 몸 밖으로 내보낸다.
B	음식물을 분해하여 영양소를 흡수한다.
순환계	?

이에 대한 설명으로 옳은 것만을 〈보기〉에서 있는 대로 고른 것은? [3점]

〈 보기 〉
ㄱ. A는 배설계이다.
ㄴ. 소장은 B에 속한다.
ㄷ. 티록신은 순환계를 통해 표적 기관으로 운반된다.

① ㄱ   ② ㄷ   ③ ㄱ, ㄴ   ④ ㄴ, ㄷ   ⑤ ㄱ, ㄴ, ㄷ

10

표는 사람 몸을 구성하는 기관계의 특징을 나타낸 것이다. A~C는 배설계, 소화계, 신경계를 순서 없이 나타낸 것이다.

기관계	특징
A	오줌을 통해 노폐물을 몸 밖으로 내보낸다.
B	대뇌, 소뇌, 연수가 속한다.
C	㉠

이에 대한 설명으로 옳은 것만을 〈보기〉에서 있는 대로 고른 것은? [3점]

〈 보기 〉
ㄱ. A는 배설계이다.
ㄴ. '음식물을 분해하여 영양소를 흡수한다.'는 ㉠에 해당한다.
ㄷ. C에는 B의 조절을 받는 기관이 있다.

① ㄱ   ② ㄷ   ③ ㄱ, ㄴ   ④ ㄴ, ㄷ   ⑤ ㄱ, ㄴ, ㄷ

11

표는 사람의 기관계 A~C 각각에 속하는 기관 중 하나를 나타낸 것이다. A~C는 각각 소화계, 순환계, 호흡계 중 하나이다.

기관계	A	B	C
기관	소장	폐	심장

이에 대한 옳은 설명만을 〈보기〉에서 있는 대로 고른 것은?

〈 보기 〉
ㄱ. A에서 포도당이 흡수된다.
ㄴ. B에서 기체 교환이 일어난다.
ㄷ. C를 통해 요소가 배설계로 운반된다.

① ㄱ   ② ㄷ   ③ ㄱ, ㄴ   ④ ㄴ, ㄷ   ⑤ ㄱ, ㄴ, ㄷ

12

다음은 사람 몸을 구성하는 기관계에 대한 자료이다. A와 B는 배설계와 소화계를 순서 없이 나타낸 것이다.

○ A에서 음식물을 분해하여 영양소를 흡수한다.
○ B에서 오줌을 통해 노폐물을 몸 밖으로 내보낸다.

이에 대한 설명으로 옳은 것만을 〈보기〉에서 있는 대로 고른 것은? [3점]

〈 보기 〉
ㄱ. A는 소화계이다.
ㄴ. 소장은 B에 속한다.
ㄷ. A에서 흡수된 영양소의 일부는 순환계를 통해 조직 세포로 운반된다.

① ㄱ   ② ㄴ   ③ ㄱ, ㄷ   ④ ㄴ, ㄷ   ⑤ ㄱ, ㄴ, ㄷ

13

표는 사람 몸을 구성하는 기관계 A와 B에서 특징의 유무를 나타낸 것이다. A와 B는 배설계와 소화계를 순서 없이 나타낸 것이다.

구분	A	B
음식물을 분해하여 영양소를 흡수한다.	있음	없음
오줌을 통해 요소를 몸 밖으로 내보낸다.	?	있음
ⓐ	있음	있음

이에 대한 설명으로 옳은 것만을 〈보기〉에서 있는 대로 고른 것은?

〈보기〉
ㄱ. A는 소화계이다.
ㄴ. 소장은 B에 속한다.
ㄷ. '자율 신경이 작용하는 기관이 있다.'는 ⓐ에 해당한다.

① ㄱ　② ㄴ　③ ㄱ, ㄷ　④ ㄴ, ㄷ　⑤ ㄱ, ㄴ, ㄷ

14

표는 사람의 몸을 구성하는 기관계 A와 B를 통해 노폐물이 배출되는 과정의 일부를 나타낸 것이다. A와 B는 배설계와 호흡계를 순서 없이 나타낸 것이며, ㉠은 H_2O와 요소 중 하나이다.

기관계	과정
A	아미노산이 세포 호흡에 사용된 결과 생성된 ㉠을 오줌으로 배출
B	물질대사 결과 생성된 ㉠을 날숨으로 배출

이에 대한 설명으로 옳은 것만을 〈보기〉에서 있는 대로 고른 것은? [3점]

〈보기〉
ㄱ. ㉠은 H_2O이다.
ㄴ. 대장은 A에 속한다.
ㄷ. B는 호흡계이다.

① ㄱ　② ㄴ　③ ㄱ, ㄷ　④ ㄴ, ㄷ　⑤ ㄱ, ㄴ, ㄷ

15

표 (가)는 사람의 기관이 가질 수 있는 3가지 특징을, (나)는 (가)의 특징 중 심장과 기관 A, B가 갖는 특징의 개수를 나타낸 것이다. A와 B는 각각 방광과 소장 중 하나이다.

특징
○ 오줌을 저장한다.
○ 순환계에 속한다.
○ 자율 신경과 연결된다.

(가)

기관	특징의 개수
심장	㉠
A	2
B	1

(나)

이에 대한 옳은 설명만을 〈보기〉에서 있는 대로 고른 것은? [3점]

〈보기〉
ㄱ. ㉠은 1이다.
ㄴ. A는 방광이다.
ㄷ. B에서 아미노산이 흡수된다.

① ㄱ　② ㄷ　③ ㄱ, ㄴ　④ ㄴ, ㄷ　⑤ ㄱ, ㄴ, ㄷ

16

그림은 사람에서 일어나는 영양소의 물질대사 과정 일부를 나타낸 것이다. ㉠과 ㉡은 암모니아와 이산화 탄소를 순서 없이 나타낸 것이다.

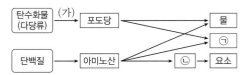

이에 대한 설명으로 옳은 것만을 〈보기〉에서 있는 대로 고른 것은? [3점]

〈보기〉
ㄱ. 과정 (가)에서 이화 작용이 일어난다.
ㄴ. 호흡계를 통해 ㉠이 몸 밖으로 배출된다.
ㄷ. 간에서 ㉡이 요소로 전환된다.

① ㄱ　② ㄷ　③ ㄱ, ㄴ　④ ㄴ, ㄷ　⑤ ㄱ, ㄴ, ㄷ

17

그림은 사람에서 일어나는 물질대사 과정의 일부와 노폐물 ㉠~㉢이 기관계 A와 B를 통해 배출되는 경로를 나타낸 것이다. ㉠~㉢은 물, 요소, 이산화 탄소를 순서 없이 나타낸 것이고, A와 B는 호흡계와 배설계를 순서 없이 나타낸 것이다.

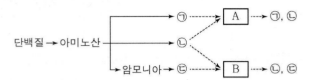

이에 대한 설명으로 옳은 것만을 〈보기〉에서 있는 대로 고른 것은? [3점]

〈 보기 〉
ㄱ. 폐는 A에 속한다.
ㄴ. ㉠은 이산화 탄소이다.
ㄷ. B에서 ㉡의 재흡수가 일어난다.

① ㄱ   ② ㄷ   ③ ㄱ, ㄴ   ④ ㄴ, ㄷ   ⑤ ㄱ, ㄴ, ㄷ

18

그림은 사람에서 일어나는 영양소의 물질대사 과정 일부를, 표는 노폐물 ㉠~㉢에서 탄소(C), 산소(O), 질소(N)의 유무를 나타낸 것이다. (가)와 (나)는 각각 단백질과 지방 중 하나이고, ㉠~㉢은 물, 암모니아, 이산화 탄소를 순서 없이 나타낸 것이다.

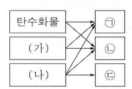

구분	탄소(C)	산소(O)	질소(N)
㉠	×	○	×
㉡	?	○	×
㉢	×	×	○

(○: 있음, ×: 없음)

이에 대한 설명으로 옳은 것만을 〈보기〉에서 있는 대로 고른 것은?

〈 보기 〉
ㄱ. (가)는 단백질이다.
ㄴ. 호흡계를 통해 ㉡이 몸 밖으로 배출된다.
ㄷ. 간에서 ㉢이 요소로 전환된다.

① ㄱ   ② ㄴ   ③ ㄱ, ㄷ   ④ ㄴ, ㄷ   ⑤ ㄱ, ㄴ, ㄷ

19

사람의 몸을 구성하는 기관계에 대한 옳은 설명만을 〈보기〉에서 있는 대로 고른 것은?

〈 보기 〉
ㄱ. 소화계에서 암모니아가 요소로 전환된다.
ㄴ. 배설계를 통해 물이 몸 밖으로 배출된다.
ㄷ. 호흡계로 들어온 산소의 일부는 순환계를 통해 콩팥으로 운반된다.

① ㄱ   ② ㄴ   ③ ㄱ, ㄷ   ④ ㄴ, ㄷ   ⑤ ㄱ, ㄴ, ㄷ

20

표는 영양소 (가), (나), 지방이 세포 호흡에 사용된 결과 생성되는 노폐물을 나타낸 것이다. (가)와 (나)는 단백질과 탄수화물을 순서 없이 나타낸 것이다.

영양소	노폐물
(가)	물, 이산화 탄소
(나)	물, 이산화 탄소, ⓐ 암모니아
지방	?

이에 대한 설명으로 옳은 것만을 〈보기〉에서 있는 대로 고른 것은? [3점]

┌─────── 〈보기〉 ───────┐
ㄱ. (가)는 탄수화물이다.

ㄴ. 간에서 ⓐ가 요소로 전환된다.

ㄷ. 지방의 노폐물에는 이산화 탄소가 있다.
└─────────────────────┘

① ㄱ   ② ㄴ   ③ ㄱ, ㄷ   ④ ㄴ, ㄷ   ⑤ ㄱ, ㄴ, ㄷ

21

그림은 사람 몸에 있는 각 기관계의 통합적 작용을, 표는 단백질과 탄수화물이 물질대사를 통해 분해되어 생성된 최종 분해 산물 중 일부를 나타낸 것이다. A~C는 배설계, 소화계, 호흡계를, ㉠과 ㉡은 암모니아와 이산화 탄소를 순서 없이 나타낸 것이다.

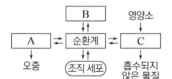

물질	최종 분해 산물
단백질	㉠, ㉡
탄수화물	㉡

이에 대한 설명으로 옳은 것만을 〈보기〉에서 있는 대로 고른 것은? [3점]

┌─────── 〈보기〉 ───────┐
ㄱ. 콩팥은 A에 속하는 기관이다.

ㄴ. ㉠의 구성 원소 중 질소(N)가 있다.

ㄷ. B를 통해 ㉡이 체외로 배출된다.
└─────────────────────┘

① ㄱ   ② ㄷ   ③ ㄱ, ㄴ   ④ ㄴ, ㄷ   ⑤ ㄱ, ㄴ, ㄷ

22

그림은 사람 몸에 있는 각 기관계의 통합적 작용을 나타낸 것이며, 표는 기관계 (가)~(다)에 대한 자료이다. (가)~(다)는 배설계, 소화계, 순환계를 순서 없이 나타낸 것이다.

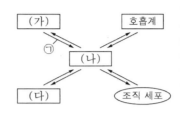

○ (가)에서 영양소의 소화와 흡수가 일어난다.

○ (나)는 조직 세포에서 생성된 CO_2를 호흡계로 운반한다.

○ (다)를 통해 질소성 노폐물이 배설된다.

이에 대한 설명으로 옳은 것만을 〈보기〉에서 있는 대로 고른 것은?

┌─────── 〈보기〉 ───────┐
ㄱ. ㉠에는 요소의 이동이 포함된다.

ㄴ. (나)는 순환계이다.

ㄷ. 콩팥은 (다)에 속한다.
└─────────────────────┘

① ㄱ   ② ㄷ   ③ ㄱ, ㄴ   ④ ㄴ, ㄷ   ⑤ ㄱ, ㄴ, ㄷ

23 대표문제

그림은 사람 몸에 있는 각 기관계의 통합적 작용을 나타낸 것이다. A와 B는 각각 소화계와 호흡계 중 하나이다.

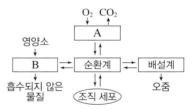

이에 대한 설명으로 옳은 것만을 〈보기〉에서 있는 대로 고른 것은?

┌─────── 〈보기〉 ───────┐
ㄱ. A는 호흡계이다.

ㄴ. B에는 포도당을 흡수하는 기관이 있다.

ㄷ. 글루카곤은 순환계를 통해 표적 기관으로 운반된다.
└─────────────────────┘

① ㄱ   ② ㄴ   ③ ㄱ, ㄷ   ④ ㄴ, ㄷ   ⑤ ㄱ, ㄴ, ㄷ

24

그림은 사람에서 일어나는 기관계의 통합적 작용을 나타낸 것이다. A~C는 각각 배설계, 소화계, 호흡계 중 하나이다.

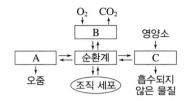

이에 대한 옳은 설명만을 〈보기〉에서 있는 대로 고른 것은?

〈 보기 〉
ㄱ. 대장은 A에 속한다.
ㄴ. B는 호흡계이다.
ㄷ. C에서 아미노산이 흡수된다.

① ㄱ　　② ㄷ　　③ ㄱ, ㄴ　　④ ㄴ, ㄷ　　⑤ ㄱ, ㄴ, ㄷ

25

그림은 사람 몸에 있는 순환계와 기관계 A~C의 통합적 작용을 나타낸 것이다. A~C는 각각 배설계, 소화계, 호흡계 중 하나이다.

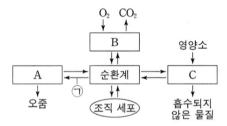

이에 대한 설명으로 옳은 것만을 〈보기〉에서 있는 대로 고른 것은? [3점]

〈 보기 〉
ㄱ. ㉠에는 요소의 이동이 포함된다.
ㄴ. B는 호흡계이다.
ㄷ. C에서 흡수된 물질은 순환계를 통해 운반된다.

① ㄱ　　② ㄷ　　③ ㄱ, ㄴ　　④ ㄴ, ㄷ　　⑤ ㄱ, ㄴ, ㄷ

26

그림은 사람 몸에 있는 각 기관계의 통합적 작용을, 표는 기관계의 특징을 나타낸 것이다. (가)~(다)는 배설계, 소화계, 호흡계를 순서 없이 나타낸 것이다.

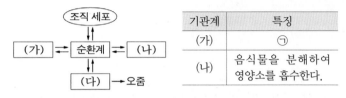

기관계	특징
(가)	㉠
(나)	음식물을 분해하여 영양소를 흡수한다.

이에 대한 설명으로 옳은 것만을 〈보기〉에서 있는 대로 고른 것은? [3점]

〈 보기 〉
ㄱ. (가)는 호흡계이다.
ㄴ. (나)에서 흡수된 영양소 중 일부는 (다)에서 사용된다.
ㄷ. '이산화 탄소를 몸 밖으로 배출한다.'는 ㉠에 해당한다.

① ㄱ　　② ㄷ　　③ ㄱ, ㄴ　　④ ㄴ, ㄷ　　⑤ ㄱ, ㄴ, ㄷ

27

그림은 사람 몸에 있는 각 기관계의 통합적 작용을 나타낸 것이다. A와 B는 배설계와 소화계를 순서 없이 나타낸 것이다.

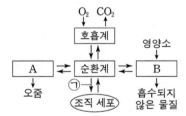

이에 대한 설명으로 옳은 것만을 〈보기〉에서 있는 대로 고른 것은? [3점]

〈 보기 〉
ㄱ. 콩팥은 A에 속한다.
ㄴ. B에는 부교감 신경이 작용하는 기관이 있다.
ㄷ. ㉠에는 O_2의 이동이 포함된다.

① ㄱ　　② ㄴ　　③ ㄱ, ㄷ　　④ ㄴ, ㄷ　　⑤ ㄱ, ㄴ, ㄷ

28

그림은 사람 몸에 있는 각 기관계의 통합적 작용을 나타낸 것이다. (가)~(다)는 배설계, 소화계, 호흡계를 순서 없이 나타낸 것이다.

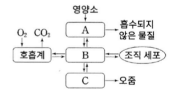

이에 대한 설명으로 옳은 것만을 〈보기〉에서 있는 대로 고른 것은?

― 〈 보기 〉 ―

ㄱ. (가)는 호흡계이다.

ㄴ. ㉠의 미토콘드리아에서 O_2가 사용된다.

ㄷ. (다)를 통해 질소 노폐물이 배설된다.

① ㄱ   ② ㄴ   ③ ㄱ, ㄷ   ④ ㄴ, ㄷ   ⑤ ㄱ, ㄴ, ㄷ

29

그림은 사람 몸에 있는 각 기관계의 통합적 작용을 나타낸 것이다. $A \sim C$는 각각 배설계, 소화계, 순환계 중 하나이다.

이에 대한 옳은 설명만을 〈보기〉에서 있는 대로 고른 것은? [3점]

― 〈 보기 〉 ―

ㄱ. A에는 인슐린의 표적 기관이 있다.

ㄴ. 심장은 B에 속한다.

ㄷ. 호흡계로 들어온 O_2 중 일부는 B를 통해 C로 운반된다.

① ㄱ   ② ㄷ   ③ ㄱ, ㄴ   ④ ㄴ, ㄷ   ⑤ ㄱ, ㄴ, ㄷ

한눈에 정리하는
평가원 기출 경향

Ⅲ. 항상성과 몸의 조절 / **흥분의 전도(1)**

주제 \ 학년도	**2025**	**2024 ~ 2023**	**2022 ~ 2020**

이온의 막 투과도

01 2024학년도 6월 평가원 5번

그림은 조건 Ⅰ~Ⅲ에서 뉴런 P의 한 지점에 역치 이상의 자극을 주고 측정한 시간에 따른 막전위를 나타낸 것이고, 표는 Ⅰ~Ⅲ에 대한 자료이다. ⊙과 ⓒ은 Na⁺과 K⁺을 순서 없이 나타낸 것이다.

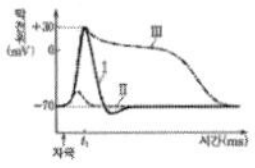

구분	조건
Ⅰ	물질 A와 B를 처리하지 않음
Ⅱ	물질 A를 처리하여 세포 막에 있는 이온 통로를 통한 ⊙의 이동을 억제함
Ⅲ	물질 B를 처리하여 세포 막에 있는 이온 통로를 통한 ⓒ의 이동을 억제함

이에 대한 설명으로 옳은 것만을 〈보기〉에서 있는 대로 고른 것은? (단, 제시된 조건 이외는 고려하지 않는다.) [3점]

〈보기〉
ㄱ. ⊙은 Na⁺이다.
ㄴ. t_1일 때, Ⅰ에서 ⓒ의 세포 안의 농도는 세포 밖의 농도보다 작다.
ㄷ. 막전위가 +30 mV에서 −70 mV가 되는 데 걸리는 시간은 Ⅱ에서가 Ⅰ에서보다 짧다.

① ㄱ ② ㄴ ③ ㄷ ④ ㄱ, ㄴ ⑤ ㄴ, ㄷ

09 2022학년도 수능 14번

다음은 민말이집 신경 A~C의 흥분 전도에 대한 자료이다.

○ 그림은 A~C의 지점 d_1~d_4의 위치를 나타낸 것이다. A~C의 흥분 전도 속도는 각각 서로 다르다.

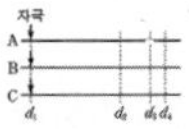

○ 그림은 A~C 각각에 활동 전위가 발생하였을 때 각 지점에서의 막전위 변화를, 표는 ⓐ~C의 d_1에 역치 이상의 자극을 동시에 1회 주고 경과된 시간이 4 ms일 때 d_2~d_4에서의 막전위가 속하는 구간을 나타낸 것이다. Ⅰ~Ⅲ은 ⊙~ⓒ 중 하나에 속한다.

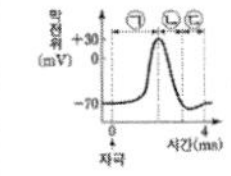

신경	4 ms일 때 막전위가 속하는 구간		
	Ⅰ	Ⅱ	Ⅲ
A	?	?	?
B	?	?	?
C	?	?	?

이에 대한 설명으로 옳은 것만을 〈보기〉에서 있는 대로 고른 것은? (단, A~C에서 흥분의 전도는 각각 1회 일어나고, 휴지 전위는 −70 mV이다.) [3점]

〈보기〉
ㄱ. ⓐ일 때 A의 Ⅱ에서 막전위는 ⓒ에 속한다.
ㄴ. ⓐ일 때 B의 d_3에서 재분극이 일어나고 있다.
ㄷ. A~C 중의 흥분 전도 속도가 가장 빠르다.

① ㄱ ② ㄴ ③ ㄷ ④ ㄱ, ㄴ ⑤ ㄱ, ㄷ

02 2021학년도 수능 11번

그림은 어떤 뉴런에 역치 이상의 자극을 주었을 때, 이 뉴런 세포막의 한 지점 P에서 측정한 막전위 ⊙과 ⓒ의 막 투과도를 시간에 따라 나타낸 것이다. ⊙과 ⓒ은 각각 Na⁺과 K⁺ 중 하나이다.

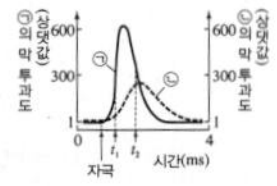

이에 대한 설명으로 옳은 것만을 〈보기〉에서 있는 대로 고른 것은?

〈보기〉
ㄱ. t_1일 때, P에서 탈분극이 일어나고 있다.
ㄴ. t_2일 때, ⓒ의 농도는 세포 안에서가 세포 밖에서보다 높다.
ㄷ. 뉴런 세포막의 이온 통로를 통한 ⊙의 이동을 차단하고 역치 이상의 자극을 주었을 때, 활동 전위가 생성되지 않는다.

① ㄱ ② ㄴ ③ ㄱ, ㄷ ④ ㄴ, ㄷ ⑤ ㄱ, ㄴ, ㄷ

흥분 전도와 막전위 변화(1)
한 시점일 때 비교

10 2023학년도 9월 평가원 15번

다음은 민말이집 신경 A와 B의 흥분 전도에 대한 자료이다.

○ 그림은 A와 B의 지점 d_1~d_4의 위치를, 표는 A의 ⊙과 B의 ⓒ에 역치 이상의 자극을 동시에 1회 주고 경과된 시간이 3 ms일 때 d_1~d_4에서의 막전위를 나타낸 것이다. ⊙과 ⓒ은 각각 d_1~d_4 중 하나이다.

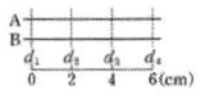

신경	3 ms일 때 막전위(mV)			
	d_1	d_2	d_3	d_4
A	ⓐ	+10	ⓐ	ⓐ
B	ⓐ	ⓐ	ⓐ	ⓐ

○ A와 B의 흥분 전도 속도는 각각 1 cm/ms와 2 cm/ms 중 하나이다.
○ A와 B 각각에서 활동 전위가 발생하였을 때, 각 지점에서의 막전위 변화는 그림과 같다.

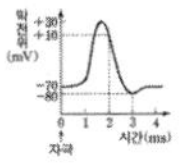

이에 대한 설명으로 옳은 것만을 〈보기〉에서 있는 대로 고른 것은? (단, A와 B에서 흥분의 전도는 각각 1회 일어나고, 휴지 전위는 −70 mV이다.) [3점]

〈보기〉
ㄱ. ⓒ은 d_1이다.
ㄴ. A의 흥분 전도 속도는 2 cm/ms이다.
ㄷ. 3 ms일 때 B의 d_4에서 재분극이 일어나고 있다.

① ㄱ ② ㄴ ③ ㄷ ④ ㄱ, ㄷ ⑤ ㄴ, ㄷ

06 신유형 문제 2020학년도 수능 15번

다음은 민말이집 신경 A와 B의 흥분 전도에 대한 자료이다.

○ 그림은 A와 B의 지점 d_1~d_4의 위치를, 표는 A와 B의 지점 X에 역치 이상의 자극을 동시에 1회 주고 경과된 시간이 2 ms, 3 ms, 5 ms, 7 ms일 때 측정한 막전위를 나타낸 것이다. X는 d_1~d_4 중 하나이고, Ⅰ~Ⅳ는 2 ms, 3 ms, 5 ms, 7 ms를 순서 없이 나타낸 것이다.

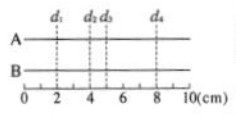

신경	d_1에서 측정한 막전위(mV)			
	Ⅰ	Ⅱ	Ⅲ	Ⅳ
A	?	−60	?	−80
B	−60	−80	?	−70

○ A와 B의 흥분 전도 속도는 각각 1 cm/ms와 2 cm/ms 중 하나이다.
○ A와 B 각각에서 활동 전위가 발생하였을 때, 각 지점에서의 막전위 변화는 그림과 같다.

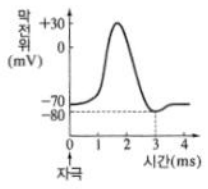

이에 대한 설명으로 옳은 것만을 〈보기〉에서 있는 대로 고른 것은? (단, A와 B에서 흥분의 전도는 각각 1회 일어나고, 휴지 전위는 −70 mV이다.) [3점]

〈보기〉
ㄱ. Ⅰ는 3 ms이다.
ㄴ. B의 흥분 전도 속도는 2 cm/ms이다.
ㄷ. ⊙이 4 ms일 때 d_3에서의 막전위는 −60 mV이다.

① ㄱ ② ㄴ ③ ㄷ ④ ㄱ, ㄴ ⑤ ㄴ, ㄷ

05 2020학년도 9월 평가원 16번

다음은 민말이집 신경 A와 B의 흥분 전도에 대한 자료이다.

○ 그림은 A와 B의 일부분, 표는 A와 B의 d_1에 역치 이상의 자극을 동시에 1회 주고 경과된 시간이 t_1, t_2, t_3, t_4일 때 지점 d_4에서 측정한 막전위를 나타낸 것이다. Ⅰ~Ⅳ는 t_1~t_4를 순서 없이 나타낸 것이다.

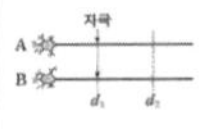

신경	d_4에서 측정한 막전위(mV)			
	Ⅰ	Ⅱ	Ⅲ	Ⅳ
A	−60	−80	+20	+10
B	+20	+10	−65	−60

○ A와 B에서 활동 전위가 발생하였을 때, 각 지점에서의 막전위 변화는 그림과 같다.

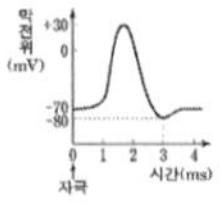

이에 대한 설명으로 옳은 것만을 〈보기〉에서 있는 대로 고른 것은? (단, A와 B에서 흥분의 전도는 각각 1회 일어나고, 휴지 전위는 −70 mV이다. 자극을 준 경과된 시간은 $t_1 < t_2 < t_3 < t_4$이다.) [3점]

〈보기〉
ㄱ. Ⅲ은 t_4이다.
ㄴ. t_3일 때, B의 d_4에서 재분극이 일어나고 있다.
ㄷ. 흥분의 전도 속도는 A에서가 B에서보다 빠르다.

① ㄱ ② ㄴ ③ ㄷ ④ ㄱ, ㄷ ⑤ ㄴ, ㄷ

01
2024학년도 6월 모평 5번

그림은 조건 Ⅰ~Ⅲ에서 뉴런 P의 한 지점에 역치 이상의 자극을 주고 측정한 시간에 따른 막전위를 나타낸 것이고, 표는 Ⅰ~Ⅲ에 대한 자료이다. ⊙과 ⓛ은 Na^+과 K^+을 순서 없이 나타낸 것이다.

구분	조건
Ⅰ	물질 A와 B를 처리하지 않음
Ⅱ	물질 A를 처리하여 세포막에 있는 이온 통로를 통한 ⊙의 이동을 억제함
Ⅲ	물질 B를 처리하여 세포막에 있는 이온 통로를 통한 ⓛ의 이동을 억제함

이에 대한 설명으로 옳은 것만을 〈보기〉에서 있는 대로 고른 것은? (단, 제시된 조건 이외는 고려하지 않는다.) [3점]

〈 보기 〉
ㄱ. ⊙은 Na^+이다.
ㄴ. t_1일 때, Ⅰ에서 ⓛ의 $\dfrac{\text{세포 안의 농도}}{\text{세포 밖의 농도}}$는 1보다 작다.
ㄷ. 막전위가 $+30$ mV에서 -70 mV가 되는 데 걸리는 시간은 Ⅲ에서가 Ⅰ에서보다 짧다.

① ㄱ ② ㄴ ③ ㄷ ④ ㄱ, ㄴ ⑤ ㄴ, ㄷ

03
2020학년도 3월 학평 14번

다음은 어떤 민말이집 신경의 흥분 전도에 대한 자료이다.

○ 이 신경의 흥분 전도 속도는 2 cm/ms이다.
○ 그림 (가)는 이 신경의 지점 P_1~P_3 중 ⊙P_2에 역치 이상의 자극을 1회 주고 경과된 시간이 3 ms일 때 P_3에서의 막전위를, (나)는 P_1~P_3에서 활동 전위가 발생하였을 때 각 지점에서의 막전위 변화를 나타낸 것이다.

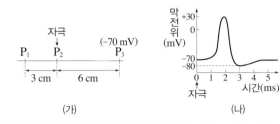

(가)   (나)

⊙일 때, 이에 대한 옳은 설명만을 〈보기〉에서 있는 대로 고른 것은? (단, 이 신경에서 흥분 전도는 1회 일어났다.) [3점]

〈 보기 〉
ㄱ. P_1에서 탈분극이 일어나고 있다.
ㄴ. P_2에서의 막전위는 -70 mV이다.
ㄷ. P_3에서 Na^+-K^+ 펌프를 통해 K^+이 세포 밖으로 이동한다.

① ㄱ ② ㄷ ③ ㄱ, ㄴ ④ ㄱ, ㄷ ⑤ ㄴ, ㄷ

02
2021학년도 수능 11번

그림은 어떤 뉴런에 역치 이상의 자극을 주었을 때, 이 뉴런 세포막의 한 지점 P에서 측정한 이온 ⊙과 ⓛ의 막 투과도를 시간에 따라 나타낸 것이다. ⊙과 ⓛ은 각각 Na^+과 K^+ 중 하나이다. 이에 대한 설명으로 옳은 것만을 〈보기〉에서 있는 대로 고른 것은?

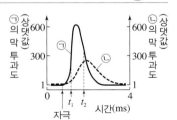

〈 보기 〉
ㄱ. t_1일 때, P에서 탈분극이 일어나고 있다.
ㄴ. t_2일 때, ⓛ의 농도는 세포 안에서가 세포 밖에서보다 높다.
ㄷ. 뉴런 세포막의 이온 통로를 통한 ⊙의 이동을 차단하고 역치 이상의 자극을 주었을 때, 활동 전위가 생성되지 않는다.

① ㄱ ② ㄴ ③ ㄱ, ㄷ ④ ㄴ, ㄷ ⑤ ㄱ, ㄴ, ㄷ

04

2023학년도 4월 학평 15번

다음은 민말이집 신경 A의 흥분 전도에 대한 자료이다.

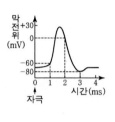

○ 그림은 A의 지점 $d_1 \sim d_4$의 위치를 나타낸 것이다. A는 1개의 뉴런이다.

○ 표 (가)는 d_2에 역치 이상의 자극 I을 주고 경과된 시간이 4 ms일 때 $d_1 \sim d_4$에서의 막전위를, (나)는 d_3에 역치 이상의 자극 II를 주고 경과된 시간이 4 ms일 때 $d_1 \sim d_4$에서의 막전위를 나타낸 것이다. A에서 활동 전위가 발생하였을 때, 각 지점에서의 막전위 변화는 그림과 같다.

	지점	d_1	d_2	d_3	d_4
(가)	막전위 (mV)	−80	?	?	−60

	지점	d_1	d_2	d_3	d_4
(나)	막전위 (mV)	−60	0	?	?

이에 대한 설명으로 옳은 것만을 〈보기〉에서 있는 대로 고른 것은? (단, I 과 II에 의해 흥분의 전도는 각각 1회 일어났고, 휴지 전위는 −70 mV이다.) [3점]

〈 보기 〉
ㄱ. ⓛ이 ㉠보다 크다.
ㄴ. A의 흥분 전도 속도는 1 cm/ms이다.
ㄷ. d_1에 역치 이상의 자극을 주고 경과된 시간이 5 ms일 때 d_4에서 탈분극이 일어나고 있다.

① ㄱ ② ㄴ ③ ㄷ ④ ㄱ, ㄴ ⑤ ㄴ, ㄷ

05

2020학년도 9월 16번

다음은 민말이집 신경 A와 B의 흥분 전도에 대한 자료이다.

○ 그림은 A와 B의 일부를, 표는 A와 B의 지점 d_1에 역치 이상의 자극을 동시에 1회 주고 경과된 시간이 t_1, t_2, t_3, t_4일 때 지점 d_2에서 측정한 막전위를 나타낸 것이다. I ~ IV는 $t_1 \sim t_4$를 순서 없이 나타낸 것이다.

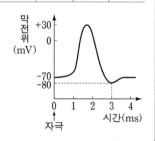

신경	d_2에서 측정한 막전위(mV)			
	I	II	III	IV
A	−60	−80	+20	+10
B	+20	+10	−65	−60

○ A와 B에서 활동 전위가 발생하였을 때, 각 지점에서의 막전위 변화는 그림과 같다.

이에 대한 설명으로 옳은 것만을 〈보기〉에서 있는 대로 고른 것은? (단, A와 B에서 흥분의 전도는 각각 1회 일어났고, 휴지 전위는 −70 mV이다. 자극을 준 후 경과된 시간은 $t_1 < t_2 < t_3 < t_4$이다.) [3점]

〈 보기 〉
ㄱ. III은 t_1이다.
ㄴ. t_2일 때, B의 d_2에서 재분극이 일어나고 있다.
ㄷ. 흥분의 전도 속도는 A에서가 B에서보다 빠르다.

① ㄱ ② ㄴ ③ ㄷ ④ ㄱ, ㄷ ⑤ ㄴ, ㄷ

06 대표문제

다음은 민말이집 신경 A와 B의 흥분 전도에 대한 자료이다.

○ 그림은 A와 B의 지점 $d_1 \sim d_4$의 위치를, 표는 ㉠ A와 B의 지점 X에 역치 이상의 자극을 동시에 1회 주고 경과한 시간이 2 ms, 3 ms, 5 ms, 7 ms일 때 d_2에서 측정한 막전위를 나타낸 것이다. X는 d_1과 d_4 중 하나이고, I ~ IV는 2 ms, 3 ms, 5 ms, 7 ms를 순서 없이 나타낸 것이다.

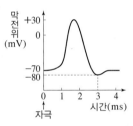

신경	d_2에서 측정한 막전위(mV)			
	I	II	III	IV
A	?	−60	?	−80
B	−60	−80	?	−70

○ A와 B의 흥분 전도 속도는 각각 1 cm/ms와 2 cm/ms 중 하나이다.

○ A와 B 각각에서 활동 전위가 발생하였을 때, 각 지점에서의 막전위 변화는 그림과 같다.

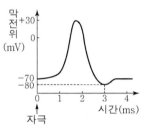

이에 대한 설명으로 옳은 것만을 〈보기〉에서 있는 대로 고른 것은? (단, A와 B에서 흥분의 전도는 각각 1회 일어났고, 휴지 전위는 −70 mV 이다.) [3점]

〈 보기 〉
ㄱ. II는 3 ms이다.
ㄴ. B의 흥분 전도 속도는 2 cm/ms이다.
ㄷ. ㉠이 4 ms일 때 A의 d_3에서의 막전위는 −60 mV이다.

① ㄱ   ② ㄴ   ③ ㄷ   ④ ㄱ, ㄴ   ⑤ ㄴ, ㄷ

07

다음은 민말이집 신경 (가)와 (나)의 흥분 전도에 대한 자료이다.

○ 그림은 (가)와 (나)의 지점 d_1으로부터 세 지점 $d_2 \sim d_4$까지의 거리를, 표는 ㉠ (가)와 (나)의 d_1에 역치 이상의 자극을 동시에 1회 주고 경과된 시간이 4 ms일 때 $d_2 \sim d_4$에서의 막전위를 나타낸 것이다.

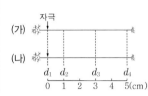

신경	4 ms일 때 막전위(mV)		
	d_2	d_3	d_4
(가)	−80	−60	ⓐ
(나)	−70	−60	ⓑ

○ (가)와 (나)의 흥분 전도 속도는 각각 1 cm/ms와 2 cm/ms 중 하나이다.

○ (가)와 (나) 각각에서 활동 전위가 발생하였을 때, 각 지점에서의 막전위 변화는 그림과 같다.

이에 대한 설명으로 옳은 것만을 〈보기〉에서 있는 대로 고른 것은? (단, (가)와 (나)에서 흥분의 전도는 각각 1회 일어났고, 휴지 전위는 −70 mV이다.) [3점]

〈 보기 〉
ㄱ. (가)의 흥분 전도 속도는 1 cm/ms이다.
ㄴ. ⓐ와 ⓑ는 같다.
ㄷ. ㉠이 3 ms일 때 (나)의 d_3에서 재분극이 일어나고 있다.

① ㄱ   ② ㄴ   ③ ㄱ, ㄷ   ④ ㄴ, ㄷ   ⑤ ㄱ, ㄴ, ㄷ

다음은 민말이집 신경 (가)와 (나)의 흥분 전도에 대한 자료이다.

○ 그림은 (가)와 (나)의 지점 $d_1 \sim d_5$의 위치를, 표는 ⓐ(가)와 (나)의 지점 X에 역치 이상의 자극을 동시에 1회 주고 경과된 시간이 4 ms일 때 d_2, A, B에서의 막전위를 나타낸 것이다. X는 d_1과 d_5 중 하나이고, A와 B는 d_3와 d_4를 순서 없이 나타낸 것이다. ㉠~㉢은 0, −70, −80을 순서 없이 나타낸 것이다.

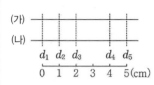

신경	4 ms일 때 막전위(mV)		
	d_2	A	B
(가)	㉠	㉡	㉢
(나)	㉡	㉢	㉠

○ 흥분 전도 속도는 (나)에서가 (가)에서의 2배이다.
○ (가)와 (나) 각각에서 활동 전위가 발생하였을 때, 각 지점에서의 막전위 변화는 그림과 같다.

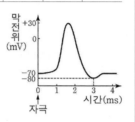

이에 대한 설명으로 옳은 것만을 〈보기〉에서 있는 대로 고른 것은? (단, (가)와 (나)에서 흥분의 전도는 각각 1회 일어났고, 휴지 전위는 −70 mV이다.) [3점]

〈 보기 〉
ㄱ. X는 d_5이다.
ㄴ. ㉠은 −80이다.
ㄷ. ⓐ가 5 ms일 때 (나)의 B에서 탈분극이 일어나고 있다.

① ㄱ   ② ㄴ   ③ ㄷ   ④ ㄱ, ㄷ   ⑤ ㄴ, ㄷ

다음은 민말이집 신경 A~C의 흥분 전도에 대한 자료이다.

○ 그림은 A~C의 지점 $d_1 \sim d_4$의 위치를 나타낸 것이다. A~C의 흥분 전도 속도는 각각 서로 다르다.

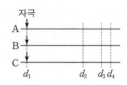

○ 그림은 A~C 각각에서 활동 전위가 발생하였을 때 각 지점에서의 막전위 변화를, 표는 ⓐ A~C의 d_1에 역치 이상의 자극을 동시에 1회 주고 경과된 시간이 4 ms일 때 $d_2 \sim d_4$에서의 막전위가 속하는 구간을 나타낸 것이다. Ⅰ~Ⅲ은 $d_2 \sim d_4$를 순서 없이 나타낸 것이고, ⓐ일 때 각 지점에서의 막전위는 구간 ㉠~㉢ 중 하나에 속한다.

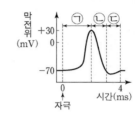

신경	4 ms일 때 막전위가 속하는 구간		
	Ⅰ	Ⅱ	Ⅲ
A	㉡	?	㉢
B	?	㉠	?
C	㉡	㉢	㉡

이에 대한 설명으로 옳은 것만을 〈보기〉에서 있는 대로 고른 것은? (단, A~C에서 흥분의 전도는 각각 1회 일어났고, 휴지 전위는 −70 mV이다.) [3점]

〈 보기 〉
ㄱ. ⓐ일 때 A의 Ⅱ에서의 막전위는 ㉢에 속한다.
ㄴ. ⓐ일 때 B의 d_3에서 재분극이 일어나고 있다.
ㄷ. A~C 중 C의 흥분 전도 속도가 가장 빠르다.

① ㄱ   ② ㄴ   ③ ㄷ   ④ ㄱ, ㄴ   ⑤ ㄱ, ㄷ

10

다음은 민말이집 신경 A와 B의 흥분 전도에 대한 자료이다.

○ 그림은 A와 B의 지점 $d_1 \sim d_4$의 위치를, 표는 A의 ㉠과 B의 ㉡에 역치 이상의 자극을 동시에 1회 주고 경과된 시간이 3 ms일 때 $d_1 \sim d_4$에서의 막전위를 나타낸 것이다. ㉠과 ㉡은 각각 $d_1 \sim d_4$ 중 하나이다.

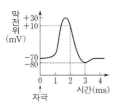

신경	3 ms일 때 막전위(mV)			
	d_1	d_2	d_3	d_4
A	ⓒ	+10	ⓐ	ⓑ
B	ⓑ	ⓐ	ⓒ	ⓐ

○ A와 B의 흥분 전도 속도는 각각 1 cm/ms와 2 cm/ms 중 하나이다.

○ A와 B 각각에서 활동 전위가 발생하였을 때, 각 지점에서의 막전위 변화는 그림과 같다.

이에 대한 설명으로 옳은 것만을 〈보기〉에서 있는 대로 고른 것은? (단, A와 B에서 흥분의 전도는 각각 1회 일어났고, 휴지 전위는 −70 mV 이다.) [3점]

〈 보기 〉
ㄱ. ㉡은 d_1이다.
ㄴ. A의 흥분 전도 속도는 2 cm/ms이다.
ㄷ. 3 ms일 때 B의 d_2에서 재분극이 일어나고 있다.

① ㄱ   ② ㄴ   ③ ㄷ   ④ ㄱ, ㄷ   ⑤ ㄴ, ㄷ

주제 / 학년도	2025	2024

흥분 전도와 막전위 변화(2)
여러 시점일 때 비교

흥분 전달과 막전위 변화

28

2025학년도 수능 12번

다음은 민말이집 신경 A~C의 흥분 전도와 전달에 대한 자료이다.

○ 그림은 A~C의 지점 d_1~d_5의 위치를, 표는 ㉠와 B의 P에, C의 Q에 역치 이상의 자극을 동시에 1회 주고 경과된 시간이 4 ms일 때 d_1, d_3, d_5에서의 막전위를 나타낸 것이다. P와 Q는 각각 d_3, d_4 중 하나이고, ㉠~㉢ 중 세 곳에만 시냅스가 있다.

신경	4 ms일 때 막전위(mV)		
	d_1	d_3	d_5
A	+30	−70	−60
B		?	+30
C	−70	−80	−80

○ A를 구성하는 모든 뉴런의 흥분 전도 속도는 1 cm/ms로 같다. B를 구성하는 모든 뉴런의 흥분 전도 속도는 x로 같고, C를 구성하는 모든 뉴런의 흥분 전도 속도는 y로 같다. x와 y는 1 cm/ms와 2 cm/ms 중 순서 없이 나타낸 것이다.

○ A~C 각각에서 활동 전위가 발생하였을 때, 각 지점에서의 막전위 변화는 그림과 같다.

이에 대한 설명으로 옳은 것만을 〈보기〉에서 있는 대로 고른 것은? (단, A~C에서 흥분의 전도는 각각 1회 일어나고, 휴지 전위는 −70 mV 이다.) [3점]

〈보기〉
ㄱ. ㉠는 +30이다.
ㄴ. ㉡에 시냅스가 있다.
ㄷ. ㉠가 3 ms일 때, B의 d_4에서 탈분극이 일어나고 있다.

① ㄱ ② ㄴ ③ ㄱ, ㄷ ④ ㄴ, ㄷ ⑤ ㄱ, ㄴ, ㄷ

26

2025학년도 9월 모평 10번

다음은 민말이집 신경 A~C의 흥분 전도와 전달에 대한 자료이다.

○ 그림은 A~C의 지점 d_1~d_5의 위치를, 표는 ㉠ A와 B의 P에, C의 Q에 역치 이상의 자극을 동시에 1회 주고 경과된 시간이 t_1일 때 d_1~d_5에서의 막전위를 나타낸 것이다. P와 Q는 각각 d_2~d_4 중 하나이고, ㉠㉡㉢ 중 두 곳에만 시냅스가 있다.

○ Ⅰ~Ⅲ는 A~C를 순서 없이 나타낸 것이고, ㉠~㉢는 −80, −70, +30을 순서 없이 나타낸 것이다.

신경	t_1일 때 막전위(mV)				
	d_1	d_2	d_3	d_4	d_5
Ⅰ	?	㉠	㉡	?	?
Ⅱ	?	㉢	?	?	㉠
Ⅲ	?	㉠	?	㉠	?

○ A를 구성하는 두 뉴런의 흥분 전도 속도는 1 cm/ms로 같고, B와 C의 흥분 전도 속도는 각각 1 cm/ms와 2 cm/ms 중 하나이다.

○ A~C 각각에서 활동 전위가 발생하였을 때, 각 지점에서의 막전위 변화는 그림과 같다.

이에 대한 설명으로 옳은 것만을 〈보기〉에서 있는 대로 고른 것은? (단, A~C에서 흥분의 전도는 각각 1회 일어나고, 휴지 전위는 −70 mV 이다.) [3점]

〈보기〉
ㄱ. ㉢는 −70이다.
ㄴ. ㉡에 시냅스가 있다.
ㄷ. t_1이 3 ms일 때, B의 d_4에서 재분극이 일어나고 있다.

① ㄱ ② ㄴ ③ ㄱ, ㄷ ④ ㄴ, ㄷ ⑤ ㄱ, ㄴ, ㄷ

24

2025학년도 6월 모평 15번

다음은 민말이집 신경의 흥분 전도와 전달에 대한 자료이다.

○ 그림은 뉴런 A~C의 지점 P, Q와 d_1~d_4의 위치를, 표는 P와 Q에 역치 이상의 자극을 동시에 1회 주고 경과된 시간이 3 ms일 때 d_1과 d_2, 6 ms일 때 d_3과 d_4, 7 ms일 때 d_3와 d_4의 막전위를 나타낸 것이다. t_1과 t_2는 3 ms와 7 ms를 순서 없이 나타낸 것이고, ㉠~㉢은 d_1, d_2, d_3, d_4을 순서 없이 나타낸 것이다.

○ P와 d_1 사이의 거리는 1 cm이다.

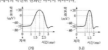

시간	6 ms		t_1	t_2
지점				
막전위(mV)	x	y	−80	y	0

○ x와 y는 +30과 −60을 순서 없이 나타낸 것이다.
○ A와 B의 흥분 전도 속도는 1 cm/ms이고, C의 흥분 전도 속도는 2 cm/ms이다.
○ A와 C 각각에서 활동 전위가 발생하였을 때, A의 각 지점에서의 막전위 변화는 그림 (가)와 (나) 중 하나이고, C의 각 지점에서의 막전위 변화는 나머지 하나이다.

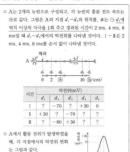
(가)   (나)

이에 대한 설명으로 옳은 것만을 〈보기〉에서 있는 대로 고른 것은? (단, A~C에서 흥분의 전도는 각각 1회 일어나고, 휴지 전위는 −70 mV이다.) [3점]

〈보기〉
ㄱ. x는 +30이다.
ㄴ. ㉠은 d_4이다.
ㄷ. Q에 역치 이상의 자극을 1회 주고 경과된 시간이 6 ms일 때 d_3에서 탈분극이 일어나고 있다.

① ㄱ ② ㄷ ③ ㄱ, ㄴ ④ ㄴ, ㄷ ⑤ ㄱ, ㄴ, ㄷ

21

2024학년도 9월 모평 12번

다음은 민말이집 신경 A~C의 흥분 전도와 전달에 대한 자료이다.

○ 그림은 A~C의 지점 d_1~d_5의 위치를, 표는 A~C의 P에 역치 이상의 자극을 동시에 1회 주고 경과된 시간이 4 ms일 때 d_1~d_5에서의 막전위를 나타낸 것이다. P는 d_1~d_5 중 하나이고, (가)~(다) 중 두 곳에만 시냅스가 있다. Ⅰ~Ⅲ은 d_2~d_4를 순서 없이 나타낸 것이다.

신경	4 ms일 때 막전위(mV)				
	d_1	Ⅰ	Ⅱ	Ⅲ	d_5
A		?	?	+30	−70
B	+30	−70	?	+30	?
C	?	?	?	−80	+30

○ A~C 중 2개의 신경은 각각 두 뉴런으로 구성되고, 각 뉴런의 흥분 전도 속도는 같다. 나머지 1의 신경의 흥분 전도 속도는 ⓐ이다. ⓐ와 ⓑ는 서로 다르다.

○ A~C 각각에서 활동 전위가 발생하였을 때, 각 지점에서의 막전위 변화는 그림과 같다.

이에 대한 설명으로 옳은 것만을 〈보기〉에서 있는 대로 고른 것은? (단, A~C에서 흥분의 전도는 각각 1회 일어나고, 휴지 전위는 −70 mV이다.) [3점]

〈보기〉
ㄱ. Ⅱ는 d_3이다.
ㄴ. ⓑ는 1 cm/ms이다.
ㄷ. t_1이 5 ms일 때 B의 d_2의 막전위는 −80 mV이다.

① ㄱ ② ㄴ ③ ㄱ, ㄷ ④ ㄴ, ㄷ ⑤ ㄱ, ㄴ, ㄷ

23

2024학년도 수능 10번

다음은 민말이집 신경 A의 흥분 전도와 전달에 대한 자료이다.

○ A는 2개의 뉴런으로 구성되고, 각 뉴런의 흥분 전도 속도는 ⓐ로 같다. 그림은 A의 지점 d_1~d_5의 위치를, 표는 ㉠에 역치 이상의 자극을 1회 주고 경과된 시간이 2 ms, 4 ms, 8 ms일 때 d_1~d_5에서의 막전위를 나타낸 것이다. Ⅰ~Ⅲ은 2 ms, 4 ms, 8 ms를 순서 없이 나타낸 것이다.

시간	막전위(mV)				
	d_1	d_2	d_3	d_4	d_5
Ⅰ	?	−70	?	+30	0
Ⅱ	+30	?	−70	?	?
Ⅲ	?	−80	+30	?	?

○ A에서 활동 전위가 발생하였을 때, 각 지점에서의 막전위 변화는 그림과 같다.

이에 대한 설명으로 옳은 것만을 〈보기〉에서 있는 대로 고른 것은? (단, A에서 흥분의 전도는 1회 일어나고, 휴지 전위는 −70 mV이다.)

〈보기〉
ㄴ. ⓐ는 2 cm/ms이다.
ㄴ. Ⅰ은 4 ms이다.
ㄷ. Ⅱ이 9 ms일 때 d_3에서 재분극이 일어나고 있다.

① ㄱ ② ㄷ ③ ㄱ, ㄴ ④ ㄴ, ㄷ ⑤ ㄱ, ㄴ, ㄷ

2023

2022 ~ 2020

03
2022학년도 6월 **모평** 11번

다음은 민말이집 신경 A의 흥분 전도에 대한 자료이다.

○ 그림은 A의 지점 d_1으로부터 네 지점 $d_2 \sim d_5$까지의 거리를, 표는 d_2과 d_5 중 한 지점에 역치 이상의 자극을 1회 주고 경과된 시간이 4 ms, 5 ms, 6 ms일 때 Ⅰ과 Ⅱ에서의 막전위를 나타낸 것이다. Ⅰ과 Ⅱ는 각각 d_2와 d_4 중 하나이다.

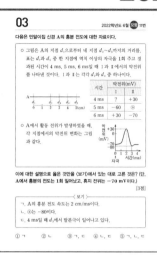

시간	막전위(mV)	
	Ⅰ	Ⅱ
4 ms	?	+30
5 ms	−60	ⓐ
6 ms	+30	−70

○ A에서 활동 전위가 발생하였을 때, 각 지점에서의 막전위 변화는 그림과 같다.

이에 대한 설명으로 옳은 것만을 〈보기〉에 있는 대로 고른 것은? (단, A에서 흥분의 전도는 1회 일어나고, 휴지 전위는 −70 mV이다.) [3점]

〈보기〉
ㄱ. A의 흥분 전도 속도는 2 cm/ms이다.
ㄴ. ⓐ는 −80이다.
ㄷ. 4 ms일 때 d_5에서 탈분극이 일어나고 있다.

① ㄱ ② ㄴ ③ ㄱ, ㄷ ④ ㄴ, ㄷ ⑤ ㄱ, ㄴ, ㄷ

19
2023학년도 **수능** 15번

다음은 민말이집 신경 Ⅰ ~ Ⅲ의 흥분 전도와 전달에 대한 자료이다.

○ 그림은 Ⅰ ~ Ⅲ의 지점 $d_1 \sim d_5$의 위치를, 표는 ⊙ Ⅰ과 Ⅱ의 P에, Ⅲ의 Q에 역치 이상의 자극을 동시에 1회 주고 경과된 시간이 4 ms일 때 $d_1 \sim d_5$에서의 막전위를 나타낸 것이다. P와 Q는 각각 $d_1 \sim d_5$ 중 하나이다.

신경	4 ms일 때 막전위(mV)				
	d_1	d_2	d_3	d_4	d_5
Ⅰ	−70	?	ⓐ	ⓑ	?
Ⅱ	ⓐ	?	?	ⓑ	ⓐ
Ⅲ	ⓐ	−80	ⓐ	ⓐ	ⓐ

○ Ⅰ을 구성하는 두 뉴런의 흥분 전도 속도는 $2v$로 같고, Ⅰ와 Ⅲ의 흥분 전도 속도는 각각 $3v$와 $6v$이다.

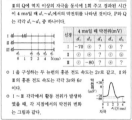

○ Ⅰ ~ Ⅲ 각각에서 활동 전위가 발생하였을 때, 각 지점에서의 막전위 변화는 그림과 같다.

이에 대한 설명으로 옳은 것만을 〈보기〉에 있는 대로 고른 것은? (단, Ⅰ ~ Ⅲ에서 흥분의 전도는 1회 일어나고, 휴지 전위는 −70 mV이다.) [3점]

〈보기〉
ㄱ. Q는 d_1이다.
ㄴ. Ⅱ의 흥분 전도 속도는 2 cm/ms이다.
ㄷ. ⊙이 5 ms일 때 Ⅰ의 d_3에서 재분극이 일어난다.

① ㄱ ② ㄴ ③ ㄱ, ㄷ ④ ㄴ, ㄷ ⑤ ㄱ, ㄴ, ㄷ

17
2022학년도 9월 **모평** 16번

다음은 민말이집 신경 A의 흥분 전도에 대한 자료이다.

○ 그림은 A와 B의 지점 $d_1 \sim d_4$의 위치를 나타낸 것이다. B는 2개의 뉴런으로 구성되어 있고, ⊙ ~ ⓒ 중 한 곳에만 시냅스가 있다.

○ 표는 A와 B의 d_1에 역치 이상의 자극을 동시에 1회 주고 경과된 시간이 t_1일 때 $d_1 \sim d_4$에서의 막전위를 나타낸 것이다. Ⅰ ~ Ⅳ는 $d_1 \sim d_4$를 순서 없이 나타낸 것이다.

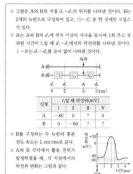

신경	t_1일 때 막전위(mV)			
	Ⅰ	Ⅱ	Ⅲ	Ⅳ
A	−80	?	?	?
B	0	−60	?	?

○ B를 구성하는 두 뉴런의 흥분 전도 속도는 1 cm/ms로 같다.

○ A와 B 각각에서 활동 전위가 발생하였을 때, 각 지점에서의 막전위 변화는 그림과 같다.

이에 대한 설명으로 옳은 것만을 〈보기〉에서 있는 대로 고른 것은? (단, A와 B에서 흥분의 전도는 각각 1회 일어나고, 휴지 전위는 −70 mV이다.) [3점]

〈보기〉
ㄱ. t_1은 5 ms이다.
ㄴ. 시냅스는 ⓑ에 있다.
ㄷ. t_1일 때, A의 Ⅱ에서 탈분극이 일어나고 있다.

① ㄱ ② ㄴ ③ ㄱ, ㄷ ④ ㄴ, ㄷ ⑤ ㄱ, ㄴ, ㄷ

---

14 **대표 문제**
2020학년도 6월 **모평** 14번

다음은 민말이집 신경 A ~ C의 흥분 전도와 전달에 대한 자료이다.

○ 그림은 A와 C의 지점 d_1으로부터 세 지점 $d_2 \sim d_4$까지의 거리를, 표는 A, B, C의 d_4에 역치 이상의 자극을 동시에 1회 주고 경과된 시간이 6 ms일 때 $d_1 \sim d_3$에서 측정한 막전위를 나타낸 것이다.

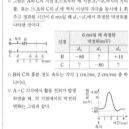

신경	6 ms일 때 측정한 막전위(mV)		
	d_1	d_2	d_3
B	−80	?	+10
C	?	−80	?

○ B와 C의 흥분 전도 속도는 각각 1 cm/ms, 2 cm/ms 중 하나이다.

○ A ~ C 각각에서 활동 전위가 발생하였을 때, 각 지점에서의 막전위 변화는 그림과 같다.

이에 대한 설명으로 옳은 것만을 〈보기〉에서 있는 대로 고른 것은? (단, A, B, C에서 흥분의 전도는 각각 1회 일어나고, 휴지 전위는 −70 mV이다.) [3점]

〈보기〉
ㄱ. d_1에서 발생한 흥분은 C의 d_2보다 C의 d_3에 먼저 도달한다.
ㄴ. 이 4 ms일 때, C의 d_1에서 Na^+이 세포 안으로 유입된다.
ㄷ. ⊙이 5 ms일 때, B의 d_1에서 탈분극이 일어나고 있다.

① ㄱ ② ㄴ ③ ㄱ, ㄷ ④ ㄴ, ㄷ ⑤ ㄱ, ㄴ, ㄷ

16
2023학년도 6월 **모평** 11번

다음은 민말이집 신경 A와 B의 흥분 전도와 전달에 대한 자료이다.

○ 그림은 A와 B의 지점 $d_1 \sim d_4$의 위치를, 표는 ⊙A와 B의 지점 X에 역치 이상의 자극을 1회 주고 경과된 시간이 3 ms일 때 $d_1 \sim d_4$에서의 막전위를 나타낸 것이다. X는 $d_1 \sim d_4$ 중 하나이고, Ⅰ ~ Ⅳ는 $d_1 \sim d_4$를 순서 없이 나타낸 것이다.

신경	3 ms일 때 막전위(mV)			
	Ⅰ	Ⅱ	Ⅲ	Ⅳ
A	+30	?	−70	?
B	?	−80	?	?

○ A를 구성하는 두 뉴런의 흥분 전도 속도는 ⓐ로 같고, B를 구성하는 두 뉴런의 흥분 전도 속도는 ⓑ로 같다. ⓐ와 ⓑ는 1 cm/ms와 2 cm/ms를 순서 없이 나타낸 것이다.

○ A와 B 각각에서 활동 전위가 발생하였을 때, 각 지점에서의 막전위 변화는 그림과 같다.

이에 대한 설명으로 옳은 것만을 〈보기〉에 있는 대로 고른 것은? (단, A와 B에서 흥분의 전도는 각각 1회 일어나고, 휴지 전위는 −70 mV이다.) [3점]

〈보기〉
ㄱ. X는 d_1이다.
ㄴ. ⓐ는 −70이다.
ㄷ. ⊙이 5 ms일 때 A의 Ⅱ에서 재분극이 일어나고 있다.

① ㄱ ② ㄴ ③ ㄱ, ㄷ ④ ㄴ, ㄷ ⑤ ㄱ, ㄴ, ㄷ

08
2021학년도 6월 **모평** 4번

그림 (가)는 시냅스로 연결된 두 뉴런 A와 B를, (나)는 A와 B 사이의 시냅스에서 일어나는 흥분 전달 과정을 나타낸 것이다. X와 Y는 A의 가지 돌기와 B의 축삭 돌기 말단을 순서 없이 나타낸 것이다.

이에 대한 설명으로 옳은 것만을 〈보기〉에서 있는 대로 고른 것은? [3점]

〈보기〉
ㄱ. ⓐ에 신경 전달 물질이 들어 있다.
ㄴ. X는 B의 축삭 돌기 말단이다.
ㄷ. B의 d_1에 역치 이상의 자극을 주면 지점 d_2에서 활동 전위가 발생한다.

① ㄱ ② ㄷ ③ ㄱ, ㄴ ④ ㄴ, ㄷ ⑤ ㄱ, ㄴ, ㄷ

15
2021학년도 9월 **모평** 10번

다음은 민말이집 신경 A ~ D의 흥분 전도와 전달에 대한 자료이다.

○ 그림은 A, C, D의 지점 d_1으로부터 두 지점 d_2, d_3까지의 거리를, 표는 ⊙A, C, D의 d_3에 역치 이상의 자극을 동시에 1회 주고 경과된 시간이 5 ms일 때 d_2와 d_3에서의 막전위를 나타낸 것이다.

신경	5 ms일 때 막전위(mV)	
	d_2	d_3
B	−80	?
C	?	−80
D	+30	?

○ B와 C의 흥분 전도 속도는 같다.

○ A ~ D 각각에서 활동 전위가 발생하였을 때, 각 지점에서의 막전위의 변화는 그림과 같다.

이에 대한 설명으로 옳은 것만을 〈보기〉에 있는 대로 고른 것은? (단, A ~ D에서 흥분의 전도는 각각 1회 일어나고, 휴지 전위는 −70 mV이다.) [3점]

〈보기〉
ㄱ. 흥분의 전도 속도는 C에서가 D에서보다 빠르다.
ㄴ. ⓑ는 +30이다.
ㄷ. ⊙이 3 ms일 때 C의 d_2에서 탈분극이 일어나고 있다.

① ㄱ ② ㄷ ③ ㄱ, ㄴ ④ ㄴ, ㄷ ⑤ ㄱ, ㄴ, ㄷ

01

2022학년도 10월 학평 11번

다음은 민말이집 신경 A와 B의 흥분 전도에 대한 자료이다.

○ 그림은 A와 B의 지점 d_1과 d_2의 위치를, 표는 A의 d_1과 B의 d_2에 역치 이상의 자극을 동시에 1회 준 후 시점 t_1과 t_2일 때 A와 B의 Ⅰ과 Ⅱ에서의 막전위를 나타낸 것이다. Ⅰ과 Ⅱ는 각각 d_1과 d_2 중 하나이고, ㉠과 ㉡은 각각 -10과 $+20$ 중 하나이다. t_2는 t_1 이후의 시점이다.

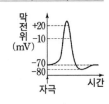

시점	막전위(mV)			
	A의 Ⅰ	A의 Ⅱ	B의 Ⅰ	B의 Ⅱ
t_1	㉠	-70	?	㉡
t_2	㉡	?	-80	㉠

○ 흥분 전도 속도는 B가 A보다 빠르다.
○ A와 B 각각에서 활동 전위가 발생하였을 때, 각 지점에서의 막전위 변화는 그림과 같다.

이에 대한 옳은 설명만을 〈보기〉에서 있는 대로 고른 것은? (단, A와 B에서 흥분 전도는 각각 1회 일어났고, 휴지 전위는 -70 mV이다.) [3점]

〈 보기 〉
ㄱ. Ⅰ은 d_1이다.
ㄴ. ㉡은 $+20$이다.
ㄷ. t_1일 때 A의 d_2에서 탈분극이 일어나고 있다.

① ㄱ   ② ㄴ   ③ ㄷ   ④ ㄱ, ㄴ   ⑤ ㄴ, ㄷ

02

2022학년도 3월 학평 11번

다음은 민말이집 신경 A와 B의 흥분 전도에 대한 자료이다.

○ 그림은 A와 B의 지점 $d_1 \sim d_3$의 위치를, 표는 ㉠A와 B의 d_1에 역치 이상의 자극을 동시에 1회 주고 경과된 시간이 Ⅰ~Ⅲ일 때 A의 d_2에서의 막전위를 나타낸 것이다. Ⅰ~Ⅲ은 각각 3 ms, 4 ms, 5 ms 중 하나이다.

시간	Ⅰ	Ⅱ	Ⅲ
막전위 (mV)	-80	$+30$	-70

○ 흥분 전도 속도는 A가 B의 2배이다.
○ A와 B 각각에서 활동 전위가 발생하였을 때, 각 지점에서의 막전위 변화는 그림과 같다.

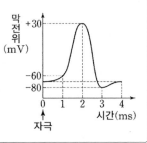

이에 대한 옳은 설명만을 〈보기〉에서 있는 대로 고른 것은? (단, A와 B에서 흥분의 전도는 각각 1회 일어났고, 휴지 전위는 -70 mV이다.) [3점]

〈 보기 〉
ㄱ. Ⅲ은 4 ms이다.
ㄴ. B의 흥분 전도 속도는 1 cm/ms이다.
ㄷ. ㉠이 5 ms일 때 B의 d_3에서 탈분극이 일어나고 있다.

① ㄱ   ② ㄴ   ③ ㄱ, ㄷ   ④ ㄴ, ㄷ   ⑤ ㄱ, ㄴ, ㄷ

03

다음은 민말이집 신경 A의 흥분 전도에 대한 자료이다.

○ 그림은 A의 지점 d_1으로부터 네 지점 $d_2 \sim d_5$까지의 거리를, 표는 d_1과 d_5 중 한 지점에 역치 이상의 자극을 1회 주고 경과된 시간이 4 ms, 5 ms, 6 ms일 때 Ⅰ과 Ⅱ에서의 막전위를 나타낸 것이다. Ⅰ과 Ⅱ는 각각 d_2와 d_4 중 하나이다.

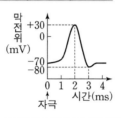

시간	막전위(mV)	
	Ⅰ	Ⅱ
4 ms	?	+30
5 ms	−60	ⓐ
6 ms	+30	−70

○ A에서 활동 전위가 발생하였을 때, 각 지점에서의 막전위 변화는 그림과 같다.

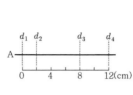

이에 대한 설명으로 옳은 것만을 〈보기〉에서 있는 대로 고른 것은? (단, A에서 흥분의 전도는 1회 일어났고, 휴지 전위는 −70 mV이다.) [3점]

〈보기〉
ㄱ. A의 흥분 전도 속도는 2 cm/ms이다.
ㄴ. ⓐ는 −80이다.
ㄷ. 4 ms일 때 d_3에서 탈분극이 일어나고 있다.

① ㄱ ② ㄴ ③ ㄱ, ㄷ ④ ㄴ, ㄷ ⑤ ㄱ, ㄴ, ㄷ

04

다음은 민말이집 신경 A의 흥분 전도에 대한 자료이다.

○ 그림은 A의 지점 $d_1 \sim d_4$의 위치를, 표는 ⊙ $d_1 \sim d_4$ 중 한 지점에 역치 이상의 자극을 1회 주고 경과된 시간이 2~5 ms일 때 A의 어느 한 지점에서 측정한 막전위를 나타낸 것이다. Ⅰ~Ⅳ는 $d_1 \sim d_4$를 순서 없이 나타낸 것이다.

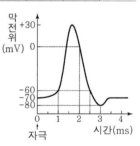

구분	2~5 ms일 때 측정한 막전위(mV)			
	2 ms	3 ms	4 ms	5 ms
Ⅰ	−60			
Ⅱ		?		
Ⅲ			−60	
Ⅳ				−80

○ A에서 활동 전위가 발생하였을 때, 각 지점에서의 막전위 변화는 그림과 같다.

이 자료에 대한 설명으로 옳은 것만을 〈보기〉에서 있는 대로 고른 것은? (단, A에서 흥분의 전도는 1회 일어났고, 휴지 전위는 −70 mV이다.) [3점]

〈보기〉
ㄱ. Ⅳ는 d_1이다.
ㄴ. A의 흥분 전도 속도는 2 cm/ms이다.
ㄷ. ⊙이 3 ms일 때 d_4에서 재분극이 일어나고 있다.

① ㄱ ② ㄴ ③ ㄱ, ㄷ ④ ㄴ, ㄷ ⑤ ㄱ, ㄴ, ㄷ

다음은 민말이집 신경 A와 B의 흥분 전도에 대한 자료이다.

○ 그림 (가)는 A와 B의 지점 d_1으로부터 세 지점 $d_2 \sim d_4$까지의 거리를, (나)는 A와 B 각각에서 활동 전위가 발생하였을 때 각 지점에서의 막전위 변화를 나타낸 것이다.

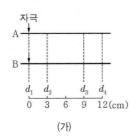

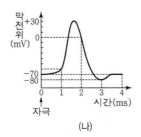

(가)   (나)

○ A와 B의 흥분 전도 속도는 각각 1 cm/ms와 3 cm/ms 중 하나이다.

○ 표는 A와 B의 d_1에 역치 이상의 자극을 동시에 1회 주고, 경과된 시간이 t_1일 때와 t_2일 때 $d_2 \sim d_4$에서 측정한 막전위를 나타낸 것이다.

신경	t_1일 때 측정한 막전위(mV)			t_2일 때 측정한 막전위(mV)		
	d_2	d_3	d_4	d_2	d_3	d_4
A	?	−70	?	−80	?	−70
B	−70	0	−60	−70	?	0

이에 대한 설명으로 옳은 것만을 〈보기〉에서 있는 대로 고른 것은? (단, A와 B에서 흥분의 전도는 각각 1회 일어났고, 휴지 전위는 −70 mV이다.) [3점]

〈 보기 〉
ㄱ. t_1은 5 ms이다.
ㄴ. B의 흥분 전도 속도는 1 cm/ms이다.
ㄷ. t_2일 때 B의 d_3에서 탈분극이 일어나고 있다.

① ㄱ   ② ㄴ   ③ ㄱ, ㄷ   ④ ㄴ, ㄷ   ⑤ ㄱ, ㄴ, ㄷ

다음은 민말이집 신경 A와 B의 흥분 전도와 전달에 대한 자료이다.

○ A와 B는 각각 2개의 뉴런으로 구성되고, 각 뉴런의 흥분 전도 속도는 ⓐ로 같다.

○ 그림은 A와 B에서 지점 $d_1 \sim d_3$의 위치를, 표는 A와 B의 d_1에 역치 이상의 자극을 동시에 1회 주고 경과된 시간이 4 ms일 때 I과 II에서의 막전위를 나타낸 것이다. I과 II는 d_2와 d_3을 순서 없이 나타낸 것이다.

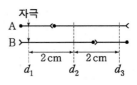

신경	막전위(mV)	
	I	II
A	−50	㉠
B	?	−80

○ A와 B에서 활동 전위가 발생했을 때, 각 지점에서의 막전위 변화는 그림과 같다.

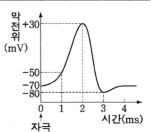

이에 대한 옳은 설명만을 〈보기〉에서 있는 대로 고른 것은? (단, A와 B에서 흥분의 전도는 각각 1회 일어났고, 휴지 전위는 −70 mV이다.) [3점]

〈 보기 〉
ㄱ. I은 d_3이다.
ㄴ. ⓐ는 2 cm/ms이다.
ㄷ. ㉠은 +30이다.

① ㄱ   ② ㄷ   ③ ㄱ, ㄴ   ④ ㄴ, ㄷ   ⑤ ㄱ, ㄴ, ㄷ

07

표는 어떤 뉴런의 지점 d_1과 d_2 중 한 지점에 역치 이상의 자극을 1회 주고 경과된 시간이 t_1, t_2, t_3일 때 d_1과 d_2에서의 막전위를, 그림은 d_1과 d_2에서 활동 전위가 발생하였을 때 각 지점에서의 막전위 변화를 나타낸 것이다. ㉠과 ㉡은 0과 -38을 순서 없이 나타낸 것이고, $t_1 < t_2 < t_3$이다.

경과된	막전위(mV)	
시간	d_1	d_2
t_1	-10	-33
t_2	㉠	㉡
t_3	-80	$+25$

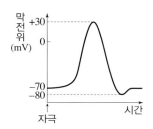

이에 대한 옳은 설명만을 〈보기〉에서 있는 대로 고른 것은? (단, 흥분 전도는 1회 일어났고, 휴지 전위는 -70 mV이다.)

〈 보기 〉
ㄱ. 자극을 준 지점은 d_1이다.
ㄴ. ㉠은 0이다.
ㄷ. t_2일 때 d_2에서 재분극이 일어나고 있다.

① ㄱ   ② ㄴ   ③ ㄱ, ㄷ   ④ ㄴ, ㄷ   ⑤ ㄱ, ㄴ, ㄷ

08

그림 (가)는 시냅스로 연결된 두 뉴런 A와 B를, (나)는 A와 B 사이의 시냅스에서 일어나는 흥분 전달 과정을 나타낸 것이다. X와 Y는 A의 가지 돌기와 B의 축삭 돌기 말단을 순서 없이 나타낸 것이다.

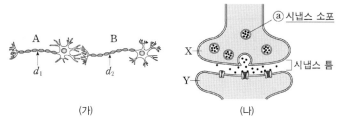

(가)   (나)

이에 대한 설명으로 옳은 것만을 〈보기〉에서 있는 대로 고른 것은? [3점]

〈 보기 〉
ㄱ. ⓐ에 신경 전달 물질이 들어 있다.
ㄴ. X는 B의 축삭 돌기 말단이다.
ㄷ. 지점 d_1에 역치 이상의 자극을 주면 지점 d_2에서 활동 전위가 발생한다.

① ㄱ   ② ㄷ   ③ ㄱ, ㄴ   ④ ㄴ, ㄷ   ⑤ ㄱ, ㄴ, ㄷ

09

다음은 민말이집 신경 A와 B의 흥분 전도와 전달에 대한 자료이다.

○ 그림은 A와 B에서 지점 $d_1 \sim d_4$의 위치를, 표는 ㉠ d_2에 역치 이상의 자극을 1회 주고 경과된 시간이 4 ms와 ⓐ ms일 때 d_3과 d_4의 막전위를 나타낸 것이다.

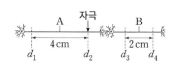

시간	막전위(mV)	
(ms)	d_3	d_4
4	$+30$	?
ⓐ	?	-80

○ A와 B의 흥분 전도 속도는 각각 2 cm/ms이다.
○ A와 B 각각에서 활동 전위가 발생했을 때, 각 지점의 막전위 변화는 그림과 같다.

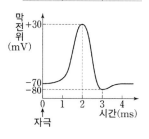

이에 대한 옳은 설명만을 〈보기〉에서 있는 대로 고른 것은? (단, A와 B에서 흥분의 전도는 각각 1회 일어났고, 휴지 전위는 -70 mV이다.)
[3점]

〈 보기 〉
ㄱ. ⓐ는 6이다.
ㄴ. ㉠이 5 ms일 때 d_4의 막전위는 $+30$ mV이다.
ㄷ. ㉠이 3 ms일 때 d_1과 d_3에서 모두 탈분극이 일어나고 있다.

① ㄱ   ② ㄷ   ③ ㄱ, ㄴ   ④ ㄴ, ㄷ   ⑤ ㄱ, ㄴ, ㄷ

10

다음은 민말이집 신경 A와 B의 흥분 이동에 대한 자료이다.

○ 그림은 민말이집 신경 A와 B에서 지점 $d_1 \sim d_4$의 위치를, 표는 d_1에 역치 이상의 자극을 1회 주고 경과된 시간이 각각 11 ms, ⓐ ms일 때, d_3와 d_4에서 측정한 막전위를 나타낸 것이다.

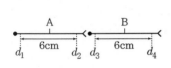

시간	막전위(mV)	
(ms)	d_3	d_4
11	-80	?
ⓐ	?	$+30$

○ ㉠ d_2에 역치 이상의 자극을 1회 주고 경과된 시간이 8 ms일 때 d_3의 막전위는 $+30$ mV이다.

○ B의 흥분 전도 속도는 2 cm/ms이다.

○ A와 B의 $d_1 \sim d_4$에서 활동 전위가 발생하였을 때, 각 지점에서의 막전위 변화는 그림과 같다. 휴지 전위는 -70 mV이다.

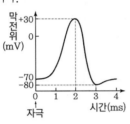

이에 대한 설명으로 옳은 것만을 〈보기〉에서 있는 대로 고른 것은? (단, d_1과 d_2에 준 자극에 의해 A와 B에서 흥분의 전도는 각각 1회 일어났고, 제시된 조건 이외의 다른 조건은 동일하다.) [3점]

〈 보기 〉

ㄱ. ⓐ는 15이다.
ㄴ. A의 흥분 전도 속도는 3 cm/ms이다.
ㄷ. ㉠이 10 ms일 때 d_4에서 탈분극이 일어나고 있다.

① ㄱ　　② ㄴ　　③ ㄷ　　④ ㄱ, ㄴ　　⑤ ㄴ, ㄷ

11

다음은 민말이집 신경 A와 B에 대한 자료이다.

○ 그림 (가)는 A와 B에서 지점 $p_1 \sim p_4$의 위치를, (나)는 A와 B 각각에서 활동 전위가 발생했을 때 각 지점에서의 막전위 변화를 나타낸 것이다.

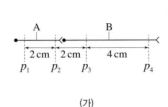
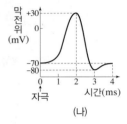

(가)　　　　　　(나)

○ 흥분 전도 속도는 A가 B의 2배이다.

○ ⓐ p_2에 역치 이상의 자극을 주고 경과된 시간이 4 ms일 때 p_1에서의 막전위는 -80 mV이다.

○ p_2에 준 자극으로 발생한 흥분이 p_4에 도달한 후, ⓑ p_3에 역치 이상의 자극을 주고 경과된 시간이 6 ms일 때 p_4에서의 막전위는 [㉠] mV이다.

이에 대한 옳은 설명만을 〈보기〉에서 있는 대로 고른 것은? (단, p_2와 p_3에 준 자극에 의해 흥분의 전도는 각각 1회 일어났고, 휴지 전위는 -70 mV이다.) [3점]

〈 보기 〉

ㄱ. ㉠은 $+30$이다.
ㄴ. ⓐ가 3 ms일 때 p_3에서 재분극이 일어나고 있다.
ㄷ. ⓑ가 5 ms일 때 p_1과 p_4에서의 막전위는 같다.

① ㄱ　　② ㄴ　　③ ㄱ, ㄴ　　④ ㄱ, ㄷ　　⑤ ㄴ, ㄷ

다음은 민말이집 신경 A와 B의 흥분 전도와 전달에 대한 자료이다.

○ 그림은 A와 B의 지점 $d_1 \sim d_4$의 위치를, 표는 ㉮ A와 B 의 d_1에 역치 이상의 자극을 동시에 1회 주고 경과된 시간 이 5 ms일 때 $d_2 \sim d_4$에서의 막전위를 나타낸 것이다. (가)와 (나) 중 한 곳에만 시냅스가 있으며, ㉠과 ㉡은 각각 -80과 $+30$ 중 하나이다.

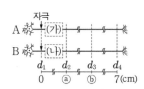

신경	5 ms일 때 막전위(mV)		
	d_2	d_3	d_4
A	㉠	㉡	-10
B	㉡	?	?

○ A와 B 중 1개의 신경은 한 뉴런으로 구성되며, 나머지 1개의 신경은 두 뉴런으로 구성된다. A와 B를 구성하는 뉴런의 흥분 전도 속도는 모두 같다.

○ A와 B 각각에서 활동 전위가 발생하였을 때, 각 지점에서의 막전위 변화는 그림과 같다.

이에 대한 설명으로 옳은 것만을 〈보기〉에서 있는 대로 고른 것은? (단, A와 B에서 흥분의 전도는 각각 1회 일어났고, 휴지 전위는 -70 mV 이다.) [3점]

〈 보기 〉

ㄱ. 시냅스는 (나)에 있다.

ㄴ. $\dfrac{ⓐ}{ⓑ} = \dfrac{1}{2}$이다.

ㄷ. ㉮가 6 ms일 때 B의 d_4에서 재분극이 일어나고 있다.

① ㄱ　　② ㄴ　　③ ㄷ　　④ ㄱ, ㄷ　　⑤ ㄴ, ㄷ

다음은 민말이집 신경 (가)와 (나)의 흥분 이동에 대한 자료이다.

○ 그림은 (가)와 (나)의 지점 $d_1 \sim d_4$의 위치를, 표는 (가)와 (나) 의 ⓐ d_1에 역치 이상의 자극을 동시에 1회 주고 경과한 시간 이 4 ms일 때 $d_2 \sim d_4$에서 측정한 막전위를 나타낸 것이다. (가)와 (나) 중 한 신경에서만 $d_2 \sim d_4$ 사이에 하나의 시냅스가 있으며, 시냅스 전 뉴런과 시냅스 후 뉴런의 흥분 전도 속도 는 서로 같다.

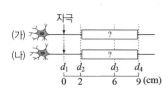

신경	4 ms일 때 측정한 막전위(mV)		
	d_2	d_3	d_4
(가)	㉠	$+21$	?
(나)	-80	?	㉡

○ (가)와 (나)를 구성하는 뉴런의 흥분 전도 속도는 각각 2 cm/ms, 4 cm/ms 중 하나이다.

○ (가)와 (나)의 $d_1 \sim d_4$에서 활 동 전위가 발생하였을 때, 각 지점에서의 막전위 변화는 그 림과 같다. 휴지 전위는 -70 mV이다.

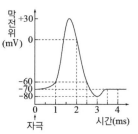

이에 대한 설명으로 옳은 것만을 〈보기〉에서 있는 대로 고른 것은? (단, (가)와 (나)를 구성하는 뉴런에서 흥분의 전도는 각각 1회 일어났고, 제 시된 조건 이외의 다른 조건은 동일하다.) [3점]

〈 보기 〉

ㄱ. ㉠과 ㉡은 모두 -70이다.

ㄴ. 시냅스는 (가)의 d_2와 d_3 사이에 있다.

ㄷ. ⓐ가 5 ms일 때 (나)의 d_3에서 재분극이 일어나고 있다.

① ㄱ　　② ㄷ　　③ ㄱ, ㄴ　　④ ㄴ, ㄷ　　⑤ ㄱ, ㄴ, ㄷ

14 대표 문제

다음은 민말이집 신경 A~C의 흥분 전도와 전달에 대한 자료이다.

○ 그림은 A와 C의 지점 d_1으로부터 세 지점 d_2~d_4까지의 거리를, 표는 ㉠ A와 C의 d_1에 역치 이상의 자극을 동시에 1회 주고 경과된 시간이 6 ms일 때 d_2~d_4에서 측정한 막전위를 나타낸 것이다.

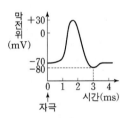

신경	6 ms일 때 측정한 막전위(mV)		
	d_2	d_3	d_4
B	−80	?	+10
C	?	−80	?

○ B와 C의 흥분 전도 속도는 각각 1 cm/ms, 2 cm/ms 중 하나이다.

○ A~C 각각에서 활동 전위가 발생하였을 때, 각 지점에서의 막전위 변화는 그림과 같다.

이에 대한 설명으로 옳은 것만을 〈보기〉에서 있는 대로 고른 것은? (단, A, B, C에서 흥분의 전도는 각각 1회 일어났고, 휴지 전위는 −70 mV이다.) [3점]

〈 보기 〉
ㄱ. d_1에서 발생한 흥분은 B의 d_4보다 C의 d_4에 먼저 도달한다.
ㄴ. ㉠이 4 ms일 때, C의 d_3에서 Na^+이 세포 안으로 유입된다.
ㄷ. ㉠이 5 ms일 때, B의 d_2에서 탈분극이 일어나고 있다.

① ㄱ   ② ㄴ   ③ ㄷ   ④ ㄱ, ㄴ   ⑤ ㄴ, ㄷ

15

다음은 민말이집 신경 A~D의 흥분 전도와 전달에 대한 자료이다.

○ 그림은 A, C, D의 지점 d_1으로부터 두 지점 d_2, d_3까지의 거리를, 표는 ㉠ A, C, D의 d_1에 역치 이상의 자극을 동시에 1회 주고 경과된 시간이 5 ms일 때 d_2와 d_3에서의 막전위를 나타낸 것이다.

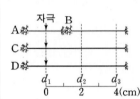

신경	5 ms일 때 막전위(mV)	
	d_2	d_3
B	−80	ⓐ
C	?	−80
D	+30	?

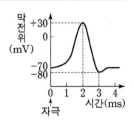

○ B와 C의 흥분 전도 속도는 같다.

○ A~D 각각에서 활동 전위가 발생하였을 때, 각 지점에서의 막전위의 변화는 그림과 같다.

이에 대한 설명으로 옳은 것만을 〈보기〉에서 있는 대로 고른 것은? (단, A~D에서 흥분의 전도는 각각 1회 일어났고, 휴지 전위는 −70 mV이다.) [3점]

〈 보기 〉
ㄱ. 흥분의 전도 속도는 C에서가 D에서보다 빠르다.
ㄴ. ⓐ는 +30이다.
ㄷ. ㉠이 3 ms일 때 C의 d_3에서 탈분극이 일어나고 있다.

① ㄱ   ② ㄷ   ③ ㄱ, ㄴ   ④ ㄴ, ㄷ   ⑤ ㄱ, ㄴ, ㄷ

16

다음은 민말이집 신경 A와 B의 흥분 전도와 전달에 대한 자료이다.

○ 그림은 A와 B의 지점 $d_1 \sim d_4$의 위치를, 표는 ㉠A와 B의 지점 X에 역치 이상의 자극을 동시에 1회 주고 경과된 시간이 3 ms일 때 $d_1 \sim d_4$에서의 막전위를 나타낸 것이다. X는 $d_1 \sim d_4$ 중 하나이고, Ⅰ~Ⅳ는 $d_1 \sim d_4$를 순서 없이 나타낸 것이다.

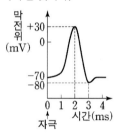

신경	3 ms일 때 막전위(mV)			
	Ⅰ	Ⅱ	Ⅲ	Ⅳ
A	+30	?	−70	㉮
B	?	−80	?	+30

○ A를 구성하는 두 뉴런의 흥분 전도 속도는 ⓐ로 같고, B를 구성하는 두 뉴런의 흥분 전도 속도는 ⓑ로 같다. ⓐ와 ⓑ는 1 cm/ms와 2 cm/ms를 순서 없이 나타낸 것이다.

○ A와 B 각각에서 활동 전위가 발생하였을 때, 각 지점에서의 막전위 변화는 그림과 같다.

이에 대한 설명으로 옳은 것만을 〈보기〉에서 있는 대로 고른 것은? (단, A와 B에서 흥분의 전도는 각각 1회 일어났고, 휴지 전위는 −70 mV이다.) [3점]

〈 보기 〉
ㄱ. X는 d_3이다.
ㄴ. ㉮는 −70이다.
ㄷ. ㉠이 5 ms일 때 A의 Ⅲ에서 재분극이 일어나고 있다.

① ㄱ ② ㄴ ③ ㄷ ④ ㄱ, ㄴ ⑤ ㄴ, ㄷ

17

다음은 민말이집 신경 A의 흥분 전도에 대한 자료이다.

○ 그림은 A와 B의 지점 $d_1 \sim d_4$의 위치를 나타낸 것이다. B는 2개의 뉴런으로 구성되어 있고, ㉠~㉢ 중 한 곳에만 시냅스가 있다.

○ 표는 A와 B의 d_3에 역치 이상의 자극을 동시에 1회 주고 경과된 시간이 t_1일 때 $d_1 \sim d_4$에서의 막전위를 나타낸 것이다. Ⅰ~Ⅳ는 $d_1 \sim d_4$를 순서 없이 나타낸 것이다.

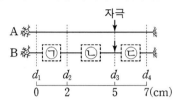

신경	t_1일 때 막전위(mV)			
	Ⅰ	Ⅱ	Ⅲ	Ⅳ
A	−80	0	?	0
B	0	−60	?	?

○ B를 구성하는 두 뉴런의 흥분 전도 속도는 1 cm/ms로 같다.

○ A와 B 각각에서 활동 전위가 발생하였을 때, 각 지점에서의 막전위 변화는 그림과 같다.

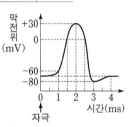

이에 대한 설명으로 옳은 것만을 〈보기〉에서 있는 대로 고른 것은? (단, A와 B에서 흥분의 전도는 각각 1회 일어났고, 휴지 전위는 −70 mV이다.) [3점]

〈 보기 〉
ㄱ. t_1은 5 ms이다.
ㄴ. 시냅스는 ㉢에 있다.
ㄷ. t_1일 때, A의 Ⅱ에서 탈분극이 일어나고 있다.

① ㄱ ② ㄴ ③ ㄱ, ㄷ ④ ㄴ, ㄷ ⑤ ㄱ, ㄴ, ㄷ

다음은 민말이집 신경 A~C의 흥분 전도와 전달에 대한 자료이다.

○ 그림은 A와 B의 지점 d_1으로부터 d_2~d_5까지의 거리를, 표는 A와 B의 d_1에 역치 이상의 자극을 동시에 1회 주고 경과된 시간이 ⓐ ms일 때 A의 d_2와 d_5, B의 d_2, C의 d_3~d_5에서의 막전위를 나타낸 것이다. ⓐ는 4와 5 중 하나이다.

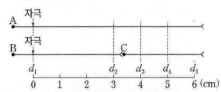

ⓐ ms일 때 막전위(mV)					
A의 d_2	A의 d_5	B의 d_2	C의 d_3	C의 d_4	C의 d_5
−80	㉠	−70	+30	㉡	−70

○ A~C의 흥분 전도 속도는 서로 다르며 각각 1 cm/ms, 1.5 cm/ms, 3 cm/ms 중 하나이다.

○ A~C 각각에서 활동 전위가 발생했을 때 각 지점에서의 막전위 변화는 그림과 같다.

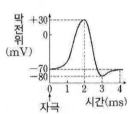

이에 대한 옳은 설명만을 〈보기〉에서 있는 대로 고른 것은? (단, A~C에서 흥분의 전도는 각각 1회 일어났고, 휴지 전위는 −70 mV이다.)

[3점]

─────〈 보기 〉─────
ㄱ. ⓐ는 5이다.
ㄴ. ㉠과 ㉡은 같다.
ㄷ. 흥분 전도 속도는 B가 A의 2배이다.
────────────────

① ㄱ   ② ㄷ   ③ ㄱ, ㄴ   ④ ㄴ, ㄷ   ⑤ ㄱ, ㄴ, ㄷ

다음은 민말이집 신경 Ⅰ~Ⅲ의 흥분 전도와 전달에 대한 자료이다.

○ 그림은 Ⅰ~Ⅲ의 지점 d_1~d_5의 위치를, 표는 ㉠ Ⅰ과 Ⅱ의 P에, Ⅲ의 Q에 역치 이상의 자극을 동시에 1회 주고 경과된 시간이 4 ms일 때 d_1~d_5에서의 막전위를 나타낸 것이다. P와 Q는 각각 d_1~d_5 중 하나이다.

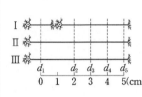

신경	4 ms일 때 막전위(mV)				
	d_1	d_2	d_3	d_4	d_5
Ⅰ	−70	ⓐ	?	ⓑ	?
Ⅱ	ⓒ	ⓐ	?	ⓒ	ⓑ
Ⅲ	ⓒ	−80	?	ⓐ	?

○ Ⅰ을 구성하는 두 뉴런의 흥분 전도 속도는 $2v$로 같고, Ⅱ와 Ⅲ의 흥분 전도 속도는 각각 $3v$와 $6v$이다.

○ Ⅰ~Ⅲ 각각에서 활동 전위가 발생하였을 때, 각 지점에서의 막전위 변화는 그림과 같다.

이에 대한 설명으로 옳은 것만을 〈보기〉에서 있는 대로 고른 것은? (단, Ⅰ~Ⅲ에서 흥분의 전도는 각각 1회 일어났고, 휴지 전위는 −70 mV이다.) [3점]

─────〈 보기 〉─────
ㄱ. Q는 d_4이다.
ㄴ. Ⅱ의 흥분 전도 속도는 2 cm/ms이다.
ㄷ. ㉠이 5 ms일 때 Ⅰ의 d_5에서 재분극이 일어나고 있다.
────────────────

① ㄱ   ② ㄴ   ③ ㄱ, ㄷ   ④ ㄴ, ㄷ   ⑤ ㄱ, ㄴ, ㄷ

다음은 민말이집 신경 A와 B의 흥분 전도에 대한 자료이다.

○ 그림은 A와 B에서 지점 $d_1 \sim d_4$의 위치를, 표는 A의 d_1과 B의 d_3에 역치 이상의 자극을 동시에 1회 주고 경과한 시간이 $t_1 \sim t_4$일 때 A의 ㉠과 B의 ㉡에서 측정한 막전위를 나타낸 것이다. ㉠과 ㉡은 d_2와 d_4를 순서 없이 나타낸 것이고, $t_1 \sim t_4$는 1 ms, 2 ms, 4 ms, 5 ms를 순서 없이 나타낸 것이다.

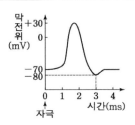

신경	지점	막전위(mV)			
		t_1	t_2	t_3	t_4
A	㉠	?	ⓐ	+20	?
B	㉡	−80	−70	?	ⓑ

○ A와 B의 흥분 전도 속도는 모두 1 cm/ms이다.

○ A와 B 각각에서 활동 전위가 발생하였을 때, 각 지점에서의 막전위 변화는 그림과 같다.

이에 대한 옳은 설명만을 〈보기〉에서 있는 대로 고른 것은? (단, A와 B에서 흥분 전도는 각각 1회 일어났고, 휴지 전위는 −70 mV이다.) [3점]

〈 보기 〉

ㄱ. t_3은 5 ms이다.
ㄴ. ㉡은 d_4이다.
ㄷ. ⓐ와 ⓑ는 모두 −70이다.

① ㄱ ② ㄴ ③ ㄱ, ㄴ ④ ㄱ, ㄷ ⑤ ㄴ, ㄷ

다음은 민말이집 신경 A~C의 흥분 전도와 전달에 대한 자료이다.

○ 그림은 A~C의 지점 $d_1 \sim d_5$의 위치를, 표는 ㉠ A~C의 P에 역치 이상의 자극을 동시에 1회 주고 경과된 시간이 4 ms일 때 $d_1 \sim d_5$에서의 막전위를 나타낸 것이다. P는 $d_1 \sim d_5$ 중 하나이고, (가)~(다) 중 두 곳에만 시냅스가 있다. I ~ Ⅲ 은 $d_2 \sim d_4$를 순서 없이 나타낸 것이다.

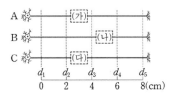

신경	4 ms일 때 막전위(mV)				
	d_1	I	Ⅱ	Ⅲ	d_5
A	?	?	+30	+30	−70
B	+30	−70	?	+30	?
C	?	?	?	−80	+30

○ A~C 중 2개의 신경은 각각 두 뉴런으로 구성되고, 각 뉴런의 흥분 전도 속도는 ⓐ로 같다. 나머지 1개의 신경의 흥분 전도 속도는 ⓑ이다. ⓐ와 ⓑ는 서로 다르다.

○ A~C 각각에서 활동 전위가 발생하였을 때, 각 지점에서의 막전위 변화는 그림과 같다.

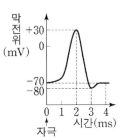

이에 대한 설명으로 옳은 것만을 〈보기〉에서 있는 대로 고른 것은? (단, A~C에서 흥분의 전도는 각각 1회 일어났고, 휴지 전위는 −70 mV 이다.) [3점]

〈 보기 〉

ㄱ. Ⅱ는 d_2이다.
ㄴ. ⓐ는 1 cm/ms이다.
ㄷ. ㉠이 5 ms일 때 B의 d_5에서의 막전위는 −80 mV이다.

① ㄱ ② ㄴ ③ ㄱ, ㄷ ④ ㄴ, ㄷ ⑤ ㄱ, ㄴ, ㄷ

다음은 민말이집 신경 A~C의 흥분 전도와 전달에 대한 자료이다.

○ 그림은 A, B, C의 지점 d_1~d_6의 위치를, 표는 A의 d_1과 C의 d_2에 역치 이상의 자극을 동시에 1회 주고 경과된 시간이 4 ms와 5 ms일 때 d_3~d_6에서의 막전위를 순서 없이 나타낸 것이다.

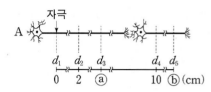

시간 (ms)	d_3~d_6에서의 막전위(mV)
4	㉠, -70, 0, $+10$
5	-80, -70, -60, -50

○ A와 B의 흥분 전도 속도는 모두 ⓐ cm/ms, C의 흥분 전도 속도는 ⓑ cm/ms 이다. ⓐ와 ⓑ는 각각 1과 2 중 하나이다.

○ A~C에서 활동 전위가 발생하였을 때, 각 지점에서의 막전위 변화는 그림과 같다.

이에 대한 설명으로 옳은 것만을 〈보기〉에서 있는 대로 고른 것은? (단, A~C에서 흥분의 전도는 각각 1회 일어났고, 휴지 전위는 -70 mV 이다.) [3점]

〈 보기 〉
ㄱ. ⓐ는 1이다.
ㄴ. ㉠은 -80이다.
ㄷ. 4 ms일 때 B의 d_5에서는 탈분극이 일어나고 있다.

① ㄱ　　② ㄴ　　③ ㄱ, ㄷ　　④ ㄴ, ㄷ　　⑤ ㄱ, ㄴ, ㄷ

다음은 민말이집 신경 A의 흥분 전도와 전달에 대한 자료이다.

○ A는 2개의 뉴런으로 구성되고, 각 뉴런의 흥분 전도 속도는 ㉮로 같다. 그림은 A의 지점 d_1~d_5의 위치를, 표는 ㉠ d_1에 역치 이상의 자극을 1회 주고 경과된 시간이 2 ms, 4 ms, 8 ms일 때 d_1~d_5에서의 막전위를 나타낸 것이다. Ⅰ~Ⅲ은 2 ms, 4 ms, 8 ms를 순서 없이 나타낸 것이다.

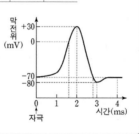

시간	막전위(mV)				
	d_1	d_2	d_3	d_4	d_5
Ⅰ	?	-70	?	$+30$	0
Ⅱ	$+30$	?	-70	?	?
Ⅲ	?	-80	$+30$	?	?

○ A에서 활동 전위가 발생하였을 때, 각 지점에서의 막전위 변화는 그림과 같다.

이에 대한 설명으로 옳은 것만을 〈보기〉에서 있는 대로 고른 것은? (단, A에서 흥분의 전도는 1회 일어났고, 휴지 전위는 -70 mV이다.)

〈 보기 〉
ㄱ. ㉮는 2 cm/ms이다.
ㄴ. ⓐ는 4이다.
ㄷ. ㉠이 9 ms일 때 d_5에서 재분극이 일어나고 있다.

① ㄱ　　② ㄷ　　③ ㄱ, ㄴ　　④ ㄴ, ㄷ　　⑤ ㄱ, ㄴ, ㄷ

다음은 민말이집 신경의 흥분 전도와 전달에 대한 자료이다.

○ 그림은 뉴런 A~C의 지점 P, Q와 d_1~d_6의 위치를, 표는 P와 Q에 역치 이상의 자극을 동시에 1회 주고 경과된 시간이 3 ms일 때 d_1과 d_2, 6 ms일 때 d_3과 d_4, 7 ms일 때 d_5와 d_6의 막전위를 나타낸 것이다. t_1과 t_2는 3 ms와 7 ms를 순서 없이 나타낸 것이고, ㉠~㉣은 d_1, d_2, d_5, d_6을 순서 없이 나타낸 것이다.

○ P와 d_1 사이의 거리는 1 cm이다.

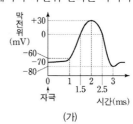

시간	6 ms		t_1		t_2	
지점	d_3	d_4	㉠	㉡	㉢	㉣
막전위(mV)	x	y	-80	y	y	0

○ x와 y는 $+30$과 -60을 순서 없이 나타낸 것이다.

○ A와 B의 흥분 전도 속도는 1 cm/ms이고, C의 흥분 전도 속도는 2 cm/ms이다.

○ A와 C 각각에서 활동 전위가 발생하였을 때, A의 각 지점에서의 막전위 변화는 그림 (가)와 (나) 중 하나이고, C의 각 지점에서의 막전위 변화는 나머지 하나이다.

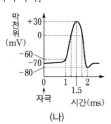

이에 대한 설명으로 옳은 것만을 〈보기〉에서 있는 대로 고른 것은? (단, A~C에서 흥분의 전도는 각각 1회 일어났고, 휴지 전위는 -70 mV 이다.) [3점]

〈 보기 〉

ㄱ. x는 $+30$이다.

ㄴ. ㉣은 d_6이다.

ㄷ. Q에 역치 이상의 자극을 1회 주고 경과된 시간이 6 ms일 때 d_5에서 탈분극이 일어나고 있다.

---

① ㄱ　　② ㄴ　　③ ㄷ　　④ ㄱ, ㄷ　　⑤ ㄴ, ㄷ

다음은 민말이집 신경 A와 B의 흥분 전도와 전달에 대한 자료이다.

○ 그림은 A와 B의 지점 d_1~d_4의 위치를, 표는 A와 B의 지점 P에 역치 이상의 자극을 동시에 1회 주고 경과된 시간이 4 ms와 6 ms일 때 d_1~d_4에서의 막전위를 각각 나타낸 것이다. P는 d_1~d_4 중 하나이고, Ⅰ과 Ⅱ는 A와 B를 순서 없이 나타낸 것이다.

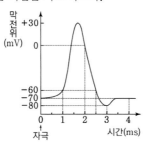

신경	4 ms일 때 측정한 막전위(mV)				6 ms일 때 측정한 막전위(mV)			
	d_1	d_2	d_3	d_4	d_1	d_2	d_3	d_4
Ⅰ	㉠	?	-80	-68	?	?	?	-60
Ⅱ	-80	?	-60	?	?	?	-80	㉠

○ A와 B를 구성하는 4개 뉴런 중 3개 뉴런의 흥분 전도 속도는 ⓐ cm/ms로 같고, 나머지 1개 뉴런의 흥분 전도 속도는 ⓑ cm/ms이다. ⓐ와 ⓑ는 서로 다르다.

○ A와 B의 시냅스에서 흥분 전달 시간은 서로 다르다.

○ A와 B 각각에서 활동 전위가 발생하였을 때, 각 지점에서의 막전위 변화는 그림과 같다. 휴지 전위는 -70 mV이다.

이에 대한 설명으로 옳은 것만을 〈보기〉에서 있는 대로 고른 것은? (단, A와 B에서 흥분의 전도는 각각 1회 일어났고, 제시된 조건 이외의 다른 조건은 동일하다.) [3점]

〈 보기 〉

ㄱ. ㉠은 -70이다.

ㄴ. A를 구성하는 뉴런의 흥분 전도 속도는 모두 2 cm/ms이다.

ㄷ. B의 d_3에 역치 이상의 자극을 주고 경과된 시간이 5 ms일 때 d_4에서 탈분극이 일어난다.

---

① ㄱ　　② ㄴ　　③ ㄷ　　④ ㄱ, ㄴ　　⑤ ㄴ, ㄷ

다음은 민말이집 신경 A~C의 흥분 전도와 전달에 대한 자료이다.

○ 그림은 A~C의 지점 d_1~d_5의 위치를, 표는 ⊙ A와 B의 P에, C의 Q에 역치 이상의 자극을 동시에 1회 주고 경과된 시간이 t_1일 때 d_1~d_5에서의 막전위를 나타낸 것이다. P와 Q는 각각 d_1~d_5 중 하나이고, ㉮와 ㉯ 중 한 곳에만 시냅스가 있다.

○ I~III은 A~C를 순서 없이 나타낸 것이고, ⓐ~ⓒ는 -80, -70, +30을 순서 없이 나타낸 것이다.

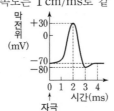

신경	t_1일 때 막전위(mV)				
	d_1	d_2	d_3	d_4	d_5
I	?	ⓑ	ⓒ	ⓑ	?
II	ⓐ	?	ⓑ	?	ⓒ
III	?	ⓒ	ⓐ	ⓑ	ⓒ

○ A를 구성하는 두 뉴런의 흥분 전도 속도는 1 cm/ms로 같고, B와 C의 흥분 전도 속도는 각각 1 cm/ms와 2 cm/ms 중 하나이다.

○ A~C 각각에서 활동 전위가 발생하였을 때, 각 지점에서의 막전위 변화는 그림과 같다.

이에 대한 설명으로 옳은 것만을 〈보기〉에서 있는 대로 고른 것은? (단, A~C에서 흥분의 전도는 각각 1회 일어났고, 휴지 전위는 -70 mV이다.) [3점]

〈 보기 〉
ㄱ. ⓐ는 -70이다.
ㄴ. ㉮에 시냅스가 있다.
ㄷ. ⊙이 3 ms일 때, B의 d_2에서 재분극이 일어나고 있다.

① ㄱ ② ㄴ ③ ㄱ, ㄷ ④ ㄴ, ㄷ ⑤ ㄱ, ㄴ, ㄷ

다음은 민말이집 신경 A와 B의 흥분 전도와 전달에 대한 자료이다.

○ 그림은 A와 B에서 지점 d_1~d_4의 위치를, 표는 A와 B의 d_1에 역치 이상의 자극을 동시에 1회 주고 경과한 시간이 5 ms일 때 d_1~d_4에서의 막전위를 나타낸 것이다. I~IV는 d_1~d_4를 순서 없이 나타낸 것이고, ⊙~㉣은 -80, -70, -60, 0을 순서 없이 나타낸 것이다.

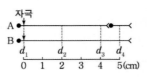

신경	5 ms일 때 막전위(mV)			
	I	II	III	IV
A	⊙	ⓛ	?	ⓒ
B	?	㉣	㉢	ⓛ

○ A를 구성하는 두 뉴런의 흥분 전도 속도는 ⓐ로 같고, B의 흥분 전도 속도는 ⓑ이다. ⓐ와 ⓑ는 1 cm/ms와 2 cm/ms를 순서 없이 나타낸 것이다.

○ A와 B 각각에서 활동 전위가 발생하였을 때, 각 지점에서의 막전위 변화는 그림과 같다.

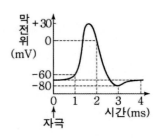

이에 대한 옳은 설명만을 〈보기〉에서 있는 대로 고른 것은? (단, A와 B에서 흥분 전도는 각각 1회 일어났고, 휴지 전위는 -70 mV이다.) [3점]

〈 보기 〉
ㄱ. IV는 d_2이다.
ㄴ. ⊙은 -60이다.
ㄷ. 5 ms일 때 B의 II에서 탈분극이 일어나고 있다.

① ㄱ ② ㄴ ③ ㄱ, ㄷ ④ ㄴ, ㄷ ⑤ ㄱ, ㄴ, ㄷ

다음은 민말이집 신경 A~C의 흥분 전도와 전달에 대한 자료이다.

○ 그림은 A~C의 지점 d_1~d_5의 위치를, 표는 ㉮ A와 B의 P 에, C의 Q에 역치 이상의 자극을 동시에 1회 주고 경과된 시 간이 4 ms일 때 d_1, d_3, d_5에서의 막전위를 나타낸 것이다. P와 Q는 각각 d_2, d_3, d_4 중 하나이고, ㉠~㉶ 중 세 곳에만 시냅스가 있다.

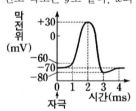

신경	4 ms일 때 막전위(mV)		
	d_1	d_3	d_5
A	$+30$	-70	-60
B	ⓐ	?	$+30$
C	-70	-80	-80

○ A를 구성하는 모든 뉴런의 흥분 전도 속도는 1 cm/ms로 같 다. B를 구성하는 모든 뉴런의 흥분 전도 속도는 x로 같고, C를 구성하는 모든 뉴런의 흥분 전도 속도는 y로 같다. x와 y는 1 cm/ms와 2 cm/ms를 순서 없이 나타낸 것이다.

○ A~C 각각에서 활동 전위가 발생하였을 때, 각 지점에서의 막전위 변화는 그림과 같다.

이에 대한 성명으로 옳은 것만을 〈보기〉에서 있는 대로 고른 것은? (단, A~C에서 흥분의 전도는 각각 1회 일어났고, 휴지 전위는 -70 mV 이다.) [3점]

〈 보기 〉

ㄱ. ⓐ는 $+30$이다.

ㄴ. ㉤에 시냅스가 있다.

ㄷ. ㉮가 3 ms일 때, B의 d_5에서 탈분극이 일어나고 있다.

① ㄱ　　② ㄴ　　③ ㄱ, ㄷ　　④ ㄴ, ㄷ　　⑤ ㄱ, ㄴ, ㄷ

| 주제 \ 학년도 | **2025** | | **2024** |

---

36 · 2025학년도 수능 13번

다음은 골격근의 수축 과정에 대한 자료이다.

○ 그림은 근육 원섬유 마디 X의 구조를 나타낸 것이다. X는 좌우 대칭이고, Z_1과 Z_2는 X의 Z선이다.

○ 구간 ㉠은 액틴 필라멘트 있는 부분이고, ㉡은 액틴 필라멘트와 마이오신 필라멘트가 겹치는 부분이며, ㉢은 마이오신 필라멘트 있는 부분이다.

○ 표는 골격근 수축 과정의 세 시점 t_1, t_2, t_3일 때, ㉢의 길이에서 ㉡의 길이를 뺀 값을 ㉠의 길이로 나눈 값 $\left(\frac{㉢-㉡}{㉠}\right)$과 X의 길이를 나타낸 것이다.

시점	$\frac{㉢-㉡}{㉠}$	X의 길이
t_1	$\frac{5}{8}$	$3.4\ \mu m$
t_2	$\frac{1}{2}$	?
t_3	$\frac{1}{4}$	L

○ t_1일 때 A대의 길이는 $1.6\ \mu m$이다.

이에 대한 설명으로 옳은 것만을 〈보기〉에서 있는 대로 고른 것은?

〈보기〉
ㄱ. H대의 길이는 t_3일 때가 t_1일 때보다 $0.2\ \mu m$ 짧다.
ㄴ. t_2일 때 ㉠의 길이는 t_1일 때 ㉢의 길이의 2배이다.
ㄷ. t_3일 때 Z_1로부터 Z_2 방향으로 거리가 $\frac{1}{4}$L인 지점은 ㉠에 해당한다.

① ㄱ ② ㄴ ③ ㄷ ④ ㄱ, ㄴ ⑤ ㄴ, ㄷ

---

34 · 2025학년도 9월 모평 11번

다음은 골격근의 수축 과정에 대한 자료이다.

○ 그림은 근육 원섬유 마디 X의 구조를 나타낸 것이다. X는 좌우 대칭이고, Z_1과 Z_2는 X의 Z선이다.

○ 구간 ㉠은 액틴 필라멘트가 있는 부분이고, ㉡은 액틴 필라멘트와 마이오신 필라멘트가 겹치는 부분이며, ㉢은 마이오신 필라멘트만 있는 부분이다.

○ 표는 골격근 수축 과정의 두 시점 t_1과 t_2일 때 ㉢의 길이로 나눈 값, H대의 길이와 X의 길이를 나타낸 것이고, ⓐ와 ⓑ는 ㉠과 ㉢을 순서 없이 나타낸 것이고, d는 0보다 크다.

시점	$\frac{ⓐ}{ⓑ}$	H대의 길이	X의 길이
t_1	2	$2d$	$8d$
t_2	1	d	?

이에 대한 설명으로 옳은 것만을 〈보기〉에서 있는 대로 고른 것은?

〈보기〉
ㄱ. ⓐ는 ㉠이다.
ㄴ. t_1일 때, ⓐ의 길이와 ⓑ의 길이는 서로 같다.
ㄷ. t_1일 때, Z_1로부터 Z_2 방향으로 거리가 $2d$인 지점은 ㉡에 해당한다.

① ㄱ ② ㄴ ③ ㄱ, ㄴ ④ ㄴ, ㄷ ⑤ ㄱ, ㄴ, ㄷ

---

33 · 2024학년도 수능 12번

다음은 골격근의 수축 과정에 대한 자료이다.

○ 그림은 근육 원섬유 마디 X의 구조를 나타낸 것이다. X는 좌우 대칭이고, Z_1과 Z_2는 X의 Z선이다.

○ 구간 ㉠은 액틴 필라멘트가 있는 부분이고, ㉡은 액틴 필라멘트와 마이오신 필라멘트가 겹치는 부분이며, ㉢은 마이오신 필라멘트 있는 부분이다.

○ 표는 골격근 수축 과정의 두 시점 t_1과 t_2일 때 각 시점의 Z_1로부터 Z_2 방향으로 거리가 각각 l_1, l_2, l_3인 세 지점이 ㉠～㉢ 중 어느 구간에 해당하는지를 나타낸 것이다. ⓐ～ⓒ는 ㉠～㉢을 순서 없이 나타낸 것이다.

거리	지점이 해당하는 구간	
	t_1	t_2
l_1	ⓐ	ⓑ
l_2	ⓑ	?
l_3	?	ⓒ

○ t_1일 때 ㉠～㉢의 길이는 순서 없이 $5d$, $6d$, $8d$이고, t_2일 때 ㉠～㉢의 길이는 순서 없이 $2d$, $6d$, $7d$이다. d는 0보다 크다.

○ t_2일 때, A대의 길이는 ⓑ의 길이의 2배이다.

○ t_1과 t_2일 때 각각 l_1～l_3은 모두 $\frac{X의 길이}{2}$보다 작다.

이에 대한 설명으로 옳은 것만을 〈보기〉에서 있는 대로 고른 것은? [3점]

〈보기〉
ㄱ. $l_1 > l_3$이다.
ㄴ. t_1일 때, Z_1로부터 Z_2 방향으로 거리가 l_3인 지점은 ㉡에 해당한다.
ㄷ. t_2일 때, ⓒ의 길이는 H대의 길이의 3배이다.

① ㄱ ② ㄴ ③ ㄷ ④ ㄱ, ㄴ ⑤ ㄱ, ㄷ

---

15 · 2025학년도 6월 모평 13번

다음은 골격근의 수축 과정에 대한 자료이다.

○ 그림은 근육 원섬유 마디 X의 구조를 나타낸 것이다. X는 좌우 대칭이고, Z_1과 Z_2는 X의 Z선이다.

○ 구간 ㉠은 액틴 필라멘트만 있는 부분이고, ㉡은 마이오신 필라멘트와 마이오신 필라멘트가 겹치는 부분이며, ㉢은 마이오신 필라멘트 있는 부분이다.

○ 표는 골격근 수축 과정의 두 시점 t_1과 t_2일 때, ㉠의 길이와 ㉢의 길이를 더한 값(㉠+㉢), ㉡의 길이와 ㉢의 길이를 더한 값(㉡+㉢), X의 길이를 나타낸 것이다.

시점	㉠+㉢	㉡+㉢	X의 길이
t_1	?	1.4	?
t_2	1.4	?	2.8

(단위: μm)

○ t_1일 때 X의 길이는 L이고, A대의 길이는 $1.6\ \mu m$이다.

이에 대한 설명으로 옳은 것만을 〈보기〉에서 있는 대로 고른 것은?

〈보기〉
ㄱ. X의 길이는 t_1일 때가 t_2일 때보다 $0.2\ \mu m$ 길다.
ㄴ. t_1일 때 ㉠의 길이와 t_2일 때 ㉢의 길이를 더한 값은 $1.0\ \mu m$이다.
ㄷ. t_1일 때 X의 Z_1로부터 Z_2 방향으로 거리가 $\frac{3}{5}$L인 지점은 ㉡에 해당한다.

① ㄱ ② ㄴ ③ ㄱ, ㄷ ④ ㄴ, ㄷ ⑤ ㄱ, ㄴ, ㄷ

---

26 · 2024학년도 9월 모평 10번

다음은 골격근의 수축과 이완 과정에 대한 자료이다.

○ 그림 (가)는 팔을 구부리는 과정의 두 시점 t_1과 t_2일 때 팔의 위치와 이 과정에 관여하는 골격근 P와 Q를, (나)는 P와 Q 중 한 골격근의 근육 원섬유 마디 X의 구조를 나타낸 것이다. X는 좌우 대칭이고, Z_1과 Z_2는 X의 Z선이다.

(가) (나)

○ 구간 ㉠은 액틴 필라멘트만 있는 부분이고, ㉡은 액틴 필라멘트와 마이오신 필라멘트가 겹치는 부분이며, ㉢은 마이오신 필라멘트 있는 부분이다.

○ 표는 t_1과 t_2일 때 각 시점의 Z_1로부터 Z_2 방향으로 거리가 각각 l_1, l_2, l_3인 세 지점이 ㉠～㉢ 중 어느 구간에 해당하는지를 나타낸 것이다. ⓐ～ⓒ는 ㉠～㉢을 순서 없이 나타낸 것이다.

거리	지점이 해당하는 구간	
	t_1	t_2
l_1	ⓐ	?
l_2	ⓑ	ⓐ
l_3	?	ⓒ

○ ⓒ의 길이는 t_1일 때가 t_2일 때보다 짧다.

○ t_1과 t_2일 때 각각 l_1～l_3은 모두 $\frac{X의 길이}{2}$보다 작다.

이에 대한 설명으로 옳은 것만을 〈보기〉에서 있는 대로 고른 것은?

〈보기〉
ㄱ. $l_3 > l_2$이다.
ㄴ. X는 P의 근육 원섬유 마디이다.
ㄷ. t_1일 때 Z_1로부터 Z_2 방향으로 거리가 l_1인 지점은 ㉠에 해당한다.

① ㄱ ② ㄴ ③ ㄷ ④ ㄱ, ㄴ ⑤ ㄱ, ㄷ

---

03 · 2024학년도 6월 모평 15번

다음은 골격근의 수축 과정에 대한 자료이다.

○ 그림은 근육 원섬유 마디 X의 구조를 나타낸 것이다. X는 좌우 대칭이다.

○ 구간 ㉠은 액틴 필라멘트만 있는 부분이고, ㉡은 액틴 필라멘트와 마이오신 필라멘트가 겹치는 부분이며, ㉢은 마이오신 필라멘트만 있는 부분이다.

○ 골격근 수축 과정의 두 시점 t_1과 t_2일 때 ㉠의 길이와 ㉡의 길이를 더한 값은 $1.0\ \mu m$이고, X의 길이는 $3.2\ \mu m$이다.

○ t_1일 때 $\frac{㉢의 길이}{㉡의 길이} = \frac{2}{3}$이고, t_2일 때 $\frac{㉢의 길이}{㉡의 길이} = 1$이며, $\frac{t_1일 때 ⓑ의 길이}{t_2일 때 ⓑ의 길이} = \frac{1}{3}$이다. ⓐ와 ⓑ는 ㉠과 ㉡을 순서 없이 나타낸 것이다.

이에 대한 설명으로 옳은 것만을 〈보기〉에서 있는 대로 고른 것은?

〈보기〉
ㄱ. ⓐ는 ㉠이다.
ㄴ. t_1일 때 A대의 길이는 $1.6\ \mu m$이다.
ㄷ. X의 길이는 t_2일 때가 t_1일 때보다 $0.8\ \mu m$ 길다.

① ㄱ ② ㄴ ③ ㄱ, ㄴ ④ ㄴ, ㄷ ⑤ ㄱ, ㄴ, ㄷ

빈출

골격근의
수축 과정
근육 원섬유
마디의 변화

2023

28 2023학년도 9월 모평 19번

다음은 골격근 수축 과정에 대한 자료이다.

○ 그림 (가)는 근육 원섬유 마디 X의 구조를, (나)는 구간 ⓒ의 길이에 따른 ⓐX가 생성할 수 있는 힘을 나타낸 것이다. X는 좌우 대칭이고, ⓐ가 F_1일 때 A대의 길이는 1.6 μm이다.

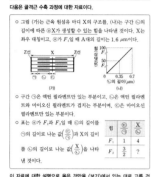

(가)　　　　(나)

○ 구간 ⊙은 액틴 필라멘트만 있는 부분이고, ⓒ은 액틴 필라멘트와 마이오신 필라멘트가 겹치는 부분이며, ⓒ은 마이오신 필라멘트만 있는 부분이다.

○ 표는 ⓐ가 F_1과 F_2일 때 ⊙의 길이를 ⊙의 길이로 나눈 값 $\left(\dfrac{⊙}{⊙}\right)$과 X의 길이를 ⓒ의 길이로 나눈 값 $\left(\dfrac{X}{ⓒ}\right)$을 나타낸 것이다.

힘	$\dfrac{⊙}{⊙}$	$\dfrac{X}{ⓒ}$
F_1	1	4
F_2	$\dfrac{3}{2}$	?

이 자료에 대한 설명으로 옳은 것만을 〈보기〉에 있는 대로 고른 것은? [3점]

〈보기〉
ㄱ. ⓐ는 H대의 길이가 0.3 μm일 때가 0.6 μm일 때보다 작다.
ㄴ. F_1일 때 ⊙의 길이와 ⓒ의 길이를 더한 값은 1.0 μm이다.
ㄷ. F_2일 때 X의 길이는 3.2 μm이다.

① ㄱ ② ㄴ ③ ㄷ ④ ㄱ, ㄴ ⑤ ㄴ, ㄷ

29 2023학년도 9월 13번

다음은 골격근의 수축 과정에 대한 자료이다.

○ 그림은 근육 원섬유 마디 X의 구조를 나타낸 것이다. X는 좌우 대칭이고, Z_1과 Z_2는 X의 Z선이다.

○ 구간 ⊙은 액틴 필라멘트와 마이오신 필라멘트와 마이오신 필라멘트가 겹치는 부분이고, ⓒ은 마이오신 필라멘트만 있는 부분이다.

○ 골격근 수축 과정의 세 시점 t_1, t_2, t_3 중, t_2일 때 X의 길이는 L이고, t_1일 때 ⊙의 길이가 모두 같다.

○ t_1일 때 ⊙의 길이와 ⓒ의 길이는 t_2일 때 ⊙의 길이와 t_3일 때 ⓒ의 길이는 서로 같다.

○ t_3일 때 ⊙의 길이는 t_1일 때 ⓒ의 길이 중 하나이다.

이에 대한 설명으로 옳은 것만을 〈보기〉에서 있는 대로 고른 것은?

〈보기〉
ㄱ. ⓐ는 ⓑ이다.
ㄴ. H대의 길이는 t_1일 때가 t_3일 때보다 짧다.
ㄷ. t_2일 때, X의 Z_1로부터 Z_2 방향으로 거리가 $\dfrac{3}{10}$L인 지점은 ⓒ에 해당한다.

① ㄱ ② ㄴ ③ ㄱ, ㄷ ④ ㄴ, ㄷ ⑤ ㄱ, ㄴ, ㄷ

24 2023학년도 6월 13번 10번

다음은 골격근의 수축 과정에 대한 자료이다.

○ 그림은 근육 원섬유 마디 X의 구조를, 표는 골격근 수축 과정의 두 시점 t_1, t_2일 때 ⊙의 길이에서 ⓒ의 길이를 뺀 값을 ⓒ의 길이로 나눈 값 $\left(\dfrac{⊙-ⓒ}{ⓒ}\right)$과 X의 길이를 나타낸 것이다. X는 좌우 대칭이고, t_1일 때 A대의 길이는 1.6 μm이다.

시점	$\dfrac{⊙-ⓒ}{ⓒ}$	X의 길이
t_1	$\dfrac{1}{4}$	
t_2	$\dfrac{1}{2}$	3.0 μm

○ 구간 ⊙은 액틴 필라멘트만 있는 부분이고, ⓒ은 액틴 필라멘트와 마이오신 필라멘트가 겹치는 부분이며, ⓒ은 마이오신 필라멘트만 있는 부분이다.

이에 대한 설명으로 옳은 것만을 〈보기〉에서 있는 대로 고른 것은?

〈보기〉
ㄱ. 근육 원섬유는 근육 섬유로 구성되어 있다.
ㄴ. t_1일 때 H대의 길이는 0.4 μm이다.
ㄷ. ⊙의 길이는 t_1일 때가 t_2일 때보다 0.2 μm 길다.

① ㄱ ② ㄴ ③ ㄱ, ㄷ ④ ㄴ, ㄷ ⑤ ㄱ, ㄴ, ㄷ

2022 ~ 2020

04 2022학년도 9월 모평 9번

다음은 골격근의 수축 과정에 대한 자료이다.

○ 그림은 근육 원섬유 마디 X의 구조를 나타낸 것이다. X는 M선을 기준으로 좌우 대칭이다.

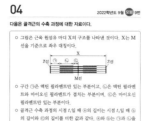

○ 구간 ⊙은 액틴 필라멘트만 있는 부분이고, ⓒ은 액틴 필라멘트와 마이오신 필라멘트가 겹치는 부분이며, ⓒ은 마이오신 필라멘트만 있는 부분이다.

○ 골격근 수축 과정의 시점 t_1일 때 ⊙의 길이와 각 시점의 한 쪽 ⓒ의 길이와 ⓒ의 길이를 더한 값은 같다.

○ ⊙의 길이와 ⓒ의 길이를 더한 값은 1.0 μm이다.

○ t_1일 때 ⓒ의 길이는 0.2 μm이고, t_2일 때 ⓒ의 길이는 0.7 μm이다. X의 길이는 t_1일 때 시점일 때 3.0 μm이고, 나머지 한 시점일 때 3.0 μm보다 길다.

이에 대한 설명으로 옳은 것만을 〈보기〉에서 있는 대로 고른 것은?

〈보기〉
ㄱ. ⓐ는 ⓑ이다.
ㄴ. t_1일 때 A대의 길이는 1.2 μm이다.
ㄷ. X의 길이는 t_1일 때가 t_2일 때보다 짧다.

① ㄱ ② ㄴ ③ ㄷ ④ ㄴ, ㄷ ⑤ ㄱ, ㄷ

27 2022학년도 9월 13번

다음은 골격근의 수축과 이완 과정에 대한 자료이다.

○ 그림 (가)는 팔을 구부리는 과정의 세 시점 t_1, t_2, t_3일 때 팔의 위치와 이 과정에 관여하는 골격근 P와 Q를, (나)는 P와 Q 중 한 골격근의 근육 원섬유 마디 X의 구조를 나타낸 것이다. X는 좌우 대칭이다.

(가)　　　　(나)

○ 구간 ⊙은 마이오신 필라멘트만 있는 부분이고, ⓒ은 액틴 필라멘트와 마이오신 필라멘트가 겹치는 부분이며, ⓒ은 액틴 필라멘트만 있는 부분이다.

○ 표는 t_1~t_3일 때 ⊙의 길이를 더한 값(⊙+ⓒ)과 ⓒ의 길이를 나타낸 것이다.

시점	⊙+ⓒ	ⓒ의 길이	X의 길이
t_1	1.2	ⓐ	?
t_2	?	0.7	3.0
t_3	ⓐ	0.6	?

(단위: μm)

이에 대한 설명으로 옳은 것만을 〈보기〉에서 있는 대로 고른 것은?

〈보기〉
ㄱ. X는 P의 근육 원섬유 마디이다.
ㄴ. X에서 A대의 길이는 t_1일 때가 t_3일 때보다 길다.
ㄷ. t_3일 때 ⊙의 길이와 ⓒ의 길이를 더한 값은 1.3 μm이다.

① ㄱ ② ㄴ ③ ㄷ ④ ㄱ, ㄷ ⑤ ㄱ, ㄷ

09 2022학년도 6월 모평 8번

그림은 골격근 수축 과정의 두 시점 (가)와 (나)일 때 관찰된 근육 원섬유를, 표는 (가)와 (나)일 때 ⊙의 길이와 ⓒ의 길이를 나타낸 것이다. ⓐ와 ⓑ는 근육 원섬유에서 각각 어둡게 보이는 부분(암대)과 밝게 보이는 부분(명대)이고, ⊙과 ⓒ은 ⓐ와 ⓑ를 순서 없이 나타낸 것이다.

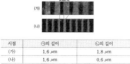

시점	⊙의 길이	ⓒ의 길이
(가)	1.6 μm	1.8 μm
(나)	1.6 μm	0.6 μm

이에 대한 설명으로 옳은 것만을 〈보기〉에서 있는 대로 고른 것은?

〈보기〉
ㄱ. (가)일 때 ⓑ에 Z선이 있다.
ㄴ. (나)일 때 ⓑ에 액틴 필라멘트가 있다.
ㄷ. (가)에서 (나)로 될 때 ATP에 저장된 에너지가 사용된다.

① ㄱ ② ㄴ ③ ㄷ ④ ㄴ, ㄷ ⑤ ㄱ, ㄷ

01 2021학년도 9월 모평 15번

다음은 골격근의 수축 과정에 대한 자료이다.

○ 그림 (가)는 근육 원섬유 마디 X의 구조를, (나)의 ⊙~ⓒ은 X를 ⓐ 방향으로 잘랐을 때 관찰되는 단면의 모양을 나타낸 것이다. X는 좌우 대칭이다.

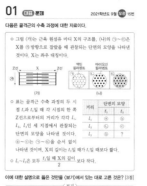

(가)

○ 표는 골격근 수축 과정의 두 시점 t_1과 t_2일 때 시점에 따른 X의 한쪽 Z선으로부터의 거리가 각각 l_1, l_2, l_3인 세 지점에서 관찰되는 단면의 모양을 나타낸 것이다.

거리	단면의 모양	
	t_1	t_2
l_1	ⓐ	ⓑ
l_2	ⓑ	ⓒ
l_3	ⓑ	?

ⓐ~ⓒ은 ⊙~ⓒ을 순서 없이 나타낸 것이며, X의 길이는 t_1일 때가 t_2일 때보다 짧다.

○ $l_1 - l_2$는 모두 t_1일 때 X의 ⊙의 길이보다 작다.

이에 대한 설명으로 옳은 것만을 〈보기〉에서 있는 대로 고른 것은? [3점]

〈보기〉
ㄱ. 마이오신 필라멘트의 길이는 t_1일 때가 t_2일 때보다 길다.
ㄴ. ⊙은 ⓒ이다.
ㄷ. $l_3 < l_1$이다.

① ㄱ ② ㄴ ③ ㄷ ④ ㄱ, ㄴ ⑤ ㄴ, ㄷ

19 2021학년도 9월 16번

다음은 골격근의 수축 과정에 대한 자료이다.

○ 그림은 근육 원섬유 마디 X의 구조를 나타낸 것이다. X는 좌우 대칭이다.

○ 구간 ⊙은 액틴 필라멘트만 있는 부분이고, ⓒ은 액틴 필라멘트와 마이오신 필라멘트가 겹치는 부분이며, ⓒ은 마이오신 필라멘트만 있는 부분이다.

○ 골격근 수축 과정의 시점 t_1일 때 ⊙~ⓒ의 길이는 순서 없이 3d, 10d이고, 시점 t_2일 때 ⊙~ⓒ의 길이는 순서 없이 d, 2d, 3d이다. d는 0보다 크다.

이에 대한 설명으로 옳은 것만을 〈보기〉에서 있는 대로 고른 것은? [3점]

〈보기〉
ㄱ. 근육 원섬유는 근육 섬유로 구성되어 있다.
ㄴ. H대의 길이는 t_1일 때보다 t_2일 때 길다.
ㄷ. t_2일 때 ⊙의 길이는 2d이다.

① ㄱ ② ㄴ ③ ㄷ ④ ㄴ, ㄷ ⑤ ㄱ, ㄷ

12 2021학년도 6월 모평 13번

다음은 골격근의 수축 과정에 대한 자료이다.

○ 그림은 근육 원섬유 마디 X의 구조를, 표는 골격근 수축 과정의 두 시점 t_1, t_2일 때 X의 길이와 ⊙의 길이를 나타낸 것이다. X는 좌우 대칭이다.

시점	X의 길이	⊙의 길이
t_1	3.0 μm	1.6 μm
t_2	2.6 μm	

○ 구간 ⊙은 마이오신 필라멘트가 있는 부분이고, ⓒ은 마이오신 필라멘트만 있는 부분이며, ⓒ은 액틴 필라멘트만 있는 부분이다.

이에 대한 설명으로 옳은 것만을 〈보기〉에서 있는 대로 고른 것은?

〈보기〉
ㄱ. t_1에서 t_2로 될 때 ATP에 저장된 에너지가 사용된다.
ㄴ. ⓒ의 길이에서 ⊙의 길이를 뺀 값은 t_2일 때가 t_1일 때보다 0.2 μm 크다.
ㄷ. t_2일 때 ⊙의 길이는 0.3 μm이다.

① ㄱ ② ㄴ ③ ㄷ ④ ㄱ, ㄷ ⑤ ㄱ, ㄴ

16 2020학년도 수능 14번

다음은 골격근의 수축 과정에 대한 자료이다.

○ 그림은 근육 원섬유 마디 X의 구조를, 표는 골격근 수축 과정의 두 시점 t_1과 t_2일 때 ⊙의 길이와 ⓒ의 길이를 더한 값(⊙+ⓒ)과 ⊙의 길이를 나타낸 것이다. X는 좌우 대칭이고, t_2일 때 A대의 길이는 1.6 μm이다.

시점	⊙+ⓒ	⊙의 길이
t_1	1.3 μm	
t_2	?	0.5 μm

○ 구간 ⊙은 마이오신 필라멘트만 있는 부분이고, ⓒ은 액틴 필라멘트와 마이오신 필라멘트가 겹치는 부분이며, ⓒ은 액틴 필라멘트만 있는 부분이다.

이에 대한 설명으로 옳은 것만을 〈보기〉에서 있는 대로 고른 것은?

〈보기〉
ㄱ. t_1일 때 X의 길이는 3.0 μm이다.
ㄴ. X의 길이에서 ⊙의 길이를 뺀 값은 t_1일 때가 t_2일 때보다 크다.
ㄷ. t_2일 때 $\dfrac{\text{H대의 길이}}{⊙의 길이 + ⓒ의 길이}$ = $\dfrac{3}{5}$이다.

① ㄱ ② ㄴ ③ ㄷ ④ ㄱ, ㄷ ⑤ ㄴ, ㄷ

01 대표 문제

다음은 골격근의 수축 과정에 대한 자료이다.

- 그림 (가)는 근육 원섬유 마디 X의 구조를, (나)의 ㉠~㉢은 X를 ㉮ 방향으로 잘랐을 때 관찰되는 단면의 모양을 나타낸 것이다. X는 좌우 대칭이다.

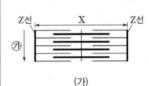
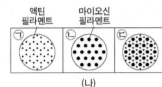

(가)   (나)

- 표는 골격근 수축 과정의 두 시점 t_1과 t_2일 때 각 시점의 한 쪽 Z선으로부터의 거리가 각각 l_1, l_2, l_3인 세 지점에서 관찰되는 단면의 모양을 나타낸 것이다. ⓐ~ⓒ는 ㉠~㉢을 순서 없이 나타낸 것이며, X의 길이는 t_2일 때가 t_1일 때보다 짧다.

거리	단면의 모양	
	t_1	t_2
l_1	ⓐ	ⓑ
l_2	㉠	ⓒ
l_3	ⓑ	?

- l_1~l_3은 모두 $\dfrac{t_2일\ 때\ X의\ 길이}{2}$보다 작다.

이에 대한 설명으로 옳은 것만을 〈보기〉에서 있는 대로 고른 것은? [3점]

〈 보기 〉
ㄱ. 마이오신 필라멘트의 길이는 t_1일 때가 t_2일 때보다 길다.
ㄴ. ⓐ는 ㉠이다.
ㄷ. $l_3 < l_1$이다.

① ㄱ   ② ㄴ   ③ ㄷ   ④ ㄱ, ㄴ   ⑤ ㄴ, ㄷ

02

표는 좌우 대칭인 근육 원섬유 마디 X가 수축하는 과정에서 시점 t_1과 t_2일 때 X의 길이, A대의 길이, H대의 길이를, 그림은 X의 단면을 나타낸 것이다. ㉠과 ㉡은 각각 액틴 필라멘트와 마이오신 필라멘트 중 하나이다.

시점	X의 길이	A대의 길이	H대의 길이
t_1	2.4 μm	?	0.6 μm
t_2	ⓐ	1.6 μm	0.2 μm

이에 대한 옳은 설명만을 〈보기〉에서 있는 대로 고른 것은? [3점]

〈 보기 〉
ㄱ. I대에 ㉠이 있다.
ㄴ. ⓐ는 2.0 μm이다.
ㄷ. t_1일 때 X에서 ㉠과 ㉡이 모두 있는 부분의 길이는 1.4 μm이다.

① ㄱ   ② ㄷ   ③ ㄱ, ㄴ   ④ ㄴ, ㄷ   ⑤ ㄱ, ㄴ, ㄷ

03

다음은 골격근의 수축 과정에 대한 자료이다.

- 그림은 근육 원섬유 마디 X의 구조를 나타낸 것이다. X는 좌우 대칭이다.

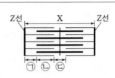

- 구간 ㉠은 액틴 필라멘트만 있는 부분이고, ㉡은 액틴 필라멘트와 마이오신 필라멘트가 겹치는 부분이며, ㉢은 마이오신 필라멘트만 있는 부분이다.

- 골격근 수축 과정의 두 시점 t_1과 t_2 중 t_1일 때 ㉠의 길이와 ㉡의 길이를 더한 값은 1.0 μm이고, X의 길이는 3.2 μm이다.

- t_1일 때 $\dfrac{ⓐ의\ 길이}{ⓒ의\ 길이} = \dfrac{2}{3}$이고, t_2일 때 $\dfrac{ⓐ의\ 길이}{ⓒ의\ 길이} = 1$이며, $\dfrac{t_1일\ 때\ ⓑ의\ 길이}{t_2일\ 때\ ⓑ의\ 길이} = \dfrac{1}{3}$이다. ⓐ와 ⓑ는 ㉠과 ㉡을 순서 없이 나타낸 것이다.

이에 대한 설명으로 옳은 것만을 〈보기〉에서 있는 대로 고른 것은?

〈 보기 〉
ㄱ. ⓑ는 ㉠이다.
ㄴ. t_1일 때 A대의 길이는 1.6 μm이다.
ㄷ. X의 길이는 t_1일 때가 t_2일 때보다 0.8 μm 길다.

① ㄱ   ② ㄷ   ③ ㄱ, ㄴ   ④ ㄴ, ㄷ   ⑤ ㄱ, ㄴ, ㄷ

04

다음은 골격근의 수축 과정에 대한 자료이다.

○ 그림은 근육 원섬유 마디 X의 구조를 나타낸 것이다. X는 M 선을 기준으로 좌우 대칭이다.

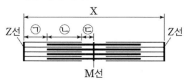

○ 구간 ㉠은 액틴 필라멘트만 있는 부분이고, ㉡은 액틴 필라멘트와 마이오신 필라멘트가 겹치는 부분이며, ㉢은 마이오신 필라멘트만 있는 부분이다.

○ 골격근 수축 과정의 시점 t_1일 때 ⓐ의 길이는 시점 t_2일 때 ⓑ 의 길이와 ㉢의 길이를 더한 값과 같다. ⓐ와 ⓑ는 ㉠과 ㉡을 순서 없이 나타낸 것이다.

○ ⓐ의 길이와 ⓑ의 길이를 더한 값은 1.0 μm이다.

○ t_1일 때 ⓑ의 길이는 0.2 μm이고, t_2일 때 ⓐ의 길이는 0.7 μm 이다. X의 길이는 t_1과 t_2 중 한 시점일 때 3.0 μm이고, 나머 지 한 시점일 때 3.0 μm보다 길다.

이에 대한 설명으로 옳은 것만을 〈보기〉에서 있는 대로 고른 것은?

〈 보기 〉
ㄱ. ⓐ는 ㉠이다.
ㄴ. t_1일 때 H대의 길이는 1.2 μm이다.
ㄷ. X의 길이는 t_1일 때가 t_2일 때보다 짧다.

① ㄱ　　② ㄴ　　③ ㄷ　　④ ㄱ, ㄴ　　⑤ ㄴ, ㄷ

05

그림은 좌우 대칭인 근육 원섬유 마디 X의 구조를, 표는 시점 t_1과 t_2일 때 H대, ㉠, ㉡ 각각의 길이를 나타낸 것이다. 구간 ㉠은 액틴 필라멘 트와 마이오신 필라멘트가 겹치는 부분이고, ㉡은 액틴 필라멘트만 있 는 부분이다.

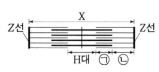

시점	길이(μm)		
	H대	㉠	㉡
t_1	?	0.6	0.2
t_2	0.8	ⓐ	ⓐ

이에 대한 옳은 설명만을 〈보기〉에서 있는 대로 고른 것은? [3점]

〈 보기 〉
ㄱ. ⓐ는 0.4이다.
ㄴ. t_1일 때 X의 길이는 2.2 μm이다.
ㄷ. H대의 길이는 t_1일 때가 t_2일 때보다 길다.

① ㄱ　　② ㄴ　　③ ㄱ, ㄷ　　④ ㄴ, ㄷ　　⑤ ㄱ, ㄴ, ㄷ

06

그림은 좌우 대칭인 근육 원섬유 마디 X의 구조를, 표는 시점 t_1과 t_2일 때 X, (가), (나) 각각의 길이를 나타낸 것이다. 구간 ㉠은 액틴 필라멘 트만 있는 부분이고, ㉡은 액틴 필라멘트와 마이오신 필라멘트가 겹치 는 부분이다. (가)와 (나)는 각각 ㉠과 ㉡ 중 하나이다.

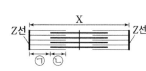

시점	길이(μm)		
	X	(가)	(나)
t_1	2.5	ⓐ	ⓐ
t_2	2.3	0.6	0.4

이에 대한 옳은 설명만을 〈보기〉에서 있는 대로 고른 것은?

〈 보기 〉
ㄱ. (가)는 ㉠이다.
ㄴ. t_1일 때 ㉡과 H대의 길이는 같다.
ㄷ. t_2일 때 A대의 길이는 1.5 μm이다.

① ㄱ　　② ㄷ　　③ ㄱ, ㄴ　　④ ㄴ, ㄷ　　⑤ ㄱ, ㄴ, ㄷ

07

그림은 좌우 대칭인 근육 원섬유 마디 X의 구조를, 표는 시점 t_1과 t_2일 때 X와 ㉡의 길이를 나타낸 것이다. ㉠은 마이오신 필라멘트만, ㉡은 액틴 필라멘트만 있는 부분이다.

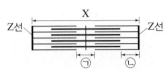

시점	X의 길이	㉡의 길이
t_1	?	0.4 μm
t_2	2.0 μm	0.2 μm

이에 대한 옳은 설명만을 〈보기〉에서 있는 대로 고른 것은? [3점]

〈 보기 〉
ㄱ. ㉠은 H대이다.
ㄴ. t_1일 때 X의 길이는 2.4 μm이다.
ㄷ. A대의 길이는 t_1일 때가 t_2일 때보다 길다.

① ㄱ ② ㄴ ③ ㄷ ④ ㄱ, ㄴ ⑤ ㄴ, ㄷ

08

다음은 골격근의 수축 과정에 대한 자료이다.

○ 그림은 근육 원섬유 마디 X의 구조를, 표는 골격근 수축 과정의 두 시점 t_1과 t_2일 때 ㉠~㉢의 길이를 나타낸 것이다. X는 M선을 기준으로 좌우 대칭이고, A대의 길이는 1.6 μm이다. t_2일 때 ㉠의 길이와 ㉡의 길이는 같다.

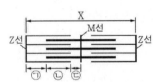

시점	㉠의 길이	㉡의 길이	㉢의 길이
t_1	?	0.7 μm	?
t_2	?	?	0.3 μm

○ 구간 ㉠은 액틴 필라멘트만 있는 부분이고, ㉡은 액틴 필라멘트와 마이오신 필라멘트가 겹치는 부분이며, ㉢은 마이오신 필라멘트만 있는 부분이다.

이에 대한 설명으로 옳은 것만을 〈보기〉에서 있는 대로 고른 것은?

〈 보기 〉
ㄱ. X의 길이는 t_1일 때가 t_2일 때보다 길다.
ㄴ. t_2일 때 ㉡의 길이는 0.5 μm이다.
ㄷ. t_1일 때 ㉠의 길이는 t_2일 때 H대의 길이와 같다.

① ㄱ ② ㄴ ③ ㄱ, ㄷ ④ ㄴ, ㄷ ⑤ ㄱ, ㄴ, ㄷ

09

그림은 골격근 수축 과정의 두 시점 (가)와 (나)일 때 관찰된 근육 원섬유를, 표는 (가)와 (나)일 때 ㉠의 길이와 ㉡의 길이를 나타낸 것이다. ⓐ와 ⓑ는 근육 원섬유에서 각각 어둡게 보이는 부분(암대)과 밝게 보이는 부분(명대)이고, ㉠과 ㉡은 ⓐ와 ⓑ를 순서 없이 나타낸 것이다.

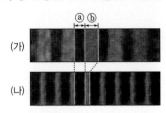

시점	㉠의 길이	㉡의 길이
(가)	1.6 μm	1.8 μm
(나)	1.6 μm	0.6 μm

이에 대한 설명으로 옳은 것만을 〈보기〉에서 있는 대로 고른 것은?

〈 보기 〉
ㄱ. (가)일 때 ⓑ에 Z선이 있다.
ㄴ. (나)일 때 ㉠에 액틴 필라멘트가 있다.
ㄷ. (가)에서 (나)로 될 때 ATP에 저장된 에너지가 사용된다.

① ㄱ ② ㄴ ③ ㄱ, ㄷ ④ ㄴ, ㄷ ⑤ ㄱ, ㄴ, ㄷ

10

그림은 좌우 대칭인 근육 원섬유 마디 X의 구조를, 표는 시점 t_1과 t_2일 때 X의 길이와 ㉡의 길이를 나타낸 것이다. 구간 ㉠은 액틴 필라멘트와 마이오신 필라멘트가 겹치는 부분이고, ㉡은 액틴 필라멘트만 있는 부분이다.

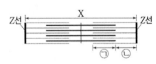

시점	X의 길이	㉡의 길이
t_1	?	0.5 μm
t_2	2.4 μm	0.4 μm

이에 대한 옳은 설명만을 〈보기〉에서 있는 대로 고른 것은? [3점]

〈 보기 〉
ㄱ. ㉠은 H대의 일부이다.
ㄴ. t_1일 때 A대의 길이는 1.6 μm이다.
ㄷ. ㉠의 길이와 ㉡의 길이를 더한 값은 t_1일 때와 t_2일 때가 같다.

① ㄱ ② ㄴ ③ ㄱ, ㄷ ④ ㄴ, ㄷ ⑤ ㄱ, ㄴ, ㄷ

11

다음은 골격근의 수축 과정에 대한 자료이다.

○ 그림은 근육 원섬유 마디 X의 구조를, 표는 골격근 수축 과정의 두 시점 t_1과 t_2일 때 ㉠의 길이와 ㉢의 길이를 더한 값(㉠+㉢)과 X의 길이를 나타낸 것이다. X는 좌우 대칭이고, Z_1과 Z_2는 X의 Z선이다.

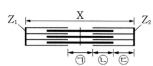

시점	㉠+㉢	X의 길이
t_1	1.4 μm	?
t_2	ⓐ	2.6 μm

○ 구간 ㉠은 마이오신 필라멘트만 있는 부분이고, ㉢은 액틴 필라멘트와 마이오신 필라멘트가 겹치는 부분이며, ㉢은 액틴 필라멘트만 있는 부분이다.
○ t_1일 때 ㉢의 길이는 $2d$, ㉢의 길이는 $3d$이다.
○ t_2일 때 A대의 길이는 1.6 μm이다.

이에 대한 설명으로 옳은 것만을 〈보기〉에서 있는 대로 고른 것은?

─〈 보기 〉─
ㄱ. ⓐ는 1.1 μm이다.
ㄴ. H대의 길이는 t_1일 때가 t_2일 때보다 0.2 μm 길다.
ㄷ. t_1일 때 Z_1로부터 Z_2 방향으로 거리가 1.9 μm인 지점은 ㉠에 해당한다.

① ㄱ   ② ㄷ   ③ ㄱ, ㄴ   ④ ㄴ, ㄷ   ⑤ ㄱ, ㄴ, ㄷ

12

다음은 골격근의 수축 과정에 대한 자료이다.

○ 그림은 근육 원섬유 마디 X의 구조를, 표는 골격근 수축 과정의 두 시점 t_1과 t_2일 때 X의 길이와 ㉠의 길이를 나타낸 것이다. X는 좌우 대칭이다.

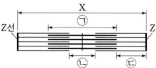

시점	X의 길이	㉠의 길이
t_1	3.0 μm	1.6 μm
t_2	2.6 μm	?

○ 구간 ㉠은 마이오신 필라멘트가 있는 부분이고, ㉢은 마이오신 필라멘트만 있는 부분이며, ㉢은 액틴 필라멘트만 있는 부분이다.

이에 대한 설명으로 옳은 것만을 〈보기〉에서 있는 대로 고른 것은?

─〈 보기 〉─
ㄱ. t_1에서 t_2로 될 때 ATP에 저장된 에너지가 사용된다.
ㄴ. ㉠의 길이에서 ㉢의 길이를 뺀 값은 t_2일 때가 t_1일 때보다 0.2 μm 크다.
ㄷ. t_2일 때 ㉢의 길이는 0.3 μm이다.

① ㄱ   ② ㄴ   ③ ㄷ   ④ ㄱ, ㄴ   ⑤ ㄱ, ㄷ

13

다음은 골격근의 수축 과정에 대한 자료이다.

○ 그림은 근육 원섬유 마디 X의 구조를, 표는 골격근 수축 과정의 두 시점 t_1과 t_2일 때 X의 길이, A대의 길이, ⓛ의 길이를 나타낸 것이다. X는 좌우 대칭이고, t_2일 때 H대의 길이는 1.0 μm이다.

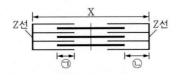

시점	X의 길이	A대의 길이	ⓛ의 길이
t_1	?	1.6 μm	0.2 μm
t_2	3.0 μm	?	?

○ 구간 ㉠은 액틴 필라멘트와 마이오신 필라멘트가 겹치는 부분이고, ⓛ은 액틴 필라멘트만 있는 부분이다.

이에 대한 설명으로 옳은 것만을 〈보기〉에서 있는 대로 고른 것은? [3점]

〈 보기 〉
ㄱ. t_1일 때 X의 길이는 2.0 μm이다.
ㄴ. ⓛ의 길이는 t_1일 때가 t_2일 때보다 짧다.
ㄷ. t_2일 때 $\dfrac{㉠의\ 길이}{A대의\ 길이}=\dfrac{3}{8}$이다.

① ㄱ   ② ㄷ   ③ ㄱ, ㄴ   ④ ㄴ, ㄷ   ⑤ ㄱ, ㄴ, ㄷ

14

다음은 동물 (가)와 (나)의 골격근 수축에 대한 자료이다.

○ 그림은 (가)의 근육 원섬유 마디 X와 (나)의 근육 원섬유 마디 Y의 구조를 나타낸 것이다. 구간 ㉠과 ㉢은 액틴 필라멘트만 있는 부분이고, ⓛ은 액틴 필라멘트와 마이오신 필라멘트가 겹치는 부분이며, ㉣은 마이오신 필라멘트만 있는 부분이다. X와 Y는 모두 좌우 대칭이다.

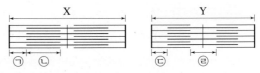

○ 표는 시점 t_1과 t_2일 때 X, ㉠, ⓛ, Y, ㉢, ㉣의 길이를 나타낸 것이다.

구분	X	㉠	ⓛ	Y	㉢	㉣
t_1	?	ⓐ	0.6	?	0.3	ⓑ
t_2	2.6	0.5	0.5	2.6	0.6	1.0

(단위: μm)

이에 대한 옳은 설명만을 〈보기〉에서 있는 대로 고른 것은?

〈 보기 〉
ㄱ. ⓐ와 ⓑ는 같다.
ㄴ. t_1일 때 X의 H대 길이는 0.4 μm이다.
ㄷ. X의 A대 길이에서 Y의 A대 길이를 뺀 값은 0.2 μm이다.

① ㄱ   ② ㄴ   ③ ㄱ, ㄷ   ④ ㄴ, ㄷ   ⑤ ㄱ, ㄴ, ㄷ

15

다음은 골격근의 수축 과정에 대한 자료이다.

○ 그림은 근육 원섬유 마디 X의 구조 를 나타낸 것이다. X는 좌우 대칭 이고, Z_1과 Z_2는 X의 Z선이다.

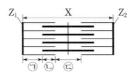

○ 구간 ㉠은 액틴 필라멘트만 있는 부 분이고, ㉡은 액틴 필라멘트와 마이오신 필라멘트가 겹치는 부분 이며, ㉢은 마이오신 필라멘트만 있는 부분이다.

○ 표는 골격근 수축 과정 의 두 시점 t_1과 t_2일 때, ㉠의 길이와 ㉢의 길이 를 더한 값(㉠+㉢), ㉡ 의 길이와 ㉢의 길이를 더한 값(㉡+㉢), X의 길이를 나타낸 것 이다.

시점	㉠+㉢	㉡+㉢	X의 길이
t_1	?	1.4	?
t_2	1.4	?	2.8

(단위: μm)

○ t_1일 때 X의 길이는 L이고, A대의 길이는 $1.6\,\mu$m이다.

이에 대한 설명으로 옳은 것만을 〈보기〉에서 있는 대로 고른 것은?

─〈 보기 〉─

ㄱ. X의 길이는 t_1일 때가 t_2일 때보다 $0.2\,\mu$m 길다.

ㄴ. t_1일 때 ㉡의 길이와 t_2일 때 ㉢의 길이를 더한 값은 $1.0\,\mu$m 이다.

ㄷ. t_1일 때 X의 Z_1로부터 Z_2 방향으로 거리가 $\dfrac{3}{8}L$인 지점은 ㉢에 해당한다.

① ㄱ　　② ㄴ　　③ ㄱ, ㄷ　　④ ㄴ, ㄷ　　⑤ ㄱ, ㄴ, ㄷ

16 대표문제

다음은 골격근의 수축 과정에 대한 자료이다.

○ 그림은 근육 원섬유 마디 X의 구조를, 표는 골격근 수축 과 정의 두 시점 t_1과 t_2일 때 ㉠의 길이와 ㉡의 길이를 더한 값 (㉠+㉡)과 ㉢의 길이를 나타낸 것이다. X는 좌우 대칭이고, t_1일 때 A대의 길이는 $1.6\,\mu$m이다.

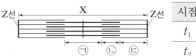

시점	㉠+㉡	㉢의 길이
t_1	$1.3\,\mu$m	$0.7\,\mu$m
t_2	?	$0.5\,\mu$m

○ 구간 ㉠은 마이오신 필라멘트만 있는 부분이고, ㉡은 액틴 필 라멘트와 마이오신 필라멘트가 겹치는 부분이며, ㉢은 액틴 필라멘트만 있는 부분이다.

이에 대한 설명으로 옳은 것만을 〈보기〉에서 있는 대로 고른 것은?

─〈 보기 〉─

ㄱ. t_1일 때 X의 길이는 $3.0\,\mu$m이다.

ㄴ. X의 길이에서 ㉠의 길이를 뺀 값은 t_1일 때가 t_2일 때보다 크다.

ㄷ. t_2일 때 $\dfrac{\text{H대의 길이}}{\text{㉡의 길이}+\text{㉢의 길이}}=\dfrac{3}{5}$이다.

① ㄱ　　② ㄴ　　③ ㄱ, ㄷ　　④ ㄴ, ㄷ　　⑤ ㄱ, ㄴ, ㄷ

다음은 골격근의 수축 과정에 대한 자료이다.

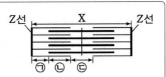

○ 그림은 근육 원섬유 마디 X의 구조를 나타낸 것이다. X는 좌우 대칭이다.

○ 구간 ㉠은 액틴 필라멘트만 있는 부분이고, ㉡은 액틴 필라멘트와 마이오신 필라멘트가 겹치는 부분이며, ㉢은 마이오신 필라멘트만 있는 부분이다.

○ 골격근 수축 과정의 두 시점 t_1과 t_2 중, t_1일 때 X의 길이는 $3.2 \ \mu m$이고, $\dfrac{ⓐ}{ⓑ}$는 $\dfrac{1}{4}$, $\dfrac{ⓐ}{ⓒ}$는 $\dfrac{1}{6}$이다.

○ t_2일 때 $\dfrac{ⓐ}{ⓑ}$는 $\dfrac{3}{2}$, $\dfrac{ⓑ}{ⓒ}$는 1이다.

○ ⓐ~ⓒ는 ㉠~㉢의 길이를 순서 없이 나타낸 것이다.

이에 대한 설명으로 옳은 것만을 〈보기〉에서 있는 대로 고른 것은?

〈 보기 〉

ㄱ. ⓐ는 ㉠의 길이이다.

ㄴ. t_2일 때 H대의 길이는 $0.4 \ \mu m$이다.

ㄷ. X의 길이가 $2.8 \ \mu m$일 때 $\dfrac{ⓒ}{ⓐ}$는 2이다.

① ㄱ   ② ㄴ   ③ ㄷ   ④ ㄱ, ㄴ   ⑤ ㄴ, ㄷ

다음은 골격근의 수축 과정에 대한 자료이다.

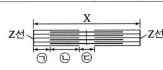

○ 그림은 근육 원섬유 마디 X의 구조를 나타낸 것이다. X는 좌우 대칭이며, 구간 ㉠은 액틴 필라멘트만 있는 부분, ㉡은 액틴 필라멘트와 마이오신 필라멘트가 겹치는 부분, ㉢은 마이오신 필라멘트만 있는 부분이다.

○ 표는 골격근 수축 과정의 두 시점 t_1과 t_2일 때 X의 길이, ⓐ의 길이와 ⓒ의 길이를 더한 값(ⓐ+ⓒ), ⓑ의 길이와 ⓒ의 길이를 더한 값(ⓑ+ⓒ)을 나타낸 것이다. ⓐ~ⓒ는 ㉠~㉢을 순서 없이 나타낸 것이다.

시점	X의 길이	ⓐ+ⓒ	ⓑ+ⓒ
t_1	$2.4 \ \mu m$	$1.0 \ \mu m$	$0.8 \ \mu m$
t_2	?	$1.3 \ \mu m$	$1.7 \ \mu m$

이에 대한 설명으로 옳은 것만을 〈보기〉에서 있는 대로 고른 것은? [3점]

〈 보기 〉

ㄱ. ⓐ는 ㉡이다.

ㄴ. t_1일 때 $\dfrac{\text{A대의 길이}}{\text{H대의 길이}}$는 4이다.

ㄷ. t_2일 때 X의 길이는 $3.2 \ \mu m$이다.

① ㄱ   ② ㄷ   ③ ㄱ, ㄴ   ④ ㄴ, ㄷ   ⑤ ㄱ, ㄴ, ㄷ

19

다음은 골격근의 수축 과정에 대한 자료이다.

> ○ 그림은 근육 원섬유 마디 X의 구조를 나타낸 것이다. X는 좌우 대칭이다.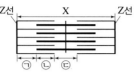
>
> ○ 구간 ㉠은 액틴 필라멘트만 있는 부분이고, ㉡은 액틴 필라멘트와 마이오신 필라멘트가 겹치는 부분이며, ㉢은 마이오신 필라멘트만 있는 부분이다.
>
> ○ 골격근 수축 과정의 시점 t_1일 때 ㉠~㉢의 길이는 순서 없이 ⓐ, $3d$, $10d$이고, 시점 t_2일 때 ㉠~㉢의 길이는 순서 없이 ⓐ, $2d$, $3d$이다. d는 0보다 크다.

이에 대한 설명으로 옳은 것만을 〈보기〉에서 있는 대로 고른 것은? [3점]

〈 보기 〉
ㄱ. 근육 원섬유는 근육 섬유로 구성되어 있다.
ㄴ. H대의 길이는 t_1일 때가 t_2일 때보다 길다.
ㄷ. t_2일 때 ㉠의 길이는 $2d$이다.

① ㄱ   ② ㄴ   ③ ㄷ   ④ ㄱ, ㄴ   ⑤ ㄴ, ㄷ

20

다음은 골격근의 수축 과정에 대한 자료이다.

> ○ 그림은 좌우 대칭인 근육 원섬유 마디 X의 구조를 나타낸 것이다. 구간 ㉠은 액틴 필라멘트와 마이오신 필라멘트가 겹치는 부분이고, ㉡은 마이오신 필라멘트만 있는 부분이다.
>
> ○ 표는 골격근 수축 과정의 시점 t_1과 t_2일 때 X, ⓐ, ⓑ의 길이를 나타낸 것이다. ⓐ와 ⓑ는 각각 ㉠과 ㉡ 중 하나이다.

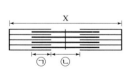

시점	길이(μm)		
	X	ⓐ	ⓑ
t_1	?	0.5	0.6
t_2	2.2	0.7	0.2

이에 대한 옳은 설명만을 〈보기〉에서 있는 대로 고른 것은?

〈 보기 〉
ㄱ. ⓑ는 ㉠이다.
ㄴ. t_1일 때 X의 길이는 $2.4\ \mu$m이다.
ㄷ. t_2일 때 A대의 길이는 $1.6\ \mu$m이다.

① ㄱ   ② ㄷ   ③ ㄱ, ㄴ   ④ ㄴ, ㄷ   ⑤ ㄱ, ㄴ, ㄷ

21

다음은 골격근의 수축 과정에 대한 자료이다.

> ○ 그림은 근육 원섬유 마디 X의 구조를 나타낸 것이다. 구간 ㉠은 액틴 필라멘트만 있는 부분이고, ㉡은 액틴 필라멘트와 마이오신 필라멘트가 겹치는 부분이며, ㉢은 마이오신 필라멘트만 있는 부분이다. X는 좌우 대칭이다.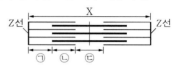
>
> ○ 표는 골격근 수축 과정의 시점 t_1과 t_2일 때 X의 길이, A대의 길이, H대의 길이를 나타낸 것이다. ⓐ와 ⓑ는 $2.4\ \mu$m와 $2.8\ \mu$m를 순서 없이 나타낸 것이다.

시점	X의 길이	A대의 길이	H대의 길이
t_1	ⓐ	$1.6\ \mu$m	?
t_2	ⓑ	?	$0.4\ \mu$m

> ○ t_1일 때 ㉡의 길이와 t_2일 때 ㉠의 길이는 같다.

이에 대한 설명으로 옳은 것만을 〈보기〉에서 있는 대로 고른 것은? [3점]

〈 보기 〉
ㄱ. ⓐ는 $2.8\ \mu$m이다.
ㄴ. t_1일 때 ㉠의 길이는 $0.4\ \mu$m이다.
ㄷ. X에서 $\dfrac{㉡의\ 길이}{액틴\ 필라멘트의\ 길이}$ 는 t_1일 때가 t_2일 때보다 크다.

① ㄱ   ② ㄴ   ③ ㄷ   ④ ㄱ, ㄷ   ⑤ ㄴ, ㄷ

다음은 골격근의 수축 과정에 대한 자료이다.

○ 그림은 근육 원섬유 마디 X의 구조를 나타낸 것이다. X는 좌우 대칭이다.

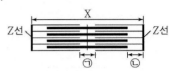

○ 구간 ㉠은 마이오신 필라멘트만 있는 부분이고, ㉡은 액틴 필라멘트만 있는 부분이다.

○ 표는 골격근 수축 과정의 두 시점 t_1과 t_2일 때 ㉠의 길이, ㉡의 길이, A대의 길이에서 ㉠의 길이를 뺀 값(A대−㉠)을 나타낸 것이다.

구분	㉠의 길이	㉡의 길이	A대−㉠
t_1	?	0.3	1.2
t_2	0.6	0.5+ⓐ	1.2+2ⓐ

(단위: μm)

이에 대한 설명으로 옳은 것만을 〈보기〉에서 있는 대로 고른 것은? [3점]

─〈 보기 〉─
ㄱ. ㉠은 H대이다.
ㄴ. t_1일 때 A대의 길이는 $1.4\ \mu$m이다.
ㄷ. t_2일 때 ㉠의 길이는 ㉡의 길이보다 짧다.

① ㄱ　　② ㄴ　　③ ㄷ　　④ ㄱ, ㄴ　　⑤ ㄱ, ㄷ

다음은 골격근의 수축 과정에 대한 자료이다.

○ 그림은 근육 원섬유 마디 X의 구조를, 표는 시점 t_1과 t_2일 때 X의 길이, Ⅰ의 길이와 Ⅲ의 길이를 더한 값(Ⅰ+Ⅲ), Ⅱ의 길이에서 Ⅰ의 길이를 뺀 값(Ⅱ−Ⅰ)을 나타낸 것이다. X는 좌우 대칭이고, Ⅰ~Ⅲ은 ㉠~㉢을 순서 없이 나타낸 것이다.

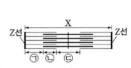

시점	X의 길이	Ⅰ+Ⅲ	Ⅱ−Ⅰ
t_1	ⓐ	$0.8\ \mu$m	$0.2\ \mu$m
t_2	ⓑ	ⓒ	ⓒ

○ 구간 ㉠은 액틴 필라멘트만 있는 부분이고, ㉡은 액틴 필라멘트와 마이오신 필라멘트가 겹치는 부분이며, ㉢은 마이오신 필라멘트만 있는 부분이다.

○ ⓐ와 ⓑ는 각각 $2.4\ \mu$m와 $2.2\ \mu$m 중 하나이다.

이에 대한 옳은 설명만을 〈보기〉에서 있는 대로 고른 것은? [3점]

─〈 보기 〉─
ㄱ. Ⅱ는 ㉡이다.
ㄴ. t_1일 때 A대의 길이는 $1.4\ \mu$m이다.
ㄷ. t_2일 때 ㉠의 길이는 ㉢의 길이보다 길다.

① ㄱ　　② ㄴ　　③ ㄱ, ㄷ　　④ ㄴ, ㄷ　　⑤ ㄱ, ㄴ, ㄷ

다음은 골격근의 수축 과정에 대한 자료이다.

○ 그림은 근육 원섬유 마디 X의 구조를, 표는 골격근 수축 과정의 두 시점 t_1과 t_2일 때 ㉠의 길이에서 ㉢의 길이를 뺀 값을 ㉡의 길이로 나눈 값 $\left(\dfrac{㉠-㉢}{㉡}\right)$과 X의 길이를 나타낸 것이다. X는 좌우 대칭이고, t_1일 때 A대의 길이는 1.6 μm이다.

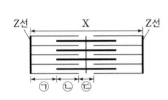

시점	$\dfrac{㉠-㉢}{㉡}$	X의 길이
t_1	$\dfrac{1}{4}$	?
t_2	$\dfrac{1}{2}$	3.0 μm

○ 구간 ㉠은 액틴 필라멘트만 있는 부분이고, ㉡은 액틴 필라멘트와 마이오신 필라멘트가 겹치는 부분이며, ㉢은 마이오신 필라멘트만 있는 부분이다.

이에 대한 설명으로 옳은 것만을 〈보기〉에서 있는 대로 고른 것은?

〈 보기 〉

ㄱ. 근육 원섬유는 근육 섬유로 구성되어 있다.

ㄴ. t_2일 때 H대의 길이는 0.4 μm이다.

ㄷ. X의 길이는 t_1일 때가 t_2일 때보다 0.2 μm 길다.

① ㄱ ② ㄴ ③ ㄱ, ㄷ ④ ㄴ, ㄷ ⑤ ㄱ, ㄴ, ㄷ

다음은 골격근의 수축 과정에 대한 자료이다.

○ 그림은 사람의 골격근을 구성하는 근육 원섬유 마디 X의 구조를 나타낸 것이다. X는 좌우 대칭이다.

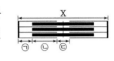

○ ㉠은 액틴 필라멘트만 있는 부분, ㉡은 액틴 필라멘트와 마이오신 필라멘트가 겹쳐진 부분, ㉢은 마이오신 필라멘트만 있는 부분이다.

○ X의 길이가 2.0 μm일 때, ㉠의 길이 : ㉡의 길이＝1 : 3 이다.

○ X의 길이가 2.4 μm일 때, ㉡의 길이 : ㉢의 길이＝1 : 2 이다.

이에 대한 설명으로 옳은 것만을 〈보기〉에서 있는 대로 고른 것은? [3점]

〈 보기 〉

ㄱ. X에서 A대의 길이는 1.6 μm이다.

ㄴ. X에서 ㉢은 밝게 보이는 부분(명대)이다.

ㄷ. X의 길이가 3.0 μm일 때, $\dfrac{\text{H대의 길이}}{㉠의 길이}$ 는 2이다.

① ㄱ ② ㄴ ③ ㄷ ④ ㄱ, ㄷ ⑤ ㄴ, ㄷ

다음은 골격근의 수축과 이완 과정에 대한 자료이다.

○ 그림 (가)는 팔을 구부리는 과정의 두 시점 t_1과 t_2일 때 팔의 위치와 이 과정에 관여하는 골격근 P와 Q를, (나)는 P와 Q 중 한 골격근의 근육 원섬유 마디 X의 구조를 나타낸 것이다. X는 좌우 대칭이고, Z_1과 Z_2는 X의 Z선이다.

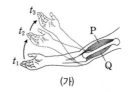

(가)　　　　　　　　(나)

○ 구간 ㉠은 액틴 필라멘트만 있는 부분이고, ㉡은 액틴 필라멘트와 마이오신 필라멘트가 겹치는 부분이며, ㉢은 마이오신 필라멘트만 있는 부분이다.

○ 표는 t_1과 t_2일 때 각 시점의 Z_1로부터 Z_2 방향으로 거리가 각각 l_1, l_2, l_3인 세 지점이 ㉠~㉢ 중 어느 구간에 해당하는지를 나타낸 것이다. ⓐ~ⓒ는 ㉠~㉢을 순서 없이 나타낸 것이다.

거리	지점이 해당하는 구간	
	t_1	t_2
l_1	ⓐ	?
l_2	ⓑ	ⓐ
l_3	ⓒ	㉢

○ ⓒ의 길이는 t_1일 때가 t_2일 때보다 짧다.

○ t_1과 t_2일 때 각각 l_1~l_3은 모두 $\dfrac{\text{X의 길이}}{2}$보다 작다.

이에 대한 설명으로 옳은 것만을 〈보기〉에서 있는 대로 고른 것은?

─〈 보기 〉─
ㄱ. $l_1 > l_2$이다.
ㄴ. X는 P의 근육 원섬유 마디이다.
ㄷ. t_2일 때 Z_1로부터 Z_2 방향으로 거리가 l_1인 지점은 ㉠에 해당한다.

① ㄱ　　② ㄴ　　③ ㄷ　　④ ㄱ, ㄴ　　⑤ ㄱ, ㄷ

다음은 골격근의 수축과 이완 과정에 대한 자료이다.

○ 그림 (가)는 팔을 구부리는 과정의 세 시점 t_1, t_2, t_3일 때 팔의 위치와 이 과정에 관여하는 골격근 P와 Q를, (나)는 P와 Q 중 한 골격근의 근육 원섬유 마디 X의 구조를 나타낸 것이다. X는 좌우 대칭이다.

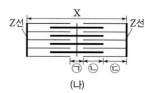

(가)　　　　　　　　(나)

○ 구간 ㉠은 마이오신 필라멘트만 있는 부분이고, ㉡은 액틴 필라멘트와 마이오신 필라멘트가 겹치는 부분이며, ㉢은 액틴 필라멘트만 있는 부분이다.

○ 표는 t_1~t_3일 때 ㉠의 길이와 ㉡의 길이를 더한 값(㉠+㉡), ㉢의 길이, X의 길이를 나타낸 것이다.

시점	㉠+㉡	㉢의 길이	X의 길이
t_1	1.2	ⓐ	?
t_2	?	0.7	3.0
t_3	ⓐ	0.6	?

(단위: μm)

이에 대한 설명으로 옳은 것만을 〈보기〉에서 있는 대로 고른 것은?

─〈 보기 〉─
ㄱ. X는 P의 근육 원섬유 마디이다.
ㄴ. X에서 A대의 길이는 t_1일 때가 t_3일 때보다 길다.
ㄷ. t_1일 때 ㉡의 길이와 ㉢의 길이를 더한 값은 1.3 μm이다.

① ㄱ　　② ㄴ　　③ ㄷ　　④ ㄱ, ㄴ　　⑤ ㄱ, ㄷ

28

다음은 골격근 수축 과정에 대한 자료이다.

○ 그림 (가)는 근육 원섬유 마디 X의 구조를, (나)는 구간 ⓒ의 길이에 따른 ⓐX가 생성할 수 있는 힘을 나타낸 것이다. X는 좌우 대칭이고, ⓐ가 F_1일 때 A대의 길이는 1.6 μm이다.

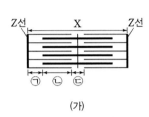

(가)   (나)

○ 구간 ㉠은 액틴 필라멘트만 있는 부분이고, ㉡은 액틴 필라멘트와 마이오신 필라멘트가 겹치는 부분이며, ㉢은 마이오신 필라멘트만 있는 부분이다.

○ 표는 ⓐ가 F_1과 F_2일 때 ㉢의 길이를 ㉠의 길이로 나눈 값$\left(\dfrac{㉢}{㉠}\right)$과 X의 길이를 ㉡의 길이로 나눈 값$\left(\dfrac{X}{㉡}\right)$을 나타낸 것이다.

힘	$\dfrac{㉢}{㉠}$	$\dfrac{X}{㉡}$
F_1	1	4
F_2	$\dfrac{3}{2}$	?

이 자료에 대한 설명으로 옳은 것만을 〈보기〉에서 있는 대로 고른 것은? [3점]

〈 보기 〉
ㄱ. ⓐ는 H대의 길이가 0.3 μm일 때가 0.6 μm일 때보다 작다.
ㄴ. F_1일 때 ㉠의 길이와 ㉡의 길이를 더한 값은 1.0 μm이다.
ㄷ. F_2일 때 X의 길이는 3.2 μm이다.

① ㄱ   ② ㄴ   ③ ㄷ   ④ ㄱ, ㄴ   ⑤ ㄴ, ㄷ

29

다음은 골격근의 수축 과정에 대한 자료이다.

○ 그림은 근육 원섬유 마디 X의 구조를 나타낸 것이다. X는 좌우 대칭이고, Z_1과 Z_2는 X의 Z선이다.

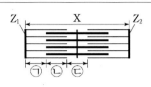

○ 구간 ㉠은 액틴 필라멘트만 있는 부분이고, ㉡은 액틴 필라멘트와 마이오신 필라멘트가 겹치는 부분이며, ㉢은 마이오신 필라멘트만 있는 부분이다.

○ 골격근 수축 과정의 두 시점 t_1과 t_2 중, t_1일 때 X의 길이는 L이고, t_2일 때만 ㉠～㉢의 길이가 모두 같다.

○ $\dfrac{t_2일 \ 때 \ ⓐ의 \ 길이}{t_1일 \ 때 \ ⓐ의 \ 길이}$ 와 $\dfrac{t_1일 \ 때 \ ㉡의 \ 길이}{t_2일 \ 때 \ ㉡의 \ 길이}$ 는 서로 같다. ⓐ는 ㉠과 ㉢ 중 하나이다.

이에 대한 설명으로 옳은 것만을 〈보기〉에서 있는 대로 고른 것은?

〈 보기 〉
ㄱ. ⓐ는 ㉢이다.
ㄴ. H대의 길이는 t_1일 때가 t_2일 때보다 짧다.
ㄷ. t_1일 때, X의 Z_1로부터 Z_2 방향으로 거리가 $\dfrac{3}{10}$L인 지점은 ㉡에 해당한다.

① ㄱ   ② ㄴ   ③ ㄱ, ㄷ   ④ ㄴ, ㄷ   ⑤ ㄱ, ㄴ, ㄷ

다음은 골격근의 수축 과정에 대한 자료이다.

○ 그림은 근육 원섬유 마디 X의 구조를, 표는 골격근 수축 과정의 시점 $t_1 \sim t_3$일 때 ㉠의 길이, ㉢의 길이, I의 길이와 II의 길이를 더한 값(I + II), I의 길이와 III의 길이를 더한 값(I + III)을 나타낸 것이다. X는 좌우 대칭이고, I ~ III은 ㉠ ~ ㉢을 순서 없이 나타낸 것이다.

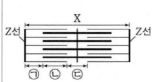

시점	길이(μm)			
	㉠	㉢	I + II	I + III
t_1	ⓐ	ⓐ	?	1.2
t_2	0.7	ⓑ	1.3	?
t_3	ⓑ	0.4	ⓒ	ⓒ

○ 구간 ㉠은 액틴 필라멘트만 있는 부분이고, ㉡은 액틴 필라멘트와 마이오신 필라멘트가 겹치는 부분이며, ㉢은 마이오신 필라멘트만 있는 부분이다.

이에 대한 옳은 설명만을 〈보기〉에서 있는 대로 고른 것은? [3점]

〈 보기 〉

ㄱ. t_1일 때 ㉡의 길이는 0.4 μm이다.

ㄴ. ⓒ는 1.0이다.

ㄷ. II는 ㉢이다.

① ㄱ   ② ㄷ   ③ ㄱ, ㄴ   ④ ㄴ, ㄷ   ⑤ ㄱ, ㄴ, ㄷ

다음은 골격근의 수축 과정에 대한 자료이다.

○ 그림은 골격근을 구성하는 근육 원섬유 마디 X의 구조를, 표는 두 시점 t_1과 t_2일 때 ⓐ의 길이와 ⓑ의 길이를 더한 값(ⓐ+ⓑ)과 ⓐ의 길이와 ⓒ의 길이를 더한 값(ⓐ+ⓒ)을 나타낸 것이다. ⓐ~ⓒ는 ㉠~㉢을 순서 없이 나타낸 것이며, X는 M선을 기준으로 좌우 대칭이다. ⓐ에는 액틴 필라멘트가 있다.

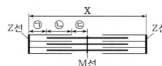

시점	ⓐ+ⓑ	ⓐ+ⓒ
t_1	1.4 μm	1.0 μm
t_2	1.2 μm	1.0 μm

○ 구간 ㉠은 액틴 필라멘트만 있는 부분이고, ㉡은 액틴 필라멘트와 마이오신 필라멘트가 겹치는 부분이며, ㉢은 마이오신 필라멘트만 있는 부분이다.

이에 대한 설명으로 옳은 것만을 〈보기〉에서 있는 대로 고른 것은?

〈 보기 〉

ㄱ. ⓑ는 ㉠이다.

ㄴ. ⓒ는 A대의 일부이다.

ㄷ. X의 길이는 t_1일 때가 t_2일 때보다 0.2 μm 길다.

① ㄱ   ② ㄴ   ③ ㄷ   ④ ㄱ, ㄷ   ⑤ ㄴ, ㄷ

다음은 골격근의 수축 과정에 대한 자료이다.

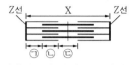

- ○ 그림은 근육 원섬유 마디 X의 구조를 나타낸 것이며, X는 좌우 대칭이다. 구간 ㉠은 액틴 필라멘트만 있는 부분이고, ㉡은 액틴 필라멘트와 마이오신 필라멘트가 겹치는 부분이며, ㉢은 마이오신 필라멘트만 있는 부분이다.
- ○ 표는 골격근 수축 과정의 두 시점 t_1과 t_2일 때 ㉠의 길이, ㉡의 길이, ㉢의 길이, X의 길이를 나타낸 것이고, ⓐ~ⓒ는 0.4 μm, 0.6 μm, 0.8 μm를 순서 없이 나타낸 것이다.

시점	㉠의 길이	㉡의 길이	㉢의 길이	X의 길이
t_1	ⓐ	ⓑ	ⓐ	?
t_2	ⓒ	?	ⓑ	2.8 μm

이에 대한 설명으로 옳은 것만을 〈보기〉에서 있는 대로 고른 것은? [3점]

─〈 보기 〉─
ㄱ. t_1일 때 H대의 길이는 0.8 μm이다.
ㄴ. X의 길이는 t_2일 때가 t_1일 때보다 0.4 μm 길다.
ㄷ. t_1에서 t_2로 될 때 ATP에 저장된 에너지가 사용된다.

① ㄱ   ② ㄴ   ③ ㄱ, ㄷ   ④ ㄴ, ㄷ   ⑤ ㄱ, ㄴ, ㄷ

다음은 골격근의 수축 과정에 대한 자료이다.

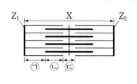

- ○ 그림은 근육 원섬유 마디 X의 구조를 나타낸 것이다. X는 좌우 대칭이고, Z_1과 Z_2는 X의 Z선이다.
- ○ 구간 ㉠은 액틴 필라멘트만 있는 부분이고, ㉡은 액틴 필라멘트와 마이오신 필라멘트가 겹치는 부분이며, ㉢은 마이오신 필라멘트만 있는 부분이다.
- ○ 표는 골격근 수축 과정의 두 시점 t_1과 t_2일 때 각 시점의 Z_1로부터 Z_2 방향으로 거리가 각각 l_1, l_2, l_3인 세 지점이 ㉠~㉢ 중 어느 구간에 해당하는지를 나타낸 것이다. ⓐ~ⓒ는 ㉠~㉢을 순서 없이 나타낸 것이다.

거리	지점이 해당하는 구간	
	t_1	t_2
l_1	ⓐ	ⓑ
l_2	ⓑ	?
l_3	?	ⓒ

- ○ t_1일 때 ⓐ~ⓒ의 길이는 순서 없이 5d, 6d, 8d이고, t_2일 때 ⓐ~ⓒ의 길이는 순서 없이 2d, 6d, 7d이다. d는 0보다 크다.
- ○ t_1일 때, A대의 길이는 ⓒ의 길이의 2배이다.
- ○ t_1과 t_2일 때 각각 l_1~l_3은 모두 $\dfrac{X의\ 길이}{2}$보다 작다.

이에 대한 설명으로 옳은 것만을 〈보기〉에서 있는 대로 고른 것은? [3점]

─〈 보기 〉─
ㄱ. $l_2 > l_1$이다.
ㄴ. t_1일 때, Z_1로부터 Z_2 방향으로 거리가 l_3인 지점은 ㉡에 해당한다.
ㄷ. t_2일 때, ⓐ의 길이는 H대의 길이의 3배이다.

① ㄱ   ② ㄴ   ③ ㄷ   ④ ㄱ, ㄴ   ⑤ ㄱ, ㄷ

다음은 골격근의 수축 과정에 대한 자료이다.

○ 그림은 근육 원섬유 마디 X의 구조를 나타낸 것이다. X는 좌우 대칭이고, Z_1과 Z_2는 X의 Z선이다.

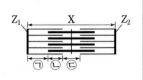

○ 구간 ㉠은 액틴 필라멘트만 있는 부분이고, ㉡은 액틴 필라멘트와 마이오신 필라멘트가 겹치는 부분이며, ㉢은 마이오신 필라멘트만 있는 부분이다.

○ 표는 골격근 수축 과정의 두 시점 t_1과 t_2일 때 ⓐ의 길이를 ⓑ의 길이로 나눈 값$\left(\dfrac{ⓐ}{ⓑ}\right)$, H대의 길이, X의 길이를 나타낸 것이다. ⓐ와 ⓑ는 ㉠과 ㉡을 순서 없이 나타낸 것이고, d는 0보다 크다.

시점	$\dfrac{ⓐ}{ⓑ}$	H대의 길이	X의 길이
t_1	2	$2d$	$8d$
t_2	1	d	?

이에 대한 설명으로 옳은 것만을 〈보기〉에서 있는 대로 고른 것은?

〈 보기 〉
ㄱ. ⓐ는 ㉠이다.
ㄴ. t_1일 때, ㉠의 길이와 ㉢의 길이는 서로 같다.
ㄷ. t_2일 때, Z_1로부터 Z_2 방향으로 거리가 $2d$인 지점은 ㉡에 해당한다.

① ㄱ   ② ㄷ   ③ ㄱ, ㄴ   ④ ㄴ, ㄷ   ⑤ ㄱ, ㄴ, ㄷ

다음은 골격근의 수축 과정에 대한 자료이다.

○ 그림은 근육 원섬유 마디 X의 구조를 나타낸 것이다. X는 좌우 대칭이고, Z_1과 Z_2는 X의 Z선이다.

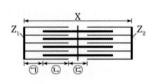

○ 구간 ㉠은 액틴 필라멘트만 있는 부분이고, ㉡은 액틴 필라멘트와 마이오신 필라멘트가 겹치는 부분이며, ㉢은 마이오신 필라멘트만 있는 부분이다.

○ 표는 골격근 수축 과정의 두 시점 t_1과 t_2일 때, 각 시점의 Z_1로부터 Z_2 방향으로 거리가 각각 l_1, l_2, l_3인 세 지점이 ㉠~㉢ 중 어느 구간에 해당하는지를 나타낸 것이다. ⓐ~ⓒ는 ㉠~㉢을 순서 없이 나타낸 것이다.

거리	지점이 해당하는 구간	
	t_1	t_2
l_1	?	ⓐ
l_2	ⓑ	ⓒ
l_3	ⓒ	㉡

○ t_1일 때 ⓐ의 길이는 $4d$이고 X의 길이는 $14d$이며, t_2일 때 X의 길이는 L이다. t_1과 t_2일 때 ⓑ의 길이는 각각 $2d$와 $3d$ 중 하나이고, d는 0보다 크다.

○ t_1과 t_2일 때 각각 $l_1 \sim l_3$은 모두 $\dfrac{\text{X의 길이}}{2}$ 보다 작다.

이에 대한 옳은 설명만을 〈보기〉에서 있는 대로 고른 것은? [3점]

〈 보기 〉
ㄱ. ⓑ는 ㉠이다.
ㄴ. t_2일 때 H대의 길이는 t_1일 때 ㉡의 길이의 2배이다.
ㄷ. t_2일 때 Z_1로부터 Z_2 방향으로 거리가 $\dfrac{2}{5}L$인 지점은 ⓒ에 해당한다.

① ㄱ   ② ㄴ   ③ ㄷ   ④ ㄱ, ㄴ   ⑤ ㄱ, ㄷ

다음은 골격근의 수축 과정에 대한 자료이다.

○ 그림은 근육 원섬유 마디 X 의 구조를 나타낸 것이다. X 는 좌우 대칭이고, Z_1과 Z_2 는 X의 Z선이다.

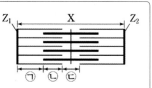

○ 구간 ㉠은 액틴 필라멘트만 있는 부분이고, ㉡은 액틴 필라멘트와 마이오신 필라멘트가 겹치는 부분이며, ㉢은 마이오신 필라멘트만 있는 부분이다.

○ 표는 골격근 수축 과정의 세 시점 t_1, t_2, t_3일 때, ㉠의 길이 에서 ㉡의 길이를 뺀 값을 ㉢ 의 길이로 나눈 값$\left(\dfrac{㉠-㉡}{㉢}\right)$ 과 X의 길이를 나타낸 것이다.

시점	$\dfrac{㉠-㉡}{㉢}$	X의 길이
t_1	$\dfrac{5}{8}$	$3.4\ \mu m$
t_2	$\dfrac{1}{2}$	?
t_3	$\dfrac{1}{4}$	L

○ t_3일 때 A대의 길이는 $1.6\ \mu m$ 이다.

이에 대한 설명으로 옳은 것만을 〈보기〉에서 있는 대로 고른 것은?

〈 보기 〉

ㄱ. H대의 길이는 t_3일 때가 t_1일 때보다 $0.2\ \mu m$ 짧다.

ㄴ. t_2일 때 ㉠의 길이는 t_1일 때 ㉡의 길이의 2배이다.

ㄷ. t_3일 때 Z_1로부터 Z_2 방향으로 거리가 $\dfrac{1}{4}$L인 지점은 ㉠에 해 당한다.

① ㄱ   ② ㄴ   ③ ㄷ   ④ ㄱ, ㄷ   ⑤ ㄴ, ㄷ

주제 / 학년도	2025	2024~2023	2022~2020

중추 신경계

01 2024학년도 6월 평가 10번

그림은 중추 신경계의 구조를 나타낸 것이다. ㉠~㉣은 간뇌, 소뇌, 연수, 중간뇌를 순서 없이 나타낸 것이다.
이에 대한 설명으로 옳은 것만을 〈보기〉에서 있는 대로 고른 것은?

〈보기〉
ㄱ. ㉠에 시상 하부가 있다.
ㄴ. ㉢과 ㉣은 모두 뇌줄기에 속한다.
ㄷ. ㉣은 호흡 운동을 조절한다.

① ㄱ ② ㄴ ③ ㄱ, ㄷ ④ ㄴ, ㄷ ⑤ ㄱ, ㄴ, ㄷ

02 2022학년도 6월 10번

그림은 중추 신경계의 구조를 나타낸 것이다. ㉠~㉣은 간뇌, 대뇌, 소뇌, 중간뇌를 순서 없이 나타낸 것이다.
이에 대한 설명으로 옳은 것만을 〈보기〉에서 있는 대로 고른 것은? [3점]

〈보기〉
ㄱ. ㉢은 중간뇌이다.
ㄴ. ㉣은 몸의 평형(균형) 유지에 관여한다.
ㄷ. ㉠에는 시각 기관으로부터 오는 정보를 받아들이는 영역이 있다.

① ㄱ ② ㄴ ③ ㄱ, ㄷ ④ ㄴ, ㄷ ⑤ ㄱ, ㄴ, ㄷ

신경의 구분

19 2025학년도 수능 3번

표는 사람의 중추 신경계에 속하는 구조 A~C에서 특징의 유무를 나타낸 것이다. A~C는 간뇌, 소뇌, 연수를 순서 없이 나타낸 것이다.

특징 \ 구조	A	B	C
시상 하부가 있다.	×	○	×
뇌줄기를 구성한다.	○	?	○
(가)	○	×	×

(○: 있음, ×: 없음)

이에 대한 설명으로 옳은 것만을 〈보기〉에서 있는 대로 고른 것은?

〈보기〉
ㄱ. ⓐ는 '○'이다.
ㄴ. B는 간뇌이다.
ㄷ. '심장 박동을 조절하는 부교감 신경의 신경절 이전 뉴런의 신경 세포체가 있다.'는 (가)에 해당한다.

① ㄱ ② ㄴ ③ ㄱ, ㄷ ④ ㄴ, ㄷ ⑤ ㄱ, ㄴ, ㄷ

04 2023학년도 6월 평가 8번

표는 사람의 중추 신경계에 속하는 A~C의 특징을 나타낸 것이다. A~C는 간뇌, 연수, 척수를 순서 없이 나타낸 것이다.

구분	특징
A	뇌줄기를 구성한다.
B	ⓐ체온 조절 중추가 있다.
C	교감 신경의 신경절 이전 뉴런의 신경 세포체가 있다.

이에 대한 설명으로 옳은 것만을 〈보기〉에서 있는 대로 고른 것은? [3점]

〈보기〉
ㄱ. A는 호흡 운동을 조절한다.
ㄴ. B는 시상 하부이다.
ㄷ. C는 척수이다.

① ㄱ ② ㄴ ③ ㄱ, ㄷ ④ ㄴ, ㄷ ⑤ ㄱ, ㄴ, ㄷ

10 2021학년도 수능 4번

그림 (가)는 동공의 크기 조절에 관여하는 말초 신경이 중추 신경계에 연결된 경로를, (나)는 무릎 반사에 관여하는 말초 신경이 중추 신경계에 연결된 경로를 나타낸 것이다.
이에 대한 설명으로 옳은 것만을 〈보기〉에서 있는 대로 고른 것은?

〈보기〉
ㄱ. ㉠~㉢은 모두 자율 신경계에 속한다.
ㄴ. ㉠과 ㉢의 말단에서 분비되는 신경 전달 물질은 같다.
ㄷ. 무릎 반사의 중추는 척수이다.

① ㄱ ② ㄷ ③ ㄱ, ㄷ ④ ㄴ, ㄷ ⑤ ㄱ, ㄴ, ㄷ

05 2020학년도 9월 평가 8번

다음은 사람의 신경계를 구성하는 구조에 대한 학생 A~C의 발표 내용이다.

학생 A: 척수에는 연합 뉴런이 있습니다.
학생 B: 뇌신경은 말초 신경계에 속합니다.
학생 C: 척수 신경은 12쌍으로 이루어져 있습니다.

제시한 내용이 옳은 학생만을 있는 대로 고른 것은?

① B ② C ③ A, B ④ A, C ⑤ A, B, C

무조건 반사 시 흥분 전달 경로

18 2023학년도 수능 5번

그림은 자극에 의한 반사가 일어날 때 흥분 전달 경로를 나타낸 것이다.
이에 대한 설명으로 옳은 것만을 〈보기〉에서 있는 대로 고른 것은?

〈보기〉
ㄱ. A는 운동 뉴런이다.
ㄴ. C의 신경 세포체는 척수에 있다.
ㄷ. 이 반사 과정에서 A에서 B로 흥분의 전달이 일어난다.

① ㄱ ② ㄷ ③ ㄱ, ㄷ ④ ㄴ, ㄷ ⑤ ㄱ, ㄴ, ㄷ

15 2022학년도 9월 평가 2번

그림은 무릎 반사가 일어날 때 흥분 전달 경로를 나타낸 것이다. A와 B는 감각 뉴런과 운동 뉴런을 순서 없이 나타낸 것이다.
이에 대한 설명으로 옳은 것만을 〈보기〉에서 있는 대로 고른 것은?

〈보기〉
ㄱ. A는 감각 뉴런이다.
ㄴ. B는 자율 신경계에 속한다.
ㄷ. 이 반사의 중추는 뇌줄기를 구성한다.

① ㄱ ② ㄷ ③ ㄱ, ㄷ ④ ㄴ, ㄷ ⑤ ㄴ, ㄷ

14 대표 문제 2020학년도 수능 9번

그림은 무릎 반사가 일어날 때 흥분 전달 경로를 나타낸 것이다.
이에 대한 설명으로 옳은 것만을 〈보기〉에서 있는 대로 고른 것은?

〈보기〉
ㄱ. A는 연합 뉴런이다.
ㄴ. ⓒ은 후근을 통해 나온다.
ㄷ. 이 반사의 조절 중추는 척수이다.

① ㄱ ② ㄷ ③ ㄱ, ㄷ ④ ㄴ, ㄷ ⑤ ㄱ, ㄴ, ㄷ

01

2024학년도 6월 모평 10번

그림은 중추 신경계의 구조를 나타낸 것이다. ㉠~㉣은 간뇌, 소뇌, 연수, 중간뇌를 순서 없 이 나타낸 것이다.

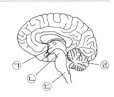

이에 대한 설명으로 옳은 것만을 〈보기〉에서 있는 대로 고른 것은?

───〈 보기 〉───
ㄱ. ㉠에 시상 하부가 있다.
ㄴ. ㉡과 ㉣은 모두 뇌줄기에 속한다.
ㄷ. ㉢은 호흡 운동을 조절한다.

① ㄱ　　② ㄴ　　③ ㄱ, ㄷ　　④ ㄴ, ㄷ　　⑤ ㄱ, ㄴ, ㄷ

02

2022학년도 수능 10번

그림은 중추 신경계의 구조를 나타낸 것이 다. ㉠~㉣은 간뇌, 대뇌, 소뇌, 중간뇌를 순서 없이 나타낸 것이다.

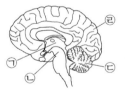

이에 대한 설명으로 옳은 것만을 〈보기〉에 서 있는 대로 고른 것은? [3점]

───〈 보기 〉───
ㄱ. ㉠은 중간뇌이다.
ㄴ. ㉢은 몸의 평형(균형) 유지에 관여한다.
ㄷ. ㉣에는 시각 기관으로부터 오는 정보를 받아들이는 영역이 있다.

① ㄱ　　② ㄴ　　③ ㄱ, ㄷ　　④ ㄴ, ㄷ　　⑤ ㄱ, ㄴ, ㄷ

03

2023학년도 4월 학평 8번

표 (가)는 사람 신경의 3가지 특징을, (나)는 (가)의 특징 중 방광에 연결 된 신경 A~C가 갖는 특징의 개수를 나타낸 것이다. A~C는 감각 신 경, 교감 신경, 부교감 신경을 순서 없이 나타낸 것이다.

특징
○ 원심성 신경이다.
○ 자율 신경계에 속한다.
○ 신경절 이후 뉴런의 말단에서 노르에피네프린이 분비된다.

구분	특징의 개수
A	0
B	㉠
C	3

(가)　　　　　　　　(나)

이에 대한 설명으로 옳은 것만을 〈보기〉에서 있는 대로 고른 것은?

───〈 보기 〉───
ㄱ. ㉠은 1이다.
ㄴ. A는 말초 신경계에 속한다.
ㄷ. C의 신경절 이전 뉴런의 신경 세포체는 척수에 있다.

① ㄱ　　② ㄴ　　③ ㄷ　　④ ㄱ, ㄴ　　⑤ ㄴ, ㄷ

04

2023학년도 6월 모평 8번

표는 사람의 중추 신경계에 속하는 A~C의 특징을 나타낸 것이다. A~C는 간뇌, 연수, 척수를 순서 없이 나타낸 것이다.

구분	특징
A	뇌줄기를 구성한다.
B	㉠체온 조절 중추가 있다.
C	교감 신경의 신경절 이전 뉴런의 신경 세포체가 있다.

이에 대한 설명으로 옳은 것만을 〈보기〉에서 있는 대로 고른 것은? [3점]

───〈 보기 〉───
ㄱ. A는 호흡 운동을 조절한다.
ㄴ. ㉠은 시상 하부이다.
ㄷ. C는 척수이다.

① ㄱ　　② ㄴ　　③ ㄱ, ㄷ　　④ ㄴ, ㄷ　　⑤ ㄱ, ㄴ, ㄷ

05

다음은 사람의 신경계를 구성하는 구조에 대한 학생 A~C의 발표 내용이다.

> 척수에는 연합 뉴런이 있습니다.

> 뇌신경은 말초 신경계에 속합니다.

> 척수 신경은 12쌍으로 이루어져 있습니다.

학생 A   학생 B   학생 C

제시한 내용이 옳은 학생만을 있는 대로 고른 것은?

① B   ② C   ③ A, B   ④ A, C   ⑤ A, B, C

06

그림은 중추 신경계에 속한 A와 B로부터 다리 골격근과 심장에 연결된 말초 신경을 나타낸 것이다. A와 B는 연수와 척수를 순

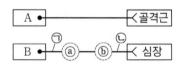

서 없이 나타낸 것이고, ⓐ와 ⓑ 중 한 곳에 신경절이 있다.
이에 대한 설명으로 옳은 것만을 〈보기〉에서 있는 대로 고른 것은?

〈 보기 〉
ㄱ. A는 척수이다.
ㄴ. ⓑ에 신경절이 있다.
ㄷ. ㉠과 ㉡의 말단에서 모두 아세틸콜린이 분비된다.

① ㄱ   ② ㄷ   ③ ㄱ, ㄴ   ④ ㄴ, ㄷ   ⑤ ㄱ, ㄴ, ㄷ

07

그림은 사람의 중추 신경계와 위가 자율 신경으로 연결된 경로를 나타낸 것이다. A와 B는 각각 간뇌와 대뇌 중 하나이다.

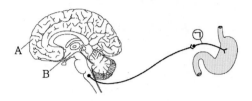

이에 대한 옳은 설명만을 〈보기〉에서 있는 대로 고른 것은?

〈 보기 〉
ㄱ. A의 겉질은 회색질이다.
ㄴ. B는 뇌줄기에 속한다.
ㄷ. ㉠의 활동 전위 발생 빈도가 증가하면 위액 분비가 억제된다.

① ㄱ   ② ㄷ   ③ ㄱ, ㄴ   ④ ㄴ, ㄷ   ⑤ ㄱ, ㄴ, ㄷ

08

그림은 중추 신경계의 구조를, 표는 반사의 중추를 나타낸 것이다. A와 B는 중간뇌와 척수를 순서 없이 나타낸 것이고, ㉠과 ㉡은 A와 B를 순서 없이 나타낸 것이다.

반사	중추
무릎 반사	㉠
동공 반사	㉡

이에 대한 설명으로 옳은 것만을 〈보기〉에서 있는 대로 고른 것은? [3점]

〈 보기 〉
ㄱ. ㉠은 B이다.
ㄴ. ㉡에 교감 신경의 신경절 이전 뉴런의 신경 세포체가 있다.
ㄷ. A와 B는 모두 뇌줄기에 속한다.

① ㄱ   ② ㄴ   ③ ㄱ, ㄷ   ④ ㄴ, ㄷ   ⑤ ㄱ, ㄴ, ㄷ

09

그림은 중추 신경계로부터 말초 신경을 통해 소장과 골격근에 연결된 경로를, 표는 뉴런 ⓐ~ⓒ의 특징을 나타낸 것이다. ⓐ~ⓒ는 ㉠~㉢을 순서 없이 나타낸 것이다.

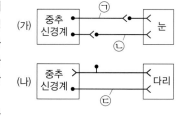

구분	특징
ⓐ	?
ⓑ	체성 신경계에 속한다.
ⓒ	축삭 돌기 말단에서 노르에피네프린이 분비된다.

이에 대한 설명으로 옳은 것만을 〈보기〉에서 있는 대로 고른 것은? [3점]

〈보기〉
ㄱ. ⓐ는 ㉡이다.
ㄴ. ㉠의 신경 세포체는 척수에 있다.
ㄷ. ㉢은 운동 신경이다.

① ㄱ   ② ㄷ   ③ ㄱ, ㄴ   ④ ㄴ, ㄷ   ⑤ ㄱ, ㄴ, ㄷ

10

그림 (가)는 동공의 크기 조절에 관여하는 말초 신경이 중추 신경계에 연결된 경로를, (나)는 무릎 반사에 관여하는 말초 신경이 중추 신경계에 연결된 경로를 나타낸 것이다.
이에 대한 설명으로 옳은 것만을 〈보기〉에서 있는 대로 고른 것은?

〈보기〉
ㄱ. ㉠~㉢은 모두 자율 신경계에 속한다.
ㄴ. ㉠과 ㉡의 말단에서 분비되는 신경 전달 물질은 같다.
ㄷ. 무릎 반사의 중추는 척수이다.

① ㄱ   ② ㄷ   ③ ㄱ, ㄴ   ④ ㄴ, ㄷ   ⑤ ㄱ, ㄴ, ㄷ

11

그림은 사람에서 ㉠과 팔의 골격근을 연결하는 말초 신경과, ㉡과 눈을 연결하는 말초 신경을 나타낸 것이다. ㉠과 ㉡은 각각 척수와 중간뇌 중 하나이다.

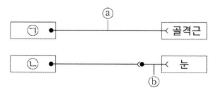

이에 대한 옳은 설명만을 〈보기〉에서 있는 대로 고른 것은? [3점]

〈보기〉
ㄱ. ㉠은 척수이다.
ㄴ. ⓐ는 자율 신경계에 속한다.
ㄷ. ⓑ의 말단에서 노르에피네프린이 분비된다.

① ㄱ   ② ㄴ   ③ ㄱ, ㄴ   ④ ㄱ, ㄷ   ⑤ ㄴ, ㄷ

12

그림은 중추 신경계로부터 말초 신경을 통해 홍채와 골격근에 연결된 경로를 나타낸 것이다.
이에 대한 설명으로 옳은 것만을 〈보기〉에서 있는 대로 고른 것은?

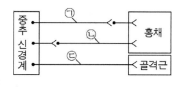

〈보기〉
ㄱ. ㉠은 구심성 뉴런이다.
ㄴ. ㉡이 흥분하면 동공이 축소된다.
ㄷ. ㉢의 말단에서 아세틸콜린이 분비된다.

① ㄱ   ② ㄴ   ③ ㄷ   ④ ㄱ, ㄷ   ⑤ ㄴ, ㄷ

그림은 중추 신경계로부터 말초 신경이 심장과 다리 골격근에 연결된 경로를 나타낸 것이다.

이에 대한 옳은 설명만을 〈보기〉에서 있는 대로 고른 것은? [3점]

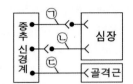

─〈 보기 〉─
ㄱ. ㉠의 신경 세포체는 뇌줄기에 있다.
ㄴ. ㉡의 말단에서 심장 박동을 억제하는 신경 전달 물질이 분비된다.
ㄷ. ㉢은 구심성 신경이다.

① ㄱ   ② ㄴ   ③ ㄷ   ④ ㄱ, ㄴ   ⑤ ㄴ, ㄷ

그림은 무릎 반사가 일어날 때 흥분 전달 경로를 나타낸 것이다.

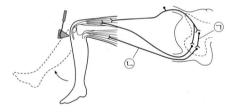

이에 대한 설명으로 옳은 것만을 〈보기〉에서 있는 대로 고른 것은?

─〈 보기 〉─
ㄱ. ㉠은 연합 뉴런이다.
ㄴ. ㉡은 후근을 통해 나온다.
ㄷ. 이 반사의 조절 중추는 척수이다.

① ㄱ   ② ㄴ   ③ ㄱ, ㄷ   ④ ㄴ, ㄷ   ⑤ ㄱ, ㄴ, ㄷ

그림은 무릎 반사가 일어날 때 흥분 전달 경로를 나타낸 것이다. A와 B는 감각 뉴런과 운동 뉴런을 순서 없이 나타낸 것이다.

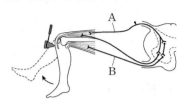

이에 대한 설명으로 옳은 것만을 〈보기〉에서 있는 대로 고른 것은?

─〈 보기 〉─
ㄱ. A는 감각 뉴런이다.
ㄴ. B는 자율 신경계에 속한다.
ㄷ. 이 반사의 중추는 뇌줄기를 구성한다.

① ㄱ   ② ㄴ   ③ ㄱ, ㄴ   ④ ㄱ, ㄷ   ⑤ ㄴ, ㄷ

그림은 사람에서 자극에 의한 반사가 일어날 때 흥분 전달 경로를 나타낸 것이다.

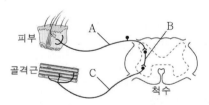

이에 대한 설명으로 옳은 것만을 〈보기〉에서 있는 대로 고른 것은? [3점]

─〈 보기 〉─
ㄱ. A는 구심성 뉴런이다.
ㄴ. B는 연합 뉴런이다.
ㄷ. C의 축삭 돌기 말단에서 분비되는 신경 전달 물질은 아세틸콜린이다.

① ㄱ   ② ㄷ   ③ ㄱ, ㄴ   ④ ㄴ, ㄷ   ⑤ ㄱ, ㄴ, ㄷ

17

그림은 무릎 반사가 일어날 때 흥분 전달 경로를 나타낸 것이다.

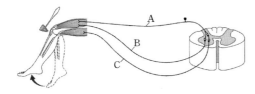

이에 대한 옳은 설명만을 〈보기〉에서 있는 대로 고른 것은?

〈 보기 〉
ㄱ. A와 B는 모두 척수 신경이다.
ㄴ. B는 자율 신경계에 속한다.
ㄷ. C는 후근을 이룬다.

① ㄱ   ② ㄴ   ③ ㄱ, ㄴ   ④ ㄱ, ㄷ   ⑤ ㄴ, ㄷ

18

그림은 자극에 의한 반사가 일어날 때 흥분 전달 경로를 나타낸 것이다.

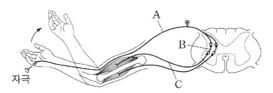

이에 대한 설명으로 옳은 것만을 〈보기〉에서 있는 대로 고른 것은?

〈 보기 〉
ㄱ. A는 운동 뉴런이다.
ㄴ. C의 신경 세포체는 척수에 있다.
ㄷ. 이 반사 과정에서 A에서 B로 흥분의 전달이 일어난다.

① ㄱ   ② ㄴ   ③ ㄱ, ㄷ   ④ ㄴ, ㄷ   ⑤ ㄱ, ㄴ, ㄷ

19

표는 사람의 중추 신경계에 속하는 구조 A~C에서 특징의 유무를 나타낸 것이다. A~C는 간뇌, 소뇌, 연수를 순서 없이 나타낸 것이다.

특징 \ 구조	A	B	C
시상 하부가 있다.	×	○	×
뇌줄기를 구성한다.	○	?	ⓐ
(가)	○	×	×

(○: 있음, ×: 없음)

이에 대한 설명으로 옳은 것만을 〈보기〉에서 있는 대로 고른 것은?

〈 보기 〉
ㄱ. ⓐ는 '○'이다.
ㄴ. B는 간뇌이다.
ㄷ. '심장 박동을 조절하는 부교감 신경의 신경절 이전 뉴런의 신경 세포체가 있다.'는 (가)에 해당한다.

① ㄱ   ② ㄴ   ③ ㄱ, ㄷ   ④ ㄴ, ㄷ   ⑤ ㄱ, ㄴ, ㄷ

주제 \ 학년도	2025	2024~2023	2022~2020

빈출

자율 신경
교감 신경과
부교감 신경

2024~2023 열

08 2024학년도 9월 모평 5번

그림은 동공의 크기 조절에 관여하는 자율 신경 X가 중추 신경계에 연결된 경로를 나타낸 것이고, A~C는 대뇌, 연수, 중간뇌를 순서 없이 나타낸 것이고, ⓐ에 하나의 신경절이 있다.

이에 대한 설명으로 옳은 것만을 〈보기〉에서 있는 대로 고른 것은?

─〈보기〉─
ㄱ. X는 신경절 이전 뉴런이 신경절 이후 뉴런보다 짧다.
ㄴ. A의 겉질은 회색질이다.
ㄷ. B와 C는 모두 뇌줄기에 속한다.

① ㄱ   ② ㄷ   ③ ㄱ, ㄴ   ④ ㄴ, ㄷ   ⑤ ㄱ, ㄴ, ㄷ

2022~2020 열

02 2021학년도 6월 모평 3번

그림은 중추 신경계로부터 자율 신경을 통해 심장과 위에 연결된 경로를, 표는 ⓐ이 심장에, ⓒ이 위에 각각 작용할 때 나타나는 기관의 반응을 나타낸 것이다. ⓐⓒ는 '억제됨'과 '촉진됨' 중 하나이다.

기관	반응
심장	심장 박동 촉진됨
위	소화 작용 ⓐ

이에 대한 설명으로 옳은 것만을 〈보기〉에서 있는 대로 고른 것은? [3점]

─〈보기〉─
ㄱ. ⓐ은 신경절 이전 뉴런이 신경절 이후 뉴런보다 짧다.
ㄴ. ⓒ은 감각 신경이다.
ㄷ. ⓐ는 '억제됨'이다.

① ㄱ   ② ㄴ   ③ ㄷ   ④ ㄱ, ㄴ   ⑤ ㄱ, ㄷ

04 2021학년도 9월 모평 16번

그림 (가)는 동공의 크기 조절에 관여하는 교감 신경과 부교감 신경이 중추 신경계에 연결된 경로를, (나)는 빛의 세기에 따른 동공의 크기를 나타낸 것이며, ⓐ와 ⓑ에 각각 하나의 신경절이 있으며, ⓒ과 ⓓ의 말단에서 분비되는 신경 전달 물질은 같다.

이에 대한 설명으로 옳은 것만을 〈보기〉에서 있는 대로 고른 것은?

─〈보기〉─
ㄱ. ⓐ의 신경 세포체는 척수의 회색질에 있다.
ㄴ. ⓒ의 말단에서 분비되는 신경 전달 물질의 양은 P_1일 때가 P_2일 때보다 많다.
ㄷ. ⓓ의 말단에서 분비되는 신경 전달 물질은 노르에피네프린이다.

① ㄱ   ② ㄷ   ③ ㄱ, ㄴ   ④ ㄴ, ㄷ   ⑤ ㄱ, ㄴ, ㄷ

2025 열

09 2025학년도 6월 모평 7번

그림은 중추 신경계로부터 자율 신경 A와 B가 방광에 연결된 경로를, 표는 A와 B가 각각 방광에 작용할 때의 반응을 나타낸 것이다.

자율 신경	반응
A	방광 확장(이완)
B	방광 수축

이에 대한 설명으로 옳은 것만을 〈보기〉에서 있는 대로 고른 것은? [3점]

─〈보기〉─
ㄱ. A의 신경절 이후 뉴런의 축삭 돌기 말단에서 노르에피네프린이 분비된다.
ㄴ. B의 신경절 이전 뉴런의 신경 세포체는 척수에 있다.
ㄷ. A와 B는 모두 말초 신경계에 속한다.

① ㄱ   ② ㄴ   ③ ㄱ, ㄷ   ④ ㄴ, ㄷ   ⑤ ㄱ, ㄴ, ㄷ

01 2024학년도 수능 7번

표는 사람의 자율 신경 Ⅰ~Ⅲ의 특징을 나타낸 것이다. (가)와 (나)는 척수와 뇌줄기를 순서 없이 나타낸 것이고, ⓐ은 아세틸콜린과 노르에피네프린 중 하나이다.

자율 신경	신경절 이전 뉴런의 신경 세포체 위치	신경절 이후 뉴런의 축삭 돌기 말단에서 분비되는 신경 전달 물질	연결된 기관
Ⅰ	(가)	아세틸콜린	위
Ⅱ	(가)	ⓐ	심장
Ⅲ	(나)	ⓐ	방광

이에 대한 설명으로 옳은 것만을 〈보기〉에서 있는 대로 고른 것은? [3점]

─〈보기〉─
ㄱ. (가)는 뇌줄기이다.
ㄴ. ⓐ은 노르에피네프린이다.
ㄷ. Ⅲ은 부교감 신경이다.

① ㄱ   ② ㄴ   ③ ㄷ   ④ ㄱ, ㄴ   ⑤ ㄱ, ㄷ

자율 신경에 의한 심장 박동 조절

---

19 2025학년도 9월 모평 8번

그림 (가)는 중추 신경계로부터 자율 신경이 심장에 연결된 경로를, (나)는 정상인이 운동에 의한 심장 박동 수 변화를 나타낸 것이다.

이에 대한 설명으로 옳은 것만을 〈보기〉에서 있는 대로 고른 것은? [3점]

─〈보기〉─
ㄱ. ⓐ의 신경 세포체는 연수에 있다.
ㄴ. ⓑ의 말단에서 아세틸콜린이 분비된다.
ㄷ. ⓑ의 말단에서 분비되는 신경 전달 물질의 양은 t_1일 때가 t_2일 때보다 많다.

① ㄱ   ② ㄷ   ③ ㄱ, ㄴ   ④ ㄴ, ㄷ   ⑤ ㄱ, ㄴ, ㄷ

16 2023학년도 9월 모평 13번

다음은 자율 신경 A에 의한 심장 박동 조절 실험이다.

[실험 과정]
(가) 같은 종의 동물로부터 심장 Ⅰ과 Ⅱ를 준비하고, Ⅱ에서만 자율 신경을 제거한다.
(나) Ⅰ과 Ⅱ를 각각 생리식염수가 담긴 용기 ⓐ와 ⓑ에 넣고, ⓐ에서 ⓑ으로 용액이 흐르도록 두 용기를 연결한다.
(다) Ⅰ에 연결된 A에 자극을 주고 Ⅰ과 Ⅱ의 세포에서 활동 전위 발생 빈도를 측정한다. A는 교감 신경과 부교감 신경 중 하나이다.

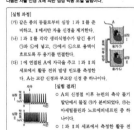

[실험 결과]
○ A의 신경절 이후 뉴런의 축삭 돌기 말단에서 물질 ⓒ가 분비되었다. ⓒ는 아세틸콜린과 노르에피네프린 중 하나이다.
○ Ⅰ과 Ⅱ의 세포에서 측정한 활동 전위 발생 빈도는 그림과 같다.

이 자료에 대한 설명으로 옳은 것만을 〈보기〉에서 있는 대로 고른 것은? (단, 제시된 조건 이외는 고려하지 않는다.)

─〈보기〉─
ㄱ. A는 말초 신경계에 속한다.
ㄴ. ⓒ는 노르에피네프린이다.
ㄷ. (나)의 ⓑ에 아세틸콜린을 처리하면 Ⅱ의 세포에서 활동 전위 발생 빈도가 증가한다.

① ㄱ   ② ㄴ   ③ ㄱ, ㄴ   ④ ㄱ, ㄷ   ⑤ ㄴ, ㄷ

17 2022학년도 6월 모평 7번

그림 (가)는 심장 박동을 조절하는 자율 신경 A와 B 중 A를 자극했을 때 심장 세포에 활동 전위가 발생하는 빈도의 변화를, (나)는 물질 ⓐ의 주사량에 따른 심장 박동 수를 나타낸 것이다. ⓐ은 심장 세포에서의 활동 전위 발생 빈도를 변화시키는 물질이며, A와 B는 교감 신경과 부교감 신경을 순서 없이 나타낸 것이다.

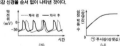

이에 대한 설명으로 옳은 것만을 〈보기〉에서 있는 대로 고른 것은? [3점]

─〈보기〉─
ㄱ. A의 신경절 이후 뉴런의 축삭 돌기 말단에서 분비되는 신경 전달 물질은 아세틸콜린이다.
ㄴ. ⓐ이 작용하면 심장 세포에서의 활동 전위 발생 빈도가 감소한다.
ㄷ. A와 B는 심장 박동 조절에 길항적으로 작용한다.

① ㄱ   ② ㄴ   ③ ㄱ, ㄴ   ④ ㄱ, ㄷ   ⑤ ㄴ, ㄷ

14 대표 문제 2020학년도 6월 모평 11번

그림 (가)는 심장 박동을 조절하는 자율 신경 A와 B를, (나)는 A와 B 중 하나를 자극했을 때 심장 세포에서 활동 전위가 발생하는 빈도의 변화를 나타낸 것이다.

이에 대한 설명으로 옳은 것만을 〈보기〉에서 있는 대로 고른 것은?

─〈보기〉─
ㄱ. A는 말초 신경계에 속한다.
ㄴ. B의 신경절 이전 뉴런의 신경 세포체는 척수에 존재한다.
ㄷ. (나)는 A를 자극했을 때의 변화를 나타낸 것이다.

① ㄱ   ② ㄷ   ③ ㄱ, ㄴ   ④ ㄱ, ㄷ   ⑤ ㄴ, ㄷ

01

2024학년도 7번

표는 사람의 자율 신경 I ~ Ⅲ의 특징을 나타낸 것이다. (가)와 (나)는 척수와 뇌줄기를 순서 없이 나타낸 것이고, ㉠은 아세틸콜린과 노르에피네프린 중 하나이다.

자율 신경	신경절 이전 뉴런의 신경 세포체 위치	신경절 이후 뉴런의 축삭 돌기 말단에서 분비되는 신경 전달 물질	연결된 기관
I	(가)	아세틸콜린	위
Ⅱ	(가)	㉠	심장
Ⅲ	(나)	㉠	방광

이에 대한 설명으로 옳은 것만을 〈보기〉에서 있는 대로 고른 것은? [3점]

〈 보기 〉
ㄱ. (가)는 뇌줄기이다.
ㄴ. ㉠은 노르에피네프린이다.
ㄷ. Ⅲ은 부교감 신경이다.

① ㄱ   ② ㄴ   ③ ㄷ   ④ ㄱ, ㄴ   ⑤ ㄱ, ㄷ

02

2021학년도 6월 모평 3번

그림은 중추 신경계로부터 자율 신경을 통해 심장과 위에 연결된 경로를, 표는 ㉠이 심장에, ㉡이 위에 각각 작용할 때 나타나는 기관의 반응을 나타낸 것이다. ⓐ는 '억제됨'과 '촉진됨' 중 하나이다.

기관	반응
심장	심장 박동 촉진됨
위	소화 작용 (ⓐ)

이에 대한 설명으로 옳은 것만을 〈보기〉에서 있는 대로 고른 것은? [3점]

〈 보기 〉
ㄱ. ㉠은 신경절 이전 뉴런이 신경절 이후 뉴런보다 짧다.
ㄴ. ㉡은 감각 신경이다.
ㄷ. ⓐ는 '억제됨'이다.

① ㄱ   ② ㄴ   ③ ㄷ   ④ ㄱ, ㄴ   ⑤ ㄱ, ㄷ

03

2023학년도 3월 학평 8번

그림은 사람의 중추 신경계와 홍채가 자율 신경으로 연결된 경로를 나타낸 것이다.

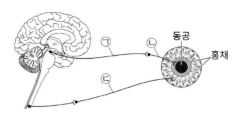

이에 대한 옳은 설명만을 〈보기〉에서 있는 대로 고른 것은?

〈 보기 〉
ㄱ. ㉠의 신경 세포체는 뇌줄기에 있다.
ㄴ. ㉠과 ㉡의 말단에서 분비되는 신경 전달 물질은 같다.
ㄷ. ㉢의 활동 전위 발생 빈도가 증가하면 동공이 작아진다.

① ㄱ   ② ㄷ   ③ ㄱ, ㄴ   ④ ㄴ, ㄷ   ⑤ ㄱ, ㄴ, ㄷ

04

2021학년도 9월 모평 16번

그림 (가)는 동공의 크기 조절에 관여하는 교감 신경과 부교감 신경이 중추 신경계에 연결된 경로를, (나)는 빛의 세기에 따른 동공의 크기를 나타낸 것이다. ⓐ와 ⓑ에 각각 하나의 신경절이 있으며, ㉠과 ㉣의 말단에서 분비되는 신경 전달 물질은 같다.

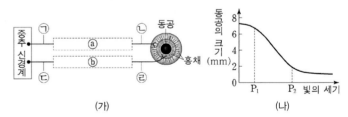

(가)   (나)

이에 대한 설명으로 옳은 것만을 〈보기〉에서 있는 대로 고른 것은?

〈 보기 〉
ㄱ. ㉠의 신경 세포체는 척수의 회색질에 있다.
ㄴ. ㉡의 말단에서 분비되는 신경 전달 물질의 양은 P_2일 때가 P_1일 때보다 많다.
ㄷ. ㉣의 말단에서 분비되는 신경 전달 물질은 노르에피네프린이다.

① ㄱ   ② ㄷ   ③ ㄱ, ㄴ   ④ ㄴ, ㄷ   ⑤ ㄱ, ㄴ, ㄷ

05

그림은 사람에서 중추 신경계와 심장이 자율 신경으로 연결된 모습의 일부를 나타낸 것이다. A와 B는 각각 연수와 중간뇌 중 하나이고, ㉠과 ㉡ 중 한 부위에 신경절이 있다.

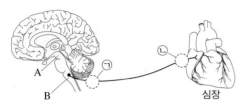

이에 대한 옳은 설명만을 〈보기〉에서 있는 대로 고른 것은?

〈 보기 〉
ㄱ. A는 동공 반사의 중추이다.
ㄴ. B는 중간뇌이다.
ㄷ. ㉠에 신경절이 있다.

① ㄱ   ② ㄷ   ③ ㄱ, ㄴ   ④ ㄱ, ㄷ   ⑤ ㄴ, ㄷ

06

그림 (가)는 중추 신경계의 구조를, (나)는 중추 신경계와 심장이 자율 신경으로 연결된 모습을 나타낸 것이다. A~C는 각각 척수, 연수, 대뇌 중 하나이다.

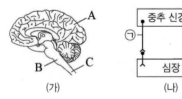

(가)   (나)

이에 대한 설명으로 옳은 것만을 〈보기〉에서 있는 대로 고른 것은?

〈 보기 〉
ㄱ. A의 겉질은 회색질이다.
ㄴ. ㉠의 신경 세포체는 C에 존재한다.
ㄷ. ㉡에서 흥분 발생 빈도가 증가하면 심장 박동이 촉진된다.

① ㄱ   ② ㄴ   ③ ㄱ, ㄷ   ④ ㄴ, ㄷ   ⑤ ㄱ, ㄴ, ㄷ

07

그림은 사람의 중추 신경계와 심장을 연결하는 자율 신경을 나타낸 것이다. ㉠과 ㉡은 각각 연수와 척수 중 하나이다.

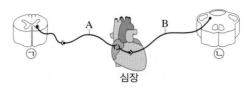

심장

이에 대한 옳은 설명만을 〈보기〉에서 있는 대로 고른 것은?

〈 보기 〉
ㄱ. ㉠의 속질은 백색질이다.
ㄴ. ㉡은 뇌줄기를 구성한다.
ㄷ. 뉴런 A와 B의 말단에서 분비되는 신경 전달 물질은 같다.

① ㄱ   ② ㄴ   ③ ㄷ   ④ ㄱ, ㄴ   ⑤ ㄴ, ㄷ

08

그림은 동공의 크기 조절에 관여하는 자율 신경 X가 중추 신경계에 연결된 경로를 나타낸 것이다. A~C는 대뇌, 연수, 중간뇌를 순서 없이 나타낸 것이고, ㉠에 하나의 신경절이 있다.

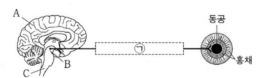

동공
홍채

이에 대한 설명으로 옳은 것만을 〈보기〉에서 있는 대로 고른 것은?

〈 보기 〉
ㄱ. X는 신경절 이전 뉴런이 신경절 이후 뉴런보다 짧다.
ㄴ. A의 겉질은 회색질이다.
ㄷ. B와 C는 모두 뇌줄기에 속한다.

① ㄱ   ② ㄷ   ③ ㄱ, ㄴ   ④ ㄴ, ㄷ   ⑤ ㄱ, ㄴ, ㄷ

09

그림은 중추 신경계로부터 자율 신경 A와 B가 방광에 연결된 경로를, 표는 A와 B가 각각 방광에 작용할 때의 반응을 나타낸 것이다.

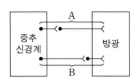

자율 신경	반응
A	방광 확장(이완)
B	방광 수축

이에 대한 설명으로 옳은 것만을 〈보기〉에서 있는 대로 고른 것은? [3점]

〈보기〉
ㄱ. A의 신경절 이후 뉴런의 축삭 돌기 말단에서 노르에피네프린이 분비된다.
ㄴ. B의 신경절 이전 뉴런의 신경 세포체는 척수에 있다.
ㄷ. A와 B는 모두 말초 신경계에 속한다.

① ㄱ ② ㄴ ③ ㄱ, ㄷ ④ ㄴ, ㄷ ⑤ ㄱ, ㄴ, ㄷ

10

그림 (가)는 중추 신경계의 구조를, (나)는 동공의 크기 조절에 관여하는 자율 신경이 중추 신경계에 연결된 경로를 나타낸 것이다. A와 B는 대뇌와 중간뇌를 순서 없이 나타낸 것이다.

 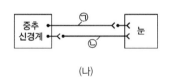

(가)   (나)

이에 대한 설명으로 옳은 것만을 〈보기〉에서 있는 대로 고른 것은?

〈보기〉
ㄱ. A는 뇌줄기를 구성한다.
ㄴ. ㉠의 신경 세포체는 B에 있다.
ㄷ. ㉡의 말단에서 노르에피네프린이 분비된다.

① ㄱ ② ㄴ ③ ㄱ, ㄷ ④ ㄴ, ㄷ ⑤ ㄱ, ㄴ, ㄷ

11

그림 (가)는 중추 신경계로부터 나온 자율 신경이 방광에 연결된 경로를, (나)는 뉴런 ㉠에 역치 이상의 자극을 주었을 때와 주지 않았을 때 방광의 부피를 나타낸 것이다. ㉠은 ⓑ와 ⓓ 중 하나이다.

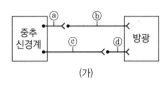 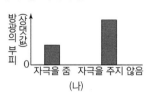

(가)   (나)

이에 대한 설명으로 옳은 것만을 〈보기〉에서 있는 대로 고른 것은?

〈보기〉
ㄱ. ㉠은 ⓓ이다.
ㄴ. ⓐ는 척수의 후근을 이룬다.
ㄷ. ⓑ와 ⓒ의 축삭 돌기 말단에서 분비되는 신경 전달 물질은 같다.

① ㄱ ② ㄴ ③ ㄷ ④ ㄱ, ㄴ ⑤ ㄴ, ㄷ

12

그림은 중추 신경계와 심장을 연결하는 자율 신경 A를, 표는 A의 특징을 나타낸 것이다. ⓐ와 ⓑ 중 하나에 신경절이 있고, ㉠은 노르에피네프린과 아세틸콜린 중 하나이다.

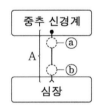

A의 특징
신경절 이전 뉴런 말단과 신경절 이후 뉴런 말단에서 모두 ㉠이 분비된다.

이에 대한 옳은 설명만을 〈보기〉에서 있는 대로 고른 것은?

〈보기〉
ㄱ. ⓐ에 신경절이 있다.
ㄴ. ㉠은 노르에피네프린이다.
ㄷ. A에서 활동 전위 발생 빈도가 증가하면 심장 박동 속도가 감소한다.

① ㄱ ② ㄷ ③ ㄱ, ㄴ ④ ㄱ, ㄷ ⑤ ㄴ, ㄷ

13

그림은 동공 크기의 조절에 관여하는 자율 신경이 중간뇌에, 심장 박동의 조절에 관여하는 자율 신경이 연수에 연결된 경로를 나타낸 것이다. ⓐ와 ⓑ에는 각각 하나의 신경절이 있다.

이에 대한 옳은 설명만을 〈보기〉에서 있는 대로 고른 것은? [3점]

〈 보기 〉
ㄱ. ㉠은 부교감 신경을 구성한다.
ㄴ. ㉡과 ㉢의 말단에서 모두 아세틸콜린이 분비된다.
ㄷ. ㉣의 말단에서 심장 박동을 촉진하는 신경 전달 물질이 분비된다.

① ㄱ　　② ㄷ　　③ ㄱ, ㄴ　　④ ㄴ, ㄷ　　⑤ ㄱ, ㄴ, ㄷ

14 대표문제

그림 (가)는 심장 박동을 조절하는 자율 신경 A와 B를, (나)는 A와 B 중 하나를 자극했을 때 심장 세포에서 활동 전위가 발생하는 빈도의 변화를 나타낸 것이다.

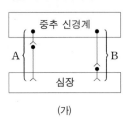 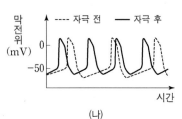

(가)　　　　　　　　　(나)

이에 대한 설명으로 옳은 것만을 〈보기〉에서 있는 대로 고른 것은?

〈 보기 〉
ㄱ. A는 말초 신경계에 속한다.
ㄴ. B의 신경절 이전 뉴런의 신경 세포체는 척수에 존재한다.
ㄷ. (나)는 A를 자극했을 때의 변화를 나타낸 것이다.

① ㄱ　　② ㄴ　　③ ㄱ, ㄷ　　④ ㄴ, ㄷ　　⑤ ㄱ, ㄴ, ㄷ

15

그림은 중추 신경계와 심장을 연결하는 자율 신경을 나타낸 것이다. ⓐ에 하나의 신경절이 있으며, 뉴런 ㉠과 ㉡의 말단에서 분비되는 신경 전달 물질은 다르다.

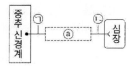

이에 대한 옳은 설명만을 〈보기〉에서 있는 대로 고른 것은?

〈 보기 〉
ㄱ. ㉠의 신경 세포체는 연수에 있다.
ㄴ. ㉠의 길이는 ㉡의 길이보다 길다.
ㄷ. ㉡의 말단에서 분비되는 신경 전달 물질은 노르에피네프린이다.

① ㄱ　　② ㄷ　　③ ㄱ, ㄴ　　④ ㄴ, ㄷ　　⑤ ㄱ, ㄴ, ㄷ

16

다음은 자율 신경 A에 의한 심장 박동 조절 실험이다.

[실험 과정]
(가) 같은 종의 동물로부터 심장 Ⅰ과 Ⅱ를 준비하고, Ⅱ에서만 자율 신경을 제거한다.
(나) Ⅰ과 Ⅱ를 각각 생리식염수가 담긴 용기 ㉠과 ㉡에 넣고, ㉠에서 ㉡으로 용액이 흐르도록 두 용기를 연결한다.
(다) Ⅰ에 연결된 A에 자극을 주고 Ⅰ과 Ⅱ의 세포에서 활동 전위 발생 빈도를 측정한다. A는 교감 신경과 부교감 신경 중 하나이다.

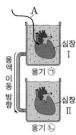

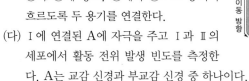

[실험 결과]
○ A의 신경절 이후 뉴런의 축삭 돌기 말단에서 물질 ㉮가 분비되었다. ㉮는 아세틸콜린과 노르에피네프린 중 하나이다.
○ Ⅰ과 Ⅱ의 세포에서 측정한 활동 전위 발생 빈도는 그림과 같다.

이 자료에 대한 설명으로 옳은 것만을 〈보기〉에서 있는 대로 고른 것은? (단, 제시된 조건 이외는 고려하지 않는다.)

〈 보기 〉
ㄱ. A는 말초 신경계에 속한다.
ㄴ. ㉮는 노르에피네프린이다.
ㄷ. (나)의 ㉡에 아세틸콜린을 처리하면 Ⅱ의 세포에서 활동 전위 발생 빈도가 증가한다.

① ㄱ　　② ㄴ　　③ ㄱ, ㄴ　　④ ㄱ, ㄷ　　⑤ ㄴ, ㄷ

17

그림 (가)는 심장 박동을 조절하는 자율 신경 A와 B 중 A를 자극했을 때 심장 세포에서 활동 전위가 발생하는 빈도의 변화를, (나)는 물질 ⊙의 주사량에 따른 심장 박동 수를 나타낸 것이다. ⊙은 심장 세포에서의 활동 전위 발생 빈도를 변화시키는 물질이며, A와 B는 교감 신경과 부교감 신경을 순서 없이 나타낸 것이다.

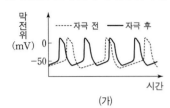
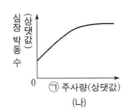

(가)   (나)

이에 대한 설명으로 옳은 것만을 〈보기〉에서 있는 대로 고른 것은? [3점]

〈 보기 〉
ㄱ. A의 신경절 이후 뉴런의 축삭 돌기 말단에서 분비되는 신경 전달 물질은 아세틸콜린이다.
ㄴ. ⊙이 작용하면 심장 세포에서의 활동 전위 발생 빈도가 감소한다.
ㄷ. A와 B는 심장 박동 조절에 길항적으로 작용한다.

① ㄱ   ② ㄴ   ③ ㄷ   ④ ㄱ, ㄷ   ⑤ ㄴ, ㄷ

18

그림 (가)는 중추 신경계로부터 자율 신경을 통해 심장에 연결된 경로를, (나)는 ⊙과 ⓛ 중 하나를 자극했을 때 심장 세포에서 활동 전위가 발생하는 빈도의 변화를 나타낸 것이다.

(가)   (나)

이에 대한 설명으로 옳은 것만을 〈보기〉에서 있는 대로 고른 것은?

〈 보기 〉
ㄱ. ⊙의 신경절 이전 뉴런의 신경 세포체는 척수에 있다.
ㄴ. ⓛ은 신경절 이전 뉴런이 신경절 이후 뉴런보다 길다.
ㄷ. (나)는 ⓛ을 자극했을 때의 변화를 나타낸 것이다.

① ㄱ   ② ㄷ   ③ ㄱ, ㄴ   ④ ㄴ, ㄷ   ⑤ ㄱ, ㄴ, ㄷ

19

그림 (가)는 중추 신경계로부터 자율 신경이 심장에 연결된 경로를, (나)는 정상인에서 운동에 의한 심장 박동 수 변화를 나타낸 것이다.

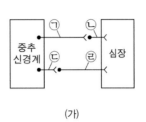
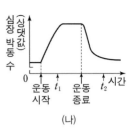

(가)   (나)

이에 대한 설명으로 옳은 것만을 〈보기〉에서 있는 대로 고른 것은?

[3점]

〈 보기 〉
ㄱ. ⊙의 신경 세포체는 연수에 있다.
ㄴ. ⓛ과 ⓒ의 말단에서 아세틸콜린이 분비된다.
ㄷ. ㉣의 말단에서 분비되는 신경 전달 물질의 양은 t_2일 때가 t_1일 때보다 많다.

① ㄱ   ② ㄷ   ③ ㄱ, ㄴ   ④ ㄴ, ㄷ   ⑤ ㄱ, ㄴ, ㄷ

주제 \ 학년도	**2025**	**2024**

빈출
사람의 호르몬

---

14   2025학년도 9월 모평 9번

그림 (가)는 사람에서 시간에 따른 혈중 호르몬 ⊙과 ⓒ의 농도를, (나)는 혈중 ⓒ의 농도에 따른 물질대사량을 나타낸 것이다. ⊙과 ⓒ은 티록신과 TSH를 순서 없이 나타낸 것이다.

이에 대한 설명으로 옳은 것만을 〈보기〉에서 있는 대로 고른 것은? (단, 제시된 조건 이외는 고려하지 않는다.) [3점]

〈보기〉
ㄱ. ⓒ은 티록신이다.
ㄴ. ⓒ의 분비는 음성 피드백에 의해 조절된다.
ㄷ. 혈중 TSH 농도는 t_2일 때가 t_1일 때보다 크다.

① ㄱ ② ㄷ ③ ㄱ, ㄴ ④ ㄴ, ㄷ ⑤ ㄱ, ㄴ, ㄷ

---

13   2025학년도 6월 모평 4번

표는 사람의 내분비샘 ⊙과 ⓒ에서 분비되는 호르몬과 표적 기관을 나타낸 것이다. ⊙과 ⓒ은 뇌하수체 전엽과 뇌하수체 후엽을 순서 없이 나타낸 것이다.

내분비샘	호르몬	표적 기관
⊙	갑상샘 자극 호르몬(TSH)	갑상샘
ⓒ	항이뇨 호르몬(ADH)	?

이에 대한 설명으로 옳은 것만을 〈보기〉에서 있는 대로 고른 것은? [3점]

〈보기〉
ㄱ. ⊙은 뇌하수체 후엽이다.
ㄴ. ADH는 콩팥에서 물의 재흡수를 촉진한다.
ㄷ. TSH와 ADH는 모두 혈액을 통해 표적 기관으로 운반된다.

① ㄱ ② ㄷ ③ ㄱ, ㄴ ④ ㄴ, ㄷ ⑤ ㄱ, ㄴ, ㄷ

---

06   2024학년도 수능 14번

사람 A~C는 모두 혈중 티록신 농도가 정상적이지 않다. 표 (가)는 A~C의 혈중 티록신 농도가 정상적이지 않은 원인을, (나)는 사람 ⊙~ⓒ의 혈중 티록신과 TSH의 농도를 나타낸 것이다. ⊙~ⓒ은 A~C를 순서 없이 나타낸 것이고, ⓐ는 '+'와 '−' 중 하나이다.

사람	원인
A	뇌하수체 전엽에 이상이 생겨 TSH 분비량이 정상보다 적음
B	갑상샘에 이상이 생겨 티록신 분비량이 정상보다 많음
C	갑상샘에 이상이 생겨 티록신 분비량이 정상보다 적음

사람	혈중 농도	
	티록신	TSH
⊙	−	+
ⓒ	+	ⓐ
ⓒ	ⓐ	+

(+: 정상보다 높음
− : 정상보다 낮음)

이에 대한 설명으로 옳은 것만을 〈보기〉에서 있는 대로 고른 것은? (단, 제시된 조건 이외는 고려하지 않는다.) [3점]

〈보기〉
ㄱ. ⓐ는 '−'이다.
ㄴ. ⊙에게 티록신을 투여하면 투여 전보다 TSH의 분비가 촉진된다.
ㄷ. 정상인에서 뇌하수체 전엽에 TRH의 표적 세포가 있다.

① ㄱ ② ㄴ ③ ㄷ ④ ㄱ, ㄷ ⑤ ㄴ, ㄷ

---

07   2024학년도 6월 모평 7번

그림은 사람에서 혈중 티록신 농도에 따른 물질대사량을, 표는 갑상샘 기능에 이상이 있는 사람 A와 B의 혈중 티록신 농도, 물질대사량, 증상을 나타낸 것이다. ⊙과 ⓒ은 '정상보다 높음'과 '정상보다 낮음'을 순서 없이 나타낸 것이다.

사람	티록신 농도	물질 대사량	증상
A	정상보다 증가함	정상보다 증가함	심장 박동 수가 증가하고 더위에 약함
B	정상보다 감소함	정상보다 낮음	체중이 증가하고 추위를 많이 탐

이에 대한 설명으로 옳은 것만을 〈보기〉에서 있는 대로 고른 것은? (단, 제시된 조건 이외는 고려하지 않는다.)

〈보기〉
ㄱ. 갑상샘에서 티록신이 분비된다.
ㄴ. ⊙은 '정상보다 높음'이다.
ㄷ. B에게 티록신을 투여하면 투여 전보다 물질대사량이 감소한다.

① ㄱ ② ㄷ ③ ㄱ, ㄴ ④ ㄴ, ㄷ ⑤ ㄴ, ㄷ

---

09   2024학년도 9월 모평 8번

사람 A와 B는 모두 혈중 티록신 농도가 정상보다 낮다. 표 (가)는 A와 B의 혈중 티록신 농도가 정상보다 낮은 원인을, (나)는 사람 ⊙과 ⓒ의 TSH 투여 전과 후의 혈중 티록신 농도를 나타낸 것이다. ⊙과 ⓒ은 A와 B를 순서 없이 나타낸 것이다.

사람	원인
A	TSH가 분비되지 않음
B	TSH의 표적 세포가 TSH에 반응하지 못함

사람	티록신 농도	
	TSH 투여 전	TSH 투여 후
⊙	정상보다 낮음	정상
ⓒ	정상보다 낮음	정상보다 낮음

이에 대한 설명으로 옳은 것만을 〈보기〉에서 있는 대로 고른 것은? (단, 제시된 조건 이외는 고려하지 않는다.)

〈보기〉
ㄱ. ⊙은 B이다.
ㄴ. TSH 투여 후, A의 갑상샘에서 티록신이 분비된다.
ㄷ. 정상인에서 혈중 티록신 농도가 증가하면 TSH의 분비가 촉진된다.

① ㄱ ② ㄴ ③ ㄷ ④ ㄴ, ㄷ ⑤ ㄱ, ㄷ

빈출
혈당량 조절

35   2025학년도 9월 모평 6번

그림은 어떤 동물에게 호르몬 X를 투여한 후 시간에 따른 ⓐ와 ⓑ를 나타낸 것이다. X는 글루카곤과 인슐린 중 하나이고, ⓐ와 ⓑ는 '간에서 단위 시간당 글리코젠으로부터 생성되는 포도당의 양'과 '혈중 포도당 농도'를 순서 없이 나타낸 것이다.

이에 대한 설명으로 옳은 것만을 〈보기〉에서 있는 대로 고른 것은? (단, 제시된 조건 이외는 고려하지 않는다.)

〈보기〉
ㄱ. ⓑ는 '혈중 포도당 농도'이다.
ㄴ. 혈중 인슐린 농도는 구간 Ⅰ에서가 구간 Ⅱ에서보다 높다.
ㄷ. 혈중 포도당 농도가 증가하면 X의 분비가 촉진된다.

① ㄱ ② ㄴ ③ ㄷ ④ ㄱ, ㄴ ⑤ ㄴ, ㄷ

---

34   2025학년도 6월 모평 11번

그림은 정상인이 탄수화물을 섭취한 후 시간에 따른 혈중 호르몬 ⊙과 ⓒ의 농도를 나타낸 것이다. ⊙과 ⓒ은 글루카곤과 인슐린을 순서 없이 나타낸 것이다.

이에 대한 설명으로 옳은 것을 〈보기〉에서 있는 대로 고른 것은?

〈보기〉
ㄱ. ⊙은 세포로의 포도당 흡수를 촉진한다.
ㄴ. 혈중 포도당 농도는 t_2일 때가 t_1일 때보다 높다.
ㄷ. ⊙과 ⓒ의 분비를 조절하는 중추는 중간뇌이다.

① ㄱ ② ㄴ ③ ㄱ, ㄷ ④ ㄴ, ㄷ ⑤ ㄴ, ㄷ

---

23   2024학년도 6월 모평 3번

다음은 호르몬 X에 대한 자료이다.

X는 이자의 β 세포에서 분비되며, 세포로의 ⓐ 포도당 흡수를 촉진한다. X가 정상적으로 생성되지 못하거나 X의 표적 세포가 X에 반응하지 못하면, 혈중 포도당 농도가 정상으로 조절되지 못한다.

이에 대한 설명으로 옳은 것만을 〈보기〉에서 있는 대로 고른 것은?

〈보기〉
ㄱ. 간에서 ⓐ가 글리코젠으로 전환되는 과정을 촉진한다.
ㄴ. 순환계를 통해 X가 표적 세포로 운반된다.
ㄷ. 혈중 포도당 농도가 증가하면 X의 분비가 억제된다.

① ㄱ ② ㄷ ③ ㄱ, ㄴ ④ ㄴ, ㄷ ⑤ ㄱ, ㄴ, ㄷ

---

36   2025학년도 수능 10번

그림은 어떤 동물에게 호르몬 X를 투여한 후 시간에 따른 ⓐ와 ⓑ를 나타낸 것이다. X는 글루카곤과 인슐린 중 하나이고, ⓐ와 ⓑ는 '간에서 단위 시간당 글리코젠으로부터 생성되는 포도당의 양'과 '혈중 포도당 농도'를 순서 없이 나타낸 것이다.

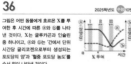

이 자료에 대한 설명으로 옳은 것만을 〈보기〉에서 있는 대로 고른 것은? (단, 제시된 조건 이외는 고려하지 않는다.) [3점]

〈보기〉
ㄱ. 혈중 포도당 농도는 구간 Ⅰ에서가 구간 Ⅱ에서보다 낮다.
ㄴ. 혈중 인슐린 농도는 구간 Ⅰ에서가 구간 Ⅱ에서보다 낮다.
ㄷ. 혈중 글루카곤 농도는 구간 Ⅰ에서가 구간 Ⅱ에서보다 높다.

① ㄱ ② ㄴ ③ ㄷ ④ ㄱ, ㄴ ⑤ ㄴ, ㄷ

2023

2022 ~ 2020

05
2023학년도 6월 모평 6번

표는 사람의 호르몬과 이 호르몬이 분비되는 내분비샘을 나타낸 것이다. A와 B는 티록신과 항이뇨 호르몬(ADH)을 순서 없이 나타낸 것이다.
이에 대한 설명으로 옳은 것만을 〈보기〉에서 있는 대로 고른 것은?

호르몬	내분비샘
A	갑상샘
B	뇌하수체 후엽
갑상샘 자극 호르몬(TSH)	㉠

〈보기〉
ㄱ. A는 티록신이다.
ㄴ. B는 콩팥에서 물의 재흡수를 촉진한다.
ㄷ. ㉠은 뇌하수체 전엽이다.

① ㄱ ② ㄷ ③ ㄱ, ㄴ ④ ㄴ, ㄷ ⑤ ㄱ, ㄴ, ㄷ

01
2022학년도 9월 모평 8번

표는 사람 몸에서 분비되는 호르몬 ㉠과 ㉡의 기능을 나타낸 것이다. ㉠과 ㉡은 항이뇨 호르몬(ADH)과 갑상샘 자극 호르몬(TSH)을 순서 없이 나타낸 것이다.

호르몬	기능
㉠	콩팥에서 물의 재흡수를 촉진한다.
㉡	갑상샘에서 티록신의 분비를 촉진한다.

이에 대한 설명으로 옳은 것만을 〈보기〉에서 있는 대로 고른 것은?

〈보기〉
ㄱ. ㉠은 혈액을 통해 콩팥으로 이동한다.
ㄴ. 뇌하수체에서는 ㉠과 ㉡이 모두 분비된다.
ㄷ. 혈중 티록신 농도가 증가하면 ㉡의 분비가 촉진된다.

① ㄱ ② ㄷ ③ ㄱ, ㄴ ④ ㄴ, ㄷ ⑤ ㄱ, ㄴ, ㄷ

11
2021학년도 수능 19번

다음은 티록신의 분비 조절 과정에 대한 실험이다.

○ ㉠과 ㉡은 각각 티록신과 TSH 중 하나이다.

[실험 과정 및 결과]
(가) 유전적으로 동일한 생쥐 A, B, C를 준비한다.
(나) B와 C의 갑상샘을 각각 제거한 후, 혈중 ㉠의 농도를 측정한다.
(다) (나)의 B와 C 중 한 생쥐에만 ㉡을 주사한 후, A∼C에서 혈중 ㉠의 농도를 측정한다.
(라) (나)와 (다)에서 측정한 결과는 그림과 같다.

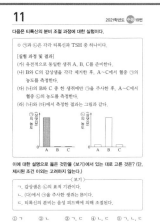

이에 대한 설명으로 옳은 것만을 〈보기〉에서 있는 대로 고른 것은? (단, 제시된 조건 이외는 고려하지 않는다.)

〈보기〉
ㄱ. 갑상샘은 ㉡의 표적 기관이다.
ㄴ. (다)에서 ㉡을 주사한 생쥐는 B다.
ㄷ. 티록신의 분비는 음성 피드백에 의해 조절된다.

① ㄱ ② ㄴ ③ ㄱ, ㄴ ④ ㄴ, ㄷ ⑤ ㄱ, ㄴ, ㄷ

08 오답 문제
2021학년도 9월 모평 3번

그림은 티록신 분비 조절 과정의 일부를 나타낸 것이다. ㉠과 ㉡은 각각 TRH와 TSH 중 하나이다.
이에 대한 설명으로 옳은 것만을 〈보기〉에서 있는 대로 고른 것은?

〈보기〉
ㄱ. ㉠은 혈액을 통해 표적 세포로 이동한다.
ㄴ. ㉡은 TRH이다.
ㄷ. 티록신의 분비는 음성 피드백에 의해 조절된다.

① ㄱ ② ㄴ ③ ㄷ ④ ㄱ, ㄴ ⑤ ㄴ, ㄷ

33
2023학년도 수능 10번

그림 (가)와 (나)는 정상인 Ⅰ과 Ⅱ에서 ㉠과 ㉡의 변화를 각각 나타낸 것이다. t_1일 때 Ⅰ과 Ⅱ 중 한 사람에게만 인슐린을 투여하였다. ㉠과 ㉡은 각각 혈중 글루카곤 농도와 혈중 포도당 농도 중 하나이다.

이에 대한 설명으로 옳은 것만을 〈보기〉에서 있는 대로 고른 것은? (단, 제시된 조건 이외는 고려하지 않는다.) [3점]

〈보기〉
ㄱ. 인슐린은 세포로의 포도당 흡수를 촉진한다.
ㄴ. ㉡은 혈중 포도당 농도이다.
ㄷ. Ⅰ의 혈중 글루카곤 농도는 t_1일 때가 t_2일 때보다 크다.

① ㄱ ② ㄷ ③ ㄱ, ㄴ ④ ㄴ, ㄷ ⑤ ㄱ, ㄴ, ㄷ

28
2022학년도 수능 8번

그림은 정상인이 운동을 하는 동안 혈중 포도당 농도와 혈중 ㉠의 농도의 변화를 나타낸 것이다. ㉠은 글루카곤과 인슐린 중 하나이다.
이에 대한 설명으로 옳은 것만을 〈보기〉에서 있는 대로 고른 것은? (단, 제시된 조건 이외는 고려하지 않는다.)

〈보기〉
ㄱ. 이자의 α세포에서 글루카곤이 분비된다.
ㄴ. ㉠은 세포의 포도당 흡수를 촉진한다.
ㄷ. 간에서 단위 시간당 생성되는 포도당의 양은 운동 시작 시점일 때가 t_1일 때보다 많다.

① ㄱ ② ㄷ ③ ㄱ, ㄴ ④ ㄴ, ㄷ ⑤ ㄱ, ㄴ, ㄷ

32
2021학년도 수능 7번

그림은 당뇨병 환자 A와 B가 탄수화물을 섭취한 후 인슐린을 주사하였을 때 시간에 따른 혈중 포도당 농도를, 표는 당뇨병 (가)와 (나)의 원인을 나타낸 것이다. A와 B의 당뇨병은 각각 (가)와 (나) 중 하나에 해당한다. ㉠과 ㉡은 α세포와 β세포 중 하나이다.

당뇨병	원인
(가)	이자가 파괴되어 인슐린이 생성되지 못함
(나)	인슐린의 표적 세포가 인슐린에 반응하지 못함

이에 대한 설명으로 옳은 것만을 〈보기〉에서 있는 대로 고른 것은? (단, 제시된 조건 이외는 고려하지 않는다.) [3점]

〈보기〉
ㄱ. ㉠은 β세포이다.
ㄴ. B의 당뇨병은 (나)에 해당한다.
ㄷ. 정상인에서 혈중 포도당 농도가 증가하면 인슐린의 분비가 억제된다.

① ㄱ ② ㄴ ③ ㄷ ④ ㄱ, ㄴ ⑤ ㄴ, ㄷ

26
2023학년도 9월 모평 10번

그림은 정상인이 Ⅰ과 Ⅱ일 때 혈중 글루카곤 농도의 변화를 나타낸 것이다. Ⅰ과 Ⅱ는 '혈중 포도당 농도가 높은 상태'와 '혈중 포도당 농도가 낮은 상태'를 순서 없이 나타낸 것이다.

이에 대한 설명으로 옳은 것만을 〈보기〉에서 있는 대로 고른 것은? (단, 제시된 조건 이외는 고려하지 않는다.)

〈보기〉
ㄱ. Ⅰ은 '혈중 포도당 농도가 높은 상태'이다.
ㄴ. 이자의 α세포에서 글루카곤이 분비된다.
ㄷ. t_1일 때 혈중 인슐린 농도는 Ⅰ에서가 Ⅱ에서보다 크다.

① ㄱ ② ㄷ ③ ㄱ, ㄴ ④ ㄴ, ㄷ ⑤ ㄱ, ㄴ, ㄷ

20
2023학년도 6월 모평 16번

그림 (가)는 정상인이 탄수화물을 섭취한 후 시간에 따른 혈중 ㉠과 ㉡의 농도를, (나)는 이자의 세포 X와 Y에서 분비되는 ㉠을 나타낸 것이다. ㉠과 ㉡은 글루카곤과 인슐린을 순서 없이 나타낸 것이고, X와 Y는 α세포와 β세포를 순서 없이 나타낸 것이다.

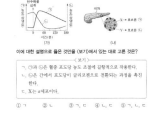

이에 대한 설명으로 옳은 것만을 〈보기〉에서 있는 대로 고른 것은?

〈보기〉
ㄱ. ㉠은 혈중 포도당 농도 조절에 길항적으로 작용한다.
ㄴ. ㉡은 간에서 포도당이 글리코젠으로 전환되는 과정을 촉진한다.
ㄷ. X는 α세포이다.

① ㄱ ② ㄷ ③ ㄱ, ㄷ ④ ㄴ, ㄷ ⑤ ㄱ, ㄴ, ㄷ

19
2022학년도 9월 모평 5번

그림 (가)는 정상인이 탄수화물을 섭취한 후 시간에 따른 혈중 ㉠과 ㉡의 농도를, (나)는 간에서 ㉡에 의해 촉진되는 물질 A에서 B로의 전환을 나타낸 것이다. ㉠과 ㉡은 글루카곤과 인슐린을 순서 없이 나타낸 것이고, A와 B는 포도당과 글리코젠을 순서 없이 나타낸 것이다.

이에 대한 설명으로 옳은 것만을 〈보기〉에서 있는 대로 고른 것은? [3점]

〈보기〉
ㄱ. B는 글리코젠이다.
ㄴ. 혈중 포도당 농도는 t_1일 때가 t_2일 때보다 낮다.
ㄷ. ㉠과 ㉡은 혈중 포도당 농도 조절에 길항적으로 작용한다.

① ㄱ ② ㄷ ③ ㄱ, ㄴ ④ ㄱ, ㄷ ⑤ ㄴ, ㄷ

30 오답 문제
2021학년도 수능 8번

그림 (가)와 (나)는 탄수화물을 섭취한 후 시간에 따른 A와 B의 혈중 포도당 농도와 혈중 X의 농도를 각각 나타낸 것이고, A와 B는 정상인과 당뇨병 환자를 순서 없이 나타낸 것이고, X는 인슐린과 글루카곤 중 하나이다.

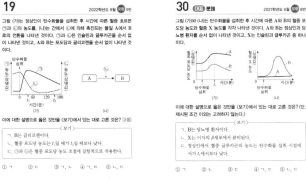

이에 대한 설명으로 옳은 것만을 〈보기〉에서 있는 대로 고른 것은? (단, 제시된 조건 이외는 고려하지 않는다.)

〈보기〉
ㄱ. B는 당뇨병 환자이다.
ㄴ. X는 이자의 β세포에서 분비된다.
ㄷ. 정상인에서 혈중 글루카곤 농도는 탄수화물 섭취 시점에서가 t_1일 때보다 낮다.

① ㄱ ② ㄷ ③ ㄷ ④ ㄱ, ㄷ ⑤ ㄴ, ㄷ

01

표는 사람 몸에서 분비되는 호르몬 ㉠과 ㉡의 기능을 나타낸 것이다. ㉠과 ㉡은 항이뇨 호르몬(ADH)과 갑상샘 자극 호르몬(TSH)을 순서 없이 나타낸 것이다.

호르몬	기능
㉠	콩팥에서 물의 재흡수를 촉진한다.
㉡	갑상샘에서 티록신의 분비를 촉진한다.

이에 대한 설명으로 옳은 것만을 〈보기〉에서 있는 대로 고른 것은?

〈 보기 〉
ㄱ. ㉠은 혈액을 통해 콩팥으로 이동한다.
ㄴ. 뇌하수체에서는 ㉠과 ㉡이 모두 분비된다.
ㄷ. 혈중 티록신 농도가 증가하면 ㉡의 분비가 촉진된다.

① ㄱ　　② ㄷ　　③ ㄱ, ㄴ　　④ ㄴ, ㄷ　　⑤ ㄱ, ㄴ, ㄷ

03

표는 사람의 호르몬 ㉠~㉢을 분비하는 기관을 나타낸 것이다. ㉠~㉢은 티록신, 에피네프린, 항이뇨 호르몬을 순서 없이 나타낸 것이다.

호르몬	분비 기관
㉠	부신
㉡	갑상샘
㉢	뇌하수체

이에 대한 옳은 설명만을 〈보기〉에서 있는 대로 고른 것은?

〈 보기 〉
ㄱ. ㉠은 에피네프린이다.
ㄴ. ㉡의 분비는 음성 피드백에 의해 조절된다.
ㄷ. 땀을 많이 흘리면 ㉢의 분비가 억제된다.

① ㄱ　　② ㄷ　　③ ㄱ, ㄴ　　④ ㄴ, ㄷ　　⑤ ㄱ, ㄴ, ㄷ

02

표는 사람의 내분비샘의 특징을 나타낸 것이다. A와 B는 갑상샘과 뇌하수체를 순서 없이 나타낸 것이다.

내분비샘	특징
A	㉠ TSH를 분비한다.
B	㉡ 티록신을 분비한다.

이에 대한 설명으로 옳은 것만을 〈보기〉에서 있는 대로 고른 것은? [3점]

〈 보기 〉
ㄱ. A는 뇌하수체이다.
ㄴ. ㉡의 분비는 음성 피드백에 의해 조절된다.
ㄷ. ㉠과 ㉡은 모두 순환계를 통해 표적 세포로 이동한다.

① ㄱ　　② ㄷ　　③ ㄱ, ㄴ　　④ ㄴ, ㄷ　　⑤ ㄱ, ㄴ, ㄷ

04

표는 정상인의 3가지 호르몬 TSH, (가), (나)가 분비되는 내분비샘을 나타낸 것이다. (가)와 (나)는 티록신과 TRH를 순서 없이 나타낸 것이고, ㉠과 ㉡은 갑상샘과 뇌하수체 전엽을 순서 없이 나타낸 것이다.

호르몬	내분비샘
TSH	㉠
(가)	㉡
(나)	시상 하부

이에 대한 설명으로 옳은 것만을 〈보기〉에서 있는 대로 고른 것은? [3점]

〈 보기 〉
ㄱ. ㉡은 갑상샘이다.
ㄴ. ㉠에 (나)의 표적 세포가 있다.
ㄷ. 혈중 TSH의 농도가 증가하면 (가)의 분비가 촉진된다.

① ㄱ　　② ㄴ　　③ ㄱ, ㄷ　　④ ㄴ, ㄷ　　⑤ ㄱ, ㄴ, ㄷ

05

05 2023학년도 6월 모평 6번

표는 사람의 호르몬과 이 호르몬이 분비되는 내분비샘을 나타낸 것이다. A와 B는 티록신과 항이뇨 호르몬(ADH)을 순서 없이 나타낸 것이다.

호르몬	내분비샘
A	갑상샘
B	뇌하수체 후엽
갑상샘 자극 호르몬(TSH)	㉠

이에 대한 설명으로 옳은 것만을 〈보기〉에서 있는 대로 고른 것은?

〈 보기 〉
ㄱ. A는 티록신이다.
ㄴ. B는 콩팥에서 물의 재흡수를 촉진한다.
ㄷ. ㉠은 뇌하수체 전엽이다.

① ㄱ ② ㄷ ③ ㄱ, ㄴ ④ ㄴ, ㄷ ⑤ ㄱ, ㄴ, ㄷ

06 2024학년도 수능 14번

사람 A~C는 모두 혈중 티록신 농도가 정상적이지 않다. 표 (가)는 A~C의 혈중 티록신 농도가 정상적이지 않은 원인을, (나)는 사람 ㉠~㉢의 혈중 티록신과 TSH의 농도를 나타낸 것이다. ㉠~㉢은 A~C를 순서 없이 나타낸 것이고, ⓐ는 '+'와 '−' 중 하나이다.

사람	원인
A	뇌하수체 전엽에 이상이 생겨 TSH 분비량이 정상보다 적음
B	갑상샘에 이상이 생겨 티록신 분비량이 정상보다 많음
C	갑상샘에 이상이 생겨 티록신 분비량이 정상보다 적음

(가)

사람	혈중 농도	
	티록신	TSH
㉠	−	+
㉡	+	ⓐ
㉢	−	−

(+: 정상보다 높음, −: 정상보다 낮음)

(나)

이에 대한 설명으로 옳은 것만을 〈보기〉에서 있는 대로 고른 것은? (단, 제시된 조건 이외는 고려하지 않는다.) [3점]

〈 보기 〉
ㄱ. ⓐ는 '−'이다.
ㄴ. ㉠에게 티록신을 투여하면 투여 전보다 TSH의 분비가 촉진된다.
ㄷ. 정상인에서 뇌하수체 전엽에 TRH의 표적 세포가 있다.

① ㄱ ② ㄴ ③ ㄷ ④ ㄱ, ㄷ ⑤ ㄴ, ㄷ

07 2024학년도 6월 모평 7번

그림은 사람에서 혈중 티록신 농도에 따른 물질대사량을, 표는 갑상샘 기능에 이상이 있는 사람 A와 B의 혈중 티록신 농도, 물질대사량, 증상을 나타낸 것이다. ㉠과 ㉡은 '정상보다 높음'과 '정상보다 낮음'을 순서 없이 나타낸 것이다.

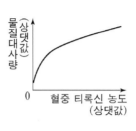

사람	티록신 농도	물질 대사량	증상
A	㉠	정상보다 증가함	심장 박동 수가 증가하고 더위에 약함
B	㉡	정상보다 감소함	체중이 증가하고 추위를 많이 탐

이에 대한 설명으로 옳은 것만을 〈보기〉에서 있는 대로 고른 것은? (단, 제시된 조건 이외는 고려하지 않는다.)

〈 보기 〉
ㄱ. 갑상샘에서 티록신이 분비된다.
ㄴ. ㉠은 '정상보다 높음'이다.
ㄷ. B에게 티록신을 투여하면 투여 전보다 물질대사량이 감소한다.

① ㄱ ② ㄷ ③ ㄱ, ㄴ ④ ㄱ, ㄷ ⑤ ㄴ, ㄷ

08 대표 문제 2021학년도 9월 모평 3번

그림은 티록신 분비 조절 과정의 일부를 나타낸 것이다. ㉠과 ㉡은 각각 TRH와 TSH 중 하나이다.

이에 대한 설명으로 옳은 것만을 〈보기〉에서 있는 대로 고른 것은?

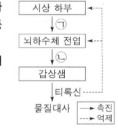

〈 보기 〉
ㄱ. ㉠은 혈액을 통해 표적 세포로 이동한다.
ㄴ. ㉡은 TRH이다.
ㄷ. 티록신의 분비는 음성 피드백에 의해 조절된다.

① ㄱ ② ㄴ ③ ㄷ ④ ㄱ, ㄷ ⑤ ㄴ, ㄷ

사람 A와 B는 모두 혈중 티록신 농도가 정상보다 낮다. 표 (가)는 A와 B의 혈중 티록신 농도가 정상보다 낮은 원인을, (나)는 사람 ㉠과 ㉡의 TSH 투여 전과 후의 혈중 티록신 농도를 나타낸 것이다. ㉠과 ㉡은 A와 B를 순서 없이 나타낸 것이다.

사람	원인
A	TSH가 분비되지 않음
B	TSH의 표적 세포가 TSH에 반응하지 못함

(가)

사람	티록신 농도	
	TSH 투여 전	TSH 투여 후
㉠	정상보다 낮음	정상
㉡	정상보다 낮음	정상보다 낮음

(나)

이에 대한 설명으로 옳은 것만을 〈보기〉에서 있는 대로 고른 것은? (단, 제시된 조건 이외는 고려하지 않는다.)

〈 보기 〉
ㄱ. ㉠은 B이다.
ㄴ. TSH 투여 후, A의 갑상샘에서 티록신이 분비된다.
ㄷ. 정상인에서 혈중 티록신 농도가 증가하면 TSH의 분비가 촉진된다.

① ㄱ　　② ㄴ　　③ ㄷ　　④ ㄱ, ㄴ　　⑤ ㄱ, ㄷ

그림은 티록신 분비 조절 과정의 일부를 나타낸 것이다. A는 갑상샘과 뇌하수체 전엽 중 하나이고, ㉠과 ㉡은 각각 TRH와 TSH 중 하나이다.

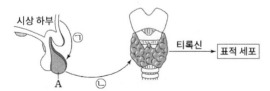

이에 대한 옳은 설명만을 〈보기〉에서 있는 대로 고른 것은?

〈 보기 〉
ㄱ. A는 뇌하수체 전엽이다.
ㄴ. ㉡은 TRH이다.
ㄷ. 혈중 티록신 농도가 증가하면 ㉠의 분비가 촉진된다.

① ㄱ　　② ㄴ　　③ ㄷ　　④ ㄱ, ㄴ　　⑤ ㄱ, ㄷ

다음은 티록신의 분비 조절 과정에 대한 실험이다.

○ ㉠과 ㉡은 각각 티록신과 TSH 중 하나이다.

[실험 과정 및 결과]
(가) 유전적으로 동일한 생쥐 A, B, C를 준비한다.
(나) B와 C의 갑상샘을 각각 제거한 후, A~C에서 혈중 ㉠의 농도를 측정한다.
(다) (나)의 B와 C 중 한 생쥐에만 ㉠을 주사한 후, A~C에서 혈중 ㉡의 농도를 측정한다.
(라) (나)와 (다)에서 측정한 결과는 그림과 같다.

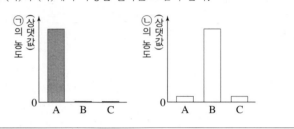

이에 대한 설명으로 옳은 것만을 〈보기〉에서 있는 대로 고른 것은? (단, 제시된 조건 이외는 고려하지 않는다.)

〈 보기 〉
ㄱ. 갑상샘은 ㉡의 표적 기관이다.
ㄴ. (다)에서 ㉠을 주사한 생쥐는 B이다.
ㄷ. 티록신의 분비는 음성 피드백에 의해 조절된다.

① ㄱ　　② ㄴ　　③ ㄱ, ㄷ　　④ ㄴ, ㄷ　　⑤ ㄱ, ㄴ, ㄷ

12

그림은 정상인에서 티록신 분비량이 일시적으로 증가했다가 회복되는 과정에서 측정한 혈중 티록신과 TSH의 농도를 시간에 따라 나타낸 것이다.

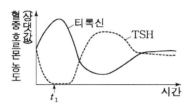

이에 대한 옳은 설명만을 〈보기〉에서 있는 대로 고른 것은? (단, 제시된 조건 이외는 고려하지 않는다.) [3점]

〈 보기 〉
ㄱ. t_1일 때 이 사람에게 TSH를 투여하면 투여 전보다 티록신의 분비가 억제된다.
ㄴ. 티록신의 분비는 음성 피드백에 의해 조절된다.
ㄷ. 갑상샘은 TSH의 표적 기관이다.

① ㄱ   ② ㄷ   ③ ㄱ, ㄴ   ④ ㄴ, ㄷ   ⑤ ㄱ, ㄴ, ㄷ

14

그림 (가)는 사람에서 시간에 따른 혈중 호르몬 ㉠과 ㉡의 농도를, (나)는 혈중 ㉡의 농도에 따른 물질대사량을 나타낸 것이다. ㉠과 ㉡은 티록신과 TSH를 순서 없이 나타낸 것이다.

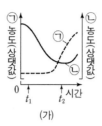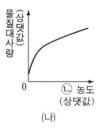

(가)   (나)

이에 대한 설명으로 옳은 것만을 〈보기〉에서 있는 대로 고른 것은? (단, 제시된 조건 이외는 고려하지 않는다.) [3점]

〈 보기 〉
ㄱ. ㉠은 티록신이다.
ㄴ. ㉡의 분비는 음성 피드백에 의해 조절된다.
ㄷ. $\dfrac{물질대사량}{혈중 \ TSH \ 농도}$ 은 t_1일 때가 t_2일 때보다 크다.

① ㄱ   ② ㄴ   ③ ㄱ, ㄷ   ④ ㄴ, ㄷ   ⑤ ㄱ, ㄴ, ㄷ

13

표는 사람의 내분비샘 ㉠과 ㉡에서 분비되는 호르몬과 표적 기관을 나타낸 것이다. ㉠과 ㉡은 뇌하수체 전엽과 뇌하수체 후엽을 순서 없이 나타낸 것이다.

내분비샘	호르몬	표적 기관
㉠	갑상샘 자극 호르몬(TSH)	갑상샘
㉡	항이뇨 호르몬(ADH)	?

이에 대한 설명으로 옳은 것만을 〈보기〉에서 있는 대로 고른 것은? [3점]

〈 보기 〉
ㄱ. ㉠은 뇌하수체 후엽이다.
ㄴ. ADH는 콩팥에서 물의 재흡수를 촉진한다.
ㄷ. TSH와 ADH는 모두 혈액을 통해 표적 기관으로 운반된다.

① ㄱ   ② ㄷ   ③ ㄱ, ㄴ   ④ ㄴ, ㄷ   ⑤ ㄱ, ㄴ, ㄷ

15

표 (가)는 사람 몸에서 분비되는 호르몬 A∼C에서 특징 ㉠∼㉢의 유무를 나타낸 것이고, (나)는 ㉠∼㉢을 순서 없이 나타낸 것이다. A∼C는 TSH, 티록신, 항이뇨 호르몬을 순서 없이 나타낸 것이다.

특징 호르몬	㉠	㉡	㉢
A	×	×	○
B	?	ⓐ	?
C	×	○	ⓑ

(○: 있음, ×: 없음)

특징(㉠∼㉢)
• 표적 기관에 작용한다.
• 뇌하수체에서 분비된다.
• 콩팥에서 물의 재흡수를 촉진한다.

(가)   (나)

이에 대한 옳은 설명만을 〈보기〉에서 있는 대로 고른 것은?

〈 보기 〉
ㄱ. ⓐ와 ⓑ는 모두 '○'이다.
ㄴ. ㉠은 '뇌하수체에서 분비된다.'이다.
ㄷ. A의 분비는 음성 피드백에 의해 조절된다.

① ㄱ   ② ㄴ   ③ ㄱ, ㄷ   ④ ㄴ, ㄷ   ⑤ ㄱ, ㄴ, ㄷ

그림 (가)는 정상인에서 혈중 호르몬 X의 농도에 따른 혈액에서 조직 세포로의 포도당 유입량을, (나)는 사람 A와 B에서 탄수화물 섭취 후 시간에 따른 혈중 X의 농도를 나타낸 것이다. X는 인슐린과 글루카곤 중 하나이고, A와 B는 각각 정상인과 당뇨병 환자 중 하나이다.

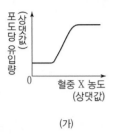 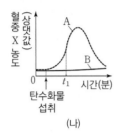

(가)　　　　(나)

이에 대한 설명으로 옳은 것만을 〈보기〉에서 있는 대로 고른 것은? (단, 제시된 조건 이외는 고려하지 않는다.) [3점]

〈 보기 〉
ㄱ. X는 인슐린이다.
ㄴ. B는 당뇨병 환자이다.
ㄷ. A의 혈액에서 조직 세포로의 포도당 유입량은 탄수화물 섭취 시점일 때가 t_1일 때보다 많다.

① ㄱ　　② ㄷ　　③ ㄱ, ㄴ　　④ ㄴ, ㄷ　　⑤ ㄱ, ㄴ, ㄷ

그림 (가)는 탄수화물을 섭취한 사람에서 혈중 호르몬 ㉠의 농도 변화를, (나)는 세포 A와 B에서 세포 밖 포도당 농도에 따른 세포 안 포도당 농도를 나타낸 것이다. ㉠은 인슐린과 글루카곤 중 하나이며, A와 B 중 하나에만 처리됐다.

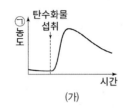 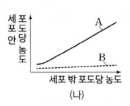

(가)　　　　(나)

㉠에 대한 옳은 설명만을 〈보기〉에서 있는 대로 고른 것은? [3점]

〈 보기 〉
ㄱ. 인슐린이다.
ㄴ. 이자의 α 세포에서 분비된다.
ㄷ. B에 처리됐다.

① ㄱ　　② ㄴ　　③ ㄷ　　④ ㄱ, ㄴ　　⑤ ㄱ, ㄷ

그림 (가)는 사람의 이자에서 분비되는 호르몬 ㉠과 ㉡을, (나)는 간에서 일어나는 물질 A와 B 사이의 전환을 나타낸 것이다. ㉠과 ㉡은 각각 인슐린과 글루카곤 중 하나이고, A와 B는 각각 포도당과 글리코젠 중 하나이다. ㉠은 과정 Ⅰ을, ㉡은 과정 Ⅱ를 촉진한다.

(가)　　　　(나)

이에 대한 옳은 설명만을 〈보기〉에서 있는 대로 고른 것은? [3점]

〈 보기 〉
ㄱ. B는 글리코젠이다.
ㄴ. ㉡은 세포로의 포도당 흡수를 촉진한다.
ㄷ. 혈중 포도당 농도가 증가하면 Ⅰ이 촉진된다.

① ㄱ　　② ㄴ　　③ ㄱ, ㄷ　　④ ㄴ, ㄷ　　⑤ ㄱ, ㄴ, ㄷ

그림 (가)는 정상인이 탄수화물을 섭취한 후 시간에 따른 혈중 호르몬 ㉠과 ㉡의 농도를, (나)는 간에서 ㉡에 의해 촉진되는 물질 A에서 B로의 전환을 나타낸 것이다. ㉠과 ㉡은 인슐린과 글루카곤을 순서 없이 나타낸 것이고, A와 B는 포도당과 글리코젠을 순서 없이 나타낸 것이다.

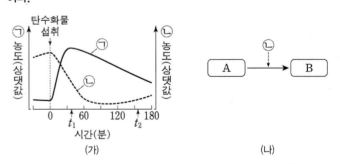

(가)　　　　(나)

이에 대한 설명으로 옳은 것만을 〈보기〉에서 있는 대로 고른 것은? [3점]

〈 보기 〉
ㄱ. B는 글리코젠이다.
ㄴ. 혈중 포도당 농도는 t_1일 때가 t_2일 때보다 낮다.
ㄷ. ㉠과 ㉡은 혈중 포도당 농도 조절에 길항적으로 작용한다.

① ㄱ　　② ㄷ　　③ ㄱ, ㄴ　　④ ㄱ, ㄷ　　⑤ ㄴ, ㄷ

20

그림 (가)는 정상인이 탄수화물을 섭취한 후 시간에 따른 혈중 호르몬 ㉠과 ㉡의 농도를, (나)는 이자의 세포 X와 Y에서 분비되는 ㉠과 ㉡을 나타낸 것이다. ㉠과 ㉡은 글루카곤과 인슐린을 순서 없이 나타낸 것이고, X와 Y는 α세포와 β세포를 순서 없이 나타낸 것이다.

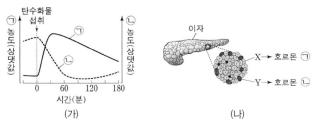

(가)   (나)

이에 대한 설명으로 옳은 것만을 〈보기〉에서 있는 대로 고른 것은?

〈 보기 〉
ㄱ. ㉠과 ㉡은 혈중 포도당 농도 조절에 길항적으로 작용한다.
ㄴ. ㉡은 간에서 포도당이 글리코젠으로 전환되는 과정을 촉진한다.
ㄷ. X는 α세포이다.

① ㄱ   ② ㄴ   ③ ㄱ, ㄷ   ④ ㄴ, ㄷ   ⑤ ㄱ, ㄴ, ㄷ

21

그림 (가)는 이자에서 분비되는 호르몬 A와 B의 분비 조절 과정 일부를, (나)는 어떤 정상인이 단식할 때와 탄수화물 식사를 할 때 간에 있는 글리코젠의 양을 시간에 따라 나타낸 것이다. A와 B는 각각 인슐린과 글루카곤 중 하나이다.

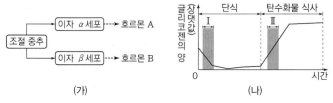

(가)   (나)

이에 대한 설명으로 옳은 것만을 〈보기〉에서 있는 대로 고른 것은? [3점]

〈 보기 〉
ㄱ. (가)에서 조절 중추는 척수이다.
ㄴ. A는 세포로의 포도당 흡수를 촉진한다.
ㄷ. B의 분비량은 구간 Ⅱ에서가 구간 Ⅰ에서보다 많다.

① ㄱ   ② ㄷ   ③ ㄱ, ㄴ   ④ ㄴ, ㄷ   ⑤ ㄱ, ㄴ, ㄷ

22

그림 (가)는 이자에서 분비되는 호르몬 ㉠과 ㉡의 분비 조절 과정 일부를, (나)는 정상인이 탄수화물을 섭취한 후 시간에 따른 혈중 호르몬 X의 농도를 나타낸 것이다. ㉠과 ㉡은 인슐린과 글루카곤을 순서 없이 나타낸 것이고, X는 ㉠과 ㉡ 중 하나이다.

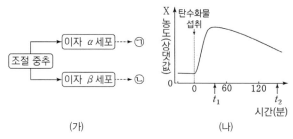

(가)   (나)

이에 대한 설명으로 옳은 것만을 〈보기〉에서 있는 대로 고른 것은? (단, 제시된 조건 이외는 고려하지 않는다.) [3점]

〈 보기 〉
ㄱ. X는 ㉡이다.
ㄴ. ㉠은 세포로의 포도당 흡수를 촉진한다.
ㄷ. 혈중 포도당 농도는 t_1일 때가 t_2일 때보다 낮다.

① ㄱ   ② ㄴ   ③ ㄱ, ㄷ   ④ ㄴ, ㄷ   ⑤ ㄱ, ㄴ, ㄷ

23

다음은 호르몬 X에 대한 자료이다.

X는 이자의 β 세포에서 분비되며, 세포로의 ⓐ 포도당 흡수를 촉진한다. X가 정상적으로 생성되지 못하거나 X의 표적 세포가 X에 반응하지 못하면, 혈중 포도당 농도가 정상적으로 조절되지 못한다.

이에 대한 설명으로 옳은 것만을 〈보기〉에서 있는 대로 고른 것은?

〈 보기 〉
ㄱ. X는 간에서 ⓐ가 글리코젠으로 전환되는 과정을 촉진한다.
ㄴ. 순환계를 통해 X가 표적 세포로 운반된다.
ㄷ. 혈중 포도당 농도가 증가하면 X의 분비가 억제된다.

① ㄱ   ② ㄷ   ③ ㄱ, ㄴ   ④ ㄴ, ㄷ   ⑤ ㄱ, ㄴ, ㄷ

24

그림 (가)는 호르몬 A와 B에 의해 촉진되는 글리코젠과 포도당 사이의 전환 과정을, (나)는 어떤 세포에 ㉠을 처리했을 때와 처리하지 않았을 때 세포 밖 포도당 농도에 따른 세포 안 포도당 농도를 나타낸 것이다. A와 B는 각각 인슐린과 글루카곤 중 하나이며, ㉠은 A와 B 중 하나이다.

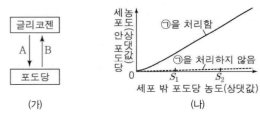

(가)   (나)

이에 대한 설명으로 옳은 것만을 〈보기〉에서 있는 대로 고른 것은? (단, 제시된 조건 이외는 고려하지 않는다.) [3점]

〈 보기 〉
ㄱ. ㉠은 B이다.
ㄴ. A는 이자의 α세포에서 분비된다.
ㄷ. ㉠을 처리했을 때 세포 밖에서 세포 안으로 이동하는 포도당의 양은 S_1일 때가 S_2일 때보다 많다.

① ㄱ   ② ㄴ   ③ ㄷ   ④ ㄱ, ㄴ   ⑤ ㄴ, ㄷ

25

그림은 정상인 A와 당뇨병 환자 B가 운동을 하는 동안 혈중 포도당 농도 변화를 나타낸 것이다. ㉠과 ㉡은 A와 B를 순서 없이 나타낸 것이다. B는 이자의 β세포가 파괴되어 인슐린이 정상적으로 생성되지 못한다.

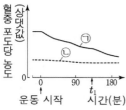

이에 대한 설명으로 옳은 것만을 〈보기〉에서 있는 대로 고른 것은? (단, 제시된 조건 이외는 고려하지 않는다.) [3점]

〈 보기 〉
ㄱ. ㉠은 B이다.
ㄴ. 인슐린은 세포로의 포도당 흡수를 촉진한다.
ㄷ. A의 간에서 단위 시간당 생성되는 포도당의 양은 운동 시작 시점일 때가 t_1일 때보다 많다.

① ㄱ   ② ㄷ   ③ ㄱ, ㄴ   ④ ㄱ, ㄷ   ⑤ ㄴ, ㄷ

26

그림은 정상인이 Ⅰ과 Ⅱ일 때 혈중 글루카곤 농도의 변화를 나타낸 것이다. Ⅰ과 Ⅱ는 '혈중 포도당 농도가 높은 상태'와 '혈중 포도당 농도가 낮은 상태'를 순서 없이 나타낸 것이다.

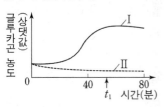

이에 대한 설명으로 옳은 것만을 〈보기〉에서 있는 대로 고른 것은? (단, 제시된 조건 이외는 고려하지 않는다.)

〈 보기 〉
ㄱ. Ⅰ은 '혈중 포도당 농도가 높은 상태'이다.
ㄴ. 이자의 α세포에서 글루카곤이 분비된다.
ㄷ. t_1일 때 $\dfrac{\text{혈중 인슐린 농도}}{\text{혈중 글루카곤 농도}}$ 는 Ⅰ에서가 Ⅱ에서보다 크다.

① ㄱ   ② ㄴ   ③ ㄷ   ④ ㄱ, ㄴ   ⑤ ㄴ, ㄷ

27

그림은 정상인이 포도당 용액을 섭취한 후 시간에 따른 혈중 포도당의 농도와 호르몬 ㉠의 농도를 나타낸 것이다. ㉠은 글루카곤과 인슐린 중 하나이다.

이에 대한 옳은 설명만을 〈보기〉에서 있는 대로 고른 것은? [3점]

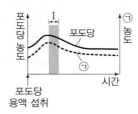

〈 보기 〉
ㄱ. ㉠은 글루카곤이다.
ㄴ. 이자의 β세포에서 ㉠이 분비된다.
ㄷ. 구간 Ⅰ에서 글리코젠의 합성이 일어난다.

① ㄱ   ② ㄴ   ③ ㄱ, ㄷ   ④ ㄴ, ㄷ   ⑤ ㄱ, ㄴ, ㄷ

28

그림은 정상인이 운동을 하는 동안 혈중 포도당 농도와 혈중 ㉠ 농도의 변화를 나타낸 것이다. ㉠은 글루카곤과 인슐린 중 하나이다.

이에 대한 설명으로 옳은 것만을 〈보기〉에서 있는 대로 고른 것은? (단, 제시된 조건 이외는 고려하지 않는다.)

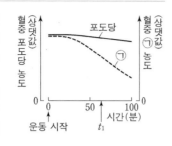

―〈 보기 〉―
ㄱ. 이자의 α세포에서 글루카곤이 분비된다.
ㄴ. ㉠은 세포로의 포도당 흡수를 촉진한다.
ㄷ. 간에서 단위 시간당 생성되는 포도당의 양은 운동 시작 시점일 때가 t_1일 때보다 많다.

① ㄱ   ② ㄷ   ③ ㄱ, ㄴ   ④ ㄴ, ㄷ   ⑤ ㄱ, ㄴ, ㄷ

29

그림 (가)는 정상인이 탄수화물을 섭취한 후 시간에 따른 혈중 호르몬 X의 농도를, (나)는 이 사람에서 혈중 X의 농도에 따른 단위 시간당 혈액에서 조직 세포로의 포도당 유입량을 나타낸 것이다. X는 인슐린과 글루카곤 중 하나이다.

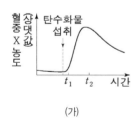 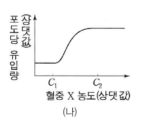

이에 대한 옳은 설명만을 〈보기〉에서 있는 대로 고른 것은? (단, 제시된 조건 이외는 고려하지 않는다.) [3점]

―〈 보기 〉―
ㄱ. X는 이자의 β 세포에서 분비된다.
ㄴ. 단위 시간당 혈액에서 조직 세포로의 포도당 유입량은 t_2일 때가 t_1일 때보다 많다.
ㄷ. 간에서 글리코젠의 분해는 C_2에서가 C_1에서보다 활발하다.

① ㄱ   ② ㄷ   ③ ㄱ, ㄴ   ④ ㄴ, ㄷ   ⑤ ㄱ, ㄴ, ㄷ

30 대표 문제

그림 (가)와 (나)는 탄수화물을 섭취한 후 시간에 따른 A와 B의 혈중 포도당 농도와 혈중 X 농도를 각각 나타낸 것이다. A와 B는 정상인과 당뇨병 환자를 순서 없이 나타낸 것이고, X는 인슐린과 글루카곤 중 하나이다.

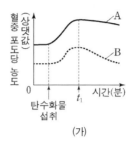 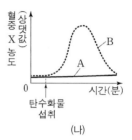

이에 대한 설명으로 옳은 것만을 〈보기〉에서 있는 대로 고른 것은? (단, 제시된 조건 이외는 고려하지 않는다.)

―〈 보기 〉―
ㄱ. B는 당뇨병 환자이다.
ㄴ. X는 이자의 β세포에서 분비된다.
ㄷ. 정상인에서 혈중 글루카곤의 농도는 탄수화물 섭취 시점에서가 t_1에서보다 낮다.

① ㄱ   ② ㄴ   ③ ㄷ   ④ ㄱ, ㄷ   ⑤ ㄴ, ㄷ

31

그림은 정상인과 당뇨병 환자 A가 탄수화물을 섭취한 후 시간에 따른 혈중 인슐린 농도를, 표는 당뇨병 (가)와 (나)의 원인을 나타낸 것이다. A의 당뇨병은 (가)와 (나) 중 하나에 해당한다.

당뇨병	원인
(가)	이자의 β세포가 파괴되어 인슐린이 정상적으로 생성되지 못함
(나)	인슐린은 정상적으로 분비되나 표적 세포가 인슐린에 반응하지 못함

이에 대한 설명으로 옳은 것만을 〈보기〉에서 있는 대로 고른 것은? (단, 제시된 조건 이외는 고려하지 않는다.) [3점]

―〈 보기 〉―
ㄱ. A의 당뇨병은 (가)에 해당한다.
ㄴ. 인슐린은 세포로의 포도당 흡수를 촉진한다.
ㄷ. t_1일 때 혈중 포도당 농도는 A가 정상인보다 낮다.

① ㄱ   ② ㄷ   ③ ㄱ, ㄴ   ④ ㄴ, ㄷ   ⑤ ㄱ, ㄴ, ㄷ

10
일차

32

그림은 당뇨병 환자 A와 B가 탄수화물을 섭취한 후 인슐린을 주사하였을 때 시간에 따른 혈중 포도당 농도를, 표는 당뇨병 (가)와 (나)의 원인을 나타낸 것이다. A와 B의 당뇨병은 각각 (가)와 (나) 중 하나에 해당한다. ㉠은 α세포와 β세포 중 하나이다.

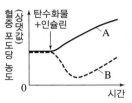

당뇨병	원인
(가)	이자의 ㉠이 파괴되어 인슐린이 생성되지 못함
(나)	인슐린의 표적 세포가 인슐린에 반응하지 못함

이에 대한 설명으로 옳은 것만을 〈보기〉에서 있는 대로 고른 것은? (단, 제시된 조건 이외는 고려하지 않는다.) [3점]

〈보기〉
ㄱ. ㉠은 β세포이다.
ㄴ. B의 당뇨병은 (나)에 해당한다.
ㄷ. 정상인에서 혈중 포도당 농도가 증가하면 인슐린의 분비가 억제된다.

① ㄱ   ② ㄴ   ③ ㄷ   ④ ㄱ, ㄴ   ⑤ ㄴ, ㄷ

33

그림 (가)와 (나)는 정상인 Ⅰ과 Ⅱ에서 ㉠과 ㉡의 변화를 각각 나타낸 것이다. t_1일 때 Ⅰ과 Ⅱ 중 한 사람에게만 인슐린을 투여하였다. ㉠과 ㉡은 각각 혈중 글루카곤 농도와 혈중 포도당 농도 중 하나이다.

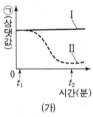 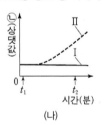

이에 대한 설명으로 옳은 것만을 〈보기〉에서 있는 대로 고른 것은? (단, 제시된 조건 이외는 고려하지 않는다.) [3점]

〈보기〉
ㄱ. 인슐린은 세포로의 포도당 흡수를 촉진한다.
ㄴ. ㉡은 혈중 포도당 농도이다.
ㄷ. $\dfrac{\text{Ⅰ의 혈중 글루카곤 농도}}{\text{Ⅱ의 혈중 글루카곤 농도}}$는 t_2일 때가 t_1일 때보다 크다.

① ㄱ   ② ㄴ   ③ ㄷ   ④ ㄱ, ㄴ   ⑤ ㄱ, ㄷ

34

그림은 정상인이 탄수화물을 섭취한 후 시간에 따른 혈중 호르몬 ㉠과 ㉡의 농도를 나타낸 것이다. ㉠과 ㉡은 글루카곤과 인슐린을 순서 없이 나타낸 것이다.

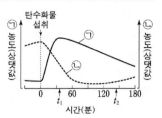

이에 대한 설명으로 옳은 것만을 〈보기〉에서 있는 대로 고른 것은?

〈보기〉
ㄱ. ㉠은 세포로의 포도당 흡수를 촉진한다.
ㄴ. 혈중 포도당 농도는 t_2일 때가 t_1일 때보다 높다.
ㄷ. ㉠과 ㉡의 분비를 조절하는 중추는 중간뇌이다.

① ㄱ   ② ㄴ   ③ ㄱ, ㄷ   ④ ㄴ, ㄷ   ⑤ ㄱ, ㄴ, ㄷ

35

그림은 어떤 동물에게 호르몬 X를 투여한 후 시간에 따른 ⓐ와 ⓑ를 나타낸 것이다. X는 글루카곤과 인슐린 중 하나이고, ⓐ와 ⓑ는 '간에서 단위 시간당 글리코젠으로부터 생성되는 포도당의 양'과 '혈중 포도당 농도'를 순서 없이 나타낸 것이다.

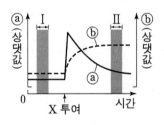

이에 대한 설명으로 옳은 것만을 〈보기〉에서 있는 대로 고른 것은? (단, 제시된 조건 이외는 고려하지 않는다.)

〈보기〉
ㄱ. ⓑ는 '혈중 포도당 농도'이다.
ㄴ. 혈중 인슐린 농도는 구간 Ⅰ에서가 구간 Ⅱ에서보다 높다.
ㄷ. 혈중 포도당 농도가 증가하면 X의 분비가 촉진된다.

① ㄱ   ② ㄴ   ③ ㄷ   ④ ㄱ, ㄴ   ⑤ ㄴ, ㄷ

36

그림은 어떤 동물에게 호르몬 X를 투여한 후 시간에 따른 ⓐ와 ⓑ를 나타낸 것이다. X는 글루카곤과 인슐린 중 하나이고, ⓐ와 ⓑ는 '간에서 단위 시간당 글리코젠으로부터 생성되는 포도당의 양'과 '혈중 포도당 농도'를 순서 없이 나타낸 것이다.

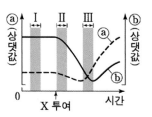

이 자료에 대한 설명으로 옳은 것만을 〈보기〉에서 있는 대로 고른 것은? (단, 제시된 조건 이외는 고려하지 않는다.) [3점]

〈 보기 〉
ㄱ. 혈중 포도당 농도는 구간 Ⅰ에서가 구간 Ⅲ에서보다 낮다.
ㄴ. 혈중 인슐린 농도는 구간 Ⅰ에서가 구간 Ⅱ에서보다 낮다.
ㄷ. 혈중 글루카곤 농도는 구간 Ⅱ에서가 구간 Ⅲ에서보다 높다.

① ㄱ   ② ㄴ   ③ ㄷ   ④ ㄱ, ㄴ   ⑤ ㄴ, ㄷ

한눈에 정리하는
평가원 기출 경향

주제 \ 학년도	2025	2024	2023

빈출
체온 조절

2023

04
2023학년도 9월 평가원 7번

다음은 사람의 항상성에 대한 자료이다.

(가) 티록신은 음성 피드백으로 ㉠에서의 TSH 분비를 조절한다.
(나) ㉡체온 조절 중추에 ⓐ를 주면 피부 근처 혈관이 수축된다. ⓐ는 고온 자극과 저온 자극 중 하나이다.

이에 대한 설명으로 옳은 것만을 <보기>에서 있는 대로 고른 것은?

< 보기 >
ㄱ. 티록신은 혈액을 통해 표적 세포로 이동한다.
ㄴ. ㉠과 ㉡은 모두 뇌줄기에 속한다.
ㄷ. ⓐ는 고온 자극이다.

① ㄱ   ② ㄴ   ③ ㄱ, ㄴ   ④ ㄱ, ㄷ   ⑤ ㄴ, ㄷ

빈출
혈중 ADH
농도와
삼투압 변화

2025

30
2025학년도 수능 5번

그림은 동물 종 X에서 ㉠ 섭취량에 따른 혈장 삼투압을 나타낸 것이다. ㉠은 물과 소금 중 하나이고, I과 II는 '항이뇨 호르몬(ADH)이 정상적으로 분비되는 개체'와 '항이뇨 호르몬(ADH)이 정상보다 적게 분비되는 개체'를 순서 없이 나타낸 것이다.
이에 대한 설명으로 옳은 것만을 <보기>에서 있는 대로 고른 것은? (단, 제시된 조건 이외는 고려하지 않는다.) [3점]

< 보기 >
ㄱ. 콩팥은 ADH의 표적 기관이다.
ㄴ. I은 'ADH가 정상적으로 분비되는 개체'이다.
ㄷ. I에서 단위 시간당 오줌 생성량은 C_1일 때가 C_2일 때보다 적다.

① ㄱ   ② ㄴ   ③ ㄱ, ㄷ   ④ ㄴ, ㄷ   ⑤ ㄱ, ㄴ, ㄷ

2024

29
2024학년도 9월 평가원 9번

그림 (가)는 정상인에서 갈증을 느끼는 정도를 ⓐ의 변화량에 따라 나타낸 것이다. 그림 (나)는 정상인 A에게는 소금과 수분을, 정상인 B에게는 소금만 공급하면서 측정한 ⓐ를 시간에 따라 나타낸 것이다. ⓐ는 전체 혈액량과 혈장 삼투압 중 하나이다.

이에 대한 설명으로 옳은 것만을 <보기>에서 있는 대로 고른 것은? (단, 제시된 조건 이외는 고려하지 않는다.)

< 보기 >
ㄱ. 생성되는 오줌의 삼투압은 안정 상태일 때가 p_1일 때보다 높다.
ㄴ. t_1일 때 갈증을 느끼는 정도는 B에서가 A에서보다 크다.
ㄷ. B의 혈중 항이뇨 호르몬(ADH) 농도는 t_1일 때가 t_2일 때보다 높다.

① ㄱ   ② ㄴ   ③ ㄷ   ④ ㄱ, ㄴ   ⑤ ㄴ, ㄷ

17
2024학년도 6월 평가원 11번

그림 (가)는 정상인의 혈중 항이뇨 호르몬(ADH) 농도에 따른 ㉠을, (나)는 정상인 한 사람에게만 수분 공급을 중단하고 측정한 시간에 따른 ㉠을 나타낸 것이다. ㉠은 오줌 삼투압과 단위 시간당 오줌 생성량 중 하나이다.
이에 대한 설명으로 옳은 것만을 <보기>에서 있는 대로 고른 것은? (단, 제시된 조건 이외는 고려하지 않는다.) [3점]

< 보기 >
ㄱ. 단위 시간당 오줌 생성량은 C_1일 때가 C_2일 때보다 많다.
ㄴ. t_1일 때 $\frac{\text{B의 혈중 ADH 농도}}{\text{A의 혈중 ADH 농도}}$는 1보다 크다.
ㄷ. 콩팥은 ADH의 표적 기관이다.

① ㄱ   ② ㄴ   ③ ㄱ, ㄴ   ④ ㄴ, ㄷ   ⑤ ㄱ, ㄴ, ㄷ

16
2024학년도 9월 평가원 6번

그림은 어떤 동물 종의 개체 A와 B를 고온 환경에 노출시켜 같은 양의 땀을 흘리게 하면서 측정한 혈장 삼투압을 시간에 따라 나타낸 것이다. A와 B는 '항이뇨 호르몬(ADH)이 정상적으로 분비되는 개체'와 '항이뇨 호르몬(ADH)이 정상보다 적게 분비되는 개체'를 순서 없이 나타낸 것이다.
이에 대한 설명으로 옳은 것만을 <보기>에서 있는 대로 고른 것은? (단, 제시된 조건 이외는 고려하지 않는다.) [3점]

< 보기 >
ㄱ. ADH는 콩팥에서 물의 재흡수를 촉진한다.
ㄴ. A는 'ADH가 정상적으로 분비되는 개체'이다.
ㄷ. B에서 생성되는 오줌의 삼투압은 t_1일 때가 t_2일 때보다 높다.

① ㄱ   ② ㄴ   ③ ㄷ   ④ ㄱ, ㄴ   ⑤ ㄱ, ㄷ

2023

23
2023학년도 수능 8번

그림은 사람 I과 II에서 전체 혈액량의 변화량에 따른 혈중 항이뇨 호르몬(ADH) 농도를 나타낸 것이다. I과 II는 'ADH가 정상적으로 분비되는 사람'과 'ADH가 과다하게 분비되는 사람'을 순서 없이 나타낸 것이다.
이에 대한 설명으로 옳은 것만을 <보기>에서 있는 대로 고른 것은? (단, 제시된 조건 이외는 고려하지 않는다.)

< 보기 >
ㄱ. ADH는 혈액을 통해 표적 세포로 이동한다.
ㄴ. II는 'ADH가 정상적으로 분비되는 사람'이다.
ㄷ. I에서 단위 시간당 오줌 생성량은 V_1일 때가 V_2일 때보다 많다.

① ㄱ   ② ㄴ   ③ ㄱ, ㄴ   ④ ㄴ, ㄷ   ⑤ ㄱ, ㄴ, ㄷ

22
2023학년도 9월 평가원 5번

그림은 어떤 동물에서 ㉠ 제거된 개체 I과 정상 개체 II에 각각 자극 ⓐ를 주고 측정한 단위 시간당 오줌 생성량을 시간에 따라 나타낸 것이다. ㉠은 뇌하수체 전엽과 뇌하수체 후엽 중 하나이고, ㉠에서 호르몬 X의 분비를 촉진한다.
이에 대한 설명으로 옳은 것만을 <보기>에서 있는 대로 고른 것은? (단, 제시된 조건 이외는 고려하지 않는다.) [3점]

< 보기 >
ㄱ. ㉠은 뇌하수체 후엽이다.
ㄴ. t_1일 때 동물에서의 단위 시간당 수분 재흡수량은 I에서가 II에서보다 많다.
ㄷ. t_2일 때 I에게 항이뇨 호르몬(ADH)을 주사하면 생성되는 오줌의 삼투압이 감소한다.

① ㄱ   ② ㄴ   ③ ㄷ   ④ ㄱ, ㄴ   ⑤ ㄱ, ㄷ

2022 ~ 2020

---

10 2022학년도 수능 15번

그림 (가)와 (나)는 정상인이 서로 다른 온도의 물에 들어갈 때 체온의 변화와 A, B의 변화를 각각 나타낸 것이다. A와 B는 땀 분비량과 열 발생량(열 생산량)을 순서 없이 나타낸 것이고, ㉠과 ㉡은 '체온보다 낮은 온도의 물에 들어갈 때'와 '체온보다 높은 온도의 물에 들어갈 때'를 순서 없이 나타낸 것이다.

이에 대한 설명으로 옳은 것만을 〈보기〉에서 있는 대로 고른 것은? [3점]

〈보기〉
ㄱ. ㉠은 '체온보다 낮은 온도의 물에 들어갈 때'이다.
ㄴ. 열 발생량은 구간 Ⅰ에서가 구간 Ⅲ에서보다 많다.
ㄷ. 시상 하부가 체온보다 높은 온도를 감지하면 땀 분비량은 증가한다.

① ㄱ   ② ㄷ   ③ ㄱ, ㄴ   ④ ㄴ, ㄷ   ⑤ ㄱ, ㄴ, ㄷ

---

09 2022학년도 9월 모평 13번

그림은 사람의 시상 하부에 설정된 온도가 변화함에 따른 체온 변화를 나타낸 것이다. 시상 하부에 설정된 온도는 열 발생량(열 생산량)과 열 발산량(열 방출량)을 변화시켜 체온을 조절하는 데 기준이 되는 온도이다.

이에 대한 설명으로 옳은 것만을 〈보기〉에서 있는 대로 고른 것은?

〈보기〉
ㄱ. 시상 하부에 설정된 온도가 체온보다 낮아지면 체온이 내려간다.
ㄴ. 열 발생량/열 발산량 은 구간 Ⅱ에서가 구간 Ⅰ에서보다 크다.
ㄷ. 체온 조절 중추는 시상 하부이다.

① ㄱ   ② ㄴ   ③ ㄷ   ④ ㄱ, ㄴ   ⑤ ㄴ, ㄷ

---

06 2021년도 6월 모평 9번

그림은 정상인에게 저온 자극과 고온 자극을 주었을 때 ㉠의 변화를 나타낸 것이다. ㉠은 근육에서의 열 발생량(열 생산량)과 피부 근처 모세 혈관을 흐르는 단위 시간당 혈액량 중 하나이다.

이에 대한 설명으로 옳은 것만을 〈보기〉에서 있는 대로 고른 것은? [3점]

〈보기〉
ㄱ. ㉠은 근육에서의 열 발생량이다.
ㄴ. 피부 근처 모세 혈관을 흐르는 단위 시간당 혈액량은 t_1일 때가 t_2일 때보다 많다.
ㄷ. 체온 조절 중추는 시상 하부이다.

① ㄱ   ② ㄴ   ③ ㄷ   ④ ㄱ, ㄴ   ⑤ ㄴ, ㄷ

---

05 1타답 분제 2020학년도 9월 모평 9번

그림 (가)는 사람에서 시상 하부 온도에 따른 ㉠을, (나)는 저온 자극이 주어졌을 때, 시상 하부로부터 교감 신경 A를 통해 피부 근처 혈관의 수축이 일어나는 과정을 나타낸 것이다. ㉠은 근육에서의 열 발생량(열 생산량)과 피부에서의 열 발산량(열 방출량) 중 하나이다.

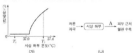

이에 대한 설명으로 옳은 것만을 〈보기〉에서 있는 대로 고른 것은?

〈보기〉
ㄱ. ㉠은 피부에서의 열 발산량이다.
ㄴ. A의 신경절 이후 뉴런의 축삭 돌기 말단에서 분비되는 신경 전달 물질은 아세틸콜린이다.
ㄷ. 피부 근처 모세 혈관으로 흐르는 단위 시간당 혈액량은 T_1일 때가 T_2일 때보다 많다.

① ㄱ   ② ㄴ   ③ ㄷ   ④ ㄱ, ㄴ   ⑤ ㄱ, ㄷ

---

08 2022학년도 6월 모평 12번

그림은 어떤 동물의 체온 조절 중추에 ㉠ 자극과 ㉡ 자극을 주었을 때 시간에 따른 체온을 나타낸 것이다. ㉠과 ㉡은 고온과 저온을 순서 없이 나타낸 것이다.

이에 대한 설명으로 옳은 것만을 〈보기〉에서 있는 대로 고른 것은? [3점]

〈보기〉
ㄱ. ㉠은 고온이다.
ㄴ. 사람의 체온 조절 중추에 ㉡ 자극을 주면 피부 근처 혈관이 수축된다.
ㄷ. 사람의 체온 조절 중추는 시상 하부이다.

① ㄱ   ② ㄴ   ③ ㄷ   ④ ㄱ, ㄴ   ⑤ ㄱ, ㄷ

---

07 2021학년도 9월 모평 7번

그림 (가)는 자율 신경 X에 의한 체온 조절 과정을, (나)는 항이뇨 호르몬(ADH)에 의한 체내 삼투압 조절 과정을 나타낸 것이다. ㉠과 ㉡은 '피부 근처 혈관 수축'과 '피부 근처 혈관 확장' 중 하나이다.

이에 대한 설명으로 옳은 것만을 〈보기〉에서 있는 대로 고른 것은?

〈보기〉
ㄱ. ㉠은 '피부 근처 혈관 수축'이다.
ㄴ. 혈중 ADH의 농도가 증가하면, 생성되는 오줌의 삼투압이 감소한다.
ㄷ. (가)와 (나)에서 조절 중추는 모두 연수이다.

① ㄱ   ② ㄴ   ③ ㄷ   ④ ㄱ, ㄴ   ⑤ ㄱ, ㄷ

---

18 2022학년도 6월 모평 9번

그림은 정상인의 혈중 항이뇨 호르몬(ADH) 농도에 따른 ㉠을 나타낸 것이다. ㉠은 오줌 삼투압과 단위 시간당 오줌 생성량 중 하나이다.

이에 대한 설명으로 옳은 것만을 〈보기〉에서 있는 대로 고른 것은? (단, 제시된 자료 이외에 체내 수분량에 영향을 미치는 요인은 없다.)

〈보기〉
ㄱ. ADH는 뇌하수체 후엽에서 분비된다.
ㄴ. ㉠은 단위 시간당 오줌 생성량이다.
ㄷ. 콩팥에서의 단위 시간당 수분 재흡수량은 C_1일 때가 C_2일 때보다 많다.

① ㄱ   ② ㄴ   ③ ㄷ   ④ ㄱ, ㄴ   ⑤ ㄱ, ㄷ

---

15 2021학년도 수능 8번

그림 (가)와 (나)는 정상인에서 ㉠의 변화량에 따른 혈중 항이뇨 호르몬(ADH) 농도와 갈증을 느끼는 정도를 각각 나타낸 것이다. ㉠은 혈장 삼투압과 전체 혈액량 중 하나이다.

이에 대한 설명으로 옳은 것만을 〈보기〉에서 있는 대로 고른 것은? (단, 제시된 자료 이외에 체내 수분량에 영향을 미치는 요인은 없다.) [3점]

〈보기〉
ㄱ. ㉠은 혈장 삼투압이다.
ㄴ. 생성되는 오줌의 삼투압은 안정 상태일 때가 p_1일 때보다 크다.
ㄷ. 갈증을 느끼는 정도는 안정 상태일 때가 p_1일 때보다 크다.

① ㄱ   ② ㄴ   ③ ㄷ   ④ ㄱ, ㄴ   ⑤ ㄱ, ㄷ

---

20 2021학년도 6월 모평 12번

그림 (가)와 (나)는 정상인에서 각각 ㉠과 ㉡의 변화량에 따른 혈중 항이뇨 호르몬(ADH)의 농도를 나타낸 것이다. ㉠과 ㉡은 각각 혈장 삼투압과 전체 혈액량 중 하나이다.

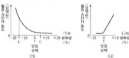

이에 대한 설명으로 옳은 것만을 〈보기〉에서 있는 대로 고른 것은? (단, 제시된 자료 이외에 체내 수분량에 영향을 미치는 요인은 없다.)

〈보기〉
ㄱ. ㉠은 혈장 삼투압이다.
ㄴ. 콩팥은 ADH의 표적 기관이다.
ㄷ. (가)에서 단위 시간당 오줌 생성량은 t_1에서가 t_2에서보다 많다.

① ㄱ   ② ㄷ   ③ ㄱ, ㄴ   ④ ㄴ, ㄷ   ⑤ ㄱ, ㄴ, ㄷ

01

다음은 사람의 항상성에 대한 자료이다.

○ 혈중 포도당 농도가 감소하면 ㉠의 분비가 촉진된다. ㉠은 글루카곤과 인슐린 중 하나이다.
○ 체온 조절 중추에 ⓐ를 주면 피부 근처 혈관을 흐르는 단위 시간당 혈액량이 증가한다. ⓐ는 고온 자극과 저온 자극 중 하나이다.

이에 대한 옳은 설명만을 〈보기〉에서 있는 대로 고른 것은?

〈 보기 〉
ㄱ. ㉠은 간에서 글리코젠 합성을 촉진한다.
ㄴ. 간뇌에 체온 조절 중추가 있다.
ㄷ. ⓐ는 고온 자극이다.

① ㄱ　　② ㄴ　　③ ㄱ, ㄷ　　④ ㄴ, ㄷ　　⑤ ㄱ, ㄴ, ㄷ

02

그림은 정상인에게 자극 ㉠이 주어졌을 때, 이에 대한 중추 신경계의 명령이 골격근과 피부 근처 혈관에 전달되는 경로를 나타낸 것이다. ㉠은 고온 자극과 저온 자극 중 하나이며, ㉠이 주어지면 피부 근처 혈관이 수축한다.

이에 대한 옳은 설명만을 〈보기〉에서 있는 대로 고른 것은?

〈 보기 〉
ㄱ. ㉠은 저온 자극이다.
ㄴ. 피부 근처 혈관이 수축하면 열 발산량이 증가한다.
ㄷ. ㉠이 주어지면 A에서 분비되는 신경 전달 물질의 양이 감소한다.

① ㄱ　　② ㄴ　　③ ㄱ, ㄴ　　④ ㄱ, ㄷ　　⑤ ㄴ, ㄷ

03

그림은 정상인에게 ㉠ 자극을 주었을 때 일어나는 체온 조절 과정의 일부를 나타낸 것이다. ㉠은 고온과 저온 중 하나이고, ⓐ는 억제와 촉진 중 하나이다.

㉠ 자극 → [시상 하부] → 티록신 분비 (ⓐ)
　　　　　　　　　　　　→ 피부 근처 혈관 수축

이에 대한 옳은 설명만을 〈보기〉에서 있는 대로 고른 것은?

〈 보기 〉
ㄱ. ㉠은 저온이다.
ㄴ. ⓐ는 억제이다.
ㄷ. 피부 근처 혈관 수축이 일어나면 열 발산량(열 방출량)이 감소한다.

① ㄱ　　② ㄴ　　③ ㄱ, ㄴ　　④ ㄱ, ㄷ　　⑤ ㄴ, ㄷ

04

다음은 사람의 항상성에 대한 자료이다.

(가) 티록신은 음성 피드백으로 ㉠에서의 TSH 분비를 조절한다.
(나) ㉡체온 조절 중추에 ⓐ를 주면 피부 근처 혈관이 수축된다. ⓐ는 고온 자극과 저온 자극 중 하나이다.

이에 대한 설명으로 옳은 것만을 〈보기〉에서 있는 대로 고른 것은?

〈 보기 〉
ㄱ. 티록신은 혈액을 통해 표적 세포로 이동한다.
ㄴ. ㉠과 ㉡은 모두 뇌줄기에 속한다.
ㄷ. ⓐ는 고온 자극이다.

① ㄱ　　② ㄴ　　③ ㄱ, ㄴ　　④ ㄱ, ㄷ　　⑤ ㄴ, ㄷ

05

그림 (가)는 사람에서 시상 하부 온도에 따른 ㉠을, (나)는 저온 자극이 주어졌을 때, 시상 하부로부터 교감 신경 A를 통해 피부 근처 혈관의 수축이 일어나는 과정을 나타낸 것이다. ㉠은 근육에서의 열 발생량(열 생산량)과 피부에서의 열 발산량(열 방출량) 중 하나이다.

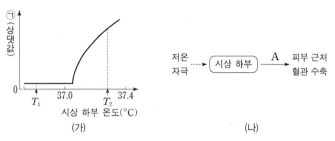

(가)   (나)

이에 대한 설명으로 옳은 것만을 〈보기〉에서 있는 대로 고른 것은?

〈 보기 〉
ㄱ. ㉠은 피부에서의 열 발산량이다.
ㄴ. A의 신경절 이후 뉴런의 축삭 돌기 말단에서 분비되는 신경 전달 물질은 아세틸콜린이다.
ㄷ. 피부 근처 모세 혈관으로 흐르는 단위 시간당 혈액량은 T_2일 때가 T_1일 때보다 많다.

① ㄱ ② ㄴ ③ ㄷ ④ ㄱ, ㄴ ⑤ ㄱ, ㄷ

06

그림은 정상인에게 저온 자극과 고온 자극을 주었을 때 ㉠의 변화를 나타낸 것이다. ㉠은 근육에서의 열 발생량(열 생산량)과 피부 근처 모세 혈관을 흐르는 단위 시간당 혈액량 중 하나이다.
이에 대한 설명으로 옳은 것만을 〈보기〉에서 있는 대로 고른 것은? [3점]

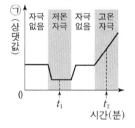

〈 보기 〉
ㄱ. ㉠은 근육에서의 열 발생량이다.
ㄴ. 피부 근처 모세 혈관을 흐르는 단위 시간당 혈액량은 t_2일 때가 t_1일 때보다 많다.
ㄷ. 체온 조절 중추는 시상 하부이다.

① ㄱ ② ㄴ ③ ㄷ ④ ㄱ, ㄷ ⑤ ㄴ, ㄷ

07

그림 (가)는 자율 신경 X에 의한 체온 조절 과정을, (나)는 항이뇨 호르몬(ADH)에 의한 체내 삼투압 조절 과정을 나타낸 것이다. ㉠은 '피부 근처 혈관 수축'과 '피부 근처 혈관 확장' 중 하나이다.

(가) 저온 자극 ----→ 조절 중추 ──X──→ ㉠

(나) 정상 범위보다 높은 혈장 삼투압 ----→ 조절 중추 ──→ 내분비샘 ──ADH──→ 콩팥에서의 수분 재흡수량 증가

이에 대한 설명으로 옳은 것만을 〈보기〉에서 있는 대로 고른 것은?

〈 보기 〉
ㄱ. ㉠은 '피부 근처 혈관 수축'이다.
ㄴ. 혈중 ADH의 농도가 증가하면, 생성되는 오줌의 삼투압이 감소한다.
ㄷ. (가)와 (나)에서 조절 중추는 모두 연수이다.

① ㄱ ② ㄴ ③ ㄷ ④ ㄱ, ㄴ ⑤ ㄱ, ㄷ

08

그림은 어떤 동물의 체온 조절 중추에 ㉠ 자극과 ㉡ 자극을 주었을 때 시간에 따른 체온을 나타낸 것이다. ㉠과 ㉡은 고온과 저온을 순서 없이 나타낸 것이다.
이에 대한 설명으로 옳은 것만을 〈보기〉에서 있는 대로 고른 것은? [3점]

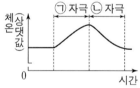

〈 보기 〉
ㄱ. ㉠은 고온이다.
ㄴ. 사람의 체온 조절 중추에 ㉡ 자극을 주면 피부 근처 혈관이 수축된다.
ㄷ. 사람의 체온 조절 중추는 시상 하부이다.

① ㄱ ② ㄴ ③ ㄷ ④ ㄱ, ㄴ ⑤ ㄱ, ㄷ

그림은 사람의 시상 하부에 설정된 온도가 변화함에 따른 체온 변화를 나타낸 것이다. 시상 하부에 설정된 온도는 열 발산량(열 방출량)과 열 발생량(열 생산량)을 변화시켜 체온을 조절하는 데 기준이 되는 온도이다.

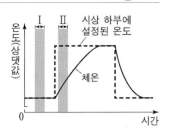

이에 대한 설명으로 옳은 것만을 〈보기〉에서 있는 대로 고른 것은?

〈보기〉
ㄱ. 시상 하부에 설정된 온도가 체온보다 낮아지면 체온이 내려 간다.
ㄴ. $\dfrac{\text{열 발생량}}{\text{열 발산량}}$ 은 구간 Ⅱ에서가 구간 Ⅰ에서보다 크다.
ㄷ. 피부 근처 혈관을 흐르는 단위 시간당 혈액량이 증가하면 열 발산량이 감소한다.

① ㄱ ② ㄴ ③ ㄷ ④ ㄱ, ㄴ ⑤ ㄴ, ㄷ

그림 (가)와 (나)는 정상인이 서로 다른 온도의 물에 들어갔을 때 체온의 변화와 A, B의 변화를 각각 나타낸 것이다. A와 B는 땀 분비량과 열 발생량(열 생산량)을 순서 없이 나타낸 것이고, ㉠과 ㉡은 '체온보다 낮은 온도의 물에 들어갔을 때'와 '체온보다 높은 온도의 물에 들어갔을 때'를 순서 없이 나타낸 것이다.

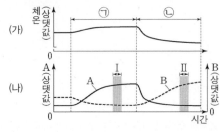

이에 대한 설명으로 옳은 것만을 〈보기〉에서 있는 대로 고른 것은? [3점]

〈보기〉
ㄱ. ㉠은 '체온보다 낮은 온도의 물에 들어갔을 때'이다.
ㄴ. 열 발생량은 구간 Ⅰ에서가 구간 Ⅱ에서보다 많다.
ㄷ. 시상 하부가 체온보다 높은 온도를 감지하면 땀 분비량은 증가한다.

① ㄱ ② ㄷ ③ ㄱ, ㄴ ④ ㄴ, ㄷ ⑤ ㄱ, ㄴ, ㄷ

그림은 정상인이 온도 T_1과 T_2에 각각 노출되었을 때, 피부 혈관의 일부를 나타낸 것이다. T_1과 T_2는 각각 20 ℃와 40 ℃ 중 하나이고, T_1과 T_2 중 하나의 온도에 노출되었을 때만 골격근의 떨림이 발생하였다.

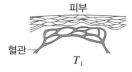
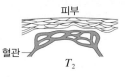

이에 대한 설명으로 옳은 것만을 〈보기〉에서 있는 대로 고른 것은? [3점]

〈보기〉
ㄱ. T_1은 40 ℃이다.
ㄴ. 골격근의 떨림이 발생한 온도는 T_2이다.
ㄷ. 피부 혈관이 수축하는 데 교감 신경이 관여한다.

① ㄴ ② ㄷ ③ ㄱ, ㄴ ④ ㄱ, ㄷ ⑤ ㄴ, ㄷ

12

그림 (가)는 정상인에서 시상 하부 온도에 따른 ㉠을, (나)는 이 사람의 체온 변화에 따른 털세움근과 피부 근처 혈관을 나타낸 것이다. ㉠은 '근육에서의 열 발생량'과 '피부에서의 열 발산량' 중 하나이다.

(가)   (나)

이에 대한 설명으로 옳은 것만을 〈보기〉에서 있는 대로 고른 것은?

〈 보기 〉
ㄱ. ㉠은 '근육에서의 열 발생량'이다.
ㄴ. 과정 ⓐ에 교감 신경이 작용한다.
ㄷ. 시상 하부 온도가 T_1에서 T_2로 변하면 과정 ⓑ가 일어난다.

① ㄱ   ② ㄷ   ③ ㄱ, ㄴ   ④ ㄴ, ㄷ   ⑤ ㄱ, ㄴ, ㄷ

13

그림은 정상인이 운동할 때 체온의 변화와 ㉠, ㉡의 변화를 나타낸 것이다. ㉠과 ㉡은 각각 열 발산량(열 방출량)과 열 발생량(열 생산량) 중 하나이다.
이에 대한 옳은 설명만을 〈보기〉에서 있는 대로 고른 것은?

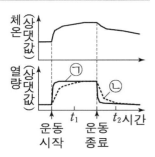

〈 보기 〉
ㄱ. ㉠은 열 발산량(열 방출량)이다.
ㄴ. 체온 조절 중추는 간뇌의 시상 하부이다.
ㄷ. 피부 근처 혈관을 흐르는 단위 시간당 혈액량은 t_1일 때가 t_2일 때보다 적다.

① ㄱ   ② ㄴ   ③ ㄷ   ④ ㄱ, ㄴ   ⑤ ㄴ, ㄷ

14

그림 (가)는 정상인의 혈장 삼투압에 따른 혈중 ADH 농도를, (나)는 이 사람의 혈중 포도당 농도에 따른 혈중 인슐린 농도를 나타낸 것이다.

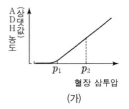 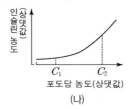

(가)   (나)

이에 대한 설명으로 옳은 것만을 〈보기〉에서 있는 대로 고른 것은? (단, 제시된 조건 이외는 고려하지 않는다.) [3점]

〈 보기 〉
ㄱ. 생성되는 오줌의 삼투압은 p_1일 때가 p_2일 때보다 작다.
ㄴ. 혈중 글루카곤의 농도는 C_2일 때가 C_1일 때보다 높다.
ㄷ. 혈장 삼투압과 혈당량 조절 중추는 모두 연수이다.

① ㄱ   ② ㄴ   ③ ㄱ, ㄷ   ④ ㄴ, ㄷ   ⑤ ㄱ, ㄴ, ㄷ

15

그림 (가)와 (나)는 정상인에서 ㉠의 변화량에 따른 혈중 항이뇨 호르몬(ADH) 농도와 갈증을 느끼는 정도를 각각 나타낸 것이다. ㉠은 혈장 삼투압과 전체 혈액량 중 하나이다.

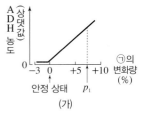 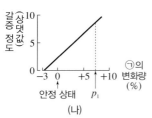

(가)   (나)

이에 대한 설명으로 옳은 것만을 〈보기〉에서 있는 대로 고른 것은? (단, 제시된 자료 이외에 체내 수분량에 영향을 미치는 요인은 없다.) [3점]

〈 보기 〉
ㄱ. ㉠은 혈장 삼투압이다.
ㄴ. 생성되는 오줌의 삼투압은 안정 상태일 때가 p_1일 때보다 크다.
ㄷ. 갈증을 느끼는 정도는 안정 상태일 때가 p_1일 때보다 크다.

① ㄱ   ② ㄴ   ③ ㄷ   ④ ㄱ, ㄴ   ⑤ ㄱ, ㄷ

16

그림은 어떤 동물 종의 개체 A와 B를 고온 환경에 노출시켜 같은 양의 땀을 흘리게 하면서 측정한 혈장 삼투압을 시간에 따라 나타낸 것이다. A와 B는 '항이뇨 호르몬(ADH)이 정상적으로 분비되는 개체'와 '항이뇨 호르몬(ADH)이 정상보다 적게 분비되는 개체'를 순서 없이 나타낸 것이다.

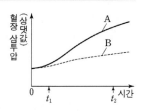

이에 대한 설명으로 옳은 것만을 〈보기〉에서 있는 대로 고른 것은? (단, 제시된 조건 이외는 고려하지 않는다.) [3점]

〈 보기 〉
ㄱ. ADH는 콩팥에서 물의 재흡수를 촉진한다.
ㄴ. A는 'ADH가 정상적으로 분비되는 개체'이다.
ㄷ. B에서 생성되는 오줌의 삼투압은 t_1일 때가 t_2일 때보다 높다.

① ㄱ ② ㄴ ③ ㄷ ④ ㄱ, ㄴ ⑤ ㄱ, ㄷ

17

그림 (가)는 정상인의 혈중 항이뇨 호르몬(ADH) 농도에 따른 ㉠을, (나)는 정상인 A와 B 중 한 사람에게만 수분 공급을 중단하고 측정한 시간에 따른 ㉠을 나타낸 것이다. ㉠은 오줌 삼투압과 단위 시간당 오줌 생성량 중 하나이다.

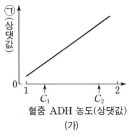 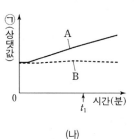

(가)   (나)

이에 대한 설명으로 옳은 것만을 〈보기〉에서 있는 대로 고른 것은? (단, 제시된 조건 이외는 고려하지 않는다.) [3점]

〈 보기 〉
ㄱ. 단위 시간당 오줌 생성량은 C_2일 때가 C_1일 때보다 많다.
ㄴ. t_1일 때 $\dfrac{\text{B의 혈장 ADH 농도}}{\text{A의 혈장 ADH 농도}}$ 는 1보다 크다.
ㄷ. 콩팥은 ADH의 표적 기관이다.

① ㄱ ② ㄷ ③ ㄱ, ㄴ ④ ㄴ, ㄷ ⑤ ㄱ, ㄴ, ㄷ

18

그림은 정상인의 혈중 항이뇨 호르몬(ADH) 농도에 따른 ㉠을 나타낸 것이다. ㉠은 오줌 삼투압과 단위 시간당 오줌 생성량 중 하나이다.
이에 대한 설명으로 옳은 것만을 〈보기〉에서 있는 대로 고른 것은? (단, 제시된 자료 이외에 체내 수분량에 영향을 미치는 요인은 없다.)

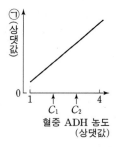

〈 보기 〉
ㄱ. ADH는 뇌하수체 후엽에서 분비된다.
ㄴ. ㉠은 단위 시간당 오줌 생성량이다.
ㄷ. 콩팥에서의 단위 시간당 수분 재흡수량은 C_1일 때가 C_2일 때보다 많다.

① ㄱ ② ㄴ ③ ㄷ ④ ㄱ, ㄴ ⑤ ㄱ, ㄷ

19

그림 (가)는 정상인에서 식사 후 시간에 따른 혈당량을, (나)는 이 사람의 혈장 삼투압에 따른 혈중 ADH 농도를 나타낸 것이다.

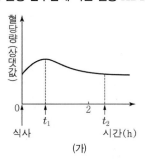 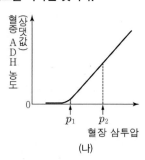

(가)   (나)

이에 대한 설명으로 옳은 것만을 〈보기〉에서 있는 대로 고른 것은? (단, 제시된 조건 이외는 고려하지 않는다.) [3점]

〈 보기 〉
ㄱ. 혈중 인슐린 농도는 t_1일 때가 t_2일 때보다 낮다.
ㄴ. 생성되는 오줌의 삼투압은 p_1일 때가 p_2일 때보다 낮다.
ㄷ. 혈당량과 혈장 삼투압의 조절 중추는 모두 연수이다.

① ㄱ ② ㄴ ③ ㄷ ④ ㄱ, ㄴ ⑤ ㄴ, ㄷ

20

그림 (가)와 (나)는 정상인에서 각각 ㉠과 ㉡의 변화량에 따른 혈중 항이뇨 호르몬(ADH)의 농도를 나타낸 것이다. ㉠과 ㉡은 각각 혈장 삼투압과 전체 혈액량 중 하나이다.

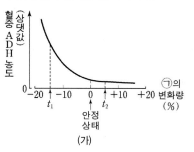
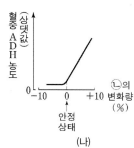

이에 대한 설명으로 옳은 것만을 〈보기〉에서 있는 대로 고른 것은? (단, 제시된 자료 이외에 체내 수분량에 영향을 미치는 요인은 없다.)

〈보기〉
ㄱ. ㉡은 혈장 삼투압이다.
ㄴ. 콩팥은 ADH의 표적 기관이다.
ㄷ. (가)에서 단위 시간당 오줌 생성량은 t_1에서가 t_2에서보다 많다.

① ㄱ   ② ㄷ   ③ ㄱ, ㄴ   ④ ㄴ, ㄷ   ⑤ ㄱ, ㄴ, ㄷ

21

그림은 정상인에게서 일어나는 혈장 삼투압 조절 과정의 일부를 나타낸 것이다. ㉠~㉢은 각각 증가와 감소 중 하나이다.

정상보다 높은 혈장 삼투압 ┄▶ 항이뇨 호르몬 분비 ㉠ → 수분 재흡수 ㉡ → 오줌 삼투압 ㉢

이에 대한 옳은 설명만을 〈보기〉에서 있는 대로 고른 것은?

〈보기〉
ㄱ. ㉠~㉢은 모두 증가이다.
ㄴ. 콩팥은 항이뇨 호르몬의 표적 기관이다.
ㄷ. 짠 음식을 많이 먹었을 때 이 과정이 일어난다.

① ㄱ   ② ㄴ   ③ ㄱ, ㄷ   ④ ㄴ, ㄷ   ⑤ ㄱ, ㄴ, ㄷ

22

그림은 어떤 동물 종에서 ㉠이 제거된 개체 Ⅰ과 정상 개체 Ⅱ에 각각 자극 ⓐ를 주고 측정한 단위 시간당 오줌 생성량을 시간에 따라 나타낸 것이다. ㉠은 뇌하수체 전엽과 뇌하수체 후엽 중 하나이고, ⓐ는 ㉠에서 호르몬 X의 분비를 촉진한다.

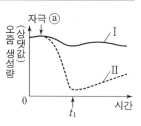

이에 대한 설명으로 옳은 것만을 〈보기〉에서 있는 대로 고른 것은? (단, 제시된 조건 이외는 고려하지 않는다.) [3점]

〈보기〉
ㄱ. ㉠은 뇌하수체 후엽이다.
ㄴ. t_1일 때 콩팥에서의 단위 시간당 수분 재흡수량은 Ⅰ에서가 Ⅱ에서보다 많다.
ㄷ. t_1일 때 Ⅰ에게 항이뇨 호르몬(ADH)을 주사하면 생성되는 오줌의 삼투압이 감소한다.

① ㄱ   ② ㄴ   ③ ㄷ   ④ ㄱ, ㄴ   ⑤ ㄱ, ㄷ

23

그림은 사람 Ⅰ과 Ⅱ에서 전체 혈액량의 변화량에 따른 혈중 항이뇨 호르몬(ADH) 농도를 나타낸 것이다. Ⅰ과 Ⅱ는 'ADH가 정상적으로 분비되는 사람'과 'ADH가 과다하게 분비되는 사람'을 순서 없이 나타낸 것이다.

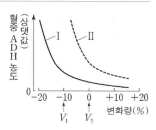

이에 대한 설명으로 옳은 것만을 〈보기〉에서 있는 대로 고른 것은? (단, 제시된 조건 이외는 고려하지 않는다.)

〈보기〉
ㄱ. ADH는 혈액을 통해 표적 세포로 이동한다.
ㄴ. Ⅱ는 'ADH가 정상적으로 분비되는 사람'이다.
ㄷ. Ⅰ에서 단위 시간당 오줌 생성량은 V_1일 때가 V_2일 때보다 많다.

① ㄱ   ② ㄴ   ③ ㄱ, ㄷ   ④ ㄴ, ㄷ   ⑤ ㄱ, ㄴ, ㄷ

24

그림은 정상인이 물 1 L를 섭취한 후 시간에 따른 ㉠과 ㉡을 나타낸 것이다. ㉠과 ㉡은 각각 혈장 삼투압과 단위 시간당 오줌 생성량 중 하나이다.

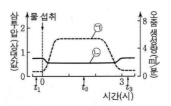

이에 대한 설명으로 옳은 것만을 〈보기〉에서 있는 대로 고른 것은? (단, 제시된 자료 이외의 체내 수분량에 영향을 미치는 요인은 없다.)

〈보기〉
ㄱ. ㉠은 단위 시간당 오줌 생성량이다.
ㄴ. 혈중 ADH 농도는 t_1일 때가 t_2일 때보다 높다.
ㄷ. 생성되는 오줌의 삼투압은 t_2일 때가 t_3일 때보다 높다.

① ㄱ　　② ㄷ　　③ ㄱ, ㄴ　　④ ㄴ, ㄷ　　⑤ ㄱ, ㄴ, ㄷ

26

그림은 정상인이 A를 섭취했을 때 시간에 따른 혈장 삼투압을 나타낸 것이다. A는 물과 소금물 중 하나이다.
이에 대한 옳은 설명만을 〈보기〉에서 있는 대로 고른 것은? [3점]

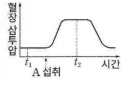

〈보기〉
ㄱ. A는 소금물이다.
ㄴ. 단위 시간당 오줌 생성량은 t_2일 때가 t_1일 때보다 많다.
ㄷ. 혈중 항이뇨 호르몬 농도는 t_1일 때가 t_2일 때보다 높다.

① ㄱ　　② ㄷ　　③ ㄱ, ㄴ　　④ ㄴ, ㄷ　　⑤ ㄱ, ㄴ, ㄷ

25

그림 (가)는 정상인에서 ㉠의 변화량에 따른 혈중 항이뇨 호르몬(ADH)의 농도를, (나)는 이 사람이 1 L의 물을 섭취한 후 시간에 따른 혈장과 오줌의 삼투압을 나타낸 것이다. ㉠은 혈장 삼투압과 전체 혈액량 중 하나이다.

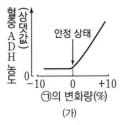 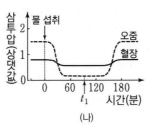

이에 대한 설명으로 옳은 것만을 〈보기〉에서 있는 대로 고른 것은? (단, 제시된 자료 이외에 체내 수분량에 영향을 미치는 요인은 없다.) [3점]

〈보기〉
ㄱ. ㉠은 전체 혈액량이다.
ㄴ. ADH는 뇌하수체 후엽에서 분비된다.
ㄷ. 콩팥에서의 단위 시간당 수분 재흡수량은 물 섭취 시점일 때가 t_1일 때보다 적다.

① ㄱ　　② ㄴ　　③ ㄱ, ㄷ　　④ ㄴ, ㄷ　　⑤ ㄱ, ㄴ, ㄷ

27

그림은 정상인 A~C의 오줌 생성량 변화를 나타낸 것이다. t_2일 때 B는 물 1 L를 마시고, A와 C 중 한 명은 물질 ㉠을 물에 녹인 용액 1 L를 마시고, 다른 한 명은 아무것도 마시지 않았다. ㉠은 항이뇨 호르몬(ADH)의 분비를 억제하는 물질과 촉진하는 물질 중 하나이다.

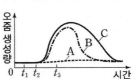

이에 대한 옳은 설명만을 〈보기〉에서 있는 대로 고른 것은? [3점]

〈보기〉
ㄱ. ㉠은 ADH의 분비를 촉진한다.
ㄴ. ㉠을 물에 녹인 용액을 마신 사람은 C이다.
ㄷ. B의 혈중 ADH 농도는 t_3일 때가 t_1일 때보다 높다.

① ㄱ　　② ㄴ　　③ ㄷ　　④ ㄱ, ㄴ　　⑤ ㄴ, ㄷ

28

그림은 정상인에게 ㉠을 투여하고 일정 시간이 지난 후 ㉡을 투여했을 때 측정한 혈장 삼투압을 시간에 따라 나타낸 것이다. ㉠과 ㉡은 물과 소금물을 순서 없이 나타낸 것이다.

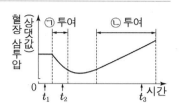

이에 대한 설명으로 옳은 것만을 〈보기〉에서 있는 대로 고른 것은? (단, 제시된 조건 이외는 고려하지 않는다.)

─〈 보기 〉─
ㄱ. ㉠은 소금물이다.
ㄴ. 혈중 ADH의 농도는 t_1일 때가 t_2일 때보다 낮다.
ㄷ. 단위 시간당 오줌 생성량은 t_2일 때가 t_3일 때보다 많다.

① ㄱ　　② ㄷ　　③ ㄱ, ㄴ　　④ ㄴ, ㄷ　　⑤ ㄱ, ㄴ, ㄷ

29

그림 (가)는 정상인에서 갈증을 느끼는 정도를 ⓐ의 변화량에 따라 나타낸 것이다. 그림 (나)는 정상인 A에게는 소금과 수분을, 정상인 B에게는 소금만 공급하면서 측정한 ⓐ를 시간에 따라 나타낸 것이다. ⓐ는 전체 혈액량과 혈장 삼투압 중 하나이다.

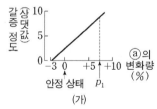 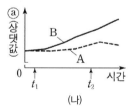

(가)　　　　　(나)

이에 대한 설명으로 옳은 것만을 〈보기〉에서 있는 대로 고른 것은? (단, 제시된 조건 이외는 고려하지 않는다.)

─〈 보기 〉─
ㄱ. 생성되는 오줌의 삼투압은 안정 상태일 때가 p_1일 때보다 높다.
ㄴ. t_2일 때 갈증을 느끼는 정도는 B에서가 A에서보다 크다.
ㄷ. B의 혈중 항이뇨 호르몬(ADH) 농도는 t_1일 때가 t_2일 때보다 높다.

① ㄱ　　② ㄴ　　③ ㄷ　　④ ㄱ, ㄴ　　⑤ ㄴ, ㄷ

30

그림은 동물 종 X에서 ㉠ 섭취량에 따른 혈장 삼투압을 나타낸 것이다. ㉠은 물과 소금 중 하나이고, I과 II는 '항이뇨 호르몬(ADH)이 정상적으로 분비되는 개체'와 '항이뇨 호르몬(ADH)이 정상보다 적게 분비되는 개체'를 순서 없이 나타낸 것이다.

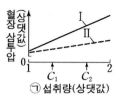

이에 대한 설명으로 옳은 것만을 〈보기〉에서 있는 대로 고른 것은? (단, 제시된 조건 이외는 고려하지 않는다.) [3점]

─〈 보기 〉─
ㄱ. 콩팥은 ADH의 표적 기관이다.
ㄴ. I은 'ADH가 정상적으로 분비되는 개체'이다.
ㄷ. II에서 단위 시간당 오줌 생성량은 C_1일 때가 C_2일 때보다 적다.

① ㄱ　　② ㄴ　　③ ㄱ, ㄷ　　④ ㄴ, ㄷ　　⑤ ㄱ, ㄴ, ㄷ

한눈에 정리하는
평가원 기출 경향

학년도 주제	**2025**	**2024**	**2023**

빈출 — 질병의 구분

2025

04   2025학년도 9월 평가원 4번

그림은 같은 수의 정상 적혈구 R와 낫 모양 적혈구 S를 각각 말라리아 병원체와 혼합하여 배양한 후, 말라리아 병원체에 감염된 R와 S의 빈도를 나타낸 것이다.
이에 대한 설명으로 옳은 것만을 <보기>에서 있는 대로 고른 것은? (단, 제시된 조건 이외는 고려하지 않는다.)

― <보기> ―
ㄱ. 말라리아 병원체는 원생생물이다.
ㄴ. 낫 모양 적혈구 빈혈증은 비감염성 질병에 해당한다.
ㄷ. 말라리아 병원체에 노출되었을 때, S를 갖는 사람은 R만 갖는 사람보다 말라리아가 발병할 확률이 높다.

① ㄱ ② ㄷ ③ ㄱ, ㄴ ④ ㄴ, ㄷ ⑤ ㄱ, ㄴ, ㄷ

2023

11   2023학년도 수능 2번

표는 사람의 5가지 질병을 병원체의 특징에 따라 구분하여 나타낸 것이다.

병원체의 특징	질병
세포 구조로 되어 있다.	결핵, 무좀, 말라리아
(가)	독감, 후천성 면역 결핍증(AIDS)

이에 대한 설명으로 옳은 것만을 <보기>에서 있는 대로 고른 것은?

― <보기> ―
ㄱ. '스스로 물질대사를 하지 못한다.'는 (가)에 해당한다.
ㄴ. 무좀과 말라리아의 병원체는 모두 공통이다.
ㄷ. 결핵과 독감은 모두 감염성 질병이다.

① ㄱ ② ㄴ ③ ㄱ, ㄷ ④ ㄴ, ㄷ ⑤ ㄱ, ㄴ, ㄷ

14   2023학년도 6월 평가원 3번

표는 사람 질병의 특징을 나타낸 것이다.

질병	특징
무좀	병원체는 독립적으로 물질대사를 한다.
독감	(가)
ⓐ 낫 모양 적혈구 빈혈증	비정상적인 헤모글로빈이 적혈구 모양을 변화시킨다.

이에 대한 설명으로 옳은 것만을 <보기>에서 있는 대로 고른 것은?

― <보기> ―
ㄱ. 무좀의 병원체는 세균이다.
ㄴ. '병원체는 살아 있는 숙주 세포 안에서만 증식할 수 있다.'는 (가)에 해당한다.
ㄷ. 유전자 돌연변이에 의한 질병 중에는 ⓐ가 있다.

① ㄱ ② ㄴ ③ ㄱ, ㄷ ④ ㄴ, ㄷ ⑤ ㄱ, ㄴ, ㄷ

2024

12   2024학년도 6월 평가원 4번

사람의 질병에 대한 설명으로 옳은 것만을 <보기>에서 있는 대로 고른 것은?

― <보기> ―
ㄱ. 독감의 병원체는 바이러스이다.
ㄴ. 결핵의 병원체는 독립적으로 물질대사를 한다.
ㄷ. 낫 모양 적혈구 빈혈증은 비감염성 질병에 해당한다.

① ㄱ ② ㄴ ③ ㄱ, ㄷ ④ ㄴ, ㄷ ⑤ ㄱ, ㄴ, ㄷ

2023

15   2023학년도 9월 평가원 2번

표는 사람의 질병 A와 B의 특징을 나타낸 것이다. A와 B는 후천성 면역 결핍증(AIDS)과 헌팅턴 무도병을 순서 없이 나타낸 것이다.

질병	특징
A	신경계가 점진적으로 파괴되면서 몸의 움직임이 통제되지 않으며, 자손에게 유전될 수 있다.
B	면역력이 약화되어 세균과 곰팡이에 쉽게 감염된다.

이에 대한 설명으로 옳은 것만을 <보기>에서 있는 대로 고른 것은?

― <보기> ―
ㄱ. A는 헌팅턴 무도병이다.
ㄴ. B의 병원체는 바이러스이다.
ㄷ. A와 B는 모두 감염성 질병이다.

① ㄱ ② ㄷ ③ ㄱ, ㄴ ④ ㄴ, ㄷ ⑤ ㄱ, ㄴ, ㄷ

빈출 — 질병과 병원체

2025

21   2025학년도 6월 평가원 10번

표는 사람의 질병 A~C의 병원체에서 특징의 유무를 나타낸 것이다. A~C는 결핵, 독감, 말라리아를 순서 없이 나타낸 것이다.

병원체 특징	A의 병원체	B의 병원체	C의 병원체
유전 물질을 갖는다.	ⓐ	?	○
스스로 물질대사를 한다.	○	?	×
원생생물에 속한다.	×	○	×

(○: 있음, ×: 없음)

이에 대한 설명으로 옳은 것만을 <보기>에서 있는 대로 고른 것은?

― <보기> ―
ㄱ. ⓐ은 '×'이다.
ㄴ. B는 비감염성 질병이다.
ㄷ. C의 병원체는 바이러스이다.

① ㄱ ② ㄷ ③ ㄱ, ㄴ ④ ㄴ, ㄷ ⑤ ㄱ, ㄴ, ㄷ

35   2025학년도 수능 7번

그림은 사람 면역 결핍 바이러스(HIV)에 감염된 사람에서 체내 HIV의 수(ⓐ)와 HIV 감염된 사람이 결핵의 병원체에 노출되었을 때 결핵 발병 확률(ⓑ)을 시간에 따라 각각 나타낸 것이다.
이에 대한 설명으로 옳은 것만을 <보기>에서 있는 대로 고른 것은?

― <보기> ―
ㄱ. 결핵의 치료에 항생제가 사용된다.
ㄴ. HIV는 살아 있는 숙주 세포 안에서만 증식할 수 있다.
ㄷ. ⓑ는 구간 I 에서가 구간 II 에서보다 높다.

① ㄱ ② ㄷ ③ ㄱ, ㄴ ④ ㄴ, ㄷ ⑤ ㄱ, ㄴ, ㄷ

2024

27   2024학년도 9월 평가원 7번

표는 사람의 질병 A~C의 병원체에서 특징의 유무를 나타낸 것이다. A~C는 결핵, 무좀, 후천성 면역 결핍증(AIDS)을 순서 없이 나타낸 것이다.

병원체 특징	A의 병원체	B의 병원체	C의 병원체
스스로 물질대사를 한다.	○	○	×
세균에 속한다.	×	○	×

(○: 있음, ×: 없음)

이에 대한 설명으로 옳은 것만을 <보기>에서 있는 대로 고른 것은?

― <보기> ―
ㄱ. A는 후천성 면역 결핍증이다.
ㄴ. B의 치료에 항생제가 사용된다.
ㄷ. C의 병원체는 유전 물질을 갖는다.

① ㄱ ② ㄷ ③ ㄱ, ㄴ ④ ㄴ, ㄷ ⑤ ㄱ, ㄴ, ㄷ

2022 ~ 2020

---

05 2022학년도 수능 5번

표는 사람 질병의 특징을 나타낸 것이다.

질병	특징
말라리아	모기를 매개로 전염된다.
결핵	(가)
헌팅턴 무도병	신경계의 손상(퇴화)이 일어난다.

이에 대한 설명으로 옳은 것을 〈보기〉에서 있는 대로 고른 것은?

〈보기〉
ㄱ. 말라리아의 병원체는 바이러스이다.
ㄴ. '치료에 항생제가 사용된다.'는 (가)에 해당한다.
ㄷ. 헌팅턴 무도병은 비감염성 질병이다.

① ㄱ ② ㄷ ③ ㄱ, ㄴ ④ ㄴ, ㄷ ⑤ ㄱ, ㄴ, ㄷ

---

16 2021학년도 수능 3번

표 (가)는 사람의 5가지 질병을 A~C로 구분하여 나타낸 것이고, (나)는 병원체의 3가지 특징을 나타낸 것이다.

구분	질병
A	말라리아
B	독감, 홍역
C	결핵, 탄저병

(가)

특징
○ 유전 물질을 갖는다.
○ 세포 구조로 되어 있다.
○ 독립적으로 물질대사를 한다.

(나)

이에 대한 설명으로 옳은 것만을 〈보기〉에서 있는 대로 고른 것은?

〈보기〉
ㄱ. 말라리아의 병원체는 곰팡이다.
ㄴ. 독감의 병원체는 세포 구조로 되어 있다.
ㄷ. C의 병원체는 (나)의 특징을 모두 갖는다.

① ㄱ ② ㄷ ③ ㄱ, ㄴ ④ ㄴ, ㄷ ⑤ ㄱ, ㄴ, ㄷ

---

01 대표문제 2021학년도 9월 모평 5번

표는 사람의 4가지 질병을 A와 B로 구분하여 나타낸 것이다.
이에 대한 설명으로 옳은 것만을 〈보기〉에서 있는 대로 고른 것은?

구분	질병
A	천연두, 홍역
B	결핵, 풍레라

〈보기〉
ㄱ. A의 병원체는 원생생물이다.
ㄴ. 결핵의 치료에는 항생제가 사용된다.
ㄷ. A와 B는 모두 감염성 질병이다.

① ㄱ ② ㄴ ③ ㄱ, ㄷ ④ ㄴ, ㄷ ⑤ ㄱ, ㄴ, ㄷ

---

23 2022학년도 9월 모평 1번

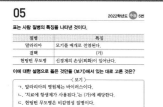

그림 (가)와 (나)는 결핵의 병원체와 후천성 면역 결핍증(AIDS)의 병원체를 순서 없이 나타낸 것이다. (나)는 세포 구조로 되어 있다.
이에 대한 설명으로 옳은 것을 〈보기〉에서 있는 대로 고른 것은?

〈보기〉
ㄱ. (가)는 결핵의 병원체이다.
ㄴ. (나)는 원생생물이다.
ㄷ. (가)와 (나)는 모두 단백질을 갖는다.

① ㄱ ② ㄷ ③ ㄱ, ㄴ ④ ㄴ, ㄷ ⑤ ㄱ, ㄴ, ㄷ

---

19 2021학년도 6월 모평 6번

다음은 사람의 질병에 대한 학생 A~C의 대화 내용이다.

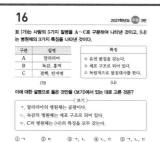

무좀의 병원체는 곰팡이야. (학생 A)
말라리아는 모기를 매개로 전염돼. (학생 B)
독감의 병원체는 세포 분열을 통해 스스로 증식해. (학생 C)

제시한 내용이 옳은 학생만을 있는 대로 고른 것은?

① A ② C ③ A, B ④ B, C ⑤ A, B, C

---

34 대표문제 2020학년도 수능 6번

다음은 어떤 환자의 병원체에 대한 실험이다.

[실험 과정 및 결과]
(가) 사람 면역 결핍 바이러스(HIV)로 인해 면역력이 저하되어 @ 결핵에 걸린 환자로부터 병원체 ⊙과 ⓒ을 순수 분리하였다. ⊙과 ⓒ은 결핵의 병원체와 후천성 면역 결핍증(AIDS)의 병원체를 순서 없이 나타낸 것이다.
(나) ⊙은 세포 분열을 통해 스스로 증식하였고, ⓒ은 숙주 세포와 함께 배양하였을 때만 증식하였다.

이에 대한 설명으로 옳은 것만을 〈보기〉에서 있는 대로 고른 것은?

〈보기〉
ㄱ. @는 감염성 질병이다.
ㄴ. ⓒ은 AIDS의 병원체이다.
ㄷ. ⊙과 ⓒ은 모두 단백질을 갖는다.

① ㄱ ② ㄴ ③ ㄱ, ㄷ ④ ㄴ, ㄷ ⑤ ㄱ, ㄴ, ㄷ

---

31 2022학년도 6월 모평 5번

표 (가)는 병원체의 3가지 특징을, (나)는 (가)의 특징을 사람의 질병 A~C의 병원체가 갖는 특징의 개수를 나타낸 것이다. A~C는 독감, 무좀, 말라리아를 순서 없이 나타낸 것이다.

특징
○ 독립적으로 물질대사를 한다.
○ 단백질을 갖는다. ⊙
○ 곰팡이에 속한다.

(가)

질병	병원체가 갖는 특징의 개수
A	3
B	?
C	2

(나)

이에 대한 설명으로 옳은 것만을 〈보기〉에서 있는 대로 고른 것은?

〈보기〉
ㄱ. A는 무좀이다.
ㄴ. B의 병원체는 특징 ⊙을 갖는다.
ㄷ. C는 모기를 매개로 전염된다.

① ㄱ ② ㄴ ③ ㄱ, ㄷ ④ ㄴ, ㄷ ⑤ ㄱ, ㄴ, ㄷ

---

30 2020학년도 9월 모평 6번

표 (가)는 질병 A~C에서 특징 ⊙~ⓒ의 유무를 나타낸 것이고, (나)는 ⊙~ⓒ을 순서 없이 나타낸 것이다. A~C는 각각 결핵, 독감, 후천성 면역 결핍증(AIDS) 중 하나이다.

특징 질병	⊙	ⓒ	ⓒ
A	○	×	×
B	○	×	○
C	○	○	×

(○: 있음, ×: 없음)

(가)

특징(⊙~ⓒ)
○ 바이러스성 질병이다.
○ 병원체는 유전 물질을 가진다.
○ 병원체는 사람 면역 결핍 바이러스(HIV)이다.

(나)

이에 대한 설명으로 옳은 것만을 〈보기〉에서 있는 대로 고른 것은?

〈보기〉
ㄱ. A는 독감이다.
ㄴ. B의 병원체는 세포 구조로 되어 있다.
ㄷ. C의 병원체는 스스로 물질대사를 하지 못한다.

① ㄱ ② ㄴ ③ ㄱ, ㄷ ④ ㄴ, ㄷ ⑤ ㄱ, ㄴ, ㄷ

---

01 대표문제

2021학년도 9월 모평 5번

표는 사람의 4가지 질병을 A와 B로 구분하여 나타낸 것이다.
이에 대한 설명으로 옳은 것만을 〈보기〉에서 있는 대로 고른 것은?

구분	질병
A	천연두, 홍역
B	결핵, 콜레라

〈 보기 〉
ㄱ. A의 병원체는 원생생물이다.
ㄴ. 결핵의 치료에는 항생제가 사용된다.
ㄷ. A와 B는 모두 감염성 질병이다.

① ㄱ ② ㄴ ③ ㄱ, ㄷ ④ ㄴ, ㄷ ⑤ ㄱ, ㄴ, ㄷ

02

2024학년도 3월 학평 8번

사람의 질병에 대한 옳은 설명만을 〈보기〉에서 있는 대로 고른 것은?

〈 보기 〉
ㄱ. 결핵은 감염성 질병이다.
ㄴ. 말라리아의 병원체는 원생생물이다.
ㄷ. 독감의 병원체는 세포 분열을 통해 증식한다.

① ㄱ ② ㄷ ③ ㄱ, ㄴ ④ ㄴ, ㄷ ⑤ ㄱ, ㄴ, ㄷ

03

2024학년도 5월 학평 8번

표는 사람 질병의 특징을 나타낸 것이다. (가)와 (나)는 말라리아와 독감을 순서 없이 나타낸 것이다.
이에 대한 설명으로 옳은 것만을 〈보기〉에서 있는 대로 고른 것은?

질병	특징
(가)	병원체는 바이러스이다.
(나)	모기를 매개로 전염된다.
결핵	㉠

〈 보기 〉
ㄱ. (가)는 독감이다.
ㄴ. (가)와 (나)의 병원체는 모두 유전 물질을 갖는다.
ㄷ. '치료에 항생제가 사용된다.'는 ㉠에 해당한다.

① ㄱ ② ㄴ ③ ㄱ, ㄷ ④ ㄴ, ㄷ ⑤ ㄱ, ㄴ, ㄷ

04

2025학년도 9월 모평 4번

그림은 같은 수의 정상 적혈구 R와 낫 모양 적혈구 S를 각각 말라리아 병원체와 혼합하여 배양한 후, 말라리아 병원체에 감염된 R와 S의 빈도를 나타낸 것이다.
이에 대한 설명으로 옳은 것만을 〈보기〉에서 있는 대로 고른 것은? (단, 제시된 조건 이외는 고려하지 않는다.)

〈 보기 〉
ㄱ. 말라리아 병원체는 원생생물이다.
ㄴ. 낫 모양 적혈구 빈혈증은 비감염성 질병에 해당한다.
ㄷ. 말라리아 병원체에 노출되었을 때, S를 갖는 사람은 R만 갖는 사람보다 말라리아가 발병할 확률이 높다.

① ㄱ ② ㄷ ③ ㄱ, ㄴ ④ ㄴ, ㄷ ⑤ ㄱ, ㄴ, ㄷ

05

표는 사람 질병의 특징을 나타낸 것이다.

질병	특징
말라리아	모기를 매개로 전염된다.
결핵	(가)
헌팅턴 무도병	신경계의 손상(퇴화)이 일어난다.

이에 대한 설명으로 옳은 것만을 〈보기〉에서 있는 대로 고른 것은?

〈 보기 〉
ㄱ. 말라리아의 병원체는 바이러스이다.
ㄴ. '치료에 항생제가 사용된다.'는 (가)에 해당한다.
ㄷ. 헌팅턴 무도병은 비감염성 질병이다.

① ㄱ   ② ㄷ   ③ ㄱ, ㄴ   ④ ㄴ, ㄷ   ⑤ ㄱ, ㄴ, ㄷ

07

표 (가)는 질병의 특징을, (나)는 (가) 중에서 질병 A, B, 말라리아가 갖는 특징의 개수를 나타낸 것이다. A와 B는 독감과 무좀을 순서 없이 나타낸 것이다.

특징
○ 모기를 매개로 전염된다.
○ 병원체가 유전 물질을 갖는다.
○ ⓐ 병원체는 독립적으로 물질 대사를 한다.

(가)

질병	특징의 개수
A	?
B	2
말라리아	㉠

(나)

이에 대한 설명으로 옳은 것만을 〈보기〉에서 있는 대로 고른 것은?

〈 보기 〉
ㄱ. A의 병원체는 곰팡이다.
ㄴ. B는 특징 ⓐ를 갖는다.
ㄷ. ㉠은 2이다.

① ㄱ   ② ㄴ   ③ ㄷ   ④ ㄱ, ㄴ   ⑤ ㄴ, ㄷ

06

표는 병원체 A~C에서 2가지 특징의 유무를 나타낸 것이다. A~C는 각각 독감, 말라리아, 무좀의 병원체 중 하나이다.

병원체 \ 특징	세포 구조로 되어 있다.	원생생물에 속한다.
A	㉠	×
B	○	○
C	×	×

(○: 있음, ×: 없음)

이에 대한 옳은 설명만을 〈보기〉에서 있는 대로 고른 것은?

〈 보기 〉
ㄱ. ㉠은 '○'이다.
ㄴ. B는 무좀의 병원체이다.
ㄷ. C는 바이러스에 속한다.

① ㄱ   ② ㄴ   ③ ㄷ   ④ ㄱ, ㄷ   ⑤ ㄴ, ㄷ

08

표는 사람의 3가지 질병이 갖는 특징을 나타낸 것이다. A와 B는 각각 말라리아와 헌팅턴 무도병 중 하나이다.

질병	특징
A	비감염성 질병이다.
B	병원체는 세포로 이루어져 있다.
후천성 면역 결핍증	㉠

이에 대한 옳은 설명만을 〈보기〉에서 있는 대로 고른 것은?

〈 보기 〉
ㄱ. A는 유전병이다.
ㄴ. B는 모기를 매개로 전염된다.
ㄷ. '병원체는 스스로 물질대사를 하지 못한다.'는 ㉠에 해당한다.

① ㄱ   ② ㄴ   ③ ㄱ, ㄷ   ④ ㄴ, ㄷ   ⑤ ㄱ, ㄴ, ㄷ

09

표는 사람 질병의 특징을 나타낸 것이다.

질병	특징
독감	ⓘ
(가)	병원체는 원생생물이다.
페닐케톤뇨증	페닐알라닌이 체내에 비정상적으로 축적된다.

이에 대한 설명으로 옳은 것만을 〈보기〉에서 있는 대로 고른 것은?

〈 보기 〉
ㄱ. '병원체는 독립적으로 물질대사를 한다.'는 ⓘ에 해당한다.
ㄴ. 무좀은 (가)에 해당한다.
ㄷ. 페닐케톤뇨증은 비감염성 질병이다.

① ㄱ ② ㄷ ③ ㄱ, ㄴ ④ ㄴ, ㄷ ⑤ ㄱ, ㄴ, ㄷ

10

표는 사람의 3가지 질병을 병원체의 특징에 따라 구분하여 나타낸 것이다. ⓘ~ⓒ은 결핵, 독감, 무좀을 순서 없이 나타낸 것이다.

병원체의 특징	질병
곰팡이에 속한다.	ⓘ
스스로 물질대사를 하지 못한다.	ⓛ
ⓐ	ⓘ, ⓒ

이에 대한 설명으로 옳은 것만을 〈보기〉에서 있는 대로 고른 것은?

〈 보기 〉
ㄱ. ⓘ은 무좀이다.
ㄴ. ⓛ의 병원체는 단백질을 갖는다.
ㄷ. '세포 구조로 되어 있다.'는 ⓐ에 해당한다.

① ㄱ ② ㄷ ③ ㄱ, ㄴ ④ ㄴ, ㄷ ⑤ ㄱ, ㄴ, ㄷ

11

표는 사람의 5가지 질병을 병원체의 특징에 따라 구분하여 나타낸 것이다.

병원체의 특징	질병
세포 구조로 되어 있다.	결핵, 무좀, 말라리아
(가)	독감, 후천성 면역 결핍증(AIDS)

이에 대한 설명으로 옳은 것만을 〈보기〉에서 있는 대로 고른 것은?

〈 보기 〉
ㄱ. '스스로 물질대사를 하지 못한다.'는 (가)에 해당한다.
ㄴ. 무좀과 말라리아의 병원체는 모두 곰팡이다.
ㄷ. 결핵과 독감은 모두 감염성 질병이다.

① ㄱ ② ㄴ ③ ㄱ, ㄷ ④ ㄴ, ㄷ ⑤ ㄱ, ㄴ, ㄷ

12

사람의 질병에 대한 설명으로 옳은 것만을 〈보기〉에서 있는 대로 고른 것은?

〈 보기 〉
ㄱ. 독감의 병원체는 바이러스이다.
ㄴ. 결핵의 병원체는 독립적으로 물질대사를 한다.
ㄷ. 낫 모양 적혈구 빈혈증은 비감염성 질병에 해당한다.

① ㄱ ② ㄴ ③ ㄱ, ㄷ ④ ㄴ, ㄷ ⑤ ㄱ, ㄴ, ㄷ

13

표는 사람에게서 발병하는 3가지 질병의 특징을 나타낸 것이다.

질병	특징
결핵	치료에 항생제가 사용된다.
페닐케톤뇨증	(가)
후천성 면역 결핍증(AIDS)	(나)

이에 대한 옳은 설명만을 〈보기〉에서 있는 대로 고른 것은?

〈 보기 〉
ㄱ. 결핵은 세균성 질병이다.
ㄴ. '유전병이다.'는 (가)에 해당한다.
ㄷ. '병원체는 사람 면역 결핍 바이러스(HIV)이다.'는 (나)에 해당한다.

① ㄱ   ② ㄴ   ③ ㄱ, ㄷ   ④ ㄴ, ㄷ   ⑤ ㄱ, ㄴ, ㄷ

15

표는 사람의 질병 A와 B의 특징을 나타낸 것이다. A와 B는 후천성 면역 결핍증(AIDS)과 헌팅턴 무도병을 순서 없이 나타낸 것이다.

질병	특징
A	신경계가 점진적으로 파괴되면서 몸의 움직임이 통제되지 않으며, 자손에게 유전될 수 있다.
B	면역력이 약화되어 세균과 곰팡이에 쉽게 감염된다.

이에 대한 설명으로 옳은 것만을 〈보기〉에서 있는 대로 고른 것은?

〈 보기 〉
ㄱ. A는 헌팅턴 무도병이다.
ㄴ. B의 병원체는 바이러스이다.
ㄷ. A와 B는 모두 감염성 질병이다.

① ㄱ   ② ㄷ   ③ ㄱ, ㄴ   ④ ㄴ, ㄷ   ⑤ ㄱ, ㄴ, ㄷ

14

표는 사람 질병의 특징을 나타낸 것이다.

질병	특징
무좀	병원체는 독립적으로 물질대사를 한다.
독감	(가)
ⓐ낫 모양 적혈구 빈혈증	비정상적인 헤모글로빈이 적혈구 모양을 변화시킨다.

이에 대한 설명으로 옳은 것만을 〈보기〉에서 있는 대로 고른 것은?

〈 보기 〉
ㄱ. 무좀의 병원체는 세균이다.
ㄴ. '병원체는 살아 있는 숙주 세포 안에서만 증식할 수 있다.'는 (가)에 해당한다.
ㄷ. 유전자 돌연변이에 의한 질병 중에는 ⓐ가 있다.

① ㄱ   ② ㄴ   ③ ㄱ, ㄷ   ④ ㄴ, ㄷ   ⑤ ㄱ, ㄴ, ㄷ

16

표 (가)는 사람의 5가지 질병을 A~C로 구분하여 나타낸 것이고, (나)는 병원체의 3가지 특징을 나타낸 것이다.

구분	질병
A	말라리아
B	독감, 홍역
C	결핵, 탄저병

(가)

특징
○ 유전 물질을 갖는다.
○ 세포 구조로 되어 있다.
○ 독립적으로 물질대사를 한다.

(나)

이에 대한 설명으로 옳은 것만을 〈보기〉에서 있는 대로 고른 것은?

〈 보기 〉
ㄱ. 말라리아의 병원체는 곰팡이다.
ㄴ. 독감의 병원체는 세포 구조로 되어 있다.
ㄷ. C의 병원체는 (나)의 특징을 모두 갖는다.

① ㄱ   ② ㄷ   ③ ㄱ, ㄴ   ④ ㄴ, ㄷ   ⑤ ㄱ, ㄴ, ㄷ

17

표 (가)는 질병 A~C에서 특징 ㉠~㉢의 유무를, (나)는 ㉠~㉢을 순서 없이 나타낸 것이다. A~C는 결핵, 말라리아, 헌팅턴 무도병을 순서 없이 나타낸 것이다.

특징 질병	㉠	㉡	㉢
A	○	×	?
B	○	?	×
C	?	○	×

(○: 있음, ×: 없음)

(가)

특징(㉠~㉢)

○ 비감염성 질병이다.
○ 병원체가 원생생물이다.
○ 병원체가 세포 구조로 되어 있다.

(나)

이에 대한 설명으로 옳은 것만을 〈보기〉에서 있는 대로 고른 것은?

〈 보기 〉
ㄱ. A는 모기를 매개로 전염된다.
ㄴ. B의 치료에는 항생제가 사용된다.
ㄷ. C는 헌팅턴 무도병이다.

① ㄱ ② ㄷ ③ ㄱ, ㄴ ④ ㄴ, ㄷ ⑤ ㄱ, ㄴ, ㄷ

18

표는 사람의 질병 ㉠~㉢을 일으키는 병원체의 종류를, 그림은 ㉠이 전염되는 과정의 일부를 나타낸 것이다. ㉠~㉢은 결핵, 무좀, 말라리아를 순서 없이 나타낸 것이다.

질병	병원체의 종류
㉠	?
㉡	ⓐ
㉢	세균

모기
(매개체)

이에 대한 설명으로 옳은 것만을 〈보기〉에서 있는 대로 고른 것은?

〈 보기 〉
ㄱ. ㉠은 말라리아이다.
ㄴ. ⓐ는 세포 구조를 갖는다.
ㄷ. ㉢의 치료에는 항생제가 사용된다.

① ㄱ ② ㄴ ③ ㄱ, ㄷ ④ ㄴ, ㄷ ⑤ ㄱ, ㄴ, ㄷ

19

다음은 사람의 질병에 대한 학생 A~C의 대화 내용이다.

무좀의 병원체는 곰팡이야.

말라리아는 모기를 매개로 전염돼.

독감의 병원체는 세포 분열을 통해 스스로 증식해.

학생 A   학생 B   학생 C

제시한 내용이 옳은 학생만을 있는 대로 고른 것은?

① A ② C ③ A, B ④ B, C ⑤ A, B, C

20

다음은 질병 ㉠의 병원체와 월별 발병률 자료에 대한 학생 A~C의 발표 내용이다. ㉠은 독감과 헌팅턴 무도병 중 하나이다.

㉠의 병원체

㉠의 발병률(상댓값)

1월 6월 12월

㉠은 감염성 질병입니다.

학생 A

㉠의 발병률은 1월이 6월보다 높습니다.

학생 B

㉠의 병원체는 독립적으로 물질대사를 합니다.

학생 C

제시한 내용이 옳은 학생만을 있는 대로 고른 것은?

① A ② B ③ C ④ A, B ⑤ B, C

21

표는 사람의 질병 A~C의 병원체에서 특징의 유무를 나타낸 것이다. A~C는 결핵, 독감, 말라리아를 순서 없이 나타낸 것이다.

병원체 특징	A의 병원체	B의 병원체	C의 병원체
유전 물질을 갖는다.	㉠	?	○
스스로 물질대사를 한다.	○	?	×
원생생물에 속한다.	×	○	×

(○: 있음, ×: 없음)

이에 대한 설명으로 옳은 것만을 〈보기〉에서 있는 대로 고른 것은?

〈 보기 〉
ㄱ. ㉠은 '×'이다.
ㄴ. B는 비감염성 질병이다.
ㄷ. C의 병원체는 바이러스이다.

① ㄱ ② ㄷ ③ ㄱ, ㄴ ④ ㄴ, ㄷ ⑤ ㄱ, ㄴ, ㄷ

22

그림은 독감을 일으키는 병원체 X를 나타낸 것이다.
X에 대한 옳은 설명만을 〈보기〉에서 있는 대로 고른 것은?

핵산

〈 보기 〉
ㄱ. 세균이다.
ㄴ. 유전 물질을 갖는다.
ㄷ. 스스로 물질대사를 한다.

① ㄴ ② ㄷ ③ ㄱ, ㄴ ④ ㄱ, ㄷ ⑤ ㄴ, ㄷ

23

그림 (가)와 (나)는 결핵의 병원체와 후천성 면역 결핍증 (AIDS)의 병원체를 순서 없이 나타낸 것이다. (나)는 세포 구조로 되어 있다.

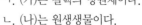
(가)   (나)

이에 대한 설명으로 옳은 것만을 〈보기〉에서 있는 대로 고른 것은?

〈 보기 〉
ㄱ. (가)는 결핵의 병원체이다.
ㄴ. (나)는 원생생물이다.
ㄷ. (가)와 (나)는 모두 단백질을 갖는다.

① ㄱ ② ㄷ ③ ㄱ, ㄴ ④ ㄴ, ㄷ ⑤ ㄱ, ㄴ, ㄷ

24

그림은 질병 (가)를 일으키는 병원체 X를 나타낸 것이다.
이에 대한 옳은 설명만을 〈보기〉에서 있는 대로 고른 것은?

세포막

〈 보기 〉
ㄱ. X는 바이러스이다.
ㄴ. X는 단백질을 갖는다.
ㄷ. (가)는 감염성 질병이다.

① ㄱ ② ㄴ ③ ㄱ, ㄷ ④ ㄴ, ㄷ ⑤ ㄱ, ㄴ, ㄷ

25

그림 (가)와 (나)는 결핵과 독감의 병원체를 순서 없이 나타낸 것이다. 이에 대한 옳은 설명만을 〈보기〉에서 있는 대로 고른 것은?

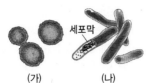

(가)   (나)

──〈 보기 〉──
ㄱ. (가)는 독감의 병원체이다.
ㄴ. (나)는 스스로 물질대사를 하지 못한다.
ㄷ. (가)와 (나)는 모두 단백질을 갖는다.

① ㄱ   ② ㄴ   ③ ㄱ, ㄷ   ④ ㄴ, ㄷ   ⑤ ㄱ, ㄴ, ㄷ

27

표는 사람의 질병 A~C의 병원체에서 특징의 유무를 나타낸 것이다. A~C는 결핵, 무좀, 후천성 면역 결핍증(AIDS)을 순서 없이 나타낸 것이다.

특징 ＼ 병원체	A의 병원체	B의 병원체	C의 병원체
스스로 물질대사를 한다.	○	○	×
세균에 속한다.	×	○	×

(○: 있음, ×: 없음)

이에 대한 설명으로 옳은 것만을 〈보기〉에서 있는 대로 고른 것은?

──〈 보기 〉──
ㄱ. A는 후천성 면역 결핍증이다.
ㄴ. B의 치료에 항생제가 사용된다.
ㄷ. C의 병원체는 유전 물질을 갖는다.

① ㄱ   ② ㄷ   ③ ㄱ, ㄴ   ④ ㄴ, ㄷ   ⑤ ㄱ, ㄴ, ㄷ

26

표는 3가지 감염성 질병의 병원체를 나타낸 것이다. A와 B는 결핵과 무좀을 순서 없이 나타낸 것이다. 이에 대한 옳은 설명만을 〈보기〉에서 있는 대로 고른 것은?

질병	병원체
A	곰팡이
B	세균
독감	?

──〈 보기 〉──
ㄱ. A는 결핵이다.
ㄴ. B의 치료에 항생제가 이용된다.
ㄷ. 독감의 병원체는 바이러스이다.

① ㄱ   ② ㄴ   ③ ㄱ, ㄷ   ④ ㄴ, ㄷ   ⑤ ㄱ, ㄴ, ㄷ

28

표 (가)는 병원체 A~C의 특징을, (나)는 사람의 6가지 질병을 Ⅰ~Ⅲ으로 구분하여 나타낸 것이다. A~C는 세균, 균류(곰팡이), 바이러스를 순서 없이 나타낸 것이고, Ⅰ~Ⅲ은 세균성 질병, 바이러스성 질병, 비감염성 질병을 순서 없이 나타낸 것이다.

병원체	특징
A	핵이 있음
B	항생제에 의해 제거됨
C	세포 구조가 아님

(가)

구분	질병
Ⅰ	⊙ 당뇨병, 고혈압
Ⅱ	독감, 홍역
Ⅲ	결핵, 파상풍

(나)

이에 대한 설명으로 옳은 것만을 〈보기〉에서 있는 대로 고른 것은?

──〈 보기 〉──
ㄱ. ⊙은 대사성 질환이다.
ㄴ. Ⅱ의 병원체는 B이다.
ㄷ. Ⅲ의 병원체는 유전 물질을 갖는다.

① ㄱ   ② ㄴ   ③ ㄱ, ㄴ   ④ ㄱ, ㄷ   ⑤ ㄴ, ㄷ

29

표 (가)는 사람에서 질병을 일으키는 병원체의 특징 3가지를, (나)는 (가) 중에서 병원체 A~C가 가지는 특징의 개수를 나타낸 것이다. A~C는 결핵균, 무좀균, 인플루엔자 바이러스를 순서 없이 나타낸 것이다.

특징
○ 곰팡이이다.
○ 유전 물질을 가진다.
○ 독립적으로 물질대사를 한다.

(가)

병원체	특징의 개수
A	1
B	2
C	㉠

(나)

이에 대한 설명으로 옳은 것만을 〈보기〉에서 있는 대로 고른 것은?

〈 보기 〉
ㄱ. ㉠은 3이다.
ㄴ. A는 무좀균이다.
ㄷ. B에 의한 질병의 치료에 항생제가 사용된다.

① ㄱ   ② ㄴ   ③ ㄷ   ④ ㄱ, ㄷ   ⑤ ㄴ, ㄷ

30

표 (가)는 질병 A~C에서 특징 ㉠~㉢의 유무를 나타낸 것이고, (나)는 ㉠~㉢을 순서 없이 나타낸 것이다. A~C는 각각 결핵, 독감, 후천성 면역 결핍증(AIDS) 중 하나이다.

특징 질병	㉠	㉡	㉢
A	○	×	×
B	○	○	×
C	○	○	○

(○: 있음, ×: 없음)

(가)

특징(㉠~㉢)
○ 바이러스성 질병이다.
○ 병원체는 유전 물질을 가진다.
○ 병원체는 사람 면역 결핍 바이러스(HIV)이다.

(나)

이에 대한 설명으로 옳은 것만을 〈보기〉에서 있는 대로 고른 것은?

〈 보기 〉
ㄱ. A는 독감이다.
ㄴ. B의 병원체는 세포 구조로 되어 있다.
ㄷ. C의 병원체는 스스로 물질대사를 하지 못한다.

① ㄱ   ② ㄷ   ③ ㄱ, ㄴ   ④ ㄴ, ㄷ   ⑤ ㄱ, ㄴ, ㄷ

31

표 (가)는 병원체의 3가지 특징을, (나)는 (가)의 특징 중 사람의 질병 A~C의 병원체가 갖는 특징의 개수를 나타낸 것이다. A~C는 독감, 무좀, 말라리아를 순서 없이 나타낸 것이다.

특징
○ 독립적으로 물질대사를 한다.
○ ㉠ 단백질을 갖는다.
○ 곰팡이에 속한다.

(가)

질병	병원체가 갖는 특징의 개수
A	3
B	?
C	2

(나)

이에 대한 설명으로 옳은 것만을 〈보기〉에서 있는 대로 고른 것은?

〈 보기 〉
ㄱ. A는 무좀이다.
ㄴ. B의 병원체는 특징 ㉠을 갖는다.
ㄷ. C는 모기를 매개로 전염된다.

① ㄱ   ② ㄴ   ③ ㄱ, ㄷ   ④ ㄴ, ㄷ   ⑤ ㄱ, ㄴ, ㄷ

표 (가)는 질병의 특징 3가지를, (나)는 (가) 중에서 질병 A~C에 있는 특징의 개수를 나타낸 것이다. A~C는 말라리아, 무좀, 홍역을 순서 없이 나타낸 것이다.

특징
○ 병원체가 원생생물이다.
○ 병원체가 세포 구조로 되어 있다.
○   ⊙

(가)

질병	특징의 개수
A	3
B	2
C	1

(나)

이에 대한 설명으로 옳은 것만을 〈보기〉에서 있는 대로 고른 것은? [3점]

〈 보기 〉
ㄱ. A는 무좀이다.
ㄴ. C의 병원체는 세포 분열을 통해 증식한다.
ㄷ. '감염성 질병이다.'는 ⊙에 해당한다.

① ㄱ   ② ㄷ   ③ ㄱ, ㄴ   ④ ㄴ, ㄷ   ⑤ ㄱ, ㄴ, ㄷ

표 (가)는 사람의 질병 A~C의 병원체가 갖는 특징을 나타낸 것이고, (나)는 특징 ⊙~ⓒ을 순서 없이 나타낸 것이다. A~C는 독감, 무좀, 말라리아를 순서 없이 나타낸 것이다.

질병	병원체가 갖는 특징
A	⊙
B	⊙, ⓒ
C	⊙, ⓒ, ⓒ

(가)

특징(⊙~ⓒ)
• 단백질을 갖는다.
• 원생생물에 속한다.
• 스스로 물질대사를 한다.

(나)

이에 대한 옳은 설명만을 〈보기〉에서 있는 대로 고른 것은?

〈 보기 〉
ㄱ. A는 독감이다.
ㄴ. C는 모기를 매개로 전염된다.
ㄷ. ⓒ은 '스스로 물질대사를 한다.'이다.

① ㄱ   ② ㄷ   ③ ㄱ, ㄴ   ④ ㄴ, ㄷ   ⑤ ㄱ, ㄴ, ㄷ

다음은 어떤 환자의 병원체에 대한 실험이다.

[실험 과정 및 결과]

(가) 사람 면역 결핍 바이러스(HIV)로 인해 면역력이 저하되어 ⓐ 결핵에 걸린 환자로부터 병원체 ㉠과 ㉡을 순수 분리하였다. ㉠과 ㉡은 결핵의 병원체와 후천성 면역 결핍증(AIDS)의 병원체를 순서 없이 나타낸 것이다.

(나) ㉠은 세포 분열을 통해 스스로 증식하였고, ㉡은 숙주 세포와 함께 배양하였을 때만 증식하였다.

이에 대한 설명으로 옳은 것만을 〈보기〉에서 있는 대로 고른 것은?

─〈 보기 〉─

ㄱ. ⓐ는 감염성 질병이다.

ㄴ. ㉡은 AIDS의 병원체이다.

ㄷ. ㉠과 ㉡은 모두 단백질을 갖는다.

① ㄱ　　② ㄴ　　③ ㄱ, ㄷ　　④ ㄴ, ㄷ　　⑤ ㄱ, ㄴ, ㄷ

35

그림은 사람 면역 결핍 바이러스(HIV)에 감염된 사람에서 체내 HIV의 수(ⓐ)와 HIV에 감염된 사람이 결핵의 병원체에 노출되었을 때 결핵 발병 확률(ⓑ)을 시간에 따라 각각 나타낸 것이다.

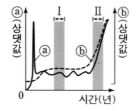

이에 대한 설명으로 옳은 것만을 〈보기〉에서 있는 대로 고른 것은?

─〈 보기 〉─

ㄱ. 결핵의 치료에 항생제가 사용된다.

ㄴ. HIV는 살아 있는 숙주 세포 안에서만 증식할 수 있다.

ㄷ. ⓑ는 구간 Ⅰ에서가 구간 Ⅱ에서보다 높다.

① ㄱ　　② ㄷ　　③ ㄱ, ㄴ　　④ ㄴ, ㄷ　　⑤ ㄱ, ㄴ, ㄷ

12
일차

한눈에 정리하는
평가원 기출 경향

주제 \ 학년도	**2025**	**2024**	**2023**

인체의 방어 작용 (빈출)

19
2025학년도 9월 모평 18번

다음은 사람의 방어 작용에 대한 실험이다.

○ 침과 눈물에는 ㉠ 세균의 증식을 억제하는 물질이 있다.

[실험 과정 및 결과]
(가) 사람의 침과 눈물을 각각 표와 같은 농도로 준비한다.
(나) (가)에서 준비한 침과 눈물에 같은 양의 세균 G를 각각 넣고 일정 시간 동안 배양한 후, G의 증식 여부를 확인한 결과는 표와 같다.

농도 (상댓값)	침	눈물
1	ⓐ	×
0.1	×	?
0.01	○	

(○: 증식됨, ×: 증식 안 됨)

이에 대한 설명으로 옳은 것만을 〈보기〉에서 있는 대로 고른 것은? (단, 제시된 조건 이외는 고려하지 않는다.) [3점]

〈보기〉
ㄱ. 라이소자임은 ㉠에 해당한다.
ㄴ. ⓐ는 '×'이다.
ㄷ. 사람의 침과 눈물은 비특이적 방어 작용에 관여한다.

① ㄱ ② ㄷ ③ ㄱ, ㄴ ④ ㄴ, ㄷ ⑤ ㄱ, ㄴ, ㄷ

06 대표문제
2023학년도 6월 모평 12번

그림은 사람 P가 병원체 X에 감염되었을 때 일어난 방어 작용의 일부를 나타낸 것이다. ㉠과 ㉡은 보조 T 림프구와 세포독성 T림프구를 순서 없이 나타낸 것이다.

이에 대한 설명으로 옳은 것만을 〈보기〉에서 있는 대로 고른 것은? [3점]

〈보기〉
ㄱ. ㉠은 대식세포가 제시한 항원을 인식한다.
ㄴ. ㉡은 형질 세포로 분화된다.
ㄷ. P에서 세포성 면역 반응이 일어났다.

① ㄱ ② ㄴ ③ ㄱ, ㄷ ④ ㄴ, ㄷ ⑤ ㄱ, ㄴ, ㄷ

13
2025학년도 6월 모평 3번

그림 (가)는 어떤 사람이 병원체 X에 감염되었을 때 생성된 X에 대한 항체 Y의 구조를, (나)는 X와 Y의 항원 항체 반응을 나타낸 것이다. ㉠과 ㉡ 중 하나는 항원 결합 부위이다.

이에 대한 설명으로 옳은 것만을 〈보기〉에서 있는 대로 고른 것은? [3점]

〈보기〉
ㄱ. Y는 형질 세포로부터 생성된다.
ㄴ. ㉡은 X에 특이적으로 결합하는 부위이다.
ㄷ. X에 대한 체액성 면역 반응에서 (나)가 일어난다.

① ㄱ ② ㄴ ③ ㄱ, ㄷ ④ ㄴ, ㄷ ⑤ ㄱ, ㄴ, ㄷ

혈액의 응집 반응

23
2024학년도 수능 16번

표는 사람 Ⅰ~Ⅲ 사이의 ABO식 혈액형에 대한 응집 반응 결과를 나타낸 것이다. ㉠~㉢은 Ⅰ~Ⅲ의 혈장을 순서 없이 나타낸 것이다. Ⅰ~Ⅲ의 ABO식 혈액형은 각각 서로 다르며, A형, AB형, O형 중 하나이다.

혈장\적혈구	㉠	㉡	㉢
Ⅰ의 적혈구	?	−	+
Ⅱ의 적혈구	−	?	+
Ⅲ의 적혈구	?	+	?

(+: 응집됨, −: 응집 안 됨)

이에 대한 설명으로 옳은 것만을 〈보기〉에서 있는 대로 고른 것은?

〈보기〉
ㄱ. Ⅰ의 ABO식 혈액형은 A형이다.
ㄴ. ㉡은 Ⅱ의 혈장이다.
ㄷ. Ⅲ의 적혈구와 ㉢을 섞으면 항원 항체 반응이 일어난다.

① ㄱ ② ㄴ ③ ㄱ, ㄷ ④ ㄴ, ㄷ ⑤ ㄱ, ㄴ, ㄷ

2022 ~ 2020

01
2022학년도 수능 9번

다음은 어떤 사람이 병원체 X에 감염되었을 때 나타나는 방어 작용에 대한 자료이다.

> (가) ㉠ 형질 세포에서 X에 대한 항체가 생성된다.
> (나) 세포독성 T림프구가 X에 감염된 세포를 파괴한다.

이에 대한 설명으로 옳은 것만을 〈보기〉에서 있는 대로 고른 것은? [3점]

> ─〈보기〉─
> ㄱ. X에 대한 체액성 면역 반응에서 (가)가 일어난다.
> ㄴ. (나)는 특이적 방어 작용에 해당한다.
> ㄷ. 이 사람이 X에 다시 감염되었을 때 ㉠이 기억 세포로 분화한다.

① ㄱ　② ㄷ　③ ㄱ, ㄴ　④ ㄴ, ㄷ　⑤ ㄱ, ㄴ, ㄷ

05
2021학년도 9월 모평 12번

그림 (가)와 (나)는 사람의 면역 반응을 나타낸 것이다. (가)와 (나)는 각각 세포성 면역과 체액성 면역 중 하나이며, ㉠~㉢은 기억 세포, 세포독성 T림프구, B 림프구를 순서 없이 나타낸 것이다.

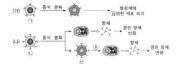

이에 대한 설명으로 옳은 것만을 〈보기〉에서 있는 대로 고른 것은? [3점]

> ─〈보기〉─
> ㄱ. (가)는 체액성 면역이다.
> ㄴ. 보조 T 림프구는 ㉡에서 ㉢으로의 분화를 촉진한다.
> ㄷ. 2차 면역 반응에서 과정 ⓐ가 일어난다.

① ㄱ　② ㄴ　③ ㄱ, ㄷ　④ ㄴ, ㄷ　⑤ ㄱ, ㄴ, ㄷ

09
2020학년도 6월 모평 9번

그림 (가)와 (나)는 어떤 사람이 세균 X에 처음 감염된 후 나타나는 면역 반응을 순차적으로 나타낸 것이다. ㉠과 ㉡은 B 림프구와 보조 T 림프구를 순서 없이 나타낸 것이다.

이에 대한 설명으로 옳은 것만을 〈보기〉에서 있는 대로 고른 것은? [3점]

> ─〈보기〉─
> ㄱ. (가)에서 X에 대한 비특이적 면역 반응이 일어났다.
> ㄴ. ㉡은 가슴샘(흉선)에서 성숙되었다.
> ㄷ. (나)에서 X에 대한 2차 면역 반응이 일어났다.

① ㄱ　② ㄴ　③ ㄷ　④ ㄱ, ㄷ　⑤ ㄴ, ㄷ

08
2021학년도 6월 모평 15번

표 (가)는 세포 Ⅰ~Ⅲ에서 특징 ㉠~㉢의 유무를 나타낸 것이고, (나)는 ㉠~㉢을 순서 없이 나타낸 것이다. Ⅰ~Ⅲ은 각각 보조 T 림프구, 세포독성 T림프구, 형질 세포 중 하나이다.

특징 세포	㉠	㉡	㉢
Ⅰ	○	○	○
Ⅱ	×	○	×
Ⅲ	○	○	×

(○: 있음, ×: 없음)

(가)

특징(㉠~㉢)

> ○ 특이적 방어 작용에 관여한다.
> ○ 가슴샘에서 성숙된다.
> ○ 병원체에 감염된 세포를 직접 파괴한다.

(나)

이에 대한 설명으로 옳은 것만을 〈보기〉에서 있는 대로 고른 것은? [3점]

> ─〈보기〉─
> ㄱ. Ⅰ은 보조 T 림프구이다.
> ㄴ. Ⅱ에서 항체가 분비된다.
> ㄷ. ㉢은 '병원체에 감염된 세포를 직접 파괴한다.'이다.

① ㄱ　② ㄴ　③ ㄱ, ㄷ　④ ㄴ, ㄷ　⑤ ㄱ, ㄴ, ㄷ

14 대표 문제
2020학년도 수능 11번

그림 (가)는 어떤 사람이 세균 X에 감염된 후 나타나는 특이적 면역(방어) 작용의 일부를, (나)는 이 사람에서 X의 침입에 의해 생성되는 X에 대한 혈중 항체의 농도 변화를 나타낸 것이다. ㉠과 ㉡은 보조 T 림프구와 B 림프구를 순서 없이 나타낸 것이다.

이에 대한 설명으로 옳은 것만을 〈보기〉에서 있는 대로 고른 것은? [3점]

> ─〈보기〉─
> ㄱ. ㉠은 보조 T 림프구이다.
> ㄴ. 구간 Ⅰ에서 형질 세포로부터 항체가 생성되었다.
> ㄷ. 구간 Ⅱ에는 X에 대한 기억 세포가 있다.

① ㄱ　② ㄷ　③ ㄱ, ㄴ　④ ㄴ, ㄷ　⑤ ㄱ, ㄴ, ㄷ

01

2022학년도 9번

다음은 어떤 사람이 병원체 X에 감염되었을 때 나타나는 방어 작용에 대한 자료이다.

> (가) ㉠형질 세포에서 X에 대한 항체가 생성된다.
> (나) 세포독성 T림프구가 X에 감염된 세포를 파괴한다.

이에 대한 설명으로 옳은 것만을 〈보기〉에서 있는 대로 고른 것은? [3점]

〈 보기 〉
ㄱ. X에 대한 체액성 면역 반응에서 (가)가 일어난다.
ㄴ. (나)는 특이적 방어 작용에 해당한다.
ㄷ. 이 사람이 X에 다시 감염되었을 때 ㉠이 기억 세포로 분화
　한다.

① ㄱ　　② ㄷ　　③ ㄱ, ㄴ　　④ ㄴ, ㄷ　　⑤ ㄱ, ㄴ, ㄷ

03

2020학년도 10월 학평 7번

표는 세균 X가 사람에 침입했을 때의 방어 작용에 관여하는 세포 Ⅰ～Ⅲ의 특징을 나타낸 것이다. Ⅰ～Ⅲ은 대식 세포, 형질 세포, 보조 T 림프구를 순서 없이 나타낸 것이다.

세포	특징
Ⅰ	㉠X에 대한 항체를 분비한다.
Ⅱ	B 림프구의 분화를 촉진한다.
Ⅲ	X를 세포 안으로 끌어들여 분해한다.

이에 대한 옳은 설명만을 〈보기〉에서 있는 대로 고른 것은? [3점]

〈 보기 〉
ㄱ. ㉠에 의한 방어 작용은 체액성 면역에 해당한다.
ㄴ. Ⅱ는 골수에서 성숙되었다.
ㄷ. Ⅲ은 비특이적 방어 작용에 관여한다.

① ㄱ　　② ㄴ　　③ ㄱ, ㄷ　　④ ㄴ, ㄷ　　⑤ ㄱ, ㄴ, ㄷ

02

2022학년도 3월 학평 9번

다음은 병원체 X가 사람에 침입했을 때의 방어 작용에 대한 자료이다.

> (가) X가 1차 침입했을 때 B 림프구가 ㉠과 ㉡으로 분화한다.
> 　 ㉠과 ㉡은 각각 기억 세포와 형질 세포 중 하나이다.
> (나) X에 대한 항체와 X가 항원 항체 반응을 한다.
> (다) X가 2차 침입했을 때 ㉠이 ㉡으로 분화한다.

이에 대한 옳은 설명만을 〈보기〉에서 있는 대로 고른 것은?

〈 보기 〉
ㄱ. B 림프구는 가슴샘에서 성숙한 세포이다.
ㄴ. ㉠은 기억 세포이다.
ㄷ. X에 대한 체액성 면역 반응에서 (나)가 일어난다.

① ㄱ　　② ㄷ　　③ ㄱ, ㄴ　　④ ㄴ, ㄷ　　⑤ ㄱ, ㄴ, ㄷ

04

2023학년도 7월 학평 9번

다음은 사람의 몸에서 일어나는 방어 작용에 대한 자료이다. 세포 ⓐ～ⓒ는 대식세포, B 림프구, 보조 T 림프구를 순서 없이 나타낸 것이다.

> (가) 위의 점막에서 위산이 분비되어 외부에서 들어온 세균을 제
> 　거한다.
> (나) ⓐ가 제시한 항원 조각을 인식하여 활성화된 ⓑ가 ⓒ의 증
> 　식과 분화를 촉진한다. ⓒ는 형질 세포로 분화하여 항체를
> 　생성한다.

이에 대한 설명으로 옳은 것만을 〈보기〉에서 있는 대로 고른 것은? [3점]

〈 보기 〉
ㄱ. (가)는 비특이적 방어 작용에 해당한다.
ㄴ. ⓑ는 B 림프구이다.
ㄷ. ⓒ는 가슴샘에서 성숙한다.

① ㄱ　　② ㄴ　　③ ㄱ, ㄷ　　④ ㄴ, ㄷ　　⑤ ㄱ, ㄴ, ㄷ

05

2021학년도 9월 모평 12번

그림 (가)와 (나)는 사람의 면역 반응을 나타낸 것이다. (가)와 (나)는 각각 세포성 면역과 체액성 면역 중 하나이며, ㉠~㉢은 기억 세포, 세포독성 T림프구, B 림프구를 순서 없이 나타낸 것이다.

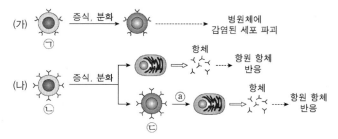

이에 대한 설명으로 옳은 것만을 〈보기〉에서 있는 대로 고른 것은? [3점]

─〈 보기 〉─
ㄱ. (가)는 체액성 면역이다.
ㄴ. 보조 T 림프구는 ㉡에서 ㉢으로의 분화를 촉진한다.
ㄷ. 2차 면역 반응에서 과정 ⓐ가 일어난다.

① ㄱ   ② ㄴ   ③ ㄱ, ㄷ   ④ ㄴ, ㄷ   ⑤ ㄱ, ㄴ, ㄷ

07

2022학년도 4월 학평 14번

그림 (가)와 (나)는 사람의 면역 반응의 일부를 나타낸 것이다. (가)와 (나)는 각각 세포성 면역과 체액성 면역 중 하나이고, ㉠과 ㉡은 각각 세포독성 T림프구와 형질 세포 중 하나이다.

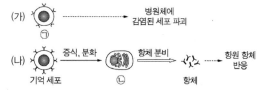

이에 대한 설명으로 옳은 것만을 〈보기〉에서 있는 대로 고른 것은?

─〈 보기 〉─
ㄱ. ㉠은 세포독성 T림프구이다.
ㄴ. (나)는 2차 면역 반응에 해당한다.
ㄷ. (가)와 (나)는 모두 특이적 방어 작용에 해당한다.

① ㄱ   ② ㄴ   ③ ㄱ, ㄷ   ④ ㄴ, ㄷ   ⑤ ㄱ, ㄴ, ㄷ

06 대표 문제

2023학년도 6월 모평 12번

그림은 사람 P가 병원체 X에 감염되었을 때 일어난 방어 작용의 일부를 나타낸 것이다. ㉠과 ㉡은 보조 T 림프구와 세포독성 T림프구를 순서 없이 나타낸 것이다.

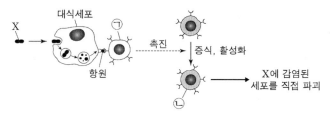

이에 대한 설명으로 옳은 것만을 〈보기〉에서 있는 대로 고른 것은? [3점]

─〈 보기 〉─
ㄱ. ㉠은 대식세포가 제시한 항원을 인식한다.
ㄴ. ㉡은 형질 세포로 분화된다.
ㄷ. P에서 세포성 면역 반응이 일어났다.

① ㄱ   ② ㄴ   ③ ㄱ, ㄷ   ④ ㄴ, ㄷ   ⑤ ㄱ, ㄴ, ㄷ

08

2021학년도 6월 모평 15번

표 (가)는 세포 I ~ Ⅲ에서 특징 ㉠~㉢의 유무를 나타낸 것이고, (나)는 ㉠~㉢을 순서 없이 나타낸 것이다. I ~ Ⅲ은 각각 보조 T 림프구, 세포독성 T림프구, 형질 세포 중 하나이다.

특징\세포	㉠	㉡	㉢
I	○	○	○
Ⅱ	×	○	×
Ⅲ	○	○	×

(○: 있음, ×: 없음)

(가)

특징(㉠~㉢)
○ 특이적 방어 작용에 관여한다.
○ 가슴샘에서 성숙된다.
○ 병원체에 감염된 세포를 직접 파괴한다.

(나)

이에 대한 설명으로 옳은 것만을 〈보기〉에서 있는 대로 고른 것은? [3점]

─〈 보기 〉─
ㄱ. I은 보조 T 림프구이다.
ㄴ. Ⅱ에서 항체가 분비된다.
ㄷ. ㉢은 '병원체에 감염된 세포를 직접 파괴한다.'이다.

① ㄱ   ② ㄴ   ③ ㄱ, ㄷ   ④ ㄴ, ㄷ   ⑤ ㄱ, ㄴ, ㄷ

09

그림 (가)와 (나)는 어떤 사람이 세균 X에 처음 감염된 후 나타나는 면역 반응을 순차적으로 나타낸 것이다. ㉠과 ㉡은 B 림프구와 보조 T 림프구를 순서 없이 나타낸 것이다.

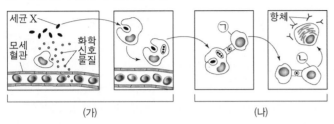

(가)　　　　　　　　(나)

이에 대한 설명으로 옳은 것만을 〈보기〉에서 있는 대로 고른 것은? [3점]

〈 보기 〉
ㄱ. (가)에서 X에 대한 비특이적 면역 반응이 일어났다.
ㄴ. ㉡은 가슴샘(흉선)에서 성숙되었다.
ㄷ. (나)에서 X에 대한 2차 면역 반응이 일어났다.

① ㄱ　　　② ㄴ　　　③ ㄷ　　　④ ㄱ, ㄷ　　　⑤ ㄴ, ㄷ

10

그림 (가)와 (나)는 사람의 체내에 항원 X가 침입했을 때 일어나는 방어 작용 중 일부를 나타낸 것이다. ㉠과 ㉡은 각각 기억 세포와 형질 세포 중 하나이다.

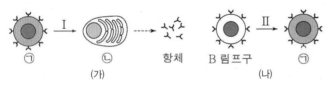

(가)　　　　　　　　(나)

이에 대한 설명으로 옳은 것만을 〈보기〉에서 있는 대로 고른 것은? [3점]

〈 보기 〉
ㄱ. ㉠은 형질 세포이다.
ㄴ. 과정 Ⅰ은 X에 대한 1차 면역 반응에서 일어난다.
ㄷ. 보조 T 림프구는 과정 Ⅱ를 촉진한다.

① ㄱ　　　② ㄴ　　　③ ㄷ　　　④ ㄱ, ㄷ　　　⑤ ㄴ, ㄷ

11

그림은 어떤 병원체가 사람의 몸속에 침입했을 때 일어나는 방어 작용의 일부를 나타낸 것이다. ㉠~㉢은 보조 T 림프구, 형질 세포, B 림프구를 순서 없이 나타낸 것이다.

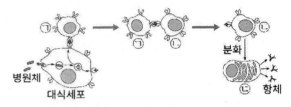

이에 대한 옳은 설명만을 〈보기〉에서 있는 대로 고른 것은?

〈 보기 〉
ㄱ. ㉠은 보조 T 림프구이다.
ㄴ. ㉡은 가슴샘에서 성숙한다.
ㄷ. ㉢은 체액성 면역 반응에 관여한다.

① ㄱ　　　② ㄷ　　　③ ㄱ, ㄴ　　　④ ㄱ, ㄷ　　　⑤ ㄴ, ㄷ

12

그림 (가)는 항원 X와 Y에 노출된 적이 없는 생쥐 A에게 ⓐ를 주사했을 때 일어나는 면역 반응의 일부를, (나)는 일정 시간이 지난 후 A에게 X와 Y를 함께 주사했을 때 A에서 X와 Y에 대한 혈중 항체 농도 변화를 나타낸 것이다. ⓐ는 X와 Y 중 하나이고, ㉠~㉢은 각각 항체, 기억 세포, 형질 세포 중 하나이다.

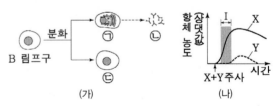

(가)　　　　　　　　(나)

이에 대한 옳은 설명만을 〈보기〉에서 있는 대로 고른 것은? [3점]

〈 보기 〉
ㄱ. ㉡에 의한 방어 작용은 체액성 면역에 해당한다.
ㄴ. ⓐ는 X이다.
ㄷ. 구간 Ⅰ에서 ㉠이 ㉢으로 분화한다.

① ㄱ　　　② ㄴ　　　③ ㄷ　　　④ ㄱ, ㄴ　　　⑤ ㄴ, ㄷ

13

그림 (가)는 어떤 사람이 병원체 X에 감염되었을 때 생성된 X에 대한 항체 Y의 구조를, (나)는 X와 Y의 항원 항체 반응을 나타낸 것이다. ㉠과 ㉡ 중 하나는 항원 결합 부위이다.

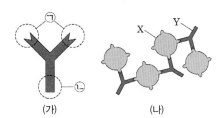

(가)   (나)

이에 대한 설명으로 옳은 것만을 〈보기〉에서 있는 대로 고른 것은? [3점]

〈보기〉
ㄱ. Y는 형질 세포로부터 생성된다.
ㄴ. ㉡은 X에 특이적으로 결합하는 부위이다.
ㄷ. X에 대한 체액성 면역 반응에서 (나)가 일어난다.

① ㄱ　　② ㄴ　　③ ㄱ, ㄷ　　④ ㄴ, ㄷ　　⑤ ㄱ, ㄴ, ㄷ

14 대표 문제

그림 (가)는 어떤 사람이 세균 X에 감염된 후 나타나는 특이적 면역(방어) 작용의 일부를, (나)는 이 사람에서 X의 침입에 의해 생성되는 X에 대한 혈중 항체의 농도 변화를 나타낸 것이다. ㉠과 ㉡은 보조 T 림프구와 B 림프구를 순서 없이 나타낸 것이다.

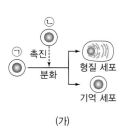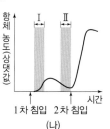

(가)

이에 대한 설명으로 옳은 것만을 〈보기〉에서 있는 대로 고른 것은? [3점]

〈보기〉
ㄱ. ㉠은 보조 T 림프구이다.
ㄴ. 구간 Ⅰ에서 형질 세포로부터 항체가 생성되었다.
ㄷ. 구간 Ⅱ에는 X에 대한 기억 세포가 있다.

① ㄱ　　② ㄷ　　③ ㄱ, ㄴ　　④ ㄴ, ㄷ　　⑤ ㄱ, ㄴ, ㄷ

15

그림 (가)는 어떤 생쥐에 항원 A를 1차로 주사하였을 때 일어나는 면역 반응의 일부를, (나)는 A를 주사하였을 때 이 생쥐에서 생성되는 A에 대한 혈중 항체의 농도 변화를 나타낸 것이다. ㉠~㉢은 기억 세포, 형질 세포, 보조 T 림프구를 순서 없이 나타낸 것이다.

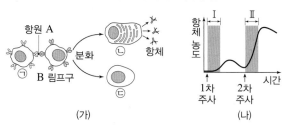

(가)   (나)

이에 대한 옳은 설명만을 〈보기〉에서 있는 대로 고른 것은? [3점]

〈보기〉
ㄱ. ㉠은 보조 T 림프구이다.
ㄴ. 구간 Ⅰ에서 ㉡이 형성된다.
ㄷ. 구간 Ⅱ에서 ㉡이 ㉢으로 분화된다.

① ㄱ　　② ㄴ　　③ ㄷ　　④ ㄱ, ㄴ　　⑤ ㄱ, ㄷ

16

그림 (가)는 어떤 사람의 체내에 병원균 X가 처음 침입하였을 때 일어나는 방어 작용의 일부를, (나)는 이 사람에서 X의 침입에 의해 생성되는 X에 대한 혈중 항체의 농도 변화를 나타낸 것이다. ㉠과 ㉡은 각각 기억 세포와 형질 세포 중 하나이다.

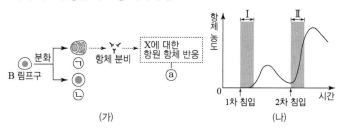

(가)   (나)

이에 대한 설명으로 옳은 것만을 〈보기〉에서 있는 대로 고른 것은? [3점]

〈보기〉
ㄱ. ⓐ는 세포성 면역에 해당한다.
ㄴ. 구간 Ⅱ에서 ㉠이 ㉡으로 분화한다.
ㄷ. 구간 Ⅰ에서 비특이적 방어 작용이 일어난다.

① ㄱ　　② ㄷ　　③ ㄱ, ㄴ　　④ ㄴ, ㄷ　　⑤ ㄱ, ㄴ, ㄷ

17

그림 (가)는 어떤 사람이 항원 X에 감염되었을 때 일어나는 방어 작용의 일부를, (나)는 이 사람에서 X의 침입에 의해 생성되는 X에 대한 혈중 항체 농도 변화를 나타낸 것이다. ⊙과 ⓒ은 기억 세포와 보조 T 림프구를 순서 없이 나타낸 것이다.

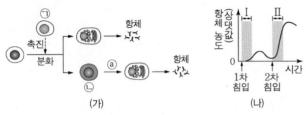

(가)   (나)

이에 대한 설명으로 옳은 것만을 〈보기〉에서 있는 대로 고른 것은?

〈보기〉
ㄱ. ⊙은 보조 T 림프구이다.
ㄴ. 구간 Ⅰ에서 비특이적 방어 작용이 일어난다.
ㄷ. 구간 Ⅱ에서 과정 ⓐ가 일어난다.

① ㄱ   ② ㄷ   ③ ㄱ, ㄴ   ④ ㄴ, ㄷ   ⑤ ㄱ, ㄴ, ㄷ

18

그림 (가)는 어떤 사람이 항원 X에 감염되었을 때 일어나는 방어 작용의 일부를, (나)는 이 사람에서 X의 침입에 의해 생성되는 X에 대한 혈중 항체 농도 변화를 나타낸 것이다. 세포 ⊙과 ⓒ은 형질 세포와 B 림프구를 순서 없이 나타낸 것이다.

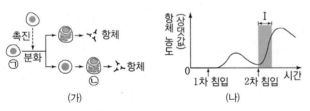

(가)   (나)

이에 대한 설명으로 옳은 것만을 〈보기〉에서 있는 대로 고른 것은? [3점]

〈보기〉
ㄱ. ⊙은 B 림프구이다.
ㄴ. 구간 Ⅰ에는 X에 대한 기억 세포가 있다.
ㄷ. ⓒ에서 분비되는 항체에 의한 방어 작용은 체액성 면역에 해당한다.

① ㄱ   ② ㄴ   ③ ㄱ, ㄷ   ④ ㄴ, ㄷ   ⑤ ㄱ, ㄴ, ㄷ

19

다음은 사람의 방어 작용에 대한 실험이다.

○ 침과 눈물에는 ⊙ 세균의 증식을 억제하는 물질이 있다.
[실험 과정 및 결과]
(가) 사람의 침과 눈물을 각각 표와 같은 농도로 준비한다.
(나) (가)에서 준비한 침과 눈물에 같은 양의 세균 G를 각각 넣고 일정 시간 동안 배양한 후, G의 증식 여부를 확인한 결과는 표와 같다.

농도 (상댓값)	침	눈물
1	ⓐ	×
0.1	×	?
0.01	○	×

(○: 증식됨, ×: 증식 안 됨)

이에 대한 설명으로 옳은 것만을 〈보기〉에서 있는 대로 고른 것은? (단, 제시된 조건 이외는 고려하지 않는다.) [3점]

〈보기〉
ㄱ. 라이소자임은 ⊙에 해당한다.
ㄴ. ⓐ는 '×'이다.
ㄷ. 사람의 침과 눈물은 비특이적 방어 작용에 관여한다.

① ㄱ   ② ㄷ   ③ ㄱ, ㄴ   ④ ㄴ, ㄷ   ⑤ ㄱ, ㄴ, ㄷ

20

병원체 X에는 항원 ⊙과 ⓒ이 모두 있고, 병원체 Y에는 ⊙과 ⓒ 중 하나만 있다. 그림은 X와 Y에 노출된 적이 없는 어떤 생쥐에게 ⓐ를 주사하고, 일정 시간이 지난 후 ⓑ를 주사했을 때 ⊙과 ⓒ에 대한 혈중 항체 농도의 변화를 나타낸 것이다. ⓐ와 ⓑ는 X와 Y를 순서 없이 나타낸 것이다.

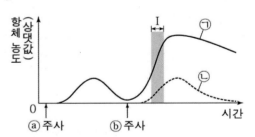

이에 대한 옳은 설명만을 〈보기〉에서 있는 대로 고른 것은? [3점]

〈보기〉
ㄱ. ⓑ는 X이다.
ㄴ. Y에는 ⊙이 있다.
ㄷ. 구간 Ⅰ에서 ⊙에 대한 체액성 면역 반응이 일어났다.

① ㄱ   ② ㄴ   ③ ㄱ, ㄷ   ④ ㄴ, ㄷ   ⑤ ㄱ, ㄴ, ㄷ

21

다음은 철수 가족의 ABO식 혈액형에 관한 자료이다.

○ 철수 가족의 ABO식 혈액형은 서로 다르다.
○ 표는 아버지, 어머니, 철수의 혈액을 각각 혈구와 혈장으로 분리하여 서로 섞었을 때 응집 여부를 나타낸 것이다.

구분	어머니의 혈장	철수의 혈장
아버지의 혈구	응집됨	응집 안 됨

이에 대한 설명으로 옳은 것만을 〈보기〉에서 있는 대로 고른 것은? (단, ABO식 혈액형만 고려한다.)

---〈보기〉---
ㄱ. 어머니는 O형이다.
ㄴ. 철수의 혈구와 어머니의 혈장을 섞으면 응집된다.
ㄷ. 아버지와 철수의 혈장에는 동일한 종류의 응집소가 있다.
---

① ㄴ ② ㄷ ③ ㄱ, ㄴ ④ ㄱ, ㄷ ⑤ ㄱ, ㄴ, ㄷ

22

표 (가)는 사람 Ⅰ~Ⅲ의 혈액에서 응집원 B와 응집소 β의 유무를, (나)는 Ⅰ~Ⅲ의 혈액을 혈청 ㉠~㉢과 각각 섞었을 때의 ABO식 혈액형에 대한 응집 반응 결과를 나타낸 것이다. Ⅰ~Ⅲ의 ABO식 혈액형은 모두 다르며, ㉠~㉢은 Ⅰ의 혈청, Ⅱ의 혈청, 항 B 혈청을 순서 없이 나타낸 것이다.

구분	응집원 B	응집소 β
Ⅰ	○	?
Ⅱ	?	×
Ⅲ	?	○

(○: 있음, ×: 없음)

(가)

구분	㉠	㉡	㉢
Ⅰ의 혈액	−	?	?
Ⅱ의 혈액	?	+	+
Ⅲ의 혈액	?	+	−

(+: 응집됨, −: 응집 안 됨)

(나)

이에 대한 옳은 설명만을 〈보기〉에서 있는 대로 고른 것은? [3점]

---〈보기〉---
ㄱ. ㉢은 항 B 혈청이다.
ㄴ. Ⅰ의 ABO식 혈액형은 B형이다.
ㄷ. Ⅱ의 혈액에는 응집소 α가 있다.
---

① ㄱ ② ㄴ ③ ㄷ ④ ㄱ, ㄴ ⑤ ㄴ, ㄷ

23

표는 사람 Ⅰ~Ⅲ 사이의 ABO식 혈액형에 대한 응집 반응 결과를 나타낸 것이다. ㉠~㉢은 Ⅰ~Ⅲ의 혈장을 순서 없이 나타낸 것이다. Ⅰ~Ⅲ의 ABO식 혈액형은 각각 서로 다르며, A형, AB형, O형 중 하나이다.

적혈구＼혈장	㉠	㉡	㉢
Ⅰ의 적혈구	?	−	+
Ⅱ의 적혈구	−	?	−
Ⅲ의 적혈구	?	+	?

(+: 응집됨, −: 응집 안 됨)

이에 대한 설명으로 옳은 것만을 〈보기〉에서 있는 대로 고른 것은?

---〈보기〉---
ㄱ. Ⅰ의 ABO식 혈액형은 A형이다.
ㄴ. ㉡은 Ⅱ의 혈장이다.
ㄷ. Ⅲ의 적혈구와 ㉢을 섞으면 항원 항체 반응이 일어난다.
---

① ㄱ ② ㄴ ③ ㄱ, ㄷ ④ ㄴ, ㄷ ⑤ ㄱ, ㄴ, ㄷ

학년도 주제	**2025**	**2024**

18 2025학년도 수능 9번

다음은 병원체 ⊙과 ⓒ에 대한 생쥐의 방어 작용 실험이다.

[실험 과정 및 결과]
(가) 유전적으로 동일하고 가슴샘이 없는 생쥐 Ⅰ~Ⅵ를 준비한다. Ⅰ~Ⅵ은 ⊙과 ⓒ에 노출된 적이 없다.
(나) Ⅰ과 Ⅱ에 ⊙을, Ⅲ과 Ⅳ에 ⓒ을, Ⅴ와 Ⅵ에 ⊙과 ⓒ을 모두를 감염시키고, Ⅱ, Ⅳ, Ⅵ에 대한 보조 T 림프구를 각각 주사한다. ⓐ는 ⊙과 ⓒ 중 하나이다.
(다) 일정 시간이 지난 후, Ⅰ~Ⅵ에서 ⓐ에 대한 항원 항체 반응 여부와 생존 여부를 확인한 결과는 표와 같다.

생쥐	Ⅰ	Ⅱ	Ⅲ	Ⅳ	Ⅴ	Ⅵ
항원 항체 반응 여부	일어나지 않음	일어나지 않음	?	일어남	?	일어남
생존 여부	죽는다	?	죽는다	산다	죽는다	죽는다

이에 대한 설명으로 옳은 것만을 〈보기〉에서 있는 대로 고른 것은? (단, 제시된 조건 이외는 고려하지 않는다.) [3점]

〈보기〉
ㄱ. ⓐ는 ⊙이다.
ㄴ. (다)의 Ⅳ에서 B 림프구로부터 형질 세포로의 분화가 일어났다.
ㄷ. (다)의 Ⅵ에서 ⓒ에 대한 특이적 방어 작용이 일어났다.

① ㄱ ② ㄴ ③ ㄱ, ㄷ ④ ㄴ, ㄷ ⑤ ㄱ, ㄴ, ㄷ

---

02 2024학년도 9월 모평 9번

다음은 항원 X에 대한 생쥐의 방어 작용 실험이다.

[실험 과정 및 결과]
(가) 정상 생쥐 A와 가슴샘이 없는 생쥐 B를 준비한다. A와 B는 유전적으로 동일하며 X에 노출된 적이 없다.
(나) A와 B에 X를 각각 2회에 걸쳐 주사한다. A와 B에서 X에 대한 혈중 항체 농도 변화는 그림과 같다.

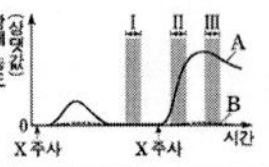

이에 대한 설명으로 옳은 것만을 〈보기〉에서 있는 대로 고른 것은? (단, 제시된 조건 이외는 고려하지 않는다.) [3점]

〈보기〉
ㄱ. 구간 Ⅰ의 A에는 X에 대한 기억 세포가 있다.
ㄴ. 구간 Ⅱ의 A에서 X에 대한 2차 면역 반응이 일어난다.
ㄷ. 구간 Ⅱ의 A에서 X에 대한 항체는 세포독성 T 림프구에서 생성된다.

① ㄱ ② ㄴ ③ ㄱ, ㄷ ④ ㄷ, ㄹ ⑤ ㄴ, ㄷ

---

17 2024학년도 수능 18번

다음은 바이러스 X에 대한 생쥐의 방어 작용 실험이다.

[실험 과정 및 결과]
(가) 유전적으로 동일하고 X에 노출된 적이 없는 생쥐 A~D를 준비한다. A와 B는 ⊙이고, C와 D는 ⓒ이다. ⊙과 ⓒ는 '정상 생쥐'와 '가슴샘이 없는 생쥐'를 순서 없이 나타낸 것이다.
(나) A~D 중 B와 D에 X를 각각 주사한 후 A~D에서 ⓐ X에 감염된 세포의 유무를 확인한 결과, B와 D에서만 ⓐ가 있었다.
(다) 일정 시간이 지난 후, 각 생쥐에 대해 조사한 결과는 표와 같다.

구분	⊙		ⓒ	
	A	B	C	D
X에 대한 세포성 면역 반응 여부	일어나지 않음	일어남	일어나지 않음	일어나지 않음
생존 여부	산다	산다	산다	죽는다

이에 대한 설명으로 옳은 것만을 〈보기〉에서 있는 대로 고른 것은? (단, 제시된 조건 이외는 고려하지 않는다.) [3점]

〈보기〉
ㄱ. X는 유전 물질을 갖는다.
ㄴ. ⊙은 '가슴샘이 없는 생쥐'이다.
ㄷ. (다)의 B에서 세포독성 T 림프구가 ⓐ를 파괴하는 면역 반응이 일어났다.

① ㄱ ② ㄷ ③ ㄱ, ㄴ ④ ㄴ, ㄷ ⑤ ㄱ, ㄴ, ㄷ

---

16 2024학년도 6월 모평 13번

다음은 검사 키트를 이용하여 병원체 P와 Q의 감염 여부를 확인하기 위한 실험이다.

○ 사람으로부터 채취한 시료를 검사 키트에 떨어뜨리면 시료는 물질 ⓐ와 함께 이동한다. ⓐ는 P와 Q에 각각 결합할 수 있고, 색소가 있다. 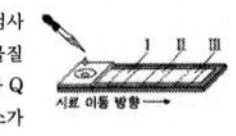
○ 검사 키트의 Ⅰ에는 'P에 대한 항체'가, Ⅱ에는 'Q에 대한 항체'가, Ⅲ에는 ⓐ에 대한 항체'가 각각 부착되어 있다. Ⅰ~Ⅲ의 항체에 각각 항원이 결합하면, ⓐ의 색소에 의해 띠가 나타난다.

[실험 과정 및 결과]
(가) 사람 A와 B로부터 시료를 각각 준비한 후, 검사 키트에 각 시료를 떨어뜨린다.

사람	검사 결과
A	
B	?

(나) 일정 시간이 지난 후 검사 키트를 확인한 결과는 표와 같다.
(다) A는 P와 Q에 모두 감염되지 않았고, B는 Q에만 감염되었다.

B의 검사 결과로 가장 적절한 것은? (단, 제시된 조건 이외는 고려하지 않는다.) [3점]

① Ⅰ Ⅱ Ⅲ
② Ⅰ Ⅱ Ⅲ
③ Ⅰ Ⅱ Ⅲ
④ Ⅰ Ⅱ Ⅲ
⑤ Ⅰ Ⅱ Ⅲ

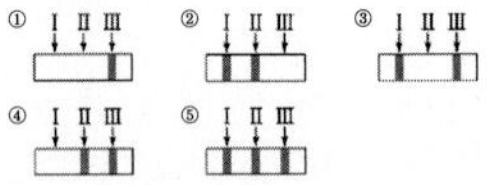

2023

12
2023학년도 수능 14번

다음은 병원체 X와 Y에 대한 생쥐의 방어 작용 실험이다.

○ X와 Y에 모두 항원 ⓐ가 있다.

[실험 과정 및 결과]

(가) 유전적으로 동일하고 X와 Y에 노출된 적이 없는 생쥐 Ⅰ ~ Ⅳ를 준비한다.

(나) Ⅰ에게 X를, Ⅱ에게 Y를 주사하고 일정 시간이 지난 후, 생쥐의 생존 여부를 확인한다.

생쥐	생존 여부
Ⅰ	산다.
Ⅱ	죽는다.

(다) (나)의 Ⅰ에서 ⓐ에 대한 B 림프구가 분화된 기억 세포를 분리한다.

(라) Ⅲ에게 X를, Ⅳ에게 (다)의 기억 세포를 주사한다.

(마) 일정 시간이 지난 후, Ⅲ과 Ⅳ에게 Y를 각각 주사하고, Ⅲ과 Ⅳ에서의 혈중 항체 농도 변화는 그림과 같다.

이에 대한 설명으로 옳은 것만을 〈보기〉에서 있는 대로 고른 것은? (단, 제시된 조건 이외는 고려하지 않는다.) [3점]

〈보기〉
ㄱ. Ⅲ에서 ⓐ에 대한 혈중 항체 농도는 t_1일 때가 t_2일 때보다 높다.
ㄴ. 구간 ⓒ에서 ⓐ에 대한 특이적 방어 작용이 일어났다.
ㄷ. 구간 ⓒ에서 형질 세포가 기억 세포로 분화되었다.

① ㄱ ② ㄴ ③ ㄱ, ㄷ ④ ㄴ, ㄷ ⑤ ㄱ, ㄴ, ㄷ

15
2023학년도 9월 모평 14번

다음은 검사 키트를 이용하여 병원체 X의 감염 여부를 확인하기 위한 실험이다.

○ 사람으로부터 채취한 시료를 검사 키트에 떨어뜨리면 시료는 물질 ⓑ와 함께 이동한다. ⓑ는 X에 결합할 수 있고, 색소가 있다.
○ 검사 키트의 Ⅰ에는 ⓙ이, Ⅱ에는 ⓒ이 각각 부착되어 있다. ⓙ과 ⓒ 중 하나는 X에 대한 항체이고, 나머지 하나는 ⓑ에 대한 항체이다.
○ ⓙ과 ⓒ에 각각 항원이 결합하면, ⓑ의 색소에 의해 띠가 나타난다.

[실험 과정 및 결과]

(가) 사람 A와 B로부터 시료를 각각 준비한 후, 검사 키트에 각 시료를 떨어뜨린다.

(나) 일정 시간이 지난 후 검사 키트를 확인한 결과는 그림과 같고, A와 B 중 한 사람만 X에 감염되었다.

이 자료에 대한 설명으로 옳은 것만을 〈보기〉에서 있는 대로 고른 것은? (단, 제시된 조건 이외는 고려하지 않는다.) [3점]

〈보기〉
ㄱ. ⓒ은 ⓑ에 대한 항체이다.
ㄴ. B는 X에 감염되었다.
ㄷ. 검사 키트에는 항원 항체 반응의 원리가 이용된다.

① ㄱ ② ㄴ ③ ㄱ, ㄷ ④ ㄴ, ㄷ ⑤ ㄱ, ㄴ, ㄷ

2022 ~ 2020

04
2022학년도 6월 모평 10번

다음은 항원 X에 대한 생쥐의 방어 작용 실험이다.

[실험 과정 및 결과]

(가) 유전적으로 동일하고 X에 노출된 적이 없는 생쥐 A~D를 준비한다.

(나) A와 B에 X를 각각 2회에 걸쳐 주사한 후, A와 B에서 특이적 방어 작용이 일어났는지 확인한다.

생쥐	특이적 방어 작용
A	○
B	ⓐ

(○: 일어남, X: 일어나지 않음)

(다) 일정 시간이 지난 후, (나)의 A에서 ⓙ을 분리하여 C에, (나)의 B에서 ⓒ을 분리하여 D에 주사한다. ⓙ과 ⓒ은 혈장과 기억 세포를 순서 없이 나타낸 것이다.

(라) 일정 시간이 지난 후, C와 D에 X를 각각 주사한다. C와 D에서 X에 대한 혈중 항체 농도 변화는 그림과 같다.

이에 대한 설명으로 옳은 것만을 〈보기〉에서 있는 대로 고른 것은? [3점]

〈보기〉
ㄱ. ⓐ는 '○'이다.
ㄴ. ⓙ은 X에 대한 항체가 형질 세포로부터 생성되었다.
ㄷ. 구간 Ⅱ에서 X에 대한 1차 면역 반응이 일어났다.

① ㄱ ② ㄴ ③ ㄱ, ㄷ ④ ㄴ, ㄷ ⑤ ㄱ, ㄴ, ㄷ

08
2022학년도 9월 모평 18번

다음은 병원체 P에 대한 백신을 개발하기 위한 실험이다.

[실험 과정 및 결과]

(가) P로부터 두 종류의 백신 후보 물질 ⓙ과 ⓒ을 얻는다.

(나) P, ⓙ, ⓒ에 노출된 적이 없고, 유전적으로 동일한 생쥐 Ⅰ~Ⅳ를 준비한다.

(다) 표와 같이 주사액을 Ⅰ~Ⅳ에게 주사하고 일정 시간이 지난 후, 생쥐의 생존 여부를 확인한다.

생쥐	주사액 조성	생존 여부
Ⅰ	ⓙ	산다.
Ⅱ, Ⅲ	ⓒ	산다.
Ⅳ	P	죽는다.

(라) (다)의 Ⅱ에서 ⓒ에 대한 B 림프구가 분화된 기억 세포를 분리하여 Ⅴ에게 주사한다.

(마) (다)의 Ⅰ과 Ⅲ, (라)의 Ⅴ에게 각각 P를 주사하고 일정 시간이 지난 후, 생쥐의 생존 여부를 확인한다.

생쥐	생존 여부
Ⅰ	죽는다.
Ⅲ	산다.
Ⅴ	산다.

이에 대한 설명으로 옳은 것만을 〈보기〉에서 있는 대로 고른 것은? (단, 제시된 조건 이외는 고려하지 않는다.) [3점]

〈보기〉
ㄱ. P에 대한 백신으로 ⓙ이 ⓒ보다 적합하다.
ㄴ. (다)의 Ⅱ에서 ⓒ에 대한 1차 면역 반응이 일어났다.
ㄷ. (마)의 Ⅴ에서 기억 세포로부터 형질 세포로의 분화가 일어났다.

① ㄱ ② ㄴ ③ ㄱ, ㄷ ④ ㄴ, ㄷ ⑤ ㄱ, ㄴ, ㄷ

05 변형문제
2020학년도 9월 모평 10번

다음은 항원 A~C에 대한 생쥐의 방어 작용 실험이다.

[실험 과정]

(가) 유전적으로 동일하고 A, B, C에 노출된 적이 없는 생쥐 Ⅰ ~ Ⅳ를 준비한다.

(나) Ⅰ에 A를, Ⅱ에 B를, Ⅲ에 C를, Ⅳ에 생리 식염수를 1회 주사한다. ⓙ과 ⓒ은 B와 C를 순서 없이 나타낸 것이다.

(다) 2주 후, (나)의 Ⅰ에서 기억 세포를 분리하여 Ⅱ에, (나)의 Ⅲ에서 기억 세포를 분리하여 Ⅳ에 주사한다.

(라) 1주 후, (다)의 Ⅱ와 Ⅳ에 일정 시간 간격으로 A, B, C를 주사한다.

[실험 결과]

Ⅱ와 Ⅳ에서 A, B, C에 대한 혈중 항체 농도 변화는 그림과 같다.

이에 대한 설명으로 옳은 것만을 〈보기〉에서 있는 대로 고른 것은? [3점]

〈보기〉
ㄱ. ⓙ은 C이다.
ㄴ. 구간 ⓐ에서 A에 대한 체액성 면역 반응이 일어났다.
ㄷ. 구간 ⓑ에서 B에 대한 형질 세포가 기억 세포로 분화되었다.

① ㄱ ② ㄴ ③ ㄷ ④ ㄱ, ㄴ ⑤ ㄴ, ㄷ

13
2021학년도 수능 14번

다음은 병원체 ⓙ과 ⓒ에 대한 생쥐의 방어 작용 실험이다.

[실험 과정 및 결과]

(가) 유전적으로 동일하고, ⓙ과 ⓒ에 노출된 적이 없는 생쥐 Ⅰ ~ Ⅵ를 준비한다.

(나) Ⅰ에는 생리식염수를, Ⅱ에는 죽은 ⓙ을, Ⅲ에는 죽은 ⓒ을 각각 주사한다. Ⅱ에서는 ⓙ에 대한, Ⅲ에서는 ⓒ에 대한 항체가 각각 생성되었다.

(다) 2주 후, (나)의 Ⅰ~Ⅲ에서 각각 혈장을 분리하여 표와 같이 살아 있는 ⓙ과 ⓒ을 Ⅳ~Ⅵ에게 주사하고, 1일 후 생쥐의 생존 여부를 확인한다.

생쥐	주사액의 조성	생존 여부
Ⅳ	Ⅰ의 혈장+ⓙ	죽는다
Ⅴ	Ⅱ의 혈장+ⓒ	산다
Ⅵ	Ⅲ의 혈장+ⓒ	죽는다

이에 대한 설명으로 옳은 것만을 〈보기〉에서 있는 대로 고른 것은? (단, 제시된 조건 이외는 고려하지 않는다.) [3점]

〈보기〉
ㄱ. (나)의 Ⅱ에서 ⓙ에 대한 특이적 방어 작용이 일어났다.
ㄴ. (다)의 Ⅴ에서 ⓒ에 대한 2차 면역 반응이 일어났다.
ㄷ. ⓒ에는 ⓒ에 대한 형질 세포가 있다.

① ㄱ ② ㄴ ③ ㄱ, ㄷ ④ ㄴ, ㄷ ⑤ ㄱ, ㄴ, ㄷ

01

2023학년도 3월 학평 11번

그림은 항원 X에 노출된 적이 없는 어떤 생쥐에 ㉠을 1회, X를 2회 주사했을 때 X에 대한 혈중 항체 농도의 변화를 나타낸 것이다. ㉠은 X에 대한 항체가 포함된 혈청과 X에 대한 기억 세포 중 하나이다.

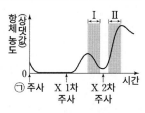

이에 대한 옳은 설명만을 〈보기〉에서 있는 대로 고른 것은? [3점]

〈 보기 〉
ㄱ. ㉠은 X에 대한 기억 세포이다.
ㄴ. 구간 Ⅰ에서 X에 대한 형질 세포가 기억 세포로 분화했다.
ㄷ. 구간 Ⅱ에서 체액성 면역 반응이 일어났다.

① ㄱ   ② ㄴ   ③ ㄷ   ④ ㄱ, ㄷ   ⑤ ㄴ, ㄷ

02

2024학년도 9월 모평 9번

다음은 항원 X에 대한 생쥐의 방어 작용 실험이다.

[실험 과정 및 결과]
(가) 정상 생쥐 A와 가슴샘이 없는 생쥐 B를 준비한다. A와 B는 유전적으로 동일하고 X에 노출된 적이 없다.
(나) A와 B에 X를 각각 2회에 걸쳐 주사한다. A와 B에서 X에 대한 혈중 항체 농도 변화는 그림과 같다.

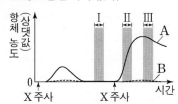

이에 대한 설명으로 옳은 것만을 〈보기〉에서 있는 대로 고른 것은? (단, 제시된 조건 이외는 고려하지 않는다.) [3점]

〈 보기 〉
ㄱ. 구간 Ⅰ의 A에는 X에 대한 기억 세포가 있다.
ㄴ. 구간 Ⅱ의 A에서 X에 대한 2차 면역 반응이 일어났다.
ㄷ. 구간 Ⅲ의 A에서 X에 대한 항체는 세포독성 T 림프구에서 생성된다.

① ㄱ   ② ㄴ   ③ ㄱ, ㄴ   ④ ㄱ, ㄷ   ⑤ ㄴ, ㄷ

03

다음은 항원 X와 Y에 대한 생쥐의 방어 작용 실험이다.

[실험 과정]

(가) 유전적으로 동일하고, X와 Y에 노출된 적이 없는 생쥐 ㉠
~㉢을 준비한다.

(나) ㉠에 X와 Y 중 하나를 주사한다.

(다) 2주 후, ㉠에 주사한 항원에 대한 기억 세포를 분리하여 ㉡
에 주사한다.

(라) 1주 후, ㉡과 ㉢에 X를 주사하고, 일정 시간이 지난 후 Y
를 주사한다.

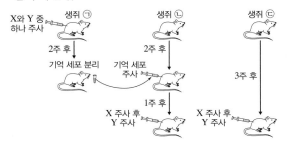

[실험 결과]

㉡과 ㉢에서 X와 Y에 대한 혈중 항체 농도의 변화는 그림과 같다.

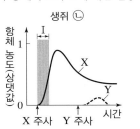 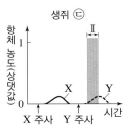

이에 대한 옳은 설명만을 〈보기〉에서 있는 대로 고른 것은? [3점]

─〈 보기 〉─

ㄱ. (나)에서 ㉠에 주사한 항원은 Y이다.

ㄴ. 구간 Ⅰ에서 X에 대한 형질 세포가 기억 세포로 분화된다.

ㄷ. 구간 Ⅱ에서 Y에 대한 체액성 면역이 일어난다.

① ㄱ ② ㄷ ③ ㄱ, ㄴ ④ ㄱ, ㄷ ⑤ ㄴ, ㄷ

04

다음은 항원 X에 대한 생쥐의 방어 작용 실험이다.

[실험 과정 및 결과]

(가) 유전적으로 동일하고 X에 노출된 적이 없는 생쥐 A~D를
준비한다.

(나) A와 B에 X를 각각 2회에 걸쳐 주사한 후, A와 B에서 특
이적 방어 작용이 일어났는지 확인한다.

생쥐	특이적 방어 작용
A	○
B	ⓐ

(○: 일어남, ×: 일어나지 않음)

(다) 일정 시간이 지난 후, (나)의 A에서 ㉠을 분리하여 C에,
(나)의 B에서 ㉡을 분리하여 D에 주사한다. ㉠과 ㉡은 혈
장과 기억 세포를 순서 없이 나타낸 것이다.

(라) 일정 시간이 지난 후, C와 D에 X를 각각 주사한다. C와 D
에서 X에 대한 혈중 항체 농도 변화는 그림과 같다.

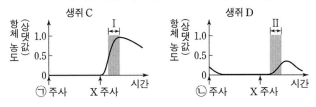

이에 대한 설명으로 옳은 것만을 〈보기〉에서 있는 대로 고른 것은? [3점]

─〈 보기 〉─

ㄱ. ⓐ는 '○'이다.

ㄴ. 구간 Ⅰ에서 X에 대한 항체가 형질 세포로부터 생성되었다.

ㄷ. 구간 Ⅱ에서 X에 대한 1차 면역 반응이 일어났다.

① ㄱ ② ㄷ ③ ㄱ, ㄴ ④ ㄴ, ㄷ ⑤ ㄱ, ㄴ, ㄷ

05

다음은 항원 A~C에 대한 생쥐의 방어 작용 실험이다.

[실험 과정]

(가) 유전적으로 동일하고 A, B, C에 노출된 적이 없는 생쥐 Ⅰ ~Ⅳ를 준비한다.

(나) Ⅰ에 A를, Ⅱ에 ㉠을, Ⅲ에 ㉡을, Ⅳ에 생리 식염수를 1회 주사한다. ㉠과 ㉡은 B와 C를 순서 없이 나타낸 것이다.

(다) 2주 후, (나)의 Ⅰ에서 기억 세포를 분리하여 Ⅱ에, (나)의 Ⅲ에서 기억 세포를 분리하여 Ⅳ에 주사한다.

(라) 1주 후, (다)의 Ⅱ와 Ⅳ에 일정 시간 간격으로 A, B, C를 주사한다.

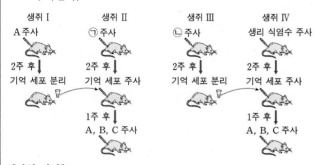

[실험 결과]

Ⅱ와 Ⅳ에서 A, B, C에 대한 혈중 항체 농도 변화는 그림과 같다.

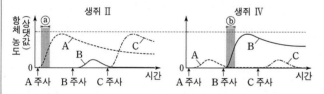

이에 대한 설명으로 옳은 것만을 〈보기〉에서 있는 대로 고른 것은? [3점]

〈 보기 〉

ㄱ. ㉠은 C이다.

ㄴ. 구간 ⓐ에서 A에 대한 체액성 면역 반응이 일어났다.

ㄷ. 구간 ⓑ에서 B에 대한 형질 세포가 기억 세포로 분화되었다.

① ㄱ   ② ㄴ   ③ ㄷ   ④ ㄱ, ㄴ   ⑤ ㄴ, ㄷ

06

다음은 병원체 P와 Q에 대한 생쥐의 방어 작용 실험이다.

○ Q에 항원 ㉠과 ㉡이 있다.

[실험 과정 및 결과]

(가) 유전적으로 동일하고, P와 Q에 노출된 적이 없는 생쥐 Ⅰ ~Ⅴ를 준비한다.

(나) Ⅰ에게 P를, Ⅱ에게 Q를 각각 주사하고 일정 시간이 지난 후, 생쥐의 생존 여부를 확인한다.

생쥐	생존 여부
Ⅰ	죽는다
Ⅱ	산다

(다) (나)의 Ⅱ에서 혈청, ㉠에 대한 B 림프구가 분화한 기억 세포 ⓐ, ㉡에 대한 B 림프구가 분화한 기억 세포 ⓑ를 분리한다.

(라) Ⅲ에게 (다)의 혈청을, Ⅳ에게 (다)의 ⓐ를, Ⅴ에게 (다)의 ⓑ를 주사한다.

(마) (라)의 Ⅲ~Ⅴ에게 P를 각각 주사하고 일정 시간이 지난 후, 생쥐의 생존 여부를 확인한다.

생쥐	생존 여부
Ⅲ	산다
Ⅳ	죽는다
Ⅴ	산다

이에 대한 옳은 설명만을 〈보기〉에서 있는 대로 고른 것은? (단, 제시된 조건 이외는 고려하지 않는다.) [3점]

〈 보기 〉

ㄱ. (나)의 Ⅱ에서 1차 면역 반응이 일어났다.

ㄴ. (마)의 Ⅲ에서 P와 항체의 결합이 일어났다.

ㄷ. (마)의 Ⅴ에서 ⓑ가 형질 세포로 분화했다.

① ㄱ   ② ㄷ   ③ ㄱ, ㄴ   ④ ㄴ, ㄷ   ⑤ ㄱ, ㄴ, ㄷ

다음은 병원체 P에 대한 백신을 개발하기 위한 실험이다.

[실험 과정 및 결과]

(가) P로부터 백신 후보 물질 ㉠을 얻는다.

(나) P와 ㉠에 노출된 적이 없고, 유전적으로 동일한 생쥐 Ⅰ ~ Ⅴ를 준비한다.

(다) Ⅰ과 Ⅱ에게 각각 ㉠을 주사한다. Ⅰ에서 ㉠에 대한 혈중 항체 농도 변화는 그림과 같다.

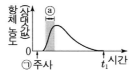

(라) t_1일 때 Ⅰ에서 혈장과 ㉠에 대한 B 림프구가 분화한 기억 세포를 분리한다. 표와 같이 주사액을 Ⅱ~Ⅴ에게 주사하고 일정 시간이 지난 후, 생쥐의 생존 여부를 확인한다.

생쥐	주사액 조성	생존 여부
Ⅱ	P	산다
Ⅲ	P	죽는다
Ⅳ	Ⅰ의 혈장+P	죽는다
Ⅴ	Ⅰ의 기억 세포+P	산다

이에 대한 설명으로 옳은 것만을 〈보기〉에서 있는 대로 고른 것은? (단, 제시된 조건 이외는 고려하지 않는다.)

〈 보기 〉

ㄱ. ㉠은 (다)의 Ⅰ에서 항원으로 작용하였다.

ㄴ. 구간 ⓐ에서 체액성 면역 반응이 일어났다.

ㄷ. (라)의 Ⅴ에서 형질 세포가 기억 세포로 분화되었다.

① ㄱ   ② ㄷ   ③ ㄱ, ㄴ   ④ ㄴ, ㄷ   ⑤ ㄱ, ㄴ, ㄷ

다음은 병원체 P에 대한 백신을 개발하기 위한 실험이다.

[실험 과정 및 결과]

(가) P로부터 두 종류의 백신 후보 물질 ㉠과 ㉡을 얻는다.

(나) P, ㉠, ㉡에 노출된 적이 없고, 유전적으로 동일한 생쥐 Ⅰ ~Ⅳ를 준비한다.

(다) 표와 같이 주사액을 Ⅰ ~Ⅳ에게 주사하고 일 정 시간이 지난 후, 생 쥐의 생존 여부를 확인 한다.

생쥐	주사액 조성	생존 여부
Ⅰ	㉠	산다.
Ⅱ, Ⅲ	㉡	산다.
Ⅳ	P	죽는다.

(라) (다)의 Ⅲ에서 ㉡에 대한 B 림프구가 분화한 기억 세포를 분 리하여 Ⅴ에게 주사한다.

(마) (다)의 Ⅰ과 Ⅱ, (라)의 Ⅴ에게 각각 P를 주사하고 일정 시간이 지난 후, 생쥐의 생존 여부를 확인한다.

생쥐	생존 여부
Ⅰ	죽는다.
Ⅱ	산다.
Ⅴ	산다.

이에 대한 설명으로 옳은 것만을 〈보기〉에서 있는 대로 고른 것은? (단, 제시된 조건 이외는 고려하지 않는다.) [3점]

〈 보기 〉

ㄱ. P에 대한 백신으로 ㉠이 ㉡보다 적합하다.

ㄴ. (다)의 Ⅱ에서 ㉡에 대한 1차 면역 반응이 일어났다.

ㄷ. (마)의 Ⅴ에서 기억 세포로부터 형질 세포로의 분화가 일어 났다.

① ㄱ   ② ㄴ   ③ ㄱ, ㄷ   ④ ㄴ, ㄷ   ⑤ ㄱ, ㄴ, ㄷ

09

다음은 병원체 ㉠에 대한 생쥐의 방어 작용 실험이다.

[실험 과정 및 결과]

(가) 유전적으로 같고 ㉠에 노출된 적이 없는 생쥐 I ~ V를 준비한다.

(나) I 에는 생리식염수를, II 에는 죽은 ㉠을 각각 주사한다.

(다) 2주 후 I 에서는 혈장을, II 에서는 혈장과 기억 세포를 분리하여 표와 같이 살아 있는 ㉠과 함께 III ~ V에게 각각 주사하고, 일정 시간이 지난 후 생쥐의 생존 여부를 확인한다.

생쥐	주사액의 조성	생존 여부
III	ⓐ I 의 혈장 + ㉠	죽는다
IV	II 의 혈장 + ㉠	산다
V	II 의 기억 세포 + ㉠	산다

이에 대한 옳은 설명만을 〈보기〉에서 있는 대로 고른 것은? (단, 제시된 조건 이외는 고려하지 않는다.) [3점]

〈 보기 〉

ㄱ. ⓐ에는 ㉠에 대한 항체가 있다.

ㄴ. (나)의 II 에서 체액성 면역 반응이 일어났다.

ㄷ. (다)의 V 에서 ㉠에 대한 기억 세포로부터 형질 세포로의 분화가 일어났다.

① ㄱ   ② ㄴ   ③ ㄷ   ④ ㄱ, ㄷ   ⑤ ㄴ, ㄷ

10

다음은 항원 A와 B에 대한 생쥐의 방어 작용 실험이다.

[실험 과정]

(가) A와 B에 노출된 적이 없는 생쥐 X를 준비한다.

(나) X에게 A를 1차 주사하고, 일정 시간이 지난 후 X에게 A를 2차, B를 1차 주사한다.

[실험 결과]

X에서 A와 B에 대한 혈중 항체 농도 변화는 그림과 같다.

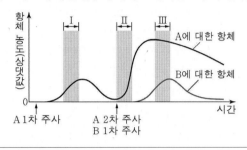

이에 대한 설명으로 옳은 것만을 〈보기〉에서 있는 대로 고른 것은?

〈 보기 〉

ㄱ. 구간 I 에서 A에 대한 1차 면역 반응이 일어났다.

ㄴ. 구간 II 에서 A에 대한 형질 세포가 기억 세포로 분화되었다.

ㄷ. 구간 III 에서 B에 대한 특이적 방어 작용이 일어났다.

① ㄱ   ② ㄴ   ③ ㄱ, ㄷ   ④ ㄴ, ㄷ   ⑤ ㄱ, ㄴ, ㄷ

11

다음은 항원 A와 B의 면역학적 특성을 알아보기 위한 자료이다.

○ A에 노출된 적이 없는 생쥐 X에게 A를 2회에 걸쳐 주사하였고, B에 노출된 적이 없는 생쥐 Y에게 B를 2회에 걸쳐 주사하였다.

○ 그림은 X의 A에 대한 혈중 항체 농도 변화와 Y의 B에 대한 혈중 항체 농도 변화를 각각 나타낸 것이다.

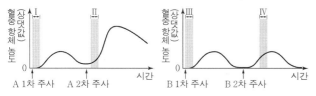

○ X에서 A에 대한 기억 세포는 형성되었고, Y에서 B에 대한 기억 세포는 형성되지 않았다.

이에 대한 설명으로 옳은 것만을 〈보기〉에서 있는 대로 고른 것은?

〈 보기 〉

ㄱ. 구간 I과 III에서 모두 비특이적 방어 작용이 일어났다.

ㄴ. 구간 II에서 A에 대한 형질 세포가 기억 세포로 분화되었다.

ㄷ. 구간 IV에서 B에 대한 체액성 면역 반응이 일어났다.

---

① ㄱ   ② ㄴ   ③ ㄱ, ㄷ   ④ ㄴ, ㄷ   ⑤ ㄱ, ㄴ, ㄷ

12

다음은 병원체 X와 Y에 대한 생쥐의 방어 작용 실험이다.

○ X와 Y에 모두 항원 ㉮가 있다.

[실험 과정 및 결과]

(가) 유전적으로 동일하고 X와 Y에 노출된 적이 없는 생쥐 I ~ IV를 준비한다.

(나) I에게 X를, II에게 Y를 주사하고 일정 시간이 지난 후, 생쥐의 생존 여부를 확인한다.

생쥐	생존 여부
I	산다.
II	죽는다.

(다) (나)의 I에서 ㉮에 대한 B 림프구가 분화한 기억 세포를 분리한다.

(라) III에게 X를, IV에게 (다)의 기억 세포를 주사한다.

(마) 일정 시간이 지난 후, III과 IV에게 Y를 각각 주사한다. III과 IV에서 ㉮에 대한 혈중 항체 농도 변화는 그림과 같다.

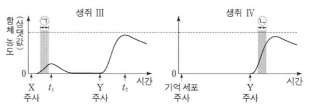

이에 대한 설명으로 옳은 것만을 〈보기〉에서 있는 대로 고른 것은? (단, 제시된 조건 이외는 고려하지 않는다.) [3점]

〈 보기 〉

ㄱ. III에서 ㉮에 대한 혈중 항체 농도는 t_1일 때가 t_2일 때보다 높다.

ㄴ. 구간 ㉠에서 ㉮에 대한 특이적 방어 작용이 일어났다.

ㄷ. 구간 ㉡에서 형질 세포가 기억 세포로 분화되었다.

---

① ㄱ   ② ㄴ   ③ ㄱ, ㄷ   ④ ㄴ, ㄷ   ⑤ ㄱ, ㄴ, ㄷ

다음은 병원체 ㉠과 ㉡에 대한 생쥐의 방어 작용 실험이다.

[실험 과정 및 결과]

(가) 유전적으로 동일하고, ㉠과 ㉡에 노출된 적이 없는 생쥐 Ⅰ ~Ⅵ을 준비한다.

(나) Ⅰ에는 생리식염수를, Ⅱ에는 죽은 ㉠을, Ⅲ에는 죽은 ㉡을 각각 주사한다. Ⅱ에서는 ㉠에 대한, Ⅲ에서는 ㉡에 대한 항체가 각각 생성되었다.

(다) 2주 후 (나)의 Ⅰ~Ⅲ에서 각각 혈장을 분리하여 표와 같이 살아 있는 ㉠과 함께 Ⅳ~Ⅵ에게 주사하고, 1일 후 생쥐의 생존 여부를 확인한다.

생쥐	주사액의 조성	생존 여부
Ⅳ	Ⅰ의 혈장+㉠	죽는다
Ⅴ	Ⅱ의 혈장+㉠	산다
Ⅵ	ⓐ Ⅲ의 혈장+㉠	죽는다

이에 대한 설명으로 옳은 것만을 〈보기〉에서 있는 대로 고른 것은? (단, 제시된 조건 이외는 고려하지 않는다.) [3점]

〈 보기 〉

ㄱ. (나)의 Ⅱ에서 ㉠에 대한 특이적 방어 작용이 일어났다.

ㄴ. (다)의 Ⅴ에서 ㉠에 대한 2차 면역 반응이 일어났다.

ㄷ. ⓐ에는 ㉡에 대한 형질 세포가 있다.

① ㄱ   ② ㄴ   ③ ㄱ, ㄷ   ④ ㄴ, ㄷ   ⑤ ㄱ, ㄴ, ㄷ

다음은 병원체 P와 Q에 대한 쥐의 방어 작용 실험이다.

[실험 과정]

(가) 유전적으로 동일하고 P와 Q에 노출된 적이 없는 쥐 ㉠과 ㉡을 준비한다.

(나) ㉠에 P를, ㉡에 Q를 주사한 후 t_1일 때 ㉠과 ㉡의 혈액에서 병원체 수, 세포독성 T림프구 수, 항체 농도를 측정한다.

(다) 일정 기간이 지난 후 t_2일 때 ㉠과 ㉡의 혈액에서 병원체 수, 세포독성 T림프구 수, 항체 농도를 측정한다.

[실험 결과]

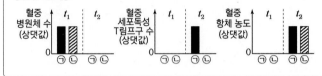

이 자료에 대한 설명으로 옳은 것만을 〈보기〉에서 있는 대로 고른 것은? (단, t_1과 t_2 사이에 P와 Q에 대한 림프구와 항체는 모두 면역 반응에 관여하였다.) [3점]

〈 보기 〉

ㄱ. 세포독성 T림프구에서 항체가 생성된다.

ㄴ. ㉠에서 P가 제거되는 과정에 세포성 면역이 일어났다.

ㄷ. t_2 이전에 ㉡에서 Q에 대한 특이적 방어 작용이 일어났다.

① ㄱ   ② ㄷ   ③ ㄱ, ㄴ   ④ ㄴ, ㄷ   ⑤ ㄱ, ㄴ, ㄷ

15

다음은 검사 키트를 이용하여 병원체 X의 감염 여부를 확인하기 위한 실험이다.

○ 사람으로부터 채취한 시료를 검사 키트에 떨어뜨리면 시료는 물질 ⓐ와 함께 이동한다. ⓐ는 X에 결합할 수 있고, 색소가 있다.

시료 이동 방향 →

○ 검사 키트의 Ⅰ에는 ㉠이, Ⅱ에는 ㉡이 각각 부착되어 있다. ㉠과 ㉡ 중 하나는 'X에 대한 항체'이고, 나머지 하나는 'ⓐ에 대한 항체'이다.

○ ㉠과 ㉡에 각각 항원이 결합하면, ⓐ의 색소에 의해 띠가 나타난다.

[실험 과정 및 결과]

(가) 사람 A와 B로부터 시료를 각각 준비한 후, 검사 키트에 각 시료를 떨어뜨린다.

(나) 일정 시간이 지난 후 검사 키트를 확인한 결과는 그림과 같고, A와 B 중 한 사람만 X에 감염되었다.

이 자료에 대한 설명으로 옳은 것만을 〈보기〉에서 있는 대로 고른 것은? (단, 제시된 조건 이외는 고려하지 않는다.) [3점]

〈 보기 〉
ㄱ. ㉡은 'ⓐ에 대한 항체'이다.
ㄴ. B는 X에 감염되었다.
ㄷ. 검사 키트에는 항원 항체 반응의 원리가 이용된다.

① ㄱ ② ㄴ ③ ㄱ, ㄷ ④ ㄴ, ㄷ ⑤ ㄱ, ㄴ, ㄷ

16

다음은 검사 키트를 이용하여 병원체 P와 Q의 감염 여부를 확인하기 위한 실험이다.

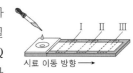

○ 사람으로부터 채취한 시료를 검사 키트에 떨어뜨리면 시료는 물질 ⓐ와 함께 이동한다. ⓐ는 P와 Q에 각각 결합할 수 있고, 색소가 있다.

시료 이동 방향 →

○ 검사 키트의 Ⅰ에는 'P에 대한 항체'가, Ⅱ에는 'Q에 대한 항체'가, Ⅲ에는 'ⓐ에 대한 항체'가 각각 부착되어 있다. Ⅰ~Ⅲ의 항체에 각각 항원이 결합하면, ⓐ의 색소에 의해 띠가 나타난다.

[실험 과정 및 결과]

(가) 사람 A와 B로부터 시료를 각각 준비한 후, 검사 키트에 각 시료를 떨어뜨린다.

(나) 일정 시간이 지난 후 검사 키트를 확인한 결과는 표와 같다.

(다) A는 P와 Q에 모두 감염되지 않았고, B는 Q에만 감염되었다.

사람	검사 결과
A	Ⅰ Ⅱ Ⅲ
B	?

B의 검사 결과로 가장 적절한 것은? (단, 제시된 조건 이외는 고려하지 않는다.) [3점]

①

②

③

④

⑤

다음은 바이러스 X에 대한 생쥐의 방어 작용 실험이다.

[실험 과정 및 결과]

(가) 유전적으로 동일하고 X에 노출된 적이 없는 생쥐 A~D를 준비한다. A와 B는 ㉠이고, C와 D는 ㉡이다. ㉠과 ㉡은 '정상 생쥐'와 '가슴샘이 없는 생쥐'를 순서 없이 나타낸 것이다.

(나) A~D 중 B와 D에 X를 각각 주사한 후 A~D에서 X에 감염된 세포의 유무를 확인한 결과, B와 D에서만 ⓐ가 있었다.

(다) 일정 시간이 지난 후, 각 생쥐에 대해 조사한 결과는 표와 같다.

구분	㉠		㉡	
	A	B	C	D
X에 대한 세포성 면역 반응 여부	일어나지 않음	일어남	일어나지 않음	일어나지 않음
생존 여부	산다	산다	산다	죽는다

이에 대한 설명으로 옳은 것만을 〈보기〉에서 있는 대로 고른 것은? (단, 제시된 조건 이외는 고려하지 않는다.) [3점]

〈 보기 〉
ㄱ. X는 유전 물질을 갖는다.
ㄴ. ㉡은 '가슴샘이 없는 생쥐'이다.
ㄷ. (다)의 B에서 세포독성 T 림프구가 ⓐ를 파괴하는 면역 반응이 일어났다.

① ㄱ　　② ㄷ　　③ ㄱ, ㄴ　　④ ㄴ, ㄷ　　⑤ ㄱ, ㄴ, ㄷ

다음은 병원체 ㉠과 ㉡에 대한 생쥐의 방어 작용 실험이다.

[실험 과정 및 결과]

(가) 유전적으로 동일하고 가슴샘이 없는 생쥐 Ⅰ~Ⅵ을 준비한다. Ⅰ~Ⅵ은 ㉠과 ㉡에 노출된 적이 없다.

(나) Ⅰ과 Ⅱ에 ㉠을, Ⅲ과 Ⅳ에 ㉡을, Ⅴ와 Ⅵ에 ㉠과 ㉡ 모두를 감염시키고, Ⅱ, Ⅳ, Ⅵ에 ⓐ에 대한 보조 T 림프구를 각각 주사한다. ⓐ는 ㉠과 ㉡ 중 하나이다.

(다) 일정 시간이 지난 후, Ⅰ~Ⅵ에서 ⓐ에 대한 항원 항체 반응 여부와 생존 여부를 확인한 결과는 표와 같다.

생쥐	Ⅰ	Ⅱ	Ⅲ	Ⅳ	Ⅴ	Ⅵ
항원 항체 반응 여부	일어나지 않음	일어나지 않음	?	일어남	?	일어남
생존 여부	죽는다	?	죽는다	산다	죽는다	죽는다

이에 대한 설명으로 옳은 것만을 〈보기〉에서 있는 대로 고른 것은? (단, 제시된 조건 이외는 고려하지 않는다.) [3점]

〈 보기 〉
ㄱ. ⓐ는 ㉠이다.
ㄴ. (다)의 Ⅳ에서 B 림프구로부터 형질 세포로의 분화가 일어났다.
ㄷ. (다)의 Ⅵ에서 ㉡에 대한 특이적 방어 작용이 일어났다.

① ㄱ　　② ㄴ　　③ ㄱ, ㄷ　　④ ㄴ, ㄷ　　⑤ ㄱ, ㄴ, ㄷ

01
수능 과목

02
수능 시간표

📋 수능 과목에 대한 정보

과목		문항 수	시험 시간	평가
국어	▪ 공통 : 독서, 문학 ▪ 선택 : 화법과 작문, 언어와 매체 중 **택 1**	45	80분	상대평가
수학	▪ 공통 : 수학Ⅰ, 수학Ⅱ ▪ 선택 : 확률과 통계, 미적분, 기하 중 **택 1**	30	100분	상대평가
영어	영어Ⅰ, 영어Ⅱ	45	70분	절대평가
한국사	한국사	20	30분	절대평가
사회 탐구 / 과학 탐구	**일반계 : 사회과학 계열 구분 없이 택 2** ▪ 사회 : 9과목 생활과 윤리, 윤리와 사상, 한국 지리, 세계 지리, 동아시아사, 세계사, 경제, 정치와 법, 사회·문화 ▪ 과학 : 8과목 물리학Ⅰ, 화학Ⅰ, 생명과학Ⅰ, 지구과학Ⅰ 물리학Ⅱ, 화학Ⅱ, 생명과학Ⅱ, 지구과학Ⅱ	과목당 20	과목당 30분	상대평가
직업 탐구	**직업계 : 전문공통 + 선택 1** ▪ 공통 : 성공적인 직업 생활 ▪ 선택 : 농업 기초 기술, 공업 일반, 상업 경제, 수산·해운 산업의 기초, 인간 발달 중 **택 1**	과목당 20	과목당 30분	상대평가
제2외국어 / 한문	▪ **9과목 중 택 1** 독일어Ⅰ, 프랑스어Ⅰ, 스페인어Ⅰ, 중국어Ⅰ, 일본어Ⅰ, 러시아어Ⅰ, 아랍어Ⅰ, 베트남어Ⅰ, 한문Ⅰ	과목당 30	과목당 40분	절대평가

한눈에 정리하는
평가원 기출 경향

주제 \ 학년도	2025	2024
염색체와 핵형 분석		

세포의 염색체 구성 (빈출)

06
2025학년도 6월 모평 9번

그림은 핵상이 2n인 동물 A∼C의 세포 (가)∼(라) 각각에 들어있는 모든 상염색체와 ⊙을 나타낸 것이며, A∼C는 2가지 종으로 구분되고, ⊙은 X 염색체와 Y 염색체 중 하나이다. (가)∼(라) 중 2개는 A의 세포이고, A와 C의 성은 같다. A∼C의 성염색체는 암컷이 XX, 수컷이 XY이다.

이에 대한 설명으로 옳은 것만을 〈보기〉에서 있는 대로 고른 것은? (단, 돌연변이는 고려하지 않는다.)

〈보기〉
ㄱ. ⊙은 X 염색체이다.
ㄴ. (가)는 A의 세포이다.
ㄷ. 체세포 분열 중기의 세포 1개당 $\frac{X \text{ 염색체 수}}{\text{상염색체 수}}$ 는 B가 C보다 작다.

① ㄱ ② ㄴ ③ ㄷ ④ ㄱ, ㄴ ⑤ ㄴ, ㄷ

11
2024학년도 9월 모평 15번

다음은 핵상이 2n인 동물 A∼C의 세포 (가)∼(다)에 대한 자료이다.

○ A와 B는 서로 같은 종이고, B와 C는 서로 다른 종이며, B와 C의 체세포 1개당 염색체 수는 서로 다르다.
○ B는 암컷이고, A∼C의 성염색체는 암컷이 XX, 수컷이 XY이다.
○ 그림은 세포 (가)∼(다) 각각에 들어 있는 모든 상염색체와 ⊙을 나타낸 것이며 (가)∼(다)는 각각 서로 다른 개체의 세포이고, ⊙은 X 염색체와 Y 염색체 중 하나이다.

이에 대한 설명으로 옳은 것만을 〈보기〉에서 있는 대로 고른 것은? (단, 돌연변이는 고려하지 않는다.)

〈보기〉
ㄱ. ⊙은 X 염색체이다.
ㄴ. (가)와 (나)는 모두 암컷의 세포이다.
ㄷ. C의 체세포 분열 중기의 세포 1개당 $\frac{\text{상염색체 수}}{\text{X 염색체 수}}$ =3이다.

① ㄱ ② ㄷ ③ ㄱ, ㄴ ④ ㄴ, ㄷ ⑤ ㄱ, ㄴ, ㄷ

15
2025학년도 9월 모평 13번

그림은 세포 (가)∼(다) 각각에 들어 있는 모든 염색체를 나타낸 것이다. (가)∼(다)는 개체 A∼C의 세포를 순서 없이 나타낸 것이고, A∼C의 핵상은 모두 2n이다. A와 B는 서로 같은 종이고, B와 C는 서로 다른 종이다. A∼C 중 B만 암컷이고, A∼C의 성염색체는 암컷이 XX, 수컷이 XY이다. 염색체 ⊙과 ⓒ 중 하나는 상염색체이고, 나머지 하나는 상염색체이다. ⊙과 ⓒ의 모양과 크기는 나타내지 않았다.

이에 대한 설명으로 옳은 것만을 〈보기〉에서 있는 대로 고른 것은? (단, 돌연변이는 고려하지 않는다.)

〈보기〉
ㄱ. ⊙은 X 염색체이다.
ㄴ. (나)와 (다)의 핵상은 같다.
ㄷ. (가)의 $\frac{\text{염색 분체 수}}{\text{X 염색체 수}}$ =6이다.

① ㄱ ② ㄴ ③ ㄱ, ㄷ ④ ㄴ, ㄷ ⑤ ㄱ, ㄴ, ㄷ

2023

2022 ~ 2020

04 대표 문제　　2021학년도 9월 모평 6번

그림은 어떤 사람의 핵형 분석 결과를 나타낸 것이다. ⓐ는 세포 분열 시 방추사가 부착되는 부분이다.

이에 대한 설명으로 옳은 것만을 〈보기〉에서 있는 대로 고른 것은?

〈보기〉
ㄱ. ⓐ는 동원체이다.
ㄴ. 이 사람은 다운 증후군의 염색체 이상을 보인다.
ㄷ. 이 핵형 분석 결과에서 $\dfrac{\text{상염색체의 염색 분체 수}}{\text{성염색체 수}} = \dfrac{45}{2}$ 이다.

① ㄱ　② ㄷ　③ ㄱ, ㄴ　④ ㄴ, ㄷ　⑤ ㄱ, ㄴ, ㄷ

27　　2023학년도 수능 16번

다음은 핵상이 2n인 동물 A~C의 세포 (가)에 대한 자료이다.

○ A와 B는 서로 같은 종이고, B와 C는 서로 다른 종이며, B와 C의 세포 1개당 염색체 수는 서로 다르다.
○ (가)~(라) 중 2개는 암컷의, 나머지 2개는 수컷의 세포이다. A~C의 성염색체는 암컷이 XX, 수컷이 XY이다.
○ 그림은 (가)~(라) 각각에 들어 있는 모든 상염색체와 ⊙을 나타낸 것이다. ⊙은 X 염색체와 Y 염색체 중 하나이다.

이에 대한 설명으로 옳은 것만을 〈보기〉에서 있는 대로 고른 것은? (단, 돌연변이는 고려하지 않는다.)

〈보기〉
ㄱ. ⊙은 Y 염색체이다.
ㄴ. (가)와 (라)는 서로 개체의 세포이다.
ㄷ. C의 체세포 분열 중기의 세포 1개당 상염색체의 염색 분체 수는 8이다.

① ㄱ　② ㄴ　③ ㄱ, ㄷ　④ ㄴ, ㄷ　⑤ ㄱ, ㄴ, ㄷ

23　　2022학년도 수능 11번

그림은 서로 다른 종인 동물(2n=?) A~C의 세포 (가)~(라) 각각에 들어 있는 모든 염색체를 나타낸 것이다. (가)~(라) 중 2개는 A의 세포이고, A와 B의 성은 서로 다르다. A~C의 성염색체는 암컷이 XX, 수컷이 XY이다.

이에 대한 설명으로 옳은 것만을 〈보기〉에서 있는 대로 고른 것은? (단, 돌연변이는 고려하지 않는다.)

〈보기〉
ㄱ. (가)는 C의 세포이다.
ㄴ. A는 수컷이다.
ㄷ. B의 체세포 분열 중기의 세포 1개당 염색 분체 수는 16이다.

① ㄱ　② ㄴ　③ ㄱ, ㄷ　④ ㄴ, ㄷ　⑤ ㄱ, ㄴ, ㄷ

13　　2021학년도 수능 6번

그림은 서로 다른 종인 동물 A(2n=?)와 B(2n=?)의 세포 (가)~(다) 각각에 들어 있는 모든 염색체를 나타낸 것이다. (가)~(다) 중 2개는 A의 세포이며, 나머지 1개는 B의 세포이고, A와 B는 성이 다르고, A와 B의 성염색체는 암컷이 XX, 수컷이 XY이다.

이에 대한 설명으로 옳은 것만을 〈보기〉에서 있는 대로 고른 것은? (단, 돌연변이는 고려하지 않는다.)

〈보기〉
ㄱ. (가)와 (다)의 핵상은 같다.
ㄴ. A는 수컷이다.
ㄷ. B의 체세포 분열 중기의 세포 1개당 염색 분체 수는 16이다.

① ㄱ　② ㄴ　③ ㄱ, ㄷ　④ ㄴ, ㄷ　⑤ ㄱ, ㄴ, ㄷ

---

17 대표 문제　　2020학년도 수능 3번

그림은 같은 종인 동물(2n=?) Ⅰ과 Ⅱ의 세포 (가)~(다) 각각에 들어 있는 모든 염색체를 나타낸 것이다. (가)~(다) 중 1개는 Ⅰ의 세포이고, 나머지 2개는 Ⅱ의 세포이다. 이 동물의 성염색체는 암컷이 XX, 수컷이 XY이다. A는 a와 대립유전자이고, ⊙은 A와 a 중 하나이다.

이에 대한 설명으로 옳은 것만을 〈보기〉에서 있는 대로 고른 것은? (단, 돌연변이와 교차는 고려하지 않는다.) [3점]

〈보기〉
ㄱ. ⊙은 A이다.
ㄴ. (나)는 Ⅱ의 세포이다.
ㄷ. Ⅰ의 감수 2분열 중기 세포 1개당 염색 분체 수는 8이다.

① ㄴ　② ㄷ　③ ㄱ, ㄴ　④ ㄷ, ㄷ　⑤ ㄱ, ㄴ, ㄷ

14　　2023학년도 6월 모평 13번

그림은 동물 세포 (가)~(라) 각각에 들어 있는 모든 염색체를 나타낸 것이다. (가)~(라)는 각각 서로 다른 개체 A, B, C의 세포 중 하나이다. A와 B는 같은 종이고, A와 C의 성은 다르며, A~C의 핵상은 모두 2n이며, A~C의 성염색체는 암컷이 XX, 수컷이 XY이다.

이에 대한 설명으로 옳은 것만을 〈보기〉에서 있는 대로 고른 것은? (단, 돌연변이는 고려하지 않는다.) [3점]

〈보기〉
ㄱ. (가)를 갖는 개체와 (라)를 갖는 개체의 핵형은 같다.
ㄴ. (다)를 갖는 개체와 (라)를 갖는 개체의 핵형은 같다.
ㄷ. C의 감수 1분열 중기 세포 1개당 염색 분체 수는 6이다.

① ㄱ　② ㄴ　③ ㄷ　④ ㄱ, ㄴ　⑤ ㄴ, ㄷ

22　　2022학년도 9월 모평 14번

그림은 동물(2n=6) Ⅰ~Ⅱ의 세포 (가)~(라) 각각에 들어 있는 모든 염색체를 나타낸 것이다. Ⅰ~Ⅱ은 2가지 종으로 구분되고, (가)~(라) 중 2개는 암컷의, 나머지 2개는 수컷의 세포이다. Ⅰ~Ⅱ의 성염색체는 암컷이 XX, 수컷이 XY이다. 염색체 ⓐ와 ⓑ 중 하나는 상염색체이고, 나머지 하나는 성염색체이다. ⓐ와 ⓑ의 모양과 크기는 나타내지 않았다.

이에 대한 설명으로 옳은 것만을 〈보기〉에서 있는 대로 고른 것은? (단, 돌연변이는 고려하지 않는다.)

〈보기〉
ㄱ. ⓐ는 X 염색체이다.
ㄴ. (나)는 암컷의 세포이다.
ㄷ. (가)를 갖는 개체와 (다)를 갖는 개체의 핵형은 같다.

① ㄱ　② ㄴ　③ ㄷ　④ ㄱ, ㄴ　⑤ ㄴ, ㄷ

10　　2021학년도 6월 모평 9번

그림은 세포 (가)와 (나) 각각에 들어 있는 모든 염색체를 나타낸 것이다. (가)와 (나)는 각각 동물 A(2n=6)와 동물 B(2n=?)의 세포 중 하나이다.

이에 대한 설명으로 옳은 것만을 〈보기〉에서 있는 대로 고른 것은? (단, 돌연변이는 고려하지 않는다.) [3점]

〈보기〉
ㄱ. (가)는 A의 세포이다.
ㄴ. (가)와 (나)의 핵상은 같다.
ㄷ. B의 체세포 분열 중기의 세포 1개당 염색 분체 수는 12이다.

① ㄱ　② ㄴ　③ ㄷ　④ ㄴ, ㄷ　⑤ ㄱ, ㄴ, ㄷ

19　　2020학년도 9월 모평 13번

그림은 같은 종인 동물(2n=6) Ⅰ과 Ⅱ의 세포 (가)~(라) 각각에 들어 있는 모든 염색체를 나타낸 것이다. (가)~(라) 중 2개는 Ⅰ의 세포이고, 나머지 2개는 Ⅱ의 세포이다. 이 동물의 성염색체는 암컷이 XX, 수컷이 XY이다. 이 동물 종의 특정 형질은 대립유전자 A와 a, B와 b에 의해 결정되며, Ⅰ의 유전자형은 AaBB이고, Ⅱ의 유전자형은 AABb이다. ⊙은 B와 b 중 하나이다.

이에 대한 설명으로 옳은 것만을 〈보기〉에서 있는 대로 고른 것은? (단, 돌연변이와 교차는 고려하지 않는다.) [3점]

〈보기〉
ㄱ. ⊙은 B이다.
ㄴ. (가)와 (다)의 핵상은 같다.
ㄷ. (라)는 Ⅱ의 세포이다.

① ㄱ　② ㄷ　③ ㄷ, ㄷ　④ ㄴ, ㄷ　⑤ ㄱ, ㄴ, ㄷ

01
2020학년도 3월 학평 11번

그림은 염색체의 구조를 나타낸 것이다.

이에 대한 옳은 설명만을 〈보기〉에서 있는 대로 고른 것은? (단, 돌연변이와 교차는 고려하지 않는다.)

─〈 보기 〉─
ㄱ. Ⅰ과 Ⅱ에 저장된 유전 정보는 같다.
ㄴ. ㉠에 단백질이 있다.
ㄷ. ㉡은 뉴클레오타이드로 구성된다.

① ㄱ　② ㄷ　③ ㄱ, ㄴ　④ ㄴ, ㄷ　⑤ ㄱ, ㄴ, ㄷ

02
2024학년도 3월 학평 15번

그림은 어떤 사람에서 세포 A의 핵형 분석 결과 관찰된 10번 염색체와 성염색체를 나타낸 것이다.

10번 염색체　성염색체

이에 대한 옳은 설명만을 〈보기〉에서 있는 대로 고른 것은? (단, 돌연변이와 교차는 고려하지 않는다.)

─〈 보기 〉─
ㄱ. 이 사람은 여자이다.
ㄴ. A는 22쌍의 상염색체를 가진다.
ㄷ. ㉠과 ㉡의 유전 정보는 서로 다르다.

① ㄱ　② ㄴ　③ ㄷ　④ ㄱ, ㄴ　⑤ ㄱ, ㄷ

03
2021학년도 7월 학평 14번

표는 유전체와 염색체의 특징을, 그림은 뉴클레오솜의 구조를 나타낸 것이다. ㉠과 ㉡은 유전체와 염색체를 순서 없이 나타낸 것이고, ⓐ와 ⓑ는 각각 DNA와 히스톤 단백질 중 하나이다.

구분	특징
㉠	세포 주기의 분열기에만 관찰됨
㉡	?

이에 대한 설명으로 옳은 것만을 〈보기〉에서 있는 대로 고른 것은?

─〈 보기 〉─
ㄱ. ㉠에 ⓐ가 있다.
ㄴ. ⓑ는 이중 나선 구조이다.
ㄷ. ㉡은 한 생명체의 모든 유전 정보이다.

① ㄱ　② ㄴ　③ ㄱ, ㄷ　④ ㄴ, ㄷ　⑤ ㄱ, ㄴ, ㄷ

04 대표 문제
2021학년도 9월 모평 6번

그림은 어떤 사람의 핵형 분석 결과를 나타낸 것이다. ⓐ는 세포 분열 시 방추사가 부착되는 부분이다.

이에 대한 설명으로 옳은 것만을 〈보기〉에서 있는 대로 고른 것은?

─〈 보기 〉─
ㄱ. ⓐ는 동원체이다.
ㄴ. 이 사람은 다운 증후군의 염색체 이상을 보인다.
ㄷ. 이 핵형 분석 결과에서 $\frac{상염색체의\ 염색\ 분체\ 수}{성염색체\ 수}=\frac{45}{2}$이다.

① ㄱ　② ㄷ　③ ㄱ, ㄴ　④ ㄴ, ㄷ　⑤ ㄱ, ㄴ, ㄷ

05

2023학년도 7월 학평 3번

그림은 같은 종인 동물($2n=6$) I의 세포 (가)와 II의 세포 (나) 각각에 들어 있는 모든 염색체를 나타낸 것이다. 이 동물의 성염색체는 암컷이 XX, 수컷이 XY이다.

(가)   (나)

이에 대한 설명으로 옳은 것만을 〈보기〉에서 있는 대로 고른 것은? (단, 돌연변이는 고려하지 않는다.)

─〈 보기 〉─

ㄱ. II는 수컷이다.

ㄴ. ㉠은 상염색체이다.

ㄷ. (가)와 (나)의 핵상은 같다.

① ㄱ   ② ㄴ   ③ ㄱ, ㄷ   ④ ㄴ, ㄷ   ⑤ ㄱ, ㄴ, ㄷ

06

2025학년도 6월 모평 9번

그림은 핵상이 $2n$인 동물 A~C의 세포 (가)~(라) 각각에 들어있는 모든 상염색체와 ㉠을 나타낸 것이다. A~C는 2가지 종으로 구분되고, ㉠은 X 염색체와 Y 염색체 중 하나이다. (가)~(라) 중 2개는 A의 세포이고, A와 C의 성은 같다. A~C의 성염색체는 암컷이 XX, 수컷이 XY이다.

(가)   (나)   (다)   (라)

이에 대한 설명으로 옳은 것만을 〈보기〉에서 있는 대로 고른 것은? (단, 돌연변이는 고려하지 않는다.)

─〈 보기 〉─

ㄱ. ㉠은 X 염색체이다.

ㄴ. (가)는 A의 세포이다.

ㄷ. 체세포 분열 중기의 세포 1개당 $\dfrac{\text{X 염색체 수}}{\text{상염색체 수}}$는 B가 C보다 작다.

① ㄱ   ② ㄴ   ③ ㄷ   ④ ㄱ, ㄴ   ⑤ ㄴ, ㄷ

07

2023학년도 4월 학평 7번

그림은 같은 종인 동물($2n=?$) A와 B의 세포 (가)~(다) 각각에 들어 있는 모든 상염색체와 ⓐ를 나타낸 것이다. (가)~(다) 중 1개는 A의, 나머지 2개는 B의 세포이며, 이 동물의 성염색체는 암컷이 XX, 수컷이 XY이다. ⓐ는 X 염색체와 Y 염색체 중 하나이다.

(가)   (나)   (다)

이에 대한 설명으로 옳은 것만을 〈보기〉에서 있는 대로 고른 것은? (단, 돌연변이는 고려하지 않는다.) [3점]

─〈 보기 〉─

ㄱ. A는 암컷이다.

ㄴ. (나)와 (다)의 핵상은 같다.

ㄷ. $\dfrac{\text{(다)의 염색 분체 수}}{\text{(가)의 상염색체 수}}=\dfrac{3}{4}$이다.

① ㄱ   ② ㄴ   ③ ㄷ   ④ ㄱ, ㄷ   ⑤ ㄴ, ㄷ

08

2020학년도 4월 학평 3번

그림은 같은 종인 동물($2n=6$) I과 II의 세포 (가)~(다) 각각에 들어 있는 모든 염색체를 나타낸 것이다. (가)는 I의 세포이고, 이 동물의 성염색체는 암컷이 XX, 수컷이 XY이다.

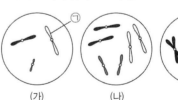

(가)   (나)   (다)

이에 대한 설명으로 옳은 것만을 〈보기〉에서 있는 대로 고른 것은? (단, 돌연변이는 고려하지 않는다.)

─〈 보기 〉─

ㄱ. II는 수컷이다.

ㄴ. (나)와 (다)의 핵상은 같다.

ㄷ. ㉠에는 히스톤 단백질이 있다.

① ㄱ   ② ㄴ   ③ ㄷ   ④ ㄱ, ㄷ   ⑤ ㄴ, ㄷ

09

어떤 동물(2n=6)의 유전 형질 ⓐ는 대립유전자 R와 r에 의해 결정된다. 그림 (가)와 (나)는 이 동물의 암컷 Ⅰ의 세포와 수컷 Ⅱ의 세포를 순서 없이 나타낸 것이다. Ⅰ과 Ⅱ를 교배하여 Ⅲ과 Ⅳ가 태어났으며, Ⅲ은 R와 r 중 R만, Ⅳ는 r만 갖는다. 이 동물의 성염색체는 암컷이 XX, 수컷이 XY이다.

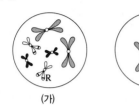

(가)　　　　(나)

이에 대한 옳은 설명만을 〈보기〉에서 있는 대로 고른 것은? (단, 돌연변이는 고려하지 않는다.)

〈보기〉
ㄱ. (나)는 Ⅱ의 세포이다.
ㄴ. Ⅰ의 ⓐ의 유전자형은 Rr이다.
ㄷ. Ⅲ과 Ⅳ는 모두 암컷이다.

① ㄱ　　② ㄷ　　③ ㄱ, ㄴ　　④ ㄴ, ㄷ　　⑤ ㄱ, ㄴ, ㄷ

10

그림은 세포 (가)와 (나) 각각에 들어 있는 모든 염색체를 나타낸 것이다. (가)와 (나)는 각각 동물 A(2n=6)와 동물 B(2n=?)의 세포 중 하나이다.

(가)　　　　(나)

이에 대한 설명으로 옳은 것만을 〈보기〉에서 있는 대로 고른 것은? (단, 돌연변이는 고려하지 않는다.) [3점]

〈보기〉
ㄱ. (가)는 A의 세포이다.
ㄴ. (가)와 (나)의 핵상은 같다.
ㄷ. B의 체세포 분열 중기의 세포 1개당 염색 분체 수는 12이다.

① ㄱ　　② ㄴ　　③ ㄱ, ㄷ　　④ ㄴ, ㄷ　　⑤ ㄱ, ㄴ, ㄷ

11

다음은 핵상이 2n인 동물 A~C의 세포 (가)~(다)에 대한 자료이다.

○ A와 B는 서로 같은 종이고, B와 C는 서로 다른 종이며, B와 C의 체세포 1개당 염색체 수는 서로 다르다.
○ B는 암컷이고, A~C의 성염색체는 암컷이 XX, 수컷이 XY 이다.
○ 그림은 세포 (가)~(다) 각각에 들어 있는 모든 상염색체와 ㉠을 나타낸 것이다. (가)~(다)는 각각 서로 다른 개체의 세포이고, ㉠은 X 염색체와 Y 염색체 중 하나이다.

(가)　　　　(나)　　　　(다)

이에 대한 설명으로 옳은 것만을 〈보기〉에서 있는 대로 고른 것은? (단, 돌연변이는 고려하지 않는다.)

〈보기〉
ㄱ. ㉠은 X 염색체이다.
ㄴ. (가)와 (나)는 모두 암컷의 세포이다.
ㄷ. C의 체세포 분열 중기의 세포 1개당 $\dfrac{\text{상염색체 수}}{\text{X 염색체 수}}=3$이다.

① ㄱ　　② ㄷ　　③ ㄱ, ㄴ　　④ ㄴ, ㄷ　　⑤ ㄱ, ㄴ, ㄷ

12

그림은 서로 다른 종인 동물 A($2n=8$)와 B($2n=6$)의 세포 (가)~(다) 각각에 들어 있는 모든 염색체를 나타낸 것이다. A와 B의 성염색체는 암컷이 XX, 수컷이 XY이다.

(가)   (나)   (다)

이에 대한 옳은 설명만을 〈보기〉에서 있는 대로 고른 것은? (단, 돌연변이는 고려하지 않는다.)

─〈 보기 〉─
ㄱ. (가)는 A의 세포이다.
ㄴ. A와 B는 모두 암컷이다.
ㄷ. (나)의 상염색체 수와 (다)의 염색체 수는 같다.

① ㄱ   ② ㄴ   ③ ㄱ, ㄷ   ④ ㄴ, ㄷ   ⑤ ㄱ, ㄴ, ㄷ

13

그림은 서로 다른 종인 동물 A($2n=?$)와 B($2n=?$)의 세포 (가)~(다) 각각에 들어 있는 염색체 중 X 염색체를 제외한 나머지 염색체를 모두 나타낸 것이다. (가)~(다) 중 2개는 A의 세포이고, 나머지 1개는 B의 세포이다. A와 B는 성이 다르고, A와 B의 성염색체는 암컷이 XX, 수컷이 XY이다.

(가)   (나)   (다)

이에 대한 설명으로 옳은 것만을 〈보기〉에서 있는 대로 고른 것은? (단, 돌연변이는 고려하지 않는다.)

─〈 보기 〉─
ㄱ. (가)와 (다)의 핵상은 같다.
ㄴ. A는 수컷이다.
ㄷ. B의 체세포 분열 중기의 세포 1개당 염색 분체 수는 16이다.

① ㄱ   ② ㄴ   ③ ㄱ, ㄷ   ④ ㄴ, ㄷ   ⑤ ㄱ, ㄴ, ㄷ

14

그림은 동물 세포 (가)~(라) 각각에 들어 있는 모든 염색체를 나타낸 것이다. (가)~(라)는 각각 서로 다른 개체 A, B, C의 세포 중 하나이다. A와 B는 같은 종이고, A와 C의 성은 같다. A~C의 핵상은 모두 $2n$이며, A~C의 성염색체는 암컷이 XX, 수컷이 XY이다.

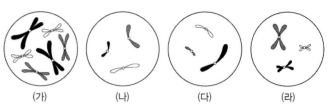

(가)   (나)   (다)   (라)

이에 대한 설명으로 옳은 것만을 〈보기〉에서 있는 대로 고른 것은? (단, 돌연변이는 고려하지 않는다.) [3점]

─〈 보기 〉─
ㄱ. (가)는 B의 세포이다.
ㄴ. (다)를 갖는 개체와 (라)를 갖는 개체의 핵형은 같다.
ㄷ. C의 감수 1분열 중기 세포 1개당 염색 분체 수는 6이다.

① ㄱ   ② ㄴ   ③ ㄷ   ④ ㄱ, ㄴ   ⑤ ㄴ, ㄷ

15

그림은 세포 (가)~(다) 각각에 들어 있는 모든 염색체를 나타낸 것이다. (가)~(다)는 개체 A~C의 세포를 순서 없이 나타낸 것이고, A~C의 핵상은 모두 $2n$이다. A와 B는 서로 같은 종이고, B와 C는 서로 다른 종이다. A~C 중 B만 암컷이고, A~C의 성염색체는 암컷이 XX, 수컷이 XY이다. 염색체 ㉠과 ㉡ 중 하나는 성염색체이고, 나머지 하나는 상염색체이다. ㉠과 ㉡의 모양과 크기는 나타내지 않았다.

(가)   (나)   (다)

이에 대한 설명으로 옳은 것만을 〈보기〉에서 있는 대로 고른 것은? (단, 돌연변이는 고려하지 않는다.)

─〈 보기 〉─
ㄱ. ㉠은 X 염색체이다.
ㄴ. (나)와 (다)의 핵상은 같다.
ㄷ. (가)의 $\dfrac{염색\ 분체\ 수}{X\ 염색체\ 수}=6$이다.

① ㄱ   ② ㄴ   ③ ㄱ, ㄷ   ④ ㄴ, ㄷ   ⑤ ㄱ, ㄴ, ㄷ

16

그림은 같은 종인 동물($2n=?$) 개체 Ⅰ과 Ⅱ의 세포 (가)~(다) 각각에 들어 있는 모든 염색체를 나타낸 것이다. 이 동물의 성염색체는 암컷이 XX, 수컷이 XY이고, 유전 형질 ㉠은 대립유전자 A와 a에 의해 결정된다. (가)~(다) 중 1개는 암컷의, 나머지 2개는 수컷의 세포이고, Ⅰ의 ㉠의 유전자형은 aa이다.

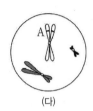

(가)　　　　(나)　　　　(다)

이에 대한 설명으로 옳은 것만을 〈보기〉에서 있는 대로 고른 것은? (단, 돌연변이는 고려하지 않는다.) [3점]

〈 보기 〉
ㄱ. Ⅰ은 수컷이다.
ㄴ. Ⅱ의 ㉠의 유전자형은 Aa이다.
ㄷ. (나)의 염색체 수는 (다)의 염색 분체 수와 같다.

① ㄱ　　② ㄷ　　③ ㄱ, ㄴ　　④ ㄴ, ㄷ　　⑤ ㄱ, ㄴ, ㄷ

---

17 대표문제

그림은 같은 종인 동물($2n=?$) Ⅰ과 Ⅱ의 세포 (가)~(다) 각각에 들어 있는 모든 염색체를 나타낸 것이다. (가)~(다) 중 1개는 Ⅰ의 세포이며, 나머지 2개는 Ⅱ의 세포이다. 이 동물의 성염색체는 암컷이 XX, 수컷이 XY이다. A는 a와 대립유전자이고, ㉠은 A와 a 중 하나이다.

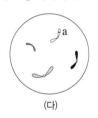

(가)　　　　(나)　　　　(다)

이에 대한 설명으로 옳은 것만을 〈보기〉에서 있는 대로 고른 것은? (단, 돌연변이와 교차는 고려하지 않는다.) [3점]

〈 보기 〉
ㄱ. ㉠은 A이다.
ㄴ. (나)는 Ⅱ의 세포이다.
ㄷ. Ⅰ의 감수 2분열 중기 세포 1개당 염색 분체 수는 8이다.

① ㄴ　　② ㄷ　　③ ㄱ, ㄴ　　④ ㄱ, ㄷ　　⑤ ㄱ, ㄴ, ㄷ

18

그림은 어떤 동물 종($2n=6$)의 개체 Ⅰ과 Ⅱ의 세포 (가)~(다)에 들어 있는 모든 염색체를 나타낸 것이다. Ⅰ의 유전자형은 AaBb이고, Ⅱ의 유전자형은 AAbb이며, (나)와 (다)는 서로 다른 개체의 세포이다. 이 동물 종의 성염색체는 수컷이 XY, 암컷이 XX이다.

(가)　　　　(나)　　　　(다)

이에 대한 옳은 설명만을 〈보기〉에서 있는 대로 고른 것은? (단, 돌연변이는 고려하지 않는다.) [3점]

〈 보기 〉
ㄱ. Ⅰ은 수컷이다.
ㄴ. (다)는 Ⅱ의 세포이다.
ㄷ. Ⅱ의 체세포 분열 중기의 세포 1개당 염색 분체 수는 12이다.

① ㄱ　　② ㄴ　　③ ㄱ, ㄷ　　④ ㄴ, ㄷ　　⑤ ㄱ, ㄴ, ㄷ

19

그림은 같은 종인 동물($2n=6$) Ⅰ과 Ⅱ의 세포 (가)~(라) 각각에 들어 있는 모든 염색체를 나타낸 것이다. (가)~(라) 중 2개는 Ⅰ의 세포이고, 나머지 2개는 Ⅱ의 세포이다. 이 동물의 성염색체는 암컷이 XX, 수컷이 XY이다. 이 동물 종의 특정 형질은 대립유전자 A와 a, B와 b에 의해 결정되며, Ⅰ의 유전자형은 AaBB이고, Ⅱ의 유전자형은 AABb이다. ㉠은 B와 b 중 하나이다.

(가)　　　(나)　　　(다)　　　(라)

이에 대한 설명으로 옳은 것만을 〈보기〉에서 있는 대로 고른 것은? (단, 돌연변이와 교차는 고려하지 않는다.) [3점]

〈 보기 〉
ㄱ. ㉠은 B이다.
ㄴ. (가)와 (다)의 핵상은 같다.
ㄷ. (라)는 Ⅱ의 세포이다.

① ㄱ　　② ㄴ　　③ ㄱ, ㄷ　　④ ㄴ, ㄷ　　⑤ ㄱ, ㄴ, ㄷ

20

어떤 동물 종($2n=?$)의 특정 형질은 3쌍의 대립유전자 E와 e, F와 f, G와 g에 의해 결정된다. 그림은 이 동물 종의 개체 A와 B의 세포 (가)~(라) 각각에 있는 염색체 중 X 염색체를 제외한 나머지 모든 염색체와 일부 유전자를 나타낸 것이다. (가)는 A의 세포이고, (나)~(라) 중 2개는 B의 세포이다. 이 동물 종의 성염색체는 암컷이 XX, 수컷이 XY이다. ㉠~㉢은 F, f, G, g 중 서로 다른 하나이다.

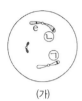  

    (가)   (나)   (다)   (라)

이에 대한 옳은 설명만을 〈보기〉에서 있는 대로 고른 것은? (단, 돌연변이와 교차는 고려하지 않는다.) [3점]

〈 보기 〉
ㄱ. (가)의 염색체 수는 4이다.
ㄴ. (다)는 B의 세포이다.
ㄷ. ㉢은 g이다.

① ㄱ   ② ㄴ   ③ ㄱ, ㄷ   ④ ㄴ, ㄷ   ⑤ ㄱ, ㄴ, ㄷ

21

그림은 같은 종인 동물($2n=?$) Ⅰ과 Ⅱ의 세포 (가)~(라) 각각에 들어 있는 모든 염색체를 나타낸 것이다. (가)~(라) 중 3개는 Ⅰ의 세포이고, 나머지 1개는 Ⅱ의 세포이다. 이 동물의 성염색체는 암컷이 XX, 수컷이 XY이다.

    (가)   (나)   (다)   (라)

이에 대한 설명으로 옳은 것만을 〈보기〉에서 있는 대로 고른 것은? (단, 돌연변이는 고려하지 않는다.)

〈 보기 〉
ㄱ. (가)는 Ⅰ의 세포이다.
ㄴ. ㉠은 ㉡의 상동 염색체이다.
ㄷ. Ⅱ의 감수 1분열 중기 세포 1개당 염색 분체 수는 12이다.

① ㄱ   ② ㄴ   ③ ㄱ, ㄷ   ④ ㄴ, ㄷ   ⑤ ㄱ, ㄴ, ㄷ

22

그림은 동물($2n=6$) Ⅰ~Ⅲ의 세포 (가)~(라) 각각에 들어 있는 모든 염색체를 나타낸 것이다. Ⅰ~Ⅲ은 2가지 종으로 구분되고, (가)~(라) 중 2개는 암컷의, 나머지 2개는 수컷의 세포이다. Ⅰ~Ⅲ의 성염색체는 암컷이 XX, 수컷이 XY이다. 염색체 ⓐ와 ⓑ 중 하나는 상염색체이고, 나머지 하나는 성염색체이다. ⓐ와 ⓑ의 모양과 크기는 나타내지 않았다.

    (가)   (나)   (다)   (라)

이에 대한 설명으로 옳은 것만을 〈보기〉에서 있는 대로 고른 것은? (단, 돌연변이는 고려하지 않는다.)

〈 보기 〉
ㄱ. ⓑ는 X 염색체이다.
ㄴ. (나)는 암컷의 세포이다.
ㄷ. (가)를 갖는 개체와 (다)를 갖는 개체의 핵형은 같다.

① ㄱ   ② ㄴ   ③ ㄷ   ④ ㄱ, ㄴ   ⑤ ㄴ, ㄷ

23

그림은 서로 다른 종인 동물($2n=?$) A~C의 세포 (가)~(라) 각각에 들어 있는 모든 염색체를 나타낸 것이다. (가)~(라) 중 2개는 A의 세포이고, A와 B의 성은 서로 다르다. A~C의 성염색체는 암컷이 XX, 수컷이 XY이다.

   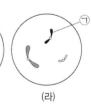

    (가)   (나)   (다)   (라)

이에 대한 설명으로 옳은 것만을 〈보기〉에서 있는 대로 고른 것은? (단, 돌연변이는 고려하지 않는다.)

〈 보기 〉
ㄱ. (가)는 C의 세포이다.
ㄴ. ㉠은 상염색체이다.
ㄷ. $\dfrac{(다)의\ 성염색체\ 수}{(나)의\ 염색\ 분체\ 수} = \dfrac{2}{3}$이다.

① ㄱ   ② ㄴ   ③ ㄷ   ④ ㄱ, ㄷ   ⑤ ㄴ, ㄷ

한눈에 정리하는
평가원 기출 경향

주제 \ 학년도	2025	2024	2023

빈출

체세포의
세포 주기

19
2025학년도 9월 모평 7번

표 (가)는 특정 형질의 유전자형이 RR인 어떤 사람의 세포 Ⅰ~Ⅲ에서 핵막 소실 여부를, (나)는 Ⅰ~Ⅲ 중 2개의 세포에서 R의 DNA 상대량을 더한 값을 나타낸 것이다. Ⅰ~Ⅲ은 체세포의 세포 주기 중 M기(분열기)의 중기, G₁기, G₂기에 각각 관찰되는 세포를 순서 없이 나타낸 것이다. ⑦은 '소실됨'과 '소실 안 됨' 중 하나이다.

세포	핵막 소실 여부
Ⅰ	⑦
Ⅱ	소실됨
Ⅲ	

구분	R의 DNA 상대량을 더한 값
Ⅰ, Ⅱ	8
Ⅰ, Ⅲ	
Ⅱ, Ⅲ	?

(가) (나)

이에 대한 설명으로 옳은 것만을 〈보기〉에서 있는 대로 고른 것은? (단, 돌연변이는 고려하지 않으며, R의 1개당 DNA 상대량은 1이다.)

〈보기〉
ㄱ. ⑦은 '소실 안 됨'이다.
ㄴ. Ⅰ은 G₁기의 세포이다.
ㄷ. R의 DNA 상대량은 Ⅱ에서와 Ⅲ에서가 서로 같다.

① ㄱ ② ㄴ ③ ㄱ, ㄴ ④ ㄴ, ㄷ ⑤ ㄴ, ㄷ

20
2025학년도 6월 모평 5번

그림은 핵상이 2n인 식물 P의 체세포 분열 과정에서 관찰되는 세포 Ⅰ~Ⅲ을 나타낸 것이다. Ⅰ~Ⅲ은 분열기의 전기, 중기, 후기의 세포를 순서 없이 나타낸 것이다.

이에 대한 설명으로 옳은 것만을 〈보기〉에서 있는 대로 고른 것은?

〈보기〉
ㄱ. Ⅰ은 전기의 세포이다.
ㄴ. Ⅲ에서 상동 염색체의 접합이 일어났다.
ㄷ. Ⅰ~Ⅲ에는 모두 히스톤 단백질이 있다.

① ㄱ ② ㄴ ③ ㄱ, ㄷ ④ ㄴ, ㄷ ⑤ ㄱ, ㄴ, ㄷ

31
2025학년도 수능 8번

그림은 사람의 체세포 세포 주기를, 표는 이 사람의 체세포 세포 주기의 ⑦~ⓒ에서 나타나는 특징을 나타낸 것이다. ⑦~ⓒ은 G₁기, M기(분열기), S기를 순서 없이 나타낸 것이다.

구분	특징
⑦	?
ⓛ	핵에서 DNA 복제가 일어난다.
ⓒ	핵막이 관찰된다.

이에 대한 설명으로 옳은 것만을 〈보기〉에서 있는 대로 고른 것은?

〈보기〉
ㄱ. 세포 주기는 Ⅰ 방향으로 진행된다.
ㄴ. ⑦ 시기에 상동 염색체의 접합이 일어난다.
ㄷ. ⓛ과 ⓒ은 모두 간기에 속한다.

① ㄱ ② ㄷ ③ ㄱ, ㄴ ④ ㄴ, ㄷ ⑤ ㄱ, ㄴ, ㄷ

07
2024학년도 수능 4번

그림 (가)는 사람 P의 체세포 세포 주기를, (나)는 P의 핵형 분석 결과의 일부를 나타낸 것이다. ⑦~ⓒ은 G₁기, G₂기, M기(분열기)를 순서 없이 나타낸 것이다.

이에 대한 설명으로 옳은 것은?

〈보기〉
ㄱ. ⑦은 G₂기이다.
ㄴ. ⓛ 시기에 상동 염색체의 접합이 일어난다.
ㄷ. ⓒ 시기에 (나)의 염색체가 관찰된다.

① ㄱ ② ㄷ ③ ㄱ, ㄴ ④ ㄴ, ㄷ ⑤ ㄱ, ㄴ, ㄷ

14
2024학년도 6월 모평 6번

그림 (가)는 사람 H의 체세포 세포 주기를, (나)는 H의 핵형 분석 결과의 일부를 나타낸 것이다. ⑦~ⓒ은 G₁기, M기(분열기), S기를 순서 없이 나타낸 것이다.

(가) (나)

이에 대한 설명으로 옳은 것만을 〈보기〉에서 있는 대로 고른 것은?

〈보기〉
ㄱ. ⑦ 시기에 DNA 복제가 일어난다.
ㄴ. ⓒ 시기에 (나)의 염색체가 관찰된다.
ㄷ. (나)에서 다운 증후군의 염색체 이상이 관찰된다.

① ㄱ ② ㄴ ③ ㄷ ④ ㄱ, ㄴ ⑤ ㄱ, ㄷ

16
2023학년도 수능 6번

표 (가)는 사람의 체세포 세포 주기에서 나타나는 4가지 특징을, (나)는 (가)의 특징 중 사람의 체세포 세포 주기의 ⑦~②에서 나타나는 특징의 개수를 나타낸 것이다. ⑦~②은 G₁기, G₂기, M기(분열기), S기를 순서 없이 나타낸 것이다.

특징
○ 핵막이 소실된다.
○ 히스톤 단백질이 있다.
○ 방추사가 동원체에 부착된다.
○ 핵에서 DNA 복제가 일어난다.

구분	특징의 개수
⑦	2
ⓛ	?
ⓒ	3
②	1

(가) (나)

이에 대한 설명으로 옳은 것만을 〈보기〉에서 있는 대로 고른 것은?

〈보기〉
ㄱ. ⑦ 시기에 특징 ⓐ가 나타난다.
ㄴ. ⓛ 시기에 염색 분체의 분리가 일어난다.
ㄷ. 핵 1개당 DNA 양은 ⓒ 시기의 세포와 ② 시기의 세포가 서로 같다.

① ㄱ ② ㄷ ③ ㄱ, ㄴ ④ ㄴ, ㄷ ⑤ ㄱ, ㄴ, ㄷ

빈출

세포 주기와
세포당 DNA
양에 따른
세포 수
그래프

22
2023학년도 9월 모평 6번

다음은 세포 주기에 대한 실험이다.

[실험 과정 및 결과]
(가) 어떤 동물의 체세포를 배양하여 집단 A와 B로 나눈다.
(나) A와 B 중 B에만 G₁기에서 S기로의 전환을 억제하는 물질을 처리하고, 두 집단을 동일한 조건에서 일정 시간 동안 배양한다.
(다) 두 집단에서 같은 수의 세포를 동시에 고정한 후, 각 집단의 세포당 DNA 양에 따른 세포 수를 나타낸 결과는 그림과 같다.

이에 대한 설명으로 옳은 것만을 〈보기〉에서 있는 대로 고른 것은?

〈보기〉
ㄱ. (다)에서 S기 세포 수 / G₁기 세포 수 는 A에서가 B에서보다 작다.
ㄴ. 구간 Ⅰ에는 뉴클레오솜을 갖는 세포가 있다.
ㄷ. 구간 Ⅱ에는 핵막을 갖는 세포가 있다.

① ㄱ ② ㄷ ③ ㄱ, ㄴ ④ ㄴ, ㄷ ⑤ ㄱ, ㄴ, ㄷ

2022 ~ 2020

11
2022학년도 6월 모평 3번

그림 (가)는 동물 A(2n = 4) 체세포의 세포 주기를, (나)는 A의 체세포 분열 과정 중 어느 한 시기에 관찰되는 세포를 나타낸 것이다. ⊙~ⓒ은 각각 G₁기, M기(분열기), S기 중 하나이다.

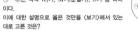

이에 대한 설명으로 옳은 것만을 〈보기〉에서 있는 대로 고른 것은?

─〈보기〉─
ㄱ. ⊙시기에 DNA 복제가 일어난다.
ㄴ. ⓑ에 동원체가 있다.
ㄷ. (나)는 ⓒ 시기에 관찰되는 세포이다.

① ㄱ ② ㄴ ③ ㄷ ④ ㄱ, ㄷ ⑤ ㄴ, ㄷ

01
2021학년도 6월 모평 10번

그림은 사람 체세포의 세포 주기를 나타낸 것이다. ⊙~ⓒ은 각각 G₁기, M기(분열기), S기 중 하나이다.

이에 대한 설명으로 옳은 것만을 〈보기〉에서 있는 대로 고른 것은?

─〈보기〉─
ㄱ. ⊙ 시기에 DNA가 복제된다.
ㄴ. ⓒ은 간기에 속한다.
ㄷ. ⓒ 시기에 상동 염색체의 접합이 일어난다.

① ㄱ ② ㄴ ③ ㄷ ④ ㄱ, ㄴ ⑤ ㄱ, ㄷ

02
2020학년도 9월 모평 12번

그림은 사람에서 체세포의 세포 주기를 나타낸 것이다. ⊙~ⓒ은 각각 G₁기, M기, S기 중 하나이다.

이에 대한 설명으로 옳은 것만을 〈보기〉에서 있는 대로 고른 것은?

─〈보기〉─
ㄱ. ⊙ 시기에 핵막이 소실된다.
ㄴ. 세포 1개당 $\frac{ⓒ \text{ 시기의 DNA양}}{G_1\text{기의 DNA양}}$의 값은 1보다 크다.
ㄷ. ⓒ 시기에 2가 염색체가 관찰된다.

① ㄱ ② ㄴ ③ ㄱ, ㄷ ④ ㄴ, ㄷ ⑤ ㄱ, ㄴ, ㄷ

15
2022학년도 9월 모평 12번

표는 어떤 사람의 세포 (가)~(다)에서 핵막 소실 여부와 DNA 상대량을 나타낸 것이다. (가)~(다)는 체세포의 세포 주기 중 M기(분열기)의 중기, G₁기, G₂기에 각각 관찰되는 세포를 순서 없이 나타낸 것이다. ⊙은 '소실됨'과 '소실 안 됨' 중 하나이다.

세포	핵막 소실 여부	DNA 상대량
(가)	⊙	1
(나)	소실됨	?
(다)	소실 안 됨	2

이에 대한 설명으로 옳은 것만을 〈보기〉에서 있는 대로 고른 것은? (단, 돌연변이는 고려하지 않는다.)

─〈보기〉─
ㄱ. ⊙은 '소실 안 됨'이다.
ㄴ. (나)는 간기의 세포이다.
ㄷ. (다)에는 히스톤 단백질이 없다.

① ㄱ ② ㄴ ③ ㄷ ④ ㄱ, ㄴ ⑤ ㄱ, ㄷ

27
2021학년도 수능 9번

그림 (가)는 사람 A의 체세포를 배양한 후 세포당 DNA양에 따른 세포 수를, (나)는 A의 체세포 분열 과정 중 ⊙ 시기의 세포로부터 얻은 핵형 분석 결과의 일부를 나타낸 것이다.

이에 대한 설명으로 옳은 것만을 〈보기〉에서 있는 대로 고른 것은?

─〈보기〉─
ㄱ. 구간 Ⅰ에는 핵막을 갖는 세포가 있다.
ㄴ. (나)는 다운 증후군의 염색체 이상이 관찰된다.
ㄷ. 구간 Ⅱ에는 ⊙ 시기의 세포가 있다.

① ㄱ ② ㄴ ③ ㄱ, ㄷ ④ ㄴ, ㄷ ⑤ ㄱ, ㄴ, ㄷ

28 대표 문항
2021학년도 9월 모평 13번

그림 (가)는 어떤 동물의 체세포 Q를 배양한 후 세포당 DNA양에 따른 세포 수를, (나)는 Q의 체세포 분열 과정 중 ⊙ 시기에서 관찰되는 세포를 나타낸 것이다.

이에 대한 설명으로 옳은 것만을 〈보기〉에서 있는 대로 고른 것은?

─〈보기〉─
ㄱ. ⊙에는 히스톤 단백질이 있다.
ㄴ. 구간 Ⅱ에는 ⊙ 시기의 세포가 있다.
ㄷ. G₁기의 세포 수는 구간 Ⅱ에서가 구간 Ⅰ에서보다 많다.

① ㄱ ② ㄷ ③ ㄱ, ㄴ ④ ㄴ, ㄷ ⑤ ㄱ, ㄴ, ㄷ

26
2020학년도 수능 5번

그림 (가)는 사람의 체세포를 배양한 후 세포당 DNA양에 따른 세포 수를, (나)는 사람의 체세포에 있는 염색체의 구조를 나타낸 것이다.

이에 대한 설명으로 옳은 것만을 〈보기〉에서 있는 대로 고른 것은?

─〈보기〉─
ㄱ. 구간 Ⅰ에 ⓐ가 들어 있는 세포가 있다.
ㄴ. 구간 Ⅱ에 ⓑ가 ⓒ로 응축되는 시기의 세포가 있다.
ㄷ. 핵막을 갖는 세포의 수는 구간 Ⅱ에서가 구간 Ⅰ에서보다 많다.

① ㄱ ② ㄴ ③ ㄷ ④ ㄴ, ㄷ ⑤ ㄱ, ㄷ

01

2021학년도 6월 모평 10번

그림은 사람 체세포의 세포 주기를 나타낸 것이다. ㉠~㉢은 각각 G_2기, M기(분열기), S기 중 하나이다.
이에 대한 설명으로 옳은 것만을 〈보기〉에서 있는 대로 고른 것은?

〈 보기 〉
ㄱ. ㉠ 시기에 DNA가 복제된다.
ㄴ. ㉡은 간기에 속한다.
ㄷ. ㉢ 시기에 상동 염색체의 접합이 일어난다.

① ㄱ   ② ㄴ   ③ ㄷ   ④ ㄱ, ㄴ   ⑤ ㄱ, ㄷ

02

2020학년도 9월 모평 12번

그림은 사람에서 체세포의 세포 주기를 나타낸 것이다. ㉠~㉢은 각각 G_2기, M기, S기 중 하나이다.
이에 대한 설명으로 옳은 것만을 〈보기〉에서 있는 대로 고른 것은?

〈 보기 〉
ㄱ. ㉠ 시기에 핵막이 소실된다.
ㄴ. 세포 1개당 $\dfrac{㉡ \text{시기의 DNA양}}{G_1 \text{기의 DNA양}}$의 값은 1보다 크다.
ㄷ. ㉢ 시기에 2가 염색체가 관찰된다.

① ㄱ   ② ㄴ   ③ ㄱ, ㄷ   ④ ㄴ, ㄷ   ⑤ ㄱ, ㄴ, ㄷ

03

2022학년도 10월 학평 4번

그림은 사람 체세포의 세포 주기를 나타낸 것이다. ㉠~㉢은 각각 G_2기, M기(분열기), S기 중 하나이다.

이에 대한 옳은 설명만을 〈보기〉에서 있는 대로 고른 것은? (단, 돌연변이는 고려하지 않는다.)

〈 보기 〉
ㄱ. ㉠의 세포에서 핵막이 관찰된다.
ㄴ. ㉡은 간기에 속한다.
ㄷ. ㉢의 세포에서 2가 염색체가 형성된다.

① ㄱ   ② ㄷ   ③ ㄱ, ㄴ   ④ ㄴ, ㄷ   ⑤ ㄱ, ㄴ, ㄷ

04

2020학년도 4월 학평 7번

그림은 어떤 동물의 체세포 집단 A의 세포 주기를, 표는 물질 X의 작용을 나타낸 것이다. ㉠~㉢은 각각 G_1기, G_2기, M기 중 하나이다.

물질	작용
X	G_1기에서 S기로의 진행을 억제한다.

이에 대한 설명으로 옳은 것만을 〈보기〉에서 있는 대로 고른 것은?

〈 보기 〉
ㄱ. ㉡ 시기에 2가 염색체가 관찰된다.
ㄴ. 세포 1개당 DNA양은 ㉠ 시기의 세포가 ㉢ 시기의 세포보다 적다.
ㄷ. A에 X를 처리하면 ㉢ 시기의 세포 수는 처리하기 전보다 증가한다.

① ㄱ   ② ㄴ   ③ ㄷ   ④ ㄱ, ㄴ   ⑤ ㄴ, ㄷ

05

그림은 사람에서 체세포의 세포 주기를, 표는 세포 주기 중 각 시기 I ~ Ⅲ의 특징을 나타낸 것이다. ⊙~ⓒ은 각각 G₁기, S기, 분열기 중 하나이며, I ~ Ⅲ은 ⊙~ⓒ을 순서 없이 나타낸 것이다.

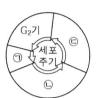

시기	특징
I	?
Ⅱ	방추사가 관찰된다.
Ⅲ	DNA 복제가 일어난다.

이에 대한 설명으로 옳은 것만을 〈보기〉에서 있는 대로 고른 것은? (단, 돌연변이는 고려하지 않는다.)

〈 보기 〉
ㄱ. Ⅲ은 ⊙이다.
ㄴ. I 시기의 세포에서 핵막이 관찰된다.
ㄷ. 체세포 1개당 DNA양은 ⓒ 시기 세포가 Ⅱ 시기 세포보다 많다.

① ㄱ ② ㄴ ③ ㄷ ④ ㄱ, ㄴ ⑤ ㄴ, ㄷ

06

그림은 사람 체세포의 세포 주기를 나타낸 것이다. ⊙~ⓒ은 G₂기, M기(분열기), S기를 순서 없이 나타낸 것이다.
이에 대한 설명으로 옳은 것만을 〈보기〉에서 있는 대로 고른 것은? (단, 돌연변이는 고려하지 않는다.)

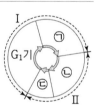

〈 보기 〉
ㄱ. ⊙은 G₂기이다.
ㄴ. 구간 I에는 핵막이 소실되는 시기가 있다.
ㄷ. 구간 Ⅱ에는 염색 분체가 분리되는 시기가 있다.

① ㄱ ② ㄷ ③ ㄱ, ㄴ ④ ㄴ, ㄷ ⑤ ㄱ, ㄴ, ㄷ

07

그림 (가)는 사람 P의 체세포 세포 주기를, (나)는 P의 핵형 분석 결과의 일부를 나타낸 것이다. ⊙~ⓒ은 G₁기, G₂기, M기(분열기)를 순서 없이 나타낸 것이다.

(가)   (나)

이에 대한 설명으로 옳은 것만을 〈보기〉에서 있는 대로 고른 것은?

〈 보기 〉
ㄱ. ⊙은 G₂기이다.
ㄴ. ⓒ 시기에 상동 염색체의 접합이 일어난다.
ㄷ. ⓒ 시기에 (나)의 염색체가 관찰된다.

① ㄱ ② ㄷ ③ ㄱ, ㄴ ④ ㄴ, ㄷ ⑤ ㄱ, ㄴ, ㄷ

08

그림 (가)는 사람에서 체세포의 세포 주기를, (나)는 사람의 체세포에 있는 염색체의 구조를 나타낸 것이다. ⊙~ⓒ은 각각 G₁기, G₂기, S기 중 하나이고, ⓐ와 ⓑ는 각각 DNA와 히스톤 단백질 중 하나이다.

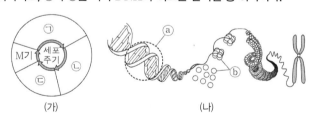

(가)   (나)

이에 대한 설명으로 옳은 것만을 〈보기〉에서 있는 대로 고른 것은?

〈 보기 〉
ㄱ. ⊙은 G₂기이다.
ㄴ. ⓒ 시기에 ⓐ가 복제된다.
ㄷ. 뉴클레오솜의 구성 성분에는 ⓑ가 포함된다.

① ㄱ ② ㄴ ③ ㄷ ④ ㄱ, ㄴ ⑤ ㄴ, ㄷ

16
일차

09

그림은 사람 체세포의 세포 주기를, 표는 시기 ㉠~㉢에서 핵 1개당 DNA 양을 나타낸 것이다. ㉠~㉢은 G₁기, G₂기, S기를 순서 없이 나타낸 것이고, ⓐ는 1과 2 중 하나이다.

시기	DNA 양(상댓값)
㉠	1~2
㉡	ⓐ
㉢	?

이에 대한 옳은 설명만을 〈보기〉에서 있는 대로 고른 것은? (단, 돌연변이는 고려하지 않는다.) [3점]

〈 보기 〉
ㄱ. ⓐ는 2이다.
ㄴ. ㉠의 세포에서 염색 분체의 분리가 일어난다.
ㄷ. ㉡의 세포와 ㉢의 세포는 핵상이 같다.

① ㄱ   ② ㄴ   ③ ㄷ   ④ ㄱ, ㄷ   ⑤ ㄴ, ㄷ

10

그림 (가)는 어떤 동물(2n=4)의 세포 주기를, (나)는 이 동물의 분열 중인 세포를 나타낸 것이다. ㉠과 ㉡은 각각 G₁기와 G₂기 중 하나이며, 이 동물의 특정 형질에 대한 유전자형은 Rr이다.

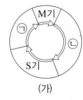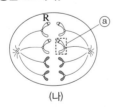

(가)   (나)

이에 대한 옳은 설명만을 〈보기〉에서 있는 대로 고른 것은? (단, 돌연변이와 교차는 고려하지 않는다.)

〈 보기 〉
ㄱ. ㉠은 G₂기이다.
ㄴ. (나)가 관찰되는 시기는 ㉡이다.
ㄷ. 염색체 ⓐ에 R가 있다.

① ㄱ   ② ㄴ   ③ ㄷ   ④ ㄱ, ㄷ   ⑤ ㄴ, ㄷ

11

그림 (가)는 동물 A(2n=4) 체세포의 세포 주기를, (나)는 A의 체세포 분열 과정 중 어느 한 시기에 관찰되는 세포를 나타낸 것이다. ㉠~㉢은 각각 G₂기, M기(분열기), S기 중 하나이다.

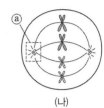

(가)   (나)

이에 대한 설명으로 옳은 것만을 〈보기〉에서 있는 대로 고른 것은?

〈 보기 〉
ㄱ. ㉠ 시기에 DNA 복제가 일어난다.
ㄴ. ⓐ에 동원체가 있다.
ㄷ. (나)는 ㉢ 시기에 관찰되는 세포이다.

① ㄱ   ② ㄴ   ③ ㄷ   ④ ㄱ, ㄷ   ⑤ ㄴ, ㄷ

12

그림은 어떤 동물(2n=4)의 세포 분열 과정에서 관찰되는 세포 (가)를 나타낸 것이다. 이 동물의 특정 형질의 유전자형은 Aa이다.

이에 대한 옳은 설명만을 〈보기〉에서 있는 대로 고른 것은? (단, 돌연변이와 교차는 고려하지 않는다.)

〈 보기 〉
ㄱ. (가)는 감수 분열 과정에서 관찰된다.
ㄴ. ㉠에 뉴클레오솜이 있다.
ㄷ. ㉡에 A가 있다.

① ㄱ   ② ㄴ   ③ ㄷ   ④ ㄱ, ㄴ   ⑤ ㄴ, ㄷ

13

그림 (가)는 어떤 동물 체세포의 세포 주기를, (나)는 이 동물의 체세포 분열 과정에서 관찰되는 세포 ⊙과 ⓒ을 나타낸 것이다. Ⅰ ~ Ⅲ은 각각 G_1기, G_2기, M기 중 하나이고, ⊙과 ⓒ은 Ⅱ 시기의 세포와 Ⅲ 시기의 세포를 순서 없이 나타낸 것이다.

(가)　　　　　(나)

이에 대한 설명으로 옳은 것만을 〈보기〉에서 있는 대로 고른 것은? (단, 돌연변이는 고려하지 않는다.)

〈 보기 〉
ㄱ. Ⅰ은 G_1기이다.
ㄴ. ⊙은 Ⅱ 시기의 세포이다.
ㄷ. 세포 1개당 DNA의 양은 ⓒ에서가 ⊙에서의 2배이다.

① ㄱ　　② ㄴ　　③ ㄷ　　④ ㄱ, ㄷ　　⑤ ㄴ, ㄷ

14

그림 (가)는 사람 H의 체세포 세포 주기를, (나)는 H의 핵형 분석 결과의 일부를 나타낸 것이다. ⊙~ⓒ은 G_1기, M기(분열기), S기를 순서 없이 나타낸 것이다.

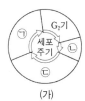

(가)　　　　　(나)

이에 대한 설명으로 옳은 것만을 〈보기〉에서 있는 대로 고른 것은?

〈 보기 〉
ㄱ. ⊙ 시기에 DNA 복제가 일어난다.
ㄴ. ⓒ 시기에 (나)의 염색체가 관찰된다.
ㄷ. (나)에서 다운 증후군의 염색체 이상이 관찰된다.

① ㄱ　　② ㄴ　　③ ㄷ　　④ ㄱ, ㄴ　　⑤ ㄱ, ㄷ

15

표는 어떤 사람의 세포 (가)~(다)에서 핵막 소실 여부와 DNA 상대량을 나타낸 것이다. (가)~(다)는 체세포의 세포 주기 중 M기(분열기)의 중기, G_1기, G_2기에 각각 관찰되는 세포를 순서 없이 나타낸 것이다. ⊙은 '소실됨'과 '소실 안 됨' 중 하나이다.

세포	핵막 소실 여부	DNA 상대량
(가)	⊙	1
(나)	소실됨	?
(다)	소실 안 됨	2

이에 대한 설명으로 옳은 것만을 〈보기〉에서 있는 대로 고른 것은? (단, 돌연변이는 고려하지 않는다.)

〈 보기 〉
ㄱ. ⊙은 '소실 안 됨'이다.
ㄴ. (나)는 간기의 세포이다.
ㄷ. (다)에는 히스톤 단백질이 없다.

① ㄱ　　② ㄴ　　③ ㄷ　　④ ㄱ, ㄴ　　⑤ ㄱ, ㄷ

16

표 (가)는 사람의 체세포 세포 주기에서 나타나는 4가지 특징을, (나)는 (가)의 특징 중 사람의 체세포 세포 주기의 ⊙~ⓔ에서 나타나는 특징의 개수를 나타낸 것이다. ⊙~ⓔ은 G_1기, G_2기, M기(분열기), S기를 순서 없이 나타낸 것이다.

특징
○ 핵막이 소실된다.
○ 히스톤 단백질이 있다.
○ 방추사가 동원체에 부착된다.
○ ⓐ 핵에서 DNA 복제가 일어난다.

(가)

구분	특징의 개수
⊙	2
ⓒ	?
ⓔ	3
ⓓ	1

(나)

이에 대한 설명으로 옳은 것만을 〈보기〉에서 있는 대로 고른 것은?

〈 보기 〉
ㄱ. ⊙ 시기에 특징 ⓐ가 나타난다.
ㄴ. ⓔ 시기에 염색 분체의 분리가 일어난다.
ㄷ. 핵 1개당 DNA 양은 ⓒ 시기의 세포와 ⓓ 시기의 세포가 서로 같다.

① ㄱ　　② ㄷ　　③ ㄱ, ㄴ　　④ ㄴ, ㄷ　　⑤ ㄱ, ㄴ, ㄷ

17

그림은 사람 체세포의 세포 주기를 나타낸 것이다. ㉠~㉣은 각각 G_1기, G_2기, M기, S기 중 하나이다. 핵 1개당 DNA 양은 ㉣ 시기 세포가 ㉡ 시기 세포의 2배이다.
이에 대한 옳은 설명만을 〈보기〉에서 있는 대로 고른 것은?

〈 보기 〉
ㄱ. ㉠ 시기에 2가 염색체가 형성된다.
ㄴ. ㉢ 시기에 DNA 복제가 일어난다.
ㄷ. ㉡ 시기 세포와 ㉣ 시기 세포는 핵상이 서로 다르다.

① ㄱ ② ㄴ ③ ㄱ, ㄷ ④ ㄴ, ㄷ ⑤ ㄱ, ㄴ, ㄷ

18

표는 사람의 체세포 세포 주기 Ⅰ~Ⅲ에서 특징의 유무를 나타낸 것이다. Ⅰ~Ⅲ은 G_1기, M기, S기를 순서 없이 나타낸 것이다.

특징 \ 세포 주기	Ⅰ	Ⅱ	Ⅲ
핵막이 소실된다.	×	?	×
뉴클레오솜이 있다.	○	○	ⓐ
핵에서 DNA 복제가 일어난다.	○	×	?

(○: 있음, ×: 없음)

이에 대한 설명으로 옳은 것만을 〈보기〉에서 있는 대로 고른 것은?

〈 보기 〉
ㄱ. ⓐ는 '×'이다.
ㄴ. Ⅱ 시기에 염색 분체의 분리가 일어난다.
ㄷ. Ⅰ과 Ⅲ 시기는 모두 간기에 속한다.

① ㄱ ② ㄴ ③ ㄱ, ㄷ ④ ㄴ, ㄷ ⑤ ㄱ, ㄴ, ㄷ

19

표 (가)는 특정 형질의 유전자형이 RR인 어떤 사람의 세포 Ⅰ~Ⅲ에서 핵막 소실 여부를, (나)는 Ⅰ~Ⅲ 중 2개의 세포에서 R의 DNA 상대량을 더한 값을 나타낸 것이다. Ⅰ~Ⅲ은 체세포의 세포 주기 중 M기(분열기)의 중기, G_1기, G_2기에 각각 관찰되는 세포를 순서 없이 나타낸 것이다. ㉠은 '소실됨'과 '소실 안 됨' 중 하나이다.

세포	핵막 소실 여부
Ⅰ	?
Ⅱ	소실됨
Ⅲ	㉠

(가)

구분	R의 DNA 상대량을 더한 값
Ⅰ, Ⅱ	8
Ⅰ, Ⅲ	?
Ⅱ, Ⅲ	?

(나)

이에 대한 설명으로 옳은 것만을 〈보기〉에서 있는 대로 고른 것은? (단, 돌연변이는 고려하지 않으며, R의 1개당 DNA 상대량은 1이다.)

〈 보기 〉
ㄱ. ㉠은 '소실 안 됨'이다.
ㄴ. Ⅰ은 G_1기의 세포이다.
ㄷ. R의 DNA 상대량은 Ⅱ에서와 Ⅲ에서가 서로 같다.

① ㄱ ② ㄴ ③ ㄷ ④ ㄱ, ㄴ ⑤ ㄴ, ㄷ

20

그림은 핵상이 $2n$인 식물 P의 체세포 분열 과정에서 관찰되는 세포 Ⅰ~Ⅲ을 나타낸 것이다. Ⅰ~Ⅲ은 분열기의 전기, 중기, 후기의 세포를 순서 없이 나타낸 것이다.

Ⅰ Ⅱ Ⅲ

이에 대한 설명으로 옳은 것만을 〈보기〉에서 있는 대로 고른 것은?

〈 보기 〉
ㄱ. Ⅰ은 전기의 세포이다.
ㄴ. Ⅲ에서 상동 염색체의 접합이 일어났다.
ㄷ. Ⅰ~Ⅲ에는 모두 히스톤 단백질이 있다.

① ㄱ ② ㄴ ③ ㄱ, ㄷ ④ ㄴ, ㄷ ⑤ ㄱ, ㄴ, ㄷ

21

그림은 어떤 사람의 체세포 Q를 배양한 후 세포당 DNA양에 따른 세포 수를, 표는 Q의 체세포 분열 과정에서 나타나는 세포 (가)와 (나)의 핵막 소실 여부를 나타낸 것이다. (가)와 (나)는 G_1기 세포와 M기의 중기 세포를 순서 없이 나타낸 것이다.

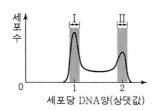

세포	핵막 소실 여부
(가)	소실됨
(나)	소실 안 됨

이에 대한 설명으로 옳은 것만을 〈보기〉에서 있는 대로 고른 것은? (단, 돌연변이는 고려하지 않는다.)

─〈 보기 〉─
ㄱ. (가)와 (나)의 핵상은 같다.
ㄴ. 구간 Ⅰ의 세포에는 뉴클레오솜이 있다.
ㄷ. 구간 Ⅱ에서 (가)가 관찰된다.

① ㄱ   ② ㄷ   ③ ㄱ, ㄴ   ④ ㄴ, ㄷ   ⑤ ㄱ, ㄴ, ㄷ

22

다음은 세포 주기에 대한 실험이다.

[실험 과정 및 결과]
(가) 어떤 동물의 체세포를 배양하여 집단 A와 B로 나눈다.
(나) A와 B 중 B에만 G_1기에서 S기로의 전환을 억제하는 물질을 처리하고, 두 집단을 동일한 조건에서 일정 시간 동안 배양한다.
(다) 두 집단에서 같은 수의 세포를 동시에 고정한 후, 각 집단의 세포당 DNA 양에 따른 세포 수를 나타낸 결과는 그림과 같다.

이에 대한 설명으로 옳은 것만을 〈보기〉에서 있는 대로 고른 것은?

─〈 보기 〉─
ㄱ. (다)에서 $\dfrac{\text{S기 세포 수}}{G_1\text{기 세포 수}}$ 는 A에서가 B에서보다 작다.
ㄴ. 구간 Ⅰ에는 뉴클레오솜을 갖는 세포가 있다.
ㄷ. 구간 Ⅱ에는 핵막을 갖는 세포가 있다.

① ㄱ   ② ㄷ   ③ ㄱ, ㄴ   ④ ㄴ, ㄷ   ⑤ ㄱ, ㄴ, ㄷ

23

그림은 사람의 어떤 체세포를 배양하여 얻은 세포 집단에서 세포당 DNA양에 따른 세포 수를 나타낸 것이다.
이에 대한 옳은 설명만을 〈보기〉에서 있는 대로 고른 것은? [3점]

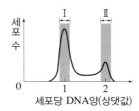

─〈 보기 〉─
ㄱ. 구간 Ⅱ의 세포 중 방추사가 형성된 세포가 있다.
ㄴ. 이 체세포의 세포 주기에서 G_1기가 G_2기보다 길다.
ㄷ. 핵막이 소실된 세포는 구간 Ⅰ에서가 구간 Ⅱ에서보다 많다.

① ㄱ   ② ㄷ   ③ ㄱ, ㄴ   ④ ㄴ, ㄷ   ⑤ ㄱ, ㄴ, ㄷ

24

그림은 어떤 동물의 체세포를 배양한 후 세포당 DNA 양에 따른 세포 수를 나타낸 것이다.
이에 대한 옳은 설명만을 〈보기〉에서 있는 대로 고른 것은? [3점]

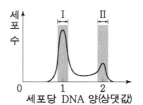

─〈 보기 〉─
ㄱ. 구간 Ⅰ에는 간기의 세포가 있다.
ㄴ. 구간 Ⅱ에는 염색 분체가 분리되는 세포가 있다.
ㄷ. 핵막이 소실된 세포는 구간 Ⅱ에서가 구간 Ⅰ에서보다 많다.

① ㄱ   ② ㄷ   ③ ㄱ, ㄴ   ④ ㄴ, ㄷ   ⑤ ㄱ, ㄴ, ㄷ

25

그림은 어떤 동물의 체세포 (가)를 일정 시간 동안 배양한 세포 집단에서 세포당 DNA 양에 따른 세포 수를 나타낸 것이다.

이에 대한 옳은 설명만을 〈보기〉에서 있는 대로 고른 것은?

〈 보기 〉
ㄱ. 구간 I에 핵막을 갖는 세포가 있다.
ㄴ. (가)의 세포 주기에서 G_2기가 G_1기보다 길다.
ㄷ. 동원체에 방추사가 결합한 세포 수는 구간 II에서가 구간 III에서보다 많다.

① ㄱ   ② ㄴ   ③ ㄱ, ㄷ   ④ ㄴ, ㄷ   ⑤ ㄱ, ㄴ, ㄷ

26

그림 (가)는 사람의 체세포를 배양한 후 세포당 DNA양에 따른 세포 수를, (나)는 사람의 체세포에 있는 염색체의 구조를 나타낸 것이다.

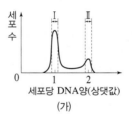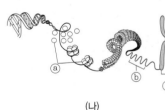

(가)   (나)

이에 대한 설명으로 옳은 것만을 〈보기〉에서 있는 대로 고른 것은?

〈 보기 〉
ㄱ. 구간 I에 ⓐ가 들어 있는 세포가 있다.
ㄴ. 구간 II에 ⓑ가 ⓒ로 응축되는 시기의 세포가 있다.
ㄷ. 핵막을 갖는 세포의 수는 구간 II에서가 구간 I에서보다 많다.

① ㄱ   ② ㄴ   ③ ㄷ   ④ ㄱ, ㄴ   ⑤ ㄱ, ㄷ

27

그림 (가)는 사람 A의 체세포를 배양한 후 세포당 DNA양에 따른 세포 수를, (나)는 A의 체세포 분열 과정 중 ㉠ 시기의 세포로부터 얻은 핵형 분석 결과의 일부를 나타낸 것이다.

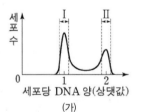

(가)   (나)

이에 대한 설명으로 옳은 것만을 〈보기〉에서 있는 대로 고른 것은?

〈 보기 〉
ㄱ. 구간 I에는 핵막을 갖는 세포가 있다.
ㄴ. (나)에서 다운 증후군의 염색체 이상이 관찰된다.
ㄷ. 구간 II에는 ㉠ 시기의 세포가 있다.

① ㄱ   ② ㄴ   ③ ㄱ, ㄷ   ④ ㄴ, ㄷ   ⑤ ㄱ, ㄴ, ㄷ

28 대표문제

그림 (가)는 어떤 동물의 체세포 Q를 배양한 후 세포당 DNA양에 따른 세포 수를, (나)는 Q의 체세포 분열 과정 중 ㉠ 시기에서 관찰되는 세포를 나타낸 것이다.

(가)   (나)

이에 대한 설명으로 옳은 것만을 〈보기〉에서 있는 대로 고른 것은?

〈 보기 〉
ㄱ. ⓐ에는 히스톤 단백질이 있다.
ㄴ. 구간 II에는 ㉠ 시기의 세포가 있다.
ㄷ. G_1기의 세포 수는 구간 II에서가 구간 I에서보다 많다.

① ㄱ   ② ㄷ   ③ ㄱ, ㄴ   ④ ㄴ, ㄷ   ⑤ ㄱ, ㄴ, ㄷ

29

다음은 세포 주기에 대한 실험이다.

[실험 과정 및 결과]

(가) 어떤 동물의 체세포를 배양하여 집단 A~C로 나눈다.

(나) B에는 S기에서 G_2기로의 전환을 억제하는 물질 X를, C에는 G_1기에서 S기로의 전환을 억제하는 물질 Y를 각각 처리하고, A~C를 동일한 조건에서 일정 시간 동안 배양한다.

(다) 세 집단에서 같은 수의 세포를 동시에 고정한 후, 각 집단의 세포당 DNA 양에 따른 세포 수를 나타낸 결과는 그림과 같다.

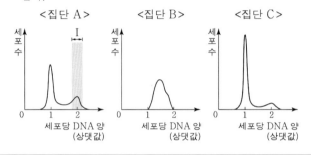

이에 대한 설명으로 옳은 것만을 〈보기〉에서 있는 대로 고른 것은? [3점]

〈 보기 〉

ㄱ. 구간 I에 간기의 세포가 있다.

ㄴ. (다)에서 S기 세포 수는 A에서가 B에서보다 많다.

ㄷ. (다)에서 $\dfrac{G_2기\ 세포\ 수}{G_1기\ 세포\ 수}$ 는 A에서가 C에서보다 크다.

① ㄱ ② ㄴ ③ ㄷ ④ ㄱ, ㄷ ⑤ ㄴ, ㄷ

30

그림 (가)는 어떤 사람 체세포의 세포 주기를, (나)는 이 체세포를 배양한 후 세포당 DNA양에 따른 세포 수를 나타낸 것이다. ⊙과 ⓒ은 각각 G_1기와 G_2기 중 하나이다.

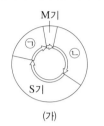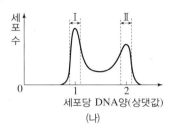

이에 대한 옳은 설명만을 〈보기〉에서 있는 대로 고른 것은? (단, 돌연변이는 고려하지 않는다.)

〈 보기 〉

ㄱ. ⓒ은 G_1기이다.

ㄴ. 구간 I에는 ⊙ 시기의 세포가 있다.

ㄷ. 구간 II에는 2가 염색체를 갖는 세포가 있다.

① ㄱ ② ㄴ ③ ㄱ, ㄷ ④ ㄴ, ㄷ ⑤ ㄱ, ㄴ, ㄷ

31

그림은 사람의 체세포 세포 주기를, 표는 이 사람의 체세포 세포 주기의 ⊙~ⓒ에서 나타나는 특징을 나타낸 것이다. ⊙~ⓒ은 G_2기, M기(분열기), S기를 순서 없이 나타낸 것이다.

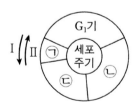

구분	특징
⊙	?
ⓒ	핵에서 DNA 복제가 일어난다.
ⓒ	핵막이 관찰된다.

이에 대한 설명으로 옳은 것만을 〈보기〉에서 있는 대로 고른 것은?

〈 보기 〉

ㄱ. 세포 주기는 I 방향으로 진행된다.

ㄴ. ⊙ 시기에 상동 염색체의 접합이 일어난다.

ㄷ. ⓒ과 ⓒ은 모두 간기에 속한다.

① ㄱ ② ㄷ ③ ㄱ, ㄴ ④ ㄴ, ㄷ ⑤ ㄱ, ㄴ, ㄷ

주제 \ 학년도	**2025**	**2024**

세포 분열 시 DNA 상대량 변화 그래프

---

03   2024학년도 9월 모평 3번

그림 (가)는 동물 P(2n=4)의 체세포가 분열하는 동안 핵 1개당 DNA양을, (나)는 P의 체세포 분열 과정의 어느 한 시기에서 관찰되는 세포를 나타낸 것이다.

(가)   (나)

이에 대한 설명으로 옳은 것만을 〈보기〉에서 있는 대로 고른 것은? (단, 돌연변이는 고려하지 않는다.)

〈보기〉
ㄱ. 구간 Ⅰ의 세포는 핵상이 2n이다.
ㄴ. 구간 Ⅱ에는 (나)가 관찰되는 시기가 있다.
ㄷ. (나)에서 상동 염색체의 접합이 일어났다.

① ㄱ   ② ㄷ   ③ ㄱ, ㄴ   ④ ㄴ, ㄷ   ⑤ ㄱ, ㄴ, ㄷ

빈출

대립유전자의 DNA 상대량을 통한 세포의 구분
표, 그래프

---

09   2025학년도 6월 모평 12번

사람의 유전 형질 (가)는 같은 염색체에 있는 3쌍의 대립유전자 A와 a, B와 b, D와 d에 의해 결정된다. 표는 어떤 가족 구성원의 세포 Ⅰ~Ⅳ가 갖는 A, a, B, b, D, d의 DNA 상대량을 나타낸 것이다. Ⅰ은 G₁기 세포이고, Ⅱ~Ⅳ는 감수 1분열 중기 세포, 감수 2분열 중기 세포, 생식세포를 순서 없이 나타낸 것이다.

세포	DNA 상대량					
	A	a	B	b	D	d
아버지의 세포 Ⅰ	1	0	1	?	?	1
어머니의 세포 Ⅱ	2	2	ⓐ	0	?	2
아들의 세포 Ⅲ	?	1	1	0	0	?
㉠ 딸의 세포 Ⅳ	?	0	2	?	?	0

이에 대한 설명으로 옳은 것만을 〈보기〉에서 있는 대로 고른 것은? (단, 돌연변이와 교차는 고려하지 않으며, A, a, B, b, D, d 각각의 1개당 DNA 상대량은 1이다.) [3점]

〈보기〉
ㄱ. ⓐ+ⓑ=4이다.
ㄴ. Ⅱ의 염색 분체 수 = 2이다. (Ⅳ의 염색 분체 수)
ㄷ. ㉠의 (가)의 유전자형은 AABBDd이다.

① ㄱ   ② ㄴ   ③ ㄷ   ④ ㄱ, ㄴ   ⑤ ㄴ, ㄷ

---

19   2024학년도 수능 11번

어떤 동물 종(2n=6)의 유전 형질 ㉠은 대립유전자 A와 a에 의해, ㉡은 대립유전자 B와 b에 의해, ㉢은 대립유전자 D와 d에 의해 결정된다. ㉠~㉢의 유전자 중 2개는 서로 다른 상염색체에, 나머지 1개는 X 염색체에 있다. 표는 이 동물 종의 개체 P와 Q의 세포 Ⅰ~Ⅳ에서 A, a, B, b, D, d의 DNA 상대량을, 그림은 세포 (가)와 (나) 각각에 들어 있는 모든 염색체를 나타낸 것이다. (가)와 (나)는 각각 Ⅰ~Ⅳ 중 하나이다. P는 수컷이고 성염색체는 XY이며, Q는 암컷이고 성염색체는 XX이다.

세포	DNA 상대량					
	A	a	B	b	D	d
Ⅰ	0	ⓐ	0	2	4	0
Ⅱ	2	0	ⓑ	2	?	2
Ⅲ	0	0	1	?	1	ⓒ
Ⅳ	0	2	?	1	2	0

(가)   (나)

이에 대한 설명으로 옳은 것만을 〈보기〉에서 있는 대로 고른 것은? (단, 돌연변이와 교차는 고려하지 않으며, A, a, B, b, D, d 각각의 1개당 DNA 상대량은 1이다.) [3점]

〈보기〉
ㄱ. (가)는 Ⅰ이다.
ㄴ. Ⅳ는 Q의 세포이다.
ㄷ. ⓐ+ⓑ+ⓒ=6이다.

① ㄱ   ② ㄴ   ③ ㄱ, ㄷ   ④ ㄴ, ㄷ   ⑤ ㄱ, ㄴ, ㄷ

---

20   2025학년도 수능 18번

어떤 동물 종(2n=6)의 유전 형질 ㉠는 2쌍의 대립유전자 H와 h, T와 t에 의해 결정된다. 표는 이 동물 종의 개체 P와 Q의 세포 Ⅰ~Ⅳ에서 H와 t의 DNA 상대량을 더한 값(H+t)과 h와 t의 DNA 상대량을 더한 값(h+t)을, 그림은 세포 (가)와 (나) 각각에 들어 있는 모든 염색체를 나타낸 것이다. (가)와 (나)는 각각 Ⅰ~Ⅳ 중 하나이고, ㉠과 ㉡은 X 염색체와 Y 염색체를 순서 없이 나타낸 것이며, ㉠과 ㉡의 모양과 크기는 나타내지 않았다. P는 수컷이고 성염색체는 XY이며, Q는 암컷이고 성염색체는 XX이다.

세포	H+t	h+t
Ⅰ	3	1
Ⅱ	0	2
Ⅲ	2	0
Ⅳ	4	?

(가)   (나)

이에 대한 설명으로 옳은 것만을 〈보기〉에서 있는 대로 고른 것은? (단, 돌연변이와 교차는 고려하지 않으며, H, h, T, t 각각의 1개당 DNA 상대량은 1이다.)

〈보기〉
ㄱ. (나)는 P의 세포이다.
ㄴ. Ⅰ과 Ⅲ의 핵상은 같다.
ㄷ. T의 DNA 상대량은 Ⅱ에서와 Ⅳ에서가 서로 같다.

① ㄱ   ② ㄴ   ③ ㄱ, ㄷ   ④ ㄴ, ㄷ   ⑤ ㄱ, ㄴ, ㄷ

---

13   2024학년도 6월 모평 8번

표는 특정 형질에 대한 유전자형이 RR인 어떤 사람의 세포 (가)~(라)에서 핵막 소실 여부, 핵상, R의 DNA 상대량을 나타낸 것이다. (가)~(라)는 G₁기 세포, G₂기 세포, 감수 1분열 중기 세포, 감수 2분열 중기 세포를 순서 없이 나타낸 것이다. ㉠은 '소실됨'과 '소실 안 됨' 중 하나이다.

세포	핵막 소실 여부	핵상	R의 DNA 상대량
(가)	소실됨	n	2
(나)	소실 안 됨	2n	?
(다)	?	2n	2
(라)	㉠	?	4

이에 대한 설명으로 옳은 것만을 〈보기〉에서 있는 대로 고른 것은? (단, 돌연변이는 고려하지 않으며, R의 1개당 DNA 상대량은 1이다.)

〈보기〉
ㄱ. (가)에서 2가 염색체가 관찰된다.
ㄴ. (나)는 G₁기 세포이다.
ㄷ. ㉠은 '소실됨'이다.

① ㄱ   ② ㄴ   ③ ㄱ, ㄷ   ④ ㄴ, ㄷ   ⑤ ㄱ, ㄴ, ㄷ

2023

07
2023학년도 6월 모평 4번

그림 (가)는 동물 P(2n=4)의 체세포가 분열하는 동안 핵 1개당 DNA양을, (나)는 P의 체세포 분열 과정의 어느 한 시기에서 관찰되는 세포를 나타낸 것이다.

(가)　　　　　(나)

이에 대한 설명으로 옳은 것을 〈보기〉에서 있는 대로 고른 것은? (단, 돌연변이는 고려하지 않는다.)

〈보기〉
ㄱ. 구간 Ⅰ에는 2개의 염색 분체로 구성된 염색체가 있다.
ㄴ. 구간 Ⅱ에는 (나)가 관찰되는 시기가 있다.
ㄷ. ⓐ와 ⓑ는 부모에게서 각각 하나씩 물려받은 것이다.

① ㄱ　② ㄴ　③ ㄱ, ㄷ　④ ㄴ, ㄷ　⑤ ㄱ, ㄴ, ㄷ

12 대표 문제
2023학년도 6월 모평 7번

어떤 동물 종(2n)의 유전 형질 (가)는 대립유전자 A와 a에 의해, (나)는 대립유전자 B와 b에 의해, (다)는 대립유전자 D와 d에 의해 결정된다. 표는 이 동물 종의 개체 ⑤과 ⑥의 세포 Ⅰ~Ⅳ 각각에 들어 있는 A, a, B, b, D, d의 DNA 상대량을 나타낸 것이다. Ⅰ~Ⅳ 중 2개는 ⑤의 세포이고, 나머지 2개는 ⑥의 세포이다. ⑤은 암컷이고 성염색체가 XX이며, ⑥은 수컷이고 성염색체가 XY이다.

세포	DNA 상대량					
	A	a	B	b	D	d
Ⅰ	0	?	2	?	4	0
Ⅱ	0	2	0	2	?	2
Ⅲ	?	1	1	1	2	?
Ⅳ	?	0	1	?	2	0

이에 대한 설명으로 옳은 것을 〈보기〉에서 있는 대로 고른 것은? (단, 돌연변이와 교차는 고려하지 않으며, A, a, B, b, D, d 각각의 1개당 DNA 상대량은 1이다.) [3점]

〈보기〉
ㄱ. Ⅳ의 핵상은 2n이다.
ㄴ. (가)의 유전자는 X 염색체에 있다.
ㄷ. ⑤의 (나)와 (다)에 대한 유전자형은 BbDd이다.

① ㄱ　② ㄴ　③ ㄱ, ㄷ　④ ㄴ, ㄷ　⑤ ㄱ, ㄴ, ㄷ

2022 ~ 2020

04
2022학년도 수능 3번

그림 (가)는 식물 P(2n)의 체세포가 분열하는 동안 핵 1개당 DNA양을, (나)는 이 세포 분열 과정의 어느 한 시기에서 관찰되는 세포를 나타낸 것이다. ⓐ와 ⓑ는 분열기의 전기 세포와 중기 세포를 순서 없이 나타낸 것이다.

(가)　　　　　(나)

이에 대한 설명으로 옳은 것을 〈보기〉에서 있는 대로 고른 것은?

〈보기〉
ㄱ. Ⅰ과 Ⅱ 시기의 세포에는 모두 뉴클레오솜이 있다.
ㄴ. ⓐ에서 상동 염색체의 접합이 일어났다.
ㄷ. ⓑ는 Ⅰ 시기에 관찰된다.

① ㄱ　② ㄷ　③ ㄱ, ㄴ　④ ㄴ, ㄷ　⑤ ㄱ, ㄴ, ㄷ

14
2022학년도 9월 모평 10번

사람의 유전 형질 (가)는 상염색체에 있는 대립유전자 H와 h에 의해, (나)는 X 염색체에 있는 대립유전자 T와 t에 의해 결정된다. 표는 세포 Ⅰ~Ⅳ가 갖는 H, h, T, t의 DNA 상대량을 나타낸 것이다. Ⅰ~Ⅳ 중 2개는 남자 P의 세포이고, 나머지 2개는 여자 Q의 세포이다. ⑤~ⓒ는 0, 1, 2를 순서 없이 나타낸 것이다.

세포	DNA 상대량			
	H	h	T	t
Ⅰ	ⓒ	0	ⓒ	?
Ⅱ	ⓛ	ⓒ	0	ⓒ
Ⅲ	?	ⓒ	ⓒ	ⓛ
Ⅳ	4	0	2	ⓒ

이에 대한 설명으로 옳은 것만을 〈보기〉에서 있는 대로 고른 것은? (단, 돌연변이와 교차는 고려하지 않으며, H, h, T, t 각각의 1개당 DNA 상대량은 1이다.) [3점]

〈보기〉
ㄱ. ⓛ은 2이다.
ㄴ. Ⅲ은 Q의 세포이다.
ㄷ. Ⅰ이 갖는 t의 DNA 상대량과 Ⅲ이 갖는 H의 DNA 상대량은 같다.

① ㄱ　② ㄷ　③ ㄱ, ㄴ　④ ㄴ, ㄷ　⑤ ㄱ, ㄴ, ㄷ

18
2022학년도 6월 모평 19번

어떤 동물 종(2n=4)의 유전 형질 ㉮는 2쌍의 대립유전자 A와 a, B와 b에 의해 결정된다. 그림은 이 동물 종의 개체 Ⅰ의 세포 (가)와 개체 Ⅱ의 세포 (나) 각각에 들어 있는 모든 염색체를, 표는 (가)와 (나)에서 대립유전자 ⑤, ⓛ, ⓒ, ⓒ 중 2개의 DNA 상대량을 더한 값을 나타낸 것이다. ⑤~ⓒ은 A, a, B, b를 순서 없이 나타낸 것이고, Ⅰ과 Ⅱ의 ㉮의 유전자형은 각각 AaBb와 Aabb 중 하나이다.

(가)　　(나)

세포	DNA 상대량을 더한 값			
	⑤+ⓛ	ⓛ+ⓒ	ⓒ+ⓒ	ⓒ+ⓒ
(가)	6	ⓐ	6	?
(나)	?	1	ⓑ	2

이에 대한 설명으로 옳은 것을 〈보기〉에서 있는 대로 고른 것은? (단, 돌연변이는 고려하지 않으며, A, a, B, b 각각의 1개당 DNA 상대량은 1이다.)

〈보기〉
ㄱ. Ⅰ의 유전자형은 AaBb이다.
ㄴ. ⓐ+ⓑ=5이다.
ㄷ. (나)에 b가 있다.

① ㄱ　② ㄴ　③ ㄱ, ㄷ　④ ㄴ, ㄷ　⑤ ㄱ, ㄴ, ㄷ

02 대표 문제
2020학년도 6월 모평 5번

그림 (가)는 어떤 동물(2n=6)의 세포가 분열하는 동안 핵 1개당 DNA양을, (나)는 이 세포 분열 과정의 어느 한 시기에서 관찰되는 세포를 나타낸 것이다. 이 동물의 특정 형질에 대한 유전자형은 Rr이며, R와 r는 대립유전자이다.

(가)　　　　　(나)

이에 대한 설명으로 옳은 것만을 〈보기〉에서 있는 대로 고른 것은? (단, 돌연변이와 교차는 고려하지 않는다.) [3점]

〈보기〉
ㄱ. ⓐ에는 R가 있다.
ㄴ. 구간 Ⅰ에서 2가 염색체가 관찰된다.
ㄷ. (나)는 구간 Ⅱ에서 관찰된다.

① ㄱ　② ㄴ　③ ㄷ　④ ㄱ, ㄴ　⑤ ㄱ, ㄷ

16
2020학년도 9월 모평 3번

어떤 동물 종(2n=6)의 특정 형질은 2쌍의 대립유전자 H와 h, T와 t에 의해 결정된다. 표는 이 동물 종의 개체 Ⅰ의 세포 ⑤~⑥이 갖는 H, h, T, t의 DNA 상대량을, 그림은 Ⅰ의 세포 P를 나타낸 것이다. P는 ⑤~⑥ 중 하나이다.

세포	DNA 상대량			
	H	h	T	t
⑤	1	?	1	1
ⓛ	2	2	?	2
ⓒ	2	0	0	?
⑥	1	?	1	0

이에 대한 설명으로 옳은 것을 〈보기〉에서 있는 대로 고른 것은? (단, 돌연변이와 교차는 고려하지 않으며, H, h, T, t 각각의 1개당 DNA 상대량은 같다.)

〈보기〉
ㄱ. P는 ⓒ이다.
ㄴ. ⓐ+ⓑ=3이다.
ㄷ. Ⅰ의 감수 1분열 중기 세포 1개당 염색 분체 수는 12이다.

① ㄱ　② ㄴ　③ ㄱ, ㄷ　④ ㄴ, ㄷ　⑤ ㄱ, ㄴ, ㄷ

01

2020학년도 3월 학평 8번

표는 어떤 동물($2n=6$)의 감수 분열 과정에서 형성되는 세포 (가)와 (나)의 세포 1개당 DNA 상대량과 염색체 수를 나타낸 것이다. (가)와 (나)는 모두 중기 세포이다.

세포	세포 1개당 DNA 상대량	세포 1개당 염색체 수
(가)	2	3
(나)	4	6

이에 대한 옳은 설명만을 〈보기〉에서 있는 대로 고른 것은? (단, 돌연변이는 고려하지 않는다.) [3점]

〈 보기 〉

ㄱ. (가)의 핵상은 n이다.

ㄴ. (나)에 2가 염색체가 있다.

ㄷ. 이 동물의 G_1기 세포 1개당 DNA 상대량은 4이다.

① ㄱ　　② ㄷ　　③ ㄱ, ㄴ　　④ ㄴ, ㄷ　　⑤ ㄱ, ㄴ, ㄷ

02 대표문제

2020학년도 6월 모평 5번

그림 (가)는 어떤 동물($2n=6$)의 세포가 분열하는 동안 핵 1개당 DNA양을, (나)는 이 세포 분열 과정의 어느 한 시기에서 관찰되는 세포를 나타낸 것이다. 이 동물의 특정 형질에 대한 유전자형은 Rr이며, R와 r는 대립유전자이다.

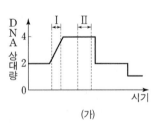

(가)　　　　　(나)

이에 대한 설명으로 옳은 것만을 〈보기〉에서 있는 대로 고른 것은? (단, 돌연변이와 교차는 고려하지 않는다.) [3점]

〈 보기 〉

ㄱ. ⓐ에는 R가 있다.

ㄴ. 구간 Ⅰ에서 2가 염색체가 관찰된다.

ㄷ. (나)는 구간 Ⅱ에서 관찰된다.

① ㄱ　　② ㄴ　　③ ㄷ　　④ ㄱ, ㄴ　　⑤ ㄱ, ㄷ

03

2024학년도 9월 모평 3번

그림 (가)는 동물 P($2n=4$)의 체세포가 분열하는 동안 핵 1개당 DNA양을, (나)는 P의 체세포 분열 과정의 어느 한 시기에서 관찰되는 세포를 나타낸 것이다.

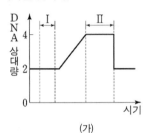 

(가)　　　　　(나)

이에 대한 설명으로 옳은 것만을 〈보기〉에서 있는 대로 고른 것은? (단, 돌연변이는 고려하지 않는다.)

〈 보기 〉

ㄱ. 구간 Ⅰ의 세포는 핵상이 $2n$이다.

ㄴ. 구간 Ⅱ에는 (나)가 관찰되는 시기가 있다.

ㄷ. (나)에서 상동 염색체의 접합이 일어났다.

① ㄱ　　② ㄷ　　③ ㄱ, ㄴ　　④ ㄴ, ㄷ　　⑤ ㄱ, ㄴ, ㄷ

04

2022학년도 수능 3번

그림 (가)는 식물 P($2n$)의 체세포가 분열하는 동안 핵 1개당 DNA양을, (나)는 P의 체세포 분열 과정에서 관찰되는 세포 ⓐ와 ⓑ를 나타낸 것이다. ⓐ와 ⓑ는 분열기의 전기 세포와 중기 세포를 순서 없이 나타낸 것이다.

 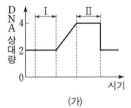 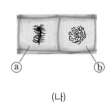

(가)　　　　　(나)

이에 대한 설명으로 옳은 것만을 〈보기〉에서 있는 대로 고른 것은?

〈 보기 〉

ㄱ. Ⅰ과 Ⅱ 시기의 세포에는 모두 뉴클레오솜이 있다.

ㄴ. ⓐ에서 상동 염색체의 접합이 일어났다.

ㄷ. ⓑ는 Ⅰ 시기에 관찰된다.

① ㄱ　　② ㄷ　　③ ㄱ, ㄴ　　④ ㄴ, ㄷ　　⑤ ㄱ, ㄴ, ㄷ

05

그림은 어떤 동물($2n=4$)의 체세포 X를 나타낸 것이다. 이 동물에서 특정 유전 형질의 유전자형은 Tt이다. X는 간기의 세포와 분열기의 세포 중 하나이다.

이에 대한 옳은 설명만을 〈보기〉에서 있는 대로 고른 것은? (단, 돌연변이는 고려하지 않는다.)

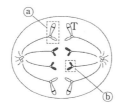

〈보기〉
ㄱ. X는 분열기의 세포이다.
ㄴ. ⓐ에 t가 있다.
ㄷ. ⓑ에 동원체가 있다.

① ㄱ　② ㄴ　③ ㄱ, ㄴ　④ ㄱ, ㄷ　⑤ ㄴ, ㄷ

06

어떤 동물 종($2n=6$)의 유전 형질 ㉮는 2쌍의 대립유전자 A와 a, B와 b에 의해 결정된다. 표는 이 동물 종의 개체 P와 Q의 세포 Ⅰ~Ⅳ에서 대립유전자 ㉠~㉣의 DNA 상대량을, 그림은 세포 (가)와 (나) 각각에 들어 있는 모든 염색체를 나타낸 것이다. (가)와 (나)는 각각 Ⅰ~Ⅳ 중 하나이고, ㉠~㉣은 A, a, B, b를 순서 없이 나타낸 것이다. P는 수컷이고 성염색체는 XY이며, Q는 암컷이고 성염색체는 XX이다.

세포	DNA 상대량			
	㉠	㉡	㉢	㉣
Ⅰ	0	0	?	1
Ⅱ	1	?	0	0
Ⅲ	0	0	4	2
Ⅳ	?	1	1	0

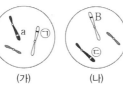

이에 대한 옳은 것만을 〈보기〉에서 있는 대로 고른 것은? (단, 돌연변이와 교차는 고려하지 않으며, A, a, B, b 각각의 1개당 DNA 상대량은 1이다.)

〈보기〉
ㄱ. (가)는 P의 세포이다.
ㄴ. Ⅳ에 B가 있다.
ㄷ. Ⅲ과 Ⅳ의 핵상은 같다.

① ㄱ　② ㄷ　③ ㄱ, ㄴ　④ ㄴ, ㄷ　⑤ ㄱ, ㄴ, ㄷ

07

그림 (가)는 동물 P($2n=4$)의 체세포가 분열하는 동안 핵 1개당 DNA 양을, (나)는 P의 체세포 분열 과정의 어느 한 시기에서 관찰되는 세포를 나타낸 것이다.

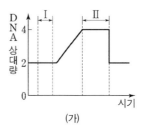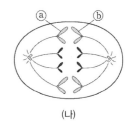

이에 대한 설명으로 옳은 것만을 〈보기〉에서 있는 대로 고른 것은? (단, 돌연변이는 고려하지 않는다.)

〈보기〉
ㄱ. 구간 Ⅰ에는 2개의 염색 분체로 구성된 염색체가 있다.
ㄴ. 구간 Ⅱ에는 (나)가 관찰되는 시기가 있다.
ㄷ. ⓐ와 ⓑ는 부모에게서 각각 하나씩 물려받은 것이다.

① ㄱ　② ㄴ　③ ㄱ, ㄷ　④ ㄴ, ㄷ　⑤ ㄱ, ㄴ, ㄷ

08

그림 (가)는 어떤 동물($2n=?$)의 G_1기 세포로부터 생식세포가 형성되는 동안 핵 1개당 DNA 상대량을, (나)는 이 세포 분열 과정 중 일부를 나타낸 것이다. 이 동물의 특정 형질에 대한 유전자형은 Aa이며, A는 a와 대립유전자이다. ⓐ와 ⓑ의 핵상은 다르다.

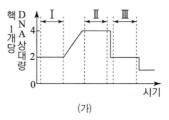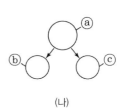

이에 대한 설명으로 옳은 것만을 〈보기〉에서 있는 대로 고른 것은? (단, 돌연변이는 고려하지 않는다.)

〈보기〉
ㄱ. ⓐ는 구간 Ⅲ에서 관찰된다.
ㄴ. ⓑ와 ⓒ의 유전자 구성은 동일하다.
ㄷ. 구간 Ⅰ에는 핵막을 가진 세포가 있다.

① ㄱ　② ㄷ　③ ㄱ, ㄴ　④ ㄴ, ㄷ　⑤ ㄱ, ㄴ, ㄷ

09

사람의 유전 형질 (가)는 같은 염색체에 있는 3쌍의 대립유전자 A와 a, B와 b, D와 d에 의해 결정된다. 표는 어떤 가족 구성원의 세포 I ~ IV가 갖는 A, a, B, b, D, d의 DNA 상대량을 나타낸 것이다. I은 G_1기 세포이고, II ~ IV는 감수 1분열 중기 세포, 감수 2분열 중기 세포, 생식세포를 순서 없이 나타낸 것이다.

세포	DNA 상대량					
	A	a	B	b	D	d
아버지의 세포 I	1	0	1	?	?	1
어머니의 세포 II	2	2	ⓐ	0	?	2
아들의 세포 III	?	1	1	0	0	?
㉠ 딸의 세포 IV	ⓑ	0	2	?	?	0

이에 대한 설명으로 옳은 것만을 〈보기〉에서 있는 대로 고른 것은? (단, 돌연변이와 교차는 고려하지 않으며, A, a, B, b, D, d 각각의 1개당 DNA 상대량은 1이다.) [3점]

〈 보기 〉
ㄱ. ⓐ+ⓑ=4이다.
ㄴ. $\dfrac{\text{II의 염색 분체 수}}{\text{IV의 염색 분체 수}}$=2이다.
ㄷ. ㉠의 (가)의 유전자형은 AABBDd이다.

① ㄱ ② ㄴ ③ ㄷ ④ ㄱ, ㄴ ⑤ ㄴ, ㄷ

10

사람의 유전 형질 (가)는 대립유전자 H와 H*에 의해, (나)는 대립유전자 T와 T*에 의해 결정된다. (가)의 유전자와 (나)의 유전자 중 하나만 X 염색체에 있다. 표는 어떤 가족 구성원의 성별과 체세포 1개당 대립유전자 H와 T의 DNA 상대량을 나타낸 것이다. ㉠~㉢은 0, 1, 2를 순서 없이 나타낸 것이다.

구성원	성별	DNA 상대량	
		H	T
아버지	남	㉠	㉡
어머니	여	㉡	㉢
자녀 1	남	2	0
자녀 2	여	1	?

이에 대한 설명으로 옳은 것만을 〈보기〉에서 있는 대로 고른 것은? (단, 돌연변이와 교차는 고려하지 않으며, H, H*, T, T* 각각의 1개당 DNA 상대량은 1이다.) [3점]

〈 보기 〉
ㄱ. ㉠은 2이다.
ㄴ. 자녀 2는 H를 아버지로부터 물려받았다.
ㄷ. 어머니의 (나)의 유전자형은 동형 접합성이다.

① ㄱ ② ㄴ ③ ㄱ, ㄷ ④ ㄴ, ㄷ ⑤ ㄱ, ㄴ, ㄷ

11

표는 유전자형이 Tt인 어떤 사람의 세포 P가 생식세포로 되는 과정에서 관찰되는 서로 다른 시기의 세포 ㉠~㉢의 염색체 수와 t의 DNA 상대량을 나타낸 것이다. T와 t는 서로 대립유전자이다.

세포	염색체 수	t의 DNA 상대량
㉠	?	2
㉡	23	1
㉢	46	2

이에 대한 설명으로 옳은 것만을 〈보기〉에서 있는 대로 고른 것은? (단, 돌연변이와 교차는 고려하지 않으며, ㉠과 ㉢은 중기의 세포이다. T, t 각각의 1개당 DNA 상대량은 1이다.) [3점]

〈 보기 〉
ㄱ. ㉠의 염색체 수는 23이다.
ㄴ. ㉢에서 T의 DNA 상대량은 2이다.
ㄷ. ㉠이 ㉡으로 되는 과정에서 염색 분체가 분리된다.

① ㄱ ② ㄴ ③ ㄱ, ㄷ ④ ㄴ, ㄷ ⑤ ㄱ, ㄴ, ㄷ

12 대표 문제

어떤 동물 종($2n$)의 유전 형질 (가)는 대립유전자 A와 a에 의해, (나)는 대립유전자 B와 b에 의해, (다)는 대립유전자 D와 d에 의해 결정된다. 표는 이 동물 종의 개체 ㉠과 ㉡의 세포 I ~ IV 각각에 들어 있는 A, a, B, b, D, d의 DNA 상대량을 나타낸 것이다. I ~ IV 중 2개는 ㉠의 세포이고, 나머지 2개는 ㉡의 세포이다. ㉠은 암컷이고 성염색체가 XX이며, ㉡은 수컷이고 성염색체가 XY이다.

세포	DNA 상대량					
	A	a	B	b	D	d
I	0	?	2	?	4	0
II	0	2	0	2	?	2
III	?	1	1	1	2	?
IV	?	0	1	?	1	0

이에 대한 설명으로 옳은 것만을 〈보기〉에서 있는 대로 고른 것은? (단, 돌연변이와 교차는 고려하지 않으며, A, a, B, b, D, d 각각의 1개당 DNA 상대량은 1이다.) [3점]

〈 보기 〉
ㄱ. IV의 핵상은 $2n$이다.
ㄴ. (가)의 유전자는 X 염색체에 있다.
ㄷ. ㉠의 (나)와 (다)에 대한 유전자형은 BbDd이다.

① ㄱ ② ㄴ ③ ㄱ, ㄷ ④ ㄴ, ㄷ ⑤ ㄱ, ㄴ, ㄷ

13

표는 특정 형질에 대한 유전자형이 RR인 어떤 사람의 세포 (가)~(라)에서 핵막 소실 여부, 핵상, R의 DNA 상대량을 나타낸 것이다. (가)~(라)는 G_1기 세포, G_2기 세포, 감수 1분열 중기 세포, 감수 2분열 중기 세포를 순서 없이 나타낸 것이다. ㉠은 '소실됨'과 '소실 안 됨' 중 하나이다.

세포	핵막 소실 여부	핵상	R의 DNA 상대량
(가)	소실됨	n	2
(나)	소실 안 됨	$2n$	?
(다)	?	$2n$	2
(라)	㉠	?	4

이에 대한 설명으로 옳은 것만을 〈보기〉에서 있는 대로 고른 것은? (단, 돌연변이는 고려하지 않으며, R의 1개당 DNA 상대량은 1이다.)

〈 보기 〉
ㄱ. (가)에서 2가 염색체가 관찰된다.
ㄴ. (나)는 G_2기 세포이다.
ㄷ. ㉠은 '소실됨'이다.

① ㄱ   ② ㄴ   ③ ㄱ, ㄷ   ④ ㄴ, ㄷ   ⑤ ㄱ, ㄴ, ㄷ

14

사람의 유전 형질 (가)는 상염색체에 있는 대립유전자 H와 h에 의해, (나)는 X 염색체에 있는 대립유전자 T와 t에 의해 결정된다. 표는 세포 I~IV가 갖는 H, h, T, t의 DNA 상대량을 나타낸 것이다. I~IV 중 2개는 남자 P의, 나머지 2개는 여자 Q의 세포이다. ㉠~㉢은 0, 1, 2를 순서 없이 나타낸 것이다.

세포	DNA 상대량			
	H	h	T	t
I	㉢	0	㉠	?
II	㉡	㉠	0	㉡
III	?	㉢	㉠	㉡
IV	4	0	2	㉠

이에 대한 설명으로 옳은 것만을 〈보기〉에서 있는 대로 고른 것은? (단, 돌연변이와 교차는 고려하지 않으며, H, h, T, t 각각의 1개당 DNA 상대량은 1이다.) [3점]

〈 보기 〉
ㄱ. ㉡은 2이다.
ㄴ. II는 Q의 세포이다.
ㄷ. I이 갖는 t의 DNA 상대량과 III이 갖는 H의 DNA 상대량은 같다.

① ㄱ   ② ㄷ   ③ ㄱ, ㄴ   ④ ㄴ, ㄷ   ⑤ ㄱ, ㄴ, ㄷ

15

다음은 어떤 가족의 유전 형질 (가)와 (나)에 대한 자료이다.

○ (가)는 2쌍의 대립유전자 A와 a, B와 b에 의해 결정되며, (가)의 유전자는 서로 다른 2개의 상염색체에 있다.

○ (가)의 표현형은 유전자형에서 대문자로 표시되는 대립유전자 수에 의해서만 결정되며, 이 대립유전자의 수가 다르면 표현형이 다르다.

○ (나)는 대립유전자 D와 d에 의해 결정되며, D는 d에 대해 완전 우성이다. (나)의 유전자는 (가)의 유전자와 서로 다른 상염색체에 있다.

○ 어머니와 자녀 1은 (가)와 (나)의 표현형이 모두 같고, 아버지와 자녀 2는 (가)와 (나)의 표현형이 모두 같다.

○ 표는 자녀 2를 제외한 나머지 가족 구성원의 체세포 1개당 대립유전자 ㉠~㉺의 DNA 상대량을 나타낸 것이다. ㉠~㉺은 A, a, B, b, D, d를 순서 없이 나타낸 것이다.

구성원	DNA 상대량					
	㉠	㉡	㉢	㉣	㉤	㉺
아버지	2	0	1	0	2	1
어머니	0	1	0	2	1	2
자녀 1	1	1	1	1	1	1

○ 자녀 2의 유전자형은 AaBBDd이다.

이에 대한 설명으로 옳은 것만을 〈보기〉에서 있는 대로 고른 것은? (단, 돌연변이와 교차는 고려하지 않으며, A, a, B, b, D, d 각각의 1개당 DNA 상대량은 1이다.) [3점]

〈 보기 〉
ㄱ. ㉠은 A이다.
ㄴ. ㉡과 ㉤은 (나)의 대립유전자이다.
ㄷ. 자녀 2의 동생이 태어날 때, 이 아이의 (가)와 (나)의 표현형이 모두 어머니와 같을 확률은 $\frac{1}{4}$이다.

① ㄱ   ② ㄷ   ③ ㄱ, ㄴ   ④ ㄴ, ㄷ   ⑤ ㄱ, ㄴ, ㄷ

16

2020학년도 9월 모평 3번

어떤 동물 종($2n=6$)의 특정 형질은 2쌍의 대립유전자 H와 h, T와 t에 의해 결정된다. 표는 이 동물 종의 개체 I의 세포 ㉠~㉣이 갖는 H, h, T, t의 DNA 상대량을, 그림은 I의 세포 P를 나타낸 것이다. P는 ㉠~㉣ 중 하나이다.

세포	DNA 상대량			
	H	h	T	t
㉠	1	?	1	1
㉡	2	2	ⓐ	2
㉢	2	0	0	?
㉣	1	ⓑ	1	0

이에 대한 설명으로 옳은 것만을 〈보기〉에서 있는 대로 고른 것은? (단, 돌연변이와 교차는 고려하지 않으며, H, h, T, t 각각의 1개당 DNA 상대량은 같다.)

─〈 보기 〉─
ㄱ. P는 ㉢이다.
ㄴ. ⓐ+ⓑ=3이다.
ㄷ. I의 감수 1분열 중기 세포 1개당 염색 분체 수는 12이다.

① ㄱ   ② ㄴ   ③ ㄱ, ㄷ   ④ ㄴ, ㄷ   ⑤ ㄱ, ㄴ, ㄷ

17

2022학년도 7월 학평 14번

어떤 동물 종($2n=6$)의 유전 형질 ㉠은 2쌍의 대립유전자 H와 h, R와 r에 의해 결정된다. 그림은 이 동물 종의 수컷 P와 암컷 Q의 세포 (가)~(다) 각각에 들어 있는 모든 염색체를, 표는 (가)~(다)가 갖는 H와 h의 DNA 상대량을 나타낸 것이다. (가)~(다) 중 2개는 P의 세포이고 나머지 1개는 Q의 세포이며, 이 동물의 성염색체는 암컷이 XX, 수컷이 XY이다. ⓐ~ⓒ는 0, 1, 2를 순서 없이 나타낸 것이다.

(가)   (나)   (다)

세포	DNA 상대량	
	H	h
(가)	ⓐ	ⓑ
(나)	ⓒ	ⓐ
(다)	ⓑ	ⓐ

이에 대한 설명으로 옳은 것만을 〈보기〉에서 있는 대로 고른 것은? (단, 돌연변이는 고려하지 않으며, H, h, R, r 각각의 1개당 DNA 상대량은 1이다.) [3점]

─〈 보기 〉─
ㄱ. ⓒ는 1이다.
ㄴ. (가)는 Q의 세포이다.
ㄷ. 세포 1개당 $\frac{\text{H의 DNA 상대량}}{\text{R의 DNA 상대량}}$ 은 (나)와 (다)가 같다.

① ㄱ   ② ㄷ   ③ ㄱ, ㄴ   ④ ㄴ, ㄷ   ⑤ ㄱ, ㄴ, ㄷ

18

2022학년도 6월 모평 19번

어떤 동물 종($2n=4$)의 유전 형질 ㉮는 2쌍의 대립유전자 A와 a, B와 b에 의해 결정된다. 그림은 이 동물 종의 개체 I의 세포 (가)와 개체 II의 세포 (나) 각각에 들어 있는 모든 염색체를, 표는 (가)와 (나)에서 대립유전자 ㉠, ㉡, ㉢, ㉣ 중 2개의 DNA 상대량을 더한 값을 나타낸 것이다. ㉠~㉣은 A, a, B, b를 순서 없이 나타낸 것이고, I과 II의 ㉮의 유전자형은 각각 AaBb와 Aabb 중 하나이다.

(가)   (나)

세포	DNA 상대량을 더한 값			
	㉠+㉡	㉠+㉢	㉡+㉢	㉢+㉣
(가)	6	ⓐ	6	?
(나)	?	1	ⓑ	2

이에 대한 설명으로 옳은 것만을 〈보기〉에서 있는 대로 고른 것은? (단, 돌연변이는 고려하지 않으며, A, a, B, b 각각의 1개당 DNA 상대량은 1이다.)

─〈 보기 〉─
ㄱ. I의 유전자형은 AaBb이다.
ㄴ. ⓐ+ⓑ=5이다.
ㄷ. (나)에 b가 있다.

① ㄱ   ② ㄴ   ③ ㄱ, ㄷ   ④ ㄴ, ㄷ   ⑤ ㄱ, ㄴ, ㄷ

어떤 동물 종($2n=6$)의 유전 형질 ㉠은 대립유전자 A와 a에 의해, ㉡은 대립유전자 B와 b에 의해, ㉢은 대립유전자 D와 d에 의해 결정된다. ㉠~㉢의 유전자 중 2개는 서로 다른 상염색체에, 나머지 1개는 X 염색체에 있다. 표는 이 동물 종의 개체 P와 Q의 세포 Ⅰ~Ⅳ에서 A, a, B, b, D, d의 DNA 상대량을, 그림은 세포 (가)와 (나) 각각에 들어 있는 모든 염색체를 나타낸 것이다. (가)와 (나)는 각각 Ⅰ~Ⅳ 중 하나이다. P는 수컷이고 성염색체는 XY이며, Q는 암컷이고 성염색체는 XX이다.

세포	DNA 상대량					
	A	a	B	b	D	d
Ⅰ	0	ⓐ	?	2	4	0
Ⅱ	2	0	ⓑ	2	?	2
Ⅲ	0	0	1	?	1	ⓒ
Ⅳ	0	2	?	1	2	0

(가)　　　(나)

이에 대한 설명으로 옳은 것만을 〈보기〉에서 있는 대로 고른 것은? (단, 돌연변이와 교차는 고려하지 않으며, A, a, B, b, D, d 각각의 1개당 DNA 상대량은 1이다.) [3점]

〈보기〉
ㄱ. (가)는 Ⅰ이다.
ㄴ. Ⅳ는 Q의 세포이다.
ㄷ. ⓐ+ⓑ+ⓒ=6이다.

① ㄱ　　② ㄴ　　③ ㄱ, ㄷ　　④ ㄴ, ㄷ　　⑤ ㄱ, ㄴ, ㄷ

어떤 동물 종($2n=6$)의 유전 형질 ㉮는 2쌍의 대립유전자 H와 h, T와 t에 의해 결정된다. 표는 이 동물 종의 개체 P와 Q의 세포 Ⅰ~Ⅳ에서 H와 t의 DNA 상대량을 더한 값(H+t)과 h와 t의 DNA 상대량을 더한 값(h+t)을, 그림은 세포 (가)와 (나) 각각에 들어 있는 모든 염색체를 나타낸 것이다. (가)와 (나)는 각각 Ⅰ~Ⅳ 중 하나이고, ㉠과 ㉡은 X 염색체와 Y 염색체를 순서 없이 나타낸 것이며, ㉠과 ㉡의 모양과 크기는 나타내지 않았다. P는 수컷이고 성염색체는 XY이며, Q는 암컷이고 성염색체는 XX이다.

세포	H+t	h+t
Ⅰ	3	1
Ⅱ	0	2
Ⅲ	?	0
Ⅳ	4	?

(가)　　　(나)

이에 대한 설명으로 옳은 것만을 〈보기〉에서 있는 대로 고른 것은? (단, 돌연변이와 교차는 고려하지 않으며, H, h, T, t 각각의 1개당 DNA 상대량은 1이다.)

〈보기〉
ㄱ. (나)는 P의 세포이다.
ㄴ. Ⅰ과 Ⅲ의 핵상은 같다.
ㄷ. T의 DNA 상대량은 Ⅱ에서와 Ⅳ에서가 서로 같다.

① ㄱ　　② ㄴ　　③ ㄱ, ㄷ　　④ ㄴ, ㄷ　　⑤ ㄱ, ㄴ, ㄷ

한눈에 정리하는
평가원 기출 경향

주제 \ 학년도	**2025**	**2024**		**2023**

빈출

대립유전자의
유무를 통한
세포의 구분

09   2025학년도 9월 모평 16번

사람의 유전 형질 ⓐ는 서로 다른 3개의 상염색체에 있는 3쌍의 대립유전자 A와 a, B와 b, D와 d에 의해 결정된다. 표는 사람 P의 세포 (가)~(다)에서 대립유전자 ⑤~@의 유무와 A와 B의 DNA 상대량을 나타낸 것이다. (가)~(다)는 생식세포 형성 과정에서 나타나는 중기의 세포이고, (가)~(다) 중 2개는 G₁기 세포, 나머지 1개는 G₁기 세포 Ⅰ로부터 형성되었다. ⑤~@은 A, a, B, D를 순서 없이 나타낸 것이다.

세포	대립유전자				DNA 상대량	
	⑤	⑥	⑦	@	A	B
(가)	×	×	?	○	?	2
(나)	○	×	?	?	?	2
(다)	○	?	?	○	?	?

(○: 있음, ×: 없음)

이에 대한 설명으로 옳은 것만을 〈보기〉에서 있는 대로 고른 것은? (단, 돌연변이와 교차는 고려하지 않으며, A, a, B, b, D, d 각각의 1개당 DNA 상대량은 1이다.) [3점]

〈보기〉
ㄱ. ⑤은 b이다.
ㄴ. Ⅰ로부터 (가)가 형성되었다.
ㄷ. P의 @의 유전자형은 AaBbDd이다.

① ㄱ ② ㄴ ③ ㄷ ④ ㄱ, ㄴ ⑤ ㄴ, ㄷ

04   2024학년도 6월 모평 14번

어떤 동물 종(2n=6)의 유전 형질은 2쌍의 대립유전자 A와 a, b와 b에 의해 결정된다. 그림은 이 동물 종의 개체 Ⅰ과 Ⅱ의 세포 (가)~(라) 각각에 들어 있는 모든 염색체를, 표는 (가)~(라)에서 A, a, B, b의 유무를 나타낸 것이다. (가)~(라) 중 2개는 Ⅰ의 세포이고, 나머지 2개는 Ⅱ의 세포이다. Ⅰ은 암컷이고 성염색체는 XX이며, Ⅱ는 수컷이고 성염색체는 XY이다.

세포	대립유전자			
	A	a	B	b
(가)	○	?	○	?
(나)	?	?	○	?
(다)	?	○	×	×
(라)	?	○	×	×

(○: 있음, ×: 없음)

이에 대한 설명으로 옳은 것만을 〈보기〉에서 있는 대로 고른 것은? (단, 돌연변이와 교차는 고려하지 않는다.) [3점]

〈보기〉
ㄱ. (가)는 Ⅱ의 세포이다.
ㄴ. Ⅰ의 유전자형은 AaBB이다.
ㄷ. (라)에서 b는 상염색체에 있다.

① ㄱ ② ㄴ ③ ㄷ ④ ㄱ, ㄴ ⑤ ㄴ, ㄷ

05   2024학년도 9월 모평 15번

사람의 유전 형질 (가)는 서로 다른 상염색체에 있는 2쌍의 대립유전자 H와 h, T와 t에 의해 결정된다. 표는 어떤 사람의 세포 ⑤~ⓒ에서 H와 t의 유무를, 그림은 ⑤~ⓒ에서 대립유전자 ⑥~@의 DNA 상대량을 나타낸 것이다. ⑥~@은 H, h, T, t를 순서 없이 나타낸 것이다.

대립유전자	세포		
	⑤	⑥	ⓒ
H	○	?	?
t	?	?	?

(○: 있음, ×: 없음)

이에 대한 설명으로 옳은 것은? (단, 돌연변이와 교차는 고려하지 않으며, H, h, T, t 각각의 1개당 DNA 상대량은 1이다.)

〈보기〉
ㄱ. ⑥와 대립유전자이다.
ㄴ. @는 H이다.
ㄷ. 이 사람에게서 h와 t를 모두 갖는 생식세포가 형성될 수 있다.

① ㄱ ② ㄴ ③ ㄷ ④ ㄱ, ㄴ ⑤ ㄴ, ㄷ

07   2023학년도 9월 모평 8번

사람의 유전 형질 ⓐ는 1쌍의 대립유전자 A와 a에 의해, ⓑ는 2쌍의 대립유전자 B와 b, D와 d에 의해 결정된다. ⓐ의 유전자는 상염색체에, ⓑ의 유전자는 X 염색체에 있다. 표는 남자 P의 세포 (가)~(다)와 여자 Q의 세포 (라)~(바)에서 대립유전자 ⑤~@의 유무를 나타낸 것이다. ⑤~@은 A, a, B, D, d를 순서 없이 나타낸 것이다.

대립유전자	P의 세포			Q의 세포		
	(가)	(나)	(다)	(라)	(마)	(바)
⑤	×	×	○	×	?	○
⑥	?	×	?	○	○	?
ⓒ	×	×	?	?	○	?
@	?	×	?	?	?	○

(○: 있음, ×: 없음)

이에 대한 설명으로 옳은 것만을 〈보기〉에서 있는 대로 고른 것은? (단, 돌연변이와 교차는 고려하지 않는다.)

〈보기〉
ㄱ. ⑤은 ⓒ과 대립유전자이다.
ㄴ. @은 A, a, b를 순서 없이 나타낸 것이다.
ㄷ. Q의 ⓑ의 유전자형은 BbDd이다.

① ㄱ ② ㄴ ③ ㄷ ④ ㄷ, ㄷ ⑤ ㄱ, ㄴ, ㄷ

빈출

생식세포
분열 시
세포의 구분
DNA 상대량,
대립유전자의
유무

33   2025학년도 수능 14번

사람의 유전 형질 ⓐ는 서로 다른 3개의 상염색체에 있는 3쌍의 대립유전자 A와 a, B와 b, D와 d에 의해 결정된다. 표는 사람 P의 세포 (가)~(라)에서 대립유전자 ⑤~@의 유무와 a, B, D의 DNA 상대량을 더한 값(a+B+D)을 나타낸 것이고, 그림은 정자가 형성되는 과정을 나타낸 것이다. (가)~(라)는 생식세포 형성 과정에서 나타나는 세포이고, (가)~(라) 중 2개는 G₁기 세포, Ⅰ로부터 형성되었으며, 나머지 2개는 각각 G₁기 세포 Ⅱ와 Ⅲ으로부터 형성되었다. ⑤~@은 A, a, b, D를 순서 없이 나타낸 것이고, ⓐ와 ⓑ는 Ⅰ로부터 형성된 중기의 세포이며, ⓐ는 (가)~(라) 중 하나이다.

세포	대립유전자				a+B+D
	⑤	⑥	⑦	@	
(가)	×	○	×	×	4
(나)	×	?	○	?	3
(다)	○	×	○	○	2
(라)	×	?	?	○	1

(○: 있음, ×: 없음)

이에 대한 설명으로 옳은 것만을 〈보기〉에서 있는 대로 고른 것은? (단, 돌연변이와 교차는 고려하지 않으며, A, a, B, b, D, d 각각의 1개당 DNA 상대량은 1이다.) [3점]

〈보기〉
ㄱ. @은 A이다.
ㄴ. Ⅰ로부터 (다)가 형성되었다.
ㄷ. ⓑ에서 a, b, D의 DNA 상대량을 더한 값은 4이다.

① ㄱ ② ㄴ ③ ㄷ ④ ㄴ, ㄷ ⑤ ㄷ, ㄷ

20   2024학년도 9월 모평 11번

사람의 유전 형질 (가)는 대립유전자 A와 a에 의해, (나)는 대립유전자 B와 b에 의해 결정된다. (가)의 유전자와 (나)의 유전자는 서로 다른 염색체에 있다. 그림은 어떤 사람의 G₁기 세포 Ⅰ로부터 정자가 형성되는 과정을, 표는 세포 ⑤~@에서 A, a, B, b의 DNA 상대량을 더한 값(A+a+B+b)을 나타낸 것이다. ⑤~@은 Ⅰ~Ⅳ를 순서 없이 나타낸 것이고, @는 ⓑ보다 작다.

세포	A+a+B+b
⑤	?
⑥	?
ⓒ	1
@	0

이에 대한 설명으로 옳은 것만을 〈보기〉에서 있는 대로 고른 것은? (단, 돌연변이는 고려하지 않으며, A, a, B, b 각각의 1개당 DNA 상대량은 1이다. Ⅱ와 Ⅲ은 중기의 세포이다.) [3점]

〈보기〉
ㄱ. @는 3이다.
ㄴ. ⑤은 Ⅱ이다.
ㄷ. ⑥의 염색체 수는 46이다.

① ㄱ ② ㄴ ③ ㄷ ④ ㄱ, ㄷ ⑤ ㄴ, ㄷ

29   2023학년도 수능 7번

사람의 유전 형질 ⓐ는 2쌍의 대립유전자 A와 a, b와 b에 의해 결정된다. 그림은 사람 P의 G₁기 세포 Ⅰ로부터 정자가 형성되는 과정을, 표는 세포 (가)~(라)에서 대립유전자 ⑤~@의 유무와 a와 B의 DNA 상대량을 나타낸 것이다. (가)~(라)는 Ⅰ~Ⅳ를 순서 없이 나타낸 것이고, ⑤~ⓒ은 A, a, b를 순서 없이 나타낸 것이다.

세포	대립유전자			DNA 상대량	
	⑤	⑥	ⓒ	a	B
(가)	×	×	○	2	2
(나)	○	?	?	2	?
(다)	?	?	?	1	1
(라)	○	?	?	1	?

(○: 있음, ×: 없음)

이에 대한 설명으로 옳은 것만을 〈보기〉에서 있는 대로 고른 것은? (단, 돌연변이와 교차는 고려하지 않으며, A, a, B, b 각각의 1개당 DNA 상대량은 1이다. Ⅱ와 Ⅲ은 중기의 세포이다.) [3점]

〈보기〉
ㄱ. ⅳ에 ○이 있다.
ㄴ. (나)의 핵상은 2n이다.
ㄷ. P의 유전자형은 AaBb이다.

① ㄱ ② ㄴ ③ ㄷ ④ ㄱ, ㄴ ⑤ ㄴ, ㄷ

28   2023학년도 9월 모평 11번

사람의 어떤 유전 형질은 2쌍의 대립유전자 H와 h, T와 t에 의해 결정된다. 그림 (가)는 사람 Ⅰ의, (나)는 사람 Ⅱ의 감수 분열 과정의 일부를, 표는 Ⅰ의 세포와 Ⅱ의 세포에서 대립유전자 ⑤~@ 중 2개의 DNA 상대량을 더한 값을 나타낸 것이다. ⑤~@은 H, h, T, t를 순서 없이 나타낸 것이며, Ⅰ의 유전자형은 HHtt이며, Ⅱ의 유전자형은 hhTt이다.

세포	DNA 상대량을 더한 값		
	⑤+@	⑥	ⓒ
ⓐ	0	2	2
ⓑ	2	4	2

이에 대한 설명으로 옳은 것만을 〈보기〉에서 있는 대로 고른 것은? (단, 돌연변이와 교차는 고려하지 않으며, H, h, T, t 각각의 1개당 DNA 상대량은 1이다. ⑥~ⓒ은 중기의 세포이다.) [3점]

〈보기〉
ㄱ. ⑥+@=6이다.
ㄴ. ⓐ의 염색분체 수는 46이다.
ㄷ. ⓒ에는 t가 있다.

① ㄱ ② ㄷ ③ ㄱ, ㄴ ④ ㄴ, ㄷ ⑤ ㄱ, ㄴ, ㄷ

2022 ~ 2020

12
2022학년도 수능 7번

사람의 유전 형질 (가)는 2쌍의 대립유전자 H와 h, R와 r에 의해 결정되며, (가)의 유전자는 7번 염색체와 8번 염색체에 있다. 그림은 어떤 사람의 7번 염색체와 8번 염색체를, 표는 이 사람의 세포 Ⅰ~Ⅳ에서 염색체 ⓐ~ⓒ의 유무와 R의 DNA 상대량을 나타낸 것이다. ⓐ~ⓒ은 염색체 ⓐ~ⓒ를 순서 없이 나타낸 것이다.

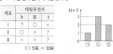

세포	염색체			DNA 상대량	
	ⓐ	ⓑ	ⓒ	H	r
Ⅰ	×	○	?	H	r
Ⅱ	?	○	?	1	1
Ⅲ	○	×	○	2	0
Ⅳ	○	×	×	?	2

(○: 있음, ×: 없음)

이에 대한 설명으로 옳은 것만을 〈보기〉에서 있는 대로 고른 것은? (단, 돌연변이와 교차는 고려하지 않으며, H, h, R, r 각각의 1개당 DNA 상대량은 1이다.) [3점]

〈보기〉
ㄱ. Ⅰ과 Ⅱ의 핵상은 같다.
ㄴ. ⓐ과 ⓒ은 모두 7번 염색체이다.
ㄷ. 이 사람의 유전자형은 HhRr이다.

① ㄱ ② ㄴ ③ ㄷ ④ ㄱ, ㄴ ⑤ ㄴ, ㄷ

13
2022학년도 6월 모평 16번

다음은 사람 P의 세포 (가)~(다)에 대한 자료이다.

○ 유전 형질 ⓐ는 2쌍의 대립유전자 H와 h, T와 t에 의해 결정되며, ⓐ의 유전자는 서로 다른 2개의 염색체에 있다.
○ (가)~(다)는 생식세포 형성 과정에서 나타나는 중기의 세포이다. (가)~(다) 중 2개는 G₁기 세포 Ⅰ로부터 형성되었고, 나머지 1개는 G₁기 세포 Ⅱ로부터 형성되었다.
○ 표는 (가)~(다)에서 대립유전자의 유무를 나타낸 것이다. ⓐ~ⓒ은 H, h, T, t를 순서 없이 나타낸 것이다.

대립유전자	세포		
	(가)	(나)	(다)
ⓐ	×	×	○
ⓑ	○	×	○
ⓒ	×	○	×
ⓓ	○	×	×

(○: 있음, ×: 없음)

이에 대한 설명으로 옳은 것만을 〈보기〉에서 있는 대로 고른 것은? (단, 돌연변이와 교차는 고려하지 않는다.) [3점]

〈보기〉
ㄱ. P에서 ⓐ과 ⓓ을 모두 갖는 생식세포가 형성될 수 있다.
ㄴ. (가)의 핵상은 2n이다.
ㄷ. Ⅰ로부터 (나)가 형성되었다.

① ㄱ ② ㄴ ③ ㄷ ④ ㄱ, ㄷ ⑤ ㄴ, ㄷ

10
2021학년도 수능 10번

사람의 유전 형질 ⓐ는 3쌍의 대립유전자 H와 h, R와 r, T와 t에 의해 결정되며, ⓐ의 유전자는 서로 다른 3개의 상염색체에 있다. 표는 사람 (가)의 세포 Ⅰ~Ⅲ에서 h, R, t의 유무를, 그림은 세포 ⓐ~ⓒ의 세포 1개당 H와 T의 DNA 상대량을 더한 값(H+T)을 각각 나타낸 것이다. ⓐ~ⓒ은 Ⅰ~Ⅲ을 순서 없이 나타낸 것이다.

세포	대립유전자		
	h	R	t
Ⅰ	○	×	○
Ⅱ	○	○	○
Ⅲ	×	×	×

(○: 있음, ×: 없음)

이에 대한 설명으로 옳은 것만을 〈보기〉에서 있는 대로 고른 것은? (단, 돌연변이는 고려하지 않으며, H, h, R, r, T, t 각각의 1개당 DNA 상대량은 1이다.) [3점]

〈보기〉
ㄱ. (가)에는 h, R, t를 모두 갖는 세포가 있다.
ㄴ. Ⅰ는 ⓒ이다.
ㄷ. ⓐ의 $\frac{T의 DNA 상대량}{H의 DNA 상대량 + r의 DNA 상대량}$ = 1이다.

① ㄱ ② ㄴ ③ ㄱ, ㄷ ④ ㄴ, ㄷ ⑤ ㄱ, ㄴ, ㄷ

02
2020학년도 6월 모평 8번

표는 같은 종인 동물(2n=6) Ⅰ의 세포 (가)와 (나), Ⅱ의 세포 (다)와 (라)에서 유전자 ⓐ~ⓔ의 유무를, 그림은 세포 A와 B 각각에 들어 있는 모든 염색체를 나타낸 것이다. 이 동물 종의 특정 형질은 2쌍의 대립유전자 H와 h, T와 t에 의해 결정되며, ⓐ~ⓔ은 H, h, T, t를 순서 없이 나타낸 것이다. A와 B는 각각 Ⅰ과 Ⅱ의 세포 중 하나이며, Ⅰ과 Ⅱ의 성염색체는 암컷이 XX, 수컷이 XY이다.

유전자	Ⅰ의 세포		Ⅱ의 세포	
	(가)	(나)	(다)	(라)
ⓐ	○	○	○	×
ⓑ	○	○	○	×
ⓒ	○	×	○	○
ⓓ	○	×	×	×

(○: 있음, ×: 없음)

이에 대한 설명으로 옳은 것만을 〈보기〉에서 있는 대로 고른 것은? (단, 돌연변이는 고려하지 않는다.)

〈보기〉
ㄱ. ⓒ은 ⓓ과 대립유전자이다.
ㄴ. A는 Ⅱ의 세포이다.
ㄷ. (라)에는 X 염색체가 있다.

① ㄱ ② ㄴ ③ ㄱ, ㄷ ④ ㄴ, ㄷ ⑤ ㄱ, ㄴ, ㄷ

25
2021학년도 9월 모평 18번

그림은 유전자형이 Aa인 어떤 동물(2n=7)의 G₁기 세포 Ⅰ로부터 생식세포가 형성되는 과정을, 표는 세포 ⓐ~ⓓ의 상염색체 수와 대립유전자 A와 a의 DNA 상대량을 나타낸 것이다. ⓐ~ⓓ를 순서 없이 나타낸 것이고, 이 동물의 성염색체는 XX이다.

세포	상염색체 수	A와 a의 DNA 상대량을 더한 값
ⓐ	8	?
ⓑ	4	2
ⓒ	6	4
ⓓ	?	4

이에 대한 설명으로 옳은 것만을 〈보기〉에서 있는 대로 고른 것은? (단, 돌연변이는 고려하지 않으며, A와 a 각각의 1개당 DNA 상대량은 1이다.) [3점]

〈보기〉
ㄱ. ⓒ은 Ⅰ이다.
ㄴ. ⓐ+ⓑ=5이다.
ㄷ. Ⅱ의 2가 염색체 수는 5이다.

① ㄱ ② ㄷ ③ ㄱ, ㄴ ④ ㄴ, ㄷ ⑤ ㄱ, ㄴ, ㄷ

22
2020학년도 6월 모평 16번

사람의 유전 형질 ⓐ는 3쌍의 대립유전자 E와 e, F와 f, G와 g에 의해 결정되며, ⓐ를 결정하는 유전자는 서로 다른 3개의 상염색체에 존재한다. 그림 (가)는 어떤 사람의 G₁기 세포 Ⅰ로부터 정자가 형성되는 과정을, (나)는 이 사람의 세포 ⓐ~ⓒ이 갖는 대립유전자 E, F, G의 DNA 상대량을 나타낸 것이다. ⓐ~ⓒ은 Ⅰ~Ⅲ을 순서 없이 나타낸 것이고, Ⅱ는 중기의 세포이다.

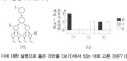

이에 대한 설명으로 옳은 것만을 〈보기〉에서 있는 대로 고른 것은? (단, 돌연변이와 교차는 고려하지 않으며, E, e, F, f, G, g 각각의 1개당 DNA 상대량은 같다.) [3점]

〈보기〉
ㄱ. Ⅰ에서 세포 1개당 $\frac{E의 DNA 상대량 + G의 DNA 상대량}{F의 DNA 상대량}$ 은 1이다.
ㄴ. Ⅱ의 염색 분체 수는 23이다.
ㄷ. ⓒ은 ⓒ이다.

① ㄱ ② ㄴ ③ ㄷ ④ ㄱ, ㄴ ⑤ ㄴ, ㄷ

21
대표 문제 2021학년도 6월 모평 19번

그림은 유전자형이 AaBbDD인 어떤 사람의 G₁기 세포 Ⅰ로부터 생식세포가 형성되는 과정을, 표는 세포 (가)~(라)가 갖는 대립유전자 A, B, D의 DNA 상대량을 나타낸 것이다. (가)~(라)는 Ⅰ~Ⅳ를 순서 없이 나타낸 것이고, ⓐ+ⓑ+ⓒ=4이다.

세포	DNA 상대량		
	A	B	D
(가)	2	?	ⓐ
(나)	2	?	ⓑ
(다)	?	1	2
(라)	?	?	ⓒ

이에 대한 설명으로 옳은 것만을 〈보기〉에서 있는 대로 고른 것은? (단, 돌연변이와 교차는 고려하지 않으며, A, a, B, b, D 각각의 1개당 DNA 상대량은 1이다. Ⅰ과 Ⅱ는 중기의 세포이다.)

〈보기〉
ㄱ. (가)는 Ⅱ이다.
ㄴ. ⓒ은 2이다.
ㄷ. 세포 1개당 a의 DNA 상대량은 (다)와 (라)가 같다.

① ㄱ ② ㄴ ③ ㄱ, ㄷ ④ ㄴ, ㄷ ⑤ ㄱ, ㄴ, ㄷ

16
2020학년도 수능 7번

사람의 유전 형질 ⓐ는 2쌍의 대립유전자 H와 h, T와 t에 의해 결정된다. 표는 어떤 사람의 난자 형성 과정에서 나타나는 세포 (가)~(다)에서 유전자 ⓐ~ⓒ의 유무를, 그림은 (가)~(다)가 갖는 H와 D의 DNA 상대량을 나타낸 것이다. (가)~(다)는 중기의 세포이고, ⓐ~ⓒ은 h, T, t를 순서 없이 나타낸 것이다.

유전자	세포			
	(가)	(나)	(다)	
ⓐ	○	×	×	
ⓑ	○	○	×	
ⓒ	×	×	×	

(○: 있음, ×: 없음)

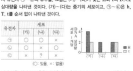

이에 대한 설명으로 옳은 것만을 〈보기〉에서 있는 대로 고른 것은? (단, 돌연변이와 교차는 고려하지 않으며, H, h, T, t 각각의 1개당 DNA 상대량은 1이다.)

〈보기〉
ㄱ. ⓐ은 T이다.
ㄴ. (나)와 (다)의 핵상은 같다.
ㄷ. 이 사람의 ⓐ에 대한 유전자형은 HhTt이다.

① ㄱ ② ㄴ ③ ㄱ, ㄷ ④ ㄴ, ㄷ ⑤ ㄱ, ㄴ, ㄷ

01

사람의 특정 유전 형질은 2쌍의 대립유전자 A와 a, B와 b에 의해 결정된다. 표는 사람 P와 Q의 세포 I ~ III에서 대립유전자 ⓐ~ⓓ의 유무를, 그림은 P와 Q 중 한 명의 생식세포에 있는 일부 염색체와 유전자를 나타낸 것이다. ⓐ~ⓓ는 A, a, B, b를 순서 없이 나타낸 것이고, P는 남자이다.

세포	대립유전자			
	ⓐ	ⓑ	ⓒ	ⓓ
I	○	○	×	○
II	○	×	○	○
III	×	×	○	×

(○: 있음, ×: 없음)

이에 대한 옳은 설명만을 〈보기〉에서 있는 대로 고른 것은? (단, 돌연변이는 고려하지 않는다.) [3점]

〈 보기 〉
ㄱ. II는 P의 세포이다.
ㄴ. ⓑ는 ⓒ의 대립유전자이다.
ㄷ. Q는 여자이다.

① ㄱ　　② ㄷ　　③ ㄱ, ㄴ　　④ ㄱ, ㄷ　　⑤ ㄴ, ㄷ

02

표는 같은 종인 동물($2n=6$) I의 세포 (가)와 (나), II의 세포 (다)와 (라)에서 유전자 ⊙~@의 유무를, 그림은 세포 A와 B 각각에 들어 있는 모든 염색체를 나타낸 것이다. 이 동물 종의 특정 형질은 2쌍의 대립유전자 H와 h, T와 t에 의해 결정되며, ⊙~@은 H, h, T, t를 순서 없이 나타낸 것이다. A와 B는 각각 I과 II의 세포 중 하나이고, I과 II의 성염색체는 암컷이 XX, 수컷이 XY이다.

유전자	I의 세포		II의 세포	
	(가)	(나)	(다)	(라)
⊙	×	○	×	×
ⓛ	×	×	×	○
ⓒ	○	○	○	○
@	○	○	○	×

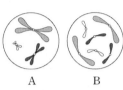

A　　　　B

(○: 있음, ×: 없음)

이에 대한 설명으로 옳은 것만을 〈보기〉에서 있는 대로 고른 것은? (단, 돌연변이와 교차는 고려하지 않는다.) [3점]

〈 보기 〉
ㄱ. ⊙은 @과 대립유전자이다.
ㄴ. A는 II의 세포이다.
ㄷ. (라)에는 X 염색체가 있다.

① ㄱ　　② ㄴ　　③ ㄱ, ㄷ　　④ ㄴ, ㄷ　　⑤ ㄱ, ㄴ, ㄷ

03

그림은 같은 종인 동물($2n=6$) I과 II의 세포 (가)~(다) 각각에 들어 있는 모든 염색체를, 표는 세포 A~C가 갖는 유전자 H, h, T, t의 유무를 나타낸 것이다. H는 h와 대립유전자이며, T는 t와 대립유전자이다. I은 수컷, II는 암컷이며, 이 동물의 성염색체는 수컷이 XY, 암컷이 XX이다. A~C는 (가)~(다)를 순서 없이 나타낸 것이다.

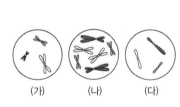

(가)　　　　(나)　　　　(다)

유전자 \ 세포	A	B	C
H	○	×	○
h	×	○	○
T	×	×	○
t	×	○	×

(○: 있음, ×: 없음)

이에 대한 설명으로 옳은 것만을 〈보기〉에서 있는 대로 고른 것은? (단, 돌연변이는 고려하지 않는다.) [3점]

〈 보기 〉
ㄱ. (다)는 II의 세포이다.
ㄴ. A와 B의 핵상은 같다.
ㄷ. I과 II 사이에서 자손(F₁)이 태어날 때, 이 자손이 H와 t를 모두 가질 확률은 $\frac{3}{8}$이다.

① ㄱ　　② ㄴ　　③ ㄱ, ㄷ　　④ ㄴ, ㄷ　　⑤ ㄱ, ㄴ, ㄷ

04

어떤 동물 종($2n=6$)의 유전 형질 ㉮는 2쌍의 대립유전자 A와 a, B와 b에 의해 결정된다. 그림은 이 동물 종의 개체 Ⅰ과 Ⅱ의 세포 (가)~(라) 각각에 들어 있는 모든 염색체를, 표는 (가)~(라)에서 A, a, B, b 의 유무를 나타낸 것이다. (가)~(라) 중 2개는 Ⅰ의 세포이고, 나머지 2개는 Ⅱ의 세포이다. Ⅰ은 암컷이고 성염색체는 XX이며, Ⅱ는 수컷이고 성염색체는 XY이다.

(가)   (나)

(다)   (라)

세포	대립유전자			
	A	a	B	b
(가)	○	?	?	?
(나)	?	○	○	×
(다)	○	×	×	○
(라)	?	○	×	×

(○: 있음, ×: 없음)

이에 대한 설명으로 옳은 것만을 〈보기〉에서 있는 대로 고른 것은? (단, 돌연변이와 교차는 고려하지 않는다.) [3점]

─〈 보기 〉─
ㄱ. (가)는 Ⅱ의 세포이다.
ㄴ. Ⅰ의 유전자형은 AaBB이다.
ㄷ. (다)에서 b는 상염색체에 있다.

① ㄱ   ② ㄴ   ③ ㄷ   ④ ㄱ, ㄴ   ⑤ ㄴ, ㄷ

05

사람의 유전 형질 (가)는 서로 다른 상염색체에 있는 2쌍의 대립유전자 H와 h, T와 t에 의해 결정된다. 표는 어떤 사람의 세포 ㉠~㉢에서 H와 t의 유무를, 그림은 ㉠~㉢에서 대립유전자 ⓐ~ⓓ의 DNA 상대량을 나타낸 것이다. ⓐ~ⓓ는 H, h, T, t를 순서 없이 나타낸 것이다.

대립유전자	세포		
	㉠	㉡	㉢
H	○	?	×
t	?	×	×

(○: 있음, ×: 없음)

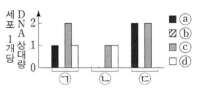

이에 대한 설명으로 옳은 것만을 〈보기〉에서 있는 대로 고른 것은? (단, 돌연변이와 교차는 고려하지 않으며, H, h, T, t 각각의 1개당 DNA 상대량은 1이다.)

─〈 보기 〉─
ㄱ. ⓐ는 ⓒ와 대립유전자이다.
ㄴ. ⓓ는 H이다.
ㄷ. 이 사람에게서 h와 t를 모두 갖는 생식세포가 형성될 수 있다.

① ㄱ   ② ㄴ   ③ ㄷ   ④ ㄱ, ㄴ   ⑤ ㄴ, ㄷ

06

사람의 유전 형질 (가)는 2쌍의 대립유전자 H와 h, R과 r에 의해, (나)는 대립유전자 T와 t에 의해 결정된다. (가)의 유전자는 7번 염색체에, (나)의 유전자는 X 염색체에 있다. 표는 남자 P의 세포 Ⅰ~Ⅳ에서 대립유전자 ㉠~㉣의 유무를 나타낸 것이다. ㉠~㉣은 H, h, R, t를 순서 없이 나타낸 것이다.

세포	대립유전자			
	㉠	㉡	㉢	㉣
Ⅰ	○	×	○	×
Ⅱ	×	?	○	○
Ⅲ	?	×	×	○
Ⅳ	○	×	○	○

(○: 있음, ×: 없음)

이에 대한 옳은 설명만을 〈보기〉에서 있는 대로 고른 것은? (단, 돌연변이와 교차는 고려하지 않는다.) [3점]

─〈 보기 〉─
ㄱ. ㉡은 t이다.
ㄴ. Ⅲ과 Ⅳ에는 모두 Y 염색체가 있다.
ㄷ. P의 (가)의 유전자형은 HhRr이다.

① ㄱ   ② ㄴ   ③ ㄷ   ④ ㄱ, ㄴ   ⑤ ㄴ, ㄷ

07

사람의 유전 형질 ㉮는 1쌍의 대립유전자 A와 a에 의해, ㉯는 2쌍의 대립유전자 B와 b, D와 d에 의해 결정된다. ㉮의 유전자는 상염색체에, ㉯의 유전자는 X 염색체에 있다. 표는 남자 P의 세포 (가)~(다)와 여자 Q의 세포 (라)~(바)에서 대립유전자 ㉠~㉣의 유무를 나타낸 것이다. ㉠~㉣은 A, a, B, b, D, d를 순서 없이 나타낸 것이다.

대립 유전자	P의 세포			Q의 세포		
	(가)	(나)	(다)	(라)	(마)	(바)
㉠	×	?	○	?	○	×
㉡	×	×	×	○	○	×
㉢	?	○	○	○	○	○
㉣	×	ⓐ	○	○	×	○
㉤	○	○	×	×	×	×
㉥	×	×	×	?	×	○

(○: 있음, ×: 없음)

이에 대한 설명으로 옳은 것만을 〈보기〉에서 있는 대로 고른 것은? (단, 돌연변이와 교차는 고려하지 않는다.)

〈 보기 〉
ㄱ. ㉠은 ㉥과 대립유전자이다.
ㄴ. ⓐ는 '×'이다.
ㄷ. Q의 ㉯의 유전자형은 BbDd이다.

① ㄱ   ② ㄴ   ③ ㄱ, ㄷ   ④ ㄴ, ㄷ   ⑤ ㄱ, ㄴ, ㄷ

08

사람의 유전 형질 ㉠은 서로 다른 상염색체에 있는 3쌍의 대립유전자 E와 e, F와 f, G와 g에 의해 결정된다. 표는 어떤 사람의 세포 I~Ⅲ에서 E, f, g의 유무와, F와 G의 DNA 상대량을 더한 값(F+G)을 나타낸 것이다.

세포	대립유전자			F+G
	E	f	g	
I	×	○	×	2
Ⅱ	○	○	○	1
Ⅲ	○	○	×	1

(○: 있음, ×: 없음)

이에 대한 옳은 설명만을 〈보기〉에서 있는 대로 고른 것은? (단, 돌연변이와 교차는 고려하지 않으며, E, e, F, f, G, g 각각의 1개당 DNA 상대량은 1이다.) [3점]

〈 보기 〉
ㄱ. 이 사람의 ㉠에 대한 유전자형은 EeffGg이다.
ㄴ. I에서 e의 DNA 상대량은 1이다.
ㄷ. Ⅱ와 Ⅲ의 핵상은 같다.

① ㄱ   ② ㄷ   ③ ㄱ, ㄴ   ④ ㄱ, ㄷ   ⑤ ㄴ, ㄷ

09

사람의 유전 형질 ㉮는 서로 다른 3개의 상염색체에 있는 3쌍의 대립유전자 A와 a, B와 b, D와 d에 의해 결정된다. 표는 사람 P의 세포 (가)~(다)에서 대립유전자 ㉠~㉣의 유무와 A와 B의 DNA 상대량을 나타낸 것이다. (가)~(다)는 생식세포 형성 과정에서 나타나는 중기의 세포이고, (가)~(다) 중 2개는 G_1기 세포 I로부터 형성되었으며, 나머지 1개는 G_1기 세포 Ⅱ로부터 형성되었다. ㉠~㉣은 A, a, b, D를 순서 없이 나타낸 것이다.

세포	대립유전자				DNA 상대량	
	㉠	㉡	㉢	㉣	A	B
(가)	×	?	○	○	?	2
(나)	○	×	?	×	?	2
(다)	×	×	○	×	2	?

(○: 있음, ×: 없음)

이에 대한 설명으로 옳은 것만을 〈보기〉에서 있는 대로 고른 것은? (단, 돌연변이와 교차는 고려하지 않으며, A, a, B, b, D, d 각각의 1개당 DNA 상대량은 1이다.) [3점]

〈 보기 〉
ㄱ. ㉡은 b이다.
ㄴ. I로부터 (다)가 형성되었다.
ㄷ. P의 ㉮의 유전자형은 AaBbDd이다.

① ㄱ   ② ㄷ   ③ ㄱ, ㄴ   ④ ㄴ, ㄷ   ⑤ ㄱ, ㄴ, ㄷ

사람의 유전 형질 ⓐ는 3쌍의 대립유전자 H와 h, R와 r, T와 t에 의해 결정되며, ⓐ의 유전자는 서로 다른 3개의 상염색체에 있다. 표는 사람 (가)의 세포 Ⅰ~Ⅲ에서 h, R, t의 유무를, 그림은 세포 ㉠~㉢의 세포 1개당 H와 T의 DNA 상대량을 더한 값(H+T)을 각각 나타낸 것이다. ㉠~㉢은 Ⅰ~Ⅲ을 순서 없이 나타낸 것이다.

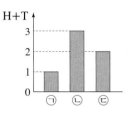

세포	대립유전자		
	h	R	t
Ⅰ	?	○	×
Ⅱ	○	×	?
Ⅲ	×	×	?

(○: 있음, ×: 없음)

이에 대한 설명으로 옳은 것만을 〈보기〉에서 있는 대로 고른 것은? (단, 돌연변이는 고려하지 않으며, H, h, R, r, T, t 각각의 1개당 DNA 상대량은 1이다.) [3점]

〈 보기 〉
ㄱ. (가)에는 h, R, t를 모두 갖는 세포가 있다.
ㄴ. Ⅱ는 ㉠이다.
ㄷ. Ⅲ의 $\dfrac{\text{T의 DNA 상대량}}{\text{H의 DNA 상대량}+\text{r의 DNA 상대량}}=1$이다.

① ㄱ   ② ㄴ   ③ ㄱ, ㄷ   ④ ㄴ, ㄷ   ⑤ ㄱ, ㄴ, ㄷ

사람의 유전 형질 (가)는 대립유전자 E와 e에 의해, (나)는 대립유전자 F와 f에 의해, (다)는 대립유전자 G와 g에 의해 결정되며, (가)~(다)의 유전자 중 2개는 서로 다른 상염색체에, 나머지 1개는 X 염색체에 있다. 표는 어떤 사람의 세포 Ⅰ~Ⅲ에서 E, e, G, g의 유무를, 그림은 ㉠~㉢에서 F와 g의 DNA 상대량을 더한 값(F+g)을 나타낸 것이다. ㉠~㉢은 Ⅰ~Ⅲ을 순서 없이 나타낸 것이고, ㉡에는 X 염색체가 있다.

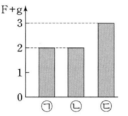

세포	대립유전자			
	E	e	G	g
Ⅰ	×	ⓐ	×	?
Ⅱ	?	○	×	?
Ⅲ	○	?	?	×

(○ : 있음, × : 없음)

이에 대한 옳은 설명만을 〈보기〉에서 있는 대로 고른 것은? (단, 돌연변이와 교차는 고려하지 않으며, E, e, F, f, G, g 각각의 1개당 DNA 상대량은 1이다.) [3점]

〈 보기 〉
ㄱ. ⓐ는 '○'이다.
ㄴ. ㉡은 Ⅲ이다.
ㄷ. Ⅱ에서 e, F, g의 DNA 상대량을 더한 값은 3이다.

① ㄱ   ② ㄴ   ③ ㄱ, ㄷ   ④ ㄴ, ㄷ   ⑤ ㄱ, ㄴ, ㄷ

사람의 유전 형질 (가)는 2쌍의 대립유전자 H와 h, R와 r에 의해 결정되며, (가)의 유전자는 7번 염색체와 8번 염색체에 있다. 그림은 어떤 사람의 7번 염색체와 8번 염색체를, 표는 이 사람의 세포 Ⅰ~Ⅳ에서 염색체 ㉠~㉢의 유무와 H와 r의 DNA 상대량을 나타낸 것이다. ㉠~㉢은 염색체 ⓐ~ⓒ를 순서 없이 나타낸 것이다.

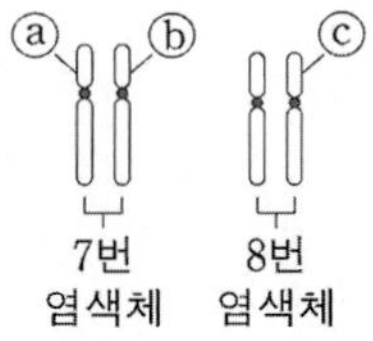

세포	염색체			DNA 상대량	
	㉠	㉡	㉢	H	r
Ⅰ	×	○	?	1	1
Ⅱ	?	○	○	?	1
Ⅲ	○	×	○	2	0
Ⅳ	○	○	×	?	2

(○: 있음, ×: 없음)

이에 대한 설명으로 옳은 것만을 〈보기〉에서 있는 대로 고른 것은? (단, 돌연변이와 교차는 고려하지 않으며, H, h, R, r 각각의 1개당 DNA 상대량은 1이다.) [3점]

〈 보기 〉
ㄱ. Ⅰ과 Ⅱ의 핵상은 같다.
ㄴ. ㉡과 ㉢은 모두 7번 염색체이다.
ㄷ. 이 사람의 유전자형은 HhRr이다.

① ㄱ   ② ㄴ   ③ ㄷ   ④ ㄱ, ㄴ   ⑤ ㄴ, ㄷ

다음은 사람 P의 세포 (가)~(다)에 대한 자료이다.

○ 유전 형질 ⓐ는 2쌍의 대립유전자 H와 h, T와 t에 의해 결정되며, ⓐ의 유전자는 서로 다른 2개의 염색체에 있다.
○ (가)~(다)는 생식세포 형성 과정에서 나타나는 중기의 세포이다. (가)~(다) 중 2개는 G₁기 세포 Ⅰ로부터 형성되었고, 나머지 1개는 G₁기 세포 Ⅱ로부터 형성되었다.
○ 표는 (가)~(다)에서 대립유전자 ㉠~㉣의 유무를 나타낸 것이다. ㉠~㉣은 H, h, T, t를 순서 없이 나타낸 것이다.

대립유전자	세포		
	(가)	(나)	(다)
㉠	×	×	○
㉡	○	○	×
㉢	×	×	×
㉣	×	○	○

(○: 있음, ×: 없음)

이에 대한 설명으로 옳은 것만을 〈보기〉에서 있는 대로 고른 것은? (단, 돌연변이와 교차는 고려하지 않는다.) [3점]

〈 보기 〉
ㄱ. P에게서 ㉠과 ㉢을 모두 갖는 생식세포가 형성될 수 있다.
ㄴ. (가)와 (다)의 핵상은 같다.
ㄷ. Ⅰ로부터 (나)가 형성되었다.

① ㄱ   ② ㄴ   ③ ㄷ   ④ ㄱ, ㄷ   ⑤ ㄴ, ㄷ

다음은 사람의 유전 형질 (가)~(다)에 대한 자료이다.

○ (가)는 대립유전자 A와 a에 의해, (나)는 대립유전자 B와 b에 의해, (다)는 대립유전자 D와 d에 의해 결정된다.
○ (가)~(다)의 유전자 중 2개는 5번 염색체에, 나머지 1개는 7번 염색체에 있다.
○ 표는 세포 Ⅰ~Ⅲ에서 대립유전자 A, a, B, b, D, d의 유무를 나타낸 것이다. Ⅰ~Ⅲ 중 2개는 남자 P의, 나머지 1개는 여자 Q의 세포이다.

세포	대립유전자					
	A	a	B	b	D	d
Ⅰ	×	○	○	×	×	○
Ⅱ	○	×	○	○	○	×
Ⅲ	×	○	○	○	○	○

(○: 있음, ×: 없음)

○ P와 Q 사이에서 ⓐ가 태어날 때, ⓐ가 가질 수 있는 (가)~(다)의 유전자형은 최대 4가지이다.

이에 대한 설명으로 옳은 것만을 〈보기〉에서 있는 대로 고른 것은? (단, 돌연변이와 교차는 고려하지 않는다.) [3점]

〈보기〉
ㄱ. Ⅰ에서 B와 d는 모두 5번 염색체에 있다.
ㄴ. Ⅱ는 P의 세포이다.
ㄷ. ⓐ가 (가)~(다) 중 적어도 2가지 형질의 유전자형을 이형 접합성으로 가질 확률은 $\frac{3}{4}$이다.

① ㄱ   ② ㄴ   ③ ㄷ   ④ ㄱ, ㄷ   ⑤ ㄴ, ㄷ

사람의 유전 형질 (가)는 대립유전자 A와 a에 의해, (나)는 대립유전자 B와 b에 의해 결정된다. (가)와 (나)의 유전자는 서로 다른 염색체에 있다. 그림은 어떤 남자의 G_1기 세포 Ⅰ로부터 정자가 형성되는 과정과, 세포 Ⅲ으로부터 형성된 정자가 난자와 수정되어 만들어진 수정란을 나타낸 것이다. 표는 세포 ㉠~㉣이 갖는 A, a, B, b의 DNA 상대량을 나타낸 것이다. ㉠~㉣은 Ⅰ~Ⅳ를 순서 없이 나타낸 것이고, Ⅱ와 Ⅳ는 모두 중기의 세포이다.

세포	DNA 상대량			
	A	a	B	b
㉠	2	ⓐ	?	2
㉡	0	?	1	0
㉢	?	1	1	?
㉣	?	2	0	2

이에 대한 옳은 설명만을 〈보기〉에서 있는 대로 고른 것은? (단, 돌연변이와 교차는 고려하지 않으며, A, a, B, b 각각의 1개당 DNA 상대량은 1이다.) [3점]

〈보기〉
ㄱ. ㉡은 Ⅲ이다.
ㄴ. ⓐ는 2이다.
ㄷ. $\dfrac{Ⅱ의 \ 염색 \ 분체 \ 수}{Ⅳ의 \ X \ 염색체 \ 수}=46$이다.

① ㄱ   ② ㄴ   ③ ㄱ, ㄴ   ④ ㄱ, ㄷ   ⑤ ㄴ, ㄷ

18
일차

16

사람의 유전 형질 ⓐ는 2쌍의 대립 유전자 H와 h, T와 t에 의해 결정된다. 표는 어떤 사람의 난자 형성 과정에서 나타나는 세포 (가)~(다)에서 유전자 ⊙~ⓒ의 유무를, 그림은 (가)~(다)가 갖는 H와 t의 DNA 상대량을 나타낸 것이다. (가)~(다)는 중기의 세포이고, ⊙~ⓒ은 h, T, t를 순서 없이 나타낸 것이다.

유전자	세포		
	(가)	(나)	(다)
⊙	○	○	×
ⓒ	○	×	○
ⓒ	×	?	×

(○: 있음, ×: 없음)

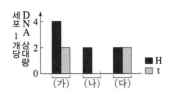

이에 대한 설명으로 옳은 것만을 〈보기〉에서 있는 대로 고른 것은? (단, 돌연변이와 교차는 고려하지 않으며, H, h, T, t 각각의 1개당 DNA 상대량은 1이다.)

〈 보기 〉
ㄱ. ⓒ은 T이다.
ㄴ. (나)와 (다)의 핵상은 같다.
ㄷ. 이 사람의 ⓐ에 대한 유전자형은 HhTt이다.

① ㄱ   ② ㄴ   ③ ㄷ   ④ ㄱ, ㄴ   ⑤ ㄱ, ㄷ

17

표는 사람 A의 세포 ⓐ와 ⓑ, 사람 B의 세포 ⓒ와 ⓓ에서 유전자 ⊙~ⓔ의 유무를 나타낸 것이고, 그림 (가)와 (나)는 각각 정자 형성 과정과 난자 형성 과정을 나타낸 것이다. 사람의 특정 형질은 2쌍의 대립유전자 E와 e, F와 f에 의해 결정되며, ⊙~ⓔ은 E, e, F, f를 순서 없이 나타낸 것이다. Ⅰ~Ⅳ는 ⓐ~ⓓ를 순서 없이 나타낸 것이다.

유전자	A의 세포		B의 세포	
	ⓐ	ⓑ	ⓒ	ⓓ
⊙	○	○	×	○
ⓒ	×	○	×	×
ⓒ	○	○	○	×
ⓔ	×	×	×	○

(○: 있음, ×: 없음)

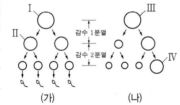

이에 대한 설명으로 옳은 것만을 〈보기〉에서 있는 대로 고른 것은? (단, 돌연변이와 교차는 고려하지 않는다.) [3점]

〈 보기 〉
ㄱ. ⓓ는 Ⅰ이다.
ㄴ. ⓔ은 X 염색체에 있다.
ㄷ. ⊙은 ⓒ의 대립유전자이다.

① ㄱ   ② ㄷ   ③ ㄱ, ㄴ   ④ ㄴ, ㄷ   ⑤ ㄱ, ㄴ, ㄷ

18

그림은 어떤 남자 P의 G_1기 세포 Ⅰ로부터 정자가 형성되는 과정을, 표는 세포 ⊙~ⓒ에서 a와 B의 DNA 상대량을 나타낸 것이다. A는 a, B는 b와 각각 대립유전자이며 모두 상염색체에 있다. ⊙~ⓒ은 Ⅰ~Ⅲ을 순서 없이 나타낸 것이고, ⓐ와 ⓑ는 0과 2를 순서 없이 나타낸 것이다.

세포	DNA 상대량	
	a	B
⊙	2	ⓑ
ⓒ	ⓐ	1
ⓒ	4	?

이에 대한 설명으로 옳은 설명만을 〈보기〉에서 있는 대로 고른 것은? (단, 돌연변이와 교차는 고려하지 않으며, A, a, B, b 각각의 1개당 DNA 상대량은 1이다. Ⅱ와 Ⅲ은 중기의 세포이다.) [3점]

〈 보기 〉
ㄱ. ⊙은 Ⅲ이다.
ㄴ. P의 유전자형은 aaBb이다.
ㄷ. 세포 Ⅳ에 B가 있다.

① ㄱ   ② ㄷ   ③ ㄱ, ㄴ   ④ ㄴ, ㄷ   ⑤ ㄱ, ㄴ, ㄷ

19

사람의 유전 형질 (가)는 대립유전자 H와 h에 의해, (나)는 대립유전자 T와 t에 의해 결정된다. 그림은 어떤 사람에서 G_1기 세포 I로부터 정자가 형성되는 과정을, 표는 세포 ㉠~㉢이 갖는 H, h, T, t의 DNA 상대량을 나타낸 것이다. ㉠~㉢은 세포 I~III을 순서 없이 나타낸 것이다.

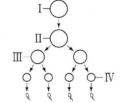

세포	DNA 상대량			
	H	h	T	t
㉠	2	?	0	ⓐ
㉡	0	ⓑ	1	0
㉢	?	0	?	1

이에 대한 옳은 설명만을 〈보기〉에서 있는 대로 고른 것은? (단, 돌연변이와 교차는 고려하지 않으며, H, h, T, t 각각의 1개당 DNA 상대량은 1이다.) [3점]

〈보기〉
ㄱ. ㉢은 I이다.
ㄴ. ⓐ+ⓑ=2이다.
ㄷ. ㉠에서 H는 성염색체에 있다.

① ㄱ ② ㄷ ③ ㄱ, ㄴ ④ ㄴ, ㄷ ⑤ ㄱ, ㄴ, ㄷ

20

사람의 유전 형질 (가)는 대립유전자 A와 a에 의해, (나)는 대립유전자 B와 b에 의해 결정된다. (가)의 유전자와 (나)의 유전자는 서로 다른 염색체에 있다. 그림은 어떤 사람의 G_1기 세포 I로부터 정자가 형성되는 과정을, 표는 세포 ㉠~㉣에서 A, a, B, b의 DNA 상대량을 더한 값 (A+a+B+b)을 나타낸 것이다. ㉠~㉣은 I~IV를 순서 없이 나타낸 것이고, ⓐ는 ⓑ보다 작다.

세포	A+a+B+b
㉠	ⓐ
㉡	ⓑ
㉢	1
㉣	4

이에 대한 설명으로 옳은 것만을 〈보기〉에서 있는 대로 고른 것은? (단, 돌연변이는 고려하지 않으며, A, a, B, b 각각의 1개당 DNA 상대량은 1이다. II와 III은 중기의 세포이다.) [3점]

〈보기〉
ㄱ. ⓐ는 3이다.
ㄴ. ㉡은 III이다.
ㄷ. ㉣의 염색체 수는 46이다.

① ㄱ ② ㄴ ③ ㄷ ④ ㄱ, ㄴ ⑤ ㄱ, ㄷ

그림은 유전자형이 AaBbDD인 어떤 사람의 G_1기 세포 Ⅰ로부터 생식세포가 형성되는 과정을, 표는 세포 (가)~(라)가 갖는 대립유전자 A, B, D의 DNA 상대량을 나타낸 것이다. (가)~(라)는 Ⅰ~Ⅳ를 순서 없이 나타낸 것이고, ㉠+㉡+㉢=4이다.

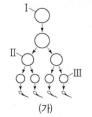

세포	DNA 상대량		
	A	B	D
(가)	2	㉠	?
(나)	2	㉡	㉢
(다)	?	1	2
(라)	?	0	?

이에 대한 설명으로 옳은 것만을 〈보기〉에서 있는 대로 고른 것은? (단, 돌연변이와 교차는 고려하지 않으며, A, a, B, b, D 각각의 1개당 DNA 상대량은 1이다. Ⅱ와 Ⅲ은 중기의 세포이다.)

〈 보기 〉
ㄱ. (가)는 Ⅱ이다.
ㄴ. ㉡은 2이다.
ㄷ. 세포 1개당 a의 DNA 상대량은 (다)와 (라)가 같다.

① ㄱ   ② ㄴ   ③ ㄱ, ㄷ   ④ ㄴ, ㄷ   ⑤ ㄱ, ㄴ, ㄷ

사람의 유전 형질 @는 3쌍의 대립유전자 E와 e, F와 f, G와 g에 의해 결정되며, @를 결정하는 유전자는 서로 다른 3개의 상염색체에 존재한다. 그림 (가)는 어떤 사람의 G_1기 세포 Ⅰ로부터 정자가 형성되는 과정을, (나)는 이 사람의 세포 ㉠~㉢이 갖는 대립유전자 E, f, G의 DNA 상대량을 나타낸 것이다. ㉠~㉢은 Ⅰ~Ⅲ을 순서 없이 나타낸 것이고, Ⅱ는 중기의 세포이다.

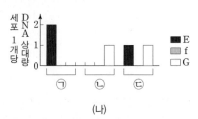

(가)   (나)

이에 대한 설명으로 옳은 것만을 〈보기〉에서 있는 대로 고른 것은? (단, 돌연변이와 교차는 고려하지 않으며, E, e, F, f, G, g 각각의 1개당 DNA 상대량은 같다.) [3점]

〈 보기 〉

ㄱ. Ⅰ에서 세포 1개당 $\dfrac{\text{E의 DNA 상대량}+\text{G의 DNA 상대량}}{\text{F의 DNA 상대량}}$ 은 1이다.

ㄴ. Ⅱ의 염색 분체 수는 23이다.

ㄷ. Ⅲ은 ㉢이다.

① ㄱ   ② ㄴ   ③ ㄷ   ④ ㄱ, ㄴ   ⑤ ㄴ, ㄷ

23

사람의 특정 형질은 상염색체에 있는 3쌍의 대립유전자 D와 d, E와 e, F와 f에 의해 결정된다. 그림은 하나의 G_1기 세포로부터 정자가 형성될 때 나타나는 세포 I ~ IV가 갖는 D, E, F의 DNA 상대량을, 표는 세포 ㉠ ~ ㉣이 갖는 d, e, f의 DNA 상대량을 나타낸 것이다. ㉠ ~ ㉣은 I ~ IV를 순서 없이 나타낸 것이다.

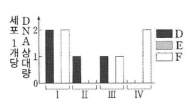

세포	DNA 상대량		
	d	e	f
㉠	?	?	1
㉡	2	?	ⓐ
㉢	?	2	0
㉣	1	ⓑ	1

이에 대한 옳은 설명만을 〈보기〉에서 있는 대로 고른 것은? (단, 돌연변이는 고려하지 않으며, D, d, E, e, F, f 각각의 1개당 DNA 상대량은 1이다.) [3점]

〈보기〉
ㄱ. ㉢은 I 이다.
ㄴ. ⓐ+ⓑ=4이다.
ㄷ. ㉠과 ㉡의 핵상은 같다.

① ㄱ ② ㄴ ③ ㄱ, ㄷ ④ ㄴ, ㄷ ⑤ ㄱ, ㄴ, ㄷ

24

사람의 유전 형질 (가)는 대립유전자 A와 a에 의해 결정된다. 그림은 어떤 남자의 G_1기 세포 I 로부터 정자가 형성되는 과정을, 표는 세포 ㉠ ~ ㉢과 IV에서 A와 a의 DNA 상대량을 더한 값을 나타낸 것이다. ㉠ ~ ㉢은 각각 I ~ III 중 하나이다.

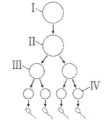

세포	A와 a의 DNA 상대량을 더한 값
㉠	1
㉡	0
㉢	2
IV	ⓐ

이에 대한 옳은 설명만을 〈보기〉에서 있는 대로 고른 것은? (단, 돌연변이와 교차는 고려하지 않으며, A와 a 각각의 1개당 DNA 상대량은 1이다. II와 III은 중기의 세포이다.) [3점]

〈보기〉
ㄱ. ㉡은 III이다.
ㄴ. ⓐ는 1이다.
ㄷ. (가)의 유전자는 상염색체에 있다.

① ㄱ ② ㄷ ③ ㄱ, ㄴ ④ ㄴ, ㄷ ⑤ ㄱ, ㄴ, ㄷ

25

그림은 유전자형이 Aa인 어떤 동물($2n=$?)의 G_1기 세포 I 로부터 생식세포가 형성되는 과정을, 표는 세포 ㉠ ~ ㉣의 상염색체 수와 대립유전자 A와 a의 DNA 상대량을 더한 값을 나타낸 것이다. ㉠ ~ ㉣은 I ~ IV를 순서 없이 나타낸 것이고, 이 동물의 성염색체는 XX이다.

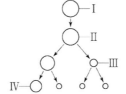

세포	상염색체 수	A와 a의 DNA 상대량을 더한 값
㉠	8	?
㉡	4	2
㉢	ⓐ	ⓑ
㉣	?	4

이에 대한 설명으로 옳은 것만을 〈보기〉에서 있는 대로 고른 것은? (단, 돌연변이는 고려하지 않으며, A와 a 각각의 1개당 DNA 상대량은 1이다. II와 III은 중기의 세포이다.) [3점]

〈보기〉
ㄱ. ㉠은 I 이다.
ㄴ. ⓐ+ⓑ=5이다.
ㄷ. II의 2가 염색체 수는 5이다.

① ㄱ ② ㄷ ③ ㄱ, ㄴ ④ ㄴ, ㄷ ⑤ ㄱ, ㄴ, ㄷ

26

2024학년도 5월 학평 14번

사람의 유전 형질 ㉮는 2쌍의 대립유전자 A와 a, B와 b에 의해 결정된다. 그림은 어떤 사람의 G_1기 세포로부터 생식세포가 형성되는 과정의 일부를, 표는 이 사람의 세포 (가)~(다)에서 A와 a의 DNA 상대량을 더한 값(A+a)과 B와 b의 DNA 상대량을 더한 값(B+b)을 나타낸 것이다. (가)~(다)는 Ⅰ~Ⅲ을 순서 없이 나타낸 것이고, ㉠~㉢은 1, 2, 4를 순서 없이 나타낸 것이다.

세포	DNA 상대량을 더한 값	
	A+a	B+b
(가)	㉠	㉠
(나)	㉡	㉡
(다)	㉢	㉠

이에 대한 설명으로 옳은 것만을 〈보기〉에서 있는 대로 고른 것은? (단, 돌연변이와 교차는 고려하지 않으며, A, a, B, b 각각의 1개당 DNA 상대량은 1이다. Ⅰ과 Ⅱ는 중기의 세포이다.) [3점]

〈 보기 〉
ㄱ. ㉠은 2이다.
ㄴ. (나)는 Ⅱ이다.
ㄷ. $\dfrac{(\text{다})의 염색체 수}{(\text{가})의 염색 분체 수} = \dfrac{1}{2}$이다.

① ㄱ   ② ㄴ   ③ ㄷ   ④ ㄱ, ㄷ   ⑤ ㄴ, ㄷ

27

2022학년도 4월 학평 11번

사람의 유전 형질 ㉮는 2쌍의 대립유전자 A와 a, B와 b에 의해 결정된다. 그림은 어떤 사람의 G_1기 세포 Ⅰ로부터 정자가 형성되는 과정을, 표는 이 과정에서 나타나는 세포 (가)와 (나)에서 대립유전자 A, B, ㉠, ㉡ 중 2개의 DNA 상대량을 더한 값을 나타낸 것이다. (가)와 (나)는 Ⅱ와 Ⅲ을 순서 없이 나타낸 것이고, ㉠과 ㉡은 a와 b를 순서 없이 나타낸 것이다.

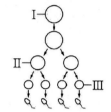

세포	DNA 상대량을 더한 값		
	A+B	B+㉠	㉠+㉡
(가)	0	2	2
(나)	?	2	1

이에 대한 설명으로 옳은 것만을 〈보기〉에서 있는 대로 고른 것은? (단, 돌연변이와 교차는 고려하지 않으며, A, a, B, b 각각의 1개당 DNA 상대량은 1이다.) [3점]

〈 보기 〉
ㄱ. (나)는 Ⅲ이다.
ㄴ. ㉠은 성염색체에 있다.
ㄷ. Ⅰ에서 A와 b의 DNA 상대량을 더한 값은 1이다.

① ㄱ   ② ㄴ   ③ ㄱ, ㄷ   ④ ㄴ, ㄷ   ⑤ ㄱ, ㄴ, ㄷ

사람의 어떤 유전 형질은 2쌍의 대립유전자 H와 h, T와 t에 의해 결정된다. 그림 (가)는 사람 Ⅰ의, (나)는 사람 Ⅱ의 감수 분열 과정의 일부를, 표는 Ⅰ의 세포 ⓐ와 Ⅱ의 세포 ⓑ에서 대립유전자 ㉠, ㉡, ㉢, ㉣ 중 2개의 DNA 상대량을 더한 값을 나타낸 것이다. ㉠~㉣은 H, h, T, t를 순서 없이 나타낸 것이고, Ⅰ의 유전자형은 HHtt이며, Ⅱ의 유전자형은 hhTt이다.

세포	DNA 상대량을 더한 값			
	㉠+㉡	㉠+㉢	㉡+㉢	㉢+㉣
ⓐ	0	?	2	㉮
ⓑ	2	4	㉯	2

(가) (나)

이에 대한 설명으로 옳은 것만을 〈보기〉에서 있는 대로 고른 것은? (단, 돌연변이와 교차는 고려하지 않으며, H, h, T, t 각각의 1개당 DNA 상대량은 1이다. ⓐ~ⓒ는 중기의 세포이다.) [3점]

〈 보기 〉
ㄱ. ㉮+㉯=6이다.
ㄴ. ⓐ의 $\dfrac{염색 분체 수}{성염색체 수}$=46이다.
ㄷ. ⓒ에는 t가 있다.

① ㄱ ② ㄷ ③ ㄱ, ㄴ ④ ㄴ, ㄷ ⑤ ㄱ, ㄴ, ㄷ

사람의 유전 형질 ㉮는 2쌍의 대립유전자 A와 a, B와 b에 의해 결정된다. 그림은 사람 P의 G_1기 세포 Ⅰ로부터 정자가 형성되는 과정을, 표는 세포 (가)~(라)에서 대립유전자 ㉠~㉢의 유무와 a와 B의 DNA 상대량을 나타낸 것이다. (가)~(라)는 Ⅰ~Ⅳ를 순서 없이 나타낸 것이고, ㉠~㉢은 A, a, B를 순서 없이 나타낸 것이다.

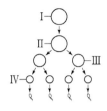

세포	대립유전자			DNA 상대량	
	㉠	㉡	㉢	a	B
(가)	×	×	○	?	2
(나)	○	?	○	2	?
(다)	?	?	×	1	1
(라)	○	?	?	1	?

(○: 있음, ×: 없음)

이에 대한 설명으로 옳은 것만을 〈보기〉에서 있는 대로 고른 것은? (단, 돌연변이와 교차는 고려하지 않으며, A, a, B, b 각각의 1개당 DNA 상대량은 1이다. Ⅱ와 Ⅲ은 중기의 세포이다.) [3점]

〈 보기 〉
ㄱ. Ⅳ에 ㉠이 있다.
ㄴ. (나)의 핵상은 $2n$이다.
ㄷ. P의 유전자형은 AaBb이다.

① ㄱ ② ㄴ ③ ㄷ ④ ㄱ, ㄴ ⑤ ㄴ, ㄷ

사람의 유전 형질 ㉮는 대립유전자 T와 t에 의해 결정된다. 그림 (가)는 남자 P의, (나)는 여자 Q의 G_1기 세포로부터 생식세포가 형성되는 과정을 나타낸 것이다. 표는 세포 ㉠~㉣의 8번 염색체 수와 X 염색체 수를 더한 값, T의 DNA 상대량을 나타낸 것이다. ㉮의 유전자형은 P에서가 TT이고, Q에서가 Tt이다. ㉠~㉣은 Ⅰ~Ⅳ를 순서 없이 나타낸 것이고, ⓐ~ⓓ는 1, 2, 3, 4를 순서 없이 나타낸 것이다.

(가)   (나)

세포	8번 염색체 수와 X 염색체 수를 더한 값	T의 DNA 상대량
㉠	ⓐ	ⓓ
㉡	ⓑ	ⓑ
㉢	ⓒ	ⓒ
㉣	ⓓ	ⓑ

이에 대한 설명으로 옳은 것만을 〈보기〉에서 있는 대로 고른 것은? (단, 돌연변이는 고려하지 않으며, T와 t 각각의 1개당 DNA 상대량은 1이다. Ⅰ과 Ⅳ는 중기의 세포이다.) [3점]

〈 보기 〉
ㄱ. ㉣은 Ⅲ이다.
ㄴ. ⓐ+ⓒ=4이다.
ㄷ. Ⅱ에 Y 염색체가 있다.

① ㄱ   ② ㄴ   ③ ㄱ, ㄷ   ④ ㄴ, ㄷ   ⑤ ㄱ, ㄴ, ㄷ

사람의 유전 형질 (가)는 대립유전자 A와 a, (나)는 대립유전자 B와 b에 의해 결정된다. 그림은 어떤 사람의 G_1기 세포 Ⅰ로부터 정자가 형성되는 과정을, 표는 세포 ⓐ~ⓒ에서 대립유전자 ㉠~㉢의 유무, A와 B의 DNA 상대량을 더한 값(A+B), a와 b의 DNA 상대량을 더한 값(a+b)을 나타낸 것이다. ⓐ~ⓒ는 Ⅰ~Ⅲ을 순서 없이 나타낸 것이고, ㉠~㉢은 A, a, B를 순서 없이 나타낸 것이다.

세포	대립유전자			A+B	a+b
	㉠	㉡	㉢		
ⓐ	○	○	×	?	㉮
ⓑ	×	?	×	1	1
ⓒ	?	×	?	㉯	2

(○: 있음, ×: 없음)

이에 대한 설명으로 옳은 것만을 〈보기〉에서 있는 대로 고른 것은? (단, 돌연변이와 교차는 고려하지 않으며, A, a, B, b 각각의 1개당 DNA 상대량은 1이다. Ⅱ는 중기의 세포이다.)

〈 보기 〉
ㄱ. ㉠은 B이다.
ㄴ. Ⅱ에는 b가 있다.
ㄷ. ㉮와 ㉯를 더한 값은 2이다.

① ㄱ   ② ㄴ   ③ ㄷ   ④ ㄱ, ㄴ   ⑤ ㄱ, ㄷ

32

사람의 유전 형질 (가)는 Y 염색체에 있는 대립유전자 A와 a에 의해, (나)는 X 염색체에 있는 대립유전자 B와 b에 의해 결정된다. 그림은 어떤 남자와 여자의 G_1기 세포로부터 생식세포가 형성되는 과정을, 표는 세포 ㉠~㉢에서 A와 b의 DNA 상대량을 나타낸 것이다. ㉠~㉢은 Ⅰ~Ⅲ을 순서 없이 나타낸 것이다.

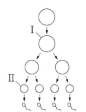
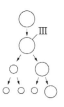

세포	DNA 상대량	
	A	b
㉠	?	4
㉡	ⓐ	2
㉢	1	0

이에 대한 옳은 설명만을 〈보기〉에서 있는 대로 고른 것은? (단, 돌연변이와 교차는 고려하지 않으며, A, a, B, b 각각의 1개당 DNA 상대량은 1이다. Ⅰ과 Ⅲ은 중기의 세포이다.) [3점]

〈보기〉

ㄱ. ⓐ는 2이다.

ㄴ. ㉠에 2가 염색체가 있다.

ㄷ. Ⅱ에서 상염색체 수와 X 염색체 수를 더한 값은 23이다.

① ㄱ   ② ㄷ   ③ ㄱ, ㄴ   ④ ㄴ, ㄷ   ⑤ ㄱ, ㄴ, ㄷ

33

사람의 유전 형질 ㉮는 서로 다른 3개의 상염색체에 있는 3쌍의 대립유전자 A와 a, B와 b, D와 d에 의해 결정된다. 표는 사람 P의 세포 (가)~(라)에서 대립유전자 ㉠~㉣의 유무와 a, B, D의 DNA 상대량을 더한 값(a+B+D)을 나타낸 것이고, 그림은 정자가 형성되는 과정을 나타낸 것이다. (가)~(라)는 생식세포 형성 과정에서 나타나는 세포이고, (가)~(라) 중 2개는 G_1기 세포 Ⅰ로부터 형성되었으며, 나머지 2개는 각각 G_1기 세포 Ⅱ와 Ⅲ으로부터 형성되었다. ㉠~㉣은 A, a, b, D를 순서 없이 나타낸 것이고, ⓐ와 ⓑ는 Ⅱ로부터 형성된 중기의 세포이며, ⓐ는 (가)~(라) 중 하나이다.

세포	대립유전자				a+B+D
	㉠	㉡	㉢	㉣	
(가)	×	○	×	×	4
(나)	×	?	○	×	3
(다)	○	×	○	×	2
(라)	×	?	?	○	1

(○: 있음, ×: 없음)

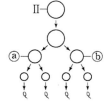

이에 대한 설명으로 옳은 것만을 〈보기〉에서 있는 대로 고른 것은? (단, 돌연변이와 교차는 고려하지 않으며, A, a, B, b, D, d 각각의 1개당 DNA 상대량은 1이다.) [3점]

〈보기〉

ㄱ. ㉣은 A이다.

ㄴ. Ⅰ로부터 (다)가 형성되었다.

ㄷ. ⓑ에서 a, b, D의 DNA 상대량을 더한 값은 4이다.

① ㄱ   ② ㄴ   ③ ㄷ   ④ ㄱ, ㄴ   ⑤ ㄴ, ㄷ

한눈에 정리하는
평가원 기출 경향

주제 / 학년도	2025	2024	2023

빈출

단일 인자 유전
중간 유전, 복대립 유전

2025

22 2025학년도 9월 평가원 19번

다음은 사람의 유전 형질 (가)~(다)에 대한 자료이다.

○ (가)~(다)의 유전자는 서로 다른 2개의 상염색체에 있으며, (가) 유전자는 (다)의 유전자와 서로 다른 상염색체에 있다.
○ (가)는 대립유전자 A와 a에 의해 결정되며, 유전자형이 다르면 표현형이 다르다.
○ (나)는 대립유전자 B와 b에 의해, (다)는 대립유전자 D와 d에 의해 결정된다.
○ (나)와 (다) 중 하나는 대문자로 표시되는 대립유전자가 소문자로 표시되는 대립유전자에 대해 완전 우성이고, 나머지 하나는 유전자형이 다르면 표현형이 다르다.
○ 유전자형이 AaBbDD인 아버지와 AaBBDd인 어머니 사이에서 아이가 태어날 때, ⓐ에게서 나타날 수 있는 (가)~(다)의 표현형은 최대 8가지이다.

유전자형이 AabbDd인 아버지와 AaBBDd인 어머니 사이에서 아이가 태어날 때, 이 아이의 (가)~(다)의 표현형이 모두 Q와 같을 확률은? (단, 돌연변이와 교차는 고려하지 않는다.) [3점]

① $\frac{1}{16}$ ② $\frac{1}{8}$ ③ $\frac{3}{16}$ ④ $\frac{1}{4}$ ⑤ $\frac{3}{8}$

---

23 2025학년도 9월 평가원 15번

다음은 사람의 유전 형질 (가)와 (나)에 대한 자료이다.

○ (가)는 1쌍의 대립유전자에 의해 결정되며, 대립유전자에는 D, E, F가 있다. (가)의 표현형은 3가지이며, 각 대립유전자 사이의 우열 관계는 분명하다.
○ (나)는 1쌍의 대립유전자에 의해 결정되며, 대립유전자에는 H, R, T가 있다. (나)의 표현형은 3가지이며, 각 대립유전자 사이의 우열 관계는 분명하다.
○ 그림은 남자 Ⅰ, Ⅱ와 여자 Ⅲ, Ⅳ의 체세포 각각에 들어 있는 일부 염색체와 유전자를 나타낸 것이고, ⓐ과 ⓑ는 각각 H, R, T 중 하나이다.

○ Ⅰ과 Ⅱ 사이에서 아이가 태어날 때, 이 아이가 유전자형이 DDTT인 사람과 (가)와 (나)의 표현형이 모두 같을 확률은 $\frac{9}{16}$ 이다.
○ Ⅱ와 Ⅳ 사이에서 아이가 태어날 때, ⓐ에게서 나타날 수 있는 (가)와 (나)의 표현형은 최대 9가지이다.

이에 대한 설명으로 옳은 것만을 〈보기〉에서 있는 대로 고른 것은? (단, 돌연변이와 교차는 고려하지 않는다.)

〈보기〉
ㄱ. ⓐ은 D이다.
ㄴ. H는 R에 대해 완전 우성이다.
ㄷ. ⓑ의 (가)와 (나)의 표현형이 모두 Ⅱ과 같을 확률은 $\frac{1}{4}$ 이다.

① ㄱ ② ㄴ ③ ㄱ, ㄷ ④ ㄴ, ㄷ ⑤ ㄱ, ㄴ, ㄷ

2024

20 2024학년도 수능 13번

다음은 사람의 유전 형질 (가)~(다)에 대한 자료이다.

○ (가)~(다)의 유전자는 서로 다른 3개의 상염색체에 있다.
○ (가)는 대립유전자 A와 a에 의해 결정되며, A는 a에 대해 완전 우성이다.
○ (나)는 대립유전자 B와 b에 의해 결정되며, 유전자형이 다르면 표현형이 다르다.
○ (다)는 1쌍의 대립유전자에 의해 결정되며, 대립유전자에는 D, E, F가 있다. D는 E, F에 대해, E는 F에 대해 각각 완전 우성이다.
○ P의 유전자형은 AaBbDF이고, P와 Q는 (나)의 표현형이 서로 다르다.
○ P와 Q 사이에서 ⓐ가 태어날 때, ⓐ가 P와 (가)~(다)의 표현형이 모두 같을 확률은 $\frac{3}{16}$ 이다.
○ ⓐ가 유전자형이 AabbFF인 사람과 (가)~(다)의 표현형이 모두 같을 확률은 $\frac{3}{32}$ 이다.

ⓐ의 유전자형이 aabbDF일 확률은? (단, 돌연변이는 고려하지 않는다.) [3점]

① $\frac{1}{4}$ ② $\frac{1}{8}$ ③ $\frac{1}{16}$ ④ $\frac{1}{32}$ ⑤ $\frac{1}{64}$

---

11 2024학년도 9월 평가원 13번

다음은 사람의 유전 형질 (가)~(다)에 대한 자료이다.

○ (가)~(다)의 유전자는 서로 다른 2개의 상염색체에 있다.
○ (가)는 대립유전자 A와 a에 의해 결정되며, A는 a에 대해 완전 우성이다.
○ (나)는 대립유전자 B와 b에 의해 결정되며, 유전자형이 다르면 표현형이 다르다.
○ (다)는 1쌍의 대립유전자에 의해 결정되며, 대립유전자에는 D, E, F가 있다. D는 E, F에 대해, E는 F에 대해 각각 완전 우성이다.
○ (가)와 (나)의 유전자형이 AaBb인 남자 P와 AaBB인 여자 Q 사이에서 ⓐ가 태어날 때, ⓐ에게서 나타날 수 있는 (가)와 (나)의 표현형은 최대 3가지이고, ⓐ가 가질 수 있는 (가)~(다)의 유전자형 중 AABBFF가 있다.
○ ⓐ의 (가)~(다)의 표현형이 모두 Q와 같을 확률은 $\frac{1}{8}$ 이다.

ⓐ의 (가)~(다)의 표현형이 모두 P와 같을 확률은? (단, 돌연변이와 교차는 고려하지 않는다.) [3점]

① $\frac{1}{16}$ ② $\frac{1}{8}$ ③ $\frac{3}{16}$ ④ $\frac{1}{4}$ ⑤ $\frac{3}{8}$

2023

08 2023학년도 수능 9번

다음은 사람의 유전 형질 (가)~(라)에 대한 자료이다.

○ (가)는 대립유전자 A와 a에 의해, (나)는 대립유전자 B와 b에 의해, (다)는 대립유전자 D와 d에 의해, (라)는 대립유전자 E와 e에 의해 결정된다. A는 a에 대해, B는 b에 대해, D는 d에 대해, E는 e에 대해 각각 완전 우성이다.
○ (가)~(라)의 유전자는 서로 다른 2개의 상염색체에 있고, (가)의 유전자와 (라)의 유전자는 서로 다른 염색체에 있다.
○ (가)~(라)의 표현형이 모두 우성인 부모 사이에서 ⓐ가 태어날 때, ⓐ의 (가)~(라)의 표현형이 모두 부모와 같을 확률은 $\frac{3}{16}$ 이다.

ⓐ가 (가)~(라) 중 적어도 2가지 형질의 유전자형을 이형 접합성으로 가질 확률은? (단, 돌연변이와 교차는 고려하지 않는다.)

① $\frac{7}{8}$ ② $\frac{3}{4}$ ③ $\frac{5}{8}$ ④ $\frac{1}{2}$ ⑤ $\frac{3}{8}$

---

07 2023학년도 9월 평가원 17번

다음은 사람의 유전 형질 ⊙~ⓒ에 대한 자료이다.

○ ⊙~ⓒ의 유전자는 서로 다른 3개의 상염색체에 있다.
○ ⊙는 1쌍의 대립유전자에 의해 결정되며, 대립유전자에는 A, B, D가 있다. 유전자형이 AD인 사람과 AA인 사람의 표현형은 같고, 유전자형이 BD인 사람과 BB인 사람의 표현형은 같다.
○ ⓛ은 대립유전자 E와 E*에 의해 결정되며, 유전자형이 다르면 표현형이 다르다.
○ ⓒ은 대립유전자 F와 F*에 의해 결정되며, F는 F*에 대해 완전 우성이다.
○ 표는 사람 Ⅰ~Ⅳ의 ⊙~ⓒ의 유전자형을 나타낸 것이다.

사람 유전 자형	Ⅰ	Ⅱ	Ⅲ	Ⅳ
	ABEEFF*	ADE*E*FF	BDEE*FF	BDEE*F*F*

○ 남자 P와 여자 Q 사이에서 ⓐ가 태어날 때, ⓐ에게서 나타날 수 있는 ⊙~ⓒ의 표현형은 최대 12가지이다. P와 Q는 각각 Ⅰ~Ⅳ 중 하나이다.

ⓐ의 ⊙~ⓒ의 표현형이 모두 Ⅰ과 같을 확률은? (단, 돌연변이는 고려하지 않는다.)

① $\frac{1}{16}$ ② $\frac{1}{8}$ ③ $\frac{3}{16}$ ④ $\frac{1}{4}$ ⑤ $\frac{3}{8}$

다인자 유전

2023

10 2023학년도 6월 평가원 15번

다음은 사람의 유전 형질 (가)~(다)에 대한 자료이다.

○ (가)~(다)의 유전자는 서로 다른 3개의 상염색체에 있다.
○ (가)는 대립유전자 A와 a에 의해, (나)는 대립유전자 B와 b에 의해, (다)는 대립유전자 D와 d에 의해 결정된다. A, B, D는 a, b, d에 대해 각각 완전 우성이며, (가)~(다)는 모두 열성 형질이다.
○ 표는 남자 P와 여자 Q의 유전자형에서 B, D, d의 유무를 나타낸 것이고, 그림은 P와 Q 사이에서 태어난 자녀 Ⅰ~Ⅲ에서 체세포 1개당 A, B, D의 DNA 상대량을 더한 값 (A+B+D)을 나타낸 것이다.

사람	대립유전자		
	B	D	d
P	×	×	○
Q	?	○	×

(○: 있음, ×: 없음)

○ (가)와 (나) 중 한 형질에 대해서만 P와 Q의 유전자형이 서로 같다.
○ 자녀 Ⅰ과 Ⅱ은 (가)~(다)의 표현형이 모두 같다.

이에 대한 설명으로 옳은 것만을 〈보기〉에서 있는 대로 고른 것은? (단, 돌연변이는 고려하지 않으며, A, a, b, B, D, d 각각의 1개당 DNA 상대량은 1이다.) [3점]

〈보기〉
ㄱ. P와 Q는 (나)의 유전자형이 서로 같다.
ㄴ. Ⅱ의 (가)~(다)의 유전자형은 AAbbDd이다.
ㄷ. Ⅲ의 동생이 태어날 때, 이 아이의 (가)~(다)의 표현형이 모두 Ⅲ과 같을 확률은 $\frac{3}{8}$이다.

① ㄱ ② ㄴ ③ ㄱ, ㄷ ④ ㄴ, ㄷ ⑤ ㄱ, ㄴ, ㄷ

2022 ~ 2020

09 2022학년도 수능 16번

다음은 사람의 유전 형질 ⊙~ⓒ에 대한 자료이다.

○ ⊙은 대립유전자 A와 a에 의해 결정된다.
○ 표는 ⊙과 ⓒ에서 유전자형이 서로 다를 때 표현형의 일치 여부를 각각 나타낸 것이다.

⊙의 유전자형		표현형	ⓒ의 유전자형		표현형
사람 1	사람 2	일치 여부	사람 1	사람 2	일치 여부
AA	Aa	?	BB	Bb	?
AA	aa	×	BB	bb	×
Aa	aa	×	Bb	bb	×

(○: 일치함, ×: 일치하지 않음) (○: 일치함, ×: 일치하지 않음)
(가)   (나)

○ ⓒ은 1쌍의 대립유전자에 의해 결정되며, 대립유전자에는 D, E, F가 있다.
○ ⓒ의 표현형은 4가지이며, ⓒ의 유전자형이 DE인 사람과 EE인 사람의 표현형은 같고, 유전자형이 DF인 사람과 FF인 사람의 표현형은 같다.
○ 여자 P는 남자 Q와 ⊙~ⓒ의 표현형이 모두 같고, P의 체세포에 들어 있는 일부 상염색체와 유전자는 그림과 같다.
○ P와 Q 사이에서 @가 태어날 때, @의 ⊙~ⓒ의 표현형 중 한 가지만 부모와 같을 확률은 $\frac{3}{8}$이다.

이에 대한 설명으로 옳은 것만을 〈보기〉에서 있는 대로 고른 것은? (단, 돌연변이와 교차는 고려하지 않는다.) [3점]

〈보기〉
ㄱ. ⓒ의 표현형은 BB인 사람과 Bb인 사람이 서로 다르다.
ㄴ. Q에서 A, B, D를 모두 갖는 정자가 형성될 수 있다.
ㄷ. @에게서 나타날 수 있는 표현형은 최대 12가지이다.

① ㄱ ② ㄴ ③ ㄷ ④ ㄱ, ㄴ ⑤ ㄱ, ㄷ

05 2021학년도 수능 13번

다음은 사람의 유전 형질 (가)~(다)에 대한 자료이다.

○ (가)~(다)의 유전자는 서로 다른 3개의 상염색체에 있다.
○ (가)는 대립유전자 A와 a에 의해 결정되며, A는 A*에 대해 완전 우성이다.
○ (나)는 대립유전자 B와 B*에 의해 결정되며, 유전자형이 다르면 표현형이 다르다.
○ (다)는 1쌍의 대립유전자에 의해 결정되며, 대립유전자에는 D, E, F가 있고, 각 대립유전자 사이의 우열 관계는 분명하다.
○ (나)와 (다)의 유전자형이 BB*DF인 아버지와 BB*EF인 어머니 사이에서 아이가 태어날 때, 이 아이에게 나타날 수 있는 (가)~(다)의 표현형은 최대 12가지이고, (가)~(다)의 표현형이 모두 아버지와 같을 확률은 $\frac{3}{16}$이다.
○ 유전자형이 AA*BBDE인 아버지와 A*A*BB*DF인 어머니 사이에서 아이가 태어날 때, 이 아이의 (가)~(다)의 표현형이 모두 어머니와 같을 확률은 $\frac{1}{16}$이다.

이에 대한 설명으로 옳은 것만을 〈보기〉에서 있는 대로 고른 것은? (단, 돌연변이는 고려하지 않는다.)

〈보기〉
ㄱ. D는 E에 대해 완전 우성이다.
ㄴ. ⓒ이 가질 수 있는 (가)의 표현형은 최대 3가지이다.
ㄷ. @의 (가)~(다)의 표현형이 모두 아버지와 같을 확률은 $\frac{1}{8}$이다.

① ㄱ ② ㄴ ③ ㄱ, ㄷ ④ ㄴ, ㄷ ⑤ ㄱ, ㄴ, ㄷ

04 2020학년도 9월 평가원 17번

다음은 사람의 유전 형질 ⊙~ⓒ에 대한 자료이다.

○ ⊙~ⓒ을 결정하는 유전자는 모두 상염색체에 있다.
○ ⊙은 대립유전자 A와 A*에 의해 결정되며, A는 A*에 대해 완전 우성이다.
○ ⓒ은 대립유전자 B와 B*에 의해 결정되며, B와 B* 사이의 우열 관계는 분명하지 않고 3가지 유전자형에 따른 표현형은 모두 다르다.
○ ⓒ은 1쌍의 대립유전자에 의해 결정되며, 대립유전자에는 D, E, F가 있다. ⓒ의 유전자형이 DD인 사람과 DE인 사람의 표현형은 같고, 유전자형이 EF인 사람과 FF인 사람의 표현형은 같다.
○ ⊙~ⓒ의 유전자형이 각각 AA*BB*DE와 AA*BB*EF인 부모 사이에서 @가 태어날 때, @에서 ⊙~ⓒ의 유전자형이 모두 이형 접합성일 확률은 $\frac{3}{16}$이다.

이에 대한 설명으로 옳은 것만을 〈보기〉에서 있는 대로 고른 것은? (단, 돌연변이와 교차는 고려하지 않는다.)

〈보기〉
ㄱ. 유전자형이 DE인 사람과 DF인 사람의 ⓒ에 대한 표현형은 같다.
ㄴ. 유전자와 ⓒ의 유전자는 서로 다른 염색체에 존재한다.
ㄷ. @에서 나타날 수 있는 ⊙~ⓒ의 표현형은 최대 24가지이다.

① ㄱ ② ㄷ ③ ㄱ, ㄴ ④ ㄴ, ㄷ ⑤ ㄱ, ㄴ, ㄷ

06 대표문제 2021학년도 9월 평가원 11번

다음은 사람의 유전 형질 (가)~(다)에 대한 자료이다.

○ (가)~(다)의 유전자는 서로 다른 3개의 상염색체에 있다.
○ (가)는 대립유전자 A와 A*에 의해 결정되며, A는 A*에 대해 완전 우성이다.
○ (나)는 대립유전자 B와 B*에 의해 결정되며, 유전자형이 다르면 표현형이 다르다.
○ (다)는 1쌍의 대립유전자에 의해 결정되며, 대립유전자에는 D, E, F, G가 있고, 각 대립유전자 사이의 우열 관계는 분명하다. (다)의 표현형은 4가지이다.
○ 유전자형이 AA*BB*DE인 아버지와 AA*BB*FG인 어머니 사이에서 아이가 태어날 때, 이 아이에게서 나타날 수 있는 표현형은 최대 12가지이다.
○ 유전자형이 AABB*DF인 아버지와 AA*BBDE인 어머니 사이에서 아이가 태어날 때, 이 아이의 표현형이 어머니와 같을 확률은 $\frac{3}{8}$이다.

유전자형이 AA*BB*DF인 아버지와 AA*BB*EG인 어머니 사이에서 아이가 태어날 때, 이 아이의 표현형이 @과 같을 확률은? (단, 돌연변이는 고려하지 않는다.)

① $\frac{1}{8}$ ② $\frac{3}{16}$ ③ $\frac{1}{4}$ ④ $\frac{9}{32}$ ⑤ $\frac{5}{16}$

02 2020학년도 수능 12번

다음은 사람의 유전 형질 (가)~(다)에 대한 자료이다.

○ (가)~(다)를 결정하는 유전자는 모두 상염색체에 있다.
○ (가)는 대립유전자 A와 a에 의해, (나)는 대립유전자 B와 b에 의해, (다)는 대립유전자 D와 d에 의해 결정된다.
○ (가)~(다) 중 2가지 형질은 각 유전자형에서 대문자로 표시되는 대립유전자가 소문자로 표시되는 대립유전자에 대해 완전 우성이다. 나머지 한 형질은 형질을 결정하는 대립유전자 사이의 우열 관계는 분명하지 않고, 3가지 유전자형에 따른 표현형이 모두 다르다.
○ 유전자형이 AaBbDd인 아버지와 AaBBdd인 어머니 사이에서 @가 태어날 때, @에게서 나타날 수 있는 표현형은 최대 8가지이다.

@에서 (가)~(다) 중 적어도 2가지 형질에 대한 표현형이 ⊙과 같을 확률은? (단, 돌연변이와 교차는 고려하지 않는다.)

① $\frac{3}{4}$ ② $\frac{5}{8}$ ③ $\frac{1}{2}$ ④ $\frac{3}{8}$ ⑤ $\frac{1}{4}$

17 2022학년도 6월 평가원 14번

다음은 사람의 유전 형질 (가)에 대한 자료이다.

○ (가)는 서로 다른 2개의 상염색체에 있는 3쌍의 대립유전자 A와 a, B와 b, D와 d에 의해 결정되며, A, a, B, b는 7번 염색체에 있다.
○ (가)의 표현형은 유전자형에서 대문자로 표시되는 대립유전자의 수에 의해서만 결정되며, 이 대립유전자의 수가 다르면 표현형이 다르다.
○ (가)의 표현형이 서로 같은 P와 Q 사이에서 @가 태어날 때, @에게 나타날 수 있는 표현형은 최대 5가지이고, @의 표현형이 부모와 같을 확률은 $\frac{3}{8}$이며, @의 유전자형이 AABbDD일 확률은 $\frac{1}{8}$이다.

@가 유전자형이 AaBbDd인 사람과 동일한 표현형을 가질 확률은? (단, 돌연변이와 교차는 고려하지 않는다.)

① $\frac{1}{8}$ ② $\frac{1}{4}$ ③ $\frac{3}{8}$ ④ $\frac{1}{2}$ ⑤ $\frac{5}{8}$

01

다음은 사람의 유전 형질 (가)에 대한 자료이다.

○ (가)는 상염색체에 있는 1쌍의 대립유전자에 의해 결정된다. 대립유전자에는 A, B, C가 있으며, 각 대립유전자 사이의 우열 관계는 분명하다.
○ 유전자형이 BC인 아버지와 AB인 어머니 사이에서 ㉠이 태어날 때, ㉠의 (가)에 대한 표현형이 아버지와 같을 확률은 $\frac{3}{4}$이다.
○ 유전자형이 AB인 아버지와 AC인 어머니 사이에서 ㉡이 태어날 때, ㉡에게서 나타날 수 있는 (가)에 대한 표현형은 최대 3가지이다.

이에 대한 옳은 설명만을 〈보기〉에서 있는 대로 고른 것은? (단, 돌연변이와 교차는 고려하지 않는다.) [3점]

〈 보기 〉
ㄱ. (가)는 다인자 유전 형질이다.
ㄴ. B는 A에 대해 완전 우성이다.
ㄷ. ㉡의 (가)에 대한 표현형이 어머니와 같을 확률은 $\frac{1}{2}$이다.

① ㄱ   ② ㄴ   ③ ㄷ   ④ ㄱ, ㄷ   ⑤ ㄴ, ㄷ

03

다음은 사람의 유전 형질 (가)에 대한 자료이다.

○ 상염색체에 있는 1쌍의 대립유전자에 의해 결정된다. 대립유전자에는 A, B, D가 있으며, 표현형은 4가지이다.
○ 유전자형이 AA인 사람과 AB인 사람은 표현형이 같고, 유전자형이 AD인 사람과 DD인 사람은 표현형이 다르다.
○ 유전자형이 AB인 아버지와 BD인 어머니 사이에서 ㉠이 태어날 때, ㉠의 표현형이 아버지와 같을 확률과 어머니와 같을 확률은 각각 $\frac{1}{4}$이다.
○ 유전자형이 BD인 아버지와 AD인 어머니 사이에서 ㉡이 태어날 때, ㉡에서 나타날 수 있는 표현형은 최대 ⓐ가지이다.

이에 대한 옳은 설명만을 〈보기〉에서 있는 대로 고른 것은? (단, 돌연변이는 고려하지 않는다.) [3점]

〈 보기 〉
ㄱ. (가)는 복대립 유전 형질이다.
ㄴ. A는 D에 대해 완전 우성이다.
ㄷ. ⓐ는 3이다.

① ㄱ   ② ㄷ   ③ ㄱ, ㄴ   ④ ㄱ, ㄷ   ⑤ ㄴ, ㄷ

02

다음은 사람의 유전 형질 (가)~(다)에 대한 자료이다.

○ (가)~(다)를 결정하는 유전자는 모두 상염색체에 있다.
○ (가)는 대립유전자 A와 a에 의해, (나)는 대립유전자 B와 b에 의해, (다)는 대립유전자 D와 d에 의해 결정된다.
○ (가)~(다) 중 2가지 형질은 각 유전자형에서 대문자로 표시되는 대립유전자가 소문자로 표시되는 대립유전자에 대해 완전 우성이다. 나머지 한 형질을 결정하는 대립유전자 사이의 우열 관계는 분명하지 않고, 3가지 유전자형에 따른 표현형이 모두 다르다.
○ 유전자형이 ㉠AaBbDd인 아버지와 AaBBdd인 어머니 사이에서 ⓐ가 태어날 때, ⓐ에게서 나타날 수 있는 표현형은 최대 8가지이다.

ⓐ에서 (가)~(다) 중 적어도 2가지 형질에 대한 표현형이 ㉠과 같을 확률은? (단, 돌연변이와 교차는 고려하지 않는다.)

① $\frac{3}{4}$ ② $\frac{5}{8}$ ③ $\frac{1}{2}$ ④ $\frac{3}{8}$ ⑤ $\frac{1}{4}$

04

다음은 사람의 유전 형질 ㉠~㉢에 대한 자료이다.

○ ㉠~㉢을 결정하는 유전자는 모두 상염색체에 있다.

○ ㉠은 대립유전자 A와 A*에 의해 결정되며, A는 A*에 대해 완전 우성이다.

○ ㉡은 대립유전자 B와 B*에 의해 결정되며, B와 B* 사이의 우열 관계는 분명하지 않고 3가지 유전자형에 따른 표현형은 모두 다르다.

○ ㉢은 1쌍의 대립유전자에 의해 결정되며, 대립유전자에는 D, E, F가 있다. ㉢의 표현형은 4가지이며, ㉢의 유전자형이 DD인 사람과 DE인 사람의 표현형은 같고, 유전자형이 EF인 사람과 FF인 사람의 표현형은 같다.

○ ㉠~㉢의 유전자형이 각각 AA*BB*DE와 AA*BB*EF인 부모 사이에서 ⓐ가 태어날 때, ⓐ에서 ㉠~㉢의 유전자형이 모두 이형 접합성일 확률은 $\frac{3}{16}$이다.

이에 대한 설명으로 옳은 것만을 〈보기〉에서 있는 대로 고른 것은? (단, 돌연변이와 교차는 고려하지 않는다.)

〈 보기 〉

ㄱ. 유전자형이 DE인 사람과 DF인 사람의 ㉢에 대한 표현형은 같다.

ㄴ. ㉠의 유전자와 ㉡의 유전자는 서로 다른 염색체에 존재한다.

ㄷ. ⓐ에게서 나타날 수 있는 ㉠~㉢의 표현형은 최대 24가지이다.

---

① ㄱ ② ㄷ ③ ㄱ, ㄴ ④ ㄴ, ㄷ ⑤ ㄱ, ㄴ, ㄷ

05

다음은 사람의 유전 형질 (가)~(다)에 대한 자료이다.

○ (가)~(다)의 유전자는 서로 다른 3개의 상염색체에 있다.

○ (가)는 대립유전자 A와 A*에 의해 결정되며, A는 A*에 대해 완전 우성이다.

○ (나)는 대립유전자 B와 B*에 의해 결정되며, 유전자형이 다르면 표현형이 다르다.

○ (다)는 1쌍의 대립유전자에 의해 결정되며, 대립유전자에는 D, E, F가 있고, 각 대립유전자 사이의 우열 관계는 분명하다.

○ (나)와 (다)의 유전자형이 BB*DF인 아버지와 BB*EF인 어머니 사이에서 ㉠이 태어날 때, ㉠에게서 나타날 수 있는 (가)~(다)의 표현형은 최대 12가지이고, (가)~(다)의 표현형이 모두 아버지와 같을 확률은 $\frac{3}{16}$이다.

○ 유전자형이 AA*BBDE인 아버지와 A*A*BB*DF인 어머니 사이에서 ㉡이 태어날 때, ㉡의 (가)~(다)의 표현형이 모두 어머니와 같을 확률은 $\frac{1}{16}$이다.

이에 대한 설명으로 옳은 것만을 〈보기〉에서 있는 대로 고른 것은? (단, 돌연변이는 고려하지 않는다.)

〈 보기 〉

ㄱ. D는 E에 대해 완전 우성이다.

ㄴ. ㉠이 가질 수 있는 (가)의 유전자형은 최대 3가지이다.

ㄷ. ㉡의 (가)~(다)의 표현형이 모두 아버지와 같을 확률은 $\frac{1}{8}$이다.

---

① ㄱ ② ㄴ ③ ㄱ, ㄷ ④ ㄴ, ㄷ ⑤ ㄱ, ㄴ, ㄷ

06 대표문제

다음은 사람의 유전 형질 (가)~(다)에 대한 자료이다.

○ (가)~(다)의 유전자는 서로 다른 3개의 상염색체에 있다.
○ (가)는 대립유전자 A와 A*에 의해 결정되며, A는 A*에 대해 완전 우성이다.
○ (나)는 대립유전자 B와 B*에 의해 결정되며, 유전자형이 다르면 표현형이 다르다.
○ (다)는 1쌍의 대립유전자에 의해 결정되며, 대립유전자에는 D, E, F, G가 있고, 각 대립유전자 사이의 우열 관계는 분명하다. (다)의 표현형은 4가지이다.
○ 유전자형이 ㉠AA*BB*DE인 아버지와 AA*BB*FG인 어머니 사이에서 아이가 태어날 때, 이 아이에게서 나타날 수 있는 표현형은 최대 12가지이다.
○ 유전자형이 AABB*DF인 아버지와 AA*BBDE인 어머니 사이에서 아이가 태어날 때, 이 아이의 표현형이 어머니와 같을 확률은 $\frac{3}{8}$이다.

유전자형이 AA*BB*DF인 아버지와 AA*BB*EG인 어머니 사이에서 아이가 태어날 때, 이 아이의 표현형이 ㉠과 같을 확률은? (단, 돌연변이는 고려하지 않는다.)

① $\frac{1}{8}$ ② $\frac{3}{16}$ ③ $\frac{1}{4}$ ④ $\frac{9}{32}$ ⑤ $\frac{5}{16}$

07

다음은 사람의 유전 형질 ㉠~㉢에 대한 자료이다.

○ ㉠~㉢의 유전자는 서로 다른 3개의 상염색체에 있다.
○ ㉠은 1쌍의 대립유전자에 의해 결정되며, 대립유전자에는 A, B, D가 있다. ㉠의 표현형은 4가지이며, ㉠의 유전자형이 AD인 사람과 AA인 사람의 표현형은 같고, 유전자형이 BD인 사람과 BB인 사람의 표현형은 같다.
○ ㉡은 대립유전자 E와 E*에 의해 결정되며, 유전자형이 다르면 표현형이 다르다.
○ ㉢은 대립유전자 F와 F*에 의해 결정되며, F는 F*에 대해 완전 우성이다.
○ 표는 사람 Ⅰ~Ⅳ의 ㉠~㉢의 유전자형을 나타낸 것이다.

사람	Ⅰ	Ⅱ	Ⅲ	Ⅳ
유전자형	ABEEFF*	ADE*E*FF	BDEE*FF	BDEE*F*F*

○ 남자 P와 여자 Q 사이에서 ⓐ가 태어날 때, ⓐ에게서 나타날 수 있는 ㉠~㉢의 표현형은 최대 12가지이다. P와 Q는 각각 Ⅰ~Ⅳ 중 하나이다.

ⓐ의 ㉠~㉢의 표현형이 모두 Ⅰ과 같을 확률은? (단, 돌연변이는 고려하지 않는다.)

① $\frac{1}{16}$ ② $\frac{1}{8}$ ③ $\frac{3}{16}$ ④ $\frac{1}{4}$ ⑤ $\frac{3}{8}$

08

다음은 사람의 유전 형질 (가)~(라)에 대한 자료이다.

○ (가)는 대립유전자 A와 a에 의해, (나)는 대립유전자 B와 b에 의해, (다)는 대립유전자 D와 d에 의해, (라)는 대립유전자 E와 e에 의해 결정된다. A는 a에 대해, B는 b에 대해, D는 d에 대해, E는 e에 대해 각각 완전 우성이다.
○ (가)~(라)의 유전자는 서로 다른 2개의 상염색체에 있고, (가)~(다)의 유전자는 (라)의 유전자와 다른 염색체에 있다.
○ (가)~(라)의 표현형이 모두 우성인 부모 사이에서 ⓐ가 태어날 때, ⓐ의 (가)~(라)의 표현형이 모두 부모와 같을 확률은 $\frac{3}{16}$이다.

ⓐ가 (가)~(라) 중 적어도 2가지 형질의 유전자형을 이형 접합성으로 가질 확률은? (단, 돌연변이와 교차는 고려하지 않는다.)

① $\frac{7}{8}$ ② $\frac{3}{4}$ ③ $\frac{5}{8}$ ④ $\frac{1}{2}$ ⑤ $\frac{3}{8}$

09

다음은 사람의 유전 형질 ㉠~㉢에 대한 자료이다.

- ㉠은 대립유전자 A와 a에 의해, ㉡은 대립유전자 B와 b에 의해 결정된다.
- 표 (가)와 (나)는 ㉠과 ㉡에서 유전자형이 서로 다를 때 표현형의 일치 여부를 각각 나타낸 것이다.

㉠의 유전자형		표현형 일치 여부
사람 1	사람 2	
AA	Aa	?
AA	aa	×
Aa	aa	×

(○: 일치함, ×: 일치하지 않음)

(가)

㉡의 유전자형		표현형 일치 여부
사람 1	사람 2	
BB	Bb	?
BB	bb	×
Bb	bb	×

(○: 일치함, ×: 일치하지 않음)

(나)

- ㉢은 1쌍의 대립유전자에 의해 결정되며, 대립유전자에는 D, E, F가 있다.
- ㉢의 표현형은 4가지이며, ㉢의 유전자형이 DE인 사람과 EE인 사람의 표현형은 같고, 유전자형이 DF인 사람과 FF인 사람의 표현형은 같다.
- 여자 P는 남자 Q와 ㉠~㉢의 표현형이 모두 같고, P의 체세포에 들어 있는 일부 상염색체와 유전자는 그림과 같다.

- P와 Q 사이에서 ⓐ가 태어날 때, ⓐ의 ㉠~㉢의 표현형 중 한 가지만 부모와 같을 확률은 $\frac{3}{8}$이다.

이에 대한 설명으로 옳은 것만을 〈보기〉에서 있는 대로 고른 것은? (단, 돌연변이와 교차는 고려하지 않는다.) [3점]

〈 보기 〉
ㄱ. ㉡의 표현형은 BB인 사람과 Bb인 사람이 서로 다르다.
ㄴ. Q에서 A, B, D를 모두 갖는 정자가 형성될 수 있다.
ㄷ. ⓐ에게서 나타날 수 있는 표현형은 최대 12가지이다.

① ㄱ   ② ㄴ   ③ ㄷ   ④ ㄱ, ㄴ   ⑤ ㄱ, ㄷ

10

다음은 사람의 유전 형질 (가)~(다)에 대한 자료이다.

- (가)~(다)의 유전자는 서로 다른 3개의 상염색체에 있다.
- (가)는 대립유전자 A와 a에 의해, (나)는 대립유전자 B와 b에 의해, (다)는 대립유전자 D와 d에 의해 결정된다. A, B, D는 a, b, d에 대해 각각 완전 우성이며, (가)~(다)는 모두 열성 형질이다.
- 표는 남자 P와 여자 Q의 유전자형에서 B, D, d의 유무를 나타낸 것이고, 그림은 P와 Q 사이에서 태어난 자녀 Ⅰ~Ⅲ에서 체세포 1개당 A, B, D의 DNA 상대량을 더한 값 (A+B+D)을 나타낸 것이다.

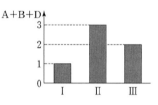

사람	대립유전자		
	B	D	d
P	×	×	○
Q	?	○	×

(○: 있음, ×: 없음)

- (가)와 (나) 중 한 형질에 대해서만 P와 Q의 유전자형이 서로 같다.
- 자녀 Ⅱ와 Ⅲ은 (가)~(다)의 표현형이 모두 같다.

이에 대한 설명으로 옳은 것만을 〈보기〉에서 있는 대로 고른 것은? (단, 돌연변이는 고려하지 않으며, A, a, B, b, D, d 각각의 1개당 DNA 상대량은 1이다.) [3점]

〈 보기 〉
ㄱ. P와 Q는 (나)의 유전자형이 서로 같다.
ㄴ. Ⅱ의 (가)~(다)에 대한 유전자형은 AAbbDd이다.
ㄷ. Ⅲ의 동생이 태어날 때, 이 아이의 (가)~(다)의 표현형이 모두 Ⅲ과 같을 확률은 $\frac{3}{8}$이다.

① ㄱ   ② ㄴ   ③ ㄱ, ㄷ   ④ ㄴ, ㄷ   ⑤ ㄱ, ㄴ, ㄷ

11

다음은 사람의 유전 형질 (가)~(다)에 대한 자료이다.

○ (가)~(다)의 유전자는 서로 다른 2개의 상염색체에 있다.

○ (가)는 대립유전자 A와 a에 의해 결정되며, A는 a에 대해 완전 우성이다.

○ (나)는 대립유전자 B와 b에 의해 결정되며, 유전자형이 다르면 표현형이 다르다.

○ (다)는 1쌍의 대립유전자에 의해 결정되며, 대립유전자에는 D, E, F가 있다. D는 E, F에 대해, E는 F에 대해 각각 완전 우성이다.

○ (가)와 (나)의 유전자형이 AaBb인 남자 P와 AaBB인 여자 Q 사이에서 ⓐ가 태어날 때, ⓐ에게서 나타날 수 있는 (가)와 (나)의 표현형은 최대 3가지이고, ⓐ가 가질 수 있는 (가)~(다)의 유전자형 중 AABBFF가 있다.

○ ⓐ의 (가)~(다)의 표현형이 모두 Q와 같을 확률은 $\frac{1}{8}$이다.

ⓐ의 (가)~(다)의 표현형이 모두 P와 같을 확률은? (단, 돌연변이와 교차는 고려하지 않는다.) [3점]

① $\frac{1}{16}$　② $\frac{1}{8}$　③ $\frac{3}{16}$　④ $\frac{1}{4}$　⑤ $\frac{3}{8}$

12

다음은 어떤 동물의 피부색 유전에 대한 자료이다.

○ 피부색은 서로 다른 상염색체에 있는 3쌍의 대립유전자 A와 a, B와 b, D와 d에 의해 결정된다.

○ 피부색은 유전자형에서 대문자로 표시되는 대립유전자의 수에 의해서만 결정되며, 이 수가 다르면 피부색이 다르다.

○ 개체 Ⅰ의 유전자형은 aabbDD이다.

○ 개체 Ⅰ과 Ⅱ 사이에서 ㉠자손(F₁)이 태어날 때, ㉠의 유전자형이 AaBbDd일 확률은 $\frac{1}{8}$이다.

이에 대한 옳은 설명만을 〈보기〉에서 있는 대로 고른 것은? (단, 돌연변이는 고려하지 않는다.) [3점]

〈 보기 〉
ㄱ. Ⅰ과 Ⅱ는 피부색이 서로 다르다.
ㄴ. Ⅱ에서 A, B, D가 모두 있는 생식세포가 형성된다.
ㄷ. ㉠의 피부색이 Ⅰ과 같을 확률은 $\frac{3}{8}$이다.

① ㄱ　② ㄷ　③ ㄱ, ㄴ　④ ㄴ, ㄷ　⑤ ㄱ, ㄴ, ㄷ

13

다음은 사람의 유전 형질 (가)에 대한 자료이다.

○ (가)는 서로 다른 상염색체에 있는 2쌍의 대립유전자 D와 d, E와 e에 의해 결정된다.

○ (가)의 표현형은 유전자형에서 대문자로 표시되는 대립유전자의 수에 의해서만 결정되며, 이 대립유전자의 수가 다르면 표현형이 다르다.

○ 그림은 남자 P의 체세포와 여자 Q의 체세포에 들어 있는 일부 염색체와 유전자를 나타낸 것이다. ㉠은 E와 e 중 하나이다.

P의 체세포　　Q의 체세포

○ P와 Q 사이에서 ⓐ가 태어날 때, ⓐ가 유전자형이 DdEe인 사람과 (가)의 표현형이 같을 확률은 $\frac{1}{4}$이다.

이에 대한 옳은 설명만을 〈보기〉에서 있는 대로 고른 것은? (단, 돌연변이는 고려하지 않는다.)

〈 보기 〉
ㄱ. (가)는 다인자 유전 형질이다.
ㄴ. ㉠은 E이다.
ㄷ. ⓐ의 (가)의 표현형이 P와 같을 확률은 $\frac{1}{4}$이다.

① ㄱ　② ㄷ　③ ㄱ, ㄴ　④ ㄴ, ㄷ　⑤ ㄱ, ㄴ, ㄷ

14

다음은 사람의 유전 형질 ㉠에 대한 자료이다.

○ ㉠을 결정하는 3개의 유전자는 각각 대립유전자 A와 a, B와 b, D와 d를 갖는다.

○ ㉠의 유전자 중 A와 a, B와 b는 상염색체에, D와 d는 X 염색체에 있다.

○ ㉠의 표현형은 유전자형에서 대문자로 표시되는 대립유전자의 수에 의해서만 결정되며, 이 대립유전자의 수가 다르면 표현형이 다르다.

○ 그림은 철수네 가족에서 아버지의 생식세포에 들어 있는 일부 염색체와 유전자를, 표는 이 가족의 ㉠의 유전자형에서 대문자로 표시되는 대립유전자의 수를 나타낸 것이다. ⓐ~ⓒ는 아버지, 어머니, 누나를 순서 없이 나타낸 것이다.

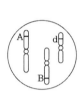

구성원	㉠의 유전자형에서 대문자로 표시되는 대립유전자의 수
ⓐ	4
ⓑ	3
ⓒ	2
철수	0

이에 대한 설명으로 옳은 것만을 〈보기〉에서 있는 대로 고른 것은? (단, 돌연변이는 고려하지 않는다.) [3점]

〈 보기 〉
ㄱ. 어머니는 ⓑ이다.
ㄴ. 누나의 체세포에는 a와 b가 모두 있다.
ㄷ. 철수의 동생이 태어날 때, 이 아이의 ㉠에 대한 표현형이 아버지와 같을 확률은 $\frac{5}{16}$이다.

① ㄱ   ② ㄴ   ③ ㄱ, ㄷ   ④ ㄴ, ㄷ   ⑤ ㄱ, ㄴ, ㄷ

15

다음은 사람의 유전 형질 ㉠에 대한 자료이다.

○ ㉠은 서로 다른 4개의 상염색체에 있는 4쌍의 대립유전자 A와 a, B와 b, D와 d, E와 e에 의해 결정된다.

○ ㉠의 표현형은 ㉠에 대한 유전자형에서 대문자로 표시되는 대립유전자의 수에 의해서만 결정된다.

○ 표는 사람 (가)~(마)의 ㉠에 대한 유전자형에서 대문자로 표시되는 대립유전자의 수와 동형 접합을 이루는 대립유전자 쌍의 수를 나타낸 것이다.

사람	대문자로 표시되는 대립유전자 수	동형 접합을 이루는 대립유전자 쌍의 수
(가)	2	?
(나)	4	2
(다)	3	1
(라)	7	?
(마)	5	3

○ (가)~(라) 중 2명은 (마)의 부모이다.
○ (가)~(마)는 B와 b 중 한 종류만 갖는다.
○ (가)와 (나)는 e를 갖지 않고, (라)는 e를 갖는다.

이에 대한 설명으로 옳은 것만을 〈보기〉에서 있는 대로 고른 것은? (단, 돌연변이는 고려하지 않는다.) [3점]

〈 보기 〉
ㄱ. (마)의 부모는 (나)와 (다)이다.
ㄴ. (가)에서 생성될 수 있는 생식세포의 ㉠에 대한 유전자형은 최대 2가지이다.
ㄷ. (마)의 동생이 태어날 때, 이 아이의 ㉠에 대한 표현형이 (나)와 같을 확률은 $\frac{3}{16}$이다.

① ㄱ   ② ㄴ   ③ ㄷ   ④ ㄱ, ㄷ   ⑤ ㄴ, ㄷ

다음은 사람의 유전 형질 (가)에 대한 자료이다.

○ (가)는 서로 다른 2개의 상염색체에 있는 3쌍의 대립유전자 A와 a, B와 b, D와 d에 의해 결정되며, A, a, B, b는 7번 염색체에 있다.

○ (가)의 표현형은 ⑤유전자형에서 대문자로 표시되는 대립유전자의 수에 의해서만 결정되며, 이 대립유전자의 수가 다르면 표현형이 다르다.

○ 남자 P의 ⑤과 여자 Q의 ⑤의 합은 6이다. P는 d를 갖는다.

○ P와 Q 사이에서 ⓐ가 태어날 때, ⓐ에게서 나타날 수 있는 표현형은 최대 3가지이고, ⓐ가 가질 수 있는 ⑤은 1, 3, 5 중 하나이다.

이에 대한 설명으로 옳은 것만을 〈보기〉에서 있는 대로 고른 것은? (단, 돌연변이와 교차는 고려하지 않는다.)

─〈 보기 〉─

ㄱ. (가)의 유전은 다인자 유전이다.

ㄴ. $\dfrac{\text{P의 } ⑤}{\text{Q의 } ⑤}$ 은 2이다.

ㄷ. ⓐ의 ⑤이 3일 확률은 $\dfrac{1}{4}$이다.

① ㄱ　　② ㄴ　　③ ㄱ, ㄷ　　④ ㄴ, ㄷ　　⑤ ㄱ, ㄴ, ㄷ

다음은 사람의 유전 형질 (가)에 대한 자료이다.

○ (가)는 서로 다른 2개의 상염색체에 있는 3쌍의 대립유전자 A와 a, B와 b, D와 d에 의해 결정되며, A, a, B, b는 7번 염색체에 있다.

○ (가)의 표현형은 유전자형에서 대문자로 표시되는 대립유전자의 수에 의해서만 결정되며, 이 대립유전자의 수가 다르면 표현형이 다르다.

○ (가)의 표현형이 서로 같은 P와 Q 사이에서 ⓐ가 태어날 때, ⓐ에게서 나타날 수 있는 표현형은 최대 5가지이고, ⓐ의 표현형이 부모와 같을 확률은 $\dfrac{3}{8}$이며, ⓐ의 유전자형이 AABbDD일 확률은 $\dfrac{1}{8}$이다.

ⓐ가 유전자형이 AaBbDd인 사람과 동일한 표현형을 가질 확률은? (단, 돌연변이와 교차는 고려하지 않는다.)

① $\dfrac{1}{8}$　　② $\dfrac{1}{4}$　　③ $\dfrac{3}{8}$　　④ $\dfrac{1}{2}$　　⑤ $\dfrac{5}{8}$

다음은 사람의 유전 형질 (가)에 대한 자료이다.

○ (가)는 3쌍의 대립유전자 A와 a, B와 b, D와 d에 의해 결정된다. 이 중 1쌍의 대립유전자는 7번 염색체에, 나머지 2쌍의 대립유전자는 9번 염색체에 있다.

○ (가)의 표현형은 ⓐ 유전자형에서 대문자로 표시된 대립유전자의 수에 의해서만 결정된다.

○ ⓐ가 3인 남자 Ⅰ과 ⓐ가 4인 여자 Ⅱ 사이에서 ⓐ가 6인 아이 Ⅲ이 태어났다.

○ Ⅱ에서 난자가 형성될 때, 이 난자가 a, b, D를 모두 가질 확률은 $\frac{1}{2}$이다.

○ Ⅰ과 Ⅱ 사이에서 Ⅲ의 동생이 태어날 때, 이 아이에게서 나타날 수 있는 표현형은 최대 ⬚ ㉠ ⬚ 가지이고, 이 아이의 ⓐ가 5일 확률은 ⬚ ㉡ ⬚ 이다.

이에 대한 옳은 설명만을 〈보기〉에서 있는 대로 고른 것은? (단, 돌연변이와 교차는 고려하지 않는다.) [3점]

〈보기〉
ㄱ. Ⅲ에서 A와 B는 모두 9번 염색체에 있다.
ㄴ. ㉠은 6이다.
ㄷ. ㉡은 $\frac{1}{8}$이다.

① ㄱ ② ㄷ ③ ㄱ, ㄴ ④ ㄴ, ㄷ ⑤ ㄱ, ㄴ, ㄷ

다음은 사람의 유전 형질 (가)와 (나)에 대한 자료이다.

○ (가)는 1쌍의 대립유전자에 의해 결정되며, 대립유전자에는 A, B, D가 있다. ㉠은 ㉡, ㉢에 대해, ㉡은 ㉢에 대해 각각 완전 우성이다. ㉠~㉢은 각각 A, B, D 중 하나이다.

○ (나)는 서로 다른 3개의 상염색체에 있는 3쌍의 대립유전자 E와 e, F와 f, G와 g에 의해 결정된다.

○ (나)의 표현형은 유전자형에서 대문자로 표시되는 대립유전자의 수에 의해서만 결정되며, 이 대립유전자의 수가 다르면 표현형이 다르다.

○ (가)와 (나)의 유전자는 서로 다른 상염색체에 있다.

○ P의 유전자형은 ABEeFfGg이고, P와 Q는 (나)의 표현형이 서로 같다.

○ P와 Q 사이에서 ⓐ가 태어날 때, ⓐ가 (가)의 유전자형이 BD인 사람과 (가)의 표현형이 같을 확률은 $\frac{3}{4}$이다.

○ ⓐ가 유전자형이 DDEeffGg인 사람과 (가)와 (나)의 표현형이 모두 같을 확률은 $\frac{1}{16}$이다.

이에 대한 옳은 설명만을 〈보기〉에서 있는 대로 고른 것은? (단, 돌연변이는 고려하지 않는다.) [3점]

〈보기〉
ㄱ. ㉢은 A이다.
ㄴ. ⓐ에게서 나타날 수 있는 (나)의 표현형은 최대 5가지이다.
ㄷ. ⓐ의 (가)와 (나)의 표현형이 모두 P와 같을 확률은 $\frac{9}{32}$이다.

① ㄱ ② ㄷ ③ ㄱ, ㄴ ④ ㄴ, ㄷ ⑤ ㄱ, ㄴ, ㄷ

다음은 사람의 유전 형질 (가)~(다)에 대한 자료이다.

> ○ (가)~(다)의 유전자는 서로 다른 3개의 상염색체에 있다.
> ○ (가)는 대립유전자 A와 a에 의해 결정되며, A는 a에 대해 완전 우성이다.
> ○ (나)는 대립유전자 B와 b에 의해 결정되며, 유전자형이 다르면 표현형이 다르다.
> ○ (다)는 1쌍의 대립유전자에 의해 결정되며, 대립유전자에는 D, E, F가 있다. D는 E, F에 대해, E는 F에 대해 각각 완전 우성이다.
> ○ P의 유전자형은 AaBbDF이고, P와 Q는 (나)의 표현형이 서로 다르다.
> ○ P와 Q 사이에서 @가 태어날 때, @가 P와 (가)~(다)의 표현형이 모두 같을 확률은 $\frac{3}{16}$이다.
> ○ @가 유전자형이 AAbbFF인 사람과 (가)~(다)의 표현형이 모두 같을 확률은 $\frac{3}{32}$이다.

@의 유전자형이 **aabbDF**일 확률은? (단, 돌연변이는 고려하지 않는다.) [3점]

① $\frac{1}{4}$ ② $\frac{1}{8}$ ③ $\frac{1}{16}$ ④ $\frac{1}{32}$ ⑤ $\frac{1}{64}$

다음은 사람의 유전 형질 (가)~(다)에 대한 자료이다.

> ○ (가)는 대립유전자 A와 a에 의해 결정되며, A는 a에 대해 완전 우성이다.
> ○ (나)는 대립유전자 B와 b에 의해 결정되며, 유전자형이 다르면 표현형이 다르다.
> ○ (다)는 1쌍의 대립유전자에 의해 결정되며, 대립유전자에는 D, E, F가 있다. D는 E, F에 대해, E는 F에 대해 각각 완전 우성이다.
> ○ I과 II는 (가)와 (나)의 표현형이 서로 같고, (다)의 표현형은 서로 다르다.
> ○ I과 II 사이에서 @가 태어날 때, @의 (가)~(다)의 표현형이 모두 II와 같을 확률은 0이고, @의 (가)~(다)의 표현형이 모두 III과 같을 확률과 @의 (가)~(다)의 유전자형이 모두 III과 같을 확률은 각각 $\frac{1}{16}$이다.
> ○ 그림은 III의 체세포에 들어 있는 일부 상염색체와 유전자를 나타낸 것이다.

@에게서 나타날 수 있는 (가)~(다)의 표현형의 최대 가짓수는? (단, 돌연변이와 교차는 고려하지 않는다.) [3점]

① 6   ② 8   ③ 9   ④ 12   ⑤ 16

22

다음은 사람의 유전 형질 (가)~(다)에 대한 자료이다.

○ (가)~(다)의 유전자는 서로 다른 2개의 상염색체에 있으며, (가)의 유전자는 (다)의 유전자와 서로 다른 상염색체에 있다.

○ (가)는 대립유전자 A와 a에 의해 결정되며, 유전자형이 다르면 표현형이 다르다.

○ (나)는 대립유전자 B와 b에 의해, (다)는 대립유전자 D와 d에 의해 결정된다.

○ (나)와 (다) 중 하나는 대문자로 표시되는 대립유전자가 소문자로 표시되는 대립유전자에 대해 완전 우성이고, 나머지 하나는 유전자형이 다르면 표현형이 다르다.

○ 유전자형이 AaBbDD인 남자 P와 AaBbDd인 여자 Q 사이에서 ⓐ가 태어날 때, ⓐ에게서 나타날 수 있는 (가)~(다)의 표현형은 최대 8가지이다.

유전자형이 AabbDd인 아버지와 AaBBDd인 어머니 사이에서 아이가 태어날 때, 이 아이의 (가)~(다)의 표현형이 모두 Q와 같을 확률은? (단, 돌연변이와 교차는 고려하지 않는다.) [3점]

① $\frac{1}{16}$ ② $\frac{1}{8}$ ③ $\frac{3}{16}$ ④ $\frac{1}{4}$ ⑤ $\frac{3}{8}$

23

다음은 사람의 유전 형질 (가)와 (나)에 대한 자료이다.

○ (가)는 1쌍의 대립유전자에 의해 결정되며, 대립유전자에는 D, E, F가 있다. (가)의 표현형은 3가지이며, 각 대립유전자 사이의 우열 관계는 분명하다.

○ (나)는 1쌍의 대립유전자에 의해 결정되며, 대립유전자에는 H, R, T가 있다. (나)의 표현형은 3가지이며, 각 대립유전자 사이의 우열 관계는 분명하다.

○ 그림은 남자 Ⅰ, Ⅱ와 여자 Ⅲ, Ⅳ의 체세포 각각에 들어 있는 일부 염색체와 유전자를 나타낸 것이다. ㉠~㉢은 D, E, F를 순서 없이 나타낸 것이고, ㉣과 ㉤은 각각 H, R, T 중 하나이다.

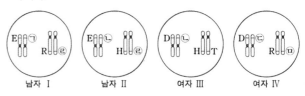

남자 Ⅰ   남자 Ⅱ   여자 Ⅲ   여자 Ⅳ

○ Ⅰ과 Ⅲ 사이에서 아이가 태어날 때, 이 아이가 유전자형이 DDTT인 사람과 (가)와 (나)의 표현형이 모두 같을 확률은 $\frac{9}{16}$이다.

○ Ⅱ와 Ⅳ 사이에서 ⓐ가 태어날 때, ⓐ에게서 나타날 수 있는 (가)와 (나)의 표현형은 최대 9가지이다.

이에 대한 설명으로 옳은 것만을 〈보기〉에서 있는 대로 고른 것은? (단, 돌연변이와 교차는 고려하지 않는다.)

─── 〈 보기 〉 ───

ㄱ. ㉠은 D이다.

ㄴ. H는 R에 대해 완전 우성이다.

ㄷ. ⓐ의 (가)와 (나)의 표현형이 모두 Ⅱ와 같을 확률은 $\frac{1}{4}$이다.

① ㄱ ② ㄴ ③ ㄱ, ㄷ ④ ㄴ, ㄷ ⑤ ㄱ, ㄴ, ㄷ

주제 / 학년도	**2025**	**2024**	**2023 ~ 2020**

08   2024학년도 6월 모평 19번

다음은 사람의 유전 형질 (가)와 (나)에 대한 자료이다.

○ (가)는 서로 다른 3개의 상염색체에 있는 3쌍의 대립유전자 A와 a, B와 b, D와 d에 의해 결정된다.
○ (가)의 표현형은 유전자형에서 대문자로 표시되는 대립유전자의 수에 의해서만 결정되며, 이 대립유전자의 수가 다르면 표현형이 다르다.
○ (나)는 대립유전자 E와 e에 의해 결정되며, 유전자형이 다르면 표현형이 다르다. (나)의 유전자는 (가)의 유전자와 서로 다른 상염색체에 있다.
○ P의 유전자형은 AaBbDdEe이고, P와 Q는 (가)의 표현형이 서로 같다.
○ P와 Q 사이에서 @가 태어날 때, @에게서 나타날 수 있는 (가)와 (나)의 표현형은 최대 15가지이다.

@가 유전자형이 AabbDdEe인 사람과 (가)와 (나)의 표현형이 모두 같을 확률은? (단, 돌연변이는 고려하지 않는다.)

① $\frac{1}{16}$ ② $\frac{1}{8}$ ③ $\frac{3}{16}$ ④ $\frac{1}{4}$ ⑤ $\frac{5}{16}$

---

06 대표문제   2022학년도 9월 모평 15번

다음은 사람의 유전 형질 (가)와 (나)에 대한 자료이다.

○ (가)는 서로 다른 3개의 상염색체에 있는 3쌍의 대립유전자 A와 a, B와 b, D와 d에 의해 결정된다.
○ (가)의 표현형은 유전자형에서 대문자로 표시되는 대립유전자의 수에 의해서만 결정되며, 이 대립유전자의 수가 다르면 표현형이 다르다.
○ (나)는 대립유전자 E와 e에 의해 결정되며, 유전자형이 다르면 표현형이 다르다. (나)의 유전자는 (가)의 유전자와 서로 다른 상염색체에 있다.
○ P와 Q는 (가)의 표현형이 서로 같고, (나)의 표현형이 서로 다르다.
○ P와 Q 사이에서 @가 태어날 때, @의 표현형이 P와 같을 확률은 $\frac{3}{16}$이다.
○ @는 유전자형이 AABBDDEE인 사람과 같은 표현형을 가질 수 있다.

@에게서 나타날 수 있는 표현형의 최대 가짓수는? (단, 돌연변이는 고려하지 않는다.) [3점]

① 5   ② 6   ③ 7   ④ 10   ⑤ 14

---

11   2025학년도 6월 모평 14번

다음은 사람의 유전 형질 (가)와 (나)에 대한 자료이다.

○ (가)의 유전자는 6번 염색체에, (나)의 유전자는 7번 염색체에 있다.
○ (가)는 1쌍의 대립유전자에 의해 결정되며, 대립유전자에는 A, B, D가 있다. (가)의 표현형은 4가지이며, (가)의 유전자형이 AA인 사람과 AB인 사람의 표현형은 같고, 유전자형이 BD인 사람과 DD인 사람의 표현형은 같다.
○ (나)는 2쌍의 대립유전자 E와 e, F와 f에 의해 결정된다.
○ (나)의 표현형은 유전자형에서 대문자로 표시되는 대립유전자의 수에 의해서만 결정되며, 이 대립유전자의 수가 다르면 표현형이 다르다.
○ P의 유전자형은 ABEeFf이고, P와 Q는 (나)의 표현형이 서로 같다.
○ P와 Q 사이에서 @가 태어날 때, @에게서 나타날 수 있는 (가)와 (나)의 표현형은 최대 12가지이다.

@의 (가)와 (나)의 표현형이 모두 Q와 같을 확률은? (단, 돌연변이와 교차는 고려하지 않는다.)

① $\frac{3}{8}$ ② $\frac{1}{4}$ ③ $\frac{3}{16}$ ④ $\frac{1}{8}$ ⑤ $\frac{1}{16}$

---

10   2021학년도 6월 모평 14번

다음은 사람의 유전 형질 ㉠과 ㉡에 대한 자료이다.

○ ㉠은 대립유전자 A와 a에 의해 결정되며, 유전자형이 다르면 표현형이 다르다.
○ ㉡을 결정하는 3개의 유전자는 각각 대립유전자 B와 b, D와 d, E와 e를 갖는다.
○ ㉡의 표현형은 유전자형에서 대문자로 표시되는 대립유전자의 수에 의해서만 결정되며, 이 대립유전자의 수가 다르면 표현형이 다르다.
○ 그림 (가)는 남자 P의, (나)는 여자 Q의 체세포에 들어 있는 일부 염색체와 유전자를 나타낸 것이다.

(가)   (나)

P와 Q 사이에서 아이가 태어날 때, 이 아이에게서 나타날 수 있는 표현형의 최대 가짓수는? (단, 돌연변이와 교차는 고려하지 않는다.)

① 5   ② 6   ③ 7   ④ 8   ⑤ 9

---

07   2020학년도 9월 모평 14번

다음은 사람의 유전 형질 ㉠과 ㉡에 대한 자료이다.

○ ㉠을 결정하는 데 관여하는 3개의 유전자는 상염색체에 있으며, 3개의 유전자는 각각 대립유전자 A와 a, B와 b, D와 d를 가진다.
○ ㉠의 표현형은 유전자형에서 대문자로 표시되는 대립유전자의 수에 의해서만 결정되며, 이 대립유전자의 수가 다르면 표현형이 다르다.
○ ㉡은 대립유전자 E와 e에 의해 결정되며, E는 e에 대해 완전 우성이다.
○ ㉠과 ㉡의 유전자형이 AaBbDdEe인 부모 사이에서 @가 태어날 때, @에게서 나타날 수 있는 표현형은 최대 11가지이고, @가 가질 수 있는 유전자형 중 aabbddee가 있다.

@에서 ㉠과 ㉡의 표현형이 모두 부모와 같을 확률은? (단, 돌연변이와 교차는 고려하지 않는다.) [3점]

① $\frac{3}{11}$ ② $\frac{1}{4}$ ③ $\frac{1}{8}$ ④ $\frac{3}{32}$ ⑤ $\frac{1}{16}$

빈출

단일 인자
유전과
다인자
유전

01

다음은 사람의 유전 형질 (가)와 (나)에 대한 자료이다.

○ (가)는 서로 다른 3개의 상염색체에 있는 3쌍의 대립유전자 A와 a, B와 b, D와 d에 의해 결정된다.

○ (가)의 표현형은 유전자형에서 대문자로 표시되는 대립유전자의 수에 의해서만 결정되며, 이 대립유전자의 수가 다르면 표현형이 다르다.

○ (나)는 대립유전자 E, F, G에 의해 결정되고, 표현형은 4가지이다. 유전자형이 EE인 사람과 EG인 사람의 표현형은 같고, 유전자형이 FF인 사람과 FG인 사람의 표현형은 같다.

○ (가)와 (나)의 유전자는 서로 다른 상염색체에 있다.

○ P의 유전자형은 AaBbDdEF이고 P와 Q 사이에서 ⓐ가 태어날 때, ⓐ에게서 나타날 수 있는 (가)와 (나)의 표현형은 최대 8가지이다.

○ ⓐ가 유전자형이 AABBDDEG인 사람과 같은 표현형을 가질 확률과 AABBDDFG인 사람과 같은 표현형을 가질 확률은 각각 0보다 크다.

ⓐ가 유전자형이 **AaBBDdFG**인 사람과 (가)와 (나)의 표현형이 모두 같을 확률은? (단, 돌연변이는 고려하지 않는다.)

① $\frac{1}{16}$　　② $\frac{1}{8}$　　③ $\frac{3}{16}$　　④ $\frac{1}{4}$　　⑤ $\frac{3}{8}$

02

다음은 사람의 유전 형질 (가)와 (나)에 대한 자료이다.

○ (가)는 서로 다른 3개의 상염색체에 있는 3쌍의 대립유전자 A와 a, B와 b, D와 d에 의해 결정된다.

○ (가)의 표현형은 유전자형에서 대문자로 표시되는 대립유전자의 수에 의해서만 결정되며, 이 대립유전자의 수가 다르면 표현형이 다르다.

○ (나)는 대립유전자 E와 e에 의해 결정되며, 유전자형이 다르면 표현형이 다르다. (나)의 유전자는 (가)의 유전자와 서로 다른 상염색체에 있다.

○ P의 유전자형은 AaBbDDEe이고, P와 Q는 (가)의 표현형이 서로 같다.

○ P와 Q 사이에서 ⓐ가 태어날 때, ⓐ가 유전자형이 AABbDdEE인 사람과 (가)와 (나)의 표현형이 모두 같을 확률은 $\frac{1}{8}$이다.

ⓐ가 유전자형이 **AaBbDdEe**인 사람과 (가)와 (나)의 표현형이 모두 같을 확률은? (단, 돌연변이는 고려하지 않는다.)

① $\frac{1}{16}$　　② $\frac{1}{8}$　　③ $\frac{3}{16}$　　④ $\frac{1}{4}$　　⑤ $\frac{3}{8}$

03

다음은 사람의 유전 형질 ㉠과 ㉡에 대한 자료이다.

○ ㉠은 2쌍의 대립유전자 A와 a, B와 b에 의해 결정된다.

○ ㉠의 표현형은 유전자형에서 대문자로 표시되는 대립유전자의 수에 의해서만 결정되며, 이 대립유전자의 수가 다르면 표현형이 다르다.

○ ㉡은 1쌍의 대립유전자에 의해 결정되며, 대립유전자에는 E, F, G가 있다.

○ 그림 (가)는 남자 P의, (나)는 여자 Q의 체세포에 들어 있는 일부 염색체와 유전자를 나타낸 것이다.

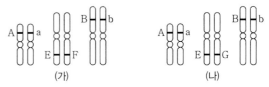

(가)　　　　　　　　　(나)

○ P와 Q 사이에서 ⓐ가 태어날 때, ⓐ에게서 나타날 수 있는 표현형은 최대 20가지이다.

이에 대한 설명으로 옳은 것만을 〈보기〉에서 있는 대로 고른 것은? (단, 돌연변이와 교차는 고려하지 않는다.) [3점]

─〈 보기 〉─

ㄱ. ㉠의 유전은 다인자 유전이다.

ㄴ. 유전자형이 EF인 사람과 FG인 사람의 표현형은 같다.

ㄷ. ⓐ에서 ㉠과 ㉡의 표현형이 모두 P와 같을 확률은 $\frac{3}{16}$이다.

① ㄱ　　② ㄴ　　③ ㄱ, ㄷ　　④ ㄴ, ㄷ　　⑤ ㄱ, ㄴ, ㄷ

다음은 어떤 사람의 유전 형질 (가)와 (나)에 대한 자료이다.

○ (가)와 (나)를 결정하는 유전자는 서로 다른 상염색체에 있다.

○ (가)는 1쌍의 대립유전자에 의해 결정되고, 대립유전자에는 A, B, D가 있으며, (가)의 표현형은 3가지이다.

○ (나)를 결정하는 데 관여하는 3개의 유전자는 서로 다른 상염색체에 있으며, 3개의 유전자는 각각 대립유전자 E와 e, F와 f, G와 g를 가진다.

○ (나)의 표현형은 유전자형에서 대문자로 표시되는 대립유전자의 수에 의해서만 결정되며, 이 대립유전자의 수가 다르면 표현형이 다르다.

○ 유전자형이 ⊙ ABEeFfGg인 아버지와 ⓛ BDEeFfGg인 어머니 사이에서 아이가 태어날 때, 이 아이에게서 (가)와 (나)의 표현형이 모두 ⊙과 같을 확률은 $\frac{5}{64}$이다.

이에 대한 설명으로 옳은 것만을 〈보기〉에서 있는 대로 고른 것은? (단, 돌연변이와 교차는 고려하지 않는다.) [3점]

〈 보기 〉

ㄱ. ⊙과 ⓛ의 (가)에 대한 표현형은 같다.

ㄴ. ⊙에서 생성될 수 있는 (가)와 (나)에 대한 생식세포의 유전자형은 16가지이다.

ㄷ. 유전자형이 AAEeFFGg인 아버지와 BDeeffgg인 어머니 사이에서 아이가 태어날 때, 이 아이에게서 나타날 수 있는 (가)와 (나)의 표현형은 최대 6가지이다.

① ㄱ   ② ㄴ   ③ ㄱ, ㄷ   ④ ㄴ, ㄷ   ⑤ ㄱ, ㄴ, ㄷ

다음은 사람의 유전 형질 (가)와 (나)에 대한 자료이다.

○ (가)와 (나)의 유전자는 서로 다른 상염색체에 있다.

○ (가)는 1쌍의 대립유전자에 의해 결정되며, 대립유전자에는 A, B, D가 있다. A는 B와 D에 대해, B는 D에 대해 각각 완전 우성이다.

○ (나)는 서로 다른 상염색체에 있는 2쌍의 대립유전자 E와 e, F와 f에 의해 결정된다. (나)의 표현형은 유전자형에서 대문자로 표시되는 대립유전자의 수에 의해서만 결정되며, 이 대립유전자의 수가 다르면 표현형이 다르다.

○ 표는 사람 Ⅰ～Ⅳ에서 성별, (가)와 (나)의 유전자형을 나타낸 것이다.

사람	성별	유전자형
Ⅰ	남	ABEeFf
Ⅱ	남	ADEeFf
Ⅲ	여	BDEEff
Ⅳ	여	DDEeFF

○ P와 Q 사이에서 ⓐ가 태어날 때, ⓐ에게서 나타날 수 있는 (가)와 (나)의 표현형은 최대 9가지이다.

○ R와 S 사이에서 ⓑ가 태어날 때, ⓑ에게서 나타날 수 있는 (가)와 (나)의 표현형은 최대 ⊙가지이다.

○ P와 R는 Ⅰ과 Ⅱ를 순서 없이 나타낸 것이고, Q와 S는 Ⅲ과 Ⅳ를 순서 없이 나타낸 것이다.

이에 대한 설명으로 옳은 것만을 〈보기〉에서 있는 대로 고른 것은? (단, 돌연변이는 고려하지 않는다.)

〈 보기 〉

ㄱ. (가)의 유전은 단일 인자 유전이다.

ㄴ. ⊙은 6이다.

ㄷ. ⓑ의 (가)와 (나)의 표현형이 모두 R와 같을 확률은 $\frac{3}{8}$이다.

① ㄱ   ② ㄴ   ③ ㄱ, ㄷ   ④ ㄴ, ㄷ   ⑤ ㄱ, ㄴ, ㄷ

다음은 사람의 유전 형질 (가)와 (나)에 대한 자료이다.

○ (가)는 서로 다른 3개의 상염색체에 있는 3쌍의 대립유전자
　A와 a, B와 b, D와 d에 의해 결정된다.

○ (가)의 표현형은 유전자형에서 대문자로 표시되는 대립유전
　자의 수에 의해서만 결정되며, 이 대립유전자의 수가 다르면
　표현형이 다르다.

○ (나)는 대립유전자 E와 e에 의해 결정되며, 유전자형이 다르
　면 표현형이 다르다. (나)의 유전자는 (가)의 유전자와 서로
　다른 상염색체에 있다.

○ P와 Q는 (가)의 표현형이 서로 같고, (나)의 표현형이 서로
　다르다.

○ P와 Q 사이에서 ⓐ가 태어날 때, ⓐ의 표현형이 P와 같을 확
　률은 $\frac{3}{16}$이다.

○ ⓐ는 유전자형이 AABBDDEE인 사람과 같은 표현형을 가
　질 수 있다.

ⓐ에게서 나타날 수 있는 표현형의 최대 가짓수는? (단, 돌연변이는 고
려하지 않는다.) [3점]

① 5　　　② 6　　　③ 7　　　④ 10　　　⑤ 14

다음은 사람의 유전 형질 ㉠과 ㉡에 대한 자료이다.

○ ㉠을 결정하는 데 관여하는 3개의 유전자는 상염색체에 있으
　며, 3개의 유전자는 각각 대립유전자 A와 a, B와 b, D와 d
　를 가진다.

○ ㉠의 표현형은 유전자형에서 대문자로 표시되는 대립유전자
　의 수에 의해서만 결정되며, 이 대립유전자의 수가 다르면 표
　현형이 다르다.

○ ㉡은 대립유전자 E와 e에 의해 결정되며, E는 e에 대해 완전
　우성이다.

○ ㉠과 ㉡의 유전자형이 AaBbDdEe인 부모 사이에서 ⓐ가
　태어날 때, ⓐ에게서 나타날 수 있는 표현형은 최대 11가지이
　고, ⓐ가 가질 수 있는 유전자형 중 aabbddee가 있다.

ⓐ에서 ㉠과 ㉡의 표현형이 모두 부모와 같을 확률은? (단, 돌연변이와
교차는 고려하지 않는다.) [3점]

① $\frac{3}{11}$　　② $\frac{1}{4}$　　③ $\frac{1}{8}$　　④ $\frac{3}{32}$　　⑤ $\frac{1}{16}$

다음은 사람의 유전 형질 (가)와 (나)에 대한 자료이다.

○ (가)는 서로 다른 3개의 상염색체에 있는 3쌍의 대립유전자
　A와 a, B와 b, D와 d에 의해 결정된다.

○ (가)의 표현형은 유전자형에서 대문자로 표시되는 대립유전
　자의 수에 의해서만 결정되며, 이 대립유전자의 수가 다르면
　표현형이 다르다.

○ (나)는 대립유전자 E와 e에 의해 결정되며, 유전자형이 다르
　면 표현형이 다르다. (나)의 유전자는 (가)의 유전자와 서로
　다른 상염색체에 있다.

○ P의 유전자형은 AaBbDdEe이고, P와 Q는 (가)의 표현형이
　서로 같다.

○ P와 Q 사이에서 ⓐ가 태어날 때, ⓐ에게서 나타날 수 있는
　(가)와 (나)의 표현형은 최대 15가지이다.

ⓐ가 유전자형이 AabbDdEe인 사람과 (가)와 (나)의 표현형이 모두
같을 확률은? (단, 돌연변이는 고려하지 않는다.)

① $\frac{1}{16}$　　② $\frac{1}{8}$　　③ $\frac{3}{16}$　　④ $\frac{1}{4}$　　⑤ $\frac{5}{16}$

09

다음은 어떤 집안의 유전 형질 (가)와 (나)에 대한 자료이다.

○ (가)는 3쌍의 대립유전자 A와 a, B와 b, D와 d에 의해 결정된다.

○ (가)의 표현형은 유전자형에서 대문자로 표시되는 대립유전자의 수에 의해서만 결정되고, 이 대립유전자의 수가 다르면 표현형이 다르다.

○ (나)는 1쌍의 대립유전자에 의해 결정되고, 대립유전자에는 E, F, G가 있다. 각 대립유전자 사이의 우열 관계는 분명하고, (나)의 유전자형이 FF인 사람과 FG인 사람은 (나)의 표현형이 같다.

○ 그림은 남자 ㉠과 여자 ㉡의 세포에 있는 일부 염색체와 유전자를 나타낸 것이다.

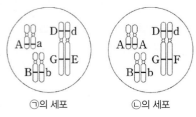

㉠의 세포   ㉡의 세포

○ ㉠과 ㉡ 사이에서 ⓐ가 태어날 때, ⓐ에게서 (가)와 (나)의 표현형이 모두 ㉠과 같을 확률은 $\frac{3}{32}$ 이다.

ⓐ에게서 (가)와 (나)의 표현형이 모두 ㉡과 같을 확률은? (단, 돌연변이와 교차는 고려하지 않는다.)

① $\frac{1}{32}$ ② $\frac{1}{16}$ ③ $\frac{3}{32}$ ④ $\frac{1}{8}$ ⑤ $\frac{3}{16}$

10

다음은 사람의 유전 형질 ㉠과 ㉡에 대한 자료이다.

○ ㉠은 대립유전자 A와 a에 의해 결정되며, 유전자형이 다르면 표현형이 다르다.

○ ㉡을 결정하는 3개의 유전자는 각각 대립유전자 B와 b, D와 d, E와 e를 갖는다.

○ ㉡의 표현형은 유전자형에서 대문자로 표시되는 대립유전자의 수에 의해서만 결정되며, 이 대립유전자의 수가 다르면 표현형이 다르다.

○ 그림 (가)는 남자 P의, (나)는 여자 Q의 체세포에 들어 있는 일부 염색체와 유전자를 나타낸 것이다.

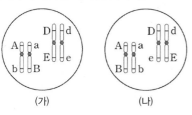

(가)   (나)

P와 Q 사이에서 아이가 태어날 때, 이 아이에게서 나타날 수 있는 표현형의 최대 가짓수는? (단, 돌연변이와 교차는 고려하지 않는다.)

① 5 ② 6 ③ 7 ④ 8 ⑤ 9

11

다음은 사람의 유전 형질 (가)와 (나)에 대한 자료이다.

○ (가)의 유전자는 6번 염색체에, (나)의 유전자는 7번 염색체에 있다.

○ (가)는 1쌍의 대립유전자에 의해 결정되며, 대립유전자에는 A, B, D가 있다. (가)의 표현형은 4가지이며, (가)의 유전자형이 AA인 사람과 AB인 사람의 표현형은 같고, 유전자형이 BD인 사람과 DD인 사람의 표현형은 같다.

○ (나)는 2쌍의 대립유전자 E와 e, F와 f에 의해 결정된다.

○ (나)의 표현형은 유전자형에서 대문자로 표시되는 대립유전자의 수에 의해서만 결정되며, 이 대립유전자의 수가 다르면 표현형이 다르다.

○ P의 유전자형은 ABEeFf이고, P와 Q는 (나)의 표현형이 서로 같다.

○ P와 Q 사이에서 ⓐ가 태어날 때, ⓐ에게서 나타날 수 있는 (가)와 (나)의 표현형은 최대 12가지이다.

ⓐ의 (가)와 (나)의 표현형이 모두 Q와 같을 확률은? (단, 돌연변이와 교차는 고려하지 않는다.)

① $\frac{3}{8}$ ② $\frac{1}{4}$ ③ $\frac{3}{16}$ ④ $\frac{1}{8}$ ⑤ $\frac{1}{16}$

12

다음은 사람의 유전 형질 ㉠과 ㉡에 대한 자료이다.

○ ㉠을 결정하는 2개의 유전자는 각각 대립유전자 A와 a, B와 b를 가진다. ㉠의 표현형은 유전자형에서 대문자로 표시되는 대립유전자의 수에 의해서만 결정되며, 이 대립유전자의 수가 다르면 표현형이 다르다.

○ ㉡은 대립유전자 H와 H*에 의해 결정된다.

○ 그림 (가)는 남자 P의, (나)는 여자 Q의 체세포에 들어 있는 일부 염색체와 유전자를 나타낸 것이다.

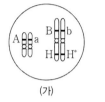
(가)

(나)

○ P와 Q 사이에서 ⓐ가 태어날 때, ⓐ에게서 나타날 수 있는 표현형은 최대 6가지이다.

ⓐ에서 ㉠과 ㉡의 표현형이 모두 Q와 같을 확률은? (단, 돌연변이와 교차는 고려하지 않는다.)

① $\dfrac{1}{16}$ ② $\dfrac{1}{8}$ ③ $\dfrac{3}{16}$ ④ $\dfrac{1}{4}$ ⑤ $\dfrac{3}{8}$

한눈에 정리하는
평가원 기출 경향

Ⅳ. 유전 / **가계도 분석(1)**

주제 \ 학년도	**2025**	**2024~2023**	**2022~2020**

2022~2020

06   2021학년도 6월 15번

다음은 어떤 집안의 유전 형질 (가)~(다)에 대한 자료이다.

○ (가)는 대립유전자 H와 h에 의해, (나)는 대립유전자 R와 r에 의해, (다)는 대립유전자 T와 t에 의해 결정된다. H는 h에 대해, R는 r에 대해, T는 t에 대해 각각 완전 우성이다.
○ (가)~(다)의 유전자 중 2개는 X 염색체에, 나머지 1개는 상염색체에 있다.
○ 가계도는 구성원 ⓐ를 제외한 구성원 1~8에서 (가)~(다) 중 (가)와 (나)의 발현 여부를 나타낸 것이다.

□ 정상 남자
○ 정상 여자
▨ (가) 발현 남자
◑ (나) 발현 여자
▩ (나) 발현 여자

○ 2, 7에서는 (다)가 발현되었고, 4, 5, 8에서는 (다)가 발현되지 않았다.

이에 대한 설명으로 옳은 것만을 〈보기〉에서 있는 대로 고른 것은? (단, 돌연변이와 교차는 고려하지 않는다.) [3점]

〈보기〉
ㄱ. (나)의 유전자는 X 염색체에 있다.
ㄴ. 4의 (가)의 유전자형은 모두 이형 접합성이다.
ㄷ. 8의 동생이 태어날 때, 이 아이에게서 (가)~(다) 중만 발현될 확률은 $\frac{1}{4}$ 이다.

① ㄱ   ② ㄴ   ③ ㄷ   ④ ㄱ, ㄴ   ⑤ ㄴ, ㄷ

07 대표문제   2020학년도 6월 19번

다음은 어떤 집안의 유전 형질 (가)~(다)에 대한 자료이다.

○ (가)는 대립유전자 H와 H*에 의해, (나)는 대립유전자 R와 R*에 의해, (다)는 대립유전자 T와 T*에 의해 결정된다. H는 H*에 대해, R는 R*에 대해, T는 T*에 대해 각각 완전 우성이다.
○ (가)의 유전자와 (나)의 유전자 중 하나만 X 염색체에 있다.
○ (다)의 유전자는 X 염색체에 있고, (다)는 열성 형질이다.
○ 가계도는 구성원 ⓐ를 제외한 나머지 구성원 1~9에서 (가)와 (나)의 발현 여부를 나타낸 것이다.

□ 정상 남자
○ 정상 여자
▨ (가) 발현 남자
◑ (가) 발현 여자
▩ (가), (나) 발현 남자

○ ⓐ를 제외한 나머지 1~9 중 3, 6, 9에서만 (다)가 발현되었다.
○ 체세포 1개당 H의 DNA 상대량은 1과 ⓐ가 서로 같다.

이에 대한 설명으로 옳은 것만을 〈보기〉에서 있는 대로 고른 것은? (단, 돌연변이와 교차는 고려하지 않으며, H와 H* 각각의 1개당 DNA 상대량은 1이다.)

〈보기〉
ㄱ. (가)는 우성 형질이다.
ㄴ. ⓐ에서 (다)가 발현되었다.
ㄷ. 9의 동생이 태어날 때, 이 아이에게서 (가)~(다)가 모두 발현될 확률은 $\frac{1}{4}$ 이다.

① ㄱ   ② ㄴ   ③ ㄷ   ④ ㄱ, ㄴ   ⑤ ㄴ, ㄷ

가계도 분석

13   2023학년도 6월 19번

다음은 어떤 가족의 ABO식 혈액형과 유전 형질 (가), (나)에 대한 자료이다.

○ (가)는 대립유전자 H와 h에 의해, (나)는 대립유전자 T와 t에 의해 결정된다. H는 h에 대해, T는 t에 대해 각각 완전 우성이다.
○ (가)의 유전자와 (나)의 유전자 중 하나는 ABO식 혈액형 유전자와 같은 염색체에 있고, 나머지 하나는 X 염색체에 있다.
○ 표는 구성원의 성별, ABO식 혈액형과 (가), (나)의 발현 여부를 나타낸 것이다.

구성원	성별	혈액형	(가)	(나)
아버지	남	A형	×	×
어머니	여	B형	×	○
자녀 1	남	AB형	○	○
자녀 2	여	B형	○	×
자녀 3	여	A형	×	×

(○: 발현됨, ×: 발현 안 됨)

○ 아버지와 어머니 중 한 명의 생식세포 형성 과정에서 대립유전자 ㉠이 대립유전자 ㉡으로 바뀌는 돌연변이가 1회 일어나 ㉡을 갖는 생식세포가 형성되었다. 이 생식세포가 정상 생식세포와 수정되어 자녀 1이 태어났다. ㉠과 ㉡은 (가)와 (나) 중 한 가지 형질을 결정하는 서로 다른 대립유전자이다.

이에 대한 설명으로 옳은 것만을 〈보기〉에서 있는 대로 고른 것은? (단, 제시된 돌연변이 이외의 돌연변이와 교차는 고려하지 않는다.)

〈보기〉
ㄱ. (나)는 열성 형질이다.
ㄴ. ㉠은 H이다.
ㄷ. 자녀 3의 동생이 태어날 때, 이 아이의 혈액형이 O형이면서 (가)와 (나)가 모두 발현되지 않을 확률은 $\frac{1}{8}$ 이다.

① ㄱ   ② ㄴ   ③ ㄷ   ④ ㄱ, ㄴ   ⑤ ㄴ, ㄷ

03   2021학년도 9월 19번

다음은 어떤 집안의 유전 형질 (가)와 (나)에 대한 자료이다.

○ (가)는 대립유전자 H와 h에 의해, (나)는 대립유전자 R와 r에 의해 결정된다. H는 h에 대해, R는 r에 대해 각각 완전 우성이다.
○ (가)와 (나)의 유전자는 모두 X 염색체에 있다.
○ 가계도는 구성원 ⓐ와 ⓑ를 제외한 구성원 1~9에서 (가)와 (나)의 발현 여부를 나타낸 것이다.

□ 정상 남자
○ 정상 여자
▨ (가) 발현 남자
◑ (나) 발현 여자
▩ (가), (나) 발현 남자

○ ⓐ와 ⓑ 중 한 사람은 (가)와 (나)가 모두 발현되었고, 나머지 한 사람은 (가)와 (나)가 모두 발현되지 않았다.

이에 대한 설명으로 옳은 것만을 〈보기〉에서 있는 대로 고른 것은? (단, 돌연변이와 교차는 고려하지 않는다.) [3점]

〈보기〉
ㄱ. ⓐ에서 (가)가 발현되었다.
ㄴ. 2의 (가)의 유전자형은 이형 접합성이다.
ㄷ. 8의 동생이 태어날 때, 이 아이에게서 나타날 수 있는 표현형은 최대 4가지이다.

① ㄱ   ② ㄴ   ③ ㄱ, ㄷ   ④ ㄴ, ㄷ   ⑤ ㄱ, ㄴ, ㄷ

01

다음은 어떤 집안의 유전 형질 (가)와 (나)에 대한 자료이다.

○ (가)는 대립유전자 H와 h에 의해 결정되며, H는 h에 대해 완전 우성이다.

○ (나)는 대립유전자 T와 t에 의해 결정되며, 유전자형이 다르면 표현형이 다르다. (나)의 표현형은 3가지이고, ㉠, ㉡, ㉢이다.

○ (가)와 (나)의 유전자는 같은 상염색체에 있다.

○ 그림은 구성원 1~9의 가계도를, 표는 1~9를 (가)와 (나)의 표현형에 따라 분류한 것이다. @~@는 2, 3, 4, 7을 순서없이 나타낸 것이다.

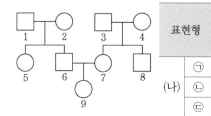

표현형	(가)	
	발현됨	발현 안 됨
(나) ㉠	6, @	8, ⓑ
(나) ㉡	1, ⓒ	5
(나) ㉢	ⓓ	9

○ 3과 6은 각각 h와 T를 모두 갖는 생식세포를 형성할 수 있다.

이에 대한 설명으로 옳은 것만을 〈보기〉에서 있는 대로 고른 것은? (단, 돌연변이와 교차는 고려하지 않는다.) [3점]

〈 보기 〉

ㄱ. @는 7이다.

ㄴ. (나)의 표현형이 ㉠인 사람의 유전자형은 TT이다.

ㄷ. 9의 동생이 태어날 때, 이 아이의 (가)와 (나)의 표현형이 모두 3과 같을 확률은 $\frac{1}{4}$이다.

① ㄱ　　② ㄴ　　③ ㄷ　　④ ㄱ, ㄴ　　⑤ ㄱ, ㄷ

02

다음은 어떤 집안의 유전 형질 (가)와 (나)에 대한 자료이다.

○ (가)는 대립유전자 H와 h에 의해, (나)는 대립유전자 T와 t에 의해 결정된다. H는 h에 대해, T는 t에 대해 각각 완전 우성이다.

○ (가)와 (나) 중 하나는 우성 형질이고, 다른 하나는 열성 형질이다.

○ (가)의 유전자와 (나)의 유전자 중 하나는 상염색체에 있고, 다른 하나는 X 염색체에 있다.

○ 가계도는 구성원 1~8에게서 (가)와 (나)의 발현 여부를 나타낸 것이다.

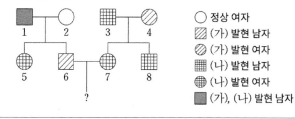

○ 정상 여자
▨ (가) 발현 남자
◪ (가) 발현 여자
▦ (나) 발현 남자
⊕ (나) 발현 여자
■ (가), (나) 발현 남자

이에 대한 옳은 설명만을 〈보기〉에서 있는 대로 고른 것은? (단, 돌연변이는 고려하지 않는다.) [3점]

〈 보기 〉

ㄱ. (가)는 우성 형질이다.

ㄴ. (나)의 유전자는 상염색체에 있다.

ㄷ. 6과 7 사이에서 아이가 태어날 때, 이 아이에게서 (가)와 (나)가 모두 발현될 확률은 $\frac{1}{2}$이다.

① ㄱ　　② ㄴ　　③ ㄱ, ㄷ　　④ ㄴ, ㄷ　　⑤ ㄱ, ㄴ, ㄷ

03

다음은 어떤 집안의 유전 형질 (가)와 (나)에 대한 자료이다.

○ (가)는 대립유전자 H와 h에 의해, (나)는 대립유전자 R와 r에 의해 결정된다. H는 h에 대해, R는 r에 대해 각각 완전 우성이다.
○ (가)와 (나)의 유전자는 모두 X 염색체에 있다.
○ 가계도는 구성원 ⓐ와 ⓑ를 제외한 구성원 1~9에게서 (가)와 (나)의 발현 여부를 나타낸 것이다.

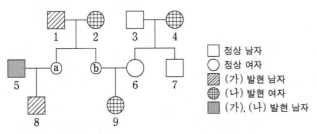

□ 정상 남자
○ 정상 여자
▨ (가) 발현 남자
▦ (나) 발현 여자
■ (가), (나) 발현 남자

○ ⓐ와 ⓑ 중 한 사람은 (가)와 (나)가 모두 발현되었고, 나머지 한 사람은 (가)와 (나)가 모두 발현되지 않았다.

이에 대한 설명으로 옳은 것만을 <보기>에서 있는 대로 고른 것은? (단, 돌연변이와 교차는 고려하지 않는다.) [3점]

─────< 보기 >─────
ㄱ. ⓐ에게서 (가)와 (나)가 모두 발현되었다.
ㄴ. 2의 (가)에 대한 유전자형은 이형 접합성이다.
ㄷ. 8의 동생이 태어날 때, 이 아이에게서 나타날 수 있는 표현형은 최대 4가지이다.

① ㄱ   ② ㄴ   ③ ㄱ, ㄷ   ④ ㄴ, ㄷ   ⑤ ㄱ, ㄴ, ㄷ

04

다음은 어떤 집안의 유전 형질 (가)와 (나)에 대한 자료이다.

○ (가)는 대립유전자 A와 a에 의해, (나)는 대립유전자 B와 b에 의해 결정된다. A는 a에 대해, B는 b에 대해 각각 완전 우성이다.
○ (가)와 (나)의 유전자 중 하나는 상염색체에, 나머지 하나는 X 염색체에 있다.
○ 가계도는 구성원 ㉠을 제외한 구성원 1~8에게서 (가)와 (나)의 발현 여부를 나타낸 것이다.

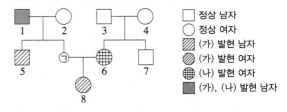

□ 정상 남자
○ 정상 여자
▨ (가) 발현 남자
▨ (가) 발현 여자
▦ (나) 발현 여자
■ (가), (나) 발현 남자

이에 대한 옳은 설명만을 <보기>에서 있는 대로 고른 것은? (단, 돌연변이는 고려하지 않는다.) [3점]

─────< 보기 >─────
ㄱ. (나)의 유전자는 상염색체에 있다.
ㄴ. ㉠에게서 (가)가 발현되었다.
ㄷ. 8의 동생이 태어날 때, 이 아이에게서 (가)와 (나)가 모두 발현될 확률은 $\frac{1}{4}$이다.

① ㄱ   ② ㄷ   ③ ㄱ, ㄴ   ④ ㄴ, ㄷ   ⑤ ㄱ, ㄴ, ㄷ

다음은 어떤 집안의 유전 형질 (가)와 (나)에 대한 자료이다.

○ (가)는 대립유전자 R와 r에 의해, (나)는 대립유전자 T와 t에
의해 결정된다. R는 r에 대해, T는 t에 대해 각각 완전 우성
이다.

○ (가)의 유전자와 (나)의 유전자는 모두 X 염색체에 있다.

○ 가계도는 구성원 ⓐ와 ⓑ를 제외한 구성원 1~7에게서 (가)
와 (나)의 발현 여부를 나타낸 것이다.

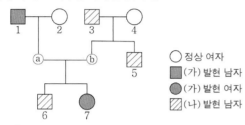

○ 정상 여자
■ (가) 발현 남자
● (가) 발현 여자
▨ (나) 발현 남자

○ 2와 7의 (가)의 유전자형은 모두 동형 접합성이다.

이에 대한 설명으로 옳은 것만을 〈보기〉에서 있는 대로 고른 것은? (단,
돌연변이와 교차는 고려하지 않는다.) [3점]

─〈 보기 〉─
ㄱ. (가)는 우성 형질이다.
ㄴ. ⓐ는 여자이다.
ㄷ. ⓑ에게서 (가)와 (나) 중 (가)만 발현되었다.

① ㄱ   ② ㄴ   ③ ㄷ   ④ ㄱ, ㄴ   ⑤ ㄴ, ㄷ

다음은 어떤 집안의 유전 형질 (가)~(다)에 대한 자료이다.

○ (가)는 대립유전자 H와 h에 의해, (나)는 대립유전자 R와 r
에 의해, (다)는 대립유전자 T와 t에 의해 결정된다. H는 h
에 대해, R는 r에 대해, T는 t에 대해 각각 완전 우성이다.

○ (가)~(다)의 유전자 중 2개는 X 염색체에, 나머지 1개는 상
염색체에 있다.

○ 가계도는 구성원 ⓐ를 제외한 구성원 1~8에게서 (가)~(다)
중 (가)와 (나)의 발현 여부를 나타낸 것이다.

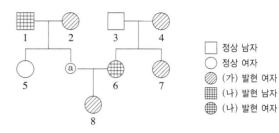

□ 정상 남자
○ 정상 여자
▨ (가) 발현 여자
▦ (나) 발현 남자
⊞ (나) 발현 여자

○ 2, 7에서는 (다)가 발현되었고, 4, 5, 8에서는 (다)가 발현되
지 않았다.

이에 대한 설명으로 옳은 것만을 〈보기〉에서 있는 대로 고른 것은? (단,
돌연변이와 교차는 고려하지 않는다.) [3점]

─〈 보기 〉─
ㄱ. (나)의 유전자는 X 염색체에 있다.
ㄴ. 4의 (가)~(다)의 유전자형은 모두 이형 접합성이다.
ㄷ. 8의 동생이 태어날 때, 이 아이에게서 (가)~(다) 중 (가)만
발현될 확률은 $\frac{1}{4}$이다.

① ㄱ   ② ㄴ   ③ ㄷ   ④ ㄱ, ㄴ   ⑤ ㄴ, ㄷ

다음은 어떤 집안의 유전 형질 (가)~(다)에 대한 자료이다.

○ (가)는 대립유전자 H와 H*에 의해, (나)는 대립유전자 R와 R*에 의해, (다)는 대립유전자 T와 T*에 의해 결정된다. H는 H*에 대해, R는 R*에 대해, T는 T*에 대해 각각 완전 우성이다.

○ (가)의 유전자와 (나)의 유전자 중 하나만 X 염색체에 있다.

○ (다)의 유전자는 X 염색체에 있고, (다)는 열성 형질이다.

○ 가계도는 구성원 @를 제외한 나머지 구성원 1~9에게서 (가)와 (나)의 발현 여부를 나타낸 것이다.

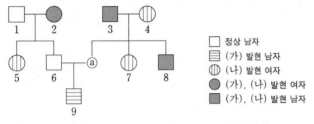

□ 정상 남자
▤ (가) 발현 남자
◫ (나) 발현 여자
● (가), (나) 발현 여자
▨ (가), (나) 발현 남자

○ @를 제외한 나머지 1~9 중 3, 6, 9에서만 (다)가 발현되었다.

○ 체세포 1개당 H의 DNA 상대량은 1과 @가 서로 같다.

이에 대한 설명으로 옳은 것만을 〈보기〉에서 있는 대로 고른 것은? (단, 돌연변이와 교차는 고려하지 않으며, H와 H* 각각의 1개당 DNA 상대량은 1이다.)

─〈 보기 〉─
ㄱ. (가)는 우성 형질이다.
ㄴ. @에서 (다)가 발현되었다.
ㄷ. 9의 동생이 태어날 때, 이 아이에게서 (가)~(다)가 모두 발현될 확률은 $\frac{1}{4}$이다.

① ㄱ   ② ㄴ   ③ ㄷ   ④ ㄱ, ㄴ   ⑤ ㄴ, ㄷ

다음은 어떤 집안의 유전 형질 (가)~(다)에 대한 자료이다.

○ (가)는 대립유전자 H와 H*에 의해, (나)는 대립유전자 R와 R*에 의해, (다)는 대립유전자 T와 T*에 의해 결정된다. H는 H*에 대해, R는 R*에 대해, T는 T*에 대해 각각 완전 우성이다.

○ (가)~(다)의 유전자는 모두 서로 다른 염색체에 있고, (가)와 (나) 중 한 형질을 결정하는 유전자는 X 염색체에 존재한다.

○ 가계도는 (가)~(다) 중 (가)의 발현 여부를 나타낸 것이다.

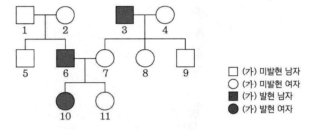

□ (가) 미발현 남자
○ (가) 미발현 여자
■ (가) 발현 남자
● (가) 발현 여자

○ 구성원 1~11 중 (가)만 발현된 사람은 6이고, (나)만 발현된 사람은 5, 8, 9이고, (다)만 발현된 사람은 7이다.

○ 1과 11에서만 (나)와 (다)가 모두 발현되었다.

○ 4와 10은 (나)에 대한 유전자형이 서로 다르며 두 사람에서 모두 (나)가 발현되지 않았다.

○ 2와 3은 (다)에 대한 유전자형이 서로 다르며 각각 T와 T* 중 한 종류만 갖는다.

이에 대한 설명으로 옳은 것만을 〈보기〉에서 있는 대로 고른 것은? (단, 돌연변이는 고려하지 않는다.) [3점]

─〈 보기 〉─
ㄱ. (가)를 결정하는 유전자는 X 염색체에 있다.
ㄴ. 1~11 중 R*와 T*를 모두 갖는 사람은 총 9명이다.
ㄷ. 6과 7 사이에서 남자 아이가 태어날 때, 이 아이에게서 (가)와 (다)만 발현될 확률은 $\frac{3}{8}$이다.

① ㄴ   ② ㄷ   ③ ㄱ, ㄴ   ④ ㄱ, ㄷ   ⑤ ㄱ, ㄴ, ㄷ

09

다음은 어떤 집안의 유전 형질 (가)와 (나)에 대한 자료이다.

○ (가)는 대립유전자 E와 e에 의해 결정되고, E는 e에 대해 완전 우성이다.
○ (나)는 대립유전자 H, R, T에 의해 결정된다. H는 R와 T에 대해 각각 완전 우성이고, R는 T에 대해 완전 우성이다.
○ (나)의 표현형은 3가지이고, ㉠, ㉡, ㉢이다.
○ (가)와 (나)의 유전자는 모두 X 염색체에 있다.
○ 가계도는 구성원 ⓐ와 ⓑ를 제외한 구성원 1~11에게서 (가)의 발현 여부를 나타낸 것이다.

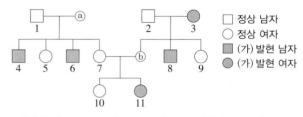

○ 1의 (나)의 표현형은 ㉠이고, 2와 11의 (나)의 표현형은 ㉡이며, 3의 (나)의 표현형은 ㉢이다.
○ 4, 6, 10의 (나)의 표현형은 모두 다르고, ⓑ, 8, 9의 (나)의 표현형도 모두 다르다.
○ 9의 (나)의 유전자형은 RT이다.

이에 대한 옳은 설명만을 〈보기〉에서 있는 대로 고른 것은? (단, 돌연변이와 교차는 고려하지 않는다.) [3점]

〈 보기 〉
ㄱ. (가)는 열성 형질이다.
ㄴ. ⓐ와 8의 (나)의 표현형은 다르다.
ㄷ. 이 집안에서 E와 T를 모두 갖는 구성원은 4명이다.

① ㄱ   ② ㄴ   ③ ㄱ, ㄷ   ④ ㄴ, ㄷ   ⑤ ㄱ, ㄴ, ㄷ

10

다음은 어떤 집안의 유전 형질 (가)와 ABO식 혈액형에 대한 자료이다.

○ (가)는 대립유전자 T와 t에 의해 결정되며, T는 t에 대해 완전 우성이다.
○ 가계도는 구성원 1~10에게서 (가)의 발현 여부를 나타낸 것이다.

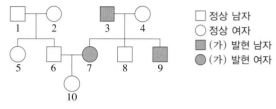

○ 7, 8, 9 각각의 체세포 1개당 t의 DNA 상대량을 더한 값은 4의 체세포 1개당 t의 DNA 상대량의 3배이다.
○ 1, 2, 5, 6의 혈액형은 서로 다르며, 1의 혈액과 항 A 혈청을 섞으면 응집 반응이 일어난다.
○ 1과 10의 혈액형은 같으며, 6과 7의 혈액형은 같다.

이에 대한 옳은 설명만을 〈보기〉에서 있는 대로 고른 것은? (단, 돌연변이와 교차는 고려하지 않는다.) [3점]

〈 보기 〉
ㄱ. (가)는 우성 형질이다.
ㄴ. 2의 ABO식 혈액형에 대한 유전자형은 이형 접합성이다.
ㄷ. 10의 동생이 태어날 때, 이 아이에게서 (가)가 발현되고 이 아이의 ABO식 혈액형이 10과 같을 확률은 $\frac{1}{4}$이다.

① ㄱ   ② ㄴ   ③ ㄷ   ④ ㄱ, ㄴ   ⑤ ㄴ, ㄷ

다음은 어떤 집안의 유전 형질 (가), (나), ABO식 혈액형에 대한 자료이다.

○ (가)는 대립유전자 G와 g에 의해, (나)는 대립유전자 H와 h에 의해 결정된다. G는 g에 대해, H는 h에 대해 각각 완전 우성이다.

○ (가), (나), ABO식 혈액형의 유전자 중 2개는 9번 염색체에, 나머지 1개는 X 염색체에 있다.

○ 가계도는 구성원 ⓐ를 제외한 구성원 1~9에게서 (가)와 (나)의 발현 여부를 나타낸 것이다.

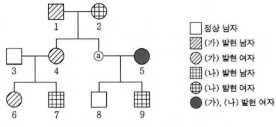

□ 정상 남자
▨ (가) 발현 남자
▧ (가) 발현 여자
▦ (나) 발현 남자
⊕ (나) 발현 여자
● (가), (나) 발현 여자

○ ⓐ, 5, 8, 9의 혈액형은 각각 서로 다르다.

○ 1, 5, 6은 모두 A형이고, 3과 7의 혈액형은 8과 같다.

이에 대한 설명으로 옳은 것만을 〈보기〉에서 있는 대로 고른 것은? (단, 돌연변이와 교차는 고려하지 않는다.) [3점]

─〈 보기 〉─
ㄱ. (가)의 유전자는 X 염색체에 있다.
ㄴ. ⓐ는 1과 (나)의 유전자형이 같다.
ㄷ. 7의 동생이 태어날 때, 이 아이의 (가), (나), ABO식 혈액형의 표현형이 모두 4와 같을 확률은 $\frac{1}{4}$이다.

① ㄱ   ② ㄴ   ③ ㄷ   ④ ㄱ, ㄴ   ⑤ ㄱ, ㄷ

12

다음은 어떤 가족의 ABO식 혈액형과 적록 색맹에 대한 자료이다.

○ 표는 구성원의 성별과 각각의 혈청을 자녀 1의 적혈구와 혼합했을 때 응집 여부를 나타낸 것이다. ⓐ와 ⓑ는 각각 '응집 됨'과 '응집 안 됨' 중 하나이다.

구성원	성별	응집 여부
아버지	남	ⓐ
어머니	여	ⓐ
자녀 1	남	응집 안 됨
자녀 2	여	ⓑ
자녀 3	여	ⓑ

○ 아버지, 어머니, 자녀 2, 자녀 3의 ABO식 혈액형은 서로 다르고, 자녀 1의 ABO식 혈액형은 A형이다.

○ 구성원의 핵형은 모두 정상이다.

○ 구성원 중 자녀 2만 적록 색맹이 나타난다.

○ 자녀 2는 정자 Ⅰ과 난자 Ⅱ가 수정되어 태어났고, 자녀 3은 정자 Ⅲ과 난자 Ⅳ가 수정되어 태어났다. Ⅰ~Ⅳ가 형성될 때 각각 염색체 비분리가 1회 일어났다.

○ 세포 1개당 염색체 수는 Ⅰ과 Ⅲ이 같다.

이에 대한 옳은 설명만을 〈보기〉에서 있는 대로 고른 것은? (단, ABO식 혈액형 이외의 혈액형은 고려하지 않으며, 제시된 돌연변이 이외의 돌연변이는 고려하지 않는다.) [3점]

─〈 보기 〉─
ㄱ. 세포 1개당 X 염색체 수는 Ⅲ이 Ⅰ보다 크다.
ㄴ. 아버지의 ABO식 혈액형은 A형이다.
ㄷ. Ⅳ가 형성될 때 염색체 비분리는 감수 2분열에서 일어났다.

① ㄱ   ② ㄴ   ③ ㄱ, ㄷ   ④ ㄴ, ㄷ   ⑤ ㄱ, ㄴ, ㄷ

13

다음은 어떤 가족의 ABO식 혈액형과 유전 형질 (가), (나)에 대한 자료이다.

○ (가)는 대립유전자 H와 h에 의해, (나)는 대립유전자 T와 t에 의해 결정된다. H는 h에 대해, T는 t에 대해 각각 완전 우성이다.

○ (가)의 유전자와 (나)의 유전자 중 하나는 ABO식 혈액형 유전자와 같은 염색체에 있고, 나머지 하나는 X 염색체에 있다.

○ 표는 구성원의 성별, ABO식 혈액형과 (가), (나)의 발현 여부를 나타낸 것이다.

구성원	성별	혈액형	(가)	(나)
아버지	남	A형	×	×
어머니	여	B형	×	○
자녀 1	남	AB형	○	×
자녀 2	여	B형	○	×
자녀 3	여	A형	×	○

(○: 발현됨, ×: 발현 안 됨)

○ 아버지와 어머니 중 한 명의 생식세포 형성 과정에서 대립유전자 ㉠이 대립유전자 ㉡으로 바뀌는 돌연변이가 1회 일어나 ㉡을 갖는 생식세포가 형성되었다. 이 생식세포가 정상 생식세포와 수정되어 자녀 1이 태어났다. ㉠과 ㉡은 (가)와 (나) 중 한 가지 형질을 결정하는 서로 다른 대립유전자이다.

이에 대한 설명으로 옳은 것만을 〈보기〉에서 있는 대로 고른 것은? (단, 제시된 돌연변이 이외의 돌연변이와 교차는 고려하지 않는다.)

〈 보기 〉

ㄱ. (나)는 열성 형질이다.

ㄴ. ㉠은 H이다.

ㄷ. 자녀 3의 동생이 태어날 때, 이 아이의 혈액형이 O형이면서 (가)와 (나)가 모두 발현되지 않을 확률은 $\frac{1}{8}$이다.

① ㄱ   ② ㄴ   ③ ㄷ   ④ ㄱ, ㄴ   ⑤ ㄴ, ㄷ

주제 \ 학년도	2025	2024	2023

---

27 (2025학년도 수능 19번)

다음은 어떤 집안의 유전 형질 (가)와 (나)에 대한 자료이다.

○ (가)의 유전자와 (나)의 유전자는 같은 염색체에 있다.
○ (가)는 대립유전자 A와 a에 의해, (나)는 대립유전자 B와 b에 의해 결정된다. A는 a에 대해, B는 b에 대해 각각 완전 우성이다.
○ 가계도는 구성원 ⓐ~ⓒ를 제외한 구성원 1~6에게서 (가)와 (나)의 발현 여부를 나타낸 것이다. ⓐ는 남자이다.

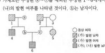

□ 정상 남자
○ 정상 여자
▨ (가) 발현 남자
▩ (나) 발현 여자
▦ (가), (나) 발현 남자

○ 표는 구성원 ⓐ, 2, 4, 5에서 체세포 1개당 a와 B의 DNA 상대량을 나타낸 것이다. ⑤~ⓒ은 0, 1, 2를 순서 없이 나타낸 것이다.

구성원	ⓐ	2	4	5
DNA 상대량	a	?	ⓒ	?
	B	⑤	?	ⓒ

○ ⓐ~ⓒ 중 한 사람은 (가)와 (나) 중 (가)만 발현되었고, 다른 한 사람은 (가)와 (나) 중 (나)만 발현되었으며, 나머지 한 사람은 (가)와 (나)가 모두 발현되었다.

이에 대한 설명으로 옳은 것만을 〈보기〉에서 있는 대로 고른 것은? (단, 돌연변이와 교차는 고려하지 않으며, A, a, B, b 각각의 1개당 DNA 상대량은 1이다.) [3점]

〈보기〉
ㄱ. (가)는 우성 형질이다.
ㄴ. 이 가계도 구성원 중 체세포 1개당 b의 DNA 상대량이 ⑤인 사람은 4명이다.
ㄷ. 6의 동생이 태어날 때, 이 아이에게서 (가)와 (나)가 모두 발현될 확률은 $\frac{1}{4}$이다.

① ㄱ ② ㄴ ③ ㄷ ④ ㄱ, ㄴ ⑤ ㄱ, ㄷ

---

25 (2025학년도 9월 모평 17번)

다음은 어떤 집안의 유전 형질 (가)~(다)에 대한 자료이다.

○ (가)의 유전자는 9번 염색체에 있고, (나)와 (다)의 유전자 중 하나는 X 염색체에, 나머지 하나는 9번 염색체에 있다.
○ (가)는 대립유전자 H와 h에 의해, (나)는 대립유전자 R와 r에 의해, (다)는 대립유전자 T와 t에 의해 결정된다. H는 h에 대해, R는 r에 대해, T는 t에 대해 각각 완전 우성이다.
○ 가계도는 구성원 1~8에게서 (가)와 (나)의 발현 여부를 나타낸 것이다. ⓑ는 남자이다.

□ 정상 남자
○ 정상 여자
▨ (가) 발현 남자
▩ (나) 발현 여자
▦ (가), (나) 발현 남자

○ 표는 구성원 2, 3, 5, 7, 8에서 체세포 1개당 H와 r의 DNA 상대량을 더한 값(H+r)과 체세포 1개당 R와 t의 DNA 상대량을 더한 값(R+t)을 나타낸 것이다.

구성원	2	3	5	7	8
DNA 상대량을 더한 값	H+r	1	0	1	1	1
	R+t	3	2	2	2	2

○ 2와 5에서 (다)가 발현되었고, 4와 6의 (다)의 유전자형은 서로 같다.

이에 대한 설명으로 옳은 것은? 〈보기〉에서 있는 대로 고른 것은? (단, 돌연변이와 교차는 고려하지 않으며, H, h, R, r, T, t 각각의 1개당 DNA 상대량은 1이다.) [3점]

〈보기〉
ㄱ. (다)의 유전자는 X 염색체에 있다.
ㄴ. 4의 (가)~(다)의 유전자형은 모두 이형 접합성이다.
ㄷ. 6과 7 사이에서 아이가 태어날 때, 이 아이의 (가)~(다)의 표현형이 모두 6과 같을 확률은 $\frac{3}{16}$이다.

① ㄱ ② ㄴ ③ ㄷ ④ ㄱ, ㄴ ⑤ ㄴ, ㄷ

---

15 (2025학년도 6월 모평 19번)

다음은 어떤 집안의 유전 형질 (가)와 (나)에 대한 자료이다.

○ (가)의 유전자와 (나)의 유전자 중 하나는 X 염색체에 있다.
○ (가)는 대립유전자 A와 a에 의해, (나)는 대립유전자 B와 b에 의해 결정된다. A는 a에 대해, B는 b에 대해 각각 완전 우성이다.
○ 가계도는 구성원 ⓐ를 제외한 구성원 1~6에게서 (가)와 (나)의 발현 여부를 나타낸 것이다.

□ 정상 남자
▨ (가) 발현 남자
▩ (나) 발현 여자
▦ (가), (나) 발현 남자

○ 표는 구성원 3, 4, 6에서 체세포 1개당 a, B, b의 DNA 상대량을 나타낸 것이다. ⑤~ⓒ은 0, 1, 2를 순서 없이 나타낸 것이다.

구성원		3	4	ⓐ	6
DNA 상대량	a	?	?	ⓐ	?
	B	?	⑤	?	?
	b	?	?	ⓒ	?

이에 대한 설명으로 옳은 것만을 〈보기〉에서 있는 대로 고른 것은? (단, 돌연변이와 교차는 고려하지 않으며, A, a, B, b 각각의 1개당 DNA 상대량은 1이다.) [3점]

〈보기〉
ㄱ. (가)의 유전자는 X 염색체에 있다.
ㄴ. 이 가계도 구성원 중 체세포 1개당 a의 DNA 상대량이 ⑤인 사람은 3명이다.
ㄷ. 6의 동생이 태어날 때, 이 아이에게서 (가)와 (나) 중 (나)만 발현될 확률은 $\frac{1}{8}$이다.

① ㄱ ② ㄴ ③ ㄱ, ㄷ ④ ㄴ, ㄷ ⑤ ㄱ, ㄴ, ㄷ

---

23 (2024학년도 수능 19번)

다음은 어떤 집안의 유전 형질 (가)와 (나)에 대한 자료이다.

○ (가)의 유전자와 (나)의 유전자는 같은 염색체에 있다.
○ (가)는 대립유전자 H와 h에 의해, (나)는 대립유전자 T와 t에 의해 결정된다. H는 h에 대해, T는 t에 대해 각각 완전 우성이다.
○ 가계도는 구성원 ⓐ를 제외한 구성원 1~6에게서 (가)와 (나)의 발현 여부를 나타낸 것이다. ⓐ는 남자이다.

□ 정상 남자
○ 정상 여자
▨ (가) 발현 남자
▩ (나) 발현 여자
▦ (가), (나) 발현 남자

○ ⓐ~ⓒ 중 (가)가 발현된 사람은 1명이다.
○ 표는 구성원 ⓐ에서 체세포 1개당 H의 DNA 상대량과 체세포 1개당 t의 DNA 상대량을 더한 값을 나타낸 것이다. ⑤~ⓒ은 0, 1, 2를 순서 없이 나타낸 것이다.

구성원	ⓐ	ⓑ	ⓒ
H의 DNA 상대량			
h의 DNA 상대량			

○ ⓑ와 ⓒ의 (나)의 유전자형은 서로 같다.

이에 대한 설명으로 옳은 것만을 〈보기〉에서 있는 대로 고른 것은? (단, 돌연변이와 교차는 고려하지 않으며, H, h, T, t 각각의 1개당 DNA 상대량은 1이다.) [3점]

〈보기〉
ㄱ. (가)는 열성 형질이다.
ㄴ. ⓑ에서 (나)가 발현된 사람은 2명이다.
ㄷ. 6의 동생이 태어날 때, 이 아이에게서 (가)와 (나)가 모두 발현될 확률은 $\frac{1}{4}$이다.

① ㄱ ② ㄴ ③ ㄱ, ㄷ ④ ㄴ, ㄷ ⑤ ㄱ, ㄴ, ㄷ

---

19 (2024학년도 9월 모평 19번)

다음은 어떤 집안의 유전 형질 (가)와 (나)에 대한 자료이다.

○ (가)는 대립유전자 A와 a에 의해, (나)는 대립유전자 B와 b에 의해 결정된다. A는 a에 대해, B는 b에 대해 각각 완전 우성이다.
○ (가)의 유전자와 (나)의 유전자는 서로 다른 염색체에 있다.
○ 가계도는 구성원 1~7에게서 (가)와 (나)의 발현 여부를, 표는 구성원 1, 3, 6에서 체세포 1개당 ⑤과 B의 DNA 상대량을 더한 값(⑤+B)을 나타낸 것이다. ⑤은 A와 a 중 하나이다.

□ (가) 발현 남자
○ (나) 발현 여자
▨ (가), (나) 발현 남자
▩ (나) 발현 여자

구성원	⑤+B
1	2
3	1
6	2

이에 대한 설명으로 옳은 것만을 〈보기〉에서 있는 대로 고른 것은? (단, 돌연변이와 교차는 고려하지 않으며, A, a, B, b 각각의 1개당 DNA 상대량은 1이다.)

〈보기〉
ㄱ. ⑤은 A이다.
ㄴ. (나)의 유전자는 상염색체에 있다.
ㄷ. 7의 동생이 태어날 때, 이 아이에게서 (가)와 (나)가 모두 발현될 확률은 $\frac{3}{8}$이다.

① ㄱ ② ㄴ ③ ㄱ, ㄷ ④ ㄴ, ㄷ ⑤ ㄱ, ㄴ, ㄷ

---

21 (2024학년도 6월 모평 16번)

다음은 어떤 집안의 유전 형질 (가)와 (나)에 대한 자료이다.

○ (가)는 대립유전자 A와 a에 의해, (나)는 대립유전자 B와 b에 의해 결정된다. A는 a에 대해, B는 b에 대해 각각 완전 우성이다.
○ (가)와 (나)는 모두 우성 형질이고, (가)의 유전자와 (나)의 유전자는 서로 다른 염색체에 있다.
○ 가계도는 구성원 1~8에게서 (가)와 (나)의 발현 여부를 나타낸 것이다.

□ 정상 남자
○ 정상 여자
▨ (가) 발현 남자
▩ (나) 발현 여자
▦ (가), (나) 발현 남자

○ 표는 구성원 1, 2, 5, 8에서 체세포 1개당 a와 B의 DNA 상대량을 나타낸 것이다. ⑤~ⓒ은 0, 1, 2를 순서 없이 나타낸 것이다.

구성원	1	2	5	8
DNA 상대량	a	1	⑤	ⓒ	?

이에 대한 설명으로 옳은 것만을 〈보기〉에서 있는 대로 고른 것은? (단, 돌연변이와 교차는 고려하지 않으며, A, a, B, b 각각의 1개당 DNA 상대량은 1이다.) [3점]

〈보기〉
ㄱ. (가)의 유전자는 X 염색체에 있다.
ㄴ. ⓒ은 2이다.
ㄷ. 6과 7 사이에서 아이가 태어날 때, 이 아이에게서 (가)와 (나) 중 (나)만 발현될 확률은 $\frac{1}{2}$이다.

① ㄱ ② ㄴ ③ ㄱ, ㄷ ④ ㄴ, ㄷ ⑤ ㄱ, ㄴ, ㄷ

---

16 (2023학년도 수능 19번)

다음은 어떤 집안의 유전 형질 (가)와 (나)에 대한 자료이다.

○ (가)의 유전자와 (나)의 유전자는 같은 염색체에 있다.
○ (가)는 대립유전자 A와 a에 의해 결정되며, A는 a에 대해 완전 우성이다.
○ (나)는 대립유전자 E, F, G에 의해 결정되며, E는 F, G에 대해, F는 G에 대해 각각 완전 우성이다. (나)의 표현형은 3가지이다.
○ 가계도는 구성원 ⓐ를 제외한 구성원 1~5에게서 (가)의 발현 여부를 나타낸 것이다.

□ 정상 남자
○ 정상 여자
▨ (가) 발현 남자

○ 표는 구성원 1~5와 ⓐ에서 체세포 1개당 E와 F의 DNA 상대량을 더한 값(E+F)과 체세포 1개당 F와 G의 DNA 상대량을 더한 값(F+G)을 나타낸 것이다. ⑤~ⓒ은 0, 1, 2를 순서 없이 나타낸 것이다.

구성원	1	2	3	ⓐ	4	5
DNA 상대량을 더한 값	E+F	?	1	ⓒ	0	1
	F+G	?	?	1	1	1

이에 대한 설명으로 옳은 것만을 〈보기〉에서 있는 대로 고른 것은? (단, 돌연변이와 교차는 고려하지 않으며, E, F, G 각각의 1개당 DNA 상대량은 1이다.) [3점]

〈보기〉
ㄱ. ⓐ의 (가)의 유전자형은 동형 접합성이다.
ㄴ. 이 가계도 구성원 중 유전자 A와 G를 모두 갖는 사람은 2명이다.
ㄷ. 5의 동생이 태어날 때, 이 아이의 (가)와 (나)의 표현형이 모두 2와 같을 확률은 $\frac{1}{2}$이다.

① ㄱ ② ㄴ ③ ㄱ, ㄷ ④ ㄴ, ㄷ ⑤ ㄱ, ㄴ, ㄷ

---

08 (2023학년도 9월 모평 16번)

다음은 어떤 집안의 유전 형질 (가)와 (나)에 대한 자료이다.

○ (가)의 유전자와 (나)의 유전자 중 하나는 X 염색체에 있다.
○ (가)는 대립유전자 H와 h에 의해, (나)는 대립유전자 T와 t에 의해 결정된다. H는 h에 대해, T는 t에 대해 각각 완전 우성이다.
○ 가계도는 구성원 1~6에게서 (가)와 (나)의 발현 여부를 나타낸 것이다.

□ 정상 남자
○ 정상 여자
▨ (가) 발현 남자
▩ (나) 발현 여자
▦ (가), (나) 발현 남자

○ 표는 구성원 Ⅰ~Ⅲ에서 체세포 1개당 H와 ⑤의 DNA 상대량을 나타낸 것이고, ⑤와 ⓒ은 각각 구성원 1, 2, 5 중 하나이며, ⑤~ⓒ은 0, 1, 2를 순서 없이 나타낸 것이다.

구성원	Ⅰ	Ⅱ	Ⅲ
DNA 상대량	H	⑤	ⓒ	?

이에 대한 설명으로 옳은 것만을 〈보기〉에서 있는 대로 고른 것은? (단, 돌연변이와 교차는 고려하지 않으며, H, h, T, t 각각의 1개당 DNA 상대량은 1이다.) [3점]

〈보기〉
ㄱ. (가)는 열성 형질이다.
ㄴ. Ⅱ의 (가)와 (나)의 유전자형은 모두 동형 접합성이다.
ㄷ. 6의 동생이 태어날 때, 이 아이에게서 (가)와 (나)가 모두 발현될 확률은 $\frac{1}{4}$이다.

① ㄱ ② ㄴ ③ ㄱ, ㄷ ④ ㄴ, ㄷ ⑤ ㄱ, ㄴ, ㄷ

2023

22 2023학년도 6월 모평 17번

다음은 어떤 집안의 유전 형질 (가)와 (나)에 대한 자료이다.

- (가)는 대립유전자 E와 e에 의해 결정되며, 유전자형이 다르면 표현형이 다르다. (가)의 3가지 표현형은 각각 ⓐ, ⓑ, ⓒ 이다.
- (나)는 3쌍의 대립유전자 H와 h, R와 r, T와 t에 의해 결정된다. (나)의 표현형은 유전자형에서 대문자로 표시되는 대립유전자의 수에 의해서만 결정되며, 이 대립유전자의 수가 다르면 표현형이 다르다.
- 가계도는 구성원 1~8에게서 발현된 (가)의 표현형을, 표는 구성원 1, 2, 3, 6, 7에게서 체세포 1개당 E, H, R, T의 DNA 상대량을 더한 값(E+H+R+T)을 나타낸 것이다.

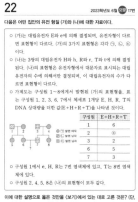

구성원	E+H+R+T
1	6
2	ⓐ
3	2
6	5
7	3

- 구성원 1에서 e, H, R는 7번 염색체에 있고, T는 8번 염색체에 있다.
- 구성원 2, 4, 8은 (나)의 표현형이 모두 같다.

이에 대한 설명으로 옳은 것만을 〈보기〉에서 있는 대로 고른 것은? (단, 돌연변이와 교차는 고려하지 않으며, E, e, H, h, R, r, T, t 각각의 1개당 DNA 상대량은 1이다.) [3점]

〈보기〉
ㄱ. ⓑ는 4이다.
ㄴ. 구성원 4에서 E, h, r, T를 모두 갖는 생식세포가 형성될 수 있다.
ㄷ. 구성원 6과 7 사이에서 아이가 태어날 때, 이 아이에게서 나타날 수 있는 (나)의 표현형은 최대 5가지이다.

① ㄱ ② ㄷ ③ ㄱ, ㄴ ④ ㄴ, ㄷ ⑤ ㄱ, ㄴ, ㄷ

2022 ~ 2020

13 2022학년도 수능 19번

다음은 어떤 집안의 유전 형질 (가)와 (나)에 대한 자료이다.

- (가)는 대립유전자 H와 h에 의해, (나)는 대립유전자 T와 t에 의해 결정된다. H는 h에 대해, T는 t에 대해 각각 완전 우성이다.
- (나)의 표현형은 4가지이며, (나)의 유전자형이 EG인 사람과 EE인 사람의 표현형은 같고, 유전자형이 FG인 사람과 FF인 사람의 표현형은 같다.
- 가계도는 구성원 ⓐ를 제외한 구성원 1~7에서 (가)와 (나)의 발현 여부를 나타낸 것이다.

□ 정상 남자
○ 정상 여자
▨ (가) 발현 남자
▧ (가) 발현 여자
◩ (나) 발현 남자
◪ (나) 발현 여자

- 표는 구성원 1, 3, 6에서 체세포 1개당 ⊙과 ⓒ의 DNA 상대량을 나타낸 것이다. ⊙은 H와 h 중 하나이고, ⓒ은 T와 t 중 하나이다.

구성원	1	3	6	ⓐ
⊙과 ⓒ의 DNA 상대량을 더한 값	1	0	3	1

이에 대한 설명으로 옳은 것만을 〈보기〉에서 있는 대로 고른 것은? (단, 돌연변이와 교차는 고려하지 않으며, H, h, T, t 각각의 1개당 DNA 상대량은 1이다.) [3점]

〈보기〉
ㄱ. (나)의 유전자는 X 염색체에 있다.
ㄴ. 4에서 체세포 1개당 ⓒ의 DNA 상대량은 1이다.
ㄷ. 6과 7 사이에서 아이가 태어날 때, 이 아이에게서 (가)와 (나)가 모두 발현될 확률은 $\frac{1}{2}$이다.

① ㄱ ② ㄴ ③ ㄱ, ㄷ ④ ㄴ, ㄷ ⑤ ㄱ, ㄴ, ㄷ

03 대비 문제 2021학년도 6월 모평 17번

다음은 어떤 집안의 유전 형질 (가)와 (나)에 대한 자료이다.

- (가)는 대립유전자 R와 r에 의해 결정되며, R는 r에 대해 완전 우성이다.
- (나)는 상염색체에 있는 1쌍의 대립유전자에 의해 결정되며, 대립유전자는 E, F, G가 있다.
- (나)의 표현형은 4가지이며, (나)의 유전자형이 EG인 사람과 EE인 사람의 표현형은 같고, 유전자형이 FG인 사람과 FF인 사람의 표현형은 같다.
- 가계도는 구성원 1~9에서 (가)의 발현 여부를 나타낸 것이다.

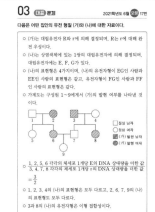

□ 정상 남자
○ 정상 여자
■ (가) 발현 남자
● (가) 발현 여자

- 1, 2, 5, 6 각각의 체세포 1개당 E의 DNA 상대량을 더한 값 / 3, 4, 7, 8 각각의 체세포 1개당 r의 DNA 상대량을 더한 값 = $\frac{3}{2}$
- 1, 2, 3, 4의 (나)의 표현형은 모두 다르고, 2, 6, 7, 9의 (나)의 표현형도 모두 다르다.
- 3과 8의 (나)의 유전자형은 이형 접합성이다.

이에 대한 설명으로 옳은 것만을 〈보기〉에서 있는 대로 고른 것은? (단, 돌연변이와 교차는 고려하지 않으며, E, F, G, R, r 각각의 1개당 DNA 상대량은 1이다.) [3점]

〈보기〉
ㄱ. (가)의 유전자는 상염색체에 있다.
ㄴ. 7의 (나)의 유전자형은 동형 접합성이다.
ㄷ. 9의 동생이 태어날 때, 이 아이의 (가)와 (나)의 표현형이 8과 같을 확률은 $\frac{1}{8}$이다.

① ㄱ ② ㄴ ③ ㄷ ④ ㄱ, ㄴ ⑤ ㄴ, ㄷ

09 대비 문제 2020학년도 수능 17번

다음은 어떤 집안의 유전 형질 (가)와 (나)에 대한 자료이다.

- (가)는 대립유전자 H와 H*에 의해, (나)는 대립유전자 T와 T*에 의해 결정된다. H는 H*에 대해, T는 T*에 대해 각각 완전 우성이다.
- (가)의 유전자와 (나)의 유전자는 X 염색체에 있다.
- 가계도는 구성원 ⓐ를 제외한 구성원 1~8에서 (가)와 (나)의 발현 여부를 나타낸 것이다.

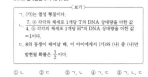

□ 정상 남자
○ 정상 여자
■ (가) 발현 남자
● (가) 발현 여자
◧ (나) 발현 남자
◨ (가), (나) 발현 여자(ⓐ)

- 표는 구성원 1, 2, 6에서 체세포 1개당 H의 DNA 상대량과 구성원 3, 4, 5에서 체세포 1개당 T*의 DNA 상대량을 나타낸 것이다. ⊙~ⓒ은 0, 1, 2를 순서 없이 나타낸 것이다.

구성원	H의 DNA 상대량	구성원	T*의 DNA 상대량
1	⊙	3	⊙
2	ⓒ	4	ⓒ
6	ⓒ	5	ⓒ

이에 대한 설명으로 옳은 것만을 〈보기〉에서 있는 대로 고른 것은? (단, 돌연변이와 교차는 고려하지 않으며, H, H*, T, T* 각각의 1개당 DNA 상대량은 1이다.) [3점]

〈보기〉
ㄱ. ⊙는 열성 형질이다.
ㄴ. 7, 8 각각의 체세포 1개당 T의 DNA 상대량을 더한 값 = 1이다.
ㄷ. 8의 동생이 태어날 때, 이 아이에게서 (가)와 (나) 중 (나)만 발현될 확률은 $\frac{1}{2}$이다.

① ㄴ ② ㄷ ③ ㄱ, ㄴ ④ ㄱ, ㄷ ⑤ ㄱ, ㄴ, ㄷ

12 2022학년도 9월 모평 17번

다음은 어떤 집안의 유전 형질 (가)와 (나)에 대한 자료이다.

- (가)는 대립유전자 A와 a에 의해, (나)는 대립유전자 B와 b에 의해 결정된다. A는 a에 대해, B는 b에 대해 각각 완전 우성이다.
- 가계도는 구성원 1~8에서 (가)와 (나)의 발현 여부를 나타낸 것이다.

○○○○○○○○
1 2 3 4
○○○○
5 6 7 8

□ 정상 남자
○ 정상 여자
■ (가) 발현 남자
● (가) 발현 여자
◧ (가), (나) 발현 남자
◨ (가), (나) 발현 여자

- 표는 구성원 ⊙~ⓐ에서 체세포 1개당 A와 b의 DNA 상대량을 더한 값을 나타낸 것이다. ⊙~ⓒ은 1, 2, 5를 순서 없이 나타낸 것이고, ⓐ~ⓒ은 3, 4, 8을 순서 없이 나타낸 것이다.

구성원	⊙	ⓒ	ⓒ	ⓐ	ⓑ	ⓒ
A와 b의 DNA 상대량을 더한 값	0	1	2	1	2	3

이에 대한 설명으로 옳은 것만을 〈보기〉에서 있는 대로 고른 것은? (단, 돌연변이와 교차는 고려하지 않으며, A, a, B, b 각각의 1개당 DNA 상대량은 1이다.) [3점]

〈보기〉
ㄱ. (가)의 유전자는 상염색체에 있다.
ㄴ. ⓑ은 B이다.
ㄷ. 6과 7 사이에서 아이가 태어날 때, 이 아이의 (가)와 (나)의 표현형이 모두 ⓐ과 같을 확률은 $\frac{3}{8}$이다.

① ㄱ ② ㄴ ③ ㄱ, ㄷ ④ ㄴ, ㄷ ⑤ ㄱ, ㄴ, ㄷ

10 2022학년도 6월 모평 17번

다음은 어떤 집안의 유전 형질 (가)~(다)에 대한 자료이다.

- (가)는 대립유전자 A와 a에 의해, (나)는 대립유전자 B와 b에 의해, (다)는 대립유전자 D와 d에 의해 결정된다. A는 a에 대해, B는 b에 대해, D는 d에 대해 각각 완전 우성이다.
- (가)~(다)의 유전자 중 2개는 X 염색체에, 나머지 1개는 상염색체에 있다.
- 가계도는 구성원 ⓐ를 제외한 구성원 1~7에서 (가)~(다) 중 (가)와 (나)의 발현 여부를 나타낸 것이다.

○○○○○○
1 2 3 4
○○○
5 6 7

□ 정상 남자
○ 정상 여자
■ (가) 발현 남자
● (가) 발현 여자
◧ (나) 발현 남자
◨ (나) 발현 여자
◩ (가), (나) 발현 남자

- 표는 구성원 ⊙와 1~3에서 체세포 1개당 대립유전자 D의 DNA 상대량을 나타낸 것이다. ⊙~ⓒ은 A, B, d를 순서 없이 나타낸 것이다.

구분		1	2		3
DNA 상대량	⊙	0	1		0
	ⓒ	0	1		1
	ⓒ	1	1		2

- 3, 6, 7 중 (다)가 발현된 사람은 1명이고, 4와 7의 (다)의 표현형은 서로 같다.

이에 대한 설명으로 옳은 것만을 〈보기〉에서 있는 대로 고른 것은? (단, 돌연변이와 교차는 고려하지 않으며, A, a, B, b, D, d 각각의 1개당 DNA 상대량은 1이다.) [3점]

〈보기〉
ㄱ. ⊙은 B이다.
ㄴ. 7의 (가)의 유전자형은 모두 동형 접합성이다.
ㄷ. 5와 6 사이에서 아이가 태어날 때, 이 아이에게서 (가)~(다) 중 한 가지 형질이 발현될 확률은 $\frac{1}{2}$이다.

① ㄱ ② ㄴ ③ ㄷ ④ ㄱ, ㄴ ⑤ ㄴ, ㄷ

07 2020학년도 9월 모평 19번

다음은 어떤 집안의 유전 형질 (가)~(다)에 대한 자료이다.

- (가)는 대립유전자 H와 H*에 의해, (나)는 대립유전자 R와 R*에 의해, (다)는 대립유전자 T와 T*에 의해 결정된다. H는 H*에 대해, R는 R*에 대해, T는 T*에 대해 각각 완전 우성이다.
- (가)의 유전자와 (나)의 유전자는 서로 다른 염색체에 있고, (가)의 유전자와 (다)의 유전자는 같은 염색체에 있다.
- 가계도는 (가)~(다) 중 (가)와 (나)의 발현 여부를 나타낸 것이다.

□ 정상 남자
○ 정상 여자
■ (가) 발현 남자
◧ (나) 발현 남자
◨ (나) 발현 여자
◩ (가), (나) 발현 남자

- 구성원 1~8 중 1, 4, 8에서만 (다)가 발현되었다.
- 표는 구성원 ⊙~ⓒ에서 체세포 1개당 H와 H*의 DNA 상대량을 나타낸 것이다. ⊙~ⓒ은 1, 2, 6을 순서 없이 나타낸 것이다.

구성원		DNA 상대량	?	?	1
	H				
	H*	1	0	1	

- 7, 8 각각의 체세포 1개당 R의 DNA 상대량을 더한 값 / 3, 4 각각의 체세포 1개당 R의 DNA 상대량을 더한 값 = 2 이다.

이에 대한 설명으로 옳은 것만을 〈보기〉에서 있는 대로 고른 것은? (단, 돌연변이와 교차는 고려하지 않으며, H, H*, R, R*, T, T* 각각의 1개당 DNA 상대량은 1이다.) [3점]

〈보기〉
ㄱ. ⓒ은 6이다.
ㄴ. 5는 (다)의 유전자형은 동형 접합성이다.
ㄷ. 6과 7 사이에서 아이가 태어날 때, 이 아이에게서 (가)~(다) 중 (가)만 발현될 확률은 $\frac{1}{4}$이다.

① ㄱ ② ㄴ ③ ㄷ ④ ㄱ, ㄴ ⑤ ㄱ, ㄷ

01
2021학년도 10월 학평 17번

다음은 어떤 집안의 유전 형질 (가)와 (나)에 대한 자료이다.

○ (가)는 대립유전자 A와 a에 의해, (나)는 대립유전자 B와 b에 의해 결정된다. A는 a에 대해, B는 b에 대해 각각 완전 우성이다.

○ 가계도는 구성원 1~10에서 (가)와 (나)의 발현 여부를 나타낸 것이다.

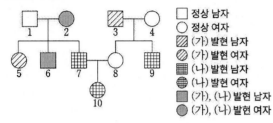

□ 정상 남자
○ 정상 여자
▨ (가) 발현 남자
▧ (가) 발현 여자
▦ (나) 발현 남자
⊕ (나) 발현 여자
■ (가), (나) 발현 남자
● (가), (나) 발현 여자

○ 1, 2, 3, 4 각각의 체세포 1개당 a의 DNA 상대량을 더한 값은 1, 2, 3, 4 각각의 체세포 1개당 b의 DNA 상대량을 더한 값과 같다.

이에 대한 옳은 설명만을 〈보기〉에서 있는 대로 고른 것은? (단, 돌연변이는 고려하지 않으며, a와 b 각각의 1개당 DNA 상대량은 1이다.)

─〈 보기 〉─
ㄱ. (가)는 열성 형질이다.
ㄴ. 4는 (가)와 (나)의 유전자형이 모두 이형 접합성이다.
ㄷ. 10의 동생이 태어날 때, 이 아이가 (가)와 (나)에 대해 모두 정상일 확률은 $\frac{1}{4}$이다.

① ㄱ   ② ㄴ   ③ ㄱ, ㄷ   ④ ㄴ, ㄷ   ⑤ ㄱ, ㄴ, ㄷ

02
2024학년도 3월 학평 17번

다음은 어떤 집안의 유전 형질 (가)에 대한 자료이다.

○ (가)는 상염색체에 있는 1쌍의 대립유전자에 의해 결정되며, 대립유전자에는 D, E, F가 있다. E는 D와 F에 대해 각각 완전 우성이다.

○ (가)의 표현형은 3가지이고, ㉠, ㉡, ㉢이다.

○ 가계도는 구성원 ⓐ와 ⓑ를 제외한 구성원 1~7에서 (가)의 표현형을, 표는 3, 6, 7에서 체세포 1개당 D의 DNA 상대량을 나타낸 것이다.

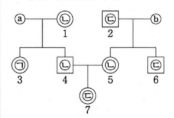

구성원	D의 DNA 상대량
3	2
6	1
7	0

이에 대한 옳은 설명만을 〈보기〉에서 있는 대로 고른 것은? (단, 돌연변이와 교차는 고려하지 않으며, D, E, F 각각의 1개당 DNA 상대량은 1이다.) [3점]

─〈 보기 〉─
ㄱ. D는 F에 대해 완전 우성이다.
ㄴ. ⓑ의 표현형은 ㉡이다.
ㄷ. 7의 동생이 태어날 때, 이 아이가 ⓐ와 표현형이 같을 확률은 $\frac{1}{4}$이다.

① ㄱ   ② ㄴ   ③ ㄱ, ㄷ   ④ ㄴ, ㄷ   ⑤ ㄱ, ㄴ, ㄷ

03 문제

다음은 어떤 집안의 유전 형질 (가)와 (나)에 대한 자료이다.

○ (가)는 대립유전자 R와 r에 의해 결정되며, R는 r에 대해 완전 우성이다.

○ (나)는 상염색체에 있는 1쌍의 대립유전자에 의해 결정되며, 대립유전자에는 E, F, G가 있다.

○ (나)의 표현형은 4가지이며, (나)의 유전자형이 EG인 사람과 EE인 사람의 표현형은 같고, 유전자형이 FG인 사람과 FF인 사람의 표현형은 같다.

○ 가계도는 구성원 1~9에서 (가)의 발현 여부를 나타낸 것이다.

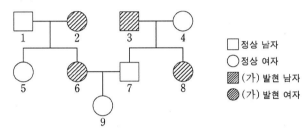

□ 정상 남자
○ 정상 여자
▨ (가) 발현 남자
◪ (가) 발현 여자

○ $\dfrac{1, 2, 5, 6\ \text{각각의 체세포 1개당 E의 DNA 상대량을 더한 값}}{3, 4, 7, 8\ \text{각각의 체세포 1개당 r의 DNA 상대량을 더한 값}}$ $= \dfrac{3}{2}$

○ 1, 2, 3, 4의 (나)의 표현형은 모두 다르고, 2, 6, 7, 9의 (나)의 표현형도 모두 다르다.

○ 3과 8의 (나)의 유전자형은 이형 접합성이다.

이에 대한 설명으로 옳은 것만을 〈보기〉에서 있는 대로 고른 것은? (단, 돌연변이와 교차는 고려하지 않으며, E, F, G, R, r 각각의 1개당 DNA 상대량은 1이다.) [3점]

〈 보기 〉
ㄱ. (가)의 유전자는 상염색체에 있다.
ㄴ. 7의 (나)의 유전자형은 동형 접합성이다.
ㄷ. 9의 동생이 태어날 때, 이 아이의 (가)와 (나)의 표현형이 8과 같을 확률은 $\dfrac{1}{8}$이다.

① ㄱ   ② ㄴ   ③ ㄷ   ④ ㄱ, ㄴ   ⑤ ㄴ, ㄷ

04

다음은 어떤 집안의 유전 형질 (가)~(다)에 대한 자료이다.

○ (가)는 대립유전자 H와 h에 의해, (나)는 대립유전자 R와 r에 의해, (다)는 대립유전자 T와 t에 의해 결정된다. H는 h에 대해, R는 r에 대해, T는 t에 대해 각각 완전 우성이다.

○ (가)~(다) 중 1가지 형질을 결정하는 유전자는 상염색체에, 나머지 2가지 형질을 결정하는 유전자는 성염색체에 존재한다.

○ 가계도는 구성원 1~9에게서 (가)와 (나)의 발현 여부를 나타낸 것이다.

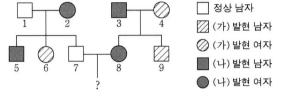

□ 정상 남자
▨ (가) 발현 남자
◪ (가) 발현 여자
■ (나) 발현 남자
● (나) 발현 여자

○ 5~9 중 7, 9에서만 (다)가 발현되었고, 5~9 중 4명만 t를 가진다.

○ $\dfrac{3, 4\ \text{각각의 체세포 1개당 T의 상대량을 더한 값}}{5, 7\ \text{각각의 체세포 1개당 H의 상대량을 더한 값}} = 1$이다.

이에 대한 설명으로 옳은 것만을 〈보기〉에서 있는 대로 고른 것은? (단, 돌연변이와 교차는 고려하지 않으며, H, h, R, r, T, t 각각의 1개당 DNA 상대량은 1이다.) [3점]

〈 보기 〉
ㄱ. (나)와 (다)는 모두 열성 형질이다.
ㄴ. 1과 5에서 (가)의 유전자형은 같다.
ㄷ. 7과 8 사이에서 아이가 태어날 때, 이 아이에게서 (가)~(다) 중 (가)와 (나)만 발현될 확률은 $\dfrac{1}{8}$이다.

① ㄱ   ② ㄴ   ③ ㄷ   ④ ㄱ, ㄴ   ⑤ ㄴ, ㄷ

다음은 어떤 집안의 유전 형질 (가)~(다)에 대한 자료이다.

○ (가)는 대립유전자 H와 h에 의해, (나)는 대립유전자 R와 r
에 의해, (다)는 대립유전자 T와 t에 의해 결정된다. H는 h
에 대해, R는 r에 대해, T는 t에 대해 각각 완전 우성이다.

○ (가)~(다)를 결정하는 유전자 중 2가지는 같은 염색체에 있다.

○ 가계도는 구성원 1~10에서 (가)~(다) 중 (가)와 (나)의 발현
여부를 나타낸 것이다.

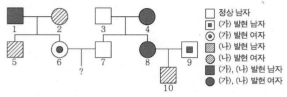

□ 정상 남자
■ (가) 발현 남자
◉ (가) 발현 여자
▨ (나) 발현 남자
▧ (나) 발현 여자
■ (가), (나) 발현 남자
● (가), (나) 발현 여자

○ 구성원 1~10 중 2, 3, 5, 10에서만 (다)가 발현되었다.

○ 표는 구성원 1~10에서 체세포 1개당 H, R, t 개수의 합을
나타낸 것이다.

대립유전자	H	R	t
대립유전자 개수의 합	ⓐ	ⓑ	ⓑ

이에 대한 설명으로 옳은 것만을 〈보기〉에서 있는 대로 고른 것은? (단,
돌연변이와 교차는 고려하지 않는다.) [3점]

─〈 보기 〉─
ㄱ. (가)를 결정하는 유전자는 성염색체에 있다.

ㄴ. 4의 (다)에 대한 유전자형은 이형 접합성이다.

ㄷ. 6과 7 사이에서 아이가 태어날 때, 이 아이에게서 (가)~(다)
중 1가지 형질만 발현될 확률은 $\frac{3}{4}$이다.

① ㄱ   ② ㄴ   ③ ㄷ   ④ ㄱ, ㄴ   ⑤ ㄱ, ㄷ

다음은 어떤 집안의 유전 형질 (가)와 (나)에 대한 자료이다.

○ (가)는 대립유전자 A와 a에 의해 결정되며, A는 a에 대해 완
전 우성이다.

○ (나)는 상염색체에 있는 1쌍의 대립유전자에 의해 결정되며,
대립유전자에는 D, E, F가 있다. D는 E와 F에 대해, E는
F에 대해 각각 완전 우성이다.

○ 가계도는 구성원 ⓐ를 제
외한 구성원 1~5에게서
(가)의 발현 여부를 나타
낸 것이다. ⓐ는 남자이다.

□ 정상 남자
○ 정상 여자
■ (가) 발현 남자
● (가) 발현 여자

○ 1, 2, ⓐ는 (나)의 표현
형이 각각 서로 다르며, 3, 4, 5는 (나)의 표현형이 각각 서로
다르다.

○ 표는 1, ⓐ, 3, 5에서 체세포 1개당 A와 E의 DNA 상대량
을 더한 값을 나타낸 것이다.

구성원	1	ⓐ	3	5
A와 E의 DNA 상대량을 더한 값	1	1	2	2

이에 대한 설명으로 옳은 것만을 〈보기〉에서 있는 대로 고른 것은? (단,
돌연변이와 교차는 고려하지 않으며, A, a, D, E, F 각각의 1개당
DNA 상대량은 1이다.) [3점]

─〈 보기 〉─
ㄱ. ⓐ에게서 (가)가 발현되었다.

ㄴ. 1과 4의 (나)의 유전자형은 같다.

ㄷ. 5의 동생이 태어날 때, 이 아이의 (가)와 (나)의 표현형이 모두
3과 같을 확률은 $\frac{1}{4}$이다.

① ㄱ   ② ㄴ   ③ ㄷ   ④ ㄱ, ㄷ   ⑤ ㄴ, ㄷ

07

다음은 어떤 집안의 유전 형질 (가)~(다)에 대한 자료이다.

○ (가)는 대립유전자 H와 H*에 의해, (나)는 대립유전자 R와 R*에 의해, (다)는 대립유전자 T와 T*에 의해 결정된다. H 는 H*에 대해, R는 R*에 대해, T는 T*에 대해 각각 완전 우성이다.

○ (가)의 유전자와 (나)의 유전자는 서로 다른 염색체에 있고, (가)의 유전자와 (다)의 유전자는 같은 염색체에 있다.

○ 가계도는 (가)~(다) 중 (가)와 (나)의 발현 여부를 나타낸 것 이다.

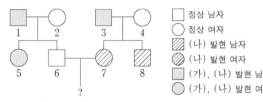

정상 남자
정상 여자
(나) 발현 남자
(나) 발현 여자
(가), (나) 발현 남자
(가), (나) 발현 여자

○ 구성원 1~8 중 1, 4, 8에서만 (다)가 발현되었다.

○ 표는 구성원 ㉠~㉢에서 체세포 1개당 H와 H*의 DNA 상대량을 나타낸 것이다. ㉠~㉢은 1, 2, 6을 순서 없이 나타낸 것이다.

구성원		㉠	㉡	㉢
DNA 상대량	H	?	?	1
	H*	1	0	?

○ $\dfrac{7,\ 8\ \text{각각의 체세포 1개당 R의 DNA 상대량을 더한 값}}{3,\ 4\ \text{각각의 체세포 1개당 R의 DNA 상대량을 더한 값}} = 2$ 이다.

이에 대한 설명으로 옳은 것만을 〈보기〉에서 있는 대로 고른 것은? (단, 돌연변이와 교차는 고려하지 않으며, H, H*, R, R*, T, T* 각각의 1개당 DNA 상대량은 1이다.) [3점]

〈 보기 〉
ㄱ. ㉡은 6이다.
ㄴ. 5에서 (다)의 유전자형은 동형 접합성이다.
ㄷ. 6과 7 사이에서 아이가 태어날 때, 이 아이에게서 (가)~(다) 중 (가)만 발현될 확률은 $\dfrac{1}{4}$이다.

① ㄱ　　② ㄴ　　③ ㄷ　　④ ㄱ, ㄴ　　⑤ ㄱ, ㄷ

08

다음은 어떤 집안의 유전 형질 (가)와 (나)에 대한 자료이다.

○ (가)의 유전자와 (나)의 유전자 중 하나만 X 염색체에 있다.

○ (가)는 대립유전자 H와 h에 의해, (나)는 대립유전자 T와 t 에 의해 결정된다. H는 h에 대해, T는 t에 대해 각각 완전 우성이다.

○ 가계도는 구성원 1~6에서 (가)와 (나)의 발현 여부를 나타 낸 것이다.

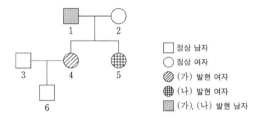

정상 남자
정상 여자
(가) 발현 여자
(나) 발현 여자
(가), (나) 발현 남자

○ 표는 구성원 Ⅰ~Ⅲ에서 체세포 1개당 H와 ㉠의 DNA 상대 량을 나타낸 것이다. Ⅰ~Ⅲ은 각각 구성원 1, 2, 5 중 하나 이고, ㉠은 T와 t 중 하나이며, ⓐ~ⓒ는 0, 1, 2를 순서 없 이 나타낸 것이다.

구성원		Ⅰ	Ⅱ	Ⅲ
DNA 상대량	H	ⓑ	ⓒ	ⓑ
	㉠	ⓒ	ⓒ	ⓐ

이에 대한 설명으로 옳은 것만을 〈보기〉에서 있는 대로 고른 것은? (단, 돌연변이와 교차는 고려하지 않으며, H, h, T, t 각각의 1개당 DNA 상대량은 1이다.) [3점]

〈 보기 〉
ㄱ. (가)는 열성 형질이다.
ㄴ. Ⅲ의 (가)와 (나)의 유전자형은 모두 동형 접합성이다.
ㄷ. 6의 동생이 태어날 때, 이 아이에게서 (가)와 (나)가 모두 발현될 확률은 $\dfrac{1}{4}$이다.

① ㄱ　　② ㄴ　　③ ㄱ, ㄴ　　④ ㄱ, ㄷ　　⑤ ㄴ, ㄷ

다음은 어떤 집안의 유전 형질 (가)와 (나)에 대한 자료이다.

- ○ (가)는 대립유전자 H와 H*에 의해, (나)는 대립유전자 T와 T*에 의해 결정된다. H는 H*에 대해, T는 T*에 대해 각각 완전 우성이다.
- ○ (가)의 유전자와 (나)의 유전자는 X 염색체에 함께 있다.
- ○ 가계도는 구성원 ⓐ와 ⓑ를 제외한 구성원 1~8에서 (가)와 (나)의 발현 여부를 나타낸 것이다.

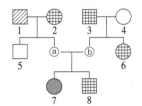

□ 정상 남자
○ 정상 여자
▨ (가) 발현 남자
▦ (나) 발현 남자
▦ (나) 발현 여자
● (가), (나) 발현 여자

- ○ 표는 구성원 1, 2, 6에서 체세포 1개당 H의 DNA 상대량과 구성원 3, 4, 5에서 체세포 1개당 T*의 DNA 상대량을 나타낸 것이다. ㉠~㉢은 0, 1, 2를 순서 없이 나타낸 것이다.

구성원	H의 DNA 상대량	구성원	T*의 DNA 상대량
1	㉠	3	㉠
2	㉡	4	㉢
6	㉢	5	㉡

이에 대한 설명으로 옳은 것만을 〈보기〉에서 있는 대로 고른 것은? (단, 돌연변이와 교차는 고려하지 않으며, H, H*, T, T* 각각의 1개당 DNA 상대량은 1이다.) [3점]

〈 보기 〉
ㄱ. (가)는 열성 형질이다.

ㄴ. $\dfrac{7, ⓐ \text{ 각각의 체세포 1개당 T의 DNA 상대량을 더한 값}}{4, ⓑ \text{ 각각의 체세포 1개당 H*의 DNA 상대량을 더한 값}}$ =1이다.

ㄷ. 8의 동생이 태어날 때, 이 아이에게서 (가)와 (나) 중 (나)만 발현될 확률은 $\dfrac{1}{2}$이다.

① ㄴ   ② ㄷ   ③ ㄱ, ㄴ   ④ ㄱ, ㄷ   ⑤ ㄱ, ㄴ, ㄷ

다음은 어떤 집안의 유전 형질 (가)~(다)에 대한 자료이다.

- ○ (가)는 대립유전자 A와 a에 의해, (나)는 대립유전자 B와 b에 의해, (다)는 대립유전자 D와 d에 의해 결정된다. A는 a에 대해, B는 b에 대해, D는 d에 대해 각각 완전 우성이다.
- ○ (가)~(다)의 유전자 중 2개는 X 염색체에, 나머지 1개는 상염색체에 있다.
- ○ 가계도는 구성원 ⓐ를 제외한 구성원 1~7에서 (가)~(다) 중 (가)와 (나)의 발현 여부를 나타낸 것이다.

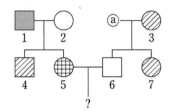

□ 정상 남자
○ 정상 여자
▨ (가) 발현 남자
▨ (가) 발현 여자
▦ (나) 발현 여자
■ (가), (나) 발현 남자

- ○ 표는 ⓐ와 1~3에서 체세포 1개당 대립유전자 ㉠~㉢의 DNA 상대량을 나타낸 것이다. ㉠~㉢은 A, B, d를 순서 없이 나타낸 것이다.

구분		1	2	ⓐ	3
DNA 상대량	㉠	0	1	0	1
	㉡	0	1	1	0
	㉢	1	1	0	2

- ○ 3, 6, 7 중 (다)가 발현된 사람은 1명이고, 4와 7의 (다)의 표현형은 서로 같다.

이에 대한 설명으로 옳은 것만을 〈보기〉에서 있는 대로 고른 것은? (단, 돌연변이와 교차는 고려하지 않으며, A, a, B, b, D, d 각각의 1개당 DNA 상대량은 1이다.) [3점]

〈 보기 〉
ㄱ. ㉠은 B이다.

ㄴ. 7의 (가)~(다)의 유전자형은 모두 이형 접합성이다.

ㄷ. 5와 6 사이에서 아이가 태어날 때, 이 아이에게서 (가)~(다) 중 한 가지 형질만 발현될 확률은 $\dfrac{1}{2}$이다.

① ㄱ   ② ㄴ   ③ ㄷ   ④ ㄱ, ㄷ   ⑤ ㄴ, ㄷ

11

다음은 어떤 집안의 유전 형질 (가)~(다)에 대한 자료이다.

○ (가)는 대립유전자 A와 a에 의해, (나)는 대립유전자 B와 b
에 의해, (다)는 대립유전자 D와 d에 의해 결정된다. A는 a
에 대해, B는 b에 대해, D는 d에 대해 각각 완전 우성이다.

○ (가)~(다)의 유전자 중 2개는 X 염색체에, 나머지 1개는 상
염색체에 있다.

○ 가계도는 구성원 ⓐ와 ⓑ를 제외한 구성원 1~6에서 (가)
~(다)의 발현 여부를 나타낸 것이다.

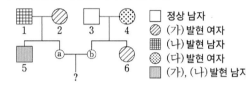

□ 정상 남자
▨ (가) 발현 여자
▦ (나) 발현 남자
▩ (다) 발현 여자
▨ (가), (나) 발현 남자

○ 표는 5, ⓐ, ⓑ, 6에서 체세포 1개당 대립유전자 ㉠~㉢의
DNA 상대량을 나타낸 것이다. ㉠~㉢은 각각 A, B, d 중
하나이다.

구성원		5	ⓐ	ⓑ	6
DNA 상대량	㉠	1	2	0	2
	㉡	0	1	1	0
	㉢	0	1	1	1

이에 대한 옳은 설명만을 〈보기〉에서 있는 대로 고른 것은? (단, 돌연변이와 교차는 고려하지 않으며, A, a, B, b, D, d 각각의 1개당 DNA 상대량은 1이다.) [3점]

〈 보기 〉
ㄱ. (다)는 우성 형질이다.
ㄴ. 3은 ㉡과 ㉢을 모두 갖는다.
ㄷ. ⓐ와 ⓑ 사이에서 아이가 태어날 때, 이 아이에게서 (가)~
(다) 중 (가)만 발현될 확률은 $\frac{1}{16}$이다.

① ㄱ   ② ㄷ   ③ ㄱ, ㄴ   ④ ㄴ, ㄷ   ⑤ ㄱ, ㄴ, ㄷ

12

다음은 어떤 집안의 유전 형질 (가)와 (나)에 대한 자료이다.

○ (가)는 대립유전자 A와 a에 의해, (나)는 대립유전자 B와 b
에 의해 결정된다. A는 a에 대해, B는 b에 대해 각각 완전
우성이다.

○ 가계도는 구성원 1~8에게서 (가)와 (나)의 발현 여부를 나타
낸 것이다.

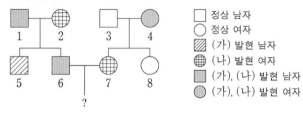

□ 정상 남자
○ 정상 여자
▨ (가) 발현 남자
▦ (나) 발현 여자
▨ (가), (나) 발현 남자
◉ (가), (나) 발현 여자

○ 표는 구성원 ㉠~㉫에서 체세포 1개당 A와 b의 DNA 상대
량을 더한 값을 나타낸 것이다. ㉠~㉢은 1, 2, 5를 순서 없
이 나타낸 것이고, ㉣~㉫은 3, 4, 8을 순서 없이 나타낸 것이
다.

구성원	㉠	㉡	㉢	㉣	㉤	㉫
A와 b의 DNA 상대량을 더한 값	0	1	2	1	2	3

이에 대한 설명으로 옳은 것만을 〈보기〉에서 있는 대로 고른 것은? (단,
돌연변이와 교차는 고려하지 않으며, A, a, B, b 각각의 1개당 DNA
상대량은 1이다.) [3점]

〈 보기 〉
ㄱ. (가)의 유전자는 상염색체에 있다.
ㄴ. 8은 ㉤이다.
ㄷ. 6과 7 사이에서 아이가 태어날 때, 이 아이의 (가)와 (나)의
표현형이 모두 ㉡과 같을 확률은 $\frac{1}{8}$이다.

① ㄱ   ② ㄴ   ③ ㄱ, ㄷ   ④ ㄴ, ㄷ   ⑤ ㄱ, ㄴ, ㄷ

다음은 어떤 집안의 유전 형질 (가)와 (나)에 대한 자료이다.

○ (가)는 대립유전자 H와 h에 의해, (나)는 대립유전자 T와 t에 의해 결정된다. H는 h에 대해, T는 t에 대해 각각 완전 우성이다.

○ 가계도는 구성원 ⓐ를 제외한 구성원 1~7에게서 (가)와 (나)의 발현 여부를 나타낸 것이다.

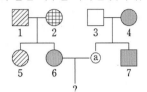

- □ 정상 남자
- ▨ (가) 발현 남자
- ◪ (가) 발현 여자
- ⊕ (나) 발현 여자
- ◼ (가), (나) 발현 남자
- ● (가), (나) 발현 여자

○ 표는 구성원 1, 3, 6, ⓐ에서 체세포 1개당 ㉠과 ㉡의 DNA 상대량을 더한 값을 나타낸 것이다. ㉠은 H와 h 중 하나이고, ㉡은 T와 t 중 하나이다.

구성원	1	3	6	ⓐ
㉠과 ㉡의 DNA 상대량을 더한 값	1	0	3	1

이에 대한 설명으로 옳은 것만을 〈보기〉에서 있는 대로 고른 것은? (단, 돌연변이와 교차는 고려하지 않으며, H, h, T, t 각각의 1개당 DNA 상대량은 1이다.) [3점]

〈 보기 〉
ㄱ. (나)의 유전자는 X 염색체에 있다.
ㄴ. 4에서 체세포 1개당 ㉡의 DNA 상대량은 1이다.
ㄷ. 6과 ⓐ 사이에서 아이가 태어날 때, 이 아이에게서 (가)와 (나)가 모두 발현될 확률은 $\frac{1}{2}$이다.

① ㄱ　② ㄴ　③ ㄱ, ㄷ　④ ㄴ, ㄷ　⑤ ㄱ, ㄴ, ㄷ

다음은 어떤 집안의 유전 형질 (가)와 (나)에 대한 자료이다.

○ (가)는 대립유전자 A와 a에 의해, (나)는 대립유전자 B와 b에 의해 결정된다. A는 a에 대해, B는 b에 대해 각각 완전 우성이다.

○ 가계도는 구성원 1~8에게서 (가)와 (나)의 발현 여부를 나타낸 것이다.

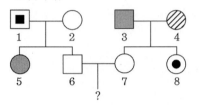

- □ 정상 남자
- ○ 정상 여자
- ◪ (가) 발현 여자
- ◼ (나) 발현 남자
- ● (나) 발현 여자
- ◼ (가), (나) 발현 남자
- ⊙ (가), (나) 발현 여자

○ 표는 구성원 Ⅰ~Ⅲ에서 체세포 1개당 ㉠과 ㉢, ㉡과 ㉣의 DNA 상대량을 각각 더한 값을 나타낸 것이다. Ⅰ~Ⅲ은 3, 6, 8을 순서 없이 나타낸 것이고, ㉠과 ㉡은 A와 a를, ㉢과 ㉣은 B와 b를 각각 순서 없이 나타낸 것이다.

구성원	Ⅰ	Ⅱ	Ⅲ
㉠과 ㉢의 DNA 상대량을 더한 값	3	1	2
㉡과 ㉣의 DNA 상대량을 더한 값	0	3	1

이에 대한 설명으로 옳은 것만을 〈보기〉에서 있는 대로 고른 것은? (단, 돌연변이와 교차는 고려하지 않으며, A, a, B, b 각각의 1개당 DNA 상대량은 1이다.) [3점]

〈 보기 〉
ㄱ. (가)는 우성 형질이다.
ㄴ. 1과 5의 체세포 1개당 b의 DNA 상대량은 같다.
ㄷ. 6과 7 사이에서 아이가 태어날 때, 이 아이에게서 (가)와 (나) 중 한 형질만 발현될 확률은 $\frac{3}{4}$이다.

① ㄱ　② ㄴ　③ ㄱ, ㄷ　④ ㄴ, ㄷ　⑤ ㄱ, ㄴ, ㄷ

15

다음은 어떤 집안의 유전 형질 (가)와 (나)에 대한 자료이다.

○ (가)의 유전자와 (나)의 유전자 중 하나만 X 염색체에 있다.

○ (가)는 대립유전자 A와 a에 의해, (나)는 대립유전자 B와 b에 의해 결정된다. A는 a에 대해, B는 b에 대해 각각 완전 우성이다.

○ 가계도는 구성원 @를 제외한 구성원 1~6에게서 (가)와 (나)의 발현 여부를 나타낸 것이다.

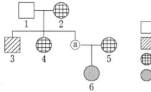

□ 정상 남자
▨ (가) 발현 남자
⊕ (나) 발현 여자
● (가), (나) 발현 여자

○ 표는 구성원 3, 4, @, 6에서 체세포 1개당 a, B, b의 DNA 상대량을 나타낸 것이다. ㉠~㉢은 0, 1, 2를 순서 없이 나타낸 것이다.

구성원		3	4	@	6
DNA 상대량	a	?	㉠	?	?
	B	㉠	?	㉠	㉡
	b	?	㉢	㉠	?

이에 대한 설명으로 옳은 것만을 〈보기〉에서 있는 대로 고른 것은? (단, 돌연변이와 교차는 고려하지 않으며, A, a, B, b 각각의 1개당 DNA 상대량은 1이다.) [3점]

─〈 보기 〉─
ㄱ. (가)의 유전자는 X 염색체에 있다.
ㄴ. 이 가계도 구성원 중 체세포 1개당 a의 DNA 상대량이 ㉢인 사람은 3명이다.
ㄷ. 6의 동생이 태어날 때, 이 아이에게서 (가)와 (나) 중 (나)만 발현될 확률은 $\frac{1}{8}$이다.

① ㄱ　　② ㄴ　　③ ㄱ, ㄷ　　④ ㄴ, ㄷ　　⑤ ㄱ, ㄴ, ㄷ

16

다음은 어떤 집안의 유전 형질 (가)와 (나)에 대한 자료이다.

○ (가)의 유전자와 (나)의 유전자는 같은 염색체에 있다.

○ (가)는 대립유전자 A와 a에 의해 결정되며, A는 a에 대해 완전 우성이다.

○ (나)는 대립유전자 E, F, G에 의해 결정되며, E는 F, G에 대해, F는 G에 대해 각각 완전 우성이다. (나)의 표현형은 3가지이다.

○ 가계도는 구성원 @를 제외한 구성원 1~5에게서 (가)의 발현 여부를 나타낸 것이다.

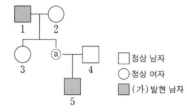

□ 정상 남자
○ 정상 여자
■ (가) 발현 남자

○ 표는 구성원 1~5와 @에서 체세포 1개당 E와 F의 DNA 상대량을 더한 값(E+F)과 체세포 1개당 F와 G의 DNA 상대량을 더한 값(F+G)을 나타낸 것이다. ㉠~㉢은 0, 1, 2를 순서 없이 나타낸 것이다.

구성원		1	2	3	@	4	5
DNA 상대량을 더한 값	E+F	?	?	1	㉡	0	1
	F+G	㉠	?	1	1	1	㉢

이에 대한 설명으로 옳은 것만을 〈보기〉에서 있는 대로 고른 것은? (단, 돌연변이와 교차는 고려하지 않으며, E, F, G 각각의 1개당 DNA 상대량은 1이다.) [3점]

─〈 보기 〉─
ㄱ. @의 (가)의 유전자형은 동형 접합성이다.
ㄴ. 이 가계도 구성원 중 A와 G를 모두 갖는 사람은 2명이다.
ㄷ. 5의 동생이 태어날 때, 이 아이의 (가)와 (나)의 표현형이 모두 2와 같을 확률은 $\frac{1}{2}$이다.

① ㄱ　　② ㄴ　　③ ㄱ, ㄷ　　④ ㄴ, ㄷ　　⑤ ㄱ, ㄴ, ㄷ

다음은 어떤 집안의 유전 형질 (가)와 (나)에 대한 자료이다.

○ (가)는 1쌍의 대립유전자 A와 a에 의해 결정되며, A는 a에 대해 완전 우성이다.

○ (나)는 1쌍의 대립유전자에 의해 결정되며, 대립유전자에는 E, F, G가 있다. E는 F와 G에 대해, F는 G에 대해 각각 완전 우성이며, (나)의 표현형은 3가지이다.

○ 가계도는 구성원 1~8에서 (가)의 발현 여부를 나타낸 것이다.

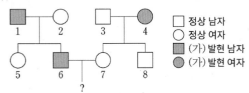

□ 정상 남자
○ 정상 여자
■ (가) 발현 남자
● (가) 발현 여자

○ 표는 5~8에서 체세포 1개당 F의 DNA 상대량을 나타낸 것이다.

구성원	5	6	7	8
F의 DNA 상대량	1	2	0	2

○ 5와 7에서 (나)의 표현형은 같다.

○ 5, 6, 7 각각의 체세포 1개당 A의 DNA 상대량을 더한 값은 5, 6, 7 각각의 체세포 1개당 G의 DNA 상대량을 더한 값과 같다.

이에 대한 옳은 설명만을 〈보기〉에서 있는 대로 고른 것은? (단, 돌연변이와 교차는 고려하지 않으며, A, a, E, F, G 각각의 1개당 DNA 상대량은 1이다.) [3점]

─── 〈 보기 〉 ───
ㄱ. (가)는 우성 형질이다.
ㄴ. (가)의 유전자는 (나)의 유전자와 같은 염색체에 있다.
ㄷ. 6과 7 사이에서 아이가 태어날 때, 이 아이에서 (가)와 (나)의 표현형이 모두 7과 같을 확률은 $\frac{1}{4}$이다.

① ㄱ   ② ㄴ   ③ ㄷ   ④ ㄱ, ㄷ   ⑤ ㄴ, ㄷ

다음은 어떤 집안의 유전 형질 (가)와 (나)에 대한 자료이다.

○ (가)는 대립유전자 H와 h에 의해, (나)는 대립유전자 T와 t에 의해 결정된다. H는 h에 대해, T는 t에 대해 각각 완전 우성이다.

○ (가)와 (나)의 유전자는 서로 다른 상염색체에 있다.

○ 가계도는 구성원 1~6에게서 (가)와 (나)의 발현 여부를 나타낸 것이다.

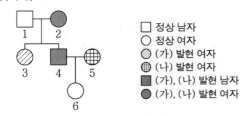

□ 정상 남자
○ 정상 여자
◪ (가) 발현 여자
⊞ (나) 발현 여자
■ (가), (나) 발현 남자
● (가), (나) 발현 여자

○ 표는 구성원 3, 4, 5에서 체세포 1개당 H와 T의 DNA 상대량을 더한 값을 나타낸 것이다. ㉠~㉢은 0, 1, 2를 순서 없이 나타낸 것이다.

구성원	3	4	5
H와 T의 DNA 상대량을 더한 값	㉠	㉡	㉢

이에 대한 설명으로 옳은 것만을 〈보기〉에서 있는 대로 고른 것은? (단, 돌연변이는 고려하지 않으며, H, h, T, t 각각의 1개당 DNA 상대량은 1이다.)

─── 〈 보기 〉 ───
ㄱ. (가)는 우성 형질이다.
ㄴ. 1에서 체세포 1개당 h의 DNA 상대량은 ㉡이다.
ㄷ. 6의 동생이 태어날 때, 이 아이에게서 (가)와 (나)가 모두 발현될 확률은 $\frac{1}{8}$이다.

① ㄱ   ② ㄴ   ③ ㄷ   ④ ㄱ, ㄴ   ⑤ ㄴ, ㄷ

19

다음은 어떤 집안의 유전 형질 (가)와 (나)에 대한 자료이다.

○ (가)는 대립유전자 A와 a에 의해, (나)는 대립유전자 B와 b에 의해 결정된다. A는 a에 대해, B는 b에 대해 각각 완전 우성이다.

○ (가)의 유전자와 (나)의 유전자는 서로 다른 염색체에 있다.

○ 가계도는 구성원 1~7에게서 (가)와 (나)의 발현 여부를, 표는 구성원 1, 3, 6에서 체세포 1개당 ⊙과 B의 DNA 상대량을 더한 값(⊙+B)을 나타낸 것이다. ⊙은 A와 a 중 하나이다.

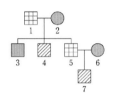

구성원	⊙+B
1	2
3	1
6	2

▨ (가) 발현 남자
▦ (나) 발현 남자
■ (가), (나) 발현 남자
● (가), (나) 발현 여자

이에 대한 설명으로 옳은 것만을 〈보기〉에서 있는 대로 고른 것은? (단, 돌연변이와 교차는 고려하지 않으며, A, a, B, b 각각의 1개당 DNA 상대량은 1이다.)

─〈 보기 〉─

ㄱ. ⊙은 A이다.

ㄴ. (나)의 유전자는 상염색체에 있다.

ㄷ. 7의 동생이 태어날 때, 이 아이에게서 (가)와 (나)가 모두 발현될 확률은 $\frac{3}{8}$이다.

① ㄱ ② ㄴ ③ ㄱ, ㄷ ④ ㄴ, ㄷ ⑤ ㄱ, ㄴ, ㄷ

20

다음은 어떤 집안의 유전 형질 (가)와 (나)에 대한 자료이다.

○ (가)는 대립유전자 A와 a에 의해, (나)는 대립유전자 B와 b에 의해 결정된다. A는 a에 대해, B는 b에 대해 각각 완전 우성이다.

○ (가)와 (나)의 유전자 중 1개는 상염색체에 있고, 나머지 1개는 X 염색체에 있다.

○ 가계도는 구성원 1~7에게서 (가)와 (나)의 발현 여부를 나타낸 것이다.

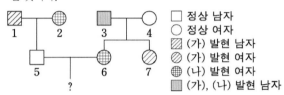

□ 정상 남자
○ 정상 여자
▨ (가) 발현 남자
▧ (가) 발현 여자
⊕ (나) 발현 여자
■ (가), (나) 발현 남자

○ 표는 구성원 2, 3, 5, 7의 체세포 1개당 A와 b의 DNA 상대량을 더한 값을 나타낸 것이다. ⓐ~ⓒ는 1, 2, 3을 순서 없이 나타낸 것이다.

구성원	2	3	5	7
A와 b의 DNA 상대량을 더한 값	ⓐ	ⓑ	ⓒ	ⓐ

이에 대한 옳은 설명만을 〈보기〉에서 있는 대로 고른 것은? (단, 돌연변이와 교차는 고려하지 않으며, A, a, B, b 각각의 1개당 DNA 상대량은 1이다.) [3점]

─〈 보기 〉─

ㄱ. (나)는 우성 형질이다.

ㄴ. 1의 체세포 1개당 a와 B의 DNA 상대량을 더한 값은 ⓐ이다.

ㄷ. 5와 6 사이에서 아이가 태어날 때, 이 아이에게서 (가)와 (나) 중 (가)만 발현될 확률은 $\frac{1}{4}$이다.

① ㄱ ② ㄴ ③ ㄱ, ㄷ ④ ㄴ, ㄷ ⑤ ㄱ, ㄴ, ㄷ

21

다음은 어떤 집안의 유전 형질 (가)와 (나)에 대한 자료이다.

○ (가)는 대립유전자 A와 a에 의해, (나)는 대립유전자 B와 b에 의해 결정된다. A는 a에 대해, B는 b에 대해 각각 완전 우성이다.

○ (가)와 (나)는 모두 우성 형질이고, (가)의 유전자와 (나)의 유전자는 서로 다른 염색체에 있다.

○ 가계도는 구성원 1~8에게서 (가)와 (나)의 발현 여부를 나타낸 것이다.

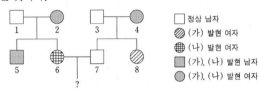

□ 정상 남자
▨ (가) 발현 여자
⊞ (나) 발현 여자
▦ (가), (나) 발현 남자
⬤ (가), (나) 발현 여자

○ 표는 구성원 1, 2, 5, 8에서 체세포 1개당 a와 B의 DNA 상대량을 나타낸 것이다. ㉠~㉢은 0, 1, 2를 순서 없이 나타낸 것이다.

구성원		1	2	5	8
DNA 상대량	a	1	㉠	㉡	?
	B	?	㉢	㉠	㉡

이에 대한 설명으로 옳은 것만을 〈보기〉에서 있는 대로 고른 것은? (단, 돌연변이와 교차는 고려하지 않으며, A, a, B, b 각각의 1개당 DNA 상대량은 1이다.) [3점]

─〈 보기 〉─
ㄱ. (가)의 유전자는 X 염색체에 있다.
ㄴ. ㉢은 2이다.
ㄷ. 6과 7 사이에서 아이가 태어날 때, 이 아이에게서 (가)와 (나) 중 (나)만 발현될 확률은 $\frac{1}{2}$이다.

① ㄱ ② ㄷ ③ ㄱ, ㄴ ④ ㄴ, ㄷ ⑤ ㄱ, ㄴ, ㄷ

22

다음은 어떤 집안의 유전 형질 (가)와 (나)에 대한 자료이다.

○ (가)는 대립유전자 E와 e에 의해 결정되며, 유전자형이 다르면 표현형이 다르다. (가)의 3가지 표현형은 각각 ㉠, ㉡, ㉢이다.

○ (나)는 3쌍의 대립유전자 H와 h, R와 r, T와 t에 의해 결정된다. (나)의 표현형은 유전자형에서 대문자로 표시되는 대립유전자의 수에 의해서만 결정되며, 이 대립유전자의 수가 다르면 표현형이 다르다.

○ 가계도는 구성원 1~8에게서 발현된 (가)의 표현형을, 표는 구성원 1, 2, 3, 6, 7에서 체세포 1개당 E, H, R, T의 DNA 상대량을 더한 값(E+H+R+T)을 나타낸 것이다.

⬤ ㉠ 발현 여자
▨ ㉡ 발현 남자
⊞ ㉢ 발현 남자

구성원	E+H+R+T
1	6
2	ⓐ
3	2
6	5
7	3

○ 구성원 1에서 e, H, R는 7번 염색체에 있고, T는 8번 염색체에 있다.

○ 구성원 2, 4, 5, 8은 (나)의 표현형이 모두 같다.

이에 대한 설명으로 옳은 것만을 〈보기〉에서 있는 대로 고른 것은? (단, 돌연변이와 교차는 고려하지 않으며, E, e, H, h, R, r, T, t 각각의 1개당 DNA 상대량은 1이다.) [3점]

─〈 보기 〉─
ㄱ. ⓐ는 4이다.
ㄴ. 구성원 4에서 E, h, r, T를 모두 갖는 생식세포가 형성될 수 있다.
ㄷ. 구성원 6과 7 사이에서 아이가 태어날 때, 이 아이에게서 나타날 수 있는 (나)의 표현형은 최대 5가지이다.

① ㄱ ② ㄷ ③ ㄱ, ㄴ ④ ㄴ, ㄷ ⑤ ㄱ, ㄴ, ㄷ

23

다음은 어떤 집안의 유전 형질 (가)와 (나)에 대한 자료이다.

- (가)의 유전자와 (나)의 유전자는 같은 염색체에 있다.
- (가)는 대립유전자 H와 h에 의해, (나)는 대립유전자 T와 t에 의해 결정된다. H는 h에 대해, T는 t에 대해 각각 완전 우성이다.
- 가계도는 구성원 @~ⓒ를 제외한 구성원 1~6에게서 (가)와 (나)의 발현 여부를 나타낸 것이다. ⓑ는 남자이다.

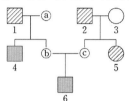

○ 정상 여자
▨ (가) 발현 남자
▧ (가) 발현 여자
■ (가), (나) 발현 남자

- @~ⓒ 중 (가)가 발현된 사람은 1명이다.
- 표는 @~ⓒ에서 체세포 1개당 h의 DNA 상대량을 나타낸 것이다. ㉠~㉢은 0, 1, 2를 순서 없이 나타낸 것이다.

구성원	@	ⓑ	ⓒ
h의 DNA 상대량	㉠	㉡	㉢

- @와 ⓒ의 (나)의 유전자형은 서로 같다.

이에 대한 설명으로 옳은 것만을 〈보기〉에서 있는 대로 고른 것은? (단, 돌연변이와 교차는 고려하지 않으며, H, h, T, t 각각의 1개당 DNA 상대량은 1이다.) [3점]

〈 보기 〉

ㄱ. (가)는 열성 형질이다.
ㄴ. @~ⓒ 중 (나)가 발현된 사람은 2명이다.
ㄷ. 6의 동생이 태어날 때, 이 아이에게서 (가)와 (나)가 모두 발현될 확률은 $\frac{1}{4}$이다.

① ㄱ   ② ㄴ   ③ ㄱ, ㄷ   ④ ㄴ, ㄷ   ⑤ ㄱ, ㄴ, ㄷ

24

다음은 어떤 집안의 유전 형질 (가)와 (나)에 대한 자료이다.

- (가)는 대립유전자 A와 a에 의해, (나)는 대립유전자 B와 b에 의해 결정된다. A는 a에 대해, B는 b에 대해 각각 완전 우성이다.
- (가)의 유전자와 (나)의 유전자는 서로 다른 염색체에 있다.
- 가계도는 구성원 1~7에게서 (가)와 (나)의 발현 여부를, 표는 구성원 3, 5, 6에서 체세포 1개당 a와 b의 DNA 상대량을 더한 값(a+b)을 나타낸 것이다. ㉠, ㉡, ㉢을 모두 더한 값은 5이다.

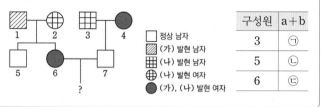

□ 정상 남자
▨ (가) 발현 남자
田 (나) 발현 남자
⊕ (나) 발현 여자
● (가), (나) 발현 여자

구성원	a+b
3	㉠
5	㉡
6	㉢

이에 대한 설명으로 옳은 것만을 〈보기〉에서 있는 대로 고른 것은? (단, 돌연변이와 교차는 고려하지 않으며, A, a, B, b 각각의 1개당 DNA 상대량은 1이다.) [3점]

〈 보기 〉

ㄱ. ㉠은 1이다.
ㄴ. (가)의 유전자는 상염색체에 있다.
ㄷ. 6과 7 사이에서 아이가 태어날 때, 이 아이에게서 (가)와 (나)가 모두 발현될 확률은 $\frac{1}{4}$이다.

① ㄱ   ② ㄴ   ③ ㄱ, ㄷ   ④ ㄴ, ㄷ   ⑤ ㄱ, ㄴ, ㄷ

다음은 어떤 집안의 유전 형질 (가)~(다)에 대한 자료이다.

○ (가)의 유전자는 9번 염색체에 있고, (나)와 (다)의 유전자 중 하나는 X 염색체에, 나머지 하나는 9번 염색체에 있다.

○ (가)는 대립유전자 H와 h에 의해, (나)는 대립유전자 R와 r에 의해, (다)는 대립유전자 T와 t에 의해 결정된다. H는 h에 대해, R는 r에 대해, T는 t에 대해 각각 완전 우성이다.

○ 가계도는 구성원 1~8에게서 (가)와 (나)의 발현 여부를 나타낸 것이다.

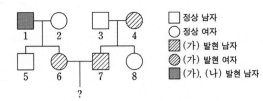

□ 정상 남자
○ 정상 여자
▨ (가) 발현 남자
◨ (가) 발현 여자
■ (가), (나) 발현 남자

○ 표는 구성원 2, 3, 5, 7, 8에서 체세포 1개당 H와 r의 DNA 상대량을 더한 값(H+r)과 체세포 1개당 R와 t의 DNA 상대량을 더한 값(R+t)을 나타낸 것이다.

구성원		2	3	5	7	8
DNA 상대량을 더한 값	H+r	1	0	1	1	1
	R+t	3	2	2	2	2

○ 2와 5에서 (다)가 발현되었고, 4와 6의 (다)의 유전자형은 서로 같다.

이에 대한 설명으로 옳은 것만을 〈보기〉에서 있는 대로 고른 것은? (단, 돌연변이와 교차는 고려하지 않으며, H, h, R, r, T, t 각각의 1개당 DNA 상대량은 1이다.) [3점]

〈 보기 〉
ㄱ. (다)의 유전자는 X 염색체에 있다.
ㄴ. 4의 (가)~(다)의 유전자형은 모두 이형 접합성이다.
ㄷ. 6과 7 사이에서 아이가 태어날 때, 이 아이의 (가)~(다)의 표현형이 모두 6과 같을 확률은 $\frac{3}{16}$이다.

① ㄱ   ② ㄷ   ③ ㄱ, ㄴ   ④ ㄴ, ㄷ   ⑤ ㄱ, ㄴ, ㄷ

다음은 어떤 집안의 유전 형질 (가)와 (나)에 대한 자료이다.

○ (가)는 대립유전자 H와 h에 의해, (나)는 대립유전자 T와 t에 의해 결정된다. H는 h에 대해, T는 t에 대해 각각 완전 우성이다.

○ (가)의 유전자와 (나)의 유전자는 서로 다른 염색체에 있다.

○ 가계도는 구성원 1~7에게서 (가)와 (나)의 발현 여부를, 표는 구성원 1, 2, 5에서 체세포 1개당 H와 t의 DNA 상대량을 나타낸 것이다. ㉠~㉢은 0, 1, 2를 순서 없이 나타낸 것이다.

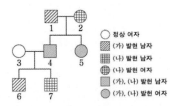

○ 정상 여자
▨ (가) 발현 남자
▦ (나) 발현 남자
⊕ (나) 발현 여자
▥ (가), (나) 발현 남자
◉ (가), (나) 발현 여자

구성원	DNA 상대량	
	H	t
1	㉠	㉢
2	㉡	?
5	㉢	?

이에 대한 옳은 설명만을 〈보기〉에서 있는 대로 고른 것은? (단, 돌연변이와 교차는 고려하지 않으며, H, h, T, t 각각의 1개당 DNA 상대량은 1이다.) [3점]

〈 보기 〉
ㄱ. ㉢은 1이다.
ㄴ. (가)와 (나)는 모두 우성 형질이다.
ㄷ. 이 가계도 구성원 중 (가)와 (나)의 유전자형이 모두 동형 접합성인 사람은 1명이다.

① ㄱ   ② ㄴ   ③ ㄱ, ㄷ   ④ ㄴ, ㄷ   ⑤ ㄱ, ㄴ, ㄷ

다음은 어떤 집안의 유전 형질 (가)와 (나)에 대한 자료이다.

○ (가)의 유전자와 (나)의 유전자는 같은 염색체에 있다.

○ (가)는 대립유전자 A와 a에 의해, (나)는 대립유전자 B와 b
에 의해 결정된다. A는 a에 대해, B는 b에 대해 각각 완전
우성이다.

○ 가계도는 구성원 ⓐ~ⓒ를 제외한 구성원 1~6에게서 (가)와
(나)의 발현 여부를 나타낸 것이다. ⓒ는 남자이다.

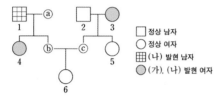

□ 정상 남자
○ 정상 여자
▦ (나) 발현 남자
● (가), (나) 발현 여자

○ 표는 구성원 ⓐ, 2, 4, 5에서 체세포 1개당 a와 B의 DNA
상대량을 나타낸 것이다. ㉠~㉢은 0, 1, 2를 순서 없이 나타
낸 것이다.

구성원		ⓐ	2	4	5
DNA 상대량	a	?	?	?	㉠
	B	㉡	1	㉡	㉢

○ ⓐ~ⓒ 중 한 사람은 (가)와 (나) 중 (가)만 발현되었고, 다른
한 사람은 (가)와 (나) 중 (나)만 발현되었으며, 나머지 한 사
람은 (가)와 (나)가 모두 발현되었다.

이에 대한 설명으로 옳은 것만을 〈보기〉에서 있는 대로 고른 것은? (단,
돌연변이와 교차는 고려하지 않으며, A, a, B, b 각각의 1개당 DNA
상대량은 1이다.) [3점]

〈 보기 〉

ㄱ. (가)는 우성 형질이다.

ㄴ. 이 가계도 구성원 중 체세포 1개당 b의 DNA 상대량이 ㉠
인 사람은 4명이다.

ㄷ. 6의 동생이 태어날 때, 이 아이에게서 (가)와 (나)가 모두 발
현될 확률은 $\frac{1}{4}$이다.

① ㄱ ② ㄴ ③ ㄷ ④ ㄱ, ㄴ ⑤ ㄱ, ㄷ

학년도 주제	**2025**	**2024~2022**	**2021~2019**

생식세포 분열 시 염색체 수, DNA 상대량 비교

---

11 — 2022학년도 6월 모평 15번

다음은 어떤 가족의 유전 형질 (가)에 대한 자료이다.

○ (가)를 결정하는 데 관여하는 3개의 유전자는 모두 상염색체에 있으며, 3개의 유전자는 각각 대립유전자 H와 H*, R와 R*, T와 T*를 갖는다.

○ 그림은 아버지와 어머니의 체세포 각각에 들어 있는 일부 염색체와 유전자를 나타낸 것이다. 아버지와 어머니의 핵형은 모두 정상이다.

아버지   어머니

○ 아버지의 생식세포 형성 과정에서 ㉠이 1회 일어나 형성된 정자 P와 어머니의 생식세포 형성 과정에서 ㉡이 1회 일어나 형성된 난자 Q가 수정되어 자녀 ⓐ가 태어났다. ㉠과 ㉡은 염색체 비분리와 염색체 결실을 순서 없이 나타낸 것이다.

○ 그림은 ⓐ의 체세포 1개당 H*, R, T, T*의 DNA 상대량을 나타낸 것이다.

이에 대한 설명으로 옳은 것만을 〈보기〉에서 고른 것은? (단, 제시된 돌연변이 이외의 돌연변이와 교차는 고려하지 않으며, H, H*, R, R*, T, T* 각각의 1개당 DNA 상대량은 1이다.) [3점]

〈보기〉
ㄱ. 난자 Q에는 H가 있다.
ㄴ. 생식세포 형성 과정에서 염색체 비분리는 감수 2분열에서 일어났다.
ㄷ. ⓐ의 체세포 1개당 상염색체 수는 43이다.

① ㄱ ② ㄴ ③ ㄷ ④ ㄱ, ㄴ ⑤ ㄱ, ㄷ

---

08 — 2020학년도 9월 모평 15번

사람의 유전 형질 ⓐ는 3쌍의 대립유전자 A와 a, B와 b, D와 d에 의해 결정되며, ⓐ를 결정하는 유전자는 서로 다른 2개의 상염색체에 있다. 그림 (가)는 유전자형이 AaBbDd인 Gₐ기의 세포 Q로부터 정자가 형성되는 과정을, (나)는 세포 ㉠~ⓒ의 세포 1개당 a, B, D의 DNA 상대량을 나타낸 것이다. ㉠~ⓒ은 Ⅰ~Ⅱ를 순서 없이 나타낸 것이다. (가)에서 염색체 비분리는 1회 일어났고, Ⅰ~Ⅱ 중 1개의 세포만 A를 가지며, Ⅰ은 중기의 세포이다.

(가)   (나)

이에 대한 설명으로 옳은 것만을 〈보기〉에서 있는 대로 고른 것은? (단, 제시된 염색체 비분리 이외의 돌연변이와 교차는 고려하지 않으며, A, a, B, b, D, d 각각의 1개당 DNA 상대량은 1이다.)

〈보기〉
ㄱ. Q에서 A와 b는 같은 염색체에 있다.
ㄴ. 염색체 비분리는 감수 2분열에서 일어났다.
ㄷ. 세포 1개당 a, b, d의 DNA 상대량을 더한 값은 Ⅱ에서와 Ⅲ에서가 서로 같다.

① ㄱ ② ㄴ ③ ㄷ ④ ㄱ, ㄴ ⑤ ㄴ, ㄷ

---

09 대표 문제 — 2019학년도 6월 모평 15번

그림 (가)와 (나)는 핵상이 2n인 어떤 동물에서 암컷과 수컷의 생식세포 형성 과정을, 표는 세포 ㉠~ⓔ이 갖는 유전자 E, e, F, f, G, g의 DNA 상대량을 나타낸 것이다. E와 e, F와 f, G와 g는 각각 대립유전자이다. (가)와 (나)의 감수 1분열에서 성염색체 비분리가 각각 1회 일어났다. ㉠~ⓔ은 Ⅰ~Ⅳ를 순서 없이 나타낸 것이다.

(가)   (나)

세포	DNA 상대량					
	E	e	F	f	G	g
㉠	?	0	2	0	2	ⓐ
㉡	2	2	0	4	0	?
㉢	ⓑ	0	?	2	?	0
㉣	4	0	?	2	?	2

이에 대한 설명으로 옳은 것만을 〈보기〉에서 있는 대로 고른 것은? (단, 제시된 염색체 비분리 이외의 돌연변이와 교차는 고려하지 않으며, Ⅰ~Ⅳ는 중기의 세포이다. E, e, F, f, G, g 각각의 1개당 DNA 상대량은 같다.)

〈보기〉
ㄱ. ㉢은 Ⅲ이다.
ㄴ. ⓐ+ⓑ+ⓒ=6이다.
ㄷ. 성염색체 수는 ㉢ 세포와 ㉣ 세포가 같다.

① ㄱ ② ㄴ ③ ㄷ ④ ㄴ, ㄷ ⑤ ㄴ, ㄷ

---

06 — 2019학년도 9월 모평 9번

사람의 유전 형질 (가)는 3쌍의 대립유전자 H와 h, R와 r, T와 t에 의해 결정되며, (가)를 결정하는 유전자는 서로 다른 3개의 상염색체에 존재한다. 그림은 어떤 사람의 Gₐ기 세포 Ⅰ로부터 정자가 형성되는 과정을, 표는 세포 ㉠~ⓔ에 들어 있는 세포 1개당 대립유전자 H, R, T의 DNA 상대량을 더한 값을 나타낸 것이다. 이 정자 형성 과정에서 21번 염색체의 비분리가 1회 일어났고, ㉠~ⓔ은 Ⅰ~Ⅳ를 순서 없이 나타낸 것이다.

세포	H, R, T의 DNA 상대량을 더한 값
㉠	2
㉡	3
㉢	3
㉣	?

이에 대한 설명으로 옳은 것만을 〈보기〉에서 있는 대로 고른 것은? (단, 제시된 염색체 비분리 이외의 돌연변이와 교차는 고려하지 않으며, H, h, R, r, T, t 각각의 1개당 DNA 상대량은 1이다.) [3점]

〈보기〉
ㄱ. ⓐ은 Ⅱ이다.
ㄴ. 염색체 비분리는 감수 1분열에서 일어났다.
ㄷ. 정자 ⓐ와 정상 난자가 수정되어 태어난 아이는 다운 증후군의 염색체 이상을 보인다.

① ㄱ ② ㄴ ③ ㄱ, ㄷ ④ ㄴ, ㄷ ⑤ ㄱ, ㄴ, ㄷ

01

2020학년도 3월 학평 12번

그림은 어떤 사람에서 정자가 형성되는 과정과 각 정자의 핵상을 나타낸 것이다. 감수 1분열에서 성염색체의 비분리가 1회 일어났다.
이에 대한 옳은 설명만을 〈보기〉에서 있는 대로 고른 것은? (단, 제시된 염색체 비분리 이외의 돌연변이는 고려하지 않는다.) [3점]

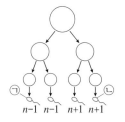

$n-1$ $n-1$ $n+1$ $n+1$

─────〈 보기 〉─────

ㄱ. ㉠에 X 염색체가 있다.

ㄴ. ㉡에 22개의 상염색체가 있다.

ㄷ. ㉡과 정상 난자가 수정되어 태어난 아이에게서 터너 증후군이 나타난다.

① ㄱ　　② ㄴ　　③ ㄱ, ㄴ　　④ ㄱ, ㄷ　　⑤ ㄴ, ㄷ

02

2023학년도 10월 학평 18번

사람의 특정 형질은 1번 염색체에 있는 3쌍의 대립유전자 A와 a, B와 b, D와 d에 의해 결정된다. 그림은 어떤 사람의 G_1기 세포 Ⅰ로부터 생식세포가 형성되는 과정을, 표는 세포 ㉠~㉤에서 A, a, B, b, D의 DNA 상대량을 나타낸 것이다. 이 생식세포 형성 과정에서 염색체 비분리가 1회 일어났다. ㉠~㉤은 Ⅰ~Ⅴ를 순서 없이 나타낸 것이고, Ⅱ와 Ⅲ은 중기 세포이다.

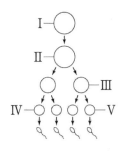

세포	DNA 상대량				
	A	a	B	b	D
㉠	2	0	0	2	ⓐ
㉡	?	ⓑ	1	1	?
㉢	0	2	2	0	?
㉣	?	?	?	?	4
㉤	?	1	1	?	1

이에 대한 옳은 설명만을 〈보기〉에서 있는 대로 고른 것은? (단, 제시된 염색체 비분리 이외의 돌연변이와 교차는 고려하지 않으며, A, a, B, b, D, d 각각의 1개당 DNA 상대량은 1이다.) [3점]

─────〈 보기 〉─────

ㄱ. ㉠은 Ⅲ이다.

ㄴ. ⓐ+ⓑ=3이다.

ㄷ. Ⅴ의 염색체 수는 24이다.

① ㄱ　　② ㄴ　　③ ㄷ　　④ ㄱ, ㄴ　　⑤ ㄴ, ㄷ

03

2021학년도 3월 학평 16번

그림 (가)는 유전자형이 Tt인 어떤 남자의 정자 형성 과정을, (나)는 세포 Ⅲ에 있는 21번 염색체를 모두 나타낸 것이다. (가)에서 염색체 비분리가 1회 일어났고, Ⅰ은 중기의 세포이다.

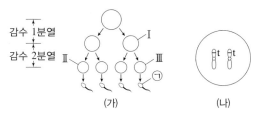

감수 1분열

감수 2분열

(가)　　　　(나)

이에 대한 옳은 설명만을 〈보기〉에서 있는 대로 고른 것은? (단, 제시된 염색체 비분리 이외의 돌연변이와 교차는 고려하지 않는다.)

─────〈 보기 〉─────

ㄱ. Ⅰ과 Ⅱ의 성염색체 수는 같다.

ㄴ. (가)에서 염색체 비분리는 감수 1분열에서 일어났다.

ㄷ. ㉠과 정상 난자가 수정되어 아이가 태어날 때, 이 아이는 다운 증후군의 염색체 이상을 보인다.

① ㄱ　　② ㄴ　　③ ㄱ, ㄷ　　④ ㄴ, ㄷ　　⑤ ㄱ, ㄴ, ㄷ

04

2019학년도 3월 학평 9번

그림은 어떤 동물($2n=6$)의 정자 형성 과정을 나타낸 것이다. 이 동물의 성염색체는 XY이고, 정자 형성 과정에서 성염색체 비분리가 1회 일어났다. 정자 ㉠~㉢ 각각의 총 염색체 수는 서로 다르고, ㉡의 X 염색체 수와 ㉢의 총 염색체 수를 더한 값은 5이다.

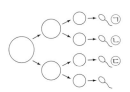

이에 대한 옳은 설명만을 〈보기〉에서 있는 대로 고른 것은? (단, 제시된 염색체 비분리 이외의 돌연변이는 고려하지 않는다.)

─────〈 보기 〉─────

ㄱ. 성염색체 비분리는 감수 1분열에서 일어났다.

ㄴ. ㉠의 총 염색체 수는 2이다.

ㄷ. ㉢의 Y 염색체 수는 1이다.

① ㄱ　　② ㄷ　　③ ㄱ, ㄴ　　④ ㄴ, ㄷ　　⑤ ㄱ, ㄴ, ㄷ

05

그림은 어떤 동물($2n=6$)에서 정자가 형성되는 과정을, 표는 세포 Ⅰ~Ⅲ의 총 염색체 수와 X 염색체 수를 비교하여 나타낸 것이다. 감수 1분열과 감수 2분열에서 염색체 비분리가 각각 1회씩 일어났다. 이 동물의 성염색체는 암컷이 XX, 수컷이 XY이며, Ⅲ에 Y 염색체가 있다. Ⅰ은 중기의 세포이다.

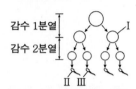

총 염색체 수	X 염색체 수
Ⅱ > Ⅲ > Ⅰ	Ⅱ = Ⅲ > Ⅰ

이에 대한 옳은 설명만을 〈보기〉에서 있는 대로 고른 것은? (단, 제시된 염색체 비분리 이외의 돌연변이는 고려하지 않는다.)

〈 보기 〉
ㄱ. Ⅰ의 상염색체 수와 Ⅱ의 성염색체 수의 합은 4이다.
ㄴ. 감수 1분열에서 상염색체 비분리가 일어났다.
ㄷ. $\dfrac{\text{X 염색체 수}}{\text{총 염색체 수}}$ 는 Ⅱ가 Ⅲ보다 크다.

① ㄱ ② ㄴ ③ ㄱ, ㄴ ④ ㄱ, ㄷ ⑤ ㄴ, ㄷ

06

사람의 유전 형질 (가)는 3쌍의 대립유전자 H와 h, R와 r, T와 t에 의해 결정되며, (가)를 결정하는 유전자는 서로 다른 3개의 상염색체에 존재한다. 그림은 어떤 사람의 G_1기 세포 Ⅰ로부터 정자가 형성되는 과정을, 표는 세포 ㉠~㉣에 들어 있는 세포 1개당 대립유전자 H, R, T의 DNA 상대량을 더한 값을 나타낸 것이다. 이 정자 형성 과정에서 21번 염색체의 비분리가 1회 일어났고, ㉠~㉣은 Ⅰ~Ⅳ를 순서 없이 나타낸 것이다.

세포	H, R, T의 DNA 상대량을 더한 값
㉠	2
㉡	3
㉢	3
㉣	?

이에 대한 설명으로 옳은 것만을 〈보기〉에서 있는 대로 고른 것은? (단, 제시된 염색체 비분리 이외의 돌연변이와 교차는 고려하지 않으며, H, h, R, r, T, t 각각의 1개당 DNA 상대량은 1이다.) [3점]

〈 보기 〉
ㄱ. ㉣은 Ⅱ이다.
ㄴ. 염색체 비분리는 감수 1분열에서 일어났다.
ㄷ. 정자 ⓐ와 정상 난자가 수정되어 태어난 아이는 다운 증후군의 염색체 이상을 보인다.

① ㄱ ② ㄴ ③ ㄱ, ㄷ ④ ㄴ, ㄷ ⑤ ㄱ, ㄴ, ㄷ

07

다음은 사람 P의 정자 형성 과정에 대한 자료이다.

○ 그림은 P의 세포 Ⅰ로부터 정자가 형성되는 과정을, 표는 세포 ㉠~㉣에서 세포 1개당 대립유전자 A, a, B, b, D, d의 DNA 상대량을 나타낸 것이다. A는 a와, B는 b와, D는 d와 각각 대립유전자이고, ㉠~㉣은 Ⅰ~Ⅳ를 순서 없이 나타낸 것이다.

세포	DNA 상대량					
	A	a	B	b	D	d
㉠	0	?	ⓐ	0	0	0
㉡	ⓑ	2	0	1	?	1
㉢	?	1	2	ⓒ	?	1
㉣	0	?	4	?	2	ⓓ

○ Ⅰ은 G_1기 세포이며, Ⅰ에는 중복이 일어난 염색체가 1개만 존재한다. Ⅰ이 Ⅱ가 되는 과정에서 DNA는 정상적으로 복제되었다.

○ 이 정자 형성 과정의 감수 1분열에서는 상염색체에서 비분리가 1회, 감수 2분열에서는 성염색체에서 비분리가 1회 일어났다.

이에 대한 설명으로 옳은 것만을 〈보기〉에서 있는 대로 고른 것은? (단, 제시된 중복과 염색체 비분리 이외의 돌연변이와 교차는 고려하지 않으며, Ⅱ와 Ⅲ은 중기의 세포이다. A, a, B, b, D, d 각각의 1개당 DNA 상대량은 1이다.) [3점]

〈 보기 〉
ㄱ. ⓐ+ⓑ+ⓒ+ⓓ=5이다.
ㄴ. P에서 a는 성염색체에 있다.
ㄷ. Ⅳ에는 중복이 일어난 염색체가 있다.

① ㄱ ② ㄴ ③ ㄱ, ㄷ ④ ㄴ, ㄷ ⑤ ㄱ, ㄴ, ㄷ

08

사람의 유전 형질 ⓐ는 3쌍의 대립유전자 A와 a, B와 b, D와 d에 의해 결정되며, ⓐ를 결정하는 유전자는 서로 다른 2개의 상염색체에 있다. 그림 (가)는 유전자형이 AaBbDd인 G_1기의 세포 Q로부터 정자가 형성되는 과정을, (나)는 세포 ㉠~㉢의 세포 1개당 a, B, D의 DNA 상대량을 나타낸 것이다. ㉠~㉢은 Ⅰ~Ⅲ을 순서 없이 나타낸 것이다. (가)에서 염색체 비분리는 1회 일어났고, Ⅰ~Ⅲ 중 1개의 세포만 A를 가지며, Ⅰ은 중기의 세포이다.

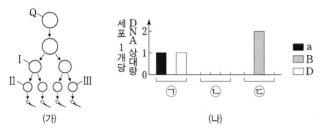

(가)   (나)

이에 대한 설명으로 옳은 것만을 〈보기〉에서 있는 대로 고른 것은? (단, 제시된 염색체 비분리 이외의 돌연변이와 교차는 고려하지 않으며, A, a, B, b, D, d 각각의 1개당 DNA 상대량은 1이다.)

〈보기〉
ㄱ. Q에서 A와 b는 같은 염색체에 있다.
ㄴ. 염색체 비분리는 감수 2분열에서 일어났다.
ㄷ. 세포 1개당 a, b, d의 DNA 상대량을 더한 값은 Ⅱ에서와 Ⅲ에서가 서로 같다.

① ㄱ   ② ㄴ   ③ ㄷ   ④ ㄱ, ㄴ   ⑤ ㄴ, ㄷ

09 대표 문제

그림 (가)와 (나)는 핵상이 $2n$인 어떤 동물에서 암컷과 수컷의 생식세포 형성 과정을, 표는 세포 ㉠~㉣이 갖는 유전자 E, e, F, f, G, g의 DNA 상대량을 나타낸 것이다. E와 e, F와 f, G와 g는 각각 대립유전자이다. (가)와 (나)의 감수 1분열에서 성염색체 비분리가 각각 1회 일어났다. ㉠~㉣은 Ⅰ~Ⅳ를 순서 없이 나타낸 것이다.

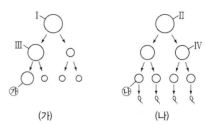

(가)   (나)

세포	DNA 상대량					
	E	e	F	f	G	g
㉠	?	0	2	0	2	ⓐ
㉡	2	2	0	4	0	?
㉢	ⓑ	0	?	2	?	0
㉣	4	0	ⓒ	2	?	2

이에 대한 설명으로 옳은 것만을 〈보기〉에서 있는 대로 고른 것은? (단, 제시된 염색체 비분리 이외의 돌연변이와 교차는 고려하지 않으며, Ⅰ~Ⅳ는 중기의 세포이다. E, e, F, f, G, g 각각의 1개당 DNA 상대량은 같다.)

〈보기〉
ㄱ. ㉢은 Ⅲ이다.
ㄴ. ⓐ+ⓑ+ⓒ=6이다.
ㄷ. 성염색체 수는 ㉮ 세포와 ㉯ 세포가 같다.

① ㄱ   ② ㄴ   ③ ㄷ   ④ ㄱ, ㄴ   ⑤ ㄴ, ㄷ

다음은 어떤 가족의 유전 형질 (가)와 (나)에 대한 자료이다.

○ (가)는 대립유전자 H와 h에 의해, (나)는 대립유전자 R와 r에 의해 결정된다. H는 h에 대해, R는 r에 대해 각각 완전 우성이다.

○ (가)와 (나)의 유전자는 모두 X 염색체에 있다.

○ (가)는 아버지와 아들 ⓐ에게서만, (나)는 ⓐ에게서만 발현되었다.

○ 그림은 아버지의 G₁기 세포 I로부터 정자가 형성되는 과정을, 표는 세포 ㉠~㉣에서 세포 1개당 H와 R의 DNA 상대량을 나타낸 것이다. ㉠~㉣은 I~Ⅳ를 순서 없이 나타낸 것이다.

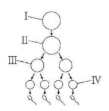

세포	DNA 상대량	
	H	R
㉠	1	0
㉡	?	1
㉢	2	?
㉣	0	?

○ 그림과 같이 Ⅱ에서 전좌가 일어나 X 염색체에 있는 2개의 ㉮ 중 하나가 22번 염색체로 옮겨졌다. ㉮는 H와 R 중 하나이다.

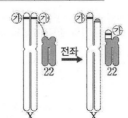

○ ⓐ는 Ⅲ으로부터 형성된 정자와 정상 난자가 수정되어 태어났다.

이에 대한 옳은 설명만을 〈보기〉에서 있는 대로 고른 것은? (단, 제시된 돌연변이 이외의 돌연변이와 교차는 고려하지 않으며, H와 R 각각의 1개당 DNA 상대량은 1이다.) [3점]

─〈 보기 〉─
ㄱ. ㉠은 Ⅲ이다.
ㄴ. ㉮는 R이다.
ㄷ. ⓐ는 H와 h를 모두 갖는다.

① ㄱ   ② ㄴ   ③ ㄷ   ④ ㄱ, ㄷ   ⑤ ㄴ, ㄷ

다음은 어떤 가족의 유전 형질 (가)에 대한 자료이다.

○ (가)를 결정하는 데 관여하는 3개의 유전자는 모두 상염색체에 있으며, 3개의 유전자는 각각 대립유전자 H와 H*, R와 R*, T와 T*를 갖는다.

○ 그림은 아버지와 어머니의 체세포 각각에 들어 있는 일부 염색체와 유전자를 나타낸 것이다. 아버지와 어머니의 핵형은 모두 정상이다.

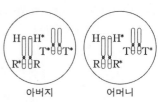

○ 아버지의 생식세포 형성 과정에서 ㉠이 1회 일어나 형성된 정자 P와 어머니의 생식세포 형성 과정에서 ㉡이 1회 일어나 형성된 난자 Q가 수정되어 자녀 ⓐ가 태어났다. ㉠과 ㉡은 염색체 비분리와 염색체 결실을 순서 없이 나타낸 것이다.

○ 그림은 ⓐ의 체세포 1개당 H*, R, T, T*의 DNA 상대량을 나타낸 것이다.

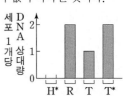

이에 대한 설명으로 옳은 것만을 〈보기〉에서 있는 대로 고른 것은? (단, 제시된 돌연변이 이외의 돌연변이와 교차는 고려하지 않으며, H, H*, R, R*, T, T* 각각의 1개당 DNA 상대량은 1이다.) [3점]

─〈 보기 〉─
ㄱ. 난자 Q에는 H가 있다.
ㄴ. 생식세포 형성 과정에서 염색체 비분리는 감수 2분열에서 일어났다.
ㄷ. ⓐ의 체세포 1개당 상염색체 수는 43이다.

① ㄱ   ② ㄴ   ③ ㄷ   ④ ㄱ, ㄴ   ⑤ ㄱ, ㄷ

12

다음은 어떤 동물 종의 유전 형질 ㉠에 대한 자료이다.

○ ㉠은 서로 다른 상염색체에 존재하는 2쌍의 대립유전자 F와 f, G와 g에 의해 결정된다.

○ 그림은 이 동물 종의 개체 Ⅰ과 Ⅱ의 세포 (가)~(라)가 갖는 F, f, G, g의 DNA 상대량을 나타낸 것이다.

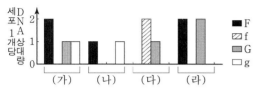

○ Ⅰ의 세포 P로부터 감수 분열 시 DNA 상대량이 (가), (나), (라)와 같은 세포가, Ⅱ의 세포 Q로부터 감수 분열 시 DNA 상대량이 (나), (다)와 같은 세포가 형성되었다.

○ P와 Q 중 한 세포에서만 감수 분열 시 염색체 비분리가 1회 일어났다.

이에 대한 설명으로 옳은 것만을 〈보기〉에서 있는 대로 고른 것은? (단, 교차와 제시된 염색체 비분리 이외의 돌연변이는 고려하지 않으며, F, f, G, g 각각의 1개당 DNA 상대량은 같고, (라)는 중기의 세포이다.)

[3점]

〈 보기 〉

ㄱ. Ⅰ의 ㉠에 대한 유전자형은 FFGg이다.

ㄴ. (가)와 (라)의 핵상은 같다.

ㄷ. P의 감수 분열 시 염색체 비분리가 일어났다.

① ㄱ   ② ㄴ   ③ ㄱ, ㄴ   ④ ㄱ, ㄷ   ⑤ ㄴ, ㄷ

한눈에 정리하는
평가원 기출 경향

학년도 주제	2025	2024	2023

빈출

DNA
상대량 표와
그래프 분석

2025

16
2025학년도 수능 17번

다음은 어떤 가족의 유전 형질 (가)~(다)에 대한 자료이다.

○ (가)~(다)의 유전자 중 2개는 X 염색체에 있고, 나머지 1개는 상염색체에 있다.
○ (가)는 대립유전자 A와 a에 의해, (나)는 대립유전자 B와 b에 의해, (다)는 대립유전자 D와 d에 의해 결정된다.
○ 표는 이 가족 구성원 ⊙~⑩의 성별과 체세포 1개당 a, B, D의 DNA 상대량을 나타낸 것이다. ⊙~⑩은 아버지, 어머니, 자녀 1, 자녀 2, 자녀 3, 자녀 4를 순서 없이 나타낸 것이다.

구성원	성별	DNA 상대량		
		a	B	D
⊙	여	1	0	1
ⓒ	여	1	1	1
ⓒ	남	1	2	0
ⓔ	남	0	1	1
ⓜ	남	1	0	1
ⓗ	남	0	0	1

○ 어머니의 난자 형성 과정에서 성염색체 비분리가 1회 일어나 염색체 수가 비정상적인 난자 P가 형성되었다. P가 정상 정자와 수정되어 자녀 4가 태어났으며, 자녀 4는 클라인펠터 증후군의 염색체 이상을 보인다.
○ 자녀 4를 제외한 이 가족 구성원의 핵형은 모두 정상이다.

이에 대한 설명으로 옳은 것만을 〈보기〉에서 있는 대로 고른 것은? (단, 제시된 염색체 비분리 이외의 돌연변이와 교차는 고려하지 않으며, A, a, B, b, D, d 각각의 1개당 DNA 상대량은 1이다.) [3점]

〈보기〉
ㄱ. ⓗ은 아버지이다.
ㄴ. 염색체 비분리는 감수 1분열에서 일어났다.
ㄷ. ⊙에게서 a, b, D를 모두 갖는 생식세포가 형성될 수 있다.

① ㄱ ② ㄴ ③ ㄷ ④ ㄱ, ㄴ ⑤ ㄴ, ㄷ

03
2025학년도 9월 모평 15번

다음은 어떤 가족의 유전 형질 (가)~(다)에 대한 자료이다.

○ (가)~(다)의 유전자 중 2개는 X 염색체에 있고, 나머지 1개는 상염색체에 있다.
○ (가)는 대립유전자 A와 a에 의해, (나)는 대립유전자 B와 b에 의해, (다)는 대립유전자 D와 d에 의해 결정된다.
○ 표는 이 가족 구성원에서 체세포 1개당 A, b, d의 DNA 상대량을 나타낸 것이다.

구성원	DNA 상대량		
	A	b	d
아버지	1	1	1
어머니	0	1	1
자녀 1	?	1	0
자녀 2	0	1	1
자녀 3	1	0	2
자녀 4	2	3	2

○ 부모 중 한 명의 생식세포 형성 과정에서 염색체 비분리가 1회 일어나 염색체 수가 비정상적인 생식세포 P가 형성되었고, 나머지 한 명의 생식세포 형성 과정에서 대립유전자 ⊙이 대립유전자 ⓒ으로 바뀌는 돌연변이가 1회 일어나 ⓒ을 갖는 생식세포 Q가 형성되었다. ⊙과 ⓒ은 (가)~(다) 중 한 가지 형질을 결정하는 서로 다른 대립유전자이다.
○ P와 Q가 수정되어 자녀 4가 태어났다. 자녀 4를 제외한 이 가족 구성원의 핵형은 모두 정상이다.

이에 대한 설명으로 옳은 것만을 〈보기〉에서 있는 대로 고른 것은? (단, 제시된 돌연변이 이외의 돌연변이와 교차는 고려하지 않으며, A, a, b, B, D, d 각각의 1개당 DNA 상대량은 1이다.)

〈보기〉
ㄱ. 자녀 1~3 중 여자는 2명이다.
ㄴ. Q는 어머니에게서 형성되었다.
ㄷ. 자녀 3에게서 A, B, d를 모두 갖는 생식세포가 형성될 수 있다.

① ㄱ ② ㄴ ③ ㄷ ④ ㄱ, ㄴ ⑤ ㄴ, ㄷ

2024

15
2024학년도 6월 모평 17번

다음은 어떤 가족의 유전 형질 (가)~(다)에 대한 자료이다.

○ (가)는 대립유전자 A와 a에 의해, (나)는 대립유전자 B와 b에 의해, (다)는 대립유전자 D와 d에 의해 결정된다.
○ (가)와 (나)의 유전자는 7번 염색체에, (다)의 유전자는 13번 염색체에 있다.
○ 그림은 어머니와 아버지의 체세포 각각에 들어 있는 7번 염색체, 13번 염색체와 염색체를 나타낸 것이다.

어머니   아버지

○ 표는 이 가족 구성원 중 자녀 1~3에서 체세포 1개당 A, b, D의 DNA 상대량을 더한 값(A+b+D)과 체세포 1개당 a, b, d의 DNA 상대량을 더한 값(a+b+d)을 나타낸 것이다.

구성원		자녀1	자녀2	자녀3
DNA 상대량을 더한 값	A+b+D	5	3	4
	a+b+d	3	3	1

○ 자녀 1~3은 (가)의 유전자형이 모두 같다.
○ 어머니의 생식세포 형성 과정에서 ⊙이 1회 일어나 형성된 난자 P와 아버지의 생식세포 형성 과정에서 ⓒ이 1회 일어나 형성된 정자 Q가 수정되어 자녀 3이 태어났다. ⊙과 ⓒ은 7번 염색체 결실과 13번 염색체 비분리를 순서 없이 나타낸 것이다.
○ 자녀 3의 체세포 1개당 염색체 수는 47이고, 자녀 3을 제외한 이 가족 구성원의 핵형은 모두 정상이다.

이에 대한 설명으로 옳은 것만을 〈보기〉에서 있는 대로 고른 것은? (단, 제시된 돌연변이 이외의 돌연변이와 교차는 고려하지 않으며, A, a, B, b, D, d 각각의 1개당 DNA 상대량은 1이다.) [3점]

〈보기〉
ㄱ. 자녀 2에게서 A, B, D를 모두 갖는 생식세포가 형성될 수 있다.
ㄴ. ⊙은 7번 염색체 결실이다.
ㄷ. 염색체 비분리는 감수 2분열에서 일어났다.

① ㄱ ② ㄴ ③ ㄷ ④ ㄴ, ㄷ ⑤ ㄱ, ㄴ, ㄷ

2023

09
2023학년도 9월 모평 18번

다음은 어떤 가족의 유전 형질 (가)~(다)에 대한 자료이다.

○ (가)는 대립유전자 A와 A*에 의해, (나)는 대립유전자 B와 B*에 의해, (다)는 대립유전자 D와 D*에 의해 결정된다.
○ (가)와 (나)의 유전자는 7번 염색체에, (다)의 유전자는 9번 염색체에 있다.
○ 표는 이 가족 구성원의 세포 Ⅰ~Ⅴ 각각에 들어 있는 A, A*, B, B*, D, D*의 DNA 상대량을 나타낸 것이다.

구분	세포	DNA 상대량					
		A	A*	B	B*	D	D*
아버지	Ⅰ	?	?	1	0	1	?
어머니	Ⅱ	?	?	0	0	2	2
자녀 1	Ⅲ	2	?	?	1	0	2
자녀 2	Ⅳ	0	?	0	?	?	2
자녀 3	Ⅴ	2	0	?	2	?	3

○ 아버지의 생식세포 형성 과정에서 7번 염색체에 있는 대립유전자 ⊙이 9번 염색체로 이동하는 돌연변이가 1회 일어나 9번 염색체에 ⊙이 있는 정자 P가 형성되었다. ⊙은 A, A*, B, B* 중 하나이다.
○ 어머니의 생식세포 형성 과정에서 염색체 비분리가 1회 일어나 염색체 수가 비정상적인 난자 Q가 형성되었다.
○ P와 Q가 수정되어 자녀 3이 태어났다. 자녀 3을 제외한 나머지 구성원의 핵형은 모두 정상이다.

이에 대한 설명으로 옳은 것만을 〈보기〉에서 있는 대로 고른 것은? (단, 제시된 돌연변이 이외의 돌연변이와 교차는 고려하지 않으며, A, A*, B, B*, D, D* 각각의 1개당 DNA 상대량은 1이다.) [3점]

〈보기〉
ㄱ. ⊙은 B*이다.
ㄴ. 어머니에게서 A, B, D를 모두 갖는 난자가 형성될 수 있다.
ㄷ. 염색체 비분리는 감수 2분열에서 일어났다.

① ㄱ ② ㄷ ③ ㄱ, ㄴ ④ ㄱ, ㄷ ⑤ ㄴ, ㄷ

2022 ~ 2020

06

다음은 사람의 유전 형질 (가)~(다)에 대한 자료이다.

○ (가)~(다)의 유전자는 서로 다른 2개의 상염색체에 있다.
○ (가)는 대립유전자 A와 a에 의해, (나)는 대립유전자 B와 b에 의해, (다)는 대립유전자 D와 d에 의해 결정된다.
○ P의 유전자형은 AaBbDd이고, Q의 유전자형은 AabbDd이며, P와 Q의 핵형은 모두 정상이다.
○ 표는 P의 세포 Ⅰ~Ⅲ과 Q의 세포 Ⅳ~Ⅵ 각각에 들어 있는 A, a, B, b, D, d의 DNA 상대량을 나타낸 것이다. ㉠~㉢은 0, 1, 2를 순서 없이 나타낸 것이다.

사람	세포	DNA 상대량					
		A	a	B	b	D	d
P	Ⅰ	0	1	?	㉢	0	㉡
	Ⅱ	㉠	㉠	㉠	?	㉢	㉡
	Ⅲ	?	㉡	0	㉠	㉢	㉡
Q	Ⅳ	㉢	?	?	2	㉢	㉡
	Ⅴ	㉡	㉡	0	?	㉢	?
	Ⅵ	㉠	?	?	㉠	㉡	㉢

○ 세포 ⓐ와 ⓑ 중 하나는 염색체의 일부가 결실된 세포이고, 나머지 하나는 염색체 비분리가 1회 일어나 형성된 염색체 수가 비정상적인 세포이다. ⓐ는 Ⅰ~Ⅲ 중 하나이고, ⓑ는 Ⅳ~Ⅵ 중 하나이다.
○ Ⅰ~Ⅵ 중 ⓐ와 ⓑ를 제외한 나머지 세포는 모두 정상 세포이다.

이에 대한 설명으로 옳은 것만을 〈보기〉에서 있는 대로 고른 것은? (단, 제시된 돌연변이 이외의 돌연변이와 교차는 고려하지 않으며, A, a, B, b, D, d 각각의 1개당 DNA 상대량은 1이다.)

─〈 보기 〉─
ㄱ. (가)의 유전자와 ⓑ의 유전자는 같은 염색체에 있다.
ㄴ. Ⅳ는 염색체 수가 비정상적인 세포이다.
ㄷ. ⓐ에서 a의 DNA 상대량은 ⓑ에서 d의 DNA 상대량과 같다.

① ㄱ　② ㄴ　③ ㄷ　④ ㄱ, ㄴ　⑤ ㄱ, ㄷ

02

다음은 어떤 집안의 유전 형질 (가)에 대한 자료이다.

○ (가)는 상염색체에 있는 1쌍의 대립유전자에 의해 결정되며, 대립유전자에는 D, E, F, G가 있다.
○ D는 E, F, G에 대해, E는 F, G에 대해, F는 G에 대해 각각 완전 우성이다.
○ 그림은 구성원 1~8의 가계도를, 표는 1, 3, 4, 5의 체세포 1개당 G의 DNA 상대량을 나타낸 것이다. 가계도에 (가)의 표현형은 나타내지 않았다.

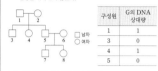

구성원	G의 DNA 상대량
1	1
3	0
4	1
5	0

□ 남자
○ 여자

○ 1~8의 유전자형은 각각 서로 다르다.
○ 3, 4, 5, 6의 표현형은 모두 다르고, 2와 8의 표현형은 같다.
○ 5와 6 중 한 명의 생식세포 형성 과정에서 ⓐ 대립유전자 ㉠이 대립유전자 ㉡으로 바뀌는 돌연변이가 1회 일어나 ㉡을 갖는 생식세포가 형성되었다. 이 생식세포가 정상 생식세포와 수정되어 8이 태어났다. ㉠과 ㉡은 각각 대립유전자 D, E, F, G 중 하나이다.

이에 대한 설명으로 옳은 것만을 〈보기〉에 있는 대로 고른 것은? (단, 제시된 돌연변이 이외의 돌연변이는 고려하지 않으며, D, E, F, G 각각의 1개당 DNA 상대량은 1이다.) [3점]

─〈 보기 〉─
ㄱ. 5와 7의 표현형은 같다.
ㄴ. ⓐ는 5에서 형성되었다.
ㄷ. 2~8 중 1과 표현형이 같은 사람은 2명이다.

① ㄱ　② ㄴ　③ ㄷ　④ ㄱ, ㄴ　⑤ ㄱ, ㄷ

05
대표 문제

다음은 어떤 가족의 유전 형질 (가)~(다)에 대한 자료이다.

○ (가)는 대립유전자 A와 a에 의해, (나)는 대립유전자 B와 b에 의해, (다)는 대립유전자 D와 d에 의해 결정된다.
○ (가)~(다)의 유전자 중 2개는 서로 다른 상염색체에, 나머지 1개는 X 염색체에 있다.
○ 표는 아버지의 정자 Ⅰ과 Ⅱ, 어머니의 난자 Ⅲ과 Ⅳ, 딸의 체세포 Ⅴ가 갖는 A, a, B, b, D, d의 DNA 상대량을 나타낸 것이다.

구분	세포	DNA 상대량					
		A	a	B	b	D	d
아버지의 정자	Ⅰ	1	0	?	0	0	?
	Ⅱ	0	1	0	0	?	1
어머니의 난자	Ⅲ	?	1	0	?	㉠	0
	Ⅳ	0	?	1	?	0	?
딸의 체세포	Ⅴ	1	?	?	㉡	?	0

○ Ⅰ과 Ⅱ 중 하나는 염색체 비분리가 1회 일어나 형성된 ⓐ 염색체 수가 비정상적인 정자이고, 나머지 하나는 정상 정자이다. Ⅲ과 Ⅳ 중 하나는 염색체 비분리가 1회 일어나 형성된 ⓑ 염색체 수가 비정상적인 난자이고, 나머지 하나는 정상 난자이다.
○ Ⅴ는 ⓐ와 ⓑ가 수정되어 태어난 딸의 체세포이며, 이 가족 구성원의 핵형은 모두 정상이다.

이에 대한 설명으로 옳은 것만을 〈보기〉에서 있는 대로 고른 것은? (단, 제시된 염색체 비분리 이외의 돌연변이는 고려하지 않으며, A, a, B, b, D, d 각각의 1개당 DNA 상대량은 1이다.) [3점]

─〈 보기 〉─
ㄱ. (나)의 유전자는 X 염색체에 있다.
ㄴ. ㉠+㉡=2이다.
ㄷ. $\dfrac{\text{아버지의 체세포 1개당 B의 DNA 상대량}}{\text{어머니의 체세포 1개당 D의 DNA 상대량}}=\dfrac{1}{2}$이다.

① ㄱ　② ㄴ　③ ㄱ, ㄷ　④ ㄴ, ㄷ　⑤ ㄱ, ㄴ, ㄷ

07

다음은 영희네 가족의 유전 형질 (가)~(다)에 대한 자료이다.

○ (가)는 대립유전자 A와 A*에 의해, (나)는 대립유전자 B와 B*에 의해, (다)는 대립유전자 D와 D*에 의해 결정된다.
○ (가)와 (나)의 유전자는 7번 염색체에, (다)의 유전자는 X 염색체에 있다.
○ 그림은 영희네 가족 구성원 중 어머니, 오빠, 영희, ⓐ 남동생의 세포 Ⅰ~Ⅳ가 갖는 A, B, D*의 DNA 상대량을 나타낸 것이다.

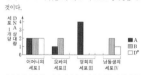

○ 어머니의 생식세포 형성 과정에서 대립유전자 ㉠이 대립유전자 ㉡으로 바뀌는 돌연변이가 1회 일어나 ㉡을 갖는 생식세포가 형성되었다. 이 생식세포가 정상 생식세포와 수정되어 ⓐ가 태어났다. ㉠과 ㉡은 (가)~(다) 중 한 가지 형질을 결정하는 서로 다른 대립유전자이다.

이에 대한 설명으로 옳은 것만을 〈보기〉에서 있는 대로 고른 것은? (단, 제시된 돌연변이 이외의 돌연변이와 교차는 고려하지 않으며, A, A*, B, B*, D, D* 각각의 1개당 DNA 상대량은 1이다.) [3점]

─〈 보기 〉─
ㄱ. Ⅰ은 G_1기 세포이다.
ㄴ. ㉡은 A이다.
ㄷ. 아버지에서 A*, B, D를 모두 갖는 정자가 형성될 수 있다.

① ㄱ　② ㄴ　③ ㄷ　④ ㄱ, ㄷ　⑤ ㄴ, ㄷ

01 대표문제

2021학년도 4월 학평 19번

다음은 어떤 집안의 유전 형질 (가)와 (나)에 대한 자료이다.

○ (가)는 21번 염색체에 있는 대립유전자 A와 a에 의해 결정되며, A는 a에 대해 완전 우성이다.

○ (나)는 7번 염색체에 있는 1쌍의 대립유전자에 의해 결정되며, 대립유전자에는 E, F, G가 있다. E는 F, G에 대해, F는 G에 대해 각각 완전 우성이다.

○ 가계도는 구성원 1~7에게서 (가)의 발현 여부를 나타낸 것이다.

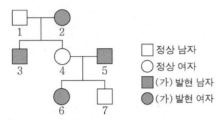

□ 정상 남자
○ 정상 여자
■ (가) 발현 남자
● (가) 발현 여자

○ 1, 2, 4, 5, 6, 7의 (나)의 유전자형은 모두 다르다.

○ 1, 7의 (나)의 표현형은 다르고, 2, 4, 6의 (나)의 표현형은 같다.

○ $\dfrac{1,\ 7\ 각각의\ 체세포\ 1개당\ a의\ DNA\ 상대량을\ 더한\ 값}{3,\ 7\ 각각의\ 체세포\ 1개당\ E의\ DNA\ 상대량을\ 더한\ 값}=1$ 이다.

○ 7은 염색체 수가 비정상적인 난자 ㉠과 염색체 수가 비정상적인 정자 ㉡이 수정되어 태어났으며, ㉠과 ㉡의 형성 과정에서 각각 염색체 비분리가 1회 일어났다. 1~7의 핵형은 모두 정상이다.

이에 대한 설명으로 옳은 것만을 〈보기〉에서 있는 대로 고른 것은? (단, 제시된 염색체 비분리 이외의 돌연변이는 고려하지 않으며, A, a, E, F, G 각각의 1개당 DNA 상대량은 1이다.) [3점]

〈 보기 〉
ㄱ. (가)는 열성 형질이다.
ㄴ. 5의 (나)의 유전자형은 동형 접합성이다.
ㄷ. ㉠의 형성 과정에서 염색체 비분리는 감수 2분열에서 일어났다.

① ㄱ   ② ㄷ   ③ ㄱ, ㄴ   ④ ㄴ, ㄷ   ⑤ ㄱ, ㄴ, ㄷ

02

2021학년도 수능 17번

다음은 어떤 집안의 유전 형질 (가)에 대한 자료이다.

○ (가)는 상염색체에 있는 1쌍의 대립유전자에 의해 결정되며, 대립유전자에는 D, E, F, G가 있다.

○ D는 E, F, G에 대해, E는 F, G에 대해, F는 G에 대해 각각 완전 우성이다.

○ 그림은 구성원 1~8의 가계도를, 표는 1, 3, 4, 5의 체세포 1개당 G의 DNA 상대량을 나타낸 것이다. 가계도에 (가)의 표현형은 나타내지 않았다.

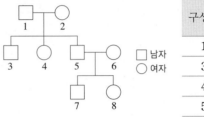

□ 남자
○ 여자

구성원	G의 DNA 상대량
1	1
3	0
4	1
5	0

○ 1~8의 유전자형은 각각 서로 다르다.

○ 3, 4, 5, 6의 표현형은 모두 다르고, 2와 8의 표현형은 같다.

○ 5와 6 중 한 명의 생식세포 형성 과정에서 ⓐ 대립유전자 ㉠이 대립유전자 ㉡으로 바뀌는 돌연변이가 1회 일어나 ㉡을 갖는 생식세포가 형성되었다. 이 생식세포가 정상 생식세포와 수정되어 8이 태어났다. ㉠과 ㉡은 각각 D, E, F, G 중 하나이다.

이에 대한 설명으로 옳은 것만을 〈보기〉에서 있는 대로 고른 것은? (단, 제시된 돌연변이 이외의 돌연변이는 고려하지 않으며, D, E, F, G 각각의 1개당 DNA 상대량은 1이다.) [3점]

〈 보기 〉
ㄱ. 5와 7의 표현형은 같다.
ㄴ. ⓐ는 5에서 형성되었다.
ㄷ. 2~8 중 1과 표현형이 같은 사람은 2명이다.

① ㄱ   ② ㄴ   ③ ㄷ   ④ ㄱ, ㄴ   ⑤ ㄱ, ㄷ

03

다음은 어떤 가족의 유전 형질 (가)~(다)에 대한 자료이다.

○ (가)~(다)의 유전자 중 2개는 X 염색체에 있고, 나머지 1개
는 상염색체에 있다.

○ (가)는 대립유전자 A와 a에 의해, (나)는 대립유전자 B와 b
에 의해, (다)는 대립유전자 D와 d에 의해 결정된다.

○ 표는 이 가족 구성원에서 체세포 1개당 A, b, d의 DNA 상
대량을 나타낸 것이다.

구성원	DNA 상대량		
	A	b	d
아버지	1	1	1
어머니	0	1	1
자녀 1	?	1	0
자녀 2	0	1	1
자녀 3	1	0	2
자녀 4	2	3	2

○ 부모 중 한 명의 생식세포 형성 과정에서 염색체 비분리가 1
회 일어나 염색체 수가 비정상적인 생식세포 P가 형성되었
고, 나머지 한 명의 생식세포 형성 과정에서 대립유전자 ㉠이
대립유전자 ㉡으로 바뀌는 돌연변이가 1회 일어나 ㉡을 갖는
생식세포 Q가 형성되었다. ㉠과 ㉡은 (가)~(다) 중 한 가지
형질을 결정하는 서로 다른 대립유전자이다.

○ P와 Q가 수정되어 자녀 4가 태어났다. 자녀 4를 제외한 이
가족 구성원의 핵형은 모두 정상이다.

이에 대한 설명으로 옳은 것만을 〈보기〉에서 있는 대로 고른 것은? (단,
제시된 돌연변이 이외의 돌연변이와 교차는 고려하지 않으며, A, a, B,
b, D, d 각각의 1개당 DNA 상대량은 1이다.)

〈 보기 〉
ㄱ. 자녀 1~3 중 여자는 2명이다.
ㄴ. Q는 어머니에게서 형성되었다.
ㄷ. 자녀 3에게서 A, B, d를 모두 갖는 생식세포가 형성될 수
있다.

① ㄱ   ② ㄴ   ③ ㄷ   ④ ㄱ, ㄴ   ⑤ ㄴ, ㄷ

04

다음은 어떤 가족의 유전 형질 (가)와 (나)에 대한 자료이다.

○ (가)는 대립유전자 A와 a에 의해, (나)는 대립유전자 B와 b
에 의해 결정된다. A는 a에 대해, B는 b에 대해 각각 완전
우성이다.

○ (가)와 (나)의 유전자 중 하나는 상염색체에 있고, 나머지 하
나는 X 염색체에 있다.

○ 표는 이 가족 구성원의 성별, (가)와 (나)의 발현 여부, 체세
포 1개당 A와 B의 DNA 상대량을 더한 값(A+B)을 나타
낸 것이다.

구성원	성별	(가)	(나)	A+B
아버지	남	?	×	0
어머니	여	○	?	2
자녀 1	남	×	○	?
자녀 2	여	?	○	1
자녀 3	남	○	?	3

(○: 발현됨, ×: 발현 안 됨)

○ 부모 중 한 명의 생식세포 형성 과정에서 성염색체 비분리가
1회 일어나 생식세포 P가 형성되었고, 나머지 한 명의 생식
세포 형성 과정에서 대립유전자 ㉠이 대립유전자 ㉡으로 바
뀌는 돌연변이가 1회 일어나 ㉡을 갖는 생식세포 Q가 형성되
었다. ㉠과 ㉡은 (가)와 (나) 중 한 가지 형질을 결정하는 서
로 다른 대립유전자이다.

○ P와 정상 생식세포가 수정되어 자녀 2가, Q와 정상 생식세포
가 수정되어 자녀 3이 태어났다.

○ 자녀 2는 터너 증후군의 염색체 이상을 보이고, 자녀 2를 제
외한 이 가족 구성원의 핵형은 모두 정상이다.

이에 대한 옳은 설명만을 〈보기〉에서 있는 대로 고른 것은? (단, 제시된
돌연변이 이외의 돌연변이와 교차는 고려하지 않으며, A, a, B, b 각각
의 1개당 DNA 상대량은 1이다.) [3점]

〈 보기 〉
ㄱ. (가)의 유전자는 상염색체에 있다.
ㄴ. ㉡은 B이다.
ㄷ. 자녀 1의 체세포 1개당 a와 b의 DNA 상대량을 더한 값은
2이다.

① ㄱ   ② ㄴ   ③ ㄱ, ㄷ   ④ ㄴ, ㄷ   ⑤ ㄱ, ㄴ, ㄷ

해설편 403쪽

24
일차

다음은 어떤 가족의 유전 형질 (가)~(다)에 대한 자료이다.

○ (가)는 대립유전자 A와 a에 의해, (나)는 대립유전자 B와 b에 의해, (다)는 대립유전자 D와 d에 의해 결정된다.

○ (가)~(다)의 유전자 중 2개는 서로 다른 상염색체에, 나머지 1개는 X 염색체에 있다.

○ 표는 아버지의 정자 Ⅰ과 Ⅱ, 어머니의 난자 Ⅲ과 Ⅳ, 딸의 체세포 Ⅴ가 갖는 A, a, B, b, D, d의 DNA 상대량을 나타낸 것이다.

구분	세포	DNA 상대량					
		A	a	B	b	D	d
아버지의 정자	Ⅰ	1	0	?	0	0	?
	Ⅱ	0	1	0	0	?	1
어머니의 난자	Ⅲ	?	1	0	?	㉠	0
	Ⅳ	0	?	1	?	0	?
딸의 체세포	Ⅴ	1	?	?	㉡	?	0

○ Ⅰ과 Ⅱ 중 하나는 염색체 비분리가 1회 일어나 형성된 ⓐ 염색체 수가 비정상적인 정자이고, 나머지 하나는 정상 정자이다. Ⅲ과 Ⅳ 중 하나는 염색체 비분리가 1회 일어나 형성된 ⓑ 염색체 수가 비정상적인 난자이고, 나머지 하나는 정상 난자이다.

○ Ⅴ는 ⓐ와 ⓑ가 수정되어 태어난 딸의 체세포이며, 이 가족 구성원의 핵형은 모두 정상이다.

이에 대한 설명으로 옳은 것만을 〈보기〉에서 있는 대로 고른 것은? (단, 제시된 염색체 비분리 이외의 돌연변이는 고려하지 않으며, A, a, B, b, D, d 각각의 1개당 DNA 상대량은 1이다.) [3점]

〈보기〉

ㄱ. (나)의 유전자는 X 염색체에 있다.

ㄴ. ㉠+㉡=2이다.

ㄷ. $\dfrac{\text{아버지의 체세포 1개당 B의 DNA 상대량}}{\text{어머니의 체세포 1개당 D의 DNA 상대량}} = \dfrac{1}{2}$이다.

① ㄱ   ② ㄴ   ③ ㄱ, ㄷ   ④ ㄴ, ㄷ   ⑤ ㄱ, ㄴ, ㄷ

다음은 사람의 유전 형질 (가)~(다)에 대한 자료이다.

○ (가)~(다)의 유전자는 서로 다른 2개의 상염색체에 있다.

○ (가)는 대립유전자 A와 a에 의해, (나)는 대립유전자 B와 b에 의해, (다)는 대립유전자 D와 d에 의해 결정된다.

○ P의 유전자형은 AaBbDd이고, Q의 유전자형은 AabbDd이며, P와 Q의 핵형은 모두 정상이다.

○ 표는 P의 세포 Ⅰ~Ⅲ과 Q의 세포 Ⅳ~Ⅵ 각각에 들어 있는 A, a, B, b, D, d의 DNA 상대량을 나타낸 것이다. ㉠~㉢은 0, 1, 2를 순서 없이 나타낸 것이다.

사람	세포	DNA 상대량					
		A	a	B	b	D	d
P	Ⅰ	0	1	?	㉢	0	㉡
	Ⅱ	㉠	㉡	㉠	?	㉠	?
	Ⅲ	?	㉡	0	㉢	㉢	㉡
Q	Ⅳ	㉢	?	?	2	㉢	㉢
	Ⅴ	㉡	㉢	0	㉠	㉡	?
	Ⅵ	㉠	?	?	㉠	㉡	㉠

○ 세포 ⓐ와 ⓑ 중 하나는 염색체의 일부가 결실된 세포이고, 나머지 하나는 염색체 비분리가 1회 일어나 형성된 염색체 수가 비정상적인 세포이다. ⓐ는 Ⅰ~Ⅲ 중 하나이고, ⓑ는 Ⅳ~Ⅵ 중 하나이다.

○ Ⅰ~Ⅵ 중 ⓐ와 ⓑ를 제외한 나머지 세포는 모두 정상 세포이다.

이에 대한 설명으로 옳은 것만을 〈보기〉에서 있는 대로 고른 것은? (단, 제시된 돌연변이 이외의 돌연변이와 교차는 고려하지 않으며, A, a, B, b, D, d 각각의 1개당 DNA 상대량은 1이다.)

〈보기〉

ㄱ. (가)의 유전자와 (다)의 유전자는 같은 염색체에 있다.

ㄴ. Ⅳ는 염색체 수가 비정상적인 세포이다.

ㄷ. ⓐ에서 a의 DNA 상대량은 ⓑ에서 d의 DNA 상대량과 같다.

① ㄱ   ② ㄴ   ③ ㄷ   ④ ㄱ, ㄴ   ⑤ ㄱ, ㄷ

07

다음은 영희네 가족의 유전 형질 (가)~(다)에 대한 자료이다.

○ (가)는 대립유전자 A와 A*에 의해, (나)는 대립유전자 B와 B*에 의해, (다)는 대립유전자 D와 D*에 의해 결정된다.
○ (가)와 (나)의 유전자는 7번 염색체에, (다)의 유전자는 X 염색체에 있다.
○ 그림은 영희네 가족 구성원 중 어머니, 오빠, 영희, ⓐ 남동생의 세포 Ⅰ~Ⅳ가 갖는 A, B, D*의 DNA 상대량을 나타낸 것이다.

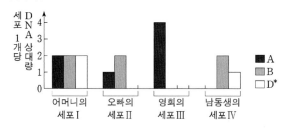

○ 어머니의 생식세포 형성 과정에서 대립유전자 ㉠이 대립유전자 ㉡으로 바뀌는 돌연변이가 1회 일어나 ㉡을 갖는 생식세포가 형성되었다. 이 생식세포가 정상 생식세포와 수정되어 ⓐ가 태어났다. ㉠과 ㉡은 (가)~(다) 중 한 가지 형질을 결정하는 서로 다른 대립유전자이다.

이에 대한 설명으로 옳은 것만을 〈보기〉에서 있는 대로 고른 것은? (단, 제시된 돌연변이 이외의 돌연변이와 교차는 고려하지 않으며, A, A*, B, B*, D, D* 각각의 1개당 DNA 상대량은 1이다.) [3점]

〈 보기 〉
ㄱ. Ⅰ은 G₁기 세포이다.
ㄴ. ㉠은 A이다.
ㄷ. 아버지에서 A*, B, D를 모두 갖는 정자가 형성될 수 있다.

① ㄱ ② ㄴ ③ ㄷ ④ ㄱ, ㄷ ⑤ ㄴ, ㄷ

08

다음은 어떤 가족의 유전 형질 (가)와 (나)에 대한 자료이다.

○ (가)는 대립유전자 A와 a에 의해, (나)는 대립유전자 B와 b에 의해 결정된다. A는 a에 대해, B는 b에 대해 각각 완전 우성이다.
○ (가)와 (나)를 결정하는 유전자 중 1개는 X 염색체에, 나머지 1개는 상염색체에 존재한다.
○ 표는 이 가족 구성원의 성별과 체세포 1개당 A와 B의 DNA 상대량을 나타낸 것이다.

구성원	성별	A	B
아버지	남	?	1
어머니	여	0	?
자녀 1	남	?	1
자녀 2	여	?	0
자녀 3	남	2	2

○ 부모의 생식세포 형성 과정 중 한 명에게서 대립유전자 ㉠이 대립유전자 ㉡으로 바뀌는 돌연변이가 1회 일어나 ㉡을 갖는 생식세포가, 나머지 한 명에게서 ⓐ 염색체 비분리가 1회 일어나 염색체 수가 비정상적인 생식세포가 형성되었다. 이 두 생식세포가 수정되어 클라인펠터 증후군을 나타내는 자녀 3이 태어났다. ㉠과 ㉡은 각각 A, a, B, b 중 하나이다.

이에 대한 설명으로 옳은 것만을 〈보기〉에서 있는 대로 고른 것은? (단, 제시된 돌연변이 이외의 돌연변이는 고려하지 않으며, A, a, B, b 각각의 1개당 DNA 상대량은 1이다.) [3점]

〈 보기 〉
ㄱ. ㉡은 A이다.
ㄴ. ⓐ가 형성될 때 염색체 비분리는 감수 2분열에서 일어났다.
ㄷ. 체세포 1개당 $\dfrac{\text{a의 DNA 상대량}}{\text{b의 DNA 상대량}}$ 은 자녀 1이 자녀 2보다 크다.

① ㄴ ② ㄷ ③ ㄱ, ㄴ ④ ㄱ, ㄷ ⑤ ㄱ, ㄴ, ㄷ

다음은 어떤 가족의 유전 형질 (가)~(다)에 대한 자료이다.

○ (가)는 대립유전자 A와 A*에 의해, (나)는 대립유전자 B와 B*에 의해, (다)는 대립유전자 D와 D*에 의해 결정된다.

○ (가)와 (나)의 유전자는 7번 염색체에, (다)의 유전자는 9번 염색체에 있다.

○ 표는 이 가족 구성원의 세포 I ~ V 각각에 들어 있는 A, A*, B, B*, D, D*의 DNA 상대량을 나타낸 것이다.

구분	세포	DNA 상대량					
		A	A*	B	B*	D	D*
아버지	I	?	?	1	0	1	?
어머니	II	0	?	?	0	0	2
자녀 1	III	2	?	?	1	?	0
자녀 2	IV	0	?	0	?	?	2
자녀 3	V	?	0	?	2	?	3

○ 아버지의 생식세포 형성 과정에서 7번 염색체에 있는 대립유전자 ㉠이 9번 염색체로 이동하는 돌연변이가 1회 일어나 9번 염색체에 ㉠이 있는 정자 P가 형성되었다. ㉠은 A, A*, B, B* 중 하나이다.

○ 어머니의 생식세포 형성 과정에서 염색체 비분리가 1회 일어나 염색체 수가 비정상적인 난자 Q가 형성되었다.

○ P와 Q가 수정되어 자녀 3이 태어났다. 자녀 3을 제외한 나머지 구성원의 핵형은 모두 정상이다.

이에 대한 설명으로 옳은 것만을 〈보기〉에서 있는 대로 고른 것은? (단, 제시된 돌연변이 이외의 돌연변이와 교차는 고려하지 않으며, A, A*, B, B*, D, D* 각각의 1개당 DNA 상대량은 1이다.) [3점]

〈 보기 〉
ㄱ. ㉠은 B*이다.
ㄴ. 어머니에게서 A, B, D를 모두 갖는 난자가 형성될 수 있다.
ㄷ. 염색체 비분리는 감수 2분열에서 일어났다.

① ㄱ   ② ㄷ   ③ ㄱ, ㄴ   ④ ㄱ, ㄷ   ⑤ ㄴ, ㄷ

다음은 어떤 가족의 유전 형질 (가)에 대한 자료이다.

○ (가)는 상염색체에 있는 한 쌍의 대립유전자에 의해 결정되며, 대립유전자에는 D, E, F가 있다.

○ D는 E, F에 대해, E는 F에 대해 각각 완전 우성이다.

○ 표는 이 가족 구성원의 (가)의 3가지 표현형 ⓐ~ⓒ와 체세포 1개당 ㉠~㉢의 DNA 상대량을 나타낸 것이다. ㉠, ㉡, ㉢은 D, E, F를 순서 없이 나타낸 것이다.

구성원		아버지	어머니	자녀 1	자녀 2	자녀 3
표현형		ⓐ	ⓑ	ⓐ	ⓑ	ⓒ
DNA 상대량	㉠	1	1	0	2	2
	㉡	1	0	?	0	?
	㉢	0	?	1	?	0

○ 정상 난자와 생식세포 형성 과정에서 염색체 비분리가 1회 일어나 형성된 정자 P가 수정되어 자녀 ㉣가 태어났다. ㉣는 자녀 1~3 중 하나이다.

이에 대한 설명으로 옳은 것만을 〈보기〉에서 있는 대로 고른 것은? (단, 제시된 염색체 비분리 이외의 돌연변이와 교차는 고려하지 않으며, D, E, F 각각의 1개당 DNA 상대량은 1이다.) [3점]

〈 보기 〉
ㄱ. ㉡은 D이다.
ㄴ. 자녀 2에서 체세포 1개당 ㉢의 DNA 상대량은 0이다.
ㄷ. P가 형성될 때 염색체 비분리는 감수 1분열에서 일어났다.

① ㄱ   ② ㄴ   ③ ㄱ, ㄷ   ④ ㄴ, ㄷ   ⑤ ㄱ, ㄴ, ㄷ

다음은 어떤 가족의 유전 형질 (가)와 (나)에 대한 자료이다.

○ (가)는 대립유전자 A와 a에 의해 결정되며, 유전자형이 다르면 표현형이 다르다.
○ (나)는 1쌍의 대립유전자에 의해 결정되며 대립유전자에는 B, D, E, F가 있다. B, D, E, F 사이의 우열 관계는 분명하다.
○ (나)의 표현형은 4가지이며, ㉠, ㉡, ㉢, ㉣이다.
○ (나)에서 유전자형이 BF, DF, EF, FF인 개체의 표현형은 같고, 유전자형이 BE, DE, EE인 개체의 표현형은 같고, 유전자형이 BD, DD인 개체의 표현형은 같다.
○ (가)와 (나)의 유전자는 같은 상염색체에 있다.
○ 표는 아버지, 어머니, 자녀 Ⅰ~Ⅳ에서 (나)에 대한 표현형과 체세포 1개당 A의 DNA 상대량을 나타낸 것이다.

구분	아버지	어머니	자녀 Ⅰ	자녀 Ⅱ	자녀 Ⅲ	자녀 Ⅳ
(나)에 대한 표현형	㉠	㉡	㉠	㉠	㉢	㉣
A의 DNA 상대량	?	1	2	?	1	0

○ 자녀 Ⅳ는 생식세포 형성 과정에서 대립유전자 ⓐ가 결실된 염색체를 가진 정자와 정상 난자가 수정되어 태어났다. ⓐ는 B, D, E, F 중 하나이다.

이에 대한 설명으로 옳은 것만을 〈보기〉에서 있는 대로 고른 것은? (단, 제시된 돌연변이 이외의 돌연변이와 교차는 고려하지 않으며, A, a 각각의 1개당 DNA 상대량은 1이다.) [3점]

〈 보기 〉
ㄱ. ⓐ는 E이다.
ㄴ. 자녀 Ⅱ의 (가)에 대한 유전자형은 aa이다.
ㄷ. 자녀 Ⅳ의 동생이 태어날 때, 이 아이의 (가)와 (나)에 대한 표현형이 모두 아버지와 같을 확률은 $\frac{1}{4}$이다.

① ㄱ　　② ㄴ　　③ ㄷ　　④ ㄱ, ㄴ　　⑤ ㄱ, ㄷ

다음은 어떤 가족의 유전 형질 (가)~(다)에 대한 자료이다.

○ (가)는 대립유전자 A와 a에 의해, (나)는 대립유전자 B와 b에 의해, (다)는 대립유전자 D와 d에 의해 결정된다.
○ (가)~(다)의 유전자 중 2개는 7번 염색체에, 나머지 1개는 X 염색체에 있다.
○ 표는 이 가족 구성원 ㉠~㉤의 성별, 체세포 1개에 들어 있는 A, b, D의 DNA 상대량을 나타낸 것이다. ㉠~㉤은 아버지, 어머니, 자녀 1, 자녀 2, 자녀 3을 순서 없이 나타낸 것이다.

구성원	성별	DNA 상대량		
		A	b	D
㉠	여	1	1	1
㉡	여	2	2	0
㉢	남	1	0	2
㉣	남	2	0	2
㉤	남	2	1	1

○ ㉠~㉤의 핵형은 모두 정상이다. 자녀 1과 2는 각각 정상 정자와 정상 난자가 수정되어 태어났다.
○ 자녀 3은 염색체 수가 비정상적인 정자 ⓐ와 염색체 수가 비정상적인 난자 ⓑ가 수정되어 태어났으며, ⓐ와 ⓑ의 형성 과정에서 각각 염색체 비분리가 1회 일어났다.

이에 대한 설명으로 옳은 것만을 〈보기〉에서 있는 대로 고른 것은? (단, 제시된 염색체 비분리 이외의 돌연변이와 교차는 고려하지 않으며, A, a, B, b, D, d 각각의 1개당 DNA 상대량은 1이다.) [3점]

〈 보기 〉
ㄱ. (나)의 유전자는 X 염색체에 있다.
ㄴ. 어머니에게서 A, b, d를 모두 갖는 난자가 형성될 수 있다.
ㄷ. ⓐ의 형성 과정에서 염색체 비분리는 감수 1분열에서 일어났다.

① ㄱ　　② ㄷ　　③ ㄱ, ㄴ　　④ ㄴ, ㄷ　　⑤ ㄱ, ㄴ, ㄷ

13

다음은 사람의 유전 형질 (가)에 대한 자료이다.

○ 서로 다른 3개의 상염색체에 있는 3쌍의 대립유전자 A와 a, B와 b, D와 d에 의해 결정된다.

○ 표는 사람 P의 세포 Ⅰ~Ⅲ 각각에 들어있는 A, a, B, b, D, d의 DNA 상대량을 나타낸 것이다. ㉠과 ㉡은 1과 2를 순서 없이 나타낸 것이다.

세포	DNA 상대량					
	A	a	B	b	D	d
Ⅰ	㉠	1	0	2	?	㉠
Ⅱ	1	0	?	㉡	㉠	0
Ⅲ	?	㉡	0	?	0	㉡

○ Ⅰ~Ⅲ 중 2개에는 돌연변이가 일어난 염색체가 없고, 나머지에는 중복이 일어나 대립유전자 ⓐ의 DNA 상대량이 증가한 염색체가 있다. ⓐ는 A와 b 중 하나이다.

이에 대한 옳은 설명만을 〈보기〉에서 있는 대로 고른 것은? (단, 제시된 돌연변이 이외의 돌연변이와 교차는 고려하지 않으며, A, a, B, b, D, d 각각의 1개당 DNA 상대량은 1이다.) [3점]

── 〈 보기 〉 ──
ㄱ. ㉠은 2이다.
ㄴ. ⓐ는 b이다.
ㄷ. P에서 (가)의 유전자형은 AaBbDd이다.

① ㄱ   ② ㄴ   ③ ㄷ   ④ ㄱ, ㄴ   ⑤ ㄴ, ㄷ

14

다음은 어떤 가족의 유전 형질 (가)~(다)에 대한 자료이다.

○ (가)는 대립유전자 A와 a에 의해, (나)는 대립유전자 B와 b에 의해, (다)는 대립유전자 D와 d에 의해 결정된다.

○ 그림은 아버지와 어머니의 체세포에 들어있는 일부 염색체와 유전자를 나타낸 것이다. ㉮~㉱는 각각 ㉮'~㉱'의 상동 염색체이다.

아버지   어머니

○ 표는 이 가족 구성원의 세포 Ⅰ~Ⅳ에서 염색체 ㉠~㉣의 유무와 A, b, D의 DNA 상대량을 더한 값(A+b+D)을 나타낸 것이다. ㉠~㉣은 ㉮~㉱를 순서 없이 나타낸 것이다.

구성원	세포	염색체				A+b+D
		㉠	㉡	㉢	㉣	
아버지	Ⅰ	○	×	×	×	0
어머니	Ⅱ	×	○	×	○	3
자녀 1	Ⅲ	○	×	○	○	3
자녀 2	Ⅳ	○	×	×	○	3

(○ : 있음, × : 없음)

○ 감수 분열 시 부모 중 한 사람에게서만 염색체 비분리가 1회 일어나 염색체 수가 비정상적인 생식세포 ⓐ가 형성되었다. ⓐ와 정상 생식세포가 수정되어 자녀 2가 태어났다.

○ 자녀 2를 제외한 이 가족 구성원의 핵형은 모두 정상이다.

이에 대한 설명으로 옳은 것만을 〈보기〉에서 있는 대로 고른 것은? (단, 제시된 돌연변이 이외의 돌연변이와 교차는 고려하지 않으며, A, a, B, b, D, d 각각의 1개당 DNA 상대량은 1이다.) [3점]

── 〈 보기 〉 ──
ㄱ. ㉡은 ㉣이다.
ㄴ. 어머니의 (가)~(다)에 대한 유전자형은 AABBDd이다.
ㄷ. ⓐ는 감수 2분열에서 염색체 비분리가 일어나 형성된 난자이다.

① ㄱ   ② ㄷ   ③ ㄱ, ㄴ   ④ ㄴ, ㄷ   ⑤ ㄱ, ㄴ, ㄷ

다음은 어떤 가족의 유전 형질 (가)~(다)에 대한 자료이다.

○ (가)는 대립유전자 A와 a에 의해, (나)는 대립유전자 B와 b에 의해, (다)는 대립유전자 D와 d에 의해 결정된다.

○ (가)와 (나)의 유전자는 7번 염색체에, (다)의 유전자는 13번 염색체에 있다.

○ 그림은 어머니와 아버지의 체세포 각각에 들어 있는 7번 염색체, 13번 염색체와 유전자를 나타낸 것이다.

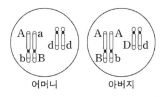

어머니   아버지

○ 표는 이 가족 구성원 중 자녀 1~3에서 체세포 1개당 A, b, D의 DNA 상대량을 더한 값(A+b+D)과 체세포 1개당 a, b, d의 DNA 상대량을 더한 값(a+b+d)을 나타낸 것이다.

구성원		자녀1	자녀2	자녀3
DNA 상대량을 더한 값	A+b+D	5	3	4
	a+b+d	3	3	1

○ 자녀 1~3은 (가)의 유전자형이 모두 같다.

○ 어머니의 생식세포 형성 과정에서 ㉠이 1회 일어나 형성된 난자 P와 아버지의 생식세포 형성 과정에서 ㉡이 1회 일어나 형성된 정자 Q가 수정되어 자녀 3이 태어났다. ㉠과 ㉡은 7번 염색체 결실과 13번 염색체 비분리를 순서 없이 나타낸 것이다.

○ 자녀 3의 체세포 1개당 염색체 수는 47이고, 자녀 3을 제외한 이 가족 구성원의 핵형은 모두 정상이다.

이에 대한 설명으로 옳은 것만을 〈보기〉에서 있는 대로 고른 것은? (단, 제시된 돌연변이 이외의 돌연변이와 교차는 고려하지 않으며, A, a, B, b, D, d 각각의 1개당 DNA 상대량은 1이다.) [3점]

〈 보기 〉

ㄱ. 자녀 2에게서 A, B, D를 모두 갖는 생식세포가 형성될 수 있다.

ㄴ. ㉠은 7번 염색체 결실이다.

ㄷ. 염색체 비분리는 감수 2분열에서 일어났다.

① ㄱ   ② ㄴ   ③ ㄱ, ㄷ   ④ ㄴ, ㄷ   ⑤ ㄱ, ㄴ, ㄷ

다음은 어떤 가족의 유전 형질 (가)~(다)에 대한 자료이다.

○ (가)~(다)의 유전자 중 2개는 X 염색체에 있고, 나머지 1개는 상염색체에 있다.

○ (가)는 대립유전자 A와 a에 의해, (나)는 대립유전자 B와 b에 의해, (다)는 대립유전자 D와 d에 의해 결정된다.

○ 표는 이 가족 구성원 ㉠~㉖의 성별과 체세포 1개당 a, B, D의 DNA 상대량을 나타낸 것이다. ㉠~㉖은 아버지, 어머니, 자녀 1, 자녀 2, 자녀 3, 자녀 4를 순서 없이 나타낸 것이다.

○ 어머니의 난자 형성 과정에서 성염색체 비분리가 1회 일어나 염색체 수가 비정상적인 난자 P가 형성되었다. P가 정상 정자와 수정되어 자녀 4가 태어났으며, 자녀 4는 클라인펠터 증후군의 염색체 이상을 보인다.

구성원	성별	DNA 상대량		
		a	B	D
㉠	여	1	0	1
㉡	여	1	1	1
㉢	남	1	2	0
㉣	남	0	1	1
㉤	남	1	1	1
㉖	남	0	0	1

○ 자녀 4를 제외한 이 가족 구성원의 핵형은 모두 정상이다.

이에 대한 설명으로 옳은 것만을 〈보기〉에서 있는 대로 고른 것은? (단, 제시된 염색체 비분리 이외의 돌연변이와 교차는 고려하지 않으며, A, a, B, b, D, d 각각의 1개당 DNA 상대량은 1이다.) [3점]

〈 보기 〉

ㄱ. ㉖은 아버지이다.

ㄴ. 염색체 비분리는 감수 1분열에서 일어났다.

ㄷ. ㉠에게서 a, b, D를 모두 갖는 생식세포가 형성될 수 있다.

① ㄱ   ② ㄴ   ③ ㄷ   ④ ㄱ, ㄴ   ⑤ ㄴ, ㄷ

주제 \ 학년도	**2025**	**2024**	**2023 ~ 2020**

형질 발현 유무를 나타낸 표 분석

04 2025학년도 6월 평가 17번

다음은 어떤 가족의 유전 형질 (가)~(다)에 대한 자료이다.

○ (가)~(다)의 유전자 중 2개는 13번 염색체에, 나머지 1개는 X 염색체에 있다.
○ (가)는 대립유전자 H와 h에 의해, (나)는 대립유전자 R와 r에 의해, (다)는 대립유전자 T와 t에 의해 결정된다. H는 h에 대해, R는 r에 대해, T는 t에 대해 각각 완전 우성이다.
○ (가)~(다) 중 2개는 우성 형질이고, 나머지 1개는 열성 형질이다.
○ 표는 이 가족 구성원의 성별과 (가)~(다)의 발현 여부를 나타낸 것이다.

구성원	성별	(가)	(나)	(다)
아버지	남	○	×	×
어머니	여	○	○	×
자녀 1	남	○	○	○
자녀 2	여	×	×	×
자녀 3	남	○	○	○
자녀 4	여	×	×	○

(○: 발현됨, ×: 발현 안 됨)

○ 이 가족 구성원의 핵형은 모두 정상이다.
○ 염색체 수가 22인 생식세포 ⓐ과 염색체 수가 24인 생식세포 ⓑ이 수정되어 자녀 4가 태어났다. ⓐ과 ⓑ의 형성 과정에서 각각 13번 염색체 비분리가 1회 일어났다.

이에 대한 설명으로 옳은 것만을 〈보기〉에서 있는 대로 고른 것은? (단, 제시된 염색체 비분리 이외의 돌연변이와 교차는 고려하지 않는다.) [3점]

〈보기〉
ㄱ. (나)는 우성 형질이다.
ㄴ. 아버지에게서 h, R, t를 모두 갖는 정자가 형성될 수 있다.
ㄷ. ⓐ은 감수 1분열에서 염색체 비분리가 일어나 형성된 난자이다.

① ㄱ ② ㄴ ③ ㄷ ④ ㄱ, ㄴ ⑤ ㄴ, ㄷ

---

01 2024학년도 9월 평가 17번

다음은 어떤 가족의 유전 형질 (가)~(다)에 대한 자료이다.

○ (가)는 대립유전자 A와 a에 의해, (나)는 대립유전자 B와 b에 의해, (다)는 대립유전자 D와 d에 의해 결정된다. A는 a에 대해, B는 b에 대해, D는 d에 대해 각각 완전 우성이다.
○ (가)와 (나)는 모두 우성 형질이고, (다)는 열성 형질이다.
○ (가)의 유전자는 상염색체에 있고, (나)와 (다)의 유전자는 모두 X 염색체에 있다.
○ 표는 가족 구성원의 성별과 ⊙~ⓒ의 발현 여부를 나타낸 것이다. ⊙~ⓒ은 각각 (가)~(다) 중 하나이다.

구성원	성별	⊙	ⓒ	ⓒ
아버지	남	○		ⓐ
어머니	여		○	○
자녀 1	여	○		○
자녀 2	여	○	○	
자녀 3	남	○	×	○
자녀 4	남		○	×

(○: 발현됨, ×: 발현 안 됨)

○ 부모 중 한 명의 생식세포 형성 과정에서 성염색체 비분리가 1회 일어나 염색체 수가 비정상적인 생식세포 G가 형성되었고, G가 정상 생식세포와 수정되어 자녀 4가 태어났으며, 자녀 4는 클라인펠터 증후군의 염색체 이상을 보인다.
○ 자녀 4를 제외한 이 가족 구성원의 핵형은 모두 정상이다.

이에 대한 설명으로 옳은 것만을 〈보기〉에서 있는 대로 고른 것은? (단, 제시된 염색체 비분리 이외의 돌연변이와 교차는 고려하지 않는다.)

〈보기〉
ㄱ. ⓐ는 'ⓒ'이다.
ㄴ. 자녀 2는 A, B, D를 모두 갖는다.
ㄷ. G는 아버지에게서 형성되었다.

① ㄱ ② ㄴ ③ ㄱ, ㄷ ④ ㄴ, ㄷ ⑤ ㄱ, ㄴ, ㄷ

---

06 2022학년도 9월 평가 19번

다음은 어떤 가족의 유전 형질 (가)~(다)에 대한 자료이다.

○ (가)는 대립유전자 H와 h에 의해, (나)는 대립유전자 R와 r에 의해, (다)는 대립유전자 T와 t에 의해 결정된다. H는 h에 대해, R는 r에 대해, T는 t에 대해 각각 우성이다.
○ 표는 어머니를 제외한 나머지 가족 구성원의 성별과 (가)~(다)의 발현 여부를 나타낸 것이다. 자녀 3과 4의 성별은 서로 다르다.

구성원	성별	(가)	(나)	(다)
아버지	남	○	○	?
자녀 1	여	×	○	○
자녀 2	남	×	×	×
자녀 3	?	×	○	×
자녀 4	?	×	×	○

(○: 발현됨, ×: 발현 안 됨)

○ 이 가족 구성원의 핵형은 모두 정상이다.
○ 염색체 수가 22인 생식세포와 염색체 수가 24인 생식세포 ⓒ이 수정되어 ⓒ이 태어났으며, 염색체 수가 24인 생식세포 ⓒ이 수정되어 ⓒ이 태어났다. ⓒ과 ⓒ의 형성 과정에서 각각 염색체 비분리가 1회 일어났다.

이에 대한 설명으로 옳은 것만을 〈보기〉에서 있는 대로 고른 것은? (단, 제시된 염색체 비분리 이외의 돌연변이와 교차는 고려하지 않는다.) [3점]

〈보기〉
ㄱ. ⓒ는 자녀 4이다.
ㄴ. ⓒ는 감수 1분열에서 염색체 비분리가 일어나 형성된 난자이다.
ㄷ. (나)와 (다)는 모두 우성 형질이다.

① ㄱ ② ㄷ ③ ㄱ, ㄴ ④ ㄴ, ㄷ ⑤ ㄱ, ㄴ, ㄷ

다인자 유전 형질과 염색체 비분리

09 2024학년도 9월 평가 17번

다음은 어떤 가족의 유전 형질 (가)에 대한 자료이다.

○ (가)는 21번 염색체에 있는 2쌍의 대립유전자 H와 h, T와 t에 의해 결정된다. (가)의 표현형은 유전자형에서 대문자로 표시되는 대립유전자의 수에 의해서만 결정되며, 이 대립유전자의 수가 다르면 표현형이 다르다.
○ 어머니의 난자 형성 과정에서 21번 염색체 비분리가 1회 일어나 염색체 수가 비정상적인 난자 Q가 형성되었다. Q와 아버지의 정상 정자가 수정되어 ⓐ가 태어났고, 부모의 핵형은 모두 정상이다.
○ 어머니의 (가)의 유전자형은 HHTt이고, ⓐ의 (가)의 유전자형에서 대문자로 표시되는 대립유전자의 수는 4이다.
○ ⓐ의 동생이 태어날 때, 이 아이에게서 나타날 수 있는 (가)의 표현형은 최대 2가지이고, 이 아이가 가질 수 있는 (가)의 유전자형은 최대 4가지이다.

이에 대한 설명으로 옳은 것만을 〈보기〉에서 있는 대로 고른 것은? (단, 제시된 염색체 비분리 이외의 돌연변이와 교차는 고려하지 않는다.) [3점]

〈보기〉
ㄱ. 아버지의 (가)의 유전자형에서 대문자로 표시되는 대립유전자의 수는 2이다.
ㄴ. ⓐ는 HhTt가 있다.
ㄷ. 염색체 비분리는 감수 1분열에서 일어났다.

① ㄱ ② ㄷ ③ ㄱ, ㄴ ④ ㄴ, ㄷ ⑤ ㄱ, ㄴ, ㄷ

---

10 2020학년도 6월 평가 10번

다음은 어떤 가족의 유전 형질 (가)에 대한 자료이다.

○ (가)를 결정하는 3개의 유전자는 각각 대립유전자 A와 a, B와 b, D와 d를 가진다.
○ (가)의 표현형은 유전자형에서 대문자로 표시되는 대립유전자의 수에 의해서만 결정되며, 이 대립유전자의 수가 다르면 표현형이 다르다.
○ (가)의 유전자형이 AaBbDd인 부모 사이에서 아이가 태어날 때, 이 아이에게서 나타날 수 있는 (가)의 표현형은 최대 5가지이다.
○ 감수 분열 시 염색체 비분리가 1회 일어나 염색체 수가 비정상적인 난자가 형성되었고 ⓐ와 정상 정자가 수정되어 아이가 태어났고, 이 아이는 자녀 1과 2 중 한 명이다. 이 아이를 제외한 나머지 구성원의 핵형은 모두 정상이다.
○ 표는 이 가족 구성원 중 자녀 1과 2의 (가)의 유전자형에서 대문자로 표시되는 대립유전자의 수를 나타낸 것이다.

구성원	대문자로 표시되는 대립유전자의 수
자녀 1	4
자녀 2	7

이에 대한 설명으로 옳은 것만을 〈보기〉에서 있는 대로 고른 것은? (단, 제시된 염색체 비분리 이외의 돌연변이와 교차는 고려하지 않는다.)

〈보기〉
ㄱ. (가)의 유전은 다인자 유전이다.
ㄴ. 아버지에서 A, B, D를 모두 갖는 정자가 형성될 수 있다.
ㄷ. ⓐ의 형성 과정에서 염색체 비분리는 감수 2분열에서 일어났다.

① ㄱ ② ㄴ ③ ㄱ, ㄷ ④ ㄴ, ㄷ ⑤ ㄱ, ㄴ, ㄷ

---

13 2023학년도 9월 평가 17번

다음은 어떤 가족의 유전 형질 (가)에 대한 자료이다.

○ (가)는 서로 다른 상염색체에 있는 2쌍의 대립유전자 H와 h, T와 t에 의해 결정된다. (가)의 표현형은 유전자형에서 대문자로 표시되는 대립유전자의 수에 의해서만 결정되며, 이 대립유전자의 수가 다르면 표현형이 다르다.
○ 표는 이 가족 구성원의 체세포에서 대립유전자 ⊙~ⓒ의 유무와 (가)의 유전자형에서 대문자로 표시되는 대립유전자의 수를 나타낸 것이다. ⊙~ⓒ은 H, h, T, t를 순서 없이 나타낸 것이고, ⓐ~ⓒ은 0, 1, 2, 3, 4를 순서 없이 나타낸 것이다.

구성원	대립유전자 ⊙	ⓒ	ⓒ	ⓒ	대문자로 표시되는 대립유전자의 수
아버지	○	○	×		ⓐ
어머니	○				ⓑ
자녀 1	?	×	○		ⓒ
자녀 2	○	○	?	×	ⓑ
자녀 3	○	○	?		ⓑ

(○: 있음, ×: 없음)

○ 아버지의 정자 형성 과정에서 염색체 비분리가 1회 일어나 염색체 수가 비정상적인 정자 P가 형성되었다. P와 정상 난자가 수정되어 자녀 3이 태어났다.
○ 자녀 3을 제외한 이 가족 구성원의 핵형은 모두 정상이다.

이에 대한 설명으로 옳은 것만을 〈보기〉에서 있는 대로 고른 것은? (단, 제시된 염색체 비분리 이외의 돌연변이와 교차는 고려하지 않는다.) [3점]

〈보기〉
ㄱ. 아버지는 t를 갖는다.
ㄴ. ⓒ는 대립유전자이다.
ㄷ. 염색체 비분리는 감수 1분열에서 일어났다.

① ㄱ ② ㄴ ③ ㄷ ④ ㄱ, ㄴ ⑤ ㄱ, ㄷ

---

12 2020학년도 9월 평가 19번

다음은 어떤 가족의 유전 형질 ⊙에 대한 자료이다.

○ ⊙을 결정하는데 관여하는 3개의 유전자는 모두 상염색체에 있으며, 3개의 유전자는 각각 대립유전자 A와 a, B와 b, D와 d를 갖는다.
○ ⊙의 표현형은 유전자형에서 대문자로 표시되는 대립유전자의 수에 의해서만 결정되며, 이 대립유전자의 수가 다르면 표현형이 다르다.
○ 표 (가)는 이 가족 구성원의 ⊙에 대한 유전자형에서 대문자로 표시되는 대립유전자의 수를, (나)는 아버지로부터 형성된 정자 Ⅰ~Ⅱ가 갖는 A, a, B, D의 DNA 상대량을 나타낸 것이다. Ⅰ~Ⅱ 중 Ⅰ은 세포 P의 감수 1분열에서 염색체 비분리가 1회, 나머지 2개는 세포 Q의 감수 2분열에서 염색체 비분리가 1회 일어나 형성된 정자이다. P와 Q는 모두 G₁기 세포이다.

구성원	대문자로 표시되는 대립유전자의 수	정자	DNA 상대량 A	a	B	D
아버지	3	Ⅰ	0	?	1	0
어머니	3	Ⅱ	1	1	1	1
자녀 1	8	Ⅲ	2	?	?	?

○ Ⅰ~Ⅲ 중 1개의 정자와 정상 난자가 수정되어 자녀 1이 태어났다. 자녀 1을 제외한 나머지 가족 구성원의 핵형은 모두 정상이다.

이에 대한 설명으로 옳은 것만을 〈보기〉에서 있는 대로 고른 것은? (단, 제시된 염색체 비분리 이외의 돌연변이와 교차는 고려하지 않으며, A, a, B, b, D, d 각각의 1개당 DNA 상대량은 1이다.)

〈보기〉
ㄱ. Ⅰ은 감수 2분열에서 염색체 비분리가 일어나 형성된 정자이다.
ㄴ. 자녀 1의 체세포 1개당 B의 DNA 상대량 / A의 DNA 상대량 =1이다.
ㄷ. 자녀 1의 동생이 태어날 때, 이 아이에게서 나타날 수 있는 ⊙의 표현형은 최대 5가지이다.

① ㄱ ② ㄴ ③ ㄷ ④ ㄱ, ㄴ ⑤ ㄱ, ㄷ

01

다음은 어떤 가족의 유전 형질 (가)~(다)에 대한 자료이다.

○ (가)는 대립유전자 A와 a에 의해, (나)는 대립유전자 B와 b에 의해, (다)는 대립유전자 D와 d에 의해 결정된다. A는 a에 대해, B는 b에 대해, D는 d에 대해 각각 완전 우성이다.
○ (가)와 (나)는 모두 우성 형질이고, (다)는 열성 형질이다. (가)의 유전자는 상염색체에 있고, (나)와 (다)의 유전자는 모두 X 염색체에 있다.
○ 표는 이 가족 구성원의 성별과 ㉠~㉢의 발현 여부를 나타낸 것이다. ㉠~㉢은 각각 (가)~(다) 중 하나이다.

구성원	성별	㉠	㉡	㉢
아버지	남	○	×	×
어머니	여	×	○	ⓐ
자녀 1	남	×	○	○
자녀 2	여	○	○	×
자녀 3	남	○	×	○
자녀 4	남	×	×	×

(○: 발현됨, ×: 발현 안 됨)

○ 부모 중 한 명의 생식세포 형성 과정에서 성염색체 비분리가 1회 일어나 염색체 수가 비정상적인 생식세포 G가 형성되었다. G가 정상 생식세포와 수정되어 자녀 4가 태어났으며, 자녀 4는 클라인펠터 증후군의 염색체 이상을 보인다.
○ 자녀 4를 제외한 이 가족 구성원의 핵형은 모두 정상이다.

이에 대한 설명으로 옳은 것만을 〈보기〉에서 있는 대로 고른 것은? (단, 제시된 염색체 비분리 이외의 돌연변이와 교차는 고려하지 않는다.)

〈 보기 〉
ㄱ. ⓐ는 '○'이다.
ㄴ. 자녀 2는 A, B, D를 모두 갖는다.
ㄷ. G는 아버지에게서 형성되었다.

① ㄱ   ② ㄴ   ③ ㄱ, ㄷ   ④ ㄴ, ㄷ   ⑤ ㄱ, ㄴ, ㄷ

02

다음은 어떤 가족의 유전 형질 (가)와 (나)에 대한 자료이다.

○ (가)는 대립유전자 A와 a에 의해, (나)는 대립유전자 B와 b에 의해 결정된다. A는 a에 대해, B는 b에 대해 각각 완전 우성이다.
○ (가)와 (나)의 유전자는 모두 X 염색체에 있다.
○ 표는 가족 구성원의 성별, (가)와 (나)의 발현 여부를 나타낸 것이다.

(○: 발현됨, ×: 발현 안 됨)

구분	아버지	어머니	자녀 1	자녀 2	자녀 3
성별	남	여	여	남	남
(가)	?	×	○	○	×
(나)	○	×	○	×	○

○ 성염색체 비분리가 1회 일어나 형성된 생식세포 ㉠과 정상 생식세포가 수정되어 자녀 3이 태어났다.

이에 대한 옳은 설명만을 〈보기〉에서 있는 대로 고른 것은? (단, 제시된 돌연변이 이외의 돌연변이와 교차는 고려하지 않는다.) [3점]

〈 보기 〉
ㄱ. 아버지에게서 (가)가 발현되었다.
ㄴ. (나)는 우성 형질이다.
ㄷ. ㉠의 형성 과정에서 성염색체 비분리는 감수 1분열에서 일어났다.

① ㄱ   ② ㄷ   ③ ㄱ, ㄴ   ④ ㄴ, ㄷ   ⑤ ㄱ, ㄴ, ㄷ

다음은 어떤 가족의 유전 형질 (가)와 (나)에 대한 자료이다.

- ○ (가)는 대립유전자 A와 A*에 의해, (나)는 대립유전자 B와 B*에 의해 결정되며, 각 대립유전자 사이의 우열 관계는 분명하다.
- ○ (가)와 (나)의 유전자 중 하나는 상염색체에, 나머지 하나는 X 염색체에 있다.
- ○ 표는 이 가족 구성원의 (가)와 (나)의 발현 여부와 A, A*, B, B*의 유무를 나타낸 것이다.

구성원	형질		대립유전자			
	(가)	(나)	A	A*	B	B*
아버지	−	+	×	○	○	×
어머니	+	−	○	?	?	○
형	+	−	?	○	×	○
누나	−	+	×	○	○	?
㉠	+	+	○	?	?	○

(+: 발현됨, −: 발현 안 됨, ○: 있음, ×: 없음)

- ○ 감수 분열 시 부모 중 한 사람에게서만 염색체 비분리가 1회 일어나 ⓐ 염색체 수가 비정상적인 생식세포가 형성되었다. ⓐ가 정상 생식세포와 수정되어 태어난 ㉠에게서 클라인펠터 증후군이 나타난다. ㉠을 제외한 나머지 구성원의 핵형은 모두 정상이다.

이에 대한 설명으로 옳은 것만을 〈보기〉에서 있는 대로 고른 것은? (단, 제시된 염색체 비분리 이외의 돌연변이와 교차는 고려하지 않는다.)

〈 보기 〉
ㄱ. (가)의 유전자는 X 염색체에 있다.
ㄴ. ⓐ는 감수 1분열에서 성염색체 비분리가 일어나 형성된 정자이다.
ㄷ. ㉠의 동생이 태어날 때, 이 아이에게서 (가)와 (나)가 모두 발현될 확률은 $\frac{1}{4}$이다.

① ㄱ   ② ㄴ   ③ ㄱ, ㄷ   ④ ㄴ, ㄷ   ⑤ ㄱ, ㄴ, ㄷ

다음은 어떤 가족의 유전 형질 (가)~(다)에 대한 자료이다.

- ○ (가)~(다)의 유전자 중 2개는 13번 염색체에, 나머지 1개는 X 염색체에 있다.
- ○ (가)는 대립유전자 H와 h에 의해, (나)는 대립유전자 R와 r에 의해, (다)는 대립유전자 T와 t에 의해 결정된다. H는 h에 대해, R는 r에 대해, T는 t에 대해 각각 완전 우성이다.
- ○ (가)~(다) 중 2개는 우성 형질이고, 나머지 1개는 열성 형질이다.
- ○ 표는 이 가족 구성원의 성별과 (가)~(다)의 발현 여부를 나타낸 것이다.

구성원	성별	(가)	(나)	(다)
아버지	남	○	×	×
어머니	여	○	○	○
자녀 1	남	○	○	○
자녀 2	여	×	×	×
자녀 3	남	×	×	○
자녀 4	여	×	○	○

(○: 발현됨, ×: 발현 안 됨)

- ○ 이 가족 구성원의 핵형은 모두 정상이다.
- ○ 염색체 수가 22인 생식세포 ㉠과 염색체 수가 24인 생식세포 ㉡이 수정되어 자녀 4가 태어났다. ㉠과 ㉡의 형성 과정에서 각각 13번 염색체 비분리가 1회 일어났다.

이에 대한 설명으로 옳은 것만을 〈보기〉에서 있는 대로 고른 것은? (단, 제시된 염색체 비분리 이외의 돌연변이와 교차는 고려하지 않는다.)

[3점]

〈 보기 〉
ㄱ. (나)는 우성 형질이다.
ㄴ. 아버지에게서 h, R, t를 모두 갖는 정자가 형성될 수 있다.
ㄷ. ㉡은 감수 1분열에서 염색체 비분리가 일어나 형성된 난자이다.

① ㄱ   ② ㄴ   ③ ㄷ   ④ ㄱ, ㄴ   ⑤ ㄴ, ㄷ

05

다음은 어떤 가족의 유전 형질 (가)와 (나)에 대한 자료이다.

○ (가)는 대립유전자 A와 a에 의해, (나)는 대립유전자 B와 b에 의해 결정된다. A는 a에 대해, B는 b에 대해 각각 완전 우성이다.

○ (가)를 결정하는 유전자와 (나)를 결정하는 유전자 중 하나는 X 염색체에 존재한다.

○ 표는 이 가족 구성원의 성별, 체세포 1개에 들어 있는 대립유전자 A와 b의 DNA 상대량, 유전 형질 (가)와 (나)의 발현 여부를 나타낸 것이다. ⊙~⊕은 아버지, 어머니, 자녀 1, 자녀 2, 자녀 3을 순서 없이 나타낸 것이다.

구성원	성별	DNA 상대량		유전 형질	
		A	b	(가)	(나)
⊙	남	2	1	×	○
ⓛ	여	1	2	×	×
ⓒ	남	1	0	×	○
ⓔ	여	2	1	×	○
ⓜ	남	0	1	○	×

(○: 발현됨, ×: 발현 안 됨)

○ 감수 분열 시 부모 중 한 사람에게서만 염색체 비분리가 1회 일어나 ⓐ 염색체 수가 비정상적인 생식세포가 형성되었다. ⓐ가 정상 생식세포와 수정되어 자녀 3이 태어났다. 자녀 3을 제외한 나머지 구성원의 핵형은 모두 정상이다.

이에 대한 설명으로 옳은 것만을 〈보기〉에서 있는 대로 고른 것은? (단, 제시된 염색체 비분리 이외의 돌연변이와 교차는 고려하지 않으며, A, a, B, b 각각의 1개당 DNA 상대량은 1이다.) [3점]

〈 보기 〉
ㄱ. 아버지와 어머니는 (가)에 대한 유전자형이 같다.
ㄴ. 자녀 3은 터너 증후군을 나타낸다.
ㄷ. ⓐ가 형성될 때 감수 1분열에서 염색체 비분리가 일어났다.

① ㄱ　　② ㄴ　　③ ㄱ, ㄷ　　④ ㄴ, ㄷ　　⑤ ㄱ, ㄴ, ㄷ

06

다음은 어떤 가족의 유전 형질 (가)~(다)에 대한 자료이다.

○ (가)는 대립유전자 H와 h에 의해, (나)는 대립유전자 R와 r에 의해, (다)는 대립유전자 T와 t에 의해 결정된다. H는 h에 대해, R는 r에 대해, T는 t에 대해 각각 완전 우성이다.

○ (가)~(다)의 유전자는 모두 X 염색체에 있다.

○ 표는 어머니를 제외한 나머지 가족 구성원의 성별과 (가)~(다)의 발현 여부를 나타낸 것이다. 자녀 3과 4의 성별은 서로 다르다.

구성원	성별	(가)	(나)	(다)
아버지	남	○	○	?
자녀 1	여	×	○	○
자녀 2	남	×	×	×
자녀 3	?	○	×	○
자녀 4	?	×	×	○

(○: 발현됨, ×: 발현 안 됨)

○ 이 가족 구성원의 핵형은 모두 정상이다.

○ 염색체 수가 22인 생식세포 ⊙과 염색체 수가 24인 생식세포 ⓛ이 수정되어 ⓐ가 태어났으며, ⓐ는 자녀 3과 4 중 하나이다. ⊙과 ⓛ의 형성 과정에서 각각 성염색체 비분리가 1회 일어났다.

이에 대한 설명으로 옳은 것만을 〈보기〉에서 있는 대로 고른 것은? (단, 제시된 염색체 비분리 이외의 돌연변이와 교차는 고려하지 않는다.) [3점]

〈 보기 〉
ㄱ. ⓐ는 자녀 4이다.
ㄴ. ⓛ은 감수 1분열에서 염색체 비분리가 일어나 형성된 난자이다.
ㄷ. (나)와 (다)는 모두 우성 형질이다.

① ㄱ　　② ㄷ　　③ ㄱ, ㄴ　　④ ㄴ, ㄷ　　⑤ ㄱ, ㄴ, ㄷ

다음은 어떤 가족의 ABO식 혈액형과 유전 형질 (가)에 대한 자료이다.

○ ABO식 혈액형을 결정하는 유전자는 9번 염색체에 있다.

○ (가)는 2쌍의 대립유전자 R과 r, T와 t에 의해 결정된다. (가)의 표현형은 유전자형에서 대문자로 표시되는 대립유전자의 수에 의해서만 결정되며, 이 대립유전자의 수가 다르면 표현형이 다르다.

○ R과 r은 9번 염색체에, T와 t는 X 염색체에 있다.

○ 아버지의 정자 형성 과정과 ㉠어머니의 난자 형성 과정에서 각각 9번 염색체 비분리가 1회 일어나 형성된 정자와 난자가 수정되어 핵형이 정상인 ⓐ아들이 태어났다.

○ 표는 모든 구성원의 ABO식 혈액형과 체세포 1개당 R과 T의 DNA 상대량을 더한 값을 나타낸 것이다.

구성원	아버지	어머니	아들
ABO식 혈액형	AB형	B형	O형
R과 T의 DNA 상대량을 더한 값	3	1	2

이에 대한 옳은 설명만을 〈보기〉에서 있는 대로 고른 것은? (단, 제시된 염색체 비분리 이외의 돌연변이와 교차는 고려하지 않으며, R, r, T, t 각각의 1개당 DNA 상대량은 1이다.) [3점]

〈 보기 〉
ㄱ. ㉠의 감수 1분열에서 염색체 비분리가 발생했다.
ㄴ. 어머니에서 (가)의 유전자형은 RrX^tX^t이다.
ㄷ. ⓐ의 동생이 태어날 때, 이 아이가 아버지와 (가)의 표현형이 같을 확률은 $\frac{1}{2}$이다.

① ㄱ ② ㄴ ③ ㄷ ④ ㄱ, ㄷ ⑤ ㄴ, ㄷ

다음은 어떤 가족의 유전 형질 (가)와 (나)에 대한 자료이다.

○ (가)는 2쌍의 대립유전자 H와 h, R와 r에 의해 결정된다. (가)의 표현형은 유전자형에서 ㉠대문자로 표시되는 대립유전자의 수에 의해서만 결정되며, 이 대립유전자의 수가 다르면 표현형이 다르다.

○ (나)는 대립유전자 T와 t에 의해 결정되며, T는 t에 대해 완전 우성이다.

○ 아버지와 어머니 사이에서 아이가 태어날 때, 이 아이의 (가)와 (나)의 유전자형이 HHrrTt일 확률은 $\frac{1}{8}$이다.

○ 그림은 아버지의 체세포에 들어 있는 일부 염색체와 유전자를, 표는 아버지를 제외한 나머지 가족 구성원의 (가)의 유전자형에서 ㉠과 (나)의 발현 여부를 나타낸 것이다.

구성원	(가)의 유전자형에서 ㉠	(나)
어머니	3	발현됨
자녀 1	3	발현됨
자녀 2	2	발현 안 됨
자녀 3	1	발현 안 됨

○ 아버지의 생식세포 형성 과정에서 대립유전자 ㉮가 포함된 염색체의 일부가 결실된 정자 P가 형성되었다. ㉮는 H, h, R, r 중 하나이다.

○ P와 정상 난자가 수정되어 ⓐ가 태어났다. ⓐ는 자녀 1~3 중 하나이다. ⓐ를 제외한 이 가족 구성원의 핵형은 모두 정상이다.

이에 대한 설명으로 옳은 것만을 〈보기〉에서 있는 대로 고른 것은? (단, 제시된 돌연변이 이외의 돌연변이와 교차는 고려하지 않는다.)

〈 보기 〉
ㄱ. (나)는 우성 형질이다.
ㄴ. ㉮는 H이다.
ㄷ. 자녀 2는 R를 갖는다.

① ㄱ ② ㄴ ③ ㄷ ④ ㄱ, ㄴ ⑤ ㄱ, ㄷ

09

다음은 어떤 가족의 유전 형질 (가)에 대한 자료이다.

○ (가)는 21번 염색체에 있는 2쌍의 대립유전자 H와 h, T와 t
에 의해 결정된다. (가)의 표현형은 유전자형에서 대문자로
표시되는 대립유전자의 수에 의해서만 결정되며, 이 대립유
전자의 수가 다르면 표현형이 다르다.

○ 어머니의 난자 형성 과정에서 21번 염색체 비분리가 1회 일
어나 염색체 수가 비정상적인 난자 Q가 형성되었다. Q와 아
버지의 정상 정자가 수정되어 ⓐ가 태어났으며, 부모의 핵형
은 모두 정상이다.

○ 어머니의 (가)의 유전자형은 HHTt이고, ⓐ의 (가)의 유전자
형에서 대문자로 표시되는 대립유전자의 수는 4이다.

○ ⓐ의 동생이 태어날 때, 이 아이에게서 나타날 수 있는 (가)의
표현형은 최대 2가지이고, ㉠ 이 아이가 가질 수 있는 (가)의
유전자형은 최대 4가지이다.

이에 대한 설명으로 옳은 것만을 〈보기〉에서 있는 대로 고른 것은? (단, 제
시된 염색체 비분리 이외의 돌연변이와 교차는 고려하지 않는다.) [3점]

〈 보기 〉
ㄱ. 아버지의 (가)의 유전자형에서 대문자로 표시되는 대립유전
자의 수는 2이다.
ㄴ. ㉠ 중에는 HhTt가 있다.
ㄷ. 염색체 비분리는 감수 1 분열에서 일어났다.

① ㄱ   ② ㄷ   ③ ㄱ, ㄴ   ④ ㄴ, ㄷ   ⑤ ㄱ, ㄴ, ㄷ

10

다음은 어떤 가족의 유전 형질 (가)에 대한 자료이다.

○ (가)를 결정하는 3개의 유전자는 각각 대립유전자 A와 a, B
와 b, D와 d를 가진다.

○ (가)의 표현형은 유전자형에서 대문자로 표시되는 대립유전
자의 수에 의해서만 결정되며, 이 대립유전자의 수가 다르면
표현형이 다르다.

○ (가)의 유전자형이 AaBbDd인 부모 사이에서 아이가 태어날
때, 이 아이에게서 나타날 수 있는 (가)의 표현형은 최대 5가
지이다.

○ 감수 분열 시 염색체 비분리가 1회 일어나 ⓐ 염색체 수가 비
정상적인 난자가 형성되었다. ⓐ와 정상 정자가 수정되어 아
이가 태어났고, 이 아이는 자녀 1과 2 중 한 명이다. 이 아이
를 제외한 나머지 구성원의 핵형은 모두 정상이다.

○ 표는 이 가족 구성원 중 자녀 1과 2의 (가)에 대한 유전자형
에서 대문자로 표시되는 대립유전자의 수를 나타낸 것이다.

구성원	대문자로 표시되는 대립유전자의 수
자녀 1	4
자녀 2	7

이에 대한 설명으로 옳은 것만을 〈보기〉에서 있는 대로 고른 것은? (단,
제시된 염색체 비분리 이외의 돌연변이와 교차는 고려하지 않는다.)

〈 보기 〉
ㄱ. (가)의 유전은 다인자 유전이다.
ㄴ. 아버지에서 A, B, D를 모두 갖는 정자가 형성될 수 있다.
ㄷ. ⓐ의 형성 과정에서 염색체 비분리는 감수 2 분열에서 일어
났다.

① ㄱ   ② ㄴ   ③ ㄱ, ㄷ   ④ ㄴ, ㄷ   ⑤ ㄱ, ㄴ, ㄷ

11

다음은 어떤 가족의 유전 형질 (가)와 (나)에 대한 자료이다.

- (가)는 대립유전자 A와 a에 의해 결정되며, A는 a에 대해 완전 우성이다.
- (나)는 2쌍의 대립유전자 B와 b, D와 d에 의해 결정된다. (나)의 표현형은 유전자형에서 대문자로 표시되는 대립유전자의 수에 의해서만 결정되며, 이 대립유전자의 수가 다르면 표현형이 다르다.
- 표는 이 가족 구성원에게서 (가)의 발현 여부와 (나)의 표현형을 나타낸 것이고, 그림은 자녀 1~3 중 한 명의 체세포에 들어 있는 일부 상염색체와 유전자를 나타낸 것이다. ⓐ~ⓓ는 서로 다른 4가지 표현형이다.

구성원	유전 형질	
	(가)	(나)
아버지	발현 안 됨	ⓐ
어머니	?	ⓑ
자녀 1	발현 안 됨	ⓒ
자녀 2	발현 안 됨	ⓓ
자녀 3	발현됨	ⓐ

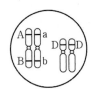

- 어머니와 자녀 2의 (나)에 대한 유전자형에서 대립유전자 D의 수는 서로 같다.
- 아버지의 생식세포 형성 과정에서 대립유전자 ㉠이 대립유전자 ㉡으로 바뀌는 돌연변이가 1회 일어나 ㉡을 갖는 정자가 형성되었다. 이 정자가 정상 난자와 수정되어 자녀 3이 태어났다. ㉠과 ㉡은 각각 A와 a 중 하나이다.

이에 대한 설명으로 옳은 것만을 〈보기〉에서 있는 대로 고른 것은? (단, 제시된 돌연변이 이외의 돌연변이와 교차는 고려하지 않는다.) [3점]

〈 보기 〉
ㄱ. ㉠은 a이다.
ㄴ. (가)는 열성 형질이다.
ㄷ. 어머니는 A, B, d를 모두 갖는다.

① ㄱ ② ㄴ ③ ㄱ, ㄷ ④ ㄴ, ㄷ ⑤ ㄱ, ㄴ, ㄷ

12

다음은 어떤 가족의 유전 형질 ㉠에 대한 자료이다.

- ㉠을 결정하는 데 관여하는 3개의 유전자는 모두 상염색체에 있으며, 3개의 유전자는 각각 대립유전자 A와 a, B와 b, D와 d를 갖는다.
- ㉠의 표현형은 유전자형에서 대문자로 표시되는 대립유전자의 수에 의해서만 결정되며, 이 대립유전자의 수가 다르면 표현형이 다르다.
- 표 (가)는 이 가족 구성원의 ㉠에 대한 유전자형에서 대문자로 표시되는 대립유전자의 수를, (나)는 아버지로부터 형성된 정자 Ⅰ~Ⅲ이 갖는 A, a, B, D의 DNA 상대량을 나타낸 것이다. Ⅰ~Ⅲ 중 1개는 세포 P의 감수 1분열에서 염색체 비분리가 1회, 나머지 2개는 세포 Q의 감수 2분열에서 염색체 비분리가 1회 일어나 형성된 정자이다. P와 Q는 모두 G₁기 세포이다.

구성원	대문자로 표시되는 대립유전자의 수
아버지	3
어머니	3
자녀 1	8

(가)

정자	DNA 상대량			
	A	a	B	D
Ⅰ	0	?	1	0
Ⅱ	1	1	1	1
Ⅲ	2	?	?	?

(나)

- Ⅰ~Ⅲ 중 1개의 정자와 정상 난자가 수정되어 자녀 1이 태어났다. 자녀 1을 제외한 나머지 가족 구성원의 핵형은 모두 정상이다.

이에 대한 설명으로 옳은 것만을 〈보기〉에서 있는 대로 고른 것은? (단, 제시된 염색체 비분리 이외의 돌연변이와 교차는 고려하지 않으며, A, a, B, b, D, d 각각의 1개당 DNA 상대량은 1이다.)

〈 보기 〉
ㄱ. Ⅰ은 감수 2분열에서 염색체 비분리가 일어나 형성된 정자이다.
ㄴ. 자녀 1의 체세포 1개당 $\frac{B의 DNA 상대량}{A의 DNA 상대량}=1$이다.
ㄷ. 자녀 1의 동생이 태어날 때, 이 아이에게서 나타날 수 있는 ㉠의 표현형은 최대 5가지이다.

① ㄱ ② ㄴ ③ ㄷ ④ ㄱ, ㄴ ⑤ ㄱ, ㄷ

다음은 어떤 가족의 유전 형질 (가)에 대한 자료이다.

○ (가)는 서로 다른 상염색체에 있는 2쌍의 대립유전자 H와 h, T와 t에 의해 결정된다. (가)의 표현형은 유전자형에서 대문자로 표시되는 대립유전자의 수에 의해서만 결정되며, 이 대립유전자의 수가 다르면 표현형이 다르다.

○ 표는 이 가족 구성원의 체세포에서 대립유전자 ⓐ~ⓓ의 유무와 (가)의 유전자형에서 대문자로 표시되는 대립유전자의 수를 나타낸 것이다. ⓐ~ⓓ는 H, h, T, t를 순서 없이 나타낸 것이고, ㉠~㉤은 0, 1, 2, 3, 4를 순서 없이 나타낸 것이다.

구성원	대립유전자				대문자로 표시되는 대립유전자의 수
	ⓐ	ⓑ	ⓒ	ⓓ	
아버지	○	○	×	○	㉠
어머니	○	○	○	○	㉡
자녀 1	?	×	×	○	㉢
자녀 2	○	○	?	×	㉣
자녀 3	○	?	○	×	㉤

(○: 있음, ×: 없음)

○ 아버지의 정자 형성 과정에서 염색체 비분리가 1회 일어나 염색체 수가 비정상적인 정자 P가 형성되었다. P와 정상 난자가 수정되어 자녀 3이 태어났다.

○ 자녀 3을 제외한 이 가족 구성원의 핵형은 모두 정상이다.

이에 대한 설명으로 옳은 것만을 〈보기〉에서 있는 대로 고른 것은? (단, 제시된 염색체 비분리 이외의 돌연변이와 교차는 고려하지 않는다.)

[3점]

〈 보기 〉

ㄱ. 아버지는 t를 갖는다.

ㄴ. ⓐ는 ⓒ와 대립유전자이다.

ㄷ. 염색체 비분리는 감수 1분열에서 일어났다.

① ㄱ   ② ㄴ   ③ ㄷ   ④ ㄱ, ㄴ   ⑤ ㄱ, ㄷ

주제 \ 학년도	2025	2024	2023 ~ 2020

빈출
생태계 구성 요소 간의 관계

2025

17   2025학년도 수능 6번

그림은 생태계를 구성하는 요소 사이의 상호 관계를, 표는 상호 작용의 예를 나타낸 것이다. (가)와 (나)는 순위제의 예와 텃세의 예를 순서 없이 나타낸 것이다.

(가) 갈색벌새는 꿀을 확보하기 위해 다른 갈색벌새가 서식 공간에 접근하는 것을 막는다.
(나) 유럽산비둘기 무리에서는 서열이 높은 개체일수록 무리의 가운데 위치를 차지한다.

이에 대한 설명으로 옳은 것만을 <보기>에서 있는 대로 고른 것은?

<보기>
ㄱ. (가)는 텃세의 예이다.
ㄴ. (나)의 상호 작용은 ⓒ에 해당한다.
ㄷ. 거북이의 성별이 발생 시기 알의 주변 온도에 의해 결정되는 것은 ⓓ의 예에 해당한다.

① ㄱ ② ㄷ ③ ㄱ, ㄴ ④ ㄴ, ㄷ ⑤ ㄱ, ㄴ, ㄷ

---

03   2025학년도 6월 모평 18번

그림은 생태계를 구성하는 요소 사이의 상호 관계를 나타낸 것이다. 이에 대한 설명으로 옳은 것만을 <보기>에서 있는 대로 고른 것은?

<보기>
ㄱ. 늑대가 말코손바닥사슴을 잡아먹는 것은 ⓒ의 예에 해당한다.
ㄴ. 지의류에 의해 암석의 풍화가 촉진되어 토양이 형성되는 것은 ⓐ의 예에 해당한다.
ㄷ. 분해자는 비생물적 요인에 해당한다.

① ㄱ ② ㄷ ③ ㄱ, ㄴ ④ ㄴ, ㄷ ⑤ ㄱ, ㄴ, ㄷ

2024

15   2024학년도 수능 6번

그림은 생태계를 구성하는 요소 사이의 상호 관계를 나타낸 것이다. 이에 대한 설명으로 옳은 것을 <보기>에서 있는 대로 고른 것은?

<보기>
ㄱ. 곰팡이는 생물 군집에 속한다.
ㄴ. 같은 종의 개미가 일을 분담하며 협력하는 것은 ⓐ의 예에 해당한다.
ㄷ. 빛의 세기가 참나무의 생장에 영향을 미치는 것은 ⓑ의 예에 해당한다.

① ㄱ ② ㄴ ③ ㄷ ④ ㄱ, ㄷ ⑤ ㄴ, ㄷ

---

13   2024학년도 9월 모평 20번

그림은 생태계를 구성하는 요소 사이의 상호 관계를 나타낸 것이고, 표는 습지에 서식하는 식물 종 X에 대한 자료이다.

○ X는 그늘을 만들어 수분 증발을 감소시켜 토양 속 염분 농도를 낮춘다.
○ X는 습지의 토양 성분을 변화시켜 습지에 서식하는 생물의 종 다양성을 높인다.

이에 대한 설명으로 옳은 것만을 <보기>에서 있는 대로 고른 것은? [3점]

<보기>
ㄱ. X는 생물 군집에 속한다.
ㄴ. ⓑ는 ⓒ에 해당한다.
ㄷ. ⓐ는 동일한 생물 종이라도 형질이 각 개체 간에 다르게 나타나는 것을 의미한다.

① ㄱ ② ㄴ ③ ㄷ ④ ㄱ, ㄴ ⑤ ㄱ, ㄷ

2023 ~ 2020

12   2023학년도 9월 모평 3번

그림은 생태계를 구성하는 요소 사이의 상호 관계를, 표는 상호 관계 (가)~(다)의 예를 나타낸 것이다. (가)~(다)는 ⊙~ⓒ을 순서 없이 나타낸 것이다.

상호 관계	예
(가)	식물의 광합성으로 대기의 산소 농도가 증가한다.
(나)	영양염류의 유입으로 식물성 플랑크톤의 개체 수가 증가한다.
(다)	?

이에 대한 설명으로 옳은 것만을 <보기>에서 있는 대로 고른 것은?

<보기>
ㄱ. (가)는 ⓒ이다.
ㄴ. ⓐ는 비생물적 요인에 해당한다.
ㄷ. 생태적 지위가 비슷한 서로 다른 종의 새가 경쟁을 피해 활동 영역을 나누어 살아가는 것은 (다)의 예에 해당한다.

① ㄱ ② ㄷ ③ ㄱ, ㄴ ④ ㄴ, ㄷ ⑤ ㄱ, ㄴ, ㄷ

---

04   2020학년도 수능 20번

그림은 생태계를 구성하는 요소 사이의 상호 관계를 나타낸 것이다.

이에 대한 설명으로 옳은 것만을 <보기>에서 있는 대로 고른 것은?

<보기>
ㄱ. 뿌리혹박테리아는 비생물적 환경 요인에 해당한다.
ㄴ. 기온이 나뭇잎의 색 변화에 영향을 미치는 것은 ⊙에 해당한다.
ㄷ. 숲의 나무로 인해 햇빛이 차단되어 토양 수분의 증발량이 감소되는 것은 ⓒ에 해당한다.

① ㄱ ② ㄷ ③ ㄱ, ㄴ ④ ㄴ, ㄷ ⑤ ㄱ, ㄴ, ㄷ

---

11   2023학년도 6월 모평 14번

그림은 생태계를 구성하는 요소 사이의 상호 관계를 나타낸 것이다. 이에 대한 설명으로 옳은 것만을 <보기>에서 있는 대로 고른 것은?

<보기>
ㄱ. 같은 종의 기러기가 무리를 지어 이동할 때 리더를 따라 이동하는 것은 ⊙에 해당한다.
ㄴ. 빛의 세기가 소나무의 생장에 영향을 미치는 것은 ⓒ에 해당한다.
ㄷ. 군집에는 비생물적 요인이 포함된다.

① ㄱ ② ㄴ ③ ㄷ ④ ㄱ, ㄴ ⑤ ㄴ, ㄷ

---

10   2020학년도 6월 모평 13번

그림은 생태계를 구성하는 요소 사이의 상호 관계를 나타낸 것이다.

이에 대한 설명으로 옳은 것만을 <보기>에서 있는 대로 고른 것은?

<보기>
ㄱ. 스라소니가 눈신토끼를 잡아먹는 것은 ⓒ에 해당한다.
ㄴ. 분서는 ⓒ에 해당한다.
ㄷ. 질소 고정 세균에 의해 토양의 암모늄 이온(NH_4^+)이 증가하는 것은 ⓐ에 해당한다.

① ㄱ ② ㄷ ③ ㄱ, ㄴ ④ ㄴ, ㄷ ⑤ ㄱ, ㄴ, ㄷ

---

09   2022학년도 9월 모평 6번

다음은 생태계의 구성 요소에 대한 학생 A~C의 발표 내용이다.

제시한 내용이 옳은 학생만을 있는 대로 고른 것은?

① A ② C ③ A, B ④ B, C ⑤ A, B, C

일조 시간에 따른 식물의 개화

16   2020학년도 9월 모평 18번

일조 시간이 식물의 개화에 미치는 영향을 알아보기 위하여, 식물 종 A의 개체 I ~ V에 빛 조건을 달리하여 개화 여부를 관찰하였다. 표는 I ~ V에 '빛 있음', '빛 없음', ⓐ, ⓑ 순으로 처리한 기간과 I ~ V의 개화 여부를 나타낸 것이다. ⓐ와 ⓑ는 각각 '빛 있음'과 '빛 없음'을 하나이고, 이 식물이 개화하는 데 필요한 최소한의 '연속적인 빛 없음' 기간은 8시간이다.

개체	처리 기간(시간)				개화 여부
	빛 있음	빛 없음	ⓐ	ⓑ	
I	12	0	0	12	개화함
II	12	4	1	7	개화 안 함
III	14	4	1	5	개화 안 함
IV	7	1	4	12	개화함
V	5	1	9	9	개화함

이 자료에 대한 설명으로 옳은 것만을 <보기>에서 있는 대로 고른 것은? (단, 제시된 조건 이외는 고려하지 않는다.) [3점]

<보기>
ㄱ. ⓐ는 '빛 있음'이다.
ㄴ. ⓒ은 '개화 안 함'이다.
ㄷ. 일조 시간은 비생물적 환경 요인이다.

① ㄱ ② ㄴ ③ ㄱ, ㄷ ④ ㄴ, ㄷ ⑤ ㄱ, ㄴ, ㄷ

01

그림은 생태계를 구성하는 요소 사이의 상호 관계를 나타낸 것이다.

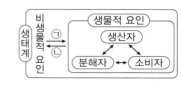

이에 대한 옳은 설명만을 〈보기〉에서 있는 대로 고른 것은?

〈 보기 〉
ㄱ. 소나무는 생산자에 해당한다.
ㄴ. 소비자에서 분해자로 유기물이 이동한다.
ㄷ. 질소 고정 세균에 의해 토양의 암모늄 이온이 증가하는 것은 ㉠에 해당한다.

① ㄱ ② ㄷ ③ ㄱ, ㄴ ④ ㄴ, ㄷ ⑤ ㄱ, ㄴ, ㄷ

02

그림 (가)는 생태계를 구성하는 요소 사이의 상호 관계를, (나)는 영양염류를 이용하는 종 X를 배양했을 때 시간에 따른 X의 개체 수와 영양염류의 농도를 나타낸 것이다.

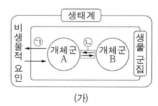 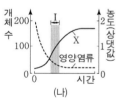

(가)   (나)

이에 대한 설명으로 옳은 것만을 〈보기〉에서 있는 대로 고른 것은?

〈 보기 〉
ㄱ. 개체군 A는 동일한 종으로 구성된다.
ㄴ. 구간 Ⅰ에서 X에 환경 저항이 작용한다.
ㄷ. X에 의해 영양염류의 농도가 감소하는 것은 ㉡에 해당한다.

① ㄱ ② ㄴ ③ ㄷ ④ ㄱ, ㄴ ⑤ ㄱ, ㄷ

03

그림은 생태계를 구성하는 요소 사이의 상호 관계를 나타낸 것이다. 이에 대한 설명으로 옳은 것만을 〈보기〉에서 있는 대로 고른 것은?

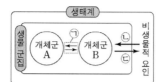

〈 보기 〉
ㄱ. 늑대가 말코손바닥사슴을 잡아먹는 것은 ㉠의 예에 해당한다.
ㄴ. 지의류에 의해 암석의 풍화가 촉진되어 토양이 형성되는 것은 ㉡의 예에 해당한다.
ㄷ. 분해자는 비생물적 요인에 해당한다.

① ㄱ ② ㄷ ③ ㄱ, ㄴ ④ ㄴ, ㄷ ⑤ ㄱ, ㄴ, ㄷ

04

그림은 생태계를 구성하는 요소 사이의 상호 관계를 나타낸 것이다.

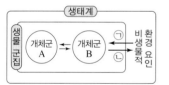

이에 대한 설명으로 옳은 것만을 〈보기〉에서 있는 대로 고른 것은?

〈 보기 〉
ㄱ. 뿌리혹박테리아는 비생물적 환경 요인에 해당한다.
ㄴ. 기온이 나뭇잎의 색 변화에 영향을 미치는 것은 ㉠에 해당한다.
ㄷ. 숲의 나무로 인해 햇빛이 차단되어 토양 수분의 증발량이 감소되는 것은 ㉡에 해당한다.

① ㄱ ② ㄷ ③ ㄱ, ㄴ ④ ㄴ, ㄷ ⑤ ㄱ, ㄴ, ㄷ

05

그림은 생태계를 구성하는 요소 사이의 상호 관계를 나타낸 것이다.

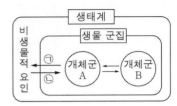

이에 대한 설명으로 옳은 것만을 〈보기〉에서 있는 대로 고른 것은?

───〈 보기 〉───
ㄱ. 개체군 A는 동일한 종으로 구성된다.
ㄴ. 수온이 돌말의 개체 수에 영향을 미치는 것은 ㉠에 해당한다.
ㄷ. 식물의 낙엽으로 인해 토양이 비옥해지는 것은 ㉡에 해당한다.

① ㄱ　　② ㄷ　　③ ㄱ, ㄴ　　④ ㄴ, ㄷ　　⑤ ㄱ, ㄴ, ㄷ

06

그림은 생태계 구성 요소 사이의 상호 관계를 나타낸 것이다.

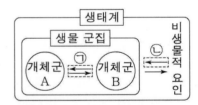

이에 대한 옳은 설명만을 〈보기〉에서 있는 대로 고른 것은? [3점]

───〈 보기 〉───
ㄱ. A는 여러 종으로 구성되어 있다.
ㄴ. 분서(생태 지위 분화)는 ㉠의 예이다.
ㄷ. 음수림에서 층상 구조의 발달이 높이에 따른 빛의 세기에 영향을 주는 것은 ㉡에 해당한다.

① ㄱ　　② ㄴ　　③ ㄱ, ㄷ　　④ ㄴ, ㄷ　　⑤ ㄱ, ㄴ, ㄷ

07

그림은 생태계 구성 요소 사이의 상호 관계와 물질 이동의 일부를 나타낸 것이다. A와 B는 생산자와 소비자를 순서 없이 나타낸 것이다.

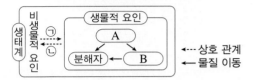

이에 대한 옳은 설명만을 〈보기〉에서 있는 대로 고른 것은?

───〈 보기 〉───
ㄱ. 사람은 A에 속한다.
ㄴ. A에서 B로 유기물 형태의 탄소가 이동한다.
ㄷ. 지렁이에 의해 토양의 통기성이 증가하는 것은 ㉠에 해당한다.

① ㄱ　　② ㄴ　　③ ㄷ　　④ ㄱ, ㄴ　　⑤ ㄴ, ㄷ

08

그림은 생태계를 구성하는 요소 사이의 상호 관계를, 표는 상호 관계 (가)와 (나)의 예를 나타낸 것이다. (가)와 (나)는 ㉠과 ㉡을 순서 없이 나타낸 것이다.

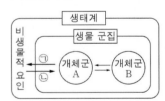

상호 관계	예
(가)	빛의 파장에 따라 해조류의 분포가 달라진다.
(나)	?

이에 대한 설명으로 옳은 것만을 〈보기〉에서 있는 대로 고른 것은? [3점]

───〈 보기 〉───
ㄱ. 개체군 A는 동일한 종으로 구성된다.
ㄴ. (가)는 ㉠이다.
ㄷ. 지렁이에 의해 토양의 통기성이 증가하는 것은 (나)의 예에 해당한다.

① ㄱ　　② ㄴ　　③ ㄱ, ㄷ　　④ ㄴ, ㄷ　　⑤ ㄱ, ㄴ, ㄷ

09

다음은 생태계의 구성 요소에 대한 학생 A~C의 발표 내용이다.

생물적 요인에는 생산자, 소비자, 분해자가 있습니다.

영양염류는 비생물적 요인입니다.

지의류에 의해 암석의 풍화가 촉진되어 토양이 형성되는 것은 생물적 요인이 비생물적 요인에 영향을 미치는 예입니다.

학생 A   학생 B   학생 C

제시한 내용이 옳은 학생만을 있는 대로 고른 것은?

① A   ② C   ③ A, B   ④ B, C   ⑤ A, B, C

10

그림은 생태계를 구성하는 요소 사이의 상호 관계를 나타낸 것이다.

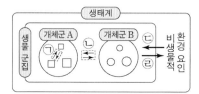

이에 대한 설명으로 옳은 것만을 〈보기〉에서 있는 대로 고른 것은?

〈 보기 〉
ㄱ. 스라소니가 눈신토끼를 잡아먹는 것은 ㉠에 해당한다.
ㄴ. 분서는 ㉡에 해당한다.
ㄷ. 질소 고정 세균에 의해 토양의 암모늄 이온(NH_4^+)이 증가하는 것은 ㉣에 해당한다.

① ㄱ   ② ㄷ   ③ ㄱ, ㄴ   ④ ㄴ, ㄷ   ⑤ ㄱ, ㄴ, ㄷ

11

그림은 생태계를 구성하는 요소 사이의 상호 관계를 나타낸 것이다.

이에 대한 설명으로 옳은 것만을 〈보기〉에서 있는 대로 고른 것은?

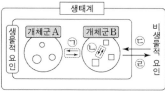

〈 보기 〉
ㄱ. 같은 종의 기러기가 무리를 지어 이동할 때 리더를 따라 이동하는 것은 ㉠에 해당한다.
ㄴ. 빛의 세기가 소나무의 생장에 영향을 미치는 것은 ㉢에 해당한다.
ㄷ. 군집에는 비생물적 요인이 포함된다.

① ㄱ   ② ㄴ   ③ ㄷ   ④ ㄱ, ㄴ   ⑤ ㄱ, ㄷ

26
일차

12

그림은 생태계를 구성하는 요소 사이의 상호 관계를, 표는 상호 관계 (가)~(다)의 예를 나타낸 것이다. (가)~(다)는 ㉠~㉢을 순서 없이 나타낸 것이다.

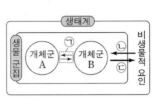

상호 관계	예
(가)	식물의 광합성으로 대기의 산소 농도가 증가한다.
(나)	ⓐ영양염류의 유입으로 식물성 플랑크톤의 개체 수가 증가한다.
(다)	?

이에 대한 설명으로 옳은 것만을 〈보기〉에서 있는 대로 고른 것은?

〈 보기 〉
ㄱ. (가)는 ㉢이다.
ㄴ. ⓐ는 비생물적 요인에 해당한다.
ㄷ. 생태적 지위가 비슷한 서로 다른 종의 새가 경쟁을 피해 활동 영역을 나누어 살아가는 것은 (다)의 예에 해당한다.

① ㄱ   ② ㄷ   ③ ㄱ, ㄴ   ④ ㄴ, ㄷ   ⑤ ㄱ, ㄴ, ㄷ

13

그림은 생태계를 구성하는 요소 사이의 상호 관계를 나타낸 것이고, 표는 습지에 서식하는 식물 종 X에 대한 자료이다.

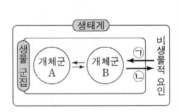

○ ⓐ X는 그늘을 만들어 수분 증발을 감소시켜 토양 속 염분 농도를 낮춘다.
○ X는 습지의 토양 성분을 변화시켜 습지에 서식하는 생물의 ⓑ 종 다양성을 높인다.

이에 대한 설명으로 옳은 것만을 〈보기〉에서 있는 대로 고른 것은? [3점]

〈 보기 〉
ㄱ. X는 생물 군집에 속한다.
ㄴ. ⓐ는 ㉠에 해당한다.
ㄷ. ⓑ는 동일한 생물 종이라도 형질이 각 개체 간에 다르게 나타나는 것을 의미한다.

① ㄱ   ② ㄴ   ③ ㄷ   ④ ㄱ, ㄴ   ⑤ ㄱ, ㄷ

14

그림은 생태계를 구성하는 요소 사이의 상호 관계를, 표는 세균 ⓐ와 ⓑ에 의해 일어나는 물질 전환 과정의 일부를 나타낸 것이다. ⓐ와 ⓑ는 탈질소 세균과 질소 고정 세균을 순서 없이 나타낸 것이다.

세균	물질 전환 과정
ⓐ	$N_2 \longrightarrow NH_4^+$
ⓑ	$NO_3^- \longrightarrow N_2$

이에 대한 설명으로 옳은 것만을 〈보기〉에서 있는 대로 고른 것은?

〈 보기 〉
ㄱ. 순위제는 ㉢에 해당한다.
ㄴ. ⓑ는 탈질소 세균이다.
ㄷ. ⓐ에 의해 토양의 NH_4^+ 양이 증가하는 것은 ㉡에 해당한다.

① ㄱ   ② ㄴ   ③ ㄷ   ④ ㄱ, ㄴ   ⑤ ㄴ, ㄷ

15

그림은 생태계를 구성하는 요소 사이의 상호 관계를 나타낸 것이다.
이에 대한 설명으로 옳은 것만을 〈보기〉에서 있는 대로 고른 것은?

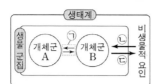

〈 보기 〉
ㄱ. 곰팡이는 생물 군집에 속한다.
ㄴ. 같은 종의 개미가 일을 분담하며 협력하는 것은 ㉠의 예에 해당한다.
ㄷ. 빛의 세기가 참나무의 생장에 영향을 미치는 것은 ㉡의 예에 해당한다.

① ㄱ   ② ㄴ   ③ ㄷ   ④ ㄱ, ㄷ   ⑤ ㄴ, ㄷ

16

일조 시간이 식물의 개화에 미치는 영향을 알아보기 위하여, 식물 종 A의 개체 Ⅰ ~ Ⅴ에 빛 조건을 달리하여 개화 여부를 관찰하였다. 표는 Ⅰ ~ Ⅴ에 '빛 있음', '빛 없음', ⓐ, ⓑ 순으로 처리한 기간과 Ⅰ ~ Ⅴ의 개화 여부를 나타낸 것이다. ⓐ와 ⓑ는 각각 '빛 있음'과 '빛 없음' 중 하나이고, 이 식물이 개화하는 데 필요한 최소한의 '연속적인 빛 없음' 기간은 8시간이다.

0 ─────────── 24(시)

개체	처리 기간(시간)				개화 여부
	빛 있음	빛 없음	ⓐ	ⓑ	
Ⅰ	12	0	0	12	개화함
Ⅱ	12	4	1	7	개화 안 함
Ⅲ	14	4	1	5	개화 안 함
Ⅳ	7	1	4	12	개화함
Ⅴ	5	1	9	9	㉠

이 자료에 대한 설명으로 옳은 것만을 〈보기〉에서 있는 대로 고른 것은? (단, 제시된 조건 이외는 고려하지 않는다.) [3점]

〈 보기 〉
ㄱ. ⓐ는 '빛 있음'이다.
ㄴ. ㉠은 '개화 안 함'이다.
ㄷ. 일조 시간은 비생물적 환경 요인이다.

① ㄱ   ② ㄴ   ③ ㄱ, ㄷ   ④ ㄴ, ㄷ   ⑤ ㄱ, ㄴ, ㄷ

17

그림은 생태계를 구성하는 요소 사이의 상호 관계를, 표는 상호 작용의 예를 나타낸 것이다. (가)와 (나)는 순위제의 예와 텃세의 예를 순서 없이 나타낸 것이다.

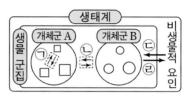

(가) 갈색벌새는 꿀을 확보하기 위해 다른 갈색벌새가 서식 공간에 접근하는 것을 막는다.
(나) 유럽산비둘기 무리에서는 서열이 높은 개체일수록 무리의 가운데 위치를 차지한다.

이에 대한 설명으로 옳은 것만을 〈보기〉에서 있는 대로 고른 것은?

〈 보기 〉
ㄱ. (가)는 텃세의 예이다.
ㄴ. (나)의 상호 작용은 ㉠에 해당한다.
ㄷ. 거북이의 성별이 발생 시기 알의 주변 온도에 의해 결정되는 것은 ㉣의 예에 해당한다.

① ㄱ   ② ㄷ   ③ ㄱ, ㄴ   ④ ㄴ, ㄷ   ⑤ ㄱ, ㄴ, ㄷ

한눈에 정리하는
평가원 기출 경향

주제 \ 학년도	2025	2024

개체군의 생장 곡선, 생존 곡선

2024

04 2024학년도 6월 모평 12번

그림은 생존 곡선 I형, II형을, 표는 동물 종 ⊙, ⓒ, ©의 특징과 생존 곡선 유형을 나타낸 것이다. ⓐ와 ⓑ는 I형과 II형을 순서 없이 나타낸 것이며, 특정 시기의 사망률은 그 시기 동안 사망한 개체 수를 그 시기가 시작된 시점의 총개체 수로 나눈 값이다.

종	특징	유형
⊙	한 번에 많은 수의 자손을 낳으며 초기 사망률이 후기 사망률보다 높다.	ⓐ
ⓒ	한 번에 적은 수의 자손을 낳으며 초기 사망률이 후기 사망률보다 낮다.	ⓑ
©	?	II형

이에 대한 설명으로 옳은 것만을 〈보기〉에 있는 대로 고른 것은?

〈보기〉
ㄱ. ⓑ는 I형이다.
ㄴ. ⊙에서 A시기 동안 사망한 개체 수는 1이다.
   B시기 동안 사망한 개체 수
ㄷ. 대형 포유류와 같이 대부분의 개체가 생리적 수명을 다하고 죽는 종의 생존 곡선 유형은 II형에 해당한다.

① ㄱ ② ㄴ ③ ㄷ ④ ㄱ, ㄴ ⑤ ㄴ, ㄷ

방형구를 이용한 식물 군집 조사

빈출

2025

24 2025학년도 6월 모평 18번

다음은 서로 다른 지역 I과 II의 식물 군집에서 우점종을 알아보기 위한 탐구이다.

(가) I과 II 각각에 방형구를 설치하여 식물 종 A~C의 분포를 조사했다.
(나) 조사한 자료를 바탕으로 각각의 지역에서 A~C의 개체 수와 상대 빈도, 상대 피도, 중요치(중요도)를 구한 결과는 표와 같다.

지역	종	개체 수	상대 빈도 (%)	상대 피도 (%)	중요치
I	A	10	?	30	?
I	B	5	40	25	90
I	C	?	40	45	110
II	A	30	40	?	125
II	B	15	30	?	?
II	C	?	?	35	75

이 자료에 대한 설명으로 옳은 것만을 〈보기〉에 있는 대로 고른 것은? (단, A~C 이외의 종은 고려하지 않는다.) [3점]

〈보기〉
ㄱ. I에서 C의 상대 밀도는 25 %이다.
ㄴ. II에서 지표를 덮고 있는 면적이 가장 큰 좋은 B이다.
ㄷ. I에서의 우점종과 II에서의 우점종은 모두 A이다.

① ㄱ ② ㄴ ③ ㄱ, ㄴ ④ ㄴ, ㄷ ⑤ ㄱ, ㄴ, ㄷ

31 2025학년도 9월 모평 3번

그림은 어떤 지역에서 호수(습지)로부터 시작된 식물 군집의 1차 천이 과정을 나타낸 것이다. A와 B는 관목림과 혼합림을 순서 없이 나타낸 것이다.

호수(습지) → 초원 → A → 양수림 → B → 음수림

이에 대한 설명으로 옳은 것만을 〈보기〉에 있는 대로 고른 것은? [3점]

〈보기〉
ㄱ. A는 관목림이다.
ㄴ. 이 지역에서 일어난 천이는 습성 천이이다.
ㄷ. 이 식물 군집은 B에서 극상을 이룬다.

① ㄱ ② ㄴ ③ ㄷ ④ ㄱ, ㄴ ⑤ ㄴ, ㄷ

2024

20 2024학년도 9월 모평 18번

다음은 어떤 지역의 식물 군집에서 우점종을 알아보기 위한 탐구이다.

(가) 이 지역에 방형구를 설치하여 식물 종 A~E의 분포를 조사했다. 표는 조사한 자료 중 A~E의 개체 수와 A~E가 출현한 방형구 수를 나타낸 것이다.

구분	A	B	C	D	E
개체 수	96	48	18	48	30
출현한 방형구 수	22	20	10	16	12

(나) 표는 A~E의 분포를 조사한 자료를 바탕으로 각 식물 종의 ⊙~©를 구한 결과를 나타낸 것이다. ⊙~©은 상대 밀도, 상대 빈도, 상대 피도를 순서 없이 나타낸 것이다.

구분	A	B	C	D	E
⊙(%)	27.5	ⓐ	?	20	15
ⓒ(%)	40	?	7.5	20	12.5
©(%)	36	17	13	?	10

이 자료에 대한 설명으로 옳은 것만을 〈보기〉에 있는 대로 고른 것은? (단, A~E 이외의 종은 고려하지 않는다.) [3점]

〈보기〉
ㄱ. ⓐ는 12.5이다.
ㄴ. 지표를 덮고 있는 면적이 가장 작은 좋은 E이다.
ㄷ. 우점종은 A이다.

① ㄱ ② ㄴ ③ ㄱ, ㄷ ④ ㄴ, ㄷ ⑤ ㄱ, ㄴ, ㄷ

식물 군집의 천이 과정

빈출

2025

34 2025학년도 수능 16번

그림은 어떤 식물 군집의 천이 과정 일부를, 표는 이 과정 중 ⊙에서 방형구법을 이용하여 식물 군집을 조사한 결과를 나타낸 것이다. ⊙은 A와 B 중 하나이고, A와 B는 양수림과 음수림을 순서 없이 나타낸 것이다. 종 I과 II는 침엽수(양수)에 속하고, 종 III과 IV는 활엽수(음수)에 속한다. ⊙에서 IV의 상대 밀도는 5 %이다.

A — 혼합림 → B

구분	I	II	III	IV
빈도	0.39	0.32	0.22	0.07
개체 수	36	18	6	
상대 피도	37	53		5

이 자료에 대한 설명으로 옳은 것만을 〈보기〉에 있는 대로 고른 것은? (단, I~IV 이외의 종은 고려하지 않는다.) [3점]

〈보기〉
ㄱ. ⊙은 B이다.
ㄴ. ⓐ+ⓑ=65이다.
ㄷ. ⊙에서 중요치(중요도)가 가장 큰 좋은 I이다.

① ㄱ ② ㄴ ③ ㄱ, ㄷ ④ ㄴ, ㄷ ⑤ ㄱ, ㄴ, ㄷ

2024

33 2024학년도 수능 8번

그림 (가)는 천이 A와 B의 과정 일부를, (나)는 이 과정 중 식물 군집 K의 시간에 따른 총생산량과 호흡량을 나타낸 것이다. A와 B는 1차 천이와 2차 천이를 순서 없이 나타낸 것이고, ⊙과 ⓒ은 양수림과 지의류를 순서 없이 나타낸 것이다.

(가)

A: 초원 → 관목림 → ⊙
B: 용암 대지 → ⓒ → 초원

(나) [총생산량, 호흡량 그래프]

이에 대한 설명으로 옳은 것만을 〈보기〉에 있는 대로 고른 것은?

〈보기〉
ㄱ. B는 2차 천이이다.
ㄴ. ⓒ은 양수림이다.
ㄷ. K의 순생산량 은 t₁일 때가 t₂일 때보다 크다.
       호흡량

① ㄱ ② ㄴ ③ ㄱ, ㄷ ④ ㄴ, ㄷ ⑤ ㄱ, ㄴ, ㄷ

28 2024학년도 6월 모평 9번

그림은 어떤 지역의 식물 군집에서 산불이 난 후의 천이 과정을, 표는 이 과정 중 ⊙에서 방형구법을 이용하여 식물 군집을 조사한 결과를 나타낸 것이다. A와 B는 양수림과 음수림을 순서 없이 나타낸 것이고, 종 I과 II는 침엽수(양수)에 속하고, 종 III과 IV는 활엽수(음수)에 속한다.

[초원 → A → 혼합림 → B]

구분	침엽수		활엽수	
	I	II	III	IV
상대 밀도(%)	30	42	12	16
상대 빈도(%)	32	38	16	14
상대 피도(%)	34	38	17	11

이에 대한 설명으로 옳은 것만을 〈보기〉에 있는 대로 고른 것은? (단, I~IV 이외의 종은 고려하지 않는다.) [3점]

〈보기〉
ㄱ. ⊙은 B이다.
ㄴ. 이 지역에서 일어난 천이는 2차 천이이다.
ㄷ. 이 식물 군집은 혼합림에서 극상을 이룬다.

① ㄱ ② ㄴ ③ ㄷ ④ ㄱ, ㄴ ⑤ ㄱ, ㄷ

2023

2022 ~ 2020

05
2022학년도 9월 모평 20번

그림은 생존 곡선 Ⅰ형, Ⅱ형, Ⅲ형, 표는 동물 종 ㉠의 특징을 나타낸 것이다. 특정 시기의 사망률은 그 시기 동안 사망한 개체 수를 그 시기가 시작된 시점의 총 개체 수로 나눈 값이다.

	○ ㉠은 한 번에 많은 수의 자손을 낳으며, 초기 사망률이 후기 사망률보다 높다.
	○ ㉠의 생존 곡선은 Ⅰ형, Ⅱ형, Ⅲ형 중 하나에 해당한다.

이에 대한 설명으로 옳은 것만을 〈보기〉에서 있는 대로 고른 것은?

〈보기〉
ㄱ. Ⅰ형의 생존 곡선을 나타내는 종에서 A 시기의 사망률은 B 시기의 사망률보다 높다.
ㄴ. Ⅲ형의 생존 곡선을 나타내는 종에서 A 시기 동안 사망한 개체 수는 B 시기 동안 사망한 개체 수와 같다.
ㄷ. ㉠의 생존 곡선은 Ⅲ형에 속한다.

① ㄱ ② ㄴ ③ ㄷ ④ ㄱ, ㄴ ⑤ ㄱ, ㄷ

03
2020학년도 9월 모평 11번

그림은 어떤 군집을 이루는 종 A와 종 B의 시간에 따른 개체 수를 나타낸 것이고, 표는 상대 밀도에 대한 자료이다.

	○ 상대 밀도는 어떤 지역에서 조사한 모든 종의 개체 수에 대한 특정 종의 개체 수를 백분율로 나타낸 것이다.

이에 대한 설명으로 옳은 것만을 〈보기〉에서 있는 대로 고른 것은? (단, A와 B 이외의 종은 고려하지 않는다.)

〈보기〉
ㄱ. A는 B와 한 개체군을 이룬다.
ㄴ. 구간 Ⅰ에서 A에 환경 저항이 작용한다.
ㄷ. B의 상대 밀도는 t_1에서가 t_2에서보다 크다.

① ㄱ ② ㄴ ③ ㄷ ④ ㄴ, ㄷ ⑤ ㄱ, ㄴ, ㄷ

---

02 대표 문제
2020학년도 6월 모평 20번

그림은 먹이의 양이 서로 다른 두 조건 A와 B에서 종 ㉠을 각각 단독 배양했을 때 시간에 따른 개체 수를 나타낸 것이다. 먹이의 양은 A가 B보다 많다.

이 자료에 대한 설명으로 옳은 것만을 〈보기〉에서 있는 대로 고른 것은? (단, 제시된 조건 이외는 고려하지 않는다.) [3점]

〈보기〉
ㄱ. 구간 Ⅰ에서 증가한 ⓐ의 개체 수는 A에서가 B에서보다 많다.
ㄴ. A의 구간 Ⅱ에서 ⓐ에게 환경 저항이 작용한다.
ㄷ. B의 개체 수는 t_1일 때가 t_2일 때보다 많다.

① ㄱ ② ㄷ ③ ㄱ, ㄴ ④ ㄴ, ㄷ ⑤ ㄱ, ㄴ, ㄷ

23
2023학년도 수능 11번

표는 방형구법을 이용하여 어떤 지역의 식물 군집을 두 시점 t_1과 t_2일 때 조사한 결과를 나타낸 것이다.

시점	종	개체 수	상대 빈도(%)	상대 피도(%)	중요치(중요도)
t_1	A	9	?	30	68
	B	19	20	20	?
	C	?	20	15	49
	D	15	40	?	?
t_2	A	0	20	?	?
	B	33	?	39	?
	C	?	20	24	?
	D	21	40	?	112

이 자료에 대한 설명으로 옳은 것만을 〈보기〉에서 있는 대로 고른 것은? (단, A~D 이외의 종은 고려하지 않는다.) [3점]

〈보기〉
ㄱ. t_1일 때 우점종은 D이다.
ㄴ. t_1일 때 지표를 덮고 있는 면적이 가장 큰 종은 B이다.
ㄷ. C의 상대 밀도는 t_1일 때가 t_2일 때보다 작다.

① ㄱ ② ㄷ ③ ㄱ, ㄴ ④ ㄴ, ㄷ ⑤ ㄱ, ㄴ, ㄷ

18
2022학년도 6월 모평 18번

다음은 어떤 지역의 식물 군집에서 우점종을 알아보기 위한 탐구이다.

(가) 이 지역에 방형구를 설치하여 식물 종 A~E의 분포를 조사했다.
(나) 표는 조사한 자료를 바탕으로 각 식물 종의 상대 밀도, 상대 빈도, 상대 피도를 구한 결과를 나타낸 것이다.

종	상대 밀도(%)	상대 빈도(%)	상대 피도(%)
A	30	30	20
B	5	24	26
C	25	25	10
D	10	26	24
E	30	5	20

(다) 이 지역의 우점종이 A임을 확인했다.

이 자료에 대한 설명으로 옳은 것만을 〈보기〉에서 있는 대로 고른 것은? (단, A~E 이외의 종은 고려하지 않는다.) [3점]

〈보기〉
ㄱ. 중요치(중요도)가 가장 큰 종은 A이다.
ㄴ. 지표를 덮고 있는 면적이 가장 큰 종은 B이다.
ㄷ. E가 출현한 방형구의 수는 D가 출현한 방형구의 수보다 많다.

① ㄱ ② ㄴ ③ ㄷ ④ ㄱ, ㄴ ⑤ ㄱ, ㄷ

16
2021학년도 수능 20번

표 (가)는 면적이 동일한 서로 다른 두 지역 Ⅰ과 Ⅱ의 식물 군집을 조사한 결과를 나타낸 것이고, (나)는 우점종에 대한 자료이다.

지역	종	상대 밀도(%)	상대 빈도(%)	상대 피도(%)	총 개체 수
(가) Ⅰ	A	30	?	19	
	B	?	24	22	100
	C	29	31	?	
Ⅱ	A	5	?	13	
	B	?	13	25	120
	C	70	42	?	

(나)	○ 어떤 군집의 우점종은 중요치가 가장 높아 그 군집을 대표할 수 있는 종을 의미하며, 각 종의 중요치는 상대 밀도, 상대 빈도, 상대 피도를 더한 값이다.

이에 대한 설명으로 옳은 것만을 〈보기〉에서 있는 대로 고른 것은? (단, A~C 이외의 종은 고려하지 않는다.)

〈보기〉
ㄱ. Ⅰ의 식물 군집에서 우점종은 C이다.
ㄴ. 개체군 밀도는 Ⅰ의 A가 Ⅱ의 B보다 크다.
ㄷ. 종 다양성은 Ⅰ에서가 Ⅱ에서보다 높다.

① ㄱ ② ㄴ ③ ㄱ, ㄷ ④ ㄴ, ㄷ ⑤ ㄱ, ㄴ, ㄷ

15
2023학년도 9월 모평 12번

표는 방형구법을 이용하여 어떤 지역의 식물 군집을 조사한 결과를 나타낸 것이다.

종	개체 수	상대 밀도(%)	빈도	상대 빈도(%)	상대 피도(%)
A	?	20	0.4	20	16
B	36	30	0.7	?	24
C	12	?	0.2	10	?
D	㉠	?	?	?	30

이 자료에 대한 설명으로 옳은 것만을 〈보기〉에서 있는 대로 고른 것은? (단, A~D 이외의 종은 고려하지 않는다.) [3점]

〈보기〉
ㄱ. ㉠은 24이다.
ㄴ. 지표를 덮고 있는 면적이 가장 작은 종은 A이다.
ㄷ. 우점종은 B이다.

① ㄱ ② ㄴ ③ ㄷ ④ ㄱ, ㄴ ⑤ ㄴ, ㄷ

---

13 대표 문제
2021학년도 6월 모평 11번

표 (가)는 어떤 지역의 식물 군집을 조사한 결과를 나타낸 것이고, (나)는 우점종에 대한 자료이다.

종	개체 수	빈도	상대 피도(%)
A	198	0.32	㉠
B	81	0.16	23
C	171	0.32	45

(가)

(나)	○ 어떤 군집의 우점종은 중요치가 가장 높아 그 군집을 대표할 수 있는 종을 의미하며, 각 종의 중요치는 상대 밀도, 상대 빈도, 상대 피도를 더한 값이다.

이에 대한 설명으로 옳은 것만을 〈보기〉에서 있는 대로 고른 것은? (단, A~C 이외의 종은 고려하지 않는다.) [3점]

〈보기〉
ㄱ. ㉠은 32이다.
ㄴ. B의 상대 빈도는 20 %이다.
ㄷ. 이 식물 군집의 우점종은 C이다.

① ㄱ ② ㄷ ③ ㄴ, ㄷ ④ ㄴ, ㄷ ⑤ ㄱ, ㄴ, ㄷ

27
2021학년도 9월 모평 14번

그림 (가)는 어떤 식물 군집의 천이 과정 일부를, (나)는 이 과정 중 ㉠에서 조사한 침엽수(양수)와 활엽수(음수)의 크기(높이)에 따른 개체 수를 나타낸 것이다. ㉠은 A와 B 중 하나이며, A와 B는 양수림과 음수림을 순서 없이 나타낸 것이다.

이에 대한 설명으로 옳은 것만을 〈보기〉에서 있는 대로 고른 것은? [3점]

〈보기〉
ㄱ. ㉠은 양수림이다.
ㄴ. ㉠에서 h_1보다 작은 활엽수는 없다.
ㄷ. 이 식물 군집은 혼합림에서 극상을 이룬다.

① ㄱ ② ㄴ ③ ㄷ ④ ㄱ, ㄴ ⑤ ㄱ, ㄷ

01

2022학년도 3월 학평 12번

그림은 어떤 식물 개체군의 시간에 따른 개체 수를 나타낸 것이다.
이에 대한 옳은 설명만을 〈보기〉에서 있는 대로 고른 것은? (단, 이입과 이출은 없으며, 서식지의 면적은 일정하다.)

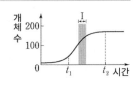

〈 보기 〉
ㄱ. 환경 저항은 t_1일 때가 t_2일 때보다 크다.
ㄴ. 구간 Ⅰ에서 개체군 밀도는 시간에 따라 증가한다.
ㄷ. 환경 수용력은 100보다 크다.

① ㄱ　　② ㄴ　　③ ㄱ, ㄷ　　④ ㄴ, ㄷ　　⑤ ㄱ, ㄴ, ㄷ

02 대표 문제

2020학년도 6월 모평 20번

그림은 먹이의 양이 서로 다른 두 조건 A와 B에서 종 ⓐ를 각각 단독 배양했을 때 시간에 따른 개체 수를 나타낸 것이다. 먹이의 양은 A가 B보다 많다.

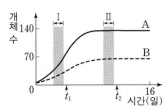

이 자료에 대한 설명으로 옳은 것만을 〈보기〉에서 있는 대로 고른 것은? (단, 제시된 조건 이외는 고려하지 않는다.) [3점]

〈 보기 〉
ㄱ. 구간 Ⅰ에서 증가한 ⓐ의 개체 수는 A에서가 B에서보다 많다.
ㄴ. A의 구간 Ⅱ에서 ⓐ에게 환경 저항이 작용한다.
ㄷ. B의 개체 수는 t_2일 때가 t_1일 때보다 많다.

① ㄱ　　② ㄴ　　③ ㄱ, ㄷ　　④ ㄴ, ㄷ　　⑤ ㄱ, ㄴ, ㄷ

03

2020학년도 9월 모평 11번

그림은 어떤 군집을 이루는 종 A와 종 B의 시간에 따른 개체 수를 나타낸 것이고, 표는 상대 밀도에 대한 자료이다.

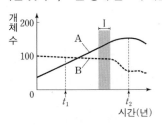

○ 상대 밀도는 어떤 지역에서 조사한 모든 종의 개체 수에 대한 특정 종의 개체 수를 백분율로 나타낸 것이다.

이에 대한 설명으로 옳은 것만을 〈보기〉에서 있는 대로 고른 것은? (단, A와 B 이외의 종은 고려하지 않는다.)

〈 보기 〉
ㄱ. A는 B와 한 개체군을 이룬다.
ㄴ. 구간 Ⅰ에서 A에 환경 저항이 작용한다.
ㄷ. B의 상대 밀도는 t_1에서가 t_2에서보다 크다.

① ㄱ　　② ㄴ　　③ ㄱ, ㄷ　　④ ㄴ, ㄷ　　⑤ ㄱ, ㄴ, ㄷ

04

2024학년도 6월 모평 12번

그림은 생존 곡선 Ⅰ형, Ⅱ형, Ⅲ형을, 표는 동물 종 ㉠, ㉡, ㉢의 특징과 생존 곡선 유형을 나타낸 것이다. ⓐ와 ⓑ는 Ⅰ형과 Ⅲ형을 순서 없이 나타낸 것이며, 특정 시기의 사망률은 그 시기 동안 사망한 개체 수를 그 시기가 시작된 시점의 총개체 수로 나눈 값이다.

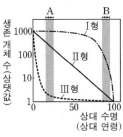

종	특징	유형
㉠	한 번에 많은 수의 자손을 낳으며 초기 사망률이 후기 사망률보다 높다.	ⓐ
㉡	한 번에 적은 수의 자손을 낳으며 초기 사망률이 후기 사망률보다 낮다.	ⓑ
㉢	?	Ⅱ형

이에 대한 설명으로 옳은 것만을 〈보기〉에서 있는 대로 고른 것은?

〈 보기 〉
ㄱ. ⓑ는 Ⅰ형이다.
ㄴ. ㉢에서 $\dfrac{\text{A시기 동안 사망한 개체 수}}{\text{B시기 동안 사망한 개체 수}}$ 는 1이다.
ㄷ. 대형 포유류와 같이 대부분의 개체가 생리적 수명을 다하고 죽는 종의 생존 곡선 유형은 Ⅲ형에 해당한다.

① ㄱ　　② ㄴ　　③ ㄷ　　④ ㄱ, ㄴ　　⑤ ㄴ, ㄷ

05

그림은 생존 곡선 Ⅰ형, Ⅱ형, Ⅲ형을, 표는 동물 종 ㉠의 특징을 나타낸 것이다. 특정 시기의 사망률은 그 시기 동안 사망한 개체 수를 그 시기가 시작된 시점의 총 개체 수로 나눈 값이다.

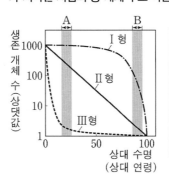

| ○ ㉠은 한 번에 많은 수의 자손을 낳으며, 초기 사망률이 후기 사망률보다 높다. |
| ○ ㉠의 생존 곡선은 Ⅰ형, Ⅱ형, Ⅲ형 중 하나에 해당한다. |

이에 대한 설명으로 옳은 것만을 〈보기〉에서 있는 대로 고른 것은?

――〈 보기 〉――
ㄱ. Ⅰ형의 생존 곡선을 나타내는 종에서 A 시기의 사망률은 B 시기의 사망률보다 높다.
ㄴ. Ⅱ형의 생존 곡선을 나타내는 종에서 A 시기 동안 사망한 개체 수는 B 시기 동안 사망한 개체 수와 같다.
ㄷ. ㉠의 생존 곡선은 Ⅲ형에 속한다.

① ㄱ ② ㄴ ③ ㄷ ④ ㄱ, ㄴ ⑤ ㄱ, ㄷ

06

그림 (가)는 동물 종 A의 시간에 따른 개체 수를, (나)는 A의 상대 수명에 따른 생존 개체 수를 나타낸 것이다. 특정 구간의 사망률은 그 구간 동안 사망한 개체 수를 그 구간이 시작된 시점의 총개체 수로 나눈 값이다.

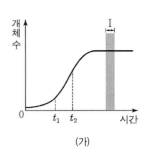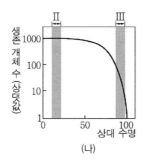

(가)   (나)

이에 대한 설명으로 옳은 것만을 〈보기〉에서 있는 대로 고른 것은? (단, 이입과 이출은 없으며, 서식지의 면적은 일정하다.)

――〈 보기 〉――
ㄱ. 구간 Ⅰ에서 A에게 환경 저항이 작용하지 않는다.
ㄴ. A의 개체군 밀도는 t_1일 때가 t_2일 때보다 작다.
ㄷ. A의 사망률은 구간 Ⅱ에서가 구간 Ⅲ에서보다 높다.

① ㄱ ② ㄴ ③ ㄷ ④ ㄱ, ㄴ ⑤ ㄴ, ㄷ

07

표는 방형구법을 이용하여 어떤 지역의 식물 군집을 조사한 결과를 나타낸 것이다.

종	개체 수	빈도	상대 피도(%)	중요치(중요도)
A	36	0.8	38	?
B	?	0.5	27	72
C	12	0.7	35	90

이에 대한 옳은 설명만을 〈보기〉에서 있는 대로 고른 것은? (단, A~C 이외의 종은 고려하지 않는다.) [3점]

――〈 보기 〉――
ㄱ. A의 상대 빈도는 40 %이다.
ㄴ. B의 개체 수는 20이다.
ㄷ. 우점종은 C이다.

① ㄱ ② ㄴ ③ ㄷ ④ ㄱ, ㄴ ⑤ ㄴ, ㄷ

08

표는 어떤 지역에 면적이 $1 \ m^2$인 방형구를 200개 이용한 식물 군집 조사 결과를 나타낸 것이다.

종	개체 수	1개체당 지표를 덮는 면적(m^2)	상대 빈도(%)
A	30	0.8	30
B	60	0.4	㉠
C	40	0.6	35
D	70	0.4	20

이에 대한 옳은 설명만을 〈보기〉에서 있는 대로 고른 것은? (단, 각 개체는 서로 겹쳐 있지 않으며, A~D 이외의 종은 고려하지 않는다.) [3점]

〈 보기 〉
ㄱ. ㉠은 15이다.
ㄴ. A의 상대 밀도는 D의 상대 피도보다 크다.
ㄷ. 우점종은 C이다.

① ㄱ ② ㄷ ③ ㄱ, ㄴ ④ ㄱ, ㄷ ⑤ ㄴ, ㄷ

09

표는 어떤 지역에 면적이 $1 \ m^2$인 방형구를 10개 설치한 후 식물 군집을 조사한 결과를 나타낸 것이다.

종	개체 수	출현한 방형구 수	점유한 면적(m^2)
A	30	5	0.5
B	20	6	1.5
C	40	4	2.0
D	10	5	1.0

이에 대한 설명으로 옳은 것만을 〈보기〉에서 있는 대로 고른 것은? (단, A~D 이외의 종은 고려하지 않는다.) [3점]

〈 보기 〉
ㄱ. B의 빈도는 0.6이다.
ㄴ. A는 D와 한 개체군을 이룬다.
ㄷ. 중요치가 가장 큰 종은 C이다.

① ㄱ ② ㄴ ③ ㄷ ④ ㄱ, ㄷ ⑤ ㄴ, ㄷ

10

다음은 어떤 지역에서 방형구를 이용해 식물 군집을 조사한 자료이다.

○ 면적이 같은 4개의 방형구 A~D를 설치하여 조사한 질경이, 토끼풀, 강아지풀의 분포는 그림과 같으며, D에서의 분포는 나타내지 않았다.

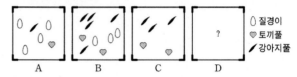

○ 토끼풀의 빈도는 $\frac{3}{4}$이다.
○ 질경이의 밀도는 강아지풀의 밀도와 같고, 토끼풀의 밀도의 2배이다.
○ 중요치가 가장 큰 종은 질경이다.

이에 대한 옳은 설명만을 〈보기〉에서 있는 대로 고른 것은? (단, 방형구에 나타낸 각 도형은 식물 1개체를 의미하며, 제시된 종 이외의 종은 고려하지 않는다.) [3점]

〈 보기 〉
ㄱ. D에 질경이가 있다.
ㄴ. 토끼풀의 상대 밀도는 20 %이다.
ㄷ. 상대 피도는 질경이가 강아지풀보다 크다.

① ㄱ ② ㄷ ③ ㄱ, ㄴ ④ ㄴ, ㄷ ⑤ ㄱ, ㄴ, ㄷ

11

표는 방형구법을 이용하여 어떤 지역의 식물 군집을 조사한 결과를 나타낸 것이다.

종	상대 밀도(%)	상대 빈도(%)	상대 피도(%)	중요치
A	18	㉠	?	73
B	38	㉠	㉡	83
C	?	15	㉡	?
D	30	?	30	?

이 자료에 대한 설명으로 옳은 것만을 〈보기〉에서 있는 대로 고른 것은? (단, A~D 이외의 종은 고려하지 않는다.) [3점]

〈 보기 〉
ㄱ. C의 상대 밀도는 14 %이다.
ㄴ. A가 출현한 방형구의 수는 D가 출현한 방형구의 수보다 많다.
ㄷ. 우점종은 B이다.

① ㄱ ② ㄷ ③ ㄱ, ㄴ ④ ㄱ, ㄷ ⑤ ㄴ, ㄷ

12

표는 지역 (가)와 (나)에 서식하는 식물 종 A~C의 개체 수를 나타낸 것이다. 면적은 (나)가 (가)의 2배 이다.

종 지역	A	B	C
(가)	11	24	15
(나)	46	24	30

이에 대한 옳은 설명만을 〈보기〉에 서 있는 대로 고른 것은? (단, A~C 이외의 종은 고려하지 않는다.)

〈보기〉
ㄱ. (가)에서 A는 B와 한 개체군을 이룬다.
ㄴ. B의 밀도는 (가)에서가 (나)에서의 2배이다.
ㄷ. C의 상대 밀도는 (나)에서가 (가)에서의 2배이다.

① ㄱ   ② ㄴ   ③ ㄷ   ④ ㄱ, ㄴ   ⑤ ㄴ, ㄷ

13

표 (가)는 어떤 지역의 식물 군집을 조사한 결과를 나타낸 것이고, (나)는 우점종에 대한 자료이다.

종	개체 수	빈도	상대 피도(%)
A	198	0.32	㉠
B	81	0.16	23
C	171	0.32	45

(가)

○ 어떤 군집의 우점종은 중요치가 가장 높아 그 군집을 대표할 수 있는 종을 의미하며, 각 종의 중요치는 상대 밀도, 상대 빈도, 상대 피도를 더한 값이다.

(나)

이에 대한 설명으로 옳은 것만을 〈보기〉에서 있는 대로 고른 것은? (단, A~C 이외의 종은 고려하지 않는다.) [3점]

〈보기〉
ㄱ. ㉠은 32이다.
ㄴ. B의 상대 빈도는 20 %이다.
ㄷ. 이 식물 군집의 우점종은 C이다.

① ㄱ   ② ㄷ   ③ ㄱ, ㄴ   ④ ㄴ, ㄷ   ⑤ ㄱ, ㄴ, ㄷ

14

표 (가)는 어떤 지역의 식물 군집을 조사한 결과를 나타낸 것이고, (나)는 종 A와 B의 상대 피도와 상대 빈도에 대한 자료이다.

종	개체 수	빈도
A	240	0.20
B	60	㉠
C	200	0.32

(가)

○ A의 상대 피도는 55 %이다.
○ B의 상대 빈도는 35 %이다.

(나)

이에 대한 설명으로 옳은 것만을 〈보기〉에서 있는 대로 고른 것은? (단, A~C 이외의 종은 고려하지 않는다.)

〈보기〉
ㄱ. ㉠은 0.35이다.
ㄴ. B의 상대 밀도는 12 %이다.
ㄷ. 중요치는 A가 C보다 낮다.

① ㄱ   ② ㄴ   ③ ㄷ   ④ ㄱ, ㄴ   ⑤ ㄴ, ㄷ

15

표는 방형구법을 이용하여 어떤 지역의 식물 군집을 조사한 결과를 나타낸 것이다.

종	개체 수	상대 밀도 (%)	빈도	상대 빈도 (%)	상대 피도 (%)
A	?	20	0.4	20	16
B	36	30	0.7	?	24
C	12	?	0.2	10	?
D	㉠	?	?	?	30

이 자료에 대한 설명으로 옳은 것만을 〈보기〉에서 있는 대로 고른 것은? (단, A~D 이외의 종은 고려하지 않는다.) [3점]

〈보기〉
ㄱ. ㉠은 24이다.
ㄴ. 지표를 덮고 있는 면적이 가장 작은 종은 A이다.
ㄷ. 우점종은 B이다.

① ㄱ   ② ㄴ   ③ ㄷ   ④ ㄱ, ㄴ   ⑤ ㄴ, ㄷ

16

표 (가)는 면적이 동일한 서로 다른 지역 Ⅰ과 Ⅱ의 식물 군집을 조사한 결과를 나타낸 것이고, (나)는 우점종에 대한 자료이다.

(가)

지역	종	상대 밀도(%)	상대 빈도(%)	상대 피도(%)	총 개체 수
Ⅰ	A	30	?	19	100
	B	?	24	22	
	C	29	31	?	
Ⅱ	A	5	?	13	120
	B	?	13	25	
	C	70	42	?	

(나)
○ 어떤 군집의 우점종은 중요치가 가장 높아 그 군집을 대표할 수 있는 종을 의미하며, 각 종의 중요치는 상대 밀도, 상대 빈도, 상대 피도를 더한 값이다.

이에 대한 설명으로 옳은 것만을 〈보기〉에서 있는 대로 고른 것은? (단, A~C 이외의 종은 고려하지 않는다.)

〈보기〉
ㄱ. Ⅰ의 식물 군집에서 우점종은 C이다.
ㄴ. 개체군 밀도는 Ⅰ의 A가 Ⅱ의 B보다 크다.
ㄷ. 종 다양성은 Ⅰ에서가 Ⅱ에서보다 높다.

① ㄱ ② ㄴ ③ ㄱ, ㄷ ④ ㄴ, ㄷ ⑤ ㄱ, ㄴ, ㄷ

17

표는 서로 다른 지역 (가)와 (나)의 식물 군집을 조사한 결과를 나타낸 것이다. (가)의 면적은 (나)의 면적의 2배이다.

지역	종	개체 수	상대 빈도(%)	총개체 수
(가)	A	?	29	100
	B	33	41	
	C	27	?	
(나)	A	25	32	100
	B	?	35	
	C	44	?	

이에 대한 설명으로 옳은 것만을 〈보기〉에서 있는 대로 고른 것은? (단, A~C 이외의 종은 고려하지 않는다.) [3점]

〈보기〉
ㄱ. A의 개체군 밀도는 (가)에서가 (나)에서보다 크다.
ㄴ. (나)에서 B의 상대 밀도는 31 %이다.
ㄷ. C의 상대 빈도는 (가)에서가 (나)에서보다 작다.

① ㄱ ② ㄷ ③ ㄱ, ㄴ ④ ㄴ, ㄷ ⑤ ㄱ, ㄴ, ㄷ

18

다음은 어떤 지역의 식물 군집에서 우점종을 알아보기 위한 탐구이다.

(가) 이 지역에 방형구를 설치하여 식물 종 A~E의 분포를 조사했다.
(나) 표는 조사한 자료를 바탕으로 각 식물 종의 상대 밀도, 상대 빈도, 상대 피도를 구한 결과를 나타낸 것이다.

종	상대 밀도(%)	상대 빈도(%)	상대 피도(%)
A	30	20	20
B	5	24	26
C	25	25	10
D	10	26	24
E	30	5	20

(다) 이 지역의 우점종이 A임을 확인했다.

이 자료에 대한 설명으로 옳은 것만을 〈보기〉에서 있는 대로 고른 것은? (단, A~E 이외의 종은 고려하지 않는다.) [3점]

〈보기〉
ㄱ. 중요치(중요도)가 가장 큰 종은 A이다.
ㄴ. 지표를 덮고 있는 면적이 가장 큰 종은 B이다.
ㄷ. E가 출현한 방형구의 수는 D가 출현한 방형구의 수보다 많다.

① ㄱ ② ㄴ ③ ㄷ ④ ㄱ, ㄴ ⑤ ㄱ, ㄷ

19

다음은 학생 A와 B가 면적이 서로 다른 방형구를 이용해 어떤 지역에서 같은 식물 군집을 각각 조사한 자료이다.

○ 이 지역에는 토끼풀, 민들레, 꽃잔디가 서식한다.
○ 그림 (가)는 A가 면적이 같은 8개의 방형구를, (나)는 B가 면적이 같은 2개의 방형구를 설치한 모습을 나타낸 것이다.

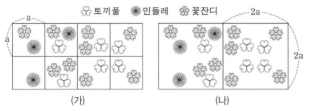

○ 표는 B가 구한 각 종의 상대 피도를 나타낸 것이다.

종	토끼풀	민들레	꽃잔디
상대 피도(%)	27	?	52

이에 대한 옳은 설명만을 〈보기〉에서 있는 대로 고른 것은? (단, 방형구에 나타낸 각 도형은 식물 1개체를 의미하며, 제시된 종 이외의 종은 고려하지 않는다.) [3점]

〈 보기 〉
ㄱ. A가 구한 꽃잔디의 상대 밀도는 50 %이다.
ㄴ. B가 구한 민들레의 상대 피도는 21 %이다.
ㄷ. A와 B가 구한 토끼풀의 상대 빈도는 서로 같다.

① ㄱ ② ㄷ ③ ㄱ, ㄴ ④ ㄴ, ㄷ ⑤ ㄱ, ㄴ, ㄷ

20

다음은 어떤 지역의 식물 군집에서 우점종을 알아보기 위한 탐구이다.

(가) 이 지역에 방형구를 설치하여 식물 종 A~E의 분포를 조사했다. 표는 조사한 자료 중 A~E의 개체 수와 A~E가 출현한 방형구 수를 나타낸 것이다.

구분	A	B	C	D	E
개체 수	96	48	18	48	30
출현한 방형구 수	22	20	10	16	12

(나) 표는 A~E의 분포를 조사한 자료를 바탕으로 각 식물 종의 ㉠~㉢을 구한 결과를 나타낸 것이다. ㉠~㉢은 상대 밀도, 상대 빈도, 상대 피도를 순서 없이 나타낸 것이다.

구분	A	B	C	D	E
㉠(%)	27.5	?	ⓐ	20	15
㉡(%)	40	?	7.5	20	12.5
㉢(%)	36	17	13	?	10

이 자료에 대한 설명으로 옳은 것만을 〈보기〉에서 있는 대로 고른 것은? (단, A~E 이외의 종은 고려하지 않는다.) [3점]

〈 보기 〉
ㄱ. ⓐ는 12.5이다.
ㄴ. 지표를 덮고 있는 면적이 가장 작은 종은 E이다.
ㄷ. 우점종은 A이다.

① ㄱ ② ㄴ ③ ㄱ, ㄷ ④ ㄴ, ㄷ ⑤ ㄱ, ㄴ, ㄷ

21

표는 방형구법을 이용하여 어떤 지역의 식물 군집을 조사한 결과를 나타낸 것이다. A~C의 개체 수의 합은 100이고, 순위 1, 2, 3은 값이 큰 것부터 순서대로 나타낸 것이다.

종	상대 밀도(%)		상대 빈도(%)		상대 피도(%)		중요치 (중요도)	
	값	순위	값	순위	값	순위	값	순위
A	32	2	38	1	?	?	?	?
B	㉠	1	?	3	?	?	97	?
C	?	3	㉠	2	26	?	?	?

이에 대한 설명으로 옳은 것만을 〈보기〉에서 있는 대로 고른 것은? (단, A~C 이외의 종은 고려하지 않는다.) [3점]

〈보기〉

ㄱ. 지표를 덮고 있는 면적이 가장 큰 종은 A이다.

ㄴ. B의 상대 빈도 값은 26이다.

ㄷ. C의 중요치(중요도) 값은 96이다.

① ㄱ　　② ㄴ　　③ ㄷ　　④ ㄱ, ㄴ　　⑤ ㄴ, ㄷ

22

표 (가)는 어떤 지역에 방형구를 설치하여 식물 군집을 조사한 자료의 일부를, (나)는 이 자료를 바탕으로 종 A와 ㉠의 상대 밀도, 상대 빈도, 상대 피도를 구한 결과를 나타낸 것이다. ㉠은 종 B~D 중 하나이다.

구분	A	B	C	D
개체 수	42	120	?	90
출현한 방형구 수	?	24	16	22

(가)

구분	A	㉠
상대 밀도(%)	14.0	40.0
상대 빈도(%)	22.5	30.0
상대 피도(%)	17.0	41.0

(나)

이 자료에 대한 설명으로 옳은 것만을 〈보기〉에서 있는 대로 고른 것은? (단, A~D 이외의 종은 고려하지 않는다.) [3점]

〈보기〉

ㄱ. C의 개체 수는 48이다.

ㄴ. 이 지역의 우점종은 B이다.

ㄷ. A가 출현한 방형구 수는 38이다.

① ㄱ　　② ㄷ　　③ ㄱ, ㄴ　　④ ㄴ, ㄷ　　⑤ ㄱ, ㄴ, ㄷ

23

표는 방형구법을 이용하여 어떤 지역의 식물 군집을 두 시점 t_1과 t_2일 때 조사한 결과를 나타낸 것이다.

시점	종	개체 수	상대 빈도(%)	상대 피도(%)	중요치(중요도)
t_1	A	9	?	30	68
	B	19	20	20	?
	C	?	20	15	49
	D	15	40	?	?
t_2	A	0	?	?	?
	B	33	?	39	?
	C	?	20	24	?
	D	21	40	?	112

이 자료에 대한 설명으로 옳은 것만을 〈보기〉에서 있는 대로 고른 것은? (단, A~D 이외의 종은 고려하지 않는다.) [3점]

〈보기〉

ㄱ. t_1일 때 우점종은 D이다.

ㄴ. t_2일 때 지표를 덮고 있는 면적이 가장 큰 종은 B이다.

ㄷ. C의 상대 밀도는 t_1일 때가 t_2일 때보다 작다.

① ㄱ　　② ㄷ　　③ ㄱ, ㄴ　　④ ㄴ, ㄷ　　⑤ ㄱ, ㄴ, ㄷ

24

다음은 서로 다른 지역 Ⅰ과 Ⅱ의 식물 군집에서 우점종을 알아보기 위한 탐구이다.

(가) Ⅰ과 Ⅱ 각각에 방형구를 설치하여 식물 종 A~C의 분포를 조사했다.

(나) 조사한 자료를 바탕으로 각각의 지역에서 A~C의 개체 수와 상대 빈도, 상대 피도, 중요치(중요도)를 구한 결과는 표와 같다.

지역	종	개체 수	상대 빈도 (%)	상대 피도 (%)	중요치
Ⅰ	A	10	?	30	?
	B	5	40	25	90
	C	?	40	45	110
Ⅱ	A	30	40	?	125
	B	15	30	?	?
	C	?	?	35	75

이 자료에 대한 설명으로 옳은 것만을 〈보기〉에서 있는 대로 고른 것은? (단, A~C 이외의 종은 고려하지 않는다.) [3점]

〈 보기 〉

ㄱ. Ⅰ에서 C의 상대 밀도는 25 %이다.

ㄴ. Ⅱ에서 지표를 덮고 있는 면적이 가장 큰 종은 B이다.

ㄷ. Ⅰ에서의 우점종과 Ⅱ에서의 우점종은 모두 A이다.

① ㄱ ② ㄷ ③ ㄱ, ㄴ ④ ㄴ, ㄷ ⑤ ㄱ, ㄴ, ㄷ

25

다음은 어떤 지역에서 일어나는 식물 군집의 1차 천이 과정을 순서대로 나타낸 자료이다. ㉠~㉢은 음수림, 양수림, 관목림을 순서 없이 나타낸 것이다.

(가) 용암 대지에서 지의류에 의해 암석의 풍화가 촉진되어 토양이 형성되었다.

(나) 식물 군집의 천이가 진행됨에 따라 초원에서 ㉠을 거쳐 ㉡이 형성되었다.

(다) 이 지역에 ㉢이 형성된 후 식물 군집의 변화 없이 안정적으로 ㉢이 유지되고 있다.

이에 대한 설명으로 옳은 것만을 〈보기〉에서 있는 대로 고른 것은?

〈 보기 〉

ㄱ. ㉢은 관목림이다.

ㄴ. 이 지역의 천이는 건성 천이이다.

ㄷ. 이 지역의 식물 군집은 ㉡에서 극상을 이룬다.

① ㄱ ② ㄴ ③ ㄱ, ㄷ ④ ㄴ, ㄷ ⑤ ㄱ, ㄴ, ㄷ

26

그림은 어떤 지역의 식물 군집에 산불이 일어나기 전과 후 천이 과정의 일부를 나타낸 것이다. A~C는 초원(초본), 양수림, 음수림을 순서 없이 나타낸 것이다.

관목림 → A → (산불) B → 관목림 → A → 혼합림 → C

이에 대한 설명으로 옳은 것만을 〈보기〉에서 있는 대로 고른 것은?

〈 보기 〉

ㄱ. B는 초원(초본)이다.

ㄴ. 이 지역의 식물 군집은 A에서 극상을 이룬다.

ㄷ. 산불이 일어난 후 진행되는 식물 군집의 천이 과정은 1차 천이이다.

① ㄱ ② ㄴ ③ ㄱ, ㄷ ④ ㄴ, ㄷ ⑤ ㄱ, ㄴ, ㄷ

27

그림 (가)는 어떤 식물 군집의 천이 과정 일부를, (나)는 이 과정 중 ⊙에서 조사한 침엽수(양수)와 활엽수(음수)의 크기(높이)에 따른 개체 수를 나타낸 것이다. ⊙은 A와 B 중 하나이며, A와 B는 양수림과 음수림을 순서 없이 나타낸 것이다.

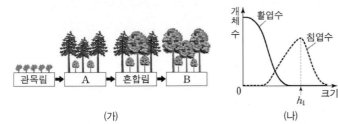

(가)   (나)

이에 대한 설명으로 옳은 것만을 〈보기〉에서 있는 대로 고른 것은? [3점]

〈 보기 〉
ㄱ. ⊙은 양수림이다.
ㄴ. ⊙에서 h_1보다 작은 활엽수는 없다.
ㄷ. 이 식물 군집은 혼합림에서 극상을 이룬다.

① ㄱ   ② ㄴ   ③ ㄷ   ④ ㄱ, ㄴ   ⑤ ㄱ, ㄷ

28

그림은 어떤 지역의 식물 군집에서 산불이 난 후의 천이 과정 일부를, 표는 이 과정 중 ⊙에서 방형구법을 이용하여 식물 군집을 조사한 결과를 나타낸 것이다. ⊙은 A와 B 중 하나이고, A와 B는 양수림과 음수림을 순서 없이 나타낸 것이다. 종 Ⅰ과 Ⅱ는 침엽수(양수)에 속하고, 종 Ⅲ과 Ⅳ는 활엽수(음수)에 속한다.

구분	침엽수		활엽수	
	Ⅰ	Ⅱ	Ⅲ	Ⅳ
상대 밀도(%)	30	42	12	16
상대 빈도(%)	32	38	16	14
상대 피도(%)	34	38	17	11

이에 대한 설명으로 옳은 것만을 〈보기〉에서 있는 대로 고른 것은? (단, Ⅰ~Ⅳ 이외의 종은 고려하지 않는다.) [3점]

〈 보기 〉
ㄱ. ⊙은 B이다.
ㄴ. 이 지역에서 일어난 천이는 2차 천이이다.
ㄷ. 이 식물 군집은 혼합림에서 극상을 이룬다.

① ㄱ   ② ㄴ   ③ ㄷ   ④ ㄱ, ㄴ   ⑤ ㄱ, ㄷ

29

다음은 어떤 지역 X의 식물 군집에 대한 자료이다.

○ 그림은 X에서 산불이 일어나기 전과 일어난 후 천이 과정의 일부를 나타낸 것이다. A~C는 양수림, 음수림, 초원을 순서 없이 나타낸 것이다.

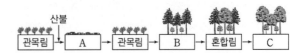

○ X에서의 ⓐ종 다양성은 천이 중기에서 가장 높게 나타났고, 이후에 다시 감소하였다.

이에 대한 설명으로 옳은 것만을 〈보기〉에서 있는 대로 고른 것은?

〈 보기 〉
ㄱ. A는 초원이다.
ㄴ. X의 식물 군집은 양수림에서 극상을 이룬다.
ㄷ. ⓐ는 동일한 생물 종이라도 형질이 각 개체 간에 다르게 나타나는 것을 의미한다.

① ㄱ   ② ㄴ   ③ ㄷ   ④ ㄱ, ㄴ   ⑤ ㄱ, ㄷ

30

그림 (가)는 산불이 난 지역의 식물 군집에서 천이 과정을, (나)는 식물 군집의 시간에 따른 총생산량과 호흡량을 나타낸 것이다. A~C는 음수림, 양수림, 초원을 순서 없이 나타낸 것이다.

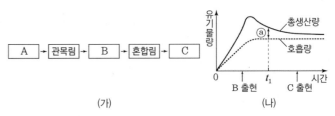

(가)   (나)

이에 대한 설명으로 옳은 것만을 〈보기〉에서 있는 대로 고른 것은? [3점]

〈 보기 〉
ㄱ. (가)는 2차 천이를 나타낸 것이다.
ㄴ. t_1일 때 ⓐ는 순생산량이다.
ㄷ. 이 식물 군집의 호흡량은 양수림이 출현했을 때가 음수림이 출현했을 때보다 크다.

① ㄱ   ② ㄷ   ③ ㄱ, ㄴ   ④ ㄴ, ㄷ   ⑤ ㄱ, ㄴ, ㄷ

31

그림은 어떤 지역에서 호수(습지)로부터 시작된 식물 군집의 1차 천이 과정을 나타낸 것이다. A와 B는 관목림과 혼합림을 순서 없이 나타낸 것이다.

| 호수(습지) | → | 초원 | → | A | → | 양수림 | → | B | → | 음수림 |

이에 대한 설명으로 옳은 것만을 〈보기〉에서 있는 대로 고른 것은? [3점]

─〈 보기 〉─
ㄱ. A는 관목림이다.
ㄴ. 이 지역에서 일어난 천이는 습성 천이이다.
ㄷ. 이 식물 군집은 B에서 극상을 이룬다.

① ㄱ   ② ㄴ   ③ ㄷ   ④ ㄱ, ㄴ   ⑤ ㄴ, ㄷ

32

그림은 빙하가 사라져 맨땅이 드러난 어떤 지역에서 일어나는 식물 군집 X의 천이 과정에서 A∼C의 피도 변화를 나타낸 것이다. A∼C는 관목, 교목, 초본을 순서 없이 나타낸 것이다.
이 자료에 대한 설명으로 옳은 것만을 〈보기〉에서 있는 대로 고른 것은? [3점]

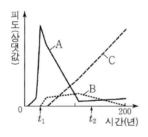

─〈 보기 〉─
ㄱ. A는 초본이다.
ㄴ. t_1일 때 X는 극상을 이룬다.
ㄷ. X의 평균 높이는 t_1일 때가 t_2일 때보다 높다.

① ㄱ   ② ㄴ   ③ ㄱ, ㄷ   ④ ㄴ, ㄷ   ⑤ ㄱ, ㄴ, ㄷ

33

그림 (가)는 천이 A와 B의 과정 일부를, (나)는 식물 군집 K의 시간에 따른 총생산량과 호흡량을 나타낸 것이다. A와 B는 1차 천이와 2차 천이를 순서 없이 나타낸 것이고, ㉠과 ㉡은 양수림과 지의류를 순서 없이 나타낸 것이다.

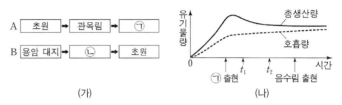

(가)   (나)

이에 대한 설명으로 옳은 것만을 〈보기〉에서 있는 대로 고른 것은?

─〈 보기 〉─
ㄱ. B는 2차 천이이다.
ㄴ. ㉠은 양수림이다.
ㄷ. K의 $\dfrac{순생산량}{호흡량}$은 t_2일 때가 t_1일 때보다 크다.

① ㄱ   ② ㄴ   ③ ㄱ, ㄷ   ④ ㄴ, ㄷ   ⑤ ㄱ, ㄴ, ㄷ

34

그림은 어떤 식물 군집의 천이 과정 일부를, 표는 이 과정 중 ㉠에서 방형구법을 이용하여 식물 군집을 조사한 결과를 나타낸 것이다. ㉠은 A와 B 중 하나이고, A와 B는 양수림과 음수림을 순서 없이 나타낸 것이다. 종 Ⅰ과 Ⅱ는 침엽수(양수)에 속하고, 종 Ⅲ과 Ⅳ는 활엽수(음수)에 속한다. ㉠에서 Ⅳ의 상대 밀도는 5 %이다.

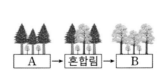

구분	Ⅰ	Ⅱ	Ⅲ	Ⅳ
빈도	0.39	0.32	0.22	0.07
개체 수	ⓐ	36	18	6
상대 피도 (%)	37	53	ⓑ	5

이 자료에 대한 설명으로 옳은 것만을 〈보기〉에서 있는 대로 고른 것은? (단, Ⅰ∼Ⅳ 이외의 종은 고려하지 않는다.) [3점]

─〈 보기 〉─
ㄱ. ㉠은 B이다.
ㄴ. ⓐ+ⓑ=65이다.
ㄷ. ㉠에서 중요치(중요도)가 가장 큰 종은 Ⅰ이다.

① ㄱ   ② ㄴ   ③ ㄱ, ㄷ   ④ ㄴ, ㄷ   ⑤ ㄱ, ㄴ, ㄷ

학년도 / 주제	**2025**	**2024**	**2023**

군집 내 개체군의 상호 작용
그림 및 자료 제시

02 2025학년도 9월 모평 14번

다음은 종 사이의 상호 작용에 대한 자료이다. (가)와 (나)는 분서와 상리 공생의 예를 순서 없이 나타낸 것이다.

(가) 꿀잡이새는 꿀잡이오소리를 벌집으로 유도해 꿀을 얻도록 돕고, 자신은 벌의 공격에서 벗어나 먹이인 벌집을 얻는다.
(나) 붉은뺨솔새와 밤색가슴솔새는 서로 ㉠경쟁을 피하기 위해 한 나무에서 서식 공간을 달리하여 산다.

이에 대한 설명으로 옳은 것만을 〈보기〉에서 있는 대로 고른 것은?

〈보기〉
ㄱ. (가)는 상리 공생의 예이다.
ㄴ. (나)의 결과 붉은뺨솔새에 환경 저항이 작용하지 않는다.
ㄷ. '서로 다른 종의 새가 번식 장소를 차지하기 위해 서로 다툰다.'는 ㉠의 예에 해당한다.

① ㄱ ② ㄴ ③ ㄱ, ㄷ ④ ㄴ, ㄷ ⑤ ㄱ, ㄴ, ㄷ

06 2024학년도 9월 모평 14번

다음은 종 사이의 상호 작용에 대한 자료이다. (가)와 (나)는 경쟁과 상리 공생의 예를 순서 없이 나타낸 것이다.

(가) 캥거루쥐와 주머니쥐는 같은 종류의 먹이를 두고 서로 다툰다.
(나) 꽃은 벌새에게 꿀을 제공하고, 벌새는 꽃의 수분을 돕는다.

이에 대한 설명으로 옳은 것만을 〈보기〉에서 있는 대로 고른 것은?

〈보기〉
ㄱ. (가)에서 캥거루쥐는 주머니쥐와 한 개체군을 이룬다.
ㄴ. (나)는 상리 공생의 예이다.
ㄷ. 스라소니가 눈신토끼를 잡아먹는 것은 경쟁의 예에 해당한다.

① ㄱ ② ㄴ ③ ㄷ ④ ㄱ, ㄴ ⑤ ㄴ, ㄷ

빈출

군집 내 개체군의 상호 작용
그래프 제시

18 2025학년도 9월 모평 5번

다음은 어떤 연못에 서식하는 동물 종 ㉠~㉢ 사이의 상호 작용에 대한 실험이다.

○ ㉠과 ㉡은 같은 먹이를 두고 경쟁하며, ㉢은 ㉠과 ㉡의 천적이다.
[실험 과정 및 결과]
(가) 인공 연못 A와 B 각각에 같은 개체 수의 ㉠과 ㉡을 넣고, A에만 ㉢을 추가한다.
(나) 일정 시간이 지난 후, A와 B 각각에서 ㉠과 ㉡의 개체 수를 조사한 결과는 그림과 같다.

이 자료에 대한 설명으로 옳은 것만을 〈보기〉에서 있는 대로 고른 것은? (단, 제시된 조건 이외는 고려하지 않는다.)

〈보기〉
ㄱ. 조작 변인은 ㉢의 추가 여부이다.
ㄴ. A에서 ㉠과 ㉡은 한 개체군을 이룬다.
ㄷ. B에서 ㉠과 ㉡ 사이에 경쟁 배타가 일어났다.

① ㄱ ② ㄴ ③ ㄷ ④ ㄱ, ㄴ ⑤ ㄱ, ㄷ

14 2024학년도 6월 모평 18번

다음은 동물 종 A와 B 사이의 상호 작용에 대한 자료이다.

○ A와 B 사이의 상호 작용은 경쟁과 상리 공생 중 하나에 해당한다.
○ A와 B가 함께 서식하는 지역을 ㉠과 ㉡으로 나눈 후, ㉠에서만 A를 제거하였다. 그림은 지역 ㉠과 ㉡에서 B의 개체 수 변화를 나타낸 것이다.

이 자료에 대한 설명으로 옳은 것만을 〈보기〉에서 있는 대로 고른 것은? (단, 제시된 조건 이외는 고려하지 않는다.) [3점]

〈보기〉
ㄱ. A와 B 사이의 상호 작용은 경쟁에 해당한다.
ㄴ. ㉡에서 A는 B와 한 개체군을 이룬다.
ㄷ. 구간 Ⅰ에서 B에 작용하는 환경 저항은 ㉠에서가 ㉡에서보다 크다.

① ㄱ ② ㄷ ③ ㄱ, ㄴ ④ ㄴ, ㄷ ⑤ ㄱ, ㄴ, ㄷ

16 2023학년도 수능 20번

표는 종 사이의 상호 작용 (가)~(다)의 예를, 그림은 동일한 배양 조건에서 종 A와 B를 각각 단독 배양했을 때와 혼합 배양했을 때 시간에 따른 개체 수를 나타낸 것이다. (가)~(다)는 경쟁, 상리 공생, 포식과 피식을 순서 없이 나타낸 것이고, A와 B의 상호 작용은 (가)~(다) 중 하나에 해당한다.

상호 작용	예	
(가)	늑대는 말코손바닥사슴을 잡아먹는다.	단독 배양 그래프 A, B
(나)	캥거루쥐와 주머니쥐는 같은 종류의 먹이를 두고 서로 다툰다.	
(다)	딱총새우는 산호를 천적으로부터 보호하고, 산호는 딱총새우에게 먹이를 제공한다.	혼합 배양 그래프 A, B

이에 대한 설명으로 옳은 것만을 〈보기〉에서 있는 대로 고른 것은?

〈보기〉
ㄱ. ⓐ에서 늑대는 말코손바닥사슴과 한 개체군을 이룬다.
ㄴ. 구간 Ⅰ에서 A에 환경 저항이 작용한다.
ㄷ. A와 B 사이의 상호 작용은 (다)에 해당한다.

① ㄱ ② ㄷ ③ ㄱ, ㄴ ④ ㄴ, ㄷ ⑤ ㄱ, ㄴ, ㄷ

군집 내 개체군의 상호 작용
표 제시

26 2023학년도 6월 모평 20번

표는 종 사이의 상호 작용과 예를 나타낸 것이다. (가)와 (나)는 기생과 상리 공생을 순서 없이 나타낸 것이다.

상호 작용	종 1	종 2	예
(가)	손해	?	촌충은 숙주의 소화관에 서식하며 영양분을 흡수한다.
(나)	이익	이익	?
경쟁	㉠	손해	캥거루쥐와 주머니쥐는 같은 종류의 먹이를 두고 서로 다툰다.

이에 대한 설명으로 옳은 것만을 〈보기〉에서 있는 대로 고른 것은? [3점]

〈보기〉
ㄱ. (가)는 상리 공생이다.
ㄴ. ㉠은 '이익'이다.
ㄷ. '꽃은 벌새에게 꿀을 제공하고, 벌새는 꽃의 수분을 돕는다.'는 (나)의 예에 해당한다.

① ㄱ ② ㄷ ③ ㄱ, ㄴ ④ ㄴ, ㄷ ⑤ ㄱ, ㄴ, ㄷ

2022 ~ 2020

05
2022학년도 9월 모평 11번

다음은 어떤 섬에 서식하는 동물 종 A~C 사이의 상호 작용에 대한 자료이다.

○ A와 B는 같은 먹이를 먹고, C는 A와 B의 천적이다.
○ 그림은 Ⅰ~Ⅳ 시기에 서로 다른 영역 (가)와 (나) 각각에 서식하는 종의 분포 변화를 나타낸 것이다.

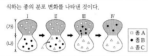

□ 종 A
● 종 B
△ 종 C

○ Ⅰ 시기에 ㉠A와 B는 서로 경쟁을 피하기 위해 A는 (가)에, B는 (나)에 서식하였다.
○ Ⅱ 시기에 C가 (나)에 유입되었고, C가 B를 포식하였다.
○ Ⅲ 시기에 B는 C를 피해 (가)로 이주하였다.
○ Ⅳ 시기에 (가)에서 A와 B 사이의 경쟁의 결과로 A가 사라졌다.

이 자료에 대한 설명으로 옳은 것만을 〈보기〉에서 있는 대로 고른 것은? (단, 제시된 조건 이외는 고려하지 않는다.) [3점]

〈보기〉
ㄱ. ㉠에서 A와 B 사이의 상호 작용은 분서에 해당한다.
ㄴ. Ⅱ 시기에 (나)에서 C는 B와 한 개체군을 이루었다.
ㄷ. Ⅳ 시기에 (가)에서 A와 B 사이에 경쟁 배타가 일어났다.

① ㄱ　② ㄴ　③ ㄱ, ㄷ　④ ㄴ, ㄷ　⑤ ㄱ, ㄴ, ㄷ

01
2021학년도 수능 12번

다음은 종 사이의 상호 작용에 대한 자료이다. (가)와 (나)는 기생과 상리 공생의 예를 순서 없이 나타낸 것이다.

(가) 겨우살이는 다른 식물의 줄기에 뿌리를 박아 물과 양분을 빼앗는다.
(나) 뿌리혹박테리아는 콩과식물에게 질소 화합물을 제공하고, 콩과식물은 뿌리혹박테리아에게 양분을 제공한다.

이에 대한 설명으로 옳은 것만을 〈보기〉에서 있는 대로 고른 것은?

〈보기〉
ㄱ. (가)는 기생의 예이다.
ㄴ. (가)와 (나) 각각에는 이익을 얻는 종이 있다.
ㄷ. 꽃이 벌새에게 꿀을 제공하고, 벌새가 꽃의 수분을 돕는 것은 상리 공생의 예에 해당한다.

① ㄱ　② ㄷ　③ ㄱ, ㄴ　④ ㄴ, ㄷ　⑤ ㄱ, ㄴ, ㄷ

10
2022학년도 수능 18번

그림은 어떤 지역에서 늑대의 개체 수를 인위적으로 감소시켰을 때 늑대, 사슴의 개체 수와 식물 군집의 생물량 변화를, 표는 (가)와 (나) 시기 동안 이 지역의 사슴과 식물 군집 사이의 상호 작용을 나타낸 것이다. (가)와 (나)는 Ⅰ과 Ⅱ를 순서 없이 나타낸 것이다.

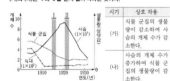

시기	상호 작용
(가)	식물 군집의 생물량이 감소하여 사슴의 개체 수가 감소한다.
(나)	사슴의 개체 수가 증가하여 식물 군집의 생물량이 감소한다.

이 자료에 대한 설명으로 옳은 것만을 〈보기〉에서 있는 대로 고른 것은? [3점]

〈보기〉
ㄱ. (가)는 Ⅱ이다.
ㄴ. Ⅰ시기 동안 사슴 개체군에 환경 저항이 작용하였다.
ㄷ. 사슴의 개체 수는 포식자에 의해서만 조절된다.

① ㄱ　② ㄴ　③ ㄷ　④ ㄱ, ㄴ　⑤ ㄱ, ㄷ

08
2022학년도 6월 모평 13번

그림 (가)는 어떤 지역에서 일정 기간 동안 조사한 종 A~C의 단위 면적당 생물량(생체량) 변화를, (나)는 A~C 사이의 먹이 사슬을 나타낸 것이다. A~C는 생산자, 1차 소비자, 2차 소비자를 순서 없이 나타낸 것이다.

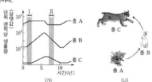

(가)　(나)

이 자료에 대한 설명으로 옳은 것만을 〈보기〉에서 있는 대로 고른 것은?

〈보기〉
ㄱ. Ⅰ 시기 동안 $\frac{B의 생물량}{C의 생물량}$은 증가했다.
ㄴ. C는 1차 소비자이다.
ㄷ. Ⅱ 시기에 A와 B 사이에 경쟁 배타가 일어났다.

① ㄱ　② ㄷ　③ ㄱ, ㄴ　④ ㄴ, ㄷ　⑤ ㄱ, ㄴ, ㄷ

15
2021학년도 9월 모평 9번

그림은 서로 다른 종으로 구성된 개체군 A와 B를 각각 단독 배양했을 때와 혼합 배양했을 때, A와 B가 서식하는 온도의 범위를 나타낸 것이다. 혼합 배양했을 때 온도의 범위가 T_1~T_2인 구간에서 A와 B 사이의 경쟁이 일어난다.

이에 대한 설명으로 옳은 것만을 〈보기〉에서 있는 대로 고른 것은? (단, 제시된 조건 이외는 고려하지 않는다.) [3점]

〈보기〉
ㄱ. A가 서식하는 온도의 범위는 단독 배양했을 때가 혼합 배양했을 때보다 넓다.
ㄴ. 혼합 배양했을 때, 구간 Ⅰ에서 B가 생존하지 못한 것은 경쟁 배타의 결과이다.
ㄷ. 혼합 배양했을 때, 구간 Ⅱ에서 A는 B와 군집을 이룬다.

① ㄱ　② ㄷ　③ ㄱ, ㄴ　④ ㄴ, ㄷ　⑤ ㄱ, ㄴ, ㄷ

24
대표 문제　2021학년도 6월 모평 18번

표 (가)는 종 사이의 상호 작용을 나타낸 것이고, (나)는 바다에 서식하는 산호와 조류의 상호 작용에 대한 자료이다. Ⅰ과 Ⅱ는 경쟁과 상리 공생을 순서 없이 나타낸 것이다.

상호 작용	종 1	종 2
Ⅰ	이익	ⓐ
Ⅱ	ⓑ	손해

(가)

○ 산호와 함께 사는 조류는 산호에게 산소와 먹이를 공급하고, 산호는 조류에게 서식지와 영양소를 제공한다.

(나)

이 자료에 대한 설명으로 옳은 것만을 〈보기〉에서 있는 대로 고른 것은?

〈보기〉
ㄱ. ⓐ와 ⓑ는 모두 '손해'이다.
ㄴ. (나)의 상호 작용은 Ⅰ의 예에 해당한다.
ㄷ. (나)에서 산호는 조류와 한 개체군을 이룬다.

① ㄱ　② ㄴ　③ ㄷ　④ ㄱ, ㄷ　⑤ ㄴ, ㄷ

21
2020학년도 9월 모평 20번

표는 종 사이의 상호 작용을 나타낸 것이다. ㉠과 ㉡은 기생과 상리 공생을 순서 없이 나타낸 것이다.

상호 작용	종 1	종 2
㉠	손해	ⓐ
㉡	이익	?
포식과 피식	손해	이익

이에 대한 설명으로 옳은 것만을 〈보기〉에서 있는 대로 고른 것은?

〈보기〉
ㄱ. ⓐ는 '손해'이다.
ㄴ. ㉡은 상리 공생이다.
ㄷ. 스라소니가 눈신토끼를 잡아먹는 것은 포식과 피식에 해당한다.

① ㄱ　② ㄴ　③ ㄷ　④ ㄱ, ㄷ　⑤ ㄴ, ㄷ

01

2021학년도 수능 12번

다음은 종 사이의 상호 작용에 대한 자료이다. (가)와 (나)는 기생과 상리 공생의 예를 순서 없이 나타낸 것이다.

(가) 겨우살이는 다른 식물의 줄기에 뿌리를 박아 물과 양분을 빼앗는다.
(나) 뿌리혹박테리아는 콩과식물에게 질소 화합물을 제공하고, 콩과식물은 뿌리혹박테리아에게 양분을 제공한다.

이에 대한 설명으로 옳은 것만을 〈보기〉에서 있는 대로 고른 것은?

〈 보기 〉
ㄱ. (가)는 기생의 예이다.
ㄴ. (가)와 (나) 각각에는 이익을 얻는 종이 있다.
ㄷ. 꽃이 벌새에게 꿀을 제공하고, 벌새가 꽃의 수분을 돕는 것은 상리 공생의 예에 해당한다.

① ㄱ   ② ㄷ   ③ ㄱ, ㄴ   ④ ㄴ, ㄷ   ⑤ ㄱ, ㄴ, ㄷ

02

2025학년도 9월 모평 14번

다음은 종 사이의 상호 작용에 대한 자료이다. (가)와 (나)는 분서와 상리 공생의 예를 순서 없이 나타낸 것이다.

(가) 꿀잡이새는 꿀잡이오소리를 벌집으로 유도해 꿀을 얻도록 돕고, 자신은 벌의 공격에서 벗어나 먹이인 벌집을 얻는다.
(나) 붉은뺨솔새와 밤색가슴솔새는 서로 ㉠ 경쟁을 피하기 위해 한 나무에서 서식 공간을 달리하여 산다.

이에 대한 설명으로 옳은 것만을 〈보기〉에서 있는 대로 고른 것은?

〈 보기 〉
ㄱ. (가)는 상리 공생의 예이다.
ㄴ. (나)의 결과 붉은뺨솔새에 환경 저항이 작용하지 않는다.
ㄷ. '서로 다른 종의 새가 번식 장소를 차지하기 위해 서로 다툰다.'는 ㉠의 예에 해당한다.

① ㄱ   ② ㄴ   ③ ㄱ, ㄷ   ④ ㄴ, ㄷ   ⑤ ㄱ, ㄴ, ㄷ

03

2020학년도 3월 학평 19번

다음은 하와이 주변의 얕은 바다에 서식하는 하와이짧은꼬리오징어에 대한 자료이다.

㉠ 하와이짧은꼬리오징어는 주로 밤에 활동하는데, 달빛이 비치면 그림자가 생겨 ㉡ 포식자의 눈에 잘 띄게 된다. 하지만 오징어의 몸에 사는 ㉢ 발광 세균이 달빛과 비슷한 빛을 내면 그림자가 사라져 포식자에게 쉽게 발견되지 않는다. 이렇게 오징어에게 도움을 주는 발광 세균은 오징어로부터 영양분을 얻는다.

하와이짧은꼬리오징어

이에 대한 옳은 설명만을 〈보기〉에서 있는 대로 고른 것은?

〈 보기 〉
ㄱ. ㉠과 ㉡은 같은 군집에 속한다.
ㄴ. ㉠과 ㉢ 사이의 상호 작용은 상리 공생이다.
ㄷ. ㉢을 제거하면 ㉠의 개체군 밀도가 일시적으로 증가한다.

① ㄱ   ② ㄴ   ③ ㄱ, ㄷ   ④ ㄴ, ㄷ   ⑤ ㄱ, ㄴ, ㄷ

04

2021학년도 7월 학평 12번

그림 (가)는 고도에 따른 지역 Ⅰ ~ Ⅲ에 서식하는 종 A와 B의 분포를 나타낸 것이다. 그림 (나)는 (가)에서 A를, (다)는 (가)에서 B를 각각 제거했을 때 A와 B의 분포를 나타낸 것이다.

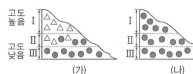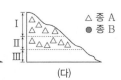

이에 대한 설명으로 옳은 것만을 〈보기〉에서 있는 대로 고른 것은? [3점]

〈 보기 〉
ㄱ. (가)의 Ⅱ에서 A는 B와 한 군집을 이룬다.
ㄴ. (가)의 Ⅲ에서 A와 B 사이에 경쟁 배타가 일어났다.
ㄷ. (나)의 Ⅰ에서 B는 환경 저항을 받지 않는다.

① ㄱ   ② ㄴ   ③ ㄷ   ④ ㄱ, ㄴ   ⑤ ㄱ, ㄷ

05

2022학년도 9월 모평 11번

다음은 어떤 섬에 서식하는 동물 종 A~C 사이의 상호 작용에 대한 자료이다.

○ A와 B는 같은 먹이를 먹고, C는 A와 B의 천적이다.
○ 그림은 Ⅰ~Ⅳ 시기에 서로 다른 영역 (가)와 (나) 각각에 서식하는 종의 분포 변화를 나타낸 것이다.

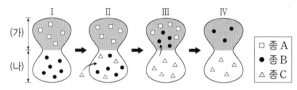

○ Ⅰ 시기에 ㉠ A와 B는 서로 경쟁을 피하기 위해 A는 (가)에, B는 (나)에 서식하였다.
○ Ⅱ 시기에 C가 (나)로 유입되었고, C가 B를 포식하였다.
○ Ⅲ 시기에 B는 C를 피해 (가)로 이주하였다.
○ Ⅳ 시기에 (가)에서 A와 B 사이의 경쟁의 결과로 A가 사라졌다.

이 자료에 대한 설명으로 옳은 것만을 〈보기〉에서 있는 대로 고른 것은? (단, 제시된 조건 이외는 고려하지 않는다.) [3점]

〈 보기 〉
ㄱ. ㉠에서 A와 B 사이의 상호 작용은 분서에 해당한다.
ㄴ. Ⅱ 시기에 (나)에서 C는 B와 한 개체군을 이루었다.
ㄷ. Ⅳ 시기에 (가)에서 A와 B 사이에 경쟁 배타가 일어났다.

① ㄱ   ② ㄴ   ③ ㄱ, ㄷ   ④ ㄴ, ㄷ   ⑤ ㄱ, ㄴ, ㄷ

06

2024학년도 9월 모평 14번

다음은 종 사이의 상호 작용에 대한 자료이다. (가)와 (나)는 경쟁과 상리 공생의 예를 순서 없이 나타낸 것이다.

(가) 캥거루쥐와 주머니쥐는 같은 종류의 먹이를 두고 서로 다툰다.
(나) 꽃은 벌새에게 꿀을 제공하고, 벌새는 꽃의 수분을 돕는다.

이에 대한 설명으로 옳은 것만을 〈보기〉에서 있는 대로 고른 것은?

〈 보기 〉
ㄱ. (가)에서 캥거루쥐는 주머니쥐와 한 개체군을 이룬다.
ㄴ. (나)는 상리 공생의 예이다.
ㄷ. 스라소니가 눈신토끼를 잡아먹는 것은 경쟁의 예에 해당한다.

① ㄱ   ② ㄴ   ③ ㄷ   ④ ㄱ, ㄴ   ⑤ ㄴ, ㄷ

07

2023학년도 3월 학평 18번

다음은 상호 작용 (가)와 (나)에 대한 자료이다. (가)와 (나)는 텃세와 종간 경쟁을 순서 없이 나타낸 것이다.

(가) 은어 개체군에서 한 개체가 일정한 생활 공간을 차지하면서 다른 개체의 접근을 막았다.
(나) 같은 곳에 서식하던 ㉠ 애기짚신벌레와 ㉡ 짚신벌레 중 애기짚신벌레만 살아남았다.

이에 대한 옳은 설명만을 〈보기〉에서 있는 대로 고른 것은?

〈 보기 〉
ㄱ. (가)는 종간 경쟁이다.
ㄴ. ㉠은 ㉡과 다른 종이다.
ㄷ. (나)가 일어나 ㉠과 ㉡이 모두 이익을 얻는다.

① ㄱ   ② ㄴ   ③ ㄷ   ④ ㄱ, ㄴ   ⑤ ㄴ, ㄷ

08

2022학년도 6월 모평 13번

그림 (가)는 어떤 지역에서 일정 기간 동안 조사한 종 A~C의 단위 면적당 생물량(생체량) 변화를, (나)는 A~C 사이의 먹이 사슬을 나타낸 것이다. A~C는 생산자, 1차 소비자, 2차 소비자를 순서 없이 나타낸 것이다.

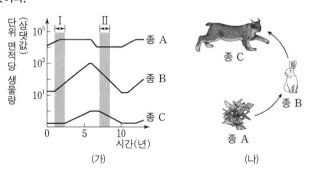

(가)   (나)

이 자료에 대한 설명으로 옳은 것만을 〈보기〉에서 있는 대로 고른 것은?

〈 보기 〉
ㄱ. Ⅰ 시기 동안 $\dfrac{\text{B의 생물량}}{\text{C의 생물량}}$ 은 증가했다.
ㄴ. C는 1차 소비자이다.
ㄷ. Ⅱ 시기에 A와 B 사이에 경쟁 배타가 일어났다.

① ㄱ   ② ㄷ   ③ ㄱ, ㄴ   ④ ㄴ, ㄷ   ⑤ ㄱ, ㄴ, ㄷ

09

그림은 동물 종 A와 B를 같은 공간에서 혼합 배양하였을 때 개체 수 변화를 나타낸 것이다. A와 B 중 하나는 다른 하나를 잡아먹는 포식자이다.

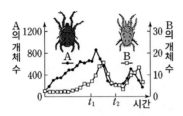

이에 대한 옳은 설명만을 〈보기〉에서 있는 대로 고른 것은?

〈 보기 〉
ㄱ. B는 포식자이다.
ㄴ. t_1일 때 A는 환경 저항을 받지 않는다.
ㄷ. t_1일 때 B의 개체군 밀도는 t_2일 때 A의 개체군 밀도보다 크다.

① ㄱ   ② ㄴ   ③ ㄱ, ㄴ   ④ ㄱ, ㄷ   ⑤ ㄴ, ㄷ

10

그림은 어떤 지역에서 늑대의 개체 수를 인위적으로 감소시켰을 때 늑대, 사슴의 개체 수와 식물 군집의 생물량 변화를, 표는 (가)와 (나) 시기 동안 이 지역의 사슴과 식물 군집 사이의 상호 작용을 나타낸 것이다. (가)와 (나)는 Ⅰ과 Ⅱ를 순서 없이 나타낸 것이다.

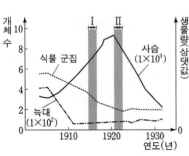

시기	상호 작용
(가)	식물 군집의 생물량이 감소하여 사슴의 개체 수가 감소한다.
(나)	사슴의 개체 수가 증가하여 식물 군집의 생물량이 감소한다.

이 자료에 대한 설명으로 옳은 것만을 〈보기〉에서 있는 대로 고른 것은? [3점]

〈 보기 〉
ㄱ. (가)는 Ⅱ이다.
ㄴ. Ⅰ시기 동안 사슴 개체군에 환경 저항이 작용하였다.
ㄷ. 사슴의 개체 수는 포식자에 의해서만 조절된다.

① ㄱ   ② ㄴ   ③ ㄷ   ④ ㄱ, ㄴ   ⑤ ㄱ, ㄷ

11

그림은 동일한 배양 조건에서 종 A와 B를 혼합 배양했을 때와 B를 단독 배양했을 때 시간에 따른 B의 개체 수를 나타낸 것이다.
이에 대한 옳은 설명만을 〈보기〉에서 있는 대로 고른 것은?

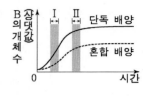

〈 보기 〉
ㄱ. 혼합 배양했을 때 구간 Ⅰ에서 A와 B는 한 군집을 이룬다.
ㄴ. 구간 Ⅱ에서 B에 작용하는 환경 저항은 단독 배양했을 때가 혼합 배양했을 때보다 크다.
ㄷ. A와 B 사이의 상호 작용은 상리 공생이다.

① ㄱ   ② ㄴ   ③ ㄱ, ㄷ   ④ ㄴ, ㄷ   ⑤ ㄱ, ㄴ, ㄷ

12

그림 (가)~(다)는 동물 종 A와 B의 시간에 따른 개체 수를 나타낸 것이다. (가)는 고온 다습한 환경에서 단독 배양한 결과이고, (나)는 (가)와 같은 환경에서 혼합 배양한 결과이며, (다)는 저온 건조한 환경에서 혼합 배양한 결과이다.

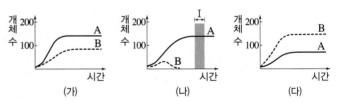

이에 대한 옳은 설명만을 〈보기〉에서 있는 대로 고른 것은? [3점]

〈 보기 〉
ㄱ. 구간 Ⅰ에서 A는 환경 저항을 받는다.
ㄴ. (나)에서 A와 B 사이에 상리 공생이 일어났다.
ㄷ. B에 대한 환경 수용력은 (가)에서가 (다)에서보다 작다.

① ㄱ   ② ㄴ   ③ ㄷ   ④ ㄱ, ㄷ   ⑤ ㄴ, ㄷ

13

그림 (가)는 영양염류를 이용하는 종 A와 B를 각각 단독 배양했을 때 시간에 따른 개체 수와 영양염류의 농도를, (나)는 (가)와 같은 조건에서 A와 B를 혼합 배양했을 때 시간에 따른 개체 수를 나타낸 것이다.

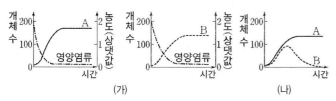

이에 대한 옳은 설명만을 〈보기〉에서 있는 대로 고른 것은?

〈 보기 〉
ㄱ. (가)에서 영양염류의 농도 감소는 환경 저항에 해당한다.
ㄴ. (가)에서 환경 수용력은 B가 A보다 크다.
ㄷ. (나)에서 경쟁 배타가 일어났다.

① ㄱ   ② ㄴ   ③ ㄱ, ㄷ   ④ ㄴ, ㄷ   ⑤ ㄱ, ㄴ, ㄷ

14

다음은 동물 종 A와 B 사이의 상호 작용에 대한 자료이다.

○ A와 B 사이의 상호 작용은 경쟁과 상리 공생 중 하나에 해당한다.
○ A와 B가 함께 서식하는 지역을 ㉠과 ㉡으로 나눈 후, ㉠에서만 A를 제거하였다. 그림은 지역 ㉠과 ㉡에서 B의 개체 수 변화를 나타낸 것이다.

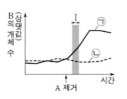

이 자료에 대한 설명으로 옳은 것만을 〈보기〉에서 있는 대로 고른 것은? (단, 제시된 조건 이외는 고려하지 않는다.) [3점]

〈 보기 〉
ㄱ. A와 B 사이의 상호 작용은 경쟁에 해당한다.
ㄴ. ㉡에서 A는 B와 한 개체군을 이룬다.
ㄷ. 구간 Ⅰ에서 B에 작용하는 환경 저항은 ㉠에서가 ㉡에서보다 크다.

① ㄱ   ② ㄷ   ③ ㄱ, ㄴ   ④ ㄴ, ㄷ   ⑤ ㄱ, ㄴ, ㄷ

15

그림은 서로 다른 종으로 구성된 개체군 A와 B를 각각 단독 배양했을 때와 혼합 배양했을 때, A와 B가 서식하는 온도의 범위를 나타낸 것이다. 혼합 배양했을 때 온도의 범위가 $T_1 \sim T_2$인 구간에서 A와 B 사이의 경쟁이 일어났다.

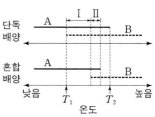

이에 대한 설명으로 옳은 것만을 〈보기〉에서 있는 대로 고른 것은? (단, 제시된 조건 이외는 고려하지 않는다.) [3점]

〈 보기 〉
ㄱ. A가 서식하는 온도의 범위는 단독 배양했을 때가 혼합 배양했을 때보다 넓다.
ㄴ. 혼합 배양했을 때, 구간 Ⅰ에서 B가 생존하지 못한 것은 경쟁 배타의 결과이다.
ㄷ. 혼합 배양했을 때, 구간 Ⅱ에서 A는 B와 군집을 이룬다.

① ㄱ   ② ㄷ   ③ ㄱ, ㄴ   ④ ㄴ, ㄷ   ⑤ ㄱ, ㄴ, ㄷ

16

표는 종 사이의 상호 작용 (가)~(다)의 예를, 그림은 동일한 배양 조건에서 종 A와 B를 각각 단독 배양했을 때와 혼합 배양할 때 시간에 따른 개체 수를 나타낸 것이다. (가)~(다)는 경쟁, 상리 공생, 포식과 피식을 순서 없이 나타낸 것이고, A와 B 사이의 상호 작용은 (가)~(다) 중 하나에 해당한다.

상호 작용	예
(가)	ⓐ 늑대는 말코손바닥사슴을 잡아먹는다.
(나)	캥거루쥐와 주머니쥐는 같은 종류의 먹이를 두고 서로 다툰다.
(다)	딱총새우는 산호를 천적으로부터 보호하고, 산호는 딱총새우에게 먹이를 제공한다.

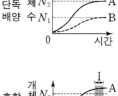
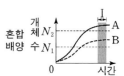

이에 대한 설명으로 옳은 것만을 〈보기〉에서 있는 대로 고른 것은?

〈 보기 〉
ㄱ. ⓐ에서 늑대는 말코손바닥사슴과 한 개체군을 이룬다.
ㄴ. 구간 Ⅰ에서 A에 환경 저항이 작용한다.
ㄷ. A와 B 사이의 상호 작용은 (다)에 해당한다.

① ㄱ   ② ㄷ   ③ ㄱ, ㄴ   ④ ㄴ, ㄷ   ⑤ ㄱ, ㄴ, ㄷ

28
일차

17

다음은 식물 종 A, B와 토양 세균 X의 상호 작용을 알아보기 위한 실험이다.

○ A와 X 사이의 상호 작용은 ㉠, B와 X 사이의 상호 작용은 ㉡이다. ㉠과 ㉡은 각각 기생과 상리 공생 중 하나이다.

[실험 과정 및 결과]

(가) ⓐ 멸균된 토양을 넣은 화분 Ⅰ~Ⅳ에 표와 같이 Ⅲ과 Ⅳ에만 X를 접종한 후 Ⅰ과 Ⅲ에는 A의 식물을 심고, Ⅱ와 Ⅳ에는 B의 식물을 심는다.

화분	X의 접종 여부	식물 종
Ⅰ	접종 안 함	A
Ⅱ	접종 안 함	B
Ⅲ	접종함	A
Ⅳ	접종함	B

(나) 일정 시간이 지난 후, Ⅰ~Ⅳ에서 식물의 증가한 질량을 측정한 결과는 그림과 같다.

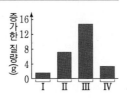

이에 대한 설명으로 옳은 것만을 〈보기〉에서 있는 대로 고른 것은? (단, 제시된 조건 이외는 고려하지 않는다.) [3점]

〈 보기 〉

ㄱ. ㉠은 상리 공생이다.

ㄴ. ⓐ는 생태계의 구성 요소 중 비생물적 요인에 해당한다.

ㄷ. (나)의 Ⅳ에서 B와 X는 한 개체군을 이룬다.

---

① ㄱ ② ㄴ ③ ㄷ ④ ㄱ, ㄴ ⑤ ㄴ, ㄷ

18

다음은 어떤 연못에 서식하는 동물 종 ㉠~㉢ 사이의 상호 작용에 대한 실험이다.

○ ㉠과 ㉡은 같은 먹이를 두고 경쟁하며, ㉢은 ㉠과 ㉡의 천적이다.

[실험 과정 및 결과]

(가) 인공 연못 A와 B 각각에 같은 개체 수의 ㉠과 ㉡을 넣고, A에만 ㉢을 추가한다.

(나) 일정 시간이 지난 후, A와 B 각각에서 ㉠과 ㉡의 개체 수를 조사한 결과는 그림과 같다.

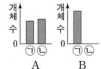

이 자료에 대한 설명으로 옳은 것만을 〈보기〉에서 있는 대로 고른 것은? (단, 제시된 조건 이외는 고려하지 않는다.)

〈 보기 〉

ㄱ. 조작 변인은 ㉢의 추가 여부이다.

ㄴ. A에서 ㉠은 ㉡과 한 개체군을 이룬다.

ㄷ. B에서 ㉠과 ㉡ 사이에 경쟁 배타가 일어났다.

---

① ㄱ ② ㄴ ③ ㄷ ④ ㄱ, ㄴ ⑤ ㄱ, ㄷ

19

표는 생물 사이의 상호 작용을 (가)와 (나)로 구분하여 나타낸 것이다.

구분	상호 작용
(가)	㉠ 기생, 포식과 피식
(나)	순위제, ㉡ 사회생활

이에 대한 옳은 설명만을 〈보기〉에서 있는 대로 고른 것은?

〈 보기 〉
ㄱ. (가)는 개체군 사이의 상호 작용이다.
ㄴ. ㉠의 관계인 두 종에서는 손해를 입는 종이 있다.
ㄷ. 꿀벌이 일을 분담하며 협력하는 것은 ㉡의 예이다.

① ㄱ   ② ㄴ   ③ ㄱ, ㄷ   ④ ㄴ, ㄷ   ⑤ ㄱ, ㄴ, ㄷ

20

표는 종 사이의 상호 작용을 나타낸 것이다. ㉠과 ㉡은 상리 공생, 포식과 피식을 순서 없이 나타낸 것이다.
이에 대한 설명으로 옳은 것만을 〈보기〉에서 있는 대로 고른 것은?

상호 작용	종 1	종 2
㉠	손해	?
㉡	ⓐ	이익

〈 보기 〉
ㄱ. ⓐ는 '이익'이다.
ㄴ. ㉠은 포식과 피식이다.
ㄷ. 뿌리혹박테리아와 콩과식물 사이의 상호 작용은 ㉡에 해당한다.

① ㄱ   ② ㄷ   ③ ㄱ, ㄴ   ④ ㄴ, ㄷ   ⑤ ㄱ, ㄴ, ㄷ

21

표는 종 사이의 상호 작용을 나타낸 것이다. ㉠과 ㉡은 기생과 상리 공생을 순서 없이 나타낸 것이다.

상호 작용	종 1	종 2
㉠	손해	ⓐ
㉡	이익	?
포식과 피식	손해	이익

이에 대한 설명으로 옳은 것만을 〈보기〉에서 있는 대로 고른 것은?

〈 보기 〉
ㄱ. ⓐ는 '손해'이다.
ㄴ. ㉡은 상리 공생이다.
ㄷ. 스라소니가 눈신토끼를 잡아먹는 것은 포식과 피식에 해당한다.

① ㄱ   ② ㄴ   ③ ㄷ   ④ ㄱ, ㄷ   ⑤ ㄴ, ㄷ

22

표는 생태계를 구성하는 요소 사이의 상호 관계 (가)~(다)의 예를 나타낸 것이다.

상호 관계	예
(가)	㉠ 물 부족은 식물의 생장에 영향을 준다.
(나)	㉡ 스라소니가 ㉢ 눈신토끼를 잡아먹는다.
(다)	같은 종의 큰뿔양은 뿔 치기를 통해 먹이를 먹는 순위를 정한다.

이에 대한 설명으로 옳은 것만을 〈보기〉에서 있는 대로 고른 것은?

〈 보기 〉
ㄱ. ㉠은 비생물적 요인에 해당한다.
ㄴ. ㉡과 ㉢의 상호 작용은 포식과 피식에 해당한다.
ㄷ. (다)는 개체군 내의 상호 작용에 해당한다.

① ㄱ   ② ㄷ   ③ ㄱ, ㄴ   ④ ㄴ, ㄷ   ⑤ ㄱ, ㄴ, ㄷ

23

표는 종 사이의 상호 작용과 예를 나타낸 것이다. (가)~(다)는 기생, 상리 공생, 포식과 피식을 순서 없이 나타낸 것이다. ⓐ와 ⓑ는 각각 '손해'와 '이익' 중 하나이다.

구분	(가)		(나)		(다)	
상호 작용	종 I	종 II	종 I	종 II	종 I	종 II
	이익	?	ⓐ	손해	ⓑ	손해
예	흰동가리는 말미잘의 보호를 받고, 말미잘은 흰동가리로부터 먹이를 얻는다.		겨우살이는 숙주 식물로부터 영양소와 물을 흡수하여 살아간다.		?	

이에 대한 설명으로 옳은 것만을 〈보기〉에서 있는 대로 고른 것은?

〈 보기 〉
ㄱ. (가)는 기생이다.
ㄴ. ⓐ와 ⓑ는 모두 '이익'이다.
ㄷ. '스라소니는 눈신토끼를 잡아먹는다.'는 (다)의 예이다.

① ㄱ   ② ㄴ   ③ ㄱ, ㄷ   ④ ㄴ, ㄷ   ⑤ ㄱ, ㄴ, ㄷ

25

표 (가)는 종 사이의 상호 작용을 나타낸 것이고, (나)는 ㉠에 대한 자료이다. I ~ III은 경쟁, 상리 공생, 포식과 피식을 순서 없이 나타낸 것이고, ㉠은 I ~ III 중 하나이다.

상호 작용	종 1	종 2
I	ⓐ	?
II	?	손해
III	손해	이익

㉠은 하나의 군집 내에서 동일한 먹이 등 한정된 자원을 서로 차지하기 위해 두 종 사이에서 일어나는 상호 작용으로, 생태적 지위가 비슷할수록 일어나기 쉽다.

(가)   (나)

이에 대한 설명으로 옳은 것만을 〈보기〉에서 있는 대로 고른 것은?

〈 보기 〉
ㄱ. ㉠은 II이다.
ㄴ. ⓐ는 '손해'이다.
ㄷ. 스라소니가 눈신토끼를 잡아먹는 것은 III의 예에 해당한다.

① ㄱ   ② ㄴ   ③ ㄷ   ④ ㄱ, ㄴ   ⑤ ㄱ, ㄷ

24 대표문제

표 (가)는 종 사이의 상호 작용을 나타낸 것이고, (나)는 바다에 서식하는 산호와 조류 간의 상호 작용에 대한 자료이다. I과 II는 경쟁과 상리 공생을 순서 없이 나타낸 것이다.

상호 작용	종 1	종 2
I	이익	ⓐ
II	ⓑ	손해

○ 산호와 함께 사는 조류는 산호에게 산소와 먹이를 공급하고, 산호는 조류에게 서식지와 영양소를 제공한다.

(가)   (나)

이 자료에 대한 설명으로 옳은 것만을 〈보기〉에서 있는 대로 고른 것은?

〈 보기 〉
ㄱ. ⓐ와 ⓑ는 모두 '손해'이다.
ㄴ. (나)의 상호 작용은 I의 예에 해당한다.
ㄷ. (나)에서 산호는 조류와 한 개체군을 이룬다.

① ㄱ   ② ㄴ   ③ ㄷ   ④ ㄱ, ㄷ   ⑤ ㄴ, ㄷ

26

표는 종 사이의 상호 작용과 예를 나타낸 것이다. (가)와 (나)는 기생과 상리 공생을 순서 없이 나타낸 것이다.

상호 작용	종 1	종 2	예
(가)	손해	?	촌충은 숙주의 소화관에 서식하며 영양분을 흡수한다.
(나)	이익	이익	?
경쟁	㉠	손해	캥거루쥐와 주머니쥐는 같은 종류의 먹이를 두고 서로 다툰다.

이에 대한 설명으로 옳은 것만을 〈보기〉에서 있는 대로 고른 것은? [3점]

〈 보기 〉
ㄱ. (가)는 상리 공생이다.
ㄴ. ㉠은 '이익'이다.
ㄷ. '꽃은 벌새에게 꿀을 제공하고, 벌새는 꽃의 수분을 돕는다.'는 (나)의 예에 해당한다.

① ㄱ   ② ㄷ   ③ ㄱ, ㄴ   ④ ㄴ, ㄷ   ⑤ ㄱ, ㄴ, ㄷ

표는 종 사이의 상호 작용을 나타낸 것이다. ㉠과 ㉡은 경쟁과 기생을 순서 없이 나타낸 것이다.
이에 대한 옳은 설명만을 〈보기〉에서 있는 대로 고른 것은?

상호 작용	종 1	종 2
㉠	손해	?
㉡	이익	ⓐ

─〈 보기 〉─

ㄱ. ㉠은 경쟁이다.

ㄴ. ⓐ는 '손해'이다.

ㄷ. '촌충은 숙주의 소화관에 서식하며 영양분을 흡수한다.'는 ㉡의 예에 해당한다.

① ㄱ   ② ㄷ   ③ ㄱ, ㄴ   ④ ㄴ, ㄷ   ⑤ ㄱ, ㄴ, ㄷ

주제 \ 학년도	2025	2024

생태 피라미드와 에너지 효율

02 2025학년도 9월 모평 20번

그림은 평형 상태인 생태계 S에서 1차 소비자의 개체 수가 일시적으로 증가한 후 평형 상태로 회복되는 과정의 시점 $t_1 \sim t_5$에서의 개체 수 피라미드를, 표는 구간 I~IV에서의 생산자, 1차 소비자, 2차 소비자의 개체 수 변화를 나타낸 것이다. ⊙은 '증가'와 '감소' 중 하나이다.

[평형 상태] ... [회복된 상태]

구간 \ 영양 단계	I	II	III	IV
2차 소비자	변화 없음	증가	?	⊙
1차 소비자	증가	?	감소	?
생산자	변화 없음	감소	?	증가

이에 대한 설명으로 옳은 것만을 〈보기〉에서 있는 대로 고른 것은? (단, 제시된 조건 이외는 고려하지 않는다.)

〈보기〉
ㄱ. ⊙은 '감소'이다.
ㄴ. 2차 소비자의 개체 수는 t_2일 때가 t_3일 때보다 크다.
ㄷ. t_4일 때, 상위 영양 단계로 갈수록 각 영양 단계의 에너지양은 증가한다.

① ㄱ ② ㄴ ③ ㄷ
④ ㄱ, ㄴ ⑤ ㄱ, ㄷ

빈출
식물 군집의 물질 생산과 소비

빈출
물질 순환 과정

34 2025학년도 수능 20번

표는 (가)는 질소 순환 과정에서 나타나는 두 가지 특징을, (나)는 (가)의 특징 중 A와 B가 갖는 특징의 개수를 나타낸 것이다. A와 B는 질소 고정 작용과 탈질산화 작용을 순서 없이 나타낸 것이다.

특징
○ 세균이 관여한다.
○ 대기 중의 질소 기체가 ⊙ 암모늄 이온(NH_4^+)으로 전환된다.

(가)

구분	특징의 개수
A	2
B	1

(나)

이에 대한 설명으로 옳은 것만을 〈보기〉에서 있는 대로 고른 것은?

〈보기〉
ㄱ. B는 탈질산화 작용이다.
ㄴ. 뿌리혹박테리아는 A에 관여한다.
ㄷ. 질산화 세균은 ⊙이 질산 이온(NO_3^-)으로 전환되는 과정에 관여한다.

① ㄱ ② ㄷ ③ ㄱ, ㄴ ④ ㄴ, ㄷ ⑤ ㄱ, ㄴ, ㄷ

33 2024학년도 수능 20번

표는 생태계의 물질 순환 과정 (가)와 (나)에서 특징의 유무를 나타낸 것이다. (가)와 (나)는 질소 순환 과정과 탄소 순환 과정을 순서 없이 나타낸 것이다.

특징 \ 물질 순환 과정	(가)	(나)
토양 속의 ⊙ 암모늄 이온(NH_4^+)이 질산 이온(NO_3^-)으로 전환된다.	×	○
식물의 광합성을 통해 대기 중의 이산화 탄소(CO_2)가 유기물로 합성된다.	○	×
ⓐ	○	○

(○: 있음, ×: 없음)

이에 대한 설명으로 옳은 것만을 〈보기〉에서 있는 대로 고른 것은? [3점]

〈보기〉
ㄱ. (나)는 탄소 순환 과정이다.
ㄴ. 질산화 세균은 ⊙에 관여한다.
ㄷ. '물질이 생산자에서 소비자로 먹이 사슬을 따라 이동한다.'는 ⓐ에 해당한다.

① ㄱ ② ㄷ ③ ㄱ, ㄴ ④ ㄴ, ㄷ ⑤ ㄱ, ㄴ, ㄷ

22 2024학년도 9월 모평 16번

표는 생태계의 질소 순환 과정에서 일어나는 물질의 전환을 나타낸 것이다. I과 II는 탈질산화 작용과 질소 고정 작용을 순서 없이 나타낸 것이고, ⊙과 ⓒ은 질산 이온(NO_3^-)과 암모늄 이온(NH_4^+)을 순서 없이 나타낸 것이다.

구분	물질의 전환
질산화 작용	⊙ → ⓒ
I	대기 중의 질소(N_2) → ⊙
II	ⓒ → 대기 중의 질소(N_2)

이에 대한 설명으로 옳은 것은?

〈보기〉
ㄱ. ⊙은 질산 이온(NO_3^-)이다.
ㄴ. I은 질소 고정 작용이다.
ㄷ. 탈질산화 세균은 II에 관여한다.

① ㄱ ② ㄴ ③ ㄱ, ㄷ ④ ㄴ, ㄷ ⑤ ㄱ, ㄴ, ㄷ

2023

2022 ~ 2020

08
2021학년도 9월 모평 20번

그림 (가)는 어떤 생태계에서 영양 단계의 생체량(생물량)과 에너지양을 상댓값으로 나타낸 생태 피라미드를, (나)는 이 생태계에서 생산자의 총생산량, 순생산량, 생장량의 관계를 나타낸 것이다.

(가)

(나)

이 자료에 대한 설명으로 옳은 것만을 〈보기〉에서 있는 대로 고른 것은?

〈보기〉
ㄱ. 1차 소비자의 생체량은 A에 포함된다.
ㄴ. 2차 소비자의 에너지 효율은 20 %이다.
ㄷ. 상위 영양 단계로 갈수록 에너지양은 감소한다.

① ㄱ   ② ㄷ   ③ ㄱ, ㄴ   ④ ㄴ, ㄷ   ⑤ ㄱ, ㄴ, ㄷ

06 대표문제
2020학년도 6월 모평 18번

그림 (가)와 (나)는 각각 서로 다른 생태계에서 생산자, 1차 소비자, 2차 소비자, 3차 소비자의 에너지양을 상댓값으로 나타낸 생태 피라미드이다. (가)에서 2차 소비자의 에너지 효율은 15 %이고, (나)에서 1차 소비자의 에너지 효율은 10 %이다.

(가)   (나)

이 자료에 대한 설명으로 옳은 것만을 〈보기〉에서 있는 대로 고른 것은? (단, 에너지 효율은 전 영양 단계의 에너지양에 대한 현 영양 단계의 에너지양을 백분율로 나타낸 것이다.)

〈보기〉
ㄱ. A는 3차 소비자이다.
ㄴ. ㉠은 100이다.
ㄷ. (가)에서 에너지 효율은 상위 영양 단계로 갈수록 증가한다.

① ㄱ   ② ㄷ   ③ ㄱ, ㄴ   ④ ㄴ, ㄷ   ⑤ ㄱ, ㄴ, ㄷ

16
2023학년도 수능 12번

그림은 어떤 생태계를 구성하는 생물 군집의 단위 면적당 생물량(생체량)의 변화를 나타낸 것이다. t_1일 때 이 군집에 산불에 의한 교란이 일어났고, t_2일 때 이 생태계의 평형이 회복되었다. ㉠은 1차 천이와 2차 천이 중 하나이다.

이 자료에 대한 설명으로 옳은 것만을 〈보기〉에서 있는 대로 고른 것은? [3점]

〈보기〉
ㄱ. ㉠은 1차 천이다.
ㄴ. Ⅰ 시기에 이 생물 군집의 호흡량은 0이다.
ㄷ. Ⅱ 시기에 생산자의 총생산량은 순생산량보다 크다.

① ㄱ   ② ㄷ   ③ ㄱ, ㄴ   ④ ㄴ, ㄷ   ⑤ ㄱ, ㄴ, ㄷ

15
2021학년도 수능 5번

그림은 평균 기온이 서로 다른 계절 Ⅰ과 Ⅱ에 측정한 식물 A의 온도에 따른 순생산량을 나타낸 것이다.
이에 대한 설명으로 옳은 것만을 〈보기〉에서 있는 대로 고른 것은? [3점]

〈보기〉
ㄱ. 순생산량은 총생산량에서 호흡량을 제외한 양이다.
ㄴ. A의 순생산량이 최대가 되는 온도는 Ⅰ일 때가 Ⅱ일 때보다 높다.
ㄷ. 계절에 따라 A의 순생산량이 최대가 되는 온도가 달라지는 것은 비생물적 요인이 생물에 영향을 미치는 예에 해당한다.

① ㄱ   ② ㄴ   ③ ㄱ, ㄷ   ④ ㄴ, ㄷ   ⑤ ㄱ, ㄴ, ㄷ

14 대표문제
2020학년도 수능 18번

그림 (가)는 어떤 식물 군집에서 총생산량, 순생산량, 생장량의 관계를, (나)는 이 식물 군집의 시간에 따른 생물량(생체량), ㉠, ㉡을 나타낸 것이다. ㉠과 ㉡은 각각 총생산량과 호흡량 중 하나이다.

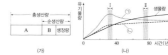

(가)   (나)

이에 대한 설명으로 옳은 것만을 〈보기〉에서 있는 대로 고른 것은? [3점]

〈보기〉
ㄱ. ㉠은 총생산량이다.
ㄴ. 초식 동물의 호흡량은 A에 포함된다.
ㄷ. $\dfrac{순생산량}{생물량}$은 구간 Ⅱ에서가 구간 Ⅰ에서보다 크다.

① ㄱ   ② ㄴ   ③ ㄷ   ④ ㄱ, ㄴ   ⑤ ㄴ, ㄷ

31
2023학년도 9월 모평 9번

표 (가)는 질소 순환 과정의 작용 A와 B에서 특징 ㉠과 ㉡의 유무를 나타낸 것이고, (나)는 ㉠과 ㉡을 순서 없이 나타낸 것이다. A와 B는 질산화 작용과 질소 고정 작용을 순서 없이 나타낸 것이다.

특징 작용	㉠	㉡
A	○	×
B	○	?

(○: 있음, ×: 없음)

(가)

특징(㉠, ㉡)
○ 암모늄 이온(NH_4^+)이 ⓑ 질산 이온(NO_3^-)으로 전환된다.
○ 세균이 관여한다.

(나)

이에 대한 설명으로 옳은 것만을 〈보기〉에서 있는 대로 고른 것은? [3점]

〈보기〉
ㄱ. B는 질산화 작용이다.
ㄴ. ㉡은 '세균이 관여한다.'이다.
ㄷ. 탈질산화 세균은 ⓑ가 질소 기체로 전환되는 과정에 관여한다.

① ㄱ   ② ㄴ   ③ ㄱ, ㄷ   ④ ㄴ, ㄷ   ⑤ ㄱ, ㄴ, ㄷ

29
2022학년도 수능 12번

다음은 생태계에서 일어나는 질소 순환 과정에 대한 자료이다. ㉠과 ㉡은 질소 고정 세균과 탈질산화 세균을 순서 없이 나타낸 것이다.

(가) 토양 속 ⓐ 질산 이온(NO_3^-)의 일부는 ㉠에 의해 질소 기체로 전환되어 대기 중으로 돌아간다.
(나) ㉡에 의해 대기 중의 질소 기체가 ⓑ 암모늄 이온(NH_4^+)으로 전환된다.

이에 대한 설명으로 옳은 것만을 〈보기〉에서 있는 대로 고른 것은?

〈보기〉
ㄱ. (가)는 질소 고정 작용이다.
ㄴ. 질산화 세균은 ⓑ가 ⓐ로 전환되는 과정에 관여한다.
ㄷ. ㉠과 ㉡은 모두 생태계의 구성 요소 중 비생물적 요인에 해당한다.

① ㄱ   ② ㄴ   ③ ㄷ   ④ ㄱ, ㄴ   ⑤ ㄱ, ㄷ

18
2022학년도 6월 모평 6번

다음은 생태계에서 물질의 순환에 대한 학생 A~C의 발표 내용이다.

생태계에서 질소는 순환하지 않습니다.
학생 A

탈질산화 작용에 세균이 관여합니다.
학생 B

식물의 광합성에 이산화 탄소가 이용됩니다.
학생 C

제시한 내용이 옳은 학생만을 있는 대로 고른 것은?

① A   ② C   ③ A, B   ④ B, C   ⑤ A, B, C

01

2023학년도 3월 학평 5번

다음은 생태계에서 일어나는 에너지 흐름에 대한 학생 A~C의 발표 내용이다.

제시한 내용이 옳은 학생만을 있는 대로 고른 것은?

① A ② B ③ A, C ④ B, C ⑤ A, B, C

02

2025학년도 9월 모평 20번

그림은 평형 상태인 생태계 S에서 1차 소비자의 개체 수가 일시적으로 증가한 후 평형 상태로 회복되는 과정의 시점 t_1~t_5에서의 개체 수 피라미드를, 표는 구간 Ⅰ~Ⅳ에서의 생산자, 1차 소비자, 2차 소비자의 개체 수 변화를 나타낸 것이다. ㉠은 '증가'와 '감소' 중 하나이다.

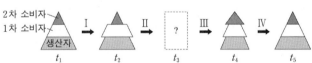

영양 단계 \ 구간	Ⅰ	Ⅱ	Ⅲ	Ⅳ
2차 소비자	변화 없음	증가	?	㉠
1차 소비자	증가	?	감소	?
생산자	변화 없음	감소	?	증가

이에 대한 설명으로 옳은 것만을 〈보기〉에서 있는 대로 고른 것은? (단, 제시된 조건 이외는 고려하지 않는다.)

─〈 보기 〉─
ㄱ. ㉠은 '감소'이다.
ㄴ. $\dfrac{2차\ 소비자의\ 개체\ 수}{생산자의\ 개체\ 수}$ 는 t_2일 때가 t_3일 때보다 크다.
ㄷ. t_5일 때, 상위 영양 단계로 갈수록 각 영양 단계의 에너지양은 증가한다.

① ㄱ ② ㄴ ③ ㄷ ④ ㄱ, ㄴ ⑤ ㄱ, ㄷ

03

2022학년도 3월 학평 20번

그림은 어떤 안정된 생태계의 에너지 흐름을 나타낸 것이다. A~C는 각각 생산자, 1차 소비자, 2차 소비자 중 하나이며, 에너지양은 상댓값이다.

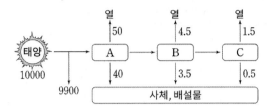

이에 대한 옳은 설명만을 〈보기〉에서 있는 대로 고른 것은?

─〈 보기 〉─
ㄱ. 곰팡이는 A에 속한다.
ㄴ. B에서 C로 유기물이 이동한다.
ㄷ. A에서 B로 이동한 에너지양은 B에서 C로 이동한 에너지양보다 적다.

① ㄱ ② ㄴ ③ ㄷ ④ ㄱ, ㄴ ⑤ ㄴ, ㄷ

04

2021학년도 10월 학평 14번

그림은 어떤 생태계에서 각 영양 단계의 에너지양을 나타낸 것이다. 에너지 효율은 3차 소비자가 1차 소비자의 2배이다. 이에 대한 옳은 설명만을 〈보기〉에서 있는 대로 고른 것은? [3점]

영양 단계	에너지양 (상댓값)
생산자	1000
1차 소비자	ⓐ
2차 소비자	15
3차 소비자	3

─〈 보기 〉─
ㄱ. ⓐ는 100이다.
ㄴ. 1차 소비자의 에너지는 모두 2차 소비자에게 전달된다.
ㄷ. 소비자에서 상위 영양 단계로 갈수록 에너지 효율은 증가한다.

① ㄱ ② ㄴ ③ ㄱ, ㄷ ④ ㄴ, ㄷ ⑤ ㄱ, ㄴ, ㄷ

05

그림은 어떤 안정된 생태계에서 포식과 피식 관계인 개체군 ㉠과 ㉡의 시간에 따른 개체 수를, 표는 이 생태계에서 각 영양 단계의 에너지양을 나타낸 것이다. ㉠과 ㉡은 각각 1차 소비자와 2차 소비자 중 하나이고, A~C는 각각 1차 소비자, 2차 소비자, 3차 소비자 중 하나이다. 1차 소비자의 에너지 효율은 15 %이다.

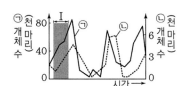

구분	에너지양(상댓값)
A	5
B	15
C	?
생산자	500

이에 대한 설명으로 옳은 것만을 〈보기〉에서 있는 대로 고른 것은?

〈보기〉
ㄱ. ㉡은 B이다.
ㄴ. I 시기 동안 ㉠에 환경 저항이 작용하지 않았다.
ㄷ. 이 생태계에서 2차 소비자의 에너지 효율은 20 %이다.

① ㄱ   ② ㄴ   ③ ㄱ, ㄷ   ④ ㄴ, ㄷ   ⑤ ㄱ, ㄴ, ㄷ

06 대표문제

그림 (가)와 (나)는 각각 서로 다른 생태계에서 생산자, 1차 소비자, 2차 소비자, 3차 소비자의 에너지양을 상댓값으로 나타낸 생태 피라미드이다. (가)에서 2차 소비자의 에너지 효율은 15 %이고, (나)에서 1차 소비자의 에너지 효율은 10 %이다.

이 자료에 대한 설명으로 옳은 것만을 〈보기〉에서 있는 대로 고른 것은? (단, 에너지 효율은 전 영양 단계의 에너지양에 대한 현 영양 단계의 에너지양을 백분율로 나타낸 것이다.)

〈보기〉
ㄱ. A는 3차 소비자이다.
ㄴ. ㉠은 100이다.
ㄷ. (가)에서 에너지 효율은 상위 영양 단계로 갈수록 증가한다.

① ㄱ   ② ㄷ   ③ ㄱ, ㄴ   ④ ㄴ, ㄷ   ⑤ ㄱ, ㄴ, ㄷ

07

그림은 어떤 생태계에서 생산자와 A~C의 에너지양을 나타낸 생태 피라미드이고, 표는 이 생태계를 구성하는 영양 단계에서 에너지양과 에너지 효율을 나타낸 것이다. A~C는 각각 1차 소비자, 2차 소비자, 3차 소비자 중 하나이고, I~III은 A~C를 순서 없이 나타낸 것이다. 에너지 효율은 C가 A의 2배이다.

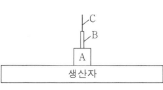

영양 단계	에너지양 (상댓값)	에너지 효율(%)
I	3	?
II	?	10
III	㉠	15
생산자	1000	?

이에 대한 설명으로 옳은 것만을 〈보기〉에서 있는 대로 고른 것은? [3점]

〈보기〉
ㄱ. II는 A이다.
ㄴ. ㉠은 150이다.
ㄷ. C의 에너지 효율은 30 %이다.

① ㄱ   ② ㄴ   ③ ㄷ   ④ ㄱ, ㄷ   ⑤ ㄴ, ㄷ

그림 (가)는 어떤 생태계에서 영양 단계의 생체량(생물량)과 에너지양을 상댓값으로 나타낸 생태 피라미드를, (나)는 이 생태계에서 생산자의 총생산량, 순생산량, 생장량의 관계를 나타낸 것이다.

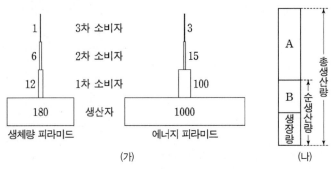

(가)

(나)

이 자료에 대한 설명으로 옳은 것만을 〈보기〉에서 있는 대로 고른 것은?

〈 보기 〉
ㄱ. 1차 소비자의 생체량은 A에 포함된다.
ㄴ. 2차 소비자의 에너지 효율은 20 %이다.
ㄷ. 상위 영양 단계로 갈수록 에너지양은 감소한다.

① ㄱ　　② ㄷ　　③ ㄱ, ㄴ　　④ ㄴ, ㄷ　　⑤ ㄱ, ㄴ, ㄷ

그림 (가)는 어떤 생태계에서 탄소 순환 과정의 일부를, (나)는 이 생태계에서 각 영양 단계의 에너지양을 상댓값으로 나타낸 생태 피라미드를 나타낸 것이다. Ⅰ ~ Ⅲ은 각각 1차 소비자, 3차 소비자, 생산자 중 하나이고, A와 B는 각각 생산자와 소비자 중 하나이다.

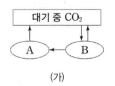
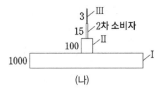

(가)　　　　　　　(나)

이에 대한 옳은 설명만을 〈보기〉에서 있는 대로 고른 것은? [3점]

〈 보기 〉
ㄱ. Ⅲ은 B에 해당한다.
ㄴ. Ⅰ에서 Ⅱ로 유기물 형태의 탄소가 이동한다.
ㄷ. (나)에서 1차 소비자의 에너지 효율은 10 %이다.

① ㄱ　　② ㄴ　　③ ㄱ, ㄴ　　④ ㄱ, ㄷ　　⑤ ㄴ, ㄷ

그림은 어떤 생태계의 식물 군집에서 물질 생산과 소비의 관계를 나타낸 것이다. ㉠과 ㉡은 각각 순생산량과 피식량 중 하나이다.

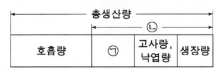

총생산량			
	㉡		
호흡량	㉠	고사량, 낙엽량	생장량

이에 대한 옳은 설명만을 〈보기〉에서 있는 대로 고른 것은?

〈 보기 〉
ㄱ. 식물 군집의 광합성량이 증가하면 총생산량이 증가한다.
ㄴ. 1차 소비자의 생장량은 ㉠과 같다.
ㄷ. 분해자의 호흡량은 ㉡에 포함된다.

① ㄱ　　② ㄴ　　③ ㄷ　　④ ㄱ, ㄷ　　⑤ ㄴ, ㄷ

11

그림은 식물 군집 A의 시간에 따른 총생산량과 호흡량을 나타낸 것이다. 이에 대한 옳은 설명만을 〈보기〉에서 있는 대로 고른 것은?

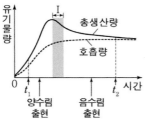

〈 보기 〉
ㄱ. A의 생장량은 호흡량에 포함된다.
ㄴ. A에서 우점종의 평균 키는 t_2일 때가 t_1일 때보다 크다.
ㄷ. 구간 Ⅰ에서 A의 순생산량은 시간에 따라 증가한다.

① ㄱ   ② ㄴ   ③ ㄱ, ㄷ   ④ ㄴ, ㄷ   ⑤ ㄱ, ㄴ, ㄷ

12

그림은 어떤 식물 군집의 시간에 따른 총생산량과 순생산량을 나타낸 것이다. ㉠과 ㉡은 각각 양수림과 음수림 중 하나이다.
이에 대한 옳은 설명만을 〈보기〉에서 있는 대로 고른 것은? [3점]

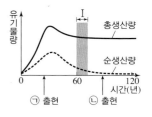

〈 보기 〉
ㄱ. ㉠은 음수림이다.
ㄴ. 구간 Ⅰ에서 호흡량은 시간에 따라 증가한다.
ㄷ. 순생산량은 생산자가 광합성으로 생산한 유기물의 총량이다.

① ㄱ   ② ㄴ   ③ ㄷ   ④ ㄱ, ㄴ   ⑤ ㄴ, ㄷ

13

그림 (가)는 어떤 식물 군집에서 총생산량, 순생산량, 생장량의 관계를, (나)는 이 식물 군집에서 시간에 따른 A와 B를 나타낸 것이다. A와 B는 총생산량과 호흡량을 순서 없이 나타낸 것이다.

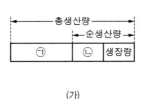

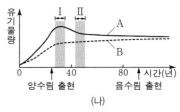

(가)   (나)

이에 대한 설명으로 옳은 것만을 〈보기〉에서 있는 대로 고른 것은?

〈 보기 〉
ㄱ. B는 ㉡에 해당한다.
ㄴ. 구간 Ⅰ에서 이 식물 군집은 극상을 이룬다.
ㄷ. 구간 Ⅱ에서 순생산량은 시간에 따라 감소한다.

① ㄱ   ② ㄴ   ③ ㄷ   ④ ㄱ, ㄴ   ⑤ ㄱ, ㄷ

14 대표 문제

그림 (가)는 어떤 식물 군집에서 총생산량, 순생산량, 생장량의 관계를, (나)는 이 식물 군집의 시간에 따른 생물량(생체량), ㉠, ㉡을 나타낸 것이다. ㉠과 ㉡은 각각 총생산량과 호흡량 중 하나이다.

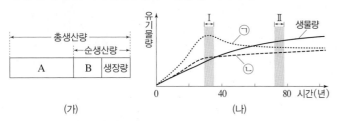

(가)   (나)

이에 대한 설명으로 옳은 것만을 〈보기〉에서 있는 대로 고른 것은? [3점]

─────〈 보기 〉─────

ㄱ. ㉠은 총생산량이다.

ㄴ. 초식 동물의 호흡량은 A에 포함된다.

ㄷ. $\dfrac{순생산량}{생물량}$ 은 구간 Ⅱ에서가 구간 Ⅰ에서보다 크다.

① ㄱ   ② ㄴ   ③ ㄷ   ④ ㄱ, ㄴ   ⑤ ㄴ, ㄷ

15

그림은 평균 기온이 서로 다른 계절 Ⅰ과 Ⅱ에 측정한 식물 A의 온도에 따른 순생산량을 나타낸 것이다.
이에 대한 설명으로 옳은 것만을 〈보기〉에서 있는 대로 고른 것은? [3점]

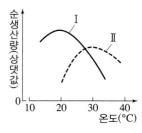

─────〈 보기 〉─────

ㄱ. 순생산량은 총생산량에서 호흡량을 제외한 양이다.

ㄴ. A의 순생산량이 최대가 되는 온도는 Ⅰ일 때가 Ⅱ일 때보다 높다.

ㄷ. 계절에 따라 A의 순생산량이 최대가 되는 온도가 달라지는 것은 비생물적 요인이 생물에 영향을 미치는 예에 해당한다.

① ㄱ   ② ㄴ   ③ ㄱ, ㄷ   ④ ㄴ, ㄷ   ⑤ ㄱ, ㄴ, ㄷ

16

그림은 어떤 생태계를 구성하는 생물 군집의 단위 면적당 생물량(생체량)의 변화를 나타낸 것이다. t_1일 때 이 군집에 산불에 의한 교란이 일어났고, t_2일 때 이 생태계의 평형이 회복되었다. ㉠은 1차 천이와 2차 천이 중 하나이다.

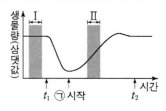

이 자료에 대한 설명으로 옳은 것만을 〈보기〉에서 있는 대로 고른 것은? [3점]

─────〈 보기 〉─────

ㄱ. ㉠은 1차 천이다.

ㄴ. Ⅰ 시기에 이 생물 군집의 호흡량은 0이다.

ㄷ. Ⅱ 시기에 생산자의 총생산량은 순생산량보다 크다.

① ㄱ   ② ㄷ   ③ ㄱ, ㄴ   ④ ㄴ, ㄷ   ⑤ ㄱ, ㄴ, ㄷ

17

그림은 식물 군집 A의 **60년 전**과 현재의 ㉠과 ㉡을 나타낸 것이다. ㉠과 ㉡은 각각 총생산량과 호흡량 중 하나이다.

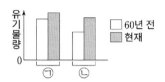

이에 대한 옳은 설명만을 〈보기〉에서 있는 대로 고른 것은?

〈 보기 〉
ㄱ. ㉠은 총생산량이다.
ㄴ. A의 생장량은 ㉡에 포함된다.
ㄷ. A의 순생산량은 현재가 60년 전보다 많다.

① ㄱ   ② ㄴ   ③ ㄱ, ㄷ   ④ ㄴ, ㄷ   ⑤ ㄱ, ㄴ, ㄷ

18

다음은 생태계에서 물질의 순환에 대한 학생 A~C의 발표 내용이다.

생태계에서 질소는 순환하지 않습니다.

탈질산화 작용에 세균이 관여합니다.

식물의 광합성에 이산화 탄소가 이용됩니다.

학생 A   학생 B   학생 C

제시한 내용이 옳은 학생만을 있는 대로 고른 것은?

① A   ② C   ③ A, B   ④ B, C   ⑤ A, B, C

19

표는 생태계의 질소 순환 과정에서 일어나는 물질의 전환을 나타낸 것이다. I ~ Ⅲ은 질산화 작용, 질소 고정 작용, 탈질산화 작용을 순서 없이 나타낸 것이고, ⓐ와 ⓑ는 암모늄 이온(NH_4^+)과 대기 중의 질소 기체(N_2)를 순서 없이 나타낸 것이다.

구분	물질의 전환
I	ⓐ ⟶ ⓑ
Ⅱ	ⓑ ⟶ 질산 이온(NO_3^-)
Ⅲ	질산 이온(NO_3^-) ⟶ ⓐ

이에 대한 설명으로 옳은 것만을 〈보기〉에서 있는 대로 고른 것은?

〈 보기 〉
ㄱ. Ⅱ는 질소 고정 작용이다.
ㄴ. ⓐ는 암모늄 이온(NH_4^+)이다.
ㄷ. 탈질산화 세균은 Ⅲ에 관여한다.

① ㄱ   ② ㄷ   ③ ㄱ, ㄴ   ④ ㄴ, ㄷ   ⑤ ㄱ, ㄴ, ㄷ

20

그림은 생태계에서 일어나는 질소 순환 과정의 일부를 나타낸 것이다. I과 Ⅱ는 질산화 작용과 질소 고정 작용을 순서 없이 나타낸 것이고, ㉠과 ㉡은 암모늄 이온(NH_4^+)과 질산 이온(NO_3^-)을 순서 없이 나타낸 것이다.

질소 기체(N_2) ⟶I⟶ ㉠ ⟶Ⅱ⟶ ㉡

이에 대한 옳은 설명만을 〈보기〉에서 있는 대로 고른 것은?

〈 보기 〉
ㄱ. 뿌리혹박테리아는 I에 관여한다.
ㄴ. Ⅱ는 질소 고정 작용이다.
ㄷ. ㉡은 암모늄 이온(NH_4^+)이다.

① ㄱ   ② ㄴ   ③ ㄱ, ㄷ   ④ ㄴ, ㄷ   ⑤ ㄱ, ㄴ, ㄷ

21

그림은 생태계에서 탄소 순환 과정의 일부를 나타낸 것이다. A와 B는 각각 분해자와 생산자 중 하나이다.

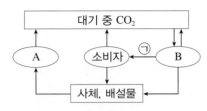

이에 대한 옳은 설명만을 〈보기〉에서 있는 대로 고른 것은?

〈 보기 〉
ㄱ. A는 생산자이다.
ㄴ. B는 호흡을 통해 CO_2를 방출한다.
ㄷ. 과정 ㉠에서 유기물이 이동한다.

① ㄱ   ② ㄴ   ③ ㄱ, ㄷ   ④ ㄴ, ㄷ   ⑤ ㄱ, ㄴ, ㄷ

23

그림은 생태계에서 일어나는 질소 순환 과정의 일부를 나타낸 것이다.

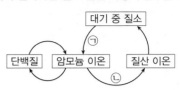

이에 대한 옳은 설명만을 〈보기〉에서 있는 대로 고른 것은?

〈 보기 〉
ㄱ. 뿌리혹박테리아는 ㉠에 관여한다.
ㄴ. ㉡은 탈질산화 작용이다.
ㄷ. 식물은 암모늄 이온을 이용하여 단백질을 합성한다.

① ㄱ   ② ㄴ   ③ ㄱ, ㄴ   ④ ㄱ, ㄷ   ⑤ ㄴ, ㄷ

22

표는 생태계의 질소 순환 과정에서 일어나는 물질의 전환을 나타낸 것이다. I과 II는 탈질산화 작용과 질소 고정 작용을 순서 없이 나타낸 것이고, ㉠과 ㉡은 질산 이온(NO_3^-)과 암모늄 이온(NH_4^+)을 순서 없이 나타낸 것이다.

구분	물질의 전환
질산화 작용	㉠ → ㉡
I	대기 중의 질소(N_2) → ㉠
II	㉡ → 대기 중의 질소(N_2)

이에 대한 설명으로 옳은 것만을 〈보기〉에서 있는 대로 고른 것은?

〈 보기 〉
ㄱ. ㉠은 질산 이온(NO_3^-)이다.
ㄴ. I은 질소 고정 작용이다.
ㄷ. 탈질산화 세균은 II에 관여한다.

① ㄱ   ② ㄴ   ③ ㄱ, ㄷ   ④ ㄴ, ㄷ   ⑤ ㄱ, ㄴ, ㄷ

24

그림은 생태계에서 일어나는 질소 순환 과정의 일부를 나타낸 것이다. 이에 대한 설명으로 옳은 것만을 〈보기〉에서 있는 대로 고른 것은?

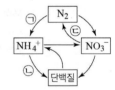

〈 보기 〉
ㄱ. 과정 ㉠은 탈질산화 작용이다.
ㄴ. 과정 ㉡에서 동화 작용이 일어난다.
ㄷ. 과정 ㉢은 질소 고정 작용이다.

① ㄱ   ② ㄴ   ③ ㄱ, ㄷ   ④ ㄴ, ㄷ   ⑤ ㄱ, ㄴ, ㄷ

25

그림은 생태계에서 일어나는 질소 순환 과정의 일부를 나타낸 것이다. (가)와 (나)는 질소 고정과 탈질산화 작용을 순서 없이 나타낸 것이고, ⓐ와 ⓑ는 각각 암모늄 이온과 질산 이온 중 하나이다.

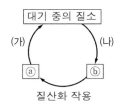

이에 대한 설명으로 옳은 것만을 〈보기〉에서 있는 대로 고른 것은? [3점]

─〈 보기 〉─
ㄱ. ⓑ는 질산 이온이다.
ㄴ. (가)는 탈질산화 작용이다.
ㄷ. 뿌리혹박테리아는 (나)에 관여한다.

① ㄱ　　② ㄴ　　③ ㄱ, ㄷ　　④ ㄴ, ㄷ　　⑤ ㄱ, ㄴ, ㄷ

26

그림은 생태계에서 일어나는 질소 순환 과정 일부를 나타낸 것이다. ㉠~㉢은 암모늄 이온(NH_4^+), 질소 기체(N_2), 질산 이온(NO_3^-)을 순서 없이 나타낸 것이고, 과정 Ⅰ과 Ⅱ는 각각 질소 고정 작용과 탈질산화 작용 중 하나이다.

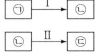

이에 대한 설명으로 옳은 것만을 〈보기〉에서 있는 대로 고른 것은?

─〈 보기 〉─
ㄱ. ㉡은 암모늄 이온(NH_4^+)이다.
ㄴ. 뿌리혹박테리아에 의해 Ⅱ가 일어난다.
ㄷ. 식물은 ㉠을 이용하여 단백질과 같은 질소 화합물을 합성할 수 있다.

① ㄱ　　② ㄴ　　③ ㄱ, ㄷ　　④ ㄴ, ㄷ　　⑤ ㄱ, ㄴ, ㄷ

27

다음은 생태계에서 일어나는 탄소 순환 과정에 대한 자료이다. ㉠과 ㉡은 생산자와 소비자를 순서 없이 나타낸 것이고, ⓐ와 ⓑ는 유기물과 CO_2를 순서 없이 나타낸 것이다.

○ 탄소는 먹이 사슬을 따라 ㉠에서 ㉡으로 이동한다.
○ 식물은 광합성을 통해 대기 중 ⓐ로부터 ⓑ를 합성한다.

이에 대한 옳은 설명만을 〈보기〉에서 있는 대로 고른 것은?

─〈 보기 〉─
ㄱ. 식물은 ㉠에 해당한다.
ㄴ. 대기에서 탄소는 주로 ⓐ의 형태로 존재한다.
ㄷ. 분해자는 사체나 배설물에 포함된 ⓑ를 분해한다.

① ㄱ　　② ㄷ　　③ ㄱ, ㄴ　　④ ㄴ, ㄷ　　⑤ ㄱ, ㄴ, ㄷ

28

표는 생태계에서 일어나는 질소 순환 과정과 탄소 순환 과정의 일부를 나타낸 것이다. (가)~(다)는 세포 호흡, 질산화 작용, 질소 고정 작용을 순서 없이 나타낸 것이다.

구분	과정
(가)	$N_2 \longrightarrow NH_4^+$
(나)	$NH_4^+ \longrightarrow NO_3^-$
(다)	유기물 $\longrightarrow CO_2$

이에 대한 설명으로 옳은 것만을 〈보기〉에서 있는 대로 고른 것은?

─〈 보기 〉─
ㄱ. 뿌리혹박테리아에 의해 (가)가 일어난다.
ㄴ. (나)는 질소 고정 작용이다.
ㄷ. (다)에 효소가 관여한다.

① ㄱ　　② ㄴ　　③ ㄱ, ㄷ　　④ ㄴ, ㄷ　　⑤ ㄱ, ㄴ, ㄷ

29

다음은 생태계에서 일어나는 질소 순환 과정에 대한 자료이다. ㉠과 ㉡은 질소 고정 세균과 탈질산화 세균을 순서 없이 나타낸 것이다.

(가) 토양 속 ⓐ 질산 이온(NO_3^-)의 일부는 ㉠에 의해 질소 기체로 전환되어 대기 중으로 돌아간다.

(나) ㉡에 의해 대기 중의 질소 기체가 ⓑ 암모늄 이온(NH_4^+)으로 전환된다.

이에 대한 설명으로 옳은 것만을 〈보기〉에서 있는 대로 고른 것은?

〈 보기 〉
ㄱ. (가)는 질소 고정 작용이다.
ㄴ. 질산화 세균은 ⓑ가 ⓐ로 전환되는 과정에 관여한다.
ㄷ. ㉠과 ㉡은 모두 생태계의 구성 요소 중 비생물적 요인에 해당한다.

① ㄱ ② ㄴ ③ ㄷ ④ ㄱ, ㄴ ⑤ ㄱ, ㄷ

31

표 (가)는 질소 순환 과정의 작용 A와 B에서 특징 ㉠과 ㉡의 유무를 나타낸 것이고, (나)는 ㉠과 ㉡을 순서 없이 나타낸 것이다. A와 B는 질산화 작용과 질소 고정 작용을 순서 없이 나타낸 것이다.

특징 / 작용	㉠	㉡
A	○	×
B	○	?

(○: 있음, ×: 없음)
(가)

특징(㉠, ㉡)
○ 암모늄 이온(NH_4^+)이 ⓐ 질산 이온(NO_3^-)으로 전환된다.
○ 세균이 관여한다.
(나)

이에 대한 설명으로 옳은 것만을 〈보기〉에서 있는 대로 고른 것은? [3점]

〈 보기 〉
ㄱ. B는 질산화 작용이다.
ㄴ. ㉡은 '세균이 관여한다.'이다.
ㄷ. 탈질산화 세균은 ⓐ가 질소 기체로 전환되는 과정에 관여한다.

① ㄱ ② ㄴ ③ ㄱ, ㄷ ④ ㄴ, ㄷ ⑤ ㄱ, ㄴ, ㄷ

30

다음은 생태계에서 일어나는 질소 순환 과정에 대한 자료이다. ㉠~㉢은 암모늄 이온(NH_4^+), 질산 이온(NO_3^-), 질소 기체(N_2)를 순서 없이 나타낸 것이다.

(가) 뿌리혹박테리아의 질소 고정 작용에 의해 ㉠이 ㉡으로 전환된다.
(나) 생산자는 ㉡, ㉢을 이용하여 단백질과 같은 질소 화합물을 합성한다.
(다) 탈질산화 세균에 의해 ㉢이 ㉠으로 전환된다.

이에 대한 설명으로 옳은 것만을 〈보기〉에서 있는 대로 고른 것은?

〈 보기 〉
ㄱ. ㉠은 질산 이온이다.
ㄴ. (나)는 질소 동화 작용에 해당한다.
ㄷ. 질산화 세균은 ㉡이 ㉢으로 전환되는 과정에 관여한다.

① ㄱ ② ㄴ ③ ㄱ, ㄷ ④ ㄴ, ㄷ ⑤ ㄱ, ㄴ, ㄷ

32

그림은 식물 X의 뿌리혹에 서식하는 세균 Y를 나타낸 것이다. Y는 N_2를 이용해 합성한 NH_4^+을 X에게 제공하며, X는 양분을 Y에게 제공한다.
이에 대한 옳은 설명만을 〈보기〉에서 있는 대로 고른 것은? [3점]

〈 보기 〉
ㄱ. X는 단백질 합성에 NH_4^+을 이용한다.
ㄴ. Y에서 질소 고정이 일어난다.
ㄷ. X와 Y 사이의 상호 작용은 상리 공생이다.

① ㄱ ② ㄷ ③ ㄱ, ㄴ ④ ㄴ, ㄷ ⑤ ㄱ, ㄴ, ㄷ

33

표는 생태계의 물질 순환 과정 (가)와 (나)에서 특징의 유무를 나타낸 것이다. (가)와 (나)는 질소 순환 과정과 탄소 순환 과정을 순서 없이 나타낸 것이다.

특징 \ 물질 순환 과정	(가)	(나)
토양 속의 ㉠ 암모늄 이온(NH_4^+)이 질산 이온(NO_3^-)으로 전환된다.	×	○
식물의 광합성을 통해 대기 중의 이산화 탄소(CO_2)가 유기물로 합성된다.	○	×
ⓐ	○	○

(○: 있음, ×: 없음)

이에 대한 설명으로 옳은 것만을 〈보기〉에서 있는 대로 고른 것은? [3점]

〈보기〉
ㄱ. (나)는 탄소 순환 과정이다.
ㄴ. 질산화 세균은 ㉠에 관여한다.
ㄷ. '물질이 생산자에서 소비자로 먹이 사슬을 따라 이동한다.'는 ⓐ에 해당한다.

① ㄱ   ② ㄷ   ③ ㄱ, ㄴ   ④ ㄴ, ㄷ   ⑤ ㄱ, ㄴ, ㄷ

34

표 (가)는 질소 순환 과정에서 나타나는 두 가지 특징을, (나)는 (가)의 특징 중 A와 B가 갖는 특징의 개수를 나타낸 것이다. A와 B는 질소 고정 작용과 탈질산화 작용을 순서 없이 나타낸 것이다.

특징
○ 세균이 관여한다.
○ 대기 중의 질소 기체가 ㉠ 암모늄 이온(NH_4^+)으로 전환된다.

(가)

구분	특징의 개수
A	2
B	1

(나)

이에 대한 설명으로 옳은 것만을 〈보기〉에서 있는 대로 고른 것은?

〈보기〉
ㄱ. B는 탈질산화 작용이다.
ㄴ. 뿌리혹박테리아는 A에 관여한다.
ㄷ. 질산화 세균은 ㉠이 질산 이온(NO_3^-)으로 전환되는 과정에 관여한다.

① ㄱ   ② ㄷ   ③ ㄱ, ㄴ   ④ ㄴ, ㄷ   ⑤ ㄱ, ㄴ, ㄷ

주제 \ 학년도	**2025**	**2024 ~ 2023**	**2022 ~ 2020**

생물 다양성의 의미

04   2025학년도 6월 [평가] 20번

다음은 생물 다양성에 대한 자료이다. A와 B는 유전적 다양성과 종 다양성을 순서 없이 나타낸 것이다.

○ A는 한 생태계 내에 존재하는 생물종의 다양한 정도를 의미한다.
○ 같은 종의 개체들이 서로 다른 대립유전자를 가져 형질이 다양하게 나타나는 것은 B에 해당한다.

이에 대한 설명으로 옳은 것만을 〈보기〉에서 있는 대로 고른 것은?

〈보기〉
ㄱ. A는 종 다양성이다.
ㄴ. A가 감소하는 원인 중에는 서식지 파괴가 있다.
ㄷ. B가 높은 종은 환경이 급격히 변했을 때 멸종될 확률이 높다.

① ㄱ ② ㄷ ③ ㄱ, ㄴ ④ ㄴ, ㄷ ⑤ ㄱ, ㄴ, ㄷ

06   2023학년도 6월 [평가] 9번

다음은 생물 다양성에 대한 학생 A~C의 대화 내용이다.

제시한 내용이 옳은 학생만을 있는 대로 고른 것은?

① A ② B ③ A, C ④ B, C ⑤ A, B, C

종 다양성

11   2022학년도 [수능] 20번

그림 (가)는 어떤 숲에 사는 새 5종 ㉠~㉤이 서식하는 높이 범위를, (나)는 숲을 이루는 나무 높이의 다양성에 따른 새의 종 다양성을 나타낸 것이다. 나무 높이의 다양성은 숲을 이루는 나무 높이가 다양할수록, 각 높이의 나무가 차지하는 비율이 균등할수록 높아진다.

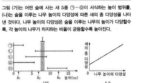

이 자료에 대한 설명으로 옳은 것만을 〈보기〉에서 있는 대로 고른 것은?

〈보기〉
ㄱ. ㉠이 서식하는 높이는 ㉤이 서식하는 높이보다 낮다.
ㄴ. 구간 Ⅰ에서 ㉡은 ㉢과 한 개체군을 이루어 서식한다.
ㄷ. 새의 종 다양성은 높이가 h_3인 나무만 있는 숲에서가 높이가 h_1, h_2, h_3인 나무가 고르게 분포하는 숲에서보다 높다.

① ㄱ ② ㄴ ③ ㄷ ④ ㄱ, ㄴ ⑤ ㄴ, ㄷ

07   [대표] 문제   2020학년도 [수능] 16번

그림은 서로 다른 지역 (가)~(다)에 서식하는 식물 종 A~C를 나타낸 것이고, 표는 종 다양성에 대한 자료이다. (가)~(다)의 면적은 모두 같다.

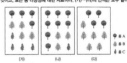

○ 어떤 지역의 종 다양성은 종 수가 많을수록, 전체 개체 수에서 각 종이 차지하는 비율이 균등할수록 높아진다.

이 자료에 대한 설명으로 옳은 것만을 〈보기〉에서 있는 대로 고른 것은? (단, A~C 이외의 종은 고려하지 않는다.) [3점]

〈보기〉
ㄱ. 식물의 종 다양성은 (가)에서가 (나)에서보다 높다.
ㄴ. A의 개체군 밀도는 (가)에서가 (다)에서보다 낮다.
ㄷ. (다)에서 A는 B와 한 개체군을 이룬다.

① ㄱ ② ㄷ ③ ㄱ, ㄴ ④ ㄴ, ㄷ ⑤ ㄱ, ㄴ, ㄷ

01

생물 다양성에 대한 설명으로 옳은 것만을 〈보기〉에서 있는 대로 고른 것은?

〈 보기 〉
ㄱ. 한 생태계 내에 존재하는 생물종의 다양한 정도를 생태계 다양성이라고 한다.
ㄴ. 남획은 생물 다양성을 감소시키는 원인에 해당한다.
ㄷ. 서식지 단편화에 의한 피해를 줄이기 위한 방법에 생태 통로 설치가 있다.

① ㄱ   ② ㄴ   ③ ㄱ, ㄷ   ④ ㄴ, ㄷ   ⑤ ㄱ, ㄴ, ㄷ

02

다음은 어떤 꿀벌 종에 대한 자료이다.

(가) 꿀벌은 여왕벌, 수벌, 일벌이 서로 일을 분담하여 협력한다.
(나) 꿀벌이 벌집을 만들기 위해 분비하는 물질인 밀랍은 광택제, 모형 제작, 방수제, 화장품 등에 사용된다.
(다) 환경이 급격하게 변화하였을 때 ㉠ 유전적 다양성이 높은 집단에서가 낮은 집단에서보다 더 많은 수의 개체가 살아남았다.

이에 대한 설명으로 옳은 것만을 〈보기〉에서 있는 대로 고른 것은? [3점]

〈 보기 〉
ㄱ. (가)는 개체군 내의 상호 작용의 예에 해당한다.
ㄴ. (나)에서 생물 자원이 활용되었다.
ㄷ. 동일한 종의 무당벌레에서 반점 무늬가 다양하게 나타나는 것은 ㉠의 예에 해당한다.

① ㄱ   ② ㄴ   ③ ㄱ, ㄷ   ④ ㄴ, ㄷ   ⑤ ㄱ, ㄴ, ㄷ

03

생물 다양성에 대한 옳은 설명만을 〈보기〉에서 있는 대로 고른 것은? [3점]

〈 보기 〉
ㄱ. 생물 다양성이 낮을수록 생태계의 평형이 깨지기 쉽다.
ㄴ. 사람의 눈동자 색깔이 다양한 것은 유전적 다양성에 해당한다.
ㄷ. 한 지역에서 종의 수가 일정할 때, 각 종의 개체 수 비율이 균등할수록 종 다양성이 낮다.

① ㄱ   ② ㄷ   ③ ㄱ, ㄴ   ④ ㄴ, ㄷ   ⑤ ㄱ, ㄴ, ㄷ

04

다음은 생물 다양성에 대한 자료이다. A와 B는 유전적 다양성과 종 다양성을 순서 없이 나타낸 것이다.

○ A는 한 생태계 내에 존재하는 생물종의 다양한 정도를 의미한다.
○ 같은 종의 개체들이 서로 다른 대립유전자를 가져 형질이 다양하게 나타나는 것은 B에 해당한다.

이에 대한 설명으로 옳은 것만을 〈보기〉에서 있는 대로 고른 것은?

〈 보기 〉
ㄱ. A는 종 다양성이다.
ㄴ. A가 감소하는 원인 중에는 서식지 파괴가 있다.
ㄷ. B가 높은 종은 환경이 급격히 변했을 때 멸종될 확률이 높다.

① ㄱ   ② ㄷ   ③ ㄱ, ㄴ   ④ ㄴ, ㄷ   ⑤ ㄱ, ㄴ, ㄷ

05

다음은 생물 다양성에 대한 학생 A~C의 발표 내용이다.

제시한 내용이 옳은 학생만을 있는 대로 고른 것은?

① A   ② B   ③ A, C   ④ B, C   ⑤ A, B, C

06

다음은 생물 다양성에 대한 학생 A~C의 대화 내용이다.

제시한 내용이 옳은 학생만을 있는 대로 고른 것은?

① A   ② B   ③ A, C   ④ B, C   ⑤ A, B, C

07 대표 문제

그림은 서로 다른 지역 (가)~(다)에 서식하는 식물 종 A~C를 나타낸 것이고, 표는 종 다양성에 대한 자료이다. (가)~(다)의 면적은 모두 같다.

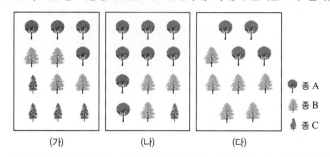

○ 어떤 지역의 종 다양성은 종 수가 많을수록, 전체 개체 수에서 각 종이 차지하는 비율이 균등할수록 높아진다.

이 자료에 대한 설명으로 옳은 것만을 〈보기〉에서 있는 대로 고른 것은? (단, A~C 이외의 종은 고려하지 않는다.) [3점]

〈 보기 〉
ㄱ. 식물의 종 다양성은 (가)에서가 (나)에서보다 높다.
ㄴ. A의 개체군 밀도는 (가)에서가 (다)에서보다 낮다.
ㄷ. (다)에서 A는 B와 한 개체군을 이룬다.

① ㄱ   ② ㄷ   ③ ㄱ, ㄴ   ④ ㄴ, ㄷ   ⑤ ㄱ, ㄴ, ㄷ

08

표 (가)는 면적이 동일한 서로 다른 지역 I과 II에 서식하는 식물 종 A~E의 개체수를, (나)는 I과 II 중 한 지역에서 ⊙과 ⓒ의 상대 밀도를 나타낸 것이다. ⊙과 ⓒ은 각각 A~E 중 하나이다.

구분	A	B	C	D	E
I	9	10	12	8	11
II	18	10	20	0	2

(가)

구분	상대 밀도(%)
⊙	18
ⓒ	20

(나)

이에 대한 설명으로 옳은 것만을 〈보기〉에서 있는 대로 고른 것은? (단, A~E 이외의 종은 고려하지 않는다.) [3점]

〈 보기 〉
ㄱ. ⓒ은 C이다.
ㄴ. B의 개체군 밀도는 I과 II에서 같다.
ㄷ. 식물의 종 다양성은 I에서가 II에서보다 낮다.

① ㄱ　　② ㄴ　　③ ㄷ　　④ ㄱ, ㄴ　　⑤ ㄱ, ㄷ

09

표 (가)는 어떤 지역에서 시점 t_1과 t_2일 때 서식하는 식물 종 A~C의 개체 수를 나타낸 것이고, (나)는 C에 대한 설명이다. t_1일 때 A~C의 개체 수의 합과 B의 상대 밀도는 t_2일 때와 같고, t_1과 t_2일 때 이 지역의 면적은 변하지 않았다.

구분	개체 수		
	A	B	C
t_1	16	17	?
t_2	28	⊙	5

(가)

C는 대기 중 오염 물질의 농도가 높아지면 개체 수가 감소하므로, C의 개체 수를 통해 대기 오염 정도를 알 수 있다.

(나)

이에 대한 설명으로 옳은 것만을 〈보기〉에서 있는 대로 고른 것은? (단, A~C 이외의 다른 종은 고려하지 않고, 대기 오염 외에 C의 개체 수 변화에 영향을 주는 요인은 없다.) [3점]

〈 보기 〉
ㄱ. ⊙은 17이다.
ㄴ. 식물의 종 다양성은 t_1일 때가 t_2일 때보다 높다.
ㄷ. 대기 중 오염 물질의 농도는 t_1일 때가 t_2일 때보다 높다.

① ㄱ　　② ㄷ　　③ ㄱ, ㄴ　　④ ㄴ, ㄷ　　⑤ ㄱ, ㄴ, ㄷ

10

생물 다양성에 대한 설명으로 옳은 것만을 〈보기〉에서 있는 대로 고른 것은?

〈 보기 〉
ㄱ. 불법 포획과 남획에 의한 멸종은 생물 다양성 감소의 원인이 된다.
ㄴ. 생태계 다양성은 어느 한 군집에 서식하는 생물종의 다양한 정도를 의미한다.
ㄷ. 같은 종의 기린에서 털 무늬가 다양하게 나타나는 것은 유전적 다양성에 해당한다.

① ㄱ　　② ㄴ　　③ ㄱ, ㄷ　　④ ㄴ, ㄷ　　⑤ ㄱ, ㄴ, ㄷ

11

그림 (가)는 어떤 숲에 사는 새 5종 ㉠~㉤이 서식하는 높이 범위를, (나)는 숲을 이루는 나무 높이의 다양성에 따른 새의 종 다양성을 나타낸 것이다. 나무 높이의 다양성은 숲을 이루는 나무의 높이가 다양할수록, 각 높이의 나무가 차지하는 비율이 균등할수록 높아진다.

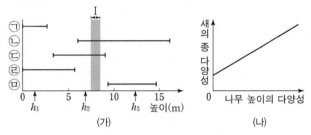

(가)   (나)

이 자료에 대한 설명으로 옳은 것만을 〈보기〉에서 있는 대로 고른 것은?

〈 보기 〉

ㄱ. ㉠이 서식하는 높이는 ㉤이 서식하는 높이보다 낮다.

ㄴ. 구간 I에서 ㉡은 ㉢과 한 개체군을 이루어 서식한다.

ㄷ. 새의 종 다양성은 높이가 h_3인 나무만 있는 숲에서가 높이가 h_1, h_2, h_3인 나무가 고르게 분포하는 숲에서보다 높다.

① ㄱ   ② ㄴ   ③ ㄷ   ④ ㄱ, ㄴ   ⑤ ㄴ, ㄷ

12

그림 (가)는 서대서양에서 위도에 따른 해양 달팽이의 종 수를, (나)는 이 해양에서 평균 해수면 온도에 따른 해양 달팽이의 종 수를 나타낸 것이다.

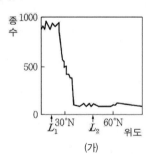 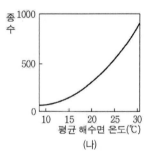

(가)   (나)

이에 대한 설명으로 옳은 것만을 〈보기〉에서 있는 대로 고른 것은? [3점]

〈 보기 〉

ㄱ. 해양 달팽이의 종 수는 위도 L_2에서가 L_1에서보다 많다.

ㄴ. (나)에서 평균 해수면 온도가 높을수록 해양 달팽이의 종 수가 증가하는 것은 비생물적 요인이 생물에 영향을 미치는 예에 해당한다.

ㄷ. 종 다양성이 높을수록 생태계가 안정적으로 유지된다.

① ㄱ   ② ㄷ   ③ ㄱ, ㄴ   ④ ㄴ, ㄷ   ⑤ ㄱ, ㄴ, ㄷ

13

다음은 생물 다양성에 대한 학생 A~C의 대화 내용이다.

제시한 내용이 옳은 학생만을 있는 대로 고른 것은?

① A   ② C   ③ A, B   ④ B, C   ⑤ A, B, C

📄 2026학년도 수능 시간표

교시	시험 영역	시험 시간(소요 시간)	
		입실 완료 시간 08 : 10까지	
1	국어	08 : 40~10 : 00 (80분)	
		휴식 10 : 00~10 : 20 (20분) ·	
2	수학	10 : 30~12 : 10 (100분)	
		중식 12 : 10~13 : 00 (50분)	
3	영어	13 : 10~14 : 20 (70분)	
		휴식 14 : 20~14 : 40 (20분)	
4	한국사, 사회/과학/직업 탐구	14 : 50~16 : 37 (107분)	
		한국사	14 : 50~15 : 20 (30분)
		사회/과학/직업 탐구 **선택1**	15 : 35~16 : 05 (30분)
		사회/과학/직업 탐구 **선택2**	16 : 07~16 : 37 (30분)
		휴식 16 : 37~16 : 55 (18분)	
5	제2외국어/ 한문	17 : 05~17 : 45 (40분)	

☑ 한국사 영역은 4교시 첫 시간에 실시되며, 문항 수는 20문항이고 시험 시간은 30분임.

☑ 4교시 탐구 영역은 선택과목별 시험이 종료된 후(30분 간격) 2분 내에 해당 과목의 문제지를 회수함.

☑ 탐구 영역 응시 순서는 응시원서에 명기된 탐구 영역별 과목의 순서에 따라 응시해야 함.

정답률 낮은 문제, 한 번 더!

01 정답률 44% 2024학년도 9월 모평 12번

다음은 민말이집 신경 A~C의 흥분 전도와 전달에 대한 자료이다.

○ 그림은 A~C의 지점 d_1~d_5의 위치를, 표는 ㉠ A~C의 P에 역치 이상의 자극을 동시에 1회 주고 경과된 시간이 4 ms일 때 d_1~d_5에서의 막전위를 나타낸 것이다. P는 d_1~d_5 중 하나이고, (가)~(다) 중 두 곳에만 시냅스가 있다. I ~ III은 d_2~d_4를 순서 없이 나타낸 것이다.

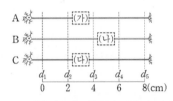

신경	4 ms일 때 막전위(mV)				
	d_1	I	II	III	d_5
A	?	?	+30	+30	−70
B	+30	−70	?	+30	?
C	?	?	?	−80	+30

○ A~C 중 2개의 신경은 각각 두 뉴런으로 구성되고, 각 뉴런의 흥분 전도 속도는 ⓐ로 같다. 나머지 1개의 신경의 흥분 전도 속도는 ⓑ이다. ⓐ와 ⓑ는 서로 다르다.

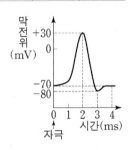

○ A~C 각각에서 활동 전위가 발생하였을 때, 각 지점에서의 막전위 변화는 그림과 같다.

이에 대한 설명으로 옳은 것만을 〈보기〉에서 있는 대로 고른 것은? (단, A~C에서 흥분의 전도는 각각 1회 일어났고, 휴지 전위는 −70 mV 이다.) [3점]

〈 보기 〉
ㄱ. II는 d_2이다.
ㄴ. ⓐ는 1 cm/ms이다.
ㄷ. ㉠이 5 ms일 때 B의 d_5에서의 막전위는 −80 mV이다.

① ㄱ ② ㄴ ③ ㄱ, ㄷ ④ ㄴ, ㄷ ⑤ ㄱ, ㄴ, ㄷ

02 정답률 25% 2023학년도 수능 15번

다음은 민말이집 신경 I ~ III의 흥분 전도와 전달에 대한 자료이다.

○ 그림은 I ~ III의 지점 d_1~d_5의 위치를, 표는 ㉠ I과 II의 P에, III의 Q에 역치 이상의 자극을 동시에 1회 주고 경과된 시간이 4 ms일 때 d_1~d_5에서의 막전위를 나타낸 것이다. P와 Q는 각각 d_1~d_5 중 하나이다.

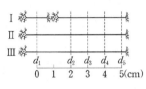

신경	4 ms일 때 막전위(mV)				
	d_1	d_2	d_3	d_4	d_5
I	−70	ⓐ	?	ⓑ	?
II	ⓒ	ⓐ	?	ⓒ	ⓑ
III	ⓒ	−80	?	ⓐ	?

○ I을 구성하는 두 뉴런의 흥분 전도 속도는 $2v$로 같고, II와 III의 흥분 전도 속도는 각각 $3v$와 $6v$이다.

○ I ~ III 각각에서 활동 전위가 발생하였을 때, 각 지점에서의 막전위 변화는 그림과 같다.

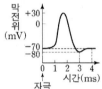

이에 대한 설명으로 옳은 것만을 〈보기〉에서 있는 대로 고른 것은? (단, I ~ III에서 흥분의 전도는 각각 1회 일어났고, 휴지 전위는 −70 mV 이다.) [3점]

〈 보기 〉
ㄱ. Q는 d_4이다.
ㄴ. II의 흥분 전도 속도는 2 cm/ms이다.
ㄷ. ㉠이 5 ms일 때 I의 d_5에서 재분극이 일어나고 있다.

① ㄱ ② ㄴ ③ ㄱ, ㄷ ④ ㄴ, ㄷ ⑤ ㄱ, ㄴ, ㄷ

다음은 골격근 수축 과정에 대한 자료이다.

○ 그림 (가)는 근육 원섬유 마디 X의 구조를, (나)는 구간 ⓒ의 길이에 따른 ⓐX가 생성할 수 있는 힘을 나타낸 것이다. X는 좌우 대칭이고, ⓐ가 F_1일 때 A대의 길이는 1.6 μm이다.

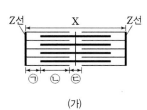

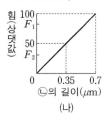

(가)   (나)

○ 구간 ㉠은 액틴 필라멘트만 있는 부분이고, ㉡은 액틴 필라멘트와 마이오신 필라멘트가 겹치는 부분이며, ㉢은 마이오신 필라멘트만 있는 부분이다.

○ 표는 ⓐ가 F_1과 F_2일 때 ㉢의 길이를 ㉠의 길이로 나눈 값$\left(\dfrac{㉢}{㉠}\right)$과 X의 길이를 ㉡의 길이로 나눈 값$\left(\dfrac{X}{㉡}\right)$을 나타낸 것이다.

힘	$\dfrac{㉢}{㉠}$	$\dfrac{X}{㉡}$
F_1	1	4
F_2	$\dfrac{3}{2}$	?

이 자료에 대한 설명으로 옳은 것만을 〈보기〉에서 있는 대로 고른 것은? [3점]

〈 보기 〉

ㄱ. ⓐ는 H대의 길이가 0.3 μm일 때가 0.6 μm일 때보다 작다.

ㄴ. F_1일 때 ㉠의 길이와 ㉡의 길이를 더한 값은 1.0 μm이다.

ㄷ. F_2일 때 X의 길이는 3.2 μm이다.

① ㄱ   ② ㄴ   ③ ㄷ   ④ ㄱ, ㄴ   ⑤ ㄴ, ㄷ

다음은 골격근의 수축 과정에 대한 자료이다.

○ 그림은 근육 원섬유 마디 X의 구조를 나타낸 것이다. X는 좌우 대칭이고, Z_1과 Z_2는 X의 Z선이다.

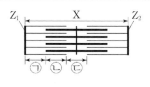

○ 구간 ㉠은 액틴 필라멘트만 있는 부분이고, ㉡은 액틴 필라멘트와 마이오신 필라멘트가 겹치는 부분이며, ㉢은 마이오신 필라멘트만 있는 부분이다.

○ 골격근 수축 과정의 두 시점 t_1과 t_2 중, t_1일 때 X의 길이는 L이고, t_2일 때만 ㉠~㉢의 길이가 모두 같다.

○ $\dfrac{t_2일\ 때\ ⓐ의\ 길이}{t_1일\ 때\ ⓐ의\ 길이}$ 와 $\dfrac{t_1일\ 때\ ㉡의\ 길이}{t_2일\ 때\ ㉡의\ 길이}$ 는 서로 같다. ⓐ는 ㉠과 ㉢ 중 하나이다.

이에 대한 설명으로 옳은 것만을 〈보기〉에서 있는 대로 고른 것은?

〈 보기 〉

ㄱ. ⓐ는 ㉢이다.

ㄴ. H대의 길이는 t_1일 때가 t_2일 때보다 짧다.

ㄷ. t_1일 때, X의 Z_1로부터 Z_2 방향으로 거리가 $\dfrac{3}{10}$L인 지점은 ㉡에 해당한다.

① ㄱ   ② ㄴ   ③ ㄱ, ㄷ   ④ ㄴ, ㄷ   ⑤ ㄱ, ㄴ, ㄷ

다음은 골격근의 수축과 이완 과정에 대한 자료이다.

○ 그림 (가)는 팔을 구부리는 과정의 두 시점 t_1과 t_2일 때 팔의 위치와 이 과정에 관여하는 골격근 P와 Q를, (나)는 P와 Q 중 한 골격근의 근육 원섬유 마디 X의 구조를 나타낸 것이다. X는 좌우 대칭이고, Z_1과 Z_2는 X의 Z선이다.

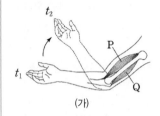

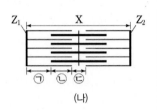

(가)   (나)

○ 구간 ㉠은 액틴 필라멘트만 있는 부분이고, ㉡은 액틴 필라멘트와 마이오신 필라멘트가 겹치는 부분이며, ㉢은 마이오신 필라멘트만 있는 부분이다.

○ 표는 t_1과 t_2일 때 각 시점의 Z_1로부터 Z_2 방향으로 거리가 각각 l_1, l_2, l_3인 세 지점이 ㉠~㉢ 중 어느 구간에 해당하는지를 나타낸 것이다. ⓐ~ⓒ는 ㉠~㉢을 순서 없이 나타낸 것이다.

거리	지점이 해당하는 구간	
	t_1	t_2
l_1	ⓐ	?
l_2	ⓑ	ⓐ
l_3	ⓒ	㉢

○ ㉢의 길이는 t_1일 때가 t_2일 때보다 짧다.

○ t_1과 t_2일 때 각각 l_1~l_3은 모두 $\dfrac{\text{X의 길이}}{2}$보다 작다.

이에 대한 설명으로 옳은 것만을 〈보기〉에서 있는 대로 고른 것은?

〈 보기 〉

ㄱ. $l_1 > l_2$이다.

ㄴ. X는 P의 근육 원섬유 마디이다.

ㄷ. t_2일 때 Z_1로부터 Z_2 방향으로 거리가 l_1인 지점은 ㉠에 해당한다.

① ㄱ   ② ㄴ   ③ ㄷ   ④ ㄱ, ㄴ   ⑤ ㄱ, ㄷ

다음은 사람의 신경계를 구성하는 구조에 대한 학생 A~C의 발표 내용이다.

제시한 내용이 옳은 학생만을 있는 대로 고른 것은?

① B   ② C   ③ A, B   ④ A, C   ⑤ A, B, C

그림 (가)와 (나)는 정상인이 서로 다른 온도의 물에 들어갔을 때 체온의 변화와 A, B의 변화를 각각 나타낸 것이다. A와 B는 땀 분비량과 열 발생량(열 생산량)을 순서 없이 나타낸 것이고, ⊙과 ⓒ은 '체온보다 낮은 온도의 물에 들어갔을 때'와 '체온보다 높은 온도의 물에 들어갔을 때'를 순서 없이 나타낸 것이다.

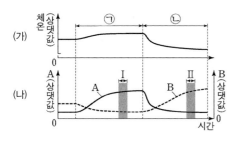

이에 대한 설명으로 옳은 것만을 〈보기〉에서 있는 대로 고른 것은? [3점]

〈 보기 〉
ㄱ. ⊙은 '체온보다 낮은 온도의 물에 들어갔을 때'이다.
ㄴ. 열 발생량은 구간 Ⅰ에서가 구간 Ⅱ에서보다 많다.
ㄷ. 시상 하부가 체온보다 높은 온도를 감지하면 땀 분비량은 증가한다.

① ㄱ　　② ㄷ　　③ ㄱ, ㄴ　　④ ㄴ, ㄷ　　⑤ ㄱ, ㄴ, ㄷ

다음은 골격근의 수축 과정에 대한 자료이다.

○ 그림은 근육 원섬유 마디 X의 구조를 나타낸 것이다. X는 좌우 대칭이고, Z_1과 Z_2는 X의 Z선이다.

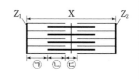

○ 구간 ⊙은 액틴 필라멘트만 있는 부분이고, ⓒ은 액틴 필라멘트와 마이오신 필라멘트가 겹치는 부분이며, ⓒ은 마이오신 필라멘트만 있는 부분이다.

○ 표는 골격근 수축 과정의 두 시점 t_1과 t_2일 때 각 시점의 Z_1로부터 Z_2 방향으로 거리가 각각 l_1, l_2, l_3인 세 지점이 ⊙~ⓒ 중 어느 구간에 해당하는지를 나타낸 것이다. ⓐ~ⓒ는 ⊙~ⓒ을 순서 없이 나타낸 것이다.

거리	지점이 해당하는 구간	
	t_1	t_2
l_1	ⓐ	ⓒ
l_2	ⓑ	?
l_3	?	ⓒ

○ t_1일 때 ⓐ~ⓒ의 길이는 순서 없이 $5d$, $6d$, $8d$이고, t_2일 때 ⓐ~ⓒ의 길이는 순서 없이 $2d$, $6d$, $7d$이다. d는 0보다 크다.

○ t_1일 때, A대의 길이는 ⓒ의 길이의 2배이다.

○ t_1과 t_2일 때 각각 l_1~l_3은 모두 $\dfrac{X의\ 길이}{2}$보다 작다.

이에 대한 설명으로 옳은 것만을 〈보기〉에서 있는 대로 고른 것은? [3점]

〈 보기 〉
ㄱ. $l_2 > l_1$이다.
ㄴ. t_1일 때, Z_1로부터 Z_2 방향으로 거리가 l_3인 지점은 ⓒ에 해당한다.
ㄷ. t_2일 때, ⓐ의 길이는 H대의 길이의 3배이다.

① ㄱ　　② ㄴ　　③ ㄷ　　④ ㄱ, ㄴ　　⑤ ㄱ, ㄷ

정답률 낮은 문제, 한 번 더!

01 정답률 17% 　　　　2023학년도 수능 16번

다음은 핵상이 $2n$인 동물 A~C의 세포 (가)~(라)에 대한 자료이다.

○ A와 B는 서로 같은 종이고, B와 C는 서로 다른 종이며, B와 C의 체세포 1개당 염색체 수는 서로 다르다.

○ (가)~(라) 중 2개는 암컷의, 나머지 2개는 수컷의 세포이다. A~C의 성염색체는 암컷이 XX, 수컷이 XY이다.

○ 그림은 (가)~(라) 각각에 들어 있는 모든 상염색체와 ㉠을 나타낸 것이다. ㉠은 X 염색체와 Y 염색체 중 하나이다.

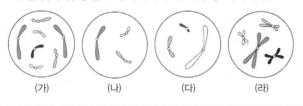

(가)　　　(나)　　　(다)　　　(라)

이에 대한 설명으로 옳은 것만을 〈보기〉에서 있는 대로 고른 것은? (단, 돌연변이는 고려하지 않는다.)

〈 보기 〉

ㄱ. ㉠은 Y 염색체이다.

ㄴ. (가)와 (라)는 서로 다른 개체의 세포이다.

ㄷ. C의 체세포 분열 중기의 세포 1개당 상염색체의 염색 분체 수는 8이다.

① ㄱ　　② ㄴ　　③ ㄱ, ㄷ　　④ ㄴ, ㄷ　　⑤ ㄱ, ㄴ, ㄷ

02 정답률 43% 　　　　2024학년도 수능 11번

어떤 동물 종($2n=6$)의 유전 형질 ㉠은 대립유전자 A와 a에 의해, ㉡은 대립유전자 B와 b에 의해, ㉢은 대립유전자 D와 d에 의해 결정된다. ㉠~㉢의 유전자 중 2개는 서로 다른 상염색체에, 나머지 1개는 X 염색체에 있다. 표는 이 동물 종의 개체 P와 Q의 세포 Ⅰ~Ⅳ에서 A, a, B, b, D, d의 DNA 상대량을, 그림은 세포 (가)와 (나) 각각에 들어 있는 모든 염색체를 나타낸 것이다. (가)와 (나)는 각각 Ⅰ~Ⅳ 중 하나이다. P는 수컷이고 성염색체는 XY이며, Q는 암컷이고 성염색체는 XX이다.

세포	DNA 상대량					
	A	a	B	b	D	d
Ⅰ	0	ⓐ	?	2	4	0
Ⅱ	2	0	ⓑ	2	?	2
Ⅲ	0	0	1	?	1	ⓒ
Ⅳ	0	2	?	1	2	0

(가)　　　(나)

이에 대한 설명으로 옳은 것만을 〈보기〉에서 있는 대로 고른 것은? (단, 돌연변이와 교차는 고려하지 않으며, A, a, B, b, D, d 각각의 1개당 DNA 상대량은 1이다.) [3점]

〈 보기 〉

ㄱ. (가)는 Ⅰ이다.

ㄴ. Ⅳ는 Q의 세포이다.

ㄷ. ⓐ+ⓑ+ⓒ=6이다.

① ㄱ　　② ㄴ　　③ ㄱ, ㄷ　　④ ㄴ, ㄷ　　⑤ ㄱ, ㄴ, ㄷ

그림은 유전자형이 Aa인 어떤 동물($2n=?$)의 G_1기 세포 I로부터 생식세포가 형성되는 과정을, 표는 세포 ㉠~㉣의 상염색체 수와 대립유전자 A와 a의 DNA 상대량을 더한 값을 나타낸 것이다. ㉠~㉣은 I~IV를 순서 없이 나타낸 것이고, 이 동물의 성염색체는 XX이다.

세포	상염색체 수	A와 a의 DNA 상대량을 더한 값
㉠	8	?
㉡	4	2
㉢	ⓐ	ⓑ
㉣	?	4

이에 대한 설명으로 옳은 것만을 〈보기〉에서 있는 대로 고른 것은? (단, 돌연변이는 고려하지 않으며, A와 a 각각의 1개당 DNA 상대량은 1이다. II와 III은 중기의 세포이다.) [3점]

〈 보기 〉
ㄱ. ㉠은 I이다.
ㄴ. ⓐ+ⓑ=5이다.
ㄷ. II의 2가 염색체 수는 5이다.

① ㄱ   ② ㄷ   ③ ㄱ, ㄴ   ④ ㄴ, ㄷ   ⑤ ㄱ, ㄴ, ㄷ

사람의 어떤 유전 형질은 2쌍의 대립유전자 H와 h, T와 t에 의해 결정된다. 그림 (가)는 사람 I의, (나)는 사람 II의 감수 분열 과정의 일부를, 표는 I의 세포 ⓐ와 II의 세포 ⓑ에서 대립유전자 ㉠, ㉡, ㉢, ㉣ 중 2개의 DNA 상대량을 더한 값을 나타낸 것이다. ㉠~㉣은 H, h, T, t를 순서 없이 나타낸 것이고, I의 유전자형은 HHtt이며, II의 유전자형은 hhTt이다.

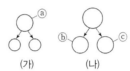

(가)   (나)

세포	DNA 상대량을 더한 값			
	㉠+㉡	㉠+㉢	㉡+㉢	㉢+㉣
ⓐ	0	?	2	㉮
ⓑ	2	4	㉯	2

이에 대한 설명으로 옳은 것만을 〈보기〉에서 있는 대로 고른 것은? (단, 돌연변이와 교차는 고려하지 않으며, H, h, T, t 각각의 1개당 DNA 상대량은 1이다. ⓐ~ⓒ는 중기의 세포이다.) [3점]

〈 보기 〉
ㄱ. ㉮+㉯=6이다.
ㄴ. ⓐ의 $\dfrac{\text{염색 분체 수}}{\text{성염색체 수}}=46$이다.
ㄷ. ⓒ에는 t가 있다.

① ㄱ   ② ㄷ   ③ ㄱ, ㄴ   ④ ㄴ, ㄷ   ⑤ ㄱ, ㄴ, ㄷ

사람의 유전 형질 ㉮는 2쌍의 대립유전자 A와 a, B와 b에 의해 결정된다. 그림은 사람 P의 G_1기 세포 I로부터 정자가 형성되는 과정을, 표는 세포 (가)~(라)에서 대립유전자 ㉠~㉢의 유무와 a와 B의 DNA 상대량을 나타낸 것이다. (가)~(라)는 I~IV를 순서 없이 나타낸 것이고, ㉠~㉢은 A, a, b를 순서 없이 나타낸 것이다.

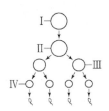

세포	대립유전자			DNA 상대량	
	㉠	㉡	㉢	a	B
(가)	×	×	○	?	2
(나)	○	?	○	2	?
(다)	?	?	×	1	1
(라)	○	?	?	1	?

(○: 있음, ×: 없음)

이에 대한 설명으로 옳은 것만을 〈보기〉에서 있는 대로 고른 것은? (단, 돌연변이와 교차는 고려하지 않으며, A, a, B, b 각각의 1개당 DNA 상대량은 1이다. II와 III은 중기의 세포이다.) [3점]

〈 보기 〉
ㄱ. IV에 ㉠이 있다.
ㄴ. (나)의 핵상은 $2n$이다.
ㄷ. P의 유전자형은 AaBb이다.

① ㄱ ② ㄴ ③ ㄷ ④ ㄱ, ㄴ ⑤ ㄴ, ㄷ

다음은 사람 P의 세포 (가)~(다)에 대한 자료이다.

○ 유전 형질 ⓐ는 2쌍의 대립유전자 H와 h, T와 t에 의해 결정되며, ⓐ의 유전자는 서로 다른 2개의 염색체에 있다.
○ (가)~(다)는 생식세포 형성 과정에서 나타나는 중기의 세포이다. (가)~(다) 중 2개는 G_1기 세포 I로부터 형성되었고, 나머지 1개는 G_1기 세포 II로부터 형성되었다.
○ 표는 (가)~(다)에서 대립유전자 ㉠~㉣의 유무를 나타낸 것이다. ㉠~㉣은 H, h, T, t를 순서 없이 나타낸 것이다.

대립유전자	세포		
	(가)	(나)	(다)
㉠	×	×	○
㉡	○	○	×
㉢	×	×	×
㉣	×	○	○

(○: 있음, ×: 없음)

이에 대한 설명으로 옳은 것만을 〈보기〉에서 있는 대로 고른 것은? (단, 돌연변이와 교차는 고려하지 않는다.) [3점]

〈 보기 〉
ㄱ. P에게서 ㉠과 ㉢을 모두 갖는 생식세포가 형성될 수 있다.
ㄴ. (가)와 (다)의 핵상은 같다.
ㄷ. I로부터 (나)가 형성되었다.

① ㄱ ② ㄴ ③ ㄷ ④ ㄱ, ㄷ ⑤ ㄴ, ㄷ

사람의 유전 형질 (가)는 상염색체에 있는 대립유전자 H와 h에 의해, (나)는 X 염색체에 있는 대립유전자 T와 t에 의해 결정된다. 표는 세포 Ⅰ~Ⅳ가 갖는 H, h, T, t의 DNA 상대량을 나타낸 것이다. Ⅰ~Ⅳ 중 2개는 남자 P의, 나머지 2개는 여자 Q의 세포이다. ㉠~㉢은 0, 1, 2를 순서 없이 나타낸 것이다.

세포	DNA 상대량			
	H	h	T	t
Ⅰ	㉢	0	㉠	?
Ⅱ	㉡	㉠	0	㉡
Ⅲ	?	㉢	㉠	㉡
Ⅳ	4	0	2	㉠

이에 대한 설명으로 옳은 것만을 〈보기〉에서 있는 대로 고른 것은? (단, 돌연변이와 교차는 고려하지 않으며, H, h, T, t 각각의 1개당 DNA 상대량은 1이다.) [3점]

〈보기〉
ㄱ. ㉡은 2이다.
ㄴ. Ⅱ는 Q의 세포이다.
ㄷ. Ⅰ이 갖는 t의 DNA 상대량과 Ⅲ이 갖는 H의 DNA 상대량은 같다.

① ㄱ　　② ㄷ　　③ ㄱ, ㄴ　　④ ㄴ, ㄷ　　⑤ ㄱ, ㄴ, ㄷ

사람의 유전 형질 (가)는 2쌍의 대립유전자 H와 h, R와 r에 의해 결정되며, (가)의 유전자는 7번 염색체와 8번 염색체에 있다. 그림은 어떤 사람의 7번 염색체와 8번 염색체를, 표는 이 사람의 세포 Ⅰ~Ⅳ에서 염색체 ㉠~㉢의 유무와 H와 r의 DNA 상대량을 나타낸 것이다. ㉠~㉢은 염색체 ⓐ~ⓒ를 순서 없이 나타낸 것이다.

7번 염색체　　8번 염색체

세포	염색체			DNA 상대량	
	㉠	㉡	㉢	H	r
Ⅰ	×	○	?	1	1
Ⅱ	?	○	○	?	1
Ⅲ	○	×	○	2	0
Ⅳ	○	○	×	?	2

(○: 있음, ×: 없음)

이에 대한 설명으로 옳은 것만을 〈보기〉에서 있는 대로 고른 것은? (단, 돌연변이와 교차는 고려하지 않으며, H, h, R, r 각각의 1개당 DNA 상대량은 1이다.) [3점]

〈보기〉
ㄱ. Ⅰ과 Ⅱ의 핵상은 같다.
ㄴ. ㉡과 ㉢은 모두 7번 염색체이다.
ㄷ. 이 사람의 유전자형은 HhRr이다.

① ㄱ　　② ㄴ　　③ ㄷ　　④ ㄱ, ㄴ　　⑤ ㄴ, ㄷ

사람의 유전 형질 ㉮는 1쌍의 대립유전자 A와 a에 의해, ㉯는 2쌍의 대립유전자 B와 b, D와 d에 의해 결정된다. ㉮의 유전자는 상염색체에, ㉯의 유전자는 X 염색체에 있다. 표는 남자 P의 세포 (가)~(다)와 여자 Q의 세포 (라)~(바)에서 대립유전자 ㉠~㉯의 유무를 나타낸 것이다. ㉠~㉯은 A, a, B, b, D, d를 순서 없이 나타낸 것이다.

대립 유전자	P의 세포			Q의 세포		
	(가)	(나)	(다)	(라)	(마)	(바)
㉠	×	?	○	?	○	×
㉡	×	×	×	○	○	×
㉢	?	○	○	○	○	○
㉣	×	ⓐ	○	○	×	○
㉤	○	○	×	×	×	×
㉥	×	×	×	?	×	○

(○: 있음, ×: 없음)

이에 대한 설명으로 옳은 것만을 〈보기〉에서 있는 대로 고른 것은? (단, 돌연변이와 교차는 고려하지 않는다.)

〈 보기 〉
ㄱ. ㉠은 ㉥과 대립유전자이다.
ㄴ. ⓐ는 '×'이다.
ㄷ. Q의 ㉯의 유전자형은 BbDd이다.

① ㄱ　　② ㄴ　　③ ㄱ, ㄷ　　④ ㄴ, ㄷ　　⑤ ㄱ, ㄴ, ㄷ

다음은 사람의 유전 형질 (가)~(다)에 대한 자료이다.

○ (가)~(다)의 유전자는 서로 다른 2개의 상염색체에 있다.

○ (가)는 대립유전자 A와 a에 의해 결정되며, A는 a에 대해 완전 우성이다.

○ (나)는 대립유전자 B와 b에 의해 결정되며, 유전자형이 다르면 표현형이 다르다.

○ (다)는 1쌍의 대립유전자에 의해 결정되며, 대립유전자에는 D, E, F가 있다. D는 E, F에 대해, E는 F에 대해 각각 완전 우성이다.

○ (가)와 (나)의 유전자형이 AaBb인 남자 P와 AaBB인 여자 Q 사이에서 ⓐ가 태어날 때, ⓐ에게서 나타날 수 있는 (가)와 (나)의 표현형은 최대 3가지이고, ⓐ가 가질 수 있는 (가)~(다)의 유전자형 중 AABBFF가 있다.

○ ⓐ의 (가)~(다)의 표현형이 모두 Q와 같을 확률은 $\frac{1}{8}$이다.

ⓐ의 (가)~(다)의 표현형이 모두 P와 같을 확률은? (단, 돌연변이와 교차는 고려하지 않는다.) [3점]

① $\frac{1}{16}$　　② $\frac{1}{8}$　　③ $\frac{3}{16}$　　④ $\frac{1}{4}$　　⑤ $\frac{3}{8}$

11 정답률 30 %

다음은 사람의 유전 형질 (가)~(라)에 대한 자료이다.

> ○ (가)는 대립유전자 A와 a에 의해, (나)는 대립유전자 B와 b에 의해, (다)는 대립유전자 D와 d에 의해, (라)는 대립유전자 E와 e에 의해 결정된다. A는 a에 대해, B는 b에 대해, D는 d에 대해, E는 e에 대해 각각 완전 우성이다.
>
> ○ (가)~(라)의 유전자는 서로 다른 2개의 상염색체에 있고, (가)~(다)의 유전자는 (라)의 유전자와 다른 염색체에 있다.
>
> ○ (가)~(라)의 표현형이 모두 우성인 부모 사이에서 ⓐ가 태어날 때, ⓐ의 (가)~(라)의 표현형이 모두 부모와 같을 확률은 $\frac{3}{16}$이다.

ⓐ가 (가)~(라) 중 적어도 2가지 형질의 유전자형을 이형 접합성으로 가질 확률은? (단, 돌연변이와 교차는 고려하지 않는다.)

① $\frac{7}{8}$ ② $\frac{3}{4}$ ③ $\frac{5}{8}$ ④ $\frac{1}{2}$ ⑤ $\frac{3}{8}$

12 정답률 38 %

다음은 사람의 유전 형질 ㉠과 ㉡에 대한 자료이다.

> ○ ㉠을 결정하는 데 관여하는 3개의 유전자는 상염색체에 있으며, 3개의 유전자는 각각 대립유전자 A와 a, B와 b, D와 d를 가진다.
>
> ○ ㉠의 표현형은 유전자형에서 대문자로 표시되는 대립유전자의 수에 의해서만 결정되며, 이 대립유전자의 수가 다르면 표현형이 다르다.
>
> ○ ㉡은 대립유전자 E와 e에 의해 결정되며, E는 e에 대해 완전 우성이다.
>
> ○ ㉠과 ㉡의 유전자형이 AaBbDdEe인 부모 사이에서 ⓐ가 태어날 때, ⓐ에게서 나타날 수 있는 표현형은 최대 11가지이고, ⓐ가 가질 수 있는 유전자형 중 aabbddee가 있다.

ⓐ에서 ㉠과 ㉡의 표현형이 모두 부모와 같을 확률은? (단, 돌연변이와 교차는 고려하지 않는다.) [3점]

① $\frac{3}{11}$ ② $\frac{1}{4}$ ③ $\frac{1}{8}$ ④ $\frac{3}{32}$ ⑤ $\frac{1}{16}$

13

정답률 28 %　　　2024학년도 9월 모평 17번

다음은 어떤 가족의 유전 형질 (가)에 대한 자료이다.

○ (가)는 21번 염색체에 있는 2쌍의 대립유전자 H와 h, T와 t에 의해 결정된다. (가)의 표현형은 유전자형에서 대문자로 표시되는 대립유전자의 수에 의해서만 결정되며, 이 대립유전자의 수가 다르면 표현형이 다르다.

○ 어머니의 난자 형성 과정에서 21번 염색체 비분리가 1회 일어나 염색체 수가 비정상적인 난자 Q가 형성되었다. Q와 아버지의 정상 정자가 수정되어 ⓐ가 태어났으며, 부모의 핵형은 모두 정상이다.

○ 어머니의 (가)의 유전자형은 HHTt이고, ⓐ의 (가)의 유전자형에서 대문자로 표시되는 대립유전자의 수는 4이다.

○ ⓐ의 동생이 태어날 때, 이 아이에게서 나타날 수 있는 (가)의 표현형은 최대 2가지이고, ㉠ 이 아이가 가질 수 있는 (가)의 유전자형은 최대 4가지이다.

이에 대한 설명으로 옳은 것만을 〈보기〉에서 있는 대로 고른 것은? (단, 제시된 염색체 비분리 이외의 돌연변이와 교차는 고려하지 않는다.) [3점]

〈 보기 〉
ㄱ. 아버지의 (가)의 유전자형에서 대문자로 표시되는 대립유전자의 수는 2이다.
ㄴ. ㉠ 중에는 HhTt가 있다.
ㄷ. 염색체 비분리는 감수 1 분열에서 일어났다.

① ㄱ　　② ㄷ　　③ ㄱ, ㄴ　　④ ㄴ, ㄷ　　⑤ ㄱ, ㄴ, ㄷ

14

정답률 39 %　　　2021학년도 6월 모평 14번

다음은 사람의 유전 형질 ㉠과 ㉡에 대한 자료이다.

○ ㉠은 대립유전자 A와 a에 의해 결정되며, 유전자형이 다르면 표현형이 다르다.

○ ㉡을 결정하는 3개의 유전자는 각각 대립유전자 B와 b, D와 d, E와 e를 갖는다.

○ ㉡의 표현형은 유전자형에서 대문자로 표시되는 대립유전자의 수에 의해서만 결정되며, 이 대립유전자의 수가 다르면 표현형이 다르다.

○ 그림 (가)는 남자 P의, (나)는 여자 Q의 체세포에 들어 있는 일부 염색체와 유전자를 나타낸 것이다.

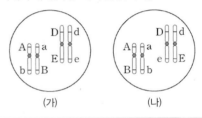

(가)　　　　　(나)

P와 Q 사이에서 아이가 태어날 때, 이 아이에게서 나타날 수 있는 표현형의 최대 가짓수는? (단, 돌연변이와 교차는 고려하지 않는다.)

① 5　　② 6　　③ 7　　④ 8　　⑤ 9

15 정답률 24 %

2022학년도 수능 16번

다음은 사람의 유전 형질 ㉠~㉢에 대한 자료이다.

○ ㉠은 대립유전자 A와 a에 의해, ㉡은 대립유전자 B와 b에 의해 결정된다.

○ 표 (가)와 (나)는 ㉠과 ㉡에서 유전자형이 서로 다를 때 표현형의 일치 여부를 각각 나타낸 것이다.

㉠의 유전자형		표현형	㉡의 유전자형		표현형
사람 1	사람 2	일치 여부	사람 1	사람 2	일치 여부
AA	Aa	?	BB	Bb	?
AA	aa	×	BB	bb	×
Aa	aa	×	Bb	bb	×

(○: 일치함, ×: 일치하지 않음) (○: 일치함, ×: 일치하지 않음)

        (가)   (나)

○ ㉢은 1쌍의 대립유전자에 의해 결정되며, 대립유전자에는 D, E, F가 있다.

○ ㉢의 표현형은 4가지이며, ㉢의 유전자형이 DE인 사람과 EE인 사람의 표현형은 같고, 유전자형이 DF인 사람과 FF인 사람의 표현형은 같다.

○ 여자 P는 남자 Q와 ㉠~㉢의 표현형이 모두 같고, P의 체세포에 들어 있는 일부 상염색체와 유전자는 그림과 같다.

○ P와 Q 사이에서 ⓐ가 태어날 때, ⓐ의 ㉠ ~㉢의 표현형 중 한 가지만 부모와 같을 확률은 $\frac{3}{8}$이다.

이에 대한 설명으로 옳은 것만을 〈보기〉에서 있는 대로 고른 것은? (단, 돌연변이와 교차는 고려하지 않는다.) [3점]

〈 보기 〉

ㄱ. ㉡의 표현형은 BB인 사람과 Bb인 사람이 서로 다르다.

ㄴ. Q에서 A, B, D를 모두 갖는 정자가 형성될 수 있다.

ㄷ. ⓐ에게서 나타날 수 있는 표현형은 최대 12가지이다.

① ㄱ　　② ㄴ　　③ ㄷ　　④ ㄱ, ㄴ　　⑤ ㄱ, ㄷ

16 정답률 45 %

2021학년도 수능 13번

다음은 사람의 유전 형질 (가)~(다)에 대한 자료이다.

○ (가)~(다)의 유전자는 서로 다른 3개의 상염색체에 있다.

○ (가)는 대립유전자 A와 A*에 의해 결정되며, A는 A*에 대해 완전 우성이다.

○ (나)는 대립유전자 B와 B*에 의해 결정되며, 유전자형이 다르면 표현형이 다르다.

○ (다)는 1쌍의 대립유전자에 의해 결정되며, 대립유전자에는 D, E, F가 있고, 각 대립유전자 사이의 우열 관계는 분명하다.

○ (나)와 (다)의 유전자형이 BB*DF인 아버지와 BB*EF인 어머니 사이에서 ㉠이 태어날 때, ㉠에게서 나타날 수 있는 (가)~(다)의 표현형은 최대 12가지이고, (가)~(다)의 표현형이 모두 아버지와 같을 확률은 $\frac{3}{16}$이다.

○ 유전자형이 AA*BBDE인 아버지와 A*A*BB*DF인 어머니 사이에서 ㉡이 태어날 때, ㉡의 (가)~(다)의 표현형이 모두 어머니와 같을 확률은 $\frac{1}{16}$이다.

이에 대한 설명으로 옳은 것만을 〈보기〉에서 있는 대로 고른 것은? (단, 돌연변이는 고려하지 않는다.)

〈 보기 〉

ㄱ. D는 E에 대해 완전 우성이다.

ㄴ. ㉠이 가질 수 있는 (가)의 유전자형은 최대 3가지이다.

ㄷ. ㉡의 (가)~(다)의 표현형이 모두 아버지와 같을 확률은 $\frac{1}{8}$이다.

① ㄱ　　② ㄴ　　③ ㄱ, ㄷ　　④ ㄴ, ㄷ　　⑤ ㄱ, ㄴ, ㄷ

다음은 사람의 유전 형질 (가)에 대한 자료이다.

○ (가)는 서로 다른 2개의 상염색체에 있는 3쌍의 대립유전자 A와 a, B와 b, D와 d에 의해 결정되며, A, a, B, b는 7번 염색체에 있다.

○ (가)의 표현형은 유전자형에서 대문자로 표시되는 대립유전자의 수에 의해서만 결정되며, 이 대립유전자의 수가 다르면 표현형이 다르다.

○ (가)의 표현형이 서로 같은 P와 Q 사이에서 ⓐ가 태어날 때, ⓐ에게서 나타날 수 있는 표현형은 최대 5가지이고, ⓐ의 표현형이 부모와 같을 확률은 $\frac{3}{8}$이며, ⓐ의 유전자형이 AABbDD일 확률은 $\frac{1}{8}$이다.

ⓐ가 유전자형이 **AaBbDd**인 사람과 동일한 표현형을 가질 확률은? (단, 돌연변이와 교차는 고려하지 않는다.)

① $\frac{1}{8}$ ② $\frac{1}{4}$ ③ $\frac{3}{8}$ ④ $\frac{1}{2}$ ⑤ $\frac{5}{8}$

다음은 사람의 유전 형질 (가)와 (나)에 대한 자료이다.

○ (가)는 서로 다른 3개의 상염색체에 있는 3쌍의 대립유전자 A와 a, B와 b, D와 d에 의해 결정된다.

○ (가)의 표현형은 유전자형에서 대문자로 표시되는 대립유전자의 수에 의해서만 결정되며, 이 대립유전자의 수가 다르면 표현형이 다르다.

○ (나)는 대립유전자 E와 e에 의해 결정되며, 유전자형이 다르면 표현형이 다르다. (나)의 유전자는 (가)의 유전자와 서로 다른 상염색체에 있다.

○ P와 Q는 (가)의 표현형이 서로 같고, (나)의 표현형이 서로 다르다.

○ P와 Q 사이에서 ⓐ가 태어날 때, ⓐ의 표현형이 P와 같을 확률은 $\frac{3}{16}$이다.

○ ⓐ는 유전자형이 AABBDDEE인 사람과 같은 표현형을 가질 수 있다.

ⓐ에게서 나타날 수 있는 표현형의 최대 가짓수는? (단, 돌연변이는 고려하지 않는다.) [3점]

① 5 ② 6 ③ 7 ④ 10 ⑤ 14

다음은 사람의 유전 형질 ㉠~㉢에 대한 자료이다.

○ ㉠~㉢의 유전자는 서로 다른 3개의 상염색체에 있다.

○ ㉠은 1쌍의 대립유전자에 의해 결정되며, 대립유전자에는 A, B, D가 있다. ㉠의 표현형은 4가지이며, ㉠의 유전자형이 AD인 사람과 AA인 사람의 표현형은 같고, 유전자형이 BD 인 사람과 BB인 사람의 표현형은 같다.

○ ㉡은 대립유전자 E와 E*에 의해 결정되며, 유전자형이 다르면 표현형이 다르다.

○ ㉢은 대립유전자 F와 F*에 의해 결정되며, F는 F*에 대해 완전 우성이다.

○ 표는 사람 Ⅰ~Ⅳ의 ㉠~㉢의 유전자형을 나타낸 것이다.

사람	Ⅰ	Ⅱ	Ⅲ	Ⅳ
유전자형	ABEEFF*	ADE*E*FF	BDEE*FF	BDEE*F*F*

○ 남자 P와 여자 Q 사이에서 ⓐ가 태어날 때, ⓐ에게서 나타날 수 있는 ㉠~㉢의 표현형은 최대 12가지이다. P와 Q는 각각 Ⅰ~Ⅳ 중 하나이다.

ⓐ의 ㉠~㉢의 표현형이 모두 Ⅰ과 같을 확률은? (단, 돌연변이는 고려하지 않는다.)

① $\frac{1}{16}$ ② $\frac{1}{8}$ ③ $\frac{3}{16}$ ④ $\frac{1}{4}$ ⑤ $\frac{3}{8}$

다음은 어떤 집안의 유전 형질 (가)와 (나)에 대한 자료이다.

○ (가)는 대립유전자 E와 e에 의해 결정되며, 유전자형이 다르면 표현형이 다르다. (가)의 3가지 표현형은 각각 ㉠, ㉡, ㉢이다.

○ (나)는 3쌍의 대립유전자 H와 h, R와 r, T와 t에 의해 결정된다. (나)의 표현형은 유전자형에서 대문자로 표시되는 대립유전자의 수에 의해서만 결정되며, 이 대립유전자의 수가 다르면 표현형이 다르다.

○ 가계도는 구성원 1~8에게서 발현된 (가)의 표현형을, 표는 구성원 1, 2, 3, 6, 7에서 체세포 1개당 E, H, R, T의 DNA 상대량을 더한 값(E+H+R+T)을 나타낸 것이다.

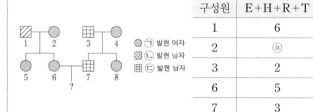

구성원	E+H+R+T
1	6
2	ⓐ
3	2
6	5
7	3

○ 발현 여자 ○ ㉠ 발현 여자
▨ ㉡ 발현 남자
▦ ㉢ 발현 남자

○ 구성원 1에서 e, H, R는 7번 염색체에 있고, T는 8번 염색체에 있다.

○ 구성원 2, 4, 5, 8은 (나)의 표현형이 모두 같다.

이에 대한 설명으로 옳은 것만을 〈보기〉에서 있는 대로 고른 것은? (단, 돌연변이와 교차는 고려하지 않으며, E, e, H, h, R, r, T, t 각각의 1개당 DNA 상대량은 1이다.) [3점]

〈 보기 〉
ㄱ. ⓐ는 4이다.
ㄴ. 구성원 4에서 E, h, r, T를 모두 갖는 생식세포가 형성될 수 있다.
ㄷ. 구성원 6과 7 사이에서 아이가 태어날 때, 이 아이에게서 나타날 수 있는 (나)의 표현형은 최대 5가지이다.

① ㄱ   ② ㄷ   ③ ㄱ, ㄴ   ④ ㄴ, ㄷ   ⑤ ㄱ, ㄴ, ㄷ

정답률 낮은 문제 · 한 번 더!

다음은 어떤 집안의 유전 형질 (가)와 (나)에 대한 자료이다.

○ (가)는 대립유전자 A와 a에 의해, (나)는 대립유전자 B와 b에 의해 결정된다. A는 a에 대해, B는 b에 대해 각각 완전 우성이다.

○ (가)의 유전자와 (나)의 유전자는 서로 다른 염색체에 있다.

○ 가계도는 구성원 1~7에게서 (가)와 (나)의 발현 여부를, 표는 구성원 1, 3, 6에서 체세포 1개당 ㉠과 B의 DNA 상대량을 더한 값(㉠+B)을 나타낸 것이다. ㉠은 A와 a 중 하나이다.

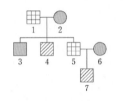

구성원	㉠+B
1	2
3	1
6	2

▨ (가) 발현 남자
▦ (나) 발현 남자
■ (가), (나) 발현 남자
● (가), (나) 발현 여자

이에 대한 설명으로 옳은 것만을 〈보기〉에서 있는 대로 고른 것은? (단, 돌연변이와 교차는 고려하지 않으며, A, a, B, b 각각의 1개당 DNA 상대량은 1이다.)

〈 보기 〉
ㄱ. ㉠은 A이다.
ㄴ. (나)의 유전자는 상염색체에 있다.
ㄷ. 7의 동생이 태어날 때, 이 아이에게서 (가)와 (나)가 모두 발현될 확률은 $\frac{3}{8}$이다.

① ㄱ   ② ㄴ   ③ ㄱ, ㄷ   ④ ㄴ, ㄷ   ⑤ ㄱ, ㄴ, ㄷ

다음은 어떤 집안의 유전 형질 (가)와 (나)에 대한 자료이다.

○ (가)는 대립유전자 H와 h에 의해, (나)는 대립유전자 R와 r에 의해 결정된다. H는 h에 대해, R는 r에 대해 각각 완전 우성이다.

○ (가)와 (나)의 유전자는 모두 X 염색체에 있다.

○ 가계도는 구성원 ⓐ와 ⓑ를 제외한 구성원 1~9에게서 (가)와 (나)의 발현 여부를 나타낸 것이다.

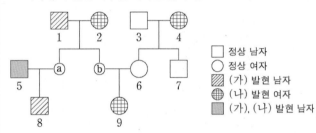

□ 정상 남자
○ 정상 여자
▨ (가) 발현 남자
⊕ (나) 발현 여자
■ (가), (나) 발현 남자

○ ⓐ와 ⓑ 중 한 사람은 (가)와 (나)가 모두 발현되었고, 나머지 한 사람은 (가)와 (나)가 모두 발현되지 않았다.

이에 대한 설명으로 옳은 것만을 〈보기〉에서 있는 대로 고른 것은? (단, 돌연변이와 교차는 고려하지 않는다.) [3점]

〈 보기 〉
ㄱ. ⓐ에게서 (가)와 (나)가 모두 발현되었다.
ㄴ. 2의 (가)에 대한 유전자형은 이형 접합성이다.
ㄷ. 8의 동생이 태어날 때, 이 아이에게서 나타날 수 있는 표현형은 최대 4가지이다.

① ㄱ   ② ㄴ   ③ ㄱ, ㄷ   ④ ㄴ, ㄷ   ⑤ ㄱ, ㄴ, ㄷ

다음은 사람의 유전 형질 (가)~(다)에 대한 자료이다.

○ (가)~(다)의 유전자는 서로 다른 3개의 상염색체에 있다.

○ (가)는 대립유전자 A와 a에 의해 결정되며, A는 a에 대해 완전 우성이다.

○ (나)는 대립유전자 B와 b에 의해 결정되며, 유전자형이 다르면 표현형이 다르다.

○ (다)는 1쌍의 대립유전자에 의해 결정되며, 대립유전자에는 D, E, F가 있다. D는 E, F에 대해, E는 F에 대해 각각 완전 우성이다.

○ P의 유전자형은 AaBbDF이고, P와 Q는 (나)의 표현형이 서로 다르다.

○ P와 Q 사이에서 @가 태어날 때, @가 P와 (가)~(다)의 표현형이 모두 같을 확률은 $\dfrac{3}{16}$이다.

○ @가 유전자형이 AAbbFF인 사람과 (가)~(다)의 표현형이 모두 같을 확률은 $\dfrac{3}{32}$이다.

@의 유전자형이 aabbDF일 확률은? (단, 돌연변이는 고려하지 않는다.) [3점]

① $\dfrac{1}{4}$ ② $\dfrac{1}{8}$ ③ $\dfrac{1}{16}$ ④ $\dfrac{1}{32}$ ⑤ $\dfrac{1}{64}$

다음은 어떤 집안의 유전 형질 (가)와 (나)에 대한 자료이다.

○ (가)는 대립유전자 R와 r에 의해 결정되며, R는 r에 대해 완전 우성이다.

○ (나)는 상염색체에 있는 1쌍의 대립유전자에 의해 결정되며, 대립유전자에는 E, F, G가 있다.

○ (나)의 표현형은 4가지이며, (나)의 유전자형이 EG인 사람과 EE인 사람의 표현형은 같고, 유전자형이 FG인 사람과 FF인 사람의 표현형은 같다.

○ 가계도는 구성원 1~9에게서 (가)의 발현 여부를 나타낸 것이다.

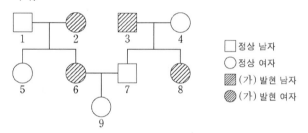

□ 정상 남자
○ 정상 여자
▨ (가) 발현 남자
▧ (가) 발현 여자

○ $\dfrac{1, 2, 5, 6 \text{ 각각의 체세포 1개당 E의 DNA 상대량을 더한 값}}{3, 4, 7, 8 \text{ 각각의 체세포 1개당 r의 DNA 상대량을 더한 값}} = \dfrac{3}{2}$

○ 1, 2, 3, 4의 (나)의 표현형은 모두 다르고, 2, 6, 7, 9의 (나)의 표현형도 모두 다르다.

○ 3과 8의 (나)의 유전자형은 이형 접합성이다.

이에 대한 설명으로 옳은 것만을 〈보기〉에서 있는 대로 고른 것은? (단, 돌연변이와 교차는 고려하지 않으며, E, F, G, R, r 각각의 1개당 DNA 상대량은 1이다.) [3점]

〈 보기 〉

ㄱ. (가)의 유전자는 상염색체에 있다.

ㄴ. 7의 (나)의 유전자형은 동형 접합성이다.

ㄷ. 9의 동생이 태어날 때, 이 아이의 (가)와 (나)의 표현형이 8과 같을 확률은 $\dfrac{1}{8}$이다.

① ㄱ   ② ㄴ   ③ ㄷ   ④ ㄱ, ㄴ   ⑤ ㄴ, ㄷ

다음은 어떤 가족의 유전 형질 (가)~(다)에 대한 자료이다.

○ (가)는 대립유전자 A와 a에 의해, (나)는 대립유전자 B와 b에 의해, (다)는 대립유전자 D와 d에 의해 결정된다. A는 a에 대해, B는 b에 대해, D는 d에 대해 각각 완전 우성이다.

○ (가)와 (나)는 모두 우성 형질이고, (다)는 열성 형질이다. (가)의 유전자는 상염색체에 있고, (나)와 (다)의 유전자는 모두 X 염색체에 있다.

○ 표는 이 가족 구성원의 성별과 ㉠~㉢의 발현 여부를 나타낸 것이다. ㉠~㉢은 각각 (가)~(다) 중 하나이다.

구성원	성별	㉠	㉡	㉢
아버지	남	○	×	×
어머니	여	×	○	ⓐ
자녀 1	남	×	○	○
자녀 2	여	○	○	×
자녀 3	남	○	×	○
자녀 4	남	×	×	×

(○: 발현됨, ×: 발현 안 됨)

○ 부모 중 한 명의 생식세포 형성 과정에서 성염색체 비분리가 1회 일어나 염색체 수가 비정상적인 생식세포 G가 형성되었다. G가 정상 생식세포와 수정되어 자녀 4가 태어났으며, 자녀 4는 클라인펠터 증후군의 염색체 이상을 보인다.

○ 자녀 4를 제외한 이 가족 구성원의 핵형은 모두 정상이다.

이에 대한 설명으로 옳은 것만을 〈보기〉에서 있는 대로 고른 것은? (단, 제시된 염색체 비분리 이외의 돌연변이와 교차는 고려하지 않는다.)

〈 보기 〉
ㄱ. ⓐ는 '○'이다.
ㄴ. 자녀 2는 A, B, D를 모두 갖는다.
ㄷ. G는 아버지에게서 형성되었다.

① ㄱ ② ㄴ ③ ㄱ, ㄷ ④ ㄴ, ㄷ ⑤ ㄱ, ㄴ, ㄷ

다음은 어떤 집안의 유전 형질 (가)와 (나)에 대한 자료이다.

○ (가)의 유전자와 (나)의 유전자는 같은 염색체에 있다.

○ (가)는 대립유전자 A와 a에 의해 결정되며, A는 a에 대해 완전 우성이다.

○ (나)는 대립유전자 E, F, G에 의해 결정되며, E는 F, G에 대해, F는 G에 대해 각각 완전 우성이다. (나)의 표현형은 3가지이다.

○ 가계도는 구성원 ⓐ를 제외한 구성원 1~5에게서 (가)의 발현 여부를 나타낸 것이다.

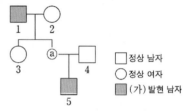

□ 정상 남자
○ 정상 여자
■ (가) 발현 남자

○ 표는 구성원 1~5와 ⓐ에서 체세포 1개당 E와 F의 DNA 상대량을 더한 값(E+F)과 체세포 1개당 F와 G의 DNA 상대량을 더한 값(F+G)을 나타낸 것이다. ㉠~㉢은 0, 1, 2를 순서 없이 나타낸 것이다.

구성원		1	2	3	ⓐ	4	5
DNA 상대량을 더한 값	E+F	?	?	1	㉡	0	1
	F+G	㉠	?	1	1	1	㉢

이에 대한 설명으로 옳은 것만을 〈보기〉에서 있는 대로 고른 것은? (단, 돌연변이와 교차는 고려하지 않으며, E, F, G 각각의 1개당 DNA 상대량은 1이다.) [3점]

〈 보기 〉
ㄱ. ⓐ의 (가)의 유전자형은 동형 접합성이다.
ㄴ. 이 가계도 구성원 중 A와 G를 모두 갖는 사람은 2명이다.
ㄷ. 5의 동생이 태어날 때, 이 아이의 (가)와 (나)의 표현형이 모두 2와 같을 확률은 $\frac{1}{2}$이다.

① ㄱ ② ㄴ ③ ㄱ, ㄷ ④ ㄴ, ㄷ ⑤ ㄱ, ㄴ, ㄷ

27 정답률 37 %

2024학년도 수능 19번

다음은 어떤 집안의 유전 형질 (가)와 (나)에 대한 자료이다.

- (가)의 유전자와 (나)의 유전자는 같은 염색체에 있다.
- (가)는 대립유전자 H와 h에 의해, (나)는 대립유전자 T와 t에 의해 결정된다. H는 h에 대해, T는 t에 대해 각각 완전 우성이다.
- 가계도는 구성원 ⓐ~ⓒ를 제외한 구성원 1~6에게서 (가)와 (나)의 발현 여부를 나타낸 것이다. ⓑ는 남자이다.

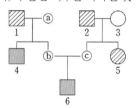

○ 정상 여자
▨ (가) 발현 남자
▧ (가) 발현 여자
■ (가), (나) 발현 남자

- ⓐ~ⓒ 중 (가)가 발현된 사람은 1명이다.
- 표는 ⓐ~ⓒ에서 체세포 1개당 h의 DNA 상대량을 나타낸 것이다. ㉠~㉢은 0, 1, 2를 순서 없이 나타낸 것이다.

구성원	ⓐ	ⓑ	ⓒ
h의 DNA 상대량	㉠	㉡	㉢

- ⓐ와 ⓒ의 (나)의 유전자형은 서로 같다.

이에 대한 설명으로 옳은 것만을 〈보기〉에서 있는 대로 고른 것은? (단, 돌연변이와 교차는 고려하지 않으며, H, h, T, t 각각의 1개당 DNA 상대량은 1이다.) [3점]

〈 보기 〉
ㄱ. (가)는 열성 형질이다.
ㄴ. ⓐ~ⓒ 중 (나)가 발현된 사람은 2명이다.
ㄷ. 6의 동생이 태어날 때, 이 아이에게서 (가)와 (나)가 모두 발현될 확률은 $\frac{1}{4}$이다.

① ㄱ ② ㄴ ③ ㄱ, ㄷ ④ ㄴ, ㄷ ⑤ ㄱ, ㄴ, ㄷ

28 정답률 29 %

2023학년도 9월 모평 16번

다음은 어떤 집안의 유전 형질 (가)와 (나)에 대한 자료이다.

- (가)의 유전자와 (나)의 유전자 중 하나만 X 염색체에 있다.
- (가)는 대립유전자 H와 h에 의해, (나)는 대립유전자 T와 t에 의해 결정된다. H는 h에 대해, T는 t에 대해 각각 완전 우성이다.
- 가계도는 구성원 1~6에게서 (가)와 (나)의 발현 여부를 나타낸 것이다.

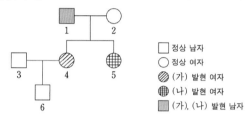

□ 정상 남자
○ 정상 여자
▨ (가) 발현 여자
⊕ (나) 발현 여자
■ (가), (나) 발현 남자

- 표는 구성원 Ⅰ~Ⅲ에서 체세포 1개당 H와 ㉠의 DNA 상대량을 나타낸 것이다. Ⅰ~Ⅲ은 각각 구성원 1, 2, 5 중 하나이고, ㉠은 T와 t 중 하나이며, ⓐ~ⓒ는 0, 1, 2를 순서 없이 나타낸 것이다.

구성원		Ⅰ	Ⅱ	Ⅲ
DNA 상대량	H	ⓑ	ⓒ	ⓑ
	㉠	ⓒ	ⓒ	ⓐ

이에 대한 설명으로 옳은 것만을 〈보기〉에서 있는 대로 고른 것은? (단, 돌연변이와 교차는 고려하지 않으며, H, h, T, t 각각의 1개당 DNA 상대량은 1이다.) [3점]

〈 보기 〉
ㄱ. (가)는 열성 형질이다.
ㄴ. Ⅲ의 (가)와 (나)의 유전자형은 모두 동형 접합성이다.
ㄷ. 6의 동생이 태어날 때, 이 아이에게서 (가)와 (나)가 모두 발현될 확률은 $\frac{1}{4}$이다.

① ㄱ ② ㄴ ③ ㄱ, ㄴ ④ ㄱ, ㄷ ⑤ ㄴ, ㄷ

다음은 어떤 집안의 유전 형질 (가)와 (나)에 대한 자료이다.

○ (가)는 대립유전자 H와 H*에 의해, (나)는 대립유전자 T와 T*에 의해 결정된다. H는 H*에 대해, T는 T*에 대해 각각 완전 우성이다.

○ (가)의 유전자와 (나)의 유전자는 X 염색체에 함께 있다.

○ 가계도는 구성원 @와 ⓑ를 제외한 구성원 1~8에게서 (가)와 (나)의 발현 여부를 나타낸 것이다.

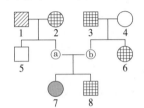

□ 정상 남자
○ 정상 여자
▨ (가) 발현 남자
▦ (나) 발현 남자
⊕ (나) 발현 여자
● (가), (나) 발현 여자

○ 표는 구성원 1, 2, 6에서 체세포 1개당 H의 DNA 상대량과 구성원 3, 4, 5에서 체세포 1개당 T*의 DNA 상대량을 나타낸 것이다. ㉠~㉢은 0, 1, 2를 순서 없이 나타낸 것이다.

구성원	H의 DNA 상대량	구성원	T*의 DNA 상대량
1	㉠	3	㉠
2	㉡	4	㉢
6	㉢	5	㉡

이에 대한 설명으로 옳은 것만을 〈보기〉에서 있는 대로 고른 것은? (단, 돌연변이와 교차는 고려하지 않으며, H, H*, T, T* 각각의 1개당 DNA 상대량은 1이다.) [3점]

〈 보기 〉
ㄱ. (가)는 열성 형질이다.

ㄴ. $\dfrac{7, ⓐ \text{ 각각의 체세포 1개당 T의 DNA 상대량을 더한 값}}{4, ⓑ \text{ 각각의 체세포 1개당 H*의 DNA 상대량을 더한 값}} = 1$이다.

ㄷ. 8의 동생이 태어날 때, 이 아이에게서 (가)와 (나) 중 (나)만 발현될 확률은 $\dfrac{1}{2}$이다.

① ㄴ ② ㄷ ③ ㄱ, ㄴ ④ ㄱ, ㄷ ⑤ ㄱ, ㄴ, ㄷ

다음은 어떤 집안의 유전 형질 (가)와 (나)에 대한 자료이다.

○ (가)는 대립유전자 H와 h에 의해, (나)는 대립유전자 T와 t에 의해 결정된다. H는 h에 대해, T는 t에 대해 각각 완전 우성이다.

○ 가계도는 구성원 @를 제외한 구성원 1~7에게서 (가)와 (나)의 발현 여부를 나타낸 것이다.

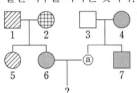

□ 정상 남자
▨ (가) 발현 남자
◩ (가) 발현 여자
⊕ (나) 발현 여자
■ (가), (나) 발현 남자
● (가), (나) 발현 여자

○ 표는 구성원 1, 3, 6, @에서 체세포 1개당 ㉠과 ㉡의 DNA 상대량을 더한 값을 나타낸 것이다. ㉠은 H와 h 중 하나이고, ㉡은 T와 t 중 하나이다.

구성원	1	3	6	@
㉠과 ㉡의 DNA 상대량을 더한 값	1	0	3	1

이에 대한 설명으로 옳은 것만을 〈보기〉에서 있는 대로 고른 것은? (단, 돌연변이와 교차는 고려하지 않으며, H, h, T, t 각각의 1개당 DNA 상대량은 1이다.) [3점]

〈 보기 〉
ㄱ. (나)의 유전자는 X 염색체에 있다.

ㄴ. 4에서 체세포 1개당 ㉡의 DNA 상대량은 1이다.

ㄷ. 6과 @ 사이에서 아이가 태어날 때, 이 아이에게서 (가)와 (나)가 모두 발현될 확률은 $\dfrac{1}{2}$이다.

① ㄱ ② ㄴ ③ ㄱ, ㄷ ④ ㄴ, ㄷ ⑤ ㄱ, ㄴ, ㄷ

31
정답률 41 %

다음은 어떤 집안의 유전 형질 (가)~(다)에 대한 자료이다.

○ (가)는 대립유전자 H와 h에 의해, (나)는 대립유전자 R와 r에 의해, (다)는 대립유전자 T와 t에 의해 결정된다. H는 h에 대해, R는 r에 대해, T는 t에 대해 각각 완전 우성이다.

○ (가)~(다)의 유전자 중 2개는 X 염색체에, 나머지 1개는 상염색체에 있다.

○ 가계도는 구성원 ⓐ를 제외한 구성원 1~8에게서 (가)~(다) 중 (가)와 (나)의 발현 여부를 나타낸 것이다.

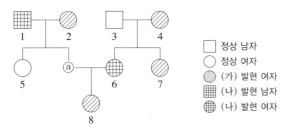

□ 정상 남자
○ 정상 여자
◩ (가) 발현 여자
▦ (나) 발현 남자
⊕ (나) 발현 여자

○ 2, 7에서는 (다)가 발현되었고, 4, 5, 8에서는 (다)가 발현되지 않았다.

이에 대한 설명으로 옳은 것만을 〈보기〉에서 있는 대로 고른 것은? (단, 돌연변이와 교차는 고려하지 않는다.) [3점]

─〈 보기 〉─
ㄱ. (나)의 유전자는 X 염색체에 있다.
ㄴ. 4의 (가)~(다)의 유전자형은 모두 이형 접합성이다.
ㄷ. 8의 동생이 태어날 때, 이 아이에게서 (가)~(다) 중 (가)만 발현될 확률은 $\frac{1}{4}$이다.

① ㄱ　　② ㄴ　　③ ㄷ　　④ ㄱ, ㄴ　　⑤ ㄴ, ㄷ

32
정답률 27 %

다음은 어떤 집안의 유전 형질 (가)~(다)에 대한 자료이다.

○ (가)는 대립유전자 A와 a에 의해, (나)는 대립유전자 B와 b에 의해, (다)는 대립유전자 D와 d에 의해 결정된다. A는 a에 대해, B는 b에 대해, D는 d에 대해 각각 완전 우성이다.

○ (가)~(다)의 유전자 중 2개는 X 염색체에, 나머지 1개는 상염색체에 있다.

○ 가계도는 구성원 ⓐ를 제외한 구성원 1~7에게서 (가)~(다) 중 (가)와 (나)의 발현 여부를 나타낸 것이다.

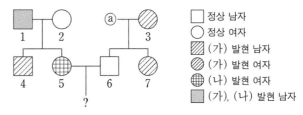

□ 정상 남자
○ 정상 여자
◪ (가) 발현 남자
◩ (가) 발현 여자
⊞ (나) 발현 여자
▨ (가), (나) 발현 남자

○ 표는 ⓐ와 1~3에서 체세포 1개당 대립유전자 ㉠~㉢의 DNA 상대량을 나타낸 것이다. ㉠~㉢은 A, B, d를 순서 없이 나타낸 것이다.

구분		1	2	ⓐ	3
DNA 상대량	㉠	0	1	0	1
	㉡	0	1	1	0
	㉢	1	1	0	2

○ 3, 6, 7 중 (다)가 발현된 사람은 1명이고, 4와 7의 (다)의 표현형은 서로 같다.

이에 대한 설명으로 옳은 것만을 〈보기〉에서 있는 대로 고른 것은? (단, 돌연변이와 교차는 고려하지 않으며, A, a, B, b, D, d 각각의 1개당 DNA 상대량은 1이다.) [3점]

─〈 보기 〉─
ㄱ. ㉠은 B이다.
ㄴ. 7의 (가)~(다)의 유전자형은 모두 이형 접합성이다.
ㄷ. 5와 6 사이에서 아이가 태어날 때, 이 아이에게서 (가)~(다) 중 한 가지 형질만 발현될 확률은 $\frac{1}{2}$이다.

① ㄱ　　② ㄴ　　③ ㄷ　　④ ㄱ, ㄷ　　⑤ ㄴ, ㄷ

33

33 정답률 32 % 2022학년도 9월 모평 17번

다음은 어떤 집안의 유전 형질 (가)와 (나)에 대한 자료이다.

○ (가)는 대립유전자 A와 a에 의해, (나)는 대립유전자 B와 b
에 의해 결정된다. A는 a에 대해, B는 b에 대해 각각 완전
우성이다.

○ 가계도는 구성원 1~8에게서 (가)와 (나)의 발현 여부를 나타
낸 것이다.

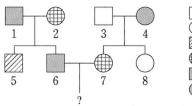

□ 정상 남자
○ 정상 여자
▨ (가) 발현 남자
⊕ (나) 발현 여자
▩ (가), (나) 발현 남자
● (가), (나) 발현 여자

○ 표는 구성원 ㉠~㉡에서 체세포 1개당 A와 b의 DNA 상대
량을 더한 값을 나타낸 것이다. ㉠~㉢은 1, 2, 5를 순서 없
이 나타낸 것이고, ㉣~㉡은 3, 4, 8을 순서 없이 나타낸 것
이다.

구성원	㉠	㉡	㉢	㉣	㉤	㉡
A와 b의 DNA 상대량을 더한 값	0	1	2	1	2	3

이에 대한 설명으로 옳은 것만을 〈보기〉에서 있는 대로 고른 것은? (단,
돌연변이와 교차는 고려하지 않으며, A, a, B, b 각각의 1개당 DNA
상대량은 1이다.) [3점]

〈 보기 〉
ㄱ. (가)의 유전자는 상염색체에 있다.
ㄴ. 8은 ㉡이다.
ㄷ. 6과 7 사이에서 아이가 태어날 때, 이 아이의 (가)와 (나)의
   표현형이 모두 ㉡과 같을 확률은 $\frac{1}{8}$이다.

① ㄱ ② ㄴ ③ ㄱ, ㄷ ④ ㄴ, ㄷ ⑤ ㄱ, ㄴ, ㄷ

---

34 정답률 38 % 2025학년도 6월 모평 19번

다음은 어떤 집안의 유전 형질 (가)와 (나)에 대한 자료이다.

○ (가)의 유전자와 (나)의 유전자 중 하나만 X 염색체에 있다.

○ (가)는 대립유전자 A와 a에 의해, (나)는 대립유전자 B와 b
에 의해 결정된다. A는 a에 대해, B는 b에 대해 각각 완전
우성이다.

○ 가계도는 구성원 ⓐ를 제외한 구성원 1~6에게서 (가)와 (나)
의 발현 여부를 나타낸 것이다.

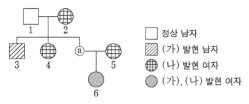

□ 정상 남자
▨ (가) 발현 남자
⊕ (나) 발현 여자
● (가), (나) 발현 여자

○ 표는 구성원 3, 4, ⓐ, 6에서 체세포 1개당 a, B, b의 DNA
상대량을 나타낸 것이다. ㉠~㉢은 0, 1, 2를 순서 없이 나
타낸 것이다.

구성원		3	4	ⓐ	6
DNA 상대량	a	?	㉠	?	?
	B	㉠	?	㉠	㉡
	b	?	㉢	㉠	?

이에 대한 설명으로 옳은 것만을 〈보기〉에서 있는 대로 고른 것은? (단,
돌연변이와 교차는 고려하지 않으며, A, a, B, b 각각의 1개당 DNA
상대량은 1이다.) [3점]

〈 보기 〉
ㄱ. (가)의 유전자는 X 염색체에 있다.
ㄴ. 이 가계도 구성원 중 체세포 1개당 a의 DNA 상대량이 ㉢
   인 사람은 3명이다.
ㄷ. 6의 동생이 태어날 때, 이 아이에게서 (가)와 (나) 중 (나)만
   발현될 확률은 $\frac{1}{8}$이다.

① ㄱ ② ㄴ ③ ㄱ, ㄷ ④ ㄴ, ㄷ ⑤ ㄱ, ㄴ, ㄷ

다음은 어떤 집안의 유전 형질 (가)와 (나)에 대한 자료이다.

○ (가)는 대립유전자 A와 a에 의해, (나)는 대립유전자 B와 b에 의해 결정된다. A는 a에 대해, B는 b에 대해 각각 완전 우성이다.

○ (가)와 (나)는 모두 우성 형질이고, (가)의 유전자와 (나)의 유전자는 서로 다른 염색체에 있다.

○ 가계도는 구성원 1~8에게서 (가)와 (나)의 발현 여부를 나타낸 것이다.

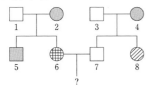

- □ 정상 남자
- ▨ (가) 발현 여자
- ⊕ (나) 발현 여자
- ■ (가), (나) 발현 남자
- ● (가), (나) 발현 여자

○ 표는 구성원 1, 2, 5, 8에서 체세포 1개당 a와 B의 DNA 상대량을 나타낸 것이다. ㉠~㉢은 0, 1, 2를 순서 없이 나타낸 것이다.

구성원		1	2	5	8
DNA 상대량	a	1	㉠	㉡	?
	B	?	㉢	㉠	㉡

이에 대한 설명으로 옳은 것만을 〈보기〉에서 있는 대로 고른 것은? (단, 돌연변이와 교차는 고려하지 않으며, A, a, B, b 각각의 1개당 DNA 상대량은 1이다.) [3점]

〈 보기 〉
ㄱ. (가)의 유전자는 X 염색체에 있다.
ㄴ. ㉢은 2이다.
ㄷ. 6과 7 사이에서 아이가 태어날 때, 이 아이에게서 (가)와 (나) 중 (나)만 발현될 확률은 $\frac{1}{2}$이다.

① ㄱ   ② ㄷ   ③ ㄱ, ㄴ   ④ ㄴ, ㄷ   ⑤ ㄱ, ㄴ, ㄷ

다음은 어떤 가족의 ABO식 혈액형과 유전 형질 (가), (나)에 대한 자료이다.

○ (가)는 대립유전자 H와 h에 의해, (나)는 대립유전자 T와 t에 의해 결정된다. H는 h에 대해, T는 t에 대해 각각 완전 우성이다.

○ (가)의 유전자와 (나)의 유전자 중 하나는 ABO식 혈액형 유전자와 같은 염색체에 있고, 나머지 하나는 X 염색체에 있다.

○ 표는 구성원의 성별, ABO식 혈액형과 (가), (나)의 발현 여부를 나타낸 것이다.

구성원	성별	혈액형	(가)	(나)
아버지	남	A형	×	×
어머니	여	B형	×	○
자녀 1	남	AB형	○	×
자녀 2	여	B형	○	×
자녀 3	여	A형	×	○

(○: 발현됨, ×: 발현 안 됨)

○ 아버지와 어머니 중 한 명의 생식세포 형성 과정에서 대립유전자 ㉠이 대립유전자 ㉡으로 바뀌는 돌연변이가 1회 일어나 ㉡을 갖는 생식세포가 형성되었다. 이 생식세포가 정상 생식세포와 수정되어 자녀 1이 태어났다. ㉠과 ㉡은 (가)와 (나) 중 한 가지 형질을 결정하는 서로 다른 대립유전자이다.

이에 대한 설명으로 옳은 것만을 〈보기〉에서 있는 대로 고른 것은? (단, 제시된 돌연변이 이외의 돌연변이와 교차는 고려하지 않는다.)

〈 보기 〉
ㄱ. (나)는 열성 형질이다.
ㄴ. ㉠은 H이다.
ㄷ. 자녀 3의 동생이 태어날 때, 이 아이의 혈액형이 O형이면서 (가)와 (나)가 모두 발현되지 않을 확률은 $\frac{1}{8}$이다.

① ㄱ   ② ㄴ   ③ ㄷ   ④ ㄱ, ㄴ   ⑤ ㄴ, ㄷ

정답률 낮은 문제 **한 번 더!**

다음은 사람의 유전 형질 (가)~(다)에 대한 자료이다.

○ (가)~(다)의 유전자는 서로 다른 2개의 상염색체에 있다.

○ (가)는 대립유전자 A와 a에 의해, (나)는 대립유전자 B와 b
에 의해, (다)는 대립유전자 D와 d에 의해 결정된다.

○ P의 유전자형은 AaBbDd이고, Q의 유전자형은 AabbDd
이며, P와 Q의 핵형은 모두 정상이다.

○ 표는 P의 세포 I~III과 Q의 세포 IV~VI 각각에 들어 있는
A, a, B, b, D, d의 DNA 상대량을 나타낸 것이다. ㉠~㉢은
0, 1, 2를 순서 없이 나타낸 것이다.

사람	세포	\multicolumn{6}{c}{DNA 상대량}
		A	a	B	b	D	d
P	I	0	1	?	㉢	0	㉡
	II	㉠	㉡	㉠	?	㉠	?
	III	?	㉡	0	㉢	㉢	㉡
Q	IV	㉢	?	?	2	㉢	㉢
	V	㉡	㉢	0	㉠	㉢	?
	VI	㉠	?	?	㉠	㉡	㉠

○ 세포 ⓐ와 ⓑ 중 하나는 염색체의 일부가 결실된 세포이고,
나머지 하나는 염색체 비분리가 1회 일어나 형성된 염색체
수가 비정상적인 세포이다. ⓐ는 I~III 중 하나이고, ⓑ는
IV~VI 중 하나이다.

○ I~VI 중 ⓐ와 ⓑ를 제외한 나머지 세포는 모두 정상 세포이다.

이에 대한 설명으로 옳은 것만을 〈보기〉에서 있는 대로 고른 것은? (단,
제시된 돌연변이 이외의 돌연변이와 교차는 고려하지 않으며, A, a, B,
b, D, d 각각의 1개당 DNA 상대량은 1이다.)

〈 보기 〉

ㄱ. (가)의 유전자와 (다)의 유전자는 같은 염색체에 있다.

ㄴ. IV는 염색체 수가 비정상적인 세포이다.

ㄷ. ⓐ에서 a의 DNA 상대량은 ⓑ에서 d의 DNA 상대량과
같다.

① ㄱ   ② ㄴ   ③ ㄷ   ④ ㄱ, ㄴ   ⑤ ㄱ, ㄷ

다음은 어떤 가족의 유전 형질 (가)~(다)에 대한 자료이다.

○ (가)는 대립유전자 A와 a에 의해, (나)는 대립유전자 B와 b
에 의해, (다)는 대립유전자 D와 d에 의해 결정된다.

○ (가)와 (나)의 유전자는 7번 염색체에, (다)의 유전자는 13번
염색체에 있다.

○ 그림은 어머니와 아버지의 체세포 각각에 들어 있는 7번 염색
체, 13번 염색체와 유전자를 나타낸 것이다.

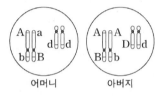

어머니   아버지

○ 표는 이 가족 구성원 중 자녀 1~3에서 체세포 1개당 A, b,
D의 DNA 상대량을 더한 값(A+b+D)과 체세포 1개당 a,
b, d의 DNA 상대량을 더한 값(a+b+d)을 나타낸 것이다.

\multicolumn{2}{c}{구성원}	자녀1	자녀2	자녀3
DNA 상대량을 더한 값	A+b+D	5	3	4
	a+b+d	3	3	1

○ 자녀 1~3은 (가)의 유전자형이 모두 같다.

○ 어머니의 생식세포 형성 과정에서 ㉠이 1회 일어나 형성된
난자 P와 아버지의 생식세포 형성 과정에서 ㉡이 1회 일어나
형성된 정자 Q가 수정되어 자녀 3이 태어났다. ㉠과 ㉡은 7
번 염색체 결실과 13번 염색체 비분리를 순서 없이 나타낸 것
이다.

○ 자녀 3의 체세포 1개당 염색체 수는 47이고, 자녀 3을 제외
한 이 가족 구성원의 핵형은 모두 정상이다.

이에 대한 설명으로 옳은 것만을 〈보기〉에서 있는 대로 고른 것은? (단,
제시된 돌연변이 이외의 돌연변이와 교차는 고려하지 않으며, A, a, B,
b, D, d 각각의 1개당 DNA 상대량은 1이다.) [3점]

〈 보기 〉

ㄱ. 자녀 2에게서 A, B, D를 모두 갖는 생식세포가 형성될 수
있다.

ㄴ. ㉠은 7번 염색체 결실이다.

ㄷ. 염색체 비분리는 감수 2분열에서 일어났다.

① ㄱ   ② ㄴ   ③ ㄱ, ㄷ   ④ ㄴ, ㄷ   ⑤ ㄱ, ㄴ, ㄷ

다음은 어떤 가족의 유전 형질 (가)에 대한 자료이다.

○ (가)는 서로 다른 상염색체에 있는 2쌍의 대립유전자 H와 h, T와 t에 의해 결정된다. (가)의 표현형은 유전자형에서 대문자로 표시되는 대립유전자의 수에 의해서만 결정되며, 이 대립유전자의 수가 다르면 표현형이 다르다.

○ 표는 이 가족 구성원의 체세포에서 대립유전자 ⓐ~ⓓ의 유무와 (가)의 유전자형에서 대문자로 표시되는 대립유전자의 수를 나타낸 것이다. ⓐ~ⓓ는 H, h, T, t를 순서 없이 나타낸 것이고, ㉠~㉤은 0, 1, 2, 3, 4를 순서 없이 나타낸 것이다.

구성원	대립유전자				대문자로 표시되는 대립유전자의 수
	ⓐ	ⓑ	ⓒ	ⓓ	
아버지	○	○	×	○	㉠
어머니	○	○	○	○	㉡
자녀 1	?	×	×	○	㉢
자녀 2	○	○	?	×	㉣
자녀 3	○	?	○	×	㉤

(○: 있음, ×: 없음)

○ 아버지의 정자 형성 과정에서 염색체 비분리가 1회 일어나 염색체 수가 비정상적인 정자 P가 형성되었다. P와 정상 난자가 수정되어 자녀 3이 태어났다.

○ 자녀 3을 제외한 이 가족 구성원의 핵형은 모두 정상이다.

이에 대한 설명으로 옳은 것만을 〈보기〉에서 있는 대로 고른 것은? (단, 제시된 염색체 비분리 이외의 돌연변이와 교차는 고려하지 않는다.)

[3점]

〈 보기 〉
ㄱ. 아버지는 t를 갖는다.
ㄴ. ⓐ는 ⓒ와 대립유전자이다.
ㄷ. 염색체 비분리는 감수 1분열에서 일어났다.

① ㄱ   ② ㄴ   ③ ㄷ   ④ ㄱ, ㄴ   ⑤ ㄱ, ㄷ

다음은 어떤 가족의 유전 형질 (가)~(다)에 대한 자료이다.

○ (가)~(다)의 유전자 중 2개는 13번 염색체에, 나머지 1개는 X 염색체에 있다.

○ (가)는 대립유전자 H와 h에 의해, (나)는 대립유전자 R와 r에 의해, (다)는 대립유전자 T와 t에 의해 결정된다. H는 h에 대해, R는 r에 대해, T는 t에 대해 각각 완전 우성이다.

○ (가)~(다) 중 2개는 우성 형질이고, 나머지 1개는 열성 형질이다.

○ 표는 이 가족 구성원의 성별과 (가)~(다)의 발현 여부를 나타낸 것이다.

구성원	성별	(가)	(나)	(다)
아버지	남	○	×	×
어머니	여	○	○	○
자녀 1	남	○	○	○
자녀 2	여	×	×	×
자녀 3	남	×	×	○
자녀 4	여	×	○	×

(○: 발현됨, ×: 발현 안 됨)

○ 이 가족 구성원의 핵형은 모두 정상이다.

○ 염색체 수가 22인 생식세포 ㉠과 염색체 수가 24인 생식세포 ㉡이 수정되어 자녀 4가 태어났다. ㉠과 ㉡의 형성 과정에서 각각 13번 염색체 비분리가 1회 일어났다.

이에 대한 설명으로 옳은 것만을 〈보기〉에서 있는 대로 고른 것은? (단, 제시된 염색체 비분리 이외의 돌연변이와 교차는 고려하지 않는다.)

[3점]

〈 보기 〉
ㄱ. (나)는 우성 형질이다.
ㄴ. 아버지에게서 h, R, t를 모두 갖는 정자가 형성될 수 있다.
ㄷ. ㉡은 감수 1분열에서 염색체 비분리가 일어나 형성된 난자이다.

① ㄱ   ② ㄴ   ③ ㄷ   ④ ㄱ, ㄴ   ⑤ ㄴ, ㄷ

다음은 어떤 집안의 유전 형질 (가)~(다)에 대한 자료이다.

○ (가)의 유전자는 9번 염색체에 있고, (나)와 (다)의 유전자 중 하나는 X 염색체에, 나머지 하나는 9번 염색체에 있다.

○ (가)는 대립유전자 H와 h에 의해, (나)는 대립유전자 R와 r에 의해, (다)는 대립유전자 T와 t에 의해 결정된다. H는 h에 대해, R는 r에 대해, T는 t에 대해 각각 완전 우성이다.

○ 가계도는 구성원 1~8에게서 (가)와 (나)의 발현 여부를 나타낸 것이다.

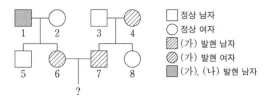

□ 정상 남자
○ 정상 여자
▨ (가) 발현 남자
◐ (가) 발현 여자
■ (가), (나) 발현 남자

○ 표는 구성원 2, 3, 5, 7, 8에서 체세포 1개당 H와 r의 DNA 상대량을 더한 값(H+r)과 체세포 1개당 R와 t의 DNA 상대량을 더한 값(R+t)을 나타낸 것이다.

구성원		2	3	5	7	8
DNA 상대량을 더한 값	H+r	1	0	1	1	1
	R+t	3	2	2	2	2

○ 2와 5에서 (다)가 발현되었고, 4와 6의 (다)의 유전자형은 서로 같다.

이에 대한 설명으로 옳은 것만을 〈보기〉에서 있는 대로 고른 것은? (단, 돌연변이와 교차는 고려하지 않으며, H, h, R, r, T, t 각각의 1개당 DNA 상대량은 1이다.) [3점]

〈 보기 〉
ㄱ. (다)의 유전자는 X 염색체에 있다.
ㄴ. 4의 (가)~(다)의 유전자형은 모두 이형 접합성이다.
ㄷ. 6과 7 사이에서 아이가 태어날 때, 이 아이의 (가)~(다)의 표현형이 모두 6과 같을 확률은 $\frac{3}{16}$이다.

① ㄱ　　② ㄷ　　③ ㄱ, ㄴ　　④ ㄴ, ㄷ　　⑤ ㄱ, ㄴ, ㄷ

다음은 영희네 가족의 유전 형질 (가)~(다)에 대한 자료이다.

○ (가)는 대립유전자 A와 A*에 의해, (나)는 대립유전자 B와 B*에 의해, (다)는 대립유전자 D와 D*에 의해 결정된다.

○ (가)와 (나)의 유전자는 7번 염색체에, (다)의 유전자는 X 염색체에 있다.

○ 그림은 영희네 가족 구성원 중 어머니, 오빠, 영희, ⓐ남동생의 세포 Ⅰ~Ⅳ가 갖는 A, B, D*의 DNA 상대량을 나타낸 것이다.

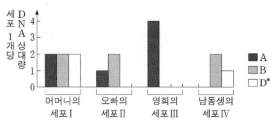

■ A
■ B
□ D*

○ 어머니의 생식세포 형성 과정에서 대립유전자 ㉠이 대립유전자 ㉡으로 바뀌는 돌연변이가 1회 일어나 ㉡을 갖는 생식세포가 형성되었다. 이 생식세포가 정상 생식세포와 수정되어 ⓐ가 태어났다. ㉠과 ㉡은 (가)~(다) 중 한 가지 형질을 결정하는 서로 다른 대립유전자이다.

이에 대한 설명으로 옳은 것만을 〈보기〉에서 있는 대로 고른 것은? (단, 제시된 돌연변이 이외의 돌연변이와 교차는 고려하지 않으며, A, A*, B, B*, D, D* 각각의 1개당 DNA 상대량은 1이다.) [3점]

〈 보기 〉
ㄱ. Ⅰ은 G_1기 세포이다.
ㄴ. ㉠은 A이다.
ㄷ. 아버지에서 A*, B, D를 모두 갖는 정자가 형성될 수 있다.

① ㄱ　　② ㄴ　　③ ㄷ　　④ ㄱ, ㄷ　　⑤ ㄴ, ㄷ

43

정답률 29 %

2021학년도 9월 17번

다음은 어떤 가족의 유전 형질 (가)~(다)에 대한 자료이다.

- (가)는 대립유전자 A와 a에 의해, (나)는 대립유전자 B와 b에 의해, (다)는 대립유전자 D와 d에 의해 결정된다.
- (가)~(다)의 유전자 중 2개는 서로 다른 상염색체에, 나머지 1개는 X 염색체에 있다.
- 표는 아버지의 정자 I과 II, 어머니의 난자 III과 IV, 딸의 체세포 V가 갖는 A, a, B, b, D, d의 DNA 상대량을 나타낸 것이다.

구분	세포	DNA 상대량					
		A	a	B	b	D	d
아버지의 정자	I	1	0	?	0	0	?
	II	0	1	0	0	?	1
어머니의 난자	III	?	1	0	?	㉠	0
	IV	0	?	1	?	0	?
딸의 체세포	V	1	?	?	㉡	?	0

- I과 II 중 하나는 염색체 비분리가 1회 일어나 형성된 ⓐ 염색체 수가 비정상적인 정자이고, 나머지 하나는 정상 정자이다. III과 IV 중 하나는 염색체 비분리가 1회 일어나 형성된 ⓑ 염색체 수가 비정상적인 난자이고, 나머지 하나는 정상 난자이다.
- V는 ⓐ와 ⓑ가 수정되어 태어난 딸의 체세포이며, 이 가족 구성원의 핵형은 모두 정상이다.

이에 대한 설명으로 옳은 것만을 〈보기〉에서 있는 대로 고른 것은? (단, 제시된 염색체 비분리 이외의 돌연변이는 고려하지 않으며, A, a, B, b, D, d 각각의 1개당 DNA 상대량은 1이다.) [3점]

〈보기〉

ㄱ. (나)의 유전자는 X 염색체에 있다.

ㄴ. ㉠+㉡=2이다.

ㄷ. $\dfrac{\text{아버지의 체세포 1개당 B의 DNA 상대량}}{\text{어머니의 체세포 1개당 D의 DNA 상대량}}=\dfrac{1}{2}$이다.

① ㄱ   ② ㄴ   ③ ㄱ, ㄷ   ④ ㄴ, ㄷ   ⑤ ㄱ, ㄴ, ㄷ

44

정답률 26 %

2020학년도 19번

다음은 어떤 가족의 유전 형질 ㉠에 대한 자료이다.

- ㉠을 결정하는 데 관여하는 3개의 유전자는 모두 상염색체에 있으며, 3개의 유전자는 각각 대립유전자 A와 a, B와 b, D와 d를 갖는다.
- ㉠의 표현형은 유전자형에서 대문자로 표시되는 대립유전자의 수에 의해서만 결정되며, 이 대립유전자의 수가 다르면 표현형이 다르다.
- 표 (가)는 이 가족 구성원의 ㉠에 대한 유전자형에서 대문자로 표시되는 대립유전자의 수를, (나)는 아버지로부터 형성된 정자 I~III이 갖는 A, a, B, D의 DNA 상대량을 나타낸 것이다. I~III 중 1개는 세포 P의 감수 1분열에서 염색체 비분리가 1회, 나머지 2개는 세포 Q의 감수 2분열에서 염색체 비분리가 1회 일어나 형성된 정자이다. P와 Q는 모두 G_1기 세포이다.

구성원	대문자로 표시되는 대립유전자의 수		정자	DNA 상대량			
				A	a	B	D
아버지	3		I	0	?	1	0
어머니	3		II	1	1	1	1
자녀 1	8		III	2	?	?	?
(가)			(나)				

- I~III 중 1개의 정자와 정상 난자가 수정되어 자녀 1이 태어났다. 자녀 1을 제외한 나머지 가족 구성원의 핵형은 모두 정상이다.

이에 대한 설명으로 옳은 것만을 〈보기〉에서 있는 대로 고른 것은? (단, 제시된 염색체 비분리 이외의 돌연변이와 교차는 고려하지 않으며, A, a, B, b, D, d 각각의 1개당 DNA 상대량은 1이다.)

〈보기〉

ㄱ. I은 감수 2분열에서 염색체 비분리가 일어나 형성된 정자이다.

ㄴ. 자녀 1의 체세포 1개당 $\dfrac{\text{B의 DNA 상대량}}{\text{A의 DNA 상대량}}=1$이다.

ㄷ. 자녀 1의 동생이 태어날 때, 이 아이에게서 나타날 수 있는 ㉠의 표현형은 최대 5가지이다.

① ㄱ   ② ㄴ   ③ ㄷ   ④ ㄱ, ㄴ   ⑤ ㄱ, ㄷ

정답률을 낮은 문제. 한 번 더!

45

정답률 37 %

2023학년도 9월 모평 18번

다음은 어떤 가족의 유전 형질 (가)~(다)에 대한 자료이다.

○ (가)는 대립유전자 A와 A*에 의해, (나)는 대립유전자 B와 B*에 의해, (다)는 대립유전자 D와 D*에 의해 결정된다.

○ (가)와 (나)의 유전자는 7번 염색체에, (다)의 유전자는 9번 염색체에 있다.

○ 표는 이 가족 구성원의 세포 Ⅰ~Ⅴ 각각에 들어 있는 A, A*, B, B*, D, D*의 DNA 상대량을 나타낸 것이다.

구분	세포	DNA 상대량					
		A	A*	B	B*	D	D*
아버지	Ⅰ	?	?	1	0	1	?
어머니	Ⅱ	0	?	?	0	0	2
자녀 1	Ⅲ	2	?	?	1	?	0
자녀 2	Ⅳ	0	?	0	?	?	2
자녀 3	Ⅴ	?	0	?	2	?	3

○ 아버지의 생식세포 형성 과정에서 7번 염색체에 있는 대립유전자 ㉠이 9번 염색체로 이동하는 돌연변이가 1회 일어나 9번 염색체에 ㉠이 있는 정자 P가 형성되었다. ㉠은 A, A*, B, B* 중 하나이다.

○ 어머니의 생식세포 형성 과정에서 염색체 비분리가 1회 일어나 염색체 수가 비정상적인 난자 Q가 형성되었다.

○ P와 Q가 수정되어 자녀 3이 태어났다. 자녀 3을 제외한 나머지 구성원의 핵형은 모두 정상이다.

이에 대한 설명으로 옳은 것만을 〈보기〉에서 있는 대로 고른 것은? (단, 제시된 돌연변이 이외의 돌연변이와 교차는 고려하지 않으며, A, A*, B, B*, D, D* 각각의 1개당 DNA 상대량은 1이다.) [3점]

〈 보기 〉
ㄱ. ㉠은 B*이다.
ㄴ. 어머니에게서 A, B, D를 모두 갖는 난자가 형성될 수 있다.
ㄷ. 염색체 비분리는 감수 2분열에서 일어났다.

① ㄱ   ② ㄷ   ③ ㄱ, ㄴ   ④ ㄱ, ㄷ   ⑤ ㄴ, ㄷ

46

정답률 35 %

2022학년도 6월 모평 15번

다음은 어떤 가족의 유전 형질 (가)에 대한 자료이다.

○ (가)를 결정하는 데 관여하는 3개의 유전자는 모두 상염색체에 있으며, 3개의 유전자는 각각 대립유전자 H와 H*, R와 R*, T와 T*를 갖는다.

○ 그림은 아버지와 어머니의 체세포 각각에 들어 있는 일부 염색체와 유전자를 나타낸 것이다. 아버지와 어머니의 핵형은 모두 정상이다.

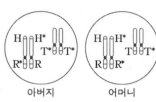

아버지   어머니

○ 아버지의 생식세포 형성 과정에서 ㉠이 1회 일어나 형성된 정자 P와 어머니의 생식세포 형성 과정에서 ㉡이 1회 일어나 형성된 난자 Q가 수정되어 자녀 ⓐ가 태어났다. ㉠과 ㉡은 염색체 비분리와 염색체 결실을 순서 없이 나타낸 것이다.

○ 그림은 ⓐ의 체세포 1개당 H*, R, T, T*의 DNA 상대량을 나타낸 것이다.

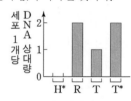

이에 대한 설명으로 옳은 것만을 〈보기〉에서 있는 대로 고른 것은? (단, 제시된 돌연변이 이외의 돌연변이와 교차는 고려하지 않으며, H, H*, R, R*, T, T* 각각의 1개당 DNA 상대량은 1이다.) [3점]

〈 보기 〉
ㄱ. 난자 Q에는 H가 있다.
ㄴ. 생식세포 형성 과정에서 염색체 비분리는 감수 2분열에서 일어났다.
ㄷ. ⓐ의 체세포 1개당 상염색체 수는 43이다.

① ㄱ   ② ㄴ   ③ ㄷ   ④ ㄱ, ㄴ   ⑤ ㄱ, ㄷ

다음은 어떤 가족의 유전 형질 (가)~(다)에 대한 자료이다.

○ (가)는 대립유전자 H와 h에 의해, (나)는 대립유전자 R와 r에 의해, (다)는 대립유전자 T와 t에 의해 결정된다. H는 h에 대해, R는 r에 대해, T는 t에 대해 각각 완전 우성이다.

○ (가)~(다)의 유전자는 모두 X 염색체에 있다.

○ 표는 어머니를 제외한 나머지 가족 구성원의 성별과 (가)~(다)의 발현 여부를 나타낸 것이다. 자녀 3과 4의 성별은 서로 다르다.

구성원	성별	(가)	(나)	(다)
아버지	남	○	○	?
자녀 1	여	×	○	○
자녀 2	남	×	×	×
자녀 3	?	○	×	○
자녀 4	?	×	×	○

(○: 발현됨, ×: 발현 안 됨)

○ 이 가족 구성원의 핵형은 모두 정상이다.

○ 염색체 수가 22인 생식세포 ㉠과 염색체 수가 24인 생식세포 ㉡이 수정되어 @가 태어났으며, @는 자녀 3과 4 중 하나이다. ㉠과 ㉡의 형성 과정에서 각각 성염색체 비분리가 1회 일어났다.

이에 대한 설명으로 옳은 것만을 〈보기〉에서 있는 대로 고른 것은? (단, 제시된 염색체 비분리 이외의 돌연변이와 교차는 고려하지 않는다.) [3점]

〈보기〉
ㄱ. @는 자녀 4이다.
ㄴ. ㉡은 감수 1분열에서 염색체 비분리가 일어나 형성된 난자이다.
ㄷ. (나)와 (다)는 모두 우성 형질이다.

① ㄱ　　② ㄷ　　③ ㄱ, ㄴ　　④ ㄴ, ㄷ　　⑤ ㄱ, ㄴ, ㄷ

다음은 어떤 집안의 유전 형질 (가)에 대한 자료이다.

○ (가)는 상염색체에 있는 1쌍의 대립유전자에 의해 결정되며, 대립유전자에는 D, E, F, G가 있다.

○ D는 E, F, G에 대해, E는 F, G에 대해, F는 G에 대해 각각 완전 우성이다.

○ 그림은 구성원 1~8의 가계도를, 표는 1, 3, 4, 5의 체세포 1개당 G의 DNA 상대량을 나타낸 것이다. 가계도에 (가)의 표현형은 나타내지 않았다.

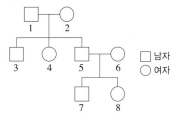

구성원	G의 DNA 상대량
1	1
3	0
4	1
5	0

□ 남자　○ 여자

○ 1~8의 유전자형은 각각 서로 다르다.

○ 3, 4, 5, 6의 표현형은 모두 다르고, 2와 8의 표현형은 같다.

○ 5와 6 중 한 명의 생식세포 형성 과정에서 @ 대립유전자 ㉠이 대립유전자 ㉡으로 바뀌는 돌연변이가 1회 일어나 ㉡을 갖는 생식세포가 형성되었다. 이 생식세포가 정상 생식세포와 수정되어 8이 태어났다. ㉠과 ㉡은 각각 D, E, F, G 중 하나이다.

이에 대한 설명으로 옳은 것만을 〈보기〉에서 있는 대로 고른 것은? (단, 제시된 돌연변이 이외의 돌연변이는 고려하지 않으며, D, E, F, G 각각의 1개당 DNA 상대량은 1이다.) [3점]

〈보기〉
ㄱ. 5와 7의 표현형은 같다.
ㄴ. @는 5에서 형성되었다.
ㄷ. 2~8 중 1과 표현형이 같은 사람은 2명이다.

① ㄱ　　② ㄴ　　③ ㄷ　　④ ㄱ, ㄴ　　⑤ ㄱ, ㄷ

49

정답률 45 %

사람의 유전 형질 (가)는 같은 염색체에 있는 3쌍의 대립유전자 A와 a, B와 b, D와 d에 의해 결정된다. 표는 어떤 가족 구성원의 세포 Ⅰ ~Ⅳ가 갖는 A, a, B, b, D, d의 DNA 상대량을 나타낸 것이다. Ⅰ은 G_1기 세포이고, Ⅱ ~Ⅳ는 감수 1분열 중기 세포, 감수 2분열 중기 세포, 생식세포를 순서 없이 나타낸 것이다.

세포	DNA 상대량					
	A	a	B	b	D	d
아버지의 세포 Ⅰ	1	0	1	?	?	1
어머니의 세포 Ⅱ	2	2	ⓐ	0	?	2
아들의 세포 Ⅲ	?	1	1	0	0	?
㉠ 딸의 세포 Ⅳ	ⓑ	0	2	?	?	0

이에 대한 설명으로 옳은 것만을 〈보기〉에서 있는 대로 고른 것은? (단, 돌연변이와 교차는 고려하지 않으며, A, a, B, b, D, d 각각의 1개당 DNA 상대량은 1이다.) [3점]

〈 보기 〉
ㄱ. ⓐ+ⓑ=4이다.
ㄴ. $\dfrac{\text{Ⅱ의 염색 분체 수}}{\text{Ⅳ의 염색 분체 수}}$=2이다.
ㄷ. ㉠의 (가)의 유전자형은 AABBDd이다.

① ㄱ　　② ㄴ　　③ ㄷ　　④ ㄱ, ㄴ　　⑤ ㄴ, ㄷ

50

정답률 31 %

다음은 어떤 가족의 유전 형질 (가)~(다)에 대한 자료이다.

○ (가)~(다)의 유전자 중 2개는 X 염색체에 있고, 나머지 1개는 상염색체에 있다.
○ (가)는 대립유전자 A와 a에 의해, (나)는 대립유전자 B와 b에 의해, (다)는 대립유전자 D와 d에 의해 결정된다.
○ 표는 이 가족 구성원에서 체세포 1개당 A, b, d의 DNA 상대량을 나타낸 것이다.

구성원	DNA 상대량		
	A	b	d
아버지	1	1	1
어머니	0	1	1
자녀 1	?	1	0
자녀 2	0	1	1
자녀 3	1	0	2
자녀 4	2	3	2

○ 부모 중 한 명의 생식세포 형성 과정에서 염색체 비분리가 1회 일어나 염색체 수가 비정상적인 생식세포 P가 형성되었고, 나머지 한 명의 생식세포 형성 과정에서 대립유전자 ㉠이 대립유전자 ㉡으로 바뀌는 돌연변이가 1회 일어나 ㉡을 갖는 생식세포 Q가 형성되었다. ㉠과 ㉡은 (가)~(다) 중 한 가지 형질을 결정하는 서로 다른 대립유전자이다.
○ P와 Q가 수정되어 자녀 4가 태어났다. 자녀 4를 제외한 이 가족 구성원의 핵형은 모두 정상이다.

이에 대한 설명으로 옳은 것만을 〈보기〉에서 있는 대로 고른 것은? (단, 제시된 돌연변이 이외의 돌연변이와 교차는 고려하지 않으며, A, a, B, b, D, d 각각의 1개당 DNA 상대량은 1이다.)

〈 보기 〉
ㄱ. 자녀 1~3 중 여자는 2명이다.
ㄴ. Q는 어머니에게서 형성되었다.
ㄷ. 자녀 3에게서 A, B, d를 모두 갖는 생식세포가 형성될 수 있다.

① ㄱ　　② ㄴ　　③ ㄷ　　④ ㄱ, ㄴ　　⑤ ㄴ, ㄷ

사람의 유전 형질 ㉮는 서로 다른 3개의 상염색체에 있는 3쌍의 대립
유전자 A와 a, B와 b, D와 d에 의해 결정된다. 표는 사람 P의 세포
(가)~(다)에서 대립유전자 ㉠~㉣의 유무와 A와 B의 DNA 상대량을
나타낸 것이다. (가)~(다)는 생식세포 형성 과정에서 나타나는 중기의
세포이고, (가)~(다) 중 2개는 G_1기 세포 Ⅰ로부터 형성되었으며, 나머
지 1개는 G_1기 세포 Ⅱ로부터 형성되었다. ㉠~㉣은 A, a, b, D를 순
서 없이 나타낸 것이다.

세포	대립유전자				DNA 상대량	
	㉠	㉡	㉢	㉣	A	B
(가)	×	?	○	○	?	2
(나)	○	×	?	×	?	2
(다)	×	×	○	×	2	?

(○: 있음, ×: 없음)

이에 대한 설명으로 옳은 것만을 〈보기〉에서 있는 대로 고른 것은? (단,
돌연변이와 교차는 고려하지 않으며, A, a, B, b, D, d 각각의 1개당
DNA 상대량은 1이다.) [3점]

〈 보기 〉
ㄱ. ㉡은 b이다.
ㄴ. Ⅰ로부터 (다)가 형성되었다.
ㄷ. P의 ㉮의 유전자형은 AaBbDd이다.

① ㄱ   ② ㄷ   ③ ㄱ, ㄴ   ④ ㄴ, ㄷ   ⑤ ㄱ, ㄴ, ㄷ

다음은 사람의 유전 형질 (가)~(다)에 대한 자료이다.

○ (가)~(다)의 유전자는 서로 다른 2개의 상염색체에 있으며,
(가)의 유전자는 (다)의 유전자와 서로 다른 상염색체에 있다.

○ (가)는 대립유전자 A와 a에 의해 결정되며, 유전자형이 다르
면 표현형이 다르다.

○ (나)는 대립유전자 B와 b에 의해, (다)는 대립유전자 D와 d
에 의해 결정된다.

○ (나)와 (다) 중 하나는 대문자로 표시되는 대립유전자가 소문
자로 표시되는 대립유전자에 대해 완전 우성이고, 나머지 하
나는 유전자형이 다르면 표현형이 다르다.

○ 유전자형이 AaBbDD인 남자 P와 AaBbDd인 여자 Q 사이
에서 ⓐ가 태어날 때, ⓐ에게서 나타날 수 있는 (가)~(다)의
표현형은 최대 8가지이다.

유전자형이 AabbDd인 아버지와 AaBBDd인 어머니 사이에서 아이
가 태어날 때, 이 아이의 (가)~(다)의 표현형이 모두 Q와 같을 확률은?
(단, 돌연변이와 교차는 고려하지 않는다.) [3점]

① $\dfrac{1}{16}$ ② $\dfrac{1}{8}$ ③ $\dfrac{3}{16}$ ④ $\dfrac{1}{4}$ ⑤ $\dfrac{3}{8}$

01 정답률 47 %

2023학년도 11번

표는 방형구법을 이용하여 어떤 지역의 식물 군집을 두 시점 t_1과 t_2일 때 조사한 결과를 나타낸 것이다.

시점	종	개체 수	상대 빈도(%)	상대 피도(%)	중요치(중요도)
t_1	A	9	?	30	68
	B	19	20	20	?
	C	?	20	15	49
	D	15	40	?	?
t_2	A	0	?	?	?
	B	33	?	39	?
	C	?	20	24	?
	D	21	40	?	112

이 자료에 대한 설명으로 옳은 것만을 〈보기〉에서 있는 대로 고른 것은? (단, A~D 이외의 종은 고려하지 않는다.) [3점]

〈 보기 〉
ㄱ. t_1일 때 우점종은 D이다.
ㄴ. t_2일 때 지표를 덮고 있는 면적이 가장 큰 종은 B이다.
ㄷ. C의 상대 밀도는 t_1일 때가 t_2일 때보다 작다.

① ㄱ ② ㄷ ③ ㄱ, ㄴ ④ ㄴ, ㄷ ⑤ ㄱ, ㄴ, ㄷ

성명 [ ] 수험 번호 [ ][ ][ ][ ][ ] - [ ][ ][ ][ ]

1. 다음은 생물의 특성에 대한 자료이다.

> ○ ㉠ 발생 과정에서 포식자를 감지한 물벼룩 A는 머리와 꼬리에 뾰족한 구조를 형성하여 방어에 적합한 몸의 형태를 갖는다.
> ○ ㉡ 메뚜기 B는 주변 환경과 유사하게 몸의 색을 변화시켜 포식자의 눈에 띄지 않는다.

이에 대한 설명으로 옳은 것만을 〈보기〉에서 있는 대로 고른 것은? [3점]

> ─── 〈 보 기 〉───
> ㄱ. ㉠ 과정에서 세포 분열이 일어난다.
> ㄴ. ㉡은 생물적 요인이 비생물적 요인에 영향을 미치는 예에 해당한다.
> ㄷ. '펭귄은 물속에서 빠른 속도로 움직이는 데 적합한 몸의 형태를 갖는다.'는 적응과 진화의 예에 해당한다.

① ㄱ ② ㄴ ③ ㄷ ④ ㄱ, ㄷ ⑤ ㄴ, ㄷ

2. 표는 사람에서 영양소 (가)와 (나)가 세포 호흡에 사용된 결과 생성되는 노폐물을 나타낸 것이다. (가)와 (나)는 단백질과 탄수화물을 순서 없이 나타낸 것이고,

영양소	노폐물
(가)	물, ㉠
(나)	물, ㉠, ㉡

㉠과 ㉡은 암모니아와 이산화 탄소를 순서 없이 나타낸 것이다. 이에 대한 설명으로 옳은 것만을 〈보기〉에서 있는 대로 고른 것은?

> ─── 〈 보 기 〉───
> ㄱ. (가)는 단백질이다.
> ㄴ. 호흡계를 통해 ㉠이 몸 밖으로 배출된다.
> ㄷ. 사람에서 지방이 세포 호흡에 사용된 결과 생성되는 노폐물에는 ㉡이 있다.

① ㄱ ② ㄴ ③ ㄷ ④ ㄱ, ㄴ ⑤ ㄱ, ㄷ

3. 그림은 어떤 지역에서 호수(습지)로부터 시작된 식물 군집의 1차 천이 과정을 나타낸 것이다. A와 B는 관목림과 혼합림을 순서 없이 나타낸 것이다.

호수(습지)	→	초원	→	A	→	양수림	→	B	→	음수림

이에 대한 설명으로 옳은 것만을 〈보기〉에서 있는 대로 고른 것은? [3점]

> ─── 〈 보 기 〉───
> ㄱ. A는 관목림이다.
> ㄴ. 이 지역에서 일어난 천이는 습성 천이이다.
> ㄷ. 이 식물 군집은 B에서 극상을 이룬다.

① ㄱ ② ㄴ ③ ㄷ ④ ㄱ, ㄴ ⑤ ㄴ, ㄷ

4. 그림은 같은 수의 정상 적혈구 R와 낫 모양 적혈구 S를 각각 말라리아 병원체와 혼합하여 배양한 후, 말라리아 병원체에 감염된 R와 S의 빈도를 나타낸 것이다.

이에 대한 설명으로 옳은 것만을 〈보기〉에서 있는 대로 고른 것은? (단, 제시된 조건 이외는 고려하지 않는다.)

> ─── 〈 보 기 〉───
> ㄱ. 말라리아 병원체는 원생생물이다.
> ㄴ. 낫 모양 적혈구 빈혈증은 비감염성 질병에 해당한다.
> ㄷ. 말라리아 병원체에 노출되었을 때, S를 갖는 사람은 R만 갖는 사람보다 말라리아가 발병할 확률이 높다.

① ㄱ ② ㄷ ③ ㄱ, ㄴ ④ ㄴ, ㄷ ⑤ ㄱ, ㄴ, ㄷ

5. 다음은 어떤 연못에 서식하는 동물 종 ㉠~㉢ 사이의 상호 작용에 대한 실험이다.

> ○ ㉠과 ㉡은 같은 먹이를 두고 경쟁하며, ㉢은 ㉠과 ㉡의 천적이다.
> [실험 과정 및 결과]
> (가) 인공 연못 A와 B 각각에 같은 개체 수의 ㉠과 ㉡을 넣고, A에만 ㉢을 추가한다.
> (나) 일정 시간이 지난 후, A와 B 각각에서 ㉠과 ㉡의 개체 수를 조사한 결과는 그림과 같다.
>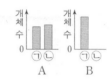

이 자료에 대한 설명으로 옳은 것만을 〈보기〉에서 있는 대로 고른 것은? (단, 제시된 조건 이외는 고려하지 않는다.)

> ─── 〈 보 기 〉───
> ㄱ. 조작 변인은 ㉢의 추가 여부이다.
> ㄴ. A에서 ㉠은 ㉡과 한 개체군을 이룬다.
> ㄷ. B에서 ㉠과 ㉡ 사이에 경쟁 배타가 일어났다.

① ㄱ ② ㄴ ③ ㄷ ④ ㄱ, ㄴ ⑤ ㄱ, ㄷ

6. 그림은 어떤 동물에게 호르몬 X를 투여한 후 시간에 따른 ⓐ와 ⓑ를 나타낸 것이다. X는 글루카곤과 인슐린 중 하나이고, ⓐ와 ⓑ는 '간에서 단위 시간당 글리코젠으로부터 생성되는 포도당의 양'과 '혈중 포도당 농도'를 순서 없이 나타낸 것이다.

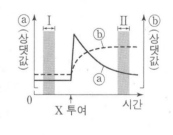

이에 대한 설명으로 옳은 것만을 〈보기〉에서 있는 대로 고른 것은? (단, 제시된 조건 이외는 고려하지 않는다.)

> ─── 〈 보 기 〉───
> ㄱ. ⓑ는 '혈중 포도당 농도'이다.
> ㄴ. 혈중 인슐린 농도는 구간 I에서가 구간 II에서보다 높다.
> ㄷ. 혈중 포도당 농도가 증가하면 X의 분비가 촉진된다.

① ㄱ ② ㄴ ③ ㄷ ④ ㄱ, ㄴ ⑤ ㄴ, ㄷ

7. 표 (가)는 특정 형질의 유전자형이 RR인 어떤 사람의 세포 I~III에서 핵막 소실 여부를, (나)는 I~III 중 2개의 세포에서 R의 DNA 상대량을 더한 값을 나타낸 것이다. I~III은 체세포의 세포 주기 중 M기(분열기)의 중기, G₁기, G₂기에 각각 관찰되는 세포를 순서 없이 나타낸 것이다. ㉠은 '소실됨'과 '소실 안 됨' 중 하나이다.

세포	핵막 소실 여부
I	?
II	소실됨
III	㉠

(가)

구분	R의 DNA 상대량을 더한 값
I, II	8
I, III	?
II, III	?

(나)

이에 대한 설명으로 옳은 것만을 〈보기〉에서 있는 대로 고른 것은? (단, 돌연변이는 고려하지 않으며, R의 1개당 DNA 상대량은 1이다.)

─〈 보 기 〉─
ㄱ. ㉠은 '소실 안 됨'이다.
ㄴ. I은 G₁기의 세포이다.
ㄷ. R의 DNA 상대량은 II에서와 III에서가 서로 같다.

① ㄱ　　② ㄴ　　③ ㄷ　　④ ㄱ, ㄴ　　⑤ ㄴ, ㄷ

8. 그림 (가)는 중추 신경계로부터 자율 신경이 심장에 연결된 경로를, (나)는 정상인에서 운동에 의한 심장 박동 수 변화를 나타낸 것이다.

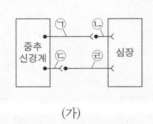 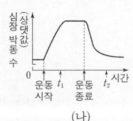

(가)　　　　　　(나)

이에 대한 설명으로 옳은 것만을 〈보기〉에서 있는 대로 고른 것은? [3점]

─〈 보 기 〉─
ㄱ. ㉠의 신경 세포체는 연수에 있다.
ㄴ. ㉡과 ㉢의 말단에서 아세틸콜린이 분비된다.
ㄷ. ㉣의 말단에서 분비되는 신경 전달 물질의 양은 t_2일 때가 t_1일 때보다 많다.

① ㄱ　　② ㄷ　　③ ㄱ, ㄴ　　④ ㄴ, ㄷ　　⑤ ㄱ, ㄴ, ㄷ

9. 그림 (가)는 사람에서 시간에 따른 혈중 호르몬 ㉠과 ㉡의 농도를, (나)는 혈중 ㉡의 농도에 따른 물질대사량을 나타낸 것이다. ㉠과 ㉡은 티록신과 TSH를 순서 없이 나타낸 것이다.

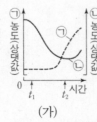 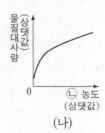

(가)　　　　　　(나)

이에 대한 설명으로 옳은 것만을 〈보기〉에서 있는 대로 고른 것은? (단, 제시된 조건 이외는 고려하지 않는다.) [3점]

─〈 보 기 〉─
ㄱ. ㉠은 티록신이다.
ㄴ. ㉡의 분비는 음성 피드백에 의해 조절된다.
ㄷ. $\dfrac{물질대사량}{혈중\ TSH\ 농도}$ 은 t_1일 때가 t_2일 때보다 크다.

① ㄱ　　② ㄴ　　③ ㄱ, ㄷ　　④ ㄴ, ㄷ　　⑤ ㄱ, ㄴ, ㄷ

10. 다음은 민말이집 신경 A~C의 흥분 전도와 전달에 대한 자료이다.

○ 그림은 A~C의 지점 d_1~d_5의 위치를, 표는 ㉠ A와 B의 P에, C의 Q에 역치 이상의 자극을 동시에 1회 주고 경과된 시간이 t_1일 때 d_1~d_5에서의 막전위를 나타낸 것이다. P와 Q는 각각 d_1~d_5 중 하나이고, ㉮와 ㉯ 중 한 곳에만 시냅스가 있다.

○ I~III은 A~C를 순서 없이 나타낸 것이고, ⓐ~ⓒ는 -80, -70, +30을 순서 없이 나타낸 것이다.

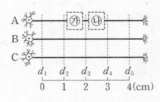

신경	t_1일 때 막전위(mV)				
	d_1	d_2	d_3	d_4	d_5
I	?	ⓑ	ⓒ	ⓑ	?
II	ⓐ	?	ⓑ	?	ⓒ
III	?	ⓒ	ⓐ	ⓑ	ⓒ

○ A를 구성하는 두 뉴런의 흥분 전도 속도는 1 cm/ms로 같고, B와 C의 흥분 전도 속도는 각각 1 cm/ms와 2 cm/ms 중 하나이다.

○ A~C 각각에서 활동 전위가 발생하였을 때, 각 지점에서의 막전위 변화는 그림과 같다.

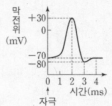

이에 대한 설명으로 옳은 것만을 〈보기〉에서 있는 대로 고른 것은? (단, A~C에서 흥분의 전도는 각각 1회 일어났고, 휴지 전위는 -70 mV이다.) [3점]

─〈 보 기 〉─
ㄱ. ⓐ는 -70이다.
ㄴ. ㉮에 시냅스가 있다.
ㄷ. ㉠이 3 ms일 때, B의 d_2에서 재분극이 일어나고 있다.

① ㄱ　　② ㄴ　　③ ㄱ, ㄷ　　④ ㄴ, ㄷ　　⑤ ㄱ, ㄴ, ㄷ

11. 다음은 골격근의 수축 과정에 대한 자료이다.

○ 그림은 근육 원섬유 마디 X의 구조를 나타낸 것이다. X는 좌우 대칭이고, Z₁과 Z₂는 X의 Z선이다.

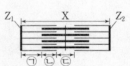

○ 구간 ㉠은 액틴 필라멘트만 있는 부분이고, ㉡은 액틴 필라멘트와 마이오신 필라멘트가 겹치는 부분이며, ㉢은 마이오신 필라멘트만 있는 부분이다.

○ 표는 골격근 수축 과정의 두 시점 t_1과 t_2일 때 ⓐ의 길이를 ⓑ의 길이로 나눈 값($\dfrac{ⓐ}{ⓑ}$), H대의 길이, X의 길이를 나타낸 것이다. ⓐ와 ⓑ는 ㉠과 ㉡을 순서 없이 나타낸 것이고, d는 0보다 크다.

시점	$\dfrac{ⓐ}{ⓑ}$	H대의 길이	X의 길이
t_1	2	$2d$	$8d$
t_2	1	d	?

이에 대한 설명으로 옳은 것만을 〈보기〉에서 있는 대로 고른 것은?

─〈 보 기 〉─
ㄱ. ⓐ는 ㉠이다.
ㄴ. t_1일 때, ㉠의 길이와 ㉢의 길이는 서로 같다.
ㄷ. t_2일 때, Z₁로부터 Z₂ 방향으로 거리가 $2d$인 지점은 ㉡에 해당한다.

① ㄱ　　② ㄴ　　③ ㄱ, ㄷ　　④ ㄴ, ㄷ　　⑤ ㄱ, ㄴ, ㄷ

12. 그림 (가)는 같은 종의 동물 A와 B 중 A에게는 충분히 먹이를 섭취하게 하고, B에게는 구간 I에서만 적은 양의 먹이를 섭취하게 하면서 측정한 체중의 변화를, (나)는

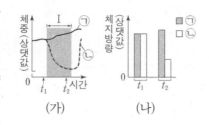

시점 t_1과 t_2일 때 A와 B에서 측정한 체지방량을 나타낸 것이다. ㉠과 ㉡은 A와 B를 순서 없이 나타낸 것이다.

이 자료에 대한 설명으로 옳은 것만을 〈보기〉에서 있는 대로 고른 것은? (단, 제시된 조건 이외는 고려하지 않는다.) [3점]

〈 보 기 〉

ㄱ. ㉠은 A이다.
ㄴ. 구간 I에서 ㉡은 에너지 소비량이 에너지 섭취량보다 많다.
ㄷ. B의 체지방량은 t_1일 때가 t_2일 때보다 적다.

① ㄱ   ② ㄴ   ③ ㄷ   ④ ㄱ, ㄴ   ⑤ ㄱ, ㄷ

13. 그림은 세포 (가)~(다) 각각에 들어 있는 모든 염색체를 나타낸 것이다. (가)~(다)는 개체 A~C의 세포를 순서 없이 나타낸 것이고, A~C의 핵상은 모두 2n이다. A와 B는 서로 같은 종이고, B와 C는 서로 다른 종이다. A~C 중 B만 암컷이고, A~C의 성염색체는 암컷이 XX, 수컷이 XY이다. 염색체 ㉠과 ㉡ 중 하나는 성염색체이고, 나머지 하나는 상염색체이다. ㉠과 ㉡의 모양과 크기는 나타내지 않았다.

    (가)   (나)   (다)

이에 대한 설명으로 옳은 것만을 〈보기〉에서 있는 대로 고른 것은? (단, 돌연변이는 고려하지 않는다.)

〈 보 기 〉

ㄱ. ㉠은 X 염색체이다.
ㄴ. (나)와 (다)의 핵상은 같다.
ㄷ. (가)의 $\dfrac{\text{염색 분체 수}}{\text{X 염색체 수}} = 6$이다.

① ㄱ   ② ㄴ   ③ ㄱ, ㄷ   ④ ㄴ, ㄷ   ⑤ ㄱ, ㄴ, ㄷ

14. 다음은 종 사이의 상호 작용에 대한 자료이다. (가)와 (나)는 분서와 상리 공생의 예를 순서 없이 나타낸 것이다.

> (가) 꿀잡이새는 꿀잡이오소리를 벌집으로 유도해 꿀을 얻도록 돕고, 자신은 벌의 공격에서 벗어나 먹이인 벌집을 얻는다.
> (나) 붉은뺨솔새와 밤색가슴솔새는 서로 ㉠경쟁을 피하기 위해 한 나무에서 서식 공간을 달리하여 산다.

이에 대한 설명으로 옳은 것만을 〈보기〉에서 있는 대로 고른 것은?

〈 보 기 〉

ㄱ. (가)는 상리 공생의 예이다.
ㄴ. (나)의 결과 붉은뺨솔새에 환경 저항이 작용하지 않는다.
ㄷ. '서로 다른 종의 새가 번식 장소를 차지하기 위해 서로 다툰다.'는 ㉠의 예에 해당한다.

① ㄱ   ② ㄴ   ③ ㄱ, ㄷ   ④ ㄴ, ㄷ   ⑤ ㄱ, ㄴ, ㄷ

15. 다음은 어떤 가족의 유전 형질 (가)~(다)에 대한 자료이다.

> ○ (가)~(다)의 유전자 중 2개는 X 염색체에 있고, 나머지 1개는 상염색체에 있다.
> ○ (가)는 대립유전자 A와 a에 의해, (나)는 대립유전자 B와 b에 의해, (다)는 대립유전자 D와 d에 의해 결정된다.
> ○ 표는 이 가족 구성원에서 체세포 1개당 A, b, d의 DNA 상대량을 나타낸 것이다.
>
> | 구성원 | DNA 상대량 | | |
> |---|---|---|---|
> | | A | b | d |
> | 아버지 | 1 | 1 | 1 |
> | 어머니 | 0 | 1 | 1 |
> | 자녀 1 | ? | 1 | 0 |
> | 자녀 2 | 0 | 1 | 1 |
> | 자녀 3 | 1 | 0 | 2 |
> | 자녀 4 | 2 | 3 | 2 |
>
> ○ 부모 중 한 명의 생식세포 형성 과정에서 염색체 비분리가 1회 일어나 염색체 수가 비정상적인 생식세포 P가 형성되었고, 나머지 한 명의 생식세포 형성 과정에서 대립유전자 ㉠이 대립유전자 ㉡으로 바뀌는 돌연변이가 1회 일어나 ㉡을 갖는 생식세포 Q가 형성되었다. ㉠과 ㉡은 (가)~(다) 중 한 가지 형질을 결정하는 서로 다른 대립유전자이다.
> ○ P와 Q가 수정되어 자녀 4가 태어났다. 자녀 4를 제외한 이 가족 구성원의 핵형은 모두 정상이다.

이에 대한 설명으로 옳은 것만을 〈보기〉에서 있는 대로 고른 것은? (단, 제시된 돌연변이 이외의 돌연변이와 교차는 고려하지 않으며, A, a, B, b, D, d 각각의 1개당 DNA 상대량은 1이다.)

〈 보 기 〉

ㄱ. 자녀 1~3 중 여자는 2명이다.
ㄴ. Q는 어머니에게서 형성되었다.
ㄷ. 자녀 3에게서 A, B, d를 모두 갖는 생식세포가 형성될 수 있다.

① ㄱ   ② ㄴ   ③ ㄷ   ④ ㄱ, ㄴ   ⑤ ㄴ, ㄷ

16. 사람의 유전 형질 ㉮는 서로 다른 3개의 상염색체에 있는 3쌍의 대립유전자 A와 a, B와 b, D와 d에 의해 결정된다. 표는 사람 P의 세포 (가)~(다)에서 대립유전자 ㉠~㉣의 유무와 A와 B의 DNA 상대량을 나타낸 것이다. (가)~(다)는 생식세포 형성 과정에서 나타나는 중기의 세포이고, (가)~(다) 중 2개는 G_1기 세포 I로부터 형성되었으며, 나머지 1개는 G_1기 세포 II로부터 형성되었다. ㉠~㉣은 A, a, b, D를 순서 없이 나타낸 것이다.

세포	대립유전자				DNA 상대량	
	㉠	㉡	㉢	㉣	A	B
(가)	×	?	○	○	?	2
(나)	○	×	?	×	?	2
(다)	×	×	○	×	2	?

(○: 있음, ×: 없음)

이에 대한 설명으로 옳은 것만을 〈보기〉에서 있는 대로 고른 것은? (단, 돌연변이와 교차는 고려하지 않으며, A, a, B, b, D, d 각각의 1개당 DNA 상대량은 1이다.) [3점]

〈 보 기 〉

ㄱ. ㉡은 b이다.
ㄴ. I로부터 (다)가 형성되었다.
ㄷ. P의 ㉮의 유전자형은 AaBbDd이다.

① ㄱ   ② ㄷ   ③ ㄱ, ㄴ   ④ ㄴ, ㄷ   ⑤ ㄱ, ㄴ, ㄷ

17. 다음은 어떤 집안의 유전 형질 (가)~(다)에 대한 자료이다.

> ○ (가)의 유전자는 9번 염색체에 있고, (나)와 (다)의 유전자 중 하나는 X 염색체에, 나머지 하나는 9번 염색체에 있다.
>
> ○ (가)는 대립유전자 H와 h에 의해, (나)는 대립유전자 R와 r에 의해, (다)는 대립유전자 T와 t에 의해 결정된다. H는 h에 대해, R는 r에 대해, T는 t에 대해 각각 완전 우성이다.
>
> ○ 가계도는 구성원 1~8에게서 (가)와 (나)의 발현 여부를 나타낸 것이다.
>
>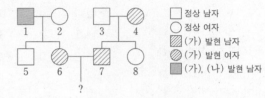
>
> □ 정상 남자
> ○ 정상 여자
> ▨ (가) 발현 남자
> ◑ (가) 발현 여자
> ■ (가), (나) 발현 남자
>
> ○ 표는 구성원 2, 3, 5, 7, 8에서 체세포 1개당 H와 r의 DNA 상대량을 더한 값(H+r)과 체세포 1개당 R와 t의 DNA 상대량을 더한 값(R+t)을 나타낸 것이다.
>
> | 구성원 | | 2 | 3 | 5 | 7 | 8 |
> |---|---|---|---|---|---|---|
> | DNA 상대량을 더한 값 | H+r | 1 | 0 | 1 | 1 | 1 |
> | | R+t | 3 | 2 | 2 | 2 | 2 |
>
> ○ 2와 5에서 (다)가 발현되었고, 4와 6의 (다)의 유전자형은 서로 같다.

이에 대한 설명으로 옳은 것만을 〈보기〉에서 있는 대로 고른 것은? (단, 돌연변이와 교차는 고려하지 않으며, H, h, R, r, T, t 각각의 1개당 DNA 상대량은 1이다.) [3점]

> 〈 보 기 〉
> ㄱ. (다)의 유전자는 X 염색체에 있다.
> ㄴ. 4의 (가)~(다)의 유전자형은 모두 이형 접합성이다.
> ㄷ. 6과 7 사이에서 아이가 태어날 때, 이 아이의 (가)~(다)의 표현형이 모두 6과 같을 확률은 $\frac{3}{16}$ 이다.

① ㄱ　② ㄷ　③ ㄱ, ㄴ　④ ㄴ, ㄷ　⑤ ㄱ, ㄴ, ㄷ

18. 다음은 사람의 방어 작용에 대한 실험이다.

> ○ 침과 눈물에는 ㉠ 세균의 증식을 억제하는 물질이 있다.
>
> [실험 과정 및 결과]
>
> (가) 사람의 침과 눈물을 각각 표와 같은 농도로 준비한다.
>
> (나) (가)에서 준비한 침과 눈물에 같은 양의 세균 G를 각각 넣고 일정 시간 동안 배양한 후, G의 증식 여부를 확인한 결과는 표와 같다.
>
> | 농도 (상댓값) | 침 | 눈물 |
> |---|---|---|
> | 1 | ⓐ | × |
> | 0.1 | × | ? |
> | 0.01 | ○ | × |
>
> (○: 증식됨, ×: 증식 안 됨)

이에 대한 설명으로 옳은 것만을 〈보기〉에서 있는 대로 고른 것은? (단, 제시된 조건 이외는 고려하지 않는다.) [3점]

> 〈 보 기 〉
> ㄱ. 라이소자임은 ㉠에 해당한다.
> ㄴ. ⓐ는 '×'이다.
> ㄷ. 사람의 침과 눈물은 비특이적 방어 작용에 관여한다.

① ㄱ　② ㄷ　③ ㄱ, ㄴ　④ ㄴ, ㄷ　⑤ ㄱ, ㄴ, ㄷ

19. 다음은 사람의 유전 형질 (가)~(다)에 대한 자료이다.

> ○ (가)~(다)의 유전자는 서로 다른 2개의 상염색체에 있으며, (가)의 유전자는 (다)의 유전자와 서로 다른 상염색체에 있다.
>
> ○ (가)는 대립유전자 A와 a에 의해 결정되며, 유전자형이 다르면 표현형이 다르다.
>
> ○ (나)는 대립유전자 B와 b에 의해, (다)는 대립유전자 D와 d에 의해 결정된다.
>
> ○ (나)와 (다) 중 하나는 대문자로 표시되는 대립유전자가 소문자로 표시되는 대립유전자에 대해 완전 우성이고, 나머지 하나는 유전자형이 다르면 표현형이 다르다.
>
> ○ 유전자형이 AaBbDD인 남자 P와 AaBbDd인 여자 Q 사이에서 ⓐ가 태어날 때, ⓐ에게서 나타날 수 있는 (가)~(다)의 표현형은 최대 8가지이다.

유전자형이 AabbDd인 아버지와 AaBBDd인 어머니 사이에서 아이가 태어날 때, 이 아이의 (가)~(다)의 표현형이 모두 Q와 같을 확률은? (단, 돌연변이와 교차는 고려하지 않는다.) [3점]

① $\frac{1}{16}$　② $\frac{1}{8}$　③ $\frac{3}{16}$　④ $\frac{1}{4}$　⑤ $\frac{3}{8}$

20. 그림은 평형 상태인 생태계 S에서 1차 소비자의 개체 수가 일시적으로 증가한 후 평형 상태로 회복되는 과정의 시점 t_1~t_5에서의 개체 수 피라미드를, 표는 구간 I~IV에서의 생산자, 1차 소비자, 2차 소비자의 개체 수 변화를 나타낸 것이다. ㉠은 '증가'와 '감소' 중 하나이다.

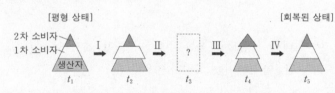

[평형 상태]　　　　　　　　　　　　　　　　[회복된 상태]

2차 소비자
1차 소비자
생산자
t_1　　I　　t_2　　II　　t_3　　III　　t_4　　IV　　t_5

구간 영양 단계	I	II	III	IV
2차 소비자	변화 없음	증가	?	㉠
1차 소비자	증가	?	감소	?
생산자	변화 없음	감소	?	증가

이에 대한 설명으로 옳은 것만을 〈보기〉에서 있는 대로 고른 것은? (단, 제시된 조건 이외는 고려하지 않는다.)

> 〈 보 기 〉
> ㄱ. ㉠은 '감소'이다.
> ㄴ. $\frac{2차\ 소비자의\ 개체\ 수}{생산자의\ 개체\ 수}$ 는 t_2일 때가 t_3일 때보다 크다.
> ㄷ. t_5일 때, 상위 영양 단계로 갈수록 각 영양 단계의 에너지양은 증가한다.

① ㄱ　② ㄷ　③ ㄷ　④ ㄱ, ㄴ　⑤ ㄱ, ㄷ

---

* 확인 사항
○ 답안지의 해당란에 필요한 내용을 정확히 기입(표기)했는지 확인하시오.

성명 [   ]   수험 번호 [| | | | | — | | | |]

---

1. 다음은 넓적부리도요에 대한 자료이다.

> 넓적부리도요는 겨울을 따뜻한 남쪽 지역에서 보내고 봄에는 북쪽 지역으로 이동하여 ㉠번식한다. 이 새는 작은 해양 생물을 많이 먹어 ㉡장거리 비행에 필요한 에너지를 얻으며, ㉢갯벌에서 먹이를 잡기에 적합한 숟가락 모양의 부리를 갖는다.

이 자료에 대한 설명으로 옳은 것만을 〈보기〉에서 있는 대로 고른 것은?

〈 보 기 〉
ㄱ. ㉠ 과정에서 유전 물질이 자손에게 전달된다.
ㄴ. ㉡ 과정에서 물질대사가 일어난다.
ㄷ. ㉢은 적응과 진화의 예에 해당한다.

① ㄱ   ② ㄴ   ③ ㄱ, ㄷ   ④ ㄴ, ㄷ   ⑤ ㄱ, ㄴ, ㄷ

---

2. 그림 (가)는 정상인 A와 B에서 시간에 따라 측정한 체중을, (나)는 시점 t_1과 t_2일 때 A와 B에서 측정한 혈중 지질 농도를 나타낸 것이다. A와 B는 '규칙적으로 운동을 한 사람'과 '운동을 하지 않은 사람'을 순서 없이 나타낸 것이다.

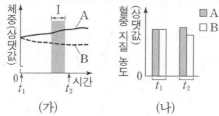

(가)   (나)

이 자료에 대한 설명으로 옳은 것만을 〈보기〉에서 있는 대로 고른 것은? (단, 제시된 조건 이외의 다른 조건은 동일하다.) [3점]

〈 보 기 〉
ㄱ. B는 '규칙적으로 운동을 한 사람'이다.
ㄴ. 구간 I에서 $\frac{\text{에너지 섭취량}}{\text{에너지 소비량}}$ 은 A에서가 B에서보다 작다.
ㄷ. t_2일 때 혈중 지질 농도는 A에서가 B에서보다 낮다.

① ㄱ   ② ㄷ   ③ ㄱ, ㄴ   ④ ㄴ, ㄷ   ⑤ ㄱ, ㄴ, ㄷ

---

3. 표는 사람의 중추 신경계에 속하는 구조 A~C에서 특징의 유무를 나타낸 것이다. A~C는 간뇌, 소뇌, 연수를 순서 없이 나타낸 것이다.

특징＼구조	A	B	C
시상 하부가 있다.	×	○	×
뇌줄기를 구성한다.	○	?	ⓐ
(가)	○	×	×

(○: 있음, ×: 없음)

이에 대한 설명으로 옳은 것만을 〈보기〉에서 있는 대로 고른 것은?

〈 보 기 〉
ㄱ. ⓐ는 '○'이다.
ㄴ. B는 간뇌이다.
ㄷ. '심장 박동을 조절하는 부교감 신경의 신경절 이전 뉴런의 신경 세포체가 있다.'는 (가)에 해당한다.

① ㄱ   ② ㄴ   ③ ㄱ, ㄷ   ④ ㄴ, ㄷ   ⑤ ㄱ, ㄴ, ㄷ

---

4. 다음은 숲 F에서 새와 박쥐가 곤충 개체 수 감소에 미치는 영향을 알아보기 위한 탐구이다.

> (가) F를 동일한 조건의 구역 ⓐ~ⓒ로 나눈 후, ⓐ에는 새와 박쥐의 접근을 차단하지 않았고, ⓑ에는 새의 접근만 차단하였으며, ⓒ에는 박쥐의 접근만 차단하였다.
> (나) 일정 시간이 지난 후, ⓐ~ⓒ에서 곤충 개체 수를 조사한 결과는 그림과 같다.

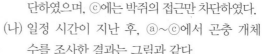

이 자료에 대한 설명으로 옳은 것만을 〈보기〉에서 있는 대로 고른 것은? (단, 제시된 조건 이외는 고려하지 않는다.) [3점]

〈 보 기 〉
ㄱ. 조작 변인은 곤충 개체 수이다.
ㄴ. ⓒ에서 곤충에 환경 저항이 작용하였다.
ㄷ. 곤충 개체 수 감소에 미치는 영향은 새가 박쥐보다 크다.

① ㄱ   ② ㄴ   ③ ㄷ   ④ ㄱ, ㄷ   ⑤ ㄴ, ㄷ

---

5. 그림은 동물 종 X에서 ㉠ 섭취량에 따른 혈장 삼투압을 나타낸 것이다. ㉠은 물과 소금 중 하나이고, I과 II는 '항이뇨 호르몬(ADH)이 정상적으로 분비되는 개체'와 '항이뇨 호르몬(ADH)이 정상보다 적게 분비되는 개체'를 순서 없이 나타낸 것이다.

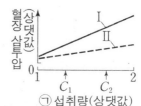

㉠ 섭취량(상댓값)

이에 대한 설명으로 옳은 것만을 〈보기〉에서 있는 대로 고른 것은? (단, 제시된 조건 이외는 고려하지 않는다.) [3점]

〈 보 기 〉
ㄱ. 콩팥은 ADH의 표적 기관이다.
ㄴ. I은 'ADH가 정상적으로 분비되는 개체'이다.
ㄷ. II에서 단위 시간당 오줌 생성량은 C_1일 때가 C_2일 때보다 적다.

① ㄱ   ② ㄴ   ③ ㄱ, ㄷ   ④ ㄴ, ㄷ   ⑤ ㄱ, ㄴ, ㄷ

---

6. 그림은 생태계를 구성하는 요소 사이의 상호 관계를, 표는 상호 작용의 예를 나타낸 것이다. (가)와 (나)는 순위제의 예와 텃세의 예를 순서 없이 나타낸 것이다.

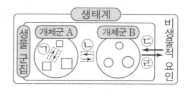

> (가) 갈색벌새는 꿀을 확보하기 위해 다른 갈색벌새가 서식 공간에 접근하는 것을 막는다.
> (나) 유럽산비둘기 무리에서는 서열이 높은 개체일수록 무리의 가운데 위치를 차지한다.

이에 대한 설명으로 옳은 것만을 〈보기〉에서 있는 대로 고른 것은?

〈 보 기 〉
ㄱ. (가)는 텃세의 예이다.
ㄴ. (나)의 상호 작용은 ㉡에 해당한다.
ㄷ. 거북이의 성별이 발생 시기 알의 주변 온도에 의해 결정되는 것은 ㉣의 예에 해당한다.

① ㄱ   ② ㄷ   ③ ㄱ, ㄴ   ④ ㄴ, ㄷ   ⑤ ㄱ, ㄴ, ㄷ

7. 그림은 사람 면역 결핍 바이러스
(HIV)에 감염된 사람에서 체내
HIV의 수(ⓐ)와 HIV에 감염된 사
람이 결핵의 병원체에 노출되었을
때 결핵 발병 확률(ⓑ)을 시간에 따
라 각각 나타낸 것이다.

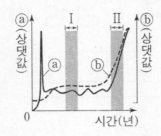

이에 대한 설명으로 옳은 것만을 〈보기〉에서 있는 대로 고른 것은?

───────────〈 보 기 〉───────────
ㄱ. 결핵의 치료에 항생제가 사용된다.
ㄴ. HIV는 살아 있는 숙주 세포 안에서만 증식할 수 있다.
ㄷ. ⓑ는 구간 Ⅰ에서가 구간 Ⅱ에서보다 높다.
───────────────────────────────

① ㄱ　　② ㄷ　　③ ㄱ, ㄴ　　④ ㄴ, ㄷ　　⑤ ㄱ, ㄴ, ㄷ

8. 그림은 사람의 체세포 세포 주기를, 표는 이 사람의 체세포 세
포 주기의 ㉠~㉢에서 나타나는 특징을 나타낸 것이다. ㉠~㉢은
G₂기, M기(분열기), S기를 순서 없이 나타낸 것이다.

구분	특징
㉠	?
㉡	핵에서 DNA 복제가 일어난다.
㉢	핵막이 관찰된다.

이에 대한 설명으로 옳은 것만을 〈보기〉에서 있는 대로 고른 것은?

───────────〈 보 기 〉───────────
ㄱ. 세포 주기는 Ⅰ 방향으로 진행된다.
ㄴ. ㉠ 시기에 상동 염색체의 접합이 일어난다.
ㄷ. ㉡과 ㉢은 모두 간기에 속한다.
───────────────────────────────

① ㄱ　　② ㄷ　　③ ㄱ, ㄴ　　④ ㄴ, ㄷ　　⑤ ㄱ, ㄴ, ㄷ

9. 다음은 병원체 ㉠과 ㉡에 대한 생쥐의 방어 작용 실험이다.

[실험 과정 및 결과]
(가) 유전적으로 동일하고 가슴샘이 없는 생쥐 Ⅰ~Ⅵ을 준비한다.
Ⅰ~Ⅵ은 ㉠과 ㉡에 노출된 적이 없다.
(나) Ⅰ과 Ⅱ에 ㉠을, Ⅲ과 Ⅳ에 ㉡을, Ⅴ와 Ⅵ에 ㉠과 ㉡ 모두를
감염시키고, Ⅱ, Ⅳ, Ⅵ에 ⓐ에 대한 보조 T 림프구를 각각 주
사한다. ⓐ는 ㉠과 ㉡ 중 하나이다.
(다) 일정 시간이 지난 후, Ⅰ~Ⅵ에서 ⓐ에 대한 항원 항체 반응
여부와 생존 여부를 확인한 결과는 표와 같다.

생쥐	Ⅰ	Ⅱ	Ⅲ	Ⅳ	Ⅴ	Ⅵ
항원 항체 반응 여부	일어나지 않음	일어나지 않음	?	일어남	?	일어남
생존 여부	죽는다	?	죽는다	산다	죽는다	죽는다

이에 대한 설명으로 옳은 것만을 〈보기〉에서 있는 대로 고른 것
은? (단, 제시된 조건 이외는 고려하지 않는다.) [3점]

───────────〈 보 기 〉───────────
ㄱ. ⓐ는 ㉠이다.
ㄴ. (다)의 Ⅳ에서 B 림프구로부터 형질 세포로의 분화가 일어났다.
ㄷ. (다)의 Ⅵ에서 ㉡에 대한 특이적 방어 작용이 일어났다.
───────────────────────────────

① ㄱ　　② ㄴ　　③ ㄷ　　④ ㄴ, ㄷ　　⑤ ㄱ, ㄴ, ㄷ

10. 그림은 어떤 동물에게 호르몬 X를
투여한 후 시간에 따른 ⓐ와 ⓑ를 나
타낸 것이다. X는 글루카곤과 인슐
린 중 하나이고, ⓐ와 ⓑ는 '간에서
단위 시간당 글리코젠으로부터 생성
되는 포도당의 양'과 '혈중 포도당 농도'를 순서 없이 나타낸 것이다.
이 자료에 대한 설명으로 옳은 것만을 〈보기〉에서 있는 대로 고
른 것은? (단, 제시된 조건 이외는 고려하지 않는다.) [3점]

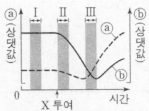

───────────〈 보 기 〉───────────
ㄱ. 혈중 포도당 농도는 구간 Ⅰ에서가 구간 Ⅲ에서보다 낮다.
ㄴ. 혈중 인슐린 농도는 구간 Ⅰ에서가 구간 Ⅱ에서보다 낮다.
ㄷ. 혈중 글루카곤 농도는 구간 Ⅱ에서가 구간 Ⅲ에서보다 높다.
───────────────────────────────

① ㄱ　　② ㄴ　　③ ㄷ　　④ ㄱ, ㄴ　　⑤ ㄴ, ㄷ

11. 사람에서 일어나는 물질대사에 대한 설명으로 옳은 것만을 〈보기〉
에서 있는 대로 고른 것은?

───────────〈 보 기 〉───────────
ㄱ. 녹말이 포도당으로 분해되는 과정에서 이화 작용이 일어난다.
ㄴ. 암모니아가 요소로 전환되는 과정에서 효소가 이용된다.
ㄷ. 지방이 세포 호흡에 사용된 결과 생성되는 노폐물에는 물과 이
산화 탄소가 있다.
───────────────────────────────

① ㄱ　　② ㄴ　　③ ㄱ, ㄷ　　④ ㄴ, ㄷ　　⑤ ㄱ, ㄴ, ㄷ

12. 다음은 민말이집 신경 A~C의 흥분 전도와 전달에 대한 자료이다.

○ 그림은 A~C의 지점 d_1~d_5의 위치를, 표는 ㉮ A와 B의 P에, C
의 Q에 역치 이상의 자극을 동시에 1회 주고 경과된 시간이 4 ms
일 때 d_1, d_3, d_5에서의 막전위를 나타낸 것이다. P와 Q는 각각
d_2, d_3, d_4 중 하나이고, ㉠~㉺ 중 세 곳에만 시냅스가 있다.

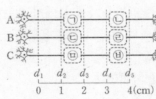

신경	4 ms일 때 막전위(mV)		
	d_1	d_3	d_5
A	+30	-70	-60
B	ⓐ	?	+30
C	-70	-80	-80

○ A를 구성하는 모든 뉴런의 흥분 전도 속도는 1 cm/ms로 같다.
B를 구성하는 모든 뉴런의 흥분 전도 속도는 x로 같고, C를 구
성하는 모든 뉴런의 흥분 전도 속도는 y로 같다. x와 y는 1
cm/ms와 2 cm/ms를 순서 없이 나
타낸 것이다.

○ A~C 각각에서 활동 전위가 발생하
였을 때, 각 지점에서의 막전위 변화
는 그림과 같다.

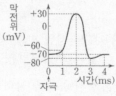

이에 대한 설명으로 옳은 것만을 〈보기〉에서 있는 대로 고른 것
은? (단, A~C에서 흥분의 전도는 각각 1회 일어났고, 휴지 전
위는 −70 mV이다.) [3점]

───────────〈 보 기 〉───────────
ㄱ. ⓐ는 +30이다.
ㄴ. ㉺에 시냅스가 있다.
ㄷ. ㉮가 3 ms일 때, B의 d_5에서 탈분극이 일어나고 있다.
───────────────────────────────

① ㄱ　　② ㄴ　　③ ㄱ, ㄷ　　④ ㄴ, ㄷ　　⑤ ㄱ, ㄴ, ㄷ

13. 다음은 골격근의 수축 과정에 대한 자료이다.

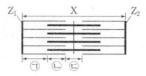

> ○ 그림은 근육 원섬유 마디 X의 구조를 나타낸 것이다. X는 좌우 대칭이고, Z₁과 Z₂는 X의 Z선이다.
>
> ○ 구간 ㉠은 액틴 필라멘트만 있는 부분이고, ㉡은 액틴 필라멘트와 마이오신 필라멘트가 겹치는 부분이며, ㉢은 마이오신 필라멘트만 있는 부분이다.
>
> ○ 표는 골격근 수축 과정의 세 시점 t_1, t_2, t_3일 때, ㉠의 길이에서 ㉡의 길이를 뺀 값을 ㉢의 길이로 나눈 값$\left(\dfrac{㉠-㉡}{㉢}\right)$과 X의 길이를 나타낸 것이다.
>
> ○ t_3일 때 A대의 길이는 1.6 μm 이다.

시점	$\dfrac{㉠-㉡}{㉢}$	X의 길이
t_1	$\dfrac{5}{8}$	3.4 μm
t_2	$\dfrac{1}{2}$	?
t_3	$\dfrac{1}{4}$	L

이에 대한 설명으로 옳은 것만을 〈보기〉에서 있는 대로 고른 것은?

〈 보 기 〉
ㄱ. H대의 길이는 t_3일 때가 t_1일 때보다 0.2 μm 짧다.
ㄴ. t_2일 때 ㉠의 길이는 t_1일 때 ㉡의 길이의 2배이다.
ㄷ. t_3일 때 Z₁로부터 Z₂ 방향으로 거리가 $\dfrac{1}{4}$L인 지점은 ㉠에 해당한다.

① ㄱ   ② ㄴ   ③ ㄷ   ④ ㄱ, ㄴ   ⑤ ㄴ, ㄷ

14. 사람의 유전 형질 ㉮는 서로 다른 3개의 상염색체에 있는 3쌍의 대립유전자 A와 a, B와 b, D와 d에 의해 결정된다. 표는 사람 P의 세포 (가)~(라)에서 대립유전자 ㉠~㉣의 유무와 a, B, D의 DNA 상대량을 더한 값(a+B+D)을 나타낸 것이고, 그림은 정자가 형성되는 과정을 나타낸 것이다. (가)~(라)는 생식세포 형성 과정에서 나타나는 세포이고, (가)~(라) 중 2개는 G₁기 세포 Ⅰ로부터 형성되었으며, 나머지 2개는 각각 G₁기 세포 Ⅱ와 Ⅲ으로부터 형성되었다. ㉠~㉣은 A, a, b, D를 순서 없이 나타낸 것이고, ⓐ와 ⓑ는 Ⅱ로부터 형성된 중기의 세포이며, ⓐ는 (가)~(라) 중 하나이다.

세포	㉠	㉡	㉢	㉣	a+B+D
(가)	×	○	×	×	4
(나)	×	?	○	×	3
(다)	○	×	○	×	2
(라)	×	?	?	○	1

(○: 있음, ×: 없음)

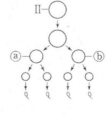

이에 대한 설명으로 옳은 것만을 〈보기〉에서 있는 대로 고른 것은? (단, 돌연변이와 교차는 고려하지 않으며, A, a, B, b, D, d 각각의 1개당 DNA 상대량은 1이다.) [3점]

〈 보 기 〉
ㄱ. ㉣은 A이다.
ㄴ. Ⅰ로부터 (다)가 형성되었다.
ㄷ. ⓑ에서 a, b, D의 DNA 상대량을 더한 값은 4이다.

① ㄱ   ② ㄴ   ③ ㄷ   ④ ㄱ, ㄴ   ⑤ ㄴ, ㄷ

15. 다음은 사람의 유전 형질 (가)와 (나)에 대한 자료이다.

> ○ (가)는 1쌍의 대립유전자에 의해 결정되며, 대립유전자에는 D, E, F가 있다. (가)의 표현형은 3가지이며, 각 대립유전자 사이의 우열 관계는 분명하다.
>
> ○ (나)는 1쌍의 대립유전자에 의해 결정되며, 대립유전자에는 H, R, T가 있다. (나)의 표현형은 3가지이며, 각 대립유전자 사이의 우열 관계는 분명하다.
>
> ○ 그림은 남자 Ⅰ, Ⅱ와 여자 Ⅲ, Ⅳ의 체세포 각각에 들어 있는 일부 염색체와 유전자를 나타낸 것이다. ㉠~㉢은 D, E, F를 순서 없이 나타낸 것이고, ㉣과 ㉤은 각각 H, R, T 중 하나이다.

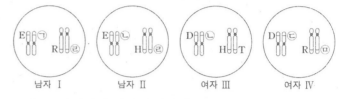

남자 Ⅰ   남자 Ⅱ   여자 Ⅲ   여자 Ⅳ

> ○ Ⅰ과 Ⅲ 사이에서 아이가 태어날 때, 이 아이가 유전자형이 DDTT인 사람과 (가)와 (나)의 표현형이 모두 같을 확률은 $\dfrac{9}{16}$이다.
>
> ○ Ⅱ와 Ⅳ 사이에서 ⓐ가 태어날 때, ⓐ에게서 나타날 수 있는 (가)와 (나)의 표현형은 최대 9가지이다.

이에 대한 설명으로 옳은 것만을 〈보기〉에서 있는 대로 고른 것은? (단, 돌연변이와 교차는 고려하지 않는다.)

〈 보 기 〉
ㄱ. ㉠은 D이다.
ㄴ. H는 R에 대해 완전 우성이다.
ㄷ. ⓐ의 (가)와 (나)의 표현형이 모두 Ⅱ와 같을 확률은 $\dfrac{1}{4}$이다.

① ㄱ   ② ㄴ   ③ ㄱ, ㄷ   ④ ㄴ, ㄷ   ⑤ ㄱ, ㄴ, ㄷ

16. 그림은 어떤 식물 군집의 천이 과정 일부를, 표는 이 과정 중 ㉠에서 방형구법을 이용하여 식물 군집을 조사한 결과를 나타낸 것이다. ㉠은 A와 B 중 하나이고, A와 B는 양수림과 음수림을 순서 없이 나타낸 것이다. 종 Ⅰ과 Ⅱ는 침엽수(양수)에 속하고, 종 Ⅲ과 Ⅳ는 활엽수(음수)에 속한다. ㉠에서 Ⅳ의 상대 밀도는 5 % 이다.

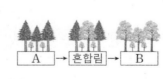

A → 혼합림 → B

구분	Ⅰ	Ⅱ	Ⅲ	Ⅳ
빈도	0.39	0.32	0.22	0.07
개체 수	ⓐ	36	18	6
상대 피도 (%)	37	53	ⓑ	5

이 자료에 대한 설명으로 옳은 것만을 〈보기〉에서 있는 대로 고른 것은? (단, Ⅰ~Ⅳ 이외의 종은 고려하지 않는다.) [3점]

〈 보 기 〉
ㄱ. ㉠은 B이다.
ㄴ. ⓐ+ⓑ=65이다.
ㄷ. ㉠에서 중요치(중요도)가 가장 큰 종은 Ⅰ이다.

① ㄱ   ② ㄴ   ③ ㄱ, ㄷ   ④ ㄴ, ㄷ   ⑤ ㄱ, ㄴ, ㄷ

17. 다음은 어떤 가족의 유전 형질 (가)~(다)에 대한 자료이다.

- ○ (가)~(다)의 유전자 중 2개는 X 염색체에 있고, 나머지 1개는 상염색체에 있다.
- ○ (가)는 대립유전자 A와 a에 의해, (나)는 대립유전자 B와 b에 의해, (다)는 대립유전자 D와 d에 의해 결정된다.
- ○ 표는 이 가족 구성원 ⊙~ꂌ의 성별과 체세포 1개당 a, B, D의 DNA 상대량을 나타낸 것이다. ⊙~ꂌ은 아버지, 어머니, 자녀 1, 자녀 2, 자녀 3, 자녀 4를 순서 없이 나타낸 것이다.
- ○ 어머니의 난자 형성 과정에서 성염색체 비분리가 1회 일어나 염색체 수가 비정상적인 난자 P가 형성되었다. P가 정상 정자와 수정되어 자녀 4가 태어났으며, 자녀 4는 클라인펠터 증후군의 염색체 이상을 보인다.
- ○ 자녀 4를 제외한 이 가족 구성원의 핵형은 모두 정상이다.

구성원	성별	DNA 상대량		
		a	B	D
⊙	여	1	0	1
ⓛ	여	1	1	1
ⓒ	남	1	2	0
ⓔ	남	0	1	1
ⓜ	남	1	1	1
ꂌ	남	0	0	1

이에 대한 설명으로 옳은 것만을 〈보기〉에서 있는 대로 고른 것은? (단, 제시된 염색체 비분리 이외의 돌연변이와 교차는 고려하지 않으며, A, a, B, b, D, d 각각의 1개당 DNA 상대량은 1이다.) [3점]

〈보 기〉
- ㄱ. ⓜ은 아버지이다.
- ㄴ. 염색체 비분리는 감수 1 분열에서 일어났다.
- ㄷ. ⊙에게서 a, b, D를 모두 갖는 생식세포가 형성될 수 있다.

① ㄱ　　② ㄴ　　③ ㄷ　　④ ㄱ, ㄴ　　⑤ ㄴ, ㄷ

---

18. 어떤 동물 종(2*n*=6)의 유전 형질 ㉲는 2쌍의 대립유전자 H와 h, T와 t에 의해 결정된다. 표는 이 동물 종의 개체 P와 Q의 세포 I~IV에서 H와 t의 DNA 상대량을 더한 값(H+t)과 h와 t의 DNA 상대량을 더한 값(h+t)을, 그림은 세포 (가)와 (나) 각각에 들어 있는 모든 염색체를 나타낸 것이다. (가)와 (나)는 각각 I~IV 중 하나이고, ⊙과 ⓛ은 X 염색체와 Y 염색체를 순서 없이 나타낸 것이며, ⊙과 ⓛ의 모양과 크기는 나타내지 않았다. P는 수컷이고 성염색체는 XY이며, Q는 암컷이고 성염색체는 XX이다.

세포	H+t	h+t
I	3	1
II	0	2
III	?	0
IV	4	?

(가)

(나)

이에 대한 설명으로 옳은 것만을 〈보기〉에서 있는 대로 고른 것은? (단, 돌연변이와 교차는 고려하지 않으며, H, h, T, t 각각의 1개당 DNA 상대량은 1이다.)

〈보 기〉
- ㄱ. (나)는 P의 세포이다.
- ㄴ. I과 III의 핵상은 같다.
- ㄷ. T의 DNA 상대량은 II에서와 IV에서가 서로 같다.

① ㄱ　　② ㄴ　　③ ㄱ, ㄷ　　④ ㄴ, ㄷ　　⑤ ㄱ, ㄴ, ㄷ

---

19. 다음은 어떤 집안의 유전 형질 (가)와 (나)에 대한 자료이다.

- ○ (가)의 유전자와 (나)의 유전자는 같은 염색체에 있다.
- ○ (가)는 대립유전자 A와 a에 의해, (나)는 대립유전자 B와 b에 의해 결정된다. A는 a에 대해, B는 b에 대해 각각 완전 우성이다.
- ○ 가계도는 구성원 ⓐ~ⓒ를 제외한 구성원 1~6에게서 (가)와 (나)의 발현 여부를 나타낸 것이다. ⓒ는 남자이다.

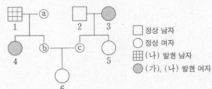

□ 정상 남자
○ 정상 여자
⊞ (나) 발현 남자
● (가), (나) 발현 여자

- ○ 표는 구성원 ⓐ, 2, 4, 5에서 체세포 1개당 a와 B의 DNA 상대량을 나타낸 것이다. ⊙~ⓒ은 0, 1, 2를 순서 없이 나타낸 것이다.

구성원		ⓐ	2	4	5
DNA 상대량	a	?	?	?	⊙
	B	ⓛ	1	ⓛ	ⓒ

- ○ ⓐ~ⓒ 중 한 사람은 (가)와 (나) 중 (가)만 발현되었고, 다른 한 사람은 (가)와 (나) 중 (나)만 발현되었으며, 나머지 한 사람은 (가)와 (나)가 모두 발현되었다.

이에 대한 설명으로 옳은 것만을 〈보기〉에서 있는 대로 고른 것은? (단, 돌연변이와 교차는 고려하지 않으며, A, a, B, b 각각의 1개당 DNA 상대량은 1이다.) [3점]

〈보 기〉
- ㄱ. (가)는 우성 형질이다.
- ㄴ. 이 가계도 구성원 중 체세포 1개당 b의 DNA 상대량이 ⊙인 사람은 4명이다.
- ㄷ. 6의 동생이 태어날 때, 이 아이에게서 (가)와 (나)가 모두 발현될 확률은 $\frac{1}{4}$이다.

① ㄱ　　② ㄴ　　③ ㄷ　　④ ㄱ, ㄴ　　⑤ ㄱ, ㄷ

---

20. 표 (가)는 질소 순환 과정에서 나타나는 두 가지 특징을, (나)는 (가)의 특징 중 A와 B가 갖는 특징의 개수를 나타낸 것이다. A와 B는 질소 고정 작용과 탈질산화 작용을 순서 없이 나타낸 것이다.

특징
○ 세균이 관여한다.
○ 대기 중의 질소 기체가 ⊙ 암모늄 이온(NH_4^+)으로 전환된다.

(가)

구분	특징의 개수
A	2
B	1

(나)

이에 대한 설명으로 옳은 것만을 〈보기〉에서 있는 대로 고른 것은?

〈보 기〉
- ㄱ. B는 탈질산화 작용이다.
- ㄴ. 뿌리혹박테리아는 A에 관여한다.
- ㄷ. 질산화 세균은 ⊙이 질산 이온(NO_3^-)으로 전환되는 과정에 관여한다.

① ㄱ　　② ㄷ　　③ ㄱ, ㄴ　　④ ㄴ, ㄷ　　⑤ ㄱ, ㄴ, ㄷ

＊ 확인 사항
○ 답안지의 해당란에 필요한 내용을 정확히 기입(표기)했는지 확인하시오.

1. 표는 생물의 특성의 예를 나타낸 것이다. (가)와 (나)는 발생과 생장, 항상성을 순서 없이 나타낸 것이다.

생물의 특성	예
(가)	사람은 더울 때 땀을 흘려 체온을 일정하게 유지한다.
(나)	달걀은 병아리를 거쳐 닭이 된다.
적응과 진화	ⓐ

이에 대한 설명으로 옳은 것만을 〈보기〉에서 있는 대로 고른 것은?

〈보 기〉
ㄱ. (가)는 항상성이다.
ㄴ. (나) 과정에서 세포 분열이 일어난다.
ㄷ. '더운 지역에 사는 사막여우는 열 방출에 효과적인 큰 귀를 갖는다.'는 ⓐ에 해당한다.

① ㄱ   ② ㄷ   ③ ㄱ, ㄴ   ④ ㄴ, ㄷ   ⑤ ㄱ, ㄴ, ㄷ

2. 그림은 사람에서 일어나는 물질대사 과정 I과 II를 나타낸 것이다. ㉠과 ㉡은 암모니아와 이산화 탄소를 순서 없이 나타낸 것이다.

포도당 —I→ 물, ㉠
아미노산 —II→ 물, ㉠, ㉡

이에 대한 설명으로 옳은 것만을 〈보기〉에서 있는 대로 고른 것은?

〈보 기〉
ㄱ. ㉠은 이산화 탄소이다.
ㄴ. 간에서 ㉡이 요소로 전환된다.
ㄷ. I과 II에서 모두 이화 작용이 일어난다.

① ㄱ   ② ㄷ   ③ ㄱ, ㄴ   ④ ㄴ, ㄷ   ⑤ ㄱ, ㄴ, ㄷ

3. 그림 (가)는 어떤 사람이 병원체 X에 감염되었을 때 생성된 X에 대한 항체 Y의 구조를, (나)는 X와 Y의 항원 항체 반응을 나타낸 것이다. ㉠과 ㉡ 중 하나는 항원 결합 부위이다.

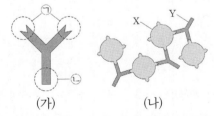

(가)   (나)

이에 대한 설명으로 옳은 것만을 〈보기〉에서 있는 대로 고른 것은? [3점]

〈보 기〉
ㄱ. Y는 형질 세포로부터 생성된다.
ㄴ. ㉡은 X에 특이적으로 결합하는 부위이다.
ㄷ. X에 대한 체액성 면역 반응에서 (나)가 일어난다.

① ㄱ   ② ㄴ   ③ ㄱ, ㄴ   ④ ㄴ, ㄷ   ⑤ ㄱ, ㄴ, ㄷ

4. 표는 사람의 내분비샘 ㉠과 ㉡에서 분비되는 호르몬과 표적 기관을 나타낸 것이다. ㉠과 ㉡은 뇌하수체 전엽과 뇌하수체 후엽을 순서 없이 나타낸 것이다.

내분비샘	호르몬	표적 기관
㉠	갑상샘 자극 호르몬(TSH)	갑상샘
㉡	항이뇨 호르몬(ADH)	?

이에 대한 설명으로 옳은 것만을 〈보기〉에서 있는 대로 고른 것은? [3점]

〈보 기〉
ㄱ. ㉠은 뇌하수체 후엽이다.
ㄴ. ADH는 콩팥에서 물의 재흡수를 촉진한다.
ㄷ. TSH와 ADH는 모두 혈액을 통해 표적 기관으로 운반된다.

① ㄱ   ② ㄷ   ③ ㄱ, ㄴ   ④ ㄴ, ㄷ   ⑤ ㄱ, ㄴ, ㄷ

5. 그림은 핵상이 $2n$인 식물 P의 체세포 분열 과정에서 관찰되는 세포 I ~ III을 나타낸 것이다. I ~ III은 분열기의 전기, 중기, 후기의 세포를 순서 없이 나타낸 것이다.

I   II   III

이에 대한 설명으로 옳은 것만을 〈보기〉에서 있는 대로 고른 것은?

〈보 기〉
ㄱ. I은 전기의 세포이다.
ㄴ. III에서 상동 염색체의 접합이 일어났다.
ㄷ. I ~ III에는 모두 히스톤 단백질이 있다.

① ㄱ   ② ㄴ   ③ ㄱ, ㄷ   ④ ㄴ, ㄷ   ⑤ ㄱ, ㄴ, ㄷ

6. 다음은 어떤 과학자가 수행한 탐구이다.

(가) 암이 있는 생쥐에서 면역 세포가 암세포를 인식하지 못해 암세포를 제거하지 못하는 것을 관찰하고, 면역 세포가 암세포를 인식하도록 도우면 암세포의 수가 줄어들 것이라고 생각했다.
(나) 동일한 암이 있는 생쥐 집단 I과 II를 준비하고, II에만 ㉠ 면역 세포가 암세포를 인식하도록 돕는 물질을 주사했다.
(다) 일정 시간이 지난 후 I과 II에서 암세포의 수를 측정한 결과, ⓐ에서만 암세포의 수가 줄어들었다. ⓐ는 I과 II 중 하나이다.
(라) 암이 있는 생쥐에서 면역 세포가 암세포를 인식하도록 도우면 암세포의 수가 줄어든다는 결론을 내렸다.

이 자료에 대한 설명으로 옳은 것만을 〈보기〉에서 있는 대로 고른 것은? [3점]

〈보 기〉
ㄱ. 조작 변인은 ㉠의 주사 여부이다.
ㄴ. ⓐ는 II이다.
ㄷ. (라)는 탐구 과정 중 결론 도출 단계에 해당한다.

① ㄱ   ② ㄴ   ③ ㄱ, ㄷ   ④ ㄴ, ㄷ   ⑤ ㄱ, ㄴ, ㄷ

7. 그림은 중추 신경계로부터 자율 신경 A와 B가 방광에 연결된 경로를, 표는 A와 B가 각각 방광에 작용할 때의 반응을 나타낸 것이다.

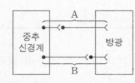

자율 신경	반응
A	방광 확장(이완)
B	방광 수축

이에 대한 설명으로 옳은 것만을 〈보기〉에서 있는 대로 고른 것은? [3점]

〈보 기〉

ㄱ. A의 신경절 이후 뉴런의 축삭 돌기 말단에서 노르에피네프린이 분비된다.
ㄴ. B의 신경절 이전 뉴런의 신경 세포체는 척수에 있다.
ㄷ. A와 B는 모두 말초 신경계에 속한다.

① ㄱ ② ㄴ ③ ㄱ, ㄷ ④ ㄴ, ㄷ ⑤ ㄱ, ㄴ, ㄷ

8. 다음은 사람 몸을 구성하는 기관계에 대한 자료이다. A와 B는 배설계와 소화계를 순서 없이 나타낸 것이다.

○ A에서 음식물을 분해하여 영양소를 흡수한다.
○ B에서 오줌을 통해 노폐물을 몸 밖으로 내보낸다.

이에 대한 설명으로 옳은 것만을 〈보기〉에서 있는 대로 고른 것은? [3점]

〈보 기〉

ㄱ. A는 소화계이다.
ㄴ. 소장은 B에 속한다.
ㄷ. A에서 흡수된 영양소의 일부는 순환계를 통해 조직 세포로 운반된다.

① ㄱ ② ㄴ ③ ㄱ, ㄷ ④ ㄴ, ㄷ ⑤ ㄱ, ㄴ, ㄷ

9. 그림은 핵상이 $2n$인 동물 A~C의 세포 (가)~(라) 각각에 들어 있는 모든 상염색체와 ㉠을 나타낸 것이다. A~C는 2가지 종으로 구분되고, ㉠은 X 염색체와 Y 염색체 중 하나이다. (가)~(라) 중 2개는 A의 세포이고, A와 C의 성은 같다. A~C의 성염색체는 암컷이 XX, 수컷이 XY이다.

(가)   (나)   (다)   (라)

이에 대한 설명으로 옳은 것만을 〈보기〉에서 있는 대로 고른 것은? (단, 돌연변이는 고려하지 않는다.)

〈보 기〉

ㄱ. ㉠은 X 염색체이다.
ㄴ. (가)는 A의 세포이다.
ㄷ. 체세포 분열 중기의 세포 1개당 $\dfrac{\text{X 염색체 수}}{\text{상염색체 수}}$ 는 B가 C보다 작다.

① ㄱ ② ㄴ ③ ㄷ ④ ㄱ, ㄴ ⑤ ㄴ, ㄷ

10. 표는 사람의 질병 A~C의 병원체에서 특징의 유무를 나타낸 것이다. A~C는 결핵, 독감, 말라리아를 순서 없이 나타낸 것이다.

특징 \ 병원체	A의 병원체	B의 병원체	C의 병원체
유전 물질을 갖는다.	㉠	?	○
스스로 물질대사를 한다.	○	?	×
원생생물에 속한다.	×	○	×

(○: 있음, ×: 없음)

이에 대한 설명으로 옳은 것만을 〈보기〉에서 있는 대로 고른 것은?

〈보 기〉

ㄱ. ㉠은 '×'이다.
ㄴ. B는 비감염성 질병이다.
ㄷ. C의 병원체는 바이러스이다.

① ㄱ ② ㄷ ③ ㄱ, ㄴ ④ ㄴ, ㄷ ⑤ ㄱ, ㄴ, ㄷ

11. 그림은 정상인이 탄수화물을 섭취한 후 시간에 따른 혈중 호르몬 ㉠과 ㉡의 농도를 나타낸 것이다. ㉠과 ㉡은 글루카곤과 인슐린을 순서 없이 나타낸 것이다.

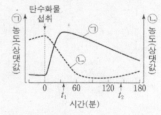

이에 대한 설명으로 옳은 것만을 〈보기〉에서 있는 대로 고른 것은?

〈보 기〉

ㄱ. ㉠은 세포로의 포도당 흡수를 촉진한다.
ㄴ. 혈중 포도당 농도는 t_2일 때가 t_1일 때보다 높다.
ㄷ. ㉠과 ㉡의 분비를 조절하는 중추는 중간뇌이다.

① ㄱ ② ㄴ ③ ㄱ, ㄷ ④ ㄴ, ㄷ ⑤ ㄱ, ㄴ, ㄷ

12. 사람의 유전 형질 (가)는 같은 염색체에 있는 3쌍의 대립유전자 A와 a, B와 b, D와 d에 의해 결정된다. 표는 어떤 가족 구성원의 세포 Ⅰ~Ⅳ가 갖는 A, a, B, b, D, d의 DNA 상대량을 나타낸 것이다. Ⅰ은 G_1기 세포이고, Ⅱ~Ⅳ는 감수 1분열 중기 세포, 감수 2분열 중기 세포, 생식세포를 순서 없이 나타낸 것이다.

세포	DNA 상대량					
	A	a	B	b	D	d
아버지의 세포 Ⅰ	1	0	1	?	?	1
어머니의 세포 Ⅱ	2	2	ⓐ	0	?	2
아들의 세포 Ⅲ	?	1	1	0	0	?
㉠ 딸의 세포 Ⅳ	ⓑ	0	2	?	?	0

이에 대한 설명으로 옳은 것만을 〈보기〉에서 있는 대로 고른 것은? (단, 돌연변이와 교차는 고려하지 않으며, A, a, B, b, D, d 각각의 1개당 DNA 상대량은 1이다.) [3점]

〈보 기〉

ㄱ. ⓐ+ⓑ=4이다.
ㄴ. $\dfrac{\text{Ⅱ의 염색 분체 수}}{\text{Ⅳ의 염색 분체 수}}$=2이다.
ㄷ. ㉠의 (가)의 유전자형은 AABBDd이다.

① ㄱ ② ㄴ ③ ㄷ ④ ㄱ, ㄴ ⑤ ㄴ, ㄷ

13. 다음은 골격근의 수축 과정에 대한 자료이다.

○ 그림은 근육 원섬유 마디 X의 구조를 나타낸 것이다. X는 좌우 대칭이고, Z_1과 Z_2는 X의 Z선이다.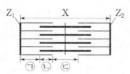

○ 구간 ㉠은 액틴 필라멘트만 있는 부분이고, ㉡은 액틴 필라멘트와 마이오신 필라멘트가 겹치는 부분이며, ㉢은 마이오신 필라멘트만 있는 부분이다.

○ 표는 골격근 수축 과정의 두 시점 t_1과 t_2일 때, ㉠의 길이와 ㉢의 길이를 더한 값(㉠+㉢), ㉡의 길이와 ㉢의 길이를 더한 값(㉡+㉢), X의 길이를 나타낸 것이다.

시점	㉠+㉢	㉡+㉢	X의 길이
t_1	?	1.4	?
t_2	1.4	?	2.8

(단위: μm)

○ t_1일 때 X의 길이는 L이고, A대의 길이는 $1.6\,\mu$m이다.

이에 대한 설명으로 옳은 것만을 〈보기〉에서 있는 대로 고른 것은?

─〈 보 기 〉─
ㄱ. X의 길이는 t_1일 때가 t_2일 때보다 $0.2\,\mu$m 길다.
ㄴ. t_1일 때 ㉡의 길이와 t_1일 때 ㉢의 길이를 더한 값은 $1.0\,\mu$m이다.
ㄷ. t_1일 때 X의 Z_1로부터 Z_2 방향으로 거리가 $\frac{3}{8}L$인 지점은 ㉡에 해당한다.

① ㄱ　② ㄴ　③ ㄱ, ㄷ　④ ㄴ, ㄷ　⑤ ㄱ, ㄴ, ㄷ

14. 다음은 사람의 유전 형질 (가)와 (나)에 대한 자료이다.

○ (가)의 유전자는 6번 염색체에, (나)의 유전자는 7번 염색체에 있다.

○ (가)는 1쌍의 대립유전자에 의해 결정되며, 대립유전자에는 A, B, D가 있다. (가)의 표현형은 4가지이며, (가)의 유전자형이 AA인 사람과 AB인 사람의 표현형은 같고, 유전자형이 BD인 사람과 DD인 사람의 표현형은 같다.

○ (나)는 2쌍의 대립유전자 E와 e, F와 f에 의해 결정된다.

○ (나)의 표현형은 유전자형에서 대문자로 표시되는 대립유전자의 수에 의해서만 결정되며, 이 대립유전자의 수가 다르면 표현형이 다르다.

○ P의 유전자형은 ABEeFf이고, P와 Q는 (나)의 표현형이 서로 같다.

○ P와 Q 사이에서 ⓐ가 태어날 때, ⓐ에게서 나타날 수 있는 (가)와 (나)의 표현형은 최대 12가지이다.

ⓐ의 (가)와 (나)의 표현형이 모두 Q와 같을 확률은? (단, 돌연변이와 교차는 고려하지 않는다.)

① $\frac{3}{8}$　② $\frac{1}{4}$　③ $\frac{3}{16}$　④ $\frac{1}{8}$　⑤ $\frac{1}{16}$

15. 다음은 민말이집 신경의 흥분 전도와 전달에 대한 자료이다.

○ 그림은 뉴런 A~C의 지점 P, Q와 d_1~d_6의 위치를, 표는 P와 Q에 역치 이상의 자극을 동시에 1회 주고 경과된 시간이 3 ms일 때 d_1과 d_2, 6 ms일 때 d_3과 d_4, 7 ms일 때 d_5와 d_6의 막전위를 나타낸 것이다. t_1과 t_2는 3 ms와 7 ms를 순서 없이 나타낸 것이고, ㉠~㉣은 d_1, d_2, d_5, d_6을 순서 없이 나타낸 것이다.

○ P와 d_1 사이의 거리는 1 cm이다.

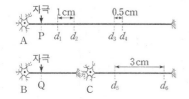

시간	6 ms		t_1		t_2	
지점	d_3	d_4	㉠	㉡	㉢	㉣
막전위(mV)	x	y	-80	y	y	0

○ x와 y는 $+30$과 -60을 순서 없이 나타낸 것이다.

○ A와 B의 흥분 전도 속도는 1 cm/ms이고, C의 흥분 전도 속도는 2 cm/ms이다.

○ A와 C 각각에서 활동 전위가 발생하였을 때, A의 각 지점에서의 막전위 변화는 그림 (가)와 (나) 중 하나이고, C의 각 지점에서의 막전위 변화는 나머지 하나이다.

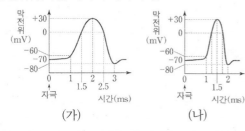

(가)　　　　　(나)

이에 대한 설명으로 옳은 것만을 〈보기〉에서 있는 대로 고른 것은? (단, A~C에서 흥분의 전도는 각각 1회 일어났고, 휴지 전위는 -70 mV이다.) [3점]

─〈 보 기 〉─
ㄱ. x는 $+30$이다.
ㄴ. ㉣은 d_6이다.
ㄷ. Q에 역치 이상의 자극을 1회 주고 경과된 시간이 6 ms일 때 d_5에서 탈분극이 일어나고 있다.

① ㄱ　② ㄴ　③ ㄷ　④ ㄱ, ㄷ　⑤ ㄴ, ㄷ

16. 그림은 생태계를 구성하는 요소 사이의 상호 관계를 나타낸 것이다. 이에 대한 설명으로 옳은 것만을 〈보기〉에서 있는 대로 고른 것은?

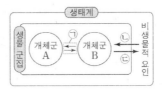

─〈 보 기 〉─
ㄱ. 늑대가 말코손바닥사슴을 잡아먹는 것은 ㉠의 예에 해당한다.
ㄴ. 지의류에 의해 암석의 풍화가 촉진되어 토양이 형성되는 것은 ㉡의 예에 해당한다.
ㄷ. 분해자는 비생물적 요인에 해당한다.

① ㄱ　② ㄴ　③ ㄱ, ㄴ　④ ㄴ, ㄷ　⑤ ㄱ, ㄴ, ㄷ

17. 다음은 어떤 가족의 유전 형질 (가)~(다)에 대한 자료이다.

○ (가)~(다)의 유전자 중 2개는 13번 염색체에, 나머지 1개는 X 염색체에 있다.
○ (가)는 대립유전자 H와 h에 의해, (나)는 대립유전자 R와 r에 의해, (다)는 대립유전자 T와 t에 의해 결정된다. H는 h에 대해, R는 r에 대해, T는 t에 대해 각각 완전 우성이다.
○ (가)~(다) 중 2개는 우성 형질이고, 나머지 1개는 열성 형질이다.
○ 표는 이 가족 구성원의 성별과 (가)~(다)의 발현 여부를 나타낸 것이다.

구성원	성별	(가)	(나)	(다)
아버지	남	○	×	×
어머니	여	○	○	○
자녀 1	남	○	○	○
자녀 2	여	×	×	×
자녀 3	남	×	×	○
자녀 4	여	×	○	○

(○: 발현됨, ×: 발현 안 됨)

○ 이 가족 구성원의 핵형은 모두 정상이다.
○ 염색체 수가 22인 생식세포 ㉠과 염색체 수가 24인 생식세포 ㉡이 수정되어 자녀 4가 태어났다. ㉠과 ㉡의 형성 과정에서 각각 13번 염색체 비분리가 1회 일어났다.

이에 대한 설명으로 옳은 것만을 〈보기〉에서 있는 대로 고른 것은? (단, 제시된 염색체 비분리 이외의 돌연변이와 교차는 고려하지 않는다.) [3점]

〈 보 기 〉
ㄱ. (나)는 우성 형질이다.
ㄴ. 아버지에게서 h, R, t를 모두 갖는 정자가 형성될 수 있다.
ㄷ. ㉡은 감수 1분열에서 염색체 비분리가 일어나 형성된 난자이다.

① ㄱ   ② ㄴ   ③ ㄷ   ④ ㄱ, ㄴ   ⑤ ㄴ, ㄷ

18. 다음은 서로 다른 지역 Ⅰ과 Ⅱ의 식물 군집에서 우점종을 알아보기 위한 탐구이다.

(가) Ⅰ과 Ⅱ 각각에 방형구를 설치하여 식물 종 A~C의 분포를 조사했다.
(나) 조사한 자료를 바탕으로 각각의 지역에서 A~C의 개체 수와 상대 빈도, 상대 피도, 중요치(중요도)를 구한 결과는 표와 같다.

지역	종	개체 수	상대 빈도(%)	상대 피도(%)	중요치
Ⅰ	A	10	?	30	?
	B	5	40	25	90
	C	?	40	45	110
Ⅱ	A	30	40	?	125
	B	15	30	?	?
	C	?	?	35	75

이 자료에 대한 설명으로 옳은 것만을 〈보기〉에서 있는 대로 고른 것은? (단, A~C 이외의 종은 고려하지 않는다.) [3점]

〈 보 기 〉
ㄱ. Ⅰ에서 C의 상대 밀도는 25 %이다.
ㄴ. Ⅱ에서 지표를 덮고 있는 면적이 가장 큰 종은 B이다.
ㄷ. Ⅰ에서의 우점종과 Ⅱ에서의 우점종은 모두 A이다.

① ㄱ   ② ㄷ   ③ ㄱ, ㄴ   ④ ㄴ, ㄷ   ⑤ ㄱ, ㄴ, ㄷ

19. 다음은 어떤 집안의 유전 형질 (가)와 (나)에 대한 자료이다.

○ (가)의 유전자와 (나)의 유전자 중 하나만 X 염색체에 있다.
○ (가)는 대립유전자 A와 a에 의해, (나)는 대립유전자 B와 b에 의해 결정된다. A는 a에 대해, B는 b에 대해 각각 완전 우성이다.
○ 가계도는 구성원 ⓐ를 제외한 구성원 1~6에게서 (가)와 (나)의 발현 여부를 나타낸 것이다.

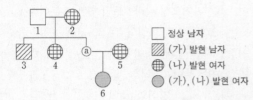

□ 정상 남자
▨ (가) 발현 남자
⊕ (나) 발현 여자
● (가), (나) 발현 여자

○ 표는 구성원 3, 4, ⓐ, 6에서 체세포 1개당 a, B, b의 DNA 상대량을 나타낸 것이다. ㉠~㉢은 0, 1, 2를 순서 없이 나타낸 것이다.

구성원		3	4	ⓐ	6
DNA 상대량	a	?	㉠	?	?
	B	㉠	?	㉠	㉡
	b	?	㉢	㉠	?

이에 대한 설명으로 옳은 것만을 〈보기〉에서 있는 대로 고른 것은? (단, 돌연변이와 교차는 고려하지 않으며, A, a, B, b 각각의 1개당 DNA 상대량은 1이다.) [3점]

〈 보 기 〉
ㄱ. (가)의 유전자는 X 염색체에 있다.
ㄴ. 이 가계도 구성원 중 체세포 1개당 a의 DNA 상대량이 ㉢인 사람은 3명이다.
ㄷ. 6의 동생이 태어날 때, 이 아이에게서 (가)와 (나) 중 (나)만 발현될 확률은 $\frac{1}{8}$이다.

① ㄱ   ② ㄴ   ③ ㄱ, ㄷ   ④ ㄴ, ㄷ   ⑤ ㄱ, ㄴ, ㄷ

20. 다음은 생물 다양성에 대한 자료이다. A와 B는 유전적 다양성과 종 다양성을 순서 없이 나타낸 것이다.

○ A는 한 생태계 내에 존재하는 생물종의 다양한 정도를 의미한다.
○ 같은 종의 개체들이 서로 다른 대립유전자를 가져 형질이 다양하게 나타나는 것은 B에 해당한다.

이에 대한 설명으로 옳은 것만을 〈보기〉에서 있는 대로 고른 것은?

〈 보 기 〉
ㄱ. A는 종 다양성이다.
ㄴ. A가 감소하는 원인 중에는 서식지 파괴가 있다.
ㄷ. B가 높은 종은 환경이 급격히 변했을 때 멸종될 확률이 높다.

① ㄱ   ② ㄷ   ③ ㄱ, ㄴ   ④ ㄴ, ㄷ   ⑤ ㄱ, ㄴ, ㄷ

* 확인 사항
○ 답안지의 해당란에 필요한 내용을 정확히 기입(표기)했는지 확인하시오.

Fu세수록
수능기출문제집

빠른 정답 확인을 펼쳐 놓고,
정답을 확인하면 편리합니다.

빠른
정답
확인

생명과학 Ⅰ

visang

우리는 남다른 상상과 혁신으로
교육 문화의 새로운 전형을 만들어
모든 이의 행복한 경험과 성장에 기여한다.
https://book.visang.com

공부하고자 책을 잡았다면, 최소한 하루 1일차 학습은 마무리하자.

1일차 생물의 특성
문제편 008쪽~015쪽

01 ③	03 ⑤	05 ⑤	07 ②	09 ②	11 ④	13 ⑤	15 ⑤	17 ②	19 ⑤	21 ⑤	23 ⑤	25 ⑤	27 ③	29 ⑤
02 ⑤	04 ⑤	06 ⑤	08 ②	10 ⑤	12 ⑤	14 ⑤	16 ①	18 ⑤	20 ⑤	22 ⑤	24 ③	26 ③	28 ④	

2일차 생명 과학의 탐구
문제편 018쪽~027쪽

01 ③	03 ③	05 ②	07 ②	09 ⑤	11 ④	12 ①	14 ③	16 ④	18 ④	19 ①	21 ③	22 ②	23 ③	24 ②	25 ①
02 ⑤	04 ⑤	06 ④	08 ②	10 ④		13 ④	15 ③	17 ①		20 ③				

26 ③	27 ④	28 ②	29 ②

3일차 생명 활동과 에너지
문제편 030쪽~041쪽

01 ⑤	03 ④	05 ⑤	07 ③	09 ⑤	11 ④	13 ⑤	15 ⑤	17 ③	19 ②	21 ②	23 ④	25 ⑤	27 ④	29 ④	31 ⑤
02 ⑤	04 ④	06 ⑤	08 ③	10 ⑤	12 ⑤	14 ⑤	16 ⑤	18 ②	20 ④	22 ⑤	24 ④	26 ③	28 ⑤	30 ③	32 ③

33 ②	35 ④	37 ⑤	38 ⑤	40 ④	41 ④	42 ①	43 ⑤
34 ④	36 ③		39 ④				

4일차 기관계의 통합적 작용
문제편 044쪽~051쪽

01 ⑤	03 ⑤	05 ④	07 ⑤	09 ⑤	11 ⑤	13 ③	15 ④	17 ⑤	19 ⑤	20 ⑤	22 ⑤	24 ④	26 ③	28 ④
02 ③	04 ⑤	06 ⑤	08 ⑤	10 ⑤	12 ⑤	14 ⑤	16 ⑤	18 ④		21 ③	23 ⑤	25 ⑤	27 ⑤	29 ⑤

5일차 흥분의 전도(1)
문제편 053쪽~057쪽

01 ①	03 ①	04 ⑤	05 ④	06 ⑤	07 ①	08 ②	09 ①	10 ②
02 ⑤								

6일차 흥분의 전도(2), 흥분의 전달
문제편 060쪽~073쪽

01 ⑤	02 ④	03 ④	04 ③	05 ①	06 ⑤	07 ①	09 ⑤	10 ⑤	11 ①	12 ①	13 ⑤	14 ②	15 ⑤	16 ②	17 ②
						08 ③								

18 ⑤	19 ①	20 ①	21 ①	22 ④	23 ⑤	24 ④	25 ②	26 ②	27 ②	28 ④

7일차 근수축 운동
문제편 076쪽~091쪽

01 ②	03 ④	04 ④	05 ①	07 ④	09 ⑤	11 ③	12 ①	13 ③	14 ⑤	15 ④	16 ③	17 ⑤	18 ③	19 ②	21 ①
02 ③			06 ④	08 ②	10 ④									20 ②	

22 ①	23 ④	24 ②	25 ④	26 ③	27 ④	28 ⑤	29 ③	30 ③	31 ③	32 ③	33 ①	34 ⑤	35 ⑤	36 ②

8일차 신경계와 무조건 반사
문제편 093쪽~097쪽

01 ③	03 ⑤	05 ③	07 ①	09 ④	11 ①	13 ①	15 ①	17 ①	19 ④
02 ④	04 ⑤	06 ⑤	08 ①	10 ②	12 ①	14 ③	16 ⑤	18 ④	

9일차 자율 신경
문제편 099쪽~103쪽

01 ⑤	03 ③	05 ①	07 ②	09 ⑤	11 ③	13 ③	15 ①	17 ③	19 ③
02 ②	04 ①	06 ③	08 ④	10 ④	12 ②	14 ③	16 ①	18 ③	

10일차 호르몬, 혈당량 조절
문제편 106쪽~115쪽

01 ③	03 ⑤	05 ⑤	07 ②	09 ②	11 ④	12 ②	14 ②	16 ①	18 ④	20 ④	22 ①	24 ④	26 ②	28 ③	30 ②
02 ⑤	04 ⑤	06 ④	08 ④	10 ①		13 ④	15 ③	17 ②	19 ②	21 ②	23 ③	25 ③	27 ④	29 ③	31 ③

32 ①	34 ①	36 ②	
33 ①	35 ①		

수능 준비 마무리 전략

☑ 새로운 것을 준비하기보다는 그동안 공부했던 내용들을 정리한다.

☑ 수능 시험일 기상 시간에 맞춰 일어나는 습관을 기른다.

☑ 수능 시간표에 생활 패턴을 맞춰 보면서 시험 당일 최적의 상태가 될 수 있도록 한다.

☑ 무엇보다 중요한 것은 체력 관리이다. 늦게까지 공부한다거나 과도한 스트레스를 받으면 집중력이 저하되어 몸에 무리가 올 수 있으므로 평소 수면 상태를 유지한다.

정답률 낮은 문제, 한 번 더!

문제편 314쪽~344쪽

Ⅲ단원	01 ①	02 ①	03 ⑤	04 ③	05 ③	06 ③	07 ②	08 ①													
Ⅳ단원	01 ④	02 ④	03 ⑤	04 ③	05 ④	06 ②	07 ⑧	08 ②	09 ③	10 ②	11 ②	12 ②	13 ⑤	14 ③	15 ⑤	16 ④	17 ②	18 ④	19 ①	20 ③	21 ④
	22 ④	23 ④	24 ②	25 ⑤	26 ①	27 ③	28 ②	29 ⑤	30 ④	31 ②	32 ④	33 ③	34 ①	35 ⑤	36 ⑤	37 ①	38 ④	39 ④	40 ②	41 ③	42 ⑤
	43 ①	44 ①	45 ④	46 ①	47 ⑤	48 ①	49 ⑤	50 ⑤	51 ①	52 ④											
Ⅴ단원	01 ③																				

실전모의고사

1회	1 ⑤	2 ⑤	3 ③	4 ④	5 ③	6 ⑤	7 ⑤	8 ③	9 ②	10 ②	11 ①	12 ⑤	13 ④	14 ⑤	15 ④	16 ①	17 ②	18 ③	19 ①	20 ③
2회	1 ④	2 ②	3 ④	4 ③	5 ⑤	6 ①	7 ①	8 ③	9 ④	10 ②	11 ⑤	12 ④	13 ②	14 ⑤	15 ①	16 ①	17 ③	18 ⑤	19 ④	20 ①
3회	1 ⑤	2 ①	3 ④	4 ②	5 ①	6 ③	7 ③	8 ②	9 ④	10 ②	11 ⑤	12 ④	13 ②	14 ⑤	15 ①	16 ④	17 ②	18 ③	19 ①	20 ⑤

21일차 — 가계도 분석(1) 문제편 221쪽~227쪽

01 ① 02 ① 03 ④ 04 ⑤ 05 ⑤ 06 ② 07 ② 08 ③ 09 ① 10 ② 11 ⑤ 12 ③ 13 ⑤

22일차 — 가계도 분석(2) 문제편 230쪽~243쪽

01 ① 02 ④ 03 ④ 04 ⑤ 05 ⑤ 06 ④ 07 ④ 08 ② 09 ④ 10 ④ 11 ④ 12 ③ 13 ④ 14 ① 15 ① 16 ①
17 ④ 18 ② 19 ④ 20 ① 21 ⑤ 22 ③ 23 ③ 24 ④ 25 ③ 26 ① 27 ①

23일차 — 염색체 이상과 유전자 이상(1) 문제편 245쪽~249쪽

01 ② 02 ② 03 ③ 04 ④ 05 ① 06 ③ 07 ② 08 ② 09 ⑤ 10 ④ 11 ① 12 ①

24일차 — 염색체 이상과 유전자 이상(2) 문제편 252쪽~259쪽

01 ⑤ 02 ① 03 ⑤ 04 ④ 05 ① 06 ① 07 ① 08 ④ 09 ④ 10 ① 11 ① 12 ③ 13 ② 14 ① 15 ④ 16 ②

25일차 — 염색체 이상과 유전자 이상(3) 문제편 261쪽~267쪽

01 ⑤ 02 ⑤ 03 ④ 04 ② 05 ③ 06 ⑤ 07 ① 08 ② 09 ⑤ 10 ③ 11 ① 12 ① 13 ④

26일차 — 생태계의 구성 문제편 269쪽~273쪽

01 ③ 02 ④ 03 ① 04 ④ 05 ① 06 ② 07 ② 08 ③ 09 ⑤ 10 ④ 11 ② 12 ④ 13 ① 14 ② 15 ④ 16 ③ 17 ③

27일차 — 개체군의 생장 곡선, 식물 군집 문제편 276쪽~285쪽

01 ④ 02 ⑤ 03 ④ 04 ① 05 ③ 06 ② 07 ① 08 ① 09 ④ 10 ⑤ 11 ① 12 ④ 13 ⑤ 14 ② 15 ② 16 ③ 17 ④ 18 ④ 19 ④ 20 ⑤ 21 ① 22 ③ 23 ③ 24 ③ 25 ② 26 ①
27 ① 28 ② 29 ① 30 ③ 31 ④ 32 ① 33 ② 34 ④

28일차 — 생물 간의 상호 작용 문제편 288쪽~295쪽

01 ⑤ 02 ③ 03 ⑤ 04 ① 05 ③ 06 ① 07 ② 08 ① 09 ① 10 ④ 11 ① 12 ④ 13 ③ 14 ① 15 ⑤ 16 ④ 17 ④ 18 ⑤ 19 ⑤ 20 ⑤ 21 ⑤ 22 ⑤ 23 ④ 24 ② 25 ⑤ 26 ② 27 ⑤

29일차 — 에너지 흐름과 물질 순환 문제편 298쪽~307쪽

01 ③ 02 ① 03 ② 04 ③ 05 ⑤ 06 ④ 07 ① 08 ② 09 ⑤ 10 ④ 11 ① 12 ② 13 ③ 14 ① 15 ③ 16 ① 17 ① 18 ② 19 ② 20 ① 21 ④ 22 ④ 23 ④ 24 ① 25 ④ 26 ④ 27 ⑤ 28 ③
29 ② 30 ④ 31 ③ 32 ⑤ 33 ④ 34 ⑤

30일차 — 생물 다양성 문제편 309쪽~312쪽

01 ④ 02 ⑤ 03 ③ 04 ③ 05 ⑤ 06 ① 07 ① 08 ② 09 ③ 10 ③ 11 ① 12 ④ 13 ④

11 일차

체온 조절, 삼투압 조절 — 문제편 118쪽~125쪽

01 ④	03 ④	05 ⑤	07 ①	09 ④	10 ②	12 ⑤	14 ①	16 ①	18 ①	20 ③	22 ①	24 ③	26 ①	28 ②	30 ①
02 ①	04 ①	06 ⑤	08 ③		11 ②	13 ②	15 ①	17 ①	19 ②	21 ②	23 ①	25 ②	27 ②	29 ②	

12 일차

질병과 병원체 — 문제편 128쪽~137쪽

01 ④	03 ⑤	05 ④	07 ②	09 ②	11 ④	13 ⑤	15 ④	17 ⑤	19 ④	21 ④	23 ②	25 ④	27 ④	29 ④	30 ②
02 ④	04 ④	06 ④	08 ⑤	10 ⑤	12 ⑤	14 ④	16 ④	18 ⑤	20 ④	22 ④	24 ④	26 ④	28 ④		31 ⑤

32 ②	33 ③	34 ⑤	35 ③

13 일차

인체의 방어 작용, 혈액의 응집 반응 — 문제편 140쪽~145쪽

01 ③	03 ⑤	05 ④	07 ⑤	09 ①	11 ④	13 ④	15 ④	17 ④	19 ⑤	21 ①	23 ③
02 ④	04 ①	06 ③	08 ④	10 ③	12 ④	14 ④	16 ②	18 ⑤	20 ⑤	22 ④	

14 일차

방어 작용 실험 — 문제편 148쪽~156쪽

01 ③	02 ②	03 ②	04 ⑤	05 ④	06 ⑤	07 ③	08 ④	09 ⑤	10 ③	11 ④	12 ②	13 ①	14 ④	15 ⑤	16 ④

17 ⑤	18 ④

15 일차

염색체 — 문제편 160쪽~167쪽

01 ⑤	03 ⑤	05 ①	07 ①	09 ③	11 ③	12 ③	14 ①	16 ④	18 ③	20 ④	22 ①	24 ③	25 ②	27 ④
02 ②	04 ③	06 ②	08 ⑤	10 ①		13 ④	15 ②	17 ②	19 ①	21 ③	23 ②		26 ①	

16 일차

세포 주기 — 문제편 170쪽~177쪽

01 ④	03 ④	05 ②	07 ①	09 ④	11 ①	13 ①	15 ①	17 ②	19 ①	21 ③	23 ③	25 ①	27 ⑤	29 ④	30 ①
02 ②	04 ④	06 ②	08 ⑤	10 ①	12 ④	14 ④	16 ①	18 ④	20 ③	22 ④	24 ⑤	26 ④	28 ③		31 ②

17 일차

세포의 구분(1) — 문제편 180쪽~185쪽

01 ③	03 ③	05 ④	07 ②	09 ⑤	11 ⑤	13 ④	15 ③	16 ③	18 ②	19 ③	20 ③
02 ①	04 ①	06 ④	08 ②	10 ⑤	12 ④	14 ③		17 ⑤			

18 일차

세포의 구분(2) — 문제편 188쪽~201쪽

01 ④	02 ④	04 ②	05 ②	07 ③	08 ①	10 ②	11 ①	12 ③	13 ②	14 ④	15 ④	16 ②	18 ⑤	19 ⑤	20 ①
	03 ④		06 ②		09 ①							17 ①			

21 ①	22 ①	23 ②	24 ③	26 ①	27 ①	28 ③	29 ④	30 ③	31 ③	32 ③	33 ⑤
			25 ⑤								

19 일차

단일 인자 유전과 다인자 유전(1) — 문제편 204쪽~213쪽

01 ②	03 ①	04 ④	05 ④	06 ②	07 ①	09 ⑤	10 ④	11 ④	13 ③	14 ③	15 ①	16 ①	17 ②	18 ⑤	19 ⑤
02 ②					08 ②			12 ⑤							

20 ④	21 ③	22 ②	23 ①

20 일차

단일 인자 유전과 다인자 유전(2) — 문제편 215쪽~219쪽

	01 ③	03 ①	04 ④	05 ①	06 ④	07 ②	09 ④	10 ③	12 ④	
	02 ②					08 ②		11 ④		

➔ 빠른 정답 확인 뒷면에 이어집니다.

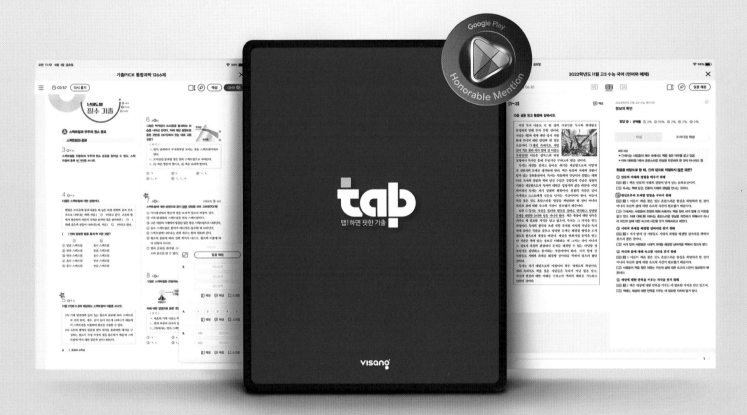

비상교육이 만든 수능기출 앱 "기출탭탭"

전과목 기출 문제, 프리미엄 해설이 무제한

▼ 태블릿PC로 지금, 다운로드하세요! ▼

GET IT ON Google Play

Download on the App Store

Full수록 수·능·기·출·문·제·집   30일 내 완성, 평가원 기출 완전 정복 Full수록! 수능기출 완벽 마스터

비상교재 누리집에 방문해 보세요

https://book.visang.com/

발간 이후에 발견되는 오류 고등교재 › 학습자료실 › 정오표
본 교재의 정답 고등교재 › 학습자료실 › 정답과해설

2026

수능대비
857제 30일 완성!

정답 확인
해설 이해
개념 복습

생명과학 I

visang

ABOVE IMAGINATION

우리는 남다른 상상과 혁신으로
교육 문화의 새로운 전형을 만들어
모든 이의 행복한 경험과 성장에 기여한다

1일차　　　문제편 008쪽~015쪽
01 ③ 02 ⑤ 03 ⑤ 04 ③ 05 ⑤ 06 ③
07 ③ 08 ② 09 ② 10 ⑤ 11 ④ 12 ③
13 ⑤ 14 ⑤ 15 ⑤ 16 ① 17 ④ 18 ③
19 ③ 20 ⑤ 21 ⑤ 22 ⑤ 23 ⑤ 24 ③
25 ③ 26 ③ 27 ⑤ 28 ④ 29 ③

2일차　　　문제편 018쪽~027쪽
01 ⑤ 02 ⑤ 03 ③ 04 ⑤ 05 ⑤ 06 ⑤
07 ② 08 ⑤ 09 ⑤ 10 ④ 11 ③ 12 ①
13 ④ 14 ⑤ 15 ③ 16 ④ 17 ① 18 ④
19 ① 20 ③ 21 ⑤ 22 ② 23 ② 24 ③
25 ① 26 ③ 27 ④ 28 ② 29 ③

3일차　　　문제편 030쪽~041쪽
01 ⑤ 02 ⑤ 03 ④ 04 ④ 05 ⑤ 06 ⑤
07 ③ 08 ③ 09 ⑤ 10 ⑤ 11 ③ 12 ④
13 ⑤ 14 ⑤ 15 ④ 16 ⑤ 17 ③ 18 ②
19 ② 20 ④ 21 ⑤ 22 ⑤ 23 ④ 24 ③
25 ⑤ 26 ④ 27 ④ 28 ⑤ 29 ④ 30 ③
31 ⑤ 32 ③ 33 ④ 34 ④ 35 ④ 36 ⑤
37 ⑤ 38 ⑤ 39 ④ 40 ④ 41 ④ 42 ①
43 ⑤

4일차　　　문제편 044쪽~051쪽
01 ③ 02 ③ 03 ⑤ 04 ⑤ 05 ⑤ 06 ③
07 ⑤ 08 ⑤ 09 ⑤ 10 ⑤ 11 ④ 12 ③
13 ③ 14 ③ 15 ④ 16 ⑤ 17 ⑤ 18 ④
19 ⑤ 20 ④ 21 ④ 22 ⑤ 23 ⑤ 24 ④
25 ⑤ 26 ⑤ 27 ④ 28 ④ 29 ⑤

5일차　　　문제편 053쪽~057쪽
01 ① 02 ⑤ 03 ① 04 ⑤ 05 ④ 06 ⑤
07 ① 08 ② 09 ① 10 ②

6일차　　　문제편 060쪽~073쪽
01 ⑤ 02 ④ 03 ④ 04 ③ 05 ① 06 ⑤
07 ① 08 ⑤ 09 ⑤ 10 ⑤ 11 ① 12 ①
13 ⑤ 14 ⑤ 15 ⑤ 16 ② 17 ⑤ 18 ⑤
19 ① 20 ① 21 ① 22 ④ 23 ⑤ 24 ④
25 ⑤ 26 ② 27 ③ 28 ④

7일차　　　문제편 076쪽~091쪽
01 ② 02 ③ 03 ④ 04 ④ 05 ① 06 ④
07 ④ 08 ② 09 ⑤ 10 ④ 11 ④ 12 ①
13 ③ 14 ⑤ 15 ④ 16 ③ 17 ④ 18 ③
19 ④ 20 ④ 21 ① 22 ④ 23 ③ 24 ②
25 ④ 26 ③ 27 ⑤ 28 ⑤ 29 ③ 30 ③
31 ④ 32 ③ 33 ① 34 ④ 35 ④ 36 ②

8일차　　　문제편 093쪽~097쪽
01 ③ 02 ④ 03 ⑤ 04 ⑤ 05 ⑤ 06 ⑤
07 ① 08 ⑤ 09 ④ 10 ② 11 ① 12 ③
13 ① 14 ④ 15 ① 16 ⑤ 17 ① 18 ④
19 ④

9일차　　　문제편 099쪽~103쪽
01 ⑤ 02 ① 03 ③ 04 ① 05 ① 06 ③
07 ⑤ 08 ④ 09 ⑤ 10 ④ 11 ① 12 ②
13 ⑤ 14 ⑤ 15 ② 16 ① 17 ③ 18 ⑤
19 ③

10일차　　　문제편 106쪽~115쪽
01 ③ 02 ⑤ 03 ③ 04 ⑤ 05 ⑤ 06 ④
07 ③ 08 ④ 09 ② 10 ① 11 ③ 12 ④
13 ④ 14 ④ 15 ① 16 ③ 17 ① 18 ①
19 ② 20 ① 21 ② 22 ① 23 ② 24 ①
25 ② 26 ② 27 ① 28 ① 29 ③ 30 ②
31 ③ 32 ① 33 ① 34 ① 35 ① 36 ②

11일차　　　문제편 118쪽~125쪽
01 ④ 02 ① 03 ④ 04 ① 05 ③ 06 ⑤
07 ④ 08 ⑤ 09 ① 10 ② 11 ② 12 ⑤
13 ② 14 ① 15 ① 16 ① 17 ② 18 ①
19 ② 20 ① 21 ② 22 ① 23 ④ 24 ①
25 ② 26 ①

12일차　　　문제편 128쪽~137쪽
01 ④ 02 ③ 03 ⑤ 04 ③ 05 ④ 06 ④
07 ② 08 ⑤ 09 ② 10 ⑤ 11 ④ 12 ⑤
13 ⑤ 14 ④ 15 ③ 16 ② 17 ⑤ 18 ⑤
19 ③ 20 ④ 21 ② 22 ① 23 ② 24 ④
25 ③ 26 ④ 27 ④ 28 ④ 29 ③ 30 ④
31 ⑤ 32 ② 33 ③ 34 ⑤ 35 ③

13일차　　　문제편 140쪽~145쪽
01 ③ 02 ④ 03 ② 04 ① 05 ④ 06 ⑤
07 ⑤ 08 ④ 09 ① 10 ③ 11 ④ 12 ④
13 ⑤ 14 ③ 15 ④ 16 ② 17 ③ 18 ⑤
19 ⑤ 20 ⑤ 21 ① 22 ④ 23 ③

14일차　　　문제편 148쪽~156쪽
01 ③ 02 ③ 03 ② 04 ⑤ 05 ④ 06 ③
07 ③ 08 ③ 09 ⑤ 10 ③ 11 ③ 12 ②
13 ① 14 ④ 15 ⑤ 16 ④ 17 ⑤ 18 ④

15일차　　　문제편 160쪽~167쪽
01 ② 02 ④ 03 ⑤ 04 ③ 05 ① 06 ②
07 ⑤ 08 ⑤ 09 ① 10 ① 11 ③ 12 ④
13 ① 14 ⑤ 15 ② 16 ④ 17 ③ 18 ②
19 ④ 20 ① 21 ③ 22 ② 23 ② 24 ③
25 ② 26 ① 27 ④

16일차　　　문제편 170쪽~177쪽
01 ④ 02 ① 03 ④ 04 ③ 05 ④ 06 ②
07 ① 08 ④ 09 ④ 10 ① 11 ④ 12 ⑤
13 ② 14 ④ 15 ① 16 ③ 17 ② 18 ④
19 ① 20 ④ 21 ④ 22 ④ 23 ④ 24 ④
25 ① 26 ④ 27 ④ 28 ③ 29 ④ 30 ②
31 ②

17일차　　　문제편 180쪽~185쪽
01 ③ 02 ① 03 ② 04 ① 05 ④ 06 ②
07 ② 08 ② 09 ① 10 ① 11 ③ 12 ④
13 ④ 14 ① 15 ④ 16 ③ 17 ⑤ 18 ②
19 ④ 20 ③

18일차　　　문제편 188쪽~201쪽
01 ④ 02 ④ 03 ④ 04 ② 05 ② 06 ②
07 ⑤ 08 ① 09 ① 10 ② 11 ① 12 ②
13 ② 14 ① 15 ④ 16 ② 17 ① 18 ⑤
19 ① 20 ① 21 ① 22 ② 23 ② 24 ①
25 ② 26 ① 27 ① 28 ③ 29 ④ 30 ①
31 ② 32 ③ 33 ③

19일차　　　문제편 204쪽~213쪽
01 ② 02 ① 03 ④ 04 ④ 05 ④ 06 ②
07 ① 08 ② 09 ⑤ 10 ④ 11 ② 12 ⑤
13 ④ 14 ③ 15 ④ 16 ① 17 ② 18 ⑤
19 ⑤ 20 ④ 21 ③ 22 ④ 23 ①

20일차　　　문제편 215쪽~219쪽
01 ③ 02 ② 03 ① 04 ④ 05 ① 06 ④
07 ② 08 ② 09 ④ 10 ③ 11 ④ 12 ④

21일차　　　문제편 221쪽~227쪽
01 ① 02 ① 03 ④ 04 ⑤ 05 ⑤ 06 ②
07 ② 08 ⑤ 09 ① 10 ⑤ 11 ⑤ 12 ③
13 ⑤

22일차　　　문제편 230쪽~243쪽
01 ① 02 ② 03 ② 04 ⑤ 05 ④ 06 ④
07 ① 08 ② 09 ⑤ 10 ④ 11 ③ 12 ②
13 ④ 14 ① 15 ① 16 ① 17 ④ 18 ②
19 ② 20 ① 21 ② 22 ③ 23 ② 24 ④
25 ③ 26 ① 27 ①

23일차　　　문제편 245쪽~249쪽
01 ① 02 ① 03 ④ 04 ③ 05 ① 06 ③
07 ② 08 ② 09 ⑤ 10 ④ 11 ④ 12 ①

24일차　　　문제편 252쪽~259쪽
01 ⑤ 02 ① 03 ⑤ 04 ④ 05 ① 06 ①
07 ⑤ 08 ④ 09 ④ 10 ① 11 ⑤ 12 ①
13 ② 14 ① 15 ④ 16 ②

25일차　　　문제편 261쪽~267쪽
01 ⑤ 02 ① 03 ④ 04 ④ 05 ③ 06 ⑤
07 ② 08 ② 09 ⑤ 10 ③ 11 ① 12 ①
13 ④

26일차　　　문제편 269쪽~273쪽
01 ① 02 ④ 03 ① 04 ④ 05 ⑤ 06 ②
07 ④ 08 ③ 09 ⑤ 10 ④ 11 ② 12 ④
13 ① 14 ④ 15 ④ 16 ③ 17 ③

27일차　　　문제편 276쪽~285쪽
01 ⑤ 02 ② 03 ④ 04 ① 05 ③ 06 ②
07 ① 08 ① 09 ④ 10 ⑤ 11 ① 12 ②
13 ⑤ 14 ② 15 ② 16 ③ 17 ④ 18 ④
19 ③ 20 ④ 21 ① 22 ③ 23 ③ 24 ③
25 ② 26 ④ 27 ① 28 ② 29 ① 30 ③
31 ④ 32 ② 33 ② 34 ④

28일차　　　문제편 288쪽~295쪽
01 ③ 02 ④ 03 ⑤ 04 ④ 05 ④ 06 ④
07 ② 08 ⑤ 09 ① 10 ④ 11 ① 12 ④
13 ④ 14 ① 15 ⑤ 16 ④ 17 ④ 18 ⑤
19 ④ 20 ③ 21 ⑤ 22 ③ 23 ④ 24 ②
25 ① 26 ② 27 ⑤

29일차　　　문제편 298쪽~307쪽
01 ③ 02 ① 03 ② 04 ④ 05 ③ 06 ④
07 ① 08 ② 09 ① 10 ④ 11 ② 12 ②
13 ④ 14 ① 15 ③ 16 ② 17 ① 18 ④
19 ② 20 ① 21 ④ 22 ④ 23 ② 24 ②
25 ④ 26 ④ 27 ⑤ 28 ③ 29 ② 30 ④
31 ③ 32 ⑤ 33 ④ 34 ⑤

30일차　　　문제편 309쪽~312쪽
01 ② 02 ⑤ 03 ③ 04 ③ 05 ⑤ 06 ①
07 ① 08 ② 09 ③ 10 ③ 11 ⑤ 12 ④
13 ④

정답률 낮은 문제, 한 번 더!　　　문제편 314쪽~344쪽

III단원	01 ①	02 ②	03 ⑤	04 ③	05 ③
	06 ③	07 ②	08 ①		
IV단원	01 ①	02 ④	03 ⑤	04 ③	05 ④
	06 ③	07 ③	08 ②	09 ①	10 ②
	11 ②	12 ②	13 ⑤	14 ③	15 ⑤
	16 ④	17 ②	18 ④	19 ①	20 ③
	21 ④	22 ④	23 ④	24 ②	25 ⑤
	26 ①	27 ④	28 ②	29 ⑤	30 ④
	31 ②	32 ④	33 ③	34 ①	35 ⑤
	36 ⑤	37 ①	38 ④	39 ④	40 ②
	41 ③	42 ⑤	43 ①	44 ①	45 ④
	46 ①	47 ⑤	48 ⑤	49 ⑤	50 ④
	51 ①	52 ④			
V단원	01 ③				

실전모의고사

1회	1 ⑤	2 ⑤	3 ③	4 ④	5 ③
	6 ⑤	7 ⑤	8 ③	9 ②	10 ②
	11 ①	12 ⑤	13 ④	14 ④	15 ④
	16 ①	17 ②	18 ③	19 ①	20 ③
2회	1 ④	2 ②	3 ④	4 ③	5 ⑤
	6 ①	7 ①	8 ②	9 ④	10 ⑤
	11 ⑤	12 ④	13 ②	14 ④	15 ⑤
	16 ①	17 ②	18 ⑤	19 ④	20 ①
3회	1 ⑤	2 ①	3 ④	4 ②	5 ①
	6 ③	7 ③	8 ②	9 ④	10 ②
	11 ⑤	12 ④	13 ②	14 ⑤	15 ①
	16 ④	17 ②	18 ④	19 ①	20 ⑤

1
일차

01 ③	02 ⑤	03 ⑤	04 ⑤	05 ⑤	06 ⑤	07 ②	08 ②	09 ②	10 ⑤	11 ④	12 ⑤
13 ⑤	14 ⑤	15 ⑤	16 ①	17 ⑤	18 ③	19 ⑤	20 ⑤	21 ⑤	22 ⑤	23 ⑤	24 ③
25 ⑤	26 ③	27 ③	28 ④	29 ⑤							

문제편 008쪽~015쪽

---

01 생물의 특성 2021학년도 7월 학평 1번

정답 ③ | 정답률 92 %

적용해야 할 개념 ③가지

① 모든 생물은 세포로 이루어져 있다. 세포는 생물체를 구성하는 구조적 단위이면서, 생명 활동이 일어나는 기능적 단위이다.
② 물질대사는 생명체에서 일어나는 모든 화학 반응으로, 생물은 물질대사를 통해 생활에 필요한 에너지를 얻는다.
③ 자극에 대한 반응은 생물이 환경 변화를 자극으로 받아들이고, 이에 대해 적절히 반응하는 것이다. 생물은 자극에 대해 적절히 반응함으로써 생명을 보호하고 유지한다.

문제 보기

┌생물 ┌비생물
표는 강아지와 강아지 로봇의 특징을 나타낸 것이다.

구분	특징 ·세포로 구성된다. 자극에 대한 반응┐
강아지	· ㉠ 낯선 사람이 다가오는 것을 보면 짖는다. · 사료를 소화·흡수하여 생활에 필요한 에너지를 얻는다. 물질대사┘
강아지 로봇	· 금속과 플라스틱으로 구성된다. · 건전지에 저장된 에너지를 통해 움직인다.

이에 대한 설명으로 옳은 것만을 〈보기〉에서 있는 대로 고른 것은?

〈보기〉 풀이

강아지는 생물, 강아지 로봇은 비생물이다.

ㄱ. **강아지는 세포로 되어 있다.**
➡ 강아지는 생물이며, 모든 생물은 세포로 이루어져 있다.

ㄴ. **강아지 로봇은 물질대사를 통해 에너지를 얻는다.**
➡ 물질대사는 생명을 유지하기 위해 생명체 내에서 일어나는 화학 반응이다. 강아지 로봇은 비생물이므로 물질대사를 하지 않는다.

ㄷ. **㉠과 가장 관련이 깊은 생물의 특성은 자극에 대한 반응이다.**
➡ ㉠은 생물(강아지)이 자극(낯선 사람이 다가오는 것)을 받아들이고, 이 자극에 대해 반응(짖음)을 한 것이다.

보기

---

02 생물의 특성 2024학년도 3월 학평 1번

정답 ⑤ | 정답률 93 %

적용해야 할 개념 ③가지

① 모든 생물은 세포로 이루어져 있다. 세포는 생물체를 구성하는 구조적 단위이면서, 생명 활동이 일어나는 기능적 단위이다.
② 물질대사는 생명을 유지하기 위해 생물체에서 일어나는 모든 화학 반응이다. 물질대사는 효소에 의해 촉매된다.
③ 적응은 생물이 환경에 적합하도록 몸의 형태와 기능, 생활 습성 등을 갖게 되는 것이고, 진화는 생물이 환경에 적응한 결과 집단의 유전적 구성이 변하여 새로운 종이 나타나는 것이다.

문제 보기

다음은 사막에 서식하는 식물 X에 대한 자료이다.

X는 낮과 밤의 기온 차이로 인해 생기는 이슬을 흡수하여 ㉠ 광합성에 이용한다. ㉡ X는 주변의 돌과 모양이 비슷하여 초식 동물의 눈에 잘 띄지 않는다. └적응과 진화
└물질대사(효소 이용)

이에 대한 옳은 설명만을 〈보기〉에서 있는 대로 고른 것은?

〈보기〉 풀이

㉠은 물질대사 중 물질을 합성하는 동화 작용의 예로, 물질대사는 효소에 의해 촉매된다. ㉡은 생물이 자신이 살아가는 환경에 적합한 몸의 형태를 갖게 되면서 새로운 종으로 진화하는 적응과 진화의 예이다.

ㄱ. **X는 세포로 구성된다.**
➡ X는 사막에 서식하는 식물이므로 세포로 이루어져 있다.

ㄴ. **㉠에 효소가 이용된다.**
➡ X는 사막에 서식하는 식물로, 물질대사 중 동화 작용에 해당하는 광합성을 하며 물질대사에는 효소가 관여한다. 따라서 ㉠(광합성)에 효소가 이용된다.

ㄷ. **㉡은 적응과 진화의 예이다.**
➡ X가 자신이 살아가는 환경인 사막에 적합하도록 주변의 돌과 모양이 비슷하여 초식 동물의 눈에 잘 띄지 않는 것은 환경에 적응하여 진화한 결과이다. 따라서 ㉡은 적응과 진화의 예이다.

보기

03 생물의 특성 2021학년도 6월 모평 1번   정답 ⑤ | 정답률 92%

적용해야 할 개념 ③가지

① 발생은 다세포 생물에서 수정란이 세포 분열을 통해 세포 수를 늘리고, 조직과 기관을 형성하여 완전한 개체가 되는 과정이다.
② 물질대사는 생명체에서 일어나는 모든 화학 반응으로, 간단한 물질을 복잡한 물질로 합성하는 동화 작용과 복잡한 물질을 간단한 물질로 분해하는 이화 작용이 있다. 물질대사 과정에는 효소가 관여한다.
③ 적응은 생물이 환경에 적합하도록 몸의 형태와 기능 등이 변하는 현상이고, 진화는 생물이 환경에 적응하는 과정에서 집단의 유전자 구성이 변화하여 새로운 종이 나타나는 현상이다.

문제 보기

표는 생물의 특성의 예를 나타낸 것이다. (가)와 (나)는 물질대사, 발생과 생장을 순서 없이 나타낸 것이다.

생물의 특성	예
(가) 발생과 생장	개구리 알은 올챙이를 거쳐 개구리가 된다.
(나) 물질대사	ⓐ 식물은 빛에너지를 이용하여 포도당을 합성한다. 광합성
적응과 진화	㉠

이에 대한 설명으로 옳은 것만을 〈보기〉에서 있는 대로 고른 것은?

〈보기〉 풀이

ㄱ. **(가)는 발생과 생장이다.**

➡ (가)에서 개구리의 알(수정란)이 올챙이를 거쳐 성체인 개구리가 되는 것은 생물의 특성 중 발생과 생장에 해당한다.

ㄴ. **ⓐ에서 효소가 이용된다.**

➡ (나)에서 식물이 빛에너지를 이용하여 포도당을 합성하는 과정은 광합성이며, 광합성은 물질대사 중 동화 작용에 속한다. 광합성과 같은 물질대사에서는 생체 촉매인 효소가 이용된다.

ㄷ. **'가랑잎벌레의 몸의 형태가 주변의 잎과 비슷하여 포식자의 눈에 띄지 않는다.'는 ㉠에 해당한다.**

➡ 가랑잎벌레의 몸의 형태가 주변의 잎과 비슷하여 포식자의 눈에 띄지 않는 것은 환경에 적응한 결과이므로, 적응과 진화의 예(㉠)에 해당한다.

---

04 생물의 특성 2022학년도 6월 모평 1번   정답 ⑤ | 정답률 90%

적용해야 할 개념 ③가지

① 항상성은 생물이 환경 변화에 대하여 체내 상태를 일정하게 유지하려는 성질이다.
② 생식은 생물이 종족을 유지하기 위해 자신과 닮은 자손을 만드는 현상이고, 유전은 어버이의 형질이 자손에게 전해지는 현상이다.
③ 적응은 생물이 환경에 적합하도록 몸의 형태와 기능 등이 변하는 현상이고, 진화는 생물이 환경에 적응하는 과정에서 집단의 유전자 구성이 변화하여 새로운 종이 나타나는 것이다.

문제 보기

표는 생물의 특성의 예를 나타낸 것이다. (가)와 (나)는 생식과 유전, 항상성을 순서 없이 나타낸 것이다.

생물의 특성	예
(가) 항상성	혈중 포도당 농도가 증가하면 ⓐ 인슐린의 분비가 촉진된다. 이자의 β세포에서 분비
(나) 생식과 유전	짚신벌레는 분열법으로 번식한다.
적응과 진화	고산 지대에 사는 사람은 낮은 지대에 사는 사람보다 적혈구 수가 많다.

이에 대한 설명으로 옳은 것만을 〈보기〉에서 있는 대로 고른 것은?

〈보기〉 풀이

인슐린은 혈중 포도당 농도를 일정하게 유지하기 위해 분비되는 호르몬이므로 (가)는 항상성이다. 짚신벌레의 번식은 생식과 유전을 통해 종족을 유지하기 위한 것이므로 (나)는 생식과 유전이다.

ㄱ. **ⓐ는 이자의 β세포에서 분비된다.**

➡ 인슐린(ⓐ)은 이자의 β세포에서 분비된다.

ㄴ. **(나)는 생식과 유전이다.**

➡ (가)는 항상성, (나)는 생식과 유전이다.

ㄷ. **'더운 지역에 사는 사막여우는 열 방출에 효과적인 큰 귀를 갖는다.'는 적응과 진화의 예에 해당한다.**

➡ 사막여우가 큰 귀를 갖는 것은 체표면적을 넓혀 열 방출량을 증가시키기 위한 것으로, 더운 지역에 적응한 결과이다. 따라서 적응과 진화의 예에 해당한다.

적용해야 할 개념 ③가지

① 발생은 하나의 수정란이 세포 분열과 분화를 통해 완전한 개체가 되는 과정이고, 생장은 어린 개체가 세포 분열을 통해 성체로 자라는 것이다.
② 물질대사는 생물체에서 일어나는 모든 화학 반응으로, 생물은 물질대사를 통해 생명 활동에 필요한 물질과 에너지를 얻는다.
③ 자극에 대한 반응은 생물이 환경 변화를 자극으로 받아들이고, 이에 대해 적절히 반응하는 것이다.

문제 보기

다음은 어떤 해파리에 대한 자료이다.

이 해파리의 유생은 ㉠발생과 생장 과정을 거쳐 성체가 된다. 성체의 촉수에는 독이 있는 세포 ⓐ가 분포하는데, ㉡촉수에 물체가 닿으면 ⓐ에서 독이 분비된다.

└─ 자극에 대한 반응

이 자료에 대한 설명으로 옳은 것만을 〈보기〉에서 있는 대로 고른 것은? [3점]

〈보기〉 풀이

보기

ㄱ. ㉠ 과정에서 세포 분열이 일어난다.
➡ 해파리의 유생이 세포 분열을 하여 세포 수가 늘어나고, 세포의 종류와 기능이 다양해지면서 완전한 어린 개체가 되는 과정은 발생이며, 어린 개체가 세포 분열을 통해 몸이 커지면서 성체가 되는 과정은 생장이다. 따라서 발생과 생장(㉠) 과정에서 세포 분열이 일어난다.

ㄴ. ⓐ에서 물질대사가 일어난다.
➡ 성체의 촉수에 있는 세포 ⓐ에서는 물질대사를 통해 독을 만들어 낸다.

ㄷ. ㉡은 자극에 대한 반응의 예에 해당한다.
➡ 촉수가 물체의 접촉을 자극으로 받아들이면 세포 ⓐ에서 독이 분비됨으로써 이 자극에 반응한다. 따라서 촉수에 물체가 닿으면 ⓐ에서 독이 분비되는 것(㉡)은 생물의 특성 중 자극에 대한 반응의 예에 해당한다.

적용해야 할 개념 ②가지

① 생물의 특성에는 세포로 구성, 물질대사, 자극에 대한 반응과 항상성, 발생과 생장, 생식과 유전, 적응과 진화가 있다.
② 적응은 생물이 환경에 적합하도록 몸의 형태와 기능, 생활 습성 등을 갖게 되는 것이고, 진화는 생물이 환경에 적응한 결과 집단의 유전적 구성이 변하여 새로운 종이 나타나는 것이다.

문제 보기

다음은 민달팽이 A에 대한 설명이다.

바다에 사는 A는 배에 공기주머니가 있어 뒤집혀서 수면으로 떠오를 수 있다. ㉠A의 배 쪽은 푸른색을, 등 쪽은 은회색을 띠어 수면 위와 아래에 있는 천적에게 잘 발견되지 않는다. 적응과 진화

㉠에 나타난 생물의 특성과 가장 관련이 깊은 것은?

〈보기〉 풀이

보기

㉠은 환경에 적응한 결과이므로, 생물의 특성 중 적응과 진화에 해당한다.

① 아메바는 분열법으로 번식한다.
➡ 생물이 자신과 닮은 자손을 만드는 것으로 생물의 특성 중 생식에 해당한다.

② 식물은 빛에너지를 이용하여 포도당을 합성한다.
➡ 생명을 유지하기 위해 생물체에서 일어나는 화학 반응에 속하는 광합성으로 생물의 특성 중 물질대사에 해당한다.

③ 적록 색맹인 어머니로부터 적록 색맹인 아들이 태어난다.
➡ 생식을 통해 어버이의 유전 물질이 자손에게 전달되어 자손이 어버이의 유전 형질을 물려받는 것으로 생물의 특성 중 유전에 해당한다.

④ 장수풍뎅이의 알은 애벌레와 번데기 시기를 거쳐 성체가 된다.
➡ 하나의 수정란이 세포 분열하여 세포 수가 늘어나고 세포의 종류와 기능이 다양해지면서 개체가 되고 어린 개체가 세포 분열을 통해 몸이 커지며 성체로 자라는 것으로 생물의 특성 중 발생과 생장에 해당한다.

⑤ 더운 지역에 사는 사막여우는 열 방출에 효과적인 큰 귀를 갖는다.
➡ 생물이 자신이 살아가는 환경에 적합한 몸의 형태를 갖게 되는 것으로 생물의 특성 중 적응과 진화에 해당한다.

07   생물의 특성   2022학년도 3월 학평 1번   정답 ② | 정답률 95 %

적용해야 할 개념 ④가지

① 물질대사는 생명체에서 일어나는 모든 화학 반응으로, 생물의 체내에서 생명 현상을 유지하기 위해 물질을 합성하거나 분해하는 과정이다.

② 발생은 하나의 수정란이 세포 분열과 분화를 통해 완전한 개체가 되는 과정이고, 생장은 어린 개체가 세포 분열을 통해 성체로 자라는 것이다.

③ 적응은 생물이 환경에 적합하도록 몸의 형태와 기능 등이 변하는 현상이고, 진화는 생물이 환경에 적응하는 과정에서 집단의 유전자 구성이 변화하여 새로운 종이 나타나는 현상이다.

④ 항상성은 생물이 환경 변화에 대하여 체내 상태를 일정하게 유지하려는 성질이다.

문제 보기

다음은 가랑잎벌레에 대한 자료이다.

┌─────────────────────────────────┐
│   → 적응과 진화 │
│ ㉠몸의 형태가 주변의 잎과 비슷 │
│ 하여 포식자의 눈에 잘 띄지 않는 │
│ 가랑잎벌레는 참나무나 산딸기 등   │
│ 의 잎을 먹어 ㉡생명 활동에 필요 │
│ 한 에너지를 얻는다.   └→ 물질대사(세포 호흡) │
└─────────────────────────────────┘

㉠과 ㉡에 나타난 생물의 특성으로 가장 적절한 것은?

<보기> 풀이

가랑잎벌레가 포식자의 눈에 잘 띄지 않게 주변의 잎과 비슷한 몸의 형태를 가지는 것은 환경에 적응해 나가면서 새로운 종으로 진화한 결과이다. 가랑잎벌레는 세포 호흡을 통해 생명 활동에 필요한 에너지를 얻으며, 세포 호흡은 생물체에서 일어나는 화학 반응인 물질대사이다.

	㉠	㉡
①	적응과 진화	발생과 생장
②	적응과 진화	물질대사
③	물질대사	적응과 진화
④	항상성	적응과 진화
⑤	항상성	물질대사

---

08   생물의 특성   2022학년도 10월 학평 1번   정답 ② | 정답률 97 %

적용해야 할 개념 ④가지

① 물질대사는 생물의 체내에서 생명 현상을 유지하기 위해 물질을 합성하거나 분해하는 과정이다.

② 생식과 유전은 생물이 생식을 통해 어버이의 유전 물질이 자손에게 전달되어 자손이 어버이의 유전 형질을 이어받는 것이다.

③ 적응과 진화는 생물이 환경에 적응해 나가면서 새로운 종으로 진화하는 것이다.

④ 항상성은 생물이 환경 변화에 대해 체내 환경을 일정 범위로 유지하려는 성질이다.

문제 보기

다음은 문어가 갖는 생물의 특성에 대한 자료이다.

┌─────────────────────────────────┐
│ (가) 게, 조개 등의 먹이를 섭취 │
│ 하여 생명 활동에 필요한 │
│ 에너지를 얻는다.   물질대사 │
│   (세포 호흡) 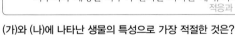 │
│ (나) 반응 속도가 빠르고 몸이 │
│ 유연하여 주변 환경에 따라 │
│ 피부색과 체형을 바꾸어 천적을 피하는 데 유리하다. │
│   적응과 진화 │
└─────────────────────────────────┘

(가)와 (나)에 나타난 생물의 특성으로 가장 적절한 것은?

<보기> 풀이

(가)에서 문어는 먹이를 섭취하여 소화한 후, 세포 호흡을 통해 생명 활동에 필요한 에너지를 얻는다. 소화와 세포 호흡은 모두 물질대사로, 문어는 물질대사를 통해 생명 활동에 필요한 물질과 에너지를 얻는다.

(나)에서 문어가 천적을 피하기 위해 주변 환경에 따라 피부색과 체형을 바꾸는 것은 생물의 특성 중 적응과 진화의 예에 해당한다.

	(가)	(나)
①	물질대사	생식과 유전
②	물질대사	적응과 진화
③	물질대사	항상성
④	항상성	생식과 유전
⑤	항상성	적응과 진화

적용해야 할 개념 ②가지

① 생물이 서식 환경과 상호 작용하면서 몸의 형태와 기능, 생활 습성 등이 변하는 현상을 적응이라고 한다.

② 생물은 오랜 세월에 걸쳐 서식 환경에 적응하면서 집단의 유전자 구성이 변화하여 원래와 다른 새로운 종이 나타나는데, 이 현상을 진화라고 한다.

문제 보기

다음은 어떤 지역에 서식하는 소에 대한 설명이다.

이 소는 크고 긴 뿔을 가질수록 포식자의 공격을 잘 방어할 수 있어 포식자가 많은 이 지역에서 살기에 적합하다. 포식자가 많은 환경에 적응하여 진화한 결과 소는 크고 긴 뿔을 가지게 되었다. ➡ 적응과 진화

이 자료에 나타난 생물의 특성과 가장 관련이 깊은 것은?

보기

<보기> 풀이

① 물질대사

➡ 물질대사는 세포 호흡과 같이 생명을 유지하기 위해 소의 체내에서 일어나는 화학 반응이다.

② 적응과 진화

➡ 포식자의 공격이 많은 이 지역에서 살아갈 수 있도록 소 집단은 여러 세대에 걸쳐 환경에 적응하여 진화한 결과 크고 긴 뿔을 가지게 되었다. 따라서 이와 관련이 깊은 생물의 특성은 적응과 진화이다.

③ 발생과 생장

➡ 소의 수정란이 완전한 개체로 되기까지의 과정이 발생이며, 완전한 개체가 된 어린 소가 어른 소로 자라나는 과정이 생장이다.

④ 생식과 유전

➡ 소가 종족을 유지하기 위해 자손을 낳는 것이 생식이며, 생식을 통해 어버이의 유전 물질이 자손에게 전달되어 자손이 어버이의 유전 형질을 이어받는 것이 유전이다.

⑤ 자극에 대한 반응

➡ 소가 환경 변화를 자극으로 받아들이고, 이 자극에 적절히 반응하는 것이 자극에 대한 반응이다.

적용해야 할 개념 ③가지

① 발생은 하나의 수정란이 세포 분열과 분화를 통해 완전한 개체가 되는 과정이고, 생장은 어린 개체가 세포 분열을 통해 성체로 자라는 것이다.

② 생식은 생물이 자신과 닮은 자손을 만드는 것이고, 유전은 생식을 통해 유전 물질이 자손에게 전달되어 자손이 어버이의 유전 형질을 이어받는 것이다.

③ 환경이 변해도 체온, 혈당량, 삼투압 등 체내 상태를 일정하게 유지하는 생물의 특성은 항상성이다.

문제 보기

다음은 어떤 산에 서식하는 도마뱀 A에 대한 자료이다.

A는 고도가 낮은 지역에서는 주로 음지에서, 높은 지역에서는 주로 양지에서 관찰된다. ㉠ 두 지역의 기온 차이는 약 4 ℃이지만, 두 지역에 서식하는 A의 체온 차이는 약 1 ℃이다.

└ 기온 변화에 대해 체온을 정상 범위로 유지 ➡ 항상성

㉠과 가장 관련이 깊은 생물의 특성은?

보기

<보기> 풀이

고도가 낮은 지역과 높은 지역 사이에는 4 ℃의 기온 차이가 있지만 두 지역에 서식하는 도마뱀 A의 체온 차이는 약 1 ℃이다. 이것은 도마뱀 A가 온도 변화에 대해 체온을 정상 범위로 유지하기 때문이다. 이와 같이 도마뱀 A가 환경 변화에 대해 체온을 정상 범위로 유지하는 것은 생물의 특성 중 항상성이다.

① 발생   ② 생식   ③ 생장   ④ 유전   ⑤ 항상성

---

11 생물의 특성 2020학년도 7월 학평 1번

정답 ④ | 정답률 95%

적용해야 할 개념 ②가지

① 생물의 특성에는 세포로 구성, 물질대사, 자극에 대한 반응, 항상성, 발생과 생장, 생식과 유전, 적응과 진화가 있다.
② 적응은 생물이 환경에 적합하도록 몸의 형태와 기능 등이 변하는 현상이고, 진화는 생물이 환경에 적응하는 과정에서 집단의 유전자 구성
   이 변화하여 새로운 종이 나타나는 현상이다.

문제 보기

다음은 아프리카에 사는 어떤 도마뱀에 대한 설명이다.

이 도마뱀은 나뭇잎과 비슷한 외형을 갖고 있어 포식자에게 발견되기 어려우므로 나무가 많은 환경에 살기 적합하다. 적응과 진화

이 자료에 나타난 생명 현상의 특성과 가장 관련이 깊은 것은?

<보기> 풀이

이 도마뱀이 나뭇잎과 비슷한 외형을 갖고 있어 포식자에게 발견되기 어려운 것은 나무가 많은 환경에 적응한 결과이므로, 생명 현상의 특성 중 적응과 진화에 해당한다.

보기

① 올챙이가 자라서 개구리가 된다.
➡ 올챙이가 자라서 개구리가 되는 것은 생명 현상의 특성 중 발생과 생장에 해당한다.

② 짚신벌레는 분열법으로 번식한다.
➡ 단세포 생물인 짚신벌레가 분열법으로 개체 수를 늘리는 것은 생명 현상의 특성 중 생식에 해당한다.

③ 소나무는 빛을 흡수하여 포도당을 합성한다.
➡ 소나무가 빛을 흡수하여 포도당을 합성하는 과정은 광합성이며, 광합성은 물질대사 중 동화작용에 해당한다.

④ 핀치새는 먹이의 종류에 따라 부리 모양이 다르다.
➡ 핀치새가 먹이의 종류에 따라 부리 모양이 다른 것은 먹이 환경에 적응한 결과이므로, 생명 현상의 특성 중 적응과 진화에 해당한다.

⑤ 적록 색맹인 어머니에게서 적록 색맹인 아들이 태어난다.
➡ 어머니로부터 아들이 태어난 것은 종족을 유지하기 위한 생식에 해당하고, 어머니의 적록 색맹 대립유전자가 아들에게 전달되어 어머니의 적록 색맹 형질이 아들에게 전해지는 것은 유전에 해당한다.

12 생물의 특성 2022학년도 4월 학평 1번

정답 ⑤ | 정답률 97%

적용해야 할 개념 ④가지

① 물질대사는 생명체에서 일어나는 모든 화학 반응으로, 생물의 체내에서 생명 현상을 유지하기 위해 물질을 합성하거나 분해하는 과정이다.
② 발생은 하나의 수정란이 세포 분열과 분화를 통해 완전한 개체가 되는 과정이고, 생장은 어린 개체가 세포 분열을 통해 성체로 자라는 것
   이다.
③ 생식은 생물이 자신과 닮은 자손을 만드는 것이고, 유전은 생식을 통해 어버이의 유전 물질이 자손에게 전달되어 자손이 어버이의 유전 형
   질을 이어받는 것이다.
④ 적응은 생물이 환경에 적합하도록 몸의 형태와 기능 등이 변하는 현상이고, 진화는 생물이 환경에 적응하는 과정에서 집단의 유전자 구성
   이 변화하여 새로운 종이 나타나는 현상이다.

문제 보기

다음은 어떤 문어에 대한 설명이다.

문어는 자리돔이 서식하는 곳에서 6개의 다리를 땅속에 숨기고 2개의 다리로 자리돔의 포식자인 줄무늬 바다뱀을 흉내 낸다. ㉠문어의 이러한 특성은 자리돔으로부터 자신을 보호하기에 적합하다. 적응과 진화

㉠에 나타난 생물의 특성과 가장 관련이 깊은 것은?

<보기> 풀이

문어가 자리돔으로부터 자신을 보호하기 위해 자리돔의 포식자인 줄무늬 바다뱀을 흉내 내는 특성은 환경에 적응해 나가면서 새로운 종으로 진화한 결과이다.

보기

① 짚신벌레는 분열법으로 번식한다.
➡ 생물의 특성 중 생식의 예에 해당한다.

② 개구리알은 올챙이를 거쳐 개구리가 된다.
➡ 생물의 특성 중 발생과 생장의 예에 해당한다.

③ 식물은 빛에너지를 이용하여 포도당을 합성한다.
➡ 식물이 빛에너지를 이용하여 포도당을 합성하는 과정은 광합성이며, 광합성은 생물의 특성 중 물질대사의 예에 해당한다.

④ 적록 색맹인 어머니로부터 적록 색맹인 아들이 태어난다.
➡ 적록 색맹인 어머니로부터 적록 색맹인 아들이 태어나는 것은 생물의 특성 중 유전의 예에 해당한다.

⑤ 핀치는 서식 환경에 따라 서로 다른 모양의 부리를 갖게 되었다.
➡ 핀치가 서식 환경에 따라 서로 다른 모양의 부리를 갖게 된 것은 생물의 특성 중 적응과 진화의 예에 해당한다.

적용해야 할 개념 ③가지

① 적응은 생물이 환경에 적합하도록 몸의 형태와 기능 등이 변하는 현상이고, 진화는 생물이 환경에 적응하는 과정에서 집단의 유전자 구성이 변화하여 새로운 종이 나타나는 것이다.

② 물질대사는 생명체에서 일어나는 모든 화학 반응으로, 생물은 물질대사를 통해 생명 활동에 필요한 에너지를 얻는다.

③ 발생은 다세포 생물에서 수정란이 세포 분열을 통해 세포 수를 늘리고, 조직과 기관을 형성하여 완전한 개체가 되는 과정이다.

문제 보기

다음은 벌새가 갖는 생물의 특성에 대한 자료이다.

(가) 벌새의 날개 구조는 공중에서 정지한 상태로 꿀을 빨아먹기에 적합하다. 적응과 진화

(나) 벌새는 자신의 체중보다 많은 양의 꿀을 섭취하여 ㉠ 활동에 필요한 에너지를 얻는다. → 물질대사

(다) 짝짓기 후 암컷이 낳은 알은 ㉡ 발생과 생장 과정을 거쳐 성체가 된다.

이에 대한 설명으로 옳은 것만을 〈보기〉에서 있는 대로 고른 것은?

〈보기〉 풀이

보기

ㄱ. (가)는 적응과 진화의 예에 해당한다.

➡ 벌새가 자신이 살아가는 환경에 적합한 날개 구조를 갖게 된 것은 환경에 적응하여 진화한 결과이다. 따라서 (가)는 적응과 진화의 예에 해당한다.

ㄴ. ㉠ 과정에서 물질대사가 일어난다.

➡ 생물은 물질대사를 통해 생명 활동에 필요한 에너지를 얻는다. 벌새가 활동에 필요한 에너지를 얻기 위해서는 세포 호흡과 같은 물질대사가 일어나야 한다.

ㄷ. '개구리알은 올챙이를 거쳐 개구리가 된다.'는 ㉡의 예에 해당한다.

➡ 개구리알이 세포 분열을 하여 세포 수가 늘어나고 올챙이를 거쳐 개구리가 되는 것은 생물의 특성 중 발생과 생장에 해당하므로, ㉡의 예에 해당한다.

적용해야 할 개념 ③가지

① 물질대사는 생명체에서 일어나는 모든 화학 반응으로, 생물의 체내에서 생명 현상을 유지하기 위해 물질을 합성하거나 분해하는 과정이다.

② 생식은 생물이 자신과 닮은 자손을 만드는 것이고, 유전은 생식을 통해 어버이의 유전 물질이 자손에게 전달되어 자손이 어버이의 유전 형질을 이어받는 것이다.

③ 생물은 환경 변화를 자극으로 받아들이고, 그 자극에 적절히 반응하며 항상성을 유지한다.

문제 보기

다음은 곤충 X에 대한 자료이다.

(가) 암컷 X는 짝짓기 후 알을 낳는다. ➡ 생식과 유전

(나) 알에서 깨어난 애벌레는 동굴 천장에 둥지를 짓고 끈적 끈적한 실을 늘어뜨려 덫을 만든다.

(다) 애벌레는 ATP를 분해하여 얻은 에너지로 청록색 빛을 낸다. ➡ 물질대사

(라) 빛에 유인된 먹이가 덫에 걸리면 애벌레는 움직임을 감지하여 실을 끌어 올린다. ➡ 자극에 대한 반응

이에 대한 설명으로 옳은 것만을 〈보기〉에서 있는 대로 고른 것은?

〈보기〉 풀이

보기

(가)에서 암컷 X가 짝짓기 후 알을 낳는 것은 생물의 특성 중 생식과 유전의 예이고, (다)에서 애벌레가 ATP를 분해하여 에너지를 얻는 것은 생물의 특성 중 물질대사의 예이다. (라)에서 애벌레가 덫에 걸린 먹이의 움직임을 감지하여 실을 끌어 올리는 것은 생물의 특성 중 자극에 대한 반응의 예이다.

ㄱ. (가)에서 유전 물질이 자손에게 전달된다.

➡ (가)에서 암컷 X가 낳은 알은 암수 생식세포의 수정으로 만들어진 것이므로, 어버이의 유전 물질이 자손에게 전달된 것이다.

ㄴ. (다)에서 물질대사가 일어난다.

➡ 물질대사는 생명체에서 일어나는 모든 화학 반응이다. 애벌레가 ATP를 분해하여 얻은 에너지로 빛을 내는 과정에서 물질대사가 일어난다.

ㄷ. (라)는 자극에 대한 반응의 예에 해당한다.

➡ (라)에서 애벌레가 덫에 걸린 먹이의 움직임을 감지하여 실을 끌어 올리는 것은 자극에 대한 반응이다.

15 생물의 특성 2023학년도 9월 모평 1번   정답 ⑤ | 정답률 93 %

적용해야 할 개념 ③가지

① 물질대사는 생명체에서 일어나는 모든 화학 반응으로, 생물의 체내에서 생명 현상을 유지하기 위해 물질을 합성하거나 분해하는 과정이다.
② 적응은 생물이 환경에 적합하도록 몸의 형태와 기능 등이 변하는 현상이고, 진화는 생물이 환경에 적응하는 과정에서 집단의 유전자 구성이 변화하여 새로운 종이 나타나는 현상이다.
③ 두 개체군이 서로 밀접하게 관계를 맺고 함께 살아가는 것을 공생이라고 하며, 상리 공생은 두 개체군이 서로 이익을 얻는 경우이다.

문제 보기

다음은 소가 갖는 생물의 특성에 대한 자료이다.

소는 세균으로부터 이익을 얻음

소는 식물의 섬유소를 직접 분해할 수 없지만 소화 기관에 섬유소를 분해하는 세균이 있어 세균의 대사산물을 에너지원으로 이용한다. ㉠세균에 의한 섬유소 분해 과정은 소의 되새김질에 의해 촉진된다. 되새김질은 삼킨 음식물을 위에서 입으로 토해내 씹고 삼키는 것을 반복하는 것으로, ㉡소는 되새김질에 적합한 구조의 소화 기관을 갖는다. 적응과 진화

물질대사(효소 이용)

이 자료에 대한 설명으로 옳은 것만을 〈보기〉에서 있는 대로 고른 것은?

보기

〈보기〉 풀이

세균이 섬유소를 분해하는 과정은 물질대사이며, 소가 되새김질에 적합한 구조의 소화 기관을 갖는 것은 생물의 특성 중 적응과 진화의 예이다. 소와 세균은 서로 이익을 주고받으며 함께 살아가는 상리 공생 관계이다.

ㄱ. ㉠에 효소가 이용된다.
➡ 세균은 단세포 생물로, 물질대사를 통해 섬유소를 분해하며 물질대사에는 효소가 관여한다. 따라서 ㉠(세균에 의한 섬유소 분해 과정)에 효소가 이용된다.

ㄴ. ㉡은 적응과 진화의 예에 해당한다.
➡ 생물인 소가 삼킨 음식물을 위에서 입으로 토해내 씹고 삼키는 것을 반복하는 되새김질에 적합한 구조의 소화 기관을 갖는 것은 환경에 적응해 진화한 결과이므로, ㉡(소는 되새김질에 적합한 구조의 소화 기관을 갖는다.)은 적응과 진화의 예에 해당한다.

ㄷ. 소는 세균과의 상호 작용을 통해 이익을 얻는다.
➡ 소는 세균의 대사산물을 에너지원으로 이용하고, 세균은 섬유소를 분해하는 과정에서 소의 되새김질의 도움을 받는다. 따라서 소와 세균의 상호 작용은 서로 이익을 주고받는 상리 공생이다.

16 생물의 특성 2022학년도 7월 학평 1번   정답 ① | 정답률 91 %

적용해야 할 개념 ②가지

① 발생은 하나의 수정란이 세포 분열과 분화를 통해 완전한 개체가 되는 과정이고, 생장은 어린 개체가 세포 분열을 통해 성체로 자라는 것이다.
② 항상성은 생물이 환경 변화에 대하여 체내 상태를 일정하게 유지하려는 성질이다.

문제 보기

표는 생물의 특성 (가)와 (나)의 예를, 그림은 애벌레가 번데기를 거쳐 나비가 되는 과정을 나타낸 것이다. (가)와 (나)는 항상성, 발생과 생장을 순서 없이 나타낸 것이다.

구분	예
(가) 발생과 생장	㉠
(나) 항상성	더운 날씨에 체온 유지를 위해 땀을 흘린다.

애벌레 → 번데기 → 나비
발생과 생장

이에 대한 설명으로 옳은 것만을 〈보기〉에서 있는 대로 고른 것은?

보기

〈보기〉 풀이

표에서 (나)의 예는 체온 유지를 위한 땀 분비이므로 (나)는 항상성이며, 그림은 나비의 발생과 생장을 나타낸 것이다.

ㄱ. (가)는 발생과 생장이다.
➡ (나)는 항상성이므로, (가)는 발생과 생장이다.

ㄴ. 그림에 나타난 생물의 특성은 (가)보다 (나)와 관련이 깊다.
➡ 그림은 애벌레가 번데기를 거쳐 나비가 되는 과정이므로 생물의 특성 중 항상성(나)보다 발생과 생장(가)과 관련이 깊다.

ㄷ. '북극토끼는 겨울이 되면 털 색깔이 흰색으로 변하여 천적의 눈에 띄지 않는다.'는 ㉠에 해당한다.
➡ 북극토끼가 천적의 눈에 띄지 않게 털 색깔을 변화시키는 것은 생물의 특성 중 적응과 진화의 예에 해당한다.

적용해야 할 개념 ⑤가지

① 물질대사는 생물의 체내에서 생명 현상을 유지하기 위해 물질을 합성하거나 분해하는 과정이다.

② 발생과 생장은 다세포 생물에서 하나의 수정란이 세포 분열을 하여 어린 개체를 거쳐 성체로 되는 과정이다.

③ 적응과 진화는 생물이 환경에 적응해 나가면서 새로운 종으로 진화하는 것이다.

④ 항상성은 체내·외의 환경 변화에 대해 생물이 체내 환경을 일정 범위로 유지하려는 성질이다.

⑤ 생식과 유전은 생물이 자신과 닮은 자손을 만드는 과정에서 어버이의 유전 물질이 자손에게 전달되어 자손이 어버이의 형질을 물려받는 것이다.

문제 보기

다음은 히말라야산양에 대한 자료이다.

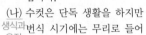

적응과 진화	(가) 털이 길고 발굽이 갈라져 있어 춥고 험준한 히말라야 산악 지대에서 살아가는 데 적합하다.
생식과 유전	(나) 수컷은 단독 생활을 하지만 번식 시기에는 무리로 들어가 암컷과 함께 자신과 닮은 새끼를 만든다.

(가)와 (나)에 나타난 생물의 특성으로 가장 적절한 것은?

<보기> 풀이

(가)에서 히말라야산양이 털이 길고 발굽이 갈라져 있는 것은 환경에 적응해 나가면서 새로운 종으로 진화한 결과이다. (나)에서 히말라야산양의 수컷이 암컷과 함께 자신과 닮은 새끼를 만드는 것은 생식이고, 생식을 통해 어버이의 유전 물질이 자손에게 전달되는 유전 현상이 나타난다. 따라서 (가)와 (나)에서 나타난 생물의 특성은 각각 적응과 진화, 생식과 유전이다.

	(가)	(나)
✕①	적응과 진화	물질대사
②	적응과 진화	생식과 유전
✕③	발생과 생장	항상성
✕④	발생과 생장	생식과 유전
✕⑤	물질대사	항상성

적용해야 할 개념 ①가지

① 바이러스의 생물적 특성과 비생물적 특성

바이러스의 생물적 특성	바이러스의 비생물적 특성
• 유전 물질인 핵산이 있다.	• 세포의 구조를 갖추지 못하였다.
• 살아 있는 숙주 세포 내에서 물질대사를 하고, 증식한다.	• 자신의 효소가 없어 독립적으로 물질대사를 하지 못한다.
• 증식 과정에서 유전 현상이 나타나고, 돌연변이가 일어나 진화한다.	• 숙주 세포 밖에서는 단백질 결정체로 존재한다.

문제 보기

아메바와 박테리오파지에 대한 설명으로 옳은 것만을 <보기>에서 있는 대로 고른 것은?

<보기> 풀이

단세포 진핵생물인 아메바는 생물의 특성을 모두 나타내지만, 바이러스인 박테리오파지는 생물적 특성과 비생물적 특성을 모두 가진다.

ㄱ. 아메바는 물질대사를 한다.

➡ 아메바는 효소를 가진 생물이므로 스스로 물질대사를 한다.

ㄴ. 박테리오파지는 핵산을 가진다.

➡ 박테리오파지는 유전 물질인 핵산(DNA)을 가진다.

✕ ㄷ. 아메바와 박테리오파지는 모두 세포 분열로 증식한다.

➡ 아메바는 하나의 세포로 이루어진 단세포 생물로 세포 분열을 통해 증식하지만, 박테리오파지는 세포로 되어 있지 않으므로 세포 분열로 증식하지 않는다. 박테리오파지는 살아 있는 숙주 세포 내에서 핵산을 복제해 증식한다.

19 | 생물의 특성 2023학년도 10월 학평 1번

정답 ⑤ | 정답률 95%

적용해야 할 개념 ③가지

① 모든 생물은 세포로 이루어져 있다.
② 물질대사에는 광합성과 같이 물질을 합성하는 동화 작용과 세포 호흡과 같이 물질을 분해하는 이화 작용이 있다.
③ 군집 내 개체군 사이의 상호 작용에서 상리 공생은 두 개체군이 서로 이익을 얻는 경우이다.

문제 보기

다음은 심해 열수구에 서식하는 관벌레에 대한 자료이다.

(가) 붓 모양의 ㉠ 관벌레에는 세균이 서식하는 영양체라는 기관이 있다.
(나) 관벌레는 영양체 내 세균에게 서식 공간을 제공하고, 세균이 합성한 ㉡ 유기물을 섭취하여 에너지를 얻는다. → 이화 작용(세포 호흡)으로 에너지 생성

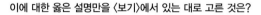

상리공생

이에 대한 옳은 설명만을 〈보기〉에서 있는 대로 고른 것은?

〈보기〉 풀이

심해 열수구에 서식하는 관벌레는 세균이 서식하는 영양체라는 기관을 가진 생물이다. 관벌레는 세균에게 서식 공간을, 세균은 관벌레에게 유기물을 제공하므로 관벌레와 세균은 서로 이익을 주고받는 관계이다. 따라서 관벌레와 영양체 내 세균의 상호 작용은 상리 공생이다.

ㄱ. ㉠은 세포로 구성된다.
➡ 관벌레(㉠)는 생물이므로 세포로 이루어져 있다.

ㄴ. ㉡ 과정에서 이화 작용이 일어난다.
➡ 관벌레는 섭취한 유기물을 세포 호흡으로 분해하여 에너지를 얻으며, 세포 호흡은 물질대사 중 이화 작용에 해당한다.

ㄷ. (나)는 상리 공생의 예이다.
➡ 관벌레와 세균은 서로 이익을 주고받는 관계이므로, 관벌레와 세균의 상호 작용은 상리 공생이다.

20 | 생물의 특성 2024학년도 9월 모평 1번

정답 ⑤ | 정답률 95%

적용해야 할 개념 ③가지

① 물질대사는 생물의 체내에서 생명 현상을 유지하기 위해 물질을 합성하거나 분해하는 과정이다.
② 생식과 유전은 생물이 자신과 닮은 자손을 만드는 생식을 통해 자손이 어버이의 유전 형질을 물려받는 것이다.
③ 적응과 진화는 생물이 환경에 적응해 나가면서 새로운 종으로 진화하는 것이다.

문제 보기

표는 생물의 특성의 예를 나타낸 것이다. (가)와 (나)는 생식과 유전, 적응과 진화를 순서 없이 나타낸 것이다.

생물의 특성	예
(가) 생식과 유전	아메바는 분열법으로 번식한다.
(나) 적응과 진화	㉠ 뱀은 큰 먹이를 먹기에 적합한 몸의 구조를 갖는다.
자극에 대한 반응	ⓐ

이에 대한 설명으로 옳은 것만을 〈보기〉에서 있는 대로 고른 것은? [3점]

〈보기〉 풀이

단세포 생물인 아메바는 체세포 분열에 의한 분열법으로 개체 수를 늘리고, 이 과정에서 자손은 어버이의 유전 형질을 물려받는다. 따라서 아메바가 분열법으로 번식하는 것은 생식과 유전의 예에 해당한다. 뱀의 아래턱 분리는 뱀이 큰 먹이를 먹기에 적합한 몸의 구조이므로, 적응과 진화의 예에 해당한다.

ㄱ. (가)는 생식과 유전이다.
➡ (가)는 생식과 유전, (나)는 적응과 진화이다.

ㄴ. ㉠은 세포로 구성되어 있다.
➡ 생물은 세포로 구성되어 있다.

ㄷ. '뜨거운 물체에 손이 닿으면 반사적으로 손을 뗀다.'는 ⓐ에 해당한다.
➡ 뜨거운 물체에 손이 닿았을 때 반사적으로 손을 떼는 것은 척수 반사로 자극에 대한 반응에 해당한다.

적용해야 할 개념 ③가지

① 물질대사는 생물의 체내에서 생명 현상을 유지하기 위해 물질을 합성하거나 분해하는 과정이다.
② 발생과 생장은 다세포 생물에서 하나의 수정란이 세포 분열을 하여 어린 개체를 거쳐 성체로 되는 과정이다.
③ 적응은 생물이 자신이 살아가는 환경에 적합한 몸의 형태와 기능, 생활 습성 등을 갖게 되는 것이며, 진화는 생물이 여러 세대에 걸쳐 환경에 적응한 결과 새로운 종이 나타나는 것이다.

문제 보기

다음은 습지에 서식하는 식물 A에 대한 자료이다.

적응과 진화

(가) A는 물 밖으로 나와 있는 뿌리를 통해 산소를 흡수할 수 있어 산소가 부족한 습지에서 살기에 적합하다.
발생 (나) A의 씨앗이 물이나 진흙에 떨어져 어린 개체가 된다.

이에 대한 설명으로 옳은 것만을 〈보기〉에서 있는 대로 고른 것은?

〈보기〉 풀이

보기

ㄱ. A에서 물질대사가 일어난다.

➡ A는 생명체인 식물이므로, 생명 활동에 필요한 물질과 에너지를 얻기 위해 물질대사가 일어난다.

ㄴ. (가)는 적응과 진화의 예에 해당한다.

➡ (가)에서 식물 A가 물 밖으로 나와 있는 뿌리를 통해 산소를 흡수할 수 있는 것은 산소가 부족한 습지 환경에 적응해 나가면서 새로운 종으로 진화한 결과이다.

ㄷ. (나)에서 세포 분열이 일어난다.

➡ (나)에서 A의 씨앗이 어린 개체가 되는 과정은 발생이다. 세포 분열을 통해 발생과 생장이 일어난다.

적용해야 할 개념 ③가지

① 물질대사는 생물의 체내에서 생명 현상을 유지하기 위해 물질을 합성하거나 분해하는 과정이다.
② 발생과 생장은 다세포 생물에서 하나의 수정란이 세포 분열을 하여 어린 개체를 거쳐 성체로 되는 과정이다.
③ 적응과 진화는 생물이 환경에 적응해 나가면서 새로운 종으로 진화하는 것이다.

문제 보기

다음은 어떤 기러기에 대한 자료이다.

○ 화산섬에 서식하는 이 기러기는 풀과 열매를 섭취하여 ㉠ 활동에 필요한 에너지를 얻는다. 세포 호흡(물질대사)
○ 이 기러기는 ㉡ 발생과 생장 과정에서 물갈퀴가 완전하게 발달하지는 않지만, ㉢ 길고 강한 발톱과 두꺼운 발바닥을 가져 화산섬에 서식하기에 적합하다. 적응과 진화
     세포 분열을 통해 세포 수 증가

이 자료에 대한 설명으로 옳은 것만을 〈보기〉에서 있는 대로 고른 것은?

〈보기〉 풀이

보기

㉠에서 기러기가 활동에 필요한 에너지를 얻는 과정은 세포 호흡이며, 세포 호흡은 물질대사이다. 다세포 생물인 기러기는 발생과 생장(㉡)을 통해 하나의 개체가 되며, 이 과정에서 세포 분열이 일어난다. ㉢에서 기러기의 길고 강한 발톱과 두꺼운 발바닥은 화산섬에 서식하기에 적합한 구조이므로, ㉢은 적응과 진화의 예에 해당한다.

ㄱ. ㉠ 과정에서 물질대사가 일어난다.

➡ 기러기가 영양소를 분해하여 활동에 필요한 에너지를 얻는 과정(㉠)에서 물질대사인 세포 호흡이 일어난다.

ㄴ. ㉡ 과정에서 세포 분열이 일어난다.

➡ 하나의 수정란이 발생과 생장(㉡)을 통해 어린 개체를 거쳐 성체가 되는 과정에서 세포 분열이 일어난다.

ㄷ. ㉢은 적응과 진화의 예에 해당한다.

➡ ㉢에서 기러기가 서식 환경인 화산섬에 적합한 몸의 형태(길고 강한 발톱, 두꺼운 발바닥)를 갖게 되는 것은 적응과 진화의 예에 해당한다.

23 | 생물의 특성 2023학년도 4월 학평 1번

정답 ⑤ | 정답률 97%

적용해야 할 개념 ②가지

① 모든 생물은 세포로 이루어져 있다.
② 하나의 수정란(알)이 세포 분열을 하여 세포 수가 늘어나고, 세포의 종류와 기능이 다양해지면서 한 개체가 되는 과정은 발생이며, 어린 개체가 세포 분열을 통해 몸이 커지며 성체로 자라는 것은 생장이다.

문제 보기

다음은 누에나방에 대한 자료이다.

> (가) 누에나방은 알, 애벌레, 번데기 시기를 거쳐 성충이 된다. 발생과 생장 ┌세포로 이루어진 생물이다.
> (나) 누에나방의 ㉠ 애벌레는 뽕나무 잎을 먹고 생명 활동에 필요한 에너지를 얻는다.
> (다) 인간은 누에나방의 애벌레가 만든 고치에서 실을 얻어 의복의 재료로 사용한다. 생물 자원 활용

이에 대한 설명으로 옳은 것만을 〈보기〉에서 있는 대로 고른 것은?

〈보기〉 풀이

ㄱ. (가)는 생물의 특성 중 발생과 생장의 예에 해당한다.
➡ 누에나방이 알, 애벌레, 번데기 시기를 거쳐 성충이 되는 것은 생물의 특성 중 발생과 생장의 예에 해당한다.

ㄴ. ㉠은 세포로 되어 있다.
➡ 모든 생물은 세포로 이루어져 있다. 세포로 이루어진 애벌레는 물질대사를 통해 생명 활동에 필요한 에너지를 얻는다.

ㄷ. (다)는 생물 자원을 활용한 예이다.
➡ 인간이 누에나방의 애벌레가 만든 고치에서 실을 얻어 의복의 재료로 사용하는 것은 생물 자원을 활용한 예이다.

보기

---

24 | 생물의 특성 2024학년도 수능 1번

정답 ③ | 정답률 92%

적용해야 할 개념 ③가지

① 모든 생물은 세포로 이루어져 있다.
② 생물은 자극에 대해 반응하며 항상성을 유지한다.
③ 군집 내 개체군 사이의 상호 작용에서 상리 공생은 두 개체군이 서로 이익을 얻는 경우이다.

문제 보기

다음은 식물 X에 대한 자료이다.

┌세포로 구성

> X는 ㉠ 잎에 있는 털에서 달콤한 점액을 분비하여 곤충을 유인한다. ㉡ X는 털에 곤충이 닿으면 잎을 구부려 곤충을 잡는다. X는 효소를 분비하여 곤충을 분해하고 영양분을 얻는다. 자극에 대한 반응

└ X는 포식자, 곤충은 피식자
(X와 곤충 사이의 상호 작용은 포식과 피식)

이 자료에 대한 설명으로 옳은 것만을 〈보기〉에서 있는 대로 고른 것은?

〈보기〉 풀이

식물 X를 구성하는 잎(㉠)은 공변세포, 표피세포 등 여러 종류의 많은 세포로 구성되어 있으며, X는 곤충을 잡아 영양분을 얻으므로 포식자이고, 곤충은 피식자이다. 따라서 제시된 자료에서 X와 곤충의 상호 작용은 포식과 피식이다.

ㄱ. ㉠은 세포로 구성되어 있다.
➡ 식물 X는 생물이므로, X의 잎(㉠)은 많은 수의 세포로 이루어져 있다.

ㄴ. ㉡은 자극에 대한 반응의 예에 해당한다.
➡ 'X의 털에 곤충이 닿는 것'은 자극에 해당하고, '잎을 구부려 곤충을 잡는 것'은 반응에 해당한다. 따라서 ㉡(X는 털에 곤충이 닿으면 잎을 구부려 곤충을 잡는다.)은 자극에 대한 반응의 예에 해당한다.

ㄷ. X와 곤충 사이의 상호 작용은 상리 공생에 해당한다.
➡ X는 포식자, 곤충은 피식자에 해당하므로 X와 곤충 사이의 상호 작용은 서로 이익을 얻는 상리 공생에 해당하지 않는다.

보기

25 | 생물의 특성 2025학년도 6월 모평 1번 | 정답 ⑤ | 정답률 98%

적용해야 할 개념 ③가지	① 항상성은 체내외의 환경 변화에 대해 생물이 체내 환경을 일정 범위로 유지하려는 성질이다.
	② 발생과 생장은 다세포 생물에서 하나의 수정란이 세포 분열을 통해 구조적·기능적으로 완전한 개체가 되는 것이다.
	③ 적응과 진화는 생물이 환경에 적응해 나가면서 새로운 종으로 진화하는 것이다.

문제 보기

표는 생물의 특성의 예를 나타낸 것이다. (가)와 (나)는 발생과 생장, 항상성을 순서 없이 나타낸 것이다.

생물의 특성	예
(가) 항상성	사람은 더울 때 땀을 흘려 체온을 일정하게 유지한다.
(나) 발생과 생장	달걀은 병아리를 거쳐 닭이 된다.
적응과 진화	ⓐ

이에 대한 설명으로 옳은 것만을 〈보기〉에서 있는 대로 고른 것은?

〈보기〉 풀이

보기

ㄱ. **(가)는 항상성이다.**

➡ (가)에서 사람이 더울 때 땀을 흘려 체온을 일정하게 유지하는 것은 생물의 특성 중 항상성에 해당한다.

ㄴ. **(나) 과정에서 세포 분열이 일어난다.**

➡ 달걀(알)이 병아리를 거쳐 닭(성체)이 되는 것은 하나의 수정란이 세포 분열을 하여 세포 수가 늘어나고, 세포의 종류와 기능이 다양해지면서 개체가 되며, 어린 개체가 세포 분열을 통해 몸이 커지며 성체로 자라는 것인 발생과 생장에 해당한다. 다세포 생물은 발생과 생장 과정에서 하나의 수정란이 세포 분열을 통해 구조적·기능적으로 완전한 개체가 된다.

ㄷ. **'더운 지역에 사는 사막여우는 열 방출에 효과적인 큰 귀를 갖는다.'는 ⓐ에 해당한다.**

➡ 더운 지역에 사는 사막여우가 열 방출에 효과적인 큰 귀를 갖는 것은 생물이 자신이 살아가는 환경에 적합한 몸의 형태와 기능, 생활 습성 등을 갖게 되는 것으로 생물의 특성 중 적응과 진화에 해당한다.

---

26 | 생물의 특성 2024학년도 7월 학평 1번 | 정답 ③ | 정답률 93%

적용해야 할 개념 ③가지	① 모든 생물은 세포로 이루어져 있다. 세포는 생물의 몸을 구성하는 구조적 단위이고, 생명 활동이 일어나는 기능적 단위이다.
	② 물질대사는 생명을 유지하기 위해 생물체에서 일어나는 모든 화학 반응이며, 생물체는 물질대사를 통해 생명 활동에 필요한 물질과 에너지를 얻는다.
	③ 군집 내 개체군 간의 상호 작용에는 종간 경쟁, 분서, 포식과 피식, 공생, 기생이 있으며, 상리공생은 두 개체군이 서로 이익을 얻는 경우이다.

문제 보기

다음은 전등물고기(*Photoblepharon palpebratus*)에 대한 자료이다.

눈
발광 기관

전등물고기는 눈 아래에 발광 기관이 있고, 이 발광 기관 안에는 빛을 내는 세균이 서식한다. ㉠ 전등물고기는 세균이 내는 빛으로 먹이를 유인하여 잡아먹고, ㉡ 세균은 전등물고기로부터 서식 공간과 영양 물질을 제공받아 ⓐ 생명 활동에 필요한 에너지를 얻는다. └ 물질대사(세포 호흡) ┘

이 자료에 대한 설명으로 옳은 것만을 〈보기〉에서 있는 대로 고른 것은?

〈보기〉 풀이

보기

ㄱ. **㉠은 세포로 구성되어 있다.**

➡ ㉠(전등물고기)은 생존에 필요한 구조적·기능적 특징을 갖춘 독립된 하나의 생물체로, 모든 생물은 세포로 구성되어 있으므로 ㉠(전등물고기)은 세포로 구성되어 있다.

ㄴ. **㉠과 ㉡ 사이의 상호 작용은 분서에 해당한다.**

➡ ㉠(전등물고기)은 ㉡(세균)이 내는 빛으로 먹이를 유인하여 잡아먹고, ㉡(세균)은 ㉠(전등물고기)으로부터 서식 공간과 영양 물질을 제공받으므로, ㉠(전등물고기)과 ㉡(세균) 사이의 상호 작용은 서로 이익을 얻는 상리공생에 해당한다.

ㄷ. **ⓐ 과정에서 물질대사가 일어난다.**

➡ 세균은 세포 호흡을 통해 생명 활동에 필요한 에너지를 얻으며, 세포 호흡은 생명을 유지하기 위해 생물체에서 일어나는 화학 반응인 물질대사이다.

27 | 생물의 특성 2024학년도 10월 학평 1번

정답 ③ | 정답률 84%

적용해야 할 개념 ③가지

① 자극에 대한 반응은 생물이 환경 변화를 자극으로 받아들이고, 이에 대해 적절히 반응하는 것이다. 생물은 자극에 적절히 반응하여 생명을 유지한다.

② 물질대사는 생명을 유지하기 위해 생물체에서 일어나는 모든 화학 반응이다. 생물체는 물질대사를 통해 생명 활동에 필요한 물질과 에너지를 얻는다.

③ 회피 반사는 무조건 반사에 해당하며, 반응의 중추는 척수이다.

문제 보기

표는 사람이 갖는 생물의 특성과 예를 나타낸 것이다. (가)와 (나)는 물질대사, 자극에 대한 반응을 순서 없이 나타낸 것이다.

생물의 특성	예
(가) 자극에 대한 반응	ⓐ 뜨거운 물체에 손이 닿으면 자신도 모르게 손을 떼는 반사가 일어난다. └ 회피 반사
(나) 물질대사	ⓑ 소화 과정을 통해 녹말을 포도당으로 분해한다.

이에 대한 옳은 설명만을 〈보기〉에서 있는 대로 고른 것은?

〈보기〉 풀이

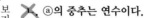

ㄱ. (가)는 자극에 대한 반응이다.

➡ (가)는 생물(사람)이 자극(뜨거운 물체에 손이 닿은 것)을 받아들이고, 이 자극에 대해 반응(손을 떼는 것)을 한 것이다.

✗ ⓐ의 중추는 연수이다.

➡ 무조건 반사에는 중간뇌 반사, 연수 반사, 척수 반사가 있다. ⓐ는 회피 반사로 무릎 반사, 배변·배뇨 반사와 함께 척수 반사에 해당하며, 반응의 중추는 척수이다. 재채기, 하품, 침 분비 등은 연수 반사에 해당하며, 반응의 중추는 연수이다.

ㄷ. ⓑ에서 이화 작용이 일어난다.

➡ 소화 과정을 통해 녹말을 포도당으로 분해하는 것은 크고 복잡한 물질(녹말)을 작고 간단한 물질(포도당)로 분해하는 반응으로 이화 작용에 해당한다.

28 | 생물의 특성 2025학년도 9월 모평 1번

정답 ④ | 정답률 96%

적용해야 할 개념 ③가지

① 발생과 생장은 다세포 생물에서 하나의 수정란이 세포 분열을 통해 구조적·기능적으로 완전한 개체가 되는 것이다.

② 적응과 진화는 생물이 환경에 적응해 나가면서 새로운 종으로 진화하는 것이다.

③ 생태계 구성 요소 간의 관계에는 비생물적 요인이 생물적 요인에 영향을 주는 작용, 생물적 요인이 비생물적 요인에 영향을 주는 반작용, 생물적 요인 사이에 영향을 주고받는 상호 작용이 있다.

문제 보기

다음은 생물의 특성에 대한 자료이다.

○ ⊙ 발생 과정에서 포식자를 감지한 물벼룩 A는 머리와 꼬리에 뾰족한 구조를 형성하여 방어에 적합한 몸의 형태를 갖는다.

○ ⓛ 메뚜기 B는 주변 환경과 유사하게 몸의 색을 변화시켜 포식자의 눈에 띄지 않는다. └ 적응과 진화

이에 대한 설명으로 옳은 것만을 〈보기〉에서 있는 대로 고른 것은? [3점]

〈보기〉 풀이

ㄱ. ⊙ 과정에서 세포 분열이 일어난다.

➡ 발생이란 하나의 수정란이 세포 분열을 하여 세포 수가 늘어나고, 세포의 종류와 기능이 다양해지면서 개체가 되는 것이므로, 발생(⊙) 과정에서 세포 분열이 일어난다.

✗ ⓛ은 생물적 요인이 비생물적 요인에 영향을 미치는 예에 해당한다.

➡ 주변 환경은 비생물적 요인이고, 메뚜기는 생물적 요인이므로 주변 환경과 유사하게 메뚜기가 몸의 색을 변화시켜 포식자의 눈에 띄지 않는 것은 비생물적 요인이 생물적 요인에 영향을 미치는 예에 해당한다.

ㄷ. '펭귄은 물속에서 빠른 속도로 움직이는 데 적합한 몸의 형태를 갖는다.'는 적응과 진화의 예에 해당한다.

➡ 펭귄이 물속에서 빠른 속도로 움직이는 데 적합한 몸의 형태를 갖는 것은 생물이 자신이 살아가는 환경에 적합한 몸의 형태와 기능, 생활 습성 등을 갖게 되는 것으로 생물의 특성 중 적응과 진화에 해당한다.

적용해야 할 개념 ③가지

① 생식은 생물이 자신과 닮은 자손을 만들어 종족을 유지하는 것이다.

② 물질대사는 생명체에서 일어나는 모든 화학 반응으로, 생물은 물질대사를 통해 생명 활동에 필요한 물질과 에너지를 얻는다.

③ 적응과 진화는 생물이 환경에 적응해 나가면서 새로운 종으로 진화하는 것이다.

문제 보기

다음은 넓적부리도요에 대한 자료이다.

> 넓적부리도요는 겨울을 따뜻한 남쪽 지역에서 보내고 봄에는 북쪽 지역으로 이동하여 ㉠ 번식한다. 이 새는 작은 해양 생물을 많이 먹어 ㉡ 장거리 비행에 필요한 에너지를 얻으며, ㉢ 갯벌에서 먹이를 잡기에 적합한 숟가락 모양의 부리를 갖는다.
>
> 생식 / 물질대사 / 적응과 진화

보기

이 자료에 대한 설명으로 옳은 것만을 〈보기〉에서 있는 대로 고른 것은?

〈보기〉 풀이

ㄱ. ㉠ 과정에서 유전 물질이 자손에게 전달된다.

➡ 생물이 종족을 유지하기 위해 자신과 닮은 자손을 만드는 과정에서 유전 물질이 자손에게 전달된다.

ㄴ. ㉡ 과정에서 물질대사가 일어난다.

➡ 넓적부리도요가 영양소를 분해하여 장거리 비행에 필요한 에너지를 얻는 과정(㉡)에서 물질대사인 세포 호흡이 일어난다.

ㄷ. ㉢은 적응과 진화의 예에 해당한다.

➡ 넓적부리도요가 갯벌에서 먹이를 잡기에 적합한 숟가락 모양의 부리를 갖는 것은 환경에 적응하여 진화한 결과이므로, ㉢(갯벌에서 먹이를 잡기에 적합한 숟가락 모양의 부리를 갖는다.)은 적응과 진화의 예에 해당한다.

2
일차

01 ⑤	02 ⑤	03 ③	04 ⑤	05 ②	06 ④	07 ②	08 ⑤	09 ⑤	10 ④	11 ③	12 ①
13 ④	14 ③	15 ③	16 ④	17 ①	18 ④	19 ①	20 ③	21 ③	22 ②	23 ②	24 ②
25 ①	26 ③	27 ④	28 ②	29 ②							

문제편 018쪽~027쪽

2
일차

---

01 | 생명 과학의 탐구 방법 | 2023학년도 10월 학평 3번 | 정답 ⑤ | 정답률 94 %

적용해야 할 개념 ②가지
① 귀납적 탐구 방법은 여러 개별적인 관찰 사실로부터 결론을 이끌어 내므로 연역적 탐구 방법에서와 달리 가설을 설정하지 않는다.
② 연역적 탐구 방법에서 탐구 수행 시 대조군을 설정하고 실험군과 비교하는 대조 실험을 해야 실험 결과의 타당성이 높아진다.

문제 보기

그림 (가)와 (나)는 연역적 탐구 방법과 귀납적 탐구 방법을 순서 없이 나타낸 것이다.

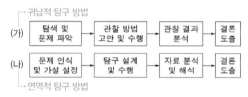

이에 대한 옳은 설명만을 〈보기〉에서 있는 대로 고른 것은?

〈보기〉 풀이

연역적 탐구 방법에는 가설 설정 단계가 있지만, 귀납적 탐구 방법에는 가설 설정의 단계가 없다. 따라서 (가)는 귀납적 탐구 방법, (나)는 연역적 탐구 방법이다.

ㄱ. **(가)는 귀납적 탐구 방법이다.**
➡ (가)는 귀납적 탐구 방법, (나)는 연역적 탐구 방법이다.

ㄴ. **여러 과학자가 생물을 관찰하여 생물은 세포로 이루어져 있다는 결론을 내리는 과정에 (가)가 사용되었다.**
➡ 다양한 생물을 관찰하여 얻은 자료를 종합하고 분석하여 이로부터 생물이 세포로 이루어져 있다는 결론이 도출되었다. 이 과정에 귀납적 탐구 방법(가)이 사용되었다.

ㄷ. **(나)에서는 대조 실험을 하여 결과의 타당성을 높인다.**
➡ 연역적 탐구 방법(나)의 탐구 설계 및 수행 단계에서 대조군을 설정하고 실험군과 비교하는 대조 실험을 하여 결과의 타당성을 높인다.

---

02 | 생명 과학의 탐구 방법 | 2023학년도 3월 학평 6번 | 정답 ⑤ | 정답률 77 %

적용해야 할 개념 ②가지
① 가설을 세우고, 이를 실험적으로 검증해 결론을 이끌어내는 탐구 방법을 연역적 탐구 방법이라고 한다.
② 연역적 탐구 방법에서 탐구 수행 시 대조군을 설정하고 실험군과 비교하는 대조 실험을 해야 실험 결과의 타당성이 높아진다.

문제 보기

다음은 어떤 과학자가 수행한 탐구이다. ┌─ 연역적 탐구 방법

> (가) 뒷날개에 긴 꼬리가 있는 나방이 박쥐에게 잡히지 않는 것을 보고, 긴 꼬리는 이 나방이 박쥐에게 잡히지 않는 데 도움이 된다고 생각했다. └─ 가설
> 가설 설정
> (나) 이 나방을 집단 A와 B로 나눈 후 A에서는 긴 꼬리를 그대로 두고, B에서는 긴 꼬리를 제거했다.
> 대조 실험 └─ 긴 꼬리 제거 유무: 조작 변인 ┌─ 종속변인
> (다) 일정 시간 박쥐에게 잡힌 나방의 비율은 ㉠이 ㉡보다 높았다. ㉠과 ㉡은 A와 B를 순서 없이 나타낸 것이다.
> 결과 분석
> (라) 긴 꼬리는 이 나방이 박쥐에게 잡히지 않는 데 도움이 된다는 결론을 내렸다.
> 결론 도출

이 자료에 대한 옳은 설명만을 〈보기〉에서 있는 대로 고른 것은? [3점]

〈보기〉 풀이

(가)에서 나방의 뒷날개에 있는 긴 꼬리는 이 나방이 박쥐에게 잡히지 않는 데 도움이 될 것이라는 가설을 설정하고, (나)에서 대조 실험을 한 후 (다)에서 실험 결과를 얻고, (라)에서 긴 꼬리는 이 나방이 박쥐에게 잡히지 않는 데 도움이 된다는 결론을 도출하였다. 따라서 이 과학자가 수행한 탐구 방법은 연역적 탐구 방법이다.

ㄱ. **㉠은 B이다.**
➡ (라)에서 긴 꼬리는 이 나방이 박쥐에게 잡히지 않는 데 도움이 된다는 결론을 내렸고, 일정 시간 박쥐에게 잡힌 나방의 비율이 ㉠이 ㉡보다 높았다. 따라서 ㉠은 긴 꼬리를 제거한 나방 집단 B, ㉡은 긴 꼬리를 그대로 둔 나방 집단 A이다.

ㄴ. **연역적 탐구 방법이 이용되었다.**
➡ (가)에서 가설을 설정하고 (나)에서 대조 실험을 하였으므로, 연역적 탐구 방법이 이용되었다.

ㄷ. **박쥐에게 잡힌 나방의 비율은 종속변인이다.**
➡ 종속변인은 탐구에서 측정되는 값에 해당하므로, (다)에서 박쥐에게 잡힌 나방의 비율은 종속변인이다.

적용해야 할 개념 ②가지

① 연역적 탐구 방법에서 탐구를 수행할 때 대조군을 설정하고 실험군과 비교하는 대조 실험을 해야 탐구 결과의 타당성이 높아진다.

대조군	실험군과 비교하기 위해 실험 조건을 변화시키지 않은 집단
실험군	실험 조건을 인위적으로 변화시킨 집단

② 탐구와 관계된 다양한 요인을 변인이라고 하며, 변인에는 독립변인과 종속변인이 있다.

독립변인	탐구 결과에 영향을 미칠 수 있는 요인으로, 조작 변인과 통제 변인이 있다. • 조작 변인: 대조군과 달리 실험군에서 의도적으로 변화시키는 변인 • 통제 변인: 대조군과 실험군 모두 일정하게 유지하는 변인
종속변인	조작 변인의 영향을 받아 변하는 요인으로, 탐구에서 측정되는 값에 해당한다.

문제 보기

다음은 어떤 학생이 수행한 탐구의 일부이다.

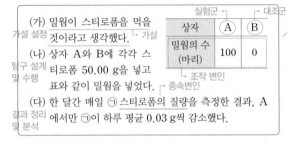

(가) 밀웜이 스티로폼을 먹을 것이라고 생각했다. — 가설 설정 / 가설

(나) 상자 A와 B에 각각 스티로폼 50.00 g을 넣고 표와 같이 밀웜을 넣었다. — 탐구 설계 및 수행

상자	A	B
밀웜의 수 (마리)	100	0

실험군 ┐   ┌ 대조군 / 조작 변인 / 종속변인

(다) 한 달간 매일 ㉠ 스티로폼의 질량을 측정한 결과, A에서만 ㉠이 하루 평균 0.03 g씩 감소했다. — 결과 정리 및 분석

이에 대한 옳은 설명만을 〈보기〉에서 있는 대로 고른 것은?

〈보기〉 풀이

ㄱ. **연역적 탐구 방법이 이용되었다.**

➡ (가)에서 가설을 세우고, (나)에서 가설을 검증하기 위한 대조 실험을 하며, (다)에서 결과를 정리 및 분석하였다. 이와 같이 가설을 세우고 이를 실험적으로 검증해 결론을 이끌어내는 탐구 방법은 연역적 탐구 방법이다.

ㄴ. **대조 실험이 수행되었다.**

➡ (나)에서 밀웜을 100마리 넣은 상자 A(실험군)와 밀웜을 0마리 넣은 상자 B(대조군)로 나누어 대조 실험을 하였다.

✗ **㉠은 조작 변인이다.**

➡ ㉠은 탐구에서 측정되는 값에 해당하므로 종속변인이다.

보기

적용해야 할 개념 ③가지

① 자연 현상을 관찰하면서 생긴 의문에 대한 답을 찾기 위해 가설을 세우고, 이를 실험적으로 검증해 결론을 이끌어내는 탐구 방법을 연역적 탐구 방법이라고 한다.

② 조작 변인은 대조군과 달리 실험군에서 의도적으로 변화시키는 변인이다.

③ 연역적 탐구 과정: 관찰 및 문제 인식 → 가설 설정 → 탐구 설계 및 수행 → 결과 정리 및 분석 → 결론 도출 → 일반화

문제 보기

다음은 어떤 과학자가 수행한 탐구이다.

(가) 암이 있는 생쥐에서 면역 세포가 암세포를 인식하지 못해 암세포를 제거하지 못하는 것을 관찰하고, 면역 세포가 암세포를 인식하도록 도우면 암세포의 수가 줄어들 것이라고 생각했다. — 관찰 / 가설 설정 / 가설

(나) 동일한 암이 있는 생쥐 집단 Ⅰ과 Ⅱ를 준비하고, Ⅱ에만 ㉠ 면역 세포가 암세포를 인식하도록 돕는 물질을 주사했다. — 탐구 설계 및 수행 / 대조군 / 실험군 / 조작 변인 / 종속변인

(다) 일정 시간이 지난 후 Ⅰ과 Ⅱ에서 암세포의 수를 측정한 결과, ⓐ에서만 암세포의 수가 줄어들었다. ⓐ는 Ⅰ과 Ⅱ 중 하나이다. — 결과 정리 및 분석 / Ⅱ

(라) 암이 있는 생쥐에서 면역 세포가 암세포를 인식하도록 도우면 암세포의 수가 줄어든다는 결론을 내렸다. — 결론 도출

이 자료에 대한 설명으로 옳은 것만을 〈보기〉에서 있는 대로 고른 것은? [3점]

〈보기〉 풀이

(가)에서 자연 현상을 관찰한 뒤, '암이 있는 생쥐에서 면역 세포가 암세포를 인식하도록 도우면 암세포의 수가 줄어들 것이다.'라는 가설을 설정하고, (나)에서 탐구 설계 및 수행을 한 뒤, (다)에서 실험 결과를 정리 및 분석하였으며, (라)에서 '암이 있는 생쥐에서 면역 세포가 암세포를 인식하도록 도우면 암세포의 수가 줄어든다.'는 결론을 도출하였다. 따라서 어떤 과학자가 수행한 이 탐구 방법은 연역적 탐구 방법이다.

ㄱ. **조작 변인은 ㉠의 주사 여부이다.**

➡ 탐구 결과에 영향을 미칠 수 있는 요인 중 대조군(Ⅰ)과 달리 실험군(Ⅱ)에서 의도적으로 변화시키는 요인이 조작 변인이다. 따라서 조작 변인은 ㉠의 주사 여부이다.

ㄴ. **ⓐ는 Ⅱ이다.**

➡ (라)에서 '암이 있는 생쥐에서 면역 세포가 암세포를 인식하도록 도우면 암세포의 수가 줄어든다.'는 결론을 내렸다. ⓐ에서만 암세포의 수가 줄어들었으므로 ⓐ에 면역 세포가 암세포를 인식하도록 돕는 물질을 주사하였을 것이다. 따라서 ⓐ는 Ⅱ이다.

ㄷ. **(라)는 탐구 과정 중 결론 도출 단계에 해당한다.**

➡ (라)에서 '암이 있는 생쥐에서 면역 세포가 암세포를 인식하도록 도우면 암세포의 수가 줄어든다.'는 결론을 내렸으므로, (라)는 연역적 탐구 방법의 과정 중 결론 도출 단계에 해당한다.

보기

05 | 연역적 탐구 방법 2020학년도 4월 학평 2번

적용해야 할 개념 ③가지

① 연역적 탐구 방법은 자연 현상을 관찰하면서 생긴 의문점을 해결하기 위해 가설을 세우고, 이를 실험을 통해 검증하는 탐구 방법이다.

② 연역적 탐구 방법의 탐구 설계 및 수행 단계에서 실험군과 대조군을 두어 대조 실험을 한다.

③ 조작 변인은 가설 검증을 위해 실험에서 의도적으로 변화시킨 변인이고, 종속변인은 독립변인에 따라 변화되는 요인으로 실험 결과에 해당한다.

문제 보기

다음은 어떤 학생이 수행한 탐구 과정의 일부이다.

(가) 콩에는 오줌 속의 요소를 분해하는 물질이 있을 것이라고 생각하였다.

(나) 비커 Ⅰ과 Ⅱ에 표와 같이 물질을 넣은 후 BTB 용액을 첨가한다.

비커	물질
대조군 Ⅰ	오줌 20 mL+증류수 3 mL
실험군 Ⅱ	오줌 20 mL+증류수 1 mL+생콩즙 2 mL

(다) 일정 시간 간격으로 Ⅰ과 Ⅱ에 들어 있는 용액의 색깔 변화를 관찰한다.

- 조작 변인: 생콩즙의 첨가 유무
- 종속변인: 비커 Ⅰ과 Ⅱ에 들어 있는 용액의 색깔 변화

이에 대한 설명으로 옳은 것만을 〈보기〉에서 있는 대로 고른 것은?

〈보기〉 풀이

보기

✗ ㄱ. 이 탐구 과정은 귀납적 탐구 방법이다.

➡ 연역적 탐구 방법은 가설 설정 단계가 있지만, 귀납적 탐구 방법에는 가설 설정 단계가 없다. (가)에서 가설을 설정하였고, (나)와 (다)에서 가설을 검증하기 위한 탐구를 수행하였다. 따라서 이 탐구 과정은 연역적 탐구 방법이다.

◯ ㄴ. (나)에서 대조 실험을 수행하였다.

➡ (나)에서 생콩즙을 첨가하지 않은 비커 Ⅰ은 대조군, 생콩즙을 첨가한 비커 Ⅱ는 실험군이다. 따라서 (나)에서 대조군을 설정하고 실험군과 비교하는 대조 실험을 수행하였다.

✗ ㄷ. 생콩즙의 첨가 유무는 종속변인에 해당한다.

➡ 생콩즙의 첨가 유무는 실험에서 의도적으로 변화시킨 것이므로 조작 변인이다. 종속변인은 독립변인에 따라 변화되는 요인으로 실험 결과에 해당하므로, 이 탐구에서는 비커 Ⅰ과 Ⅱ에 들어 있는 용액의 색깔 변화가 종속변인에 해당한다.

---

06 | 연역적 탐구 방법 2021학년도 9월 모평 1번

적용해야 할 개념 ③가지

① 연역적 탐구 방법은 자연 현상을 관찰하면서 생긴 의문점을 해결하기 위해 가설을 세우고, 이를 실험을 통해 검증하는 탐구 방법이다.

② 조작 변인은 가설 검증을 위해 실험에서 의도적으로 변화시킨 변인이고, 통제 변인은 실험에서 일정하게 유지시키는 변인이며, 종속변인은 독립변인에 따라 변화되는 요인으로 실험 결과에 해당한다.

③ 생물의 특성에는 세포로 구성, 물질대사, 자극에 대한 반응, 항상성, 발생과 생장, 생식과 유전, 적응과 진화가 있다.

문제 보기

다음은 어떤 과학자가 수행한 탐구이다.

(가) 서식 환경과 비슷한 털색을 갖는 생쥐가 포식자의 눈에 잘 띄지 않아 생존에 유리할 것이라고 생각했다. _{가설 설정}

(나) ㉠ 갈색 생쥐 모형과 ㉡ 흰색 생쥐 모형을 준비해서 지역 A와 B 각각에 두 모형을 설치했다. A와 B는 각각 갈색 모래 지역과 흰색 모래 지역 중 하나이다. _{탐구 설계 및 수행}

(다) A에서는 ㉠이 ㉡보다, B에서는 ㉡이 ㉠보다 포식자로부터 더 많은 공격을 받았다. _{결과 정리 및 해석}

(라) ⓐ 서식 환경과 비슷한 털색을 갖는 생쥐가 생존에 유리하다는 결론을 내렸다. _{결론 도출}

- 조작 변인: 서식 환경을 다르게 함(갈색 모래 지역과 흰색 모래 지역)
- 종속변인: 포식자로부터 공격을 받는 횟수

이 자료에 대한 설명으로 옳은 것만을 〈보기〉에서 있는 대로 고른 것은?

〈보기〉 풀이

보기

✗ ㄱ. A는 갈색 모래 지역이다.

➡ 이 탐구는 '서식 환경과 비슷한 털색을 갖는 생쥐가 포식자의 눈에 잘 띄지 않아 생존에 유리할 것이다.'라는 가설을 검증하기 위한 탐구이므로, 이 탐구의 조작 변인은 서식 환경을 다르게 한 것이고, 종속변인은 포식자로부터 공격을 받는 횟수가 된다. 탐구 결과 A에서 ㉠이 ㉡보다 포식자로부터 더 많은 공격을 받았고, 서식 환경과 비슷한 털색을 갖는 생쥐가 생존에 유리하다는 결론을 내렸으므로, A는 흰색 생쥐 모형(㉡)의 털색과 비슷한 흰색 모래 지역이다.

◯ ㄴ. 연역적 탐구 방법이 이용되었다.

➡ (가)에서 문제를 인식하여 가설을 세우고, (나)와 (다)에서 가설을 검증하기 위한 대조 실험을 하여 결과를 관찰하였다. 이와 같이 가설을 세우고 이를 검증하는 탐구 방법은 연역적 탐구 방법이다.

◯ ㄷ. ⓐ는 생물의 특성 중 적응과 진화의 예에 해당한다.

➡ 서식 환경과 비슷한 털색을 갖는 생쥐가 생존에 유리한 것(ⓐ)은 환경에 적응한 결과이므로, 생물의 특성 중 적응과 진화에 해당한다.

07

연역적 탐구 방법 2021학년도 6월 모평 20번

정답 ② | 정답률 85 %

적용해야 할 개념 ②가지

① 연역적 탐구 방법은 자연 현상을 관찰하면서 생긴 의문점을 해결하기 위해 가설을 세우고, 이를 실험을 통해 검증하는 탐구 방법이다.

② 독립변인은 실험 결과에 영향을 줄 수 있는 요인으로, 조작 변인과 통제 변인이 있다. 조작 변인은 가설 검증을 위해 실험에서 의도적으로 변화시킨 변인이고, 통제 변인은 실험에서 일정하게 유지시키는 변인이다. 종속변인은 독립변인에 따라 변화되는 요인으로 실험 결과에 해당한다.

문제 보기

다음은 먹이 섭취량이 동물 종 ⓐ의 생존에 미치는 영향을 알아보기 위한 실험이다.

[실험 과정]
(가) 유전적으로 동일하고 같은 시기에 태어난 ⓐ의 수컷 개체 200마리를 준비하여, 100마리씩 집단 A와 B로 나눈다.

(나) A에는 충분한 양의 먹이를 제공하고 B에는 먹이 섭취량을 제한하면서 배양한다. 한 개체당 먹이 섭취량은 A의 개체가 B의 개체보다 많다.

(다) A와 B에서 시간에 따른 ⓐ의 생존 개체 수를 조사한다.

[실험 결과]
그림은 A와 B에서 시간에 따른 ⓐ의 생존 개체 수를 나타낸 것이다.

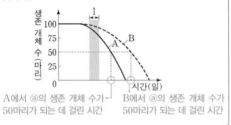

A에서 ⓐ의 생존 개체 수가 50마리가 되는 데 걸린 시간 ⟶ B에서 ⓐ의 생존 개체 수가 50마리가 되는 데 걸린 시간

• 조작 변인: 먹이 섭취량
• 종속변인: ⓐ의 생존 개체 수
• 통제 변인: 유전적으로 동일, 같은 시기에 태어난, ⓐ의 수컷, 100마리씩

이 자료에 대한 설명으로 옳은 것만을 〈보기〉에서 있는 대로 고른 것은? (단, 제시된 조건 이외는 고려하지 않는다.) [3점]

〈보기〉 풀이

✗ 이 실험에서의 조작 변인은 ⓐ의 생존 개체 수이다.

➡ 조작 변인은 가설 검증을 위해 실험에서 의도적으로 변화시킨 변인이다. 이 실험에서 집단 A와 B에서 먹이 섭취량만 다르게 처리하였으므로 조작 변인은 먹이 섭취량이다. ⓐ의 생존 개체 수는 실험 결과에 해당하므로 종속변인이다.

ㄴ. 구간 Ⅰ에서 사망한 ⓐ의 개체 수는 A에서가 B에서보다 많다.

➡ 구간 Ⅰ에서 A가 B보다 생존 개체 수가 더 많이 줄어들었으므로, 구간 Ⅰ에서 사망한 ⓐ의 개체 수는 A에서가 B에서보다 많다.

✗ 각 집단에서 ⓐ의 생존 개체 수가 50마리가 되는 데 걸린 시간은 A에서가 B에서보다 길다.

➡ 각 집단에서 ⓐ의 생존 개체 수가 50마리가 되는 데 걸린 시간은 A에서가 B에서보다 짧다.

08

생물의 특성과 생명 과학의 탐구 방법 2021학년도 3월 학평 1번

정답 ⑤ | 정답률 91 %

적용해야 할 개념 ③가지

① 모든 생물은 세포로 이루어져 있다. 세포는 생물체를 구성하는 구조적 단위이면서, 생명 활동이 일어나는 기능적 단위이다.

② 발생은 다세포 생물에서 하나의 수정란이 세포 분열을 통해 세포 수를 늘리고, 조직과 기관을 형성하여 완전한 개체가 되는 과정이다.

③ 연역적 탐구 방법에서 조작 변인은 가설 검증을 위해 실험에서 의도적으로 변화시킨 변인이다.

문제 보기

다음은 어떤 과학자가 수행한 탐구의 일부이다.

┌ 세포로 구성된 생물

(가) ㉠ 도마뱀 알 20개 중 10개는 27 °C에, 나머지 10개는 33 °C에 두었다. ┐ 발생

(나) ㉡ 일정 시간이 지난 후 알에서 자란 새끼가 부화하면, 알을 둔 온도별로 새끼의 성별을 확인하였다.

└ 조작 변인

이에 대한 옳은 설명만을 〈보기〉에서 있는 대로 고른 것은?

〈보기〉 풀이

ㄱ. ㉠은 세포로 구성된다.

➡ 도마뱀(㉠)은 생물이며, 모든 생물은 세포로 이루어져 있다.

ㄴ. 알을 둔 온도는 조작 변인이다.

➡ 조작 변인은 실험에서 의도적으로 변화시킨 요인이다. 이 탐구에서는 알을 둔 온도를 달리하였으므로 알을 둔 온도는 조작 변인이다.

ㄷ. ㉡은 생물의 특성 중 발생의 예이다.

➡ 알(수정란)이 세포 분열을 하여 세포 수가 늘어나고, 세포의 종류와 기능이 다양해지면서 새끼(개체)가 되는 것은 생물의 특성 중 발생이다.

09 | 생명 과학의 탐구 방법 2021학년도 7월 학평 7번

정답 ⑤ | 정답률 90 %

적용해야 할 개념 ③가지

① 연역적 탐구 방법은 자연 현상을 관찰하면서 생긴 의문점을 해결하기 위해 가설을 세우고, 이를 실험을 통해 검증하는 탐구 방법이다.

② 연역적 탐구 방법은 관찰 및 문제 인식 → 가설 설정 → 탐구 설계 및 수행 → 탐구 결과 정리 및 해석 → 결론 도출의 순서로 이루어진다.

③ 실험에 관계되는 요인을 변인이라고 하며, 변인에는 독립변인과 종속변인이 있다.

독립변인	실험 결과에 영향을 미칠 수 있는 요인으로, 실험에서 의도적으로 변화시킨 조작 변인과 실험하는 동안 일정하게 유지시키는 통제 변인이 있다.
종속변인	독립변인에 따라 변화되는 요인으로, 실험 결과에 해당한다.

문제 보기

다음은 철수가 수행한 탐구 과정의 일부를 순서 없이 나타낸 것이다.

(가) 화분 A~C를 준비하여 A에는 염기성 토양을, B에는 중성 토양을, C에는 산성 토양을 각각 500 g씩 넣은 후 수국을 심었다. 탐구 설계 및 수행

(나) 일정 기간이 지난 후 ㉠수국의 꽃 색깔을 확인하였더니 A에서는 붉은색, B에서는 흰색, C에서는 푸른색으로 나타났다. 결과 정리 및 해석 →종속변인

(다) 서로 다른 지역에 서식하는 수국의 꽃 색깔이 다른 것을 관찰하고 의문이 생겼다. 관찰 및 문제 인식

(라) 토양의 pH에 따라 수국의 꽃 색깔이 다를 것이라고 생각하였다. 가설 설정
조작 변인

이 자료에 대한 설명으로 옳은 것만을 〈보기〉에서 있는 대로 고른 것은?

〈보기〉 풀이

ㄱ. ㉠은 종속변인이다.

➡ 종속변인은 조작 변인에 따라 변하는 변인으로 실험 결과에 해당한다. (가)에서 토양의 pH를 달리하였으므로 토양의 pH가 조작 변인이며, (나)에서 조작 변인(토양의 pH)에 따라 수국의 꽃 색깔이 달랐으므로, 수국의 꽃 색깔이 종속변인이다.

ㄴ. 연역적 탐구 방법이 이용되었다.

➡ 연역적 탐구 방법은 문제를 인식하고 가설을 세워, 이를 실험적으로 검증하는 탐구 방법이다. (라)에서 가설을 세우고, (가)에서 가설을 검증하기 위한 실험을 하였으므로 철수는 연역적 탐구 방법을 이용하였다.

ㄷ. 탐구는 (다) → (라) → (가) → (나) 순으로 진행되었다.

➡ (가)는 탐구 설계 및 수행, (나)는 결과 정리 및 해석, (다)는 관찰 및 문제 인식, (라)는 가설 설정 단계이므로, 탐구는 (다) → (라) → (가) → (나) 순으로 진행되었다.

보기

---

10 | 연역적 탐구 방법 2021학년도 수능 18번

정답 ④ | 정답률 87 %

적용해야 할 개념 ③가지

① 연역적 탐구 방법은 자연 현상을 관찰하면서 생긴 의문점을 해결하기 위해 가설을 세우고, 이를 실험을 통해 검증하는 탐구 방법이다.

② 조작 변인은 가설 검증을 위해 실험에서 의도적으로 변화시킨 변인이고, 통제 변인은 실험에서 일정하게 유지시키는 변인이며, 종속변인은 독립변인에 따라 변화되는 요인으로 실험 결과에 해당한다.

③ 포식과 피식: 두 개체군 사이의 먹고 먹히는 관계 예 스라소니(포식자)와 눈신토끼(피식자)

문제 보기

다음은 어떤 과학자가 수행한 탐구이다.

(가) 딱총새우가 서식하는 산호의 주변에는 산호의 천적인 불가사리가 적게 관찰되는 것을 보고, 딱총새우가 산호를 불가사리로부터 보호해 줄 것이라고 생각했다. 가설 설정

(나) 같은 지역에 있는 산호들을 집단 A와 B로 나눈 후, A에서는 딱총새우를 그대로 두고, B에서는 딱총새우를 제거하였다. 탐구 설계 및 수행 →포식과 피식

(다) 일정 시간 동안 불가사리에게 잡아먹힌 산호의 비율은 ㉠에서가 ㉡에서보다 높았다. ㉠과 ㉡은 A와 B를 순서 없이 나타낸 것이다. 결과 정리 및 해석

(라) 산호에 서식하는 딱총새우가 산호를 불가사리로부터 보호해 준다는 결론을 내렸다. 결론 도출

• 조작 변인: 딱총새우의 제거 여부
• 종속변인: 불가사리에게 잡아먹힌 산호의 비율

이 자료에 대한 설명으로 옳은 것만을 〈보기〉에서 있는 대로 고른 것은? [3점]

〈보기〉 풀이

ㄱ. ㉠은 A이다.

➡ (라)에서 산호에 서식하는 딱총새우가 산호를 불가사리로부터 보호해 준다는 결론을 내렸으므로, (다)에서 불가사리에게 잡아먹힌 산호의 비율은 B(딱총새우를 제거)에서가 A(딱총새우를 그대로 둠)에서보다 높았다는 것을 추론할 수 있다. 따라서 ㉠은 B, ㉡은 A이다.

ㄴ. (나)에서 조작 변인은 딱총새우의 제거 여부이다.

➡ 조작 변인은 가설 검증을 위해 실험에서 의도적으로 변화시킨 변인이다. (나)에서 집단 A와 B는 딱총새우의 제거 여부만 다르므로 조작 변인은 딱총새우의 제거 여부이다.

ㄷ. (다)에서 불가사리와 산호 사이의 상호 작용은 포식과 피식에 해당한다.

➡ (다)에서 불가사리가 산호를 잡아먹으므로 불가사리와 산호 사이의 상호 작용은 포식과 피식에 해당한다.

보기

적용해야 할 개념 ③가지

① 연역적 탐구 방법은 자연 현상을 관찰하면서 생긴 의문점을 해결하기 위해 가설을 세우고, 이를 실험을 통해 검증하는 탐구 방법이다.

② 연역적 탐구 방법에서 가설을 검증하기 위해 탐구를 설계하고 수행할 때, 대조군을 설정하고 실험군과 비교하는 대조 실험을 하여 실험 결과의 타당성을 높인다.

③ 실험에 관계되는 요인을 변인이라고 하며, 변인에는 독립변인과 종속변인이 있다.

독립변인	실험 결과에 영향을 미칠 수 있는 요인으로, 실험에서 의도적으로 변화시킨 조작 변인과 실험하는 동안 일정하게 유지시키는 통제 변인이 있다.
종속변인	독립변인에 따라 변화되는 요인으로, 실험 결과에 해당한다.

문제 보기

다음은 초식 동물 종 A와 식물 종 P의 상호 작용에 대해 어떤 과학자가 수행한 탐구이다.

(가) P가 사는 지역에 A가 유입된 후 P의 가시의 수가 많아진 것을 관찰하고, A가 P를 뜯어 먹으면 P의 가시의 수가 많아질 것이라고 생각했다. <u>가설 ➡ 연역적 탐구 방법</u>

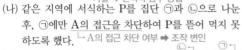
가시

(나) 같은 지역에 서식하는 P를 집단 ㉠과 ㉡으로 나눈 후, ㉠에만 A의 접근을 차단하여 P를 뜯어 먹지 못하도록 했다. <u>A의 접근 차단 여부 ➡ 조작 변인</u>

(다) 일정 시간이 지난 후, P의 가시의 수는 Ⅰ에서가 Ⅱ에서보다 많았다. Ⅰ과 Ⅱ는 ㉠과 ㉡을 순서 없이 나타낸 것이다. <u>종속변인</u>

(라) A가 P를 뜯어 먹으면 P의 가시의 수가 많아진다는 결론을 내렸다.

이 자료에 대한 설명으로 옳은 것만을 〈보기〉에서 있는 대로 고른 것은? [3점]

보기

〈보기〉 풀이

(가)에서 관찰 및 문제 인식을 통해 가설을 설정하였고, (나)에서 탐구 설계 및 수행을 하였으며, (다)에서 얻은 결과로 (라)에서 결론을 도출하였다. 따라서 이 과학자가 수행한 탐구 방법은 연역적 탐구 방법이다.

㉠ Ⅱ는 ㉠이다.

➡ (가)에서 A가 P를 뜯어 먹으면 P의 가시의 수가 많아질 것이라고 생각한 후 (나)에서 탐구를 수행하였고, (다)에서 P의 가시의 수가 Ⅰ에서가 Ⅱ에서보다 많았다. 따라서 Ⅰ은 A가 P를 뜯어 먹도록 그대로 둔 ㉡이고, Ⅱ는 A가 P를 뜯어 먹지 못하도록 한 ㉠이다.

㉡ 연역적 탐구 방법이 이용되었다.

➡ (가)에서 가설을 설정하고, (나)에서 가설을 검증하기 위한 대조 실험을 하였으므로 연역적 탐구 방법이 이용되었다.

✗ 조작 변인은 P의 가시의 수이다.

➡ 조작 변인은 실험 조건을 의도적으로 변화시킨 것이므로 A의 접근 차단 여부이며, P의 가시의 수는 실험 결과이므로 종속변인이다.

12　연역적 탐구 방법　2022학년도 9월 모평 3번

정답 ① | 정답률 91 %

적용해야 할 개념 ③가지

① 연역적 탐구 방법은 자연 현상을 관찰하면서 생긴 의문점을 해결하기 위해 가설을 세우고, 이를 실험을 통해 검증하는 탐구 방법이다.

② 연역적 탐구 방법에서 가설을 검증하기 위해 탐구를 설계하고 수행할 때, 대조군을 설정하고 실험군과 비교하는 대조 실험을 하여 실험 결과의 타당성을 높인다.

③ 실험에 관계되는 요인을 변인이라고 하며, 변인에는 독립변인과 종속변인이 있다.

독립변인	실험 결과에 영향을 미칠 수 있는 요인으로, 실험에서 의도적으로 변화시킨 조작 변인과 실험하는 동안 일정하게 유지시키는 통제 변인이 있다.
종속변인	독립변인에 따라 변화되는 요인으로, 실험 결과에 해당한다.

문제 보기

다음은 어떤 과학자가 수행한 탐구이다.

> (가) 초파리는 짝짓기 상대로 서로 다른 종류의 먹이를 먹고 자란 개체보다 같은 먹이를 먹고 자란 개체를 선호할 것이라고 생각했다. ┗가설
> 가설 설정
>
> (나) 초파리를 두 집단 A와 B로 나눈 후 A는 먹이 ⓐ를, B는 먹이 ⓑ를 주고 배양했다. ⓐ와 ⓑ는 서로 다른 종류의 먹이다. ┗조작 변인
>
> (다) 여러 세대를 배양한 후, ㉠ 같은 먹이를 먹고 자란 초파리 사이에서의 짝짓기 빈도와 ㉡ 서로 다른 종류의 먹이를 먹고 자란 초파리 사이에서의 짝짓기 빈도를 관찰했다. ┗종속변인
>
> (라) (다)의 결과, Ⅰ이 Ⅱ보다 높게 나타났다. Ⅰ과 Ⅱ는 ㉠과 ㉡을 순서 없이 나타낸 것이다.
>
> (마) 초파리는 짝짓기 상대로 서로 다른 종류의 먹이를 먹고 자란 개체보다 같은 먹이를 먹고 자란 개체를 선호한다는 결론을 내렸다.
> 결론 도출

(좌측 세로 표기: 탐구 설계 및 수행 / 결과 정리 및 해석)

이 자료에 대한 설명으로 옳은 것만을 〈보기〉에서 있는 대로 고른 것은? [3점]

〈보기〉 풀이

ㄱ. **연역적 탐구 방법이 이용되었다.**

➡ (가)에서 가설을 설정하였고, 이를 검증하기 위해 (나)와 (다)에서 대조 실험을 하여 (라)와 (마)에서 결과를 해석하고 결론을 도출하였다. 따라서 이 탐구에서는 연역적 탐구 방법이 이용되었다.

ㄴ. ~~조작 변인은 짝짓기 빈도이다.~~

➡ 조작 변인은 대조군과 달리 실험군에서 의도적으로 변화시키는 변인이다. (나)에서 초파리 집단 A와 B는 서로 다른 종류의 먹이를 주고 배양했으므로, 조작 변인은 먹이의 종류이다. 짝짓기 빈도는 실험 결과이므로 종속변인이다.

ㄷ. ~~Ⅰ은 ㉡이다.~~

➡ (마)에서 내린 결론은 (라)의 실험 결과를 해석하여 도출된 것이다. (마)에서 초파리는 짝짓기 상대로 서로 다른 종류의 먹이를 먹고 자란 개체보다 같은 먹이를 먹고 자란 개체를 선호한다는 결론을 내렸으므로, Ⅰ은 ㉠(같은 먹이를 먹고 자란 초파리 사이에서의 짝짓기 빈도), Ⅱ는 ㉡(서로 다른 종류의 먹이를 먹고 자란 초파리 사이에서의 짝짓기 빈도)이다.

13　생명 과학의 탐구 방법　2021학년도 10월 학평 2번

정답 ④ | 정답률 91 %

적용해야 할 개념 ③가지

① 연역적 탐구 방법은 자연 현상을 관찰하면서 생긴 의문점을 해결하기 위해 가설을 세우고, 이를 실험을 통해 검증하는 탐구 방법이다.

② 연역적 탐구 방법은 관찰 및 문제 인식 → 가설 설정 → 탐구 설계 및 수행 → 탐구 결과 정리 및 해석 → 결론 도출의 순서로 이루어진다.

③ 실험에 관계되는 요인을 변인이라고 하며, 변인에는 독립변인과 종속변인이 있다.

독립변인	실험 결과에 영향을 미칠 수 있는 요인으로, 실험에서 의도적으로 변화시킨 조작 변인과 실험하는 동안 일정하게 유지시키는 통제 변인이 있다.
종속변인	독립변인에 따라 변화되는 요인으로, 실험 결과에 해당한다.

문제 보기

다음은 곰팡이 ㉠과 옥수수를 이용한 탐구의 일부를 순서 없이 나타낸 것이다.

> (가) '㉠이 옥수수의 생장을 촉진한다.'라고 결론을 내렸다. 결론 도출
>
> (나) 생장이 빠른 옥수수의 뿌리에 ㉠이 서식하는 것을 관찰하고, ㉠이 옥수수의 생장에 영향을 미칠 것으로 생각했다. 가설 설정　┗㉠의 제거 여부(조작 변인)
>
> (다) ㉠이 서식하는 옥수수 10 개체와 ㉠이 제거된 옥수수 10 개체를 같은 조건에서 배양하면서 질량 변화를 측정했다. 탐구 수행　┗종속변인

이에 대한 옳은 설명만을 〈보기〉에서 있는 대로 고른 것은? [3점]

〈보기〉 풀이

이 탐구에서는 가설(곰팡이 ㉠이 옥수수의 생장에 영향을 미칠 것이다.)이 설정되어 있으므로, 연역적 탐구 방법이 사용되었다. 연역적 탐구 방법은 관찰 및 문제 인식 → 가설 설정 → 탐구 설계 및 수행 → 결과 정리 및 해석 → 결론 도출의 순서로 이루어진다.

ㄱ. ~~옥수수에서 ㉠의 제거 여부는 종속변인이다.~~

➡ (다)에서 ㉠이 서식하는 옥수수와 ㉠이 제거된 옥수수를 같은 조건에서 배양하였으므로, ㉠의 제거 여부는 조작 변인이며, 옥수수를 배양하면서 질량 변화를 측정했으므로, 옥수수의 질량 변화가 종속변인이다.

ㄴ. **이 탐구에서는 대조 실험이 수행되었다.**

➡ (다)에서 ㉠이 서식하는 옥수수 10 개체와 ㉠이 제거된 옥수수 10 개체를 설정하여 실험하였다. 따라서 이 탐구에서는 대조군을 설정하여 실험군과 비교하는 대조 실험이 수행되었다.

ㄷ. **탐구는 (나) → (다) → (가)의 순으로 진행되었다.**

➡ (가)는 결론 도출, (나)는 가설 설정, (다)는 탐구 수행 단계이므로, 탐구는 (나) → (다) → (가)의 순으로 진행되었다.

14 생명 과학의 탐구 방법 2022학년도 수능 6번 정답 ③ | 정답률 91 %

적용해야 할 개념 ③가지

① 연역적 탐구 방법은 자연 현상을 관찰하면서 생긴 의문점을 해결하기 위해 가설을 세우고, 이를 실험을 통해 검증하는 탐구 방법이다.
② 가설이란 의문에 대한 잠정적인 결론으로, 예측 가능해야 하며 실험이나 관측 등을 통해 옳은지 그른지 검증될 수 있어야 한다.
③ 연역적 탐구 방법에서 가설을 검증하기 위해 탐구를 설계하고 수행할 때, 대조군을 설정하여 실험군과 비교하는 대조 실험을 통해 실험 결과의 타당성을 높인다.

문제 보기

다음은 어떤 과학자가 수행한 탐구이다.

(가) 바다 달팽이가 갉아 먹던 갈조류를 다 먹지 않고 이동하여 다른 갈조류를 먹는 것을 관찰하였다. 관찰 및 문제 인식
(나) ㉠ 바다 달팽이가 갉아 먹은 갈조류에서 바다 달팽이가 기피하는 물질 X의 생성이 촉진될 것이라는 가설을 세웠다. 가설 설정 └가설
(다) 갈조류를 두 집단 ⓐ와 ⓑ로 나눠 한 집단만 바다 달팽이가 갉아 먹도록 한 후, ⓐ와 ⓑ 각각에서 X의 양을 측정하였다. 탐구 설계 및 수행 조작 변인 종속변인
(라) 단위 질량당 X의 양은 ⓑ에서가 ⓐ에서보다 많았다.
(마) 바다 달팽이가 갉아 먹은 갈조류에서 X의 생성이 촉진된다는 결론을 내렸다. 결론 도출 결과 정리 및 해석

이 자료에 대한 설명으로 옳은 것만을 〈보기〉에서 있는 대로 고른 것은? [3점]

〈보기〉 풀이

(나)에서 가설을 세우고 (다)에서 가설을 검증하기 위한 탐구를 수행하였으므로, 이 탐구는 연역적 탐구 방법이 이용되었다.

ㄱ ㉠은 (가)에서 관찰한 현상을 설명할 수 있는 잠정적인 결론(잠정적인 답)에 해당한다.
➡ 관찰한 현상을 설명할 수 있는 잠정적인 결론(잠정적인 답)은 가설이다. (가)에서 관찰한 내용을 근거로 (나)에서 '바다 달팽이가 갉아 먹은 갈조류에서 바다 달팽이가 기피하는 물질 X의 생성이 촉진될 것(㉠)'이라는 가설을 세웠다.

ㄴ (다)에서 대조 실험이 수행되었다.
➡ (다)에서 갈조류를 두 집단 ⓐ와 ⓑ로 나눠 한 집단만 바다 달팽이가 갉아 먹도록 하였다. 이때 바다 달팽이가 갉아 먹도록 한 갈조류 집단은 실험군, 바다 달팽이가 갉아먹지 않도록 한 갈조류 집단은 대조군이다. 따라서 (다)에서 대조군을 설정하고 실험군과 비교하는 대조 실험이 수행되었다.

✗ (라)의 ⓐ는 바다 달팽이가 갉아 먹은 갈조류 집단이다.
➡ (라)에서 X의 양은 ⓑ에서가 ⓐ에서보다 많았고, (마)에서 바다 달팽이가 갉아 먹은 갈조류에서 X의 생성이 촉진된다는 결론을 내렸으므로, X의 양이 많은 ⓑ가 바다 달팽이가 갉아 먹은 갈조류 집단이다.

---

15 생명 과학의 탐구 방법 2023학년도 6월 모평 18번 정답 ③ | 정답률 85 %

적용해야 할 개념 ③가지

① 의문에 대한 답을 추측하여 내린 잠정적인 결론인 가설을 세우고, 이를 실험을 통해 검증하는 탐구 방법을 연역적 탐구 방법이라고 한다.
② 탐구와 관계된 다양한 요인을 변인이라고 하며, 변인에는 독립변인과 종속변인이 있다.

독립변인	실험 결과에 영향을 미칠 수 있는 요인으로, 실험에서 의도적으로 변화시킨 조작 변인과 실험하는 동안 일정하게 유지시키는 통제 변인이 있다.
종속변인	독립변인에 따라 변화되는 요인으로, 실험 결과에 해당한다.

③ 환경 저항이란 개체군의 생장을 억제하는 요인(먹이 부족, 서식 공간 부족, 노폐물 축적, 질병 등)으로, 자원의 제한이 있는 실제 환경에서는 개체군에 환경 저항이 작용한다.

문제 보기

다음은 어떤 과학자가 수행한 탐구이다.

(가) 벼가 잘 자라지 못하는 논에 벼를 갉아먹는 왕우렁이의 개체 수가 많은 것을 관찰하고, 왕우렁이의 포식자인 자라를 논에 넣어주면 벼의 생물량이 증가할 것이라고 생각했다. └가설
(나) 같은 지역의 면적이 동일한 논 A와 B에 각각 같은 수의 왕우렁이를 넣은 후, A에만 자라를 풀어놓았다. └자라의 유무 ➡ 조작 변인
(다) 일정 시간이 지난 후 조사한 왕우렁이의 개체 수는 ㉠에서가 ㉡에서보다 적었고, 벼의 생물량은 ㉠에서가 ㉡에서보다 많았다. ㉠과 ㉡은 A와 B를 순서 없이 나타낸 것이다.
(라) 자라가 왕우렁이의 개체 수를 감소시켜 벼의 생물량이 증가한다는 결론을 내렸다. └종속변인

이 자료에 대한 설명으로 옳은 것만을 〈보기〉에서 있는 대로 고른 것은? [3점]

〈보기〉 풀이

(가)에서 '왕우렁이의 포식자인 자라를 논에 넣어주면 벼의 생물량이 증가할 것이다.'라는 가설을 설정하고, (나)에서 탐구 설계 및 수행을 한 후 (다)에서 실험 결과를 정리하고 분석하여 (라)에서 자라가 왕우렁이의 개체 수를 감소시켜 벼의 생물량이 증가한다는 결론을 내렸다. 따라서 이 과학자가 수행한 탐구 방법은 연역적 탐구 방법이다.

ㄱ ㉡은 B이다.
➡ 자라가 왕우렁이의 개체 수를 감소시켜 벼의 생물량이 증가한다는 결론을 얻었다. 따라서 ㉠은 자라를 풀어놓은 논 A, ㉡은 자라가 없는 논 B이다.

✗ 조작 변인은 벼의 생물량이다.
➡ 벼의 생물량은 실험 결과이므로 종속변인이다. 조작 변인은 자라의 유무이다.

ㄷ ㉠에서 왕우렁이 개체군에 환경 저항이 작용하였다.
➡ 환경 저항은 개체군의 생장을 저해하는 요인이므로, 포식자는 환경 저항에 해당한다. 따라서 포식자인 자라를 풀어놓은 논 A(㉠)에서 왕우렁이 개체군에 환경 저항이 작용하였다.

16 생명 과학의 탐구 방법 2022학년도 7월 학평 16번

정답 ④ | 정답률 92%

적용해야 할 개념 ③가지

① 의문에 대한 답을 추측하여 내린 잠정적인 결론을 가설이라고 한다.
② 자연 현상을 관찰하면서 생긴 의문점을 해결하기 위해 가설을 세우고, 이를 실험을 통해 검증하는 탐구 방법을 연역적 탐구 방법이라고 한다.
③ 탐구와 관계된 다양한 요인을 변인이라고 하며, 변인에는 독립변인과 종속변인이 있다.

독립변인	실험 결과에 영향을 미칠 수 있는 요인으로, 실험에서 의도적으로 변화시킨 조작 변인과 실험하는 동안 일정하게 유지시키는 통제 변인이 있다.
종속변인	독립변인에 따라 변화되는 요인으로, 실험 결과에 해당한다.

문제 보기

다음은 어떤 과학자가 수행한 탐구 과정의 일부이다.

(가) 동물 X는 사료 외에 플라스틱도 먹이로 섭취하여 에너지를 얻을 수 있을 것이라고 생각했다. ── 먹이의 종류는 조작 변인

(나) 동일한 조건의 X를 각각 20마리씩 세 집단 A, B, C로 나눈 후 A에는 물과 사료를, B에는 물과 플라스틱을, C에는 물만 주었다. ── 대조군 · 대조군 · 실험군

(다) 일정 기간이 지난 후 ㉠ X의 평균 체중을 확인한 결과 A에서는 증가했고, B에서는 유지되었으며, C에서는 감소했다. ── 종속변인

이 자료에 대한 설명으로 옳은 것만을 〈보기〉에서 있는 대로 고른 것은?

〈보기〉 풀이

(가)에서 '동물 X는 사료 외에 플라스틱도 먹이로 섭취하여 에너지를 얻을 수 있을 것이다.'라는 가설을 설정하고, (나)에서 탐구 설계 및 수행을 한 후 (다)에서 실험 결과를 얻었다. 따라서 이 과학자가 수행한 탐구 방법은 연역적 탐구 방법이다.

보기

✗ ㉠은 조작 변인이다.
➡ (나)에서 동물 X의 세 집단 A~C에 서로 다른 종류의 먹이를 주었으므로, 조작 변인은 먹이의 종류이다. ㉠(X의 평균 체중)은 실험 결과에 해당하므로, 종속변인이다.

ㄴ. 연역적 탐구 방법이 이용되었다.
➡ (가)에서 가설을 설정하고, (나)에서 대조 실험을 수행하였으므로, 연역적 탐구 방법이 이용되었다.

ㄷ. (나)에서 대조 실험이 수행되었다.
➡ (나)에서 사료 외에 플라스틱을 먹이로 준 집단 B는 실험군이다. 물과 사료를 준 집단 A와 물만 준 집단 C를 대조군으로 설정하여 실험군(집단 B)과 비교하는 대조 실험을 수행함으로써 탐구 결과의 타당성을 높였다.

17 생명 과학의 탐구 방법 2022학년도 3월 학평 2번

정답 ① | 정답률 83%

적용해야 할 개념 ③가지

① 자연 현상을 관찰하면서 생긴 의문점을 해결하기 위해 가설을 세우고, 이를 실험을 통해 검증하는 탐구 방법을 연역적 탐구 방법이라고 한다.
② 연역적 탐구 방법에서 탐구 수행 시 대조군을 설정하고 실험군과 비교하는 대조 실험을 해야 실험 결과의 타당성이 높아진다.
③ 탐구와 관계된 다양한 요인을 변인이라고 하며, 변인에는 독립변인과 종속변인이 있다.

독립변인	실험 결과에 영향을 미칠 수 있는 요인으로, 실험에서 의도적으로 변화시킨 조작 변인과 실험하는 동안 일정하게 유지시키는 통제 변인이 있다.
종속변인	독립변인에 따라 변화되는 요인으로, 실험 결과에 해당한다.

문제 보기

다음은 어떤 과학자가 수행한 탐구이다. ── 연역적 탐구 방법

(가) 아스피린은 사람의 세포에서 통증을 유발하는 물질 X의 생성을 억제할 것으로 생각하였다. ── 가설 설정

(나) 사람에서 얻은 세포를 집단 ㉠과 ㉡으로 나눈 후 둘 중 하나에 아스피린 처리를 하였다. ── 탐구 설계 및 수행 · 대조 실험 수행

(다) ㉠과 ㉡에서 단위 시간당 X의 생성량을 측정한 결과는 그림과 같았다. ── 결과 분석 · 조작 변인 · 종속변인

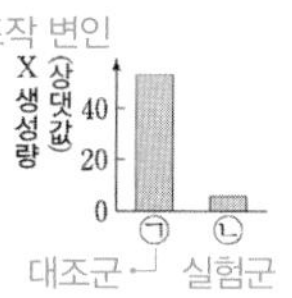

(라) 아스피린은 X의 생성을 억제한다는 결론을 내렸다. ── 결론 도출

이에 대한 옳은 설명만을 〈보기〉에서 있는 대로 고른 것은? (단, 아스피린 처리의 여부 이외의 조건은 같다.) [3점]

〈보기〉 풀이

(가)에서 아스피린이 물질 X의 생성을 억제할 것이라는 가설을 설정하고, (나)에서 대조 실험을 한 후 (다)에서 실험 결과를 정리하고 분석하여 (라)에서 아스피린이 X의 생성을 억제한다는 결론을 도출하였으므로, 이 과학자가 수행한 탐구 방법은 연역적 탐구 방법이다.

보기

ㄱ. 대조 실험이 수행되었다.
➡ (나)에서 세포 집단 ㉠과 ㉡ 중 아스피린을 처리하지 않은 집단은 대조군, 아스피린을 처리한 집단은 실험군이다. 따라서 대조 실험이 수행되었다.

✗ 아스피린 처리의 여부는 종속변인이다.
➡ (나)에서 의도적으로 한 세포 집단에만 아스피린을 처리한 것이므로, 아스피린 처리의 여부는 조작 변인이다. 종속변인은 탐구에서 측정되는 값에 해당하므로, (다)에서 단위 시간당 X의 생성량이다.

✗ 아스피린 처리를 한 집단은 ㉠이다.
➡ (라)에서 아스피린이 X의 생성을 억제한다는 결론을 내렸으므로, 아스피린 처리를 한 집단은 (다)에서 X의 생성량이 적은 ㉡이다.

18 생명 과학의 탐구 방법 2023학년도 9월 모평 20번 　　　정답 ④ | 정답률 87 %

적용해야 할 개념 ③가지

① 의문에 대한 답을 추측하여 내린 잠정적인 결론인 가설을 세우고, 이를 실험을 통해 검증하는 탐구 방법을 연역적 탐구 방법이라고 한다.

② 대조 실험이란 대조군(아무 요인도 변화시키지 않은 집단)을 설정하여 실험군(의도적으로 어떤 요인을 변화시킨 집단)과 비교하는 실험으로, 대조 실험을 해야 탐구 결과의 타당성이 높아진다.

③ 탐구와 관계된 다양한 요인을 변인이라고 하며, 변인에는 독립변인과 종속변인이 있다.

독립변인	실험 결과에 영향을 미칠 수 있는 요인으로, 실험에서 의도적으로 변화시킨 조작 변인과 실험하는 동안 일정하게 유지시키는 통제 변인이 있다.
종속변인	독립변인에 따라 변화되는 요인으로, 실험 결과에 해당한다.

문제 보기

다음은 어떤 과학자가 수행한 탐구이다. 연역적 탐구 방법

(가) 물질 X가 살포된 지역에서 비정상적인 생식 기관을 갖는 수컷 개구리가 많은 것을 관찰하고, X가 수컷 개구리의 생식 기관에 기형을 유발할 것이라고 생각했다.

(나) X에 노출된 적이 없는 올챙이를 집단 A와 B로 나눈 후 A에만 X를 처리했다. X를 처리한 A　X를 처리하지 않은 B

(다) 일정 시간이 지난 후, ㉠과 ㉡ 각각의 수컷 개구리 중 비정상적인 생식 기관을 갖는 개체의 빈도를 조사한 결과는 그림과 같다. ㉠과 ㉡은 A와 B를 순서 없이 나타낸 것이다.

빈도(상댓값) ㉠ ㉡ / A B

(라) X가 수컷 개구리의 생식 기관에 기형을 유발한다는 결론을 내렸다.

이 자료에 대한 설명으로 옳은 것만을 〈보기〉에서 있는 대로 고른 것은? [3점]

〈보기〉 풀이

(가)에는 'X가 수컷 개구리의 생식 기관에 기형을 유발할 것이다.'라는 가설 설정 단계가 있다. (나)는 탐구 설계 및 수행 단계, (다)는 결과 분석 및 정리 단계, (라)는 결론 도출 단계이다. 따라서 이 과학자가 수행한 탐구에는 연역적 탐구 방법이 이용되었다.

✘ ㉠은 B이다.

➡ (라)에서 X가 수컷 개구리의 생식 기관에 기형을 유발한다는 결론을 내렸고, (다)의 결과에서 ㉠과 ㉡ 각각의 수컷 개구리 중 비정상적인 생식 기관을 갖는 개체의 빈도는 ㉠에서가 ㉡에서보다 높다. 따라서 ㉠은 X를 처리한 A, ㉡은 X를 처리하지 않은 B이다.

ㄴ 연역적 탐구 방법이 이용되었다.

➡ (가)에는 가설 설정 단계가 있고 (나)에서 대조 실험이 이루어졌으므로, 이 탐구에서는 연역적 탐구 방법이 이용되었다.

ㄷ (나)에서 조작 변인은 X의 처리 여부이다.

➡ (나)에서 실험군은 X를 처리한 A이고 대조군은 X를 처리하지 않은 B이므로, 조작 변인은 X의 처리 여부이다.

보기

---

19 생명 과학의 탐구 방법 2022학년도 10월 학평 6번 　　　정답 ① | 정답률 81 %

적용해야 할 개념 ③가지

① 의문에 대한 답을 추측하여 내린 잠정적인 결론을 가설이라고 한다.

② 가설을 세우고, 이를 실험적으로 검증해 결론을 이끌어내는 탐구 방법은 연역적 탐구 방법이다.

③ 탐구와 관계된 다양한 요인을 변인이라고 하며, 변인에는 독립변인과 종속변인이 있다.

독립변인	탐구 결과에 영향을 미칠 수 있는 요인으로, 대조군과 달리 실험군에서 의도적으로 변화시키는 조작 변인과 대조군과 실험군 모두 일정하게 유지하는 통제 변인이 있다.
종속변인	조작 변인의 영향을 받아 변하는 요인으로, 실험에서 측정되는 값에 해당한다.

문제 보기

다음은 어떤 과학자가 수행한 탐구의 일부이다. 연역적 탐구 방법

조작 변인

(가) 식물 주변 O_2 농도가 높을수록 식물의 CO_2 흡수량이 많을 것으로 생각하였다. 대조 실험 수행 종속변인
가설 설정

(나) 같은 종의 식물 집단 A와 B를 준비하고, 표와 같은 조건에서 일정 기간 기르면서 측정한 CO_2 흡수량은 그림과 같았다. ㉠과 ㉡은 각각 A와 B 중 하나이다.
탐구 설계 및 수행

집단	주변 O_2 농도
A	1 %
B	21 %

결과 분석

CO_2 흡수량 ㉠ ㉡ / 실험군(B) 대조군(A)

(다) 가설과 맞지 않는 결과가 나와 가설을 수정하였다.
가설 수정

이에 대한 옳은 설명만을 〈보기〉에서 있는 대로 고른 것은? [3점]

〈보기〉 풀이

(가)에서 '식물 주변 O_2 농도가 높을수록 식물의 CO_2 흡수량이 많을 것이다.'라는 가설을 설정하고, (나)에서 탐구 설계 및 수행을 한 후 실험 결과를 얻었다. 따라서 이 과학자가 수행한 탐구 방법은 연역적 탐구 방법이다.

ㄱ 연역적 탐구 방법이 이용되었다.

➡ (가)에서 가설을 설정하고 (나)에서 실험 수행 및 결과를 얻었으며, (다)에서 가설을 수정하였다. 이와 같이 가설을 설정하고 가설의 옳고 그름을 검증하는 탐구 방법은 연역적 탐구 방법이다.

✘ 주변 O_2 농도는 종속변인이다.

➡ (나)에서 식물 집단 A와 B는 서로 다른 주변 O_2 농도 조건에서 길렀으므로 주변 O_2 농도는 조작 변인이다. 실험 결과에 해당하는 식물의 CO_2 흡수량이 종속변인이다.

✘ ㉠은 A이다.

➡ 식물의 CO_2 흡수량은 ㉡이 ㉠보다 많고, (다)에서 가설을 수정하였다. 따라서 ㉠은 B, ㉡은 A이다.

보기

적용해야 할 개념 ②가지

① 탐구와 관계된 다양한 요인을 변인이라고 하며, 변인에는 독립변인과 종속변인이 있다.

독립변인	탐구 결과에 영향을 미칠 수 있는 요인으로, 대조군과 달리 실험군에서 의도적으로 변화시키는 조작 변인과 대조군과 실험군 모두 일정하게 유지하는 통제 변인이 있다.
종속변인	조작 변인의 영향을 받아 변하는 요인으로, 실험에서 측정되는 값에 해당한다.

② 연역적 탐구 과정은 '관찰 → 문제 인식 → 가설 설정 → 탐구 설계 및 수행 → 결과 정리 및 분석 → 결론 도출 → 일반화' 순으로 진행된다.

2 일차

문제 보기

다음은 동물 종 A에 대해 어떤 과학자가 수행한 탐구이다.

┌ 관찰한 현상을 설명할 수 있는 잠정적인 결론

(가) A의 수컷 꼬리에 긴 장식물이 있는 것을 관찰하고, ⊙ A의 암컷은 꼬리 장식물의 길이가 긴 수컷을 배우자로 선호할 것이라는 가설을 세웠다.

(나) 꼬리 장식물의 길이가 긴 수컷 집단 I과 꼬리 장식물의 길이가 짧은 수컷 집단 II에서 각각 한 마리씩 골라 암컷 한 마리와 함께 두고, 암컷이 어떤 수컷을 배우자로 선택하는지 관찰하였다. ┌ 종속변인

(다) (나)의 과정을 반복하여 얻은 결과, I의 개체가 선택된 비율이 II의 개체가 선택된 비율보다 높았다.

(라) A의 암컷은 꼬리 장식물의 길이가 긴 수컷을 배우자로 선호한다는 결론을 내렸다.

조작 변인 — (나) / 결론 도출 — (라) / 보기

이 자료에 대한 설명으로 옳은 것만을 〈보기〉에서 있는 대로 고른 것은? [3점]

〈보기〉 풀이

(가)에서 'A의 암컷은 꼬리 장식물의 길이가 긴 수컷을 배우자로 선호할 것이다.'라는 가설을 설정하고, (나)에서 탐구 설계 및 수행을 한 후 (다)에서 탐구 결과를 정리하고, (라)에서 'A의 암컷은 꼬리 장식물의 길이가 긴 수컷을 배우자로 선호한다.'는 결론을 내렸다. 따라서 이 과학자가 수행한 탐구 방법은 연역적 탐구 방법이다.

ㄱ. **⊙은 관찰한 현상을 설명할 수 있는 잠정적인 결론(잠정적인 답)에 해당한다.**

➡ (가)에서 ⊙은 관찰한 현상을 설명할 수 있는 잠정적인 결론인 가설이다.

ㄴ. **조작 변인은 암컷이 I의 개체를 선택한 비율이다.**

➡ 암컷이 I의 개체를 선택한 비율은 실험 결과이므로, 종속변인이다. 조작 변인은 수컷의 꼬리 장식물의 길이이다.

ㄷ. **(라)는 탐구 과정 중 결론 도출 단계에 해당한다.**

➡ (라)에서 결론을 내렸으므로, (라)는 연역적 탐구 방법의 과정 중 결론 도출 단계에 해당한다.

적용해야 할 개념 ③가지

① 의문에 대한 답을 추측하여 내린 잠정적인 결론을 가설이라고 한다.

② 자연 현상을 관찰하면서 생긴 의문점을 해결하기 위해 가설을 세우고, 이를 실험을 통해 검증하는 탐구 방법을 연역적 탐구 방법이라고 한다.

③ 탐구와 관계된 다양한 요인을 변인이라고 하며, 변인에는 독립변인과 종속변인이 있다.

독립변인	실험 결과에 영향을 미칠 수 있는 요인으로, 실험에서 의도적으로 변화시킨 조작 변인과 실험하는 동안 일정하게 유지시키는 통제 변인이 있다.
종속변인	독립변인에 따라 변화되는 요인으로, 실험 결과에 해당한다.

문제 보기

다음은 어떤 과학자가 수행한 탐구 과정의 일부이다.   연역적 탐구 방법

(가) '황조롱이는 양육하는 새끼 수가 많을수록 부모 새의
가설 생존율이 낮아질 것이다.'라고 생각하였다.
설정

(나) 황조롱이를 세 집단
탐구 A∼C로 나눈 후 표
설계 와 같이 각 집단의
및 둥지당 새끼 수를 다르
수행 게 하였다. └조작 변인

집단	A	B	C
둥지당 새끼 수	3	5	7

└ 가설

종속변인

(다) 일정 시간이 지난 후 A∼C에서 ⊙부모 새의 생존율
결과 을 조사하여 그래프로 나타내었다. Ⅰ∼Ⅲ은 A∼C
분석 를 순서 없이 나타낸 것이다.

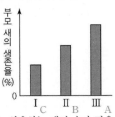

(라) 황조롱이는 양육하는 새끼 수가 많을수록 부모 새의
결론 생존율이 낮아진다는 결론을 내렸다.
도출

이에 대한 설명으로 옳은 것만을 〈보기〉에서 있는 대로 고른 것은? [3점]

보기

〈보기〉 풀이

(가)에서 '황조롱이는 양육하는 새끼 수가 많을수록 부모 새의 생존율이 낮아질 것이다.'라는 가설을 설정하고, (나)에서 탐구 설계 및 수행을 한 후 (다)에서 실험 결과를 정리하여 분석하고 (라)에서 황조롱이가 양육하는 새끼 수가 많을수록 부모 새의 생존율이 낮아진다는 결론을 도출하였다. 따라서 이 과학자가 수행한 탐구 방법은 연역적 탐구 방법이다.

ㄱ. (가)는 가설 설정 단계이다.

➡ '황조롱이는 양육하는 새끼 수가 많을수록 부모 새의 생존율이 낮아질 것이다.'는 이 탐구의 잠정적인 결론인 가설이므로, (가)는 가설 설정 단계이다.

ㄴ. ⊙은 종속변인이다.

➡ 부모 새의 생존율(⊙)은 실험 결과이므로, 종속변인이다.

ㄷ. Ⅲ은 C이다.

➡ (라)에서 황조롱이는 양육하는 새끼 수가 많을수록 부모 새의 생존율이 낮아진다는 결론을 내렸으므로 Ⅰ은 C, Ⅱ는 B, Ⅲ은 A이다.

22 생명 과학의 탐구 방법 2023학년도 수능 18번

정답 ② | 정답률 90 %

적용해야 할 개념 ③가지

① 자연 현상을 관찰하면서 생긴 의문점을 해결하기 위해 가설을 세우고, 이를 실험을 통해 검증하는 탐구 방법을 연역적 탐구 방법이라고 한다.
② 연역적 탐구 과정은 관찰 및 문제 인식 → 가설 설정 → 탐구 설계 및 수행 → 결과 정리 및 분석 → 결론 도출 → 일반화 순이다.
③ 조작 변인은 실험에서 의도적으로 변화시킨 변인이다.

문제 보기

다음은 어떤 과학자가 수행한 탐구이다. 연역적 탐구 방법

(가) 갑오징어가 먹이의 많고 적음을 구분하여 먹이가 더 많은 곳으로 이동할 것이라고 생각했다.

(나) 그림과 같이 대형 수조 안에 서로 다른 양의 먹이가 들어 있는 <u>수조 A와 B를</u> 준비했다. └ 조작 변인

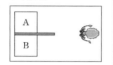

(다) 갑오징어 1마리를 대형 수조에 넣고 A와 B 중 어느 수조로 이동하는지 관찰했다.

(라) 여러 마리의 갑오징어로 (다)의 과정을 반복하여 ⓐA와 B 각각으로 이동한 갑오징어 개체의 빈도를 조사한 결과는 그림과 같다. 종속변인 ┘

(마) 갑오징어가 먹이의 많고 적음을 구분하여 먹이가 더 많은 곳으로 이동한다는 결론을 내렸다.

이 자료에 대한 설명으로 옳은 것만을 〈보기〉에서 있는 대로 고른 것은?

〈보기〉 풀이

(가)에서 가설을 세웠으므로, 이 탐구는 연역적 탐구 방법이다. (가)는 가설 설정 단계, (나)와 (다)는 탐구 설계 및 수행 단계, (라)는 결과 정리 및 분석 단계, (마)는 결론 도출 단계이다.

✗ ⓐ는 조작 변인이다.
➡ (나)에서 수조 A와 B 안에 서로 다른 양의 먹이가 들어 있도록 하였으므로, 조작 변인은 먹이의 양이다. A와 B 각각으로 이동한 갑오징어 개체의 빈도(ⓐ)는 실험 결과에 해당하므로 종속변인이다.

✗ 먹이의 양은 B에서가 A에서보다 많다.
➡ (마)에서 갑오징어가 먹이의 많고 적음을 구분하여 먹이가 더 많은 곳으로 이동한다는 결론을 내렸으므로, (라)에서 수조로 이동한 갑오징어 개체의 빈도가 높은 A에서가 B에서보다 먹이의 양이 더 많다.

ㄷ. (마)는 탐구 과정 중 결론 도출 단계에 해당한다.
➡ (마)에서 갑오징어가 먹이의 많고 적음을 구분하여 먹이가 더 많은 곳으로 이동한다는 결론을 내렸으므로, (마)는 탐구 과정 중 결론 도출 단계에 해당한다.

23 생명 과학의 탐구 방법 2023학년도 4월 학평 4번

정답 ② | 정답률 83 %

적용해야 할 개념 ②가지

① 의문에 대한 답을 추측하여 잠정적인 결론인 가설을 세우고, 이를 실험적으로 검증해 결론을 이끌어내는 탐구 방법은 연역적 탐구 방법이다.
② 탐구와 관계된 다양한 요인을 변인이라고 하며, 변인에는 독립변인과 종속변인이 있다.

독립변인	탐구 결과에 영향을 미칠 수 있는 요인으로, 대조군과 달리 실험군에서 의도적으로 변화시키는 조작 변인과 대조군과 실험군 모두 일정하게 유지하는 통제 변인이 있다.
종속변인	조작 변인의 영향을 받아 변하는 요인으로, 실험에서 측정되는 값에 해당한다.

문제 보기

다음은 어떤 과학자가 수행한 탐구 과정의 일부이다.

(가) 비둘기가 포식자인 참매가 있는 지역에서 무리지어 활동하는 모습을 관찰하였다. 관찰

(나) 비둘기 무리의 개체 수가 많을수록, 비둘기 무리가 참매를 발견했을 때의 거리(d)가 클 것이라고 생각하였다. 가설 설정

비둘기 무리   d   참매

(다) 비둘기 무리의 개체 수를 표와 같이 달리하여 집단 A~C로 나눈 후, 참매를 풀어놓았다. 탐구 수행

집단	A	B	C
개체 수	5	25	50

(라) 그림은 A~C에서 ⊙ 비둘기 무리가 참매를 발견했을 때의 거리(d)를 나타낸 것이다. 종속변인 결과 정리

이 자료에 대한 설명으로 옳은 것만을 〈보기〉에서 있는 대로 고른 것은? [3점]

〈보기〉 풀이

(가)는 비둘기가 포식자인 참매가 있는 지역에서 무리지어 활동하는 모습을 관찰한 단계이고, (나)에서는 '비둘기 무리의 개체 수가 많을수록, 비둘기 무리가 참매를 발견했을 때의 거리(d)가 클 것이다.'라는 가설을 설정하였다. (다)는 탐구 수행 단계이고, (라)는 결과 정리 단계이다.

✗ (가)는 관찰한 현상을 설명할 수 있는 잠정적인 결론을 설정하는 단계이다.
➡ 관찰한 현상을 설명할 수 있는 잠정적인 결론은 가설이며, (나)가 가설 설정 단계이다.

✗ ⊙은 조작 변인이다.
➡ ⊙ 비둘기 무리가 참매를 발견했을 때의 거리(d)는 탐구에서 측정되는 값이므로 종속변인이다. 조작 변인은 (다)에서 비둘기 집단 A~C의 개체 수를 달리한 것이다.

ㄷ. (다)의 C에 환경 저항이 작용한다.
➡ (다)의 비둘기 집단 A~C에 모두 포식자인 참매 등과 같은 환경 저항이 작용한다.

적용해야 할 개념 ③가지

① 가설을 세우고, 이를 실험적으로 검증해 결론을 이끌어내는 탐구 방법을 연역적 탐구 방법이라고 한다.

② 연역적 탐구 방법에서 탐구 수행 시 대조군을 설정하고 실험군과 비교하는 대조 실험을 해야 실험 결과의 타당성이 높아진다.

③ 탐구와 관계된 다양한 요인을 변인이라고 하며, 변인에는 독립변인과 종속변인이 있다.

독립변인	탐구 결과에 영향을 미칠 수 있는 요인으로, 대조군과 달리 실험군에서 의도적으로 변화시키는 조작 변인과 대조군과 실험군 모두 일정하게 유지하는 통제 변인이 있다.
종속변인	조작 변인의 영향을 받아 변하는 요인으로, 실험에서 측정되는 값에 해당한다.

문제 보기

다음은 어떤 과학자가 수행한 탐구이다.

(가) 해조류를 먹지 않는 돌돔이 서식하는 지역에서 해조류를 먹는 성게의 개체 수가 적게 관찰되는 것을 보고, 돌돔이 있으면 성게에게 먹히는 해조류의 양이 감소할 것이라고 생각했다. └가설   *가설 설정*

(나) 같은 양의 해조류가 있는 지역 A와 B에 동일한 개체 수의 성게를 각각 넣은 후 ㉠에만 돌돔을 넣었다. ㉠은 A와 B 중 하나이다.   A └조작 변인(돌돔의 유무)   *탐구 설계 및 수행*

(다) 일정 시간이 지난 후 남아 있는 해조류의 양은 A에서가 B에서보다 많았다. └종속변인   *결과 분석*

(라) 돌돔이 있으면 성게에게 먹히는 해조류의 양이 감소한다는 결론을 내렸다.   *결론 도출*

이 자료에 대한 설명으로 옳은 것만을 〈보기〉에서 있는 대로 고른 것은? (단, 제시된 조건 이외는 고려하지 않는다.)

〈보기〉 풀이

(가)에서 돌돔이 있으면 성게에게 먹히는 해조류의 양이 감소할 것이라는 가설을 설정하고, (나)에서 대조 실험을 한 후 (다)에서 실험 결과를 얻고, (라)에서 가설이 옳다는 결론을 도출하였다. 따라서 이 과학자가 수행한 탐구 방법은 연역적 탐구 방법이다.

✗ **㉠은 B이다.**

➡ (라)에서 돌돔이 있으면 성게에게 먹히는 해조류의 양이 감소한다는 결론을 내렸고, 일정 시간이 지난 후 남아 있는 해조류의 양은 A에서가 B에서보다 많았다. 따라서 돌돔을 넣은 ㉠은 A이다.

✗ **종속변인은 돌돔의 유무이다.**

➡ 종속변인은 탐구에서 측정되는 값에 해당하므로, (다)에서 남아 있는 해조류의 양이 종속변인이다. 돌돔의 유무는 조작 변인이다.

ⓒ **연역적 탐구 방법이 이용되었다.**

➡ (가)에서 가설을 설정하고 (나)에서 대조 실험을 하였으므로, 연역적 탐구 방법이 이용되었다.

적용해야 할 개념 ③가지

① 연역적 탐구 방법은 가설을 세우고 이를 실험적으로 검증해 결론을 이끌어 내는 탐구 방법이다.

② 연역적 탐구 방법에서 탐구 수행 시 대조군을 설정하고 실험군과 비교하는 대조 실험을 해야 실험 결과의 타당성이 높아진다.

③ 탐구와 관계된 다양한 요인을 변인이라고 하며, 변인에는 독립변인과 종속변인이 있다.

독립변인	탐구 결과에 영향을 미칠 수 있는 요인으로, 대조군과 달리 실험군에서 의도적으로 변화시키는 조작 변인과 대조군과 실험군 모두 일정하게 유지하는 통제 변인이 있다.
종속변인	조작 변인의 영향을 받아 변하는 요인으로, 실험에서 측정되는 값에 해당한다.

문제 보기

다음은 플랑크톤에서 분비되는 독소 ㉠과 세균 S에 대해 어떤 과학자가 수행한 탐구이다.

(가) S의 밀도가 낮은 호수에서보다 높은 호수에서 ㉠의 농도가 낮은 것을 관찰하고, S가 ㉠을 분해할 것이라고 생각했다.

(나) 같은 농도의 ㉠이 들어 있는 수조 I과 II를 준비하고 한 수조에만 S를 넣었다. 일정 시간이 지난 후 I과 II 각각에 남아 있는 ㉠의 농도를 측정했다.   대조군┐ ┌실험군

(다) 수조에 남아 있는 ㉠의 농도는 I에서가 II에서보다 높았다. └종속변인   조작 변인: S 첨가 여부┘

(라) S가 ㉠을 분해한다는 결론을 내렸다.

이 자료에 대한 설명으로 옳은 것만을 〈보기〉에서 있는 대로 고른 것은? [3점]

〈보기〉 풀이

(가)는 가설 설정의 단계, (나)는 탐구 설계 및 수행 단계, (다)는 탐구 결과 분석의 단계, (라)는 결론 도출의 단계이므로, 이 과학자는 연역적 탐구 방법으로 탐구를 수행하였다.

ⓖ **(나)에서 대조 실험이 수행되었다.**

➡ (나)에서 수조 I과 II 중 한 수조에만 S를 넣었으므로 S를 넣은 수조는 실험군, S를 넣지 않은 수조는 대조군이다. 따라서 (나)에서 대조 실험이 수행되었다.

✗ **조작 변인은 수조에 남아 있는 ㉠의 농도이다.**

➡ 이 탐구에서 조작 변인은 수조에 S를 넣었는지의 여부이고, 수조에 남아 있는 ㉠의 농도는 실험 결과 값이므로 종속변인이다.

✗ **S를 넣은 수조는 I이다.**

➡ (라)에서 S가 ㉠을 분해한다는 결론을 내렸고, (다)에서 수조에 남아 있는 ㉠의 농도는 I에서가 II에서보다 높았다. 따라서 S를 넣은 수조는 II이다.

26 생명 과학의 탐구 방법 2024학년도 5월 학평 9번 정답 ③ | 정답률 91%

적용해야 할 개념 ②가지

① 연역적 탐구 방법은 가설을 세우고, 이를 실험적으로 검증해 결론을 이끌어내는 탐구 방법이다.
② 연역적 탐구 방법에서 가설은 의문에 대한 답을 추측하여 내린 잠정적인 결론이다. 가설은 예측 가능해야 하며, 실험 등을 통해 옳은지 그른지 검증될 수 있어야 한다.

문제 보기

다음은 어떤 과학자가 수행한 탐구이다.

(가) 유채가 꽃을 피우는 기간에 기온이 높으면 유채꽃에 곤충이 덜 오는 것을 관찰하였다.
(나) ㉠ 유채가 꽃을 피우는 기간에 평균 기온보다 온도가 높으면 유채꽃에서 곤충을 유인하는 물질의 방출량이 감소할 것이라고 생각하였다. ← 가설

(다) 유채를 집단 A와 B로 나눠 꽃을 피우는 기간 동안 온도 조건을 A는 ⓐ로, B는 ⓑ로 한 후, A와 B 각각에서 곤충을 유인하는 물질의 방출량을 측정하여 그래프로 나타내었다. ⓐ와 ⓑ는 '평균 기온과 같음'과 '평균 기온보다 높음'을 순서 없이 나타낸 것이다.

조작 변인 / *종속 변인*

온도 같음(ⓐ) → 방출량 ↑
온도 높음(ⓑ) → 방출량 ↓
(세로축: 방출량 상댓값, 가로축: A, B)

(라) 유채가 꽃을 피우는 기간에 평균 기온보다 온도가 높으면 유채꽃에서 곤충을 유인하는 물질의 방출량이 감소한다는 결론을 내렸다.

이에 대한 설명으로 옳은 것만을 〈보기〉에서 있는 대로 고른 것은? [3점]

〈보기〉 풀이

ㄱ. ㉠은 (가)에서 관찰한 현상을 설명할 수 있는 잠정적인 결론에 해당한다. (O)
➡ ㉠은 (가)에서 관찰한 현상을 설명할 수 있는 잠정적인 결론인 가설이다.

ⓐ는 '평균 기온보다 높음'이다. (X)
➡ (라)에서 '유채가 꽃을 피우는 기간에 평균 기온보다 온도가 높으면 유채꽃에서 곤충을 유인하는 물질의 방출량이 감소한다'는 결론을 내렸다. (다)에서 집단 A에서가 B에서보다 곤충 유인 물질의 방출량이 더 많으므로 A에서가 B에서보다 온도가 더 낮을 것이다. 따라서 ⓐ는 '평균 기온과 같음'이고, ⓑ는 '평균 기온보다 높음'이다.

ㄷ. 연역적 탐구 방법이 이용되었다. (O)
➡ (가)에서 자연 현상을 관찰한 뒤, (나)에서 가설을 세우고, (다)에서 가설을 검증하기 위한 대조 실험을 한 뒤 결과를 정리 및 분석하고, (라)에서 결론을 도출하였다. 이와 같이 가설을 세우고 이를 실험적으로 검증해 결론을 이끌어내는 탐구 방법은 연역적 탐구 방법이다.

---

27 생명 과학의 탐구 방법 2024학년도 7월 학평 4번 정답 ④ | 정답률 86%

적용해야 할 개념 ②가지

① 연역적 탐구 방법에서 탐구를 수행할 때 대조군을 설정하고 실험군과 비교하는 대조 실험을 해야 탐구 결과의 타당성이 높아진다.

대조군	실험군과 비교하기 위해 실험 조건을 변화시키지 않은 집단
실험군	실험 조건을 인위적으로 변화시킨 집단

② 탐구와 관계된 다양한 요인을 변인이라고 하며, 변인에는 독립변인과 종속변인이 있다.

독립변인	탐구 결과에 영향을 미칠 수 있는 요인으로, 조작 변인과 통제 변인이 있다. • 조작 변인: 대조군과 달리 실험군에서 의도적으로 변화시키는 변인 • 통제 변인: 대조군과 실험군 모두 일정하게 유지하는 변인
종속변인	조작 변인의 영향을 받아 변하는 요인으로, 탐구에서 측정되는 값에 해당한다.

문제 보기

다음은 어떤 과학자가 수행한 탐구이다.

관찰 / *가설 설정*
(가) 개미가 서식하는 쇠뿔아카시아에서는 쇠뿔아카시아를 먹는 곤충 X가 적게 관찰되는 것을 보고, 개미가 X의 접근을 억제할 것이라고 생각했다. ← 가설

탐구 설계 및 수행
(나) 같은 지역에 있는 쇠뿔아카시아를 집단 A와 B로 나눈 후 A에서만 개미를 지속적으로 제거하였다.

결과 정리 및 분석
(다) 일정 시간이 지난 후 ㉠과 ㉡에서 관찰되는 X의 수를 조사한 결과는 그림과 같다. ㉠과 ㉡은 A와 B를 순서 없이 나타낸 것이다.

X의 수 (상댓값) (세로축), 가로축: ㉠, ㉡

결론 도출
(라) 쇠뿔아카시아에 서식하는 개미가 X의 접근을 억제한다는 결론을 내렸다.

이 자료에 대한 설명으로 옳은 것만을 〈보기〉에서 있는 대로 고른 것은? [3점]

〈보기〉 풀이

(가)에서 자연 현상을 관찰한 뒤, '쇠뿔아카시아에 서식하는 개미가 X의 접근을 억제할 것이다.'라는 가설을 설정하고, (나)에서 탐구 설계 및 수행을 한 후, (다)에서 실험 결과를 정리 및 분석하였으며, (라)에서 '쇠뿔아카시아에 서식하는 개미가 X의 접근을 억제한다.'는 결론을 도출하였다.

ㄱ. ㉠은 A이다. (O)
➡ (라)에서 '쇠뿔아카시아에 서식하는 개미가 X의 접근을 억제한다.'는 결론을 내렸다. (다)에서 ㉠에서가 ㉡에서보다 X의 수가 더 많으므로 ㉠에서가 ㉡에서보다 개미의 수가 더 적을 것이다. 따라서 ㉠은 개미를 지속적으로 제거한 A이다.

ㄴ. (나)에서 대조 실험이 수행되었다. (O)
➡ (나)에서 개미를 지속적으로 제거하는 집단 A와 개미를 제거하지 않는 집단 B를 비교하는 대조 실험을 수행하였다.

(다)에서 X의 수는 조작 변인이다. (X)
➡ 조작 변인은 대조군과 달리 실험군에서 의도적으로 변화시키는 변인이고, 종속변인은 조작 변인의 영향을 받아 변하는 요인이다. 따라서 조작 변인은 개미의 제거 여부이고, X의 수는 종속변인이다.

적용해야 할 개념 ③가지

① 연역적 탐구 방법은 자연 현상을 관찰하면서 생긴 의문에 대한 답을 찾기 위해 가설을 세우고, 이를 실험적으로 검증해 결론을 이끌어내는 탐구 방법이다.

② 탐구를 수행할 때 대조군을 설정하고 실험군과 비교하는 대조 실험을 해야 탐구 결과의 타당성이 높아진다.

대조군	실험군과 비교하기 위해 실험 조건을 변화시키지 않은 집단
실험군	실험 조건을 인위적으로 변화시킨 집단

③ 조작 변인은 대조군과 달리 실험군에서 의도적으로 변화시키는 변인이고, 종속변인은 조작 변인의 영향을 받아 변하는 요인으로 탐구에서 측정되는 값에 해당한다.

문제 보기

다음은 물질 X에 대해 어떤 과학자가 수행한 탐구의 일부이다.

(가) X가 개미의 학습 능력을 향상시킬 것이라고 생각했다. ← 가설 설정 / 가설

(나) 개미를 두 집단 A와 B로 나누고, A는 X가 함유되지 않은 설탕물을, B는 X가 함유된 설탕물을 먹었다. ← 대조군 / 실험군 / 탐구 설계 및 수행

(다) A와 B의 개미가 일정한 위치에 있는 먹이를 찾아가는 실험을 여러 번 반복 수행하면서 먹이에 도달하기까지 걸린 시간을 측정하였다. ← 종속변인 / B

(라) (다)의 결과 먹이에 도달하기까지 걸린 시간이 ㉠에서는 점점 감소하였고, ㉡에서는 변화가 없었다. ㉠과 ㉡은 A와 B를 순서 없이 나타낸 것이다. ← 결과 정리 및 분석 / A

(마) X가 개미의 학습 능력을 향상시킨다는 결론을 내렸다. ← 결론 도출

이 자료에 대한 옳은 설명만을 〈보기〉에서 있는 대로 고른 것은? [3점]

〈보기〉 풀이

✗ ㉠은 A이다.

➡ (마)에서 'X가 개미의 학습 능력을 향상시킨다.'는 결론을 내렸다. (라)의 ㉠에서는 먹이에 도달하기까지 걸린 시간이 점점 감소하였으므로 학습 능력이 향상되었음을 알 수 있고, ㉡에서는 먹이에 도달하기까지 걸린 시간이 변화가 없으므로 학습 능력에 변화가 없음을 알 수 있다. 따라서 ㉠은 X가 함유된 설탕물을 먹인 B이고, ㉡은 X가 함유되지 않은 설탕물을 먹인 A이다.

✗ 조작 변인은 먹이에 도달하기까지 걸린 시간이다.

➡ 조작 변인은 대조군과 달리 실험군에서 의도적으로 변화시킨 변인으로 이 탐구에서는 'X의 함유 여부'이고, '먹이에 도달하기까지 걸린 시간'은 종속변인이다.

Ⓒ 연역적 탐구 방법이 이용되었다.

➡ (가)에서 가설을 설정하고, (나)와 (다)에서 가설을 검증하기 위한 탐구를 수행한 후, (라)에서 실험 결과를 정리 및 분석하여 (마)에서 결론을 도출하였으므로, 연역적 탐구 방법이 이용되었다.

적용해야 할 개념 ②가지

① 조작 변인은 가설 검증을 위해 실험에서 의도적으로 변화시킨 변인이고, 통제 변인은 실험에서 일정하게 유지시키는 변인이며, 종속변인은 독립변인에 따라 변화되는 요인으로 실험 결과에 해당한다.

② 환경 저항은 서식 공간과 먹이 부족, 노폐물 축적, 개체 간의 경쟁, 질병, 천적 등과 같이 개체군의 생장을 억제하는 요인으로, 실제 환경에서는 개체군에 환경 저항이 작용한다.

문제 보기

다음은 숲 F에서 새와 박쥐가 곤충 개체 수 감소에 미치는 영향을 알아보기 위한 탐구이다.

(가) F를 동일한 조건의 구역 ⓐ~ⓒ로 나눈 후, ⓐ에는 새와 박쥐의 접근을 차단하지 않았고, ⓑ에는 새의 접근만 차단하였으며, ⓒ에는 박쥐의 접근만 차단하였다.

(나) 일정 시간이 지난 후, ⓐ~ⓒ에서 곤충 개체 수를 조사한 결과는 그림과 같다. ← 종속변인

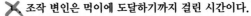

이 자료에 대한 설명으로 옳은 것만을 〈보기〉에서 있는 대로 고른 것은? (단, 제시된 조건 이외는 고려하지 않는다.) [3점]

〈보기〉 풀이

✗ 조작 변인은 곤충 개체 수이다.

➡ 조작 변인은 가설 검증을 위해 실험에서 의도적으로 변화시킨 변인이다. 이 탐구에서 조작 변인은 새와 박쥐의 차단 여부이고, 종속변인은 곤충 개체 수이다.

Ⓛ ⓒ에서 곤충에 대한 환경 저항이 작용하였다.

➡ 환경 저항은 개체군의 생장을 억제하는 요인이므로, 포식자는 환경 저항에 해당한다. 따라서 포식자인 새의 접근이 가능한 ⓒ에서 곤충에 대한 환경 저항이 작용하였다.

✗ 곤충 개체 수 감소에 미치는 영향은 새가 박쥐보다 크다.

➡ 새와 박쥐 중 ⓑ에는 박쥐의 접근만 가능하고, ⓒ에는 새의 접근만 가능하다. 이때 곤충 개체 수는 ⓑ에서가 ⓒ에서보다 적으므로, 곤충 개체 수 감소에 미치는 영향은 박쥐가 새보다 크다.

3
일차

01 ⑤	02 ⑤	03 ④	04 ④	05 ⑤	06 ⑤	07 ③	08 ③	09 ⑤	10 ⑤	11 ③	12 ④
13 ⑤	14 ⑤	15 ⑤	16 ④	17 ③	18 ②	19 ②	20 ④	21 ④	22 ⑤	23 ④	24 ④
25 ⑤	26 ③	27 ④	28 ⑤	29 ④	30 ③	31 ⑤	32 ③	33 ②	34 ④	35 ④	36 ③
37 ⑤	38 ⑤	39 ④	40 ④	41 ④	42 ①	43 ⑤					

문제편 030쪽~041쪽

---

01 물질대사와 노폐물의 생성 2023학년도 9월 모평 4번

정답 ⑤ | 정답률 90 %

적용해야 할 개념 ④가지

① 물질대사는 생명체에서 일어나는 모든 화학 반응으로, 효소가 관여하며, 동화 작용과 이화 작용이 있다.
② 동화 작용은 작고 간단한 물질을 크고 복잡한 물질로 합성하는 반응이며, 이때 에너지가 흡수된다.
③ 이화 작용은 크고 복잡한 물질을 작고 간단한 물질로 분해하는 반응이며, 이때 에너지가 방출된다.
④ 세포 호흡은 이화 작용의 일종이며, 세포 호흡 과정에서 포도당이 분해되면 물과 이산화 탄소가 생성된다.

문제 보기

→ 생명체에서 일어나는 모든 화학 반응

사람에서 일어나는 물질대사에 대한 설명으로 옳은 것만을 〈보기〉에서 있는 대로 고른 것은?

〈보기〉 풀이

ㄱ. 지방이 분해되는 과정에서 이화 작용이 일어난다.
➡ 지방이 분해되는 과정에서 크고 복잡한 물질이 작고 간단한 물질로 분해되는 이화 작용이 일어난다.

보기

ㄴ. 단백질이 합성되는 과정에서 에너지의 흡수가 일어난다.
➡ 작고 간단한 물질인 아미노산이 펩타이드 결합으로 연결되어 크고 복잡한 단백질이 합성되는 과정은 동화 작용이며, 동화 작용이 일어날 때는 에너지가 흡수된다.

ㄷ. 포도당이 세포 호흡에 사용된 결과 생성되는 노폐물에는 이산화 탄소가 있다.
➡ 포도당의 구성 원소는 탄소(C), 수소(H), 산소(O)이며, 세포 호흡 과정에서 산소와 반응하여 노폐물로 이산화 탄소와 물이 생성된다.

---

02 물질대사 2024학년도 6월 모평 2번

정답 ⑤ | 정답률 91 %

적용해야 할 개념 ②가지

① 물질대사는 생명체에서 일어나는 모든 화학 반응으로, 효소가 관여하며 동화 작용과 이화 작용이 있다.

동화 작용	작고 간단한 물질을 크고 복잡한 물질로 합성하는 반응으로, 예로는 단백질 합성, 광합성 등이 있다.
이화 작용	크고 복잡한 물질을 작고 간단한 물질로 분해하는 반응으로, 예로는 소화, 세포 호흡 등이 있다.

② 세포 호흡의 에너지원으로 포도당이 사용되면 이산화 탄소(CO_2)와 물(H_2O)이 생성된다.

문제 보기

다음은 사람에서 일어나는 물질대사에 대한 자료이다.

┌ 소화 ➡ 이화 작용

(가) 단백질은 소화 과정을 거쳐 아미노산으로 분해된다.
(나) 포도당이 세포 호흡을 통해 분해된 결과 생성되는 노폐물에는 ㉠이 있다.
└ 이산화 탄소(CO_2), 물(H_2O)

└ 세포 호흡 ➡ 이화 작용

이에 대한 설명으로 옳은 것만을 〈보기〉에서 있는 대로 고른 것은? [3점]

〈보기〉 풀이

ㄱ. (가)에서 이화 작용이 일어난다.
➡ 단백질은 많은 수의 아미노산이 펩타이드 결합으로 연결되어 형성된다. 따라서 크고 복잡한 물질인 단백질이 작고 간단한 물질인 아미노산으로 분해되는 소화 과정은 물질대사 중 이화 작용의 일종이다.

보기

ㄴ. 이산화 탄소는 ㉠에 해당한다.
➡ 포도당을 구성하는 원소는 탄소(C), 수소(H), 산소(O)이고, 포도당이 세포 호흡을 통해 분해된 결과 생성되는 노폐물에는 이산화 탄소(CO_2)와 물(H_2O)이 있다. 따라서 이산화 탄소는 ㉠에 해당한다.

ㄷ. (가)와 (나)에서 모두 효소가 이용된다.
➡ 물질대사인 소화(가)와 세포 호흡(나)에서 모두 효소가 이용된다. 효소는 활성화 에너지를 낮추어 반응이 일어나는 것을 촉진하는 촉매 역할을 하는데, 만일 효소가 없다면 체온 정도의 온도에서 소화와 세포 호흡이 일어나기 어렵다.

적용해야 할 개념 ③가지	① 물질대사는 생명체 내에서 일어나는 모든 화학 반응으로 효소가 관여한다.
	② 물질대사는 간단한 물질을 복잡한 물질로 합성하는 동화 작용과 복잡한 물질을 간단한 물질로 분해하는 이화 작용이 있다.
	③ 인슐린은 간에서 포도당을 글리코젠으로 합성하는 과정과 조직 세포로의 포도당 흡수를 촉진하여 혈당량을 감소시킨다.

문제 보기

그림은 체내에서 일어나는 어떤 물질대사 과정을 나타낸 것이다.

이에 대한 옳은 설명만을 〈보기〉에서 있는 대로 고른 것은?

〈보기〉 풀이

✗ 인슐린에 의해 ⓐ가 촉진된다.
➡ 인슐린은 이자에서 분비되는 호르몬으로, 혈액 속의 포도당이 세포로 이동하는 것과 간에서 포도당이 결합하여 글리코젠을 합성하는 ⓑ 과정을 촉진함으로써 혈당량을 낮춘다.

ㄴ ⓑ에서 동화 작용이 일어난다.
➡ 포도당은 단당류이고, 글리코젠은 많은 수의 포도당이 결합한 다당류이다. 따라서 ⓑ는 작고 간단한 물질이 크고 복잡한 물질로 합성되는 동화 작용이다.

ㄷ ⓐ와 ⓑ에 모두 효소가 관여한다.
➡ 글리코젠이 포도당으로 분해되는 ⓐ(이화 작용)와 포도당이 글리코젠으로 합성되는 ⓑ(동화 작용)는 모두 생명체 내에서 일어나는 물질대사이므로 ⓐ와 ⓑ에 모두 효소가 관여한다.

보기

적용해야 할 개념 ③가지	① 동화 작용은 작고 간단한 물질을 크고 복잡한 물질로 합성하는 반응이고, 이화 작용은 크고 복잡한 물질을 작고 간단한 물질로 분해하는 반응이다.
	② 탄수화물(포도당)과 지방이 세포 호흡의 기질로 사용되면 이산화 탄소와 물이 생성되고, 단백질(아미노산)이 세포 호흡의 기질로 사용되면 이산화 탄소, 물, 암모니아가 생성된다.
	③ 질소 노폐물인 암모니아는 간에서 요소로 전환된 후 배설계를 통해 오줌으로 배출된다.

문제 보기

그림은 사람에서 일어나는 물질대사 과정 (가)와 (나)를 나타낸 것이다.

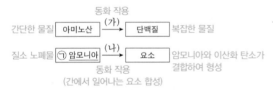

이에 대한 설명으로 옳은 것만을 〈보기〉에서 있는 대로 고른 것은?

〈보기〉 풀이

ㄱ (가)에서 동화 작용이 일어난다.
➡ (가)는 작고 간단한 물질인 아미노산이 펩타이드 결합으로 연결되어 크고 복잡한 물질인 단백질로 합성되는 과정이므로, (가)에서 동화 작용이 일어난다.

ㄴ 간에서 (나)가 일어난다.
➡ (나)는 독성이 강한 암모니아가 이산화 탄소와 결합하여 독성이 약한 요소로 합성되는 과정이며, 간에서 (나)의 과정이 일어난다.

✗ 포도당이 세포 호흡에 사용된 결과 생성되는 노폐물에는 ㉠이 있다.
➡ 포도당이 세포 호흡에 사용되면 노폐물로 이산화 탄소와 물이 생성된다. 암모니아(㉠)는 아미노산(단백질)이 세포 호흡에 사용될 때 생성되는 질소 노폐물이다.

보기

05 물질대사 2022학년도 3월 학평 3번
정답 ⑤ | 정답률 89%

적용해야 할 개념 ③가지
① 물질대사는 생명체에서 일어나는 모든 화학 반응으로, 효소가 관여하며, 동화 작용과 이화 작용이 있다.
② 동화 작용은 작고 간단한 물질을 크고 복잡한 물질로 합성하는 반응이며, 이때 에너지가 흡수된다.
③ 이화 작용은 크고 복잡한 물질을 작고 간단한 물질로 분해하는 반응이며, 이때 에너지가 방출된다.

문제 보기

그림은 사람에서 일어나는 물질대사 과정 ㉠과 ㉡을 나타낸 것이다.

이에 대한 옳은 설명만을 〈보기〉에서 있는 대로 고른 것은?

〈보기〉 풀이

ㄱ. ㉠에서 동화 작용이 일어난다.
➡ ㉠은 작고 간단한 물질인 아미노산이 펩타이드 결합으로 연결되어 크고 복잡한 물질인 단백질이 합성되는 과정이므로 동화 작용이다. 동화 작용이 일어날 때는 에너지가 흡수된다.

ㄴ. ㉡에서 에너지가 방출된다.
➡ ㉡은 크고 복잡한 물질인 단백질이 작고 간단한 물질인 아미노산으로 분해되는 과정이므로 이화 작용이다. 이화 작용이 일어날 때는 크고 복잡한 물질에 저장되어 있던 에너지가 방출된다.

ㄷ. ㉡에 효소가 관여한다.
➡ 물질대사에는 모두 효소가 관여하므로 ㉠과 ㉡에 모두 효소가 관여한다.

보기

06 물질대사 2022학년도 7월 학평 3번
정답 ⑤ | 정답률 89%

적용해야 할 개념 ④가지
① 물질대사는 생명체에서 일어나는 모든 화학 반응으로, 효소가 관여하며, 동화 작용과 이화 작용이 있다.
② 동화 작용은 작고 간단한 물질을 크고 복잡한 물질로 합성하는 반응이며, 이때 에너지가 흡수된다. 예 광합성, 단백질 합성
③ 이화 작용은 크고 복잡한 물질을 작고 간단한 물질로 분해하는 반응이며, 이때 에너지가 방출된다. 예 세포 호흡, 소화
④ 간은 소화계에 속하는 기관으로, 쓸개즙 생성, 요소 생성, 포도당과 글리코젠의 전환이 일어난다.

문제 보기

그림은 사람에서 일어나는 물질대사 과정 Ⅰ~Ⅲ을 나타낸 것이다.

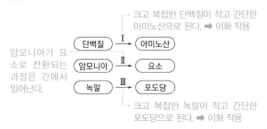

이에 대한 설명으로 옳은 것만을 〈보기〉에서 있는 대로 고른 것은?

〈보기〉 풀이

ㄱ. Ⅰ에서 에너지가 방출된다.
➡ Ⅰ은 크고 복잡한 물질인 단백질이 작고 간단한 물질인 아미노산으로 분해되는 반응이므로 물질대사 중 이화 작용에 속한다. 이화 작용에서는 에너지가 방출된다.

ㄴ. 간에서 Ⅱ가 일어난다.
➡ Ⅱ는 독성이 강한 암모니아가 독성이 약한 요소로 전환되는 과정으로, 간에서 일어난다.

ㄷ. Ⅲ에 효소가 관여한다.
➡ Ⅲ은 크고 복잡한 물질인 녹말이 작고 간단한 물질인 포도당으로 분해되는 반응이므로 물질대사 중 이화 작용에 속한다. 생명체 내에서 일어나는 물질의 화학적 변화 즉, 물질대사에는 효소가 관여한다.

보기

적용해야 할 개념 ④가지

① 물질대사는 생명체에서 일어나는 모든 화학 반응으로, 효소가 관여하며, 동화 작용과 이화 작용이 있다.
② 동화 작용은 작고 간단한 물질을 크고 복잡한 물질로 합성하는 반응이며, 이때 에너지가 흡수된다.
③ 이화 작용은 크고 복잡한 물질을 작고 간단한 물질로 분해하는 반응이며, 이때 에너지가 방출된다.
④ 이자에서 분비되는 글루카곤은 간에서 글리코젠이 포도당으로 전환되는 반응을 촉진하여 혈당량을 높이고, 인슐린은 간에서 포도당이 글리코젠으로 합성되는 반응을 촉진하여 혈당량을 낮춘다.

문제 보기

그림 (가)는 간에서 일어나는 물질의 전환 과정 A와 B를, (나)는 A와 B 중 한 과정에서의 에너지 변화를 나타낸 것이다.

수많은 포도당이 결합하여
형성된 다당류

탄수화물을 구성하는
단위체인 단당류

반응물의 에너지양 > 생성물의 에너지양 ➡ 반응이 진행되면서 에너지를 방출한다.
∴ (나)는 이화 작용에서의 에너지 변화

이에 대한 설명으로 옳은 것만을 〈보기〉에서 있는 대로 고른 것은? [3점]

〈보기〉 풀이

ㄱ. (나)는 A에서의 에너지 변화이다.
➡ (가)에서 A는 크고 복잡한 물질인 글리코젠이 작고 간단한 물질인 포도당으로 분해되는 과정이므로 이화 작용이고, 그 반대 과정인 B는 동화 작용이다. (나)에서 반응물의 에너지양이 생성물의 에너지양보다 많아서 반응이 일어나면 에너지가 방출되므로 이화 작용인 A에서의 에너지 변화에 해당한다. 동화 작용은 반응물의 에너지양이 생성물의 에너지양보다 적어서 반응이 일어나면 에너지가 흡수된다.

✗ 글루카곤에 의해 B가 촉진된다.
➡ 글루카곤은 이자에서 분비되는 호르몬으로, 간에서 글리코젠을 포도당으로 전환하는 A 과정을 촉진하여 혈당량을 높이는 작용을 한다. 간에서 포도당을 글리코젠으로 전환하는 B 과정은 인슐린에 의해 촉진된다.

ㄷ. A와 B에서 모두 효소가 이용된다.
➡ 물질대사에는 모두 효소가 관여하므로 A와 B에서 모두 효소가 이용된다.

보기 ㄱ

적용해야 할 개념 ③가지

① 물질대사는 생명체에서 일어나는 모든 화학 반응으로, 효소가 관여한다.
 — 동화 작용 : 간단한 물질을 복잡한 물질로 합성하는 반응으로, 예로는 광합성, 단백질 합성 등이 있다.
 — 이화 작용 : 복잡한 물질을 간단한 물질로 분해하는 반응으로, 예로는 세포 호흡, 소화 등이 있다.
② 소화계는 영양소의 소화와 흡수를 담당하며, 이에 속하는 기관으로는 입, 위, 소장, 대장, 간, 이자 등이 있다.
③ 이자에서 분비되는 인슐린은 간에서 포도당을 글리코젠으로 합성하는 반응을 촉진하고, 글루카곤은 간에서 글리코젠을 포도당으로 분해하는 반응을 촉진한다.

문제 보기

다음은 사람에서 일어나는 물질대사에 대한 자료이다.

녹말은 소화 효소의 작용으로 포도당으로 분해된 후 소장으로 흡수된다.

이화 작용 (가) 녹말이 소화 과정을 거쳐 ㉠ 포도당으로 분해된다.
이화 작용 (나) 포도당이 세포 호흡을 통해 물과 이산화 탄소로 분해된다.
동화 작용 (다) ㉡ 포도당이 글리코젠으로 합성된다.

이자에서 분비되는 인슐린은 간에서 포도당이 글리코젠으로 합성되는 반응을 촉진한다.

이에 대한 설명으로 옳은 것만을 〈보기〉에서 있는 대로 고른 것은?

〈보기〉 풀이

ㄱ. 소화계에서 ㉠이 흡수된다.
➡ 녹말이 소화 과정을 거쳐 포도당으로 분해되면, 소화계에 속하는 소장에서 포도당(㉠)을 흡수한다. 소화계는 영양소의 소화와 흡수를 담당하는 기관들의 모임이다.

ㄴ. (가)와 (나)에서 모두 이화 작용이 일어난다.
➡ 이화 작용은 크고 복잡한 물질을 작고 간단한 물질로 분해하는 작용이다. 녹말이 포도당으로 분해되는 소화 과정(가)은 이화 작용에 속하고, 포도당이 물과 이산화 탄소로 분해되는 세포 호흡(나)도 이화 작용에 속한다. 따라서 (가)와 (나)에서 모두 이화 작용이 일어난다.

✗ 글루카곤은 간에서 ㉡을 촉진한다.
➡ 글루카곤은 이자의 α 세포에서 분비되는 호르몬으로, 간에서 글리코젠을 포도당으로 분해하는 반응을 촉진하여 혈당량을 증가시키는 호르몬이다. 인슐린은 이자의 β 세포에서 분비되는 호르몬으로, 간에서 포도당을 글리코젠으로 합성하는 반응을 촉진하여 혈당량을 감소시키는 호르몬이다.

보기 ㄱㄴ

09 세포 호흡과 이화 작용 2020학년도 9월 모평 5번　정답 ⑤ | 정답률 79 %

적용해야 할 개념 ③가지

① 세포 호흡은 산소(O_2)를 이용하여 포도당을 이산화 탄소(CO_2)와 물(H_2O)로 분해하는 과정으로, 이화 작용에 해당한다.
② 탄수화물이 세포 호흡의 기질로 사용되면 이산화 탄소(CO_2)와 물(H_2O)이 생성된다.
③ 세포 호흡으로 생성된 물질 중 CO_2는 호흡계를 통해 날숨으로, H_2O은 호흡계와 배설계를 통해 날숨과 오줌으로 배출된다.

문제 보기

그림 (가)는 사람에서 녹말이 포도당으로 되는 과정을, (나)는 사람에서 세포 호흡을 통해 포도당으로부터 최종 분해 산물과 에너지가 생성되는 과정을 나타낸 것이다. @와 ⓑ는 CO_2와 O_2를 순서 없이 나타낸 것이다.

(가) 이화 작용　(나) 세포 호흡

이에 대한 설명으로 옳은 것만을 〈보기〉에서 있는 대로 고른 것은? [3점]

<보기> 풀이

(가)는 녹말이 엿당으로, 엿당이 포도당으로 분해되는 과정이다. (나)에서 포도당이 세포 호흡으로 분해될 때 O_2(@)가 필요하며, 분해 산물로 CO_2(ⓑ)와 H_2O이 생성된다.

ㄱ. 엿당은 이당류에 속한다.
➡ (가)에서 녹말은 포도당 여러 분자가 결합된 다당류, 엿당은 포도당 2분자가 결합된 이당류, 포도당은 단당류에 속한다.

ㄴ. 호흡계를 통해 ⓑ가 몸 밖으로 배출된다.
➡ 체세포에서 세포 호흡이 일어나 생성된 CO_2(ⓑ)는 순환계에 의해 호흡계로 운반된 후 날숨을 통해 몸 밖으로 배출된다.

ㄷ. (가)와 (나)에서 모두 이화 작용이 일어난다.
➡ (가)에서 다당류인 녹말을 단당류인 포도당으로 분해하는 과정과 (나)에서 산소(O_2)를 이용하여 포도당을 이산화 탄소(CO_2)와 물(H_2O)로 분해하는 과정은 모두 크고 복잡한 물질을 작고 간단한 물질로 분해하는 이화 작용에 해당한다.

10 물질대사와 노폐물의 생성 2025학년도 6월 모평 2번　정답 ⑤ | 정답률 94 %

적용해야 할 개념 ③가지

① 물질대사는 생명체에서 일어나는 모든 화학 반응으로, 효소가 관여하며 동화 작용과 이화 작용이 있다.
　ㅡ 동화 작용은 작고 간단한 물질을 크고 복잡한 물질로 합성하는 반응으로, 예로는 단백질 합성, 광합성 등이 있다.
　ㅡ 이화 작용은 크고 복잡한 물질을 작고 간단한 물질로 분해하는 반응으로, 예로는 소화, 세포 호흡 등이 있다.
② 세포 호흡의 에너지원으로 탄수화물과 지방이 사용되면 이산화 탄소(CO_2)와 물(H_2O)이 생성되고, 단백질이 사용되면 이산화 탄소와 물 외에도 질소 노폐물인 암모니아(NH_3)가 생성된다.
③ 세포 호흡 결과 생성된 노폐물 중 이산화 탄소는 호흡계를 통해, 물은 호흡계와 배설계를 통해, 암모니아는 간에서 요소로 전환된 후 배설계를 통해 몸 밖으로 배출된다.

문제 보기

그림은 사람에서 일어나는 물질대사 과정 Ⅰ과 Ⅱ를 나타낸 것이다. ㉠과 ㉡은 암모니아와 이산화 탄소를 순서 없이 나타낸 것이다.

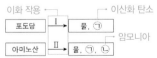

이에 대한 설명으로 옳은 것만을 〈보기〉에서 있는 대로 고른 것은?

<보기> 풀이

ㄱ. ㉠은 이산화 탄소이다.
➡ 포도당을 구성하는 원소는 탄소(C), 수소(H), 산소(O)이고, 포도당이 분해되면 이산화 탄소와 물이 생성된다. 따라서 ㉠은 이산화 탄소이다.

ㄴ. 간에서 ㉡이 요소로 전환된다.
➡ 아미노산을 구성하는 원소는 탄소(C), 수소(H), 산소(O), 질소(N)이고, 아미노산이 분해되면 이산화 탄소(㉠), 물과 함께 암모니아(㉡)가 생성된다. 암모니아(㉡)는 간에서 요소로 전환된 후 배설계를 통해 몸 밖으로 배출된다.

ㄷ. Ⅰ과 Ⅱ에서 모두 이화 작용이 일어난다.
➡ 포도당의 분해(Ⅰ)와 아미노산의 분해(Ⅱ)는 모두 더 작고 간단한 물질로 분해하는 작용이므로 이화 작용에 해당한다.

적용해야 할 개념 ③가지

① 세포 호흡은 세포에서 영양소를 분해하여 생명 활동에 필요한 에너지(ATP)를 얻는 과정으로, 세포질과 미토콘드리아에서 일어난다.

② 세포 호흡 과정에서 영양소의 화학 에너지 중 일부는 ATP의 화학 에너지로 저장되고, 나머지는 열로 방출된다.

③ 세포 호흡의 에너지원으로 포도당이 사용되면 이산화 탄소(CO_2)와 물(H_2O)이 생성되고, 아미노산이 사용되면 이산화 탄소와 물 외에도 질소 노폐물인 암모니아(NH_3)가 생성된다.

문제 보기

다음은 사람에서 일어나는 세포 호흡에 대한 자료이다. ㉠은 포도당과 아미노산 중 하나이다.

ATP는 ADP와 무기 인산이 결합하여 합성되며, 이 과정에서 에너지를 흡수한다.

○ 세포 호흡 과정에서 방출되는 에너지의 일부는 ⓐ ATP 합성에 이용된다.

○ ㉠이 세포 호흡에 이용된 결과 ⓑ 질소(N)가 포함된 노폐물이 만들어진다.

아미노산이 세포 호흡에 이용될 때 질소 노폐물로 암모니아가 생성된다.

질소를 포함하는 아미노산이다.

이에 대한 옳은 설명만을 〈보기〉에서 있는 대로 고른 것은?

〈보기〉 풀이

ㄱ. 미토콘드리아에서 ⓐ가 일어난다.

➡ 미토콘드리아에서 세포 호흡으로 영양소가 분해될 때 방출되는 에너지의 일부는 ADP와 무기 인산의 결합에 이용된다. 따라서 미토콘드리아에서 ATP 합성이 활발하게 일어난다.

ㄴ. 암모니아는 ⓑ에 해당한다.

➡ 탄소, 수소, 산소, 질소로 구성된 영양소가 세포 호흡에 이용되면 노폐물로 이산화 탄소, 물, 암모니아가 생성된다. 따라서 암모니아는 질소(N)가 포함된 노폐물 ⓑ에 해당하며, 간에서 요소로 전환되어 오줌으로 배설된다.

ㄷ. ㉠은 포도당이다.

➡ 포도당의 구성 원소는 탄소, 수소, 산소이고, 아미노산의 구성 원소에는 탄소, 수소, 산소 외에 질소가 있다. 따라서 세포 호흡에 이용된 결과 질소(N)가 포함된 노폐물이 만들어지는 영양소 ㉠은 아미노산이다.

적용해야 할 개념 ③가지

① 물질대사는 생명체에서 일어나는 모든 화학 반응으로, 동화 작용과 이화 작용으로 구분된다.

구분	물질의 변화	에너지 변화	예
동화 작용	작고 간단한 물질(저분자) → 크고 복잡한 물질(고분자)	흡열 반응 (반응물의 에너지 < 생성물의 에너지)	광합성, 단백질 합성
이화 작용	크고 복잡한 물질(고분자) → 작고 간단한 물질(저분자)	발열 반응 (반응물의 에너지 > 생성물의 에너지)	세포 호흡, 소화

② 물질대사에는 효소가 이용되며, 물질대사 과정에서 반드시 에너지가 출입한다.

③ 세포 호흡의 에너지원으로 탄수화물과 지방이 사용되면 이산화 탄소(CO_2)와 물(H_2O)이 생성되고, 단백질이 사용되면 이산화 탄소와 물 외에도 질소 노폐물인 암모니아(NH_3)가 생성된다.

문제 보기

그림은 사람에서 일어나는 물질대사 과정 Ⅰ과 Ⅱ를 나타낸 것이다.

이에 대한 설명으로 옳은 것만을 〈보기〉에서 있는 대로 고른 것은?

〈보기〉 풀이

녹말은 수많은 포도당이 결합한 고분자이고, 포도당은 녹말을 구성하는 단위체로 저분자이므로 Ⅰ은 이화 작용의 일종이다. 아미노산은 단백질을 구성하는 단위체로 저분자이고, 단백질은 수많은 아미노산이 결합한 고분자이므로 Ⅱ는 동화 작용의 일종이다.

ㄱ. Ⅰ에서 이화 작용이 일어난다.

➡ 녹말이 포도당으로 분해되는 Ⅰ에서 이화 작용이 일어난다.

ㄴ. Ⅰ과 Ⅱ에서 모두 효소가 이용된다.

➡ 물질대사에는 효소가 이용되므로 Ⅰ과 Ⅱ에서 모두 효소가 이용된다.

ㄷ. ㉠이 세포 호흡에 사용된 결과 생성되는 노폐물에는 암모니아가 있다.

➡ ㉠ 포도당의 구성 원소는 탄소(C), 수소(H), 산소(O)로 세포 호흡에 사용되면 생성되는 노폐물에는 이산화 탄소(CO_2)와 물(H_2O)은 있지만 질소 노폐물인 암모니아(NH_3)는 없다.

| 13 | 세포 호흡 2020학년도 6월 모평 3번 | 정답 ⑤ | 정답률 88 % |

적용해야 할 개념 ③가지

① 세포 호흡 시 포도당이 산소와 반응하여 이산화 탄소와 물이 생성된다.
② 세포 호흡은 세포에서 영양소(포도당)를 분해하여 생명 활동에 필요한 에너지(ATP)를 얻는 과정이다.
③ 세포 호흡 과정에서 포도당에 저장된 화학 에너지 중 일부는 ATP의 화학 에너지로 저장되고, 나머지는 열로 방출된다.

문제 보기

그림은 사람의 미토콘드리아에서 일어나는 세포 호흡을 나타낸 것이다. 이에 대한 설명으로 옳은 것만을 〈보기〉에서 있는 대로 고른 것은?

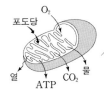

보기

〈보기〉 풀이

ㄱ. 미토콘드리아에서 이화 작용이 일어난다.
➡ 미토콘드리아에서 일어나는 세포 호흡 과정은 '포도당, O_2 ⟶ CO_2, H_2O'로 나타낼 수 있다. 즉, 크고 복잡한 물질인 포도당이 작고 간단한 물질인 이산화 탄소와 물로 분해되므로 이화 작용이 일어난다.

ㄴ. ATP의 구성 원소에는 인(P)이 포함된다.
➡ ATP는 생명 활동에 직접 이용되는 에너지 저장 물질로, 아데노신(아데닌＋리보스)에 3개의 인산기가 결합된 구조이다. 인산기에는 구성 원소 인(P)이 포함되어 있다.

ㄷ. 포도당이 분해되어 생성된 에너지의 일부는 체온 유지에 이용된다.
➡ 세포 호흡을 통해 포도당의 화학 에너지는 ATP의 화학 에너지와 열에너지로 전환되는데, 이때 방출된 열에너지가 체온을 높이기도 하고, ATP의 화학 에너지가 열에너지로 전환되어 체온 유지에 이용되기도 한다.

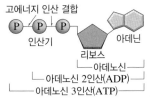

▲ ATP의 구조

| 14 | 세포 호흡과 에너지 전환 2023학년도 7월 학평 6번 | 정답 ⑤ | 정답률 91 % |

적용해야 할 개념 ③가지

① 세포 호흡은 세포에서 영양소를 분해하여 생명 활동에 필요한 에너지(ATP)를 얻는 과정으로, 세포질과 미토콘드리아에서 일어난다.
② ATP는 ADP와 무기 인산의 결합으로 생성되며, ATP와 ADP는 모두 인산을 포함하고 있다. ATP에 저장된 에너지는 ADP와 무기 인산으로 분해되면서 방출되어 물질 수송, 근육 수축 등 다양한 생명 활동에 사용된다.
③ 세포 호흡에 필요한 영양소와 산소는 소화계와 호흡계를 통해 흡수된 후 순환계를 통해 운반되고, 세포 호흡으로 생성된 이산화 탄소, 물, 암모니아도 순환계를 통해 호흡계와 배설계로 운반되어 몸 밖으로 배출된다.

문제 보기

그림은 사람의 미토콘드리아에서 일어나는 세포 호흡을 나타낸 것이다. ㉠~㉢은 각각 ADP, ATP, CO_2 중 하나이다.

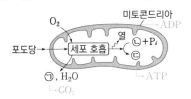

이에 대한 설명으로 옳은 것만을 〈보기〉에서 있는 대로 고른 것은?

보기

〈보기〉 풀이

㉠은 CO_2, ㉡은 ADP, ㉢은 ATP이다.

ㄱ. 순환계를 통해 ㉠이 운반된다.
➡ 세포 호흡으로 포도당이 분해되어 생성된 CO_2(㉠)와 H_2O는 순환계를 통해 호흡계와 배설계로 운반되어 몸 밖으로 배출된다.

ㄴ. ㉡의 구성 원소에는 인(P)이 포함된다.
➡ ㉡은 ADP(아데노신 이인산)이다. ADP는 아데노신에 2개의 인산이 결합한 물질이므로 구성 원소에는 인(P)이 포함된다.

ㄷ. 근육 수축 과정에는 ㉢에 저장된 에너지가 사용된다.
➡ 근육 수축 과정에는 ATP(㉢)가 ADP(㉡)와 무기 인산으로 분해되는 과정에서 방출되는 에너지를 사용한다. 즉, 근육 수축에 직접 사용되는 에너지는 ATP에 저장된 에너지이다.

적용해야 할 개념 ③가지

① 물질대사는 생명체 내에서 일어나는 모든 화학 반응으로, 효소가 관여한다.
② 물질대사는 간단한 물질을 복잡한 물질로 합성하는 동화 작용과 크고 복잡한 물질을 작고 간단한 물질로 분해하는 이화 작용이 있다.
③ 이화 작용의 예로는 녹말이 포도당으로 분해되는 소화와 포도당이 이산화 탄소와 물로 분해되는 세포 호흡이 있다.

문제 보기

그림 (가)는 사람에서 녹말(다당류)이 포도당으로 되는 과정을, (나)는 미토콘드리아에서 일어나는 세포 호흡을 나타낸 것이다.

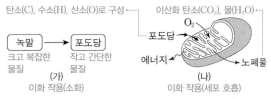

탄소(C), 수소(H), 산소(O)로 구성

| 녹말 | → | 포도당 |

크고 복잡한 물질 / 작고 간단한 물질

(가)
이화 작용(소화)

이산화 탄소(CO_2), 물(H_2O)
O_2
포도당
에너지
노폐물
(나)
이화 작용(세포 호흡)

이에 대한 설명으로 옳은 것만을 〈보기〉에서 있는 대로 고른 것은?
[3점]

〈보기〉 풀이

ㄱ. (가)에서 이화 작용이 일어난다.

➡ (가)는 수많은 포도당이 결합한 크고 복잡한 물질인 녹말(다당류)이 작고 간단한 포도당(단당류)으로 분해되는 과정이므로 (가)에서 이화 작용이 일어난다.

ㄴ. (나)에서 생성된 노폐물에는 CO_2가 있다.

➡ 포도당은 탄소(C), 수소(H), 산소(O)로 구성된 물질이므로 세포 호흡을 통해 포도당이 분해되면 이산화 탄소(CO_2)와 물(H_2O)이 노폐물로 생성된다.

ㄷ. (가)와 (나)에서 모두 효소가 이용된다.

➡ 사람에서 녹말이 포도당으로 분해되는 (가)와 포도당이 세포 호흡을 통해 분해되는 (나)는 모두 생명체 내에서 일어나는 물질대사이므로 (가)와 (나)에서 모두 효소가 이용된다.

보기

적용해야 할 개념 ③가지

① 세포 호흡은 이화 작용의 일종으로 주로 미토콘드리아에서 일어나며, 세포 호흡 과정에서 포도당이 분해되면 물과 이산화 탄소가 생성된다.
② 세포 호흡 과정에서 포도당에 저장된 화학 에너지 중 일부는 ATP의 화학 에너지로 저장되고, 나머지는 열로 방출된다.
③ ATP에 저장된 에너지는 ADP와 무기 인산(P_i)으로 분해될 때 방출되어 생명 활동에 이용된다.

문제 보기

다음은 세포 호흡에 대한 자료이다. ㉠과 ㉡은 각각 ADP와 ATP 중 하나이다.

크고 복잡한 물질   작고 간단한 물질

(가) 포도당은 세포 호흡을 통해 물과 이산화 탄소로 분해된다. 이화 작용(에너지 방출)
(나) 세포 호흡 과정에서 방출된 에너지의 일부는 ㉠에 저장되며, ㉠이 ㉡과 무기 인산(P_i)으로 분해될 때 방출된 에너지는 생명 활동에 사용된다.
ATP
ADP

이에 대한 설명으로 옳은 것만을 〈보기〉에서 있는 대로 고른 것은? [3점]

〈보기〉 풀이

ㄱ. (가)에서 이화 작용이 일어난다.

➡ 포도당이 세포 호흡에 의해 물과 이산화 탄소로 분해되는 것은 이화 작용의 일종이며, 이 과정에서 에너지가 방출된다.

ㄴ. 미토콘드리아에서 ㉡이 ㉠으로 전환된다.

➡ 세포 호흡 과정에서 방출된 에너지의 일부가 저장되는 물질 ㉠은 ATP이며, ATP가 분해되어 생성되는 물질 ㉡은 ADP이다. 세포 호흡은 주로 미토콘드리아에서 일어나며, 세포 호흡 과정에서 방출된 에너지의 일부가 ADP(㉡)와 무기 인산(P_i)을 결합시켜 ATP(㉠)를 합성한다. 따라서 미토콘드리아에서 ㉡이 ㉠으로 전환된다.

ㄷ. 포도당이 분해되어 생성된 에너지의 일부는 체온 유지에 사용된다.

➡ 포도당이 분해되어 생성된 에너지 중 일부는 ATP에 저장되고 나머지는 열에너지로 방출되는데, 이 열에너지는 체온 유지에 사용된다.

보기

17 효모의 호흡 실험 2020학년도 3월 학평 5번

정답 ③ | 정답률 84%

적용해야 할 개념 ②가지

① 효모는 산소의 유무에 따라 포도당을 다음과 같이 분해하여 생명 활동에 필요한 에너지를 얻는다.
- 산소가 있을 때(세포 호흡): 포도당＋산소 ⟶ 이산화 탄소＋물
- 산소가 없을 때(발효): 포도당 ⟶ 에탄올＋이산화 탄소

② 효모의 호흡이 활발하게 일어날수록 호흡으로 발생하는 이산화 탄소의 양이 많다.

문제 보기

다음은 효모를 이용한 실험 과정을 나타낸 것이다.

(가) 증류수에 효모를 넣어 효모액을 만든다.
(나) 발효관 Ⅰ과 Ⅱ에 표와 같이 용액을 넣는다.
└ 효모의 호흡에 필요한 에너지원이 없다.

발효관	용액
대조군 Ⅰ	증류수 15 mL＋효모액 15 mL
실험군 Ⅱ	3 % 포도당 용액 15 mL＋효모액 15 mL

└ 효모의 호흡 기질로 사용된다.

(다) Ⅰ과 Ⅱ를 모두 항온기에 넣고 각 발효관에서 10분 동안 발생한 ㉠ 기체의 부피를 측정한다.
└ 효모의 호흡으로 이산화 탄소 발생 ➡ 효모의 호흡이 활발하게 일어날수록 발생하는 이산화 탄소의 양이 많다.

이에 대한 옳은 설명만을 〈보기〉에서 있는 대로 고른 것은?

〈보기〉 풀이

보기

ㄱ. ㉠에 이산화 탄소가 있다.

➡ 효모는 산소가 있을 때는 산소를 이용하여 포도당을 이산화 탄소와 물로 분해하는 세포 호흡을 하고, 산소가 없을 때는 포도당을 에탄올과 이산화 탄소로 분해하는 발효를 한다. 산소의 유무에 관계없이 효모의 호흡으로 이산화 탄소가 발생하므로 ㉠의 기체에는 이산화 탄소가 있다.

ㄴ. Ⅱ에서 이화 작용이 일어난다.

➡ Ⅱ에서 효모의 발효가 일어난다. 발효는 상대적으로 크고 복잡한 물질(포도당)을 작고 간단한 물질(에탄올과 이산화 탄소)로 분해하는 과정이므로, 이화 작용의 일종이다.

ㄷ. (다)에서 측정한 ㉠의 부피는 Ⅰ에서가 Ⅱ에서보다 크다.

➡ Ⅰ에서는 포도당이 없어 효모의 발효가 일어나지 않아 이산화 탄소가 발생하지 않지만, Ⅱ에서는 효모의 발효가 일어나 이산화 탄소가 발생한다. 따라서 (다)에서 측정한 기체(㉠)의 부피는 Ⅱ에서가 Ⅰ에서보다 크다.

---

18 효모의 호흡 실험 2020학년도 10월 학평 2번

정답 ② | 정답률 85%

적용해야 할 개념 ③가지

① 효모는 산소의 유무에 따라 포도당을 다음과 같이 분해하여 생명 활동에 필요한 에너지를 얻는다.
- 산소가 있을 때(세포 호흡): 포도당＋산소 ⟶ 이산화 탄소＋물
- 산소가 없을 때(발효): 포도당 ⟶ 에탄올＋이산화 탄소

② 효모의 호흡이 활발하게 일어날수록 호흡으로 발생하는 이산화 탄소의 양이 많다.

③ 발효관을 이용한 효모 실험에서 효모의 호흡으로 발생하는 이산화 탄소는 발효관의 맹관부에 모인다. ➡ 발생하는 이산화 탄소의 양이 많을수록 맹관부 수면의 높이가 낮아진다.

문제 보기

다음은 효모를 이용한 물질대사 실험이다.

[실험 과정]

(가) 발효관 A와 B에 표와 같이 용액을 넣고, 맹관부에 공기가 들어가지 않도록 발효관을 세운 후, 입구를 솜으로 막는다.
└ 효모의 호흡에 필요한 에너지원이 없다.

맹관부

발효관	용액
대조군 A	증류수 20 mL＋효모액 20 mL
실험군 B	5 % 포도당 수용액 20 mL＋효모액 20 mL

└ 효모의 호흡 기질로 사용된다.

(나) A와 B를 37 ℃로 맞춘 항온기에 두고 일정 시간이 지난 후 ㉠ 맹관부에 모인 기체의 양을 측정한다.
└ 효모의 호흡으로 발생한 이산화 탄소의 양

이 실험에 대한 옳은 설명만을 〈보기〉에서 있는 대로 고른 것은?

[3점]

〈보기〉 풀이

보기

ㄱ. ㉠은 조작 변인이다.

➡ 맹관부에 모인 기체는 효모의 호흡으로 발생한 이산화 탄소이므로 ㉠은 실험 결과에 해당하는 종속변인이다. 이 실험에서 조작 변인은 A와 B에서 다르게 처리한 포도당의 유무이다.

ㄴ. (나)의 B에서 CO_2가 발생한다.

➡ 효모는 산소가 있을 때는 산소를 이용하여 포도당을 이산화 탄소와 물로 분해하는 세포 호흡을 하고, 산소가 없을 때는 포도당을 에탄올과 이산화 탄소로 분해하는 발효를 한다. 따라서 효모와 함께 포도당을 넣어 준 발효관 B에서는 효모의 호흡으로 이산화 탄소(CO_2)가 발생한다.

ㄷ. 실험 결과 맹관부 수면의 높이는 A가 B보다 낮다.

➡ A에서는 포도당이 없어 효모의 호흡이 일어나지 않아 이산화 탄소가 발생하지 않으므로 맹관부에 용액이 가득 찬 상태로 유지되고, B에서는 효모의 호흡(발효)이 일어나 이산화 탄소가 발생하여 맹관부에 모이므로 맹관부 수면의 높이가 낮아진다. 따라서 실험 결과 맹관부 수면의 높이는 A가 B보다 높다.

3
일차

적용해야 할 개념 ②가지

① 세포 호흡의 에너지원으로 탄수화물과 지방이 사용되면 이산화 탄소(CO_2)와 물(H_2O)이 생성되고, 단백질이 사용되면 이산화 탄소와 물 외에도 질소 노폐물인 암모니아(NH_3)가 생성된다.

② 세포 호흡 결과 생성된 노폐물 중 이산화 탄소는 호흡계를 통해, 물은 호흡계와 배설계를 통해, 암모니아는 간에서 요소로 전환된 후 배설계를 통해 몸 밖으로 배출된다.

문제 보기

표는 사람에서 영양소 (가)와 (나)가 세포 호흡에 사용된 결과 생성되는 노폐물을 나타낸 것이다. (가)와 (나)는 단백질과 탄수화물을 순서 없이 나타낸 것이고, ㉠과 ㉡은 암모니아와 이산화 탄소를 순서 없이 나타낸 것이다.

이에 대한 설명으로 옳은 것만을 〈보기〉에서 있는 대로 고른 것은?

영양소	노폐물
(가)	탄수화물 물, ㉠
(나)	단백질 물, ㉠, ㉡

이산화 탄소 → ㉠
암모니아 → ㉡

〈보기〉풀이

단백질과 탄수화물이 세포 호흡에 사용되면 공통적으로 물과 이산화 탄소가 생성된다. 따라서 (가)와 (나)에서 공통적으로 생성되는 노폐물 ㉠은 이산화 탄소이다. 단백질은 탄수화물과는 달리 구성 원소로 질소(N)가 있어서 노폐물로 암모니아가 생성되므로 ㉡이 암모니아이다.

✘ **(가)는 단백질이다.**

➡ 세포 호흡의 결과 생성되는 노폐물이 물과 이산화 탄소(㉠)인 (가)는 탄수화물이고, 여기에 암모니아(㉡)가 생성되는 (나)는 단백질이다.

ㄴ. **호흡계를 통해 ㉠이 몸 밖으로 배출된다.**

➡ 이산화 탄소(㉠)는 순환계를 통해 호흡계로 운반된 후 폐포로 확산되어 날숨을 통해 배출된다. 따라서 호흡계를 통해 ㉠이 몸 밖으로 배출된다.

✘ **사람에서 지방이 세포 호흡에 사용된 결과 생성되는 노폐물에는 ㉡이 있다.**

➡ 지방을 구성하는 원소는 탄소(C), 수소(H), 산소(O)이므로 세포 호흡에 사용된 결과 생성되는 노폐물에는 물과 이산화 탄소는 있지만 암모니아(㉡)는 없다.

적용해야 할 개념 ③가지

① ATP는 아데노신(아데닌＋리보스)에 3개의 인산이 결합한 물질이다.

② ATP의 인산 결합이 끊어지면서 ADP와 무기 인산(P_i)으로 될 때 에너지가 방출되고, ADP와 무기 인산(P_i)이 에너지를 흡수하여 결합하면서 ATP가 생성된다.

③ 세포 호흡 과정에서 방출되는 에너지의 일부는 ADP와 P_i의 결합에 사용되어 ATP가 생성되며, 세포 호흡은 주로 미토콘드리아에서 일어난다.

문제 보기

그림은 ATP와 ADP 사이의 전환을 나타낸 것이다.

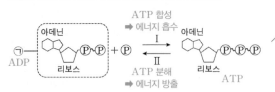

이에 대한 설명으로 옳은 것만을 〈보기〉에서 있는 대로 고른 것은?

〈보기〉풀이

과정 Ⅰ에서는 에너지를 흡수하여 ADP와 P_i가 인산 결합으로 연결되어 ATP가 되고, 과정 Ⅱ에서는 ATP가 인산 결합이 끊어져 ADP와 P_i로 되면서 에너지를 방출한다.

✘ **㉠은 ATP이다.**

➡ ㉠은 아데닌과 리보스가 결합한 아데노신에 2개의 인산이 결합되어 있으므로 ADP(아데노신 2인산)이다. ATP(아데노신 3인산)는 아데노신에 3개의 인산이 결합된 물질이다.

ㄴ. **미토콘드리아에서 과정 Ⅰ이 일어난다.**

➡ 미토콘드리아는 세포 호흡이 일어나는 장소로, 세포 호흡 시 방출되는 에너지의 일부는 ADP와 P_i의 결합에 사용되어 ATP를 합성하는 데 이용된다. 따라서 미토콘드리아에서 ATP를 합성하는 과정 Ⅰ이 활발하게 일어난다.

ㄷ. **과정 Ⅱ에서 인산 결합이 끊어진다.**

➡ 과정 Ⅱ에서 3개의 인산 중 하나가 분리되었으므로 과정 Ⅱ에서 인산 결합이 끊어져 ATP가 ADP와 무기 인산(P_i)으로 되었다.

21 | ATP와 ADP 사이의 전환 2021학년도 4월 학평 2번

정답 ⑤ | 정답률 72 %

적용해야 할 개념 ④가지

① ATP는 생명 활동에 직접 이용되는 에너지 저장 물질로, 아데노신(아데닌＋리보스)에 3개의 인산이 결합한 구조이다.

② ATP가 ADP와 무기 인산(P_i)으로 분해되면서 방출되는 에너지는 다양한 생명 활동에 이용된다.

③ 세포 호흡은 산소를 이용하여 포도당을 이산화 탄소(CO_2)와 물(H_2O)로 분해하는 과정으로, 주로 미토콘드리아에서 일어난다.

④ 세포 호흡 과정에서 생명 활동에 필요한 에너지(ATP)가 합성된다.

문제 보기

그림은 ATP와 ADP 사이의 전환을 나타낸 것이다.

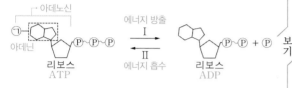

이에 대한 설명으로 옳은 것만을 〈보기〉에서 있는 대로 고른 것은?

〈보기〉 풀이

ㄱ. ⊙은 아데닌이다.

➡ ATP는 아데노신에 인산(P)이 3개 결합된 물질이다. 아데노신은 아데닌과 리보스가 결합한 물질로, ⊙은 아데닌이다.

ㄴ. 과정 Ⅰ에서 에너지가 방출된다.

➡ 과정 Ⅰ은 ATP가 ADP와 무기 인산(P_i)으로 분해되는 반응으로, 이때 인산과 인산 사이의 고에너지 결합이 끊어지면서 에너지가 방출된다. 생물은 이때 방출되는 에너지를 다양한 생명 활동에 이용한다.

ㄷ. 미토콘드리아에서 과정 Ⅱ가 일어난다.

➡ 과정 Ⅱ는 ADP에 무기 인산(P_i)을 결합시켜 ATP를 합성하는 반응이다. 미토콘드리아는 세포 호흡이 일어나는 장소로, 세포 호흡 시 방출되는 에너지를 이용하여 ATP를 합성하는 반응이 활발하게 일어난다.

보기

---

22 | 노폐물의 생성과 배설 2023학년도 6월 모평 2번

정답 ⑤ | 정답률 79 %

적용해야 할 개념 ③가지

① 세포 호흡은 세포에서 영양소를 분해하여 생명 활동에 필요한 에너지를 얻는 과정으로, 이화 작용의 일종이다.

② 세포 호흡으로 생성된 이산화 탄소는 호흡계를 통해 배출되고, 물은 호흡계와 배설계를 통해 배출된다.

③ 세포 호흡 과정에서 포도당의 화학 에너지 중 일부는 ATP의 화학 에너지로 저장되고, ATP에 저장된 에너지는 ADP와 무기 인산(P_i)으로 분해될 때 방출되어 근육 운동과 같은 생명 활동에 이용된다.

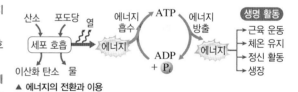

▲ 에너지의 전환과 이용

문제 보기

그림은 사람에서 세포 호흡을 통해 포도당으로부터 생성된 에너지가 생명 활동에 사용되는 과정을 나타낸 것이다. ⓐ와 ⓑ는 H_2O와 O_2를 순서 없이 나타낸 것이고, ⊙과 ⓛ은 각각 ADP와 ATP 중 하나이다.

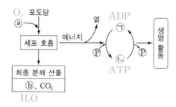

이에 대한 설명으로 옳은 것만을 〈보기〉에서 있는 대로 고른 것은?

〈보기〉 풀이

ㄱ. 세포 호흡에서 이화 작용이 일어난다.

➡ 세포 호흡 과정에서 포도당이 분자의 크기가 작은 H_2O(ⓑ)와 CO_2로 분해되므로 세포 호흡은 이화 작용의 일종이다.

ㄴ. 호흡계를 통해 ⓑ가 몸 밖으로 배출된다.

➡ 세포 호흡에 의해 생성된 H_2O(ⓑ) 중 일부는 수증기 상태로 호흡계를 통해 날숨으로 배출되고, 일부는 오줌 속의 물로 몸 밖으로 배출된다.

ㄷ. 근육 수축 과정에는 ⓛ에 저장된 에너지가 사용된다.

➡ 세포 호흡 과정에서 방출된 에너지 중 일부는 ADP(⊙)와 무기 인산(P)의 결합으로 생성된 ATP(ⓛ)에 저장되고, ATP(ⓛ)에 저장된 에너지는 근육 운동, 체온 유지, 물질 수송 등에 사용된다. ATP(ⓛ)가 ADP(⊙)와 무기 인산(P)으로 분해되는 과정에서 방출되는 에너지를 이용하여 근육 수축이 일어난다.

보기

적용해야 할 개념 ③가지	① 세포 호흡에 필요한 영양소는 소화계를 통해, 산소는 호흡계를 통해 흡수되어 순환계를 통해 조직 세포로 공급된다.
	② 세포 호흡은 세포에서 영양소를 분해하여 생명 활동에 필요한 에너지를 얻는 과정으로, 이화 작용의 일종이다.
	③ 세포 호흡 과정에서 포도당의 화학 에너지 중 일부는 ATP의 화학 에너지로 저장되고 나머지는 열로 방출된다.

문제 보기

그림 (가)는 사람에서 일어나는 물질 이동 과정의 일부와 조직 세포에서 일어나는 물질대사 과정의 일부를, (나)는 ADP와 ATP 사이의 전환을 나타낸 것이다. ㉠과 ㉡은 각각 CO_2와 포도당 중 하나이다.

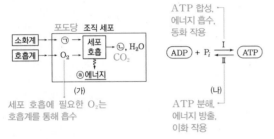

포도당 조직 세포
소화계 → ㉠ → 세포 호흡 → ㉡, H_2O CO_2
호흡계 → O_2 →
↓
ⓐ에너지

(가)
세포 호흡에 필요한 O_2는 호흡계를 통해 흡수

ATP 합성, 에너지 흡수, 동화 작용
$(ADP) + P_i \underset{II}{\overset{I}{\rightleftarrows}} (ATP)$
(나)
ATP 분해, 에너지 방출, 이화 작용

이에 대한 설명으로 옳은 것만을 〈보기〉에서 있는 대로 고른 것은?

보기

〈보기〉 풀이

ㄱ. **㉠은 포도당이다.**
➡ ㉠은 소화계를 통해 흡수되어 조직 세포의 세포 호흡에 사용되는 영양소이므로 포도당이다.

ㄴ. **ⓐ의 일부가 과정 I에 사용된다.**
➡ 세포 호흡은 포도당(㉠)이 O_2를 이용하여 CO_2(㉡)와 H_2O로 분해되는 이화 작용으로 이 과정에서 에너지(ⓐ)가 방출된다. 포도당의 분해로 방출된 에너지 중 일부는 ADP와 P_i의 결합(I)에 사용되어 ATP의 화학 에너지로 저장되고 나머지는 열로 방출된다.

ㄷ. **과정 II는 동화 작용에 해당한다.**
➡ 과정 II는 ATP가 ADP와 P_i으로 분해되면서 에너지가 방출되는 과정으로 이화 작용에 해당한다.

적용해야 할 개념 ③가지	① 세포 호흡은 세포에서 영양소를 분해하여 생명 활동에 필요한 에너지(ATP)를 얻는 과정으로, 세포질과 미토콘드리아에서 일어난다.
	② 세포 호흡의 에너지원으로 탄수화물과 지방이 사용되면 이산화 탄소(CO_2)와 물(H_2O)이 생성되고, 단백질이 사용되면 이산화 탄소와 물 외에도 질소 노폐물인 암모니아(NH_3)가 생성된다.
	③ 물질대사는 생명체에서 일어나는 모든 화학 반응으로, 동화 작용과 이화 작용으로 구분된다.

구분	물질의 변화	에너지 변화	예
동화 작용	작고 간단한 물질(저분자) → 크고 복잡한 물질(고분자)	흡열 반응(반응물의 에너지＜생성물의 에너지)	광합성, 단백질 합성
이화 작용	크고 복잡한 물질(고분자) → 작고 간단한 물질(저분자)	발열 반응(반응물의 에너지＞생성물의 에너지)	세포 호흡, 소화

문제 보기

다음은 사람에서 일어나는 물질대사에 대한 자료이다. ㉠～㉢은 ADP, ATP, 단백질을 순서 없이 나타낸 것이다.

단백질: 구성 원소로 질소(N)를 포함하므로 분해 산물로 물, 이산화 탄소, 암모니아가 생성된다.

(가) ㉠은 세포 호흡을 통해 물, 이산화 탄소, 암모니아로 분해된다.
(나) 미토콘드리아에서 일어나는 세포 호흡을 통해 ㉡이 ㉢으로 전환된다.
ADP ┐
ATP ┘

이에 대한 옳은 설명만을 〈보기〉에서 있는 대로 고른 것은?

보기

〈보기〉 풀이

ㄱ. **㉠은 ATP이다.**
➡ ㉠은 세포 호흡을 통해 물(H_2O), 이산화 탄소(CO_2), 암모니아(NH_3)로 분해되므로 구성 원소로 C, H, O, N를 갖는 단백질이다.

ㄴ. **(가)에서 이화 작용이 일어난다.**
➡ (가)에서 고분자 물질인 단백질이 물, 이산화 탄소, 암모니아와 같은 저분자 물질로 분해되는 이화 작용이 일어난다.

ㄷ. **㉢에 저장된 에너지는 생명 활동에 사용된다.**
➡ (나)에서 미토콘드리아에서 일어나는 세포 호흡을 통해 유기물이 분해되면서 유기물에 저장되어 있던 에너지 중 일부는 ADP(㉡)와 무기 인산의 결합에 사용되어 ATP(㉢)에 저장되고 나머지는 열로 방출된다. ATP(㉢)에 저장된 에너지는 근육 운동, 물질 합성 등 다양한 생명 활동에 사용된다.

25 물질대사와 에너지 2024학년도 7월 학평 5번

정답 ⑤ | 정답률 83%

적용해야 할 개념 ②가지

① 물질대사는 생명체에서 일어나는 모든 화학 반응으로, 효소가 관여하며 동화 작용과 이화 작용이 있다.
  ― 동화 작용은 작고 간단한 물질을 크고 복잡한 물질로 합성하는 반응으로, 에너지를 흡수하여 일어난다. 예 단백질 합성, 광합성
  ― 이화 작용은 크고 복잡한 물질을 작고 간단한 물질로 분해하는 반응으로, 반응이 진행되면 에너지를 방출한다. 예 세포 호흡, 소화
② 세포 호흡은 세포질과 미토콘드리아에서 일어나며, 영양소에 저장되어 있던 화학 에너지 중 일부는 ATP의 화학 에너지로 저장되고, 나머지는 열로 방출된다.

문제 보기

그림 (가)는 사람에서 일어나는 물질대사 과정 Ⅰ과 Ⅱ를, (나)는 ATP와 ADP 사이의 전환 과정 Ⅲ과 Ⅳ를 나타낸 것이다.

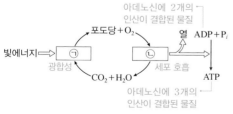

이에 대한 설명으로 옳은 것만을 〈보기〉에서 있는 대로 고른 것은? [3점]

〈보기〉 풀이

ㄱ. Ⅰ에서 효소가 이용된다.
➡ 아미노산은 단백질을 구성하는 단위체로 저분자이고, 단백질은 수많은 아미노산이 결합한 고분자이다. 따라서 Ⅰ은 동화 작용에 해당하고, Ⅱ는 이화 작용에 해당한다. 동화 작용과 이화 작용에서는 모두 효소가 이용된다.

ㄴ. 미토콘드리아에서 Ⅳ가 일어난다.
➡ Ⅲ은 ATP가 ADP와 무기 인산으로 분해되면서 에너지가 방출되는 반응이고, Ⅳ는 에너지를 흡수하여 ADP와 무기 인산이 결합하여 ATP가 합성되는 반응이다. 미토콘드리아에서는 유기물이 분해되면서 방출된 에너지의 일부를 ATP에 저장하는 Ⅳ가 일어난다.

ㄷ. Ⅱ와 Ⅲ에서 모두 에너지가 방출된다.
➡ 단백질 분해 과정(Ⅱ)과 ATP가 ADP와 무기 인산으로 분해되는 과정(Ⅲ)에서는 모두 에너지가 방출된다.

보기

---

26 광합성과 세포 호흡 2021학년도 3월 학평 2번

정답 ③ | 정답률 92%

적용해야 할 개념 ③가지

① 광합성은 빛에너지를 이용하여 이산화 탄소(CO_2)와 물(H_2O)로부터 포도당을 합성하고 산소(O_2)가 생성되는 과정이며, 이때 빛에너지가 포도당의 화학 에너지로 전환된다.
② 세포 호흡은 산소(O_2)를 이용하여 포도당을 이산화 탄소(CO_2)와 물(H_2O)로 분해하는 과정이며, 세포 호흡 과정에서 포도당의 화학 에너지 일부는 ATP의 화학 에너지로 저장되고, 나머지는 열로 방출된다.
③ ATP는 생명 활동에 직접 이용되는 에너지 저장 물질로, 아데노신(아데닌＋리보스)에 3개의 인산이 결합한 구조이다.

문제 보기

그림은 광합성과 세포 호흡에서의 에너지와 물질의 이동을 나타낸 것이다. ㉠과 ㉡은 각각 광합성과 세포 호흡 중 하나이다.

이에 대한 옳은 설명만을 〈보기〉에서 있는 대로 고른 것은? [3점]

〈보기〉 풀이

ㄱ. ㉠에서 빛에너지가 화학 에너지로 전환된다.
➡ ㉠은 빛에너지를 흡수하여 이산화 탄소(CO_2)와 물(H_2O)로부터 포도당을 합성하는 과정이므로 광합성이다. 광합성에서는 빛에너지가 포도당의 화학 에너지로 전환된다.

ㄴ. ㉡에서 방출된 에너지는 모두 ATP에 저장된다.
➡ ㉡은 포도당을 이산화 탄소(CO_2)와 물(H_2O)로 분해하는 세포 호흡이다. 이때 포도당에 저장된 에너지가 방출되며, 방출된 에너지의 일부는 ADP와 무기 인산(P_i)의 결합에 사용되어 ATP에 저장되고 나머지는 열로 방출된다.

ㄷ. ATP에는 인산 결합이 있다.
➡ ATP는 아데노신에 3개의 인산이 결합한 물질이다. 세포 호흡 과정에서 방출된 에너지에 의해 ATP가 합성될 때 ADP와 무기 인산(P_i) 사이에 고에너지 인산 결합이 생성된다.

보기

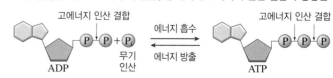

적용해야 할 개념 ③가지

① 세포 호흡은 세포에서 영양소를 분해하여 생명 활동에 필요한 에너지(ATP)를 얻는 과정으로, 세포질과 미토콘드리아에서 일어난다.

② 세포 호흡의 에너지원으로 포도당이 사용되면 이산화 탄소(CO_2)와 물(H_2O)이 생성되고, 아미노산이 사용되면 이산화 탄소와 물 외에도 질소 노폐물인 암모니아(NH_3)가 생성된다.

③ 세포 호흡 과정은 물질대사 중 이화 작용의 일종으로, 영양소에 저장되어 있던 화학 에너지 중 일부는 ATP의 화학 에너지로 저장되고 나머지는 열로 방출된다.

［문제 보기］

그림 (가)는 미토콘드리아에서 일어나는 세포 호흡을, (나)는 ADP와 ATP 사이의 전환을 나타낸 것이다.

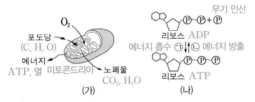

(가)   (나)

이에 대한 설명으로 옳은 것만을 〈보기〉에서 있는 대로 고른 것은? [3점]

［＜보기＞ 풀이］ 〈보기〉

❌ 포도당이 세포 호흡에 사용된 결과 생성되는 노폐물에는 암모니아가 있다.

➡ 포도당의 구성 원소는 탄소, 수소, 산소이며, 세포 호흡에 사용되면 이산화 탄소와 물이 생성된다. 따라서 포도당이 세포 호흡에 사용된 결과 생성되는 노폐물에는 암모니아가 없다. 암모니아는 아미노산과 같이 질소를 포함한 영양소가 세포 호흡에 사용될 때 생성된다.

ㄴ. 과정 ⓒ에서 에너지가 방출된다.

➡ ⓒ은 ATP가 ADP와 무기 인산으로 분해되는 과정으로, 이때 고에너지 인산 결합에 저장되어 있던 에너지가 방출된다. 생물은 ⓒ 과정에서 방출되는 에너지를 근수축, 발성, 발광 등 다양한 생명 활동에 사용한다.

ㄷ. (가)에서 과정 ㉠이 일어난다.

➡ (가)는 미토콘드리아에서 일어나는 세포 호흡 과정이다. 세포 호흡을 통해 포도당에 저장되어 있던 화학 에너지 중 일부는 ADP+무기 인산 → ATP, 즉 ㉠ 과정에 이용되어 ATP를 합성하는 데 쓰인다.

적용해야 할 개념 ③가지

① ATP는 생명 활동에 직접 이용되는 에너지 저장 물질로, 아데노신(아데닌+리보스)에 3개의 인산이 결합한 구조이다.

② ATP의 인산 결합이 끊어지면서 ADP와 무기 인산(P_i)으로 될 때 에너지가 방출되고, ADP와 무기 인산(P_i)이 에너지를 흡수하여 결합하면서 ATP가 생성된다.

③ 세포 호흡 과정에서 방출되는 에너지의 일부는 ADP와 P_i의 결합에 사용되어 ATP가 생성되며, 세포 호흡은 주로 미토콘드리아에서 일어난다.

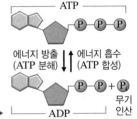

◀ ATP의 분해와 합성

［문제 보기］

그림은 ADP와 ATP 사이의 전환을 나타낸 것이다. ㉠과 ⓒ은 각각 ADP와 ATP 중 하나이다.

이에 대한 설명으로 옳은 것만을 〈보기〉에서 있는 대로 고른 것은?

［＜보기＞ 풀이］ 〈보기〉

ATP는 아데노신에 3개의 인산이 결합한 물질이며, ADP는 아데노신에 2개의 인산이 결합한 물질이다. ADP(ⓒ)와 무기 인산(P_i)이 인산 결합으로 연결되어 ATP(㉠)가 되고, ATP(㉠)에서 인산 결합이 1개 끊어져 ADP(ⓒ)와 무기 인산(P_i)으로 된다.

ㄱ. ㉠은 ATP이다.

➡ ㉠은 무기 인산(P_i)이 1개 더 결합했으므로 ATP이고, ⓒ은 무기 인산(P_i)이 1개 떨어져 나갔으므로 ADP이다.

ㄴ. 미토콘드리아에서 과정 Ⅰ이 일어난다.

➡ 과정 Ⅰ은 ADP+P_i ⟶ ATP가 되는 반응으로, 에너지를 흡수하여 일어난다. 미토콘드리아에서는 유기물을 산소와 반응시키는 과정에서 에너지가 방출되고, 이 에너지를 흡수하여 ADP와 무기 인산(P_i) 사이에 인산 결합이 형성되어 ATP가 합성되는 과정 Ⅰ이 활발하게 일어난다.

ㄷ. 과정 Ⅱ에서 에너지가 방출된다.

➡ 과정 Ⅱ는 ATP ⟶ ADP+P_i가 되는 반응으로, 인산 결합이 끊어지면서 에너지가 방출된다.

| 29 | 대사성 질환 2020학년도 3월 학평 7번 | 정답 ④ | 정답률 85 % |

| 적용해야 할 개념 ③가지 | ① 대사성 질환은 우리 몸의 물질대사에 이상이 생겨 발생하는 질병이다.
② 대사성 질환의 원인으로는 지속적인 과도한 영양 섭취와 운동 부족, 유전, 스트레스 등이 있다.
③ 대사성 질환의 예로는 당뇨병, 고혈압, 고지혈증, 지방간 등이 있다. |

문제 보기

표는 사람의 질환 (가)와 (나)의 특징을 나타낸 것이다. (가)와 (나)는 당뇨병과 고지혈증을 순서 없이 나타낸 것이다.

질환	특징
(가) 고지혈증	혈액에 콜레스테롤과 중성 지방 등이 정상 범위 이상으로 많이 들어 있다.
(나) 당뇨병	호르몬 ㉠의 분비 부족이나 작용 이상으로 혈당량이 조절되지 못하고 오줌에서 포도당이 검출된다. └인슐린

이에 대한 옳은 설명만을 〈보기〉에서 있는 대로 고른 것은?

〈보기〉 풀이

✗ **(가)는 당뇨병이다.**
➡ (가)는 혈액에 콜레스테롤과 중성 지방 등이 과다하게 들어 있는 고지혈증이다. (나)는 혈당량이 조절되지 못하여 오줌으로 포도당이 배설되는 당뇨병이다.

ㄴ **㉠은 이자에서 분비된다.**
➡ 당뇨병은 혈당량을 감소시키는 호르몬인 인슐린(㉠)의 분비량이 부족하거나 몸의 세포가 인슐린에 적절하게 반응하지 못하여 발생하는 질병으로, 당뇨병 환자는 혈당량이 정상보다 높다. 인슐린(㉠)은 이자에서 분비되는 호르몬으로, 혈액 속 포도당이 체세포 내로 흡수되는 것을 촉진하고, 간에서 포도당을 글리코젠으로 합성하는 과정을 촉진한다.

ㄷ **(가)와 (나)는 모두 대사성 질환이다.**
➡ 고지혈증(가)과 당뇨병(나)은 모두 물질대사 과정에 이상이 생겨 발생하는 대사성 질환에 해당한다.

보기

| 30 | 대사성 질환 2021학년도 9월 모평 4번 | 정답 ③ | 정답률 96 % |

| 적용해야 할 개념 ④가지 | ① 대사성 질환은 우리 몸의 물질대사에 이상이 생겨 발생하는 질병이다.
② 대사성 질환의 원인으로는 지속적인 과도한 영양 섭취와 운동 부족, 유전, 스트레스 등이 있다.
③ 대사성 질환의 예로는 당뇨병, 고혈압, 고지혈증, 지방간 등이 있다.
④ 고혈압은 혈압이 정상 범위보다 높은 만성 질환으로, 뇌졸중, 심혈관 질환 등의 합병증을 유발한다. |

문제 보기

그림 (가)와 (나)는 각각 사람 A와 B의 수축기 혈압과 이완기 혈압의 변화를 나타낸 것이다. A와 B는 정상인과 고혈압 환자를 순서 없이 나타낸 것이다.

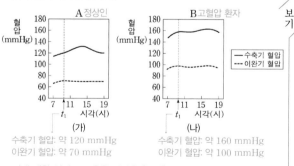

수축기 혈압: 약 120 mmHg
이완기 혈압: 약 70 mmHg

수축기 혈압: 약 160 mmHg
이완기 혈압: 약 100 mmHg

이에 대한 설명으로 옳은 것만을 〈보기〉에서 있는 대로 고른 것은?

〈보기〉 풀이

ㄱ **대사성 질환 중에는 고혈압이 있다.**
➡ 고혈압은 대표적인 대사성 질환이다.

✗ **t_1일 때 수축기 혈압은 A가 B보다 높다.**
➡ t_1일 때 A의 수축기 혈압은 약 120 mmHg이고, B의 수축기 혈압은 약 160 mmHg이다. 따라서 t_1일 때 수축기 혈압은 A가 B보다 낮다.

ㄷ **B는 고혈압 환자이다.**
➡ 고혈압은 혈압이 정상 범위보다 높은 만성 질환이다. 수축기 혈압과 이완기 혈압 모두 B가 A보다 높으므로 B가 고혈압 환자이다.

보기

적용해야 할 개념 ③가지

① 대사성 질환은 우리 몸의 물질대사에 이상이 생겨 발생하는 질병으로, 당뇨병, 고혈압, 고지혈증, 지방간 등이 있다.

② 고지혈증은 혈액에 콜레스테롤이나 중성 지방 등이 과다하게 들어 있는 것이다.

③ 대사성 질환의 원인으로는 지속적이고 과도한 영양 섭취와 운동 부족, 유전, 스트레스 등이 있다.

문제 보기

표는 성인의 체질량 지수에 따른 분류를, 그림은 이 분류에 따른 고지혈증을 나타내는 사람의 비율을 나타낸 것이다.

체질량 지수*	분류
18.5 미만	저체중
18.5 이상 23.0 미만	정상 체중
23.0 이상 25.0 미만	과체중
25.0 이상	비만

*체질량 지수 $= \dfrac{몸무게(kg)}{키의 제곱(m^2)}$

└ 키가 170 cm이고 몸무게가 65 kg인
사람의 체질량 지수는 $\dfrac{65}{1.7^2} = 22.50$이다.

이에 대한 설명으로 옳은 것만을 〈보기〉에서 있는 대로 고른 것은?

〈보기〉 풀이

ㄱ. 체질량 지수가 20.0인 성인은 정상 체중으로 분류된다.

➡ 표에서 체질량 지수가 18.5 이상 23.0 미만인 성인은 정상 체중으로 분류되므로, 체질량 지수가 20.0인 성인은 정상 체중으로 분류된다.

ㄴ. 고지혈증을 나타내는 사람의 비율은 비만인 사람 중에서가 정상 체중인 사람 중에서 보다 높다.

➡ 고지혈증을 나타내는 사람의 비율은 정상 체중인 사람 중에서는 약 30 %인데 비해 비만인 사람 중에서는 약 60 %로 2배 정도 높다.

ㄷ. 대사성 질환 중에는 고지혈증이 있다.

➡ 고지혈증은 지질 대사가 정상적으로 일어나지 않아서 혈중 콜레스테롤이나 중성 지방이 높게 나타나는 질병으로, 대사성 질환의 일종이다.

적용해야 할 개념 ③가지

① 에너지 섭취량과 에너지 소비량은 표와 같은 관계가 성립한다.

에너지 섭취량 > 에너지 소비량	에너지 섭취량 = 에너지 소비량	에너지 섭취량 < 에너지 소비량
에너지 과잉 ➡ 체중 증가, 비만	에너지 균형	에너지 부족 ➡ 체중 감소, 영양실조

② 혈당량 조절 과정

혈당량 증가	이자에서 인슐린 분비 증가 → 간에서 포도당을 글리코젠으로 합성하는 반응과 조직 세포로의 포도당 흡수 촉진 → 혈당량 감소
혈당량 감소	이자에서 글루카곤 분비 증가 → 간에서 글리코젠을 포도당으로 전환하는 반응 촉진 → 혈당량 증가

③ 대사성 질환은 물질대사에 이상이 생겨 발생하는 질병으로 당뇨병, 고혈압, 지방간, 고지혈증 등이 있다.

문제 보기

다음은 대사성 질환에 대한 자료이다.

혈당량 조절 과정: 인슐린은 혈당량 감소 호르몬이고, 글루카곤은 혈당량 증가 호르몬이다.

┌─────────────────────────┐
│ ㉠ 에너지 섭취량이 에너지 소비량보다 많은 상태가 지속
│ 되면 비만이 되기 쉽다. 비만이 되면 ㉡ 혈당량 조절 과
│ 정에 이상이 생겨 나타나는 당뇨병과 같은 ㉢ 대사성 질
│ 환의 발생 가능성이 높아진다.
└─────────────────────────┘

고혈압, 당뇨병, 지방간, 고지혈증 등

이에 대한 옳은 설명만을 〈보기〉에서 있는 대로 고른 것은?

〈보기〉 풀이

✗ ㉠은 에너지 균형 상태이다.

➡ 에너지 섭취량이 에너지 소비량보다 많은 상태는 에너지 과잉 상태로, 섭취한 영양소 중 남는 것을 지방으로 전환하여 저장하므로 이러한 상태가 지속되면 비만이 되기 쉽다. 에너지 균형 상태는 에너지 섭취량과 에너지 소비량이 같은 상태이다.

✗ ㉡에서 혈당량이 감소하면 인슐린 분비가 촉진된다.

➡ 인슐린은 혈당량이 증가하면 분비가 촉진되어 혈당량을 감소시키는 작용을 하고, 반대로 글루카곤은 혈당량이 감소하면 분비가 촉진되어 혈당량을 증가시키는 작용을 한다. 따라서 ㉡에서 혈당량이 감소하면 인슐린 분비는 억제된다.

ㄷ. 고혈압은 ㉢의 예이다.

➡ 대사성 질환은 물질대사에 이상이 생겨 나타나는 질환으로 고혈압은 대사성 질환에 속한다.

33 | 에너지 대사의 균형 2022학년도 6월 모평 4번 | 정답 ② | 정답률 93 %

적용해야 할 개념 ③가지

① 건강을 유지하기 위해서는 음식물을 통한 에너지 섭취량과 활동을 통한 에너지 소비량이 균형을 이루어야 한다.

② 에너지 섭취량이 에너지 소비량보다 적은 상태가 지속되면 체중 감소, 영양실조, 면역력 저하 등이 나타난다.

③ 에너지 섭취량이 에너지 소비량보다 많은 상태가 지속되면 체중 증가, 비만 등이 나타난다.

▲ 에너지 대사의 균형

문제 보기

그림은 사람 Ⅰ~Ⅲ의 에너지 소비량과 에너지 섭취량을, 표는 Ⅰ~Ⅲ의 에너지 소비량과 에너지 섭취량이 그림과 같이 일정 기간 동안 지속되었을 때 Ⅰ~Ⅲ의 체중 변화를 나타낸 것이다. ㉠과 ㉡은 에너지 소비량과 에너지 섭취량을 순서 없이 나타낸 것이다.

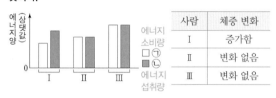

사람	체중 변화
Ⅰ	증가함
Ⅱ	변화 없음
Ⅲ	변화 없음

이에 대한 설명으로 옳은 것만을 〈보기〉에서 있는 대로 고른 것은?

보기

<보기> 풀이

에너지 섭취량이 에너지 소비량보다 적은 상태가 지속되면 체중이 감소하고, 에너지 섭취량이 에너지 소비량보다 많은 상태가 지속되면 체중이 증가한다.

✘ ㉠은 에너지 섭취량이다.

➡ Ⅰ에서 ㉠이 ㉡보다 적을 때 체중이 증가하였으므로 ㉠이 에너지 소비량이고, ㉡이 에너지 섭취량이다.

Ⓛ Ⅲ은 에너지 소비량과 에너지 섭취량이 균형을 이루고 있다.

➡ Ⅱ와 Ⅲ은 에너지 소비량(㉠)과 에너지 섭취량(㉡)이 균형을 이루고 있어 체중 변화가 없다.

✘ 에너지 섭취량이 에너지 소비량보다 적은 상태가 지속되면 체중이 증가한다.

➡ 에너지 섭취량이 에너지 소비량보다 적은 상태가 지속되면 에너지가 부족하여 체내에 저장된 지방과 단백질로부터 에너지를 얻으므로 체중이 감소하고 영양 부족 상태가 된다.

34 | 에너지 대사의 균형 2022학년도 7월 학평 18번 | 정답 ④ | 정답률 79 %

적용해야 할 개념 ③가지

① 기초 대사량은 심장 박동, 호흡 운동, 혈액 순환, 물질 합성 등 생명을 유지하는 데 필요한 최소한의 에너지양이다.

② 활동 대사량은 기초 대사량 외에 다양한 신체 활동을 하는 데 필요한 에너지양이다.

③ 에너지 섭취량이 에너지 소비량보다 적은 상태가 지속되면 체중 감소, 영양실조, 면역력 저하 등이 나타날 수 있고, 반대로 에너지 섭취량이 에너지 소비량보다 많은 상태가 지속되면 체중 증가, 비만 등이 나타날 수 있다.

▲ 에너지 대사의 균형

문제 보기

표는 대사량 ㉠과 ㉡의 의미를, 그림은 사람 Ⅰ과 Ⅱ에서 하루 동안 소비한 에너지 총량과 섭취한 에너지 총량을 나타낸 것이다. ㉠과 ㉡은 기초 대사량과 활동 대사량을 순서 없이 나타낸 것이다. Ⅰ과 Ⅱ에서 에너지양이 일정 기간 동안 그림과 같이 지속되었을 때, Ⅰ은 체중이 증가했고 Ⅱ는 체중이 감소했다.

대사량	의미
㉠ 기초 대사량	생명을 유지하는 데 필요한 최소한의 에너지양
㉡ 활동 대사량	? 기초 대사량 외에 신체 활동을 하는 데 필요한 에너지양

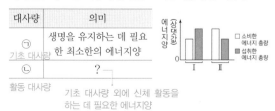

이에 대한 설명으로 옳은 것만을 〈보기〉에서 있는 대로 고른 것은?

보기

<보기> 풀이

✘ ㉡은 기초 대사량이다.

➡ 생명을 유지하는 데 필요한 최소한의 에너지양인 ㉠은 기초 대사량이다. 따라서 ㉡은 활동 대사량이다.

Ⓛ Ⅱ의 하루 동안 소비한 에너지 총량에 ㉠이 포함되어 있다.

➡ 하루 동안 소비한 에너지 총량에는 기초 대사량(㉠)과 활동 대사량(㉡)이 모두 포함되어 있다.

Ⓒ 하루 동안 섭취한 에너지 총량이 소비한 에너지 총량보다 적은 상태가 지속되면 체중이 감소한다.

➡ 하루 동안 섭취한 에너지 총량이 소비한 에너지 총량보다 적은 상태가 지속되면 에너지가 부족하여 체내에 저장된 지방과 단백질로부터 에너지를 얻으므로 체중이 감소하고 영양이 부족한 상태가 된다.

35 에너지 균형과 대사성 질환 2021학년도 7월 학평 2번

정답 ④ | 정답률 90%

적용해야 할 개념 ③가지

① 기초 대사량은 심장 박동, 호흡 운동, 혈액 순환, 물질 합성 등 생명을 유지하는 데 필요한 최소한의 에너지양이다.
② 활동 대사량은 기초 대사량 외에 다양한 신체 활동을 하는 데 필요한 에너지양이다.
③ 대사성 질환은 우리 몸의 물질대사에 이상이 생겨 발생하는 질병으로, 고혈압, 당뇨병, 고지혈증, 지방간 등이 있다.

문제 보기

다음은 비만에 대한 자료이다.

> → 생명을 유지하는 데 필 요한 최소한의 에너지양
> → 기초 대사량 외에 신체 활동을 하는 데 필요한 에너지양
>
> 기초 대사량과 ㉠ 활동 대사량을 합한 에너지양보다 섭취 한 음식물에서 얻은 에너지양이 많은 에너지 불균형 상태 가 지속되면 비만이 되기 쉽다. 비만은 ㉡ 고혈압, 당뇨 병, 심혈관계 질환이 발생할 가능성을 높인다.
> └ 대사성 질환

이에 대한 설명으로 옳은 것만을 〈보기〉에서 있는 대로 고른 것은?

<보기> 풀이

✗ ㉠은 생명 활동을 유지하는 데 필요한 최소한의 에너지양이다.

➡ 생명 활동을 유지하는 데 필요한 최소한의 에너지양은 기초 대사량이고, 활동 대사량(㉠)은 기초 대사량 외에 걷고, 말하고, 생각하고, 운동하는 등 신체 활동에 필요한 에너지양이다.

ㄴ ㉡은 대사성 질환에 해당한다.

➡ 대사성 질환은 오랜 기간 과도한 영양 섭취, 운동 부족, 유전, 스트레스 등에 의해 우리 몸의 물질대사에 이상이 생겨 발생하는 질병으로, 고혈압도 대사성 질환에 속한다.

ㄷ 규칙적인 운동은 비만을 예방하는 데 도움이 된다.

➡ 비만은 에너지 섭취량이 에너지 소비량보다 많은 상태가 지속되어 나타나므로 식사량을 조절 하고 운동으로 에너지 소비량을 증가시키면 비만을 예방할 수 있다.

---

36 에너지 대사량과 대사성 질환 2022학년도 10월 학평 5번

정답 ③ | 정답률 95%

적용해야 할 개념 ③가지

① 기초 대사량은 심장 박동, 호흡 운동, 혈액 순환, 물질 합성 등 생명을 유지하는 데 필요한 최소한의 에너지양이다.
② 에너지 섭취량이 에너지 소비량보다 적은 상태가 지속되면 체중 감소, 영양실조, 면역력 저하 등이 나타날 수 있고, 반대로 에너지 섭취량이 에너지 소비량보다 많은 상태가 지속되면 체중 증가, 비만 등이 나타날 수 있다.
③ 대사성 질환은 우리 몸의 물질대사에 이상이 생겨 발생하는 질병으로, 당뇨병, 고혈압, 고지혈증, 지방간 등이 있다.

문제 보기

다음은 대사량과 대사성 질환에 대한 학생 A～C의 발표 내용이 다.

> → 심장 박동, 호흡 운동, 혈액 순환 등이 포함된다.
> 기초 대사량은 생명을 유지하기 위해 필요한 최소한의 에너지양입 니다.
>
> 에너지 소비량이 에너지 섭취량보다 많은 상태가 지속되면 비만이 될 확률 이 높습니다.
>
> 당뇨병, 고혈압, 고지혈증 등
> 당뇨병은 대사성 질환입니다.
>
> 체중 감소, 영양 부족
>
> 학생 A   학생 B   학생 C

제시한 내용이 옳은 학생만을 있는 대로 고른 것은?

<보기> 풀이

Ⓐ 기초 대사량은 생명을 유지하기 위해 필요한 최소한의 에너지양입니다.

➡ 기초 대사량은 심장 박동, 호흡 운동, 혈액 순환 등 생명을 유지하기 위해 필요한 최소한의 에 너지양이다.

✗ 에너지 소비량이 에너지 섭취량보다 많은 상태가 지속되면 비만이 될 확률이 높습니다.

➡ 에너지 소비량이 에너지 섭취량보다 많은 상태가 지속되면 에너지가 부족하여 체내에 저장된 지방과 단백질 같은 영양소로부터 에너지를 얻어 생명 활동에 사용하므로 체중이 감소하고 영양 부족 상태가 된다.

Ⓒ 당뇨병은 대사성 질환입니다.

➡ 대사성 질환은 오랜 기간 과도한 영양 섭취, 운동 부족, 유전, 스트레스 등에 의해 우리 몸의 물질대사에 이상이 생겨 발생하는 질병으로, 당뇨병, 고혈압, 고지혈증 등이 있다.

37 | 에너지 대사와 대사성 질환 2024학년도 수능 5번

정답 ⑤ | 정답률 94 %

적용해야 할 개념 ②가지

① 에너지 섭취량이 에너지 소비량보다 적은 상태가 지속되면 체중 감소, 영양실조, 면역력 저하 등이 나타날 수 있고, 반대로 에너지 섭취량이 에너지 소비량보다 많은 상태가 지속되면 체중 증가, 비만 등이 나타날 수 있다.

② 대사성 질환은 우리 몸의 물질대사에 이상이 생겨 발생하는 질병으로, 당뇨병, 고혈압, 고지혈증, 지방간 등이 있다.

문제 보기

다음은 에너지 섭취와 소비에 대한 실험이다.

[실험 과정 및 결과]
(가) 유전적으로 동일하고 체중이 같은 생쥐 A~C를 준비한다.
(나) A와 B에게 고지방 사료를, C에게 일반 사료를 먹이면서 시간에 따른 A~C의 체중을 측정한다. t_1일 때부터 B에게만 운동을 시킨다.
(다) t_2일 때 A~C의 혈중 지질 농도를 측정한다.
(라) (나)와 (다)에서 측정한 결과는 그림과 같다. ㉠과 ㉡은 A와 B를 순서 없이 나타낸 것이다.

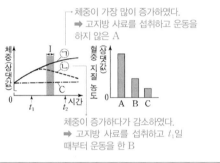

→ 체중이 가장 많이 증가하였다.
➡ 고지방 사료를 섭취하고 운동을 하지 않은 A

체중이 증가하다가 감소하였다.
➡ 고지방 사료를 섭취하고 t_1일 때부터 운동을 한 B

이에 대한 설명으로 옳은 것만을 〈보기〉에서 있는 대로 고른 것은? (단, 제시된 조건 이외는 고려하지 않는다.) [3점]

〈보기〉 풀이

ㄱ. ㉠은 A이다.
➡ 에너지 섭취량이 에너지 소비량보다 많으면 체중이 증가하는데, 운동을 하면 에너지 소비량이 증가하므로 체중 증가가 억제된다. t_1일 때부터 B에게만 운동을 시켰으므로 체중이 가장 많이 증가한 ㉠은 A이고, 체중이 증가하다가 t_1 이후 체중이 감소한 ㉡은 B이다.

ㄴ. 구간 Ⅰ에서 B는 에너지 소비량이 에너지 섭취량보다 많다.
➡ 구간 Ⅰ에서 B(㉡)는 체중이 감소하였으므로 에너지 소비량이 에너지 섭취량보다 많다.

ㄷ. 대사성 질환 중에는 고지혈증이 있다.
➡ 대사성 질환은 물질대사에 이상이 생겨 발생하는 질병으로 고지혈증, 당뇨병, 고혈압, 지방간 등이 있다.

38 | 대사성 질환 2024학년도 3월 학평 3번

정답 ⑤ | 정답률 91 %

적용해야 할 개념 ④가지

① 대사성 질환은 우리 몸의 물질대사에 이상이 생겨 발생하는 질환으로 당뇨병, 고혈압, 고지혈증 등이 있다.

② 고지혈증은 혈액 속에 콜레스테롤이나 중성 지방 등이 과다하게 들어 있는 것이다.

③ 당뇨병은 인슐린 부족이나 작용 이상으로 혈당량이 조절되지 못하고 오줌으로 포도당이 배출되는 질환이다.

④ 고혈압은 혈압이 정상 범위보다 높은 만성 질환으로, 뇌졸중, 심혈관 질환 등의 합병증을 유발한다.

문제 보기

다음은 사람의 질환 A에 대한 자료이다. A는 고지혈증과 당뇨병 중 하나이다.

→ 고지혈증
A는 혈액 속에 콜레스테롤과 중성 지방 등이 많은 질환이다. 콜레스테롤이 혈관 내벽에 쌓이면 혈관이 좁아져 ㉠고혈압이 발생할 수 있다. 그림은 비만도에 따른 A의 발병 비율을 나타낸 것이다.

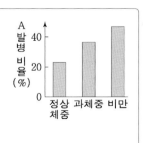

이에 대한 옳은 설명만을 〈보기〉에서 있는 대로 고른 것은?

〈보기〉 풀이

ㄱ. A는 고지혈증이다.
➡ A는 혈액 속에 콜레스테롤과 중성 지방 등이 많으므로 고지혈증이다.

ㄴ. A의 발병 비율은 비만에서가 정상 체중에서보다 높다.
➡ A의 발병 비율은 비만에서가 약 45 %로 정상 체중에서의 약 22 %보다 높다.

ㄷ. 대사성 질환 중에는 ㉠이 있다.
➡ 대사성 질환의 예로는 당뇨병, 고지혈증, 고혈압(㉠) 등이 있다. 따라서 ㉠(고혈압)도 대사성 질환에 해당한다.

39 에너지 섭취량과 에너지 소비량의 균형 2025학년도 9월 모평 12번 정답 ④ | 정답률 93%

적용해야 할 개념 ②가지

① 에너지 섭취량이 에너지 소비량보다 적은 상태가 지속되면 체중 감소, 영양 실조, 면역력 저하 등이 나타난다.

② 에너지 섭취량이 에너지 소비량보다 많은 상태가 지속되면 체중 증가, 체지방량 증가로 인한 비만 등이 나타난다.

문제 보기

그림 (가)는 같은 종의 동물 A와 B 중 A에게는 충분히 먹이를 섭취하게 하고, B에게는 구간 I에서만 적은 양의 먹이를 섭취하게 하면서 측정한 체중의 변화를, (나)는 시점 t_1과 t_2일 때 A와 B에서 측정한 체지방량을 나타낸 것이다. ㉠과 ㉡은 A와 B를 순서 없이 나타낸 것이다.

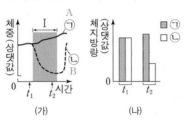

(가)　　　(나)

이 자료에 대한 설명으로 옳은 것만을 〈보기〉에서 있는 대로 고른 것은? (단, 제시된 조건 이외는 고려하지 않는다.) [3점]

〈보기〉 풀이

ㄱ. ㉠은 A이다.
→ ㉠은 구간 I에서 체중이 증가하고, t_1일 때보다 t_2일 때 체지방량이 증가하였으므로 충분한 먹이를 섭취한 A이다.

ㄴ. 구간 I에서 ㉡은 에너지 소비량이 에너지 섭취량보다 많다.
→ 구간 I에서 ㉡은 체중이 감소하고 t_1일 때보다 t_2일 때 체지방량이 감소하였으므로 적은 양의 먹이를 섭취한 B이다. 체중과 체지방량이 감소한 것은 에너지 소비량이 에너지 섭취량보다 많기 때문이다.

✗. B의 체지방량은 t_1일 때가 t_2일 때보다 적다.
→ B는 ㉡이고, (나)에서 B(㉡)의 체지방량은 t_1일 때가 t_2일 때보다 많다.

---

40 대사성 질환 2024학년도 7월 학평 19번 정답 ④ | 정답률 86%

적용해야 할 개념 ③가지

① 대사성 질환은 우리 몸의 물질대사에 이상이 생겨 발생하는 질환으로 예로는 당뇨병, 고혈압, 고지혈증, 지방간 등이 있다.

② 고지혈증은 혈액 속에 콜레스테롤이나 중성 지방 등이 과다하게 들어 있는 질환이고, 당뇨병은 인슐린 부족이나 작용 이상으로 혈당량이 조절되지 못하고 오줌으로 포도당이 배출되는 질환이다.

③ 에너지 섭취량이 에너지 소비량보다 많은 상태가 지속되면 영양 과잉으로 비만이 되며, 비만은 대사성 질환이 발생할 가능성을 높인다.

문제 보기

다음은 비만에 대한 자료이다.

(가) 그림은 사람 I과 II의 에너지 섭취량과 에너지 소비량을 나타낸 것이다. I과 II에서 에너지양이 일정 기간 동안 그림과 같이 지속되었을 때 I은 체중이 변하지 않았고, II는 영양 과잉으로 비만이 되었다. ㉠과 ㉡은 각각 에너지 섭취량과 에너지 소비량 중 하나이다.

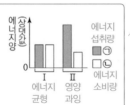

(나) 비만은 영양 과잉이 지속되어 체지방이 과다하게 축적된 상태를 의미하며, ⓐ가 발생할 가능성을 높인다. ⓐ는 혈액 속에 콜레스테롤이나 중성 지방이 많은 상태로 동맥 경화 등 심혈관계 질환의 원인이 된다. ⓐ는 당뇨병과 고지혈증 중 하나이다.
└ 고지혈증

이 자료에 대한 설명으로 옳은 것만을 〈보기〉에서 있는 대로 고른 것은?

〈보기〉 풀이

✗. ⓐ는 당뇨병이다.
→ ⓐ는 혈액 속에 콜레스테롤이나 중성 지방이 많은 상태이므로 고지혈증이다. 당뇨병은 혈액 속에 포도당의 양이 많은 상태로 오줌으로 포도당이 배출되는 증상이 나타난다.

ㄴ. ㉠은 에너지 섭취량이다.
→ I은 ㉠과 ㉡이 균형을 이루어 체중이 변하지 않았고, II는 ㉠이 ㉡보다 많은 상태가 지속되어 영양 과잉으로 비만이 되었다. 따라서 ㉠은 에너지 섭취량이고, ㉡은 에너지 소비량이다.

ㄷ. 당뇨병과 고지혈증은 모두 대사성 질환에 해당한다.
→ 대사성 질환은 우리 몸의 물질대사에 이상이 생겨 발생하는 질환으로, 당뇨병, 고지혈증, 고혈압, 지방간 등이 있다.

41 에너지 대사의 균형과 대사성 질환 2024학년도 10월 학평 4번 정답 ④ | 정답률 78%

적용해야 할 개념 ②가지	① 건강을 유지하기 위해서는 음식물을 통한 에너지 섭취량과 활동을 통한 에너지 소비량이 균형을 이루어야 한다.
	② 대사성 질환은 우리 몸의 물질대사에 이상이 생겨 발생하는 질환으로 예로는 당뇨병, 고혈압, 고지혈증, 지방간 등이 있다.

문제 보기

그림은 사람 Ⅰ~Ⅲ의 에너지 섭취량과 에너지 소비량을, 표는 Ⅰ~Ⅲ의 에너지 섭취량과 에너지 소비량이 그림과 같이 일정 기간 동안 지속되었을 때 Ⅰ~Ⅲ의 체중 변화를 나타낸 것이다. ㉠과 ㉡은 Ⅱ와 Ⅲ을 순서 없이 나타낸 것이며, Ⅲ에게서 고지혈증이 나타난다.

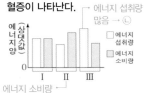

사람	체중 변화
Ⅰ	변화 없음
㉠	감소함
㉡	증가함

이에 대한 옳은 설명만을 〈보기〉에서 있는 대로 고른 것은?

<보기> 풀이

✗ ㉡은 Ⅱ이다.
➡ ㉡은 체중이 증가하므로 에너지 섭취량이 에너지 소비량보다 많은 Ⅲ이다.

ㄴ. 고지혈증은 대사성 질환에 해당한다.
➡ 고지혈증, 고혈압, 당뇨병 등은 물질대사에 이상이 생겨 발생하는 대사성 질환에 해당한다.

ㄷ. Ⅰ은 에너지 섭취량과 에너지 소비량이 균형을 이루고 있다.
➡ Ⅰ은 에너지 섭취량과 에너지 소비량이 같아 체중의 변화가 없으므로 에너지 대사가 균형을 이루고 있다.

보기

---

42 에너지 대사의 균형과 대사성 질환 2025학년도 수능 2번 정답 ① | 정답률 94%

적용해야 할 개념 ②가지	① 에너지 섭취량이 에너지 소비량보다 많은 상태가 지속되면 체중이 증가한다.
	② 에너지 대사의 균형이 이루어지지 않으면 고지혈증과 같은 대사성 질환이 나타날 수 있다.

문제 보기

그림 (가)는 정상인 A와 B에서 시간에 따라 측정한 체중을, (나)는 시점 t_1과 t_2일 때 A와 B에서 측정한 혈중 지질 농도를 나타낸 것이다. A와 B는 '규칙적으로 운동을 한 사람'과 '운동을 하지 않은 사람'을 순서 없이 나타낸 것이다.

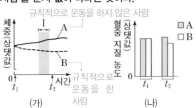

이 자료에 대한 설명으로 옳은 것만을 〈보기〉에서 있는 대로 고른 것은? (단, 제시된 조건 이외의 다른 조건은 동일하다.) [3점]

<보기> 풀이

ㄱ. B는 '규칙적으로 운동을 한 사람'이다.
➡ t_1일 때보다 t_2일 때 체중이 감소하고 혈중 지질 농도가 감소한 B가 '규칙적으로 운동을 한 사람'이다.

✗ 구간 Ⅰ에서 $\dfrac{\text{에너지 섭취량}}{\text{에너지 소비량}}$ 은 A에서가 B에서보다 작다.
➡ 구간 Ⅰ에서 A는 체중이 증가하였으므로 '에너지 섭취량 > 에너지 소비량'이고, B는 체중이 감소하였으므로 '에너지 섭취량 < 에너지 소비량'이다. 따라서 구간 Ⅰ에서 $\dfrac{\text{에너지 섭취량}}{\text{에너지 소비량}}$ 은 A에서가 B에서보다 크다.

✗ t_2일 때 혈중 지질 농도는 A에서가 B에서보다 낮다.
➡ (나)에서 t_2일 때 혈중 지질 농도는 A에서가 B에서보다 높다.

보기

---

43 물질대사 2025학년도 수능 11번 정답 ⑤ | 정답률 94%

적용해야 할 개념 ②가지	① 물질대사는 생명체에서 일어나는 모든 화학 반응으로 효소가 관여하며, 동화 작용과 이화 작용으로 구분된다.
	② 세포 호흡의 에너지원으로 탄수화물과 지방이 사용되면 이산화 탄소(CO_2)와 물(H_2O)이 생성되고, 단백질이 사용되면 이산화 탄소와 물 외에도 질소 노폐물인 암모니아(NH_3)가 생성된다.

문제 보기

사람에서 일어나는 물질대사에 대한 설명으로 옳은 것만을 〈보기〉에서 있는 대로 고른 것은?

<보기> 풀이

ㄱ. 녹말이 포도당으로 분해되는 과정에서 이화 작용이 일어난다.
➡ 녹말이 포도당으로 분해되는 과정에서 고분자 물질로부터 저분자 물질이 생성되므로 이화 작용이 일어난다.

ㄴ. 암모니아가 요소로 전환되는 과정에서 효소가 이용된다.
➡ 간에서는 독성이 강한 암모니아가 상대적으로 독성이 약한 요소로 전환되는 화학 반응이 일어난다. 생명체 내에서 일어나는 화학 반응인 물질대사에는 효소가 관여한다.

ㄷ. 지방이 세포 호흡에 사용된 결과 생성되는 노폐물에는 물과 이산화 탄소가 있다.
➡ 지방의 구성 원소는 탄소, 수소, 산소이다. 따라서 지방이 세포 호흡에 사용된 결과 생성되는 노폐물에는 물과 이산화 탄소가 있다.

보기

4
일차

01 ⑤	02 ③	03 ⑤	04 ⑤	05 ④	06 ⑤	07 ⑤	08 ⑤	09 ⑤	10 ⑤	11 ⑤	12 ③
13 ③	14 ③	15 ④	16 ⑤	17 ⑤	18 ④	19 ⑤	20 ⑤	21 ⑤	22 ⑤	23 ⑤	24 ④
25 ⑤	26 ⑤	27 ⑤	28 ④	29 ⑤							

문제편 044쪽~051쪽

---

01 기관계의 작용 2023학년도 수능 4번

정답 ⑤ | 정답률 86%

적용해야 할 개념 ④가지

① 소화계는 음식물에 들어 있는 영양소를 분자 크기가 작은 영양소로 분해하여 몸속으로 흡수한다.
② 호흡계는 세포 호흡에 필요한 산소를 몸속으로 흡수하고, 세포 호흡으로 발생한 이산화 탄소를 몸 밖으로 내보낸다.
③ 순환계는 온몸을 순환하면서 영양소, 노폐물, 산소, 이산화 탄소 등의 물질을 운반한다.
④ 간에서는 암모니아를 요소로 전환하며, 요소는 배설계에서 걸러져 오줌을 통해 몸 밖으로 배출된다.

문제 보기

사람의 몸을 구성하는 기관계에 대한 설명으로 옳은 것만을 〈보기〉
에서 있는 대로 고른 것은?

〈보기〉 풀이

보기

ㄱ. **소화계에서 흡수된 영양소의 일부는 순환계를 통해 폐로 운반된다.**

➡ 순환계는 온몸을 순환하면서 소화계에서 흡수된 영양소, 호흡계에서 흡수된 산소, 조직 세포
에서 생성된 각종 노폐물과 이산화 탄소 등을 운반한다. 소화계에서 흡수된 영양소의 일부는
순환계를 통해 폐를 비롯한 다양한 기관으로 운반된 후 각 기관을 구성하는 세포로 흡수되어
생명 활동에 이용된다.

ㄴ. **간에서 생성된 노폐물의 일부는 배설계를 통해 몸 밖으로 배출된다.**

➡ 간에서는 질소 노폐물인 암모니아가 요소로 전환되며, 요소는 순환계를 통해 배설로 운반
되어 일부가 걸러져 오줌으로 배출된다.

ㄷ. **호흡계에서 기체 교환이 일어난다.**

➡ 호흡계에서는 산소를 받아들이고 이산화 탄소를 내보내는 기체 교환이 일어난다.

---

02 각 기관과 순환계의 역할 2023학년도 6월 모평 5번

정답 ③ | 정답률 88%

적용해야 할 개념 ④가지

① 폐는 호흡계에 속하는 기관으로, 기체 교환이 일어나 산소를 흡수하고 이산화 탄소를 배출한다.
② 간은 소화계에 속하는 기관으로, 쓸개즙 생성, 요소 생성, 포도당과 글리코젠의 전환이 일어난다.
③ 콩팥은 배설계에 속하는 기관으로, 혈액 속의 요소를 걸러 오줌으로 배설한다.
④ 순환계는 온몸을 순환하면서 영양소, 노폐물, 산소, 이산화 탄소 등과 같은 물질을 운반한다.

문제 보기

그림은 사람의 혈액 순환 경로를 나타낸 것이다. ㉠~㉢은 각각
간, 콩팥, 폐 중 하나이다.

폐: 기체 교환이 일어나 O₂를 ─ ㉠
흡수하고 CO₂를 배출

간: 요소 생성, 쓸개즙 생성, ─ ㉡
포도당 ⇄ 글리코젠

콩팥: 오줌 생성 ─ ㉢

이에 대한 설명으로 옳은 것만을 〈보기〉에서 있는 대로 고른 것
은? [3점]

〈보기〉 풀이

보기

ㄱ. **㉠으로 들어온 산소 중 일부는 순환계를 통해 운반된다.**

➡ ㉠은 폐로, 폐포와 모세 혈관 사이에서 기체 교환이 일어난다. 숨을 들이마실 때 폐로 들어온
공기 중의 산소 중 일부는 폐포에서 모세 혈관으로 확산되어 혈액 속 적혈구의 헤모글로빈에
결합되어 순환계를 통해 온몸의 조직 세포로 운반된다.

ㄴ. **㉡에서 암모니아가 요소로 전환된다.**

➡ ㉡은 간이다. 간(㉡)에서는 암모니아를 요소로 전환하는 작용이 일어난다.

ㄷ. **㉢은 소화계에 속한다.**

➡ ㉢은 혈액 속의 요소를 걸러 오줌을 생성하는 콩팥이며, 질소 노폐물을 몸 밖으로 내보내는
데 관여하는 배설계에 속한다.

03 소화계와 호흡계 2021학년도 9월 모평 2번

적용해야 할 개념 ④가지

① 소화계는 음식물을 분해하여 영양소를 몸속으로 흡수하며, 입, 식도, 위, 소장, 대장, 간, 쓸개, 이자 등으로 구성된다.
② 호흡계는 기체 교환이 일어나 산소를 몸속으로 흡수하고 이산화 탄소를 몸 밖으로 내보내며, 폐, 기관, 기관지 등으로 구성된다.
③ 소화계에서 흡수한 영양소와 호흡계에서 흡수한 산소는 순환계를 통해 온몸의 조직 세포로 운반되어 세포 호흡에 이용된다.
④ 동화 작용은 작고 간단한 물질을 크고 복잡한 물질로 합성하는 반응이며, 이화 작용은 크고 복잡한 물질을 작고 간단한 물질로 분해하는 반응이다.

문제 보기

그림 (가)와 (나)는 각각 사람의 소화계와 호흡계를 나타낸 것이다. A와 B는 각각 간과 폐 중 하나이다.

(가) 소화계　　　　(나) 호흡계

이에 대한 설명으로 옳은 것만을 〈보기〉에서 있는 대로 고른 것은? [3점]

〈보기〉 풀이

소화계는 입, 식도, 위, 소장, 대장, 간, 쓸개, 이자로 구성되어 있고, 호흡계는 폐, 기관, 기관지 등으로 구성되어 있다.

보기

ㄱ. **A에서 동화 작용이 일어난다.**
➡ A는 간이다. 간(A)에서는 포도당 여러 분자가 결합하여 글리코젠으로 합성되거나 아미노산 여러 분자가 결합하여 단백질로 합성되는 동화 작용이 일어난다.

ㄴ. **B에서 기체 교환이 일어난다.**
➡ B는 폐이다. 폐(B)에서는 폐포와 모세 혈관 사이에서 기체 교환이 일어난다. 이때 산소는 폐포에서 모세 혈관으로 확산되고, 혈액 속 이산화 탄소는 폐포로 확산된다.

ㄷ. **(가)에서 흡수된 영양소 중 일부는 (나)에서 사용된다.**
➡ (가)는 소화계, (나)는 호흡계이다. 소화계에서 흡수된 영양소는 순환계를 통해 온몸의 조직 세포로 운반되어 이용된다. 따라서 소화계(가)에서 흡수된 영양소 중 일부는 호흡계(나)의 여러 기관을 구성하는 세포에서 사용된다.

04 배설계와 소화계 2021학년도 10월 학평 3번

적용해야 할 개념 ④가지

① 배설계는 오줌을 생성하여 질소 노폐물을 몸 밖으로 배설하며, 콩팥, 요도, 방광 등으로 구성된다.
② 소화계는 음식물을 소화하고 영양소를 흡수하는 데 관여하며, 위, 소장, 대장, 간, 이자 등으로 구성된다.
③ 순환계는 온몸을 순환하면서 영양소, 노폐물, 산소, 이산화 탄소, 호르몬 등과 같은 물질을 운반하며, 심장, 동맥, 정맥, 모세 혈관 등으로 구성된다.
④ 글루카곤은 이자에서 분비되는 호르몬으로, 간에서 글리코젠을 포도당으로 분해하는 과정을 촉진하여 혈당량을 증가시킨다.

문제 보기

그림은 사람의 배설계와 소화계를 나타낸 것이다. A~C는 각각 간, 소장, 콩팥 중 하나이다.

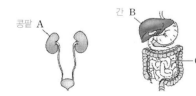

이에 대한 옳은 설명만을 〈보기〉에서 있는 대로 고른 것은?

〈보기〉 풀이

A는 콩팥, B는 간, C는 소장이다.

보기

ㄱ. **B에서 생성된 요소의 일부는 A를 통해 체외로 배출된다.**
➡ 간(B)에서는 암모니아가 요소로 전환되고, 요소는 순환계를 통해 콩팥(A)으로 운반된다. 콩팥에서는 혈액을 여과하여 오줌을 생성하는데, 이때 혈액 속의 요소 일부가 오줌을 통해 체외로 배출된다.

ㄴ. **B는 글루카곤의 표적 기관이다.**
➡ 글루카곤은 이자에서 분비되는 호르몬으로, 간(B)에서 글리코젠이 포도당으로 전환되는 과정을 촉진하여 혈당량을 높인다. 따라서 간(B)은 글루카곤의 표적 기관이다.

ㄷ. **C에서 흡수된 포도당의 일부는 순환계를 통해 B로 이동한다.**
➡ 소장(C)은 포도당, 아미노산 등과 같은 영양소를 흡수한다. 소장에서 흡수된 포도당은 순환계를 통해 간(B)으로 이동하여 일부는 글리코젠으로 전환되어 저장되고 나머지는 심장으로 이동한 후 혈액을 통해 온몸의 조직 세포로 운반된다.

적용해야 할 개념 ③가지

① 소화계는 음식물 속의 영양소를 분해하여 몸속으로 흡수하는 기관들의 모임으로 입, 식도, 위, 소장, 대장, 간, 쓸개 등으로 구성된다.

② 세포 호흡으로 생성된 CO_2는 호흡계를 통해 날숨으로, H_2O은 호흡계와 배설계를 통해 날숨과 오줌으로, 암모니아는 간에서 요소로 전환된 후 배설계를 통해 오줌으로 배설된다.

③ 순환계는 온몸을 순환하면서 영양소, 노폐물, O_2, CO_2, 호르몬 등과 같은 물질을 운반하며 심장, 동맥, 정맥 등으로 구성된다.

문제 보기

그림은 사람의 배설계와 호흡계를 나타낸 것이다. A와 B는 각각 폐와 방광 중 하나이다.

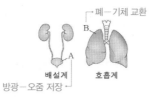

폐—기체 교환
B
A
배설계   호흡계
방광—오줌 저장

이에 대한 옳은 설명만을 〈보기〉에서 있는 대로 고른 것은?

〈보기〉 풀이

A는 방광이고, B는 폐이다.

✗ 간은 배설계에 속한다.
➡ 간은 소화계에 속하는 기관이다.

ㄴ. B를 통해 H_2O이 몸 밖으로 배출된다.
➡ 호흡계에 속하는 폐(B)에서는 기체 교환이 일어난다. 즉, 폐(B)에서는 O_2가 체내로 흡수되고, CO_2와 H_2O이 몸 밖으로 배출된다. 폐를 통해 배출되는 H_2O은 기체 상태인 수증기이다.

ㄷ. B로 들어온 O_2의 일부는 순환계를 통해 A로 운반된다.
➡ 폐를 통해 들어온 O_2는 폐포 주변의 모세 혈관으로 확산하여 적혈구에 있는 헤모글로빈에 결합하여 혈액이 순환할 때 온몸으로 운반되어 조직 세포로 확산한다. 이를 통해 온몸의 조직 세포에 필요한 산소가 공급된다. 따라서 폐(B)로 들어온 O_2의 일부는 순환계를 통해 방광(A)으로 운반되어 방광을 구성하는 세포로 확산하여 세포 호흡에 필요한 산소가 공급된다.

보기

적용해야 할 개념 ④가지

① 콩팥은 배설계에 속하는 기관으로, 오줌을 생성한다.

② 이자에서는 혈당량 조절에 관여하는 호르몬인 인슐린과 글루카곤을 분비한다. 인슐린은 간에서 포도당을 글리코젠으로 전환하는 작용을 촉진하여 혈당량을 감소시키는 호르몬이며, 글루카곤은 간에서 글리코젠을 포도당으로 전환하는 작용을 촉진하여 혈당량을 증가시키는 호르몬이다.

③ 호르몬은 내분비샘에서 분비되어 생리 작용을 조절하는 화학 물질로, 혈액을 통해 표적 기관으로 이동한다.

④ 대사성 질환은 물질대사에 이상이 생겨 발생하는 질환으로 당뇨병, 고혈압, 고지혈증 등이 있다.

문제 보기

다음은 사람의 기관 A와 B에 대한 자료이다. A와 B는 이자와 콩팥을 순서 없이 나타낸 것이다.

콩팥
질소(N)를 포함한 노폐물로, 간에서 암모니아가 요소로 전환된다.

○ A에서 생성된 오줌을 통해 요소가 배설된다.
○ B에서 분비되는 호르몬 ⓐ의 부족은 ㉠ 대사성 질환인
이자   당뇨병의 원인 중 하나이다.   인슐린

물질대사에 이상이 생겨 발생하는 질환으로, 당뇨병, 고혈압, 고지혈증 등이 있다.

이에 대한 옳은 설명만을 〈보기〉에서 있는 대로 고른 것은? [3점]

〈보기〉 풀이

✗ A는 소화계에 속한다.
➡ 오줌을 생성하는 기관 A는 콩팥이다. 콩팥은 배설계에 속한다.

ㄴ. ⓐ의 일부는 순환계를 통해 간으로 이동한다.
➡ B는 이자이며, 호르몬 ⓐ는 혈당량을 감소시키는 인슐린이다. 인슐린은 세포에서 혈액 중의 포도당을 흡수하는 것을 촉진하고 간에서 포도당을 글리코젠으로 전환하는 작용을 촉진한다. 호르몬은 내분비샘에서 분비되어 혈액을 통해 표적 기관으로 이동하므로 인슐린의 일부는 순환계를 통해 표적 기관인 간으로 이동한다.

ㄷ. 고지혈증은 ㉠에 해당한다.
➡ 고지혈증은 대사성 질환이다.

보기

07 물질대사와 노폐물의 배출 2024학년도 9월 모평 2번

정답 ⑤ | 정답률 94%

적용해야 할 개념 ③가지

① 물질대사는 생명체에서 일어나는 모든 화학 반응으로, 효소가 관여한다. 물질대사의 예로는 광합성, 세포 호흡 등이 있다.

② 탄수화물과 지방이 세포 호흡을 통해 분해되면 물과 이산화 탄소가 생성되고, 단백질이 세포 호흡에 사용되면 물, 이산화 탄소, 암모니아가 생성된다.

③ 세포 호흡으로 생성된 암모니아는 간에서 요소로 전환된 후 배설계로 운반되어 오줌으로 배출된다.

문제 보기

다음은 사람에서 일어나는 물질대사에 대한 자료이다.

(가) 암모니아가 ㉠ 요소로 전환된다. — 간에서 일어난다.
(나) 지방은 세포 호흡을 통해 물과 이산화 탄소로 분해된다. — 이화 작용

이에 대한 설명으로 옳은 것만을 〈보기〉에서 있는 대로 고른 것은?

〈보기〉 풀이

ㄱ. 간에서 (가)가 일어난다.
➡ 단백질(아미노산)의 분해 과정에서 생성된 독성이 강한 질소 노폐물인 암모니아는 간에서 독성이 약한 요소로 전환된다. 따라서 (가)는 간에서 일어나는 물질대사이다.

ㄴ. (나)에서 효소가 이용된다.
➡ 지방이 세포 호흡을 통해 물과 이산화 탄소로 분해되는 반응은 물질대사 중 이화 작용에 해당한다. 사람의 몸에서 체온 정도의 온도에서 화학 반응이 원활하게 일어나는 것은 물질대사에 생체 촉매인 효소가 관여하기 때문이다.

ㄷ. 배설계를 통해 ㉠이 몸 밖으로 배출된다.
➡ 간에서 생성된 요소(㉠)는 순환계를 통해 배설계로 운반된다. 배설계에 속하는 기관인 콩팥에서는 혈액을 여과하여 오줌을 생성하는데, 이 과정에서 요소가 걸러져 오줌을 통해 몸 밖으로 배출된다. 따라서 질소 노폐물인 ㉠(요소)은 배설계를 통해 몸 밖으로 배출된다.

08 기관계와 혈당량 조절 호르몬 2024학년도 9월 모평 4번

정답 ⑤ | 정답률 82%

적용해야 할 개념 ④가지

① 소화계는 영양소의 소화와 흡수를 담당하고, 순환계는 물질의 운반을 담당한다.

② 소화계에 속하는 기관에는 식도, 위, 소장, 대장, 간, 쓸개 등이 있으며, 순환계에 속하는 기관에는 심장, 동맥, 정맥 등이 있다.

③ 동화 작용은 작고 간단한 물질을 크고 복잡한 물질로 합성하는 반응으로 광합성, 단백질 합성 등이 있으며, 이화 작용은 크고 복잡한 물질을 작고 간단한 물질로 분해하는 반응으로 세포 호흡, 소화 등이 있다.

④ 인슐린은 혈당량이 높을 때 분비가 촉진되어 간에서 포도당을 글리코젠으로 합성하는 반응과 조직 세포로의 포도당 흡수를 촉진하여 혈당량을 감소시킨다. 글루카곤은 혈당량이 낮을 때 분비가 촉진되어 간에서 글리코젠을 포도당으로 분해하는 반응을 촉진하여 혈당량을 증가시킨다.

문제 보기

다음은 사람의 몸을 구성하는 기관계에 대한 자료이다. A와 B는 소화계와 순환계를 순서 없이 나타낸 것이고, ㉠은 인슐린과 글루카곤 중 하나이다.

— 소화계
○ A는 음식물을 분해하여 포도당을 흡수한다. 그 결과 혈중 포도당 농도가 증가하면 ㉠의 분비가 촉진된다.
○ B를 통해 ㉠이 표적 기관으로 운반된다.
— 순환계 — 인슐린

이에 대한 설명으로 옳은 것만을 〈보기〉에서 있는 대로 고른 것은? [3점]

〈보기〉 풀이

A는 음식물을 분해하여 포도당을 흡수하므로 영양소의 소화와 흡수를 담당하는 소화계이고, B는 물질을 운반하는 순환계이다.

ㄱ. A에서 이화 작용이 일어난다.
➡ 소화계(A)에서는 음식물 속의 영양소가 분해되는 소화가 일어난다. 소화는 크고 복잡한 영양소를 작고 간단한 영양소로 분해하는 이화 작용의 일종이다. 따라서 A에서 이화 작용이 일어난다.

ㄴ. 심장은 B에 속한다.
➡ B는 순환계이며, 순환계에 속하는 기관에는 심장, 동맥, 정맥 등이 있다.

ㄷ. ㉠은 세포로의 포도당 흡수를 촉진한다.
➡ 혈중 포도당 농도가 높아지면 ㉠의 분비가 촉진되므로 ㉠은 혈당량을 감소시키는 인슐린이다. 인슐린은 혈당량이 높을 때 이자에서 분비가 촉진되어 세포로의 포도당 흡수를 촉진하고, 간에서 포도당을 글리코젠으로 합성하는 과정을 촉진하여 혈당량을 감소시킨다. 따라서 ㉠은 세포로의 포도당 흡수를 촉진한다.

적용해야 할 개념 ③가지	① 배설계는 오줌을 통해 질소 노폐물과 여분의 물을 몸 밖으로 내보내며, 콩팥, 오줌관, 방광, 요도 등으로 구성된다. ② 소화계는 음식물을 분해하여 영양소를 몸속으로 흡수하며, 입, 식도, 위, 소장, 대장, 간, 쓸개, 이자 등으로 구성된다. ③ 순환계는 온몸을 순환하면서 영양소, 노폐물, 산소, 이산화 탄소, 호르몬 등과 같은 물질을 운반한다.

문제 보기

표는 사람 몸을 구성하는 기관계의 특징을 나타낸 것이다. A와 B는 배설계와 소화계를 순서 없이 나타낸 것이다.

기관계	특징
A 배설계	오줌을 통해 노폐물을 몸 밖으로 내보낸다.
B 소화계	음식물을 분해하여 영양소를 흡수한다.
순환계	? 온몸을 순환하면서 물질을 운반한다.

이에 대한 설명으로 옳은 것만을 〈보기〉에서 있는 대로 고른 것은? [3점]

〈보기〉 풀이

ㄱ. **A는 배설계이다.**

➡ A는 오줌을 통해 질소 노폐물 등을 몸 밖으로 내보내는 배설계이다. 배설계(A)에 속하는 기관에는 콩팥, 방광, 오줌관, 요도 등이 있다.

ㄴ. **소장은 B에 속한다.**

➡ B는 음식물을 분해하여 영양소를 흡수하는 소화계이다. 소화계(B)에 속하는 기관에는 입, 식도, 위, 소장, 대장, 간 등이 있다.

ㄷ. **티록신은 순환계를 통해 표적 기관으로 운반된다.**

➡ 티록신은 갑상샘에서 분비되는 호르몬이다. 호르몬은 혈액으로 분비되어 혈액을 따라 온몸으로 운반되므로, 티록신은 순환계를 통해 표적 기관으로 운반되어 생리 기능을 조절한다.

적용해야 할 개념 ③가지	① 배설계는 오줌을 생성하여 질소 노폐물을 몸 밖으로 배설하며, 콩팥, 오줌관, 방광 등으로 구성된다. ② 소화계는 음식물을 소화하고 영양소를 흡수하는 데 관여하며, 위, 소장, 대장, 간, 이자 등으로 구성된다. ③ 신경계는 흥분을 전달하여 자극을 감지하고 반응 명령을 내린다. 중추 신경계에 속하는 대뇌, 소뇌, 연수, 척수 등은 체내 기관을 통합하여 조절하는 중추이며, 말초 신경계는 자극을 중추에 전달하고 중추 신경의 반응 명령을 전달한다.

문제 보기

표는 사람 몸을 구성하는 기관계의 특징을 나타낸 것이다. A~C는 배설계, 소화계, 신경계를 순서 없이 나타낸 것이다.

기관계	특징
A 배설계	오줌을 통해 노폐물을 몸 밖으로 내보낸다.
B 신경계	대뇌, 소뇌, 연수가 속한다.
C 소화계	㉠

음식물을 분해하여 영양소를 흡수한다.,
위, 소장, 대장, 간 등이 속한다.

이에 대한 설명으로 옳은 것만을 〈보기〉에서 있는 대로 고른 것은? [3점]

〈보기〉 풀이

ㄱ. **A는 배설계이다.**

➡ 오줌을 생성하여 질소 노폐물을 몸 밖으로 내보내는 것은 배설계(A)의 역할이고, 배설계에 속하는 기관으로는 콩팥, 오줌관, 방광 등이 있다. B는 대뇌, 소뇌, 연수가 속하는 신경계이며, C는 소화계이다.

ㄴ. **'음식물을 분해하여 영양소를 흡수한다.'는 ㉠에 해당한다.**

➡ 소화계(C)는 섭취한 음식물을 소화하여 영양소를 몸속으로 흡수하는 데 관여하는 기관들의 모임이다. 따라서 ㉠은 '음식물을 분해하여 영양소를 흡수한다.' 또는 '위, 간, 소장, 대장이 속한다.' 등이 될 수 있다.

ㄷ. **C에는 B의 조절을 받는 기관이 있다.**

➡ 신경계(B)는 자극을 감지하고 반응 명령을 내리며 체내 기관을 통합하여 조절하는 기관들의 모임이다. 신경계(B)에 속하는 연수와 척수에서 뻗어 나온 자율 신경은 소화계(C)에 속하는 기관에 분포하여 작용을 조절한다.

11 기관과 기관계 2021학년도 3월 학평 3번

정답 ⑤ | 정답률 74 %

적용해야 할 개념 ③가지

① 소화계는 입, 식도, 위, 소장, 대장, 간, 쓸개, 이자 등으로 구성되며, 음식물 속의 영양소를 분해하여 몸속으로 흡수한다.

② 호흡계는 폐, 기관, 기관지 등으로 구성되며, 산소를 몸속으로 흡수하고 이산화 탄소를 몸 밖으로 내보낸다.

③ 순환계는 심장, 혈관 등으로 구성되며, 온몸을 순환하면서 영양소, 노폐물, 산소, 이산화 탄소, 호르몬 등과 같은 물질을 운반한다.

문제 보기

표는 사람의 기관계 A~C 각각에 속하는 기관 중 하나를 나타낸 것이다. A~C는 각각 소화계, 순환계, 호흡계 중 하나이다.

소화계: 영양소의 소화와 흡수 ┐   ┌ 호흡계: 기체 교환

기관계	A	B	C
기관	소장	폐	심장

순환계: 물질 운반

이에 대한 옳은 설명만을 〈보기〉에서 있는 대로 고른 것은?

〈보기〉 풀이

보기

ㄱ. **A에서 포도당이 흡수된다.**

➡ 소장은 소화계(A)에 속하는 기관이다. 소화계는 음식물 속의 탄수화물, 단백질, 지방 등을 포도당, 아미노산, 지방산과 모노글리세리드 등으로 분해하며, 분해된 영양소는 소장 내벽에 있는 융털로 흡수된다.

ㄴ. **B에서 기체 교환이 일어난다.**

➡ 폐는 호흡계(B)에 속하는 기관이다. 호흡계에서는 기체 교환이 일어나 산소를 몸속으로 흡수하고 이산화 탄소를 몸 밖으로 내보낸다.

ㄷ. **C를 통해 요소가 배설계로 운반된다.**

➡ 심장은 순환계(C)에 속하는 기관이다. 순환계는 심장 박동에 의해 혈액이 온몸을 순환하면서 물질을 운반함으로써 소화계, 호흡계, 배설계 등 각 기관계를 기능적으로 연결한다. 즉, 소화계에서 흡수된 영양소와 호흡계에서 흡수된 산소는 순환계를 통해 조직 세포로 운반되고, 조직 세포의 생명 활동에서 생성된 질소 노폐물인 요소는 순환계를 통해 배설계로 운반된다.

12 기관계의 작용 2025학년도 6월 모평 8번

정답 ③ | 정답률 92 %

적용해야 할 개념 ③가지

① 소화계는 음식물 속의 영양소를 분해하여 몸속으로 흡수하며, 입, 식도, 위, 소장, 대장, 간, 이자 등으로 구성된다.

② 배설계는 오줌을 통해 질소 노폐물과 물을 몸 밖으로 내보내며, 콩팥, 오줌관, 방광, 요도 등으로 구성된다.

③ 순환계는 온몸을 순환하면서 영양소, 산소, 이산화 탄소, 호르몬 등과 같은 물질을 운반하며, 심장, 동맥, 정맥, 모세 혈관 등으로 구성된다.

문제 보기

다음은 사람 몸을 구성하는 기관계에 대한 자료이다. A와 B는 배설계와 소화계를 순서 없이 나타낸 것이다.

┌ 소화계   ┌ 포도당, 아미노산, 지방 등
o A에서 음식물을 분해하여 영양소를 흡수한다.
o B에서 오줌을 통해 노폐물을 몸 밖으로 내보낸다.
└ 배설계   └ 요소, 여분의 물 등

이에 대한 설명으로 옳은 것만을 〈보기〉에서 있는 대로 고른 것은? [3점]

〈보기〉 풀이

보기

ㄱ. **A는 소화계이다.**

➡ A는 음식물을 분해하여 영양소를 흡수하는 소화계이고, B는 오줌을 통해 노폐물을 몸 밖으로 내보내는 배설계이다.

ㄴ. **소장은 B에 속한다.**

➡ 소화계(A)에 속하는 기관으로는 입, 식도, 위, 소장, 대장, 간, 이자 등이 있으며, 배설계(B)에 속하는 기관으로는 콩팥, 오줌관, 방광, 요도 등이 있다. 소장은 A에 속한다.

ㄷ. **A에서 흡수된 영양소의 일부는 순환계를 통해 조직 세포로 운반된다.**

➡ 소화계(A)에서 흡수한 영양소의 일부는 순환계를 통해 온몸의 조직 세포로 운반되어 생명 활동에 필요한 에너지원으로 쓰이거나 물질을 합성하는 데 사용된다.

적용해야 할 개념 ③가지

① 소화계는 음식물 속의 영양소를 분해하여 몸속으로 흡수하며, 입, 식도, 위, 소장, 대장, 간, 이자 등으로 구성된다.

② 배설계는 오줌을 통해 질소 노폐물과 물을 몸 밖으로 내보내며, 콩팥, 오줌관, 방광, 요도 등으로 구성된다.

③ 자율 신경은 위, 소장, 방광 등의 내장 기관에 분포하여 내장 기관의 수축과 이완을 조절한다.

문제 보기

표는 사람 몸을 구성하는 기관계 A와 B에서 특징의 유무를 나타낸 것이다. A와 B는 배설계와 소화계를 순서 없이 나타낸 것이다.

	소화계	배설계
구분	A	B
음식물을 분해하여 영양소를 흡수한다.	있음	없음
오줌을 통해 요소를 몸 밖으로 내보낸다.	? 없음	있음
ⓐ	있음	있음

이에 대한 설명으로 옳은 것만을 〈보기〉에서 있는 대로 고른 것은?

보기

〈보기〉 풀이

ㄱ. **A는 소화계이다.**

→ A는 음식물을 분해하여 영양소를 흡수하는 소화계이고, B는 오줌을 통해 요소를 몸 밖으로 내보내는 배설계이다.

✗. **소장은 B에 속한다.**

→ 소화계(A)에 속하는 기관으로는 입, 식도, 위, 소장, 대장, 간, 이자 등이 있으며, 배설계(B)에 속하는 기관으로는 콩팥, 오줌관, 방광, 요도 등이 있다. 소장은 A에 속한다.

ㄷ. **'자율 신경이 작용하는 기관이 있다.'는 ⓐ에 해당한다.**

→ 소화계(A)에 속하는 위, 소장 등에는 자율 신경이 분포하여 소화액의 분비와 소화 운동을 조절한다. 배설계(B)에 속하는 방광에는 자율 신경이 분포하여 방광의 수축과 이완을 조절한다. 따라서 '자율 신경이 작용하는 기관이 있다.'는 소화계(A)와 배설계(B)에 공통적으로 있는 특징 ⓐ에 해당한다.

적용해야 할 개념 ③가지

① 아미노산이 세포 호흡의 에너지원으로 사용되면 이산화 탄소(CO_2), 물(H_2O), 암모니아(NH_3)가 생성된다.

② 세포 호흡으로 생성된 이산화 탄소는 호흡계를 통해 날숨으로, 물은 호흡계와 배설계를 통해 날숨과 오줌으로, 암모니아는 간에서 요소로 전환된 후 배설계를 통해 오줌으로 배설된다.

③ 소화계는 영양소의 소화와 흡수에 관여하는 위, 소장, 대장 등 소화 기관들의 모임이고, 호흡계는 기체 교환에 관여하는 폐, 기관, 기관지 등 호흡 기관들의 모임이다.

문제 보기

표는 사람의 몸을 구성하는 기관계 A와 B를 통해 노폐물이 배출되는 과정의 일부를 나타낸 것이다. A와 B는 배설계와 호흡계를 순서 없이 나타낸 것이며, ㉠은 H_2O와 요소 중 하나이다.

기관계	과정
A 배설계	아미노산이 세포 호흡에 사용된 결과 생성된 ㉠을 오줌으로 배출
B 호흡계	물질대사 결과 생성된 ㉠을 날숨으로 배출 └ H_2O

이에 대한 설명으로 옳은 것만을 〈보기〉에서 있는 대로 고른 것은? [3점]

보기

〈보기〉 풀이

ㄱ. **㉠은 H_2O이다.**

→ 탄소(C), 수소(H), 산소(O), 질소(N)를 포함한 아미노산이 세포 호흡에 사용되면 노폐물로 이산화 탄소(CO_2), 물(H_2O), 암모니아(NH_3)가 생성된다. 이산화 탄소는 주로 호흡계를 통해 날숨으로 배출되고, 물은 호흡계를 통해 날숨으로, 배설계를 통해 오줌으로 배출된다. 암모니아는 간에서 요소로 전환된 후 배설계를 통해 오줌으로 배출된다. ㉠은 오줌과 날숨으로 배출되므로 H_2O(물, 수증기)이다.

✗. **대장은 A에 속한다.**

→ A는 오줌을 생성하고 배출하는 배설계이고, B는 들숨과 날숨으로 기체 교환을 하는 호흡계이다. 대장은 음식물이 지나가는 소화관이므로 영양소의 소화와 흡수를 담당하는 소화계에 속하는 기관이다. 배설계(A)에 속하는 기관으로는 콩팥, 오줌관, 방광 등이 있다.

ㄷ. **B는 호흡계이다.**

→ B는 날숨으로 이산화 탄소와 수증기를 내보내므로 기체 교환을 담당하는 호흡계이다. 호흡계(B)에 속하는 기관으로는 폐, 기관, 기관지 등이 있다.

15 각 기관의 특징 2022학년도 3월 학평 4번

정답 ④ | 정답률 72%

적용해야 할 개념 ③가지

① 심장은 순환계에 속하는 기관으로, 주기적인 수축으로 혈액을 몸 전체로 보내는 역할을 하며, 교감 신경이 흥분하면 심장 박동이 촉진된다.

② 방광은 배설계에 속하는 기관으로, 오줌을 저장하며, 교감 신경이 흥분하면 방광이 확장된다.

③ 소장은 소화계에 속하는 기관으로, 영양소를 흡수하며, 교감 신경이 흥분하면 소장의 소화 운동과 소화액 분비가 억제된다.

문제 보기

표 (가)는 사람의 기관이 가질 수 있는 3가지 특징을, (나)는 (가)의 특징 중 심장과 기관 A, B가 갖는 특징의 개수를 나타낸 것이다. A와 B는 각각 방광과 소장 중 하나이다.

특징
○ 오줌을 저장한다. 방광
○ 순환계에 속한다. 심장
○ 자율 신경과 연결된다.

(가) 심장, 방광, 소장

기관	특징의 개수
심장	㉠ 2
A 방광	2
B 소장	1

(나)

이에 대한 옳은 설명만을 〈보기〉에서 있는 대로 고른 것은? [3점]

〈보기〉 풀이

방광은 오줌을 저장하는 기관이다. 심장은 순환계에 속하고, 방광은 배설계에 속하며, 소장은 소화계에 속하는 기관이다. 심장, 방광, 소장에는 각각 자율 신경이 연결되어 있어 심장 박동 및 방광과 소장의 수축과 이완이 조절된다.

✗ ㉠은 1이다.

➡ 심장은 순환계에 속하고, 자율 신경과 연결되므로 제시된 특징 중 2가지를 갖는다. 따라서 ㉠은 2이다.

ㄴ. A는 방광이다.

➡ A는 2개의 특징을 가지므로 자율 신경과 연결되는 공통 특징과 함께 오줌을 저장하는 특징도 갖는 방광이다.

ㄷ. B에서 아미노산이 흡수된다.

➡ B는 소장이다. 소장에서는 탄수화물, 단백질, 지방이 소화되어 단당류, 아미노산, 지방산과 모노글리세리드 등이 흡수된다.

보기

---

16 노폐물의 생성과 배설 2021학년도 수능 1번

정답 ⑤ | 정답률 91%

적용해야 할 개념 ③가지

① 동화 작용은 작고 간단한 물질을 크고 복잡한 물질로 합성하는 반응으로 광합성, 단백질 합성 등이 있으며, 이화 작용은 크고 복잡한 물질을 작고 간단한 물질로 분해하는 반응으로 세포 호흡, 소화 등이 있다.

② 세포 호흡 과정에서 포도당이 분해되면 물과 이산화 탄소가 생성되며, 아미노산이 분해되면 물, 이산화 탄소, 암모니아가 생성된다.

③ 세포 호흡으로 생성된 물은 호흡계와 배설계를 통해 날숨과 오줌으로, 이산화 탄소는 호흡계를 통해 날숨으로, 암모니아는 간에서 요소로 전환된 후 배설계를 통해 오줌으로 배설된다.

문제 보기

그림은 사람에서 일어나는 영양소의 물질대사 과정 일부를 나타낸 것이다. ㉠과 ㉡은 암모니아와 이산화 탄소를 순서 없이 나타낸 것이다.

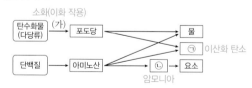

이에 대한 설명으로 옳은 것만을 〈보기〉에서 있는 대로 고른 것은? [3점]

〈보기〉 풀이

ㄱ. 과정 (가)에서 이화 작용이 일어난다.

➡ (가)는 크고 복잡한 물질인 다당류를 작고 간단한 물질인 포도당(단당류)으로 분해하는 소화이며, 소화는 이화 작용의 일종이다.

ㄴ. 호흡계를 통해 ㉠이 몸 밖으로 배출된다.

➡ ㉠은 포도당과 아미노산이 분해되는 과정에서 공통으로 생성되는 이산화 탄소이다. 조직 세포의 세포 호흡으로 생성된 이산화 탄소는 순환계에 의해 호흡계인 폐로 운반된 후 날숨을 통해 몸 밖으로 배출된다.

ㄷ. 간에서 ㉡이 요소로 전환된다.

➡ 아미노산이 분해될 때 생성된 ㉡은 질소 노폐물인 암모니아이다. 독성이 강한 암모니아(㉡)는 간에서 독성이 약한 요소로 전환된 후 배설계를 통해 오줌으로 배설된다.

보기

적용해야 할 개념 ④가지

① 단백질이 세포 호흡에 사용되면 이산화 탄소(CO_2), 물(H_2O), 암모니아(NH_3)가 생성된다.

② 이산화 탄소는 호흡계로 운반되어 날숨으로 배출되고, 물은 호흡계에서 날숨(수증기)으로 배출되거나 배설계에서 오줌(물)으로 배출되며, 암모니아는 간에서 독성이 약한 요소로 전환된 후 배설계로 운반되어 오줌으로 배출된다.

③ 호흡계에 속하는 기관으로는 폐, 기관, 기관지 등이 있다.

④ 배설계에 속하는 기관으로는 콩팥, 방광, 오줌관 등이 있으며, 콩팥에서는 여과, 재흡수, 분비를 통해 오줌이 생성된다.

문제 보기

그림은 사람에서 일어나는 물질대사 과정의 일부와 노폐물 ㉠~㉢이 기관계 A와 B를 통해 배출되는 경로를 나타낸 것이다. ㉠~㉢은 물, 요소, 이산화 탄소를 순서 없이 나타낸 것이고, A와 B는 호흡계와 배설계를 순서 없이 나타낸 것이다.

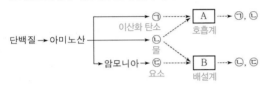

이에 대한 설명으로 옳은 것만을 <보기>에서 있는 대로 고른 것은? [3점]

<보기> 풀이

단백질이 아미노산으로 소화된 후 물질대사에 사용되면 이산화 탄소, 물, 암모니아가 생성된다. 암모니아는 간에서 요소로 전환된 후 배설계(B)를 통해 배출되므로 ㉢은 요소이다. 배설계를 통해 요소와 함께 배출되는 ㉡은 물이며, ㉠은 호흡계(A)를 통해 배출되는 이산화 탄소이다. 물(㉡)은 배설계 외에 호흡계를 통해 수증기 상태로 몸 밖으로 배출된다.

㉠ **폐는 A에 속한다.**
➡ A는 이산화 탄소(㉠)와 물(㉡)이 배출되는 호흡계이고, 폐는 호흡계에 속하는 기관이다.

㉡ **㉠은 이산화 탄소이다.**
➡ ㉠은 호흡계(A)를 통해 몸 밖으로 배출되는 이산화 탄소이다.

㉢ **B에서 ㉡의 재흡수가 일어난다.**
➡ 배설계(B)에 속하는 콩팥은 혈장을 여과시켜 오줌을 생성하는데, 이 과정에서 여과된 물(㉡)의 대부분은 재흡수된다.

보기

적용해야 할 개념 ③가지

① 탄수화물과 지방이 세포 호흡에 사용되면 이산화 탄소(CO_2)와 물(H_2O)이 생성되고, 단백질이 세포 호흡에 사용되면 이산화 탄소(CO_2), 물(H_2O), 암모니아(NH_3)가 생성된다.

② 이산화 탄소는 호흡계로 운반되어 날숨으로 배출되고, 물은 호흡계에서 날숨(수증기)으로 배출되거나 배설계에서 오줌(물)으로 배출된다.

③ 독성이 강한 암모니아는 간에서 독성이 약한 요소로 전환된 후 배설계로 운반되어 오줌으로 배출된다.

문제 보기

그림은 사람에서 일어나는 영양소의 물질대사 과정 일부를, 표는 노폐물 ㉠~㉢에서 탄소(C), 산소(O), 질소(N)의 유무를 나타낸 것이다. (가)와 (나)는 각각 단백질과 지방 중 하나이고, ㉠~㉢은 물, 암모니아, 이산화 탄소를 순서 없이 나타낸 것이다.

구분	탄소(C)	산소(O)	질소(N)
㉠	×	○	×
㉡	?○	○	×
㉢	×	×	○

(○: 있음, ×: 없음)

이에 대한 설명으로 옳은 것만을 <보기>에서 있는 대로 고른 것은?

보기

<보기> 풀이

✗ **(가)는 단백질이다.**
➡ 단백질의 구성 원소는 탄소(C), 수소(H), 산소(O), 질소(N)이고, 단백질이 물질대사에 이용되면 이산화 탄소(CO_2)와 물(H_2O) 외에 질소 노폐물인 암모니아(NH_3)가 생성된다. 따라서 질소(N)를 함유한 물질 ㉢이 암모니아이고, (나)는 단백질, (가)는 지방이다.

㉡ **호흡계를 통해 ㉡이 몸 밖으로 배출된다.**
➡ 탄수화물, 지방, 단백질의 공통 원소는 탄소(C), 수소(H), 산소(O)이며, 물질대사 결과 공통적으로 이산화 탄소(CO_2)와 물(H_2O)이 생성된다. ㉠은 탄소(C)는 없고 산소(O)는 있으므로 물이고, ㉡은 이산화 탄소이므로 탄소(C)를 갖는다. 조직 세포에서 생성된 이산화 탄소(㉡)는 순환계를 통해 호흡계로 운반된 후 날숨을 통해 몸 밖으로 배출된다.

㉢ **간에서 ㉢이 요소로 전환된다.**
➡ 조직 세포에서 생성된 암모니아(㉢)는 순환계를 통해 간으로 운반된 후 간에서 독성이 약한 요소로 전환된다. 요소는 순환계를 통해 배설계로 운반되어 오줌을 통해 몸 밖으로 배출된다.

| 19 | 기관계의 작용 2024학년도 10월 학평 5번 | 정답 ⑤ | 정답률 91% |

적용해야 할 개념 ③가지

① 소화계는 음식물 속의 영양소를 분해하여 몸속으로 흡수하며, 입, 식도, 위, 소장, 대장, 간, 이자 등으로 구성된다.
② 배설계는 오줌을 통해 질소 노폐물과 물을 몸 밖으로 내보내며, 콩팥, 오줌관, 방광, 요도 등으로 구성된다.
③ 순환계는 온몸을 순환하면서 영양소, 산소, 이산화 탄소, 호르몬 등과 같은 물질을 운반하며, 심장, 동맥, 정맥, 모세혈관 등으로 구성된다.

문제 보기

사람의 몸을 구성하는 기관계에 대한 옳은 설명만을 〈보기〉에서 있는 대로 고른 것은?

〈보기〉 풀이

보기

ㄱ. **소화계에서 암모니아가 요소로 전환된다.**

➡ 간에서 암모니아가 요소로 전환되는데, 간은 소화계에 속하는 기관이다. 따라서 소화계에서 암모니아가 요소로 전환된다고 할 수 있다.

ㄴ. **배설계를 통해 물이 몸 밖으로 배출된다.**

➡ 배설계는 혈액을 걸러 오줌을 만들어 몸 밖으로 배출한다. 오줌을 통해 질소 노폐물인 요소와 여분의 물이 몸 밖으로 배출된다.

ㄷ. **호흡계로 들어온 산소의 일부는 순환계를 통해 콩팥으로 운반된다.**

➡ 호흡계로 들어온 산소는 순환계를 통해 심장, 간, 콩팥 등 온몸의 여러 기관과 조직세포로 운반된다.

| 20 | 노폐물의 생성과 배설 2022학년도 6월 모평 2번 | 정답 ⑤ | 정답률 91% |

적용해야 할 개념 ②가지

① 탄수화물과 지방이 세포 호흡에 사용되면 이산화 탄소(CO_2)와 물(H_2O)이 생성되고, 단백질이 세포 호흡에 사용되면 이산화 탄소(CO_2), 물(H_2O), 암모니아(NH_3)가 생성된다.
② 독성이 강한 암모니아는 간에서 독성이 약한 요소로 전환된 후 배설계를 통해 오줌으로 배설된다.

문제 보기

표는 영양소 (가), (나), 지방이 세포 호흡에 사용된 결과 생성되는 노폐물을 나타낸 것이다. (가)와 (나)는 단백질과 탄수화물을 순서 없이 나타낸 것이다.

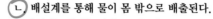

영양소	노폐물
(가) 탄수화물	물, 이산화 탄소
(나) 단백질	물, 이산화 탄소, ⓐ 암모니아
지방	물, 이산화 탄소 ? ─ 질소 노폐물

이에 대한 설명으로 옳은 것만을 〈보기〉에서 있는 대로 고른 것은? [3점]

〈보기〉 풀이

보기

ㄱ. **(가)는 탄수화물이다.**

➡ 단백질의 구성 원소는 탄소(C), 수소(H), 산소(O), 질소(N)로, 단백질이 세포 호흡에 사용되면 이산화 탄소(CO_2)와 물(H_2O) 외에 질소 노폐물인 암모니아(NH_3)가 생성된다. 따라서 암모니아가 생성되는 (나)가 단백질이고, 암모니아를 생성하지 않는 (가)는 탄수화물이다.

ㄴ. **간에서 ⓐ가 요소로 전환된다.**

➡ 암모니아(ⓐ)는 간에서 요소로 전환된 후 순환계를 통해 배설계로 운반되어 오줌으로 배설된다.

ㄷ. **지방의 노폐물에는 이산화 탄소가 있다.**

➡ 지방의 구성 원소는 탄소(C), 수소(H), 산소(O)이며, 지방이 세포 호흡에 사용되면 이산화 탄소(CO_2)와 물(H_2O)이 생성된다.

적용해야 할 개념 ④가지

① 소화계는 영양소의 소화와 흡수, 호흡계는 기체 교환, 배설계는 질소성 노폐물의 배설, 순환계는 물질의 운반을 담당한다.

② 소화계에 속하는 기관에는 식도, 위, 소장, 대장, 간, 쓸개, 이자 등이 있으며, 배설계에 속하는 기관에는 콩팥, 방광, 요도 등이 있다.

③ 단백질의 구성 원소는 C, H, O, N이므로, 단백질이 세포 호흡에 사용되면 이산화 탄소(CO_2), 물(H_2O), 암모니아(NH_3)가 생성된다.

④ 조직 세포에서 생성된 이산화 탄소(CO_2)는 호흡계를 통해 날숨으로 배출되고, 암모니아(NH_3)는 간에서 요소로 전환된 후 배설계를 통해 오줌으로 배설된다.

문제 보기

그림은 사람 몸에 있는 각 기관계의 통합적 작용을, 표는 단백질과 탄수화물이 물질대사를 통해 분해되어 생성된 최종 분해 산물 중 일부를 나타낸 것이다. A~C는 배설계, 소화계, 호흡계를, ㉠과 ㉡은 암모니아와 이산화 탄소를 순서 없이 나타낸 것이다.

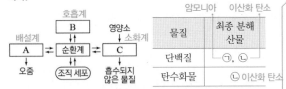

물질	최종 분해 산물
단백질	㉠, ㉡
탄수화물	㉡ 이산화 탄소

이에 대한 설명으로 옳은 것만을 〈보기〉에서 있는 대로 고른 것은? [3점]

〈보기〉 풀이

A는 오줌을 생성하여 몸 밖으로 배출하는 배설계, B는 기체 교환을 담당하는 호흡계, C는 영양소를 소화하여 흡수하는 소화계이다.

ㄱ. **콩팥은 A에 속하는 기관이다.**

➡ 콩팥은 배설계(A)에 속하는 기관이다. 배설계에 속하는 기관에는 콩팥 외에도 오줌관, 방광, 요도 등이 있다.

ㄴ. **㉠의 구성 원소 중 질소(N)가 있다.**

➡ 단백질의 최종 분해 산물은 이산화 탄소, 물, 암모니아이고, 탄수화물의 최종 분해 산물은 물, 이산화 탄소이다. 따라서 단백질과 탄수화물에서 공통으로 생성되는 최종 분해 산물인 ㉡은 이산화 탄소이고, 단백질을 분해할 때만 생성되는 ㉠은 암모니아이다. 암모니아(NH_3)는 질소(N)와 수소(H)로 구성되어 있다.

ㄷ. **B를 통해 ㉡이 체외로 배출된다.**

➡ 조직 세포에서 생성된 이산화 탄소(㉡)는 순환계를 통해 호흡계(B)로 운반되고, 호흡계(B)에서 날숨을 통해 몸 밖으로 배출된다.

적용해야 할 개념 ③가지

① 소화계는 영양소의 소화와 흡수, 호흡계는 기체 교환, 배설계는 질소성 노폐물의 배설, 순환계는 물질의 운반을 담당한다.

② 소화계에 속하는 기관에는 식도, 위, 소장, 대장, 간, 쓸개, 이자 등이 있으며, 배설계에 속하는 기관에는 콩팥, 방광, 요도 등이 있다.

③ 조직 세포에서 생성된 질소성 노폐물인 암모니아는 간에서 요소로 전환된 후 순환계를 통해 배설계로 운반되어 오줌으로 배설된다.

문제 보기

그림은 사람 몸에 있는 각 기관계의 통합적 작용을 나타낸 것이며, 표는 기관계 (가)~(다)에 대한 자료이다. (가)~(다)는 배설계, 소화계, 순환계를 순서 없이 나타낸 것이다.

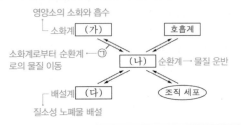

○ (가)에서 영양소의 소화와 흡수가 일어난다. 소화계
○ (나)는 조직 세포에서 생성된 CO_2를 호흡계로 운반한다. 순환계
○ (다)를 통해 질소성 노폐물이 배설된다. 배설계

이에 대한 설명으로 옳은 것만을 〈보기〉에서 있는 대로 고른 것은?

〈보기〉 풀이

(가)는 영양소의 소화와 흡수가 일어나는 소화계이고, (나)는 물질을 운반하는 순환계이며, (다)는 질소성 노폐물을 몸 밖으로 배설하는 배설계이다.

ㄱ. **㉠에는 요소의 이동이 포함된다.**

➡ 소화계(가)에 속하는 기관에는 위, 소장, 대장, 간 등이 있다. 이 중 간에서는 암모니아가 요소로 전환되어 혈액을 통해 순환계로 이동한다. 따라서 소화계(가)에서 순환계(나)로의 물질 이동 ㉠에는 포도당, 아미노산, 지방 등과 같은 영양소와 함께 간에서 생성된 요소의 이동이 포함된다.

ㄴ. **(나)는 순환계이다.**

➡ (나)는 소화계와 호흡계에서 흡수한 영양소와 산소(O_2)를 조직 세포로 운반하고, 조직 세포에서 생성된 노폐물과 이산화 탄소(CO_2)를 배설계와 호흡계로 운반하는 순환계이다. 순환계에 의해 여러 기관계가 유기적으로 연결되어 통합적으로 작용한다.

ㄷ. **콩팥은 (다)에 속한다.**

➡ 콩팥은 혈액을 여과시켜 오줌을 생성하는 기관으로, 배설계(다)에 속한다.

23 기관계의 통합적 작용 2020학년도 수능 10번

정답 ⑤ | 정답률 92 %

적용해야 할 개념 ④가지

① 호흡계는 세포 호흡에 필요한 산소를 몸속으로 흡수하고, 세포 호흡으로 발생한 이산화 탄소를 몸 밖으로 내보낸다.
② 소화계는 음식물에 들어 있는 영양소를 소화시켜 몸속으로 흡수하며, 입, 식도, 위, 소장, 대장, 간, 쓸개, 이자 등으로 구성된다.
③ 순환계는 영양소, 산소, 노폐물, 이산화 탄소, 호르몬, 항체 등의 물질을 운반한다.
④ 호르몬은 내분비샘에서 분비되어 혈액을 통해 온몸으로 운반되며, 표적 기관에만 작용한다.

문제 보기

그림은 사람 몸에 있는 각 기관계의 통합적 작용을 나타낸 것이다. A와 B는 각각 소화계와 호흡계 중 하나이다.

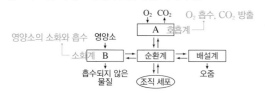

이에 대한 설명으로 옳은 것만을 〈보기〉에서 있는 대로 고른 것은?

〈보기〉 풀이

ㄱ. **A는 호흡계이다.**
➡ A는 기체 교환이 일어나 O_2를 몸속으로 흡수하고 CO_2를 몸 밖으로 배출하는 호흡계이다.

ㄴ. **B에는 포도당을 흡수하는 기관이 있다.**
➡ B는 음식물 속의 영양소를 소화시켜 몸속으로 흡수하는 소화계이다. 음식물 속의 탄수화물은 소화기를 거치는 동안 포도당과 같은 단당류로 최종 소화되어 소장의 융털을 통해 체내로 흡수된다. 포도당을 흡수하는 소장은 소화계(B)에 속하는 기관이다.

ㄷ. **글루카곤은 순환계를 통해 표적 기관으로 운반된다.**
➡ 글루카곤은 이자에서 분비되는 호르몬으로, 다른 호르몬과 마찬가지로 혈액에 의해 표적 기관인 간으로 운반되어 혈당량을 높이는 작용을 한다.

---

24 기관계의 통합적 작용 2020학년도 10월 학평 3번

정답 ④ | 정답률 90 %

적용해야 할 개념 ③가지

① 소화계는 영양소의 소화와 흡수를 담당하며, 입, 식도, 위, 소장, 대장, 간, 쓸개, 이자 등으로 구성된다.
② 호흡계는 기체 교환을 담당하며, 폐, 기관, 기관지 등으로 구성된다.
③ 배설계는 질소성 노폐물의 배설을 담당하며, 콩팥, 방광, 요도 등으로 구성된다.

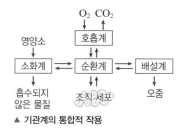

▲ 기관계의 통합적 작용

문제 보기

그림은 사람에서 일어나는 기관계의 통합적 작용을 나타낸 것이다. A~C는 각각 배설계, 소화계, 호흡계 중 하나이다.

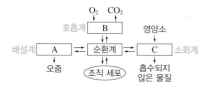

이에 대한 옳은 설명만을 〈보기〉에서 있는 대로 고른 것은?

〈보기〉 풀이

A는 오줌을 생성하여 질소성 노폐물을 몸 밖으로 배설하는 배설계이고, B는 기체 교환이 일어나 산소를 몸속으로 흡수하고 이산화 탄소를 몸 밖으로 배출하는 호흡계이며, C는 영양소의 소화와 흡수가 일어나는 소화계이다.

ㄱ. **대장은 A에 속한다.**
➡ 음식물이 위, 소장 등을 거치면서 소화·흡수되지 않은 물질은 대장을 통해 대변으로 배출되므로, 대장은 소화계(C)에 속한다. 배설계(A)는 오줌의 생성과 배설에 관여하는 콩팥, 오줌관, 방광, 요도 등의 기관들로 구성된다.

ㄴ. **B는 호흡계이다.**
➡ B는 산소(O_2)와 이산화 탄소(CO_2)의 기체 교환이 일어나는 호흡계이다. 호흡계에 속하는 기관으로는 폐, 기관, 기관지 등이 있다.

ㄷ. **C에서 아미노산이 흡수된다.**
➡ 소화계(C)에서 음식물 속의 단백질은 아미노산으로 분해된 후 흡수되어 순환계를 통해 온몸으로 운반된다.

적용해야 할 개념 ③가지	① 세포 호흡에 필요한 영양소는 소화계를 통해 흡수하고 산소는 호흡계를 통해 흡수한다.
	② 세포 호흡으로 생성된 이산화 탄소는 호흡계를 통해 배출되고, 질소 노폐물은 배설계를 통해 배설된다.
	③ 순환계는 여러 기관계와 조직 세포 사이를 순환하면서 물질을 운반한다.

문제 보기

그림은 사람 몸에 있는 순환계와 기관계 A~C의 통합적 작용을 나타낸 것이다. A~C는 각각 배설계, 소화계, 호흡계 중 하나이다.

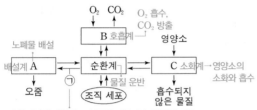

순환계에서 배설계로의 물질 이동이다. 콩팥의 사구체에서 보면 주머니로 여과되는 물, 요소 등이 포함된다.

이에 대한 설명으로 옳은 것만을 〈보기〉에서 있는 대로 고른 것은? [3점]

〈보기〉 풀이

ㄱ. ⊙에는 요소의 이동이 포함된다.

➡ A는 오줌을 생성하여 노폐물을 몸 밖으로 내보내는 배설계이며, ⊙은 순환계를 통해 운반되어 온 물질이 배설계로 이동하는 것을 나타낸다. 간에서 생성된 요소는 순환계를 통해 배설계로 운반되어 오줌을 통해 몸 밖으로 배설되므로, ⊙에는 요소의 이동이 포함된다.

ㄴ. B는 호흡계이다.

➡ B는 기체 교환이 일어나 O_2를 몸속으로 흡수하고 CO_2를 몸 밖으로 배출하는 호흡계이다. 호흡계로 들어온 O_2는 순환계로 이동하여 조직 세포로 공급되고, 조직 세포에서 생성된 CO_2는 순환계를 통해 호흡계로 이동하여 몸 밖으로 배출된다.

ㄷ. C에서 흡수된 물질은 순환계를 통해 운반된다.

➡ C는 영양소의 소화와 흡수가 일어나는 소화계이다. 소화계에서 흡수된 영양소는 순환계로 이동된 후 순환계를 통해 온몸의 조직 세포로 운반된다.

보기

적용해야 할 개념 ④가지	① 소화계는 음식물 속의 영양소를 분해하여 몸속으로 흡수한다.
	② 호흡계는 산소를 몸속으로 흡수하고 이산화 탄소를 몸 밖으로 내보낸다.
	③ 배설계는 오줌을 통해 질소 노폐물과 물을 몸 밖으로 내보낸다.
	④ 순환계는 온몸을 순환하면서 영양소, 노폐물, 산소, 이산화 탄소, 호르몬 등과 같은 물질을 운반한다.

문제 보기

그림은 사람 몸에 있는 각 기관계의 통합적 작용을, 표는 기관계의 특징을 나타낸 것이다. (가)~(다)는 배설계, 소화계, 호흡계를 순서 없이 나타낸 것이다.

기관계	특징
(가)	⊙
(나)	음식물을 분해하여 영양소를 흡수한다.

이에 대한 설명으로 옳은 것만을 〈보기〉에서 있는 대로 고른 것은? [3점]

〈보기〉 풀이

ㄱ. (가)는 호흡계이다.

➡ (나)는 음식물을 분해하여 영양소를 흡수하므로 소화계이고, (다)는 오줌의 생성과 배설을 담당하는 배설계이다. 따라서 (가)는 호흡계이다.

ㄴ. (나)에서 흡수된 영양소 중 일부는 (다)에서 사용된다.

➡ 소화계에서 흡수한 영양소는 몸을 구성하는 여러 기관과 조직세포로 공급되어 에너지원이나 필요한 물질을 합성하는 데 사용된다. 따라서 (나) 소화계에서 흡수된 영양소 중 일부는 (다) 배설계에서 사용된다.

ㄷ. '이산화 탄소를 몸 밖으로 배출한다.'는 ⊙에 해당한다.

➡ (가) 호흡계는 기체 교환을 담당한다. 호흡계에서는 산소를 몸속으로 흡수하고, 조직세포에서 생성된 이산화 탄소를 몸 밖으로 배출한다.

보기

27 | 기관계의 통합적 작용 2022학년도 수능 4번

정답 ⑤ | 정답률 91%

적용해야 할 개념 ④가지

① 배설계는 질소성 노폐물의 배설을 담당하며, 배설계에 속하는 기관에는 콩팥, 요도, 방광 등이 있다.

② 소화계는 영양소의 소화와 흡수를 담당하며, 소화계에 속하는 기관에는 입, 식도, 위, 소장, 대장, 간, 이자 등이 있다.

③ 위, 소장, 이자, 방광, 심장 등의 내장 기관에는 자율 신경이 분포하고 있어 소화액의 분비나 기관의 움직임이 자율적으로 조절된다.

④ 호흡계를 통해 몸속으로 흡수된 산소와 소화계를 통해 몸속으로 흡수된 영양소는 순환계를 통해 조직 세포로 공급된다.

문제 보기

그림은 사람 몸에 있는 각 기관계의 통합적 작용을 나타낸 것이다. A와 B는 배설계와 소화계를 순서 없이 나타낸 것이다.

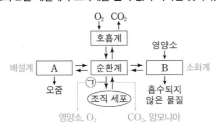

이에 대한 설명으로 옳은 것만을 〈보기〉에서 있는 대로 고른 것은? [3점]

〈보기〉 풀이

ㄱ. 콩팥은 A에 속한다.

➡ A는 혈액을 걸러 오줌을 생성하여 몸 밖으로 배출하는 배설계이다. 배설계에 속하는 기관에는 콩팥, 오줌관, 방광, 요도 등이 있다.

ㄴ. B에는 부교감 신경이 작용하는 기관이 있다.

➡ B는 영양소의 소화와 흡수가 일어나는 소화계이다. 소화계에는 부교감 신경과 같은 자율 신경이 작용하는 기관인 위, 소장, 이자 등이 포함된다.

ㄷ. ㉠에는 O₂의 이동이 포함된다.

➡ ㉠은 순환계에서 조직 세포로의 이동을 나타낸다. 호흡계를 통해 몸속으로 흡수된 O_2는 혈액에 의해 운반되어 조직 세포로 공급되므로 ㉠에는 O_2의 이동이 포함된다.

---

28 | 기관계의 통합적 작용 2022학년도 4월 학평 4번

정답 ④ | 정답률 92%

적용해야 할 개념 ④가지

① 소화계는 음식물에 들어 있는 영양소를 분자 크기가 작은 영양소로 분해하여 몸속으로 흡수한다.

② 호흡계는 세포 호흡에 필요한 산소를 몸속으로 흡수하고, 세포 호흡으로 발생한 이산화 탄소를 몸 밖으로 내보낸다.

③ 세포 호흡은 산소를 이용하여 영양소를 분해하여 생명 활동에 필요한 에너지(ATP)를 얻는 과정으로, 주로 미토콘드리아에서 일어난다.

④ 배설계는 오줌을 생성하여 질소 노폐물을 몸 밖으로 배설한다.

문제 보기

그림은 사람 몸에 있는 각 기관계의 통합적 작용을 나타낸 것이다. (가)~(다)는 배설계, 소화계, 호흡계를 순서 없이 나타낸 것이다.

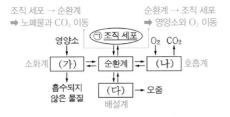

이에 대한 설명으로 옳은 것만을 〈보기〉에서 있는 대로 고른 것은?

〈보기〉 풀이

✗ (가)는 호흡계이다.

➡ (가)는 영양소를 소화시켜 몸속으로 흡수하는 소화계이다.

ㄴ. ㉠의 미토콘드리아에서 O₂가 사용된다.

➡ 순환계에서는 온몸의 조직 세포(㉠)로 영양소와 O_2를 공급하고, 조직 세포에서는 이를 이용하여 세포 호흡을 하여 생명 활동에 필요한 에너지(ATP)를 얻는다. 세포 호흡은 주로 미토콘드리아에서 일어나며, 미토콘드리아에서 영양소를 분해하는 과정에 O_2가 사용된다.

ㄷ. (다)를 통해 질소 노폐물이 배설된다.

➡ (다)는 혈액 속의 질소 노폐물을 걸러 오줌을 생성하여 몸 밖으로 배설하는 배설계이다.

적용해야 할 개념 ③가지

① 소화계는 음식물에 들어 있는 영양소를 분자 크기가 작은 영양소로 분해하여 몸 속으로 흡수하는 데 관여하며, 위, 소장, 대장, 간, 이자 등으로 구성된다.

② 순환계는 온몸을 순환하면서 영양소, 노폐물, 산소, 이산화 탄소, 호르몬 등과 같은 물질을 운반하며, 심장, 동맥, 정맥, 모세 혈관 등으로 구성된다.

③ 배설계는 오줌을 생성하여 질소 노폐물을 몸 밖으로 배설하며, 콩팥, 요도, 방광 등으로 구성된다.

문제 보기

그림은 사람 몸에 있는 각 기관계의 통합적 작용을 나타낸 것이다. A~C는 각각 배설계, 소화계, 순환계 중 하나이다.

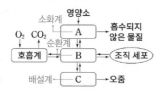

이에 대한 옳은 설명만을 〈보기〉에서 있는 대로 고른 것은? [3점]

<보기> 풀이

ㄱ. **A에는 인슐린의 표적 기관이 있다.**
➡ A는 영양소를 소화하여 몸 속으로 흡수하는 데 관여하는 기관들로 이루어진 소화계이다. 인슐린의 표적 기관에는 간이 있고, 간은 소화계에 속하는 기관이다.

ㄴ. **심장은 B에 속한다.**
➡ B는 물질의 운반에 관여하는 기관들로 이루어진 순환계이다. 순환계에 속하는 기관으로는 심장, 동맥, 정맥 등이 있다.

ㄷ. **호흡계로 들어온 O_2 중 일부는 B를 통해 C로 운반된다.**
➡ 호흡계로 들어온 O_2는 혈액을 통해 온몸으로 운반되어 조직 세포에 공급된다. 즉, 호흡계로 들어온 O_2 중 일부는 순환계(B)를 통해 배설계(C)의 각 기관을 구성하는 세포에 운반된다.

보기

5 일차

01 ① **02** ⑤ **03** ① **04** ⑤ **05** ④ **06** ⑤ **07** ① **08** ② **09** ① **10** ②

문제편 053쪽~057쪽

---

01 뉴런에서의 흥분 발생과 이온의 이동 2024학년도 6월 모평 5번 | 정답 ① | 정답률 74 %

적용해야 할 개념 ③가지

① 뉴런에서 세포막을 경계로 한 이온의 농도는 K^+은 항상 세포 안>세포 밖이고, Na^+은 항상 세포 안<세포 밖이다.
② 탈분극은 Na^+ 통로를 통해 Na^+이 세포 밖 → 세포 안으로 다량 확산하여 일어난다. ➡ Na^+ 통로를 통한 이온의 이동을 억제하면 탈분극이 억제된다.
③ 재분극은 K^+ 통로를 통해 K^+이 세포 안 → 세포 밖으로 다량 확산하여 일어난다. ➡ K^+ 통로를 통한 이온의 이동을 억제하면 재분극이 억제된다.

문제 보기

그림은 조건 Ⅰ~Ⅲ에서 뉴런 P의 한 지점에 역치 이상의 자극을 주고 측정한 시간에 따른 막전위를 나타낸 것이고, 표는 Ⅰ~Ⅲ에 대한 자료이다. ㉠과 ㉡은 Na^+과 K^+을 순서 없이 나타낸 것이다.

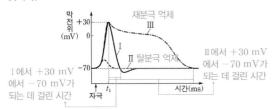

탈분극이 억제된다. ➡ Na^+의 유입이 잘 일어나지 않는다.

구분	조건
Ⅰ	물질 A와 B를 처리하지 않음 ── 대조군
Ⅱ	물질 A를 처리하여 세포막에 있는 이온 통로를 통한 ㉠의 이동을 억제함 └ Na^+
Ⅲ	물질 B를 처리하여 세포막에 있는 이온 통로를 통한 ㉡의 이동을 억제함 └ K^+

재분극이 억제된다. ➡ K^+의 유출이 잘 일어나지 않는다.

이에 대한 설명으로 옳은 것만을 〈보기〉에서 있는 대로 고른 것은? (단, 제시된 조건 이외는 고려하지 않는다.) [3점]

보기

<보기> 풀이

휴지 상태의 뉴런은 K^+ 농도가 세포 안이 세포 밖보다 높고, Na^+은 세포 밖이 세포 안보다 높으며, -70 mV의 휴지막 전위를 나타낸다. 뉴런에 역치 이상의 자극을 주면 Na^+ 통로가 열려 Na^+이 세포 밖에서 세포 안으로 확산되어 들어와 막전위가 상승하며 탈분극이 일어난다. 이후 K^+ 통로가 열려 K^+이 세포 안에서 세포 밖으로 확산되어 나가 막전위가 하강하며 재분극이 일어난다.

ㄱ. ㉠은 Na^+이다.

➡ 물질 A와 B를 처리하지 않은 Ⅰ에 비해 물질 A를 처리한 Ⅱ에서 탈분극이 억제되었으므로 물질 A는 Na^+ 통로를 통한 Na^+의 유입을 억제하는 물질이다. 따라서 ㉠은 Na^+이다.

✗ t_1일 때, Ⅰ에서 ㉡의 $\dfrac{세포\ 안의\ 농도}{세포\ 밖의\ 농도}$ 는 1보다 작다.

➡ 물질 B를 처리한 Ⅲ에서 탈분극은 일어났지만 재분극이 억제되었다. 따라서 물질 B는 K^+ 통로를 통한 K^+(㉡)의 유출을 억제하는 물질이다. K^+의 농도는 뉴런이 분극, 탈분극, 재분극 어떤 상태인가에 상관없이 항상 세포 안이 세포 밖보다 높다. 따라서 t_1일 때 Ⅰ에서 ㉡(K^+)의 $\dfrac{세포\ 안의\ 농도}{세포\ 밖의\ 농도}$ 는 1보다 크다.

✗ 막전위가 +30 mV에서 -70 mV가 되는 데 걸리는 시간은 Ⅲ에서가 Ⅰ에서보다 짧다.

➡ 막전위가 +30 mV에서 -70 mV가 되는 데 걸리는 시간은 재분극이 억제된 Ⅲ에서가 아무런 처리를 하지 않은 Ⅰ에서보다 길다.

적용해야 할 개념 ③가지

① 뉴런은 역치 이상의 자극을 받으면 Na^+ 통로가 열려 Na^+의 막 투과도가 커지면서 Na^+이 유입됨에 따라 막전위가 상승한다. ➡ 탈분극

② 탈분극이 일어나 막전위가 상승하면 K^+ 통로가 열려 K^+의 막 투과도가 커지면서 K^+이 유출됨에 따라 막전위가 하강한다. ➡ 재분극

③ 뉴런에서 세포막을 경계로 한 이온의 농도는 K^+은 항상 세포 안>세포 밖이고, Na^+은 항상 세포 안<세포 밖이다.

문제 보기

그림은 어떤 뉴런에 역치 이상의 자극을 주었을 때, 이 뉴런 세포막의 한 지점 P에서 측정한 이온 ㉠과 ㉡의 막 투과도를 시간에 따라 나타낸 것이다. ㉠과 ㉡은 각각 Na^+과 K^+ 중 하나이다.

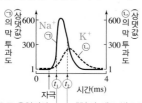

Na^+이 세포 안으로 유입되어 막전위가 상승하며 탈분극이 일어나고 있다. / K^+이 세포 밖으로 유출되어 막전위가 하강하며 재분극이 일어나고 있다.

이에 대한 설명으로 옳은 것만을 <보기>에서 있는 대로 고른 것은?

<보기> 풀이

㉠ t_1일 때, P에서 탈분극이 일어나고 있다.

➡ 뉴런이 역치 이상의 자극을 받았을 때 막 투과도가 먼저 급격하게 상승하는 ㉠은 Na^+이고, 이후에 서서히 상승하는 ㉡은 K^+이다. t_1일 때, Na^+(㉠)이 세포 안으로 유입되어 막전위가 상승하며 탈분극이 일어나고 있다.

㉡ t_2일 때, ㉡의 농도는 세포 안에서가 세포 밖에서보다 높다.

➡ ㉡은 K^+이며, t_2에서 K^+이 세포 안에서 세포 밖으로 유출된다. K^+(㉡)의 농도는 세포막을 경계로 항상 세포 안에서가 세포 밖에서보다 높다.

㉢ 뉴런 세포막의 이온 통로를 통한 ㉠의 이동을 차단하고 역치 이상의 자극을 주었을 때, 활동 전위가 생성되지 않는다.

➡ 뉴런에 역치 이상의 자극을 주었을 때 활동 전위가 생성되는 과정은 '역치 이상의 자극 → Na^+ 통로가 열려 Na^+이 세포 안으로 유입 → 막전위 상승(탈분극) → K^+ 통로가 열려 K^+이 세포 밖으로 유출 → 막전위 하강(재분극)'의 단계로 이루어진다. 그런데 뉴런 세포막에서 이온 통로를 통한 Na^+(㉠)의 이동을 차단하면 역치 이상의 자극을 주더라도 탈분극이 일어나지 않아 활동 전위가 생성되지 않는다.

보기

적용해야 할 개념 ③가지

① 뉴런에 자극을 주고 일정 시간(t)이 경과하였을 때 특정 지점에서의 막전위는 그래프에서 '경과 시간 t − (자극이 특정 지점까지 도달하는 데 걸린 시간)'일 때의 막전위로 구한다.

② 흥분이 특정 지점까지 도달하는 데 걸린 시간 = $\dfrac{\text{자극을 준 지점으로부터의 거리}}{\text{흥분 전도 속도}}$ 로 계산한다.

③ Na^+ - K^+ 펌프는 에너지(ATP)를 사용하여 Na^+은 세포 밖으로, K^+은 세포 안으로 이동시킨다.

문제 보기

다음은 어떤 민말이집 신경의 흥분 전도에 대한 자료이다.

○ 이 신경의 흥분 전도 속도는 2 cm/ms이다.
○ 그림 (가)는 이 신경의 지점 P_1~P_3 중 ㉠ P_2에 역치 이상의 자극을 1회 주고 경과된 시간이 3 ms일 때 P_3에서의 막전위를, (나)는 P_1~P_3에서 활동 전위가 발생하였을 때 각 지점에서의 막전위 변화를 나타낸 것이다.

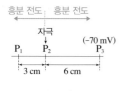

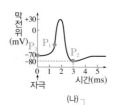

(가)   (나)

흥분이 P_2에서 P_1까지 가는 데 걸리는 시간은 1.5 ms이고, P_2에서 P_3까지 가는 데 걸리는 시간은 3 ms이다. / 자극을 받은 후 2 ms가 되면 막전위가 +30 mV가 되고, 3 ms가 되면 막전위가 −80 mV가 된다.

㉠일 때, 이에 대한 옳은 설명만을 <보기>에서 있는 대로 고른 것은? (단, 이 신경에서 흥분 전도는 1회 일어났다.) [3점]

<보기> 풀이

㉠ P_1에서 탈분극이 일어나고 있다.

➡ 이 신경의 흥분 전도 속도는 2 cm/ms이고, P_2에서 P_1까지의 거리는 3 cm이므로 흥분이 P_2에서 P_1까지 가는 데 걸리는 시간은 1.5 ms이다. 따라서 P_2에 자극을 주고 3 ms가 경과되었을 때는 P_1에 흥분이 도달한 후 1.5 ms가 지났을 때이며, (나)를 보면 이때는 P_1에서 탈분극이 일어나 막전위는 약 −50 mV이다.

✗ P_2에서의 막전위는 −70 mV이다.

➡ (나)에서 자극을 받은 후 3 ms일 때의 막전위는 −80 mV로 과분극 상태이다. 따라서 P_2에 자극을 주고 3 ms가 경과되었을 때 P_2에서의 막전위는 −80 mV이다.

✗ P_3에서 Na^+ - K^+ 펌프를 통해 K^+이 세포 밖으로 이동한다.

➡ 이 신경의 흥분 전도 속도는 2 cm/ms이고, P_2에서 P_3까지의 거리는 6 cm이므로 흥분이 P_2에서 P_3까지 가는 데 걸리는 시간은 3 ms이다. 따라서 P_2에 자극을 주고 3 ms가 경과되었을 때는 P_3에 자극이 막 도달하였을 때로 분극 상태이며 막전위는 −70 mV이고, Na^+ - K^+ 펌프를 통해 Na^+은 세포 밖으로, K^+은 세포 안으로 이동한다.

보기

적용해야 할 개념 ③가지

① 뉴런에 역치 이상의 자극이 주어지면 분극 → 탈분극 → 재분극(막전위 하강 → 과분극 → 휴지 전위 회복)의 과정을 거친다.

② 흥분 전도 속도 = $\dfrac{\text{자극을 준 지점으로부터의 거리}}{\text{흥분이 도달하는 데 걸린 시간}}$

③ 경과 시간(t)=(자극이 특정 지점까지 도달하는 데 걸린 시간)+(그 지점의 막전위 변화가 일어나는 데 걸린 시간)으로 계산할 수 있다. 특히 막전위가 +30 mV, −80 mV인 시점은 한 번이므로 이를 이용하여 경과 시간이나 자극을 준 지점으로부터의 거리 등을 계산한다.

문제 보기

다음은 민말이집 신경 A의 흥분 전도에 대한 자료이다.

○ 그림은 A의 지점 d_1~ d_4의 위치를 나타낸 것 이다. A는 1개의 뉴런 이다.

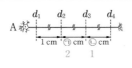

○ 표 (가)는 d_2에 역치 이상의 자극 Ⅰ을 주고 경과된 시간이 4 ms일 때 d_1~d_4에서의 막전위를, (나)는 d_3에 역치 이상의 자극 Ⅱ를 주고 경과된 시간이 4 ms일 때 d_1~d_4에서의 막전위를 나타낸 것이다. A에서 활동 전위가 발생하였을 때, 각 지점에서의 막전위 변화는 그림과 같다.

(가)	지점	d_1	d_2	d_3	d_4
	막전위 (mV)	−80	? −70	? 0	−60

(나)	지점	d_1	d_2	d_3	d_4
	막전위 (mV)	−60	0	? −70	? −80

이에 대한 설명으로 옳은 것만을 〈보기〉에서 있는 대로 고른 것은? (단, Ⅰ과 Ⅱ에 의해 흥분의 전도는 각각 1회 일어났고, 휴지 전위는 −70 mV이다.) [3점]

〈보기〉 풀이

d_2에 역치 이상의 자극 Ⅰ을 주고 4 ms가 지났을 때 d_1의 막전위가 −80 mV이다. 흥분이 d_1에 도달하고 3 ms가 지났을 때의 막전위가 −80 mV이므로, d_2에서 1 cm 떨어진 d_1에 흥분이 전도되는 데 걸린 시간은 1 ms이다. 따라서 A의 흥분 전도 속도는 1 cm/ms이다. d_3에 역치 이상의 자극 Ⅱ를 주고 4 ms가 지났을 때 d_2의 막전위는 0 mV이고, d_1의 막전위는 −60 mV이므로 흥분이 d_3에서 d_1에 도달하는 데 걸린 시간은 3 ms이다. A의 흥분 전도 속도가 1 cm/ms이므로 ㉠은 2 cm이다. d_2에 역치 이상의 자극 Ⅰ을 주고 4 ms가 지났을 때 d_2에서의 거리가 2 cm(㉠)인 d_3의 막전위는 0 mV이고, d_4의 막전위가 −60 mV이므로 d_2에서 d_4에 흥분이 도달하는 데 걸린 시간은 3 ms이다. 따라서 ㉠+㉡=3 cm이고, ㉠이 2이므로 ㉡은 1이다.

✗ ㉡이 ㉠보다 크다.
➡ ㉠은 2이고, ㉡은 1이다. 따라서 ㉡이 ㉠보다 작다.

ㄴ. A의 흥분 전도 속도는 1 cm/ms이다.
➡ d_2에 자극을 주고 4 ms가 지났을 때 1 cm 떨어진 d_1의 막전위가 −80 mV이므로 d_2에서 d_1로 흥분이 전도되는 데 걸린 시간은 1 ms이다. 따라서 A의 흥분 전도 속도는 1 cm/ms 이다.

ㄷ. d_1에 역치 이상의 자극을 주고 경과된 시간이 5 ms일 때 d_4에서 탈분극이 일어나고 있다.
➡ d_1에 자극을 주면 4 cm 떨어진 d_4에 흥분이 도달하는 데 걸리는 시간은 4 ms이다. 자극을 주고 경과된 시간이 5 ms이면 d_4에 흥분이 도달한 후 1 ms가 되었을 때이므로 막전위는 −60 mV이고 탈분극이 일어나고 있는 상태이다.

적용해야 할 개념 ③가지

① 뉴런에 역치 이상의 자극이 주어지면 분극(−70 mV) → 탈분극 → 재분극(막전위 하강 → 과분극 → 휴지 전위 회복)의 과정을 거친다.

② 두 지점의 막전위 차이는 각 지점에 흥분이 도달하는 데 걸린 시간의 차이 때문이다.

③ 두 뉴런에서 일정한 시간에 같은 거리에 떨어진 지점에서의 막전위가 각각 탈분극과 과분극으로 나타났다면 과분극이 나타난 뉴런이 흥분 전도 속도가 더 빠르다.

문제 보기

다음은 민말이집 신경 A와 B의 흥분 전도에 대한 자료이다.

○ 그림은 A와 B의 일부를, 표는 A와 B의 지점 d_1에 역치 이상의 자극을 동시에 1회 주고 경과된 시간이 t_1, t_2, t_3, t_4일 때 지점 d_2에서 측정한 막전위를 나타낸 것이다. I ~ IV는 t_1~t_4를 순서 없이 나타낸 것이다.

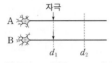

신경	d_2에서 측정한 막전위(mV)			
	I t_3	II t_4	III t_1	IV t_2
A	−60	−80	+20	+10
B	+20	+10	−65	−60

(표 위: 재분극 / 과분극 / 탈분극 / 재분극, 표 아래: 재분극 / 탈분극 / 탈분극)

○ A와 B에서 활동 전위가 발생하였을 때, 각 지점에서의 막전위 변화는 그림과 같다.

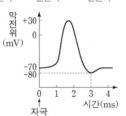

이에 대한 설명으로 옳은 것만을 〈보기〉에서 있는 대로 고른 것은? (단, A와 B에서 흥분의 전도는 각각 1회 일어났고, 휴지 전위는 −70 mV이다. 자극을 준 후 경과된 시간은 $t_1 < t_2 < t_3 < t_4$이다.) [3점]

〈보기〉 풀이

자극을 1회 주었으므로 신경 A의 d_2에서의 막전위를 비교하면 과분극 상태인 II가 자극을 준 후 시간이 가장 많이 경과된 시점인 t_4이다. 이때 A는 −80 mV로 과분극 상태인데 B는 +10 mV로 재분극 상태이다. 따라서 흥분의 전도 속도는 A가 B보다 빠르다.

t_4일 때 B에서의 막전위가 +10 mV이므로 III일 때의 −65 mV, IV일 때의 −60 mV는 모두 탈분극 상태이다. 막전위가 휴지 전위인 −70 mV에 가까울수록 시간이 적게 경과한 것이므로 III이 t_1, IV가 t_2, I 이 t_3이다.

ㄱ. III은 t_1이다.

➡ III은 자극을 주고 시간이 얼마 경과되지 않아 A와 B의 d_2에서 탈분극이 일어나는 t_1이다.

✗ t_2일 때 B의 d_2에서 재분극이 일어나고 있다.

➡ t_2는 IV이며, IV일 때 A의 d_2에서 막전위는 +10 mV이고 B의 d_2에서는 −60 mV이다. 흥분의 전도 속도가 A에서 더 빠르므로 B의 d_2에서는 탈분극이 일어나고 있다.

ㄷ. 흥분의 전도 속도는 A에서가 B에서보다 빠르다.

➡ t_4(II)에 A에서는 과분극이 일어나 막전위가 −80 mV이므로 자극이 d_2에 도달하고 3 ms가 지났지만, B에서는 재분극이 일어나는 중으로 막전위가 +10 mV이므로 자극이 d_2에 도달하고 2 ms가 지났다. 즉, 자극이 d_1에서 d_2에 도달하기까지 A는 B보다 1 ms가 적게 걸린 것이므로 흥분의 전도 속도는 A에서가 B에서보다 빠르다.

적용해야 할 개념 ③가지

① 흥분 전도 속도 = $\dfrac{\text{자극을 준 지점으로부터의 거리}}{\text{흥분이 도달하는 데 걸린 시간}}$ 로 계산한다.

② 경과 시간 t = (자극이 특정 지점까지 도달하는 데 걸린 시간) + (그 지점의 막전위 변화가 일어나는 데 걸린 시간)으로 계산할 수 있다.

③ 뉴런에 자극을 주고 일정 시간(t)이 경과하였을 때 특정 지점에서의 막전위는 't - (자극이 특정 지점까지 도달하는 데 걸린 시간)' 만큼이 되었을 때의 막전위로 구한다.

문제 보기

다음은 민말이집 신경 A와 B의 흥분 전도에 대한 자료이다.

○ 그림은 A와 B의 지점 $d_1 \sim d_4$의 위치를, 표는 ㉠ A 와 B의 지점 X에 역치 이상의 자극을 동시에 1회 주고 경과한 시간이 2 ms, 3 ms, 5 ms, 7 ms일 때 d_2에서 측정한 막전위를 나타낸 것이다. X는 d_1과 d_4 중 하나이고, Ⅰ~Ⅳ는 2 ms, 3 ms, 5 ms, 7 ms를 순서 없이 나타낸 것이다.

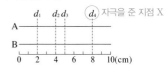

자극을 준 지점 X

신경	d_2에서 측정한 막전위(mV)			
	Ⅰ 3 ms	Ⅱ 5 ms	Ⅲ 2 ms	Ⅳ 7 ms
1 cm/ms A	?	−70	−60	? −70 −80
2 cm/ms B	−60	−80	? −70	−70

A는 탈분극이나 재분극 중이고, B는 과분극 상태이므로, 흥분은 A보다 B에 먼저 도달하였다.
➡ A의 흥분 전도 속도는 1 cm/ms이고, B의 흥분 전도 속도는 2 cm/ms이다.

○ A와 B의 흥분 전도 속도는 각각 1 cm/ms와 2 cm/ms 중 하나이다.

○ A와 B 각각에서 활동 전위가 발생하였을 때, 각 지점에서의 막전위 변화는 그림과 같다.

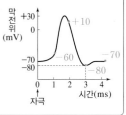

이에 대한 설명으로 옳은 것만을 〈보기〉에서 있는 대로 고른 것은? (단, A와 B에서 흥분의 전도는 각각 1회 일어났고, 휴지 전위는 −70 mV이다.) [3점]

〈보기〉 풀이

Ⅱ일 때 A의 막전위는 −60 mV로 탈분극이나 재분극 중이고, B의 막전위는 −80 mV로 과분극 상태이므로, 역치 이상의 자극을 주었을 때 발생한 흥분은 A의 d_2보다 B의 d_2에 먼저 도달하였다. 따라서 A의 흥분 전도 속도는 1 cm/ms이고, B의 흥분 전도 속도는 2 cm/ms이다.

만일 자극을 준 지점 X가 d_1이라고 하면 2 cm 떨어진 B의 d_2에 흥분이 도달하는 데 걸리는 시간이 1 ms이므로 ㉠이 2 ms, 3 ms, 5 ms, 7 ms일 때 B의 d_2에서의 막전위는 −60 mV, +10 mV, −70 mV, −70 mV이 되어 표와 같지 않다. 자극을 준 지점 X가 d_4라면 4 cm 떨어진 B의 d_2에 흥분이 도달하는 데 걸리는 시간이 2 ms이므로 ㉠이 2 ms, 3 ms, 5 ms, 7 ms일 때 B의 d_2에서의 막전위는 −70 mV, −60 mV, −80 mV, −70 mV으로 표와 일치한다. 따라서 자극을 준 지점 X는 d_4이다.

Ⅳ일 때 B보다 흥분 전도 속도가 느린 A의 d_2의 막전위가 −80 mV이므로 B의 d_2의 막전위 −70 mV는 탈분극, 재분극을 거쳐 막전위가 분극 상태로 회복된 상태이므로 Ⅳ는 7 ms이다. 따라서 Ⅰ은 3 ms, Ⅱ는 5 ms, Ⅲ은 2 ms, Ⅳ는 7 ms이다.

✗ Ⅱ는 **3 ms**이다.
➡ Ⅱ는 5 ms이다.

(ㄴ) B의 흥분 전도 속도는 **2 cm/ms**이다.
➡ A보다 B의 흥분 전도 속도가 빠르므로 A의 흥분 전도 속도는 1 cm/ms이고, B의 흥분 전도 속도는 2 cm/ms이다.

(ㄷ) ㉠이 **4 ms**일 때 A의 d_3에서의 막전위는 −60 mV이다.
➡ A의 흥분 전도 속도는 1 cm/ms이므로 d_4에 자극을 주면 3 cm 떨어진 d_3에 흥분이 도달하는 데 걸리는 시간은 3 ms이다. ㉠이 4 ms이므로 d_3의 막전위는 흥분이 도달한 후 1 ms가 지났을 때로 −60 mV를 나타낸다.

적용해야 할 개념 ③가지

① 흥분 전도 속도 = $\dfrac{\text{자극을 준 지점으로부터의 거리}}{\text{흥분이 도달하는 데 걸린 시간}}$ 로 계산한다.

② 경과 시간 t = (자극이 특정 지점까지 도달하는 데 걸린 시간) + (그 지점의 막전위 변화가 일어나는 데 걸린 시간)으로 계산한다.

③ 뉴런에 자극을 주고 일정 시간(t)이 경과하였을 때 특정 지점에서의 막전위 변화는 't - (자극이 특정 지점까지 도달하는 데 걸린 시간)'만큼이 되었을 때의 막전위로 구한다.

문제 보기

다음은 민말이집 신경 (가)와 (나)의 흥분 전도에 대한 자료이다.

○ 그림은 (가)와 (나)의 지점 d_1으로부터 세 지점 $d_2 \sim d_4$ 까지의 거리를, 표는 ㉠ (가)와 (나)의 d_1에 역치 이상의 자극을 동시에 1회 주고 경과된 시간이 4 ms일 때 $d_2 \sim d_4$에서의 막전위를 나타낸 것이다.

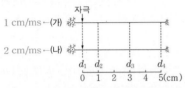

신경	4 ms일 때 막전위(mV)		
	d_2	d_3	d_4
(가)	−80	−60	ⓐ −70 (분극)
(나)	−70	−60	ⓑ (탈분극)

└ 흥분 전도 후 3 ms 경과

○ (가)와 (나)의 흥분 전도 속도는 각각 1 cm/ms와 2 cm/ms 중 하나이다.

○ (가)와 (나) 각각에서 활동 전위가 발생하였을 때, 각 지점에서의 막전위 변화는 그림과 같다.

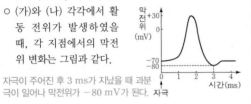

자극이 주어진 후 3 ms가 지났을 때 과분극이 일어나 막전위가 −80 mV가 된다.

이에 대한 설명으로 옳은 것만을 〈보기〉에서 있는 대로 고른 것은? (단, (가)와 (나)에서 흥분의 전도는 각각 1회 일어났고, 휴지 전위는 −70 mV이다.) [3점]

〈보기〉 풀이

ㄱ **(가)의 흥분 전도 속도는 1 cm/ms이다.**

➡ 신경 (가)에서 d_1에 자극을 주고 4 ms가 경과되었을 때 d_2의 막전위가 −80 mV이므로 흥분이 d_2에 도달한 후 3 ms가 지난 것이다. 따라서 흥분이 d_1에서 d_2로 전도되는 데 걸린 시간은 1 ms이고 $d_1 \sim d_2$의 거리는 1 cm이므로 (가)의 흥분 전도 속도는 1 cm/ms이다.

ㄴ **ⓐ와 ⓑ는 같다.**

➡ (가)의 흥분 전도 속도는 1 cm/ms이므로 d_1에 자극을 준 후 4 ms일 때 5 cm 떨어진 d_4에는 아직 흥분이 도달하지 않아 분극 상태이므로 ⓐ는 −70이다. (나)의 흥분 전도 속도는 2 cm/ms이므로 d_1에 자극을 준 후 5 cm 떨어진 d_4에 흥분이 도달하는 데 걸리는 시간은 2.5 ms이고, ⓑ는 흥분이 도달한 후 4−2.5=1.5 ms가 경과하였을 때의 막전위이므로 −70이 아니다.

ㄷ **㉠이 3 ms일 때 (나)의 d_3에서 재분극이 일어나고 있다.**

➡ (나)의 흥분 전도 속도는 2 cm/ms이므로 d_1에 자극을 준 후 3 cm 떨어진 d_3에 흥분이 도달하는 데 걸리는 시간은 1.5 ms이다. 따라서 ㉠이 3 ms일 때는 d_3에 흥분이 도달한 후 1.5 ms가 경과한 것으로, 이때는 막전위가 상승하는 탈분극이 일어나고 있다.

08 흥분 전도 시 막전위 변화 2022학년도 4월 학평 12번 　　　　　　　　　정답 ② | 정답률 52 %

적용해야 할 개념 ③가지

① 뉴런에 역치 이상의 자극이 주어지면 분극 → 탈분극 → 재분극(막전위 하강 → 과분극 → 휴지 전위 회복)의 과정을 거친다.

② 흥분 전도 속도 $= \dfrac{\text{자극을 준 지점으로부터의 거리}}{\text{흥분이 도달하는 데 걸린 시간}}$ 로 계산한다.

③ 경과 시간 $t=$ (자극이 특정 지점까지 도달하는 데 걸린 시간)+(그 지점의 막전위 변화가 일어나는 데 걸린 시간)으로 계산한다.

문제 보기

다음은 민말이집 신경 (가)와 (나)의 흥분 전도에 대한 자료이다.

○ 그림은 (가)와 (나)의 지점 $d_1 \sim d_5$의 위치를, 표는 ⓐ(가)와 (나)의 지점 X에 역치 이상의 자극을 동시에 1회 주고 경과된 시간이 4 ms일 때 d_2, A, B에서의 막전위를 나타낸 것이다. X는 d_1과 d_5 중 하나이고, A와 B는 d_3와 d_4를 순서 없이 나타낸 것이다. ㉠~㉢은 0, -70, -80을 순서 없이 나타낸 것이다.

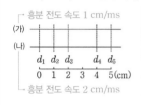

흥분 전도 속도 1 cm/ms
(가)
(나)
d_1　d_2　d_3　　d_4　d_5
0　1　2　3　4　5 (cm)
흥분 전도 속도 2 cm/ms

신경	4 ms일 때 막전위(mV)		
	d_2	A d_4	B d_3
(가)	㉠ -80	㉡ -70	㉢
(나)	㉡ -70	㉢ 0	㉠ -80

○ 흥분 전도 속도는 (나)에서가 (가)에서의 2배이다.

○ (가)와 (나) 각각에서 활동 전위가 발생하였을 때, 각 지점에서의 막전위 변화는 그림과 같다.

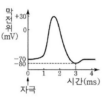

막전위(mV)
+30
-70
-80
0　1　2　3　4
자극
시간(ms)

이에 대한 설명으로 옳은 것만을 〈보기〉에서 있는 대로 고른 것은? (단, (가)와 (나)에서 흥분의 전도는 각각 1회 일어났고, 휴지 전위는 -70 mV이다.) [3점]

〈보기〉 풀이

활동 전위가 발생할 때 흥분이 도달하고 1.5 ms, 2 ms일 때 막전위가 0 mV가 되고, 3 ms일 때 막전위가 -80 mV가 된다. 한 뉴런에서는 막전위가 -80 mV인 지점은 0 mV인 지점보다 자극을 준 지점으로부터 가까워서 흥분이 먼저 도달한 지점이며, 같은 지점에 자극을 준 후 경과 시간이 같으면 흥분 전도 속도가 2배 빠른 (나)는 (가)보다 자극을 준 지점으로부터 2배 먼 지점에 막전위 -80 mV가 나타난다.

✘ **X는 d_5이다.**

➡ 자극을 준 지점 X가 d_5라면 d_2가 A, B보다 먼 곳에 있으므로 (가)의 d_2 지점의 막전위 ㉠은 -80이 아니다. 자극을 준 지점으로부터 막전위가 -80 mV가 나타나는 지점까지의 거리는 (나)가 (가)의 2배이므로 (가)에서 d_4의 막전위가 -80 mV라면 (나)에서는 d_5로부터 2 cm 떨어진 지점의 막전위가 -80 mV이고, (가)에서 d_3의 막전위가 -80 mV라면 (나)에서는 d_5로부터 6 cm 떨어진 지점의 막전위가 -80 mV이므로 (나)의 d_2, A, B에는 막전위 값이 -80이 없으므로 조건과 맞지 않다. 따라서 X는 d_5가 아니고 d_1이다.

Ⓛ **㉠은 -80이다.**

➡ d_1에 자극을 주고 4 ms가 경과했을 때 -80 mV가 나타나는 지점이 (나)는 (가)의 2배 거리이므로 (가)의 d_2와 (나)의 d_3의 막전위가 -80 mV거나 (가)의 d_3와 (나)의 d_4의 막전위가 -80 mV일 수 있다. (가)의 d_3과 (나)의 d_4의 막전위가 -80 mV라면 (가)와 (나)의 A, B에서 공통적으로 있는 ㉢이 -80이고, B가 d_3, A가 d_4이며 (가)의 d_4(A)의 막전위 ㉡이 0이므로 ㉠이 -70이 된다. 이 경우 (나)의 d_2 지점의 막전위가 0(㉡)이 되므로 흥분의 전도가 1회라는 조건에 맞지 않다. (가)의 d_2의 막전위 ㉠이 -80이라면 (나)에서 막전위 0인 B가 d_3이고, d_3에서 (가)의 막전위는 흥분이 도달하고 2 ms가 경과하였으므로 ㉢은 0이고, 나머지 ㉡은 -70이다. 즉, ㉠은 -80, ㉡은 -70, ㉢은 0이다.

✘ **ⓐ가 5 ms일 때 (나)의 B에서 탈분극이 일어나고 있다.**

➡ d_1에 자극을 주고 4 ms가 경과했을 때 (나)에서 2 cm 떨어진 d_3 지점의 막전위가 -80 mV였으므로 (나)의 흥분 전도 속도는 2 cm/ms이다. 따라서 ⓐ가 5 ms일 때 B(d_3)는 흥분이 도달하고 4 ms가 지나 다시 휴지 전위를 회복한 상태이다.

적용해야 할 개념 ③가지

① 분극 상태의 뉴런에 역치 이상의 자극이 주어지면 탈분극 → 재분극(막전위 하강 → 과분극 → 휴지 전위 회복)의 과정을 거친다.

② 하나의 뉴런에서 자극을 준 지점으로부터 가까운 지점일수록 활동 전위가 빨리 발생하여 과분극이 더 빨리 진행된다.

③ 서로 다른 뉴런에서 같은 지점에 자극을 주고 같은 시간이 경과하였을 때 흥분 전도 속도가 빠른 뉴런일수록 같은 거리에 있는 지점에서 과분극이 더 빨리 진행된다.

문제 보기

다음은 민말이집 신경 A~C의 흥분 전도에 대한 자료이다.

○ 그림은 A~C의 지점 d_1~d_4의 위치를 나타낸 것이다. A~C의 흥분 전도 속도는 각각 서로 다르다.

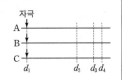

○ 그림은 A~C 각각에서 활동 전위가 발생하였을 때 각 지점에서의 막전위 변화를, 표는 ⓐ A~C의 d_1에 역치 이상의 자극을 동시에 1회 주고 경과된 시간이 4 ms일 때 d_2~d_4에서의 막전위가 속하는 구간을 나타낸 것이다. Ⅰ~Ⅲ은 d_2~d_4를 순서 없이 나타낸 것이고, ⓐ일 때 각 지점에서의 막전위는 구간 ㉠~㉢ 중 하나에 속한다.

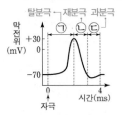

신경	4 ms일 때 막전위가 속하는 구간		
	Ⅰ d_4	Ⅱ d_2	Ⅲ d_3
A	㉡	?㉢	㉢
B	?㉠	㉠	?㉠
C	㉡	㉢	㉡

이에 대한 설명으로 옳은 것만을 〈보기〉에서 있는 대로 고른 것은? (단, A~C에서 흥분의 전도는 각각 1회 일어났고, 휴지 전위는 −70 mV이다.) [3점]

〈보기〉 풀이

신경에서 분극 상태인 어떤 지점에서 활동 전위가 발생할 때 막전위는 탈분극(㉠) → 재분극(㉡) → 과분극(㉢)을 거쳐 다시 분극 상태로 회복된다. d_1에 역치 이상의 자극을 주었을 때 d_1으로부터 가까운 지점일수록 흥분이 먼저 도착하여 과분극 상태가 먼저 진행된다. ⓐ일 때 C는 Ⅱ에서는 ㉢(과분극)이 나타났지만 Ⅰ과 Ⅲ에서는 ㉡(재분극)이 나타났으므로 Ⅱ가 자극을 준 지점 d_1에서 가장 가까운 지점인 d_2이다. A는 Ⅰ에서는 ㉡(재분극)이 나타났고 Ⅲ에서는 ㉢(과분극)이 나타났으므로 Ⅲ은 Ⅰ보다 자극을 준 지점 d_1에서 더 가까운 지점이다. 따라서 Ⅰ은 d_4, Ⅲ은 d_3이다.

서로 다른 신경에서는 자극을 준 후 경과한 시간이 같을 때 같은 거리만큼 떨어진 지점에서 과분극 상태가 더 빨리 진행되는 신경이 흥분 전도 속도가 빠르다. B와 C를 비교하면 Ⅱ(d_2)에서 B는 ㉠(탈분극)인데 C는 ㉢(과분극)이므로 C가 B보다 흥분 전도 속도가 빠르다. A와 C를 비교하면 Ⅲ(d_3)에서 A는 ㉢(과분극)인데 B는 ㉡(재분극)이므로 A가 C보다 흥분 전도 속도가 빠르다. 따라서 흥분 전도 속도는 A>C>B이다.

ㄱ. ⓐ일 때 A의 Ⅱ에서의 막전위는 ㉢에 속한다.

➡ ⓐ일 때 d_2~d_4의 각 지점에서의 막전위는 구간 ㉠~㉢ 중 하나에 속한다고 하였다. 따라서 ⓐ일 때 A의 자극을 준 지점 d_1으로부터 더 멀리 떨어진 지점 Ⅲ(d_3)에서 ㉢(과분극)이 나타났으므로 d_1으로부터 더 가까운 지점 Ⅱ(d_2)에서도 ㉢(과분극)이 일어나고 있다.

✗ ⓐ일 때 B의 d_3에서 재분극이 일어나고 있다.

➡ ⓐ일 때 B의 자극을 준 지점 d_1으로부터 가장 가까운 지점 d_2(Ⅱ)에서 ㉠(탈분극)이 나타났으므로 이보다 더 멀리 떨어진 지점 d_3에서도 ㉠(탈분극)이 일어나고 있다.

✗ A~C 중 C의 흥분 전도 속도가 가장 빠르다.

➡ 신경 A~C 중 흥분 전도 속도는 A가 가장 빠르고 B가 가장 느리다.

10 막전위 변화와 흥분 전도 속도 2023학년도 9월 모평 15번

정답 ② | 정답률 71 %

적용해야 할 개념 ②가지

① 흥분 전도 속도 = $\dfrac{\text{자극을 준 지점으로부터의 거리}}{\text{흥분이 도달하는 데 걸린 시간}}$ 로 계산한다.

② 경과 시간 t = (자극이 특정 지점까지 도달하는 데 걸린 시간) + (그 지점의 막전위 변화가 일어나는 데 걸린 시간)으로 계산한다.

문제 보기

다음은 민말이집 신경 A와 B의 흥분 전도에 대한 자료이다.

○ 그림은 A와 B의 지점 $d_1 \sim d_4$의 위치를, 표는 A의 ㉠과 B의 ㉡에 역치 이상의 자극을 동시에 1회 주고 경과된 시간이 3 ms일 때 $d_1 \sim d_4$에서의 막전위를 나타낸 것이다. ㉠과 ㉡은 각각 $d_1 \sim d_4$ 중 하나이다.

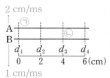

신경	3 ms일 때 막전위(mV)			
	d_1	d_2	d_3	d_4
A	ⓒ -80	$+10$	ⓐ 60	ⓑ 70
B	ⓑ	ⓐ	ⓒ	ⓐ
	-70	-60	-80	-60

○ A와 B의 흥분 전도 속도는 각각 1 cm/ms와 2 cm/ms 중 하나이다.

○ A와 B 각각에서 활동 전위가 발생하였을 때, 각 지점에서의 막전위 변화는 그림과 같다.

이에 대한 설명으로 옳은 것만을 〈보기〉에서 있는 대로 고른 것은? (단, A와 B에서 흥분의 전도는 각각 1회 일어났고, 휴지 전위는 -70 mV이다.) [3점]

〈보기〉 풀이

A에서 ㉠에 역치 이상의 자극을 1회 주고 경과된 시간이 3 ms일 때 d_2의 막전위가 $+10$ mV이므로 ㉠에서 d_2까지 흥분이 전도된 후 경과한 시간은 1.5 ms 또는 2 ms이다. $d_1 \sim d_4$에서 인접한 두 지점 사이의 거리가 각각 2 cm이고, A의 흥분 전도 속도는 1 cm/ms 또는 2 cm/ms이므로 ㉠에서 d_2까지 흥분이 전도되는 데 걸린 시간은 1 ms이고, d_2에 흥분이 도달한 후 2 ms가 경과하여 막전위가 $+10$ mV로 나타났다는 것을 알 수 있다. 따라서 A의 흥분 전도 속도는 2 cm/ms이고, ㉠은 d_1이나 d_3 중 하나이다. ㉠이 d_3라고 하면 자극을 주고 경과한 시간이 3 ms이므로 ⓐ는 -80인데, B의 d_2와 d_4의 막전위(ⓐ)가 모두 -80이므로 B에 역치 이상의 자극을 1회 주었다는 조건에 모순된다. 따라서 ㉠은 d_1이고 ⓒ가 -80이며, B에서 자극을 준 지점 ㉡은 막전위가 -80 mV인 d_3이다.

✗ ㉡은 d_1이다.
➡ ㉡은 d_3이다.

○ ㄴ. A의 흥분 전도 속도는 2 cm/ms이다.
➡ A의 흥분 전도 속도는 2 cm/ms이고, B의 흥분 전도 속도는 1 cm/ms이다.

✗ 3 ms일 때 B의 d_2에서 재분극이 일어나고 있다.
➡ B의 흥분 전도 속도가 1 cm/ms이므로 자극을 준 지점 d_3(㉡)로부터 2 cm 떨어진 d_2까지 흥분이 도달하는 데 걸리는 시간은 2 ms이고, d_2에 흥분이 도달한 후 1 ms가 경과하였으므로 d_2에서는 탈분극이 일어나고 있다.

6
일차

01 ⑤	02 ④	03 ④	04 ③	05 ①	06 ⑤	07 ①	08 ③	09 ⑤	10 ⑤	11 ①	12 ①
13 ⑤	14 ②	15 ⑤	16 ②	17 ①	18 ④	19 ①	20 ①	21 ①	22 ④	23 ⑤	24 ④
25 ②	26 ②	27 ③	28 ④								

문제편 060쪽~073쪽

---

01 | 흥분의 전도와 막전위의 변화 2022학년도 10월 학평 11번

정답 ⑤ | 정답률 51 %

적용해야 할 개념 ②가지

① 휴지 상태의 뉴런에 역치 이상의 자극이 주어지면 휴지 전위(−70 mV) → 탈분극(+30 mV) → 재분극(−80 mV) → 휴지 전위 회복 (−70 mV)의 과정을 거친다.

② 흥분 전도 속도가 다른 뉴런이라 하더라도 막전위 변화에 걸리는 시간이 같다면 자극을 준 지점에서의 시간 경과에 따른 막전위 변화는 같다.

문제 보기

다음은 민말이집 신경 A와 B의 흥분 전도에 대한 자료이다.

○ 그림은 A와 B의 지점 d_1과 d_2의 위치를, 표는 A의 d_1과 B의 d_2에 역치 이상의 자극을 동시에 1회 준 후 시점 t_1과 t_2일 때 A와 B의 Ⅰ과 Ⅱ에서의 막전위를 나타낸 것이다. Ⅰ과 Ⅱ는 각각 d_1과 d_2 중 하나이고, ㉠과 ㉡은 각각 −10과 +20 중 하나이다. t_2는 t_1 이후의 시점이다.

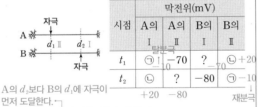

시점	막전위(mV)			
	A의 Ⅰ	A의 Ⅱ	B의 Ⅰ	B의 Ⅱ
t_1	㉠	−70	?	㉡
t_2	㉡	?	−80	㉠

A의 d_2보다 B의 d_1에 자극이 먼저 도달한다.

○ 흥분 전도 속도는 B가 A보다 빠르다.

○ A와 B 각각에서 활동 전위가 발생하였을 때, 각 지점에서의 막전위 변화는 그림과 같다.

이에 대한 옳은 설명만을 〈보기〉에서 있는 대로 고른 것은? (단, A와 B에서 흥분 전도는 각각 1회 일어났고, 휴지 전위는 −70 mV이다.) [3점]

〈보기〉 풀이

A와 B의 흥분 전도 속도가 다르더라도 특정 지점에 역치 이상의 자극을 주었을 때 시간 경과에 따른 막전위 변화는 동일하다. 따라서 자극을 준 지점 A의 d_1과 B의 d_2에서의 막전위는 같다. A의 Ⅰ과 B의 Ⅱ는 ㉠과 ㉡으로 막전위가 서로 다르므로 A의 Ⅱ와 B의 Ⅰ이 자극을 준 지점임을 알 수 있다. 따라서 Ⅰ은 d_2이고, Ⅱ는 d_1이다. t_1일 때 B의 Ⅰ의 막전위는 A의 Ⅱ의 막전위와 같은 −70 mV이고, t_2에서 A의 Ⅱ의 막전위는 B의 Ⅰ의 막전위와 같은 −80 mV이다.

㉠이 +20이고 ㉡이 −10이라면, 흥분 전도 속도는 B가 A보다 빠르므로 t_1일 때 A의 Ⅰ(d_2)보다 B의 Ⅱ(d_1)에 흥분이 먼저 도달한다. 따라서 t_1일 때 B의 Ⅱ에서의 막전위는 재분극 중인 −10 mV이며, t_2는 t_1 이후의 시점이므로 B의 Ⅱ에서 t_2일 때의 막전위는 t_1일 때의 막전위보다 더 많이 진행된 상태이어야 한다. 그러나 t_2일 때 B의 Ⅱ의 막전위 +20 mV는 재분극 중인 −10 mV보다 더 많이 진행된 상태일 수 없으므로 제시된 조건에 맞지 않는다. 따라서 ㉠이 −10, ㉡이 +20이다.

✗ ㄱ. Ⅰ은 d_1이다.

➡ Ⅰ은 d_2이고, Ⅱ는 d_1이다.

○ ㄴ. ㉡은 +20이다.

➡ 막전위는 ㉠이 −10, ㉡이 +20이다.

○ ㄷ. t_1일 때 A의 d_2에서 탈분극이 일어나고 있다.

➡ A의 d_2(Ⅰ)에서의 막전위는 t_1일 때 −10 mV(㉠)이고, t_2일 때 +20 mV(㉡)이다. t_2는 t_1 이후의 시점이므로 t_1일 때의 막전위 −10 mV는 탈분극이 일어날 때이다.

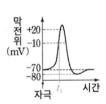

적용해야 할 개념 ③가지

① 뉴런에 역치 이상의 자극이 주어지면 분극 → 탈분극 → 재분극(막전위 하강 → 과분극 → 휴지 전위 회복)의 과정을 거친다.

② 흥분 전도 속도 = $\dfrac{\text{자극을 준 지점으로부터의 거리}}{\text{흥분이 도달하는 데 걸린 시간}}$ 로 계산한다.

③ 경과 시간 t = (자극이 특정 지점까지 도달하는 데 걸린 시간) + (그 지점의 막전위 변화가 일어나는 데 걸린 시간)으로 계산한다.

문제 보기

다음은 민말이집 신경 A와 B의 흥분 전도에 대한 자료이다.

○ 그림은 A와 B의 지점 $d_1 \sim d_3$의 위치를, 표는 ㉠A와 B의 d_1에 역치 이상의 자극을 동시에 1회 주고 경과된 시간이 Ⅰ~Ⅲ일 때 A의 d_2에서의 막전위를 나타낸 것이다. Ⅰ~Ⅲ은 각각 3 ms, 4 ms, 5 ms 중 하나이다.

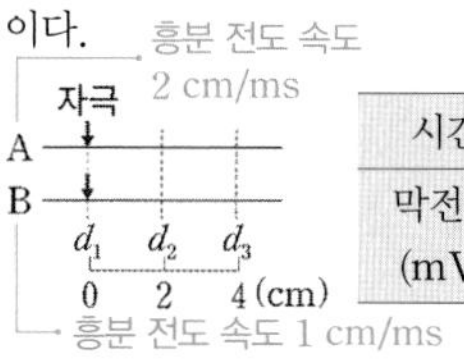

시간	Ⅰ	Ⅱ	Ⅲ
막전위 (mV)	−80	+30	−70

○ 흥분 전도 속도는 A가 B의 2배이다.

○ A와 B 각각에서 활동 전위가 발생하였을 때, 각 지점에서의 막전위 변화는 그림과 같다.

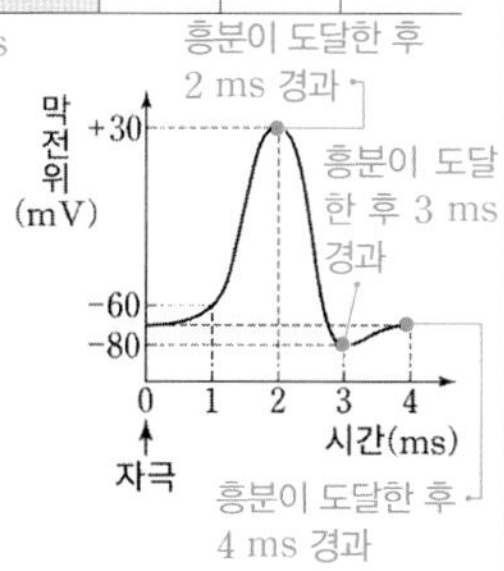

이에 대한 옳은 설명만을 〈보기〉에서 있는 대로 고른 것은? (단, A와 B에서 흥분의 전도는 각각 1회 일어났고, 휴지 전위는 −70 mV이다.) [3점]

〈보기〉 풀이

자극이 주어지고 활동 전위가 발생하였을 때 1 ms가 경과할 때마다 막전위는 +30 mV → −80 mV → −70 mV로 변한다. 따라서 Ⅰ은 4 ms, Ⅱ는 3 ms, Ⅲ은 5 ms이다. Ⅱ에서 A의 d_2에 흥분이 도달한 후 2 ms가 경과할 때 막전위가 +30 mV이므로 A의 d_1에서 2 cm 떨어진 d_2까지 흥분이 전도되는 데 걸린 시간은 1 ms이므로 A의 흥분 전도 속도는 2 cm/ms이다.

✗. **Ⅲ은 4 ms이다.**

➡ Ⅲ일 때 막전위가 −70 mV이므로 d_2에 흥분이 도달하기 전의 휴지 전위이거나 흥분이 도달한 후 4 ms가 지나 휴지 전위를 회복한 상태이다. Ⅰ~Ⅲ은 각각 3 ms, 4 ms, 5 ms로 1 ms씩 차이가 나므로 Ⅲ일 때 막전위 −70 mV는 흥분이 도달한 후 4 ms가 경과하여 휴지 전위를 회복한 상태이고, Ⅲ은 5 ms이다.

ㄴ. **B의 흥분 전도 속도는 1 cm/ms이다.**

➡ 흥분 전도 속도는 A가 B의 2배이고, A의 흥분 전도 속도가 2 cm/ms이므로 B의 흥분 전도 속도는 1 cm/ms이다.

ㄷ. **㉠이 5 ms일 때 B의 d_3에서 탈분극이 일어나고 있다.**

➡ B의 흥분 전도 속도가 1 cm/ms이므로 d_1으로부터 4 cm 떨어진 d_3에 흥분이 도달하는 데 걸리는 시간이 4 ms이다. ㉠이 5 ms일 때 B의 d_3에 흥분이 도달한 후 1 ms가 지나 탈분극이 일어나고 있으며 막전위는 −60 mV이다.

적용해야 할 개념 ③가지

① 흥분 전도 속도= $\dfrac{\text{자극을 준 지점으로부터의 거리}}{\text{흥분이 도달하는 데 걸린 시간}}$ 로 계산한다.

② 경과 시간 $t=$(자극이 특정 지점까지 도달하는 데 걸린 시간)+(그 지점의 막전위 변화가 일어나는 데 걸린 시간)으로 계산한다.

③ 뉴런에 자극을 주고 일정 시간(t)이 경과하였을 때 특정 지점에서의 막전위 변화는 '$t-$(자극이 특정 지점까지 도달하는 데 걸린 시간)'만큼이 되었을 때의 막전위로 구한다.

문제 보기

다음은 민말이집 신경 A의 흥분 전도에 대한 자료이다.

○ 그림은 A의 지점 d_1으로부터 네 지점 $d_2 \sim d_5$까지의 거리를, 표는 d_1과 d_5 중 한 지점에 역치 이상의 자극을 1회 주고 경과된 시간이 4 ms, 5 ms, 6 ms일 때 Ⅰ과 Ⅱ에서의 막전위를 나타낸 것이다. Ⅰ과 Ⅱ는 각각 d_2와 d_4 중 하나이다.

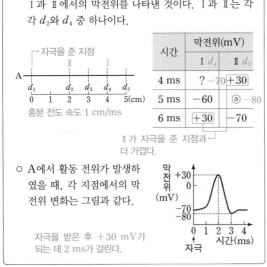

흥분 전도 속도 1 cm/ms

시간	막전위(mV) Ⅰ d_4	막전위(mV) Ⅱ d_2
4 ms	? −70	+30
5 ms	−60	ⓐ −80
6 ms	+30	−70

Ⅱ가 자극을 준 지점과 더 가깝다.

○ A에서 활동 전위가 발생하였을 때, 각 지점에서의 막전위 변화는 그림과 같다.

자극을 받은 후 +30 mV가 되는 데 2 ms가 걸린다.

이에 대한 설명으로 옳은 것만을 〈보기〉에서 있는 대로 고른 것은? (단, A에서 흥분의 전도는 1회 일어났고, 휴지 전위는 −70 mV이다.) [3점]

<보기> 풀이

보기

✗ **A의 흥분 전도 속도는 2 cm/ms이다.**
➡ 흥분의 전도는 1회 일어났으므로 막전위가 +30 mV가 되는 것도 1회이다. Ⅰ과 Ⅱ 중 Ⅱ에서 +30 mV가 먼저 나타났으므로 Ⅱ가 자극을 준 지점과 더 가깝다. A에서 Ⅰ과 Ⅱ는 각각 d_2와 d_4 중 하나이고, 두 지점 사이의 거리는 2 cm이다. d_2와 d_4 두 지점에서 막전위가 +30 mV가 되는 데 걸린 시간 차이는 2 ms인데, 이것은 두 지점 사이를 흥분이 이동하는 데 걸린 시간이다. 따라서 A의 흥분 전도 속도는 2 cm/2 ms=1 cm/ms이다. 그래프에서 자극을 받은 후 +30 mV가 되는 데는 2 ms가 걸리고, A의 흥분 전도 속도가 1 cm/ms이므로 Ⅱ는 자극을 준 지점으로부터 2 cm 떨어진 지점이고 Ⅰ은 4 cm 떨어진 지점이다. 따라서 자극을 준 지점은 d_1이고, Ⅰ은 d_4, Ⅱ는 d_2이다.

(ㄴ) **ⓐ는 −80이다.**
➡ Ⅱ에서 4 ms일 때 막전위가 +30 mV이므로 5 ms일 때는 이로부터 1 ms가 더 경과했을 때의 막전위를 나타내므로 ⓐ는 −80이다.

(ㄷ) **4 ms일 때 d_3에서 탈분극이 일어나고 있다.**
➡ Ⅰ에서 6 ms일 때의 막전위가 +30 mV이므로 5 ms일 때의 −60 mV는 탈분극이 일어날 때의 막전위이다. A의 흥분 전도 속도가 1 cm/ms이고, d_3는 Ⅰ보다 자극을 준 지점으로부터 1 cm 가까이 있으므로 4 ms일 때의 막전위 상태는 Ⅰ에서 5 ms일 때와 같으므로 막전위는 −60 mV이고 탈분극이 일어나고 있다.

적용해야 할 개념 ③가지

① 흥분 전도 속도 = $\dfrac{\text{자극을 준 지점으로부터의 거리}}{\text{흥분이 도달하는 데 걸린 시간}}$ 로 계산한다.

② 경과 시간 t = (자극이 특정 지점까지 도달하는 데 걸린 시간) + (그 지점의 막전위 변화가 일어나는 데 걸린 시간)으로 계산한다.

③ 뉴런에 자극을 주고 일정 시간(t)이 경과하였을 때 특정 지점에서의 막전위 변화는 't - (자극이 특정 지점까지 도달하는 데 걸린 시간)'만큼 이 되었을 때의 막전위로 구한다.

문제 보기

다음은 민말이집 신경 A의 흥분 전도에 대한 자료이다.

○ 그림은 A의 지점 $d_1 \sim d_4$의 위치를, 표는 ⊙ $d_1 \sim d_4$ 중 한 지점에 역치 이상의 자극을 1회 주고 경과된 시간이 2~5 ms일 때 A의 어느 한 지점에서 측정한 막전위를 나타낸 것이다. Ⅰ~Ⅳ는 $d_1 \sim d_4$를 순서 없이 나타낸 것이다.

흥분 전도 속도 4 cm/ms

구분	2~5 ms일 때 측정한 막전위(mV)			
	2 ms	3 ms	4 ms	5 ms
d_4 Ⅰ	−60			
d_3 Ⅱ		? −80		
d_2 Ⅲ			−60	
d_1 Ⅳ				−80

자극을 준 지점의 막전위는 2 ms일 때 0, 3 ms일 때 −80, 4와 5 ms일 때 −70 ➡ 자극을 준 지점은 Ⅱ

○ A에서 활동 전위가 발생하였을 때, 각 지점에서의 막전위 변화는 그림과 같다.

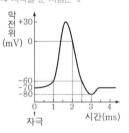

이 자료에 대한 설명으로 옳은 것만을 〈보기〉에서 있는 대로 고른 것은? (단, A에서 흥분의 전도는 1회 일어났고, 휴지 전위는 −70 mV이다.) [3점]

〈보기〉 풀이

그래프를 보면 자극을 준 지점에서의 막전위는 2 ms일 때 0 mV, 3 ms일 때 −80 mV, 4 ms와 5 ms일 때 −70 mV이므로 자극을 준 지점은 Ⅱ이다. Ⅱ의 막전위를 기준으로 각 시점에서의 막전위를 비교해 보면 Ⅱ로부터 흥분이 도달하는 데 걸리는 시간을 구할 수 있다. Ⅰ은 2 ms일 때 막전위가 −60 mV이므로 탈분극 상태이고, Ⅱ로부터 흥분이 도달하는 데 걸린 시간은 1 ms이다. Ⅲ은 4 ms일 때 −60 mV이므로 흥분이 도달하는 데 걸린 시간은 1.5 ms 또는 3 ms이고, Ⅳ는 5 ms일 때 −80 mV이므로 Ⅱ로부터 흥분이 도달하는 데 걸린 시간이 2 ms이다.

A에서 흥분 전도 속도는 일정하므로 자극을 준 지점에서 각 지점까지 흥분이 도달하는 데 걸린 시간은 거리에 비례한다. 따라서 특정 지점으로부터 거리의 비가 1 : 1.5 : 2 또는 1 : 2 : 3이 될 수 있는 지점은 d_3이므로, Ⅱ는 d_3이고, Ⅰ은 d_4, Ⅲ은 d_2, Ⅳ는 d_1이다.

ㄱ. Ⅳ는 d_1이다.

➡ Ⅳ는 자극을 준 지점 d_3로부터 가장 멀리 떨어져 있는 d_1이다.

✗ ㄴ. A의 흥분 전도 속도는 2 cm/ms이다.

➡ d_3(Ⅱ)로부터 4 cm 떨어진 d_4(Ⅰ)까지 흥분이 전도되는 데 걸린 시간은 1 ms이다. 따라서 A의 흥분 전도 속도는 4 cm/ms이다.

ㄷ. ⊙이 3 ms일 때 d_4에서 재분극이 일어나고 있다.

➡ d_3에 자극을 주었을 때 흥분이 d_4에 도달하는 데 걸린 시간은 1 ms이고, 흥분이 도달한 후 2 ms이 지날 때 막전위는 0 mV이며 하강 중이므로 재분극이 일어나고 있다.

보기

적용해야 할 개념 ③가지

① 흥분 전도 속도 = $\dfrac{\text{자극을 준 지점으로부터의 거리}}{\text{흥분이 도달하는 데 걸린 시간}}$ 로 계산한다.

② 경과 시간 t = (자극이 특정 지점까지 도달하는 데 걸린 시간) + (그 지점의 막전위 변화가 일어나는 데 걸린 시간)으로 계산할 수 있다.

③ 뉴런에 자극을 주고 일정 시간(t)이 경과하였을 때 특정 지점에서의 막전위는 그래프에서 '경과 시간 t − (자극이 특정 지점까지 도달하는 데 걸린 시간)'일 때의 막전위로 구한다.

문제 보기

다음은 민말이집 신경 A와 B의 흥분 전도에 대한 자료이다.

○ 그림 (가)는 A와 B의 지점 d_1으로부터 세 지점 d_2~d_4까지의 거리를, (나)는 A와 B 각각에서 활동 전위가 발생하였을 때 각 지점에서의 막전위 변화를 나타낸 것이다.

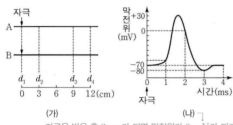

(가)   (나)

자극을 받은 후 2 ms가 되면 막전위가 0 mV가 되고, 3 ms가 되면 막전위가 −80 mV가 된다.

○ A와 B의 흥분 전도 속도는 각각 1 cm/ms와 3 cm/ms 중 하나이다.
　　　　　　　　　　　　　　　　A　　　　　B

○ 표는 A와 B의 d_1에 역치 이상의 자극을 동시에 1회 주고, 경과된 시간이 t_1일 때와 t_2일 때 d_2~d_4에서 측정한 막전위를 나타낸 것이다.

신경	t_1일 때 측정한 막전위(mV)			t_2일 때 측정한 막전위(mV)		
	d_2	d_3	d_4	d_2	d_3	d_4
A	?0	−70	?−70 −80	?−70 −70
B	−70	0	−60	−70	?−80	0

┌5 ms ┌6 ms

이에 대한 설명으로 옳은 것만을 〈보기〉에서 있는 대로 고른 것은? (단, A와 B에서 흥분의 전도는 각각 1회 일어났고, 휴지 전위는 −70 mV이다.) [3점]

〈보기〉 풀이

신경 B에서 t_1일 때 d_3에서 측정한 막전위가 0 mV이므로 자극이 d_3에 도달한 후 2 ms가 경과된 것이고, d_4에서 측정한 막전위가 −60 mV이므로 흥분이 d_4에 도달한 후 1 ms가 경과된 것이다. 따라서 흥분이 d_3에서 d_4로 전도되는 데 걸리는 시간은 1 ms이고, d_3에서 d_4까지의 거리는 12−9=3 cm이므로, 신경 B의 흥분 전도 속도는 3 cm/ms이고 신경 A의 흥분 전도 속도는 1 cm/ms이다.

ㄱ. t_1은 5 ms이다.

➡ B의 흥분 전도 속도가 3 cm/ms이므로 d_1에 자극을 주었을 때 흥분이 d_1에서 9 cm 떨어진 d_3에 도달하는 데 걸리는 시간은 3 ms이고, 흥분이 도달한 후 막전위가 0 mV가 되는 데 걸리는 시간은 2 ms이므로 t_1은 3+2=5 ms이다.

✘ B의 흥분 전도 속도는 1 cm/ms이다.

➡ B의 흥분 전도 속도는 3 cm/ms이고, A의 흥분 전도 속도는 1 cm/ms이다.

✘ t_2일 때 B의 d_3에서 탈분극이 일어나고 있다.

➡ t_2일 때 A의 d_2에서 막전위가 −80 mV이다. A의 흥분 전도 속도가 1 cm/ms이므로 d_1에 자극을 주었을 때 흥분이 d_1에서 3 cm 떨어진 d_2에 도달하는 데 걸리는 시간은 3 ms이고, 흥분이 도달한 후 막전위가 −80 mV가 되는 데 걸리는 시간은 3 ms이므로 t_2는 3+3=6 ms이다. B의 흥분 전도 속도는 3 cm/ms이므로 t_2(6 ms)일 때 흥분이 d_1에서 9 cm 떨어진 d_3에 도달하는 데 걸리는 시간이 3 ms이고, 흥분이 도달한 후 3 ms가 지났을 때의 막전위는 −80 mV이다. 따라서 t_2(6 ms)일 때 B의 d_3에서의 막전위는 −80 mV로, 재분극이 일어나 과분극 상태에 있다.

보기

적용해야 할 개념 ③가지

① 뉴런 내에서 흥분의 전도는 양방향으로 일어나고, 시냅스에서 흥분의 전달은 시냅스 이전 뉴런에서 시냅스 이후 뉴런으로만 일어난다.

② 경과 시간(t)=(흥분이 특정 지점까지 이동하는 데 걸린 시간)+(그 지점의 막전위 변화가 일어나는 데 걸린 시간)으로 계산할 수 있다.

③ 두 지점의 막전위 차이는 각 지점에 흥분이 도달하는 데 걸린 시간의 차이 때문에 나타난다. 막전위가 $+30\,mV$, $-80\,mV$인 시점은 한 번이므로 이를 이용하여 흥분이 이동하는 데 걸린 시간과 자극을 준 지점으로부터의 거리를 구하여 흥분 전도 속도를 계산한다.

문제 보기

다음은 민말이집 신경 A와 B의 흥분 전도와 전달에 대한 자료이다.

○ A와 B는 각각 2개의 뉴런으로 구성되고, 각 뉴런의 흥분 전도 속도는 @로 같다. @=2 cm/ms

○ 그림은 A와 B에서 지점 d_1~d_3의 위치를, 표는 A와 B의 d_1에 역치 이상의 자극을 동시에 1회 주고 경과된 시간이 4 ms일 때 Ⅰ과 Ⅱ에서의 막전위를 나타낸 것이다. Ⅰ과 Ⅱ는 d_2와 d_3을 순서 없이 나타낸 것이다.

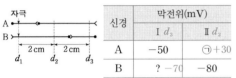

신경	막전위(mV)	
	Ⅰ d_3	Ⅱ d_2
A	−50	㉠+30
B	? −70	−80

○ A와 B에서 활동 전위가 발생했을 때, 각 지점에서의 막전위 변화는 그림과 같다.

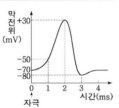

이에 대한 옳은 설명만을 〈보기〉에서 있는 대로 고른 것은? (단, A와 B에서 흥분의 전도는 각각 1회 일어났고, 휴지 전위는 $-70\,mV$이다.) [3점]

〈보기〉 풀이

시냅스에서 흥분의 전달은 시냅스 이전 뉴런의 축삭 돌기에서 시냅스 이후 뉴런의 가지 돌기나 신경 세포체 쪽으로만 일어난다. A에서는 d_1에 자극을 주면 d_3에 흥분이 전달되지만, B에서는 d_1에 자극을 주면 d_3에는 흥분이 전달되지 않는다. 따라서 B의 d_3의 막전위는 휴지 전위인 -70 mV이므로 Ⅰ이 d_3이고, Ⅱ가 d_2이다. B에서 d_1에 자극을 주고 경과된 시간이 4 ms일 때 d_2에서의 막전위가 -80 mV이므로, 흥분이 d_2에 도달하고 3 ms가 지난 것으로 d_1에서 d_2로 흥분이 전도되는 데 걸린 시간은 1 ms이다. d_1에서 d_2까지의 거리는 2 cm이므로 뉴런의 흥분 전도 속도 @는 2 cm/ms이다.

ㄱ. Ⅰ은 d_3이다.

➡ Ⅰ은 d_3이고, Ⅱ는 d_2이다.

ㄴ. @는 2 cm/ms이다.

➡ B에서 d_1에 자극을 주고 2 cm 떨어진 d_2로 흥분이 전도되는 데 걸린 시간이 1 ms이므로 흥분 전도 속도 @는 2 cm/ms이다.

ㄷ. ㉠은 +30이다.

➡ A에서 d_3에서의 막전위가 -50 mV이므로 흥분이 d_3에 도달하고 1 ms가 경과한 것으로 흥분이 d_3에 도달하는 데 걸린 시간은 3 ms이다. 뉴런의 흥분 전도 속도는 2 cm/ms이므로 A의 d_2에서 2 cm 떨어진 d_3까지 흥분이 이동하는 데 걸린 시간은 1 ms이다. 따라서 흥분이 A의 d_1에서 d_2에 도달하는 데 걸린 시간은 2 ms이고, 흥분이 도달한 후 2 ms가 경과하였으므로 막전위는 +30 mV이다.

07 흥분 전도와 막전위 변화 2021학년도 3월 학평 15번

정답 ① | 정답률 67 %

적용해야 할 개념 ③가지

① 뉴런에 역치 이상의 자극이 주어지면 분극 → 탈분극 → 재분극이 일어난다.

② 분극 상태일 때 막전위는 −70 mV이고, 탈분극일 때는 −70 mV → +30 mV로 막전위가 상승하며, 재분극일 때는 +30 mV → −80 mV(과분극)로 막전위가 하강한다.

③ 흥분이 전도되는 데 시간이 걸리기 때문에, 자극을 준 지점에서 일정 거리 떨어진 지점에서의 막전위 변화는 자극을 준 지점에서보다 늦게 나타난다.

문제 보기

표는 어떤 뉴런의 지점 d_1과 d_2 중 한 지점에 역치 이상의 자극을 1회 주고 경과된 시간이 t_1, t_2, t_3일 때 d_1과 d_2에서의 막전위를, 그림은 d_1과 d_2에서 활동 전위가 발생하였을 때 각 지점에서의 막전위 변화를 나타낸 것이다. ㉠과 ㉡은 0과 −38을 순서 없이 나타낸 것이고, $t_1 < t_2 < t_3$이다.

d_1에서보다 막전위 변화가 늦게 나타난다.
➡ 자극을 준 지점은 d_1이다.

경과된 시간	막전위(mV)	
	d_1	d_2
t_1	−10	−33
t_2	㉠ −38	㉡ 0
t_3	−80	+25

과분극 ┘   └ 탈분극 또는 재분극
└ 자극을 준 지점은 d_1

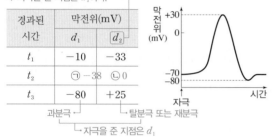

이에 대한 옳은 설명만을 〈보기〉에서 있는 대로 고른 것은? (단, 흥분 전도는 1회 일어났고, 휴지 전위는 −70 mV이다.)

〈보기〉 풀이

(ㄱ) **자극을 준 지점은 d_1이다.**

➡ t_3일 때 d_1의 막전위는 −80 mV로 과분극 상태이고, d_2의 막전위는 +25 mV로 탈분극 또는 재분극 상태이다. 따라서 자극이 주어져 막전위 변화가 시작되고 경과한 시간은 d_1에서가 d_2에서보다 길다. 따라서 자극을 준 지점은 d_1이다.

(ㄴ) **㉠은 0이다.**

➡ 경과된 시간이 $t_1 < t_2 < t_3$인데, d_2의 막전위가 t_1일 때 −33 mV이고 t_3일 때 +25 mV이므로 t_1일 때는 탈분극 상태이고 t_3일 때는 탈분극 또는 재분극 상태이다. 따라서 t_2일 때 d_2의 막전위 ㉡은 −38이 될 수 없으므로 ㉠은 −38, ㉡은 0이다.

(ㄷ) **t_2일 때 d_2에서 재분극이 일어나고 있다.**

➡ t_2일 때 d_2의 막전위는 0 mV이다. 0 mV는 탈분극과 재분극 중 나타날 수 있지만, 시간이 더 경과한 t_3에서의 막전위가 +25 mV이므로 t_2일 때 d_2에서의 막전위 0 mV는 탈분극일 때 나타난 것이다.

---

08 흥분의 전달 2021학년도 6월 모평 4번

정답 ③ | 정답률 86 %

적용해야 할 개념 ②가지

① 시냅스 이전 뉴런에서 활동 전위가 축삭 돌기 말단에 도달하면 시냅스 소포가 세포막과 융합하여 신경 전달 물질이 시냅스 틈으로 방출된다. 이때 신경 전달 물질이 시냅스 이후 뉴런을 탈분극시켜 활동 전위가 발생함으로써 흥분이 전달된다.

② 신경 전달 물질은 축삭 돌기 말단에만 있고 가지 돌기와 신경 세포체에는 신경 전달 물질의 수용체가 있다. 따라서 흥분의 전달은 시냅스 이전 뉴런에서 시냅스 이후 뉴런으로만 일어나고, 반대 방향으로는 일어나지 않는다.

문제 보기

그림 (가)는 시냅스로 연결된 두 뉴런 A와 B를, (나)는 A와 B 사이의 시냅스에서 일어나는 흥분 전달 과정을 나타낸 것이다. X와 Y는 A의 가지 돌기와 B의 축삭 돌기 말단을 순서 없이 나타낸 것이다.

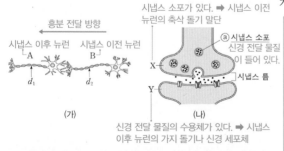

이에 대한 설명으로 옳은 것만을 〈보기〉에서 있는 대로 고른 것은? [3점]

〈보기〉 풀이

(ㄱ) **ⓐ에 신경 전달 물질이 들어 있다.**

➡ 시냅스 소포(ⓐ)는 신경 전달 물질이 들어 있는 작은 주머니로, 축삭 돌기 말단에 있다. 흥분이 축삭 돌기 말단에 도달하면 축삭 돌기 말단에 있는 시냅스 소포가 세포막과 융합하여 그 속에 들어 있는 신경 전달 물질이 시냅스 틈으로 방출된다.

(ㄴ) **X는 B의 축삭 돌기 말단이다.**

➡ 시냅스 소포는 축삭 돌기 말단에만 있으므로, 흥분은 시냅스 이전 뉴런의 축삭 돌기 말단에서 시냅스 이후 뉴런의 가지 돌기 쪽으로 전달된다. 따라서 흥분은 B에서 A 쪽으로 전달되며, 시냅스 소포가 있는 X는 시냅스 이전 뉴런인 B의 축삭 돌기 말단이다.

(ㄷ) **지점 d_1에 역치 이상의 자극을 주면 지점 d_2에서 활동 전위가 발생한다.**

➡ 흥분의 전달은 시냅스 이전 뉴런에서 시냅스 이후 뉴런 쪽으로만 일어난다. 따라서 A의 지점 d_1에 역치 이상의 자극을 주더라도 B로 흥분이 전달되지 않아 d_2에서 활동 전위가 발생하지 않는다.

적용해야 할 개념 ③가지	① 뉴런에 역치 이상의 자극이 주어지면 분극 → 탈분극 → 재분극(막전위 하강 → 과분극 → 휴지 전위 회복)의 과정을 거친다. ② 경과 시간(t)=(자극이 특정 지점까지 도달하는 데 걸린 시간)+(그 지점의 막전위 변화가 일어나는 데 걸린 시간)으로 계산할 수 있다. ③ 두 지점의 막전위 차이는 각 지점에 흥분이 도달하는 데 걸린 시간의 차이 때문에 나타난다. 막전위가 +30 mV, −80 mV인 시점은 한 번이므로 이를 이용하여 경과 시간이나 자극을 준 지점으로부터의 거리 등을 계산한다.

문제 보기

다음은 민말이집 신경 A와 B의 흥분 전도와 전달에 대한 자료이다.

○ 그림은 A와 B에서 지점 $d_1 \sim d_4$의 위치를, 표는 ㉠ d_2에 역치 이상의 자극을 1회 주고 경과된 시간이 4 ms와 ⓐ ms일 때 d_3과 d_4의 막전위를 나타낸 것이다.

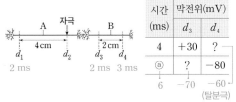

시간 (ms)	막전위(mV)	
	d_3	d_4
4	+30	?
ⓐ	?	−80
6	−70	−60

(탈분극)

○ A와 B의 흥분 전도 속도는 각각 2 cm/ms이다.
○ A와 B 각각에서 활동 전위가 발생했을 때, 각 지점의 막전위 변화는 그림과 같다.

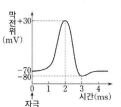

이에 대한 옳은 설명만을 〈보기〉에서 있는 대로 고른 것은? (단, A와 B에서 흥분의 전도는 각각 1회 일어났고, 휴지 전위는 −70 mV이다.) [3점]

〈보기〉 풀이

막전위가 +30 mV인 것은 자극이 주어진 후 2 ms가 경과했을 때이다. ㉠이 4 ms일 때 d_3의 막전위가 +30 mV이므로 흥분이 d_2에서 시냅스를 거쳐 d_3으로 이동하는 데 걸린 시간은 2 ms이다. 뉴런 A와 B의 흥분 전도 속도는 각각 2 cm/ms이므로 흥분이 d_2에서 d_1에 도달하는 시간도 2 ms이다.

ㄱ. ⓐ는 6이다.

➡ ㉠이 ⓐ일 때 d_4의 막전위가 −80 mV이다. 흥분이 d_2에서 d_3으로 이동하는 데 걸린 시간은 2 ms이고, d_3에서 d_4로 이동하는 데 걸린 시간은 1 ms이며, d_4에 흥분이 도달한 후 막전위가 −80 mV가 되는 데 걸린 시간은 3 ms이다. 따라서 ⓐ는 2+1+3=6이다.

ㄴ. ㉠이 5 ms일 때 d_4의 막전위는 +30 mV이다.

➡ ㉠이 5 ms일 때는 흥분이 d_4에 도달한 후 2 ms가 지났을 때이므로 d_4의 막전위는 +30 mV이다.

ㄷ. ㉠이 3 ms일 때 d_1과 d_3에서 모두 탈분극이 일어나고 있다.

➡ 흥분이 d_2에서 d_1에 도달하는 데 걸린 시간과 d_2에서 d_3에 도달하는 데 걸린 시간은 2 ms로 같다. 따라서 ㉠이 3 ms일 때 d_1과 d_3은 흥분이 도달한 후 1 ms가 경과하였을 때이므로 모두 탈분극이 일어나고 있다.

적용해야 할 개념 ②가지

① 흥분 전도 속도 = $\dfrac{\text{자극을 준 지점으로부터의 거리}}{\text{흥분이 도달하는 데 걸린 시간}}$ 로 계산한다.

② 경과 시간 t = (자극이 특정 지점까지 도달하는 데 걸린 시간) + (그 지점의 막전위 변화가 일어나는 데 걸린 시간)으로 계산한다.

문제 보기

다음은 민말이집 신경 A와 B의 흥분 이동에 대한 자료이다.

○ 그림은 민말이집 신경 A와 B에서 지점 $d_1 \sim d_4$의 위치를, 표는 d_1에 역치 이상의 자극을 1회 주고 경과된 시간이 각각 11 ms, ⓐ ms일 때, d_3와 d_4에서 측정한 막전위를 나타낸 것이다.

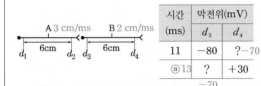

시간(ms)	막전위(mV)	
	d_3	d_4
11	−80	?−70
ⓐ13	?	+30
	−70	

○ ㉠ d_2에 역치 이상의 자극을 1회 주고 경과된 시간이 8 ms일 때 d_3의 막전위는 +30 mV이다.
○ B의 흥분 전도 속도는 2 cm/ms이다.
○ A와 B의 $d_1 \sim d_4$에서 활동 전위가 발생하였을 때, 각 지점에서의 막전위 변화는 그림과 같다. 휴지 전위는 −70 mV이다.

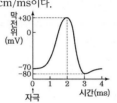

이에 대한 설명으로 옳은 것만을 〈보기〉에서 있는 대로 고른 것은? (단, d_1과 d_2에 준 자극에 의해 A와 B에서 흥분의 전도는 각각 1회 일어났고, 제시된 조건 이외의 다른 조건은 동일하다.) [3점]

〈보기〉 풀이

✗ ⓐ는 **15**이다.

➡ d_1에 역치 이상의 자극을 주고 11 ms가 경과하였을 때 d_3의 막전위가 −80 mV이다. 흥분이 도달하고 막전위가 −80 mV가 되는 데 걸리는 시간이 3 ms이므로 d_1에서 d_3로 흥분이 도달하는 데 걸린 시간은 8 ms이다. B의 흥분 전도 속도가 2 cm/ms이므로 d_3에서 d_4로 흥분이 전도되는 데 걸린 시간이 3 ms이며, d_4의 막전위가 +30 mV가 되는 데 걸린 시간이 2 ms이므로 ⓐ는 8+3+2=13이다.

ㄴ. **A의 흥분 전도 속도는 3 cm/ms이다.**

➡ d_2에 역치 이상의 자극을 주고 8 ms가 경과하였을 때 d_3의 막전위가 +30 mV이다. 흥분이 도달하고 막전위가 +30 mV가 되는 데 걸리는 시간이 2 ms이므로 d_2에서 d_3로 흥분이 전달되는 데 걸린 시간이 6 ms이다. 따라서 d_1에서 d_2로 흥분이 전도되는 데 걸린 시간은 2 ms이고, 두 지점 사이의 거리는 6 cm이므로 A의 흥분 전도 속도는 3 cm/ms이다.

ㄷ. **㉠이 10 ms일 때 d_4에서 탈분극이 일어나고 있다.**

➡ d_2에 역치 이상의 자극을 주고 10 ms가 경과되었을 때 d_2에서 d_3로 흥분이 도달하는 데 걸리는 시간이 6 ms이고, d_3에서 d_4로 흥분이 전도되는 데 걸리는 시간이 3 ms이므로 d_4에서는 흥분이 도달하고 1 ms가 경과되었으므로 탈분극이 일어나고 있다.

적용해야 할 개념 ④가지

① 뉴런에 자극을 주고 일정 시간(t)이 경과하였을 때 특정 지점에서의 막전위는 그래프에서 '경과 시간 t − (자극이 특정 지점까지 도달하는 데 걸린 시간)'일 때의 막전위로 구한다.

② 흥분이 특정 지점까지 도달하는 데 걸린 시간 $=\dfrac{\text{자극을 준 지점으로부터의 거리}}{\text{흥분 전도 속도}}$ 로 계산한다.

③ 뉴런 내에서 흥분 전도는 양방향으로 일어나고, 시냅스에서 흥분의 전달은 시냅스 이전 뉴런에서 시냅스 이후 뉴런으로만 일어난다.

④ 한 뉴런 내에서의 흥분 전도 속도는 시냅스를 통한 흥분의 전달 속도보다 빠르다.

문제 보기

다음은 민말이집 신경 A와 B에 대한 자료이다.

○ 그림 (가)는 A와 B에서 지점 $p_1 \sim p_4$의 위치를, (나)는 A와 B 각각에서 활동 전위가 발생했을 때 각 지점에서의 막전위 변화를 나타낸 것이다.

(가)

흥분이 p_3에서 p_1까지 가는 데 걸리는 시간은 1 ms이고, p_3에서 p_4까지 가는 데 걸리는 시간은 4 ms이다.

(나)

자극을 받은 후 2 ms가 되면 막전위가 +30 mV가 되고, 3 ms가 되면 막전위가 −80 mV가 된다.

○ 흥분 전도 속도는 A가 B의 2배이다.

○ ⓐ p_2에 역치 이상의 자극을 주고 경과된 시간이 4 ms일 때 p_1에서의 막전위는 −80 mV이다.

○ p_2에 준 자극으로 발생한 흥분이 p_4에 도달한 후, ⓑ p_3에 역치 이상의 자극을 주고 경과된 시간이 6 ms일 때 p_4에서의 막전위는 ⬚ ㉠ +30 ⬚ mV이다.

이에 대한 옳은 설명만을 〈보기〉에서 있는 대로 고른 것은? (단, p_2와 p_3에 준 자극에 의해 흥분의 전도는 각각 1회 일어났고, 휴지 전위는 −70 mV이다.) [3점]

〈보기〉 풀이

p_2에 자극을 주고 4 ms가 경과되었을 때 p_1에서의 막전위는 −80 mV인데, (나)를 보면 흥분이 도달한 후 막전위가 −80 mV가 되는 데 걸린 시간은 3 ms이므로 흥분이 p_2에서 2 cm 떨어진 p_1에 도달하는 데 걸린 시간은 1 ms이다. 따라서 뉴런 A의 흥분 전도 속도는 2 cm/ms이다. 그런데 흥분 전도 속도는 A가 B의 2배라고 했으므로 B의 흥분 전도 속도는 1 cm/ms이다.

ㄱ. ㉠은 +30이다.
➡ B의 흥분 전도 속도가 1 cm/ms이므로 흥분이 p_3에서 4 cm 떨어진 p_4에 도달하는 데 걸린 시간은 4 ms이다. 따라서 p_2에 준 자극으로 발생한 흥분이 p_4에 도달할 때 p_3는 다시 휴지 전위인 −70 mV를 회복한 상태이다. 이 상태에서 p_3에 자극을 주고 경과된 시간이 6 ms일 때는 p_3에서 발생한 흥분이 p_4에 도달한 후 2 ms가 지난 것이므로 p_4에서의 막전위는 +30 mV이다.

✗ ⓐ가 3 ms일 때 p_3에서 재분극이 일어나고 있다.
➡ $p_2 \sim p_3$의 거리는 2 cm이며, 그 사이에 시냅스가 있으므로 p_2에 자극을 주었을 때 발생한 흥분이 p_3에 도달하는 데는 2 ms보다 오래 걸린다. 따라서 p_2에 자극을 주고 3 ms가 경과하였을 때는 p_3에 흥분이 도달하지 않았거나 흥분이 도달하더라도 1 ms 미만의 시간이 지났을 때이다. 따라서 ⓐ가 3 ms일 때 p_3는 휴지 전위 상태이거나 탈분극이 시작되고 있다.

✗ ⓑ가 5 ms일 때 p_1과 p_4에서의 막전위는 같다.
➡ $p_1 \sim p_3$의 거리와 $p_3 \sim p_4$의 거리는 4 cm로 같지만, $p_1 \sim p_3$에는 시냅스가 있어서 p_3에 자극을 주더라도 p_1에 흥분이 전달되지 않으므로 p_1에서의 막전위는 휴지 전위인 −70 mV이다. 반면에 p_3에 자극을 주고 5 ms가 경과되었을 때 흥분이 p_4에 도달하는 데 걸린 시간은 4 ms이고, 흥분이 p_4에 도달한 후 1 ms가 지났을 때의 막전위는 약 −60 mV이다.

적용해야 할 개념 ②가지

① 흥분 전도 속도 = $\dfrac{\text{자극을 준 지점으로부터의 거리}}{\text{흥분이 도달하는 데 걸린 시간}}$ 로 계산한다.

② 경과 시간(t) = (흥분이 특정 지점까지 도달하는 데 걸린 시간) + (그 지점의 막전위 변화가 일어나는 데 걸린 시간)으로 계산할 수 있다. 특히 막전위가 +30 mV, −80 mV인 시점은 한 번이므로 이를 이용하여 경과 시간이나 자극을 준 지점으로부터의 거리 등을 계산한다.

문제 보기

다음은 민말이집 신경 A와 B의 흥분 전도와 전달에 대한 자료이다.

○ 그림은 A와 B의 지점 $d_1 \sim d_4$의 위치를, 표는 ㉮ A와 B의 d_1에 역치 이상의 자극을 동시에 1회 주고 경과된 시간이 5 ms일 때 $d_2 \sim d_4$에서의 막전위를 나타낸 것이다. (가)와 (나) 중 한 곳에만 시냅스가 있으며, ㉠과 ㉡은 각각 −80과 +30 중 하나이다.

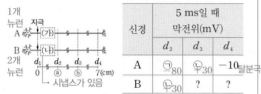

신경	5 ms일 때 막전위(mV)		
	d_2	d_3	d_4
A	㉠80	㉡30	−10
B	㉡30	?	?

흥분이 d_2에 도달하는 데 B에서가 A에서보다 1 ms가 더 걸린다.

○ A와 B 중 1개의 신경은 한 뉴런으로 구성되며, 나머지 1개의 신경은 두 뉴런으로 구성된다. A와 B를 구성하는 뉴런의 흥분 전도 속도는 모두 같다.

○ A와 B 각각에서 활동 전위가 발생하였을 때, 각 지점에서의 막전위 변화는 그림과 같다.

이에 대한 설명으로 옳은 것만을 〈보기〉에서 있는 대로 고른 것은? (단, A와 B에서 흥분의 전도는 각각 1회 일어났고, 휴지 전위는 −70 mV이다.) [3점]

〈보기〉 풀이

A에서 d_2의 막전위는 ㉠이고, d_3의 막전위는 ㉡이다. 자극을 준 지점으로부터 d_2가 d_3보다 가까이 있어 흥분이 도달하고 경과된 시간이 더 길므로 막전위 ㉠은 −80, ㉡은 +30이다.

ㄱ 시냅스는 (나)에 있다.

➡ A와 B에 동시에 자극을 주고 경과된 시간이 같을 때, d_2의 막전위가 A에서는 −80 mV이고, B에서는 +30 mV이므로 B의 (나)에는 흥분 전달 속도가 느린 시냅스가 있다.

✗ $\dfrac{ⓐ}{ⓑ} = \dfrac{1}{2}$ 이다.

➡ 하나의 뉴런으로 이루어진 A에서 d_1에 자극을 주고 5 ms가 경과되었을 때, d_2의 막전위가 −80 mV이므로 흥분이 도달한 지 3 ms가 경과된 상태로 흥분이 d_2에 도달하는 데 걸린 시간은 2 ms이다. 자극을 주고 같은 시간이 경과되었을 때 A의 d_3의 막전위가 +30 mV이므로 흥분이 d_1에서 d_3으로 전도되는 데 걸린 시간은 3 ms이다. 흥분 전도 속도는 일정하므로 흥분이 전도되는 데 걸린 시간의 차이는 이동 거리에 비례한다. 따라서 $\dfrac{ⓐ}{ⓑ} = \dfrac{2}{3}$ 이다.

✗ ㉮가 6 ms일 때 B의 d_4에서 재분극이 일어나고 있다.

➡ A와 B에서 d_1에 자극을 주고 흥분이 d_2에 도달하는 데 걸린 시간은 각각 2 ms와 3 ms로 B에서는 (나) 부분에 시냅스가 있어서 A에서보다 같은 지점에 흥분이 도달하는 데 1 ms가 늦다. 따라서 ㉮가 5 ms에서 6 ms로 1 ms가 늘어나면 B의 d_4에서의 막전위는 ㉮가 5 ms일 때 A의 d_4에서의 막전위와 같다. ㉮가 5 ms일 때 A의 d_3에서의 막전위가 +30 mV이므로 d_4에서의 −10 mV는 탈분극이 일어나고 있는 상태를 의미한다. 따라서 ㉮가 6 ms일 때 B의 d_4에서 탈분극이 일어나고 있다.

적용해야 할 개념 ④가지

① 흥분 전도 속도 = $\dfrac{\text{자극을 준 지점으로부터의 거리}}{\text{흥분이 도달하는 데 걸린 시간}}$ 로 계산한다.

② 경과 시간 t = (자극이 특정 지점까지 도달하는 데 걸린 시간) + (그 지점의 막전위 변화가 일어나는 데 걸린 시간)으로 계산할 수 있다.

③ 뉴런에 자극을 주고 일정 시간(t)이 경과하였을 때 특정 지점에서의 막전위는 그래프에서 '경과 시간 t − (자극이 특정 지점까지 도달하는 데 걸린 시간)'일 때의 막전위로 구한다.

④ 한 뉴런 내에서의 흥분 전도 속도는 시냅스를 통한 흥분의 전달 속도보다 빠르다.

문제 보기

다음은 민말이집 신경 (가)와 (나)의 흥분 이동에 대한 자료이다.

○ 그림은 (가)와 (나)의 지점 $d_1 \sim d_4$의 위치를, 표는 (가)와 (나)의 ⓐ d_1에 역치 이상의 자극을 동시에 1회 주고 경과한 시간이 4 ms일 때 $d_2 \sim d_4$에서 측정한 막전위를 나타낸 것이다. (가)와 (나) 중 한 신경에서만 $d_2 \sim d_4$ 사이에 하나의 시냅스가 있으며, 시냅스 전 뉴런과 시냅스 후 뉴런의 흥분 전도 속도는 서로 같다.

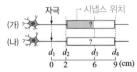

신경	4 ms일 때 측정한 막전위(mV)		
	d_2	d_3	d_4
4 cm/ms (가)	㉠ −70	+21	?
2 cm/ms (나)	−80	? −60	㉡ −70

과분극으로, d_2에 흥분이 도달한 후 3 ms가 경과한 후의 막전위이다. ➡ d_1에서 d_2로 흥분이 도달하는 데 걸린 시간은 1 ms이다.

○ (가)와 (나)를 구성하는 뉴런의 흥분 전도 속도는 각각 $\underset{(나)}{2 \text{ cm/ms}}, \underset{(가)}{4 \text{ cm/ms}}$ 중 하나이다.

○ (가)와 (나)의 $d_1 \sim d_4$에서 활동 전위가 발생하였을 때, 각 지점에서의 막전위 변화는 그림과 같다. 휴지 전위는 −70 mV이다.

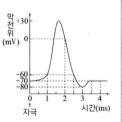

자극을 받은 후
1 ms가 될 때 막전위는 −60 mV이고 탈분극이 일어나고 있다.
2 ms가 될 때 막전위는 0 mV이고 재분극이 일어나고 있다.
3 ms가 될 때 막전위는 −80 mV이고 과분극 상태이다.
3.5 ms가 될 때 막전위는 −70 mV로 휴지 전위를 회복한다.

이에 대한 설명으로 옳은 것만을 〈보기〉에서 있는 대로 고른 것은? (단, (가)와 (나)를 구성하는 뉴런에서 흥분의 전도는 각각 1회 일어났고, 제시된 조건 이외의 다른 조건은 동일하다.) [3점]

〈보기〉 풀이

(나)의 d_1에 자극을 주고 4 ms가 경과하였을 때 d_2에서의 막전위는 −80 mV인데, 그래프를 보면 흥분이 도달한 후 막전위가 −80 mV가 되는 데 걸린 시간은 3 ms이므로 d_1에서 d_2로 흥분이 전도되는 데 걸린 시간은 1 ms이다. $d_1 \sim d_2$의 거리는 2 cm이므로 (나)의 흥분 전도 속도는 2 cm/ms이고, (가)의 흥분 전도 속도는 4 cm/ms이다.

ㄱ. ㉠과 ㉡은 모두 −70이다.

➡ (가)의 흥분 전도 속도가 4 cm/ms이므로 흥분이 d_1에서 2 cm 떨어진 d_2에 도달하는 데 걸린 시간은 0.5 ms이고, d_2에 흥분이 도달한 후 3.5 ms가 지났을 때의 막전위 ㉠은 −70 mV이다.
(나)의 흥분 전도 속도가 2 cm/ms이므로 d_1에 자극을 주고 4 ms가 경과하였을 때 d_1에서 9 cm 떨어진 d_4에는 아직 흥분이 도달하지 않았으므로 d_4의 막전위 ㉡은 휴지 전위인 −70 mV이다.

ㄴ. 시냅스는 (가)의 d_2와 d_3 사이에 있다.

➡ (가)의 d_2와 d_3 사이에 시냅스가 없을 경우 흥분이 d_1에서 6 cm 떨어진 d_3에 도달하는 데 걸린 시간은 1.5 ms이고, d_3에 흥분이 도달한 후 2.5 ms가 지났을 때의 막전위는 −60 mV 이어야 하는데, +21 mV이므로 (가)의 d_2와 d_3 사이에 흥분 전달 속도가 느린 시냅스가 있다.

ㄷ. ⓐ가 5 ms일 때 (나)의 d_3에서 재분극이 일어나고 있다.

➡ (가)의 d_2와 d_3 사이에 시냅스가 있으므로 (나)에는 시냅스가 없다. (나)의 흥분 전도 속도는 2 cm/ms이므로 (나)의 d_1에 자극을 주고 5 ms가 경과하였을 때 흥분이 d_1에서 6 cm 떨어진 d_3에 도달하는 데 걸린 시간은 3 ms이고, d_3에 흥분이 도달한 후 2 ms가 지났을 때의 막전위는 0 mV로, 재분극이 일어나고 있는 상태이다.

적용해야 할 개념 ③가지

① 뉴런 내에서의 흥분 전도 속도는 시냅스를 통한 흥분의 전달 속도보다 빠르다.

② 두 지점에서 막전위 차이가 나타나는 것은 각 지점에 흥분이 도달하는 데 걸린 시간의 차이 때문이다.

③ 경과 시간 t =(자극이 특정 지점까지 도달하는 데 걸린 시간)+(그 지점의 막전위 변화가 일어나는 데 걸린 시간)으로 계산할 수 있다.

문제 보기

다음은 민말이집 신경 A~C의 흥분 전도와 전달에 대한 자료이다.

○ 그림은 A와 C의 지점 d_1으로부터 세 지점 d_2~d_4까지의 거리를, 표는 ㉠ A와 C의 d_1에 역치 이상의 자극을 동시에 1회 주고 경과된 시간이 6 ms일 때 d_2~d_4에서 측정한 막전위를 나타낸 것이다.

흥분이 B의 d_2에 도달하기까지 걸린 시간은 3 ms이다.

신경	6 ms일 때 측정한 막전위(mV)		
	d_2	d_3	d_4
B	−80	? 탈분극 +10	+10 재분극
C	? −70	−80	? +10 재분극

흥분이 C의 d_3에 도달하기까지 걸린 시간은 3 ms이다.

○ B와 C의 흥분 전도 속도는 각각 1 cm/ms, 2 cm/ms 중 하나이다.

○ A~C 각각에서 활동 전위가 발생하였을 때, 각 지점에서의 막전위 변화는 그림과 같다.

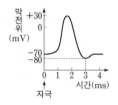

이에 대한 설명으로 옳은 것만을 〈보기〉에서 있는 대로 고른 것은? (단, A, B, C에서 흥분의 전도는 각각 1회 일어났고, 휴지 전위는 −70 mV이다.) [3점]

보기

〈보기〉 풀이

❶ 그림에서 A~C의 각 지점에서 활동 전위가 발생하였을 때 막전위가 −80 mV가 되는 데 걸리는 시간은 3 ms이다.

❷ ㉠이 6 ms일 때 B의 d_2의 막전위가 −80 mV이므로 A의 d_1에서 A와 B 사이의 시냅스를 통과해 B의 d_2에 흥분이 도달하기까지 걸린 시간은 3 ms이다. ㉠이 6 ms일 때 C의 d_3의 막전위가 −80 mV이므로 C에서는 3 ms 동안 흥분이 3 cm 이동한 것이며, C의 흥분 전도 속도는 1 cm/ms이다. B와 C의 흥분 전도 속도는 각각 1 cm/ms, 2 cm/ms 중 하나라고 하였으므로 B의 흥분 전도 속도는 2 cm/ms이다.

✗ d_1에서 발생한 흥분은 B의 d_4보다 C의 d_4에 먼저 도달한다.

➡ d_1에서 발생한 흥분이 B의 d_2에 도달하는 데 3 ms가 걸리고, B의 흥분 전도 속도는 2 cm/ms이므로 d_2에서 2 cm 떨어진 d_4까지 흥분이 이동하는 데 1 ms가 걸린다. 따라서 d_1에서 발생한 흥분이 B의 d_4에 도달하는 데 걸리는 시간은 4 ms이다. C의 흥분 전도 속도는 1 cm/ms이므로 d_1에서 발생한 흥분이 4 cm 떨어진 d_4에 도달하는 데 걸리는 시간은 4 ms로 흥분이 B의 d_4에 도달하는 시간과 같다.

ㄴ. ㉠이 4 ms일 때, C의 d_3에서 Na^+이 세포 안으로 유입된다.

➡ C의 흥분 전도 속도가 1 cm/ms이므로 d_1에서 3 cm 떨어진 d_3에 흥분이 도달하는 데 걸리는 시간이 3 ms이고, ㉠이 4 ms일 때는 자극을 받은 후 1 ms가 지났을 때이므로 C의 d_3의 막전위는 약 −60 mV로 탈분극이 일어나고 있다. 따라서 C의 d_3에서는 Na^+이 Na^+ 통로를 통해 세포 밖에서 세포 안으로 확산된다.

✗ ㉠이 5 ms일 때, B의 d_2에서 탈분극이 일어나고 있다.

➡ ❷에서 A의 d_1에 자극을 주었을 때 B의 d_2에 흥분이 도달하기까지 걸리는 시간이 3 ms이고, ㉠이 5 ms일 때는 자극을 받은 후 2 ms가 지났을 때이므로 B의 d_2의 막전위는 +10 mV로 재분극이 일어나고 있다. 따라서 B의 d_2에서는 K^+이 K^+ 통로를 통해 세포 안에서 세포 밖으로 확산되고 있다.

적용해야 할 개념 ③가지

① 흥분 전도 속도 = $\dfrac{\text{자극을 준 지점으로부터의 거리}}{\text{흥분이 도달하는 데 걸린 시간}}$ 로 계산한다.

② 경과 시간 t = (자극이 특정 지점까지 도달하는 데 걸린 시간) + (그 지점의 막전위 변화가 일어나는 데 걸린 시간)으로 계산할 수 있다.

③ 뉴런에 자극을 주고 일정 시간(t)이 경과하였을 때 특정 지점에서의 막전위는 그래프에서 '경과 시간 t − (자극이 특정 지점까지 도달하는 데 걸린 시간)'일 때의 막전위로 구한다.

문제 보기

다음은 민말이집 신경 A~D의 흥분 전도와 전달에 대한 자료이다.

○ 그림은 A, C, D의 지점 d_1으로부터 두 지점 d_2, d_3까지의 거리를, 표는 ㉠ A, C, D의 d_1에 역치 이상의 자극을 동시에 1회 주고 경과된 시간이 5 ms일 때 d_2와 d_3에서의 막전위를 나타낸 것이다.

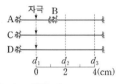

신경	5 ms일 때 막전위(mV)	
	d_2	d_3
2 cm/ms B	−80	ⓐ +30
2 cm/ms C	? −70	−80
$\frac{2}{3}$ cm/ms D	+30	? −70

재분극 후 분극 상태로 회복   흥분이 도달하지 않아 분극 상태

○ B와 C의 흥분 전도 속도는 같다.

○ A~D 각각에서 활동 전위가 발생하였을 때, 각 지점에서의 막전위의 변화는 그림과 같다.

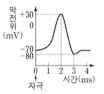

이에 대한 설명으로 옳은 것만을 〈보기〉에서 있는 대로 고른 것은? (단, A~D에서 흥분의 전도는 각각 1회 일어났고, 휴지 전위는 −70 mV이다.) [3점]

〈보기〉 풀이

ㄱ. 흥분의 전도 속도는 C에서가 D에서보다 빠르다.

➡ C의 d_1에 자극을 주고 5 ms가 경과되었을 때 d_3에서의 막전위는 −80 mV인데, 그래프를 보면 흥분이 도달한 후 막전위가 −80 mV가 되는 데 걸린 시간은 3 ms이므로 d_1에서 d_3로 흥분이 전도되는 데 걸린 시간은 2 ms이다. d_1~d_3의 거리는 4 cm이므로, C의 흥분 전도 속도는 $\dfrac{4}{2}$ cm/ms=2 cm/ms이다.

D의 d_1에 자극을 주고 5 ms가 경과되었을 때 d_2에서의 막전위는 +30 mV인데, 그래프를 보면 흥분이 도달한 후 막전위가 +30 mV가 되는 데 걸린 시간은 2 ms이므로 d_1에서 d_2로 흥분이 전도되는 데 걸린 시간은 3 ms이다. d_1~d_2의 거리는 2 cm이므로, D의 흥분 전도 속도는 $\dfrac{2}{3}$ cm/ms이다.

따라서 흥분의 전도 속도는 C에서가 D에서보다 빠르다.

ㄴ. ⓐ는 +30이다.

➡ B와 C의 흥분 전도 속도는 같다고 했으므로 B의 흥분 전도 속도는 2 cm/ms인데, B의 d_2~d_3의 거리는 2 cm이므로 d_2에서 d_3까지 흥분이 전도되는 데 걸린 시간은 1 ms이다. 따라서 B의 d_3에서의 막전위 변화는 d_2에서의 막전위 변화보다 1 ms 늦게 시작된다. A의 d_1에 자극을 주고 5 ms가 경과되었을 때 B의 d_2에서의 막전위가 −80 mV이므로 흥분이 도달한 후 3 ms가 지난 것이고, d_3에서의 막전위 ⓐ는 흥분이 도달한 후 2 ms가 지났을 때의 막전위이므로 +30 mV이다.

ㄷ. ㉠이 3 ms일 때 C의 d_3에서 탈분극이 일어나고 있다.

➡ C의 흥분 전도 속도는 2 cm/ms이므로 C의 d_1에 자극을 주었을 때 d_1에서 4 cm 떨어진 d_3까지 흥분이 도달하는 데 걸린 시간은 2 ms이다. ㉠이 3 ms일 때는 C의 d_3에 흥분이 도달하고 1 ms가 지났을 때이므로 C의 d_3에서의 막전위는 약 −60 mV로 탈분극이 일어나고 있다.

적용해야 할 개념 ③가지

① 흥분 전도 속도 = $\dfrac{\text{자극을 준 지점으로부터의 거리}}{\text{흥분이 도달하는 데 걸린 시간}}$ 로 계산한다.

② 경과 시간 t = (자극이 특정 지점까지 도달하는 데 걸린 시간)+(그 지점의 막전위 변화가 일어나는 데 걸린 시간)으로 계산한다.

③ 하나의 뉴런에서 흥분 전도는 양방향으로 일어나고, 시냅스에서는 시냅스 이전 뉴런에서 시냅스 이후 뉴런으로만 흥분이 전달된다.

문제 보기

다음은 민말이집 신경 A와 B의 흥분 전도와 전달에 대한 자료이다.

○ 그림은 A와 B의 지점 $d_1 \sim d_4$의 위치를, 표는 ㉠A와 B의 지점 X에 역치 이상의 자극을 동시에 1회 주고 경과된 시간이 3 ms일 때 $d_1 \sim d_4$에서의 막전위를 나타낸 것이다. X는 $d_1 \sim d_4$ 중 하나이고, I ~ IV는 $d_1 \sim d_4$를 순서 없이 나타낸 것이다.

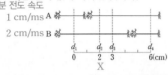

흥분 전도 속도
1 cm/ms A
2 cm/ms B

신경	3 ms일 때 막전위(mV)			
	I d_3	II d_2	III d_4	IV d_1
A	+30	? −80	−70	㉠ −70
B	? 약 −30	−80	? 약 −60	+30

○ A를 구성하는 두 뉴런의 흥분 전도 속도는 ⓐ로 같고, B를 구성하는 두 뉴런의 흥분 전도 속도는 ⓑ로 같다. ⓐ와 ⓑ는 1 cm/ms와 2 cm/ms를 순서 없이 나타낸 것이다.

○ A와 B 각각에서 활동 전위가 발생하였을 때, 각 지점에서의 막전위 변화는 그림과 같다.

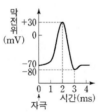

이에 대한 설명으로 옳은 것만을 〈보기〉에서 있는 대로 고른 것은? (단, A와 B에서 흥분의 전도는 각각 1회 일어났고, 휴지 전위는 −70 mV이다.) [3점]

〈보기〉 풀이

하나의 뉴런에서 흥분 전도는 양방향으로 일어나고, 시냅스에서는 흥분의 전달이 느려지며 시냅스 이후 뉴런 쪽으로만 전달된다. 뉴런의 막전위 변화를 보면 흥분이 도달하고 3 ms가 지났을 때 막전위가 −80 mV가 되는데, A와 B의 X 지점에 역치 이상의 자극을 동시에 주고 경과된 시간이 3 ms일 때 자극을 준 지점의 막전위가 −80 mV이다. 따라서 B에서 −80 mV인 II가 X이고, (가)에서의 막전위도 −80 mV이다.

✘ **X는 d_3이다.**

➡ A를 구성하는 뉴런과 B를 구성하는 뉴런의 흥분 전도 속도는 각각 1 cm/ms와 2 cm/ms 중 하나인데, 막전위가 +30 mV가 되는 것은 흥분이 도달하고 2 ms가 지났을 때이므로 A와 B의 자극을 준 지점으로부터 같은 뉴런 내의 1 cm와 2 cm 떨어진 지점에서의 막전위이다. 따라서 자극을 준 지점 X는 d_2이고, I이 d_3, IV가 d_1, III이 d_4이다. 또한, A를 구성하는 두 뉴런의 흥분 전도 속도 ⓐ는 1 cm/ms이고, B를 구성하는 두 뉴런의 흥분 전도 속도 ⓑ는 2 cm/ms이다.

◯ **㉡ ㉠는 −70이다.**

➡ 자극을 준 지점 II(d_2)와 IV(d_1) 사이에는 시냅스가 있는데, 시냅스 이전 뉴런에서 시냅스 이후 뉴런으로만 흥분이 전달된다. 신경 세포체의 위치로 보아 자극을 준 지점이 있는 뉴런이 시냅스 이후 뉴런이므로 시냅스 이전 뉴런으로는 흥분이 전달되지 않아 A의 IV(d_1)는 휴지 전위 상태이므로 ㉠는 −70이다.

✘ **㉠이 5 ms일 때 A의 III에서 재분극이 일어나고 있다.**

➡ A를 구성하는 뉴런의 흥분 전도 속도는 1 cm/ms이므로 A의 II(d_2)에 자극을 주고 5 ms가 경과할 때 4 cm 떨어진 III(d_4)에 흥분이 도달하기까지 걸린 시간은 4 ms, 흥분이 도달하고 1 ms가 지났으므로 III(d_4)에서는 탈분극이 일어나고 있다.

적용해야 할 개념 ③가지

① 뉴런에 역치 이상의 자극이 주어지면 분극 → 탈분극 → 재분극(막전위 하강 → 과분극 → 휴지 전위 회복)의 과정을 거친다.

② 두 지점의 막전위 차이는 각 지점에 흥분이 도달하는 데 걸린 시간의 차이 때문으로 나타난다.

③ 두 뉴런에서 일정한 시간에 같은 거리에 떨어진 지점에서의 막전위가 각각 탈분극과 과분극으로 나타났다면 과분극이 나타난 뉴런이 흥분 전도 속도가 더 빠르다.

문제 보기

다음은 민말이집 신경 A와 B의 흥분 전도에 대한 자료이다.

○ 그림은 A와 B의 지점 $d_1 \sim d_4$의 위치를 나타낸 것이다. B는 2개의 뉴런으로 구성되어 있고, ㉠~㉢ 중 한 곳에만 시냅스가 있다.

○ 표는 A와 B의 d_3에 역치 이상의 자극을 동시에 1회 주고 경과된 시간이 t_1일 때 $d_1 \sim d_4$에서의 막전위를 나타낸 것이다. Ⅰ~Ⅳ는 $d_1 \sim d_4$를 순서 없이 나타낸 것이다.

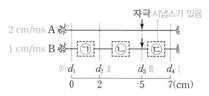

d_3 – 자극을 준 지점: 막전위가 같다.

신경	t_1일 때 막전위(mV)			
	Ⅰ d_4	Ⅱ d_2	Ⅲ	Ⅳ d_1
A	−80	0 재분극	?	0 탈분극
B	0	−60	?	?

○ B를 구성하는 두 뉴런의 흥분 전도 속도는 1 cm/ms로 같다.

○ A와 B 각각에서 활동 전위가 발생하였을 때, 각 지점에서의 막전위 변화는 그림과 같다.

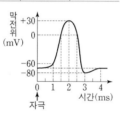

이에 대한 설명으로 옳은 것만을 〈보기〉에서 있는 대로 고른 것은? (단, A와 B에서 흥분의 전도는 각각 1회 일어났고, 휴지 전위는 −70 mV이다.) [3점]

〈보기〉 풀이

A와 B에서 자극을 준 지점은 t_1일 때 막전위가 같으므로 Ⅲ과 Ⅳ 중 하나이다. 그런데 A의 Ⅰ의 막전위가 −80 mV이고 자극을 준 지점은 이보다 시간이 더 경과되었을 때의 막전위를 나타낼 것이므로 막전위가 0 mV로 같을 수는 없다. 따라서 자극을 준 지점은 Ⅲ(d_3)이다. 활동 전위가 발생할 때 −80 mV는 0 mV보다 시간이 더 지나서 나타나므로 Ⅰ은 자극을 준 지점 Ⅲ(d_3)로부터 가장 가까운 지점인 d_4이다. Ⅱ와 Ⅳ는 각각 d_1과 d_2 중 하나이고, A의 막전위는 모두 0 mV이다. 그래프를 보면 활동 전위가 발생하였을 때 탈분극이 일어나면서 0 mV가 된 후 재분극되면서 다시 0 mV가 되기까지 1 ms가 소요되고, d_1과 d_2 사이의 거리는 2 cm이므로 A의 흥분 전도 속도는 2 cm/ms이다.

✘ t_1은 5 ms이다.

➡ A의 흥분 전도 속도는 2 cm/ms이므로 자극을 준 지점 d_3에서 2 cm 떨어진 d_4(Ⅰ)에 흥분이 도달하기까지 걸린 시간은 1 ms이고, 흥분이 도달한 후 막전위가 −80 mV가 되기까지 걸리는 시간은 3 ms이므로 t_1은 4 ms이다.

ㄴ. 시냅스는 ㉢에 있다.

➡ B의 흥분 전도 속도는 1 cm/ms이므로 d_3에 자극을 주었을 때 2 cm 떨어진 d_4에 흥분이 도달하는 데 걸린 시간은 2 ms이다. t_1이 4 ms이므로 d_4(Ⅰ)의 막전위는 흥분이 도달한 후 2 ms가 지난 상태로 +30 mV가 되어야 하지만 0 mV이다. 따라서 ㉢에 시냅스가 있음을 알 수 있다. 시냅스가 있으면 흥분 전달이 느려지므로 B의 d_4(Ⅰ)에서의 막전위 0 mV는 탈분극 상태이다.

✘ t_1일 때, A의 Ⅱ에서 탈분극이 일어나고 있다.

➡ 시냅스가 ㉢에 있으므로 ㉠과 ㉡에는 시냅스가 없다. 따라서 B의 d_3에 자극을 주었을 때 3 cm 떨어진 d_2에 흥분이 도달하는 데 걸리는 시간은 3 ms이고, t_1(4 ms)일 때는 흥분이 도달한 후 1 ms가 지난 후로 막전위는 −60 mV이다. 따라서 Ⅱ는 d_2이고, Ⅳ는 d_1이다. A에서 Ⅱ(d_2)의 막전위 0 mV는 재분극이 일어날 때이고, 더 멀리 떨어져 있는 Ⅳ(d_1)의 막전위 0 mV는 탈분극이 일어날 때이다.

적용해야 할 개념 ③가지

① 흥분 전도 속도 = $\dfrac{\text{자극을 준 지점으로부터의 거리}}{\text{흥분이 도달하는 데 걸린 시간}}$ 로 계산한다.

② 경과 시간 t =(자극이 특정 지점까지 도달하는 데 걸린 시간)+(그 지점의 막전위 변화가 일어나는 데 걸린 시간)으로 계산한다.

③ 뉴런에 자극을 주고 일정 시간(t)이 경과하였을 때 특정 지점에서의 막전위 변화는 't −(자극이 특정 지점까지 도달하는 데 걸린 시간)'만큼 이 되었을 때의 막전위로 구한다.

문제 보기

다음은 민말이집 신경 A~C의 흥분 전도와 전달에 대한 자료이다.

○ 그림은 A와 B의 지점 d_1으로부터 d_2~d_5까지의 거리를, 표는 A와 B의 d_1에 역치 이상의 자극을 동시에 1회 주고 경과된 시간이 ⓐ ms일 때 A의 d_2와 d_5, B의 d_2, C의 d_3~d_5에서의 막전위를 나타낸 것이다. ⓐ는 4와 5 중 하나이다.

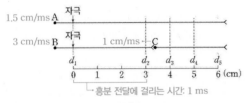

흥분 전달에 걸리는 시간: 1 ms

ⓐ ms일 때 막전위(mV)					
A의 d_2	A의 d_5	B의 d_2	C의 d_3	C의 d_4	C의 d_5
−80	㉠	−70	+30	㉡	−70

흥분이 도달한 후 1 ms가 되었을 때의 막전위

○ A~C의 흥분 전도 속도는 서로 다르며 각각 1 cm/ms, 1.5 cm/ms, 3 cm/ms 중 하나이다.

○ A~C 각각에서 활동 전위가 발생했을 때 각 지점에서의 막전위 변화는 그림과 같다.

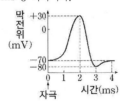

이에 대한 옳은 설명만을 〈보기〉에서 있는 대로 고른 것은? (단, A~C에서 흥분의 전도는 각각 1회 일어났고, 휴지 전위는 −70 mV이다.) [3점]

〈보기〉 풀이

ⓐ는 4와 5 중 하나인데, B의 d_1에 자극을 주었을 때 3 cm 떨어진 d_2의 막전위가 −70 mV이므로 흥분이 d_2에 도달한 지 4 ms가 경과하였다는 것을 알 수 있다. 따라서 ⓐ는 4보다 큰 값이므로 5이고, B에서 흥분이 d_1에서 d_2에 전달되는 데 걸린 시간은 1 ms이므로 B의 흥분 전도 속도는 3 cm/ms이다.

A의 d_1에 자극을 준 후 5 ms가 경과하였을 때 3 cm 떨어진 d_2의 막전위가 −80 mV이므로 흥분이 d_2에 도달한 지 3 ms가 경과하였고, d_1에서 d_2에 흥분이 전달되는 데 걸린 시간은 2 ms이다. 따라서 A의 흥분 전도 속도는 1.5 cm/ms이고, C의 흥분 전도 속도는 1 cm/ms이다.

㉠ ⓐ는 5이다.

➡ 뉴런의 특정 부위를 자극하였을 때 막전위가 휴지 전위인 −70 mV를 회복하는 데 걸리는 시간은 4 ms이다. B의 d_2에서의 막전위가 −70 mV가 나타나기까지 걸린 시간 ⓐ는 '흥분이 d_1에서 d_2까지 전도되는 시간+4 ms'이므로 ⓐ는 4보다 큰 5이다.

㉡ ㉠과 ㉡은 같다.

➡ A의 흥분 전도 속도는 1.5 cm/ms이므로 d_1에서 6 cm 떨어진 d_5에 흥분이 도달하는 데 걸리는 시간은 4 ms로, ㉠은 흥분이 d_5에 도달한 후 1 ms가 되었을 때의 막전위이다. B의 d_1에 자극을 준 후 5 ms일 때 4 cm 떨어진 C의 d_3의 막전위는 +30 mV로 흥분이 도달한지 2 ms가 지난 상태이므로 시냅스를 거쳐 C의 d_3에 흥분이 전달되기까지 3 ms가 걸린다는 것을 알 수 있다. C의 흥분 전도 속도는 1 cm/ms이므로 d_3에서 1 cm 떨어진 d_4에 흥분이 도달하는 데 걸리는 시간은 1 ms이다. 따라서 C의 d_4의 막전위(㉡)는 흥분이 도달한 후 1 ms가 되었을 때의 막전위이므로 ㉠과 같다.

㉢ 흥분 전도 속도는 B가 A의 2배이다.

➡ B의 흥분 전도 속도는 3 cm/ms이고 A의 흥분 전도 속도는 1.5 cm/ms이므로 흥분 전도 속도는 B가 A의 2배이다.

적용해야 할 개념 ②가지	① 흥분 전도 속도 $=\dfrac{\text{자극을 준 지점으로부터의 거리}}{\text{흥분이 도달하는 데 걸린 시간}}$ 로 계산한다.
	② 경과 시간 $t=$(자극이 특정 지점까지 도달하는 데 걸린 시간)+(그 지점의 막전위 변화가 일어나는 데 걸린 시간)으로 계산한다.

문제 보기

다음은 민말이집 신경 Ⅰ～Ⅲ의 흥분 전도와 전달에 대한 자료이다.

○ 그림은 Ⅰ～Ⅲ의 지점 d_1~d_5의 위치를, 표는 ㉠ Ⅰ과 Ⅱ의 P에, Ⅲ의 Q에 역치 이상의 자극을 동시에 1회 주고 경과된 시간이 4 ms일 때 d_1~d_5에서의 막전위를 나타낸 것이다. P와 Q는 각각 d_1~d_5 중 하나이다.

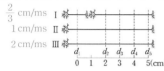

$\frac{2}{3}$ cm/ms　Ⅰ
1 cm/ms　Ⅱ
2 cm/ms　Ⅲ

d_1　d_2 d_3 d_4 d_5
0　1　2　3　4　5(cm)

신경	4 ms일 때 막전위(mV)				
	d_1	d_2 P	d_3	d_4 Q	d_5
Ⅰ	−70	ⓐ −70	?	ⓑ −65	?
Ⅱ	ⓒ 0	ⓐ −70	?	ⓒ 0	ⓑ −65
Ⅲ	ⓒ 0	−80	?	ⓐ −70	?

○ Ⅰ을 구성하는 두 뉴런의 흥분 전도 속도는 $2v$로 같고, Ⅱ와 Ⅲ의 흥분 전도 속도는 각각 $3v$와 $6v$이다.

○ Ⅰ～Ⅲ 각각에서 활동 전위가 발생하였을 때, 각 지점에서의 막전위 변화는 그림과 같다.

막전위 +30
(mV)
−70
−80
0 1 2 3 4
자극
시간(ms)

㉠이 4 ms이므로 자극을 준 지점 P와 Q의 막전위는 −70 mV이다.

이에 대한 설명으로 옳은 것만을 〈보기〉에서 있는 대로 고른 것은? (단, Ⅰ～Ⅲ에서 흥분의 전도는 각각 1회 일어났고, 휴지 전위는 −70 mV이다.) [3점]

〈보기〉 풀이

Ⅰ～Ⅲ 각각에서 활동 전위가 발생하였을 때 각 지점에서의 막전위 변화는 동일하므로 Ⅰ과 Ⅱ에서 자극을 준 지점 P에서의 막전위는 같아야 한다. 따라서 P는 막전위가 다른 d_4를 제외한 d_1, d_2, d_3, d_5 중 하나이다. P가 d_1이라면 Ⅰ과 Ⅱ의 흥분 전도 속도가 다르고 Ⅰ에는 시냅스가 존재하므로 d_2에서 막전위가 ⓐ로 같을 수 없다. P가 d_3라면 d_3로부터 같은 거리에 있는 d_2와 d_4의 막전위가 같아야 하는데 Ⅰ에서는 ⓐ와 ⓑ로, Ⅱ에서는 ⓐ와 ⓒ로 다르다. P가 d_5라면 자극을 주고 경과된 시간이 4 ms이므로 Ⅱ의 막전위 ⓑ는 −70이고, Ⅰ의 d_4에서 막전위가 ⓑ(−70)가 될 수 없다. 따라서 Ⅰ과 Ⅱ에서 자극을 준 지점 P는 d_2이고 자극을 주고 경과된 시간이 4 ms일 때의 막전위 ⓐ는 −70이다.

Ⅲ에서 자극을 준 지점 Q는 자극을 주고 경과된 시간이 4 ms이므로 막전위가 ⓐ(−70)인 d_4이다. Ⅲ의 d_2의 막전위 −80은 흥분이 d_2에 도달한 후 3 ms가 경과되었을 때의 막전위이므로 Ⅲ의 d_4에서 2 cm 떨어진 d_2까지 흥분이 이동하는 데 걸린 시간은 1 ms이며 Ⅲ의 흥분 전도 속도 $6v=2$ cm/ms이다. 따라서 Ⅱ의 흥분 전도 속도 $3v=1$ cm/ms이고, Ⅰ을 구성하는 두 뉴런의 흥분 전도 속도 $2v=\dfrac{2}{3}$ cm/ms이다. 따라서 Ⅱ에서 자극을 준 지점 d_2로부터 2 cm 떨어져 있는 d_1, d_4로 흥분이 이동하는 데 걸린 시간은 2 ms이고, 각 지점에 흥분이 도달한 후 경과한 시간은 2 ms이므로 막전위 ⓒ는 약 0이고, d_2로부터 3 cm 떨어진 d_5에서의 막전위(ⓑ)는 흥분이 도달한 후 1 ms가 경과하였을 때이므로 약 −65이다.

ㄱ. **Q는 d_4이다.**

➡ P는 d_2이고, Q는 d_4이다.

ㄴ. **Ⅱ의 흥분 전도 속도는 2 cm/ms이다.**

➡ Ⅰ을 구성하는 두 뉴런의 흥분 전도 속도는 $\dfrac{2}{3}$ cm/ms이고, Ⅱ의 흥분 전도 속도는 1 cm/ms이며, Ⅲ의 흥분 전도 속도는 2 cm/ms이다.

ㄷ. **㉠이 5 ms일 때 Ⅰ의 d_5에서 재분극이 일어나고 있다.**

➡ Ⅰ을 구성하는 두 뉴런의 흥분 전도 속도는 $\dfrac{2}{3}$ cm/ms이므로 자극을 준 지점 d_2에서 3 cm 떨어진 지점 d_5까지 흥분이 이동하는 데 걸리는 시간은 $\dfrac{9}{2}$ ms이다. 따라서 ㉠이 5 ms일 때 Ⅰ의 d_5는 흥분이 도달한 후 $\dfrac{1}{2}$ ms가 경과하였을 때이므로 탈분극이 일어나고 있다.

적용해야 할 개념 ③가지

① 뉴런에 역치 이상의 자극이 주어지면 분극 → 탈분극 → 재분극(막전위 하강 → 과분극 → 휴지 전위 회복)의 과정을 거친다.

② 경과 시간(t)=(자극이 특정 지점까지 도달하는 데 걸린 시간)+(그 지점의 막전위 변화가 일어나는 데 걸린 시간)으로 계산할 수 있다.

③ 두 지점의 막전위 차이는 각 지점에 흥분이 도달하는 데 걸린 시간의 차이 때문에 나타난다. 막전위가 $+30$ mV, -80 mV인 시점은 한 번이므로 이를 이용하여 경과 시간이나 자극을 준 지점으로부터의 거리 등을 계산한다.

문제 보기

다음은 민말이집 신경 A와 B의 흥분 전도에 대한 자료이다.

○ 그림은 A와 B에서 지점 $d_1 \sim d_4$의 위치를, 표는 A의 d_1과 B의 d_3에 역치 이상의 자극을 동시에 1회 주고 경과한 시간이 $t_1 \sim t_4$일 때 A의 ㉠과 B의 ㉡에서 측정한 막전위를 나타낸 것이다. ㉠과 ㉡은 d_2와 d_4를 순서 없이 나타낸 것이고, $t_1 \sim t_4$는 1 ms, 2 ms, 4 ms, 5 ms를 순서 없이 나타낸 것이다.

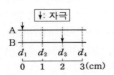

신경	지점	막전위(mV)			
		t_1 4 ms	t_2 1 ms	t_3 5 ms	t_4 2 ms
A	㉠ d_4	? -60	ⓐ -70	$+20$	? -70
B	㉡ d_2	-80	-70	? -70	ⓑ -60

○ A와 B의 흥분 전도 속도는 모두 1 cm/ms이다.

○ A와 B 각각에서 활동 전위가 발생하였을 때, 각 지점에서의 막전위 변화는 그림과 같다.

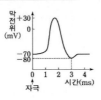

이에 대한 옳은 설명만을 〈보기〉에서 있는 대로 고른 것은? (단, A와 B에서 흥분 전도는 각각 1회 일어났고, 휴지 전위는 -70 mV이다.) [3점]

〈보기〉 풀이

㉠이 d_2라면 A의 흥분 전도 속도가 1 cm/ms이므로 d_1에 자극을 주고 1 ms, 2 ms, 4 ms, 5 ms일 때 d_2에서의 막전위는 -70 mV, 약 -60 mV, -80 mV, -70 mV로 막전위가 $+20$ mV가 될 수 없다. 따라서 ㉠은 d_4이고, ㉡은 d_2이다. 신경 A의 d_1과 신경 B의 d_3에 자극을 주었을 때 A의 ㉠(d_4) 지점과 B의 ㉡(d_2) 지점에서의 시간 경과에 따른 막전위는 표와 같다.

신경	지점	막전위(mV)			
		1 ms	2 ms	4 ms	5 ms
A	㉠(d_4)	-70	-70	약 -60	$+20$
B	㉡(d_2)	-70	약 -60	-80	-70

B의 ㉡ 지점의 막전위가 -80 mV인 t_1은 4 ms이고, A의 ㉠ 지점의 막전위가 $+20$ mV인 t_3은 5 ms이다. B의 ㉡ 지점의 막전위가 -70 mV인 시점은 1 ms와 5 ms이지만 t_3이 5 ms이므로, t_2는 1 ms이다. 나머지 t_4는 2 ms이다. 또한 A의 ㉠ 지점의 t_2(1 ms)일 때의 막전위 ⓐ는 -70이고, B의 ㉡ 지점의 t_4(2 ms)일 때의 막전위 ⓑ는 약 -60이다.

㉠ t_3은 **5 ms**이다.

➡ t_1은 4 ms, t_2는 1 ms, t_3은 5 ms, t_4는 2 ms이다.

✗ ㉡은 d_4이다.

➡ ㉠은 d_4이고, ㉡은 d_2이다.

✗ ⓐ와 ⓑ는 모두 -70이다.

➡ ⓐ는 -70이고, ⓑ는 약 -60이다.

적용해야 할 개념 ③가지

① 한 뉴런에서는 흥분이 양방향으로 전도되고, 자극을 준 지점으로부터 같은 거리만큼 떨어진 지점의 막전위는 같게 나타난다.

② 경과 시간(t)=(자극이 특정 지점까지 도달하는 데 걸린 시간)+(그 지점의 막전위 변화가 일어나는 데 걸린 시간)으로 계산할 수 있다.

③ 두 지점의 막전위 차이는 각 지점에 흥분이 도달하는 데 걸린 시간의 차이 때문에 나타난다. 막전위가 +30 mV, −80 mV인 시점은 한 번이므로 이를 이용하여 경과 시간이나 자극을 준 지점으로부터의 거리 등을 계산한다.

문제 보기

다음은 민말이집 신경 A~C의 흥분 전도와 전달에 대한 자료이다.

○ 그림은 A~C의 지점 d_1~d_5의 위치를, 표는 ㉠ A~C의 P에 역치 이상의 자극을 동시에 1회 주고 경과된 시간이 4 ms일 때 d_1~d_5에서의 막전위를 나타낸 것이다. P는 d_1~d_5 중 하나이고, (가)~(다) 중 두 곳에만 시냅스가 있다. Ⅰ~Ⅲ은 d_2~d_4를 순서 없이 나타낸 것이다.

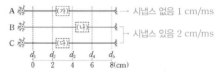

신경	4 ms일 때 막전위(mV)					
	d_1	Ⅰ P, d_3	Ⅱ d_2	Ⅲ d_4	d_5
A	?	?	+30	+30	−70
B	+30	−70	?	+30	?
C	?	?	?	−80	+30

○ A~C 중 2개의 신경은 각각 두 뉴런으로 구성되고, 각 뉴런의 흥분 전도 속도는 ⓐ로 같다. 나머지 1개의 신경의 흥분 전도 속도는 ⓑ이다. ⓐ와 ⓑ는 서로 다르다.

○ A~C 각각에서 활동 전위가 발생하였을 때, 각 지점에서의 막전위 변화는 그림과 같다.

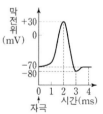

이에 대한 설명으로 옳은 것만을 〈보기〉에서 있는 대로 고른 것은? (단, A~C에서 흥분의 전도는 각각 1회 일어났고, 휴지 전위는 −70 mV이다.) [3점]

〈보기〉 풀이

㉠이 4 ms일 때 P의 막전위는 모두 −70 mV이다. 따라서 자극을 준 지점 P는 Ⅰ이며, Ⅰ은 d_2~d_4 중 하나이다. P가 d_2라면 Ⅱ와 Ⅲ은 각각 d_3과 d_4 중 하나이다. 그런데 이 경우 A에서 Ⅱ와 Ⅲ에서의 막전위가 모두 +30 mV일 수 없으므로 P는 d_2가 아니다. A에서 P가 d_4라면 Ⅱ와 Ⅲ이 각각 d_2와 d_3 중 하나이고, Ⅱ와 Ⅲ의 막전위가 모두 +30 mV일 수 없으므로 P는 d_4가 아니다. 따라서 P(Ⅰ)는 d_3이다.

A의 d_3에 자극을 주고 경과된 시간이 4 ms일 때 각각 d_2와 d_4 중 하나인 Ⅱ와 Ⅲ에서의 막전위가 +30 mV로 같으므로 (가)에는 시냅스가 없다. 따라서 (나)와 (다)에는 시냅스가 있으며, A의 흥분 전도 속도 ⓑ는 B와 C를 구성하는 두 뉴런의 흥분 전도 속도 ⓐ와 다르다. A에서 d_3에 자극을 주고 경과된 시간이 4 ms일 때 d_2와 d_4의 막전위가 +30 mV이므로 흥분이 도달하고 2 ms가 지난 상태이다. d_3에서 2 cm 떨어진 지점 d_2 또는 d_4로 흥분이 이동하는 데 걸린 시간이 2 ms이므로 A의 흥분 전도 속도 ⓑ는 1 cm/ms이다.

B에서 d_3에 자극을 주고 경과된 시간이 4 ms일 때 d_1에서의 막전위가 +30 mV이므로 흥분이 도달하고 2 ms가 지난 상태이다. d_3에서 4 cm 떨어진 지점 d_1까지 흥분이 이동하는 데 걸린 시간이 2 ms이므로 B를 구성하는 뉴런에서의 흥분 전도 속도 ⓐ는 2 cm/ms이다.

ㄱ. Ⅱ는 d_2이다.

➡ B와 C를 구성하는 뉴런의 흥분 전도 속도는 2 cm/ms로 같다. C에서 d_3에 자극을 주고 경과된 시간이 4 ms일 때 2 cm 떨어진 d_4에 흥분이 이동하는 데 걸린 시간은 1 ms이고, d_4에 흥분이 도달하고 3 ms가 지난 상태이므로 d_4의 막전위는 −80 mV이다. 따라서 Ⅲ이 d_4이고, Ⅱ는 d_2이다.

✗ ⓐ는 1 cm/ms이다.

➡ B와 C를 구성하는 두 뉴런의 흥분 전도 속도 ⓐ는 2 cm/ms이고, A를 구성하는 뉴런의 흥분 전도 속도 ⓑ는 1 cm/ms이다.

✗ ㉠이 5 ms일 때 B의 d_5에서의 막전위는 −80 mV이다.

➡ ㉠이 4 ms일 때 B의 d_4(Ⅲ)에서의 막전위가 +30 mV이므로 B의 d_3에서 d_4까지 자극이 전달되는 데 2 ms가 걸린다. 따라서 ㉠이 5 ms일 때는 B의 d_4에서의 막전위가 −80 mV이고, d_4에서 2 cm 떨어진 d_5에서의 막전위는 +30 mV이다.

적용해야 할 개념 ③가지	① 뉴런에 역치 이상의 자극이 주어지면 분극 → 탈분극 → 재분극(막전위 하강 → 과분극 → 휴지 전위 회복)의 과정을 거친다.
	② 경과 시간(t)=(자극이 특정 지점까지 도달하는 데 걸린 시간)+(그 지점의 막전위 변화가 일어나는 데 걸린 시간)으로 계산할 수 있다.
	③ 두 지점의 막전위 차이는 각 지점에 흥분이 도달하는 데 걸린 시간의 차이 때문에 나타난다. 막전위가 +30 mV, −80 mV인 시점은 한 번이므로 이를 이용하여 경과 시간이나 자극을 준 지점으로부터의 거리 등을 계산한다.

문제 보기

다음은 민말이집 신경 A~C의 흥분 전도와 전달에 대한 자료이다.

○ 그림은 A, B, C의 지점 d_1~d_6의 위치를, 표는 A의 d_1과 C의 d_2에 역치 이상의 자극을 동시에 1회 주고 경과된 시간이 4 ms와 5 ms일 때 d_3~d_6에서의 막전위를 순서 없이 나타낸 것이다.

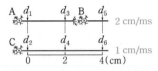

시간(ms)	d_3~d_6에서의 막전위(mV)
4	−80 ㉠, −70, 0, +10
5	−80, −70, −60, −50

○ A와 B의 흥분 전도 속도는 모두 ⓐ cm/ms, C의 흥분 전도 속도는 ⓑ cm/ms이다. ⓐ와 ⓑ는 각각 1과 2 중 하나이다.

○ A~C에서 활동 전위가 발생하였을 때, 각 지점에서의 막전위 변화는 그림과 같다.

이에 대한 설명으로 옳은 것만을 〈보기〉에서 있는 대로 고른 것은? (단, A~C에서 흥분의 전도는 각각 1회 일어났고, 휴지 전위는 −70 mV이다.) [3점]

〈보기〉 풀이

A와 B에서의 흥분 전도 속도 ⓐ가 1 cm/ms, C에서의 흥분 전도 속도 ⓑ가 2 cm/ms일 경우 자극을 주고 경과된 시간이 5 ms일 때 d_3과 d_6의 막전위가 모두 −80 mV가 된다. 그런데 자극을 주고 경과된 시간이 5 ms일 때 막전위가 −80 mV인 지점은 한 군데밖에 없으므로 제시된 조건에 맞지 않다. 따라서 ⓐ는 2 cm/ms, ⓑ는 1 cm/ms이다.

✗ ⓐ는 1이다.
➡ A와 B의 흥분 전도 속도 ⓐ는 2 cm/ms이고, C의 흥분 전도 속도 ⓑ는 1 cm/ms이다.

ㄴ. ㉠은 −80이다.
➡ d_1과 d_2에 자극을 주고 경과된 시간이 4 ms, 5 ms일 때 d_3~d_6에서의 막전위는 표와 같다.

시간(ms)	막전위(mV)			
	d_3	d_4	d_5	d_6
4	−80	0	+10	−70
5	−70	−80	−50	−60

경과한 시간이 4 ms일 때 d_3은 흥분이 도달하고 3 ms가 경과한 상태이므로 막전위는 −80 mV이다. 또, d_4는 흥분이 도달하고 2 ms가 지났을 때이므로 막전위가 0 mV이고, d_6은 흥분이 막 도달하여 막전위가 분극 상태인 −70 mV이다. 따라서 ㉠은 d_3의 막전위인 −80이고, +10은 d_5에서의 막전위이다.

ㄷ. 4 ms일 때 B의 d_5에서는 탈분극이 일어나고 있다.
➡ 5 ms일 때 d_5에서의 막전위는 −50 mV인데, 이것은 4 ms일 때 d_5의 막전위인 +10 mV의 시점보다 시간이 더 흐른 상태이므로 재분극이 일어나고 있는 상태이다. 4 ms일 때는 이때보다 흥분이 도달한 후 경과한 시간이 1 ms 더 짧으므로 +10 mV는 탈분극이 일어날 때의 막전위이다.

적용해야 할 개념 ③가지

① 뉴런에 역치 이상의 자극이 주어지면 분극 → 탈분극 → 재분극(막전위 하강 → 과분극 → 휴지 전위 회복)의 과정을 거친다.
② 경과 시간(t)=(자극이 특정 지점까지 도달하는 데 걸린 시간)+(그 지점의 막전위 변화가 일어나는 데 걸린 시간)으로 계산할 수 있다.
③ 두 지점의 막전위 차이는 각 지점에 흥분이 도달하는 데 걸린 시간의 차이 때문에 나타난다. 막전위가 +30 mV, −80 mV인 시점은 한 번이므로 이를 이용하여 경과 시간이나 자극을 준 지점으로부터의 거리 등을 계산하여 뉴런의 흥분 전도 속도를 구할 수 있다.

문제 보기

다음은 민말이집 신경 A의 흥분 전도와 전달에 대한 자료이다.

○ A는 2개의 뉴런으로 구성되고, 각 뉴런의 흥분 전도 속도는 ㉮로 같다. 그림은 A의 지점 $d_1 \sim d_5$의 위치를, 표는 ㉠ d_1에 역치 이상의 자극을 1회 주고 경과된 시간이 2 ms, 4 ms, 8 ms일 때 $d_1 \sim d_5$에서의 막전위를 나타낸 것이다. I ~ III은 2 ms, 4 ms, 8 ms를 순서 없이 나타낸 것이다.

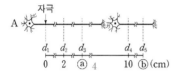

시간	막전위(mV)				
	d_1	d_2	d_3	d_4	d_5
I 8	?	−70	?	+30	0
II 2	+30	?	−70	?	?
III 4	?	−80	+30	?	?

○ A에서 활동 전위가 발생하였을 때, 각 지점에서의 막전위 변화는 그림과 같다.

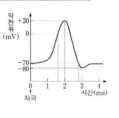

이에 대한 설명으로 옳은 것만을 〈보기〉에서 있는 대로 고른 것은? (단, A에서 흥분의 전도는 1회 일어났고, 휴지 전위는 −70 mV이다.)

〈보기〉 풀이

㉠이 2 ms일 때 자극을 준 지점 d_1의 막전위는 +30 mV이므로 II는 2 ms이다. d_1에서 발생한 흥분은 d_3을 거쳐 d_4로 전도되는데, I일 때는 d_4의 막전위가 +30 mV이고, III일 때는 d_3의 막전위가 +30 mV이므로 I이 III보다 d_1에 자극을 주고 경과된 시간이 길다. 따라서 I이 8 ms이고, III이 4 ms이다.

ㄱ. ㉮는 2 cm/ms이다.

➡ ㉠이 4 ms(III)일 때 d_2의 막전위가 −80 mV이므로 흥분이 d_2에 도달하고 3 ms가 지난 상태이다. 따라서 d_1로부터 2 cm 떨어진 d_2로 흥분이 전도되는 데 걸린 시간은 1 ms이며, A를 구성하는 뉴런의 흥분 전도 속도 ㉮는 2 cm/ms이다.

ㄴ. ⓐ는 4이다.

➡ ㉠이 4 ms(III)일 때 d_3의 막전위가 +30 mV이므로 흥분이 d_3에 도달하고 2 ms가 지난 상태로 d_1에서 d_3으로 흥분이 전도되는 데 걸린 시간은 2 ms이다. 뉴런의 흥분 전도 속도가 2 cm/ms이므로 d_3은 d_1로부터 4 cm 떨어진 지점이다. 따라서 ⓐ는 4이다.

ㄷ. ㉠이 9 ms일 때 d_5에서 재분극이 일어나고 있다.

➡ ㉠이 8 ms(I)일 때 d_4의 막전위가 +30 mV이므로 흥분이 d_4에 도달하고 2 ms가 지난 상태이며 d_1에서 d_4까지 흥분이 전달되는 데 걸린 시간은 6 ms이다. 또 d_5의 막전위는 0 mV이므로 흥분이 d_4에서 d_5로 전도되는 데 걸린 시간은 두 지점의 막전위의 차이가 나타나는 데 걸린 시간인 약 0.4 ms이다. 따라서 ㉠이 9 ms일 때 d_1에서 d_5로 흥분이 전달되는 데 걸리는 시간은 약 6.4 ms이고, 흥분이 d_5에 도달한 후 약 2.6 ms가 지났으므로 d_5에서는 재분극이 일어나고 있다.

적용해야 할 개념 ②가지

① 흥분 전도 속도 = $\dfrac{\text{자극을 준 지점으로부터의 거리}}{\text{흥분이 도달하는 데 걸린 시간}}$ 로 계산한다.

② 경과 시간(t)=(흥분이 특정 지점까지 도달하는 데 걸린 시간)+(그 지점의 막전위 변화가 일어나는 데 걸린 시간)으로 계산할 수 있다. 특히 막전위가 +30 mV, −80 mV인 시점은 한 번이므로 이를 이용하여 경과 시간이나 자극을 준 지점으로부터의 거리 등을 계산한다.

문제 보기

다음은 민말이집 신경의 흥분 전도와 전달에 대한 자료이다.

○ 그림은 뉴런 A~C의 지점 P, Q와 d_1~d_6의 위치를, 표는 P와 Q에 역치 이상의 자극을 동시에 1회 주고 경과된 시간이 3 ms일 때 d_1과 d_2, 6 ms일 때 d_3과 d_4, 7 ms일 때 d_5와 d_6의 막전위를 나타낸 것이다. t_1과 t_2는 3 ms와 7 ms를 순서 없이 나타낸 것이고, ㉠~㉣은 d_1, d_2, d_5, d_6을 순서 없이 나타낸 것이다.

○ P와 d_1 사이의 거리는 1 cm이다.

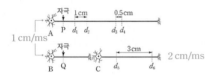

시간	6 ms		t_1 3 ms		t_2 7 ms	
지점	d_3	d_4	d_1㉠	d_2㉡	d_6㉢	d_5㉣
막전위(mV)	$+30$ x	-60 y	-80	-60 y	-60 y	0
	(탈분극)			(탈분극)	(재분극)	

○ x와 y는 +30과 −60을 순서 없이 나타낸 것이다.

○ A와 B의 흥분 전도 속도는 1 cm/ms이고, C의 흥분 전도 속도는 2 cm/ms이다.

○ A와 C 각각에서 활동 전위가 발생하였을 때, A의 각 지점에서의 막전위 변화는 그림 (가)와 (나) 중 하나이고, C의 각 지점에서의 막전위 변화는 나머지 하나이다.

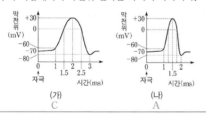

이에 대한 설명으로 옳은 것만을 〈보기〉에서 있는 대로 고른 것은? (단, A~C에서 흥분의 전도는 각각 1회 일어났고, 휴지 전위는 −70 mV이다.) [3점]

〈보기〉 풀이

A의 흥분 전도 속도는 1 cm/ms이므로, 흥분이 전도될 때 거리가 0.5 cm 떨어진 d_3과 d_4에서의 막전위 차이는 0.5 ms만큼의 차이가 된다. A의 P에 역치 이상의 자극을 주고 경과된 시간이 6 ms일 때 d_3과 d_4의 막전위 x와 y는 +30과 −60 중 하나이므로 +30 mV를 기준으로 0.5 ms 차이일 때 막전위가 −60 mV가 될 수 있는 것은 (나)이다. 따라서 A의 막전위 변화는 (나)이고, C의 막전위 변화는 (가)이다. 또한, −60 mV는 흥분이 도달하고 1 ms가 경과하였을 때 탈분극이 일어나는 상태라는 것을 알 수 있으므로 P로부터 더 가까운 d_3의 막전위 x는 +30이고, d_4의 막전위 y는 −60이라는 것도 알 수 있다. P에서 d_1까지의 거리는 1 cm, P에서 d_2까지의 거리는 2 cm이므로 흥분이 d_1에 도달하기까지의 시간은 1 ms, d_2에 도달하기까지의 시간은 2 ms 걸린다. P에 역치 이상의 자극을 주고 경과된 시간이 3 ms일 때 d_1에서의 막전위는 −80 mV이고, d_2의 막전위는 −60 mV(y)이다. 따라서 t_1은 3 ms이고, t_2는 7 ms이며, ㉠은 d_1, ㉡은 d_2이다. d_5와 d_6 사이의 거리는 3 cm이고 C에서의 흥분 전도 속도는 2 cm/ms이므로 d_5에서 d_6으로 흥분이 이동하는 데 걸린 시간은 1.5 ms이며, d_5와 d_6의 막전위 차이는 (가)에서 1.5 ms 차이이다. ㉢과 ㉣의 막전위는 −60(y)과 0인데, d_6의 막전위가 0 mV라면 d_5의 막전위가 −60 mV가 될 수 없으므로 d_6에서의 막전위가 탈분극 상태인 −60 mV이고, d_5에서의 막전위가 재분극 상태인 0 mV이다. 따라서 ㉢이 d_6이고, ㉣이 d_5이다.

㉠ x는 +30이다.

➡ x는 +30이고, y는 −60이다.

✗ ㉣은 d_6이다.

➡ ㉢은 d_6이고, ㉣은 d_5이다.

㉢ Q에 역치 이상의 자극을 1회 주고 경과된 시간이 6 ms일 때 d_5에서 탈분극이 일어나고 있다.

➡ Q에 역치 이상의 자극을 주고 7 ms가 경과하였을 때 d_5의 막전위가 재분극 상태인 0 mV이므로 흥분이 도달하고 2.5 ms가 경과한 상태로 흥분이 d_5에 도달하기까지 걸린 시간은 4.5 ms이다. 따라서 Q에 역치 이상의 자극을 주고 경과된 시간이 6 ms일 때는 d_5에 흥분이 도달한 후 1.5 ms가 경과했을 때이므로 막전위는 0 mV이고, 탈분극 상태이다.

적용해야 할 개념 ③가지

① 흥분 전도 속도 = $\dfrac{\text{자극을 준 지점으로부터의 거리}}{\text{흥분이 도달하는 데 걸린 시간}}$ 로 계산한다.

② 경과 시간(t) = (흥분이 특정 지점까지 도달하는 데 걸린 시간) + (그 지점의 막전위 변화가 일어나는 데 걸린 시간)으로 계산할 수 있다. 특히 막전위가 +30 mV, −80 mV인 시점은 한 번이므로 이를 이용하여 경과 시간이나 자극을 준 지점으로부터의 거리 등을 계산한다.

③ 하나의 뉴런에서 흥분은 양방향으로 전도될 수 있고, 시냅스에서 흥분은 시냅스 이전 뉴런으로부터 시냅스 이후 뉴런으로만 전달된다. 또한, 뉴런에서의 흥분 전도 속도는 시냅스에서의 흥분 전달 속도보다 빠르다.

문제 보기

다음은 민말이집 신경 A와 B의 흥분 전도와 전달에 대한 자료이다.

○ 그림은 A와 B의 지점 $d_1 \sim d_4$의 위치를, 표는 A와 B의 지점 P에 역치 이상의 자극을 동시에 1회 주고 경과된 시간이 4 ms와 6 ms일 때 $d_1 \sim d_4$에서의 막전위를 각각 나타낸 것이다. P는 $d_1 \sim d_4$ 중 하나이고, Ⅰ과 Ⅱ는 A와 B를 순서 없이 나타낸 것이다.

신경	4 ms일 때 측정한 막전위(mV)				6 ms일 때 측정한 막전위(mV)			
	d_1	d_2	d_3	d_4	d_1	d_2	d_3	d_4
B Ⅰ	㉠ 0 재분극	0	−80	−68 탈분극	?	?	?	−60 재분극
A Ⅱ	−80	?	−60	?	?	−80	㉠ 0

○ A와 B를 구성하는 4개의 뉴런 중 3개 뉴런의 흥분 전도 속도는 ⓐ cm/ms로 같고, 나머지 1개 뉴런의 흥분 전도 속도는 ⓑ cm/ms이다. ⓐ와 ⓑ는 서로 다르다.

○ A와 B의 시냅스에서 흥분 전달 시간은 서로 다르다.

○ A와 B 각각에서 활동 전위가 발생하였을 때, 각 지점에서의 막전위 변화는 그림과 같다. 휴지 전위는 −70 mV이다.

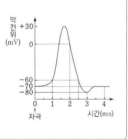

이에 대한 설명으로 옳은 것만을 〈보기〉에서 있는 대로 고른 것은? (단, A와 B에서 흥분의 전도는 각각 1회 일어났고, 제시된 조건 이외의 다른 조건은 동일하다.) [3점]

〈보기〉 풀이

P는 역치 이상의 자극을 주고 경과된 시간이 4 ms일 때 A와 B에서 모두 막전위가 −70 mV인 지점이므로, d_2이다. d_2로부터 1 cm 떨어진 d_3에서 Ⅰ은 막전위가 −80 mV이고, Ⅱ는 막전위가 −60 mV이므로 Ⅰ이 Ⅱ보다 흥분 전달이 빠르다. 따라서 Ⅰ이 B이고, Ⅱ는 d_2와 d_3 사이에 시냅스가 있는 A이다. B의 시냅스 이전 뉴런의 d_2에 자극을 주고 경과된 시간이 4 ms일 때 d_3의 막전위가 −80 mV이므로 흥분이 전도되는 데 걸린 시간은 1 ms이고 흥분 전도 속도는 1 cm/ms이다. 따라서 B(Ⅰ)의 d_2로부터 2 cm 떨어진 d_1로 흥분이 전도되는 데 걸린 시간은 2 ms이고, 흥분이 도달하고 2 ms가 경과되었으므로 d_1의 막전위 ㉠은 0이다. A(Ⅱ)의 시냅스 이전 뉴런의 d_2에 자극을 주고 경과된 시간이 4 ms일 때 2 cm 떨어진 d_1의 막전위가 −80 mV이므로 흥분이 전도되는 데 걸린 시간은 1 ms이고 흥분 전도 속도는 2 cm/ms이다. A(Ⅱ)의 시냅스 이전 뉴런의 d_2에 자극을 주고 경과된 시간이 6 ms일 때 시냅스 이후 뉴런의 d_3의 막전위는 −80 mV이고 d_3으로부터 2 cm 떨어진 d_4의 막전위 ㉠이 0이다. B의 시냅스 이후 뉴런의 흥분 전도 속도가 1 cm/ms라면 d_4의 막전위는 −60 mV가 되어야 하지만 d_4의 막전위가 0 mV이므로 d_3에서 d_4로 흥분이 전도되는 데 걸린 시간은 1 ms이고, A의 시냅스 이후 뉴런의 흥분 전도 속도는 2 cm/ms이다. 따라서 A를 구성하는 2개 뉴런과 B의 시냅스 이후 뉴런의 흥분 전도 속도 ⓐ는 2 cm/ms이고, B의 시냅스 이전 뉴런의 흥분 전도 속도 ⓑ는 1 cm/ms이다.

✗ ㉠은 **−70**이다.

➡ ㉠은 0이다.

ㄴ. A를 구성하는 뉴런의 흥분 전도 속도는 모두 2 cm/ms이다.

➡ A를 구성하는 뉴런 2개와 B의 시냅스 이후 뉴런의 흥분 전도 속도는 모두 2 cm/ms이다.

✗ B의 d_3에 역치 이상의 자극을 주고 경과된 시간이 5 ms일 때 d_4에서 탈분극이 일어난다.

➡ B의 d_2에 역치 이상의 자극을 주고 경과된 시간이 4 ms일 때는 d_4의 막전위가 −68 mV로 탈분극 상태이고, 6 ms일 때는 −60 mV로 재분극 상태이다. 따라서 d_2에서 d_4까지 흥분이 전달되는 데 걸린 시간은 3.5 ms이다. B의 d_3에 역치 이상의 자극을 주고 경과된 시간이 5 ms일 때 d_3에서 d_4로 흥분이 전달되는 데 걸린 시간은 2.5 ms(3.5−1)이고, 흥분이 도달한 후 2.5 ms가 경과하였으므로 막전위는 −60 mV이며 재분극이 일어난다.

적용해야 할 개념 ③가지

① 흥분 전도 속도 $=\dfrac{\text{자극을 준 지점으로부터의 거리}}{\text{흥분이 도달하는 데 걸린 시간}}$ 로 계산한다.

② 경과 시간(t)=(흥분이 특정 지점까지 도달하는 데 걸린 시간)+(그 지점의 막전위 변화가 일어나는 데 걸린 시간)으로 계산할 수 있다. 특히 막전위가 +30 mV, −80 mV인 시점은 한 번이므로 이를 이용하여 경과 시간이나 자극을 준 지점으로부터의 거리 등을 계산한다.

③ 축삭 돌기에 역치 이상의 자극을 주면 뉴런 내에서의 흥분의 전도는 양방향으로 일어날 수 있지만, 시냅스에서는 시냅스 이전 뉴런에서 시냅스 이후 뉴런 쪽으로만 흥분이 전달된다.

문제 보기

다음은 민말이집 신경 A~C의 흥분 전도와 전달에 대한 자료이다.

○ 그림은 A~C의 지점 d_1~d_5의 위치를, 표는 ㉠ A와 B의 P에, C의 Q에 역치 이상의 자극을 동시에 1회 주고 경과된 시간이 t_1일 때 d_1~d_5에서의 막전위를 나타낸 것이다. P와 Q는 각각 d_1~d_5 중 하나이고, ㉮와 ㉯ 중 한 곳에만 시냅스가 있다.

○ Ⅰ~Ⅲ은 A~C를 순서 없이 나타낸 것이고, ⓐ~ⓒ는 −80, −70, +30을 순서 없이 나타낸 것이다.

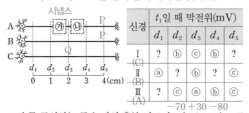

신경	t_1일 때 막전위(mV)				
	d_1	d_2	d_3	d_4	d_5
Ⅰ (C)	?	ⓑ	ⓒ	ⓑ	?
Ⅱ (B)	ⓐ	?	ⓑ	?	ⓒ
Ⅲ (A)	?	ⓒ	ⓐ	ⓑ	ⓒ

−70 +30 −80

○ A를 구성하는 두 뉴런의 흥분 전도 속도는 1 cm/ms로 같고, B와 C의 흥분 전도 속도는 각각 1 cm/ms와 2 cm/ms 중 하나이다.

○ A~C 각각에서 활동 전위가 발생하였을 때, 각 지점에서의 막전위 변화는 그림과 같다.

이에 대한 설명으로 옳은 것만을 〈보기〉에서 있는 대로 고른 것은? (단, A~C에서 흥분의 전도는 각각 1회 일어났고, 휴지 전위는 −70 mV이다.) [3점]

〈보기〉 풀이

Ⅲ에서 t_1일 때 d_2와 d_5의 막전위가 ⓒ로 같다. ⓒ가 −80이나 +30이라면 자극을 준 지점 P나 Q 중 하나는 d_1~d_5가 될 수 없다. 따라서 ⓒ는 −70이다. Ⅰ에서 t_1일 때 d_2와 d_4의 막전위가 ⓑ로 같으므로 Ⅰ에서 자극을 준 지점은 d_3이며, d_2~d_3, d_3~d_4에는 시냅스가 없다. 따라서 Ⅰ은 B와 C 중 하나이다. Ⅰ이 B라면 P는 d_3이고, Ⅱ와 Ⅲ 중 하나는 d_3의 막전위가 ⓒ로 같아야 한다. 그런데 Ⅱ와 Ⅲ의 d_3의 막전위는 ⓒ가 아니므로 Ⅰ은 C이고, Q는 d_3이다. Ⅱ와 Ⅲ은 A와 B 중 하나이고, A와 B에서 자극을 준 지점 P에서 t_1일 때의 막전위는 ⓒ(−70)로 같아야 한다. 따라서 A와 B에서 자극을 준 지점 P는 d_5이다. Ⅲ에서 d_5에 자극을 준 후 d_4에서가 d_3에서보다 먼저 흥분이 전도되므로 ⓑ가 −80, ⓐ가 +30이고, d_4에서 d_3으로의 흥분 전도 속도는 1 cm/ms이다. 그런데 d_3에서 d_2로의 흥분 전도 속도는 이보다 느리므로 Ⅲ은 ㉮에 시냅스가 있는 A이다.

✗ ⓐ는 −70이다.
➡ ⓐ는 +30이고, ⓑ가 −80, ⓒ가 −70이다.

⭕ ㄴ. ㉮에 시냅스가 있다.
➡ A(Ⅲ)에서 d_4에서 d_3으로의 흥분 이동 속도보다 d_3에서 d_2로의 흥분 이동 속도가 느리므로 시냅스는 ㉮에 있다.

✗ ㉠이 3 ms일 때, B의 d_2에서 재분극이 일어나고 있다.
➡ B(Ⅱ)에서 t_1일 때 P(d_5)에서 2 cm 떨어진 d_3의 막전위가 ⓑ(−80)인데, C(Ⅰ)에서 t_1일 때 Q(d_3)에서 1 cm 떨어진 d_2와 d_4의 막전위가 ⓑ(−80)이므로 흥분 전도 속도는 B가 C보다 2배 빠르다. 따라서 B의 흥분 전도 속도는 2 cm/ms이다. P(d_5)에 역치 이상의 자극을 주었을 때 3 cm 떨어진 d_2에 흥분이 도달하는 데 걸리는 시간은 1.5 ms이므로 ㉠이 3 ms일 때 d_2에 흥분이 도달하고 1.5 ms가 경과되어 탈분극이 일어나고 있다.

적용해야 할 개념 ②가지

① 흥분 전도 속도 = $\dfrac{\text{자극을 준 지점으로부터의 거리}}{\text{흥분이 도달하는 데 걸린 시간}}$ 로 계산한다.

② 경과 시간(t)=(흥분이 특정 지점까지 도달하는 데 걸린 시간)+(그 지점의 막전위 변화가 일어나는 데 걸린 시간)으로 계산할 수 있다. 특히 막전위가 +30 mV, −80 mV인 시점은 한 번이므로 이를 이용하여 경과 시간이나 자극을 준 지점으로부터의 거리 등을 계산한다.

문제 보기

다음은 민말이집 신경 A와 B의 흥분 전도와 전달에 대한 자료이다.

d_1의 막전위는 −70으로 같다.

○ 그림은 A와 B에서 지점 $d_1{\sim}d_4$의 위치를, 표는 A와 B의 d_1에 역치 이상의 자극을 동시에 1회 주고 경과한 시간이 5 ms일 때 $d_1{\sim}d_4$에서의 막전위를 나타낸 것이다. I~IV는 $d_1{\sim}d_4$를 순서 없이 나타낸 것이고, ㉠~㉣은 −80, −70, −60, 0을 순서 없이 나타낸 것이다.

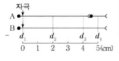

신경	5 ms일 때 막전위(mV)			
	I	II	III	IV
A	㉠	㉢	?	㉢
B	?	㉣	㉢	㉢

○ A를 구성하는 두 뉴런의 흥분 전도 속도는 ⓐ로 같고, B의 흥분 전도 속도는 ⓑ이다. ⓐ와 ⓑ는 1 cm/ms와 2 cm/ms를 순서 없이 나타낸 것이다.

○ A와 B 각각에서 활동 전위가 발생하였을 때, 각 지점에서의 막전위 변화는 그림과 같다.

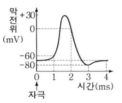

이에 대한 옳은 설명만을 〈보기〉에서 있는 대로 고른 것은? (단, A와 B에서 흥분 전도는 각각 1회 일어났고, 휴지 전위는 −70 mV이다.) [3점]

〈보기〉 풀이

A와 B의 d_1에 자극을 동시에 주고 경과한 시간이 5 ms일 때 A와 B의 d_1의 막전위는 휴지 전위를 회복하여 −70으로 같으므로 d_1은 I이나 III이다. B의 흥분 전도 속도 ⓑ가 1 cm/ms라면 $d_1{\sim}d_4$의 막전위는 각각 −70, −80, −60, −70이고, ⓑ가 2 cm/ms라면 $d_1{\sim}d_4$의 막전위는 각각 −70, −70, −80, 약 −50이다. 어떤 경우이든 B의 $d_1{\sim}d_4$의 막전위는 −70이 두 군데 있으므로 d_1은 III이고 ㉢은 −70이다. 또, B에서 $d_1{\sim}d_4$의 막전위는 −50이 없으므로 ⓑ는 1 cm/ms이며, A의 흥분 전도 속도 ⓐ는 2 cm/ms이다. I에서 B의 막전위는 ㉢(−70)이고, I은 d_4이며, A의 막전위 ㉠은 0이다. A와 B의 d_2에서의 막전위는 각각 −70과 −80이므로 A에서 막전위가 ㉢(−70)인 IV가 d_2이고 B에서의 막전위 ㉡은 −80이다.

신경	5 ms일 때 막전위(mV)			
	I (d_4)	II (d_3)	III (d_1)	IV (d_2)
A	㉠ (0)	㉡ (−80)	? (㉢, −70)	㉢ (−70)
B	? (㉢, −70)	㉣ (−60)	㉢ (−70)	㉡ (−80)

(ㄱ) IV는 d_2이다.

→ I은 d_4, II는 d_3, III은 d_1, IV는 d_2이다.

(✗) ㉠은 −60이다.

→ ㉠은 0, ㉡은 −80, ㉢은 −70, ㉣은 −60이다.

(ㄷ) 5 ms일 때 B의 II에서 탈분극이 일어나고 있다.

→ II는 d_3이고, B의 흥분 전도 속도는 1 cm/ms이다. d_1에 자극을 주었을 때 4 cm 떨어진 d_3에 흥분이 도달하는 데 걸린 시간은 4 ms이고, 흥분이 도달하고 1 ms가 경과할 때 탈분극 상태이며 막전위는 −60 mV이다.

적용해야 할 개념 ②가지

① 흥분 전도 속도 = $\dfrac{\text{자극을 준 지점으로부터의 거리}}{\text{흥분이 도달하는 데 걸린 시간}}$ 로 계산한다.

② 경과시간(t) = (흥분이 특정 지점까지 도달하는 데 걸린 시간) + (그 지점의 막전위 변화가 일어나는 데 걸린 시간)으로 계산할 수 있다. 특히 막전위가 +30 mV, -80 mV인 시점은 한 번이므로 이를 이용하여 경과 시간이나 자극을 준 지점으로부터의 거리 등을 계산한다.

문제 보기

다음은 민말이집 신경 A~C의 흥분 전도와 전달에 대한 자료이다.

○ 그림은 A~C의 지점 $d_1 \sim d_5$의 위치를, 표는 ㉮ A와 B의 P에, C의 Q에 역치 이상의 자극을 동시에 1회 주고 경과된 시간이 4 ms일 때 d_1, d_3, d_5에서의 막전위를 나타낸 것이다. P와 Q는 각각 d_2, d_3, d_4 중 하나이고, ㉠~㉯ 중 세 곳에만 시냅스가 있다.

지점 P, Q의 막전위는 -70 mV이다.

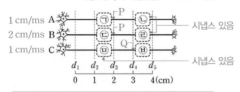

신경	4 ms일 때 막전위(mV)		
	d_1	d_3	d_5
A	+30	-70	-60
B	ⓐ -80	? -70	+30
C	-70	-80	-80

○ A를 구성하는 모든 뉴런의 흥분 전도 속도는 1 cm/ms로 같다. B를 구성하는 모든 뉴런의 흥분 전도 속도는 x로 같고, C를 구성하는 모든 뉴런의 흥분 전도 속도는 y로 같다. x와 y는 1 cm/ms와 2 cm/ms를 순서 없이 나타낸 것이다.

○ A~C 각각에서 활동 전위가 발생하였을 때, 각 지점에서의 막전위 변화는 그림과 같다.

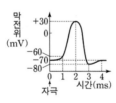

이에 대한 설명으로 옳은 것만을 〈보기〉에서 있는 대로 고른 것은? (단, A~C에서 흥분의 전도는 각각 1회 일어났고, 휴지 전위는 -70 mV이다.) [3점]

〈보기〉 풀이

A~C 각각에서 역치 이상의 자극을 준 후 경과된 시간(㉮)이 4 ms일 때 자극을 준 지점 P와 Q에서의 막전위는 다시 휴지 전위를 회복하여 -70 mV이다. 따라서 A에서 막전위가 -70 mV인 d_3가 자극을 준 지점 P이다. P가 d_2나 d_4라면 d_3의 막전위가 -70 mV가 될 수 없다. 또, d_1의 막전위가 +30 mV이므로 d_3에 준 자극이 d_1으로 전도되었고 ㉠에는 시냅스가 없다는 것을 알 수 있다. A를 구성하는 모든 뉴런의 흥분 전도 속도는 1 cm/ms인데 d_3에서 2 cm 떨어진 d_5의 막전위가 +30 mV가 아닌 -60 mV(탈분극)인 것은 ㉡에 흥분 전달 속도가 느리게 하는 시냅스가 있기 때문이다. C에서 Q에 자극을 준 후 ㉮가 4 ms일 때 d_3와 d_5의 막전위가 -80 mV로 같으므로 Q는 두 지점으로부터 같은 거리만큼 떨어져 있는 d_4이고, ㉯에는 시냅스가 없다. d_4로부터 1 cm 떨어진 d_3와 d_5로 흥분이 전도되는 데 걸린 시간이 1 ms이므로 C를 구성하는 모든 뉴런의 흥분 전도 속도 y는 1 cm/ms이다. d_4로부터 3 cm 떨어진 d_1의 막전위가 -60 mV가 아닌 -70 mV이므로 ㉭에는 시냅스가 있고 d_1은 휴지 전위 상태라는 것을 알 수 있다. C를 구성하는 모든 뉴런의 흥분 전도 속도 y가 1 cm/ms이므로 B를 구성하는 모든 뉴런의 흥분 전도 속도 x는 2 cm/ms이다. B에서 자극을 준 지점 P는 d_3이고, 이로부터 2 cm 떨어진 d_5의 막전위가 -80 mV가 아닌 +30 mv이므로 ㉣에는 흥분 전달이 느려지게 하는 시냅스가 있다. ㉡, ㉣, ㉭에 시냅스가 있고, ㉠~㉯ 중 세 곳에만 시냅스가 있다고 하였으므로 ㉢에는 시냅스가 없다. 따라서 B에서 d_3로부터 2 cm 떨어진 d_1까지 흥분이 도달하는 데 걸린 시간이 1 ms이고, 흥분이 도달한 후 3 ms일 때의 막전위 ⓐ는 -80 mV이다.

✗ **ⓐ는 +30이다.**

➡ ⓐ는 -80이다.

ㄴ **㉭에 시냅스가 있다.**

➡ 시냅스는 ㉡, ㉣, ㉭에 있다.

ㄷ **㉮가 3 ms일 때, B의 d_5에서 탈분극이 일어나고 있다.**

➡ ㉮가 4 ms일 때 B의 d_5의 막전위가 흥분 도착 후 2 ms일 때의 +30 mv이므로 ㉮가 3 ms일 때의 막전위는 흥분 도착 후 1 ms일 때의 -60 mV로 탈분극이 일어나고 있는 상태이다.

01 ②	02 ③	03 ④	04 ④	05 ①	06 ④	07 ④	08 ②	09 ⑤	10 ④	11 ③	12 ①
13 ③	14 ⑤	15 ④	16 ③	17 ⑤	18 ③	19 ②	20 ②	21 ①	22 ①	23 ③	24 ②
25 ④	26 ③	27 ⑤	28 ⑤	29 ③	30 ③	31 ⑤	32 ③	33 ①	34 ⑤	35 ⑤	36 ②

문제편 076쪽~091쪽

01 근육 원섬유의 구조와 근수축 원리 2021학년도 9월 모평 15번

정답 ② | 정답률 62 %

적용해야 할 개념 ③가지

① 근육 원섬유는 굵은 마이오신 필라멘트와 가는 액틴 필라멘트로 구성된다.
② 근육 원섬유 마디에서 액틴 필라멘트만 있는 부분을 I대, 마이오신 필라멘트가 있는 부분을 A대, A대 중 마이오신 필라멘트만 있는 부분을 H대라고 한다.
③ 근육이 수축하면 근육 원섬유 마디의 길이, I대의 길이, H대의 길이는 짧아지고, A대의 길이는 변화 없으며, 두 필라멘트가 겹친 부분의 길이는 길어진다.

문제 보기

다음은 골격근의 수축 과정에 대한 자료이다.

○ 그림 (가)는 근육 원섬유 마디 X의 구조를, (나)의 ㉠~㉢은 X를 ㉮ 방향으로 잘랐을 때 관찰되는 단면의 모양을 나타낸 것이다. X는 좌우 대칭이다.

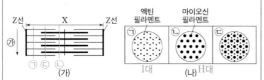

(가)

(나)

○ 표는 골격근 수축 과정의 두 시점 t_1과 t_2일 때 각 시점의 한 쪽 Z선으로부터의 거리가 각각 l_1, l_2, l_3인 세 지점에서 관찰되는 단면의 모양을 나타낸 것이다. ⓐ~ⓒ는 ㉠~㉢을 순서 없이 나타낸 것이며, X의 길이는 t_2일 때가 t_1일 때보다 짧다.

거리	단면의 모양	
	t_1	t_2 수축
l_1	ⓐ ㉠	ⓑ ㉢
l_2	㉡	ⓒ ㉢
l_3	ⓑ ㉢	? ㉢

t_1일 때가 t_1일 때보다 수축됨

○ l_1~l_3은 모두 $\dfrac{t_2일\ 때\ X의\ 길이}{2}$ 보다 작다.

이에 대한 설명으로 옳은 것만을 〈보기〉에서 있는 대로 고른 것은? [3점]

〈보기〉 풀이

(나)에서 ㉠은 액틴 필라멘트만 있는 I대, ㉡은 마이오신 필라멘트만 있는 H대, ㉢은 A대 중 액틴 필라멘트와 마이오신 필라멘트가 겹쳐 있는 부분의 단면이다.

X의 길이는 t_2일 때가 t_1일 때보다 짧다고 했으므로 t_2일 때가 t_1일 때보다 수축된 상태이다. 근수축이 일어날 때는 액틴 필라멘트가 마이오신 필라멘트 사이로 미끄러져 들어가므로 액틴 필라멘트만 있는 I대(㉠)와 마이오신 필라멘트만 있는 H대(㉡)의 길이는 짧아지고, 액틴 필라멘트와 마이오신 필라멘트가 겹쳐 있는 부분(㉢)의 길이는 길어진다. 따라서 t_1일 때 단면이 ㉢인 지점은 t_2일 때도 ㉢이지만, t_1일 때 단면이 ㉠ 또는 ㉡인 부분은 t_2일 때 그대로 유지되거나 ㉢이 된다. 즉, t_1일 때와 t_2일 때 단면의 모양 ㉢이 변하지 않는 부분이 있어야 하므로 l_3 지점이 ㉢이며, ⓑ가 ㉢이다. 따라서 ⓐ는 ㉠이고, ⓒ는 ㉡이다.

✗ 마이오신 필라멘트의 길이는 t_1일 때가 t_2일 때보다 길다.

➡ 근육이 수축할 때 마이오신 필라멘트와 액틴 필라멘트의 길이는 변하지 않으므로 두 필라멘트의 길이는 t_1일 때와 t_2일 때가 같다.

ㄴ. ⓐ는 ㉠이다.

➡ ⓐ는 액틴 필라멘트만 있는 I대(㉠)의 단면이다.

✗ $l_3 < l_1$이다.

➡ l_1~l_3은 모두 $\dfrac{t_2일\ 때\ X의\ 길이}{2}$보다 작다고 하였으므로 한 쪽 Z선으로부터 가까운 거리에 있는 것부터 근육 원섬유의 단면을 나열하면 액틴 필라멘트만 있는 부분(㉠), 두 필라멘트가 겹쳐 있는 부분(㉢), 마이오신 필라멘트만 있는 부분(㉡)으로 나타난다. 따라서 한 쪽 Z선으로부터의 거리는 $l_1 < l_3 < l_2$이다.

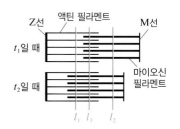

02 근수축과 근육 원섬유 마디의 길이 변화 2021학년도 10월 학평 11번 | 정답 ③ | 정답률 87%

적용해야 할 개념 ③가지

① 근육 원섬유 마디에서 굵은 마이오신 필라멘트가 있어 어둡게 보이는 부분을 A대, 가는 액틴 필라멘트만 있어 밝게 보이는 부분을 I대, A대 중 마이오신 필라멘트만 있는 부분을 H대라고 한다.

② 근수축 시 마이오신 필라멘트와 액틴 필라멘트의 길이는 변하지 않으므로 A대의 길이는 변화 없다.

③ 근수축 시 근육 원섬유 마디의 길이 변화량은 H대의 길이 변화량과 같다.

문제 보기

표는 좌우 대칭인 근육 원섬유 마디 X가 수축하는 과정에서 시점 t_1과 t_2일 때 X의 길이, A대의 길이, H대의 길이를, 그림은 X의 단면을 나타낸 것이다. ⑤과 ⓒ은 각각 액틴 필라멘트와 마이오신 필라멘트 중 하나이다.

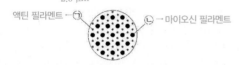
└ H대의 길이 변화량과 같다.

시점	X의 길이	A대의 길이	H대의 길이
t_1	2.4 μm	? 1.6 μm	0.6 μm
t_2	ⓐ	1.6 μm	0.2 μm

└ 2.0 μm

액틴 필라멘트 ← ⑤   ⓒ → 마이오신 필라멘트

이에 대한 옳은 설명만을 〈보기〉에서 있는 대로 고른 것은? [3점]

〈보기〉 풀이

근수축 시 마이오신 필라멘트와 액틴 필라멘트의 길이는 변하지 않는다. A대는 마이오신 필라멘트가 있어 어둡게 보이는 부분으로 근수축 시 그 길이가 변하지 않으므로 t_1일 때 A대의 길이는 t_2일 때와 같은 1.6 μm이다.

ㄱ. I대에 ⑤이 있다.

➡ 근육 원섬유 마디의 단면에서 지름이 작은 ⑤은 액틴 필라멘트이고, 지름이 큰 ⓒ은 마이오신 필라멘트이다. I대는 액틴 필라멘트(⑤)만 있어 밝게 보이는 부분이다.

ㄴ. ⓐ는 2.0 μm이다.

➡ 근수축 시 근육 원섬유 마디 X의 길이 변화량은 H대의 길이 변화량과 같은데, t_2일 때는 t_1일 때에 비해 H대의 길이가 0.4(=0.6−0.2) μm만큼 짧아졌으므로 t_2일 때 X의 길이 ⓐ는 2.4−0.4=2.0 μm이다.

✗ t_1일 때 X에서 ⑤과 ⓒ이 모두 있는 부분의 길이는 1.4 μm이다.

➡ A대에서 마이오신 필라멘트만 있는 부분은 H대이고, 나머지는 마이오신 필라멘트와 액틴 필라멘트가 겹쳐진 부분이다. t_1일 때 A대의 길이는 1.6 μm이고, H대의 길이는 0.6 μm이므로 ⑤과 ⓒ 두 필라멘트가 모두 있는 부분의 길이는 1.6−0.6=1.0 μm이다.

---

03 근수축과 근육 원섬유 마디의 길이 변화 2024학년도 6월 모평 15번 | 정답 ④ | 정답률 63%

적용해야 할 개념 ③가지

① 근육이 수축할 때 근육 원섬유 마디, H대, I대의 길이는 짧아지고, 두 필라멘트가 겹친 부분의 길이는 길어진다.

② 근수축 시 근육 원섬유 마디의 길이 변화량을 $2d$라고 하면, H대는 $2d$, 한쪽 I대는 d만큼 감소하고, 한쪽의 두 필라멘트가 겹친 부분의 길이는 d만큼 길어진다.

③ 근육이 수축하거나 이완할 때 마이오신 필라멘트와 액틴 필라멘트 자체의 길이는 변하지 않는다. 액틴 필라멘트의 길이는 'I대+두 필라멘트가 겹친 부분'의 길이이고, 마이오신 필라멘트의 길이는 A대의 길이이다.

문제 보기

다음은 골격근의 수축 과정에 대한 자료이다.

○ 그림은 근육 원섬유 마디 X의 구조를 나타낸 것이다. X는 좌우 대칭이다.

○ 구간 ⑤은 액틴 필라멘트만 있는 부분이고, ⓒ은 액틴 필라멘트와 마이오신 필라멘트가 겹치는 부분이며, ⓒ은 마이오신 필라멘트만 있는 부분이다. ⑤+ⓒ=액틴 필라멘트의 길이

○ 골격근 수축 과정의 두 시점 t_1과 t_2 중 t_1일 때 ⑤의 길이와 ⓒ의 길이를 더한 값은 1.0 μm이고, X의 길이는 3.2 μm이다.

○ t_1일 때 $\dfrac{ⓐ의 길이}{ⓒ의 길이}=\dfrac{2}{3}$이고, t_2일 때 $\dfrac{ⓐ의 길이}{ⓒ의 길이}=1$

이며, $\dfrac{t_1일 때 ⓑ의 길이}{t_2일 때 ⓑ의 길이}=\dfrac{1}{3}$이다. ⓐ와 ⓑ는 ⑤과 ⓒ을 순서 없이 나타낸 것이다.

이에 대한 설명으로 옳은 것만을 〈보기〉에서 있는 대로 고른 것은?

〈보기〉 풀이

X는 좌우 대칭이므로 t_1일 때 ⑤의 길이와 ⓒ의 길이를 더한 값이 1.0 μm이고 X의 길이가 3.2 μm라면 ⓒ의 길이는 3.2−2×1.0=1.2 μm이다. t_1일 때 $\dfrac{ⓐ의 길이}{ⓒ의 길이}=\dfrac{2}{3}$이므로 ⓐ의 길이는 1.2×$\dfrac{2}{3}$=0.8 μm이고, ⓐ+ⓑ=1.0 μm이므로 ⓑ=0.2 μm이다. t_1일 때 ⓑ=0.2 μm인데 $\dfrac{t_1일 때 ⓑ의 길이}{t_2일 때 ⓑ의 길이}=\dfrac{1}{3}$이라고 하였으므로 t_2일 때 ⓑ=0.6 μm이다. t_2일 때도 ⓐ+ⓑ=1.0 μm이므로 t_2일 때 ⓐ=0.4 μm이고, $\dfrac{ⓐ의 길이}{ⓒ의 길이}$=1이므로 ⓒ=0.4 μm이다. t_1에서 t_2가 될 때 H대인 ⓒ의 길이 변화량이 −0.8이므로 0.4만큼 감소한 부분이 ⑤이고, 0.4만큼 증가한 부분이 ⓒ이다. 따라서 ⓐ가 ⑤이고, ⓑ가 ⓒ이며, t_2일 때가 t_1일 때에 비해 근육이 수축한 상태이다.

시점	⑤(ⓐ)의 길이	ⓒ(ⓑ)의 길이	ⓒ의 길이	X의 길이
t_1	0.8 μm	0.2 μm	1.2 μm	3.2 μm
t_2	0.4 μm	0.6 μm	0.4 μm	2.4 μm

✗ ⓑ는 ⑤이다.

➡ ⓐ가 ⑤이고, ⓑ는 ⓒ이다.

ㄴ. t_1일 때 A대의 길이는 1.6 μm이다.

➡ A대의 길이는 'ⓒ의 길이+2×ⓒ의 길이'이므로 t_1일 때 A대의 길이는 1.2+2×0.2=1.6 μm이다. 근수축 시 A대의 길이는 변하지 않으므로 t_2일 때도 A대의 길이는 1.6 μm로 같다.

ㄷ. X의 길이는 t_1일 때가 t_2일 때보다 0.8 μm 길다.

➡ X의 길이는 t_1일 때가 3.2 μm이고, t_2일 때가 2.4 μm이므로 t_1일 때가 t_2일 때보다 0.8 μm 길다.

04 근수축과 근육 원섬유 마디의 길이 변화 2022학년도 9월 모평 9번   정답 ④ | 정답률 52 %

적용해야 할 개념 ③가지
① 근수축 시 액틴 필라멘트와 마이오신 필라멘트 자체의 길이는 변하지 않는다.
② 액틴 필라멘트의 길이는 'I대의 길이＋두 필라멘트가 겹쳐진 부분의 길이'이고, 마이오신 필라멘트의 길이는 A대의 길이이다.
③ 근수축 시 I대의 길이, H대의 길이, 근육 원섬유 마디(X)의 길이는 감소하고, X의 길이 변화량은 H대의 길이 변화량과 같다.

문제 보기

다음은 골격근의 수축 과정에 대한 자료이다.

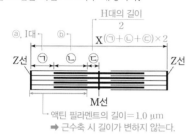

○ 그림은 근육 원섬유 마디 X의 구조를 나타낸 것이다. X는 M선을 기준으로 좌우 대칭이다.

H대의 길이/2
ⓐ. I대 ⓑ
X($\bigcirc$＋$\bigcirc$＋$\bigcirc$)×2
Z선 $\bigcirc$ $\bigcirc$ $\bigcirc$ Z선
M선
액틴 필라멘트의 길이＝1.0 μm
→ 근수축 시 길이가 변하지 않는다.

○ 구간 $\bigcirc$은 액틴 필라멘트만 있는 부분이고, $\bigcirc$은 액틴 필라멘트와 마이오신 필라멘트가 겹치는 부분이며, $\bigcirc$ 은 마이오신 필라멘트만 있는 부분이다.
○ 골격근 수축 과정의 시점 t_1일 때 ⓐ의 길이는 시점 t_2 일 때 ⓑ의 길이와 $\bigcirc$의 길이를 더한 값과 같다. ⓐ와 ⓑ는 $\bigcirc$과 $\bigcirc$을 순서 없이 나타낸 것이다.
○ ⓐ의 길이와 ⓑ의 길이를 더한 값은 1.0 μm이다.
○ t_1일 때 ⓑ의 길이는 0.2 μm이고, t_2일 때 ⓐ의 길이 는 0.7 μm이다. X의 길이는 t_1과 t_2 중 한 시점일 때 3.0 μm이고, 나머지 한 시점일 때 3.0 μm보다 길다.

이에 대한 설명으로 옳은 것만을 〈보기〉에서 있는 대로 고른 것은?

〈보기〉 풀이

ⓐ와 ⓑ는 $\bigcirc$과 $\bigcirc$을 순서 없이 나타낸 것이므로, ⓐ의 길이와 ⓑ의 길이를 더한 것은 한쪽 액틴 필라멘트의 길이가 되고, 이 길이는 근수축 과정에서 변하지 않는다. t_1일 때 ⓑ의 길이가 0.2 μm 이므로 ⓐ의 길이는 0.8 μm이고, t_2일 때 ⓐ의 길이가 0.7 μm이므로 ⓑ의 길이는 0.3 μm이다. t_1일 때 ⓐ의 길이(0.8 μm)는 t_2일 때 ⓑ의 길이(0.3 μm)와 $\bigcirc$의 길이를 더한 값과 같으므로 t_2일 때 $\bigcirc$의 길이는 0.5 μm이다.
근육 원섬유 마디 X의 길이는 ($\bigcirc$＋$\bigcirc$＋$\bigcirc$)×2인데, t_2일 때 (1.0＋0.5)×2＝3.0 μm이다. 따라서 t_1일 때는 X의 길이가 3.0 μm보다 길므로 t_1에서 t_2가 될 때 근육이 수축하는 상태이고, 액틴 필라멘트나 마이오신 필라멘트만 있는 $\bigcirc$과 $\bigcirc$의 길이는 짧아지고 두 필라멘트가 겹쳐진 $\bigcirc$의 길이는 길어진다. 따라서 t_1일 때보다 t_2일 때 길이가 짧아진 ⓐ가 $\bigcirc$이고 길이가 길어진 ⓑ가 $\bigcirc$이다. 근수축 과정에서 $\bigcirc$의 길이 변화량(0.1 μm)은 $\bigcirc$의 길이 변화량과 같으므로 t_1일 때 $\bigcirc$의 길이는 t_2일 때보다 0.1 μm 긴 0.6 μm이다.

시점	ⓐ($\bigcirc$)	ⓑ($\bigcirc$)	$\bigcirc$	X
t_1	0.8 μm	0.2 μm	0.6 μm	3.2 μm
t_2	0.7 μm	0.3 μm	0.5 μm	3.0 μm

ㄱ. ⓐ는 $\bigcirc$이다.
➡ ⓐ는 $\bigcirc$이고, ⓑ는 $\bigcirc$이다.
ㄴ. t_1일 때 H대의 길이는 1.2 μm이다.
➡ t_1일 때 H대의 길이는 $\bigcirc$의 길이×2이므로 0.6×2＝1.2 μm이다.
✗ X의 길이는 t_1일 때가 t_2일 때보다 짧다.
➡ X의 길이는 t_1일 때 3.2 μm이고, t_2일 때 3.0 μm로 t_1일 때가 t_2일 때보다 0.2 μm 길다.

05 근수축과 근육 원섬유 마디의 길이 변화 2024학년도 3월 학평 6번   정답 ① | 정답률 75 %

적용해야 할 개념 ③가지
① 근육이 수축할 때 근육 원섬유 마디, H대, I대의 길이는 짧아지고, 두 필라멘트가 겹친 부분의 길이는 길어지며, A대의 길이는 변하지 않는다.
② 근육이 수축하거나 이완할 때 필라멘트 자체의 길이는 변하지 않는다. 액틴 필라멘트의 길이는 '두 필라멘트가 겹친 부분＋액틴 필라멘트 만 있는 부분'의 길이이고, 마이오신 필라멘트의 길이는 A대의 길이이다.
③ H대의 길이는 근육 원섬유 마디의 길이에서 양쪽 액틴 필라멘트의 길이를 뺀 값이다.

문제 보기

그림은 좌우 대칭인 근육 원섬유 마디 X의 구조를, 표는 시점 t_1 과 t_2일 때 H대, $\bigcirc$, $\bigcirc$ 각각의 길이를 나타낸 것이다. 구간 $\bigcirc$ 은 액틴 필라멘트와 마이오신 필라멘트가 겹치는 부분이고, $\bigcirc$ 은 액틴 필라멘트만 있는 부분이다.

$\bigcirc$＋$\bigcirc$은 액틴 필라멘트의 길이로, t_1일 때와 t_2일 때 같다.

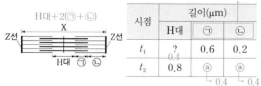

H대＋2($\bigcirc$＋$\bigcirc$)
X
Z선 Z선
H대 $\bigcirc$ $\bigcirc$

시점	길이(μm)		
	H대	$\bigcirc$	$\bigcirc$
t_1	?	0.6	0.2
t_2	0.8	ⓐ	ⓐ

↳ 0.4 ↳ 0.4

이에 대한 옳은 설명만을 〈보기〉에서 있는 대로 고른 것은?
[3점]

〈보기〉 풀이

ㄱ. ⓐ는 0.4이다.
➡ 근수축 시 필라멘트의 길이는 변하지 않는다. $\bigcirc$＋$\bigcirc$은 액틴 필라멘트로 t_1일 때와 t_2일 때 길이는 같다. 따라서 0.6＋0.2＝ⓐ＋ⓐ이므로 ⓐ는 0.4이다.
✗ t_1일 때 X의 길이는 2.2 μm이다.
➡ 근수축 시 마이오신 필라멘트의 길이(A대)도 변하지 않는다. H대＋(2×$\bigcirc$)은 마이오신 필라멘트로 t_1일 때와 t_2일 때 길이는 같다. t_2일 때 A대의 길이는 0.8＋(2×0.4)＝1.6 μm이므로 t_1일 때 H대의 길이는 1.6－(2×0.6)＝0.4 μm이다. 따라서 t_1일 때 X의 길이는 0.4＋(2× 0.8)＝2.0 μm이다.
✗ H대의 길이는 t_1일 때가 t_2일 때보다 길다.
➡ H대의 길이는 t_1일 때가 0.4 μm이고 t_2일 때가 0.8 μm이므로 t_1일 때가 t_2일 때보다 짧다.

| 06 | 근수축과 근육 원섬유 마디의 길이 변화 2023학년도 3월 학평 15번 | 정답 ④ | 정답률 61% |

적용해야 할 개념 ③가지

① 근육이 수축할 때 근육 원섬유 마디, H대, I대의 길이는 짧아지고, 두 필라멘트가 겹친 부분의 길이는 길어지며, A대의 길이는 변하지 않는다.

② 근육이 수축하거나 이완할 때 필라멘트 자체의 길이는 변하지 않는다. 액틴 필라멘트의 길이는 'I대+두 필라멘트가 겹친 부분'의 길이이고, 마이오신 필라멘트의 길이는 A대의 길이이다.

③ H대의 길이는 근육 원섬유 마디의 길이에서 양쪽 액틴 필라멘트의 길이를 뺀 값이고, A대의 길이는 근육 원섬유 마디의 길이에서 양쪽 I대의 길이를 뺀 값이다.

문제 보기

그림은 좌우 대칭인 근육 원섬유 마디 X의 구조를, 표는 시점 t_1과 t_2일 때 X, (가), (나) 각각의 길이를 나타낸 것이다. 구간 ㉠은 액틴 필라멘트만 있는 부분이고, ㉡은 액틴 필라멘트와 마이오신 필라멘트가 겹치는 부분이다. (가)와 (나)는 각각 ㉠과 ㉡ 중 하나이다.

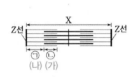

시점	길이(μm)		
	X	(가)㉡	(나)㉠
t_1	2.5	ⓐ0.5	ⓐ0.5
t_2	2.3	0.6	0.4

이에 대한 옳은 설명만을 〈보기〉에서 있는 대로 고른 것은?

〈보기〉 풀이

근수축 시 필라멘트의 길이는 변하지 않는다. ㉠+㉡은 액틴 필라멘트로 t_1일 때와 t_2일 때 길이는 같다. 표에서 (가)+(나)=0.6+0.4=1.0(μm)으로 일정한데, t_1일 때 (가)와 (나)의 길이는 ⓐ로 같으므로 2ⓐ=1.0이고, ⓐ는 0.5이다.

✗ (가)는 ㉠이다.

➡ 근수축 시 근육 원섬유 마디 X와 액틴 필라멘트만 있는 부분인 I대(㉠)의 길이는 감소하고, 액틴 필라멘트와 마이오신 필라멘트가 겹치는 부분(㉡)의 길이는 증가한다. t_1일 때보다 X의 길이가 감소한 t_2일 때가 수축한 상태이고, 근수축이 일어날 때 길이가 0.5 μm에서 0.4 μm로 감소한 (나)이 ㉠이다. 따라서 (가)는 ㉡이다.

ㄴ. t_1일 때 ㉡과 H대의 길이는 같다.

➡ t_1일 때 ㉡의 길이는 0.5 μm이다. H대의 길이=X의 길이−2×(㉠의 길이+㉡의 길이)이므로 2.5−2×1.0=0.5 μm이다. 따라서 t_1일 때 ㉡과 H대의 길이는 0.5 μm로 같다.

ㄷ. t_2일 때 A대의 길이는 1.5 μm이다.

➡ A대의 길이=X의 길이−2×㉠의 길이이므로 t_2일 때 A대의 길이=2.3−2×0.4=1.5 μm이다. A대의 길이는 마이오신 필라멘트의 길이이고, 근수축 시 필라멘트의 길이는 변하지 않으므로 t_1일 때의 A대의 길이도 1.5 μm로 같다.

| 07 | 근수축과 근육 원섬유 마디의 길이 변화 2020학년도 3월 학평 10번 | 정답 ④ | 정답률 81% |

적용해야 할 개념 ③가지

① 근육 원섬유 마디에서 액틴 필라멘트만 있는 부분을 I대, 마이오신 필라멘트가 있는 부분을 A대, A대 중 마이오신 필라멘트만 있는 부분을 H대라고 한다.

② 근육이 수축할 때 마이오신 필라멘트와 액틴 필라멘트 자체의 길이는 변하지 않으며, 두 필라멘트가 겹친 부분의 길이는 늘어나고 I대와 H대의 길이는 짧아진다.

③ 근육 원섬유 마디의 길이 변화량=H대의 길이 변화량=한쪽 I대의 길이 변화량×2

문제 보기

그림은 좌우 대칭인 근육 원섬유 마디 X의 구조를, 표는 시점 t_1과 t_2일 때 X와 ㉡의 길이를 나타낸 것이다. ㉠은 마이오신 필라멘트만, ㉡은 액틴 필라멘트만 있는 부분이다.

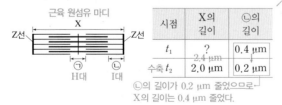

시점	X의 길이	㉡의 길이
t_1	? 2.4 μm	0.4 μm
수축 t_2	2.0 μm	0.2 μm

㉡의 길이가 0.2 μm 줄었으므로 X의 길이는 0.4 μm 줄었다.

이에 대한 옳은 설명만을 〈보기〉에서 있는 대로 고른 것은? [3점]

〈보기〉 풀이

ㄱ. ㉠은 H대이다.

➡ ㉠은 마이오신 필라멘트만 있는 H대이고, ㉡은 액틴 필라멘트만 있는 I대이다.

ㄴ. t_1일 때 X의 길이는 2.4 μm이다.

➡ 근육이 수축할 때 근육 원섬유 마디 양쪽의 액틴 필라멘트가 마이오신 필라멘트 사이로 미끄러져 들어가 근육 원섬유 마디의 길이가 짧아지므로 'X의 길이 변화=㉡의 길이 변화×2'로 나타낼 수 있다. ㉡의 길이가 t_1일 때 0.4 μm에서 t_2일 때 0.2 μm로 0.2 μm 줄었으므로 X의 길이는 t_1일 때보다 t_2일 때 0.4 μm 줄었다. 따라서 t_1일 때 X의 길이는 2.4 μm이다.

✗ A대의 길이는 t_1일 때가 t_2일 때보다 길다.

➡ A대는 마이오신 필라멘트가 있어 어둡게 보이는 부분이다. 근육의 수축과 이완 시 마이오신 필라멘트의 길이는 변하지 않으므로 A대의 길이는 t_1일 때와 t_2일 때가 같다.

08 근수축과 근육 원섬유 마디의 길이 변화 2022학년도 4월 학평 16번   정답 ② | 정답률 68%

적용해야 할 개념 ③가지

① 근육이 수축할 때 근육 원섬유 마디, H대, I대의 길이는 짧아지고, 두 필라멘트가 겹쳐진 길이는 길어지며, A대의 길이는 변하지 않는다.
② 근육이 수축하거나 이완할 때 필라멘트 자체의 길이는 변하지 않는다. ➡ 근육 원섬유 마디의 길이 변화량=H대의 길이 변화량
③ A대의 길이=H대의 길이+마이오신 필라멘트와 액틴 필라멘트가 겹친 부분의 길이

문제 보기

다음은 골격근의 수축 과정에 대한 자료이다.

○ 그림은 근육 원섬유 마디 X의 구조를, 표는 골격근 수축 과정의 두 시점 t_1과 t_2일 때 ㉠~㉢의 길이를 나타낸 것이다. X는 M선을 기준으로 좌우 대칭이고, A대의 길이는 1.6 μm이다. t_2일 때 ㉠의 길이와 ㉡의 길이는 같다.

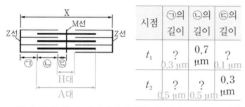

시점	㉠의 길이	㉡의 길이	㉢의 길이
t_1	? 0.3 μm	0.7 μm	? 0.1 μm
t_2	? 0.5 μm	? 0.5 μm	0.3 μm

○ 구간 ㉠은 액틴 필라멘트만 있는 부분이고, ㉡은 액틴 필라멘트와 마이오신 필라멘트가 겹치는 부분이며, ㉢은 마이오신 필라멘트만 있는 부분이다.

이에 대한 설명으로 옳은 것만을 〈보기〉에서 있는 대로 고른 것은?

〈보기〉 풀이

A대는 마이오신 필라멘트가 있는 부분이고, 근육 수축 과정에서 길이가 변하지 않으므로 t_1일 때와 t_2일 때 A대의 길이는 1.6 μm로 같다. 그림에서 A대의 길이는 2×(㉡의 길이+㉢의 길이)이므로 t_1일 때와 t_2일 때 ㉡의 길이+㉢의 길이는 0.8 μm이다. 따라서 t_1일 때 ㉢의 길이는 0.1 μm이고, t_2일 때 ㉡의 길이는 0.5 μm이다. t_2일 때 ㉠의 길이는 ㉡의 길이와 같으므로 0.5 μm이다. ㉠의 길이+㉡의 길이는 액틴 필라멘트의 길이이고, 근육 수축 과정에서 길이가 변하지 않으므로 t_1일 때와 t_2일 때 모두 1.0 μm이다. 따라서 t_1일 때 ㉠의 길이는 0.3 μm이다.

✗ X의 길이는 t_1일 때가 t_2일 때보다 길다.
➡ X의 길이는 2×(㉠의 길이+㉡의 길이+㉢의 길이)이므로 t_1일 때는 2.2 μm이고, t_2일 때는 2.6 μm로 t_1일 때가 t_2일 때보다 짧다.

ㄴ. t_2일 때 ㉡의 길이는 0.5 μm이다.
➡ t_2일 때 ㉠의 길이와 ㉡의 길이는 각각 0.5 μm이다.

✗ t_1일 때 ㉠의 길이는 t_2일 때 H대의 길이와 같다.
➡ H대는 마이오신 필라멘트만 있는 부분으로, H대의 길이는 2×㉢의 길이이다. t_2일 때 ㉢의 길이는 0.3 μm이므로 H대의 길이는 0.6 μm로 t_1일 때 ㉠의 길이인 0.3 μm의 2배이다.

---

09 근수축과 근육 원섬유 마디의 길이 변화 2022학년도 6월 모평 8번   정답 ⑤ | 정답률 64%

적용해야 할 개념 ③가지

① 근육 원섬유 마디는 근수축의 기본 단위로, Z선과 Z선 사이의 한 마디이다.
② 근육 원섬유에서 마이오신 필라멘트가 있어 어둡게 보이는 부분을 암대(A대), 액틴 필라멘트만 있어 밝게 보이는 부분을 명대(I대)라고 한다.
③ 근육이 수축할 때 액틴 필라멘트와 마이오신 필라멘트 자체는 수축하지 않으므로 A대의 길이는 변하지 않으며, 액틴 필라멘트가 마이오신 필라멘트 사이로 미끄러져 들어가면서 I대와 H대의 길이가 짧아짐에 따라 근육 원섬유 마디의 길이가 짧아진다.

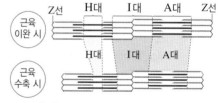

▲ 근수축 과정에서 근육 원섬유 마디의 변화

문제 보기

그림은 골격근 수축 과정의 두 시점 (가)와 (나)일 때 관찰된 근육 원섬유를, 표는 (가)와 (나)일 때 ㉠의 길이와 ㉡의 길이를 나타낸 것이다. ⓐ와 ⓑ는 근육 원섬유에서 각각 어둡게 보이는 부분(암대)과 밝게 보이는 부분(명대)이고, ㉠과 ㉡은 ⓐ와 ⓑ를 순서 없이 나타낸 것이다.

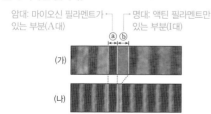

암대: 마이오신 필라멘트가 있는 부분(A대)
명대: 액틴 필라멘트만 있는 부분(I대)

(가)
(나)

근수축 시 길이가 변하지 않는다. ➡ ⓐ
근수축 시 길이가 짧아진다. ➡ ⓑ

시점	㉠의 길이	㉡의 길이
(가)	1.6 μm	1.8 μm
(나)	1.6 μm	0.6 μm

이에 대한 설명으로 옳은 것만을 〈보기〉에서 있는 대로 고른 것은?

〈보기〉 풀이

현미경으로 골격근을 관찰할 때 어둡게 보이는 부분(암대)은 마이오신 필라멘트가 있는 A대이고, 밝게 보이는 부분(명대)은 액틴 필라멘트만 있는 I대이다. (가)에 비해 (나)는 명대(I대)의 길이가 짧으므로 근육이 수축한 것이다.

ㄱ. (가)일 때 ⓑ에 Z선이 있다.
➡ Z선은 근육 원섬유 마디와 마디를 구분하는 경계선으로 명대(I대)에 있다. (가)에서 ⓐ는 암대(A대)이고, ⓑ는 명대(I대)이므로 Z선은 ⓑ에 있다.

ㄴ. (나)일 때 ㉠에 액틴 필라멘트가 있다.
➡ 근수축이 일어날 때 마이오신 필라멘트의 길이는 변하지 않으므로 마이오신 필라멘트가 있는 암대(ⓐ)는 (가)와 (나)에서 길이가 변하지 않는 ㉠이다. 근수축 시 액틴 필라멘트의 길이는 변하지 않지만, 액틴 필라멘트가 마이오신 필라멘트 사이로 미끄러져 들어가면서 명대(ⓑ)의 길이가 줄어들므로 ⓑ는 ㉡이다. 따라서 (나)일 때 액틴 필라멘트는 명대와 암대에 모두 있으므로 ㉠과 ㉡에 모두 액틴 필라멘트가 있다.

ㄷ. (가)에서 (나)로 될 때 ATP에 저장된 에너지가 사용된다.
➡ (가)에서 (나)로 근수축이 일어날 때는 ATP에 저장된 에너지를 사용하여 액틴 필라멘트가 마이오신 필라멘트 사이로 미끄러져 들어가면서 근육 원섬유 마디의 길이가 짧아진다.

적용해야 할 개념 ③가지

① 근육이 수축할 때 근육 원섬유 마디, H대, I대의 길이는 짧아지고, 두 필라멘트가 겹친 부분의 길이는 길어지며, A대의 길이는 변하지 않는다.

② 근육이 수축하거나 이완할 때 필라멘트 자체의 길이는 변하지 않는다.

③ A대의 길이＝H대의 길이＋두 필라멘트가 겹친 부분의 길이

문제 보기

그림은 좌우 대칭인 근육 원섬유 마디 X의 구조를, 표는 시점 t_1 과 t_2일 때 X의 길이와 ⓒ의 길이를 나타낸 것이다. 구간 ㉠은 액틴 필라멘트와 마이오신 필라멘트가 겹치는 부분이고, ⓒ은 액틴 필라멘트만 있는 부분이다.

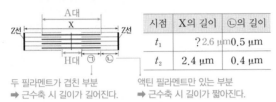

시점	X의 길이	ⓒ의 길이
t_1	? 2.6 μm	0.5 μm
t_2	2.4 μm	0.4 μm

두 필라멘트가 겹친 부분
➡ 근수축 시 길이가 길어진다.

액틴 필라멘트만 있는 부분
➡ 근수축 시 길이가 짧아진다.

이에 대한 옳은 설명만을 〈보기〉에서 있는 대로 고른 것은? [3점]

〈보기〉 풀이

✘ ㉠은 H대의 일부이다.

➡ ㉠은 마이오신 필라멘트와 액틴 필라멘트가 겹친 부분이므로 마이오신 필라멘트가 있는 A대의 일부이다. H대는 A대 중 마이오신 필라멘트만 있는 부분이다.

Ⓛ t_1일 때 A대의 길이는 1.6 μm이다.

➡ t_2일 때 A대의 길이＝X의 길이－(2×ⓒ의 길이)＝2.4－0.8＝1.6 μm이다. 근육 수축과 이완 시 A대의 길이는 변하지 않으므로 t_1일 때 A대의 길이도 1.6 μm이다.

Ⓒ ㉠의 길이와 ⓒ의 길이를 더한 값은 t_1일 때와 t_2일 때가 같다.

➡ (㉠의 길이＋ⓒ의 길이)는 액틴 필라멘트의 길이이다. 근육 수축과 이완 시 마이오신 필라멘트와 액틴 필라멘트 자체의 길이는 변하지 않으므로 ㉠의 길이와 ⓒ의 길이를 더한 값은 t_1일 때와 t_2일 때가 같다.

보기

적용해야 할 개념 ③가지

① 근육이 수축할 때 근육 원섬유 마디, H대, I대의 길이는 짧아지고, 두 필라멘트가 겹친 부분의 길이는 길어지며, A대의 길이는 변하지 않는다.

② 근육이 수축하거나 이완할 때 필라멘트 자체의 길이는 변하지 않는다. 액틴 필라멘트의 길이는 'I대＋두 필라멘트가 겹친 부분'의 길이이고, 마이오신 필라멘트의 길이는 A대의 길이이다.

③ H대는 마이오신 필라멘트만 있는 부분이다.

문제 보기

다음은 골격근의 수축 과정에 대한 자료이다.

○ 그림은 근육 원섬유 마디 X의 구조를, 표는 골격근 수축 과정의 두 시점 t_1과 t_2일 때 ㉠의 길이와 ⓒ의 길이를 더한 값(㉠＋ⓒ)과 X의 길이를 나타낸 것이다. X는 좌우 대칭이고, Z$_1$과 Z$_2$는 X의 Z선이다.

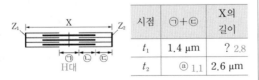

시점	㉠＋ⓒ	X의 길이
t_1	1.4 μm	? 2.8
t_2	ⓐ 1.1	2.6 μm

○ 구간 ㉠은 마이오신 필라멘트만 있는 부분이고, ⓒ은 액틴 필라멘트와 마이오신 필라멘트가 겹치는 부분이며, ⓒ은 액틴 필라멘트만 있는 부분이다.

○ t_1일 때 ⓒ의 길이는 $2d$, ⓒ의 길이는 $3d$이다.

○ t_2일 때 A대의 길이는 1.6 μm이다.

이에 대한 설명으로 옳은 것만을 〈보기〉에서 있는 대로 고른 것은?

〈보기〉 풀이

근수축 시 필라멘트의 길이는 변하지 않는다. 'ⓒ의 길이＋ⓒ의 길이'는 액틴 필라멘트의 길이이고 t_1일 때와 t_2일 때의 길이는 $5d$로 일정하다. 또한 A대의 길이는 마이오신 필라멘트의 길이로 t_1일 때와 t_2일 때의 길이는 1.6 μm로 일정하다. t_1일 때 ㉠의 길이＋2(ⓒ의 길이)＝㉠＋$4d$＝1.6이고, ㉠의 길이＋ⓒ의 길이＝㉠＋$3d$＝1.4이다. 따라서 d＝0.2 μm이다. t_2일 때 ⓒ의 길이는 $\dfrac{X의 길이－A대의 길이}{2}＝\dfrac{2.6－1.6}{2}＝0.5$ μm이다. t_1일 때 ⓒ의 길이는 $2d$＝0.4 μm이고, ⓒ의 길이는 $3d$＝0.6 μm이다. ⓒ＋ⓒ의 길이는 1.0 μm로 t_2일 때도 같으므로 t_2일 때 ⓒ의 길이는 0.5 μm이다. t_2일 때 ㉠의 길이는 2.6－(2×1.0)＝0.6 μm이다.

보기

시점	㉠의 길이	ⓒ의 길이	ⓒ의 길이	X의 길이
t_1	0.8 μm	0.4 μm	0.6 μm	2.8 μm
t_2	0.6 μm	0.5 μm	0.5 μm	2.6 μm

㉠ ⓐ는 1.1 μm이다.

➡ t_2일 때 ㉠의 길이＋ⓒ의 길이＝0.6＋0.5＝1.1 μm이다.

Ⓛ H대의 길이는 t_1일 때가 t_2일 때보다 0.2 μm 길다.

➡ H대는 마이오신 필라멘트만 있는 ㉠이다. ㉠(H대)의 길이는 t_1일 때가 0.8 μm이고, t_2일 때가 0.6 μm로 t_1일 때가 t_2일 때보다 0.2 μm 길다.

✘ t_1일 때 Z$_1$로부터 Z$_2$ 방향으로 거리가 1.9 μm인 지점은 ㉠에 해당한다.

➡ t_1일 때 Z$_1$로부터 Z$_2$ 방향으로 액틴 필라멘트의 길이는 1.0 μm이고, ㉠의 길이가 0.8 μm이므로 거리가 1.9 μm인 지점은 ⓒ에 해당한다.

| 12 | 근수축과 근육 원섬유 마디의 길이 변화 2021학년도 6월 모평 13번 | 정답 ① \| 정답률 79% |

적용해야 할 개념 ④가지

① 근육 원섬유 마디의 길이＝(A대의 길이)＋(한쪽 I대의 길이)×2

② 근육 원섬유 마디의 길이 변화량＝H대의 길이 변화량＝한쪽 I대의 길이 변화량×2＝두 필라멘트가 겹친 부분의 길이 변화량

③ 근육이 수축할 때 액틴 필라멘트와 마이오신 필라멘트 자체의 길이는 변하지 않으며, 두 필라멘트가 겹친 부분의 길이는 늘어나고 I대와 H대의 길이는 짧아진다.

④ 근수축에 필요한 에너지는 ATP에서 공급된다.

문제 보기

다음은 골격근의 수축 과정에 대한 자료이다.

○ 그림은 근육 원섬유 마디 X의 구조를, 표는 골격근 수축 과정의 두 시점 t_1과 t_2일 때 X의 길이와 ㉠의 길이를 나타낸 것이다. X는 좌우 대칭이다.

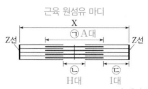

근육 원섬유 마디
X
㉠A대
Z선 Z선
㉡ ㉢
H대 I대

A대의 길이

시점	X의 길이	㉠의 길이
t_1	3.0 μm	1.6 μm
수축 t_2	2.6 μm	?1.6 μm

근수축 시 A대의 길이는 변하지 않는다.

○ 구간 ㉠은 마이오신 필라멘트가 있는 부분이고, ㉡은 마이오신 필라멘트만 있는 부분이며, ㉢은 액틴 필라멘트만 있는 부분이다.

이에 대한 설명으로 옳은 것만을 〈보기〉에서 있는 대로 고른 것은?

〈보기〉 풀이

㉠은 마이오신 필라멘트가 있는 A대이고, ㉡은 마이오신 필라멘트만 있는 H대이며, ㉢은 액틴 필라멘트만 있는 I대이다. X는 좌우 대칭이므로 X의 길이는 '㉠의 길이＋㉢의 길이×2' 이다.

ㄱ t_1에서 t_2로 될 때 ATP에 저장된 에너지가 사용된다.

➡ 근육 원섬유 마디 X의 길이는 t_1일 때보다 t_2일 때가 짧으므로 t_1에서 t_2로 될 때 근수축이 일어났으며, 이때 필요한 에너지는 ATP에서 공급된다. ATP가 ADP와 P_i로 분해될 때 방출되는 에너지를 이용하여 마이오신 필라멘트가 액틴 필라멘트를 끌어당겨 근육 원섬유 마디가 짧아진다.

✗ ㉠의 길이에서 ㉡의 길이를 뺀 값은 t_2일 때가 t_1일 때보다 0.2 μm 크다.

➡ 근육이 수축할 때 마이오신 필라멘트의 길이는 변하지 않으므로 t_2일 때 A대(㉠)의 길이는 t_1일 때와 같은 1.6 μm이다. 또한, 근육이 수축할 때 액틴 필라멘트의 길이도 변하지 않으므로 'I대(㉢)의 길이＋두 필라멘트가 겹친 부분의 길이'도 일정하게 유지된다. 따라서 X의 길이 변화량은 H대(㉡)의 길이 변화량과 같으므로, ㉡의 길이는 t_2일 때가 t_1일 때보다 0.4 μm 짧다. t_1일 때 ㉡의 길이를 y라고 하면 t_2일 때 ㉡의 길이는 $y-0.4$로 나타낼 수 있다. '㉠의 길이－㉡의 길이'는 t_1일 때 '$1.6-y$'이고, t_2일 때는 '$1.6-(y-0.4)=2.0-y$'이므로, t_2일 때가 t_1일 때보다 0.4 μm 크다.

✗ t_2일 때 ㉢의 길이는 0.3 μm이다.

➡ X의 길이＝㉠의 길이＋㉢의 길이×2이므로, t_2일 때 ㉢의 길이＝$\dfrac{\text{X의 길이}-\text{㉠의 길이}}{2}$

$=\dfrac{2.6-1.6}{2}=0.5$ μm이다.

적용해야 할 개념 ③가지	① 근육 원섬유 마디의 길이=(A대의 길이)+(한쪽 I대의 길이)×2
	② A대의 길이=(H대의 길이)+(한쪽의 두 필라멘트가 겹친 부분의 길이)×2
	③ 근육이 수축할 때 액틴 필라멘트와 마이오신 필라멘트 자체의 길이는 변하지 않으므로 A대의 길이는 변하지 않고, I대와 H대의 길이는 짧아진다.

문제 보기

다음은 골격근의 수축 과정에 대한 자료이다.

○ 그림은 근육 원섬유 마디 X의 구조를, 표는 골격근 수축 과정의 두 시점 t_1과 t_2일 때 X의 길이, A대의 길이, ⓛ의 길이를 나타낸 것이다. X는 좌우 대칭이고, t_2일 때 H대의 길이는 1.0 μm이다.

근육 원섬유 마디

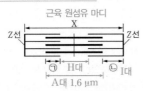

→X의 길이=A대의 길이+ⓛ의 길이×2

시점	X의 길이	A대의 길이	ⓛ의 길이
t_1	?2.0 μm	1.6 μm	0.2 μm
t_2	3.0 μm	?1.6 μm	?0.7 μm

○ 구간 ㉠은 액틴 필라멘트와 마이오신 필라멘트가 겹치는 부분이고, ⓛ은 액틴 필라멘트만 있는 부분이다.

이에 대한 설명으로 옳은 것만을 〈보기〉에서 있는 대로 고른 것은? [3점]

〈보기〉 풀이

㉠은 마이오신 필라멘트와 액틴 필라멘트가 겹치는 부분으로 A대의 일부이며, ⓛ은 액틴 필라멘트만 있는 I대이다.

ㄱ. t_1일 때 X의 길이는 2.0 μm이다.

➡ X의 길이는 'A대의 길이+ⓛ의 길이×2'로 구할 수 있다. 따라서 t_1일 때 X의 길이=1.6+(0.2×2)=2.0 μm이다.

ㄴ. ⓛ의 길이는 t_1일 때가 t_2일 때보다 짧다.

➡ X의 길이는 'A대의 길이+ⓛ의 길이×2'이므로, ⓛ의 길이는 $\dfrac{\text{X의 길이}-\text{A대의 길이}}{2}$로 구할 수 있다. A대의 길이는 마이오신 필라멘트의 길이인데, 근수축 과정에서 마이오신 필라멘트의 길이는 변하지 않으므로 t_2일 때 A대의 길이는 t_1일 때와 같은 1.6 μm이다. 따라서 t_2일 때 ⓛ의 길이=$\dfrac{3.0-1.6}{2}$=0.7 μm이다. 그러므로 ⓛ의 길이는 t_1일 때가 t_2일 때보다 0.5 μm 더 짧다.

ㄷ. t_2일 때 $\dfrac{\text{㉠의 길이}}{\text{A대의 길이}}=\dfrac{3}{8}$이다.

➡ ㉠의 길이는 $\dfrac{\text{A대의 길이}-\text{H대의 길이}}{2}$로 구할 수 있다. t_2일 때 H대의 길이는 1.0 μm라고 했으므로 ㉠의 길이=$\dfrac{1.6-1.0}{2}$=0.3 μm이다. 따라서 t_2일 때 $\dfrac{\text{㉠의 길이}}{\text{A대의 길이}}=\dfrac{0.3}{1.6}=\dfrac{3}{16}$이다.

보기

14 근수축과 근육 원섬유 마디의 길이 변화 2020학년도 10월 학평 15번

정답 ⑤ | 정답률 72 %

적용해야 할 개념 ③가지

① 근육 원섬유 마디에서 마이오신 필라멘트가 있는 부분을 A대, A대 중 마이오신 필라멘트만 있는 부분을 H대, 액틴 필라멘트만 있는 부분을 I대라고 한다.

② 근육이 수축할 때 마이오신 필라멘트와 액틴 필라멘트 자체의 길이는 변하지 않으며, 두 필라멘트가 겹친 부분의 길이는 늘어나고 I대와 H대의 길이는 짧아진다.

③ 근육 원섬유 마디의 길이와 변화량을 구하는 방법은 다양하다.
- 근육 원섬유 마디의 길이＝(A대의 길이)＋(한쪽 I대의 길이)×2
- A대의 길이＝(H대의 길이)＋(한쪽의 두 필라멘트가 겹친 부분의 길이)×2
- 근육 원섬유 마디의 길이 변화량＝H대의 길이 변화량＝한쪽 I대의 길이 변화량×2

문제 보기

다음은 동물 (가)와 (나)의 골격근 수축에 대한 자료이다.

○ 그림은 (가)의 근육 원섬유 마디 X와 (나)의 근육 원섬유 마디 Y의 구조를 나타낸 것이다. 구간 ㉠과 ㉢은 액틴 필라멘트만 있는 부분이고, ㉡은 액틴 필라멘트와 마이오신 필라멘트가 겹치는 부분이며, ㉣은 마이오신 필라멘트만 있는 부분이다. X와 Y는 모두 좌우 대칭이다.

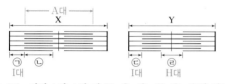

○ 표는 시점 t_1과 t_2일 때 X, ㉠, ㉡, Y, ㉢, ㉣의 길이를 나타낸 것이다.

㉠＋㉡은 액틴 필라멘트의 길이

구분	X	㉠	㉡	Y	㉢	㉣
수축 t_1	?2.4	ⓐ0.4	0.6	?2.0	0.3	ⓑ0.4
이완 t_2	2.6	0.5	0.5	2.6	0.6	1.0

(단위: μm)

이에 대한 옳은 설명만을 〈보기〉에서 있는 대로 고른 것은?

〈보기〉 풀이

㉠과 ㉢은 액틴 필라멘트만 있는 I대, ㉡은 액틴 필라멘트와 마이오신 필라멘트가 겹치는 부분으로 A대의 일부이며, ㉣은 마이오신 필라멘트만 있는 H대이다.

ㄱ. ⓐ와 ⓑ는 같다.

➡ t_1일 때는 t_2일 때보다 X에서 액틴 필라멘트와 마이오신 필라멘트가 겹치는 부분(㉡)의 길이는 길고 Y에서 액틴 필라멘트만 있는 부분(㉢)의 길이는 짧으므로 t_1일 때가 t_2일 때보다 근육이 수축한 상태이다. 근수축 과정에서 액틴 필라멘트의 길이는 변하지 않으므로 t_2일 때 ㉠＋㉡＝0.5＋0.5＝1.0 μm이고, 이로부터 t_1일 때 ㉠의 길이 ⓐ는 1.0－0.6＝0.4 μm임을 알 수 있다. Y에서 근수축이 일어날 때 H대(㉣)의 길이 변화량은 I대(㉢)의 길이 변화량의 2배이다. t_1일 때는 t_2일 때에 비해 ㉢의 길이가 0.6－0.3＝0.3 μm 감소하였으므로 ㉣의 길이는 0.6 μm가 감소하여 ⓑ는 0.4 μm가 된다. 따라서 ⓐ와 ⓑ는 0.4 μm로 같다.

ㄴ. t_1일 때 X의 H대 길이는 0.4 μm이다.

➡ t_2일 때 X의 길이 2.6 μm는 '2×(㉠＋㉡의 길이)＋H대의 길이'이며, ㉠과 ㉡이 각각 0.5 μm이므로 H대의 길이는 0.6 μm이다. t_1일 때 X의 H대 길이 변화는 '㉠의 길이 변화×2'와 같으므로 H대의 길이는 t_1일 때가 t_2일 때보다 0.2 μm 짧다. 따라서 t_1일 때 X의 H대 길이는 0.4 μm이다.

ㄷ. X의 A대 길이에서 Y의 A대 길이를 뺀 값은 0.2 μm이다.

➡ A대는 마이오신 필라멘트가 있는 부분으로, 근육의 수축과 이완 시 A대의 길이는 변하지 않는다. A대의 길이는 '근육 원섬유 마디의 길이－(한쪽 I대의 길이)×2'이므로 X의 A대 길이는 2.6－0.5×2＝1.6 μm이고, Y의 A대 길이는 2.6－0.6×2＝1.4 μm이다. 따라서 X의 A대 길이에서 Y의 A대 길이를 뺀 값은 1.6－1.4＝0.2 μm이다.

| 적용해야 할 개념 ②가지 | ① 근육이 수축할 때 근육 원섬유 마디, H대, I대의 길이는 짧아지고, 두 필라멘트가 겹친 부분의 길이는 길어지며, A대의 길이는 변하지 않는다. |
| | ② 근육이 수축하거나 이완할 때 필라멘트 자체의 길이는 변하지 않는다. 액틴 필라멘트의 길이는 'I대+두 필라멘트가 겹친 부분'의 길이이고, 마이오신 필라멘트의 길이는 A대의 길이이다. |

문제 보기

다음은 골격근의 수축 과정에 대한 자료이다.

○ 그림은 근육 원섬유 마디 X의 구조를 나타낸 것이다. X는 좌우 대칭이고, Z_1과 Z_2는 X의 Z선이다.

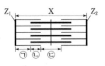

○ 구간 ㉠은 액틴 필라멘트만 있는 부분이고, ㉡은 액틴 필라멘트와 마이오신 필라멘트가 겹치는 부분이며, ㉢은 마이오신 필라멘트만 있는 부분이다.

○ 표는 골격근 수축 과정의 두 시점 t_1과 t_2일 때, ㉠의 길이와 ㉢의 길이를 더한 값(㉠+㉢), ㉡의 길이와 ㉢의 길이를 더한 값(㉡+㉢), X의 길이를 나타낸 것이다.

시점	㉠+㉢	㉡+㉢	X의 길이
t_1	? 2.0	1.4	? 3.2
t_2	1.4	? 1.2	2.8

(단위: μm)

○ t_1일 때 X의 길이는 L이고, A대의 길이는 1.6 μm이다.

이에 대한 설명으로 옳은 것만을 〈보기〉에서 있는 대로 고른 것은?

〈보기〉 풀이

근수축 시 필라멘트의 길이는 변하지 않는다. '㉠+㉡'의 길이는 액틴 필라멘트의 길이이고 t_1일 때와 t_2일 때의 길이는 일정하다. 또한 A대의 길이는 마이오신 필라멘트의 길이로 '2×㉡+㉢'의 길이인데, t_1일 때와 t_2일 때의 길이는 1.6 μm로 일정하다. t_1일 때 2㉡+㉢=1.60이고, ㉡+㉢=1.4이므로 ㉡의 길이는 1.6−1.4=0.2 μm이고, ㉢의 길이는 1.4−0.2=1.2 μm이다. t_2일 때 X의 길이는 2.8 μm이고, A대의 길이가 1.6 μm이므로 ㉠의 길이는 $\frac{2.8-1.6}{2}=0.6$ μm이다. ㉠+㉢의 길이가 1.4 μm이므로 ㉢의 길이는 0.8 μm이고, ㉡의 길이는 $\frac{1.6-0.8}{2}=0.4$ μm이다. '㉠+㉡'의 길이는 t_1일 때와 t_2일 때 1.0 μm로 일정하므로 t_1일 때 ㉠의 길이는 0.8 μm이다.

시점	㉠의 길이	㉡의 길이	㉢의 길이	X의 길이
t_1	0.8 μm	0.2 μm	1.2 μm	3.2 μm
t_2	0.6 μm	0.4 μm	0.8 μm	2.8 μm

✘ X의 길이는 t_1일 때가 t_2일 때보다 **0.2 μm 길다.**
➡ X의 길이는 t_1일 때 3.2 μm이고, t_2일 때 2.8 μm로 t_1일 때가 t_2일 때보다 0.4 μm 길다.

ㄴ. t_1일 때 ㉡의 길이와 t_2일 때 ㉢의 길이를 더한 값은 **1.0 μm이다.**
➡ t_1일 때 ㉡의 길이는 0.2 μm이고, t_2일 때 ㉢의 길이는 0.8 μm이므로 이 두 길이를 더한 값은 1.0 μm이다.

ㄷ. t_1일 때 X의 Z_1로부터 Z_2 방향으로 거리가 $\frac{3}{8}$ L인 지점은 ㉢에 해당한다.
➡ t_1일 때 '㉠+㉡'의 길이가 1.0 μm이고 ㉢의 길이가 1.2 μm이므로 X의 Z_1로부터 Z_2 방향으로 거리가 $\frac{3}{8}$×3.2=1.2 μm인 지점은 ㉢에 해당한다.

16 근수축과 근육 원섬유 마디의 길이 변화 2020학년도 수능 14번

적용해야 할 개념 ④가지

① 근육 원섬유 마디에서 마이오신 필라멘트가 있는 부분을 A대, 액틴 필라멘트만 있는 부분을 I대, A대 중 마이오신 필라멘트만 있는 부분을 H대라고 한다.

② 근육이 수축하거나 이완할 때 두 필라멘트의 길이는 변하지 않는다. ➡ A대의 길이, 액틴 필라멘트의 길이, 마이오신 필라멘트의 길이는 일정하다.

③ 근육 원섬유 마디의 길이=(A대의 길이)+(I대의 길이)

④ 근육 원섬유 마디의 길이 변화량=H대의 길이 변화량=한쪽 I대의 길이 변화량×2

문제 보기

다음은 골격근의 수축 과정에 대한 자료이다.

○ 그림은 근육 원섬유 마디 X의 구조를, 표는 골격근 수축 과정의 두 시점 t_1과 t_2일 때 ㉠의 길이와 ㉡의 길이를 더한 값(㉠+㉡)과 ㉢의 길이를 나타낸 것이다. X는 좌우 대칭이고, t_1일 때 A대의 길이는 1.6 μm이다.

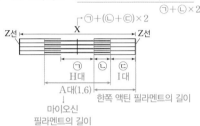

시점	㉠+㉡	㉢의 길이	X의 길이
t_1	1.3 μm	0.7 μm	3.0
t_2	?	0.5 μm	2.6

○ 구간 ㉠은 마이오신 필라멘트만 있는 부분이고, ㉡은 액틴 필라멘트와 마이오신 필라멘트가 겹치는 부분이며, ㉢은 액틴 필라멘트만 있는 부분이다.

이에 대한 설명으로 옳은 것만을 〈보기〉에서 있는 대로 고른 것은?

〈보기〉 풀이

㉠은 마이오신 필라멘트만 있는 H대이고, ㉢은 액틴 필라멘트만 있는 I대이다. 마이오신 필라멘트가 있는 A대의 길이는 '㉠+㉡×2'의 길이로 나타낼 수 있다. A대의 길이는 근수축 과정에서 변하지 않으므로 t_1과 t_2에서 1.6 μm로 일정하다. 따라서 ㉠+㉡×2=1.6 μm인데, ㉠+㉡=1.3 μm이므로 ㉡의 길이는 0.3 μm이고, ㉠의 길이는 1.0 μm이다.

t_1일 때 X의 길이는 '㉠+(㉡+㉢)×2'의 길이이므로 1.0+(0.3+0.7)×2=3.0 μm이다. t_2일 때 X의 길이는 'A대+㉢×2'의 길이이므로 1.6+0.5×2=2.6 μm이다.

㉡+㉢의 길이는 한쪽 액틴 필라멘트의 길이로, 근수축 시 변하지 않으므로 t_1과 t_2일 때 각 부분의 길이는 표와 같다.

(단위: μm)

시점	㉠	㉡	㉢	X
t_1	1.0	0.3	0.7	3.0
t_2	0.6	0.5	0.5	2.6

ㄱ. t_1일 때 X의 길이는 3.0 μm이다.

➡ t_1일 때 X의 길이는 '㉠+(㉡+㉢)×2'의 길이이므로 1.0+(0.3+0.7)×2=3.0 μm이다.

✗ X의 길이에서 ㉠의 길이를 뺀 값은 t_1일 때가 t_2일 때보다 크다.

➡ X의 길이에서 ㉠의 길이를 뺀 값은 '(㉡+㉢)×2'의 길이, 즉 액틴 필라멘트의 길이이다. 액틴 필라멘트의 길이는 근수축 시 변하지 않으므로 X의 길이에서 ㉠의 길이를 뺀 값은 t_1일 때와 t_2일 때가 같다.

ㄷ. t_2일 때 $\dfrac{\text{H대의 길이}}{\text{㉡의 길이}+\text{㉢의 길이}}=\dfrac{3}{5}$이다.

➡ '㉡의 길이+㉢의 길이'는 한쪽 액틴 필라멘트의 길이로, t_1과 t_2에서 1.0 μm로 일정하다. H대는 ㉠이므로 t_2일 때 H대의 길이는 X의 길이−(㉡+㉢)×2=2.6−1×2=0.6 μm이다.

따라서 t_2일 때 $\dfrac{\text{H대의 길이}}{\text{㉡의 길이}+\text{㉢의 길이}}=\dfrac{0.6}{1.0}=\dfrac{3}{5}$이다.

적용해야 할 개념 ②가지

① 근육이 수축할 때 근육 원섬유 마디의 길이가 $2d$만큼 감소하면, H대의 길이는 $2d$, 한쪽 I대의 길이는 d만큼 감소하고, 한쪽 두 필라멘트가 겹친 부분의 길이는 d만큼 길어지며, A대의 길이는 변하지 않는다.

② 근육이 수축하거나 이완할 때 필라멘트 자체의 길이는 변하지 않는다. 액틴 필라멘트의 길이는 'I대+두 필라멘트가 겹친 부분'의 길이이고, 마이오신 필라멘트의 길이는 A대의 길이이다.

문제 보기

다음은 골격근의 수축 과정에 대한 자료이다.

○ 그림은 근육 원섬유 마디 X의 구조를 나타낸 것이다. X는 좌우 대칭이다.

○ 구간 ㉠은 액틴 필라멘트만 있는 부분이고, ㉡은 액틴 필라멘트와 마이오신 필라멘트가 겹치는 부분이며, ㉢은 마이오신 필라멘트만 있는 부분이다.

○ 골격근 수축 과정의 두 시점 t_1과 t_2 중, t_1일 때 X의 길이는 3.2 μm이고, $\dfrac{ⓐ}{ⓑ}$는 $\dfrac{1}{4}$, $\dfrac{ⓐ}{ⓒ}$는 $\dfrac{1}{6}$이다. $2(㉠+㉡)+㉢$ ⓐ:ⓑ:ⓒ=1:4:6

○ t_2일 때 $\dfrac{ⓐ}{ⓑ}$는 $\dfrac{3}{2}$, $\dfrac{ⓑ}{ⓒ}$는 1이다.   ⓐ:ⓑ:ⓒ=3:2:2

○ ⓐ~ⓒ는 ㉠~㉢의 길이를 순서 없이 나타낸 것이다.

이에 대한 설명으로 옳은 것만을 〈보기〉에서 있는 대로 고른 것은?

〈보기〉풀이

t_1일 때 X의 길이는 3.2 μm이고, ⓐ:ⓑ:ⓒ=1:4:6이며, t_2일 때 ⓐ:ⓑ:ⓒ=3:2:2이다. 근수축 과정에서 ㉠과 ㉢의 길이는 감소하고, ㉡의 길이는 증가한다. t_1에서 t_2가 될 때 ⓐ는 상대적으로 증가하고, ⓑ와 ⓒ는 감소하였으므로 ⓐ는 ㉡의 길이다. 근수축이 일어날 때 ㉠의 감소량이 d라면 ㉢의 감소량은 $2d$이므로, t_1일 때에 비해 t_2일 때 감소량이 더 큰 ⓒ가 ㉢의 길이이고, ⓑ는 ㉠의 길이다. t_1일 때 X의 길이는 2×(㉠의 길이+㉡의 길이)+㉢의 길이=2×(ⓑ+ⓐ)+ⓒ=2×(4ⓐ+ⓐ)+6ⓐ=16ⓐ=3.2이므로 ⓐ는 0.2 μm이다. ⓑ+ⓐ는 액틴 필라멘트의 길이이므로, t_2일 때도 1.0 μm로 일정하다. 따라서 t_2일 때 ⓐ:ⓑ=3:2이고, ⓐ+ⓑ=1.0 μm이므로 ㉠의 길이는 0.4 μm이고, ㉡의 길이는 0.6 μm이며, ㉢의 길이는 ⓑ(㉠의 길이)와 같으므로 0.4 μm이다.

시점	㉠의 길이(ⓑ)	㉡의 길이(ⓐ)	㉢의 길이(ⓒ)	X의 길이
t_1	0.8 μm	0.2 μm	1.2 μm	3.2 μm
t_2	0.4 μm	0.6 μm	0.4 μm	2.4 μm

✗ ⓐ는 ㉠의 길이이다.
➡ ⓐ는 ㉡의 길이이다.

ㄴ. t_2일 때 H대의 길이는 0.4 μm이다.
➡ H대는 마이오신 필라멘트만 있는 ㉢이고, t_2일 때 ㉢의 길이는 0.4 μm이다.

ㄷ. X의 길이가 2.8 μm일 때 $\dfrac{ⓒ}{ⓐ}$는 2이다.
➡ X의 길이가 $2d$만큼 줄어들면 ㉠의 길이(ⓑ)는 d만큼, ㉢의 길이(ⓒ)는 $2d$만큼 줄어들고, ㉡의 길이(ⓐ)는 d만큼 늘어난다. 따라서 X의 길이가 3.2 μm에서 2.8 μm로 0.4 μm($2d$)만큼 줄어들면 ⓒ는 0.4 μm만큼 줄어들어 0.8 μm가 되고, ⓐ는 0.2 μm만큼 늘어나 0.4 μm가 된다. 따라서 $\dfrac{ⓒ}{ⓐ}=\dfrac{0.8}{0.4}=2$이다.

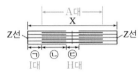

| 18 | 근수축과 근육 원섬유 마디의 길이 변화 2020학년도 7월 학평 11번 | 정답 ③ | 정답률 59 % |

적용해야 할 개념 ③가지

① 근육 원섬유 마디에서 마이오신 필라멘트가 있는 부분을 A대, A대 중 마이오신 필라멘트만 있는 부분을 H대, 액틴 필라멘트만 있는 부분을 I대라고 한다.

② 근육이 수축할 때 마이오신 필라멘트와 액틴 필라멘트 자체의 길이는 변하지 않으며, 두 필라멘트가 겹친 부분의 길이는 늘어나고 I대와 H대의 길이는 짧아진다.

③ A대의 길이＝(두 필라멘트가 겹친 부분의 길이)＋(H대의 길이)

문제 보기

다음은 골격근의 수축 과정에 대한 자료이다.

○ 그림은 근육 원섬유 마디 X의 구조를 나타낸 것이다. X는 좌우 대칭이며, 구간 ㉠은 액틴 필라멘트만 있는 부분, ㉡은 액틴 필라멘트와 마이오신 필라멘트가 겹치는 부분, ㉢은 마이오신 필라멘트만 있는 부분이다.

○ 표는 골격근 수축 과정의 두 시점 t_1과 t_2일 때 X의 길이, ⓐ의 길이와 ⓒ의 길이를 더한 값(ⓐ+ⓒ), ⓑ의 길이와 ⓒ의 길이를 더한 값(ⓑ+ⓒ)을 나타낸 것이다. ⓐ~ⓒ는 ㉠~㉢을 순서 없이 나타낸 것이다.

시점	X의 길이	ⓐ+ⓒ ㉡+㉢	ⓑ+ⓒ ㉠+㉢
t_1	2.4 μm	1.0 μm	0.8 μm
t_2	? 3.0 μm	1.3 μm	1.7 μm

이에 대한 설명으로 옳은 것만을 〈보기〉에서 있는 대로 고른 것은? [3점]

＜t_1과 t_2일 때 각 부분의 길이＞

시점	X의 길이	㉠의 길이	㉡의 길이	㉢의 길이
t_1	2.4 μm	0.4 μm	0.6 μm	0.4 μm
t_2	3.0 μm	0.7 μm	0.3 μm	1.0 μm

〈보기〉 풀이

㉠은 액틴 필라멘트만 있는 I대, ㉡은 마이오신 필라멘트와 액틴 필라멘트가 겹치는 부분으로 A대의 일부이며, ㉢은 액틴 필라멘트만 있는 H대이다. 근수축 과정에서 액틴 필라멘트와 마이오신 필라멘트의 길이는 변하지 않으므로, 액틴 필라멘트가 있는 ㉠+㉡의 길이와 마이오신 필라멘트가 있는 A대의 길이(2㉡+㉢)는 변하지 않는다.

ㄱ. ⓐ는 ㉡이다.

➡ 근육이 수축할 때 ㉠+㉡의 길이는 변하지 않으므로 ⓐ+ⓒ와 ⓑ+ⓒ는 각각 ㉠+㉢과 ㉡+㉢ 중 하나이고, 따라서 ⓒ는 ㉢이다. 근육 원섬유 마디가 수축할 때 ㉠과 ㉢의 길이는 줄어들고 ㉡의 길이는 늘어나며, 근육 원섬유 마디가 이완할 때 ㉠과 ㉢의 길이는 늘어나고 ㉡의 길이는 줄어든다. t_1과 t_2에서 ⓐ+ⓒ의 길이 변화는 0.3 μm인데, ⓑ+ⓒ의 길이 변화는 0.9 μm로 차이가 크므로 ⓐ는 ㉢과 길이 변화가 반대로 나타나는 ㉡이고, ⓑ는 ㉢과 길이 변화가 같게 나타나는 ㉠이다. 즉, ⓐ는 ㉡, ⓑ는 ㉠, ⓒ는 ㉢이다.

ㄴ. t_1일 때 $\dfrac{\text{A대의 길이}}{\text{H대의 길이}}$는 4이다.

➡ t_1일 때
(㉡+㉢의 길이)+(㉠+㉢의 길이)=(㉠+㉡의 길이)+2㉢의 길이=1.8 μm …❶

X의 길이가 2.4 μm이므로 (㉠+㉡의 길이)+$\dfrac{1}{2}$㉢의 길이=1.2 μm …❷

❶－❷=$\left\{(㉠+㉡의 길이)+2㉢의 길이\right\}-\left\{(㉠+㉡의 길이)+\dfrac{1}{2}㉢의 길이\right\}=\dfrac{3}{2}㉢의$ 길이=1.8－1.2=0.6이므로 ㉢의 길이, 즉 H대의 길이는 0.4 μm이다. 따라서 ㉠의 길이는 0.8－0.4=0.4 μm, ㉡의 길이는 1.0－0.4=0.6 μm이고, A대의 길이는 2㉡의 길이+㉢의 길이=(2×0.6)+0.4=1.6 μm이다. 따라서 t_1일 때 $\dfrac{\text{A대의 길이}}{\text{H대의 길이}}=\dfrac{1.6}{0.4}=4$이다.

✗ t_2일 때 X의 길이는 3.2 μm이다.

➡ t_2일 때 (㉠+㉡의 길이)+2㉢의 길이=3.0 μm인데, 근육 수축 시 액틴 필라멘트의 길이는 변하지 않으므로 ㉠+㉡의 길이는 t_1일 때와 같은 0.4+0.6=1.0 μm이고, ㉢의 길이는 1.0 μm이다. 따라서 t_2일 때 X의 길이는 (㉠+㉡의 길이)×2+㉢의 길이=3.0 μm이다.

적용해야 할 개념 ③가지

① 골격근을 이루는 근육 섬유는 근육 원섬유로 이루어지고, 근육 원섬유는 굵은 마이오신 필라멘트와 가는 액틴 필라멘트로 구성된다. ➡ 골격근 > 근육 섬유 > 근육 원섬유 > 마이오신 필라멘트, 액틴 필라멘트

② 근육이 수축하면 근육 원섬유 마디, I대, H대의 길이가 짧아지고, A대의 길이는 변하지 않으며, 두 필라멘트가 겹친 부분의 길이는 길어진다.

③ 근육 원섬유 마디의 길이 변화량 = H대의 길이 변화량 = 한쪽 I대의 길이 변화량 × 2

문제 보기

다음은 골격근의 수축 과정에 대한 자료이다.

○ 그림은 근육 원섬유 마디 X의 구조를 나타낸 것이다. X는 좌우 대칭이다.

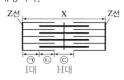

○ 구간 ㉠은 액틴 필라멘트만 있는 부분이고, ㉡은 액틴 필라멘트와 마이오신 필라멘트가 겹치는 부분이며, ㉢은 마이오신 필라멘트만 있는 부분이다.

○ 골격근 수축 과정의 시점 t_1일 때 ㉠~㉢의 길이는 순서 없이 @, $3d$, $10d$이고, 시점 t_2일 때 ㉠~㉢의 길이는 순서 없이 @, $2d$, $3d$이다. d는 0보다 크다.

㉠+㉡+㉢의 길이는 t_1일 때가 t_2일 때보다 $8d$만큼 길다.
➡ t_2일 때가 수축한 상태이다.

이에 대한 설명으로 옳은 것만을 〈보기〉에서 있는 대로 고른 것은? [3점]

〈보기〉 풀이

t_1일 때 ㉠+㉡+㉢의 길이는 @$+3d+10d$이고, t_2일 때 ㉠+㉡+㉢의 길이는 @$+2d+3d$이다. 따라서 t_1일 때가 t_2일 때보다 $8d$만큼 길므로 t_2일 때가 t_1일 때보다 수축한 상태이다. 근수축이 일어나더라도 액틴 필라멘트의 길이는 변하지 않으므로 t_1일 때와 t_2일 때의 ㉠+㉡+㉢의 길이 차이 $8d$는 ㉢의 길이 변화량이다. X의 길이 변화량은 ㉢의 길이 변화량과 같고 ㉠의 길이 변화량은 ㉢의 길이 변화량의 $\frac{1}{2}$이므로, 근수축이 일어날 때 t_1일 때를 기준으로 t_2일 때의 각 부분의 길이 변화량은 다음 표와 같다.

구분	X의 길이	㉠의 길이	㉡의 길이	㉢의 길이
t_1일 때보다	$-8d$	$-4d$	$+4d$	$-8d$

✗ **근육 원섬유는 근육 섬유로 구성되어 있다.**
➡ 근육 섬유는 많은 근육 원섬유로 구성되며, 근육 원섬유는 마이오신 필라멘트와 액틴 필라멘트로 구성된다.

ㄴ **H대의 길이는 t_1일 때가 t_2일 때보다 길다.**
➡ 근수축이 일어날 때 액틴 필라멘트가 마이오신 필라멘트 사이로 미끄러져 들어가므로 H대(㉢)의 길이는 짧아진다. t_2일 때가 t_1일 때보다 수축한 상태이므로 H대의 길이는 t_1일 때가 t_2일 때보다 $8d$만큼 길다.

✗ **t_2일 때 ㉠의 길이는 $2d$이다.**
➡ t_1일 때와 t_2일 때 ㉢의 길이는 각각 $10d$, $2d$이다. ㉠의 길이는 t_1일 때보다 t_2일 때 $4d$만큼 짧으므로 t_1일 때와 t_2일 때 각각 @, $3d$이고 @는 $7d$이다. 즉, t_2일 때 ㉠의 길이는 $3d$이다.

적용해야 할 개념 ③가지

① 근육이 수축할 때 근육 원섬유 마디, H대, I대의 길이는 짧아지고, 두 필라멘트가 겹쳐진 길이는 길어지며, A대의 길이는 변하지 않는다.

② 근육이 수축하거나 이완할 때 필라멘트 자체의 길이는 변하지 않으므로 근육 원섬유 마디의 길이 변화량은 H대의 길이 변화량과 같다.

③ A대의 길이는 (H대의 길이) + (마이오신 필라멘트와 액틴 필라멘트가 겹쳐진 부분의 길이)이다.

문제 보기

다음은 골격근의 수축 과정에 대한 자료이다.

○ 그림은 좌우 대칭인 근육 원섬유 마디 X의 구조를 나타낸 것이다. 구간 ㉠은 액틴 필라멘트와 마이오신 필라멘트가 겹치는 부분이고, ㉡은 마이오신 필라멘트만 있는 부분이다.

○ 표는 골격근 수축 과정의 시점 t_1과 t_2일 때 X, @, ⓑ의 길이를 나타낸 것이다. @와 ⓑ는 각각 ㉠과 ㉡ 중 하나이다.

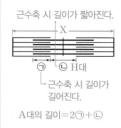

근수축 시 길이가 짧아진다.
근수축 시 길이가 길어진다.
A대의 길이 = 2㉠ + ㉡

시점	길이(µm)		
	X	@㉠	ⓑ㉡
t_1	?2.6	0.5	0.6
t_2	2.2	0.7	0.2

근수축 시 ㉡의 길이 변화량은 ㉠의 길이 변화량의 2배이다.
➡ @는 ㉠, ⓑ는 ㉡

이에 대한 옳은 설명만을 〈보기〉에서 있는 대로 고른 것은?

〈보기〉 풀이

✗ **ⓑ는 ㉠이다.**
➡ 근수축이 일어날 때 두 필라멘트가 겹치는 부분 ㉠의 길이는 길어지고 마이오신 필라멘트만 있는 H대(㉡)의 길이는 짧아진다. 그런데 마이오신 필라멘트가 있는 A대의 길이 2㉠+㉡의 값은 변화 없으므로 ㉡의 길이 변화량은 ㉠의 길이 변화량의 2배이다. 따라서 시점 t_1과 t_2에서 길이 변화량이 0.2 µm인 @는 ㉠이고, 0.4 µm인 ⓑ는 ㉡이다.

✗ **t_1일 때 X의 길이는 2.4 µm이다.**
➡ t_1일 때보다 t_2일 때 ㉡(ⓑ)의 길이가 0.4 µm 감소하였으므로 t_1일 때보다 t_2일 때가 근육이 수축한 상태이다. 따라서 t_2일 때는 근육 원섬유 마디 X의 길이가 t_1일 때보다 ㉡의 길이 감소량인 0.4 µm만큼 짧아진 상태이므로 t_1일 때 X의 길이는 2.2+0.4 = 2.6 µm이다.

ㄷ **t_2일 때 A대의 길이는 1.6 µm이다.**
➡ A대의 길이는 2㉠+㉡이므로 t_2일 때 A대의 길이는 2×0.7+0.2 = 1.6 µm이다.

21 | 근수축과 근육 원섬유 마디의 길이 변화 2021학년도 4월 학평 10번

정답 ① | 정답률 68%

적용해야 할 개념 ③가지

① 근수축 시 액틴 필라멘트와 마이오신 필라멘트 자체의 길이는 변하지 않는다. ➡ A대의 길이는 변하지 않는다.

② 액틴 필라멘트의 길이는 'I대의 길이＋두 필라멘트가 겹쳐진 부분의 길이'이고, 마이오신 필라멘트의 길이는 A대의 길이이다.

③ 근수축 시 근육 원섬유 마디의 길이 변화량은 H대의 길이 변화량과 같다.

문제 보기

다음은 골격근의 수축 과정에 대한 자료이다.

○ 그림은 근육 원섬유 마디 X의 구조를 나타낸 것이다. 구간 ㉠은 액틴 필라멘트만 있는 부분이고, ㉡은 액틴 필라멘트와 마이오신 필라멘트가 겹치는 부분이며, ㉢은 마이오신 필라멘트만 있는 부분이다. X는 좌우 대칭이다.

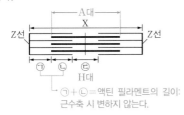

㉠＋㉡＝액틴 필라멘트의 길이: 근수축 시 변하지 않는다.

○ 표는 골격근 수축 과정의 시점 t_1과 t_2일 때 X의 길이, A대의 길이, H대의 길이를 나타낸 것이다. ⓐ와 ⓑ는 2.4 μm와 2.8 μm를 순서 없이 나타낸 것이다.

시점	X의 길이	A대의 길이	H대의 길이
t_1	ⓐ2.8	1.6 μm	?0.8
t_2	ⓑ2.4	?1.6	0.4 μm

→ X의 길이 차이＝H대의 길이 차이

○ t_1일 때 ㉡의 길이와 t_2일 때 ㉠의 길이는 같다.

이에 대한 설명으로 옳은 것만을 〈보기〉에서 있는 대로 고른 것은? [3점]

보기

〈보기〉 풀이

ㄱ. ⓐ는 2.8 μm이다.

➡ 골격근의 수축과 이완 시 마이오신 필라멘트와 액틴 필라멘트의 길이는 변하지 않는다. 따라서 A대의 길이는 t_1, t_2에서 1.6 μm로 같고, 액틴 필라멘트의 길이인 ㉠＋㉡의 값도 t_1, t_2에서 같다. t_1, t_2에서 X의 길이 변화량은 2.8－2.4＝0.4 μm이고, 이것은 H대의 길이 변화량과 같으므로 t_1일 때 H대의 길이는 0.8 μm 또는 0 μm이다. 그런데 t_1일 때 ㉡의 길이와 t_2일 때 ㉠의 길이가 같으므로 t_1일 때 H대의 길이는 0.8 μm이다. 따라서 X의 길이는 ⓐ가 2.8 μm이고, ⓑ가 2.4 μm이다.

시점	X의 길이	㉠의 길이	㉡의 길이	㉢(H대)의 길이
t_1	2.8 μm(ⓐ)	0.6 μm	0.4 μm	0.8 μm
t_2	2.4 μm(ⓑ)	0.4 μm	0.6 μm	0.4 μm

ㄴ. t_1일 때 ㉠의 길이는 0.4 μm이다.

➡ t_1일 때 ㉠의 길이는 (X의 길이－A대의 길이)÷2＝(2.8－1.6)÷2＝0.6 μm이고, ㉡의 길이는 (A대의 길이－㉢)÷2＝(1.6－0.8)÷2＝0.4 μm이다.

ㄷ. X에서 $\dfrac{㉡의\ 길이}{액틴\ 필라멘트의\ 길이}$ 는 t_1일 때가 t_2일 때보다 크다.

➡ t_1, t_2에서 액틴 필라멘트의 길이는 2×(㉠＋㉡)＝2.0 μm로 일정하고 ㉡의 길이는 t_1일 때가 t_2일 때보다 짧다. 따라서 $\dfrac{㉡의\ 길이}{액틴\ 필라멘트의\ 길이}$ 는 t_1일 때가 t_2일 때보다 작다.

적용해야 할 개념 ③가지

① 근육 원섬유 마디에서 마이오신 필라멘트가 있는 부분은 A대, A대 중 마이오신 필라멘트만 있는 부분은 H대, 액틴 필라멘트만 있는 부분은 I대이다.

② 근수축 시 마이오신 필라멘트와 액틴 필라멘트 자체의 길이는 변하지 않으며, 두 필라멘트가 겹친 부분의 길이는 늘어나고 I대와 H대의 길이는 짧아진다.

③ 근수축 시 근육 원섬유 마디의 길이 변화량은 H대의 길이 변화량과 같고, 한쪽 I대의 길이 변화량의 2배이다.

문제 보기

다음은 골격근의 수축 과정에 대한 자료이다.

○ 그림은 근육 원섬유 마디 X의 구조를 나타낸 것이다. X는 좌우 대칭이다.

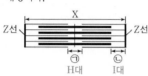

⊙의 길이 변화＝ⓒ의 길이 변화×2

○ 구간 ⊙은 마이오신 필라멘트만 있는 부분이고, ⓒ은 액틴 필라멘트만 있는 부분이다.

○ 표는 골격근 수축 과정의 두 시점 t_1과 t_2일 때 ⊙의 길이, ⓒ의 길이, A대의 길이에서 ⊙의 길이를 뺀 값(A대−⊙)을 나타낸 것이다.

(A대−⊙)의 길이 변화＝ⓒ의 길이 변화×2

구분	⊙의 길이	ⓒ의 길이	A대−⊙
	H대	I대	
t_1	? 0.6+2ⓐ	0.3	1.2
t_2	0.6	0.5+ⓐ −0.1	1.2+2ⓐ

⊙의 길이가 2ⓐ만큼 변하면
ⓒ의 길이는 ⓐ만큼 변한다.   (단위: μm)

이에 대한 설명으로 옳은 것만을 〈보기〉에서 있는 대로 고른 것은? [3점]

〈보기〉 풀이

ㄱ **⊙은 H대이다.**

➡ ⊙은 마이오신 필라멘트만 있는 H대이다.

✗ **t_1일 때 A대의 길이는 1.4 μm이다.**

➡ 골격근의 수축 이완 시 마이오신 필라멘트의 길이는 변하지 않기 때문에 A대의 길이는 일정하다. A대의 길이는 t_1일 때 '1.2+⊙의 길이'이고 t_2일 때 '1.2+2ⓐ+0.6'이므로 1.2+⊙의 길이＝1.8+2ⓐ에서 t_1일 때 ⊙의 길이는 0.6+2ⓐ이다.

⊙의 길이가 2ⓐ만큼 변하면 ⓒ의 길이는 ⓐ만큼 변한다. 따라서 0.3−ⓐ=0.5+ⓐ이고 ⓐ=−0.1이다. t_2일 때 A대의 길이는 1.8+2ⓐ=1.8−0.2=1.6 μm이므로 t_1일 때 A대의 길이도 1.6 μm이다.

✗ **t_2일 때 ⊙의 길이는 ⓒ의 길이보다 짧다.**

➡ t_2일 때 ⊙의 길이는 0.6 μm이고, ⓒ의 길이는 0.5−0.1=0.4 μm이다.

시점	⊙의 길이	ⓒ의 길이	A대−⊙
t_1	0.4 μm	0.3 μm	1.2 μm
t_2	0.6 μm	0.4 μm	1.0 μm

보기

23 **근수축과 근육 원섬유 마디의 길이 변화** 2022학년도 10월 학평 15번   정답 ③ | 정답률 55 %

적용해야 할 개념 ③가지

① 근육이 수축할 때 근육 원섬유 마디, H대, I대의 길이는 짧아지고, 두 필라멘트가 겹친 부분의 길이는 길어지며, A대의 길이는 변하지 않는다.

② 근수축 시 근육 원섬유 마디의 길이가 $2d$만큼 감소하면, H대의 길이는 $2d$, 한쪽 I대의 길이는 d만큼 감소하고, 한쪽 두 필라멘트가 겹친 부분의 길이는 d만큼 길어진다.

③ 근육이 수축하거나 이완할 때 필라멘트 자체의 길이는 변하지 않는다.

문제 보기

다음은 골격근의 수축 과정에 대한 자료이다.

○ 그림은 근육 원섬유 마디 X의 구조를, 표는 시점 t_1과 t_2일 때 X의 길이, I의 길이와 Ⅲ의 길이를 더한 값 (I＋Ⅲ), Ⅱ의 길이에서 I의 길이를 뺀 값(Ⅱ－I)을 나타낸 것이다. X는 좌우 대칭이고, I～Ⅲ은 ㉠～㉢을 순서 없이 나타낸 것이다.

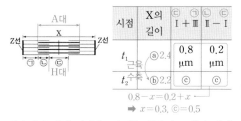

시점	X의 길이	㉢ ㉠ ㉡ I＋Ⅲ	Ⅱ－I
t_1	ⓐ2.4	0.8 μm	0.2 μm
t_2 수축	ⓑ2.2	ⓒ	ⓒ

$0.8 - x = 0.2 + x$
➡ $x = 0.3$, ⓒ $= 0.5$

○ 구간 ㉠은 액틴 필라멘트만 있는 부분이고, ㉡은 액틴 필라멘트와 마이오신 필라멘트가 겹치는 부분이며, ㉢은 마이오신 필라멘트만 있는 부분이다.

○ ⓐ와 ⓑ는 각각 2.4 μm와 2.2 μm 중 하나이다.

이에 대한 옳은 설명만을 〈보기〉에서 있는 대로 고른 것은? [3점]

〈보기〉 풀이

근육이 수축할 때 근육 원섬유 마디 X의 길이가 $2d$만큼 감소하면 ㉠의 길이는 d만큼 감소하고, ㉡의 길이는 d만큼 증가하며, ㉢의 길이는 $2d$만큼 감소한다. X의 길이 ⓐ와 ⓑ의 차이($2d$)는 $2.4 - 2.2 = 0.2$(μm)이다. I＋Ⅲ의 길이와 Ⅱ－I의 길이 차이가 t_1에서는 0.6 μm이지만 t_2에서는 ⓒ로 같으므로 t_2에서 I＋Ⅲ의 길이와 Ⅱ－I의 길이 변화는 각각 0.3 μm이고, ⓒ의 값은 0.5 μm이다. I＋Ⅲ의 값은 t_2일 때가 t_1일 때보다 0.3 μm가 줄어들었으므로 $3d$만큼 줄어든 것이고, 이것은 근수축이 일어났을 때 ㉠＋㉢의 값과 같다. 따라서 t_1일 때보다 t_2일 때가 수축한 상태이므로 ⓐ은 2.4 μm이고, ⓑ는 2.2 μm이다.

근수축이 일어났을 때 Ⅱ－I의 값은 t_2일 때가 t_1일 때보다 0.3 μm 길어졌으므로 ㉡－㉢에 해당한다. 따라서 I은 ㉢, Ⅱ는 ㉡, Ⅲ은 ㉠이다. X의 길이는 $2(㉠＋㉡)+㉢$이므로 ㉠＋㉡(Ⅲ＋Ⅱ)의 값은 $0.8(I＋Ⅲ)+0.2(Ⅱ－I)=1.0$ μm이다. 이를 이용하여 t_1일 때와 t_2일 때의 각 부분의 길이를 구하면 표와 같다.

시점	X의 길이	㉠의 길이	㉡의 길이	㉢의 길이
t_1	2.4 μm	0.4 μm	0.6 μm	0.4 μm
t_2	2.2 μm	0.3 μm	0.7 μm	0.2 μm

ㄱ. Ⅱ는 ㉡이다.
➡ I은 ㉢, Ⅱ는 ㉡, Ⅲ은 ㉠이다.

✗. t_1일 때 A대의 길이는 1.4 μm이다.
➡ A대의 길이는 $2㉡＋㉢$이므로 t_1일 때의 값을 이용해서 구하면 $2×0.6+0.4=1.6$ μm이다. A대의 길이는 근수축 여부에 관계없이 일정하므로 t_2일 때 A대의 길이도 1.6 μm이다.

ㄷ. t_2일 때 ㉠의 길이는 ㉢의 길이보다 길다.
➡ t_2일 때 ㉠의 길이는 0.3 μm로 ㉢의 길이 0.2 μm보다 0.1 μm 길다.

적용해야 할 개념 ④가지

① 근육의 구조: 근육(기관) ⊃ 근육 섬유 다발(조직) ⊃ 근육 섬유(세포) ⊃ 근육 원섬유 ⊃ 마이오신 필라멘트, 액틴 필라멘트

② 근육이 수축하거나 이완할 때 마이오신 필라멘트와 액틴 필라멘트 자체의 길이는 변하지 않는다.

③ 액틴 필라멘트의 길이=I대의 길이+두 필라멘트가 겹친 부분의 길이

④ A대(마이오신 필라멘트)의 길이=H대의 길이+두 필라멘트가 겹친 부분의 길이

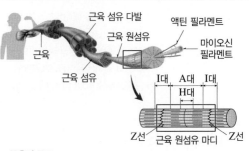

▲ 근육의 구조

문제 보기

다음은 골격근의 수축 과정에 대한 자료이다.

○ 그림은 근육 원섬유 마디 X의 구조를, 표는 골격근 수축 과정의 두 시점 t_1과 t_2일 때 ㉠의 길이에서 ㉢의 길이를 뺀 값을 ㉡의 길이로 나눈 값$\left(\dfrac{㉠-㉢}{㉡}\right)$과 X의 길이를 나타낸 것이다. X는 좌우 대칭이고, t_1일 때 A대의 길이는 1.6 μm이다.

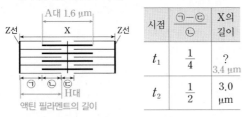

시점	$\dfrac{㉠-㉢}{㉡}$	X의 길이
t_1	$\dfrac{1}{4}$	? 3.4 μm
t_2	$\dfrac{1}{2}$	3.0 μm

○ 구간 ㉠은 액틴 필라멘트만 있는 부분이고, ㉡은 액틴 필라멘트와 마이오신 필라멘트가 겹치는 부분이며, ㉢은 마이오신 필라멘트만 있는 부분이다.

이에 대한 설명으로 옳은 것만을 〈보기〉에서 있는 대로 고른 것은?

〈보기〉 풀이

X의 길이는 '2×㉠의 길이+A대의 길이'이다. t_2일 때 근육 원섬유 마디 X의 길이는 3.0 μm이고, A대의 길이는 근육 수축과 이완 시 변하지 않으므로 1.6 μm이다. 따라서 t_2일 때 3.0=2×㉠의 길이+1.6이므로 ㉠의 길이는 0.7 μm이다. ㉠의 길이에서 ㉢의 길이를 뺀 값을 ㉡의 길이로 나눈 값$\left(\dfrac{㉠-㉢}{㉡}\right)$이 $\dfrac{1}{2}$이고, ㉢의 길이는 1.6 μm−2㉡이다. 따라서 $\dfrac{0.7-(1.6-2㉡)}{㉡}=\dfrac{1}{2}$이므로 ㉡의 길이는 0.6 μm이고, ㉢의 길이는 0.4 μm이다. t_2일 때 '㉠의 길이+㉡의 길이'는 액틴 필라멘트의 길이이며 근육의 수축과 이완 시 변하지 않으므로 t_1일 때의 ㉠+㉡=0.7+0.6=1.3(μm)이다. t_1일 때 ㉠의 길이는 1.3 μm−㉡이며, ㉢의 길이는 1.6 μm−2㉡이다. 따라서 $\dfrac{㉠-㉢}{㉡}=\dfrac{(1.3-㉡)-(1.6-2㉡)}{㉡}=\dfrac{1}{4}$이므로 ㉡의 길이는 0.4 μm, ㉠의 길이는 0.9 μm, ㉢의 길이는 0.8 μm이다.

시점	㉠의 길이	㉡의 길이	㉢의 길이	X의 길이
t_1	0.9 μm	0.4 μm	0.8 μm	3.4 μm
t_2	0.7 μm	0.6 μm	0.4 μm	3.0 μm

✗ 근육 원섬유는 근육 섬유로 구성되어 있다.
➡ 근육(기관)은 여러 개의 근육 섬유 다발(조직)로 되어 있고, 근육 섬유 다발은 수많은 근육 섬유(세포)로 되어 있으며, 근육 섬유는 많은 근육 원섬유로 구성되어 있다.

ㄴ. t_2일 때 H대의 길이는 0.4 μm이다.
➡ t_2일 때 H대(㉢)의 길이는 0.4 μm이다.

✗ X의 길이는 t_1일 때가 t_2일 때보다 0.2 μm 길다.
➡ X의 길이는 t_1일 때가 3.4 μm, t_2일 때가 3.0 μm이므로 t_1일 때가 t_2일 때보다 0.4 μm 길다.

| 25 | 근수축과 근육 원섬유 마디의 길이 변화 2022학년도 7월 학평 11번 | 정답 ④ | 정답률 61% |

적용해야 할 개념 ③가지

① 근수축 시 액틴 필라멘트와 마이오신 필라멘트 자체의 길이는 변하지 않으며, 두 필라멘트가 겹친 부분의 길이는 늘어나고 I대와 H대의 길이는 짧아진다.

② A대의 길이＝H대의 길이＋두 필라멘트가 겹친 부분의 길이

③ 근육 원섬유 마디의 길이 변화량＝H대의 길이 변화량＝한쪽 I대의 길이 변화량×2

문제 보기

다음은 골격근의 수축 과정에 대한 자료이다.

○ 그림은 사람의 골격근을 구성하는 근육 원섬유 마디 X의 구조를 나타낸 것이다. X는 좌우 대칭이다.

○ ㉠은 액틴 필라멘트만 있는 부분, ㉡은 액틴 필라멘트와 마이오신 필라멘트가 겹쳐진 부분, ㉢은 마이오신 필라멘트만 있는 부분이다.

○ X의 길이가 2.0 μm일 때, ㉠의 길이 : ㉡의 길이＝1 : 3이다.

○ X의 길이가 2.4 μm일 때, ㉡의 길이 : ㉢의 길이＝1 : 2이다.

이에 대한 설명으로 옳은 것만을 〈보기〉에서 있는 대로 고른 것은? [3점]

보기

〈보기〉 풀이

X의 길이가 2.0 μm에서 2.4 μm로 늘어나면 ㉠의 길이는 0.2 μm, ㉢의 길이는 0.4 μm 늘어나고 두 필라멘트가 겹친 부분인 ㉡의 길이는 0.2 μm만큼 줄어든다. X의 길이가 2.0 μm일 때 ㉠의 길이를 d라고 하면 ㉡의 길이는 $3d$이며, X의 길이가 2.4 μm일 때 ㉡의 길이는 $3d-0.2$이고, ㉢의 길이는 $6d-0.4$이다. X의 길이는 '2×(㉠의 길이＋㉡의 길이)＋㉢의 길이'이므로 X가 2.0 μm일 때 2.0＝$2(d+3d)+(6d-0.8)$이며, $d=0.2$ μm이다.

X의 길이	㉠의 길이	㉡의 길이	㉢의 길이
2.0 μm	0.2 μm	0.6 μm	0.4 μm
2.4 μm	0.4 μm	0.4 μm	0.8 μm

ㄱ. **X에서 A대의 길이는 1.6 μm이다.**

➡ A대의 길이는 '2×㉡의 길이＋㉢의 길이'이므로 2×0.6＋0.4＝1.6 μm이다.

✗ **X에서 ㉢은 밝게 보이는 부분(명대)이다.**

➡ X에서 밝게 보이는 부분(명대)은 가느다란 액틴 필라멘트만 있는 ㉠이다. ㉡과 ㉢은 두꺼운 마이오신 필라멘트가 있어 어둡게 보이는 부분이고, 특히 ㉢은 마이오신 필라멘트만 있는 H대이다.

ㄷ. **X의 길이가 3.0 μm일 때, $\dfrac{\text{H대의 길이}}{\text{㉠의 길이}}$는 2이다.**

➡ X의 길이가 2.0 μm일 때 H대(㉢)의 길이가 0.4 μm이고, ㉠의 길이가 0.2 μm이다. X의 길이가 3.0 μm로 1.0 μm 증가하면 H대(㉢)의 길이도 1.0 μm만큼 증가하여 1.4 μm가 되고, ㉠의 길이는 절반인 0.5 μm가 증가하여 0.7 μm가 된다. 따라서 $\dfrac{\text{H대의 길이}}{\text{㉠의 길이}}=\dfrac{1.4}{0.7}$ ＝2이다.

적용해야 할 개념 ②가지

① 팔을 구부릴 때 팔의 앞쪽 근육은 수축하고, 팔의 뒤쪽 근육은 이완한다.
② 근육이 수축할 때 근육 원섬유 마디, H대, I대의 길이는 짧아지고, 두 필라멘트가 겹치는 부분의 길이는 길어진다. 근육이 이완할 때는 각 부분의 길이가 이와는 반대로 달라진다.

근육 원섬유 마디 부분	I대	두 필라멘트가 겹치는 부분	H대
근육 수축 시 길이 변화	감소	증가	감소
근육 이완 시 길이 변화	증가	감소	증가

문제 보기

다음은 골격근의 수축과 이완 과정에 대한 자료이다.

○ 그림 (가)는 팔을 구부리는 과정의 두 시점 t_1과 t_2일 때 팔의 위치와 이 과정에 관여하는 골격근 P와 Q를, (나)는 P와 Q 중 한 골격근의 근육 원섬유 마디 X의 구조를 나타낸 것이다. X는 좌우 대칭이고, Z_1과 Z_2는 X의 Z선이다.

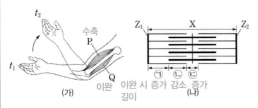

(가)
(나)

○ 구간 ㉠은 액틴 필라멘트만 있는 부분이고, ㉡은 액틴 필라멘트와 마이오신 필라멘트가 겹치는 부분이며, ㉢은 마이오신 필라멘트만 있는 부분이다.

○ 표는 t_1과 t_2일 때 각 시점의 Z_1로부터 Z_2 방향으로 거리가 각각 l_1, l_2, l_3인 세 지점이 ㉠~㉢ 중 어느 구간에 해당하는지를 나타낸 것이다. ⓐ~ⓒ는 ㉠~㉢을 순서 없이 나타낸 것이다.

거리	지점이 해당하는 구간	
	t_1	t_2 이완
l_1	ⓐ ㉠	? ㉠
l_2	ⓑ ㉡	ⓐ ㉠
l_3	ⓒ ㉢	㉢

○ ㉢의 길이는 t_1일 때가 t_2일 때보다 짧다.

○ t_1과 t_2일 때 각각 l_1~l_3은 모두 $\dfrac{\text{X의 길이}}{2}$보다 작다.

이에 대한 설명으로 옳은 것만을 〈보기〉에서 있는 대로 고른 것은?

〈보기〉 풀이

근육에서 수축이 일어날 때는 Z선에 연결된 액틴 필라멘트가 마이오신 필라멘트 사이로 미끄러져 들어가 근육 원섬유 마디의 길이가 짧아지고, 이완이 일어날 때는 반대로 Z선에 연결된 액틴 필라멘트가 마이오신 필라멘트 사이를 빠져나가 근육 원섬유 마디의 길이가 길어진다. 수축하는 골격근의 근육 원섬유 마디에서 ㉠과 ㉢의 길이는 감소하고 ㉡의 길이는 증가하며, 이완하는 골격근의 근육 원섬유 마디에서 ㉠과 ㉢의 길이는 증가하고 ㉡의 길이는 감소한다.

팔을 구부릴 때 골격근 P는 수축하고 Q는 이완하며, ㉢의 길이는 t_1일 때가 t_2일 때보다 짧다.

(1) ⓒ가 ㉡이라면 X는 $t_1 \rightarrow t_2$일 때 수축이 일어나는 P의 근육 원섬유 마디이다. 그런데 골격근 P가 수축할 때 l_3에서 ㉡이 ㉢이 될 수는 없으므로 ⓒ는 ㉡이 아니다.

(2) ⓒ가 ㉠이라면 X는 $t_1 \rightarrow t_2$일 때 이완이 일어나는 Q의 근육 원섬유 마디이다. 그런데 골격근 Q가 이완할 때 l_3에서 ㉠이 ㉢이 될 수는 없으므로 ⓒ는 ㉠이 아니다.

따라서 ⓒ는 ㉢이며, ㉢의 길이가 t_1일 때가 t_2일 때보다 짧다고 하였으므로 X는 $t_1 \rightarrow t_2$일 때 이완이 일어나는 Q의 근육 원섬유 마디이다.

골격근 Q가 이완할 때 l_2에서 ⓑ가 ⓐ로 변하였다고 하였으므로 ⓑ는 ㉡이고, ⓐ는 ㉠이다. 따라서 l_1은 t_1, t_2일 때 모두 ㉠에 해당하는 지점이다. t_1과 t_2일 때 각각 l_1, l_2, l_3 모두 $\dfrac{\text{X의 길이}}{2}$보다 작다고 하였으므로, Z_1로부터의 거리가 l_1, l_2, l_3인 지점의 위치는 그림과 같다.

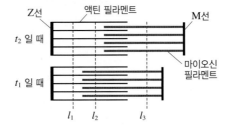

✗ $l_1 > l_2$이다.
➡ Z_1로부터 Z_2 방향으로의 거리는 $l_1 < l_2 < l_3$이다.

✗ X는 P의 근육 원섬유 마디이다.
➡ X는 $t_1 \rightarrow t_2$가 되는 과정에서 이완이 일어나는 골격근 Q의 근육 원섬유 마디이다.

ⓒ t_2일 때 Z_1로부터 Z_2 방향으로 거리가 l_1인 지점은 ㉠에 해당한다.
➡ $t_1 \rightarrow t_2$가 될 때 골격근 Q에서는 이완이 일어난다. 골격근이 이완될 때 근육 원섬유 마디에서 액틴 필라멘트로만 되어 있는 ㉠의 길이는 길어지므로, t_2일 때 Z_1에서 Z_2 방향으로 거리가 l_1인 지점은 ㉠에 해당한다.

적용해야 할 개념 ③가지

① 근육이 수축할 때 액틴 필라멘트와 마이오신 필라멘트의 길이는 변하지 않는다.

② 액틴 필라멘트의 길이는 'I대의 길이+두 필라멘트가 겹친 부분의 길이'이고, 마이오신 필라멘트의 길이는 A대의 길이이다.

③ 근육이 수축할 때 근육 원섬유 마디(X)의 길이가 d만큼 감소하면, H대의 길이도 d만큼 감소하고, 한쪽 I대의 길이는 $\dfrac{d}{2}$만큼 감소한다.

[문제 보기]

다음은 골격근의 수축과 이완 과정에 대한 자료이다.

○ 그림 (가)는 팔을 구부리는 과정의 세 시점 t_1, t_2, t_3일 때 팔의 위치와 이 과정에 관여하는 골격근 P와 Q를, (나)는 P와 Q 중 한 골격근의 근육 원섬유 마디 X의 구조를 나타낸 것이다. X는 좌우 대칭이다.

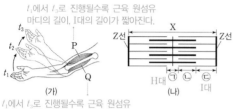

t_1에서 t_3로 진행될수록 근육 원섬유 마디의 길이, I대의 길이가 짧아진다.

t_1에서 t_3로 진행될수록 근육 원섬유 마디의 길이, I대의 길이가 길어진다.

○ 구간 ㉠은 마이오신 필라멘트만 있는 부분이고, ㉡은 액틴 필라멘트와 마이오신 필라멘트가 겹치는 부분이며, ㉢은 액틴 필라멘트만 있는 부분이다.

○ 표는 t_1~t_3일 때 ㉠의 길이와 ㉡의 길이를 더한 값 (㉠+㉡), ㉢의 길이, X의 길이를 나타낸 것이다.

시점	㉠+㉡	㉢의 길이	X의 길이
t_1	1.2	ⓐ 0.9	? 3.4
t_2	? 1.0	0.7	3.0
t_3	ⓐ 0.9	0.6	? 2.8

t_2일 때보다 t_3일 때 I대의 길이가 짧아졌다.
➡ (나)는 P의 근육 원섬유 마디이다.

(단위: μm)

이에 대한 설명으로 옳은 것만을 〈보기〉에서 있는 대로 고른 것은?

〈보기〉 풀이

(가)에서 팔을 구부릴 때 P는 수축하고 Q는 이완한다. 따라서 t_1에서 t_3로 진행될수록 P의 근육 원섬유 마디의 길이, I대와 H대의 길이는 감소하고, Q의 근육 원섬유 마디의 길이, I대와 H대의 길이는 증가한다.

(나)에서 ㉠은 마이오신 필라멘트만 있는 H대, ㉢은 액틴 필라멘트만 있는 I대, ㉡+㉢은 한쪽 액틴 필라멘트의 길이이므로 근육의 수축과 이완 시 ㉡+㉢ 값은 변하지 않는다. 근육 원섬유 마디 X의 길이가 d만큼 감소할 때 ㉠의 길이는 d만큼 감소, ㉢의 길이는 $\dfrac{d}{2}$만큼 감소, ㉡의 길이는 $\dfrac{d}{2}$만큼 증가, (㉠+㉡)의 길이는 $\dfrac{d}{2}$만큼 감소한다. X는 좌우 대칭이므로 X의 길이는 (㉠+2㉡+2㉢)의 길이이고, 마이오신 필라멘트가 있는 A대의 길이는 (㉠+2㉡)의 길이이므로 'X의 길이−(2×㉢의 길이)'로 나타낼 수 있다. 따라서 t_2일 때 A대의 길이는 3.0−(2×0.7)=1.6 μm이다. A대의 길이는 근육의 수축과 이완 시 변하지 않으므로 t_1에서 A대(㉠+2㉡)의 길이는 1.6 μm인데 (㉠+㉡)의 길이가 1.2 μm이므로 ㉡의 길이는 1.6−1.2=0.4 μm이고 ㉠의 길이는 1.2−0.4=0.8 μm이다. t_2에서 t_3로 될 때 ㉢의 길이가 0.1 μm 감소하므로 X의 길이는 0.2 μm 감소하여 2.8 μm이고, (㉠+㉡)의 길이는 t_2일 때보다 0.1 μm 감소하여 ⓐ가 된다. 즉, t_2일 때 (㉠+㉡)의 길이는 (ⓐ+0.1) μm이다. t_1에서 t_2로 될 때 (㉠+㉡)의 길이 감소량은 ㉢의 길이 감소량과 같으므로 1.2−(ⓐ+0.1)=ⓐ−0.7이다. 2ⓐ=1.80이므로 ⓐ=0.9 μm이다.

(단위: μm)

시점	㉠의 길이	㉡의 길이	㉢의 길이	㉠+㉡의 길이	X의 길이
t_1	0.8	0.4	0.9(ⓐ)	1.2	3.4
t_2	0.4	0.6	0.7	1.0	3.0
t_3	0.2	0.7	0.6	0.9(ⓐ)	2.8

ㄱ. X는 P의 근육 원섬유 마디이다.
➡ 팔을 구부릴 때 P는 수축하고 Q는 이완한다. t_1에서 t_3로 진행될수록 근육 원섬유 마디 X의 길이가 짧아지므로 X는 팔을 구부릴 때 수축하는 P의 근육 원섬유 마디이다.

ㄴ. X에서 A대의 길이는 t_1일 때가 t_3일 때보다 길다.
➡ 골격근의 수축과 이완 과정에서 마이오신 필라멘트와 액틴 필라멘트의 길이는 변하지 않으므로 A대의 길이와 (㉡+㉢)의 길이는 t_1, t_2, t_3에서 모두 같다.

ㄷ. t_1일 때 ㉡의 길이와 ㉢의 길이를 더한 값은 1.3 μm이다.
➡ t_1일 때 ㉡의 길이는 0.4 μm이고 ㉢의 길이는 0.9 μm이므로 ㉡의 길이와 ㉢의 길이를 더한 값은 0.4+0.9=1.3 μm이다. (㉡+㉢)의 길이는 한쪽 액틴 필라멘트의 길이이므로 t_2일 때와 t_3일 때도 1.3 μm로 같다.

적용해야 할 개념 ③가지

① 근육이 수축할 때 근육 원섬유 마디, H대, I대의 길이는 짧아지고, 두 필라멘트가 겹친 부분의 길이는 길어지며, A대의 길이는 변하지 않는다.

② 근수축 시 근육 원섬유 마디의 길이가 $2d$만큼 감소하면, H대의 길이는 $2d$, 한쪽 I대의 길이는 d만큼 감소하고, 두 필라멘트가 겹친 한쪽 부분의 길이는 d만큼 길어진다.

③ 근육이 수축하거나 이완할 때 필라멘트 자체의 길이는 변하지 않는다.

문제 보기

다음은 골격근 수축 과정에 대한 자료이다.

○ 그림 (가)는 근육 원섬유 마디 X의 구조를, (나)는 구간 ⓛ의 길이에 따른 ⓐX가 생성할 수 있는 힘을 나타낸 것이다. X는 좌우 대칭이고, ⓐ가 F_1일 때 A대의 길이는 1.6 µm이다.

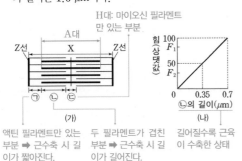

H대: 마이오신 필라멘트만 있는 부분

액틴 필라멘트만 있는 부분 ➡ 근수축 시 길이가 짧아진다.

두 필라멘트가 겹친 부분 ➡ 근수축 시 길이가 길어진다.

길어질수록 근육이 수축한 상태

(가)　(나)

○ 구간 ㉠은 액틴 필라멘트만 있는 부분이고, ⓛ은 액틴 필라멘트와 마이오신 필라멘트가 겹치는 부분이며, ㉢은 마이오신 필라멘트만 있는 부분이다.

○ 표는 ⓐ가 F_1과 F_2일 때 ㉢의 길이를 ㉠의 길이로 나눈 값$\left(\dfrac{㉢}{㉠}\right)$과 X의 길이를 ⓛ의 길이로 나눈 값$\left(\dfrac{X}{ⓛ}\right)$을 나타낸 것이다.

힘	$\dfrac{㉢}{㉠}$	$\dfrac{X}{ⓛ}$
F_1	1	4
F_2	$\dfrac{3}{2}$	? 16

이 자료에 대한 설명으로 옳은 것만을 〈보기〉에서 있는 대로 고른 것은? [3점]

〈보기〉 풀이

근육이 수축할 때 근육 원섬유 마디 X의 길이가 $2d$만큼 감소하면 ㉠의 길이는 d만큼, ㉢의 길이는 $2d$만큼 감소하고, ⓛ의 길이는 d만큼 증가한다. ⓛ의 길이가 길어질수록 근육이 더 수축한 상태이므로 F_1일 때가 F_2일 때보다 더 수축한 상태이다. F_1일 때 ㉠의 길이를 x, ⓛ의 길이를 y라고 하면 ㉢의 길이는 x와 같으며, 근육 원섬유 마디 X의 길이는 $4y$이다. F_2일 때는 F_1에 비해 이완된 상태이므로 X의 길이가 F_1일 때보다 $2d$만큼 길면 ㉠의 길이는 $x+d$, ⓛ의 길이는 $y-d$, ㉢의 길이는 $x+2d$이다.

힘	$\dfrac{㉢}{㉠}$	$\dfrac{X}{ⓛ}$	㉠	ⓛ	㉢	X
F_1	1	4	x	y	x	$4y$
F_2	$\dfrac{3}{2}$	?	$x+d$	$y-d$	$x+2d$	$4y+2d$

A대의 길이는 '$2\times$ⓛ의 길이$+$㉢의 길이'로 $2y+x=1.6(µm)$이므로 $2y=1.6-x$이다. F_1일 때 근육 원섬유 마디 X의 길이는 '$2\times$㉠의 길이$+2\times$ⓛ의 길이$+$㉢의 길이'$=2x+2y+x=4y$이므로 $3x=1.6-x$이다. 따라서 $x=0.4$ µm이고, $y=0.6$ µm이다.

F_2일 때 $\dfrac{㉢}{㉠}=\dfrac{x+2d}{x+d}=\dfrac{0.4+2d}{0.4+d}=\dfrac{3}{2}$이므로 $d=0.4$ µm이다. 따라서 F_1과 F_2일 때 각 부분의 길이는 다음과 같다.

힘	$\dfrac{㉢}{㉠}$	$\dfrac{X}{ⓛ}$	㉠(I대)	ⓛ	㉢(H대)	X
F_1	1	4	0.4	0.6	0.4	2.4
F_2	$\dfrac{3}{2}$	16	0.8	0.2	1.2	3.2

✗ ⓐ는 H대의 길이가 0.3 µm일 때가 0.6 µm일 때보다 작다.

➡ ⓐ는 X가 생성할 수 있는 힘으로, X가 수축하여 두 필라멘트가 겹친 부분(ⓛ)의 길이가 길수록 I대(㉠)의 길이와 H대(㉢)의 길이가 짧을수록 ⓐ가 크다. 따라서 ⓐ는 H대의 길이가 0.3 µm일 때가 0.6 µm일 때보다 크다.

ⓛ. F_1일 때 ㉠의 길이와 ⓛ의 길이를 더한 값은 1.0 µm이다.

➡ '㉠의 길이$+$ⓛ의 길이'는 액틴 필라멘트의 길이이며, 근육의 수축과 이완 시 필라멘트의 길이는 일정하므로 F_1일 때의 값은 1.0 µm로 같다.

ⓒ. F_2일 때 X의 길이는 3.2 µm이다.

➡ F_2일 때 근육 원섬유 마디 X의 길이는 3.2 µm이다.

| 29 | 근수축과 근육 원섬유 마디의 길이 변화 2023학년도 수능 13번 | 정답 ③ | 정답률 48% |

적용해야 할 개념 ②가지

① 근육이 수축할 때 근육 원섬유 마디, H대, I대의 길이는 짧아지고, 두 필라멘트가 겹친 부분의 길이는 길어지며, A대의 길이는 변하지 않는다.

② 근수축 시 근육 원섬유 마디의 길이가 $2d$만큼 감소하면, H대의 길이는 $2d$, 한쪽 I대의 길이는 d만큼 감소하고, 한쪽 두 필라멘트가 겹친 부분의 길이는 d만큼 길어진다.

문제 보기

다음은 골격근의 수축 과정에 대한 자료이다.

○ 그림은 근육 원섬유 마디 X의 구조를 나타낸 것이다. X는 좌우 대칭이고, Z_1과 Z_2는 X의 Z선이다.

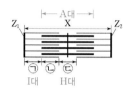

○ 구간 ㉠은 액틴 필라멘트만 있는 부분이고, ㉡은 액틴 필라멘트와 마이오신 필라멘트가 겹치는 부분이며, ㉢은 마이오신 필라멘트만 있는 부분이다.

○ 골격근 수축 과정의 두 시점 t_1과 t_2 중, t_1일 때 X의 길이는 L이고, t_2일 때만 ㉠~㉢의 길이가 모두 같다.

  L＝2(㉠＋㉡)+㉢의 길이

○ $\dfrac{t_2\text{일 때 ⓐ의 길이}}{t_1\text{일 때 ⓐ의 길이}}$ 와 $\dfrac{t_1\text{일 때 ㉡의 길이}}{t_2\text{일 때 ㉡의 길이}}$ 는 서로 같다. ⓐ는 ㉠과 ㉢ 중 하나이다. ⓐ＝㉢

이에 대한 설명으로 옳은 것만을 〈보기〉에서 있는 대로 고른 것은?

〈보기〉 풀이

근육이 수축할 때 근육 원섬유 마디 X의 길이가 $2d$만큼 감소하면 ㉠의 길이는 d만큼 감소하고, ㉢의 길이는 $2d$만큼 감소하며, ㉡의 길이는 d만큼 증가한다. 골격근 수축 과정에서 t_1일 때 X의 길이가 L이면, 수축이 좀 더 진행된 t_2일 때 X의 길이는 $L-2d$로 나타낼 수 있고, t_2일 때 ㉠~㉢의 길이가 모두 같으므로 ㉠~㉢을 각각 x라고 가정하면 t_1일 때와 t_2일 때 각 부분의 길이는 표와 같다.

(단위: μm)

시점	X의 길이	㉠의 길이	㉡의 길이	㉢의 길이
t_1	L(5x+2d)	$x+d$	$x-d$	$x+2d$
t_2	L−2d(5x)	x	x	x

ⓐ는 ㉠과 ㉢ 중 하나인데, ⓐ를 ㉠이라고 하면 $\dfrac{t_2\text{일 때 ⓐ의 길이}}{t_1\text{일 때 ⓐ의 길이}}=\dfrac{t_1\text{일 때 ㉡의 길이}}{t_2\text{일 때 ㉡의 길이}}$ 에서 $\dfrac{x}{x+d}=\dfrac{x-d}{x}$ 이므로 $x^2=x^2-d^2$ 이고 $d^2=0$ 이다. 골격근 수축 과정에서 근육 원섬유 마디 X의 길이가 감소하므로 d는 0이라는 것은 조건과 맞지 않다. 따라서 ⓐ는 ㉢이고, 이를 식으로 풀어 보면 $\dfrac{t_2\text{일 때 ⓐ의 길이}}{t_1\text{일 때 ⓐ의 길이}}=\dfrac{t_1\text{일 때 ㉡의 길이}}{t_2\text{일 때 ㉡의 길이}}$ 에서 $\dfrac{x}{x+2d}=\dfrac{x-d}{x}$ 이므로 $x^2=x^2+dx-2d^2$ 이다. 이 식을 풀어보면 $dx=2d^2$ 이므로 $x=2d$ 가 된다.

근육 원섬유 마디 X의 길이는 $2(㉠+㉡)+㉢$의 길이가 되므로 t_1일 때 X의 길이 $L＝2(x+d+x-d)+x+2d=5x+2d$ 이고, t_2일 때 X의 길이 $L-2d=5x$ 가 된다. 위 표의 값에 $x=2d$ 를 대입하면 다음과 같이 정리할 수 있다.

(단위: μm)

시점	X의 길이	㉠의 길이	㉡의 길이	㉢의 길이
t_1	12d	3d	d	4d
t_2	10d	2d	2d	2d

㉠ ⓐ는 ㉢이다.

➡ ⓐ는 ㉠과 ㉢ 중 하나인데, ⓐ가 ㉠이라면 골격근 수축 과정에서 근육 원섬유 마디 X의 길이 변화량 $2d=0$이 되어 모순이 되므로, ⓐ는 ㉢이다.

✗ H대의 길이는 t_1일 때가 t_2일 때보다 짧다.

➡ H대는 마이오신 필라멘트만 있는 부분 ㉢이고, ㉢의 길이는 t_1일 때 $4d$이고 t_2일 때 $2d$이므로 t_1일 때가 t_2일 때보다 길다.

㉢ t_1일 때, X의 Z_1로부터 Z_2 방향으로 거리가 $\dfrac{3}{10}$L인 지점은 ㉡에 해당한다.

➡ t_1일 때 X의 길이 L의 값은 $12d$이므로 X의 Z_1로부터 Z_2 방향으로 거리가 $\dfrac{3}{10}$L에서 $L=12d$를 대입하면 $\dfrac{36}{10}d=3.6d$이다. t_1일 때 ㉠의 길이가 $3d$이므로 Z_1로부터 Z_2 방향으로 $3.6d$인 지점은 ㉡에 해당한다.

적용해야 할 개념 ③가지

① 근육이 수축할 때 근육 원섬유 마디, H대, I대의 길이는 짧아지고, 두 필라멘트가 겹친 부분의 길이는 길어지며, A대의 길이는 변하지 않는다.

② 근육이 수축하거나 이완할 때 필라멘트 자체의 길이는 변하지 않는다. 액틴 필라멘트의 길이는 'I대＋두 필라멘트가 겹치는 부분'의 길이이고, 마이오신 필라멘트의 길이는 A대의 길이이다.

③ 근수축 시 근육 원섬유 마디의 길이가 $2d$만큼 감소하면 H대의 길이는 $2d$만큼 감소하고, 한쪽 I대의 길이는 d만큼 감소하며, 한쪽의 두 필라멘트가 겹친 부분의 길이는 d만큼 증가한다.

문제 보기

다음은 골격근의 수축 과정에 대한 자료이다.

○ 그림은 근육 원섬유 마디 X의 구조를, 표는 골격근 수축 과정의 시점 t_1~t_3일 때 ㉠의 길이, ㉢의 길이, I의 길이와 II의 길이를 더한 값(I＋II), I의 길이와 III의 길이를 더한 값(I＋III)을 나타낸 것이다. X는 좌우 대칭이고, I~III은 ㉠~㉢을 순서 없이 나타낸 것이다.

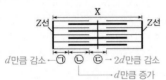

d만큼 감소 → ㉠　㉡　㉢ → $2d$만큼 감소
　　　　　d만큼 증가

시점	길이(μm)			
	㉠	㉢	I＋II	I＋III
t_1	ⓐ 0.8	ⓐ 0.8	? 1.6	1.2
t_2	0.7	ⓑ 0.6	1.3	2
t_3	ⓑ 0.6	0.4	ⓒ 1.0	ⓒ 1.0

○ 구간 ㉠은 액틴 필라멘트만 있는 부분이고, ㉡은 액틴 필라멘트와 마이오신 필라멘트가 겹치는 부분이며, ㉢은 마이오신 필라멘트만 있는 부분이다.

이에 대한 옳은 설명만을 〈보기〉에서 있는 대로 고른 것은? [3점]

〈보기〉 풀이

근수축 시 ㉠의 길이가 d만큼 감소하면 ㉢의 길이는 $2d$만큼 감소한다. 따라서 $t_1 \rightarrow t_2 \rightarrow t_3$일 때 ㉠의 길이 감소량의 2배는 ㉢의 길이 감소량과 같으므로 2×(ⓐ－0.7)＝ⓐ－ⓑ, 2×(0.7－ⓑ)＝ⓑ－0.4이다. 1.4－2ⓑ＝ⓑ－0.4이므로 ⓑ는 0.6이다. ⓑ가 0.6이므로 2×(ⓐ－0.7)＝ⓐ－0.6에서 ⓐ는 0.8이다. t_1일 때 ㉠과 ㉢의 길이는 각각 0.8 μm인데, I＋III의 길이가 1.2 μm이다. 따라서 I과 III 중 하나는 ㉡이고, ㉡의 길이는 0.4 μm이다. $t_1 \rightarrow t_2 \rightarrow t_3$일 때 ㉠의 길이는 0.1 μm씩 줄고, ㉢의 길이는 0.2 μm씩 줄고 있으므로, ㉡의 길이는 0.1 μm씩 늘어난다. 따라서 t_1, t_2, t_3일 때 ㉠~㉢의 길이는 표와 같다.

시점	길이(μm)		
	㉠	㉡	㉢
t_1	0.8(ⓐ)	0.4	0.8(ⓐ)
t_2	0.7	0.5	0.6(ⓑ)
t_3	0.6(ⓑ)	0.6	0.4

t_2에서 I＋II의 길이가 1.3 μm가 되려면 I과 II는 각각 ㉠과 ㉢ 중 하나이므로, III은 ㉡이다. t_3에서 I＋II＝㉢인데, 이것은 ㉠＋㉢＝0.6＋0.4＝1.0 μm이다. t_3에서 I＋III도 ㉢(1.0 μm)로 같은데 III(㉡)의 길이가 0.6 μm이므로 I은 0.4 μm이다. 따라서 I은 ㉢이고, II는 ㉠이다.

㉠ t_1일 때 ㉡의 길이는 0.4 μm이다.
➡ t_1일 때 ㉠과 ㉢의 길이는 각각 0.8 μm이고, I＋III＝㉢＋㉡＝1.2 μm이므로 ㉡의 길이는 0.4 μm이다.

㉡ ⓒ는 1.0이다.
➡ t_3일 때 I＋II＝㉢＋㉠＝ⓒ이므로 ⓒ는 0.4＋0.6＝1.0(μm)이다.

✗ II는 ㉢이다.
➡ I은 ㉢, II는 ㉠, III은 ㉡이다.

31 근수축과 근육 원섬유 마디의 길이 변화 2023학년도 7월 학평 14번 정답 ⑤ | 정답률 52 %

적용해야 할 개념 ③가지

① 근육이 수축할 때 근육 원섬유 마디, H대, I대의 길이는 짧아지고, 두 필라멘트가 겹친 부분의 길이는 길어진다.

② 근육이 수축하거나 이완할 때 필라멘트 자체의 길이는 변하지 않는다. 액틴 필라멘트의 길이는 'I대+두 필라멘트가 겹치는 부분'의 길이이고, 마이오신 필라멘트의 길이는 A대의 길이이다.

③ 근수축 시 근육 원섬유 마디의 길이가 $2d$만큼 감소하면 H대는 $2d$, 한쪽 I대는 d만큼 감소하고, 한쪽의 두 필라멘트가 겹치는 부분의 길이는 d만큼 증가한다.

문제 보기

다음은 골격근의 수축 과정에 대한 자료이다.

○ 그림은 골격근을 구성하는 근육 원섬유 마디 X의 구조를, 표는 두 시점 t_1과 t_2일 때 ⓐ의 길이와 ⓑ의 길이를 더한 값(ⓐ+ⓑ)과 ⓐ의 길이와 ⓒ의 길이를 더한 값(ⓐ+ⓒ)을 나타낸 것이다. ⓐ~ⓒ는 ㉠~㉢을 순서 없이 나타낸 것이며, X는 M선을 기준으로 좌우 대칭이다. ⓐ에는 액틴 필라멘트가 있다.

시점	ⓐ+ⓑ	ⓐ+ⓒ
t_1	1.4 μm	1.0 μm
t_2	1.2 μm	1.0 μm

○ 구간 ㉠은 액틴 필라멘트만 있는 부분이고, ㉡은 액틴 필라멘트와 마이오신 필라멘트가 겹치는 부분이며, ㉢은 마이오신 필라멘트만 있는 부분이다.

이에 대한 설명으로 옳은 것만을 〈보기〉에서 있는 대로 고른 것은?

〈보기〉 풀이

근수축 시 필라멘트의 길이는 변하지 않는다. ㉠+㉡은 액틴 필라멘트로 t_1일 때와 t_2일 때 길이가 같다. ㉠과 ㉡에는 액틴 필라멘트가 있지만 ㉢은 마이오신 필라멘트만 있는 부분이므로 액틴 필라멘트가 있는 ⓐ는 ㉠과 ㉡ 중 하나이다.

✗ ⓑ는 ㉠이다.
➡ 근수축이 일어나 X의 길이가 $2d$만큼 감소할 때 ㉠과 ㉢의 길이는 d만큼 감소하고, ㉡의 길이는 d만큼 증가한다. 즉, 근수축 시 ㉠+㉡(액틴 필라멘트)의 길이와 ㉡+㉢(A대의 절반)의 길이는 일정하게 유지된다. t_1과 t_2 시점에서 ⓐ+ⓒ의 길이가 1.0 μm으로 일정하므로 ⓐ+ⓒ는 ㉠+㉡ 또는 ㉡+㉢이다. ⓐ+ⓑ의 값은 t_1과 t_2 시점에서 같지 않으므로 ⓐ+ⓑ는 ㉠+㉢이며, ⓐ는 ㉠ 또는 ㉡이므로 ⓐ가 ㉠, ⓑ가 ㉢이다. ⓒ는 ㉡이고 ⓐ+ⓒ는 ㉠+㉡이다.

◯ ㉢는 A대의 일부이다.
➡ ㉢는 두 필라멘트가 겹치는 부분인 ㉡이므로 마이오신 필라멘트가 있는 A대의 일부이다. ㉠은 액틴 필라멘트만 있는 I대, ㉢은 마이오신 필라멘트만 있는 H대에 속한다. H대는 마이오신 필라멘트가 있으므로 A대에 속하기도 한다.

◯ X의 길이는 t_1일 때가 t_2일 때보다 0.2 μm 길다.
➡ X의 길이가 $2d$만큼 감소할 때 ㉠과 ㉢의 길이는 각각 d만큼 감소하므로 ㉠+㉢(ⓐ+ⓑ)의 길이도 $2d$만큼 감소한다. 따라서 X의 길이는 t_1일 때가 t_2일 때보다 0.2 μm 길다.

---

32 근수축과 근육 원섬유 마디의 길이 변화 2023학년도 4월 학평 10번 정답 ③ | 정답률 66 %

적용해야 할 개념 ④가지

① 근육이 수축할 때 근육 원섬유 마디, H대, I대의 길이는 짧아지고, 두 필라멘트가 겹친 부분의 길이는 길어지며, A대의 길이는 변하지 않는다.

② 근육이 수축하거나 이완할 때 필라멘트 자체의 길이는 변하지 않는다. 액틴 필라멘트의 길이는 'I대+두 필라멘트가 겹친 부분'의 길이이고, 마이오신 필라멘트의 길이는 A대의 길이이다.

③ H대는 마이오신 필라멘트만 있는 부분이다.

④ 근육이 수축할 때는 ATP에 저장된 에너지가 사용되므로 'ATP → ADP+무기 인산' 반응이 일어난다.

문제 보기

다음은 골격근의 수축 과정에 대한 자료이다.

○ 그림은 근육 원섬유 마디 X의 구조를 나타낸 것이며, X는 좌우 대칭이다. 구간 ㉠은 액틴 필라멘트만 있는 부분이고, ㉡은 액틴 필라멘트와 마이오신 필라멘트가 겹치는 부분이며, ㉢은 마이오신 필라멘트만 있는 부분이다.

○ 표는 골격근 수축 과정의 두 시점 t_1과 t_2일 때 ㉠의 길이, ㉡의 길이, ㉢의 길이, X의 길이를 나타낸 것이고, ⓐ~ⓒ는 0.4 μm, 0.6 μm, 0.8 μm을 순서 없이 나타낸 것이다.

시점	㉠의 길이	㉡의 길이	㉢의 길이	X의 길이
t_1	ⓐ 0.8	ⓑ 0.4	ⓐ 0.8	? 3.2
근수축 상태 t_2	ⓒ 0.6	? 0.6	ⓑ 0.4	2.8 μm

이에 대한 설명으로 옳은 것만을 〈보기〉에서 있는 대로 고른 것은? [3점]

〈보기〉 풀이

근수축 시 필라멘트의 길이는 변하지 않는다. '㉠의 길이+㉡의 길이'는 액틴 필라멘트의 길이이므로 t_1일 때와 t_2일 때의 길이는 ⓐ+ⓑ로 일정하다. X의 길이는 '㉢의 길이+2×(㉠의 길이+㉡의 길이)'이므로 t_2일 때는 2.8=ⓑ+2×(ⓐ+ⓑ)이다. ⓐ~ⓒ는 각각 0.4 μm, 0.6 μm, 0.8 μm 중 하나이므로 관계식을 만족하는 값은 ⓐ는 0.8 μm이고, ⓑ는 0.4 μm이다. ⓒ는 0.6 μm이므로 t_2일 때 ㉡의 길이는 1.2−0.6=0.6 μm이고, t_1일 때 X의 길이는 0.8+2×(0.8+0.4)=3.2 μm이다.

◯ t_1일 때 H대의 길이는 0.8 μm이다.
➡ H대는 ㉢이고, t_1일 때 ㉢의 길이는 0.8 μm이다.

✗ X의 길이는 t_2일 때가 t_1일 때보다 0.4 μm 길다.
➡ X의 길이는 t_1일 때는 3.2 μm이고, t_2일 때는 2.8 μm이다. 따라서 X의 길이는 t_2일 때가 t_1일 때보다 0.4 μm 짧다.

◯ t_1에서 t_2로 될 때 ATP에 저장된 에너지가 사용된다.
➡ X의 길이는 t_1일 때보다 t_2일 때가 짧으므로 t_1에서 t_2로 될 때 근수축이 일어났다. 근수축에는 ATP에 저장된 에너지가 사용된다.

적용해야 할 개념 ③가지

① 근육이 수축할 때 근육 원섬유 마디, H대, I대의 길이는 짧아지고, 두 필라멘트가 겹치는 부분의 길이는 길어진다. 근육이 이완할 때는 각 부분의 길이가 이와는 반대로 달라진다.

근육 원섬유 마디 부분	I대	두 필라멘트가 겹치는 부분	H대
근육 수축 시 길이 변화	감소	증가	감소
근육 이완 시 길이 변화	증가	감소	증가

② 근육 수축 시 근육 원섬유 마디의 길이가 $2d$ 감소하면, 한쪽 I대의 길이는 d 감소, 한쪽의 두 필라멘트가 겹치는 부분의 길이는 d 증가, H대의 길이는 $2d$ 감소한다.

③ 근육이 수축하거나 이완할 때 필라멘트 자체의 길이는 변하지 않는다. 액틴 필라멘트의 길이는 'I대의 길이＋두 필라멘트가 겹치는 부분의 길이'이고, 마이오신 필라멘트의 길이는 A대의 길이이다.

문제 보기

다음은 골격근의 수축 과정에 대한 자료이다.

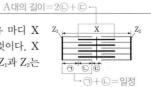

A대의 길이＝2ⓒ＋ⓒ

○ 그림은 근육 원섬유 마디 X의 구조를 나타낸 것이다. X는 좌우 대칭이고, Z_1과 Z_2는 X의 Z선이다.

ⓒ＋ⓒ＝일정

○ 구간 ㉠은 액틴 필라멘트만 있는 부분이고, ㉡은 액틴 필라멘트와 마이오신 필라멘트가 겹치는 부분이며, ㉢은 마이오신 필라멘트만 있는 부분이다.

○ 표는 골격근 수축 과정의 두 시점 t_1과 t_2일 때 각 시점의 Z_1로부터 Z_2 방향으로 거리가 각각 l_1, l_2, l_3인 세 지점이 ㉠~㉢ 중 어느 구간에 해당하는지를 나타낸 것이다. ⓐ~ⓒ는 ㉠~㉢을 순서 없이 나타낸 것이다.

거리	지점이 해당하는 구간	
	t_1	t_2
l_1	ⓐⓒ	ⓒ
l_2	ⓑⓒ	?
l_3	?㉠	ⓒㄱ

○ t_1일 때 ⓐ~ⓒ의 길이는 순서 없이 $5d$, $6d$, $8d$이고, t_2일 때 ⓐ~ⓒ의 길이는 순서 없이 $2d$, $6d$, $7d$이다. d는 0보다 크다.

○ t_1일 때, A대의 길이는 ⓒ의 길이의 2배이다.

○ t_1과 t_2일 때 각각 l_1~l_3은 모두 $\dfrac{X의 길이}{2}$ 보다 작다.

이에 대한 설명으로 옳은 것만을 〈보기〉에서 있는 대로 고른 것은? [3점]

〈보기〉 풀이

(1) 근육이 수축하거나 이완할 때 필라멘트 자체의 길이는 변하지 않는다. ㉠＋㉡은 액틴 필라멘트가 있는 부분이므로 ㉠과 ㉡의 길이를 더한 값은 시점에 관계 없이 같다. ⓐ~ⓒ의 t_1일 때의 길이 $5d$, $6d$, $8d$와 t_2일 때의 길이 $2d$, $6d$, $7d$에서 각각 두 값을 더했을 때 같은 값이 되는 것은 $13d(5d+8d=6d+7d)$이다. 따라서 ㉢의 길이는 t_1일 때 $6d$이고, t_2일 때 $2d$이다. t_1에서 t_2로 될 때 ㉢의 길이는 $6d$에서 $2d$로 $4d$만큼 감소하였으므로 근육 원섬유 마디 X의 길이는 $4d$ 감소, ㉠의 길이는 $2d$ 감소, ㉡의 길이는 $2d$ 증가한다. t_1일 때와 t_2일 때 ㉠~㉢의 길이는 표와 같다.

시점	㉠의 길이	㉡의 길이	㉢의 길이
t_1일 때	$8d$	$5d$	$6d$
t_2일 때	$6d$	$7d$	$2d$

(2) A대의 길이는 '$2\times$㉡의 길이＋㉢의 길이'이므로 $16d$이다. t_1일 때 A대의 길이는 ⓒ의 길이의 2배이므로 ⓒ의 길이는 $8d$이고, ⓒ는 ㉠이다. ⓐ가 ㉢이라면 t_1일 때 l_1인 지점은 Z_1로부터 $13d$(㉠과 ㉡의 길이 합＝액틴 필라멘트의 길이)보다 먼 거리에 위치하고, t_2일 때도 액틴 필라멘트의 길이는 변하지 않으므로 l_1인 지점은 ㉢에 위치해야 한다. 그런데 t_2일 때 l_1인 지점은 ㉡에 해당하므로 ⓐ는 ㉡이고, ⓑ는 ㉢이다.

㉠ $l_2 > l_1$이다.

➡ t_1일 때 Z_1로부터 Z_2 방향으로 거리가 l_1인 지점은 ㉡이고, l_2인 지점은 ㉢이므로 $l_2 > l_1$이다.

✗ t_1일 때, Z_1로부터 Z_2 방향으로 거리가 l_3인 지점은 ㉡에 해당한다.

➡ t_2일 때 Z_1로부터 Z_2 방향으로 거리가 l_3인 지점은 ㉠(ⓒ)에 해당한다. ㉠의 길이는 t_2일 때는 $6d$이고, t_1일 때는 $8d$로 더 길므로 t_1일 때 l_3인 지점도 ㉠에 해당한다.

✗ t_2일 때, ⓐ의 길이는 H대의 길이의 3배이다.

➡ t_2일 때 ⓐ(㉡)의 길이는 $7d$로 H대(㉢)의 길이 $2d$의 3.5배이다.

적용해야 할 개념 ③가지

① 근육이 수축할 때 근육 원섬유 마디, H대, I대의 길이는 짧아지고, 두 필라멘트가 겹친 부분의 길이는 길어지며, A대의 길이는 변하지 않는다.

② 근육이 수축할 때 근육 원섬유 마디(X)의 길이가 $2d$만큼 감소하면 H대(ⓒ)의 길이도 $2d$만큼 감소한다.

③ 근육이 수축할 때 필라멘트 자체의 길이는 변하지 않으며, I대(㉠)의 길이는 d만큼 감소하고, 두 필라멘트가 겹친 부분(ⓒ)의 길이는 d만큼 길어진다.

문제 보기

다음은 골격근의 수축 과정에 대한 자료이다.

○ 그림은 근육 원섬유 마디 X의 구조를 나타낸 것이다. X는 좌우 대칭이고, Z_1과 Z_2는 X의 Z선이다.

○ 구간 ㉠은 액틴 필라멘트만 있는 부분이고, ⓒ은 액틴 필라멘트와 마이오신 필라멘트가 겹치는 부분이며, ⓒ은 마이오신 필라멘트만 있는 부분이다.

○ 표는 골격근 수축 과정의 두 시점 t_1과 t_2일 때 ⓐ의 길이를 ⓑ의 길이로 나눈 값$\left(\dfrac{ⓐ}{ⓑ}\right)$, H대의 길이, X의 길이를 나타낸 것이다. ⓐ와 ⓑ는 ㉠과 ⓒ을 순서 없이 나타낸 것이고, d는 0보다 크다.

시점	$\dfrac{ⓐ}{ⓑ}$	H대의 길이	X의 길이
t_1	$2\,\dfrac{2d}{d}$	$2d$	$8d$
t_2	$1\,\dfrac{1.5d}{1.5d}$	d	? $7d$

이에 대한 설명으로 옳은 것만을 〈보기〉에서 있는 대로 고른 것은?

보기

〈보기〉 풀이

t_1일 때 X의 길이=2×(㉠+ⓒ)+ⓒ이므로 $8d$=2×(㉠+ⓒ)+$2d$이고, '㉠+ⓒ'의 길이는 $3d$이다. $\dfrac{ⓐ}{ⓑ}$=2이므로 ㉠과 ⓒ 중 하나의 길이는 $2d$이고, 나머지 하나의 길이는 d이다. t_2일 때는 t_1일 때에 비해 H대(ⓒ)의 길이가 d만큼 감소하였으므로 근육 원섬유 마디 X의 길이도 d만큼 감소하여 $7d$이다. 또, 근수축이 일어난 t_2일 때는 t_1일 때에 비하여 ㉠의 길이는 $\dfrac{d}{2}$만큼 감소하고, ⓒ의 길이는 $\dfrac{d}{2}$만큼 증가하며 액틴 필라멘트의 길이에 해당하는 '㉠+ⓒ'의 길이는 $3d$로 변하지 않는다. t_2일 때 $\dfrac{ⓐ}{ⓑ}$=1이므로 ⓐ는 수축 시 길이가 감소하는 ㉠이고 ⓑ는 수축 시 길이가 증가하는 ⓒ이며, 이때 ㉠과 ⓒ의 길이는 $1.5d$로 같다.

㉠ ⓐ는 ㉠이다.

➡ t_1에서 t_2로 될 때 ㉠은 길이가 감소하고 ⓒ은 길이가 증가하는데, $\dfrac{ⓐ}{ⓑ}$의 값이 감소하였으므로 ⓐ는 ㉠이고, ⓑ는 ⓒ이다.

ㄴ t_1일 때 ㉠의 길이와 ⓒ의 길이는 서로 같다.

➡ t_1일 때 ㉠(ⓐ)의 길이는 $2d$이고, ⓒ(H대)의 길이도 $2d$이므로 ㉠의 길이와 ⓒ의 길이는 서로 같다.

ㄷ t_2일 때, Z_1로부터 Z_2 방향으로 거리가 $2d$인 지점은 ⓒ에 해당한다.

➡ t_2일 때 ㉠과 ⓒ의 길이가 각각 $1.5d$이므로 Z_1로부터 Z_2 방향으로 거리가 $2d$인 지점은 ⓒ에 해당한다.

적용해야 할 개념 ②가지

① 근육이 수축할 때 근육 원섬유 마디, H대, I대의 길이는 짧아지고, 두 필라멘트가 겹친 부분의 길이는 길어지며, A대의 길이는 변하지 않는다.

② 근육이 수축하거나 이완할 때 필라멘트 자체의 길이는 변하지 않는다. 액틴 필라멘트의 길이는 'I대+두 필라멘트가 겹친 부분의 길이'이고, 마이오신 필라멘트의 길이는 A대의 길이이다.

문제 보기

다음은 골격근의 수축 과정에 대한 자료이다.

○ 그림은 근육 원섬유 마디 X의 구조를 나타낸 것이다. X는 좌우 대칭이고, Z_1과 Z_2는 X의 Z선이다.

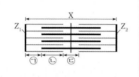

○ 구간 ㉠은 액틴 필라멘트만 있는 부분이고, ㉡은 액틴 필라멘트와 마이오신 필라멘트가 겹치는 부분이며, ㉢은 마이오신 필라멘트만 있는 부분이다.

○ 표는 골격근 수축 과정의 두 시점 t_1과 t_2일 때, 각 시점의 Z_1로부터 Z_2 방향으로 거리가 각각 l_1, l_2, l_3인 세 지점이 ㉠~㉢ 중 어느 구간에 해당하는지를 나타낸 것이다. ⓐ~ⓒ는 ㉠~㉢을 순서 없이 나타낸 것이다.

거리	지점이 해당하는 구간	
	t_1	t_2
l_1	?(㉢)	ⓐ(㉢)
l_2	ⓑ(㉠)	ⓒ(㉡)
l_3	ⓒ(㉡)	(㉡)

○ t_1일 때 ⓐ의 길이는 $4d$이고 X의 길이는 $14d$이며, t_2일 때 X의 길이는 L이다. t_1과 t_2일 때 ⓑ의 길이는 각각 $2d$와 $3d$ 중 하나이고, d는 0보다 크다.

○ t_1과 t_2일 때 각각 l_1~l_3은 모두 $\dfrac{\text{X의 길이}}{2}$ 보다 작다.

이에 대한 옳은 설명만을 〈보기〉에서 있는 대로 고른 것은? [3점]

〈보기〉풀이

골격근이 수축할 때는 Z선에 연결된 액틴 필라멘트가 마이오신 필라멘트 사이로 미끄러져 들어가 근육 원섬유 마디 X의 길이가 짧아진다. 이때 두 필라멘트가 겹치는 부분 ㉡의 길이는 길어지고, 액틴 필라멘트만 있거나 마이오신 필라멘트만 있는 ㉠과 ㉢의 길이는 짧아진다. $t_1 \rightarrow t_2$로 될 때 l_2에서 ⓑ → ⓒ로 변했으므로 ⓑ와 ⓒ는 각각 ㉠과 ㉡ 중 하나이다. ⓒ가 ㉠이라면 l_2는 ㉡ → ㉠이 되고 l_3은 ㉠ → ㉡이 되므로 ⓑ가 ㉠, ⓒ가 ㉡이고 ⓐ는 ㉢이다. 즉, $t_1 \rightarrow t_2$로 될 때 l_1은 ㉢ → ㉢, l_2는 ㉠ → ㉡, l_3은 ㉡ → ㉡이므로 t_1이 이완, t_2가 수축 시점이고, Z_1로부터의 거리는 $l_2 < l_3 < l_1$이다.

한편, X의 길이는 2×(㉠+㉡)+㉢으로 나타낼 수 있다. t_1일 때 ⓐ(㉢)의 길이는 $4d$이고, X의 길이는 $14d$이므로 2×(㉠+㉡)+$4d$=$14d$이고 ㉠+㉡=$5d$이다. 골격근 수축 과정에서 $t_1 \rightarrow t_2$로 될 때 ㉠(ⓑ)의 길이는 짧아지므로 ㉠(ⓑ)의 길이는 t_1일 때가 $3d$이고, t_2일 때 $2d$이다. 따라서 t_1일 때 ㉡의 길이는 $2d$이고, ㉠+㉡의 길이는 액틴 필라멘트의 길이로 근수축 과정에서 길이가 변하지 않으므로 t_2일 때 ㉡의 길이는 $3d$이다. 또한, ㉠의 길이가 d만큼 짧아지면 ㉢의 길이는 $2d$만큼 짧아지므로 t_2일 때 ㉢의 길이는 $2d$이다.

시점	㉠의 길이	㉡의 길이	㉢의 길이	X의 길이
t_1	$3d$	$2d$	$4d$	$14d$
t_2	$2d$	$3d$	$2d$	$12d$(L)

㉠ ⓑ는 ㉠이다.

→ ⓐ는 ㉢이고, ⓑ는 ㉠이며, ⓒ는 ㉡이다.

✗ t_2일 때 H대의 길이는 t_1일 때 ㉡의 길이의 2배이다.

→ H대는 마이오신 필라멘트만 있는 ㉢이다. t_2일 때 H대(㉢)의 길이는 $2d$이므로 t_1일 때 ㉡의 길이 $2d$와 같다.

㉢ t_2일 때 Z_1로부터 Z_2 방향으로 거리가 $\dfrac{2}{5}L$인 지점은 ㉡에 해당한다.

→ t_2일 때 X의 길이 L은 $12d$이고, Z_1로부터 Z_2 방향으로 거리가 $\dfrac{2}{5}L$인 지점은 $\dfrac{2}{5} \times 12d = 4.8d$이므로 ㉡(ⓒ)에 해당한다.

적용해야 할 개념 ②가지

① 근육이 수축할 때 근육 원섬유 마디, H대, I대의 길이는 짧아지고, 두 필라멘트가 겹친 부분의 길이는 길어지며, A대의 길이는 변하지 않는다.

② 근육이 수축하거나 이완할 때 필라멘트 자체의 길이는 변하지 않는다. 액틴 필라멘트의 길이는 'I대+두 필라멘트가 겹친 부분'의 길이이고, 마이오신 필라멘트의 길이는 A대의 길이이다.

문제 보기

다음은 골격근의 수축 과정에 대한 자료이다.

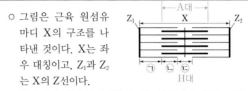

○ 그림은 근육 원섬유 마디 X의 구조를 나타낸 것이다. X는 좌우 대칭이고, Z_1과 Z_2는 X의 Z선이다.

○ 구간 ㉠은 액틴 필라멘트만 있는 부분이고, ㉡은 액틴 필라멘트와 마이오신 필라멘트가 겹치는 부분이며, ㉢은 마이오신 필라멘트만 있는 부분이다.

○ 표는 골격근 수축 과정의 세 시점 t_1, t_2, t_3일 때, ㉠의 길이에서 ㉡의 길이를 뺀 값을 ㉢의 길이로 나눈 값 $\left(\dfrac{㉠-㉡}{㉢}\right)$과 X의 길이를 나타낸 것이다.

시점	$\dfrac{㉠-㉡}{㉢}$	X의 길이
t_1	$\dfrac{5}{8}$	$3.4\ \mu m$
t_2	$\dfrac{1}{2}$	? 3.2
t_3	$\dfrac{1}{4}$	L 3.0

○ t_3일 때 A대의 길이는 $1.6\ \mu m$이다.
  └ $2㉡+㉢=1.6\ \mu m$

이에 대한 설명으로 옳은 것만을 〈보기〉에서 있는 대로 고른 것은?

〈보기〉 풀이

A대의 길이는 마이오신 필라멘트의 길이로 $2㉡+㉢=1.6\ \mu m$이며, 근수축 과정에서 필라멘트의 길이는 변하지 않고 일정하므로 t_1, t_2, t_3에서 모두 같다. t_1일 때 X의 길이는 $2(㉠+㉡)+㉢=3.4\ \mu m$인데, $2㉡+㉢=1.6\ \mu m$이므로 $2㉠=1.8\ \mu m$이다. 따라서 ㉠의 길이는 $0.9\ \mu m$이다.

t_1일 때 $\dfrac{㉠-㉡}{㉢}=\dfrac{0.9-㉡}{㉢}=\dfrac{5}{8}$이므로 $7.2-8㉡=5㉢$이고, $8㉡+5㉢=7.2\ \mu m$이다. $4(2㉡+㉢)+㉢=7.2$이고, $2㉡+㉢=1.6\ \mu m$이므로 $4(1.6)+㉢=7.2$이고 ㉢은 $0.8\ \mu m$, ㉡은 $0.4\ \mu m$이다. 근수축이 t_1에서 t_2로 진행될 때 X의 길이가 $2d$만큼 감소($-2d$)하면 ㉠은 d만큼 감소($-d$)하고, ㉡은 d만큼 증가($+d$)하며, ㉢은 $2d$만큼 감소($-2d$)한다. 따라서 t_2일 때의 $\dfrac{㉠-㉡}{㉢}$값을 t_1일 때의 값으로 구하면 $\dfrac{0.9-d-(0.4+d)}{0.8-2d}=\dfrac{1}{2}$이므로 $d_{t2}=0.1\ \mu m$이고, X_{t2}의 길이는 $3.4-2d_{t2}=3.2\ \mu m$이다. 같은 방법으로 t_3일 때의 $\dfrac{㉠-㉡}{㉢}$값을 t_1일 때의 값으로 구하면 $\dfrac{0.9-d-(0.4+d)}{0.8-2d}=\dfrac{1}{4}$이므로 $d_{t3}=0.2\ \mu m$이고, X_{t3}의 길이 L은 $3.4-2d_{t3}=3.0\ \mu m$이다.

시점	㉠의 길이	㉡의 길이	㉢의 길이	$\dfrac{㉠-㉡}{㉢}$	X의 길이
t_1	$0.9\ \mu m$	$0.4\ \mu m$	$0.8\ \mu m$	$\dfrac{5}{8}$	$3.4\ \mu m$
t_2	$0.8\ \mu m$	$0.5\ \mu m$	$0.6\ \mu m$	$\dfrac{1}{2}$	$3.2\ \mu m$
t_3	$0.7\ \mu m$	$0.6\ \mu m$	$0.4\ \mu m$	$\dfrac{1}{4}$	$3.0\ \mu m$

✗ ㄱ H대의 길이는 t_3일 때가 t_1일 때보다 $0.2\ \mu m$ 짧다.

➡ H대는 마이오신 필라멘트만 있는 부위로, ㉢에 해당한다. H대의 길이는 t_3일 때 $0.4\ \mu m$이고, t_1일 때 $0.8\ \mu m$로 t_3일 때가 t_1일 때보다 $0.4\ \mu m$ 짧다.

◯ ㄴ t_2일 때 ㉠의 길이는 t_1일 때 ㉡의 길이의 2배이다.

➡ t_2일 때 ㉠의 길이는 $0.8\ \mu m$로 t_1일 때 ㉡의 길이 $0.4\ \mu m$보다 2배 길다.

✗ ㄷ t_3일 때 Z_1로부터 Z_2 방향으로 거리가 $\dfrac{1}{4}$L인 지점은 ㉠에 해당한다.

➡ t_3일 때 Z_1으로부터 Z_2 방향으로 거리가 $\dfrac{1}{4}$L인 지점은 $\dfrac{1}{4}\times3.0=0.75\ \mu m$로, ㉠의 길이 $0.7\ \mu m$를 지나 ㉡에 해당한다.

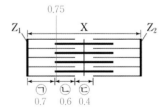

8 일차

01 ③　02 ④　03 ⑤　04 ⑤　05 ③　06 ⑤　07 ①　08 ①　09 ④　10 ②　11 ①　12 ③
13 ①　14 ③　15 ①　16 ⑤　17 ①　18 ④　19 ④

문제편 093쪽~097쪽

01　뇌의 구조와 기능　2024학년도 6월 모평 10번　　정답 ③ | 정답률 81%

적용해야 할 개념 ②가지

① 뇌의 구조와 기능

대뇌	감각과 수의 운동의 중추, 고등한 정신 활동 담당	뇌교	대뇌와 소뇌 사이의 정보를 전달하는 통로
간뇌	시상과 시상 하부로 구분, 항상성 유지의 중추	연수	호흡 운동, 심장 박동, 소화 운동 등의 중추
중간뇌	안구 운동과 홍채 운동 조절, 동공 반사의 중추	소뇌	대뇌와 함께 수의 운동 조절, 몸의 평형 유지

② 뇌줄기는 생명 유지에 중요한 역할을 하는 뇌 부분으로, 중간뇌, 뇌교, 연수를 합쳐서 부르는 명칭이다.

문제 보기

그림은 중추 신경계의 구조를 나타낸 것이다. ㉠~㉣은 간뇌, 소뇌, 연수, 중간뇌를 순서 없이 나타낸 것이다. 이에 대한 설명으로 옳은 것만을 〈보기〉에서 있는 대로 고른 것은?

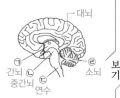

보기

〈보기〉 풀이

㉠은 간뇌, ㉡은 중간뇌, ㉢은 연수, ㉣은 소뇌이다.

ㄱ. ㉠에 시상 하부가 있다.
➡ 간뇌(㉠)에는 시상과 시상 하부가 있다. 시상은 척수나 연수에서 오는 감각 신호를 대뇌 겉질에 전달하는 역할을 하고, 시상 하부는 자율 신경과 내분비계의 조절 중추로 체온 조절, 삼투압 조절과 같은 항상성 유지의 중추이다.

✗ ㉡과 ㉣은 모두 뇌줄기에 속한다.
➡ 뇌줄기는 생명 유지에 중요한 역할을 하는 뇌 부분으로 중간뇌(㉡), 뇌교, 연수(㉢)로 구성된다. 소뇌(㉣)는 뇌줄기에 속하지 않는다.

ㄷ. ㉢은 호흡 운동을 조절한다.
➡ 연수(㉢)는 호흡 운동과 심장 박동 등을 조절하는 중추이다.

02　중추 신경계　2022학년도 수능 10번　　정답 ④ | 정답률 66%

적용해야 할 개념 ④가지

① 대뇌는 정신 활동의 중추이며, 감각과 수의 운동의 중추이다.
② 간뇌는 항상성 유지의 중추이다.
③ 중간뇌는 안구 운동과 홍채 운동을 조절하고, 동공 반사의 중추이다.
④ 소뇌는 수의 운동을 조절하고 몸의 평형 유지에 관여한다.

문제 보기

그림은 중추 신경계의 구조를 나타낸 것이다. ㉠~㉣은 간뇌, 대뇌, 소뇌, 중간뇌를 순서 없이 나타낸 것이다.

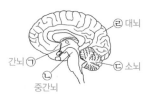

이에 대한 설명으로 옳은 것만을 〈보기〉에서 있는 대로 고른 것은? [3점]

보기

〈보기〉 풀이

✗ ㉠은 중간뇌이다.
➡ ㉠은 대뇌 아래에 있는 간뇌이고, 간뇌 아래에 있는 ㉡이 중간뇌이다.

ㄴ. ㉢은 몸의 평형(균형) 유지에 관여한다.
➡ ㉢은 소뇌이다. 소뇌는 수의 운동을 조절하고 평형 감각기로부터 오는 정보에 따라 몸의 자세와 평형(균형) 유지를 담당한다. 평형 감각기에는 속귀의 반고리관과 전정 기관이 있다.

ㄷ. ㉣에는 시각 기관으로부터 오는 정보를 받아들이는 영역이 있다.
➡ ㉣은 대뇌이다. 대뇌는 시각, 청각, 후각, 미각과 같은 감각의 중추이다. 대뇌에는 시각 기관으로부터 오는 정보를 받아들이는 영역이 있어 이 정보를 종합하고 분석하여 사물을 볼 수 있게 된다.

03 말초 신경계 2023학년도 4월 학평 8번

적용해야 할 개념 ③가지

① 말초 신경계에는 구심성 신경과 원심성 신경이 있다. 감각 신경은 감각 기관에서 받아들인 자극을 중추 신경계로 전달하는 구심성 신경이고, 자율 신경계는 중추 신경계의 명령을 내장 기관, 혈관, 내분비샘으로 전달하는 원심성 신경이다.

② 자율 신경계에는 교감 신경과 부교감 신경이 있다. 교감 신경의 신경절 이후 뉴런의 말단에서는 노르에피네프린이, 부교감 신경의 신경절 이후 뉴런의 말단에서는 아세틸콜린이 분비된다.

③ 교감 신경은 척수에서 뻗어나오고, 부교감 신경은 중간뇌, 연수, 척수에서 뻗어나온다.

문제 보기

표 (가)는 사람 신경의 3가지 특징을, (나)는 (가)의 특징 중 방광에 연결된 신경 A∼C가 갖는 특징의 개수를 나타낸 것이다. A∼C는 감각 신경, 교감 신경, 부교감 신경을 순서 없이 나타낸 것이다.

교감 신경, 부교감 신경

특징
○ 원심성 신경이다.
○ 자율 신경계에 속한다.
○ 신경절 이후 뉴런의 말단에서 노르에피네프린이 분비된다.

(가)
교감 신경, 부교감 신경   교감 신경

구분	특징의 개수
A 감각 신경	0
B 부교감 신경	㉠ 2
C 교감 신경	3

(나)

이에 대한 설명으로 옳은 것만을 〈보기〉에서 있는 대로 고른 것은?

〈보기〉 풀이

교감 신경은 중추 신경계의 명령을 반응기로 전달하는 원심성 신경이고, 자율 신경계에 속하며, 신경절 이후 뉴런의 말단에서 노르에피네프린이 분비된다. 따라서 특징의 개수가 3인 C는 교감 신경이다. 감각 신경은 3가지 특징 모두에 해당하지 않으므로 특징의 개수가 0인 A가 감각 신경이다. B는 부교감 신경인데, 교감 신경과 마찬가지로 원심성 신경이고, 자율 신경계에 속하므로 특징의 개수 ㉠은 2이다.

✗ ㉠은 1이다.
➡ 부교감 신경(B)은 원심성 신경이며 자율 신경계에 속하므로 특징의 개수 ㉠은 2이다. 부교감 신경의 신경절 이후 뉴런의 말단에서는 아세틸콜린이 분비된다.

ㄴ. A는 말초 신경계에 속한다.
➡ 감각 신경, 부교감 신경, 교감 신경은 모두 말초 신경계에 속한다. 따라서 A는 말초 신경계에 속한다.

ㄷ. C의 신경절 이전 뉴런의 신경 세포체는 척수에 있다.
➡ 방광에 연결된 교감 신경과 부교감 신경의 신경절 이전 뉴런의 신경 세포체는 모두 척수에 있다. 따라서 C의 신경절 이전 뉴런의 신경 세포체는 척수에 있다.

---

04 중추 신경계의 기능 2023학년도 6월 모평 8번

적용해야 할 개념 ③가지

① 뇌줄기는 생명 유지에 중요한 역할을 하는 뇌 부분으로, 중간뇌, 뇌교, 연수를 합쳐서 부르는 명칭이다.

② 간뇌는 시상과 시상 하부로 구분되며, 체온 조절, 삼투압 조절과 같은 항상성 유지의 중추는 시상 하부에 있다.

③ 교감 신경은 척수의 가운데 부분에서 뻗어 나오고, 부교감 신경은 중간뇌, 연수, 척수의 끝부분에서 뻗어 나온다.

문제 보기

표는 사람의 중추 신경계에 속하는 A∼C의 특징을 나타낸 것이다. A∼C는 간뇌, 연수, 척수를 순서 없이 나타낸 것이다.

구분	특징
연수 A	뇌줄기를 구성한다. 중간뇌, 뇌교, 연수
간뇌 B	㉠체온 조절 중추가 있다. 시상 하부
척수 C	교감 신경의 신경절 이전 뉴런의 신경 세포체가 있다.

이에 대한 설명으로 옳은 것만을 〈보기〉에서 있는 대로 고른 것은? [3점]

〈보기〉 풀이

ㄱ. A는 호흡 운동을 조절한다.
➡ 뇌줄기는 생명 유지에 중요한 역할을 하는 뇌 부분으로, 중간뇌, 뇌교, 연수로 구성된다. 따라서 A는 연수이다. 연수는 심장 박동 조절, 호흡 운동 조절, 소화 운동 조절의 중추이다.

ㄴ. ㉠은 시상 하부이다.
➡ B는 체온 조절 중추가 있는 간뇌이며, 간뇌는 시상과 시상 하부로 구분된다. 시상은 척수나 연수에서 오는 감각 신호를 대뇌 겉질에 전달하는 역할을 한다. 자율 신경과 내분비계의 조절 중추로서 체온 조절, 삼투압 조절과 같은 항상성 유지에 관여하는 부분은 시상 하부이다.

ㄷ. C는 척수이다.
➡ 자율 신경 중 교감 신경의 신경절 이전 뉴런의 신경 세포체가 있는 C는 척수이다. 부교감 신경의 신경절 이전 뉴런의 신경 세포체는 눈에 분포하는 것은 중간뇌에, 기관, 심장, 소장에 분포하는 것은 연수에, 방광에 분포하는 것은 척수에 있다.

적용해야 할 개념 ③가지

① 뉴런의 종류에는 감각 기관에서 받아들인 자극을 연합 뉴런으로 전달하는 구심성 뉴런(감각 뉴런), 중추 신경을 이루며 구심성 뉴런에서 온 정보를 통합하여 반응 명령을 내리는 연합 뉴런, 연합 뉴런에서 내린 반응 명령을 반응기로 전달하는 원심성 뉴런(운동 뉴런 등)이 있다.

② 중추 신경계는 감각 정보를 통합하고 반응 명령을 내리는 역할을 하며, 뇌와 척수로 구성된다.

③ 말초 신경계는 해부학적 구조에 따라 뇌신경과 척수 신경으로 구분한다. 뇌신경은 뇌에서 뻗어 나오며 12쌍이고, 척수 신경은 척추 마디마다 좌우로 한 쌍씩 척수에서 뻗어 나오며 31쌍이다.

문제 보기

다음은 사람의 신경계를 구성하는 구조에 대한 학생 A~C의 발표 내용이다.

31쌍
- 척수에는 연합 뉴런이 있습니다.
- 뇌신경은 말초 신경계에 속합니다.
- 척수 신경은 12쌍으로 이루어져 있습니다.

학생 A   학생 B   학생 C

제시한 내용이 옳은 학생만을 있는 대로 고른 것은?

<보기> 풀이

Ⓐ 척수에는 연합 뉴런이 있습니다.
➡ 척수는 뇌와 함께 중추 신경계에 속하며, 중추 신경계에는 연합 뉴런이 있다.

Ⓑ 뇌신경은 말초 신경계에 속합니다.
➡ 말초 신경계는 중추 신경계와 몸의 각 부분을 연결하는 신경계로, 뇌에서 뻗어 나온 뇌신경과 척수에서 뻗어 나온 척수 신경으로 구분한다.

✗ 척수 신경은 12쌍으로 이루어져 있습니다.
➡ 뇌신경은 12쌍이고, 척수 신경은 31쌍이다.

적용해야 할 개념 ④가지

① 중추 신경계의 명령을 반응기로 전달하는 말초 신경에는 골격근의 반응을 조절하는 체성 신경과 내장 기관의 반응을 조절하는 자율 신경이 있다. 체성 신경은 중추 신경계에서 반응기까지 하나의 뉴런으로 되어 있고, 자율 신경은 중추 신경계에서 반응기까지 2개의 뉴런으로 되어 있다.

② 자율 신경 중 교감 신경은 신경절 이전 뉴런이 신경절 이후 뉴런보다 짧고, 부교감 신경은 신경절 이전 뉴런이 신경절 이후 뉴런보다 길다.

③ 교감 신경의 신경절 이전 뉴런, 부교감 신경의 신경절 이전 뉴런과 신경절 이후 뉴런의 말단에서는 아세틸콜린이 분비된다. 교감 신경의 신경절 이후 뉴런의 말단에서는 노르에피네프린이 분비된다.

④ 심장에 분포하는 부교감 신경은 연수에서, 교감 신경은 척수에서 뻗어 나온다.

문제 보기

그림은 중추 신경계에 속한 A와 B로부터 다리 골격근과 심장에 연결된 말초 신경을 나타낸 것이다. A와 B는 연수와 척수를 순서 없이 나타낸 것이고, ⓐ와 ⓑ 중 한 곳에 신경절이 있다.

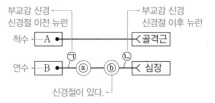

부교감 신경 신경절 이전 뉴런
부교감 신경 신경절 이후 뉴런
척수 — A — 골격근
연수 — B — ⓐ — ⓑ — 심장
신경절이 있다.

이에 대한 설명으로 옳은 것만을 <보기>에서 있는 대로 고른 것은?

<보기> 풀이

ㄱ. A는 척수이다.
➡ 중추 신경계에서 반응기인 골격근에 직접 연결된 뉴런은 체성 신경계의 운동 뉴런이다. 골격근에 분포하는 운동 뉴런의 신경 세포체가 있는 A는 척수이다.

ㄴ. ⓑ에 신경절이 있다.
➡ B는 심장 박동을 조절하는 중추인 연수이다. 연수에서 나와 신경절을 거쳐 심장으로 분포하는 말초 신경은 자율 신경 중 부교감 신경이다. 부교감 신경은 신경절 이전 뉴런이 신경절 이후 뉴런보다 긴 것이 특징이므로 신경절은 ⓑ에 있다.

ㄷ. ㉠과 ㉡의 말단에서 모두 아세틸콜린이 분비된다.
➡ 부교감 신경에서는 신경절 이전 뉴런(㉠)과 신경절 이후 뉴런(㉡)의 말단에서 분비되는 물질이 아세틸콜린으로 같다. ㉡의 말단에서 아세틸콜린이 분비되면 심장 박동이 억제된다.

07 중추 신경계와 자율 신경 2024학년도 3월 학평 7번

정답 ① | 정답률 70 %

적용해야 할 개념 ④가지

① 뇌의 구조와 기능

대뇌	겉질은 회색질이고, 속질은 백색질이다. 감각과 운동의 중추, 고등한 정신 활동의 중추이다.
간뇌	시상과 시상하부로 구성되며, 항상성 유지의 중추이다.
중간뇌	안구 운동과 홍채 운동을 조절하고, 동공 반사의 중추이다.
뇌교	대뇌와 소뇌 사이의 정보를 전달하는 통로이다.
연수	호흡 운동, 심장 박동, 소화 운동 등의 중추이다.
소뇌	대뇌와 함께 수의 운동을 조절하며, 몸의 평형 유지를 담당한다.

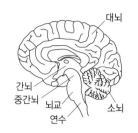

② 뇌줄기는 생명 유지에 중요한 역할을 하는 뇌 부분으로, 중간뇌, 뇌교, 연수를 합쳐서 부르는 명칭이다.
③ 교감 신경은 신경절 이전 뉴런이 짧고 신경절 이후 뉴런이 길며, 부교감 신경은 신경절 이전 뉴런이 길고 신경절 이후 뉴런이 짧다.
④ 교감 신경이 흥분하면 위액 분비와 위 운동이 억제되고, 부교감 신경이 흥분하면 위액 분비와 위 운동이 촉진된다.

문제 보기

그림은 사람의 중추 신경계와 위가 자율 신경으로 연결된 경로를 나타낸 것이다. A와 B는 각각 간뇌와 대뇌 중 하나이다.

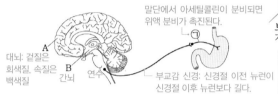

이에 대한 옳은 설명만을 〈보기〉에서 있는 대로 고른 것은?

〈보기〉 풀이

ㄱ. **A의 겉질은 회색질이다.**
➡ A는 대뇌이다. 대뇌의 겉질은 신경 세포체가 모여 있는 회색질이고, 속질은 심경 섬유가 모여 있는 백색질이다.

ㄴ. **B는 뇌줄기에 속한다.**
➡ 뇌줄기는 생명 유지에 중요한 역할을 하는 뇌 부분으로 중간뇌, 뇌교, 연수로 구성된다. B는 간뇌이며, 뇌줄기에 속하지 않는다.

ㄷ. **㉠의 활동 전위 발생 빈도가 증가하면 위액 분비가 억제된다.**
➡ ㉠은 신경절 이전 뉴런의 신경 세포체가 연수에 있으며, 신경절 이전 뉴런이 길고 신경절 이후 뉴런이 짧으므로 위에 연결된 부교감 신경이다. 부교감 신경(㉠)이 흥분하여 활동 전위 발생 빈도가 증가하면 위액 분비가 촉진된다.

08 중추 신경계와 자율 신경 2024학년도 5월 학평 3번

정답 ① | 정답률 79 %

적용해야 할 개념 ③가지

① 뇌의 구조와 기능

대뇌	감각과 운동의 중추, 고등한 정신 활동의 중추로 대뇌의 기능은 겉질에 있다.
간뇌	시상과 시상하부로 구성되며, 항상성 유지의 중추이다.
중간뇌	안구 운동과 홍채 운동을 조절하고, 동공 반사의 중추이다.
뇌교	대뇌와 소뇌 사이의 정보를 전달하는 통로이다.
연수	호흡 운동, 심장 박동, 소화 운동 등의 중추이다.
소뇌	대뇌와 함께 수의 운동을 조절하며, 몸의 평형 유지를 담당한다.

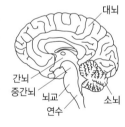

② 뇌줄기는 생명 유지에 중요한 역할을 하는 뇌 부분으로, 중간뇌, 뇌교, 연수를 합쳐서 부르는 명칭이다.
③ 교감 신경의 신경절 이전 뉴런의 신경 세포체는 척수에 있고, 부교감 신경의 신경절 이전 뉴런의 신경 세포체는 중간뇌, 연수, 척수에 있다.

문제 보기

그림은 중추 신경계의 구조를, 표는 반사의 중추를 나타낸 것이다. A와 B는 중간뇌와 척수를 순서 없이 나타낸 것이고, ㉠과 ㉡은 A와 B를 순서 없이 나타낸 것이다.

반사	중추
무릎 반사	㉠ 척수(B)
동공 반사	㉡ 중간뇌(A)

이에 대한 설명으로 옳은 것만을 〈보기〉에서 있는 대로 고른 것은? [3점]

〈보기〉 풀이

ㄱ. **㉠은 B이다.**
➡ A는 중간뇌이고, B는 척수이다. 무릎 반사의 중추 ㉠은 척수(B)이고, 동공 반사의 중추 ㉡은 중간뇌(A)이다.

ㄴ. **㉡에 교감 신경의 신경절 이전 뉴런의 신경 세포체가 있다.**
➡ 교감 신경의 신경절 이전 뉴런의 신경 세포체는 척수에 있고, 부교감 신경의 신경절 이전 뉴런의 신경 세포체는 중간뇌, 연수, 척수에 있다. 따라서 중간뇌(㉡)에는 부교감 신경의 신경절 이전 뉴런의 신경 세포체는 있지만, 교감 신경의 신경절 이전 뉴런의 신경 세포체는 없다.

ㄷ. **A와 B는 모두 뇌줄기에 속한다.**
➡ 뇌줄기는 생명 유지에 중요한 역할을 하는 뇌 부분으로 중간뇌, 뇌교, 연수로 구성된다. 따라서 중간뇌(A)는 뇌줄기에 속하지만 척수(B)는 뇌줄기에 속하지 않는다.

적용해야 할 개념 ④가지

① 체성 신경계는 중추 신경계의 운동 명령을 골격근에 전달하며, 중추 신경계와 반응기 사이가 하나의 뉴런으로 연결된다.
② 자율 신경계는 중추 신경계의 명령을 내장 기관, 혈관, 내분비샘으로 전달하며, 중추 신경계와 반응기 사이가 2개의 뉴런으로 연결된다.
③ 교감 신경은 척수의 가운데 부분에서 뻗어 나오고, 부교감 신경은 중간뇌, 연수, 척수의 끝부분에서 뻗어 나온다.
④ 교감 신경의 신경절 이전 뉴런의 축삭 돌기 말단에서는 아세틸콜린이, 신경절 이후 뉴런의 축삭 돌기 말단에서는 노르에피네프린이 분비된다.

문제 보기

그림은 중추 신경계로부터 말초 신경을 통해 소장과 골격근에 연결된 경로를, 표는 뉴런 ⓐ~ⓒ의 특징을 나타낸 것이다. ⓐ~ⓒ는 ㉠~㉢을 순서 없이 나타낸 것이다.

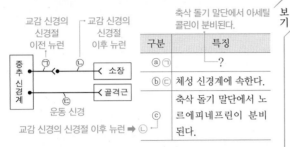

구분	특징
ⓐ ㉠	?
ⓑ ㉢	체성 신경계에 속한다.
ⓒ	축삭 돌기 말단에서 노르에피네프린이 분비된다.

이에 대한 설명으로 옳은 것만을 〈보기〉에서 있는 대로 고른 것은? [3점]

〈보기〉 풀이

중추 신경계로부터 소장으로 연결된 2개의 뉴런 ㉠과 ㉡은 자율 신경이며, 신경절 이전 뉴런이 신경절 이후 뉴런보다 짧으므로 교감 신경이다. 교감 신경의 신경절 이후 뉴런 ㉡의 축삭 돌기 말단에서는 노르에피네프린이 분비되므로 ⓒ는 ㉡이다. ㉢은 중추 신경계에서 골격근까지 연결된 1개의 뉴런이므로 운동 신경이며, 운동 신경은 체성 신경계에 속하므로 ⓑ는 ㉢이다. 따라서 ⓐ는 ㉠이다.

✗ ⓐ는 ㉡이다.
➡ ⓐ는 교감 신경의 신경절 이전 뉴런 ㉠이다. ㉠의 축삭 돌기 말단에서는 아세틸콜린이 분비된다.

ㄴ ㉠의 신경 세포체는 척수에 있다.
➡ 교감 신경은 척수의 가운데 부분에서 뻗어 나오므로 ㉠의 신경 세포체는 척수에 있다.

ㄷ ㉢은 운동 신경이다.
➡ ㉢은 중추 신경계의 명령을 골격근으로 전달하며 하나의 뉴런으로 이루어져 있으므로 체성 신경계에 속하는 운동 신경이다.

적용해야 할 개념 ④가지

① 동공 반사의 중추는 중간뇌이고, 무릎 반사의 중추는 척수이다.
② 체성 신경은 중추 신경계에서 반응기까지 1개의 뉴런으로 되어 있고, 자율 신경은 중추 신경계에서 반응기까지 2개의 뉴런으로 이루어져 있다.
③ 교감 신경은 신경절 이전 뉴런이 짧고 신경절 이후 뉴런이 길며, 부교감 신경은 신경절 이전 뉴런이 길고 신경절 이후 뉴런이 짧다.
④ 교감 신경과 부교감 신경의 신경절 이전 뉴런의 말단, 부교감 신경의 신경절 이후 뉴런의 말단에서는 아세틸콜린이 분비되고, 교감 신경의 신경절 이후 뉴런의 말단에서는 노르에피네프린이 분비된다.

문제 보기

그림 (가)는 동공의 크기 조절에 관여하는 말초 신경이 중추 신경계에 연결된 경로를, (나)는 무릎 반사에 관여하는 말초 신경이 중추 신경계에 연결된 경로를 나타낸 것이다.

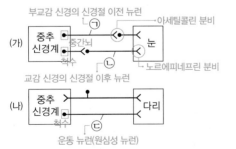

이에 대한 설명으로 옳은 것만을 〈보기〉에서 있는 대로 고른 것은?

〈보기〉 풀이

✗ ㉠~㉢은 모두 자율 신경계에 속한다.
➡ 동공의 크기 조절에 관여하는 ㉠은 부교감 신경의 신경절 이전 뉴런이고, ㉡은 교감 신경의 신경절 이후 뉴런으로, ㉠과 ㉡은 자율 신경계에 속한다. ㉢은 중추 신경계의 명령을 반응기 (다리)로 전달하는 하나의 뉴런인 운동 뉴런으로 체성 신경계에 속한다.

✗ ㉠과 ㉡의 말단에서 분비되는 신경 전달 물질은 같다.
➡ 부교감 신경의 신경절 이전 뉴런(㉠)의 말단에서는 아세틸콜린이, 교감 신경의 신경절 이후 뉴런(㉡)의 말단에서는 노르에피네프린이 분비된다.

ㄷ 무릎 반사의 중추는 척수이다.
➡ 무릎 반사는 대뇌가 관여하지 않고 척수가 중추가 되어 나타나는 즉각적인 반응이다.

11 신경의 구분 2022학년도 3월 학평 7번

정답 ① | 정답률 68 %

적용해야 할 개념 ④가지

① 체성 신경계는 중추 신경계의 운동 명령을 골격근에 전달하며, 중추 신경계와 반응기 사이가 하나의 뉴런으로 연결된다.
② 자율 신경계는 중추 신경계의 명령을 내장 기관, 혈관, 내분비샘으로 전달하며, 중추 신경계와 반응기 사이가 2개의 뉴런으로 연결된다.
③ 부교감 신경은 신경절 이전 뉴런이 신경절 이후 뉴런보다 길고, 신경절 이전 뉴런과 신경절 이후 뉴런의 축삭 돌기 말단에서는 아세틸콜린이 분비된다.
④ 눈에 분포하는 부교감 신경은 중간뇌에서, 기관지, 심장, 위에 분포하는 부교감 신경은 연수에서, 방광에 분포하는 부교감 신경은 척수에서 뻗어 나온다.

문제 보기

그림은 사람에서 ㉠과 팔의 골격근을 연결하는 말초 신경과, ㉡과 눈을 연결하는 말초 신경을 나타낸 것이다. ㉠과 ㉡은 각각 척수와 중간뇌 중 하나이다.

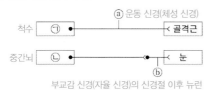

이에 대한 옳은 설명만을 〈보기〉에서 있는 대로 고른 것은? [3점]

〈보기〉 풀이

ㄱ. ㉠은 척수이다.
➡ 중추 신경계로부터 팔의 골격근까지 하나의 뉴런으로 연결되어 있으므로 ⓐ는 체성 신경계에 속하는 운동 신경이고, 팔에 분포하는 운동 신경은 척수(㉠)에서 뻗어 나온다.

ㄴ. ⓐ는 자율 신경계에 속한다.
➡ 운동 신경(ⓐ)은 체성 신경계에 속하며, 말단에서는 아세틸콜린이 분비된다.

ㄷ. ⓑ의 말단에서 노르에피네프린이 분비된다.
➡ 중추 신경계와 눈까지 연결된 2개의 뉴런은 자율 신경이고, 신경절 이전 뉴런이 신경절 이후 뉴런보다 길므로 부교감 신경이다. 눈에 분포하는 부교감 신경의 신경절 이전 뉴런은 중간뇌(㉡)로부터 뻗어 나오며, 부교감 신경의 신경절 이후 뉴런(ⓑ)의 말단에서는 아세틸콜린이 분비된다. 노르에피네프린은 교감 신경의 신경절 이후 뉴런의 말단에서 분비되는 신경 전달 물질이다.

보기

---

12 자율 신경계와 체성 신경계 2022학년도 4월 학평 5번

정답 ③ | 정답률 63 %

적용해야 할 개념 ④가지

① 자율 신경계는 중추 신경계의 명령을 내장 기관, 혈관, 내분비샘으로 전달하며, 중추 신경계와 반응기 사이가 2개의 뉴런으로 연결된다.
② 교감 신경은 신경절 이전 뉴런이 신경절 이후 뉴런보다 짧고, 부교감 신경은 신경절 이전 뉴런이 신경절 이후 뉴런보다 길다.
③ 교감 신경과 부교감 신경의 작용

구분	동공	기관지	심장 박동	호흡 운동	소화관 운동	혈당량	방광
교감 신경	확대	확장	촉진	촉진	억제	증가	확장
부교감 신경	축소	수축	억제	억제	촉진	감소	수축

④ 운동 신경은 중추 신경계의 운동 명령을 골격근에 전달하며, 운동 뉴런의 말단에서는 아세틸콜린이 분비된다.

문제 보기

그림은 중추 신경계로부터 말초 신경을 통해 홍채와 골격근에 연결된 경로를 나타낸 것이다.

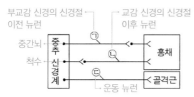

이에 대한 설명으로 옳은 것만을 〈보기〉에서 있는 대로 고른 것은?

〈보기〉 풀이

중추 신경계로부터 홍채에 연결된 신경은 2개의 뉴런으로 되어 있으므로 자율 신경계이다. 신경절 이전 뉴런이 신경절 이후 뉴런보다 긴 것은 부교감 신경이고, 신경절 이전 뉴런이 신경절 이후 뉴런보다 짧은 것은 교감 신경이다. 따라서 ㉠은 부교감 신경의 신경절 이전 뉴런이고, ㉡은 교감 신경의 신경절 이후 뉴런이다. 중추 신경계로부터 골격근으로 1개의 뉴런으로 연결된 것은 체성 신경계이며, ㉢은 중추 신경의 명령을 골격근으로 전달하는 운동 뉴런이다.

보기

ㄱ. ㉠은 구심성 뉴런이다.
➡ ㉠, ㉡, ㉢은 모두 중추 신경의 명령을 반응기로 전달하는 원심성 뉴런이다. 구심성 뉴런은 감각기에서 받아들인 자극을 중추 신경계로 전달하는 뉴런으로, 예로는 감각 뉴런이 있다.

ㄴ. ㉡이 흥분하면 동공이 축소된다.
➡ ㉡은 교감 신경의 신경절 이후 뉴런으로 ㉡이 흥분하면 말단에서 노르에피네프린이 분비되어 동공이 확장된다.

ㄷ. ㉢의 말단에서 아세틸콜린이 분비된다.
➡ 운동 뉴런(㉢)의 말단에서는 아세틸콜린이 분비된다. 아세틸콜린이 분비되면 골격근의 수축이 일어난다.

적용해야 할 개념 ③가지

① 말초 신경계는 구심성 신경과 원심성 신경으로 구분한다.
　- 구심성 신경: 감각기에서 받아들인 자극을 중추 신경계로 전달한다. 예 감각 신경
　- 원심성 신경: 중추 신경계의 명령을 반응기로 전달한다. 예 체성 신경계, 자율 신경계
② 체성 신경은 중추 신경계와 반응기가 1개의 뉴런으로 연결되며, 자율 신경은 중추 신경계와 반응기가 2개의 뉴런으로 연결된다.
③ 자율 신경계에는 교감 신경과 부교감 신경이 있다.

구분	구조적 특징	신경절 이전 뉴런의 신경 세포체의 위치	신경절 이후 뉴런의 축삭돌기 말단에서 분비되는 신경 전달 물질
교감 신경	신경절 이전 뉴런이 짧고 신경절 이후 뉴런이 길다.	척수	노르에피네프린
부교감 신경	신경절 이전 뉴런이 길고 신경절 이후 뉴런이 짧다.	중간뇌, 연수, 척수	아세틸콜린

문제 보기

그림은 중추 신경계로부터 말초 신경이 심장과 다리 골격근에 연결된 경로를 나타낸 것이다.

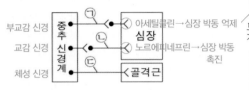

이에 대한 옳은 설명만을 〈보기〉에서 있는 대로 고른 것은?
[3점]

〈보기〉 풀이

중추 신경계로부터 심장과 다리 골격근으로 연결된 말초 신경은 모두 중추 신경의 명령을 전달하는 원심성 신경이라는 공통점이 있다. 자율 신경은 중추 신경계로부터 반응기까지 2개의 뉴런으로 연결된다. 교감 신경은 신경절 이전 뉴런이 짧고 신경절 이후 뉴런이 길며, 부교감 신경은 신경절 이전 뉴런이 길고 신경절 이후 뉴런이 짧다. 체성 신경은 중추 신경계로부터 반응기까지 하나의 뉴런으로 연결된다.

ㄱ ㉠의 신경 세포체는 뇌줄기에 있다.
➡ ㉠은 심장에 연결된 부교감 신경의 신경절 이전 뉴런으로, 신경 세포체는 연수에 있다. 연수는 중간뇌, 뇌교와 함께 뇌줄기를 구성한다.

✕ ㉡의 말단에서 심장 박동을 억제하는 신경 전달 물질이 분비된다.
➡ ㉡은 심장에 연결된 교감 신경의 신경절 이후 뉴런으로 축삭돌기 말단에서는 노르에피네프린이 분비된다. 노르에피네프린은 심장 박동을 촉진한다.

✕ ㉢은 구심성 신경이다.
➡ ㉢은 골격근에 분포하는 체성 신경이며, 중추 신경계의 명령을 전달하는 원심성 신경이다.

적용해야 할 개념 ③가지

① 척수는 뇌와 말초 신경 사이에서 정보를 전달하는 통로이며, 회피 반사, 무릎 반사 등과 같은 무조건 반사의 중추이다.
② 무릎 반사의 경로는 자극 → 감각기 → 감각 뉴런 → 척수 → 운동 뉴런 → 반응기 → 반응이다.
③ 전근은 척수의 배 쪽으로 나온 운동 신경 다발이고, 후근은 척수의 등 쪽으로 연결된 감각 신경 다발이다.

문제 보기

그림은 무릎 반사가 일어날 때 흥분 전달 경로를 나타낸 것이다.

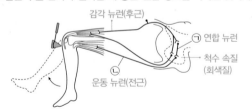

이에 대한 설명으로 옳은 것만을 〈보기〉에서 있는 대로 고른 것은?

〈보기〉 풀이

신경 세포체가 축삭 돌기 중간에 붙어 있는 것은 감각 뉴런이며, 감각 뉴런은 척수의 후근을 이룬다. ㉠은 척수 속질에 있으며, 감각 뉴런과 운동 뉴런 사이에서 흥분을 중계하는 연합 뉴런이다. ㉡은 중추 신경의 운동 명령을 골격근으로 전달하는 운동 뉴런이며, 척수의 전근을 이룬다.
무릎 아래를 고무망치로 치면 자극은 감각 뉴런 → 척수(연합 뉴런) → 운동 뉴런으로 전달되어 자신도 모르게 다리를 들었다 내리는 무릎 반사가 나타난다.

ㄱ ㉠은 연합 뉴런이다.
➡ ㉠은 중추 신경계인 척수에 있으며, 감각 뉴런을 통해 전달된 정보를 통합하여 운동 뉴런에 명령을 전달하는 연합 뉴런이다.

✕ ㉡은 후근을 통해 나온다.
➡ ㉡은 다리의 근육에 분포하는 운동 뉴런이며, 척수의 전근을 통해 나온다. 후근으로는 감각 뉴런이 연결된다.

ㄷ 이 반사의 조절 중추는 척수이다.
➡ 무릎 반사는 척수가 중추가 되어 일어나는 무조건 반사로, 대뇌가 관여하지 않아 무의식적으로 일어난다.

15 무릎 반사 2022학년도 9월 모평 2번 · 정답 ① | 정답률 67%

적용해야 할 개념 ②가지

① 말초 신경계는 기능에 따라 감각기에서 받아들인 자극을 중추 신경계로 전달하는 구심성 뉴런과 중추 신경계의 명령을 반응기로 전달하는 원심성 뉴런으로 구분한다.

구심성 뉴런		감각기에서 받아들인 자극을 중추 신경계로 전달한다. 예) 감각 신경
원심성 뉴런		중추 신경계의 명령을 반응기로 전달한다.
	체성 신경계	중추 신경계의 명령을 골격근으로 전달한다. 예) 운동 신경
	자율 신경계	중추 신경계의 명령을 내장 기관, 혈관, 내분비샘으로 전달한다. 예) 교감 신경, 부교감 신경

② 뇌줄기는 생명 유지에 중요한 역할을 하는 뇌 부분으로, 중간뇌, 뇌교, 연수로 구성된다.

문제 보기

그림은 무릎 반사가 일어날 때 흥분 전달 경로를 나타낸 것이다. A와 B는 감각 뉴런과 운동 뉴런을 순서 없이 나타낸 것이다.

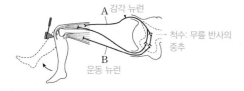

이에 대한 설명으로 옳은 것만을 〈보기〉에서 있는 대로 고른 것은?

보기

〈보기〉 풀이

ㄱ. **A는 감각 뉴런이다.**
➡ A는 신경 세포체가 뉴런의 축삭 돌기의 한쪽 옆에 붙어 있으므로 감각 뉴런이다.

ㄴ. **B는 자율 신경계에 속한다.**
➡ B는 신경 세포체가 척수에 있으며 반응기인 다리의 근육에 연결되어 운동 명령을 전달하는 운동 뉴런으로, 체성 신경계에 속한다. 자율 신경은 중추에서 반응기까지 2개의 뉴런으로 연결되어 시냅스가 있는 데 비해 B는 중추에서 반응기까지 하나의 뉴런으로 연결된다는 차이점이 있다.

ㄷ. **이 반사의 중추는 뇌줄기를 구성한다.**
➡ 무릎 반사의 중추는 척수이고, 척수는 뇌줄기를 구성하지 않는다. 뇌줄기는 중간뇌, 뇌교, 연수로 구성된다.

16 척수 반사와 신경계의 구분 2020학년도 4월 학평 6번 · 정답 ⑤ | 정답률 80%

적용해야 할 개념 ④가지

① 연합 뉴런은 중추 신경계를 구성하며, 구심성 뉴런에서 온 정보를 통합하여 반응 명령을 내리는 데 관여한다.
② 구심성 뉴런은 감각 기관에서 받아들인 자극을 중추 신경계로 전달하는 뉴런이다. 예) 감각 뉴런
③ 원심성 뉴런은 중추 신경계에서 내린 반응 명령을 반응기로 전달하는 뉴런이다. 예) 운동 뉴런
④ 운동 뉴런의 축삭 돌기 말단에서 분비되는 신경 전달 물질은 아세틸콜린이다.

문제 보기

그림은 사람에서 자극에 의한 반사가 일어날 때 흥분 전달 경로를 나타낸 것이다.

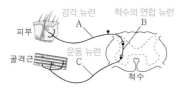

이에 대한 설명으로 옳은 것만을 〈보기〉에서 있는 대로 고른 것은? [3점]

보기

〈보기〉 풀이

ㄱ. **A는 구심성 뉴런이다.**
➡ A는 신경 세포체가 축삭 돌기의 한쪽 옆에 붙어 있으므로 감각 뉴런이다. A는 감각기인 피부를 통해 받아들인 자극을 중추 신경계인 척수로 전달하는 구심성 뉴런이다.

ㄴ. **B는 연합 뉴런이다.**
➡ B는 중추 신경인 척수에 있으면서 감각 뉴런(A)과 운동 뉴런(C) 사이에 흥분을 중개하는 연합 뉴런이다.

ㄷ. **C의 축삭 돌기 말단에서 분비되는 신경 전달 물질은 아세틸콜린이다.**
➡ C는 척수에서 뻗어 나와 근육에 분포한 운동 뉴런으로, 중추 신경계인 척수의 명령을 반응기인 골격근으로 전달하는 원심성 뉴런이다. 골격근에 연결된 운동 뉴런의 축삭 돌기 말단에서 아세틸콜린이 분비되어 골격근의 수축을 일으킨다.

17	**무릎 반사 경로와 말초 신경계의 구분** 2022학년도 10월 학평 13번	정답 ①	정답률 59 %

적용해야 할 개념 ③가지

① 말초 신경계는 감각기에서 받아들인 자극을 중추 신경계로 전달하는 구심성 뉴런(감각 신경 등)과 중추 신경계의 명령을 반응기에 전달하는 원심성 뉴런으로 구성되며, 원심성 뉴런에는 체성 신경계(운동 신경)와 자율 신경계(교감신경, 부교감신경)가 있다.

② 체성 신경계는 중추 신경계의 운동 명령을 골격근에 전달하며, 중추 신경계와 반응기 사이가 하나의 뉴런으로 연결된다.

③ 척수에서는 배 쪽으로 운동 신경 다발이 나와 전근을 이루고, 등 쪽으로 감각 신경 다발이 들어가 후근을 이룬다.

문제 보기

그림은 무릎 반사가 일어날 때 흥분 전달 경로를 나타낸 것이다.

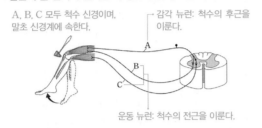

A, B, C 모두 척수 신경이며, 말초 신경계에 속한다.

감각 뉴런: 척수의 후근을 이룬다.

운동 뉴런: 척수의 전근을 이룬다.

이에 대한 옳은 설명만을 〈보기〉에서 있는 대로 고른 것은?

〈보기〉 풀이

ㄱ. **A와 B는 모두 척수 신경이다.**
➡ A는 감각 뉴런이고, B와 C는 운동 뉴런이다. A, B, C는 모두 척수에 연결된 척수 신경이며, 말초 신경계에 속한다.

ㄴ. **B는 자율 신경계에 속한다.**
➡ B는 중추로부터 반응기인 다리 골격근까지 하나의 뉴런으로 연결되어 있으므로 중추의 명령을 전달하는 운동 뉴런이며 체성 신경계에 속한다. 자율 신경계는 중추로부터 내장이나 분비샘과 같은 반응기까지 2개의 뉴런으로 연결된다.

ㄷ. **C는 후근을 이룬다.**
➡ C는 운동 뉴런이며, 척수로부터 배 쪽으로 나와 전근을 이룬다.

18	**척수 반사와 말초 신경계의 구분** 2023학년도 수능 5번	정답 ④	정답률 89 %

적용해야 할 개념 ③가지

① 척수는 뇌와 말초 신경 사이에서 정보를 전달하는 통로이며, 회피 반사, 무릎 반사 등과 같은 무조건 반사의 중추이다.

② 회피 반사의 경로는 자극 → 감각기 → 감각 뉴런 → 척수 → 운동 뉴런 → 반응기 → 반응이다.

③ 전근은 척수의 배 쪽으로 나온 운동 신경 다발로 운동 뉴런이 지나가고, 후근은 척수의 등 쪽으로 연결된 감각 신경 다발로 감각 뉴런이 지나간다.

문제 보기

그림은 자극에 의한 반사가 일어날 때 흥분 전달 경로를 나타낸 것이다.

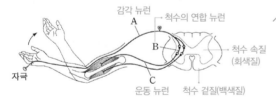

감각 뉴런

척수의 연합 뉴런

척수 속질 (회색질)

자극

운동 뉴런   척수 겉질(백색질)

이에 대한 설명으로 옳은 것만을 〈보기〉에서 있는 대로 고른 것은?

〈보기〉 풀이

제시된 자료는 손이 날카로운 것에 찔렸을 때 자신도 모르게 손을 떼는 무조건 반사를 나타낸 것으로, 반사의 중추는 척수이다.

ㄱ. **A는 운동 뉴런이다.**
➡ A는 신경 세포체가 축삭 돌기 중간에 붙어 있으므로 감각 뉴런이며, 척수의 후근을 이룬다.

ㄴ. **C의 신경 세포체는 척수에 있다.**
➡ C는 중추 신경계의 명령을 팔의 근육에 전달하는 운동 뉴런이다. 이 뉴런의 신경 세포체는 척수의 속질(회색질)에 있으며, 연합 뉴런(B)과 시냅스를 이루고 있다.

ㄷ. **이 반사 과정에서 A에서 B로 흥분의 전달이 일어난다.**
➡ 손이 날카로운 물체에 찔리면 이 자극이 감각 뉴런(A)을 흥분시켜 축삭 돌기 말단에서 신경 전달 물질이 분비되어 연합 뉴런(B)에 흥분이 전달된다. B에 흥분이 전달되면 B의 축삭 돌기 말단에서 신경 전달 물질이 분비되어 운동 뉴런(C)에 흥분이 전달되고, C의 축삭 돌기 말단에서 분비된 신경 전달 물질에 의해 팔의 근육이 수축하여 손을 떼는 반응이 일어난다. 즉, 이 반사 과정에서 흥분의 전달은 A → B → C로 일어난다.

적용해야 할 개념 ③가지

① 뇌의 구조와 기능

대뇌	감각과 운동의 중추, 고등한 정신 활동의 중추로 대뇌의 기능은 겉질에 있다.
간뇌	시상과 시상하부로 구성되며, 항상성 유지의 중추이다.
중간뇌	안구 운동과 홍채 운동을 조절하고, 동공 반사의 중추이다.
뇌교	대뇌와 소뇌 사이의 정보를 전달하는 통로이다.
연수	호흡 운동, 심장 박동, 소화 운동 등의 중추이다.
소뇌	대뇌와 함께 수의 운동을 조절하며, 몸의 평형 유지를 담당한다.

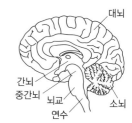

② 뇌줄기는 생명 유지에 중요한 역할을 하는 뇌 부분으로, 중간뇌, 뇌교, 연수를 합쳐서 부르는 명칭이다.

③ 교감 신경의 신경절 이전 뉴런의 신경 세포체는 척수에 있다. 부교감 신경의 신경절 이전 뉴런의 신경 세포체는 눈에 분포하는 것은 중간뇌, 심장 박동과 호흡 운동을 조절하는 것은 연수, 방광에 분포하는 것은 척수에 있다.

문제 보기

표는 사람의 중추 신경계에 속하는 구조 A~C에서 특징의 유무를 나타낸 것이다. A~C는 간뇌, 소뇌, 연수를 순서 없이 나타낸 것이다.

특징＼구조	A (연수)	B (간뇌)	C (소뇌)
시상 하부가 있다.	×	○	×
뇌줄기를 구성한다.	○	?×	ⓐ×
(가)	○	×	×

└─ 중간뇌, 뇌교, 연수   (○: 있음, ×: 없음)

이에 대한 설명으로 옳은 것만을 〈보기〉에서 있는 대로 고른 것은?

〈보기〉 풀이

간뇌는 시상과 시상 하부로 구분하고, 뇌줄기는 중간뇌, 뇌교, 연수로 구성된다. 따라서 B는 시상 하부가 있으므로 간뇌이고, A는 뇌줄기를 구성하는 연수이며, C는 소뇌이다.

✗ ⓐ는 '○'이다.

➡ 뇌줄기는 생명 유지에 중요한 역할을 하는 뇌 부분으로, 중간뇌, 뇌교, 연수로 구성된다. 소뇌 (C)는 뇌줄기를 구성하는 부분이 아니므로 ⓐ는 '×'이다.

ㄴ B는 간뇌이다.

➡ B는 시상 하부가 있으므로 간뇌이다.

ㄷ '심장 박동을 조절하는 부교감 신경의 신경절 이전 뉴런의 신경 세포체가 있다.'는 (가)에 해당한다.

➡ (가)는 연수(A)에는 있는 특징이지만 간뇌(B)와 소뇌(C)에는 없는 특징이다. 심장 박동을 조절하는 부교감 신경의 신경절 이전 뉴런의 신경 세포체는 연수(A)에 있으므로 '심장 박동을 조절하는 부교감 신경의 신경절 이전 뉴런의 신경 세포체가 있다.'는 (가)에 해당한다.

9 일차

| 01 ⑤ | 02 ① | 03 ③ | 04 ① | 05 ① | 06 ③ | 07 ② | 08 ④ | 09 ⑤ | 10 ④ | 11 ① | 12 ② |
| 13 ③ | 14 ③ | 15 ② | 16 ① | 17 ③ | 18 ③ | 19 ③ | | | | | |

문제편 099쪽~103쪽

01 | 자율 신경계 2024학년도 수능 7번

정답 ⑤ | 정답률 71 %

적용해야 할 개념 ③가지

① 교감 신경의 신경절 이전 뉴런의 신경 세포체는 척수에 있고, 부교감 신경의 신경절 이전 뉴런의 신경 세포체는 중간뇌, 연수, 척수에 있다.
② 뇌줄기는 생명 유지에 중요한 역할을 하는 뇌 부분으로, 중간뇌, 뇌교, 연수를 합쳐서 부르는 명칭이다.
③ 교감 신경의 신경절 이후 뉴런의 말단에서는 노르에피네프린이, 부교감 신경의 신경절 이후 뉴런의 말단에서는 아세틸콜린이 분비된다.

문제 보기

표는 사람의 자율 신경 Ⅰ～Ⅲ의 특징을 나타낸 것이다. (가)와 (나)는 척수와 뇌줄기를 순서 없이 나타낸 것이고, ㉠은 아세틸콜린과 노르에피네프린 중 하나이다.

자율 신경	신경절 이전 뉴런의 신경 세포체 위치	신경절 이후 뉴런의 축삭 돌기 말단에서 분비되는 신경 전달 물질	연결된 기관
Ⅰ 부교감 신경	(가) 뇌줄기	아세틸콜린	위
Ⅱ 부교감 신경	(가) 뇌줄기	㉠ 아세틸콜린	심장
Ⅲ 부교감 신경	(나) 척수	㉠ 아세틸콜린	방광

이에 대한 설명으로 옳은 것만을 〈보기〉에서 있는 대로 고른 것은? [3점]

〈보기〉 풀이

자율 신경은 중추 신경계에서 반응기까지 2개의 뉴런으로 되어 있다. 교감 신경은 신경절 이전 뉴런의 신경 세포체가 척수에 있으며, 신경절 이후 뉴런의 축삭 돌기 말단에서 노르에피네프린이 분비된다. 부교감 신경은 신경절 이전 뉴런의 신경 세포체가 중간뇌, 연수, 척수에 있으며, 신경절 이후 뉴런의 축삭 돌기 말단에서 아세틸콜린이 분비된다.

ㄱ **(가)는 뇌줄기이다.**

➡ 자율 신경 Ⅰ은 신경절 이후 뉴런의 축삭 돌기 말단에서 아세틸콜린이 분비되므로 부교감 신경이다. 위에 연결된 부교감 신경의 신경절 이전 뉴런의 신경 세포체는 연수에 있으며, 연수는 뇌줄기에 속한다. 따라서 (가)는 뇌줄기이다.

✗ **㉠은 노르에피네프린이다.**

➡ (가)가 뇌줄기이므로 자율 신경 Ⅱ도 부교감 신경이다. 따라서 Ⅱ(부교감 신경)의 신경절 이후 뉴런의 축삭 돌기 말단에서 분비되는 신경 전달 물 질 ㉠은 아세틸콜린이다.

ㄷ **Ⅲ은 부교감 신경이다.**

➡ 자율 신경 Ⅲ의 신경절 이후 뉴런의 축삭 돌기 말단에서 분비되는 신경 전달 물질 ㉠은 아세틸콜린이므로 Ⅲ은 부교감 신경이다. 방광에 분포하는 부교감 신경의 신경절 이전 뉴런의 신경 세포체는 (나) 척수에 있다.

02 자율 신경의 분포 2021학년도 6월 모평 3번

정답 ① | 정답률 66 %

적용해야 할 개념 ②가지

① 자율 신경은 중추 신경계와 반응기가 2개의 뉴런으로 연결된다. 교감 신경은 신경절 이전 뉴런이 짧고 신경절 이후 뉴런이 길며, 부교감 신경은 신경절 이전 뉴런이 길고 신경절 이후 뉴런이 짧다.

② 교감 신경은 심장 박동과 호흡 운동 촉진, 위 운동과 소화액 분비 억제, 방광 확장의 작용을 하며, 부교감 신경은 심장 박동과 호흡 운동 억제, 위 운동과 소화액 분비 촉진, 방광 수축의 작용을 한다.

문제 보기

그림은 중추 신경계로부터 자율 신경을 통해 심장과 위에 연결된 경로를, 표는 ㉠이 심장에, ㉡이 위에 각각 작용할 때 나타나는 기관의 반응을 나타낸 것이다. ⓐ는 '억제됨'과 '촉진됨' 중 하나이다.

기관	반응
심장	심장 박동 촉진됨
위	소화 작용 (ⓐ)

촉진됨

이에 대한 설명으로 옳은 것만을 〈보기〉에서 있는 대로 고른 것은? [3점]

〈보기〉 풀이

자율 신경 중 교감 신경은 척수의 가운데 부분에서 뻗어 나와 내장 기관과 분비샘 등에 분포하고, 부교감 신경은 중간뇌, 연수, 척수의 끝부분에서 뻗어 나와 교감 신경과 같은 기관에 분포하여 길항적으로 작용한다.

보기

ㄱ. ㉠은 신경절 이전 뉴런이 신경절 이후 뉴런보다 짧다.

➡ 교감 신경과 부교감 신경은 자율 신경에 속하며, 자율 신경은 중추에서 반응기에 이르기까지 신경절을 거친다. 교감 신경(㉠)은 신경절 이전 뉴런이 짧고 신경절 이후 뉴런이 길며, 부교감 신경(㉡)은 신경절 이전 뉴런이 길고 신경절 이후 뉴런이 짧다.

✗ ㉡은 감각 신경이다.

➡ 교감 신경(㉠)과 부교감 신경(㉡)은 모두 중추 신경계의 명령을 반응기로 전달하는 원심성 뉴런으로 구성되므로 감각 신경이 아니다.

✗ ⓐ는 '억제됨'이다.

➡ 부교감 신경(㉡)은 위의 소화 운동과 위액 분비를 촉진하여 위에서의 소화 작용을 촉진한다. 따라서 ⓐ는 '촉진됨'이다.

---

03 자율 신경계와 동공 반사 조절 2023학년도 3월 학평 8번

정답 ③ | 정답률 64 %

적용해야 할 개념 ④가지

① 교감 신경은 신경절 이전 뉴런이 신경절 이후 뉴런보다 짧고, 부교감 신경은 신경절 이전 뉴런이 신경절 이후 뉴런보다 길다.

② 교감 신경의 신경절 이전 뉴런, 부교감 신경의 신경절 이전 뉴런과 신경절 이후 뉴런의 말단에서는 아세틸콜린이 분비된다. 교감 신경의 신경절 이후 뉴런의 말단에서는 노르에피네프린이 분비된다.

③ 눈(홍채)에 분포하는 부교감 신경은 중간뇌에서, 교감 신경은 척수에서 뻗어 나온다. 부교감 신경이 흥분하면 동공이 작아지고, 교감 신경이 흥분하면 동공이 커진다.

④ 뇌줄기는 생명 유지에 중요한 역할을 하는 뇌 부분으로 중간뇌, 뇌교, 연수를 합쳐서 부르는 명칭이다.

문제 보기

그림은 사람의 중추 신경계와 홍채가 자율 신경으로 연결된 경로를 나타낸 것이다.

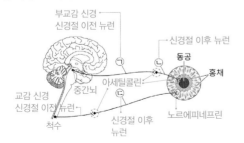

이에 대한 옳은 설명만을 〈보기〉에서 있는 대로 고른 것은?

〈보기〉 풀이

자율 신경은 중추로부터 반응기까지 2개의 뉴런으로 연결된다. 교감 신경은 신경절 이전 뉴런이 신경절 이후 뉴런보다 짧고, 부교감 신경은 신경절 이전 뉴런이 신경절 이후 뉴런보다 길다. 교감 신경이 흥분하면 동공이 커지고, 부교감 신경이 흥분하면 동공이 작아진다.

보기

ㄱ. ㉠의 신경 세포체는 뇌줄기에 있다.

➡ ㉠은 부교감 신경의 신경절 이전 뉴런이고, ㉡은 부교감 신경의 신경절 이후 뉴런이다. 동공 반사에 관여하는 부교감 신경의 신경절 이전 뉴런 ㉠의 신경 세포체는 중간뇌에 있다. 중간뇌는 뇌교, 연수와 함께 뇌줄기에 속한다.

ㄴ. ㉠과 ㉡의 말단에서 분비되는 신경 전달 물질은 같다.

➡ 부교감 신경의 신경절 이전 뉴런 ㉠과 신경절 이후 뉴런 ㉡의 말단에서 분비되는 물질은 아세틸콜린으로 같다.

✗ ㉢의 활동 전위 발생 빈도가 증가하면 동공이 작아진다.

➡ ㉢은 교감 신경의 신경절 이후 뉴런으로 말단에서 노르에피네프린이 분비된다. 교감 신경을 구성하는 ㉢의 활동 전위 발생 빈도가 증가하면 동공이 커진다.

적용해야 할 개념 ③가지

① 눈에 분포하는 자율 신경 중 교감 신경은 척수의 가운데 부분에서 뻗어 나오고, 부교감 신경은 중간뇌에서 뻗어 나온다.

② 교감 신경과 부교감 신경의 신경절 이전 뉴런의 말단, 부교감 신경의 신경절 이후 뉴런의 말단에서는 아세틸콜린이 분비되고, 교감 신경의 신경절 이후 뉴런의 말단에서는 노르에피네프린이 분비된다.

③ 홍채에 분포한 교감 신경이 흥분하면 동공이 확대되고, 부교감 신경이 흥분하면 동공이 축소된다.

문제 보기

그림 (가)는 동공의 크기 조절에 관여하는 교감 신경과 부교감 신경이 중추 신경계에 연결된 경로를, (나)는 빛의 세기에 따른 동공의 크기를 나타낸 것이다. ⓐ와 ⓑ에 각각 하나의 신경절이 있으며, ㉠과 ㉣의 말단에서 분비되는 신경 전달 물질은 같다.

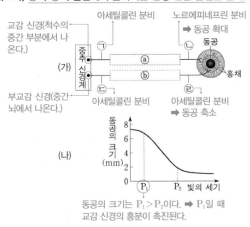

이에 대한 설명으로 옳은 것만을 〈보기〉에서 있는 대로 고른 것은?

〈보기〉 풀이

교감 신경과 부교감 신경의 신경절 이전 뉴런의 말단과 부교감 신경의 신경절 이후 뉴런의 말단에서는 아세틸콜린이 분비된다. 신경절 이전 뉴런인 ㉠과 신경절 이후 뉴런인 ㉣의 말단에서 분비되는 신경 전달 물질이 같다고 했으므로 이 물질은 아세틸콜린이고, ㉠은 교감 신경의 신경절 이전 뉴런, ㉣은 부교감 신경의 신경절 이후 뉴런이다.

㉠ ㉠의 신경 세포체는 척수의 회색질에 있다.

➡ 교감 신경은 척수의 가운데 부분에서 뻗어 나오며, 신경 세포체는 척수의 안쪽 부분인 회색질에 모여 있다. 따라서 교감 신경의 신경절 이전 뉴런 ㉠의 신경 세포체는 척수의 회색질에 있다.

㉡ ㉡의 말단에서 분비되는 신경 전달 물질의 양은 P_2일 때가 P_1일 때보다 많다.

➡ 빛의 세기가 강할수록 교감 신경의 흥분은 억제되고 부교감 신경의 흥분이 촉진되어 동공이 축소된다. (나)에서 P_2일 때가 P_1일 때보다 동공의 크기가 작으므로, 교감 신경의 신경절 이후 뉴런 ㉡의 말단에서 분비되는 신경 전달 물질(노르에피네프린)의 양은 P_2일 때가 P_1일 때보다 적다.

㉢ ㉣의 말단에서 분비되는 신경 전달 물질은 노르에피네프린이다.

➡ 부교감 신경의 신경절 이후 뉴런 ㉣의 말단에서 분비되는 신경 전달 물질은 아세틸콜린이다.

적용해야 할 개념 ③가지

① 중간뇌는 간뇌의 아래에 있으며 안구 운동과 동공 반사의 중추이고, 연수는 뇌교 아래에 있으며 심장 박동과 호흡 운동의 조절 중추이다.

② 자율 신경은 중추 신경계와 반응기가 2개의 뉴런으로 연결된다. 교감 신경은 신경절 이전 뉴런이 짧고 신경절 이후 뉴런이 길며, 부교감 신경은 신경절 이전 뉴런이 길고 신경절 이후 뉴런이 짧다.

③ 교감 신경은 척수의 가운데 부분에서 뻗어 나오고, 부교감 신경은 중간뇌, 연수, 척수의 끝부분에서 뻗어 나온다.

문제 보기

그림은 사람에서 중추 신경계와 심장이 자율 신경으로 연결된 모습의 일부를 나타낸 것이다. A와 B는 각각 연수와 중간뇌 중 하나이고, ㉠과 ㉡ 중 한 부위에 신경절이 있다.

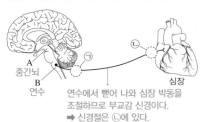

이에 대한 옳은 설명만을 〈보기〉에서 있는 대로 고른 것은?

〈보기〉 풀이

㉠ A는 동공 반사의 중추이다.

➡ A는 간뇌 아래에 있는 중간뇌이다. 중간뇌(A)는 안구 운동과 동공 반사의 중추이다.

㉡ B는 중간뇌이다.

➡ B는 뇌교 아래에 있으며 척수와 연결되는 연수이다. 연수(B)는 심장 박동과 호흡 운동의 조절 중추이다.

㉢ ㉠에 신경절이 있다.

➡ 심장에 분포하는 교감 신경은 척수에서 뻗어 나오고, 부교감 신경은 연수에서 뻗어 나온다. 그림에 제시된 자율 신경은 신경 세포체가 연수에 있으므로 부교감 신경이고, 부교감 신경은 신경절 이전 뉴런이 길고 신경절 이후 뉴런이 짧으므로 ㉡에 신경절이 있다.

06 뇌의 구조와 자율 신경계 2020학년도 7월 학평 16번

정답 ③ | 정답률 64 %

적용해야 할 개념 ④가지

① 대뇌의 겉질은 신경 세포체가 모여 있는 회색질이고, 속질은 축삭 돌기가 모여 있는 백색질이다.
② 연수에서는 부교감 신경이 나와 심장, 기관지, 위와 소장 같은 소화관 및 소화샘에 분포한다.
③ 자율 신경은 중추 신경계와 반응기가 2개의 뉴런으로 연결된다. 교감 신경은 신경절 이전 뉴런이 짧고 신경절 이후 뉴런이 길며, 부교감 신경은 신경절 이전 뉴런이 길고 신경절 이후 뉴런이 짧다.
④ 교감 신경이 흥분하면 심장 박동이 촉진되고, 부교감 신경이 흥분하면 심장 박동이 억제된다.

문제 보기

그림 (가)는 중추 신경계의 구조를, (나)는 중추 신경계와 심장이 자율 신경으로 연결된 모습을 나타낸 것이다. A~C는 각각 척수, 연수, 대뇌 중 하나이다.

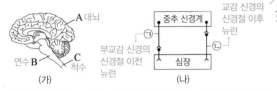

(가) A 대뇌 / 연수 B / C 척수
(나) 중추 신경계 / ㉠ 부교감 신경의 신경절 이전 뉴런 / 심장 / ㉡ 교감 신경의 신경절 이후 뉴런 / 보기

이에 대한 설명으로 옳은 것만을 〈보기〉에서 있는 대로 고른 것은?

〈보기〉 풀이

A는 대뇌, B는 연수, C는 척수이다. ㉠은 신경절 이전 뉴런이 길고 신경절 이후 뉴런이 짧은 부교감 신경의 신경절 이전 뉴런이고, ㉡은 신경절 이전 뉴런이 짧고 신경절 이후 뉴런이 긴 교감 신경의 신경절 이후 뉴런이다.

ㄱ. **A의 겉질은 회색질이다.**
➡ A는 대뇌이며, 대뇌의 겉질은 신경 세포체가 모여 있는 회색질이다.

✗ **㉠의 신경 세포체는 C에 존재한다.**
➡ 심장 박동을 조절하는 중추는 연수(B)이며, 이곳에서 심장 박동을 조절하는 부교감 신경이 뻗어 나온다. 따라서 부교감 신경의 신경절 이전 뉴런 ㉠의 신경 세포체는 연수(B)에 존재한다.

ㄷ. **㉡에서 흥분 발생 빈도가 증가하면 심장 박동이 촉진된다.**
➡ 교감 신경의 신경절 이후 뉴런 ㉡에서 흥분 발생 빈도가 증가하면 축삭 돌기 말단에서 노르에피네프린의 분비가 증가하여 심장 박동이 촉진된다.

07 중추 신경계와 자율 신경 2020학년도 10월 학평 5번

정답 ② | 정답률 76 %

적용해야 할 개념 ④가지

① 심장에 분포하는 교감 신경은 척수에서 뻗어 나오고, 부교감 신경은 연수에서 뻗어 나온다.
② 교감 신경과 부교감 신경의 신경절 이전 뉴런의 말단, 부교감 신경의 신경절 이후 뉴런의 말단에서는 아세틸콜린이 분비되고, 교감 신경의 신경절 이후 뉴런의 말단에서는 노르에피네프린이 분비된다.
③ 뇌줄기는 생명 유지에 중요한 역할을 하는 뇌 부분으로 중간뇌, 뇌교, 연수로 구성된다.
④ 대뇌는 겉질이 회색질이고 속질은 백색질이며, 척수는 겉질이 백색질이고 속질은 회색질이다.

문제 보기

그림은 사람의 중추 신경계와 심장을 연결하는 자율 신경을 나타낸 것이다. ㉠과 ㉡은 각각 연수와 척수 중 하나이다.

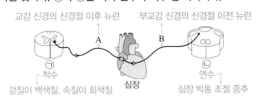

교감 신경의 신경절 이후 뉴런 / 부교감 신경의 신경절 이전 뉴런 / A / B / ㉠ 척수 / 겉질이 백색질, 속질이 회색질 / 심장 / ㉡ 연수 / 심장 박동 조절 중추 / 보기

이에 대한 옳은 설명만을 〈보기〉에서 있는 대로 고른 것은?

〈보기〉 풀이

A는 신경절 이전 뉴런이 짧고 신경절 이후 뉴런이 긴 교감 신경의 신경절 이후 뉴런이다. B는 신경절 이전 뉴런이 길고 신경절 이후 뉴런이 짧은 부교감 신경의 신경절 이전 뉴런이다.

✗ **㉠의 속질은 백색질이다.**
➡ 심장에 분포하는 교감 신경(A)은 척수의 가운데 부분에서 뻗어 나오므로 ㉠은 척수이다. 척수의 속질은 신경 세포체가 모여 있는 회색질이고, 겉질은 축삭 돌기가 모여 있는 백색질이다.

ㄴ. **㉡은 뇌줄기를 구성한다.**
➡ 심장 박동을 조절하는 중추는 연수이며, 이곳에서 심장 박동을 조절하는 부교감 신경(B)이 뻗어 나오므로 ㉡은 연수이다. 연수(㉡)는 중간뇌, 뇌교와 함께 생명 유지에 중요한 역할을 하는 뇌줄기를 구성한다.

✗ **뉴런 A와 B의 말단에서 분비되는 신경 전달 물질은 같다.**
➡ A는 교감 신경의 신경절 이후 뉴런이므로 말단에서 노르에피네프린이 분비된다. B는 부교감 신경의 신경절 이전 뉴런이므로 말단에서 아세틸콜린이 분비된다. 따라서 뉴런 A와 B의 말단에서 분비되는 신경 전달 물질은 다르다.

08 뇌의 구조와 자율 신경계 2024학년도 9월 모평 5번

정답 ④ | 정답률 83%

적용해야 할 개념 ③가지

① 안구 운동과 동공 반사의 중추는 중간뇌이다.

② 자율 신경 중 교감 신경은 척수의 가운데 부분에서, 부교감 신경은 중간뇌, 연수, 척수의 끝부분에서 뻗어 나온다.

③ 교감 신경은 신경절 이전 뉴런이 신경절 이후 뉴런보다 짧고, 부교감 신경은 신경절 이전 뉴런이 신경절 이후 뉴런보다 길다.

문제 보기

그림은 동공의 크기 조절에 관여하는 자율 신경 X가 중추 신경계에 연결된 경로를 나타낸 것이다. A~C는 대뇌, 연수, 중간뇌를 순서 없이 나타낸 것이고, ⊙에 하나의 신경절이 있다.

이에 대한 설명으로 옳은 것만을 〈보기〉에서 있는 대로 고른 것은?

〈보기〉 풀이

A는 대뇌, B는 중간뇌, C는 연수이다. 자율 신경 X는 중간뇌에서 뻗어 나와 눈에 분포하므로 부교감 신경이다.

보기

✗ **X는 신경절 이전 뉴런이 신경절 이후 뉴런보다 짧다.**

➡ 자율 신경 중 교감 신경의 신경절 이전 뉴런의 신경 세포체는 모두 척수에 있고, 부교감 신경의 신경절 이전 뉴런의 신경 세포체는 중간뇌, 연수, 척수에 있다. X는 신경절 이전 뉴런의 신경 세포체가 중간뇌에 있으므로 부교감 신경이다. 부교감 신경은 신경절 이전 뉴런이 신경절 이후 뉴런보다 길다.

ㄴ. **A의 겉질은 회색질이다.**

➡ A는 대뇌이다. 대뇌의 겉질은 신경 세포체가 모인 회색질이고, 속질은 축삭 돌기가 모인 백색질이다.

ㄷ. **B와 C는 모두 뇌줄기에 속한다.**

➡ 뇌줄기는 생명 유지에 중요한 역할을 하는 뇌 부분으로, 중간뇌, 뇌교, 연수를 합쳐서 부르는 명칭이다. 따라서 B(중간뇌)와 C(연수)는 모두 뇌줄기에 속한다.

---

09 자율 신경계의 구조와 기능 2025학년도 6월 모평 7번

정답 ⑤ | 정답률 75%

적용해야 할 개념 ③가지

① 자율 신경은 말초 신경계에 속하며, 중추 신경계와 반응기가 2개의 뉴런으로 연결된다. 교감 신경은 신경절 이전 뉴런이 짧고 신경절 이후 뉴런이 길며, 부교감 신경은 신경절 이전 뉴런이 길고 신경절 이후 뉴런이 짧다.

② 교감 신경의 신경절 이후 뉴런의 축삭 돌기 말단에서는 노르에피네프린이 분비되고, 부교감 신경의 신경절 이후 뉴런의 축삭 돌기 말단에서는 아세틸콜린이 분비된다.

③ 교감 신경의 신경절 이전 뉴런의 신경 세포체는 척수에 있다. 부교감 신경의 신경절 이전 뉴런의 신경 세포체는 중간뇌, 연수, 척수에 있다. 방광에 분포하는 교감 신경과 부교감 신경의 신경절 이전 뉴런의 신경 세포체는 모두 척수에 있다.

문제 보기

그림은 중추 신경계로부터 자율 신경 A와 B가 방광에 연결된 경로를, 표는 A와 B가 각각 방광에 작용할 때의 반응을 나타낸 것이다.

척수: 방광에 분포하는 교감 신경과 부교감 신경은 모두 척수에서 뻗어나온다.

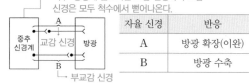

자율 신경	반응
A	방광 확장(이완)
B	방광 수축

이에 대한 설명으로 옳은 것만을 〈보기〉에서 있는 대로 고른 것은? [3점]

〈보기〉 풀이

ㄱ. **A의 신경절 이후 뉴런의 축삭 돌기 말단에서 노르에피네프린이 분비된다.**

➡ A는 신경절 이전 뉴런이 짧고 신경절 이후 뉴런이 길므로 교감 신경이고, B는 신경절 이전 뉴런이 길고 신경절 이후 뉴런이 짧으므로 부교감 신경이다. 교감 신경(A)의 신경절 이후 뉴런의 축삭 돌기 말단에서는 노르에피네프린이 분비되고, 부교감 신경(B)의 신경절 이후 뉴런의 축삭 돌기 말단에서는 아세틸콜린이 분비된다.

보기

ㄴ. **B의 신경절 이전 뉴런의 신경 세포체는 척수에 있다.**

➡ 방광에 분포하는 교감 신경과 부교감 신경의 신경절 이전 뉴런의 신경 세포체는 모두 척수에 있다.

ㄷ. **A와 B는 모두 말초 신경계에 속한다.**

➡ A와 B는 자율 신경으로 모두 말초 신경계에 속한다.

10 중추 신경계와 자율 신경 2024학년도 7월 학평 2번

적용해야 할 개념 ②가지

① 뇌줄기는 생명 유지에 중요한 역할을 하는 뇌 부분으로, 중간뇌, 뇌교, 연수로 구성된다.

② 자율 신경은 중추 신경계의 조절을 받는 말초 신경계에 속하며, 중추 신경으로부터 반응기까지 2개의 뉴런으로 연결된다.

구분	구조적 특징	축삭돌기 말단에서 분비되는 신경 전달 물질		신경절 이전 뉴런의 신경 세포체가 있는 중추 신경
		신경절 이전 뉴런	신경절 이후 뉴런	
교감 신경	신경절 이전 뉴런이 짧고 신경절 이후 뉴런이 길다.	아세틸콜린	노르에피네프린	척수
부교감 신경	신경절 이전 뉴런이 길고 신경절 이후 뉴런이 짧다.	아세틸콜린	아세틸콜린	– 눈에 연결된 부교감 신경: 중간뇌 – 심장, 위, 소장에 연결된 부교감 신경: 연수 – 방광에 연결된 부교감 신경: 척수

문제 보기

그림 (가)는 중추 신경계의 구조를, (나)는 동공의 크기 조절에 관여하는 자율 신경이 중추 신경계에 연결된 경로를 나타낸 것이다. A와 B는 대뇌와 중간뇌를 순서 없이 나타낸 것이다.

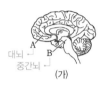

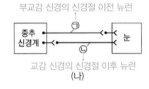

이에 대한 설명으로 옳은 것만을 〈보기〉에서 있는 대로 고른 것은?

<보기> 풀이

✘ **A는 뇌줄기를 구성한다.**

➡ A는 대뇌이고, B는 중간뇌이다. 뇌줄기는 생명 유지에 중요한 역할을 하는 뇌 부분으로 중간뇌, 뇌교, 연수로 구성된다. A(대뇌)는 뇌줄기를 구성하지 않는다.

ㄴ. **㉠의 신경 세포체는 B에 있다.**

➡ 신경절 이전 뉴런이 길고 신경절 이후 뉴런이 짧으면 부교감 신경이고, 신경절 이전 뉴런이 짧고 신경절 이후 뉴런이 길면 교감 신경이다. ㉠은 눈에 분포하는 부교감 신경의 신경절 이전 뉴런이고 신경 세포는 중간뇌(B)에 있다.

ㄷ. **㉡의 말단에서 노르에피네프린이 분비된다.**

➡ ㉡은 교감 신경의 신경절 이후 뉴런이며, ㉡이 흥분하면 축삭돌기 말단에서 노르에피네프린이 분비되어 동공이 확대된다.

---

11 자율 신경계 2022학년도 7월 학평 12번

적용해야 할 개념 ④가지

① 교감 신경은 척수의 가운데 부분에서 뻗어 나오고, 부교감 신경은 중간뇌(눈), 연수(기관지, 심장, 위), 척수의 끝부분(방광)에서 뻗어 나온다.

② 교감 신경은 신경절 이전 뉴런이 신경절 이후 뉴런보다 짧고, 부교감 신경은 신경절 이전 뉴런이 신경절 이후 뉴런보다 길다.

③ 교감 신경과 부교감 신경의 작용

구분	동공	기관지	심장 박동	호흡 운동	소화관 운동	혈당량	방광
교감 신경	확대	확장	촉진	촉진	억제	증가	확장
부교감 신경	축소	수축	억제	억제	촉진	감소	수축

④ 척수의 전근은 운동 신경 다발로, 후근은 감각 신경 다발로 되어 있다. 자율 신경은 척수의 명령을 전달하는 원심성 뉴런이므로 전근을 이룬다.

문제 보기

그림 (가)는 중추 신경계로부터 나온 자율 신경이 방광에 연결된 경로를, (나)는 뉴런 ㉠에 역치 이상의 자극을 주었을 때와 주지 않았을 때 방광의 부피를 나타낸 것이다. ㉠은 ⓑ와 ⓓ 중 하나이다.

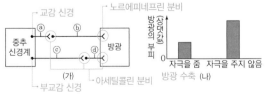

이에 대한 설명으로 옳은 것만을 〈보기〉에서 있는 대로 고른 것은?

<보기> 풀이

중추에서 방광에 연결된 자율 신경 중 신경절 이전 뉴런이 신경절 이후 뉴런보다 짧은 ⓐ와 ⓑ는 교감 신경이고, 신경절 이전 뉴런이 신경절 이후 뉴런보다 긴 ⓒ와 ⓓ는 부교감 신경이다.

ㄱ. **㉠은 ⓓ이다.**

➡ ㉠에 자극을 주었을 때 방광의 부피가 감소하였다. 즉, ㉠은 방광을 수축시키는 부교감 신경의 신경절 이후 뉴런이므로 ⓓ이다.

✘ **ⓐ는 척수의 후근을 이룬다.**

➡ 방광에 연결된 자율 신경의 신경절 이전 뉴런의 신경 세포체는 척수에 있다. 자율 신경은 척수의 명령을 반응기로 전달하는 원심성 뉴런이므로 ⓐ와 ⓒ는 척수의 전근을 이룬다. 척수의 후근은 감각기에서 받아들인 자극을 척수로 전달하는 구심성 뉴런인 감각 신경이 지나간다.

✘ **ⓑ와 ⓒ의 축삭 돌기 말단에서 분비되는 신경 전달 물질은 같다.**

➡ 교감 신경의 신경절 이후 뉴런인 ⓑ의 축삭 돌기 말단에서는 노르에피네프린이 분비되고, 부교감 신경의 신경절 이전 뉴런인 ⓒ의 축삭 돌기 말단에서는 아세틸콜린이 분비된다.

적용해야 할 개념 ③가지

① 자율 신경은 말초 신경계에 속하며 중추 신경계에서 반응기까지 2개의 뉴런으로 연결되어 있다. 교감 신경은 신경절 이전 뉴런이 신경절 이후 뉴런보다 짧고, 부교감 신경은 신경절 이전 뉴런이 신경절 이후 뉴런보다 길다.

ⓒ 교감 신경의 신경절 이전 뉴런의 말단에서는 아세틸콜린이, 신경절 이후 뉴런의 말단에서는 노르에피네프린이 분비된다. 부교감 신경의 신경절 이전 뉴런과 신경절 이후 뉴런의 말단에서는 아세틸콜린이 분비된다.

③ 교감 신경과 부교감 신경은 길항적으로 작용하는데, 교감 신경은 심장 박동을 촉진하고 부교감 신경은 심장 박동을 억제한다.

문제 보기

그림은 중추 신경계와 심장을 연결하는 자율 신경 A를, 표는 A의 특징을 나타낸 것이다. ⓐ와 ⓑ 중 하나에 신경절이 있고, ㉠은 노르에피네프린과 아세틸콜린 중 하나이다.

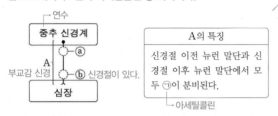

이에 대한 옳은 설명만을 〈보기〉에서 있는 대로 고른 것은?

〈보기〉 풀이

✗ ⓐ에 신경절이 있다.

➡ 자율 신경은 중추 신경계와 반응기까지 2개의 뉴런으로 연결되어 있으므로 신경절을 거친다. A는 신경절 이전 뉴런과 신경절 이후 뉴런의 말단에서 모두 같은 물질이 분비되므로 부교감 신경이다. 부교감 신경은 신경절 이전 뉴런이 신경절 이후 뉴런보다 길므로 신경절은 ⓑ에 있다.

✗ ㉠은 노르에피네프린이다.

➡ 부교감 신경의 신경절 이전 뉴런과 신경절 이후 뉴런의 말단에서 분비되는 물질 ㉠은 아세틸콜린이다. 노르에피네프린은 교감 신경의 신경절 이후 뉴런의 말단에서 분비된다.

ⓒ A에서 활동 전위 발생 빈도가 증가하면 심장 박동 속도가 감소한다.

➡ 부교감 신경(A)의 활동 전위 발생 빈도가 증가하여 신경절 이후 뉴런에서 아세틸콜린이 분비되면 심장 박동 속도가 감소한다. 교감 신경이 흥분하여 신경절 이후 뉴런에서 노르에피네프린이 분비되면 심장 박동 속도가 증가한다.

적용해야 할 개념 ③가지

① 교감 신경은 척수의 가운데 부분에서 뻗어 나오고, 부교감 신경은 중간뇌, 연수, 척수의 끝부분에서 뻗어 나온다.

② 부교감 신경의 신경절 이전 뉴런과 신경절 이후 뉴런의 말단에서는 모두 아세틸콜린이 분비된다.

③ 부교감 신경이 흥분하면 동공이 축소되고, 심장 박동과 호흡 운동이 억제되며, 소화관 운동은 촉진된다.

문제 보기

그림은 동공 크기의 조절에 관여하는 자율 신경이 중간뇌에, 심장 박동의 조절에 관여하는 자율 신경이 연수에 연결된 경로를 나타낸 것이다. ⓐ와 ⓑ에는 각각 하나의 신경절이 있다.

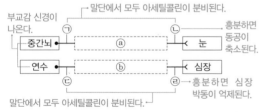

이에 대한 옳은 설명만을 〈보기〉에서 있는 대로 고른 것은? [3점]

〈보기〉 풀이

㉠ ㉠은 부교감 신경을 구성한다.

➡ 중간뇌에서 뻗어 나와 눈에 분포하는 자율 신경 ㉠과 ㉡은 부교감 신경이다.

㉡ ㉡과 ㉢의 말단에서 모두 아세틸콜린이 분비된다.

➡ 중간뇌에서 뻗어 나와 눈에 분포하는 자율 신경 ㉠과 ㉡, 연수에서 뻗어 나와 심장에 분포하는 자율 신경 ㉢과 ㉣은 모두 부교감 신경이다. 부교감 신경은 신경절 이전 뉴런의 말단과 신경절 이후 뉴런의 말단에서 분비되는 신경 전달 물질이 같다. 따라서 뉴런 ㉠~㉣의 말단에서는 모두 아세틸콜린이 분비된다.

✗ ㉣의 말단에서 심장 박동을 촉진하는 신경 전달 물질이 분비된다.

➡ 부교감 신경이 흥분하여 신경절 이후 뉴런(㉣) 말단에서 아세틸콜린이 분비되면 심장 박동이 억제되고, 교감 신경이 흥분하여 신경절 이후 뉴런 말단에서 노르에피네프린이 분비되면 심장 박동이 촉진된다.

14 자율 신경계의 구조와 작용 2020학년도 6월 모평 11번   정답 ③ | 정답률 57%

적용해야 할 개념 ③가지

① 교감 신경은 척수의 가운데 부분에서 뻗어 나오고, 심장에 분포하는 부교감 신경은 연수에서 뻗어 나온다.
② 교감 신경은 신경절 이전 뉴런이 짧고 신경절 이후 뉴런이 길며, 부교감 신경은 신경절 이전 뉴런이 길고 신경절 이후 뉴런이 짧다.
③ 교감 신경은 심장 박동을 촉진하고, 부교감 신경은 심장 박동을 억제한다.

문제 보기

그림 (가)는 심장 박동을 조절하는 자율 신경 A와 B를, (나)는 A와 B 중 하나를 자극했을 때 심장 세포에서 활동 전위가 발생하는 빈도의 변화를 나타낸 것이다.

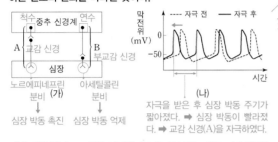

이에 대한 설명으로 옳은 것만을 〈보기〉에서 있는 대로 고른 것은?

〈보기〉 풀이

(가) A는 신경절 이전 뉴런이 짧고 신경절 이후 뉴런이 길므로 교감 신경이다. B는 신경절 이전 뉴런이 길고 신경절 이후 뉴런이 짧으므로 부교감 신경이다. 교감 신경(A)은 심장 박동을 촉진하고, 부교감 신경(B)은 심장 박동을 억제한다.

(나) 자극을 주기 전에 비해 자극을 준 후에 심장 세포에서 활동 전위가 발생하는 빈도가 높아졌으므로 교감 신경(A)을 자극한 경우이다.

ㄱ. **A는 말초 신경계에 속한다.**
➡ 자율 신경 A와 B는 모두 말초 신경계에 속한다.

ㄴ. **B의 신경절 이전 뉴런의 신경 세포체는 척수에 존재한다.**
➡ B는 신경절 이후 뉴런이 짧은 부교감 신경이다. 심장에 분포하는 부교감 신경은 연수에서 뻗어 나오므로 B의 신경절 이전 뉴런의 신경 세포체는 연수에 존재한다.

ㄷ. **(나)는 A를 자극했을 때의 변화를 나타낸 것이다.**
➡ 심장 세포에서 활동 전위가 발생하면 심장이 박동하므로 활동 전위 발생 빈도는 심장 박동 횟수로 생각할 수 있다. (나)에서 자극을 주면 심장 박동 주기가 짧아진다. 즉, 심장 박동이 빨라지므로 (나)는 교감 신경(A)을 자극했을 때의 변화를 나타낸 것이다.

보기

15 자율 신경의 구조 2021학년도 10월 학평 7번   정답 ② | 정답률 83%

적용해야 할 개념 ③가지

① 교감 신경의 신경절 이전 뉴런의 축삭 돌기 말단에서는 아세틸콜린이, 신경절 이후 뉴런의 축삭 돌기 말단에서는 노르에피네프린이 분비된다. 부교감 신경의 신경절 이전 뉴런과 신경절 이후 뉴런의 축삭 돌기 말단에서는 아세틸콜린이 분비된다.
② 교감 신경은 척수의 가운데 부분에서 뻗어 나오고, 부교감 신경은 중간뇌, 연수, 척수의 끝부분에서 뻗어 나온다.
③ 교감 신경은 신경절 이전 뉴런이 신경절 이후 뉴런보다 짧고, 부교감 신경은 신경절 이전 뉴런이 신경절 이후 뉴런보다 길다.

문제 보기

그림은 중추 신경계와 심장을 연결하는 자율 신경을 나타낸 것이다. ⓐ에 하나의 신경절이 있으며, 뉴런 ㉠과 ㉡의 말단에서 분비되는 신경 전달 물질은 다르다.

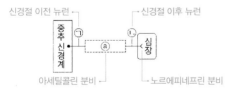

이에 대한 옳은 설명만을 〈보기〉에서 있는 대로 고른 것은?

〈보기〉 풀이

자율 신경은 중추로부터 반응기인 내장 기관까지 2개의 뉴런으로 연결된다. 부교감 신경은 신경절 이전 뉴런과 신경절 이후 뉴런 말단에서 모두 아세틸콜린이 분비되지만, 교감 신경은 신경절 이전 뉴런 말단에서는 아세틸콜린이, 신경절 이후 뉴런 말단에서는 노르에피네프린이 분비된다. ㉠은 신경절 이전 뉴런이고, ㉡은 신경절 이후 뉴런인데, ㉠과 ㉡의 말단에서 분비되는 신경 전달 물질이 다르므로 ㉠과 ㉡은 교감 신경이다.

ㄱ. **㉠의 신경 세포체는 연수에 있다.**
➡ 교감 신경은 척수의 가운데 부분에서 뻗어 나오므로 ㉠의 신경 세포체는 척수에 있다. 반면에 심장에 연결된 부교감 신경의 신경 세포체는 연수에 있다.

ㄴ. **㉠의 길이는 ㉡의 길이보다 길다.**
➡ 교감 신경은 신경절 이전 뉴런이 신경절 이후 뉴런보다 짧다. 따라서 ㉠의 길이는 ㉡의 길이보다 짧다.

ㄷ. **㉡의 말단에서 분비되는 신경 전달 물질은 노르에피네프린이다.**
➡ 교감 신경의 신경절 이후 뉴런 ㉡의 말단에서는 노르에피네프린이 분비되어 심장 박동을 촉진한다.

보기

적용해야 할 개념 ③가지

① 말초 신경계는 감각기에서 받아들인 자극을 중추 신경계로 전달하는 구심성 뉴런(감각 신경 등)과 중추 신경계의 명령을 반응기에 전달하는 원심성 뉴런으로 구성되며, 원심성 뉴런에는 체성 신경계(운동 신경)와 자율 신경계(교감 신경, 부교감 신경)가 있다.

② 교감 신경의 신경절 이후 뉴런의 축삭 돌기 말단에서는 노르에피네프린이 분비되고, 부교감 신경의 신경절 이후 뉴런의 축삭 돌기 말단에서는 아세틸콜린이 분비된다.

③ 교감 신경은 심장 박동을 촉진하고, 부교감 신경은 심장 박동을 억제하여 심장 박동을 조절한다.

문제 보기

다음은 자율 신경 A에 의한 심장 박동 조절 실험이다.

[실험 과정]

(가) 같은 종의 동물로부터 심장 Ⅰ과 Ⅱ를 준비하고, Ⅱ에서만 자율 신경을 제거한다.

(나) Ⅰ과 Ⅱ를 각각 생리식염수가 담긴 용기 ㉠과 ㉡에 넣고, ㉠에서 ㉡으로 용액이 흐르도록 두 용기를 연결한다. 용액과 함께 A의 말단에서 분비된 신경 전달 물질도 이동한다.

(다) Ⅰ에 연결된 A에 자극을 주고 Ⅰ과 Ⅱ의 세포에서 활동 전위 발생 빈도를 측정한다. A는 교감 신경과 부교감 신경 중 하나이다.

부교감 신경 A
용액 이동 방향
심장 Ⅰ
용기 ㉠
심장 Ⅱ
용기 ㉡

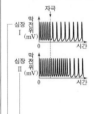

[실험 결과]

○ A의 신경절 이후 뉴런의 축삭 돌기 말단에서 물질 ㉮가 분비되었다. ㉮는 아세틸콜린과 노르에피네프린 중 하나이다. ← 아세틸콜린

○ Ⅰ과 Ⅱ의 세포에서 측정한 활동 전위 발생 빈도는 그림과 같다.

자극 이후 활동 전위 발생 빈도 감소 ➡ A에서 아세틸콜린이 분비되어 심장 박동 속도가 느려졌다.

자극 이후 일정 시간이 지나서 활동 전위 발생 빈도 감소 ➡ ㉠에서 ㉡으로 아세틸콜린이 이동하여 심장 박동 속도가 느려졌다.

이 자료에 대한 설명으로 옳은 것만을 〈보기〉에서 있는 대로 고른 것은? (단, 제시된 조건 이외는 고려하지 않는다.)

〈보기〉 풀이

보기

ㄱ. **A는 말초 신경계에 속한다.**

➡ Ⅰ에 연결된 A는 자율 신경이며, 자율 신경은 중추 신경계의 명령을 반응기에 전달하는 말초 신경계에 속한다.

ㄴ. ✗ **㉮는 노르에피네프린이다.**

➡ Ⅰ에 연결된 A에 자극을 주면 일정 시간 동안 Ⅰ의 심장 세포에서의 활동 전위 발생 빈도가 Ⅱ에 비해 감소하였다. 따라서 A는 심장 박동을 억제하는 작용을 하는 부교감 신경이며, 부교감 신경의 신경절 이후 뉴런의 축삭 돌기 말단에서 분비되는 물질 ㉮는 아세틸콜린이다.

ㄷ. ✗ **(나)의 ㉡에 아세틸콜린을 처리하면 Ⅱ의 세포에서 활동 전위 발생 빈도가 증가한다.**

➡ 실험 결과 Ⅰ에 연결된 부교감 신경(A)을 자극하였을 때 Ⅰ에서의 활동 전위 발생 빈도가 감소한 것은 A의 말단에서 아세틸콜린이 분비되었기 때문이다. 그런데 일정 시간 후에 Ⅱ에서의 활동 전위 발생 빈도도 감소하는데, 이것은 A의 말단에서 분비된 아세틸콜린이 용액을 따라 ㉠에서 ㉡으로 이동하여 Ⅱ에 작용하였기 때문이다. 즉, 특정 자율 신경이 제거되었더라도 자율 신경의 말단에서 분비되는 신경 전달 물질을 처리하면 심장 박동에 미치는 영향은 동일하게 나타난다는 것을 알 수 있다. 그러므로 (나)의 ㉡에 부교감 신경의 신경절 이후 뉴런의 축삭 돌기 말단에서 분비되는 아세틸콜린을 처리하면 Ⅱ의 세포에서 활동 전위 발생 빈도가 감소한다.

17 자율 신경에 의한 심장 박동 조절 2022학년도 6월 모평 7번 정답 ③ | 정답률 74 %

적용해야 할 개념 ③가지

① 교감 신경의 신경절 이후 뉴런의 축삭 돌기 말단에서는 노르에피네프린이 분비되고, 부교감 신경의 신경절 이후 뉴런의 축삭 돌기 말단에서는 아세틸콜린이 분비된다.

② 교감 신경과 부교감 신경은 같은 기관에 분포하여 서로 반대 작용을 한다. ➡ 길항 작용

③ 교감 신경과 부교감 신경의 작용

구분	동공	기관지	심장 박동	호흡 운동	소화관 운동	혈당량	방광
교감 신경	확대	확장	촉진	촉진	억제	증가	확장
부교감 신경	축소	수축	억제	억제	촉진	감소	수축

문제 보기

그림 (가)는 심장 박동을 조절하는 자율 신경 A와 B 중 A를 자극했을 때 심장 세포에서 활동 전위가 발생하는 빈도의 변화를, (나)는 물질 ㉠의 주사량에 따른 심장 박동 수를 나타낸 것이다. ㉠은 심장 세포에서의 활동 전위 발생 빈도를 변화시키는 물질이며, A와 B는 교감 신경과 부교감 신경을 순서 없이 나타낸 것이다.

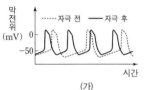

(가)
A 자극 후에 활동 전위 발생 빈도가 증가하였으므로 심장 박동이 빨라졌다. ➡ A는 교감 신경

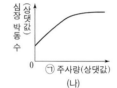

(나)
㉠ 주사량이 증가하면 심장 박동 수가 증가한다.

이에 대한 설명으로 옳은 것만을 〈보기〉에서 있는 대로 고른 것은? [3점]

〈보기〉 풀이

ㄱ. A의 신경절 이후 뉴런의 축삭 돌기 말단에서 분비되는 신경 전달 물질은 아세틸콜린이다.
➡ 심장 세포에서 활동 전위가 발생하면 심장 박동이 일어난다. A를 자극했을 때 자극 전보다 심장 세포에서의 활동 전위 발생 빈도가 증가하였으므로 A는 심장 박동을 촉진하는 교감 신경이다. 교감 신경의 신경절 이후 뉴런의 축삭 돌기 말단에서는 노르에피네프린이 분비된다.

ㄴ. ㉠이 작용하면 심장 세포에서의 활동 전위 발생 빈도가 감소한다.
➡ (나)에서 ㉠ 주사량이 증가하면 심장 박동 수가 증가하므로 ㉠은 심장 세포에서의 활동 전위 발생 빈도를 증가시키는 작용을 한다.

ㄷ. A와 B는 심장 박동 조절에 길항적으로 작용한다.
➡ 교감 신경(A)은 심장 박동을 촉진하고, 부교감 신경(B)은 심장 박동을 억제한다. 이와 같이 같은 기관에 서로 반대로 작용하여 서로의 효과를 줄이는 것을 길항 작용이라고 한다.

보기

---

18 자율 신경계의 구조와 작용 2021학년도 4월 학평 13번 정답 ③ | 정답률 73 %

적용해야 할 개념 ③가지

① 교감 신경은 척수의 가운데 부분에서 뻗어 나오고, 부교감 신경은 중간뇌, 연수, 척수의 끝부분에서 뻗어 나온다.

② 교감 신경은 신경절 이전 뉴런이 신경절 이후 뉴런보다 짧고, 부교감 신경은 신경절 이전 뉴런이 신경절 이후 뉴런보다 길다.

③ 교감 신경과 부교감 신경의 작용

구분	동공	기관지	심장 박동	호흡 운동	소화관 운동	혈당량	방광
교감 신경	확대	확장	촉진	촉진	억제	증가	확장
부교감 신경	축소	수축	억제	억제	촉진	감소	수축

문제 보기

그림 (가)는 중추 신경계로부터 자율 신경을 통해 심장에 연결된 경로를, (나)는 ㉠과 ㉡ 중 하나를 자극했을 때 심장 세포에서 활동 전위가 발생하는 빈도의 변화를 나타낸 것이다.

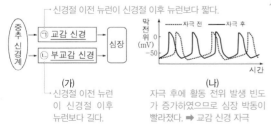

(가)
신경절 이전 뉴런이 신경절 이후 뉴런보다 길다.

(나)
자극 후에 활동 전위 발생 빈도가 증가하였으므로 심장 박동이 빨라졌다. ➡ 교감 신경 자극

이에 대한 설명으로 옳은 것만을 〈보기〉에서 있는 대로 고른 것은?

〈보기〉 풀이

ㄱ. ㉠의 신경절 이전 뉴런의 신경 세포체는 척수에 있다.
➡ 교감 신경(㉠)은 척수에서 뻗어 나오므로 교감 신경의 신경절 이전 뉴런의 신경 세포체는 척수에 있다.

ㄴ. ㉡은 신경절 이전 뉴런이 신경절 이후 뉴런보다 길다.
➡ 부교감 신경(㉡)은 신경절 이전 뉴런이 신경절 이후 뉴런보다 길고, 교감 신경(㉠)은 신경절 이전 뉴런이 신경절 이후 뉴런보다 짧다.

ㄷ. (나)는 ㉡을 자극했을 때의 변화를 나타낸 것이다.
➡ (나)에서 자극을 주기 전보다 자극을 준 후 심장 세포에서 활동 전위 발생 빈도가 증가하였으므로 교감 신경(㉠)을 자극하여 심장 박동이 빨라졌다는 것을 알 수 있다. 부교감 신경(㉡)을 자극하면 심장 세포에서 활동 전위 발생 빈도가 감소하여 심장 박동이 느려진다.

보기

적용해야 할 개념 ④가지

① 교감 신경은 신경절 이전 뉴런이 짧고 신경절 이후 뉴런이 길며, 부교감 신경은 신경절 이전 뉴런이 길고 신경절 이후 뉴런이 짧다.

② 교감 신경과 부교감 신경의 신경절 이전 뉴런의 말단, 부교감 신경의 신경절 이후 뉴런의 말단에서는 아세틸콜린이 분비되고, 교감 신경의 신경절 이후 뉴런의 말단에서는 노르에피네프린이 분비된다.

③ 부교감 신경의 신경절 이전 뉴런의 신경 세포체는 중간뇌, 연수, 척수에 있다.

④ 교감 신경과 부교감 신경은 길항적으로 작용하여 내장 기관의 작용을 조절한다.

구분	동공	기관지	심장 박동	호흡 운동	소화관 운동	방광
교감 신경	확대	확장	촉진	촉진	억제	확장
부교감 신경	축소	수축	억제	억제	촉진	수축

문제 보기

그림 (가)는 중추 신경계로부터 자율 신경이 심장에 연결된 경로를, (나)는 정상인에서 운동에 의한 심장 박동 수 변화를 나타낸 것이다.

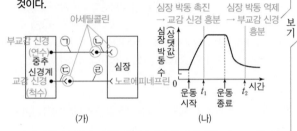

(가)　　　　　(나)

이에 대한 설명으로 옳은 것만을 〈보기〉에서 있는 대로 고른 것은? [3점]

〈보기〉 풀이

교감 신경은 신경절 이전 뉴런이 짧고 신경절 이후 뉴런이 길며, 부교감 신경은 신경절 이전 뉴런이 길고 신경절 이후 뉴런이 짧다. 따라서 ㉠과 ㉡은 부교감 신경이고, ㉢과 ㉣은 교감 신경이다. 교감 신경과 부교감 신경은 서로 반대되는 작용을 하여 내장 기관의 작용을 조절하는데, 교감 신경이 흥분하면 심장 박동이 촉진되고, 부교감 신경이 흥분하면 심장 박동이 억제된다.

ㄱ. ㉠의 신경 세포체는 연수에 있다.

➡ 심장에 분포하는 부교감 신경의 신경절 이전 뉴런(㉠)의 신경 세포체는 연수에 있고, 교감 신경의 신경절 이전 뉴런(㉢)의 신경 세포체는 척수에 있다.

ㄴ. ㉡과 ㉢의 말단에서 아세틸콜린이 분비된다.

➡ 부교감 신경의 신경절 이전 뉴런(㉠)과 신경절 이후 뉴런(㉡)의 말단에서는 아세틸콜린이 분비되고, 교감 신경의 신경절 이전 뉴런(㉢)의 말단에서는 아세틸콜린이, 신경절 이후 뉴런(㉣)의 말단에서는 노르에피네프린이 분비된다.

ㄷ. ㉣의 말단에서 분비되는 신경 전달 물질의 양은 t_2일 때가 t_1일 때보다 많다.

➡ ㉣은 교감 신경의 신경절 이후 뉴런이다. 교감 신경의 신경절 이후 뉴런의 말단에서 분비되는 노르에피네프린은 심장 박동을 촉진하여 심장 박동 수를 증가시킨다. 심장 박동 수는 t_2일 때가 t_1일 때보다 작으므로 ㉣의 말단에서 분비되는 신경 전달 물질의 양은 t_2일 때가 t_1일 때보다 적다.

10 일차

01 ③	02 ⑤	03 ③	04 ⑤	05 ⑤	06 ④	07 ③	08 ④	09 ②	10 ①	11 ③	12 ④
13 ④	14 ④	15 ③	16 ③	17 ②	18 ①	19 ②	20 ①	21 ②	22 ①	23 ③	24 ④
25 ③	26 ②	27 ④	28 ③	29 ③	30 ①	31 ②	32 ①	33 ①	34 ①	35 ①	36 ②

문제편 106쪽~115쪽

01　　사람의 내분비샘과 티록신 분비 조절　2022학년도 9월 모평 8번　　정답 ③ | 정답률 84 %

적용해야 할 개념 ③가지

① 호르몬은 내분비샘에서 분비되어 혈액에 의해 표적 세포로 운반된다.

② 뇌하수체 전엽에서 분비되는 갑상샘 자극 호르몬(TSH)은 갑상샘에서 티록신 분비를 촉진하고, 뇌하수체 후엽에서 분비되는 항이뇨 호르몬(ADH)은 콩팥에서 물의 재흡수를 촉진한다.

③ 음성 피드백은 어떤 일이 원인으로 작용하여 나타난 결과가 원인을 다시 억제하는 조절 원리로, 대부분의 호르몬 분비는 음성 피드백으로 조절된다.

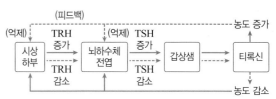

▲ 음성 피드백에 의한 티록신 분비 조절 과정

문제 보기

표는 사람 몸에서 분비되는 호르몬 ㉠과 ㉡의 기능을 나타낸 것이다. ㉠과 ㉡은 항이뇨 호르몬(ADH)과 갑상샘 자극 호르몬(TSH)을 순서 없이 나타낸 것이다.

┌─ 항이뇨 호르몬(ADH)

호르몬	기능
㉠	콩팥에서 물의 재흡수를 촉진한다.
㉡	갑상샘에서 티록신의 분비를 촉진한다.

└─ 갑상샘 자극 호르몬(TSH)

이에 대한 설명으로 옳은 것만을 〈보기〉에서 있는 대로 고른 것은?

〈보기〉 풀이

㉠은 콩팥에서 물의 재흡수를 촉진하는 항이뇨 호르몬(ADH)이고, ㉡은 갑상샘에서 티록신 분비를 촉진하는 갑상샘 자극 호르몬(TSH)이다.

ㄱ. **㉠은 혈액을 통해 콩팥으로 이동한다.**

➡ 호르몬은 내분비샘에서 혈액으로 분비되어 혈액을 통해 표적 기관으로 이동한다. 항이뇨 호르몬(㉠)은 뇌하수체 후엽에서 분비되어 혈액을 통해 표적 기관인 콩팥으로 이동하여 작용한다.

ㄴ. **뇌하수체에서는 ㉠과 ㉡이 모두 분비된다.**

➡ 항이뇨 호르몬(㉠)은 뇌하수체 후엽에서 분비되고, 갑상샘 자극 호르몬(㉡)은 뇌하수체 전엽에서 분비된다. 따라서 ㉠과 ㉡ 모두 뇌하수체에서 분비되는 호르몬이다.

ㄷ. **혈중 티록신 농도가 증가하면 ㉡의 분비가 촉진된다.**

➡ 티록신은 갑상샘에서 분비되는 호르몬으로, 갑상샘 자극 호르몬(㉡)에 의해 분비가 촉진된다. 혈중 티록신 농도가 증가하면 음성 피드백에 의해 뇌하수체 전엽에서 갑상샘 자극 호르몬(㉡)의 분비가 억제되어 티록신 분비가 감소함으로써 혈중 티록신 농도가 감소한다.

02　　사람의 내분비샘과 티록신 분비 조절　2021학년도 4월 학평 5번　　정답 ⑤ | 정답률 80 %

적용해야 할 개념 ③가지

① 호르몬은 내분비샘에서 분비되어 혈액에 의해 표적 세포로 운반된다.

② 뇌하수체에서는 생장 호르몬, 갑상샘 자극 호르몬(TSH), 부신 겉질 자극 호르몬 등이 분비된다.

③ 음성 피드백은 어떤 일이 원인으로 작용하여 나타난 결과가 원인을 다시 억제하는 조절 원리로, 대부분의 호르몬 분비는 음성 피드백으로 조절된다.

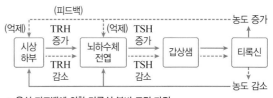

▲ 음성 피드백에 의한 티록신 분비 조절 과정

문제 보기

표는 사람의 내분비샘의 특징을 나타낸 것이다. A와 B는 갑상샘과 뇌하수체를 순서 없이 나타낸 것이다.

갑상샘에서 티록신 분비를 자극한다.

내분비샘	특징
A 뇌하수체	㉠ TSH를 분비한다.
B 갑상샘	㉡ 티록신을 분비한다.

물질대사를 촉진한다.

이에 대한 설명으로 옳은 것만을 〈보기〉에서 있는 대로 고른 것은? [3점]

〈보기〉 풀이

ㄱ. **A는 뇌하수체이다.**

➡ TSH는 갑상샘 자극 호르몬이며, TSH를 분비하는 내분비샘 A는 뇌하수체이다.

ㄴ. **㉡의 분비는 음성 피드백에 의해 조절된다.**

➡ 티록신(㉡)의 분비는 시상 하부와 뇌하수체의 조절을 받는다. 혈중 티록신 농도가 낮으면 시상 하부와 뇌하수체의 작용이 촉진되어 갑상샘에서 티록신 분비가 촉진되고, 혈중 티록신 농도가 높으면 시상 하부와 뇌하수체의 작용이 억제되어 갑상샘에서 티록신 분비가 억제된다. 이와 같이 티록신의 분비는 음성 피드백에 의해 조절된다.

ㄷ. **㉠과 ㉡은 모두 순환계를 통해 표적 세포로 이동한다.**

➡ 호르몬은 내분비샘에서 생성되어 혈액으로 분비되며, 혈액에 의해 표적 세포로 운반된다. TSH(㉠)와 티록신(㉡)도 호르몬이므로 순환계를 통해 표적 세포로 이동하여 작용한다.

적용해야 할 개념 ④가지

① 에피네프린은 부신 속질에서 분비되어 혈당량 증가, 심장 박동 촉진 등의 효과를 나타낸다.

② 티록신은 갑상샘에서 분비되어 간과 근육에서 물질대사를 촉진한다.

③ 항이뇨 호르몬은 뇌하수체 후엽에서 분비되어 콩팥에서 수분 재흡수를 촉진하여 체액의 삼투압을 낮추는 작용을 한다.

④ 음성 피드백은 어떤 일의 원인으로 작용하여 나타난 결과가 원인을 다시 억제하는 조절 원리로, 대부분의 호르몬 분비는 음성 피드백으로 조절된다.

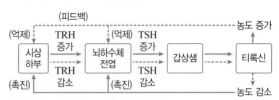

▲ 음성 피드백에 의한 티록신 분비 조절 과정

문제 보기

표는 사람의 호르몬 ㉠~㉢을 분비하는 기관을 나타낸 것이다. ㉠~㉢은 티록신, 에피네프린, 항이뇨 호르몬을 순서 없이 나타낸 것이다.

호르몬	분비 기관
에피네프린 ㉠	부신
티록신 ㉡	갑상샘
항이뇨 호르몬 ㉢	뇌하수체

이에 대한 옳은 설명만을 〈보기〉에서 있는 대로 고른 것은?

〈보기〉 풀이

ㄱ. ㉠은 에피네프린이다.

➡ ㉠은 부신에서 분비되는 에피네프린이다. 에피네프린은 간에서 글리코젠을 포도당으로 전환하는 과정을 촉진하여 혈당량을 증가시키며, 심장 박동을 촉진한다.

ㄴ. ㉡의 분비는 음성 피드백에 의해 조절된다.

➡ ㉡은 갑상샘에서 분비되는 티록신이다. 혈중 티록신 농도가 낮으면 시상 하부는 뇌하수체에서 갑상샘 자극 호르몬(TSH)의 분비를 촉진하여 갑상샘에서 티록신 분비가 증가하고, 그 결과 티록신 농도가 높아지면 시상 하부와 뇌하수체의 작용이 억제되어 갑상샘에서 티록신 분비가 감소한다. 이와 같이 티록신을 비롯한 대부분의 호르몬 분비는 음성 피드백에 의해 조절된다.

ㄷ. 땀을 많이 흘리면 ㉢의 분비가 억제된다.

➡ ㉢은 뇌하수체 후엽에서 분비되는 항이뇨 호르몬으로, 콩팥에서 물의 재흡수를 촉진한다. 땀을 많이 흘려 체액의 삼투압이 높아지면 항이뇨 호르몬(㉢)의 분비가 촉진되어 콩팥에서 물의 재흡수를 촉진하여 오줌으로 배출되는 물의 양을 줄이고 체액의 삼투압을 낮춘다.

적용해야 할 개념 ②가지

① 음성 피드백은 어떤 일이 원인으로 작용하여 나타난 결과가 원인을 다시 억제하는 조절 원리이다.

② 대부분의 호르몬 분비는 음성 피드백으로 조절된다.

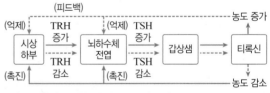

▲ 음성 피드백에 의한 티록신 분비 조절 과정

문제 보기

표는 정상인의 3가지 호르몬 TSH, (가), (나)가 분비되는 내분비샘을 나타낸 것이다. (가)와 (나)는 티록신과 TRH를 순서 없이 나타낸 것이고, ㉠과 ㉡은 갑상샘과 뇌하수체 전엽을 순서 없이 나타낸 것이다.

호르몬	내분비샘
TSH	㉠ 뇌하수체 전엽
티록신 (가)	㉡ 갑상샘
TRH (나)	시상 하부

이에 대한 설명으로 옳은 것만을 〈보기〉에서 있는 대로 고른 것은? [3점]

〈보기〉 풀이

TSH(갑상샘 자극 호르몬)를 분비하는 내분비샘 ㉠은 뇌하수체 전엽이다. ㉡은 갑상샘이며, 갑상샘에서 분비되는 호르몬 (가)는 티록신이다. 시상 하부에서 분비되는 호르몬 (나)는 TRH(TSH 방출 호르몬)이다.

ㄱ. ㉡은 갑상샘이다.

➡ ㉠은 뇌하수체 전엽이고, ㉡은 갑상샘이다.

ㄴ. ㉠에 (나)의 표적 세포가 있다.

➡ (가)는 티록신이고, (나)는 TRH(TSH 방출 호르몬)이다. TRH는 뇌하수체 전엽에서 TSH(갑상샘 자극 호르몬)의 분비를 촉진하는 작용을 하므로 뇌하수체 전엽(㉠)에 TRH(나)의 표적 세포가 있다. TSH는 갑상샘을 자극하여 티록신(가) 분비를 촉진하므로 갑상샘(㉡)에는 TSH의 표적 세포가 있다.

ㄷ. 혈중 TSH의 농도가 증가하면 (가)의 분비가 촉진된다.

➡ 혈중 TSH의 농도가 증가하면 갑상샘(㉡)에서 티록신(가)의 분비가 촉진된다.

05 호르몬의 종류와 기능 2023학년도 6월 모평 6번

정답 ⑤ | 정답률 85 %

적용해야 할 개념 ③가지

① 갑상샘에서는 티록신이 분비되며, 티록신은 간과 근육에서 물질대사를 촉진한다.
② 뇌하수체 후엽에서는 항이뇨 호르몬(ADH)이 분비되며, 항이뇨 호르몬(ADH)은 콩팥에서 물의 재흡수를 촉진한다.
③ 뇌하수체 전엽에서는 생장 호르몬, 갑상샘 자극 호르몬(TSH), 부신 겉질 자극 호르몬 등이 분비된다.

[문제 보기]

표는 사람의 호르몬과 이 호르몬이 분비되는 내분비샘을 나타낸 것이다. A와 B는 티록신과 항이뇨 호르몬(ADH)을 순서 없이 나타낸 것이다.

호르몬	내분비샘
티록신 A	갑상샘
항이뇨 호르몬(ADH) B	뇌하수체 후엽
갑상샘 자극 호르몬(TSH)	㉠ 뇌하수체 전엽

이에 대한 설명으로 옳은 것만을 〈보기〉에서 있는 대로 고른 것은?

〈보기〉 풀이

ㄱ. **A는 티록신이다.**
➡ 갑상샘에서 분비되는 호르몬 A는 티록신이다.

ㄴ. **B는 콩팥에서 물의 재흡수를 촉진한다.**
➡ 뇌하수체 후엽에서 분비되는 호르몬 B는 항이뇨 호르몬(ADH)이고, 항이뇨 호르몬(ADH)은 혈장 삼투압이 높을 때 분비가 촉진되어 콩팥에서 물의 재흡수를 촉진한다.

ㄷ. **㉠은 뇌하수체 전엽이다.**
➡ 갑상샘 자극 호르몬(TSH)을 분비하는 내분비샘 ㉠은 뇌하수체 전엽이다.

---

06 음성 피드백에 의한 티록신 분비 조절 2024학년도 수능 14번

정답 ④ | 정답률 77 %

적용해야 할 개념 ③가지

① 음성 피드백은 어떤 일이 원인으로 작용하여 나타난 결과가 원인을 다시 억제하는 조절 원리로, 대부분의 호르몬 분비는 음성 피드백으로 조절된다.
② 티록신은 갑상샘에서 분비되어 간과 근육에서 물질대사를 촉진하는 호르몬으로, 음성 피드백에 의해 분비가 자동적으로 조절된다.
③ TRH의 표적 기관은 뇌하수체 전엽이고, TSH의 표적 기관은 갑상샘이다.

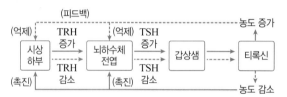

▲ 음성 피드백에 의한 티록신 분비 조절 과정

[문제 보기]

사람 A~C는 모두 혈중 티록신 농도가 정상적이지 않다. 표 (가)는 A~C의 혈중 티록신 농도가 정상적이지 않은 원인을, (나)는 사람 ㉠~㉢의 혈중 티록신과 TSH의 농도를 나타낸 것이다. ㉠~㉢은 A~C를 순서 없이 나타낸 것이고, ⓐ는 '+'와 '−' 중 하나이다.

사람	원인
㉢ A	뇌하수체 전엽에 이상이 생겨 TSH 분비량이 정상보다 적음
㉡ B	갑상샘에 이상이 생겨 티록신 분비량이 정상보다 많음
㉠ C	갑상샘에 이상이 생겨 티록신 분비량이 정상보다 적음

(가)

사람	혈중 농도	
	티록신	TSH
㉠	−	+
㉡	+	ⓐ
㉢	−	−

(+: 정상보다 높음, −: 정상보다 낮음)

→ 혈중 티록신 농도가 정상보다 높아 뇌하수체 전엽에서 TSH 분비가 억제된다. ➡ (−)

(나)

이에 대한 설명으로 옳은 것만을 〈보기〉에서 있는 대로 고른 것은? (단, 제시된 조건 이외는 고려하지 않는다.) [3점]

〈보기〉 풀이

티록신 분비는 시상 하부에 의해 조절된다. 시상 하부에서 분비되는 TRH(갑상샘 자극 호르몬 방출 호르몬)는 뇌하수체 전엽을 자극하여 TSH(갑상샘 자극 호르몬) 분비를 촉진한다. TSH는 갑상샘에서 티록신 분비를 촉진하며, 혈중 티록신 농도가 높아지면 음성 피드백에 의해 뇌하수체 전엽에서 TSH 분비가 억제되어 호르몬의 분비가 조절된다. A는 뇌하수체 전엽에 이상이 생겨 TSH 분비량이 정상보다 적으므로 혈중 티록신 농도가 정상보다 낮고(−) 혈중 TSH 농도도 정상보다 낮은(−) ㉢이다. B는 갑상샘에 이상이 생겨 티록신 분비량이 정상보다 많으므로 혈중 티록신 농도가 정상보다 높은(+) ㉡이다. 혈중 티록신 농도가 높으면 음성 피드백에 의해 뇌하수체 전엽의 작용이 억제되어 혈중 TSH 농도가 정상보다 낮아지므로 ⓐ는 '−'이다. C는 갑상샘에 이상이 생겨 티록신 분비량이 정상보다 적으므로 혈중 티록신 농도는 정상보다 낮고(−), 음성 피드백에 의해 뇌하수체 전엽의 작용이 촉진되므로 혈중 TSH 농도는 정상보다 높은(+) ㉠이다.

ㄱ. **ⓐ는 '−'이다.**
➡ ㉡(B)은 갑상샘에 이상이 생겨 티록신 분비량이 정상보다 많으므로 음성 피드백에 의해 뇌하수체 전엽에서 TSH 분비가 억제된다. 따라서 혈중 TSH 농도는 정상보다 낮으므로 ⓐ는 '−'이다.

ㄴ. **㉠에게 티록신을 투여하면 투여 전보다 TSH의 분비가 촉진된다.**
➡ ㉠은 C이다. 갑상샘에 이상이 생겨 티록신 분비량이 정상보다 적은 C(㉠)에게 티록신을 투여하여 혈중 티록신 농도가 높아지면 음성 피드백에 의해 뇌하수체 전엽에서 TSH 분비가 억제된다.

ㄷ. **정상인에서 뇌하수체 전엽에 TRH의 표적 세포가 있다.**
➡ 시상 하부에서 분비되는 TRH는 뇌하수체 전엽을 자극하여 TSH 분비를 촉진한다. 따라서 정상인에서 뇌하수체 전엽에 TRH의 표적 세포가 있다.

적용해야 할 개념 ③가지

① 티록신은 갑상샘에서 분비되는 호르몬으로 물질대사를 촉진한다.

② 갑상샘 기능 항진증 등으로 티록신 농도가 정상보다 높으면 물질대사량이 정상보다 많아 심장 박동 수가 증가하고 열 발생량이 많아 더위에 약하다.

③ 갑상샘 기능 저하증 등으로 티록신 농도가 정상보다 낮으면 물질대사량이 정상보다 적어 체중이 증가하고 열 발생량이 적어 추위를 많이 탄다.

문제 보기

그림은 사람에서 혈중 티록신 농도에 따른 물질대사량을, 표는 갑상샘 기능에 이상이 있는 사람 A와 B의 혈중 티록신 농도, 물질대사량, 증상을 나타낸 것이다. ㉠과 ㉡은 '정상보다 높음'과 '정상보다 낮음'을 순서 없이 나타낸 것이다.

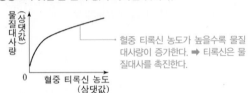

혈중 티록신 농도가 높을수록 물질대사량이 증가한다. ➡ 티록신은 물질대사를 촉진한다.

사람	티록신 농도	물질대사량	증상
A	㉠ 정상보다 높음	정상보다 증가함	심장 박동 수가 증가하고 더위에 약함
B	㉡ 정상보다 낮음	정상보다 감소함	체중이 증가하고 추위를 많이 탐

이에 대한 설명으로 옳은 것만을 〈보기〉에서 있는 대로 고른 것은? (단, 제시된 조건 이외는 고려하지 않는다.)

〈보기〉 풀이

ㄱ. **갑상샘에서 티록신이 분비된다.**

➡ 티록신은 갑상샘에서 분비되는 호르몬이다.

ㄴ. **㉠은 '정상보다 높음'이다.**

➡ 그래프에서 혈중 티록신 농도가 높을수록 물질대사량이 증가하는 것으로 보아 티록신은 물질대사를 촉진하는 호르몬이다. 따라서 물질대사량이 정상보다 증가한 A는 티록신 농도가 정상보다 높은 상태이므로 ㉠은 '정상보다 높음'이다.

ㄷ. **B에게 티록신을 투여하면 투여 전보다 물질대사량이 감소한다.**

➡ B는 갑상샘 기능에 이상이 있어 티록신 농도가 정상보다 낮아 물질대사량이 정상보다 감소한 사람이다. 따라서 B에게 티록신을 투여하면 투여 전보다 물질대사량이 증가할 것이다.

적용해야 할 개념 ③가지

① 호르몬은 내분비샘에서 분비되어 혈액에 의해 표적 세포로 운반된다.

② 음성 피드백은 어떤 일이 원인으로 작용하여 나타난 결과가 원인을 다시 억제하는 조절 원리로, 대부분의 호르몬 분비는 음성 피드백으로 조절된다.

③ 혈중 티록신 농도가 낮으면 시상 하부와 뇌하수체 전엽에서 TRH와 TSH의 분비가 촉진되고, 혈중 티록신 농도가 높으면 시상 하부와 뇌하수체 전엽에서 TRH와 TSH 분비가 억제된다.

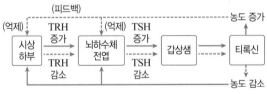

▲ 음성 피드백에 의한 티록신 분비 조절 과정

문제 보기

그림은 티록신 분비 조절 과정의 일부를 나타낸 것이다. ㉠과 ㉡은 각각 TRH와 TSH 중 하나이다.

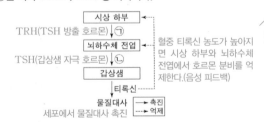

혈중 티록신 농도가 높아지면 시상 하부와 뇌하수체 전엽에서 호르몬 분비를 억제한다.(음성 피드백)

이에 대한 설명으로 옳은 것만을 〈보기〉에서 있는 대로 고른 것은?

〈보기〉 풀이

간뇌 시상 하부에서 분비되는 TRH(TSH 방출 호르몬)는 뇌하수체 전엽에서 TSH(갑상샘 자극 호르몬) 분비를 촉진하고, TSH는 갑상샘에서 티록신 분비를 촉진한다. 따라서 ㉠은 TRH(TSH 방출 호르몬), ㉡은 TSH(갑상샘 자극 호르몬)이다.

ㄱ. **㉠은 혈액을 통해 표적 세포로 이동한다.**

➡ ㉠은 간뇌 시상 하부에서 분비되어 뇌하수체 전엽에서 TSH 분비를 촉진하는 TRH(TSH 방출 호르몬)이다. TRH는 호르몬이므로 혈액을 통해 표적 세포로 이동하며, TRH의 표적 기관은 뇌하수체 전엽이다.

ㄴ. **㉡은 TRH이다.**

➡ ㉡은 뇌하수체 전엽에서 분비되어 갑상샘에서 티록신 분비를 촉진하는 TSH(갑상샘 자극 호르몬)이다.

ㄷ. **티록신의 분비는 음성 피드백에 의해 조절된다.**

➡ 정상인의 티록신 분비 조절은 음성 피드백에 의해 이루어진다. 티록신의 분비가 증가하여 혈중 티록신 농도가 높아지면 시상 하부와 뇌하수체 전엽에서 TRH와 TSH의 분비가 억제되어 갑상샘에서 티록신 분비가 억제되고, 그 결과 혈중 티록신 농도가 일정 수준 이상으로 증가하지 않는다.

적용해야 할 개념 ②가지

① 음성 피드백은 어떤 일이 원인으로 작용하여 나타난 결과가 원인을 다시 억제하는 조절 원리이다.

② 시상 하부에서 분비되는 TRH(TSH 방출 호르몬)는 뇌하수체 전엽에서 TSH(갑상샘 자극 호르몬)의 분비를 촉진하고, TSH는 갑상샘에서 티록신의 분비를 촉진하는데, 혈중 티록신 농도가 높으면 시상 하부와 뇌하수체 전엽에서 TRH와 TSH의 분비가 억제된다.

문제 보기

다음은 티록신의 분비 조절 과정에 대한 실험이다.

○ ㉠과 ㉡은 각각 티록신과 TSH 중 하나이다.

[실험 과정 및 결과]
(가) 유전적으로 동일한 생쥐 A, B, C를 준비한다.
(나) B와 C의 갑상샘을 각각 제거한 후, A~C에서 혈중 ㉠의 농도를 측정한다.
(다) (나)의 B와 C 중 한 생쥐에만 ㉠을 주사한 후, A~C에서 혈중 ㉡의 농도를 측정한다.
(라) (나)와 (다)에서 측정한 결과는 그림과 같다.

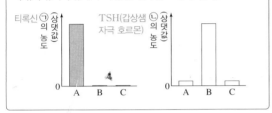

이에 대한 설명으로 옳은 것만을 〈보기〉에서 있는 대로 고른 것은? (단, 제시된 조건 이외는 고려하지 않는다.)

〈보기〉 풀이

ㄱ. **갑상샘은 ㉡의 표적 기관이다.**
➡ (나)에서 갑상샘을 제거하지 않은 A에서는 혈중 농도가 높고 갑상샘을 제거한 B와 C에서는 혈중 농도가 거의 0인 ㉠은 갑상샘 호르몬인 티록신이다. 따라서 ㉡은 뇌하수체 전엽에서 분비되는 TSH이다. TSH(㉡)는 갑상샘을 자극하여 티록신 분비를 촉진하므로 ㉡의 표적 기관은 갑상샘이다.

✕ **(다)에서 ㉠을 주사한 생쥐는 B이다.**
➡ (다)에서 티록신(㉠)을 주사하여 혈중 티록신 농도가 높아지면 뇌하수체에서 TSH 분비가 억제된다. 따라서 혈중 ㉡의 농도가 낮은 C가 (다)에서 티록신(㉠)을 주사한 쥐이다.

ㄷ. **티록신의 분비는 음성 피드백에 의해 조절된다.**
➡ 갑상샘에서 티록신이 정상 분비되어 혈중 티록신(㉠) 농도가 높은 A에서는 뇌하수체 전엽에서 TSH 분비가 억제되어 혈중 TSH(㉡) 농도가 낮고, 갑상샘이 제거되어 혈중 티록신(㉠) 농도가 거의 0인 B는 뇌하수체 전엽에서 TSH 분비가 촉진되어 혈중 TSH(㉡) 농도가 높다. 따라서 뇌하수체 전엽에서 TSH가 분비되어 갑상샘에서 티록신 분비가 촉진되지만 그 결과 티록신 농도가 증가하면 뇌하수체 전엽에서 TSH 분비가 억제된다. 이와 같이 티록신의 분비는 최종 결과인 티록신의 농도에 따라 조절 기관인 간뇌와 뇌하수체의 작용이 억제되는 음성 피드백에 의해 조절된다.

보기

적용해야 할 개념 ②가지

① 음성 피드백은 어떤 일이 원인으로 작용하여 나타난 결과가 원인을 다시 억제하는 조절 원리로, 대부분의 호르몬 분비는 음성 피드백으로 조절된다.

② 음성 피드백에 의한 티록신 분비 조절 과정은 오른쪽 그림과 같다.

[피드백 도식: (억제) ← 시상 하부 (TRH 증가/TRH 감소) ⇢ (억제) 뇌하수체 전엽 (TSH 증가/TSH 감소) ⇢ 갑상샘 → 티록신 (농도 증가/농도 감소)]

문제 보기

그림은 정상인에서 티록신 분비량이 일시적으로 증가했다가 회복되는 과정에서 측정한 혈중 티록신과 TSH의 농도를 시간에 따라 나타낸 것이다.

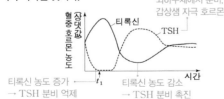

이에 대한 옳은 설명만을 〈보기〉에서 있는 대로 고른 것은? (단, 제시된 조건 이외는 고려하지 않는다.) [3점]

〈보기〉 풀이

티록신은 갑상샘에서 분비되는 호르몬으로, 뇌하수체 전엽에서 분비되는 TSH(갑상샘 자극 호르몬)에 의해 분비가 촉진된다. 혈중 티록신 농도가 증가하면 뇌하수체 전엽에서 TSH 분비가 억제되고, 그에 따라 티록신 분비가 억제되어 혈중 티록신 농도가 감소하여 일정 수준으로 유지된다.

보기

✕ **t_1일 때 이 사람에게 TSH를 투여하면 투여 전보다 티록신의 분비가 억제된다.**
➡ TSH는 갑상샘을 자극하여 티록신 분비를 촉진하는 호르몬이다. 따라서 t_1일 때 이 사람에게 TSH를 투여하여 혈중 TSH 농도가 증가하면 투여 전보다 갑상샘에서 티록신 분비가 촉진된다.

ㄴ. **티록신의 분비는 음성 피드백에 의해 조절된다.**
➡ 혈중 티록신 농도가 증가하면 뇌하수체 전엽에서 TSH 분비가 억제되고, 혈중 티록신 농도가 감소하면 뇌하수체 전엽에서 TSH 분비가 촉진된다. 이와 같이 최종 결과가 원인을 다시 억제하는 조절 원리를 음성 피드백이라고 하며, 티록신을 비롯한 대부분의 호르몬의 분비는 음성 피드백에 의해 자동적으로 조절된다.

ㄷ. **갑상샘은 TSH의 표적 기관이다.**
➡ TSH는 갑상샘에서 티록신의 분비를 촉진하므로 갑상샘은 TSH의 표적 기관이다.

09

음성 피드백에 의한 티록신 분비 조절 2024학년도 9월 모평 8번

정답 ② | 정답률 91%

적용해야 할 개념 ③가지

① 음성 피드백은 어떤 일이 원인으로 작용하여 나타난 결과가 원인을 다시 억제하는 조절 원리로, 대부분의 호르몬 분비는 음성 피드백으로 조절된다.

② 티록신은 갑상샘에서 분비되어 간과 근육에서 물질대사를 촉진한다.

③ 음성 피드백에 의한 티록신 분비 조절 과정은 오른쪽 그림과 같다.

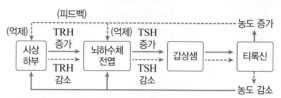

▲ 음성 피드백에 의한 티록신 분비 조절 과정

문제 보기

사람 A와 B는 모두 혈중 티록신 농도가 정상보다 낮다. 표 (가)는 A와 B의 혈중 티록신 농도가 정상보다 낮은 원인을, (나)는 사람 ㉠과 ㉡의 TSH 투여 전과 후의 혈중 티록신 농도를 나타낸 것이다. ㉠과 ㉡은 A와 B를 순서 없이 나타낸 것이다.

→ TSH가 분비되지 않음 ➡ 갑상샘이 자극받지 않아 티록신 분비가 억제되어 혈중 티록신 농도가 낮음 ➡ TSH를 투여하면 티록신 분비가 증가 ➡ ㉠

(가)

사람	원인
A	TSH가 분비되지 않음
B	TSH의 표적 세포가 TSH에 반응하지 못함

→ TSH의 표적 세포가 TSH에 반응하지 못함 ➡ TSH를 투여하더라도 티록신 분비가 증가하지 않음 ➡ ㉡

(나)

사람	티록신 농도	
	TSH 투여 전	TSH 투여 후
㉠	정상보다 낮음	정상
㉡	정상보다 낮음	정상보다 낮음

이에 대한 설명으로 옳은 것만을 〈보기〉에서 있는 대로 고른 것은? (단, 제시된 조건 이외는 고려하지 않는다.)

〈보기〉 풀이

TSH(갑상샘 자극 호르몬)는 뇌하수체 전엽에서 분비되어 갑상샘에서 티록신 분비를 촉진하는 호르몬이고, 티록신은 갑상샘에서 분비되어 세포에서 물질대사를 촉진하는 호르몬이다. 정상인의 경우 TSH 분비가 증가하면 티록신 분비가 증가하고, 혈중 티록신 농도가 높아지면 음성 피드백에 의해 뇌하수체 전엽에서 TSH 분비가 억제되어 호르몬의 분비가 조절된다.

✗ ㉠은 B이다.
➡ TSH 투여 후 혈중 티록신 농도가 정상으로 나타난 ㉠은 갑상샘의 기능은 정상이지만 TSH가 분비되지 않아 혈중 티록신 농도가 낮은 A이다. ㉡은 TSH를 투여한 후에도 혈중 티록신 농도가 낮은데 이것은 TSH의 표적 세포가 있는 갑상샘이 TSH에 반응하지 못하여 혈중 티록신 농도가 낮은 것이므로 ㉡은 B이다.

ㄴ. TSH 투여 후, A의 갑상샘에서 티록신이 분비된다.
➡ A는 TSH가 분비되지 않는 사람이므로 TSH를 투여하면 혈액을 통해 TSH가 이동하여 갑상샘의 표적 세포에 작용하여 갑상샘에서 티록신이 분비된다. ㉠(A)에서 TSH 투여 후 혈중 티록신 농도가 정상이 된 것으로 확인할 수 있다.

✗ 정상인에서 혈중 티록신 농도가 증가하면 TSH의 분비가 촉진된다.
➡ 티록신의 분비 조절은 음성 피드백에 의해 자동적으로 조절된다. 혈중 티록신 농도가 증가하면 뇌하수체 전엽에서 TSH의 분비가 억제된다.

호르몬의 종류와 기능 2023학년도 3월 학평 12번

정답 ① | 정답률 64%

적용해야 할 개념 ③가지

① 음성 피드백은 어떤 일이 원인으로 작용하여 나타난 결과가 원인을 다시 억제하는 조절 원리로, 대부분의 호르몬 분비는 음성 피드백으로 조절된다.

② 티록신은 갑상샘에서 분비되어 간과 근육에서 물질대사를 촉진한다.

③ 음성 피드백에 의한 티록신 분비 조절 과정은 오른쪽 그림과 같다.

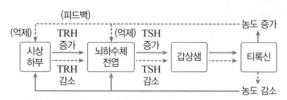

▲ 음성 피드백에 의한 티록신 분비 조절 과정

문제 보기

그림은 티록신 분비 조절 과정의 일부를 나타낸 것이다. A는 갑상샘과 뇌하수체 전엽 중 하나이고, ㉠과 ㉡은 각각 TRH와 TSH 중 하나이다.

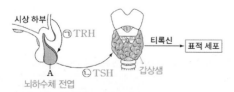

이에 대한 옳은 설명만을 〈보기〉에서 있는 대로 고른 것은?

〈보기〉 풀이

ㄱ. A는 뇌하수체 전엽이다.
➡ 티록신을 분비하는 내분비샘은 갑상샘이고, 갑상샘의 기능을 조절하는 호르몬을 분비하는 A는 뇌하수체 전엽이다.

✗ ㉡은 TRH이다.
➡ ㉠은 시상 하부에서 분비되는 TRH(TSH 방출 호르몬)이고, ㉡은 뇌하수체 전엽에서 분비되는 TSH(갑상샘 자극 호르몬)이다.

✗ 혈중 티록신 농도가 증가하면 ㉠의 분비가 촉진된다.
➡ 티록신 분비는 음성 피드백에 의해 자동적으로 조절된다. 혈중 티록신 농도가 증가하면 시상 하부와 뇌하수체 전엽(A)에서 TRH(㉠)와 TSH(㉡)의 분비가 억제되어 갑상샘에서 티록신 분비가 감소한다.

13 호르몬의 종류와 기능 2025학년도 6월 모평 4번 정답 ④ | 정답률 89%

적용해야 할 개념 ③가지	① 뇌하수체는 전엽과 후엽으로 구분되며, 간뇌의 시상하부의 조절을 받아 호르몬을 분비한다. ② 뇌하수체 전엽에서 분비되는 갑상샘 자극 호르몬(TSH)은 갑상샘에서 티록신 분비를 촉진한다. ③ 뇌하수체 후엽에서 분비되는 항이뇨 호르몬(ADH)은 콩팥에서 물의 재흡수를 촉진하여 혈장 삼투압을 낮추는 작용을 한다.

문제 보기

표는 사람의 내분비샘 ㉠과 ㉡에서 분비되는 호르몬과 표적 기관을 나타낸 것이다. ㉠과 ㉡은 뇌하수체 전엽과 뇌하수체 후엽을 순서 없이 나타낸 것이다.

내분비샘	호르몬	표적 기관
뇌하수체 전엽 ㉠	갑상샘 자극 호르몬(TSH)	갑상샘
뇌하수체 후엽 ㉡	항이뇨 호르몬(ADH)	? 콩팥

이에 대한 설명으로 옳은 것만을 〈보기〉에서 있는 대로 고른 것은? [3점]

〈보기〉 풀이

보기

✗ ㉠은 뇌하수체 후엽이다.
➡ TSH를 분비하는 내분비샘 ㉠은 뇌하수체 전엽이고, ADH를 분비하는 내분비샘 ㉡은 뇌하수체 후엽이다.

Ⓛ ADH는 콩팥에서 물의 재흡수를 촉진한다.
➡ 뇌하수체 후엽에서 분비되는 ADH는 콩팥에서 물의 재흡수를 촉진하여 혈장 삼투압을 조절하는 호르몬이다. 혈장 삼투압이 높을 때 ADH 분비가 증가하여 콩팥에서 재흡수되는 물의 양이 증가하고 그에 따라 오줌 생성량이 감소한다.

Ⓒ TSH와 ADH는 모두 혈액을 통해 표적 기관으로 운반된다.
➡ TSH나 ADH와 같은 호르몬은 혈액을 통해 온몸으로 운반되어 멀리 떨어진 표적 기관에 신호를 전달한다.

14 호르몬의 분비 조절 과정 2025학년도 9월 모평 9번 정답 ④ | 정답률 66%

적용해야 할 개념 ②가지	① 음성 피드백은 어떤 일이 원인으로 작용하여 나타난 결과가 원인을 다시 억제하는 조절 원리로, 대부분의 호르몬 분비는 음성 피드백으로 조절된다. ② 음성 피드백에 의한 티록신 분비 조절 과정은 그림과 같다. TSH(갑상샘 자극 호르몬)는 갑상샘을 자극하여 티록신 분비를 촉진하는 호르몬이고, 티록신은 물질대사를 촉진하는 호르몬이다.	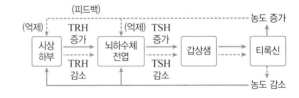

문제 보기

그림 (가)는 사람에서 시간에 따른 혈중 호르몬 ㉠과 ㉡의 농도를, (나)는 혈중 ㉡의 농도에 따른 물질대사량을 나타낸 것이다. ㉠과 ㉡은 티록신과 TSH를 순서 없이 나타낸 것이다.

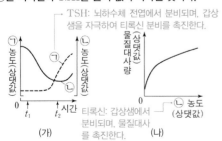

TSH: 뇌하수체 전엽에서 분비되며, 갑상샘을 자극하여 티록신 분비를 촉진한다.

티록신: 갑상샘에서 분비되며, 물질대사를 촉진한다.

(가) (나)

이에 대한 설명으로 옳은 것만을 〈보기〉에서 있는 대로 고른 것은? (단, 제시된 조건 이외는 고려하지 않는다.) [3점]

〈보기〉 풀이

보기

티록신은 갑상샘에서 분비되는 호르몬으로, 뇌하수체 전엽에서 분비되는 TSH(갑상샘 자극 호르몬)에 의해 분비가 촉진된다. 혈중 티록신 농도가 증가하면 뇌하수체 전엽에서 TSH 분비가 억제되고, 그에 따라 티록신 분비가 억제되어 혈중 티록신 농도가 감소하여 일정 수준으로 유지된다.

✗ ㉠은 티록신이다.
➡ ㉡ 농도가 감소했을 때 ㉠은 농도가 증가하므로 ㉠은 TSH이고, ㉡은 티록신이다.

Ⓛ ㉡의 분비는 음성 피드백에 의해 조절된다.
➡ 혈중 티록신(㉡) 농도가 증가하면 뇌하수체 전엽에서 TSH 분비가 억제되고, 혈중 티록신 농도가 감소하면 뇌하수체 전엽에서 TSH 분비가 촉진된다. 이와 같이 최종 결과가 원인을 다시 억제하는 조절 원리를 음성 피드백이라고 한다.

Ⓒ $\dfrac{물질대사량}{혈중\ TSH\ 농도}$ 은 t_1일 때가 t_2일 때보다 크다.
➡ 물질대사량은 티록신(㉡)의 농도에 어느 정도 비례하므로 t_1일 때가 t_2일 때보다 높고, 혈중 TSH(㉠)의 농도는 t_1일 때가 t_2일 때보다 낮다. 따라서 $\dfrac{물질대사량}{혈중\ TSH\ 농도}$ 은 분자 값은 크고 분모 값은 작은 t_1일 때가 t_2일 때보다 크다.

적용해야 할 개념 ③가지

① 호르몬은 내분비샘에서 혈관으로 분비되어 혈액을 통해 운반되며, 표적 기관에서 작용한다.
② 대부분의 호르몬의 분비는 음성 피드백으로 조절된다.
③ 호르몬의 특징

호르몬	내분비샘	작용
갑상샘 자극 호르몬(TSH)	뇌하수체 전엽	갑상샘을 자극하여 티록신 분비를 촉진한다.
항이뇨 호르몬(ADH)	뇌하수체 후엽	콩팥에서 물의 재흡수를 촉진한다.
티록신	갑상샘	물질대사를 촉진한다.

문제 보기

표 (가)는 사람 몸에서 분비되는 호르몬 A~C에서 특징 ⊙~©의 유무를 나타낸 것이고, (나)는 ⊙~©을 순서 없이 나타낸 것이다. A~C는 TSH, 티록신, 항이뇨 호르몬을 순서 없이 나타낸 것이다.

특징 호르몬	⊙	©	©
티록신 A	×	×	○
ADH B	?○	ⓐ○	?○
TSH C	×	○	ⓑ○

(○: 있음, ×: 없음)
(가)

특징(⊙~©)
• 표적 기관에 작용한다. ©
• 뇌하수체에서 분비된다. ©
• 콩팥에서 물의 재흡수를 촉진한다. ⊙

(나)

이에 대한 옳은 설명만을 〈보기〉에서 있는 대로 고른 것은?

〈보기〉 풀이

'표적 기관에 작용한다.'는 TSH, 티록신, 항이뇨 호르몬의 공통 특징이므로 ©이고 ⓑ는 '○'이다. '뇌하수체에서 분비된다.'는 TSH(뇌하수체 전엽)와 항이뇨 호르몬(뇌하수체 후엽)에 해당하는 특징이므로 ©이고, ⓐ는 '○'이다. '콩팥에서 물의 재흡수를 촉진한다.'는 항이뇨 호르몬에만 해당하는 특징이므로 ⊙이고, B가 항이뇨 호르몬이다. 따라서 A는 티록신, C는 TSH이다.

ㄱ ⓐ와 ⓑ는 모두 '○'이다.

➡ 항이뇨 호르몬(B)은 뇌하수체에서 분비되고(특징 ©), TSH(C)는 다른 호르몬과 마찬가지로 표적 기관에 작용한다(특징 ©). 따라서 ⓐ와 ⓑ는 모두 '○'이다.

✗ ⊙은 '뇌하수체에서 분비된다.'이다.

➡ ⊙은 '콩팥에서 물의 재흡수를 촉진한다.'이고 '뇌하수체에서 분비된다.'는 특징 ©이다.

ㄷ A의 분비는 음성 피드백에 의해 조절된다.

➡ 티록신(A)은 시상하부의 조절을 받아 뇌하수체 전엽에서 분비되는 TSH에 의해 분비가 촉진되는데, 혈중 티록신의 농도가 높아지면 시상하부와 뇌하수체 전엽을 억제하여 TSH의 분비가 억제되고, 이에 따라 티록신의 분비가 억제된다. 이와 같이 어떤 것의 결과가 원인을 다시 억제하는 조절 방식을 음성 피드백이라고 한다.

보기

16 혈당량 조절 2023학년도 7월 학평 13번

정답 ③ | 정답률 76 %

적용해야 할 개념 ③가지

① 인슐린은 이자의 β 세포에서 분비되는 호르몬이고, 글루카곤은 이자의 α 세포에서 분비되는 호르몬이다.

② 인슐린은 간에서 포도당을 글리코젠으로 합성하는 과정과 세포로의 포도당 흡수를 촉진하여 혈당량을 감소시키고, 글루카곤은 간에서 글리코젠을 포도당으로 전환하는 과정을 촉진하여 혈당량을 증가시킨다.

③ 인슐린은 혈당량이 높을 때 분비가 촉진되고, 글루카곤은 혈당량이 낮을 때 분비가 촉진된다. 인슐린이 결핍될 경우 혈당량이 높게 유지되어 오줌으로 포도당이 배출되는 당뇨병이 나타날 수 있다.

문제 보기

그림 (가)는 정상인에서 혈중 호르몬 X의 농도에 따른 혈액에서 조직 세포로의 포도당 유입량을, (나)는 사람 A와 B에서 탄수화물 섭취 후 시간에 따른 혈중 X의 농도를 나타낸 것이다. X는 인슐린과 글루카곤 중 하나이고, A와 B는 각각 정상인과 당뇨병 환자 중 하나이다.

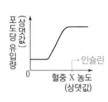

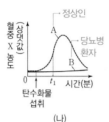

(가)
X는 혈액에서 조직 세포로의 포도당 유입을 촉진한다. ➡ 인슐린

(나)
B는 탄수화물을 섭취하여 혈당량이 높아져도 인슐린 분비가 증가하지 않는다. ➡ 당뇨병 환자

이에 대한 설명으로 옳은 것만을 〈보기〉에서 있는 대로 고른 것은? (단, 제시된 조건 이외는 고려하지 않는다.) [3점]

〈보기〉 풀이

ㄱ. **X는 인슐린이다.**

➡ (가)에서 혈중 X 농도가 높을수록 혈액에서 조직 세포로 유입되는 포도당의 양이 증가한다. 따라서 X는 혈액에서 세포로의 포도당 흡수를 촉진하여 혈당량을 감소시키는 인슐린이다.

ㄴ. **B는 당뇨병 환자이다.**

➡ (나)에서 탄수화물을 섭취하여 혈당량이 증가할 때 혈중 인슐린(X) 농도가 증가하는 A는 정상인이고, 혈당량이 증가하더라도 인슐린(X) 분비가 크게 증가하지 않아 탄수화물 섭취 후 고혈당 상태가 지속될 것으로 추론할 수 있는 B는 당뇨병 환자이다. B는 이자에서 인슐린이 정상적으로 분비되지 않는 것이 당뇨병의 원인일 가능성이 높다.

ㄷ. **A의 혈액에서 조직 세포로의 포도당 유입량은 탄수화물 섭취 시점일 때가 t_1일 때보다 많다.**

➡ 혈중 인슐린(X) 농도가 높을수록 혈액에서 조직 세포로의 포도당 유입량이 많다. A에서 혈중 X 농도는 탄수화물 섭취 시점보다 t_1일 때가 높으므로 혈액에서 조직 세포로의 포도당 유입량은 탄수화물 섭취 시점일 때가 t_1일 때보다 적다.

17 혈당량 조절 2022학년도 3월 학평 10번

정답 ② | 정답률 68 %

적용해야 할 개념 ②가지

① 인슐린은 이자의 β세포에서 분비되는 호르몬으로, 혈당량이 높을 때 분비가 증가하여 조직 세포로의 포도당 유입을 촉진하고, 간에서 포도당을 글리코젠으로 전환하는 과정을 촉진하여 혈당량을 감소시킨다.

② 글루카곤은 이자의 α세포에서 분비되는 호르몬으로, 혈당량이 낮을 때 분비가 증가하여 간에서 글리코젠을 포도당으로 전환하는 과정을 촉진하여 혈당량을 증가시킨다.

문제 보기

그림 (가)는 사람의 이자에서 분비되는 호르몬 ㉠과 ㉡을, (나)는 간에서 일어나는 물질 A와 B 사이의 전환을 나타낸 것이다. ㉠과 ㉡은 각각 인슐린과 글루카곤 중 하나이고, A와 B는 각각 포도당과 글리코젠 중 하나이다. ㉠은 과정 Ⅰ을, ㉡은 과정 Ⅱ를 촉진한다.

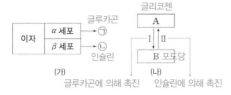

(가)
글루카곤에 의해 촉진

(나)
인슐린에 의해 촉진

이에 대한 옳은 설명만을 〈보기〉에서 있는 대로 고른 것은? [3점]

〈보기〉 풀이

이자의 α세포에서 분비되는 호르몬 ㉠은 글루카곤이고, 이자의 β세포에서 분비되는 호르몬 ㉡은 인슐린이다. 글루카곤은 간에서 글리코젠을 포도당으로 전환하는 과정(Ⅰ)을 촉진하여 혈당량을 높이는 작용을 하므로, A는 글리코젠이고 B는 포도당이다. 인슐린은 글루카곤과는 반대로 간에서 포도당을 글리코젠으로 전환하는 과정(Ⅱ)을 촉진하여 혈당량을 낮추는 작용을 한다.

ㄱ. **B는 글리코젠이다.**

➡ 글루카곤(㉠)이 A를 B로 전환하는 과정 Ⅰ을 촉진하므로 A는 글리코젠이고 B는 포도당이다.

ㄴ. **㉡은 세포로의 포도당 흡수를 촉진한다.**

➡ 인슐린(㉡)은 혈액으로부터 세포로의 포도당 흡수를 촉진하고, 간에서 포도당을 글리코젠으로 전환하는 과정을 촉진하여 혈당량을 낮춘다.

ㄷ. **혈중 포도당 농도가 증가하면 Ⅰ이 촉진된다.**

➡ 혈중 포도당 농도가 증가하면 이자의 β세포에서 인슐린(㉡) 분비가 촉진되어 간에서 포도당(B)이 글리코젠(A)으로 전환되는 과정(Ⅱ)을 촉진하여 혈당량이 정상 수준으로 낮아진다.

적용해야 할 개념 ②가지	① 인슐린은 이자의 β 세포에서 분비되는 호르몬으로, 혈당량이 높을 때 분비가 촉진된다.
	② 인슐린은 간에서 포도당을 글리코젠으로 합성하는 과정과 세포로의 포도당 흡수를 촉진하여 혈당량을 감소시킨다.

문제 보기

그림 (가)는 탄수화물을 섭취한 사람에서 혈중 호르몬 ㉠의 농도 변화를, (나)는 세포 A와 B에서 세포 밖 포도당 농도에 따른 세포 안 포도당 농도를 나타낸 것이다. ㉠은 인슐린과 글루카곤 중 하나이며, A와 B 중 하나에만 처리됐다.

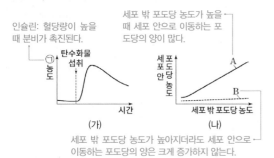

인슐린: 혈당량이 높을 때 분비가 촉진된다.

세포 밖 포도당 농도가 높을 때 세포 안으로 이동하는 포도당의 양이 많다.

세포 밖 포도당 농도가 높아지더라도 세포 안으로 이동하는 포도당의 양은 크게 증가하지 않는다.

㉠에 대한 옳은 설명만을 〈보기〉에서 있는 대로 고른 것은? [3점]

보기

〈보기〉 풀이

ㄱ. 인슐린이다.
➡ 탄수화물을 섭취한 후 소화 과정을 거쳐 혈액으로 포도당이 흡수되면 혈당량이 증가한다. 혈당량이 증가하면 분비가 촉진되는 ㉠은 혈당량 감소 호르몬인 인슐린이다.

ㄴ. 이자의 α 세포에서 분비된다.
➡ 인슐린은 이자의 β 세포에서 분비된다. 이자의 α 세포에서는 혈당량 증가 호르몬인 글루카곤이 분비된다.

ㄷ. B에 처리됐다.
➡ 인슐린은 세포로의 포도당 흡수를 촉진하는 작용을 한다. (나)에서 세포 밖 포도당 농도가 높아짐에 따라 세포 안으로 이동하는 포도당의 양이 증가하여 세포 안 포도당 농도가 증가한 A가 인슐린이 처리된 세포이다.

적용해야 할 개념 ③가지	① 인슐린은 이자 β세포에서 분비되어 혈액으로부터 조직 세포로의 포도당 유입을 촉진하고, 간에서 포도당을 글리코젠으로 합성하는 과정을 촉진하여 혈당량을 감소시킨다.
	② 글루카곤은 이자 α세포에서 분비되어 간에서 글리코젠을 포도당으로 분해하는 과정을 촉진하여 혈당량을 증가시킨다.
	③ 인슐린과 글루카곤은 서로 반대되는 작용을 촉진함으로써 혈중 포도당 농도 조절에 길항적으로 작용한다.

문제 보기

그림 (가)는 정상인이 탄수화물을 섭취한 후 시간에 따른 혈중 호르몬 ㉠과 ㉡의 농도를, (나)는 간에서 ㉡에 의해 촉진되는 물질 A에서 B로의 전환을 나타낸 것이다. ㉠과 ㉡은 인슐린과 글루카곤을 순서 없이 나타낸 것이고, A와 B는 포도당과 글리코젠을 순서 없이 나타낸 것이다.

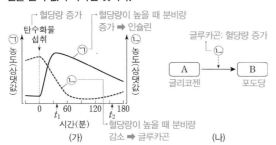

혈당량 증가   혈당량이 높을 때 분비량 증가 ➡ 인슐린

글루카곤: 혈당량 증가

A → B
글리코젠   포도당

혈당량이 높을 때 분비량 감소 ➡ 글루카곤

(가)   (나)

이에 대한 설명으로 옳은 것만을 〈보기〉에서 있는 대로 고른 것은? [3점]

보기

〈보기〉 풀이

정상인이 탄수화물을 섭취하면 소장에서 포도당을 흡수하여 혈중 포도당 농도가 증가한다. 혈중 포도당 농도가 증가하면 혈당량 감소 호르몬인 인슐린의 분비가 촉진되어 혈중 농도가 감소하므로 ㉠은 인슐린이다. ㉡은 혈중 포도당 농도가 증가함에 따라 농도가 감소하므로 혈당량 증가 호르몬인 글루카곤이다.

ㄱ. B는 글리코젠이다.
➡ ㉠은 인슐린, ㉡은 글루카곤이다. 글루카곤(㉡)은 혈당량이 낮을 때 분비가 촉진되어 간 속에 저장된 글리코젠(A)을 포도당(B)으로 분해하여 혈액으로 방출시키는 과정을 촉진함으로써 혈당량을 높인다. 따라서 A는 글리코젠, B는 포도당이다.

ㄴ. 혈중 포도당 농도는 t_1일 때가 t_2일 때보다 낮다.
➡ 인슐린(㉠)은 혈당량을 낮추는 호르몬이므로 혈중 포도당 농도가 높을 때 인슐린 농도가 높다. 따라서 혈중 포도당 농도는 t_1일 때가 t_2일 때보다 높다.

ㄷ. ㉠과 ㉡은 혈중 포도당 농도 조절에 길항적으로 작용한다.
➡ 인슐린(㉠)은 간에서 포도당이 글리코젠으로 합성되는 과정을 촉진하여 혈당량을 낮추고, 글루카곤(㉡)은 간에서 글리코젠이 포도당으로 분해되는 과정을 촉진하여 혈당량을 높인다. 이처럼 인슐린(㉠)과 글루카곤(㉡)은 혈중 포도당 농도 조절에 길항적으로 작용한다.

20 혈당량 조절 2023학년도 6월 모평 16번 정답 ① | 정답률 81%

적용해야 할 개념 ③가지

① 인슐린은 이자의 β세포에서 분비되는 호르몬으로, 혈당량이 높을 때 분비가 촉진되어 간에서 포도당을 글리코젠으로 합성하는 과정과 조직 세포로의 포도당 흡수를 촉진하여 혈당량을 감소시킨다.

② 글루카곤은 이자의 α세포에서 분비되는 호르몬으로, 혈당량이 낮을 때 분비가 촉진되어 간에서 글리코젠을 포도당으로 분해하는 과정을 촉진하여 혈당량을 증가시킨다.

③ 인슐린과 글루카곤은 길항적으로 작용하여 혈당량을 조절한다.

문제 보기

그림 (가)는 정상인이 탄수화물을 섭취한 후 시간에 따른 혈중 호르몬 ㉠과 ㉡의 농도를, (나)는 이자의 세포 X와 Y에서 분비되는 ㉠과 ㉡을 나타낸 것이다. ㉠과 ㉡은 글루카곤과 인슐린을 순서 없이 나타낸 것이고, X와 Y는 α세포와 β세포를 순서 없이 나타낸 것이다.

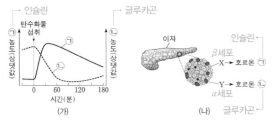

(가)

(나)

이에 대한 설명으로 옳은 것만을 〈보기〉에서 있는 대로 고른 것은?

〈보기〉 풀이

탄수화물을 섭취하여 혈당량이 증가하면 이자 호르몬 ㉠의 분비가 증가하고 ㉡의 분비는 감소하므로 ㉠은 혈당량을 감소시키는 작용을 하는 인슐린이고 ㉡은 혈당량을 증가시키는 작용을 하는 글루카곤이다. 인슐린을 분비하는 X는 β세포이고, 글루카곤을 분비하는 Y는 α세포이다.

ㄱ. ㉠과 ㉡은 혈중 포도당 농도 조절에 길항적으로 작용한다.

➡ 길항 작용은 하나의 대상에 대해 상반된 작용을 하여 대상의 상태를 조절하는 것이다. 정상인이 탄수화물을 섭취하여 혈당량이 높을 때 인슐린(㉠)과 글루카곤(㉡)의 분비 양상이 반대로 나타난 것은 인슐린(㉠)은 혈당량을 낮추고, 글루카곤(㉡)은 혈당량을 높이는 것과 같이 혈중 포도당 농도 조절에 서로 반대 즉, 길항적으로 작용하기 때문이다.

✗ ㉡은 간에서 포도당이 글리코젠으로 전환되는 과정을 촉진한다.

➡ 글루카곤(㉡)은 간에 저장된 글리코젠을 포도당으로 전환하는 과정을 촉진하여 포도당을 혈액 속으로 내보내 혈당량을 증가시킨다. 인슐린(㉠)은 혈액으로부터 세포로의 포도당 흡수를 촉진하고 간에서 포도당을 글리코젠으로 전환하는 과정을 촉진하여 혈당량을 감소시킨다.

✗ X는 α세포이다.

➡ 인슐린(㉠)이 분비되는 X는 β세포이고, 글루카곤(㉡)이 분비되는 Y는 α세포이다.

---

21 혈당량 조절 2022학년도 7월 학평 6번 정답 ② | 정답률 68%

적용해야 할 개념 ③가지

① 인슐린은 이자의 β세포에서 분비되는 호르몬으로, 혈당량이 높을 때 분비가 촉진되어 간에서 포도당을 글리코젠으로 합성하는 과정과 조직 세포로의 포도당 흡수를 촉진하여 혈당량을 감소시킨다.

② 글루카곤은 이자의 α세포에서 분비되는 호르몬으로, 혈당량이 낮을 때 분비가 촉진되어 간에서 글리코젠을 포도당으로 분해하는 과정을 촉진하여 혈당량을 증가시킨다.

③ 간뇌 시상 하부는 자율 신경과 내분비계의 최고 조절 중추로, 체온 조절, 혈당량 조절, 삼투압 조절 등과 같은 항상성 유지에 관여한다.

문제 보기

그림 (가)는 이자에서 분비되는 호르몬 A와 B의 분비 조절 과정 일부를, (나)는 어떤 정상인이 단식할 때와 탄수화물 식사를 할 때 간에 있는 글리코젠의 양을 시간에 따라 나타낸 것이다. A와 B는 각각 인슐린과 글루카곤 중 하나이다.

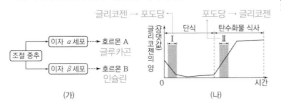

(가)

(나)

이에 대한 설명으로 옳은 것만을 〈보기〉에서 있는 대로 고른 것은? [3점]

〈보기〉 풀이

이자의 α세포에서 분비되는 호르몬 A는 글루카곤이고, β세포에서 분비되는 호르몬 B는 인슐린이다.

✗ (가)에서 조절 중추는 척수이다.

➡ 호르몬 분비를 조절하여 항상성을 유지하는 데 관여하는 조절 중추는 간뇌 시상 하부이다.

✗ A는 세포로의 포도당 흡수를 촉진한다.

➡ A는 글루카곤이며, 글루카곤은 간에 저장된 글리코젠을 포도당으로 전환하는 과정을 촉진하여 포도당을 혈액 속으로 내보내 혈당량을 증가시킨다. 세포로의 포도당 흡수를 촉진하는 호르몬은 인슐린(B)이다.

ㄷ. B의 분비량은 구간 Ⅱ에서가 구간 Ⅰ에서보다 많다.

➡ 인슐린(B)은 세포로의 포도당 흡수를 촉진하고 간에서 포도당을 글리코젠으로 전환하는 과정을 촉진하여 혈당량을 감소시키는 작용을 한다. 따라서 인슐린의 분비량이 많을수록 간 속의 글리코젠 양이 증가하므로 인슐린(B)의 분비량은 구간 Ⅱ에서가 구간 Ⅰ에서보다 많다.

적용해야 할 개념 ③가지

① 글루카곤은 이자의 α 세포에서 분비되는 호르몬이고, 인슐린은 이자의 β 세포에서 분비되는 호르몬이다.

② 글루카곤은 간에서 글리코젠을 포도당으로 전환하는 과정을 촉진하여 혈당량을 증가시키고, 인슐린은 간에서 포도당을 글리코젠으로 합성하는 과정과 세포로의 포도당 흡수를 촉진하여 혈당량을 감소시킨다.

③ 글루카곤은 혈중 포도당 농도가 낮을 때 분비가 촉진되고, 인슐린은 혈중 포도당 농도가 높을 때 분비가 촉진된다.

문제 보기

그림 (가)는 이자에서 분비되는 호르몬 ㉠과 ㉡의 분비 조절 과정 일부를, (나)는 정상인이 탄수화물을 섭취한 후 시간에 따른 혈중 호르몬 X의 농도를 나타낸 것이다. ㉠과 ㉡은 인슐린과 글루카곤을 순서 없이 나타낸 것이고, X는 ㉠과 ㉡ 중 하나이다.

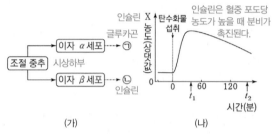

(가)   (나)

이에 대한 설명으로 옳은 것만을 〈보기〉에서 있는 대로 고른 것은? (단, 제시된 조건 이외는 고려하지 않는다.) [3점]

〈보기〉 풀이

(가)에서 혈당량 조절 중추는 간뇌의 시상하부이다. 이자 α 세포에서 분비되는 호르몬 ㉠은 글루카곤이고, 이자 β 세포에서 분비되는 호르몬 ㉡은 인슐린이다. (나)에서 탄수화물을 섭취하면 소화 과정을 거쳐 소장에서 포도당을 흡수하여 혈중 포도당 농도가 높아진다. 혈중 포도당 농도가 높아짐에 따라 분비가 촉진되어 혈중 농도가 증가하는 호르몬 X는 혈당량이 높을 때 분비가 촉진되어 혈당량을 감소시키는 호르몬 ㉡ 인슐린이다.

㉠ **X는 ㉡이다.**

➡ X는 혈당량이 높을 때 분비가 촉진되어 혈당량을 감소시키는 인슐린(㉡)이다.

✗ **㉠은 세포로의 포도당 흡수를 촉진한다.**

➡ 글루카곤(㉠)은 간세포에 저장된 글리코젠을 포도당으로 전환하여 혈액으로 방출하는 과정을 촉진하여 혈당량을 높이는 작용을 한다. 인슐린(㉡)은 조직 세포로의 포도당 흡수를 촉진하고 간에서 포도당을 글리코젠으로 전환하는 작용을 촉진하여 혈당량을 낮추는 작용을 한다.

✗ **혈중 포도당 농도는 t_1일 때가 t_2일 때보다 낮다.**

➡ 인슐린(X)은 혈중 포도당 농도가 높을 때 분비가 촉진되므로, X의 농도가 높은 t_1일 때가 t_2일 때보다 혈중 포도당 농도가 높다.

적용해야 할 개념 ③가지

① 인슐린은 이자의 β 세포에서 분비되는 호르몬으로, 세포로의 포도당 흡수를 촉진하고 간에서 포도당을 글리코젠으로 합성하는 과정을 촉진하여 혈당량을 낮춘다.

② 호르몬은 내분비샘에서 분비되어 혈액에 의해 표적 세포로 운반된다.

③ 인슐린은 혈당량이 높을 때 분비가 촉진되어 혈당량을 정상 수준으로 낮추는 작용을 한다.

문제 보기

다음은 호르몬 X에 대한 자료이다.

┌──────── 인슐린   혈당량 감소 ────┐

X는 이자의 β 세포에서 분비되며, 세포로의 ⓐ 포도당 흡수를 촉진한다. X가 정상적으로 생성되지 못하거나 X의 표적 세포가 X에 반응하지 못하면, 혈중 포도당 농도가 정상적으로 조절되지 못한다.
               └─ 당뇨병

이에 대한 설명으로 옳은 것만을 〈보기〉에서 있는 대로 고른 것은?

〈보기〉 풀이

㉠ **X는 간에서 ⓐ가 글리코젠으로 전환되는 과정을 촉진한다.**

➡ 이자의 β 세포에서 분비되는 호르몬 X는 인슐린이다. 인슐린은 세포로의 포도당(ⓐ) 흡수를 촉진하고, 간에서 포도당(ⓐ)이 글리코젠으로 전환되는 과정을 촉진하여 혈당량을 낮추는 작용을 한다.

㉡ **순환계를 통해 X가 표적 세포로 운반된다.**

➡ 순환계는 심장, 혈관 등으로 구성된다. 인슐린(X)을 비롯한 호르몬은 혈액을 통해 혈관을 따라 이동하므로 순환계를 통해 X가 표적 세포로 운반된다.

✗ **혈중 포도당 농도가 증가하면 X의 분비가 억제된다.**

➡ 혈중 포도당 농도가 증가하여 정상 범위보다 높아지면 인슐린(X)의 분비가 증가하여 혈당량을 정상 수준으로 낮춘다.

24 혈당량 조절 2021학년도 7월 학평 3번

적용해야 할 개념 ②가지

① 인슐린은 이자 β세포에서 분비되어 혈액으로부터 조직 세포로의 포도당 유입을 촉진하고, 간에서 포도당을 글리코젠으로 합성하는 과정을 촉진하여 혈당량을 감소시킨다.

② 글루카곤은 이자 α세포에서 분비되어 간에서 글리코젠을 포도당으로 분해하는 과정을 촉진하여 혈당량을 증가시킨다.

문제 보기

그림 (가)는 호르몬 A와 B에 의해 촉진되는 글리코젠과 포도당 사이의 전환 과정을, (나)는 어떤 세포에 ㉠을 처리했을 때와 처리하지 않았을 때 세포 밖 포도당 농도에 따른 세포 안 포도당 농도를 나타낸 것이다. A와 B는 각각 인슐린과 글루카곤 중 하나이며, ㉠은 A와 B 중 하나이다.

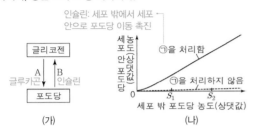

이에 대한 설명으로 옳은 것만을 〈보기〉에서 있는 대로 고른 것은? (단, 제시된 조건 이외는 고려하지 않는다.) [3점]

보기

〈보기〉 풀이

A는 글리코젠을 포도당으로 분해하는 과정을 촉진하므로 혈당량을 증가시키는 호르몬인 글루카곤이고, B는 포도당을 글리코젠으로 합성하는 과정을 촉진하므로 혈당량을 감소시키는 호르몬인 인슐린이다.

ㄱ. ㉠은 B이다.

➡ (나)에서 ㉠을 처리하면 세포 밖 포도당 농도가 높을수록 세포 안 포도당 농도가 크게 높아진다. 이를 통해 ㉠은 세포 밖에서 세포 안으로 포도당이 흡수되는 것을 촉진하는 작용을 함을 알 수 있다. 인슐린은 혈액 속의 포도당이 간이나 조직 세포로 유입되는 것을 촉진하여 혈당량을 감소시키는 작용을 하므로 ㉠은 B(인슐린)이다.

ㄴ. A는 이자의 α세포에서 분비된다.

➡ A는 간에서 글리코젠을 포도당으로 분해하는 과정을 촉진하는 글루카곤이고, 글루카곤은 이자의 α세포에서 분비된다.

ㄷ. ㉠을 처리했을 때 세포 밖에서 세포 안으로 이동하는 포도당의 양은 S_1일 때가 S_2일 때보다 많다.

➡ ㉠을 처리했을 때 세포 안 포도당 농도는 S_1일 때보다 S_2일 때가 높다. 이것은 세포 밖에서 세포 안으로 이동하는 포도당의 양이 S_1일 때보다 S_2일 때가 많기 때문이다.

---

25 혈당량 조절 2024학년도 5월 학평 6번

적용해야 할 개념 ③가지

① 인슐린은 이자의 β 세포에서 분비되는 호르몬으로, 혈당량이 높을 때 분비가 촉진된다.

② 인슐린은 간에서 포도당을 글리코젠으로 합성하는 과정과 세포로의 포도당 흡수를 촉진하여 혈당량을 감소시킨다.

③ 당뇨병 환자는 인슐린이 정상적으로 분비되지 않거나 작용하지 않아 혈당량이 높은 상태로 지속되어 오줌으로 포도당이 배출된다.

문제 보기

그림은 정상인 A와 당뇨병 환자 B가 운동을 하는 동안 혈중 포도당 농도 변화를 나타낸 것이다. ㉠과 ㉡은 A와 B를 순서 없이 나타낸 것이다. B는 이자의 β 세포가 파괴되어 인슐린이 정상적으로 생성되지 못한다.

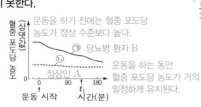

이에 대한 설명으로 옳은 것만을 〈보기〉에서 있는 대로 고른 것은? (단, 제시된 조건 이외는 고려하지 않는다.) [3점]

보기

〈보기〉 풀이

ㄱ. ㉠은 B이다.

➡ ㉡은 운동을 하는 동안 혈중 포도당 농도가 거의 일정하게 유지되므로 혈당량 조절이 정상적으로 일어나는 정상인 A이고, ㉠은 혈중 포도당 농도가 정상 수준보다 높은 상태에서 운동을 하는 동안 감소하므로 당뇨병 환자 B이다.

ㄴ. 인슐린은 세포로의 포도당 흡수를 촉진한다.

➡ 인슐린은 이자의 β 세포에서 분비되어 조직 세포로의 포도당 흡수를 촉진하고 간에서 포도당을 글리코젠으로 전환하는 작용을 촉진하여 혈당량을 낮추는 작용을 한다.

ㄷ. A의 간에서 단위 시간당 생성되는 포도당의 양은 운동 시작 시점일 때가 t_1일 때보다 많다.

➡ 정상인 A가 운동을 하는 동안 혈중 포도당 농도가 거의 일정하게 유지되는 것은 근육세포에서 운동에 필요한 에너지를 얻기 위해 혈액 속의 포도당을 흡수하여 사용하는 만큼 간에서 저장되어 있는 글리코젠을 포도당으로 전환하여 혈액으로 공급하기 때문이다. 따라서 정상인 A의 간에서 단위 시간당 생성되는 포도당의 양은 운동을 하고 있는 t_1일 때가 운동 시작 시점일 때보다 많다.

적용해야 할 개념 ③가지

① 글루카곤은 이자의 α세포에서 분비되는 호르몬으로, 혈당량이 낮을 때 분비가 증가하여 간에서 글리코젠을 포도당으로 전환하는 과정을 촉진하여 혈당량을 증가시킨다.

② 인슐린은 이자의 β세포에서 분비되는 호르몬으로, 혈당량이 높을 때 분비가 증가하여 조직 세포로의 포도당 유입을 촉진하고 간에서 포도당을 글리코젠으로 전환하는 과정을 촉진하여 혈당량을 감소시킨다.

③ 글루카곤과 인슐린은 길항 작용을 하여 혈당량을 조절하므로 혈당량 변화에 따른 두 호르몬의 분비량 변화는 반대 양상으로 나타난다. 즉, 혈당량이 높을 때 글루카곤 분비량은 감소하고 인슐린 분비량은 증가하며, 혈당량이 낮을 때 글루카곤 분비량은 증가하고 인슐린 분비량은 감소한다.

문제 보기

혈당량 증가 호르몬
➡ 이자의 α세포에서 분비

그림은 정상인이 I과 II일 때 혈중 글루카곤 농도의 변화를 나타낸 것이다. I과 II는 '혈중 포도당 농도가 높은 상태'와 '혈중 포도당 농도가 낮은 상태'를 순서 없이 나타낸 것이다.

혈중 포도당 농도가 낮은 상태 ➡ 글루카곤 분비 촉진, 인슐린 분비 억제

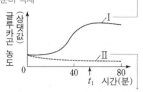

혈중 포도당 농도가 높은 상태 ➡ 글루카곤 분비 억제, 인슐린 분비 촉진

이에 대한 설명으로 옳은 것만을 〈보기〉에서 있는 대로 고른 것은? (단, 제시된 조건 이외는 고려하지 않는다.)

보기

<보기> 풀이

✗ ㄱ I은 '혈중 포도당 농도가 높은 상태'이다.

➡ 글루카곤은 간에서 글리코젠이 포도당으로 전환되는 과정을 촉진하여 혈당량을 증가시키는 호르몬이므로, 혈중 포도당 농도가 정상 범위보다 낮을 때 분비가 촉진된다. 따라서 글루카곤 농도가 높은 I이 '혈중 포도당 농도가 낮은 상태'이고, 글루카곤 농도가 낮은 II가 '혈중 포도당 농도가 높은 상태'이다.

ㄴ 이자의 α세포에서 글루카곤이 분비된다.

➡ 이자의 α세포에서 글루카곤이 분비되고, 이자의 β세포에서 인슐린이 분비된다.

✗ ㄷ t_1일 때 $\dfrac{혈중\ 인슐린\ 농도}{혈중\ 글루카곤\ 농도}$ 는 I에서가 II에서보다 크다.

➡ 인슐린과 글루카곤은 서로 반대되는 작용(길항 작용)을 하여 혈당량을 조절하므로 혈중 인슐린 농도는 혈중 글루카곤 농도와 반대되는 양상으로 나타난다. t_1일 때 혈중 글루카곤의 농도는 I이 II보다 높으므로 인슐린의 농도는 I이 II보다 낮다.

따라서 t_1일 때 $\dfrac{혈중\ 인슐린\ 농도}{혈중\ 글루카곤\ 농도}$ 는 I에서가 II에서보다 작다.

적용해야 할 개념 ④가지

① 인슐린은 이자의 β세포에 분비되는 호르몬으로, 혈당량이 높을 때 분비가 촉진된다.

② 인슐린은 간에서 포도당을 글리코젠으로 합성하는 과정과 조직 세포로의 포도당 흡수를 촉진하여 혈당량을 감소시킨다.

③ 글루카곤은 이자의 α세포에서 분비되는 호르몬으로, 혈당량이 낮을 때 분비가 촉진된다.

④ 글루카곤은 간에서 글리코젠을 포도당으로 분해하는 과정을 촉진하여 혈당량을 증가시킨다.

문제 보기

그림은 정상인이 포도당 용액을 섭취한 후 시간에 따른 혈중 포도당의 농도와 호르몬 ㉠의 농도를 나타낸 것이다. ㉠은 글루카곤과 인슐린 중 하나이다.

인슐린의 작용으로 조직 세포로의 포도당 흡수가 촉진되고, 간에서 글리코젠 합성량이 증가한다.
➡ 혈당량 감소

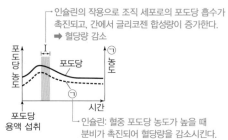

포도당 용액 섭취

인슐린: 혈중 포도당 농도가 높을 때 분비가 촉진되어 혈당량을 감소시킨다.

이에 대한 옳은 설명만을 〈보기〉에서 있는 대로 고른 것은? [3점]

보기

<보기> 풀이

✗ ㄱ ㉠은 글루카곤이다.

➡ 포도당 용액을 섭취하여 혈중 포도당 농도가 높아짐에 따라 ㉠의 분비량도 증가한다. 따라서 ㉠은 혈당량이 높을 때 분비가 촉진되어 혈당량을 감소시키는 작용을 하는 인슐린이다.

ㄴ 이자의 β세포에서 ㉠이 분비된다.

➡ 인슐린(㉠)은 이자의 β세포에서 분비된다.

ㄷ 구간 I에서 글리코젠의 합성이 일어난다.

➡ 구간 I에서 혈중 포도당의 농도가 감소하는 것은 인슐린(㉠)의 작용으로 혈중 포도당의 세포 내 흡수가 촉진되고, 간세포에서 포도당이 글리코젠으로 전환되는 과정이 촉진되기 때문이다. 따라서 구간 I에서는 간세포에서 글리코젠 합성이 일어난다.

28 혈당량 조절 2022학년도 수능 8번
정답 ③ | 정답률 61%

적용해야 할 개념 ③가지

① 글루카곤은 이자의 α세포에서 분비되며, 간에서 글리코젠을 포도당으로 분해하는 과정을 촉진하여 혈당량을 증가시킨다.

② 인슐린은 이자의 β세포에 분비되며, 간에서 포도당을 글리코젠으로 합성하는 과정과 조직 세포로의 포도당 흡수를 촉진하여 혈당량을 감소시킨다.

③ 인슐린과 글루카곤은 서로 반대되는 작용을 촉진함으로써 혈중 포도당 농도 조절에 길항적으로 작용하므로, 혈당량 변화에 따른 혈중 호르몬 농도 변화는 서로 반대 양상을 나타낸다.

문제 보기

그림은 정상인이 운동을 하는 동안 혈중 포도당 농도와 혈중 ㉠ 농도의 변화를 나타낸 것이다. ㉠은 글루카곤과 인슐린 중 하나이다.

┌─ 세포 호흡 증가, 포도당 소비 증가

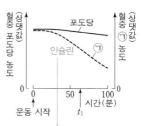

운동으로 포도당 소비가 증가하여 혈당량이 낮아지므로, 인슐린의 분비가 억제된다.

이에 대한 설명으로 옳은 것만을 <보기>에서 있는 대로 고른 것은? (단, 제시된 조건 이외는 고려하지 않는다.)

<보기> 풀이

정상인이 운동을 하면 세포 호흡이 활발해지므로 포도당의 소비가 증가하여 혈중 포도당 농도가 감소한다. 따라서 혈중 포도당 농도를 높이는 작용을 하는 글루카곤의 분비는 촉진되고 혈중 포도당 농도를 낮추는 작용을 하는 인슐린의 분비는 감소한다. 따라서 운동할 때 혈중 농도가 감소하는 ㉠은 인슐린이다.

ㄱ. 이자의 α세포에서 글루카곤이 분비된다.

➡ 이자의 α세포에서는 글루카곤이 분비되고, 이자의 β세포에서는 인슐린이 분비된다.

ㄴ. ㉠은 세포로의 포도당 흡수를 촉진한다.

➡ 인슐린(㉠)은 혈당량이 높을 때 분비가 촉진되어 혈액에서 세포로의 포도당 흡수와 간에서 포도당을 글리코젠으로 합성하는 과정을 촉진하여 혈당량을 낮춘다.

ㄷ. 간에서 단위 시간당 생성되는 포도당의 양은 운동 시작 시점일 때가 t_1일 때보다 많다.

➡ 인슐린은 간에서 포도당을 글리코젠으로 합성하는 과정을 촉진하고 글루카곤은 간에 저장된 글리코젠을 포도당으로 분해하는 과정을 촉진한다. 운동으로 혈당량이 감소하면 인슐린(㉠) 분비는 감소하고 글루카곤 분비는 증가하므로 혈중 글루카곤 농도는 운동 시작 시점일 때가 t_1일 때보다 낮다. 따라서 간에서 단위 시간당 생성되는 포도당의 양은 운동 시작 시점일 때가 t_1일 때보다 적다.

---

29 혈당량 조절 2024학년도 3월 학평 9번
정답 ③ | 정답률 68%

적용해야 할 개념 ②가지

① 인슐린은 이자의 β 세포에서 분비되는 호르몬으로, 혈당량이 높을 때 분비가 촉진된다.

② 인슐린은 간에서 포도당을 글리코젠으로 합성하는 과정과 세포로의 포도당 흡수를 촉진하여 혈당량을 감소시킨다.

문제 보기

그림 (가)는 정상인이 탄수화물을 섭취한 후 시간에 따른 혈중 호르몬 X의 농도를, (나)는 이 사람에서 혈중 X의 농도에 따른 단위 시간당 혈액에서 조직 세포로의 포도당 유입량을 나타낸 것이다. X는 인슐린과 글루카곤 중 하나이다.

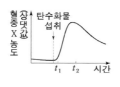 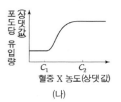

(가)
탄수화물 섭취 → 혈당량 증가 → X 분비 촉진 → 혈중 X 농도 증가 ➡ X는 혈당량이 높을 때 분비가 촉진되어 혈당량을 낮추는 작용을 하는 인슐린이다.

(나)
혈중 X 농도 증가 → 혈액에서 조직 세포로의 포도당 유입량 증가 → 혈당량 감소

이에 대한 옳은 설명만을 <보기>에서 있는 대로 고른 것은? (단, 제시된 조건 이외는 고려하지 않는다.) [3점]

<보기> 풀이

ㄱ. X는 이자의 β 세포에서 분비된다.

➡ 탄수화물을 섭취하여 혈당량이 증가함에 따라 혈중 농도가 증가하는 X는 혈당량 감소 호르몬인 인슐린이다. 인슐린은 이자의 β 세포에서 분비되어 혈액에서 조직 세포로의 포도당 유입을 촉진하고 간에서 포도당을 글리코젠으로 전환하는 작용을 촉진하여 혈당량을 낮춘다.

ㄴ. 단위 시간당 혈액에서 조직 세포로의 포도당 유입량은 t_2일 때가 t_1일 때보다 많다.

➡ (나)에서 혈중 X 농도가 증가하면 혈액에서 조직 세포로의 포도당 유입량이 증가한다. (가)에서 t_2일 때가 t_1일 때보다 혈중 X 농도가 높으므로, 단위 시간당 혈액에서 조직 세포로의 포도당 유입량은 t_2일 때가 t_1일 때보다 많다.

ㄷ. 간에서 글리코젠의 분해는 C_2에서가 C_1에서보다 활발하다.

➡ 인슐린(X)은 간에서 포도당을 글리코젠으로 전환하는 작용을 촉진하고 글리코젠의 분해를 억제한다. 따라서 X의 농도가 높은 C_2에서는 C_1에서보다 간에서 글리코젠의 분해가 억제되고 글리코젠의 합성이 활발하게 일어난다.

적용해야 할 개념 ③가지

① 인슐린은 이자의 β세포에서 분비되며, 간에서 포도당을 글리코젠으로 합성하는 과정과 체세포의 포도당 흡수를 촉진하여 혈당량을 감소시킨다.

② 글루카곤은 이자의 α세포에서 분비되며, 간에서 글리코젠을 포도당으로 분해하는 과정을 촉진하여 혈당량을 증가시킨다.

③ 혈당량이 높을 때 인슐린의 분비가 촉진되고, 혈당량이 낮을 때 글루카곤의 분비가 촉진되어 혈당량이 조절된다.

문제 보기

그림 (가)와 (나)는 탄수화물을 섭취한 후 시간에 따른 A와 B의 혈중 포도당 농도와 혈중 X 농도를 각각 나타낸 것이다. A와 B는 정상인과 당뇨병 환자를 순서 없이 나타낸 것이고, X는 인슐린과 글루카곤 중 하나이다.

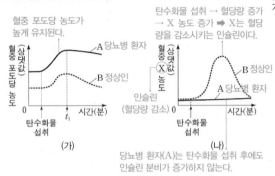

이에 대한 설명으로 옳은 것만을 〈보기〉에서 있는 대로 고른 것은? (단, 제시된 조건 이외는 고려하지 않는다.)

〈보기〉 풀이

ㄱ. **B는 당뇨병 환자이다.**

➡ 당뇨병 환자는 혈중 포도당 농도를 낮추는 호르몬의 분비나 작용에 이상이 생겨 혈중 포도당 농도가 정상인보다 높게 유지되어 오줌으로 포도당이 배출되는 증상을 나타낸다. 따라서 탄수화물 섭취 전후에 혈중 포도당 농도가 높은 A가 당뇨병 환자이고, B는 정상인이다.

ㄴ. **X는 이자의 β세포에서 분비된다.**

➡ (나)에서 당뇨병 환자(A)에서는 탄수화물 섭취 후 X가 거의 분비되지 않아 혈중 X의 농도가 매우 낮은 상태로 변화가 없고, 정상인(B)에서는 탄수화물 섭취 후 혈중 포도당 농도가 높아지면서 X의 분비가 촉진되어 혈중 X의 농도가 높아졌다. 따라서 X는 혈당량이 높을 때 분비가 촉진되어 혈당량을 낮추는 호르몬인 인슐린이며, 인슐린은 이자의 β세포에서 분비된다.

ㄷ. **정상인에서 혈중 글루카곤의 농도는 탄수화물 섭취 시점에서가 t_1에서보다 낮다.**

➡ 글루카곤은 이자의 α세포에서 분비되어 혈당량을 증가시키는 호르몬이므로, 탄수화물 섭취 시점부터 혈당량이 증가하는 t_1까지 정상인에서 글루카곤 분비가 억제된다. 따라서 정상인에서 혈중 글루카곤의 농도는 탄수화물 섭취 시점에서가 t_1에서보다 높다.

적용해야 할 개념 ②가지

① 고혈당일 때: 이자섬의 β세포 → 인슐린 분비 증가 → 혈액으로부터 체세포로의 포도당 흡수 촉진, 간에서 포도당을 글리코젠으로 합성하는 과정 촉진 → 혈당량 감소

② 당뇨병은 정상 수준보다 혈당량이 높아서 오줌으로 포도당이 배출되는 질환이다. 1형 당뇨병은 인슐린이 정상적으로 분비되지 않는 것이 원인이고, 2형 당뇨병은 인슐린 기능 저하(인슐린 저항성)로 표적 세포가 인슐린에 정상적으로 반응하지 못하는 것이 원인이다.

문제 보기

그림은 정상인과 당뇨병 환자 A가 탄수화물을 섭취한 후 시간에 따른 혈중 인슐린 농도를, 표는 당뇨병 (가)와 (나)의 원인을 나타낸 것이다. A의 당뇨병은 (가)와 (나) 중 하나에 해당한다.

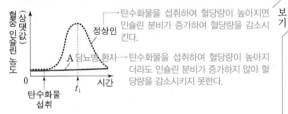

당뇨병	원인
(가) 1형 당뇨병	이자의 β세포가 파괴되어 인슐린이 정상적으로 생성되지 못함
(나) 2형 당뇨병	인슐린은 정상적으로 분비되나 표적 세포가 인슐린에 반응하지 못함

이에 대한 설명으로 옳은 것만을 〈보기〉에서 있는 대로 고른 것은? (단, 제시된 조건 이외는 고려하지 않는다.) [3점]

〈보기〉 풀이

ㄱ. **A의 당뇨병은 (가)에 해당한다.**

➡ 탄수화물 섭취 후 정상인은 혈중 인슐린 농도가 증가하는 데 비해 당뇨병 환자 A는 혈중 인슐린 농도가 증가하지 않는다. 따라서 A의 당뇨병은 이자의 β세포가 파괴되어 인슐린이 정상적으로 생성되지 못하는 당뇨병 (가)에 해당한다.

ㄴ. **인슐린은 세포로의 포도당 흡수를 촉진한다.**

➡ 인슐린은 세포로의 포도당 흡수를 촉진하고, 간세포에서 포도당을 글리코젠으로 합성하는 반응을 촉진하여 혈중 포도당 농도를 감소시킨다.

ㄷ. **t_1일 때 혈중 포도당 농도는 A가 정상인보다 낮다.**

➡ t_1일 때 혈중 인슐린 농도는 정상인이 A보다 높다. 인슐린은 혈중 포도당 농도를 낮추는 작용을 하므로, t_1일 때 혈중 포도당 농도는 정상인이 A보다 낮다.

32	혈당량 조절 2021학년도 수능 7번	정답 ① | 정답률 73%

적용해야 할 개념 ③가지

① 인슐린은 이자섬의 β세포에서 분비되며, 간에서 포도당을 글리코젠으로 합성하는 과정과 조직 세포로의 포도당 흡수를 촉진하여 혈당량을 감소시킨다.

② 당뇨병은 정상 수준보다 혈당량이 높아서 오줌으로 포도당이 배출되는 질환이다. 1형 당뇨병은 인슐린이 정상적으로 분비되지 않는 것이 원인이고, 2형 당뇨병은 인슐린 기능 저하(인슐린 저항성)로 표적 세포가 인슐린에 정상적으로 반응하지 못하는 것이 원인이다.

③ 1형 당뇨병은 인슐린 주사로 치료하고, 2형 당뇨병은 식이 요법과 운동 요법으로 치료한다.

문제 보기

그림은 당뇨병 환자 A와 B가 탄수화물을 섭취한 후 인슐린을 주사하였을 때 시간에 따른 혈중 포도당 농도를, 표는 당뇨병 (가)와 (나)의 원인을 나타낸 것이다. A와 B의 당뇨병은 각각 (가)와 (나) 중 하나에 해당한다. ㉠은 α세포와 β세포 중 하나이다.

탄수화물을 섭취한 후 인슐린을 주사해도 혈당량을 낮추는 효과가 없다. ➡ (나) 2형 당뇨병

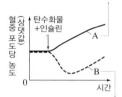

당뇨병	원인
(가) 1형 당뇨병	이자의 ㉠이 파괴되어 인슐린이 생성되지 못함
(나) 2형 당뇨병	인슐린의 표적 세포가 인슐린에 반응하지 못함

이자섬 β세포

탄수화물을 섭취한 후 인슐린을 주사하면 혈당량을 낮추는 효과가 있다. ➡ (가) 1형 당뇨병

이에 대한 설명으로 옳은 것만을 〈보기〉에서 있는 대로 고른 것은? (단, 제시된 조건 이외는 고려하지 않는다.) [3점]

〈보기〉 풀이

(가)는 인슐린 분비 세포가 파괴되어 인슐린이 생성되지 않아서 나타나는 1형 당뇨병으로, 1형 당뇨병 환자는 인슐린 주사로 치료한다. (나)는 인슐린의 표적 세포가 인슐린에 반응하지 못하는 2형 당뇨병이다. 탄수화물을 섭취한 후 인슐린을 주사하였을 때 A는 계속 혈당량이 높아지므로 (나) 2형 당뇨병이고, B는 혈당량이 낮아지는 효과가 있으므로 (가) 1형 당뇨병이다.

ㄱ. ㉠은 β세포이다.

➡ 인슐린은 이자의 β세포에서 분비되어 혈당량을 낮추는 작용을 하는 호르몬이다. 따라서 ㉠은 인슐린 분비 세포인 β세포이다.

ㄴ. B의 당뇨병은 (나)에 해당한다.

➡ 당뇨병 환자 B는 인슐린을 주사하였을 때 혈중 포도당 농도가 감소하였으므로, B는 인슐린 생성에 이상이 생긴 1형 당뇨병(가) 환자이다.

ㄷ. 정상인에서 혈중 포도당 농도가 증가하면 인슐린의 분비가 억제된다.

➡ 정상인은 혈중 포도당 농도가 증가하면 인슐린의 분비가 촉진되어 혈중 포도당 농도를 정상 수준으로 낮춘다.

33	혈당량 조절 2023학년도 수능 10번	정답 ① | 정답률 74%

적용해야 할 개념 ③가지

① 인슐린은 이자의 β세포에 분비되는 호르몬으로, 간에서 포도당을 글리코젠으로 합성하는 과정과 체세포로의 포도당 흡수를 촉진하여 혈당량을 감소시킨다.

② 글루카곤은 이자의 α세포에서 분비되는 호르몬으로, 간에서 글리코젠을 포도당으로 분해하는 과정을 촉진하여 혈당량을 증가시킨다.

③ 인슐린을 주사하면 혈중 포도당 농도는 감소하고, 혈중 포도당 농도의 감소에 따라 글루카곤 분비는 증가한다.

문제 보기

그림 (가)와 (나)는 정상인 Ⅰ과 Ⅱ에서 ㉠과 ㉡의 변화를 각각 나타낸 것이다. t_1일 때 Ⅰ과 Ⅱ 중 한 사람에게만 인슐린을 투여하였다. ㉠과 ㉡은 각각 혈중 글루카곤 농도와 혈중 포도당 농도 중 하나이다.

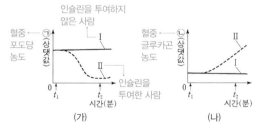

이에 대한 설명으로 옳은 것만을 〈보기〉에서 있는 대로 고른 것은? (단, 제시된 조건 이외는 고려하지 않는다.) [3점]

〈보기〉 풀이

ㄱ. 인슐린은 세포로의 포도당 흡수를 촉진한다.

➡ 인슐린은 혈당량이 높을 때 분비가 촉진되어 세포로의 포도당 흡수를 촉진하고 간에서 포도당을 글리코젠으로 전환하는 과정을 촉진하여 혈당량을 낮추는 작용을 한다.

ㄴ. ㉡은 혈중 포도당 농도이다.

➡ 인슐린을 투여하면 혈중 포도당 농도는 감소하고, 혈중 포도당 농도가 감소함에 따라 혈당량을 증가시키는 작용을 하는 글루카곤의 분비가 촉진되어 혈중 글루카곤 농도는 증가한다. 따라서 t_1일 때 인슐린을 투여한 사람은 혈중 포도당 농도와 혈중 글루카곤 농도에 변화가 나타난 Ⅱ이며, Ⅱ에서 t_1 이후에 값이 감소한 ㉠은 혈중 포도당 농도, 값이 증가한 ㉡은 혈중 글루카곤 농도이다.

ㄷ. $\dfrac{\text{Ⅰ의 혈중 글루카곤 농도}}{\text{Ⅱ의 혈중 글루카곤 농도}}$ 는 t_2일 때가 t_1일 때보다 크다.

➡ (나)에서 인슐린을 투여하지 않은 Ⅰ의 혈중 글루카곤 농도는 t_1일 때와 t_2일 때가 같고, 인슐린을 투여한 Ⅱ의 혈중 글루카곤 농도는 t_2일 때가 t_1일 때보다 높다. 따라서 $\dfrac{\text{Ⅰ의 혈중 글루카곤 농도}}{\text{Ⅱ의 혈중 글루카곤 농도}}$ 는 t_2일 때가 t_1일 때보다 작다.

10
일차

보기

보기

34 | 혈당량 조절 2025학년도 6월 모평 11번 | 정답 ① | 정답률 88%

적용해야 할 개념 ②가지

① 인슐린은 이자의 β 세포에서 분비되는 호르몬으로 혈당량이 높을 때 분비가 촉진되고, 글루카곤은 이자의 α 세포에서 분비되는 호르몬으로 혈당량이 낮을 때 분비가 촉진된다.

② 인슐린은 간에서 포도당을 글리코젠으로 합성하는 과정과 세포로의 포도당 흡수를 촉진하여 혈당량을 감소시키고, 글루카곤은 간에서 글리코젠을 포도당으로 전환하는 과정을 촉진하여 혈당량을 증가시킨다.

문제 보기

그림은 정상인이 탄수화물을 섭취한 후 시간에 따른 혈중 호르몬 ㉠과 ㉡의 농도를 나타낸 것이다. ㉠과 ㉡은 글루카곤과 인슐린을 순서 없이 나타낸 것이다.

인슐린: 탄수화물을 섭취하여 혈당량이 높아지면 분비가 촉진된다.

글루카곤: 탄수화물을 섭취하여 혈당량이 높아지면 분비가 억제된다.

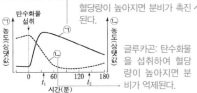

이에 대한 설명으로 옳은 것만을 〈보기〉에서 있는 대로 고른 것은?

〈보기〉 풀이

탄수화물을 섭취하면 소화 과정을 거쳐 소장에서 포도당을 흡수하여 혈중 포도당 농도가 높아진다. 혈중 포도당 농도가 높아짐에 따라 분비가 촉진되어 혈중 농도가 증가하는 ㉠은 혈당량 감소 호르몬인 인슐린이고, 이와는 반대로 혈중 농도가 감소하는 ㉡은 혈당량 증가 호르몬인 글루카곤이다.

ㄱ. ㉠은 세포로의 포도당 흡수를 촉진한다.

➡ 인슐린(㉠)이 이자의 β 세포에서 분비되어 조직 세포로의 포도당 흡수를 촉진하고 간에서 포도당을 글리코젠으로 전환하는 작용을 촉진하여 혈당량을 낮추는 작용을 한다.

✗ 혈중 포도당 농도는 t_2일 때가 t_1일 때보다 높다.

➡ 인슐린(㉠)은 혈중 포도당 농도가 높을 때 분비가 촉진되어 혈당량을 낮추는 작용을 하므로 혈중 포도당 농도는 ㉠의 농도가 높은 t_1일 때가 t_2일 때보다 높다.

✗ ㉠과 ㉡의 분비를 조절하는 중추는 중간뇌이다.

➡ 인슐린(㉠)과 글루카곤(㉡)의 분비는 이자에서 혈당량을 직접 감지하여 조절하거나, 간뇌의 시상하부에서 자율 신경을 통해 이자를 자극하여 조절한다. 중간뇌는 안구 운동이나 동공 반사를 조절하는 중추이다.

---

35 | 혈당량 조절 2025학년도 9월 모평 6번 | 정답 ① | 정답률 64%

적용해야 할 개념 ③가지

① 인슐린은 이자의 β 세포에서 분비되는 호르몬으로 혈당량이 높을 때 분비가 촉진되고, 글루카곤은 이자의 α 세포에서 분비되는 호르몬으로 혈당량이 낮을 때 분비가 촉진된다.

② 인슐린은 간에서 포도당을 글리코젠으로 합성하는 과정과 세포로의 포도당 흡수를 촉진하여 혈당량을 감소시키고, 글루카곤은 간에서 글리코젠을 포도당으로 전환하는 과정을 촉진하여 혈당량을 증가시킨다.

③ 인슐린과 글루카곤은 간에서 서로 반대되는 작용을 하여 혈당량을 일정 수준으로 조절하는 역할을 한다.

문제 보기

그림은 어떤 동물에게 호르몬 X를 투여한 후 시간에 따른 ⓐ와 ⓑ를 나타낸 것이다. X는 글루카곤과 인슐린 중 하나이고, ⓐ와 ⓑ는 '간에서 단위 시간당 글리코젠으로부터 생성되는 포도당의 양'과 '혈중 포도당 농도'를 순서 없이 나타낸 것이다.

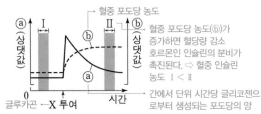

혈중 포도당 농도(ⓑ)가 증가하면 혈당량 감소 호르몬인 인슐린의 분비가 촉진된다. ⇨ 혈중 인슐린 농도 Ⅰ < Ⅱ

간에서 단위 시간당 글리코젠으로부터 생성되는 포도당의 양

이에 대한 설명으로 옳은 것만을 〈보기〉에서 있는 대로 고른 것은? (단, 제시된 조건 이외는 고려하지 않는다.)

〈보기〉 풀이

간에서 단위 시간당 글리코젠으로부터 생성되는 포도당의 양과 혈중 포도당 농도는 글루카곤을 투여하면 증가하고, 인슐린을 투여하면 감소한다. 호르몬 X를 투여한 후 ⓐ와 ⓑ가 모두 증가하였으므로 X는 글루카곤이다.

ㄱ. ⓑ는 '혈중 포도당 농도'이다.

➡ 글루카곤(X)을 투여하면 간에서 글리코젠이 포도당으로 전환된 후 포도당이 혈액으로 방출되어 혈중 포도당 농도가 증가한다. 따라서 X를 투여하였을 때 그 값이 즉시 증가하는 ⓐ가 '간에서 단위 시간당 글리코젠으로부터 생성되는 포도당의 양'이고, 서서히 증가하는 ⓑ는 '혈중 포도당 농도'이다.

✗ 혈중 인슐린 농도는 구간 Ⅰ에서가 구간 Ⅱ에서보다 높다.

➡ 인슐린은 혈중 포도당 농도가 높을 때 분비가 촉진되어 혈중 포도당 농도를 낮추는 작용을 한다. 따라서 혈중 인슐린 농도는 혈중 포도당 농도(ⓑ)가 낮은 구간 Ⅰ에서가 구간 Ⅱ에서보다 낮다.

✗ 혈중 포도당 농도가 증가하면 X의 분비가 촉진된다.

➡ 글루카곤(X)은 혈중 포도당 농도가 낮을 때 분비가 촉진되어 혈중 포도당 농도를 높이는 작용을 한다. 따라서 혈중 포도당 농도가 증가하면 X의 분비는 억제된다.

172

적용해야 할 개념 ②가지

① 인슐린은 이자의 β세포에서 분비되는 호르몬으로, 혈당량이 높을 때 분비가 촉진되어 간에서 포도당을 글리코젠으로 합성하는 과정과 조직 세포로의 포도당 흡수를 촉진하여 혈당량을 감소시킨다. 혈중 인슐린 농도가 높아지면 혈중 포도당 농도가 낮아진다.

② 글루카곤은 이자의 α세포에서 분비되는 호르몬으로, 혈당량이 낮을 때 분비가 촉진되어 간에서 글리코젠을 포도당으로 전환하는 과정을 촉진하여 혈당량을 증가시킨다. 혈중 글루카곤 농도가 높아지면 간에서 단위 시간당 글리코젠으로부터 생성되는 포도당의 양이 증가한다.

문제 보기

그림은 어떤 동물에게 호르몬 X를 투여한 후 시간에 따른 @와 ⓑ를 나타낸 것이다. X는 글루카곤과 인슐린 중 하나이고, @와 ⓑ는 '간에서 단위 시간당 글리코젠으로부터 생성되는 포도당의 양'과 '혈중 포도당 농도'를 순서 없이 나타낸 것이다.

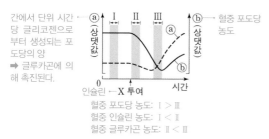

간에서 단위 시간당 글리코젠으로부터 생성되는 포도당의 양
➡ 글루카곤에 의해 촉진된다.

혈중 포도당 농도: Ⅰ > Ⅲ
혈중 인슐린 농도: Ⅰ < Ⅱ
혈중 글루카곤 농도: Ⅱ < Ⅲ

이 자료에 대한 설명으로 옳은 것만을 〈보기〉에서 있는 대로 고른 것은? (단, 제시된 조건 이외는 고려하지 않는다.) [3점]

〈보기〉 풀이

호르몬 X를 투여한 후 '간에서 단위 시간당 글리코젠으로부터 생성되는 포도당의 양'과 '혈중 포도당 농도'가 모두 감소하였으므로 X는 혈당량을 감소시키는 작용을 하는 인슐린이다. 두 값이 모두 낮아지다가 @가 상승한 후 ⓑ가 상승하였으므로 @는 '간에서 단위 시간당 글리코젠으로부터 생성되는 포도당의 양'이고, ⓑ는 간에서 생성된 포도당이 혈액으로 방출되어 상승한 '혈중 포도당 농도'이다.

✗ 혈중 포도당 농도는 구간 Ⅰ에서가 구간 Ⅲ에서보다 낮다.
➡ 혈중 포도당 농도(ⓑ)는 상대적으로 구간 Ⅰ에서가 구간 Ⅲ에서보다 높다.

Ⓛ 혈중 인슐린 농도는 구간 Ⅰ에서가 구간 Ⅱ에서보다 낮다.
➡ 인슐린은 혈중 포도당 농도가 높을 때 분비가 촉진되어 혈당량을 낮추는 작용을 한다. 따라서 혈중 인슐린 농도는 ⓑ(혈중 포도당 농도)가 상대적으로 높은 구간 Ⅰ에서가 ⓑ(혈중 포도당 농도)가 감소하고 있는 구간 Ⅱ에서보다 낮다.

✗ 혈중 글루카곤 농도는 구간 Ⅱ에서가 구간 Ⅲ에서보다 높다.
➡ 글루카곤은 혈당량이 낮을 때 간에서 글리코젠을 포도당으로 분해하는 반응을 촉진하여 혈당량을 증가시키는 작용을 한다. 따라서 혈중 글루카곤 농도는 @(간에서 단위 시간당 글리코젠으로부터 생성되는 포도당의 양)가 낮아지는 구간 Ⅱ에서가 @(간에서 단위 시간당 글리코젠으로부터 생성되는 포도당의 양)가 상대적으로 높고 증가하는 구간 Ⅲ에서보다 낮다.

11 일차

01 ④	02 ①	03 ④	04 ①	05 ⑤	06 ⑤	07 ①	08 ③	09 ④	10 ②	11 ②	12 ⑤
13 ②	14 ①	15 ①	16 ①	17 ②	18 ①	19 ②	20 ③	21 ⑤	22 ①	23 ①	24 ③
25 ②	26 ①	27 ②	28 ②	29 ②	30 ①						

문제편 118쪽~125쪽

---

01 | 혈당량 조절과 체온 조절 2024학년도 10월 학평 18번

정답 ④ | 정답률 78%

적용해야 할 개념 ③가지

① 항상성 조절의 중추는 간뇌의 시상하부이다.

② 혈당량이 낮을 때는 간에서 글리코젠을 포도당으로 분해하는 반응을 촉진하는 글루카곤의 분비가 촉진되고, 혈당량이 높을 때는 간에서 포도당을 글리코젠으로 합성하는 반응과 혈액에서 세포로의 포도당 흡수를 촉진하는 인슐린의 분비가 촉진된다.

③ 체온 조절

구분	신체 반응	결과
더울 때	피부 근처 모세혈관 확장, 땀 분비 촉진 → 열 발산량 증가	체온을 낮추어 정상 수준으로 회복
추울 때	• 골격근 떨림 증가 → 열 발생량 증가 • 피부 근처 모세혈관 수축 → 열 발산량 감소	체온을 높여 정상 수준으로 회복

문제 보기

다음은 사람의 항상성에 대한 자료이다.

○ 혈중 포도당 농도가 감소하면 ㉠의 분비가 촉진된다. ㉠은 글루카곤과 인슐린 중 하나이다. ── 글루카곤

○ 체온 조절 중추에 ⓐ를 주면 피부 근처 혈관을 흐르는 단위 시간당 혈액량이 증가한다. ⓐ는 고온 자극과 저온 자극 중 하나이다. ── 고온 자극

이에 대한 옳은 설명만을 〈보기〉에서 있는 대로 고른 것은?

〈보기〉 풀이

✗ ㉠은 간에서 글리코젠 합성을 촉진한다.

➡ 혈중 포도당 농도가 감소하면 이자에서 혈당량 증가 호르몬인 글루카곤(㉠)의 분비가 촉진된다. 글루카곤은 간에서 글리코젠을 포도당으로 분해하여 혈액으로 내보내 혈당량을 높이는 작용을 촉진한다.

ㄴ 간뇌에 체온 조절 중추가 있다.

➡ 간뇌의 시상하부는 체온 조절 중추일 뿐 아니라 삼투압 등과 같은 항상성 조절의 중추이다.

ㄷ ⓐ는 고온 자극이다.

➡ 체온 조절 중추에 ⓐ를 주었을 때 피부 근처 혈관을 흐르는 단위 시간당 혈액량이 증가하여 체외로의 열 발산량이 증가하였다. 따라서 ⓐ는 고온 자극이다.

---

02 | 체온 조절 2021학년도 10월 학평 16번

정답 ① | 정답률 80%

적용해야 할 개념 ②가지

① 체온 조절 중추가 저온 자극을 받으면 체온을 높이고, 고온 자극을 받으면 체온을 낮춘다.

② 체온 조절 방식: 열 발생량과 열 발산량을 통해 체온을 조절한다.

	추울 때		더울 때
열 발생량 증가	• 티록신과 에피네프린 분비 증가 → 간과 근육에서 물질대사 촉진 • 몸 떨림과 같은 근육 운동 활발	열 발생량 감소	• 티록신 분비 감소 → 간과 근육에서 물질대사 감소
열 발산량 감소	• 교감 신경의 작용 강화로 피부 근처 혈관 수축 → 피부 근처로 흐르는 혈액량 감소	열 발산량 증가	• 교감 신경의 작용 완화로 피부 근처 혈관 확장 → 피부 근처로 흐르는 혈액량 증가 • 땀 분비 증가

문제 보기

그림은 정상인에게 자극 ㉠이 주어졌을 때, 이에 대한 중추 신경계의 명령이 골격근과 피부 근처 혈관에 전달되는 경로를 나타낸 것이다. ㉠은 고온 자극과 저온 자극 중 하나이며, ㉠이 주어지면 피부 근처 혈관이 수축한다.

이에 대한 옳은 설명만을 〈보기〉에서 있는 대로 고른 것은?

〈보기〉 풀이

ㄱ ㉠은 저온 자극이다.

➡ ㉠이 주어지면 피부 근처 혈관이 수축하므로 ㉠은 저온 자극이다.

✗ 피부 근처 혈관이 수축하면 열 발산량이 증가한다.

➡ 피부 근처 혈관이 수축하면 피부 근처로 흐르는 혈액량이 감소하여 체외로의 열 발산량이 감소한다.

✗ ㉠이 주어지면 A에서 분비되는 신경 전달 물질의 양이 감소한다.

➡ 저온 자극(㉠)이 주어지면 골격근의 떨림이 증가하여 열 발생량을 늘린다. 따라서 신경 A에서 분비되는 신경 전달 물질의 양이 증가한다.

03 체온 조절 2022학년도 10월 학평 8번

적용해야 할 개념 ②가지

① 체온 조절 중추는 시상 하부이며, 시상 하부가 저온 자극을 받으면 체온을 높이고 고온 자극을 받으면 체온을 낮춘다.

② 체온 조절 방식: 열 발생량과 열 발산량을 통해 체온을 조절한다.

	추울 때		더울 때	
열 발생량 증가	• 티록신과 에피네프린 분비 증가 ➡ 간과 근육에서 물질대사 촉진 • 몸 떨림과 같은 근육 운동 활발		열 발생량 감소	티록신 분비 감소 ➡ 간과 근육에서 물질대사 억제
열 발산량 감소	교감 신경의 작용 강화로 피부 근처 혈관 수축 ➡ 피부 근처로 흐르는 혈액량 감소		열 발산량 증가	• 교감 신경의 작용 완화로 피부 근처 혈관 확장 ➡ 피부 근처로 흐르는 혈액량 증가 • 땀 분비 증가

문제 보기

그림은 정상인에게 ㉠ 자극을 주었을 때 일어나는 체온 조절 과정의 일부를 나타낸 것이다. ㉠은 고온과 저온 중 하나이고, ⓐ는 억제와 촉진 중 하나이다.

```
                      체온 조절 중추이다.
㉠ 자극→  시상 하부 ─── 티록신 분비 ( ⓐ ) 촉진 ➡ 열 발생량 증가
저온                  └── 피부 근처 혈관 수축 ➡ 열 발산량 감소
```

이에 대한 옳은 설명만을 <보기>에서 있는 대로 고른 것은?

<보기> 풀이

ㄱ. **㉠은 저온이다.**

➡ ㉠ 자극을 주었을 때 시상 하부의 조절을 받아 피부 근처 혈관이 수축하여 피부를 통한 체외로의 열 발산량이 감소하였으므로 ㉠은 저온이다.

✗ **ⓐ는 억제이다.**

➡ ㉠이 저온이므로 열 발생량은 증가하고 체외로의 열 발산량은 감소하여 체온을 일정하게 유지하는 반응이 나타난다. 티록신은 물질대사를 촉진하여 체내 열 발생량을 증가시키는 호르몬이므로 저온 자극을 주었을 때 티록신 분비는 촉진(ⓐ)된다.

ㄷ. **피부 근처 혈관 수축이 일어나면 열 발산량(열 방출량)이 감소한다.**

➡ 피부 근처 혈관이 수축하면 피부 가까이 지나가는 혈액의 양이 감소하여 피부를 통한 열 발산량이 감소한다.

보기

---

04 항상성 유지 2023학년도 9월 모평 7번

적용해야 할 개념 ③가지

① 티록신을 비롯한 대부분의 호르몬 분비는 음성 피드백에 의해 조절된다. ➡ 티록신 농도가 높아지면 시상 하부와 뇌하수체 전엽의 기능이 억제되고, 티록신의 농도가 낮아지면 시상 하부와 뇌하수체 전엽의 기능이 촉진된다.

② 체온 조절의 중추는 간뇌의 시상 하부이며, 시상 하부가 저온 자극을 받으면 체온을 높이고 고온 자극을 받으면 체온을 낮춘다.

③ 체온 조절 방식: 열 발생량과 열 발산량을 통해 체온을 조절한다.

	추울 때		더울 때	
열 발생량 증가	• 티록신과 에피네프린 분비 증가 ➡ 간과 근육에서 물질대사 촉진 • 몸 떨림과 같은 근육 운동 활발		열 발생량 감소	티록신 분비 감소 ➡ 간과 근육에서 물질대사 억제
열 발산량 감소	교감 신경의 작용 강화로 피부 근처 혈관 수축 ➡ 피부 근처로 흐르는 혈액량 감소		열 발산량 증가	• 교감 신경의 작용 완화로 피부 근처 혈관 확장 ➡ 피부 근처로 흐르는 혈액량 증가 • 땀 분비 증가

문제 보기

다음은 사람의 항상성에 대한 자료이다.

```
        갑상샘 호르몬         뇌하수체 전엽
(가) 티록신은 음성 피드백으로 ㉠에서의 TSH 분비를 조
    절한다.              갑상샘 자극 호르몬
(나) ㉡체온 조절 중추에 ⓐ를 주면 피부 근처 혈관이 수
    축된다. ⓐ는 고온 자극과 저온 자극 중 하나이다.
간뇌의     └ 저온 자극 ➡ 피부 근처 혈관 수축 ➡ 열 발산량 감소
시상 하부
```

이에 대한 설명으로 옳은 것만을 <보기>에서 있는 대로 고른 것은?

<보기> 풀이

(가) 혈중 티록신 농도가 높아지면 음성 피드백에 의해 뇌하수체 전엽(㉠)에서 TSH(갑상샘 자극 호르몬) 분비가 억제된다.

(나) 체온 조절 중추(㉡)는 간뇌의 시상 하부이며, 시상 하부에서 체온 변화를 감지하면 신경과 호르몬의 작용으로 열 발생량과 열 발산량을 조절하여 체온을 일정하게 유지시킨다. 저온 자극을 받으면 물질대사를 촉진하고 근육 떨림을 촉진하여 열 발생량을 증가시키고, 피부 근처 혈관이 수축되어 열 발산량이 감소한다. 반면에 고온 자극을 받으면 물질대사를 억제하여 열 발생량을 감소시키고, 피부 근처 혈관이 확장되며 땀 분비가 촉진되어 열 발산량이 증가한다.

ㄱ. **티록신은 혈액을 통해 표적 세포로 이동한다.**

➡ 호르몬은 내분비샘에서 분비되어 혈액을 통해 표적 세포로 이동한다. 따라서 갑상샘에서 분비되는 호르몬인 티록신도 혈액을 통해 표적 세포로 이동한다.

✗ **㉠과 ㉡은 모두 뇌줄기에 속한다.**

➡ ㉠은 TSH(갑상샘 자극 호르몬)를 분비하는 뇌하수체 전엽이고, ㉡은 체온 조절 중추인 간뇌의 시상 하부이다. 뇌줄기는 연수, 뇌교, 중간뇌로 이루어지므로 ㉠과 ㉡은 모두 뇌줄기에 속하지 않는다.

✗ **ⓐ는 고온 자극이다.**

➡ ⓐ를 주면 피부 근처 혈관이 수축되어 열 발산량이 감소하므로 ⓐ는 저온 자극이다.

보기

적용해야 할 개념 ④가지

① 체온 조절의 중추는 간뇌의 시상 하부이며, 시상 하부는 자율 신경과 호르몬의 작용을 통해 열 발생량과 열 발산량을 조절하여 체온을 조절한다.

② 추울 때는 열 발생량은 증가, 열 발산량은 감소하며, 더울 때는 열 발생량은 감소, 열 발산량은 증가하여 체온을 유지한다.

③ 추울 때는 티록신과 에피네프린 분비 증가, 몸 떨림 등으로 열 발생량은 증가하고, 교감 신경 작용 강화로 피부 근처 혈관이 수축하여 열 발산량은 감소한다.

④ 더울 때는 티록신 분비 감소로 열 발생량은 감소하고, 교감 신경 작용 완화로 피부 근처 혈관이 확장하여 열 발산량은 증가한다.

문제 보기

그림 (가)는 사람에서 시상 하부 온도에 따른 ㉠을, (나)는 저온 자극이 주어졌을 때, 시상 하부로부터 교감 신경 A를 통해 피부 근처 혈관의 수축이 일어나는 과정을 나타낸 것이다. ㉠은 근육에서의 열 발생량(열 생산량)과 피부에서의 열 발산량(열 방출량) 중 하나이다.

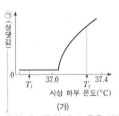

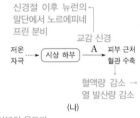

T_1일 때<T_2일 때 ➡ ㉠은 시상 하부의 온도가 높을 때 증가하므로 피부에서의 열 발산량이다.

이에 대한 설명으로 옳은 것만을 〈보기〉에서 있는 대로 고른 것은?

〈보기〉 풀이

더울 때는 열 발생량은 감소시키고 열 발산량은 증가시키며, 추울 때는 열 발생량은 증가시키고 열 발산량은 감소시켜 체온을 조절한다. (가)에서 시상 하부의 온도가 T_1에서 T_2로 높아지면 ㉠이 증가하므로 ㉠은 피부에서의 열 발산량이다. (나)에서 저온 자극이 오면 교감 신경(A)이 흥분하여 피부 근처 혈관이 수축하고, 그에 따라 피부 근처로 흐르는 혈액량이 감소하여 피부를 통한 열 발산량이 감소한다.

ㄱ. ㉠은 피부에서의 열 발산량이다.

➡ 시상 하부의 온도가 높아지면 ㉠의 값이 증가하므로 ㉠은 피부에서의 열 발산량이다. 더울 때는 피부 근처 혈관이 이완되어 열 발산량이 증가한다.

✗ A의 신경절 이후 뉴런의 축삭 돌기 말단에서 분비되는 신경 전달 물질은 아세틸콜린이다.

➡ A는 추울 때 흥분이 촉진되어 피부 근처 혈관을 수축시키는 교감 신경이다. 교감 신경의 신경절 이후 뉴런의 말단에서는 노르에피네프린이 분비된다.

ㄷ. 피부 근처 모세 혈관으로 흐르는 단위 시간당 혈액량은 T_2일 때가 T_1일 때보다 많다.

➡ 시상 하부 온도가 높은 T_2일 때는 T_1일 때보다 피부 근처 모세 혈관이 확장되어 피부 근처 혈관을 흐르는 단위 시간당 혈액량이 증가함으로써 피부를 통한 열 발산량이 증가한다.

적용해야 할 개념 ③가지

① 체온 조절의 중추는 간뇌의 시상 하부이다.

② 추울 때는 열 발생량은 증가, 열 발산량은 감소하며, 더울 때는 열 발생량은 감소, 열 발산량은 증가하여 체온을 유지한다.

③ 추울 때는 티록신과 에피네프린 분비 증가, 몸 떨림 등으로 체내 열 발생량이 증가하고, 교감 신경 작용 강화로 피부 근처 혈관이 수축하여 피부 근처를 흐르는 혈액량이 감소하여 피부를 통한 열 발산량이 감소한다.

문제 보기

그림은 정상인에게 저온 자극과 고온 자극을 주었을 때 ㉠의 변화를 나타낸 것이다. ㉠은 근육에서의 열 발생량(열 생산량)과 피부 근처 모세 혈관을 흐르는 단위 시간당 혈액량 중 하나이다.

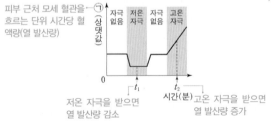

저온 자극을 받으면 열 발산량 감소

고온 자극을 받으면 열 발산량 증가

이에 대한 설명으로 옳은 것만을 〈보기〉에서 있는 대로 고른 것은? [3점]

〈보기〉 풀이

✗ ㉠은 근육에서의 열 발생량이다.

➡ 저온 자극이 주어지면 티록신의 분비량 증가, 몸 떨림 등으로 근육에서의 열 발생량이 증가하고, 피부 근처 혈관이 수축하여 피부 근처 모세 혈관을 흐르는 혈액량이 감소하여 피부를 통한 열 발산량이 감소한다. 반대로 고온 자극이 주어지면 근육에서의 열 발생량이 감소하고, 피부 근처 모세 혈관을 흐르는 혈액량이 증가하여 피부를 통한 열 발산량이 증가한다. ㉠의 값은 저온 자극에서는 감소하고 고온 자극에서는 증가하므로 ㉠은 피부 근처 모세 혈관을 흐르는 단위 시간당 혈액량이다.

ㄴ. 피부 근처 모세 혈관을 흐르는 단위 시간당 혈액량은 t_2일 때가 t_1일 때보다 많다.

➡ 피부 근처 모세 혈관을 흐르는 단위 시간당 혈액량이 증가할수록 피부를 통한 열 발산량이 증가한다. 그러므로 고온 자극을 받은 t_2일 때가 저온 자극을 받은 t_1일 때보다 피부 근처 모세 혈관을 흐르는 단위 시간당 혈액량이 많다.

ㄷ. 체온 조절 중추는 시상 하부이다.

➡ 체온 조절, 삼투압 조절과 같은 항상성 유지의 중추는 간뇌의 시상 하부이다.

07 | 체온 조절과 삼투압 조절 2021학년도 9월 모평 7번

정답 ① | 정답률 79 %

적용해야 할 개념 ③가지

① 체온 조절, 삼투압 조절과 같은 항상성 유지의 중추는 간뇌의 시상 하부이다.
② 저온 자극이 오면 티록신과 에피네프린의 분비가 증가하여 물질대사가 증가하거나 근육의 떨림 등으로 체내 열 발생량이 증가하고, 교감 신경의 작용으로 피부 근처 혈관이 수축하여 피부를 통한 열 발산량이 감소한다.
③ 항이뇨 호르몬(ADH)은 뇌하수체 후엽에서 분비되어 콩팥에서 수분 재흡수를 촉진하는 호르몬으로, 혈장 삼투압이 정상보다 높을 때 분비가 촉진된다.

문제 보기

그림 (가)는 자율 신경 X에 의한 체온 조절 과정을, (나)는 항이뇨 호르몬(ADH)에 의한 체내 삼투압 조절 과정을 나타낸 것이다. ㉠은 '피부 근처 혈관 수축'과 '피부 근처 혈관 확장' 중 하나이다.

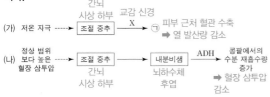

이에 대한 설명으로 옳은 것만을 〈보기〉에서 있는 대로 고른 것은?

〈보기〉 풀이

보기

ㄱ. ㉠은 '피부 근처 혈관 수축'이다.
➡ 저온 자극이 오면 간뇌 시상 하부의 조절을 받아 교감 신경(X)에서의 흥분 발생 빈도가 증가한다. 그에 따라 피부 근처 혈관이 수축(㉠)하여 피부 근처로 흐르는 혈액량이 감소하므로 피부를 통한 열 발산량이 감소하여 체온이 내려가는 것을 막는다.

ㄴ. 혈중 ADH의 농도가 증가하면, 생성되는 오줌의 삼투압이 감소한다.
➡ ADH는 뇌하수체 후엽에서 분비되어 콩팥에서 수분 재흡수를 촉진하는 항이뇨 호르몬이다. 따라서 혈중 ADH의 농도가 증가하면 콩팥에서 수분 재흡수량이 증가하여 오줌으로 배설되는 물의 양이 감소한다. 그에 따라 오줌의 농도가 높아져 오줌의 삼투압이 증가한다.

ㄷ. (가)와 (나)에서 조절 중추는 모두 연수이다.
➡ 체온 조절, 삼투압 조절과 같은 항상성 유지의 중추는 간뇌의 시상 하부이다. 시상 하부는 몸의 중심부와 주변부의 온도 변화, 혈장의 삼투압 변화를 받아들이고 이에 대해 신경을 통해 명령을 내리고 호르몬 분비량을 변화시켜 체온과 삼투압을 조절한다.

08 | 체온 조절 2022학년도 6월 모평 12번

정답 ③ | 정답률 73 %

적용해야 할 개념 ②가지

① 체온 조절 중추(간뇌 시상 하부)는 저온 자극을 받으면 체온을 높이고, 고온 자극을 받으면 체온을 낮춘다.
② 체온 조절 방식: 열 발생량과 열 발산량을 통해 체온을 조절한다.

	추울 때		더울 때
열 발생량 증가	• 티록신과 에피네프린 분비 증가 → 간과 근육에서 물질대사 촉진 • 몸 떨림과 같은 근육 운동 활발	열 발생량 감소	• 티록신 분비 감소 → 간과 근육에서 물질대사 감소
열 발산량 감소	• 교감 신경의 작용 강화로 피부 근처 혈관 수축 → 피부 근처로 흐르는 혈액량 감소	열 발산량 증가	• 교감 신경의 작용 완화로 피부 근처 혈관 확장 → 피부 근처로 흐르는 혈액량 증가 • 땀 분비 증가

문제 보기

그림은 어떤 동물의 체온 조절 중추에 ㉠ 자극과 ㉡ 자극을 주었을 때 시간에 따른 체온을 나타낸 것이다. ㉠과 ㉡은 고온과 저온을 순서 없이 나타낸 것이다.

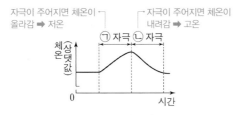

이에 대한 설명으로 옳은 것만을 〈보기〉에서 있는 대로 고른 것은? [3점]

〈보기〉 풀이

보기

ㄱ. ㉠은 고온이다.
➡ 체온 조절 중추는 고온 자극을 받으면 체온을 낮추고, 저온 자극을 받으면 체온을 높여 체온을 일정하게 유지한다. 따라서 ㉠은 저온, ㉡은 고온이다.

ㄴ. 사람의 체온 조절 중추에 ㉡ 자극을 주면 피부 근처 혈관이 수축된다.
➡ 사람의 체온 조절 중추에 ㉡(고온) 자극을 주면 체온을 낮추기 위해 피부 근처 혈관이 확장되어 피부 근처로 흐르는 혈액량을 증가시킴으로써 피부를 통한 열 발산량이 증가한다.

ㄷ. 사람의 체온 조절 중추는 시상 하부이다.
➡ 사람의 체온 조절, 혈당량 조절, 혈장 삼투압 조절 등과 같은 항상성 유지의 조절 중추는 간뇌 시상 하부이다.

적용해야 할 개념 ②가지

① 체온 조절의 중추는 간뇌의 시상 하부이며, 시상 하부는 자율 신경과 호르몬의 작용을 통해 열 발생량과 열 발산량을 조절함으로써 체온을 조절한다.

② 체온 조절 방식: 열 발생량과 열 발산량을 통해 체온을 조절한다.

	추울 때		더울 때
열 발생량 증가	• 티록신과 에피네프린 분비 증가 → 간과 근육에서 물질대사 촉진 • 몸 떨림과 같은 근육 운동 활발	열 발생량 감소	• 티록신 분비 감소 → 간과 근육에서 물질대사 감소
열 발산량 감소	• 교감 신경의 작용 강화로 피부 근처 혈관 수축 → 피부 근처로 흐르는 혈액량 감소	열 발산량 증가	• 교감 신경의 작용 완화로 피부 근처 혈관 확장 → 피부 근처로 흐르는 혈액량 증가 • 땀 분비 증가

문제 보기

그림은 사람의 시상 하부에 설정된 온도가 변화함에 따른 체온 변화를 나타낸 것이다. 시상 하부에 설정된 온도는 열 발산량(열 방출량)과 열 발생량(열 생산량)을 변화시켜 체온을 조절하는 데 기준이 되는 온도이다.

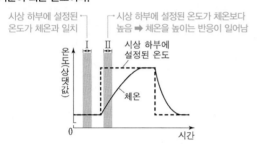

이에 대한 설명으로 옳은 것만을 〈보기〉에서 있는 대로 고른 것은?

보기

〈보기〉 풀이

ㄱ. 시상 하부에 설정된 온도가 체온보다 낮아지면 체온이 내려간다.

➡ 시상 하부에 설정된 온도가 체온보다 높아지면 설정 온도만큼 체온을 높이기 위해 열 발생량은 증가시키고 열 발산량은 감소시킴으로써 체온이 올라간다. 반대로 시상 하부에 설정된 온도가 체온보다 낮아지면 열 발생량은 감소시키고 열 발산량은 증가시킴으로써 체온이 내려간다.

ㄴ. $\dfrac{\text{열 발생량}}{\text{열 발산량}}$ 은 구간 Ⅱ에서가 구간 Ⅰ에서보다 크다.

➡ $\dfrac{\text{열 발생량}}{\text{열 발산량}}$ 이 클수록 체온이 높아진다. 따라서 체온이 상승하고 있는 구간 Ⅱ에서가 체온의 변화가 없는 구간 Ⅰ에서보다 열 발생량은 크고 열 발산량은 작아서 $\dfrac{\text{열 발생량}}{\text{열 발산량}}$ 이 크다.

ㄷ. 피부 근처 혈관을 흐르는 단위 시간당 혈액량이 증가하면 열 발산량이 감소한다.

➡ 피부 근처 혈관이 확장되어 피부 근처 혈관을 흐르는 단위 시간당 혈액량이 증가하면 피부를 통한 열 발산량이 증가한다. 더울 때 얼굴이 붉어지고 열이 나는 것도 피부 근처 혈관의 확장에 따른 열 발산량의 증가로 나타나는 현상이다.

적용해야 할 개념 ②가지

① 체온 조절 중추는 간뇌의 시상 하부이며, 시상 하부가 저온 자극을 받으면 체온을 높이고 고온 자극을 받으면 체온을 낮춘다.

② 체온이 낮아지면 열 발생량은 증가, 열 발산량은 감소하며, 체온이 높아지면 열 발생량은 감소, 열 발산량은 증가하여 체온을 조절한다.

문제 보기

그림 (가)와 (나)는 정상인이 서로 다른 온도의 물에 들어갔을 때 체온의 변화와 A, B의 변화를 각각 나타낸 것이다. A와 B는 땀 분비량과 열 발생량(열 생산량)을 순서 없이 나타낸 것이고, ㉠과 ㉡은 '체온보다 낮은 온도의 물에 들어갔을 때'와 '체온보다 높은 온도의 물에 들어갔을 때'를 순서 없이 나타낸 것이다.

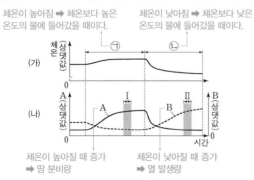

이에 대한 설명으로 옳은 것만을 〈보기〉에서 있는 대로 고른 것은? [3점]

보기

〈보기〉 풀이

ㄱ. ㉠은 '체온보다 낮은 온도의 물에 들어갔을 때'이다.

➡ ㉠일 때 체온이 높아지므로 ㉠은 '체온보다 높은 온도의 물에 들어갔을 때'이다.

ㄴ. 열 발생량은 구간 Ⅰ에서가 구간 Ⅱ에서보다 많다.

➡ 체온이 높아지면 체온을 낮추기 위해 땀 분비량은 증가하고 열 발생량은 감소하며, 이와 반대로 체온이 낮아지면 체온을 높이기 위해 땀 분비량은 감소하고 열 발생량은 증가한다. 따라서 체온이 높아질 때 값이 증가하는 A는 땀 분비량이고, 체온이 낮아질 때 값이 증가하는 B는 열 발생량이다. 그러므로 열 발생량(B)은 구간 Ⅰ에서가 구간 Ⅱ에서보다 적다.

ㄷ. 시상 하부가 체온보다 높은 온도를 감지하면 땀 분비량은 증가한다.

➡ 시상 하부는 체온 조절의 중추이다. 시상 하부가 체온보다 높은 온도를 감지하면 체온을 낮추기 위해 땀 분비량(A)은 증가하고 열 발생량(B)은 감소한다.

11 | 체온 조절 2021학년도 3월 학평 7번

적용해야 할 개념 ②가지

① 체온 조절의 중추는 간뇌의 시상 하부이며, 시상 하부는 자율 신경과 호르몬의 작용을 통해 열 발생량과 열 발산량을 조절함으로써 체온을 조절한다.
② 추울 때는 티록신과 에피네프린 분비, 골격근의 떨림이 증가하여 열 발생량이 증가하고, 교감 신경 작용 강화로 피부 근처 혈관이 수축하여 열 발산량이 감소한다.

문제 보기

그림은 정상인이 온도 T_1과 T_2에 각각 노출되었을 때, 피부 혈관의 일부를 나타낸 것이다. T_1과 T_2는 각각 20 °C와 40 °C 중 하나이고, T_1과 T_2 중 하나의 온도에 노출되었을 때만 골격근의 떨림이 발생하였다.

이에 대한 옳은 설명만을 〈보기〉에서 있는 대로 고른 것은? [3점]

〈보기〉 풀이

✘ T_1은 40 °C이다.

➡ 피부 근처 혈관은 저온에서는 수축되어 피부를 통한 열 발산량이 감소하고, 고온에서는 확장되어 피부를 통한 열 발산량이 증가한다. T_1일 때는 T_2일 때보다 피부 근처 혈관이 수축된 상태이므로 T_1이 20 °C이고 T_2가 40 °C이다.

✘ 골격근의 떨림이 발생한 온도는 T_2이다.

➡ 골격근의 떨림은 열 발생량을 증가시키는 반응으로, 저온에서 발생한다. 따라서 골격근의 떨림이 발생한 온도는 T_1이다.

ㄷ. 피부 혈관이 수축하는 데 교감 신경이 관여한다.

➡ 피부 근처 혈관의 수축과 확장에는 교감 신경이 관여한다. 추울 때는 교감 신경의 작용이 강화되어 피부 근처 혈관이 수축하고, 더울 때는 교감 신경의 작용이 완화되어 피부 근처 혈관이 확장한다.

---

12 | 체온 조절 2023학년도 4월 학평 12번

적용해야 할 개념 ②가지

① 체온 조절 중추는 간뇌의 시상 하부이다.
② 열 발생량과 열 발산량을 조절하여 체온을 유지한다.

	추울 때		더울 때
열 발생량 증가	• 티록신과 에피네프린 분비 증가 → 간과 근육에서 물질 대사 촉진 • 몸 떨림과 같은 근육 운동 활발	열 발생량 감소	• 티록신 분비 감소 → 간과 근육에서 물질대사 감소
열 발산량 감소	• 교감 신경의 작용 강화로 피부 근처 혈관 수축, 털세움근 수축	열 발산량 증가	• 교감 신경의 작용 완화로 피부 근처 혈관 확장, 털세움근 이완 • 땀 분비 증가

문제 보기

그림 (가)는 정상인에서 시상 하부 온도에 따른 ㉠을, (나)는 이 사람의 체온 변화에 따른 털세움근과 피부 근처 혈관을 나타낸 것이다. ㉠은 '근육에서의 열 발생량'과 '피부에서의 열 발산량' 중 하나이다.

T_1에서 T_2로 시상 하부의 온도가 증가할 때 체온을 낮추기 위해 감소하므로 ㉠은 근육에서의 열 발생량이다.

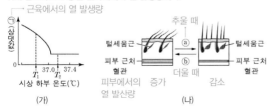

이에 대한 설명으로 옳은 것만을 〈보기〉에서 있는 대로 고른 것은?

〈보기〉 풀이

체온 조절 중추는 간뇌의 시상 하부이다. 더울 때는 근육에서의 열 발생량은 감소하고 피부의 털세움근 이완 및 피부 근처 혈관 확장으로 피부에서의 열 발산량은 증가하여 체온을 낮춘다. 반대로 추울 때는 근육에서의 열 발생량은 증가하고 피부의 털세움근 수축 및 피부 근처 혈관 수축으로 피부에서의 열 발산량이 감소하여 체온을 높인다.

ㄱ. ㉠은 '근육에서의 열 발생량'이다.

➡ 시상 하부의 온도가 T_1에서 T_2로 증가함에 따라 ㉠의 값이 감소하였으므로 ㉠은 체온이 높을 때 감소하는 '근육에서의 열 발생량'이다.

ㄴ. 과정 ⓐ에 교감 신경이 작용한다.

➡ ⓐ는 추울 때 나타나는 반응으로 교감 신경의 작용으로 털세움근이 수축하여 털이 곤두서고 피부 근처 혈관이 수축하여 피부를 통해 발산되는 열을 감소시킨다.

ㄷ. 시상 하부 온도가 T_1에서 T_2로 변하면 과정 ⓑ가 일어난다.

➡ 시상 하부 온도가 T_1에서 T_2로 증가하면 체온을 낮추기 위해 털세움근이 이완하고 피부 근처 혈관이 확장되는 과정 ⓑ가 일어난다.

적용해야 할 개념 ③가지

① 체온 조절의 중추는 간뇌의 시상 하부이다.
② 열 발생량과 열 발산량을 조절하여 체온을 유지한다.

	추울 때		더울 때
열 발생량 증가	• 티록신과 에피네프린 분비 증가 → 간과 근육에서 물질대사 촉진 • 몸 떨림과 같은 근육 운동 활발	열 발생량 감소	• 티록신 분비 감소 → 간과 근육에서 물질대사 감소
열 발산량 감소	• 교감 신경의 작용 강화로 피부 근처 혈관 수축, 털세움근 수축 → 피부 근처로 흐르는 혈액량 감소	열 발산량 증가	• 교감 신경의 작용 완화로 피부 근처 혈관 확장, 털세움근 이완 → 피부 근처로 흐르는 혈액량 증가 • 땀 분비 증가

③ 열 발생량이 열 발산량보다 많으면 체온이 상승하고, 열 발생량이 열 발산량보다 적으면 체온이 하강한다.

문제 보기

그림은 정상인이 운동할 때 체온의 변화와 ㉠, ㉡의 변화를 나타낸 것이다. ㉠과 ㉡은 각각 열 발산량(열 방출량)과 열 발생량(열 생산량) 중 하나이다.

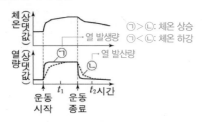

이에 대한 옳은 설명만을 〈보기〉에서 있는 대로 고른 것은?

〈보기〉 풀이

✗ ㉠은 열 발산량(열 방출량)이다.
➡ 체내에서의 열 발생량이 체외로의 열 발산량보다 많으면 체온이 상승하고, 그 반대이면 체온이 하강한다. 운동을 시작하고 ㉠이 급격하게 상승하여 ㉡보다 커지자 체온이 상승하였으므로 ㉠은 열 발생량이고 ㉡은 열 발산량이다.

◯ ㄴ. 체온 조절 중추는 간뇌의 시상 하부이다.
➡ 체온 조절, 삼투압 조절과 같은 항상성 유지의 중추는 간뇌의 시상 하부이다.

✗ 피부 근처 혈관을 흐르는 단위 시간당 혈액량은 t_1일 때가 t_2일 때보다 적다.
➡ 피부 근처 혈관을 흐르는 혈액량이 증가하면 피부를 통한 열 발산량이 증가한다. 따라서 피부 근처 혈관을 흐르는 단위 시간당 혈액량은 열 발산량(㉡)이 높은 t_1일 때가 t_2일 때보다 많다.

적용해야 할 개념 ③가지

① 항이뇨 호르몬(ADH)은 혈장 삼투압이 높을 때 분비가 촉진되어 콩팥에서 수분 재흡수를 촉진한다. → 혈중 ADH 농도가 증가하면 콩팥에서 흡수되는 수분량, 혈액량, 오줌의 삼투압이 증가하고, 오줌으로 배설되는 수분량, 혈장 삼투압이 감소한다.
② 이자에서 분비되는 인슐린과 글루카곤은 서로 반대되는 작용을 하여 혈당량을 조절한다. 인슐린은 혈당량이 높을 때 분비가 촉진되어 혈당량을 감소시키는 작용을 하고, 글루카곤은 혈당량이 낮을 때 분비가 촉진되어 혈당량을 증가시키는 작용을 한다.
③ 혈장 삼투압, 혈당량, 체온 등과 같은 체내 환경을 일정하게 유지하는 성질을 항상성이라고 하며, 항상성 조절 중추는 간뇌의 시상 하부이다.

문제 보기

그림 (가)는 정상인의 혈장 삼투압에 따른 혈중 ADH 농도를, (나)는 이 사람의 혈중 포도당 농도에 따른 혈중 인슐린 농도를 나타낸 것이다.

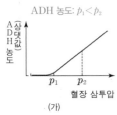
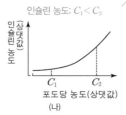

ADH 농도: $p_1 < p_2$

인슐린 농도: $C_1 < C_2$

(가) 혈장 삼투압이 높으면 ADH 분비 촉진 ➡ ADH는 혈장 삼투압을 낮춘다.

(나) 혈중 포도당 농도가 높으면 인슐린 분비 촉진 ➡ 인슐린은 혈중 포도당 농도를 감소시킨다.

이에 대한 설명으로 옳은 것만을 〈보기〉에서 있는 대로 고른 것은? (단, 제시된 조건 이외는 고려하지 않는다.) [3점]

〈보기〉 풀이

◯ ㄱ. 생성되는 오줌의 삼투압은 p_1일 때가 p_2일 때보다 작다.
➡ (가)에서 혈장 삼투압이 높아지면 혈중 ADH 농도가 증가한다. ADH는 콩팥에서 물의 재흡수를 촉진하므로 혈중 ADH 농도가 높아지면 생성되는 오줌의 삼투압은 증가하고 혈장 삼투압은 감소한다. 따라서 생성되는 오줌의 삼투압은 혈중 ADH 농도가 낮은 p_1일 때가 p_2일 때보다 작다.

✗ 혈중 글루카곤의 농도는 C_2일 때가 C_1일 때보다 높다.
➡ (나)에서 혈중 포도당 농도가 높은 C_2일 때가 C_1일 때보다 인슐린 농도가 높다. 이것은 혈중 포도당 농도가 높아지면 혈당량을 감소시키기 위해 인슐린 분비가 촉진되기 때문이다. 글루카곤은 인슐린과는 반대로 혈당량을 증가시키는 작용을 하므로 혈중 포도당 농도에 따른 혈중 농도 변화는 인슐린과 반대 양상으로 나타나게 된다. 따라서 혈중 글루카곤의 농도는 C_2일 때가 C_1일 때보다 낮다.

✗ 혈장 삼투압과 혈당량 조절 중추는 모두 연수이다.
➡ 항상성 조절 중추는 연수가 아닌 간뇌의 시상 하부이다.

15 삼투압 조절 2021학년도 수능 8번

정답 ① | 정답률 80%

적용해야 할 개념 ②가지

① 항이뇨 호르몬(ADH)은 뇌하수체 후엽에서 분비되어 콩팥에서 수분 재흡수를 촉진하는 호르몬이다.
② 혈장 삼투압이 높을 때, 전체 혈액량이 적을 때 항이뇨 호르몬(ADH) 분비가 촉진되어 혈장 삼투압을 낮추고 전체 혈액량을 증가시킨다.

문제 보기

그림 (가)와 (나)는 정상인에서 ㉠의 변화량에 따른 혈중 항이뇨 호르몬(ADH) 농도와 갈증을 느끼는 정도를 각각 나타낸 것이다. ㉠은 혈장 삼투압과 전체 혈액량 중 하나이다.

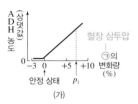
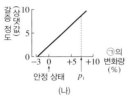

혈장 삼투압 증가 → ADH 분비 증가 → 콩팥에서 물의 재흡수량 증가 → 혈장 삼투압 감소, 오줌 농도 증가, 오줌 삼투압 증가

혈장 삼투압 증가 → 갈증을 느끼는 정도 증가(물을 섭취하여 갈증을 해소하려는 욕구가 커진다.)

이에 대한 설명으로 옳은 것만을 〈보기〉에서 있는 대로 고른 것은? (단, 제시된 자료 이외에 체내 수분량에 영향을 미치는 요인은 없다.) [3점]

〈보기〉 풀이

ㄱ. **㉠은 혈장 삼투압이다.**
➡ 항이뇨 호르몬(ADH)은 혈장 삼투압이 높을 때, 전체 혈액량이 적을 때 분비가 촉진된다. (가)에서 ㉠ 값이 안정 상태보다 커질 때 혈중 ADH 농도가 높아지므로 ㉠은 혈장 삼투압이다.

✗ **생성되는 오줌의 삼투압은 안정 상태일 때가 p_1일 때보다 크다.**
➡ ADH는 콩팥에서 수분 재흡수를 촉진하므로 ADH 농도가 높을수록 오줌으로 배출되는 물의 양이 감소하여 오줌의 농도가 높아져 오줌의 삼투압이 커진다. 따라서 생성되는 오줌의 삼투압은 안정 상태일 때보다 ADH 농도가 높은 p_1일 때가 크다.

✗ **갈증을 느끼는 정도는 안정 상태일 때가 p_1일 때보다 크다.**
➡ (나)에서 혈장 삼투압(㉠)이 높아질수록 갈증을 느끼는 정도가 커지므로 안정 상태일 때보다 p_1일 때가 갈증을 느끼는 정도가 크다.

---

16 삼투압 조절 2024학년도 9월 모평 6번

정답 ① | 정답률 62%

적용해야 할 개념 ②가지

① 항이뇨 호르몬(ADH)은 뇌하수체 후엽에서 분비되어 콩팥에서 수분의 재흡수를 촉진한다.
② 혈장 삼투압이 높을 때 ADH 분비가 촉진되며, ADH 농도가 높아질 때 값이 증가하는 요소와 감소하는 요소는 표와 같다.

증가하는 요소	콩팥에서 흡수되는 수분량, 혈액량, 오줌의 삼투압
감소하는 요소	오줌으로 배설되는 수분량, 단위 시간당 오줌 생성량, 혈장 삼투압

문제 보기

그림은 어떤 동물 종의 개체 A와 B를 고온 환경에 노출시켜 같은 양의 땀을 흘리게 하면서 측정한 혈장 삼투압을 시간에 따라 나타낸 것이다. A와 B는 '항이뇨 호르몬(ADH)이 정상적으로 분비되는 개체'와 '항이뇨 호르몬(ADH)이 정상보다 적게 분비되는 개체'를 순서 없이 나타낸 것이다.

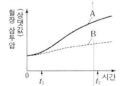

이에 대한 설명으로 옳은 것만을 〈보기〉에서 있는 대로 고른 것은? (단, 제시된 조건 이외는 고려하지 않는다.) [3점]

〈보기〉 풀이

항이뇨 호르몬(ADH)은 뇌하수체 후엽에서 분비되어 콩팥에서 물의 재흡수를 촉진한다. ADH는 땀을 흘리거나 하여 혈장 삼투압이 정상보다 높을 때 분비가 촉진되어 콩팥에서 흡수되는 물의 양이 증가하고 그에 따라 혈장 삼투압을 정상 수준으로 낮아지게 하는 데 관여한다. 따라서 고온 환경에서 같은 양의 땀을 흘렸을 때 항이뇨 호르몬(ADH)이 정상보다 적게 분비되면 혈장 삼투압을 낮추는 작용이 원활하지 않게 되므로 시간에 따라 혈장 삼투압 증가가 더 크게 나타나는 A가 '항이뇨 호르몬(ADH)이 정상보다 적게 분비되는 개체'이고, B는 '항이뇨 호르몬(ADH)이 정상적으로 분비되는 개체'이다.

ㄱ. **ADH는 콩팥에서 물의 재흡수를 촉진한다.**
➡ ADH는 뇌하수체 후엽에서 분비되며, 표적 기관인 콩팥에서 물의 재흡수를 촉진하는 호르몬이다.

✗ **A는 'ADH가 정상적으로 분비되는 개체'이다.**
➡ 고온 환경에서 같은 양의 땀을 흘렸는데, A는 B보다 상대적으로 혈장 삼투압 증가가 크게 나타난다. 이를 통해 A는 콩팥에서 물의 재흡수를 촉진하여 혈장 삼투압을 낮추는 작용이 원활하게 일어나지 않는다고 추론할 수 있다. 따라서 A는 'ADH가 정상보다 적게 분비되는 개체'이다.

✗ **B에서 생성되는 오줌의 삼투압은 t_1일 때가 t_2일 때보다 높다.**
➡ B는 'ADH가 정상적으로 분비되는 개체'이므로 혈장 삼투압이 높은 t_2일 때가 혈장 삼투압이 낮은 t_1일 때보다 혈중 ADH 농도가 높다. 혈중 ADH 농도가 높을수록 단위 시간당 콩팥에서 재흡수되는 물의 양이 증가하여 오줌의 삼투압은 높아진다. 따라서 B에서 생성되는 오줌의 삼투압은 t_2일 때가 t_1일 때보다 높다.

17 | 삼투압 조절 · 2024학년도 6월 모평 11번 · 정답 ② | 정답률 72%

적용해야 할 개념 ②가지

① 항이뇨 호르몬(ADH)은 뇌하수체 후엽에서 분비되어 콩팥에서 수분의 재흡수를 촉진한다.
② 혈장 삼투압이 높을 때 ADH 분비가 촉진되며, ADH 농도가 높아질 때 값이 증가하는 요소와 감소하는 요소는 표와 같다.

증가하는 요소	콩팥에서 흡수되는 수분량, 혈액량, 오줌의 삼투압
감소하는 요소	오줌으로 배설되는 수분량, 단위 시간당 오줌 생성량, 혈장 삼투압

문제 보기

그림 (가)는 정상인의 혈중 항이뇨 호르몬(ADH) 농도에 따른 ⊙을, (나)는 정상인 A와 B 중 한 사람에게만 수분 공급을 중단하고 측정한 시간에 따른 ⊙을 나타낸 것이다. ⊙은 오줌 삼투압과 단위 시간당 오줌 생성량 중 하나이다.

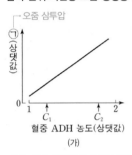 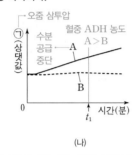

(가)   (나)

이에 대한 설명으로 옳은 것만을 〈보기〉에서 있는 대로 고른 것은? (단, 제시된 조건 이외는 고려하지 않는다.) [3점]

〈보기〉 풀이

항이뇨 호르몬(ADH)은 뇌하수체 후엽에서 분비되어 콩팥에서 물의 재흡수를 촉진한다. 혈장 삼투압이 정상보다 높을 때 ADH 분비가 촉진되며, 혈중 ADH 농도가 높을수록 콩팥에서 흡수되는 물의 양이 증가하고 그에 따라 단위 시간당 오줌 생성량은 감소하며 오줌 삼투압은 증가한다. 따라서 (가)에서 ⊙은 오줌 삼투압이다.

✗ 단위 시간당 오줌 생성량은 C_2일 때가 C_1일 때보다 많다.

➡ ADH 분비량이 증가하면 콩팥에서 물의 재흡수량이 증가하여 단위 시간당 오줌 생성량은 감소한다. 따라서 혈중 ADH 농도가 높은 C_2일 때가 C_1일 때보다 단위 시간당 오줌 생성량이 적다.

✗ t_1일 때 $\dfrac{B의\ 혈중\ ADH\ 농도}{A의\ 혈중\ ADH\ 농도}$ 는 1보다 크다.

➡ 수분 공급을 중단한 사람은 혈장 삼투압이 증가하므로 ADH 분비량이 증가한다. 혈중 ADH 농도가 높을수록 콩팥에서 물의 재흡수량이 증가하여 오줌 삼투압(⊙)이 증가한다. 따라서 A와 B 중 A가 수분 공급을 중단한 사람이고, t_1일 때 A의 혈중 ADH 농도는 B의 혈중 ADH 농도보다 높으므로 $\dfrac{B의\ 혈중\ ADH\ 농도}{A의\ 혈중\ ADH\ 농도}$ 는 1보다 작다.

ⓒ 콩팥은 ADH의 표적 기관이다.

➡ ADH는 뇌하수체 후엽에서 분비되어 콩팥에서 물의 재흡수를 촉진한다. 따라서 콩팥은 ADH의 표적 기관이다.

---

18 | 삼투압 조절 · 2022학년도 6월 모평 9번 · 정답 ① | 정답률 81%

적용해야 할 개념 ③가지

① 항이뇨 호르몬(ADH)은 뇌하수체 후엽에서 분비되어 콩팥에서 수분 재흡수를 촉진한다.
② 혈중 ADH 농도가 높을수록 콩팥에서 단위 시간당 수분 재흡수량, 혈액량, 오줌 삼투압은 증가한다.
③ 혈중 ADH 농도가 높을수록 단위 시간당 오줌 생성량, 혈장 삼투압은 감소한다.

문제 보기

그림은 정상인의 혈중 항이뇨 호르몬(ADH) 농도에 따른 ⊙을 나타낸 것이다. ⊙은 오줌 삼투압과 단위 시간당 오줌 생성량 중 하나이다.

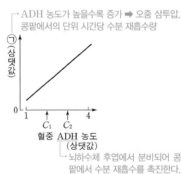

이에 대한 설명으로 옳은 것만을 〈보기〉에서 있는 대로 고른 것은? (단, 제시된 자료 이외에 체내 수분량에 영향을 미치는 요인은 없다.)

〈보기〉 풀이

ㄱ. ADH는 뇌하수체 후엽에서 분비된다.

➡ ADH는 뇌하수체 후엽에서 분비되어 콩팥에서 수분 재흡수를 촉진하는 호르몬이다.

✗ ⊙은 단위 시간당 오줌 생성량이다.

➡ 혈중 ADH 농도가 높을수록 값이 증가하는 ⊙은 오줌 삼투압이다. 단위 시간당 오줌 생성량은 ADH 농도가 높을수록 감소한다.

✗ 콩팥에서의 단위 시간당 수분 재흡수량은 C_1일 때가 C_2일 때보다 많다.

➡ 콩팥에서의 단위 시간당 수분 재흡수량은 혈중 ADH 농도가 높을수록 증가한다. 따라서 C_1일 때가 C_2일 때보다 적다.

19 혈당량과 삼투압 조절 2021학년도 4월 학평 14번

정답 ② | 정답률 67 %

적용해야 할 개념 ③가지

① 인슐린은 혈당량이 높을 때 분비가 촉진되어 혈당량을 낮추고, 글루카곤은 혈당량이 낮을 때 분비가 촉진되어 혈당량을 높인다.
② 항이뇨 호르몬(ADH)은 혈장 삼투압이 높을 때 분비가 촉진되어 콩팥에서 물의 재흡수를 촉진한다. ➡ 오줌 생성량 감소, 오줌 삼투압 증가, 혈장 삼투압 감소
③ 혈당량, 혈장 삼투압, 체온 등과 같은 체내 환경을 일정하게 유지하는 항상성 조절 중추는 간뇌 시상 하부이다.

문제 보기

그림 (가)는 정상인에서 식사 후 시간에 따른 혈당량을, (나)는 이 사람의 혈장 삼투압에 따른 혈중 ADH 농도를 나타낸 것이다.

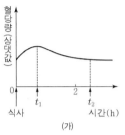

혈당량이 높을 때 인슐린 분비가 촉진되므로 혈중 인슐린 농도는 $t_1 > t_2$이다.

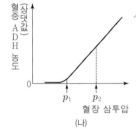

혈장 삼투압이 높을수록 ADH 분비가 촉진된다. ➡ ADH는 콩팥에서 물의 재흡수를 촉진하여 혈장 삼투압을 낮추는 작용을 한다. ➡ 오줌의 삼투압은 높아진다.

이에 대한 설명으로 옳은 것만을 〈보기〉에서 있는 대로 고른 것은? (단, 제시된 조건 이외는 고려하지 않는다.) [3점]

〈보기〉 풀이

ㄱ. 혈중 인슐린 농도는 t_1일 때가 t_2일 때보다 낮다.
➡ 인슐린은 혈당량이 높을 때 분비되어 조직 세포로의 포도당 흡수와 간에서 포도당을 글리코젠으로 합성하는 반응을 촉진함으로써 혈당량을 낮춘다. 따라서 (가)에서 혈중 인슐린 농도는 혈당량이 높은 t_1일 때가 혈당량이 낮은 t_2일 때보다 높다.

ㄴ. 생성되는 오줌의 삼투압은 p_1일 때가 p_2일 때보다 낮다.
➡ ADH(항이뇨 호르몬)는 뇌하수체 후엽에서 분비되어 콩팥에서 물의 재흡수를 촉진하여 오줌 생성량을 감소시키고 오줌의 삼투압은 증가시킨다. (나)에서 p_1일 때가 p_2일 때보다 혈중 ADH 농도가 낮으므로 생성되는 오줌의 삼투압은 p_1일 때가 p_2일 때보다 낮다.

ㄷ. 혈당량과 혈장 삼투압의 조절 중추는 모두 연수이다.
➡ 혈당량과 혈장 삼투압과 같은 체내 환경을 일정하게 유지하는 조절 중추는 간뇌의 시상 하부이다.

20 삼투압 조절 2021학년도 6월 모평 12번

정답 ③ | 정답률 74 %

적용해야 할 개념 ③가지

① 뇌하수체 후엽에서 분비되는 항이뇨 호르몬(ADH)은 콩팥에서 수분 재흡수를 촉진한다.
② 혈액량이 적을 때, 혈장 삼투압이 높을 때 뇌하수체 후엽에서 항이뇨 호르몬(ADH) 분비가 촉진된다.
③ 혈중 ADH 농도가 높아지면 콩팥에서의 수분 재흡수량 증가, 혈액량 증가, 혈장 삼투압 감소, 오줌 생성량 감소, 오줌 삼투압 증가가 나타난다.

문제 보기

그림 (가)와 (나)는 정상인에서 각각 ㉠과 ㉡의 변화량에 따른 혈중 항이뇨 호르몬(ADH)의 농도를 나타낸 것이다. ㉠과 ㉡은 각각 혈장 삼투압과 전체 혈액량 중 하나이다.

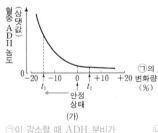

㉠이 감소할 때 ADH 분비가 촉진된다. ➡ ㉠은 전체 혈액량

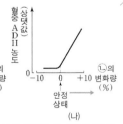

㉡이 증가할 때 ADH 분비가 촉진된다. ➡ ㉡은 혈장 삼투압

이에 대한 설명으로 옳은 것만을 〈보기〉에서 있는 대로 고른 것은? (단, 제시된 자료 이외에 체내 수분량에 영향을 미치는 요인은 없다.)

〈보기〉 풀이

항이뇨 호르몬(ADH)은 콩팥에서 수분 재흡수를 촉진하여 혈장 삼투압을 낮추고 혈액량을 증가시키므로 혈장 삼투압이 높을수록, 전체 혈액량이 적을수록 항이뇨 호르몬(ADH) 분비가 촉진된다.

ㄱ. ㉡은 혈장 삼투압이다.
➡ ㉠ 값이 안정 상태보다 작아질수록 혈중 ADH 농도가 높아지므로 ㉠은 전체 혈액량이고, ㉡ 값이 안정 상태보다 커질수록 혈중 ADH 농도가 높아지므로 ㉡은 혈장 삼투압이다.

ㄴ. 콩팥은 ADH의 표적 기관이다.
➡ 뇌하수체 후엽에서 분비되는 항이뇨 호르몬(ADH)은 콩팥에 작용하여 수분 재흡수를 촉진하므로 ADH의 표적 기관은 콩팥이다.

ㄷ. (가)에서 단위 시간당 오줌 생성량은 t_1에서가 t_2에서보다 많다.
➡ ADH는 콩팥에서 수분 재흡수를 촉진하여 오줌 생성량을 감소시키므로 단위 시간당 오줌 생성량은 혈중 ADH 농도가 높을수록 적다. 따라서 (가)에서 단위 시간당 오줌 생성량은 혈중 ADH 농도가 높은 t_1에서가 t_2에서보다 적다.

적용해야 할 개념 ②가지

① 항이뇨 호르몬(ADH)은 뇌하수체 후엽에서 분비되어 콩팥에서 수분 재흡수를 촉진한다.

② 혈장 삼투압이 높을 때 ADH 분비가 촉진되며, ADH 농도가 높아질 때 값이 증가하는 요소와 감소하는 요소는 표와 같다.

증가하는 요소	콩팥에서 흡수되는 수분량, 혈액량, 오줌의 삼투압
감소하는 요소	오줌으로 배설되는 수분량, 단위 시간당 오줌 생성량, 혈장 삼투압

문제 보기

그림은 정상인에게서 일어나는 혈장 삼투압 조절 과정의 일부를 나타낸 것이다. ㉠~㉢은 각각 증가와 감소 중 하나이다.

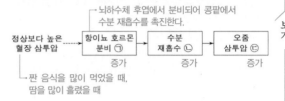

┌ 뇌하수체 후엽에서 분비되어 콩팥에서
│ 수분 재흡수를 촉진한다.

정상보다 높은 → [항이뇨 호르몬 분비 ㉠] → [수분 재흡수 ㉡] → [오줌 삼투압 ㉢]
혈장 삼투압   증가   증가   증가

└ 짠 음식을 많이 먹었을 때,
   땀을 많이 흘렸을 때

이에 대한 옳은 설명만을 〈보기〉에서 있는 대로 고른 것은?

〈보기〉 풀이

㉠ ㉠~㉢은 모두 증가이다.

➡ 항이뇨 호르몬(ADH)은 콩팥에서 수분 재흡수를 촉진하여 혈장 삼투압을 낮추는 작용을 하므로 혈장 삼투압이 정상보다 높을 때 분비가 증가(㉠)한다. 항이뇨 호르몬 분비가 증가하면 콩팥에서 수분 재흡수량이 증가(㉡)하고, 그 결과 오줌으로 배출되는 수분량이 감소하므로 오줌 삼투압이 증가(㉢)한다. 따라서 ㉠~㉢은 모두 증가이다.

㉡ 콩팥은 항이뇨 호르몬의 표적 기관이다.

➡ 항이뇨 호르몬은 뇌하수체 후엽에서 분비되어 콩팥에서 수분 재흡수를 촉진한다. 따라서 콩팥은 항이뇨 호르몬의 표적 기관이다.

㉢ 짠 음식을 많이 먹었을 때 이 과정이 일어난다.

➡ 짠 음식을 많이 먹으면 혈장 삼투압이 증가하므로 이 과정이 일어난다.

---

22 삼투압 조절 2023학년도 9월 모평 5번   정답 ① | 정답률 76 %

적용해야 할 개념 ②가지

① 항이뇨 호르몬(ADH)은 뇌하수체 후엽에서 분비되는 호르몬으로, 콩팥에서 수분 재흡수를 촉진한다.

② 혈중 ADH 농도가 높을수록 콩팥에서의 단위 시간당 수분 재흡수량이 증가하여 오줌 생성량이 감소하고 오줌 삼투압은 증가한다.

문제 보기

그림은 어떤 동물 종에서 ㉠이 제거된 개체 Ⅰ과 정상 개체 Ⅱ에 각각 자극 ⓐ를 주고 측정한 단위 시간당 오줌 생성량을 시간에 따라 나타낸 것이다. ㉠은 뇌하수체 전엽과 뇌하수체 후엽 중 하나이고, ⓐ는 ㉠에서 호르몬 X의 분비를 촉진한다.

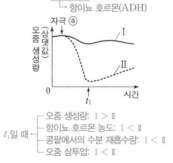

      ┌ 뇌하수체 후엽
      ┌ 항이뇨 호르몬(ADH)

자극 ⓐ
오줌 생성량 (상댓값)

0   ↑   시간
     t₁

┌ 오줌 생성량: Ⅰ > Ⅱ
│ 항이뇨 호르몬 농도: Ⅰ < Ⅱ
t₁일 때 ┤ 콩팥에서의 수분 재흡수량: Ⅰ < Ⅱ
└ 오줌 삼투압: Ⅰ < Ⅱ

이에 대한 설명으로 옳은 것만을 〈보기〉에서 있는 대로 고른 것은? (단, 제시된 조건 이외는 고려하지 않는다.) [3점]

〈보기〉 풀이

㉠ ㉠은 뇌하수체 후엽이다.

➡ 정상 개체 Ⅱ는 호르몬 X의 분비를 촉진하는 자극 ⓐ에 의해 오줌 생성량이 감소하였으므로 호르몬 X는 콩팥에서 수분 재흡수를 촉진하는 항이뇨 호르몬(ADH)이다. ㉠이 제거된 개체 Ⅰ은 자극 ⓐ에 의해 오줌 생성량이 크게 감소하지 않았으므로 ㉠은 항이뇨 호르몬(ADH)을 분비하는 뇌하수체 후엽이다.

✗ t_1일 때 콩팥에서의 단위 시간당 수분 재흡수량은 Ⅰ에서가 Ⅱ에서보다 많다.

➡ 콩팥에서의 단위 시간당 수분 재흡수량이 많을수록 오줌 생성량은 감소한다. t_1일 때 오줌 생성량은 Ⅰ에서가 Ⅱ에서보다 많으므로 콩팥에서의 단위 시간당 수분 재흡수량은 Ⅰ에서가 Ⅱ에서보다 적다.

✗ t_1일 때 Ⅰ에게 항이뇨 호르몬(ADH)을 주사하면 생성되는 오줌의 삼투압이 감소한다.

➡ t_1일 때 Ⅰ에게 항이뇨 호르몬(ADH)을 주사하면 콩팥에서의 수분 재흡수량이 증가하여 오줌으로 배출되는 물의 양이 감소하고 오줌의 농도가 높아지므로 오줌의 삼투압은 증가한다.

23 삼투압 조절 2023학년도 수능 8번

정답 ① | 정답률 79 %

적용해야 할 개념 ③가지

① 호르몬은 내분비샘에서 분비되어 혈액을 통해 표적 기관으로 운반된다.
② 뇌하수체 후엽에서 분비되는 항이뇨 호르몬(ADH)은 콩팥에서 수분 재흡수를 촉진한다.
③ 혈중 ADH 농도가 높아지면 콩팥에서의 수분 재흡수량 증가, 혈액량 증가, 혈장 삼투압 감소, 오줌 생성량 감소, 오줌 삼투압 증가가 나타난다.

문제 보기

그림은 사람 Ⅰ과 Ⅱ에서 전체 혈액량의 변화량에 따른 혈중 항이뇨 호르몬(ADH) 농도를 나타낸 것이다. Ⅰ과 Ⅱ는 'ADH가 정상적으로 분비되는 사람'과 'ADH가 과다하게 분비되는 사람'을 순서 없이 나타낸 것이다.

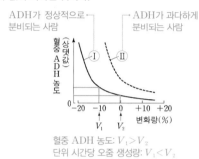

혈중 ADH 농도: $V_1 > V_2$
단위 시간당 오줌 생성량: $V_1 < V_2$

이에 대한 설명으로 옳은 것만을 〈보기〉에서 있는 대로 고른 것은? (단, 제시된 조건 이외는 고려하지 않는다.)

〈보기〉 풀이

보기

ㄱ. ADH는 혈액을 통해 표적 세포로 이동한다.
→ ADH는 뇌하수체 후엽에서 분비되는 호르몬으로 콩팥에서 수분 재흡수를 촉진한다. ADH를 비롯한 모든 호르몬은 내분비샘에서 분비되어 혈액을 통해 표적 세포로 이동한다.

✕ Ⅱ는 'ADH가 정상적으로 분비되는 사람'이다.
→ 가로축의 전체 혈액량의 변화량이 같을 때 Ⅱ가 Ⅰ보다 혈중 ADH 농도가 높으므로 Ⅱ는 'ADH가 과다하게 분비되는 사람'이고, Ⅰ은 'ADH가 정상적으로 분비되는 사람'이다.

✕ Ⅰ에서 단위 시간당 오줌 생성량은 V_1일 때가 V_2일 때보다 많다.
→ ADH는 콩팥에서 수분 재흡수를 촉진하여 오줌 생성량을 감소시키는 작용을 하므로 혈중 ADH 농도가 높을수록 단위 시간당 오줌 생성량은 감소한다. Ⅰ에서 V_1일 때가 V_2일 때보다 혈중 ADH 농도가 높으므로 단위 시간당 오줌 생성량은 V_1일 때가 V_2일 때보다 적다.

24 삼투압 조절 2022학년도 4월 학평 10번

정답 ③ | 정답률 73 %

적용해야 할 개념 ③가지

① 항이뇨 호르몬(ADH)은 뇌하수체 후엽에서 분비되는 호르몬으로, 콩팥에서 물의 재흡수를 촉진한다.
② 항이뇨 호르몬(ADH)은 혈장 삼투압이 높을 때 분비가 촉진된다.
③ 혈중 항이뇨 호르몬(ADH) 농도가 높을수록 단위 시간당 생성되는 오줌의 양이 감소하고, 오줌 삼투압은 증가하며, 혈장 삼투압은 감소한다.

문제 보기

그림은 정상인이 물 1 L를 섭취한 후 시간에 따른 ㉠과 ㉡을 나타낸 것이다. ㉠과 ㉡은 각각 혈장 삼투압과 단위 시간당 오줌 생성량 중 하나이다.

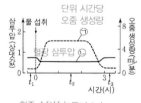

· 혈중 ADH 농도: $t_1 > t_2$
· 생성되는 오줌의 삼투압: $t_2 < t_3$

이에 대한 설명으로 옳은 것만을 〈보기〉에서 있는 대로 고른 것은? (단, 제시된 자료 이외의 체내 수분량에 영향을 미치는 요인은 없다.)

〈보기〉 풀이

보기

ㄱ. ㉠은 단위 시간당 오줌 생성량이다.
→ 물을 섭취하면 혈장 삼투압이 낮아지므로 ㉡은 혈장 삼투압이다. 그에 따라 뇌하수체 후엽에서 항이뇨 호르몬(ADH)의 분비가 감소하면 콩팥에서 물의 재흡수량이 감소하여 오줌으로 배출되는 물의 양이 증가하므로 ㉠은 단위 시간당 오줌 생성량이다.

ㄴ. 혈중 ADH 농도는 t_1일 때가 t_2일 때보다 높다.
→ 혈중 ADH 농도가 높을수록 단위 시간당 오줌 생성량(㉠)이 적으므로 혈중 ADH 농도는 t_1일 때가 t_2일 때보다 높다.

✕ 생성되는 오줌의 삼투압은 t_2일 때가 t_3일 때보다 높다.
→ 단위 시간당 오줌 생성량이 많을수록 오줌으로 배출되는 물의 양이 많아서 오줌의 삼투압이 낮다. 따라서 ㉠의 값이 높을수록 오줌 삼투압은 낮으므로 생성되는 오줌의 삼투압은 t_2일 때가 t_3일 때보다 낮다.

적용해야 할 개념 ②가지

① 항이뇨 호르몬(ADH)은 뇌하수체 후엽에서 분비되어 콩팥에서 수분의 재흡수를 촉진한다.

② 혈장 삼투압이 높을 때 ADH 분비가 촉진되며, ADH 농도가 높아질 때 값이 증가하는 요소와 감소하는 요소는 표와 같다.

증가하는 요소	콩팥에서 흡수되는 수분량, 혈액량, 오줌의 삼투압
감소하는 요소	오줌으로 배설되는 수분량, 단위 시간당 오줌 생성량, 혈장 삼투압

문제 보기

그림 (가)는 정상인에서 ㉠의 변화량에 따른 혈중 항이뇨 호르몬 (ADH)의 농도를, (나)는 이 사람이 1 L의 물을 섭취한 후 시간에 따른 혈장과 오줌의 삼투압을 나타낸 것이다. ㉠은 혈장 삼투압과 전체 혈액량 중 하나이다.

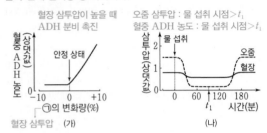

이에 대한 설명으로 옳은 것만을 〈보기〉에서 있는 대로 고른 것은? (단, 제시된 자료 이외에 체내 수분량에 영향을 미치는 요인은 없다.) [3점]

보기

〈보기〉 풀이

✗ ㉠은 전체 혈액량이다.

➡ 항이뇨 호르몬(ADH)은 콩팥에서 수분의 재흡수를 촉진하여 몸 밖으로 배출되는 오줌량을 감소시키는 작용을 한다. 그 결과 전체 혈액량은 증가하고 혈장 삼투압은 낮아진다. 따라서 ADH는 혈장 삼투압이 높을 때는 분비가 촉진되고, 전체 혈액량이 많을 때는 분비가 억제된다. (가)에서 ㉠이 증가함에 따라 혈중 ADH 농도가 증가하므로 ㉠은 혈장 삼투압이다.

✔ ㄴ. ADH는 뇌하수체 후엽에서 분비된다.

➡ ADH는 뇌하수체 후엽에서 분비되는 호르몬이며, ADH의 표적 기관은 콩팥이다.

✗ 콩팥에서의 단위 시간당 수분 재흡수량은 물 섭취 시점일 때가 t_1일 때보다 적다.

➡ 콩팥에서의 수분 재흡수량이 많을수록 오줌의 삼투압은 증가한다. 따라서 콩팥에서의 단위 시간당 수분 재흡수량은 오줌 삼투압이 높은 물 섭취 시점일 때가 오줌 삼투압이 낮은 t_1일 때보다 많다.

적용해야 할 개념 ③가지

① 항이뇨 호르몬(ADH)은 뇌하수체 후엽에서 분비되어 콩팥에서 수분 재흡수를 촉진하는 호르몬이다.

② 혈장 삼투압이 높을 때 항이뇨 호르몬의 분비가 촉진된다.

③ 혈중 항이뇨 호르몬 농도가 높을수록 콩팥에서 단위 시간당 수분 재흡수량은 증가하고, 오줌 생성량은 감소한다.

문제 보기

그림은 정상인이 A를 섭취했을 때 시간에 따른 혈장 삼투압을 나타낸 것이다. A는 물과 소금물 중 하나이다.

A 섭취 후 혈장 삼투압 증가(A는 소금물) ➡ 항이뇨 호르몬 분비 촉진 ➡ 혈장 삼투압 감소

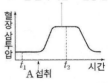

이에 대한 옳은 설명만을 〈보기〉에서 있는 대로 고른 것은? [3점]

보기

〈보기〉 풀이

✔ ㄱ. A는 소금물이다.

➡ A를 섭취한 후 혈장 삼투압이 증가하였으므로 A는 소금물이다.

✗ 단위 시간당 오줌 생성량은 t_2일 때가 t_1일 때보다 많다.

➡ 혈장 삼투압은 t_2일 때가 t_1일 때보다 높으므로 혈중 항이뇨 호르몬의 농도는 t_2일 때보다 높다. 항이뇨 호르몬 농도가 높을수록 콩팥에서 물의 재흡수량이 많아 오줌 생성량이 적다. 따라서 단위 시간당 오줌 생성량은 t_2일 때가 t_1일 때보다 적다.

✗ 혈중 항이뇨 호르몬 농도는 t_1일 때가 t_2일 때보다 높다.

➡ 항이뇨 호르몬은 혈장 삼투압이 높을 때 분비가 촉진되어 콩팥에서 물의 재흡수를 촉진함으로써 혈장 삼투압을 낮춘다. 따라서 혈중 항이뇨 호르몬 농도는 혈장 삼투압이 높은 t_2일 때가 t_1일 때보다 높다.

27 삼투압 조절 2022학년도 10월 학평 12번   정답 ②ㅣ정답률 85 %

적용해야 할 개념 ②가지

① ADH는 뇌하수체 후엽에서 분비되는 호르몬으로 콩팥에서 물의 재흡수를 촉진한다.
② 혈중 ADH 농도가 높을수록 콩팥에서의 단위 시간당 수분 재흡수량이 증가하여 오줌 생성량이 감소하고 오줌 삼투압은 증가한다.

문제 보기

그림은 정상인 A∼C의 오줌 생성량 변화를 나타낸 것이다. t_2일 때 B는 물 1 L를 마시고, A와 C 중 한 명은 물질 ㉠을 물에 녹인 용액 1 L를 마시고, 다른 한 명은 아무것도 마시지 않았다. ㉠은 항이뇨 호르몬(ADH)의 분비를 억제하는 물질과 촉진하는 물질 중 하나이다.

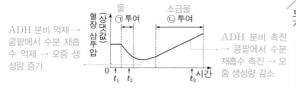

(ADH 분비 억제)
물질 ㉠을 녹인 용액 1 L를 마신 사람
물 1 L를 마신 사람
아무것도 마시지 않은 사람

t_3에서 혈중 ADH 농도: A>B>C

이에 대한 옳은 설명만을 〈보기〉에서 있는 대로 고른 것은? [3점]

〈보기〉 풀이

항이뇨 호르몬(ADH)은 뇌하수체 후엽에서 분비되어 콩팥에서 물의 재흡수를 촉진하므로 혈중 ADH 농도가 높을수록 단위 시간당 오줌 생성량은 감소한다. t_3에서 물 1 L를 마신 B에 비해 오줌 생성량이 적은 A는 아무것도 마시지 않은 사람이며 혈중 ADH 농도가 가장 높고, C는 ㉠을 녹인 용액 1 L를 마신 사람이며 혈중 ADH 농도가 가장 낮으므로 ㉠은 ADH 분비를 억제하는 물질이다.

✗ ㉠은 ADH의 분비를 촉진한다.
➡ ㉠을 녹인 용액을 마신 사람은 C이고, t_3에서 단위 시간당 오줌 생성량은 C가 B보다 많으므로 ㉠은 ADH 분비를 억제하는 물질이다.

ㄴ. ㉠을 물에 녹인 용액을 마신 사람은 C이다.
➡ ㉠을 녹인 용액을 마신 사람은 C이고, A는 아무것도 마시지 않은 사람이다.

✗ B의 혈중 ADH 농도는 t_3일 때가 t_1일 때보다 높다.
➡ B의 혈중 ADH 농도는 단위 시간당 오줌 생성량이 적은 t_1일 때가 t_3일 때보다 높다.

보기

28 삼투압 조절 2024학년도 5월 학평 7번   정답 ②ㅣ정답률 72 %

적용해야 할 개념 ③가지

① 물을 투여하면 혈장 삼투압이 감소하고, 농도가 진한 소금물을 투여하면 혈장 삼투압이 증가한다.
② 항이뇨 호르몬(ADH)은 혈장 삼투압이 높을 때 분비가 촉진되어 콩팥에서 수분 재흡수를 촉진한다.
③ 혈중 ADH 농도가 증가하면 콩팥에서 흡수되는 수분량, 혈액량, 오줌의 삼투압이 증가하고, 오줌으로 배설되는 수분량, 혈장 삼투압이 감소한다.

문제 보기

그림은 정상인에게 ㉠을 투여하고 일정 시간이 지난 후 ㉡을 투여했을 때 측정한 혈장 삼투압을 시간에 따라 나타낸 것이다. ㉠과 ㉡은 물과 소금물을 순서 없이 나타낸 것이다.

ADH 분비 억제 → 콩팥에서 수분 재흡수 억제 → 오줌 생성량 증가

물 ㉠ 투여   소금물 ㉡ 투여
혈장 삼투압 (상댓값)

ADH 분비 촉진 → 콩팥에서 수분 재흡수 촉진 → 오줌 생성량 감소

이에 대한 설명으로 옳은 것만을 〈보기〉에서 있는 대로 고른 것은? (단, 제시된 조건 이외는 고려하지 않는다.)

보기

〈보기〉 풀이

✗ ㉠은 소금물이다.
➡ ㉠을 투여했을 때 혈장 삼투압이 낮아졌고, ㉡을 투여했을 때 혈장 삼투압이 높아졌다. 따라서 ㉠은 물이고, ㉡은 소금물이다.

✗ 혈중 ADH의 농도는 t_1일 때가 t_2일 때보다 낮다.
➡ ADH는 콩팥에서 수분의 재흡수를 촉진하여 혈장 삼투압을 낮추는 작용을 하는 호르몬으로, 혈장 삼투압이 높을 때 분비가 촉진된다. 따라서 혈중 ADH 농도는 혈장 삼투압이 상대적으로 높은 t_1일 때가 t_2일 때보다 높다.

ㄷ. 단위 시간당 오줌 생성량은 t_2일 때가 t_3일 때보다 많다.
➡ 단위 시간당 오줌 생성량은 혈중 ADH 농도가 낮을 때 많은데, ADH는 혈장 삼투압이 높을 때 분비가 촉진된다. 따라서 혈중 ADH 농도는 혈장 삼투압이 낮은 t_2일 때가 t_3일 때보다 낮고, 그에 따라 단위 시간당 오줌 생성량은 t_2일 때가 t_3일 때보다 많다.

적용해야 할 개념 ②가지

① 항이뇨 호르몬(ADH)은 뇌하수체 후엽에서 분비되어 콩팥에서 수분 재흡수를 촉진한다.

② 혈장 삼투압이 높을 때 ADH 분비가 촉진되며, ADH 농도가 높아질 때 값이 증가하는 요소와 감소하는 요소는 표와 같다.

증가하는 요소	콩팥에서 흡수되는 수분량, 혈액량, 오줌의 삼투압
감소하는 요소	오줌으로 배설되는 수분량, 단위 시간당 오줌 생성량, 혈장 삼투압

문제 보기

그림 (가)는 정상인에서 갈증을 느끼는 정도를 ⓐ의 변화량에 따라 나타낸 것이다. 그림 (나)는 정상인 A에게는 소금과 수분을, 정상인 B에게는 소금만 공급하면서 측정한 ⓐ를 시간에 따라 나타낸 것이다. ⓐ는 전체 혈액량과 혈장 삼투압 중 하나이다.

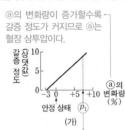

ⓐ의 변화량이 증가할수록 갈증 정도가 커지므로 ⓐ는 혈장 삼투압이다.

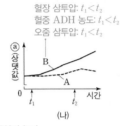

혈장 삼투압: $t_1 < t_2$
혈중 ADH 농도: $t_1 < t_2$
오줌 삼투압: $t_1 < t_2$

p_1일 때는 안정 상태일 때보다 혈장 삼투압이 높다. → 혈중 항이뇨 호르몬(ADH) 농도가 높다. → 콩팥에서 재흡수되는 물의 양이 많다. → 오줌의 생성량이 적고, 오줌 삼투압이 높다.

이에 대한 설명으로 옳은 것만을 〈보기〉에서 있는 대로 고른 것은? (단, 제시된 조건 이외는 고려하지 않는다.)

〈보기〉 풀이

(가)에서 ⓐ의 변화량이 증가할수록 갈증 정도가 커지므로 ⓐ는 혈장 삼투압이다. 혈장 삼투압이 증가하여 갈증이 커질수록 뇌하수체 후엽에서 항이뇨 호르몬(ADH)의 분비가 증가하여 콩팥에서 물의 재흡수를 촉진한다.

✗ ㄱ. 생성되는 오줌의 삼투압은 안정 상태일 때가 p_1일 때보다 높다.

➡ 안정 상태일 때보다 p_1일 때 혈장 삼투압(ⓐ)이 높고 갈증 정도가 심하다. 따라서 뇌하수체 후엽에서 ADH 분비가 증가하고 콩팥에서 재흡수되는 물의 양이 증가한다. 그에 따라 오줌 생성량은 감소하고, 오줌의 삼투압은 높아진다. 따라서 생성되는 오줌의 삼투압은 안정 상태일 때가 p_1일 때보다 낮다.

◯ ㄴ. t_2일 때 갈증을 느끼는 정도는 B에서가 A에서보다 크다.

➡ 혈장 삼투압(ⓐ)이 클수록 갈증 정도가 크다. 따라서 t_2일 때 갈증을 느끼는 정도는 혈장 삼투압(ⓐ)이 높은 B에서가 혈장 삼투압(ⓐ)이 낮은 A에서보다 크다.

✗ ㄷ. B의 혈중 항이뇨 호르몬(ADH) 농도는 t_1일 때가 t_2일 때보다 높다.

➡ 혈장 삼투압(ⓐ)이 높을수록 항이뇨 호르몬(ADH) 분비가 증가하므로, B의 혈중 항이뇨 호르몬(ADH) 농도는 t_1일 때가 t_2일 때보다 낮다.

적용해야 할 개념 ③가지

① 물을 섭취하면 혈장 삼투압이 감소하고, 소금을 섭취하면 혈장 삼투압이 증가한다.

② 항이뇨 호르몬(ADH)은 혈장 삼투압이 높을 때 분비가 촉진되어 콩팥에서 물의 재흡수를 촉진한다.

③ 혈중 ADH 농도가 증가할 때 값이 증가하는 요소와 감소하는 요소는 표와 같다.

증가하는 요소	콩팥에서 흡수되는 수분량, 혈액량, 오줌의 삼투압
감소하는 요소	오줌으로 배설되는 수분량, 단위 시간당 오줌 생성량, 혈장 삼투압

문제 보기

그림은 동물 종 X에서 ㉠ 섭취량에 따른 혈장 삼투압을 나타낸 것이다. ㉠은 물과 소금 중 하나이고, Ⅰ과 Ⅱ는 '항이뇨 호르몬(ADH)이 정상적으로 분비되는 개체'와 '항이뇨 호르몬(ADH)이 정상보다 적게 분비되는 개체'를 순서 없이 나타낸 것이다.

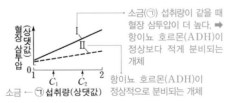

소금(㉠) 섭취량이 같을 때 혈장 삼투압이 더 높다. ➡ 항이뇨 호르몬(ADH)이 정상보다 적게 분비되는 개체

항이뇨 호르몬(ADH)이 정상적으로 분비되는 개체

이에 대한 설명으로 옳은 것만을 〈보기〉에서 있는 대로 고른 것은? (단, 제시된 조건 이외는 고려하지 않는다.) [3점]

〈보기〉 풀이

㉠의 섭취량이 증가함에 따라 Ⅰ과 Ⅱ에서 모두 혈장 삼투압이 증가하므로 ㉠은 소금이다. 항이뇨 호르몬(ADH)은 혈장 삼투압이 높아질 때 분비가 촉진되어 콩팥에서 물의 재흡수를 촉진하여 혈장 삼투압을 낮추는 작용을 한다. 따라서 소금 섭취량의 증가에 따른 혈장 삼투압 증가가 상대적으로 완만하게 나타나는 Ⅱ는 '항이뇨 호르몬(ADH)이 정상적으로 분비되는 개체'이고, 혈장 삼투압 증가가 상대적으로 급격하게 나타나는 Ⅰ은 '항이뇨 호르몬(ADH)이 정상보다 적게 분비되는 개체'이다.

◯ ㄱ. 콩팥은 ADH의 표적 기관이다.

➡ ADH는 뇌하수체 후엽에서 분비되어 콩팥에서 물의 재흡수를 촉진하는 작용을 한다. 따라서 콩팥은 ADH의 표적 기관이다.

✗ ㄴ. Ⅰ은 'ADH가 정상적으로 분비되는 개체'이다.

➡ 소금(㉠) 섭취량이 같을 때 Ⅰ은 Ⅱ보다 혈장 삼투압이 높다. 이것은 Ⅰ은 'ADH가 정상보다 적게 분비되는 개체'로, 콩팥에서 물의 재흡수가 정상보다 적게 일어나 혈장 삼투압이 정상보다 더 높게 나타나기 때문이다.

✗ ㄷ. Ⅱ에서 단위 시간당 오줌 생성량은 C_1일 때가 C_2일 때보다 적다.

➡ ADH는 콩팥에서 물의 재흡수를 촉진하는 작용을 하므로, 혈중 ADH의 농도가 높을수록 단위 시간당 오줌 생성량은 감소한다. 소금(㉠) 섭취량이 적어 혈장 삼투압이 낮은 C_1일 때는 소금(㉠) 섭취량이 많아 혈장 삼투압이 높은 C_2일 때보다 혈중 ADH 농도가 낮다. 따라서 Ⅱ에서 단위 시간당 오줌 생성량은 혈중 ADH 농도가 낮은 C_1일 때가 C_2일 때보다 많다.

12
일차

01 ④	02 ③	03 ⑤	04 ③	05 ④	06 ④	07 ②	08 ⑤	09 ②	10 ⑤	11 ③	12 ⑤
13 ⑤	14 ④	15 ③	16 ②	17 ⑤	18 ⑤	19 ③	20 ④	21 ②	22 ①	23 ②	24 ④
25 ③	26 ④	27 ④	28 ④	29 ④	30 ②	31 ⑤	32 ②	33 ②	34 ⑤	35 ③	

문제편 128쪽~137쪽

---

01 | 질병의 구분과 병원체의 특성　2021학년도 9월 모평 5번

정답 ④ | 정답률 79 %

적용해야 할 개념 ④가지

① 감염성 질병은 병원체에 감염되어 발생하는 질병이고, 비감염성 질병은 병원체 없이 발생하는 질병이다.
② 바이러스의 감염으로 발생하는 질병에는 독감, 천연두, 홍역, AIDS 등이 있으며, 항바이러스제로 치료한다.
③ 세균의 감염으로 발생하는 질병에는 결핵, 콜레라, 탄저병 등이 있으며, 항생제로 치료한다.
④ 원생생물의 감염으로 발생하는 질병에는 말라리아, 수면병 등이 있다.

문제 보기

표는 사람의 4가지 질병을 A와 B로 구분하여 나타낸 것이다.

구분	질병
병원체가 바이러스 —— A	천연두, 홍역
병원체가 세균 —— B	결핵, 콜레라

이에 대한 설명으로 옳은 것만을 〈보기〉에서 있는 대로 고른 것은?

〈보기〉 풀이

A(천연두, 홍역)는 바이러스의 감염으로 발생하는 질병이고, B(결핵, 콜레라)는 세균의 감염으로 발생하는 질병이다.

ㄱ. **A의 병원체는 원생생물이다.**
➡ 천연두는 천연두 바이러스, 홍역은 홍역 바이러스에 감염되어 발병한다. 따라서 A의 병원체는 바이러스이다.

ㄴ. **결핵의 치료에는 항생제가 사용된다.**
➡ 세균의 감염으로 발생하는 질병은 항생제를 사용하여 치료한다. 결핵은 세균인 결핵균에 감염되어 발병하므로 치료에 항생제를 사용한다.

ㄷ. **A와 B는 모두 감염성 질병이다.**
➡ A는 바이러스에 감염되어 발생하는 질병이고, B는 세균에 감염되어 발생하는 질병이다. 이와 같이 병원체에 감염되어 발생하는 질병을 감염성 질병이라고 한다.

---

02 | 질병의 구분과 병원체의 특성　2024학년도 3월 학평 8번

정답 ③ | 정답률 79 %

적용해야 할 개념 ③가지

① 감염성 질병은 병원체의 감염으로 발생하는 질병으로 결핵, 독감, 말라리아, 무좀 등이 있다.
② 감염성 질병의 병원체는 결핵은 세균, 독감은 바이러스, 말라리아는 원생생물, 무좀은 곰팡이로 다양하다.
③ 세균, 원생생물, 곰팡이는 세포로 이루어져 있는 생물이지만, 바이러스는 세포 구조를 갖추지 못하였으며 스스로 물질대사를 하지 못한다.

문제 보기

사람의 질병에 대한 옳은 설명만을 〈보기〉에서 있는 대로 고른 것은?

〈보기〉 풀이

ㄱ. **결핵은 감염성 질병이다.**
➡ 결핵은 세균의 일종인 결핵균의 감염으로 발생하는 감염성 질병이다. 결핵뿐 아니라 말라리아와 독감도 병원체의 감염으로 발생하는 감염성 질병이다.

ㄴ. **말라리아의 병원체는 원생생물이다.**
➡ 말라리아의 병원체는 원생생물인 말라리아 원충이며, 모기를 매개로 사람에게 전염된다.

ㄷ. **독감의 병원체는 세포 분열을 통해 증식한다.**
➡ 독감의 병원체는 바이러스이다. 바이러스는 세포의 구조를 갖추지 못하였으며 스스로 물질대사를 하지 못한다. 바이러스는 살아있는 세포에 자신의 유전 물질을 주입하여 숙주세포의 물질대사 체계를 이용하여 수를 늘린다.

03 | 질병의 종류와 병원체의 특성 2024학년도 5월 학평 8번

적용해야 할 개념 ③가지

① 독감의 병원체는 바이러스이다. 바이러스는 세포의 구조를 갖추지 못하였고 스스로 물질대사를 하지 못하는 비생물적 특징이 있지만, 유전 물질과 단백질을 가지고 숙주세포 내에서 증식하는 생물적 특징이 있다.
② 말라리아의 병원체는 원생생물이며, 모기를 매개로 전염된다.
③ 결핵의 병원체는 세균이며, 세균성 질병은 항생제로 치료한다.

문제 보기

표는 사람 질병의 특징을 나타낸 것이다. (가)와 (나)는 말라리아와 독감을 순서 없이 나타낸 것이다.

질병	특징
독감 (가)	병원체는 바이러스이다.
말라리아 (나)	모기를 매개로 전염된다.
세균성 질병 결핵	㉠

이에 대한 설명으로 옳은 것만을 〈보기〉에서 있는 대로 고른 것은?

〈보기〉 풀이

ㄱ **(가)는 독감이다.**
➡ 독감의 병원체는 바이러스이고, 말라리아의 병원체는 원생생물이며, 결핵의 병원체는 세균이다. (가)는 병원체가 바이러스이므로 독감이다.

ㄴ **(가)와 (나)의 병원체는 모두 유전 물질을 갖는다.**
➡ (가) 독감과 (나) 말라리아의 병원체인 바이러스와 원생생물은 공통적으로 유전 물질과 단백질을 갖는다.

ㄷ **'치료에 항생제가 사용된다.'는 ㉠에 해당한다.**
➡ 항생제는 세균성 질병에 효과가 높은 치료제이므로 '치료에 항생제가 사용된다.'는 세균의 감염으로 발병하는 결핵의 특징 ㉠에 해당한다.

보기

---

04 | 질병의 종류와 병원체 2025학년도 9월 모평 4번

적용해야 할 개념 ③가지

① 감염성 질병은 병원체의 감염으로 발생하는 질병으로, 말라리아, 결핵, 독감 등이 있다.
② 말라리아의 병원체는 원생생물, 결핵의 병원체는 세균, 독감의 병원체는 바이러스이다.
③ 비감염성 질병은 병원체의 감염 없이 유전, 생활 습관 등에 의해 발생하는 질병으로 낫 모양 적혈구 빈혈증, 헌팅턴 무도병, 당뇨병, 고혈압 등이 있다.

문제 보기

그림은 같은 수의 정상 적혈구 R와 낫 모양 적혈구 S를 각각 말라리아 병원체와 혼합하여 배양한 후, 말라리아 병원체에 감염된 R와 S의 빈도를 나타낸 것이다.
이에 대한 설명으로 옳은 것만을 〈보기〉에서 있는 대로 고른 것은? (단, 제시된 조건 이외는 고려하지 않는다.)

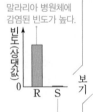

말라리아 병원체에 감염된 빈도가 높다.

빈도 (상대값)

R S

말라리아 병원체에 감염된 빈도가 낮다.
⇨ 낫 모양 적혈구(S)는 정상 적혈구(R)에 비해 말라리아 병원체의 감염 빈도가 낮으므로 말라리아에 대한 저항성이 있다.

〈보기〉 풀이

ㄱ **말라리아 병원체는 원생생물이다.**
➡ 말라리아의 병원체는 원생생물이다. 원생생물은 핵이 있으며, 스스로 물질대사를 할 수 있다.

ㄴ **낫 모양 적혈구 빈혈증은 비감염성 질병에 해당한다.**
➡ 낫 모양 적혈구 빈혈증은 헤모글로빈 유전자 이상에 의해 발생하는 비감염성 질병이고, 말라리아는 말라리아 원충의 감염으로 발생하는 감염성 질병이다.

✘ **말라리아 병원체에 노출되었을 때, S를 갖는 사람은 R만 갖는 사람보다 말라리아가 발병할 확률이 높다.**
➡ R(정상 적혈구)와 S(낫 모양 적혈구)를 각각 말라리아 병원체와 혼합하여 배양한 결과 말라리아 병원체에 감염된 빈도가 R가 S보다 높다. 따라서 말라리아 병원체에 노출되었을 때, S를 갖는 사람은 R만 갖는 사람보다 말라리아가 발병할 확률이 낮다.

보기

05 질병의 구분 2022학년도 수능 5번

정답 ④ | 정답률 84 %

적용해야 할 개념 ③가지

① 말라리아는 말라리아 원충의 감염으로 발병한다. 말라리아 원충은 원생생물이며, 모기를 매개로 사람에게 전염된다.

② 결핵의 병원체는 세균이다. 결핵, 콜레라, 폐렴 등과 같은 세균성 질병은 항생제로 치료한다.

③ 비감염성 질병은 병원체의 감염 없이 발병하는 질병으로 고혈압, 당뇨병, 혈우병, 헌팅턴 무도병 등이 있다.

문제 보기

표는 사람 질병의 특징을 나타낸 것이다.

질병	특징
병원체가 원생생물 **말라리아**	모기를 매개로 전염된다.
병원체가 세균 **결핵**	(가)
헌팅턴 무도병	신경계의 손상(퇴화)이 일어난다.

유전자 이상에 의한 비감염성 질병

이에 대한 설명으로 옳은 것만을 〈보기〉에서 있는 대로 고른 것은?

보기

〈보기〉 풀이

✗ 말라리아의 병원체는 바이러스이다.

➡ 말라리아는 말라리아 원충에 감염되어 나타나는 질병이며, 말라리아 원충은 진핵생물의 일종인 원생생물이다.

ㄴ. '치료에 항생제가 사용된다.'는 (가)에 해당한다.

➡ 결핵의 병원체는 세균이다. 항생제는 세균의 생장을 억제하는 물질이므로 '치료에 항생제가 사용된다.'는 결핵의 특징 (가)에 해당한다.

ㄷ. 헌팅턴 무도병은 비감염성 질병이다.

➡ 헌팅턴 무도병은 유전자 이상에 의한 유전병으로, 병원체의 감염으로 나타나는 질병이 아니므로 비감염성 질병이다.

06 질병의 구분과 병원체의 특성 2022학년도 10월 학평 3번

정답 ④ | 정답률 85 %

적용해야 할 개념 ③가지

① 독감의 병원체는 바이러스이며, 바이러스는 유전 물질과 단백질은 있지만 세포 구조가 아니고 독립적으로 물질대사를 하지 못한다.

② 말라리아의 병원체는 원생생물이며, 모기를 매개로 전염된다.

③ 무좀의 병원체는 곰팡이이며, 곰팡이는 다세포 진핵생물이다.

문제 보기

표는 병원체 A~C에서 2가지 특징의 유무를 나타낸 것이다. A~C는 각각 독감, 말라리아, 무좀의 병원체 중 하나이다.

특징 / 병원체	세포 구조로 되어 있다.	원생생물에 속한다.
A 무좀 병원체(곰팡이)	㉠ ○	×
B	○	○
C	×	×

독감 병원체(바이러스)
말라리아 병원체(원생생물)

(○: 있음, ×: 없음)

이에 대한 옳은 설명만을 〈보기〉에서 있는 대로 고른 것은?

보기

〈보기〉 풀이

독감의 병원체는 바이러스이고, 말라리아의 병원체는 말라리아원충으로 원생생물이며, 무좀의 병원체는 곰팡이이다.

ㄱ. ㉠은 '○'이다.

➡ 바이러스는 세포 구조가 아니며, 원생생물과 곰팡이는 세포로 이루어져 있으므로 C는 독감의 병원체이다. 원생생물에 속하는 B는 말라리아의 병원체이므로 A는 무좀의 병원체이다. 무좀의 병원체인 곰팡이는 세포 구조로 되어 있으므로 ㉠은 '○'이다.

✗ B는 무좀의 병원체이다.

➡ B는 원생생물에 속하므로 말라리아의 병원체이다. A는 무좀의 병원체이고 C는 독감의 병원체이다.

ㄷ. C는 바이러스에 속한다.

➡ C는 독감의 병원체로 세포 구조로 되어 있지 않으므로 바이러스에 속한다.

07

질병의 종류와 병원체의 특성 2024학년도 7월 학평 6번 정답 ② | 정답률 77%

적용해야 할 개념 ②가지

① 독감의 병원체는 바이러스이고, 무좀의 병원체는 곰팡이며, 말라리아의 병원체는 원생생물이다.

② 독감, 무좀, 말라리아 병원체의 특징은 표와 같다.

구분	유전 물질	세포막(세포 구조)	독립적인 물질대사	특징
독감(바이러스)	있음	없음	못 한다.	살아있는 세포에 기생
무좀(곰팡이)	있음	있음	한다.	포자로 번식
말라리아(원생생물)	있음	있음	한다.	모기를 매개로 전염

문제 보기

표 (가)는 질병의 특징을, (나)는 (가) 중에서 질병 A, B, 말라리아가 갖는 특징의 개수를 나타낸 것이다. A와 B는 독감과 무좀을 순서 없이 나타낸 것이다.

특징
○ 모기를 매개로 전염된다. 말라리아
○ 병원체가 유전 물질을 갖는다.
○ ⓐ 병원체는 독립적으로 물질대사를 한다. 말라리아, 무좀

└→ 말라리아, 독감, 무좀

(가)

질병	특징의 개수
A 독감	? 1
B 무좀	2
말라리아	㉠ 3

(나)

이에 대한 설명으로 옳은 것만을 〈보기〉에서 있는 대로 고른 것은?

〈보기〉 풀이

독감의 병원체는 바이러스이고, 무좀의 병원체는 곰팡이며, 말라리아의 병원체는 원생생물이다.

✘ **A의 병원체는 곰팡이다.**

➡ 말라리아는 모기를 매개로 전염되며, 병원체인 원생생물은 유전 물질을 가지고 독립적으로 물질대사를 하므로 특징의 개수 ㉠은 3이다. 무좀은 병원체가 곰팡이며, 유전 물질을 가지고 독립적으로 물질대사를 하므로 특징의 개수는 2이다. 독감의 병원체는 바이러스로, 유전 물질은 갖지만 독립적으로 물질대사를 하지 못하며 모기를 매개로 전염되는 것이 아니므로 특징의 개수는 1이다. 따라서 A는 독감이고 병원체는 바이러스이며, B는 무좀이고 병원체는 곰팡이다.

◯ **B는 특징 ⓐ를 갖는다.**

➡ B(무좀)의 병원체는 곰팡이며, 독립적으로 물질대사를 한다. 따라서 B는 특징 ⓐ를 갖는다.

✘ **㉠은 2이다.**

➡ 말라리아는 제시된 특징 3가지를 모두 가지므로 ㉠은 3이다.

08

질병의 종류와 병원체의 특성 2020학년도 10월 학평 12번 정답 ⑤ | 정답률 88%

적용해야 할 개념 ③가지

① 비감염성 질병은 병원체 없이 발생하는 질병으로 다른 사람에게 전염되지 않는다. 비감염성 질병의 예로는 고혈압, 알레르기, 헌팅턴 무도병 등이 있다.

② 말라리아는 원생생물의 감염으로 나타나는 감염성 질병으로, 모기를 매개로 하여 사람에게 전염된다.

③ 후천성 면역 결핍증은 바이러스에 감염되어 발병하는 질병이다. 바이러스는 세포의 구조를 갖추지 못하였으며, 스스로 물질대사를 하지 못하여 살아 있는 숙주 세포 내에서만 증식할 수 있다.

문제 보기

표는 사람의 3가지 질병이 갖는 특징을 나타낸 것이다. A와 B는 각각 말라리아와 헌팅턴 무도병 중 하나이다.

질병	특징
헌팅턴 무도병 A	비감염성 질병이다.
말라리아 B	병원체는 세포로 이루어져 있다. 원생생물
후천성 면역 결핍증	㉠ → 바이러스

이에 대한 옳은 설명만을 〈보기〉에서 있는 대로 고른 것은?

〈보기〉 풀이

A는 병원체가 없는 비감염성 질병이므로 헌팅턴 무도병이고, B는 세포로 이루어져 있는 원생생물이 병원체인 말라리아이다.

◯ **A는 유전병이다.**

➡ A는 헌팅턴 무도병으로, 유전자에 이상이 생겨 나타나는 유전병이며 자손에게 유전될 수 있다.

◯ **B는 모기를 매개로 전염된다.**

➡ B는 말라리아이며, 병원체는 말라리아 원충으로, 모기를 매개로 사람에게 전염되는 특징이 있다.

◯ **'병원체는 스스로 물질대사를 하지 못한다.'는 ㉠에 해당한다.**

➡ 후천성 면역 결핍증은 바이러스의 감염으로 나타나는 질병이다. 바이러스는 세포의 구조를 갖추지 못하였으며, 자신의 효소가 없어 스스로 물질대사를 하지 못한다.

09 질병의 종류와 병원체의 특성 2023학년도 4월 학평 6번

정답 ② | 정답률 60 %

적용해야 할 개념 ③가지

① 독감의 병원체는 바이러스이다. 바이러스는 세포 구조를 갖추지 못하였으며 스스로 물질대사를 하지 못한다.

② 말라리아의 병원체는 원생생물이고, 무좀의 병원체는 곰팡이다. 원생생물과 곰팡이는 모두 뚜렷이 구분되는 핵을 가진 진핵생물이다.

③ 페닐케톤뇨증, 낫 모양 적혈구 빈혈증 등은 DNA의 염기 서열 이상으로 발병하는 유전병으로, 병원체의 감염 없이 나타나는 비감염성 질병이다.

문제 보기

표는 사람 질병의 특징을 나타낸 것이다.

병원체는 독립적으로 물질대사를 하지 못한다.

질병	특징
독감	㉠
(가) 말라리아	병원체는 원생생물이다.
페닐케톤뇨증	페닐알라닌이 체내에 비정상적으로 축적된다.

이에 대한 설명으로 옳은 것만을 〈보기〉에서 있는 대로 고른 것은?

보기

〈보기〉 풀이

✗ '병원체는 독립적으로 물질대사를 한다.'는 ㉠에 해당한다.

➡ 독감의 병원체는 바이러스이다. 바이러스는 세포의 구조를 갖추지 못하였고, 독립적으로 물질대사를 하지 못한다. 따라서 '세포 구조가 아니다.', '독립적으로 물질대사를 하지 못한다.'가 ㉠에 해당한다.

✗ 무좀은 (가)에 해당한다.

➡ 무좀의 병원체는 곰팡이다. 병원체가 원생생물인 질병 (가)의 예로는 말라리아 등이 있다.

㉢ 페닐케톤뇨증은 비감염성 질병이다.

➡ 페닐케톤뇨증은 페닐알라닌 분해 효소 유전자의 이상으로 체내에 페닐알라닌이 축적되어 중추 신경계를 손상시키는 유전병으로, 병원체의 감염 없이 발생하는 비감염성 질병이다.

10 질병의 구분과 병원체의 특성 2023학년도 7월 학평 19번

정답 ⑤ | 정답률 85 %

적용해야 할 개념 ③가지

① 결핵의 병원체는 세균이고, 독감의 병원체는 바이러스이며, 무좀의 병원체는 곰팡이다.

② 세균과 곰팡이는 공통적으로 세포 구조로 되어 있고 스스로 물질대사를 할 수 있지만, 바이러스는 세포 구조를 갖추지 못하였고 스스로 물질대사를 하지 못한다.

③ 세균, 바이러스, 곰팡이는 공통적으로 단백질과 유전 물질인 핵산을 갖는다.

문제 보기

표는 사람의 3가지 질병을 병원체의 특징에 따라 구분하여 나타낸 것이다. ㉠~㉢은 결핵, 독감, 무좀을 순서 없이 나타낸 것이다.

병원체의 특징	질병
곰팡이에 속한다.	㉠ 무좀
스스로 물질대사를 하지 못한다.	㉡ 독감
ⓐ	㉠, ㉢ 결핵

└→ 세포 구조로 되어 있다.
스스로 물질대사를 할 수 있다.

이에 대한 설명으로 옳은 것만을 〈보기〉에서 있는 대로 고른 것은?

보기

〈보기〉 풀이

결핵은 세균성 질병이고, 독감은 바이러스성 질병이며, 무좀은 곰팡이에 의해 유발되는 질병이다. 세균과 곰팡이는 세포 구조를 갖추고 스스로 물질대사를 할 수 있지만, 바이러스는 세포 구조를 갖추지 못하였으며 스스로 물질대사를 하지 못한다. 세균은 막성 세포 소기관이 없는 단세포 원핵생물이고, 곰팡이는 막성 세포 소기관이 발달되어 있는 다세포 진핵생물이다.

㉠ ㉠은 무좀이다.

➡ 곰팡이에 의한 질병이므로 ㉠은 무좀이다.

㉡ ㉡의 병원체는 단백질을 갖는다.

➡ 스스로 물질대사를 하지 못하는 것은 바이러스이므로 ㉡은 독감이다. 독감의 병원체인 바이러스도 세포로 이루어진 다른 생명체와 마찬가지로 단백질과 핵산을 갖는다.

㉢ '세포 구조로 되어 있다.'는 ⓐ에 해당한다.

➡ ㉠은 무좀, ㉡은 독감이므로 ㉢은 결핵이다. 무좀의 병원체인 곰팡이와 결핵의 병원체인 세균은 독감의 병원체인 바이러스와는 달리 세포 구조로 되어 있으며, 스스로 물질대사를 할 수 있다. 따라서 '세포 구조로 되어 있다.'는 ⓐ에 해당한다.

적용해야 할 개념 ③가지

① 감염성 질병은 세균, 바이러스, 원생생물, 곰팡이 등과 같은 병원체에 감염되어 발병하는 질병이다.

② 결핵의 병원체는 세균, 무좀의 병원체는 곰팡이, 말라리아의 병원체는 원생생물이다. 세균, 곰팡이, 원생생물은 모두 세포 구조로 되어 있고 효소를 합성하여 스스로 물질대사를 한다.

③ 독감과 후천성 면역 결핍증의 병원체는 바이러스이다. 바이러스는 유전 물질과 단백질은 있지만 세포 구조가 아니며 스스로 물질대사를 하지 못한다.

문제 보기

표는 사람의 5가지 질병을 병원체의 특징에 따라 구분하여 나타낸 것이다.

병원체가 세균 / 병원체가 곰팡이 / 병원체가 원생생물

병원체의 특징	질병
세포 구조로 되어 있다.	결핵, 무좀, 말라리아
(가)	독감, 후천성 면역 결핍증(AIDS)

병원체가 바이러스 / 병원체가 바이러스

이에 대한 설명으로 옳은 것만을 〈보기〉에서 있는 대로 고른 것은?

〈보기〉 풀이

ㄱ. '스스로 물질대사를 하지 못한다.'는 (가)에 해당한다.

➡ 독감과 후천성 면역 결핍증(AIDS)의 병원체는 모두 바이러스이다. 바이러스는 세포 구조를 갖추지 못하였고 독자적으로 효소를 합성하지 못하므로 세포 구조로 되어 있는 다른 생명체와는 달리 스스로 물질대사를 하지 못한다. 따라서 '스스로 물질대사를 하지 못한다.'는 특징 (가)에 해당한다.

✗ 무좀과 말라리아의 병원체는 모두 곰팡이다.

➡ 무좀의 병원체인 무좀균은 곰팡이고, 말라리아의 병원체인 말라리아 원충은 원생생물이다.

ㄷ. 결핵과 독감은 모두 감염성 질병이다.

➡ 결핵은 결핵균(세균)의 감염으로 발병하고, 독감은 인플루엔자(바이러스)의 감염으로 발병한다. 따라서 결핵과 독감은 모두 병원체의 감염으로 발병하는 감염성 질병에 해당한다.

적용해야 할 개념 ③가지

① 독감, 홍역, 후천성 면역 결핍증(AIDS) 등의 병원체는 바이러스이다. 바이러스는 세포 구조를 갖추지 못하였으며 스스로 물질대사를 하지 못한다.

② 결핵, 콜레라, 탄저병 등의 병원체는 세균이다. 세균은 단세포 원핵생물이고 독립적으로 물질대사를 할 수 있으며, 항생제로 치료한다.

③ 낫 모양 적혈구 빈혈증, 페닐케톤뇨증, 헌팅턴 무도병 등은 유전자 이상에 의한 유전병으로 비감염성 질병이다.

문제 보기

사람의 질병에 대한 설명으로 옳은 것만을 〈보기〉에서 있는 대로 고른 것은?

〈보기〉 풀이

ㄱ. 독감의 병원체는 바이러스이다.

➡ 독감은 인플루엔자 바이러스의 감염으로 발병한다.

ㄴ. 결핵의 병원체는 독립적으로 물질대사를 한다.

➡ 결핵의 병원체는 세균이다. 세균은 단세포 생물로 세포막으로 싸여 있고, 효소를 합성하여 독립적으로 물질대사를 할 수 있다.

ㄷ. 낫 모양 적혈구 빈혈증은 비감염성 질병에 해당한다.

➡ 낫 모양 적혈구 빈혈증은 적혈구를 구성하는 헤모글로빈의 유전자에 이상이 생겨 비정상 헤모글로빈이 만들어져 나타나는 질병으로, 병원체의 감염 없이 나타나는 비감염성 질병이다.

13 질병의 구분과 병원체의 특성 2022학년도 3월 학평 5번

정답 ⑤ | 정답률 74%

적용해야 할 개념 ③가지

① 결핵의 병원체는 세균이고, 세균성 질병은 항생제로 치료한다.
② 페닐케톤뇨증은 유전자 이상으로 페닐알라닌 대사에 필요한 효소가 합성되지 않아서 나타나는 비감염성 질병이다.
③ 후천성 면역 결핍증(AIDS)의 병원체는 사람 면역 결핍 바이러스(HIV)이다.

문제 보기

표는 사람에게서 발병하는 3가지 질병의 특징을 나타낸 것이다.

결핵균(세균)의 감염에 의해 나타난다. / 유전자 이상에 의해 나타나는 비감염성 질병 / 세균성 질병 치료제

질병	특징
결핵	치료에 항생제가 사용된다.
페닐케톤뇨증	(가)
후천성 면역 결핍증(AIDS)	(나)

└ 사람 면역 결핍 바이러스(HIV)의 감염에 의해 나타난다.

이에 대한 옳은 설명만을 〈보기〉에서 있는 대로 고른 것은?

보기

<보기> 풀이

ㄱ. **결핵은 세균성 질병이다.**
➡ 항생제는 세균의 생장을 억제하는 데 효과적이어서 세균성 질병을 치료하는 데 사용된다. 따라서 결핵의 병원체는 세균이라는 것을 알 수 있다.

ㄴ. **'유전병이다.'는 (가)에 해당한다.**
➡ 결핵, 후천성 면역 결핍증은 병원체의 감염에 의해 나타나는 감염성 질병이고, 페닐케톤뇨증은 페닐알라닌 대사에 필요한 효소 유전자에 이상이 생겨 이 효소가 없거나 부족하여 나타나는 질병이다. 따라서 (가)는 '유전병이다.', '비감염성 질병이다.' 등이 될 수 있다.

ㄷ. **'병원체는 사람 면역 결핍 바이러스(HIV)이다.'는 (나)에 해당한다.**
➡ 후천성 면역 결핍증(AIDS)은 사람 면역 결핍 바이러스(HIV)가 감염되어 나타나는 바이러스성 질병이다. 따라서 (나)는 '병원체는 사람 면역 결핍 바이러스(HIV)이다.', '병원체는 스스로 물질대사를 하지 못한다.' 등이 될 수 있다.

---

14 질병의 구분과 병원체의 특성 2023학년도 6월 모평 3번

정답 ④ | 정답률 75%

적용해야 할 개념 ③가지

① 무좀의 병원체는 곰팡이의 일종인 무좀균이며, 곰팡이는 핵막이 있는 진핵생물이다.
② 독감의 병원체는 바이러스의 일종인 인플루엔자이며, 바이러스는 세포 구조가 아니고 스스로 물질대사를 하지 못하므로 살아 있는 세포 내에서만 증식할 수 있다.
③ 낫 모양 적혈구 빈혈증은 헤모글로빈 유전자 돌연변이로 나타나는 유전병이며, 비감염성 질병이다.

문제 보기

표는 사람 질병의 특징을 나타낸 것이다.

질병	특징
무좀 (병원체는 곰팡이)	병원체는 독립적으로 물질대사를 한다.
독감 (병원체는 바이러스)	(가)
ⓐ낫 모양 적혈구 빈혈증	비정상적인 헤모글로빈이 적혈구 모양을 변화시킨다.

└ 유전자 돌연변이 ➡ 비감염성 질병

이에 대한 설명으로 옳은 것만을 〈보기〉에서 있는 대로 고른 것은?

보기

<보기> 풀이

ㄱ. **무좀의 병원체는 세균이다.**
➡ 무좀의 병원체는 곰팡이다.

ㄴ. **'병원체는 살아 있는 숙주 세포 안에서만 증식할 수 있다.'는 (가)에 해당한다.**
➡ 독감의 병원체는 바이러스의 일종인 인플루엔자이다. 바이러스는 세포의 구조가 아니고 스스로 물질대사를 하지 못하므로 '병원체는 살아 있는 숙주 세포 안에서만 증식할 수 있다.'는 독감의 특징인 (가)에 해당한다.

ㄷ. **유전자 돌연변이에 의한 질병 중에는 ⓐ가 있다.**
➡ 낫 모양 적혈구 빈혈증(ⓐ)은 적혈구를 구성하는 헤모글로빈의 유전자에 이상이 생겨 비정상 헤모글로빈이 만들어져 나타나는 유전자 돌연변이에 의한 질병이다.

적용해야 할 개념 ②가지

① 헌팅턴 무도병은 유전자 이상으로 신경계에 이상이 생겨 나타나는 유전병으로, 비감염성 질병이다.
② 후천성 면역 결핍증(AIDS)의 병원체는 사람 면역 결핍 바이러스(HIV)이다.

문제 보기

표는 사람의 질병 A와 B의 특징을 나타낸 것이다. A와 B는 후천성 면역 결핍증(AIDS)과 헌팅턴 무도병을 순서 없이 나타낸 것이다.

┌ 비감염성 질병

질병	특징
A 헌팅턴 무도병	신경계가 점진적으로 파괴되면서 몸의 움직임이 통제되지 않으며, 자손에게 유전될 수 있다.
B	면역력이 약화되어 세균과 곰팡이에 쉽게 감염된다.

후천성 면역 결핍증
└ 감염성 질병 ➡ 병원체는 바이러스

이에 대한 설명으로 옳은 것만을 〈보기〉에서 있는 대로 고른 것은?

〈보기〉 풀이

ㄱ. **A는 헌팅턴 무도병이다.**
➡ 유전자 이상으로 신경계가 점차 파괴되는 A는 헌팅턴 무도병이다.

ㄴ. **B의 병원체는 바이러스이다.**
➡ B는 면역력이 약화되는 후천성 면역 결핍증(AIDS)이며, 사람 면역 결핍 바이러스(HIV)의 감염으로 발병한다.

✗ **A와 B는 모두 감염성 질병이다.**
➡ A(헌팅턴 무도병)는 유전자 이상에 의한 질병으로 비감염성 질병이고, B(후천성 면역 결핍증)는 병원체의 감염으로 나타나는 감염성 질병이다.

보기

적용해야 할 개념 ③가지

① 말라리아는 원생생물의 감염으로 발병하는 질병으로, 원생생물은 대부분 단세포 생물이며 독립적으로 물질대사를 할 수 있다.
② 독감, 홍역은 바이러스의 감염으로 발병하는 질병으로, 바이러스는 유전 물질은 있지만 세포의 구조를 갖추지 못하였으며, 독립적으로 물질대사를 하지 못하므로 살아 있는 다른 세포에 기생하여 증식한다.
③ 결핵, 탄저병은 세균의 감염으로 발병하는 질병으로, 세균은 단세포 생물로 독립적으로 물질대사를 할 수 있다.

문제 보기

표 (가)는 사람의 5가지 질병을 A~C로 구분하여 나타낸 것이고, (나)는 병원체의 3가지 특징을 나타낸 것이다.

원생생물, 바이러스, 세균 ┐

구분	질병
원생생물 A	말라리아
바이러스 B	독감, 홍역
세균 C	결핵, 탄저병

(가)

특징
○ 유전 물질을 갖는다.
○ 세포 구조로 되어 있다. ···· 세균
○ 독립적으로 물질대사를 한다.

원생생물 ┘

원생생물, 세균 ┘

(나)

이에 대한 설명으로 옳은 것만을 〈보기〉에서 있는 대로 고른 것은?

〈보기〉 풀이

✗ **말라리아의 병원체는 곰팡이이다.**
➡ 말라리아의 병원체인 말라리아 원충은 원생생물이다.

✗ **독감의 병원체는 세포 구조로 되어 있다.**
➡ 독감은 인플루엔자 바이러스의 감염으로 나타나는 질병이다. 바이러스는 세포의 구조를 갖추지 못하였으며, 독립적으로 물질대사를 하지 못한다.

ㄷ. **C의 병원체는 (나)의 특징을 모두 갖는다.**
➡ 결핵과 탄저병은 세균의 감염으로 나타나는 질병이다. 세균은 유전 물질을 가지고 있으며, 스스로 효소를 합성하여 독립적으로 물질대사를 하는 단세포 생물이다.

보기

17 | 질병의 구분과 병원체의 특성 2022학년도 7월 학평 2번

정답 ⑤ | 정답률 76 %

적용해야 할 개념 ③가지

① 결핵은 병원체가 세균이며, 세균성 질병은 항생제로 치료한다.
② 말라리아는 병원체가 원생생물이며, 모기를 매개로 전염된다.
③ 비감염성 질병에는 낫 모양 적혈구 빈혈증, 헌팅턴 무도병 등이 있다.

문제 보기

표 (가)는 질병 A~C에서 특징 ㉠~㉢의 유무를, (나)는 ㉠~㉢을 순서 없이 나타낸 것이다. A~C는 결핵, 말라리아, 헌팅턴 무도병을 순서 없이 나타낸 것이다.

특징 질병	㉠	㉡	㉢
말라리아 A	○	×	?○
결핵 B	○	?×	×
C 헌팅턴 무도병	?×	○	×

(○: 있음, ×: 없음)

(가)

특징(㉠~㉢)
○ 비감염성 질병이다. ㉡
○ 병원체가 원생생물이다. ㉢
○ 병원체가 세포 구조로 되어 있다. ㉠

(나)

이에 대한 설명으로 옳은 것만을 〈보기〉에서 있는 대로 고른 것은?

〈보기〉 풀이

'비감염성 질병이다.'는 헌팅턴 무도병, '병원체가 원생생물이다.'는 말라리아, '병원체가 세포 구조로 되어 있다.'는 결핵과 말라리아가 가지는 특징이다. A와 B의 공통적인 특징 ㉠은 '병원체가 세포 구조로 되어 있다.'이고, C에만 있는 특징 ㉡은 '비감염성 질병이다.'이며, C는 헌팅턴 무도병이다. ㉢은 '병원체가 원생생물이다.'이며, A는 특징 ㉢을 가지는 말라리아이고, B는 결핵이다.

보기

ㄱ. **A는 모기를 매개로 전염된다.**
➡ 말라리아(A)는 모기를 매개로 전염되는 질병이다.

ㄴ. **B의 치료에는 항생제가 사용된다.**
➡ 결핵(B)의 병원체는 세균이며, 세균성 질병에는 항생제를 사용한다.

ㄷ. **C는 헌팅턴 무도병이다.**
➡ C는 비감염성 질병인 헌팅턴 무도병이다. 헌팅턴 무도병은 유전자 돌연변이에 의해 나타난다.

18 | 질병의 구분과 병원체의 특성 2021학년도 7월 학평 8번

정답 ⑤ | 정답률 77 %

적용해야 할 개념 ③가지

① 결핵의 병원체인 세균은 단세포 원핵생물로, 세포 분열로 번식한다. 세균성 질병은 항생제로 치료한다.
② 무좀의 병원체인 곰팡이는 진핵생물로, 핵막이 있으며, 유전 물질을 가지고 포자로 번식한다.
③ 말라리아는 모기를 매개로 하여 전염되는 질병이며, 병원체는 원생생물의 일종. 원생생물은 핵막이 있으며 유전 물질을 가진다.

문제 보기

표는 사람의 질병 ㉠~㉢을 일으키는 병원체의 종류를, 그림은 ㉠이 전염되는 과정의 일부를 나타낸 것이다. ㉠~㉢은 결핵, 무좀, 말라리아를 순서 없이 나타낸 것이다.

질병	병원체의 종류
㉠말라리아	?원생생물
㉡무좀	ⓐ곰팡이
㉢결핵	세균

모기
(매개체)

말라리아를 유발하는 말라리아 원충은 모기를 통해 사람에게 감염된다.

이에 대한 설명으로 옳은 것만을 〈보기〉에서 있는 대로 고른 것은?

〈보기〉 풀이

㉠은 모기를 매개로 전염되므로 말라리아이며, 말라리아의 병원체는 원생생물이다. ㉢은 병원체가 세균이므로 결핵이고, ㉡은 무좀이다.

보기

ㄱ. **㉠은 말라리아이다.**
➡ ㉠은 모기를 매개로 전염되는 말라리아이다.

ㄴ. **ⓐ는 세포 구조를 갖는다.**
➡ 무좀(㉡)의 병원체는 곰팡이로, 세포 구조를 가지며 핵이 있고 포자로 번식한다.

ㄷ. **㉢의 치료에는 항생제가 사용된다.**
➡ ㉢은 세균이 병원체인 결핵이다. 세균성 질병은 세균의 생장을 억제하는 항생제를 사용하여 치료한다.

적용해야 할 개념 ③가지

① 무좀은 곰팡이인 무좀균에 감염되어 발병하는 질병이다. 곰팡이는 유전 물질이 핵 속에 들어 있고, 스스로 물질대사를 할 수 있으며, 포자로 번식한다.

② 말라리아는 원생생물인 말라리아 원충에 감염되어 발병하는 질병으로, 말라리아 원충에 감염된 모기를 통해 사람에게 감염된다.

③ 독감은 인플루엔자 바이러스에 감염되어 발병하는 질병이다. 바이러스는 세포 구조를 갖추지 못하였으며, 스스로 물질대사를 하지 못하여 살아 있는 숙주 세포 내에서만 증식할 수 있다.

문제 보기

다음은 사람의 질병에 대한 학생 A∼C의 대화 내용이다.

무좀의 병원체는 곰팡이야.

말라리아는 모기를 매개로 전염돼.

독감의 병원체는 세포 분열을 통해 스스로 증식해.

학생 A 학생 B 학생 C

제시한 내용이 옳은 학생만을 있는 대로 고른 것은?

보기

＜보기＞ 풀이

Ⓐ **무좀의 병원체는 곰팡이야.**

➡ 무좀은 곰팡이의 일종인 무좀균에 감염되어 나타나는 질병이다.

Ⓑ **말라리아는 모기를 매개로 전염돼.**

➡ 말라리아는 말라리아 원충에 감염되어 나타나는 질병인데, 말라리아 원충은 모기를 매개로 하여 사람에게 감염된다.

❌ **독감의 병원체는 세포 분열을 통해 스스로 증식해.**

➡ 독감의 병원체는 인플루엔자 바이러스이다. 바이러스는 세포 구조를 갖추지 못하였으며 자신의 효소가 없어 스스로 물질대사를 하지 못하고 살아 있는 숙주 세포 내에서만 증식할 수 있다.

적용해야 할 개념 ②가지

① 독감, 홍역, 콜레라 등은 감염성 질병이고, 헌팅턴 무도병, 고혈압, 당뇨병 등은 비감염성 질병이다.

② 독감의 병원체는 인플루엔자 바이러스이며, 바이러스는 세포 구조를 갖추지 못하였고, 스스로 물질대사를 하지 못한다.

문제 보기

다음은 질병 ㉠의 병원체와 월별 발병률 자료에 대한 학생 A∼C의 발표 내용이다. ㉠은 독감과 헌팅턴 무도병 중 하나이다.

바이러스(인플루엔자)

㉠의 병원체

㉠ 상댓값 발병률

1월 6월 12월

㉠은 감염성 질병입니다.
학생 A
독감

㉠의 발병률은 1월이 6월보다 높습니다.
학생 B

㉠의 병원체는 독립적으로 물질대사를 합니다.
학생 C

1월, 12월 겨울에 발병률이 높고, 6월 여름에 발병률이 낮다.

제시한 내용이 옳은 학생만을 있는 대로 고른 것은?

보기

＜보기＞ 풀이

Ⓐ **㉠은 감염성 질병입니다.**

➡ 질병 ㉠은 병원체의 감염으로 발생하므로 감염성 질병인 독감이다. 독감의 병원체는 바이러스이다.

Ⓑ **㉠의 발병률은 1월이 6월보다 높습니다.**

➡ 그래프에서 ㉠의 발병률은 1월이 6월보다 상대적으로 높게 나타난다.

❌ **㉠의 병원체는 독립적으로 물질대사를 합니다.**

➡ 독감(㉠)의 병원체는 바이러스이다. 바이러스는 세포의 구조를 갖추지 못하였으며 스스로 물질대사를 하지 못한다.

21 질병의 종류와 병원체의 특성 2025학년도 6월 모평 10번 | 정답 ② | 정답률 85%

적용해야 할 개념 ②가지

① 결핵의 병원체는 세균이고, 말라리아의 병원체는 원생생물이며, 독감의 병원체는 바이러스이다.

② 세균, 원생생물, 바이러스의 특징은 표와 같다.

구분	유전 물질, 단백질	세포막(세포 구조)	스스로 물질대사
세균	있음	있음	한다.
원생생물	있음	있음	한다.
바이러스	있음	없음	못한다.

문제 보기

표는 사람의 질병 A~C의 병원체에서 특징의 유무를 나타낸 것이다. A~C는 결핵, 독감, 말라리아를 순서 없이 나타낸 것이다.

특징 \ 병원체	A의 병원체 (결핵)	B의 병원체 (말라리아)	C의 병원체 (독감)
유전 물질을 갖는다.	㉠ ○	? ○	○
스스로 물질대사를 한다.	○	? ○	×
원생생물에 속한다.	×	○	×

(○: 있음, ×: 없음)

이에 대한 설명으로 옳은 것만을 〈보기〉에서 있는 대로 고른 것은?

〈보기〉풀이

결핵의 병원체는 세균이고, 독감의 병원체는 바이러스이며, 말라리아의 병원체는 원생생물이다. 세균, 바이러스, 원생생물은 모두 유전 물질을 가지며, 세균과 원생생물은 스스로 물질대사를 하지만, 바이러스는 스스로 물질대사를 하지 못한다. B는 병원체가 원생생물에 속하므로 말라리아이고, C는 병원체가 스스로 물질대사를 하지 못하므로 독감이며, A는 결핵이다.

ㄱ. ㉠은 '×'이다.
➡ 세균, 바이러스, 원생생물은 공통적으로 유전 물질을 가지므로 ㉠은 '○'이다.

ㄴ. B는 비감염성 질병이다.
➡ B(말라리아)는 모기를 매개로 하여 말라리아 원충이 감염되어 발병하므로 감염성 질병에 속한다. 비감염성 질병은 병원체 없이 발생하는 질병으로, 고혈압, 헌팅턴 무도병 등이 있다.

ㄷ. C의 병원체는 바이러스이다.
➡ C(독감)의 병원체는 바이러스로, 스스로 물질대사를 하지 못한다.

보기

22 병원체의 특성 2021학년도 3월 학평 4번 | 정답 ① | 정답률 87%

적용해야 할 개념 ③가지

① 독감의 병원체는 바이러스이다.

② 바이러스는 유전 물질인 핵산과 단백질로 이루어져 있다.

③ 바이러스는 세포 구조를 갖추지 못하였으며, 스스로 물질대사를 하지 못하여 살아 있는 숙주 세포 내에서 증식한다.

문제 보기

그림은 독감을 일으키는 병원체 X를 나타낸 것이다.
X에 대한 옳은 설명만을 〈보기〉에서 있는 대로 고른 것은?

바이러스
핵산

〈보기〉풀이

ㄱ. 세균이다.
➡ 독감은 바이러스의 일종인 인플루엔자의 감염으로 발병한다. 따라서 X는 바이러스이다.

ㄴ. 유전 물질을 갖는다.
➡ 바이러스는 유전 물질인 핵산이 있어서 숙주 세포 내에서 자신의 유전 물질로 증식한다.

ㄷ. 스스로 물질대사를 한다.
➡ 바이러스는 세포 구조를 갖추지 못하였으며 독자적인 효소를 가지고 있지 않아 스스로 물질대사를 하지 못한다.

보기

적용해야 할 개념 ③가지

① 후천성 면역 결핍증(AIDS)의 병원체인 바이러스는 유전 물질은 가지지만, 세포 구조가 아니며, 독립적으로 물질대사를 하지 못한다.

② 결핵의 병원체인 세균은 핵막이 없고, 유전 물질을 가지며, 독립적으로 물질대사를 하는 단세포 원핵생물이다.

③ 원생생물은 핵막이 있고, 유전 물질을 가지며, 독립적으로 물질대사를 하는 생물이다. 말라리아의 병원체는 원생생물의 일종이다.

문제 보기

그림 (가)와 (나)는 결핵의 병원체와 후천성 면역 결핍증(AIDS)의 병원체를 순서 없이 나타낸 것이다. (나)는 세포 구조로 되어 있다.

(가)	(나)
후천성 면역 결핍증(AIDS)의 병원체 – 바이러스	결핵의 병원체 – 세균

이에 대한 설명으로 옳은 것만을 〈보기〉에서 있는 대로 고른 것은?

〈보기〉 풀이

✗ (가)는 결핵의 병원체이다.

➡ (나)는 세포 구조를 가지고 있으므로 결핵의 병원체인 세균이고, (가)는 후천성 면역 결핍증(AIDS)의 병원체인 바이러스이다.

✗ (나)는 원생생물이다.

➡ (나)는 결핵의 병원체인 세균이다. 세균은 막으로 싸인 핵이 없고 막성 세포 소기관이 발달되어 있지 않은 원핵생물이고, 원생생물은 막으로 싸인 핵이 있으며 소포체, 미토콘드리아 등과 같은 막성 세포 소기관이 있는 진핵생물이다. 따라서 (가)와 (나)는 모두 원생생물이 아니다.

Ⓓ (가)와 (나)는 모두 단백질을 갖는다.

➡ 바이러스(가)는 핵산과 단백질로 이루어져 있고, 세균(나)은 세포막으로 싸여 있으며 유전 물질인 핵산은 세포질에 퍼져 있고 단백질이 주성분인 효소가 있어 스스로 물질대사를 할 수 있다. 따라서 (가)와 (나)는 모두 핵산과 단백질을 갖는다.

적용해야 할 개념 ②가지

① 감염성 질병은 세균, 바이러스, 원생생물, 곰팡이 등과 같은 병원체에 감염되어 발생하는 질병으로, 다른 사람에게 전염될 수 있다.

② 세균과 바이러스의 특성

구분	핵산	단백질	세포막	독자적인 물질대사
세균	○	○	○	○
바이러스	○	○	×	×

문제 보기

그림은 질병 (가)를 일으키는 병원체 X를 나타낸 것이다.

세포 구조이므로 X는 바이러스가 아니다. ← 세포막

이에 대한 옳은 설명만을 〈보기〉에서 있는 대로 고른 것은?

〈보기〉 풀이

✗ X는 바이러스이다.

➡ 병원체 X는 세포막이 있으므로 바이러스는 아니다. 바이러스는 세포막이 없고 세포 구조를 갖추지 못하였으며, 리보솜이 없어 스스로 단백질을 합성하지 못한다.

Ⓛ X는 단백질을 갖는다.

➡ 세포막은 인지질 2중층에 단백질이 군데군데 박혀 있는 구조이므로 X는 단백질을 갖는다. X는 세포 구조를 갖추고 있으며 유전 물질이 막으로 둘러싸여 있지 않으므로 원핵생물인 세균이며, 세균은 리보솜이 있어 스스로 단백질을 합성할 수 있다.

Ⓓ (가)는 감염성 질병이다.

➡ 감염성 질병은 질병을 유발하는 병원체의 감염으로 발병한다. (가)는 병원체 X의 감염으로 발병하므로 감염성 질병이다.

25 질병의 구분과 병원체의 특성 2023학년도 3월 학평 4번

정답 ③ | 정답률 80 %

적용해야 할 개념 ③가지

① 결핵의 병원체는 세균이고, 독감의 병원체는 바이러스이다.

② 세균은 세포막으로 둘러싸여 있으며 자체 효소를 가지고 스스로 물질대사를 할 수 있지만, 바이러스는 세포 구조를 갖추지 못하였으며 스스로 물질대사를 하지 못한다.

③ 세균과 바이러스는 공통적으로 단백질과 유전 물질인 핵산을 갖는다.

문제 보기

그림 (가)와 (나)는 결핵과 독감의 병원체를 순서 없이 나타낸 것이다.

이에 대한 옳은 설명만을 〈보기〉에서 있는 대로 고른 것은?

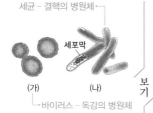

세균 – 결핵의 병원체
세포막
(가)   (나)
바이러스 – 독감의 병원체

보기

〈보기〉 풀이

결핵은 세균성 질병이고, 독감은 바이러스성 질병이다. 세균은 단세포 생물로서 세포막으로 둘러싸여 있고 스스로 물질대사를 할 수 있지만, 바이러스는 세포의 구조를 갖추지 못하였으며 스스로 물질대사를 하지 못한다. 따라서 세포막이 있는 (나)가 결핵의 병원체인 세균이고, (가)는 독감의 병원체인 바이러스이다.

ㄱ. (가)는 독감의 병원체이다.

➡ (가)는 세포막이 없고 세포의 구조를 갖추지 못하였으므로 바이러스이다. 독감은 인플루엔자 바이러스가 감염되어 나타나는 질병이므로 (가)는 독감의 병원체이다.

ㄴ. (나)는 스스로 물질대사를 하지 못한다.

➡ (나)는 결핵의 병원체인 세균이다. 세균은 단세포 생물로 스스로 물질대사를 할 수 있다. 바이러스는 스스로 물질대사를 하지 못한다.

ㄷ. (가)와 (나)는 모두 단백질을 갖는다.

➡ 바이러스와 세균은 공통적으로 핵산과 단백질을 갖는다. 따라서 (가)와 (나)는 모두 단백질을 갖는다.

---

26 감염성 질병과 병원체의 특성 2020학년도 3월 학평 3번

정답 ④ | 정답률 89 %

적용해야 할 개념 ④가지

① 감염성 질병은 병원체의 감염으로 나타나는 질병이다.

② 결핵의 병원체는 세균인 결핵균이며, 세균성 질병은 항생제로 치료한다.

③ 무좀의 병원체는 곰팡이이며, 곰팡이성 질병은 항진균제로 치료하지만 치료가 쉽지 않다.

④ 독감의 병원체는 바이러스인 인플루엔자이며, 바이러스성 질병은 항바이러스제로 치료하지만 적절한 치료제 개발이 어렵다.

문제 보기

표는 3가지 감염성 질병의 병원체를 나타낸 것이다. A와 B는 결핵과 무좀을 순서 없이 나타낸 것이다.

질병	병원체
A 무좀	곰팡이
B 결핵	세균
독감	? 바이러스

이에 대한 옳은 설명만을 〈보기〉에서 있는 대로 고른 것은?

보기

〈보기〉 풀이

ㄱ. A는 결핵이다.

➡ 결핵의 병원체는 세균이고, 무좀의 병원체는 곰팡이이다. 따라서 A는 무좀이고, B는 결핵이다.

ㄴ. B의 치료에 항생제가 이용된다.

➡ B는 세균성 질병인 결핵이다. 항생제는 세균 감염에 의한 질병의 치료에 사용되므로, 결핵(B)의 치료에는 항생제가 이용된다.

ㄷ. 독감의 병원체는 바이러스이다.

➡ 독감은 바이러스의 일종인 인플루엔자에 감염되어 나타나는 질병이다.

27 질병의 구분과 병원체의 특성 2024학년도 9월 모평 7번 | 정답 ④ | 정답률 84 %

적용해야 할 개념 ③가지

① 결핵, 콜레라, 탄저병 등의 병원체는 세균이다. 세균은 단세포 원핵생물이고 스스로 물질대사를 할 수 있으며, 항생제로 치료한다.

② 무좀의 병원체는 곰팡이다. 곰팡이는 다세포 진핵생물이고 스스로 물질대사를 할 수 있다.

③ 독감, 홍역, 후천성 면역 결핍증(AIDS) 등의 병원체는 바이러스이다. 바이러스는 세포 구조를 갖추지 않았고 스스로 물질대사를 하지 못하지만, 유전 물질과 단백질을 가진다.

문제 보기

표는 사람의 질병 A~C의 병원체에서 특징의 유무를 나타낸 것이다. A~C는 결핵, 무좀, 후천성 면역 결핍증(AIDS)을 순서 없이 나타낸 것이다.

특징 \ 병원체	A의 병원체 (무좀) 곰팡이	B의 병원체 (결핵) 세균	C의 병원체 (후천성 면역 결핍증(AIDS)) 바이러스
스스로 물질대사를 한다.	○	○	×
세균에 속한다.	×	○	×

(○: 있음, ×: 없음)

이에 대한 설명으로 옳은 것만을 〈보기〉에서 있는 대로 고른 것은?

〈보기〉 풀이

무좀의 병원체는 곰팡이, 결핵의 병원체는 세균, 후천성 면역 결핍증(AIDS)의 병원체는 바이러스이다. 곰팡이와 세균은 스스로 물질대사를 하지만 바이러스는 스스로 물질대사를 하지 못하므로 C는 후천성 면역 결핍증이다. 또, 결핵의 병원체가 세균이므로 B는 결핵이다. 따라서 A는 무좀이다.

✗ **A는 후천성 면역 결핍증이다.**
➡ A의 병원체는 스스로 물질대사를 하지만 세균에 속하지는 않으므로 A는 곰팡이가 감염되어 나타나는 질병인 무좀이다.

ㄴ **B의 치료에 항생제가 사용된다.**
➡ B의 병원체는 세균에 속하므로 B는 세균이 감염되어 나타나는 질병인 결핵이다. 세균성 질병의 치료에는 항생제가 사용된다.

ㄷ **C의 병원체는 유전 물질을 갖는다.**
➡ C는 후천성 면역 결핍증으로, C의 병원체는 바이러스이다. 바이러스는 세포 구조를 갖추지 않았지만, 유전 물질과 단백질을 가지며 숙주 내에서 증식할 수 있다.

보기

---

28 질병의 구분과 병원체의 특성 2020학년도 7월 학평 6번 | 정답 ④ | 정답률 85 %

적용해야 할 개념 ④가지

① 대사성 질환은 우리 몸의 물질대사에 이상이 생겨 발생하는 질병으로, 고혈압, 당뇨병, 고지혈증, 지방간 등이 있다. 대사성 질환은 비감염성 질병이다.

② 곰팡이는 핵막이 있는 진핵생물이고, 세균은 핵막이 없는 원핵생물이며, 바이러스는 세포 구조가 아니다.

③ 독감과 홍역의 병원체는 바이러스이며, 바이러스는 유전 물질은 있지만 세포 구조를 갖추지 못하였으며, 스스로 물질대사를 하지 못하여 살아 있는 숙주 세포 내에서만 증식할 수 있다.

④ 결핵과 파상풍의 병원체는 세균이며, 세균성 질병은 항생제로 치료한다.

문제 보기

표 (가)는 병원체 A~C의 특징을, (나)는 사람의 6가지 질병을 Ⅰ~Ⅲ으로 구분하여 나타낸 것이다. A~C는 세균, 균류(곰팡이), 바이러스를 순서 없이 나타낸 것이고, Ⅰ~Ⅲ은 세균성 질병, 바이러스성 질병, 비감염성 질병을 순서 없이 나타낸 것이다.

(가)

병원체	특징
A ← 균류(곰팡이)	핵이 있음
세균 B	항생제에 의해 제거됨
C ← 바이러스	세포 구조가 아님

(나)

구분	질병
Ⅰ	㉠ 당뇨병, 고혈압 ← 비감염성 질병
Ⅱ	독감, 홍역 ← 바이러스성 질병
Ⅲ	결핵, 파상풍 ← 세균성 질병

이에 대한 설명으로 옳은 것만을 〈보기〉에서 있는 대로 고른 것은?

〈보기〉 풀이

(가)에서 A는 핵이 있으므로 균류(곰팡이)이고, B는 항생제에 의해 제거되므로 세균이며, C는 세포 구조가 아니므로 바이러스이다. (나)에서 당뇨병과 고혈압은 병원체 없이 발병하는 비감염성 질병이고, 독감과 홍역은 바이러스의 감염으로 발병하는 바이러스성 질병이며, 결핵과 파상풍은 세균의 감염으로 발병하는 세균성 질병이다.

ㄱ **㉠은 대사성 질환이다.**
➡ 당뇨병(㉠)은 인슐린의 분비나 작용에 이상이 생겨 혈중 포도당 농도가 정상인보다 높게 유지되는 질병으로, 대사성 질환의 일종이다. 대사성 질환은 병원체가 없으므로 다른 사람에게 전염되지 않는다.

✗ **Ⅱ의 병원체는 B이다.**
➡ Ⅱ의 독감과 홍역의 병원체는 바이러스이며, 바이러스는 세포 구조가 아니므로 C이다.

ㄷ **Ⅲ의 병원체는 유전 물질을 갖는다.**
➡ Ⅲ의 결핵과 파상풍의 병원체는 세균이다. 세균은 유전 물질을 가지며 스스로 물질대사를 하고 세포 분열로 증식한다.

보기

29 | 병원체의 특성 2020학년도 4월 학평 12번

정답 ④ | 정답률 75 %

적용해야 할 개념 ③가지

① 결핵균은 세균의 일종이다. 세균은 단세포 생물로, 유전 물질이 있고, 독립적으로 물질대사를 하며, 세포 분열로 증식한다.
② 무좀균은 곰팡이의 일종이다. 곰팡이는 핵막이 있으며, 유전 물질이 있고, 독립적으로 물질대사를 하며, 포자로 번식한다.
③ 인플루엔자 바이러스는 바이러스의 일종이다. 바이러스는 유전 물질은 있지만, 세포 구조를 갖추지 못하였고, 독립적으로 물질대사를 하지 못한다.

문제 보기

표 (가)는 사람에서 질병을 일으키는 병원체의 특징 3가지를, (나)는 (가) 중에서 병원체 A~C가 가지는 특징의 개수를 나타낸 것이다. A~C는 결핵균, 무좀균, 인플루엔자 바이러스를 순서 없이 나타낸 것이다.

결핵균, 무좀균, 인플루엔자 바이러스

특징
○ 곰팡이이다. 무좀균
○ 유전 물질을 가진다.
○ 독립적으로 물질대사를 한다.

결핵균, 무좀균

(가)

병원체	특징의 개수
A 인플루엔자 바이러스	1
B 결핵균	2
C 무좀균	㉠ 3

(나)

이에 대한 설명으로 옳은 것만을 〈보기〉에서 있는 대로 고른 것은?

보기

〈보기〉 풀이

결핵균은 세균이고, 무좀균은 곰팡이이며, 인플루엔자 바이러스는 바이러스이다. (가)에서 인플루엔자 바이러스는 유전 물질을 가진다. 결핵균은 유전 물질을 가지고, 독립적으로 물질대사를 한다. 무좀균은 (가)에 제시된 3가지 특징을 모두 가진다. 따라서 1가지 특징을 갖는 A는 인플루엔자 바이러스이고, 2가지 특징을 갖는 B는 결핵균이며, C는 무좀균이다.

ㄱ. ㉠은 3이다.
➡ C는 무좀균이다. 무좀균은 곰팡이의 일종이며, 유전 물질을 가지고, 독립적으로 물질대사를 하므로 무좀균(C)이 가지는 특징의 개수 ㉠은 3이다.

ㄴ. A는 무좀균이다.
➡ A는 (가)에 제시된 특징 중 '유전 물질을 가진다.'의 1가지 특징만 갖는 인플루엔자 바이러스이다.

ㄷ. B에 의한 질병의 치료에 항생제가 사용된다.
➡ B는 결핵을 일으키는 결핵균이며, 결핵과 같은 세균성 질병의 치료에는 항생제가 사용된다.

30 | 질병의 구분과 병원체의 특성 2020학년도 9월 모평 6번

정답 ② | 정답률 82 %

적용해야 할 개념 ②가지

① 결핵은 세균성 질병, 독감과 후천성 면역 결핍증은 바이러스성 질병이다.
② 세균과 바이러스는 모두 핵산과 단백질을 가지고 있지만, 세균은 단세포 원핵생물로 세포 구조로 되어 있고 스스로 물질대사를 하며, 바이러스는 세포 구조를 갖추지 못하였고 스스로 물질대사를 하지 못하여 살아 있는 숙주 세포 내에서 증식한다.

문제 보기

표 (가)는 질병 A~C에서 특징 ㉠~㉢의 유무를 나타낸 것이고, (나)는 ㉠~㉢을 순서 없이 나타낸 것이다. A~C는 각각 결핵, 독감, 후천성 면역 결핍증(AIDS) 중 하나이다.

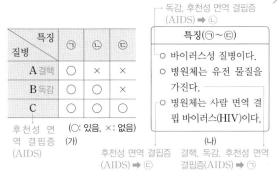

특징\질병	㉠	㉡	㉢
A 결핵	○	×	×
B 독감	○	○	×
C	○	○	○

후천성 면역 결핍증(AIDS)

(○: 있음, ×: 없음)

(가)

독감, 후천성 면역 결핍증(AIDS) ➡ ㉡

특징(㉠~㉢)
○ 바이러스성 질병이다.
○ 병원체는 유전 물질을 가진다.
○ 병원체는 사람 면역 결핍 바이러스(HIV)이다.

후천성 면역 결핍증(AIDS) ➡ ㉢
결핵, 독감, 후천성 면역 결핍증(AIDS) ➡ ㉠

(나)

이에 대한 설명으로 옳은 것만을 〈보기〉에서 있는 대로 고른 것은?

보기

〈보기〉 풀이

'병원체는 유전 물질을 가진다.'는 결핵, 독감, 후천성 면역 결핍증(AIDS) 모두의 공통적인 특징이므로 ㉠이고, '병원체는 사람 면역 결핍 바이러스(HIV)이다.'는 후천성 면역 결핍증(AIDS)에만 해당하므로 ㉢이며, ㉢을 가진 C는 후천성 면역 결핍증이다. '바이러스성 질병이다.'는 독감, 후천성 면역 결핍증(AIDS)에 해당하므로 ㉡이며, B는 독감이다. 따라서 A는 결핵이다.

ㄱ. A는 독감이다.
➡ A는 '병원체는 유전 물질을 가진다.'는 특징 ㉠은 있지만 '바이러스성 질병이다.'의 특징 ㉡은 없으므로 세균성 질병인 결핵이다.

ㄴ. B의 병원체는 세포 구조로 되어 있다.
➡ 독감(B)의 병원체는 바이러스로, 세포 구조를 갖추지 못하였다.

ㄷ. C의 병원체는 스스로 물질대사를 하지 못한다.
➡ 후천성 면역 결핍증(C)의 병원체는 바이러스이다. 바이러스는 세포 구조를 갖추지 못하였고 독자적인 효소를 갖지 못하여 스스로 물질대사를 하지 못하므로 살아 있는 숙주 세포에서만 증식한다.

적용해야 할 개념 ③가지	① 독감의 병원체인 바이러스는 유전 물질은 가지지만, 세포 구조가 아니며 독립적으로 물질대사를 하지 못한다.
	② 무좀의 병원체인 곰팡이는 핵막이 있고, 유전 물질을 가지며, 독립적으로 물질대사를 하고, 포자로 번식한다.
	③ 말라리아는 모기를 매개로 전염되는 질병이며, 병원체는 원생생물의 일종이다. 원생생물은 핵막이 있고, 유전 물질을 가지며, 독립적으로 물질대사를 한다.

문제 보기

표 (가)는 병원체의 3가지 특징을, (나)는 (가)의 특징 중 사람의 질병 A~C의 병원체가 갖는 특징의 개수를 나타낸 것이다. A ~C는 독감, 무좀, 말라리아를 순서 없이 나타낸 것이다.

독감, 무좀, 말라리아 ─┐

특징
○ 독립적으로 물질대사를 한다. – 무좀, 말라리아
○ ㉠ 단백질을 갖는다.
○ 곰팡이에 속한다. – 무좀

(가)

질병	병원체가 갖는 특징의 개수
A 무좀	3
B 독감	? 1
C ─┐ 말라리아	2

(나)

이에 대한 설명으로 옳은 것만을 〈보기〉에서 있는 대로 고른 것은?

〈보기〉 풀이

'독립적으로 물질대사를 한다.'는 무좀과 말라리아 병원체의 특징이고, '단백질을 갖는다.'는 독감, 무좀, 말라리아 병원체의 공통적인 특징이며, '곰팡이에 속한다.'는 무좀 병원체의 특징이다. 따라서 병원체가 갖는 특징의 개수가 3인 A는 무좀이고, 2인 C는 말라리아이며, B는 독감이다.

ㄱ. **A는 무좀이다.**
➡ A는 무좀이다. 무좀 병원체는 곰팡이의 일종으로, 단백질을 가지며, 독립적으로 물질대사를 한다.

ㄴ. **B의 병원체는 특징 ㉠을 갖는다.**
➡ B는 독감이며, 독감의 병원체는 바이러스로 단백질을 갖는다.

ㄷ. **C는 모기를 매개로 전염된다.**
➡ C는 말라리아이며, 병원체인 말라리아 원충은 모기를 매개로 사람에게 전염된다.

보기

적용해야 할 개념 ④가지	① 감염성 질병은 세균, 바이러스, 원생생물, 곰팡이 등과 같은 병원체에 감염되어 발생하는 질병으로, 다른 사람에게 전염될 수 있다.
	② 말라리아의 병원체인 말라리아 원충은 원생생물이다.
	③ 무좀의 병원체인 곰팡이는 다세포 진핵생물로 독립적으로 물질대사를 한다.
	④ 홍역의 병원체인 바이러스는 유전 물질은 있지만 세포 구조가 아니며 독립적으로 물질대사를 하지 못한다.

문제 보기

표 (가)는 질병의 특징 3가지를, (나)는 (가) 중에서 질병 A~C에 있는 특징의 개수를 나타낸 것이다. A~C는 말라리아, 무좀, 홍역을 순서 없이 나타낸 것이다.

말라리아 ─┐

특징
○ 병원체가 원생생물이다.
○ 병원체가 세포 구조로 되어 있다. – 무좀, 말라리아
○ ㉠

(가)
└ 말라리아, 무좀,
홍역의 공통 특징

질병	특징의 개수
A 말라리아	3
B 무좀	2
C 홍역	1

(나)

이에 대한 설명으로 옳은 것만을 〈보기〉에서 있는 대로 고른 것은? [3점]

〈보기〉 풀이

말라리아, 무좀, 홍역은 모두 병원체의 감염으로 나타나는 감염성 질병이다. 말라리아의 병원체는 원생생물, 무좀의 병원체는 곰팡이, 홍역의 병원체는 바이러스이다.
바이러스는 원생생물이 아니며 세포 구조를 갖추지 못하였으므로 바이러스성 질병인 홍역은 특징의 개수가 1인 C이며, ㉠은 말라리아, 무좀, 홍역의 공통적인 특징이다. 병원체가 세포 구조이면서 원생생물인 것은 말라리아이므로 특징의 개수가 3인 A는 말라리아이고, 나머지 B는 무좀이다.

ㄱ. **A는 무좀이다.**
➡ A는 말라리아, B는 무좀, C는 홍역이다.

ㄴ. **C의 병원체는 세포 분열을 통해 증식한다.**
➡ 홍역(C)의 병원체인 바이러스는 세포 구조를 갖추지 못하였으므로 세포 분열을 통한 증식을 할 수 없다.

ㄷ. **'감염성 질병이다.'는 ㉠에 해당한다.**
➡ ㉠은 말라리아, 무좀, 홍역의 공통적인 특징이므로 '감염성 질병이다.' '병원체는 유전 물질을 갖는다.' 등이 될 수 있다.

보기

적용해야 할 개념 ②가지

① 독감의 병원체는 바이러스이고, 무좀의 병원체는 곰팡이이며, 말라리아의 병원체는 원생생물이다.

② 바이러스, 곰팡이, 원생생물의 특징은 표와 같다.

구분	유전 물질, 단백질	세포 구조	스스로 물질대사
바이러스	있음	없음	못 한다.
곰팡이	있음	있음	한다.
원생생물	있음	있음	한다.

문제 보기

표 (가)는 사람의 질병 A~C의 병원체가 갖는 특징을 나타낸 것이고, (나)는 특징 ⊙~ⓒ을 순서 없이 나타낸 것이다. A~C는 독감, 무좀, 말라리아를 순서 없이 나타낸 것이다.

질병	병원체가 갖는 특징
독감 A	⊙
무좀 B	⊙, ⓒ
말라리아 C	⊙, ⓒ, ⓒ

(가)

특징(⊙~ⓒ)
⊙ · 단백질을 갖는다. 바이러스, 곰팡이, 원생생물
ⓒ · 원생생물에 속한다. 원생생물
ⓒ · 스스로 물질대사를 한다. 곰팡이, 원생생물

(나)

이에 대한 옳은 설명만을 〈보기〉에서 있는 대로 고른 것은?

〈보기〉풀이

독감의 병원체는 바이러스이고, 무좀의 병원체는 곰팡이이며, 말라리아의 병원체는 원생생물이다. 바이러스, 곰팡이, 원생생물은 모두 유전 물질과 단백질을 가지며, 곰팡이와 원생생물은 스스로 물질대사를 하지만, 바이러스는 스스로 물질대사를 하지 못한다. 따라서 A~C에서 공통인 특징 ⊙은 '단백질을 갖는다.'이고, C에만 해당하는 특징 ⓒ은 '원생생물에 속한다.'이며, B와 C에서 공통인 특징 ⓒ은 '스스로 물질대사를 한다.'이다. 또한, A는 독감, B는 무좀, C는 말라리아이다.

ㄱ. **A는 독감이다.**

➡ A의 병원체는 특징을 ⊙ '단백질을 갖는다.' 한 가지만 가지므로 바이러스이다. 따라서 A는 바이러스성 질환인 독감이다.

ㄴ. **C는 모기를 매개로 전염된다.**

➡ C의 병원체는 세 가지 특징 ⊙~ⓒ을 모두 가지므로 C는 병원체가 원생생물인 말라리아이다. 말라리아는 모기를 매개로 사람에게 전염된다.

✗ **ⓒ은 '스스로 물질대사를 한다.'이다.**

➡ ⓒ은 말라리아(C)에만 해당하는 특징이므로 '원생생물에 속한다.'이다. '스스로 물질대사를 한다.'는 곰팡이와 원생생물의 공통적인 특징이므로 B(무좀)와 C(말라리아)에 모두 있는 ⓒ이다.

보기

12
일차

205

34

병원체의 특성 2020학년도 수능 6번

정답 ⑤ | 정답률 88%

적용해야 할 개념 ②가지

① 결핵의 병원체는 세균이고, 후천성 면역 결핍증(AIDS)의 병원체는 바이러스이다.

② 세균과 바이러스의 비교

구분	핵산	핵막	단백질	세포 구조 (세포막)	세포벽	독자적인 물질대사	증식 방법
세균	○	×	○	○	○	○	세포 분열로 증식
바이러스	○	×	○	×	×	×	숙주 세포 내에서 핵산과 단백질을 합성하여 증식

문제 보기

다음은 어떤 환자의 병원체에 대한 실험이다.

[실험 과정 및 결과]
(가) 사람 면역 결핍 바이러스(HIV)로 인해 면역력이 저하되어 ⓐ 결핵에 걸린 환자로부터 병원체 ㉠과 ㉡을 순수 분리하였다. ㉠과 ㉡은 결핵의 병원체와 후천성 면역 결핍증(AIDS)의 병원체를 순서 없이 나타낸 것이다. ─HIV(바이러스) ─결핵균(세균)
(나) ㉠은 세포 분열을 통해 스스로 증식하였고, ㉡은 숙주 세포와 함께 배양하였을 때만 증식하였다.
➡ ㉠은 결핵균(세균), ㉡은 HIV(바이러스)이다.

이에 대한 설명으로 옳은 것만을 〈보기〉에서 있는 대로 고른 것은?

〈보기〉 풀이

결핵과 후천성 면역 결핍증(AIDS)은 병원체의 감염에 의해 발병하는 감염성 질병으로, 결핵의 병원체는 세균이고, AIDS의 병원체는 바이러스이다. 세균은 단세포 원핵생물로 독자적으로 물질대사를 하고 세포 분열로 증식할 수 있지만, 바이러스는 세포 구조가 아니며, 독자적으로 물질대사를 하지 못하고 살아 있는 숙주 세포에 기생하여 증식한다.

ㄱ **ⓐ는 감염성 질병이다.**
➡ 결핵(ⓐ)은 세균(결핵균)에 감염되어 발병하는 감염성 질병이다.

ㄴ **㉡은 AIDS의 병원체이다.**
➡ ㉡은 숙주 세포와 함께 배양하였을 때만 증식하므로 독자적인 물질대사를 하지 못하는 바이러스이다. 따라서 AIDS의 병원체이다.

ㄷ **㉠과 ㉡은 모두 단백질을 갖는다.**
➡ 세균인 결핵균(㉠)과 바이러스인 HIV(㉡)는 핵산과 단백질을 가지며, 감염성 질병의 병원체라는 공통점이 있다.

35

질병과 병원체의 특성 2025학년도 수능 7번

정답 ③ | 정답률 91%

적용해야 할 개념 ③가지

① 결핵의 병원체는 세균이고, 세균성 질병은 항생제로 치료한다.

② 바이러스는 세포 구조가 아니며, 스스로 물질대사를 하지 못한다. 따라서 살아 있는 숙주 세포의 물질대사 체계를 이용하여 자신의 유전 물질과 단백질을 합성하여 증식한다.

③ HIV(인간 면역 결핍 바이러스)는 보조 T 림프구에서 증식한 후 보조 T 림프구를 파괴하고 나온다. 보조 T 림프구의 수가 크게 줄어들면 후천성 면역 결핍증(AIDS)이 나타난다.

문제 보기 → 보조 T 림프구를 숙주 세포로 하여 증식한다.

그림은 사람 면역 결핍 바이러스(HIV)에 감염된 사람에서 체내 HIV의 수(ⓐ)와 HIV에 감염된 사람이 결핵의 병원체에 노출되었을 때 결핵 발병 확률(ⓑ)을 시간에 따라 각각 나타낸 것이다.

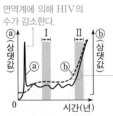

면역계에 의해 HIV의 수가 감소한다.

HIV의 수가 크게 증가하고, 보조 T 림프구 수가 크게 감소하여 후천성 면역이 결핍된다. ➡ 면역력이 약화되어 결핵 발병 확률이 높아진다.

이에 대한 설명으로 옳은 것만을 〈보기〉에서 있는 대로 고른 것은?

〈보기〉 풀이

ㄱ **결핵의 치료에 항생제가 사용된다.**
➡ 결핵의 병원체는 세균이고, 결핵의 치료에는 세균의 생장을 억제하는 항생제가 이용된다.

ㄴ **HIV는 살아 있는 숙주 세포 안에서만 증식할 수 있다.**
➡ 바이러스는 스스로 물질대사를 하지 못하고, 숙주 세포의 물질대사 체계를 이용하여 증식한다. 따라서 HIV는 물질대사를 하는 살아 있는 숙주 세포 안에서만 자신의 유전 물질과 단백질을 합성하게 하여 증식할 수 있다.

ㄷ **ⓑ는 구간 Ⅰ에서가 구간 Ⅱ에서보다 높다.**
➡ 결핵의 병원체에 노출되었을 때 결핵 발병 확률(ⓑ)은 구간 Ⅰ에서가 구간 Ⅱ에서보다 낮다.

13
일차

01 ③	02 ④	03 ③	04 ①	05 ④	06 ③	07 ⑤	08 ④	09 ①	10 ③	11 ④	12 ④
13 ③	14 ④	15 ④	16 ②	17 ⑤	18 ⑤	19 ⑤	20 ⑤	21 ①	22 ④	23 ③	

문제편 140쪽~145쪽

01 | 특이적 방어 작용 2022학년도 수능 9번

정답 ③ | 정답률 80 %

적용해야 할 개념 ③가지

① 특이적 방어 작용은 병원체의 종류에 따라 선별적으로 일어나며, 체액성 면역과 세포성 면역이 있다.

② 체액성 면역은 항원을 인식한 보조 T 림프구에 의해 B 림프구가 형질 세포로 분화하고, 형질 세포에서 생성 분비된 항체가 항원 항체 반응으로 병원체를 제거하는 과정이다. 이 과정에서 형성된 기억 세포는 같은 항원이 침입하였을 때 형질 세포로 분화하여 신속하게 다량의 항체를 생성한다.

③ 세포성 면역은 보조 T 림프구에 의해 활성화된 세포독성 T림프구가 병원체에 감염된 세포를 직접 제거하는 것이다.

문제 보기

다음은 어떤 사람이 병원체 X에 감염되었을 때 나타나는 방어 작용에 대한 자료이다.

┌ B 림프구로부터 형성되어 항체를 생산한다.

- (가) ㉠ 형질 세포에서 X에 대한 항체가 생성된다. 체액성 면역
- (나) 세포독성 T림프구가 X에 감염된 세포를 파괴한다. 세포성 면역

└ 특이적 방어 작용

이에 대한 설명으로 옳은 것만을 〈보기〉에서 있는 대로 고른 것은? [3점]

보기

〈보기〉 풀이

㉠. X에 대한 체액성 면역 반응에서 (가)가 일어난다.

➡ 체액성 면역은 형질 세포에서 생성되어 분비된 항체가 항원과 결합하여 항원을 제거하는 면역 반응이다. 병원체 X에 감염되었을 때 활성화된 B 림프구가 형질 세포로 분화하여 X에 대한 항체가 생성되는 (가)는 X에 대한 체액성 면역 반응에서 일어난다.

㉡. (나)는 특이적 방어 작용에 해당한다.

➡ 활성화된 세포독성 T림프구가 X에 감염된 세포를 파괴하는 (나)는 세포성 면역으로, 병원체 X의 항원을 인식하여 선별적으로 일어나는 특이적 방어 작용이다.

✗. 이 사람이 X에 다시 감염되었을 때 ㉠이 기억 세포로 분화한다.

➡ 형질 세포(㉠)는 항체를 생성하도록 분화된 세포로, 기억 세포로 분화할 수 없다. 그러나 X에 감염되었을 때 형질 세포와 함께 생성된 기억 세포는 X에 다시 감염되었을 때 형질 세포로 분화할 수 있다.

적용해야 할
개념 ③가지

① 림프구는 B 림프구와 T 림프구가 있다. B 림프구는 골수에서 생성·성숙되고, T 림프구는 골수에서 생성된 후 가슴샘에서 성숙된다.

② 체액성 면역은 형질 세포가 생성하는 항체가 항원과 결합함으로써 효율적으로 항원을 제거하는 면역 반응으로, 특이적 방어 작용이다.

③ 체액성 면역 반응

1차 면역 반응	항원이 처음 침입하면 보조 T 림프구의 도움으로 B 림프구가 형질 세포와 기억 세포로 분화한다. ➡ 항체가 느리게 소량 생성된다.
2차 면역 반응	같은 항원이 재침입하면 1차 면역 반응에서 생성된 기억 세포가 빠르게 증식하고 형질 세포와 기억 세포로 분화한다. ➡ 항체가 신속하게 대량 생성된다.

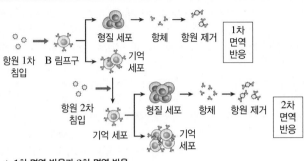

▲ 1차 면역 반응과 2차 면역 반응

문제 보기

다음은 병원체 X가 사람에 침입했을 때의 방어 작용에 대한 자료이다.

기억 세포 ┐   ┌ 형질 세포

(가) X가 1차 침입했을 때 B 림프구가 ㉠과 ㉡으로 분화한다. ㉠과 ㉡은 각각 기억 세포와 형질 세포 중 하나이다.

(나) X에 대한 항체와 X가 항원 항체 반응을 한다.

(다) X가 2차 침입했을 때 ㉠이 ㉡으로 분화한다. 2차 면역 반응

┌ 형질 세포에서 항체 생성   └ 체액성 면역

이에 대한 옳은 설명만을 〈보기〉에서 있는 대로 고른 것은?

〈보기〉 풀이

✗ B 림프구는 가슴샘에서 성숙한 세포이다.
➡ B 림프구는 골수에서 생성된 후 골수에서 성숙하고, T 림프구는 골수에서 생성되어 가슴샘에서 성숙한다.

ㄴ. ㉠은 기억 세포이다.
➡ ㉠은 X가 1차 침입했을 때 B 림프구로부터 분화하여 만들어진 후 X가 2차 침입했을 때 ㉡으로 분화하였으므로 ㉠은 기억 세포이고 ㉡은 형질 세포이다. X의 1차 침입과 2차 침입 때 형질 세포(㉡)에서 항체를 생성한다.

ㄷ. X에 대한 체액성 면역 반응에서 (나)가 일어난다.
➡ 체액성 면역은 형질 세포가 생성하는 항체가 항원과 결합함으로써 항원을 효과적으로 제거하는 면역 반응이다. 따라서 X에 대한 체액성 면역 반응에서 X에 대한 항체와 X가 항원 항체 반응을 하는 (나)가 일어난다.

보기

적용해야 할
개념 ④가지

① 대식 세포는 식균 작용으로 항원을 제거하는데, 식균 작용은 항원의 종류를 가리지 않고 일어나므로 비특이적 방어 작용이다.

② 형질 세포는 B 림프구로부터 분화하여 항체를 분비하는 세포이며, 항체가 관여하는 면역 반응은 체액성 면역으로 특이적 방어 작용의 일종이다.

③ 보조 T 림프구는 대식 세포가 제시한 항원을 인식하여 B 림프구와 세포독성 T림프구를 활성화시켜 특이적 방어 작용이 일어나도록 촉진한다.

④ B 림프구는 골수에서 생성·성숙되고, T 림프구는 골수에서 생성된 후 가슴샘에서 성숙한다.

문제 보기

표는 세균 X가 사람에 침입했을 때의 방어 작용에 관여하는 세포 Ⅰ~Ⅲ의 특징을 나타낸 것이다. Ⅰ~Ⅲ은 대식 세포, 형질 세포, 보조 T 림프구를 순서 없이 나타낸 것이다.

X에 대한 항체는 X하고만 특이적으로 반응한다.

세포	특징
Ⅰ 형질 세포	㉠X에 대한 항체를 분비한다.
Ⅱ 보조 T 림프구	B 림프구의 분화를 촉진한다.
Ⅲ 대식 세포	X를 세포 안으로 끌어들여 분해한다.

이에 대한 옳은 설명만을 〈보기〉에서 있는 대로 고른 것은? [3점]

〈보기〉 풀이

Ⅰ은 항체를 분비하는 형질 세포이고, Ⅱ는 B 림프구의 분화를 촉진하는 보조 T 림프구이며, Ⅲ은 세균을 세포 안으로 끌어들여 분해하는(식균 작용) 대식 세포이다.

ㄱ. ㉠에 의한 방어 작용은 체액성 면역에 해당한다.
➡ 체액성 면역은 형질 세포에서 생성·분비된 항체에 의해 항원을 제거하는 과정이므로, X에 대한 항체(㉠)에 의한 방어 작용은 체액성 면역에 해당한다.

✗ Ⅱ는 골수에서 성숙되었다.
➡ Ⅱ는 보조 T 림프구이다. T 림프구는 골수에서 생성된 후 가슴샘에서 성숙되고, B 림프구는 골수에서 생성·성숙된다.

ㄷ. Ⅲ은 비특이적 방어 작용에 관여한다.
➡ Ⅲ은 대식 세포이다. 대식 세포는 항원의 종류를 가리지 않고 식균 작용으로 항원을 제거하므로 비특이적 방어 작용에 관여한다.

보기

04 | 인체의 방어 작용 2023학년도 7월 학평 9번

정답 ① | 정답률 70 %

적용해야 할 개념 ④가지

① 비특이적 방어 작용은 병원체의 종류를 구분하지 않고 일어나며, 신속하고 광범위하게 일어난다. 예 피부, 점막, 식균 작용, 염증 반응

② 특이적 방어 작용은 병원체의 종류에 따라 선별적으로 일어난다. 예 세포성 면역, 체액성 면역

③ 체액성 면역은 대식세포가 식균 작용으로 제거한 병원체의 항원 조각을 표면에 제시하면 이를 인식한 보조 T 림프구에 의해 B 림프구가 증식·분화하여 형질 세포가 만들어지고, 형질 세포에서 생산한 항체가 항원 항체 반응을 통해 항원을 효과적으로 제거하는 과정이다.

④ 특이적 면역에 관여하는 B 림프구는 골수에서 생성·성숙하고, T 림프구는 골수에서 생성된 후 가슴샘에서 성숙한다.

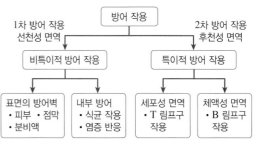

▲ 방어 작용

문제 보기

다음은 사람의 몸에서 일어나는 방어 작용에 대한 자료이다. 세포 ⓐ∼ⓒ는 대식세포, B 림프구, 보조 T 림프구를 순서 없이 나타낸 것이다.

┌ 비특이적 방어 작용

> (가) 위의 점막에서 위산이 분비되어 외부에서 들어온 세균을 제거한다. ⸤대식세포 보조 T 림프구⸣
> (나) ⓐ가 제시한 항원 조각을 인식하여 활성화된 ⓑ가 ⓒ의 증식과 분화를 촉진한다. ⓒ는 형질 세포로 분화하여 항체를 생성한다. └ B 림프구

└ 체액성 면역

이에 대한 설명으로 옳은 것만을 〈보기〉에서 있는 대로 고른 것은? [3점]

〈보기〉 풀이

보기

ㄱ. (가)는 비특이적 방어 작용에 해당한다.

➡ (가)에서 위산에 의해 외부에서 들어온 세균이 제거되는 것은 병원체의 종류를 구분하지 않고 일어나는 비특이적 방어 작용에 해당한다. 비특이적 방어 작용에는 피부와 점막, 위산과 눈물 등과 같은 분비액에 의한 표면에서의 방어와 상처나 화상 등에 의해 피부가 손상되거나 점막을 뚫고 병원체가 침입하였을 때 일어나는 식균 작용과 염증 반응 등이 있다.

✘ ⓑ는 B 림프구이다.

➡ 체내로 침입한 세균 등은 대식세포의 식균 작용으로 제거된다. 대식세포는 항원 조각을 표면에 제시하고, 이를 인식하여 활성화된 보조 T 림프구가 B 림프구의 증식과 분화를 촉진한다. B 림프구는 형질 세포와 기억 세포로 분화하며, 형질 세포에서 생성한 항체가 항원과 결합하는 항원 항체 반응이 일어난다. 따라서 항원 조각을 제시하는 ⓐ는 대식세포, 이를 인식하는 ⓑ는 보조 T 림프구, 형질 세포로 분화하는 ⓒ는 B 림프구이다.

✘ ⓒ는 가슴샘에서 성숙한다.

➡ ⓒ는 B 림프구이다. B 림프구(ⓒ)는 골수에서 생성되고 성숙한다. 보조 T 림프구(ⓑ)는 골수에서 생성된 후 가슴샘에서 성숙한다.

적용해야 할
개념 ③가지

① 세포성 면역은 항원을 인식한 보조 T 림프구에 의해 세포독성 T림프구가 활성화되어 특정 항원에 감염된 세포를 직접 제거하는 과정이다.
② 체액성 면역은 항원을 인식한 보조 T 림프구에 의해 B 림프구가 증식, 분화하여 형질 세포가 만들어지고, 형질 세포에서 항체를 생성하여 항원 항체 반응으로 항원을 제거하는 과정이다.
③ 항원이 처음 침입하면 B 림프구가 분화한 형질 세포에서 항체를 생성하는 1차 면역 반응이 일어나고(기억 세포 생성), 같은 항원이 재침입 하면 1차 면역 반응에서 생성된 기억 세포가 분화한 형질 세포에서 다량의 항체를 신속하게 생성하는 2차 면역 반응이 일어난다.

문제 보기

그림 (가)와 (나)는 사람의 면역 반응을 나타낸 것이다. (가)와 (나)는 각각 세포성 면역과 체액성 면역 중 하나이며, ㉠~㉢은 기억 세포, 세포독성 T림프구, B 림프구를 순서 없이 나타낸 것이다.

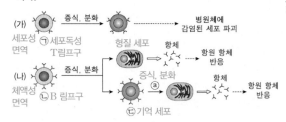

이에 대한 설명으로 옳은 것만을 〈보기〉에서 있는 대로 고른 것은? [3점]

〈보기〉 풀이

세포독성 T림프구(㉠)는 증식, 분화하여 병원체에 감염된 세포를 직접 파괴한다. B 림프구(㉡)는 증식하여 일부는 기억 세포(㉢)로 분화하고, 일부는 형질 세포로 분화하여 항체를 생성하여 항원 항체 반응으로 항원을 제거한다.

보기

✗ **(가)는 체액성 면역이다.**
➡ (가)는 세포독성 T림프구(㉠)가 병원체에 감염된 세포를 직접 제거하는 세포성 면역이다. 체액성 면역은 형질 세포에서 생성·분비된 항체에 의해 항원을 제거하는 과정으로 (나)에 해당한다.

ㄴ. **보조 T 림프구는 ㉡에서 ㉢으로의 분화를 촉진한다.**
➡ 대식 세포가 제시한 항원의 정보를 전달받은 보조 T 림프구는 B 림프구(㉡)를 활성화시켜 형질 세포와 기억 세포(㉢)로 분화하는 것을 촉진한다. 또한, 보조 T 림프구는 세포독성 T림프구가 증식, 분화하는 과정도 촉진한다.

ㄷ. **2차 면역 반응에서 과정 ⓐ가 일어난다.**
➡ 1차 면역 반응은 항원이 처음 침입하였을 때 보조 T 림프구의 도움으로 B 림프구(㉡)가 형질 세포로 분화하여 항체를 생성하여 일어난다. 2차 면역 반응은 항원이 재침입하였을 때 1차 면역 반응에서 만들어진 기억 세포(㉢)가 빠르게 증식하고 형질 세포로 분화하는 ⓐ 과정을 거쳐 항체를 신속하게 다량 생성하여 일어난다.

적용해야 할
개념 ③가지

① 세포성 면역은 항원을 인식한 보조 T 림프구에 의해 활성화된 세포독성 T림프구가 특정 항원에 감염된 세포를 직접 제거하는 과정이다.
② 대식세포가 식세포 작용으로 병원체 제거 후 항원을 표면에 제시하면 보조 T 림프구가 항원을 인식하여 세포독성 T림프구를 활성화시키고 세포독성 T림프구가 병원체에 감염된 세포를 직접 파괴시킨다.
③ 세포성 면역은 병원체의 종류에 따라 선별적으로 일어나는 특이적 방어 작용이다.

문제 보기

그림은 사람 P가 병원체 X에 감염되었을 때 일어난 방어 작용의 일부를 나타낸 것이다. ㉠과 ㉡은 보조 T 림프구와 세포독성 T림프구를 순서 없이 나타낸 것이다.

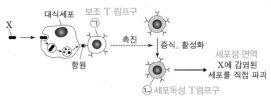

이에 대한 설명으로 옳은 것만을 〈보기〉에서 있는 대로 고른 것은? [3점]

〈보기〉 풀이

ㄱ. **㉠은 대식세포가 제시한 항원을 인식한다.**
➡ ㉠은 대식세포가 식세포 작용으로 제거한 병원체 X의 항원을 표면에 제시하면 이를 인식하므로 ㉠은 보조 T 림프구이다.

✗ **㉡은 형질 세포로 분화된다.**
➡ ㉡은 보조 T 림프구에 의해 활성화되어 X에 감염된 세포를 직접 파괴하는 세포독성 T림프구이다. 세포독성 T림프구는 형질 세포로 분화하지 않는다.

ㄷ. **P에서 세포성 면역 반응이 일어났다.**
➡ 세포독성 T림프구가 X에 감염된 세포를 파괴하는 것은 세포성 면역 반응이며, 세포성 면역 반응도 병원체 X를 인식하여 선별적으로 일어나는 특이적 방어 작용이다.

07 | 특이적 방어 작용 2022학년도 4월 학평 14번 | 정답 ⑤ | 정답률 82%

적용해야 할 개념 ③가지

① 세포성 면역은 항원을 인식한 보조 T 림프구에 의해 활성화된 세포독성 T림프구가 특정 항원에 감염된 세포를 직접 제거하는 과정이다.

② 체액성 면역은 항원을 인식한 보조 T 림프구에 의해 B 림프구가 증식·분화하여 형질 세포가 만들어지고, 형질 세포에서 생성된 항체가 항원 항체 반응을 통해 항원을 효과적으로 제거하는 과정이다.

③ 1차 면역 반응은 항원이 처음 침입하였을 때 B 림프구로부터 분화한 형질 세포에서 항체가 생성되는 반응이고, 2차 면역 반응은 1차 면역 반응 때 형성되었던 기억 세포에서 분화한 형질 세포에서 항체가 신속하게 다량 생성되는 반응이다.

문제 보기

그림 (가)와 (나)는 사람의 면역 반응의 일부를 나타낸 것이다. (가)와 (나)는 각각 세포성 면역과 체액성 면역 중 하나이고, ㉠과 ㉡은 각각 세포독성 T림프구와 형질 세포 중 하나이다.

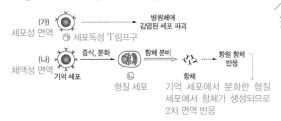

이에 대한 설명으로 옳은 것만을 〈보기〉에서 있는 대로 고른 것은?

〈보기〉 풀이

ㄱ. ㉠은 세포독성 T림프구이다.
➡ (가)는 병원체에 감염된 세포를 직접 파괴하는 세포성 면역이고, 이에 관여하는 세포 ㉠은 세포독성 T림프구이다.

ㄴ. (나)는 2차 면역 반응에 해당한다.
➡ ㉡은 항체를 분비하는 형질 세포이다. (나)에서 형질 세포(㉡)는 기억 세포로부터 분화하여 항체를 생성하고 항원 항체 반응이 일어나므로 (나)는 체액성 면역이며 2차 면역 반응에 해당한다.

ㄷ. (가)와 (나)는 모두 특이적 방어 작용에 해당한다.
➡ 세포성 면역(가)과 체액성 면역(나)은 모두 항원을 인식하여 특정 항원에 대해서만 선별적으로 일어나므로 (가)와 (나)는 모두 특이적 방어 작용에 해당한다.

보기

08 | 방어 작용에 관여하는 세포 2021학년도 6월 모평 15번 | 정답 ④ | 정답률 80%

적용해야 할 개념 ③가지

① 특이적 방어 작용은 병원체의 종류에 따라 선별적으로 일어나는 방어 작용으로, 림프구가 관여한다.

② 림프구는 B 림프구와 T 림프구가 있다. B 림프구는 골수에서 생성·성숙되고, T 림프구는 골수에서 생성된 후 가슴샘에서 성숙된다.

③ 특이적 방어 작용

대식 세포가 항원을 세포 표면에 제시 → 보조 T 림프구가 인식 → 세포독성 T림프구 활성화 → 항원에 감염된 세포 파괴 ➡ 세포성 면역
　└→ B 림프구 활성화 → 형질 세포로 분화 → 항체 생성·분비 → 항원 항체 반응 ➡ 체액성 면역

문제 보기

표 (가)는 세포 Ⅰ∼Ⅲ에서 특징 ㉠∼㉢의 유무를 나타낸 것이고, (나)는 ㉠∼㉢을 순서 없이 나타낸 것이다. Ⅰ∼Ⅲ은 각각 보조 T 림프구, 세포독성 T림프구, 형질 세포 중 하나이다.

┌ 세포독성 T림프구

세포＼특징	㉠	㉡	㉢
Ⅰ	○	○	○
Ⅱ	×	○	×
Ⅲ	○	○	×

형질 세포 Ⅱ
보조 T 림프구
(○: 있음, ×: 없음)
(가)

특징(㉠∼㉢)
○ 특이적 방어 작용에 관여한다. ㉡
○ 가슴샘에서 성숙된다. ㉠
○ 병원체에 감염된 세포를 직접 파괴한다. ㉢

(나)

이에 대한 설명으로 옳은 것만을 〈보기〉에서 있는 대로 고른 것은? [3점]

〈보기〉 풀이

'특이적 방어 작용에 관여한다.'는 보조 T 림프구, 세포독성 T림프구, 형질 세포에 모두 해당하므로 ㉡이고, '가슴샘에서 성숙된다.'는 보조 T 림프구와 세포독성 T림프구에 해당하므로 ㉠이며, '병원체에 감염된 세포를 직접 파괴한다.'는 세포독성 T림프구에만 해당하므로 ㉢이다.

✗ Ⅰ은 보조 T 림프구이다.
➡ Ⅰ은 특징 ㉠∼㉢을 모두 가지므로 병원체에 감염된 세포를 직접 파괴하는 세포독성 T림프구이다. 보조 T 림프구는 특징 ㉠과 ㉡만 가지므로 Ⅲ이다.

ㄴ. Ⅱ에서 항체가 분비된다.
➡ Ⅱ는 특징 ㉡만 가지므로 형질 세포이다. 형질 세포는 B 림프구에서 분화한 것으로, 항체를 생성·분비한다.

ㄷ. ㉢은 '병원체에 감염된 세포를 직접 파괴한다.'이다.
➡ ㉢은 세포독성 T림프구(Ⅰ)만 갖는 특징이므로 '병원체에 감염된 세포를 직접 파괴한다.'이다.

보기

적용해야 할 개념 ③가지

① 방어 작용에는 병원체의 종류를 구분하지 않고 동일한 방식으로 일어나는 비특이적 방어 작용(피부, 점막, 식균 작용, 염증 반응)과 병원체의 종류에 따라 선별적으로 일어나는 특이적 방어 작용(세포성 면역, 체액성 면역)이 있다.

② B 림프구는 골수에서 생성·성숙하고, T 림프구는 골수에서 생성된 후 가슴샘에서 성숙한다.

③ 항원이 처음 침입하면 B 림프구가 분화한 형질 세포에서 항체를 생성하는 1차 면역 반응이 일어나고(기억 세포 생성), 같은 항원이 재침입하면 1차 면역 반응에서 생성된 기억 세포가 분화한 형질 세포에서 다량의 항체를 신속하게 생성하는 2차 면역 반응이 일어난다.

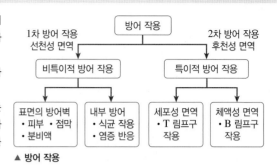

▲ 방어 작용

문제 보기

그림 (가)와 (나)는 어떤 사람이 세균 X에 처음 감염된 후 나타나는 면역 반응을 순차적으로 나타낸 것이다. ㉠과 ㉡은 B 림프구와 보조 T 림프구를 순서 없이 나타낸 것이다.

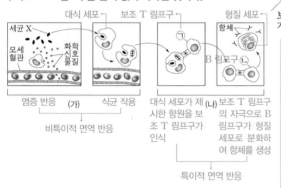

이에 대한 설명으로 옳은 것만을 〈보기〉에서 있는 대로 고른 것은? [3점]

〈보기〉 풀이

(가) 세균 X가 체내에 침입했을 때 염증 반응과 식균 작용이 일어나는 것을 나타낸 것으로, 병원체의 종류를 구분하지 않고 일어나는 비특이적 방어 작용이다.

(나) 대식 세포가 세포 표면에 제시한 세균 X의 항원 조각을 보조 T 림프구(㉠)가 인식하고 B 림프구(㉡)를 자극하면 B 림프구(㉡)가 형질 세포로 분화하여 항체를 생성하는 것을 나타낸다. 이것은 체액성 면역으로, 항원의 종류를 인식하여 일어나는 특이적 방어 작용이다.

㉠ **(가)에서 X에 대한 비특이적 면역 반응이 일어났다.**

➡ (가)의 염증 반응과 식균 작용은 병원체의 종류에 관계없이 동일한 방식으로 일어나는 비특이적 면역 반응(방어 작용)이다.

✗ **㉡은 가슴샘(흉선)에서 성숙되었다.**

➡ ㉡은 형질 세포로 분화하는 B 림프구로, 골수에서 생성되고 성숙한다. T 림프구(㉠)는 골수에서 생성된 후 가슴샘에서 성숙한다.

✗ **(나)에서 X에 대한 2차 면역 반응이 일어났다.**

➡ 제시된 자료는 어떤 사람이 세균 X에 처음 감염되었을 때 나타나는 면역 반응이므로 (나)에서 X에 대한 1차 면역 반응이 일어났다.

적용해야 할 개념 ②가지

① 1차 면역 반응: 항원이 처음 침입하면 보조 T 림프구의 도움으로 B 림프구가 형질 세포로 분화하여 항체를 생성한다. 이때 기억 세포가 만들어진다.

② 2차 면역 반응: 같은 항원이 재침입하면 1차 면역 반응에서 생성된 기억 세포가 빠르게 증식하고 형질 세포로 분화하여 항체를 신속하게 다량 생성한다.

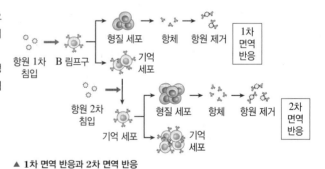

▲ 1차 면역 반응과 2차 면역 반응

문제 보기

그림 (가)와 (나)는 사람의 체내에 항원 X가 침입했을 때 일어나는 방어 작용 중 일부를 나타낸 것이다. ㉠과 ㉡은 각각 기억 세포와 형질 세포 중 하나이다.

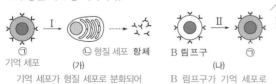

이에 대한 설명으로 옳은 것만을 〈보기〉에서 있는 대로 고른 것은? [3점]

〈보기〉 풀이

(가)에서 항체를 생성하는 ㉡은 형질 세포이고, (나)에서 B 림프구로부터 분화되어 (가)에서 형질 세포로 분화하는 ㉠은 기억 세포이다.

✗ **㉠은 형질 세포이다.**

➡ ㉠은 기억 세포이고, ㉡은 형질 세포이다.

✗ **과정 Ⅰ은 X에 대한 1차 면역 반응에서 일어난다.**

➡ 항원이 처음 침입하면 B 림프구로부터 분화된 형질 세포에서 항체가 형성되고(1차 면역 반응), 같은 항원이 재침입하면 1차 면역 반응에서 생성된 기억 세포가 형질 세포로 분화하여 항체를 신속하게 다량 생성하게 된다(2차 면역 반응). 즉, 과정 Ⅰ은 X에 대한 2차 면역 반응에서 일어난다.

㉢ **보조 T 림프구는 과정 Ⅱ를 촉진한다.**

➡ (나)의 Ⅱ는 B 림프구가 기억 세포(㉠)로 분화하는 과정이다. 이 과정은 대식 세포가 제시한 항원을 인식하여 활성화된 보조 T 림프구가 촉진한다.

11 | **림프구와 체액성 면역** 2021학년도 10월 학평 10번 | 정답 ④ | 정답률 84 %

적용해야 할 개념 ③가지

① 림프구는 백혈구의 일종으로, B 림프구는 골수에서 생성·성숙하며, T 림프구는 골수에서 생성된 후 가슴샘에서 성숙한다.

② 세포성 면역은 활성화된 세포독성 T림프구가 병원체에 감염된 세포를 제거하는 면역 반응이고, 체액성 면역은 형질 세포가 생산하는 항체가 항원과 결합함으로써 효율적으로 항원을 제거할 수 있는 면역 반응이다.

③ 체액성 면역 과정: 대식 세포가 식균 작용 후 항원을 세포 표면에 제시 → 보조 T 림프구가 항원 정보 인식 → 활성화된 보조 T 림프구가 B 림프구를 자극 → B 림프구가 형질 세포와 기억 세포로 분화 → 형질 세포에서 항체 생성·분비 → 항원 항체 반응

문제 보기

그림은 어떤 병원체가 사람의 몸속에 침입했을 때 일어나는 방어 작용의 일부를 나타낸 것이다. ㉠~㉢은 보조 T 림프구, 형질 세포, B 림프구를 순서 없이 나타낸 것이다.

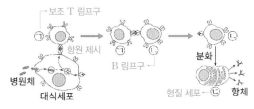

이에 대한 옳은 설명만을 〈보기〉에서 있는 대로 고른 것은?

〈보기〉 풀이

ㄱ. ㉠은 보조 T 림프구이다.

➡ 대식 세포가 식균 작용으로 병원체를 제거한 후 항원을 세포 표면에 제시하였을 때 항원 정보를 인식하는 ㉠은 보조 T 림프구이다.

✗. ㉡은 가슴샘에서 성숙한다.

➡ ㉡은 보조 T 림프구(㉠)에 의해 활성화되어 항체를 생성하는 형질 세포(㉢)로 분화하므로 B 림프구이다. B 림프구는 골수에서 생성된 후 골수에서 성숙한다.

ㄷ. ㉢은 체액성 면역 반응에 관여한다.

➡ ㉢은 B 림프구가 분화하여 형성된 형질 세포이다. 형질 세포에서 생성된 항체가 체액을 따라 이동하다가 병원체와 항원 항체 반응으로 결합하는 체액성 면역 반응이 일어난다.

---

12 | **체액성 면역** 2024학년도 3월 학평 14번 | 정답 ④ | 정답률 72 %

적용해야 할 개념 ②가지

① 체액성 면역은 형질 세포가 생산하는 항체가 항원과 결합함으로써 효율적으로 항원을 제거하는 면역 반응으로, 특이적 방어 작용이다.

② 체액성 면역 반응

  — 1차 면역 반응: 항원이 처음 침입하면 보조 T 림프구의 도움으로 B 림프구가 형질 세포와 기억 세포로 분화한다. ⇒ 항체가 느리게 소량 생성된다.

  — 2차 면역 반응: 같은 항원이 재침입하면 1차 면역 반응에서 생성된 기억 세포가 빠르게 증식하고 형질 세포로 분화한다. ⇒ 항체를 신속하게 대량 생성한다.

문제 보기

그림 (가)는 항원 X와 Y에 노출된 적이 없는 생쥐 A에게 ⓐ를 주사했을 때 일어나는 면역 반응의 일부를, (나)는 일정 시간이 지난 후 A에게 X와 Y를 함께 주사했을 때 A에서 X와 Y에 대한 혈중 항체 농도 변화를 나타낸 것이다. ⓐ는 X와 Y 중 하나이고, ㉠~㉢은 각각 항체, 기억 세포, 형질 세포 중 하나이다.

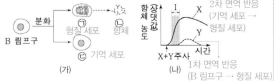

이에 대한 옳은 설명만을 〈보기〉에서 있는 대로 고른 것은?

[3점]

〈보기〉 풀이

ㄱ. ㉡에 의한 방어 작용은 체액성 면역에 해당한다.

➡ (가)에서 항원을 처음 주입하면 B 림프구가 항원에 대응하는 항체(㉡)를 생산하는 형질 세포(㉠)와 항원에 대한 기억 세포(㉢)로 분화한다. 형질 세포가 생산하는 항체(㉡)는 항원과 결합함으로써 항원을 효과적으로 제거하는 체액성 면역에 관여한다.

ㄴ. ⓐ는 X이다.

➡ 생쥐 A에게 ⓐ를 주사하여 1차 면역 반응이 일어나 기억 세포가 형성된 후 다시 ⓐ를 주입하면 2차 면역 반응이 나타난다. (나)에서 X와 Y를 주사하였을 때 X에 대한 항체가 신속하게 대량 생성되는 것으로 보아 X에 대한 2차 면역 반응이 나타났다. 따라서 ⓐ는 X이다. Y에 대한 항체는 잠복기를 거친 후 소량 생성되었으므로 항원 Y는 이때 처음 침입하여 1차 면역 반응이 나타났다.

✗. 구간 Ⅰ에서 ㉠이 ㉢으로 분화한다.

➡ 구간 Ⅰ에서 X에 대한 항체 농도가 급격하게 증가하는 것은 1차 침입 시 형성되었던 기억 세포(㉢)가 빠르게 증식하고 형질 세포(㉠)로 분화하여 항체를 신속하게 대량 생산하기 때문이다. 형질 세포(㉠)는 분화된 세포로, 분열하거나 기억 세포(㉢)로 분화할 수 없다.

적용해야 할 개념 ③가지

① 항체의 구조는 항원과 결합하는 부위(가변 부위)와 항체의 구조를 견고하게 유지하는 부위(불변 부위)로 구분된다.
② 항체는 항원을 인식한 보조 T 림프구에 의해 B 림프구가 증식·분화하여 만들어진 형질 세포에서 생성된다.
③ 체액성 면역은 항체가 항원 항체 반응을 통해 항원을 효과적으로 제거하는 과정이다.

문제 보기

그림 (가)는 어떤 사람이 병원체 X에 감염되었을 때 생성된 X에 대한 항체 Y의 구조를, (나)는 X와 Y의 항원 항체 반응을 나타낸 것이다. ㉠과 ㉡ 중 하나는 항원 결합 부위이다.

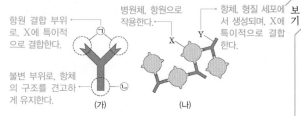

항원 결합 부위로, X에 특이적으로 결합한다.
병원체, 항원으로 작용한다.
항체, 형질 세포에서 생성되며, X에 특이적으로 결합한다.
불변 부위로, 항체의 구조를 견고하게 유지한다.

(가)   (나)

이에 대한 설명으로 옳은 것만을 〈보기〉에서 있는 대로 고른 것은? [3점]

〈보기〉 풀이

㉠ Y는 형질 세포로부터 생성된다.
➡ 항체 Y는 병원체 X에 감염되었을 때 B 림프구가 분화하여 만들어진 형질 세포에서 생성되며, 그것을 만들게 한 항원에만 특이적으로 결합한다.

✗ ㉡은 X에 특이적으로 결합하는 부위이다.
➡ 항체 Y의 구조에서 ㉠은 항원 결합 부위로, 항체 Y를 형성하게 한 X에 특이적으로 결합한다. ㉡은 항체의 불변 부위로, 항체의 구조를 유지하고 면역 반응과 생물학적 활성을 유도한다.

㉢ X에 대한 체액성 면역 반응에서 (나)가 일어난다.
➡ (나)는 X와 Y가 항원 항체 반응으로 결합하는 것으로, 체액성 면역 반응에서 일어난다.

적용해야 할 개념 ③가지

① 체액성 면역: 형질 세포에서 생성·분비된 항체에 의해 병원체를 제거하는 과정으로, 항체는 그것을 만들게 한 항원하고만 반응한다. ➡ 특이적 방어 작용
② 1차 면역 반응: 항원이 처음 침입하면 보조 T 림프구의 도움으로 B 림프구가 항원의 종류를 인식하고 형질 세포로 분화하여 항체를 생성하며, 일부는 기억 세포가 된다.
③ 2차 면역 반응: 같은 항원이 재침입하면 1차 면역 반응에서 생성된 기억 세포가 빠르게 증식하고 형질 세포로 분화하여 항체를 신속하게 다량 생성한다.

문제 보기

그림 (가)는 어떤 사람이 세균 X에 감염된 후 나타나는 특이적 면역(방어) 작용의 일부를, (나)는 이 사람에서 X의 침입에 의해 생성되는 X에 대한 혈중 항체의 농도 변화를 나타낸 것이다. ㉠과 ㉡은 보조 T 림프구와 B 림프구를 순서 없이 나타낸 것이다.

형질 세포가 감소하면서 항체의 농도는 줄어들지만, 기억 세포는 남아 있어 X의 2차 침입 시 2차 면역 반응이 나타난다.

1차 면역 반응 ➡ B 림프구로부터 분화한 형질 세포에서 항체를 생성한다.

㉡ 보조 T 림프구
B 림프구 ⊚ → ㉠ 촉진 → 형질 세포 항체 생성
분화 → 기억 세포

항체 농도(상댓값)
1차 침입 2차 침입
시간
I   II

(가)   (나)

이에 대한 설명으로 옳은 것만을 〈보기〉에서 있는 대로 고른 것은? [3점]

〈보기〉 풀이

(가) 형질 세포와 기억 세포로 분화하는 세포 ㉠은 B 림프구이며, X에 대한 정보를 가지고 B 림프구의 분화를 촉진하는 ㉡은 보조 T 림프구이다. 형질 세포는 항체를 생성하고, 기억 세포는 X에 대한 정보를 기억한다.

(나) X가 1차 침입하면 1차 면역 반응이 일어나 B 림프구로부터 분화한 형질 세포에서 항체가 생성되며, 이때 형질 세포와 함께 기억 세포도 생성된다. X가 2차 침입하면 1차 면역 반응 시 생성된 기억 세포가 빠르게 증식하고 형질 세포로 분화하여 항체를 신속하게 다량 생성한다.

✗ ㉠은 보조 T 림프구이다.
➡ ㉠은 형질 세포와 기억 세포로 분화하는 B 림프구이다. B 림프구를 활성화시켜 분화를 촉진하는 ㉡이 보조 T 림프구이다.

㉡ 구간 I에서 형질 세포로부터 항체가 생성되었다.
➡ 구간 I에서 항체의 농도가 증가하는 것은 B 림프구로부터 분화한 형질 세포에서 항체가 생성되기 때문이다.

㉢ 구간 II에는 X에 대한 기억 세포가 있다.
➡ X가 2차 침입했을 때에는 1차 침입했을 때에 비해 항체 농도가 급격하게 증가하는데, 이것은 X가 1차 침입했을 때 생성된 기억 세포가 빠르게 증식하고 형질 세포로 분화하여 항체를 다량 생성하기 때문이다. 따라서 구간 II에는 X에 대한 기억 세포가 있다.

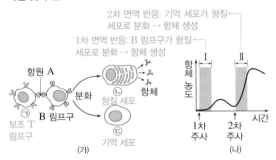
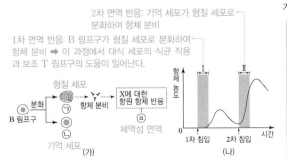

15 체액성 면역과 면역 반응 2020학년도 3월 학평 9번

정답 ④ | 정답률 80 %

적용해야 할 개념 ②가지

① 체액성 면역 과정: 대식 세포가 식균 작용 후 항원을 세포 표면에 제시(비특이적 방어 작용) → 보조 T 림프구가 항원 정보 인식 → 활성화된 보조 T 림프구가 B 림프구를 자극 → B 림프구가 형질 세포와 기억 세포로 분화 → 형질 세포에서 항체 생성·분비 → 항원 항체 반응 (특이적 방어 작용)

② 면역 반응
- 1차 면역 반응: 항원이 처음 침입하면 보조 T 림프구의 도움으로 B 림프구가 형질 세포로 분화하여 항체를 생성하고, 일부는 기억 세포로 분화한다.
- 2차 면역 반응: 같은 항원이 재침입하면 1차 면역 반응에서 생성된 기억 세포가 빠르게 증식하고 형질 세포로 분화하여 항체를 신속하게 다량 생성한다.

문제 보기

그림 (가)는 어떤 생쥐에 항원 A를 1차로 주사하였을 때 일어나는 면역 반응의 일부를, (나)는 A를 주사하였을 때 이 생쥐에서 생성되는 A에 대한 혈중 항체의 농도 변화를 나타낸 것이다. ㉠~㉢은 기억 세포, 형질 세포, 보조 T 림프구를 순서 없이 나타낸 것이다.

보기

이에 대한 옳은 설명만을 〈보기〉에서 있는 대로 고른 것은? [3점]

〈보기〉 풀이

(가)에서 B 림프구를 활성화시키는 ㉠은 보조 T 림프구이고, B 림프구가 분화하여 만들어지는 세포 중 항체를 생성하는 ㉡은 형질 세포, 항체를 생성하지 않는 ㉢은 기억 세포이다.

(나)에서 구간 Ⅰ에서는 B 림프구에서 분화한 형질 세포에서 항체가 생성되어 항원 항체 반응이 일어나는 1차 면역 반응이 일어나고, 구간 Ⅱ에서는 기억 세포가 형질 세포로 분화하여 항체가 신속하게 다량으로 생성되는 2차 면역 반응이 일어난다.

ㄱ. ㉠은 보조 T 림프구이다.
➡ ㉠은 대식 세포가 제시한 항원을 인식하여 B 림프구의 분화를 촉진하는 보조 T 림프구이다.

ㄴ. 구간 Ⅰ에서 ㉡이 형성된다.
➡ 항원 A를 1차 주사하였을 때 구간 Ⅰ에서 항체 농도가 서서히 증가한 것은 B 림프구가 형질 세포(㉡)로 분화하여 항체를 생성하기 때문이다. 이때 형질 세포(㉡)와 함께 기억 세포(㉢)도 형성된다.

ㄷ. 구간 Ⅱ에서 ㉡이 ㉢으로 분화된다.
➡ 항원 A를 2차 주사하였을 때 구간 Ⅱ에서 항체 농도가 급격히 증가한 것은 항원 A를 1차 주사하였을 때 형성되었던 기억 세포(㉢)가 빠르게 증식하고 형질 세포(㉡)로 분화하여 항체를 생성하는 2차 면역 반응이 일어나기 때문이다. 즉, 구간 Ⅱ에서 기억 세포(㉢)가 형질 세포(㉡)로 분화된다.

16 체액성 면역과 면역 반응 2020학년도 7월 학평 8번

정답 ② | 정답률 75 %

적용해야 할 개념 ③가지

① 세포성 면역은 세포독성 T림프구가 병원체에 감염된 세포를 직접 제거하는 과정으로, 특이적 방어 작용이다.

② 체액성 면역은 B 림프구가 분화한 형질 세포에서 분비된 항체에 의해 항원을 제거하는 과정으로, 항원 항체 반응은 특이성이 있다.

③ 체액성 면역 과정: 대식 세포가 식균 작용 후 항원을 세포 표면에 제시(비특이적 방어 작용) → 보조 T 림프구가 항원 정보 인식 → 활성화된 보조 T 림프구가 B 림프구를 자극 → B 림프구가 형질 세포와 기억 세포로 분화 → 형질 세포에서 항체 생성·분비 → 항원 항체 반응 (특이적 방어 작용)

문제 보기

그림 (가)는 어떤 사람의 체내에 병원균 X가 처음 침입하였을 때 일어나는 방어 작용의 일부를, (나)는 이 사람에서 X의 침입에 의해 생성되는 X에 대한 혈중 항체의 농도 변화를 나타낸 것이다. ㉠과 ㉡은 각각 기억 세포와 형질 세포 중 하나이다.

보기

이에 대한 설명으로 옳은 것만을 〈보기〉에서 있는 대로 고른 것은? [3점]

〈보기〉 풀이

ㄱ. ⓐ는 세포성 면역에 해당한다.
➡ ⓐ는 B 림프구에서 분화한 형질 세포에서 분비된 항체에 의해 항원 항체 반응이 일어나 항원을 제거하는 과정이므로 체액성 면역에 해당한다. 세포성 면역은 세포독성 T림프구가 병원체에 감염된 세포를 직접 제거하는 과정이다.

ㄴ. 구간 Ⅱ에서 ㉠이 ㉡으로 분화한다.
➡ B 림프구가 분화하여 만들어지는 세포 중 항체를 직접 분비하는 ㉠은 형질 세포이고, 항원에 대한 기억을 갖는 ㉡은 기억 세포이다. 구간 Ⅱ에서는 병원체가 1차 침입했을 때 형성되었던 기억 세포(㉡)가 형질 세포(㉠)로 분화하여 항체를 신속하게 다량 생산하는 2차 면역 반응이 일어난다.

ㄷ. 구간 Ⅰ에서 비특이적 방어 작용이 일어난다.
➡ 병원체가 1차 침입하면 대식 세포에 의한 식균 작용이 일어난다. 이후 대식 세포가 항원을 제시하면 보조 T 림프구가 항원 정보를 전달받아 세포독성 T림프구와 B 림프구를 활성화시켜 세포성 면역과 체액성 면역 같은 특이적 방어 작용이 일어난다. 따라서 구간 Ⅰ에서는 식균 작용과 같은 비특이적 방어 작용이 일어난다.

17 　인체의 방어 작용　2023학년도 4월 학평 14번

정답 ⑤ | 정답률 86 %

적용해야 할 개념 ④가지

① 비특이적 방어 작용은 병원체의 종류를 구분하지 않고 일어나며, 신속하고 광범위하게 일어난다. 예 피부, 점막, 식균 작용, 염증 반응

② 특이적 방어 작용은 병원체의 종류에 따라 선별적으로 일어난다. 예 세포성 면역, 체액성 면역

③ 체액성 면역은 항원을 인식한 보조 T 림프구에 의해 B 림프구가 증식·분화하여 형질 세포가 만들어지고, 형질 세포에서 생산한 항체가 항원 항체 반응을 통해 항원을 효과적으로 제거하는 과정이다.

④ 1차 면역 반응은 항원이 처음 침입하였을 때 B 림프구로부터 분화한 형질 세포에서 항체가 생성되는 반응이고, 2차 면역 반응은 1차 면역 반응 때 형성되었던 기억 세포에서 분화한 형질 세포에서 항체가 신속하게 다량 생성되는 반응이다.

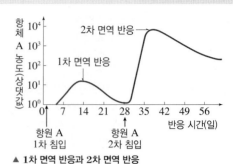

▲ 1차 면역 반응과 2차 면역 반응

문제 보기

그림 (가)는 어떤 사람이 항원 X에 감염되었을 때 일어나는 방어 작용의 일부를, (나)는 이 사람에서 X의 침입에 의해 생성되는 X에 대한 혈중 항체 농도 변화를 나타낸 것이다. ㉠과 ㉡은 기억 세포와 보조 T 림프구를 순서 없이 나타낸 것이다.

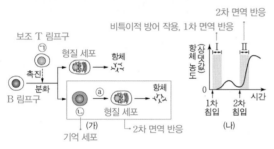

이에 대한 설명으로 옳은 것만을 〈보기〉에서 있는 대로 고른 것은?

〈보기〉 풀이

ㄱ. ㉠은 보조 T 림프구이다.

➡ ㉠은 B 림프구의 분화를 촉진하는 보조 T 림프구이다. ㉡은 B 림프구가 분화되어 형성된 기억 세포이며, 같은 항원이 재침입했을 때 형질 세포로 분화할 수 있다.

ㄴ. 구간 Ⅰ에서 비특이적 방어 작용이 일어난다.

➡ 방어 작용은 병원체의 종류에 관계없이 일어나는 비특이적 방어 작용과 병원체의 종류에 따라 선별적으로 일어나는 특이적 방어 작용으로 구분된다. 병원체가 침입하면 식균 작용이나 염증 반응과 같은 비특이적 방어 작용이 신속하게 일어나고, 대식 세포가 항원을 제시하면 보조 T 림프구가 항원을 인식하여 세포독성 T림프구와 B 림프구를 활성화시킴으로써 이 항원에 대한 특이적 방어 작용이 일어난다. 구간 Ⅰ에서 항원 X가 침입하였으므로 비특이적 방어 작용이 일어나고, X에 대한 항체가 생성되는 것으로 보아 특이적 방어 작용도 일어난다.

ㄷ. 구간 Ⅱ에서 과정 ⓐ가 일어난다.

➡ 구간 Ⅱ에서 항체가 신속하게 다량 생성되는 것은 2차 면역 반응이 일어났기 때문이다. 2차 면역 반응은 X가 1차 침입했을 때 형성된 기억 세포가 빠르게 증식하고 형질 세포로 분화하여 항체를 신속하게 다량 생성하는 것이다. 따라서 구간 Ⅱ에서는 기억 세포(㉡)가 형질 세포로 분화하는 과정 ⓐ가 일어난다.

18 　체액성 면역　2024학년도 7월 학평 7번

정답 ⑤ | 정답률 85 %

적용해야 할 개념 ②가지

① 체액성 면역은 항원을 인식한 보조 T 림프구에 의해 B 림프구가 증식·분화하여 형질 세포가 만들어지고, 형질 세포에서 생산한 항체가 항원 항체 반응을 통해 항원을 효과적으로 제거하는 과정이다.

② 1차 면역 반응은 항원이 처음 침입하였을 때 B 림프구로부터 분화한 형질 세포에서 항체가 생성되는 반응이고, 2차 면역 반응은 1차 면역 반응 때 형성되었던 기억 세포에서 분화한 형질 세포에서 항체가 신속하게 다량 생성되는 반응이다.

문제 보기

그림 (가)는 어떤 사람이 항원 X에 감염되었을 때 일어나는 방어 작용의 일부를, (나)는 이 사람에서 X의 침입에 의해 생성되는 X에 대한 혈중 항체 농도 변화를 나타낸 것이다. 세포 ㉠과 ㉡은 형질 세포와 B 림프구를 순서 없이 나타낸 것이다.

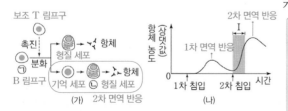

이에 대한 설명으로 옳은 것만을 〈보기〉에서 있는 대로 고른 것은? [3점]

〈보기〉 풀이

ㄱ. ㉠은 B 림프구이다.

➡ (가)에서 항원 X에 감염되면 보조 T 림프구가 B 림프구(㉠)가 항체를 생산하는 형질 세포와 기억 세포로 분화하는 것을 촉진한다. 이후 같은 항원 X가 재침입하면 기억 세포가 형질 세포(㉡)로 분화하여 항체를 신속하게 다량 생산한다. ㉠은 B 림프구, ㉡은 형질 세포이다.

ㄴ. 구간 Ⅰ에서 X에 대한 기억 세포가 있다.

➡ (나)에서 항원 X가 2차 침입했을 때 항체가 신속하게 다량 생산되는 2차 면역 반응이 나타났다. 이것은 항원 X가 1차 침입했을 때 형성된 기억 세포가 형질 세포로 분화하여 나타나는 현상이므로 구간 Ⅰ에서 X에 대한 기억 세포가 있다.

ㄷ. ㉡에서 분비되는 항체에 의한 방어 작용은 체액성 면역에 해당한다.

➡ 형질 세포(㉡)에서 생산된 항체가 항원 항체 반응으로 항원을 효과적으로 제거하는 방어 작용은 체액성 면역에 해당한다.

보기

보기

19 인체의 방어 작용 2025학년도 9월 모평 18번   정답 ⑤ | 정답률 89%

적용해야 할 개념 ②가지

① 인체의 방어 작용은 비특이적 방어 작용(1차 방어 작용, 선천성 면역)과 특이적 방어 작용(2차 방어 작용, 후천성 면역)으로 구분할 수 있다.
　— 비특이적 방어 작용은 병원체의 종류를 구분하지 않고 일어나며, 신속하고 광범위하게 일어난다. 예 피부, 점막, 분비물, 식균 작용, 염증 반응
　— 특이적 방어 작용은 병원체의 종류에 따라 선별적으로 일어난다. 예 세포성 면역, 체액성 면역
② 침과 눈물에는 라이소자임이 있어 세균의 증식을 억제하여 1차 방어 작용을 한다.

문제 보기

다음은 사람의 방어 작용에 대한 실험이다.

○ 침과 눈물에는 ㉠ 세균의 증식을 억제하는 물질이 있다.
　→ 라이소자임 등

[실험 과정 및 결과]
(가) 사람의 침과 눈물을 각각 표와 같은 농도로 준비한다.
(나) (가)에서 준비한 침과 눈물에 같은 양의 세균 G를 각각 넣고 일정 시간 동안 배양한 후, G의 증식 여부를 확인한 결과는 표와 같다.

농도(상댓값)	침	눈물
1	ⓐ ×	×
0.1	×	? ×
0.01	○	×

(○: 증식됨, ×: 증식 안 됨)

이에 대한 설명으로 옳은 것만을 〈보기〉에서 있는 대로 고른 것은? (단, 제시된 조건 이외는 고려하지 않는다.) [3점]

<보기> 풀이

침과 눈물은 세균의 증식을 억제하는 효과가 있다. 그런데 침은 농도가 0.01로 낮을 때는 세균의 증식을 억제하지 못하지만, 눈물은 농도가 0.01일 때도 세균의 증식을 억제하므로 같은 농도에서 눈물은 침보다 세균의 증식을 억제하는 효과가 크다.

ㄱ 라이소자임은 ㉠에 해당한다.
→ 침과 눈물에 들어 있는 세균의 증식을 억제하는 물질의 예로는 라이소자임이 있다.

ㄴ ⓐ는 '×'이다.
→ 침의 농도가 0.01일 때는 세균이 증식했지만, 0.1일 때는 세균이 증식하지 않았다. 이를 통해 침의 농도가 0.1 이상일 때는 라이소자임과 같은 세균의 증식을 억제하는 물질이 세균의 증식을 억제할 만큼 농도가 높다고 추론할 수 있다. 따라서 침의 농도가 1일 때도 세균의 증식이 억제되어 ⓐ는 '×'이다.

ㄷ 사람의 침과 눈물은 비특이적 방어 작용에 관여한다.
→ 침과 눈물에 의해 세균의 증식이 억제되는 방어 작용은 세균의 종류에 관계없이 일어나는 비특이적 방어 작용에 해당한다.

---

20 체액성 면역 2024학년도 10월 학평 13번   정답 ⑤ | 정답률 84%

적용해야 할 개념 ②가지

① 체액성 면역은 형질 세포가 생산하는 항체가 항원과 결합함으로써 효율적으로 항원을 제거하는 면역 반응으로, 특이적 방어 작용이다.
② 체액성 면역 반응
　— 1차 면역 반응: 항원이 처음 침입하면 보조 T 림프구의 도움으로 B 림프구가 형질 세포와 기억 세포로 분화한다.
　⇒ 항체가 느리게 소량 생성된다.
　— 2차 면역 반응: 같은 항원이 재침입하면 1차 면역 반응에서 생성된 기억 세포가 빠르게 증식하고 형질 세포로 분화한다.
　⇒ 항체를 신속하게 대량 생성한다.

문제 보기

병원체 X에는 항원 ㉠과 ㉡이 모두 있고, 병원체 Y에는 ㉠과 ㉡ 중 하나만 있다. 그림은 X와 Y에 노출된 적이 없는 어떤 생쥐에게 ⓐ를 주사하고, 일정 시간이 지난 후 ⓑ를 주사했을 때 ㉠과 ㉡에 대한 혈중 항체 농도의 변화를 나타낸 것이다. ⓐ와 ⓑ는 X와 Y를 순서 없이 나타낸 것이다.

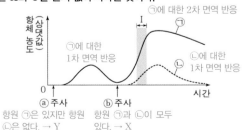

이에 대한 옳은 설명만을 〈보기〉에서 있는 대로 고른 것은?
[3점]

<보기> 풀이

ㄱ ⓑ는 X이다.
→ ⓐ를 주사했을 때 ㉠에 대한 1차 면역 반응이 나타났으며, ⓑ를 주사했을 때 ㉠에 대한 2차 면역 반응과 ㉡에 대한 1차 면역 반응이 나타났다. 따라서 처음에 주사한 ⓐ에는 항원 ㉠만 있고, 나중에 주사한 ⓑ에는 항원 ㉠과 ㉡이 모두 있다. 따라서 ⓐ는 Y이고, ⓑ는 X이다.

ㄴ Y에는 ㉠이 있다.
→ ⓐ(Y)를 주사했을 때 ㉠에 대한 1차 면역 반응이 나타났으므로 Y에는 ㉠이 있다.

ㄷ 구간 Ⅰ에서 ㉠에 대한 체액성 면역 반응이 일어났다.
→ 구간 Ⅰ에서 ㉠과 ㉡에 대한 항체가 생성되어 ㉠과 ㉡에 대한 항원 항체 반응이 일어나므로 체액성 면역 반응이 일어났다.

21

혈액의 응집 반응과 혈액형 2020학년도 7월 학평 19번

적용해야 할 개념 ③가지

① ABO식 혈액형의 응집원은 적혈구의 세포막에 있으며, 응집소는 혈장에 있다.
② 응집원에는 A와 B가 있고, 응집소에는 α와 β가 있으며, 응집원 A와 응집소 α, 응집원 B와 응집소 β가 만나면 응집 반응이 일어난다.
③ 부모와 자녀 2명으로 이루어진 가족의 혈액형이 모두 다를 때 부모의 혈액형이 A형과 B형이면 자녀는 AB형과 O형이고, 부모의 혈액형이 AB형과 O형이면 자녀의 혈액형은 A형과 B형이다.

구분	A형	B형	AB형	O형
응집원(적혈구 세포막)	A	B	A, B	없음
응집소(혈장)	β	α	없음	α, β

문제 보기

다음은 철수 가족의 ABO식 혈액형에 관한 자료이다.

○ 철수 가족의 ABO식 혈액형은 서로 다르다.
○ 표는 아버지, 어머니, 철수의 혈액을 각각 혈구와 혈장으로 분리하여 서로 섞었을 때 응집 여부를 나타낸 것이다.

구분	어머니의 혈장	철수의 혈장
아버지의 혈구	응집됨	응집 안 됨

아버지와 어머니는 각각 A형과 B형 중 하나이다. / 철수는 AB형이다.

이에 대한 설명으로 옳은 것만을 〈보기〉에서 있는 대로 고른 것은? (단, ABO식 혈액형만 고려한다.)

〈보기〉 풀이

철수 가족의 ABO식 혈액형은 모두 다른데, 아버지의 혈구를 어머니와 철수의 혈장에 각각 섞었을 때 응집이 일어나기도 하고 응집이 안 일어나기도 한다. 따라서 아버지의 혈구에는 응집원이 있으므로 아버지는 A형이거나 B형이다. 아버지의 혈구와 철수의 혈장을 섞었을 때 응집이 일어나지 않으므로 철수는 응집소가 없는 AB형이다. 아버지의 혈구와 어머니의 혈장을 섞었을 때 응집이 일어나므로 어머니의 혈장에는 아버지의 혈구에 있는 응집원과 반응하는 응집소가 있으므로 어머니는 B형이거나 A형 또는 O형일 수 있는데, 철수가 AB형이므로 O형은 될 수 없다.

✗ **어머니는 O형이다.**
➡ 어머니는 아버지와 다른 혈액형으로 A형이거나 B형이며, 철수가 AB형이므로 O형은 될 수 없다.

ㄴ. **철수의 혈구와 어머니의 혈장을 섞으면 응집된다.**
➡ 철수는 AB형으로, 철수의 혈구에는 응집원 A와 B가 모두 있으므로 응집소가 있는 어머니의 혈장과 섞으면 응집 반응이 일어난다.

✗ **아버지와 철수의 혈장에는 동일한 종류의 응집소가 있다.**
➡ A형 또는 B형인 아버지의 혈장에는 응집소 α와 β 중 한 가지가 들어 있지만, AB형인 철수의 혈장에는 응집소가 없다.

22

혈액의 응집 반응 2020학년도 10월 학평 10번

적용해야 할 개념 ③가지

① ABO식 혈액형의 응집원은 적혈구의 세포막에 있으며, 응집소는 혈청(혈장)에 있다.
② 응집원 A와 응집소 α, 응집원 B와 응집소 β가 만나면 응집 반응이 일어난다.
③ 항 A 혈청에는 응집소 α가 있어 응집원 A를 만나면 응집 반응을 나타내고, 항 B 혈청에는 응집소 β가 있어 응집원 B를 만나면 응집 반응을 나타낸다.

구분	A형	B형	AB형	O형
응집원(적혈구 세포막)	A	B	A, B	없음
응집소(혈장)	β	α	없음	α, β

문제 보기

표 (가)는 사람 Ⅰ~Ⅲ의 혈액에서 응집원 B와 응집소 β의 유무를, (나)는 Ⅰ~Ⅲ의 혈액을 혈청 ㉠~㉢과 각각 섞었을 때의 ABO식 혈액형에 대한 응집 반응 결과를 나타낸 것이다. Ⅰ~Ⅲ의 ABO식 혈액형은 모두 다르며, ㉠~㉢은 Ⅰ의 혈청, Ⅱ의 혈청, 항 B 혈청을 순서 없이 나타낸 것이다.

구분	응집원 B	응집소 β
B형 Ⅰ	○	? ×
(가) AB형 Ⅱ	? ○	×
A형 Ⅲ	? ×	○

(○: 있음, ×: 없음)

구분	㉠	㉡	㉢
B형 Ⅰ의 혈액	−	? −	? +
(나) AB형 Ⅱ의 혈액	? −	+	+
A형 Ⅲ의 혈액	? −	+	−

㉠ Ⅱ의 혈청 ㉡ Ⅰ의 혈청 ㉢ 항 B 혈청

(+: 응집됨, −: 응집 안 됨)

응집소 α, β 모두 없음 / 응집소 α 있음 / 응집소 β 있음

이에 대한 옳은 설명만을 〈보기〉에서 있는 대로 고른 것은? [3점]

〈보기〉 풀이

Ⅰ은 응집원 B가 있으므로 B형 또는 AB형이고, Ⅱ는 응집소 β가 없으므로 B형 또는 AB형이다. 그런데 Ⅰ과 Ⅱ는 혈액형이 다르다고 했으므로 한 사람은 B형이고 다른 한 사람은 AB형이다. AB형의 혈청에는 응집소 α와 β가 모두 없어 Ⅰ~Ⅲ의 어떤 혈액과 섞어도 응집 반응이 일어나지 않으므로 ㉠이 AB형의 혈청이며 응집소 α와 β가 모두 없다. Ⅲ은 응집소 β가 있으므로 A형 또는 O형이다. 만일 Ⅲ이 O형이라면 응집원 A와 B가 모두 없으므로 ㉠~㉢의 어떤 혈청과 섞어도 응집 반응이 일어나지 않아야 하는데 ㉡과 섞었을 때 응집 반응이 일어났으므로 Ⅲ은 A형이고 ㉡에는 응집소 α가 있다. 따라서 ㉢은 응집소 β가 있는 항 B 혈청이다. Ⅱ의 혈액은 ㉡과 ㉢, 즉 응집소 α와 β에 각각 응집 반응을 나타내므로 Ⅱ가 AB형이고, Ⅰ은 B형이다.

ㄱ. **㉢은 항 B 혈청이다.**
➡ ㉠은 Ⅱ의 혈청이고, ㉡은 Ⅰ의 혈청이며, ㉢은 항 B 혈청이다.

ㄴ. **Ⅰ의 ABO식 혈액형은 B형이다.**
➡ Ⅰ은 응집원 B가 있고, 응집소 α는 있지만 응집소 β는 없으므로 B형이다.

✗ **Ⅱ의 혈액에는 응집소 α가 있다.**
➡ Ⅱ의 혈액형은 AB형으로, Ⅱ의 혈액에는 응집소 α와 β가 모두 없다.

23 **혈액의 응집 반응** 2024학년도 수능 16번 　　　　　　　　　　　정답 ③ | 정답률 67%

적용해야 할 개념 ④가지

① ABO식 혈액형이 다른 혈액을 섞었을 때 나타나는 응집 반응은 항원 항체 반응의 일종이다.
② ABO식 혈액형의 응집원에는 A와 B가 있고, 응집소에는 α와 β가 있다.
③ ABO식 혈액형의 응집원은 적혈구의 세포막에 있고, 응집소는 혈장에 있다.

구분	A형	B형	AB형	O형
응집원(적혈구 세포막)	A	B	A, B	없음
응집소(혈장)	β	α	없음	α, β

④ 응집 반응: 응집원 A＋응집소 α → 응집, 응집원 B＋응집소 β → 응집

문제 보기

표는 사람 Ⅰ~Ⅲ 사이의 ABO식 혈액형에 대한 응집 반응 결과를 나타낸 것이다. ㉠~㉢은 Ⅰ~Ⅲ의 혈장을 순서 없이 나타낸 것이다. Ⅰ~Ⅲ의 ABO식 혈액형은 각각 서로 다르며, A형, AB형, O형 중 하나이다.

혈장＼적혈구	㉠ (AB형의 혈장)	㉡ (A형의 혈장)	㉢ (O형의 혈장)
Ⅰ의 적혈구 (A형의 적혈구, 응집원 A)	?－	－	＋
Ⅱ의 적혈구 (O형의 적혈구, 응집원 없음)	－	?－	－
Ⅲ의 적혈구 (AB형의 적혈구, 응집원 A, B)	?－	＋	?＋

(＋: 응집됨, －: 응집 안 됨)

이에 대한 설명으로 옳은 것만을 〈보기〉에서 있는 대로 고른 것은?

〈보기〉 풀이

A형의 적혈구 막에는 응집원 A가 있고, 혈장에는 응집소 β가 있다. AB형의 적혈구 막에는 응집원 A와 B가 있고, 혈장에는 응집소 α와 β가 모두 없다. O형의 적혈구 막에는 응집원 A와 B가 모두 없고, 혈장에는 응집소 α와 β가 모두 있다. 따라서 응집소 α와 β가 모두 없어서 어떤 혈액형의 적혈구와 섞더라도 응집 반응이 일어나지 않는 ㉠이 AB형의 혈장이다. 또, 응집원 A와 B가 모두 없어서 어떤 혈액형의 혈장과 섞더라도 응집 반응이 일어나지 않는 Ⅱ가 O형의 적혈구이다. O형의 혈장에는 응집소 α와 β가 모두 있으므로 O형의 적혈구(Ⅱ)를 제외한 Ⅰ과 Ⅲ의 적혈구와 모두 응집 반응이 일어난 ㉢이 O형의 혈장이고, 나머지 ㉡이 A형의 혈장이다. A형의 혈장(㉡)에는 응집소 β가 있고, Ⅲ의 적혈구와 섞었을 때 응집 반응이 일어났으므로 Ⅲ은 AB형이다. 따라서 Ⅰ이 A형이다.

ㄱ **Ⅰ의 ABO식 혈액형은 A형이다.**
➡ Ⅰ의 ABO식 혈액형은 A형이고, Ⅱ는 O형이며, Ⅲ은 AB형이다.

✗ **㉡은 Ⅱ의 혈장이다.**
➡ ㉡은 A형인 Ⅰ의 혈장이다.

ㄷ **Ⅲ의 적혈구와 ㉢을 섞으면 항원 항체 반응이 일어난다.**
➡ Ⅲ의 ABO식 혈액형은 AB형이므로 Ⅲ의 적혈구에는 응집원 A와 B가 있다. ㉢은 O형의 혈장이므로 응집소 α와 β가 모두 있다. 따라서 Ⅲ의 적혈구와 ㉢을 섞으면 응집원 A와 응집소 α, 응집원 B와 응집소 β가 항원 항체 반응으로 결합하여 응집한다.

14
일차

01 ③	02 ③	03 ②	04 ⑤	05 ④	06 ⑤	07 ③	08 ④	09 ⑤	10 ③	11 ③	12 ②
13 ①	14 ④	15 ⑤	16 ④	17 ⑤	18 ④						

문제편 148쪽~156쪽

01 | 체액성 면역 2023학년도 3월 학평 11번

정답 ③ | 정답률 53 %

적용해야 할 개념 ②가지

① 체액성 면역은 형질 세포가 생산하는 항체가 항원과 결합함으로써 효율적으로 항원을 제거하는 면역 반응으로, 특이적 방어 작용이다.

② 체액성 면역 반응

• 1차 면역 반응: 항원이 처음 침입하면 보조 T 림프구의 도움으로 B 림프구가 형질 세포와 기억 세포로 분화한다. ➡ 항체가 느리게 소량 생성된다.

• 2차 면역 반응: 같은 항원이 재침입하면 1차 면역 반응에서 생성된 기억 세포가 빠르게 증식하고 형질 세포로 분화한다. ➡ 항체를 신속하게 대량 생성한다.

문제 보기

그림은 항원 X에 노출된 적이 없는 어떤 생쥐에 ㉠을 1회, X를 2회 주사했을 때 X에 대한 혈중 항체 농도의 변화를 나타낸 것이다. ㉠은 X에 대한 항체가 포함된 혈청과 X에 대한 기억 세포 중 하나이다.

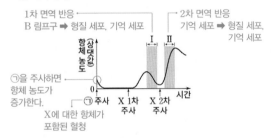

이에 대한 옳은 설명만을 〈보기〉에서 있는 대로 고른 것은? [3점]

〈보기〉 풀이

✗ ㉠은 X에 대한 기억 세포이다.

➡ ㉠을 주사하면 항체 농도가 일시적으로 증가하므로 ㉠은 X에 대한 항체가 포함된 혈청이다. X에 대한 기억 세포를 주입한다면 항체 농도가 증가하지는 않고, X를 1차 주사했을 때 기억 세포가 형질 세포로 빠르게 분화하여 항체를 다량 생성하므로 Ⅱ에서 나타나는 것과 같은 2차 면역 반응이 나타날 것이다.

✗ 구간 Ⅰ에서 X에 대한 형질 세포가 기억 세포로 분화했다.

➡ X를 1차 주사했을 때 항체 농도가 서서히 증가한 것으로 보아 1차 면역 반응이 일어났다. 이 과정에서 보조 T 림프구에 의해 B 림프구가 분열하고 형질 세포로 분화하여 항체를 생성하며, B 림프구 중 일부는 기억 세포로 분화한다. 형질 세포는 분화가 일어나 항체를 생성하는 세포로 기억 세포로 분화할 수 없다.

ㄷ. 구간 Ⅱ에서 체액성 면역 반응이 일어났다.

➡ 체액성 면역은 형질 세포가 생산하는 항체가 항원과 결합함으로써 항원을 효과적으로 제거하는 면역 반응이다. 구간 Ⅱ에서 X에 대한 2차 면역 반응으로 다량의 항체가 생성된 상태이므로 체액성 면역 반응이 일어난다.

02 림프구와 체액성 면역 2024학년도 9월 모평 9번

정답 ③ | 정답률 88%

적용해야 할 개념 ③가지

① 림프구는 백혈구의 일종으로, B 림프구는 골수에서 생성되고 성숙하며, T 림프구는 골수에서 생성된 후 가슴샘에서 성숙한다.

② 세포성 면역은 활성화된 세포독성 T 림프구가 병원체에 감염된 세포를 제거하는 면역 반응이고, 체액성 면역은 형질 세포가 생성하는 항체가 항원과 결합함으로써 효율적으로 항원을 제거하는 면역 반응이다.

③ 체액성 면역 반응

1차 면역 반응	항원이 처음 침입하면 보조 T 림프구의 도움으로 B 림프구가 형질 세포와 기억 세포로 분화한다. ➡ 항체가 느리게 소량 생성된다.
2차 면역 반응	같은 항원이 재침입하면 1차 면역 반응에서 생성된 기억 세포가 빠르게 증식하여 형질 세포로 분화한다. ➡ 항체를 신속하게 대량 생성한다.

문제 보기

다음은 항원 X에 대한 생쥐의 방어 작용 실험이다.

[실험 과정 및 결과]
(가) 정상 생쥐 A와 가슴샘이 없는 생쥐 B를 준비한다. A와 B는 유전적으로 동일하고 X에 노출된 적이 없다.
(나) A와 B에 X를 각각 2회에 걸쳐 주사한다. A와 B에서 X에 대한 혈중 항체 농도 변화는 그림과 같다.

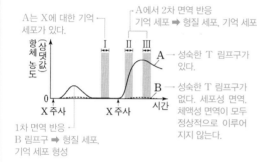

A는 X에 대한 기억 세포가 있다.

A에서 2차 면역 반응 기억 세포 ➡ 형질 세포, 기억 세포

A → 성숙한 T 림프구가 있다.

B → 성숙한 T 림프구가 없다. 세포성 면역, 체액성 면역이 모두 정상적으로 이루어지지 않는다.

1차 면역 반응 · B 림프구 ➡ 형질 세포, 기억 세포 형성

이에 대한 설명으로 옳은 것만을 〈보기〉에서 있는 대로 고른 것은? (단, 제시된 조건 이외는 고려하지 않는다.) [3점]

〈보기〉 풀이

면역 반응에 관여하는 B 림프구는 골수에서 생성되고 성숙하며, T 림프구는 골수에서 생성된 후 가슴샘에서 성숙한다. 따라서 가슴샘이 없는 생쥐는 성숙한 T 림프구가 없다.

ㄱ. **구간 Ⅰ의 A에는 X에 대한 기억 세포가 있다.**
➡ 정상 생쥐는 X를 1차 주사한 후 2차 주사를 하면 X에 대한 항체를 신속하게 대량 생성하는 2차 면역 반응이 나타난다. 이를 통해 X를 1차 주사하였을 때 보조 T 림프구의 도움으로 B 림프구가 형질 세포와 기억 세포로 분화하고 형질 세포에서 항체를 생산하는 1차 면역 반응이 일어났다는 것을 알 수 있다. 따라서 X를 1차 주사한 다음인 구간 Ⅰ의 A에는 X에 대한 기억 세포가 있다.

ㄴ. **구간 Ⅱ의 A에서 X에 대한 2차 면역 반응이 일어났다.**
➡ X를 2차 주사하였을 때 정상 생쥐 A에서 X에 대한 항체가 신속하게 대량 생성되는 것은 X를 1차 주사하였을 때 만들어진 기억 세포가 빠르게 증식하고 분화하여 만들어진 형질 세포에서 항체를 생성하기 때문이다. 따라서 구간 Ⅱ의 정상 생쥐 A에서 X에 대한 2차 면역 반응이 일어났다.

✘ **구간 Ⅲ의 A에서 X에 대한 항체는 세포독성 T 림프구에서 생성된다.**
➡ 항체는 형질 세포에서 생성된다. 단지 형질 세포가 1차 면역 반응에서는 B 림프구에서 분화하여 형성되고, 2차 면역 반응에서는 1차 면역 반응에서 만들어졌던 기억 세포에서 분화하여 형성된다는 차이점이 있다. 세포독성 T 림프구는 항원에 감염된 세포를 직접 공격하는 세포성 면역에 관여한다.

보기

적용해야 할 개념 ②가지

① 체액성 면역 과정: 대식 세포가 식균 작용 후 항원을 세포 표면에 제시(비특이적 방어 작용) → 보조 T 림프구가 항원 정보 인식 → 활성화된 보조 T 림프구가 B 림프구를 자극 → B 림프구가 형질 세포와 기억 세포로 분화 → 형질 세포에서 항체 생성·분비 → 항원 항체 반응(특이적 방어 작용)

② 체액성 면역 반응
- 1차 면역 반응: 항원이 처음 침입하면 보조 T 림프구의 도움으로 B 림프구가 형질 세포와 기억 세포로 분화한다. ➡ 항체가 느리게 소량 생성된다.
- 2차 면역 반응: 같은 항원이 재침입하면 1차 면역 반응에서 생성된 기억 세포가 빠르게 증식하고 형질 세포와 기억 세포로 분화한다. ➡ 항체가 신속하게 다량 생성된다.

문제 보기

다음은 항원 X와 Y에 대한 생쥐의 방어 작용 실험이다.

[실험 과정]
(가) 유전적으로 동일하고, X와 Y에 노출된 적이 없는 생쥐 ㉠~㉢을 준비한다.
(나) ㉠에 X와 Y 중 하나를 주사한다.
(다) 2주 후, ㉠에 주사한 항원에 대한 기억 세포를 분리하여 ㉡에 주사한다.
(라) 1주 후, ㉡과 ㉢에 X를 주사하고, 일정 시간이 지난 후 Y를 주사한다.

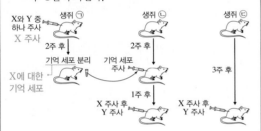

[실험 결과]
㉡과 ㉢에서 X와 Y에 대한 혈중 항체 농도의 변화는 그림과 같다.

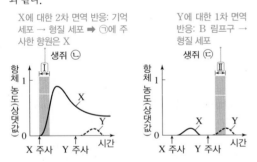

X에 대한 2차 면역 반응: 기억 세포 → 형질 세포 ➡ ㉠에 주사한 항원은 X

Y에 대한 1차 면역 반응: B 림프구 → 형질 세포

이에 대한 옳은 설명만을 〈보기〉에서 있는 대로 고른 것은? [3점]

〈보기〉 풀이

생쥐 ㉠의 경우 X와 Y 중 하나를 주사하였으므로 주사한 항원에 대해서 기억 세포가 형성된다. 생쥐 ㉡의 경우 생쥐 ㉠에서 분리한 기억 세포를 주사한 후 X와 Y를 주사하였을 때 X에 대해서는 2차 면역 반응이, Y에 대해서는 1차 면역 반응이 일어났으므로 생쥐 ㉠에 주사한 항원은 X임을 알 수 있다.

✗ (나)에서 ㉠에 주사한 항원은 Y이다.

➡ 생쥐 ㉠에서 추출한 기억 세포를 주사한 생쥐 ㉡은 항원 X에 대해서만 신속하게 다량의 항체가 생성되는 2차 면역 반응이 나타났다. 따라서 생쥐 ㉠에 주사한 항원은 X이다.

✗ 구간 Ⅰ에서 X에 대한 형질 세포가 기억 세포로 분화된다.

➡ 구간 Ⅰ에서 X에 대한 항체 농도가 급격하게 증가한 것은 생쥐 ㉠에서 추출하여 생쥐 ㉡에 주입한 X에 대한 기억 세포가 빠르게 증식하고 형질 세포로 분화하여 항체를 다량 생성하기 때문이다. 즉, 구간 Ⅰ에서 기억 세포가 형질 세포로 분화한다.

⊂ 구간 Ⅱ에서 Y에 대한 체액성 면역이 일어난다.

➡ 생쥐 ㉢에 Y를 주사하였을 때 구간 Ⅱ에서 Y에 대한 항체가 생성되었으므로 항원 항체 반응에 의한 체액성 면역이 일어났음을 알 수 있다.

적용해야 할 개념 ③가지

① 비특이적 방어 작용은 병원체의 종류를 구분하지 않으며, 신속하고 광범위하게 일어난다. 예 피부, 점막, 식균 작용, 염증 반응

② 특이적 방어 작용은 병원체의 종류에 따라 선별적으로 일어난다. 예 세포성 면역, 항원 항체 반응에 의한 체액성 면역

③ 체액성 면역 반응
  - 1차 면역 반응: 항원이 처음 침입하면 보조 T 림프구의 도움으로 B 림프구가 형질 세포와 기억 세포로 분화한다. ➡ 항체가 느리게 소량 생성된다.
  - 2차 면역 반응: 같은 항원이 재침입하면 1차 면역 반응에서 생성된 기억 세포가 빠르게 증식하고 형질 세포와 기억 세포로 분화한다. ➡ 항체가 신속하게 다량 생성된다.

문제 보기

다음은 항원 X에 대한 생쥐의 방어 작용 실험이다.

[실험 과정 및 결과]
(가) 유전적으로 동일하고 X에 노출된 적이 없는 생쥐 A ~D를 준비한다.
(나) A와 B에 X를 각각 2회에 걸쳐 주사한 후, A와 B에서 특이적 방어 작용이 일어났는지 확인한다.

생쥐	특이적 방어 작용
A	○
B	ⓐ ○

(○: 일어남, ×: 일어나지 않음)

┌ 기억 세포

(다) 일정 시간이 지난 후, (나)의 A에서 ㉠을 분리하여 C에, (나)의 B에서 ㉡을 분리하여 D에 주사한다. ㉠과 ㉡은 혈장과 기억 세포를 순서 없이 나타낸 것이다.
└ 혈장(항체 포함)

(라) 일정 시간이 지난 후, C와 D에 X를 각각 주사한다. C와 D에서 X에 대한 혈중 항체 농도 변화는 그림과 같다.

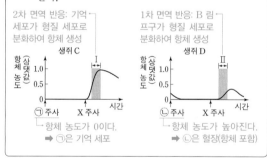

2차 면역 반응: 기억 세포가 형질 세포로 분화하여 항체 생성

1차 면역 반응: B 림프구가 형질 세포로 분화하여 항체 생성

┌ 항체 농도가 0이다.
➡ ㉠은 기억 세포

┌ 항체 농도가 높아진다.
➡ ㉡은 혈장(항체 포함)

이에 대한 설명으로 옳은 것만을 〈보기〉에서 있는 대로 고른 것은? [3점]

〈보기〉 풀이

보기

생쥐 A와 B에 X를 2회에 걸쳐 주사하면 항체와 기억 세포가 형성된다. 생쥐 C에 생쥐 A에서 분리한 ㉠을 주사하고, 일정 시간이 지난 후 X를 주사하였을 때 2차 면역 반응이 일어난 것으로 보아 ㉠은 기억 세포임을 알 수 있다. 또한 생쥐 D에 생쥐 B에서 분리한 ㉡을 주사하였을 때 주사 직후 항체 농도가 높아지고, 일정 시간이 지난 후 X를 주사하였을 때 1차 면역 반응이 일어났으므로 ㉡은 항체가 포함되어 있는 혈장이다.

ㄱ ⓐ는 '○'이다.

➡ 생쥐 B에 X를 2회에 걸쳐 주사한 후 ㉡을 분리하여 생쥐 D에 주사하였더니 주사 직후에 항체 농도가 높아졌으므로 ㉡은 항체가 포함되어 있는 혈장이다. 따라서 생쥐 B에 X를 주사했을 때 X에 대한 항체가 생성되는 특이적 방어 작용이 일어났으며, ⓐ는 '○'이다.

ㄴ 구간 Ⅰ에서 X에 대한 항체가 형질 세포로부터 생성되었다.

➡ 생쥐 A에 X를 2회에 걸쳐 주사한 후 ㉠을 분리하여 생쥐 C에 주사하였을 때 주사 직후의 항체 농도는 0이지만 X를 주사하였을 때 항체가 신속하게 다량 생성되는 2차 면역 반응이 일어났으므로 ㉠은 기억 세포이다. 2차 면역 반응이 일어나는 구간 Ⅰ에서는 기억 세포로부터 분화된 형질 세포로부터 X에 대한 항체가 생성된다.

ㄷ 구간 Ⅱ에서 X에 대한 1차 면역 반응이 일어났다.

➡ 생쥐 D에는 생쥐 B에서 분리한 혈장을 넣어 주었으므로 X를 주사했을 때 구간 Ⅱ에서는 B 림프구가 형질 세포로 분화하여 항체가 서서히 만들어지는 1차 면역 반응이 일어났다.

적용해야 할 개념 ②가지

① 체액성 면역은 형질 세포에서 생성·분비된 항체에 의해 항원을 제거하는 과정으로, 항체는 그것을 만들게 한 항원하고만 반응한다(항원 항체 반응의 특이성). ➡ 특이적 방어 작용(특이적 면역 반응)

1차 면역 반응	항원이 처음 침입하면 대식 세포로부터 항원 정보를 전달받은 보조 T 림프구의 도움으로 B 림프구가 항원의 종류를 인식하고 형질 세포로 분화하여 항체를 생성하며, 일부는 기억 세포가 된다.
2차 면역 반응	같은 항원이 재침입하면 1차 면역 반응에서 생성된 기억 세포가 빠르게 증식하고 형질 세포로 분화하여 항체를 신속하게 다량 생성한다.

② 기억 세포를 주입하면 항체가 생기지는 않지만, 병원체가 침입했을 때 2차 면역 반응이 일어나 다량의 항체가 빠르게 생성된다.

문제 보기

다음은 항원 A~C에 대한 생쥐의 방어 작용 실험이다.

[실험 과정]
(가) 유전적으로 동일하고 A, B, C에 노출된 적이 없는 생쥐 Ⅰ~Ⅳ를 준비한다.
(나) Ⅰ에 A를, Ⅱ에 ㉠을, Ⅲ에 ㉡을, Ⅳ에 생리 식염수를 1회 주사한다. ㉠과 ㉡은 B와 C를 순서 없이 나타낸 것이다.   ┌A에 대한 기억 세포
(다) 2주 후, (나)의 Ⅰ에서 기억 세포를 분리하여 Ⅱ에, (나)의 Ⅲ에서 기억 세포를 분리하여 Ⅳ에 주사한다.
(라) 1주 후, (다)의 Ⅱ와 Ⅳ에 일정 시간 간격으로 A, B, C를 주사한다.

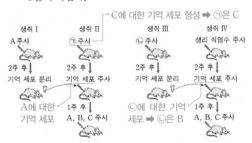

[실험 결과]
Ⅱ와 Ⅳ에서 A, B, C에 대한 혈중 항체 농도 변화는 그림과 같다.

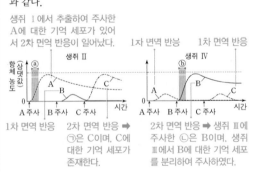

이에 대한 설명으로 옳은 것만을 〈보기〉에서 있는 대로 고른 것은? [3점]

〈보기〉풀이

(나)에서 생쥐 Ⅰ에 A를 주사하면 A에 대한 항체와 기억 세포가 생성되고, Ⅱ에 ㉠을, Ⅲ에 ㉡을 주사하면 각각 그에 대한 항체와 기억 세포가 생성된다.

(라)에서 생쥐 Ⅱ와 Ⅳ에 A, B, C를 주사했을 때 2차 면역 반응이 일어난 경우는 그 항원에 대한 기억 세포가 존재함을 의미한다.

실험 결과 생쥐 Ⅱ에 A를 주사했을 때 2차 면역 반응이 나타난 것은 (다)에서 생쥐 Ⅰ에서 A에 대한 기억 세포를 분리하여 주사하였기 때문이다. 또 C를 주사했을 때 2차 면역 반응이 나타난 것은 (나)에서 주사한 ㉠이 C여서 C에 대한 기억 세포가 생성되어 있었기 때문이다.

㉡을 주사한 생쥐 Ⅲ의 기억 세포를 생쥐 Ⅳ에 주사한 후 A, B, C를 주사하면 B를 주사했을 때만 2차 면역 반응이 나타나므로 ㉡은 B라는 것을 알 수 있다.

ㄱ. ㉠은 C이다.

➡ ㉠을 주사한 생쥐 Ⅱ에 A, B, C를 주사했을 때 2차 면역 반응이 나타난 것은 A와 C이다. A에 대해 2차 면역 반응이 일어난 것은 (다)에서 생쥐 Ⅰ로부터 A에 대한 기억 세포를 분리하여 주사했기 때문이고, C에 대해 2차 면역 반응이 일어난 것은 (나)에서 ㉠을 주사했을 때 C에 대한 기억 세포가 생성되었기 때문이다. 따라서 ㉠은 C이다.

ㄴ. 구간 ⓐ에서 A에 대한 체액성 면역 반응이 일어났다.

➡ 구간 ⓐ에서 A에 대한 항체 농도가 높으므로 기억 세포가 형질 세포로 분화되어 항체를 생성하고, 항원 항체 반응에 의해 A를 제거하는 체액성 면역 반응이 일어났다.

ㄷ. 구간 ⓑ에서 B에 대한 형질 세포가 기억 세포로 분화되었다.

➡ 구간 ⓑ에서 B(㉡)에 대한 기억 세포가 형질 세포로 분화되어 다량의 항체를 생성한다. 형질 세포는 이미 분화된 세포로, 기억 세포나 다른 세포로 다시 분화될 수 없다.

적용해야 할 개념 ③가지

① 항원은 체내로 침입하여 항체를 만들게 하는 물질이다. 병원체에는 항원이 여러 개 있을 수 있으며, 각 항원은 각기 다른 항체를 생성하게 한다.

② 항체는 항원을 제거하기 위해 체내에서 만들어진 단백질로, 항원 결합 부위와 입체 구조가 맞는 특정 항원하고만 특이적으로 결합한다.

③ 체액성 면역: 형질 세포에서 생산한 항체가 항원 항체 반응을 통해 항원을 효과적으로 제거하는 과정이다.

1차 면역 반응	항원이 처음 침입하였을 때 B 림프구가 분화한 형질 세포에서 항체를 생성한다. 이때 형질 세포와 함께 기억 세포가 형성된다.
2차 면역 반응	같은 항원이 재침입하였을 때 1차 면역 반응에서 생성된 기억 세포가 분화한 형질 세포에서 다량의 항체를 신속하게 생성한다.

문제 보기

다음은 병원체 P와 Q에 대한 생쥐의 방어 작용 실험이다.

○ Q에 항원 ㉠과 ㉡이 있다. → 항원 ㉠과 ㉡은 각각 다른 항체를 형성하게 한다.

[실험 과정 및 결과]

(가) 유전적으로 동일하고, P와 Q에 노출된 적이 없는 생쥐 Ⅰ~Ⅴ를 준비한다.

(나) Ⅰ에게 P를, Ⅱ에게 Q를 각각 주사하고 일정 시간이 지난 후, 생쥐의 생존 여부를 확인한다.

생쥐	생존 여부
Ⅰ	죽는다
Ⅱ	산다

(다) (나)의 Ⅱ에서 혈청, ㉠에 대한 B 림프구가 분화한 기억 세포 ⓐ, ㉡에 대한 B 림프구가 분화한 기억 세포 ⓑ를 분리한다. ┌㉠에 대한 항체, ㉡에 대한 항체 ┐㉠에 대한 기억 세포 └㉡에 대한 기억 세포

(라) Ⅲ에게 (다)의 혈청을, Ⅳ에게 (다)의 ⓐ를, Ⅴ에게 (다)의 ⓑ를 주사한다.

(마) (라)의 Ⅲ~Ⅴ에게 P를 각각 주사하고 일정 시간이 지난 후, 생쥐의 생존 여부를 확인한다.

생쥐	생존 여부
Ⅲ	산다
Ⅳ	죽는다
Ⅴ	산다

혈청 속의 ㉡에 대한 항체가 P의 항원 ㉡과 항원 항체 반응이 일어나 생쥐가 생존하였다.

P와 항원 항체 반응이 일어났다. ➡ P에 항원 ㉡이 있다.

P와 결합할 항체가 없다. ➡ P에는 항원 ㉠이 없다.

이에 대한 옳은 설명만을 〈보기〉에서 있는 대로 고른 것은? (단, 제시된 조건 이외는 고려하지 않는다.) [3점]

〈보기〉 풀이

ㄱ. (나)의 Ⅱ에서 1차 면역 반응이 일어났다.

➡ (나)에서 Q를 주사한 생쥐 Ⅱ가 생존하였으므로 Ⅱ에서 Q의 항원 ㉠과 ㉡에 대한 방어 작용이 일어났다. Ⅱ는 Q에 노출된 적이 없으므로 항원 ㉠과 ㉡에 대한 1차 면역 반응이 일어났다.

ㄴ. (마)의 Ⅲ에서 P와 항체의 결합이 일어났다.

➡ (나)에서 생쥐 Ⅰ에 P를 주사하였을 때 Ⅰ이 죽었으므로 P는 생쥐에게 병을 일으키고 죽게 만든다는 것을 알 수 있다. 그런데 (마)의 Ⅲ에게 Q를 주사하여 생존한 생쥐 Ⅱ에서 분리한 혈청을 주사하고 P를 주사하였을 때 살았다. 이것은 Q를 주사했을 때 Ⅱ의 체내에서 생성된 항원 ㉠과 ㉡에 대한 항체가 혈청을 통해 주입되어 P와 항원 항체 반응이 일어나 P가 제거될 수 있었기 때문이라고 추론할 수 있다.

ㄷ. (마)의 Ⅴ에서 ⓑ가 형질 세포로 분화했다.

➡ (마)의 Ⅴ는 Q를 주사하여 생존한 생쥐 Ⅱ에서 분리한 항원 ㉡에 대한 기억 세포 ⓑ가 형질 세포로 분화하여 항원 ㉡에 대한 항체를 생성하였고 이것이 P와 항원 항체 반응을 하였기 때문에 살았다고 추론할 수 있다. 이를 통해 P에는 Q와 마찬가지로 항원 ㉡이 있음을 알 수 있다.

적용해야 할 개념 ②가지	① 체액성 면역은 항원을 인식한 보조 T 림프구에 의해 B 림프구가 증식·분화하여 형질 세포가 만들어지고, 형질 세포에서 생산한 항체가 항원 항체 반응을 통해 항원을 효과적으로 제거하는 과정이다.
	② 1차 면역 반응은 항원이 처음 침입하였을 때 B 림프구로부터 분화한 형질 세포에서 항체가 생성되는 반응이고, 2차 면역 반응은 1차 면역 반응 때 형성되었던 기억 세포에서 분화한 형질 세포에서 항체가 신속하게 다량 생성되는 반응이다.

문제 보기

다음은 병원체 P에 대한 백신을 개발하기 위한 실험이다.

[실험 과정 및 결과]
(가) P로부터 백신 후보 물질 ㉠을 얻는다.
(나) P와 ㉠에 노출된 적이 없고, 유전적으로 동일한 생쥐 Ⅰ~Ⅴ를 준비한다.
(다) Ⅰ과 Ⅱ에게 각각 ㉠을 주사한다. Ⅰ에서 ㉠에 대한 혈중 항체 농도 변화는 그림과 같다.

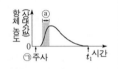

(라) t_1일 때 Ⅰ에서 혈장과 ㉠에 대한 B 림프구가 분화한 기억 세포를 분리한다. 표와 같이 주사액을 Ⅱ~Ⅴ에게 주사하고 일정 시간이 지난 후, 생쥐의 생존 여부를 확인한다.

생쥐	주사액 조성	생존 여부
기억 세포 있음 ── Ⅱ	P	산다
Ⅲ	P	죽는다
Ⅳ	Ⅰ의 혈장+P	죽는다
Ⅴ	Ⅰ의 기억 세포+P	산다

이에 대한 설명으로 옳은 것만을 〈보기〉에서 있는 대로 고른 것은? (단, 제시된 조건 이외는 고려하지 않는다.)

〈보기〉 풀이

ㄱ. ㉠은 (다)의 Ⅰ에서 항원으로 작용하였다.

➡ 항체는 항원에 노출되었을 때 생성된다. P와 ㉠에 노출된 적이 없는 생쥐 Ⅰ에게 ㉠을 주사하였을 때 (다)의 그림에서 볼 수 있듯이 ㉠에 대한 항체가 생성되었으므로 ㉠은 생쥐 Ⅰ에서 항원으로 작용하였다.

ㄴ. 구간 ⓐ에서 체액성 면역 반응이 일어났다.

➡ 체액성 면역은 항체가 항원과 결합함으로써 항원을 효율적으로 제거하는 방어 작용이다. 구간 ⓐ에서 항체가 생성되어 혈중 농도가 증가하였으므로 항원 항체 반응에 의한 체액성 면역 반응이 일어났다.

ㄷ. (라)의 Ⅴ에서 형질 세포가 기억 세포로 분화되었다.

➡ 형질 세포는 항체를 생산하는 세포로, 분화된 세포이다. 따라서 형질 세포가 기억 세포로 분화하지는 않는다. (라)에서 P와 ㉠에 노출된 적이 없는 생쥐 Ⅲ에 P를 주사하면 죽는 것으로 보아 P는 생쥐에게 병을 유발하여 죽게 만든다. (라)에서 생쥐 Ⅰ에서 추출한 기억 세포를 P와 함께 주사한 생쥐 Ⅴ가 생존한 것은 기억 세포가 형질 세포로 분화하여 항체를 신속하게 다량 생산하여 P를 효과적으로 제거하였기 때문이라고 해석할 수 있다.

적용해야 할 개념 ③가지

① 체액성 면역 반응

- 1차 면역 반응: 항원이 처음 침입하면 보조 T 림프구의 도움으로 B 림프구가 형질 세포와 기억 세포로 분화한다. ➡ 항체가 느리게 소량 생성된다.

- 2차 면역 반응: 같은 항원이 재침입하면 1차 면역 반응에서 생성된 기억 세포가 빠르게 증식하고 형질 세포와 기억 세포로 분화한다. ➡ 항체가 신속하게 다량 생성된다.

② 백신은 감염성 질병을 예방하기 위해 체내에 주입하는 항원을 포함하는 물질로, 병원성을 제거하거나 약화시킨 병원체, 병원체가 생산한 독소 등으로 만든다.

③ 병에 걸리기 전에 미리 백신을 주사하여 항원에 대한 기억 세포를 형성해 두면 같은 항원이 침입하였을 때 2차 면역 반응이 일어나 신속하게 다량의 항체를 생성하여 항원을 무력화시킴으로써 병에 걸리지 않는다.

문제 보기

다음은 병원체 P에 대한 백신을 개발하기 위한 실험이다.

[실험 과정 및 결과]

(가) P로부터 두 종류의 백신 후보 물질 ㉠과 ㉡을 얻는다.

(나) P, ㉠, ㉡에 노출된 적이 없고, 유전적으로 동일한 생쥐 Ⅰ～Ⅳ를 준비한다.

(다) 표와 같이 주사액을 Ⅰ～Ⅳ에게 주사하고 일정 시간이 지난 후, 생쥐의 생존 여부를 확인한다.

생쥐	주사액 조성	생존 여부
Ⅰ	㉠	산다.
Ⅱ, Ⅲ	㉡	산다.
Ⅳ	P	죽는다.

P는 병원성이 있다.

(라) (다)의 Ⅲ에서 ㉡에 대한 B 림프구가 분화한 기억 세포를 분리하여 Ⅴ에게 주사한다.

(마) (다)의 Ⅰ과 Ⅱ, (라)의 Ⅴ에게 각각 P를 주사하고 일정 시간이 지난 후, 생쥐의 생존 여부를 확인한다.

㉠은 P에 의한 질병을 예방하는 효과가 없다.

생쥐	생존 여부
Ⅰ ㉠ 주사	죽는다.
Ⅱ ㉡ 주사	산다.
Ⅴ 기억 세포 주사	산다.

㉡은 P에 의한 질병을 예방하는 효과가 있다.

Ⅲ에서 분리한 기억 세포가 형질 세포로 분화하여 P에 대한 항체를 생성하였다.

이에 대한 설명으로 옳은 것만을 〈보기〉에서 있는 대로 고른 것은? (단, 제시된 조건 이외는 고려하지 않는다.) [3점]

〈보기〉 풀이

(마)의 결과를 보면 ㉠을 주사한 후 P를 주사한 생쥐 Ⅰ은 죽었고, ㉡을 주사한 후 P를 주사한 생쥐 Ⅱ는 살았다. 이로부터 ㉠은 P에 의한 질병을 예방하는 효과가 없고, ㉡은 P에 의한 질병을 예방하는 효과가 있음을 알 수 있다. 또한 ㉡을 주사한 Ⅲ에서 분리한 기억 세포를 주사한 생쥐 Ⅴ도 항체를 생성하여 살 수 있었다.

✗ ㄱ. **P에 대한 백신으로 ㉠이 ㉡보다 적합하다.**

➡ (마)에서 ㉠을 주사한 생쥐 Ⅰ에게 P를 주사하면 죽었지만, ㉡을 주사한 생쥐 Ⅱ와 ㉡을 주사한 Ⅲ에서 추출한 기억 세포를 주사한 생쥐 Ⅴ에게 P를 주사하면 살았으므로 ㉡은 P에 의한 질병을 예방하는 효과가 있다. 따라서 P에 대한 백신으로 ㉡이 ㉠보다 적합하다.

ㄴ. **(다)의 Ⅱ에서 ㉡에 대한 1차 면역 반응이 일어났다.**

➡ (다)에서 생쥐 Ⅱ에 ㉡을 주사한 후 (마)에서 P를 주사하면 죽지 않았다. 이것은 생쥐 Ⅱ에 ㉡을 주사하였을 때 B 림프구가 형질 세포로 분화하여 항체를 생성하는 1차 면역 반응이 일어났고, 이때 기억 세포가 형성되었기 때문에 P를 주사하였을 때 기억 세포가 형질 세포로 분화하여 항체를 다량으로 생성하는 2차 면역 반응이 일어나 생쥐가 산 것이다.

ㄷ. **(마)의 Ⅴ에서 기억 세포로부터 형질 세포로의 분화가 일어났다.**

➡ (다)에서 생쥐 Ⅳ는 P를 주사 맞은 후 죽었지만, (다)에서 ㉡을 주사한 생쥐 Ⅲ에서 분리한 기억 세포를 주사한 생쥐 Ⅴ는 P를 주사해도 살았다. 이것은 Ⅴ에 주사한 기억 세포가 P를 주사하였을 때 형질 세포로 분화하여 P에 대한 항체를 신속하게 다량 생성하는 2차 면역 반응이 일어나 P를 제거하였기 때문이다.

보기

14
일차

적용해야 할 개념 ②가지

① 체액성 면역은 항원을 인식한 보조 T 림프구에 의해 B 림프구가 증식·분화하여 형질 세포가 만들어지고, 형질 세포에서 생산한 항체가 항원 항체 반응을 통해 항원을 효과적으로 제거하는 과정이다.

② 항원이 처음 침입하면 B 림프구가 분화한 형질 세포에서 항체를 생성하는 1차 면역 반응이 일어나고 이때 기억 세포가 형성된다. 이후 같은 항원이 재차 침입하면 1차 면역 반응에서 생성된 기억 세포가 분화한 형질 세포에서 다량의 항체를 신속하게 생성하는 2차 면역 반응이 일어난다.

문제 보기

다음은 병원체 ㉠에 대한 생쥐의 방어 작용 실험이다.

[실험 과정 및 결과]

(가) 유전적으로 같고 ㉠에 노출된 적이 없는 생쥐 Ⅰ~Ⅴ를 준비한다.

(나) Ⅰ에는 생리식염수를, Ⅱ에는 죽은 ㉠을 각각 주사한다.
— 항원
— 실험군
대조군

(다) 2주 후 Ⅰ에서는 혈장을, Ⅱ에서는 혈장과 기억 세포를 분리하여 표와 같이 살아 있는 ㉠과 함께 Ⅲ~Ⅴ에게 각각 주사하고, 일정 시간이 지난 후 생쥐의 생존 여부를 확인한다.
└ ㉠에 대한 항체가 없다.

생쥐	주사액의 조성	생존 여부
Ⅲ	ⓐ Ⅰ의 혈장+㉠	죽는다
Ⅳ	Ⅱ의 혈장+㉠	산다
Ⅴ	Ⅱ의 기억 세포+㉠	산다

㉠에 대한 항체가 있다.
㉠에 노출되면 형질 세포로 분화한다.

이에 대한 옳은 설명만을 〈보기〉에서 있는 대로 고른 것은? (단, 제시된 조건 이외는 고려하지 않는다.) [3점]

보기

〈보기〉 풀이

✗ ⓐ에는 ㉠에 대한 항체가 있다.

➡ 항체는 항원에 노출된 후 생성된다. (나)에서 Ⅰ에는 생리식염수를 주사하여 ㉠에 노출된 적이 없으므로 2주 후 분리한 Ⅰ의 혈장(ⓐ)에는 ㉠에 대한 항체가 없다. 따라서 Ⅰ의 혈장과 병원체 ㉠을 함께 주사한 생쥐 Ⅲ이 죽는 결과가 나타났다.

ㄴ (나)의 Ⅱ에서 체액성 면역 반응이 일어났다.

➡ (나)의 Ⅱ에 죽은 ㉠을 주사하고 2주 후 분리한 Ⅱ의 혈장과 병원체 ㉠을 함께 주사한 생쥐 Ⅳ는 생존하였으므로 Ⅱ의 혈장에 ㉠에 대한 항체가 있었다는 것을 알 수 있다. 따라서 (나)의 Ⅱ에 죽은 ㉠을 주사하였을 때 이에 대한 항체가 생성되어 체액성 면역 반응이 일어났다는 것을 알 수 있다.

ㄷ (다)의 Ⅴ에서 ㉠에 대한 기억 세포로부터 형질 세포로의 분화가 일어났다.

➡ Ⅱ의 기억 세포와 병원체 ㉠을 주사한 생쥐 Ⅴ가 생존한 것으로 보아 ㉠에 대한 기억 세포가 형질 세포로 분화하여 ㉠에 대한 항체를 생성하여 항원 항체 반응이 일어났음을 알 수 있다.

적용해야 할 개념 ①가지

① 면역 반응

1차 면역 반응	항원이 처음 침입하면 B 림프구가 형질 세포로 분화하여 항체를 생성하며, 일부는 기억 세포가 된다.
2차 면역 반응	같은 항원이 재침입하면 기억 세포가 빠르게 증식하고 형질 세포로 분화하여 항체를 신속하게 다량 생성한다.

문제 보기

다음은 항원 A와 B에 대한 생쥐의 방어 작용 실험이다.

[실험 과정]
(가) A와 B에 노출된 적이 없는 생쥐 X를 준비한다.
(나) X에게 A를 1차 주사하고, 일정 시간이 지난 후 X에게 A를 2차, B를 1차 주사한다.

[실험 결과]
X에서 A와 B에 대한 혈중 항체 농도 변화는 그림과 같다.

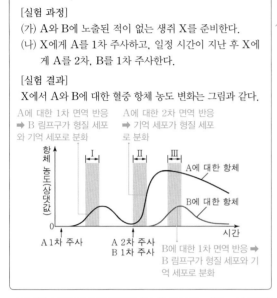

A에 대한 1차 면역 반응
➡ B 림프구가 형질 세포와 기억 세포로 분화

A에 대한 2차 면역 반응
➡ 기억 세포가 형질 세포로 분화

A 1차 주사
A 2차 주사
B 1차 주사
B에 대한 1차 면역 반응 ➡ B 림프구가 형질 세포와 기억 세포로 분화

이에 대한 설명으로 옳은 것만을 〈보기〉에서 있는 대로 고른 것은?

〈보기〉 풀이

A와 B를 각각 1차 주사하였을 때는 B 림프구가 형질 세포로 분화하여 항체를 생성하는 1차 면역 반응이 일어나 항체의 농도가 서서히 증가하였다. A를 2차 주사하였을 때는 기억 세포가 형질 세포로 분화하여 신속하게 다량의 항체를 생성하는 2차 면역 반응이 일어나 항체의 농도가 급격하게 증가하였다.

ㄱ. **구간 Ⅰ에서 A에 대한 1차 면역 반응이 일어났다.**
➡ A를 1차 주사하였을 때 구간 Ⅰ에서 A에 대한 항체가 생성되었으므로, B 림프구가 형질 세포로 분화하여 A에 대한 항체를 생성하는 1차 면역 반응이 일어났다.

ㄴ. **구간 Ⅱ에서 A에 대한 형질 세포가 기억 세포로 분화되었다.**
➡ 구간 Ⅱ에서는 A에 대한 기억 세포가 형질 세포로 분화하여 빠르게 다량의 항체를 생성하는 2차 면역 반응이 일어났다.

ㄷ. **구간 Ⅲ에서 B에 대한 특이적 방어 작용이 일어났다.**
➡ B를 1차 주사하였을 때 구간 Ⅲ에서 B에 대한 항체가 생성되었으므로, B 림프구가 형질 세포로 분화하여 B에 대한 항체를 생성하는 1차 면역 반응이 일어났다. 항체는 그것을 만들게 한 항원에만 작용하므로 구간 Ⅲ에서 B에 대한 특이적 방어 작용이 일어났다.

보기

적용해야 할 개념 ③가지

① 비특이적 방어 작용은 병원체의 종류를 구분하지 않으며, 신속하고 광범위하게 일어난다. 예 피부, 점막, 식균 작용, 염증 반응

② 특이적 방어 작용은 병원체의 종류에 따라 선별적으로 일어난다. 예 세포성 면역, 항원 항체 반응에 의한 체액성 면역

③ 체액성 면역 반응

　－ 1차 면역 반응: 항원이 처음 침입하면 보조 T 림프구의 도움으로 B 림프구가 형질 세포와 기억 세포로 분화한다. ➡ 항체가 느리게 소량 생성된다.

　－ 2차 면역 반응: 같은 항원이 재침입하면 1차 면역 반응에서 생성된 기억 세포가 빠르게 증식하고 형질 세포와 기억 세포로 분화한다. ➡ 항체가 신속하게 다량 생성된다.

문제 보기

다음은 항원 A와 B의 면역학적 특성을 알아보기 위한 자료이다.

○ A에 노출된 적이 없는 생쥐 X에게 A를 2회에 걸쳐 주사하였고, B에 노출된 적이 없는 생쥐 Y에게 B를 2회에 걸쳐 주사하였다.

○ 그림은 X의 A에 대한 혈중 항체 농도 변화와 Y의 B에 대한 혈중 항체 농도 변화를 각각 나타낸 것이다.

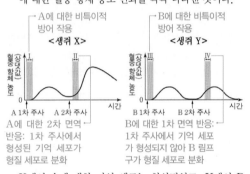

A에 대한 2차 면역 반응: 1차 주사에서 형성된 기억 세포가 형질 세포로 분화

B에 대한 1차 면역 반응: 1차 주사에서 기억 세포가 형성되지 않아 B 림프구가 형질 세포로 분화

○ X에서 A에 대한 기억 세포는 형성되었고, Y에서 B에 대한 기억 세포는 형성되지 않았다.

이에 대한 설명으로 옳은 것만을 〈보기〉에서 있는 대로 고른 것은?

〈보기〉 풀이

생쥐 X는 A에 대한 기억 세포가 형성되었으므로 A를 2차 주사하였을 때 2차 면역 반응이 일어났으나, 생쥐 Y는 B에 대한 기억 세포가 형성되지 않아 B를 2차 주사하였을 때 1차 면역 반응이 일어났다.

ㄱ **구간 Ⅰ과 Ⅲ에서 모두 비특이적 방어 작용이 일어났다.**

➡ 항원 A 또는 B를 주사하면 대식 세포의 식균 작용과 같은 비특이적 방어 작용이 신속하게 일어난다. 그 후 대식 세포가 항원을 제시하면 보조 T 림프구가 활성화되면서 특이적 방어 작용이 일어난다. 따라서 구간 Ⅰ과 Ⅲ에서 모두 비특이적 방어 작용이 일어난다.

✗ **구간 Ⅱ에서 A에 대한 형질 세포가 기억 세포로 분화되었다.**

➡ A를 2차 주사하였을 때 A에 대한 항체의 농도가 급격하게 증가한 것은 A를 1차 주사하였을 때 형성된 기억 세포가 형질 세포로 분화하여 신속하게 다량의 항체를 생성하기 때문이다. 즉, 구간 Ⅱ에서 A에 대한 2차 면역 반응이 일어났다.

ㄷ **구간 Ⅳ에서 B에 대한 체액성 면역 반응이 일어났다.**

➡ 구간 Ⅳ에서 B에 대한 항체가 생성되었으므로 항원 항체 반응에 의한 체액성 면역 반응이 일어났다.

보기

| **12** | **1차 면역 반응과 2차 면역 반응** 2023학년도 수능 14번 | 정답 ② | 정답률 79% |

적용해야 할 개념 ②가지

① 특이적 방어 작용은 병원체의 종류에 따라 선별적으로 일어나는 것으로, 세포성 면역과 체액성 면역이 있다.
② 1차 면역 반응은 항원이 처음 침입하였을 때 B 림프구로부터 분화한 형질 세포에서 항체가 생성되는 반응이고, 2차 면역 반응은 1차 면역 반응 때 형성되었던 기억 세포로부터 분화한 형질 세포에서 항체가 신속하게 다량 생성되는 반응이다.

문제 보기

다음은 병원체 X와 Y에 대한 생쥐의 방어 작용 실험이다.

○ X와 Y에 모두 항원 ㉮가 있다.
└ 병원체의 특정 부위가 항원으로 작용하는데, X와 Y에는 공통적으로 항원 ㉮가 있다.

[실험 과정 및 결과]

(가) 유전적으로 동일하고 X와 Y에 노출된 적이 없는 생쥐 Ⅰ~Ⅳ를 준비한다.

(나) Ⅰ에게 X를, Ⅱ에게 Y를 주사하고 일정 시간이 지난 후, 생쥐의 생존 여부를 확인한다.

㉮에 대한 기억 세포 형성	
생쥐	생존 여부
Ⅰ	산다.
Ⅱ	죽는다.

(다) (나)의 Ⅰ에서 ㉮에 대한 B 림프구가 분화한 기억 세포를 분리한다.

(라) Ⅲ에게 X를, Ⅳ에게 (다)의 기억 세포를 주사한다.

(마) 일정 시간이 지난 후, Ⅲ과 Ⅳ에게 Y를 각각 주사한다. Ⅲ과 Ⅳ에서 ㉮에 대한 혈중 항체 농도 변화는 그림과 같다.

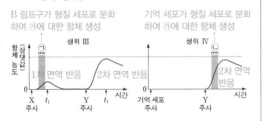

이에 대한 설명으로 옳은 것만을 〈보기〉에서 있는 대로 고른 것은? (단, 제시된 조건 이외는 고려하지 않는다.) [3점]

〈보기〉 풀이

병원체 X와 Y에는 공통적으로 항원으로 작용하는 ㉮가 있다. 이 때문에 X와 Y에 노출된 적이 없는 생쥐 Ⅲ에게 X를 주사하면 B 림프구가 형질 세포로 분화하여 항체를 생성하는 1차 면역 반응이 일어나고 이후 Y를 주사하면 병원체는 다르지만 항원 ㉮는 동일하여 X를 주사하였을 때 형성된 ㉮에 대한 기억 세포가 형질 세포로 분화하여 신속하게 항체를 대량 생성하는 2차 면역 반응이 일어난다.

X를 주사한 생쥐 Ⅰ에서 추출한 ㉮에 대한 기억 세포를 생쥐 Ⅳ에 주입하고 Y를 주사하면 병원체는 다르지만 항원 ㉮는 동일하여 ㉮에 대한 기억 세포가 형질 세포로 분화하여 신속하게 항체를 대량 생성하는 2차 면역 반응이 일어난다.

구간 ㉠에서는 B 림프구가 형질 세포로 분화하여 항체가 생성되고, ㉡에서는 기억 세포가 형질 세포로 분화하여 항체가 생성된다.

✕ Ⅲ에서 ㉮에 대한 혈중 항체 농도는 t_1일 때가 t_2일 때보다 높다.
➡ 생쥐 Ⅲ에서의 항체 농도 그래프에서 ㉮에 대한 혈중 항체 농도는 1차 면역 반응이 일어난 t_1일 때가 2차 면역 반응이 일어난 t_2일 때보다 낮다.

ㄴ 구간 ㉠에서 ㉮에 대한 특이적 방어 작용이 일어났다.
➡ 구간 ㉠에서 ㉮에 대한 혈중 항체 농도가 증가하고 있으므로 B 림프구가 형질 세포로 분화하여 ㉮에 대한 항체가 생성되어 항원 항체 반응이 일어난다는 것을 알 수 있다. 항원 항체 반응과 같은 체액성 면역은 항원을 인식하여 일어나는 특이적 방어 작용의 일종이다.

✕ 구간 ㉡에서 형질 세포가 기억 세포로 분화되었다.
➡ 형질 세포는 분화가 완료된 세포로 기억 세포로 분화할 수 없다. 구간 ㉡에서는 생쥐 Ⅳ에게 주사한 기억 세포가 형질 세포로 분화하여 항체를 생성한다.

적용해야 할 개념 ③가지

① 특이적 방어 작용은 병원체의 종류에 따라 선별적으로 일어나는 방어 작용으로, 세포성 면역, 체액성 면역 등이 있다.

② 체액성 면역은 형질 세포에서 생성·분비된 항체에 의해 항원을 제거하는 과정으로, 항체는 그것을 만들게 한 항원하고만 반응한다.

③ 체액성 면역에서 항원이 처음 침입하면 B 림프구가 분화한 형질 세포에서 항체를 생성하는 1차 면역 반응이 일어나고, 같은 항원이 재침입하면 1차 면역 반응에서 생성된 기억 세포가 분화한 형질 세포에서 다량의 항체를 신속하게 생성하는 2차 면역 반응이 일어난다.

문제 보기

다음은 병원체 ㉠과 ㉡에 대한 생쥐의 방어 작용 실험이다.

[실험 과정 및 결과]

(가) 유전적으로 동일하고, ㉠과 ㉡에 노출된 적이 없는 생쥐 Ⅰ~Ⅵ을 준비한다.

(나) Ⅰ에는 생리식염수를, Ⅱ에는 죽은 ㉠을, Ⅲ에는 죽은 ㉡을 각각 주사한다. Ⅱ에서는 ㉠에 대한, Ⅲ에서는 ㉡에 대한 항체가 각각 생성되었다.

(다) 2주 후 (나)의 Ⅰ~Ⅲ에서 각각 혈장을 분리하여 표와 같이 살아 있는 ㉠과 함께 Ⅳ~Ⅵ에게 주사하고, 1일 후 생쥐의 생존 여부를 확인한다.

Ⅰ의 혈장: ㉠과 ㉡에 대한 항체 없음
Ⅱ의 혈장: ㉠에 대한 항체 있음. ㉡에 대한 항체 없음
Ⅲ의 혈장: ㉠에 대한 항체 없음. ㉡에 대한 항체 있음

생쥐	주사액의 조성	생존 여부
Ⅳ	Ⅰ의 혈장+㉠	죽는다
Ⅴ	Ⅱ의 혈장+㉠	산다
Ⅵ	ⓐ Ⅲ의 혈장+㉠	죽는다

㉠에 대한 항원 항체 반응이 일어난다.

이에 대한 설명으로 옳은 것만을 〈보기〉에서 있는 대로 고른 것은? (단, 제시된 조건 이외는 고려하지 않는다.) [3점]

〈보기〉 풀이

보기

ㄱ. (나)의 Ⅱ에서 ㉠에 대한 특이적 방어 작용이 일어났다.

➡ (나)에서 ㉠에 노출된 적이 없는 생쥐 Ⅱ에 죽은 ㉠을 주사하면 B 림프구가 형질 세포로 분화하여 ㉠에 대한 항체를 생성한다. 이 항체는 ㉠과 항원 항체 반응을 하므로 ㉠에 대한 특이적 방어 작용이 일어난다.

✗ (다)의 Ⅴ에서 ㉠에 대한 2차 면역 반응이 일어났다.

➡ 2차 면역 반응은 같은 항원이 재침입하였을 때 1차 면역 반응에서 생성된 기억 세포가 형질 세포로 분화하여 다량의 항체를 신속하게 생성하여 일어난다. (다)에서 Ⅴ에 주사한 Ⅱ의 혈장에는 ㉠에 대한 항체가 있어 ㉠과 항원 항체 반응을 하므로 쥐가 죽지 않고 살 수 있다. 그러나 혈장은 혈액에서 세포 성분을 제외한 액체 성분이므로 Ⅱ의 혈장에는 ㉠에 대한 기억 세포가 포함되어 있지 않아 Ⅴ에서 2차 면역 반응은 일어나지 않는다.

✗ ⓐ에는 ㉡에 대한 형질 세포가 있다.

➡ 혈장에는 혈액의 세포 성분은 포함되어 있지 않다. 따라서 Ⅵ에 주사한 Ⅲ의 혈장에는 ㉡에 대한 항체는 있지만 ㉡에 대한 형질 세포나 기억 세포는 포함되어 있지 않다.

적용해야 할 개념 ③가지

① 특이적 방어 작용은 병원체의 종류에 따라 선별적으로 일어나는 방어 작용으로, 림프구가 관여하며, 세포성 면역과 체액성 면역이 있다.

② 세포성 면역은 항원을 인식한 보조 T 림프구에 의해 활성화된 세포독성 T림프구가 특정 항원에 감염된 세포를 직접 제거하는 과정이다.

③ 체액성 면역은 항원을 인식한 보조 T 림프구에 의해 B 림프구가 증식·분화하여 형질 세포가 만들어지고, 형질 세포에서 생성된 항체가 항원 항체 반응을 통해 항원을 효과적으로 제거하는 과정이다.

문제 보기

다음은 병원체 P와 Q에 대한 쥐의 방어 작용 실험이다.

[실험 과정]

(가) 유전적으로 동일하고 P와 Q에 노출된 적이 없는 쥐 ㉠과 ㉡을 준비한다.

(나) ㉠에 P를, ㉡에 Q를 주사한 후 t_1일 때 ㉠과 ㉡의 혈액에서 병원체 수, 세포독성 T림프구 수, 항체 농도를 측정한다.

(다) 일정 기간이 지난 후 t_2일 때 ㉠과 ㉡의 혈액에서 병원체 수, 세포독성 T림프구 수, 항체 농도를 측정한다.

㉠에서 세포독성 T 림프구에 의한 세포성 면역이 일어났다.

㉡에서 항원 항체 반응에 의한 체액성 면역이 일어났다.

[실험 결과]

혈중 병원체 수 (상댓값), 혈중 세포독성 T림프구 수 (상댓값), 혈중 항체 농도 (상댓값) — t_1, t_2

병원체가 제거된다.

이 자료에 대한 설명으로 옳은 것만을 〈보기〉에서 있는 대로 고른 것은? (단, t_1과 t_2 사이에 P와 Q에 대한 림프구와 항체는 모두 면역 반응에 관여하였다.) [3점]

〈보기〉 풀이

보기

✗ 세포독성 T림프구에서 항체가 생성된다.

➡ 항체를 생성하는 세포는 B 림프구에서 분화한 형질 세포이다. 세포독성 T림프구는 병원체에 감염된 세포를 직접 공격하며 항체를 생성하지 않는다.

ㄴ. ㉠에서 P가 제거되는 과정에 세포성 면역이 일어났다.

➡ t_2 시기에 ㉠에서 병원체 P가 제거되었으며 세포독성 T림프구 수가 많으므로 ㉠에서 P가 제거되는 과정에 세포성 면역이 일어났다. t_2 시기에 ㉠에서 혈중 항체 농도가 높으므로 P가 제거되는 과정에 체액성 면역도 일어났다.

ㄷ. t_2 이전에 ㉡에서 Q에 대한 특이적 방어 작용이 일어났다.

➡ t_2 시기에 ㉡에서 혈중 항체 농도가 높으므로 t_2 이전에 ㉡에서 Q에 대한 항원 항체 반응이 일어나는 체액성 면역이 일어나 병원체가 제거되었다. 체액성 면역은 병원체를 인식하여 선별적으로 일어나는 특이적 방어 작용이다.

적용해야 할 개념 ③가지

① 항원은 외부에서 체내로 침입하여 면역 반응을 일으키는 이물질로, 병원체, 먼지, 꽃가루 등이 항원으로 작용할 수 있다.

② 항체는 항원을 제거하기 위해 체내에서 만들어진 단백질이다.

③ 항체는 항원 결합 부위에 맞는 입체 구조를 가진 특정 항원하고만 결합하는데, 이를 항원 항체 반응의 특이성이라고 한다.

문제 보기

다음은 검사 키트를 이용하여 병원체 X의 감염 여부를 확인하기 위한 실험이다.

X에 대한 항체   ⓐ에 대한 항체

시료 이동 방향 ➡

보기

○ 사람으로부터 채취한 시료를 검사 키트에 떨어뜨리면 시료는 물질 ⓐ와 함께 이동한다. ⓐ는 X에 결합할 수 있고, 색소가 있다.

○ 검사 키트의 Ⅰ에는 ㉠이, Ⅱ에는 ㉡이 각각 부착되어 있다. ㉠과 ㉡ 중 하나는 'X에 대한 항체'이고, 나머지 하나는 'ⓐ에 대한 항체'이다.

○ ㉠과 ㉡에 각각 항원이 결합하면, ⓐ의 색소에 의해 띠가 나타난다. Ⅰ(실험 라인): ⓐ와 결합한 X가 ㉠에 결합하면 발색 반응이 나타남 ➡ 병원체 X에 감염됨

[실험 과정 및 결과]

(가) 사람 A와 B로부터 시료를 각각 준비한 후, 검사 키트에 각 시료를 떨어뜨린다.

(나) 일정 시간이 지난 후 검사 키트를 확인한 결과는 그림과 같고, A와 B 중 한 사람만 X에 감염되었다.

	Ⅰ	Ⅱ
A		
B		

Ⅱ(대조 라인): ⓐ가 ㉡에 결합하면 발색 반응이 나타남 ➡ 병원체 X의 감염 여부에 관계없이 발색 반응이 나타나며, 시료가 이동하였다는 것을 확인하기 위한 것

이 자료에 대한 설명으로 옳은 것만을 〈보기〉에서 있는 대로 고른 것은? (단, 제시된 조건 이외는 고려하지 않는다.) [3점]

〈보기〉 풀이

특정 항체는 특정 항원과만 결합하는 항원 항체 반응의 특이성이 있으므로, X에 대한 항체는 X에만 특이적으로 결합한다. ⓐ와 결합한 X가 ㉠에 결합하면 ⓐ에 의해 Ⅰ에서 발색 반응이 나타나고, X와 결합하지 않은 ⓐ가 ㉡에 결합하면 Ⅱ에서 발색 반응이 나타난다. 즉, Ⅰ은 X에 감염되었는지를 알아보기 위한 실험 라인이고, Ⅱ는 시료가 정상적으로 이동했는지를 알아보기 위한 대조 라인이다.

ㄱ. ㉡은 'ⓐ에 대한 항체'이다.

➡ 항원 항체 반응은 특이성이 있는데, 그림에서 ㉠은 X와 결합하고, ㉡은 ⓐ와 결합한다. 따라서 ㉠은 X에 대한 항체이고, ㉡은 ⓐ에 대한 항체이다.

ㄴ. B는 X에 감염되었다.

➡ X에 감염된 사람은 ⓐ와 결합한 상태의 X가 ㉠과 결합하면 Ⅰ에서 띠가 나타나고, 시료가 ⓐ와 함께 정상적으로 이동하였다면 ⓐ와 ㉡이 결합하여 Ⅱ에서도 띠가 나타난다. 그러나 X에 감염되지 않은 사람은 X가 없기 때문에 Ⅰ에서는 띠가 나타나지 않고 Ⅱ에서만 띠가 나타난다. 따라서 A는 X에 감염되지 않았고, B는 X에 감염되었다.

ㄷ. 검사 키트에는 항원 항체 반응의 원리가 이용된다.

➡ X에 대한 항체 ㉠과 ⓐ에 대한 항체 ㉡을 이용하여 시료 속의 물질이 항체와 특이적으로 결합하는 특성을 적용하여 검사 키트를 제작하였으므로, 검사 키트에는 항원 항체 반응의 원리가 이용되었다.

적용해야 할 개념 ③가지

① 항원은 체내에 침입하여 면역 반응을 일으키는 이물질이고, 항체는 항원을 제거하기 위해 체내에서 만들어진 단백질이다.

② 항체는 항원 결합 부위와 입체 구조가 맞는 특정 항원하고만 결합하는데, 이를 항원 항체 반응의 특이성이라고 한다.

③ 병원체 감염 여부를 판별하기 위해 사용하는 검사 키트는 실험선에 병원체에 대한 항체, 대조선에 발색 물질에 대한 항체를 부착시켜 두고, 시료와 함께 발색 물질이 이동하게 만든 것이다. 시료에 병원체가 없으면 대조선에서만 띠가 나타나며, 병원체가 있으면 실험선과 대조선에서 모두 띠가 나타난다.

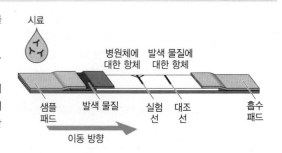

시료 / 병원체에 대한 항체 / 발색 물질에 대한 항체 / 샘플 패드 / 발색 물질 / 실험선 / 대조선 / 흡수 패드 / 이동 방향

문제 보기

다음은 검사 키트를 이용하여 병원체 **P**와 **Q**의 감염 여부를 확인하기 위한 실험이다.

시료가 이곳까지 이동하면 띠가 나타난다. P, Q의 존재 여부와 관계없이 띠가 나타나야 한다. — 대조선

시료에 Q가 있으면 띠가 나타난다.
시료에 P가 있으면 띠가 나타난다.

시료 이동 방향 →

○ 사람으로부터 채취한 시료를 검사 키트에 떨어뜨리면 시료는 물질 ⓐ와 함께 이동한다. ⓐ는 P와 Q에 각각 결합할 수 있고, 색소가 있다.

○ 검사 키트의 Ⅰ에는 'P에 대한 항체'가, Ⅱ에는 'Q에 대한 항체'가, Ⅲ에는 'ⓐ에 대한 항체'가 각각 부착되어 있다. Ⅰ~Ⅲ의 항체에 각각 항원이 결합하면, ⓐ의 색소에 의해 띠가 나타난다.

[실험 과정 및 결과]

(가) 사람 A와 B로부터 시료를 각각 준비한 후, 검사 키트에 각 시료를 떨어뜨린다.

사람	검사 결과
A	Ⅰ Ⅱ Ⅲ
B	?

(나) 일정 시간이 지난 후 검사 키트를 확인한 결과는 표와 같다.

(다) A는 P와 Q에 모두 감염되지 않았고, B는 Q에만 감염되었다.

B의 검사 결과로 가장 적절한 것은? (단, 제시된 조건 이외는 고려하지 않는다.) [3점]

<보기> 풀이

항체는 그것을 만들게 한 항원하고만 결합하는 항원 항체 반응의 특이성이 있다. 이러한 특성을 이용하여 특정 병원체에 대한 항체를 만들어 병원체의 감염 여부를 진단할 수 있다. 사람으로부터 채취한 시료를 검사 키트에 떨어뜨리면 시료는 ⓐ와 함께 이동한다. ⓐ는 항원 항체 반응이 일어나면 색이 나타나는 발색 물질이다. Ⅰ에는 P에 대한 항체가 부착되어 있으므로 ⓐ와 결합한 P가 항체와 결합하면 발색 반응이 나타나 Ⅰ에 띠가 나타난다. Ⅱ에는 Q에 대한 항체가 있으므로 ⓐ와 결합한 Q가 항체와 결합하면 발색 반응이 나타나 Ⅱ에 띠가 나타난다. Ⅲ은 시료가 Ⅰ, Ⅱ 부위를 모두 통과하였는지를 확인하기 위한 대조선으로 ⓐ에 대한 항체가 부착되어 있으므로 시료와 함께 이동한 ⓐ가 항체와 결합하면 발색 반응이 나타나 Ⅲ에 띠가 나타난다. 검사 키트의 Ⅲ은 P, Q의 감염 여부와 상관없이 띠가 나타나야 검사 결과를 신뢰할 수 있게 된다. 따라서 B가 Q에만 감염되었다면 Ⅱ와 Ⅲ에서 띠가 나타나야 한다.

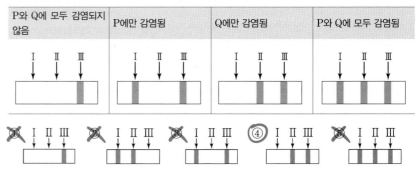

P와 Q에 모두 감염되지 않음	P에만 감염됨	Q에만 감염됨	P와 Q에 모두 감염됨
Ⅰ Ⅱ Ⅲ	Ⅰ Ⅱ Ⅲ	Ⅰ Ⅱ Ⅲ	Ⅰ Ⅱ Ⅲ

① Ⅰ Ⅱ Ⅲ ② Ⅰ Ⅱ Ⅲ ③ Ⅰ Ⅱ Ⅲ ④ Ⅰ Ⅱ Ⅲ ⑤ Ⅰ Ⅱ Ⅲ

적용해야 할 개념 ③가지

① 바이러스는 세포 구조가 아니고 스스로 물질대사를 하지 못하지만, 단백질과 유전 물질인 핵산을 가진다.

② 림프구는 백혈구의 일종으로, B 림프구는 골수에서 생성되고 성숙하며, T 림프구는 골수에서 생성된 후 가슴샘에서 성숙한다.

③ 세포성 면역은 활성화된 세포독성 T 림프구가 병원체에 감염된 세포를 제거하는 면역 반응이다. 가슴샘이 없으면 성숙한 T 림프구가 없으므로 세포성 면역이 일어나지 않는다.

문제 보기

다음은 바이러스 X에 대한 생쥐의 방어 작용 실험이다.

[실험 과정 및 결과]

(가) 유전적으로 동일하고 X에 노출된 적이 없는 생쥐 A~D를 준비한다. A와 B는 ㉠이고, C와 D는 ㉡이다. ㉠과 ㉡은 '정상 생쥐'와 '가슴샘이 없는 생쥐'를 순서 없이 나타낸 것이다. 성숙한 T 림프구가 없다.

(나) A~D 중 B와 D에 X를 각각 주사한 후 A~D에서 ⓐ X에 감염된 세포의 유무를 확인한 결과, B와 D에서만 ⓐ가 있었다.

(다) 일정 시간이 지난 후, 각 생쥐에 대해 조사한 결과는 표와 같다.

A, C: 바이러스 X에 감염되지 않았으므로 산다.

구분	㉠ 정상 생쥐		㉡ 가슴샘이 없는 생쥐	
	A	B	C	D
X에 대한 세포성 면역 반응 여부	일어나지 않음	일어남	일어나지 않음	일어나지 않음
생존 여부	산다	산다	산다	죽는다

세포성 면역 반응으로 ⓐ를 제거하여 산다.

성숙한 T 림프구가 없어 세포성 면역이 일어나지 않아 ⓐ를 효과적으로 제거하지 못하여 죽는다.

이에 대한 설명으로 옳은 것만을 〈보기〉에서 있는 대로 고른 것은? (단, 제시된 조건 이외는 고려하지 않는다.) [3점]

〈보기〉 풀이

면역 반응에 관여하는 B 림프구는 골수에서 생성되고 성숙하며, T 림프구는 골수에서 생성된 후 가슴샘에서 성숙한다. 따라서 가슴샘이 없는 생쥐는 성숙한 T 림프구가 없으며, 세포성 면역 반응이 일어나지 않는다.

보기

㉠ **X는 유전 물질을 갖는다.**

➡ 바이러스는 단백질과 유전 물질인 핵산을 갖는다.

㉡ **㉡은 '가슴샘이 없는 생쥐'이다.**

➡ 정상 생쥐는 가슴샘에서 성숙한 T 림프구가 있으므로 바이러스 X를 주사하였을 때 세포성 면역이 일어나고, 가슴샘이 없는 생쥐는 성숙한 T 림프구가 없어서 바이러스 X를 주사하더라도 세포성 면역이 일어나지 않는다. X를 주사한 B와 D 중에서 B에서만 세포성 면역이 일어났으므로 ㉠이 '정상 생쥐'이고, ㉡이 '가슴샘이 없는 생쥐'이다.

㉢ **(다)의 B에서 세포독성 T 림프구가 ⓐ를 파괴하는 면역 반응이 일어났다.**

➡ (다)의 B에서 X에 대한 세포성 면역이 일어났는데, 세포성 면역은 세포독성 T 림프구가 X에 감염된 세포(ⓐ)를 공격하여 파괴하는 것이다.

적용해야 할 개념 ③가지

① 특이적 방어 작용은 병원체의 종류에 따라 선별적으로 일어나며, 세포성 면역과 체액성 면역이 있다.
② 특이적 방어 작용에 관여하는 B 림프구는 골수에서 생성하고 성숙하며, T 림프구는 골수에서 생성된 후 가슴샘에서 성숙한다.
③ 체액성 면역은 보조 T 림프구에 의해 B 림프구가 증식·분화하여 형질 세포가 만들어지고, 형질 세포에서 생성된 항체가 항원 항체 반응을 통해 항원을 효과적으로 제거하는 과정이다.

문제 보기

다음은 병원체 ㉠과 ㉡에 대한 생쥐의 방어 작용 실험이다.

[실험 과정 및 결과]   ┌ 성숙한 T 림프구가 없다.
(가) 유전적으로 동일하고 가슴샘이 없는 생쥐 Ⅰ~Ⅵ을 준비한다. Ⅰ~Ⅵ은 ㉠과 ㉡에 노출된 적이 없다.
(나) Ⅰ과 Ⅱ에 ㉠을, Ⅲ과 Ⅳ에 ㉡을, Ⅴ와 Ⅵ에 ㉠과 ㉡ 모두를 감염시키고, Ⅱ, Ⅳ, Ⅵ에 ⓐ에 대한 보조 T 림프구를 각각 주사한다. ⓐ는 ㉠과 ㉡ 중 하나이다.
(다) 일정 시간이 지난 후, Ⅰ~Ⅵ에서 ⓐ에 대한 항원 항체 반응 여부와 생존 여부를 확인한 결과는 표와 같다.

           일어나지 않음 ┐   ┌ 일어나지 않음

생쥐	Ⅰ	Ⅱ	Ⅲ	Ⅳ	Ⅴ	Ⅵ
항원 항체 반응 여부	일어나지 않음	일어나지 않음	?	일어남	?	일어남
생존 여부	죽는다	?	죽는다	산다	죽는다	죽는다

              죽는다

Ⅰ: ㉠ ➡ ㉠은 병원성이다.
Ⅱ: ㉠+ⓐ에 대한 보조 T 림프구 ➡ ⓐ는 ㉠이 아니다.
Ⅲ: ㉡ ➡ ㉡은 병원성이다.
Ⅳ: ㉡+ⓐ에 대한 보조 T 림프구 ➡ 보조 T 림프구의 작용으로 B 림프구가 형질 세포로 분화되고 항체가 생성되어 항원 항체 반응이 일어났다. ⓐ는 ㉡이다.
Ⅴ: ㉠+㉡
Ⅵ: ㉠+㉡+ⓐ에 대한 보조 T 림프구 ➡ ㉡에 대한 항체가 생성되어 항원 항체 반응이 일어났다. 그러나 ㉠에 의해 생쥐가 죽는다.

이에 대한 설명으로 옳은 것만을 〈보기〉에서 있는 대로 고른 것은? (단, 제시된 조건 이외는 고려하지 않는다.) [3점]

〈보기〉 풀이

특이적 방어 작용에 관여하는 B 림프구는 골수에서 생성·성숙하고, T 림프구는 골수에서 생성된 후 가슴샘에서 성숙한다. 생쥐 Ⅰ~Ⅵ은 모두 가슴샘이 없으므로 성숙한 T 림프구가 없어 특이적 방어 작용이 정상적으로 일어나지 않는다. 그런데 ㉡을 감염시키고 ⓐ에 대한 보조 T 림프구를 주사한 (다)의 Ⅳ에서 ⓐ에 대한 항원 항체 반응이 일어나고 Ⅳ가 생존하였다. 따라서 ⓐ는 ㉡이고, 보조 T 림프구에 의해 B 림프구가 활성화하여 증식하고 형질 세포로 분화하여 항체를 생성하였다는 것을 알 수 있다. 그런데 ㉠과 ㉡을 모두 감염시키고 ⓐ에 대한 보조 T 림프구를 주사한 Ⅵ에서는 ㉡에 대한 항체를 생성하여 항원 항체 반응은 일어나지만 ㉠에 대한 면역력은 없어서 생존하지 못하고 죽는다.

✘ ⓐ는 ㉠이다.
➡ ⓐ에 대한 보조 T 림프구를 주사한 생쥐 Ⅱ, Ⅳ, Ⅵ 중에서 ㉠을 주사한 Ⅱ와 Ⅵ은 죽었지만, ㉡만 주사한 Ⅳ는 살았으므로 ⓐ는 ㉡이다.

◯ㄴ (다)의 Ⅳ에서 B 림프구로부터 형질 세포로의 분화가 일어났다.
➡ (다)의 Ⅳ에서 항원 항체 반응이 일어났으므로 보조 T 림프구에 의해 B 림프구가 활성화되고, B 림프구가 ㉡에 대한 항체를 생성하는 형질 세포로 분화되었다는 것을 알 수 있다.

◯ㄷ (다)의 Ⅵ에서 ㉡에 대한 특이적 방어 작용이 일어났다.
➡ (다)의 Ⅵ은 ㉠과 ㉡에 모두 감염된 후 ⓐ(㉡)에 대한 보조 T 림프구를 주사한 쥐로, ⓐ(㉡)에 대한 보조 T 림프구에 의해 B 림프구가 형질 세포로 분화하여 ㉡에 대한 항체가 생성되어 항원 항체 반응이 일어났다. 즉, (다)의 Ⅵ에서 ㉡에 대한 특이적 방어 작용이 일어났다. 그러나 생쥐 Ⅵ은 ㉠에 대한 항체는 생성하지 못하여 ㉠의 감염과 그로 인한 질병으로 죽었다고 판단할 수 있다.

15
일차
/ 01 ⑤ 02 ② 03 ⑤ 04 ③ 05 ① 06 ② 07 ① 08 ⑤ 09 ③ 10 ① 11 ③ 12 ③
13 ④ 14 ① 15 ② 16 ④ 17 ③ 18 ② 19 ① 20 ④ 21 ③ 22 ① 23 ② 24 ③
25 ② 26 ① 27 ④

문제편 160쪽~167쪽

---

01 | 염색체의 구조 2020학년도 3월 학평 11번

정답 ⑤ | 정답률 85 %

적용해야 할 개념 ③가지

① 염색체는 유전 물질인 DNA와 히스톤 단백질로 구성되며, DNA가 히스톤 단백질을 휘감아 뉴클레오솜을 형성한다.
② DNA는 이중 나선 구조로 되어 있으며, 기본 단위는 뉴클레오타이드이다.
③ 염색 분체는 세포 주기 중 S기에 DNA 복제가 일어나 형성된 것으로, 하나의 염색체를 이루는 두 염색 분체는 유전자 구성이 같다.

문제 보기

그림은 염색체의 구조를 나타낸 것이다.

이에 대한 옳은 설명만을 〈보기〉에서 있는 대로 고른 것은? (단, 돌연변이와 교차는 고려하지 않는다.)

〈보기〉 풀이

ㄱ. Ⅰ과 Ⅱ에 저장된 유전 정보는 같다.
➡ 그림은 2개의 염색 분체로 이루어진 하나의 염색체를 나타낸 것이며, 염색 분체 Ⅰ과 Ⅱ는 DNA가 복제되어 만들어졌으므로 두 염색 분체의 유전자 구성은 동일하다. 따라서 Ⅰ과 Ⅱ에 저장된 유전 정보는 같다.

ㄴ. ㉠에 단백질이 있다.
➡ ㉠은 DNA가 히스톤 단백질을 휘감고 있는 구조인 뉴클레오솜이다. 따라서 뉴클레오솜(㉠)에는 히스톤 단백질이 있다.

ㄷ. ㉡은 뉴클레오타이드로 구성된다.
➡ ㉡은 염색체의 구성 물질이며 이중 나선 구조이므로 DNA이다. DNA(㉡)의 기본 단위는 당, 인산, 염기가 1 : 1 : 1로 결합된 뉴클레오타이드이다.

---

02 | 핵형 분석 2024학년도 3월 학평 15번

정답 ② | 정답률 85 %

적용해야 할 개념 ④가지

① 사람은 1쌍(2개)의 성염색체를 가지며 크기가 큰 것이 X 염색체, 크기가 작은 것이 Y 염색체이다. 사람의 성염색체 구성은 여자가 XX이고, 남자가 XY이다.
② 사람의 핵형 분석 결과 1번~22번은 남녀 공통으로 가지는 상염색체이고, X 염색체와 Y 염색체는 성염색체이다.
③ 핵형 분석을 통해 성별, 염색체 수 이상 등은 알 수 있지만, 혈우병, 적록 색맹과 같은 유전자 이상은 알 수 없다.
④ 하나의 염색체를 이루는 두 염색 분체는 세포가 분열하기 전 DNA가 복제되어 형성된 것이므로 저장되어 있는 유전 정보가 같다.

문제 보기

그림은 어떤 사람에서 세포 A의 핵형 분석 결과 관찰된 10번 염색체와 성염색체를 나타낸 것이다.
이에 대한 옳은 설명만을 〈보기〉에서 있는 대로 고른 것은? (단, 돌연변이와 교차는 고려하지 않는다.)

염색 분체 ┌남자
㉠ ㉡   X Y

10번 염색체   성염색체
상동 염색체

〈보기〉 풀이

✗ 이 사람은 여자이다.
➡ 사람의 핵형 분석 결과 성염색체에서 크기가 큰 것이 X 염색체이고 크기가 작은 것이 Y 염색체이므로 이 사람은 성염색체 구성이 XY인 남자이다.

ㄴ. A는 22쌍의 상염색체를 가진다.
➡ 사람의 핵형 분석 결과 1번~22번은 남녀 공통으로 가지는 상염색체이다. 따라서 어떤 사람의 세포 A는 22쌍(44개)의 상염색체를 가진다.

✗ ㉠과 ㉡의 유전 정보는 서로 다르다.
➡ ㉠과 ㉡은 하나의 염색체를 구성하는 두 염색 분체이다. 두 염색 분체의 DNA는 세포가 분열하기 전에 하나가 복제된 것이므로 유전 정보가 같다.

적용해야 할 개념 ③가지	① 염색체는 수많은 뉴클레오솜이 모여 형성되며, 뉴클레오솜은 DNA가 히스톤 단백질 주위를 감싸고 있는 구조이다.
	② 염색체는 세포 주기의 간기에는 핵 안에 가는 실 모양으로 풀어진 형태로 있다가, 분열기에 이동과 분리가 쉽도록 응축된다.
	③ 유전체는 한 개체의 유전 정보가 저장되어 있는 DNA 전체로, 한 생명체가 가진 모든 유전 정보이다.

문제 보기

표는 유전체와 염색체의 특징을, 그림은 뉴클레오솜의 구조를 나타낸 것이다. ㉠과 ㉡은 유전체와 염색체를 순서 없이 나타낸 것이고, ⓐ와 ⓑ는 각각 DNA와 히스톤 단백질 중 하나이다.

염색체

구분	특징
㉠	세포 주기의 분열기에만 관찰됨
㉡	?

유전체

히스톤 단백질 ⓐ
ⓑ DNA

이에 대한 설명으로 옳은 것만을 <보기>에서 있는 대로 고른 것은?

<보기> 풀이

염색체는 유전 물질인 DNA가 포함된 구조물로, 응축된 형태는 세포 주기의 분열기에만 관찰할 수 있다. 유전체는 한 개체의 유전 정보가 저장되어 있는 DNA 전체로, 한 생명체가 가진 모든 유전 정보이다. 따라서 ㉠은 염색체, ㉡은 유전체이다. 뉴클레오솜은 DNA가 히스톤 단백질을 감싼 형태의 구조물이므로, ⓐ는 히스톤 단백질, ⓑ는 DNA이다.

ㄱ. ㉠에 ⓐ가 있다.
➡ 염색체(㉠)는 많은 수의 뉴클레오솜으로 이루어져 있으므로, 염색체에는 히스톤 단백질(ⓐ)이 있다.

ㄴ. ⓑ는 이중 나선 구조이다.
➡ DNA(ⓑ)는 두 가닥의 폴리뉴클레오타이드가 나선 모양으로 꼬인 이중 나선 구조이다.

ㄷ. ㉡은 한 생명체의 모든 유전 정보이다.
➡ 유전체(㉡)는 한 개체가 가진 모든 DNA에 저장된 유전 정보 전체이다.

보기

적용해야 할 개념 ③가지	① 핵형 분석 결과에서 1번~22번까지는 남녀에 공통으로 존재하는 상염색체이고, X 염색체와 Y 염색체는 성염색체이다.
	② 정상인 사람의 핵형 분석 결과에서 상염색체 수는 44개(22쌍), 성염색체 수는 2개이며, 염색체는 2개의 염색 분체로 이루어져 있다.
	③ 핵형 분석을 통해 성별, 염색체 수 이상, 염색체 구조 이상을 알 수 있지만, 혈우병, 적록 색맹과 같은 유전자 이상은 알 수 없다.
	• 염색체 이상에 의한 유전병: 다운 증후군(21번 염색체 3개), 터너 증후군(44+X), 클라인펠터 증후군(44+XXY)
	• 유전자 이상에 의한 유전병: 낫 모양 적혈구 빈혈증, 페닐케톤뇨증, 알비노증 등

문제 보기

그림은 어떤 사람의 핵형 분석 결과를 나타낸 것이다. ⓐ는 세포 분열 시 방추사가 부착되는 부분이다.

동원체 ⓐ ───── 상염색체

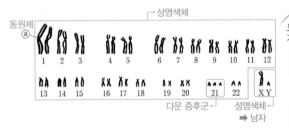
1 2 3 4 5 6 7 8 9 10 11 12
13 14 15 16 17 18 19 20 21 22 XY
다운 증후군 성염색체 ➡ 남자

이에 대한 설명으로 옳은 것만을 <보기>에서 있는 대로 고른 것은?

<보기> 풀이

ㄱ. ⓐ는 동원체이다.
➡ 염색체에서 세포 분열 시 방추사가 부착되는 부분 ⓐ는 동원체이다.

ㄴ. 이 사람은 다운 증후군의 염색체 이상을 보인다.
➡ 정상적인 사람의 체세포에는 1번부터 22번까지 22쌍(44개)의 상염색체가 있다. 이 사람의 체세포에는 21번 염색체가 3개 있으므로, 이 사람은 다운 증후군의 염색체 이상을 보인다.

ㄷ. 이 핵형 분석 결과에서 $\dfrac{\text{상염색체의 염색 분체 수}}{\text{성염색체 수}} = \dfrac{45}{2}$이다.
➡ 핵형 분석 결과에서 1번~22번 염색체가 상염색체이며, 각각의 상염색체는 2개의 염색 분체로 이루어져 있다. 이 사람의 상염색체 수는 45개이므로 상염색체의 염색 분체 수는 (상염색체 45개)×(염색 분체 2개)=90개이다. 그리고 이 사람의 성염색체 수는 2개(X 염색체 1개, Y 염색체 1개)이므로, $\dfrac{\text{상염색체의 염색 분체 수}}{\text{성염색체 수}} = \dfrac{90}{2} = 45$이다.

보기

| 05 | 핵형 분석 2023학년도 7월 학평 3번 | | 정답 ① ┃ 정답률 79% |

적용해야 할 개념 ③가지

① 핵형이란 한 생물이 가진 염색체의 수, 모양, 크기 등과 같이 관찰할 수 있는 염색체의 형태적인 특징이다.
② 생물은 종에 따라 핵형이 서로 다르므로 핵형은 생물종의 고유한 특성이며, 같은 종의 생물에서는 성별이 같으면 핵형이 같다.
③ 체세포는 모든 염색체가 2개씩 상동 염색체 쌍을 이루고 있으므로 핵상을 $2n$으로 표시하고, 생식세포는 상동 염색체 중 1개씩만 있어 염색체가 쌍을 이루고 있지 않으므로 핵상을 n으로 표시한다.

문제 보기

그림은 같은 종인 동물($2n=6$) I의 세포 (가)와 II의 세포 (나) 각각에 들어 있는 모든 염색체를 나타낸 것이다. 이 동물의 성염색체는 암컷이 XX, 수컷이 XY이다.

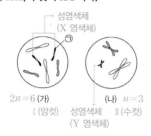

이에 대한 설명으로 옳은 것만을 〈보기〉에서 있는 대로 고른 것은? (단, 돌연변이는 고려하지 않는다.)

〈보기〉 풀이

I의 세포 (가)에는 3쌍의 상동 염색체가 있으므로, (가)의 핵상은 $2n$이다. II의 세포 (나)에는 상동 염색체 쌍이 없으므로, (나)의 핵상은 n이다.

보기

◯ ㄱ. II는 수컷이다.
➡ I의 세포 (가)에는 동일한 크기의 검은색 염색체가 2개 있고, II의 세포 (나)에는 (가)에 없는 작은 크기의 검은색 염색체가 1개 있다. 이를 통해 검은색 염색체는 성염색체이고, 크기가 큰 검은색 염색체는 X 염색체, 크기가 작은 검은색 염색체는 Y 염색체임을 알 수 있다. 따라서 I은 성염색체 구성이 XX인 암컷, II는 성염색체 구성이 XY인 수컷이다.

✖ ㄴ. ㉠은 상염색체이다.
➡ ㉠은 X 염색체로 성염색체이다.

✖ ㄷ. (가)와 (나)의 핵상은 같다.
➡ (가)의 핵상은 $2n$, (나)의 핵상은 n이다.

| 06 | 핵형과 핵상 2025학년도 6월 모평 9번 | | 정답 ② ┃ 정답률 70% |

적용해야 할 개념 ③가지

① 핵형이란 한 생물이 가진 염색체의 수, 모양, 크기 등과 같이 관찰할 수 있는 염색체의 형태적인 특징이다.
② 생물은 종에 따라 핵형이 서로 다르므로 핵형은 생물종의 고유한 특성이며, 같은 종의 생물에서는 성별이 같으면 핵형이 같다.
③ 서로 다른 종의 두 생물은 염색체 수가 같을 수 있지만, 염색체의 모양과 크기에 차이가 있으므로 핵형이 서로 다르다.

문제 보기

그림은 핵상이 $2n$인 동물 A~C의 세포 (가)~(라) 각각에 들어 있는 모든 상염색체와 ㉠을 나타낸 것이다. A~C는 2가지 종으로 구분되고, ㉠은 X 염색체와 Y 염색체 중 하나이다. (가)~(라) 중 2개는 A의 세포이고, A와 C의 성은 같다. A~C의 성염색체는 암컷이 XX, 수컷이 XY이다.

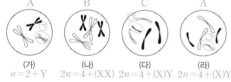

이에 대한 설명으로 옳은 것만을 〈보기〉에서 있는 대로 고른 것은? (단, 돌연변이는 고려하지 않는다.)

〈보기〉 풀이

보기

(1) (가)의 핵상과 염색체 수는 $n=3$이며, (나)의 핵상과 염색체 수는 $2n=4$이다. (가)와 (나)에서 크기가 큰 흰색 염색체와 크기가 작은 검은색 염색체의 모양과 크기가 같으므로, (가)와 (나)는 같은 종이며 체세포의 핵상과 염색체 수는 $2n=6$이다. (가)에서 크기가 제일 작은 흰색 염색체가 ㉠이며, 만약 ㉠이 X 염색체라면 (나)의 성염색체는 YY가 되어야 한다. 따라서 ㉠은 Y 염색체이며, (가)의 체세포의 핵상과 염색체 수는 $2n=4+XY$, (나)의 체세포의 핵상과 염색체 수는 $2n=4+XX$이다.

(2) (다)의 핵상과 염색체 수는 $2n=5$이다. 따라서 염색체가 쌍을 이루지 않는 크기가 제일 작은 회색 염색체가 ㉠(Y 염색체)이며, (다)의 체세포의 핵상과 염색체 수는 $2n=4+XY$이다. (다)는 (가), (나)와 염색체의 모양과 크기가 다르므로 (다)는 (가), (나)와 서로 다른 종의 세포이다.

(3) (라)의 핵상과 염색체 수는 $2n=5$이다. 따라서 염색체가 쌍을 이루지 않는 크기가 제일 작은 흰색 염색체가 ㉠(Y 염색체)이며, (라)의 체세포의 핵상과 염색체 수는 $2n=4+XY$이다. (라)는 (가)와 염색체의 모양과 크기가 같으므로 (라)는 (가)와 같은 종이며, 같은 성이다. 따라서 (가)와 (라)는 A의 세포이고, (나)는 B의 세포이며, (다)는 C의 세포이다.

✖ ㄱ. ㉠은 X 염색체이다.
➡ ㉠은 Y 염색체이다.

◯ ㄴ. (가)는 A의 세포이다.
➡ (가)와 (라)는 A의 세포이고, (나)는 B의 세포이며, (다)는 A와 성이 같은 C의 세포이다.

✖ ㄷ. 체세포 분열 중기의 세포 1개당 $\dfrac{\text{X 염색체 수}}{\text{상염색체 수}}$는 B가 C보다 작다.

➡ B의 체세포의 핵상과 염색체 수는 $2n=4+XX$이고, C의 체세포의 핵상과 염색체 수는 $2n=4+XY$이므로 B의 $\dfrac{\text{X 염색체 수}}{\text{상염색체 수}}=\dfrac{2}{4}$이고, C의 $\dfrac{\text{X 염색체 수}}{\text{상염색체 수}}=\dfrac{1}{4}$이다. 따라서 체세포 분열 중기의 세포 1개당 $\dfrac{\text{X 염색체 수}}{\text{상염색체 수}}$는 B가 C보다 크다.

07 핵상과 핵형 2023학년도 4월 학평 7번

정답 ① | 정답률 76 %

적용해야 할 개념 ③가지

① 핵형이란 한 생물이 가진 염색체의 수, 모양, 크기 등과 같이 관찰할 수 있는 염색체의 형태적인 특징이다.
② 생물은 종에 따라 핵형이 서로 다르므로 핵형은 생물종의 고유한 특성이며, 같은 종의 생물에서는 성별이 같으면 핵형이 같다.
③ 체세포는 상동 염색체가 쌍을 이루고 있으므로 핵상을 $2n$으로 표시하고, 생식세포는 상동 염색체 중 1개씩만 있어 염색체가 쌍을 이루고 있지 않으므로 핵상을 n으로 표시한다.

문제 보기

그림은 같은 종인 동물($2n=?$) A와 B의 세포 (가)~(다) 각각에 들어 있는 모든 상염색체와 ⓐ를 나타낸 것이다. (가)~(다) 중 1개는 A의, 나머지 2개는 B의 세포이며, 이 동물의 성염색체는 암컷이 XX, 수컷이 XY이다. ⓐ는 X 염색체와 Y 염색체 중 하나이다.

(가) $2n=6$
B의 세포(수컷)

(나) $2n=6$
A의 세포(암컷)

(다) $n=3$
B의 세포(수컷)

이에 대한 설명으로 옳은 것만을 〈보기〉에서 있는 대로 고른 것은? (단, 돌연변이는 고려하지 않는다.) [3점]

〈보기〉 풀이

(가)에서 2쌍의 상동 염색체가 있으므로 (가)의 핵상은 $2n$이다. 핵상이 $2n$인 세포의 염색체 수는 짝수이어야 하는데 (가)에는 염색체가 5개만 나타나 있으므로 이 동물의 체세포의 염색체 수는 6이고, (가)에는 성염색체 중 하나만 나타나 있다. (나)의 핵상과 염색체 수는 $2n=6$인데 2쌍의 상염색체만 나타낸 것이므로 (나)에는 2개의 X 염색체가 있다. 따라서 (나)는 암컷의 세포이다. (가)에는 1개의 X 염색체를 나타내지 않았으므로, ⓐ는 Y 염색체이며 (가)는 수컷의 세포이다. (다)의 핵상과 염색체 수는 $n=3$이고, 2개의 상염색체와 ⓐ(Y 염색체)가 있다. 따라서 (다)는 수컷의 세포이다. 결론적으로 (가)와 (다)는 수컷인 B의 세포, (나)는 암컷인 A의 세포이다.

〇 **ㄱ. A는 암컷이다.**
➡ ⓐ는 Y 염색체이고, A는 암컷, B는 수컷이다.

✕ **ㄴ. (나)와 (다)의 핵상은 같다.**
➡ (나)의 핵상은 $2n$, (다)의 핵상은 n이다.

✕ **ㄷ. $\dfrac{(다)의\ 염색\ 분체\ 수}{(가)의\ 상염색체\ 수} = \dfrac{3}{4}$이다.**

➡ (가)의 상염색체 수는 4이다. (다)는 두 가닥의 염색 분체로 구성된 3개의 염색체가 있으므로, (다)의 염색 분체 수는 6이다. 따라서 $\dfrac{(다)의\ 염색\ 분체\ 수}{(가)의\ 상염색체\ 수} = \dfrac{6}{4} = \dfrac{3}{2}$이다.

---

08 핵형과 핵상 2020학년도 4월 학평 3번

정답 ⑤ | 정답률 79 %

적용해야 할 개념 ③가지

① 핵상은 세포 하나에 들어 있는 염색체의 상대적인 수로, 염색체가 상동 염색체 쌍을 이루면 $2n$, 상동 염색체 중 하나씩만 있으면 n이다.
② 성염색체가 XX인 암컷의 체세포에는 모양과 크기가 같은 성염색체가 쌍을 이루며, XY인 수컷의 체세포에는 모양과 크기가 다른 성염색체가 쌍을 이루고 있다. 이때 X 염색체는 Y 염색체보다 크다.
③ 염색체는 DNA와 히스톤 단백질로 구성되며, DNA에는 많은 수의 유전자가 존재한다.

문제 보기

그림은 같은 종인 동물($2n=6$) Ⅰ과 Ⅱ의 세포 (가)~(다) 각각에 들어 있는 모든 염색체를 나타낸 것이다. (가)는 Ⅰ의 세포이고, 이 동물의 성염색체는 암컷이 XX, 수컷이 XY이다.

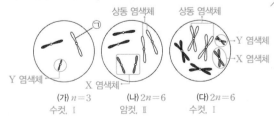

상동 염색체 상동 염색체 ㉠
Y 염색체 X 염색체 Y 염색체 X 염색체
(가) $n=3$ (나) $2n=6$ (다) $2n=6$
수컷, Ⅰ 암컷, Ⅱ 수컷, Ⅰ

이에 대한 설명으로 옳은 것만을 〈보기〉에서 있는 대로 고른 것은? (단, 돌연변이는 고려하지 않는다.)

〈보기〉 풀이

세포 (가)는 모양과 크기가 같은 염색체가 쌍을 이루지 않으므로 핵상이 n이고, 세포 (나)와 (다)는 모양과 크기가 같은 염색체가 쌍을 이루므로 핵상이 $2n$이다. 세포 (다)는 DNA가 복제되어 각 염색체가 2개의 염색 분체로 이루어져 있다.

✕ **ㄱ. Ⅱ는 수컷이다.**
➡ 상동 염색체가 있는 세포 (다)에서 회색 염색체 쌍은 모양과 크기가 다르므로 성염색체(XY)라는 것을 알 수 있다. 따라서 (다)는 수컷의 체세포이고, (가)에는 크기가 작은 회색 염색체(Y 염색체)가 있으므로 (가)도 수컷의 세포이다. 반면 (나)에서 회색 염색체 쌍은 모양과 크기가 같으므로 성염색체 구성이 XX이며 암컷의 세포라는 것을 알 수 있다. 즉, (가)와 (다)는 수컷인 Ⅰ의 세포이고, (나)는 암컷인 Ⅱ의 세포이므로, Ⅱ는 암컷이다.

〇 **ㄴ. (나)와 (다)의 핵상은 같다.**
➡ (나)와 (다)는 모두 상동 염색체가 존재하므로 핵상은 $2n$으로 같다.

〇 **ㄷ. ㉠에는 히스톤 단백질이 있다.**
➡ 염색체는 DNA와 히스톤 단백질로 구성되므로, 염색체 ㉠에는 히스톤 단백질이 있다.

240

09 핵형과 핵상 2020학년도 10월 학평 14번 　　　정답 ③ | 정답률 79 %

적용해야 할 개념 ③가지

① 특정 형질을 결정하는 대립유전자가 상염색체에 있다면, 핵상이 $2n$인 세포에서 이 형질을 결정하는 대립유전자는 2개 존재한다.

② 성염색체가 XX인 암컷의 체세포에는 모양과 크기가 같은 염색체가 쌍을 이루며, XY인 수컷의 체세포에는 모양과 크기가 다른 성염색체가 쌍을 이루고 있다. 이때 X 염색체는 Y 염색체보다 크다.

③ 생식세포 형성 과정에서 상동 염색체가 분리될 때 상동 염색체에 있는 대립유전자 쌍도 분리되어 서로 다른 생식세포로 들어간다. 생식세포인 정자와 난자가 수정하면 대립유전자는 다시 쌍을 이루고, 그에 따라 자손의 표현형이 나타난다.

문제 보기

어떤 동물($2n=6$)의 유전 형질 ⓐ는 대립유전자 R와 r에 의해 결정된다. 그림 (가)와 (나)는 이 동물의 암컷 Ⅰ의 세포와 수컷 Ⅱ의 세포를 순서 없이 나타낸 것이다. Ⅰ과 Ⅱ를 교배하여 Ⅲ과 Ⅳ가 태어났으며, Ⅲ은 R와 r 중 R만, Ⅳ는 r만 갖는다. 이 동물의 성염색체는 암컷이 XX, 수컷이 XY이다.

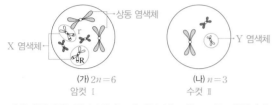

(가) $2n=6$　　　(나) $n=3$
암컷 Ⅰ　　　　수컷 Ⅱ

이에 대한 옳은 설명만을 〈보기〉에서 있는 대로 고른 것은? (단, 돌연변이는 고려하지 않는다.)

보기

〈보기〉 풀이

ㄱ. (나)는 Ⅱ의 세포이다.

→ 세포 (가)는 3쌍의 염색체가 모두 모양과 크기가 같은 염색체끼리 짝을 이루고 있으므로 핵상은 $2n$이고, (가)에서 성염색체 구성은 XX이다. 따라서 (가)는 암컷 Ⅰ의 세포이고, (나)는 수컷 Ⅱ의 세포이다.

ㄴ. Ⅰ의 ⓐ의 유전자형은 Rr이다.

→ Ⅰ과 Ⅱ가 교배하여 태어난 자손 Ⅳ가 r만 갖는 것은 암컷 Ⅰ로부터 r가 있는 X 염색체를 물려받았기 때문이다. 따라서 Ⅰ의 ⓐ의 유전자형은 Rr이다.

✗. Ⅲ과 Ⅳ는 모두 암컷이다.

→ 자손 Ⅲ이 R와 r 중 R만 갖는 암컷이라면 자손 Ⅲ은 암컷 Ⅰ과 수컷 Ⅱ로부터 각각 R가 있는 X 염색체를 물려받았으므로 수컷 Ⅱ는 R가 있는 X 염색체를 갖는다. 이 경우 자손 Ⅳ가 r만 가지려면 암컷 Ⅰ로부터 r가 있는 X 염색체를, 수컷 Ⅱ로부터 Y 염색체를 물려받아야 하며, 이때 자손 Ⅳ는 수컷이다. 따라서 Ⅲ과 Ⅳ가 모두 암컷일 수는 없다.

---

10 핵형과 핵상 2021학년도 6월 모평 9번 　　　정답 ① | 정답률 69 %

적용해야 할 개념 ③가지

① 같은 종이고 성별이 같으면 핵형이 같지만, 서로 다른 종이면 핵형이 다르다.

② 체세포는 모양과 크기가 같은 염색체가 쌍을 이루고 있으므로 핵상이 $2n$이고, 생식세포는 모양과 크기가 같은 염색체가 쌍을 이루지 않으므로 핵상이 n이다.

③ DNA 복제 전 체세포와 DNA 복제 후 체세포의 핵상은 모두 $2n$이지만, DNA 복제 후 염색체는 2개의 염색 분체로 이루어져 있다.

문제 보기

그림은 세포 (가)와 (나) 각각에 들어 있는 모든 염색체를 나타낸 것이다. (가)와 (나)는 각각 동물 A($2n=6$)와 동물 B($2n=?$)의 세포 중 하나이다.

(가) $2n=6$　　　(나) $n=6$
동물 A　　　　동물 B

이에 대한 설명으로 옳은 것만을 〈보기〉에서 있는 대로 고른 것은? (단, 돌연변이는 고려하지 않는다.) [3점]

보기

〈보기〉 풀이

ㄱ. (가)는 A의 세포이다.

→ (가)는 모양과 크기가 같은 염색체가 쌍을 이루고 염색체 수가 6이므로 핵상이 $2n=6$이다. (나)는 모양과 크기가 같은 염색체가 쌍을 이루지 않고 염색체 수가 6이므로 핵상이 $n=6$이다. 따라서 (가)는 A($2n=6$)의 체세포이고, (나)는 B($2n=12$)의 세포이다.

✗. (가)와 (나)의 핵상은 같다.

→ (가)의 핵상은 $2n$, (나)의 핵상은 n이다.

✗. B의 체세포 분열 중기의 세포 1개당 염색 분체 수는 12이다.

→ 체세포 분열 중기의 세포는 DNA 복제가 일어난 후이므로 하나의 염색체는 2개의 염색 분체로 이루어져 있고, 상동 염색체가 있다. B의 핵상은 $2n=12$이므로 B의 체세포 분열 중기의 세포에는 2개의 염색 분체로 이루어진 염색체가 12개 있다. 따라서 B의 체세포 분열 중기의 세포 1개당 염색 분체 수는 (염색체 12개×염색 분체 2개)=24이다.

적용해야 할 개념 ③가지

① 상동 염색체가 쌍으로 있는 세포의 핵상은 $2n$이고, 상동 염색체 중 1개만 있어 쌍을 이루고 있지 않은 세포의 핵상은 n이다.
② 상염색체의 상동 염색체는 모양과 크기가 같지만, 성염색체의 구성이 XY인 경우 X 염색체와 Y 염색체의 모양과 크기는 다르다.
③ 핵상이 $2n=6$이고 성염색체 구성이 XX인 세포는 2쌍(4개)의 상염색체와 1쌍(2개)의 성염색체(XX)를 가진다.

문제 보기

다음은 핵상이 $2n$인 동물 A~C의 세포 (가)~(다)에 대한 자료이다.

○ A와 B는 서로 같은 종이고, B와 C는 서로 다른 종이며, B와 C의 체세포 1개당 염색체 수는 서로 다르다.
○ B는 암컷이고, A~C의 성염색체는 암컷이 XX, 수컷이 XY이다.
○ 그림은 세포 (가)~(다) 각각에 들어 있는 모든 상염색체와 ㉠을 나타낸 것이다. (가)~(다)는 각각 서로 다른 개체의 세포이고, ㉠은 X 염색체와 Y 염색체 중 하나이다.

(가) $n=4$ 암컷 B의 세포   (나) $2n=6$ 암컷 C의 세포   (다) $n=4$ 수컷 A의 세포

이에 대한 설명으로 옳은 것만을 〈보기〉에서 있는 대로 고른 것은? (단, 돌연변이는 고려하지 않는다.)

〈보기〉 풀이

(가)와 (다)에는 상동 염색체가 쌍으로 있지 않으므로 (가)와 (다)의 핵상은 모두 n이고, (나)에는 상동 염색체가 쌍으로 있으므로 (나)의 핵상은 $2n$이다. (가)와 (다)의 상염색체의 모양과 크기가 같으므로, (가)와 (다)는 서로 같은 종인 A와 B의 세포이다. 따라서 (나)는 B와 서로 다른 종인 C의 세포이다.

ㄱ. ㉠은 X 염색체이다.
➡ 핵상이 $2n$인 (나)에서 상동 염색체가 3쌍 존재하므로, (나)는 핵상과 염색체 수가 $2n=6$이면서 X 염색체를 2개 가지고 있거나, 핵상과 염색체 수가 $2n=8$이면서 X 염색체를 2개 가지고 있다. (가)와 (다)는 서로 같은 종인 A와 B의 세포인데, 그림에서 (가)의 염색체 수는 4, (다)의 염색체 수는 3이다. 성염색체가 있는 (가)의 핵상과 염색체 수가 $n=4$이므로 B의 체세포의 핵상과 염색체 수는 $2n=8$이다. B와 C의 체세포 1개당 염색체 수는 서로 다르므로 C의 세포인 (나)는 핵상과 염색체 수가 $2n=6$이면서 X 염색체를 2개 가지고 있는 세포이고, ㉠은 X 염색체이다.

ㄴ. (가)와 (나)는 모두 암컷의 세포이다.
➡ (가)는 X 염색체(㉠)가 있는 암컷 B의 세포이고, (다)는 X 염색체(㉠)가 없고 Y 염색체가 있는 수컷 A의 세포이다. (나)에는 X 염색체가 2개 있으므로 (나)는 암컷 C의 세포이다. 즉 (가)와 (나)는 모두 암컷의 세포, (다)는 수컷의 세포이다.

ㄷ. C의 체세포 분열 중기의 세포 1개당 $\dfrac{\text{상염색체 수}}{\text{X 염색체 수}}=3$이다.
➡ 암컷 C($2n=6$)의 체세포 분열 중기 세포에는 상염색체 4개, X 염색체 2개가 있으므로, C의 체세포 분열 중기의 세포 1개당 $\dfrac{\text{상염색체 수}}{\text{X 염색체 수}}=\dfrac{4}{2}=2$이다.

적용해야 할 개념 ③가지

① 상동 염색체를 이루는 염색체가 쌍으로 있는 세포의 핵상은 $2n$이고, 상동 염색체를 이루는 염색체가 1개씩만 있어 쌍을 이루고 있지 않은 세포의 핵상은 n이다.
② 상염색체의 상동 염색체는 모양과 크기가 같지만, 성염색체의 구성이 XY인 경우 X 염색체와 Y 염색체의 크기는 서로 다르다.
③ 핵상과 염색체 수가 $2n=6$이고 성염색체 구성이 XX인 세포는 2쌍(4개)의 상염색체와 1쌍(2개)의 성염색체(X 염색체)를 가진다.

문제 보기

그림은 서로 다른 종인 동물 A($2n=8$)와 B($2n=6$)의 세포 (가)~(다) 각각에 들어 있는 모든 염색체를 나타낸 것이다. A와 B의 성염색체는 암컷이 XX, 수컷이 XY이다.

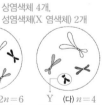

상염색체 4개, 성염색체(X 염색체) 2개

X 염색체 (가) $n=4$ A(수컷)   (나) $2n=6$ B(암컷)   Y 염색체 (다) $n=4$ A(수컷)

이에 대한 옳은 설명만을 〈보기〉에서 있는 대로 고른 것은? (단, 돌연변이는 고려하지 않는다.)

〈보기〉 풀이

(가)와 (다)의 핵상과 염색체 수는 모두 $n=4$, (나)의 핵상과 염색체 수는 $2n=6$이다. 따라서 (가)와 (다)는 모두 A($2n=8$)의 세포이고, (나)는 B($2n=6$)의 세포이다.

ㄱ. (가)는 A의 세포이다.
➡ (가)에는 4개의 염색체가 쌍을 이루고 있지 않으므로, 핵상과 염색체 수는 $n=4$이다. 따라서 핵상과 염색체 수가 $2n=8$인 동물 A의 생식세포이다.

ㄴ. A와 B는 모두 암컷이다.
➡ B의 세포인 (나)에는 X 염색체가 2개 있으므로 B는 암컷이다. A의 세포인 (가)에는 X 염색체(검은색)가, (다)에는 Y 염색체(검은색)가 있다. 따라서 A의 성염색체는 XY이므로, A는 수컷이다.

ㄷ. (나)의 상염색체 수와 (다)의 염색체 수는 같다.
➡ (나)의 상염색체 수는 4, 성염색체(X 염색체) 수는 2이고, (다)의 염색체 수는 4이다.

13 핵형과 핵상 2021학년도 수능 6번

정답 ④ | 정답률 47 %

적용해야 할 개념 ③가지

① 체세포는 모양과 크기가 같은 염색체가 쌍을 이루고 있으므로 핵상이 $2n$이고, 생식세포는 모양과 크기가 같은 염색체가 쌍을 이루지 않으므로 핵상이 n이다.

② 성염색체가 XX인 암컷의 체세포에는 모양과 크기가 같은 성염색체가 쌍을 이루며, XY인 수컷의 체세포에는 모양과 크기가 다른 성염색체가 쌍을 이루고 있다. 이때 X 염색체는 Y 염색체보다 크다.

③ 체세포 분열 중기의 세포는 DNA 복제가 일어난 후이므로 하나의 염색체는 2개의 염색 분체로 이루어져 있고, 상동 염색체가 있다.

문제 보기

그림은 서로 다른 종인 동물 A($2n=?$)와 B($2n=?$)의 세포 (가)~(다) 각각에 들어 있는 염색체 중 X 염색체를 제외한 나머지 염색체를 모두 나타낸 것이다. (가)~(다) 중 2개는 A의 세포이고, 나머지 1개는 B의 세포이다. A와 B는 성이 다르고, A와 B의 성염색체는 암컷이 XX, 수컷이 XY이다.

(가) n 동물 A, 수컷 （나) n 동물 B, 암컷 （다) $2n$ 동물 A, 수컷 — Y 염색체

이에 대한 설명으로 옳은 것만을 〈보기〉에서 있는 대로 고른 것은? (단, 돌연변이는 고려하지 않는다.)

〈보기〉 풀이

(가)~(다)는 X 염색체를 제외한 나머지 염색체를 모두 나타낸 것이다. (다)에서 흰색 염색체와 회색 염색체는 각각 쌍을 이루고 있는 상동 염색체이므로, (다)의 핵상은 $2n$이다. 따라서 (다)에는 성염색체가 쌍을 이루고 있어야 하는데 검은색 염색체 1개만 있으므로, 검은색 염색체는 Y 염색체이며 (다)를 가진 동물은 성염색체 구성이 XY인 수컷임을 알 수 있다. (가)의 흰색 염색체와 회색 염색체는 (다)의 염색체와 모양과 크기가 같으므로, (가)와 (다)는 같은 동물의 세포이다. (가)~(다) 중 2개는 A의 세포라고 했으므로, (가)와 (다)는 A의 세포, (나)는 B의 세포이다.

✗ (가)와 (다)의 핵상은 같다.

→ (가)는 모양과 크기가 같은 염색체가 쌍을 이루지 않으므로 핵상이 n이고, (다)는 모양과 크기가 같은 염색체가 쌍을 이루고 있으므로 핵상이 $2n$이다. 따라서 (가)와 (다)의 핵상은 다르다.

ㄴ A는 수컷이다.

→ (다)는 A의 세포로, Y 염색체가 있다. 따라서 A는 수컷, B는 암컷이다.

ㄷ B의 체세포 분열 중기의 세포 1개당 염색 분체 수는 16이다.

→ (나)는 B의 세포이며, B는 암컷이다. (나)는 모양과 크기가 같은 염색체가 쌍을 이루지 않으므로 핵상이 n이고, X 염색체를 나타내면 염색체 수가 4개이다. 체세포의 핵상은 $2n$이므로 B의 체세포에는 8개의 염색체가 있으며, 체세포 분열 중기 세포에서 각 염색체는 2개의 염색 분체로 이루어져 있다. 따라서 B의 체세포 분열 중기의 세포 1개당 염색 분체 수는 $8 \times 2 = 16$이다.

---

14 핵형과 핵상 2023학년도 6월 모평 13번

정답 ① | 정답률 62 %

적용해야 할 개념 ④가지

① 상동 염색체를 이루는 염색체가 쌍으로 있는 세포의 핵상은 $2n$이고, 상동 염색체를 이루는 염색체가 1개씩만 있어 쌍을 이루고 있지 않은 세포의 핵상은 n이다.

② 상염색체의 상동 염색체는 모양과 크기가 같지만, 성염색체 구성이 XY인 경우 X 염색체의 크기보다 Y 염색체의 크기가 작다.

③ 핵상과 염색체 수가 $2n=6$이고 성염색체 구성이 XX인 세포는 2쌍(4개)의 상염색체와 1쌍(2개)의 성염색체(X 염색체)를 가진다.

④ 같은 종의 생물에서는 성별이 같으면 핵형이 같고, 서로 다른 종의 두 생물은 염색체 수가 같을 수 있지만 핵형은 서로 다르다.

문제 보기

그림은 동물 세포 (가)~(라) 각각에 들어 있는 모든 염색체를 나타낸 것이다. (가)~(라)는 각각 서로 다른 개체 A, B, C의 세포 중 하나이다. A와 B는 같은 종이고, A와 C의 성은 같다. A~C의 핵상은 모두 $2n$이며, A~C의 성염색체는 암컷이 XX, 수컷이 XY이다.

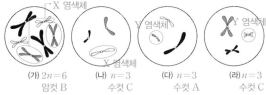

(가) $2n=6$ 암컷 B   (나) $n=3$ 수컷 C   (다) $n=3$ 수컷 A   (라) $n=3$ 수컷 C

이에 대한 설명으로 옳은 것만을 〈보기〉에서 있는 대로 고른 것은? (단, 돌연변이는 고려하지 않는다.) [3점]

〈보기〉 풀이

(가)의 핵상은 $2n$, (나)~(라)의 핵상은 n이다. (가)에는 3쌍의 상동 염색체가 있고, 상동 염색체의 모양과 크기가 동일하므로, (가)는 성염색체가 XX인 암컷의 세포이다. (가)와 염색체 하나를 제외하고 염색체의 크기와 모양이 같은 세포는 (다)이므로, (다)는 (가)를 갖는 개체와 같은 종인 수컷의 세포이다. 따라서 (가)와 (다) 중 하나는 A의 세포, 다른 하나는 B의 세포이다. (나)와 (라)의 염색체 모양과 크기는 (다)의 세포와 다르므로, (나)와 (라)는 모두 C의 세포이다. 그리고 (나)와 (라)에서 흰색 염색체의 크기가 다르므로, C는 성염색체가 XY인 수컷이다. A와 C의 성은 같으므로, (가)는 B의 세포, (다)는 A의 세포이다.

ㄱ (가)는 B의 세포이다.

→ (가)는 B의 세포, (나)와 (라)는 C의 세포, (다)는 A의 세포이다.

✗ (다)를 갖는 개체와 (라)를 갖는 개체의 핵형은 같다.

→ (다)와 (라)에는 같은 수의 염색체가 있지만 염색체의 모양과 크기가 다르므로, (다)를 갖는 개체(A)와 (라)를 갖는 개체(C)의 핵형은 다르다.

✗ C의 감수 1분열 중기 세포 1개당 염색 분체 수는 6이다.

→ C의 세포인 (라)의 핵상과 염색체 수는 $n=3$이므로, C의 체세포의 핵상과 염색체 수는 $2n=6$이다. 감수 1분열 중기 세포는 DNA가 복제된 상태이므로, C의 감수 1분열 중기 세포의 염색체는 모두 2가닥의 염색 분체로 이루어져 있다. 따라서 C의 감수 1분열 중기 세포 1개당 염색 분체 수는 염색체 수$\times 2 = 6 \times 2 = 12$이다.

적용해야 할 개념 ③가지

① 핵형이란 한 생물이 가진 염색체의 수, 모양, 크기 등과 같이 관찰할 수 있는 염색체의 형태적인 특징이다.

② 생물은 종에 따라 핵형이 서로 다르므로 핵형은 생물종의 고유한 특성이며, 같은 종의 생물에서 성별이 다르면 핵형이 다르다.

③ 서로 다른 종의 두 생물은 염색체 수가 같을 수 있지만, 염색체의 모양과 크기에 차이가 있으므로 핵형이 서로 다르다.

문제 보기

그림은 세포 (가)~(다) 각각에 들어 있는 모든 염색체를 나타낸 것이다. (가)~(다)는 개체 A~C의 세포를 순서 없이 나타낸 것이고, A~C의 핵상은 모두 2n이다. A와 B는 서로 같은 종이고, B와 C는 서로 다른 종이다. A~C 중 B만 암컷이고, A~C의 성염색체는 암컷이 XX, 수컷이 XY이다. 염색체 ㉠과 ㉡ 중 하나는 성염색체이고, 나머지 하나는 상염색체이다. ㉠과 ㉡의 모양과 크기는 나타내지 않았다.

A(XY)   C(XY)   B(XX)

(가)   (나)   (다)
2n=6   2n=6   2n=6

이에 대한 설명으로 옳은 것만을 〈보기〉에서 있는 대로 고른 것은? (단, 돌연변이는 고려하지 않는다.)

보기

〈보기〉 풀이

(1) (가)와 (다)는 모양과 크기가 같은 염색체들로 이루어져 있으므로 같은 종의 세포이고, (나)는 다른 종의 세포이다. 따라서 (가)와 (다)는 각각 같은 종인 A와 B의 세포 중 하나이고, (나)는 C의 세포이다.

(2) A~C 중 B만 암컷이므로, A와 B의 성별이 다르다. ㉡이 성염색체, ㉠이 상염색체라면, (가)와 (다)는 염색체 구성이 같다. 따라서 ㉡은 상염색체, ㉠은 성염색체이다.

(3) (다)에서 성염색체(흰색)의 모양과 크기가 같으므로 (다)는 암컷인 B의 세포이다. (가)는 수컷인 A의 세포이므로 ㉠은 Y 염색체이다.

✗ **㉠은 X 염색체이다.**

➡ ㉠은 Y 염색체이다.

○ **ㄴ (나)와 (다)의 핵상은 같다.**

➡ (나)와 (다)는 모두 상동 염색체가 쌍을 이루고 있으므로 핵상이 2n이다.

✗ **(가)의 $\dfrac{\text{염색 분체 수}}{\text{X 염색체 수}}$ =6이다.**

➡ (가)는 X 염색체와 Y 염색체가 각각 1개씩 있으므로 X 염색체 수는 1이고, 2가닥의 염색 분체로 구성된 염색체가 6개 있으므로 (가)의 염색 분체 수는 12이다.

따라서 (가)의 $\dfrac{\text{염색 분체 수}}{\text{X 염색체 수}}$ =12이다.

적용해야 할 개념 ④가지

① 상동 염색체를 이루는 염색체가 쌍으로 있는 세포의 핵상은 2n이고, 상동 염색체를 이루는 염색체가 1개씩만 있어 쌍을 이루고 있지 않은 세포의 핵상은 n이다.

② 상염색체의 상동 염색체는 모양과 크기가 같지만, 성염색체의 구성이 XY인 경우 X 염색체의 크기보다 Y 염색체의 크기가 작다.

③ 핵상과 염색체 수가 2n=6이고 성염색체 구성이 XX인 세포는 2쌍(4개)의 상염색체와 1쌍(2개)의 성염색체(X 염색체)를 가진다.

④ 대립유전자는 상동 염색체의 같은 위치에 존재하며 같은 형질을 결정하는 유전자로, 한 쌍의 대립유전자 조합에 의해 표현형이 나타난다.

문제 보기

그림은 같은 종인 동물(2n=?) 개체 Ⅰ과 Ⅱ의 세포 (가)~(다) 각각에 들어 있는 모든 염색체를 나타낸 것이다. 이 동물의 성염색체는 암컷이 XX, 수컷이 XY이고, 유전 형질 ㉠은 대립유전자 A와 a에 의해 결정된다. (가)~(다) 중 1개는 암컷의, 나머지 2개는 수컷의 세포이고, Ⅰ의 ㉠의 유전자형은 aa이다.

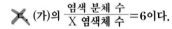
Ⅱ의 ㉠의 유전자형은 Aa

X 염색체 (가) 수컷   (나) 암컷   (다) 수컷
         Ⅱ의 세포   Ⅰ의 세포   Ⅱ의 세포
           (n)   (2n)   (n)

이에 대한 설명으로 옳은 것만을 〈보기〉에서 있는 대로 고른 것은? (단, 돌연변이는 고려하지 않는다.) [3점]

보기

〈보기〉 풀이

(가)와 (다)의 검은색 염색체는 크기가 서로 다르므로 검은색 염색체는 성염색체이며, (가)에는 X 염색체가, (다)에는 Y 염색체가 있다. (나)에는 같은 크기인 성염색체(검은색) 2개가 있으므로, (나)는 성염색체 구성이 XX인 암컷의 세포이다. 따라서 (가)와 (다)는 수컷의 세포이다.

✗ **Ⅰ은 수컷이다.**

➡ 수컷의 세포인 (가)에는 a가 있고 (다)에는 A가 있으므로, (가)와 (다)가 있는 개체의 ㉠의 유전자형은 Aa이다. Ⅰ의 ㉠의 유전자형은 aa이므로, (가)와 (다)는 Ⅱ의 세포, (나)는 Ⅰ의 세포이다. 따라서 Ⅰ은 암컷, Ⅱ는 수컷이다.

○ **ㄴ Ⅱ의 ㉠의 유전자형은 Aa이다.**

➡ (가)와 (다)가 Ⅱ의 세포이므로, Ⅱ의 ㉠의 유전자형은 Aa이다.

○ **ㄷ (나)의 염색체 수는 (다)의 염색 분체 수와 같다.**

➡ (나)의 염색체 수는 6이다. (다)는 2개의 염색 분체로 구성된 염색체가 3개 있으므로 (다)의 염색 분체 수는 6이다.

17 핵형과 핵상 2020학년도 수능 3번 정답 ② | 정답률 76%

적용해야 할 개념 ③가지

① 특정 형질을 결정하는 대립유전자가 상염색체에 있다면 핵상이 $2n$인 세포에서 이 형질을 결정하는 대립유전자는 상동 염색체의 같은 위치에 존재한다.

② 체세포는 모든 염색체가 2개씩 상동 염색체를 이루고 있으므로 핵상이 $2n$이고, 생식세포는 염색체가 쌍을 이루고 있지 않으므로 핵상이 n이다.

③ 상염색체는 성별과 관계없이 암컷과 수컷이 공통으로 가지고 있는 염색체이고, 성염색체는 성별을 결정하는 염색체이다. 성염색체에서 X 염색체와 Y 염색체는 크기가 다르며, X 염색체가 Y 염색체보다 상대적으로 크다.

DNA 복제 전($2n$) → DNA 복제 후($2n$) → 감수 1분열 후(n) → 감수 2분열 후(n)

▲ 감수 분열 시 염색체 구성과 핵상의 변화

문제 보기

그림은 같은 종인 동물($2n=?$) Ⅰ과 Ⅱ의 세포 (가)~(다) 각각에 들어 있는 모든 염색체를 나타낸 것이다. (가)~(다) 중 1개는 Ⅰ의 세포이며, 나머지 2개는 Ⅱ의 세포이다. 이 동물의 성염색체는 암컷이 XX, 수컷이 XY이다. A는 a와 대립유전자이고, ㉠은 A와 a 중 하나이다.

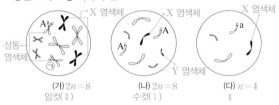

(가) $2n=8$ 암컷(Ⅱ)　(나) $2n=8$ 수컷(Ⅰ)　(다) $n=4$ Ⅱ

이에 대한 설명으로 옳은 것만을 <보기>에서 있는 대로 고른 것은? (단, 돌연변이와 교차는 고려하지 않는다.) [3점]

<보기> 풀이

(가)와 (나)에는 모두 4쌍의 상동 염색체가 존재하므로 핵상이 $2n=8$이다. (가)에는 크기와 모양이 같은 검은색 염색체가 쌍으로 존재하지만, (나)에는 2개의 검은색 염색체가 크기와 모양이 다르다. 이를 통해 검은색 염색체는 성염색체이며, (가)는 성염색체 구성이 XX인 암컷, (나)는 성염색체 구성이 XY인 수컷이라는 것을 알 수 있다.

✗ **㉠은 A이다.**

➡ (나)에서는 A의 대립유전자가 A인데, (다)에는 (나)에 없는 a가 있다. 따라서 (가)와 (다)는 같은 개체의 세포이고, (나)는 다른 개체의 세포이며, (가)에서 ㉠은 A의 대립유전자인 a이다.

✗ **(나)는 Ⅱ의 세포이다.**

➡ (가)~(다) 중 1개는 Ⅰ의 세포, 나머지 2개는 Ⅱ의 세포이므로 (가)와 (다)는 Ⅱ의 세포, (나)는 Ⅰ의 세포이다.

ㄷ. **Ⅰ의 감수 2분열 중기 세포 1개당 염색 분체 수는 8이다.**

➡ Ⅰ의 감수 2분열 중기 세포는 핵상이 $n=4$이고, 각 염색체는 두 가닥의 염색 분체로 이루어져 있다. 따라서 Ⅰ의 감수 2분열 중기 세포 1개당 염색 분체 수는 4개×2=8이다.

18 핵형과 핵상 2021학년도 3월 학평 8번 정답 ③ | 정답률 67%

적용해야 할 개념 ③가지

① 성염색체가 XX인 암컷의 체세포에는 모양과 크기가 같은 성염색체가 쌍을 이루고, XY인 수컷의 체세포에는 모양과 크기가 다른 성염색체가 쌍을 이루고 있으며, X 염색체가 Y 염색체보다 상대적으로 크다.

② 대립유전자는 상동 염색체의 같은 위치에 존재하며, 대립유전자가 쌍으로 존재하는 세포의 핵상은 $2n$, 대립유전자가 쌍으로 존재하지 않는 세포의 핵상은 n이다.

③ 체세포 분열 중기의 세포에는 두 염색 분체로 구성된 염색체가 중앙에 배열되어 있다.

문제 보기

그림은 어떤 동물 종($2n=6$)의 개체 Ⅰ과 Ⅱ의 세포 (가)~(다)에 들어 있는 모든 염색체를 나타낸 것이다. Ⅰ의 유전자형은 AaBb이고, Ⅱ의 유전자형은 AAbb이며, (나)와 (다)는 서로 다른 개체의 세포이다. 이 동물 종의 성염색체는 수컷이 XY, 암컷이 XX이다.

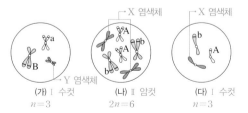

(가) Ⅰ 수컷 $n=3$　(나) Ⅱ 암컷 $2n=6$　(다) Ⅰ 수컷 $n=3$

이에 대한 옳은 설명만을 <보기>에서 있는 대로 고른 것은? (단, 돌연변이는 고려하지 않는다.) [3점]

<보기> 풀이

Ⅰ의 유전자형은 AaBb, Ⅱ의 유전자형은 AAbb이므로 a가 있는 (가)는 Ⅰ의 세포, AA가 있는 (나)는 Ⅱ의 세포이다. (나)와 (다)는 서로 다른 개체의 세포이므로 (다)는 Ⅰ의 세포이다.

ㄱ. **Ⅰ은 수컷이다.**

➡ Ⅱ의 세포 (나)에는 상동 염색체 중 모양과 크기가 다른 염색체가 없으므로 Ⅱ는 성염색체가 XX로 암컷이다. Ⅰ의 세포 (가)에는 Y 염색체가, (다)에는 X 염색체가 있으므로, Ⅰ은 성염색체가 XY로 수컷이다.

✗ **(다)는 Ⅱ의 세포이다.**

➡ (가)와 (다)는 Ⅰ의 세포이고, (나)는 Ⅱ의 세포이다.

ㄷ. **Ⅱ의 체세포 분열 중기의 세포 1개당 염색 분체 수는 12이다.**

➡ Ⅱ의 세포 (나)의 핵상과 염색체 수는 $2n=6$이며, 하나의 염색체는 두 가닥의 염색 분체로 구성되어 있어 염색 분체 수는 12이다. 체세포 분열 중기에는 (나)에 있는 염색체가 세포 중앙에 배열되므로, Ⅱ의 체세포 분열 중기의 세포 1개당 염색 분체 수는 12이다.

적용해야 할 개념 ③가지

① 하나의 형질을 결정하는 대립유전자는 상동 염색체의 같은 위치에 존재한다.
② 핵상은 세포 하나에 들어 있는 염색체의 상대적인 수로, 상동 염색체가 쌍을 이루면 $2n$, 모양과 크기가 같은 염색체가 쌍을 이루지 않으면 n이다.
③ DNA 복제 전 체세포와 DNA 복제 후 체세포의 핵상은 모두 $2n$이지만, DNA 복제 후 염색체는 2개의 염색 분체로 이루어져 있다.

문제 보기

그림은 같은 종인 동물($2n=6$) Ⅰ과 Ⅱ의 세포 (가)~(라) 각각에 들어 있는 모든 염색체를 나타낸 것이다. (가)~(라) 중 2개는 Ⅰ의 세포이고, 나머지 2개는 Ⅱ의 세포이다. 이 동물의 성염색체는 암컷이 XX, 수컷이 XY이다. 이 동물 종의 특정 형질은 대립유전자 A와 a, B와 b에 의해 결정되며, Ⅰ의 유전자형은 AaBB이고, Ⅱ의 유전자형은 AABb이다. ㉠은 B와 b 중 하나이다.

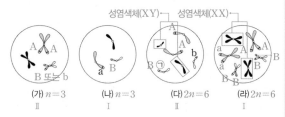

(가) $n=3$ Ⅱ　(나) $n=3$ Ⅰ　(다) $2n=6$ Ⅱ　(라) $2n=6$ Ⅰ

이에 대한 설명으로 옳은 것만을 〈보기〉에서 있는 대로 고른 것은? (단, 돌연변이와 교차는 고려하지 않는다.) [3점]

〈보기〉 풀이

(다)와 (라)를 비교하면 모양과 크기가 같은 염색체가 쌍을 이루고 염색체 수가 6이므로 핵상은 $2n=6$으로 같은데, (다)에서는 쌍을 이루는 검은색 염색체의 크기가 서로 다르고 (라)에서는 쌍을 이루는 검은색 염색체의 크기가 서로 같다. 이를 통해 검은색 염색체는 성염색체이고, (다)는 수컷의 세포($2n=4+XY$)이며, (라)는 암컷의 세포($2n=4+XX$)라는 것을 알 수 있다.

ㄱ. ㉠은 B이다.
➡ (다)에 b가 존재하므로 (다)는 유전자형이 AABb인 Ⅱ의 세포이다. (다)에서 ㉠이 있는 염색체와 b가 있는 염색체는 상동 염색체 관계이므로, ㉠은 b의 대립유전자인 B이다.

✗ (가)와 (다)의 핵상은 같다.
➡ (가)는 모양과 크기가 같은 염색체가 쌍을 이루지 않고 염색체 수가 3이므로 핵상이 $n=3$이고, (다)는 모양과 크기가 같은 염색체가 쌍을 이루고 염색체 수가 6이므로 핵상이 $2n=6$이다. 따라서 (가)와 (다)의 핵상은 다르다.

✗ (라)는 Ⅱ의 세포이다.
➡ Ⅰ의 유전자형은 AaBB이고, Ⅱ의 유전자형은 AABb라고 했는데, (가)와 (나) 중 (나)에 a가 있는 염색체가 존재하므로 (나)는 Ⅰ의 세포이고, (다)에 b가 있는 염색체가 존재하므로 (다)는 Ⅱ의 세포이다. Ⅱ의 세포인 (다)는 수컷의 세포이므로 (가)가 Ⅱ의 세포이고, (라)가 Ⅰ의 세포이다.

적용해야 할 개념 ③가지

① 대립유전자는 상동 염색체의 같은 위치에 존재한다.
② 생물은 종에 따라 핵형이 서로 다르므로 핵형은 생물종의 고유한 특성이며, 같은 종의 생물에서는 성별이 같으면 핵형이 같다.
③ 체세포는 모든 염색체가 2개씩 상동 염색체 쌍을 이루고 있으므로 핵상을 $2n$으로 표시하고, 생식세포는 상동 염색체 중 1개씩만 있어 염색체가 쌍을 이루고 있지 않으므로 핵상을 n으로 표시한다.

문제 보기

어떤 동물 종($2n=?$)의 특정 형질은 3쌍의 대립유전자 E와 e, F와 f, G와 g에 의해 결정된다. 그림은 이 동물 종의 개체 A와 B의 세포 (가)~(라) 각각에 있는 염색체 중 X 염색체를 제외한 나머지 모든 염색체와 일부 유전자를 나타낸 것이다. (가)는 A의 세포이고, (나)~(라) 중 2개는 B의 세포이다. 이 동물 종의 성염색체는 암컷이 XX, 수컷이 XY이다. ㉠~㉢은 F, f, G, g 중 서로 다른 하나이다.

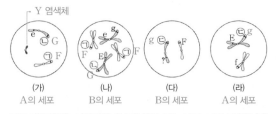

(가) A의 세포　(나) B의 세포　(다) B의 세포　(라) A의 세포

이에 대한 옳은 설명만을 〈보기〉에서 있는 대로 고른 것은? (단, 돌연변이와 교차는 고려하지 않는다.) [3점]

〈보기〉 풀이

그림에서 A의 세포 (가)의 염색체 수는 3개, (나)의 염색체 수는 4개, (다)의 염색체 수는 2개, (라)의 염색체 수는 2개가 나타나 있고, X 염색체가 제외되어 있다. 이로부터 A의 세포 (가)에는 X 염색체는 없지만 Y 염색체가 있고, (나)에는 X 염색체가 2개, (다)에는 X 염색체가 1개, (라)에는 X 염색체가 1개 있음을 알 수 있다. 따라서 이 동물 종을 이루는 체세포의 핵상과 염색체 수는 $2n=6$이고, 개체 A는 Y 염색체를 가진 수컷이다. (나)는 핵상이 $2n$이고 Y 염색체가 없으므로 (나)는 B의 세포이다. B의 세포 (나)에는 E와 ㉡이 같은 염색체에 있지만 (라)의 세포에서는 E와 ㉢이 같은 염색체에 있으므로, (라)는 A의 세포이다. 따라서 (다)는 B의 세포이다. B의 세포인 (나)와 (다)를 비교하면 B는 ㉡과 ㉢을 모두 가지므로 E와 같은 염색체에 있는 ㉡은 G, ㉢은 g이고, (다)가 F를 가지므로 ㉠은 F이다.

✗ (가)의 염색체 수는 4이다.
➡ (가)의 핵상과 염색체 수는 $n=3$이다.

ㄴ. (다)는 B의 세포이다.
➡ (가)와 (라)는 A의 세포, (나)와 (다)는 B의 세포이다.

ㄷ. ㉢은 g이다.
➡ ㉠은 F, ㉡은 G, ㉢은 g이다.

21 핵형과 핵상 2021학년도 4월 학평 3번　　　정답 ③ | 정답률 73 %

적용해야 할 개념 ③가지

① 성염색체가 XX인 암컷의 체세포에는 모양과 크기가 같은 성염색체가 쌍을 이루고, XY인 수컷의 체세포에는 모양과 크기가 다른 성염색체가 쌍을 이루고 있으며, X 염색체가 Y 염색체보다 상대적으로 크다.
② 모양과 크기가 같은 염색체 쌍을 상동 염색체라고 하며, DNA 복제 후 하나의 염색체는 두 가닥의 염색 분체로 이루어져 있다.
③ 상동 염색체가 분리된 감수 2분열 중인 세포에는 상동 염색체 중 하나만 있다.

문제 보기

그림은 같은 종인 동물($2n=?$) Ⅰ과 Ⅱ의 세포 (가)~(라) 각각에 들어 있는 모든 염색체를 나타낸 것이다. (가)~(라) 중 3개는 Ⅰ의 세포이고, 나머지 1개는 Ⅱ의 세포이다. 이 동물의 성염색체는 암컷이 XX, 수컷이 XY이다.

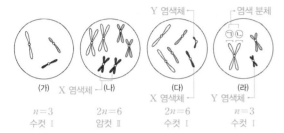

이에 대한 설명으로 옳은 것만을 〈보기〉에서 있는 대로 고른 것은? (단, 돌연변이는 고려하지 않는다.)

〈보기〉 풀이

(나)에서는 크기가 같은 검은색 염색체가, (다)에서는 크기가 서로 다른 검은색 염색체가 상동 염색체를 이루고 있다. 이를 통해 검은색 염색체는 성염색체이며, 이 중 크기가 큰 염색체는 X 염색체, 작은 염색체는 Y 염색체임을 알 수 있다. 그리고 (라)에는 Y 염색체가 있으므로 (다)와 (라)는 같은 개체의 세포이다.

ㄱ. (가)는 Ⅰ의 세포이다.
➡ Y 염색체가 있는 (다)와 (라)는 같은 개체의 세포이고, 2개의 X 염색체가 있는 (나)는 다른 개체의 세포이다. (가)~(라) 중 3개가 Ⅰ의 세포라고 했으므로, (가), (다), (라)는 Ⅰ의 세포, (나)는 Ⅱ의 세포이다.

ㄴ. ㉠은 ㉡의 상동 염색체이다.
➡ (라)에서 ㉠과 ㉡은 하나의 염색체를 이루는 염색 분체이다.

ㄷ. Ⅱ의 감수 1분열 중기 세포 1개당 염색 분체 수는 12이다.
➡ Ⅱ의 세포 (나)의 핵상과 염색체 수는 $2n=6$이며, 하나의 염색체는 두 가닥의 염색 분체로 구성되어 있어 염색 분체 수는 12이다. 감수 1분열 중기에는 상동 염색체끼리 접합한 형태인 2가 염색체 3개가 세포 중앙에 배열되므로, Ⅱ의 감수 1분열 중기의 세포 1개당 염색 분체 수는 12이다.

---

22 핵형과 핵상 2022학년도 9월 모평 14번　　　정답 ① | 정답률 75 %

적용해야 할 개념 ③가지

① 핵형이란 한 생물이 가진 염색체의 수, 모양, 크기 등의 특성이며, 염색체 수가 같아도 염색체의 모양, 크기에 차이가 있으면 핵형이 다르다.
② 체세포에는 모든 염색체가 2개씩 상동 염색체 쌍을 이루고 있으므로 체세포의 핵상은 $2n$이고, 생식세포에는 염색체가 쌍을 이루고 있지 않으므로 생식세포의 핵상은 n이다.
③ 성염색체가 XX인 암컷의 체세포에는 모양과 크기가 같은 성염색체가 쌍을 이루고, XY인 수컷의 체세포에는 모양과 크기가 다른 성염색체가 쌍을 이루고 있으며, X 염색체가 Y 염색체보다 상대적으로 크다.

문제 보기

그림은 동물($2n=6$) Ⅰ~Ⅲ의 세포 (가)~(라) 각각에 들어 있는 모든 염색체를 나타낸 것이다. Ⅰ~Ⅲ은 2가지 종으로 구분되고, (가)~(라) 중 2개는 암컷의, 나머지 2개는 수컷의 세포이다. Ⅰ~Ⅲ의 성염색체는 암컷이 XX, 수컷이 XY이다. 염색체 ⓐ와 ⓑ 중 하나는 상염색체이고, 나머지 하나는 성염색체이다. ⓐ와 ⓑ의 모양과 크기는 나타내지 않았다.

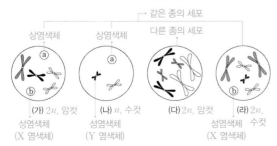

이에 대한 설명으로 옳은 것만을 〈보기〉에서 있는 대로 고른 것은? (단, 돌연변이는 고려하지 않는다.)

〈보기〉 풀이

(가), (나), (라)는 모양과 크기가 같은 염색체들로 이루어져 있으므로 같은 종의 세포이고, (다)는 다른 종의 세포이다.

ㄱ. ⓑ는 X 염색체이다.
➡ (라)에서 검은색 작은 염색체는 ⓑ와 상동 염색체를 이루며, (가)에서 ⓑ는 검은색 큰 염색체와 상동 염색체를 이룬다. 이를 통해 ⓑ는 X 염색체, (라)에 있는 검은색 작은 염색체는 Y 염색체임을 알 수 있으며, ⓐ는 회색 염색체와 상동 염색체를 이루는 상염색체이다.

ㄴ. (나)는 암컷의 세포이다.
➡ (나)에는 Y 염색체(검은색 작은 염색체)가 있으므로 (나)는 수컷의 세포이다. (가)는 2개의 X 염색체(검은색 염색체, ⓑ)를 갖고 있으므로 암컷의 세포이고, (다)에는 모양과 크기가 같은 염색체들이 쌍을 이루고 있고 Y 염색체가 없으므로 (다)는 암컷의 세포이다. (라)에는 X 염색체(ⓑ)와 Y 염색체(검은색 작은 염색체)가 있으므로 (라)는 수컷의 세포이다.

ㄷ. (가)를 갖는 개체와 (다)를 갖는 개체의 핵형은 같다.
➡ (가)와 (다)에 있는 염색체의 모양과 크기가 다르므로, (가)와 (다)는 핵형이 다른 서로 다른 종의 세포이다.

23 핵형과 핵상 2022학년도 수능 11번

정답 ② | 정답률 82 %

적용해야 할 개념 ③가지

① 생물은 종에 따라 핵형(한 생물이 가진 염색체의 수, 모양, 크기 등과 같은 염색체의 형태적인 특징)이 서로 다르다.

② 같은 종의 생물에서는 성별이 같으면 핵형이 같지만, 성별이 달라 성염색체의 모양과 크기가 다르면 핵형이 서로 다르다.

③ 모든 염색체가 2개씩 상동 염색체 쌍을 이루고 있는 세포의 핵상은 $2n$, 상동 염색체 중 1개씩만 있어 염색체가 쌍을 이루고 있지 않은 세포의 핵상은 n이다.

문제 보기

그림은 서로 다른 종인 동물($2n$=?) A~C의 세포 (가)~(라) 각각에 들어 있는 모든 염색체를 나타낸 것이다. (가)~(라) 중 2개는 A의 세포이고, A와 B의 성은 서로 다르다. A~C의 성염색체는 암컷이 XX, 수컷이 XY이다.

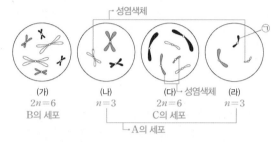

(가)
$2n$=6
B의 세포

(나)
n=3

(다) ─ 성염색체
$2n$=6
C의 세포

(라)
n=3

─ A의 세포 ─

이에 대한 설명으로 옳은 것만을 〈보기〉에서 있는 대로 고른 것은? (단, 돌연변이는 고려하지 않는다.)

〈보기〉 풀이

(가), (나), (다)는 모두 핵형이 다르므로 서로 다른 종의 세포이다. (나)와 (라)는 성염색체를 제외하고 핵형이 같으므로 같은 종의 세포이다. 따라서 (나)와 (라)는 모두 A의 세포이며, (나)와 (라)의 성염색체 모양이 다르므로 A는 수컷이다. (가)에는 크기가 서로 다른 염색체가 쌍을 이룬 것이 없으므로 (가)는 성염색체가 XX인 암컷의 세포이고, (다)에는 크기가 서로 다른 X 염색체와 Y 염색체가 있으므로 (다)는 성염색체가 XY인 수컷의 세포이다.

✗ **(가)는 C의 세포이다.**

➡ (나)와 (라)는 수컷인 A의 세포이고 (가)는 암컷의 세포, (다)는 수컷의 세포인데, A와 B의 성은 서로 다르다. 따라서 (가)는 B의 세포, (다)는 C의 세포이다.

ㄴ. **㉠은 상염색체이다.**

➡ (라)에서 크기가 가장 작은 흰색 염색체가 성염색체이므로 ㉠은 상염색체이다.

✗ **$\dfrac{\text{(다)의 성염색체 수}}{\text{(나)의 염색 분체 수}} = \dfrac{2}{3}$이다.**

➡ (다)에는 X 염색체와 Y 염색체가 각각 1개씩 있으므로, (다)의 성염색체 수는 2이다. (나)는 2가닥의 염색 분체로 구성된 염색체가 3개 있으므로 (나)의 염색 분체 수는 6이다. 따라서 $\dfrac{\text{(다)의 성염색체 수}}{\text{(나)의 염색 분체 수}} = \dfrac{2}{6} = \dfrac{1}{3}$이다.

보기 ㄴ

---

24 핵형과 핵상 2021학년도 10월 학평 6번

정답 ③ | 정답률 85 %

적용해야 할 개념 ③가지

① 핵형이란 한 생물이 가진 염색체의 수, 모양, 크기 등의 특성이며, 염색체 수가 같아도 염색체의 모양, 크기에 차이가 있으면 핵형이 다르다.

② 핵상은 하나의 세포 속에 들어 있는 염색체의 상대적인 수로, 상동 염색체가 쌍을 이루고 있으면 $2n$, 상동 염색체 중 하나씩만 있으면 n으로 표시한다.

③ DNA 복제 전 체세포와 DNA 복제 후 체세포의 핵상은 모두 $2n$이고, 감수 분열이 완료된 생식세포의 핵상은 n이다.

문제 보기

그림은 동물 A($2n$=6)와 B($2n$=6)의 세포 (가)~(라) 각각에 들어 있는 모든 염색체를 나타낸 것이다. A와 B의 성염색체는 암컷이 XX, 수컷이 XY이고, (가)는 A의 세포이다.

Y 염색체
(가) 수컷
A의 세포
(n=3)

(나) 암컷
B의 세포
(n=3)

X 염색체
(다) 수컷
A의 세포
(n=3)

(라) 암컷
B의 세포
($2n$=6)

이에 대한 옳은 설명만을 〈보기〉에서 있는 대로 고른 것은? (단, 돌연변이는 고려하지 않는다.) [3점]

〈보기〉 풀이

A의 세포인 (가)와 동일한 형태의 염색체를 가진 세포는 (다)이므로 (다)는 A의 세포이다. (가)와 (나)의 핵형은 다르므로 (나)는 B의 세포이고, (나)와 동일한 형태의 염색체를 가진 (라)도 B의 세포이다.

✗ **A는 암컷이다.**

➡ A의 세포는 (가)와 (다)이며, (가)와 (다)에 크기와 모양이 다른 성염색체가 있으므로 A는 수컷이다. 즉, (가)에는 Y 염색체가, (다)에는 X 염색체가 있으므로, A는 성염색체 구성이 XY로 수컷이다.

✗ **A와 B는 같은 종이다.**

➡ A의 세포(가)와 B의 세포(나)는 핵형이 다르므로, A와 B는 다른 종이다.

ㄷ. **(나)와 (다)의 핵상은 같다.**

➡ (나)와 (다)는 모두 상동 염색체 중 1개씩만 있고 염색체가 쌍을 이루고 있지 않으므로 핵상은 n이다.

보기 ㄱ

248

25   핵형과 핵상   2022학년도 10월 학평 17번

정답 ② | 정답률 59 %

적용해야 할 개념 ③가지

① 대립유전자는 상동 염색체의 같은 위치에 존재한다.
② 특정 형질을 결정하는 대립유전자가 상염색체에 있다면 핵상이 $2n$인 세포에서 이 형질을 결정하는 대립유전자가 2개 존재한다.
③ 핵상이 n인 세포에는 상동 염색체가 존재하지 않으므로 특정 형질을 결정하는 대립유전자는 쌍으로 함께 존재하지 않는다.

문제 보기

어떤 동물 종($2n=6$)의 유전 형질 ㉮는 2쌍의 대립유전자 A와 a, B와 b에 의해 결정된다. 그림은 이 동물 종의 암컷 Ⅰ과 수컷 Ⅱ의 세포 (가)~(라) 각각에 있는 염색체 중 X 염색체를 제외한 나머지 염색체와 일부 유전자를 나타낸 것이다. (가)~(라) 중 2개는 Ⅰ의 세포이고, 나머지 2개는 Ⅱ의 세포이다. 이 동물 종의 성염색체는 암컷이 XX, 수컷이 XY이다. ㉠~㉢은 A, a, B, b를 순서 없이 나타낸 것이다.

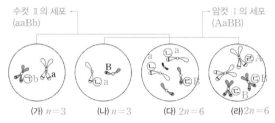

(가) $n=3$ (나) $n=3$ (다) $2n=6$ (라) $2n=6$

이에 대한 옳은 설명만을 〈보기〉에서 있는 대로 고른 것은? (단, 돌연변이는 고려하지 않는다.)

〈보기〉 풀이

이 동물 종의 세포 중 핵상이 $2n$이면 염색체 수는 6이고, 핵상이 n인 세포의 염색체 수는 3이다. 그림에서 (다)에는 5개의 염색체를 나타냈으므로 X 염색체가 1개이고, (라)에는 4개의 염색체를 나타냈으므로 X 염색체가 2개이다. 따라서 (다)와 (라)는 모두 핵상이 $2n$이고, (다)는 성염색체 구성이 XY로 수컷 Ⅱ의 세포, (라)는 성염색체 구성이 XX로 암컷 Ⅰ의 세포이다. (라)에 검은색 상염색체에 대립유전자 ㉢이 있고, (가)에 같은 검은색 상염색체에 대립유전자 ㉠이 있으므로 ㉠은 ㉢의 대립유전자, ㉡은 ㉣의 대립유전자이다. (가)와 (나)의 핵상은 n이고 (가)에는 ㉠이 있지만, (라)에는 ㉢만 있으므로 (가)는 Ⅱ의 세포, (나)는 Ⅰ의 세포이다. (나)의 검은색 상염색체에 대립유전자 B가 있으므로 (라)에서 ㉢은 B, ㉠은 b이다. (가)에 a가 있고, (다)에 ㉣은 없고 ㉡만 있으므로 ㉡은 a, ㉣은 A이다.

✘ **(가)는 Ⅰ의 세포이다.**
➡ (가)는 수컷 Ⅱ의 세포이다.

◯ **㉡ ㉢은 B이다.**
➡ (나)와 (라)는 모두 암컷 Ⅰ의 세포이므로, ㉢은 B이다.

✘ **Ⅱ는 ㉮의 유전자형이 aaBB이다.**
➡ (가)와 (다)는 수컷 Ⅱ의 세포이고, (다)에는 ㉠(b)과 ㉢(B)이 각각 한 개씩 있고, ㉡(a)이 2개 있다. 따라서 Ⅱ는 ㉮의 유전자형이 aaBb이다.

---

26   핵형 분석   2023학년도 3월 학평 20번

정답 ① | 정답률 64 %

적용해야 할 개념 ③가지

① 핵형이란 한 생물이 가진 염색체의 수, 모양, 크기 등과 같이 관찰할 수 있는 염색체의 형태적인 특징이다.
② 생물은 종에 따라 핵형이 서로 다르므로 핵형은 생물종의 고유한 특성이며, 같은 종의 생물에서는 성별이 같으면 핵형이 같다.
③ 체세포는 상동 염색체가 쌍을 이루고 있으므로 핵상을 $2n$으로 표시하고, 생식세포는 상동 염색체 중 1개씩만 있어 염색체가 쌍을 이루고 있지 않으므로 핵상을 n으로 표시한다.

문제 보기

그림은 동물 A($2n=8$)와 B($2n=6$)의 세포 (가)~(다) 각각에 있는 염색체 중 ㉠을 제외한 나머지를 모두 나타낸 것이다. A와 B는 성이 다르고, A와 B의 성염색체는 암컷이 XX, 수컷이 XY이다. ㉠은 X 염색체와 Y 염색체 중 하나이다.

(가) 수컷 B   (나) 암컷 A   (다) 수컷 B
$n=3$ $n=4$ $2n=6$

이에 대한 옳은 설명만을 〈보기〉에서 있는 대로 고른 것은? (단, 돌연변이는 고려하지 않는다.)

〈보기〉 풀이

(가)와 (다)에 크기와 모양이 같은 염색체가 있으므로, (가)와 (다)는 한 개체의 세포이다. 세포 (다)에는 2쌍의 상동 염색체가 있으므로, (다)의 핵상은 $2n$이다. 핵상이 $2n$인 (다)에서 ㉠을 제외한 염색체 수가 홀수인 5이므로 (다)는 성염색체가 XY인 수컷 B($2n=6$)의 세포이다.

◯ **㉠ ㉠은 X 염색체이다.**
➡ (나)는 성염색체가 XX인 암컷 A($2n=8$)의 세포로 핵상과 염색체 수가 $n=4$이다. 여기서 ㉠을 제외한 염색체 수가 3이므로 ㉠은 X 염색체이다.

✘ **(가)에서 상염색체의 수는 3이다.**
➡ (가)는 B($2n=6$)의 세포로 핵상과 염색체 수는 $n=3$이며, ㉠인 X 염색체가 제외되었다. 따라서 (가)의 상염색체 수는 2이다.

✘ **(나)는 수컷의 세포이다.**
➡ A와 B는 성이 다르고 (가)와 (다)는 수컷인 B의 세포이므로, (나)는 암컷인 A의 세포이다.

보기

보기

15
일차

적용해야 할 개념 ③가지

① 생물은 종에 따라 핵형(한 생물이 가진 염색체의 수, 모양, 크기 등과 같은 염색체의 형태적인 특징)이 서로 다르다.
② 같은 종의 생물에서는 성별이 같으면 핵형이 같지만, 성별이 다르면 X 염색체와 Y 염색체의 모양과 크기가 다르므로 핵형이 다르다.
③ 모든 염색체가 2개씩 상동 염색체 쌍을 이루고 있는 세포의 핵상은 $2n$, 상동 염색체가 쌍을 이루고 있지 않은 세포의 핵상은 n이다.

문제 보기

다음은 핵상이 $2n$인 동물 A~C의 세포 (가)~(라)에 대한 자료이다.

○ A와 B는 서로 같은 종이고, B와 C는 서로 다른 종이며, B와 C의 체세포 1개당 염색체 수는 서로 다르다.
○ (가)~(라) 중 2개는 암컷의, 나머지 2개는 수컷의 세포이다. A~C의 성염색체는 암컷이 XX, 수컷이 XY이다.
○ 그림은 (가)~(라) 각각에 들어 있는 모든 상염색체와 ㉠을 나타낸 것이다. ㉠은 X 염색체와 Y 염색체 중하나이다.

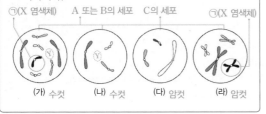

㉠(X 염색체) A 또는 B의 세포   C의 세포   ㉠(X 염색체)

(가) 수컷   (나) 수컷   (다) 암컷   (라) 암컷

이에 대한 설명으로 옳은 것만을 〈보기〉에서 있는 대로 고른 것은? (단, 돌연변이는 고려하지 않는다.)

보기

〈보기〉 풀이

세포 (가)~(라)의 핵형을 비교하면 (가), (나), (라)는 같은 종의 개체에서 얻은 세포이므로 (다)는 종 C의 개체에서 얻은 세포이다. (가)에는 3쌍의 상염색체와 ㉠(검은색 염색체)이 있다. 만약 ㉠이 Y 염색체라면 ㉠이 있는 (가)와 (라)는 수컷의 세포, (나)와 (다)는 암컷의 세포이다. 이 경우 그림에 X 염색체를 나타내지 않았으므로 (나)와 (다)에는 상염색체 3개와 X 염색체 1개가 있으며 핵상은 n이고, 체세포 1개당 염색체 수는 (나)와 (다)를 갖는 개체가 모두 8이다. 그러나 종 B와 C의 체세포 1개당 염색체 수는 서로 다르고, (나)와 (다)는 서로 다른 종의 개체에서 얻은 세포이므로, ㉠(검은색 염색체)은 X 염색체이다. (가)는 3쌍의 상염색체를 가지고 있으므로 성염색체로는 X 염색체(㉠, 검은색 염색체)와 Y 염색체를 가지고 있고, (나)는 3개의 상염색체와 Y 염색체를 가지고 있다. 따라서 (가)와 (나)는 수컷의 세포이고, (다)와 (라)는 암컷의 세포이다. (다)의 핵상과 염색체 수는 $n＝3$이고 (다)에는 상염색체 2개와 X 염색체 1개가 있으며, (라)의 핵상과 염색체 수는 $n＝4$이다. 따라서 체세포 1개당 염색체 수는 종 A와 B가 8이고, 종 C는 6이다.

✗ ㉠은 Y 염색체이다.
➡ ㉠(검은색 염색체)은 X 염색체이다.

ㄴ. (가)와 (라)는 서로 다른 개체의 세포이다.
➡ (가)는 수컷의 세포이고 (라)는 암컷의 세포이므로, (가)와 (라)는 서로 다른 개체의 세포이다.

ㄷ. C의 체세포 분열 중기의 세포 1개당 상염색체의 염색 분체 수는 8이다.
➡ 종 C의 체세포 1개당 염색체 수는 6이므로, C의 체세포 분열 중기의 세포 1개당 상염색체의 염색 분체 수는 $4×2＝8$이다.

16 일차

01 ④	02 ②	03 ③	04 ③	05 ②	06 ②	07 ①	08 ⑤	09 ④	10 ①	11 ④	12 ⑤
13 ②	14 ⑤	15 ①	16 ③	17 ②	18 ④	19 ①	20 ③	21 ②	22 ④	23 ③	24 ⑤
25 ①	26 ④	27 ⑤	28 ③	29 ④	30 ①	31 ②					

문제편 170쪽~177쪽

16 일차

---

01 | 세포 주기 2021학년도 6월 모평 10번

정답 ④ | 정답률 76 %

적용해야 할 개념 ②가지

① 세포 주기는 간기와 분열기(M기)로 구분되며, G_1기 → S기 → G_2기 → 분열기(M기) 순으로 진행된다.
· 간기: 세포의 생장이 활발하게 일어나는 G_1기, DNA 복제가 일어나는 S기, 세포 분열을 준비하는 G_2기로 구분된다.
· 분열기(M기): 간기에 비해 짧으며, 핵분열과 세포질 분열이 일어난다.
② 2가 염색체는 상동 염색체가 접합한 형태로, 생식세포 분열 중 감수 1분열 전기에 나타난다.

세포 주기 ▶

문제 보기

그림은 사람 체세포의 세포 주기를 나타낸 것이다. ㉠~㉢은 각각 G_2기, M기(분열기), S기 중 하나이다.

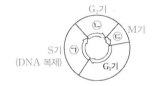

이에 대한 설명으로 옳은 것만을 〈보기〉에서 있는 대로 고른 것은?

〈보기〉 풀이

세포 주기는 간기(G_1기 → S기 → G_2기) → M기(분열기) 순으로 진행되므로, ㉠은 S기, ㉡은 G_2기, ㉢은 M기(분열기)이다.

ㄱ. ㉠ 시기에 DNA가 복제된다.
➡ ㉠ 시기는 S기이며, S기에 DNA 복제가 일어나 핵 1개당 DNA양이 2배로 증가한다.

ㄴ. ㉡은 간기에 속한다.
➡ ㉡은 세포 분열을 준비하는 시기인 G_2기로, G_2기는 간기에 속한다.

ㄷ. ㉢ 시기에 상동 염색체의 접합이 일어난다.
➡ ㉢ 시기는 체세포 분열이 일어나는 M기(분열기)이며, 체세포 분열에서는 상동 염색체가 접합하지 않는다. 감수 1분열 전기에 상동 염색체의 접합이 일어나 2가 염색체가 형성된다.

---

02 | 세포 주기 2020학년도 9월 모평 12번

정답 ② | 정답률 77 %

적용해야 할 개념 ④가지

① 세포 주기는 간기와 분열기(M기)로 구분되며, G_1기 → S기 → G_2기 → 분열기(M기) 순으로 진행된다.
② 간기는 G_1기, S기, G_2기로 구분되며, S기에 DNA 복제가 일어나 DNA양이 2배로 증가한다.
③ 간기에는 핵 속에 염색체가 풀어져 있다가 분열기(M기)에 핵막이 사라지고 응축된 염색체가 나타난다.
④ 2가 염색체는 상동 염색체가 접합한 형태로, 생식세포 분열 중 감수 1분열 전기에 나타난다.

문제 보기

그림은 사람에서 체세포의 세포 주기를 나타낸 것이다. ㉠~㉢은 각각 G_2기, M기, S기 중 하나이다.
이에 대한 설명으로 옳은 것만을 〈보기〉에서 있는 대로 고른 것은?

〈보기〉 풀이

세포 주기는 간기(G_1기 → S기 → G_2기) → 분열기(M기) 순으로 진행된다. 따라서 ㉠은 S기, ㉡은 G_2기, ㉢은 분열기(M기)이다.

ㄱ. ㉠ 시기에 핵막이 소실된다.
➡ S기(㉠)는 간기에 속한다. 간기에는 염색체가 풀어진 형태로 핵막에 싸여 존재하므로, S기(㉠)에 핵막이 소실되지 않는다. 분열기(M기)의 전기에 응축된 염색체가 나타나면서 핵막이 소실된다.

ㄴ. 세포 1개당 $\dfrac{㉡\ 시기의\ DNA양}{G_1기의\ DNA양}$의 값은 1보다 크다.
➡ S기(㉠)에 DNA 복제가 일어나 DNA양이 2배로 증가하므로, G_2기(㉡)의 DNA양은 G_1기의 DNA양의 2배이다. 따라서 세포 1개당 $\dfrac{㉡\ 시기의\ DNA양}{G_1기의\ DNA양} = \dfrac{2}{1}$로, 1보다 크다.

ㄷ. ㉢ 시기에 2가 염색체가 관찰된다.
➡ ㉢ 시기는 체세포 분열이 일어나는 분열기(M기)이며, 체세포 분열에서는 상동 염색체가 접합한 형태인 2가 염색체가 나타나지 않는다. 2가 염색체는 감수 1분열 전기에 형성된다.

적용해야 할 개념 ②가지	① 체세포의 세포 주기는 간기와 분열기(M기)로 구분한다.		
	간기	G₁기	세포를 구성하는 물질을 합성하고, 세포 소기관의 수를 늘리면서 세포가 가장 많이 생장한다.
		S기	DNA가 복제되어 DNA양이 2배로 증가한다.
		G₂기	분열에 필요한 물질을 합성하고, 분열을 준비한다.
	분열기(M기)		• 핵분열과 세포질 분열이 일어나 DNA가 2개의 딸세포로 나누어 들어간다. • 체세포의 분열기(M기)에는 응축된 염색체가 나타나면서 핵막이 사라지고, 염색 분체의 분리가 끝난 후에는 염색체가 풀어지면서 핵막이 다시 형성된다.
	② 세포 주기는 G₁기→ S기 → G₂기 → 분열기(M기) 순으로 진행된다.		

▲ 세포 주기

문제 보기

그림은 사람 체세포의 세포 주기를 나타낸 것이다. ㉠~㉢은 각각 G₂기, M기(분열기), S기 중 하나이다.

이에 대한 옳은 설명만을 〈보기〉에서 있는 대로 고른 것은? (단, 돌연변이는 고려하지 않는다.)

〈보기〉 풀이

세포 주기는 G₁기 → S기 → G₂기 → 분열기(M기) 순으로 진행되므로, 그림에서 ㉠은 S기, ㉡은 G₂기, ㉢은 M기이다.

ㄱ. ㉠의 세포에서 핵막이 관찰된다.
➡ ㉠은 간기에 속하는 S기이며, 간기의 세포에는 핵막이 관찰된다.

ㄴ. ㉡은 간기에 속한다.
➡ ㉡은 간기에 속하는 G₂기이다.

✗ ㉢의 세포에서 2가 염색체가 형성된다.
➡ 그림은 사람의 체세포의 세포 주기를 나타낸 것이며, 2가 염색체는 감수 분열 전기에 형성된다. ㉢(M기)은 체세포 분열이 일어나는 시기이므로, ㉢(M기)의 세포에서 2가 염색체가 형성되지 않는다.

보기

적용해야 할 개념 ③가지	① 세포 주기는 간기와 분열기(M기)로 구분되며, G₁기 → S기 → G₂기 → 분열기(M기) 순으로 진행된다. ② 간기는 G₁기, S기, G₂기로 구분되며, S기에 DNA 복제가 일어나 DNA양이 2배로 증가한다. ➡ G₁기에 세포당 DNA양이 1이라면, G₂기에는 세포당 DNA양이 2이다. ③ 2가 염색체는 상동 염색체가 접합한 형태로, 생식세포 분열 중 감수 1분열 전기에 나타난다.

세포 주기 ▶

문제 보기

그림은 어떤 동물의 체세포 집단 A의 세포 주기를, 표는 물질 X의 작용을 나타낸 것이다. ㉠~㉢은 각각 G₁기, G₂기, M기 중 하나이다.

물질	작용
X	G₁기에서 S기로의 진행을 억제한다.

이에 대한 설명으로 옳은 것만을 〈보기〉에서 있는 대로 고른 것은?

〈보기〉 풀이

체세포의 세포 주기는 G₁기 → S기 → G₂기 → M기(분열기) 순으로 진행된다. 따라서 ㉠은 G₂기, ㉡은 M기, ㉢은 G₁기이다.

✗ ㉡ 시기에 2가 염색체가 관찰된다.
➡ ㉡ 시기는 체세포 분열이 일어나는 M기(분열기)이며, 체세포 분열에서는 상동 염색체가 접합한 형태인 2가 염색체가 관찰되지 않는다. 2가 염색체는 감수 1분열 전기에 나타난다.

✗ 세포 1개당 DNA양은 ㉠ 시기의 세포가 ㉢ 시기의 세포보다 적다.
➡ S기에 DNA 복제가 일어나 DNA양이 2배로 증가하므로, 세포 1개당 DNA양은 DNA 복제가 일어난 후인 G₂기(㉠)의 세포가 DNA 복제가 일어나기 전인 G₁기(㉢)의 세포보다 2배 많다.

ㄷ. A에 X를 처리하면 ㉢ 시기의 세포 수는 처리하기 전보다 증가한다.
➡ 물질 X는 G₁기에서 S기로의 진행을 억제하므로, A에 X를 처리하면 G₁기(㉢)의 세포 수는 X를 처리하기 전보다 증가한다.

보기

05 | 세포 주기 2021학년도 7월 학평 13번
정답 ② | 정답률 74 %

적용해야 할 개념 ③가지

① 세포 주기는 G_1기 → S기(DNA 복제) → G_2기 → M기(분열기) 순으로 진행된다.
② G_1기에 세포당 DNA 상대량이 1이라면, S기에 DNA 복제가 일어나므로 G_2기와 분열기는 세포당 DNA 상대량이 2이다.
③ 간기(G_1기, S기, G_2기)에는 핵막이 관찰되며, 분열기(M기)에는 전기에 핵막이 사라졌다가 말기에 다시 나타난다.

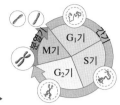

세포 주기 ▶

문제 보기

그림은 사람에서 체세포의 세포 주기를, 표는 세포 주기 중 각 시기 Ⅰ~Ⅲ의 특징을 나타낸 것이다. ㉠~㉢은 각각 G_1기, S기, 분열기 중 하나이며, Ⅰ~Ⅲ은 ㉠~㉢을 순서 없이 나타낸 것이다.

시기	특징
G_1기 Ⅰ	?
분열기 Ⅱ	방추사가 관찰된다.
S기 Ⅲ	DNA 복제가 일어난다.

이에 대한 설명으로 옳은 것만을 〈보기〉에서 있는 대로 고른 것은? (단, 돌연변이는 고려하지 않는다.)

〈보기〉 풀이

세포 주기는 G_1기 → S기 → G_2기 → 분열기(M기) 순으로 진행되므로, 그림에서 ㉠은 분열기, ㉡은 G_1기, ㉢은 S기이다. 표에서 방추사가 관찰되는 Ⅱ는 분열기, DNA 복제가 일어나는 Ⅲ은 S기이므로, Ⅰ은 G_1기이다.

✘ **Ⅲ은 ㉠이다.**
➡ DNA 복제는 S기(㉢)에 일어나므로 Ⅲ은 ㉢이다.

ㄴ. **Ⅰ 시기의 세포에서 핵막이 관찰된다.**
➡ 핵막은 간기(G_1기, S기, G_2기)에는 존재하다가 분열기에 사라지므로, Ⅰ 시기(G_1기)의 세포에서 핵막이 관찰된다.

✘ **체세포 1개당 DNA양은 ㉡ 시기 세포가 Ⅱ 시기 세포보다 많다.**
➡ S기에 DNA 복제가 일어나므로 체세포 1개당 DNA양은 G_1기(㉡) 세포보다 분열기(Ⅱ) 세포가 많다.

보기

---

06 | 세포 주기 2023학년도 7월 학평 16번
정답 ② | 정답률 75 %

적용해야 할 개념 ③가지

① 세포 주기는 G_1기 → S기 → G_2기 → 분열기(M기) 순으로 진행된다.

간기	G_1기	세포의 생장이 가장 많이 일어난다.
	S기	DNA가 복제되어 DNA양이 2배로 증가한다.
	G_2기	방추사를 구성하는 단백질을 합성하고, 분열을 준비한다.
분열기(M기)		방추사에 의해 염색 분체가 분리되어 두 개의 딸세포가 형성된다.

② G_1기에 세포당 DNA양이 1이라면, S기에 DNA 복제가 일어나므로 G_2기와 분열기에 세포당 DNA양은 각각 2이다.
③ 간기에는 핵막이 소실되지 않으며, 분열기에 핵막이 소실되었다가 다시 형성된다.

문제 보기

그림은 사람 체세포의 세포 주기를 나타낸 것이다. ㉠~㉢은 G_2기, M기(분열기), S기를 순서 없이 나타낸 것이다.
이에 대한 설명으로 옳은 것만을 〈보기〉에서 있는 대로 고른 것은? (단, 돌연변이는 고려하지 않는다.)

〈보기〉 풀이

세포 주기는 G_1기 → S기 → G_2기 → 분열기(M기) 순으로 진행되므로, ㉠은 S기, ㉡은 G_2기, ㉢은 M기(분열기)이다.

✘ **㉠은 G_2기이다.**
➡ ㉠은 S기이고, ㉡이 G_2기이다.

✘ **구간 Ⅰ에는 핵막이 소실되는 시기가 있다.**
➡ 구간 Ⅰ은 G_1기와 S기(㉠)로 구성된다. 간기에는 핵막이 소실되지 않으며 염색체가 풀어진 상태로 존재한다.

ㄷ. **구간 Ⅱ에는 염색 분체가 분리되는 시기가 있다.**
➡ 구간 Ⅱ에는 G_2기(㉡)와 M기(㉢)가 있다. 체세포 분열인 M기(㉢)에 하나의 염색체를 이루는 두 염색 분체의 분리가 일어난다.

보기

적용해야 할 개념 ③가지

① 세포 주기는 G_1기 → S기 → G_2기 → 분열기(M기) 순으로 진행된다.

	G_1기	세포의 생장이 가장 많이 일어난다.
간기	S기	DNA가 복제되어 DNA양이 2배로 증가한다.
	G_2기	방추사를 구성하는 단백질을 합성하고, 분열을 준비한다.
분열기(M기)		방추사에 의해 염색 분체가 분리되어 두 개의 딸세포가 형성된다.

② 체세포 분열에서는 염색 분체가 분리되며, 상동 염색체는 분리되지 않는다.

③ 염색체는 간기일 때는 핵 안에 가는 실 모양으로 풀어져 있는 형태로 존재하고, 분열기일 때 응축된 막대 모양의 형태로 관찰된다.

문제 보기

그림 (가)는 사람 P의 체세포 세포 주기를, (나)는 P의 핵형 분석 결과의 일부를 나타낸 것이다. ㉠~㉢은 G_1기, G_2기, M기(분열기)를 순서 없이 나타낸 것이다.

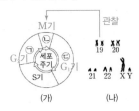

(가)　　　　(나)

이에 대한 설명으로 옳은 것만을 〈보기〉에서 있는 대로 고른 것은?

〈보기〉 풀이

세포 주기는 G_1기 → S기 → G_2기 → M기(분열기) 순으로 진행되므로 (가)에서 ㉠은 G_2기, ㉡은 M기(분열기), ㉢은 G_1기이다. (나)에는 4쌍의 상염색체와 1쌍의 성염색체 XY가 있다.

보기

ㄱ. ㉠은 G_2기이다.
➡ ㉠은 G_2기, ㉡은 M기(분열기), ㉢은 G_1기이다.

✗ ㉡ 시기에 상동 염색체의 접합이 일어난다.
➡ 상동 염색체의 접합은 감수 1분열 중 전기 때 일어나므로, 체세포 분열 시기인 ㉡ 시기에서는 상동 염색체의 접합이 일어나지 않는다.

✗ ㉢ 시기에 (나)의 염색체가 관찰된다.
➡ ㉢(G_1기) 시기는 간기이다. 간기에 염색체는 응축되지 않은 상태이므로 (나)와 같은 X자 모양의 응축된 염색체는 관찰되지 않는다. (나)의 염색체는 ㉡(분열기) 시기에 관찰된다.

적용해야 할 개념 ②가지

① 세포 주기는 G_1기 → S기(DNA 복제) → G_2기 → M기(분열기) 순으로 진행되며, S기에 DNA가 복제된다.

② 염색체는 수많은 뉴클레오솜이 모여 형성되며, 뉴클레오솜은 DNA가 히스톤 단백질 주위를 감싸고 있는 구조이다.

문제 보기

그림 (가)는 사람에서 체세포의 세포 주기를, (나)는 사람의 체세포에 있는 염색체의 구조를 나타낸 것이다. ㉠~㉢은 각각 G_1기, G_2기, S기 중 하나이고, ⓐ와 ⓑ는 각각 DNA와 히스톤 단백질 중 하나이다.

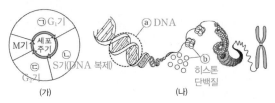

(가)　　　　(나)

이에 대한 설명으로 옳은 것만을 〈보기〉에서 있는 대로 고른 것은?

〈보기〉 풀이

(가)에서 세포 주기는 G_1기 → S기 → G_2기 → M기(분열기) 순으로 진행되므로, ㉠은 G_1기, ㉡은 S기, ㉢은 G_2기이다. (나)에서 이중 나선 구조인 ⓐ는 DNA, ⓑ는 히스톤 단백질이다.

보기

✗ ㉠은 G_2기이다.
➡ 세포 주기는 간기(G_1기 → S기 → G_2기) → M기(분열기) 순으로 진행된다. 따라서 ㉠은 G_1기이다.

ㄴ. ㉡ 시기에 ⓐ가 복제된다.
➡ ㉡ 시기(S기)에 ⓐ(DNA)가 복제된다.

ㄷ. 뉴클레오솜의 구성 성분에는 ⓑ가 포함된다.
➡ 뉴클레오솜이란 염색체에서 DNA가 히스톤 단백질을 감아 형성된 구조물이다. 따라서 뉴클레오솜의 구성 성분에는 ⓑ(히스톤 단백질)가 포함된다.

09 세포 주기와 체세포 분열 2023학년도 10월 학평 6번

정답 ④ | 정답률 72%

적용해야 할 개념 ②가지

① 세포 주기는 G₁기 → S기 → G₂기 → 분열기(M기) 순으로 진행된다.

	G₁기	세포의 생장이 가장 많이 일어난다.
간기	S기	DNA가 복제되어 DNA양이 2배로 증가한다.
	G₂기	방추사를 구성하는 단백질을 합성하고, 분열을 준비한다.
분열기(M기)		방추사에 의해 염색 분체가 분리되어 두 개의 딸세포가 형성된다.

② G₁기에 세포당 DNA양이 1이라면, S기에 DNA 복제가 일어나므로 G₂기와 분열기에 세포당 DNA양은 각각 2이다.

문제 보기

그림은 사람 체세포의 세포 주기를, 표는 시기 ㉠~㉢에서 핵 1개당 DNA양을 나타낸 것이다. ㉠~㉢은 G₁기, G₂기, S기를 순서 없이 나타낸 것이고, ⓐ는 1과 2 중 하나이다.

시기	DNA양(상댓값)
㉠ S기	1~2
㉡ G₂기	ⓐ 2
㉢ G₁기	?

이에 대한 옳은 설명만을 〈보기〉에서 있는 대로 고른 것은? (단, 돌연변이는 고려하지 않는다.) [3점]

〈보기〉 풀이

세포 주기는 G₁기 → S기 → G₂기 → 분열기(M기) 순으로 진행되며, S기에 DNA를 복제하므로 S기에 핵 1개당 DNA양은 1~2이다. 따라서 ㉠은 S기, ㉡은 G₂기, ㉢은 G₁기이다.

ㄱ. **ⓐ는 2이다.**
➡ S기(㉠)에 DNA를 복제하므로 S기가 끝나면 세포당 DNA양은 2배가 된다. 따라서 G₂기(㉡)에 핵 1개당 DNA양(ⓐ)은 2이다.

✗ **㉠의 세포에서 염색 분체의 분리가 일어난다.**
➡ ㉠은 간기 중 S기이며, 염색 분체의 분리는 분열기(M기)에 일어난다.

ㄷ. **㉡의 세포와 ㉢의 세포는 핵상이 같다.**
➡ S기(㉠)에 DNA는 복제되지만 핵상은 변하지 않는다. G₂기(㉡) 세포와 G₁기(㉢) 세포는 핵상이 모두 2n이다.

보기

---

10 세포 주기와 체세포 분열 과정 2020학년도 3월 학평 13번

정답 ① | 정답률 72%

적용해야 할 개념 ③가지

① 세포 주기는 G₁기 → S기 → G₂기 → 분열기(M기) 순으로 진행된다.

② 체세포 분열이 일어날 때 하나의 염색체를 이루는 2개의 염색 분체가 분리되어 2개의 딸세포로 나뉘어 들어간다.

③ 대립유전자는 상동 염색체의 같은 위치에 존재하며, 특정 형질의 대립유전자는 같을 수도 있고 다를 수도 있다. 이때 하나의 염색체를 이루는 2개의 염색 분체에는 같은 위치에 동일한 대립유전자가 있다.

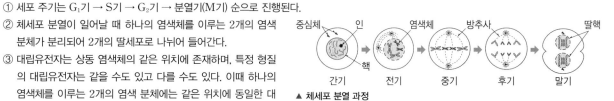

▲ 체세포 분열 과정

문제 보기

그림 (가)는 어떤 동물(2n=4)의 세포 주기를, (나)는 이 동물의 분열 중인 세포를 나타낸 것이다. ㉠과 ㉡은 각각 G₁기와 G₂기 중 하나이며, 이 동물의 특정 형질에 대한 유전자형은 Rr이다.

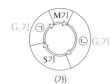
(가)

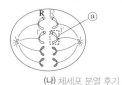
(나) 체세포 분열 후기

이에 대한 옳은 설명만을 〈보기〉에서 있는 대로 고른 것은? (단, 돌연변이와 교차는 고려하지 않는다.)

〈보기〉 풀이

(가)에서 세포 주기는 G₁기 → S기 → G₂기 → M기(분열기) 순으로 진행되므로, ㉠은 G₂기, ㉡은 G₁기이다.

ㄱ. **㉠은 G₂기이다.**
➡ ㉠은 세포 분열을 준비하는 G₂기, ㉡은 세포가 가장 많이 생장하는 G₁기이다.

✗ **(나)가 관찰되는 시기는 ㉡이다.**
➡ (나)는 하나의 염색체를 이루는 두 염색 분체가 분리되어 세포의 양쪽 끝으로 이동하므로 체세포 분열 후기의 세포이다. 따라서 (나)는 M기(분열기)에 관찰된다.

✗ **염색체 ⓐ에 R가 있다.**
➡ 이 동물의 특정 형질에 대한 유전자형은 Rr인데, 염색체 ⓐ와 상동 염색체를 이루는 염색체에 R가 있다. 따라서 염색체 ⓐ에는 R의 대립유전자인 r가 있다.

보기

**적용해야 할
개념 ③가지**

① 세포 주기는 G_1기 → S기(DNA 복제) → G_2기 → M기(분열기) 순으로 진행되며, S기에 DNA 복제가 일어난다.
② 분열기(M기)의 전기와 중기에는 두 가닥의 염색 분체로 구성된 염색체가 존재하며, 염색체의 동원체 부위에 방추사가 부착된다.
③ 체세포 분열 중기에는 두 염색 분체로 구성된 염색체가 세포 중앙에 배열되어 있다.

문제 보기

그림 (가)는 동물 A($2n=4$) 체세포의 세포 주기를, (나)는 A의 체세포 분열 과정 중 어느 한 시기에 관찰되는 세포를 나타낸 것이다. ㉠~㉢은 각각 G_2기, M기(분열기), S기 중 하나이다.

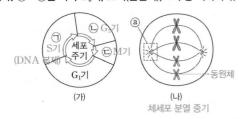

(가)

(나)
체세포 분열 중기

이에 대한 설명으로 옳은 것만을 〈보기〉에서 있는 대로 고른 것은?

〈보기〉 풀이

(가)에서 세포 주기는 G_1기 → S기 → G_2기 → M기(분열기) 순으로 진행되므로 ㉠은 S기, ㉡은 G_2기, ㉢은 M기(분열기)이며, (나)는 체세포 분열 중기에 관찰되는 세포이다.

ㄱ. **㉠ 시기에 DNA 복제가 일어난다.**
➡ DNA 복제는 S기(㉠)에 일어난다.

ㄴ. **ⓐ에 동원체가 있다.**
➡ 동원체는 염색체의 잘록한 부분으로, 세포 분열 시 방추사가 부착되는 곳이므로 ⓐ에는 동원체가 없다.

ㄷ. **(나)는 ㉢ 시기에 관찰되는 세포이다.**
➡ (나)는 방추사가 부착된 염색체가 세포 중앙에 배열되어 있으므로 체세포 분열 중기의 세포이다. 따라서 (나)는 M기(㉢)에 관찰되는 세포이다.

**적용해야 할
개념 ③가지**

① 염색체는 수많은 뉴클레오솜이 모여 형성된 것이며, 뉴클레오솜은 DNA가 히스톤 단백질 주위를 감싸고 있는 구조이다.
② 체세포 분열에서는 염색 분체가 분리되어 DNA양은 반감되지만 염색체 수는 변하지 않는다($2n → 2n$).
③ 체세포 분열 후기, 감수 분열 후기 비교

체세포 분열 후기	감수 1분열 후기	감수 2분열 후기
4개의 염색체를 이루던 염색 분체 분리	2쌍의 상동 염색체 분리	2개의 염색체를 이루던 염색 분체 분리

문제 보기

그림은 어떤 동물($2n=4$)의 세포 분열 과정에서 관찰되는 세포 (가)를 나타낸 것이다. 이 동물의 특정 형질의 유전자형은 **Aa**이다. ← 체세포 분열 후기 세포

이에 대한 옳은 설명만을 〈보기〉에서 있는 대로 고른 것은? (단, 돌연변이와 교차는 고려하지 않는다.)

〈보기〉 풀이

이 동물에 있는 체세포의 핵상과 염색체 수는 $2n=4$이다. 그림에서 4개의 염색체를 이루던 8개의 염색 분체가 분리되어 세포의 양쪽 끝으로 이동하므로, (가)는 체세포 분열 후기의 세포이다.

ㄱ. **(가)는 감수 분열 과정에서 관찰된다.**
➡ 감수 1분열에서는 2쌍의 상동 염색체가 분리되어 세포의 양쪽 끝으로 이동하고, 감수 2분열에서는 서로 다른 2개의 염색체를 이루던 염색 분체가 분리되어 세포의 양쪽 끝으로 이동한다. 따라서 (가)는 감수 분열 과정에서 관찰되지 않는다.

ㄴ. **㉠에 뉴클레오솜이 있다.**
➡ 염색체는 수많은 뉴클레오솜으로 이루어져 있으므로, ㉠에도 뉴클레오솜이 있다.

ㄷ. **㉡에 A가 있다.**
➡ 대립유전자 A와 a는 상동 염색체의 같은 위치에 존재한다. 이 동물의 특정 형질의 유전자형은 Aa이므로, a가 있는 염색체와 상동 염색체인 ㉡에는 A가 있다.

13 세포 주기와 체세포 분열 2022학년도 7월 학평 7번
정답 ② | 정답률 65%

적용해야 할 개념 ②가지

① 체세포의 세포 주기는 간기와 분열기(M기)로 구분한다.

간기	G₁기	세포를 구성하는 물질을 합성하고, 세포 소기관의 수를 늘리면서 세포가 가장 많이 생장한다.
	S기	DNA가 복제되어 DNA양이 2배로 증가한다.
	G₂기	분열에 필요한 물질을 합성하고, 분열을 준비한다.
분열기(M기)		• 핵분열과 세포질 분열이 일어나 DNA가 2개의 딸세포로 나뉘어 들어간다. • 체세포의 분열기(M기)에는 응축된 염색체가 나타나면서 핵막이 사라지고, 염색 분체의 분리가 끝난 후에는 염색체가 풀어지면서 핵막이 다시 형성된다.

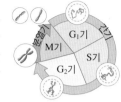

▲ 세포 주기

② 세포 주기는 G₁기 → S기 → G₂기 → 분열기(M기) 순으로 진행된다.

문제 보기

그림 (가)는 어떤 동물 체세포의 세포 주기를, (나)는 이 동물의 체세포 분열 과정에서 관찰되는 세포 ㉠과 ㉡을 나타낸 것이다. Ⅰ~Ⅲ은 각각 G₁기, G₂기, M기 중 하나이고, ㉠과 ㉡은 Ⅱ 시기의 세포와 Ⅲ 시기의 세포를 순서 없이 나타낸 것이다.

 ㉠
Ⅱ 시기의 세포 (나)

 ㉡
Ⅲ 시기의 세포

이에 대한 설명으로 옳은 것만을 <보기>에서 있는 대로 고른 것은? (단, 돌연변이는 고려하지 않는다.)

<보기> 풀이

세포 주기는 G₁기 → S기 → G₂기 → 분열기(M기) 순으로 진행되므로, 그림 (가)에서 Ⅰ은 G₂기, Ⅱ는 M기, Ⅲ은 G₁기이다. (나)에서 세포 ㉠에는 응축된 염색체가 있으므로 ㉠은 Ⅱ 시기(M기)의 세포이고, 세포 ㉡에는 핵막으로 둘러싸인 핵이 있으므로 ㉡은 Ⅲ 시기(G₁기)의 세포이다.

✗ Ⅰ은 G₁기이다.
➡ 세포 주기에서 간기는 G₁기 → S기 → G₂기 순으로 진행되므로, Ⅰ은 G₂기이다.

ㄴ. ㉠은 Ⅱ 시기의 세포이다.
➡ 간기에 염색체는 풀어진 상태로 핵막으로 둘러싸여 있고, 분열기(M기)에 핵막은 소실되고 염색체는 응축된 형태로 관찰된다. 따라서 응축된 염색체가 보이는 ㉠은 Ⅱ 시기(M기)의 세포이고, 핵막이 있는 ㉡은 Ⅲ 시기(G₁기)의 세포이다.

✗ 세포 1개당 DNA의 양은 ㉡에서가 ㉠에서의 2배이다.
➡ S기에 DNA 복제가 일어나므로 세포 1개당 DNA의 양은 Ⅱ 시기(M기)의 세포인 ㉠에서가 Ⅲ 시기(G₁기)의 세포인 ㉡에서보다 많다.

---

14 세포 주기와 핵형 분석 2024학년도 6월 모평 6번
정답 ⑤ | 정답률 78%

적용해야 할 개념 ②가지

① 체세포 세포 주기는 G₁기 → S기 → G₂기 → 분열기(M기) 순으로 진행된다.

간기	G₁기	세포의 생장이 가장 많이 일어난다.
	S기	DNA가 복제되어 DNA양이 2배로 증가한다.
	G₂기	방추사를 구성하는 단백질을 합성하고, 분열을 준비한다.
분열기(M기)		염색체가 응축하며, 각 염색체는 2개의 염색 분체로 구성된다. 이후 방추사에 의해 염색 분체가 분리되어 두 개의 딸세포가 형성된다.

② 핵형 분석은 체세포 분열 중기 세포의 염색체 사진을 이용해 분석하며, 정상 사람의 체세포에는 22쌍(44개)의 상염색체와 1쌍(2개)의 성염색체가 있다.

문제 보기

그림 (가)는 사람 H의 체세포 세포 주기를, (나)는 H의 핵형 분석 결과의 일부를 나타낸 것이다. ㉠~㉢은 G₁기, M기(분열기), S기를 순서 없이 나타낸 것이다.

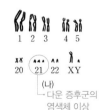

1 2 3   4 5

20 (21) 22 XY

(가)

(나)
└ 다운 증후군의 염색체 이상

이에 대한 설명으로 옳은 것만을 <보기>에서 있는 대로 고른 것은?

<보기> 풀이

체세포 세포 주기는 크게 간기와 분열기로 나뉘며, 간기는 G₁기 → S기 → G₂기 순으로 진행된다. 따라서 ㉠은 S기, ㉡은 M기(분열기), ㉢은 G₁기이다.

ㄱ. ㉠ 시기에 DNA 복제가 일어난다.
➡ ㉠ 시기는 S기이다. S기(㉠)에 DNA 복제가 일어나 DNA양이 2배로 증가한다.

✗ ㉢ 시기에 (나)의 염색체가 관찰된다.
➡ 핵형 분석은 체세포 분열 과정 중 중기 세포의 염색체 사진을 이용하여 실시한다. ㉢ 시기는 G₁기로, 막대 모양으로 두껍게 응축된 (나)의 염색체가 관찰되지 않는다.

ㄷ. (나)에서 다운 증후군의 염색체 이상이 관찰된다.
➡ (나)의 핵형 분석 결과에서 21번 염색체가 3개 있으므로, (나)에서 다운 증후군의 염색체 이상이 관찰된다.

보기

적용해야 할 개념 ③가지	① 세포 주기는 G_1기 → S기 → G_2기 → M기(분열기) 순으로 진행된다. ② S기에 DNA 복제가 일어나므로, DNA 복제 후 G_2기와 분열기의 DNA양은 DNA 복제 전 G_1기의 DNA양의 2배이다. ③ 체세포의 분열기(M기)에는 응축된 염색체가 나타나면서 핵막이 사라지고, 염색 분체의 분리가 끝난 후에는 염색체가 풀어지면서 핵막이 　다시 형성된다.

문제 보기

표는 어떤 사람의 세포 (가)~(다)에서 핵막 소실 여부와 DNA 상대량을 나타낸 것이다. (가)~(다)는 체세포의 세포 주기 중 M기(분열기)의 중기, G_1기, G_2기에 각각 관찰되는 세포를 순서 없이 나타낸 것이다. ㉠은 '소실됨'과 '소실 안 됨' 중 하나이다.

세포	핵막 소실 여부	DNA 상대량
(가) G_1기	㉠ 소실 안 됨	1
(나) M기의 중기	소실됨	? 2
(다) G_2기	소실 안 됨	2

이에 대한 설명으로 옳은 것만을 〈보기〉에서 있는 대로 고른 것은? (단, 돌연변이는 고려하지 않는다.)

〈보기〉 풀이

세포 주기 중 M기(분열기)에 핵막이 소실되었다가 다시 형성되며, 간기(G_1기, S기, G_2기)에는 핵막이 소실되지 않는다. S기에 DNA가 복제되므로 G_1기 세포의 DNA 상대량이 1이라면 G_2기의 세포와 M기(분열기)의 중기 세포의 DNA 상대량은 2이다. 따라서 (가)는 G_1기, (나)는 M기(분열기)의 중기, (다)는 G_2기에 관찰되는 세포이다.

㉠. ㉠은 '소실 안 됨'이다.
➡ (가)는 간기 중 G_1기에 관찰되는 세포이므로 핵막이 있다. 따라서 ㉠은 '소실 안 됨'이다.

✘ (나)는 간기의 세포이다.
➡ (나)는 M기(분열기)의 중기에 관찰되는 세포이다.

✘ (다)에는 히스톤 단백질이 없다.
➡ DNA와 히스톤 단백질로 이루어진 염색체는 간기와 분열기에 모두 있으므로, (가)~(다)에는 모두 히스톤 단백질이 있다.

적용해야 할 개념 ③가지	① 체세포의 세포 주기는 간기와 분열기(M)기로 구분한다.		
	간기	G_1기	세포를 구성하는 물질을 합성하고, 세포 소기관의 수를 늘리면서 세포가 가장 많이 생장한다.
		S기	DNA가 복제되어 DNA 양이 2배로 증가한다.
		G_2기	분열에 필요한 물질을 합성하고, 분열을 준비한다.
	분열기(M기)		• 핵분열(전기, 중기, 후기, 말기)과 세포질 분열이 일어나 DNA가 두 개의 딸세포로 나뉘어 들어간다. • 핵막이 사라지고, 염색 분체의 분리가 끝난 후에는 염색체가 풀어지면서 핵막이 다시 형성된다.

② 염색체는 DNA와 히스톤 단백질로 이루어진 복합체이다.
③ 염색체는 세포가 분열하지 않을 때에는 핵 안에서 실처럼 풀어져 있다가 세포가 분열할 때 응축되어 나타난다.

문제 보기

표 (가)는 사람의 체세포 세포 주기에서 나타나는 4가지 특징을, (나)는 (가)의 특징 중 사람의 체세포 세포 주기의 ㉠~㉣에서 나타나는 특징의 개수를 나타낸 것이다. ㉠~㉣은 G_1기, G_2기, M기(분열기), S기를 순서 없이 나타낸 것이다.

특징
○ 핵막이 소실된다. M기
○ 히스톤 단백질이 있다. G_1, G_2, S, M기
○ 방추사가 동원체에 부착된다. M기
○ ⓐ 핵에서 DNA 복제가 일어난다. S기

(가)

구분	특징의 개수
㉠ S기	2
㉡	? 1
㉢ M기	3
㉣	1

(나)

하나는 G_1기(DNA 양=1),
다른 하나는 G_2기(DNA 양=2)

이에 대한 설명으로 옳은 것만을 〈보기〉에서 있는 대로 고른 것은?

〈보기〉 풀이

염색체는 DNA와 히스톤 단백질로 이루어져 있으며, G_1기, G_2기, M기, S기에 모두 존재한다. M기 중 전기일 때 핵막이 소실되며, 방추사가 동원체에 부착한다. S기에 핵에서 DNA 복제가 일어난다. 따라서 세포 주기의 각 시기에서 나타나는 특징의 개수는 G_1기와 G_2기는 각각 1개, S기는 2개, M기는 3개이므로, ㉠은 S기, ㉡과 ㉣ 중 하나는 G_1기, 다른 하나는 G_2기, ㉢은 M기이다.

㉠. ㉠ 시기에 특징 ⓐ가 나타난다.
➡ ㉠ 시기는 S기이며, S기에 핵에서 DNA 복제가 일어난다.

㉡. ㉢ 시기에 염색 분체의 분리가 일어난다.
➡ ㉢ 시기는 M기(분열기)이며, 체세포의 세포 주기 중 M기일 때 염색 분체의 분리가 일어난다.

✘ 핵 1개당 DNA 양은 ㉡ 시기의 세포와 ㉣ 시기의 세포가 서로 같다.
➡ 세포 주기는 G_1기, S기, G_2기, 분열기(M기) 순으로 진행되고 S기에 핵에서 DNA 복제가 일어나므로, 핵 1개당 DNA 양은 G_2기가 G_1기의 2배이다. ㉡과 ㉣ 중 하나는 G_1기, 다른 하나는 G_2기이므로 핵 1개당 DNA 양은 ㉡ 시기의 세포와 ㉣ 시기의 세포가 서로 다르다.

| **17** | 세포 주기와 체세포 분열 2024학년도 10월 학평 7번 | 정답 ② \| 정답률 77 % |

적용해야 할 개념 ②가지

① 체세포의 세포 주기는 G_1기 → S기 → G_2기 → M기 순으로 진행된다.

간기	G_1기	세포의 생장이 가장 많이 일어난다.
	S기	DNA가 복제되어 DNA 양이 2배로 증가한다.
	G_2기	방추사를 구성하는 단백질을 합성하고, 분열을 준비한다.
M기		핵분열과 세포질 분열이 일어난다.

② G_1기에 세포당 DNA 양이 1이라면, S기에 DNA가 복제되어 DNA 양이 2배가 되므로, G_2기와 M기에 세포당 DNA 양은 각각 2이다.

문제 보기

그림은 사람 체세포의 세포 주기를 나타낸 것이다. ㉠~㉣은 각각 G_1기, G_2기, M기, S기 중 하나이다. 핵 1개당 DNA 양은 ㉣ 시기 세포가 ㉡ 시기 세포의 2배이다.
이에 대한 옳은 설명만을 〈보기〉에서 있는 대로 고른 것은?

〈보기〉 풀이

핵 1개당 DNA 양은 ㉣ 시기 세포가 ㉡ 시기 세포의 2배이므로 ㉢ 시기에 DNA 양이 2배가 되는 과정인 DNA 복제가 일어남을 알 수 있다. 따라서 ㉢은 S기이며, ㉡은 G_1기, ㉣은 G_2기, ㉠은 M기이다.

✗ ㉠ 시기에 2가 염색체가 형성된다.
➡ ㉠ 시기는 M기이며, 핵분열과 세포질 분열이 일어난다. 체세포 분열에서는 2가 염색체가 형성되지 않는다. 감수 1분열 전기에 2가 염색체가 형성된다.

ㄴ ㉢ 시기에 DNA 복제가 일어난다.
➡ ㉢ 시기는 S기이며, S기에 DNA 복제가 일어나 핵 1개당 DNA 양이 2배로 증가한다.

✗ ㉡ 시기 세포와 ㉣ 시기 세포는 핵상이 서로 다르다.
➡ ㉢ 시기에 DNA 복제가 일어나 DNA 양은 2배로 증가하지만, 핵상은 변하지 않는다. ㉡ 시기 세포와 ㉣ 시기 세포는 핵상이 모두 $2n$이다.

| **18** | 세포 주기 2024학년도 5월 학평 4번 | 정답 ④ \| 정답률 78 % |

적용해야 할 개념 ②가지

① 체세포의 세포 주기는 G_1기 → S기 → G_2기 → 분열기(M기) 순으로 진행된다.

간기	G_1기	세포의 생장이 가장 많이 일어난다.
	S기	DNA가 복제되어 DNA 양이 2배가 된다.
	G_2기	방추사를 구성하는 단백질을 합성하고, 세포 분열을 준비한다.
분열기 (M기)	전기	핵막이 사라지고, 염색체가 응축하며 각 염색체는 2개의 염색 분체로 구성된다.
	중기	염색체가 세포 중앙에 배열된다.
	후기	염색 분체가 분리되어 세포의 양극으로 이동한다.
	말기	응축된 염색체가 풀어지고, 핵막이 나타나며, 세포질 분열이 시작된다.

② 체세포의 세포 주기의 모든 시기(G_1기, S기, G_2기, M기)에 뉴클레오솜이 있다.

문제 보기

표는 사람의 체세포 세포 주기 Ⅰ~Ⅲ에서 특징의 유무를 나타낸 것이다. Ⅰ~Ⅲ은 G_1기, M기, S기를 순서 없이 나타낸 것이다.

특징 \ 세포 주기	S기 Ⅰ	M기 Ⅱ	G_1기 Ⅲ
M기 핵막이 소실된다.	×	? ○	×
뉴클레오솜이 있다.	○	○	ⓐ ○
S기 핵에서 DNA 복제가 일어난다.	○	×	? ×
G_1기, S기, M기			(○: 있음, ×: 없음)

이에 대한 설명으로 옳은 것만을 〈보기〉에서 있는 대로 고른 것은?

〈보기〉 풀이

체세포의 세포 주기는 간기(G_1기, S기, G_2기)와 분열기(M기)로 구분된다. M기에 핵막이 소실되고, S기에 핵에서 DNA 복제가 일어나며, 세포 주기의 모든 시기(G_1기, S기, G_2기, M기)에 뉴클레오솜이 있다. 따라서 Ⅰ은 S기, Ⅱ는 M기, Ⅲ은 G_1기이다.

✗ ⓐ는 '×'이다.
➡ 세포 주기의 모든 시기(G_1기, S기, G_2기, M기)에 뉴클레오솜이 있다. 따라서 ⓐ는 '○'이다.

ㄴ Ⅱ 시기에 염색 분체의 분리가 일어난다.
➡ Ⅱ 시기는 M기이고, M기의 후기에 염색 분체가 분리되어 세포의 양극으로 이동한다. 따라서 Ⅱ 시기에 염색 분체의 분리가 일어난다.

ㄷ Ⅰ과 Ⅲ 시기는 모두 간기에 속한다.
➡ Ⅰ 시기는 S기이고, Ⅲ 시기는 G_1기이며, 간기에는 G_1기, S기, G_2기가 속한다. 따라서 Ⅰ과 Ⅲ 시기는 모두 간기에 속한다.

19 세포 주기 2025학년도 9월 모평 7번

정답 ① | 정답률 80 %

적용해야 할 개념 ③가지

① 체세포의 세포 주기는 G_1기 → S기 → G_2기 → 분열기(M기) 순으로 진행된다.
② 분열기(M기)의 전기에 핵막이 사라지고, 말기에 다시 핵막이 형성된다.
③ 체세포 분열 시 간기의 S기에 DNA를 1회 복제한 후 1회 분열하며, 분열 전과 후의 핵 1개당 DNA 상대량이 같다.

문제 보기

표 (가)는 특정 형질의 유전자형이 RR인 어떤 사람의 세포 Ⅰ~Ⅲ에서 핵막 소실 여부를, (나)는 Ⅰ~Ⅲ 중 2개의 세포에서 R의 DNA 상대량을 더한 값을 나타낸 것이다. Ⅰ~Ⅲ은 체세포의 세포 주기 중 M기(분열기)의 중기, G_1기, G_2기에 각각 관찰되는 세포를 순서 없이 나타낸 것이다. ㉠은 '소실됨'과 '소실 안 됨' 중 하나이다.

R의 DNA 상대량 각각 4

세포	핵막 소실 여부	구분	R의 DNA 상대량을 더한 값
Ⅰ G_2기	? 소실 안 됨	①, ②	8
Ⅱ 중기	소실됨	Ⅰ, Ⅲ	?
Ⅲ G_1기	㉠ 소실 안 됨	Ⅱ, Ⅲ	?

(가) (나)

이에 대한 설명으로 옳은 것만을 〈보기〉에서 있는 대로 고른 것은? (단, 돌연변이는 고려하지 않으며, R의 1개당 DNA 상대량은 1이다.)

〈보기〉 풀이

(1) 체세포의 세포 주기 중 핵막은 M기(분열기)의 전기에 사라지고, 말기에 나타나므로 M기(분열기)의 중기 세포는 핵막이 '소실됨'이고, G_1기와 G_2기 세포는 핵막이 '소실 안 됨'이다. 따라서 세포 Ⅱ는 M기(분열기)의 중기에 관찰되는 세포이다.

(2) R의 DNA 상대량은 G_1기에서 2, G_2기에서 4, M기(분열기)의 중기에서 4이다. 세포 Ⅰ과 Ⅱ의 R의 DNA 상대량을 더한 값이 8이고, 세포 Ⅱ의 R의 DNA 상대량은 4이므로, 세포 Ⅰ의 R의 DNA 상대량은 4이다. 따라서 세포 Ⅰ은 G_2기에 관찰되는 세포이고, Ⅲ은 G_1기에 관찰되는 세포이다.

㉠ ㉠은 '소실 안 됨'이다.

➡ M기(분열기)의 중기, G_1기, G_2기 중 M기(분열기)의 중기 세포만 핵막이 '소실됨'이므로 세포 Ⅱ는 M기(분열기)의 중기이고, ㉠은 '소실 안 됨'이다.

✗ Ⅰ은 G_1기의 세포이다.

➡ Ⅰ은 G_2기의 세포이고, Ⅱ는 M기(분열기)의 중기의 세포이며, Ⅲ은 G_1기의 세포이다.

✗ R의 DNA 상대량은 Ⅱ에서와 Ⅲ에서가 서로 같다.

➡ R의 DNA 상대량은 Ⅱ에서 4, Ⅲ에서 2이다. 따라서 R의 DNA 상대량은 Ⅱ에서가 Ⅲ에서보다 2배 많다.

20 체세포 분열 과정 2025학년도 6월 모평 5번

정답 ③ | 정답률 78 %

적용해야 할 개념 ②가지

① 염색체는 많은 수의 뉴클레오솜으로 이루어져 있으며, 뉴클레오솜은 DNA가 히스톤 단백질을 감고 있는 구조이다.
② 체세포 분열 과정

전기	핵막이 사라지고, 염색체가 응축되며, 하나의 염색체는 두 개의 염색 분체로 구성된다.
중기	방추사가 부착된 염색체가 세포 중앙에 배열된다.
후기	염색 분체가 분리되어 세포의 양극으로 이동한다.
말기	응축된 염색체가 풀어지고, 핵막이 나타나며, 세포질 분열이 시작된다.

문제 보기

그림은 핵상이 $2n$인 식물 P의 체세포 분열 과정에서 관찰되는 세포 Ⅰ~Ⅲ을 나타낸 것이다. Ⅰ~Ⅲ은 분열기의 전기, 중기, 후기의 세포를 순서 없이 나타낸 것이다.

염색 분체 분리

Ⅰ 전기   Ⅱ 후기   Ⅲ 중기

이에 대한 설명으로 옳은 것만을 〈보기〉에서 있는 대로 고른 것은?

〈보기〉 풀이

염색체가 응축된 Ⅰ은 전기, 염색 분체가 분리되는 Ⅱ는 후기, 염색체가 세포 중앙에 배열된 Ⅲ은 중기이다.

㉠ Ⅰ은 전기의 세포이다.

➡ Ⅰ은 전기, Ⅱ는 후기, Ⅲ은 중기의 세포이다.

✗ Ⅲ에서 상동 염색체의 접합이 일어났다.

➡ 그림은 체세포 분열 과정을 나타낸 것이며, 상동 염색체끼리 접합해 2가 염색체가 형성되는 것은 감수 1분열 전기이고, 2가 염색체가 세포 중앙에 배열되는 것은 감수 1분열 중기이다. 따라서 체세포 분열 중기에서 상동 염색체의 접합이 일어나지 않는다.

㉢ Ⅰ~Ⅲ에는 모두 히스톤 단백질이 있다.

➡ 체세포 분열의 모든 과정에 뉴클레오솜이 존재하며, 뉴클레오솜은 DNA가 히스톤 단백질을 감고 있는 구조이다. 따라서 Ⅰ~Ⅲ에는 모두 히스톤 단백질이 있다.

보기

보기

21 세포 주기와 DNA양 변화 2022학년도 4월 학평 7번

정답 ⑤ | 정답률 60%

적용해야 할 개념 ③가지

① 세포 주기는 G_1기 → S기 → G_2기 → 분열기(M기) 순으로 진행된다.

② 어떤 동물의 체세포를 배양한 후 세포당 DNA양에 따른 세포 수를 나타낸 그래프에서 구간 Ⅰ에는 G_1기 세포, 구간 Ⅱ에는 S기 세포, 구간 Ⅲ에는 G_2기 세포와 분열기(M기) 세포가 존재한다.

③ 체세포 분열에서는 염색 분체가 분리되어 2개의 딸세포가 형성되며, 분열 전과 후의 핵상 변화는 없다 ($2n → 2n$).

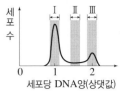

전기	염색체가 응축되고, 핵막과 인이 사라지며, 방추사가 형성된다.
중기	염색체가 세포의 중앙에 배열된다.
후기	염색 분체가 분리되고, 분리된 각각의 염색 분체는 방추사가 짧아지면서 세포의 양쪽 끝으로 이동한다.
말기	염색체는 풀어지고, 핵막과 인이 나타나 2개의 딸핵이 만들어진다. 방추사가 사라지고 세포질 분열이 시작된다.

문제 보기

그림은 어떤 사람의 체세포 Q를 배양한 후 세포당 DNA양에 따른 세포 수를, 표는 Q의 체세포 분열 과정에서 나타나는 세포 (가)와 (나)의 핵막 소실 여부를 나타낸 것이다. (가)와 (나)는 G_1기 세포와 M기의 중기 세포를 순서 없이 나타낸 것이다.

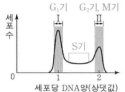

세포	핵막 소실 여부
(가)	소실됨
(나)	소실 안 됨

이에 대한 설명으로 옳은 것만을 〈보기〉에서 있는 대로 고른 것은? (단, 돌연변이는 고려하지 않는다.)

〈보기〉 풀이

그림에서 세포당 DNA양이 1인 구간 Ⅰ의 세포들은 DNA 복제가 일어나기 전인 G_1기 세포이고, 세포당 DNA양이 2인 구간 Ⅱ의 세포들은 DNA 복제가 일어난 후인 G_2기 세포와 분열기(M기) 세포이다. 표에서 핵막이 소실된 세포 (가)는 분열기(M기)의 중기 세포이고, 핵막이 소실되지 않은 세포 (나)는 G_1기 세포이다.

ㄱ. (가)와 (나)의 핵상은 같다.

➡ 체세포의 세포 주기에서 간기(G_1기, S기, G_2기)와 분열기(M기) 세포들의 핵상은 $2n$이다. 따라서 체세포인 (가)와 (나)의 핵상은 모두 $2n$이다.

ㄴ. 구간 Ⅰ의 세포에는 뉴클레오솜이 있다.

➡ 구간 Ⅰ의 세포는 G_1기 세포이며, G_1기 세포에는 많은 수의 뉴클레오솜으로 이루어진 염색체가 존재한다. 따라서 구간 Ⅰ의 세포(G_1기 세포)에는 뉴클레오솜이 있다.

ㄷ. 구간 Ⅱ에서 (가)가 관찰된다.

➡ 구간 Ⅱ에는 분열기(M기) 세포들이 있으므로, 분열기(M기)의 중기 세포인 (가)가 관찰된다.

---

22 세포 주기와 DNA 상대량 변화 2023학년도 9월 모평 6번

정답 ④ | 정답률 82%

적용해야 할 개념 ③가지

① 체세포의 세포 주기는 간기와 분열기(M기)로 구분한다.

② 세포 주기는 G_1기 → S기 → G_2기 → 분열기(M기) 순으로 진행된다.

③ 어떤 동물의 체세포를 배양한 후 세포당 DNA 양에 따른 세포 수를 나타낸 그래프에서 구간 Ⅰ에는 G_1기 세포, 구간 Ⅱ에는 S기 세포, 구간 Ⅲ에는 G_2기 세포와 분열기(M기) 세포가 존재한다.

문제 보기

다음은 세포 주기에 대한 실험이다.

[실험 과정 및 결과]

(가) 어떤 동물의 체세포를 배양하여 집단 A와 B로 나눈다.

(나) A와 B 중 B에만 G_1기에서 S기로의 전환을 억제하는 물질을 처리하고, 두 집단을 동일한 조건에서 일정 시간 동안 배양한다.

(다) 두 집단에서 같은 수의 세포를 동시에 고정한 후, 각 집단의 세포당 DNA 양에 따른 세포 수를 나타낸 결과는 그림과 같다.

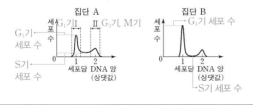

이에 대한 설명으로 옳은 것만을 〈보기〉에서 있는 대로 고른 것은?

〈보기〉 풀이

세포 주기는 G_1기, S기, G_2기, 분열기(M기) 순으로 진행되고 S기에 DNA 복제가 일어나므로, 세포당 DNA 양은 G_2기 세포와 분열기(M기) 세포가 G_1기 세포의 2배이다. 따라서 (다)의 그림에서 세포당 DNA 양인 1인 세포는 G_1기 세포, 세포당 DNA 양이 1과 2 사이인 세포는 S기 세포, 세포당 DNA 양이 2인 세포는 G_2기 세포 또는 분열기(M기) 세포이다.

✗ (다)에서 $\dfrac{\text{S기 세포 수}}{G_1\text{기 세포 수}}$ 는 A에서가 B에서보다 작다.

➡ (다)에서 S기 세포 수는 A에서가 B에서보다 많고, G_1기 세포 수는 A에서가 B에서보다 적다.

따라서 $\dfrac{\text{S기 세포 수}}{G_1\text{기 세포 수}}$ 는 A에서가 B에서보다 크다.

ㄴ. 구간 Ⅰ에는 뉴클레오솜을 갖는 세포가 있다.

➡ 뉴클레오솜은 염색체에서 DNA가 히스톤 단백질을 감아 형성된 구조이다. 구간 Ⅰ의 세포는 간기의 세포로, 핵 안에 가는 실 모양으로 풀어져 있는 염색체가 있다. 따라서 구간 Ⅰ에는 뉴클레오솜을 갖는 세포가 있다.

ㄷ. 구간 Ⅱ에는 핵막을 갖는 세포가 있다.

➡ 간기(G_1기, S기, G_2기)의 세포에는 핵막이 있으며, 분열기(M기)에서는 전기에 핵막이 사라졌다가 말기에 다시 나타난다. 따라서 구간 Ⅱ에는 핵막을 갖는 세포가 있다.

적용해야 할 개념 ③가지

① 체세포의 세포 주기는 G_1기 → S기 → G_2기 → 분열기(M기) 순으로 진행된다.

② G_1기의 세포당 DNA양이 1이라면, S기에 DNA 복제가 일어나므로 G_2기와 분열기(M기)의 세포당 DNA양은 2가 된다.

③ 간기(G_1기, S기, G_2기)에는 핵막이 있으며, 분열기(M기)의 전기에 핵막이 사라졌다가 말기에 다시 나타난다.

문제 보기

그림은 사람의 어떤 체세포를 배양하여 얻은 세포 집단에서 세포당 DNA양에 따른 세포 수를 나타낸 것이다.

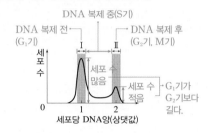

이에 대한 옳은 설명만을 <보기>에서 있는 대로 고른 것은? [3점]

<보기> 풀이

세포당 DNA양이 1인 구간 Ⅰ의 세포들은 DNA 복제가 일어나기 전인 G_1기의 세포에 해당하고, 세포당 DNA양이 2인 구간 Ⅱ의 세포들은 DNA 복제가 일어난 후인 G_2기 또는 M기(분열기)의 세포에 해당한다.

ㄱ **구간 Ⅱ의 세포 중 방추사가 형성된 세포가 있다.**

➡ 방추사는 M기(분열기)의 전기에 나타나고 말기에 사라진다. 구간 Ⅱ의 세포 중에는 M기(분열기)의 세포들이 있으므로 방추사가 형성된 세포가 있다.

ㄴ **이 체세포의 세포 주기에서 G_1기가 G_2기보다 길다.**

➡ 세포 주기에서 걸리는 시간이 긴 시기일수록 세포 수가 많다. 그림에서 구간 Ⅰ(G_1기)의 세포 수가 구간 Ⅱ(G_2기, M기)의 세포 수보다 많으므로, 이 체세포의 세포 주기에서 G_1기가 G_2기보다 길다.

ㄷ **핵막이 소실된 세포는 구간 Ⅰ에서가 구간 Ⅱ에서보다 많다.**

➡ 핵막의 소실은 M기(분열기)에 일어나며, 간기(G_1기, S기, G_2기)의 세포에는 핵막이 있다. 따라서 핵막이 소실된 세포는 구간 Ⅱ(G_2기, M기)에서가 구간 Ⅰ(G_1기)에서보다 많다.

적용해야 할 개념 ②가지

① 체세포의 세포 주기는 G_1기 → S기 → G_2기 → 분열기(M기) 순으로 진행된다.

간기	G_1기	세포의 생장이 가장 많이 일어난다.
	S기	DNA가 복제되어 DNA 양이 2배로 증가한다.
	G_2기	방추사를 구성하는 단백질을 합성하고, 분열을 준비한다.
분열기 (M기)	전기	핵막이 사라지고, 염색체가 응축하며 각 염색체는 2개의 염색 분체로 구성된다.
	중기	염색체가 세포 중앙에 배열된다.
	후기	염색 분체가 분리되어 세포의 양극으로 이동한다.
	말기	응축된 염색체가 풀어지고, 핵막이 나타나며, 세포질 분열이 시작된다.

② 어떤 동물의 체세포를 배양한 후 세포당 DNA 양에 따른 세포 수 그래프에서 구간 Ⅰ에는 DNA 복제 전인 G_1기 세포, 구간 Ⅱ에는 DNA 복제 중인 S기 세포, 구간 Ⅲ에는 DNA가 복제된 G_2기와 분열기(M기) 세포가 존재한다.

문제 보기

그림은 어떤 동물의 체세포를 배양한 후 세포당 DNA 양에 따른 세포 수를 나타낸 것이다.

이에 대한 옳은 설명만을 <보기>에서 있는 대로 고른 것은? [3점]

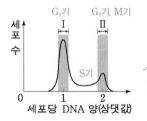

<보기> 풀이

ㄱ **구간 Ⅰ에는 간기의 세포가 있다.**

➡ 구간 Ⅰ의 세포들은 DNA 복제가 일어나기 전인 G_1기 세포들이므로 간기의 세포이다. 따라서 구간 Ⅰ에는 간기의 세포가 있다.

ㄴ **구간 Ⅱ에는 염색 분체가 분리되는 세포가 있다.**

➡ 구간 Ⅱ의 세포들은 DNA 복제가 일어난 후 G_2기 세포들과 분열기(M기) 세포들이고, 체세포의 세포 주기 중 분열기(M기)의 후기에 염색 분체가 분리된다. 따라서 구간 Ⅱ에는 염색 분체가 분리되는 세포가 있다.

ㄷ **핵막이 소실된 세포는 구간 Ⅱ에서가 구간 Ⅰ에서보다 많다.**

➡ 체세포의 세포 주기 중 분열기(M기)의 전기에 핵막이 소실되었다가 말기에 핵막이 나타나고, 구간 Ⅱ에 분열기(M기)의 세포들이 있다. 간기인 G_1기 세포에는 핵막이 있다. 따라서 핵막이 소실된 세포는 구간 Ⅱ에서가 구간 Ⅰ에서보다 많다.

25 세포 주기 2021학년도 10월 학평 5번 정답 ① | 정답률 81 %

적용해야 할 개념 ③가지

① 세포 주기는 G₁기 → S기 → G₂기 → 분열기(M기) 순으로 진행되며, S기에 DNA 복제가 일어난다.
② S기에 DNA 복제가 일어나므로 DNA 복제 후인 G₂기와 분열기(M기)의 세포당 DNA양은 DNA 복제 전인 G₁기의 2배이다.
③ 간기(G₁기, S기, G₂기)에는 핵막이 관찰되며, 분열기(M기)에는 방추사가 동원체에 결합하고, 전기에 핵막이 사라졌다가 말기에 다시 나타난다.

문제 보기

그림은 어떤 동물의 체세포 (가)를 일정 시간 동안 배양한 세포 집단에서 세포당 DNA 양에 따른 세포 수를 나타낸 것이다.

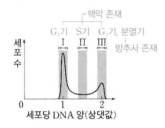

이에 대한 옳은 설명만을 〈보기〉에서 있는 대로 고른 것은?

〈보기〉 풀이

S기에 DNA 복제가 일어나므로 DNA 복제 전인 G₁기 세포의 DNA양은 DNA 복제 후인 G₂기와 분열기 세포의 DNA양의 절반이다. 따라서 구간 Ⅰ의 세포는 G₁기, 구간 Ⅱ의 세포는 S기, 구간 Ⅲ의 세포는 G₂기와 분열기(M기)에 해당한다.

ㄱ. **구간 Ⅰ에 핵막을 갖는 세포가 있다.**
➡ 구간 Ⅰ의 세포는 G₁기에 해당하며, G₁기가 포함된 간기의 세포는 핵막을 갖는다.

ㄴ. **(가)의 세포 주기에서 G₂기가 G₁기보다 길다.**
➡ 각 시기의 세포 수는 그 시기의 시간에 비례한다. 구간 Ⅰ의 세포 수가 구간 Ⅲ의 세포 수보다 많으므로, G₁기가 G₂기보다 길다.

ㄷ. **동원체에 방추사가 결합한 세포 수는 구간 Ⅱ에서가 구간 Ⅲ에서보다 많다.**
➡ 동원체에 방추사가 결합한 세포는 분열기(M기)의 세포로, 구간 Ⅲ에 존재한다. 따라서 동원체에 방추사가 결합한 세포는 구간 Ⅲ에서가 구간 Ⅱ에서보다 많다.

---

26 세포 주기와 DNA양 변화 및 염색체 2020학년도 수능 5번 정답 ④ | 정답률 84 %

적용해야 할 개념 ③가지

① 염색체는 많은 수의 뉴클레오솜으로 이루어져 있으며, 뉴클레오솜은 히스톤 단백질을 DNA가 감싸고 있는 구조이다.
② 염색체는 세포 주기의 분열기(M기)에 응축되어 막대 모양으로 보이며, 두 가닥의 염색 분체로 이루어져 있다.
③ 세포 주기는 G₁기 → S기 → G₂기 → 분열기(M기) 순으로 진행되고, S기에 DNA 복제가 일어난다. 염색체는 간기에는 풀어진 형태로 핵막에 둘러싸여 있지만, 분열기에는 응축된 염색체가 나타나면서 핵막이 사라지고, 염색 분체의 분리가 끝난 후에는 염색체가 풀어지면서 핵막이 다시 형성된다.

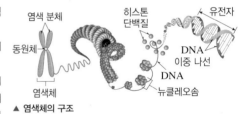
▲ 염색체의 구조

문제 보기

그림 (가)는 사람의 체세포를 배양한 후 세포당 DNA양에 따른 세포 수를, (나)는 사람의 체세포에 있는 염색체의 구조를 나타낸 것이다.

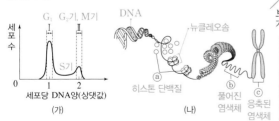

(가)   (나)

이에 대한 설명으로 옳은 것만을 〈보기〉에서 있는 대로 고른 것은?

〈보기〉 풀이

(가)에서 구간 Ⅰ에 있는 세포는 DNA 상대량이 1이므로 DNA 복제가 일어나기 전인 G₁기에 해당하고, 구간 Ⅱ에 있는 세포는 DNA 상대량이 2이므로 DNA 복제가 일어난 후인 G₂기와 분열기(M기)에 해당한다. (나)에서 ⓐ는 히스톤 단백질이고, ⓑ는 풀어진 형태의 염색체이며, ⓒ는 응축된 형태의 염색체이다.

ㄱ. **구간 Ⅰ에 ⓐ가 들어 있는 세포가 있다.**
➡ 구간 Ⅰ에는 G₁기의 세포들이 있으며, 이 시기에는 염색체가 풀어진 형태로 존재한다. 염색체는 수많은 뉴클레오솜이 모여 이루어지며, 뉴클레오솜은 DNA가 히스톤 단백질(ⓐ)을 감싼 구조이다. 따라서 구간 Ⅰ에는 히스톤 단백질(ⓐ)이 들어 있는 G₁기의 세포들이 있다.

ㄴ. **구간 Ⅱ에 ⓑ가 ⓒ로 응축되는 시기의 세포가 있다.**
➡ 간기에는 풀어진 형태의 염색체(ⓑ)가 존재하지만 분열기(M기)의 전기에 ⓑ는 응축되어 막대 모양의 ⓒ와 같은 형태의 염색체로 나타난다. 구간 Ⅱ에는 분열기(M기)의 전기에 해당하는 세포가 있으므로 ⓑ가 ⓒ로 응축되는 시기의 세포가 있다.

ㄷ. **핵막을 갖는 세포의 수는 구간 Ⅱ에서가 구간 Ⅰ에서보다 많다.**
➡ 핵막은 간기(G₁, S기, G₂기)에 존재하며, 분열기(M기)의 전기에 소실되었다가 말기에 다시 형성된다. (가)에서 G₁기에 해당하는 세포가 있는 구간 Ⅰ의 세포 수가 G₂기와 분열기(M기)에 해당하는 세포가 있는 구간 Ⅱ의 세포 수보다 많다. 이를 통해 핵막을 갖는 세포의 수는 구간 Ⅰ에서가 구간 Ⅱ에서보다 많다는 것을 알 수 있다.

**적용해야 할
개념 ④가지**

① 체세포의 세포 주기는 G_1기 → S기 → G_2기 → 분열기(M기) 순으로 진행된다.
② G_1기의 세포당 DNA양이 1이라면, S기에 DNA 복제가 일어나므로 G_2기와 분열기(M기)의 세포당 DNA양은 2가 된다.
③ 간기(G_1기, S기, G_2기)에는 핵막이 있으며, 분열기(M기)의 전기에 핵막이 사라졌다가 말기에 다시 나타난다.
④ 핵형 분석을 통해 성별, 염색체 수 이상, 염색체 구조 이상을 알 수 있다. ➡ 다운 증후군(21번 염색체 3개), 터너 증후군(44+X), 클라인펠터 증후군(44+XXY)

문제 보기

그림 (가)는 사람 A의 체세포를 배양한 후 세포당 DNA양에 따른 세포 수를, (나)는 A의 체세포 분열 과정 중 ㉠ 시기의 세포로부터 얻은 핵형 분석 결과의 일부를 나타낸 것이다.

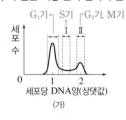

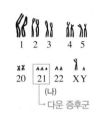

이에 대한 설명으로 옳은 것만을 〈보기〉에서 있는 대로 고른 것은?

〈보기〉 풀이

(가)에서 구간 Ⅰ은 세포당 DNA양이 1과 2 사이이므로 DNA 복제가 일어나는 S기의 세포들이 있고, 구간 Ⅱ는 세포당 DNA양이 2에 가까우므로 DNA 복제가 일어난 후인 G_2기와 M기(분열기)의 세포들이 있다.
(나)에서 1번~22번은 상염색체이고, XY는 성염색체이다.

ㄱ. 구간 Ⅰ에는 핵막을 갖는 세포가 있다.
➡ 핵막은 간기(G_1, S기, G_2기)에 있으며 M기(분열기)의 전기에 사라졌다가 말기에 다시 나타난다. 구간 Ⅰ에는 S기의 세포들이 있으므로, 핵막을 갖는 세포가 있다.

ㄴ. (나)에서 다운 증후군의 염색체 이상이 관찰된다.
➡ (나)에서 상염색체인 21번 염색체가 3개이므로, 다운 증후군의 염색체 이상이 관찰된다.

ㄷ. 구간 Ⅱ에는 ㉠ 시기의 세포가 있다.
➡ 체세포 분열 중기의 세포를 이용하여 핵형 분석을 하므로, ㉠ 시기는 체세포 분열 중기이다. 구간 Ⅱ에는 M기(분열기)의 세포들이 있으므로 구간 Ⅱ에는 체세포 분열 중기(㉠)의 세포가 있다.

**적용해야 할
개념 ③가지**

① 체세포의 세포 주기는 G_1기 → S기 → G_2기 → 분열기(M기) 순으로 진행된다.
② S기에 DNA 복제가 일어나므로, DNA 복제 후인 G_2기와 분열기(M기)의 세포당 DNA양은 DNA 복제 전인 G_1기의 2배이다.
③ 체세포 분열은 세포 주기 중 분열기(M기)에 속하며, 체세포 분열 중기에 염색체가 세포 중앙에 배열되었다가 후기에 염색 분체가 분리되어 세포의 양쪽 끝으로 이동한다.

문제 보기

그림 (가)는 어떤 동물의 체세포 Q를 배양한 후 세포당 DNA양에 따른 세포 수를, (나)는 Q의 체세포 분열 과정 중 ㉠ 시기에서 관찰되는 세포를 나타낸 것이다.

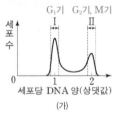

이에 대한 설명으로 옳은 것만을 〈보기〉에서 있는 대로 고른 것은?

〈보기〉 풀이

체세포의 세포 주기는 G_1기 → S기 → G_2기 → M기(분열기) 순으로 진행되며, S기에 DNA 복제가 일어나 DNA양이 2배가 되므로 (가)의 구간 Ⅰ에는 G_1기의 세포들이 있으며, 구간 Ⅱ에는 G_2기와 M기(분열기)의 세포들이 있다.

ㄱ. ⓐ에는 히스톤 단백질이 있다.
➡ 염색체는 DNA와 히스톤 단백질로 구성되므로, 염색체 ⓐ에는 히스톤 단백질이 있다.

ㄴ. 구간 Ⅱ에는 ㉠ 시기의 세포가 있다.
➡ (나)는 염색체가 세포의 중앙에 배열되어 있으므로 체세포 분열 중기의 세포이다. 따라서 (나)는 M기(㉠) 시기에 관찰되는 세포이며, M기(㉠) 시기의 세포는 구간 Ⅱ에 있다.

ㄷ. G_1기의 세포 수는 구간 Ⅱ에서가 구간 Ⅰ에서보다 많다.
➡ G_1기는 DNA 복제가 일어나기 전이므로 G_1기의 세포는 구간 Ⅰ에 있다. 따라서 G_1기의 세포 수는 구간 Ⅰ에서가 구간 Ⅱ에서보다 많다.

세포 주기 2023학년도 4월 학평 11번

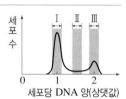

적용해야 할 개념 ③가지

① 체세포 세포 주기는 G_1기 → S기 → G_2기 → 분열기(M기) 순으로 진행된다.

간기	G_1기	세포의 생장이 가장 많이 일어난다.
	S기	DNA가 복제되어 DNA양이 2배로 증가한다.
	G_2기	방추사를 구성하는 단백질을 합성하고, 분열을 준비한다.
분열기(M기)		방추사에 의해 염색 분체가 분리되어 두 개의 딸세포가 형성된다.

② G_1기에 세포당 DNA양이 1이라면, S기에 DNA 복제가 일어나므로 G_2기와 분열기에 세포당 DNA양은 2이다.

③ 어떤 동물의 체세포를 배양한 후 세포당 DNA양에 따른 세포 수를 나타낸 그래프에서 구간 Ⅰ에는 G_1기 세포, 구간 Ⅱ에는 S기 세포, 구간 Ⅲ에는 G_2기 세포와 분열기(M기) 세포가 존재한다.

문제 보기

다음은 세포 주기에 대한 실험이다.

[실험 과정 및 결과]
(가) 어떤 동물의 체세포를 배양하여 집단 A~C로 나눈다.
(나) B에는 S기에서 G_2기로의 전환을 억제하는 물질 X를, C에는 G_1기에서 S기로의 전환을 억제하는 물질 Y를 각각 처리하고, A~C를 동일한 조건에서 일정 시간 동안 배양한다.
(다) 세 집단에서 같은 수의 세포를 동시에 고정한 후, 각 집단의 세포당 DNA 양에 따른 세포 수를 나타낸 결과는 그림과 같다.

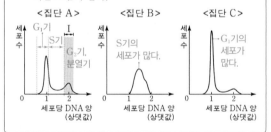

이에 대한 설명으로 옳은 것만을 〈보기〉에서 있는 대로 고른 것은? [3점]

〈보기〉 풀이

세포 주기는 G_1기 → S기 → G_2기 → 분열기(M기) 순으로 진행되며, G_1기에 세포당 DNA양이 1이라면, S기에 DNA 복제가 일어나므로 G_2기와 분열기에 세포당 DNA양은 2이다. (나)에서 B는 S기에서 G_2기로의 전환을 억제하는 물질 X를 처리했으므로 (다)에서와 같이 S기의 세포 수가 정상 집단 A에서보다 많다. C는 G_1기에서 S기로의 전환을 억제하는 물질 Y를 처리했으므로 G_1기의 세포 수가 정상 집단 A에서보다 많다.

ㄱ. 구간 Ⅰ에 간기의 세포가 있다.
→ 집단 A에서 세포당 DNA양이 1인 세포는 G_1기이고, 세포당 DNA양이 1에서 2 사이인 세포는 DNA 복제가 일어나는 시기인 S기이며, 세포당 DNA양이 2인 세포는 G_2기 또는 분열기이다. 세포 주기에서 G_1기, S기, G_2기는 모두 간기에 해당하므로, 구간 Ⅰ에 간기(G_2기)의 세포가 있다.

ㄴ. (다)에서 S기 세포 수는 A에서가 B에서보다 많다.
→ 세포당 DNA양이 1에서 2 사이인 세포들이 S기의 세포이므로, (다)에서 S기 세포 수는 A에서가 B에서보다 적다.

ㄷ. (다)에서 $\dfrac{G_2$기 세포 수}{G_1기 세포 수}$ 는 A에서가 C에서보다 크다.
→ (다)에서 G_1기 세포 수는 A에서가 C에서보다 적고, G_2기 세포 수는 A에서가 C에서보다 많다. 따라서 (다)에서 $\dfrac{G_2$기 세포 수}{G_1기 세포 수}$ 는 A에서가 C에서보다 크다.

적용해야 할 개념 ③가지

① 세포 주기는 G_1기 → S기 → G_2기 → M기(분열기) 순으로 진행되며, S기에 DNA 복제가 일어난다.

② G_1기의 세포당 DNA 상대량이 1이라면, S기에 DNA 복제가 일어나므로 G_2기와 분열기(M기)의 세포당 DNA 상대량은 2가 된다.

③ 2가 염색체는 상동 염색체가 접합한 형태로, 생식세포 형성 과정 중 감수 1분열 전기와 중기에 관찰할 수 있다.

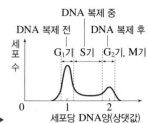

체세포의 세포 주기와 DNA양 변화 ▶

문제 보기

그림 (가)는 어떤 사람 체세포의 세포 주기를, (나)는 이 체세포를 배양한 후 세포당 DNA양에 따른 세포 수를 나타낸 것이다. ⊙과 ⓒ은 각각 G_1기와 G_2기 중 하나이다.

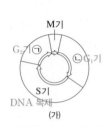

(가)

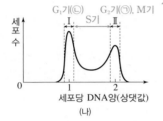

(나)

이에 대한 옳은 설명만을 〈보기〉에서 있는 대로 고른 것은? (단, 돌연변이는 고려하지 않는다.)

〈보기〉 풀이

ㄱ. ⓒ은 G_1기이다.

➡ 세포 주기는 간기(G_1기 → S기 → G_2기) → M기(분열기) 순으로 진행된다. 따라서 ⊙은 G_2기, ⓒ은 G_1기이다.

ㄴ. 구간 Ⅰ에는 ⊙ 시기의 세포가 있다.

➡ S기에 DNA 복제가 일어나므로 DNA 복제 전인 G_1기 세포의 DNA양은 DNA 복제 후인 G_2기와 M기 세포의 DNA양의 절반이다. 따라서 구간 Ⅰ에는 G_1기(ⓒ) 세포가, 구간 Ⅱ에는 G_2기(⊙) 세포와 M기 세포가 있다.

ㄷ. 구간 Ⅱ에는 2가 염색체를 갖는 세포가 있다.

➡ 상동 염색체가 접합한 형태인 2가 염색체는 감수 1분열 전기에 형성되며, 체세포 분열에서는 형성되지 않는다. 따라서 구간 Ⅱ에는 2가 염색체를 갖는 세포가 없다.

적용해야 할 개념 ②가지

① 체세포의 세포 주기는 G_1기 → S기 → G_2기 → M기(분열기) 순으로 진행된다.

간기	G_1기	세포의 생장이 가장 많이 일어난다.
	S기	DNA가 복제되어 DNA 양이 2배가 된다.
	G_2기	방추사를 구성하는 단백질을 합성하고, 세포 분열을 준비한다.
M기(분열기)		핵분열과 세포질 분열이 일어난다.

② 체세포 분열 과정에서는 상동 염색체의 접합이 일어나지 않는다. 감수 1분열 전기에 상동 염색체의 접합이 일어나 2가 염색체가 형성된다.

문제 보기

그림은 사람의 체세포 세포 주기를, 표는 이 사람의 체세포 세포 주기의 ⊙~ⓒ에서 나타나는 특징을 나타낸 것이다. ⊙~ⓒ은 G_2기, M기(분열기), S기를 순서 없이 나타낸 것이다.

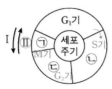

구분	특징
⊙	?
ⓒ	핵에서 DNA 복제가 일어난다.
ⓒ	핵막이 관찰된다.

〈보기〉 풀이

ⓒ 시기에 핵에서 DNA 복제가 일어나므로 ⓒ은 S기이다. 체세포의 세포 주기는 G_1기 → S기 → G_2기 → M기(분열기) 순으로 진행되므로 세포 주기는 Ⅱ 방향으로 진행되며, ⓒ은 G_2기, ⊙은 M기(분열기)이다.

ㄱ. 세포 주기는 Ⅰ 방향으로 진행된다.

➡ 세포 주기는 Ⅱ 방향으로 진행된다.

ㄴ. ⊙ 시기에 상동 염색체의 접합이 일어난다.

➡ 그림은 체세포 세포 주기를 나타낸 것이며, 상동 염색체의 접합이 일어나는 시기는 감수 1분열 전기이다. 따라서 체세포 세포 주기 중 M기(분열기)에 상동 염색체의 접합이 일어나지 않는다.

ㄷ. ⓒ과 ⓒ은 모두 간기에 속한다.

➡ 체세포의 세포 주기는 크게 간기와 M기(분열기)로 나뉘며, 간기는 다시 G_1기, S기, G_2기로 나뉜다. 따라서 S기인 ⓒ과 G_2기인 ⓒ은 모두 간기에 속한다.

17
일차

| 01 ③ | 02 ① | 03 ③ | 04 ① | 05 ④ | 06 ② | 07 ② | 08 ② | 09 ⑤ | 10 ⑤ | 11 ⑤ | 12 ④ |
| 13 ④ | 14 ③ | 15 ③ | 16 ③ | 17 ⑤ | 18 ② | 19 ④ | 20 ③ | | | | |

문제편 180쪽~185쪽

01 감수 분열과 핵상 2020학년도 3월 학평 8번

정답 ③ | 정답률 75 %

적용해야 할 개념 ②가지

① 간기의 S기에 DNA 복제가 일어난 후 감수 1분열에서는 상동 염색체가 분리되어 DNA양과 염색체 수가 절반으로 줄어든다.($2n \rightarrow n$)

② 감수 2분열에서는 염색 분체가 분리되어 DNA양은 절반으로 줄지만 염색체 수는 변하지 않는다.($n \rightarrow n$)

구분	감수 1분열	감수 2분열
중기 세포	2가 염색체가 세포 중앙에 배열	서로 모양과 크기가 다른 염색체가 세포 중앙에 배열
핵상 변화	$2n \rightarrow n$	$n \rightarrow n$

문제 보기

표는 어떤 동물($2n=6$)의 감수 분열 과정에서 형성되는 세포 (가)와 (나)의 세포 1개당 DNA 상대량과 염색체 수를 나타낸 것이다. (가)와 (나)는 모두 중기 세포이다.

n ➡ 감수 2분열 중기 세포

세포	세포 1개당 DNA 상대량	세포 1개당 염색체 수	2가 염색체
(가)	2	3	없다.
(나)	4	6	있다.

$2n$ ➡ 감수 1분열 중기 세포

이에 대한 옳은 설명만을 〈보기〉에서 있는 대로 고른 것은? (단, 돌연변이는 고려하지 않는다.) [3점]

〈보기〉 풀이

감수 1분열에서는 상동 염색체가 분리되어 염색체 수가 절반으로 감소하고, 세포 1개당 DNA 상대량도 절반으로 감소한다. (가)와 (나)는 감수 분열 과정에서 형성되는 세포이며 모두 중기 세포라고 했으므로 (가)는 감수 2분열 중기 세포, (나)는 감수 1분열 중기 세포이다.

다른 풀이 이 동물의 핵상은 $2n=6$이므로 세포 1개당 염색체 수가 3인 (가)의 핵상은 n이고, 세포 1개당 염색체 수가 6인 (나)의 핵상은 $2n$이다. 감수 1분열 중기의 세포는 감수 2분열 중기의 세포에 비해 염색체 수와 DNA 상대량이 2배 많으므로 (가)는 감수 2분열 중기 세포, (나)는 감수 1분열 중기 세포이다.

ㄱ. **(가)의 핵상은 n이다.**

➡ 감수 2분열 중기 세포(가)는 상동 염색체 중 하나씩만 있어 염색체가 쌍을 이루지 않으므로, 핵상은 n이다.

ㄴ. **(나)에 2가 염색체가 있다.**

➡ 감수 1분열 중기 세포(나)에는 상동 염색체가 접합한 형태인 2가 염색체가 있다.

~~ㄷ.~~ **이 동물의 G_1기 세포 1개당 DNA 상대량은 4이다.**

➡ 감수 1분열이 일어나기 전 간기의 S기에 DNA 복제가 일어나 감수 1분열 중기 세포(나) 1개당 DNA 상대량이 4가 된 것이다. 간기의 G_1기 세포는 S기 이전의 세포이므로, 이 동물의 G_1기 세포 1개당 DNA 상대량은 2이다.

보기

적용해야 할 개념 ④가지

① 간기의 S기에 DNA 복제가 일어난 후 감수 1분열이 일어나며, 감수 1분열에서는 상동 염색체가 분리되어 DNA양과 염색체 수가 절반으로 줄어든다.

② 감수 2분열에서는 염색 분체가 분리되므로 DNA양은 절반으로 줄지만 염색체 수는 변하지 않는다.

③ 2가 염색체는 상동 염색체가 접합한 형태로, 감수 1분열 전기와 중기에 관찰된다.

④ 하나의 염색체를 이루는 2개의 염색 분체는 S기에 DNA 복제가 일어나 형성된 것이므로, 유전자 구성이 같다.

문제 보기

그림 (가)는 어떤 동물($2n=6$)의 세포가 분열하는 동안 핵 1개당 DNA양을, (나)는 이 세포 분열 과정의 어느 한 시기에서 관찰되는 세포를 나타낸 것이다. 이 동물의 특정 형질에 대한 유전자형은 Rr이며, R와 r는 대립유전자이다.

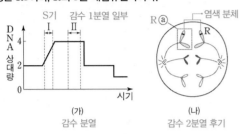

(가)
감수 분열

(나)
감수 2분열 후기

이에 대한 설명으로 옳은 것만을 〈보기〉에서 있는 대로 고른 것은? (단, 돌연변이와 교차는 고려하지 않는다.) [3점]

〈보기〉 풀이

(가)에서 DNA 복제 후 연속적으로 2회 DNA양이 반감되므로, (가)는 감수 분열 과정에서 핵 1개당 DNA양을 나타낸 것이다. 이때 Ⅰ은 DNA양이 증가하는 구간이므로 DNA 복제가 일어나는 S기이며, Ⅱ는 DNA 복제 후 DNA양이 반감되기 전이므로 감수 1분열의 일부이다. (나)는 상동 염색체가 없으며 염색 분체가 분리되어 세포의 양쪽 끝으로 이동하고 있다. 이를 통해 (나)는 감수 2분열 후기에서 관찰되는 세포라는 것을 알 수 있다.

ㄱ) ⓐ에는 R가 있다.
→ (나)에서 유전자 구성이 동일한 2개의 염색 분체가 분리되어 세포의 양쪽 끝으로 이동하고 있으므로, ⓐ에는 R가 있다.

✗ 구간 Ⅰ에서 2가 염색체가 관찰된다.
→ 2가 염색체는 상동 염색체가 접합한 형태로, 감수 1분열 전기와 중기에 관찰된다. 구간 Ⅰ은 DNA 복제가 일어나는 S기로, 2가 염색체가 관찰되지 않는다.

✗ (나)는 구간 Ⅱ에서 관찰된다.
→ (나)는 감수 2분열 후기의 세포이며, 구간 Ⅱ는 감수 1분열 과정의 일부이다. 따라서 (나)는 구간 Ⅱ에서 관찰되지 않는다.

보기

적용해야 할 개념 ②가지

① 체세포 분열 과정에서는 상동 염색체가 분리되지 않고 염색 분체만 분리되므로, 체세포 분열 결과 형성된 두 딸세포는 모세포와 대립유전자 구성이 같다.

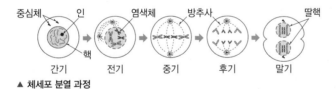

중심체　인　염색체　방추사　딸핵

간기　전기　중기　후기　말기

▲ 체세포 분열 과정

핵 1개당 DNA 상대량

			$2n$				$2n$

G₁　S　G₂　전기 중기 후기 말기

간기　분열기

◀ 체세포 분열 시 핵상과 DNA양 변화

② 간기의 S기에 DNA가 복제된 후 체세포 분열이 일어나므로 체세포 분열 결과 염색체 수와 DNA양이 모세포와 같은 딸세포가 형성된다.

문제 보기

그림 (가)는 동물 P($2n=4$)의 체세포가 분열하는 동안 핵 1개당 DNA양을, (나)는 P의 체세포 분열 과정의 어느 한 시기에서 관찰되는 세포를 나타낸 것이다.

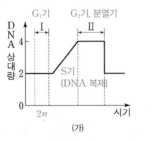

(가)

(나)
체세포 분열 중기

이에 대한 설명으로 옳은 것만을 〈보기〉에서 있는 대로 고른 것은? (단, 돌연변이는 고려하지 않는다.)

〈보기〉 풀이

(가)에서 구간 Ⅰ은 G₁기이고, 구간 Ⅱ는 G₂기와 분열기이다. (나)는 체세포 분열 중기의 세포이다.

ㄱ) 구간 Ⅰ의 세포는 핵상이 $2n$이다.
→ 구간 Ⅰ은 DNA 복제 이전이므로, 간기의 G₁기이다. 따라서 구간 Ⅰ의 세포는 핵상이 $2n$이다.

ㄴ) 구간 Ⅱ에는 (나)가 관찰되는 시기가 있다.
→ 구간 Ⅱ는 DNA가 복제된 후이므로 간기의 G₂기와 분열기이다. (나)에서 염색체가 세포 중앙에 배열되어 있으므로 (나)는 체세포 분열 중기 세포이다. 따라서 구간 Ⅱ에는 (나)가 관찰되는 시기가 있다.

✗ (나)에서 상동 염색체의 접합이 일어났다.
→ 상동 염색체의 접합은 체세포 분열에서는 일어나지 않고, 감수 1분열 전기에서 일어난다. 따라서 (나)에서 상동 염색체의 접합은 일어나지 않았다.

보기

04 체세포 분열 시 DNA양 변화 2022학년도 수능 3번 정답 ① | 정답률 67%

적용해야 할 개념 ②가지

① 하나의 염색체는 많은 수의 뉴클레오솜으로 이루어져 있으며, 뉴클레오솜은 히스톤 단백질을 DNA가 감싸고 있는 구조이다.
② 체세포 분열은 핵분열(전기, 중기, 후기, 말기)과 세포질 분열로 구분하며, 분열 전과 후의 핵상 변화는 없다($2n \rightarrow 2n$).

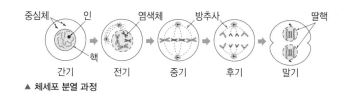

▲ 체세포 분열 과정

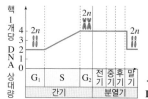

◀ 체세포 분열 시 핵상과 DNA양 변화

문제 보기

그림 (가)는 식물 P($2n$)의 체세포가 분열하는 동안 핵 1개당 DNA양을, (나)는 P의 체세포 분열 과정에서 관찰되는 세포 ⓐ와 ⓑ를 나타낸 것이다. ⓐ와 ⓑ는 분열기의 전기 세포와 중기 세포를 순서 없이 나타낸 것이다.

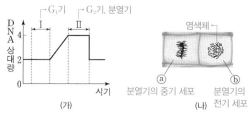

(가)

(나)

이에 대한 설명으로 옳은 것만을 〈보기〉에서 있는 대로 고른 것은?

〈보기〉 풀이

(가)에서 I 시기는 간기의 G_1기, II 시기는 간기의 G_2기와 분열기(체세포 분열)이다. (나)에서 ⓐ는 염색체가 세포 중앙(적도면)에 배열되어 있으므로 분열기의 중기 세포이고, ⓑ는 염색체가 응축하여 흩어져 있으므로 분열기의 전기 세포이다.

ㄱ. I 과 II 시기의 세포에는 모두 뉴클레오솜이 있다.
→ 뉴클레오솜은 히스톤 단백질을 DNA가 감아 형성된 구조물로, 염색체는 많은 수의 뉴클레오솜으로 이루어져 있다. I 과 II 시기의 세포에는 풀어진 형태 또는 응축된 형태의 염색체가 있으므로 뉴클레오솜이 있다.

ㄴ. ⓐ에서 상동 염색체의 접합이 일어났다.
→ 상동 염색체의 접합은 감수 1분열 전기에서 일어난다. ⓐ는 분열기(체세포 분열)의 중기 세포이므로 상동 염색체의 접합이 일어나지 않았다.

ㄷ. ⓑ는 I 시기에 관찰된다.
→ I 시기는 DNA가 복제되기 전이므로 간기의 G_1기이다. ⓑ는 분열기의 전기 세포이므로 I 시기에 관찰되지 않고 II 시기에 관찰된다.

05 세포 주기와 체세포 분열 2023학년도 3월 학평 10번 정답 ④ | 정답률 76%

적용해야 할 개념 ③가지

① 세포 주기는 간기와 분열기로 구분하며, 분열기에 X자 모양의 응축된 염색체가 관찰된다.
② 분열기에 관찰되는 X자 모양의 염색체는 두 가닥의 염색 분체로 구성되어 있으며, 염색 분체는 DNA가 복제되어 형성된다.
③ 분열기에 염색체의 동원체 부위에 부착된 방추사의 작용으로 염색 분체가 분리되어 세포의 양극으로 이동한다.

문제 보기

그림은 어떤 동물($2n=4$)의 체세포 X를 나타낸 것이다. 이 동물에서 특정 유전 형질의 유전자형은 Tt이다. X는 간기의 세포와 분열기의 세포 중 하나이다. 체세포 분열 후기의 세포
이에 대한 옳은 설명만을 〈보기〉에서 있는 대로 고른 것은? (단, 돌연변이는 고려하지 않는다.)

〈보기〉 풀이

그림에서 체세포 X는 염색 분체가 분리되어 세포의 양극으로 이동하는 모습을 하고 있으므로, X는 분열기의 세포이다.

ㄱ. X는 분열기의 세포이다.
→ 간기는 세포 분열을 준비하는 시기로, 응축된 형태의 염색체가 관찰되지 않는다. 분열기는 하나의 체세포가 둘로 나누어지는 과정이다. 분열기의 전기에 2개의 염색 분체로 구성된 염색체가 응축된 형태로 나타나며, 중기에 염색체가 세포 중앙에 배열되고, 후기에 염색 분체가 분리되어 세포의 양극으로 이동한다. 따라서 X는 분열기의 후기에 해당하는 세포이다.

ㄴ. ⓐ에 t가 있다.
→ 하나의 염색체를 구성하는 두 가닥의 염색 분체는 DNA가 복제되어 형성된 것이므로 저장되어 있는 유전 정보가 같다. 따라서 두 염색 분체의 같은 위치에 동일한 대립유전자가 있으며, 염색 분체 ⓐ와 대립유전자 구성이 동일한 염색 분체에 T가 있으므로, ⓐ에는 T가 있다.

ㄷ. ⓑ에 동원체가 있다.
→ ⓑ에 방추사가 결합되어 있으므로, ⓑ에 동원체가 있다.

적용해야 할 개념 ③가지

① 하나의 형질을 결정하는 대립유전자가 상염색체에 존재하면 G_1기 세포에서 이 형질을 결정하는 대립유전자는 2개 존재한다.
② 하나의 형질을 결정하는 대립유전자가 X 염색체에 존재하면 암컷(XX)의 체세포에는 대립유전자가 쌍으로 존재하지만, 수컷(XY)의 체세포에는 대립유전자가 쌍으로 존재하지 않는다.
③ 핵상이 $2n$인 세포에는 대립유전자가 쌍으로 존재하지만, 핵상이 n인 세포에는 대립유전자가 쌍으로 존재하지 않는다. 따라서 핵상이 n인 세포에 함께 존재하는 유전자들은 대립유전자 관계가 아니다.

문제 보기

어떤 동물 종($2n=6$)의 유전 형질 ㉮는 2쌍의 대립유전자 A와 a, B와 b에 의해 결정된다. 표는 이 동물 종의 개체 P와 Q의 세포 Ⅰ~Ⅳ에서 대립유전자 ㉠~㉣의 DNA 상대량을, 그림은 세포 (가)와 (나) 각각에 들어 있는 모든 염색체를 나타낸 것이다. (가)와 (나)는 각각 Ⅰ~Ⅳ 중 하나이고, ㉠~㉣은 A, a, B, b를 순서 없이 나타낸 것이다. P는 수컷이고 성염색체는 XY이며, Q는 암컷이고 성염색체는 XX이다.

세포	DNA 상대량			
	㉠b	㉡a	㉢A	㉣B
PⅠn	0	0	?1	1
QⅡn	1	?1	0	0
PⅢ$2n$	0	0	4	2
QⅣ$2n$	?2	1	1	0

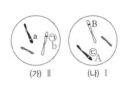

(가) Ⅱ (나) Ⅰ

이에 대한 설명으로 옳은 것만을 〈보기〉에서 있는 대로 고른 것은? (단, 돌연변이와 교차는 고려하지 않으며, A, a, B, b 각각의 1개당 DNA 상대량은 1이다.)

〈보기〉 풀이

(1) 세포 Ⅲ에서 ㉠과 ㉡은 없고 ㉢의 DNA 상대량은 4이고 ㉣의 DNA 상대량은 2이므로 Ⅲ의 핵상은 $2n$이고 수컷의 세포이다. 따라서 Ⅲ은 P의 세포이며, ㉢은 상염색체에 있고 ㉣은 성염색체에 있다.

(2) 세포 Ⅱ와 Ⅳ는 세포 Ⅲ이 갖지 않는 ㉠과 ㉡을 각각 갖고 있으므로 Ⅱ와 Ⅳ는 Q의 세포이다.

(3) 세포 Ⅲ에서 ㉢과 ㉣은 대립유전자가 아니고, (가)와 (나)에서 ㉠과 ㉢은 대립유전자가 아니므로 ㉡과 ㉢은 대립유전자로 상염색체에 있고, ㉠과 ㉣은 대립유전자로 성염색체(X)에 있다는 것을 알 수 있다.

(4) 세포 Ⅳ에 ㉡과 ㉢이 모두 존재하므로 Ⅳ는 핵상이 $2n$이고, 세포 Ⅰ과 Ⅱ는 핵상이 n이다. 세포 Ⅰ에 ㉠이 없으므로 Ⅰ은 (나)이며 ㉣은 B이다. 세포 Ⅱ에 ㉢이 없으므로 Ⅱ는 (가)이며 ㉡은 a이다. 따라서 ㉣ (B)의 대립유전자 ㉠은 b이며, ㉡ (a)의 대립유전자 ㉢은 A이다.

(5) ㉮의 유전자형은 P가 AAX^BY이고, Q가 AaX^bX^b이다.

✗ **(가)는 P의 세포이다.**
➡ (가)는 세포 Ⅱ로 Q의 세포이다.

✗ **Ⅳ에 B가 있다.**
➡ ㉠은 b, ㉡은 a, ㉢은 A, ㉣은 B이고, Ⅳ에는 ㉣이 없다.

✓ **ㄷ. Ⅲ과 Ⅳ의 핵상은 같다.**
➡ Ⅰ과 Ⅱ는 핵상이 n이고, Ⅲ과 Ⅳ는 핵상이 $2n$이다. 따라서 Ⅲ과 Ⅳ의 핵상은 같다.

적용해야 할 개념 ③가지

① 세포 분열 전 DNA가 복제되면 염색체는 2개의 염색 분체가 붙어 있는 형태가 된다.
② 체세포 분열에서는 염색 분체가 분리되어 2개의 딸세포가 형성되며, 분열 전과 후의 핵상 변화는 없다($2n \rightarrow 2n$).

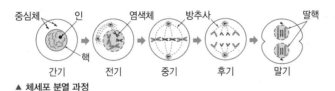

중심체 인 염색체 방추사 딸핵
핵
간기 전기 중기 후기 말기
▲ 체세포 분열 과정

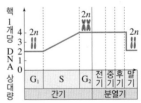

핵 1개당 DNA 상대량
G_1 S G_2 전기 중기 후기 말기
간기 분열기
◀ 체세포 분열 시 핵상과 DNA 양 변화

③ 체세포 분열 시 DNA 상대량 변화: 간기의 S기에 DNA를 1회 복제한 후 1회 분열하며, 분열 전과 후의 핵 1개당 DNA 상대량이 같다.

문제 보기

그림 (가)는 동물 P($2n=4$)의 체세포가 분열하는 동안 핵 1개당 DNA 양을, (나)는 P의 체세포 분열 과정의 어느 한 시기에서 관찰되는 세포를 나타낸 것이다.

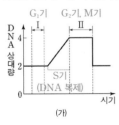

G_1기 G_2기, M기
Ⅰ Ⅱ
DNA 상대량 4 2 0
S기 (DNA 복제)
시기
(가)

ⓐ ⓑ
(나)
염색 분체 분리
➡ 체세포 분열 후기

이에 대한 설명으로 옳은 것만을 〈보기〉에서 있는 대로 고른 것은? (단, 돌연변이는 고려하지 않는다.)

〈보기〉 풀이

(가)에서 구간 Ⅰ은 G_1기, 구간 Ⅱ는 G_2기와 분열기(M기)에 해당한다. (나)는 염색 분체가 세포의 양쪽 끝으로 이동하므로, 체세포 분열의 후기에서 관찰되는 세포이다.

✗ **구간 Ⅰ에는 2개의 염색 분체로 구성된 염색체가 있다.**
➡ 구간 Ⅰ은 DNA가 복제되기 전인 G_1기이며, 하나의 염색체를 이루는 염색 분체는 DNA가 복제되어 형성된 것이다. 따라서 구간 Ⅰ에는 2개의 염색 분체로 구성된 염색체가 없다.

✓ **ㄴ. 구간 Ⅱ에는 (나)가 관찰되는 시기가 있다.**
➡ (나)는 분열기(M기)의 세포이므로, 구간 Ⅱ에는 체세포 분열 후기의 세포(나)가 관찰되는 시기가 있다.

✗ **ⓐ와 ⓑ는 부모에게서 각각 하나씩 물려받은 것이다.**
➡ ⓐ와 ⓑ는 DNA가 복제되어 응축된 염색 분체이다. 상동 염색체가 부모에게서 각각 하나씩 물려받은 것이다.

08 | 감수 분열 시 DNA양 변화 2020학년도 7월 학평 17번 | 정답 ② | 정답률 62%

적용해야 할 개념 ③가지

① 감수 분열 시 핵상 변화: 감수 1분열 시 상동 염색체가 분리되어 핵상이 $2n \to n$으로 변하고, 감수 2분열 시 염색 체가 분리되어 핵상이 $n \to n$으로 유지된다.

② 감수 분열 시 핵 1개당 DNA 상대량 변화: S기에 DNA 복제로 DNA양이 2 → 4가 되고, 감수 1분열 시 상동 염색체 분리로 4 → 2가 되며, 감수 2분열 시 염색 체 분리로 2 → 1이 된다.

③ 간기에는 핵막이 있으며, 세포 분열 과정에서 응축된 염색체가 나타나면서 핵막이 사라졌다가 딸세포가 형성되면 염색체가 풀어지면서 핵막이 다시 나타난다.

문제 보기

그림 (가)는 어떤 동물($2n=$?)의 G_1기 세포로부터 생식세포가 형성되는 동안 핵 1개당 DNA 상대량을, (나)는 이 세포 분열 과정 중 일부를 나타낸 것이다. 이 동물의 특정 형질에 대한 유전자형은 Aa이며, A는 a와 대립유전자이다. ⓐ와 ⓑ의 핵상은 다르다.

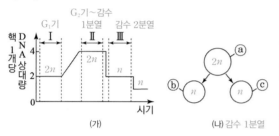

(가)

(나) 감수 1분열

이에 대한 설명으로 옳은 것만을 〈보기〉에서 있는 대로 고른 것은? (단, 돌연변이는 고려하지 않는다.)

〈보기〉 풀이

감수 분열 과정에서 G_1기의 세포는 S기를 거치며 DNA 복제가 일어난 후 감수 1분열에서 상동 염색체가 분리되어 염색체 수와 DNA양이 모두 반감되고, 감수 2분열에서 염색 체가 분리되어 DNA양이 반감된다. (가)는 감수 분열이 일어나는 동안 핵 1개당 DNA 상대량을 나타낸 것으로, 구간 Ⅰ은 G_1기, 구간 Ⅱ는 G_2기와 감수 1분열의 일부, 구간 Ⅲ은 감수 2분열의 일부에 해당한다. (나)에서 ⓐ와 ⓑ의 핵상이 다르다고 했으므로 (나)는 감수 1분열 과정임을 알 수 있다.

✗ ⓐ는 구간 Ⅲ에서 관찰된다.

➡ (나)는 감수 1분열 과정으로, 감수 1분열에서는 상동 염색체가 분리되므로 핵상이 $2n$에서 n으로 변한다. 따라서 ⓐ의 핵상은 $2n$, ⓑ와 ⓒ의 핵상은 각각 n이고, ⓐ는 구간 Ⅱ에서 관찰된다.

✗ ⓑ와 ⓒ의 유전자 구성은 동일하다.

➡ 감수 1분열 과정(나)에서 상동 염색체가 분리된다. 이 동물의 특정 형질에 대한 유전자형은 Aa이므로, 감수 1분열 과정(나)에서 A가 있는 염색체와 a가 있는 염색체는 서로 다른 딸세 포 ⓑ와 ⓒ로 나뉘어 들어간다. 따라서 ⓑ와 ⓒ의 유전자 구성은 다르다.

ㄷ. 구간 Ⅰ에는 핵막을 가진 세포가 있다.

➡ 구간 Ⅰ은 간기에 속하는 G_1기에 해당하므로 구간 Ⅰ에는 핵막을 가진 세포가 있다.

적용해야 할 개념 ③가지

① 핵상이 $2n$인 경우 대립유전자는 쌍으로 존재하지만, 핵상이 n인 경우 대립유전자는 쌍으로 존재하지 않는다.

② 한 형질을 결정하는 대립유전자가 X 염색체에 존재하면 여자(XX)의 체세포에는 대립유전자가 쌍으로 존재하지만, 남자(XY)의 체세포에는 대립유전자가 쌍으로 존재하지 않는다.

③ 유전자형이 AABb인 여자의 감수 분열 과정에서 세포 1개당 DNA 상대량의 변화

세포	DNA 상대량				대립유전자의 DNA 상대량
	A	a	B	b	
G_1기 세포	2	0	1	1	→ 0, 1, 2 중 하나
감수 1분열 중기 세포	4	0	2	2	→ 0, 2, 4 중 하나
감수 2분열 중기 세포	2	0	2	0	→ 0, 2 중 하나
	2	0	0	2	
생식세포	1	0	1	0	→ 0, 1 중 하나
	1	0	0	1	

문제 보기

X 염색체

사람의 유전 형질 (가)는 같은 염색체에 있는 3쌍의 대립유전자 A와 a, B와 b, D와 d에 의해 결정된다. 표는 어떤 가족 구성원의 세포 Ⅰ~Ⅳ가 갖는 A, a, B, b, D, d의 DNA 상대량을 나타낸 것이다. Ⅰ은 G_1기 세포이고, Ⅱ~Ⅳ는 감수 1분열 중기 세포, 감수 2분열 중기 세포, 생식세포를 순서 없이 나타낸 것이다.

세포	DNA 상대량					
	A	a	B	b	D	d
아버지의 세포 Ⅰ $2n$	1	0	1	?0	?0	1
어머니의 세포 Ⅱ $2n$	2	2	ⓐ4	0	?2	2
아들의 세포 Ⅲ n	?0	1	1	0	0	?1
㉠ 딸의 세포 Ⅳ n	ⓑ2	0	2	?0	?2	0

이에 대한 설명으로 옳은 것만을 〈보기〉에서 있는 대로 고른 것은? (단, 돌연변이와 교차는 고려하지 않으며, A, a, B, b, D, d 각각의 1개당 DNA 상대량은 1이다.) [3점]

```
A┼    A┼┼a
B┼    B┼┼B
d┼Y   D┼┼d
 └────┬────┘
a┼    A┼┼A
B┼    B┼┼B
d┼Y   d┼┼D
```

〈보기〉 풀이

(1) 세포 Ⅰ은 G_1기 세포이므로 핵상이 $2n$이고, 만약 대립유전자 A와 a가 상염색체에 있다면 (A+a)의 DNA 상대량은 2가 되어야 한다. 하지만 (A+a)의 DNA 상대량이 1이므로 대립유전자 A와 a, B와 b, D와 d는 성염색체에 있다. 세포 Ⅱ에서 여자인 어머니도 A와 a를 가지고 있으므로, 대립유전자 A와 a, B와 b, D와 d는 X 염색체에 있다. 아버지의 (가)의 유전자형은 $X^{ABd}Y$이다.

(2) 세포 Ⅲ에서 대립유전자의 DNA 상대량이 1이 있으므로 세포 Ⅲ은 생식세포이다. 아들의 (가)의 유전자형은 $X^{aBd}Y$이다.

(3) 세포 Ⅱ에서 (A+a)의 DNA 상대량이 4이므로 핵상이 $2n$이며 DNA가 복제된 상태이다. 따라서 세포 Ⅱ는 감수 1분열 중기 세포이고, 세포 Ⅳ는 감수 2분열 중기 세포이다.

(4) 세포 Ⅱ에서 (B+b)의 DNA 상대량이 4이므로 ⓐ는 4이고, 세포 Ⅳ에서 a가 0개 있으므로 A의 DNA 상대량인 ⓑ는 2이다.

(5) 세포 Ⅳ의 (가)의 유전자형은 $(X^{ABD})_2$이고, 아들의 (가)의 유전자형은 $X^{aBd}Y$이므로, 어머니의 (가)의 유전자형은 $X^{ABD}X^{aBd}$이다. 아버지의 (가)의 유전자형은 $X^{ABd}Y$이므로 딸의 (가)의 유전자형은 $X^{ABD}X^{ABd}$이다.

✗ ⓐ+ⓑ=4이다.

→ ⓐ는 4이고 ⓑ는 2이므로, ⓐ+ⓑ=6이다.

ㄴ. $\dfrac{Ⅱ의\ 염색\ 분체\ 수}{Ⅳ의\ 염색\ 분체\ 수}$＝2이다.

→ Ⅱ는 감수 1분열 중기 세포이므로 핵상과 염색체 수가 $2n$=46이며, DNA가 복제된 상태이므로 염색 분체 수는 46×2=92이다. Ⅳ는 감수 2분열 중기 세포이므로 핵상과 염색체 수가 n=23이며, DNA가 복제된 상태이므로 염색 분체 수는 23×2=46이다.

따라서 $\dfrac{Ⅱ의\ 염색\ 분체\ 수}{Ⅳ의\ 염색\ 분체\ 수}=\dfrac{92}{46}=2$이다.

ㄷ. ㉠의 (가)의 유전자형은 AABBDd이다.

→ ㉠은 어머니로부터 ABD를, 아버지로부터 ABd를 물려받아 (가)의 유전자형이 AABBDd이다.

10 | 상염색체 유전과 성염색체 유전 2024학년도 7월 학평 16번 정답 ⑤ | 정답률 52%

적용해야 할 개념 ③가지

① 한 형질을 결정하는 1쌍의 대립유전자가 상염색체에 있으면, 여자와 남자 모두 체세포에는 대립유전자가 쌍으로 존재한다.

② 한 형질을 결정하는 1쌍의 대립유전자가 X 염색체에 있으면, 여자(XX)의 체세포에는 대립유전자가 쌍으로 존재하지만, 남자(XY)의 체세포에는 대립유전자가 쌍으로 존재하지 않는다.

③ 남자(XY)의 경우 X 염색체에 있는 대립유전자는 항상 어머니로부터 받으며 항상 딸에게 전달된다. 여자(XX)의 경우 X 염색체에 있는 대립유전자는 부모 모두에게서 받으며 아들과 딸 모두에게 전달된다.

문제 보기

사람의 유전 형질 (가)는 대립유전자 H와 H*에 의해, (나)는 대립유전자 T와 T*에 의해 결정된다. (가)의 유전자와 (나)의 유전자 중 하나만 X 염색체에 있다. 표는 어떤 가족 구성원의 성별과 체세포 1개당 대립유전자 H와 T의 DNA 상대량을 나타낸 것이다. ㉠~㉢은 0, 1, 2를 순서 없이 나타낸 것이다.

구성원	성별	DNA 상대량		
		H	T	
아버지	남	2 ㉠	1 ㉡	HHX^TY
어머니	여	1 ㉡	0 ㉢	HH*X^T*X^T*
자녀 1	남	2	0	HHX^TY
자녀 2	여	1	1 ?	HH*X^TX^T*

이에 대한 설명으로 옳은 것만을 〈보기〉에서 있는 대로 고른 것은? (단, 돌연변이와 교차는 고려하지 않으며, H, H*, T, T* 각각의 1개당 DNA 상대량은 1이다.) [3점]

〈보기〉 풀이

(1) 자녀 1은 남자이며 H의 DNA 상대량이 2이므로 (가)의 유전자는 상염색체에 있다. (가)의 유전자와 (나)의 유전자 중 하나만 X 염색체에 있으므로 (나)의 유전자는 X 염색체에 있다.

(2) 자녀 1의 (가)의 유전자형이 HH이므로 아버지와 어머니로부터 각각 H를 1개씩 물려받았다. 따라서 ㉠과 ㉡은 0이 될 수 없으므로 ㉢은 0이다.

(3) 아버지의 성염색체는 XY이므로 X 염색체에 있는 T의 DNA 상대량은 2가 될 수 없다. 따라서 ㉡은 1이고, ㉠은 2이다.

(4) (가)와 (나)의 유전자형은 아버지에서 HHX^TY, 어머니에서 HH*X^T*X^T*, 자녀 1에서 HHX^TY, 자녀 2에서 HH*X^TX^T*이다.

ㄱ. **㉠은 2이다.**
➡ ㉠은 2이고, ㉡은 1이며, ㉢은 0이다.

ㄴ. **자녀 2는 H를 아버지로부터 물려받았다.**
➡ (가)의 유전자형이 아버지에서 HH, 어머니에서 HH*, 자녀 2에서 HH*이다. 따라서 자녀 2는 H를 아버지로부터, H*를 어머니로부터 물려받았다.

ㄷ. **어머니의 (나)의 유전자형은 동형 접합성이다.**
➡ 어머니의 (나)의 유전자형은 X^T*X^T*이므로 대립유전자의 구성이 같은 동형 접합성이다.

---

11 | 감수 분열 시 대립유전자의 DNA 상대량 변화 2020학년도 4월 학평 13번 정답 ⑤ | 정답률 68%

적용해야 할 개념 ①가지

① 감수 1분열과 감수 2분열 비교

구분	감수 1분열	감수 2분열
특징	상동 염색체가 분리된다. ➡ 염색체 수와 DNA양이 모두 절반으로 줄어든다.	염색 분체가 분리된다. ➡ DNA양은 절반으로 줄지만 염색체 수는 변하지 않는다.
중기의 세포	2가염색체가 세포의 중앙에 배열	서로 모양과 크기가 다른 염색체가 세포의 중앙에 배열
핵상 변화	$2n \rightarrow n$	$n \rightarrow n$
DNA 상대량 변화	$4 \rightarrow 2$	$2 \rightarrow 1$

문제 보기

표는 유전자형이 Tt인 어떤 사람의 세포 P가 생식세포로 되는 과정에서 관찰되는 서로 다른 시기의 세포 ㉠~㉢의 염색체 수와 t의 DNA 상대량을 나타낸 것이다. T와 t는 서로 대립유전자이다.

세포	염색체 수	t의 DNA 상대량	T의 DNA 상대량
감수 2분열 중기 세포 ㉠	? 23	2	0
감수 2분열이 끝난 세포 ㉡	23	1	0
감수 1분열 중기 세포 ㉢	46	2	2

이에 대한 설명으로 옳은 것만을 〈보기〉에서 있는 대로 고른 것은? (단, 돌연변이와 교차는 고려하지 않으며, ㉠과 ㉢은 중기의 세포이다. T, t 각각의 1개당 DNA 상대량은 1이다.) [3점]

〈보기〉 풀이

생식세포가 형성되는 과정에서 감수 분열이 일어나며, ㉠과 ㉢은 중기의 세포라고 했으므로, ㉠과 ㉢ 중 하나는 감수 1분열 중기의 세포, 다른 하나는 감수 2분열 중기의 세포이다. 감수 1분열에서 상동 염색체가 분리되어 핵상이 $2n$에서 n으로 변하므로, 염색체 수가 46인 ㉢이 감수 1분열 중기의 세포이며, ㉠은 염색체 수가 23인 감수 2분열 중기의 세포이다. 감수 2분열에서는 염색 분체가 분리되어 핵상은 변하지 않지만 대립유전자의 DNA양이 절반으로 감소하므로 염색체 수가 23이고 t의 DNA 상대량이 1인 ㉡은 감수 2분열이 끝난 세포라는 것을 알 수 있다.

ㄱ. **㉠의 염색체 수는 23이다.**
➡ ㉠은 감수 1분열이 끝난 감수 2분열 중기의 세포이므로 염색체 수는 23이다.

ㄴ. **㉢에서 T의 DNA 상대량은 2이다.**
➡ ㉢은 감수 1분열 중기의 세포이므로, 상동 염색체가 존재하며 각각의 염색체는 2개의 염색 분체로 이루어져 있다. 따라서 ㉢에는 T와 t가 모두 있으며, T와 t의 DNA 상대량은 각각 2이다.

ㄷ. **㉠이 ㉡으로 되는 과정에서 염색 분체가 분리된다.**
➡ ㉠이 ㉡으로 되는 과정은 감수 2분열이며, 감수 2분열 과정에서 염색 분체가 분리된다.

적용해야 할 개념 ③가지

① 대립유전자는 상동 염색체의 같은 위치에 존재하고, 핵상이 n인 세포에는 상동 염색체가 존재하지 않으므로 특정 형질을 결정하는 대립유전자가 쌍으로 함께 존재하지 않는다.

② 특정 형질을 결정하는 대립유전자가 상염색체에 있다면 핵상이 $2n$인 세포에서 이 형질을 결정하는 대립유전자가 2개 존재한다.

③ 특정 형질을 결정하는 대립유전자가 X 염색체에 있다면 핵상이 $2n$인 암컷 세포(성염색체 구성: XX)에서 이 형질을 결정하는 대립유전자는 2개, 핵상이 $2n$인 수컷 세포(성염색체 구성: XY)에서 1개 존재한다.

[문제 보기]

어떤 동물 종($2n$)의 유전 형질 (가)는 대립유전자 A와 a에 의해, (나)는 대립유전자 B와 b에 의해, (다)는 대립유전자 D와 d에 의해 결정된다. 표는 이 동물 종의 개체 ㉠과 ㉡의 세포 Ⅰ~Ⅳ 각각에 들어 있는 A, a, B, b, D, d의 DNA 상대량을 나타낸 것이다. Ⅰ~Ⅳ 중 2개는 ㉠의 세포이고, 나머지 2개는 ㉡의 세포이다. ㉠은 암컷이고 성염색체가 XX이며, ㉡은 수컷이고 성염색체가 XY이다.

세포	DNA 상대량					
	A	a	B	b	D	d
Ⅰ	0	?(2)	2	?(2)	④	0
Ⅱ	0	2	0	2	?(0)	2
Ⅲ	?(0)	1	1	1	2	?(0)
Ⅳ	?(1)	0	1	?(0)	1	0

(성염색체(X 염색체)에 존재 → A, a / 상염색체에 존재 → B, b / 상염색체에 존재 → D, d)

─ ㉠의 세포
─ ㉡의 세포

이에 대한 설명으로 옳은 것만을 〈보기〉에서 있는 대로 고른 것은? (단, 돌연변이와 교차는 고려하지 않으며, A, a, B, b, D, d 각각의 1개당 DNA 상대량은 1이다.) [3점]

[〈보기〉 풀이]

세포 Ⅰ에는 D의 DNA 상대량이 4이므로, 세포 Ⅰ은 핵상이 $2n$이고 DNA 복제가 일어난 후이다. 세포 Ⅰ에는 d가 없는데 세포 Ⅱ에는 d가 있으므로, 세포 Ⅰ과 Ⅱ는 서로 다른 개체의 세포이다. 세포 Ⅲ에서 B와 b의 DNA 상대량이 각각 1이므로 세포 Ⅲ은 핵상이 $2n$인 G_1기 세포이다. G_1기 세포인 세포 Ⅲ에서는 D와 d의 DNA 상대량을 더한 값이 2인데, D의 DNA 상대량이 2이므로, 세포 Ⅲ에는 d가 없지만 세포 Ⅱ에는 d가 있다. 따라서 세포 Ⅱ와 Ⅲ은 서로 다른 개체의 세포이다. 세포 Ⅰ과 Ⅱ는 서로 다른 개체의 세포이고, 세포 Ⅱ와 Ⅲ은 서로 다른 개체의 세포이므로, 세포 Ⅰ과 Ⅲ은 같은 개체의 세포이다. 세포 Ⅰ에서 A가 없으므로 세포 Ⅲ에도 없다. 만약 A와 a가 상염색체에 있다면 세포 Ⅲ에서 a의 DNA 상대량은 2이어야 하는데 1이다. 따라서 (가)의 유전자 A와 a는 성염색체에 있다. 만약 A와 a가 Y 염색체에 있다면 세포 Ⅰ과 Ⅲ에만 A와 a가 있어야 하는데 세포 Ⅱ에도 있다. 이로부터 A와 a는 X 염색체에 있으며, 세포 Ⅰ과 Ⅲ은 수컷인 ㉡의 세포라는 것을 알 수 있다. 그러므로 세포 Ⅱ와 Ⅳ는 암컷인 ㉠의 세포이다.

✗ **ㄱ. Ⅳ의 핵상은 $2n$이다.**

➡ ㉠의 세포인 Ⅱ에는 A는 없고 a의 DNA 상대량이 2이므로, ㉠의 (가)에 대한 유전자형은 X^aX^a이다. ㉠의 세포인 Ⅳ에서 A의 DNA 상대량이 1이므로, Ⅳ에는 X 염색체가 1개만 있다. 따라서 Ⅳ의 핵상은 n이다.

◯ **ㄴ. (가)의 유전자는 X 염색체에 있다.**

➡ 성염색체가 XY이고 핵상이 $2n$인 세포에서 어떤 유전 형질의 유전자가 상염색체에 있다면 이 형질의 대립유전자의 DNA 상대량을 더한 값은 2이고, 어떤 유전 형질의 유전자가 X 염색체에 있다면 이 형질의 대립유전자의 DNA 상대량을 더한 값은 1이다. 핵상이 $2n$인 세포 Ⅲ에서 A와 a의 DNA 상대량을 더한 값은 1, B와 b의 DNA 상대량을 더한 값은 2, D와 d의 DNA 상대량을 더한 값은 2이다. 따라서 (가)의 유전자는 X 염색체에, (나)의 유전자와 (다)의 유전자는 모두 상염색체에 있다.

◯ **ㄷ. ㉠의 (나)와 (다)에 대한 유전자형은 BbDd이다.**

➡ 세포 Ⅱ와 Ⅳ는 암컷인 ㉠의 세포이고, 세포 Ⅱ에는 b와 d가 있으며, 세포 Ⅳ에는 B와 D가 있다. 따라서 ㉠의 (나)와 (다)에 대한 유전자형은 BbDd이다.

적용해야 할 개념 ③가지

① 세포 주기에서 S기에 DNA 복제가 일어나므로 G_1기에 세포당 DNA 상대량이 2라면, G_2기에 세포당 DNA 상대량은 4이다.

② 감수 1분열과 감수 2분열 비교

감수 1분열	감수 2분열
• 상동 염색체가 접합해 2가 염색체를 형성한다. • 상동 염색체가 분리되어 핵상이 $2n$에서 n으로 변한다. • 염색체 수가 절반으로 감소한다. • DNA양이 절반으로 감소한다.	• 상동 염색체 중 하나씩만 있다. • 염색 분체가 분리되어 핵상이 n에서 n으로 유지된다. • 염색체 수가 변하지 않는다. • DNA양이 절반으로 감소한다.

③ 간기에는 핵막이 있고, 감수 분열 과정에서는 핵막이 소실되며 두껍게 응축된 염색체가 나타난다.

문제 보기

표는 특정 형질에 대한 유전자형이 RR인 어떤 사람의 세포 (가)~(라)에서 핵막 소실 여부, 핵상, R의 DNA 상대량을 나타낸 것이다. (가)~(라)는 G_1기 세포, G_2기 세포, 감수 1분열 중기 세포, 감수 2분열 중기 세포를 순서 없이 나타낸 것이다. ㉠은 '소실됨'과 '소실 안 됨' 중 하나이다.

감수 2분열 중기

세포	핵막 소실 여부	핵상	R의 DNA 상대량
(가)	소실됨	n	2
(나)	G_2기 소실 안 됨	$2n$	? 4
(다) G_1기	? 소실 안 됨	$2n$	2
(라)	㉠ 소실됨	? $2n$	4

감수 1분열 중기

이에 대한 설명으로 옳은 것만을 〈보기〉에서 있는 대로 고른 것은? (단, 돌연변이는 고려하지 않으며, R의 1개당 DNA 상대량은 1이다.)

보기

〈보기〉풀이

간기에는 핵막 안에 염색체가 풀어진 형태로 존재하며, 감수 분열 과정에서는 핵막이 소실되고 막대 모양으로 응축된 염색체가 나타난다. 간기의 G_1기 세포와 G_2기 세포의 핵상은 모두 $2n$이고, 감수 1분열 중기 세포의 핵상도 $2n$이다. 감수 1분열에서 상동 염색체가 분리되어 핵상이 $2n$에서 n으로 변하므로, 감수 2분열 중기 세포의 핵상은 n이다. 간기는 G_1기 → S기 → G_2기 순으로 진행되며 S기에 DNA 복제가 일어난다. 특정 형질에 대한 유전자형이 RR이므로 G_1기에서 R의 DNA 상대량은 2, G_2기에서 R의 DNA 상대량은 4이다. 감수 1분열 중기 세포에서 R의 DNA 상대량은 4이고, 감수 1분열에서 상동 염색체가 분리되므로 감수 2분열 중기 세포에서 R의 DNA 상대량은 2이다. 따라서 핵상이 n인 (가)는 감수 2분열 중기 세포, 핵상이 $2n$이고 R의 DNA 상대량이 2인 (다)는 G_1기 세포이다. G_2기 세포와 감수 1분열 중기 세포 중 핵막이 소실되지 않은 세포는 G_2기 세포이므로, (나)는 G_2기 세포, (라)는 감수 1분열 중기 세포이다.

✘ **(가)에서 2가 염색체가 관찰된다.**

➡ 상동 염색체끼리 접합한 2가 염색체는 감수 1분열 전기에 형성되어 감수 1분열 후기에 분리된다. 따라서 감수 2분열 중기 세포인 (가)에서는 2가 염색체가 관찰되지 않는다.

ㄴ **(나)는 G_2기 세포이다.**

➡ (가)는 감수 2분열 중기 세포, (나)는 G_2기 세포, (다)는 G_1기 세포, (라)는 감수 1분열 중기 세포이다.

ㄷ **㉠은 '소실됨'이다.**

➡ 감수 1분열 전기에 핵막이 사라지므로 감수 1분열 중기 세포인 (라)의 핵막 소실 여부(㉠)는 '소실됨'이다.

적용해야 할 개념 ③가지

① 핵상이 $2n$인 세포에는 대립유전자가 쌍으로 존재하지만, 핵상이 n인 세포에는 대립유전자가 쌍으로 존재하지 않는다.

② 한 형질을 결정하는 대립유전자가 성염색체(X 염색체)에 존재하면 암컷(XX)의 체세포에는 대립유전자가 쌍으로 있지만, 수컷(XY)의 체세포에는 대립유전자가 쌍으로 존재하지 않는다

③ 감수 1분열이 끝난 세포(n)에서 대립유전자의 DNA 상대량은 감수 1분열 중기 세포($2n$)의 절반이고, 감수 2분열이 끝난 세포(n)에서 대립유전자의 DNA 상대량은 감수 1분열이 끝난 세포(n)의 절반이다.

DNA 복제 전($2n$) → DNA 복제 후($2n$) → 감수 1분열 후(n) → 감수 2분열 후(n)

▲ 감수 분열 시 염색체 구성과 핵상의 변화

문제 보기

사람의 유전 형질 (가)는 상염색체에 있는 대립유전자 H와 h에 의해, (나)는 X 염색체에 있는 대립유전자 T와 t에 의해 결정된다. 표는 세포 Ⅰ~Ⅳ가 갖는 H, h, T, t의 DNA 상대량을 나타낸 것이다. Ⅰ~Ⅳ 중 2개는 남자 P의, 나머지 2개는 여자 Q의 세포이다. ㉠~㉢은 0, 1, 2를 순서 없이 나타낸 것이다.

사람 유전자형	세포	DNA 상대량			
		H	h	T	t
P(HY)	Ⅰ n	㉢1	0	㉠0	?0
Q(HHX^{t}X^t)	Ⅱ n	㉡2	㉠0	0	㉡2
Q(HhX^{t}X^t)	Ⅲ $2n$	?1	㉢1	㉠0	㉡2
P(HHHH X^{T}X^{T}YY)	Ⅳ $2n$	4	0	2	㉠0

이에 대한 설명으로 옳은 것만을 〈보기〉에서 있는 대로 고른 것은? (단, 돌연변이와 교차는 고려하지 않으며, H, h, T, t 각각의 1개당 DNA 상대량은 1이다.) [3점]

<보기> 풀이

Ⅳ에서 H의 DNA 상대량이 4이므로 Ⅳ는 DNA 복제가 일어났고, 감수 1분열이 일어나기 전의 세포이다. 따라서 Ⅳ의 핵상은 $2n$이다. 만약 Ⅳ가 남자 P의 세포라면 X 염색체에 있는 T의 DNA 상대량이 2이므로 t의 DNA 상대량(㉠)은 0이며, 여자 Q의 세포라면 2개의 염색 분체로 구성된 X 염색체가 2개 있으므로 X 염색체에 있는 T와 t의 DNA 상대량 총 합은 4이어야 하므로 t의 DNA 상대량(㉠)은 2이다. ㉠이 2라면 Ⅰ에서 T의 DNA 상대량(㉠)은 2이므로, 대립유전자 관계인 H와 h의 DNA 상대량을 합한 값은 2가 되어야 한다. 그런데 ㉠~㉢은 각각 0, 1, 2 중 하나이므로 H의 DNA 상대량(㉢)은 0 또는 1이 되어 이 조건을 만족시킬 수 없다. 따라서 ㉠은 2가 될 수 없으므로 0이며, Ⅳ는 남자 P의 세포(HHX^{T}Y)이다. ㉢이 1, ㉡이 2라면 Ⅲ에서 X 염색체에 있는 t의 DNA 상대량(㉡)이 1이 되며, 남자 P는 t를 갖지 않으므로 Ⅲ은 여자 Q의 세포이다. 그리고 T의 DNA 상대량(㉠)은 0이므로 감수 2분열이 완료된 세포이다. 이 경우 H와 h 중 하나만 있어야 하므로 DNA 상대량을 합한 값은 1이 되어야 하는데 h의 DNA 상대량(㉡)이 2이므로 모순이다. 따라서 ㉡이 2, ㉢이 1이다.

ㄱ. ㉡은 2이다.
➡ ㉠은 0, ㉡은 2, ㉢은 1이다.

ㄴ. Ⅱ는 Q의 세포이다.
➡ 남자 P의 (가)와 (나)에 대한 유전자형은 HHX^{T}Y이므로 t가 있는 Ⅱ와 Ⅲ은 모두 Q의 세포이고, Ⅰ은 P의 세포이다.

ㄷ. Ⅰ이 갖는 t의 DNA 상대량과 Ⅲ이 갖는 H의 DNA 상대량은 같다.
➡ Ⅰ은 남자 P의 세포이며, P는 t를 갖지 않으므로 Ⅰ이 갖는 t의 DNA 상대량은 0이다. Ⅲ은 여자 Q의 세포이고 X 염색체에 있는 T와 t의 DNA 상대량을 합한 값이 2이므로, 상염색체에 있는 H와 h의 DNA 상대량을 합한 값도 2가 되어야 한다. 따라서 Ⅲ이 갖는 h의 DNA 상대량이 1이므로 H의 DNA 상대량은 1이다.

15 대립유전자의 DNA 상대량 2023학년도 7월 학평 10번   정답 ③ | 정답률 53%

적용해야 할 개념 ③가지

① 한 가지 형질에 대해 여러 쌍의 대립유전자가 영향을 미쳐 형질이 결정되는 유전 현상을 다인자 유전이라고 한다.

② 특정 형질의 결정에 관여하는 한 쌍의 대립유전자가 상염색체에 있다면 핵상이 $2n$인 세포에서 이 대립유전자가 2개 존재한다.

③ 생식세포 분열 과정에서 상동 염색체가 분리될 때 상동 염색체에 있는 대립유전자 쌍도 분리되어 서로 다른 생식세포로 들어간다. 생식세포인 정자와 난자가 수정하면 대립유전자는 다시 쌍을 이루고, 그에 따라 자손의 표현형이 나타난다.

문제 보기

다음은 어떤 가족의 유전 형질 (가)와 (나)에 대한 자료이다.

○ (가)는 2쌍의 대립유전자 A와 a, B와 b에 의해 결정되며, (가)의 유전자는 서로 다른 2개의 상염색체에 있다. 5가지(4, 3, 2, 1, 0)

○ (가)의 표현형은 유전자형에서 대문자로 표시되는 대립유전자 수에 의해서만 결정되며, 이 대립유전자의 수가 다르면 표현형이 다르다.

○ (나)는 대립유전자 D와 d에 의해 결정되며, D는 d에 대해 완전 우성이다. (나)의 유전자는 (가)의 유전자와 서로 다른 상염색체에 있다. (나)의 표현형 2가지 (DD, Dd), (dd) aaBBDd

○ 어머니와 자녀 1은 (가)와 (나)의 표현형이 모두 같고, 아버지와 자녀 2는 (가)와 (나)의 표현형이 모두 같다. AABbDD

○ 표는 자녀 2를 제외한 나머지 가족 구성원의 체세포 1개당 대립유전자 ㉠~㉤의 DNA 상대량을 나타낸 것이다. ㉠~㉤은 A, a, B, b, D, d를 순서 없이 나타낸 것이다.

대립유전자 쌍

구성원	DNA 상대량					
	A ㉠	d ㉡	b ㉢	a ㉣	D ㉤	B ㉥
아버지	2	0	1	0	2	1
어머니	0	1	0	2	1	2
자녀 1	1	1	1	1	1	1

AaBbDd

○ 자녀 2의 유전자형은 AaBBDd이다.

이에 대한 설명으로 옳은 것만을 〈보기〉에서 있는 대로 고른 것은? (단, 돌연변이와 교차는 고려하지 않으며, A, a, B, b, D, d 각각의 1개당 DNA 상대량은 1이다.) [3점]

〈보기〉 풀이

(1) (가)의 표현형은 유전자형에서 대문자로 표시되는 대립유전자 수에 의해서만 결정되므로 (가)의 표현형은 5가지(4, 3, 2, 1, 0)이다. (나)는 D와 d의 우열 관계가 분명하므로 (나)의 유전자형 DD와 Dd는 표현형이 같다. 따라서 (나)의 표현형은 2가지(DD와 Dd, dd)이다.

(2) 어머니와 자녀 1(AaBbDd), 아버지와 자녀 2(AaBBDd)는 각각 (가)와 (나)의 표현형이 모두 같으므로, 어머니와 아버지는 모두 B와 D가 있어야 하고 자녀 1과 2도 모두 B와 D가 있다. 따라서 ㉤과 ㉥은 B와 D를 순서 없이 나타낸 것이다.

(3) 체세포에서 1쌍의 대립유전자의 DNA 상대량을 더한 값은 2이므로, ㉠과 ㉣, ㉡과 ㉤, ㉢과 ㉥은 각각 대립유전자이다. 3쌍의 대립유전자는 서로 다른 상염색체에 있으므로 독립적으로 유전한다.

(4) 아버지의 (가)의 표현형은 자녀 2와 같으므로 대문자로 표시되는 대립유전자 수가 3이어야 한다. 만약 ㉤이 B, ㉥이 D라면 ㉠과 ㉣은 A와 a를 순서 없이 나타낸 것이고, 이 경우 아버지의 (가)의 표현형은 대문자로 표시되는 대립유전자 수가 4 또는 2이므로 모순이다. 따라서 ㉤은 D, ㉥은 B이고, ㉠은 A, ㉡은 d, ㉢은 b, ㉣은 a이다.

ㄱ. ㉠은 A이다.

➡ ㉠은 A, ㉡은 d, ㉢은 b, ㉣은 a, ㉤은 D, ㉥은 B이다.

ㄴ. ㉡과 ㉤은 (나)의 대립유전자이다.

➡ ㉡은 d, ㉤은 D이므로, ㉡과 ㉤은 (나)의 대립유전자이다.

✗ 자녀 2의 동생이 태어날 때, 이 아이의 (가)와 (나)의 표현형이 모두 어머니와 같을 확률은 $\frac{1}{4}$이다.

➡ 아버지의 유전자형은 AABbDD, 어머니의 유전자형은 aaBBDd이며, 3쌍의 대립유전자는 서로 다른 상염색체에 있으므로 독립적으로 유전한다. 따라서 자녀가 가질 수 있는 유전자형은 다음과 같다. ( )는 (가)의 유전자형에서 대문자로 표시되는 대립유전자 수이다.

어머니의 난자 \ 아버지의 정자	ABD(2)	AbD(1)
aBD(1)	AaBBDD(3)	AaBbDD(2)
aBd(1)	AaBBDd(3)	AaBbDd(2)

어머니의 (가)의 표현형은 유전자형에서 대문자로 표시되는 대립유전자 수가 2이고, (나)의 표현형은 유전자 D가 발현된 경우이다. 따라서 자녀 2의 동생이 어머니와 같은 (가)와 (나)의 표현형을 가질 확률은 $\frac{1}{2}$이다.

적용해야 할 개념 ④가지

① 감수 분열은 간기의 S기에 DNA를 1회 복제한 후 연속 2회 분열하므로 딸세포(생식세포)의 핵상은 n이고 DNA양은 G_1기 세포의 절반이다.

② 감수 1분열에서는 상동 염색체가 분리되므로 염색체 수와 DNA양이 반감된다.($2n \rightarrow n$)

③ 감수 2분열에서는 염색 분체가 분리되므로 감수 1분열을 마친 세포와 비교하면 DNA양은 절반이고, 염색체 수는 같다.($n \rightarrow n$)

④ 감수 분열 시 핵상과 DNA 상대량 변화: G_1기 세포와 감수 1분열 중기 세포의 핵상은 $2n$, 감수 1분열이 끝난 세포의 핵상은 n, 감수 2분열이 끝난 세포의 핵상은 n이며, 핵 1개당 DNA 상대량은 DNA 복제로 $2 \rightarrow 4$가 되고, 감수 1분열 시 상동 염색체 분리로 $4 \rightarrow 2$가 되며, 감수 2분열 시 염색 분체 분리로 $2 \rightarrow 1$이 된다.

문제 보기

어떤 동물 종($2n=6$)의 특정 형질은 2쌍의 대립유전자 H와 h, T와 t에 의해 결정된다. 표는 이 동물 종의 개체 Ⅰ의 세포 ㉠~㉣이 갖는 H, h, T, t의 DNA 상대량을, 그림은 Ⅰ의 세포 P를 나타낸 것이다. P는 ㉠~㉣ 중 하나이다.

세포	DNA 상대량			
	H	h	T	t
G_1기 ㉠	1	?1	1	1
감수 1분열 중 ㉡	2	2	ⓐ2	2
감수 2분열 중기 ㉢	2	0	0	?2
감수 2분열 완료 ㉣	1	ⓑ0	1	0

염색 분체

감수 2분열 중기

이에 대한 설명으로 옳은 것만을 〈보기〉에서 있는 대로 고른것은? (단, 돌연변이와 교차는 고려하지 않으며, H, h, T, t 각각의 1개당 DNA 상대량은 같다.)

〈보기〉 풀이

보기

G_1기 세포가 갖는 H, h, T, t 각각의 DNA 상대량이 1이면 H, h, T, t 각각의 수도 1이다. G_1기 세포에는 상동 염색체가 존재하므로 대립유전자가 쌍으로 있다. 따라서 ㉠이 G_1기 세포이다. G_1기 세포가 DNA 복제가 일어나는 S기를 거쳐 감수 1분열 중인 세포가 되면 각 염색체는 2개의 염색 분체로 이루어져 있으므로 H, h, T, t 각각의 DNA 상대량은 2가 된다. 따라서 ㉡이 감수 1분열 중인 세포이다. 감수 1분열 중인 세포에서 상동 염색체의 분리가 일어나면 염색체 수와 DNA양은 반감되므로 감수 2분열 중기 세포는 H와 h 중 하나를, T와 t 중 하나를 갖게 되며 각 대립유전자의 DNA 상대량은 2이다. 따라서 감수 2분열 중기 세포는 ㉢이다. 감수 2분열 중기 세포에서 염색 분체의 분리가 일어나면 염색체 수는 변화 없지만 DNA양은 반감되므로 감수 2분열이 완료된 세포는 모세포(감수 2분열 중기 세포)와 같은 종류의 대립유전자를 갖고 있고, 각 대립유전자의 DNA 상대량은 1이 된다. 따라서 ㉣은 감수 2분열이 완료된 세포이다.

㉠ **P는 ㉢이다.**

➡ P에는 상동 염색체가 없고 각 염색체가 2개의 염색 분체로 이루어져 있으므로 감수 2분열 중기 세포이다. 표에서 감수 2분열 중기 세포(P)는 ㉢이다.

✖ **ⓐ+ⓑ=3이다.**

➡ ㉡은 감수 1분열 중인 세포이므로 상동 염색체가 있기 때문에 대립유전자가 쌍으로 존재한다. ㉡에서 T의 대립유전자인 t의 DNA 상대량이 2이므로 T의 DNA 상대량(ⓐ)도 2이다. ㉣은 감수 2분열이 완료된 세포이므로 상동 염색체가 없기 때문에 대립유전자가 1개씩만 존재한다. 따라서 H의 DNA 상대량이 1이므로 h의 DNA 상대량(ⓑ)은 0이다. 결론적으로 ⓐ+ⓑ=2+0=2이다.

㉢ **Ⅰ의 감수 1분열 중기 세포 1개당 염색 분체 수는 12이다.**

➡ 감수 2분열 중기 세포(P, ㉢)의 염색체 수가 $n=3$이므로 Ⅰ의 감수 1분열 중기 세포의 염색체 수는 $2n=6$이고, 각 염색체는 2개의 염색 분체로 이루어져 있다. 따라서 Ⅰ의 감수 1분열 중기 세포 1개당 염색 분체 수는 6개×2=12이다.

적용해야 할 개념 ④가지	① 대립유전자는 상동 염색체의 같은 위치에 존재한다.
	② 특정 형질을 결정하는 대립유전자가 상염색체에 있다면 핵상이 $2n$인 세포에서 이 형질을 결정하는 대립유전자가 2개 존재한다.
	③ 특정 형질을 결정하는 대립유전자가 X 염색체에 있다면 핵상이 $2n$인 암컷 세포(성염색체 구성: XX)에서 이 형질을 결정하는 대립유전자는 2개, 핵상이 $2n$인 수컷 세포(성염색체 구성: XY)에서 1개 존재한다.
	④ 핵상이 n인 세포에는 상동 염색체가 존재하지 않으므로 특정 형질을 결정하는 대립유전자가 쌍으로 함께 존재하지 않는다.

문제 보기

어떤 동물 종($2n=6$)의 유전 형질 ㉠은 2쌍의 대립유전자 H와 h, R와 r에 의해 결정된다. 그림은 이 동물 종의 수컷 P와 암컷 Q의 세포 (가)~(다) 각각에 들어 있는 모든 염색체를, 표는 (가)~(다)가 갖는 H와 h의 DNA 상대량을 나타낸 것이다. (가)~(다) 중 2개는 P의 세포이고 나머지 1개는 Q의 세포이며, 이 동물의 성염색체는 암컷이 XX, 수컷이 XY이다. ⓐ~ⓒ는 0, 1, 2를 순서 없이 나타낸 것이다.

상염색체   X 염색체

(가)
Q의 세포

(나) Y 염색체
P의 세포

(다)
P의 세포

세포	DNA 상대량	
	H	h
(가)	ⓐ 0	ⓑ 2
(나)	ⓒ 1	ⓐ 0
(다)	ⓑ 2	ⓐ 0

이에 대한 설명으로 옳은 것만을 〈보기〉에서 있는 대로 고른 것은? (단, 돌연변이는 고려하지 않으며, H, h, R, r 각각의 1개당 DNA 상대량은 1이다.) [3점]

〈보기〉 풀이

(다)에서는 모든 염색체가 2개씩 상동 염색체 쌍을 이루고 있으므로 (다)의 핵상은 $2n$이다. 또한 X 염색체(큰 흰색 염색체)와 Y 염색체(작은 흰색 염색체)가 있으므로 (다)는 수컷 P의 세포이다. (다)에 있는 각 염색체는 두 가닥의 염색 분체로 이루어져 있으므로, H와 h가 상염색체에 있다면 (다)에서 H와 h의 DNA 상대량을 더한 값은 4가 되고 H와 h가 성염색체에 있다면 (다)에서 H와 h의 DNA 상대량을 더한 값은 2가 된다. 그리고 ⓐ~ⓒ는 0, 1, 2를 순서 없이 나타낸 것이므로 ⓐ와 ⓑ는 0과 2를 순서 없이 나타낸 것이고, H와 h는 성염색체에 있다는 것을 알 수 있다. 만약 ⓐ가 2, ⓑ가 0, ⓒ가 1이면, 세포 (나)의 핵상은 n이므로 H와 h의 DNA 상대량을 더한 값은 1이 되어야 하는데 3이 되므로 모순이다. 따라서 ⓐ는 0, ⓑ는 2, ⓒ는 1이고, (나)에는 성염색체로 X 염색체(큰 흰색 염색체)가 있으므로, H와 h는 성염색체 중 X 염색체에 있다. (가)의 X 염색체에는 h가, (나)의 X 염색체에는 H가, (다)의 X 염색체에는 H가 있으며, 수컷 P의 세포는 h를 가지고 있지 않다. 따라서 (가)는 암컷 Q의 세포, (나)는 수컷 P의 세포이다.

ㄱ. ⓒ는 1이다.
➡ ⓐ는 0, ⓑ는 2, ⓒ는 1이다.

ㄴ. (가)는 Q의 세포이다.
➡ (가)에는 X 염색체에 h가, (나)에는 X 염색체에 H가 있으며, (다)에는 X 염색체에 H가 있다. 따라서 (가)는 암컷 Q의 세포, (나)와 (다)는 수컷 P의 세포이다.

ㄷ. 세포 1개당 $\dfrac{\text{H의 DNA 상대량}}{\text{R의 DNA 상대량}}$ 은 (나)와 (다)가 같다.
➡ R와 r는 상염색체에, H와 h는 X 염색체에 있으며, 수컷 P의 ㉠에 대한 유전자형은 $\text{RrX}^\text{H}\text{Y}$이다. (나)의 핵상은 n이며, H의 DNA 상대량은 1, R의 DNA 상대량은 1이다. (다)의 핵상은 $2n$이며, 하나의 염색체가 두 가닥의 염색 분체로 이루어져 있으므로, H의 DNA 상대량은 2, R의 DNA 상대량은 2이다. 따라서 세포 1개당 $\dfrac{\text{H의 DNA 상대량}}{\text{R의 DNA 상대량}}$ 은 (나)에서 $\dfrac{1}{1}$, (다)에서 $\dfrac{2}{2}$ 로 (나)와 (다)가 같다.

보기

적용해야 할 개념 ③가지

① 감수 1분열이 끝난 세포(n)에서 대립유전자의 DNA 상대량은 감수 1분열 중기 세포($2n$)의 절반이고, 감수 2분열이 끝난 세포(n)에서 대립유전자의 DNA 상대량은 감수 1분열이 끝난 세포(n)의 절반이다.

② 체세포는 모든 염색체가 2개씩 상동 염색체를 이루고 있으므로 핵상이 $2n$이고, 생식세포는 염색체가 쌍을 이루고 있지 않으므로 핵상이 n이다.

③ 체세포와 감수 1분열 중기 세포에는 대립유전자가 쌍으로 존재하고, 감수 분열이 완료된 세포에는 대립유전자가 쌍으로 존재하지 않는다.

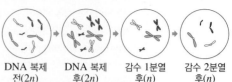

DNA 복제　DNA 복제　감수 1분열　감수 2분열
전($2n$)　　후($2n$)　　후(n)　　후(n)

▲ 감수 분열 시 염색체 구성과 핵상의 변화

문제 보기

어떤 동물 종($2n=4$)의 유전 형질 ㉮는 2쌍의 대립유전자 A와 a, B와 b에 의해 결정된다. 그림은 이 동물 종의 개체 Ⅰ의 세포 (가)와 개체 Ⅱ의 세포 (나) 각각에 들어 있는 모든 염색체를, 표는 (가)와 (나)에서 대립유전자 ㉠, ㉡, ㉢, ㉣ 중 2개의 DNA 상대량을 더한 값을 나타낸 것이다. ㉠~㉣은 A, a, B, b를 순서 없이 나타낸 것이고, Ⅰ과 Ⅱ의 ㉮의 유전자형은 각각 AaBb와 Aabb 중 하나이다.

Ⅰ (Aabb)　　　Ⅱ (AaBb)

(가)　　　　　(나)
$2n$(DNA 복제)　n(감수 2분열 완료)

세포	DNA 상대량을 더한 값			
	a b ㉠+㉡	a A ㉠+㉢	b A ㉡+㉢	A B ㉢+㉣
Ⅰ (가)	6	ⓐ 4	6	?
Ⅱ (나)	? 0	1	ⓑ 1	2

이에 대한 설명으로 옳은 것만을 〈보기〉에서 있는 대로 고른 것은? (단, 돌연변이는 고려하지 않으며, A, a, B, b 각각의 1개당 DNA 상대량은 1이다.)

보기

〈보기〉 풀이

(가)는 DNA 복제가 일어난 후의 세포로, 하나의 염색체는 두 가닥의 염색 분체로 이루어져 있으며 핵상은 $2n$이다. (나)는 감수 2분열이 완료된 세포로 핵상은 n이다.

(가)가 유전자형이 AaBb인 개체의 세포라면 각 대립유전자는 2개씩 존재하므로 A, a, B, b의 DNA 상대량은 각각 2이며, 이 경우 2개의 대립유전자의 DNA 상대량을 더한 값이 6이 나올 수 없다. 따라서 (가)는 유전자형이 Aabb인 개체의 세포이고, (나)는 유전자형이 AaBb인 개체의 세포이다.

(가)에서 A, a, B, b의 DNA 상대량은 각각 2, 2, 0, 4인데 ㉠+㉡=6, ㉡+㉢=6이므로 ㉡은 b이고, ㉠과 ㉢ 중 하나는 A, 다른 하나는 a이므로, ㉣은 B이다. (나)에서 A의 DNA 상대량은 1, a의 DNA 상대량은 0인데, ㉢+㉣(B)=2이므로 ㉢은 A, ㉠은 a이고, B의 DNA 상대량이 1임을 알 수 있다.

✘ **Ⅰ의 유전자형은 AaBb이다.**

➡ Ⅰ의 유전자형은 Aabb, Ⅱ의 유전자형은 AaBb이다.

◯ **ⓐ+ⓑ=5이다.**

➡ (가)에서 A, a, B, b의 DNA 상대량은 각각 2, 2, 0, 4이므로 a(㉠)+A(㉢)인 ⓐ는 2+2=4이다. (나)에서 A의 DNA 상대량은 1이고 b는 없으므로 b(㉡)+A(㉢)인 ⓑ는 0+1=1이다. 따라서 ⓐ+ⓑ=4+1=5이다.

✘ **(나)에 b가 있다.**

➡ (나)에서 A(㉢)+B(㉣)=1+1이며, (나)는 감수 2분열이 완료된 세포이므로 대립유전자 쌍 중 하나만 있다. 따라서 (나)에는 A와 B가 있고 b는 없다.

적용해야 할 개념 ③가지

① 대립유전자는 상동 염색체의 같은 위치에 존재한다.

② 생물은 종에 따라 핵형이 서로 다르므로 핵형은 생물종의 고유한 특성이며, 같은 종의 생물에서는 성별이 같으면 핵형이 같다.

③ 체세포는 모든 염색체가 2개씩 상동 염색체 쌍을 이루고 있으므로 핵상을 $2n$으로 표시하고, 생식세포는 상동 염색체 중 1개씩만 있어 염색체가 쌍을 이루고 있지 않으므로 핵상을 n으로 표시한다.

문제 보기

어떤 동물 종($2n=6$)의 유전 형질 ㉠은 대립유전자 A와 a에 의해, ㉡은 대립유전자 B와 b에 의해, ㉢은 대립유전자 D와 d에 의해 결정된다. ㉠~㉢의 유전자 중 2개는 서로 다른 상염색체에, 나머지 1개는 X 염색체에 있다. 표는 이 동물 종의 개체 P와 Q의 세포 Ⅰ~Ⅳ에서 A, a, B, b, D, d의 DNA 상대량을, 그림은 세포 (가)와 (나) 각각에 들어 있는 모든 염색체를 나타낸 것이다. (가)와 (나)는 각각 Ⅰ~Ⅳ 중 하나이다. P는 수컷이고 성염색체는 XY이며, Q는 암컷이고 성염색체는 XX이다.

세포	X 염색체		DNA 상대량				
	A	a	B	b	D	d	
Ⅰ	0	ⓐ4	?2	2	4	0	$2n$, Q
Ⅱ	2	0	ⓑ2	2	?2	2	$2n$, P, (가)
Ⅲ	0	0	1	?0	1	ⓒ0	n, P
Ⅳ	0	2	?1	1	2	0	$2n$, Q, (나)

(가)　(나)
$2n$, P의 세포　$2n$, Q의 세포

이에 대한 설명으로 옳은 것만을 〈보기〉에서 있는 대로 고른 것은? (단, 돌연변이와 교차는 고려하지 않으며, A, a, B, b, D, d 각각의 1개당 DNA 상대량은 1이다.) [3점]

〈보기〉 풀이

(1) 세포 (가)와 (나)에는 모두 상동 염색체가 쌍으로 존재하므로 (가)와 (나)의 핵상은 모두 $2n$이다. (가)에서 상동 염색체를 이루는 검은색 염색체 2개는 모양과 크기가 다르고, (나)에서는 같다. 따라서 검은색 상동 염색체는 성염색체이고, (가)는 수컷인 P의 세포, (나)는 암컷인 Q의 세포이다.

(2) 표에서 Ⅲ에는 유전자 A와 a가 모두 없으므로 X 염색체가 없고 Y 염색체만 있음을 알 수 있다. 따라서 ㉠의 유전자(A와 a)는 X 염색체에 있고, ㉡의 유전자(B와 b)와 ㉢의 유전자(D와 d)는 2개의 서로 다른 상염색체에 있다. Ⅲ의 핵상은 n이며, 수컷인 P의 세포이다. 세포 Ⅳ에서 a와 b의 DNA 상대량이 각각 2와 1이므로 Ⅳ는 성염색체 구성이 XX이고 핵상은 $2n$이다. 따라서 Ⅳ는 Q의 세포 (나)이다. (가)에 있는 염색체는 각각 2개의 염색 분체로 구성되므로 (가)에서 각 대립유전자의 DNA 상대량은 0, 2, 4 중 하나이다. Ⅰ에서 D의 DNA 상대량이 4이므로 Ⅰ이 (가)일 수 있는데, 만약 Ⅰ이 (가)라면 P와 Q의 체세포($2n=6$)에는 모두 A가 없게 되므로 Ⅱ와 같이 A가 있는 세포는 존재할 수 없다. 따라서 P의 세포 (가)는 Ⅱ이고, Ⅰ은 Ⅳ에서 DNA가 복제된 상태의 세포이다.

세포	DNA 상대량					
	X 염색체		상염색체		상염색체	
	A	a	B	b	D	d
Ⅰ (Q, $2n$)	0	ⓐ(4)	?(2)	2	4	0
Ⅱ (P, $2n$)	2	0	ⓑ(2)	2	?(2)	2
Ⅲ (P, n)	0	0	1	?(0)	1	ⓒ(0)
Ⅳ (Q, $2n$)	0	2	?(1)	1	2	0

✘ (가)는 Ⅰ이다.

➡ (가)는 Ⅱ이다.

ⓛ Ⅳ는 Q의 세포이다.

➡ Ⅳ는 Q의 세포인 (나)이다.

ⓒ ⓐ+ⓑ+ⓒ=6이다.

➡ Ⅰ은 Ⅳ(나)가 S기를 거쳐 DNA가 복제된 상태의 세포이므로 a의 DNA 상대량(ⓐ)은 4이다. Ⅱ는 (가)이므로 B의 DNA 상대량(ⓑ)은 2이며, Ⅲ은 감수 분열을 끝낸 P의 세포로 유전자 D가 있으므로 d의 DNA 상대량(ⓒ)은 0이다. 따라서 ⓐ+ⓑ+ⓒ=4+2+0=6이다.

적용해야 할 개념 ②가지

① 특정 형질을 결정하는 대립유전자가 상염색체에 있다면, 핵상이 $2n$인 세포에는 대립유전자가 쌍으로 존재하지만, 핵상이 n인 세포에는 대립유전자가 쌍으로 존재하지 않는다.

② 특정 형질을 결정하는 대립유전자가 성염색체(X 염색체)에 있다면, 암컷(XX)의 체세포에는 대립유전자가 쌍으로 존재하지만, 수컷(XY)의 체세포에는 대립유전자가 쌍으로 존재하지 않는다.

문제 보기

어떤 동물 종($2n=6$)의 유전 형질 ㉮는 2쌍의 대립유전자 H와 h, T와 t에 의해 결정된다. 표는 이 동물 종의 개체 P와 Q의 세포 Ⅰ~Ⅳ에서 H와 t의 DNA 상대량을 더한 값(H+t)과 h와 t의 DNA 상대량을 더한 값(h+t)을, 그림은 세포 (가)와 (나) 각각에 들어 있는 모든 염색체를 나타낸 것이다. (가)와 (나)는 각각 Ⅰ~Ⅳ 중 하나이고, ㉠과 ㉡은 X 염색체와 Y 염색체를 순서 없이 나타낸 것이며, ㉠과 ㉡의 모양과 크기는 나타내지 않았다. P는 수컷이고 성염색체는 XY이며, Q는 암컷이고 성염색체는 XX이다.

세포	H+t	h+t
$2n$ Ⅰ	2 3 1	0 1 1
Ⅱ	0 0 0	2 2 0
n Ⅲ (나)	1 ? 0	0 0 0
Ⅳ (가)	2 4 2	2 ? 2

P HHX^{t}Y
Q HhX^{T}X^t

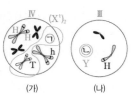

(가)　　　　(나)

이에 대한 설명으로 옳은 것만을 〈보기〉에서 있는 대로 고른 것은? (단, 돌연변이와 교차는 고려하지 않으며, H, h, T, t 각각의 1개당 DNA 상대량은 1이다.)

〈보기〉 풀이

(1) 세포 Ⅰ~Ⅳ에 존재하는 대립유전자의 DNA 상대량을 살펴보면,

❶ 세포 Ⅰ에서 (H+t)의 값이 3이므로 (2개의 H와 1개의 t) 또는 (1개의 H와 2개의 t)가 있다. H와 t가 각각 1개 이상 있고, (h+t)의 값이 1이므로 t가 1개, h가 0개 있으며, H가 2개 있음을 알 수 있다. 세포 Ⅰ은 대립유전자의 DNA 상대량이 0, 1, 2 중 하나이므로 핵상이 $2n$이다.

❷ 세포 Ⅱ에서 (H+t)의 값이 0이므로 H가 0개, t가 0개 있으며, (h+t)의 값이 2이므로 h가 2개 있음을 알 수 있다.

❸ 세포 Ⅲ에서 (h+t)의 값이 0이므로 h가 0개, t가 0개 있음을 알 수 있다.

(2) 세포 (가)와 (나)는 각각 Ⅰ~Ⅳ 중 하나이며, ㉠과 ㉡은 각각 X 염색체와 Y 염색체 중 하나이다.

❶ 세포 (가)에 h가 있으므로, (가)는 Ⅱ와 Ⅳ 중 하나이다. 세포 (가)는 핵상이 $2n$이며 DNA가 복제되어 있으므로 (4개의 h) 또는 (2개의 H와 2개의 h)가 있다. 따라서 세포 (가)는 세포 Ⅳ이며 H가 2개, h가 2개 있다. Ⅳ에서 (H+t)의 값이 4이므로 t가 2개 있으며, t는 X 염색체에 있음을 알 수 있다. 따라서 ㉠은 X 염색체이다. 세포 (가)는 암컷인 Q의 세포이며, Q의 ㉮의 유전자형은 HhX^{T}X^{t}이다.

❷ 세포 (나)에 H가 있으므로, (나)는 Ⅰ과 Ⅲ 중 하나이다. 세포 (나)는 핵상이 n이며 H가 1개 있다. 따라서 세포 (나)는 세포 Ⅲ이다. 위에서 ㉠이 X 염색체였으므로 ㉡은 Y 염색체이고, 세포 (나)는 수컷인 P의 세포이다. 세포 Ⅰ은 핵상이 $2n$이며 H가 2개, t가 1개 있으므로, 세포 Ⅰ은 ㉮의 유전자형이 HhX^{T}X^{t}로 암컷인 Q의 세포가 아니라 수컷인 P의 세포이며, P의 ㉮의 유전자형은 HHX^{t}Y이다.

ㄱ **(나)는 P의 세포이다.**
➡ (가)는 Q의 세포이고, (나)는 P의 세포이다.

✗ **Ⅰ과 Ⅲ의 핵상은 같다.**
➡ Ⅰ의 핵상은 $2n$이고 Ⅲ의 핵상은 n이므로, Ⅰ과 Ⅲ의 핵상은 다르다.

ㄷ **T의 DNA 상대량은 Ⅱ에서와 Ⅳ에서가 서로 같다.**
➡ ㉮의 유전자형은 Q에서 HhX^{T}X^{t}이고, P에서 HHX^{t}Y이다. Ⅱ와 Ⅳ는 모두 h가 2개 있으므로 Q의 세포이다. Ⅱ는 H가 0개, h가 2개, t가 0개 있으므로, 핵상이 n이며 DNA가 복제된 상태이고 T가 2개 있음을 알 수 있다. Ⅳ는 H가 2개, h가 2개, t가 2개 있으므로, 핵상이 $2n$이며 DNA가 복제된 상태이고 T가 2개 있음을 알 수 있다. 따라서 T의 DNA 상대량은 Ⅱ에서와 Ⅳ에서가 서로 같다.

18 일차

01 ④	02 ④	03 ④	04 ②	05 ②	06 ②	07 ③	08 ①	09 ①	10 ②	11 ①	12 ②
13 ②	14 ④	15 ④	16 ②	17 ①	18 ⑤	19 ⑤	20 ①	21 ①	22 ①	23 ②	24 ③
25 ⑤	26 ①	27 ①	28 ③	29 ④	30 ③	31 ①	32 ③	33 ⑤			

문제편 188쪽~201쪽

18 일차

01　핵상과 대립유전자　2022학년도 10월 학평 9번　　　정답 ④ | 정답률 54 %

적용해야 할 개념 ③가지

① 대립유전자는 상동 염색체의 같은 위치에 존재하고, 핵상이 n인 세포에는 상동 염색체가 존재하지 않으므로 특정 형질을 결정하는 대립유전자가 쌍으로 함께 존재하지 않는다.

② 특정 형질을 결정하는 대립유전자가 상염색체에 있다면 핵상이 $2n$인 세포에서 이 형질을 결정하는 대립유전자가 2개 존재한다.

③ 특정 형질을 결정하는 대립유전자가 X 염색체에 있다면 이 형질을 결정하는 대립유전자는 핵상이 $2n$인 암컷 세포(성염색체: XX)에서 2개, $2n$인 수컷 세포(성염색체: XY)에서 1개 존재한다.

문제 보기

사람의 특정 유전 형질은 2쌍의 대립유전자 A와 a, B와 b에 의해 결정된다. 표는 사람 P와 Q의 세포 Ⅰ~Ⅲ에서 대립유전자 ⓐ~ⓓ의 유무를, 그림은 P와 Q 중 한 명의 생식세포에 있는 일부 염색체와 유전자를 나타낸 것이다. ⓐ~ⓓ는 A, a, B, b를 순서 없이 나타낸 것이고, P는 남자이다.

세포	대립유전자			
	ⓐ	ⓑ	ⓒ	ⓓ
여자 Q-Ⅰ $2n$	○	○	×	○
Ⅱ $2n$	○	×	○	○
Ⅲ n	×	×	○	×

(○: 있음, ×: 없음)

이에 대한 옳은 설명만을 〈보기〉에서 있는 대로 고른 것은? (단, 돌연변이는 고려하지 않는다.) [3점]

〈보기〉 풀이

그림에서 대립유전자 ⓐ와 ⓒ가 크기와 모양이 서로 다른 염색체에 있으므로 ⓐ는 ⓒ의 대립유전자가 아니다. 핵상이 n인 남자의 세포에는 상염색체와 Y 염색체가 있거나, 상염색체와 X 염색체가 있다. 세포 Ⅲ에 대립유전자 ⓒ만 있는 것을 통해 ⓒ는 상염색체에 있고, ⓐ, ⓑ, ⓓ 중 2개는 X 염색체에 있음을 알 수 있다. 따라서 Ⅲ은 남자의 세포이고, Ⅲ에는 상염색체와 Y 염색체가 있다. 대립유전자 ⓒ는 세포 Ⅰ에 없고 세포 Ⅱ에만 있으므로 세포 Ⅱ와 Ⅲ은 모두 남자의 세포이다. 세포 Ⅱ의 핵상은 $2n$이므로 상염색체에 있는 대립유전자는 2개, X 염색체에 있는 대립유전자는 1개 있다. ⓐ는 ⓒ의 대립유전자가 아니므로 ⓓ가 ⓒ의 대립유전자이고, ⓐ는 ⓑ의 대립유전자이다. 따라서 ⓐ와 ⓑ는 X 염색체에, ⓒ와 ⓓ는 상염색체에 있다. 세포 Ⅰ에는 X 염색체에 있는 대립유전자 ⓐ와 ⓑ가 모두 있으므로 핵상이 $2n$이고 여자의 세포이다. 따라서 X 염색체를 2개 갖는 여자의 세포 Ⅰ은 Q의 세포이고, Ⅱ와 Ⅲ은 모두 남자 P의 세포이다.

ㄱ. Ⅱ는 P의 세포이다.
➡ Ⅰ은 Q의 세포, Ⅱ와 Ⅲ은 모두 P의 세포이다.

✗ ⓑ는 ⓒ의 대립유전자이다.
➡ ⓑ는 ⓐ의 대립유전자이다.

ㄷ. Q는 여자이다.
➡ 세포 Ⅰ에는 대립유전자 ⓐ와 ⓑ가 모두 있으므로 X 염색체가 2개 있다. 따라서 Q는 여자이다.

적용해야 할 개념 ③가지

① 하나의 형질을 결정하는 대립유전자가 상염색체에 존재하면 핵상이 $2n$인 세포에서 이 형질을 결정하는 대립유전자는 2개 존재한다.

② 하나의 형질을 결정하는 대립유전자가 성염색체(X 염색체)에 존재하면 암컷(XX)의 체세포에는 대립유전자가 쌍으로 있지만, 수컷(XY)의 체세포에는 대립유전자가 쌍으로 존재하지 않는다.

③ 감수 1분열이 끝난 세포(n)에서 대립유전자의 DNA 상대량은 감수 1분열 중기 세포($2n$)의 절반이고, 감수 2분열이 끝난 세포(n)에서 대립유전자의 DNA 상대량은 감수 1분열이 끝난 세포(n)의 절반이다.

문제 보기

표는 같은 종인 동물($2n=6$) Ⅰ의 세포 (가)와 (나), Ⅱ의 세포 (다)와 (라)에서 유전자 ㉠~㉣의 유무를, 그림은 세포 A와 B 각각에 들어 있는 모든 염색체를 나타낸 것이다. 이 동물 종의 특정 형질은 2쌍의 대립유전자 H와 h, T와 t에 의해 결정되며, ㉠~㉣은 H, h, T, t를 순서 없이 나타낸 것이다. A와 B는 각각 Ⅰ과 Ⅱ의 세포 중 하나이고, Ⅰ과 Ⅱ의 성염색체는 암컷이 XX, 수컷이 XY이다.

X 염색체에 존재 ⌐

유전자	Ⅰ의 세포		Ⅱ의 세포	
	(가)n	(나)$2n$	(다)n	(라)n
㉠	×	○	×	×
㉡	×	×	×	○
㉢	○	○	×	○
㉣	○	○	○	×

└ 상염색체에 존재 (○: 있음, ×: 없음)

Y 염색체   X 염색체

A 수컷 Ⅱ의 세포   B 암컷 Ⅰ의 세포

이에 대한 설명으로 옳은 것만을 〈보기〉에서 있는 대로 고른 것은? (단, 돌연변이와 교차는 고려하지 않는다.) [3점]

〈보기〉 풀이

핵상이 $2n$인 세포에서는 쌍을 이룬 두 대립유전자가 모두 들어 있으며, 핵상이 n인 세포에서는 대립유전자 중 하나씩만 들어 있다. 유전자 ㉠~㉣ 중 2개가 있는 (가)와 (라)는 핵상이 n이다. (다)는 ㉠~㉣ 중 1개가 있는 것으로 보아 ㉠~㉣ 중 한 쌍의 대립유전자는 X 염색체에 있음을 알 수 있다.

(라)에는 ㉡과 ㉢이 있으므로, ㉡과 ㉢은 대립유전자 관계가 아니다. (다)에는 ㉣만 있으므로 (다)에는 Y 염색체가 있고 X 염색체가 없다는 것과 ㉣은 상염색체에 있다는 것을 알 수 있고, (다)의 핵상이 n이라는 것을 알 수 있다. (가)에는 ㉢과 ㉣이 있으므로 ㉢과 ㉣은 대립유전자 관계가 아니고, ㉣은 상염색체에 있으므로 ㉢은 X 염색체에 있다는 것을 알 수 있다.

✗ ㉠은 ㉣과 대립유전자이다.

➡ ㉡과 ㉢은 대립유전자 관계가 아니고, ㉢과 ㉣도 대립유전자 관계가 아니다. 따라서 ㉠은 ㉡과 대립유전자이고, ㉡은 ㉣과 대립유전자이다. 또한 ㉢은 X 염색체에 있으므로 ㉠도 X 염색체에 있다.

ㄴ. A는 Ⅱ의 세포이다.

➡ A와 B에 들어 있는 염색체를 비교하면 A에는 크기가 작은 흰색 염색체가 있고 B에는 크기가 큰 흰색 염색체가 2개 있다. 이를 통해 A의 흰색 염색체는 Y 염색체, B의 흰색 염색체 2개는 X 염색체라는 것을 알 수 있다. 따라서 A는 수컷의 세포이고, B는 암컷의 세포이다. (다)에는 X 염색체에 존재하는 ㉠ 또는 ㉢이 없으므로 Y 염색체를 가지고 있으므로, Ⅱ는 수컷이다. (나)에는 X 염색체에 존재하는 ㉠과 ㉢이 모두 있으므로, Ⅰ은 성염색체 구성이 XX인 암컷이라는 알 수 있다. 이를 종합하면, A는 수컷의 세포이고, Ⅱ는 수컷이므로 A는 Ⅱ의 세포이다.

ㄷ. (라)에는 X 염색체가 있다.

➡ ㉠과 ㉢은 X 염색체의 동일한 위치에 존재하는 대립유전자이고 (라)는 ㉢이 있으므로, (라)에는 X 염색체가 있다.

보기

적용해야 할 개념 ③가지

① 대립유전자는 상동 염색체의 같은 위치에 존재하며 상동 염색체에 있는 대립유전자는 같을 수도 있고 다를 수도 있다. 어떤 세포에서 하나의 형질을 결정하는 대립유전자가 쌍으로 있으면 상동 염색체도 쌍을 이루고 있는 것이므로, 이 세포의 핵상은 $2n$이다.

② 하나의 형질을 결정하는 대립유전자가 상염색체에 존재하면 핵상이 $2n$인 세포에서 이 형질을 결정하는 대립유전자는 2개 존재한다.

③ 하나의 형질을 결정하는 대립유전자가 성염색체(X 염색체)에 존재하면 암컷(XX)의 체세포에는 대립유전자가 쌍으로 있지만, 수컷(XY)의 체세포에는 대립유전자가 쌍으로 존재하지 않는다.

문제 보기

그림은 같은 종인 동물($2n=6$) Ⅰ과 Ⅱ의 세포 (가)~(다) 각각에 들어 있는 모든 염색체를, 표는 세포 A~C가 갖는 유전자 H, h, T, t의 유무를 나타낸 것이다. H는 h와 대립유전자이며, T는 t와 대립유전자이다. Ⅰ은 수컷, Ⅱ는 암컷이며, 이 동물의 성염색체는 수컷이 XY, 암컷이 XX이다. A~C는 (가)~(다)를 순서 없이 나타낸 것이다.

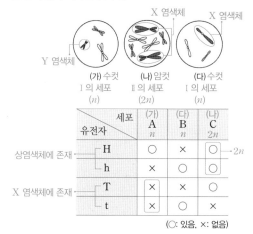

(가) 수컷   (나) 암컷   (다) 수컷
Ⅰ의 세포   Ⅱ의 세포   Ⅰ의 세포
(n)   ($2n$)   (n)

유전자 \ 세포	(가) A n	(다) B n	(나) C $2n$	
상염색체에 존재 — H	○	×	○	→$2n$
h	×	○	○	
X 염색체에 존재 — T	×	×	○	
t	×	○	×	

(○: 있음, ×: 없음)

이에 대한 설명으로 옳은 것만을 〈보기〉에서 있는 대로 고른 것은? (단, 돌연변이는 고려하지 않는다.) [3점]

〈보기〉 풀이

세포 (가)와 (다)는 상동 염색체 중 하나씩만 있으므로 핵상이 모두 n이고, (나)는 염색체가 상동 염색체 쌍을 이루므로 핵상이 $2n$이다. 표에서 세포 C에는 대립유전자 관계인 H와 h가 모두 있으므로 핵상이 $2n$이며, 따라서 C는 (나)이다. 그리고 (나)는 모든 상동 염색체의 모양과 크기가 같으므로 2개의 X 염색체를 가진 암컷의 세포라는 것을 알 수 있으며, 따라서 (나)는 암컷인 Ⅱ의 세포이다.

(가)는 Y 염색체가 있으므로 수컷인 Ⅰ의 세포이며, (다)는 X 염색체가 있다. 표에서 세포 A에는 T와 t가 모두 없고 B에는 t가 있다. 만약 T와 t가 상염색체에 있다면 A에는 T와 t 중 하나가 반드시 있어야 하는데 그렇지 않으므로 T와 t는 X 염색체에 존재한다는 것을 알 수 있으며, t가 있는 B는 (다)이고, T와 t가 없는 A는 (가)이다. 암컷인 Ⅱ의 세포 C(나)에는 t가 없으므로 t가 있는 B(다)는 수컷인 Ⅰ의 세포이다.

✗ **(다)는 Ⅱ의 세포이다.**

➡ (가)와 (다)는 모두 수컷인 Ⅰ의 세포이고, (나)는 암컷인 Ⅱ의 세포이다.

ㄴ. **A와 B의 핵상은 같다.**

➡ A(가)와 B(다)의 핵상은 모두 n으로 같다.

ㄷ. **Ⅰ과 Ⅱ 사이에서 자손(F_1)이 태어날 때, 이 자손이 H와 t를 모두 가질 확률은 $\dfrac{3}{8}$이다.**

➡ H와 h는 상염색체에, T와 t는 X 염색체에 존재하므로 독립적으로 유전된다. A와 B의 세포는 Ⅰ의 세포이므로 Ⅰ의 유전자형은 HhX^{t}Y이고, C의 세포인 Ⅱ의 유전자형은 HhX^{T}X^{T}이다. Ⅰ과 Ⅱ 사이에서 태어나는 자손이 H를 가질(HH, Hh) 확률은 $\dfrac{3}{4}$, t를 가질(X^{T}X^t) 확률은 $\dfrac{1}{2}$이므로, 이 자손이 H와 t를 모두 가질 확률은 $\dfrac{3}{4} \times \dfrac{1}{2} = \dfrac{3}{8}$이다.

18
일차

보기

적용해야 할 개념 ④가지

① 상동 염색체가 쌍으로 있는 세포의 핵상은 $2n$이고, 상동 염색체 중 1개씩만 있어 쌍을 이루고 있지 않은 세포의 핵상은 n이다.
② 상염색체의 상동 염색체는 모양과 크기가 같지만, 성염색체의 구성이 XY인 경우 X 염색체와 Y 염색체의 모양과 크기가 다르다.
③ 핵상이 $2n=6$이고 성염색체 구성이 XX인 세포는 2쌍(4개)의 상염색체와 1쌍(2개)의 성염색체(X 염색체)를 가진다.
④ 대립유전자는 상동 염색체의 같은 위치에 존재한다.

문제 보기

어떤 동물 종($2n=6$)의 유전 형질 ㉮는 2쌍의 대립유전자 A와 a, B와 b에 의해 결정된다. 그림은 이 동물 종의 개체 Ⅰ과 Ⅱ의 세포 (가)~(라) 각각에 들어 있는 모든 염색체를, 표는 (가)~(라)에서 A, a, B, b의 유무를 나타낸 것이다. (가)~(라) 중 2개는 Ⅰ의 세포이고, 나머지 2개는 Ⅱ의 세포이다. Ⅰ은 암컷이고 성염색체는 XX이며, Ⅱ는 수컷이고 성염색체는 XY이다.

X 염색체

Y 염색체

| (가) n | (나) $2n$ | (다) n | (라) n |
| Ⅰ (암컷) | Ⅰ (암컷) | Ⅱ (수컷) | Ⅱ (수컷) |

세포	대립유전자 A	a	B	b	
(가)	○	? ×	? ○	? ×	AX^B
(나)	? ○	○	○	×	AaX^BX^B
(다)	○	×	×	○	AX^b
(라)	? ×	○	×	×	aY

(○: 있음, ×: 없음)

이에 대한 설명으로 옳은 것만을 〈보기〉에서 있는 대로 고른 것은? (단, 돌연변이와 교차는 고려하지 않는다.) [3점]

〈보기〉풀이

핵상이 $2n$인 세포 (나)에는 모양과 크기가 같은 상동 염색체가 3쌍 있으므로, (나)는 암컷(XX)인 Ⅰ의 세포이다. 핵상이 n인 세포 (라)에는 (나)에 없는 크기가 작은 검은색 염색체(Y 염색체)가 있으므로, (라)는 수컷(XY)인 Ⅱ의 세포이다. 제시된 표에서 세포 (라)에는 B와 b가 없으므로, B와 b는 X 염색체에 있는 대립유전자이다. 핵상이 $2n$인 세포 (나)에는 B만 있고 b가 없으므로, b만 있는 (다)는 (나)와 같은 개체의 세포가 아니다. 따라서 (다)는 Ⅱ의 세포이고 (가)는 Ⅰ의 세포이다.

✗ (가)는 Ⅱ의 세포이다.
➡ (가)와 (나)는 암컷인 Ⅰ의 세포이고, (다)와 (라)는 수컷인 Ⅱ의 세포이다.

◯ ㄴ. Ⅰ의 유전자형은 AaBB이다.
➡ Ⅰ의 세포 (가)에 A가 있고, (나)에 a와 B가 있으며 b는 없다. 따라서 Ⅰ의 유전자형은 AaBB이다.

✗ (다)에서 b는 상염색체에 있다.
➡ B와 b는 X 염색체에 있는 대립유전자이다.

보기

05 감수 분열과 유전적 다양성 2024학년도 수능 15번

적용해야 할 개념 ③가지

① 대립유전자는 상동 염색체의 같은 위치에 있다.
② 특정 형질을 결정하는 대립유전자가 상염색체에 있다면 핵상이 2n인 세포(G₁기)에서 이 형질을 결정하는 대립유전자가 2개 존재한다.
③ 핵상이 n인 세포에는 상동 염색체가 쌍으로 존재하지 않으므로 특정 형질을 결정하는 대립유전자가 쌍으로 함께 존재하지 않는다.

문제 보기

사람의 유전 형질 (가)는 서로 다른 상염색체에 있는 2쌍의 대립유전자 H와 h, T와 t에 의해 결정된다. 표는 어떤 사람의 세포 ㉠~㉢에서 H와 t의 유무를, 그림은 ㉠~㉢에서 대립유전자 ⓐ~ⓓ의 DNA 상대량을 나타낸 것이다. ⓐ~ⓓ는 H, h, T, t를 순서 없이 나타낸 것이다.

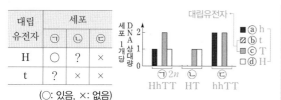

대립유전자	세포		
	㉠	㉡	㉢
H	○	?	×
t	?	×	×

(○: 있음, ×: 없음)

이에 대한 설명으로 옳은 것만을 〈보기〉에서 있는 대로 고른 것은? (단, 돌연변이와 교차는 고려하지 않으며, H, h, T, t 각각의 1개당 DNA 상대량은 1이다.)

〈보기〉 풀이

H와 t가 모두 없는 세포 ㉢에 ⓑ와 ⓓ가 없으므로 ⓑ와 ⓓ는 각각 H와 t 중 하나이고, ⓐ와 ⓒ는 각각 h와 T 중 하나이다. t가 없는 세포 ㉡에 ⓐ와 ⓑ가 없으므로 ⓑ는 t, ⓓ는 H이다. 세포 ㉠에서 ⓐ와 ⓒ의 DNA 상대량이 각각 1과 2이므로 세포 ㉠의 핵상은 2n이다. (가)를 결정하는 2쌍의 대립유전자는 서로 다른 상염색체에 있으므로 세포 ㉠에서 H와 h, T와 t를 합한 값은 같아야 한다. 따라서 세포 ㉠에서 DNA 상대량이 1인 ⓐ는 ⓓ(H)와 대립유전자이므로 ⓐ는 h이고, ⓑ(t)는 ⓒ와 대립유전자이므로 ⓒ는 T이다.

✗ ⓐ는 ⓒ와 대립유전자이다.
➡ ⓐ(h)는 ⓓ(H)와 대립유전자이다.

Ⓛ ⓓ는 H이다.
➡ ⓐ는 h, ⓑ는 t, ⓒ는 T, ⓓ는 H이다.

✗ 이 사람에게서 h와 t를 모두 갖는 생식세포가 형성될 수 있다.
➡ 세포 ㉠의 핵상은 2n이므로, 세포 ㉠에서 대립유전자의 DNA 상대량을 통해 이 사람의 (가)의 유전자형을 알 수 있다. 이 사람의 (가)의 유전자형은 HhTT이므로, 이 사람에게서 h와 t를 모두 갖는 생식세포는 형성될 수 없다.

06 염색체와 대립유전자 2024학년도 10월 학평 19번

적용해야 할 개념 ②가지

① 특정 형질을 결정하는 대립유전자가 상염색체에 있다면, 핵상이 2n인 세포에는 대립유전자가 쌍으로 존재하지만, 핵상이 n인 세포에는 대립유전자가 쌍으로 존재하지 않는다. 따라서 핵상이 n인 세포에 함께 존재하는 유전자는 대립유전자 관계가 아니다.
② 특정 형질을 결정하는 대립유전자가 성염색체(X 염색체)에 있다면, 암컷(XX)의 체세포에는 대립유전자가 쌍으로 존재하지만, 수컷(XY)의 체세포에는 대립유전자가 쌍으로 존재하지 않는다.

문제 보기

사람의 유전 형질 (가)는 2쌍의 대립유전자 H와 h, R과 r에 의해, (나)는 대립유전자 T와 t에 의해 결정된다. (가)의 유전자는 7번 염색체에, (나)의 유전자는 X 염색체에 있다. 표는 남자 P의 세포 Ⅰ~Ⅳ에서 대립유전자 ㉠~㉣의 유무를 나타낸 것이다. ㉠~㉣은 H, h, R, t를 순서 없이 나타낸 것이다.

세포	대립유전자			
	㉠ H/h	㉡ R	㉢ t	㉣ h/H
n Ⅰ	○	×	○	×
n Ⅱ	×	?	○	○
n Ⅲ	?	×	×	○
2n Ⅳ	○	×	○	○

(○: 있음, ×: 없음)

남자 P
H h
R r
t Y

이에 대한 옳은 설명만을 〈보기〉에서 있는 대로 고른 것은? (단, 돌연변이와 교차는 고려하지 않는다.) [3점]

〈보기〉 풀이

(1) 남자 P의 세포 Ⅰ~Ⅳ에서 대립유전자 ㉣이 세포 Ⅱ~Ⅳ에는 있지만 세포 Ⅰ에는 없으므로 세포 Ⅰ의 핵상은 n이고, 대립유전자 ㉠이 세포 Ⅰ, Ⅳ에는 있지만 세포 Ⅱ에는 없으므로 세포 Ⅱ의 핵상은 n이며, 대립유전자 ㉢이 세포 Ⅰ, Ⅱ, Ⅳ에는 있지만 세포 Ⅲ에는 없으므로 세포 Ⅲ의 핵상은 n이다.

(2) P의 유전자형이 HH나 hh라면 ㉠~㉣ 중 모든 세포에 존재하는 것이 있어야 하는데 없으므로 P의 유전자형은 Hh이다.

(3) 세포 Ⅰ~Ⅲ은 모두 핵상이 n이므로 대립유전자 H와 h 중 하나가 있다. 세포 Ⅰ에 같이 있는 ㉠과 ㉢, 세포 Ⅱ에 같이 있는 ㉢과 ㉣, 세포 Ⅰ에 모두 없는 ㉡과 ㉣, 세포 Ⅲ에 모두 없는 ㉡과 ㉢은 H와 h의 관계가 될 수 없다. 따라서 ㉠과 ㉡ 또는 ㉠과 ㉣이 H와 h의 관계인데 연관된 대립유전자 R이 함께 이동하는 것을 통해 ㉠과 ㉣이 H와 h 관계임을 알 수 있다.

(4) ㉢이 R이라면, 세포 Ⅰ에서 ㉢(R)과 ㉠은 같은 염색체에 있고, 세포 Ⅱ에서 ㉢(R)과 ㉣이 같은 염색체에 있으므로, 세포 Ⅲ에 ㉢(R)과 ㉠ 또는 ㉢(R)과 ㉣이 같이 있는 염색체 중 하나가 있어야 한다. 그러나 세포 Ⅲ에 ㉢이 없으므로 ㉢은 t이고, ㉡은 R이다.

(5) 세포 Ⅳ는 ㉠과 ㉣을 모두 가지므로 세포 Ⅳ의 핵상은 2n이다. 따라서 P의 (가)의 유전자형은 Hhrr이고, (나)의 유전자형은 XᵗY이다.

✗ ㉡은 t이다.
➡ ㉠은 H 또는 h, ㉡은 R, ㉢은 t, ㉣은 h 또는 H이다.

Ⓛ Ⅲ과 Ⅳ에는 모두 Y 염색체가 있다.
➡ Ⅲ에는 X 염색체에 있는 t가 없으므로 Y 염색체가 있고, Ⅳ는 핵상이 2n이므로 Y 염색체가 있다.

✗ P의 (가)의 유전자형은 HhRr이다.
➡ P의 (가)의 유전자형은 Hhrr이고, (나)의 유전자형은 XᵗY이다.

염색체와 대립유전자 2023학년도 9월 모평 8번

적용해야 할 개념 ③가지

① 대립유전자는 상동 염색체의 같은 위치에 존재하므로 특정 형질을 결정하는 대립유전자가 상염색체에 있다면 핵상이 $2n$인 세포에서 이 형질을 결정하는 대립유전자가 2개 존재한다.

② 핵상이 n인 세포에는 상동 염색체가 존재하지 않으므로 특정 형질을 결정하는 대립유전자가 쌍으로 함께 존재하지 않는다.

③ 특정 형질을 결정하는 대립유전자가 X 염색체에 있다면 핵상이 $2n$인 암컷 세포(성염색체 구성: XX)에서 이 형질을 결정하는 대립유전자는 2개, 핵상이 $2n$인 수컷 세포(성염색체 구성: XY)에서 1개 존재한다.

문제 보기

┌─ ⓐ과 ⓑ, ⓒ과 ⓔ   ┌─ ⓒ과 ⓜ

사람의 유전 형질 ㉮는 1쌍의 대립유전자 A와 a에 의해, ㉯는 2쌍의 대립유전자 B와 b, D와 d에 의해 결정된다. ㉮의 유전자는 상염색체에, ㉯의 유전자는 X 염색체에 있다. 표는 남자 P의 세포 (가)~(다)와 여자 Q의 세포 (라)~(바)에서 대립유전자 ⊙~ⓗ의 유무를 나타낸 것이다. ⊙~ⓗ은 A, a, B, b, D, d를 순서 없이 나타낸 것이다.

┌─ Y 염색체가 있고, X 염색체가 없음

대립유전자	P의 세포			Q의 세포		
	(가) n	(나) $2n$	(다) n	(라) $2n$	(마) n	(바) n
㉠	×	?○	○	?○	○	×
㉡	×	×	×	○	○	×
㉢	?×	○	○	○	○	○
㉣	×	ⓐ○	○	○	×	○
㉤	○	○	×	×	×	×
㉥	×	×	×	?○	×	○

(○: 있음, ×: 없음)

└─ 상염색체에 있는 ㉮의 유전자
└─ ㉠과 ㉥, ㉡과 ㉣, ㉢과 ㉤이 각각 대립유전자 쌍

이에 대한 설명으로 옳은 것만을 〈보기〉에서 있는 대로 고른 것은? (단, 돌연변이와 교차는 고려하지 않는다.)

〈보기〉 풀이

핵상이 $2n$인 세포에는 상동 염색체가 쌍으로 존재하지만, 핵상이 n인 세포에는 상동 염색체 중 1개씩만 있다. 그리고 대립유전자는 상동 염색체의 같은 위치에 있으므로, 핵상이 $2n$인 세포에는 대립유전자가 쌍으로 있지만, 핵상이 n인 세포에는 대립유전자가 쌍으로 있지 않다. P의 세포 (가)와 (다)에 있는 대립유전자의 종류가 서로 다르므로 (가)와 (다)의 핵상은 모두 n이고, Q의 세포 (마)와 (바)에 있는 대립유전자의 종류가 서로 다르므로 (마)와 (바)의 핵상은 n이다. 핵상이 n인 세포 (마)와 (바)에는 상동 염색체가 쌍을 이루고 있지 않고 상동 염색체 중 1개만 있으므로 ㉢은 ㉠, ㉡, ㉣, ㉤과 대립유전자가 아니다. 따라서 ㉢은 ㉥과 대립유전자이다. 핵상이 n인 세포 (다)와 (바)를 비교하면 ㉣은 ㉠, ㉥과 대립유전자가 아니므로, ㉣은 ㉡과 대립유전자, ㉠은 ㉥과 대립유전자이다. 세포 (나)에는 대립유전자 ㉢과 ㉤이 모두 있고, 세포 (라)에는 대립유전자 ㉡과 ㉣이 모두 있으므로, (나)와 (라)의 핵상은 모두 $2n$이다. (나)에는 (가)와 (다)에 있는 대립유전자가 모두 있고, (라)에는 (마)와 (바)에 있는 대립유전자가 모두 있으므로 이를 정리하면 다음과 같다.

대립유전자	P의 세포			Q의 세포		
	(가) n	(나) $2n$	(다) n	(라) $2n$	(마) n	(바) n
㉠	×	?(○)	○	?(○)	○	×
㉡	×	×	×	○	○	×
㉢	?(×)	○	○	○	○	○
㉣	×	ⓐ(○)	○	○	×	○
㉤	○	○	×	×	×	×
㉥	×	×	×	?(○)	×	○

(○: 있음, ×: 없음)

ㄱ. ㉠은 ㉥과 대립유전자이다.
➡ ㉠은 ㉥과, ㉡은 ㉣과, ㉢은 ㉤과 각각 대립유전자이다.

✗ ⓐ는 '×'이다.
➡ 세포 (나)의 핵상은 $2n$이므로 핵상이 n인 세포 (다)에 있는 대립유전자 ㉣을 가지고 있다. 따라서 ⓐ는 '○'이다.

ㄷ. Q의 ㉯의 유전자형은 BbDd이다.
➡ 핵상이 n인 세포 (가)에는 대립유전자 ㉢과 ㉤ 중 ㉤만 있고, ㉠과 ㉥, ㉡과 ㉣이 모두 없다. 이를 통해 세포 (가)에는 Y 염색체가 있어 X 염색체에 있는 ㉯의 유전자가 없음을 알 수 있다. 따라서 ㉢과 ㉤은 상염색체에 있는 ㉮의 대립유전자이고, ㉠과 ㉥, ㉡과 ㉣은 모두 X 염색체에 있는 ㉯의 대립유전자이다. Q의 세포인 (라)의 세포에는 ㉠과 ㉥, ㉡과 ㉣이 모두 있으므로, Q의 ㉯의 유전자형은 BbDd이다.

적용해야 할 개념 ③가지

① 하나의 형질을 결정하는 대립유전자는 상동 염색체의 동일한 위치에 존재하며, 상동 염색체의 동일한 위치에 있는 대립유전자는 같을 수도 있고 다를 수도 있다.

② 핵상이 $2n$인 세포에는 대립유전자가 쌍으로 존재하지만, 핵상이 n인 세포에는 대립유전자가 쌍으로 존재하지 않는다.

③ 감수 1분열을 끝낸 세포(n)에서 대립유전자의 DNA 상대량은 감수 1분열 중기 세포($2n$)의 절반이고, 감수 2분열을 끝낸 세포(n)에서 대립유전자의 DNA 상대량은 감수 1분열을 끝낸 세포(n)의 절반이다.

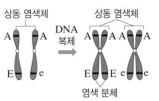

▲ 상동 염색체와 대립유전자

문제 보기

사람의 유전 형질 ㉠은 서로 다른 상염색체에 있는 3쌍의 대립유전자 E와 e, F와 f, G와 g에 의해 결정된다. 표는 어떤 사람의 세포 Ⅰ~Ⅲ에서 E, f, g의 유무와, F와 G의 DNA 상대량을 더한 값(F+G)을 나타낸 것이다.

세포	대립유전자			F+G
	E	f	g	
Ⅰ n	×	○	×	eeffGG 2
Ⅱ $2n$	○	○	○	EeffGg 1
Ⅲ n	○	○	×	EfG 1

                      (○: 있음, ×: 없음)

- 감수 1분열이 완료된 세포
- 감수 2분열이 완료된 세포
- G_1기 세포

이에 대한 옳은 설명만을 〈보기〉에서 있는 대로 고른 것은? (단, 돌연변이와 교차는 고려하지 않으며, E, e, F, f, G, g 각각의 1개당 DNA 상대량은 1이다.) [3점]

〈보기〉 풀이

Ⅰ에는 f가 있고 g가 없는데 F+G가 2이고, Ⅱ에는 f와 g가 모두 있는데 F+G가 1이다. 체세포에서 대립유전자는 쌍으로 존재하므로, Ⅱ에는 f가 2개, G와 g가 각각 1개씩 있음을 알 수 있다. E와 e는 대립유전자이며 핵상이 n인 세포에는 대립유전자가 반드시 1개 있다. Ⅱ에는 E가 있지만 Ⅰ에는 E가 없는 것을 통해 Ⅰ에 e가 있음을 알 수 있다. 따라서 Ⅱ에는 E와 e가 각각 1개씩 있다.

ㄱ. 이 사람의 ㉠에 대한 유전자형은 EeffGg이다.

➡ Ⅱ에는 E와 e가 각각 1개씩, f가 2개, G와 g가 각각 1개씩 있으며, F+G가 1이다. 따라서 Ⅱ는 이 사람의 G_1기 세포이고, ㉠에 대한 유전자형은 EeffGg이다.

✗ ㄴ. Ⅰ에서 e의 DNA 상대량은 1이다.

➡ 이 사람의 ㉠에 대한 유전자형은 EeffGg인데, Ⅰ에서 F+G가 2이므로 Ⅰ은 핵상이 n이고, 각 염색체는 두 가닥의 염색 분체로 이루어져 있음을 알 수 있다. 따라서 Ⅰ은 감수 1분열이 완료된 세포이다. Ⅰ에는 E가 없으므로 e가 있는 염색체가 있으며, 이 염색체는 두 가닥의 염색 분체로 이루어져 있으므로, e의 DNA 상대량은 2이다.

✗ ㄷ. Ⅱ와 Ⅲ의 핵상은 같다.

➡ Ⅱ에는 대립유전자가 쌍으로 있으므로 핵상이 $2n$이다. Ⅲ에는 E, f는 있고 g는 없는데 F+G가 1이므로, Ⅲ에는 G가 있고 대립유전자가 쌍을 이루지 않음을 알 수 있다. 따라서 Ⅲ은 감수 2분열이 완료된 세포로 E, f, G가 각각 있는 염색체가 1개씩 있으므로, 핵상은 n이다.

적용해야 할 개념 ③가지	① 대립유전자는 상동 염색체의 같은 위치에 존재한다.
	② 생식세포 분열 과정에서 상동 염색체가 분리될 때 상동 염색체에 있는 대립유전자 쌍도 분리되어 서로 다른 생식세포로 들어간다.
	③ 특정 형질을 결정하는 한 쌍의 대립유전자가 상염색체에 있다면 핵상이 $2n$인 세포에서는 대립유전자가 쌍으로 존재하지만, 핵상이 n인 세포에서는 대립유전자가 쌍으로 존재하지 않는다. 따라서 핵상이 n인 세포에 존재하는 유전자는 대립유전자 관계가 아니다.

문제 보기

사람의 유전 형질 ㉎는 서로 다른 3개의 상염색체에 있는 3쌍의 대립유전자 A와 a, B와 b, D와 d에 의해 결정된다. 표는 사람 P의 세포 (가)~(다)에서 대립유전자 ㉠~㉣의 유무와 A와 B의 DNA 상대량을 나타낸 것이다. (가)~(다)는 생식세포 형성 과정에서 나타나는 중기의 세포이고, (가)~(다) 중 2개는 G_1기 세포 Ⅰ로부터 형성되었으며, 나머지 1개는 G_1기 세포 Ⅱ로부터 형성되었다. ㉠~㉣은 A, a, b, D를 순서 없이 나타낸 것이다.

세포	대립유전자				DNA 상대량	
	㉠ a	㉡ b	㉢ A	㉣ D	A	B
n (가)	×	? ×	○	○	? 2	2
n (나)	○	×	? ×	×	? 0	2
n (다)	×	×	○	×	2	? 2

(○: 있음, ×: 없음)

이에 대한 설명으로 옳은 것만을 〈보기〉에서 있는 대로 고른 것은? (단, 돌연변이와 교차는 고려하지 않으며, A, a, B, b, D, d 각각의 1개당 DNA 상대량은 1이다.) [3점]

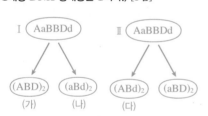

〈보기〉 풀이

(1) 사람 P의 세포 (가)~(다)에서 대립유전자 ㉠이 세포 (나)에는 있지만 세포 (가)와 (다)에는 없으므로 세포 (가)와 (다)의 핵상은 n이고, 대립유전자 ㉣이 세포 (가)에는 있지만 세포 (나)에는 없으므로 세포 (나)의 핵상은 n이다.

(2) 세포 (가)~(다)의 핵상은 모두 n이고, ㉎를 결정하는 3쌍의 대립유전자는 상염색체에 존재하므로 세포 (가)~(다)는 A와 a 중 하나, B와 b 중 하나, D와 d 중 하나를 가져야 한다.

　❶ 세포 (다)에서 대립유전자 ㉢만 있는데 A의 DNA 상대량이 2이므로 ㉢은 A임을 알 수 있다. 대립유전자 ㉠, ㉡, ㉣이 모두 없으므로 a, b, D가 모두 없다. 따라서 세포 (다)는 A, B, d를 갖는다.

　❷ 세포 (가)에서 대립유전자 ㉢(A)이 있고 B의 DNA 상대량이 2이므로 a, b가 모두 없다. 이를 통해 ㉣은 D임을 알 수 있다. 따라서 세포 (가)는 A, B, D를 갖는다.

　❸ 세포 (나)에서 B의 DNA 상대량이 2이므로 b가 없다. 이를 통해 ㉡은 b, ㉠은 a임을 알 수 있다. 따라서 세포 (나)는 a, B, d를 갖는다.

(3) 위 내용을 정리하면 사람 P의 ㉎의 유전자형은 AaBBDd이다. P의 G_1기 세포 하나로부터 A를 갖는 세포 (가)와 A를 갖는 세포 (다)가 동시에 형성될 수 없고, d를 갖는 세포 (나)와 d를 갖는 세포 (다)가 동시에 형성될 수 없다. 이를 통해 (가)와 (나)가 G_1기 세포 하나로부터 동시에 형성되었음을 알 수 있다. 따라서 세포 Ⅰ로부터 (가)와 (나)가 형성되었고, 세포 Ⅱ로부터 (다)가 형성되었다.

ㄱ. ㉡은 b이다.
➡ ㉠은 a, ㉡은 b, ㉢은 A, ㉣은 D이다.

✗. Ⅰ로부터 (다)가 형성되었다.
➡ Ⅰ로부터 (가)와 (나)가 형성되었고, Ⅱ로부터 (다)가 형성되었다.

✗. P의 ㉎의 유전자형은 AaBbDd이다.
➡ P의 G_1기 세포로부터 핵상이 n인 세포 (가) (A, B, D), (나) (a, B, d), (다) (A, B, d)가 형성되었으므로 P는 b를 갖지 않는다. P의 ㉎의 유전자형은 AaBBDd이다.

10 대립유전자와 핵상 2021학년도 수능 10번   정답 ② | 정답률 50 %

적용해야 할 개념 ③가지

① 대립유전자는 상동 염색체의 같은 위치에 존재하며 상동 염색체에 있는 대립유전자는 같을 수도 있고 다를 수도 있다.

② 핵상이 $2n$인 세포에는 상동 염색체가 쌍을 이루고 있으므로 대립유전자가 쌍으로 존재하고, 핵상이 n인 세포에는 상동 염색체 중 1개씩만 있으므로 대립유전자가 쌍으로 존재하지 않는다.

③ 유전자가 서로 다른 상염색체에 있는 경우 감수 분열 과정에서 서로 독립적으로 분리되어 생식 세포로 들어간다.

문제 보기

사람의 유전 형질 ⓐ는 3쌍의 대립유전자 H와 h, R와 r, T와 t에 의해 결정되며, ⓐ의 유전자는 서로 다른 3개의 상염색체에 있다.
표는 사람 (가)의 세포 Ⅰ~Ⅲ에서 h, R, t의 유무를, 그림은 세포 ㉠~㉢의 세포 1개당 H와 T의 DNA 상대량을 더한 값 (H+T)을 각각 나타낸 것이다. ㉠~㉢은 Ⅰ~Ⅲ을 순서 없이 나타낸 것이다.

세포	대립유전자		
	h	R	t
HhRrTT Ⅰ	?○	○	×
hrT Ⅱ	○	×	?×
HrT Ⅲ	×	×	?×

(○: 있음, ×: 없음)

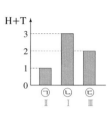

이에 대한 설명으로 옳은 것만을 〈보기〉에서 있는 대로 고른 것은? (단, 돌연변이는 고려하지 않으며, H, h, R, r, T, t 각각의 1개당 DNA 상대량은 1이다.) [3점]

〈보기〉 풀이

핵상이 $2n$인 세포에는 대립유전자가 쌍으로 존재하고, 핵상이 n인 세포에는 대립유전자가 쌍으로 존재하지 않는다. 세포 Ⅰ에는 R가 있고, Ⅱ와 Ⅲ에는 R가 없으므로 r가 있다. 따라서 사람 (가)의 체세포($2n$)에는 R와 r가 모두 있음을 알 수 있다. Ⅱ에는 h가 있고, Ⅲ에는 h가 없으므로 H가 있다. 따라서 사람 (가)의 체세포($2n$)에는 H와 h가 모두 있음을 알 수 있다.

Ⅰ에는 t가 없으므로 Ⅰ이 핵상이 $2n$인 체세포라면 Ⅰ의 유전자 구성은 HhRrTT이고, H+T=3이므로, Ⅰ은 ㉡이다. Ⅱ에는 R가 없으므로 Ⅱ의 핵상은 n이며, Ⅱ에는 h, r, T가 각각 1개씩 있고, H는 없다. 따라서 Ⅱ에서 H+T=1이므로, Ⅱ는 ㉠이다. Ⅲ에는 h와 R가 모두 없으므로 H, r, T가 각각 1개씩 있다. 따라서 Ⅲ에서 H+T=2이므로, Ⅲ은 ㉢이다.

✗ (가)에는 h, R, t를 모두 갖는 세포가 있다.

➡ 사람 (가)에서 유전 형질 ⓐ의 유전자형은 HhRrTT이므로, (가)에는 h, R, t를 모두 갖는 세포가 없다.

Ⓛ Ⅱ는 ㉠이다.

➡ Ⅰ은 ㉡, Ⅱ는 ㉠, Ⅲ은 ㉢이다.

✗ Ⅲ의 $\dfrac{\text{T의 DNA 상대량}}{\text{H의 DNA 상대량+r의 DNA 상대량}}=1$이다.

➡ Ⅲ은 R가 없으므로 핵상이 n인 세포이며, Ⅲ의 유전자 구성은 HrT이다.

따라서 Ⅲ의 $\dfrac{\text{T의 DNA 상대량}}{\text{H의 DNA 상대량+r의 DNA 상대량}}=\dfrac{1}{1+1}=\dfrac{1}{2}$이다.

적용해야 할 개념 ④가지

① 상동 염색체에 있는 대립유전자의 종류는 같을 수도 있고, 서로 다를 수도 있다.
② 유전자가 상염색체에 있으면 남녀 구분 없이 체세포(G_1기)에서 대립유전자의 수는 2이지만, X 염색체에 있으면 남자의 체세포에서 대립유전자의 수는 1이다.
③ 감수 분열에서는 한 번의 DNA 복제 후 감수 1분열과 감수 2분열이 연속해서 일어나 모세포가 가진 염색체 수($2n$)의 절반을 가진 딸세포(n) 4개가 만들어진다.
④ 감수 1분열 중기 세포에는 대립유전자가 쌍으로 존재하고, 감수 2분열 중기 세포에는 대립유전자가 쌍으로 존재하지 않는다.

문제 보기

사람의 유전 형질 (가)는 대립유전자 E와 e에 의해, (나)는 대립유전자 F와 f에 의해, (다)는 대립유전자 G와 g에 의해 결정되며, (가)~(다)의 유전자 중 2개는 서로 다른 상염색체에, 나머지 1개는 X 염색체에 있다. 표는 어떤 사람의 세포 Ⅰ~Ⅲ에서 E, e, G, g의 유무를, 그림은 ㉠~㉢에서 F와 g의 DNA 상대량을 더한 값(F+g)을 나타낸 것이다. ㉠~㉢은 Ⅰ~Ⅲ을 순서 없이 나타낸 것이고, ㉡에는 X 염색체가 있다.

세포	대립유전자 E	e	G	g
eFX^g Ⅰ (㉡)	×	ⓐ○	×	?○ X 염색체
EeFFX^gY Ⅱ (㉢)	?○	○	×	?○ XY 염색체
EEFFYY Ⅲ (㉠)	○	?×	?×	× Y 염색체

(○ : 있음, × : 없음)

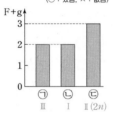

       ㉠   ㉡   ㉢
       Ⅲ   Ⅰ   Ⅱ($2n$)

이에 대한 옳은 설명만을 〈보기〉에서 있는 대로 고른 것은? (단, 돌연변이와 교차는 고려하지 않으며, E, e, F, f, G, g 각각의 1개당 DNA 상대량은 1이다.) [3점]

보기

〈보기〉 풀이

(1) Ⅲ에 E가 있는데 Ⅰ에는 E가 없으므로 Ⅰ은 핵상이 n인 세포이다. ㉢에서 F+g 값이 3이므로 ㉢의 핵상은 $2n$이고, 염색체는 한 가닥으로 이루어진 상태이다. Ⅲ에 g가 없으므로 ㉢에는 g가 한 개 있고 F가 2개 있으며, Ⅲ은 ㉢이 아니다. 따라서 ㉢은 Ⅱ이고, Ⅱ는 핵상이 $2n$이다. g가 없는 Ⅲ은 핵상이 n이다.

(2) 이 사람은 유전자 E와 e가 있고 F가 2개 있으며 g가 있는데, 만약 g가 2개라면 이 사람의 모든 세포에는 g가 있어야 한다. 그런데 Ⅲ에 g가 없으므로 g는 1개 있고, $2n$인 세포에 G가 없으므로 이 사람은 남자이며 유전자형이 EeFFX^gY이다. ㉡에는 X 염색체가 있다고 했으므로 X 염색체에 있는 유전자 g가 없는 Ⅲ은 ㉠이고, Ⅰ이 ㉡이다.

(3) 각 세포의 대립유전자 구성은 Ⅰ(㉡)은 eFX^g, Ⅱ(㉢)는 EeFFX^gY, Ⅲ(㉠)은 EEFFYY(염색체가 두 가닥으로 이루어진 상태)이다.

㉠ ⓐ는 '○'이다.
➡ 유전자 E와 e를 가진 사람에서 핵상이 n인 세포 Ⅰ(㉡)은 유전자 E가 없으므로 e가 있다.

✗ ㉡은 Ⅲ이다.
➡ ㉡은 유전자 g가 있는 X 염색체를 가지고 있으므로 Ⅰ이다.

✗ Ⅱ에서 e, F, g의 DNA 상대량을 더한 값은 3이다.
➡ Ⅱ(㉢)의 대립유전자 구성은 EeFFX^gY이므로, e, F, g의 DNA 상대량을 더한 값은 4이다.

적용해야 할 개념 ③가지

① 상동 염색체의 같은 위치에는 하나의 형질을 결정하는 대립유전자가 있으며, 대립유전자의 정보는 같을 수도 있고 서로 다를 수도 있다.

② 핵상이 $2n$인 세포에는 대립유전자가 쌍으로 존재하지만, 핵상이 n인 세포에는 대립유전자가 쌍으로 존재하지 않는다. 따라서 핵상이 n인 세포에 함께 존재하는 유전자들은 대립유전자 관계가 아니다.

③ DNA 복제 전 체세포와 DNA 복제 후 체세포의 핵상은 모두 $2n$이고, 감수 분열이 완료된 생식세포의 핵상은 n이다.

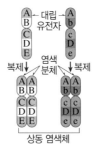

▶ 상동 염색체와 염색 분체의 대립유전자 구성

문제 보기

사람의 유전 형질 (가)는 2쌍의 대립유전자 H와 h, R와 r에 의해 결정되며, (가)의 유전자는 7번 염색체와 8번 염색체에 있다. 그림은 어떤 사람의 7번 염색체와 8번 염색체를, 표는 이 사람의 세포 I ~ IV에서 염색체 ㉠~㉢의 유무와 H와 r의 DNA 상대량을 나타낸 것이다. ㉠~㉢은 염색체 ⓐ~ⓒ를 순서 없이 나타낸 것이다.

세포	염색체			DNA 상대량	
	㉠	㉡	㉢	H	r
(n) I	×	○	?×	1	1
$(2n)$ II	?○	○	○	?2	1
(n) III	○	×	○	2	0
(n) IV	○	○	×	?2	2

8번 염색체 ㉢ ── 7번 염색체(ⓐ와 ⓑ)
(○: 있음, ×: 없음)

이에 대한 설명으로 옳은 것만을 〈보기〉에서 있는 대로 고른 것은? (단, 돌연변이와 교차는 고려하지 않으며, H, h, R, r 각각의 1개당 DNA 상대량은 1이다.) [3점]

〈보기〉 풀이

㉠~㉢ 염색체 중 일부가 없는 세포 I, III, IV는 핵상이 n이다. 핵상이 n인 세포 III에서 ㉠과 ㉢이 함께 있으므로 ㉠과 ㉢은 상동 염색체가 아니고, IV에서 ㉠과 ㉡이 함께 있으므로 ㉠과 ㉡도 상동 염색체가 아니다. 따라서 ㉡과 ㉢이 상동 염색체이며, ㉡과 ㉢은 각각 ⓐ와 ⓑ 중 하나이다. ㉠은 ㉢이며, ㉡과 ㉢이 모두 있는 세포 II는 핵상이 $2n$이다.

세포 III에서 r의 DNA 상대량이 0이므로 R의 DNA 상대량은 2이고, 세포 IV에서 r의 DNA 상대량이 2인데 세포 III에는 ㉠과 ㉢이 있고, 세포 IV에는 ㉠과 ㉡이 있다. ㉠에는 같은 유전자가 있으므로 ㉡에 r, ㉢에 R가 있고, ㉠에는 H가 있다. 만약 이 사람의 핵상이 $2n$인 세포에 H와 h가 모두 있다면 세포 I에서 ㉠(㉢)이 없으므로 H의 DNA 상대량은 0, h의 DNA 상대량이 1이어야 하지만 세포 I에서 H의 DNA 상대량이 1이므로, 이 사람의 핵상이 $2n$인 세포에는 H만 있고 h는 없다.

✗ I과 II의 핵상은 같다.
➡ 염색체 중 일부가 없는 세포 I의 핵상은 n이다. 세포 II에는 7번 염색체인 ⓐ와 ⓑ(㉡과 ㉢)가 쌍으로 존재하므로 핵상이 $2n$이다.

ㄴ. ㉡과 ㉢은 모두 7번 염색체이다.
➡ ㉡과 ㉢은 상동 염색체로, 각각 ⓐ와 ⓑ 중 하나이므로 모두 7번 염색체이다.

✗ 이 사람의 유전자형은 HhRr이다.
➡ 이 사람의 유전자형은 HHRr이다.

13 감수 분열과 대립유전자 2022학년도 6월 모평 16번

정답 ② | 정답률 33 %

적용해야 할 개념 ③가지

① 하나의 형질을 결정하는 대립유전자는 상동 염색체의 동일한 위치에 존재하며, 상동 염색체의 동일한 위치에 있는 대립유전자는 같을 수도 있고 다를 수도 있다.

② 핵상이 $2n$인 세포에는 대립유전자가 쌍으로 존재하지만, 핵상이 n인 세포에는 대립유전자가 쌍으로 존재하지 않는다. 따라서 핵상이 n인 세포에 존재하는 유전자들은 대립유전자 관계가 아니다.

③ 한 형질을 결정하는 대립유전자가 성염색체(X 염색체)에 존재하면 암컷(XX)의 체세포에는 대립유전자가 쌍으로 있지만, 수컷(XY)의 체세포에는 대립유전자가 쌍으로 존재하지 않는다.

DNA 복제 전($2n$) → DNA 복제 후($2n$) → 감수 1분열 후(n) → 감수 2분열 후(n)

▲ 감수 분열 시 염색체 구성과 핵상의 변화

문제 보기

─ 남자, 체세포에 ㉠, ㉡, ㉣ 존재

다음은 사람 P의 세포 (가)~(다)에 대한 자료이다.

○ 유전 형질 ⓐ는 2쌍의 대립유전자 H와 h, T와 t에 의해 결정되며, ⓐ의 유전자는 서로 다른 2개의 염색체에 있다.

○ (가)~(다)는 생식세포 형성 과정에서 나타나는 중기의 세포이다. (가)~(다) 중 2개는 G_1기 세포 I로부터 형성되었고, 나머지 1개는 G_1기 세포 II로부터 형성되었다.

○ 표는 (가)~(다)에서 대립유전자 ㉠~㉣의 유무를 나타낸 것이다. ㉠~㉣은 H, h, T, t를 순서 없이 나타낸 것이다.

감수 2분열 중기 세포(n) ─┐

대립유전자	세포		
	(가) I	(나) II	(다) I
대립유전자 ┌ ㉠ (상염색체) └ ㉡	×	×	○
	○	○	×
대립유전자 ┌ ㉢ (성염색체) └ ㉣	×	×	×
	×	○	○

(○: 있음, ×: 없음)

(가)와 (나), (나)와 (다)는 같은 G_1기 세포로부터 형성될 수 없다.

이에 대한 설명으로 옳은 것만을 〈보기〉에서 있는 대로 고른 것은? (단, 돌연변이와 교차는 고려하지 않는다.) [3점]

〈보기〉 풀이

(가), (나), (다)는 서로 다른 감수 분열 중기 세포인데 대립유전자 ㉢이 모두 없으므로 ㉢은 성염색체에 있는 대립유전자이며, P는 ㉢을 갖지 않는다.

유전자가 상염색체에 있는 경우 감수 1분열 중기 세포에서는 대립유전자가 쌍으로 존재하고, 감수 2분열 중기 세포에서는 쌍을 이루는 대립유전자 중 하나만 존재한다. (가)에서는 대립유전자가 ㉡만 있으므로 (가)는 감수 2분열 중기 세포이며, ㉡은 상염색체에 있다. (나)와 (다)가 모두 감수 1분열 중기 세포라면 대립유전자가 3개(상염색체에 존재하는 대립유전자 1쌍, 성염색체에 존재하는 대립유전자 1개) 있어야 하는데 (나)와 (다)에는 모두 대립유전자가 2개씩 있으므로 (나)와 (다)는 모두 감수 2분열 중기 세포이다. ㉣이 상염색체에 있다면 ㉡과 ㉣은 대립유전자 관계이므로 (나)에서 함께 있을 수 없다. 따라서 ㉣은 성염색체에 있는 대립유전자이고, ㉠은 ㉡의 대립유전자이다.

✗ P에게서 ㉠과 ㉢을 모두 갖는 생식세포가 형성될 수 있다.

➡ 사람 P는 남자이고, ⓐ의 유전자 중 상염색체에 있는 대립유전자는 ㉠과 ㉡이며, 성염색체에 있는 대립유전자는 ㉣이다. P는 ㉢을 갖고 있지 않으므로 P에게서 ㉠과 ㉢을 모두 갖는 생식세포가 형성될 수 없다.

(ㄴ) (가)와 (다)의 핵상은 같다.

➡ (가), (나), (다)는 모두 감수 2분열 중기 세포이므로, (가), (나), (다)의 핵상은 n으로 모두 같다.

✗ I로부터 (나)가 형성되었다.

➡ (가), (나), (다)는 모두 감수 2분열 중기 세포이며 (가), (나), (다) 중 2개가 G_1기 세포 I로부터 형성되었다. 만약 I로부터 (나)가 형성되었다면 (나)는 ㉡을 가지고 있으므로 ㉡을 가진 (가)는 I로부터 형성된 것이 아니며, (나)가 ㉣을 가지고 있으므로 ㉣을 가진 (다)도 I로부터 형성된 것이 아니라 주어진 조건과 모순이다. 따라서 II로부터 (나)가 형성되었으며, I로부터 (가)와 (다)가 형성되었다.

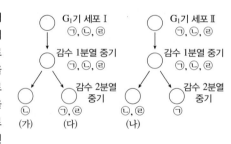

G_1기 세포 I (㉠, ㉡, ㉣) → 감수 1분열 중기 (㉠, ㉡, ㉣) → ㉡ (가) / 감수 2분열 중기 ㉠, ㉣ (다)

G_1기 세포 II (㉠, ㉡, ㉣) → 감수 1분열 중기 (㉠, ㉡, ㉣) → ㉡, ㉣ (나) / 감수 2분열 중기 ㉠ (나)

적용해야 할 개념 ③가지

① 하나의 형질을 결정하는 대립유전자는 상동 염색체의 같은 위치에 존재하며, 상동 염색체는 부모로부터 하나씩 물려받으므로 상동 염색체에 있는 대립유전자는 같을 수도 있고 서로 다를 수도 있다.

② 핵상이 $2n$인 세포에는 대립유전자가 쌍으로 존재하지만, 핵상이 n인 세포에는 대립유전자가 쌍으로 존재하지 않는다.

③ 유전 형질 (가)와 (나)의 유전자가 서로 다른 상염색체에 있을 경우, 부모 사이에서 ⓐ가 태어날 때 (ⓐ가 가질 수 있는 (가)와 (나)의 유전자형의 최대 가짓수)=(ⓐ가 가질 수 있는 (가)의 유전자형의 가짓수)×(ⓐ가 가질 수 있는 (나)의 유전자형의 가짓수)이다.

문제 보기

다음은 사람의 유전 형질 (가)~(다)에 대한 자료이다.

○ (가)는 대립유전자 A와 a에 의해, (나)는 대립유전자 B와 b에 의해, (다)는 대립유전자 D와 d에 의해 결정된다. ← (가)의 유전자

○ (가)~(다)의 유전자 중 2개는 5번 염색체에, 나머지 1개는 7번 염색체에 있다. ← (나)와 (다)의 유전자

○ 표는 세포 Ⅰ~Ⅲ에서 대립유전자 A, a, B, b, D, d의 유무를 나타낸 것이다. Ⅰ~Ⅲ 중 2개는 남자 P의, 나머지 1개는 여자 Q의 세포이다. ← Ⅰ, Ⅲ

세포	대립유전자					
	A	a	B	b	D	d
P의 세포 Ⅰ n	×	○	○	×	×	○
Q의 세포 Ⅱ $2n$	○	×	○	○	○ $2n$	×
P의 세포 Ⅲ $2n$	×	○	○	○	○	○ $2n$

(○: 있음, ×: 없음)

○ P와 Q 사이에서 ⓐ가 태어날 때, ⓐ가 가질 수 있는 (가)~(다)의 유전자형은 최대 4가지이다.

이에 대한 설명으로 옳은 것만을 〈보기〉에서 있는 대로 고른 것은? (단, 돌연변이와 교차는 고려하지 않는다.) [3점]

〈보기〉 풀이

(1) Ⅱ에 대립유전자 B와 b가 모두 존재하므로 핵상이 $2n$이며, Ⅱ의 (가)~(다)의 유전자형은 AABbDD이다. Ⅲ에 대립유전자 B와 b, D와 d가 모두 존재하므로 핵상이 $2n$이며, Ⅲ의 (가)~(다)의 유전자형은 aaBbDd이다. Ⅰ에서 대립유전자 a, B, d가 존재하므로 핵상이 n이며, Ⅰ과 Ⅲ은 같은 사람의 세포라는 것을 알 수 있다. 따라서 Ⅰ과 Ⅲ은 P의 세포이고, Ⅱ는 Q의 세포이다.

(2) (가)~(다)의 유전자형이 P는 aaBbDd이고 Q는 AABbDD이며, P와 Q 사이에서 ⓐ가 태어날 때, 만약 (나)와 (다)의 유전자가 서로 다른 상염색체에 있다면 (ⓐ가 가질 수 있는 (나)와 (다)의 유전자형의 최대 가짓수)=(ⓐ가 가질 수 있는 (나)의 유전자형의 가짓수)×(ⓐ가 가질 수 있는 (다)의 유전자형의 가짓수)=(BB, Bb, bb)×(DD, Dd)=3가지×2가지=6가지이다. 이는 문제에서 주어진 조건인 ⓐ가 가질 수 있는 (가)~(다)의 유전자형은 최대 4가지에 맞지 않으므로 (나)와 (다)의 유전자는 같은 상염색체에 있다. 따라서 (나)와 (다)의 유전자는 5번 염색체에, (가)의 유전자는 7번 염색체에 있다.

(3) P의 세포인 Ⅰ에서 대립유전자 B와 d가 같이 있으므로, Ⅲ에서 대립유전자 B와 d가 같은 염색체에 있고 b와 D가 같은 염색체에 있다.

ㄱ. **Ⅰ에서 B와 d는 모두 5번 염색체에 있다.**
→ Ⅰ에서 a는 7번 염색체, B와 d는 5번 염색체에 있다.

ㄴ. **Ⅱ는 P의 세포이다.**
→ Ⅰ과 Ⅲ은 P의 세포, Ⅱ는 Q의 세포이다.

ㄷ. **ⓐ가 (가)~(다) 중 적어도 2가지 형질의 유전자형을 이형 접합성으로 가질 확률은 $\frac{3}{4}$이다.**
→ (가)~(다)의 유전자형이 P는 aaBbDd이고 Q는 AABbDD이므로 ⓐ가 가질 수 있는 대립유전자의 구성은 표와 같다.

Q의 생식세포 \ P의 생식세포	aBd	abD
ABD	AaBBDd	AaBbDD
AbD	AaBbDd	AabbDD

따라서 ⓐ가 (가)~(다) 중 적어도 2가지 형질의 유전자형을 이형 접합성으로 가질 확률은 $\frac{3}{4}$이다.

15 감수 분열 시 대립유전자의 DNA 상대량 변화 2024학년도 10월 학평 9번 | 정답 ④ | 정답률 58%

적용해야 할 개념 ②가지

① 감수 1분열에서는 상동 염색체가 분리되므로 감수 1분열이 끝난 세포는 대립유전자 쌍 중 하나씩만 가지며, 감수 2분열에서는 염색 분체가 분리되므로 감수 2분열이 끝난 세포는 각 대립유전자의 DNA 상대량이 반감된다.

② 유전자형이 X^aYBb인 어떤 남자의 G_1기 세포로부터 생식세포가 형성되는 과정

생식세포 형성 과정	구분	핵상	염색체 수	A의 DNA 상대량	a의 DNA 상대량	B의 DNA 상대량	b의 DNA 상대량
	G_1기 세포	$2n$	46	0	1	1	1
I	감수 1분열 중기 세포(I)	$2n$	46	0	2	2	2
II	감수 2분열 중기 세포(II)	n	23	0	0 또는 2	0 또는 2	0 또는 2
III	감수 2분열이 끝난 세포(III)	n	23	0	0 또는 1	0 또는 1	0 또는 1

문제 보기

사람의 유전 형질 (가)는 대립유전자 A와 a에 의해, (나)는 대립유전자 B와 b에 의해 결정된다. (가)와 (나)의 유전자는 서로 다른 염색체에 있다. 그림은 어떤 남자의 G_1기 세포 I로부터 정자가 형성되는 과정과, 세포 III으로부터 형성된 정자가 난자와 수정되어 만들어진 수정란을 나타낸 것이다. 표는 세포 ㉠~㉣이 갖는 A, a, B, b의 DNA 상대량을 나타낸 것이다. ㉠~㉣은 I~IV를 순서 없이 나타낸 것이고, II와 IV는 모두 중기의 세포이다.

X^aYBb
I — ○

$(X^ab)_2$ ○
II

○ — YB

○○ ○○ ○ — III — X^ab

정자 난자

$(X^AYBb)_2$ ○ — IV

세포	DNA 상대량			
	A	a	B	b
IV ㉠ $2n$	2	ⓐ0	?2	2
III ㉢ n	0	?0	1	0
I ㉢ $2n$	?0	1	1	?1
II ㉣ n	?0	2	0	2

(DNA가 복제된 상태 — X 염색체 / 상염색체)

이에 대한 옳은 설명만을 <보기>에서 있는 대로 고른 것은? (단, 돌연변이와 교차는 고려하지 않으며, A, a, B, b 각각의 1개당 DNA 상대량은 1이다.) [3점]

<보기> 풀이

(1) 세포 II와 IV는 모두 중기의 세포이므로, DNA가 복제된 상태이며 대립유전자 1개당 DNA 상대량은 0 또는 2이다. 따라서 B의 DNA 상대량이 1인 세포 ㉡과 ㉢은 세포 I과 III 중 하나이고, 세포 ㉠과 ㉣은 세포 II와 IV 중 하나이다.

❶ 세포 ㉡이 세포 I이라면, 세포 I은 핵상이 $2n$이며 대립유전자 b가 없으므로 세포 ㉠과 ㉣ 중 세포 II에 해당하는 세포에서도 대립유전자 b가 없어야 한다. 그러나 세포 ㉠과 ㉣ 모두에서 대립유전자 b가 있다. 따라서 세포 ㉡은 세포 III이고, 세포 ㉢은 세포 I이다.

❷ 세포 ㉣이 세포 IV라면, 세포 III으로부터 형성된 정자와 난자가 수정되어 만들어진 수정란이 세포 IV이므로 세포 ㉣에서도 세포 III에 있는 대립유전자 B가 있어야 한다. 그러나 세포 ㉣에 대립유전자 B가 없다. 따라서 세포 ㉣은 세포 II이고, 세포 ㉠은 세포 IV이다.

(2) 세포 I에 존재하는 한 쌍의 대립유전자는 각각 분리되어 세포 II와 세포 III에 존재한다.

❶ 세포 II(㉣)에 대립유전자 b가 있고, 세포 III(㉡)에 대립유전자 B가 있으므로 이 사람의 (나)의 유전자형은 Bb이다.

❷ 세포 I(㉢)에 대립유전자 a가 1개 있고, 이는 세포 II(㉣)로 전달되었음을 알 수 있다. 세포 I(㉢)에 대립유전자 A가 1개 있다면, 이는 세포 III(㉡)으로 전달되어야 한다. 그러나 세포 III(㉡)에 대립유전자 A가 없으므로 이 사람의 (가)의 유전자형은 X^aY 또는 XY^a이다. 세포 IV(㉠)에서 난자로부터 A가 전달되었음을 알 수 있으므로 A와 a는 X 염색체에 있으며, 이 사람의 (가)의 유전자형은 X^aY이다.

㉠ ㉡은 III이다.

➡ ㉠은 IV, ㉡은 III, ㉢은 I, ㉣은 II이다.

✗ ⓐ는 2이다.

➡ 세포 III으로부터 형성된 정자와 난자가 수정되어 만들어진 수정란이 세포 IV(㉠)이다. 세포 III에 대립유전자 A와 a가 모두 없고, 난자로부터 A를 물려받았으므로 ⓐ는 0이다.

㉢ $\dfrac{\text{II의 염색 분체 수}}{\text{IV의 X 염색체 수}} = 46$이다.

➡ 세포 II의 염색체 수는 23개이며, 1개의 염색체는 2개의 염색 분체로 구성되어 있으므로 II의 염색 분체 수는 46개이다. 세포 IV의 (가)와 (나)의 유전자형은 X^AYBb이므로 IV의 X 염색체 수는 1개이다. 따라서 $\dfrac{\text{II의 염색 분체 수}}{\text{IV의 X 염색체 수}} = 46$이다.

감수 분열 시 대립유전자의 DNA 상대량 변화 2020학년도 수능 7번　　　　정답 ② | 정답률 75 %

적용해야 할 개념 ③가지

① 감수 분열은 간기의 S기에 DNA를 1회 복제한 후 연속 2회 분열하므로 딸세포(생식세포)의 핵상은 n이고 DNA양은 G_1기 세포의 절반이다.

② 감수 1분열 중기 세포와 감수 2분열 중기 세포 및 감수 2분열이 끝난 세포 비교

구분	감수 1분열 중기 세포	감수 2분열 중기 세포	감수 2분열이 끝난 세포
핵상	$2n$	n	n
염색체 수	46	23	23
DNA 상대량	4	2	1

③ 핵 1개당 DNA 상대량은 DNA 복제로 2 → 4가 되고, 감수 1분열 시 상동 염색체의 분리로 4 → 2가 되며, 감수 2분열 시 염색 분체의 분리로 2 → 1이 된다.

문제 보기

→ HHTt이

사람의 유전 형질 ⓐ는 **2쌍의 대립유전자 H와 h, T와 t에 의해 결정**된다. 표는 **어떤 사람의 난자 형성 과정**에서 나타나는 세포 (가)~(다)에서 유전자 ㉠~㉢의 유무를, 그림은 (가)~(다)가 갖는 **H와 t의 DNA 상대량**을 나타낸 것이다. (가)~(다)는 중기의 세포이고, ㉠~㉢은 h, T, t를 순서 없이 나타낸 것이다.

유전자	세포		
	(가)	(나)	(다)
T ㉠	○	○	×
t ㉡	○	×	○
h ㉢	×	? ×	×

(○: 있음, ×: 없음)

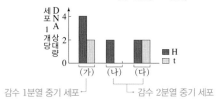

감수 1분열 중기 세포 ┘　└ 감수 2분열 중기 세포

이에 대한 설명으로 옳은 것만을 〈보기〉에서 있는 대로 고른 것은? (단, 돌연변이와 교차는 고려하지 않으며, H, h, T, t 각각의 1개당 DNA 상대량은 1이다.)

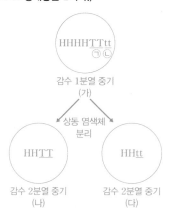

HHHHTTtt
㉠㉡

감수 1분열 중기
(가)

상동 염색체 분리

HHTT　　HHtt

감수 2분열 중기　감수 2분열 중기
(나)　　　　　(다)

〈보기〉 풀이

H, h, T, t 각각의 1개당 DNA 상대량은 1이므로 DNA 복제가 일어나면 각 유전자의 DNA 상대량은 2가 된다. 핵상이 $2n$인 세포에서는 대립유전자가 쌍으로 존재하므로 DNA 복제가 일어나기 전인 G_1기 세포에서는 H와 h, T와 t의 DNA 상대량을 합한 값은 각각 2가 되며, DNA 복제가 일어난 후인 감수 1분열 중기 세포($2n$)에서 H와 h, T와 t의 DNA 상대량을 합한 값은 각각 4가 된다. 감수 1분열에서 상동 염색체의 분리가 일어나 염색체 수와 DNA양이 반감되므로 감수 2분열 중기 세포(n)에서 대립유전자는 쌍으로 존재하지 않게 된다. 따라서 감수 2분열 중기 세포에서는 H와 h, T와 t 중 각각 한 종류의 유전자만 존재하게 되며, 각 유전자의 DNA 상대량은 2가 된다. 그림을 보면 (가)에서 H의 DNA 상대량이 4, t의 DNA 상대량이 2인 것을 통해 (가)는 감수 1분열 중기 세포이며 H와 h 중 H만 쌍으로 존재하고, T와 t가 쌍을 이루어 존재한다는 것을 알 수 있다. 따라서 이 사람의 ⓐ에 대한 유전자형은 HHTt이며, (가)의 유전자 구성은 HHHHTTtt이다. (나)와 (다)는 감수 2분열 중기 세포이며, (나)의 유전자 구성은 HHTT, (다)의 유전자 구성은 HHtt이다.

✗ ㉡은 T이다.

➡ ㉠은 (가)와 (나)에 있고 (다)에 없는 유전자이므로 T이다. ㉡은 (가)와 (다)에 있고 (나)에 없는 유전자이므로 t이며, ㉢은 (가)~(다)에 모두 없는 유전자이므로 h이다.

ㄴ. (나)와 (다)의 핵상은 같다.

➡ (나)와 (다)는 모두 감수 2분열 중기 세포이므로 핵상이 n으로 같다.

✗ 이 사람의 ⓐ에 대한 유전자형은 HhTt이다.

➡ 표에서 유전자 h(㉢)가 감수 1분열 중기의 세포(가)에 없으므로 이 사람은 h를 가지고 있지 않다. 따라서 이 사람의 ⓐ에 대한 유전자형은 HHTt이다.

적용해야 할 개념 ③가지

① 하나의 형질을 결정하는 대립유전자는 상동 염색체의 동일한 위치에 존재하며, 상동 염색체의 동일한 위치에 있는 대립유전자는 같을 수도 있고 다를 수도 있다.

② 핵상이 $2n$인 세포에는 대립유전자가 쌍으로 존재하지만, 핵상이 n인 세포에는 대립유전자가 쌍으로 존재하지 않는다. 따라서 핵상이 n인 세포에 존재하는 유전자들은 대립유전자 관계가 아니다.

③ 한 형질을 결정하는 대립유전자가 성염색체(X 염색체)에 존재하면 암컷(XX)의 체세포에는 대립유전자가 쌍으로 있지만, 수컷(XY)의 체세포에는 대립유전자가 쌍으로 존재하지 않는다.

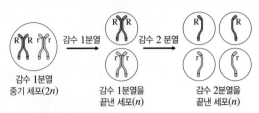

▲ 감수 분열과 대립유전자

문제 보기

표는 사람 A의 세포 ⓐ와 ⓑ, 사람 B의 세포 ⓒ와 ⓓ에서 유전자 ㉠~㉣의 유무를 나타낸 것이고, 그림 (가)와 (나)는 각각 정자 형성 과정과 난자 형성 과정을 나타낸 것이다. 사람의 특정 형질은 2쌍의 대립유전자 E와 e, F와 f에 의해 결정되며, ㉠~㉣은 E, e, F, f를 순서 없이 나타낸 것이다. I ~ IV는 ⓐ~ⓓ를 순서 없이 나타낸 것이다.

보기

유전자	A의 세포 여자		B의 세포 남자		
	ⓐ IV	ⓑ III	ⓒ II	ⓓ I	
대립유전자 (X 염색체) ㉠	○	○	×	○	X 염색체 존재
대립유전자 (X 염색체) ㉡	×	○	×	×	
대립유전자 (상염색체) ㉢	○	○	○	○	
대립유전자 (상염색체) ㉣	×	×	×	○	

(○: 있음, ×: 없음)

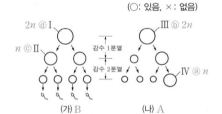

(가) B   (나) A

이에 대한 설명으로 옳은 것만을 〈보기〉에서 있는 대로 고른 것은? (단, 돌연변이와 교차는 고려하지 않는다.) [3점]

〈보기〉 풀이

그림에서 I과 III의 핵상은 모두 $2n$으로 대립유전자가 쌍으로 존재하고, II와 IV의 핵상은 n으로 대립유전자가 쌍으로 존재하지 않는다. 표에서 ⓑ에 ㉠, ㉡, ㉢이 있는데 ⓐ에는 ㉠과 ㉢이 있으므로, ㉠과 ㉢은 대립유전자가 아니다. 만약 ㉠이 ㉣의 대립유전자라면 ⓓ에 ㉠과 ㉣이 모두 있으므로 ⓒ에는 ㉠과 ㉣ 중 한 가지가 반드시 있어야 하는데 모두 없다. 따라서 ㉠은 ㉡의 대립유전자이고, ㉢은 ㉣의 대립유전자이다. 만약 ㉢과 ㉣이 X 염색체에 있고 ㉠과 ㉡이 상염색체에 있다면 ⓓ에 ㉠이 2개 있으며 ⓒ에는 ㉠이 반드시 1개 있어야 한다. 그러나 ⓒ에는 ㉠이 없다. 따라서 ㉠과 ㉡은 X 염색체에 있고 ㉢과 ㉣은 상염색체에 있다. ⓓ에는 X 염색체에 있는 ㉠만 있지만 ⓑ에는 X 염색체에 있는 ㉠과 ㉡이 모두 있으므로, A는 성염색체 구성이 XX인 여자, B는 성염색체 구성이 XY인 남자이다.

㉠ ⓓ는 I이다.

➡ B는 남자이고, B의 ⓓ에는 대립유전자 쌍(㉢과 ㉣)이 존재하므로 ⓓ는 I, ⓒ는 II이다. A는 여자이고, A의 ⓑ에 대립유전자 쌍(㉠과 ㉡)이 존재하므로 ⓑ는 III, ⓐ는 IV이다.

✘ ㉣은 X 염색체에 있다.

➡ ㉠과 ㉡은 X 염색체에 있고, ㉢과 ㉣은 상염색체에 있다.

✘ ㉠은 ㉢의 대립유전자이다.

➡ 만약 ㉠이 ㉢의 대립유전자라면 ⓐ에는 ㉠과 ㉢ 중 하나만 있어야 한다. 그러나 ⓐ에는 ㉠과 ㉢이 모두 있으므로, ㉠은 ㉢의 대립유전자가 아니다.

적용해야 할 개념 ③가지

① 감수 분열은 간기(S기)에 DNA를 복제한 후 연속 2회의 분열(감수 1분열, 감수 2분열)이 일어나므로, 감수 분열로 만들어진 딸세포 하나가 가지는 DNA 상대량은 G_1기 세포 하나가 가지는 DNA 상대량의 절반이다.

② 감수 1분열과 감수 2분열 비교

감수 1분열	상동 염색체가 분리되므로 염색체 수와 DNA양이 반감된 딸세포가 만들어진다($2n \rightarrow n$).
감수 2분열	DNA 복제 없이 염색 분체가 분리되므로 감수 1분열을 마친 세포와 비교하면 DNA양은 절반이고, 염색체 수는 같은 딸세포가 만들어진다($n \rightarrow n$).

③ 감수 분열 과정에서 세포의 DNA 상대량 및 핵상 비교

구분	감수 1분열 중기 세포	감수 2분열 중기 세포	감수 2분열을 끝낸 세포
핵 1개당 DNA 상대량	4	2	1
핵상	$2n$	n	n

문제 보기

그림은 어떤 남자 P의 G_1기 세포 Ⅰ로부터 정자가 형성되는 과정을, 표는 세포 ㉠~㉢에서 a와 B의 DNA 상대량을 나타낸 것이다. A는 a, B는 b와 각각 대립유전자이며 모두 상염색체에 있다. ㉠~㉢은 Ⅰ~Ⅲ을 순서 없이 나타낸 것이고, ⓐ와 ⓑ는 0과 2를 순서 없이 나타낸 것이다.

G_1기 세포 Ⅰ aaBb
감수 1분열
중기 세포 Ⅱ aaaaBBbb
감수 2분열 Ⅲ
중기 세포 aabb aaBB
Ⅳ 생식세포

세포	DNA 상대량	
	a	B
㉠ Ⅲ	2	ⓑ 0
㉡ Ⅰ	ⓐ 2	1
㉢ Ⅱ	4	? 2

이에 대한 옳은 설명만을 〈보기〉에서 있는 대로 고른 것은? (단, 돌연변이와 교차는 고려하지 않으며, A, a, B, b 각각의 1개당 DNA 상대량은 1이다. Ⅱ와 Ⅲ은 중기의 세포이다.) [3점]

〈보기〉 풀이

㉢에서 a의 DNA 상대량이 4이므로 ㉢은 감수 1분열 중기 세포이고, G_1기 세포 Ⅰ에는 A는 없고 a의 DNA 상대량이 2임을 알 수 있다. 따라서 ㉢은 Ⅱ이고, Ⅰ과 Ⅲ에서 a의 DNA 상대량은 0이 될 수 없다. 이를 통해 ⓐ는 2라는 것을 알 수 있으므로, ⓑ는 0이다. ㉡에서 a의 DNA 상대량이 2, B의 DNA 상대량이 1이므로 ㉡은 Ⅰ이고, ㉠은 Ⅲ이다.

ㄱ　㉠은 Ⅲ이다.
➡ ㉡에서 B의 DNA 상대량이 1이고, ㉠에서 B의 DNA 상대량이 0이다. 이를 통해 ㉡은 G_1기 세포(Ⅰ)이고, ㉠은 감수 2분열 중기 세포(Ⅲ)임을 알 수 있다.

ㄴ　P의 유전자형은 aaBb이다.
➡ G_1기 세포 Ⅰ(㉡)에서 a의 DNA 상대량은 2이고, B의 DNA 상대량은 1이다. G_1기 세포에서 대립유전자는 쌍으로 존재하는데, B가 1개이므로 b도 1개 있음을 알 수 있다. 따라서 P의 유전자형은 aaBb이다.

ㄷ　세포 Ⅳ에 B가 있다.
➡ 감수 1분열에서 상동 염색체가 분리되므로 B와 b도 분리된다. 감수 2분열 중기 세포 Ⅲ(㉠)에서 B의 DNA 상대량이 0이므로 다른 감수 2분열 중기 세포에 B가 있고, 이 세포로부터 생성된 생식세포 Ⅳ에는 B가 있다.

19 | 감수 분열 시 대립유전자의 DNA 상대량 변화 2020학년도 10월 학평 8번 정답 ⑤ | 정답률 71 %

적용해야 할 개념 ③가지

① 특정 형질을 결정하는 대립유전자가 상염색체에 있다면 핵상이 $2n$인 G_1기 세포에서 이 형질을 결정하는 대립유전자는 2개 존재하며, 성염색체에 있다면 1개 또는 2개 존재한다.

② 감수 1분열에서는 상동 염색체가 분리되어 2개의 딸세포로 들어가므로, 감수 1분열이 끝난 세포는 대립유전자 쌍 중 하나씩만 가진다.

③ 감수 2분열에서는 염색 분체가 분리되어 2개의 딸세포로 들어가므로, 각 대립유전자의 DNA 상대량은 반으로 감소한다.

문제 보기

사람의 유전 형질 (가)는 대립유전자 H와 h에 의해, (나)는 대립유전자 T와 t에 의해 결정된다. 그림은 어떤 사람에서 G_1기 세포 Ⅰ로부터 정자가 형성되는 과정을, 표는 세포 ㉠~㉢이 갖는 H, h, T, t의 DNA 상대량을 나타낸 것이다. ㉠~㉢은 세포 Ⅰ~Ⅲ을 순서 없이 나타낸 것이다.

(그림) ㉢ Ⅰ ○ HTt / ㉠ ○ HHTTtt / Ⅱ ○ HHtt ○ TT / ㉢ Ⅲ / Ht T

세포	DNA 상대량			
	H	h	T	t
Ⅱ(㉠)	2	?0	0	ⓐ2
Ⅲ(㉡)	0	ⓑ0	1	0
Ⅰ(㉢)	?1	0	?1	1

("X 염색체에 존재" 표시가 DNA 상대량 위에 있음)

이에 대한 옳은 설명만을 〈보기〉에서 있는 대로 고른 것은? (단, 돌연변이와 교차는 고려하지 않으며, H, h, T, t 각각의 1개당 DNA 상대량은 1이다.) [3점]

〈보기〉 풀이

G_1기 세포 Ⅰ은 S기를 거치며 DNA 복제가 일어나고, 감수 1분열을 거쳐 세포 Ⅱ로 된다. 또 세포 Ⅱ는 감수 2분열을 거쳐 세포 Ⅲ이 된다. 따라서 G_1기 세포 Ⅰ에서 어떤 대립유전자의 DNA 상대량이 1이라면 세포 Ⅱ에서는 이 대립유전자의 DNA 상대량이 2 또는 0이며, 세포 Ⅲ에서는 이 대립유전자의 DNA 상대량이 1 또는 0이다. 세포 ㉠에서 H의 DNA 상대량이 2이므로 ㉠은 Ⅱ, ㉡은 Ⅲ, ㉢은 Ⅰ이다.

ㄱ. ㉢은 Ⅰ이다.

➡ ㉠은 감수 1분열이 끝난 세포 Ⅱ, ㉡은 감수 2분열이 끝난 세포 Ⅲ, ㉢은 G_1기 세포 Ⅰ이다.

ㄴ. ⓐ+ⓑ=2이다.

➡ ㉢은 G_1기 세포 Ⅰ로, T와 t의 DNA 상대량은 각각 1이다. 따라서 대립유전자 T와 t는 상염색체에 존재한다. 감수 1분열 전에 DNA 복제가 일어나 T와 t의 DNA 상대량이 각각 2가 되고, 감수 1분열에서 상동 염색체가 분리되면서 T와 t는 서로 다른 세포로 나뉘어 들어갔다. 따라서 세포 Ⅱ(㉠)에서 t의 DNA 상대량 ⓐ는 2이다. 한편, G_1기 세포 Ⅰ(㉢)에서 h의 DNA 상대량은 0이므로 세포 Ⅲ(㉡)에서 h의 DNA 상대량 ⓑ도 0이다. 즉, ⓐ+ⓑ=2+0=2이다.

ㄷ. ㉠에서 H는 성염색체에 있다.

➡ G_1기 세포 Ⅰ(㉢)에서 H의 DNA 상대량은 1, h의 DNA 상대량은 0이므로 H와 h는 성염색체에 있다. 만약 H와 h가 상염색체에 있다면 G_1기 세포 Ⅰ(㉢)에서 H와 h의 DNA 상대량은 각각 1이거나 H의 DNA 상대량이 2이어야 한다.

---

20 | 감수 분열 2024학년도 9월 모평 11번 정답 ① | 정답률 53 %

적용해야 할 개념 ③가지

① 상동 염색체에 있는 대립유전자는 같을 수도 있고, 서로 다를 수도 있다. 유전자가 상염색체에 있으면 남녀 구분 없이 체세포(G_1기)에서 대립유전자의 수는 2이지만, X 염색체에 있으면 남자의 체세포에서 대립유전자의 수는 1이다.

② 감수 분열에서는 한 번의 DNA 복제 후, 감수 1분열과 감수 2분열이 연속해서 일어나 모세포가 가진 염색체 수($2n$)의 절반을 가진 딸세포(n) 4개가 만들어진다.

③ 감수 1분열 중기 세포에는 대립유전자가 쌍으로 존재하고, 감수 2분열 중기 세포에는 대립유전자가 쌍으로 존재하지 않는다.

문제 보기

사람의 유전 형질 (가)는 대립유전자 A와 a에 의해, (나)는 대립유전자 B와 b에 의해 결정된다. (가)의 유전자와 (나)의 유전자는 서로 다른 염색체에 있다. 그림은 어떤 사람의 G_1기 세포 Ⅰ로부터 정자가 형성되는 과정을, 표는 세포 ㉠~㉣에서 A, a, B, b의 DNA 상대량을 더한 값(A+a+B+b)을 나타낸 것이다. ㉠~㉣은 Ⅰ~Ⅳ를 순서 없이 나타낸 것이고, ⓐ는 ⓑ보다 작다.

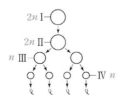

(그림) $2n$ Ⅰ ○ / $2n$ Ⅱ ○ / n Ⅲ ○ ○ / ○ ○ ○ ○—Ⅳ n

세포	A+a+B+b
㉠ Ⅰ	ⓐ 3
㉡ Ⅱ	ⓑ 6
㉢ Ⅳ	1
㉣ Ⅲ	4

이에 대한 설명으로 옳은 것만을 〈보기〉에서 있는 대로 고른 것은? (단, 돌연변이는 고려하지 않으며, A, a, B, b 각각의 1개당 DNA 상대량은 1이다. Ⅱ와 Ⅲ은 중기의 세포이다.) [3점]

〈보기〉 풀이

Ⅰ에서 Ⅱ로 될 때 DNA 복제가 일어나고, Ⅱ에서 Ⅲ으로 될 때 감수 1분열이 일어나 상동 염색체가 분리된다. 그리고 감수 2분열로 염색 분체의 분리가 일어나 Ⅳ가 만들어진다. 따라서 Ⅰ과 Ⅱ의 핵상은 모두 $2n$이고, Ⅲ과 Ⅳ의 핵상은 모두 n이다. (A+a+B+b)는 Ⅱ와 Ⅲ에서 짝수이고, Ⅱ에서 가장 크며, Ⅳ에서 가장 작다. (A+a+B+b)가 ㉢에서 1인 것을 통해 유전 형질 (가)와 (나)의 유전자 중 하나는 상염색체에, 다른 하나는 성염색체에 있음을 알 수 있으며, ㉢은 감수 2분열이 끝난 세포 Ⅳ이다. 따라서 (A+a+B+b)는 Ⅰ에서 3, Ⅱ에서 6, Ⅲ에서 4이므로, ⓐ는 3, ⓑ는 6이고, ㉠은 Ⅰ, ㉡은 Ⅱ, ㉣은 Ⅲ이다.

ㄱ. ⓐ는 3이다.

➡ ⓐ는 3, ⓑ는 6이다.

ㄴ. ㉡은 Ⅲ이다.

➡ ㉠은 Ⅰ, ㉡은 Ⅱ, ㉢은 Ⅳ, ㉣은 Ⅲ이다.

ㄷ. ㉣의 염색체 수는 46이다.

➡ ㉣은 감수 2분열 중기 세포인 Ⅲ이다. Ⅲ은 핵상이 n이므로 상염색체 22개, 성염색체 1개를 갖는다. 따라서 ㉣의 염색체 수는 23이다.

적용해야 할 개념 ②가지

① 감수 1분열에서는 상동 염색체가 분리되므로 감수 1분열이 끝난 세포는 대립유전자 쌍 중 하나씩만 가지며, 감수 2분열에서는 염색 분체가 분리되므로 각 대립유전자의 DNA 상대량이 반감된다.

② DNA 복제 전 G_1기 세포의 핵상은 $2n$으로 대립유전자의 DNA 상대량이 1(대립유전자 1개)이면, DNA 복제를 거친 감수 1분열 중기 세포의 핵상은 $2n$으로 대립유전자의 DNA 상대량은 2(대립유전자 2개)이다. 감수 1분열에서 상동 염색체가 분리되므로 감수 1분열이 끝난 세포의 핵상은 n으로 대립유전자의 DNA 상대량은 2(대립유전자 2개)이거나 0(대립유전자 0개)이며, 감수 2분열에서 염색 분체가 분리되므로 감수 2분열이 끝난 세포의 핵상은 n으로 대립유전자의 DNA 상대량은 1(대립유전자 1개)이거나 0(대립유전자 0개)이다.

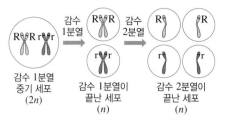

▲ 감수 분열 시 대립유전자의 DNA 상대량 변화

문제 보기

그림은 유전자형이 AaBbDD인 어떤 사람의 G_1기 세포 Ⅰ로부터 생식세포가 형성되는 과정을, 표는 세포 (가)~(라)가 갖는 대립유전자 A, B, D의 DNA 상대량을 나타낸 것이다. (가)~(라)는 Ⅰ~Ⅳ를 순서 없이 나타낸 것이고, ㉠+㉡+㉢=4이다.

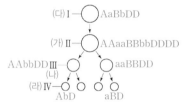

세포	DNA 상대량		
	A	B	D
(가) Ⅱ	2	㉠ 2	? 4
(나) Ⅲ	2	㉡ 0	㉢ 2
(다) Ⅰ	?1	1	2
(라) Ⅳ	?1	0	? 1

이에 대한 설명으로 옳은 것만을 〈보기〉에서 있는 대로 고른 것은? (단, 돌연변이와 교차는 고려하지 않으며, A, a, B, b, D 각각의 1개당 DNA 상대량은 1이다. Ⅱ와 Ⅲ은 중기의 세포이다.)

〈보기〉 풀이

이 사람의 유전자형은 AaBbDD이므로, G_1기 세포 Ⅰ에서 A, B, D의 DNA 상대량은 각각 1, 1, 2이다. 따라서 (다)는 Ⅰ이다. G_1기 세포는 DNA 복제가 일어나는 S기를 거쳐 감수 1분열 중기의 세포가 되므로, 감수 1분열 중기 세포 Ⅱ에서 A, B, D의 DNA 상대량은 각각 2, 2, 4이다. 감수 1분열에서 상동 염색체가 분리되므로 감수 2분열 중기 세포 Ⅲ은 대립유전자 쌍 중 하나씩만 있고, 각 염색체는 2개의 염색 분체로 이루어져 있으므로 A, B, D의 DNA 상대량은 각각 2 또는 0이다. Ⅳ는 감수 2분열이 끝난 세포이므로 각 대립유전자의 DNA 상대량이 2가 될 수 없다. 따라서 (라)는 Ⅳ이다.

㉠ (가)는 Ⅱ이다.

➡ A의 DNA 상대량이 2인 세포 (가)와 (나)는 각각 Ⅱ와 Ⅲ이 될 수 있는데, Ⅱ에서 A, B, D의 DNA 상대량은 각각 2, 2, 4이다. 그리고 Ⅳ(라)에서 B의 DNA 상대량이 0이므로 Ⅲ의 대립유전자 구성은 AAbbDD이다. ㉠+㉡+㉢=4라고 했으므로 ㉠은 2, ㉡은 0, ㉢은 2이고, (가)는 Ⅱ, (나)는 Ⅲ이다.

✗ ㉡은 2이다.

➡ Ⅲ에서 염색 분체가 분리되는 감수 2분열이 일어나 Ⅳ가 만들어진다. Ⅳ(라)에서 B의 DNA 상대량이 0이므로 Ⅲ(나)에서 B의 DNA 상대량(㉡)도 0이다.

✗ 세포 1개당 a의 DNA 상대량은 (다)와 (라)가 같다.

➡ Ⅰ(다)의 대립유전자 구성은 AaBbDD이므로 a의 DNA 상대량은 1이다. Ⅲ(나)에서 감수 2분열이 일어나 Ⅳ(라)가 만들어지는데, Ⅲ(나)의 대립유전자 구성이 AAbbDD이므로 Ⅳ(라)의 대립유전자 구성은 AbD이다. 따라서 Ⅳ(라)에서 a의 DNA 상대량은 0이므로, 세포 1개당 a의 DNA 상대량은 (다)와 (라)가 다르다.

적용해야 할 개념 ②가지

① 간기의 S기에 DNA가 한 번 복제된 후 감수 1분열에서 상동 염색체가 분리되므로, 감수 1분열이 끝난 세포는 염색체 수와 DNA양이 반감된다.($2n \rightarrow n$)

② 감수 2분열은 DNA 복제 없이 염색 분체가 분리되므로 염색체 수는 변화가 없지만 DNA양은 반감된다.($n \rightarrow n$)

문제 보기

사람의 유전 형질 ⓐ는 3쌍의 대립유전자 E와 e, F와 f, G와 g에 의해 결정되며, ⓐ를 결정하는 유전자는 서로 다른 3개의 상동 염색체에 존재한다. 그림 (가)는 어떤 사람의 G_1기 세포 I로부터 정자가 형성되는 과정을, (나)는 이 사람의 세포 ㉠~㉢이 갖는 대립유전자 E, f, G의 DNA 상대량을 나타낸 것이다. ㉠~㉢은 I~III을 순서 없이 나타낸 것이고, II는 중기의 세포이다.

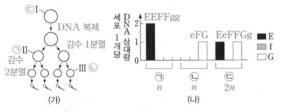

(가)

(나)

이에 대한 설명으로 옳은 것만을 〈보기〉에서 있는 대로 고른 것은? (단, 돌연변이와 교차는 고려하지 않으며, E, e, F, f, G, g 각각의 1개당 DNA 상대량은 같다.) [3점]

〈보기〉 풀이

(가)에서 G_1기 세포 I이 감수 1분열과 감수 2분열을 거쳐 정자가 형성되므로, II는 감수 2분열 중기의 세포이다. 감수 2분열 중기의 세포 II는 핵상이 n이고, 모든 염색체가 2개의 염색 분체로 이루어져 있으므로, II에서 대립유전자의 DNA 상대량은 2이거나 0이다. 따라서 (나)에서 ㉠이 II이다. I은 DNA 복제가 일어나기 전이므로 대립유전자의 DNA 상대량이 1이고, II(㉠)에 대립유전자 E가 있으므로 I에도 E가 있다. 따라서 (나)에서 ㉢이 I, ㉡이 III이다.

㉠ I에서 세포 1개당 $\dfrac{\text{E의 DNA 상대량}+\text{G의 DNA 상대량}}{\text{F의 DNA 상대량}}$은 1이다.

→ (나)에서 G_1기 세포 I은 ㉢으로 핵상이 $2n$이고, 대립유전자 1개의 DNA 상대량이 1이므로, I의 유전자형은 EeFFgg이다. 따라서 I에서 E의 DNA 상대량은 1, F의 DNA 상대량은 2, G의 DNA 상대량은 1이므로, $\dfrac{\text{E의 DNA 상대량}+\text{G의 DNA 상대량}}{\text{F의 DNA 상대량}}=\dfrac{1+1}{2}=1$이다.

✗ II의 염색 분체 수는 23이다.

→ II는 사람의 감수 2분열 중기의 세포이므로 핵상이 n=23이고, 모든 염색체(23개)는 2개의 염색 분체로 이루어져 있다. 따라서 II의 염색 분체 수는 23개×2=46이다.

✗ III은 ㉢이다.

→ III은 ㉡이고, ㉢은 I이다.

적용해야 할 개념 ③가지

① 상동 염색체의 같은 위치에는 하나의 형질을 결정하는 대립유전자가 있으며, 대립유전자의 정보는 같을 수도 있고 서로 다를 수도 있다.

② 핵상이 $2n$인 세포에는 대립유전자가 쌍으로 존재하지만, 핵상이 n인 세포에는 대립유전자가 쌍으로 존재하지 않는다.

③ 감수 1분열을 끝낸 세포(n)에서 유전자의 DNA 상대량은 감수 1분열 중기 세포($2n$)의 절반이고, 감수 2분열을 끝낸 세포(n)에서 유전자의 DNA 상대량은 감수 1분열을 끝낸 세포(n)의 절반이다.

문제 보기

사람의 특정 형질은 상염색체에 있는 3쌍의 대립유전자 D와 d, E와 e, F와 f에 의해 결정된다. 그림은 하나의 G_1기 세포로부터 정자가 형성될 때 나타나는 세포 I~IV가 갖는 D, E, F의 DNA 상대량을, 표는 세포 ㉠~㉣이 갖는 d, e, f의 DNA 상대량을 나타낸 것이다. ㉠~㉣은 I~IV를 순서 없이 나타낸 것이다.

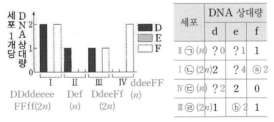

세포	DNA 상대량		
	d	e	f
II ㉠ (n)	?0	?1	1
I ㉡ ($2n$)	?2	?4	ⓐ2
IV ㉢ (n)	?2	2	0
III ㉣ ($2n$)	1	ⓑ2	1

이에 대한 옳은 설명만을 〈보기〉에서 있는 대로 고른 것은? (단, 돌연변이는 고려하지 않으며, D, d, E, e, F, f 각각의 1개당 DNA 상대량은 1이다.) [3점]

〈보기〉 풀이

I~IV에 D와 F가 있고 ㉠~㉣에 d, e, f가 있으므로, 이 사람의 유전자형은 DdeeFf이다. 이 사람의 G_1기 세포로부터 형성된 정자의 유전자형이 DeF, def라면 III은 감수 2분열이 완료된 세포가 되는데, 이때 II가 감수 분열 과정에서 나타날 수 없다. 따라서 이 사람의 G_1기 세포로부터 형성된 정자의 유전자형은 DeF, deF이며, II는 유전자형이 DeF로 감수 2분열이 완료된 세포이다. I은 DNA 복제가 일어난 세포로 유전자형은 DDddeeeeFFff이고, III은 G_1기의 세포로 유전자형이 DdeeFf이며, IV는 감수 2분열 중인 세포로 유전자형이 ddeeFF이다. 따라서 ㉠은 II, ㉡은 I, ㉢은 IV, ㉣은 III이다.

✗ ㉢은 I이다.

→ ㉢은 IV이다.

㉡ ⓐ+ⓑ=4이다.

→ ⓐ는 2, ⓑ는 2이므로 ⓐ+ⓑ=4이다.

✗ ㉠과 ㉡의 핵상은 같다.

→ ㉠은 감수 2분열이 완료된 세포이므로, 핵상은 n이다. ㉡은 DNA 복제가 일어났고 감수 1분열이 완료되기 전의 세포이므로, 핵상은 $2n$이다.

적용해야 할 개념 ③가지

① 감수 분열은 간기(S기)에 DNA를 복제한 후 연속 2회의 분열(감수 1분열, 감수 2분열)이 일어나므로, 딸세포 하나가 가지는 DNA 상대량은 G_1기 세포 하나가 가지는 양의 절반이다.

② 감수 1분열과 감수 2분열 비교

감수 1분열	상동 염색체가 분리되므로 염색체 수와 DNA양이 반감된 딸세포를 만든다($2n \rightarrow n$).
감수 2분열	DNA 복제 없이 염색 분체가 분리되므로 감수 1분열을 마친 세포와 비교하면 DNA양은 절반이고, 염색체 수는 같은 딸세포를 만든다 ($n \rightarrow n$).

③ 한 형질을 결정하는 대립유전자가 성염색체(X 염색체)에 존재하면 여자(성염색체 구성: XX)의 체세포에는 대립유전자가 쌍으로 존재하지만, 남자(성염색체 구성: XY)의 체세포에는 대립유전자가 쌍으로 존재하지 않는다.

문제 보기

사람의 유전 형질 (가)는 대립유전자 A와 a에 의해 결정된다. 그림은 어떤 남자의 G_1기 세포 Ⅰ로부터 정자가 형성되는 과정을, 표는 세포 ㉠~㉢과 Ⅳ에서 A와 a의 DNA 상대량을 더한 값을 나타낸 것이다. ㉠~㉢은 각각 Ⅰ~Ⅲ 중 하나이다.

보기

(가)의 유전자가 성염색체에 있으므로

(가)의 유전자는 성염색체에 있다.

Ⅰ ◯ A+a=1
DNA 복제
Ⅱ ◯ A+a=2
감수 1분열
Ⅲ A a=0 A+a=2
감수 2분열   Ⅳ
◯ ◯ ◯ ◯
각각 A+a=0   각각 A+a=1

세포	A와 a의 DNA 상대량을 더한 값
㉠ Ⅰ	1
㉡ Ⅲ	ⓐ 0
㉢ Ⅱ	2
Ⅳ	ⓐ 1

이에 대한 옳은 설명만을 〈보기〉에서 있는 대로 고른 것은? (단, 돌연변이와 교차는 고려하지 않으며, A와 a 각각의 1개당 DNA 상대량은 1이다. Ⅱ와 Ⅲ은 중기의 세포이다.) [3점]

〈보기〉 풀이

만약 (가)의 유전자가 상염색체에 있다면 G_1기 세포에서 A와 a의 DNA 상대량을 더한 값은 2이고, S기에 DNA 복제가 일어나므로 감수 1분열 중기 세포에서 A와 a의 DNA 상대량을 더한 값은 4이어야 하며, 감수 2분열 중기 세포에서 A와 a의 DNA 상대량을 더한 값은 2이어야 한다. 그러나 ㉡에서 A와 a의 DNA 상대량을 더한 값이 0이므로, 이를 통해 (가)의 유전자는 성염색체에 있음을 알 수 있다.

ㄱ. ㉡은 Ⅲ이다.
➡ 이 남자의 성염색체 구성은 XY이므로 (가)의 유전자는 X 염색체와 Y 염색체 중 하나에 있다. 따라서 G_1기 세포(Ⅰ)에서 A와 a의 DNA 상대량을 더한 값은 1, 감수 1분열 중기 세포(Ⅱ)에서 A와 a의 DNA 상대량을 더한 값은 2이므로, 감수 2분열 중기 세포(Ⅲ)에서 A와 a의 DNA 상대량을 더한 값은 0임을 알 수 있다. 따라서 ㉠은 Ⅰ, ㉡은 Ⅲ, ㉢은 Ⅱ이다.

ㄴ. ⓐ는 1이다.
➡ Ⅲ에서 A와 a의 DNA 상대량을 더한 값은 0이므로, 또 다른 감수 2분열 중기 세포에서 A와 a의 DNA 상대량을 더한 값은 2이다. 따라서 이 세포의 분열 결과 생성된 세포 Ⅳ에는 A와 a 중 하나가 있으므로, A와 a의 DNA 상대량을 더한 값(ⓐ)은 1이다.

✗ (가)의 유전자는 상염색체에 있다.
➡ ㉡(Ⅲ)에 A와 a가 모두 없으므로 (가)의 유전자는 성염색체에 있다.

적용해야 할 개념 ③가지

① 간기의 S기에 DNA가 한 번 복제된 후 감수 1분열에서 상동 염색체가 분리되므로, 감수 1분열이 끝난 세포는 염색체 수와 DNA양이 반감된다.($2n \rightarrow n$)

② 감수 2분열에서는 염색 분체가 분리되므로 염색체 수는 변화가 없지만 DNA양은 반감된다.($n \rightarrow n$)

③ 감수 1분열 전기에는 상동 염색체끼리 접합한 형태인 2가 염색체가 형성된다.

상동 염색체 분리
염색 분체 분리
생식세포

감수 분열 과정 ▶

문제 보기

10(상염색체 8개, 성염색체 2개)

그림은 유전자형이 Aa인 어떤 동물($2n$=?)의 G_1기 세포 Ⅰ로부터 생식세포가 형성되는 과정을, 표는 세포 ㉠~㉢의 상염색체 수와 대립유전자 A와 a의 DNA 상대량을 더한 값을 나타낸 것이다. ㉠~㉢은 Ⅰ~Ⅳ를 순서 없이 나타낸 것이고, 이 동물의 성염색체는 XX이다.

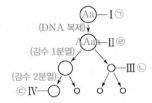

Aa — Ⅰ㉠
(DNA 복제)
AAaa — Ⅱ㉢
(감수 1분열)
Ⅲ ㉡
(감수 2분열)
㉢ Ⅳ

세포	상염색체 수	A와 a의 DNA 상대량을 더한 값
㉠ Ⅰ	8	? 2
㉡ Ⅲ	4	2
㉢ Ⅳ	ⓐ 4	ⓑ 1
㉣ Ⅱ	? 8	4

이에 대한 설명으로 옳은 것만을 〈보기〉에서 있는 대로 고른 것은? (단, 돌연변이는 고려하지 않으며, A와 a 각각의 1개당 DNA 상대량은 1이다. Ⅱ와 Ⅲ은 중기의 세포이다.) [3점]

〈보기〉 풀이

유전자형이 Aa인 이 동물의 G_1기 세포 Ⅰ에는 A와 a가 각각 1개씩 있으므로 A와 a의 DNA 상대량을 더한 값이 2이다. Ⅰ이 Ⅱ로 될 때 DNA 복제가 일어나 감수 1분열 중기 세포 Ⅱ에는 A와 a가 각각 2개씩 있으므로 A와 a의 DNA 상대량을 더한 값이 4이다. Ⅰ~Ⅳ 중 A와 a의 DNA 상대량을 더한 값이 가장 큰 세포는 Ⅱ이므로, ㉣은 감수 1분열 중기 세포인 Ⅱ이다. 감수 1분열에서 염색체 수가 반으로 감소하므로 G_1기 세포 Ⅰ과 감수 1분열 중기 세포 Ⅱ의 상염색체 수는 모두 8이 된다. 따라서 ㉠은 G_1기 세포인 Ⅰ이다. Ⅱ가 Ⅲ으로 될 때 상동 염색체가 분리되어 염색체 수와 DNA양이 반감되므로 감수 2분열 중기 세포인 Ⅲ의 상염색체 수는 4, A와 a의 DNA 상대량을 더한 값은 2가 된다. 따라서 ㉡은 감수 2분열 중기 세포인 Ⅲ, ㉢은 감수 2분열이 끝난 세포인 Ⅳ이다.

ㄱ. ㉠은 Ⅰ이다.

➡ ㉠은 G_1기 세포인 Ⅰ, ㉡은 감수 2분열 중기 세포인 Ⅲ, ㉢은 감수 2분열이 끝난 세포인 Ⅳ, ㉣은 감수 1분열 중기 세포인 Ⅱ이다.

ㄴ. ⓐ+ⓑ=5이다.

➡ Ⅲ이 Ⅳ로 될 때 감수 2분열이 일어나 염색 분체가 분리되므로 염색체 수는 변화 없지만 DNA양이 반감된다. Ⅲ(㉡)의 상염색체 수는 4, A와 a의 DNA 상대량을 더한 값은 2이므로, Ⅳ(㉢)의 상염색체 수는 4, A와 a의 DNA 상대량을 더한 값은 1이 된다. 따라서 ⓐ는 4, ⓑ는 1이고, 4+1=5이다.

ㄷ. Ⅱ의 2가 염색체 수는 5이다.

➡ 이 동물의 G_1기 세포에는 상염색체가 8개(4쌍), 성염색체(XX)가 2개(1쌍) 있으므로 감수 1분열 중기 세포인 Ⅱ에는 상동 염색체가 접합한 형태인 2가 염색체가 5개 있다.

적용해야 할 개념 ②가지

① 한 가지 형질을 결정하는 대립유전자가 상염색체에 있다면 남녀 모두 G_1기 세포에서 대립유전자의 수는 2이지만, X 염색체에 있다면 남자의 G_1기 세포에서 대립유전자의 수는 1이다.

② 어떤 남자의 G_1기 세포로부터 생식세포가 형성되는 과정

생식세포 형성 과정	구분	핵상	염색체 수	상염색체에 있는 A와 a의 DNA 상대량을 더한 값 (A+a)	X 염색체에 있는 B와 b의 DNA 상대량을 더한 값 (B+b)
	G_1기 세포	$2n$	46	2	1
I	감수 1분열 중기 세포(I)	$2n$	46	4	2
II	감수 2분열 중기 세포(II)	n	23	2	2 또는 0
III	감수 2분열이 끝난 세포(III)	n	23	1	1 또는 0

문제 보기

┌ 남자

사람의 유전 형질 ㉮는 **2쌍의 대립유전자 A와 a, B와 b에 의해 결정된다.** 그림은 **어떤 사람의 G_1기 세포로부터 생식세포가 형성되는 과정의 일부**를, 표는 이 사람의 세포 (가)~(다)에서 **A와 a의 DNA 상대량을 더한 값(A+a)**과 **B와 b의 DNA 상대량을 더한 값(B+b)**을 나타낸 것이다. (가)~(다)는 I~III을 순서 없이 나타낸 것이고, ㉠~㉢은 1, 2, 4를 순서 없이 나타낸 것이다.

보기 →

```
        상염색체에        성염색체에
         존재            존재
(A+a)  (B+b)
 2 ○ 1
  4│ 2
II
2○  2
III
1 ○ ○ 1
```

세포	DNA 상대량을 더한 값	
	A+a	B+b
II (가)	㉠ 2	㉠ 2
III (나)	㉡ 1	㉡ 1
I (다)	㉢ 4	㉠ 2

이에 대한 설명으로 옳은 것만을 〈보기〉에서 있는 대로 고른 것은? (단, 돌연변이와 교차는 고려하지 않으며, A, a, B, b 각각의 1개당 DNA 상대량은 1이다. I과 II는 중기의 세포이다.) [3점]

〈보기〉 풀이

(1) 한 가지 형질을 결정하는 대립유전자 A와 a가 상염색체에 있다면, A와 a의 DNA 상대량을 더한 값(A+a)은 G_1기 세포에서 2, I에서 4, II에서 2, III에서 1이 된다.

(2) 한 가지 형질을 결정하는 대립유전자 A와 a가 X 염색체에 있다면, 여자의 경우 A와 a의 DNA 상대량을 더한 값(A+a)은 G_1기 세포에서 2, I에서 4, II에서 2, III에서 1이 되고, 남자의 경우 A와 a의 DNA 상대량을 더한 값(A+a)은 G_1기 세포에서 1, I에서 2, II에서 2 또는 0, III에서 1 또는 0이 된다.

(3) 표의 (가), (나), (다)에서 각각 (A+a)는 ㉠, ㉡, ㉢이고, (B+b)는 ㉠, ㉡, ㉠이므로, 이 사람은 남자이며 A와 a는 상염색체에 있고 B와 b는 성염색체에 있다는 것을 알 수 있다.

(4) 그림의 I, II, III에서 각각 (A+a)는 4, 2, 1이고, (B+b)는 2, 2, 1이므로, (A+a)에만 있는 ㉢은 4, (B+b)에 두 번 있는 ㉠은 2, 나머지 ㉡은 1이다.

(5) 따라서 (가)는 II, (나)는 III, (다)는 I이다.

ㄱ. ㉠은 **2이다.**

➡ ㉠은 2, ㉡은 1, ㉢은 4이다.

✗ (나)는 II이다.

➡ (가)는 II, (나)는 III, (다)는 I이다.

✗ $\dfrac{(다)의\ 염색체\ 수}{(가)의\ 염색\ 분체\ 수} = \dfrac{1}{2}$이다.

➡ (가)는 감수 2분열 중기 세포이므로 핵상은 n이고, 염색체는 2개의 염색 분체로 이루어져 있다. 따라서 (가)의 염색 분체 수는 염색체 수(23)×2=46이다. (다)는 감수 1분열 중기 세포이므로 핵상은 $2n$이고 염색체 수는 46이다. 따라서 $\dfrac{(다)의\ 염색체\ 수}{(가)의\ 염색\ 분체\ 수} = \dfrac{46}{46} = 1$이다.

적용해야 할 개념 ③가지

① 한 형질을 결정하는 대립유전자가 성염색체(X 염색체)에 존재하면 여자(성염색체 구성: XX)의 체세포에는 대립유전자가 쌍으로 있지만, 남자(성염색체 구성: XY)의 체세포에는 대립유전자가 쌍으로 존재하지 않는다.

② 감수 1분열이 끝난 세포(n)에서 유전자의 DNA 상대량은 감수 1분열 중기 세포($2n$)의 절반이고, 감수 2분열이 끝난 세포(n)에서 유전자의 DNA 상대량은 감수 1분열이 끝난 세포(n)의 절반이다.

감수 1분열 중기 세포($2n$) → 감수 1분열 → 감수 1분열이 끝난 세포(n) → 감수 2분열 → 감수 2분열이 끝난 세포(n)

③ 핵상이 $2n$인 경우 대립유전자는 쌍으로 존재하지만, 핵상이 n인 경우 대립유전자는 쌍으로 존재하지 않는다. 따라서 핵상이 n인 세포에 존재하는 유전자는 대립유전자 관계가 아니다.

문제 보기

사람의 유전 형질 ㉮는 2쌍의 대립유전자 A와 a, B와 b에 의해 결정된다. 그림은 어떤 사람의 G_1기 세포 I로부터 정자가 형성되는 과정을, 표는 이 과정에서 나타나는 세포 (가)와 (나)에서 대립유전자 A, B, ㉠, ㉡ 중 2개의 DNA 상대량을 더한 값을 나타낸 것이다. (가)와 (나)는 II와 III을 순서 없이 나타낸 것이고, ㉠과 ㉡은 a와 b를 순서 없이 나타낸 것이다.

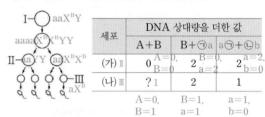

I — ○ aaX^BY
aaaa X^BX^BYY
II — (가)aaYY (aa)aX^BX^B — III
aX^B

세포	DNA 상대량을 더한 값		
	A+B	B+㉠a	a㉠+㉡b
(가) II	0 (A=0, B=0)	2 (B=0, a=2)	2 (a=2, b=0)
(나) III	?1	2	1
	A=0, B=1	B=1, a=1	a=1, b=0

이에 대한 설명으로 옳은 것만을 〈보기〉에서 있는 대로 고른 것은? (단, 돌연변이와 교차는 고려하지 않으며, A, a, B, b 각각의 1개당 DNA 상대량은 1이다.) [3점]

〈보기〉 풀이

감수 1분열이 끝난 세포(n)인 II는 2개의 염색 분체로 구성된 염색체가 존재하므로 DNA 상대량을 더한 값은 짝수이거나 0이어야 한다. 세포 (나)에서 ㉠+㉡=1이므로, (나)는 III이고 (가)는 II이다. ㉠이 b라면 (나)에서 B와 b 중 하나만 있어야 하므로 B+㉠=1이어야 한다. 그러나 표에서 (나)의 B+㉠=2이므로, ㉠은 a이고, ㉡은 b이다.

㉠. **(나)는 III이다.**

→ II는 감수 1분열이 끝난 세포이므로 대립유전자 각각의 1개당 DNA 상대량은 짝수이고, III은 감수 2분열이 끝난 세포이므로 대립유전자 각각의 1개당 DNA 상대량은 1이거나 0이다. 세포 (나)에서 ㉠+㉡=1이므로, (나)는 III이다.

✗. **㉠은 성염색체에 있다.**

→ (가)에서 A+B=0이므로 A와 B는 없고, B+㉠(a)=2이므로 a의 DNA 상대량은 2이다. 그리고 ㉠(a)+㉡(b)=2이므로, b는 없다. 따라서 (가)에는 대립유전자 관계인 B와 b가 없지만, 대립유전자 A와 a 중 a는 있다. (나)에서 B+㉠(a)=2이므로 a와 B의 DNA 상대량은 각각 1이다. 따라서 (나)에는 a와 B가 각각 있다. 즉, II(가)와 III(나)에 ㉠(a)이 모두 있으므로 ㉠(a)은 상염색체에 있다. 반면, II(가)에 B와 ㉡(b)이 모두 없지만 III(나)에 B가 있으므로, B와 ㉡(b)은 성염색체(X 염색체)에 있다.

✗. **I에서 A와 b의 DNA 상대량을 더한 값은 1이다.**

→ II(가)의 ㉮의 유전자 구성은 aaYY이고, III(나)의 ㉮의 유전자 구성은 aX^B이므로, I의 (가)의 유전자 구성은 aaX^BY이다. 따라서 I에는 A와 b가 모두 없으므로 A와 b의 DNA 상대량을 더한 값은 0이다.

적용해야 할 개념 ②가지

① 간기의 S기에 DNA가 한 번 복제된 후 감수 1분열에서 상동 염색체가 접합하였다가 분리되며, 감수 2분열에서 염색 분체가 분리된다.

② 사람의 감수 분열 과정에서 세포의 DNA 상대량 및 핵상 비교

구분	감수 1분열 중기 세포	감수 2분열 중기 세포	감수 2분열을 끝낸 세포
핵 1개당 유전자의 DNA 상대량	4	2	1
염색체 수	46	23	23
성염색체 수	2	1	1
핵상	$2n$	n	n

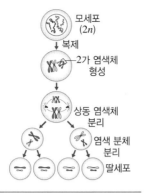

모세포 ($2n$)
↓ 복제
2가 염색체 형성
↓
상동 염색체 분리
↓
염색 분체 분리
↓
딸세포

문제 보기

사람의 어떤 유전 형질은 2쌍의 대립유전자 H와 h, T와 t에 의해 결정된다. 그림 (가)는 사람 Ⅰ의, (나)는 사람 Ⅱ의 감수 분열 과정의 일부를, 표는 Ⅰ의 세포 ⓐ와 Ⅱ의 세포 ⓑ에서 대립유전자 ㉠, ㉡, ㉢, ㉣ 중 2개의 DNA 상대량을 더한 값을 나타낸 것이다. ㉠~㉣은 H, h, T, t를 순서 없이 나타낸 것이고, Ⅰ의 유전자형은 HHtt이며, Ⅱ의 유전자형은 hhTt이다.

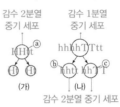

감수 2분열 중기 세포 (가) / 감수 1분열 중기 세포 / 감수 2분열 중기 세포 (나)

세포	DNA 상대량을 더한 값			
	h㉠+㉡T	h㉠+㉡t	T㉡+㉢t	t㉢+㉣H
ⓐ	0	?2	2	㉮4
ⓑ	2	4	㉯2	2

이에 대한 설명으로 옳은 것만을 〈보기〉에서 있는 대로 고른 것은? (단, 돌연변이와 교차는 고려하지 않으며, H, h, T, t 각각의 1개당 DNA 상대량은 1이다. ⓐ~ⓒ는 중기의 세포이다.) [3점]

〈보기〉 풀이

사람 Ⅰ의 유전자형은 HHtt, Ⅱ의 유전자형은 hhTt이므로, 감수 분열 과정에서 생성되는 각 세포에 있는 대립유전자의 종류와 수를 표시하면 다음과 같다.

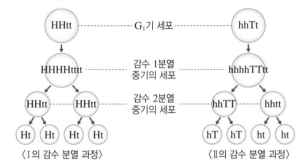

HHtt ------ G₁기 세포 ------ hhTt
HHHHtttt --- 감수 1분열 중기의 세포 --- hhhhTTtt
HHtt   HHtt --- 감수 2분열 중기의 세포 --- hhTT   hhtt
Ht Ht Ht Ht   hT hT ht ht
〈Ⅰ의 감수 분열 과정〉   〈Ⅱ의 감수 분열 과정〉

ⓐ가 감수 1분열 중기 세포라면 대립유전자 2개의 DNA 상대량을 더한 값은 0이거나 8이어야 한다. 그런데 표를 보면 ⓐ에서 ㉡+㉢은 2이므로, ⓐ는 감수 2분열 중기 세포이다. 사람 Ⅰ의 감수 2분열 중기 세포(ⓐ)의 대립유전자 구성은 HHtt인데 표의 ⓐ에서 ㉠+㉡은 0이므로, ㉠과 ㉡은 각각 h와 T 중 서로 다른 하나이고, ㉢과 ㉣은 각각 H와 t 중 서로 다른 하나이다.

사람 Ⅱ의 유전자형은 hhTt인데, ㉠과 ㉡의 DNA 상대량을 더한 값과 ㉢과 ㉣의 DNA 상대량을 더한 값이 각각 2이므로 ⓑ는 감수 2분열 중기 세포이다. Ⅱ의 감수 2분열 중기 세포(ⓑ)가 가질 수 있는 대립유전자 구성은 hhTT이거나 hhtt이다. 표를 보면 ⓑ에서 ㉡+㉢(h+T)은 2이므로 ⓑ의 대립유전자 구성은 hhtt이고, ㉠+㉢은 4이므로, ㉠은 h, ㉡은 T, ㉢은 t, ㉣은 H이다.

㉠ ㉮+㉯=6이다.

➡ 사람 Ⅰ의 감수 2분열 중기 세포(ⓐ)의 대립유전자 구성은 HHtt이므로, ⓐ에서 ㉢+㉣(t+H)의 값인 ㉮는 4이다. 사람 Ⅱ의 감수 2분열 중기 세포(ⓑ)의 대립유전자 구성은 hhtt이므로 ⓑ에서 ㉡+㉢(T+t)의 값인 ㉯는 2이다. 따라서 ㉮+㉯=4+2=6이다.

㉡ ⓐ의 $\dfrac{\text{염색 분체 수}}{\text{성염색체 수}}=46$이다.

➡ 감수 2분열 중기 세포인 ⓐ의 핵상과 염색체 수는 $n=23$(상염색체는 22개, 성염색체는 1개)이며 ⓐ에 있는 각 염색체는 두 가닥의 염색 분체로 이루어져 있으므로, ⓐ의 염색 분체 수는 46이다. 따라서 ⓐ의 $\dfrac{\text{염색 분체 수}}{\text{성염색체 수}}=\dfrac{46}{1}=46$이다.

✗ ㉢에는 t가 있다.

➡ 사람 Ⅱ에서 ⓑ의 대립유전자 구성은 hhtt이므로, ㉢의 대립유전자 구성은 hhTT이다. 따라서 ㉢에는 t가 없다.

적용해야 할 개념 ③가지

① 간기의 S기에 DNA가 한 번 복제된 후 감수 1분열에서 상동 염색체가 접합하였다가 분리되며, 감수 2분열에서는 염색 분체가 분리된다.

② 사람의 감수 분열 과정에서 세포의 DNA 상대량 및 핵상 비교

구분	감수 1분열 중기 세포	감수 2분열 중기 세포	감수 2분열을 마친 세포
핵 1개당 유전자의 DNA 상대량	4	2	1
핵상	$2n$	n	n

③ 핵상이 $2n$인 세포에는 대립유전자가 쌍으로 존재하지만, 핵상이 n인 세포에는 대립유전자가 쌍으로 존재하지 않는다. 따라서 핵상이 n인 세포에 존재하는 유전자들은 대립유전자 관계가 아니다.

문제 보기

사람의 유전 형질 ㉮는 2쌍의 대립유전자 A와 a, B와 b에 의해 결정된다. 그림은 사람 P의 G_1기 세포 I로부터 정자가 형성되는 과정을, 표는 세포 (가)~(라)에서 대립유전자 ㉠~㉢의 유무와 a와 B의 DNA 상대량을 나타낸 것이다. (가)~(라)는 I~IV를 순서 없이 나타낸 것이고, ㉠~㉢은 A, a, b를 순서 없이 나타낸 것이다.

AaBB
I—◯
↓DNA 복제
II—◯ AaaaBBBB
aaBB◯ ◯AABB III
IV—◯◯ ◯◯
aB ↓ ↓ ↓ ↓

세포	대립유전자			DNA 상대량	
	㉠a	㉡b	㉢A	a	B
III (가)n	×	×	◯	?0	2
II (나)$2n$	◯	?×	◯	2	?4
IV (다)n	?◯	?◯	×	1	1
I (라)$2n$	◯	?×	?◯	1	?2

(◯: 있음, ×: 없음)

이에 대한 설명으로 옳은 것만을 〈보기〉에서 있는 대로 고른 것은? (단, 돌연변이와 교차는 고려하지 않으며, A, a, B, b 각각의 1개당 DNA 상대량은 1이다. II와 III은 중기의 세포이다.) [3점]

〈보기〉 풀이

세포 (다)에서 a와 B의 DNA 상대량은 각각 1인데 ㉢은 없으므로, ㉠과 ㉡ 중 하나가 a이고, ㉢은 대립유전자 A와 b 중 하나이다. 세포 (가)에서 ㉠과 ㉡이 모두 없으므로 대립유전자 a가 없다. (가)에 a가 없으면 A는 있으므로 ㉢은 A이고, (가)의 핵상은 n이다. 핵상이 n이면서 B의 DNA 상대량이 2인 세포는 감수 2분열 중기 세포인 III이므로, (가)는 III이다. (다)에서 a와 B의 DNA 상대량은 각각 1인데 ㉢(A)이 없으므로 (다)는 핵상이 n인 세포 IV이다. 감수 2분열 중기 세포 III의 유전자형은 AB이고, 감수 2분열을 마친 세포 IV의 유전자형은 aB이다. 따라서 감수 1분열 중기 세포 II의 유전자형은 AaBB이므로, 세포 II에는 a는 있고 b는 없다. I에서 II가 될 때 DNA 복제가 일어났으므로 a의 DNA 상대량은 2, B의 DNA 상대량은 4이다. 따라서 (나)는 II이고, (라)는 I이며, ㉠은 a, ㉡은 b이다.

㉠ IV에 ㉠이 있다.

➡ IV는 감수 2분열을 마친 세포 (다)이고, (다)에서 a의 DNA 상대량은 1이다. ㉠은 a이므로, IV에 ㉠이 있다.

㉡ (나)의 핵상은 $2n$이다.

➡ (나)는 감수 1분열 중기 세포 II이고 대립유전자 ㉠(a)과 ㉢(A)이 함께 존재하므로, (나)의 핵상은 $2n$이다.

✗ P의 유전자형은 AaBb이다.

➡ 감수 1분열 중기 세포 II의 유전자형은 AaBB이므로, P의 유전자형은 AaBB이다.

보기

적용해야 할 개념 ③가지

① 생식세포는 감수 분열을 통해 만들어지며, 감수 분열에서는 G_1기의 세포가 S기를 거치면서 DNA 복제를 한 후 연속 2회의 분열이 일어난다.

② 감수 1분열에서는 상동 염색체가 접합하였다가 분리되어 각각 다른 딸세포로 들어가므로, 감수 1분열 결과 형성된 딸세포는 모세포의 상동 염색체 중 1개씩만 있게 되어 염색체 수가 반으로 감소한다($2n \rightarrow n$).

③ 감수 2분열은 DNA 복제 없이 진행되며, 염색 분체의 분리가 일어나 딸세포의 염색체 수는 감수 1분열에서 반으로 감소한 상태로 변화가 없다($n \rightarrow n$).

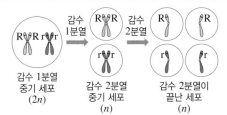

▲ 감수 분열 시 대립유전자의 DNA 상대량 변화

문제 보기

사람의 유전 형질 ㉮는 대립유전자 T와 t에 의해 결정된다. 그림 (가)는 남자 P의, (나)는 여자 Q의 G_1기 세포로부터 생식세포가 형성되는 과정을 나타낸 것이다. 표는 세포 ㉠~㉣의 8번 염색체 수와 X 염색체 수를 더한 값, T의 DNA 상대량을 나타낸 것이다. ㉮의 유전자형은 P에서가 TT이고, Q에서가 Tt이다. ㉠~㉣은 Ⅰ~Ⅳ를 순서 없이 나타낸 것이고, ⓐ~ⓓ는 1, 2, 3, 4를 순서 없이 나타낸 것이다.

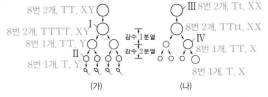

(가)   (나)

세포	8번 염색체 수와 X 염색체 수를 더한 값	T의 DNA 상대량
Ⅰ ㉠	ⓐ 3	ⓓ 4
Ⅱ ㉡	ⓑ 1	ⓑ 1
Ⅳ ㉢	ⓒ 2	ⓒ 2
Ⅲ ㉣	ⓓ 4	ⓑ 1

이에 대한 설명으로 옳은 것만을 〈보기〉에서 있는 대로 고른 것은? (단, 돌연변이는 고려하지 않으며, T와 t 각각의 1개당 DNA 상대량은 1이다. Ⅰ과 Ⅳ는 중기의 세포이다.) [3점]

〈보기〉 풀이

제시된 자료를 참고하여 Ⅰ~Ⅳ의 8번 염색체 수, X 염색체 수, T의 DNA 상대량을 정리하면 다음과 같다.

구분	8번 염색체 수	X 염색체 수	8번 염색체 수와 X 염색체 수를 더한 값	T의 DNA 상대량
Ⅰ (남자 P의 감수 1분열 중기 세포)	2개	1개	3	4
Ⅱ (남자 P의 생식세포)	1개	?	?	1
Ⅲ (여자 Q의 G_1기 세포)	2개	2개	4	1
Ⅳ (여자 Q의 감수 2분열 중기 세포)	1개	1개	2	?

ⓐ~ⓓ가 1, 2, 3, 4를 순서 없이 나타낸 것이므로 Ⅱ에서 8번 염색체 수와 X 염색체 수를 더한 값은 1(ⓑ)이고, Ⅳ에서 T의 DNA 상대량은 2(ⓒ)이다. 이를 통해 ⓐ는 3, ⓑ는 1, ⓒ는 2, ⓓ는 4이고, Ⅰ은 ㉠, Ⅱ는 ㉡, Ⅲ은 ㉣, Ⅳ는 ㉢임을 알 수 있다.

ㄱ. ㉣은 Ⅲ이다.

➡ ㉣에서 8번 염색체 수와 X 염색체 수를 더한 값이 4이고, T의 DNA 상대량이 1이므로, ㉣은 Ⅲ이다.

✗ ⓐ+ⓒ=4이다.

➡ ⓐ는 3, ⓑ는 1, ⓒ는 2, ⓓ는 4이므로 ⓐ+ⓒ=3+2=5이다.

ㄷ. Ⅱ에 Y 염색체가 있다.

➡ Ⅱ(남자 P의 생식세포)에 8번 염색체는 1개 있는데, 8번 염색체 수와 X 염색체 수를 더한 값이 1(ⓑ)이다. 따라서 Ⅱ에는 X 염색체는 없고 Y 염색체가 있다.

적용해야 할 개념 ②가지

① 감수 1분열에서는 상동 염색체가 분리되므로 감수 1분열이 끝난 세포는 대립유전자 쌍 중 하나씩만 가지며, 감수 2분열에서는 염색 분체가 분리되므로 감수 2분열이 끝난 세포는 각 대립유전자의 DNA 상대량이 반감된다.

② 유전자형이 AaX^bY인 어떤 남자의 G_1기 세포로부터 생식세포가 형성되는 과정

생식세포 형성 과정	구분	핵상	염색체 수	A의 DNA 상대량	a의 DNA 상대량	B의 DNA 상대량	b의 DNA 상대량
	G_1기 세포	$2n$	46	1	1	0	1
	감수 1분열 중기 세포	$2n$	46	2	2	0	2
	감수 2분열 중기 세포	n	23	0 또는 2	0 또는 2	0	0 또는 2
	감수 2분열 완료 세포	n	23	0 또는 1	0 또는 1	0	0 또는 1

문제 보기

사람의 유전 형질 (가)는 대립유전자 A와 a, (나)는 대립유전자 B와 b에 의해 결정된다. 그림은 어떤 사람의 G_1기 세포 I로부터 정자가 형성되는 과정을, 표는 세포 ⓐ~ⓒ에서 대립유전자 ㉠~㉢의 유무, A와 B의 DNA 상대량을 더한 값(A+B), a와 b의 DNA 상대량을 더한 값(a+b)을 나타낸 것이다. ⓐ~ⓒ는 I~III을 순서 없이 나타낸 것이고, ㉠~㉢은 A, a, B를 순서 없이 나타낸 것이다.

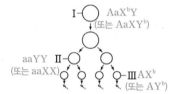

I—◯ AaX^bY
(또는 $AaXY^b$)

aaYY II—◯
(또는 aaXX)　◯◯◯◯—IIIAX^b
(또는 AY^b)

세포	대립유전자			A+B	a+b
	㉠a	㉡A	㉢B		
I ⓐ $2n$	○	○	×	? 1	㉮ 2
III ⓑ n	×	? ○	×	1	1
II ⓒ n	?○	×	? ×	㉯ 0	2

(○: 있음, ×: 없음)

이에 대한 설명으로 옳은 것만을 〈보기〉에서 있는 대로 고른 것은? (단, 돌연변이와 교차는 고려하지 않으며, A, a, B, b 각각의 1개당 DNA 상대량은 1이다. II는 중기의 세포이다.)

〈보기〉 풀이

(1) 세포 I은 핵상이 $2n$이고, 세포 II와 III은 각각 핵상이 n이다. 대립유전자 ㉠이 세포 ⓐ에는 있지만 세포 ⓑ에는 없으므로 세포 ⓑ의 핵상은 n이고, 대립유전자 ㉡이 세포 ⓐ에는 있지만 세포 ⓒ에는 없으므로 세포 ⓒ의 핵상은 n이다. 따라서 세포 ⓐ는 핵상은 $2n$이며 세포 I이다. 세포 II는 염색 분체가 분리되지 않은 상태이므로 대립유전자 1개당 DNA 상대량은 0 또는 2이고, 세포 III은 염색 분체가 분리된 상태이므로 대립유전자 1개당 DNA 상대량은 0 또는 1이다. 따라서 세포 ⓑ는 세포 III이고, 세포 ⓒ는 세포 II이다.

(2) 세포 I에 존재하는 한 쌍의 대립유전자는 각각 분리되어 세포 II와 세포 III에 존재한다. 따라서 대립유전자 ㉠이 세포 ⓐ에 있는데 세포 ⓑ에 없으므로 대립유전자 ㉠은 세포 ⓒ에 있고, 대립유전자 ㉡이 세포 ⓐ에 있는데 세포 ⓒ에 없으므로 대립유전자 ㉡은 세포 ⓑ에 있으며, 대립유전자 ㉢은 세포 ⓐ에 없으므로 세포 ⓑ와 ⓒ에 모두 없다.

(3) 세포 ⓑ에서 A와 B의 DNA 상대량을 더한 값(A+B)이 1이므로 A와 B 중 1개가 존재하고, 대립유전자 ㉠과 ㉢이 존재하지 않으므로 a의 DNA 상대량은 0이다. a와 b의 DNA 상대량을 더한 값(a+b)이 1이므로 b의 DNA 상대량은 1이다. 세포 ⓑ는 핵상이 n이라 B의 DNA 상대량은 0이어야 하므로 ㉡은 A이다.

(4) 세포 ⓒ에서 a와 b의 DNA 상대량을 더한 값(a+b)이 2이다. 만약 a의 DNA 상대량이 0이고 b의 DNA 상대량이 2라면, 세포 ⓒ는 핵상이 n이라 B의 DNA 상대량이 0이어야 하므로 ㉢이 B이고 ㉠은 a가 된다. 이때 표에서 세포 ⓒ에 ㉠(a)이 있으므로 a의 DNA 상대량이 0이라는 위 조건에 맞지 않는다. 따라서 세포 ⓒ에서 a의 DNA 상대량이 2이고 b의 DNA 상대량이 0이며, ㉠은 a이고, ㉢은 B이다.

(5) 세포 ⓑ(세포 III)에는 대립유전자 A와 b가 있으며, 세포 ⓒ(세포 II)에는 대립유전자 a가 있고 B와 b는 모두 없다. 이를 통해 A와 a는 상염색체에 존재하고, B와 b는 성염색체에 존재한다는 것을 알 수 있다. 따라서 (가)와 (나)의 유전자형은 세포 ⓐ(세포 I)는 AaX^bY, 세포 ⓑ(세포 III)는 AX^b, 세포 ⓒ(세포 II)는 $(aY)_2$이거나, 세포 ⓐ(세포 I)는 $AaXY^b$, 세포 ⓑ(세포 III)는 AY^b, 세포 ⓒ(세포 II)는 $(aX)_2$이다.

✗ ㉠은 B이다.
➡ ㉠은 a, ㉡은 A, ㉢은 B이다.

✗ II에는 b가 있다.
➡ II에는 대립유전자 a가 있고, B와 b는 모두 없다.

Ⓓ ㉮와 ㉯를 더한 값은 2이다.
➡ (가)와 (나)의 유전자형은 세포 ⓐ(세포 I)는 AaX^bY 또는 $AaXY^b$이므로 ㉮=a+b=2이고, 세포 ⓒ(세포 II)는 $(aY)_2$ 또는 $(aX)_2$이므로 ㉯=A+B=0이다. 따라서 ㉮와 ㉯를 더한 값은 2이다.

① 한 형질을 결정하는 대립유전자의 종류는 같을 수도 있고 서로 다를 수도 있다.

구분	대립유전자가 B로 같을 경우		대립유전자가 B와 b로 다를 경우	
적용해야 할 개념 ①가지 감수 분열 시 대립유전자의 DNA 상대량 변화	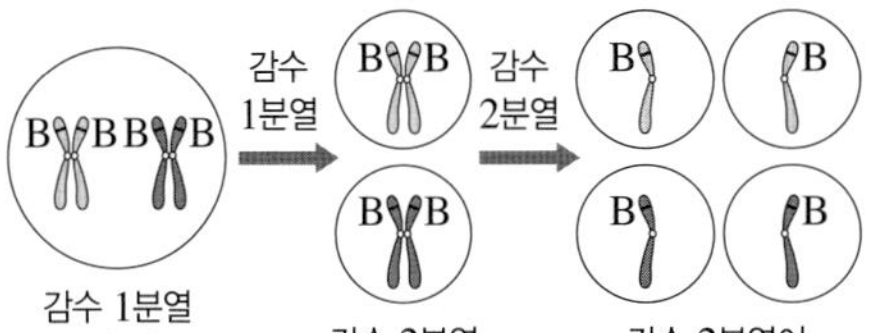 감수 1분열 중기 세포 $(2n)$ → 감수 2분열 중기 세포 (n) → 감수 2분열이 끝난 세포 (n)		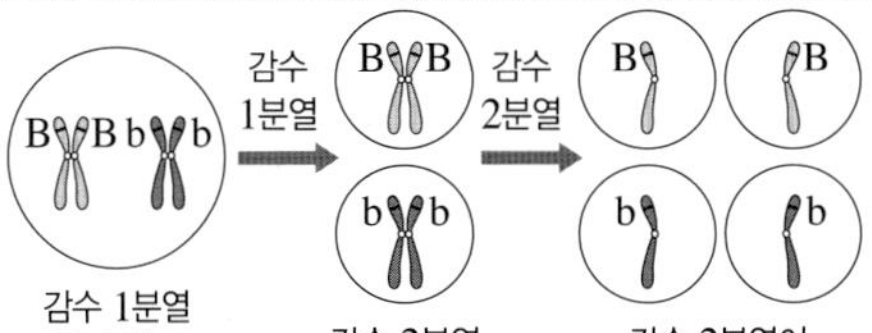 감수 1분열 중기 세포 $(2n)$ → 감수 2분열 중기 세포 (n) → 감수 2분열이 끝난 세포 (n)	
세포 1개당 B의 DNA 상대량	4 ⟹ 2 ⟹ 1		2 ⟹ 2 또는 0 ⟹ 1 또는 0	

문제 보기

사람의 유전 형질 (가)는 Y 염색체에 있는 대립유전자 A와 a에 의해, (나)는 X 염색체에 있는 대립유전자 B와 b에 의해 결정된다. 그림은 어떤 남자와 여자의 G_1기 세포로부터 생식세포가 형성되는 과정을, 표는 세포 ⊙~ⓒ에서 A와 b의 DNA 상대량을 나타낸 것이다. ⊙~ⓒ은 Ⅰ~Ⅲ을 순서 없이 나타낸 것이다.

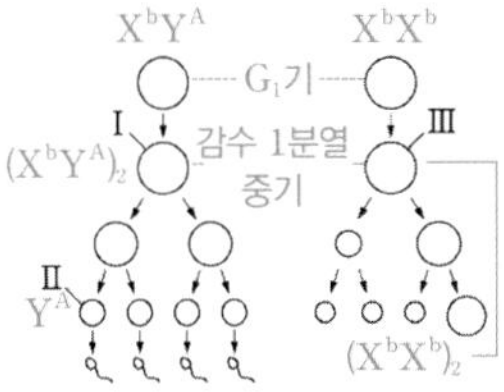

세포	DNA 상대량	
	A	b
Ⅲ ⊙	? 0	4
Ⅰ ⓒ	ⓐ 2	2
Ⅱ ⓒ	1	0

이에 대한 옳은 설명만을 〈보기〉에서 있는 대로 고른 것은? (단, 돌연변이와 교차는 고려하지 않으며, A, a, B, b 각각의 1개당 DNA 상대량은 1이다. Ⅰ과 Ⅲ은 중기의 세포이다.) [3점]

〈보기〉 풀이

A와 a는 Y 염색체에 존재하는데 ⓒ에서 A의 DNA 상대량이 1이므로 ⓒ에 Y 염색체가 존재하며 감수 2분열이 끝난 세포임을 알 수 있다. 따라서 ⓒ은 Ⅱ이다. B와 b는 X 염색체에 존재하는데 ⊙에서 b의 DNA 상대량이 4이므로 ⊙에 X 염색체가 2개 존재하며 각 염색체는 2개의 염색 분체로 이루어져 있는 감수 1분열 중기 세포임을 알 수 있다. 따라서 ⊙은 Ⅲ이고, ⓒ은 Ⅰ이다.

ㄱ. ⓐ는 2이다.

➡ Y 염색체에 있는 A의 DNA 상대량이 감수 2분열이 끝난 Ⅱ(ⓒ)에서 1이므로, 감수 1분열 중기인 Ⅰ(ⓒ)에서는 2가 된다. 따라서 ⓐ는 2이다.

ㄴ. ⊙에 2가 염색체가 있다.

➡ 2가 염색체는 감수 1분열 전기와 중기의 세포에서 관찰할 수 있는데, ⊙(Ⅲ)은 감수 1분열 중기 세포이므로 2가 염색체가 있다.

~~ㄷ. Ⅱ에서 상염색체 수와 X 염색체 수를 더한 값은 23이다.~~

➡ Ⅱ(ⓒ)의 핵상은 n으로 상염색체 22개와 성염색체(Y) 1개를 갖는다. 따라서 Ⅱ에서 상염색체 수 22개와 X 염색체 수 0개를 더한 값은 22이다.

적용해야 할 개념 ②가지

① 감수 1분열에서는 상동 염색체가 분리되므로 감수 1분열이 끝난 세포는 대립유전자 쌍 중 하나씩만 가지며, 감수 2분열에서는 염색 분체가 분리되므로 감수 2분열이 끝난 세포는 각 대립유전자의 DNA 상대량이 반감된다.

② 대립유전자 A와 a에 의해 결정되는 상염색체 유전의 경우
• 사람 P의 유전자형이 AA로 동형 접합성일 경우, 감수 분열 과정 중인 P의 모든 세포에 A는 존재하며, a는 존재하지 않는다.
• 사람 Q의 유전자형이 Aa로 이형 접합성일 경우, 감수 분열 과정 중 핵상이 n인 Q의 세포에 A와 a 중 하나만 존재한다.

문제 보기

사람의 유전 형질 ㉮는 서로 다른 3개의 상염색체에 있는 3쌍의 대립유전자 A와 a, B와 b, D와 d에 의해 결정된다. 표는 사람 P의 세포 (가)~(라)에서 대립유전자 ㉠~㉣의 유무와 a, B, D의 DNA 상대량을 더한 값(a+B+D)을 나타낸 것이고, 그림은 정자가 형성되는 과정을 나타낸 것이다. (가)~(라)는 생식세포 형성 과정에서 나타나는 세포이고, (가)~(라) 중 2개는 G₁기 세포 Ⅰ로부터 형성되었으며, 나머지 2개는 각각 G₁기 세포 Ⅱ와 Ⅲ으로부터 형성되었다. ㉠~㉣은 A, a, b, D를 순서 없이 나타낸 것이고, ⓐ와 ⓑ는 Ⅱ로부터 형성된 중기의 세포이며, ⓐ는 (가)~(라) 중 하나이다.

세포	대립유전자				a+B+D
	㉠A	㉡a	㉢D	㉣b	
(가) n	×	○	×	×	4 (aBd)₂
(나) n	×	?○	○	×	3 aBD
(다) n	○	×	○	×	2 ABD
(라) n	×	?○	?×	○	1 abd

(○: 있음, ×: 없음)

이에 대한 설명으로 옳은 것만을 〈보기〉에서 있는 대로 고른 것은? (단, 돌연변이와 교차는 고려하지 않으며, A, a, B, b, D, d 각각의 1개당 DNA 상대량은 1이다.) [3점]

Ⅰ	Ⅱ	Ⅲ
ABD abd	(aBd)₂	aBD
(다) (라)	(가)	(나)

〈보기〉 풀이

(1) 사람 P의 세포 (가)~(라)에서 대립유전자 ㉠이 세포 (다)에는 있지만 세포 (가), (나), (라)에는 없으므로 세포 (가), (나), (라)의 핵상은 n이고, 대립유전자 ㉡이 세포 (가)에는 있지만 세포 (다)에는 없으므로 세포 (다)의 핵상은 n이다.

(2) 세포 (가)~(라)의 핵상은 모두 n이고, ㉮를 결정하는 3쌍의 대립유전자는 상염색체에 존재하므로 세포 (가)~(라)에 각각 A와 a 중 하나, B와 b 중 하나, D와 d 중 하나가 있어야 한다. 만약 1쌍의 대립유전자가 동형 접합성(예 AA)이라면 이 대립유전자(예 A)는 세포 (가)~(라)에 모두 있어야 하고 다른 대립유전자(예 a)는 세포 (가)~(라)에 모두 없어야 한다. ㉠~㉣ 중 이에 해당하는 것은 없다. 따라서 사람 P의 ㉮의 유전자형은 AaBbDd이다.

❶ 세포 (가)에서 대립유전자 ㉡만 있으므로, ㉡은 A와 a 중 하나이고, b와 D는 없다. (a+B+D)의 값이 4이므로, a, B, D 중 2개만 있으며 DNA가 복제되어 있음을 알 수 있다. 따라서 세포 (가)의 대립유전자 구성은 (aBd)₂이고, ㉡은 a이다.

❷ 세포 (나)에서 (a+B+D)의 값이 3이므로, a, B, D가 1개씩 있으며 DNA가 복제되어 있지 않음을 알 수 있다. 따라서 세포 (나)의 대립유전자 구성은 aBD이고, ㉢은 D이다.

❸ 세포 (다)에서 대립유전자 ㉠과 ㉢(D)만 있으므로, ㉠은 A이고, b는 없다. (a+B+D)의 값이 2이며, a는 없고 B와 D는 있으므로, 세포 (다)의 대립유전자 구성은 ABD이고, ㉠~㉣ 중 남은 ㉣은 b이다.

❹ 세포 (라)에서 대립유전자 ㉣(b)이 있으므로 B는 없고, ㉠(A)이 없으므로 ㉡(a)이 있다. (a+B+D)의 값이 1이므로, 세포 (라)의 대립유전자 구성은 abd이다.

(3) P의 G₁기 세포 하나로부터 형성되는 2개 세포의 대립유전자 구성에서 같은 대립유전자가 없어야 한다. 따라서 세포 Ⅰ로부터 (다)와 (라)가 형성되었음을 알 수 있다. 세포 Ⅱ로부터 형성된 ⓐ는 DNA가 복제되어 있는 상태이므로 (가)이며, ⓑ의 대립유전자 구성은 (AbD)₂이다.

✗ **㉣은 A이다.**
➡ ㉠은 A, ㉡은 a, ㉢은 D, ㉣은 b이다.

ㄴ **Ⅰ로부터 (다)가 형성되었다.**
➡ Ⅰ로부터 (다)와 (라)가 형성되었다.

ㄷ **ⓑ에서 a, b, D의 DNA 상대량을 더한 값은 4이다.**
➡ ⓑ의 대립유전자 구성은 AbD이고, DNA가 복제되어 있는 상태이므로 (a+b+D)의 값은 4이다.

| 01 ② | 02 ② | 03 ④ | 04 ④ | 05 ④ | 06 ② | 07 ① | 08 ② | 09 ⑤ | 10 ④ | 11 ② | 12 ⑤ |
| 13 ③ | 14 ③ | 15 ① | 16 ① | 17 ② | 18 ⑤ | 19 ⑤ | 20 ④ | 21 ③ | 22 ④ | 23 ① | |

문제편 204쪽~213쪽

---

01 | 복대립 유전 2021학년도 3월 학평 17번 | 정답 ② | 정답률 60%

적용해야 할 개념 ③가지

① 단일 인자 유전은 한 쌍의 대립유전자에 의해 형질이 결정되는 유전 현상으로, 단일 인자 유전 중 대립유전자가 3가지 이상인 경우를 복대립 유전이라고 한다.

② 다인자 유전은 하나의 형질 발현에 대해 여러 쌍의 대립유전자가 관여하는 유전 현상이다.

③ 대립유전자 구성이 서로 다른 이형 접합성일 때 겉으로 표현되는 대립유전자(대립 형질)는 우성, 표현되지 않는 대립유전자(대립 형질)는 열성이다.

문제 보기

다음은 사람의 유전 형질 (가)에 대한 자료이다.

단일 인자 유전 형질(복대립 유전 형질)

○ (가)는 상염색체에 있는 1쌍의 대립유전자에 의해 결정된다. 대립유전자에는 A, B, C가 있으며, 각 대립유전자 사이의 우열 관계는 분명하다.

○ 유전자형이 BC인 아버지와 AB인 어머니 사이에서 ㉠이 태어날 때, ㉠의 (가)에 대한 표현형이 아버지와 같을 확률은 $\frac{3}{4}$이다.

○ 유전자형이 AB인 아버지와 AC인 어머니 사이에서 ㉡이 태어날 때, ㉡에게서 나타날 수 있는 (가)에 대한 표현형은 최대 3가지이다.

→ BC × AB → AB, BB, AC, BC
➡ 표현형이 아버지와 같을 확률 $\frac{3}{4}$
➡ AB, BB, BC가 같은 표현형
➡ B는 A와 C에 대해 완전 우성

→ AB × AC → AA, AC, AB, BC
➡ 표현형이 최대 3가지
➡ C가 A에 대해 완전 우성

이에 대한 옳은 설명만을 〈보기〉에서 있는 대로 고른 것은? (단, 돌연변이와 교차는 고려하지 않는다.) [3점]

〈보기〉 풀이

✗ (가)는 다인자 유전 형질이다.

➡ (가)는 1쌍의 대립유전자에 의해 결정되므로 단일 인자 유전 형질이고, 대립유전자가 3가지이므로 복대립 유전 형질이다.

(ㄴ) B는 A에 대해 완전 우성이다.

➡ 유전자형이 BC인 아버지와 AB인 어머니 사이에서 태어난 ㉠이 가질 수 있는 유전자형은 AB, BB, AC, BC이다. ㉠의 표현형이 아버지와 같을 확률이 $\frac{3}{4}$이므로 AB, BB, BC는 모두 표현형이 같다. 이를 통해 B가 A와 C에 대해 각각 완전 우성임을 알 수 있다.

✗ ㉡의 (가)에 대한 표현형이 어머니와 같을 확률은 $\frac{1}{2}$이다.

➡ 유전자형이 AB인 아버지와 AC인 어머니 사이에서 태어난 ㉡이 가질 수 있는 유전자형은 AA, AC, AB, BC이다. 이중 AB와 BC는 같은 표현형인데 ㉡에게서 나타날 수 있는 (가)에 대한 표현형이 최대 3가지이므로 AA와 AC는 서로 다른 표현형이고 C는 A에 대해 완전 우성이다. 그러므로 ㉡의 (가)에 대한 표현형이 어머니와 같을(AC) 확률은 $\frac{1}{4}$이다.

(보기)

적용해야 할 개념 ③가지

① 대립 형질이 뚜렷하여 우성과 열성의 구분이 확실한 경우 대립유전자 A가 우성, a가 열성이면 유전자형 AA와 Aa는 같은 표현형을 나타낸다.

② 생식세포 형성 과정에서 상동 염색체가 분리될 때 상동 염색체에 있는 대립유전자 쌍도 분리되어 서로 다른 생식세포로 들어간다. 생식세포인 정자와 난자가 수정하면 대립유전자는 다시 쌍을 이루고, 그에 따라 자손의 표현형이 나타난다.

③ 여러 쌍의 대립유전자가 각각 다른 염색체에 있는 경우 생식세포 형성 과정에서 대립유전자의 분리는 독립적으로 일어난다.

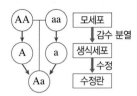

▲ 대립유전자 전달 과정

문제 보기

다음은 사람의 유전 형질 (가)~(다)에 대한 자료이다.

> ○ (가)~(다)를 결정하는 유전자는 모두 상염색체에 있다.
>
> ○ (가)는 대립유전자 A와 a에 의해, (나)는 대립유전자 B와 b에 의해, (다)는 대립유전자 D와 d에 의해 결정된다. ➡ 단일 인자 유전
>
> ○ (가)~(다) 중 2가지 형질은 각 유전자형에서 대문자로 표시되는 대립유전자가 소문자로 표시되는 대립유전자에 대해 완전 우성이다. 나머지 한 형질을 결정하는 대립유전자 사이의 우열 관계는 분명하지 않고, 3가지 유전자형에 따른 표현형이 모두 다르다.
>
> (가): 표현형 2가지($\underset{1}{AA}, \underset{2}{Aa / aa}$)
>
> (나): 표현형 3가지($\underset{1}{BB} / \underset{2}{Bb} / \underset{3}{bb}$)
>
> (다): 표현형 2가지($\underset{1}{DD}, \underset{2}{Dd / dd}$)
>
> ○ 유전자형이 ㉠ AaBbDd인 아버지와 AaBBdd인 어머니 사이에서 ⓐ가 태어날 때, ⓐ에게서 나타날 수 있는 표현형은 최대 8가지이다.

ⓐ에서 (가)~(다) 중 적어도 2가지 형질에 대한 표현형이 ㉠과 같을 확률은? (단, 돌연변이와 교차는 고려하지 않는다.)

<보기> 풀이

유전자형이 AaBbDd인 아버지와 AaBBdd인 어머니 사이에서 태어난 ⓐ에게서 나타날 수 있는 표현형은 최대 8가지라고 하였다. 이와 같은 표현형의 수가 나오는 경우는 (가)~(다)를 결정하는 유전자가 각각 서로 다른 상염색체에 있으며, (가)의 표현형이 2가지, (나)의 표현형이 2가지, (다)의 표현형이 2가지가 되어서 $2 \times 2 \times 2 = 8$이 되는 경우이다.

(가)의 유전자형은 아버지와 어머니 모두 Aa이므로 이들 사이에서 태어나는 자녀 ⓐ가 가질 수 있는 유전자형은 AA, Aa, aa이며, 표현형이 2가지가 되려면 A는 a에 대해 완전 우성이어서 AA와 Aa의 표현형이 같아야 한다.

(나)의 유전자형은 아버지는 Bb, 어머니는 BB이므로 이들 사이에서 태어나는 자녀 ⓐ가 가질 수 있는 유전자형은 BB, Bb이며, 표현형이 2가지가 되려면 B와 b 사이의 우열 관계가 분명하지 않아서 BB와 Bb의 표현형이 달라야 한다.

(다)의 유전자형은 아버지는 Dd, 어머니는 dd이므로 이들 사이에서 태어나는 자녀 ⓐ가 가질 수 있는 유전자형은 Dd, dd이며, 표현형이 2가지가 되려면 D가 d에 대해 완전 우성이어야 한다.

ⓐ에서 (가)의 표현형이 ㉠와 같을 확률(AA 또는 Aa일 확률)은 $\frac{3}{4}$이고, (나)의 표현형이 ㉠와 같을 확률(Bb일 확률)은 $\frac{1}{2}$이며, (다)의 표현형이 ㉠과 같을 확률(Dd일 확률)은 $\frac{1}{2}$이다. ⓐ에서 (가)~(다) 중 적어도 2가지 형질에 대한 표현형이 ㉠과 같을 확률은 다음과 같이 구할 수 있다.

(가)~(다)의 표현형이 모두 같을 확률$\left(\frac{3}{4} \times \frac{1}{2} \times \frac{1}{2} = \frac{3}{16}\right)$+(가)와 (나)는 같고 (다)는 다를 확률$\left(\frac{3}{4} \times \frac{1}{2} \times \frac{1}{2} = \frac{3}{16}\right)$+(가)와 (다)는 같고 (나)는 다를 확률$\left(\frac{3}{4} \times \frac{1}{2} \times \frac{1}{2} = \frac{3}{16}\right)$+(가)는 다르고 (나)와 (다)는 같을 확률$\left(\frac{1}{4} \times \frac{1}{2} \times \frac{1}{2} = \frac{1}{16}\right) = \frac{10}{16} = \frac{5}{8}$이다.

✗ $\frac{3}{4}$ ② $\frac{5}{8}$ ✗ $\frac{1}{2}$ ✗ $\frac{3}{8}$ ✗ $\frac{1}{4}$

03 복대립 유전 2023학년도 3월 학평 13번

정답 ④ | 정답률 54 %

적용해야 할 개념 ③가지

① 복대립 유전이란 하나의 형질을 결정하는 데 3가지 이상의 대립유전자가 관여하는 유전이다.

② 복대립 유전에서는 하나의 형질에 대한 대립유전자가 3가지 이상이기 때문에 대립유전자가 2가지일 때보다 유전자형과 표현형이 다양하게 나타난다.

③ 복대립 유전에서 개체의 형질은 1쌍의 대립유전자에 의해 결정되며, 대립유전자의 유전 방식은 멘델의 분리 법칙을 따른다.

문제 보기

다음은 사람의 유전 형질 (가)에 대한 자료이다.

> ○ 상염색체에 있는 1쌍의 대립유전자에 의해 결정된다. 대립유전자에는 A, B, D가 있으며, 표현형은 4가지이다. └─A=D>B   (AA, AB), (AD), (DD, BD), (BB)
>
> ○ 유전자형이 AA인 사람과 AB인 사람은 표현형이 같고, 유전자형이 AD인 사람과 DD인 사람은 표현형이 다르다.   유전자형: AB, AD, BB, BD┐
>
> ○ 유전자형이 AB인 아버지와 BD인 어머니 사이에서 ㉠이 태어날 때, ㉠의 표현형이 아버지와 같을 확률과 어머니와 같을 확률은 각각 $\frac{1}{4}$이다.
>
> ○ 유전자형이 BD인 아버지와 AD인 어머니 사이에서 ㉡이 태어날 때, ㉡에서 나타날 수 있는 표현형은 최대 3 ⓐ 가지이다.   (AB), (AD), (BD, DD)

보기

이에 대한 옳은 설명만을 <보기>에서 있는 대로 고른 것은? (단, 돌연변이는 고려하지 않는다.) [3점]

<보기> 풀이

사람의 유전 형질 (가)에 대한 대립유전자가 3가지(A, B, D)이므로, (가)는 복대립 유전 형질이다. (가)의 유전자형은 6가지(AA, AB, AD, BB, BD, DD)이고, 표현형은 4가지이다. 유전자형이 AA인 사람과 AB인 사람의 표현형이 같으므로 A는 B에 대해 완전 우성이다. 유전자형이 AB인 아버지와 BD인 어머니 사이에서 태어난 ㉠이 가질 수 있는 유전자형은 AB, AD, BB, BD이다. ㉠의 표현형이 아버지(AB)와 같을 확률이 $\frac{1}{4}$이므로 유전자형이 AD인 사람은 AB, AA인 사람과 표현형이 다르며, 유전자형이 DD인 사람과도 표현형이 다르다. 따라서 A와 D의 우열 관계가 명확하지 않음을 알 수 있다. 그리고 ㉠의 표현형이 어머니(BD)와 같을 확률이 $\frac{1}{4}$이므로, 유전자형이 BD인 사람은 BB인 사람과 표현형이 같지 않고 DD인 사람과 표현형이 같다. 따라서 D는 B에 대해 완전 우성이다. 결론적으로 (가)의 표현형 4가지는 (AA, AB), (AD), (DD, BD), (BB)이다.

ㄱ. (가)는 복대립 유전 형질이다.

➡ (가)는 형질을 결정하는 데 관여하는 대립유전자가 3개인 복대립 유전 형질이다.

✗ A는 D에 대해 완전 우성이다.

➡ 만약 A가 D에 대해 완전 우성이라면 ㉠의 표현형이 아버지(AB)와 같은 유전자형은 AB와 AD이므로, 표현형이 아버지와 같을 확률은 $\frac{1}{2}$이어야 한다. 그러나 ㉠의 표현형이 아버지와 같을 확률이 $\frac{1}{4}$이므로, A는 D에 대해 완전 우성이 아니다.

ㄷ. ⓐ는 3이다.

➡ 유전자형이 BD인 아버지와 AD인 어머니 사이에서 태어난 ㉡의 유전자형은 AB, AD, BD, DD이므로, 표현형은 (AB), (AD), (BD, DD)로 최대 3가지이다.

적용해야 할 개념 ③가지

① 복대립 유전: 하나의 형질을 결정하는 데 세 가지 이상의 대립유전자가 관여하며, 한 쌍의 대립유전자에 의해 형질이 결정되는 유전 현상이다.

② 여러 쌍의 대립유전자가 각각 다른 염색체에 있는 경우 생식세포 형성 과정에서 대립유전자의 분리는 독립적으로 일어난다.

③ 생식세포 형성 과정에서 상동 염색체가 분리될 때 상동 염색체에 있는 대립유전자 쌍도 분리되어 서로 다른 생식세포로 들어간다. 생식세포인 정자와 난자가 수정하면 대립유전자는 다시 쌍을 이루고, 그에 따라 자손의 표현형이 나타난다.

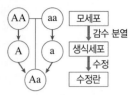
▲ 대립유전자의 전달 과정

문제 보기

다음은 사람의 유전 형질 ㉠~㉢에 대한 자료이다.

○ ㉠~㉢을 결정하는 유전자는 모두 상염색체에 있다.

○ ㉠은 대립유전자 A와 A*에 의해 결정되며, A는 A*에 대해 완전 우성이다. ➡ 단일 인자 유전

○ ㉡은 대립유전자 B와 B*에 의해 결정되며, B와 B* 사이의 우열 관계는 분명하지 않고 3가지 유전자형에 따른 표현형은 모두 다르다. BB, BB*, B*B*의 표현형이 다르다.

○ ㉢은 1쌍의 대립유전자에 의해 결정되며, 대립유전자에는 D, E, F가 있다. ㉢의 표현형은 4가지이며, ㉢의 유전자형이 DD인 사람과 DE인 사람의 표현형은 같고, 유전자형이 EF인 사람과 FF인 사람의 표현형은 같다. ➡ 복대립 유전   D>E, F>E, D=F

○ ㉠~㉢의 유전자형이 각각 AA*BB*DE와 AA*BB*EF인 부모 사이에서 ⓐ가 태어날 때, ⓐ에서 ㉠~㉢의 유전자형이 모두 이형 접합성일 확률은 $\frac{3}{16}$이다.

이에 대한 설명으로 옳은 것만을 〈보기〉에서 있는 대로 고른 것은? (단, 돌연변이와 교차는 고려하지 않는다.)

〈보기〉 풀이

㉠은 한 쌍의 대립유전자에 의해 형질이 결정되므로 단일 인자 유전을 하고, 대립유전자 사이의 우열 관계가 분명하다. ㉡은 한 쌍의 대립유전자에 의해 형질이 결정되지만, 대립유전자 사이의 우열 관계가 분명하지 않다. ㉢은 세 가지의 대립유전자 중 한 쌍의 대립유전자에 의해 결정되므로 복대립 유전이다.

㉠~㉢의 유전자형이 각각 AA*BB*DE와 AA*BB*EF인 부모 사이에서 태어난 ⓐ에서 ㉠~㉢의 유전자형이 모두 이형 접합성일 확률이 $\frac{3}{16}$라고 했으므로, ㉠~㉢을 결정하는 유전자가 각각 서로 다른 염색체에 존재한다는 것을 알 수 있다. 즉, ㉠~㉢을 결정하는 유전자는 각각 서로 다른 염색체에 존재하므로 독립적으로 유전된다. ㉠의 유전자형이 AA*인 부모 사이에서 태어나는 자녀의 유전자형은 AA, AA*, AA*, A*A*이므로 자녀가 이형 접합성(AA*)일 확률은 $\frac{1}{2}$이고, ㉡의 유전자형이 BB*인 부모 사이에서 태어나는 자녀의 유전자형은 BB, BB*, BB*, B*B*이므로 자녀가 이형 접합성(BB*)일 확률은 $\frac{1}{2}$이다. ㉢의 유전자형이 DE와 EF인 부모 사이에서 태어나는 자녀의 유전자형은 DE, DF, EE, EF이므로 ㉢의 유전자형이 이형 접합성(DE, DF, EF)일 확률은 $\frac{3}{4}$이다. 따라서 ⓐ에서 ㉠~㉢의 유전자형이 모두 이형 접합성일 확률은 $\frac{1}{2} \times \frac{1}{2} \times \frac{3}{4} = \frac{3}{16}$이 되는 것이다.

✗ 유전자형이 DE인 사람과 DF인 사람의 ㉢에 대한 표현형은 같다.

➡ ㉢의 유전자형이 DD인 사람과 DE인 사람의 표현형이 같으므로 D는 E에 대해 우성이고, 유전자형이 EF인 사람과 FF인 사람의 표현형이 같으므로 F는 E에 대해 우성이다. ㉢의 표현형은 4가지이므로 D와 F의 우열 관계는 분명하지 않다. 따라서 유전자형이 DE인 사람과 DF인 사람의 ㉢에 대한 표현형은 서로 다르다.

ⓛ ㉠의 유전자와 ㉡의 유전자는 서로 다른 염색체에 존재한다.

➡ ㉠의 유전자, ㉡의 유전자, ㉢의 유전자는 서로 다른 염색체에 존재하므로 ⓐ에서 ㉠~㉢의 유전자형이 모두 이형 접합성일 확률이 $\frac{3}{16}$이 된다.

ⓒ ⓐ에게서 나타날 수 있는 ㉠~㉢의 표현형은 최대 24가지이다.

➡ ㉠은 우열 관계가 분명하므로 표현형이 2가지이고, ㉡은 우열 관계가 분명하지 않아 유전자형에 따른 표현형이 모두 다르므로 표현형이 3가지이며, ㉢의 표현형은 4가지이다. AA*BB*DE와 AA*BB*EF인 부모 사이에서 태어난 ⓐ에서는 ㉠~㉢의 모든 표현형이 나타날 수 있으므로, ⓐ에게서 나타날 수 있는 ㉠~㉢의 표현형은 최대 24가지($=2 \times 3 \times 4$)이다.

보기

적용해야 할 개념 ③가지

① 대립 형질이 뚜렷하여 우성과 열성의 구분이 확실한 경우 대립유전자 A가 우성, a가 열성이면 유전자형 AA와 Aa는 같은 표현형을 나타낸다.

② 유전자형이 Yy인 부모에서 생식세포 형성 시 Y를 가진 생식세포와 y를 가진 생식세포가 1 : 1의 비율로 만들어진다.

③ 유전자형이 Yy인 부모 사이에서 태어난 아이가 가질 수 있는 유전자형의 분리비는 YY : Yy : yy＝1 : 2 : 1이므로, 이 아이의 유전자형이 YY일 확률은 $\frac{1}{4}$, Yy일 확률은 $\frac{1}{2}$, yy일 확률은 $\frac{1}{4}$이다.

문제 보기

다음은 사람의 유전 형질 (가)~(다)에 대한 자료이다.

- (가)~(다)의 유전자는 서로 다른 3개의 상염색체에 있다.
  → (가)~(다)는 독립적으로 유전

- (가)는 대립유전자 A와 A*에 의해 결정되며, A는 A*에 대해 완전 우성이다. └단일 인자 유전
  └표현형 2가지(AA, AA*/A*A*)

- (나)는 대립유전자 B와 B*에 의해 결정되며, 유전자형이 다르면 표현형이 다르다. └단일 인자 유전
  └표현형 3가지(BB, BB*, B*B*)

- (다)는 1쌍의 대립유전자에 의해 결정되며, 대립유전자에는 D, E, F가 있고, 각 대립유전자 사이의 우열 관계는 분명하다. → 복대립 유전 └E＞F＞D

❶ (나)와 (다)의 유전자형이 BB*DF인 아버지와 BB*EF인 어머니 사이에서 ㉠이 태어날 때, ㉠에게서 나타날 수 있는 (가)~(다)의 표현형은 최대 12가지이고, (가)~(다)의 표현형이 모두 아버지와 같을 확률은 $\frac{3}{16}$이다.

❷ 유전자형이 AA*BBDE인 아버지와 A*A*BB*DF인 어머니 사이에서 ㉡이 태어날 때, ㉡의 (가)~(다)의 표현형이 모두 어머니와 같을 확률은 $\frac{1}{16}$이다.

이에 대한 설명으로 옳은 것만을 〈보기〉에서 있는 대로 고른 것은? (단, 돌연변이는 고려하지 않는다.)

〈보기〉 풀이

(가)~(다)의 유전자는 서로 다른 3개의 상염색체에 있으므로, 독립적으로 유전된다.

(가)에서 A는 A*에 대해 완전 우성이므로 AA와 AA*는 같은 표현형, A*A*는 다른 표현형을 나타낸다. 따라서 (가)의 표현형은 최대 2가지이다. (나)는 유전자형이 다르면 표현형이 다르므로, BB, BB*, B*B*는 서로 다른 표현형을 나타낸다. 따라서 (나)의 표현형은 최대 3가지이다. (다)는 대립유전자가 3개이며, 각 대립유전자 사이의 우열 관계가 분명하다.

❶ **(나)와 (다)의 유전자형이 BB*DF인 아버지와 BB*EF인 어머니 사이에서 ㉠이 태어날 때**

㉠이 가질 수 있는 (나)의 유전자형의 분리비는 BB : BB* : B*B*＝1 : 2 : 1이므로 ㉠에게서 나타날 수 있는 (나)의 표현형은 최대 3가지이다. ㉠에게서 나타날 수 있는 (가)~(다)의 표현형은 최대 12가지인데 (나)의 표현형이 최대 3가지이므로 (가)와 (다)의 표현형은 각각 최대 2가지이어야 한다. 그리고 ㉠에서 (나)의 표현형이 아버지(BB*)와 같을 확률은 $\frac{1}{2}$이다. ㉠에게서 나타날 수 있는 (다)의 표현형은 최대 2가지이므로, ㉠에서 (다)의 표현형이 아버지와 같을 확률은 2가지 중 하나이므로 $\frac{1}{2}$이다. ㉠에서 (가)의 표현형이 아버지와 같을 확률을 x라고 하면 ㉠에서 (가)~(다)의 표현형이 모두 아버지와 같을 확률 $\frac{3}{16}＝x \times \frac{1}{2} \times \frac{1}{2}$이므로, x는 $\frac{3}{4}$이다. ㉠에서 (가)의 표현형이 아버지와 같을 확률이 $\frac{3}{4}$이라는 것을 통해 ㉠이 가질 수 있는 (가)의 유전자형의 분리비는 AA : AA* : A*A*＝1 : 2 : 1이므로, 어머니와 아버지의 (가)의 유전자형은 모두 AA*라는 것을 알 수 있다.

❷ **유전자형이 AA*BBDE인 아버지와 A*A*BB*DF인 어머니 사이에서 ㉡이 태어날 때**

㉡이 가질 수 있는 (가)의 유전자형의 분리비는 AA* : A*A*＝1 : 1이고, 이 중 (가)의 표현형이 어머니(A*A*)와 같을 확률은 $\frac{1}{2}$이다. ㉡이 가질 수 있는 (나)의 유전자형의 분리비는 BB : BB*＝1 : 1이고, 이 중 (나)의 표현형이 어머니(BB*)와 같을 확률은 $\frac{1}{2}$이다. ㉡에서 (다)의 표현형이 어머니와 같을 확률을 y라고 하면, ㉡에서 (가)~(다)의 표현형이 모두 어머니와 같을 확률 $\frac{1}{16}＝\frac{1}{2} \times \frac{1}{2} \times y$이므로, y는 $\frac{1}{4}$이다. ㉡이 가질 수 있는 (다)의 유전자형은 DD, DE, DF, EF인데 ㉡에서 (다)의 표현형이 어머니(DF)와 같을 확률이 $\frac{1}{4}$이므로, DF가 다른 유전자형과 다른 표현형을 나타내려면 F는 D에 대해 완전 우성, E는 F에 대해 완전 우성이어야 한다.

✘ **D는 E에 대해 완전 우성이다.**
→ D, E, F의 우열 관계는 E＞F＞D이므로, E는 D에 대해 완전 우성이다.

◯ **ㄴ. ㉠이 가질 수 있는 (가)의 유전자형은 최대 3가지이다.**
→ ㉠이 가질 수 있는 (가)의 유전자형은 AA, AA*, A*A*이므로 최대 3가지이다.

◯ **ㄷ. ㉡의 (가)~(다)의 표현형이 모두 아버지와 같을 확률은 $\frac{1}{8}$이다.**
→ ㉡이 가질 수 있는 (가)의 유전자형의 분리비는 AA* : A*A*＝1 : 1이므로, ㉡의 (가)의 표현형이 아버지(AA*)와 같을 확률은 $\frac{1}{2}$이다. ㉡이 가질 수 있는 (나)의 유전자형의 분리비는 BB : BB*＝1 : 1이므로, ㉡의 (나)의 표현형이 아버지(BB)와 같을 확률은 $\frac{1}{2}$이다. ㉡이 가질 수 있는 (다)의 유전자형은 DD, DE, DF, EF이고, E는 F와 D에 대해 완전 우성이므로 ㉡에서 (다)의 표현형이 아버지(DE)와 같을 확률은 $\frac{1}{2}$이다. 따라서 ㉡의 (가)~(다)의 표현형이 모두 아버지와 같을 확률은 $\frac{1}{2} \times \frac{1}{2} \times \frac{1}{2} = \frac{1}{8}$이다.

보기

적용해야 할 개념 ②가지

① 유전자형이 Yy인 부모에서 생식세포 형성 시 Y를 가진 생식세포와 y를 가진 생식세포가 1 : 1의 비율로 만들어진다.

② 유전자형이 Yy인 부모 사이에서 태어난 아이가 가질 수 있는 유전자형의 분리비는 YY : Yy : yy=1 : 2 : 1이므로, 이 아이의 유전자형이 YY일 확률은 $\frac{1}{4}$, Yy일 확률은 $\frac{1}{2}$, yy일 확률은 $\frac{1}{4}$이다.

문제 보기

다음은 사람의 유전 형질 (가)~(다)에 대한 자료이다.

○ (가)~(다)의 유전자는 서로 다른 3개의 상염색체에 있다. ➡ (가)~(다)는 독립적으로 유전

○ (가)는 대립유전자 A와 A*에 의해 결정되며, A는 A*에 대해 완전 우성이다. └단일 인자 유전
└ 표현형 2가지(AA, AA*/A*A*)

○ (나)는 대립유전자 B와 B*에 의해 결정되며, 유전자형이 다르면 표현형이 다르다. └단일 인자 유전
└ 표현형 3가지(BB, BB*, B*B*)

○ (다)는 1쌍의 대립유전자에 의해 결정되며, 대립유전자에는 D, E, F, G가 있고, 각 대립유전자 사이의 우열 관계는 분명하다. (다)의 표현형은 4가지이다.
➡ 복대립 유전 D>E>F>G 또는 D>E>G>F

❶○ 유전자형이 ㉠ AA*BB*DE인 아버지와 AA*BB*FG인 어머니 사이에서 아이가 태어날 때, 이 아이에게서 나타날 수 있는 표현형은 최대 12가지이다.

❷○ 유전자형이 AABB*DF인 아버지와 AA*BBDE인 어머니 사이에서 아이가 태어날 때, 이 아이의 표현형이 어머니와 같을 확률은 $\frac{3}{8}$이다.

❸ 유전자형이 AA*BB*DF인 아버지와 AA*BB*EG인 어머니 사이에서 아이가 태어날 때, 이 아이의 표현형이 ㉠과 같을 확률은? (단, 돌연변이는 고려하지 않는다.)

<보기> 풀이

(가)와 (나)는 한 쌍의 대립유전자에 의해 형질이 결정되므로 단일 인자 유전을 하고, (다)는 네 가지의 대립유전자 중 한 쌍의 대립유전자에 의해 형질이 결정되므로 복대립 유전을 한다. (가)~(다)의 유전자는 서로 다른 3개의 상염색체에 있으므로, 독립적으로 유전된다.

❶ **유전자형이 AA*BB*DE인 아버지와 AA*BB*FG인 어머니 사이에서 아이가 태어날 때**

(가)에 대한 부모의 유전자형이 AA*와 AA*이므로, 태어나는 아이가 가질 수 있는 유전자형은 AA, AA*, A*A*이다. A는 A*에 대해 완전 우성이므로 AA와 AA*는 표현형이 같고, A*A*는 다르다. 따라서 아이에게서 나타날 수 있는 (가)의 표현형은 2가지이다.

(나)에 대한 부모의 유전자형이 BB*와 BB*이므로, 태어나는 아이가 가질 수 있는 유전자형은 BB, BB*, B*B*이다. (나)는 유전자형이 다르면 표현형이 다르므로 아이에게서 나타날 수 있는 (나)의 표현형은 3가지이다.

(다)에 대한 부모의 유전자형이 DE와 FG이므로, 태어나는 아이가 가질 수 있는 유전자형은 DF, DG, EF, EG이다. 이때 아이에게서 나타날 수 있는 (가), (나), (다)의 표현형이 최대 12가지((가)의 표현형 2가지×(나)의 표현형 3가지×(다)의 표현형)이므로 아이에게서 나타날 수 있는 (다)의 표현형은 2가지이다.

❷ **유전자형이 AABB*DF인 아버지와 AA*BBDE인 어머니 사이에서 아이가 태어날 때**

(가)에 대한 부모의 유전자형이 AA와 AA*이므로, 태어나는 아이가 가질 수 있는 유전자형은 AA, AA*이다. AA와 AA*는 표현형이 같으므로 아이의 (가)의 표현형이 어머니(AA*)와 같을 확률은 1이다.

(나)에 대한 부모의 유전자형이 BB*와 BB이므로, 태어나는 아이가 가질 수 있는 유전자형은 BB, BB*이다. BB와 BB*는 표현형이 다르므로 아이의 (나)의 표현형이 어머니(BB)와 같을 확률은 $\frac{1}{2}$이다.

(다)에 대한 부모의 유전자형이 DF와 DE이므로, 태어나는 아이가 가질 수 있는 유전자형은 DD, DE, DF, EF이다. 아이에게서 (가), (나), (다)의 표현형이 모두 어머니와 같을 확률이 $\frac{3}{8}$((가)의 표현형이 어머니와 같을 확률 1×(나)의 표현형이 어머니와 같을 확률 $\frac{1}{2}$×(다)의 표현형이 어머니와 같을 확률)이므로, 아이의 (다)의 표현형이 어머니와 같을 확률은 $\frac{3}{4}$이다. 따라서 DD, DE, DF, EF 중 DD, DE, DF는 표현형이 같으므로 D는 E, F에 대해 각각 완전 우성인 대립유전자이다. ❶에서 DF, DG, EF, EG의 표현형이 2가지이므로 DF와 DG가 같은 표현형, EF와 EG가 같은 표현형이다. 따라서 (다)를 결정하는 대립유전자의 우열 관계는 D>E>F>G 또는 D>E>G>F이다.

❸ **유전자형이 AA*BB*DF인 아버지와 AA*BB*EG인 어머니 사이에서 아이가 태어날 때**

(가)에 대한 부모의 유전자형이 AA*와 AA*이므로 아이가 가질 수 있는 유전자형의 분리비는 AA : AA* : A*A*=1 : 2 : 1이고, 이 중 표현형이 ㉠(AA*)과 같은 유전자형은 AA, AA*이다. 따라서 아이의 (가)의 표현형이 ㉠(AA*)과 같을 확률은 $\frac{3}{4}$이다.

(나)에 대한 부모의 유전자형이 BB*와 BB*이므로 아이가 가질 수 있는 유전자형의 분리비는 BB : BB* : B*B*=1 : 2 : 1이고, 이 중 표현형이 ㉠(BB*)과 같은 유전자형은 BB*이다. 따라서 아이의 (나)의 표현형이 ㉠(BB*)과 같을 확률은 $\frac{1}{2}$이다.

(다)에 대한 부모의 유전자형이 DF와 EG이므로 아이가 가질 수 있는 유전자형은 DE, DG, EF, FG이고, 이 중 표현형이 ㉠(DE)와 같은 유전자형은 DE, DG이다. 따라서 아이의 (다)의 표현형이 ㉠(DE)과 같을 확률은 $\frac{1}{2}$이다.

종합하면, 이 아이의 표현형이 ㉠과 같을 확률은 $\frac{3}{4} \times \frac{1}{2} \times \frac{1}{2} = \frac{3}{16}$이다.

 $\frac{1}{8}$ $\frac{3}{16}$ $\frac{1}{4}$ $\frac{9}{32}$ $\frac{5}{16}$

적용해야 할 개념 ②가지

① 생식세포 분열 과정에서 상동 염색체가 분리될 때 상동 염색체에 있는 대립유전자 쌍도 서로 분리되어 다른 생식세포로 들어간다. 생식세포인 정자와 난자가 수정하면 대립유전자는 다시 쌍을 이루고, 그에 따라 자손의 표현형이 나타난다.

② 두 대립유전자 쌍이 서로 다른 염색체에 있으면 멘델의 독립의 법칙에 따라 유전되고, 두 대립유전자 쌍이 같은 염색체에 있으면 멘델의 독립의 법칙이 적용되지 않는다.

▲ 대립유전자 전달 과정

문제 보기

다음은 사람의 유전 형질 ㉠~㉢에 대한 자료이다.

- ○ ㉠~㉢의 유전자는 서로 다른 3개의 상염색체에 있다.
- ○ ㉠은 1쌍의 대립유전자에 의해 결정되며, 대립유전자에는 A, B, D가 있다. ㉠의 표현형은 4가지이며, ㉠의 유전자형이 AD인 사람과 AA인 사람의 표현형은 같고, 유전자형이 BD인 사람과 BB인 사람의 표현형은 같다. A＝B＞D⌐ AB, A_, B_, DD⌐
- ○ ㉡은 대립유전자 E와 E*에 의해 결정되며, 유전자형이 다르면 표현형이 다르다. 표현형 3가지(EE, EE*, E*E*)
- ○ ㉢은 대립유전자 F와 F*에 의해 결정되며, F는 F*에 대해 완전 우성이다. 표현형 2가지(F_, F*F*)
- ○ 표는 사람 Ⅰ~Ⅳ의 ㉠~㉢의 유전자형을 나타낸 것이다.

사람	Ⅰ	Ⅱ	Ⅲ	Ⅳ
유전자형	ABEEFF*	ADE*E*FF	BDEE*FF	BDEE*F*F*

- ○ 남자 P와 여자 Q 사이에서 ⓐ가 태어날 때, ⓐ에게서 나타날 수 있는 ㉠~㉢의 표현형은 최대 12가지이다. P와 Q는 각각 Ⅰ~Ⅳ 중 하나이다. ＝2×3×2 └→ Ⅰ과 Ⅳ

ⓐ의 ㉠~㉢의 표현형이 모두 Ⅰ과 같을 확률은? (단, 돌연변이는 고려하지 않는다.)

보기

<보기> 풀이

❶ ㉠의 유전자형은 AA, AB, AD, BB, BD, DD이고, 표현형은 4가지이다. ㉠의 유전자형이 AD인 사람과 AA인 사람의 표현형이 같으므로 A는 D에 대해 우성 대립유전자이고, BD인 사람과 BB인 사람의 표현형이 같으므로 B는 D에 대해 우성 대립유전자이다. 이를 근거로 ㉠의 4가지 표현형은 A_(AA, AD), B_(BB, BD), AB, DD이다. 따라서 A와 B는 우열 관계가 없으므로, 우열 관계는 A＝B＞D이다.

❷ ㉡은 유전자형이 다르면 표현형이 다르므로 ㉡의 표현형은 3가지로, EE, EE*, E*E*이다.

❸ ㉢의 표현형은 2가지로, F_(FF, FF*), F*F*이다.

❹ ⓐ에게서 나타날 수 있는 ㉠~㉢의 표현형은 최대 12가지(＝2×3×2)이므로, ㉠~㉢의 표현형은 각각 2가지, 3가지, 2가지 중 하나이다.(사람 Ⅰ~Ⅳ의 유전자형에서 ㉠~㉢의 표현형이 각각 4가지, 3가지, 1가지인 경우는 성립하지 않는다.) Ⅱ와 Ⅲ의 ㉢의 유전자형은 모두 FF로, Ⅱ와 Ⅲ 사이에서 태어나는 자녀에게서 나타날 수 있는 ㉢의 표현형은 최대 1가지(F_)이므로 ㉠~㉢의 표현형은 각각 2가지, 3가지, 2가지 중 하나라는 조건에 맞지 않는다. 따라서 P와 Q 중 하나는 Ⅰ, 다른 하나는 Ⅳ이다. ㉠~㉢의 유전자는 서로 다른 상염색체에 있으므로 독립적으로 유전된다. Ⅰ과 Ⅳ의 ㉠의 유전자형은 각각 AB, BD이므로 ⓐ에게서 나타날 수 있는 ㉠의 유전형은 AB, AD, BB, BD이다. 따라서 ㉠의 표현형(유전자형)은 AB(AB), A_(AD), B_(BB, BD)로 3가지이다. Ⅰ과 Ⅳ의 ㉡의 유전자형은 각각 EE, EE*이므로 ⓐ에게서 나타날 수 있는 표현형은 2가지이다. Ⅰ과 Ⅳ의 ㉢의 유전자형은 각각 FF*, F*F*이므로 ⓐ에게서 나타날 수 있는 표현형(유전자형)은 F_(FF*), F*F*(F*F*)로 2가지이다. 따라서 ⓐ의 ㉠~㉢의 표현형이 모두 Ⅰ(ABEEF_)과 같을 확률은 $\frac{1}{4} \times \frac{1}{2} \times \frac{1}{2} = \frac{1}{16}$이다.

① $\frac{1}{16}$　　$\frac{1}{8}$　　$\frac{3}{16}$　　$\frac{1}{4}$　　$\frac{3}{8}$

① 생식세포 분열 과정에서 상동 염색체가 분리될 때 상동 염색체에 있는 대립유전자 쌍도 서로 분리되어 다른 생식세포로 들어간다. 생식세포인 정자와 난자가 수정하면 대립유전자는 다시 쌍을 이루고, 그에 따라 자손의 표현형이 나타난다.

② 대립유전자 A와 a가 상염색체에 있으면 유전자형의 종류는 AA, Aa, aa이다. 이 중 동형 접합성은 AA와 aa이고, 이형 접합성은 Aa이다.

③ 대립 유전자 쌍이 서로 다른 염색체에 있으면 멘델의 독립의 법칙에 따라 유전되고, 두 대립 유전자 쌍이 같은 염색체에 있으면 멘델의 독립의 법칙이 적용되지 않는다.

적용해야 할 개념 ③가지

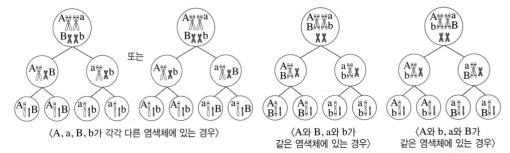

〈A, a, B, b가 각각 다른 염색체에 있는 경우〉　〈A와 B, a와 b가 같은 염색체에 있는 경우〉　〈A와 b, a와 B가 같은 염색체에 있는 경우〉

문제 보기

다음은 사람의 유전 형질 (가)~(라)에 대한 자료이다.

○ (가)는 대립유전자 A와 a에 의해, (나)는 대립유전자 B와 b에 의해, (다)는 대립유전자 D와 d에 의해, (라)는 대립유전자 E와 e에 의해 결정된다. A는 a에 대해, B는 b에 대해, D는 d에 대해, E는 e에 대해 각각 완전 우성이다. ┌(라)의 유전자만 독립

○ (가)~(라)의 유전자는 서로 다른 2개의 상염색체에 있고, (가)~(다)의 유전자는 (라)의 유전자와 다른 염색체에 있다.
└부모의 표현형: A_B_D_E_

○ (가)~(라)의 표현형이 모두 우성인 부모 사이에서 ⓐ가 태어날 때, ⓐ의 (가)~(라)의 표현형이 모두 부모와 같을 확률은 $\frac{3}{16}$이다. → $\frac{1}{4} \times \frac{3}{4}$

ⓐ가 (가)~(라) 중 적어도 2가지 형질의 유전자형을 이형 접합성으로 가질 확률은? (단, 돌연변이와 교차는 고려하지 않는다.)

<보기> 풀이

(가)~(다)의 유전자는 하나의 상염색체에 함께 있고, (라)의 유전자는 다른 염색체에 있다. (가)~(라)의 표현형이 모두 우성인 부모는 A, B, D, E를 모두 갖는다. 이 부모 사이에서 태어난 ⓐ의 (가)~(라)의 표현형이 모두 부모와 같아 우성일 확률은 $\frac{3}{16} = \frac{3}{4} \times \frac{1}{4}$이다. 부모의 (라)의 유전자형에는 각각 E가 있으므로 ⓐ의 (라)의 표현형이 부모와 같을 확률이 $\frac{3}{4}$ 또는 $\frac{1}{4}$ 이려면 부모의 (라)의 유전자형은 각각 Ee이고, ⓐ의 (라)의 표현형이 부모와 같이 우성(E_)일 확률은 $\frac{3}{4}$이다. 따라서 ⓐ의 (가)~(다)의 표현형이 부모와 같이 우성(A_, B_, D_)일 확률은 $\frac{1}{4}$이므로, 부모는 (가)~(다)의 유전자형이 모두 이형 접합성(AaBbDd)이고, 대립유전자 구성은 ABd/abD, Abd/aBD와 같이 '한 염색체에 우성 대립유전자 2개/열성 대립유전자 1개' 또는 '한 염색체에 우성 대립유전자 1개/열성 대립유전자 2개'를 가져야 한다. 부모의 대립유전자 구성이 ABd/abD, Abd/aBD인 경우 ⓐ가 가질 수 있는 (가)~(다)의 유전자형은 다음과 같다.

생식세포의 유전자형	ABd	abD
Abd	AABbdd	AabbDd
aBD	AaBBDd	aaBbDD

부모의 (라)의 유전자형은 각각 Ee이므로 ⓐ가 가질 수 있는 (라)의 유전자형은 다음과 같다.

생식세포의 유전자형	E	e
E	EE	Ee
e	Ee	ee

ⓐ가 (가)~(라) 중 적어도 2가지 형질의 유전자형을 이형 접합성으로 가질 확률은 {(가)~(다)의 유전자형 중 1가지 형질의 유전자형이 이형 접합성(AABbdd,aaBbDD)일 확률×(라)의 유전자형이 이형 접합성(Ee)일 확률}+(가)~(다)의 유전자형 중 2가지 형질의 유전자형이 이형 접합성(AabbDd, AaBBDd)일 확률이므로 이 확률은 $\left(\frac{1}{2} \times \frac{1}{2}\right) + \frac{1}{2} = \frac{3}{4}$이다.

✗ $\frac{7}{8}$　② $\frac{3}{4}$　✗ $\frac{5}{8}$　✗ $\frac{1}{2}$　✗ $\frac{3}{8}$

09 복대립 유전 2022학년도 수능 16번

정답 ⑤ | 정답률 22 %

적용해야 할 개념 ③가지

① 하나의 형질을 결정하는 데 3가지 이상의 대립유전자가 관여하는 경우를 복대립 유전이라고 한다. 복대립 유전을 하는 형질의 대립유전자가 3가지이고 표현형이 4가지라면 3개의 대립유전 중 2개는 공동 우성이다.

② 생식세포 형성 과정에서 상동 염색체가 분리될 때 상동 염색체에 있는 대립유전자 쌍도 서로 분리되어 다른 생식세포로 들어간다. 생식세포인 정자와 난자가 수정하면 대립유전자는 다시 쌍을 이루고, 그에 따라 자손의 표현형이 나타난다.

③ 두 대립유전자 쌍이 서로 다른 염색체에 있으면 독립의 법칙에 따라 유전되고, 같은 염색체에 있으면 독립의 법칙이 적용되지 않는다.

▲ 대립유전자의 전달 과정

문제 보기

다음은 사람의 유전 형질 ㉠~㉢에 대한 자료이다.

○ ㉠은 대립유전자 A와 a에 의해, ㉡은 대립유전자 B와 b에 의해 결정된다. <u>표현형 3가지(AA/Aa/aa)</u>
○ 표 (가)와 (나)는 ㉠과 ㉡에서 유전자형이 서로 다를 때 표현형의 일치 여부를 각각 나타낸 것이다. → 표현형 3가지(BB/Bb/bb)

㉠의 유전자형		표현형	㉡의 유전자형		표현형
사람 1	사람 2	일치 여부	사람 1	사람 2	일치 여부
AA	Aa	?×	BB	Bb	?×
AA	aa	×	BB	bb	×
Aa	aa	×	Bb	bb	×

(○: 일치함, ×: 일치하지 않음)   (○: 일치함, ×: 일치하지 않음)

(가)   (나)

○ ㉢은 1쌍의 대립유전자에 의해 결정되며, 대립유전자에는 D, E, F가 있다. → DD/DE, EE/DF, FF/ EF (E=F>D)
○ ㉢의 표현형은 4가지이며, ㉢의 유전자형이 DE인 사람과 EE인 사람의 표현형은 같고, 유전자형이 DF인 사람과 FF인 사람의 표현형은 같다. → F>D → E>D
○ 여자 P는 남자 Q와 ㉠~㉢의 표현형이 모두 같고, P의 체세포에 들어 있는 일부 상염색체와 유전자는 그림과 같다.

여자 P

○ P와 Q 사이에서 @가 태어날 때, @의 ㉠~㉢의 표현형 중 한 가지만 부모와 같을 확률은 $\frac{3}{8}$이다. → ㉡의 표현형은 부모와 같지 않고, ㉠과 ㉢의 표현형 중 한 가지가 부모와 같을 확률 = $\frac{1}{2} × \frac{3}{4}$

이에 대한 설명으로 옳은 것만을 〈보기〉에서 있는 대로 고른 것은? (단, 돌연변이와 교차는 고려하지 않는다.) [3점]

〈보기〉 풀이

㉢은 복대립 유전 형질로, 유전자형은 6가지(DD, DE, DF, EE, EF, FF)가 있다. 이 중 DE와 EE의 표현형이 같으므로 E는 D에 대해 우성이고, DF와 FF의 표현형이 같으므로 F는 D에 대해 우성이다. ㉢의 표현형이 4가지(DD/DE, EE/DF, FF/EF)이므로 E와 F는 공동 우성임을 알 수 있다. 즉, <u>㉢의 대립유전자의 우열 관계는 E=F>D이다.</u>

여자 P와 남자 Q 사이에서 태어난 @의 ㉠~㉢의 표현형 중 한 가지만 부모와 같을 확률은 $\frac{3}{8}$인데 Q의 ㉢이 FF이면 이 조건을 만족하는 경우가 없으므로 Q의 ㉢은 DF이다. 또 Q의 ㉢이 DF이면서 ㉠이 AA일 때도 @의 ㉠~㉢의 표현형 중 한 가지만 부모와 같을 확률이 $\frac{3}{8}$이라는 조건을 만족하지 못하므로 Q의 ㉠은 Aa이다.

여자 P와 남자 Q의 ㉠과 ㉢의 대립유전자 구성이 모두 AD/aF라면 @가 가질 수 있는 ㉠과 ㉢의 유전자형은 표와 같다.

생식세포	AD	aF
AD	AADD	AaDF
aF	AaDF	aaFF

이 경우 ㉠의 AA와 Aa가 서로 같은 표현형을 나타낼 때 @의 ㉠과 ㉢의 표현형 중 한 가지만 부모와 같을(AADD, aaFF) 확률은 $\frac{1}{2}$이고 AA와 Aa가 서로 다른 표현형을 나타낼 때 ㉠과 ㉢의 표현형 중 한 가지만 부모와 같을(aaFF) 확률은 $\frac{1}{4}$이다. Q의 ㉡의 유전자형은 BB 또는 Bb가 될 수 있는데 어느 경우도 @의 ㉡의 표현형이 부모와 다를 확률과 ㉠과 ㉢의 표현형 중 한 가지만 부모와 같을 확률을 곱하여 $\frac{3}{8}$이 되지 않는다.

반면, 남자 Q의 ㉠과 ㉢의 대립유전자 구성이 aD/AF라면 @가 가질 수 있는 ㉠과 ㉢의 유전자형은 표와 같다.

생식세포	AD	aF
aD	AaDD	aaDF
AF	AADF	AaFF

이 경우 ㉠의 AA와 Aa가 서로 같은 표현형을 나타낼 때 @의 ㉠과 ㉢의 표현형 중 한 가지만 부모와 같을(AADD, aaDF) 확률은 $\frac{1}{2}$인데, @의 ㉡의 표현형이 부모와 같지 않을 확률은 $\frac{3}{4}$이 되지 않는다. ㉠의 AA와 Aa가 서로 다른 표현형을 나타낼 때 @의 ㉠과 ㉢의 표현형 중 한 가지만 부모와 같을(AaDD, aaDF, AADF) 확률은 $\frac{3}{4}$이다. ㉡의 BB와 Bb가 서로 다른 표현형을 나타낼 때 Q의 ㉡의 유전자형은 Bb가 되며, @에 나타날 수 있는 ㉡의 유전자형의 분리비는 BB : Bb : bb=1 : 2 : 1이므로 @의 ㉡의 표현형이 부모와 같지 않을(BB, bb) 확률은 $\frac{1}{2}$이다. 따라서 <u>㉠의 AA와 Aa, ㉡의 BB와 Bb는 각각 서로 다른 표현형을 나타내며, 남자 Q의 유전자 구성은 aD/AF, Bb이다.</u>

ㄱ. ㉡의 표현형은 BB인 사람과 Bb인 사람이 서로 다르다.
➡ ㉡의 BB와 Bb는 표현형이 일치하지 않는다.

✗ Q에서 A, B, D를 모두 갖는 정자가 형성될 수 있다.
➡ Q에서 a와 D(A와 F)는 같은 염색체에 있고, B(b)는 다른 염색체에 있으므로, Q의 정자가 가질 수 있는 유전자형은 aBD, abD, ABF, AbF이다.

ㄷ. @에게서 나타날 수 있는 표현형은 최대 12가지이다.
➡ @에게서 나타날 수 있는 ㉠과 ㉢의 표현형은 4가지(AaDD, aaDF, AADF, AaFF), ㉡의 표현형은 3가지(BB, Bb, bb)이다. 따라서 @에게서 나타날 수 있는 최대 표현형은 4×3=12이다.

적용해야 할 개념 ③가지

① 생식세포 분열 과정에서 상동 염색체가 분리될 때 상동 염색체에 있는 대립유전자 쌍도 서로 분리되어 다른 생식세포로 들어간다. 생식세포인 정자와 난자가 수정하면 대립유전자는 다시 쌍을 이루고, 그에 따라 자손의 표현형이 나타난다.

② 우성 대립유전자를 E, 열성 대립유전자를 e라고 할 때, 표현형이 우성인 사람의 유전자형은 우성 동형 접합성(EE)이거나 이형 접합성(Ee)이고, 열성인 사람의 유전자형은 열성 동형 접합성(ee)이다.

③ 두 쌍 이상의 대립유전자가 서로 다른 염색체에 있을 때, 한 대립유전자 쌍은 다른 대립유전자 쌍에 의해 영향을 받지 않고 독립적으로 분리되어 유전된다.

▲ 대립유전자 전달 과정

문제 보기

다음은 사람의 유전 형질 (가)~(다)에 대한 자료이다.

- (가)~(다)의 유전자는 서로 다른 3개의 상염색체에 있다.

- (가)는 대립유전자 A와 a에 의해, (나)는 대립유전자 B와 b에 의해, (다)는 대립유전자 D와 d에 의해 결정된다. A, B, D는 a, b, d에 대해 각각 완전 우성이며, (가)~(다)는 모두 열성 형질이다.
  - └ (가)의 표현형 2가지(AA, Aa/aa)
    (나)의 표현형 2가지(BB, Bb/bb)
    (다)의 표현형 2가지(DD, Dd/dd)

- 표는 남자 P와 여자 Q의 유전자형에서 B, D, d의 유무를 나타낸 것이고, 그림은 P와 Q 사이에서 태어난 자녀 Ⅰ~Ⅲ에서 체세포 1개당 A, B, D의 DNA 상대량을 더한 값(A+B+D)을 나타낸 것이다.

사람	대립유전자		
	B	D	d
P	×	×	○
Q	?	○	×

(○: 있음, ×: 없음)

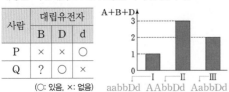
Ⅰ aabbDd   Ⅱ AAbbDd   Ⅲ AabbDd

- (가)와 (나) 중 한 형질에 대해서만 P와 Q의 유전자형이 서로 같다. └ (가)   Aabbdd ┘   └ AaBbDD

- 자녀 Ⅱ와 Ⅲ은 (가)~(다)의 표현형이 모두 같다.

이에 대한 설명으로 옳은 것만을 〈보기〉에서 있는 대로 고른 것은? (단, 돌연변이는 고려하지 않으며, A, a, B, b, D, d 각각의 1개당 DNA 상대량은 1이다.) [3점]

〈보기〉 풀이

P의 유전자형에서 D는 없고 d가 있으므로 P의 (다)에 대한 유전자형은 dd이고, Q의 유전자형에서 D는 있고 d가 없으므로 Q의 (다)에 대한 유전자형은 DD이다. 따라서 자녀 Ⅰ~Ⅲ은 모두 (다)에 대한 유전자형이 Dd이다. 자녀 Ⅰ에서 체세포 1개당 A+B+D=1이므로, 자녀 Ⅰ의 (가)~(다)에 대한 유전자형은 aabbDd이다. 그러므로 P와 Q의 (가)와 (나)에 대한 유전자형에서 a와 b는 최소 1개 있으며, P의 유전자형에서 B는 없으므로 (나)에 대한 유전자형은 bb이다. 자녀 Ⅲ에서 체세포 1개당 A+B+D=2이므로, 자녀 Ⅲ의 체세포에는 A와 B 중 하나가 있다. 만약 자녀 Ⅲ의 체세포에 B가 있어 (가)~(다)에 대한 유전자형이 aaBbDd라면 자녀 Ⅱ에서 체세포 1개당 A+B+D=3이므로 자녀 Ⅱ의 (가)~(다)에 대한 유전자형은 AaBbDd가 된다. 이 경우 (가)에 대한 유전자형이 자녀 Ⅱ는 Aa, 자녀 Ⅲ은 aa여서 자녀 Ⅱ와 Ⅲ의 (가)의 표현형이 다르기 때문에 자녀 Ⅱ와 Ⅲ의 (가)~(다)의 표현형이 모두 같다는 조건을 만족하지 못한다. 따라서 자녀 Ⅲ의 체세포에는 A는 있고 B는 없으며 체세포 1개당 A+B+D=2이므로 자녀 Ⅲ의 (가)~(다)에 대한 유전자형은 AabbDd이고, 자녀 Ⅱ와 Ⅲ의 (가)~(다)의 표현형이 모두 같으므로 자녀 Ⅱ의 (가)~(다)에 대한 유전자형은 AAbbDd이다. 이를 종합하면 부모 P의 (가)~(다)에 대한 유전자형은 Aabbdd이고, Q의 (가)~(다)에 대한 유전자형은 AaBbDD 또는 AabbDD인데, (가)와 (나) 중 한 형질에 대해서만 P와 Q의 유전자형이 서로 같으므로 Q의 (가)~(다)에 대한 유전자형은 AaBbDD이다.

✗ **ㄱ.** P와 Q는 (나)의 유전자형이 서로 같다.
➡ P는 (나)의 유전자형이 bb, Q는 (나)의 유전자형이 Bb이다.

○ **ㄴ.** Ⅱ의 (가)~(다)에 대한 유전자형은 AAbbDd이다.
➡ 자녀 Ⅱ에서 체세포 1개당 A+B+D=3이고, B는 없다. 따라서 자녀 Ⅱ의 (가)~(다)에 대한 유전자형은 AAbbDd이다.

○ **ㄷ.** Ⅲ의 동생이 태어날 때, 이 아이의 (가)~(다)의 표현형이 모두 Ⅲ과 같을 확률은 $\frac{3}{8}$ 이다.
➡ (가)~(다)의 유전자는 서로 다른 3개의 상염색체에 있으므로 (가)~(다)는 독립적으로 유전되며, (가)~(다)는 모두 열성 형질이다. 부모 P의 (가)~(다)에 대한 유전자형은 Aabbdd, Q의 (가)~(다)에 대한 유전자형은 AaBbDD, 자녀 Ⅲ의 (가)~(다)에 대한 유전자형은 AabbDd이다. Ⅲ의 동생이 태어날 때 가질 수 있는 (가)에 대한 유전자형 분리비는 AA : Aa : aa=1 : 2 : 1이고, AA와 Aa의 표현형이 자녀 Ⅲ의 (가)의 표현형과 같다. 따라서 Ⅲ의 동생이 (가)의 표현형이 자녀 Ⅲ과 같을 확률은 $\frac{3}{4}$ 이다. Ⅲ의 동생이 태어날 때 가질 수 있는 (나)에 대한 유전자형 분리비는 Bb : bb=1 : 1이므로, Ⅲ의 동생이 (나)의 표현형이 자녀 Ⅲ과 같을 확률은 $\frac{1}{2}$ 이다. Ⅲ의 동생이 태어날 때 가질 수 있는 (다)에 대한 유전자형은 Dd 뿐이므로, Ⅲ의 동생이 (다)의 표현형이 자녀 Ⅲ과 같을 확률은 1이다. 종합하면 Ⅲ의 동생이 태어날 때, 이 아이의 (가)~(다)의 표현형이 모두 자녀 Ⅲ과 같을 확률은 $\frac{3}{4} \times \frac{1}{2} \times 1 = \frac{3}{8}$ 이다.

적용해야 할 개념 ③가지

① 생식세포 분열 과정에서 상동 염색체가 분리될 때 상동 염색체에 있는 대립유전자 쌍도 분리되어 서로 다른 생식세포로 들어간다. 생식세 포인 정자와 난자가 수정하면 대립유전자는 다시 쌍을 이루고, 그에 따라 자손의 표현형이 나타난다.

② 대립유전자 A와 A*가 상염색체에 있으면 유전자형의 종류는 AA, AA*, A*A*이다.

③ 두 대립유전자 쌍이 서로 다른 염색체에 있으면 멘델의 독립의 법칙에 따라 유전되고, 두 대립유전자 쌍이 같은 염색체에 있으면 멘델의 독 립의 법칙이 적용되지 않는다.

문제 보기

다음은 사람의 유전 형질 (가)~(다)에 대한 자료이다.

○ (가)~(다)의 유전자는 서로 다른 2개의 상염색체에 있다.

○ (가)는 대립유전자 A와 a에 의해 결정되며, A는 a에 대해 완전 우성이다. 표현형 (AA, Aa), (aa)

○ (나)는 대립유전자 B와 b에 의해 결정되며, 유전자형 이 다르면 표현형이 다르다. 표현형 (BB), (Bb), (bb)

○ (다)는 1쌍의 대립유전자에 의해 결정되며, 대립유전 자에는 D, E, F가 있다. D는 E, F에 대해, E는 F에 대해 각각 완전 우성이다. D>E>F
└─→ 표현형 (DD, DE, DF), (EE, EF), (FF)

○ (가)와 (나)의 유전자형이 AaBb인 남자 P와 AaBB 인 여자 Q 사이에서 ⓐ가 태어날 때, ⓐ에게서 나타날 수 있는 (가)와 (나)의 표현형은 최대 3가지이고, ⓐ가 가질 수 있는 (가)~(다)의 유전자형 중 AABBFF가 있다.

○ ⓐ의 (가)~(다)의 표현형이 모두 Q와 같을 확률은 $\frac{1}{8}$ 이다. $\frac{1}{8} = \frac{1}{2} \times \frac{1}{4}$

ⓐ의 (가)~(다)의 표현형이 모두 P와 같을 확률은? (단, 돌연변이와 교차는 고려하지 않는다.) [3점]

보기

<보기> 풀이

(1) (가)~(다)의 유전자가 서로 다른 2개의 상염색체에 있으므로, 3개의 유전자 중 2개의 유전 자는 같은 상염색체에 있고 나머지 유전자는 다른 상염색체에 있다. (가)의 유전에서 유전자형이 AA, Aa인 사람의 표현형은 같고, (나)의 유전에서 유전자형이 BB, Bb, bb인 사람의 표현형은 서로 다르다. (다)의 유전에서 대립유전자의 우열 관계는 D>E>F이므로 유전자형이 DD, DE, DF인 사람의 표현형은 서로 같고, EE, EF인 사람의 표현형이 서로 같으며, FF인 사람의 표현 형은 다른 유전자형을 가진 사람의 표현형과 다르다.

(2) (가)와 (나)의 유전자가 서로 다른 염색체에 있는 경우 ⓐ에게서 나타날 수 있는 유전자형은 표 와 같다.

P의 생식세포 유전자형 Q의 생식세포 유전자형	AB	Ab	aB	ab
AB	AABB	AABb	AaBB	AaBb
aB	AaBB	AaBb	aaBB	aaBb

이 경우 ⓐ에게서 나타날 수 있는 (가)와 (나)의 표현형은 4가지(A_BB, A_Bb, aaBB, aaBb)이 므로 조건에 맞지 않는다.

(3) (가)와 (나)의 유전자가 같은 염색체에 있는 경우 ⓐ에게서 나타날 수 있는 유전자형은 다음의 2가지 경우가 있다.

P의 생식세포 유전자형 Q의 생식세포 유전자형	AB	ab
AB	AABB	AaBb
aB	AaBB	aaBb

P의 생식세포 유전자형 Q의 생식세포 유전자형	Ab	aB
AB	AABb	AaBB
aB	AaBb	aaBB

자료에서 ⓐ가 가질 수 있는 (가)와 (나)의 유전자형 중에는 AABB가 있다고 했으므로, (가)~ (다)의 유전자 중 (가)와 (나)의 유전자는 같은 상염색체, (다)의 유전자는 다른 상염색체에 있고, 남자 P에서 대립유전자 A는 B와, a는 b와 같은 염색체에 있다.

(4) ⓐ가 가질 수 있는 (다)의 유전자형 중에는 FF가 있어야 하므로 남자 P와 여자 Q는 모두 대 립유전자 F를 가지고 있다. ⓐ의 (가)~(다)의 표현형이 모두 Q와 같을 확률은 $\frac{1}{8} = \frac{1}{2} \times \frac{1}{4}$ 이고,

ⓐ의 (가)와 (나)의 표현형이 Q(A_BB)와 같을 확률은 $\frac{1}{2}$ 이다. 따라서 ⓐ의 (다)의 표현형이 Q와

같을 확률은 $\frac{1}{4}$ 이다. Q의 (다)의 유전자형이 DF나 FF이면 ⓐ의 (다)의 유전자형이 Q와 같을 확

률이 $\frac{1}{4}$ 이 되지 않으므로 Q의 (다)의 유전자형은 EF이다. 조건을 만족하는 P의 (다)의 유전자형 은 DF이다.

결론적으로 (가)~(다)의 유전자형이 AaBbDF인 P와 AaBBEF인 Q 사이에서 ⓐ가 태어날 때 ⓐ의 (가)~(다)의 표현형이 모두 P(A_BbD_)와 같을 확률은 $\frac{1}{4} \times \frac{1}{2} = \frac{1}{8}$ 이다.

 $\frac{1}{16}$　　② $\frac{1}{8}$　　 $\frac{3}{16}$　　④ $\frac{1}{4}$　　 $\frac{3}{8}$

적용해야 할 개념 ③가지

① 다인자 유전: 여러 쌍의 대립유전자에 의해 형질이 결정되는 유전 현상이다.

② 두 쌍 이상의 대립유전자가 서로 다른 염색체에 있을 때, 한 대립유전자 쌍은 다른 대립유전자 쌍의 영향을 받지 않고 독립적으로 분리되어 유전된다.

③ 생식세포 형성 과정에서 상동 염색체가 분리될 때 상동 염색체에 있는 대립유전자 쌍도 분리되어 서로 다른 생식세포로 들어간다. 생식세포인 정자와 난자가 수정하면 대립유전자는 다시 쌍을 이루고, 그에 따라 자손의 표현형이 나타난다.

문제 보기

다음은 어떤 동물의 피부색 유전에 대한 자료이다.

○ 피부색은 서로 다른 상염색체에 있는 3쌍의 대립유전자 A와 a, B와 b, D와 d에 의해 결정된다. ➡ 다인자 유전

○ 피부색은 유전자형에서 대문자로 표시되는 대립유전자의 수에 의해서만 결정되며, 이 수가 다르면 피부색이 다르다.

○ 개체 Ⅰ의 유전자형은 aabbDD이다. (대문자 2개)
개체 Ⅱ의 유전자형은 AaBbDd이다. (대문자 3개)

○ 개체 Ⅰ과 Ⅱ 사이에서 ㉠자손(F_1)이 태어날 때, ㉠의 유전자형이 AaBbDd일 확률은 $\frac{1}{8}$이다.

이에 대한 옳은 설명만을 〈보기〉에서 있는 대로 고른 것은? (단, 돌연변이는 고려하지 않는다.) [3점]

〈보기〉 풀이

피부색을 결정하는 3쌍의 대립유전자 A와 a, B와 b, D와 d가 서로 다른 상염색체에 있으므로, 3쌍의 대립유전자는 각각 독립적으로 유전된다. 유전자형이 aabbDD인 개체 Ⅰ에서는 유전자형이 abD인 생식세포만 형성되므로, 개체 Ⅰ과 Ⅱ 사이에서 태어난 자손(F_1) ㉠의 유전자형이 AaBbDd일 확률이 $\frac{1}{8}$이 되려면 개체 Ⅱ에서 형성되는 생식세포의 유전자형이 8가지(＝2×2×2)이어야 한다. 따라서 개체 Ⅱ의 유전자형은 AaBbDd이다.

ㄱ) **Ⅰ과 Ⅱ는 피부색이 서로 다르다.**

➡ 피부색은 유전자형에서 대문자로 표시되는 대립유전자의 수에 의해서만 결정되는데, Ⅰ은 유전자형이 aabbDD로 대문자로 표시되는 대립유전자의 수가 2이고, Ⅱ는 유전자형이 AaBbDd로 대문자로 표시되는 대립유전자의 수가 3이다. 따라서 Ⅰ과 Ⅱ는 피부색이 서로 다르다.

ㄴ) **Ⅱ에서 A, B, D가 모두 있는 생식세포가 형성된다.**

➡ Ⅱ의 유전자형은 AaBbDd이고, 3쌍의 대립유전자는 서로 다른 상염색체에 있으므로 독립적으로 유전된다. 따라서 Ⅱ에서 형성되는 생식세포의 유전자형은 ABD, ABd, AbD, Abd, aBD, aBd, abD, abd이므로, Ⅱ에서 A, B, D가 모두 있는 생식세포가 형성된다.

ㄷ) **㉠의 피부색이 Ⅰ과 같을 확률은 $\frac{3}{8}$이다.**

➡ Ⅰ에서 형성된 생식세포와 Ⅱ에서 형성된 생식세포의 수정으로 태어난 자손 ㉠의 피부색이 Ⅰ과 같으려면 ㉠의 유전자형에서 대문자로 표시되는 대립유전자의 수가 2이어야 한다. Ⅰ에서 형성되는 생식세포(abD)는 대문자로 표시되는 대립유전자의 수가 1이므로, Ⅱ에서 형성되는 생식세포도 대문자로 표시되는 대립유전자의 수가 1이어야 한다. Ⅱ에서 형성되는 생식세포 중 유전자형이 Abd, aBd, abD일 확률은 $\frac{3}{8}$이므로, ㉠의 피부색이 Ⅰ과 같을 확률은 $\frac{3}{8}(＝1×\frac{3}{8})$이다.

적용해야 할 개념 ③가지

① 한 가지 형질에 대해 여러 쌍의 대립유전자가 영향을 미쳐 형질이 결정되는 유전 현상을 다인자 유전이라고 한다.

② 생식세포 분열 과정에서 상동 염색체가 분리될 때 상동 염색체에 있는 대립유전자 쌍도 서로 분리되어 다른 생식세포로 들어간다. 생식세포인 정자와 난자가 수정하면 대립유전자는 다시 쌍을 이루고, 그에 따라 자손의 표현형이 나타난다.

③ 사람의 피부색이 서로 다른 상염색체에 존재하는 3쌍의 대립유전자 A와 a, B와 b, C와 c에 의해 결정되며, 대립유전자 A, B, C가 피부색을 검게 만든다고 가정하면, 피부색은 유전자의 종류에 관계없이 피부색을 검게 만드는 대립유전자의 수에 따라 결정된다. 유전자형이 AaBbCc인 부모에서 태어나는 자손에서 피부색을 검게 만드는 대립유전자의 수는 0~6까지 가능하므로 피부색의 표현형은 최대 7가지이다.

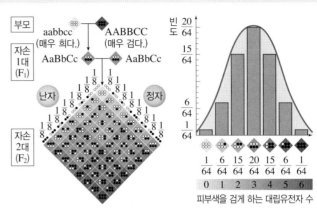

문제 보기

다음은 사람의 유전 형질 (가)에 대한 자료이다.

○ (가)는 서로 다른 상염색체에 있는 2쌍의 대립유전자 D와 d, E와 e에 의해 결정된다. ➡ (가)는 다인자 유전 형질

○ (가)의 표현형은 유전자형에서 대문자로 표시되는 대립유전자의 수에 의해서만 결정되며, 이 대립유전자의 수가 다르면 표현형이 다르다.

○ 그림은 남자 P의 체세포와 여자 Q의 체세포에 들어 있는 일부 염색체와 유전자를 나타낸 것이다. ⊙은 E와 e 중 하나이다.

P의 체세포   Q의 체세포

○ P와 Q 사이에서 ⓐ가 태어날 때, ⓐ가 유전자형이 DdEe인 사람과 (가)의 표현형이 같을 확률은 $\frac{1}{4}$이다.
└→ 표현형은 유전자형에서 대문자로 표시되는 대립유전자의 수인 2

이에 대한 옳은 설명만을 〈보기〉에서 있는 대로 고른 것은? (단, 돌연변이는 고려하지 않는다.)

〈보기〉 풀이

⊙이 e라면 P의 (가)의 유전자형은 DdEe이고 Q의 (가)의 유전자형은 DDee이므로, P에서는 유전자형이 DE, De, dE, de인 생식세포가 형성되고, Q에서는 유전자형이 De인 생식세포가 형성된다. 이 경우 ⓐ가 가질 수 있는 유전자형은 DDEe, DDee, DdEe, Ddee이고, 이 중 유전자형이 DdEe(표현형은 유전자형에서 대문자로 표시되는 대립유전자의 수가 2)인 사람과 (가)의 표현형이 같은 것은 DDee, DdEe이다. 그러므로 ⓐ가 DdEe인 사람과 (가)의 표현형이 같을 확률은 $\frac{1}{2}$이며, 제시된 조건에 맞지 않기 때문에 ⊙은 E이다.

ㄱ. **(가)는 다인자 유전 형질이다.**

➡ (가)는 서로 다른 염색체에 있는 2쌍의 대립유전자에 의해 형질이 결정되므로, 다인자 유전 형질이다.

ㄴ. **⊙은 E이다.**

➡ ⊙이 e라면 ⓐ가 유전자형이 DdEe인 사람과 (가)의 표현형이 같을 확률이 $\frac{1}{2}$이므로, ⊙은 E이다.

ㄷ. **ⓐ의 (가)의 표현형이 P와 같을 확률은 $\frac{1}{4}$이다.**

➡ P(DdEE)와 Q(DDEe) 사이에서 태어난 ⓐ가 가질 수 있는 유전자형(대문자로 표시되는 대립유전자의 수)을 구하면 다음과 같다.

P의 정자＼Q의 난자	DE(2)	De(1)
DE(2)	DDEE(4)	DDEe(3)
dE(1)	DdEE(3)	DdEe(2)

P의 유전자형은 DdEE로, 대문자로 표시되는 대립유전자의 수가 3이다. 따라서 ⓐ의 (가)의 표현형이 P와 같을 확률은 $\frac{1}{2}$이다.

적용해야 할 개념 ③가지

① 한 가지 형질에 대해 여러 쌍의 대립유전자가 영향을 미쳐 형질이 결정되는 유전 현상을 다인자 유전이라고 한다.

② 생식세포 분열 과정에서 상동 염색체가 분리될 때 상동 염색체에 있는 대립유전자 쌍도 서로 분리되어 다른 생식세포로 들어간다. 생식세포인 정자와 난자가 수정하면 대립유전자는 다시 쌍을 이루고, 그에 따라 자손의 표현형이 나타난다.

③ 사람의 피부색이 서로 다른 상염색체에 존재하는 3쌍의 대립유전자 A와 a, B와 b, C와 c에 의해 결정되며, 대립유전자 A, B, C가 피부색을 검게 만든다고 가정하면, 피부색은 유전자의 종류에 관계없이 피부색을 검게 만드는 대립유전자의 수에 따라 결정된다. 유전자형이 AaBbCc인 부모에서 태어나는 자손에서 피부색을 검게 만드는 대립유전자의 수는 0~6까지 가능하므로 피부색의 표현형은 최대 7가지이다.

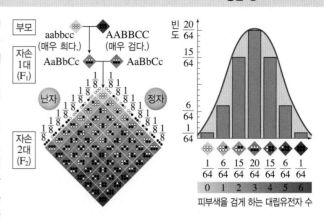

문제 보기

다음은 사람의 유전 형질 ㉠에 대한 자료이다.

○ ㉠을 결정하는 3개의 유전자는 각각 대립유전자 A와 a, B와 b, D와 d를 갖는다. ➡ ㉠은 다인자 유전

○ ㉠의 유전자 중 A와 a, B와 b는 상염색체에, D와 d는 X 염색체에 있다.

○ ㉠의 표현형은 유전자형에서 대문자로 표시되는 대립유전자의 수에 의해서만 결정되며, 이 대립유전자의 수가 다르면 표현형이 다르다.

○ 그림은 철수네 가족에서 아버지의 생식세포에 들어 있는 일부 염색체와 유전자를, 표는 이 가족의 ㉠의 유전자형에서 대문자로 표시되는 대립유전자의 수를 나타낸 것이다. ⓐ~ⓒ는 아버지, 어머니, 누나를 순서 없이 나타낸 것이다.

구성원	㉠의 유전자형에서 대문자로 표시되는 대립유전자의 수
ⓐ 누나	4
ⓑ 어머니	3
ⓒ 아버지	2
철수	0

이에 대한 설명으로 옳은 것만을 〈보기〉에서 있는 대로 고른 것은? (단, 돌연변이는 고려하지 않는다.) [3점]

〈보기〉 풀이

보기

철수의 ㉠에 대한 유전자형에서 대문자로 표시되는 대립유전자의 수가 0이므로, 철수의 ㉠에 대한 유전자형은 $aabbX^dY$이다. 아버지는 철수에게 a, b, Y를 물려주었으며, 그림에서 아버지의 생식세포에 들어 있는 유전자는 A, B, X^d이다. 따라서 아버지의 ㉠에 대한 유전자형은 $AaBbX^dY$이고 대문자로 표시되는 대립유전자의 수가 2이므로, ⓒ는 아버지이다. 어머니는 철수에게 a, b, X^d를 물려주었으므로 어머니의 ㉠에 대한 유전자형에는 a, b, X^d가 있다. 그러므로 어머니의 ㉠에 대한 유전자형에서 대문자로 표시되는 대립유전자의 수는 3과 4 중 3이다. 따라서 어머니의 ㉠에 대한 유전자형은 $AaBbX^DX^d$이고, ⓑ가 어머니, ⓐ가 누나이다.

ㄱ. **어머니는 ⓑ이다.**
➡ 어머니의 ㉠에 대한 유전자형은 $AaBbX^DX^d$이므로, 대문자로 표시되는 대립유전자의 수가 3이다. 따라서 어머니는 ⓑ이다.

✗ **누나의 체세포에는 a와 b가 모두 있다.**
➡ 아버지의 ㉠에 대한 유전자형은 $AaBbX^dY$, 어머니의 ㉠에 대한 유전자형은 $AaBbX^DX^d$이며, 누나의 ㉠에 대한 유전자형에서 대문자로 표시되는 대립유전자의 수가 4이다. 따라서 누나가 가질 수 있는 ㉠에 대한 유전자형은 $AABBX^dX^d$, $AABbX^DX^d$, $AaBBX^DX^d$ 중 하나이다. 어느 경우에도 a와 b가 같이 있는 경우가 없으므로 누나의 체세포에는 a와 b가 모두 있지 않다.

ㄷ. **철수의 동생이 태어날 때, 이 아이의 ㉠에 대한 표현형이 아버지와 같을 확률은 $\frac{5}{16}$이다.**
➡ ㉠을 결정하는 3개의 유전자는 서로 다른 염색체에 있으므로 독립적으로 유전된다. 철수의 부모 사이에서 태어난 자녀가 가질 수 있는 유전자형(대문자로 표시되는 대립유전자의 수)을 상염색체에 있는 대립유전자와 X 염색체에 있는 대립유전자를 구분하여 정리하면 다음과 같다.

아버지의 정자 \ 어머니의 난자	AB(2)	Ab(1)	aB(1)	ab(0)
AB(2)	AABB(4)	AABb(3)	AaBB(3)	AaBb(2)
Ab(1)	AABb(3)	AAbb(2)	AaBb(2)	Aabb(1)
aB(1)	AaBB(3)	AaBb(2)	aaBB(2)	aaBb(1)
ab(0)	AaBb(2)	Aabb(1)	aaBb(1)	aabb(0)

아버지의 정자 \ 어머니의 난자	X^D(1)	X^d(0)
X^d(0)	X^DX^d(1)	X^dX^d(0)
Y(0)	X^DY(1)	X^dY(0)

아버지의 ㉠에 대한 유전자형에서 대문자로 표시되는 대립유전자의 수는 2이다. 그러므로 철수의 동생이 A와 B 중 2개를 갖고 D는 갖지 않을 확률은 $\frac{6}{16} \times \frac{1}{2} = \frac{3}{16}$이고, A와 B 중 1개를 갖고 D를 1개 가질 확률은 $\frac{4}{16} \times \frac{1}{2} = \frac{1}{8}$이다. 결론적으로 철수의 동생이 태어날 때, 이 아이의 ㉠에 대한 표현형이 아버지와 같을 확률은 $\frac{3}{16} + \frac{1}{8} = \frac{5}{16}$이다.

15 다인자 유전 2020학년도 7월 학평 10번

정답 ① | 정답률 32 %

적용해야 할 개념 ②가지

① 생식세포 형성 과정에서 상동 염색체가 분리될 때 상동 염색체에 있는 대립유전자 쌍도 분리되어 서로 다른 생식세포로 들어간다. 생식세포인 정자와 난자가 수정하면 대립유전자는 다시 쌍을 이루고, 그에 따라 자손의 표현형이 나타난다.

② 어떤 개체의 유전자형이 AaBb이고, A(a)와 B(b)가 서로 다른 염색체에 있는 경우, 감수 분열 결과 유전자 구성이 AB, Ab, aB, ab인 4종류의 생식세포가 형성된다.

문제 보기

다음은 사람의 유전 형질 ㉠에 대한 자료이다.

○ ㉠은 서로 다른 4개의 상염색체에 있는 4쌍의 대립유전자 A와 a, B와 b, D와 d, E와 e에 의해 결정된다. **➡ 다인자 유전**

○ ㉠의 표현형은 ㉠에 대한 유전자형에서 대문자로 표시되는 대립유전자의 수에 의해서만 결정된다.

○ 표는 사람 (가)~(마)의 ㉠에 대한 유전자형에서 대문자로 표시되는 대립유전자의 수와 동형 접합을 이루는 대립유전자 쌍의 수를 나타낸 것이다.

사람	대문자로 표시되는 대립유전자 수	동형 접합을 이루는 대립유전자 쌍의 수
(가)	2	?4
(나)	4	2
(다)	3	1
(라)	7	?3
(마)	5	3

○ (가)~(라) 중 2명은 (마)의 부모이다.

○ (가)~(마)는 B와 b 중 한 종류만 갖는다.

○ (가)와 (나)는 e를 갖지 않고, (라)는 e를 갖는다.

이에 대한 설명으로 옳은 것만을 〈보기〉에서 있는 대로 고른 것은? (단, 돌연변이는 고려하지 않는다.) [3점]

〈보기〉 풀이

문제에 제시된 조건에 따라 (가)~(마)의 ㉠에 대한 유전자형을 유추하면 다음과 같다.

사람	조건	㉠에 대한 유전자형
(가)	EE를 갖고(e를 갖지 않고), B와 b 중 한 종류만 갖고, 대문자로 표시되는 대립유전자 수가 2	aabbddEE
(나)	EE를 갖고(e를 갖지 않고), B와 b 중 한 종류만 갖고, 동형 접합을 이루는 대립유전자 쌍의 수가 2, 대문자로 표시되는 대립유전자 수가 4	AabbDdEE
(다)	B와 b 중 한 종류만 갖고, 동형 접합을 이루는 대립유전자 쌍의 수가 1, 대문자로 표시되는 대립유전자 수가 3	AabbDdEe
(라)	e를 갖고, B와 b 중 한 종류만 갖고, 대문자로 표시되는 대립유전자 수가 7	AABBDDEe
(마)	B와 b 중 한 종류만 갖고, 대문자로 표시되는 대립유전자 수가 5, 동형 접합을 이루는 대립유전자 쌍의 수가 3	AAbbDDEe, AAbbDdEE, AabbDDEE 중 하나

ㄱ (마)의 부모는 (나)와 (다)이다.

➡ (마)의 ㉠에 대한 유전자형은 AAbbDDEe, AAbbDdEE, AabbDDEE 중 하나이므로, (마)는 각각 b가 있는 부모의 생식세포가 수정되어 태어났다. 따라서 (마)의 부모가 되려면 ㉠에 대한 유전자형에 반드시 b가 있어야 하므로, (가)~(다) 중 두 사람이 부모이다. (가)에서 생성될 수 있는 생식세포의 ㉠에 대한 유전자형은 abdE이므로, (가)가 부모 중 한 사람이라면 (마)의 ㉠에 대한 유전자형에는 a, d, E가 함께 있어야 하는데, 그렇지 않다. 따라서 (마)의 부모는 (나)와 (다)이다.

ㄴ (가)에서 생성될 수 있는 생식세포의 ㉠에 대한 유전자형은 최대 2가지이다.

➡ (가)의 ㉠에 대한 유전자형은 aabbddEE이므로, (가)에서 생성될 수 있는 생식세포의 ㉠에 대한 유전자형은 abdE로 1가지이다.

ㄷ (마)의 동생이 태어날 때, 이 아이의 ㉠에 대한 표현형이 (나)와 같을 확률은 $\frac{3}{16}$이다.

➡ (나)와 (다)에서 생성되는 생식세포의 ㉠에 대한 유전자형(대문자로 표시되는 대립유전자의 수)과 자손의 ㉠에 대한 유전자형에서 대문자로 표시되는 대립유전자의 수는 다음과 같다.

(다) \ (나)	AbDE(3)	AbdE(2)	abDE(2)	abdE(1)
AbDE(3)	(6)	(5)	(5)	(4)
AbDe(2)	(5)	(4)	(4)	(3)
AbdE(2)	(5)	(4)	(4)	(3)
Abde(1)	(4)	(3)	(3)	(2)
abDE(2)	(5)	(4)	(4)	(3)
abDe(1)	(4)	(3)	(3)	(2)
abdE(1)	(4)	(3)	(3)	(2)
abde(0)	(3)	(2)	(2)	(1)

(나)의 ㉠에 대한 유전자형에서 대문자로 표시되는 대립유전자의 수가 4이므로 (마)의 동생에서 ㉠에 대한 표현형이 (나)와 같을 확률을 구하려면 위 표에서 자손의 ㉠에 대한 유전자형에서 대문자로 표시되는 대립유전자 수가 4인 것의 확률을 구하면 된다. 따라서 (마)의 동생이 (나)와 같은 표현형일 확률은 $\frac{10}{32} = \frac{5}{16}$이다.

적용해야 할 개념 ③가지

① 한 가지 형질에 대해 여러 쌍의 대립유전자가 영향을 미쳐 형질이 결정되는 유전 현상을 다인자 유전이라고 한다.

② 생식세포 분열 과정에서 상동 염색체가 분리될 때 상동 염색체에 있는 대립유전자 쌍도 서로 분리되어 다른 생식세포로 들어간다. 생식세포인 정자와 난자가 수정하면 대립유전자는 다시 쌍을 이루고, 그에 따라 자손의 표현형이 나타난다.

③ 사람의 피부색이 서로 다른 상염색체에 존재하는 3쌍의 대립유전자 A와 a, B와 b, C와 c에 의해 결정되며, 대립유전자 A, B, C가 피부색을 검게 만든다고 가정하면, 피부색은 유전자의 종류에 관계없이 피부색을 검게 만드는 대립유전자의 수에 따라 결정된다. 유전자형이 AaBbCc인 부모에서 태어나는 자손에서 피부색을 검게 만드는 대립유전자의 수는 0~6까지 가능하므로 피부색의 표현형은 최대 7가지이다.

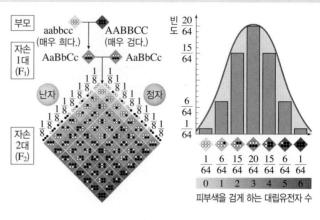

문제 보기

다음은 사람의 유전 형질 (가)에 대한 자료이다.

○ (가)는 서로 다른 2개의 상염색체에 있는 3쌍의 대립유전자 A와 a, B와 b, D와 d에 의해 결정되며, A, a, B, b는 7번 염색체에 있다. ➡ (가)는 다인자 유전 형질

○ (가)의 표현형은 ㉠유전자형에서 대문자로 표시되는 대립유전자의 수에 의해서만 결정되며, 이 대립유전자의 수가 다르면 표현형이 다르다.

○ 남자 P의 ㉠과 여자 Q의 ㉠의 합은 6이다. P는 d를 갖는다. 2 ∣ 4
　A┼a d┼d ∣ A┼a D┼D
　B┼b ∣ B┼b

○ P와 Q 사이에서 ⓐ가 태어날 때, ⓐ에게서 나타날 수 있는 표현형은 최대 3가지이고, ⓐ가 가질 수 있는 ㉠은 1, 3, 5 중 하나이다.

이에 대한 설명으로 옳은 것만을 〈보기〉에서 있는 대로 고른 것은? (단, 돌연변이와 교차는 고려하지 않는다.)

〈보기〉 풀이

(가)의 표현형은 ㉠(유전자형에서 대문자로 표시되는 대립유전자의 수)에 의해 결정된다. A, a, B, b는 같은 상염색체(7번 염색체)에 있고, D, d는 다른 상염색체에 있다. 남자 P의 ㉠과 여자 Q의 ㉠의 합이 6이고, P는 d를 갖는데, P와 Q 사이에서 ⓐ가 태어날 때 ⓐ에게서 나타날 수 있는 표현형은 최대 3가지(㉠이 1, 3, 5)이다. 이와 같은 조건을 만족하려면 남자 P의 (가)의 유전자형은 AaBbdd로 A와 B가 같은 염색체에 있어야 하고, Q의 (가)의 유전자형은 AaBbDD로 A와 B가 같은 염색체에 있어야 한다. 이때 ⓐ가 가질 수 있는 유전자형(유전자형에서 대문자로 표시되는 대립유전자의 수)은 다음과 같다.

남자 P의 정자 \ 여자 Q의 난자	ABD(3)	abD(1)
ABd(2)	AABBDd(5)	AaBbDd(3)
abd(0)	AaBbDd(3)	aabbDd(1)

㉠ (가)의 유전은 다인자 유전이다.

➡ (가)는 3쌍의 대립유전자에 의해 형질이 결정되므로, (가)의 유전은 다인자 유전이다.

✗ $\dfrac{\text{P의 ㉠}}{\text{Q의 ㉠}}$ 은 2이다.

➡ 남자 P의 (가)의 유전자형은 AaBbdd이므로 P의 ㉠은 2이고, 여자 Q의 (가)의 유전자형은 AaBbDD이므로 Q의 ㉠은 4이다. 따라서 $\dfrac{\text{P의 ㉠}}{\text{Q의 ㉠}}$ 은 $\dfrac{1}{2}$ 이다.

✗ ⓐ의 ㉠이 3일 확률은 $\dfrac{1}{4}$ 이다.

➡ ⓐ가 가질 수 있는 유전자형의 분리비는 AABBDd : AaBbDd : aabbDd=1 : 2 : 1이므로, ⓐ의 ㉠이 3일 확률은 $\dfrac{1}{2}$ 이다.

보기

① 하나의 유전 형질 발현에 여러 쌍의 대립유전자가 관여하는 유전 현상을 다인자 유전이라고 한다.

② 생식세포 분열 과정에서 상동 염색체가 분리될 때 상동 염색체에 있는 대립유전자 쌍도 서로 분리되어 다른 생식세포로 들어간다. 생식세포인 정자와 난자가 수정하면 대립유전자는 다시 쌍을 이루고, 그에 따라 자손의 표현형이 나타난다.

③ 두 대립유전자 쌍이 서로 다른 염색체에 있으면 생식세포 형성 과정에서 서로 독립적으로 분리되어 각각의 생식세포로 들어가고, 두 대립유전자 쌍이 같은 염색체에 있으면 생식세포 형성 과정에서 같은 생식세포로 들어간다.

적용해야 할 개념 ③가지

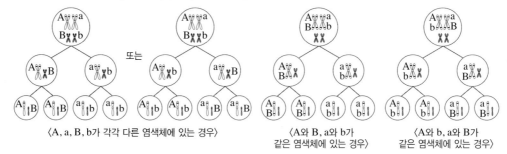

⟨A, a, B, b가 각각 다른 염색체에 있는 경우⟩ ⟨A와 B, a와 b가 같은 염색체에 있는 경우⟩ ⟨A와 b, a와 B가 같은 염색체에 있는 경우⟩

문제 보기

다음은 사람의 유전 형질 (가)에 대한 자료이다.

○ (가)는 서로 다른 2개의 상염색체에 있는 3쌍의 대립유전자 A와 a, B와 b, D와 d에 의해 결정되며, A, a, B, b는 7번 염색체에 있다. └→ 다인자 유전
➡ A, a, B, b는 같은 염색체에 있고 D, d는 다른 염색체에 있다.

○ (가)의 표현형은 유전자형에서 대문자로 표시되는 대립유전자의 수에 의해서만 결정되며, 이 대립유전자의 수가 다르면 표현형이 다르다. └→ 대문자로 표시되는 대립유전자의 수가 같다.

○ (가)의 표현형이 서로 같은 P와 Q 사이에서 ⓐ가 태어날 때, ⓐ에서 나타날 수 있는 표현형은 최대 5가지이고, ⓐ의 표현형이 부모와 같을 확률은 $\frac{3}{8}$이며, ⓐ의 유전자형이 AABbDD일 확률은 $\frac{1}{8}$이다.
➡ P와 Q 중 한 사람은 A와 B가 함께 있는 염색체와 D가 있는 염색체를 갖고, 다른 한 사람은 A와 b가 함께 있는 염색체와 D가 있는 염색체를 갖는다.

ⓐ가 유전자형이 AaBbDd인 사람과 동일한 표현형을 가질 확률은? (단, 돌연변이와 교차는 고려하지 않는다.)
└→ 대문자로 표시되는 대립유전자의 수가 3

⟨보기⟩ 풀이

보기

A, a, B, b는 같은 염색체에 있고 D, d는 다른 염색체에 있으며, (가)의 표현형이 서로 같은 P와 Q 사이에서 태어난 ⓐ의 유전자형이 AABbDD일 확률은 $\frac{1}{8}\left(=\frac{1}{2}\times\frac{1}{4}\right)$이므로, P와 Q 중 한 사람은 A와 B가 함께 있는 염색체와 D가 있는 염색체를 갖고, 다른 한 사람은 A와 b가 함께 있는 염색체와 D가 있는 염색체를 갖는다.

만약 P와 Q의 유전자형이 DD라면 ⓐ의 유전자형이 DD일 확률은 1이므로, ⓐ의 유전자형이 AABbDD일 확률은 $\frac{1}{8}\left(=\frac{1}{2}\times\frac{1}{4}\right)$의 조건을 맞출 수 없다.

만약 P와 Q의 유전자형이 각각 DD와 Dd라면 ⓐ의 유전자형이 DD일 확률은 $\frac{1}{2}$이 되므로, AABb일 확률이 $\frac{1}{4}$이 되어야 하는데, 이러한 경우의 P와 Q의 유전자형의 예로 AB/ab, DD와 Ab/AB, Dd를 살펴보면 ⓐ의 표현형이 부모와 같을 확률이 $\frac{3}{8}$이라는 조건을 충족할 수 없다.

P와 Q는 각각 Dd를 가지며, ⓐ의 유전자형이 DD일 확률은 $\frac{1}{4}$, AABb일 확률은 $\frac{1}{2}$이다. ⓐ의 유전자형이 AABb일 확률이 $\frac{1}{2}$이 되려면 P와 Q의 유전자형이 AB/ab와 Ab/Ab 또는 AB/Ab와 Ab/AB 중 하나이다.

P와 Q의 유전자형이 AB/ab, Dd와 Ab/Ab, Dd인 경우 ⓐ의 표현형이 부모와 같을 확률이 $\frac{3}{8}$이라는 조건을 충족할 수 없다. 따라서 P와 Q 중 한 사람의 유전자형은 AB/Ab, Dd이고, 다른 한 사람의 유전자형은 Ab/AB, Dd이다. P와 Q 사이에서 태어난 ⓐ가 가질 수 있는 유전자형은 다음과 같으며, ( )는 ⓐ의 유전자형에서 대문자로 표시되는 대립유전자의 수를 나타낸 것이다.

구분		P 또는 Q(AB/Ab, Dd)			
		ABD(3)	ABd(2)	AbD(2)	Abd(1)
Q 또는 P (Ab/AB, Dd)	AbD(2)	AABbDD(5)	AABbDd(4)	AAbbDD(4)	AAbbDd(3)
	Abd(1)	AABbDd(4)	AABbdd(3)	AAbbDd(3)	AAbbdd(2)
	ABD(3)	AABBDD(6)	AABBDd(5)	AABbDD(5)	AABbDd(4)
	ABd(2)	AABBDd(5)	AABBdd(4)	AABbDd(4)	AABbdd(3)

ⓐ가 유전자형이 AaBbDd인 사람과 동일한 표현형(대문자로 표시되는 대립유전자의 수가 3)일 확률은 $\frac{4}{16}=\frac{1}{4}$이다.

 $\frac{1}{8}$ ② $\frac{1}{4}$ $\frac{3}{8}$ $\frac{1}{2}$ $\frac{5}{8}$

적용해야 할 개념 ④가지

① 다인자 유전: 여러 쌍의 대립유전자에 의해 형질이 결정되는 유전 현상이다.

② 어떤 개체의 유전자형이 AaBb이고, A(a)와 B(b)가 서로 다른 염색체에 있는 경우, 감수 분열 결과 유전자 구성이 AB, Ab, aB, ab인 4종류의 생식세포가 형성된다.

③ 생식세포 형성 과정에서 상동 염색체가 분리될 때 상동 염색체에 있는 대립유전자 쌍도 서로 분리되어 다른 생식세포로 들어간다. 생식세포인 정자와 난자가 수정하면 대립유전자는 다시 쌍을 이루고, 그에 따라 자손의 표현형이 나타난다.

④ 같은 염색체에 있는 유전자들은 생식세포 형성 과정에서 함께 이동하여 같은 생식세포로 들어간다.

문제 보기

다음은 사람의 유전 형질 (가)에 대한 자료이다.

→ 다인자 유전

○ (가)는 3쌍의 대립유전자 A와 a, B와 b, D와 d에 의해 결정된다. 이 중 1쌍의 대립유전자는 7번 염색체에, 나머지 2쌍의 대립유전자는 9번 염색체에 있다.
   └A와 a, B와 b   └D와 d

○ (가)의 표현형은 ⓐ 유전자형에서 대문자로 표시된 대립유전자의 수에 의해서만 결정된다.

○ ⓐ가 3인 남자 Ⅰ과 ⓐ가 4인 여자 Ⅱ 사이에서 ⓐ가 6인 아이 Ⅲ이 태어났다.
                  AABBDD

○ Ⅱ에서 난자가 형성될 때, 이 난자가 a, b, D를 모두 가질 확률은 $\frac{1}{2}$이다.

○ Ⅰ과 Ⅱ 사이에서 Ⅲ의 동생이 태어날 때, 이 아이에게서 나타날 수 있는 표현형은 최대 ⃞㉠6 가지이고, 이 아이의 ⓐ가 5일 확률은 ⃞㉡ $\frac{1}{8}$ 이다.

이에 대한 옳은 설명만을 <보기>에서 있는 대로 고른 것은? (단, 돌연변이와 교차는 고려하지 않는다.) [3점]

<보기> 풀이

아이 Ⅲ은 ⓐ가 6이므로 대립유전자 A, B, D를 모두 가진 남자 Ⅰ의 정자와 대립유전자 A, B, D를 모두 가진 여자 Ⅱ의 난자가 수정되어 태어났다. 여자 Ⅱ는 A, B, D를 가진 난자와 a, b, D를 가진 난자를 모두 형성할 수 있으며, a, b, D를 모두 가진 난자가 형성될 확률은 $\frac{1}{2}$이다. 이로부터 여자 Ⅱ의 (가)에 대한 유전자형은 AaBbDD이고, A와 B(a와 b)는 9번 염색체에, D는 7번 염색체에 있음을 알 수 있다. 남자 Ⅰ은 ⓐ가 3이며, 대립유전자 A, B, D를 모두 가진 정자를 형성하므로, 남자 Ⅰ의 (가)에 대한 유전자형은 AaBbDd이고, A와 B(a와 b)는 9번 염색체에, D와 d는 7번 염색체에 있다.

ㄱ. Ⅲ에서 A와 B는 모두 9번 염색체에 있다.

➡ Ⅲ의 유전자형은 AABBDD이며, A와 B는 모두 9번 염색체에, D는 7번 염색체에 있다.

ㄴ. ㉠은 6이다.

➡ 남자 Ⅰ과 여자 Ⅱ에서 생성되는 생식세포의 (가)에 대한 유전자형(대문자로 표시되는 대립유전자의 수)과 자손의 (가)에 대한 유전자형에서 대문자로 표시되는 대립유전자의 수는 다음과 같다.

Ⅱ의 난자 ＼ Ⅰ의 정자	ABD(3)	ABd(2)	abD(1)	abd(0)
ABD(3)	(6)	(5)	(4)	(3)
abD(1)	(4)	(3)	(2)	(1)

Ⅰ과 Ⅱ 사이에서 Ⅲ의 동생이 태어날 때 이 아이에게서 나타날 수 있는 ⓐ는 6, 5, 4, 3, 2, 1이므로, 이 아이에게서 나타날 수 있는 (가)의 표현형은 최대 6가지이다.

ㄷ. ㉡은 $\frac{1}{8}$이다.

➡ Ⅲ의 동생에서 ⓐ가 5일 확률은 ⓐ가 2인 정자와 3인 난자가 수정될 확률과 같으므로 $\frac{1}{8}$이다.

적용해야 할 개념 ②가지

① 복대립 유전에서 대립유전자 A, B, D의 우열 관계가 A>B>D일 때 표현형은 [AA, AB, AD], [BB, BD], [DD]로 3가지이며, 우열 관계가 A=B>D일 때 표현형은 [AA, AD], [BB, BD], [AB], [DD]로 4가지이다.

② 어떤 유전 형질이 서로 다른 상염색체에 존재하는 세 쌍의 대립유전자 A와 a, B와 b, D와 d에 의해 결정되고, 표현형은 유전자형에서 대문자로 표시되는 대립유전자의 수에 의해서만 결정된다고 가정하면, 부모의 유전자형에 따라 대문자로 표시되는 대립유전자의 수가 2개인 자손이 태어날 확률이 달라진다.

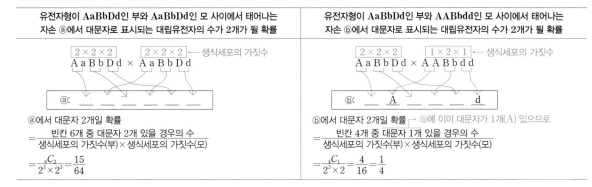

유전자형이 **AaBbDd**인 부와 **AaBbDd**인 모 사이에서 태어나는 자손 ⓐ에서 대문자로 표시되는 대립유전자의 수가 2개가 될 확률	유전자형이 **AaBbDd**인 부와 **AABbdd**인 모 사이에서 태어나는 자손 ⓑ에서 대문자로 표시되는 대립유전자의 수가 2개가 될 확률
$2\times2\times2$ $2\times2\times2$ ← 생식세포의 가짓수 A a B b D d × A a B b D d ⓐ: _____ ⓐ에서 대문자 2개일 확률 = (빈칸 6개 중 대문자 2개 있을 경우의 수) / (생식세포의 가짓수(부) × 생식세포의 가짓수(모)) = $\dfrac{{}_6C_2}{2^3\times2^3}=\dfrac{15}{64}$	$2\times2\times2$ $1\times1\times1$ ← 생식세포의 가짓수 A a B b D d × A A B b d d ⓑ: _ A _ _ d _ ⓑ에서 대문자 2개일 확률 → ⓑ에 이미 대문자가 1개(A) 있으므로 = (빈칸 4개 중 대문자 1개 있을 경우의 수) / (생식세포의 가짓수(부) × 생식세포의 가짓수(모)) = $\dfrac{{}_4C_1}{2^3\times2}=\dfrac{4}{16}=\dfrac{1}{4}$

문제 보기

다음은 사람의 유전 형질 (가)와 (나)에 대한 자료이다.

○ (가)는 1쌍의 대립유전자에 의해 결정되며, 대립유전자에는 A, B, D가 있다. ㉠은 ㉡, ㉢에 대해, ㉡은 ㉢에 대해 각각 완전 우성이다. ㉠~㉢은 각각 A, B, D 중 하나이다.   B   D   A
㉠>㉡>㉢

○ (나)는 서로 다른 3개의 상염색체에 있는 3쌍의 대립유전자 E와 e, F와 f, G와 g에 의해 결정된다.

○ (나)의 표현형은 유전자형에서 대문자로 표시되는 대립유전자의 수에 의해서만 결정되며, 이 대립유전자의 수가 다르면 표현형이 다르다. → (가)와 (나)는 독립 유전

○ (가)와 (나)의 유전자는 서로 다른 상염색체에 있다.

○ P의 유전자형은 ABEeFfGg이고, P와 Q는 (나)의 표현형이 서로 같다.

○ P와 Q 사이에서 ⓐ가 태어날 때, ⓐ가 (가)의 유전자형이 BD인 사람과 (가)의 표현형이 같을 확률이 $\dfrac{3}{4}$이다.

○ ⓐ가 유전자형이 DDEeffGg인 사람과 (가)와 (나)의 표현형이 모두 같을 확률은 $\dfrac{1}{16}$이다. → $\dfrac{1}{4}\times\dfrac{1}{4}$

이에 대한 옳은 설명만을 〈보기〉에서 있는 대로 고른 것은? (단, 돌연변이는 고려하지 않는다.) [3점]

보기

〈보기〉 풀이

(1) P의 (가)의 유전자형은 AB이고, P와 Q 사이에서 ⓐ가 태어날 때 ⓐ가 (가)의 유전자형이 BD인 사람과 (가)의 표현형이 같을 확률 $\dfrac{3}{4}$이다.

❶ D가 B에 대해 완전 우성일 경우, 유전자형이 BD인 사람의 표현형 [D]: Q에 유전자 D가 있어야 하며 Q의 (가)의 유전자형이 DD, DB, DA일 때 모두 위 조건에서의 $\dfrac{3}{4}$이 될 수 없다. 따라서 B가 D에 대해 완전 우성이다.

❷ Q의 (가)의 유전자형이 BB라면 ⓐ가 (가)의 유전자형이 BD인 사람과 (가)의 표현형이 같을 확률이 $\dfrac{3}{4}$이 될 수 없으므로, Q의 (가)의 유전자형은 BD와 BA 중 하나이다. 위 조건에서의 $\dfrac{3}{4}$이 되려면 우열 관계는 B가 A에 대해 완전 우성이어야 한다.

(2) ⓐ가 유전자형이 DDEeffGg인 사람과 (가)와 (나)의 표현형이 모두 같을 확률은 $\dfrac{1}{16}$이다.

❶ ⓐ에서 (가)의 유전자형이 DD인 표현형이 나타나야 하므로 Q의 (가)의 유전자형은 BD이다. 이때 (가)의 유전자형 DD와 DA의 표현형이 같아야 하므로 D가 A에 대해 완전 우성이다. 따라서 ㉠은 B, ㉡은 D, ㉢은 A이다.

❷ ⓐ가 유전자형이 DD인 사람과 (가)의 표현형이 같을 확률은 $\dfrac{1}{4}$이므로 ⓐ가 유전자형이 EeffGg인 사람과 (나)의 표현형이 같을 확률은 $\dfrac{1}{4}$이다.

❸ P와 Q는 (나)의 표현형이 서로 같다. P의 (나)의 유전자형이 EeFfGg이므로 대문자로 표시되는 (나)의 대립유전자의 수는 3개이다. Q에서 (나)의 유전자형에서 대문자로 표시되는 대립유전자의 수가 3개가 되려면 3쌍이 모두 이형 접합성(EeFfGg)이거나 1쌍만 이형 접합성(EEFfgg, eeFfGG, EeFFgg, EeffGG, EEffGg, eeFFGg)이어야 한다.

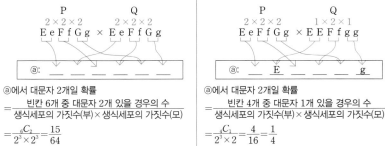

Q의 (나)의 유전자형이 3쌍 모두 이형 접합성(EeFfGg)일 때, ⓐ가 유전자형이 EeffGg인 사람과 표현형이 같을 확률	Q의 (나)의 유전자형이 1쌍만 이형 접합성(예 EEFfgg)일 때, ⓐ가 유전자형이 EeffGg인 사람과 표현형이 같을 확률
P Q $2\times2\times2$ $2\times2\times2$ E e F f G g × E e F f G g ⓐ: _____ ⓐ에서 대문자 2개일 확률 = (빈칸 6개 중 대문자 2개 있을 경우의 수) / (생식세포의 가짓수(부) × 생식세포의 가짓수(모)) = $\dfrac{{}_6C_2}{2^3\times2^3}=\dfrac{15}{64}$	P Q $2\times2\times2$ $1\times2\times1$ E e F f G g × E E F f g g ⓐ: _ E _ _ g _ ⓐ에서 대문자 2개일 확률 = (빈칸 4개 중 대문자 1개 있을 경우의 수) / (생식세포의 가짓수(부) × 생식세포의 가짓수(모)) = $\dfrac{{}_4C_1}{2^3\times2}=\dfrac{4}{16}=\dfrac{1}{4}$

따라서 Q의 (나)의 유전자형은 1쌍만 이형 접합성이다.

ㄱ) **ⓒ은 A이다.**

➡ ⊙은 B, ⓒ은 D, ⓒ은 A이다.

ㄴ) **ⓐ에게서 나타날 수 있는 (나)의 표현형은 최대 5가지이다.**

➡ ⓐ에게서 나타날 수 있는 (나)의 표현형은 대문자 1개~5개이므로, 최대 5가지이다.

ㄷ) **ⓐ의 (가)와 (나)의 표현형이 모두 P와 같을 확률은 $\frac{9}{32}$이다.**

➡ (가)와 (나)는 독립 유전을 한다. P의 (가)의 유전자형은 AB이고, Q의 (가)의 유전자형은 BD이므로, ⓐ가 가질 수 있는 (가)의 유전자형은 BB, BA, BD, DA이다. 따라서 ⓐ의 (가)의 표현형이 P와 같을 확률은 $\frac{3}{4}$이다. P의 (나)의 유전자형은 EeFfGg이고, Q의 (나)의 유전자형은 1쌍만 이형 접합성(예 EEFfgg)이므로, ⓐ가 가질 수 있는 (나)의 유전자형에서 P와 같이 대문자로 표시되는 대립유전자의 수가 3개일 확률은 $\frac{_4C_2}{2^3 \times 2} = \frac{3}{8}$이다. 종합하면 ⓐ의 (가)와 (나)의 표현형이 모두 P와 같을 확률은 $\frac{3}{4} \times \frac{3}{8} = \frac{9}{32}$이다.

적용해야 할 개념 ③가지

① 대립유전자 A와 A*가 상염색체에 있으면 유전자형의 종류는 AA, AA*, A*A*이다.
② 생식세포 분열 과정에서 상동 염색체가 분리될 때 상동 염색체에 있는 대립유전자 쌍도 분리되어 서로 다른 생식세포로 들어간다. 생식세포인 정자와 난자가 수정하면 대립유전자는 다시 쌍을 이루고, 그에 따라 자손의 표현형이 나타난다.
③ 두 대립유전자 쌍이 서로 다른 염색체에 있으면 멘델의 독립의 법칙에 따라 유전되고, 두 대립유전자 쌍이 같은 염색체에 있으면 멘델의 독립의 법칙이 적용되지 않는다.

문제 보기

다음은 사람의 유전 형질 (가)~(다)에 대한 자료이다.

○ (가)~(다)의 유전자는 서로 다른 3개의 상염색체에 있다.
○ (가)는 대립유전자 A와 a에 의해 결정되며, A는 a에 대해 완전 우성이다. 표현형 2가지 (AA, Aa), (aa)
○ (나)는 대립유전자 B와 b에 의해 결정되며, 유전자형이 다르면 표현형이 다르다. 표현형 3가지 (BB), (Bb), (bb)
○ (다)는 1쌍의 대립유전자에 의해 결정되며, 대립유전자에는 D, E, F가 있다. D는 E, F에 대해, E는 F에 대해 각각 완전 우성이다.
  D>E>F, 표현형 3가지 (DD, DE, DF), (EE, EF), (FF)
○ P의 유전자형은 AaBbDF이고, P와 Q는 (나)의 표현형이 서로 다르다. └bb
○ P와 Q 사이에서 ⓐ가 태어날 때, ⓐ가 P와 (가)~(다)의 표현형이 모두 같을 확률은 $\frac{3}{16}$이다. $\frac{1}{2} \times \frac{3}{4} \times \frac{1}{2}$
○ ⓐ가 유전자형이 AAbbFF인 사람과 (가)~(다)의 표현형이 모두 같을 확률은 $\frac{3}{32}$이다. $\frac{1}{4} \times \frac{3}{4} \times \frac{1}{2}$

ⓐ의 유전자형이 aabbDF일 확률은? (단, 돌연변이는 고려하지 않는다.) [3점]

<보기> 풀이

(1) (가)~(다)의 유전자는 서로 다른 3개의 상염색체에 있으므로, 독립적으로 유전한다. (가)에서 대립유전자 A는 a에 대해 완전 우성이므로 (가)의 표현형은 2가지 [(AA, Aa), aa]이다. (나)에서 유전자형이 다르면 표현형이 다르므로 (나)의 표현형은 3가지 [BB, Bb, bb]이다. (다)에서 대립유전자의 우열 관계는 D>E>F이므로 (다)의 표현형은 3가지 [(DD, DE, DF), (EE, EF), FF]이다.

(2) P는 (나)의 유전자형이 Bb이고 P와 Q는 (나)의 표현형이 서로 다르므로 Q는 (나)의 유전자형이 BB와 bb 중 하나이어야 한다. ⓐ가 유전자형이 bb인 사람과 (나)의 표현형이 같을 확률은 0보다 크므로 Q는 (나)의 유전자형이 bb이다.

(3) (나)의 유전자형이 Bb인 P와 bb인 Q 사이에서 태어난 ⓐ가 가질 수 있는 (나)의 유전자형은 Bb, bb이므로, ⓐ가 P와 (나)의 표현형이 같을 확률은 $\frac{1}{2}$이다. ⓐ가 P와 (가)~(다)의 표현형이 모두 같을 확률은 $\frac{3}{16}$이므로, ⓐ가 P와 (가)와 (다)의 표현형이 같을 확률은 $\frac{3}{8}\left(=\frac{3}{4} \times \frac{1}{2}\right)$이다. ⓐ가 유전자형이 AAbbFF인 사람과 (가)~(다)의 표현형이 모두 같을 확률이 $\frac{3}{32}$이고, ⓐ가 (나)의 표현형이 bb일 확률은 $\frac{1}{2}$이다. 따라서 ⓐ가 유전자형이 AAFF인 사람과 (가)와 (다)의 표현형이 같을 확률은 $\frac{3}{16}\left(=\frac{1}{4} \times \frac{3}{4}\right)$이다.

(4) ⓐ가 유전자형이 FF인 사람과 (다)의 표현형이 같을 확률은 $\frac{1}{4}$이므로 Q의 (다)의 유전자형은 EF와 DF 중 하나이다. P의 (다)의 유전자형이 DF, Q의 (다)의 유전자형이 EF라면 ⓐ가 가질 수 있는 (다)의 유전자형은 DE, DF, EF, FF이다. 이 경우 ⓐ가 P와 (다)의 표현형이 같을 확률은 $\frac{1}{2}$이므로 P와 (가)의 표현형이 같을 확률은 $\frac{3}{4}$이 된다. 이 조건을 만족하는 Q의 (가)의 유전자형은 Aa이고, ⓐ가 가질 수 있는 (가)의 유전자형 분리비는 AA : Aa : aa=1 : 2 : 1이다. Q의 (가)의 유전자형이 Aa이면 ⓐ가 유전자형이 AA인 사람과 (가)의 표현형이 같을 확률은 $\frac{3}{4}$, 유전자형이 FF인 사람과 (다)의 표현형이 같을 확률은 $\frac{1}{4}$이 되어, 제시된 자료의 조건을 충족한다. 반면 Q의 (다)의 유전자형이 DF이면 ⓐ가 가질 수 있는 (다)의 유전자형 분리비는 DD : DF : FF=1 : 2 : 1이다. 이 경우 ⓐ가 P와 (다)의 표현형이 같을 확률은 $\frac{3}{4}$이므로 ⓐ가 P와 (가)의 표현형이 같을 확률은 $\frac{1}{2}$이 되어야 하기 때문에 Q의 (가)의 유전자형은 aa이어야 한다. 그러면 ⓐ가 유전자형이 AA인 사람과 (가)의 표현형이 같을 확률은 $\frac{1}{2}$이 되므로 제시된 자료의 조건(ⓐ가 유전자형이 AAFF인 사람과 (가)와 (다)의 표현형이 같을 확률은 $\frac{1}{4} \times \frac{3}{4}$)에 맞지 않는다. 따라서 Q의 (가)~(다)의 유전자형은 AabbEF이다. P(AaBbDF)와 Q(AabbEF) 사이에서 태어나는 ⓐ의 유전자형이 aabbDF일 확률은 aa일 확률$\left(\frac{1}{4}\right)$×bb일 확률$\left(\frac{1}{2}\right)$× DF일 확률$\left(\frac{1}{4}\right)=\frac{1}{32}$이다.

 $\frac{1}{4}$  $\frac{1}{8}$ $\frac{1}{16}$ ④ $\frac{1}{32}$ $\frac{1}{64}$

적용해야 할 개념 ④가지

① 단일 인자 유전: 하나의 형질에 대해 1쌍의 대립유전자가 영향을 미쳐 형질이 결정되는 유전 현상이다.

② 복대립 유전: 하나의 형질을 결정하는 데 3가지 이상의 대립유전자가 관여하는 경우를 말한다.

③ 하나의 형질을 결정하는 데 상염색체에 있는 1쌍의 대립유전자가 관여하며, 대립유전자에는 D, E, F가 있고, D는 E와 F에 대해, E는 F에 대해 각각 완전 우성이라면, 이 형질의 유전자형은 DD, DE, DF, EE, EF, FF로 6가지이고, 표현형은 [DD, DE, DF], [EE, EF], [FF]로 3가지이다.

④ 2쌍의 대립유전자가 서로 다른 염색체에 있으면 멘델의 독립의 법칙에 따라 유전되고, 2쌍의 대립유전자가 같은 염색체에 있으면 멘델의 독립의 법칙이 적용되지 않는다.

문제 보기

다음은 사람의 유전 형질 (가)~(다)에 대한 자료이다.

○ (가)는 대립유전자 A와 a에 의해 결정되며, A는 a에 대해 완전 우성이다. A>a: 단일 인자 유전

○ (나)는 대립유전자 B와 b에 의해 결정되며, 유전자형이 다르면 표현형이 다르다. B=b: 단일 인자 유전

○ (다)는 1쌍의 대립유전자에 의해 결정되며, 대립유전자에는 D, E, F가 있다. D는 E, F에 대해, E는 F에 대해 각각 완전 우성이다. D>E>F: 복대립 유전

○ Ⅰ과 Ⅱ는 (가)와 (나)의 표현형이 서로 같고, (다)의 표현형은 서로 다르다.

○ Ⅰ과 Ⅱ 사이에서 @가 태어날 때, @의 (가)~(다)의 표현형이 모두 Ⅱ와 같을 확률은 0이고, @의 (가)~(다)의 표현형이 모두 Ⅲ과 같을 확률과 @의 (가)~(다)의 유전자형이 모두 Ⅲ과 같을 확률은 각각 $\frac{1}{16}$ 이다.

○ 그림은 Ⅲ의 체세포에 들어 있는 일부 상염색체와 유전자를 나타낸 것이다.

@에게서 나타날 수 있는 (가)~(다)의 표현형의 최대 가짓수는? (단, 돌연변이와 교차는 고려하지 않는다.) [3점]

보기

<보기> 풀이

(1) @의 (가)~(다)의 유전자형이 모두 Ⅲ과 같을 확률이 $\frac{1}{16}$ 이므로 @의 (나)의 유전자형이 Ⅲ과 같을 확률과 @의 (가)와 (다)의 유전자형이 모두 Ⅲ과 같을 확률은 각각 $\frac{1}{4}$ 이다. Ⅲ의 (나)의 유전자형은 bb이고 Ⅰ과 Ⅱ의 (나)의 표현형이 서로 같으므로 Ⅰ과 Ⅱ의 (나)의 유전자형은 Bb이다. @의 (가)~(다)의 표현형이 모두 Ⅱ와 같을 확률은 0이고 @의 (나)의 표현형이 Ⅱ와 같을 확률은 $\frac{1}{2}$ 이므로 @의 (가)와 (다)의 표현형이 모두 Ⅱ와 같을 확률은 0이다.

(2) @의 (가)와 (다)의 유전자형이 모두 Ⅲ과 같을 확률과 @의 (가)와 (다)의 표현형이 모두 Ⅲ과 같을 확률은 각각 $\frac{1}{4}$ 이다. 이때 Ⅰ과 Ⅱ 중 한 명에게 대립유전자 A와 D가 같이 있는 염색체가 존재한다면 @의 (가)와 (다)의 표현형이 모두 Ⅲ(AaDF)과 같을 확률은 $\frac{1}{2}$ 이상이므로 a와 D가 같은 염색체에 존재하고 A와 F가 같은 염색체에 존재한다는 것을 알 수 있다. Ⅰ과 Ⅱ의 (가)의 표현형이 같으므로 a와 D가 같이 있는 염색체를 가진 개체는 A를 가지고 있다.

(3) @의 (가)와 (다)의 표현형이 모두 Ⅱ와 같을 확률은 0이다. 따라서 표현형이 Ⅲ과 같은 [AD]인 a와 D가 같이 있는 염색체와 A를 가진 개체는 Ⅰ이고, A와 F가 같이 있는 염색체를 가진 개체는 Ⅱ이다.

(4) Ⅰ과 Ⅱ의 체세포에 들어 있는 일부 상염색체와 유전자를 나타내면 아래와 같다.

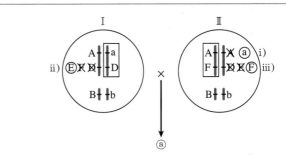

ⅰ) A라면, @의 (가)와 (다)의 표현형이 모두 Ⅲ과 같을 확률이 $\frac{1}{4}$ 이 될 수 없으므로 a이다.

ⅱ) D라면, @의 (가)와 (다)의 표현형이 모두 Ⅲ과 같을 확률이 $\frac{1}{4}$ 이 될 수 없고, F라면, @의 (가)와 (다)의 표현형이 모두 Ⅱ와 같을 확률이 0이 될 수 없으므로 E이다.

ⅲ) D 또는 E라면, @의 (가)와 (다)의 표현형이 모두 Ⅱ와 같을 확률이 0이 될 수 없으므로 F이다.

(5) @에게서 나타날 수 있는 (가)와 (다)의 유전자형은 AAEF, AaEF, AaDF, aaDF이고, 표현형은 [AE], [AD], [aD]로 3가지이다. @에게서 나타날 수 있는 (나)의 유전자형은 BB, Bb, bb이고, 표현형은 [BB], [Bb], [bb]로 3가지이다. 따라서 @에게서 나타날 수 있는 (가)~(다)의 표현형의 최대 가짓수는 3×3=9가지이다.

 6   8   ③ 9   12   16

적용해야 할 개념 ③가지

① 단일 인자 유전은 한 가지 형질에 대해 1쌍의 대립유전자가 영향을 미쳐 형질이 결정되는 유전 현상이다.

② 단일 인자 유전에서 대립유전자 A와 a가 상염색체에 있으면 유전자형의 종류는 AA, Aa, aa이다. A가 a에 대해 완전 우성일 경우 표현형은 2가지이고, 유전자형이 다르면 표현형이 다를 경우 표현형은 3가지이다.

③ 두 대립유전자 쌍이 서로 다른 염색체에 있으면 멘델의 독립의 법칙에 따라 유전되고, 두 대립유전자 쌍이 같은 염색체에 있으면 멘델의 독립의 법칙이 적용되지 않는다.

문제 보기

다음은 사람의 유전 형질 (가)~(다)에 대한 자료이다.

○ (가)~(다)의 유전자는 서로 다른 2개의 상염색체에 있으며, (가)의 유전자는 (다)의 유전자와 서로 다른 상염색체에 있다. (가)와 (나)의 유전자: 같은 염색체

○ (가)는 대립유전자 A와 a에 의해 결정되며, 유전자형이 다르면 표현형이 다르다. (가) A=a

○ (나)는 대립유전자 B와 b에 의해, (다)는 대립유전자 D와 d에 의해 결정된다. (나) B>b, (다) D=d

○ (나)와 (다) 중 하나는 대문자로 표시되는 대립유전자가 소문자로 표시되는 대립유전자에 대해 완전 우성이고, 나머지 하나는 유전자형이 다르면 표현형이 다르다.

○ 유전자형이 AaBbDD인 남자 P와 AaBbDd인 여자 Q 사이에서 @가 태어날 때, @에게서 나타날 수 있는 (가)~(다)의 표현형은 최대 8가지이다.

유전자형이 **AabbDd**인 아버지와 **AaBBDd**인 어머니 사이에서 아이가 태어날 때, 이 아이의 (가)~(다)의 표현형이 모두 Q와 같을 확률은? (단, 돌연변이와 교차는 고려하지 않는다.) [3점]

<보기> 풀이

(1) (가)~(다)의 유전자가 서로 다른 2개의 상염색체에 있으며, (가)의 유전자와 (다)의 유전자는 서로 다른 상염색체에 있으므로, (나)의 유전자는 (가) 또는 (다)의 유전자와 같은 염색체에 있다. (나)의 유전자가 (다)의 유전자와 같은 염색체에 있다면 @에게서 나타날 수 있는 (가)의 표현형이 AA, Aa, aa로 최대 3가지이므로, @에게서 나타날 수 있는 (가)~(다)의 표현형이 최대 8가지라는 조건을 만족할 수 없다. 따라서 (나)의 유전자는 (가)의 유전자와 같은 염색체에 있다.

(2) @에게서 나타날 수 있는 (가)~(다)의 표현형이 최대 8가지라는 조건을 만족하기 위해 P(DD)와 Q(Dd) 사이에서 태어나는 @의 (다)의 표현형은 2가지가 되어야 하므로 (다)는 유전자형이 다르면 표현형이 다르고, (나)는 대문자로 표시되는 대립유전자가 소문자로 표시되는 대립유전자에 대해 완전 우성이다.

(3) 유전자형이 AabbDd인 아버지와 AaBBDd인 어머니 사이에서 아이가 태어날 때, 이 아이의 (가)~(다)의 표현형은 표와 같다.

❶ Q와 (가)와 (나)의 표현형이 같을 확률

 $\rightarrow \dfrac{1}{2}$

어머니\아버지	Ab	ab
AB	AABb	AaBb
aB	AaBb	aaBb

❷ Q와 (다)의 표현형이 같을 확률

 $\rightarrow \dfrac{1}{2}$

어머니\아버지	D	d
D	DD	Dd
d	Dd	dd

따라서 아이의 (가)~(다)의 표현형이 모두 Q와 같을 확률은 $\dfrac{1}{2} \times \dfrac{1}{2} = \dfrac{1}{4}$이다.

① $\dfrac{1}{16}$ ② $\dfrac{1}{8}$ ③ $\dfrac{3}{16}$ ④ $\dfrac{1}{4}$ ⑤ $\dfrac{3}{8}$

적용해야 할 개념 ②가지

① 하나의 형질을 결정하는 데 3가지 이상의 대립유전자가 관여하는 경우를 복대립 유전이라고 한다. 개체의 형질은 1쌍의 대립유전자에 의해 결정된다.

② 복대립 유전에서 대립유전자 A, B, C의 우열 관계가 A>B>C일 때 표현형은 [AA, AB, AC], [BB, BC], [CC]로 3가지이며, 우열 관계가 A>B=C일 때 표현형은 [AA, AB, AC], [BB], [BC], [CC]로 4가지이다.

문제 보기

다음은 사람의 유전 형질 (가)와 (나)에 대한 자료이다.

○ (가)는 1쌍의 대립유전자에 의해 결정되며, 대립유전자에는 D, E, F가 있다. (가)의 표현형은 3가지이며, 각 대립유전자 사이의 우열 관계는 분명하다.
(가): D > F > E, 복대립 유전

○ (나)는 1쌍의 대립유전자에 의해 결정되며, 대립유전자에는 H, R, T가 있다. (나)의 표현형은 3가지이며, 각 대립유전자 사이의 우열 관계는 분명하다.
(나): T > R > H, 복대립 유전

○ 그림은 남자 Ⅰ, Ⅱ와 여자 Ⅲ, Ⅳ의 체세포 각각에 들어 있는 일부 염색체와 유전자를 나타낸 것이다. ㉠~㉢은 D, E, F를 순서 없이 나타낸 것이고, ㉣과 ㉤은 각각 H, R, T 중 하나이다.

남자 Ⅰ   남자 Ⅱ   여자 Ⅲ   여자 Ⅳ

○ Ⅰ과 Ⅲ 사이에서 아이가 태어날 때, 이 아이가 유전자형이 DDTT인 사람과 (가)와 (나)의 표현형이 모두 같을 확률은 $\frac{9}{16}$이다. $\frac{3}{4} \times \frac{3}{4}$

○ Ⅱ와 Ⅳ 사이에서 @가 태어날 때, @에게서 나타날 수 있는 (가)와 (나)의 표현형은 최대 9가지이다. 3×3

이에 대한 설명으로 옳은 것만을 〈보기〉에서 있는 대로 고른 것은? (단, 돌연변이와 교차는 고려하지 않는다.)

보기

〈보기〉 풀이

(1) Ⅰ과 Ⅲ 사이에서 아이가 태어날 때, 이 아이가 유전자형이 DDTT인 사람과 (가)와 (나)의 표현형이 모두 같을 확률은 $\frac{9}{16}$이다.

❶ 아이가 유전자형이 DD인 사람과 (가)의 표현형이 같을 확률은 $\frac{3}{4}$이고, 유전자형이 TT인 사람과 (나)의 표현형이 같을 확률은 $\frac{3}{4}$이다.

❷ 아이가 유전자형이 DD인 사람과 (가)의 표현형이 같을 확률이 $\frac{3}{4}$이 되려면, Ⅰ과 Ⅲ이 각각 D를 하나씩 가지며, D는 E, F에 대해 완전 우성이어야 한다. 따라서 ㉠은 D이다.

❸ 아이가 유전자형이 TT인 사람과 (나)의 표현형이 같을 확률이 $\frac{3}{4}$이 되려면, Ⅰ과 Ⅲ이 각각 T를 하나씩 가지며, T는 H, R에 대해 완전 우성이어야 한다. 따라서 ㉣은 T이다.

(2) Ⅱ와 Ⅳ 사이에서 @가 태어날 때, @에게서 나타날 수 있는 (가)와 (나)의 표현형은 최대 9가지이다.

❶ @에게서 나타날 수 있는 (가)의 표현형은 3가지이고, (나)의 표현형은 3가지이다.

❷ 만약 ㉡이 E라면, @에게서 나타날 수 있는 (가)의 유전자형은 DE, ㉢E이므로, (가)의 표현형은 2가지로 주어진 조건을 만족하지 않는다. 따라서 ㉡은 F, ㉢은 E이다. 이때 @에게서 나타날 수 있는 (가)의 유전자형은 DE, DF, EE, EF이며, (가)의 표현형이 3가지가 되려면 F는 E에 대해 완전 우성이어야 한다.

❸ 만약 ㉤이 R이라면, @에게서 나타날 수 있는 (나)의 유전자형은 TR, HR이므로, (나)의 표현형은 2가지로 주어진 조건을 만족하지 않는다. 따라서 ㉤은 H이다. 이때 @에게서 나타날 수 있는 (나)의 유전자형은 TR, TH, HR, HH이며, (나)의 표현형이 3가지가 되려면 R은 H에 대해 완전 우성이어야 한다.

ㄱ ㉠은 D이다.

➡ ㉠은 D, ㉡은 F, ㉢은 E, ㉣은 T, ㉤은 H이다.

✗ H는 R에 대해 완전 우성이다.

➡ T는 R, H에 대해 완전 우성이고, R은 H에 대해 완전 우성이다.

✗ @의 (가)와 (나)의 표현형이 모두 Ⅱ와 같을 확률은 $\frac{1}{4}$이다.

➡ @의 (가)의 유전자형은 DE, DF, EE, FE로, (가)의 표현형이 Ⅱ와 같을 확률은 $\frac{1}{4}$이다. @의 (나)의 유전자형은 TR, TH, RH, HH로, (나)의 표현형이 Ⅱ와 같을 확률은 $\frac{1}{2}$이다. 따라서 @의 (가)와 (나)의 표현형이 모두 Ⅱ와 같을 확률은 $\frac{1}{4} \times \frac{1}{2} = \frac{1}{8}$이다.

01 ③　02 ②　03 ①　04 ④　05 ①　06 ④　07 ②　08 ②　09 ④　10 ③　11 ④　12 ④

20
일차

문제편 215쪽~219쪽

20
일차

01 　사람의 유전 2023학년도 10월 학평 13번　　　　　정답 ③ | 정답률 46 %

적용해야 할 개념 ③가지

① 대립유전자 A와 A*가 상염색체에 있으면 유전자형의 종류는 AA, AA*, A*A*이다.

② 사람의 피부색이 서로 다른 상염색체에 존재하는 세 쌍의 대립유전자 A와 a, B와 b, D와 d에 의해 결정되고, 대립유전자 A, B, D가 피부색을 검게 만들며, 피부색은 피부색을 검게 만드는 대립유전자의 수에 의해서만 결정된다고 가정하면, 유전자형이 AaBbDd인 부모 사이에서 태어나는 자손에서 피부색을 검게 만드는 대립유전자의 수는 0개~6개까지 가능하므로 피부색의 표현형은 최대 7가지이다.

③ 생식세포 분열 과정에서 상동 염색체가 분리될 때 상동 염색체에 있는 대립유전자 쌍도 분리되어 서로 다른 생식세포로 들어간다. 생식세포인 정자와 난자가 수정하면 대립유전자는 다시 쌍을 이루고, 그에 따라 자손의 표현형이 나타난다.

문제 보기

다음은 사람의 유전 형질 (가)와 (나)에 대한 자료이다.

○ (가)는 서로 다른 3개의 상염색체에 있는 3쌍의 대립유전자 A와 a, B와 b, D와 d에 의해 결정된다.

○ (가)의 표현형은 유전자형에서 대문자로 표시되는 대립유전자의 수에 의해서만 결정되며, 이 대립유전자의 수가 다르면 표현형이 다르다.

○ (나)는 대립유전자 E, F, G에 의해 결정되고, 표현형은 4가지이다. 유전자형이 EE인 사람과 EG인 사람의 표현형은 같고, 유전자형이 FF인 사람과 FG인 사람의 표현형은 같다. 표현형 (EE, EG), (FF, FG), EF, GG

○ (가)와 (나)의 유전자는 서로 다른 상염색체에 있다.
　　　　　　　　　　AABBDDGG┐
○ P의 유전자형은 AaBbDdEF이고 P와 Q 사이에서 ⓐ가 태어날 때, ⓐ에게서 나타날 수 있는 (가)와 (나)의 표현형은 최대 8가지이다. 2×4＝8

○ ⓐ가 유전자형이 AABBDDEG인 사람과 같은 표현형을 가질 확률과 AABBDDFG인 사람과 같은 표현형을 가질 확률은 각각 0보다 크다.

ⓐ가 유전자형이 AaBBDdFG인 사람과 (가)와 (나)의 표현형이 모두 같을 확률은? (단, 돌연변이는 고려하지 않는다.)

보기

〈보기〉 풀이

(1) (가)를 결정하는 3쌍의 대립유전자는 서로 다른 상염색체에 있고 (가)와 (나)의 유전자는 서로 다른 상염색체에 있으므로, (가)와 (나)는 독립적으로 유전된다.

(2) (나)에서 유전자형이 EE인 사람과 EG인 사람의 표현형이 같으므로 E는 G에 대해 우성이다. 유전자형이 FF인 사람과 FG인 사람의 표현형이 같으므로 F는 G에 대해 우성이다. (나)의 표현형이 4가지이므로 E와 F 사이에는 우열 관계가 없다. 따라서 (나)의 표현형 4가지는 (EE, EG), (FF, FG), EF, GG이다.

(3) ⓐ에게서 나타날 수 있는 (가)와 (나)의 표현형은 최대 8가지(＝2×4)이므로, (가)의 표현형은 4가지, (나)의 표현형은 2가지이다.

(4) P의 (가)의 유전자형은 AaBbDd이므로 P에서 형성되는 생식세포의 유전자형에서 대문자로 표시되는 대립유전자의 수(유전자형)는 3(ABD), 2(ABd, AbD, aBD), 1(Abd, aBd, abD), 0(abd)이다. 그리고 ⓐ에게서 나타날 수 있는 (가)의 표현형은 4가지이고 ⓐ가 유전자형이 AABBDD인 사람과 같은 표현형을 가질 확률은 0보다 크다. 이를 통해 Q의 (가)의 유전자형은 AABBDD이고, Q에게서 형성되는 생식세포의 유전자형에서 대문자로 표시되는 대립유전자의 수(유전자형)는 3(ABD)임을 알 수 있다.

(5) P의 (나)의 유전자형은 EF이고, ⓐ가 (나)의 유전자형이 EG인 사람, FG인 사람과 같은 표현형을 가질 확률은 각각 0보다 크다. 따라서 Q는 G를 가지고 있어야 하며, ⓐ에게서 나타날 수 있는 (나)의 표현형은 2가지라는 조건을 만족하는 Q의 (나)의 유전자형은 GG이다.

(6) ⓐ가 유전자형이 AaBBDd인 사람과 (가)의 표현형이 같으려면 ⓐ의 (가)의 유전자형에서 대문자로 표시되는 대립유전자의 수가 4이어야 한다. Q에게서 형성되는 생식세포에서 (가)의 유전자형은 1가지(ABD)이므로, P에서 형성되는 생식세포 중 (가)의 유전자형에서 대문자로 표시되는 대립유전자 수가 1인 생식세포(Abd, aBd, abD)가 수정되었을 때 ⓐ가 (가)의 유전자형이 AaBBDd인 사람과 표현형이 같을 수 있다. P에서 유전자형이 Abd, aBd, abD인 생식세포가 형성될 확률은 $\frac{3}{8}$이다.

(7) P의 (나)의 유전자형은 EF, Q의 (나)의 유전자형은 GG이므로, ⓐ에게서 나타날 수 있는 (나)의 유전자형은 EG, FG이다. 따라서 ⓐ가 (나)의 유전자형이 FG인 사람과 표현형이 같을 확률은 $\frac{1}{2}$이다.

(6)과 (7)을 종합하면 ⓐ가 유전자형이 AaBBDdFG인 사람과 (가)와 (나)의 표현형이 모두 같을 확률은 $\frac{3}{8} \times \frac{1}{2} = \frac{3}{16}$이다.

 $\frac{1}{16}$　　　　✗ $\frac{1}{8}$　　　　③ $\frac{3}{16}$　　　　✗ $\frac{1}{4}$　　　　✗ $\frac{3}{8}$

① 사람의 피부색이 서로 다른 상염색체에 존재하는 3쌍의 대립유전자 A와 a, B와 b, D와 d에 의해 결정되고, 대립유전자 A, B, D가 피부색을 검게 만들며, 피부색의 표현형은 피부색을 검게 만드는 대립유전자의 수에 의해서만 결정된다고 가정하면, 부모의 유전자형에 따라 대문자로 표시되는 대립유전자의 수가 4개인 자손이 태어날 확률이 달라진다.

적용해야 할 개념 ①가지

유전자형이 AaBbDD인 부와 AABBdd인 모 사이에서 태어나는 자손 ⓐ에서 대문자로 표시되는 대립유전자의 수가 4개가 될 확률	유전자형이 AaBbDD인 부와 AaBbDD인 모 사이에서 태어나는 자손 ⓑ에서 대문자로 표시되는 대립유전자의 수가 4개가 될 확률
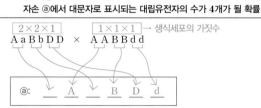	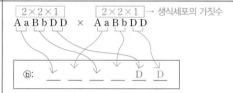

ⓐ에서 대문자 4개일 확률 → ⓐ에 이미 대문자가 3개(A, B, D) 있으므로

$$= \frac{\text{빈칸 2개 중 대문자 1개 있을 경우의 수}}{\text{생식세포의 가짓수(부)} \times \text{생식세포의 가짓수(모)}}$$

$$= \frac{{}_2C_1}{2^2 \times 1} = \frac{2}{4} = \frac{1}{2}$$

ⓑ에서 대문자 4개일 확률 → ⓑ에 이미 대문자가 2개(D, D) 있으므로

$$= \frac{\text{빈칸 4개 중 대문자 2개 있을 경우의 수}}{\text{생식세포의 가짓수(부)} \times \text{생식세포의 가짓수(모)}}$$

$$= \frac{{}_4C_2}{2^2 \times 2^2} = \frac{6}{16} = \frac{3}{8}$$

문제 보기

다음은 사람의 유전 형질 (가)와 (나)에 대한 자료이다.

○ (가)는 서로 다른 3개의 상염색체에 있는 3쌍의 대립유전자 A와 a, B와 b, D와 d에 의해 결정된다.

○ (가)의 표현형은 유전자형에서 대문자로 표시되는 대립유전자의 수에 의해서만 결정되며, 이 대립유전자의 수가 다르면 표현형이 다르다. → 다인자 유전

○ (나)는 대립유전자 E와 e에 의해 결정되며, 유전자형이 다르면 표현형이 다르다. (나)의 유전자는 (가)의 유전자와 서로 다른 상염색체에 있다. → 3가지(EE/Ee/ee) → (가)와 (나)는 독립 유전

○ P의 유전자형은 AaBbDDEe이고, P와 Q는 (가)의 표현형이 서로 같다. → Q에서 대문자로 표시되는 대립유전자의 수는 4

○ P와 Q 사이에서 ⓐ가 태어날 때, ⓐ가 유전자형이 AABbDdEE인 사람과 (가)와 (나)의 표현형이 모두 같을 확률은 $\frac{1}{8}$이다. → (가)의 표현형이 AABbDd와 같을 확률 × (나)의 표현형이 EE와 같을 확률 = $\frac{1}{2} \times \frac{1}{4}$

ⓐ가 유전자형이 AaBbDdEe인 사람과 (가)와 (나)의 표현형이 모두 같을 확률은? (단, 돌연변이는 고려하지 않는다.)

$2 \times 2 \times 1 \quad 1 \times 1 \times 1$
$AaBbDD \times AABBdd$

ⓐ: A B D d

<보기> 풀이

(1) (가)는 다인자 유전이고, (나)는 단일 인자 유전으로 표현형은 3가지(EE, Ee, ee)이다. (가)와 (나)는 독립적으로 유전된다.

(2) P와 Q는 (가)의 표현형이 서로 같으므로 Q에서 대문자로 표시되는 (가)의 대립유전자의 수는 4개이다. Q의 (가)의 유전자형에서 대문자로 표시되는 대립유전자의 수가 4개가 되려면 3쌍이 모두 동형 접합성(AABBdd, AAbbDD, aaBBDD)이거나 1쌍만 동형 접합성(AaBbDD, AaBBDd, AABbDd)이어야 한다.

(3) ⓐ가 유전자형이 AABbDd인 사람과 (가)의 표현형이 같을 확률 계산

i) Q의 (가)의 유전자형이 3쌍 모두 동형 접합성(예 AABBdd)일 때 ➡

ⓐ에서 대문자로 표시되는 대립유전자의 수가 4개일 확률 $= \frac{{}_2C_1}{2^2 \times 1} = \frac{2}{4} = \frac{1}{2}$

ii) Q의 (가)의 유전자형이 1쌍만 동형 접합성(예 AaBbDD)일 때 ➡

ⓐ에서 대문자로 표시되는 대립유전자의 수가 4개일 확률 $= \frac{{}_4C_2}{2^2 \times 2^2} = \frac{6}{16} = \frac{3}{8}$

(4) P는 (나)의 표현형이 Ee인데, P와 Q 사이에서 EE인 아이가 태어날 수 있어야 하므로 Q의 (나)의 유전자형은 EE 또는 Ee이다.

(5) ⓐ가 유전자형이 EE인 사람과 (나)의 표현형이 같을 확률 계산

i) Q의 (나)의 유전자형이 EE일 때 ➡ $\frac{1}{2}$ (Ee × EE → EE, Ee)

ii) Q의 (나)의 유전자형이 Ee일 때 ➡ $\frac{1}{4}$ (Ee × Ee → EE, 2Ee, ee)

(6) ⓐ가 유전자형이 AABbDdEE인 사람과 (가)와 (나)의 표현형이 모두 같을 확률이 $\frac{1}{8}$이므로 (가)의 표현형이 AABbDd인 사람과 같을 확률은 $\frac{1}{2}$이고 (나)의 표현형이 EE인 사람과 같을 확률은 $\frac{1}{4}$이 되어야 한다. 따라서 Q의 유전자형은 (가)의 유전자형이 3쌍 모두 동형 접합성이고, (나)의 유전자형이 Ee이다.

(7) ⓐ가 유전자형이 AaBbDdEe인 사람과 (가)와 (나)의 표현형이 모두 같을 확률 계산

i) ⓐ에서 대문자로 표시되는 대립유전자의 수가 3개일 확률 $= \frac{{}_2C_0}{2^2 \times 1} = \frac{1}{4}$

ii) ⓐ의 (나)의 표현형이 Ee일 확률 $= \frac{1}{2}$ (Ee × Ee → EE, 2Ee, ee)

따라서 $\frac{1}{4} \times \frac{1}{2} = \frac{1}{8}$ 이다.

① $\frac{1}{16}$ ② $\frac{1}{8}$ ③ $\frac{3}{16}$ ④ $\frac{1}{4}$ ⑤ $\frac{3}{8}$

적용해야 할 개념 ③가지

① 하나의 유전 형질 발현에 여러 쌍의 대립유전자가 관여하는 유전 현상을 다인자 유전이라고 한다.

② 하나의 형질을 결정하는 데 3개 이상의 대립유전자가 관여하는 경우를 복대립 유전이라고 한다. 복대립 유전에서 개체의 형질은 1쌍의 대립유전자에 의해 결정된다.

③ 생식세포 분열 과정에서 상동 염색체가 분리될 때 상동 염색체에 있는 대립유전자 쌍도 서로 분리되어 다른 생식세포로 들어간다. 생식세포인 정자와 난자가 수정하면 대립유전자는 다시 쌍을 이루고, 그에 따라 자손의 표현형이 나타난다.

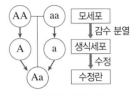

▲ 대립유전자의 전달 과정

문제 보기

다음은 사람의 유전 형질 ㉠과 ㉡에 대한 자료이다.

> ○ ㉠은 2쌍의 대립유전자 A와 a, B와 b에 의해 결정된다.
>
> ○ ㉠의 표현형은 유전자형에서 대문자로 표시되는 대립유전자의 수에 의해서만 결정되며, 이 대립유전자의 수가 다르면 표현형이 다르다. ➡ 다인자 유전
>
> ○ ㉡은 1쌍의 대립유전자에 의해 결정되며, 대립유전자에는 E, F, G가 있다. ➡ 단일 인자 유전(복대립 유전)
>
> ○ 그림 (가)는 남자 P의, (나)는 여자 Q의 체세포에 들어 있는 일부 염색체와 유전자를 나타낸 것이다.
>
>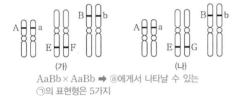
>
> AaBb × AaBb ➡ ⓐ에게서 나타날 수 있는
> ㉠의 표현형은 5가지
>
> ○ P와 Q 사이에서 ⓐ가 태어날 때, ⓐ에게서 나타날 수 있는 표현형은 최대 20가지이다.
> ┗ ㉠이 5가지이므로 ㉡은 4가지
> ➡ EE, EG, EF, FG의 표현형이 모두 다름 ➡ F=G>E

이에 대한 설명으로 옳은 것만을 〈보기〉에서 있는 대로 고른 것은? (단, 돌연변이와 교차는 고려하지 않는다.) [3점]

〈보기〉 풀이

㉠을 결정하는 두 쌍의 대립유전자와 ㉡을 결정하는 한 쌍의 대립유전자가 각기 다른 상염색체에 존재하므로 독립적으로 유전된다.

남자 P와 여자 Q의 ㉠의 유전자형은 모두 AaBb이므로, ⓐ에게서 나타날 수 있는 유전자형에서 대문자로 표시되는 대립유전자의 수는 4, 3, 2, 1, 0이다. 따라서 ⓐ에게서 나타날 수 있는 ㉠의 표현형은 5가지이고, ⓐ에게서 나타날 수 있는 표현형이 최대 20가지($=5 \times 4$)이므로 ㉡의 표현형은 4가지이다.

남자 P와 여자 Q의 ㉡의 유전자형은 각각 EF와 EG이므로 ⓐ에게서 나타날 수 있는 ㉡의 유전자형은 EE, EG, EF, FG이며, 각 유전자형에 대한 표현형이 모두 다르다. 이를 통해 F와 G는 공동 우성이고, F와 G는 각각 E에 대해 우성($F=G>E$)임을 알 수 있으며, ㉡의 표현형은 모두 4가지(FG/FF, EF/GG, EG/EE)이다.

㉠ ㉠의 유전은 다인자 유전이다.

➡ ㉠의 유전은 두 쌍의 대립유전자에 의해 결정되므로 다인자 유전이다.

✗ 유전자형이 EF인 사람과 FG인 사람의 표현형은 같다.

➡ F와 G는 공동 우성이고, F와 G는 각각 E에 대해 우성($F=G>E$)이므로, EF인 사람과 FG인 사람의 표현형은 다르다.

✗ ⓐ에서 ㉠과 ㉡의 표현형이 모두 P와 같을 확률은 $\dfrac{3}{16}$이다.

➡ 남자 P와 여자 Q의 ㉠의 유전자형은 모두 AaBb이므로, 생식세포의 유전자형은 AB, Ab, aB, ab이다. ⓐ에서 ㉠의 표현형이 P(대문자로 표시되는 대립유전자의 수 2개)와 같으려면 대문자로 표시되는 대립유전자의 수가 2개인 정자와 0개인 난자, 1개인 정자와 1개인 난자, 0개인 정자와 2개인 난자의 수정으로 ⓐ가 태어나야 한다. 따라서 ⓐ가 태어날 때 ㉠의 표현형이 P와 같을 확률은 $\left(\dfrac{1}{4} \times \dfrac{1}{4}\right) + \left(\dfrac{1}{2} \times \dfrac{1}{2}\right) + \left(\dfrac{1}{4} \times \dfrac{1}{4}\right) = \dfrac{3}{8}$이다. ⓐ에게서 나타날 수 있는 ㉡의 유전자형은 EE, EG, EF, FG이므로 ⓐ에서 ㉡의 표현형이 P(EF)와 같을 확률은 $\dfrac{1}{4}$이다. 종합하면 ⓐ에서 ㉠과 ㉡의 표현형이 모두 P와 같을 확률은 $\dfrac{3}{8} \times \dfrac{1}{4} = \dfrac{3}{32}$이다.

적용해야 할 개념 ③가지

① 복대립 유전: 하나의 형질을 결정하는 데 세 가지 이상의 대립유전자가 관여하며, 한 쌍의 대립유전자에 의해 형질이 결정되는 유전 현상이다.

② 다인자 유전: 여러 쌍의 대립유전자에 의해 형질이 결정되는 유전 현상이다.

③ 생식세포 형성 과정에서 상동 염색체가 분리될 때 상동 염색체에 있는 대립유전자 쌍도 분리되어 서로 다른 생식세포로 들어간다. 생식세포인 정자와 난자가 수정하면 대립유전자는 다시 쌍을 이루고, 그에 따라 자손의 표현형이 나타난다.

문제 보기

다음은 어떤 사람의 유전 형질 (가)와 (나)에 대한 자료이다.

○ (가)와 (나)를 결정하는 유전자는 서로 다른 상염색체에 있다. ➡ (가)와 (나)는 독립적으로 유전

○ (가)는 1쌍의 대립유전자에 의해 결정되고, 대립유전자에는 A, B, D가 있으며, (가)의 표현형은 3가지이다. ➡ 복대립 유전 AA, AB/BB/AD, BD, DD — D>A>B

○ (나)를 결정하는 데 관여하는 3개의 유전자는 서로 다른 상염색체에 있으며, 3개의 유전자는 각각 대립유전자 E와 e, F와 f, G와 g를 가진다. ➡ 다인자 유전

○ (나)의 표현형은 유전자형에서 대문자로 표시되는 대립유전자의 수에 의해서만 결정되며, 이 대립유전자의 수가 다르면 표현형이 다르다.

○ 유전자형이 ㉠ ABEeFfGg인 아버지와 ㉡ BDEeFfGg인 어머니 사이에서 아이가 태어날 때, 이 아이에게서 (가)와 (나)의 표현형이 모두 ㉠과 같을 확률은 $\frac{5}{64}$이다.

이에 대한 설명으로 옳은 것만을 〈보기〉에서 있는 대로 고른 것은? (단, 돌연변이와 교차는 고려하지 않는다.) [3점]

〈보기〉 풀이

보기

(가)는 세 가지의 대립유전자(A, B, D) 중 한 쌍의 대립유전자에 의해 형질이 결정되므로 복대립 유전을 하고, (나)는 3쌍의 대립유전자(E와 e, F와 f, G와 g)에 의해 형질이 결정되므로 다인자 유전을 한다. (가)와 (나)의 유전자는 서로 다른 상염색체에 있으므로 독립적으로 유전된다.

(나)의 유전자형이 EeFfGg인 부모 ㉠과 ㉡ 사이에서 태어난 아이에게서 (나)의 표현형이 ㉠ (EeFfGg)과 같으려면 이 아이의 (나)의 유전자형에서 대문자로 표시되는 대립유전자의 수가 3이어야 한다. 부모 ㉠과 ㉡의 (나)의 유전자형은 EeFfGg이므로, 부모 각각에서 생성될 수 있는 생식세포의 유전자형은 8가지(EFG, EFg, EfG, Efg, eFG, eFg, efG, efg)이며, 이 아이의 (나)의 유전자형에서 대문자로 표시되는 대립유전자의 수가 3일 확률은 다음과 같이 구한다.

(아버지의 생식세포 EFG와 어머니의 생식세포 efg가 수정될 확률)+(아버지의 생식세포 EFg, EfG, eFG와 어머니의 생식세포 Efg, eFg, efG가 수정될 확률)+(아버지의 생식세포 Efg, eFg, efG와 어머니의 생식세포 EFg, EfG, eFG가 수정될 확률)+(아버지의 생식세포 efg와 어머니의 생식세포 EFG가 수정될 확률)=$\left(\frac{1}{8}\times\frac{1}{8}\right)+\left(\frac{3}{8}\times\frac{3}{8}\right)+\left(\frac{3}{8}\times\frac{3}{8}\right)+\left(\frac{1}{8}\times\frac{1}{8}\right)$

$=\frac{20}{64}=\frac{5}{16}$이다.

부모 ㉠과 ㉡ 사이에서 태어난 아이에게서 (가)와 (나)의 표현형이 모두 ㉠과 같을 확률이 $\frac{5}{64}$ $\left(=\frac{1}{4}\times\frac{5}{16}\right)$이므로, 이 아이에게서 (가)의 표현형이 ㉠과 같을 확률은 $\frac{1}{4}$이다. 부모 ㉠과 ㉡의 (가)의 유전자형은 AB와 BD이므로, ㉠과 ㉡ 사이에서 태어난 아이의 (가)의 유전자형은 AB, AD, BB, BD 중 하나이다. 이 중 ㉠(AB)과 표현형이 같을 확률이 $\frac{1}{4}$이므로 AB는 AD, BB, BD와 표현형이 다르다. 이를 통해 D는 A와 B에 대해 우성 대립유전자, A는 B에 대해 우성 대립유전자라는 것을 알 수 있다. (가)의 표현형은 3가지이므로, (가)의 유전자형이 AA와 AB인 사람은 같은 표현형, AD, BD, DD인 사람은 같은 표현형, BB인 사람은 같은 표현형을 나타낸다.

✗ **㉠과 ㉡의 (가)에 대한 표현형은 같다.**

➡ ㉠의 (가)에 대한 유전자형은 AB, ㉡의 (가)에 대한 유전자형은 BD이다. (가)의 유전자형이 AA와 A̲B̲인 사람은 같은 표현형, AD, B̲D̲, DD인 사람은 같은 표현형, BB인 사람은 같은 표현형을 나타내므로, ㉠과 ㉡의 (가)에 대한 표현형은 서로 다르다.

ㄴ. **㉠에서 생성될 수 있는 (가)와 (나)에 대한 생식세포의 유전자형은 16가지이다.**

➡ (가)와 (나)의 유전자는 서로 다른 상염색체에 있으므로 독립적으로 유전된다. ㉠의 (가)에 대한 유전자형이 AB이므로, ㉠에서 생성될 수 있는 (가)에 대한 생식세포의 유전자형은 2가지(A, B)이다. ㉠의 (나)에 대한 유전자형은 EeFfGg이므로, ㉠에서 생성될 수 있는 (나)에 대한 생식세포의 유전자형은 8가지(EFG, EFg, EfG, Efg, eFG, eFg, efG, efg)이다. 따라서 ㉠에서 생성될 수 있는 (가)와 (나)에 대한 생식세포의 유전자형은 2×8=16가지이다.

ㄷ. **유전자형이 AAEeFFGg인 아버지와 BDeeffgg인 어머니 사이에서 아이가 태어날 때, 이 아이에게서 나타날 수 있는 (가)와 (나)의 표현형은 최대 6가지이다.**

➡ (가)에 대한 유전자형이 AA와 BD인 부모 사이에서 태어난 아이에게서 나타날 수 있는 유전자형은 AB, AD이고, AB와 AD는 서로 다른 표현형을 나타내므로, 이 아이에게서 나타날 수 있는 (가)의 표현형은 2가지이다.

(나)에 대한 유전자형이 EeFFGg인 경우 생성될 수 있는 생식세포의 유전자형은 EFG, EFg, eFG, eFg이고, eeffgg인 경우 생성될 수 있는 생식세포의 유전자형은 efg이다. (나)의 표현형은 유전자형에서 대문자로 표시되는 대립유전자의 수에 의해서만 결정되므로 EFG(3), EFg(2), eFG(2), eFg(1)인 정자와 efg(0)인 난자의 수정으로 태어난 아이에게서 나타날 수 있는 (나)의 표현형은 3가지이다.

(가)와 (나)는 독립적으로 유전되므로, 유전자형이 AAEeFFGg인 아버지와 BDeeffgg인 어머니 사이에서 아이가 태어날 때, 이 아이에게서 나타날 수 있는 (가)와 (나)의 표현형은 최대 2×3=6가지이다.

적용해야 할 개념 ③가지

① 단일 인자 유전은 한 가지 형질에 대해 1쌍의 대립유전자가 영향을 미쳐 형질이 결정되는 유전 현상이고, 다인자 유전은 한 가지 형질에 대해 여러 쌍의 대립유전자가 영향을 미쳐 형질이 결정되는 유전 현상이다.

② 생식세포 분열 과정에서 상동 염색체가 분리될 때 상동 염색체에 있는 대립유전자 쌍도 서로 분리되어 다른 생식세포로 들어간다. 생식세포인 정자와 난자가 수정하면 대립유전자는 다시 쌍을 이루고, 그에 따라 자손의 표현형이 나타난다.

③ 두 대립유전자 쌍이 서로 다른 염색체에 있으면 멘델의 독립의 법칙에 따라 유전되고, 두 대립유전자 쌍이 같은 염색체에 있으면 멘델의 독립의 법칙이 적용되지 않는다.

문제 보기

다음은 사람의 유전 형질 (가)와 (나)에 대한 자료이다.

→ 표현형 (AA, AB, AD), (BB, BD), (DD) 3가지

○ (가)와 (나)의 유전자는 서로 다른 상염색체에 있다.
○ (가)는 1쌍의 대립유전자에 의해 결정되며, 대립유전자에는 A, B, D가 있다. A는 B와 D에 대해, B는 D에 대해 각각 완전 우성이다. A > B > D
○ (나)는 서로 다른 상염색체에 있는 2쌍의 대립유전자 E와 e, F와 f에 의해 결정된다. (나)의 표현형은 유전자형에서 대문자로 표시되는 대립유전자의 수에 의해서만 결정되며, 이 대립유전자의 수가 다르면 표현형이 다르다.
○ 표는 사람 Ⅰ ~ Ⅳ에서 성별, (가)와 (나)의 유전자형을 나타낸 것이다.

사람	성별	유전자형
R Ⅰ	남	ABEeFf
P Ⅱ	남	ADEeFf
Q Ⅲ	여	BDEEff
S Ⅳ	여	DDEeFF

○ P와 Q 사이에서 ⓐ가 태어날 때, ⓐ에게서 나타날 수 있는 (가)와 (나)의 표현형은 최대 9가지이다. 3×3 (가)의 표현형 3가지, (나)의 표현형 3가지
○ R와 S 사이에서 ⓑ가 태어날 때, ⓑ에게서 나타날 수 있는 (가)와 (나)의 표현형은 최대 ㉠가지이다. 8
○ P와 R는 Ⅰ과 Ⅱ를 순서 없이 나타낸 것이고, Q와 S는 Ⅲ과 Ⅳ를 순서 없이 나타낸 것이다.
　　　Ⅱ　Ⅰ　　　　　　Ⅲ　Ⅳ

이에 대한 설명으로 옳은 것만을 〈보기〉에서 있는 대로 고른 것은? (단, 돌연변이는 고려하지 않는다.)

보기

〈보기〉 풀이

(1) (가)는 1쌍의 대립유전자에 의해 결정되므로 단일 인자 유전이고, 대립유전자 A, B, D의 우열 관계는 A > B > D이다. 따라서 (가)의 표현형은 (AA, AB, AD), (BB, BD), (DD) 3가지이다.

(2) (나)는 2쌍의 대립유전자에 의해 결정되므로 다인자 유전이다.

(3) P와 Q 사이에서 태어난 ⓐ에게서 나타날 수 있는 (가)와 (나)의 표현형은 최대 9가지($=3 \times 3$)이고, (가)와 (나)의 유전자는 서로 다른 상염색체에 있다. 따라서 ⓐ에게서 나타날 수 있는 (가)의 표현형은 최대 3가지, (나)의 표현형은 최대 3가지이어야 한다. Ⅱ(AD)와 Ⅲ(BD) 사이에서 태어난 자손이 가질 수 있는 유전자형은 AB, AD, BD, DD이고 표현형이 3가지이므로 P는 Ⅱ, Q는 Ⅲ이다. 따라서 R는 Ⅰ, S는 Ⅳ이다.

ㄱ. (가)의 유전은 단일 인자 유전이다.

➡ (가)는 1쌍의 대립유전자에 의해 결정되므로 단일 인자 유전이다.

✗ ㉠은 6이다.

➡ (가)와 (나)의 유전자는 서로 다른 상염색체에 있으므로, (가)와 (나)는 독립 유전한다.
R(Ⅰ, AB)와 S(Ⅳ, DD) 사이에서 태어난 ⓑ가 가질 수 있는 (가)의 유전자형은 AD, BD이므로, ⓑ에게서 나타날 수 있는 (가)의 표현형은 최대 2가지이다.
R(Ⅰ, EeFf)와 S(Ⅳ, EeFF) 사이에서 태어난 ⓑ가 가질 수 있는 (나)의 유전자형은 다음과 같으며, ( ) 안의 숫자는 (나)의 유전자형에서 대문자로 표시되는 대립유전자의 수이다.

S의 난자 \ R의 정자	EF(2)	Ef(1)	eF(1)	ef(0)
EF(2)	EEFF(4)	EEFf(3)	EeFF(3)	EeFf(2)
eF(1)	EeFF(3)	EeFf(2)	eeFF(2)	eeFf(1)

ⓑ에게서 나타날 수 있는 (나)의 표현형은 대문자로 표시되는 대립유전자 수 4, 3, 2, 1로 최대 4가지이다. 따라서 ⓑ에게서 나타날 수 있는 (가)와 (나)의 표현형의 최대 가짓수인 ㉠은 8($=2 \times 4$)이다.

✗ ⓑ의 (가)와 (나)의 표현형이 모두 R와 같을 확률은 $\frac{3}{8}$이다.

➡ R의 (가)의 유전자형은 AB이므로 ⓑ의 (가)의 표현형(AD)이 R와 같을 확률은 $\frac{1}{2}$이고, R의 (나)의 유전자형(표현형)은 EeFf(2)이므로 ⓑ의 (나)의 표현형(대문자 수 2)이 R와 같을 확률은 $\frac{3}{8}$이다. 결론적으로 ⓑ의 (가)와 (나)의 표현형이 모두 R와 같을 확률은 $\frac{1}{2} \times \frac{3}{8} = \frac{3}{16}$이다.

적용해야 할 개념 ③가지

① 다인자 유전: 여러 쌍의 대립유전자에 의해 형질이 결정되는 유전 현상이다.

② 두 쌍 이상의 대립유전자가 서로 다른 염색체에 있을 때, 한 대립유전자 쌍은 다른 대립유전자 쌍의 영향을 받지 않고 독립적으로 분리되어 유전된다.

③ 생식세포 형성 과정에서 상동 염색체가 분리될 때 상동 염색체에 있는 대립유전자 쌍도 분리되어 서로 다른 생식세포로 들어간다. 생식세포인 정자와 난자가 수정하면 대립유전자는 다시 쌍을 이루고, 그에 따라 자손의 표현형이 나타난다.

문제 보기

다음은 사람의 유전 형질 (가)와 (나)에 대한 자료이다.

○ (가)는 서로 다른 3개의 상염색체에 있는 3쌍의 대립유전자 A와 a, B와 b, D와 d에 의해 결정된다. 다인자 유전 보기

○ (가)의 표현형은 유전자형에서 대문자로 표시되는 대립유전자의 수에 의해서만 결정되며, 이 대립유전자의 수가 다르면 표현형이 다르다.

○ (나)는 대립유전자 E와 e에 의해 결정되며, 유전자형이 다르면 표현형이 다르다. (나)의 유전자는 (가)의 유전자와 서로 다른 상염색체에 있다. 3가지(EE/Ee/ee)
  ➡ (가)와 (나)는 독립 유전을 한다.

○ P와 Q는 (가)의 표현형이 서로 같고, (나)의 표현형이 서로 다르다. └ 대문자로 표시되는 대립유전자의 수는 4

한 사람은 EE, 다른 사람은 Ee

○ P와 Q 사이에서 @가 태어날 때, @의 표현형이 P와 같을 확률은 $\frac{3}{16}$이다. ← (가)의 표현형이 P와 같을 확률($\frac{3}{8}$)× (나)의 표현형이 P와 같을 확률($\frac{1}{2}$)

○ @는 유전자형이 AABBDDEE인 사람과 같은 표현형을 가질 수 있다. ➡ P와 Q는 모두 ABDE인 생식세포를 만들 수 있다.

@에게서 나타날 수 있는 표현형의 최대 가짓수는? (단, 돌연변이는 고려하지 않는다.) [3점]

<보기> 풀이

(가)의 유전자와 (나)의 유전자는 서로 다른 상염색체에 있으므로 독립적으로 유전된다. @는 유전자형이 AABBDDEE인 사람과 같은 표현형을 가질 수 있으므로 P와 Q는 모두 유전자형이 ABDE인 생식세포를 만들 수 있다.

(나)는 유전자형이 다르면 표현형이 다르고, P와 Q는 (나)의 표현형이 다르므로 (나)에 대한 유전자형은 한 사람이 EE이면 다른 사람은 Ee이다. EE와 Ee인 P와 Q 사이에서 태어난 @의 유전자형(표현형)이 EE일 확률은 $\frac{1}{2}$, Ee일 확률은 $\frac{1}{2}$이므로, @의 (나)의 표현형이 P와 같을 확률은 $\frac{1}{2}$이다.

@의 (가)와 (나)의 표현형이 모두 P와 같을 확률이 $\frac{3}{16}\left(=\frac{1}{2}\times\frac{3}{8}\right)$이므로 @의 (가)의 표현형이 P와 같을 확률은 $\frac{3}{8}$이다. P와 Q는 (가)의 표현형이 서로 같으므로 유전자형에서 대문자로 표시되는 대립유전자의 수가 같으며, 모두 유전자형이 ABD인 생식세포를 만드는데, @의 (가)의 표현형이 P와 같을 확률이 $\frac{3}{8}$이 되려면 P와 Q의 (가)에 대한 유전자형에서 대문자로 표시되는 대립유전자의 수가 4이어야 한다.

다음은 P와 Q의 유전자형이 AABbDd(대문자로 표시되는 대립유전자의 수가 4)인 경우를 예시로 하여 나타낸 것이다.

구분		P			
		ABD(3)	ABd(2)	AbD(2)	Abd(1)
Q	ABD(3)	AABBDD(6)	AABBDd(5)	AABbDD(5)	AABbDd(4)
	ABd(2)	AABBDd(5)	AABBdd(4)	AABbDd(4)	AABbdd(3)
	AbD(2)	AABbDD(5)	AABbDd(4)	AAbbDD(4)	AAbbDd(3)
	Abd(1)	AABbDd(4)	AABbdd(3)	AAbbDd(3)	AAbbdd(2)

@에게서 나타날 수 있는 (가)의 표현형은 최대 5가지(대문자로 표시되는 대립유전자의 수가 6, 5, 4, 3, 2)이고, (나)의 표현형은 최대 2가지(유전자형이 EE, Ee)이다. 따라서 @에게서 나타날 수 있는 표현형의 최대 가짓수는 5×2=10이다.

 5 6 7 ④ 10 14

적용해야 할 개념 ③가지

① 다인자 유전: 여러 쌍의 대립유전자에 의해 형질이 결정되는 유전 형질이다.

② 두 쌍 이상의 대립유전자가 서로 다른 염색체에 있을 때, 한 대립유전자 쌍은 다른 대립유전자 쌍에 의해 영향을 받지 않고 독립적으로 분리되어 유전된다.

③ 두 형질을 결정하는 각각의 대립유전자가 같은 염색체에 있는 경우, 생식세포 형성 과정에서 함께 이동하여 같은 생식세포로 들어간다.

20 일차

문제 보기

다음은 사람의 유전 형질 ㉠과 ㉡에 대한 자료이다.

> ○ ㉠을 결정하는 데 관여하는 3개의 유전자는 상염색체에 있으며, 3개의 유전자는 각각 대립유전자 A와 a, B와 b, D와 d를 가진다. ➡ 다인자 유전
>
> ○ ㉠의 표현형은 유전자형에서 대문자로 표시되는 대립유전자의 수에 의해서만 결정되며, 이 대립유전자의 수가 다르면 표현형이 다르다.
>
> ○ ㉡은 대립유전자 E와 e에 의해 결정되며, E는 e에 대해 완전 우성이다. ➡ 단일 인자 유전
>
> ○ ㉠과 ㉡의 유전자형이 AaBbDdEe인 부모 사이에서 @가 태어날 때, @에게서 나타날 수 있는 표현형은 최대 11가지이고, @가 가질 수 있는 유전자형 중 aabbddee가 있다. ㉠ 유전자 3개는 각각 서로 다른 상염색체에 있고, ㉡ 유전자는 A, B, D 중 하나와 같은 염색체에 있다.

보기

@에서 ㉠과 ㉡의 표현형이 모두 부모와 같을 확률은? (단, 돌연변이와 교차는 고려하지 않는다.) [3점]

(예)

부

모

<보기> 풀이

㉠은 3쌍의 대립유전자에 의해 결정되므로 다인자 유전을 하고, ㉡은 한 쌍의 대립유전자에 의해 결정되므로 단일 인자 유전을 한다.

㉠과 ㉡의 유전자형이 AaBbDdEe인 부모 사이에서 태어난 @에게서 나타날 수 있는 표현형은 최대 11가지이고, @가 가질 수 있는 유전자형 중 aabbddee가 있으려면, ㉠을 결정하는 데 관여하는 3개의 유전자는 각각 서로 다른 상염색체에 있고, ㉡을 결정하는 유전자가 ㉠을 결정하는 3개의 유전자 중 하나와 같은 염색체에 있어야 한다. 또, @가 가질 수 있는 유전자형 중 aabbddee가 있으므로 ㉡을 결정하는 대립유전자 E(e)는 ㉠을 결정하는 데 관여하는 대립유전자 A, B, D(a, b, d) 중 하나와 같은 염색체에 있어야 한다. (E와 e는 대립유전자이므로 상동 염색체의 같은 위치에 있다.)

❶ ㉠을 결정하는 데 관여하는 대립유전자 A와 B(a와 b)가 다른 염색체에 있다면 독립적으로 유전되므로, @에서 대문자로 표시되는 대립유전자의 수가 0개일 확률은 $\frac{1}{16}$, 1개일 확률은 $\frac{4}{16}$, 2개일 확률은 $\frac{6}{16}$, 3개일 확률은 $\frac{4}{16}$, 4개일 확률은 $\frac{1}{16}$이다.

❷ ㉠을 결정하는 데 관여하는 대립유전자 D(d)와 ㉡을 결정하는 대립유전자 E(e)가 같은 상염색체에 있다면 @에서 ㉠의 대문자로 표시되는 대립유전자의 수가 2개이고 ㉡의 표현형이 우성(EE, Ee)일 확률은 $\frac{1}{4}$, ㉠의 대문자로 표시되는 대립유전자의 수가 1개이고 ㉡의 표현형이 우성(EE, Ee)일 확률은 $\frac{1}{2}$, ㉠의 대문자로 표시되는 대립유전자의 수가 0개이고 ㉡의 표현형이 열성(ee)일 확률은 $\frac{1}{4}$이다.

유전자형이 AaBbDdEe인 부모는 ㉠의 대문자로 표시되는 대립유전자의 수가 3개, ㉡의 표현형은 우성(Ee)이므로 @에서 ㉠과 ㉡의 표현형이 모두 부모와 같을 확률은 다음과 같다.

(㉠의 대문자로 표시되는 대립유전자의 수가 1개일 확률 $\frac{4}{16}$)×(㉠의 대문자로 표시되는 대립유전자의 수가 2개이고 ㉡의 표현형이 우성(EE, Ee)일 확률 $\frac{1}{4}$)+(㉠의 대문자로 표시되는 대립유전자의 수가 2개일 확률 $\frac{6}{16}$)×(㉠의 대문자로 표시되는 대립유전자의 수가 1개이고 ㉡의 표현형이 우성(EE, Ee)일 확률 $\frac{1}{2}$)=$\frac{1}{4}$이다.

① $\frac{3}{11}$ ② $\frac{1}{4}$ ③ $\frac{1}{8}$ ④ $\frac{3}{32}$ ⑤ $\frac{1}{16}$

적용해야 할 개념 ④가지

① 한 가지 형질에 대해 여러 쌍의 대립유전자가 영향을 미쳐 형질이 결정되는 유전 현상을 다인자 유전이라고 한다.

② 사람의 피부색이 서로 다른 상염색체에 존재하는 세 쌍의 대립유전자 A와 a, B와 b, D와 d에 의해 결정되고, 대립유전자 A, B, D가 피부색을 검게 만들며, 피부색의 표현형은 피부색을 검게 만드는 대립유전자의 수에 의해서만 결정된다고 가정하면, 유전자형이 AaBbDd인 부모 사이에서 태어나는 자손에서 피부색을 검게 만드는 대립유전자의 수는 0개~6개까지 가능하므로 피부색의 표현형은 최대 7가지이다.

③ 생식세포 분열 과정에서 상동 염색체가 분리될 때 상동 염색체에 있는 대립유전자 쌍도 서로 분리되어 다른 생식세포로 들어간다. 생식세포인 정자와 난자가 수정하면 대립유전자는 다시 쌍을 이루고, 그에 따라 자손의 표현형이 나타난다.

④ 두 대립유전자 쌍이 서로 다른 염색체에 있으면 멘델의 독립의 법칙에 따라 유전되고, 같은 염색체에 있으면 멘델의 독립의 법칙이 적용되지 않는다.

문제 보기

다음은 사람의 유전 형질 (가)와 (나)에 대한 자료이다.

○ (가)는 서로 다른 3개의 상염색체에 있는 3쌍의 대립유전자 A와 a, B와 b, D와 d에 의해 결정된다.

○ (가)의 표현형은 유전자형에서 대문자로 표시되는 대립유전자의 수에 의해서만 결정되며, 이 대립유전자의 수가 다르면 표현형이 다르다.

○ (나)는 대립유전자 E와 e에 의해 결정되며, 유전자형이 다르면 표현형이 다르다. (나)의 유전자는 (가)의 유전자와 서로 다른 상염색체에 있다.

○ P의 유전자형은 AaBbDdEe이고, P와 Q는 (가)의 표현형이 서로 같다.

○ P와 Q 사이에서 ⓐ가 태어날 때, ⓐ에게서 나타날 수 있는 (가)와 (나)의 표현형은 최대 15가지이다.

  5×3 → (가)의 표현형 5가지, (나)의 표현형 3가지

  Q의 (가)의 유전자형은 대문자로 표시되는 대립유전자의 수가 3이고, (나)의 유전자형은 Ee이다.

ⓐ가 유전자형이 AabbDdEe인 사람과 (가)와 (나)의 표현형이 모두 같을 확률은? (단, 돌연변이는 고려하지 않는다.)

<보기> 풀이

(1) (가)의 유전은 다인자 유전이고, (나)의 표현형은 3가지(EE, Ee, ee)이다. (가)를 결정하는 3쌍의 대립유전자와 (나)의 유전자는 각각 서로 다른 상염색체에 있으므로, 독립적으로 유전된다.

(2) ⓐ에게서 나타날 수 있는 (가)와 (나)의 표현형이 최대 15(=5×3)가지이므로 (가)의 표현형은 최대 5가지, (나)의 표현형은 최대 3가지이다. ⓐ에게서 나타날 수 있는 (나)의 표현형이 최대 3가지(EE, Ee, ee)이므로, P와 Q는 (나)의 유전자형이 모두 Ee이다.

(3) P의 (가)의 유전자형이 AaBbDd이므로 P의 생식세포가 가질 수 있는 유전자형은 ABD, ABd, AbD, Abd, aBD, aBd, abD, abd이고, P의 생식세포 유전자형에서 대문자로 표시되는 (가)의 대립유전자의 수는 4가지(3개, 2개, 1개, 0개)이다. P와 Q는 (가)의 표현형이 같으므로 Q의 (가)의 유전자형에서 대문자로 표시되는 대립유전자의 수는 3인데 ⓐ에게서 나타날 수 있는 (가)의 표현형이 최대 5가지이다. Q에서 (가)의 대문자로 표시되는 대립유전자가 AaBbDd와 같이 세 쌍의 대립유전자에 각각 있으면 조건이 성립하지 않고, AABbdd와 같이 두 쌍의 대립유전자에 있을 때 조건이 성립한다. 즉, Q의 (가)의 유전자형이 AABbdd, AAbbDd, AaBBdd, AabbDD, aaBBDd, aaBbDD 중 하나일 때 Q의 생식세포 유전자형에서 대문자로 표시되는 (가)의 대립유전자의 수가 2가지(2개, 1개)가 되어 ⓐ에게서 나타날 수 있는 (가)의 표현형이 최대 5가지가 된다.

(4) (가)의 유전자형이 P에서 AaBbDd이고, Q에서 AABbdd일 때(Q의 유전자형이 다른 경우도 동일함), ⓐ에게서 나타날 수 있는 (가)의 유전자형에서 대문자로 표시되는 대립유전자의 수(확률)는 다음과 같다.

유전자형에서 대문자로 표시되는 (가)의 대립유전자 수(확률)		P의 생식세포			
		3개$\left(\frac{1}{8}\right)$	2개$\left(\frac{3}{8}\right)$	1개$\left(\frac{3}{8}\right)$	0개$\left(\frac{1}{8}\right)$
Q의 생식세포	2개$\left(\frac{1}{2}\right)$	5개$\left(\frac{1}{16}\right)$	4개$\left(\frac{3}{16}\right)$	3개$\left(\frac{3}{16}\right)$	2개$\left(\frac{1}{16}\right)$
	1개$\left(\frac{1}{2}\right)$	4개$\left(\frac{1}{16}\right)$	3개$\left(\frac{3}{16}\right)$	2개$\left(\frac{3}{16}\right)$	1개$\left(\frac{1}{16}\right)$

(5) ⓐ가 (가)의 표현형이 유전자형이 AabbDd인 사람과 같으려면 ⓐ의 (가)의 유전자형에서 대문자로 표시되는 대립유전자의 수가 2이어야 한다. 위 표에서 ⓐ의 유전자형에서 대문자로 표시되는 (가)의 대립유전자의 수가 2일 확률은 $\frac{1}{4}\left(=\frac{1}{16}+\frac{3}{16}\right)$이고, P와 Q의 (나)의 유전자형이 모두 Ee이므로 ⓐ의 (나)의 유전자형이 Ee일 확률은 $\frac{1}{2}$이다. 따라서 ⓐ가 유전자형이 AabbDdEe인 사람과 (가)와 (나)의 표현형이 모두 같을 확률은 $\frac{1}{8}\left(=\frac{1}{4}\times\frac{1}{2}\right)$이다.

~~① $\frac{1}{16}$~~ ② $\frac{1}{8}$ ~~③ $\frac{3}{16}$~~ ~~④ $\frac{1}{4}$~~ ~~⑤ $\frac{5}{16}$~~

적용해야 할 개념 ②가지

① 한 가지 형질에 대해 여러 쌍의 대립유전자가 영향을 미쳐 형질이 결정되는 유전 현상을 다인자 유전이라고 한다. 사람의 피부색이 서로 다른 상염색체에 존재하는 세 쌍의 대립유전자 A와 a, B와 b, C와 c에 의해 결정되고, 대립유전자 A, B, C가 피부색을 검게 만든다고 가정하면, 피부색은 유전자의 종류에 관계없이 피부색을 검게 만드는 대립유전자의 수에 의해 결정된다. 이 경우 유전자형이 AaBbDd인 부모에서 태어나는 자손에서 피부색을 검게 만드는 대립유전자의 수는 0~6까지 가능하므로 피부색의 표현형은 최대 7가지이다.

② 두 대립 유전자 쌍이 서로 다른 염색체에 있으면 멘델의 독립의 법칙에 따라 유전되고, 두 대립 유전자 쌍이 같은 염색체에 있으면 멘델의 독립의 법칙이 적용되지 않는다.

문제 보기

다음은 어떤 집안의 유전 형질 (가)와 (나)에 대한 자료이다.

○ (가)는 3쌍의 대립유전자 A와 a, B와 b, D와 d에 의해 결정된다. → 다인자 유전

○ (가)의 표현형은 유전자형에서 대문자로 표시되는 대립유전자의 수에 의해서만 결정되고, 이 대립유전자의 수가 다르면 표현형이 다르다. 단일 인자 유전(복대립 유전)

○ (나)는 1쌍의 대립유전자에 의해 결정되고, 대립유전자에는 E, F, G가 있다. 각 대립유전자 사이의 우열 관계는 분명하고, (나)의 유전자형이 FF인 사람과 FG인 사람은 (나)의 표현형이 같다.
우열 관계: F > E > G, 표현형 3가지(EF, FG, FF/EE, EG/GG)

○ 그림은 남자 ㉠과 여자 ㉡의 세포에 있는 일부 염색체와 유전자를 나타낸 것이다.

A, a, B, b, D, d는 독립적으로 유전된다. ┌ 같은 염색체에 있다.

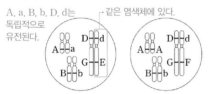

AaBbDdGE ㉠의 세포   ㉡의 세포 AABbDdGF

○ ㉠과 ㉡ 사이에서 ⓐ가 태어날 때, ⓐ에게서 (가)와 (나)의 표현형이 모두 ㉠과 같을 확률은 $\frac{3}{32}$이다.
(가) 유전자형에서 대문자 수: 3,
(나) EG ➡ 표현형 E

ⓐ에게서 (가)와 (나)의 표현형이 모두 ㉡과 같을 확률은? (단, 돌연변이와 교차는 고려하지 않는다.)
(가) 유전자형에서 대문자 수: 4,
(나) FG ➡ 표현형 F

<보기> 풀이

❶ 유전 형질 (나)는 FF와 FG의 표현형이 같으므로, F는 G에 대해 우성이다.

❷ 대립유전자 A와 a, B와 b는 서로 다른 상염색체에 있으므로 ⓐ가 가질 수 있는 유전자형(A와 B의 수를 더한 값)을 구하면 다음과 같다.

[표 1]

㉡의 난자 \ ㉠의 정자	AB(2)	Ab(1)	aB(1)	ab(0)
AB(2)	AABB(4)	AABb(3)	AaBB(3)	AaBb(2)
Ab(1)	AABb(3)	AAbb(2)	AaBb(2)	Aabb(1)

❸ 대립유전자 D와 d, 대립유전자 E, F, G는 같은 상염색체에 있으므로 ⓐ가 가질 수 있는 유전자형(D의 수를 더한 값)을 구하면 다음과 같다.

[표 2]

㉡의 난자 \ ㉠의 정자	DG(1)	dE(0)
DG(1)	DDGG(2)	DdEG(1)
dF(0)	DdFG(1)	ddEF(0)

❹ ㉠의 (가)의 유전자형은 AaBbDd이므로 (가)의 표현형은 유전자형에서 대문자로 표시되는 대립유전자의 수가 3개이고, ㉠의 (나)의 유전자형은 EG이다. 만약 (나)의 대립유전자 G가 E에 대해 우성이라면 (나)의 유전자형 GG, EG는 표현형이 같다. 이 경우 ⓐ의 표현형이 ㉠과 같을 확률은 ([표1]의 (가)의 유전자형에서 대문자 A와 B를 더한 값이 2일 확률×[표 2]의 (가)의 유전자형에서 대문자 D를 더한 값이 1이면서 (나)의 유전자형이 EG일 확률)+([표1]의 (가)의 유전자형에서 대문자 A와 B를 더한 값이 1일 확률×[표 2]의 (가)의 유전자형에서 대문자 D를 더한 값이 2이면서 (나)의 유전자형이 GG일 확률)=$\left(\frac{3}{8}\times\frac{1}{4}\right)+\left(\frac{1}{8}\times\frac{1}{4}\right)=\frac{4}{32}$이므로 제시된 조건에 맞지 않는다. 반면 (나)의 대립유전자 E가 G에 대해 우성이라면 ⓐ의 표현형이 ㉠과 같을 확률은 ([표1]의 (가)의 유전자형에서 대문자 A와 B를 더한 값이 2일 확률×[표 2]의 (가)의 유전자형에서 대문자 D를 더한 값이 1이면서 (나)의 유전자형이 EG일 확률)=$\left(\frac{3}{8}\times\frac{1}{4}\right)=\frac{2}{32}$이므로 제시된 조건에 맞다. 따라서 (나)의 대립유전자 E는 G에 대해 우성이다.

⑤ 만약 (나)의 대립유전자 E가 F에 대해 우성이라면 (나)의 유전자형 EF, EG는 표현형이 같다. 이 경우 ⓐ의 표현형이 ㉠과 같을 확률은 ([표1]의 (가)의 유전자형에서 대문자 A와 B를 더한 값이 2일 확률×[표 2]의 (가)의 유전자형에서 대문자 D를 더한 값이 1이면서 (나)의 유전자형이 EG일 확률)+([표1]의 (가)의 유전자형에서 대문자 A와 B를 더한 값이 3일 확률×[표 2]의 (가)의 유전자형에서 대문자 D를 더한 값이 0이면서 (나)의 유전자형이 EF일 확률)=$\left(\frac{3}{8}\times\frac{1}{4}\right)$ $+\left(\frac{3}{8}\times\frac{1}{4}\right)=\frac{6}{32}$이므로 제시된 자료와 맞지 않는다. 따라서 (나)의 대립유전자 F가 E에 대해 우성이다. 즉, (나)에서 대립유전자의 우열 관계는 F > E > G이다.

(6) ㉡의 (가)의 유전자형은 AABbDd이므로 (가)의 표현형은 유전자형에 대문자로 표시되는 대립유전자의 수가 4개이고, ㉡의 (나)의 유전자형은 FG이므로 (나)의 유전자형이 FF, FG, EF인 경우 ㉡의 (나)의 표현형과 같다. 따라서 ⓐ에게서 (가)와 (나)의 표현형이 모두 ㉡과 같을 확률은 ([표1]의 (가)의 유전자형에서 대문자 A와 B를 더한 값이 3일 확률×[표 2]의 (가)의 유전자형에서 대문자 D를 더한 값이 1이면서 (나)의 유전자형이 FG일 확률)+([표1]의 (가)의 유전자형에서 대문자 A와 B를 더한 값이 4일 확률×[표 2]의 (가)의 유전자형에서 대문자 D를 더한 값이 0이면서 (나)의 유전자형이 EF일 확률)=$\left(\frac{3}{8}\times\frac{1}{4}\right)+\left(\frac{1}{8}\times\frac{1}{4}\right)=\frac{4}{32}=\frac{1}{8}$이다.

 $\frac{1}{32}$ $\frac{1}{16}$ $\frac{3}{32}$ ④ $\frac{1}{8}$ $\frac{3}{16}$

적용해야 할 개념 ④가지

① 단일 인자 유전: 한 쌍의 대립유전자에 의해 형질이 결정되는 유전 현상이다.

② 다인자 유전: 여러 쌍의 대립유전자에 의해 형질이 결정되는 유전 현상이다.

③ 두 대립유전자 쌍이 서로 다른 염색체에 있으면 생식세포 형성 과정에서 서로 독립적으로 분리되어 각각의 생식세포로 들어가고, 두 대립 유전자 쌍이 같은 염색체에 있으면 생식세포 형성 과정에서 같은 생식세포로 들어간다.

④ 유전자형이 AaBb일 때, 두 대립유전자 쌍이 다른 염색체에 있는 경우와 같은 염색체에 있는 경우

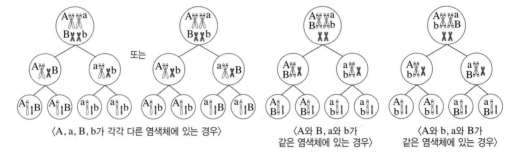

〈A, a, B, b가 각각 다른 염색체에 있는 경우〉   〈A와 B, a와 b가 같은 염색체에 있는 경우〉   〈A와 b, a와 B가 같은 염색체에 있는 경우〉

문제 보기

다음은 사람의 유전 형질 ㉠과 ㉡에 대한 자료이다.

○ ㉠은 대립유전자 A와 a에 의해 결정되며, 유전자형이 다르면 표현형이 다르다. ┗ 단일 인자 유전
┗ AA, Aa, aa인 개체의 표현형은 서로 다르다. ➡ 우열 관계 불분명

○ ㉡을 결정하는 3개의 유전자는 각각 대립유전자 B와 b, D와 d, E와 e를 갖는다. ➡ 다인자 유전

○ ㉡의 표현형은 유전자형에서 대문자로 표시되는 대립 유전자의 수에 의해서만 결정되며, 이 대립유전자의 수가 다르면 표현형이 다르다.

○ 그림 (가)는 남자 P의, (나)는 여자 Q의 체세포에 들어 있는 일부 염색체와 유전자를 나타낸 것이다.

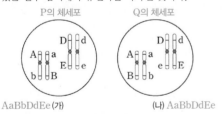

P의 체세포   Q의 체세포

AaBbDdEe (가)   (나) AaBbDdEe

P와 Q 사이에서 아이가 태어날 때, 이 아이에게서 나타날 수 있는 표현형의 최대 가짓수는? (단, 돌연변이와 교차는 고려하지 않는다.)

〈보기〉 풀이

㉠은 한 쌍의 대립유전자에 의해 형질이 결정되므로 단일 인자 유전을 하고, ㉡은 3쌍의 대립유전자에 의해 형질이 결정되므로 다인자 유전을 한다.

그림 (가)와 (나)로부터 남자 P와 여자 Q의 유전자형을 알 수 있다. 유전자형이 AaBbDdEe인 남자 P에서 형성될 수 있는 정자의 유전자형은 AbDE, Abde, aBDE, aBde이고, 유전자형이 AaBbDdEe인 여자 Q에서 형성될 수 있는 난자의 유전자형은 ABDe, ABdE, abDe, abdE이다. 따라서 남자 P의 정자와 여자 Q의 난자가 수정되어 태어난 아이가 가질 수 있는 유전자형은 다음과 같으며, ( ) 안의 숫자는 ㉡의 유전자형에서 대문자로 표시되는 대립유전자의 수이다.

Q의 난자 / P의 정자	ABDe(2)	ABdE(2)	abDe(1)	abdE(1)
AbDE(2)	AABbDDEe(4)	AABbDdEE(4)	AabbDDEe(3)	AabbDdEE(3)
Abde(0)	AABbDdee(2)	AABbddEe(2)	AabbDdee(1)	AabbddEe(1)
aBDE(3)	AaBBDDEe(5)	AaBBDdEE(5)	aaBbDDEe(4)	aaBbDdEE(4)
aBde(1)	AaBBDdee(3)	AaBBddEe(3)	aaBbDdee(2)	aaBbddEe(2)

㉠은 유전자형이 다르면 표현형이 다르다고 했으므로, AA, Aa, aa인 개체의 표현형이 서로 다르고, ㉡은 유전자형에서 대문자로 표시되는 대립유전자의 수가 다르면 표현형이 다르다. 따라서 이 아이에게서 나타날 수 있는 표현형은 AA(4), AA(2), Aa(5), Aa(3), Aa(1), aa(4), aa(2)이므로, 표현형의 최대 가짓수는 7이다.

 ① 5   ② 6   ③ 7   ④ 8   ⑤ 9

11 복대립 유전과 다인자 유전 2025학년도 6월 모평 14번

적용해야 할 개념 ②가지

① 하나의 형질을 결정하는 데 3가지 이상의 대립유전자가 관여하는 경우를 복대립 유전이라고 한다. 복대립 유전 형질은 1쌍의 대립유전자에 의해 결정된다.

② 복대립 유전에서 대립유전자 A, B, D의 우열 관계가 A>B>D일 때 표현형은 [AA, AB, AD], [BB, BD], [DD]로 3가지이며, 우열 관계가 A=B>D일 때 표현형은 [AA, AD], [BB, BD], [AB], [DD]로 4가지이다.

문제 보기

다음은 사람의 유전 형질 (가)와 (나)에 대한 자료이다.

○ (가)의 유전자는 6번 염색체에, (나)의 유전자는 7번 염색체에 있다. └ 복대립 유전

○ (가)는 1쌍의 대립유전자에 의해 결정되며, 대립유전자에는 A, B, D가 있다. (가)의 표현형은 4가지이며, (가)의 유전자형이 AA인 사람과 AB인 사람의 표현형은 같고, 유전자형이 BD인 사람과 DD인 사람의 표현형은 같다. A>B ─┐ A=D>B ─┐ D>B ─┘

○ (나)는 2쌍의 대립유전자 E와 e, F와 f에 의해 결정된다. └ 다인자 유전

○ (나)의 표현형은 유전자형에서 대문자로 표시되는 대립유전자의 수에 의해서만 결정되며, 이 대립유전자의 수가 다르면 표현형이 다르다.

○ P의 유전자형은 ABEeFf이고, P와 Q는 (나)의 표현형이 서로 같다. └ 대문자 2개

○ P와 Q 사이에서 ⓐ가 태어날 때, ⓐ에게서 나타날 수 있는 (가)와 (나)의 표현형은 최대 12가지이다. └ 4×3

ⓐ의 (가)와 (나)의 표현형이 모두 Q와 같을 확률은? (단, 돌연변이와 교차는 고려하지 않는다.)

<보기> 풀이

(1) (나)는 다인자 유전이며, P의 (나)의 유전자형은 EeFf이므로 대립유전자의 상동 염색체 배열은 Ef/eF(1/1) 또는 EF/ef(2/0)이다.(괄호 안의 숫자는 각 염색체에 존재하는 대문자로 표시되는 대립유전자의 수를 나타낸 것이다.)

(2) P와 Q의 (나)의 표현형이 서로 같으므로 Q의 (나)의 유전자형에서 대문자로 표시되는 대립유전자의 수는 2이다. 따라서 (나)의 유전자형은 EEff, EeFf, eeFF 중 하나이다. 각각의 유전자형에 대해 대립유전자의 상동 염색체 배열을 살펴보면, 유전자형이 EEff일 때 Ef/Ef(1/1), EeFf일 때 Ef/eF(1/1) 또는 EF/ef(2/0), eeFF일 때 eF/eF(1/1)이다.

(3) P와 Q 사이에서 ⓐ가 태어날 때, ⓐ에게서 나타날 수 있는 (나)의 표현형은 표와 같다.

Q \ P	Ef/eF(1/1)	EF/ef(2/0)
Ef/Ef(1/1), Ef/eF(1/1), eF/eF(1/1)	대문자 수 2 (표현형 1가지)	대문자 수 1, 3 (표현형 2가지)
EF/ef(2/0)	대문자 수 1, 3 (표현형 2가지)	대문자 수 0, 2, 4 (표현형 3가지)

(4) P와 Q 사이에서 ⓐ가 태어날 때, ⓐ에게서 나타날 수 있는 (가)와 (나)의 표현형은 최대 12가지이므로, (나)의 표현형이 1가지 또는 2가지라면 (가)의 표현형은 12가지 또는 6가지가 되어야 한다. 이는 (가)의 표현형이 4가지가 초과되므로 불가능하다. 따라서 ⓐ에게서 나타날 수 있는 (나)의 표현형은 3가지(P와 Q의 대립유전자 배열은 모두 EF/ef)이고, (가)의 표현형은 4가지이다.

(5) (가)는 복대립 유전이며, 대립유전자 사이의 우열 관계는 A=D>B이다. (가)의 표현형은 [AA, AB], [DD, BD], [AD], [BB]로 4가지이다.

(6) P와 Q 사이에서 ⓐ가 태어날 때, ⓐ에게서 나타날 수 있는 (가)의 표현형은 표와 같다.

Q \ P	AB	
AA	[AA, AB]	(표현형 1가지)
AB	[AA, AB], [BB]	(표현형 2가지)
DD	[AD], [BD]	(표현형 2가지)
BD	[AB], [BB], [AD], [BD]	(표현형 4가지)
AD	[AA, AB], [AD], [BD]	(표현형 3가지)
BB	[AB], [BB]	(표현형 2가지)

(7) Q의 (가)의 유전자형은 BD이고, (나)의 유전자형은 EeFf이므로, Q의 (가)와 (나)의 유전자형은 BDEeFf이다. ⓐ의 (가)의 표현형이 Q(BD)와 같을 확률은 $\frac{1}{4}$이고, ⓐ의 (나)의 표현형이 Q(대문자로 표시되는 대립유전자의 수가 2)와 같을 확률은 $\frac{1}{2}$이므로, ⓐ의 (가)와 (나)의 표현형이 모두 Q와 같을 확률은 $\frac{1}{4} \times \frac{1}{2} = \frac{1}{8}$이다.

 $\frac{3}{8}$ $\frac{1}{4}$  $\frac{3}{16}$ $\frac{1}{8}$ $\frac{1}{16}$

적용해야 할 개념 ③가지	① 생식세포 분열 과정에서 상동 염색체가 분리될 때 상동 염색체에 있는 대립유전자 쌍도 서로 분리되어 다른 생식세포로 들어간다. 생식세포인 정자와 난자가 수정하면 대립유전자는 다시 쌍을 이루고, 그에 따라 자손의 표현형이 나타난다. ② 하나의 유전 형질 발현에 여러 쌍의 대립유전자가 관여하는 유전 현상을 다인자 유전이라고 한다. ③ 두 대립유전자 쌍이 서로 다른 염색체에 있으면 생식세포 형성 과정에서 서로 독립적으로 분리되어 각각의 생식세포로 들어가고, 두 대립유전자 쌍이 같은 염색체에 있으면 생식세포 형성 과정에서 같은 생식세포로 들어간다.

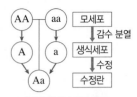

▲ 대립유전자의 전달 과정

문제 보기

다음은 사람의 유전 형질 ㉠과 ㉡에 대한 자료이다.

○ ㉠을 결정하는 2개의 유전자는 각각 대립유전자 A와 a, B와 b를 가진다. ㉠의 표현형은 유전자형에서 대문자로 표시되는 대립유전자의 수에 의해서만 결정되며, 이 대립유전자의 수가 다르면 표현형이 다르다.

○ ㉡은 대립유전자 H와 H*에 의해 결정된다.   다인자 유전

○ 그림 (가)는 남자 P의, (나)는 여자 Q의 체세포에 들어 있는 일부 염색체와 유전자를 나타낸 것이다.

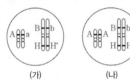

(가)   (나)

○ P와 Q 사이에서 ⓐ가 태어날 때, ⓐ에게서 나타날 수 있는 표현형은 최대 6가지이다. HH, HH*, H*H*의
└→ 표현형이 서로 다름

ⓐ에서 ㉠과 ㉡의 표현형이 모두 Q와 같을 확률은? (단, 돌연변이와 교차는 고려하지 않는다.)
└ ㉠ 대문자로 표시되는
대립유전자 수: 3
㉡ HH*

<보기> 풀이

남자 P의 생식세포 유전자형은 ABH, AbH*, aBH, abH*이고, 여자 Q의 생식세포 유전자형은 ABH, AbH*이므로, P와 Q 사이에서 태어난 ⓐ에게서 나타날 수 있는 유전자형은 최대 6가지이다. ( )의 숫자는 ㉠의 유전자형에서 대문자로 표시되는 대립유전자의 수이다.

생식세포	ABH	AbH*	aBH	abH*
ABH	AABB(4)HH	AABb(3)HH*	AaBB(3)HH	AaBb(2)HH*
AbH*	AABb(3)HH*	AAbb(2)H*H*	AaBb(2)HH*	Aabb(1)H*H*

ⓐ에게서 나타날 수 있는 표현형이 6가지이므로, AABb(3)HH*와 AaBB(3)HH가 서로 다른 표현형이고, AAbb(2)H*H*와 AaBb(2)HH*가 서로 다른 표현형이다. 따라서 ㉡은 유전자형 HH, HH*, H*H*에 따라 표현형이 다르다. Q는 ㉠의 유전자형에서 대문자로 표시되는 대립유전자의 수가 3이고, ㉡의 유전자형이 HH*이므로, ⓐ에서 ㉠과 ㉡의 표현형이 모두 Q와 같을 확률은 $\frac{1}{4}$이다.

✗ $\frac{1}{16}$ ✗ $\frac{1}{8}$ ✗ $\frac{3}{16}$ ④ $\frac{1}{4}$ ✗ $\frac{3}{8}$

$\underset{\text{일차}}{21}$ / **01** ① **02** ① **03** ④ **04** ⑤ **05** ⑤ **06** ② **07** ② **08** ③ **09** ① **10** ② **11** ⑤ **12** ③

13 ⑤

문제편 221쪽~227쪽

01 가계도 분석 2023학년도 7월 학평 15번

정답 ① | 정답률 23 %

적용해야 할 개념 ③가지

① 어떤 유전 형질이 발현된 부모 사이에서 이 유전 형질이 발현되지 않은 자손이 태어난다면, 이 유전 형질은 우성이다.

② 생식세포 분열 과정에서 상동 염색체가 분리될 때 상동 염색체에 있는 대립유전자 쌍도 분리되어 서로 다른 생식세포로 들어간다. 생식세포인 정자와 난자가 수정하면 대립유전자는 다시 쌍을 이루고, 그에 따라 자손의 표현형이 나타난다.

③ 두 대립유전자 쌍이 서로 다른 염색체에 있으면 멘델의 독립의 법칙에 따라 유전되고, 두 대립유전자 쌍이 같은 염색체에 있으면 멘델의 독립의 법칙이 적용되지 않는다.

문제 보기

다음은 어떤 집안의 유전 형질 (가)와 (나)에 대한 자료이다.

- (가)는 대립유전자 H와 h에 의해 결정되며, H는 h에 대해 완전 우성이다. (가)의 표현형 2가지 (HH, Hh), (hh)
- (나)는 대립유전자 T와 t에 의해 결정되며, 유전자형이 다르면 표현형이 다르다. (나)의 표현형은 3가지이고, ㉠, ㉡, ㉢이다. TT, Tt, tt
- (가)와 (나)의 유전자는 같은 상염색체에 있다.
- 그림은 구성원 1~9의 가계도를, 표는 1~9를 (가)와 (나)의 표현형에 따라 분류한 것이다. ⓐ~ⓓ는 2, 3, 4, 7을 순서 없이 나타낸 것이다.

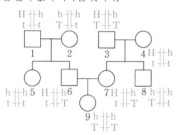

표현형	(가) HH, Hh		hh
		발현됨	발현 안 됨
(나)	㉠Tt	6, ⓐ 7	8, ⓑ 2
	㉡tt	1, ⓒ 4	5
	㉢TT	ⓓ 3	9

- 3과 6은 각각 h와 T를 모두 갖는 생식세포를 형성할 수 있다.

이에 대한 설명으로 옳은 것만을 〈보기〉에서 있는 대로 고른 것은? (단, 돌연변이와 교차는 고려하지 않는다.) [3점]

〈보기〉 풀이

(1) 2, 3, 4, 7 중 3명이 (가) 발현이고, 1명이 (가) 미발현이므로 어떤 경우라도 (가) 발현 부모에게서 (가) 미발현 자녀가 태어나게 된다. 따라서 (가)는 우성 형질이고 H는 (가) 발현 대립유전자, h는 (가) 미발현 대립유전자이므로, (가)가 발현된 경우 (가)의 유전자형은 HH 또는 Hh, (가)가 발현되지 않은 경우 (가)의 유전자형은 hh이다.

(2) (가)가 발현된 6은 h와 T를 갖는 생식세포를 형성할 수 있고 H도 가지고 있다. (가)가 발현되지 않은 9의 (가)의 유전자형은 hh이고, 6으로부터 h와 T를 함께 물려받았다. (나)는 유전자형이 다르면 표현형이 다르므로 (나)의 표현형은 3가지(TT, Tt, tt)이고, 6과 9의 표현형인 ㉠과 ㉢의 유전자형에는 모두 T가 있다. 따라서 1의 (나)의 표현형인 ㉡의 유전자형은 tt이다. 6은 1로부터 t를 물려받았으므로 6의 (나)의 표현형인 ㉠의 유전자형은 Tt이고, 9의 (나)의 표현형인 ㉢의 유전자형은 TT이다.

(3) 5는 (가) 미발현이고 (나)의 표현형은 ㉡이므로, 5의 (가)와 (나)의 대립유전자 구성은 ht/ht이고 이것은 1과 2로부터 각각 하나씩 물려받은 것이다. (가) 발현이고, (나)의 표현형은 ㉠이며 h와 T를 모두 갖는 생식세포를 형성할 수 있는 6의 (가)와 (나)의 대립유전자 구성은 Ht/hT이다. 1은 (가) 발현이고, (나)의 표현형은 ㉡이므로, 6은 1로부터 h와 T를 물려받을 수 없고, H와 t를 물려받았다. 따라서 6의 h와 T는 2로부터 물려받은 것이고, 2의 대립유전자 구성은 hT/ht이므로 2는 (가)가 발현되지 않은 사람이다. 따라서 ⓑ는 2이다.

(4) 8은 (가)가 발현되지 않았고 (나)의 표현형이 ㉠이므로 8의 (가)와 (나)의 대립유전자 구성은 hT/ht이다. 3과 4는 모두 (가) 발현인데 (가)가 발현되지 않은 자녀 8을 두었으므로, 3과 4의 (가)의 유전자형은 모두 Hh이다. 3은 8에게 h와 T를 물려주었으므로, 4는 8에게 h와 t를 물려주었다. 9의 (가)와 (나)의 대립유전자 구성은 hT/hT이므로 7은 h와 T를 가지고 있다. 3, 4, 7의 (나)의 표현형은 서로 다르고 3과 7은 T, 4는 t를 가지고 있으므로, 4는 (나)의 표현형이 ㉡ (tt)인 ㉢이다. 7은 4로부터 H와 t를 물려받았으므로 7의 (나)의 유전자형은 Tt이다. 따라서 ⓐ는 7, ⓓ는 3이다.

ㄱ. ⓐ는 **7**이다.
➡ ⓐ는 7, ⓑ는 2, ⓒ는 4, ⓓ은 3이다.

✗ (나)의 표현형이 ㉠인 사람의 유전자형은 TT이다.
➡ ㉠은 Tt, ㉡은 tt, ㉢은 TT이다.

✗ 9의 동생이 태어날 때, 이 아이의 (가)와 (나)의 표현형이 모두 3과 같을 확률은 $\frac{1}{4}$ 이다.
➡ (가)와 (나)의 유전자는 같은 상염색체에 있으므로 독립적으로 유전되지 않는다. 6의 대립유전자 구성은 Ht/hT이고, 7의 대립유전자 구성은 Ht/hT이므로, 9의 동생이 가질 수 있는 (가)와 (나)의 대립유전자 구성은 다음과 같다.

7의 난자 ＼ 6의 정자	Ht	hT
Ht	HHtt	HhTt
hT	HhTt	hhTT

(가)와 (나)의 표현형이 모두 3(HhTT)과 같으려면 (가)의 유전자형은 HH 또는 Hh이면서 (나)의 유전자형은 TT이어야 한다. 따라서 9의 동생의 (가)와 (나)의 표현형이 모두 3과 같을 확률은 0이다.

---

02 두 가지 형질의 유전 가계도 분석 2022학년도 3월 학평 17번   정답 ① | 정답률 46 %

적용해야 할 개념 ③가지

① 부모의 표현형이 같고 자손의 표현형이 부모와 다른 경우 부모의 표현형은 우성, 자손의 표현형은 열성이다.
② 상염색체 유전과 성염색체(X 염색체) 유전의 비교

상염색체 유전	• 상염색체에 있는 대립유전자 한 쌍으로 형질이 결정된다. • 상염색체는 남녀에 공통으로 존재하므로, 형질이 나타나는 빈도는 남녀에서 같다.
성염색체(X 염색체) 유전	• X 염색체에 대립유전자가 있으므로, 형질이 나타나는 빈도는 성별에 따라 다르다. • 남자의 경우 X 염색체에 있는 대립유전자는 항상 어머니로부터 물려받으며, 항상 딸에게만 전달된다. • 여자의 경우 X 염색체에 있는 대립유전자는 부모 모두에게서 물려받으며, 아들과 딸 모두에게 전달된다.

③ 부모의 유전자형이 모두 Yy일 때, 부모의 생식세포 형성 시 대립유전자 Y와 y는 분리되어 각각 서로 다른 생식세포로 들어가므로 Y를 가진 생식세포와 y를 가진 생식세포가 $1:1$의 비율로 만들어지고, 자손에서는 유전자형 분리비가 $YY:Yy:yy=1:2:1$이다.

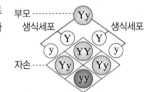

문제 보기

다음은 어떤 집안의 유전 형질 (가)와 (나)에 대한 자료이다.

○ (가)는 대립유전자 H와 h에 의해, (나)는 대립유전자 T와 t에 의해 결정된다. H는 h에 대해, T는 t에 대해 각각 완전 우성이다.
○ (가)와 (나) 중 하나는 우성 형질이고, 다른 하나는 열성 형질이다. <u>(가)</u>   <u>(나)</u>
○ (가)의 유전자와 (나)의 유전자 중 하나는 상염색체에 있고, 다른 하나는 X 염색체에 있다. <u>(가)의 유전자</u>
○ 가계도는 구성원 1~8에게서 (가)와 (나)의 발현 여부를 나타낸 것이다. <u>(가)</u>와 (나)의 <u>(나)의 유전자</u>

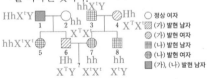

○ 정상 여자
◎ (가) 발현 남자
▨ (가) 발현 여자
▤ (나) 발현 남자
⊕ (나) 발현 여자
■ (가), (나) 발현 남자

이에 대한 옳은 설명만을 〈보기〉에서 있는 대로 고른 것은? (단, 돌연변이는 고려하지 않는다.) [3점]

〈보기〉풀이

❶ **(가)의 유전자가 X 염색체에 있고 (가)가 우성 형질인 경우**
남자 6은 정상 여자 2에게서 정상 대립유전자 h가 있는 X 염색체를 물려받으므로, 정상이어야 하지만 (가) 발현이다. 따라서 (가)는 우성 형질이 아니다.

❷ **(가)의 유전자가 X 염색체에 있고 (가)가 열성 형질인 경우**
여자 4는 (가) 발현이므로 남자 8에게 (가) 발현 대립유전자 h가 있는 X 염색체만 물려주므로, 남자 8은 (가) 발현이어야 하나 정상이다. 따라서 (가)는 열성 형질이 아니다. ➡ ❶과 ❷로부터 (가)의 유전자는 상염색체에 있고, (나)의 유전자는 X 염색체에 있음을 알 수 있다.

❸ **(나)의 유전자가 X 염색체에 있고 (나)가 우성 형질인 경우**
여자 4는 정상이므로 남자 8에게 정상 대립유전자 t가 있는 X 염색체만 물려주므로, 남자 8은 정상이어야 하나 (나) 발현이다. 따라서 (나)는 우성 형질이 아니고 열성 형질이므로, (가)는 우성 형질이다.

ㄱ **(가)는 우성 형질이다.**
➡ (가)는 우성 형질, (나)는 열성 형질이다.

✘ **(나)의 유전자는 상염색체에 있다.**
➡ (가)의 유전자는 상염색체에, (나)의 유전자는 X 염색체에 있다.

✘ **6과 7 사이에서 아이가 태어날 때, 이 아이에게서 (가)와 (나)가 모두 발현될 확률은 $\frac{1}{2}$이다.**

➡ (가)와 (나)의 유전자는 서로 다른 염색체에 있으므로, (가)와 (나)는 독립적으로 유전된다. (가)의 대립유전자 H와 h는 상염색체에 있고, H는 (가) 발현 대립유전자, h는 정상 대립유전자이다. (나)의 대립유전자 T와 t는 X 염색체에 있고, T는 정상 대립유전자, t는 (나) 발현 대립유전자이다. 6의 (가)와 (나)의 유전자형은 HhX^TY이고, 7의 (가)와 (나)의 유전자형은 hhX^tX^t이므로, 6과 7 사이에서 태어난 아이가 가질 수 있는 유전자형을 구하면 다음과 같다.

6의 정자 \ 7의 난자	hX^t
HX^T	HhX^TX^t
HY	HhX^tY
hX^T	hhX^TX^t
hY	hhX^tY

따라서 이 아이에게서 (가)와 (나)가 모두 발현(HhX^tY)될 확률은 $\frac{1}{4}$이다.

03 두 가지 형질의 유전 가계도 분석 2021학년도 9월 모평 19번   정답 ④ | 정답률 47 %

적용해야 할
개념 ②가지

① 특정 형질을 결정하는 유전자가 성염색체(X 염색체)에 있으면 유전 형질이 발현되는 빈도가 남녀에 따라 달라진다.
② 남자(XY)의 경우 X 염색체에 있는 대립유전자는 항상 어머니로부터 받으며 항상 딸에게 전달된다. 여자(XX)의 경우 X 염색체에 있는 대립유전자는 부모 모두에게서 받으며 아들과 딸 모두에게 전달된다.

문제 보기

다음은 어떤 집안의 유전 형질 (가)와 (나)에 대한 자료이다.

○ (가)는 대립유전자 H와 h에 의해, (나)는 대립유전자 R와 r에 의해 결정된다. H는 h에 대해, R는 r에 대해 각각 완전 우성이다.
(가): H(정상)>h(가), X 염색체
(나): R(나)>r(정상), X 염색체
○ (가)와 (나)의 유전자는 모두 X 염색체에 있다.
➡ 함께 유전된다.
○ 가계도는 구성원 @와 ⓑ를 제외한 구성원 1~9에게서 (가)와 (나)의 발현 여부를 나타낸 것이다.

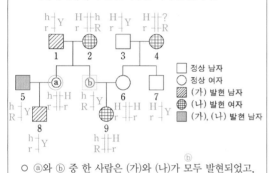

□ 정상 남자
○ 정상 여자
▨ (가) 발현 남자
⊕ (나) 발현 여자
■ (가), (나) 발현 남자

○ @와 ⓑ 중 한 사람은 (가)와 (나)가 모두 발현되었고, 나머지 한 사람은 (가)와 (나)가 모두 발현되지 않았다.

이에 대한 설명으로 옳은 것만을 〈보기〉에서 있는 대로 고른 것은? (단, 돌연변이와 교차는 고려하지 않는다.) [3점]

〈보기〉 풀이

(가)와 (나)의 유전자는 모두 X 염색체에 있으며, 아들은 어머니의 X 염색체와 아버지의 Y 염색체를 물려받고, 딸은 어머니와 아버지에게서 각각 X 염색체를 물려받는다. 가계도 구성원 중 (나)가 발현된 어머니 4로부터 (나)가 발현되지 않은 아들 7이 태어났으므로, (나) 발현은 우성 형질임을 알 수 있다. 따라서 R는 (나) 발현 대립유전자, r는 (나) 미발현 대립유전자이다.

(나)가 발현되지 않은 6의 (나)에 대한 유전자형은 $X^r X^r$이므로 9는 6으로부터 X^r를 물려받았지만 (나)가 발현되었다. 따라서 9의 (나)에 대한 유전자형은 $X^R X^r$이고, X^R은 ⓑ로부터 물려받았으므로 ⓑ는 (나)가 발현된 남자이다. 그런데 @와 ⓑ 중 한 사람은 (가)와 (나)가 모두 발현되었고, 나머지 한 사람은 (가)와 (나)가 모두 발현되지 않았다고 했으므로, ⓑ는 (가)와 (나)가 모두 발현되었고, @는 (가)와 (나)가 모두 발현되지 않았다. 딸인 @는 (가)가 발현되지 않았는데 @의 아버지 1은 (가)가 발현되었으므로 (가) 발현은 열성 형질이며, H는 (가) 미발현 대립유전자, h는 (가) 발현 대립유전자임을 알 수 있으며, @는 1에게서 X^h를, 2에게서 X^H를 물려받았다.

✗ @에게서 (가)와 (나)가 모두 발현되었다.
➡ @에게서 (가)와 (나)가 모두 발현되지 않았고, ⓑ에게서 (가)와 (나)가 모두 발현되었다.

ㄴ. 2의 (가)에 대한 유전자형은 이형 접합성이다.
➡ 2는 (가)가 발현되지 않았으므로 X^H를 가지고 있고, 2의 아들 ⓑ는 (가)가 발현되었으므로 2로부터 X^h를 물려받았다. 따라서 2의 (가)에 대한 유전자형은 $X^H X^h$이므로 이형 접합성이다.

ㄷ. 8의 동생이 태어날 때, 이 아이에게서 나타날 수 있는 표현형은 최대 4가지이다.
➡ (가)와 (나)가 모두 발현된 남자 5의 (가)와 (나)에 대한 유전자형은 $X^{hR} Y$이다. @는 (가)만 발현된 1로부터 X^{hr}을 물려받았으므로, (가)와 (나)가 모두 발현되지 않은 @의 (가)와 (나)에 대한 유전자형은 $X^{HR} X^{hr}$이다. 5와 @ 사이에서 태어난 아이가 가질 수 있는 (가)와 (나)에 대한 유전자형과 표현형은 다음과 같다.

$X^{hR} X^{HR}$ ➡ (가) 미발현, (나) 발현
$X^{hR} X^{hr}$ ➡ (가) 발현, (나) 발현
$X^{HR} Y$ ➡ (가) 미발현, (나) 미발현
$X^{hr} Y$ ➡ (가) 발현, (나) 미발현

따라서 8의 동생에게서 나타날 수 있는 표현형은 최대 4가지이다.

적용해야 할 개념 ③가지

① 부모에게서 나타나지 않던 표현형이 자손에게서 나타나면 부모의 형질은 우성, 자손의 형질은 열성이다.

② 남자(XY)의 경우 X 염색체에 있는 대립유전자는 항상 어머니로부터 받으며, 항상 딸에게 전달된다. 여자(XX)의 경우 X 염색체에 있는 대립유전자는 부모 모두에게서 받으며 아들과 딸 모두에게 전달된다.

③ X 염색체에 열성 유전 형질의 유전자가 있는 경우, 딸에게서 유전 형질이 나타나려면 아버지는 반드시 유전 형질을 나타내야 한다.

문제 보기

다음은 어떤 집안의 유전 형질 (가)와 (나)에 대한 자료이다.

○ (가)는 대립유전자 A와 a에 의해, (나)는 대립유전자 B와 b에 의해 결정된다. A는 a에 대해, B는 b에 대해 각각 완전 우성이다.

○ (가)와 (나)의 유전자 중 하나는 상염색체에, 나머지 하나는 X 염색체에 있다.

  (가): A(정상)>a(가), X 염색체
  (나): B(정상)>b(나), 상염색체

○ 가계도는 구성원 ㉠을 제외한 구성원 1~8에서 (가)와 (나)의 발현 여부를 나타낸 것이다.

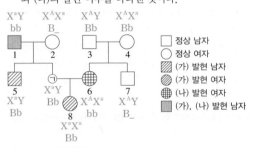

□ 정상 남자
○ 정상 여자
▨ (가) 발현 남자
◨ (가) 발현 여자
⊕ (나) 발현 여자
▩ (가), (나) 발현 남자

이에 대한 옳은 설명만을 〈보기〉에서 있는 대로 고른 것은? (단, 돌연변이는 고려하지 않는다.) [3점]

〈보기〉 풀이

정상인 3과 4에서 (나)가 발현된 딸(6)이 태어났으므로 (나)는 상염색체 유전 형질이며, 열성이다. 따라서 (가)의 유전자는 X 염색체에 있고 정상인 어머니(2)로부터 (가)가 발현된 아들(5)이 태어났으므로 (가)는 열성 형질이다. 따라서 A는 정상 대립유전자, a는 (가) 발현 대립유전자이고, B는 정상 대립유전자, b는 (나) 발현 대립유전자이다.

보기

ㄱ (나)의 유전자는 상염색체에 있다.

➡ (나)는 열성 형질인데 만약 (나)의 유전자가 X 염색체에 있다면 정상인 아버지(3)는 딸(6)에게 정상 대립유전자가 있는 X 염색체를 물려주므로 딸(6)은 정상이어야 한다. 그러나 딸(6)은 (나) 발현이므로 (나)의 유전자는 상염색체에 있다.

ㄴ ㉠에게서 (가)가 발현되었다.

➡ ㉠의 딸(8)은 (가)가 발현되었으므로 유전자형은 X^aX^a이다. 따라서 아버지(㉠)의 유전자형은 X^aY이고, 정상인 어머니(6)의 유전자형은 X^AX^a이며, ㉠에게서 (가)가 발현되었다.

ㄷ 8의 동생이 태어날 때, 이 아이에게서 (가)와 (나)가 모두 발현될 확률은 $\dfrac{1}{4}$이다.

➡ (가)와 (나)의 유전자는 서로 다른 염색체에 있으므로, (가)와 (나)는 독립적으로 유전된다. (가)의 경우 ㉠의 유전자형은 X^aY, 6의 유전자형은 X^AX^a이므로, 8의 동생이 가질 수 있는 유전자형은 X^AX^a, X^aX^a, X^AY, X^aY이다. 따라서 (가)가 발현될 확률(X^aX^a, X^aY)은 $\dfrac{1}{2}$이다.

(나)의 경우 6의 유전자형은 bb이므로, 정상인 8의 (나)의 유전자형은 Bb이다. 8이 갖고 있는 B는 ㉠으로부터 물려받은 것이므로, ㉠은 B를 갖는다. ㉠의 아버지인 1은 (나) 발현이므로 유전자형이 bb이며, ㉠에게 b를 물려주었다. 따라서 ㉠의 유전자형은 Bb이다. 8의 동생이 가질 수 있는 유전자형은 Bb, bb이므로, 8의 동생에게서 (나)가 발현될 확률(bb)은 $\dfrac{1}{2}$이다. 결론적으로 8의 동생에게서 (가)와 (나)가 모두 발현될 확률은 $\dfrac{1}{2}\times\dfrac{1}{2}=\dfrac{1}{4}$이다.

05 두 가지 형질의 가계도 분석 2021학년도 4월 학평 17번

정답 ⑤ | 정답률 35 %

적용해야 할 개념 ③가지

① 한 형질을 결정하는 대립유전자가 성염색체(X 염색체)에 존재하면 여자(XX)의 체세포에는 대립유전자가 쌍으로 있지만, 남자(XY)의 체세포에는 대립유전자가 쌍으로 존재하지 않는다.

② 하나의 염색체에 같이 존재하는 유전자들은 생식세포 형성 과정에서 함께 이동하여 같은 생식세포로 들어간다.

③ 남자(XY)의 경우 X 염색체에 있는 대립유전자는 항상 어머니로부터 받으며, 항상 딸에게 전달된다. 여자(XX)의 경우 X 염색체에 있는 대립유전자는 부모 모두에게서 받으며 아들과 딸 모두에게 전달된다.

문제 보기

다음은 어떤 집안의 유전 형질 (가)와 (나)에 대한 자료이다.

○ (가)는 대립유전자 R와 r에 의해, (나)는 대립유전자 T와 t에 의해 결정된다. R는 r에 대해, T는 t에 대해 각각 완전 우성이다.

○ (가)의 유전자와 (나)의 유전자는 모두 X 염색체에 있다.
  (가): R(정상)>r(가), X 염색체
  (나): T(정상)>t(나), X 염색체

○ 가계도는 구성원 ⓐ와 ⓑ를 제외한 구성원 1~7에게서 (가)와 (나)의 발현 여부를 나타낸 것이다.

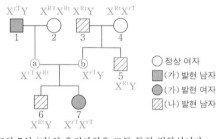

○ 2와 7의 (가)의 유전자형은 모두 동형 접합성이다.

이에 대한 설명으로 옳은 것만을 〈보기〉에서 있는 대로 고른 것은? (단, 돌연변이는 고려하지 않는다.) [3점]

〈보기〉 풀이

만약 (가)가 우성 형질이라면 정상인 2의 유전자형은 X^rX^r이고, (가) 발현인 7의 유전자형은 X^RX^R이어야 한다. 그런데 3과 4는 모두 정상이므로 ⓑ를 거쳐 7에게 X^R를 전달해 줄 수 없어 제시된 조건과 모순이다. 따라서 (가)는 열성 형질이며, R는 정상 대립유전자, r는 (가) 발현 대립유전자이다.

4는 (나) 발현인 아들(5)을 두었으므로 (나) 발현 대립유전자를 가지고 있지만 (나)에 대해 정상이다. 따라서 4의 유전자형은 이형 접합성(X^TX^t)이며, (나)는 열성 형질임을 알 수 있다. 그러므로 T는 정상 대립유전자, t는 (나) 발현 대립유전자이다.

✗ **(가)는 우성 형질이다.**
→ (가)와 (나)는 모두 열성 형질이다.

ㄴ. **ⓐ는 여자이다.**
→ (가)의 유전자와 (나)의 유전자는 모두 X 염색체에 있다. (가)는 열성 형질이며, R는 정상 대립유전자, r는 (가) 발현 대립유전자이다. (나)는 열성 형질이며, T는 정상 대립유전자, t는 (나) 발현 대립유전자이다.

7의 (가)의 유전자형은 X^rX^r이므로 ⓐ와 ⓑ는 모두 X^r를 가지고 있다. 2의 (가)의 유전자형은 X^RX^R이므로 ⓐ는 1로부터 X^{rT}를 물려받았고, 이를 7에게 물려주었다. 5가 가진 X^{Rt}는 어머니(4)로부터 물려받은 것이므로 4는 X^{Rt}를 가지고 있는데 (나)에 대해 정상이므로 T를 가지고 있어야 한다. ⓑ가 가진 X^r는 어머니(4)로부터 물려받은 것이므로 4는 X^{rT}를 가지고 있다. 그러므로 ⓑ는 4로부터 물려받은 X^{rT}를 가지고 있으며, X^{rT}를 7에게 물려주었다. 6의 유전자형은 X^{Rt}Y인데 만약 X^{Rt}를 ⓑ로부터 물려받았다면 ⓑ의 유전자형은 $X^{rT}X^{Rt}$로 여자이므로, ⓐ는 남자여야 한다. 그런데 ⓐ가 남자이려면 1로부터 Y 염색체를 물려받아야 하기 때문에 X^{rT}를 물려받을 수 없으므로, 모순이다. 따라서 6이 가진 X^{Rt}는 ⓐ로부터 물려받았고, ⓑ로부터 Y 염색체를 물려받았으므로, ⓐ의 유전자형은 $X^{rT}X^{Rt}$로 여자이고, ⓑ는 남자이다.

ㄷ. **ⓑ에게서 (가)와 (나) 중 (가)만 발현되었다.**
→ ⓑ의 (가)와 (나)의 유전자형은 X^{rT}Y이므로, (가)와 (나) 중 (가)만 발현되었다.

적용해야 할 개념 ③가지

① 남자(XY)의 경우 X 염색체에 있는 대립유전자는 항상 어머니로부터 받으며 항상 딸에게 전달된다. 여자(XX)의 경우 X 염색체에 있는 대립유전자는 부모 모두에게서 받으며 아들과 딸 모두에게 전달된다.

② X 염색체에 열성 형질의 유전병 대립유전자가 있는 경우, 딸이 열성 형질이면 아버지는 반드시 열성 형질이다. X 염색체에 우성 형질의 유전병 대립유전자가 있는 경우, 아버지가 우성 형질이면 딸은 반드시 우성 형질이다.

③ 하나의 염색체에 함께 있는 유전자들은 생식세포 형성 과정에서 함께 이동하여 같은 생식세포로 들어간다.

문제 보기

다음은 어떤 집안의 유전 형질 (가)~(다)에 대한 자료이다.

○ (가)는 대립유전자 H와 h에 의해, (나)는 대립유전자 R와 r에 의해, (다)는 대립유전자 T와 t에 의해 결정된다. H는 h에 대해, R는 r에 대해, T는 t에 대해 각각 완전 우성이다.

○ (가)~(다)의 유전자 중 2개는 X 염색체에, 나머지 1개는 상염색체에 있다.
(가): H(가)>h(정상), X 염색체
(나): R(정상)>r(나), 상염색체
(다): T(정상)>t(다), X 염색체

○ 가계도는 구성원 ⓐ를 제외한 구성원 1~8에게서 (가)~(다) 중 (가)와 (나)의 발현 여부를 나타낸 것이다.

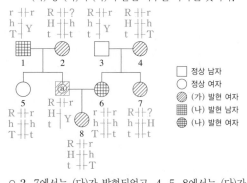

□ 정상 남자
○ 정상 여자
▨ (가) 발현 여자
▦ (나) 발현 남자
◉ (나) 발현 여자

○ 2, 7에서는 (다)가 발현되었고, 4, 5, 8에서는 (다)가 발현되지 않았다.

이에 대한 설명으로 옳은 것만을 〈보기〉에서 있는 대로 고른 것은? (단, 돌연변이와 교차는 고려하지 않는다.) [3점]

〈보기〉풀이

가계도를 통해 (가)의 유전자가 상염색체와 X 염색체 중 어디에 있는지 판단하기는 어렵지만, (나)의 유전자는 판단할 수 있다.

❶ (나)의 유전자가 X 염색체에 있고 (나) 발현이 우성 형질이라면, 아버지 1이 (나) 발현(우성)이므로 딸 5도 (나) 발현(우성)이어야 하는데 정상이므로, 맞지 않다.

❷ (나)의 유전자가 X 염색체에 있고 (나) 발현이 열성 형질이라면, 아버지 3이 정상(우성)이므로 딸 6도 정상(우성)이어야 하는데 (나) 발현이므로, 맞지 않다.

❸ (나)의 유전자가 상염색체에 있고 (나) 발현이 우성 형질이라면, 부모 3과 4는 모두 정상(열성)이므로 딸 6도 정상(열성)이어야 하는데 (나) 발현이므로, 맞지 않다.

따라서 (나)의 유전자는 상염색체에 있고 (나) 발현은 열성 형질이며, R는 정상 대립유전자, r는 (나) 발현 대립유전자이다.

(가)~(다)의 유전자 중 2개는 X 염색체에, 나머지 1개는 상염색체에 있다고 했으므로, (가)와 (다)의 유전자는 모두 X 염색체에 있다.

(가)의 가계도에서 (가) 발현이 열성 형질이라면 아버지 3은 정상(우성)이므로 딸 7도 정상(우성)이어야 하는데 (가) 발현이다. 따라서 (가)는 우성 형질이며, H는 (가) 발현 대립유전자, h는 정상 대립유전자이다.

(다) 발현이 우성 형질이어서 T는 (다) 발현 대립유전자, t는 정상 대립유전자인 경우 (가)와 (다)가 모두 발현된 어머니 2는 (가)와 (다)가 모두 발현되지 않는 딸 5에게 h와 t가 있는 X 염색체를 물려주게 되므로, ⓐ에게는 H와 T가 있는 X 염색체를 물려주게 되고, 아버지 ⓐ는 딸 8에게 H와 T가 있는 X 염색체를 물려주게 된다. 그 결과 딸 8은 (다) 발현이어야 하는데 정상이다. 따라서 (다) 발현은 열성 형질이며, T는 정상 대립유전자, t는 (다) 발현 대립유전자이다.

❌ (나)의 유전자는 X 염색체에 있다.

➡ (나)의 유전자는 상염색체에, (가)와 (다)의 유전자는 X 염색체에 있다.

⭕ ㄴ. 4의 (가)~(다)의 유전자형은 모두 이형 접합성이다.

➡ (가)의 경우 딸 6이 정상인 것은 부모 3과 4로부터 h가 있는 X 염색체를 물려받았기 때문이므로, (가) 발현인 4의 (가)의 유전자형은 $X^H X^h$로 이형 접합성이다. (나)의 경우 딸 6이 (나) 발현이므로 정상인 부모 3과 4는 모두 (나)의 유전자형이 Rr로 이형 접합성이다. (다)의 경우 딸 7이 (다) 발현인 것은 부모 3과 4로부터 t가 있는 대립유전자를 물려받았기 때문이므로, 정상인 4의 (다)의 유전자형은 $X^T X^t$로 이형 접합성이다.

❌ 8의 동생이 태어날 때, 이 아이에게서 (가)~(다) 중 (가)만 발현될 확률은 $\frac{1}{4}$이다.

➡ ⓐ와 6의 (가)와 (다)의 유전자형은 각각 $X^{Ht}Y$, $X^{hT} X^{ht}$이므로, 8의 동생이 가질 수 있는 (가)와 (다)의 유전자형은 $X^{Ht} X^{hT}$, $X^{Ht} X^{ht}$, $X^{hT}Y$, $X^{ht}Y$이다. 따라서 8의 동생에게서 (가)는 발현되고 (다)는 발현되지 않을($X^{Ht} X^{hT}$) 확률은 $\frac{1}{4}$이다.

ⓐ와 6의 (나)의 유전자형은 각각 Rr, rr이므로, 8의 동생이 가질 수 있는 (나)의 유전자형의 분리비는 Rr : rr=1 : 1이다. 따라서 8의 동생에게서 (나)가 발현되지 않을(Rr) 확률은 $\frac{1}{2}$이다.

종합하면, 8의 동생에게서 (가)와 (다) 중 (가)만 발현될 확률은 $\frac{1}{4} \times \frac{1}{2} = \frac{1}{8}$이다.

07 세 가지 형질의 유전 가계도 분석 2020학년도 6월 모평 19번

정답 ② | 정답률 35%

적용해야 할 개념 ③가지

① 가계도에서 부모의 표현형과 다른 표현형을 나타내는 자손이 있다면, 자손에서 나타난 표현형은 열성 형질, 부모에서 나타난 표현형은 우성 형질이다.

② 남자(XY)의 경우 X 염색체에 있는 대립유전자는 항상 어머니로부터 받으며 항상 딸에게 전달된다. 여자(XX)의 경우 X 염색체에 있는 대립유전자는 부모 모두에게서 받으며 아들과 딸 모두에게 전달된다.

③ 하나의 염색체에 함께 있는 유전자들은 생식세포 형성 과정에서 함께 이동하여 같은 생식세포로 들어간다.

문제 보기

다음은 어떤 집안의 유전 형질 (가)~(다)에 대한 자료이다.

○ (가)는 대립유전자 H와 H*에 의해, (나)는 대립유전자 R와 R*에 의해, (다)는 대립유전자 T와 T*에 의해 결정된다. H는 H*에 대해, R는 R*에 대해, T는 T*에 대해 각각 완전 우성이다.

○ (가)의 유전자와 (나)의 유전자 중 하나만 X 염색체에 있다.

○ (다)의 유전자는 X 염색체에 있고, (다)는 열성 형질이다.
  (가): H(정상)>H*(가), 상염색체
  (나): R(나)>R*(정상), X 염색체
  (다): T(정상)>T*(다), X 염색체

○ 가계도는 구성원 ⓐ를 제외한 나머지 구성원 1~9에게서 (가)와 (나)의 발현 여부를 나타낸 것이다.

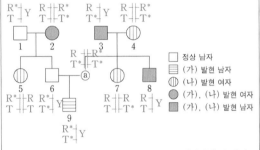

□ 정상 남자
▤ (가) 발현 남자
▥ (나) 발현 여자
● (가), (나) 발현 여자
■ (가), (나) 발현 남자

○ ⓐ를 제외한 나머지 1~9 중 3, 6, 9에서만 (다)가 발현되었다.

○ 체세포 1개당 H의 DNA 상대량은 1과 ⓐ가 서로 같다.

이에 대한 설명으로 옳은 것만을 〈보기〉에서 있는 대로 고른 것은? (단, 돌연변이와 교차는 고려하지 않으며, H와 H* 각각의 1개당 DNA 상대량은 1이다.)

〈(가)의 유전자형〉

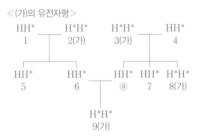

〈보기〉 풀이

❶ (가) 발현 대립유전자가 X 염색체에 있고 정상에 대해 우성이라면 딸 7은 아버지 3으로부터 (가) 발현 대립유전자를 물려받기 때문에 (가) 발현이어야 하는데, 7은 (가)에 대해 정상이다. 따라서 (가)의 유전자는 X 염색체에 없고 우성 형질이 아니다. (가) 발현 대립유전자가 X 염색체에 있고 정상에 대해 열성이라면 (가)가 발현된 어머니 2의 아들 6은 (가) 발현이어야 하는데, 6은 (가)에 대해 정상이다. 따라서 (가)의 유전자는 X 염색체에 없고 열성 형질이 아니다. (가)에 대한 가계도 분석을 통해 (가)의 유전자는 상염색체에 있다는 것을 알 수 있으며, 따라서 (나)의 유전자는 (다)의 유전자와 함께 X 염색체에 있다.

❷ (나)의 유전자가 정상에 대해 열성이라면 (나)가 발현된 어머니 2의 아들 6은 (나) 발현이어야 하는데, 6은 (나)에 대해 정상이다. 따라서 (나)는 정상에 대해 우성 형질이다.

❸ 체세포 1개당 H의 DNA 상대량은 1과 ⓐ가 서로 같다고 했으므로 1과 ⓐ에서 (가)의 유전자형이 같고, (가)의 유전자형은 HH, HH*, H*H* 중 하나이다. 만약 1과 ⓐ에서 (가)의 유전자형이 HH라면 H는 정상 대립유전자이고, H를 물려받은 9는 (가)에 대해 정상이어야 하는데 9에서 (가)가 발현되었다. 따라서 1과 ⓐ에서 (가)의 유전자형은 HH가 아니다. 만약 1과 ⓐ에서 (가)의 유전자형이 H*H*라면 H*는 정상 대립유전자이고, (가)에 대해 정상인 6에서 (가)의 유전자형이 H*H*이다. 이 경우 9는 아버지 6과 어머니 ⓐ로부터 H*를 각각 물려받으므로 (가)에 대해 정상이어야 하지만 (가)가 발현되었다. 따라서 1과 ⓐ에서 (가)의 유전자형은 HH*이고, H는 정상 대립유전자, H*는 (가) 발현 대립유전자이다.

✗ (가)는 우성 형질이다.
➡ 1에서 (가)의 유전자형은 HH*인데 1의 표현형은 (가)에 대해 정상이다. 따라서 (가)는 열성 형질이다.

ㄴ. ⓐ에서 (다)가 발현되었다.
➡ (다)는 X 염색체 유전을 하고 열성 형질이므로 T는 정상 대립유전자, T*는 (다) 발현 대립유전자이다. 3에서 (나), (다)의 유전자형은 $X^{RT*}Y$이고, 9에서 (나), (다)의 유전자형은 $X^{R*T*}Y$이다. 따라서 ⓐ에서 (나), (다)의 유전자형은 $X^{RT*}X^{R*T*}$이므로, 열성 형질인 (다)가 발현되었다.

✗ 9의 동생이 태어날 때, 이 아이에게서 (가)~(다)가 모두 발현될 확률은 $\frac{1}{4}$이다.
➡ 6은 (가)에 대해 정상인데 아들 9는 (가)가 발현되므로 6에서 (가)의 유전자형은 HH*이고, ⓐ에서 (가)의 유전자형도 HH*이다. 6과 ⓐ에서 태어난 아이가 가질 수 있는 (가)의 유전자형은 HH, HH*, HH*, H*H*이므로 9의 동생에게서 (가)가 발현(H*H*)될 확률은 $\frac{1}{4}$이다.

6에서 (나), (다)의 유전자형은 $X^{R*T*}Y$이고, ⓐ에서 $X^{RT*}X^{R*T*}$이므로, 6과 ⓐ 사이에서 태어난 아이가 가질 수 있는 (나), (다)의 유전자형은 $X^{R*T*}X^{RT*}$, $X^{RT*}Y$, $X^{R*T*}X^{R*T*}$, $X^{R*T*}Y$이므로, 9의 동생에게서 (나)와 (다)가 모두 발현($X^{RT*}Y$, $X^{R*T*}X^{RT*}$)될 확률은 $\frac{1}{2}$이다.

종합하면, 9의 동생에게서 (가)~(다)가 모두 발현될 확률은 $\frac{1}{4} \times \frac{1}{2} = \frac{1}{8}$이다.

적용해야 할 개념 ②가지

① 한 쌍의 대립유전자 E(우성 대립유전자)와 e(열성 대립유전자)에 의해 결정되는 단일 인자 유전에서, E와 e가 상염색체에 있다면 표현형이 우성인 사람의 유전자형은 EE, Ee이고, 열성인 사람의 유전자형은 ee이다.

② X 염색체에 열성 형질의 유전병 대립유전자가 있는 경우, 딸이 열성 형질이면 아버지는 반드시 열성 형질이다. X 염색체에 우성 형질의 유전병 대립유전자가 있는 경우, 아버지가 우성 형질이면 딸은 반드시 우성 형질이다.

문제 보기

다음은 어떤 집안의 유전 형질 (가)~(다)에 대한 자료이다.

○ (가)는 대립유전자 H와 H*에 의해, (나)는 대립유전자 R와 R*에 의해, (다)는 대립유전자 T와 T*에 의해 결정된다. H는 H*에 대해, R는 R*에 대해, T는 T*에 대해 각각 완전 우성이다.

○ (가)~(다)의 유전자는 모두 서로 다른 염색체에 있고, (가)와 (나) 중 한 형질을 결정하는 유전자는 X 염색체에 존재한다.
(가): H(정상)>H*(가), X 염색체
(나): R(정상)>R*(나), 상염색체
(다): T(정상)>T*(다), 상염색체

○ 가계도는 (가)~(다) 중 (가)의 발현 여부를 나타낸 것이다.

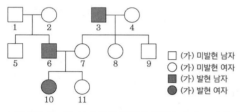

□ (가) 미발현 남자
○ (가) 미발현 여자
■ (가) 발현 남자
● (가) 발현 여자

○ 구성원 1~11 중 (가)만 발현된 사람은 6이고, (나)만 발현된 사람은 5, 8, 9이고, (다)만 발현된 사람은 7이다.

○ 1과 11에서만 (나)와 (다)가 모두 발현되었다.

○ 4와 10은 (나)에 대한 유전자형이 서로 다르며 두 사람에서 모두 (나)가 발현되지 않았다.

○ 2와 3은 (다)에 대한 유전자형이 서로 다르며 각각 T와 T* 중 한 종류만 갖는다.

이에 대한 설명으로 옳은 것만을 〈보기〉에서 있는 대로 고른 것은? (단, 돌연변이는 고려하지 않는다.) [3점]

〈보기〉 풀이

❶ 여자인 4와 10은 (나)에 대한 유전자형이 서로 다르며, 두 사람에서 모두 (나)가 발현되지 않았다고 했으므로, <u>(나) 발현은 열성 형질이다. 따라서 (나) 발현 대립유전자는 R*, (나) 미발현 대립유전자는 R이다.</u> 만약 (나)의 유전자가 X 염색체에 있다면 (나)가 발현되지 않은 6의 (나)의 유전자형은 $X^R Y$이므로 딸 11은 R가 있는 X 염색체를 물려받아 반드시 (나)가 발현되지 않아야 하는데 (나)가 발현되었으므로 <u>(나)의 유전자는 상염색체에 있고, (가)의 유전자는 X 염색체에 있다.</u> (가)~(다)의 유전자는 모두 서로 다른 염색체에 있다고 했으므로, <u>(다)의 유전자는 상염색체에 있다.</u>

❷ 가계도에서 (가) 미발현 부모 1과 2 사이에서 (가) 발현인 6이 태어났으므로 <u>(가) 발현은 열성 형질이고, (가) 발현 대립유전자는 H*, (가) 미발현 대립유전자는 H이다.</u>

❸ 여자 2와 남자 3은 (다)에 대한 유전자형이 서로 다르며 각각 T와 T* 중 한 종류만 가진다고 하였다. (다) 발현이 우성 형질이어서 (다) 발현 대립유전자가 T, (다) 미발현 대립유전자가 T*인 경우, 2의 (다)의 유전자형이 TT이면 5는 2로부터 T를 물려받으므로 5는 (다)가 발현되어야 하는데 (다)가 발현되지 않았다. 3의 (다)의 유전자형이 TT이면 8과 9는 3으로부터 T를 물려받으므로 (다)가 발현되어야 하는데 8과 9에서는 (다)가 발현되지 않았다. 따라서 (다)는 열성 형질이고, (다) 발현 대립유전자는 T*, (다) 미발현 대립유전자는 T이다. 1에서 (다)가 발현되었으므로 1의 (다)의 유전자형은 T*T*이다. 2의 (다)의 유전자형이 T*T*라면 아들 5와 6은 모두 부모로부터 T*만 물려받으므로 (다)가 발현되어야 한다. 그러나 5와 6에서 모두 (다)가 발현되지 않았으므로 5와 6은 반드시 T를 가지고 있으며, T는 2로부터 물려받은 것이다. 따라서 2의 (다)의 유전자형은 TT이고 3의 (다)의 유전자형은 T*T*이다.

(ㄱ) **(가)를 결정하는 유전자는 X 염색체에 있다.**

➡ (가)를 결정하는 유전자는 X 염색체에 있고, (나)를 결정하는 유전자는 상염색체에 있다.

(ㄴ) **1~11 중 R*와 T*를 모두 갖는 사람은 총 9명이다.**

➡

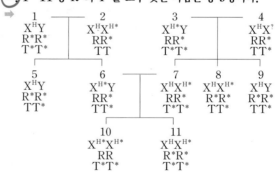

따라서 1~11 중 R*와 T*를 모두 갖는 사람은 1, 3, 4, 5, 6, 7, 8, 9, 11로, 총 9명이다.

✗ **6과 7 사이에서 남자 아이가 태어날 때, 이 아이에게서 (가)와 (다)만 발현될 확률은 $\dfrac{3}{8}$이다.**

➡ (가)~(다)의 유전자는 모두 서로 다른 염색체에 있으므로 (가)~(다)는 독립적으로 유전된다. 6의 (가)의 유전자형은 $X^H Y$, 7의 (가)의 유전자형은 $X^H X^{H*}$이며, 이들 사이에서 태어난 남자 아이가 가질 수 있는 유전자형은 $X^H Y$, $X^{H*} Y$이다. 따라서 남자 아이에게서 (가)가 발현($X^{H*} Y$)될 확률은 $\dfrac{1}{2}$이다. 6의 (나)의 유전자형은 RR*, 7의 (나)의 유전자형은 RR*이므로, 이들 사이에서 태어난 아이가 가질 수 있는 (나)의 유전자형의 분리비는 RR : RR* : R*R* = 1 : 2 : 1이다. 따라서 6과 7 사이에서 태어난 아이에게서 (나)가 미발현(RR, RR*)될 확률은 $\dfrac{3}{4}$이다.

6의 (다)의 유전자형은 TT*, 7의 (다)의 유전자형은 T*T*이므로, 이들 사이에서 태어난 아이가 가질 수 있는 (다)의 유전자형의 분리비는 TT* : T*T* = 1 : 1이다. 따라서 6과 7 사이에서 태어난 아이에게서 (다)가 발현(T*T*)될 확률은 $\dfrac{1}{2}$이다. 종합하면, 6과 7 사이에서 태어난 남자 아이에게서 (가)와 (다)만 발현될 확률은 $\dfrac{1}{2} \times \dfrac{3}{4} \times \dfrac{1}{2} = \dfrac{3}{16}$이다.

적용해야 할 개념 ③가지

① 남자(XY)의 경우 X 염색체에 있는 대립유전자는 항상 어머니로부터 받으며 항상 딸에게 전달된다. 여자(XX)의 경우 X 염색체에 있는 대립유전자는 부모 모두에게서 받으며 아들과 딸 모두에게 전달된다.

② X 염색체에 열성 형질의 대립유전자가 있는 경우, 딸이 열성 형질이면 아버지는 반드시 열성 형질이다. X 염색체에 우성 형질의 대립유전자가 있는 경우, 아버지가 우성 형질이면 딸은 반드시 우성 형질이다.

③ 하나의 염색체에 함께 있는 유전자들은 생식세포 형성 과정에서 함께 이동하여 같은 생식세포로 들어간다.

문제 보기

다음은 어떤 집안의 유전 형질 (가)와 (나)에 대한 자료이다.

○ (가)는 대립유전자 E와 e에 의해 결정되고, E는 e에 대해 완전 우성이다. (가): E(정상)>e(가), X 염색체

○ (나)는 대립유전자 H, R, T에 의해 결정된다. H는 R와 T에 대해 각각 완전 우성이고, R는 T에 대해 완전 우성이다. H>R>T

○ (나)의 표현형은 3가지이고, ㉠, ㉡, ㉢이다.

○ (가)와 (나)의 유전자는 모두 X 염색체에 있다.

○ 가계도는 구성원 ⓐ와 ⓑ를 제외한 구성원 1~11에게서 (가)의 발현 여부를 나타낸 것이다.

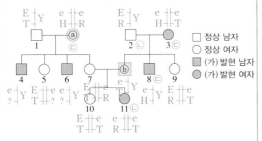

□ 정상 남자 ○ 정상 여자 ■ (가) 발현 남자 ● (가) 발현 여자

○ 1의 (나)의 표현형은 ㉠이고, 2와 11의 (나)의 표현형은 ㉡이며, 3의 (나)의 표현형은 ㉢이다.

○ 4, 6, 10의 (나)의 표현형은 모두 다르고, ⓑ, 8, 9의 (나)의 표현형도 모두 다르다.

○ 9의 (나)의 유전자형은 RT이다.

이에 대한 옳은 설명만을 〈보기〉에서 있는 대로 고른 것은? (단, 돌연변이와 교차는 고려하지 않는다.) [3점]

보기

〈보기〉 풀이

• 유전 형질 (가): (가)가 우성 형질이라면 (가) 발현 대립유전자는 E, 정상 대립유전자는 e이다. 이 경우 정상인 7에서 (가)의 유전자형은 X^eX^e이고 ⓑ에서 (가)의 유전자형은 X^EY 또는 X^eY이다. ⓑ의 유전자형이 X^EY이면 10과 11의 표현형은 모두 (가) 발현이어야 하는데, 10과 11의 표현형은 서로 다르다. 또한 ⓑ의 유전자형이 X^eY라면 10과 11은 모두 정상이어야 하는데, 10과 11의 표현형은 서로 다르다. 따라서 (가)는 열성 형질이고, 정상 대립유전자는 E, (가) 발현 대립유전자는 e이다.

• 유전 형질 (나): 대립유전자 H, R, T의 우열 관계는 H>R>T이며, (나)의 표현형은 3가지이므로 유전자형 (X^HX^H, X^HX^R, X^HX^T, X^HY), (X^RX^R, X^RX^T, X^RY), (X^TX^T, X^TY)의 표현형은 각각 ㉠, ㉡, ㉢ 중 하나이다. 9에서 (나)의 유전자형은 X^RX^T이고, ⓑ, 8, 9에서 (나)의 표현형은 모두 다르다고 했으므로, 3에서 (가)와 (나)의 유전자형은 $X^{eH}X^{eT}$이고 표현형은 ㉢이다. 9는 3으로부터 X^{eT}를 물려받았으므로 2에서 (가)와 (나)의 유전자형은 $X^{eR}Y$이고, 표현형은 ㉡이다. 따라서 (나)의 유전자형이 X^RX^R, X^RX^T, X^RY이면 표현형은 ㉡, X^HX^H, X^HX^R, X^HX^T, X^HY이면 표현형은 ㉢, X^TX^T, X^TY이면 표현형은 ㉠이다.

㉠ **(가)는 열성 형질이다.**

➡ 4와 6에서 (가)가 발현되었고, 4와 6의 (나)의 표현형이 다르므로 ⓐ에서 (가)의 유전자형은 동형 접합성이며, 5는 정상이므로 (가)는 열성 형질이다.

✗ **ⓐ와 8의 (나)의 표현형은 다르다.**

➡ 1에서 (가)의 표현형은 정상, (나)의 표현형은 ㉠이므로 1에서 (가)와 (나)의 유전자형은 $X^{ET}Y$이다. 11에서 (가)의 표현형은 (가) 발현, (나)의 표현형은 ㉡이므로 ⓑ에서 (가)와 (나)의 유전자형은 $X^{eT}Y$, 8에서 (가)와 (나)의 유전자형은 $X^{eH}Y$이고, 11에서 (가)와 (나)의 유전자형은 $X^{eR}X^{eT}$이다. 7은 1로부터 X^{ET}를 물려받고, 11은 7로부터 X^{eR}를 물려받았으므로 7에서 (가)와 (나)의 유전자형은 $X^{ET}X^{eR}$이다. 7은 ⓐ로부터 X^{eR}를 물려받았고, 4, 6 10의 (나)의 표현형이 모두 다르므로 ⓐ에서 (가)와 (나)의 유전자형은 $X^{eH}X^{eR}$이다. 8과 ⓐ는 모두 대립유전자 H를 가지고 있으므로 (나)의 표현형은 ㉢으로 동일하다.

✗ **이 집안에서 E와 T를 모두 갖는 구성원은 4명이다.**

➡ 이 집안에서 E를 갖는 구성원은 1, 2, 5, 7, 9, 10이고, E와 T를 모두 갖는 구성원은 1, 5, 7, 9, 10으로 5명이다.

적용해야 할 개념 ③가지

① ABO식 혈액형은 상염색체에 있는 대립유전자 한 쌍으로 결정되는 유전 형질로, ABO식 혈액형을 결정하는 대립유전자는 I^A, I^B, i 이며, I^A와 I^B는 우열 관계가 없고, i는 열성이다.

② 적혈구 표면에는 응집원(항원)이 있고, 혈장에는 응집소(항체)가 있으며, 응집원의 종류에 따라 혈액형을 구분한다.

③ ABO식 혈액형의 판정: 응집원 A는 응집소 α와, 응집원 B는 응집소 β와 만나면 혈액의 응집 반응이 일어난다.

표현형	A형	B형	AB형	O형
유전자형	I^AI^A 또는 I^Ai	I^BI^B 또는 I^Bi	I^AI^B	ii
응집원	A	B	A, B	없음
응집소	β	α	없음	α, β

문제 보기

다음은 어떤 집안의 유전 형질 (가)와 ABO식 혈액형에 대한 자료이다.

○ (가)는 대립유전자 T와 t에 의해 결정되며, T는 t에 대해 완전 우성이다. (가): T(정상)>t(가), X 염색체
○ 가계도는 구성원 1~10에게서 (가)의 발현 여부를 나타낸 것이다.

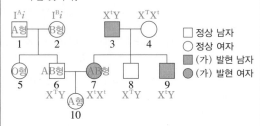

□ 정상 남자
○ 정상 여자
■ (가) 발현 남자
● (가) 발현 여자

○ 7, 8, 9 각각의 체세포 1개당 t의 DNA 상대량을 더한 값은 4의 체세포 1개당 t의 DNA 상대량의 3배이다.
○ 1, 2, 5, 6의 혈액형은 서로 다르며, 1의 혈액과 항 A 혈청을 섞으면 응집 반응이 일어난다. 응집원 A　응집소 α
○ 1과 10의 혈액형은 같으며, 6과 7의 혈액형은 같다.

이에 대한 옳은 설명만을 <보기>에서 있는 대로 고른 것은? (단, 돌연변이와 교차는 고려하지 않는다.) [3점]

<보기> 풀이

❶ (가)의 유전자가 상염색체에 있고, (가) 발현이 정상에 대해 우성인 경우 (T는 (가) 발현 대립유전자, t는 정상 대립유전자)
정상인 4의 유전자형은 tt이므로 체세포 1개당 t의 DNA 상대량은 2이다. (가) 발현인 7과 9의 유전자형은 Tt, 정상인 8의 유전자형은 tt이므로 7, 8, 9 각각의 체세포 1개당 t의 DNA 상대량을 더한 값은 4가 된다. 따라서 4의 체세포 1개당 t의 DNA 상대량의 3배가 아니다.

❷ (가)의 유전자가 상염색체에 있고, (가) 발현이 정상에 대해 열성인 경우 (T는 정상 대립유전자, t는 (가) 발현 대립유전자)
정상인 4의 유전자형은 Tt이므로 체세포 1개당 t의 DNA 상대량은 1이다. (가) 발현인 7과 9의 유전자형은 tt, 정상인 8의 유전자형은 Tt이므로 7, 8, 9 각각의 체세포 1개당 t의 DNA 상대량을 더한 값은 5가 된다. 따라서 4의 체세포 1개당 t의 DNA 상대량의 3배가 아니다.

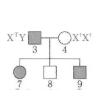

❸ (가)의 유전자가 X 염색체에 있고, (가) 발현이 정상에 대해 우성인 경우 (T는 (가) 발현 대립유전자, t는 정상 대립유전자)
정상인 4의 유전자형은 X^tX^t이므로 체세포 1개당 t의 DNA 상대량은 2이다. (가) 발현인 7의 유전자형은 X^TX^t, 정상인 8의 유전자형은 X^tY, (가) 발현인 9의 유전자형은 X^TY이므로 7, 8, 9 각각의 체세포 1개당 t의 DNA 상대량을 더한 값은 2가 된다. 따라서 4의 체세포 1개당 t의 DNA 상대량의 3배가 아니다.

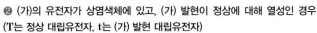

❹ (가)의 유전자가 X 염색체에 있고, (가) 발현이 정상에 대해 열성인 경우 (T는 정상 대립유전자, t는 (가) 발현 대립유전자)
정상인 4의 유전자형은 X^TX^t이므로 체세포 1개당 t의 DNA 상대량은 1이다. (가) 발현인 7의 유전자형은 X^tX^t, 정상인 8의 유전자형은 X^TY, (가) 발현인 9의 유전자형은 X^tY이므로 7, 8, 9 각각의 체세포 1개당 t의 DNA 상대량을 더한 값은 3이 된다. 따라서 4의 체세포 1개당 t의 DNA 상대량의 3배이다.

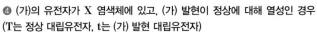
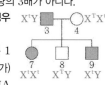

✗ (가)는 우성 형질이다.
➡ (가)는 X 염색체 유전을 하며, 정상에 대해 열성 형질이다.

◯ㄴ 2의 ABO식 혈액형에 대한 유전자형은 이형 접합성이다.
➡ 1의 혈액과 항 A혈청(응집소 α 포함)을 섞으면 응집 반응이 일어난다고 했으므로 1의 혈액에는 응집원 A가 있다. 1, 2, 5, 6의 혈액형은 서로 다르다고 했으므로 1의 ABO식 혈액형(유전자형)은 A형(I^Ai)이거나 AB형(I^AI^B)이다. 1의 혈액형이 AB형이면 2의 혈액형은 O형이고 6의 혈액형은 A형 또는 B형이다. 이때 혈액형이 같은 6과 7 사이에서 태어난 10의 혈액형은 A형, B형, O형 중 하나이므로 1과 혈액형이 같을 수 없다. 따라서 1의 혈액형은 A형(I^Ai)이고, 2의 혈액형은 B형(I^Bi), 5의 혈액형은 O형(ii), 6과 7의 혈액형은 AB형(I^AI^B)이다. 이때 2의 ABO식 혈액형에 대한 유전자형은 I^Bi이므로 이형 접합성이다.

✗ 10의 동생이 태어날 때, 이 아이에게서 (가)가 발현되고 이 아이의 ABO식 혈액형이 10과 같을 확률은 $\dfrac{1}{4}$이다.
➡ (가)와 혈액형의 유전자는 서로 다른 염색체에 존재하므로 독립적으로 유전된다. 정상인 6의 (가)의 유전자형은 X^TY, (가) 발현인 7의 (가)의 유전자형은 X^tX^t이므로 10의 동생이 가질 수 있는 (가)의 유전자형은 X^TX^t, X^tY이다. 따라서 10의 동생에게서 (가)가 발현(X^tY)될 확률은 $\dfrac{1}{2}$이다. 6과 7의 ABO식 혈액형의 유전자형은 모두 I^AI^B이므로 10의 동생이 가질 수 있는 혈액형의 유전자형의 분리비는 I^AI^A(A형) : I^AI^B(AB형) : I^BI^B(B형)=1 : 2 : 1이 된다.
따라서 10의 동생에게서 ABO식 혈액형이 10(A형)과 같을 확률은 $\dfrac{1}{4}$이다. 종합하면, 10의 동생에게서 (가)가 발현되고 ABO식 혈액형이 10과 같을 확률은 $\dfrac{1}{2} \times \dfrac{1}{4} = \dfrac{1}{8}$이다.

11 ABO식 혈액형 유전과 유전병 유전 가계도 분석 2022학년도 4월 학평 18번

정답 ⑤ | 정답률 30 %

적용해야 할 개념 ③가지

① 부모의 표현형이 같고 자손의 표현형이 부모와 다른 경우 부모의 표현형은 우성, 자손의 표현형은 열성이다.

② 특정 형질을 결정하는 유전자가 성염색체인 X 염색체에 있으면 유전 형질이 발현되는 빈도가 남녀에 따라 달라진다. 남자(성염색체 구성: XY)의 경우 X 염색체에 있는 대립유전자는 항상 어머니로부터 물려받으며, 항상 딸에게 전달된다. 여자(성염색체 구성: XX)의 경우 X 염색체에 있는 대립유전자는 부모 모두에게서 물려받으며 아들과 딸 모두에게 전달된다.

③ ABO식 혈액형은 상염색체에 있는 대립유전자 한 쌍으로 결정되는 유전 형질로, ABO식 혈액형을 결정하는 대립유전자는 3가지(I^A, I^B, i)이다.

표현형	A형	B형	AB형	O형
유전자형	I^AI^A 또는 I^Ai	I^BI^B 또는 I^Bi	I^AI^B	ii

문제 보기

다음은 어떤 집안의 유전 형질 (가), (나), ABO식 혈액형에 대한 자료이다.

(나) 발현 대립유전자 — (가) 발현 대립유전자

우성 형질 — 열성 형질

○ (가)는 대립유전자 G와 g에 의해, (나)는 대립유전자 H와 h에 의해 결정된다. G는 g에 대해, H는 h에 대해 각각 완전 우성이다.

○ (가), (나), ABO식 혈액형의 유전자 중 2개는 9번 염색체에, 나머지 1개는 X 염색체에 있다.

○ 가계도는 구성원 ⓐ를 제외한 구성원 1~9에게서 (가)와 (나)의 발현 여부를 나타낸 것이다.

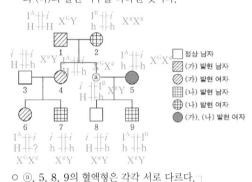

정상 남자
(가) 발현 남자
(가) 발현 여자
(나) 발현 남자
(나) 발현 여자
(가), (나) 발현 여자

○ ⓐ, 5, 8, 9의 혈액형은 각각 서로 다르다.
5는 A형, ⓐ는 B형, 8은 O형, 9는 AB형

○ 1, 5, 6은 모두 A형이고, 3과 7의 혈액형은 8과 같다.
O형

이에 대한 설명으로 옳은 것만을 〈보기〉에서 있는 대로 고른 것은? (단, 돌연변이와 교차는 고려하지 않는다.) [3점]

〈보기〉풀이

❶ (나)의 가계도에서 정상인 3과 4 사이에서 (나) 발현 남자 7이 태어났으므로, (나) 발현은 열성, 정상은 우성이다. 따라서 H는 정상 대립유전자, h는 (나) 발현 대립유전자이다. 만약 (나)의 유전자가 X 염색체에 있다면 (나) 발현인 여자 5는 아들에게 h가 있는 X 염색체를 물려주므로 여자 5의 아들은 모두 (나) 발현이어야 한다. 그러나 여자 5의 아들인 8은 정상이므로, (나)의 유전자는 X 염색체에 있지 않고 상염색체에 있다. 따라서 (나)의 유전자와 ABO식 혈액형의 유전자는 9번 염색체에 있으며, (가)의 유전자는 X 염색체에 있다.

❷ (가) 발현이 열성이면 (가) 발현인 여자 4에서 정상인 남자 7이 태어날 수 없다. 따라서 (가) 발현은 우성, 정상은 열성이므로, G는 (가) 발현 대립유전자, g는 정상 대립유전자이다.

❸ ⓐ, 5, 8, 9의 ABO식 혈액형은 각각 서로 다르고, 5가 A형이므로, ⓐ는 B형, 자녀 8과 9 중 하나는 AB형, 다른 하나는 O형이다. (나)의 유전자와 ABO식 혈액형은 9번 염색체에 있으므로 ⓐ, 5, 8, 9의 (가)와 ABO식 혈액형의 유전자 구성(ABO식 혈액형)은 다음과 같다.

ⓐ	5	8	9
iH/I^Bh(B형)	I^Ah/ih(A형)	iH/ih(O형)	I^Ah/I^Bh(AB형)

❹ 1과 6은 모두 A형이고, 3과 7의 혈액형은 8과 같은 O형이다.

ㄱ. **(가)의 유전자는 X 염색체에 있다.**

➡ (가)의 유전자는 X 염색체에, (나)의 유전자는 상염색체에 있다.

ㄴ. **ⓐ는 1과 (나)의 유전자형이 같다.**

➡ 8은 5로부터 h를 물려받았지만 (나)에 대해 정상이므로 ⓐ로부터 H를 물려받았음을 알 수 있다. 9는 (나) 발현이므로 ⓐ와 5로부터 h를 물려받았다. 따라서 ⓐ의 (나)의 유전자형은 Hh이다. 1은 4에게 I^A를, ⓐ에게 iH를 물려주었으므로, 1의 (나)의 유전자형은 HH이다.

ㄷ. **7의 동생이 태어날 때, 이 아이의 (가), (나), ABO식 혈액형의 표현형이 모두 4와 같을 확률은 $\frac{1}{4}$이다.**

➡ (나)와 ABO식 혈액형의 대립유전자 구성은 3이 iH/ih, 4가 I^AH/ih이므로, 7의 동생에게서 나타날 수 있는 대립유전자 구성은 표와 같다.

4의 난자＼3의 정자	iH	ih
I^AH	I^AiHH	I^AiHh
ih	$iiHh$	$iihh$

4의 (나), ABO식 혈액형의 표현형은 (나)에 대해 정상, A형이므로 7의 동생의 (나), ABO식 혈액형의 표현형이 4와 같을(I^AiHH, I^AiHh) 확률은 $\frac{1}{2}$이다. (가)의 유전자형은 3이 X^gY, 4가 X^GX^g이므로, 7의 동생에게서 나타날 수 있는 (가)의 유전자형은 X^GX^g, X^gX^g, X^GY, X^gY이다. 4의 (가)의 표현형은 (가) 발현이므로, 7의 동생의 (가)의 표현형이 4와 같을(X^GX^g, X^GY) 확률은 $\frac{1}{2}$이다. 결론적으로, 7의 동생이 태어날 때, 이 아이의 (가), (나), ABO식 혈액형의 표현형이 모두 4와 같을 확률은 $\frac{1}{2} \times \frac{1}{2} = \frac{1}{4}$이다.

적용해야 할 개념 ③가지

① ABO식 혈액형은 상염색체에 있는 대립유전자 한 쌍으로 결정되는 유전 형질로, ABO식 혈액형을 결정하는 대립유전자는 세 가지(I^A, I^B, i)이다.

② 응집원 A는 응집소 α 와, 응집원 B는 응집소 β 와 만나면 각각 특이적으로 결합하여 혈액의 응집 반응이 일어난다.

구분	A형	B형	AB형	O형
유전자형	$I^A I^A$ 또는 $I^A i$	$I^B I^B$ 또는 $I^B i$	$I^A I^B$	ii
응집원	A	B	A, B	없음
응집소	β	α	없음	α, β
항 A 혈청(응집소 α)	응집됨	응집 안 됨	응집됨	응집 안 됨
항 B 혈청(응집소 β)	응집 안 됨	응집됨	응집됨	응집 안 됨

③ 감수 분열 과정에서의 염색체 비분리

감수 1분열에서 상동 염색체의 비분리가 일어난 경우	염색체 수가 정상보다 많거나 적은 생식세포($n+1$, $n-1$)가 만들어진다. 이때 $n+1$인 생식세포에서 비분리된 염색체는 대립유전자 구성이 다르다.
감수 2분열에서 염색 분체의 비분리가 일어난 경우	염색체 수가 정상인 생식세포(n)와 정상보다 많거나 적은 생식세포($n+1$, $n-1$)가 만들어진다. 이때 $n+1$인 생식세포에서 비분리된 염색체는 대립유전자 구성이 같다.

문제 보기

다음은 어떤 가족의 ABO식 혈액형과 적록 색맹에 대한 자료이다.

A형: 응집원 A가 있다. ➡ 응집소 α와 응집한다.

○ 표는 구성원의 성별과 각각의 혈청을 자녀 1의 적혈구와 혼합했을 때 응집 여부를 나타낸 것이다. @와 ⓑ는 각각 '응집됨'과 '응집 안 됨' 중 하나이다.

구성원	성별	응집 여부
아버지 AB형	남	@응집 안 됨
어머니 A형	여	@응집 안 됨
자녀 1 A형	남	응집 안 됨
자녀 2 B형	여	ⓑ응집됨
자녀 3 O형	여	ⓑ응집됨

○ 아버지, 어머니, 자녀 2, 자녀 3의 ABO식 혈액형은 서로 다르고, 자녀 1의 ABO식 혈액형은 A형이다.

자녀 2만 적록 색맹

○ 구성원의 핵형은 모두 정상이다. ➡ 성염색체 비분리

○ 구성원 중 자녀 2만 적록 색맹이 나타난다.

$n-1=22$ $n+1=24$

○ 자녀 2는 정자 Ⅰ과 난자 Ⅱ가 수정되어 태어났고, 자녀 3은 정자 Ⅲ과 난자 Ⅳ가 수정되어 태어났다. Ⅰ~

$n-1=22$ $n+1=24$

Ⅳ가 형성될 때 각각 염색체 비분리가 1회 일어났다.

○ 세포 1개당 염색체 수는 Ⅰ과 Ⅲ이 같다.

자녀 3은 O형(ii) ➡ 상염색체 비분리

이에 대한 옳은 설명만을 〈보기〉에서 있는 대로 고른 것은? (단, ABO식 혈액형 이외의 혈액형은 고려하지 않으며, 제시된 돌연변이 이외의 돌연변이는 고려하지 않는다.) [3점]

〈보기〉 풀이

(1) 자녀 1의 ABO식 혈액형이 A형(대립유전자 I^A를 가지고 있음)이므로 부모 중 최소 한 명은 I^A를 가지고 있으며, I^A를 가진 사람은 응집원 A를 가지고 있어 응집소 α를 가지고 있지 않기 때문에 이 사람의 혈청(응집소 α 없음)을 자녀 1의 적혈구(응집원 A 있음)와 혼합하면 응집 반응이 일어나지 않는다. 따라서 @는 '응집 안 됨', ⓑ는 '응집됨'이고, 부모는 모두 응집소 α를 가지고 있지 않으므로 부모 중 한 사람의 ABO식 혈액형은 A형, 다른 한 사람의 ABO식 혈액형은 AB형이다.

(2) 자녀 2와 자녀 3의 응집 여부는 모두 '응집됨'이므로 응집소 α를 가지고 있고, 아버지, 어머니, 자녀 2, 자녀 3의 ABO식 혈액형은 서로 다르다. 따라서 자녀 2와 3 중 한 사람의 ABO식 혈액형은 B형, 다른 한 사람의 ABO식 혈액형은 O형이다. 부모의 ABO식 혈액형은 A형과 AB형이므로, 자녀 2의 ABO식 혈액형은 B형($I^B i$)이고, 부모 중 ABO식 혈액형이 A형인 사람의 유전자형은 $I^A i$이며, 자녀 3의 ABO식 혈액형은 O형(ii)이다.

(3) 적록 색맹이 나타나지 않는 부모로부터 적록 색맹이 나타나는 여자인 자녀 2가 태어났으므로 어머니는 적록 색맹 대립유전자가 있는 보인자이고, 자녀 2에게 적록 색맹 대립유전자가 있는 X 염색체를 2개 물려주었다. 자녀 2의 핵형은 정상이므로 아버지로부터 X 염색체를 물려받지 않았다. 즉, 정자 Ⅰ과 난자 Ⅱ가 형성될 때 성염색체 비분리가 각각 1회 일어났으며, 정자 Ⅰ에는 X 염색체가 없고, 난자 Ⅱ에는 X 염색체가 2개 있다.

(4) 세포 1개당 염색체 수는 Ⅰ과 Ⅲ이 같은데 정자 Ⅰ의 염색체 수가 22개이므로, 정자 Ⅲ의 염색체 수도 22개이다. 자녀 3의 핵형은 정상이므로 난자 Ⅳ의 염색체 수는 24개이다. 이를 통해 정자 Ⅲ과 난자 Ⅳ가 형성될 때 상염색체 비분리가 각각 1회 일어났고, 자녀 3은 어머니로부터 대립유전자 i가 있는 상염색체를 2개 물려받았음을 알 수 있다. 따라서 어머니의 ABO식 혈액형은 A형($I^A i$), 아버지의 ABO식 혈액형은 AB형이다.

㉠ 세포 1개당 X 염색체 수는 Ⅲ이 Ⅰ보다 크다.
➡ 정자 Ⅰ에는 X 염색체가 없으며, 정자 Ⅲ에는 X 염색체가 1개 있다.

✗ 아버지의 ABO식 혈액형은 A형이다.
➡ 아버지의 ABO식 혈액형은 AB형, 어머니의 ABO식 혈액형은 A형이다.

㉢ Ⅳ가 형성될 때 염색체 비분리는 감수 2분열에서 일어났다.
➡ 자녀 3은 어머니로부터 대립유전자 i가 있는 상염색체를 2개 물려받았으므로, 난자 Ⅳ가 형성될 때 감수 2분열에서 염색체 비분리가 일어났다.

보기

13 **ABO식 혈액형 유전과 성염색체 유전** 2023학년도 6월 모평 19번 | 정답 ⑤ | 정답률 34 %

적용해야 할 개념 ②가지

① 부모의 표현형이 같고 자손의 표현형이 부모와 다른 경우 부모의 표현형은 우성, 자손의 표현형은 열성이다.
② 특정 형질을 결정하는 유전자가 성염색체인 X 염색체에 있으면 우성 형질을 가진 아버지로부터는 우성 형질을 가진 딸만 태어나야 한다.
남자(성염색체 구성: XY)의 경우 X 염색체에 있는 대립유전자는 항상 어머니로부터 물려받으며, 항상 딸에게 전달된다. 여자(성염색체 구성: XX)의 경우 X 염색체에 있는 대립유전자는 부모 모두에게서 물려받으며 아들과 딸 모두에게 전달된다.

문제 보기

다음은 어떤 가족의 ABO식 혈액형과 유전 형질 (가), (나)에 대한 자료이다.

상염색체 열성 유전 / X 염색체 우성 유전

○ (가)는 대립유전자 H와 h에 의해, (나)는 대립유전자 T와 t에 의해 결정된다. H는 h에 대해, T는 t에 대해 각각 완전 우성이다.

○ (가)의 유전자와 (나)의 유전자 중 하나는 ABO식 혈액형 유전자와 같은 염색체에 있고, 나머지 하나는 X 염색체에 있다.

○ 표는 구성원의 성별, ABO식 혈액형과 (가), (나)의 발현 여부를 나타낸 것이다.

구성원	성별	혈액형	(가)	(나)
아버지	남	A형	×	× $I^AH/ih, X^TY$
어머니	여	B형	×	× $I^Bh/iH, X^TX^t$
자녀 1	남	AB형	◎	× $I^Ah/I^Bh, X^TY$
자녀 2	여	B형	○	× $I^Bh/iH, X^tX^t$
자녀 3	여	A형	×	× $I^AH/iH, X^TX^t$

(○: 발현됨, ×: 발현 안 됨)

○ 아버지와 어머니 중 한 명의 생식세포 형성 과정에서 대립유전자 ㉠이 대립유전자 ㉡으로 바뀌는 돌연변이가 1회 일어나 ㉡을 갖는 생식세포가 형성되었다. 이 생식세포가 정상 생식세포와 수정되어 자녀 1이 태어났다. ㉠과 ㉡은 (가)와 (나) 중 한 가지 형질을 결정하는 서로 다른 대립유전자이다.

(H / h 아버지)

이에 대한 설명으로 옳은 것만을 <보기>에서 있는 대로 고른 것은? (단, 제시된 돌연변이 이외의 돌연변이와 교차는 고려하지 않는다.)

<보기> 풀이

(가)가 발현 안 된 아버지와 어머니로부터 (가) 발현인 자녀 2가 태어났으므로, (가)는 열성 형질이다. (가)의 유전자가 X 염색체에 있다면 우성 형질((가)가 발현 안 됨)을 가진 아버지는 자녀 2(딸)에게 우성 대립유전자가 있는 X 염색체를 물려주므로, 자녀 2(딸)에서는 (가)가 발현되지 않아야 한다. 그런데 자녀 2(딸)에서는 (가)가 발현되었으므로, (가)의 유전자는 상염색체에 있다. 따라서 (가)의 유전자와 ABO식 혈액형 유전자는 같은 상염색체에 있고, (나)의 유전자는 X 염색체에 있다.

A형인 아버지와 B형인 어머니로부터 B형인 자녀 2와 A형인 자녀 3이 태어났으므로, 아버지의 혈액형 유전자형은 I^Ai, 어머니의 혈액형 유전자형은 I^Bi이다. 자녀 2는 아버지로터 i를, 어머니로부터 I^B를 물려받았으므로 자녀 2의 혈액형 유전자형은 I^Bi, 자녀 3은 아버지로부터 I^A를, 어머니로부터 i를 물려받았으므로 자녀 3의 혈액형 유전자형은 I^Ai이다.

(가)는 열성 형질이므로, H는 (가) 미발현 대립유전자, h는 (가) 발현 대립유전자이다. (가)의 유전자와 ABO식 혈액형의 유전자는 같은 상염색체에 있다. 이를 근거로 자녀 1을 제외한 가족 구성원의 (가)와 ABO식 혈액형의 대립유전자 구성을 정리하면 다음과 같다.

구성원	아버지	어머니	자녀 2	자녀 3
(가)의 발현 여부	×	×	○	×
ABO식 혈액형	A형	B형	B형	A형
유전자 구성	I^AH/ih	I^Bh/iH	I^Bh/ih	I^AH/iH

✗ ㄱ. (나)는 열성 형질이다.

➡ (나)의 유전자는 X 염색체에 있다. (나)가 열성 형질이라면 우성 형질((나)가 발현 안 됨)을 가진 아버지로부터 열성 형질((나) 발현됨)을 가진 자녀 3(딸)이 태어날 수 없다. 따라서 (나)는 우성 형질이므로, T는 (나) 발현 대립유전자, t는 (나) 미발현 대립유전자이다.

ㄴ. ㉠은 H이다.

➡ 혈액형이 AB형인 자녀는 아버지로부터 I^AH를, 어머니로부터 I^Bh를 물려받으므로, 이 자녀의 (가)에 대한 유전자형은 Hh가 되기 때문에 이 자녀는 (가)가 발현되지 않는다. 그런데 자녀 1은 혈액형이 AB형이지만 (가)가 발현되었으므로, 아버지의 생식세포 형성 과정에서 H가 h로 바뀌는 돌연변이가 일어났음을 알 수 있다. 따라서 ㉠은 H, ㉡은 h이다.

ㄷ. 자녀 3의 동생이 태어날 때, 이 아이의 혈액형이 O형이면서 (가)와 (나)가 모두 발현되지 않을 확률은 $\frac{1}{8}$이다.

➡ 아버지와 어머니의 (가)와 ABO식 혈액형의 대립유전자 구성은 각각 I^AH/ih, I^Bh/iH이므로, 자녀 3의 동생이 가질 수 있는 대립유전자 구성은 표와 같다.

아버지의 생식세포 / 어머니의 생식세포	I^AH	ih
I^Bh	I^AI^BHh	I^Bihh
iH	I^AiHH	$iiHh$

자녀 3의 동생이 혈액형이 O형이면서 (가)가 발현되지 않는 경우의 유전자 구성은 $iiHh$이므로, O형이면서 (가)가 발현되지 않을 확률은 $\frac{1}{4}$이다.

(나)가 발현되지 않은 자녀 2(딸)는 아버지와 어머니로부터 각각 X^t를 물려받았다. 따라서 (나)가 발현되지 않은 아버지의 (나)에 대한 유전자형은 X^tY, (나)가 발현된 어머니의 (나)에 대한 유전자형은 X^TX^t이다. 자녀 3의 동생이 가질 수 있는 (나)에 대한 유전자형은 X^TX^t, X^tX^t, X^TY, X^tY이다.

자녀 3의 동생의 (나)에 대한 유전자형이 X^tX^t, X^tY이면 (나)가 발현되지 않는다. 따라서 자녀 3의 동생이 (나)가 발현되지 않을 확률은 $\frac{1}{2}$이다. 결론적으로, 자녀 3의 동생이 태어날 때, 이 아이의 혈액형이 O형이면서 (가)와 (나)가 모두 발현되지 않을 확률은 $\frac{1}{4} \times \frac{1}{2} = \frac{1}{8}$이다.

22 일차

01 ①	02 ④	03 ②	04 ⑤	05 ⑤	06 ④	07 ①	08 ②	09 ⑤	10 ④	11 ⑤	12 ③
13 ④	14 ①	15 ①	16 ①	17 ④	18 ②	19 ④	20 ①	21 ⑤	22 ③	23 ③	24 ④
25 ③	26 ①	27 ①									

문제편 230쪽~243쪽

01　두 가지 형질의 가계도 분석　2021학년도 10월 학평 17번　　　정답 ① | 정답률 46 %

적용해야 할 개념 ③가지

① 부모의 표현형이 같고 아이의 표현형이 부모와 다른 경우 부모의 표현형은 우성, 아이의 표현형은 열성이다.
② 어떤 유전 형질의 유전자가 X 염색체에 있다면 우성 형질을 가진 아버지로부터는 열성 형질을 가진 딸이 태어날 수 없다.
③ A와 A*가 상염색체에 있다면 체세포의 유전자 구성은 AA, AA*, A*A*이고, A와 A*가 X 염색체에 있다면 남자 체세포의 유전자 구성은 X^AY, $X^{A*}Y$, 여자 체세포의 유전자 구성은 X^AX^A, X^AX^{A*}, $X^{A*}X^{A*}$이다.

문제 보기

다음은 어떤 집안의 유전 형질 (가)와 (나)에 대한 자료이다.

○ (가)는 대립유전자 A와 a에 의해, (나)는 대립유전자 B와 b에 의해 결정된다. A는 a에 대해, B는 b에 대해 각각 완전 우성이다.
(가): A(정상)>a(가), 상염색체
(나): B(정상)>b(나), 상염색체

○ 가계도는 구성원 1~10에서 (가)와 (나)의 발현 여부를 나타낸 것이다.

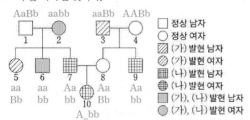

□ 정상 남자
○ 정상 여자
▨ (가) 발현 남자
◑ (가) 발현 여자
▦ (나) 발현 남자
⊕ (나) 발현 여자
▧ (가), (나) 발현 남자
⬤ (가), (나) 발현 여자

○ 1, 2, 3, 4 각각의 체세포 1개당 a의 DNA 상대량을 더한 값은 1, 2, 3, 4 각각의 체세포 1개당 b의 DNA 상대량을 더한 값과 같다.

이에 대한 옳은 설명만을 〈보기〉에서 있는 대로 고른 것은? (단, 돌연변이는 고려하지 않으며, a와 b 각각의 1개당 DNA 상대량은 1이다.)

〈보기〉 풀이

보기

(가)의 유전자가 X 염색체에 있으며, (가)가 열성 형질이라면 정상인 남자 1은 딸 5에게 우성의 정상 대립유전자를 가진 X 염색체를 물려주기 때문에 딸 5는 정상이어야 하나 (가) 발현이다. ➡ (가)는 X 염색체 열성 유전을 하지 않는다.
(가)의 유전자가 X 염색체에 있으며, (가)가 우성 형질이라면 (가) 발현인 남자 3은 딸 8에게 우성의 (가) 발현 대립유전자를 가진 X 염색체를 물려주기 때문에 딸 8은 (가) 발현이어야 하나 정상이다. ➡ (가)는 X 염색체 우성 유전을 하지 않는다. 결론적으로 (가)는 상염색체 유전을 한다.
(나)에 대해 정상인 3과 4로부터 (나) 발현인 9가 태어났으므로, (나)는 열성 형질이다. 1~4 각각의 유전자형은 다음과 같이 조건에 따라 다르다.

조건	1	2	3	4
(가)가 우성 형질인 경우	aa	Aa	Aa	aa
(가)가 열성 형질인 경우	Aa	aa	aa	A_
(나)의 유전자가 X 염색체에 있는 경우	X^BY	X^bX^b	X^BY	X^BX^b
(나)의 유전자가 상염색체에 있는 경우	Bb	bb	Bb	Bb

1~4 각각의 체세포 1개당 a의 DNA 상대량을 더한 값이 b의 DNA 상대량을 더한 값과 같으려면 (가)는 열성 형질, (나)는 상염색체 유전을 해야 한다.
(가)와 (나)의 유전자가 같은 상염색체에 있다면 5와 6은 모두 1로부터 a와 B가 함께 있는 염색체를 물려받게 되므로 5와 6은 모두 (나)에 대해 정상이어야 하나 6은 (나) 발현이다. 따라서 (가)와 (나)의 유전자는 서로 다른 상염색체에 있다.

ㄱ (가)는 열성 형질이다.
➡ (가)와 (나)는 모두 열성 형질이다.

✗ 4는 (가)와 (나)의 유전자형이 모두 이형 접합성이다.
➡ 1~4 각각의 체세포 1개당 a의 DNA 상대량을 더한 값이 b의 DNA 상대량을 더한 값과 같으려면 4는 (가)의 유전자형이 AA이어야 하고, (나)의 유전자형은 Bb이다. 따라서 4는 (가)의 유전자형은 동형 접합성, (나)의 유전자형은 이형 접합성이다.

✗ 10의 동생이 태어날 때, 이 아이가 (가)와 (나)에 대해 모두 정상일 확률은 $\frac{1}{4}$이다.
➡ (가)의 유전자와 (나)의 유전자는 서로 다른 상염색체에 있으므로, (가)와 (나)는 독립 유전을 한다. 7과 8은 모두 (가)의 유전자형이 Aa이므로, 10의 동생에서 나타날 수 있는 (가)의 유전자형은 AA : Aa : aa=1 : 2 : 1이다. 따라서 10의 동생이 (가)에 대해 정상(AA, Aa)일 확률은 $\frac{3}{4}$이다. 7은 (나)의 유전자형이 bb, 8은 (나)의 유전자형이 Bb이므로 10의 동생에게서 나타날 수 있는 (나)의 유전자형은 Bb : bb=1 : 1이다. 따라서 10의 동생이 (나)에 대해 정상(Bb)일 확률은 $\frac{1}{2}$이다. 결론적으로 10의 동생이 (가)와 (나)에 대해 모두 정상일 확률은 $\frac{3}{4} \times \frac{1}{2} = \frac{3}{8}$이다.

적용해야 할 개념 ③가지

① 한 가지 형질을 결정하는 데 3가지 이상의 대립유전자가 관여하는 경우를 복대립 유전이라고 한다.

② 복대립 유전에서 3가지의 대립유전자 A, B, C가 관여할 때, 대립유전자 사이의 우열 관계에 따라 표현형의 가짓수가 달라진다.

A는 B와 C에 대해 우성이며, B는 C에 대해 우성일 때(A>B>C)	A는 B와 C에 대해 우성이며, B와 C는 우열 관계가 없을 때(A>B=C)
표현형 3가지 (AA, AB, AC / BB, BC / CC)	표현형 4가지 (AA, AB, AC / BB / BC / CC)

③ 상염색체 유전 가계도에서 부모에게서 나타나지 않던 표현형이 자손에게서 나타나면 부모의 형질은 우성, 자손의 형질은 열성이며, 부모의 유전자형은 이형 접합성이다.

문제 보기

다음은 어떤 집안의 유전 형질 (가)에 대한 자료이다.

○ (가)는 상염색체에 있는 1쌍의 대립유전자에 의해 결정되며, 대립유전자에는 D, E, F가 있다. E는 D와 F에 대해 각각 완전 우성이다. ┌ E>F>D
○ (가)의 표현형은 3가지이고, ⊙, ⓒ, ⓒ이다. └ D와 F의 우열 관계가 뚜렷하다.
○ 가계도는 구성원 ⓐ와 ⓑ를 제외한 구성원 1~7에서 (가)의 표현형을, 표는 3, 6, 7에서 체세포 1개당 D의 DNA 상대량을 나타낸 것이다.

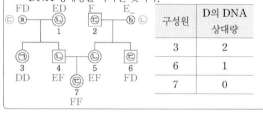

구성원	D의 DNA 상대량
3	2
6	1
7	0

이에 대한 옳은 설명만을 〈보기〉에서 있는 대로 고른 것은? (단, 돌연변이와 교차는 고려하지 않으며, D, E, F 각각의 1개당 DNA 상대량은 1이다.) [3점]

〈보기〉 풀이

(1) 3의 D의 DNA 상대량이 2이므로 유전자형은 DD이고, 표현형은 ⊙이다. 따라서 D는 ⊙ 발현 대립유전자이다. 3은 부모에게서 각각 D를 하나씩 물려받았으므로 1도 D를 가지고 있지만 표현형은 ⓒ이다. 따라서 ⓒ 발현 대립유전자는 D(⊙ 발현 대립유전자)에 대해 완전 우성이다.

(2) 6의 D의 DNA 상대량은 1이므로 D를 가지고 있지만 표현형은 ⓒ이다. 따라서 ⓒ 발현 대립유전자는 D(⊙ 발현 대립유전자)에 대해 완전 우성이다.

(3) 4, 5, 7에서 부모의 표현형은 ⓒ이지만 이들 사이에서 태어난 자손의 표현형은 부모에게 나타나지 않은 ⓒ이다. 따라서 ⓒ은 ⓒ에 대해 우성 형질이므로 ⓒ 발현 대립유전자는 ⓒ 발현 대립유전자에 대해 완전 우성이다. E는 D와 F에 대해 각각 완전 우성이므로 E는 ⓒ 발현 대립유전자, F는 ⓒ 발현 대립유전자이다. 7의 D의 DNA 상대량이 0이므로 7의 유전자형은 FF이고, 4와 5의 유전자형은 모두 EF이다.

(4) 4의 유전자형은 EF인데, 1의 유전자형은 ED이므로 D를 가지고 있는 ⓐ의 유전자형은 FD이다. 따라서 ⓐ의 표현형은 ⓒ이다.

(5) 5의 유전자형은 EF인데, 2의 유전자형은 F_(FF 또는 FD)이므로 ⓑ의 유전자형은 E_(EF 또는 ED)이다. 따라서 ⓑ의 표현형은 ⓒ이다.

✘ D는 F에 대해 완전 우성이다.
➡ E는 F와 D에 대해 완전 우성이고, F는 D에 대해 완전 우성이다.

ⓛ ⓑ의 표현형은 ⓒ이다.
➡ ⓐ의 표현형은 ⓒ, ⓑ의 표현형은 ⓒ이다.

ⓒ 7의 동생이 태어날 때, 이 아이가 ⓐ와 표현형이 같을 확률은 $\frac{1}{4}$이다.
➡ 4와 5의 유전자형은 모두 EF이고, ⓐ의 표현형은 ⓒ이다. 유전자형이 모두 EF인 부모 사이에서 태어난 아이의 유전자형은 EE, EF, EF, FF이다. 이때 유전자형 FF만 표현형이 ⓒ이다. 따라서 7의 동생이 태어날 때, 이 아이가 ⓐ와 표현형이 같을 확률은 $\frac{1}{4}$이다.

적용해야 할 개념 ④가지

① 복대립 유전: 하나의 형질을 결정하는 데 세 가지 이상의 대립유전자가 관여하며, 한 쌍의 대립유전자에 의해 형질이 결정되는 유전 현상이다.

② 특정 형질을 결정하는 유전자가 성염색체(X 염색체)에 있으면 유전 형질이 발현되는 빈도가 남녀에 따라 달라진다.

③ 남자(XY)의 경우 X 염색체에 있는 대립유전자는 항상 어머니로부터 받으며 항상 딸에게 전달된다. 여자(XX)의 경우 X 염색체에 있는 대립유전자는 부모 모두에게서 받으며 아들과 딸 모두에게 전달된다.

④ 유전자형이 Yy인 부모 사이에서 태어난 아이가 가질 수 있는 유전자형의 분리비는 YY : Yy : yy=1 : 2 : 1이므로, 이 아이의 유전자형이 YY일 확률은 $\frac{1}{4}$, Yy일 확률은 $\frac{1}{2}$, yy일 확률은 $\frac{1}{4}$이다.

문제 보기

다음은 어떤 집안의 유전 형질 (가)와 (나)에 대한 자료이다.

○ (가)는 대립유전자 R와 r에 의해 결정되며, R는 r에 대해 완전 우성이다. (가): R(가)>r(정상), X 염색체

○ (나)는 상염색체에 있는 1쌍의 대립유전자에 의해 결정되며, 대립유전자에는 E, F, G가 있다. ➡ 복대립 유전

○ (나)의 표현형은 4가지이며, (나)의 유전자형이 EG인 사람과 EE인 사람의 표현형은 같고, 유전자형이 FG인 사람과 FF인 사람의 표현형은 같다. 표현형 4가지(EE, EG/FG, FF/EF/GG)

○ 가계도는 구성원 1~9에게서 (가)의 발현 여부를 나타낸 것이다.

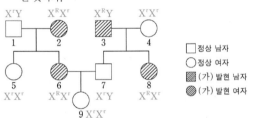

○ $\dfrac{1,\ 2,\ 5,\ 6\ \text{각각의 체세포 1개당 E의 DNA 상대량을 더한 값}}{3,\ 4,\ 7,\ 8\ \text{각각의 체세포 1개당 r의 DNA 상대량을 더한 값}}=\dfrac{3}{2}$

○ 1, 2, 3, 4의 (나)의 표현형은 모두 다르고, 2, 6, 7, 9의 (나)의 표현형도 모두 다르다.

○ 3과 8의 (나)의 유전자형은 이형 접합성이다.

이에 대한 설명으로 옳은 것만을 〈보기〉에서 있는 대로 고른 것은? (단, 돌연변이와 교차는 고려하지 않으며, E, F, G, R, r 각각의 1개당 DNA 상대량은 1이다.) [3점]

〈(나)의 유전자형〉

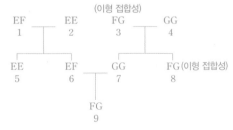

〈보기〉 풀이

❶ (가)의 유전자가 상염색체에 있고, (가) 발현이 정상에 대해 우성인 경우 (R는 (가) 발현 대립유전자, r는 정상 대립유전자)

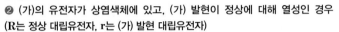

정상인 4와 7의 (가)의 유전자형은 모두 rr, (가) 발현인 3과 8의 (가)의 유전자형은 모두 Rr이므로, 3, 4, 7, 8 각각의 체세포 1개당 r의 DNA 상대량을 더한 값은 1+2+2+1=6이다.

❷ (가)의 유전자가 상염색체에 있고, (가) 발현이 정상에 대해 열성인 경우 (R는 정상 대립유전자, r는 (가) 발현 대립유전자)

(가) 발현인 3과 8의 (가)의 유전자형은 rr, 정상인 4와 7의 (가)의 유전자형은 Rr이므로, 3, 4, 7, 8 각각의 체세포 1개당 r의 DNA 상대량을 더한 값은 2+1+1+2=6이다.

❸ (가)의 유전자가 X 염색체에 있고, (가) 발현이 정상에 대해 우성인 경우 (R는 (가) 발현 대립유전자, r는 정상 대립유전자)

(가) 발현인 아버지 3의 (가)의 유전자형은 $X^{R}Y$, 정상인 어머니 4의 (가)의 유전자형은 $X^{r}X^{r}$, 정상인 아들 7의 (가)의 유전자형은 $X^{r}Y$, (가) 발현인 딸 8의 (가)의 유전자형은 $X^{R}X^{r}$이므로, 3, 4, 7, 8 각각의 체세포 1개당 r의 DNA 상대량을 더한 값은 0+2+1+1=4이다.

❹ (가)의 유전자가 X 염색체에 있고, (가) 발현이 정상에 대해 열성인 경우 (R는 정상 대립유전자, r는 (가) 발현 대립유전자)

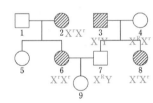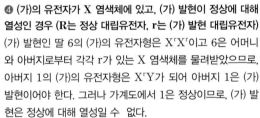

(가) 발현인 딸 6의 (가)의 유전자형은 $X^{r}X^{r}$이고 6은 어머니와 아버지로부터 각각 r가 있는 X 염색체를 물려받았으므로, 아버지 1의 (가)의 유전자형은 $X^{r}Y$가 되어 아버지 1은 (가) 발현이어야 한다. 그러나 가계도에서 1은 정상이므로, (가) 발현은 정상에 대해 열성일 수 없다.

❶과 ❷의 경우 모두 3, 4, 7, 8 각각의 체세포 1개당 r의 DNA 상대량을 더한 값은 6이므로 $\dfrac{1,\ 2,\ 5,\ 6\ \text{각각의 체세포 1개당 E의 DNA 상대량을 더한 값}}{3,\ 4,\ 7,\ 8\ \text{각각의 체세포 1개당 r의 DNA 상대량을 더한 값}}=\dfrac{3}{2}$을 충족하려면 1, 2, 5, 6 각각의 체세포 1개당 E의 DNA 상대량을 더한 값은 9이어야 한다. 하지만 1, 2, 5, 6의 (나)의 유전자형이 모두 EE이어도 1, 2, 5, 6 각각의 체세포 1개당 E의 DNA 상대량을 더한 값은 8이므로, ❶과 ❷는 조건을 충족하지 못한다. 따라서 ❸의 조건만 충족된다. 결론적으로 (가)의 유전자는 X 염색체에 있고 (가) 발현이 정상에 대해 우성이므로, (가) 발현 대립유전자는 R, 정상 대립유전자는 r이다. 따라서 3, 4, 7, 8 각각의 체세포 1개당 r의 DNA 상대량을 더한 값은 4이고, 1, 2, 5, 6 각각의 체세포 1개당 E의 DNA 상대량을 더한 값은 6이다.

(나)의 유전자형은 6가지(EE, EG, FG, FF, EF, GG)이며, (나)의 표현형은 4가지이다. 유전자형이 EG인 사람과 EE인 사람의 표현형이 같고, FG인 사람과 FF인 사람의 표현형이 같다고 했으므로, EF인 사람과 GG인 사람의 표현형은 서로 다르다. 1, 2, 5, 6 각각의 체세포 1개당 E의 DNA 상대량을 더한 값이 6이므로, 1, 2, 5, 6 중 두 사람의 (나)의 유전자형은 EE이고, 나머지 두 사람은 (나)의 유전자형 중 E가 하나씩 있다. 또, 1, 2, 3, 4의 (나)의 표현형은 모두 다르고, 3의 (나)의 유전자형은 이형 접합성이므로, 3의 (나)의 유전자형은 FG, 4의 (나)의 유전자형은 GG, 8의 (나)의 유전자형은 FG이다. 2, 6, 7, 9의 (나)의 표현형은 모두 다르므로, 7의 (나)의 유전자형은 GG이고, 9의 (나)의 유전자형은 FG이며, 6의 (나)의 유전자형은 EF, 2의 (나)의 유전자형은 EE이다.

✗ **(가)의 유전자는 상염색체에 있다.**

➡ (가)의 유전자는 성염색체인 X 염색체에 있다.

ㄴ. **7의 (나)의 유전자형은 동형 접합성이다.**

➡ 7의 (나)의 유전자형은 GG이므로 동형 접합성이다.

✗ **9의 동생이 태어날 때, 이 아이의 (가)와 (나)의 표현형이 8과 같을 확률은 $\dfrac{1}{8}$이다.**

➡ (가)와 (나)의 유전자는 서로 다른 염색체에 있으므로 독립적으로 유전된다. 6의 (가)의 유전자형은 $X^R X^r$이고 7의 (가)의 유전자형은 $X^r Y$이므로, 9의 동생이 가질 수 있는 (가)의 유전자형은 $X^R X^r$, $X^R Y$, $X^r X^r$, $X^r Y$이다. 이 중 (가) 발현인 8의 표현형과 같은 유전자형은 $X^R X^r$, $X^R Y$이므로, 9의 동생에게서 (가)의 표현형이 8과 같을 확률은 $\dfrac{1}{2}$이다.

6의 (나)의 유전자형은 EF이고 7의 (나)의 유전자형은 GG이므로, 9의 동생이 가질 수 있는 (나)의 유전자형은 EG, FG이며, 이 중 8의 표현형과 같은 유전자형은 FG이다. 따라서 9의 동생에게서 (나)의 표현형이 8과 같을 확률은 $\dfrac{1}{2}$이다.

종합하면, 9의 동생에게서 (가)와 (나)의 표현형이 8과 같을 확률은 $\dfrac{1}{2} \times \dfrac{1}{2} = \dfrac{1}{4}$이다.

적용해야 할 개념 ③가지

① 상염색체 유전에서 부모에서 나타나지 않던 형질이 자손에게 나타난 경우, 부모에서 나타난 형질은 우성, 자손에서 나타난 형질은 열성이다. 열성(aa)인 자녀는 부모에게서 열성 대립유전자 a를 하나씩 물려받은 것이므로 부모의 유전자형은 이형 접합성(Aa)이다.

② 남자(XY)의 경우 X 염색체에 있는 대립유전자는 항상 어머니로부터 받으며 항상 딸에게 전달된다. 여자(XX)의 경우 X 염색체에 있는 대립유전자는 부모 모두에게서 받으며 아들과 딸 모두에게 전달된다.

③ 두 형질을 결정하는 각각의 대립유전자가 하나의 염색체에 같이 있는 경우, 생식세포 형성 과정에서 같은 생식세포로 들어간다.

문제 보기

다음은 어떤 집안의 유전 형질 (가)~(다)에 대한 자료이다.

○ (가)는 대립유전자 H와 h에 의해, (나)는 대립유전자 R와 r에 의해, (다)는 대립유전자 T와 t에 의해 결정된다. H는 h에 대해, R는 r에 대해, T는 t에 대해 각각 완전 우성이다.
(가): H(정상)>h(가), 상염색체
(나): R(나)>r(정상), X 염색체
(다): T(정상)>t(다), X 염색체

○ (가)~(다) 중 1가지 형질을 결정하는 유전자는 상염색체에, 나머지 2가지 형질을 결정하는 유전자는 성염색체에 존재한다.

○ 가계도는 구성원 1~9에게서 (가)와 (나)의 발현 여부를 나타낸 것이다.

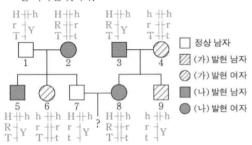

□ 정상 남자
▨ (가) 발현 남자
◪ (가) 발현 여자
■ (나) 발현 남자
● (나) 발현 여자

○ 5~9 중 7, 9에서만 (다)가 발현되었고, 5~9 중 4명만 t를 가진다. (다) 발현은 열성 형질

○ $\dfrac{3,\ 4\ 각각의\ 체세포\ 1개당\ T의\ 상대량을\ 더한\ 값}{5,\ 7\ 각각의\ 체세포\ 1개당\ H의\ 상대량을\ 더한\ 값}=1$ 이다.

이에 대한 설명으로 옳은 것만을 〈보기〉에서 있는 대로 고른 것은? (단, 돌연변이와 교차는 고려하지 않으며, H, h, R, r, T, t 각각의 1개당 DNA 상대량은 1이다.) [3점]

〈보기〉풀이

먼저, 가계도 분석을 통해 (가)~(다) 중 어느 유전자가 상염색체에 존재하는지를 파악한다.

❶ (가)에 대해 정상인 부모 1과 2 사이에서 (가) 발현 여자인 6이 태어난 것을 통해 (가) 발현은 정상에 대해 열성 형질이라는 것을 알 수 있다. 그리고 (가) 발현 유전자가 X 염색체에 있다면 딸인 6은 정상인 아버지 1로부터 정상 대립유전자 H를 물려받으므로 반드시 정상이어야 하는데 (가) 발현이다. 따라서 (가)를 결정하는 유전자는 상염색체에 존재하며, (나)와 (다)를 결정하는 유전자는 성염색체(X 염색체)에 존재한다.

❷ (나) 발현 어머니인 2로부터 서로 다른 표현형을 가진 아들 5와 7이 태어난 것을 통해 어머니 2는 (나)의 유전자형이 이형 접합성($X^R X^r$)이며, (나) 발현은 정상에 대해 우성 형질이라는 것을 알 수 있다.

❸ 구성원 5~9 중 남자인 7, 9에서만 (다)가 발현되었고, 5~9 중 4명만 t를 가진다고 하였다. 만약 (다)가 우성 형질이면 3명(5, 6, 8)만 t를 가지게 되므로, (다)는 정상에 대해 열성 형질이다.

✗ (나)와 (다)는 모두 열성 형질이다.
➡ (나)는 우성 형질, (다)는 열성 형질이다.

ㄴ. 1과 5에서 (가)의 유전자형은 같다.
➡ $\dfrac{3,\ 4\ 각각의\ 체세포\ 1개당\ T의\ 상대량을\ 더한\ 값}{5,\ 7\ 각각의\ 체세포\ 1개당\ H의\ 상대량을\ 더한\ 값}=1$이라고 했으므로, 3의 (나)와 (다)의 유전자형은 $X^{RT}Y$, 4의 (나)와 (다)의 유전자형은 $X^{rt}X^{rt}$가 되어 3, 4 각각의 체세포 1개당 T의 상대량을 더한 값이 2가 되고, 5와 7의 (가)의 유전자형은 각각 Hh가 되어 5, 7 각각의 체세포 1개당 H의 상대량을 더한 값이 2가 되어야 한다. 한편, 가계도에서 (가) 발현인 6이 있으므로 아버지 1의 (가)의 유전자형은 Hh이다. 따라서 1과 5에서 (가)의 유전자형은 같다.

다른 풀이 3의 (나)와 (다)의 유전자형은 가계도와 구성원 5~9의 (다) 발현에 관한 자료 분석을 통해 파악할 수가 없다. 따라서 다음과 같은 경우를 모두 생각하여 3의 (나)와 (다)의 유전자형과 함께 5의 (가)의 유전자형을 파악하도록 한다.

3의 (나), (다) 유전자형	4의 (나), (다) 유전자형	3, 4의 T의 합	5와 7의 (가)의 유전자형	5, 7의 H의 합
$X^{RT}Y$	$X^{rt}X^{rt}$	2	HH, HH	4
			HH, Hh	3
			Hh, Hh	2
$X^{Rt}Y$		1	HH, HH	4
			HH, Hh	3
			Hh, Hh	2

ㄷ. 7과 8 사이에서 아이가 태어날 때, 이 아이에게서 (가)~(다) 중 (가)와 (나)만 발현될 확률은 $\dfrac{1}{8}$이다.

➡ (가)를 결정하는 유전자는 (나), (다)를 결정하는 유전자와 다른 염색체에 있으므로, (가)는 (나), (다)와 독립적으로 유전한다. 7의 (가)의 유전자형은 Hh이고, 8은 아버지 3으로부터 H를, 어머니 4로부터 h를 물려받았으므로 (가)의 유전자형은 Hh이다. 따라서 7과 8 사이에서 태어난 아이가 가질 수 있는 (가)의 유전자형의 분리비는 HH : Hh : hh=1 : 2 : 1이므로, 이 아이에게서 (가)가 발현(hh)될 확률은 $\dfrac{1}{4}$이다. 7의 (나)와 (다)의 유전자형은 $X^{rt}Y$, 8의 (나)와 (다)의 유전자형은 $X^{RT}X^{rt}$이다. 7과 8 사이에서 태어난 아이가 가질 수 있는 (나)와 (다)의 유전자형은 $X^{RT}X^{rt}$, $X^{rt}X^{rt}$, $X^{RT}Y$, $X^{rt}Y$이므로, 이 아이에게서 (나)만 발현($X^{RT}X^{rt}$, $X^{RT}Y$)될 확률은 $\dfrac{1}{2}$이다. 종합하면, 7과 8 사이에서 아이가 태어날 때, 이 아이에게서 (가)~(다) 중 (가)와 (나)만 발현될 확률은 $\dfrac{1}{4} \times \dfrac{1}{2} = \dfrac{1}{8}$이다.

적용해야 할 개념 ③가지

① 한 형질을 결정하는 대립유전자가 성염색체(X 염색체)에 존재하면 여자(XX)의 체세포에는 대립유전자가 쌍으로 있지만, 남자(XY)의 체세포에는 대립유전자가 쌍으로 존재하지 않는다.

② 남자(XY)의 경우 X 염색체에 있는 대립유전자는 항상 어머니로부터 받으며, 항상 딸에게 전달된다. 여자(XX)의 경우 X 염색체에 있는 대립유전자는 부모 모두에게서 받으며 아들과 딸 모두에게 전달된다.

③ 하나의 염색체에 같이 존재하는 유전자들은 생식세포 형성 과정에서 함께 이동하여 같은 생식세포로 들어간다.

문제 보기

다음은 어떤 집안의 유전 형질 (가)~(다)에 대한 자료이다.

○ (가)는 대립유전자 H와 h에 의해, (나)는 대립유전자 R와 r에 의해, (다)는 대립유전자 T와 t에 의해 결정된다. H는 h에 대해, R는 r에 대해, T는 t에 대해 각각 완전 우성이다.

○ (가)~(다)를 결정하는 유전자 중 2가지는 같은 염색체에 있다.

(가): H(가)>h(정상), X 염색체
(나): R(나)>r(정상), 상염색체
(다): T(정상)>t(다), X 염색체

○ 가계도는 구성원 1~10에서 (가)~(다) 중 (가)와 (나)의 발현 여부를 나타낸 것이다.

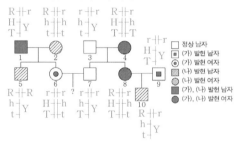

□ 정상 남자
○ 정상 여자
■ (가) 발현 남자
◉ (가) 발현 여자
▨ (나) 발현 남자
▨ (나) 발현 여자
■ (가), (나) 발현 남자
● (가), (나) 발현 여자

○ 구성원 1~10 중 2, 3, 5, 10에서만 (다)가 발현되었다.

○ 표는 구성원 1~10에서 체세포 1개당 H, R, t 개수의 합을 나타낸 것이다.

대립유전자	H	R	t
대립유전자 개수의 합	ⓐ5	ⓑ7	ⓑ7

이에 대한 설명으로 옳은 것만을 〈보기〉에서 있는 대로 고른 것은? (단, 돌연변이는 고려하지 않는다.) [3점]

〈보기〉 풀이

❶ (나) 발현인 1과 2 사이에서 정상인 딸(6)이 태어났으므로 (나)는 우성 형질이고, R는 (나) 발현 대립유전자, r는 정상 대립유전자이다. (나)를 결정하는 유전자가 X 염색체에 있다면 아버지(1)는 딸(6)에게 우성 대립유전자를 가진 X 염색체를 물려주므로 딸(6)은 (나) 발현이어야 하지만 정상이다. 따라서 (나)를 결정하는 유전자는 상염색체에 있고, 구성원 1~10에서 체세포 1개당 R의 개수의 합은 6 또는 7이다.

❷ (다)의 표현형이 정상인 8과 9 사이에서 (다) 발현인 10이 태어났으므로 (다)는 열성 형질이고, T는 정상 대립유전자, t는 (다) 발현 대립유전자이다. 만약 (다)를 결정하는 유전자가 상염색체에 있다면 구성원 2, 3, 5, 10의 (다) 유전자형이 모두 tt이므로, 구성원 1~10에서 체세포 1개당 t 개수의 합은 8개 이상이다. 표에서 구성원 1~10에서 체세포 1개당 R의 개수의 합과 t 개수의 합은 같으므로, (다)를 결정하는 유전자는 상염색체가 아닌 X 염색체에 있다는 것을 알 수 있다.

❸ (가) 발현인 8과 9 사이에서 정상인 10이 태어났으므로 (가)는 우성 형질이고, H는 (가) 발현 대립유전자, h는 정상 대립유전자이다. (가)와 (나)를 결정하는 유전자가 같은 상염색체에 있다면 3, 4, 8, 9의 (가)와 (나)의 유전자형은 그림과 같다. 이 경우 10은 (가)의 표현형이 정상이므로 8과 9로부터 h와 r가 있는 상염색체를 각각 물려받게 되므로 10의 (나)의 표현형은 정상이어야 하지만 (나) 발현이다. 따라서 (가)를 결정하는 유전자는 (다)를 결정하는 유전자와 같은 X 염색체에 있다.

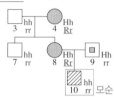

❹ 구성원 1~10의 유전자 위치는 그림과 같으며, ⓐ는 5, ⓑ는 7이다.

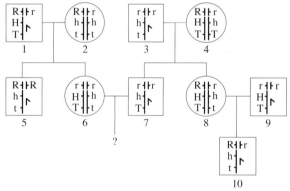

ㄱ. (가)를 결정하는 유전자는 성염색체에 있다.

➡ (가)를 결정하는 유전자는 성염색체인 X 염색체에 있다.

ㄴ. 4의 (다)에 대한 유전자형은 이형 접합성이다.

➡ 7의 (가)와 (다)에 대한 유전자형은 $X^{hT}Y$이므로, 4는 7에게 h와 T가 있는 X 염색체를 물려주었다. 10의 (가)와 (다)에 대한 유전자형은 $X^{ht}Y$이므로, 8은 10에게 h와 t를 가진 X 염색체를 물려주었다. 8은 (가) 발현, (다)의 표현형은 정상이므로 H와 T가 있는 X 염색체를 가지고 있다. 4는 (가) 발현, (다)의 표현형은 정상이므로 h와 T가 있는 X 염색체와 H와 T가 있는 X 염색체를 가지고 있다. 따라서 4의 (다)에 대한 유전자형은 X^TX^T로 동형 접합성이다.

ㄷ. 6과 7 사이에서 아이가 태어날 때, 이 아이에게서 (가)~(다) 중 1가지 형질만 발현될 확률은 $\frac{3}{4}$이다.

➡ 6과 7은 모두 (나)의 표현형이 정상이므로 유전자형은 rr이다. 따라서 6과 7 사이에서 태어난 아이가 (나)가 발현되지 않을 확률은 1이다. 6과 7의 (가)와 (다)에 대한 유전자형은 각각 $X^{HT}X^{ht}$, $X^{hT}Y$이므로, 6과 7 사이에서 태어난 아이의 유전자형은 $X^{HT}X^{hT}$, $X^{HT}Y$, $X^{ht}X^{hT}$, $X^{ht}Y$이므로 (가)와 (다) 중 1가지 형질만 발현($X^{HT}X^{hT}$, $X^{HT}Y$, $X^{ht}Y$)될 확률은 $\frac{3}{4}$이다. 결론적으로 아이에게서 (가)~(다) 중 1가지 형질만 발현될 확률은 $1 \times \frac{3}{4} = \frac{3}{4}$이다.

적용해야 할 개념 ③가지

① 단일 인자 유전: 하나의 형질에 대해 1쌍의 대립유전자가 영향을 미쳐 형질이 결정되는 유전 현상이다.

② 복대립 유전: 하나의 형질을 결정하는 데 3가지 이상의 대립유전자가 관여하는 경우를 말한다.

③ 하나의 형질을 결정하는 데 상염색체에 있는 1쌍의 대립유전자가 관여하며, 대립유전자에는 D, E, F가 있고, D는 E와 F에 대해, E는 F에 대해 각각 완전 우성이라면, 이 형질의 유전자형은 DD, DE, DF, EE, EF, FF로 6가지이고, 표현형은 [DD, DE, DF], [EE, EF], [FF]로 3가지이다.

문제 보기

다음은 어떤 집안의 유전 형질 (가)와 (나)에 대한 자료이다.

→ (가) A((가) 발현)>a(정상)

○ (가)는 대립유전자 A와 a에 의해 결정되며, A는 a에 대해 완전 우성이다. (나) D>E>F ─┐

○ (나)는 상염색체에 있는 1쌍의 대립유전자에 의해 결정되며, 대립유전자에는 D, E, F가 있다. D는 E와 F에 대해, E는 F에 대해 각각 완전 우성이다.

○ 가계도는 구성원 ⓐ를 제외한 구성원 1~5에서 (가)의 발현 여부를 나타낸 것이다. ⓐ는 남자이다.

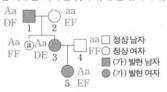

□ 정상 남자
○ 정상 여자
■ (가) 발현 남자
● (가) 발현 여자

○ 1, 2, ⓐ는 (나)의 표현형이 각각 서로 다르며, 3, 4, 5는 (나)의 표현형이 각각 서로 다르다.

○ 표는 1, ⓐ, 3, 5에서 체세포 1개당 A와 E의 DNA 상대량을 더한 값을 나타낸 것이다.

구성원	1	ⓐ	3	5
A와 E의 DNA 상대량을 더한 값	1	1	2	2

이에 대한 설명으로 옳은 것만을 〈보기〉에서 있는 대로 고른 것은? (단, 돌연변이와 교차는 고려하지 않으며, A, a, D, E, F 각각의 1개당 DNA 상대량은 1이다.) [3점]

〈보기〉 풀이

(1) 만약 (가)가 열성 형질이라면, A는 정상 대립유전자이고 a는 (가) 발현 대립유전자이다. 이 경우 3과 5의 (가)의 유전자형은 모두 aa이고, 3과 5에서 'A와 E의 DNA 상대량을 더한 값'은 모두 2이므로, 3과 5의 (나)의 유전자형은 모두 EE가 되어 3과 5의 표현형이 같아야 한다. 이는 3, 4, 5의 (나)의 표현형이 각각 서로 다르다는 조건을 만족하지 못한다. 따라서 (가)는 우성 형질이며, A는 (가) 발현 대립유전자이고 a는 정상 대립유전자이다.

(2) 1, 3, 5는 (가)가 발현되었으므로 대립유전자 A를 최소 1개는 가지고 있다. 2와 4는 정상((가) 미발현)으로 대립유전자 a만 가지고 있으므로 3과 5의 (가)의 유전자형이 모두 Aa이다. 3과 5에서 'A와 E의 DNA 상대량을 더한 값'은 모두 2이므로 3과 5는 모두 대립유전자 E를 1개씩 가지고 있다. 이때 3, 4, 5의 (나)의 표현형이 각각 서로 다르다는 조건을 만족하려면 이 세 명 중 한 명은 (나)의 유전자형이 FF이어야 한다. 따라서 4의 (나)의 유전자형은 FF이고, 5는 EF이며, 3은 DE이다.

(3) 3의 (나)의 유전자형이 DE이므로 부모로부터 각각 D와 E를 물려받았다. 이때 1, 2, ⓐ의 (나)의 표현형이 각각 서로 다르다는 조건을 만족하려면 이 세 명 중 한 명은 (나)의 유전자형이 FF이어야 한다. 따라서 ⓐ의 (나)의 유전자형은 FF이다. 1에서 'A와 E의 DNA 상대량을 더한 값'은 1인데, 대립유전자 A를 최소 1개는 가지고 있어야 하므로 대립유전자 E는 없다. 따라서 1의 (나)의 유전자형은 DF이고, 2는 EF이다.

(4) ⓐ에서 'A와 E의 DNA 상대량을 더한 값'은 1인데, (나)의 유전자형이 FF로 대립유전자 E가 없으므로 대립유전자 A가 1개 있다. 또 ⓐ는 2로부터 대립유전자 a를 물려받으므로 ⓐ의 (가)의 유전자형은 Aa이다. 따라서 (가)는 상염색체 유전이다.

ㄱ. ⓐ에게서 (가)가 발현되었다.

➡ (가)는 우성 형질이며, ⓐ의 (가)의 유전자형은 Aa이다. 따라서 ⓐ에게서 (가)가 발현되었다.

✗. 1과 4의 (나)의 유전자형은 같다.

➡ 1의 (나)의 유전자형은 DF이고, 4의 (나)의 유전자형은 FF이다. 따라서 1과 4의 (나)의 유전자형은 다르다.

ㄷ. 5의 동생이 태어날 때, 이 아이의 (가)와 (나)의 표현형이 모두 3과 같을 확률은 $\frac{1}{4}$ 이다.

➡ 1은 ⓐ에게 AF를 물려주고 3에게 AD를 물려주므로 (가)와 (나)는 독립 유전을 한다. 3의 (가)의 유전자형은 Aa이고, 4의 (가)의 유전자형은 aa이므로, 5의 동생이 가질 수 있는 (가)의 유전자형은 Aa, aa이다. 따라서 5의 동생에게서 (가)의 표현형이 3(Aa)과 같을 확률은 $\frac{1}{2}$ 이다. 3의 (나)의 유전자형은 DE이고, 4의 (나)의 유전자형은 FF이므로, 5의 동생이 가질 수 있는 (나)의 유전자형은 DF, EF이다. 따라서 5의 동생에게서 (나)의 표현형이 3(DE)과 같을 확률은 $\frac{1}{2}$ 이다. 종합하면 5의 동생이 태어날 때, 이 아이의 (가)와 (나)의 표현형이 모두 3과 같을 확률은 $\frac{1}{2} \times \frac{1}{2} = \frac{1}{4}$ 이다.

적용해야 할 개념 ③가지

① 대립유전자 A와 A*가 상염색체에 있으면 유전자형의 종류는 AA, AA*, A*A*가 되고, 성염색체(X 염색체)에 있으면 남자는 X^AY, $X^{A*}Y$, 여자는 X^AX^A, X^AX^{A*}, $X^{A*}X^{A*}$가 된다.

② X 염색체에 열성 형질의 유전병 대립유전자가 있는 경우 딸이 유전병 형질이면 아버지는 반드시 유전병 형질이다. X 염색체에 우성 형질의 유전병 대립유전자가 있는 경우 아버지가 유전병 형질이면 딸은 반드시 유전병 형질이다.

③ 두 대립유전자 쌍이 서로 다른 염색체에 있으면 독립적으로 유전되고, 두 대립유전자 쌍이 같은 염색체에 있으면 생식세포 형성 과정에서 함께 이동한다.

문제 보기

다음은 어떤 집안의 유전 형질 (가)~(다)에 대한 자료이다.

○ (가)는 대립유전자 H와 H*에 의해, (나)는 대립유전자 R와 R*에 의해, (다)는 대립유전자 T와 T*에 의해 결정된다. H는 H*에 대해, R는 R*에 대해, T는 T*에 대해 각각 완전 우성이다.

○ (가)의 유전자와 (나)의 유전자는 서로 다른 염색체에 있고, (가)의 유전자와 (다)의 유전자는 같은 염색체에 있다.

(가): H(정상)>H*(가), X 염색체
(나): R(나)>R*(정상), 상염색체
(다): T(정상)>T*(다), X 염색체

○ 가계도는 (가)~(다) 중 (가)와 (나)의 발현 여부를 나타낸 것이다.

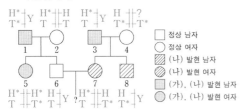

□ 정상 남자
○ 정상 여자
▨ (나) 발현 남자
◪ (나) 발현 여자
▥ (가), (나) 발현 남자
◑ (가), (나) 발현 여자

○ 구성원 1~8 중 1, 4, 8에서만 (다)가 발현되었다.

○ 표는 구성원 ㉠~㉢에서 체세포 1개당 H와 H*의 DNA 상대량을 나타낸 것이다. ㉠~㉢은 1, 2, 6을 순서 없이 나타낸 것이다.

구성원		㉠1	㉡6	㉢2
DNA 상대량	H	?0	?1	1
	H*	1	0	?1

○ $\dfrac{7,\ 8\ 각각의\ 체세포\ 1개당\ R의\ DNA\ 상대량을\ 더한\ 값}{3,\ 4\ 각각의\ 체세포\ 1개당\ R의\ DNA\ 상대량을\ 더한\ 값}=2$이다.

이에 대한 설명으로 옳은 것만을 〈보기〉에서 있는 대로 고른 것은? (단, 돌연변이와 교차는 고려하지 않으며, H, H*, R, R*, T, T* 각각의 1개당 DNA 상대량은 1이다.) [3점]

〈보기〉 풀이

만약 (가) 발현이 정상에 대해 우성 형질이라면 1, 2, 6 중 1만 (가) 발현이므로 우성 대립유전자 H를 가져야 한다. ㉠~㉢ 중 ㉢이 H를 가지고 있으므로 ㉡은 H를 가지고 있지 않아야 하는데, 그렇게 되면 ㉡은 H와 H*를 모두 갖지 않게 되므로 모순이다. 따라서 (가) 발현은 정상에 대해 열성 형질이고 H는 정상 대립유전자, H*는 (가) 발현 대립유전자이다. 만약 (가) 발현 대립유전자인 H와 H*가 상염색체에 있다면 (가) 발현인 1의 (가)에 대한 유전자형은 H*H*가 되어야 한다. 그러나 ㉠~㉢ 중 어느 누구도 H의 DNA 상대량이 0, H*의 DNA 상대량이 2가 아니므로 (가) 발현은 X 염색체에 있다. (가)의 유전자와 (나)의 유전자는 서로 다른 염색체에 있고, (가)의 유전자와 (다)의 유전자는 같은 염색체에 있다고 했으므로 (나)의 유전자는 상염색체, (다)의 유전자는 X 염색체에 있다.

$\dfrac{7,\ 8\ 각각의\ 체세포\ 1개당\ R의\ DNA\ 상대량을\ 더한\ 값}{3,\ 4\ 각각의\ 체세포\ 1개당\ R의\ DNA\ 상대량을\ 더한\ 값}=2$인 조건을 만족하려면 (나)가 발현되는 3, 7, 8의 (나)에 대한 유전자형은 RR*로 같아야 한다. 따라서 (나) 발현은 정상에 대해 우성 형질이며, R는 (나) 발현 대립유전자, R*는 정상 대립유전자이다.

만약 (다) 발현이 정상에 대해 우성 형질이라면 딸 5는 아버지 1로부터 (다) 발현 대립유전자가 있는 X 염색체를 물려받으므로 (다)가 발현되어야 하는데, 그렇지 않다. 따라서 (다) 발현은 정상에 대해 열성 형질이고, T는 정상 대립 유전자, T*는 (다) 발현 대립유전자라는 것을 알 수 있다.

ㄱ. ㉠, ㉡은 6이다.

➡ (가) 발현은 정상에 대해 열성 형질이고 정상 대립유전자인 H와 (가) 발현 대립유전자인 H*는 X 염색체에 있다. 따라서 (가) 발현인 1의 유전자형은 X^HY, (가)에 대해 정상인 6의 유전자형은 X^HY이다. 어머니 2로부터 (가) 발현인 딸 5가 태어났으므로 2의 유전자형은 X^HX^{H*}이다. 따라서 ㉠은 1, ㉡은 6, ㉢은 2이다.

ㄴ. 5에서 (다)의 유전자형은 동형 접합성이다.

➡ (다) 발현은 정상에 대해 열성 형질이고, T는 정상 대립유전자, T*는 (다) 발현 대립유전자이다. 5가 (다)에 대해 정상인 것은 아버지 1로부터 T*를, 어머니로부터 T를 물려받았기 때문이다. 따라서 5에서 (다)의 유전자형은 X^TX^{T*}로 이형 접합성이다.

ㄷ. 6과 7 사이에서 아이가 태어날 때, 이 아이에게서 (가)~(다) 중 (가)만 발현될 확률은 $\dfrac{1}{4}$이다.

➡ (가)와 (다)의 유전자는 X 염색체에 있으므로 함께 유전되고, (나)의 유전자는 상염색체에 있으므로 독립적으로 유전된다. 6은 (가)와 (다)에 대해 모두 정상이므로 H와 T가 함께 있는 X 염색체를 갖는다. 7이 (가)와 (다)에 대해 모두 정상인 것은 (가) 발현, (다)에 대해 정상인 아버지 3으로부터 H*와 T가 함께 있는 X 염색체를 물려받고, (가)에 대해 정상, (다) 발현인 어머니 4로부터 H와 T*가 있는 X 염색체를 물려받았기 때문이다. 이들 사이에서 (가)와 (다) 중 (가)만 발현되는 아이가 태어나려면 6의 Y 염색체를 가진 정자와 7의 H*와 T가 함께 있는 X 염색체를 가진 난자가 수정되어야 한다. 따라서 이 아이가 태어날 확률은 $\dfrac{1}{2} \times \dfrac{1}{2} = \dfrac{1}{4}$이다.

6은 (나)에 대해 정상이므로 (나)에 대한 유전자형은 R*R*이고, 7의 (나)에 대한 유전자형은 RR*이다. 이들 사이에서 태어난 아이에서 (나)가 발현되지 않으려면 7로부터 R*를 물려받으면 된다. 따라서 6과 7 사이에서 태어난 아이에게서 (나)가 발현되지 않을 확률은 $\dfrac{1}{2}$이다.

종합하면, 6과 7 사이에서 태어난 아이에게서 (가)~(다) 중 (가)만 발현될 확률은 $\dfrac{1}{4} \times \dfrac{1}{2} = \dfrac{1}{8}$이다.

적용해야 할 개념 ③가지

① 상염색체 유전에서 우성 대립유전자를 E, 열성 대립유전자를 e라고 할 때, 표현형이 우성인 사람의 유전자형은 우성 동형 접합성(EE)이거나 이형 접합성(Ee)이고, 열성인 사람의 유전자형은 열성 동형 접합성(ee)이다.

② X 염색체 유전에서 우성 형질을 가진 아버지로부터는 우성 형질을 가진 딸만 태어난다.

③ 생식세포 분열 과정에서 상동 염색체가 분리될 때 상동 염색체에 있는 대립유전자 쌍도 서로 분리되어 다른 생식세포로 들어간다. 생식세포인 정자와 난자가 수정하면 대립유전자는 다시 쌍을 이루고, 그에 따라 자손의 표현형이 나타난다.

문제 보기

다음은 어떤 집안의 유전 형질 (가)와 (나)에 대한 자료이다.

○ (가)의 유전자와 (나)의 유전자 중 하나만 X 염색체에 있다. [상염색체 유전 형질 / X 염색체 유전 형질]

○ (가)는 대립유전자 H와 h에 의해, (나)는 대립유전자 T와 t에 의해 결정된다. H는 h에 대해, T는 t에 대해 각각 완전 우성이다. [우성 / 열성] [(가) 발현 / (나) 발현]

○ 가계도는 구성원 1~6에게서 (가)와 (나)의 발현 여부를 나타낸 것이다.

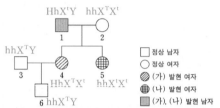

범례	
□ 정상 남자	○ 정상 여자
◪ (가) 발현 여자	⊞ (나) 발현 여자
▨ (가), (나) 발현 남자	

HhX^tY hhX^TX^t (1, 2)
hhX^TY (3) ◪ 4 ⊞ 5
6 hhX^TY

○ 표는 구성원 Ⅰ~Ⅲ에서 체세포 1개당 H와 ⊙의 DNA 상대량을 나타낸 것이다. Ⅰ~Ⅲ은 각각 구성원 1, 2, 5 중 하나이고, ⊙은 T와 t 중 하나이며, ⓐ~ⓒ는 0, 1, 2를 순서 없이 나타낸 것이다.

구성원		Ⅰ 2	Ⅱ 1	Ⅲ 5
DNA 상대량	H	ⓑ 0	ⓒ 1	ⓑ 0
	⊙ t	ⓒ 1	ⓒ 1	ⓐ 2

이에 대한 설명으로 옳은 것만을 〈보기〉에서 있는 대로 고른 것은? (단, 돌연변이와 교차는 고려하지 않으며, H, h, T, t 각각의 1개당 DNA 상대량은 1이다.) [3점]

〈보기〉 풀이

❶ (가)가 X 염색체 우성 유전을 한다면 (가) 발현(우성 형질)인 남자 1로부터 여자 5는 우성 대립유전자가 있는 X 염색체를 물려받게 되므로 (가) 발현이어야 하는데 정상(열성 형질)이다. 그러므로 (가)는 X 염색체 우성 유전을 하지 않는다.

❷ (가)가 X 염색체 열성 유전을 한다면 (가) 발현(열성 형질)인 여자 4로부터 남자 6은 열성 대립유전자가 있는 X 염색체를 물려받게 되므로 (가) 발현이어야 하는데 정상(우성 형질)이다. 그러므로 (가)는 X 염색체 열성 유전을 하지 않는다. 따라서 (가)는 상염색체 유전, (나)는 X 염색체 유전을 한다.

❸ (나)가 X 염색체 우성 유전을 한다면 (나) 발현(우성 형질)인 남자 1로부터 정상(열성 형질)인 여자 4가 태어날 수 없다. 따라서 (나)는 X 염색체 열성 유전을 하므로, T는 정상 대립유전자, t는 (나) 발현 대립유전자이다.

❹ 구성원 1, 2, 5의 (나)의 유전자형은 각각 X^tY, X^TX^t, X^tX^t이고, (가)가 우성 형질인 경우 1, 2, 5의 (가)의 유전자형은 각각 Hh, hh, hh이고, (가)가 열성 형질인 경우 1, 2, 5의 (가)의 유전자형은 각각 hh, Hh, Hh이다. ⊙이 T인 경우 1, 2, 5에서 체세포 1개당 T의 DNA 상대량은 각각 0, 1, 0이 되므로, ⓒ는 0, ⓐ는 1, ⓑ는 2이며, 1, 2, 5의 (가)의 유전자형은 각각 HH, hh, HH 중 하나이다. 따라서 ⊙이 T인 경우에는 1, 2, 5의 (가)의 유전자형이 (가)가 우성 형질이든 열성 형질이든 일치하는 것이 없다. 따라서 ⊙은 t이고, ⓒ는 1, ⓐ는 2, ⓑ는 0이며, 표의 구성원 Ⅲ은 5(X^tX^t)이다. Ⅰ과 Ⅲ(5)은 H를 가지고 있지 않으므로 (가)의 유전자형이 각각 hh이다. Ⅲ(5)은 (가)의 표현형이 정상이므로 (가)는 상염색체 우성 유전을 한다는 것을 알 수 있다. 따라서 H는 (가) 발현 대립유전자, h는 정상 대립유전자이고, Ⅰ은 2(hh, X^TX^t), Ⅱ는 1(Hh, X^tY)이다.

✗. **(가)는 열성 형질이다.**
➡ (가)는 우성 형질, (나)는 열성 형질이다.

ㄴ. **Ⅲ의 (가)와 (나)의 유전자형은 모두 동형 접합성이다.**
➡ Ⅲ(5)의 (가)의 유전자형은 hh, (나)의 유전자형은 X^tX^t이다. 따라서 모두 동형 접합성이다.

✗. **6의 동생이 태어날 때, 이 아이에게서 (가)와 (나)가 모두 발현될 확률은 $\frac{1}{4}$이다.**

➡ (가)의 유전자와 (나)의 유전자는 서로 다른 염색체에 있으므로 독립적으로 유전된다. 3의 (가)의 유전자형은 hh, 4의 (가)의 유전자형은 Hh이므로, 6의 동생이 가질 수 있는 (가)의 유전자형 분리비는 Hh : hh=1 : 1이다. 따라서 6의 동생에게서 (가)가 발현될(Hh) 확률은 $\frac{1}{2}$이다. 3의 (나)의 유전자형은 X^TY, 4의 (나)의 유전자형은 X^TX^t이므로 6의 동생이 가질 수 있는 (나)의 유전자형은 X^TX^T, X^TX^t, X^TY, X^tY이다. 따라서 6의 동생에게서 (나)가 발현될(X^tY) 확률은 $\frac{1}{4}$이다. 결론적으로 6의 동생이 태어날 때, 이 아이에게서 (가)와 (나)가 모두 발현될 확률은 $\frac{1}{2} \times \frac{1}{4} = \frac{1}{8}$이다.

적용해야 할 개념 ③가지

① 남자(XY)의 경우 X 염색체에 있는 대립유전자는 항상 어머니로부터 받으며 항상 딸에게 전달된다. 여자(XX)의 경우 X 염색체에 있는 대립유전자는 부모 모두에게서 받으며 아들과 딸 모두에게 전달된다.

② X 염색체에 열성 형질의 유전병 대립유전자가 있는 경우, 딸이 유전병 형질이면 아버지는 반드시 유전병 형질이다. X 염색체에 우성 형질의 유전병 대립유전자가 있는 경우, 아버지가 유전병 형질이면 딸은 반드시 유전병 형질이다.

③ 대립유전자 A와 A^*가 성염색체(X 염색체)에 있으면 남자의 유전자형은 X^AY, $X^{A^*}Y$ 중 하나이고, 여자의 유전자형은 X^AX^A, $X^AX^{A^*}$, $X^{A^*}X^{A^*}$ 중 하나이다.

문제 보기

다음은 어떤 집안의 유전 형질 (가)와 (나)에 대한 자료이다.

○ (가)는 대립유전자 H와 H^*에 의해, (나)는 대립유전자 T와 T^*에 의해 결정된다. H는 H^*에 대해, T는 T^*에 대해 각각 완전 우성이다.
  (가): H(정상)>H^*(가), X 염색체
  (나): T(나)>T^*(정상), X 염색체

○ (가)의 유전자와 (나)의 유전자는 X 염색체에 함께 있다.

○ 가계도는 구성원 ⓐ와 ⓑ를 제외한 구성원 1~8에게서 (가)와 (나)의 발현 여부를 나타낸 것이다.

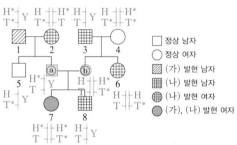

□ 정상 남자
○ 정상 여자
▨ (가) 발현 남자
▥ (나) 발현 남자
⊞ (나) 발현 여자
⬤ (가), (나) 발현 여자

○ 표는 구성원 1, 2, 6에서 체세포 1개당 H의 DNA 상대량과 구성원 3, 4, 5에서 체세포 1개당 T^*의 DNA 상대량을 나타낸 것이다. ㉠~㉢은 0, 1, 2를 순서 없이 나타낸 것이다.

구성원	H의 DNA 상대량	구성원	T^*의 DNA 상대량
1	㉠ 0	3	㉠ 0
2	㉡ 1	4	㉢ 2
6	㉢ 2	5	㉡ 1

이에 대한 설명으로 옳은 것만을 <보기>에서 있는 대로 고른 것은? (단, 돌연변이와 교차는 고려하지 않으며, H, H^*, T, T^* 각각의 1개당 DNA 상대량은 1이다.) [3점]

<보기> 풀이

(가)의 유전자와 (나)의 유전자가 모두 X 염색체에 있다고 했으므로 (가)와 (나)는 반성유전을 한다.

• 유전 형질 (나): (나) 발현인 어머니 2로부터 정상인 아들 5가 태어난 것으로 보아 어머니 2는 아들 5에게 정상 대립유전자가 있는 X 염색체를 물려주었다. 따라서 어머니의 (나)에 대한 유전자형은 이형 접합성($X^TX^{T^*}$)이며, (나) 발현은 정상에 대해 우성이다. 따라서 T는 (나) 발현 대립유전자, T^*는 정상 대립유전자이다. (나) 발현 남자인 3은 (나)에 대한 유전자형이 X^TY이므로, 3에서 T^*의 DNA 상대량(㉠)은 0이다. 정상 여자인 4는 (나)에 대한 유전자형이 $X^{T^*}X^{T^*}$이므로, 4에서 T^*의 DNA 상대량(㉢)은 2이다. 정상 남자인 5는 (나)에 대한 유전자형이 $X^{T^*}Y$이므로 5에서 T^*의 DNA 상대량(㉡)은 1이다.

• 유전 형질 (가): ㉠(1에서 H의 DNA 상대량)이 0이므로 (가) 발현 남자인 1의 (가)에 대한 유전자형은 $X^{H^*}Y$이며, ㉡(2에서 H의 DNA 상대량)이 1이므로 정상 여자인 2의 (가)에 대한 유전자형은 $X^HX^{H^*}$이다. 따라서 H는 정상 대립유전자, H^*는 (가) 발현 대립유전자이며, (가) 발현은 정상에 대해 열성이다. ㉢(6에서 H의 DNA 상대량)이 2이므로 정상 여자 6의 (가)에 대한 유전자형은 X^HX^H이다.

• 구성원 ⓐ, ⓑ: (가)와 (나)에 대한 유전자형은 1에서 $X^{H^*T}Y$, 5에서 $X^{HT^*}Y$이며, 5의 H와 T^*가 있는 X 염색체는 2로부터 물려받은 것이다. 따라서 2는 $X^{HT^*}X^{H^*T}$이다. 8은 $X^{HT}Y$이며, 8의 H와 T가 있는 X 염색체는 어머니로부터 물려받은 것이다. ⓐ가 8의 어머니라면 ⓐ는 H와 T가 있는 X 염색체를 가지고 있어야 하는데 ⓐ의 부모인 1과 2에는 H와 T가 있는 X 염색체가 없으므로 ⓐ에도 없다. 따라서 ⓐ는 8의 어머니가 아닌 아버지(남자)이고, ⓑ가 8의 어머니(여자)이다.

㉠ **(가)는 열성 형질이다.**
➡ (가)는 정상에 대해 열성 형질이다.

㉡ $\dfrac{7, ⓐ \text{ 각각의 체세포 1개당 T의 DNA 상대량을 더한 값}}{4, ⓑ \text{ 각각의 체세포 1개당 } H^* \text{의 DNA 상대량을 더한 값}}=1$**이다.**

➡ (가)와 (나)의 대립유전자가 ⓐ와 7에게 전달된 경로를 가계도에 표시하면 다음과 같다.

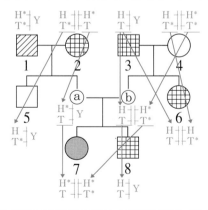

따라서 7과 ⓐ 각각의 체세포 1개당 T의 DNA 상대량은 1이고, 4와 ⓑ 각각의 체세포 1개당 H^*의 DNA 상대량은 1이므로, $\dfrac{7, ⓐ \text{ 각각의 체세포 1개당 T의 DNA 상대량을 더한 값}}{4, ⓑ \text{ 각각의 체세포 1개당 } H^* \text{의 DNA 상대량을 더한 값}}$

$=\dfrac{1+1}{1+1}=1$이다.

㉢ **8의 동생이 태어날 때, 이 아이에게서 (가)와 (나) 중 (나)만 발현될 확률은 $\dfrac{1}{2}$이다.**

➡ (가)와 (나)에 대한 유전자형은 ⓐ에서 $X^{H^*T}Y$, ⓑ에서 $X^{HT}X^{H^*T^*}$이므로, 8의 동생이 가질 수 있는 유전자형은 $X^{H^*T}X^{HT}$, $X^{H^*T}X^{H^*T^*}$, $X^{HT}Y$, $X^{H^*T^*}Y$이다. 8의 동생에게서 (가)와 (나) 중 (나)만 발현되려면 H와 T가 있는 X 염색체를 가지면 되므로($X^{H^*T}X^{HT}$, $X^{HT}Y$), 이 아이에게서 (가)와 (나) 중 (나)만 발현될 확률은 $\dfrac{1}{2}$이다.

10 | DNA 상대량 조사를 통한 세 가지 형질의 가계도 분석 2022학년도 6월 모평 17번 | 정답 ④ | 정답률 26 %

적용해야 할 개념 ③가지

① 한 형질을 결정하는 대립유전자가 성염색체(X 염색체)에 존재하면 여자(XX)의 체세포에는 대립유전자가 쌍으로 있지만, 남자(XY)의 체세포에는 대립유전자가 쌍으로 존재하지 않는다.

② 남자(XY)의 경우 X 염색체에 있는 대립유전자는 항상 어머니로부터 받으며, 항상 딸에게 전달된다. 여자(XX)의 경우 X 염색체에 있는 대립유전자는 부모 모두에게서 받으며 아들과 딸 모두에게 전달된다.

③ 하나의 염색체에 같이 존재하는 유전자들은 생식세포 형성 과정에서 함께 이동하여 같은 생식세포로 들어간다.

문제 보기

다음은 어떤 집안의 유전 형질 (가)~(다)에 대한 자료이다.

○ (가)는 대립유전자 A와 a에 의해, (나)는 대립유전자 B와 b에 의해, (다)는 대립유전자 D와 d에 의해 결정된다. A는 a에 대해, B는 b에 대해, D는 d에 대해 각각 완전 우성이다.

○ (가)~(다)의 유전자 중 2개는 X 염색체에, 나머지 1개는 상염색체에 있다.
  (가): A(정상)>a(가), 상염색체
  (나): B(정상)>b(나), X 염색체
  (다): D(다)>d(정상), X 염색체

○ 가계도는 구성원 ⓐ를 제외한 구성원 1~7에게서 (가)~(다) 중 (가)와 (나)의 발현 여부를 나타낸 것이다.

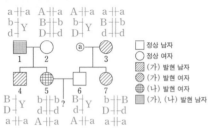

□ 정상 남자
○ 정상 여자
▨ (가) 발현 남자
▧ (가) 발현 여자
⊕ (나) 발현 여자
▦ (가), (나) 발현 남자

○ 표는 ⓐ와 1~3에서 체세포 1개당 대립유전자 ㉠~㉢의 DNA 상대량을 나타낸 것이다. ㉠~㉢은 A, B, d를 순서 없이 나타낸 것이다.

구성원		1	2	ⓐ	3
DNA 상대량	㉠B	0	1	0	1
	㉡A	0	1	1	0
	㉢d	1	1	0	2

○ 3, 6, 7 중 (다)가 발현된 사람은 1명이고, 4와 7의 (다)의 표현형은 서로 같다. └7   └(다) 발현

이에 대한 설명으로 옳은 것만을 〈보기〉에서 있는 대로 고른 것은? (단, 돌연변이와 교차는 고려하지 않으며, A, a, B, b, D, d 각각의 1개당 DNA 상대량은 1이다.) [3점]

〈보기〉 풀이

❶ (가)의 유전자가 X 염색체에 있고 (가)가 우성 형질이라면 (가) 발현인 아버지(1)는 딸에게 (가) 발현 대립유전자가 있는 X 염색체를 물려주므로 정상인 딸(5)이 태어날 수 없다. 따라서 (가)는 X 염색체 우성 유전을 하지 않는다. (가)의 유전자가 X 염색체에 있고 (가)가 열성 형질이라면 (가) 발현인 어머니(3)는 아들에게 반드시 (가) 발현 대립유전자가 있는 X 염색체를 물려주므로 정상인 아들(6)이 태어날 수 없다. 따라서 (가)는 X 염색체 열성 유전을 하지 않는다. 결론적으로 (가)의 유전자는 상염색체에, (나)와 (다)의 유전자는 X 염색체에 있다.

❷ 표에서 2의 A, B, d의 DNA 상대량이 모두 1이므로 2의 (가)의 유전자형은 Aa임을 알 수 있다. 2는 (가)의 표현형이 정상이므로 (가)는 열성 형질이고, A는 정상 대립유전자, a는 (가) 발현 대립유전자이다. (가) 발현인 3의 유전자형은 aa로, 체세포 1개당 A의 DNA 상대량이 0이므로, 표에서 ㉡은 A이다. 2에서 체세포 1개당 B와 d의 DNA 상대량이 모두 1이므로 2의 (나)와 (다)의 유전자형은 모두 이형 접합성이다. 2의 (나)의 유전자형은 $X^B X^b$, (나)의 표현형은 정상이므로 (나)는 열성 형질이고, B는 정상 대립유전자, b는 (나) 발현 대립유전자이다. (나) 발현인 1의 유전자형은 $X^b Y$이므로 1에서 체세포 1개당 B의 DNA 상대량은 0이다. 따라서 ㉠은 B, ㉢은 d이다.

❸ 3에서 체세포 1개당 d(㉢)의 상대량이 2이므로 3의 (다)의 유전자형은 $X^d X^d$이고, 6에게 d가 있는 X 염색체를 물려주므로 6의 유전자형은 $X^d Y$이다. 3과 6은 d만 가지고 있으므로 표현형이 같은데 3, 6, 7 중 (다)가 발현된 사람은 1명이므로 7이 (다)가 발현된 사람이다. 따라서 (다)는 우성 형질이고, D는 (다) 발현 대립유전자, d는 정상 대립유전자이다. 7은 3으로부터 d가 있는 X 염색체를 물려받으므로 ⓐ로부터 D가 있는 X 염색체를 물려받아 7의 유전자형은 $X^D X^d$이다. 4와 7의 (다)의 표현형이 서로 같으므로 4는 (다) 발현 남자이다.

❹ 4는 (가) 발현, (나)는 정상, (다) 발현이므로 4의 유전자형은 $aaX^{BD}Y$이다. 4는 2로부터 B와 D가 함께 있는 X 염색체를 물려받았고, 2의 (가)~(다)의 유전자형은 모두 이형 접합성이므로, 2의 유전자형은 $AaX^{BD}X^{bd}$이다. 1은 (가) 발현, (나) 발현이고, 1에서 체세포 1개당 d(㉢)의 DNA 상대량이 1이므로, 1의 유전자형은 $aaX^{bd}Y$이다. 5는 (가)의 표현형이 정상이고, (나) 발현이므로 1로부터 a와 X^{bd}를, 2로부터 A와 X^{bd}를 물려받아 유전자형은 $AaX^{bd}X^{bd}$이다. 표를 보면 ⓐ에서 체세포 1개당 대립유전자 A(㉡), B(㉠), d(㉢)의 DNA 상대량은 각각 1, 0, 0이므로 ⓐ의 유전자형은 $AaX^{bD}Y$이고, 3에서 체세포 1개당 대립유전자 A(㉡), B(㉠), d(㉢)의 DNA 상대량은 각각 0, 1, 2이므로 3의 유전자형은 $aaX^{Bd}X^{bd}$이다. 6은 (가)~(다)의 표현형이 모두 정상이므로 ⓐ로부터 A, Y 염색체를, 3으로부터 a, B와 d가 있는 X 염색체를 물려받았다. 따라서 6의 유전자형은 $AaX^{Bd}Y$이다. 7은 (가) 발현, (나)는 정상, (다) 발현이므로 ⓐ로부터 a, b와 D가 있는 X 염색체를, 3으로부터 a, B와 d가 있는 X 염색체를 물려받아 유전자형은 $aaX^{bD}X^{Bd}$이다.

㉠ **㉠은 B이다.**
➡ ㉠은 B, ㉡은 A, ㉢은 d이다.

✗ 7의 (가)~(다)의 유전자형은 모두 이형 접합성이다.
➡ 7의 유전자형은 $aaX^{bD}X^{Bd}$이므로, (가)는 동형 접합성, (나)와 (다)는 이형 접합성이다.

㉢ 5와 6 사이에서 아이가 태어날 때, 이 아이에게서 (가)~(다) 중 한 가지 형질만 발현될 확률은 $\frac{1}{2}$이다.

➡ 이 아이에게서 (가)가 발현(aa)될 확률은 $\frac{1}{4}$, (가)의 표현형이 정상(AA, Aa)일 확률은 $\frac{3}{4}$이다. 5와 6의 (나)와 (다)의 유전자형은 각각 $X^{bd}X^{bd}$, $X^{Bd}Y$이므로, 아이가 가질 수 있는 유전자형 분리비는 $X^{Bd}X^{bd} : X^{bd}Y = 1 : 1$이다. 따라서 이 아이에게서 (나)와 (다)의 표현형이 모두 정상($X^{Bd}X^{bd}$)일 확률은 $\frac{1}{2}$, (나) 발현이고 (다)의 표현형이 정상($X^{bd}Y$)일 확률은 $\frac{1}{2}$로, (가)~(다) 중 (가)만 발현될 확률은 $\frac{1}{4} \times \frac{1}{2} = \frac{1}{8}$, (나)만 발현될 확률은 $\frac{3}{4} \times \frac{1}{2} = \frac{3}{8}$이다. 결론적으로 이 아이에게서 (가)~(다) 중 한 가지 형질만 발현될 확률은 $\frac{1}{8} + \frac{3}{8} = \frac{1}{2}$이다.

11 | **DNA 상대량 조사를 통한 세 가지 형질의 유전 가계도 분석** 2022학년도 10월 학평 19번   정답 ⑤ | 정답률 30 %

적용해야 할 개념 ③가지

① 대립유전자 A와 A*가 상염색체에 있으면 유전자형의 종류는 AA, AA*, A*A*이고, X 염색체에 있으면 남자는 A와 A* 중 하나를, 여자는 AA, AA*, A*A* 중 하나를 가진다.

② 어떤 유전 형질이 열성이고 대립유전자가 X 염색체에 있는 경우, 딸에게서 열성 형질이 나타나려면 아버지는 반드시 열성 형질이 나타나야 하며, 아들에게서 열성 형질이 나타나려면 어머니는 보인자이거나 열성 형질이 나타나야 한다.

③ 어떤 유전 형질이 우성이고 대립유전자가 X 염색체에 있는 경우, 아들에게서 우성 형질이 나타나려면 어머니는 반드시 우성 형질이 나타나야 한다.

문제 보기

다음은 어떤 집안의 유전 형질 (가)~(다)에 대한 자료이다.

○ (가)는 대립유전자 A와 a에 의해, (나)는 대립유전자 B와 b에 의해, (다)는 대립유전자 D와 d에 의해 결정된다. A는 a에 대해, B는 b에 대해, D는 d에 대해 각각 완전 우성이다.
(가): A(정상)>a(가), 상염색체
(나): B(정상)>b(나), X 염색체
(다): D(다)>d(정상), X 염색체

○ (가)~(다)의 유전자 중 2개는 X 염색체에, 나머지 1개는 상염색체에 있다. └ (나), (다) ➡ 함께 유전된다. (가)

○ 가계도는 구성원 ⓐ와 ⓑ를 제외한 구성원 1~6에게서 (가)~(다)의 발현 여부를 나타낸 것이다.

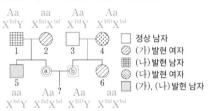

□ 정상 남자
▨ (가) 발현 여자
▦ (나) 발현 남자
▩ (다) 발현 여자
▨ (가), (나) 발현 남자

○ 표는 5, ⓐ, ⓑ, 6에서 체세포 1개당 대립유전자 ㉠~㉢의 DNA 상대량을 나타낸 것이다. ㉠~㉢은 각각 A, B, d 중 하나이다.

구성원		5	ⓐ여자	ⓑ남자	6
DNA 상대량	㉠d	1	2	0	2
	㉡A	0	1	1	0
	㉢B	0	1	1	1

이에 대한 옳은 설명만을 〈보기〉에서 있는 대로 고른 것은? (단, 돌연변이와 교차는 고려하지 않으며, A, a, B, b, D, d 각각의 1개당 DNA 상대량은 1이다.) [3점]

〈보기〉 풀이

(1) (가)에 대해 정상인 3과 4 사이에서 (가)가 발현된 6이 태어났으므로, (가)는 열성 형질이다. 만약 (가)의 유전자가 X 염색체에 있다면 정상(우성)인 3으로부터 (가) 발현(열성)인 딸 6이 태어날 수 없으므로, (가)의 유전자는 상염색체, (나)와 (다)의 유전자는 X 염색체에 있다.

(2) 대립유전자 A는 정상 대립유전자, a는 (가) 발현 대립유전자이다. 5와 6은 모두 (가) 발현이므로, 5와 6의 (가)의 유전자형은 모두 aa이므로, 체세포 1개당 대립유전자 A의 DNA 상대량은 모두 0이다. 따라서 ㉡은 A이다.

(3) (나) 형질 가계도에서 5가 (나) 발현인 것은 2로부터 (나) 발현 대립유전자가 있는 X 염색체를 물려받기 때문이므로, 2의 (나)의 유전자형은 X^BX^b이다. 2는 정상이므로 (나)는 열성 형질이고, B는 정상 대립유전자, b는 (나) 발현 대립유전자이다. 5의 (나)의 유전자형은 X^bY이므로, 체세포 1개당 B의 DNA 상대량은 0이다. 따라서 ㉢은 B, ㉠은 d이다.

(4) 표에서 5의 체세포 1개당 d(㉠)의 DNA 상대량은 1이므로, 5의 (다)의 유전자형은 X^dY이다. 5는 정상이므로 (다)는 우성 형질, 대립유전자 D는 (다) 발현 대립유전자, d는 정상 대립유전자이다.

(5) ⓐ의 체세포 1개당 d(㉠)의 DNA 상대량이 2이므로 ⓐ의 체세포에는 d가 있는 X 염색체가 2개 있다. 따라서 ⓐ는 여자이고, ⓑ는 남자이다.

ㄱ. (다)는 우성 형질이다.
➡ (가)와 (나)는 모두 열성 형질, (다)는 우성 형질이다.

ㄴ. 3은 ㉡과 ㉢을 모두 갖는다.
➡ 3은 (가)의 유전자형은 Aa, (나)와 (다)의 유전자형은 $X^{Bd}Y$이다. 따라서 3은 ㉡(A)과 ㉢(B)을 모두 갖는다.

ㄷ. ⓐ와 ⓑ 사이에서 아이가 태어날 때, 이 아이에게서 (가)~(다) 중 (가)만 발현될 확률은 $\frac{1}{16}$이다.
➡ 표에서 ⓐ와 ⓑ의 체세포 1개당 ㉡(A)의 DNA 상대량은 모두 1이므로 ⓐ와 ⓑ의 (가)의 유전자형은 Aa이다. ⓐ와 ⓑ 사이에서 태어난 아이가 가질 수 있는 (가)의 유전자형 분리비는 AA : Aa : aa=1 : 2 : 1이므로 아이에게서 (가)가 발현(aa)될 확률은 $\frac{1}{4}$이다. 표에서 ⓐ의 체세포 1개당 ㉠(d)의 DNA 상대량은 2, ㉢(B)의 DNA 상대량은 1이므로 ⓐ의 (나)와 (다)의 유전자형은 $X^{Bd}X^{bd}$이다. ⓑ의 체세포 1개당 ㉠(d)의 DNA 상대량은 0, ㉢(B)의 DNA 상대량은 1이므로 ⓑ의 (나)와 (다)의 유전자형은 $X^{BD}Y$이다. ⓐ와 ⓑ 사이에서 태어난 아이가 가질 수 있는 (나)와 (다)의 유전자형은 $X^{Bd}X^{BD}$, $X^{Bd}Y$, $X^{BD}X^{bd}$, $X^{bd}Y$이므로 아이에게서 (나)와 (다)에 대해 정상($X^{Bd}Y$)일 확률은 $\frac{1}{4}$이다. 종합하면 ⓐ와 ⓑ 사이에서 태어난 아이에게서 (가)~(다) 중 (가)만 발현될 확률은 $\frac{1}{4} \times \frac{1}{4} = \frac{1}{16}$이다.

적용해야 할 개념 ③가지

① 부모에게서 나타나지 않던 표현형이 자손에게서 나타나면 부모의 형질은 우성, 자손의 형질은 열성이다.

② 남자(XY)의 경우 X 염색체에 있는 대립유전자는 항상 어머니로부터 받으며, 항상 딸에게 전달된다. 여자(XX)의 경우 X 염색체에 있는 대립유전자는 부모 모두에게서 받으며 아들과 딸 모두에게 전달된다.

③ 두 대립유전자 쌍이 서로 다른 염색체에 있으면 멘델의 독립의 법칙에 따라 유전되고, 두 대립유전자 쌍이 같은 염색체에 있으면 멘델의 독립의 법칙이 적용되지 않는다.

문제 보기

다음은 어떤 집안의 유전 형질 (가)와 (나)에 대한 자료이다.

○ (가)는 대립유전자 A와 a에 의해, (나)는 대립유전자 B와 b에 의해 결정된다. A는 a에 대해, B는 b에 대해 각각 완전 우성이다.

(가): A(정상)>a(가), 상염색체
(나): B(나)>b(정상), X 염색체

○ 가계도는 구성원 1~8에게서 (가)와 (나)의 발현 여부를 나타낸 것이다.

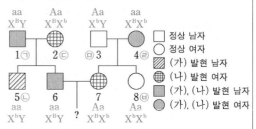

□ 정상 남자
○ 정상 여자
▨ (가) 발현 남자
⊕ (나) 발현 여자
■ (가), (나) 발현 남자
● (가), (나) 발현 여자

○ 표는 구성원 ㉠~㉾에서 체세포 1개당 A와 b의 DNA 상대량을 더한 값을 나타낸 것이다. ㉠~㉢은 1, 2, 5를 순서 없이 나타낸 것이고, ㉣~㉾은 3, 4, 8을 순서 없이 나타낸 것이다.

구성원	㉠1	㉡5	㉢2	㉣4	㉤3	㉾8
A와 b의 DNA 상대량을 더한 값	0	1	2	1	2	3

이에 대한 설명으로 옳은 것만을 〈보기〉에서 있는 대로 고른 것은? (단, 돌연변이와 교차는 고려하지 않으며, A, a, B, b 각각의 1개당 DNA 상대량은 1이다.) [3점]

〈보기〉 풀이

(나) 발현 1과 2로부터 정상 남자 5가 태어났으므로 (나)는 우성 형질이다. 따라서 대립유전자 B는 (나) 발현 대립유전자, b는 정상 대립유전자이다. (나)의 유전자가 상염색체에 있다면 1과 2의 (나)의 유전자형은 모두 Bb, 5의 (나)의 유전자형은 bb이므로 1, 2, 5에 모두 b가 있다. 이 경우 1, 2, 5에서 체세포 1개당 A와 b의 DNA 상대량을 더한 값이 0이 될 수 없으므로 표의 조건과 맞지 않다. 따라서 (나)의 유전자는 X 염색체에 있다. 1은 (나) 발현 남자이고, 2는 정상인 아들 5에게 b를, (나) 발현인 아들 6에게 B를 물려주었으므로, 유전자형은 1에서 X^BY, 2에서 X^BX^b, 5에서 X^bY이다.

㉠에서 A와 b의 DNA 상대량을 더한 값이 0이므로 ㉠은 b를 갖지 않는 1이며, 1(㉠)은 (가)의 대립유전자로 a만 갖는다. 1(㉠)은 (가) 발현이고 a만 갖고 있으므로 (가)는 열성 형질로, a는 (가) 발현 대립유전자, A는 정상 대립유전자이다. (가)의 유전자가 X 염색체에 있다면 (가)의 유전자와 (나)의 유전자는 모두 X 염색체에 있으므로 (가)와 (나)는 함께 유전될 것이며, 이 경우 유전자형은 1에서 $X^{aB}Y$, 5에서 $X^{ab}Y$, 6에서 $X^{aB}Y$이므로, 5와 6의 어머니 2의 (가)와 (나)의 유전자형은 $X^{ab}X^{aB}$가 되어야 하며 2는 (가) 발현이어야 한다. 그러나 2는 (가)에 대해 정상이므로, (가)의 유전자는 X 염색체가 아닌 상염색체에 있다.

ㄱ. **(가)의 유전자는 상염색체에 있다.**

➡ (가)의 유전자는 상염색체에, (나)의 유전자는 X 염색체에 있다.

✘ 8은 ㉾이다.

➡ 1, 5, 6은 모두 (가) 발현이므로 1, 5, 6의 (가)의 유전자형은 모두 aa이다. 2는 (가)에 대해 정상이며 아들 5와 6에게 각각 a를 물려주었으므로 2의 (가)의 유전자형은 Aa이다. (나)의 유전자형은 1에서 X^BY, 2에서 X^BX^b, 5에서 X^bY이므로, 체세포 1개당 A와 b의 DNA 상대량을 더한 값은 1에서 0, 2에서 2, 5에서 1이다. 따라서 ㉠은 1, ㉡은 5, ㉢은 2이다.

3, 7, 8은 모두 (가)에 대해 정상이므로 A를 가지고 있으며, 4는 (가) 발현이므로 4의 (가)의 유전자형은 aa이다. 4는 딸 7과 8에 모두 a를 물려주므로 7과 8의 (가)의 유전자형은 모두 Aa이다. 3은 (나)에 대해 정상이므로 3의 (나)의 유전자형은 X^bY이고, 7과 8은 모두 아버지 3으로부터 X^b를 물려받았다. 7과 8의 (나)의 표현형이 서로 다르므로 7은 4로부터 X^B를, 8은 4로부터 X^b를 물려받았다. 따라서 4의 (나)의 유전자형은 X^BX^b이며, 7의 (나)의 유전자형은 X^BX^b, 8의 (나)의 유전자형은 X^bX^b이다. 체세포 1개당 A와 b의 DNA 상대량을 더한 값은 4에서 1, 8에서 3이므로 ㉣은 4, ㉾은 8이고, ㉤은 3이다.

ㄷ. **6과 7 사이에서 아이가 태어날 때, 이 아이의 (가)와 (나)의 표현형이 모두 ㉡과 같을 확률은 $\frac{1}{8}$이다.**

➡ (가)의 유전자와 (나)의 유전자는 서로 다른 염색체에 있으므로 독립적으로 유전된다. ㉡(5)은 (가) 발현, (나)에 대해 정상인 남자이다. (가)의 유전자형은 6에서 aa, 7에서 Aa이므로, 6과 7 사이에서 태어난 아이가 가질 수 있는 (가)의 유전자형 분리비는 Aa : aa=1 : 1이다. 따라서 이 아이의 (가)의 표현형이 ㉡(5)과 같을(aa) 확률은 $\frac{1}{2}$이다. (나)의 유전자형은 6에서 X^BY, 7에서 X^BX^b이므로, 6과 7 사이에서 태어난 아이가 가질 수 있는 (나)의 유전자형은 X^BX^B, X^BX^b, X^BY, X^bY이다. 따라서 이 아이의 (나)의 표현형이 ㉡(5)과 같을(X^bY) 확률은 $\frac{1}{4}$이다. 종합하면 6과 7 사이에서 태어난 아이의 (가)와 (나)의 표현형이 모두 ㉡(5)과 같을 확률은 $\frac{1}{2} \times \frac{1}{4} = \frac{1}{8}$이다.

적용해야 할 개념 ③가지

① X 염색체 유전에서 우성 형질을 가진 아버지로부터는 우성 형질을 가진 딸만 태어난다.

② A와 a가 상염색체에 있다면 체세포의 유전자 구성은 AA, Aa, aa이고, A와 a가 X 염색체에 있다면 남자 체세포의 유전자 구성은 X^AY, X^aY, 여자 체세포의 유전자 구성은 X^AX^A, X^AX^a, X^aX^a이다.

③ 두 대립유전자 쌍이 서로 다른 염색체에 있으면 독립의 법칙에 따라 유전되고, 두 대립유전자 쌍이 같은 염색체에 있으면 독립의 법칙이 적용되지 않는다.

문제 보기

다음은 어떤 집안의 유전 형질 (가)와 (나)에 대한 자료이다.

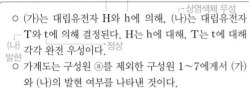

○ (가)는 대립유전자 H와 h에 의해, (나)는 대립유전자 T와 t에 의해 결정된다. H는 h에 대해, T는 t에 대해 각각 완전 우성이다.

○ 가계도는 구성원 @를 제외한 구성원 1~7에게서 (가)와 (나)의 발현 여부를 나타낸 것이다.

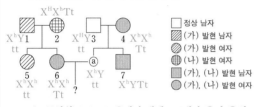

정상 남자 / (가) 발현 남자 / (가) 발현 여자 / (나) 발현 남자 / (가), (나) 발현 남자 / (가), (나) 발현 여자

○ 표는 구성원 1, 3, 6, @에서 체세포 1개당 ⊙과 ⓒ의 DNA 상대량을 더한 값을 나타낸 것이다. ⊙은 H와 h 중 하나이고, ⓒ은 T와 t 중 하나이다.

구성원	1	3	6	@
⊙과 ⓒ의 DNA 상대량을 더한 값	1	0	3	1

이에 대한 설명으로 옳은 것만을 〈보기〉에서 있는 대로 고른 것은? (단, 돌연변이와 교차는 고려하지 않으며, H, h, T, t 각각의 1개당 DNA 상대량은 1이다.) [3점]

〈보기〉 풀이

3의 ⊙과 ⓒ의 DNA 상대량을 더한 값은 0인데 3의 표현형은 정상이므로 ⊙은 (가) 발현 대립유전자, ⓒ은 (나) 발현 대립유전자이다.

(가)에 대한 각 경우에서 1, 3, 6, @의 (가)의 유전자형은 다음과 같다.

구분	1	3	6	@
X 염색체 우성 유전	X^HY	X^hY	X^HX^h	X^-Y
X 염색체 열성 유전	X^hY	X^HY	X^HX^h	X^hY
상염색체 우성 유전	H_	hh	Hh	_h
상염색체 열성 유전	hh	Hh	hh	_h

3의 ⊙과 ⓒ의 DNA 상대량을 더한 값은 0이므로 (가) 발현 대립유전자(⊙)가 있는 상염색체 열성 유전은 하지 않는다.

(나)가 X 염색체 열성 유전을 한다면 정상인 남자 1로부터 (나) 발현인 딸 6이 태어날 수 없으므로, (나)는 X 염색체 열성 유전을 하지 않는다. (나)가 상염색체 열성 유전을 한다면 3의 (나)의 유전자형은 Tt인데, 3의 ⊙과 ⓒ의 DNA 상대량을 더한 값은 0이므로 (나)는 상염색체 열성 유전을 하지 않는다.

(나)에 대한 각 경우에서 1, 3, 6, @의 (나)의 유전자형은 다음과 같다.

구분	1	3	6	@
X 염색체 우성 유전	X^tY	X^tY	X^TX^t	X^-Y
상염색체 우성 유전	tt	tt	Tt	_t

6에서 ⓒ의 DNA 상대량은 1이므로 ⊙과 ⓒ의 DNA 상대량을 더한 값이 3이 되려면 ⊙이 2이어야 한다. 따라서 (가)는 X 염색체 열성 유전을 하며, ⊙은 h이다. 6은 정상 유전자를 가졌는데 (나)가 발현되었으므로 ⓒ은 T이다.

(나)가 X 염색체 우성 유전을 한다면 (가)와 (나)의 유전자는 X 염색체에 있어 함께 유전되어야 한다. 이 경우 5와 6은 1로부터 X^{ht}를 물려받고, 2로부터 h가 있는 X 염색체를 물려받아 표현형이 같아야 하는데 (나)의 표현형이 서로 다르다. 따라서 (나)는 상염색체 우성 유전을 한다.

@에서 ⊙(h)과 ⓒ(T)의 DNA 상대량을 더한 값이 1이 되려면 T가 없어야 하므로 @의 (나)의 유전자형은 tt이다.

❌ ㄱ. (나)의 유전자는 X 염색체에 있다.

➡ (가)의 유전자는 X 염색체에, (나)의 유전자는 상염색체에 있다.

⭕ ㄴ. 4에서 체세포 1개당 ⓒ의 DNA 상대량은 1이다.

➡ 4는 @에게 t를 물려주었으므로 (나)의 유전자형이 Tt이다. 즉 ⓒ(T)의 DNA 상대량이 1이다.

⭕ ㄷ. 6과 @ 사이에서 아이가 태어날 때, 이 아이에게서 (가)와 (나)가 모두 발현될 확률은 $\frac{1}{2}$이다.

➡ 6과 @의 (가)의 유전자형은 각각 X^hX^h, X^hY이므로, 이들 사이에서 태어나는 아이에게서 (가)가 발현될 확률은 1이다. 6과 @의 (나)의 유전자형은 각각 Tt, tt이므로, 이들 사이에서 태어나는 아이에게서 (나)가 발현(Tt)될 확률은 $\frac{1}{2}$이다. 결론적으로 이 아이에게서 (가)와 (나)가 모두 발현될 확률은 $1 \times \frac{1}{2} = \frac{1}{2}$이다.

적용해야 할 개념 ③가지

① 대립유전자 A와 A*가 상염색체에 있으면 유전자형의 종류는 AA, AA*, A*A*이고, X 염색체에 있으면 남자는 A와 A* 중 하나를, 여자는 AA, AA*, A*A* 중 하나를 가진다.

② X 염색체에 열성 형질의 유전병 대립유전자가 있는 경우, 딸에게서 열성 형질이 나타나려면 아버지는 반드시 열성 형질이 나타나야 한다.
X 염색체에 우성 형질의 유전병 대립유전자가 있는 경우, 딸에게서 우성 형질이 나타나려면 아버지는 반드시 우성 형질이 나타나야 한다.

③ 생식세포 분열 과정에서 상동 염색체가 분리될 때 상동 염색체에 있는 대립유전자 쌍도 서로 분리되어 다른 생식세포로 들어간다. 생식세포인 정자와 난자가 수정하면 대립유전자는 다시 쌍을 이루고, 그에 따라 자손의 표현형이 나타난다.

문제 보기

다음은 어떤 집안의 유전 형질 (가)와 (나)에 대한 자료이다.

상염색체 우성 유전 — X 염색체 열성 유전

○ (가)는 대립유전자 A와 a에 의해, (나)는 대립유전자 B와 b에 의해 결정된다. A는 a에 대해, B는 b에 대해 각각 완전 우성이다.

○ 가계도는 구성원 1~8에게서 (가)와 (나)의 발현 여부를 나타낸 것이다.

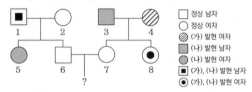

□ 정상 남자
○ 정상 여자
▨ (가) 발현 여자
▧ (나) 발현 남자
◖ (나) 발현 여자
◼ (가), (나) 발현 남자
◉ (가), (나) 발현 여자

○ 표는 구성원 Ⅰ~Ⅲ에서 체세포 1개당 ㉠과 ㉢, ㉡과 ㉣의 DNA 상대량을 각각 더한 값을 나타낸 것이다. Ⅰ~Ⅲ은 3, 6, 8을 순서 없이 나타낸 것이고, ㉠과 ㉡은 A와 a를, ㉢과 ㉣은 B와 b를 각각 순서 없이 나타낸 것이다.

구성원	Ⅰ	Ⅱ	Ⅲ
㉠과 ㉢의 DNA 상대량을 더한 값	3	1	2
㉡과 ㉣의 DNA 상대량을 더한 값	0	3	1

(6, 8, 3 — a B / A b 표시)

이에 대한 설명으로 옳은 것만을 〈보기〉에서 있는 대로 고른 것은? (단, 돌연변이와 교차는 고려하지 않으며, A, a, B, b 각각의 1개당 DNA 상대량은 1이다.) [3점]

〈보기〉 풀이

❶ (가)가 X 염색체 우성 유전을 한다면 우성 형질을 가진 남자 1로부터 여자 5는 우성 대립유전자가 있는 X 염색체를 물려받게 되므로 우성 형질이어야 하는데 열성 형질(정상)이다. 따라서 (가)는 X 염색체 우성 유전을 하지 않는다. (가)가 X 염색체 열성 유전을 한다면 우성 형질(정상)을 가진 남자 3으로부터 여자 8은 우성 대립유전자가 있는 X 염색체를 물려받게 되므로 우성 형질(정상)이어야 하는데 열성 형질((가) 발현)이다. 따라서 (가)는 X 염색체 열성 유전을 하지 않으며, (가)는 상염색체 유전을 한다.

❷ (나)의 유전자가 상염색체에 있다면 남자와 여자의 체세포에서 A, a, B, b(㉠~㉣)의 DNA 상대량을 더한 값은 4, (나)의 유전자가 X 염색체에 있다면 체세포에서 A, a, B, b(㉠~㉣)의 DNA 상대량을 더한 값은 3(남자) 또는 4(여자)이어야 한다. 표에서 ㉠~㉣의 DNA 상대량을 더한 값은 Ⅰ과 Ⅲ에서 각각 3, Ⅱ에서 4이다. 따라서 (나)의 유전자는 X 염색체에 있으며, Ⅱ는 여자 8이다.

❸ (나)가 우성 형질이면 우성 형질을 가진 남자 3으로부터 열성 형질(정상)을 가진 여자 7이 태어날 수 없으므로, (나)는 열성 형질이다. 따라서 B는 정상 대립유전자, b는 (나) 발현 대립유전자이다.

❹ (가)가 우성 형질(A: (가) 발현 대립유전자, a: 정상 대립유전자)일 경우와 열성 형질(A: 정상 대립유전자, a: (가) 발현 대립유전자)일 경우 3, 6, 8에서 체세포 1개당 A, a의 DNA 상대량, B, b의 DNA 상대량을 정리하면 다음과 같다.

구성원		3	6	8(Ⅱ)
(가)가 우성 형질일 경우	A의 DNA 상대량	0	0	1
	a의 DNA 상대량	2	2	1
(가)가 열성 형질일 경우	A의 DNA 상대량	1	1	0
	a의 DNA 상대량	1	1	2
B의 DNA 상대량		0	1	0
b의 DNA 상대량		1	0	2

(가)가 열성 형질이면 8(Ⅱ)에서 ㉠과 ㉢의 DNA 상대량을 더한 값, ㉡과 ㉣의 DNA 상대량을 더한 값은 0, 2, 4 중 하나이어야 하는데 표에 제시된 자료와 비교하면 모순이다. 따라서 (가)는 우성 형질로, A는 (가) 발현 대립유전자, a는 정상 대립유전자이며, 8(Ⅱ)에서 ㉡과 ㉣의 DNA 상대량을 더한 값이 3이므로, ㉣은 b, ㉢은 B이다. Ⅰ과 Ⅲ에서 ㉠과 ㉢(B)의 DNA 상대량을 더한 값, ㉡과 ㉣(b)의 DNA 상대량을 더한 값이 표에 제시된 값과 일치하려면 ㉠은 a, ㉡은 A이며, Ⅰ은 6, Ⅲ은 3이다.

㉠ (가)는 우성 형질이다.

➡ (가)는 우성 형질, (나)는 열성 형질이다.

✗ 1과 5의 체세포 1개당 b의 DNA 상대량은 같다.

➡ (나)는 X 염색체 열성 유전을 하고, B는 정상 대립유전자, b는 (나) 발현 대립유전자이다. 남자 1과 여자 5는 모두 (나) 발현이므로, 1의 (나)에 대한 유전자형은 X^bY, 5의 (나)에 대한 유전자형은 X^bX^b이다. 따라서 체세포 1개당 b의 DNA 상대량은 1에서 1이며, 5에서 2이다.

✗ 6과 7 사이에서 아이가 태어날 때, 이 아이에게서 (가)와 (나) 중 한 형질만 발현될 확률은 $\frac{3}{4}$이다.

➡ 6의 (가)와 (나)에 대한 유전자형은 aaX^BY이고, 7의 (가)와 (나)에 대한 유전자형은 aaX^BX^b이다. 6과 7 사이에서 아이가 태어날 때, 이 아이에게서 나타날 수 있는 유전자형은 aaX^BX^B, aaX^BX^b, aaX^BY, aaX^bY이므로, (가)와 (나) 중 한 형질만 발현(aaX^bY)될 확률은 $\frac{1}{4}$이다.

15 DNA 상대량 조사를 통한 두 가지 형질의 유전 가계도 분석 2025학년도 6월 모평 19번

정답 ① | 정답률 38 %

적용해야 할 개념 ③가지

① 상염색체 유전에서 우성 대립유전자를 E, 열성 대립유전자를 e라고 할 때, 표현형이 우성인 사람의 유전자형은 우성 동형 접합성(EE)이거나 이형 접합성(Ee)이고, 열성인 사람의 유전자형은 열성 동형 접합성(ee)이다.

② 한 형질을 결정하는 대립유전자가 X 염색체에 있다면, 여자(XX)의 체세포에는 대립유전자가 쌍으로 존재하지만 남자(XY)의 체세포에는 대립유전자가 쌍으로 존재하지 않는다.

③ 남자(XY)의 경우 X 염색체에 있는 대립유전자는 항상 어머니로부터 받으며 항상 딸에게 전달된다. 여자(XX)의 경우 X 염색체에 있는 대립유전자는 부모 모두에게서 받으며 아들과 딸 모두에게 전달된다.

영역 22 일차

문제 보기

다음은 어떤 집안의 유전 형질 (가)와 (나)에 대한 자료이다.

○ (가)의 유전자와 (나)의 유전자 중 하나만 X 염색체에 있다. ← (가)의 유전자

○ (가)는 대립유전자 A와 a에 의해, (나)는 대립유전자 B와 b에 의해 결정된다. A는 a에 대해, B는 b에 대해 각각 완전 우성이다.

○ 가계도는 구성원 ⓐ를 제외한 구성원 1~6에게서 (가)와 (나)의 발현 여부를 나타낸 것이다.

□ 정상 남자
□ (가) 발현 남자
◯ (나) 발현 여자
● (가), (나) 발현 여자

○ 표는 구성원 3, 4, ⓐ, 6에서 체세포 1개당 a, B, b의 DNA 상대량을 나타낸 것이다. ㉠~㉢은 0, 1, 2를 순서 없이 나타낸 것이다.

구성원		3	4	ⓐ	6
DNA 상대량	a	? 1	㉠1	? 1	? 2
	B	㉠1	? 0	㉠1	㉢0
	b	? 1	㉢2	㉠1	? 2

이에 대한 설명으로 옳은 것만을 〈보기〉에서 있는 대로 고른 것은? (단, 돌연변이와 교차는 고려하지 않으며, A, a, B, b 각각의 1개당 DNA 상대량은 1이다.) [3점]

〈보기〉 풀이

(1) (가)의 유전자와 (나)의 유전자 중 하나만 X 염색체에 있으므로 다른 하나는 Y 염색체 또는 상염색체에 있다. 여자인 6에서 (가)와 (나)가 모두 발현되므로 다른 하나는 상염색체에 있다.

(2) ⓐ에서 B와 b의 DNA 상대량은 각각 ㉠이다. B와 b가 X 염색체에 있다면 남자인 ⓐ는 둘 중 하나만 가져야 하므로 B와 b의 DNA 상대량이 같을 수 없다. 따라서 (나)의 유전자는 상염색체에 있고, (가)의 유전자는 X 염색체에 있다. B와 b가 상염색체에 있으면서 체세포 1개당 DNA 상대량이 같으려면 ㉠은 1이 되어야 한다.

(3) 3에서 B의 DNA 상대량이 ㉠(1)이므로 b의 DNA 상대량도 1이다. 3의 (나)의 유전자형이 Bb이며, (나)가 발현되지 않으므로 (나)는 열성 형질이다. 따라서 B는 (나) 미발현 대립유전자, b는 (나) 발현 대립유전자이다.

(4) 4에서 (나)가 발현되었으므로 4의 (나)의 유전자형은 bb이며 ㉢은 2이다. 6에서도 (나)가 발현되었으므로 6의 (나)의 유전자형은 bb이며 ㉡은 0이다.

(5) 4에서 a의 DNA 상대량이 ㉠(1)이므로 A의 DNA 상대량도 1이다. 4의 (가)의 유전자형이 $X^A X^a$이며, (가)가 발현되지 않으므로 (가)는 열성 형질이다. 따라서 A는 (가) 미발현 대립유전자, a는 (가) 발현 대립유전자이다.

(6) 6에서 (가)가 발현되었으므로 6의 (가)의 유전자형은 $X^a X^a$이며, 6은 ⓐ와 5로부터 각각 X^a를 하나씩 물려받았다. 따라서 ⓐ의 (가)의 유전자형은 $X^a Y$이고, 5의 (가)의 유전자형은 $X^A X^a$이다.

ㄱ. **(가)의 유전자는 X 염색체에 있다.**
➡ (가)의 유전자는 X 염색체에 있고, (나)의 유전자는 상염색체에 있다.

ㄴ. **이 가계도 구성원 중 체세포 1개당 a의 DNA 상대량이 ㉢인 사람은 3명이다.**
➡ (가)의 유전에서 A는 (가) 미발현 대립유전자, a는 (가) 발현 대립유전자이다. 체세포 1개당 a의 DNA 상대량이 ㉢(2)인 사람은 (가)가 발현된 여자이므로 6만 해당된다. 따라서 이 가계도 구성원 중 체세포 1개당 a의 DNA 상대량이 ㉢(2)인 사람은 1명이다.

ㄷ. **6의 동생이 태어날 때, 이 아이에게서 (가)와 (나) 중 (나)만 발현될 확률은 $\frac{1}{8}$이다.**
➡ (가)의 유전자와 (나)의 유전자는 서로 다른 염색체에 있으므로 독립적으로 유전된다. ⓐ의 (가)의 유전자형은 $X^a Y$, 5의 (가)의 유전자형은 $X^A X^a$이므로, 6의 동생이 가질 수 있는 (가)의 유전자형은 $X^A X^a$, $X^a X^a$, $X^A Y$, $X^a Y$이다. 따라서 6의 동생에게서 (가)가 발현되지 않을 ($X^A X^a$, $X^A Y$) 확률은 $\frac{1}{2}$이다. ⓐ의 (나)의 유전자형은 Bb, 5의 (나)의 유전자형은 bb이므로, 6의 동생이 가질 수 있는 (나)의 유전자형은 Bb, bb이다. 따라서 6의 동생에게서 (나)가 발현될(bb) 확률은 $\frac{1}{2}$이다. 종합하면 6의 동생이 태어날 때, 이 아이에게서 (가)와 (나) 중 (나)만 발현될 확률은 $\frac{1}{2} \times \frac{1}{2} = \frac{1}{4}$이다.

377

적용해야 할 개념 ③가지

① 대립유전자 A와 A*가 상염색체에 있으면 유전자형의 종류는 AA, AA*, A*A*이고, X 염색체에 있으면 남자는 A와 A* 중 하나를, 여자는 AA, AA*, A*A* 중 하나이다.

② 어떤 유전 형질이 우성이고 대립유전자가 X 염색체에 있는 경우 아버지에서 우성 형질이 나타나면 딸에서도 반드시 우성 형질이 나타난다.

③ 생식세포 분열 과정에서 상동 염색체가 분리될 때 상동 염색체에 있는 대립유전자 쌍도 서로 분리되어 다른 생식세포로 들어간다. 생식세포인 정자와 난자가 수정하면 대립유전자는 다시 쌍을 이루고, 그에 따라 자손의 표현형이 나타난다.

문제 보기

다음은 어떤 집안의 유전 형질 (가)와 (나)에 대한 자료이다.

○ (가)의 유전자와 (나)의 유전자는 같은 염색체에 있다. ┌X 염색체

○ (가)는 대립유전자 A와 a에 의해 결정되며, A는 a에 대해 완전 우성이다. (가) 발현 대립유전자, (가)는 열성 형질

○ (나)는 대립유전자 E, F, G에 의해 결정되며, E는 F, G에 대해, F는 G에 대해 각각 완전 우성이다. (나)의 표현형은 3가지이다. E>F>G

○ 가계도는 구성원 ⓐ를 제외한 구성원 1~5에게서 (가)의 발현 여부를 나타낸 것이다.

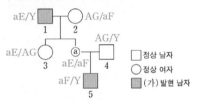

정상 남자 □ / 정상 여자 ○ / (가) 발현 남자 ■

○ 표는 구성원 1~5와 ⓐ에서 체세포 1개당 E와 F의 DNA 상대량을 더한 값(E+F)과 체세포 1개당 F와 G의 DNA 상대량을 더한 값(F+G)을 나타낸 것이다. ㉠~㉢은 0, 1, 2를 순서 없이 나타낸 것이다.

구성원		1	2	3	ⓐ	4	5
DNA 상대량을 더한 값	E+F	?1	?0	1	㉡2	0	1
	F+G	㉠0	?2	1	1	1	㉢1

이에 대한 설명으로 옳은 것만을 〈보기〉에서 있는 대로 고른 것은? (단, 돌연변이와 교차는 고려하지 않으며, E, F, G 각각의 1개당 DNA 상대량은 1이다.) [3점]

〈보기〉 풀이

❶ 남자 4에서 E+F는 0, F+G=1이므로 4의 체세포에는 G가 1개만 있다. 이를 통해 (나)의 유전자는 X 염색체에 있고, (가)의 유전자도 X 염색체에 있으며, 4의 (나)의 유전자형은 $X^G Y$이다.

❷ (가) 발현이 우성이면 (가) 발현인 남자 1로부터 태어난 딸 3은 (가) 발현이어야 하는데 정상이다. 따라서 (가) 발현은 열성이며, A는 (가) 미발현 대립유전자, a는 (가) 발현 대립유전자이다.

❸ 남자 1과 5는 (나)의 대립유전자 E, F, G 중 1개만 갖는다. 따라서 ㉠과 ㉢은 모두 2가 될 수 없으므로 ㉡이 2이다. 여자 ⓐ에서 E+F=㉡(2)이므로 ⓐ의 (나)의 유전자형은 $X^E X^F$이고, 여자 3에서 E+F=1, F+G=1이므로 3의 (나)의 유전자형은 $X^E X^G$이다. 여자 3과 여자 ⓐ는 남자 1로부터 동일한 X 염색체를 물려받았으므로 남자 1의 (나)의 유전자형은 $X^E Y$이다. 따라서 남자 1에서 F+G=0이므로 ㉠은 0, ㉢은 1이고, 여자 2의 (나)의 유전자형은 $X^F Y^G$, 남자 5의 (나)의 유전자형은 $X^F Y$이다.

ㄱ. **ⓐ의 (가)의 유전자형은 동형 접합성이다.**

➡ 남자 1과 5에서 (가)가 발현되었으므로 1과 5는 모두 a를 가지므로, (가)와 (나)의 유전자형은 1이 $X^{aE} Y$, 5가 $X^{aF} Y$이다. 여자 ⓐ는 1로부터 X^{aE}를 물려받았고, 5에게 X^{aF}를 물려주었다. 따라서 ⓐ의 (가)의 유전자형은 aa이므로 동형 접합성이다.

✗ 이 가계도 구성원 중 A와 G를 모두 갖는 사람은 2명이다.

➡ A는 (가) 미발현 대립유전자이므로 이 가계도에서 (가)가 발현되지 않은 2, 3, 4가 모두 A를 갖는다. (나)의 유전자형은 2가 $X^F X^G$, 3은 $X^E X^G$, 4는 $X^G Y$이므로, 2, 3, 4는 모두 G를 갖는다. 따라서 A와 G를 모두 갖는 사람은 3명이다.

✗ 5의 동생이 태어날 때, 이 아이의 (가)와 (나)의 표현형이 모두 2와 같을 확률은 $\frac{1}{2}$ 이다.

➡ ⓐ의 (가)와 (나)의 유전자형은 $X^{aE} X^{aF}$이고, 4의 (가)와 (나)의 유전자형은 $X^{AG} Y$이므로, 5의 동생이 가질 수 있는 (가)와 (나)의 유전자형을 구하면 다음과 같다.

생식세포의 유전자형	X^{aE}	X^{aF}
X^{AG}	$X^{AG} X^{aE}$	$X^{AG} X^{aF}$
Y	$X^{aE} Y$	$X^{aF} Y$

(나)의 대립유전자의 우열 관계는 E>F>G이고, 2의 (가)와 (나)의 유전자형은 $X^{AG} X^{aF}$이므로 표에서 2와 (가)와 (나)의 표현형이 같은 유전자형은 $X^{AG} X^{aF}$ 1개이다. 따라서 5의 동생이 태어날 때, 이 아이의 (가)와 (나)의 표현형이 모두 2와 같을 확률은 $\frac{1}{4}$이다.

적용해야 할 개념 ②가지

① 부모의 표현형이 같고 아이의 표현형이 부모와 다른 경우 부모의 표현형이 우성, 아이의 표현형이 열성이다.

② 성염색체(X 염색체) 유전의 특징
- 대립유전자가 X 염색체에 있으므로, 형질이 나타나는 빈도가 성별에 따라 다르다.
- 남자의 경우 X 염색체에 있는 대립유전자는 항상 어머니로부터 받으며, 딸에게만 전달된다.
- 여자의 경우 X 염색체에 있는 대립유전자는 부모 모두에게서 받으며 아들과 딸 모두에게 전달된다.

문제 보기

다음은 어떤 집안의 유전 형질 (가)와 (나)에 대한 자료이다.

> ┌─ 상염색체 유전
> ┌─ 상염색체 유전
>
> ○ (가)는 1쌍의 대립유전자 A와 a에 의해 결정되며, A는 a에 대해 완전 우성이다.
> ○ (나)는 1쌍의 대립유전자에 의해 결정되며, 대립유전자에는 E, F, G가 있다. E는 F와 G에 대해, F는 G에 대해 각각 완전 우성이며, (나)의 표현형은 3가지이다.
> └─ E>F>G   (EE, EF, EG), (FF, FG), (GG) ─┘

○ 가계도는 구성원 1~8에서 (가)의 발현 여부를 나타낸 것이다.

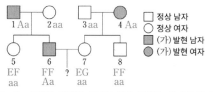

□ 정상 남자
○ 정상 여자
■ (가) 발현 남자
● (가) 발현 여자

○ 표는 5~8에서 체세포 1개당 F의 DNA 상대량을 나타낸 것이다.

구성원	5	6	7	8
F의 DNA 상대량	1	2	0	2

○ 5와 7에서 (나)의 표현형은 같다.
○ 5, 6, 7 각각의 체세포 1개당 A의 DNA 상대량을 더한 값은 5, 6, 7 각각의 체세포 1개당 G의 DNA 상대량을 더한 값과 같다.

이에 대한 옳은 설명만을 〈보기〉에서 있는 대로 고른 것은? (단, 돌연변이와 교차는 고려하지 않으며, A, a, E, F, G 각각의 1개당 DNA 상대량은 1이다.) [3점]

〈보기〉 풀이

(1) (가)의 유전자는 상염색체에 있다.
- (가)의 유전자가 X 염색체에 있고 (가)가 우성 형질인 경우: (가) 발현 남자 1은 여자 5에게 (가) 발현 대립유전자가 있는 X 염색체를 물려주므로, 여자 5는 (가) 발현이어야 하지만 정상이다.
- (가)의 유전자가 X 염색체에 있고 (가)가 열성 형질인 경우: (가) 발현 여자 4는 남자 8에게 (가) 발현 대립유전자가 있는 X 염색체를 물려주므로, 남자 8은 (가) 발현이어야 하지만 정상이다.

(2) (나)에서 대립유전자의 우열 관계는 E>F>G이므로, (나)의 3가지 표현형은 (EE, EF, EG), (FF, FG), (GG)이다. (나)의 유전자가 X 염색체에 있다면 남자 6에서 (나)의 대립유전자는 1개만 있어야 하는데, (나)의 유전자형이 FF이므로 (나)의 유전자는 상염색체에 있다.

(3) 5와 7에서 (나)의 표현형은 같고 5에만 F가 1개 있으므로, 5의 (나)의 유전자형은 EF, 7의 (나)의 유전자형은 EE 또는 EG이다. 5, 6, 7의 체세포 1개당 G의 DNA 상대량을 더한 값은 0 또는 1이며, 5, 6, 7에서 체세포 1개당 A의 DNA 상대량을 더한 값과 같다. 5, 6, 7의 체세포 1개당 G의 DNA 상대량을 더한 값이 0이라면 5, 6, 7의 (가)의 유전자형은 모두 aa이어야 하고 표현형도 같아야 한다. 그런데 6의 표현형이 5, 7과 다르므로 5, 6, 7의 체세포 1개당 G의 DNA 상대량을 더한 값은 1이고, 7에서 (나)의 유전자형은 EG이다.

ㄱ. **(가)는 우성 형질이다.**
➡ 5, 6, 7에서 체세포 1개당 G의 DNA 상대량을 더한 값과 A의 DNA 상대량을 더한 값이 각각 1이므로, (가)가 발현된 6의 유전자형은 Aa, 정상인 5와 7의 유전자형은 각각 aa이다. 따라서 (가)는 우성 형질로, A는 (가) 발현 대립유전자, a는 정상 대립유전자이다.

ㄴ. **(가)의 유전자는 (나)의 유전자와 같은 염색체에 있다.**
➡ (가)의 유전자와 (나)의 유전자가 같은 염색체에 있는 경우 (가)의 유전자형이 Aa인 4로부터 8은 a와 F를 물려받으므로, 7은 A와 E 또는 A와 G를 물려받아야 한다. 그런데 7은 (가) 발현이 아니라 (가)에 대해 정상으로 7의 (가)의 유전자형은 aa이므로 (가)의 유전자와 (나)의 유전자는 서로 다른 염색체에 있다.

ㄷ. **6과 7 사이에서 아이가 태어날 때, 이 아이에서 (가)와 (나)의 표현형이 모두 7과 같을 확률은 $\frac{1}{4}$이다.**
➡ (가)와 (나)의 유전자는 서로 다른 상염색체에 있으므로, (가)와 (나)는 독립적으로 유전된다. (가)가 발현된 6의 (가)의 유전자형은 Aa이고, 정상인 7의 (가)의 유전자형은 aa이므로 6과 7 사이에서 태어난 아이가 가질 수 있는 (가)의 유전자형 비율은 Aa : aa=1 : 1이고, 이 아이에서 (가)의 표현형이 7(aa)과 같을 확률은 $\frac{1}{2}$이다. 6의 (나)의 유전자형은 FF, 7의 (나)의 유전자형은 EG이므로 이들 사이에서 태어난 아이가 가질 수 있는 (나)의 유전자형 비율은 EF : FG=1 : 1이고, E는 F와 G에 대해 완전 우성이므로 이 아이에서 7(EG)과 같이 E가 발현될 확률은 $\frac{1}{2}$이다. 종합하면 6과 7 사이에서 태어난 아이가 7과 같이 (가)의 표현형이 정상이면서 (나)의 E가 발현될 확률은 $\frac{1}{2} \times \frac{1}{2} = \frac{1}{4}$이다.

22
일차

보기

적용해야 할 개념 ③가지

① 부모의 표현형이 같고 아이의 표현형이 부모와 다른 경우 부모의 표현형이 우성, 아이에게서 나타난 표현형이 열성이다.

② 상염색체 유전 형질에서 정상 대립유전자를 A, 유전병 대립유전자를 a라고 하면, 유전자형의 종류는 AA, Aa, aa이다.

③ 생식세포 분열 과정에서 상동 염색체가 분리될 때 상동 염색체에 있는 대립유전자 쌍도 서로 분리되어 다른 생식세포로 들어간다. 생식세포인 정자와 난자가 수정하면 대립유전자는 다시 쌍을 이루고, 그에 따라 자손의 표현형이 나타난다.

문제 보기

다음은 어떤 집안의 유전 형질 (가)와 (나)에 대한 자료이다.

○ (가)는 대립유전자 H와 h에 의해, (나)는 대립유전자 T와 t에 의해 결정된다. H는 h에 대해, T는 t에 대해 각각 완전 우성이다.

○ (가)와 (나)의 유전자는 서로 다른 상염색체에 있다.

○ 가계도는 구성원 1~6에게서 (가)와 (나)의 발현 여부를 나타낸 것이다.

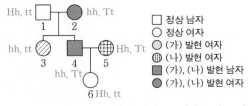

	정상 남자
○	정상 여자
(빗금)	(가) 발현 여자
(격자)	(나) 발현 여자
(채움 사각)	(가), (나) 발현 남자
(채움 원)	(가), (나) 발현 여자

○ 표는 구성원 3, 4, 5에서 체세포 1개당 H와 T의 DNA 상대량을 더한 값을 나타낸 것이다. ㉠~㉢은 0, 1, 2를 순서 없이 나타낸 것이다.

구성원	3	4	5
H와 T의 DNA 상대량을 더한 값	㉠0	㉡1	㉢2
	tt hh	Tt hh	Tt Hh

이에 대한 설명으로 옳은 것만을 〈보기〉에서 있는 대로 고른 것은? (단, 돌연변이는 고려하지 않으며, H, h, T, t 각각의 1개당 DNA 상대량은 1이다.)

〈보기〉 풀이

(1) (나) 발현 남자 4와 여자 5 사이에서 정상인 여자 6이 태어났으므로, (나)는 우성 형질이다. 따라서 T는 (나) 발현 대립유전자, t는 정상 대립유전자이다.

(2) 4와 5의 (나)의 유전자형은 모두 이형 접합성(Tt)이므로 표에서 ㉡과 ㉢은 모두 0이 될 수 없다. 따라서 ㉠이 0이므로 (가) 발현 여자 3의 (가)의 유전자형은 hh이다. 이를 통해 (가)는 열성 형질이고, H는 정상 대립유전자, h는 (가) 발현 대립유전자임을 알 수 있다.

(3) (가) 발현인 4의 유전자형은 hh이므로, 표에서 ㉡은 1, ㉢은 2이다. 이를 통해 5의 (가)의 유전자형은 Hh임을 알 수 있다.

✗ **(가)는 우성 형질이다.**

➡ (가)는 열성 형질, (나)는 우성 형질이다.

○ **ㄴ. 1에서 체세포 1개당 h의 DNA 상대량은 ㉡이다.**

➡ (가)에 대해 정상인 1은 (가) 발현인 여자 3에게 h를 물려주었으므로, 1의 (가)의 유전자형은 Hh이다. 따라서 1에서 체세포 1개당 h의 DNA 상대량은 1(㉡)이다.

✗ **6의 동생이 태어날 때, 이 아이에게서 (가)와 (나)가 모두 발현될 확률은 $\dfrac{1}{8}$이다.**

➡ (가)와 (나)의 유전자는 서로 다른 상염색체에 있으므로, (가)와 (나)는 독립 유전한다. 4와 5의 (가)의 유전자형은 각각 hh, Hh이므로, 6의 동생에게서 나타날 수 있는 (가)의 유전자형의 비율은 Hh : hh=1 : 1이다. 따라서 6의 동생에게서 (가)가 발현(hh)될 확률은 $\dfrac{1}{2}$이다. 4와 5의 (나)의 유전자형은 각각 Tt이므로, 6의 동생에게서 나타날 수 있는 (나)의 유전자형의 비율은 TT : Tt : tt=1 : 2 : 1이다. 따라서 6의 동생에게서 (나)가 발현(TT, Tt)될 확률은 $\dfrac{3}{4}$이다. 결론적으로 6의 동생에게서 (가), (나)가 모두 발현될 확률은 $\dfrac{1}{2} \times \dfrac{3}{4} = \dfrac{3}{8}$이다.

보기

적용해야 할 개념 ④가지

① 부모의 표현형이 같고 아이의 표현형이 부모와 다른 경우 부모의 표현형이 우성, 아이에게서 새로 나타난 표현형이 열성이다.

② 상염색체 유전 형질에서 우성 대립유전자를 E, 열성 대립유전자를 e라고 할 때, 표현형이 우성인 사람의 유전자형은 우성 동형 접합성(EE)이거나 이형 접합성(Ee)이고, 열성인 사람의 유전자형은 열성 동형 접합성(ee)이다.

③ 어떤 형질의 대립유전자가 X 염색체에 있는 경우 남자(XY)의 체세포에는 1개, 여자(XX)의 체세포에는 2개 있다.

④ 생식세포 분열 과정에서 상동 염색체가 분리될 때 상동 염색체에 있는 대립유전자 쌍도 분리되어 서로 다른 생식세포로 들어간다. 생식세포인 정자와 난자가 수정하면 대립유전자는 다시 쌍을 이루고, 그에 따라 자손의 표현형이 나타난다.

[문제 보기]

다음은 어떤 집안의 유전 형질 (가)와 (나)에 대한 자료이다.

○ (가)는 대립유전자 A와 a에 의해, (나)는 대립유전자 B와 b에 의해 결정된다. A는 a에 대해, B는 b에 대해 각각 완전 우성이다.

○ (가)의 유전자와 (나)의 유전자는 서로 다른 염색체에 있다.

○ 가계도는 구성원 1~7에게서 (가)와 (나)의 발현 여부를, 표는 구성원 1, 3, 6에서 체세포 1개당 ㉠과 B의 DNA 상대량을 더한 값(㉠+B)을 나타낸 것이다. ㉠은 A와 a 중 하나이다.

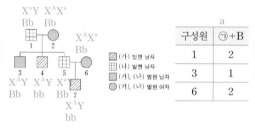

구성원	㉠+B
1	2
3	1
6	2

□ (가) 발현 남자
▨ (나) 발현 남자
■ (가), (나) 발현 남자
● (가), (나) 발현 여자

이에 대한 설명으로 옳은 것만을 〈보기〉에서 있는 대로 고른 것은? (단, 돌연변이와 교차는 고려하지 않으며, A, a, B, b 각각의 1개당 DNA 상대량은 1이다.)

〈보기〉 풀이

(1) (나) 발현인 5와 6 사이에서 (나) 미발현인 7이 태어났으므로 (나)는 우성 형질이다. 따라서 B는 (나) 발현 대립유전자, b는 (나) 미발현 대립유전자이다. 6의 (나)의 유전자형은 Bb이다. 6에서 (㉠+B)가 2이므로 6의 (가)의 유전자형은 Aa이고, 6은 (가) 발현이므로 (가)는 우성 형질이다. 따라서 A는 (가) 발현 대립유전자, a는 (가) 미발현 대립유전자이다.

(2) (가), (나) 발현인 3은 유전자 A와 B를 모두 가지고 있는데 (㉠+B)가 1이다. 따라서 ㉠은 a이다.

(3) (나) 발현인 1과 2 사이에서 (나) 미발현인 4가 태어났으므로, 1에서 체세포 1개당 B의 DNA 상대량은 1이다. 1에서 (㉠+B)가 2이므로 체세포 1개당 ㉠의 DNA 상대량은 1인데, (가)는 우성 형질이며 1은 (가) 미발현이다. 만약 (가)의 유전자가 상염색체에 있다면 1의 (가)의 유전자형은 aa이어서 1에서 체세포 1개당 ㉠의 상대량은 2가 되어야 하는데, 1이다. 따라서 (가)의 유전자는 X 염색체에 있어 1의 (가)의 유전자형은 $X^a Y$이다. (가)와 (나)의 유전자는 서로 다른 염색체에 있으므로, (나)의 유전자는 상염색체에 있다.

✘ ㉠은 A이다.
➡ ㉠은 a이다.

Ⓛ **(나)의 유전자는 상염색체에 있다.**
➡ (가)의 유전자는 X 염색체에, (나)의 유전자는 상염색체에 있다.

Ⓒ **7의 동생이 태어날 때, 이 아이에게서 (가)와 (나)가 모두 발현될 확률은 $\frac{3}{8}$이다.**

➡ (가)와 (나)의 유전자는 서로 다른 염색체에 있으므로 (가)와 (나)의 유전은 독립적이다. 5의 (가)의 유전자형은 $X^a Y$, 6의 (가)의 유전자형은 $X^A X^a$이므로 7의 동생이 가질 수 있는 (가)의 유전자형은 $X^A X^a$, $X^a X^a$, $X^A Y$, $X^a Y$이다. 따라서 7의 동생에게서 (가)가 발현($X^A X^a$, $X^A Y$)될 확률은 $\frac{1}{2}$이다. 5와 6의 (나)의 유전자형은 모두 Bb이므로, 7의 동생이 가질 수 있는 (나)의 유전자형 분리비는 BB : Bb : bb = 1 : 2 : 1이다. 따라서 7의 동생에게서 (나)가 발현(BB, Bb)될 확률은 $\frac{3}{4}$이다. 결론적으로 7의 동생에게서 (가)와 (나)가 모두 발현될 확률은 $\frac{1}{2} \times \frac{3}{4} = \frac{3}{8}$이다.

적용해야 할 개념 ③가지

① 대립유전자 A와 A*가 상염색체에 있으면 유전자형의 종류는 AA, AA*, A*A*이고, X 염색체에 있으면 남자는 A와 A* 중 하나를, 여자는 AA, AA*, A*A*를 가진다.

② 어떤 유전 형질이 열성이고 대립유전자가 X 염색체에 있는 경우, 딸에게서 열성 형질이 나타나려면 아버지는 반드시 열성 형질이 나타나야 하며, 아들에게서 열성 형질이 나타나려면 어머니는 보인자이거나 열성 형질이 나타나야 한다.

③ 어떤 유전 형질이 우성이고 대립유전자가 X 염색체에 있는 경우, 아버지에게서 우성 형질이 나타나면 딸에게서 반드시 우성 형질이 나타난다.

문제 보기

다음은 어떤 집안의 유전 형질 (가)와 (나)에 대한 자료이다.

- (가)는 대립유전자 A와 a에 의해, (나)는 대립유전자 B와 b에 의해 결정된다. A는 a에 대해, B는 b에 대해 각각 완전 우성이다.
- (가)와 (나)의 유전자 중 1개는 상염색체에 있고, 나머지 1개는 X 염색체에 있다.
- 가계도는 구성원 1~7에게서 (가)와 (나)의 발현 여부를 나타낸 것이다.

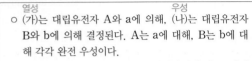
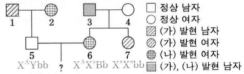

| 정상 남자 |
| 정상 여자 |
| (가) 발현 남자 |
| (가) 발현 여자 |
| (나) 발현 여자 |
| (가), (나) 발현 남자 |

- 표는 구성원 2, 3, 5, 7의 체세포 1개당 A와 b의 DNA 상대량을 더한 값을 나타낸 것이다. ⓐ~ⓒ는 1, 2, 3을 순서 없이 나타낸 것이다.

구성원	2	3	5	7
A와 b의 DNA 상대량을 더한 값	ⓐ	ⓑ	ⓒ	ⓐ
	2	1	3	2

이에 대한 설명으로 옳은 것만을 〈보기〉에서 있는 대로 고른 것은? (단, 돌연변이와 교차는 고려하지 않으며, A, a, B, b 각각의 1개당 DNA 상대량은 1이다.) [3점]

〈보기〉 풀이

(1) (나)가 우성 형질이고 (나)의 유전자가 X 염색체에 있다면 (나) 발현인 아버지 3으로부터 (나) 미발현인 딸 7이 태어날 수 없다. (나)가 열성 형질이고 (나)의 유전자가 X 염색체에 있다면 (나) 발현인 어머니 2로부터 (나) 미발현인 아들 5가 태어날 수 없다. 따라서 (나)는 상염색체 유전 형질이고, (가)는 X 염색체 유전 형질이다. 그리고 (가)가 우성 형질이면 (가) 발현인 아버지 3으로부터 (가) 미발현인 딸 6이 태어날 수 없으므로, (가)는 열성 형질이다. 따라서 A는 (가) 미발현 대립유전자, a는 (가) 발현 대립유전자이다.

(2) (나)가 열성 형질이면 7의 (가)와 (나)의 대립유전자 구성은 aa/Bb이어서 (A+b)의 값은 1이고, 2의 (가)와 (나)의 대립유전자 구성은 A_/bb이어서 (A+b)의 값은 3 이상이다. 표에서 2와 7의 (A+b)의 값은 ⓐ로 동일하므로, (나)는 열성 형질이 아니다. 따라서 (나)는 우성 형질이고, B는 (나) 발현 대립유전자, b는 (나) 미발현 대립유전자이다. 유전자형이 1은 X^aYbb, 2는 X^AX^aBb, 3은 X^aYBb, 4는 X^AX^abb, 5는 X^AYbb, 6은 X^AX^aBb, 7은 X^aX^abb이므로, ⓐ는 2, ⓑ는 1, ⓒ는 3이다.

ㄱ. (나)는 우성 형질이다.

➡ (가)는 열성 형질, (나)는 우성 형질이다.

✗. 1의 체세포 1개당 a와 B의 DNA 상대량을 더한 값은 ⓐ이다.

➡ 1의 (가)와 (나)의 유전자형은 X^aYbb이므로, 체세포 1개당 a와 B의 DNA 상대량을 더한 값은 ⓑ(1)이다.

✗. 5와 6 사이에서 아이가 태어날 때, 이 아이에게서 (가)와 (나) 중 (가)만 발현될 확률은 $\frac{1}{4}$이다.

➡ (가)와 (나)의 유전자는 서로 다른 염색체에 있으므로 독립 유전을 한다. 5의 (가)의 유전자형은 X^AY, 6의 (가)의 유전자형은 X^AX^a이므로, 자손에서 나타날 수 있는 (가)의 유전자형은 X^AX^A, X^AX^a, X^AY, X^aY이다. 5의 (나)의 유전자형은 bb, 6의 (나)의 유전자형은 Bb이므로, 자손에서 나타날 수 있는 (나)의 유전자형은 Bb, bb이다. 따라서 5와 6 사이에서 태어난 아이에게서 (가)와 (나) 중 (가)만 발현(X^aYbb)될 확률은 $\frac{1}{4} \times \frac{1}{2} = \frac{1}{8}$이다.

적용해야 할 개념 ④가지

① 부모의 표현형이 같고 아이의 표현형이 부모와 다른 경우 부모의 표현형이 우성, 아이에게서 나타난 표현형이 열성이다.

② 상염색체 유전 형질에서 우성 대립유전자를 E, 열성 대립유전자를 e라고 할 때, 표현형이 우성인 사람의 유전자형은 우성 동형 접합성(EE) 이거나 이형 접합성(Ee)이고, 열성인 사람의 유전자형은 열성 동형 접합성(ee)이다.

③ 어떤 형질의 대립유전자가 X 염색체에 있는 경우 남자(XY)의 체세포에는 1개, 여자(XX)의 체세포에는 2개 있다.

④ 생식세포 분열 과정에서 상동 염색체가 분리될 때 상동 염색체에 있는 대립유전자 쌍도 서로 분리되어 다른 생식세포로 들어간다. 생식세 포인 정자와 난자가 수정하면 대립유전자는 다시 쌍을 이루고, 그에 따라 자손의 표현형이 나타난다.

문제 보기

다음은 어떤 집안의 유전 형질 (가)와 (나)에 대한 자료이다.

○ (가)는 대립유전자 A와 a에 의해, (나)는 대립유전자 B와 b에 의해 결정된다. A는 a에 대해, B는 b에 대해 각각 완전 우성이다.

○ (가)와 (나)는 모두 우성 형질이고, (가)의 유전자와 (나)의 유전자는 서로 다른 염색체에 있다.

○ 가계도는 구성원 1~8에게서 (가)와 (나)의 발현 여부를 나타낸 것이다.

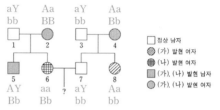

□ 정상 남자
◪ (가) 발현 여자
⊕ (나) 발현 여자
■ (가), (나) 발현 남자
◉ (가), (나) 발현 여자

○ 표는 구성원 1, 2, 5, 8에서 체세포 1개당 a와 B의 DNA 상대량을 나타낸 것이다. ㈀~㈂은 0, 1, 2를 순서 없이 나타낸 것이다.

구성원		1	2	5	8
DNA 상대량	a	1	㈀1	㈁0	?1
	B	?0	㈂2	㈀1	㈁0

이에 대한 설명으로 옳은 것만을 〈보기〉에서 있는 대로 고른 것은? (단, 돌연변이와 교차는 고려하지 않으며, A, a, B, b 각각의 1개당 DNA 상대량은 1이다.) [3점]

〈보기〉 풀이

(1) (가)와 (나)는 모두 우성 형질이므로, A는 (가) 발현 대립유전자, a는 정상 대립유전자, B는 (나) 발현 대립유전자, b는 정상 대립유전자이다.

(2) 표에서 1의 체세포에 a가 1개 있으므로 (가)의 유전자가 상염색체에 있다면 유전자형이 Aa로 (가)가 발현되었어야 하는데 1은 정상이다. 따라서 (가)의 유전자는 X 염색체에 있고, (가)와 (나)의 유전자는 서로 다른 염색체에 있으므로 (나)의 유전자는 상염색체에 있다.

(3) 5는 (가) 발현이므로 5의 (가)의 유전자형은 $X^A Y$이다. 따라서 5의 체세포에는 a가 없으므로 ㈁은 0이다. 6은 (가)에 대해 정상이므로 6의 (가)의 유전자형은 $X^a X^a$이다. 6의 X^a는 1과 2로부터 각각 하나씩 물려받은 것이므로, 2의 (가)의 유전자형은 $X^A X^a$이다. 따라서 ㈀은 1, ㈂은 2이다.

ㄱ (가)의 유전자는 X 염색체에 있다. ⭕

➡ (가)의 유전자는 X 염색체, (나)의 유전자는 상염색체에 있다.

ㄴ ㈂은 2이다. ⭕

➡ ㈀은 1, ㈁은 0, ㈂은 2이다.

ㄷ 6과 7 사이에서 아이가 태어날 때, 이 아이에게서 (가)와 (나) 중 (나)만 발현될 확률은 $\frac{1}{2}$이다. ⭕

➡ (가)와 (나)의 유전자는 서로 다른 염색체에 있으므로 (가)와 (나)는 독립적으로 유전된다. (가)의 유전자형은 6은 $X^a X^a$, 7은 $X^a Y$이므로, 6과 7 사이에서 태어나는 아이가 가질 수 있는 (가)의 유전자형은 $X^a X^a$ 또는 $X^a Y$이다. 따라서 이 아이에게서는 (가)가 발현되지 않는다. (나)의 유전자형은 6은 Bb, 7은 bb이므로, 6과 7 사이에서 태어나는 아이가 가질 수 있는 (나)의 유전자형은 Bb 또는 bb이다. 따라서 이 아이에게서 (나)가 발현(Bb)될 확률은 $\frac{1}{2}$이다. 종합하면 이 아이에게서 (가)와 (나) 중 (나)만 발현될 확률은 $\frac{1}{2}$이다.

적용해야 할 개념 ③가지

① 생식세포 분열 과정에서 상동 염색체가 분리될 때 상동 염색체에 있는 대립유전자 쌍도 서로 분리되어 다른 생식세포로 들어간다. 생식세포인 정자와 난자가 수정하면 대립유전자는 다시 쌍을 이루고, 그에 따라 자손의 표현형이 나타난다.

② 대립유전자 A와 A*가 상염색체에 있으면 유전자형의 종류는 AA, AA*, A*A*이다.

③ 두 대립유전자 쌍이 서로 다른 염색체에 있으면 멘델의 독립의 법칙에 따라 유전되고, 두 대립유전자 쌍이 같은 염색체에 있으면 멘델의 독립의 법칙이 적용되지 않는다.

▲ 대립유전자 전달 과정

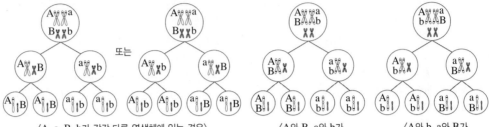

〈A, a, B, b가 각각 다른 염색체에 있는 경우〉 〈A와 B, a와 b가 같은 염색체에 있는 경우〉 〈A와 b, a와 B가 같은 염색체에 있는 경우〉

문제 보기

다음은 어떤 집안의 유전 형질 (가)와 (나)에 대한 자료이다.

○ (가)는 대립유전자 E와 e에 의해 결정되며, 유전자형이 다르면 표현형이 다르다. (가)의 3가지 표현형은 각각 ㉠, ㉡, ㉢이다. (EE, Ee, ee / Ee ee EE)

○ (나)는 3쌍의 대립유전자 H와 h, R와 r, T와 t에 의해 결정된다. (나)의 표현형은 유전자형에서 대문자로 표시되는 대립유전자의 수에 의해서만 결정되며, 이 대립유전자의 수가 다르면 표현형이 다르다.

○ 가계도는 구성원 1~8에게서 발현된 (가)의 표현형을, 표는 구성원 1, 2, 3, 6, 7에서 체세포 1개당 E, H, R, T의 DNA 상대량을 더한 값($E+H+R+T$)을 나타낸 것이다.

구성원	$E+H+R+T$
1	6
2	ⓐ 4
3	2
6	5
7	3

가계도: ee Ee EE Ee / 1 2 3 4 / ㉠ 발현 여자, ㉡ 발현 남자, ㉢ 발현 남자 / 5 6 7 8 / Ee Ee ? EE (7은 eHR/eHR, TT)

○ 구성원 1에서 e, H, R는 7번 염색체에 있고, T는 8번 염색체에 있다.

○ 구성원 2, 4, 5, 8은 (나)의 표현형이 모두 같다. ($H+R+T=3$)

이에 대한 설명으로 옳은 것만을 〈보기〉에서 있는 대로 고른 것은? (단, 돌연변이와 교차는 고려하지 않으며, E, e, H, h, R, r, T, t 각각의 1개당 DNA 상대량은 1이다.) [3점]

〈보기〉 풀이

(가)의 유전자형은 3가지(EE, Ee, ee)이고, 각 유전자형에 따른 표현형은 3가지(㉠, ㉡, ㉢)이다. 구성원 1은 대립유전자 e를 가지고 있으므로, 구성원 1(㉡)의 (가)에 대한 유전자형은 Ee 또는 ee이다. 만약 ㉡의 유전자형이 Ee라면, ㉠과 ㉢의 유전자형 중 하나는 EE, 다른 하나는 ee이다. 이 경우 구성원 3(㉢)과 구성원 4(㉠) 사이에서 태어난 자녀의 (가)에 대한 유전자형은 Ee이므로, 자녀의 표현형은 ㉡이어야만 한다. 그런데 가계도에서 구성원 3과 4의 자녀인 7과 8의 (가)의 표현형이 각각 ㉢과 ㉠이므로, ㉡의 유전자형은 Ee가 될 수 없다. 따라서 ㉡의 유전자형은 ee이다. 가계도에서 구성원 5와 6은 모두 구성원 1로부터 e를 물려받으므로, 구성원 2, 5, 6의 (가)에 대한 유전자형은 Ee이다. 따라서 ㉠의 유전자형은 Ee, ㉢의 유전자형은 EE이므로, 구성원 3과 7의 (가)에 대한 유전자형은 EE, 4와 8의 (가)에 대한 유전자형은 Ee이다.

구성원 1에서 e, H, R는 7번 염색체에 있고, T는 8번 염색체에 있으며, (가)에 대한 유전자형은 ee이다. 그리고 $E+H+R+T$는 6이므로, 구성원 1의 (가)와 (나)의 대립유전자 구성은 eHR/eHR, TT이다. 구성원 3에서 (가)에 대한 유전자형은 EE이고, $E+H+R+T$는 2이므로, 구성원 3의 (가)와 (나)에 대한 대립유전자 구성은 Ehr/Ehr, tt이다. 구성원 5는 구성원 1로부터 eHR와 T를 물려받았으므로, 구성원 5의 $H+R+T$는 3, 4, 5, 6 중 하나이다. 구성원 8은 구성원 3으로부터 Ehr와 t를 물려받았으므로, 구성원 8의 $H+R+T$는 0, 1, 2, 3 중 하나이다. 다인자 유전 형질인 (나)의 표현형은 유전자형에서 대문자로 표시되는 대립유전자의 수($H+R+T$)에 의해 결정되며, 구성원 2, 4, 5, 8의 (나)의 표현형은 모두 같으므로 구성원 2, 4, 5, 8의 $H+R+T$는 모두 3이다. 따라서 구성원 5의 (가)와 (나)에 대한 대립유전자 구성은 eHR/Ehr, Tt이며, 구성원 8의 (가)와 (나)에 대한 대립유전자 구성은 Ehr/eHR, Tt이다.

표는 구성원 1~8의 (가)에 대한 유전자형과 (나)의 표현형($H+R+T$)을, 그림은 가계도에 구성원 1~8의 (가)와 (나)에 대한 대립유전자 구성을 나타낸 것이다.

구성원	1	2	3	4
(가)의 유전자형	ee	Ee	EE	Ee
($H+R+T$)	6	3	0	3
구성원	5	6	7	8
(가)의 유전자형	Ee	Ee	EE	Ee
($H+R+T$)	3	4	1	3

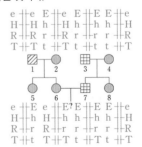

㉠ ⓐ는 4이다.

➡ 구성원 5의 (가)와 (나)에 대한 대립유전자 구성은 eHR/Ehr, Tt이며, 구성원 1로부터 eHR와 T를 물려받았으므로, 구성원 2로부터 Ehr와 t를 물려받았다. 구성원 2의 (가)에 대한 유전자형은 Ee이고, $H+R+T$는 3이므로, 구성원 2의 (가)와 (나)에 대한 대립유전자 구성은 Ehr/eHR, Tt이다. 따라서 구성원 2의 $E+H+R+T$(ⓐ)는 4이다.

㉡ 구성원 4에서 E, h, r, T를 모두 갖는 생식세포가 형성될 수 있다.

➡ 구성원 3의 (가)에 대한 유전자형은 EE이고, $E+H+R+T$는 2이므로, 구성원 3의 (가)와 (나)에 대한 대립유전자 구성은 Ehr/Ehr, tt이다. 구성원 8은 (가)에 대한 유전자형이 Ee이

고 구성원 3으로부터 Ehr와 t를 물려받았으며, H+R+T는 3이다. 따라서 구성원 8의 (가)와 (나)에 대한 대립유전자 구성은 Ehr/eHR, Tt이며, eHR와 T는 구성원 4로부터 물려받은 것이다. 구성원 4는 (가)에 대한 유전자형이 Ee이고, H+R+T는 3이므로, 구성원 4의 (가)와 (나)에 대한 대립유전자 구성은 eHR/Ehr, Tt이다. 따라서 구성원 4에서 형성될 수 있는 생식세포의 유전자형은 eHRT, eHRt, EhrT, Ehrt이므로, 구성원 4에서 E, h, r, T를 모두 갖는 생식세포가 형성될 수 있다.

✘ 구성원 6과 7 사이에서 아이가 태어날 때, 이 아이에게서 나타날 수 있는 (나)의 표현형은 최대 5가지이다.

➡️ 구성원 6의 (가)에 대한 유전자형은 Ee이고, 구성원 1로부터 eHR와 T를 물려받았으며, E+H+R+T는 5이다. 따라서 구성원 6은 구성원 2로부터 Ehr와 T를 물려받았으므로, 구성원 6의 (가)와 (나)에 대한 대립유전자 구성은 eHR/Ehr, TT이다. 구성원 7은 (가)에 대한 유전자형이 EE이고, 구성원 3으로부터 Ehr와 t를 물려받았으며, E+H+R+T는 3이다. 따라서 구성원 7은 구성원 4로부터 Ehr와 T를 물려받았으므로, 구성원 7의 (가)와 (나)에 대한 대립유전자 구성은 Ehr/Ehr, Tt이다. 구성원 6과 7 사이에서 아이가 태어날 때, 이 아이가 가질 수 있는 (가)와 (나)의 대립유전자 구성과 (나)의 표현형은 다음과 같다.

대립유전자 구성	eHR/Ehr, TT	eHR/Ehr, Tt	Ehr/Ehr, TT	Ehr/Ehr, Tt
(나)의 표현형 (H+R+T)	4	3	2	1

따라서 구성원 6과 7 사이에서 태어난 아이에게서 나타날 수 있는 (나)의 표현형은 최대 4가지이다.

적용해야 할 개념 ③가지

① 대립유전자 A와 A*가 상염색체에 있으면 유전자형의 종류는 AA, AA*, A*A*이고, X 염색체에 있으면 남자는 A와 A* 중 하나를, 여자는 AA, AA*, A*A*를 가진다.

② 어떤 유전 형질이 열성이고 대립유전자가 X 염색체에 있는 경우, 딸에게서 열성 형질이 나타나려면 아버지는 반드시 열성 형질이 나타나야 하며, 아들에게서 열성 형질이 나타나려면 어머니는 보인자이거나 열성 형질이 나타나야 한다.

③ 어떤 유전 형질이 우성이고 대립유전자가 X 염색체에 있는 경우, 아버지에게서 우성 형질이 나타나면 딸은 반드시 우성 형질이 나타난다.

문제 보기

다음은 어떤 집안의 유전 형질 (가)와 (나)에 대한 자료이다.

○ (가)의 유전자와 (나)의 유전자는 같은 염색체에 있다.

○ (가)는 대립유전자 H와 h에 의해, (나)는 대립유전자 T와 t에 의해 결정된다. H는 h에 대해, T는 t에 대해 각각 완전 우성이다.

○ 가계도는 구성원 ⓐ~ⓒ를 제외한 구성원 1~6에게서 (가)와 (나)의 발현 여부를 나타낸 것이다. ⓑ는 남자이다.

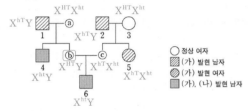

○ 정상 여자
▨ (가) 발현 남자
◪ (가) 발현 여자
■ (가), (나) 발현 남자

○ ⓐ~ⓒ 중 (가)가 발현된 사람은 1명이다.

○ 표는 ⓐ~ⓒ에서 체세포 1개당 h의 DNA 상대량을 나타낸 것이다. ⊙~ⓒ은 0, 1, 2를 순서 없이 나타낸 것이다.

구성원	ⓐ	ⓑ	ⓒ
h의 DNA 상대량	⊙ 1	ⓛ 0	ⓒ 2

○ ⓐ와 ⓒ의 (나)의 유전자형은 서로 같다.

이에 대한 설명으로 옳은 것만을 〈보기〉에서 있는 대로 고른 것은? (단, 돌연변이와 교차는 고려하지 않으며, H, h, T, t 각각의 1개당 DNA 상대량은 1이다.) [3점]

〈보기〉 풀이

(1) (가)의 유전자가 상염색체에 있다면 h의 DNA 상대량인 ⊙~ⓒ은 0, 1, 2를 순서 없이 나타낸 것이므로 ⓐ~ⓒ의 (가)의 유전자형은 HH, Hh, hh 중 하나이다. 따라서 ⓐ~ⓒ 중 2명은 H를 갖는다. (가)가 상염색체 우성 유전 형질이라면 ⓐ~ⓒ 중 (가)가 발현된 사람은 2명이어야 하는데 1명만 발현되었다고 했으므로 (가)는 상염색체 우성 형질이 아니다. (가)가 상염색체 열성 유전 형질이라면 6의 (가)의 유전자형은 hh이고, ⓑ와 ⓒ는 모두 h를 가지므로, ⓐ의 (가)의 유전자형은 HH이어야 한다. 그런데 이 경우 (가)가 발현된 4(hh)가 태어날 수 없다. 따라서 (가)의 유전자와 (나)의 유전자는 모두 X 염색체에 있다.

(2) (가)가 X 염색체 우성 형질이라면 2의 (가)의 유전자형은 X^HY이고, 3의 (가)의 유전자형은 X^hX^h이므로 ⓒ(여자)의 (가)의 유전자형은 X^HX^h이다. 4의 (가)의 유전자형은 X^HY이므로 ⓐ는 H를 가져야 하는데 이 경우 ⓐ~ⓒ 중 h를 2개 가진 사람이 없으므로 모순이다. 따라서 (가)는 X 염색체 열성 유전 형질이고, H는 (가) 미발현 대립유전자, h는 (가) 발현 대립유전자이다.

(3) (나)가 X 염색체 우성 형질이라면 ⓒ의 부모 2와 3은 모두 (나) 미발현이므로 ⓒ의 (나)의 유전자형은 X^tX^t이다. ⓒ의 자녀인 6은 (나) 발현 남자이므로 어머니 ⓒ로부터 X^T를 물려받아야 하지만 ⓒ는 X^T를 갖지 않으므로 모순이다. 따라서 (나)는 X 염색체 열성 유전 형질이고, T는 (나) 미발현 대립유전자, t는 (나) 발현 대립유전자이다.

ㄱ. (가)는 열성 형질이다.

➡ (가)와 (나)는 모두 열성 형질이다.

✗ ⓐ~ⓒ 중 (나)가 발현된 사람은 2명이다.

➡ ⓐ는 $X^{HT}X^{ht}$, ⓑ는 $X^{HT}Y$, ⓒ는 $X^{hT}X^{ht}$로 ⓐ~ⓒ 중 (나)가 발현된 사람(X^tX^t, X^tY)은 없다.

ㄷ. 6의 동생이 태어날 때, 이 아이에게서 (가)와 (나)가 모두 발현될 확률은 $\frac{1}{4}$이다.

➡ ⓑ의 (가)와 (나)의 유전자형은 $X^{HT}Y$이고, ⓒ의 (가)와 (나)의 유전자형은 $X^{hT}X^{ht}$이므로, 6의 동생이 가질 수 있는 (가)와 (나)의 유전자형은 $X^{HT}X^{hT}$, $X^{HT}X^{ht}$, $X^{hT}Y$, $X^{ht}Y$이다. 따라서 6의 동생에게서 (가)와 (나)가 모두 발현될($X^{ht}Y$) 확률은 $\frac{1}{4}$이다.

적용해야 할 개념 ③가지

① 대립유전자 A와 a가 상염색체에 있으면 유전자형의 종류는 AA, Aa, aa가 있고, X 염색체에 있으면 남자는 X^AY, X^aY, 여자는 X^AX^A, X^AX^a, X^aX^a가 있다.

② X 염색체 유전에서 열성 형질을 가진 어머니로부터 태어나는 아들은 모두 열성 형질이다.

③ 어떤 유전 형질이 발현된 부모 사이에서 이 유전 형질이 발현되지 않은 자손이 태어났다면, 이 유전 형질은 우성 형질이다.

문제 보기

다음은 어떤 집안의 유전 형질 (가)와 (나)에 대한 자료이다.

X^b(나)>X^B(정상): X 염색체
A(정상)>a(가): 상염색체

○ (가)는 대립유전자 A와 a에 의해, (나)는 대립유전자 B와 b에 의해 결정된다. A는 a에 대해, B는 b에 대해 각각 완전 우성이다.

○ (가)의 유전자와 (나)의 유전자는 서로 다른 염색체에 있다.

○ 가계도는 구성원 1~7에게서 (가)와 (나)의 발현 여부를, 표는 구성원 3, 5, 6에서 체세포 1개당 a와 b의 DNA 상대량을 더한 값(a+b)을 나타낸 것이다. ⊙, ⓒ, ⓒ을 모두 더한 값은 5이다.

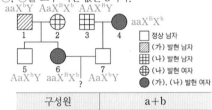

aaX^bY AaX^BX^b AAX^BY
① ② ③
aaX^BX^b ④

□ 정상 남자
▨ (가) 발현 남자
▦ (나) 발현 남자
⊕ (가) 발현 여자
● (가), (나) 발현 여자

AaX^bY aaX^BX^b AaX^bY
⑤   ⑥?   ⑦

구성원	a+b
3	⊙ 0+0=0
5	ⓒ 1+1=2
6	ⓒ 2+1=3

이에 대한 설명으로 옳은 것만을 〈보기〉에서 있는 대로 고른 것은? (단, 돌연변이와 교차는 고려하지 않으며, A, a, B, b 각각의 1개당 DNA 상대량은 1이다.) [3점]

〈보기〉풀이

(1) (가)가 X 염색체 유전이면서 열성 형질이라면, 4에서 (가)가 발현되었을 때 7에서 (가)가 발현되어야 한다. 따라서 (가)는 X 염색체 유전이면서 우성 형질, 상염색체 유전이면서 우성 형질, 상염색체 유전이면서 열성 형질 중 하나이다.

❶ (가)가 X 염색체 유전이면서 우성 형질이라면, A는 (가) 발현 대립유전자, a는 (가) 미발현 대립유전자이다. (가)의 유전자형은 3에서 X^aY, 5에서 X^aY, 6에서 X^AX^a이므로, a의 DNA 상대량은 3, 5, 6에서 각각 1, 1, 1이다.

❷ (가)가 상염색체 유전이면서 우성 형질이라면, A는 (가) 발현 대립유전자, a는 (가) 미발현 대립유전자이다. (가)의 유전자형은 3에서 aa, 5에서 aa, 6에서 Aa이므로, a의 DNA 상대량은 3, 5, 6에서 각각 2, 2, 1이다.

❸ (가)가 상염색체 유전이면서 열성 형질이라면, A는 (가) 미발현 대립유전자, a는 (가) 발현 대립유전자이다. (가)의 유전자형은 3에서 AA 또는 Aa, 5에서 Aa, 6에서 aa이므로, a의 DNA 상대량은 3, 5, 6에서 각각 0 또는 1, 1, 2이다.

(2) 3과 4에서 (나)가 발현되었지만 7에서 (나)가 발현되지 않았으므로 (나)는 우성 형질이다. 따라서 (나)는 X 염색체 유전이면서 우성 형질, 상염색체 유전이면서 우성 형질 중 하나이다.

❹ (나)가 X 염색체 유전이면서 우성 형질이라면, B는 (나) 발현 대립유전자, b는 (나) 미발현 대립유전자이다. (나)의 유전자형은 3에서 X^BY, 5에서 X^bY, 6에서 X^BX^b이므로, b의 DNA 상대량은 3, 5, 6에서 각각 0, 1, 1이다.

❺ (나)가 상염색체 유전이면서 우성 형질이라면, B는 (나) 발현 대립유전자, b는 (나) 미발현 대립유전자이다. (나)의 유전자형은 3에서 Bb, 5에서 bb, 6에서 Bb이므로, b의 DNA 상대량은 3, 5, 6에서 각각 1, 2, 1이다.

(3) (가)의 유전자와 (나)의 유전자가 서로 다른 염색체에 있으면서, a와 b의 DNA 상대량을 더한 값(a+b)을 3, 5, 6에서 각각 ⊙, ⓒ, ⓒ이라고 할 때 ⊙+ⓒ+ⓒ=5가 되는 경우는 (가)는 ❸이면서 (나)는 ❹인 경우이다. 따라서 (가)는 상염색체 유전이면서 열성 형질이고, (나)는 X 염색체 유전이면서 우성 형질이다.

✗ ⊙은 1이다.

➡ 3의 (가)의 유전자형은 AA이므로 a의 DNA 상대량은 0이고, (나)의 유전자형은 X^BY이므로 b의 DNA 상대량은 0이다. 따라서 3에서 a와 b의 DNA 상대량을 더한 값(a+b)은 0+0=0이므로, ⊙은 0이다.

ⓒ (가)의 유전자는 상염색체에 있다.

➡ (가)의 유전자는 상염색체에 있고, (나)의 유전자는 X 염색체에 있다.

ⓒ 6과 7 사이에서 아이가 태어날 때, 이 아이에게서 (가)와 (나)가 모두 발현될 확률은 $\frac{1}{4}$이다.

➡ (가)와 (나)는 독립 유전을 한다. 6의 (가)의 유전자형은 aa이고, 7의 (가)의 유전자형은 Aa이므로, 6과 7 사이에서 태어나는 아이가 가질 수 있는 (가)의 유전자형은 Aa, aa이다. 따라서 6과 7 사이에서 태어나는 아이에게서 (가)가 발현될 확률은 $\frac{1}{2}$이다. 6의 (나)의 유전자형은 X^BX^b이고, 7의 (나)의 유전자형은 X^bY이므로, 6과 7 사이에서 태어나는 아이가 가질 수 있는 (나)의 유전자형은 X^BX^b, X^bX^b, X^BY, X^bY이다. 따라서 6과 7 사이에서 태어나는 아이에게서 (나)가 발현될 확률은 $\frac{1}{2}$이다. 종합하면 6과 7 사이에서 아이가 태어날 때, 이 아이에게서 (가)와 (나)가 모두 발현될 확률은 $\frac{1}{2} \times \frac{1}{2} = \frac{1}{4}$이다.

적용해야 할 개념 ③가지

① 하나의 형질을 결정하는 대립유전자가 X 염색체에 존재하면 여자(XX)의 체세포에는 대립유전자가 쌍으로 있지만, 남자(XY)의 체세포에는 대립유전자가 쌍으로 존재하지 않는다.

② 남자(XY)의 경우 X 염색체에 있는 대립유전자는 항상 어머니로부터 받으며 항상 딸에게 전달된다. 여자(XX)의 경우 X 염색체에 있는 대립유전자는 부모 모두에게서 받으며 아들과 딸 모두에게 전달된다.

③ 두 가지 형질을 결정하는 각각의 대립유전자가 하나의 염색체에 같이 있는 경우, 생식세포 형성 과정에서 함께 이동하여 같은 생식세포로 들어간다.

문제 보기

다음은 어떤 집안의 유전 형질 (가)~(다)에 대한 자료이다.

○ (가)의 유전자는 9번 염색체에 있고, (나)와 (다)의 유전자 중 하나는 X 염색체에, 나머지 하나는 9번 염색체에 있다.

○ (가)는 대립유전자 H와 h에 의해, (나)는 대립유전자 R와 r에 의해, (다)는 대립유전자 T와 t에 의해 결정된다. H는 h에 대해, R는 r에 대해, T는 t에 대해 각각 완전 우성이다. (가) 우성, (나) 열성, (다) 열성

○ 가계도는 구성원 1~8에게서 (가)와 (나)의 발현 여부를 나타낸 것이다.

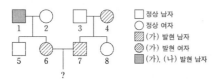

□ 정상 남자
○ 정상 여자
▨ (가) 발현 남자
▧ (가) 발현 여자
◩ (가), (나) 발현 남자

○ 표는 구성원 2, 3, 5, 7, 8에서 체세포 1개당 H와 r의 DNA 상대량을 더한 값(H+r)과 체세포 1개당 R와 t의 DNA 상대량을 더한 값(R+t)을 나타낸 것이다.

구성원		2	3	5	7	8
DNA 상대량을 더한 값	H+r	1	0	1	1	1
	R+t	3	2	2	2	2

○ 2와 5에서 (다)가 발현되었고, 4와 6의 (다)의 유전자형은 서로 같다.

이에 대한 설명으로 옳은 것만을 〈보기〉에서 있는 대로 고른 것은? (단, 돌연변이와 교차는 고려하지 않으며, H, h, R, r, T, t 각각의 1개당 DNA 상대량은 1이다.) [3점]

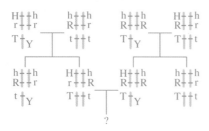

〈보기〉 풀이

(1) **구성원 3**에서 (H+r)의 값이 0이므로 (가)의 유전자형은 hh이며, (가)가 발현되지 않았다. 따라서 H는 (가) 발현 대립유전자, h는 (가) 미발현 대립유전자이다. 또 r이 없고 R만 있으며, (나)가 발현되지 않았다. 따라서 R는 (나) 미발현 대립유전자, r는 (나) 발현 대립유전자이다.

(2) **구성원 2**에서 (가)가 발현되지 않았으므로 (가)의 유전자형은 hh이다. H가 없고 (H+r)의 값이 1이므로 (나)의 유전자형은 Rr이다. R가 1개 있고 (R+t)의 값이 3이므로 (다)의 유전자형은 tt이며, (다)가 발현되었다. 따라서 T는 (다) 미발현 대립유전자, t는 (다) 발현 대립유전자이다.

(3) **구성원 5**에서 (가)가 발현되지 않았으므로 (가)의 유전자형은 hh이고, (나)가 발현되지 않았으므로 R가 있어야 한다. (H+r)의 값이 1이므로 (나)의 유전자형은 Rr이다. 따라서 (나)의 유전자는 (가)의 유전자와 함께 9번 염색체에 있고, (다)의 유전자는 X 염색체에 있다. 5의 (R+t)의 값이 2이므로 (다)의 유전자형은 XᵗY이다.

(4) **구성원 7**에서 (가)가 발현되었고 (나)가 발현되지 않았으며 (H+r)의 값이 1이므로 (가)의 유전자형은 Hh이고 (나)의 유전자형은 RR이다. (R+t)의 값이 2이므로 (다)의 유전자형은 XᵀY이다.

(5) **구성원 8**에서 (가)와 (나)가 발현되지 않았으며 (H+r)의 값이 1이므로 (가)의 유전자형은 hh이고 (나)의 유전자형은 Rr이다. (R+t)의 값이 2이므로 (다)의 유전자형은 XᵀXᵗ이다.

(6) 위 내용을 정리하면 (가)의 유전자형은 (가)가 발현되지 않은 구성원 2, 3, 5, 8에서 hh이고, (가)가 발현된 구성원 1, 4, 6, 7에서 Hh이다. (나)의 유전자형은 (나)가 발현된 구성원 1에서 rr이고, (나)가 발현되지 않은 구성원 2~8에서 R가 1개 이상 있다. (다)의 유전자형은 (다)가 발현된 2에서 XᵗXᵗ, 5에서 XᵗY이다.

❶ (가)와 (나)의 유전자형은 구성원 1에서 Hr/hr, 구성원 2에서 hR/hr, 구성원 5에서 hR/hr, 구성원 6에서 Hr/hR이다. 구성원 3에서 hR/hR, 구성원 4에서 HR/hr, 구성원 7에서 HR/hR, 구성원 8에서 hR/hr이다.

❷ (다)의 유전자형은 구성원 1에서 XᵀY, 구성원 2에서 XᵗXᵗ, 구성원 5에서 XᵗY, 구성원 6에서 XᵀXᵗ이다. 구성원 3에서 XᵀY, 구성원 4에서 XᵀXᵗ, 구성원 7에서 XᵀY, 구성원 8에서 XᵀXᵗ이다.

(ㄱ) **(다)의 유전자는 X 염색체에 있다.**
➡ (가)와 (나)의 유전자는 9번 염색체에 함께 있고, (다)의 유전자는 X 염색체에 있다.

(ㄴ) **4의 (가)~(다)의 유전자형은 모두 이형 접합성이다.**
➡ 4의 (가)~(다)의 유전자형은 HhRr, XᵀXᵗ이므로 모두 이형 접합성이다.

(✗) **6과 7 사이에서 아이가 태어날 때, 이 아이의 (가)~(다)의 표현형이 모두 6과 같을 확률은 $\frac{3}{16}$ 이다.**

➡ 6의 (가)와 (나)의 유전자형은 Hr/hR이고, 7의 (가)와 (나)의 유전자형은 HR/hR이므로, 6과 7 사이에서 태어나는 아이가 가질 수 있는 (가)와 (나)의 유전자형은 HR/Hr, HR/hR, Hr/hR, hR/hR이다. 따라서 6과 7 사이에서 태어나는 아이의 (가)와 (나)의 표현형이 모두 6과 같을 확률은 $\frac{3}{4}$이다. 6의 (다)의 유전자형은 XᵀXᵗ이고, 7의 (다)의 유전자형은 XᵀY이므로, 6과 7 사이에서 태어나는 아이가 가질 수 있는 (다)의 유전자형은 XᵀXᵀ, XᵀXᵗ, XᵀY, XᵗY이다. 따라서 6과 7 사이에서 태어나는 아이의 (다)의 표현형이 6과 같을 확률은 $\frac{3}{4}$이다. 종합하면 6과 7 사이에서 아이가 태어날 때, 이 아이의 (가)~(다)의 표현형이 모두 6과 같을 확률은 $\frac{3}{4} \times \frac{3}{4} = \frac{9}{16}$이다.

적용해야 할 개념 ③가지

① 유전 형질 (가)가 상염색체 유전이면서 1쌍의 대립유전자가 관여하고, 대립유전자에는 A와 a가 있으며, A는 a에 대해 완전 우성이라면, 체세포 1개당 대립유전자 A의 DNA 상대량이 1 또는 2일 경우 우성 형질이 나타난다.

② 유전 형질 (나)가 X 염색체 유전이면서 우성 형질이라면, 아버지(아들)에게서 (나)가 발현되었을 때 딸(어머니)에게서 (나)가 발현되어야 하고, 딸(어머니)에게서 (나)가 미발현되었을 때 아버지(아들)에게서 (나)가 미발현되어야 한다.

③ 유전 형질 (다)가 X 염색체 유전이면서 열성 형질이라면, 어머니(딸)에게서 (다)가 발현되었을 때 아들(아버지)에게서 (다)가 발현되어야 하고, 아들에게서 (다)가 미발현되었을 때 어머니에게서 (다)가 미발현되어야 한다.

문제 보기

다음은 어떤 집안의 유전 형질 (가)와 (나)에 대한 자료이다.

H(가) > h(정상):   T(정상) > t(나):
상염색체   상염색체

○ (가)는 대립유전자 H와 h에 의해, (나)는 대립유전자 T와 t에 의해 결정된다. H는 h에 대해, T는 t에 대해 각각 완전 우성이다.

○ (가)의 유전자와 (나)의 유전자는 서로 다른 염색체에 있다.

○ 가계도는 구성원 1~7에게서 (가)와 (나)의 발현 여부를, 표는 구성원 1, 2, 5에서 체세포 1개당 H와 t의 DNA 상대량을 나타낸 것이다. ㉠~㉢은 0, 1, 2를 순서 없이 나타낸 것이다.

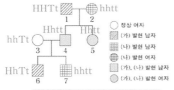

구성원	DNA 상대량	
	H	t
1	㉠2	㉢1
2	㉡0	?
5	㉢1	?

이에 대한 옳은 설명만을 〈보기〉에서 있는 대로 고른 것은? (단, 돌연변이와 교차는 고려하지 않으며, H, h, T, t 각각의 1개당 DNA 상대량은 1이다.) [3점]

〈보기〉 풀이

(1) 1, 2, 5에서 H의 DNA 상대량이 각각 0, 1, 2 중 하나이다. H는 h에 대해 완전 우성이므로 H가 하나라도 있으면 우성 형질이 나타난다. 즉, H의 DNA 상대량이 1, 2인 사람은 우성 형질이, H의 DNA 상대량이 0인 사람은 열성 형질이 나타난다. 1과 5에서 (가) 발현, 2에서 (가) 미발현이므로 (가)는 우성 형질이다. (가)가 X 염색체 유전이면서 우성 형질이라면, 6에서 (가)가 발현되었을 때 3에서 (가)가 발현되어야 한다. 따라서 (가)는 상염색체 유전이다.

(2) H는 (가) 발현 대립유전자, h는 (가) 미발현 대립유전자이므로 2의 (가)의 유전자형은 hh이며 ㉡은 0이다. 5는 2로부터 h를 1개 물려받았으므로 5의 (가)의 유전자형은 Hh이며 ㉢은 1이다. 1의 (가)의 유전자형은 HH이며 ㉠은 2이다.

(3) (나)가 X 염색체 유전이라면, ㉢은 1이므로 1의 (나)의 유전자형은 X^{t}Y, 표현형은 (나) 미발현이므로 (나)는 우성 형질이다. (나)가 X 염색체 유전이면서 우성 형질이라면, 7에서 (나)가 발현되었을 때 3에서 (나)가 발현되어야 한다. 따라서 (나)는 상염색체 유전이다. 이때 1의 (나)의 유전자형은 Tt, 표현형은 (나) 미발현이므로 (나)는 열성 형질이다.

ㄱ. ㉢은 1이다.

➡ ㉠은 2, ㉡은 0, ㉢은 1이다.

✗ (가)와 (나)는 모두 우성 형질이다.

➡ (가)는 우성 형질이고, (나)는 열성 형질이다.

✗ 이 가계도 구성원 중 (가)와 (나)의 유전자형이 모두 동형 접합성인 사람은 1명이다.

➡ 이 가계도 구성원 중 (가)와 (나)의 유전자형이 모두 동형 접합성인 사람은 2(hhtt)와 7(hhtt)로 2명이다.

적용해야 할 개념 ③가지

① 유전 형질 (가)에서 우성 대립유전자를 A, 열성 대립유전자를 a라고 할 때, 어떤 구성원에서 (가)의 유전자형이 aa인데 (가)가 발현되지 않았다면 (가)는 우성 형질이다.

② 유전 형질 (나)에서 우성 대립유전자를 B, 열성 대립유전자를 b라고 할 때, 어떤 구성원에서 B를 가지고 있는데 (나)가 발현되지 않았다면 (나)는 열성 형질이다.

③ 남자(XY)의 경우 X 염색체에 있는 대립유전자는 항상 어머니로부터 받으며, 상염색체에 있는 대립유전자는 어머니와 아버지로부터 모두 받는다.

문제 보기

다음은 어떤 집안의 유전 형질 (가)와 (나)에 대한 자료이다.

┌ A((가) 발현) > a((가) 미발현)   ┌ B((나) 미발현) > b((나) 발현)
                                                      ┌ 상염색체

○ (가)의 유전자와 (나)의 유전자는 같은 염색체에 있다.

○ (가)는 대립유전자 A와 a에 의해, (나)는 대립유전자 B와 b에 의해 결정된다. A는 a에 대해, B는 b에 대해 각각 완전 우성이다.

○ 가계도는 구성원 @~ⓒ를 제외한 구성원 1~6에게서 (가)와 (나)의 발현 여부를 나타낸 것이다. ⓒ는 남자이다.

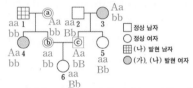

□ 정상 남자
○ 정상 여자
▦ (나) 발현 남자
● (가), (나) 발현 여자

○ 표는 구성원 @, 2, 4, 5에서 체세포 1개당 a와 B의 DNA 상대량을 나타낸 것이다. ㉠~㉢은 0, 1, 2를 순서 없이 나타낸 것이다.

구성원		@	2	4	5
DNA 상대량	a	?	?	?	㉠2
	B	㉢0	1	㉢0	㉢1

○ @~ⓒ 중 한 사람은 (가)와 (나) 중 (가)만 발현되었고, 다른 한 사람은 (가)와 (나) 중 (나)만 발현되었으며, 나머지 한 사람은 (가)와 (나)가 모두 발현되었다.

이에 대한 설명으로 옳은 것만을 〈보기〉에서 있는 대로 고른 것은? (단, 돌연변이와 교차는 고려하지 않으며, A, a, B, b 각각의 1개당 DNA 상대량은 1이다.) [3점]

〈보기〉 풀이

(1) 2에서 B의 DNA 상대량이 1이다. 2에 대립유전자 B가 있는데 (나)가 발현되지 않았으므로 (나)는 열성 형질이고, B는 (나) 미발현 대립유전자, b는 (나) 발현 대립유전자이다. 1에서 (나)가 발현되었으므로, 1에는 대립유전자 b만 있다. 3과 4에서 모두 (나)가 발현되었으므로, 3과 4의 (나)의 유전자형이 bb이다. 따라서 ㉢은 0이다. @에서 B의 DNA 상대량이 ㉢(0)이므로, @의 (나)의 유전자형은 bb이다. ⓑ는 1과 @로부터 대립유전자 b를 각각 하나씩 물려받으므로, ⓑ의 (나)의 유전자형은 bb이다. 5와 6에서 모두 (나)가 발현되지 않았으므로 대립유전자 B가 있고, 각각 3과 ⓑ로부터 대립유전자 b를 물려받으므로, 5와 6의 (나)의 유전자형은 Bb이다. 따라서 ㉡은 1이고, 나머지 ㉠은 2이다.

(2) ⓑ의 (나)의 유전자형은 bb이므로 6은 ⓒ로부터 B를 물려받아야 하고, 3의 (나)의 유전자형은 bb이므로 ⓒ는 2로부터 B를 물려받아야 한다. 만약 (가)와 (나)의 유전자가 X 염색체에 있다면 ⓒ는 2로부터 B를 물려받을 수 없다. 따라서 (가)의 유전자와 (나)의 유전자는 상염색체에 있다. ⓒ는 6에게 B를 물려주어야 하므로 대립유전자 B가 있고, 3으로부터 대립유전자 b를 물려받으므로, ⓒ의 (나)의 유전자형은 Bb이다.

(3) 5에서 a의 DNA 상대량이 ㉠(2)이므로, 5의 (가)의 유전자형은 aa이다. 이때 (가)가 발현되지 않았으므로 (가)는 우성 형질이고, A는 (가) 발현 대립유전자, a는 (가) 미발현 대립유전자이다. 1, 2, 5, 6은 모두 (가)가 발현되지 않았으므로, 1, 2, 5, 6의 (가)의 유전자형은 aa이다.

(4) 5와 6에서 대립유전자의 상동 염색체 배열은 aB/ab이다. 따라서 ⓑ는 ab를 가지고 있고, ⓒ는 aB를 가지고 있다. @~ⓒ의 (나)의 유전자형은 @에서 bb, ⓑ에서 bb, ⓒ에서 Bb이므로, @와 ⓑ에서 모두 (나)가 발현되었고 ⓒ에서 (나)가 발현되지 않았다. 따라서 ⓒ에서 (가)만 발현되었으므로 ⓒ는 A를 가지고 있다. ⓒ에서 대립유전자의 상동 염색체 배열은 aB/Ab이다. 1에서 대립유전자의 상동 염색체 배열은 ab/ab이다. 따라서 4와 ⓑ는 모두 ab를 가지고 있다. 4에서 (가)가 발현되었으므로 4는 A를 가지고 있다. 4에서 대립유전자의 상동 염색체 배열은 Ab/ab이고, @는 Ab를 가지고 있다. 따라서 @에서 (가)와 (나)가 모두 발현되었고, ⓑ에서 (나)만 발현되었다. ⓑ에서 대립유전자의 상동 염색체 배열은 ab/ab이고, @에서 대립유전자의 상동 염색체 배열은 Ab/ab이다.

㉠ (가)는 우성 형질이다.
➡ (가)는 우성 형질이고, (나)는 열성 형질이다.

✗ 이 가계도 구성원 중 체세포 1개당 b의 DNA 상대량이 ㉠인 사람은 4명이다.
➡ 이 가계도 구성원 중 체세포 1개당 b의 DNA 상대량이 ㉠(2)인 사람은 (나)의 유전자형이 bb인 1, @, 3, 4, ⓑ로 모두 5명이다.

✗ 6의 동생이 태어날 때, 이 아이에게서 (가)와 (나)가 모두 발현될 확률은 $\frac{1}{4}$이다.
➡ (가)와 (나)의 대립유전자의 상동염색체 배열은 ⓑ에서 ab/ab이고, ⓒ에서 aB/Ab이다. 6의 동생이 가질 수 있는 (가)와 (나)의 유전자형은 Aabb, aaBb이다. 따라서 6의 동생에게서 (가)와 (나)가 모두 발현될 확률은 $\frac{1}{2}$이다.

23
일차

01 ② **02** ② **03** ③ **04** ④ **05** ① **06** ③ **07** ② **08** ② **09** ⑤ **10** ④ **11** ① **12** ①

문제편 245쪽~249쪽

---

01 | 염색체 비분리 2020학년도 3월 학평 12번   정답 ② | 정답률 70 %

적용해야 할 개념 ④가지

① 감수 1분열에서는 상동 염색체가 분리되고($2n \rightarrow n$), 감수 2분열에서는 염색 분체가 분리된다($n \rightarrow n$).

② 염색체 수 이상은 생식세포 형성 과정에서 염색체가 비분리되어 나타난다.
- 감수 1분열에서 비분리가 일어날 경우: 상동 염색체가 비분리되며, 염색체 수에 이상이 있는 생식세포($n+1$, $n-1$)만 만들어진다.
- 감수 2분열에서 비분리가 일어날 경우: 염색 분체가 비분리되며, 염색체 수가 정상인 생식세포(n)와 이상이 있는 생식세포($n+1$, $n-1$) 가 만들어진다.

③ 남자의 염색체 구성은 44＋XY이므로 생식세포 분열 결과 22＋X 또는 22＋Y인 정자가 형성되며, 여자의 염색체 구성은 44＋XX이므로 생식세포 분열 결과 22＋X인 난자만 형성된다.

④ 염색체가 비분리되어 나타나는 유전병

| 상염색체 비분리 | • 다운 증후군: 21번 염색체가 3개 | • 에드워드 증후군: 18번 염색체가 3개 |
| 성염색체 비분리 | • 터너 증후군: 성염색체 구성이 X | • 클라인펠터 증후군: 성염색체 구성이 XXY |

문제 보기

그림은 어떤 사람에서 정자가 형성되는 과정과 각 정자의 핵상을 나타낸 것이다. 감수 1분열에서 성염색체의 비분리가 1회 일어났다.

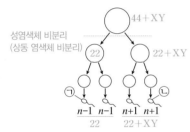

성염색체 비분리
(상동 염색체 비분리)

이에 대한 옳은 설명만을 〈보기〉에서 있는 대로 고른 것은? (단, 제시된 염색체 비분리 이외의 돌연변이는 고려하지 않는다.) [3점]

〈보기〉 풀이

감수 1분열에서 성염색체의 비분리가 1회 일어났고 정자 ㉠의 핵상이 $n-1$, 정자 ㉡의 핵상이 $n+1$이다. 따라서 ㉠에는 성염색체(X, Y)가 없고 상염색체만 22개 있으며, ㉡에는 성염색체(X, Y)가 모두 있고 상염색체가 22개 있다.

보기

✗ ㉠에 **X 염색체가 있다.**
➡ 감수 1분열에서 성염색체의 상동 염색체 비분리가 일어났다. 따라서 ㉠($n-1$)에는 X 염색체와 Y 염색체가 모두 없고, ㉡($n+1$)에는 X 염색체와 Y 염색체가 모두 있다.

ㄴ ㉡에 **22개의 상염색체가 있다.**
➡ 감수 1분열에서 성염색체의 비분리가 일어났고 ㉡의 핵상이 $n+1$로 정상보다 염색체 수가 1개 많다. 이를 통해 ㉡에는 상염색체가 22개, 성염색체가 2개(X 염색체, Y 염색체) 있음을 알 수 있다.

✗ ㉡과 정상 난자가 수정되어 태어난 아이에게서 **터너 증후군이 나타난다.**
➡ ㉡(22＋XY)과 정상 난자(22＋X)가 수정되어 태어난 아이의 염색체 구성은 44＋XXY이므로, 이 아이에게서 클라인펠터 증후군이 나타난다. 터너 증후군은 염색체 구성이 22＋X이다.

적용해야 할 개념 ②가지

① 체세포는 모든 염색체가 2개씩 상동 염색체 쌍을 이루고 있으므로 핵상을 $2n$으로 표시하고, 생식세포는 상동 염색체 중 1개씩만 있어 염색체가 쌍을 이루고 있지 않으므로 핵상을 n으로 표시한다.

② 감수 분열 과정에서의 염색체 비분리

감수 1분열 비분리	상동 염색체의 비분리가 일어나 염색체 수가 정상보다 적거나 많은 생식세포가 만들어진다($n-1$, $n+1$). $n+1$인 생식세포에서 비분리된 염색체는 유전적으로 동일하지 않다.
감수 2분열 비분리	염색 분체의 비분리가 일어나 염색체 수가 정상인 생식세포(n)와 정상보다 염색체 수가 적거나 많은 생식세포($n-1$, $n+1$)가 만들어진다. $n+1$인 생식세포에서 비분리된 염색체는 유전적으로 동일하다.

문제 보기

사람의 특정 형질은 1번 염색체에 있는 3쌍의 대립유전자 A와 a, B와 b, D와 d에 의해 결정된다. 그림은 어떤 사람의 G_1기 세포 Ⅰ로부터 생식세포가 형성되는 과정을, 표는 세포 ㉠~㉤에서 A, a, B, b, D의 DNA 상대량을 나타낸 것이다. 이 생식세포 형성 과정에서 염색체 비분리가 1회 일어났다. ㉠~㉤은 Ⅰ~Ⅴ를 순서 없이 나타낸 것이고, Ⅱ와 Ⅲ은 중기 세포이다.

보기

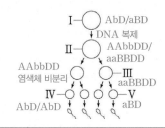

Ⅰ ─○ AbD/aBD
↓ DNA 복제
Ⅱ ─○ AAbbDD/aaBBDD
AAbbDD 염색체 비분리 ↙   ↓   ↘ Ⅲ aaBBDD
Ⅳ ○ ○ ○ ○ Ⅴ
AbD/AbD   aBD

세포	DNA 상대량				
	A	a	B	b	D
Ⅳ ㉠	2	0	0	2	ⓐ2
Ⅰ ㉡	?1	ⓑ1	1	1	?2
Ⅲ ㉢	0	2	2	0	?2
Ⅱ ㉣	?2	?2	?2	?2	4
Ⅴ ㉤	?0	1	1	?0	1

이에 대한 옳은 설명만을 〈보기〉에서 있는 대로 고른 것은? (단, 제시된 염색체 비분리 이외의 돌연변이와 교차는 고려하지 않으며, A, a, B, b, D, d 각각의 1개당 DNA 상대량은 1이다.) [3점]

〈보기〉 풀이

㉠~㉤ 중 A, a, B, b가 각각 있는 세포들이 있고 ㉣에서 D의 DNA 상대량이 4이다. 따라서 Ⅰ의 유전자형은 AaBbDD이고, DNA 복제가 일어난 Ⅱ의 대립유전자 구성은 AAaaBBbbDDDD이므로 ㉣은 Ⅱ이다. ㉡에 B와 b가 모두 있으므로 ㉡은 Ⅰ이다. ㉢과 ㉤에 모두 a와 B가 있고 각각의 DNA 상대량이 ㉢에서 2, ㉤에서 1이므로 ㉢이 Ⅲ, ㉤이 Ⅴ이다. ㉠은 Ⅳ이다. Ⅳ가 감수 2분열이 완료된 정상 세포라면 A와 b의 DNA 상대량은 각각 1이 되어야 하는데 2이다. 따라서 ㉠(Ⅳ)은 감수 2분열 과정에서 염색체 비분리가 일어나 형성된 것이다.

✗ ㉠은 Ⅲ이다.
➡ ㉠은 Ⅳ이다.

◯ ⓐ+ⓑ=3이다.
➡ 감수 1분열에서 유전자 AAbbDD를 가진 염색체와 aaBBDD를 가진 염색체가 정상 분리되었고, 감수 2분열에서 유전자 AAbbDD를 가진 염색체의 염색 분체가 비분리되어 ㉠(Ⅳ)이 만들어졌으므로 ㉠(Ⅳ)에서 D의 DNA 상대량(ⓐ)은 2이다. ㉡(Ⅰ)의 대립유전자 구성은 AaBbDD이므로 a의 DNA 상대량(ⓑ)은 1이다. 따라서 ⓐ+ⓑ=3이다.

✗ Ⅴ의 염색체 수는 24이다.
➡ 사람 체세포의 핵상과 염색체 수는 $2n=46$이다. Ⅴ는 정상 생식세포이므로, Ⅴ의 핵상과 염색체 수는 $n=23$이다.

03 염색체 비분리 2021학년도 3월 학평 16번

정답 ③ | 정답률 60%

적용해야 할 개념 ③가지

① 감수 1분열에서는 상동 염색체의 분리가 일어나므로 핵상이 $2n \rightarrow n$으로 변하고, 감수 2분열에서는 염색 분체의 분리가 일어나므로 핵상이 n으로 변하지 않는다.

② 염색체 수 이상은 생식세포를 형성하는 감수 분열 과정에서 염색체가 비분리되어 나타난다.

• 감수 1분열에서 상동 염색체가 비분리될 경우: 염색체 수에 이상이 있는 생식세포($n+1$, $n-1$)만 만들어진다.

• 감수 2분열에서 염색 분체가 비분리될 경우: 염색체 수가 정상인 생식세포(n)와 염색체 수에 이상이 있는 생식세포($n+1$, $n-1$)가 만들어진다.

③ 염색체가 비분리되어 나타나는 유전병

다운 증후군	상염색체의 비분리로 나타남. 21번 염색체가 3개
클라인펠터 증후군	성염색체의 비분리로 나타남. 성염색체 구성이 XXY
터너 증후군	성염색체의 비분리로 나타남. 성염색체 구성이 X

문제 보기

그림 (가)는 유전자형이 Tt인 어떤 남자의 정자 형성 과정을, (나)는 세포 Ⅲ에 있는 21번 염색체를 모두 나타낸 것이다. (가)에서 염색체 비분리가 1회 일어났고, Ⅰ은 중기의 세포이다.

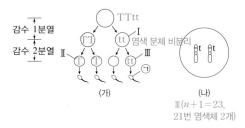

(가)

(나)
Ⅲ($n+1=23$, 21번 염색체 2개)

이에 대한 옳은 설명만을 〈보기〉에서 있는 대로 고른 것은? (단, 제시된 염색체 비분리 이외의 돌연변이와 교차는 고려하지 않는다.)

〈보기〉 풀이

세포 Ⅲ은 감수 2분열이 완료된 세포이므로 21번 염색체가 1개 있어야 하는데, (나)에서와 같이 2개가 있다. 이 남자의 유전자형이 Tt이므로 만약 감수 1분열에서 염색체 비분리가 일어났다면 Ⅲ에는 T와 t가 1개씩 있어야 한다. 그러나 Ⅲ에는 t만 2개가 있으므로 염색체 비분리는 감수 2분열에서 일어났음을 알 수 있다.

ㄱ. Ⅰ과 Ⅱ의 성염색체 수는 같다.

➡ 감수 2분열에서는 염색 분체의 분리가 일어나므로 핵상은 n에서 n으로 유지되고, 염색체 수의 변화도 없다. 따라서 Ⅰ(감수 2분열 중기 세포)과 Ⅱ(감수 2분열이 완료된 세포)의 성염색체 수는 같다.

ㄴ. (가)에서 염색체 비분리는 감수 1분열에서 일어났다.

➡ Ⅲ이 t를 2개 갖는 것은 감수 2분열에서 21번 염색체의 염색 분체가 비분리되었기 때문이다.

ㄷ. ㉠과 정상 난자가 수정되어 아이가 태어날 때, 이 아이는 다운 증후군의 염색체 이상을 보인다.

➡ ㉠은 21번 염색체를 2개 갖고 있다. 따라서 ㉠과 정상 난자가 수정되어 태어난 아이는 21번 염색체를 3개 가지게 되므로 다운 증후군의 염색체 이상을 보인다.

보기

적용해야 할 개념 ②가지

① 감수 1분열에서는 상동 염색체가 분리되고($2n \to n$), 감수 2분열에서는 염색 분체가 분리된다($n \to n$).

구분	G_1기 세포	감수 1분열 완료 세포	감수 2분열 완료 세포
핵상	$2n$	n	n
염색체 수	6	3	3

② 염색체 수 이상은 생식세포 형성 과정에서 염색체가 비분리되어 나타난다.
- 감수 1분열에서 비분리가 일어날 경우: 상동 염색체가 비분리되며, 염색체 수에 이상이 있는 생식세포($n+1$, $n-1$)만 만들어진다.
- 감수 2분열에서 비분리가 일어날 경우: 염색 분체가 비분리되며, 염색체 수가 정상인 생식세포(n)와 이상이 있는 생식세포($n+1$, $n-1$)가 만들어진다.

문제 보기

그림은 어떤 동물($2n=6$)의 정자 형성 과정을 나타낸 것이다. 이 동물의 성염색체는 XY이고, 정자 형성 과정에서 성염색체 비분리가 1회 일어났다. 정자 ㉠~㉢ 각각의 총 염색체 수는 서로 다르고, ㉡의 X 염색체 수와 ㉢의 총 염색체 수를 더한 값은 5이다.

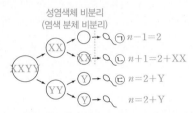

성염색체 비분리
(염색 분체 비분리)

이에 대한 옳은 설명만을 〈보기〉에서 있는 대로 고른 것은? (단, 제시된 염색체 비분리 이외의 돌연변이는 고려하지 않는다.)

〈보기〉풀이

이 동물($2n=6$)에서 감수 1분열에서 성염색체 비분리가 일어나면 핵상이 $n-1=2$, $n+1=4$인 생식세포만 형성되고, 감수 2분열에서 성염색체 비분리가 일어나면 핵상이 $n=3$, $n-1=2$, $n+1=4$인 생식세포가 형성된다. 그런데 정자 ㉠~㉢ 각각의 총 염색체 수는 서로 다르다고 했으므로, 감수 2분열에서 성염색체 비분리가 일어났다. 따라서 ㉢은 n이고, ㉠과 ㉡ 중 하나는 $n-1$, 다른 하나는 $n+1$이다. ㉢은 n이므로 총 염색체 수는 3인데 ㉡의 X 염색체 수와 ㉢의 총 염색체 수를 더한 값이 5라고 하였다. 이를 통해 감수 2분열에서 X 염색체의 염색 분체 비분리가 일어났으며, ㉡의 핵상은 $n+1=4$, 성염색체 구성은 XX라는 것을 알 수 있다.

✗ 성염색체 비분리는 감수 1분열에서 일어났다.
➡ 정자 ㉠~㉢ 각각의 총 염색체 수는 서로 다르다고 했으므로 성염색체 비분리는 감수 2분열에서 일어났다. 만약 감수 1분열에서 성염색체 비분리가 일어났다면 정자 ㉠과 ㉡의 총 염색체 수는 $n+1=4$ 또는 $n-1=2$로 같다.

ㄴ. ㉠의 총 염색체 수는 2이다.
➡ ㉠의 총 염색체 수는 $n-1=2$, ㉡의 총 염색체 수는 $n+1=4$, ㉢의 총 염색체 수는 $n=3$이다.

ㄷ. ㉢의 Y 염색체 수는 1이다.
➡ ㉡의 성염색체 구성이 XX이므로, 감수 1분열에서 성염색체인 X 염색체와 Y 염색체가 정상적으로 분리되어 ㉢에는 Y 염색체가 있으므로 ㉢의 Y 염색체 수는 1이다.

05 염색체 비분리 2019학년도 10월 학평 16번

적용해야 할 개념 ②가지

① 감수 1분열에서는 상동 염색체가 분리되어 염색체 수가 절반으로 줄어들지만($2n \rightarrow n$), 감수 2분열에서는 염색 분체가 분리되어 염색체 수는 변하지 않는다($n \rightarrow n$).

구분	감수 1분열 중기 세포	감수 2분열 중기 세포	감수 2분열 완료 세포
핵상	$2n$	n	n
염색체 수	46	23	23

② 염색체 수 이상은 생식세포 형성 과정에서 염색체가 비분리되어 나타난다.
- 감수 1분열에서 비분리가 일어날 경우: 상동 염색체가 비분리되며, 염색체 수에 이상이 있는 생식세포($n+1$, $n-1$)만 만들어진다.
- 감수 2분열에서 비분리가 일어날 경우: 염색 분체가 비분리되며, 염색체 수가 정상인 생식세포(n)와 이상이 있는 생식세포($n+1$, $n-1$) 가 만들어진다.

문제 보기

그림은 어떤 동물($2n=6$)에서 정자가 형성되는 과정을, 표는 세포 Ⅰ~Ⅲ의 총 염색체 수와 X 염색체 수를 비교하여 나타낸 것이다. 감수 1분열과 감수 2분열에서 염색체 비분리가 각각 1회씩 일어났다. 이 동물의 성염색체는 암컷이 XX, 수컷이 XY이며, Ⅲ에 Y 염색체가 있다. Ⅰ은 중기의 세포이다.

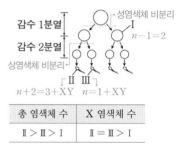

감수 1분열 ··· 성염색체 비분리
Ⅰ
$n-1=2$
감수 2분열
상염색체 비분리
Ⅱ Ⅲ
$n+2=3+XY$ $n=1+XY$

총 염색체 수	X 염색체 수
Ⅱ > Ⅲ > Ⅰ	Ⅱ = Ⅲ > Ⅰ

이에 대한 옳은 설명만을 〈보기〉에서 있는 대로 고른 것은? (단, 제시된 염색체 비분리 이외의 돌연변이는 고려하지 않는다.)

보기

〈보기〉 풀이

세포 Ⅲ에 Y 염색체가 있는데, 정자 Ⅱ와 정자 Ⅲ의 X 염색체 수가 같고, 감수 2분열 중기의 세포 Ⅰ의 염색체 수는 정자 Ⅱ와 정자 Ⅲ보다 작다. 이를 통해 정자 Ⅲ에 X 염색체와 Y 염색체가 모두 있다는 것과 감수 1분열에서 성염색체인 X 염색체와 Y 염색체의 비분리가 일어났음을 알 수 있다. 또한, 정자 Ⅱ와 정자 Ⅲ의 총 염색체 수가 다른 것을 통해 Ⅱ와 Ⅲ이 만들어질 때 감수 2분열에서 상염색체의 비분리가 일어났음을 알 수 있다. 따라서 세포 Ⅰ의 염색체 구성은 $n-1=2$, 세포 Ⅱ의 염색체 구성은 $n+2=3+XY$, 세포 Ⅲ의 염색체 구성은 $n=1+XY$이다.

ㄱ. Ⅰ의 상염색체 수와 Ⅱ의 성염색체 수의 합은 4이다.

➡ Ⅰ에는 상염색체가 2개 있고, Ⅱ에는 성염색체(X, Y)가 2개 있으므로, Ⅰ의 상염색체 수와 Ⅱ의 성염색체 수의 합은 4이다.

✗ 감수 1분열에서 상염색체 비분리가 일어났다.

➡ 감수 1분열에서는 성염색체 비분리가 일어났고, 감수 2분열에서는 상염색체의 염색 분체 비분리가 일어났다.

✗ $\dfrac{\text{X 염색체 수}}{\text{총 염색체 수}}$ 는 Ⅱ가 Ⅲ보다 크다.

➡ Ⅱ에는 상염색체가 3개, 성염색체(X, Y)가 2개이고, Ⅲ에는 상염색체가 1개, 성염색체(X, Y)가 2개이다. 따라서 $\dfrac{\text{X 염색체 수}}{\text{총 염색체 수}}$ 는 Ⅱ에서 $\dfrac{1}{5}$, Ⅲ에서 $\dfrac{1}{3}$ 이므로, Ⅱ가 Ⅲ보다 작다.

적용해야 할 개념 ③가지

① 감수 1분열에서는 상동 염색체의 분리가 일어나고, 감수 2분열에서는 염색 분체의 분리가 일어난다.

구분	감수 1분열 중기 세포	감수 2분열 중기 세포	감수 2분열 완료 세포
핵상	$2n$	n	n
염색체 수	46	23	23
DNA 상대량	4	2	1

② 염색체 수 이상은 생식세포 형성 과정에서 염색체가 비분리되어 나타난다.

③ 염색체가 비분리되어 나타나는 유전병

상염색체 비분리	• 다운 증후군: 21번 염색체가 3개(45＋XX 또는 XY) • 에드워드 증후군: 18번 염색체가 3개(45＋XX 또는 XY)
성염색체 비분리	• 터너 증후군: 성염색체 구성이 X(44＋X) • 클라인펠터 증후군: 성염색체 구성이 XXY(44＋XXY)

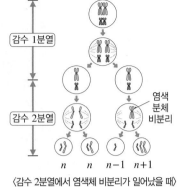

n　n　$n-1$　$n+1$

〈감수 2분열에서 염색체 비분리가 일어났을 때〉

문제 보기

사람의 유전 형질 (가)는 3쌍의 대립유전자 H와 h, R와 r, T와 t에 의해 결정되며, (가)를 결정하는 유전자는 서로 다른 3개의 상염색체에 존재한다. 그림은 어떤 사람의 G_1기 세포 Ⅰ로부터 정자가 형성되는 과정을, 표는 세포 ㉠~㉣에 들어 있는 세포 1개당 대립유전자 H, R, T의 DNA 상대량을 더한 값을 나타낸 것이다. 이 정자 형성 과정에서 21번 염색체의 비분리가 1회 일어났고, ㉠~㉣은 Ⅰ~Ⅳ를 순서 없이 나타낸 것이다.

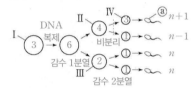

세포	H, R, T의 DNA 상대량을 더한 값
Ⅲ ㉠	2
㉡	3
㉢	3
Ⅱ ㉣	? 4

(표 좌측: Ⅰ 또는 Ⅳ가 ㉡, ㉢에 해당)

이에 대한 설명으로 옳은 것만을 〈보기〉에서 있는 대로 고른 것은? (단, 제시된 염색체 비분리 이외의 돌연변이와 교차는 고려하지 않으며, H, h, R, r, T, t 각각의 1개당 DNA 상대량은 1이다.) [3점]

〈보기〉 풀이

Ⅱ와 Ⅲ은 감수 1분열이 완료된 세포이므로 상염색체의 상동 염색체는 존재하지 않지만 각 염색체는 2개의 염색 분체로 이루어져 있다. 따라서 Ⅱ와 Ⅲ에 존재하는 각 대립유전자의 수는 2이므로 H, R, T의 DNA 상대량을 더한 값은 짝수이어야 한다. 따라서 H, R, T의 DNA 상대량을 더한 값이 3(홀수)인 ㉡과 ㉢은 각각 Ⅰ과 Ⅳ 중 하나이고 ㉠과 ㉣은 각각 Ⅱ와 Ⅲ 중 하나이다. G_1기 세포 Ⅰ(㉡ 또는 ㉢)에 들어 있는 H, R, T의 DNA 상대량을 더한 값이 3이므로 DNA 복제가 일어난 후의 감수 1분열 중기 세포는 H, R, T의 DNA 상대량을 더한 값이 6이다. 따라서 감수 1분열 중기 세포로부터 형성된 세포 Ⅱ와 Ⅳ에 들어 있는 H, R, T의 DNA 상대량을 더한 값을 합하면 6이 되어야 한다. ㉠에 들어 있는 H, R, T의 DNA 상대량이 2이므로 ㉣에 들어 있는 H, R, T의 DNA 상대량은 4가 된다. 감수 1분열이 완료된 세포 Ⅱ로부터 감수 2분열을 거쳐 형성된 세포 Ⅳ(㉡ 또는 ㉢)에 들어 있는 H, R, T의 DNA 상대량을 더한 값이 3이다. 이를 통해 Ⅱ에서 Ⅳ로 되는 감수 2분열에서 21번 염색체의 염색 분체 비분리가 일어났고, 그 결과 Ⅳ에는 21번 염색체가 정상보다 1개 더 많아 H, R, T의 DNA 상대량을 더한 값이 3이 되었음을 알 수 있다. 따라서 Ⅱ는 ㉣이고, Ⅲ은 ㉠이다.

ㄱ. ㉣은 Ⅱ이다.

➡ Ⅱ가 Ⅳ로 되는 감수 2분열에서 DNA양은 반감되므로 Ⅱ에 들어 있는 H, R, T의 DNA 상대량을 더한 값은 Ⅳ에 들어 있는 DNA 상대량을 더한 값보다 커야 한다. 따라서 ㉠은 Ⅱ가 될 수 없으며, ㉣에 들어 있는 H, R, T의 DNA 상대량을 더한 값은 4이므로, ㉣은 Ⅱ이다.

ㄴ. 염색체 비분리는 감수 1분열에서 일어났다.

➡ 감수 2분열에서 21번 염색체의 염색 분체 비분리가 일어났다.

ㄷ. 정자 ⓐ와 정상 난자가 수정되어 태어난 아이는 다운 증후군의 염색체 이상을 보인다.

➡ 정자 ⓐ($n+1=24$, 21번 염색체 2개)와 정상 난자($n=23$, 21번 염색체 1개)가 수정되어 태어난 아이의 염색체 구성은 $2n+1=47$로, 21번 염색체가 3개이다. 따라서 이 아이는 다운 증후군의 염색체 이상을 보인다.

07 염색체 이상과 대립유전자의 DNA 상대량 2020학년도 4월 학평 17번

정답 ② | 정답률 37 %

적용해야 할 개념 ③가지

① 감수 1분열에서는 상동 염색체가 분리되어 DNA양과 염색체 수가 절반으로 줄어들며, 감수 2분열에서는 염색 분체가 분리되어 DNA양은 반감되지만 염색체 수는 변하지 않는다.

② 한 형질을 결정하는 대립유전자가 성염색체(X 염색체)에 존재하면 암컷(XX)의 체세포에는 대립유전자가 쌍으로 있지만, 수컷(XY)의 체세포에는 대립유전자가 쌍으로 존재하지 않는다.

③ 염색체 수 이상은 생식세포 형성 과정에서 염색체가 비분리되어 나타난다.

- 대립유전자 Dd를 가진 경우, 감수 1분열에서 상동 염색체의 비분리가 일어나면 D와 d가 있는 생식세포와 D와 d가 없는 생식세포가 형성된다.
- 감수 1분열이 완료된 세포가 대립유전자 d를 가진 경우, 감수 2분열에서 염색 분체의 비분리가 일어나면 d가 2개인 생식세포와 d가 없는 생식세포가 형성된다.

문제 보기

다음은 사람 P의 정자 형성 과정에 대한 자료이다.

○ 그림은 P의 세포 I 로부터 정자가 형성되는 과정을, 표는 세포 ㉠~㉣에서 세포 1개당 대립유전자 A, a, B, b, D, d의 DNA 상대량을 나타낸 것이다. A는 a와, B는 b와, D는 d와 각각 대립유전자이고, ㉠~㉣은 I~Ⅳ를 순서 없이 나타낸 것이다.

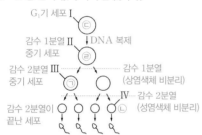

세포	성염색체 DNA 상대량					
	A	a	B	b	D	d
Ⅱ ㉠	0	?0	ⓐ4	0	0	0
Ⅳ ㉡	ⓑ0	2	0	1	?1	1
I ㉢	?0	1	2	ⓒ1	?1	1
Ⅲ ㉣	0	?2	4	?2	2	ⓓ2

B가 중복

○ I 은 G₁기 세포이며, I 에는 중복이 일어난 염색체가 1개만 존재한다. I 이 Ⅱ가 되는 과정에서 DNA는 정상적으로 복제되었다. ┌D와 d 비분리

○ 이 정자 형성 과정의 감수 1분열에서는 상염색체에서 비분리가 1회, 감수 2분열에서는 성염색체에서 비분리가 1회 일어났다. └a가 있는 성염색체의 염색 분체 비분리

이에 대한 설명으로 옳은 것만을 〈보기〉에서 있는 대로 고른 것은?(단, 제시된 중복과 염색체 비분리 이외의 돌연변이와 교차는 고려하지 않으며, Ⅱ와 Ⅲ은 중기의 세포이다. A, a, B, b, D, d 각각의 1개당 DNA 상대량은 1이다.) [3점]

〈보기〉 풀이

정상적인 경우 G₁기 세포, 감수 1분열 중기 세포, 감수 2분열 중기 세포, 감수 2분열이 끝난 세포의 세포 1개당 대립유전자의 DNA 상대량은 그림 (가)와 같다. 제시된 조건을 염두에 두고 그림 (가)와 표의 DNA 상대량을 비교하면서 ㉠~㉣이 I~Ⅳ 중 어느 것에 해당하는지를 파악하면 그림 (나)와 같다. (단, a는 성염색체 중 X 염색체에 있다고 가정한다.)

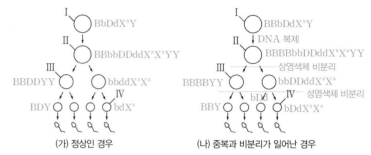

(가) 정상인 경우   (나) 중복과 비분리가 일어난 경우

세포 ㉣에서 B의 DNA 상대량은 4이고, 세포 ㉢에서 b의 DNA 상대량은 1이다. 따라서 P의 G₁기 세포 I 에는 B와 b가 각각 있음을 알 수 있다. G₁기 세포가 감수 1분열 중기 세포로 되는 과정에서 DNA 복제가 일어나므로 정상적인 경우 감수 1분열 중기 세포에서 B와 b의 DNA 상대량은 각각 2이어야 한다. 그런데 ㉣에서 B의 DNA 상대량은 4이므로 P의 G₁기 세포 I 에는 B가 중복된 염색체가 존재한다는 것을 알 수 있다. 따라서 ㉣은 Ⅱ(감수 1분열 중기 세포), ㉢은 I (G₁기 세포)이다. Ⅱ(㉣)에서 감수 1분열이 일어나 상동 염색체가 분리되면 감수 2분열 중기 세포 Ⅲ에는 B와 b 중 하나만 있고, B가 있으면 B의 DNA 상대량은 4, b가 있으면 b의 DNA 상대량은 2이다. 따라서 ㉠은 Ⅲ(감수 2분열 중기 세포), ㉡은 Ⅳ(감수 2분열이 끝난 세포)이며, ㉠에서 B의 DNA의 상대량 ⓐ는 4이다.

✗ **ⓐ+ⓑ+ⓒ+ⓓ=5이다.**

➡ 감수 1분열 중기 세포 Ⅱ(㉣)에 A가 없으므로 감수 2분열이 끝난 세포 Ⅳ(㉡)에도 A가 없다. 따라서 ㉡에서 A의 DNA 상대량 ⓑ는 0이다. 감수 2분열이 끝난 세포 Ⅳ(㉡)에 b가 있으므로 G₁기의 세포 I (㉢)에서 b의 DNA 상대량 ⓒ는 1이다. G₁기 세포 I (㉢)에 d가 있으므로 감수 1분열 중기 세포 Ⅱ(㉣)에서 d의 DNA 상대량 ⓓ는 2이다. 따라서 ⓐ+ⓑ+ⓒ+ⓓ=4+0+1+2=7이다.

✓ **ㄴ. P에서 a는 성염색체에 있다.**

➡ I (㉢)에서 a의 DNA 상대량이 1인데, Ⅱ(㉣)에서 a의 대립유전자인 A의 DNA 상대량이 0이다. 이를 통해 G₁기 세포 I (㉢)에는 A가 없고 a만 1개 있으며, P에서 a는 성염색체에 있다는 것을 알 수 있다.

✗ **Ⅳ에는 중복이 일어난 염색체가 있다.**

➡ I (㉢)과 Ⅱ(㉣)에는 B가 중복된 염색체가 있는데, Ⅳ(㉡)에서 B의 DNA 상대량은 0이다. 따라서 Ⅳ에는 중복이 일어난 염색체가 없다.

적용해야 할 개념 ③가지

① 감수 1분열에서는 상동 염색체가 분리되고($2n \rightarrow n$), 감수 2분열에서는 염색 분체가 분리된다($n \rightarrow n$).

구분	G_1기 세포	감수 1분열 중기 세포	감수 2분열 중기 세포	감수 2분열 완료 세포
핵상	$2n$	$2n$	n	n
염색체 수	46	46	23	23
DNA 상대량	2	4	2	1

② 두 대립유전자 쌍이 같은 염색체에 있으면 생식세포 형성 과정에서 독립적으로 분리되지 않고 같은 생식세포로 들어간다.

③ 염색체 수 이상은 생식세포 형성 과정에서 염색체가 비분리되어 나타난다.

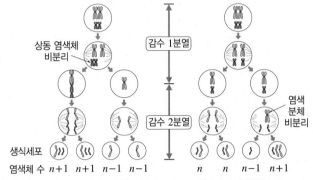

〈감수 1분열에서 염색체 비분리가 일어났을 때〉 〈감수 2분열에서 염색체 비분리가 일어났을 때〉

문제 보기

사람의 유전 형질 ⓐ는 3쌍의 대립유전자 A와 a, B와 b, D와 d에 의해 결정되며, ⓐ를 결정하는 유전자는 서로 다른 2개의 상염색체에 있다. 그림 (가)는 유전자형이 AaBbDd인 G_1기의 세포 Q로부터 정자가 형성되는 과정을, (나)는 세포 ㉠~㉢의 세포 1개당 a, B, D의 DNA 상대량을 나타낸 것이다. ㉠~㉢은 Ⅰ~Ⅲ을 순서 없이 나타낸 것이다. (가)에서 염색체 비분리는 1회 일어났고, Ⅰ~Ⅲ 중 1개의 세포만 A를 가지며, Ⅰ은 중기의 세포이다.

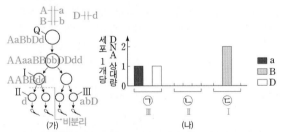

이에 대한 설명으로 옳은 것만을 〈보기〉에서 있는 대로 고른 것은? (단, 제시된 염색체 비분리 이외의 돌연변이와 교차는 고려하지 않으며, A, a, B, b, D, d 각각의 1개당 DNA 상대량은 1이다.)

〈보기〉 풀이

(가)에서 Ⅰ은 감수 2분열 중기 세포, Ⅱ와 Ⅲ은 감수 2분열이 완료된 세포이다. 감수 2분열에서는 염색 분체의 분리가 일어나므로 염색체 수와 종류는 변하지 않지만 DNA양은 반으로 줄어든다. 이를 통해 (나)에서 DNA 상대량이 다른 세포의 2배인 ㉢이 감수 2분열 중기 세포인 Ⅰ이라는 것을 알 수 있다. 그리고 ㉢(Ⅰ)에 a가 없으므로 ㉠은 Ⅰ가 될 수 없다. 따라서 ㉠이 Ⅲ, ㉡이 Ⅱ이다. 만약 Ⅱ(㉡)에 A가 있다면 Ⅱ의 모세포(감수 2분열 중기 세포인 Ⅰ(㉢))에도 A가 있어야 하는데, Ⅰ~Ⅲ 중 1개의 세포만 A를 가진다고 한 조건에 맞지 않다. 그리고 Ⅲ(㉠)에는 A의 대립유전자인 a가 있으므로 A는 없다. 따라서 A를 가지는 세포는 Ⅰ(㉢)이다.

✗ **Q에서 A와 b는 같은 염색체에 있다.**
➡ Ⅰ(㉢)의 유전자형은 AABBdd이다. 만약 각 유전자가 서로 다른 염색체에 있고, Ⅰ(㉢)에서 정상적인 감수 2분열이 일어나 염색 분체의 분리가 일어났다면 Ⅱ(㉡)의 유전자형은 ABd가 되어야 한다. 그런데 Ⅱ(㉡)에는 A와 B가 없다. 이를 통해 A와 B는 같은 염색체에 있으며, 감수 2분열에서 A와 B가 있는 염색체의 염색 분체 비분리가 일어났음을 알 수 있다. 따라서 Q에서 A와 B는 같은 염색체에 존재한다.

ㄴ. **염색체 비분리는 감수 2분열에서 일어났다.**
➡ Ⅰ(㉢)에서 Ⅱ(㉡)로 되는 감수 2분열에서 염색 분체의 비분리가 일어났다.

✗ **세포 1개당 a, b, d의 DNA 상대량을 더한 값은 Ⅱ에서와 Ⅲ에서가 같다.**
➡ Ⅱ(㉡)에는 A, B, d가 있어야 하는데 d만 1개 있고, Ⅲ(㉠)에는 a, b, D가 각각 1개씩 있다. 따라서 세포 1개당 a, b, d의 DNA 상대량을 더한 값은 Ⅱ에서는 1, Ⅲ에서는 2이므로 서로 다르다.

09 세포 분열과 염색체 비분리 2019학년도 6월 모평 15번   정답 ⑤ | 정답률 33 %

적용해야 할 개념 ③가지

① 남자의 염색체 구성은 $44+XY$이므로 생식세포 분열 결과 $22+X$ 또는 $22+Y$인 정자가 형성되며, 여자의 염색체 구성은 $44+XX$이므로 생식세포 분열 결과 $22+X$인 난자만 형성된다.

② 감수 1분열에서는 2가 염색체를 형성한 후 상동 염색체의 분리가 일어나고, 감수 2분열에서는 염색 분체의 분리가 일어난다.

구분	G_1기 세포	감수 1분열 중기 세포	감수 2분열 중기 세포	감수 2분열 완료 세포
핵상	$2n$	$2n$	n	n
염색체 수	46	46	23	23
DNA 상대량	2	4	2	1

③ 대립유전자 Dd를 가진 경우, 감수 1분열에서 상동 염색체의 비분리가 일어나면 D와 d가 있는 생식세포와 D와 d가 없는 생식세포가 형성된다.

문제 보기

그림 (가)와 (나)는 핵상이 $2n$인 어떤 동물에서 암컷과 수컷의 생식세포 형성 과정을, 표는 세포 ⊙~@이 갖는 유전자 E, e, F, f, G, g의 DNA 상대량을 나타낸 것이다. E와 e, F와 f, G와 g는 각각 대립유전자이다. (가)와 (나)의 감수 1분열에서 성염색체 비분리가 각각 1회 일어났다. ⊙~@은 Ⅰ~Ⅳ를 순서 없이 나타낸 것이다.

보기

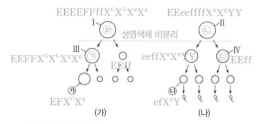

(가)   (나)

세포	DNA 상대량					
	E	e	F	f	G	g
⊙Ⅲ	?2	0	2	0	2	ⓐ2
ⓒⅡ	2	2	0	4	0	?2
ⓔⅣ	ⓑ2	0	?0	2	?0	0
ⓓⅠ	4	0	ⓒ2	2	?2	2

감수 1분열 중기 세포

이에 대한 설명으로 옳은 것만을 〈보기〉에서 있는 대로 고른 것은? (단, 제시된 염색체 비분리 이외의 돌연변이와 교차는 고려하지 않으며, Ⅰ~Ⅳ는 중기의 세포이다. E, e, F, f, G, g 각각의 1개당 DNA 상대량은 같다.)

〈보기〉 풀이

Ⅰ~Ⅳ는 중기의 세포이므로 DNA가 복제된 상태이며, Ⅰ과 Ⅱ는 감수 1분열 중기 세포로 핵상이 $2n$, Ⅲ과 Ⅳ는 감수 2분열 중기 세포로 핵상이 n이다. 핵상이 $2n$인 세포는 대립유전자 쌍을 모두 가지며, 핵상이 n인 세포는 대립유전자 쌍 중 하나씩만 가진다. 따라서 대립유전자의 DNA 상대량 합이 4가 있는 ⓒ과 @이 각각 Ⅰ과 Ⅱ 중 하나이고, ⊙과 ⓒ는 Ⅲ과 Ⅳ 중 하나이다.

감수 1분열 중기 세포인 ⓒ에 E와 e가 함께 있으므로 E와 e는 상염색체에 있다. (가)는 암컷의 생식세포 형성 과정이므로 Ⅰ에는 2개의 염색 분체로 구성된 X 염색체가 2개 있다. 만약 F와 f가 성염색체인 X 염색체에 있고 ⓒ이 세포 Ⅰ이라면, Ⅰ에는 f가 있는 X 염색체가 2개 있다. (가)의 감수 1분열에서 성염색체 비분리가 일어났으므로 Ⅲ은 X 염색체가 없거나 X 염색체가 2개 있어야 한다. 따라서 감수 2분열 중기 세포인 ⊙과 ⓒ 중에서 F의 DNA 상대량은 0, f의 DNA 상대량은 4이거나 F와 f의 DNA 상대량이 0인 것이 있어야 하는데, 없다. 따라서 F와 f는 성염색체에 있지 않고 상염색체에 있다.

G와 g가 상염색체에 존재한다면 감수 1분열 중기 세포인 ⓒ에서 g의 DNA 상대량은 4가 되어야 하고, 감수 1분열에서 상염색체는 정상적으로 분리되었으므로 감수 2분열 중기 세포인 ⊙과 ⓒ 중에서 G의 DNA 상대량은 0, g의 DNA 상대량은 2인 것이 있어야 하는데, 없다. 따라서 G와 g는 성염색체에 있다.

감수 2분열 중기 세포인 ⊙에서 G의 DNA 상대량이 2이면 ⊙의 모세포인 감수 1분열 중기 세포에는 G가 있어야 하므로 G의 DNA 상대량은 0이 될 수 없다. 따라서 감수 1분열 중기 세포인 @이 감수 1분열을 거쳐 감수 2분열 중기 세포 ⊙이 되었다. @이 ⊙으로 될 때 성염색체 비분리가 일어났고 @에서 g의 DNA 상대량은 2이므로 @에는 G가 있는 X 염색체와 g가 있는 X 염색체가 각각 한 개씩 있다.

결론적으로, @은 암컷의 감수 1분열 중기 세포 Ⅰ, ⊙은 암컷의 감수 2분열 중기 세포 Ⅲ, ⓒ은 수컷의 감수 1분열 중기 세포 Ⅱ, ⓒ은 수컷의 감수 2분열 중기 세포 Ⅳ이다.

~~ㄱ.~~ ⓒ은 Ⅲ이다.
➡ ⓒ은 수컷의 감수 2분열 중기 세포 Ⅳ이다.

⬭ㄴ.⬭ ⓐ+ⓑ+ⓒ=6이다.
➡ ⊙은 성염색체(X 염색체)의 비분리가 일어나 핵상이 $n+1=22+XX$인 암컷의 감수 2분열 중기 세포 Ⅲ이다. 따라서 ⊙에는 G가 있는 X 염색체와 g가 있는 X 염색체가 모두 있으며, 염색 분체가 분리되기 전이므로 g의 DNA 상대량(ⓐ)은 2이다. ⓒ은 수컷의 감수 2분열 중기 세포 Ⅳ이고 ⓒ은 수컷의 감수 1분열 중기 세포 Ⅱ이다. 감수 1분열에서 E와 e가 있는 상동 염색체는 정상적으로 분리되었고, ⓒ(Ⅳ)에 e의 DNA 상대량이 0이므로 E의 DNA 상대량(ⓑ)은 2이다. @은 암컷의 감수 1분열 중기 세포 Ⅰ이고, ⊙은 암컷의 감수 2분열 중기 세포 Ⅲ인데, ⊙(Ⅲ)에서 F의 DNA 상대량이 2, f이 DNA 상대량이 0이므로 @(Ⅰ)에서 F의 DNA 상대량(ⓒ)은 2이다. 따라서 ⓐ+ⓑ+ⓒ=2+2+2=6이다.

⬭ㄷ.⬭ 성염색체 수는 ㉮ 세포와 ㉯ 세포가 같다.
➡ Ⅲ(⊙)에는 G가 있는 X 염색체와 g가 있는 X 염색체가 있고, Ⅲ(⊙)에서 ㉮가 될 때 감수 2분열이 일어나 염색 분체가 분리되므로 염색체 수에는 변화가 없다. 따라서 ㉮ 세포의 성염색체 수는 2이다. ⓒ(Ⅳ)에는 ⓒ(Ⅱ)에 있는 g가 없으므로 성염색체가 없으며, ⓒ(Ⅳ)이 아닌 다른 감수 2분열 중기 세포에 g가 있는 X 염색체와 Y 염색체가 함께 있다. 따라서 ⓒ(Ⅳ)이 아닌 다른 감수 2분열 중기 세포로부터 만들어진 세포 ㉯에는 X 염색체와 Y 염색체가 각각 1개씩 있으므로 ㉯ 세포의 성염색체 수는 2이다.

적용해야 할 개념 ③가지

① 남자의 경우 X 염색체에 있는 대립유전자는 항상 어머니에게서 물려받으며, 남자의 X 염색체의 대립유전자는 딸에게만 전달된다.
② 한 형질을 결정하는 대립유전자가 성염색체(X 염색체)에 존재하면 여자(XX)의 체세포에는 대립유전자가 쌍으로 있지만, 남자(XY)의 체세포에는 대립유전자가 쌍으로 존재하지 않는다.
③ 전좌는 염색체의 일부가 상동 염색체가 아닌 다른 염색체에 붙는 돌연변이이다.

문제 보기

다음은 어떤 가족의 유전 형질 (가)와 (나)에 대한 자료이다.

○ (가)는 대립유전자 H와 h에 의해, (나)는 대립유전자 R와 r에 의해 결정된다. H는 h에 대해, R는 r에 대해 각각 완전 우성이다.
  (가): H(가) > h(정상)
  (나): R(정상) > r(나)

○ (가)와 (나)의 유전자는 모두 X 염색체에 있다.

○ (가)는 아버지와 아들 ⓐ에게서만, (나)는 ⓐ에게서만 발현되었다.

○ 그림은 아버지의 G_1기 세포 Ⅰ로부터 정자가 형성되는 과정을, 표는 세포 ㉠~㉣에서 세포 1개당 H와 R의 DNA 상대량을 나타낸 것이다. ㉠~㉣은 Ⅰ~Ⅳ를 순서 없이 나타낸 것이다.

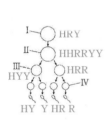

세포	DNA 상대량	
	H	R
㉠ Ⅲ	1	0
㉡ Ⅰ	?1	1
㉢ Ⅱ	2	?2
㉣ Ⅳ	0	?1

○ 그림과 같이 Ⅱ에서 전좌가 일어나 X 염색체에 있는 2개의 ㉮ 중 하나가 22번 염색체로 옮겨졌다. ㉮는 H와 R 중 하나이다.

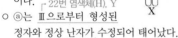

전좌

○ ⓐ는 Ⅲ으로부터 형성된 정자와 정상 난자가 수정되어 태어났다.
  22번 염색체(H), Y
  X^{hr}

이에 대한 옳은 설명만을 〈보기〉에서 있는 대로 고른 것은? (단, 제시된 돌연변이 이외의 돌연변이와 교차는 고려하지 않으며, H와 R 각각의 1개당 DNA 상대량은 1이다.) [3점]

〈보기〉 풀이

표를 보면 세포 ㉠에서 H의 DNA 상대량은 1, 세포 ㉡에서 R의 DNA 상대량은 1이므로 아버지의 G_1기 세포 Ⅰ에서 H와 R의 DNA 상대량은 각각 1이다. 따라서 ㉡은 Ⅰ이고 아버지는 (가)와 (나)의 유전자형이 $X^{HR}Y$이다. (가)는 아버지에서 발현되었으므로 (가)는 우성 형질이고, H는 (가) 발현 대립유전자, h는 정상 대립유전자이다.

Ⅱ는 DNA 복제가 일어났고 감수 1분열 중인 세포이므로 Ⅱ에서 H와 R의 DNA 상대량은 각각 2이다. 따라서 ㉢은 Ⅱ이다. 어머니에게서 (가)가 발현되지 않았으므로 어머니는 (가)의 유전자형이 X^hX^h이고, 아들은 어머니로부터 X^h를, 아버지로부터 Y를 물려받으므로 아들 ⓐ에게서 (가)가 발현되지 않아야 한다. 그러나 아들 ⓐ에게서 (가)가 발현되었으므로 ⓐ는 아버지로부터 H가 있는 22번 염색체를 물려받았다. 이를 통해 ㉮는 H라는 것과 Ⅲ에는 H가 있는 22번 염색체와 Y 염색체가 있음을 알 수 있다. 따라서 ㉠은 Ⅲ, ㉣은 Ⅳ이다. (나)는 R를 가진 아버지에게서는 발현되지 않았고 ⓐ에게서만 발현되었으므로 열성 형질이며, R는 정상 대립유전자, r는 (나) 발현 대립유전자이다. 따라서 (나)가 발현되지 않은 어머니는 (나)의 유전자형이 X^RX^r이고, ⓐ는 어머니로부터 X^r를 물려받았다.

ㄱ. ㉠은 Ⅲ이다.
➡ ㉠은 Ⅲ, ㉡은 Ⅰ, ㉢은 Ⅱ, ㉣은 Ⅳ이다.

✕ ㉮는 R이다.
➡ ⓐ는 아버지로부터 H가 있는 22번 염색체와 Y 염색체를, 어머니로부터 h와 r가 있는 X 염색체를 물려받았으므로, 전좌로 인해 X 염색체에서 22번 염색체로 옮겨진 ㉮는 H이다.

ㄷ. ⓐ는 H와 h를 모두 갖는다.
➡ ⓐ는 아버지로부터 물려받은 H가 있는 22번 염색체와 어머니로부터 물려받은 h가 있는 X 염색체를 가지고 있다.

11 염색체 구조 이상과 염색체 비분리 2022학년도 6월 모평 15번

정답 ① | 정답률 34 %

적용해야 할 개념 ③가지

① 두 대립유전자 쌍이 서로 다른 염색체에 있으면 생식세포 형성 과정에서 서로 독립적으로 분리되어 각각의 생식세포로 들어가고, 두 대립 유전자 쌍이 같은 염색체에 있으면 생식세포 형성 과정에서 같은 생식세포로 들어간다.

② 염색체 구조 이상

결실	역위	중복	전좌
염색체의 일부가 떨어져 없어진 경우	염색체의 일부가 떨어져 거꾸로 붙은 경우	염색체의 어떤 부분과 동일한 부분이 삽입되어 그 부분이 반복되는 경우	염색체의 일부가 상동 염색체가 아닌 다른 염색체에 붙는 경우
A B C D E F → A B D E F	A B C D E F → A C B D E F	A B C D E F → A B B C D E F	A B C D E F / V W X Y Z → V C D E F / A B W X Y Z

③ 염색체 수 이상은 생식세포를 형성하는 감수 분열 과정에서 염색체가 비분리되어 나타난다.
- 감수 1분열에서 상동 염색체의 비분리가 일어날 경우: 염색체 수에 이상이 있는 생식세포($n-1$, $n+1$)만 만들어진다.
- 감수 2분열에서 염색 분체의 비분리가 일어날 경우: 염색체 수가 정상인 생식세포(n)와 이상이 있는 생식세포($n-1$, $n+1$)가 만들어진다.

문제 보기

다음은 어떤 가족의 유전 형질 (가)에 대한 자료이다.

○ (가)를 결정하는 데 관여하는 3개의 유전자는 모두 상염색체에 있으며, 3개의 유전자는 각각 대립유전자 H와 H*, R와 R*, T와 T*를 갖는다.

○ 그림은 아버지와 어머니의 체세포 각각에 들어 있는 일부 염색체와 유전자를 나타낸 것이다. 아버지와 어머니의 핵형은 모두 정상이다.

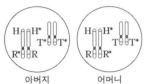
아버지   어머니

○ 아버지의 생식세포 형성 과정에서 ㉠이 1회 일어나 형성된 정자 P와 어머니의 생식세포 형성 과정에서 ㉡이 1회 일어나 형성된 난자 Q가 수정되어 자녀 ⓐ가 태어났다. ㉠과 ㉡은 염색체 비분리와 염색체 결실을 순서 없이 나타낸 것이다.

결실
H R* T*
감수 1분열에서 염색체 비분리

○ 그림은 ⓐ의 체세포 1개당 H*, R, T, T*의 DNA 상대량을 나타낸 것이다.

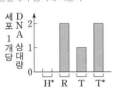

HRR, TT*T*

이에 대한 설명으로 옳은 것만을 <보기>에서 있는 대로 고른 것은? (단, 제시된 돌연변이 이외의 돌연변이와 교차는 고려하지 않으며, H, H*, R, R*, T, T* 각각의 1개당 DNA 상대량은 1이다.) [3점]

<보기> 풀이

H와 H*, R와 R*는 하나의 염색체에 있으므로 함께 유전되고, T와 T*는 다른 염색체에 있으므로 독립적으로 유전된다. (가)의 유전자형이 HR*/H*R, T*T*인 아버지와 HR/H*R*, TT*인 어머니 사이에서 태어날 수 있는 정상적인 자녀의 유전자형은 다음과 같다.

생식세포	HR*	H*R
HR	HHRR*	HH*RR
H*R*	HH*R*R*	H*H*RR

생식세포	T*
T	TT*
T*	T*T*

ⓐ의 체세포 1개당 H*의 DNA 상대량은 0이고, R의 DNA 상대량은 2이므로 ⓐ는 아버지로부터 H*가 있는 부위는 결실되고 R만 있는 염색체를, 어머니로부터 H와 R가 있는 염색체를 물려받았음을 알 수 있다. ⓐ의 체세포 1개당 T의 DNA 상대량은 1이고, T*의 DNA 상대량은 2이므로 ⓐ는 아버지로부터 T*가 있는 염색체를, 어머니로부터 T가 있는 염색체와 T*가 있는 염색체를 물려받았음을 알 수 있다. 따라서 아버지의 생식세포 형성 과정에서 일어난 ㉠은 염색체 결실이고, 어머니의 생식세포 형성 과정에서 일어난 ㉡은 염색체 비분리이다.

ㄱ. 난자 Q에는 H가 있다.
➡ 난자 Q에는 H와 R가 있는 염색체, T가 있는 염색체, T*가 있는 염색체가 있으므로, H가 있다.

✘. 생식세포 형성 과정에서 염색체 비분리는 감수 2분열에서 일어났다.
➡ 난자 Q에 T와 T*가 모두 있는 것은 어머니의 생식세포 형성 과정 중 감수 1분열에서 염색체 비분리가 일어났기 때문이다.

✘. ⓐ의 체세포 1개당 상염색체 수는 43이다.
➡ ⓐ의 핵형이 정상이라면 T와 T*가 각각 있는 상염색체를 1쌍 가지고 있으며 상염색체 수는 44이어야 한다. 그러나 ⓐ의 체세포에는 T가 있는 염색체 1개, T*가 있는 염색체 2개가 있으므로, ⓐ의 체세포 1개당 상염색체 수는 45이다.

적용해야 할 개념 ③가지

① 특정 형질을 결정하는 대립유전자는 상동 염색체의 같은 위치에 있다.

② 감수 1분열에서는 상동 염색체의 분리가 일어나고, 감수 2분열에서는 염색 분체의 분리가 일어난다.

구분	G_1기 세포	감수 1분열 중기 세포	감수 2분열 중기 세포	감수 2분열 완료 세포
핵상	$2n$	$2n$	n	n
염색체 수	6	6	3	3
DNA 상대량	2	4	2	1

③ 염색체 수 이상은 생식세포 형성 과정에서 염색체가 비분리되어 나타난다.
- 감수 1분열에서 비분리가 일어날 경우: 상동 염색체가 비분리되며, 염색체 수에 이상이 있는 생식세포($n+1$, $n-1$)만 만들어진다.
- 감수 2분열에서 비분리가 일어날 경우: 염색 분체가 비분리되며, 염색체 수가 정상인 생식세포(n)와 이상이 있는 생식세포($n+1$, $n-1$)가 만들어진다.

문제 보기

다음은 어떤 동물 종의 유전 형질 ㉠에 대한 자료이다.

○ ㉠은 서로 다른 상염색체에 존재하는 2쌍의 대립유전자 F와 f, G와 g에 의해 결정된다.

○ 그림은 이 동물 종의 개체 Ⅰ과 Ⅱ의 세포 (가)~(라)가 갖는 F, f, G, g의 DNA 상대량을 나타낸 것이다.

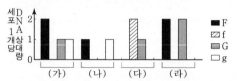

○ Ⅰ의 세포 P로부터 감수 분열 시 DNA 상대량이 (가), (나), (라)와 같은 세포가, Ⅱ의 세포 Q로부터 감수 분열 시 DNA 상대량이 (나), (다)와 같은 세포가 형성되었다.

○ P와 Q 중 한 세포에서만 감수 분열 시 염색체 비분리가 1회 일어났다.

이에 대한 설명으로 옳은 것만을 〈보기〉에서 있는 대로 고른 것은? (단, 교차와 제시된 염색체 비분리 이외의 돌연변이는 고려하지 않으며, F, f, G, g 각각의 1개당 DNA 상대량은 같고, (라)는 중기의 세포이다.) [3점]

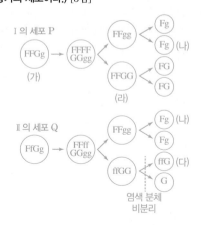

보기

〈보기〉 풀이

대립유전자 F와 f, G와 g는 서로 다른 상염색체에 존재하며, F와 f는 어느 상동 염색체의 동일한 위치에, G와 g는 또 다른 상동 염색체의 동일한 위치에 존재한다.

개체 Ⅰ의 세포 P로부터 감수 분열 시 형성되는 세포 (가)의 유전자형은 FFGg, (나)의 유전자형은 Fg, (라)의 유전자형은 FFGG이다. 세포 (가)의 유전자형이 FFGg인 것을 통해 (가)의 핵상은 $2n$으로 (가)에는 상동 염색체가 존재한다는 것을 알 수 있다. (가)가 DNA 복제를 거쳐 형성된 감수 1분열 중기 세포에는 FFFFGGgg가 존재하며, 감수 1분열이 일어나 상동 염색체의 분리가 일어나면서 유전자형이 FFGG인 세포 (라)와 FFgg인 세포가 형성된다. 이들 세포 중 FFgg인 세포에서 감수 2분열이 일어나 염색 분체의 분리가 일어나면 유전자형이 Fg인 세포 (나)가 형성된다. 따라서 개체 Ⅰ의 세포 P에서는 감수 분열 시 염색체 비분리가 일어나지 않았다.

개체 Ⅱ의 세포 Q로부터 감수 분열 시 형성되는 세포 (나)의 유전자형이 Fg, (다)의 유전자형이 ffG이다. 감수 분열이 완료된 세포의 핵상은 n으로 F와 f 중 하나, G와 g 중 하나가 존재한다. 따라서 세포 (나)는 감수 분열이 완료된 생식세포이다. 세포 (다)에는 (나)와 달리 f가 2개 있는 것은 감수 2분열에서 f가 있는 염색체의 염색 분체 비분리가 일어났기 때문이다.

ㄱ. Ⅰ의 ㉠에 대한 유전자형은 FFGg이다.
➡ Ⅰ의 감수 분열 시 형성되는 세포 (가)의 유전자형이 FFGg인 것을 통해 Ⅰ의 ㉠에 대한 유전자형은 FFGg라는 것을 알 수 있다.

ㄴ. (가)와 (라)의 핵상은 같다.
➡ 세포 (가)의 유전자형은 FFGg이므로 G와 g는 상동 염색체의 같은 위치에 있다. 상동 염색체가 존재하는 세포의 핵상은 $2n$이므로, (가)의 핵상은 $2n$이다. 세포 (라)의 유전자형은 FFGG로 상동 염색체는 존재하지 않고, 2개의 염색 분체로 구성된 염색체가 존재하기 때문에 F가 2개, G가 2개 있는 것이다. 따라서 (라)는 감수 1분열이 완료된 세포로, 핵상은 n이다.

ㄷ. P의 감수 분열 시 염색체 비분리가 일어났다.
➡ Q로부터 형성된 세포 (나)와 (다)는 감수 분열이 완료된 생식세포인데 (나)와 달리 (다)에는 동일한 유전자(f)가 2개 존재한다. 이를 통해 Q의 감수 2분열에서 염색 분체 비분리가 일어나 (다)가 형성되었음을 알 수 있다.

24
일차

01 ⑤ **02** ① **03** ⑤ **04** ④ **05** ① **06** ① **07** ⑤ **08** ④ **09** ④ **10** ① **11** ⑤ **12** ③

13 ② **14** ① **15** ④ **16** ②

문제편 252쪽~259쪽

---

01 | 염색체 비분리와 사람의 유전 2021학년도 4월 학평 19번 | 정답 ⑤ | 정답률 26 %

적용해야 할 개념 ②가지

① 하나의 형질을 결정하는 데 세 가지 이상의 대립유전자가 관여하는 유전을 복대립 유전이라고 한다. 복대립 유전에서 개체의 형질은 1쌍의 대립유전자에 의해 결정된다.

② 염색체 수 이상은 생식세포 형성 과정에서 염색체가 비분리되어 나타난다.
  • 감수 1분열에서 비분리가 일어날 경우: 상동 염색체가 비분리되며, 염색체 수에 이상이 있는 생식세포($n-1$, $n+1$)만 만들어진다. 이때 $n+1$인 생식세포에서 비분리된 염색체는 유전자 구성이 다르다.
  • 감수 2분열에서 비분리가 일어날 경우: 염색 분체가 비분리되며, 염색체 수가 정상인 생식세포(n)와 이상이 있는 생식세포($n-1$, $n+1$)가 만들어진다. 이때 $n+1$인 생식세포에서 비분리된 염색체는 유전자 구성이 같다.

문제 보기

다음은 어떤 집안의 유전 형질 (가)와 (나)에 대한 자료이다.

○ (가)는 21번 염색체에 있는 대립유전자 A와 a에 의해 결정되며, A는 a에 대해 완전 우성이다.

○ (나)는 7번 염색체에 있는 1쌍의 대립유전자에 의해 결정되며, 대립유전자에는 E, F, G가 있다. E는 F, G에 대해, F는 G에 대해 각각 완전 우성이다.
  (가): A(정상)>a(가)
  (나): E>F>G ➡ 표현형 3가지(EE, EF, EG/FF, FG/GG)

○ 가계도는 구성원 1~7에게서 (가)의 발현 여부를 나타낸 것이다.

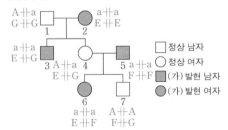

□ 정상 남자
○ 정상 여자
■ (가) 발현 남자
● (가) 발현 여자

○ 1, 2, 4, 5, 6, 7의 (나)의 유전자형은 모두 다르다.

○ 1, 7의 (나)의 표현형은 다르고, 2, 4, 6의 (나)의 표현형은 같다.

○ $\dfrac{1,\ 7\ \text{각각의 체세포 1개당 a의 DNA 상대량을 더한 값}}{3,\ 7\ \text{각각의 체세포 1개당 E의 DNA 상대량을 더한 값}}=1$이다.
  └ A가 있는 21번 염색체 2개(감수 2분열 비분리)

○ 7은 염색체 수가 비정상적인 난자 ㉠과 염색체 수가 비정상적인 정자 ㉡이 수정되어 태어났으며, ㉠과 ㉡의 형성 과정에서 각각 염색체 비분리가 1회 일어났다. 1~7의 핵형은 모두 정상이다.
  └ 21번 염색체 없음

이에 대한 설명으로 옳은 것만을 <보기>에서 있는 대로 고른 것은? (단, 제시된 염색체 비분리 이외의 돌연변이는 고려하지 않으며, A, a, E, F, G 각각의 1개당 DNA 상대량은 1이다.) [3점]

<보기> 풀이

❶ (가)가 우성 형질이라면 1과 7의 유전자형은 모두 aa이므로 1, 7 각각의 체세포 1개당 a의 DNA 상대량을 더한 값은 4이다. 따라서 3, 7 각각의 체세포 1개당 E의 DNA 상대량을 더한 값도 4가 되어야 한다. 이 경우 3과 7의 (나)의 유전자형은 모두 EE가 되어야 하므로 3과 7의 (나)의 표현형이 같다. 그러나 자료에서 1, 7의 (나)의 표현형은 다르다고 하였으므로 모순이다.(3의 유전자형이 EE가 되려면 1이 E를 가져야 하고, 7과 표현형이 같아진다.) 따라서 (가)는 열성 형질이고, A는 정상 대립유전자, a는 (가) 발현 대립유전자이다.

❷ (나)의 대립유전자 간의 우열 관계는 E>F>G이므로 (나)의 표현형은 3가지(EE, EF, EG/FF, FG/GG)이다. 2, 4, 6의 (나)의 표현형이 같고 2, 4, 6, 7의 (나)의 유전자형은 모두 다르므로 2, 4, 6은 E를 갖고 있고, 7은 E를 가지고 있지 않다. 만약 1과 7의 (가)의 유전자형이 모두 Aa라면 1, 7 각각의 체세포 1개당 a의 DNA 상대량을 더한 값은 2이므로, 3과 7 각각의 체세포 1개당 E의 DNA 상대량을 더한 값이 2가 되려면 3과 7은 각각 E를 가지고 있어야 하므로 모순이다. 따라서 1의 (가)의 유전자형은 Aa, 7의 (가)의 유전자형은 AA로, 1, 7 각각의 체세포 1개당 a의 DNA 상대량을 더한 값은 1이며, 3은 E를 1개 가지고 있고, 7은 E를 가지고 있지 않다. 이를 통해 7의 (나)의 유전자형은 FF, FG, GG 중 하나임을 알 수 있다. 만약 7의 (나)의 유전자형이 GG라면 4와 5는 각각 G를 가지고 있어야 하고, 1과 2 중 한 사람도 G를 가지고 있어야 한다. 1, 2, 4, 5의 (나)의 유전자형은 모두 다르고 이들이 가질 수 있는 G가 있는 유전자형은 2가지(EG, FG)이므로 모순이다. 따라서 7의 (나)의 유전자형은 GG가 아니다. 만약 7의 (나)의 유전자형이 FF라면 4와 5의 (나)의 유전자형은 각각 EF, FG, 6의 (나)의 유전자형은 EG가 되어야 하므로, 1과 2 중 한 사람은 F를 가지고 있어야 한다. 그러나 1, 2, 4, 5, 7의 (나)의 유전자형은 모두 달라야 하므로 모순이다. 결론적으로 7의 (나)의 유전자형은 FG이다.

ㄱ. **(가)는 열성 형질이다.**
➡ $\dfrac{1,\ 7\ \text{각각의 체세포 1개당 a의 DNA 상대량을 더한 값}}{3,\ 7\ \text{각각의 체세포 1개당 E의 DNA 상대량을 더한 값}}=1$의 조건을 충족하려면 (가)는 열성 형질이어야 한다.

ㄴ. **5의 (나)의 유전자형은 동형 접합성이다.**
➡ 5의 (나)의 유전자형은 FF이므로 동형 접합성이다.

ㄷ. **㉠의 형성 과정에서 염색체 비분리는 감수 2분열에서 일어났다.**
➡ 7의 핵형이 정상이면서 AA를 가지려면, 4(Aa)의 생식세포 형성 과정에서 염색체 비분리가 감수 2분열에서 일어나 AA를 갖는 난자 ㉠과 5(aa)의 생식세포 형성 과정에서 염색체 비분리가 일어나 (가)의 유전자를 갖지 않는 정자 ㉡이 수정되어야 한다.

적용해야 할 개념 ③가지

① 복대립 유전: 하나의 형질을 결정하는 데 세 가지 이상의 대립유전자가 관여하며, 한 쌍의 대립유전자에 의해 형질이 결정되는 유전 현상이다.

② 복대립 유전에서는 하나의 형질에 대한 대립유전자가 3가지 이상이기 때문에 유전자형과 표현형이 다양하게 나타난다.

③ 생식세포 형성 과정에서 상동 염색체가 분리될 때 상동 염색체에 있는 대립유전자 쌍도 분리되어 서로 다른 생식세포로 들어간다. 생식세포인 정자와 난자가 수정하면 대립유전자는 다시 쌍을 이루고, 그에 따라 자손의 표현형이 나타난다.

문제 보기

다음은 어떤 집안의 유전 형질 (가)에 대한 자료이다.

○ (가)는 상염색체에 있는 1쌍의 대립유전자에 의해 결정되며, 대립유전자에는 D, E, F, G가 있다. ➡ 복대립 유전 보기

○ D는 E, F, G에 대해, E는 F, G에 대해, F는 G에 대해 각각 완전 우성이다. D>E>F>G

○ 그림은 구성원 1~8의 가계도를, 표는 1, 3, 4, 5의 체세포 1개당 G의 DNA 상대량을 나타낸 것이다. 가계도에 (가)의 표현형은 나타내지 않았다.

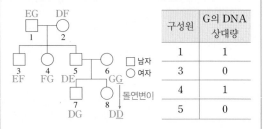

구성원	G의 DNA 상대량
1	1
3	0
4	1
5	0

○ 1~8의 유전자형은 각각 서로 다르다.

○ 3, 4, 5, 6의 표현형은 모두 다르고, 2와 8의 표현형은 같다.

○ 5와 6 중 한 명의 생식세포 형성 과정에서 ⓐ 대립유전자 ㉠이 대립유전자 ㉡으로 바뀌는 돌연변이가 1회 일어나 ㉡을 갖는 생식세포가 형성되었다. 이 생식세포가 정상 생식세포와 수정되어 8이 태어났다. ㉠과 ㉡은 각각 D, E, F, G 중 하나이다.

이에 대한 설명으로 옳은 것만을 〈보기〉에서 있는 대로 고른 것은? (단, 제시된 돌연변이 이외의 돌연변이는 고려하지 않으며, D, E, F, G 각각의 1개당 DNA 상대량은 1이다.) [3점]

〈보기〉 풀이

유전 형질 (가)의 대립유전자는 D, E, F, G의 4가지이며, (가)는 상염색체에 있는 1쌍의 대립유전자에 의해 결정되므로 복대립 유전을 한다. 대립유전자의 우열 관계는 D>E>F>G이므로 (가)의 표현형은 4가지(DD, DE, DF, DG / EE, EF, EG / FF, FG / GG)이다.

문제의 조건에서 1~8의 유전자형은 각각 서로 다르고, 3, 4, 5, 6의 표현형은 모두 다르며, 1과 4의 체세포 1개당 G의 DNA 상대량은 1이고, 3과 5의 체세포에는 G가 없다고 하였다. 이 조건을 모두 만족하려면 1의 유전자형은 EG, 2의 유전자형은 DF, 3의 유전자형은 EF, 4의 유전자형은 FG, 5의 유전자형은 DE, 6의 유전자형은 GG가 되어야 한다. 만약 1의 유전자형이 DG나 FG가 되면 3, 4, 5의 유전자형이 서로 다르고 표현형이 모두 다른 경우는 나타나지 않는다.

㉠ **5와 7의 표현형은 같다.**

➡ 1의 유전자형은 EG, 2의 유전자형은 DF일 때 5의 유전자형이 EF라면 4의 유전자형이 FG이므로 7의 유전자형은 EG가 되어야 한다. 이 경우 7과 1의 유전자형이 같으므로 문제에 제시된 조건에 맞지 않는다. 따라서 5의 유전자형은 DE이며, 7의 유전자형은 DG이다. 5와 7에는 모두 우성 대립유전자인 D가 있으므로 5와 7의 표현형은 같다.

✗ **ⓐ는 5에서 형성되었다.**

➡ 5의 유전자형은 DE, 6의 유전자형은 GG이고, 아들 7의 유전자형이 DG이므로, 딸 8의 유전자형은 EG가 되어야 하지만, 이 경우 2와 8의 표현형이 같지 않다. 따라서 6에서 대립유전자 G가 D로 바뀌는 돌연변이가 일어나 D를 갖는 생식세포가 형성되었다. 이 생식세포는 D를 가진 5의 정상 생식세포와 수정되어 8이 태어나 8의 유전자형은 DD가 되었다. 8의 유전자형이 DD이면 1~8의 유전자형은 각각 서로 다르고, 2와 8의 표현형이 같다는 조건을 충족한다. 결론적으로, ㉠은 G, ㉡은 D이며, ⓐ는 6에서 형성되었다.

✗ **2~8 중 1과 표현형이 같은 사람은 2명이다.**

➡ 1의 유전자형이 EG이므로 1과 표현형이 같으려면 유전자형이 EE 또는 EF이어야 한다. 2~8 중 3만 유전자형이 EF이므로 2~8 중 1과 표현형이 같은 사람은 1명이다.

적용해야 할 개념 ③가지

① 두 가지 형질을 결정하는 각각의 대립유전자가 하나의 염색체에 같이 있는 경우, 생식세포 형성 과정에서 함께 이동하여 같은 생식세포로 들어간다.

② 하나의 형질을 결정하는 대립유전자가 X 염색체에 존재하면 여자(XX)의 체세포에는 대립유전자가 쌍으로 있지만, 남자(XY)의 체세포에는 대립유전자가 쌍으로 존재하지 않는다.

③ 염색체 수 이상은 생식세포 형성 과정에서 염색체가 비분리되어 나타난다.
- 대립유전자 Bb를 가진 경우, 감수 1분열에서 상동 염색체의 비분리가 일어나면 B와 b가 모두 있는 생식세포와 B와 b가 모두 없는 생식세포가 형성된다.
- 감수 1분열이 정상적으로 완료된 세포가 대립유전자 b를 가진 경우, 감수 2분열에서 염색 분체의 비분리가 일어나면 b가 2개인 생식세포와 b가 없는 생식세포가 형성된다.

문제 보기

다음은 어떤 가족의 유전 형질 (가)~(다)에 대한 자료이다.

○ (가)~(다)의 유전자 중 2개는 X염색체에 있고, 나머지 1개는 상염색체에 있다.

○ (가)는 대립유전자 A와 a에 의해, (나)는 대립유전자 B와 b에 의해, (다)는 대립유전자 D와 d에 의해 결정된다.

○ 표는 이 가족 구성원에서 체세포 1개당 A, b, d의 DNA 상대량을 나타낸 것이다.

                       X 염색체

구성원	DNA 상대량		
	Ⓐ	b	ⓓ
아버지	1	1	1
어머니	0	1	1
자녀 1 남	?	1	0
자녀 2 남	0	1	1
자녀 3 여	1	0	2
자녀 4 여	2	3	2

○ 부모 중 한 명의 생식세포 형성 과정에서 염색체 비분리가 1회 일어나 염색체 수가 비정상적인 생식세포 P가 형성되었고, 나머지 한 명의 생식세포 형성 과정에서 대립유전자 ㉠이 대립유전자 ㉡으로 바뀌는 돌연변이가 1회 일어나 ㉡을 갖는 생식세포 Q가 형성되었다. ㉠과 ㉡은 (가)~(다) 중 한 가지 형질을 결정하는 서로 다른 대립유전자이다.

○ P와 Q가 수정되어 자녀 4가 태어났다. 자녀 4를 제외한 이 가족 구성원의 핵형은 모두 정상이다.

이에 대한 설명으로 옳은 것만을 〈보기〉에서 있는 대로 고른 것은? (단, 제시된 돌연변이 이외의 돌연변이와 교차는 고려하지 않으며, A, a, B, b, D, d 각각의 1개당 DNA 상대량은 1이다.)

〈보기〉 풀이

(1) (가)~(다)의 유전자 중 2개는 X 염색체에 있다.

❶ (가)와 (나)의 유전자가 X 염색체에 함께 있다면, (가)와 (나)의 유전자형은 아버지에서 $X^{Ab}Y$, 어머니에서 $X^{aB}X^{ab}$이므로, 대립유전자 A를 갖고 b를 갖지 않는 자녀 3이 태어날 수 없다. 따라서 (가)와 (나)의 유전자는 X 염색체에 함께 있지 않다.

❷ (나)와 (다)의 유전자가 X 염색체에 함께 있다면, (나)와 (다)의 유전자형은 아버지에서 $X^{bd}Y$, 어머니에서 $X^{BD}X^{bd}$ 또는 $X^{Bd}X^{bD}$이므로, 대립유전자 b를 갖지 않고 d를 2개 갖는 자녀 3이 태어날 수 없다. 따라서 (나)와 (다)의 유전자는 X 염색체에 함께 있지 않다.

(2) 위 내용을 정리하면 (가)와 (다)의 유전자는 X 염색체에 함께 있고, (나)의 유전자는 상염색체에 있다.

❶ (가)와 (다)의 유전자형은 아버지에서 $X^{Ad}Y$, 어머니에서 $X^{aD}X^{ad}$, 자녀 1에서 $X^{aD}Y$, 자녀 2에서 $X^{ad}Y$, 자녀 3에서 $X^{Ad}X^{ad}$, 자녀 4에서 $X^{Ad}X^{Ad}$이다. 따라서 자녀 4가 태어날 때 어머니의 생식세포 형성 과정에서 대립유전자 a가 A로 바뀌는 돌연변이가 일어나 A를 갖는 생식세포 Q가 형성되었음을 알 수 있다. ㉠은 a, ㉡은 A이다.

❷ (나)의 유전자형은 아버지에서 Bb, 어머니에서 Bb, 자녀 1에서 Bb, 자녀 2에서 Bb, 자녀 3에서 BB, 자녀 4에서 bbb이다. 따라서 자녀 4가 태어날 때 아버지의 생식세포 형성 과정 중 감수 2분열에서 염색체 비분리가 1회 일어나 염색체 수가 비정상적인 생식세포 P가 형성되었음을 알 수 있다.

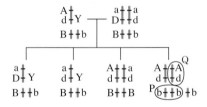

✕ 자녀 1~3 중 여자는 2명이다.

➡ 자녀 1과 2는 XY를 갖는 아들이고, 자녀 3은 XX를 갖는 딸이다. 따라서 자녀 1~3 중 여자는 1명이다.

Ⓛ Q는 어머니에게서 형성되었다.

➡ (가)와 (다)의 유전자형은 아버지에서 $X^{Ad}Y$, 어머니에서 $X^{aD}X^{ad}$, 자녀 4에서 $X^{Ad}X^{Ad}$이므로 자녀 4가 태어날 때 어머니의 생식세포 형성 과정에서 대립유전자 a가 A로 바뀌는 돌연변이가 일어나 A를 갖는 생식세포 Q가 형성되었음을 알 수 있다. 따라서 Q는 어머니에게서 형성되었다.

ⓒ 자녀 3에게서 A, B, d를 모두 갖는 생식세포가 형성될 수 있다.

➡ 자녀 3의 (가)와 (다)의 유전자형은 $X^{Ad}X^{ad}$이고, (나)의 유전자형은 BB이다. 따라서 자녀 3에게서 A, B, d를 모두 갖는 생식세포가 형성될 수 있다.

적용해야 할 개념 ②가지

① 난자 형성 과정에서 성염색체($X^A X^a$) 비분리가 일어날 경우
- 감수 1분열에서 성염색체 비분리가 일어날 경우: 성염색체 구성이 $X^A X^a$인 난자, 성염색체가 없는 난자가 형성된다.
- 감수 2분열에서 성염색체 비분리가 일어날 경우: 성염색체 구성이 X^A인 난자, 성염색체 구성이 $X^a X^a$인 난자, 성염색체가 없는 난자가 형성되거나 성염색체 구성이 X^a인 난자, 성염색체 구성이 $X^A X^A$인 난자, 성염색체가 없는 난자가 형성된다.

② 터너 증후군은 성염색체 구성이 $X(2n-1=44+X)$이며, 성염색체가 비분리되어 나타나는 유전병이다.

문제 보기

다음은 어떤 가족의 유전 형질 (가)와 (나)에 대한 자료이다.

○ (가)는 대립유전자 A와 a에 의해, (나)는 대립유전자 B와 b에 의해 결정된다. A는 a에 대해, B는 b에 대해 각각 완전 우성이다. — A(가)>a(정상): X 염색체, B(나)>b(정상): 상염색체

○ (가)와 (나)의 유전자 중 하나는 상염색체에 있고, 나머지 하나는 X 염색체에 있다.

○ 표는 이 가족 구성원의 성별, (가)와 (나)의 발현 여부, 체세포 1개당 A와 B의 DNA 상대량을 더한 값 (A+B)을 나타낸 것이다.

구성원	성별	(가) X 염색체	(나) 상염색체	A+B
아버지	$2n$ 남	? $X^a Y$	× bb	0
어머니	$2n$ 여	○ $X^A X^a$	? Bb	2
자녀 1	$2n$ 남	× $X^a Y$	○ Bb	? 1
자녀 2	$2n-1$ 여	? X^a	○ Bb	1
자녀 3	$2n$ 남	○ $X^A Y$	? BB	3

(○: 발현됨, ×: 발현 안 됨)

○ 부모 중 한 명의 생식세포 형성 과정에서 성염색체 비분리가 1회 일어나 생식세포 P가 형성되었고, 나머지 한 명의 생식세포 형성 과정에서 대립유전자 ⊙이 대립유전자 ⓒ으로 바뀌는 돌연변이가 1회 일어나 ⓒ을 갖는 생식세포 Q가 형성되었다. ⊙과 ⓒ은 (가)와 (나) 중 한 가지 형질을 결정하는 서로 다른 대립유전자이다. (난자←P, 정자←Q, b←⊙, B←ⓒ)

○ P와 정상 생식세포가 수정되어 자녀 2가, Q와 정상 생식세포가 수정되어 자녀 3이 태어났다.

○ 자녀 2는 터너 증후군의 염색체 이상을 보이고, 자녀 2를 제외한 이 가족 구성원의 핵형은 모두 정상이다.

이에 대한 옳은 설명만을 〈보기〉에서 있는 대로 고른 것은? (단, 제시된 돌연변이 이외의 돌연변이와 교차는 고려하지 않으며, A, a, B, b 각각의 1개당 DNA 상대량은 1이다.) [3점]

〈보기〉 풀이

(1) 아버지에서 (A+B)의 값이 0이므로 아버지에게는 a와 b만 있다. 대립유전자 b만 있을 때 (나) 미발현이므로 (나)는 우성 형질이며, B는 (나) 발현 대립유전자, b는 (나) 미발현 대립유전자이다.

(2) 자녀 3에서 (A+B)의 값이 3이므로 자녀 3에게는 A와 B만 있다. 대립유전자 A만 있을 때 (가) 발현이므로 (가)는 우성 형질이며, A는 (가) 발현 대립유전자, a는 (가) 미발현 대립유전자이다.

(3) 아버지에게는 a와 b만 있으므로 자녀에게 A와 B를 물려줄 수 없다. 그러나 자녀 3에게는 A와 B만 있으므로 아버지에게서 A 또는 B를 물려받아야 한다. 따라서 아버지의 생식세포 형성 과정에서 'a'가 'A'로 바뀌거나 'b'가 'B'로 바뀌는 돌연변이가 1회 일어났음을 알 수 있다. 따라서 생식세포 Q는 정자이고, 생식세포 P는 난자이다.

(4) 생식세포 P(난자)와 정상 생식세포(정자)가 수정되어 터너 증후군($2n-1=44+X$)인 자녀 2가 태어났으므로, 생식세포 P에 성염색체가 없음을 알 수 있다. 자녀 2에서 (나)가 발현되었으므로 B가 있어야 한다. 만약 (나)의 유전자가 X 염색체에 있다면, 자녀 2는 아버지로부터 b를 물려받으므로 자녀 2에게 B가 없다. 따라서 (나)의 유전자는 상염색체에 있고, (가)의 유전자는 X 염색체에 있다.

(5) 가족 구성원의 (가)와 (나)의 유전자형은 다음과 같다.
❶ 아버지에서 (가)의 유전자형은 $X^a Y$, (나)의 유전자형은 bb이다.
❷ 어머니에서 (가)가 발현되었으므로 A가 있음을 알 수 있다. 자녀 1과 2에서 (나)가 발현되었으므로 B가 있어야 하는데, 아버지에게는 b만 있으므로 어머니에게 B가 있음을 알 수 있다. 어머니에서 (A+B)의 값이 2이므로 A가 1개, B가 1개 있다. 따라서 (가)의 유전자형은 $X^A X^a$, (나)의 유전자형은 Bb이다.
❸ 자녀 1에서 (가)가 미발현되었으므로 (가)의 유전자형은 $X^a Y$이고, (나)가 발현되었으므로 B가 있어야 하는데, 아버지에게서 b를 물려받았으므로 (나)의 유전자형은 Bb이다.
❹ 자녀 2는 아버지에게서 a를 물려받았으므로 (가)의 유전자형은 X^a이고, (나)가 발현되었으므로 B가 있어야 하는데, 아버지에게서 b를 물려받았으므로 (나)의 유전자형은 Bb이다.
❺ 자녀 3에서 (가)의 유전자형은 $X^A Y$, (나)의 유전자형은 BB이다. 따라서 아버지의 생식세포 형성 과정에서 대립유전자 b가 대립유전자 B로 바뀌는 돌연변이가 1회 일어나 B를 갖는 생식세포 Q가 형성되었음을 알 수 있다. ⊙은 b이고, ⓒ은 B이다.

✗ (가)의 유전자는 상염색체에 있다.
➡ (가)의 유전자는 X 염색체에, (나)의 유전자는 상염색체에 있다.

ㄴ ⓒ은 B이다.
➡ ⊙은 b이고, ⓒ은 B이다.

ㄷ 자녀 1의 체세포 1개당 a와 b의 DNA 상대량을 더한 값은 2이다.
➡ 자녀 1의 (가)의 유전자형은 $X^a Y$이고, (나)의 유전자형은 Bb이므로, 체세포 1개당 a와 b의 DNA 상대량을 더한 값은 $1+1=2$이다.

05 염색체 비분리와 사람의 유전 2021학년도 9월 모평 17번

정답 ① | 정답률 29%

적용해야 할 개념 ③가지

① 상동 염색체는 부모로부터 하나씩 물려받으므로 상동 염색체에 있는 대립유전자는 같을 수도 있고 다를 수도 있다.

② 체세포의 핵상은 2n으로 체세포에서는 상동 염색체가 쌍을 이루고 있으며, 생식세포의 핵상은 n으로 생식세포에서는 상동 염색체 중 1개씩만 있다.

③ 성염색체(X 염색체)에 있는 대립유전자 D와 D*에 의해 형질이 결정되는 경우, 남자는 성염색체가 XY이므로 X 염색체가 있는 정자에는 D와 D* 중 1개가 존재하며, Y 염색체가 있는 정자에는 D와 D*가 모두 존재하지 않는다.

문제 보기

다음은 어떤 가족의 유전 형질 (가)~(다)에 대한 자료이다.

○ (가)는 대립유전자 A와 a에 의해, (나)는 대립유전자 B와 b에 의해, (다)는 대립유전자 D와 d에 의해 결정된다.

○ (가)~(다)의 유전자 중 2개는 서로 다른 상염색체에, 나머지 1개는 X 염색체에 있다. └(나) └(가)와 (다)

○ 표는 아버지의 정자 Ⅰ과 Ⅱ, 어머니의 난자 Ⅲ과 Ⅳ, 딸의 체세포 Ⅴ가 갖는 A, a, B, b, D, d의 DNA 상대량을 나타낸 것이다.

상염색체 ┐   ┌ X 염색체 ┌ 상염색체

구분	세포	DNA 상대량					
		A	a	B	b	D	d
아버지의 정자	Ⅰ ⓐ	1	0	?1	0	0	?0
	Ⅱ 정상	0	1	0	0	?	1
어머니의 난자	Ⅲ ⓑ	?0	1	0	?1	㉠2	0
	Ⅳ 정상	0	?1	1	?0	0	?1
딸의 체세포	Ⅴ	1	?1	?1	㉡1	?2	0

○ Ⅰ과 Ⅱ 중 하나는 염색체 비분리가 1회 일어나 형성된 ⓐ 염색체 수가 비정상적인 정자이고, 나머지 하나는 정상 정자이다. Ⅲ과 Ⅳ 중 하나는 염색체 비분리가 1회 일어나 형성된 ⓑ 염색체 수가 비정상적인 난자이고, 나머지 하나는 정상 난자이다.

○ Ⅴ는 ⓐ와 ⓑ가 수정되어 태어난 딸의 체세포이며, 이 가족 구성원의 핵형은 모두 정상이다.

이에 대한 설명으로 옳은 것만을 〈보기〉에서 있는 대로 고른 것은? (단, 제시된 염색체 비분리 이외의 돌연변이는 고려하지 않으며, A, a, B, b, D, d 각각의 1개당 DNA 상대량은 1이다.)

[3점]

〈보기〉 풀이

딸의 체세포 Ⅴ는 핵상이 2n인데 d의 DNA 상대량이 0이므로 D의 DNA 상대량은 2이다. 딸은 부모로부터 d를 물려받지 않았고 아버지의 정자 Ⅰ과 Ⅱ 중 Ⅱ에서 d의 DNA 상대량이 1이므로 염색체 수가 비정상적인 정자 ⓐ는 Ⅰ이다. 아버지의 정자 Ⅰ(ⓐ)에서 D의 DNA 상대량이 0이므로 딸은 어머니로부터 D를 물려받았다. 어머니의 난자 Ⅲ과 Ⅳ 중 Ⅳ에서 D의 DNA 상대량이 0이므로 염색체 수가 비정상적인 난자 ⓑ는 Ⅲ이다.

㉠ (나)의 유전자는 X 염색체에 있다.

➡ 아버지의 정자 Ⅱ는 핵상이 n이고 정상인데 Ⅱ에서 B와 b의 DNA 상대량이 각각 0이므로 X 염색체는 없고 Y 염색체만 있음을 알 수 있다. 따라서 (나)의 유전자는 X 염색체에, (가)와 (다)의 유전자는 서로 다른 상염색체에 있다.

✗ ㉠+㉡=2이다.

➡ 딸의 체세포 Ⅴ에서 D의 DNA 상대량은 2인데, 아버지의 정자 Ⅰ(ⓐ)에서 D의 DNA 상대량이 0이므로 어머니의 난자 Ⅲ(ⓑ)에서 D의 DNA 상대량 ㉠은 2이다. 아버지의 정자 Ⅰ(ⓐ)에서 b의 DNA 상대량이 0, 어머니의 난자 Ⅲ(ⓑ)에서 B의 DNA 상대량이 0인데, 딸의 체세포 Ⅴ는 핵형이 정상이므로 B와 b를 각각 1개씩 갖고 있다. 따라서 아버지의 정자 Ⅰ(ⓐ)에서 B의 DNA 상대량은 1이고, 어머니의 난자 Ⅲ(ⓑ)에서 b의 DNA 상대량은 1이므로 딸의 체세포 Ⅴ에서 b의 DNA 상대량 ㉡은 1이다. 종합하면, ㉠+㉡=2+1=3이다.

✗ $\dfrac{\text{아버지의 체세포 1개당 B의 DNA 상대량}}{\text{어머니의 체세포 1개당 D의 DNA 상대량}} = \dfrac{1}{2}$이다.

➡ B와 b는 X 염색체에 있으며 아버지의 정자 Ⅰ(ⓐ)에서 B의 DNA 상대량이 1이다. 아버지의 체세포에는 X 염색체가 1개 존재하며, 이 X 염색체에는 B가 있으므로 아버지의 체세포 1개당 B의 DNA 상대량은 1이다. 어머니의 난자 Ⅳ의 핵상은 n이고 정상이므로, Ⅳ에는 D와 d 중 하나가 있어야 한다. Ⅳ에서 D의 DNA 상대량이 0이므로 Ⅳ는 d를 가지고 있고 어머니의 난자 Ⅲ에는 D가 있으므로, 어머니의 체세포에는 D와 d가 각각 1개씩 있다. 따라서 어머니의 체세포 1개당 D의 DNA 상대량은 1이다.

종합하면, $\dfrac{\text{아버지의 체세포 1개당 B의 DNA 상대량}}{\text{어머니의 체세포 1개당 D의 DNA 상대량}} = \dfrac{1}{1} = 1$이다.

적용해야 할 개념 ②가지

① 유전자들이 같은 염색체에 있는 경우, 감수 분열 시 함께 이동하여 같은 생식세포로 들어간다.

② 염색체 수 이상은 생식세포를 형성하는 감수 분열 과정에서 염색체가 비분리되어 나타난다.

감수 1분열에서 상동 염색체 비분리	모든 생식세포는 염색체 수가 정상보다 많거나 적어진다($n-1$, $n+1$). 상동 염색체가 비분리되었으므로 비분리되어 생식세포로 들어간 염색체의 유전자 구성은 서로 다르다.
감수 2분열에서 염색 분체 비분리	염색체 수가 정상인 생식세포(n)와 정상보다 많거나 적은 생식세포($n-1$, $n+1$)가 만들어진다. 염색 분체가 비분리되었으므로 비분리되어 생식세포로 들어간 염색체의 유전자 구성은 서로 같다.

문제 보기

다음은 사람의 유전 형질 (가)~(다)에 대한 자료이다.

○ (가)~(다)의 유전자는 서로 다른 2개의 상염색체에 있다.

○ (가)는 대립유전자 A와 a에 의해, (나)는 대립유전자 B와 b에 의해, (다)는 대립유전자 D와 d에 의해 결정된다.

○ P의 유전자형은 AaBbDd이고, Q의 유전자형은 AabbDd이며, P와 Q의 핵형은 모두 정상이다.

○ 표는 P의 세포 Ⅰ~Ⅲ과 Q의 세포 Ⅳ~Ⅵ 각각에 들어 있는 A, a, B, b, D, d의 DNA 상대량을 나타낸 것이다. ㉠~㉢은 0, 1, 2를 순서 없이 나타낸 것이다. ⓒ ⓒ ㉠

사람	세포	\ DNA 상대량 A	a	B	b	D	d
P AaBbDd	Ⅰⓐ	0	1	?0	㉢1	0	㉡0
	Ⅱ	㉠2	㉡0	㉠2	?0	㉠2	?0
	Ⅲ	?1	㉡0	0	㉢1	㉢1	㉡0
Q AabbDd	Ⅳ	㉢1	?1	?0	2	㉢1	㉢1
	Ⅴⓑ	㉡0	㉢1	0	?2	㉢1	?0
	Ⅵ	㉠2	?0	?0	?2	㉡0	㉠2

○ 세포 ⓐ와 ⓑ 중 하나는 <u>염색체의 일부가 결실된 세포</u>ⓐ 이고, 나머지 하나는 염색체 비분리가 1회 일어나 형성된 염색체 수가 비정상적인 세포이다. ⓐ는 Ⅰ~Ⅲ 중 하나이고, ⓑ는 Ⅳ~Ⅵ 중 하나이다.

<small>(다)의 유전자가 있는</small>

○ Ⅰ~Ⅵ 중 ⓐ와 ⓑ를 제외한 나머지 세포는 모두 정상 세포이다. <small>b가 있는 염색체가 2개</small>

이에 대한 설명으로 옳은 것만을 〈보기〉에서 있는 대로 고른 것은? (단, 제시된 돌연변이 이외의 돌연변이와 교차는 고려하지 않으며, A, a, B, b, D, d 각각의 1개당 DNA 상대량은 1이다.)

〈보기〉 풀이

Q의 유전자형은 AabbDd이므로 Q의 정상 세포에서 b의 DNA 상대량은 1, 2, 4가 가능하다. 만약 ㉠이 0이면 Q의 세포 Ⅴ와 Ⅵ의 b의 DNA 상대량이 0이 되므로 Ⅳ~Ⅵ 중 염색체 이상이 일어난 세포가 1개라는 조건에 맞지 않는다. 따라서 ㉠은 1 또는 2이다. 세포 Ⅳ에서 b의 DNA 상대량이 2이므로 세포 Ⅳ가 정상 세포라면 ㉢은 1이고, ㉠은 2, ㉡은 0이다. 이를 근거로 표에서 DNA 상대량을 표시하면 다음과 같다.

사람	세포	\ DNA 상대량 A	a	B	b	D	d
P	Ⅰ	0	1	?(0)	㉢(1)	0	㉡(0)
	Ⅱ	㉠(2)	㉡(0)	㉠(2)	?(0)	㉠(2)	?(0)
	Ⅲ	?(1)	㉡(0)	0	㉢(1)	㉢(1)	㉡(0)
Q	Ⅳ	㉢(1)	?(1)	?(0)	2	㉢(1)	㉢(1)
	Ⅴ	㉡(0)	㉢(1)	0	㉠(2)	㉢(1)	?(0)
	Ⅵ	㉠(2)	?(0)	?(0)	㉢(2)	㉡(0)	㉠(2)

세포 Ⅱ의 대립유전자의 종류와 수는 AABBDD이고, 세포 Ⅲ의 대립유전자의 종류와 수는 AbD이며, (가)~(다)의 유전자는 서로 다른 2개의 상염색체에 있다. 세포 Ⅱ와 Ⅲ에서 A와 D는 함께 있고, Ⅱ에는 B, Ⅲ에는 b가 있다. 따라서 사람 P에서 A와 D(a와 d)가 같은 염색체에 있고, B(b)는 다른 염색체에 있다. a와 d가 같은 염색체에 있는데 세포 Ⅰ에는 a만 있고 d는 없으므로 세포 Ⅰ은 (다)의 유전자가 있는 염색체의 일부가 결실된 세포이다. 세포 Ⅱ와 Ⅲ은 모두 정상 세포이다.

세포 Ⅴ의 대립유전자의 종류와 수는 abbD이므로 사람 Q에서 a와 D가 같은 염색체에 있고, b의 DNA 상대량이 2인 것으로 보아 b가 있는 염색체가 2개 있다. 따라서 세포 Ⅴ는 b가 있는 염색체의 비분리가 일어나 형성된 염색체 수가 비정상적인 세포이다. 세포 Ⅵ의 대립유전자의 종류와 수는 AAbbdd로 감수 1분열이 완료된 정상 세포이다.

㉠~㉢의 수가 다른 조합을 살펴보면 돌연변이 세포 수의 조건에 맞지 않는다.

ㄱ. **(가)의 유전자와 (다)의 유전자는 같은 염색체에 있다.**

⟹ (가)의 유전자와 (다)의 유전자는 같은 염색체에 있고, (나)의 유전자는 다른 염색체에 있다.

✗ ㄴ. Ⅳ는 염색체 수가 비정상적인 세포이다.

⟹ 세포 Ⅰ에서 D와 d의 DNA 상대량이 모두 0이므로 Ⅰ은 (다)의 대립유전자가 있는 부분이 결실된 세포 ⓐ이다. 세포 Ⅴ에서 a와 D가 있는 염색체는 1개 있는데 b가 있는 염색체는 2개 있으므로 Ⅴ는 염색체 수가 비정상적인 세포 ⓑ이다. Ⅳ는 정상 세포이다.

✗ ㄷ. ⓐ에서 a의 DNA 상대량은 ⓑ에서 d의 DNA 상대량과 같다.

⟹ ⓐ(Ⅰ)에서 a의 DNA 상대량은 1이다. Q에서 a와 D(A와 d)가 같은 염색체에 있으므로 ⓑ(Ⅴ)에서 A의 DNA 상대량(㉡)이 0이면 d의 DNA 상대량도 0이다.

적용해야 할 개념 ③가지

① 성염색체(X 염색체)에 있는 대립유전자 D와 D*에 의해 형질이 결정되는 경우, 남자는 성염색체가 XY이므로 핵상이 2n인 세포에서 D와 D* 중 1개만 존재하며, 여자는 성염색체가 XX이므로 핵상이 2n인 세포에서 대립유전자가 쌍으로 존재한다.

② 두 대립유전자 쌍이 같은 염색체에 있으면 생식세포 형성 과정에서 독립적으로 분리되지 않고 같은 생식세포로 들어간다.

③ 어떤 대립유전자 1개의 DNA 상대량이 1인 경우 DNA 상대량이 4인 세포는 DNA 복제가 일어나 2개의 염색 분체로 구성된 염색체를 가지고 있고, 상동 염색체의 동일한 위치에 이 대립유전자가 모두 있다.

문제 보기

다음은 영희네 가족의 유전 형질 (가)~(다)에 대한 자료이다.

○ (가)는 대립유전자 A와 A*에 의해, (나)는 대립유전자 B와 B*에 의해, (다)는 대립유전자 D와 D*에 의해 결정된다.

○ (가)와 (나)의 유전자는 7번 염색체에, (다)의 유전자는 X 염색체에 있다.

○ 그림은 영희네 가족 구성원 중 어머니, 오빠, 영희, ⓐ남동생의 세포 Ⅰ~Ⅳ가 갖는 A, B, D*의 DNA 상대량을 나타낸 것이다.

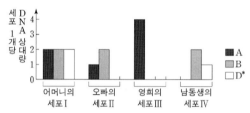

○ 어머니의 생식세포 형성 과정에서 대립유전자 ⊙이 대립유전자 ⓒ으로 바뀌는 돌연변이가 1회 일어나 ⓒ을 갖는 생식세포가 형성되었다. 이 생식세포가 정상 생식세포와 수정되어 ⓐ가 태어났다. ⊙과 ⓒ은 (가)~(다) 중 한 가지 형질을 결정하는 서로 다른 대립유전자이다.

이에 대한 설명으로 옳은 것만을 〈보기〉에서 있는 대로 고른 것은?(단, 제시된 돌연변이 이외의 돌연변이와 교차는 고려하지 않으며, A, A*, B, B*, D, D* 각각의 1개당 DNA 상대량은 1이다.) [3점]

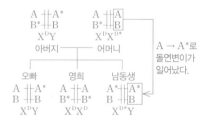

〈보기〉 풀이

(가)와 (나)의 유전자는 모두 상염색체인 7번 염색체에 있고, (다)의 유전자는 성염색체인 X 염색체에 있다. 또한 대립유전자 각각의 1개당 DNA 상대량은 1이다.

오빠의 세포 Ⅱ에서 A의 DNA 상대량이 1이고, B의 DNA 상대량이 2이므로 Ⅱ에는 A와 B가 있는 7번 염색체와 A*와 B가 있는 7번 염색체가 각각 한 개씩 있음을 알 수 있다. 이를 통해 Ⅱ는 상동 염색체가 있는 체세포로 핵상이 2n이라는 것을 알 수 있다. 또 Ⅱ에서 D*의 DNA 상대량이 0이므로 X 염색체에는 D가 있다는 것을 알 수 있다. 따라서 오빠의 (가)~(다)에 대한 유전자형은 AA*BBX^DY이다.

영희의 세포 Ⅲ에서 A의 DNA 상대량이 4이고 B의 DNA 상대량이 0이므로 Ⅲ에는 A와 B*가 있는 7번 염색체가 2개 있고, 각 염색체는 2개의 염색 분체로 이루어져 있으며, Ⅲ의 핵상이 2n이라는 것을 알 수 있다. 또 Ⅲ에서 D*의 DNA 상대량이 0이므로 2개의 X 염색체에는 모두 D가 있음을 알 수 있다. 따라서 영희의 (가)~(다)에 대한 유전자형은 AAB*B*X^DX^D이다.

남동생의 세포 Ⅳ에서 A의 DNA 상대량이 0이고 B의 DNA 상대량이 2이므로 Ⅳ에는 A*와 B가 있는 7번 염색체가 2개 있고, Ⅳ의 핵상이 2n이라는 것을 알 수 있다. 또 Ⅳ에서 D*의 DNA 상대량이 1이므로 X 염색체에는 D*가 있음을 알 수 있다. 따라서 남동생의 (가)~(다)에 대한 유전자형은 A*A*BBX^D*Y이다.

❌ ㄱ. Ⅰ은 G₁기 세포이다.

➡ 영희의 (가)와 (나)에 대한 유전자형은 AAB*B*이므로 영희는 어머니와 아버지로부터 A와 B*가 있는 7번 염색체를 각각 한 개씩 물려받았다. 따라서 어머니의 G₁기 세포에는 A와 B*가 있어야 한다. 어머니의 세포 Ⅰ에서 A와 B의 DNA 상대량이 같다는 것을 통해 어머니의 G₁기 세포에는 A와 B*가 있는 7번 염색체 뿐만 아니라 A와 B가 있는 7번 염색체도 있다는 것을 알 수 있다. 따라서 어머니의 G₁기 세포에서 A의 DNA 상대량은 2, B의 DNA 상대량은 1이 되어야 하는데, Ⅰ에서 A의 DNA 상대량은 2이고 B의 DNA 상대량은 2이므로 Ⅰ은 G₁기 세포가 아니다. Ⅰ은 A와 B가 있는 7번 염색체가 1개 있고, 염색체가 2개의 염색 분체로 이루어져 있으며 핵상이 n인 감수 2분열 중인 세포이다.

⭕ ㄴ. ⊙은 A이다.

➡ 영희의 (가)와 (나)에 대한 유전자형은 AAB*B*이므로 영희는 어머니와 아버지로부터 A와 B*가 있는 7번 염색체를 각각 한 개씩 물려받았다. 따라서 아버지는 A와 B*가 있는 7번 염색체를 가지고 있다. 오빠의 (가)와 (나)에 대한 유전자형은 AA*BB이므로 오빠는 어머니와 아버지로부터 A와 B가 있는 7번 염색체와 A*와 B가 있는 7번 염색체를 각각 한 개씩 물려받았다. 남동생의 (가)와 (나)에 대한 유전자형은 A*A*BB이므로 남동생은 어머니와 아버지로부터 A*와 B가 있는 7번 염색체를 각각 한 개씩 물려받았다. 따라서 오빠와 남동생은 모두 아버지로부터 A*와 B가 있는 7번 염색체를 물려받았고, 오빠는 어머니로부터 A와 B가 있는 7번 염색체를 물려받았다. 이를 종합하면, 남동생이 가지고 있는 A*와 B가 있는 7번 염색체 중 하나는 어머니의 A와 B가 있는 7번 염색체에서 A가 A*로 바뀌는 돌연변이가 일어난 후 물려받은 것임을 알 수 있다. 따라서 ⊙은 A, ⓒ은 A*, ⓐ는 남동생이다.

⭕ ㄷ. 아버지에서 A*, B, D를 모두 갖는 정자가 형성될 수 있다.

➡ 영희의 (다)에 대한 유전자형이 X^DX^D이므로 영희는 아버지로부터 D가 있는 X 염색체를 물려받았다. 따라서 아버지의 체세포에는 A와 B*가 있는 7번 염색체와 A*와 B가 있는 7번 염색체가 각각 한 개씩 있고, D가 있는 X 염색체와 Y 염색체가 각각 한 개씩 있다. 정자 형성 과정에서 감수 분열이 일어나므로 A*와 B가 있는 7번 염색체와 D가 있는 X 염색체가 함께 있는 정자가 형성될 수 있다.

적용해야 할 개념 ④가지

① 특정 형질을 결정하는 유전자가 X 염색체에 있는 경우, 유전 형질이 발현되는 빈도는 남녀에 따라 달라진다.

② 남자의 경우 X 염색체에 있는 대립유전자는 항상 어머니에게서 받으며 항상 딸에게만 전달된다. 여자의 경우 X 염색체에 있는 대립유전자는 부모 모두에게서 받으며 아들과 딸 모두에게 전달된다.

③ 정자 형성 과정에서 성염색체 비분리가 일어날 경우
• 감수 1분열에서 성염색체 비분리가 일어날 경우: 성염색체 구성이 XY인 정자, 성염색체가 없는 정자가 형성된다.
• 감수 2분열에서 성염색체 비분리가 일어날 경우: 성염색체 구성이 X인 정자, YY인 정자, 성염색체가 없는 정자가 형성되거나 성염색체 구성이 Y인 정자, XX인 정자, 성염색체가 없는 정자가 형성된다.

④ 클라인펠터 증후군은 성염색체 구성이 XXY($2n+1=44+XXY$)이며, 성염색체가 비분리되어 나타나는 유전병이다.

문제 보기

다음은 어떤 가족의 유전 형질 (가)와 (나)에 대한 자료이다.

○ (가)는 대립유전자 A와 a에 의해, (나)는 대립유전자 B와 b에 의해 결정된다. A는 a에 대해, B는 b에 대해 각각 완전 우성이다.

○ (가)와 (나)를 결정하는 유전자 중 1개는 X 염색체에, 나머지 1개는 상염색체에 존재한다.

○ 표는 이 가족 구성원의 성별과 체세포 1개당 A와 B의 DNA 상대량을 나타낸 것이다.

어머니가 B와 b를 가지고 있다.

구성원	성별	A	B
아버지	남	? X^AY	1 Bb
어머니	여	0 X^aX^a	? Bb
자녀 1	남	? X^aY	1 Bb
자녀 2	여	? X^AX^a	0 bb
자녀 3	남	2 X^AX^AY	2 BB

어머니의 생식세포 형성 과정 중 대립유전자 a가 대립유전자 A로 바뀌는 돌연변이가 일어났다.

○ 부모의 생식세포 형성 과정 중 한 명에게서 대립유전자 ㉠이 대립유전자 ㉡으로 바뀌는 돌연변이가 1회 일어나 ㉡을 갖는 생식세포가, 나머지 한 명에게서 ⓐ 염색체 비분리가 1회 일어나 염색체 수가 비정상적인 생식세포가 형성되었다. 이 두 생식세포가 수정되어 클라인펠터 증후군을 나타내는 자녀 3이 태어났다. ㉠과 ㉡은 각각 A, a, B, b 중 하나이다. ($22+X^AY$)

(ㄱ a 어머니 / ㄴ A 아버지)

이에 대한 설명으로 옳은 것만을 <보기>에서 있는 대로 고른 것은? (단, 제시된 돌연변이 이외의 돌연변이는 고려하지 않으며, A, a, B, b 각각의 1개당 DNA 상대량은 1이다.) [3점]

보기

<보기> 풀이

만약 (나)를 결정하는 유전자가 X 염색체에 존재한다면 아버지의 (나)의 유전자형은 X^BY로 딸(자녀 2)은 아버지로부터 B가 있는 X 염색체를 물려받아 체세포 1개당 B의 DNA 상대량이 0이 될 수 없으므로 자료와 모순이다. 따라서 (나)의 유전자는 상염색체에, (가)의 유전자는 X 염색체에 있으며, 가족 구성원의 성별과 체세포 1개당 A와 B의 DNA 상대량, (가)와 (나)의 유전자형은 다음과 같다.

구성원	성별	A	B	(가)의 유전자형	(나)의 유전자형
아버지	남	1	1	X^AY	Bb
어머니	여	0	1	X^aX^a	Bb
자녀 1	남	0	1	X^aY	Bb
자녀 2	여	1	0	X^AX^a	bb
자녀 3	남	2	2	X^AX^AY	BB

㉠ **㉡은 A이다.**
➡ 아버지와 어머니의 (가)의 유전자형은 각각 X^AY, X^aX^a이고, 자녀 3의 (가)의 유전자형은 X^AX^AY이며 클라인펠터 증후군을 나타낸다. 따라서 자녀 3은 아버지로부터 X^AY를, 어머니로부터 X^A를 물려받았다. 이를 통해 어머니의 생식세포 형성 과정 중 대립유전자 a가 대립유전자 A로 바뀌는 돌연변이가 일어났음을 알 수 있다. 그러므로 ㉠은 a, ㉡은 A이다.

✗ **ⓐ가 형성될 때 염색체 비분리는 감수 2분열에서 일어났다.**
➡ 아버지는 자녀 3에게 A가 있는 X 염색체와 Y 염색체를 물려주었으므로, 아버지의 생식세포 형성 과정 중 ⓐ가 형성될 때 염색체 비분리는 감수 1분열에서 일어났다.

㉢ **체세포 1개당 $\dfrac{a의\ DNA\ 상대량}{b의\ DNA\ 상대량}$은 자녀 1이 자녀 2보다 크다.**

➡ 자녀 1의 체세포 1개당 $\dfrac{a의\ DNA\ 상대량}{b의\ DNA\ 상대량}$은 1이고,

자녀 2의 체세포 1개당 $\dfrac{a의\ DNA\ 상대량}{b의\ DNA\ 상대량}$은 $\dfrac{1}{2}$이다.

적용해야 할 개념 ③가지

① 상동 염색체를 이루는 염색체가 쌍으로 있는 세포의 핵상은 $2n$이고, 상동 염색체를 이루는 염색체가 1개씩만 있어 쌍을 이루고 있지 않은 세포의 핵상은 n이다.

② 두 유전자가 같은 염색체에 있으면 생식세포 형성 과정에서 분리되지 않고 함께 생식세포로 들어가므로 독립적으로 유전되지 않는다.

③ 감수 분열 과정에서의 염색체 비분리

감수 1분열에서 상동 염색체의 비분리가 일어난 경우	염색체 수가 정상보다 많거나 적은 생식세포($n+1$, $n-1$)가 만들어진다. 이때 $n+1$인 생식세포에서 비분리된 염색체는 대립유전자 구성이 다르다.
감수 2분열에서 염색 분체의 비분리가 일어난 경우	염색체 수가 정상인 생식세포(n)와 정상보다 많거나 적은 생식세포($n+1$, $n-1$)가 만들어진다. 이때 $n+1$인 생식세포에서 비분리된 염색체는 대립유전자 구성이 같다.

문제 보기

다음은 어떤 가족의 유전 형질 (가)~(다)에 대한 자료이다.

○ (가)는 대립유전자 A와 A*에 의해, (나)는 대립유전자 B와 B*에 의해, (다)는 대립유전자 D와 D*에 의해 결정된다.

○ (가)와 (나)의 유전자는 7번 염색체에, (다)의 유전자는 9번 염색체에 있다.

○ 표는 이 가족 구성원의 세포 I~V 각각에 들어 있는 A, A*, B, B*, D, D*의 DNA 상대량을 나타낸 것이다.

구분	세포	DNA 상대량					
		A	A*	B	B*	D	D*
아버지	I(n)	?1	?0	1	0	1	?0
어머니	II	0	?2	?2	0	0	2
자녀 1	III($2n$)	2	?0	?1	1	?2	0
자녀 2	IV(n)	0	?2	0	?2	?0	2
자녀 3	V($2n$)	?2	0	?1	②2	?0	③3

(표 왼쪽 주석)
AB/A*B*, DD
A*B/AB*, DD DNA 복제
AB/AB*, DD
A*B*/__, D*D* DNA 복제
ABB*/AB*, D*D*D*

(표 오른쪽 주석)
B*
B*

○ 아버지의 생식세포 형성 과정에서 7번 염색체에 있는 대립유전자 ㉠이 9번 염색체로 이동하는 돌연변이가 1회 일어나 9번 염색체에 ㉠이 있는 정자 P가 형성되었다. ㉠은 A, A*, B, B* 중 하나이다.

○ 어머니의 생식세포 형성 과정에서 염색체 비분리가 1회 일어나 염색체 수가 비정상적인 난자 Q가 형성되었다.
D*가 있는 9번 염색체가 2개

○ P와 Q가 수정되어 자녀 3이 태어났다. 자녀 3을 제외한 나머지 구성원의 핵형은 모두 정상이다. ── 9번 염색체 3개

이에 대한 설명으로 옳은 것만을 〈보기〉에서 있는 대로 고른 것은? (단, 제시된 돌연변이 이외의 돌연변이와 교차는 고려하지 않으며, A, A*, B, B*, D, D* 각각의 1개당 DNA 상대량은 1이다.) [3점]

〈보기〉 풀이

아버지의 세포 I에서 대립유전자 B와 B*의 DNA 상대량을 더한 값이 1이므로 세포 I의 핵상은 n이다. 자녀 1의 세포 III에서 A의 DNA 상대량이 2, B*의 DNA 상대량이 1이므로 세포 III의 핵상은 $2n$이다. 만약 세포 III의 핵상이 n이고 DNA가 복제된 상태라면 B*의 DNA 상대량이 짝수(0, 2, 4)이어야 하는데 1이다. 따라서 세포 III은 DNA 복제 전이고, 핵상은 $2n$이다. 이를 통해 자녀 1의 세포 III에서 A*의 DNA 상대량은 0, B의 DNA 상대량은 1, D의 DNA 상대량은 2임을 알 수 있고, 자녀 1이 가진 대립유전자 구성은 AB/AB*, DD이다. 그러므로 아버지와 어머니는 모두 A와 D를 갖는다. 어머니는 D를 갖고 있는데 어머니의 세포 II에는 D가 없으므로 세포 II의 핵상은 n이다. 세포 II에서 D*의 DNA 상대량이 1이 아닌 2이므로 DNA가 복제된 상태이다. 따라서 세포 II에서 A*와 B의 DNA 상대량은 모두 2이고, 어머니는 A*와 B가 함께 있는 7번 염색체와 D*를 가진다. 자녀 2의 세포 IV에는 A와 B의 DNA 상대량이 모두 0이므로 세포 IV는 A*와 B*가 함께 있는 7번 염색체를 갖는다. 어머니는 A*와 B가 함께 있는 염색체와 A가 있는 염색체를 가지고 있으므로 자녀 2의 A*와 B*는 아버지로부터 물려받은 것이다. 따라서 아버지가 가진 7번 염색체의 대립유전자 구성은 AB/A*B*이다. 자녀 3의 세포 V에서 D*의 DNA 상대량이 3이므로 어머니에서 9번 염색체 비분리가 일어나 D*를 2개 가진 난자 Q가 형성되었음을 알 수 있고, 세포 V의 핵상은 $2n$이다.

ㄱ. ㉠은 B*이다.
➡ 자녀 3의 세포 V($2n$)에서 A의 DNA 상대량이 2이므로, 자녀 3은 아버지로부터 A와 B가 있는 7번 염색체를, 어머니로부터 A와 B*가 있는 7번 염색체를 물려받았다. 그런데 세포 V($2n$)에서 B*의 DNA 상대량이 2이므로, 아버지의 생식세포 형성 과정에서 7번 염색체에 있는 대립유전자 B*가 D*가 있는 9번 염색체로 이동하는 돌연변이가 일어났음을 알 수 있다. 따라서 ㉠은 B*이다.

ㄴ. 어머니에게서 A, B, D를 모두 갖는 난자가 형성될 수 있다.
➡ 어머니의 세포($2n$)에는 A와 B*가 있는 7번 염색체와 A*와 B가 있는 7번 염색체가 있으므로, 어머니에게서 A와 B*를 갖거나, A*와 B를 갖는 난자만 형성된다. 따라서 어머니에게서 A, B, D를 모두 갖는 난자가 형성될 수 없다.

ㄷ. 염색체 비분리는 감수 2분열에서 일어났다.
➡ 어머니의 (다)의 유전자형은 DD*이므로, D*를 2개 가진 난자 Q는 감수 2분열에서 염색체 비분리가 일어나 형성된 것이다.

적용해야 할 개념 ③가지	① 상동 염색체의 같은 위치에는 하나의 형질을 결정하는 대립유전자가 있으며, 상동 염색체는 부모에게서 하나씩 물려받은 것이므로 대립유전자는 같을 수도 있고 다를 수도 있다.

② 부모의 유전자형이 Yy일 때, 생식세포 형성 시 Y를 가진 생식세포와 y를 가진 생식세포는 1 : 1의 비율로 만들어지며, 자손에서 나타날 수 있는 유전자형은 YY, Yy, yy이다.

③ 염색체 수 이상은 생식세포를 형성하는 감수 분열 과정에서 염색체가 비분리되어 나타난다.

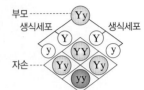

감수 1분열에서 상동 염색체의 비분리가 일어날 경우	형성되는 모든 생식세포는 염색체 수가 정상보다 많거나 적다($n+1$, $n-1$).
감수 2분열에서 염색 분체의 비분리가 일어날 경우	염색체 수가 정상인 생식세포(n)와 정상보다 많거나 적은 생식세포($n+1$, $n-1$)가 만들어진다.

문제 보기

다음은 어떤 가족의 유전 형질 (가)에 대한 자료이다.

(가)의 유전자형 6가지(DD, DE, DF, EE, EF, FF)
(가)의 표현형 3가지(DD, DE, DF/EE, EF/FF)

○ (가)는 상염색체에 있는 한 쌍의 대립유전자에 의해 결정되며, 대립유전자에는 D, E, F가 있다.

○ D는 E, F에 대해, E는 F에 대해 각각 완전 우성이다. 　　D>E>F

○ 표는 이 가족 구성원의 (가)의 3가지 표현형 ⓐ~ⓒ와 체세포 1개당 DNA 상대량 ㉠~㉢을 나타낸 것이다. ㉠, ㉡, ㉢은 D, E, F를 순서 없이 나타낸 것이다.

구성원		아버지	어머니	자녀 1	자녀 2	자녀 3
표현형		ⓐ DF	ⓑ EF	ⓐ DE	ⓑ EFF	ⓒ FF
DNA 상대량	㉠ F	1	1	0	2	2
	㉡ D	1	0	?1	0	?0
	㉢ E	0	?1	1	?1	0

○ 정상 난자와 생식세포 형성 과정에서 염색체 비분리가 1회 일어나 형성된 정자 P가 수정되어 자녀 ㉺가 태어났다. ㉺는 자녀 1~3 중 하나이다. 　자녀 2　감수 2분열에서 염색체 비분리가 일어났다.

이에 대한 설명으로 옳은 것만을 〈보기〉에서 있는 대로 고른 것은? (단, 제시된 염색체 비분리 이외의 돌연변이와 교차는 고려하지 않으며, D, E, F 각각의 1개당 DNA 상대량은 1이다.)

[3점]

〈보기〉 풀이

(가)는 상염색체에 있는 한 쌍의 대립유전자에 의해 결정되며, 대립유전자에는 D, E, F가 있다. 이를 통해 (가)의 유전자형은 6가지(DD, DE, DF, EE, EF, FF)임을 알 수 있다. D는 E, F에 대해, E는 F에 대해 각각 완전 우성이다. 이를 통해 대립유전자의 우열 관계는 D>E>F이므로, (가)의 표현형은 3가지(DD, DE, DF/EE, EF/FF)임을 알 수 있다. 표에서 부모의 (가)의 표현형이 다르고, 자녀 1~3의 표현형이 서로 다르므로, 부모의 유전자형 중 하나는 DF, 다른 하나는 EF이어야 하며, 이 부모의 자녀가 가질 수 있는 (가)의 유전자형을 구하면 다음과 같다.

부모의 생식세포	D	F
E	DE	EF
F	DF	FF

이 내용을 참고하여 가족 구성원의 (가)의 3가지 표현형과 체세포 1개당 D, E, F의 DNA 상대량을 정리하면 다음과 같다.

구성원		아버지	어머니	자녀 1	자녀 2	자녀 3
표현형		DF	EF	DE	EFF	FF
DNA 상대량	F	1	1	0	2	2
	D	1	0	1	0	0
	E	0	1	1	1	0

○ ㉠, ㉡은 D이다.

➡ 표에서 ㉠은 아버지와 어머니에 공통으로 있으므로 F이고, ㉡과 ㉢ 중 하나는 D, 다른 하나는 E이다. 자녀 1의 (가)의 유전자형은 DE, 자녀 3의 (가)의 유전자형은 FF이다. D가 E에 대해 완전 우성이므로 자녀 1과 표현형이 같은 아버지의 (가)의 유전자형은 DF이고, 자녀 2와 표현형이 같은 어머니의 (가)의 유전자형은 EF이다. 따라서 ㉡은 D, ㉢은 E이다.

✗ 자녀 2에서 체세포 1개당 ㉢의 DNA 상대량은 0이다.

➡ 어머니와 자녀 2의 (가)의 표현형이 동일하고, E는 F에 대해 완전 우성이므로 자녀 2는 E를 가지고 있다. 따라서 자녀 2의 (가)의 유전자형은 EFF이므로, 자녀 2에서 체세포 1개당 ㉢(E)의 DNA 상대량은 1이다.

✗ P가 형성될 때 염색체 비분리는 감수 1분열에서 일어났다.

➡ 아버지의 (가)의 유전자형은 DF, 어머니의 (가)의 유전자형은 EF, 자녀 2의 (가)의 유전자형은 EFF이므로, E는 어머니로부터, 2개의 F는 아버지로부터 물려받았다. 따라서 정자 P가 형성될 때 염색체 비분리는 감수 2분열에서 일어났음을 알 수 있다.

적용해야 할 개념 ③가지

① 부모의 유전자형이 모두 Yy일 때, 부모의 생식세포 형성 시 대립유전자 Y와 y는 분리되어 각각 서로 다른 생식세포로 들어가므로 자손이 가질 수 있는 유전자형은 YY, Yy, yy이다.

② 2가지 유전 형질의 유전자가 같은 염색체에 있으면 생식세포 형성 과정에서 분리되지 않고 함께 생식세포로 들어가므로 독립적으로 유전되지 않는다.

③ 염색체의 일부가 떨어져 없어진 결실과 같이 염색체 구조에 이상이 생기면 유전자 발현에 영향을 주어 표현형이 바뀔 수 있다.

문제 보기

다음은 어떤 가족의 유전 형질 (가)와 (나)에 대한 자료이다.

> ○ (가)는 대립유전자 A와 a에 의해 결정되며, 유전자형이 다르면 표현형이 다르다. ➡ 3가지(AA, Aa, aa)
>
> ○ (나)는 1쌍의 대립유전자에 의해 결정되며 대립유전자에는 B, D, E, F가 있다. B, D, E, F 사이의 우열 관계는 분명하다. └ F>E>D>B
>
> ○ (나)의 표현형은 4가지이며, ㉠, ㉡, ㉢, ㉣이다. ㉠┐
>
> ○ (나)에서 유전자형이 BF, DF, EF, FF인 개체의 표현형은 같고, 유전자형이 BE, DE, EE인 개체의 표현형은 같고, 유전자형이 BD, DD인 개체의 표현형은 같다. ㉣은 BB인 개체의 표현형 ㉢┘
>
> ○ (가)와 (나)의 유전자는 같은 상염색체에 있다.
>
> ○ 표는 아버지, 어머니, 자녀 Ⅰ~Ⅳ에서 (나)에 대한 표현형과 체세포 1개당 A의 DNA 상대량을 나타낸 것이다.

	AF /aE	AD /aB	AF /AD	AF /?	AD /aE	aE /aB ← 결실
구분	아버지	어머니	자녀 Ⅰ	자녀 Ⅱ	자녀 Ⅲ	자녀 Ⅳ
(나)에 대한 표현형	㉠	㉡	㉠	㉠	㉢	㉣
A의 DNA 상대량	?1	1	2	?1	1	0

> ○ 자녀 Ⅳ는 생식세포 형성 과정에서 대립유전자 ⓐ가 결실된 염색체를 가진 정자와 정상 난자가 수정되어 태어났다. ⓐ는 B, D, E, F 중 하나이다. E

이에 대한 설명으로 옳은 것만을 〈보기〉에서 있는 대로 고른 것은? (단, 제시된 돌연변이가 이외의 돌연변이와 교차는 고려하지 않으며, A, a 각각의 1개당 DNA 상대량은 1이다.) [3점]

〈보기〉 풀이

❶ (가)의 표현형은 3가지(AA, Aa, aa)이다.

❷ (나)에서 유전자형이 BF, DF, EF, FF인 개체의 표현형이 같으므로 F는 B, D, E에 대해 우성이고, 유전자형이 BE, DE, EE인 개체의 표현형이 같으므로 E는 B, D에 대해 우성이며, 유전자형이 BD, DD인 개체의 표현형이 같으므로 D는 B에 대해 우성이다. 따라서 (나)에서 대립유전자 간의 우열 관계는 F>E>D>B이며, (나)의 표현형 ㉠, ㉡, ㉢, ㉣의 유전자형은 (BF, DF, EF, FF), (BE, DE, EE), (BD, DD), BB를 순서 없이 나타낸 것이다.

❸ 표에서 (나)에 대한 표현형이 다른 아버지와 어머니의 자녀 중 아버지와 같이 (나)에 대한 표현형이 ㉠인 자녀 Ⅰ이 있다. 그리고 자녀 Ⅰ에서 체세포 1개당 A의 DNA 상대량이 2이므로 아버지는 A와 F가 있는 상염색체를 자녀 Ⅰ에게 물려주었음을 알 수 있다. 자녀 Ⅳ에서 체세포 1개당 A의 DNA 상대량이 0이므로, 아버지와 어머니는 모두 a를 가지고 있다. 자녀 Ⅲ에서 체세포 1개당 A의 DNA 상대량은 1이고 (나)에 대한 표현형은 부모와 다른 ㉢이므로 자녀 Ⅲ은 어머니로부터 대립유전자 A를, 아버지로부터 대립유전자 a를 물려받았다. 자녀 Ⅲ에서 (나)에 대한 표현형은 부모와 다른 ㉢인 것을 통해 아버지로부터 물려받은 (나)의 대립유전자(a와 같은 상염색체에 존재)가 어머니로부터 물려받은 (나)의 대립유전자(A와 같은 상염색체에 존재)에 대해 우성임을 알 수 있으며, 자녀 Ⅳ에서 (나)의 표현형이 ㉣이므로 어머니로부터 물려받지 않은 (나)의 대립유전자(A와 같은 상염색체에 존재)가 어머니로부터 물려받은 (나)의 대립유전자(a와 같은 상염색체에 존재)에 대해 우성임을 알 수 있다. 그리고 어머니, 자녀 Ⅳ의 (나)에 대한 표현형이 다르다. 따라서 아버지는 a와 E가 있는 상염색체를, 어머니는 A와 D가 있는 상염색체와 a와 B가 있는 상염색체를 가지고 있다.

❹ (가)와 (나)의 유전자의 위치를 그림과 같이 나타낼 수 있다.

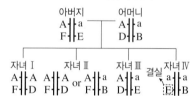

(나)의 표현형 ㉠의 유전자형은 BF, DF, EF, FF, ㉡의 유전자형은 BD, DD, ㉢의 유전자형은 BE, DE, EE, ㉣의 유전자형은 BB이다.

㉠ ⓐ는 E이다.

➡ 자녀 Ⅳ의 체세포 1개당 A의 DNA 상대량이 0이므로 자녀 Ⅳ는 아버지로부터 a는 있고 E가 결실된 염색체를 물려받았다. 따라서 ⓐ는 E이다.

✗ 자녀 Ⅱ의 (가)에 대한 유전자형은 aa이다.

➡ 자녀 Ⅱ와 아버지의 (나)에 대한 표현형이 ㉠으로 같다. 그러므로 아버지는 자녀 Ⅱ에게 A와 F가 있는 염색체를 물려주었다. 따라서 자녀 Ⅱ의 (가)에 대한 유전자형은 aa가 아니다.

㉢ 자녀 Ⅳ의 동생이 태어날 때, 이 아이의 (가)와 (나)에 대한 표현형이 모두 아버지와 같을 확률은 $\frac{1}{4}$이다.

➡ 아버지의 (가)와 (나)에 대한 대립유전자 구성은 AF/aE이고, 어머니의 (가)와 (나)에 대한 대립유전자 구성은 AD/aB이므로, 자녀 Ⅳ의 동생이 가질 수 있는 (가)와 (나)에 대한 대립유전자 구성은 AF/AD, aE/AD, AF/aB, aE/aB이다. 아버지의 (가)에 대한 표현형은 Aa, (나)에 대한 표현형은 ㉠이므로, 자녀 Ⅳ의 동생의 (가)와 (나)에 대한 표현형이 모두 아버지와 같은 대립유전자 구성은 AF/aB이다. 따라서 자녀 Ⅳ의 동생이 태어날 때, 이 아이의 (가)와 (나)에 대한 표현형이 모두 아버지와 같을 확률은 $\frac{1}{4}$이다.

적용해야 할 개념 ③가지

① 생식세포 분열 과정에서 상동 염색체가 분리될 때 상동 염색체에 있는 대립유전자 쌍도 서로 분리되어 다른 생식세포로 들어간다. 생식세포인 정자와 난자가 수정하면 대립유전자는 다시 쌍을 이루고, 그에 따라 자손의 표현형이 나타난다.

② 두 대립유전자 쌍이 서로 다른 염색체에 있으면 멘델의 독립의 법칙에 따라 유전되고, 같은 염색체에 있으면 멘델의 독립의 법칙이 적용되지 않는다.

③ 감수 분열 과정에서의 염색체 비분리

감수 1분열 비분리	상동 염색체의 비분리가 일어나 염색체 수가 정상보다 적거나 많은 생식세포만 만들어진다($n-1$, $n+1$). 염색체 수가 $n+1$인 생식세포에서 비분리된 염색체는 유전적으로 동일하지 않다.
감수 2분열 비분리	염색 분체의 비분리가 일어나 염색체 수가 정상인 생식세포(n)와 정상보다 적거나 많은 생식세포($n-1$, $n+1$)가 만들어진다. 염색체 수가 $n+1$인 생식세포에서 비분리된 염색체는 유전적으로 동일하다.

문제 보기

다음은 어떤 가족의 유전 형질 (가)~(다)에 대한 자료이다.

○ (가)는 대립유전자 A와 a에 의해, (나)는 대립유전자 B와 b에 의해, (다)는 대립유전자 D와 d에 의해 결정된다.
○ (가)~(다)의 유전자 중 2개는 7번 염색체에, 나머지 1개는 X 염색체에 있다.   (가), (다) / (나)
○ 표는 이 가족 구성원 ㉠~㉤의 성별, 체세포 1개에 들어 있는 A, b, D의 DNA 상대량을 나타낸 것이다. ㉠~㉤은 아버지, 어머니, 자녀 1, 자녀 2, 자녀 3을 순서 없이 나타낸 것이다.

구성원	성별	DNA 상대량		
		A	b	D
Ad/aD ㉠ 어머니	여	1 Aa	1 $X^B X^b$	1 Dd
Ad/Ad ㉡	여	2 AA	2 $X^b X^b$	0 dd
AD/aD ㉢	남	1 Aa	0 $X^B Y$	2 DD
AD/AD ㉣ 자녀3	남	2 AA	0 $X^B Y$	2 DD
AD/Ad ㉤ 아버지	남	2 AA	1 $X^b Y$	1 Dd

○ ㉠~㉤의 핵형은 모두 정상이다. 자녀 1과 2는 각각 정상 정자와 정상 난자가 수정되어 태어났다.
    7번 염색체 2개(AD), ($n+1$)
○ 자녀 3은 염색체 수가 비정상적인 정자 ⓐ와 염색체 수가 비정상적인 난자 ⓑ가 수정되어 태어났으며, ⓐ와 ⓑ의 형성 과정에서 각각 염색체 비분리가 1회 일어났다.   7번 염색체 없음, ($n-1$)

감수 2분열 시 7번 염색체의 염색 분체 비분리

이에 대한 설명으로 옳은 것만을 <보기>에서 있는 대로 고른 것은? (단, 제시된 염색체 비분리 이외의 돌연변이와 교차는 고려하지 않으며, A, a, B, b, D, d 각각의 1개당 DNA 상대량은 1이다.) [3점]

<보기> 풀이

(1) 어떤 형질을 결정하는 대립유전자가 X 염색체에 있다면 남자의 체세포에서 이 대립유전자의 DNA 상대량은 0이거나 1이어야 한다. 남자의 체세포에서 A와 D의 DNA 상대량이 2인 경우가 있으므로, (가)와 (다)의 유전자는 상염색체인 7번 염색체에, (나)의 유전자는 X 염색체에 있다.

(2) ㉠에서 유전자 위치가 AD/ad이면 ㉠이 어머니일 때와 ㉡이 어머니일 때 모두 부모와 자녀 1~3의 관계가 성립하지 않으므로 ㉠에서 유전자 위치는 Ad/aD이다.

(3) ㉡이 어머니이면 ㉠이 딸, ㉢이 아버지, ㉣이 자녀 3이어야 하는데 이때 ㉣이 태어나려면 7번 염색체와 X 염색체가 모두 비분리 되어야 하므로 조건에 맞지 않는다. 따라서 ㉠이 어머니이고 ㉡은 딸이다. ㉠이 어머니일 때 ㉣은 정상 아들이 될 수 없고, ㉢이 아버지이면 ㉡이 자녀 3이어야 하는데, 이때 ㉡이 태어나려면 7번 염색체와 X 염색체가 모두 비분리 되어야 하므로 조건에 맞지 않는다. 따라서 ㉣이 자녀 3이고, ㉡이 정상 딸이므로 ㉤이 아버지이다.

㉠ (나)의 유전자는 X 염색체에 있다.
➡ (가)와 (다)의 유전자는 7번 염색체에, (나)의 유전자는 X 염색체에 있다.

㉡ 어머니에게서 A, b, d를 모두 갖는 난자가 형성될 수 있다.
➡ 어머니는 A와 d가 함께 있는 7번 염색체와 a와 D가 함께 있는 7번 염색체를 갖는다. 난자는 7번 염색체를 1개 가지고 있으므로 A와 d를 함께 가지고 있거나 a와 D를 함께 가지고 있다. 감수 분열에서 7번 염색체와 X 염색체는 독립적으로 분리되므로 난자는 B 또는 b를 갖는다. 따라서 어머니에게서는 (A, B, d), (a, B, D), (A, b, d), (a, b, D)를 갖는 난자가 형성될 수 있다.

✗ ⓐ의 형성 과정에서 염색체 비분리는 감수 1분열에서 일어났다.
➡ ㉣의 (가)와 (다)의 유전자형은 AD/AD이므로, 아버지에게서 A와 D가 함께 있는 7번 염색체를 2개 물려받았고, 어머니에게서 7번 염색체를 물려받지 않았다. 따라서 ㉣은 자녀 3이며, 정자 ⓐ의 형성 과정에서 염색체 비분리는 감수 2분열에서 일어났음을 알 수 있다. 만약 감수 1분열에서 염색체 비분리가 일어났다면 대립유전자 구성이 다른 아버지의 7번 염색체를 모두 물려받게 되므로, ㉣의 (가)와 (다)의 유전자형은 AD/Ad이어야 한다.

적용해야 할 개념 ③가지

① 체세포는 상동 염색체가 쌍을 이루고 있으므로 핵상을 $2n$으로 표시하고, 생식세포는 상동 염색체 중 1개씩만 있어 염색체가 쌍을 이루고 있지 않으므로 핵상을 n으로 표시한다.

② 대립유전자 1개당 DNA 상대량을 1이라고 할 때, 상염색체에 있는 대립유전자의 DNA 상대량을 더한 값은 DNA가 복제되지 않은 상태의 체세포에서 2, 생식세포에서 1이다.

③ 염색체 구조 이상에서 중복은 염색체의 같은 부분이 반복하여 나타나는 것이다.

문제 보기

다음은 사람의 유전 형질 (가)에 대한 자료이다.

○ 서로 다른 3개의 상염색체에 있는 3쌍의 대립유전자 A와 a, B와 b, D와 d에 의해 결정된다.

○ 표는 사람 P의 세포 Ⅰ~Ⅲ 각각에 들어있는 A, a, B, b, D, d의 DNA 상대량을 나타낸 것이다. ㉠과 ㉡은 1과 2를 순서 없이 나타낸 것이다.

세포	DNA 상대량					
	A	a	B	b	D	d
Ⅰ $2n$	㉠ 1	1	0	2	? 1	㉠ 1
Ⅱ n	1	0	? 0	㉡ 2	㉠ 1	0
Ⅲ n	? 0	㉡ 2	0	? 2	0	㉡ 2

○ Ⅰ~Ⅲ 중 2개에는 돌연변이가 일어난 염색체가 없고, 나머지에는 중복이 일어나 대립유전자 ⓐ의 DNA 상대량이 증가한 염색체가 있다. ⓐ는 A와 b 중 하나이다.

이에 대한 옳은 설명만을 〈보기〉에서 있는 대로 고른 것은? (단, 제시된 돌연변이 이외의 돌연변이와 교차는 고려하지 않으며, A, a, B, b, D, d 각각의 1개당 DNA 상대량은 1이다.) [3점]

〈보기〉 풀이

Ⅱ에서 대립유전자 A와 a의 DNA 상대량을 더한 값이 1이므로, Ⅱ의 핵상은 n이다. 따라서 Ⅱ에서 대립유전자 D와 d를 더한 값도 1이어야 하므로, ㉠은 1, ㉡은 2이다.

~~ㄱ. ㉠은 2이다.~~

➡ 만약 ㉠이 2이면 세포 Ⅱ에서 중복이 일어난 대립유전자는 D가 된다. 이 경우 중복이 일어난 대립유전자 ⓐ가 A와 b 중 하나라는 조건에 맞지 않다. 따라서 ㉠은 1, ㉡은 2이다.

Ⓛ ㄴ. ⓐ는 b이다.

➡ ㉡은 2이므로 세포 Ⅱ에서 대립유전자 b의 DNA 상대량이 2가 된다. 따라서 중복이 일어나 DNA 상대량이 증가한 대립유전자 ⓐ는 b이다.

~~ㄷ. P에서 (가)의 유전자형은 AaBbDd이다.~~

➡ 대립유전자 A와 a가 모두 있는 세포 Ⅰ의 핵상은 $2n$이다. 세포 Ⅰ에서 B는 없고 b의 DNA 상대량이 2이므로 b가 2개 있으며, 핵상이 n인 세포 Ⅱ에 D가 있으므로 세포 Ⅰ에서 D와 d의 DNA 상대량은 각각 1이다. 따라서 P에서 (가)의 유전자형은 AabbDd이다.

적용해야 할 개념 ③가지

① 체세포는 모든 염색체가 2개씩 상동 염색체 쌍을 이루고 있으므로 핵상을 $2n$으로 표시하고, 생식세포는 상동 염색체 중 1개씩만 있어 염색체가 쌍을 이루고 있지 않으므로 핵상을 n으로 표시한다.

② 상동 염색체는 부모로부터 하나씩 물려받으므로, 자손이 가진 상동 염색체 쌍 중 하나는 어머니의 대립유전자 구성과, 다른 하나는 아버지의 대립유전자 구성과 같다.

③ 감수 분열 과정에서의 염색체 비분리

감수 1분열 비분리	상동 염색체의 비분리가 일어나 염색체 수가 정상보다 적거나 많은 생식세포만 만들어진다($n-1$, $n+1$). 염색체 수가 $n+1$인 생식세포에서 비분리된 염색체는 유전적으로 동일하지 않다.
감수 2분열 비분리	염색 분체의 비분리가 일어나 염색체 수가 정상인 생식세포(n)와 정상보다 적거나 많은 생식세포($n-1$, $n+1$)가 만들어진다. 염색체 수가 $n+1$인 생식세포에서 비분리된 염색체는 유전적으로 동일하다.

문제 보기

다음은 어떤 가족의 유전 형질 (가)~(다)에 대한 자료이다.

○ (가)는 대립유전자 A와 a에 의해, (나)는 대립유전자 B와 b에 의해, (다)는 대립유전자 D와 d에 의해 결정된다.

○ 그림은 아버지와 어머니의 체세포에 들어있는 일부 염색체와 유전자를 나타낸 것이다.

아버지 / 어머니

㉮~㉱는 각각 ㉮'~㉱'의 상동 염색체이다.

○ 표는 이 가족 구성원의 세포 Ⅰ~Ⅳ에서 염색체 ㉠~㉣의 유무와 A, b, D의 DNA 상대량을 더한 값(A+b+D)을 나타낸 것이다. ㉠~㉣은 ㉮~㉱를 순서 없이 나타낸 것이다.

구성원	세포	염색체				A+b+D
		㉮ ㉠	㉡ ㉡	㉢ ㉢	㉣ ㉣	
n아버지	Ⅰ	○	×	×	×	0
$2n$어머니	Ⅱ	×	○	×	○	3
$2n$자녀 1	Ⅲ	○	×	○	○	3
자녀 2	Ⅳ	○	×	×	○	3

(○ : 있음, × : 없음)

어머니의 감수 1분열 ㄱ

○ 감수 분열 시 부모 중 한 사람에게서만 염색체 비분리가 1회 일어나 염색체 수가 비정상적인 생식세포 ⓐ가 형성되었다. ⓐ와 정상 생식세포가 수정되어 자녀 2가 태어났다.

○ 자녀 2를 제외한 이 가족 구성원의 핵형은 모두 정상이다.

이에 대한 설명으로 옳은 것만을 〈보기〉에서 있는 대로 고른 것은? (단, 제시된 돌연변이 이외의 돌연변이와 교차는 고려하지 않으며, A, a, B, b, D, d 각각의 1개당 DNA 상대량은 1이다.)

[3점]

〈보기〉 풀이

(1) 아버지의 세포 Ⅰ이 핵상이 $2n$이려면 ㉮와 ㉯가 모두 있어야 하는데, ㉮와 ㉯ 중 하나를 가지고 있어 세포 Ⅰ은 핵상이 n이고 A+b+D의 값이 0이다. 따라서 ㉠은 ㉯이고, ㉢은 ㉮이며, 어머니의 세포 Ⅱ에 있는 ㉡과 ㉣은 ㉰와 ㉱를 순서 없이 나타낸 것이다.

(2) 어머니의 세포 Ⅱ에는 ㉰와 ㉱가 모두 있고 A+b+D의 값이 3인데 ㉰와 ㉱만 있어서는 A+b+D=3이 될 수 없으므로 핵상은 $2n$이다. 자녀 1의 세포 Ⅲ은 상동 염색체 쌍이 존재하므로 핵상이 $2n$이고, A+b+D의 값이 3이다. 자녀 1은 어머니로부터 ㉰와 ㉱' 또는 ㉰'와 ㉱를 물려받았는데, 아버지로부터 A와 b를 물려받았으므로 ㉰와 ㉱' 또는 ㉰'와 ㉱에서 A+b+D=1이 되어야 한다. ㉰'와 ㉱를 물려받을 경우 어머니의 세포 Ⅱ에서 A+b+D=3인 것과 ㉰'와 ㉱에서 A+b+D=1인 것을 동시에 만족시킬 수 없으므로 자녀 1은 어머니로부터 ㉰와 ㉱'를 물려받았다. 따라서 ㉡은 ㉱, ㉣은 ㉰이고 ㉰에는 A가 있다.

(3) 자녀 2의 세포 Ⅳ는 ㉰(d)와 ㉱(A, B)를 갖고 ㉮(㉢)와 ㉯(㉠)를 갖지 않는데, A+b+D의 값이 3이다. 세포 Ⅳ의 핵상이 $2n$이어서 ㉱'(a, B), ㉰(d), ㉱(A, B), ㉰'(d)를 가지고 있더라도 A+b+D=1이므로 A+b+D=2가 되는 염색체가 추가로 필요하고, 세포에 ㉮가 없으므로 세포 Ⅳ는 ㉱'(A, b)를 가지고 있다. 자녀 2가 상동 염색체인 ㉱(A, B)와 ㉱'(A, b)를 모두 가진 것은 어머니의 감수 1분열에서 염색체 비분리가 일어나 비정상적인 생식세포 ⓐ가 형성되었기 때문이다.

(1)~(3)을 근거로 세포 Ⅰ~ Ⅳ에 들어 있는 염색체와 유전자를 나타내면 다음과 같다.

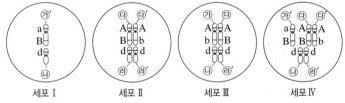
세포 Ⅰ / 세포 Ⅱ / 세포 Ⅲ / 세포 Ⅳ

ㄱ. ㉡은 ㉱이다.
➡ ㉠은 ㉯, ㉡은 ㉱, ㉢은 ㉮, ㉣은 ㉰이다.

✗ ㄴ. 어머니의 (가)~(다)에 대한 유전자형은 AABBDd이다.
➡ 어머니의 $2n$ 세포에서 A+b+D=3이므로 ㉰에는 d가 있다. 즉, 어머니의 (가)~(다)에 대한 유전자형은 AABbdd이다.

✗ ㄷ. ⓐ는 감수 2분열에서 염색체 비분리가 일어나 형성된 난자이다.
➡ 자녀 2는 어머니의 염색체 ㉱(A, B)와 ㉱'(A, b)를 모두 가지고 있으므로, ⓐ는 감수 1분열에서 염색체 비분리가 일어나 형성된 난자이다.

적용해야 할 개념 ③가지

① 생식세포 분열 과정에서 상동 염색체가 분리될 때 상동 염색체에 있는 대립유전자 쌍도 서로 분리되어 다른 생식세포로 들어간다. 생식세포인 정자와 난자가 수정하면 대립유전자는 다시 쌍을 이루고, 그에 따라 자손의 표현형이 나타난다.

② 대립유전자 A와 A*가 상염색체에 있으면 유전자형의 종류는 AA, AA*, A*A*이다.

③ 감수 분열 과정에서의 염색체 비분리

감수 1분열 비분리	상동 염색체의 비분리가 일어나 염색체 수가 정상보다 적거나 많은 생식세포만 만들어진다($n-1$, $n+1$). 염색체 수가 $n+1$인 생식세포에서 비분리된 염색체는 유전적으로 동일하지 않다.
감수 2분열 비분리	염색 분체의 비분리가 일어나 염색체 수가 정상인 생식세포(n)와 정상보다 적거나 많은 생식세포($n-1$, $n+1$)가 만들어진다. 염색체 수가 $n+1$인 생식세포에서 비분리된 염색체는 유전적으로 동일하다.

문제 보기

다음은 어떤 가족의 유전 형질 (가)~(다)에 대한 자료이다.

○ (가)는 대립유전자 A와 a에 의해, (나)는 대립유전자 B와 b에 의해, (다)는 대립유전자 D와 d에 의해 결정된다.

○ (가)와 (나)의 유전자는 7번 염색체에, (다)의 유전자는 13번 염색체에 있다.

○ 그림은 어머니와 아버지의 체세포 각각에 들어 있는 7번 염색체, 13번 염색체와 유전자를 나타낸 것이다.

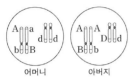

어머니   아버지

○ 표는 이 가족 구성원 중 자녀 1~3에서 체세포 1개당 A, b, D의 DNA 상대량을 더한 값(A+b+D)과 체세포 1개당 a, b, d의 DNA 상대량을 더한 값(a+b+d)을 나타낸 것이다.

구성원		자녀1	자녀2	자녀3
DNA 상대량을 더한 값	A+b+D	5	3	4
	a+b+d	3	3	1

(표 위 주석) AAbb Dd / AABb dd / AAB DDd

○ 자녀 1~3은 (가)의 유전자형이 모두 같다. (주석: AA)

○ 어머니의 생식세포 형성 과정에서 ㉠이 1회 일어나 형성된 난자 P와 아버지의 생식세포 형성 과정에서 ㉡이 1회 일어나 형성된 정자 Q가 수정되어 자녀 3이 태어났다. ㉠과 ㉡은 7번 염색체 결실과 13번 염색체 비분리를 순서 없이 나타낸 것이다. (주석: ㉠ ㉡)

○ 자녀 3의 체세포 1개당 염색체 수는 47이고, 자녀 3을 제외한 이 가족 구성원의 핵형은 모두 정상이다.

이에 대한 설명으로 옳은 것만을 <보기>에서 있는 대로 고른 것은? (단, 제시된 돌연변이 이외의 돌연변이와 교차는 고려하지 않으며, A, a, B, b, D, d 각각의 1개당 DNA 상대량은 1이다.)
[3점]

<보기> 풀이

(1) (가)와 (나)의 유전자는 7번 염색체에 있으므로 함께 유전되고, (다)의 유전자는 13번 염색체에 있으므로 독립적으로 유전된다. 어머니(Ab/aB)와 아버지(AB/Ab)로부터 태어나는 자녀가 가질 수 있는 (가)와 (나)의 대립유전자 구성과 어머니(dd)와 아버지(Dd)로부터 태어나는 자녀가 가질 수 있는 (다)의 대립유전자 구성은 각각 다음과 같다.

정자 \ 난자	Ab	aB
AB	AB/Ab	AB/aB
Ab	Ab/Ab	Ab/aB

정자 \ 난자	d
D	Dd
d	dd

(2) 정상인 자녀 1의 (A+b+D)가 5이므로 자녀 1의 유전자형은 AAbbDd이다. 따라서 자녀 2와 3은 (가)의 유전자형이 모두 AA이다. 정상인 자녀 2에서 (A+b+D)와 (a+b+d)가 모두 3이므로 자녀 2의 유전자형은 AABbdd이다. 자녀 3의 체세포 1개당 염색체 수는 47이므로 자녀 3의 체세포에는 13번 염색체가 3개 있다. 따라서 자녀 3은 어머니로부터 받은 (다)의 유전자 d가 있고 (가)의 유전자형은 AA인데, (a+b+d)가 1이므로 어머니로부터 유전자 A와 함께 있는 유전자 b를 물려받지 않았다. 즉, 어머니의 생식세포 형성 과정 중 7번 염색체에서 유전자 b가 결실되었다(㉠). 아버지로부터는 A와 B가 함께 있는 7번 염색체를 물려받으며 (A+b+D)가 4이므로 유전자 D가 있는 13번 염색체가 2개 있어야 한다. 따라서 13번 염색체 비분리는 아버지의 생식세포 형성 과정 중 감수 2분열에서 일어났다(㉡).

✗ **자녀 2에게서 A, B, D를 모두 갖는 생식세포가 형성될 수 있다.**

➡ 자녀 2의 대립유전자 구성은 AB/Ab, dd이므로 자녀 2에게서 (A, B, d), (A, b, d)를 갖는 생식세포가 형성될 수 있다. 즉, 자녀 2에게서 A, B, D를 모두 갖는 생식세포는 형성될 수 없다.

ㄴ. **㉠은 7번 염색체 결실이다.**

➡ ㉠은 어머니의 생식세포 형성 과정에서 일어난 7번 염색체 결실이다.

ㄷ. **염색체 비분리는 감수 2분열에서 일어났다.**

➡ 아버지의 생식세포 형성 과정 중 감수 2분열에서 D를 갖는 13번 염색체의 비분리가 일어나 DD를 갖는 정자 Q가 형성되었다.

적용해야 할 개념 ②가지

① 난자 형성 과정에서 성염색체($X^A X^a$) 비분리가 일어날 경우
- 감수 1분열에서 성염색체 비분리가 일어날 경우: 성염색체 구성이 $X^A X^a$인 난자, 성염색체가 없는 난자가 형성된다.
- 감수 2분열에서 성염색체 비분리가 일어날 경우: 성염색체 구성이 X^A인 난자, 성염색체 구성이 $X^a X^a$인 난자, 성염색체가 없는 난자가 형성되거나 성염색체 구성이 X^a인 난자, 성염색체 구성이 $X^A X^A$인 난자, 성염색체가 없는 난자가 형성된다.

② 클라인펠터 증후군은 성염색체 구성이 XXY(44+XXY)이며, 성염색체가 비분리되어 나타나는 유전병이다.

문제 보기

다음은 어떤 가족의 유전 형질 (가)~(다)에 대한 자료이다.

○ (가)~(다)의 유전자 중 2개는 X 염색체에 있고, 나머지 1개는 상염색체에 있다. ┌ (나) └ (가), (다)

○ (가)는 대립유전자 A와 a에 의해, (나)는 대립유전자 B와 b에 의해, (다)는 대립유전자 D와 d에 의해 결정된다.

○ 표는 이 가족 구성원 ㉠~㉻의 성별과 체세포 1개당 a, B, D의 DNA 상대량을 나타낸 것이다. ㉠~㉻은 아버지, 어머니, 자녀 1, 자녀 2, 자녀 3, 자녀 4를 순서 없이 나타낸 것이다.

○ 어머니의 난자 형성 과정에서 성염색체 비분리가 1회 일어나 염색체 수가 비정상적인 난자 P가 형성되었다. P가 정상 정자와 수정되어 자녀 4가 태어났으며, 자녀 4는 클라인펠터 증후군의 염색체 이상을 보인다. └ $2n+1=44+XXY$

구성원	성별	DNA 상대량		
		a	B	D
㉠	여	1	0	1
㉡ 어머니	여	1	1	1
㉢	남	1	2	0
㉣ 아버지	남	0	1	1
㉤ 자녀 4	남	1	1	1
㉥	남	0	0	1

○ 자녀 4를 제외한 이 가족 구성원의 핵형은 모두 정상이다.

이에 대한 설명으로 옳은 것만을 〈보기〉에서 있는 대로 고른 것은? (단, 제시된 염색체 비분리 이외의 돌연변이와 교차는 고려하지 않으며, A, a, B, b, D, d 각각의 1개당 DNA 상대량은 1이다.) [3점]

〈보기〉 풀이

(1) ㉠과 ㉡ 중 한 명은 어머니이고, 다른 한 명은 딸이다. (가)~(다)의 유전자형은 ㉠에서 AabbDd이고, ㉡에서 AaBbDd이다. (가)~(다)의 유전자 중 2개는 X 염색체에 있고, 나머지 1개는 상염색체에 있다.

❶ ㉢이 아버지라면, ㉢의 (나)의 유전자형은 BB로 대립유전자 B가 2개 있으므로 (나)의 유전자는 상염색체에 있다. 아버지로부터 B를 1개 물려받으므로 (나)의 유전자형이 bb인 자녀 ㉥이 태어날 수 없다. 따라서 ㉢은 아버지가 될 수 없다.

❷ ㉢이 클라인펠터 증후군의 자녀 4이고 (나)의 유전자가 X 염색체에 있다면, ㉢의 (나)와 (다)의 유전자형은 $X^{Bd}X^{Bd}Y$이다. 이때 (나)의 유전자형이 bb인 ㉠은 어머니가 될 수 없고, (나)의 유전자형이 Bb인 ㉡이 어머니이다. (나)와 (다)의 유전자형은 어머니인 ㉡에서 $X^{Bd}X^{bD}$이고, 딸인 ㉠에서 $X^{bD}X^{bd}$이므로 아버지는 X^{bd}를 가져야 한다. 그러나 ㉢~㉥ 중 X^{bd}를 가지고 있는 구성원이 없다. 따라서 ㉢이 클라인펠터 증후군의 자녀 4이고 (나)의 유전자가 X 염색체에 있을 수 없다.

❸ ㉢이 클라인펠터 증후군의 자녀 4이고 (나)의 유전자가 상염색체에 있다면, ㉢의 (나)의 유전자형은 BB이고, (가)와 (다)의 유전자형은 $X^{Ad}X^{ad}Y$이므로 어머니는 $X^{Ad}X^{ad}$를 가져야 한다. 그러나 ㉠과 ㉡은 모두 (가)와 (다)의 유전자형이 $X^{AD}X^{ad}$ 또는 $X^{Ad}X^{aD}$이므로 이를 만족하는 구성원이 없다. 따라서 ㉢이 클라인펠터 증후군의 자녀 4이고 (나)의 유전자가 상염색체에 있을 수 없다.

(2) 위 내용을 정리하면, ㉢은 정상 아들이다. ㉢의 (나)의 유전자형이 BB이므로 (나)의 유전자는 상염색체에 있고, (가)와 (다)의 유전자는 X 염색체에 있다.

(3) ㉢의 (가)와 (다)의 유전자형은 $X^{ad}Y$이고, (나)의 유전자형은 BB이다. 따라서 어머니는 B를 가져야 하므로 ㉡이 어머니이다. ㉡의 (가)와 (다)의 유전자형은 $X^{AD}X^{ad}$이고, (나)의 유전자형은 Bb이다. ㉥이 a와 D를 모두 가지는 것은 어머니의 난자 형성 과정 중 감수 1분열에서 비분리가 일어나 $X^{AD}X^{ad}$를 가진 난자 P와 정상 정자가 수정되어 태어났기 때문이다. 따라서 ㉥이 자녀 4이다. (나)의 유전자형이 BB인 자녀 ㉢과 bb인 자녀 ㉠이 태어나려면 아버지는 B와 b를 모두 가지고 있어야 한다. 따라서 ㉣이 아버지이다.

(4) 그림은 구성원 ㉠~㉥의 (가)~(다)의 유전자형을 나타낸 것이다.

~~ㄱ. ㉥은 아버지이다.~~
➡ ㉣이 아버지, ㉥은 자녀 4이다.

ⓛ ㄴ. 염색체 비분리는 감수 1분열에서 일어났다.
➡ (가)와 (다)의 유전자형은 아버지에서 $X^{AD}Y$, 어머니에서 $X^{AD}X^{ad}$, ㉥(자녀 4)에서 $X^{AD}X^{ad}Y$이므로, 어머니의 난자 형성 과정 중 감수 1분열에서 상동 염색체의 비분리가 1회 일어났음을 알 수 있다.

~~ㄷ. ㉠에게서 a, b, D를 모두 갖는 생식세포가 형성될 수 있다.~~
➡ ㉠의 (가)와 (다)의 유전자형은 $X^{AD}X^{ad}$이고, (나)의 유전자형은 bb이다. 따라서 ㉠에게서 a, b, D를 모두 갖는 생식세포가 형성될 수 없다.

25 일차

01 ⑤　**02** ⑤　**03** ④　**04** ②　**05** ③　**06** ⑤　**07** ②　**08** ②　**09** ⑤　**10** ③　**11** ①　**12** ①
13 ④

문제편 261쪽~267쪽

01 | 염색체 비분리 2024학년도 수능 17번 　　　　정답 ⑤ | 정답률 19%

적용해야 할 개념 ③가지

① 어떤 유전 형질이 열성이고 대립유전자가 X 염색체에 있는 경우, 딸에게서 열성 형질이 나타나려면 아버지는 반드시 열성 형질이 나타나야 하며, 아들에게서 열성 형질이 나타나려면 어머니는 보인자이거나 열성 형질이 나타나야 한다.

② 어떤 유전 형질이 우성이고 대립유전자가 X 염색체에 있는 경우, 아버지에게서 우성 형질이 나타나면 딸은 반드시 우성 형질이 나타난다.

③ 감수 분열 과정에서의 염색체 비분리

감수 1분열 비분리	상동 염색체의 비분리가 일어나 염색체 수가 정상보다 많거나 적은 생식세포($n-1$, $n+1$)가 만들어진다. $n+1$인 생식세포에서 비분리된 염색체는 유전적으로 동일하지 않다.
감수 2분열 비분리	염색 분체의 비분리가 일어나 염색체 수가 정상인 생식세포(n)와 정상보다 많거나 적은 생식세포($n-1$, $n+1$)가 만들어진다. $n+1$인 생식세포에서 비분리된 염색체는 유전적으로 동일하다.

문제 보기

다음은 어떤 가족의 유전 형질 (가)~(다)에 대한 자료이다.

┌ (나) 발현 대립유전자　┌ (가) 발현 대립유전자

○ (가)는 대립유전자 A와 a에 의해, (나)는 대립유전자 B와 b에 의해, (다)는 대립유전자 D와 d에 의해 결정된다. A는 a에 대해, B는 b에 대해, D는 d에 대해 각각 완전 우성이다.　(다) 발현 대립유전자

○ (가)와 (나)는 모두 우성 형질이고, (다)는 열성 형질이다. (가)의 유전자는 상염색체에 있고, (나)와 (다)의 유전자는 모두 X 염색체에 있다.

○ 표는 이 가족 구성원의 성별과 ㉠~㉢의 발현 여부를 나타낸 것이다. ㉠~㉢은 각각 (가)~(다) 중 하나이다.

구성원	성별	㉠	㉡	㉢
아버지	남	○ Aa	×	× $X^{bD}Y$
어머니	여	× aa	○	○ⓐ $X^{Bd}X^{bd}$
자녀 1	남	× aa	○	○ $X^{Bd}Y$
자녀 2	여	○ Aa	○	× $X^{Bd}X^{bD}$
자녀 3	남	○ Aa	×	○ $X^{bd}Y$
자녀 4 XXY	남	× aa	×	× $X^{bd}X^{bD}Y$

(○: 발현됨, ×: 발현 안 됨)

┌ 아버지

○ 부모 중 한 명의 생식세포 형성 과정에서 성염색체 비분리가 1회 일어나 염색체 수가 비정상적인 생식세포 G가 형성되었다. G가 정상 생식세포와 수정되어 자녀 4가 태어났으며, 자녀 4는 클라인펠터 증후군의 염색체 이상을 보인다.　감수 1분열 비분리($X^{bD}Y$)

○ 자녀 4를 제외한 이 가족 구성원의 핵형은 모두 정상이다.

이에 대한 설명으로 옳은 것만을 〈보기〉에서 있는 대로 고른 것은? (단, 제시된 염색체 비분리 이외의 돌연변이와 교차는 고려하지 않는다.)

보기

〈보기〉 풀이

(1) (가)의 유전자는 상염색체에 있고 (나)와 (다)의 유전자는 모두 X 염색체에 있으므로 (가)는 독립적으로 유전되지만, (나)와 (다)는 함께 유전된다.

(2) ㉠과 ㉡이 X 염색체에 함께 있다면 ㉠과 ㉡이 모두 발현된 딸이 태어날 수 없고, ㉠과 ㉢이 X 염색체에 함께 있다면 ㉠은 발현되고 ㉢은 발현되지 않은 딸이 태어날 수 없다. 따라서 ㉡과 ㉢이 X 염색체에 함께 있다.

(3) ㉡이 X 염색체 열성 유전 형질(다)이라면 ㉡이 발현된 어머니로부터 태어난 남자인 자녀 1과 자녀 3에게서 모두 ㉡이 발현되어야 하지만 자녀 3은 ㉡이 발현되지 않았으므로 ㉡은 X 염색체 우성 유전 형질인 (나)이고, ㉢은 X 염색체 열성 유전 형질인 (다)이다. 즉, ㉠은 (가), ㉡은 (나), ㉢는 (다)이다.

㉠ ⓐ는 '○'이다.
➡ 자녀 1(남)의 (나)와 (다)의 유전자형은 $X^{Bd}Y$, 자녀 3(남)의 (나)와 (다)의 유전자형은 $X^{bd}Y$이므로, 어머니의 (나)와 (다)의 유전자형은 $X^{Bd}X^{bd}$이다. 따라서 어머니에게서 (다)가 발현되므로 ⓐ는 '○'이다.

㉡ 자녀 2는 A, B, D를 모두 갖는다.
➡ 자녀 2(여)의 (가)의 유전자형은 Aa이고, (나)와 (다)의 유전자는 아버지로부터 X^{bD}, 어머니로부터 X^{Bd}를 물려받았다. 따라서 자녀 2는 A, B, D를 모두 갖는다.

㉢ G는 아버지에게서 형성되었다.
➡ 자녀 4(남)는 (나)와 (다)가 모두 미발현이므로 아버지로부터 X^{bD}를 물려받았음을 알 수 있다. 따라서 자녀 4는 아버지의 생식세포 형성 과정 중 감수 1분열에서 성염색체 비분리가 1회 일어나 형성된 비정상적인 정자(생식세포 G, $X^{bD}Y$)와 정상 난자(X^{bd})의 수정에 의해 태어났다.

적용해야 할 개념 ③가지

① X 염색체에 열성 유전 형질의 대립유전자가 있는 경우, 딸에게서 열성 형질이 나타나려면 아버지는 반드시 열성 형질을 가지고 있어야 한다.

② 염색체 수 이상은 생식세포를 형성하는 감수 분열 과정에서 염색체가 비분리되어 나타난다.

감수 1분열에서 상동 염색체의 비분리가 일어날 경우	형성되는 모든 생식세포는 염색체 수가 정상보다 많거나 적다($n+1$, $n-1$).
감수 2분열에서 염색 분체의 비분리가 일어날 경우	염색체 수가 정상인 생식세포(n)와 정상보다 많거나 적은 생식세포($n+1$, $n-1$)가 만들어진다.

③ 남자의 생식세포 형성 시 감수 1분열에서 성염색체 비분리가 일어나면 성염색체 구성이 XY인 정자와 성염색체가 없는 정자가 형성될 수 있다. 감수 2분열에서 성염색체의 염색 분체 비분리가 일어나면 성염색체 구성이 X인 정자, Y인 정자, XX인 정자, YY인 정자, 성염색체가 없는 정자가 형성될 수 있다.

문제 보기

다음은 어떤 가족의 유전 형질 (가)와 (나)에 대한 자료이다.

열성 형질   (가) 미발현   (가) 발현 우성 형질

○ (가)는 대립유전자 A와 a에 의해, (나)는 대립유전자 B와 b에 의해 결정된다. A는 a에 대해, B는 b에 대해 각각 완전 우성이다.
(나) 발현   (나) 미발현

○ (가)와 (나)의 유전자는 모두 X 염색체에 있다.

○ 표는 가족 구성원의 성별, (가)와 (나)의 발현 여부를 나타낸 것이다.

보기

구분	아버지 $X^{aB}Y$	어머니 $X^{Ab}X^{ab}$	자녀 1 $X^{aB}X^{ab}$	자녀 2 X^{aby}	자녀 3 $X^{Ab}X^{aB}Y$
성별	남	여	여	남	남
(가)	?○	×	○	○	×
(나)	○	×	○	×	○

(○: 발현됨, ×: 발현 안 됨)

○ 성염색체 비분리가 1회 일어나 형성된 생식세포 ㉠과 정상 생식세포가 수정되어 자녀 3이 태어났다.

└ 아버지의 생식세포 형성 시   아버지의 정자 ┘
감수 1분열에서 성염색체 비분리가 일어났다.

이에 대한 옳은 설명만을 〈보기〉에서 있는 대로 고른 것은? (단, 제시된 돌연변이 이외의 돌연변이와 교차는 고려하지 않는다.)
[3점]

〈보기〉 풀이

(가)의 유전자는 X 염색체에 있고, 어머니는 (가) 미발현인데 자녀 2(아들)는 (가) 발현이다. 이로부터 어머니는 (가) 발현 대립유전자가 있는 X 염색체와 (가) 미발현 대립유전자가 있는 X 염색체를 모두 가지고 있으므로, (가)는 열성 형질임을 알 수 있다. 즉, A는 (가) 미발현 대립유전자, a는 (가) 발현 대립유전자이다. 어머니의 (가)의 유전자형은 $X^A X^a$이고, 자녀 1(딸)은 (가) 발현이므로 자녀 1의 (가)의 유전자형은 $X^a X^a$이다.

만약 (나)가 열성 형질이라면 B는 (나) 미발현 대립유전자, b는 (나) 발현 대립유전자이다. 이 경우 (나) 발현인 자녀 1(딸)의 (가)와 (나)의 유전자형은 $X^{ab} X^{ab}$이고, (나) 미발현인 어머니의 (가)와 (나)의 유전자형은 $X^{AB} X^{ab}$이므로, 자녀 2(아들)는 X^{AB} 또는 X^{ab}를 가지고 있어야 하는데 (가) 발현, (나) 미발현이므로 X^{ab}를 가져 모순이다. 따라서 (나)는 우성 형질이며, B는 (나) 발현 대립유전자, b는 (나) 미발현 대립유전자이다.

ㄱ. 아버지에게서 (가)가 발현되었다.
➡ 자녀 1(딸)의 (가)의 유전자형은 $X^a X^a$이므로, 아버지와 어머니로부터 각각 X^a(a가 있는 X 염색체)를 물려받았다. 따라서 아버지의 (가)의 유전자형은 $X^a Y$이므로, 아버지에게서 (가)가 발현되었다.

ㄴ. (나)는 우성 형질이다.
➡ (가)는 열성 형질, (나)는 우성 형질이다.

ㄷ. ㉠의 형성 과정에서 성염색체 비분리는 감수 1분열에서 일어났다.
➡ 아버지는 (가) 발현, (나) 발현이므로, 아버지의 (가)와 (나)의 유전자형은 $X^{aB}Y$이다. 어머니는 (가) 미발현, (나) 미발현이므로, 어머니의 (가)와 (나)의 유전자형은 $X^{Ab}X^{ab}$이다. 자녀 3(아들)은 (가) 미발현, (나) 발현이므로 어머니로부터 X^{Ab}(A와 b가 있는 X 염색체)를, 아버지로부터 X^{aB}(a와 B가 있는 X 염색체)와 Y 염색체를 물려받았다. 따라서 생식세포 ㉠(아버지의 정자)의 형성 과정에서 성염색체 비분리는 감수 1분열에서 일어났다.

적용해야 할 개념 ④가지

① 특정 형질을 결정하는 유전자가 X 염색체에 있는 경우, 유전 형질이 발현되는 빈도는 남녀에 따라 달라진다.

② 남자의 경우 X 염색체에 있는 대립유전자는 항상 어머니로부터 받으며 항상 딸에게만 전달된다. 여자의 경우 X 염색체에 있는 대립유전자는 부모 모두에게서 받으며 아들과 딸 모두에게 전달된다.

③ 난자 형성 과정에서 성염색체 비분리가 일어날 경우
  • 감수 1분열에서 성염색체 비분리가 일어날 경우: 성염색체 구성이 XX인 난자, 성염색체가 없는 난자가 형성된다.
  • 감수 2분열에서 성염색체 비분리가 일어날 경우: 성염색체 구성이 X인 난자, XX인 난자, 성염색체가 없는 난자가 형성된다.

④ 클라인펠터 증후군은 성염색체 구성이 XXY($2n+1=44+$XXY)이며, 성염색체가 비분리되어 나타나는 유전병이다.

문제 보기

다음은 어떤 가족의 유전 형질 (가)와 (나)에 대한 자료이다.

○ (가)는 대립유전자 A와 A*에 의해, (나)는 대립유전자 B와 B*에 의해 결정되며, 각 대립유전자 사이의 우열 관계는 분명하다.

○ (가)와 (나)의 유전자 중 하나는 상염색체에, 나머지 하나는 X 염색체에 있다. (가): A(가) > A*(정상), 상염색체 (나): B(나) > B*(정상), X 염색체

○ 표는 이 가족 구성원의 (가)와 (나)의 발현 여부와 A, A*, B, B*의 유무를 나타낸 것이다.

구성원	형질 (가)	형질 (나)	대립유전자 A	A*	B	B*
아버지	−	+	×	○	○	×
어머니	+	−	○	?○	?×	○
형	+	−	?○	○	×	○
누나	−	+	×	○	○	?○
㉠	+	+	○	?○	?○	○

(+: 발현됨, −: 발현 안 됨, ○: 있음, ×: 없음)

○ 감수 분열 시 부모 중 한 사람에게서만 염색체 비분리가 1회 일어나 ⓐ 염색체 수가 비정상적인 생식세포가 형성되었다. ⓐ가 정상 생식세포와 수정되어 태어난 ㉠에게서 클라인펠터 증후군이 나타난다. ㉠을 제외한 나머지 구성원의 핵형은 모두 정상이다.

X^BY

$X^BX^{B*}Y$

X^{B*}

이에 대한 설명으로 옳은 것만을 <보기>에서 있는 대로 고른 것은? (단, 제시된 염색체 비분리 이외의 돌연변이와 교차는 고려하지 않는다.)

<보기> 풀이

아버지는 (가)가 발현되지 않았는데 A*만 가지므로 A*는 (가) 미발현 대립유전자, A는 (가) 발현 대립유전자이다. 형은 A*를 가지고 있는데 (가)가 발현되었으므로 A도 함께 가지고 있다. 즉, (가)가 발현된 형의 (가)의 유전자형은 AA*이므로 (가) 발현은 우성 형질이며, (가)의 유전자는 상염색체에, (나)의 유전자는 X 염색체에 있다.

아버지는 (나)가 발현되었는데 B만 가지므로 B는 (나) 발현 대립유전자, B*는 (나) 미발현 대립유전자이다. 클라인펠터증후군인 ㉠은 B*를 가지고 있는데 (나)가 발현되었으므로 B가 있는 X 염색체도 함께 가지고 있다. 따라서 (나) 발현은 우성 형질이다.

✗ **(가)의 유전자는 X 염색체에 있다.**

➡ 형의 (가)의 유전자형은 AA*이므로 (가)의 유전자는 상염색체에 있고, (나)의 유전자는 X 염색체에 있다.

ㄴ. **ⓐ는 감수 1분열에서 성염색체 비분리가 일어나 형성된 정자이다.**

➡ ㉠의 (나)의 유전자형은 $X^BX^{B*}Y$이며, 아버지의 (나)의 유전자형은 X^BY, 어머니의 (나)의 유전자형은 $X^{B*}X^{B*}$이므로, ㉠은 아버지로부터 B가 있는 X 염색체와 Y 염색체를 함께 물려받았다. 따라서 ⓐ는 감수 1분열에서 성염색체 비분리가 일어나 형성된 정자이다.

ㄷ. **㉠의 동생이 태어날 때, 이 아이에게서 (가)와 (나)가 모두 발현될 확률은 $\frac{1}{4}$이다.**

➡ (가)와 (나)는 서로 다른 염색체에 존재하므로 독립적으로 유전된다. 아버지의 (가)의 유전자형은 A*A*, 어머니의 (가)의 유전자형은 AA*이므로 이들 사이에서 태어난 자손의 유전자형의 분리비는 AA* : A*A*=1 : 1이다. 따라서 ㉠의 동생에게서 (가)가 발현(AA*)될 확률은 $\frac{1}{2}$이다.

아버지의 (나)의 유전자형은 X^BY, 어머니의 (나)의 유전자형은 $X^{B*}X^{B*}$이므로 이들 사이에서 태어난 자손의 유전자형의 분리비는 X^BX^{B*} : $X^{B*}Y=1$: 1이다. 따라서 ㉠의 동생에게서 (나)가 발현(X^BX^{B*})될 확률은 $\frac{1}{2}$이다.

종합하면, ㉠의 동생에게서 (가)와 (나)가 모두 발현될 확률은 $\frac{1}{2} \times \frac{1}{2} = \frac{1}{4}$이다.

적용해야 할 개념 ③가지

① 어떤 유전 형질이 발현된 부모 사이에서 이 유전 형질이 발현되지 않은 딸이 태어났다면, 이 유전 형질은 우성이며 상염색체 유전이다.

② 어떤 유전 형질이 열성이고 대립유전자가 X 염색체에 있는 경우, 딸에게서 열성 형질이 나타나려면 아버지는 반드시 열성 형질이 나타나야 하며, 아버지가 우성 형질이라면 딸은 반드시 우성 형질이 나타난다.

③ 감수 분열 과정에서의 염색체 비분리

감수 1분열	상동 염색체의 비분리가 일어나면 염색체 수가 정상보다 많거나 적은 생식세포($n-1$, $n+1$)가 만들어진다. $n+1$인 생식세포에서 비분리된 염색체는 유전자 구성이 다르다.
감수 2분열	염색 분체의 비분리가 일어나면 염색체 수가 정상인 생식세포(n)와 정상보다 많거나 적은 생식세포($n-1$, $n+1$)가 만들어진다. $n+1$인 생식세포에서 비분리된 염색체는 유전자 구성이 같다.

문제 보기

다음은 어떤 가족의 유전 형질 (가)~(다)에 대한 자료이다.

○ (가)~(다)의 유전자 중 2개는 13번 염색체에, 나머지 1개는 X 염색체에 있다. → (가)와 (나)

(다) → 1개는 X 염색체에 있다. → (가)와 (나)

○ (가)는 대립유전자 H와 h에 의해, (나)는 대립유전자 R와 r에 의해, (다)는 대립유전자 T와 t에 의해 결정된다. H는 h에 대해, R는 r에 대해, T는 t에 대해 각각 완전 우성이다.

○ (가)~(다) 중 2개는 우성 형질이고, 나머지 1개는 열성 형질이다. → (가)와 (다)   → (나)

○ 표는 이 가족 구성원의 성별과 (가)~(다)의 발현 여부를 나타낸 것이다.

구성원	성별	(가)	(나)	(다)
		13번 염색체		X 염색체
아버지	남	○ Hh	× Rr	× X^tY
어머니	여	○ Hh	○ rr	○ X^TX^t
자녀 1	남	○ H_	○ rr	○ X^TY
자녀 2	여	× hh	× Rr	○ X^tX^t
자녀 3	남	× hh	× Rr	○ X^TY
자녀 4	여	× hh	○ rr	○ X^TX^t

(○: 발현됨, ×: 발현 안 됨)

○ 이 가족 구성원의 핵형은 모두 정상이다.

○ 염색체 수가 22인 생식세포 ㉠과 염색체 수가 24인 생식세포 ㉡이 수정되어 자녀 4가 태어났다. ㉠과 ㉡의 형성 과정에서 각각 13번 염색체 비분리가 1회 일어났다. → 정자 → 난자

이에 대한 설명으로 옳은 것만을 〈보기〉에서 있는 대로 고른 것은? (단, 제시된 염색체 비분리 이외의 돌연변이와 교차는 고려하지 않는다.) [3점]

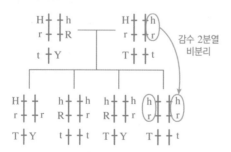

감수 2분열 비분리

〈보기〉 풀이

(1) (가)가 발현된 부모 사이에서 (가)가 발현되지 않은 자녀 2와 자녀 3이 태어났으므로 (가)는 우성 형질이고, H는 (가) 발현 대립유전자, h는 (가) 미발현 대립유전자이다. 우성 형질이면서 X 염색체에 유전자가 있다면 아버지에게서 (가)가 발현되었을 때 딸인 자녀 2는 (가)가 발현되어야 한다. 따라서 (가)의 유전자는 13번 염색체에 있다.

(2) 자녀 2와 자녀 3은 부모로부터 각각 h 대립유전자를 물려받았다. h 대립유전자와 함께 13번 염색체에 있는 (나) 또는 (다)의 유전자를 물려받았으므로 (나) 또는 (다)의 표현형이 같아야 한다. 자녀 2와 자녀 3에서 (나)의 표현형이 같고, (다)의 표현형이 다르므로 (나)의 유전자는 13번 염색체에 있고, (다)의 유전자는 X 염색체에 있다.

(3) 자녀 4가 태어날 때 ㉠과 ㉡의 형성 과정에서 각각 13번 염색체 비분리가 1회 일어났으므로 성염색체는 비분리가 일어나지 않았다. (다)가 열성 형질이면서 X 염색체에 유전자가 있다면 아버지에게서 (다)가 발현되지 않았을 때 딸인 자녀 4도 (다)가 발현되지 않아야 한다. 따라서 (다)는 우성 형질이고, (나)는 열성 형질이며, R는 (나) 미발현 대립유전자, r는 (나) 발현 대립유전자이고, T는 (다) 발현 대립유전자, t는 (다) 미발현 대립유전자이다.

(4) 표는 가족 구성원의 (가)~(다)의 유전자형을 나타낸 것이다.

구성원	성별	(가) 우성	(나) 열성	(다) 우성	유전자 구성
아버지	남	○(Hh)	×(Rr)	×(X^tY)	Hr/hR, X^tY
어머니	여	○(Hh)	○(rr)	○(X^TX^t)	Hr/hr, X^TX^t
자녀 1	남	○(H_)	○(rr)	○(X^TY)	Hr/_r, X^TY
자녀 2	여	×(hh)	×(Rr)	×(X^tX^t)	hR/hr, X^tX^t
자녀 3	남	×(hh)	×(Rr)	○(X^TY)	hR/hr, X^TY
자녀 4	여	×(hh)	○(rr)	○(X^TX^t)	hr/hr, X^TX^t

(5) 자녀 2의 대립유전자의 상동 염색체 배열은 hR/hr이므로 어머니로부터 hr를 물려받았고, 아버지로부터 hR를 물려받았다. 따라서 부모의 대립유전자의 상동 염색체 배열은 아버지는 Hr/hR이고, 어머니는 Hr/hr이다.

(6) 자녀 4의 대립유전자의 상동 염색체 배열은 hr/hr이므로 어머니로부터만 hr를 2개 물려받았다. 따라서 염색체 수가 22인 생식세포 ㉠은 정자, 염색체 수가 24인 생식세포 ㉡은 난자이며, ㉡은 어머니의 생식세포 분열 중 감수 2분열에서 13번 염색체 비분리가 1회 일어나 형성된 난자이다.

✗ (나)는 우성 형질이다.
→ (가)와 (다)는 우성 형질이고, (나)는 열성 형질이다.

ㄴ. 아버지에게서 h, R, t를 모두 갖는 정자가 형성될 수 있다.
→ 아버지의 (가)~(다)의 대립유전자의 상동 염색체 배열은 Hr/hR, X^tY이다. 따라서 아버지에게서 h, R, t를 모두 갖는 정자가 형성될 수 있다.

✗ ㉡은 감수 1분열에서 염색체 비분리가 일어나 형성된 난자이다.
→ ㉡은 감수 2분열에서 염색체 비분리가 일어나 형성된 난자이다.

적용해야 할 개념 ④가지

① 특정 형질을 결정하는 유전자가 X 염색체에 있는 경우, 유전 형질이 발현되는 빈도는 남녀에 따라 달라진다.

② 남자의 경우 X 염색체에 있는 대립유전자는 항상 어머니로부터 받으며 항상 딸에게만 전달된다. 여자의 경우 X 염색체에 있는 대립유전자는 부모 모두에게서 받으며 아들과 딸 모두에게 전달된다.

③ 정자 형성 과정에서 성염색체 비분리가 일어날 경우
- 감수 1분열에서 성염색체 비분리가 일어날 경우: 성염색체 구성이 XY인 정자, 성염색체가 없는 정자가 형성된다.
- 감수 2분열에서 성염색체 비분리가 일어날 경우: 성염색체 구성이 X인 정자, YY인 정자, 성염색체가 없는 정자가 형성되거나 성염색체 구성이 Y인 정자, XX인 정자, 성염색체가 없는 정자가 형성된다.

④ 클라인펠터 증후군은 성염색체 구성이 XXY($2n+1=44+$XXY)이며, 성염색체가 비분리되어 나타나는 유전병이다.

문제 보기

다음은 어떤 가족의 유전 형질 (가)와 (나)에 대한 자료이다.

> ○ (가)는 대립유전자 A와 a에 의해, (나)는 대립유전자 B와 b에 의해 결정된다. A는 a에 대해, B는 b에 대해 각각 완전 우성이다.
>
> ○ (가)를 결정하는 유전자와 (나)를 결정하는 유전자 중 하나는 X 염색체에 존재한다.
> (가): A(정상)>a(가), 상염색체
> (나): B(나)>b(정상), X 염색체
>
> ○ 표는 이 가족 구성원의 성별, 체세포 1개에 들어 있는 대립유전자 A와 b의 DNA 상대량, 유전 형질 (가)와 (나)의 발현 여부를 나타낸 것이다. ㉠~㉤은 아버지, 어머니, 자녀 1, 자녀 2, 자녀 3을 순서 없이 나타낸 것이다.

구성원	성별	DNA 상대량 A	DNA 상대량 b	유전 형질 (가)	유전 형질 (나)
자녀 3 ㉠	남	2	1	×	○
어머니 ㉡	여	1	2	×	×
아버지 ㉢	남	1	0	×	○
㉣	여	2	1	×	○
㉤	남	0	1	○	×

(○: 발현됨, ×: 발현 안 됨)
(나)의 유전자는 X 염색체에 있다.

$22+X^BY$

> ○ 감수 분열 시 부모 중 한 사람에게서만 염색체 비분리가 1회 일어나 ⓐ 염색체 수가 비정상적인 생식세포가 형성되었다. ⓐ가 정상 생식세포와 수정되어 자녀 3이 태어났다. 자녀 3을 제외한 나머지 구성원의 핵형은 모두 정상이다.
> $22+X^BX^bY$ — X^b

이에 대한 설명으로 옳은 것만을 〈보기〉에서 있는 대로 고른 것은? (단, 제시된 염색체 비분리 이외의 돌연변이와 교차는 고려하지 않으며, A, a, B, b 각각의 1개당 DNA 상대량은 1이다.) [3점]

〈보기〉 풀이

남자 ㉠과 여자 ㉣에서 모두 (가)가 발현되지 않았는데, ㉠과 ㉣의 체세포에는 A가 2개 있고 a는 없다. 따라서 A는 (가) 미발현 대립유전자, a는 (가) 발현 대립유전자이며, (가) 발현은 열성 형질이다. 남자 ㉢의 체세포에는 b가 없는데 ㉢에서 (나)가 발현되었다. 이는 ㉢의 체세포에 B가 있다는 것으로, B는 (나) 발현 대립유전자, b는 (나) 미발현 대립유전자이며, (나) 발현은 우성 형질이다. 여자 ㉣과 남자 ㉤의 체세포에 있는 b의 수는 1로 같은데 (나)의 표현형이 다르다. 이를 통해 (나)의 유전자는 X 염색체에 존재한다는 것을 알 수 있고, 따라서 (가)의 유전자는 상염색체에 존재한다.

ㄱ. 아버지와 어머니는 (가)에 대한 유전자형이 같다.

➡ A의 DNA 상대량을 통해 구성원 ㉠~㉤의 (가)에 대한 유전자형을 나타내면 오른쪽 표와 같다. 아버지와 어머니의 (가)에 대한 유전자형이 각각 Aa이어야 자녀가 가질 수 있는 (가)에 대한 유전자형이 AA, Aa, aa가 된다. 따라서 아버지는 ㉢, 어머니는 ㉡이며, 아버지와 어머니는 (가)에 대한 유전자형이 Aa로 같다.

구성원	성별	(가)의 유전자형
㉠	남	AA
㉡	여	Aa
㉢	남	Aa
㉣	여	AA
㉤	남	aa

✗ 자녀 3은 터너 증후군을 나타낸다.

➡ 남자 ㉠과 ㉤의 체세포에 있는 b의 수는 1로 같은데, ㉠에서는 (나)가 발현되었고 ㉤에서는 (나)가 발현되지 않았다. 이는 ㉠의 체세포에 (나) 발현 대립유전자인 B가 있다는 것을 의미한다. 따라서 ㉠은 (나)에 대한 유전자형이 X^BX^bY이며, b의 DNA 상대량을 통해 구성원 ㉠~㉤의 (나)에 대한 유전자형을 나타내면 오른쪽 표와 같다. ㉠의 체세포에는

구성원	성별	(나)의 유전자형
㉠	남	X^BX^bY
㉡	여	X^bX^b
㉢	남	X^BY
㉣	여	X^BX^b
㉤	남	X^bY

정상 체세포보다 X 염색체가 1개 많으므로 ㉠은 자녀 3이며, 자녀 3은 클라인펠터 증후군($44+$XXY)을 나타낸다.

ㄷ. ⓐ가 형성될 때 감수 1분열에서 염색체 비분리가 일어났다.

➡ 자녀 3(㉠)의 체세포에는 2개의 X 염색체가 들어 있으며, 2개의 X 염색체에 존재하는 (나)의 대립유전자는 B와 b로 다르다. 어머니 ㉡의 (나)에 대한 유전자형은 X^bX^b이고, 아버지 ㉢의 (나)에 대한 유전자형은 X^BY이다. 따라서 아버지 ㉢의 생식세포 형성 과정에서 감수 1분열 시 성염색체 비분리가 일어나 X 염색체와 Y 염색체가 함께 있는 생식세포(ⓐ)가 형성되었고, 자녀 3(㉠)은 정자 ⓐ(X^BY)와 정상 난자(X^b)의 수정으로 태어났다.

적용해야 할 개념 ③가지

① 어떤 형질의 유전자가 X 염색체에 있는 경우 아버지와 딸의 표현형이 다르면 딸의 표현형은 우성, 아버지의 표현형은 열성이다.

② 하나의 염색체에 같이 존재하는 유전자들은 감수 분열 시 함께 이동하여 같은 생식세포로 들어간다.

③ 염색체 수 이상은 생식세포 형성 과정에서 염색체가 비분리되어 나타난다.
- 감수 1분열에서 비분리가 일어날 경우: 상동 염색체가 비분리되며, 염색체 수에 이상이 있는 생식세포($n-1$, $n+1$)만 만들어진다. 이때 $n+1$인 생식세포에서 비분리된 염색체는 유전자 구성이 다르다.
- 감수 2분열에서 비분리가 일어날 경우: 염색 분체가 비분리되며, 염색체 수가 정상인 생식세포(n)와 이상이 있는 생식세포($n-1$, $n+1$)가 만들어진다. 이때 $n+1$인 생식세포에서 비분리된 염색체는 유전자 구성이 같다.

문제 보기

다음은 어떤 가족의 유전 형질 (가)~(다)에 대한 자료이다.

○ (가)는 대립유전자 H와 h에 의해, (나)는 대립유전자 R와 r에 의해, (다)는 대립유전자 T와 t에 의해 결정된다. H는 h에 대해, R는 r에 대해, T는 t에 대해 각각 완전 우성이다.

(가): H(미발현)>h(발현)
(나): R(발현)>r(미발현)
(다): T(발현)>t(미발현)

○ (가)~(다)의 유전자는 모두 X 염색체에 있다.

○ 표는 어머니를 제외한 나머지 가족 구성원의 성별과 (가)~(다)의 발현 여부를 나타낸 것이다. 자녀 3과 4의 성별은 서로 다르다.

구성원	성별	(가)	(나)	(다)	유전자형
아버지	남	○	○	?○	$X^{hRT}Y$
자녀 1	여	×	○	○	$X^{hRT}X^{hrt}$
자녀 2	남	×	×	×	$X^{hrt}Y$
자녀 3	?남	○	×	○	$X^{hrT}Y$
자녀 4ⓐ	?여	×	×	○	$X^{Hrt}X^{hrT}$

─(22+XX) (○: 발현됨, ×: 발현 안 됨)

○ 이 가족 구성원의 핵형은 모두 정상이다.

○ 염색체 수가 22인 생식세포 ㉠과 염색체 수가 24인 생식세포 ㉡이 수정되어 ⓐ가 태어났으며, ⓐ는 자녀 3과 4 중 하나이다. ㉠과 ㉡의 형성 과정에서 각각 성염색체 비분리가 1회 일어났다. ─감수 1분열에서 X 염색체 비분리

이에 대한 설명으로 옳은 것만을 〈보기〉에서 있는 대로 고른 것은? (단, 제시된 염색체 비분리 이외의 돌연변이와 교차는 고려하지 않는다.) [3점]

〈보기〉풀이

보기

❶ ㉠과 ㉡의 형성 과정에서 모두 성염색체 비분리가 일어났고, 그 결과 ㉠의 염색체 수는 22, ㉡의 염색체 수는 24이다. 이를 통해 ㉠에는 성염색체가 없고, ㉡에는 성염색체가 2개 있음을 알 수 있다. 가족 구성원의 핵형이 모두 정상이므로 ⓐ의 핵형도 정상이어서 ⓐ의 체세포에는 성염색체가 2개 있다. ⓐ는 성별이 서로 다른 자녀 3과 4 중 하나이므로, ⓐ의 성염색체 구성은 XX 또는 XY이다.

❷ 형질 (가)~(다)의 유전자는 X 염색체에 있고 아버지는 (가)와 (나)가 모두 발현된다. 따라서 ㉡이 아버지에서 형성된 생식세포(정자)라면 ⓐ가 아들인 경우 아버지로부터 (가) 발현 대립유전자와 (나) 발현 대립유전자가 있는 X 염색체와 Y 염색체를 물려받게 되므로 (가)와 (나)가 모두 발현되어야 하고, ⓐ가 딸인 경우에도 아버지로부터 (가) 발현 대립유전자와 (나) 발현 대립유전자가 있는 X 염색체를 2개 물려받게 되므로 (가)와 (나)가 모두 발현되어야 한다. 그러나 자녀 3과 4 중 이 조건을 만족하는 자녀가 없으므로, ㉡은 어머니에서 형성된 생식세포(난자)로, ㉡의 성염색체 구성은 XX이다.

❸ 만약 (가)가 우성 형질이라면 (가) 발현인 아버지는 자녀 1(딸)에게 (가) 발현 대립유전자가 있는 X 염색체를 물려주므로, 자녀 1(딸)은 (가)가 발현되어야 하지만 (가)가 발현되지 않았다. 따라서 (가)는 열성 형질이고, H는 (가) 미발현 대립유전자, h는 (가) 발현 대립유전자이다. 그리고 자녀1(딸)에서 (가)가 발현되지 않았으므로 아버지는 h가 있는 X 염색체를, 어머니는 H가 있는 X 염색체를 가지고 있다. 자녀 2(아들)는 (가)~(다)가 모두 미발현이므로, 어머니는 H, (나) 미발현 대립유전자, (다) 미발현 대립유전자를 가진 X 염색체를 가지고 있음을 알 수 있다. 어머니의 (가)의 유전자형이 X^HX^H라면 자녀 3과 4는 모두 어머니로부터 X^H를 물려받았으므로 (가) 미발현이어야 하지만 자녀 3은 (가) 발현이고, 자녀 4는 (가) 미발현이다. 따라서 어머니의 (가)의 유전자형은 X^HX^h이다.

❹ 자녀 1(딸)은 (나) 발현, (다) 발현인데 어머니로부터 H, (나) 미발현 대립유전자, (다) 미발현 대립유전자를 가진 X 염색체를 물려받았다. 이를 통해 자녀 1(딸)은 (나) 발현 대립유전자, (다) 발현 대립유전자를 모두 가지고 있으며, (나)와 (다)가 모두 우성 형질임을 알 수 있다. 따라서 R는 (나) 발현 대립유전자, r는 (나) 미발현 대립유전자, T는 (다) 발현 대립유전자, t는 (다) 미발현 대립유전자이다.

어머니는 H, r, t가 있는 X 염색체(X^{Hrt})와 h, _, _가 있는 X 염색체(X^{h--})를 가지고 있다. 자녀 1(딸)은 (가) 미발현, (나) 발현, (다) 발현이므로 어머니로부터 X^{Hrt}를, 아버지로부터 h, R, T가 있는 X 염색체(X^{hRT})를 물려받았다. 따라서 아버지의 (가)~(다)의 유전자형은 $X^{hRT}Y$이다. 자녀 3은 (가) 발현, (나) 미발현, (다) 발현이므로 아버지로부터 X^{hRT}를 물려받지 않았음을 알 수 있으며, 어머니로부터 h, r, T가 있는 X 염색체(X^{hrT})를 물려받았다. 따라서 어머니의 (가)~(다)의 유전자형은 $X^{Hrt}X^{hrT}$이다. 자녀 4는 (가) 미발현, (나) 미발현, (다) 발현이므로 아버지로부터 X^{hRT}를 물려받지 않았고, 어머니로부터 X^{Hrt}와 X^{hrT}를 물려받았다. 이를 통해 ⓐ는 자녀 4(딸)이고, 자녀 3은 아들임을 알 수 있다.

ㄱ. ⓐ는 자녀 4이다.

➡ 자녀 4는 어머니로부터 2개의 X 염색체(X^{Hrt}, X^{hrT})를 물려받았으므로, ⓐ는 자녀 4이다.

ㄴ. ㉡은 감수 1분열에서 염색체 비분리가 일어나 형성된 난자이다.

➡ 어머니가 자녀 4에게 물려준 두 X 염색체의 유전자 구성이 다르므로, ㉡은 감수 1분열에서 X 염색체 비분리가 일어나 형성된 난자이다.

ㄷ. (나)와 (다)는 모두 우성 형질이다.

➡ (가)는 열성 형질, (나)와 (다)는 모두 우성 형질이다.

적용해야 할 개념 ②가지

① ABO식 혈액형은 상염색체에 있는 대립유전자 한 쌍으로 결정되는 유전 형질로, ABO식 혈액형을 결정하는 대립유전자는 I^A, I^B, i이며, I^A와 I^B는 우열 관계가 없고, I^A와 I^B는 i에 대해 완전 우성이다.

② 감수 분열 과정에서의 염색체 비분리

감수 1분열에서 상동 염색체의 비분리	감수 2분열에서 염색 분체의 비분리
• 생성된 생식세포 모두 염색체 수가 비정상($n+1$, $n-1$)이다. • $n+1$인 생식세포에서 비분리된 염색체는 이전에 상동 염색체 관계였으므로 대립유전자 구성이 다르다.	• 생성된 생식세포 중 일부만 염색체 수가 비정상($n+1$, $n-1$)이다. • $n+1$인 생식세포에서 비분리된 염색체는 이전에 염색 분체 관계였으므로 대립유전자 구성이 같다.

문제 보기

다음은 어떤 가족의 ABO식 혈액형과 유전 형질 (가)에 대한 자료이다.

○ ABO식 혈액형을 결정하는 유전자는 9번 염색체에 있다.

○ (가)는 2쌍의 대립유전자 R과 r, T와 t에 의해 결정된다. (가)의 표현형은 유전자형에서 대문자로 표시되는 대립유전자의 수에 의해서만 결정되며, 이 대립유전자의 수가 다르면 표현형이 다르다.   ┌→ 감수 2분열 비분리

○ R과 r은 9번 염색체에, T와 t는 X 염색체에 있다.

○ 아버지의 정자 형성 과정과 ㉠어머니의 난자 형성 과정에서 각각 9번 염색체 비분리가 1회 일어나 형성된 정자와 난자가 수정되어 핵형이 정상인 ⓐ아들이 태어났다. $n-1$ $n+1$ $2n$

○ 표는 모든 구성원의 ABO식 혈액형과 체세포 1개당 R과 T의 DNA 상대량을 더한 값을 나타낸 것이다.

구성원	아버지	어머니	아들
ABO식 혈액형	AB형	B형	O형
R과 T의 DNA 상대량을 더한 값	3	1	2

이에 대한 옳은 설명만을 〈보기〉에서 있는 대로 고른 것은? (단, 제시된 염색체 비분리 이외의 돌연변이와 교차는 고려하지 않으며, R, r, T, t 각각의 1개당 DNA 상대량은 1이다.) [3점]

〈보기〉 풀이

(1) (가)는 다인자 유전이고, R과 r은 9번 염색체에 있으므로 ABO식 혈액형을 결정하는 유전자와 같은 염색체에 있으며, T와 t는 X 염색체에 있다.

(2) ABO식 혈액형에서 아버지는 AB형이므로 유전자형이 $I^A I^B$이고, 어머니는 B형이므로 유전자형이 $I^B I^B$ 또는 $I^B i$이며, 아들은 O형이므로 유전자형이 ii이다. 따라서 어머니의 유전자형은 $I^B i$가 되어야 하며, 아들은 어머니로부터만 대립유전자 i가 있는 9번 염색체를 2개 물려받으므로 어머니의 난자 형성 과정 중 감수 2분열 과정에서 염색체 비분리가 일어났다.

(3) 아들의 핵형이 정상이므로 아버지의 정자 형성 과정에서 만들어진 9번 염색체가 없는 정자($n-1$)와 어머니의 난자 형성 과정 중 감수 2분열 과정에서 염색체 비분리가 일어나 만들어진 9번 염색체가 2개 있는 난자($n+1$)가 수정되어 아들이 태어났다.

(4) 아버지는 R과 T의 DNA 상대량을 더한 값이 3이므로 아버지의 (가)의 유전자형은 $RRX^T Y$이다. 아들은 어머니로부터 유전자 구성이 같은 9번 염색체를 2개 물려받기 때문에 RR 또는 rr을 가질 수 있다. 만약 아들이 rr을 가진다면 R과 T의 DNA 상대량을 더한 값이 0 또는 1이 되므로 R과 T의 DNA 상대량을 더한 값이 2가 되려면 RR을 가져야 한다. 따라서 아들의 (가)의 유전자형은 $RRX^T Y$이다. 어머니는 R과 T의 DNA 상대량을 더한 값이 1이므로 어머니의 (가)의 유전자형은 $RrX^t X^t$이다.

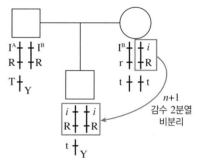

㉠의 감수 2분열 비분리 $n+1$

✗ ㉠의 감수 1분열에서 염색체 비분리가 발생했다.
➡ ㉠의 감수 2분열에서 염색체 비분리가 발생해서 9번 염색체가 2개 있는 난자($n+1$)가 형성되었다.

ㄴ. 어머니에서 (가)의 유전자형은 $RrX^t X^t$이다.
➡ (가)의 유전자형은 아버지에서 $RRX^T Y$, 어머니에서 $RrX^t X^t$, 아들에서 $RRX^t Y$이다.

✗ ⓐ의 동생이 태어날 때, 이 아이가 아버지와 (가)의 표현형이 같을 확률은 $\frac{1}{2}$이다.

아버지의 생식세포 어머니의 생식세포	RX^T(대2)	RY(대1)
RX^t(대1)	$RRX^T X^t$(대3)	$RRX^t Y$(대2)
rX^t(대0)	$RrX^T X^t$(대2)	$RrX^t Y$(대1)

➡ ⓐ의 동생의 (가)의 유전자형에서 대문자로 표시되는 대립유전자의 수가 3개인 경우는 $RRX^T X^t$이다. 따라서 ⓐ의 동생이 아버지와 (가)의 표현형이 같을 확률은 $\frac{1}{4}$이다.

적용해야 할 개념 ②가지

① 어떤 유전 형질이 서로 다른 상염색체에 존재하는 두 쌍의 대립유전자 A와 a, B와 b에 의해 결정되고, 표현형은 유전자형에서 대문자로 표시되는 대립유전자의 수에 의해서만 결정된다고 가정하면, 유전자형이 AaBb인 부모에서 태어나는 자손의 유전자형에서 대문자로 표시되는 대립유전자의 수는 0개~4개까지 가능하므로 표현형은 최대 5가지이다.

② 염색체 구조 이상에는 결실, 역위, 중복, 전좌가 있다. 결실은 염색체의 일부가 떨어져 없어진 것이다.

문제 보기

다음은 어떤 가족의 유전 형질 (가)와 (나)에 대한 자료이다.

○ (가)는 2쌍의 대립유전자 H와 h, R와 r에 의해 결정된다. (가)의 표현형은 유전자형에서 ㉠ 대문자로 표시되는 대립유전자의 수에 의해서만 결정되며, 이 대립유전자의 수가 다르면 표현형이 다르다.

○ (나)는 대립유전자 T와 t에 의해 결정되며, T는 t에 대해 완전 우성이다.

○ 아버지와 어머니 사이에서 아이가 태어날 때, 이 아이의 (가)와 (나)의 유전자형이 HHrrTt일 확률은 $\frac{1}{8}$이다.   아버지: HT$\left(\frac{1}{2}\right)$, r$\left(\frac{1}{2}\right)$ 어머니: Ht(1), r$\left(\frac{1}{2}\right)$

○ 그림은 아버지의 체세포에 들어 있는 일부 염색체와 유전자를, 표는 아버지를 제외한 나머지 가족 구성원의 (가)의 유전자형에서 ㉠과 (나)의 발현 여부를 나타낸 것이다.

아버지

구성원	(가)의 유전자형에서 ㉠	(나)
어머니	3	발현됨 tt
자녀 1	(부) ht, R 3 (모) Ht, R	발현됨 tt
자녀 2	(부) HT, r 2 (모) Ht, r	발현 안 됨 Tt
자녀 3	(부) T, r 1 (모) Ht, r	발현 안 됨 Tt

○ 아버지의 생식세포 형성 과정에서 대립유전자 ㉮가 포함된 염색체의 일부가 결실된 정자 P가 형성되었다. └ H   ㉮는 H, h, R, r 중 하나이다.

○ P와 정상 난자가 수정되어 ⓐ가 태어났다. ⓐ는 자녀 1~3 중 하나이다. ⓐ를 제외한 이 가족 구성원의 핵형은 모두 정상이다.

이에 대한 설명으로 옳은 것만을 ⟨보기⟩에서 있는 대로 고른 것은? (단, 제시된 돌연변이 이외의 돌연변이와 교차는 고려하지 않는다.)

⟨보기⟩ 풀이

(1) (가)와 (나)의 유전자형이 HhRrTt인 아버지와 (가)의 유전자형에서 ㉠이 3인 어머니 사이에서 아이가 태어날 때, 이 아이의 유전자형이 HHrrTt일 확률이 $\frac{1}{8}$이다. 이 아이가 아버지로부터 HT를 물려받을 확률이 $\frac{1}{2}$이고 r를 물려받을 확률이 $\frac{1}{2}$이므로 어머니로부터 Ht와 r를 물려받을 확률은 $\frac{1}{2}$이며, 어머니의 (가)의 유전자형에서 ㉠이 3이므로 어머니의 (가)와 (나)의 유전자형은 HHRrtt이다.

(2) 어머니의 (나)의 유전자형이 tt인데 (나)가 발현되므로 (나)는 열성 형질이다.

(3) 자녀 1에서 (나)가 발현되었으므로 (나)의 유전자형은 tt이다. 따라서 아버지로부터 ht를, 어머니로부터 Ht를 물려받았다. 자녀 1의 (가)의 유전자형에서 ㉠이 3이므로 아버지와 어머니로부터 R를 물려받았다.

(4) 자녀 2에서 (나)가 발현되지 않았으므로 (나)의 유전자형은 TT 또는 Tt이다. (나)의 유전자형이 tt인 어머니에서 TT인 자녀가 태어날 수 없으므로 자녀 2의 (나)의 유전자형은 Tt이다. 따라서 아버지로부터 HT를, 어머니로부터 Ht를 물려받았다. 자녀 2의 (가)의 유전자형에서 ㉠이 2이므로 아버지와 어머니로부터 r를 물려받았다.

(5) 자녀 3에서 (나)가 발현되지 않았으므로 (나)의 유전자형은 Tt이다. 따라서 아버지로부터 HT를, 어머니로부터 Ht를 물려받았다. 그런데 자녀 3의 (가)의 유전자형에서 ㉠이 1이므로 자녀 3은 정상 정자와 정상 난자 사이에서 태어날 수 없다. 따라서 자녀 3은 아버지의 생식세포 형성 과정에서 대립유전자 H가 포함된 염색체의 일부가 결실된 정자 P와 정상 난자가 수정되어 태어난 ⓐ이다.

✗ **(나)는 우성 형질이다.**
➡ (나)는 열성 형질이다.

(ㄴ) **㉮는 H이다.**
➡ 자녀 3의 (나)의 유전자형은 Tt이므로 아버지로부터 HT를, 어머니로부터 Ht를 물려받았다. 그런데 자녀 3의 (가)의 유전자형에서 ㉠이 1이므로 아버지 또는 어머니에게서 H를 1개만 물려받아야 한다. 따라서 결실된 대립유전자 ㉮는 H이다.

✗ **자녀 2는 R를 갖는다.**
➡ 자녀 2의 (가)와 (나)의 유전자형은 HHrrTt이다. 따라서 자녀 2는 R를 갖지 않는다.

09 사람의 유전 및 돌연변이 분석 2024학년도 9월 모평 17번

적용해야 할 개념 ③가지

① 한 가지 형질에 대해 여러 쌍의 대립유전자가 영향을 미쳐 형질이 결정되는 유전 현상을 다인자 유전이라고 한다.

② 사람의 피부색이 서로 다른 상염색체에 존재하는 세 쌍의 대립유전자 A와 a, B와 b, D와 d에 의해 결정되고, 대립유전자 A, B, D가 피부색을 검게 만들며, 피부색은 피부색을 검게 만드는 대립유전자의 수에 의해서만 결정된다고 가정하면, 유전자형이 AaBbDd인 부모 사이에서 태어나는 자손에서 피부색을 검게 만드는 대립유전자의 수는 0개~6개까지 가능하므로 피부색의 표현형은 최대 7가지이다.

③ 감수 분열 과정에서의 염색체 비분리

감수 1분열 비분리	상동 염색체의 비분리가 일어나 염색체 수가 정상보다 적거나 많은 생식세포가 만들어진다($n-1$, $n+1$). $n+1$인 생식세포에서 비분리된 염색체는 유전적으로 동일하지 않다.
감수 2분열 비분리	염색 분체의 비분리가 일어나 염색체 수가 정상인 생식세포(n)와 정상보다 염색체 수가 적거나 많은 생식세포($n-1$, $n+1$)가 만들어진다. $n+1$인 생식세포에서 비분리된 염색체는 유전적으로 동일하다.

문제 보기

다음은 어떤 가족의 유전 형질 (가)에 대한 자료이다.

○ (가)는 21번 염색체에 있는 2쌍의 대립유전자 H와 h, T와 t에 의해 결정된다. (가)의 표현형은 유전자형에서 대문자로 표시되는 대립유전자의 수에 의해서만 결정되며, 이 대립유전자의 수가 다르면 표현형이 다르다.

　　└─ 감수 1분열

○ 어머니의 난자 형성 과정에서 21번 염색체 비분리가 1회 일어나 염색체 수가 비정상적인 난자 Q가 형성되었다. Q와 아버지의 정상 정자가 수정되어 ⓐ가 태어났으며, 부모의 핵형은 모두 정상이다.

○ 어머니의 (가)의 유전자형은 HHTt이고, ⓐ의 (가)의 유전자형에서 대문자로 표시되는 대립유전자의 수는 4이다. 아버지 Ht/hT, 어머니 HT/Ht

○ ⓐ의 동생이 태어날 때, 이 아이에게서 나타날 수 있는 (가)의 표현형은 최대 2가지이고, ㊀ 이 아이가 가질 수 있는 (가)의 유전자형은 최대 4가지이다.

　　└─ HHTt, HhTT, HHtt, HhTt
　　　　(3)　 (3)　 (2)　 (2)

이에 대한 설명으로 옳은 것만을 〈보기〉에서 있는 대로 고른 것은? (단, 제시된 염색체 비분리 이외의 돌연변이와 교차는 고려하지 않는다.) [3점]

〈보기〉 풀이

(가)는 상염색체에 있는 2쌍의 대립유전자에 의해 결정되므로, 어머니의 (가)의 대립유전자 구성은 HT/Ht이다. ⓐ의 동생에게서 나타날 수 있는 (가)의 표현형은 최대 2가지이고, 이 아이가 가질 수 있는 (가)의 유전자형은 최대 4가지이다. 따라서 아버지에게서 형성되는 모든 정상 정자의 유전자형에서 대문자로 표시되는 대립유전자의 수는 같아야 하고, 모든 조건을 만족하려면 그 수가 1이면서 아버지의 대립유전자 구성이 Ht(1)/hT(1)이어야 한다.

ㄱ. 아버지의 (가)의 유전자형에서 대문자로 표시되는 대립유전자의 수는 2이다.

➡ 아버지의 (가)의 유전자형은 HhTt이므로, 대문자로 표시되는 대립유전자의 수는 2이다.

ㄴ. ㊀ 중에는 HhTt가 있다.

➡ 어머니(HT/Ht)와 아버지(Ht/hT) 사이에서 태어나는 ⓐ의 동생이 가질 수 있는 유전자형을 나타내면 다음과 같다. (　　)는 유전자형에서 대문자로 표시되는 대립유전자의 수이다.

어머니의 난자 ＼ 아버지의 정자	Ht(1)	hT(1)
HT(2)	HHTt(3)	HhTT(3)
Ht(1)	HHtt(2)	HhTt(2)

따라서 ㊀(ⓐ의 동생이 가질 수 있는 (가)의 유전자형) 중에는 HhTt가 있다.

ㄷ. 염색체 비분리는 감수 1분열에서 일어났다.

➡ ⓐ의 (가)의 유전자형에서 대문자로 표시되는 대립유전자의 수는 4이고, ⓐ는 아버지로부터 대문자로 표시되는 대립유전자를 1개 물려받는다. 따라서 어머니로부터는 대문자로 표시되는 대립유전자를 3개 받아야 하므로, 염색체 수가 비정상적인 난자 Q는 HT가 있는 염색체와 Ht가 있는 염색체를 모두 가진다. 상동 염색체를 모두 가진 비정상적인 난자 Q는 어머니의 난자 형성 과정 중 감수 1분열에서 염색체 비분리가 일어나 형성되었다.

보기

적용해야 할 개념 ③가지

① 하나의 유전 형질 발현에 한 쌍의 대립유전자가 관여하는 유전을 단일 인자 유전, 하나의 유전 형질 발현에 여러 쌍의 대립유전자가 관여하는 유전을 다인자 유전이라고 한다.

② 유전자들이 같은 염색체에 있는 경우 생식세포 형성 과정에서 함께 이동하여 같은 생식세포로 들어간다.

③ 염색체 수 이상은 생식세포 형성 과정에서 염색체가 비분리되어 나타난다.
　• 감수 1분열에서 비분리가 일어날 경우: 상동 염색체가 비분리되며, 염색체 수에 이상이 있는 생식세포($n-1$, $n+1$)만 만들어진다. 이때 $n+1$인 생식세포에서 비분리된 염색체는 유전자 구성이 다르다.
　• 감수 2분열에서 비분리가 일어날 경우: 염색 분체가 비분리되며, 염색체 수가 정상인 생식세포(n)와 이상이 있는 생식세포($n-1$, $n+1$)가 만들어진다. 이때 $n+1$인 생식세포에서 비분리된 염색체는 유전자 구성이 같다.

문제 보기

다음은 어떤 가족의 유전 형질 (가)에 대한 자료이다.

○ (가)를 결정하는 3개의 유전자는 각각 대립유전자 A와 a, B와 b, D와 d를 가진다. 다인자 유전

○ (가)의 표현형은 유전자형에서 대문자로 표시되는 대립유전자의 수에 의해서만 결정되며, 이 대립유전자의 수가 다르면 표현형이 다르다. ┌ 예 AB/ab, Dd와 Ab/aB, Dd

○ (가)의 유전자형이 AaBbDd인 부모 사이에서 아이가 태어날 때, 이 아이에게서 나타날 수 있는 (가)의 표현형은 최대 5가지이다. 대문자로 표시되는 대립유전자의 수가 5개, 4개, 3개, 2개, 1개

○ 감수 분열 시 염색체 비분리가 1회 일어나 ⓐ 염색체 수가 비정상적인 난자가 형성되었다. ⓐ와 정상 정자가 수정되어 아이가 태어났고, 이 아이는 자녀 1과 2 중 한 명이다. 이 아이를 제외한 나머지 구성원의 핵형은 모두 정상이다.

○ 표는 이 가족 구성원 중 자녀 1과 2의 (가)에 대한 유전자형에서 대문자로 표시되는 수를 나타낸 것이다.

구성원	대문자로 표시되는 대립유전자의 수
자녀 1	4
자녀 2	7

이에 대한 설명으로 옳은 것만을 〈보기〉에서 있는 대로 고른 것은? (단, 제시된 염색체 비분리 이외의 돌연변이와 교차는 고려하지 않는다.)

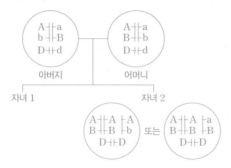

〈보기〉 풀이

(가)의 유전자형이 AaBbDd인 부모 사이에서 태어난 아이에게서 나타날 수 있는 (가)의 표현형이 최대 5가지가 되려면, 부모 모두 3개의 유전자 중 2개의 유전자가 같은 염색체에 있고, 이때 한 사람은 대문자로 표시되는 대립유전자끼리 같은 염색체에 있고, 다른 한 사람은 대문자로 표시되는 대립유전자와 소문자로 표시되는 대립유전자가 같은 염색체에 있어야 한다.

부모 중 한 사람은 A와 B(a와 b)가 같은 염색체에 있고, D와 d는 다른 염색체에 있으며, 다른 한 사람은 A와 b(a와 B)가 같은 염색체에 있고, D와 d는 다른 염색체에 있다고 가정하자. 이 부모로부터 태어날 수 있는 자손의 유전자형을 구하면 다음과 같다.

생식세포	ABD(3)	abD(1)	ABd(2)	abd(0)
AbD(2)	AABbDD(5)	AabbDD(3)	AABbDd(4)	AabbDd(2)
aBD(2)	AaBBDD(5)	aaBbDD(3)	AaBBDd(4)	aaBbDd(2)
Abd(1)	AABbDd(4)	AabbDd(2)	AABbdd(3)	Aabbdd(1)
aBd(1)	AaBBDd(4)	aaBbDd(2)	AaBBdd(3)	aaBbdd(1)

따라서 (가)의 유전자형이 AaBbDd인 부모로부터 태어난 아이가 가질 수 있는 대문자로 표시되는 대립유전자의 수는 1개, 2개, 3개, 4개, 5개 중 하나이다.

ㄱ. (가)의 유전은 다인자 유전이다.

➡ (가)를 결정하는 유전자가 3개이므로, (가)의 유전은 다인자 유전이다.

✗ 아버지에서 A, B, D를 모두 갖는 정자가 형성될 수 있다.

➡ 아버지는 3개의 유전자 중 2개의 유전자에서, 대문자로 표시되는 대립유전자와 소문자로 표시되는 대립유전자가 같은 염색체에 있다. 즉, 아버지에서 A와 b(a와 B)가 같은 염색체에 있고, D와 d가 다른 염색체에 있다고 가정하면, 아버지는 유전자형이 AbD, Abd, aBD, aBd인 정자를 형성한다. 따라서 아버지에서 A, B, D를 모두 갖는 정자가 형성될 수 없다.

ㄷ. ⓐ의 형성 과정에서 염색체 비분리는 감수 2분열에서 일어났다.

➡ 자녀 2는 대문자로 표시되는 대립유전자의 수가 5개보다 많은 7개이므로 자녀 2는 염색체 수가 비정상적인 난자(ⓐ)와 정상 정자의 수정으로 태어났다. 자녀 2가 대문자로 표시되는 대립유전자의 수를 7개 가지려면 어머니에서 A와 B(a와 b)가 같은 염색체에 있어야 한다. 따라서 감수 2분열에서 A와 B가 있는 염색체의 염색 분체 비분리가 일어나 ⓐ에는 A와 B가 있는 염색체가 2개 있다.

11 유전자 이상과 사람의 유전 2024학년도 7월 학평 13번

정답 ① | 정답률 22 %

적용해야 할 개념 ②가지

① 다인자 유전: 한 가지 형질에 대해 여러 쌍의 대립유전자가 영향을 미쳐 형질이 결정되는 유전 현상

② 어떤 유전 형질이 서로 다른 상염색체에 존재하는 두 쌍의 대립유전자 A와 a, B와 b에 의해 결정되고, 표현형은 유전자형에서 대문자로 표시되는 대립유전자의 수에 의해서만 결정된다고 가정하면, 유전자형이 AaBb인 부모 사이에서 태어나는 자손의 유전자형에서 대문자로 표시되는 대립유전자의 수는 0개~4개까지 가능하므로 표현형은 최대 5가지이다.

문제 보기

다음은 어떤 가족의 유전 형질 (가)와 (나)에 대한 자료이다.

○ (가)는 대립유전자 A와 a에 의해 결정되며, A는 a에 대해 완전 우성이다. A(가)>a(정상): 단일 인자 유전

○ (나)는 2쌍의 대립유전자 B와 b, D와 d에 의해 결정된다. (나)의 표현형은 유전자형에서 대문자로 표시되는 대립유전자의 수에 의해서만 결정되며, 이 대립유전자의 수가 다르면 표현형이 다르다. 다인자 유전

○ 표는 이 가족 구성원에게서 (가)의 발현 여부와 (나)의 표현형을 나타낸 것이고, 그림은 자녀 1~3 중 한 명의 체세포에 들어 있는 일부 상염색체와 유전자를 나타낸 것이다. ⓐ~ⓓ는 서로 다른 4가지 표현형이다.

구성원	유전 형질	
	(가)	(나)
aaBbDD 아버지	발현 안 됨	ⓐ
aaBbDd 어머니	?	ⓑ
aaBBDD 자녀 1	발현 안 됨	ⓒ
aabbDd 자녀 2	발현 안 됨	ⓓ
AaBbDD 자녀 3	발현됨	ⓐ

자녀 3

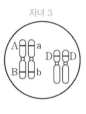

A a
B b
D D

○ 어머니와 자녀 2의 (나)에 대한 유전자형에서 대립유전자 D의 수는 서로 같다. → 유전자 돌연변이

○ 아버지의 생식세포 형성 과정에서 대립유전자 ㉠이 대립유전자 ㉡으로 바뀌는 돌연변이가 1회 일어나 ㉡을 갖는 정자가 형성되었다. 이 정자가 정상 난자와 수정되어 자녀 3이 태어났다. ㉠과 ㉡은 각각 A와 a 중 하나이다.

이에 대한 설명으로 옳은 것만을 <보기>에서 있는 대로 고른 것은? (단, 제시된 돌연변이 이외의 돌연변이와 교차는 고려하지 않는다.) [3점]

<보기> 풀이

(1) (나)에서 대문자로 표시되는 대립유전자의 수가 n개인 표현형을 [대n]으로 나타낸다면, ⓐ~ⓓ는 각각 [대0]~[대4] 중 하나이다. 그림의 자녀는 대립유전자 DD를 가지므로 아버지와 어머니는 모두 D를 가지고 있다. 따라서 ⓐ와 ⓑ는 [대0]이 될 수 없다. 그림의 자녀의 (나)의 표현형은 [대3]이며, 표에서 ⓐ, ⓒ, ⓓ 중 하나이다. 따라서 ⓑ는 [대3]이 될 수 없다. 종합하면 ⓑ는 [대1], [대2], [대4] 중 하나이다.

❶ ⓑ가 [대4]라면, 자녀는 어머니로부터 대문자로 표시되는 대립유전자를 항상 2개 물려받아 (나)의 표현형이 [대2], [대3], [대4]이다. 이는 어머니와 자녀의 (나)의 표현형이 다르다는 조건에 맞지 않다.

❷ ⓑ가 [대1]이라면, 어머니의 (나)의 유전자형은 bbDd이다. 이때 BbDD인 자녀가 태어나기 위해 아버지는 B와 D를 가지고 있어야 하므로 ⓐ는 [대2], [대3], [대4] 중 하나이다. ⓐ가 [대2]라면, 아버지의 (나)의 유전자형은 BbDd이다. 자녀 2는 어머니로부터 b를 물려받고, (나)에 대한 유전자형에서 대립유전자 D의 수가 어머니와 같아야 하므로 D와 d를 가지고 있다. 따라서 자녀 2의 (나)의 표현형이 [대1] 또는 [대2]이다. 이는 자녀 2와 어머니, 자녀 2와 아버지의 (나)의 표현형이 다르다는 조건에 맞지 않다. ⓐ가 [대3]이라면, 자녀는 아버지로부터 대문자로 표시되는 대립유전자를 반드시 1개는 물려받고, 어머니로부터 b를 물려받아 (나)의 표현형이 [대1], [대2], [대3]이다. 이는 어머니와 자녀의 (나)의 표현형이 다르다는 조건에 맞지 않다. ⓐ가 [대4]라면, 자녀는 아버지로부터 대문자로 표시된 대립유전자를 항상 2개 물려받고, 어머니로부터 b를 물려받아 (나)의 표현형이 [대2], [대3]이다. 이는 자손의 (나)의 표현형이 3가지라는 조건에 맞지 않다.

(2) 위 내용을 정리하면 ⓑ는 [대2]이다. 이때 어머니의 (나)의 유전자형은 BBdd, bbDD, BbDd 중 하나이다.

❶ 어머니의 (나)의 유전자형이 BBdd라면, DD인 자녀가 태어날 수 없으므로 조건에 맞지 않다.

❷ 어머니의 (나)의 유전자형이 bbDD라면, BbDD인 자녀가 태어나기 위해 아버지는 B와 D를 가지고 있어야 하므로 ⓐ는 [대3], [대4] 중 하나이다. ⓐ가 [대3]이라면, 자녀는 아버지로부터 대문자로 표시되는 대립유전자를 반드시 1개는 물려받고, 어머니로부터 b와 D를 물려받아 (나)의 표현형이 [대2], [대3]이다. 이는 자손의 (나)의 표현형이 3가지(ⓐ, ⓒ, ⓓ)라는 조건에 맞지 않다. ⓐ가 [대4]라면, 자녀는 아버지로부터 대문자로 표시되는 대립유전자를 항상 2개 물려받고, 어머니로부터 b와 D를 물려받아 (나)의 표현형이 [대3]이다. 이는 자손의 (나)의 표현형이 3가지라는 조건에 맞지 않다.

(3) 위 내용을 정리하면 어머니의 (나)의 유전자형은 BbDd이다. 이때 ⓐ는 [대1], [대3], [대4] 중 하나이다.

❶ ⓐ가 [대4]라면, 자녀는 아버지로부터 대문자로 표시되는 대립유전자를 항상 2개 물려받아 (나)의 표현형이 [대2], [대3], [대4]이다. 이는 어머니와 자녀의 (나)의 표현형이 다르다는 조건에 맞지 않다.

❷ ⓐ가 [대1]이라면, 아버지의 (나)의 유전자형은 bbDd이다. 자녀 2는 아버지로부터 b를 물려받고, (나)에 대한 유전자형에서 대립유전자 D의 수가 어머니와 같아야 하므로 D와 d를 가지고 있다. 따라서 자녀 2의 (나)의 표현형이 [대1] 또는 [대2]이다. 이는 자녀 2와 어머니, 자녀 2와 아버지의 (나)의 표현형이 다르다는 조건에 맞지 않다.

(4) 위 내용을 정리하면 ⓐ는 [대3]이다. 이때 아버지의 (나)의 유전자형은 BBDd, BbDD 중 하나이다. 아버지의 (나)의 유전자형이 BBDd라면, 자녀 2는 아버지로부터 B를 물려받고, (나)에 대한 유전자형에서 대립유전자 D의 수가 어머니와 같아야 하므로 D와 d를 가지고 있다. 따라서 자녀 2의 (나)의 표현형이 [대2] 또는 [대3]이다. 이는 자녀 2와 어머니, 자녀 2와 아버지의 (나)의 표현형이 다르다는 조건에 맞지 않다.

(5) 위 내용을 정리하면 아버지의 (나)의 유전자형은 BbDD이다. 따라서 이 부모 사이에서 태어날 수 있는 자녀의 (나)의 표현형은 [대1], [대2], [대3], [대4]이고, ⓐ는 [대3], ⓑ는 [대2]이므로 ⓒ와 ⓓ는 각각 [대1]과 [대4] 중 하나이다. 아버지와 (나)의 표현형이 같은 자녀 3의 (나)의

유전자형은 BbDD이고, 어머니와 (나)에 대한 유전자형에서 대립유전자 D의 수가 같은 자녀 2의 (나)의 유전자형은 bbDd이며, 가족 구성원 모두와 (나)의 표현형이 다른 자녀 1의 (나)의 유전자형은 BBDD이다.

(6) 자녀 3의 (가)의 유전자형은 Aa이고, 표현형은 (가) 발현이므로, A가 (가) 발현 대립유전자이고, a가 정상 대립유전자이다. 열성인 자녀 1과 자녀 2의 (가)의 유전자형은 aa이고 대립유전자 배열이 자녀 1은 aB/aB, 자녀 2는 ab/ab이다. 따라서 어머니의 (가)의 유전자형은 aa이고, 아버지의 생식세포 형성 과정에서 대립유전자 a가 대립유전자 A로 바뀌는 돌연변이가 일어났으며 ㉠은 a, ㉡은 A이다.

ㄱ. ㉠은 a이다.
➡ ㉠은 a이고, ㉡은 A이다.

✖ (가)는 열성 형질이다.
➡ (가)는 (가) 발현 대립유전자 A와 정상 대립유전자 a에 의해 결정되므로 우성 형질이다.

✖ 어머니는 A, B, d를 모두 갖는다.
➡ 어머니의 (가)와 (나)의 유전자형은 aaBbDd이므로 A는 갖지 않는다.

적용해야 할 개념 ④가지

① 하나의 유전 형질 발현에 여러 쌍의 대립유전자가 관여하는 유전을 다인자 유전이라고 한다.

② 감수 1분열에서는 상동 염색체의 분리가 일어나고, 감수 2분열에서는 염색 분체의 분리가 일어난다.

③ 염색체 수 이상은 생식세포 형성 과정에서 염색체가 비분리되어 나타난다.

④ 두 대립유전자 쌍이 같은 염색체에 있으면, 생식세포 형성 과정에서 독립적으로 분리되지 않고 함께 이동하여 같은 생식세포로 들어간다.

문제 보기

다음은 어떤 가족의 유전 형질 ㉠에 대한 자료이다.

○ ㉠을 결정하는 데 관여하는 3개의 유전자는 모두 상염색체에 있으며, 3개의 유전자는 각각 대립유전자 A와 a, B와 b, D와 d를 갖는다. 다인자 유전

○ ㉠의 표현형은 유전자형에서 대문자로 표시되는 대립유전자의 수에 의해서만 결정되며, 이 대립유전자의 수가 다르면 표현형이 다르다.

○ 표 (가)는 이 가족 구성원의 ㉠에 대한 유전자형에서 대문자로 표시되는 대립유전자의 수를, (나)는 아버지로부터 형성된 정자 Ⅰ~Ⅲ이 갖는 A, a, B, D의 DNA 상대량을 나타낸 것이다. Ⅰ~Ⅲ 중 1개는 세포 P의 감수 1분열에서 염색체 비분리가 1회, 나머지 2개는 세포 Q의 감수 2분열에서 염색체 비분리가 1회 일어나 형성된 정자이다. P와 Q는 모두 G₁기 세포이다.

구성원	대문자로 표시되는 대립유전자의 수	정자	DNA 상대량		
			A	a	B	D
아버지 AaBbDd	3	Ⅰ	0	?	1	0
어머니 AaBbDd	3	Ⅱ	1	1	1	1
자녀 1	8	Ⅲ	2	?0	?1	?2

AAABBDDD   (가)

(나)
상동 염색체 비분리
➡ 감수 1분열에서 비분리

○ Ⅰ~Ⅲ 중 1개의 정자와 정상 난자가 수정되어 자녀 1이 태어났다. 자녀 1을 제외한 나머지 가족 구성원의 핵형은 모두 정상이다.
ⅠⅠ(AABDD) ─ABD
AAABBDDD

이에 대한 설명으로 옳은 것만을 〈보기〉에서 있는 대로 고른 것은? (단, 제시된 염색체 비분리 이외의 돌연변이와 교차는 고려하지 않으며, A, a, B, b, D, d 각각의 1개당 DNA 상대량은 1이다.)

〈보기〉 풀이

정자 Ⅱ에 대립유전자 관계인 A와 a가 함께 있으므로 정자 Ⅱ는 세포 P의 감수 1분열에서 상동 염색체(A가 있는 염색체와 a가 있는 염색체)의 비분리가 일어나 형성된 정자이다. 따라서 정자 Ⅰ과 Ⅲ은 세포 Q의 감수 2분열에서 염색 분체의 비분리가 일어나 형성된 정자이다. 아버지의 ㉠에 대한 유전자형에서 대문자로 표시되는 대립유전자의 수가 3인데 정자 Ⅱ에 A, B, D가 모두 있으므로 아버지의 ㉠에 대한 유전자형은 AaBbDd이다.

만약 ㉠을 결정하는 데 관여하는 3개의 유전자가 서로 다른 상염색체에 존재한다면 아버지와 어머니가 자녀에게 물려줄 수 있는 대문자로 표시되는 대립유전자의 수는 각각 최대 3이므로, 자녀에서 대문자로 표시되는 대립유전자의 수가 6을 넘을 수 없는데, 대문자로 표시되는 대립유전자의 수가 8인 자녀 1이 태어났다. 따라서 3개의 유전자는 서로 다른 염색체에 존재하지 않는다. 만약 3개의 유전자 A, B, D가 하나의 상염색체에 함께 있다면 아버지에서 만들어지는 정자의 유전자 구성은 ABD, abd이므로 정자 Ⅰ에서 A, B, D의 DNA 상대량이 같아야 하는데 B는 1, A와 D는 0이다. 따라서 3개의 유전자는 한 염색체에 있지 않다. 따라서 3개의 유전자 중 2개의 유전자는 동일한 상염색체에 함께 있고, 나머지 1개의 유전자는 다른 상염색체에 있다. 정자 Ⅰ에서 B의 DNA 상대량이 1이고 A와 D의 DNA 상대량이 0이므로, 아버지에서 A와 D(a와 d)가 하나의 상염색체에 함께 있고, B(b)가 다른 염색체에 있다.

㉠ Ⅰ은 감수 2분열에서 염색체 비분리가 일어나 형성된 정자이다.

➡ 정자 Ⅱ는 대립유전자 관계인 A와 a가 함께 있으므로 감수 1분열에서 상동 염색체(A가 있는 염색체와 a가 있는 염색체)의 비분리가 일어나 형성된 정자이다. 따라서 Ⅰ과 Ⅲ은 감수 2분열에서 염색 분체의 비분리가 일어나 형성된 정자이다.

✗ 자녀 1의 체세포 1개당 $\dfrac{B의 \ DNA \ 상대량}{A의 \ DNA \ 상대량}=1$이다.

➡ 자녀 1은 ㉠에 대한 유전자형에서 대문자로 표시되는 대립유전자의 수가 8이다. 이를 통해 대문자로 표시되는 대립유전자 3개(A, B, D)를 가진 정상 난자와 대문자로 표시되는 대립유전자 5개를 가진 정자의 수정으로 자녀 1이 태어났다는 것을 알 수 있다. 정자 Ⅲ에서 A의 DNA 상대량이 2이므로 같은 염색체에 있는 D의 DNA 상대량도 2이다. Ⅲ은 감수 2분열에서 염색 분체의 비분리가 일어나 형성된 정자이므로 A와 대립유전자 관계인 a는 없다. 따라서 a는 0이고, B의 DNA 상대량은 1이다. 결론적으로 자녀 1은 유전자 구성이 AABDD인 정자 Ⅲ과 유전자 구성이 ABD인 난자가 수정되어 태어났으므로, 자녀 1의 체세포 1개당 A의 DNA 상대량은 3, B의 DNA 상대량은 2이다. 따라서 $\dfrac{B의 \ DNA \ 상대량}{A의 \ DNA \ 상대량}=\dfrac{2}{3}$이다.

✗ 자녀 1의 동생이 태어날 때, 이 아이에게서 나타날 수 있는 ㉠의 표현형은 최대 5가지이다.

➡ 아버지와 어머니의 ㉠에 대한 유전자형에서 대문자로 표시되는 대립유전자의 수가 각각 3이므로, 대문자로 표시되는 대립유전자의 수가 6, 5, 4, 3, 2, 1, 0인 아이가 태어날 수 있다. 따라서 자녀 1의 동생에게서 나타날 수 있는 ㉠의 표현형은 최대 7가지이다.

적용해야 할 개념 ③가지

① 한 가지 형질에 대해 여러 쌍의 대립유전자가 영향을 미쳐 형질이 결정되는 유전 현상을 다인자 유전이라고 한다. 어떤 유전 형질이 서로 다른 상염색체에 존재하는 세 쌍의 대립유전자 A와 a, B와 b, D와 d에 의해 결정되고, 표현형은 유전자형에서 대문자로 표시되는 대립유전자의 수에 의해서만 결정된다고 가정하면, 유전자형이 AaBbDd인 부모에서 태어나는 자손의 유전자형에서 대문자로 표시되는 대립유전자의 수는 0~6개까지 가능하므로 표현형은 최대 7가지이다.

② 특정 형질을 결정하는 대립유전자가 상염색체에 있다면 핵상이 $2n$인 세포에서 이 형질을 결정하는 대립유전자는 2개 존재한다.

③ 염색체 수 이상은 생식세포를 형성하는 감수 분열 과정에서 염색체가 비분리되어 나타난다.

감수 1분열에서 상동 염색체 비분리	모든 생식세포는 염색체 수가 정상보다 많거나 적어진다($n-1$, $n+1$). 상동 염색체가 비분리되었으므로 비분리되어 생식세포로 들어간 염색체의 유전자 구성은 서로 다르다.
감수 2분열에서 염색 분체 비분리	염색체 수가 정상인 생식세포(n)와 정상보다 많거나 적은 생식세포($n-1$, $n+1$)가 만들어진다. 염색 분체가 비분리되었으므로 비분리되어 생식세포로 들어간 염색체의 유전자 구성은 서로 같다.

문제 보기

다음은 어떤 가족의 유전 형질 (가)에 대한 자료이다.

○ (가)는 서로 다른 상염색체에 있는 2쌍의 대립유전자 H와 h, T와 t에 의해 결정된다. (가)의 표현형은 유전자형에서 대문자로 표시되는 대립유전자의 수에 의해서만 결정되며, 이 대립유전자의 수가 다르면 표현형이 다르다. → 다인자 유전 형질

○ 표는 이 가족 구성원의 체세포에서 대립유전자 ⓐ~ⓓ의 유무와 (가)의 유전자형에서 대문자로 표시되는 대립유전자의 수를 나타낸 것이다. ⓐ~ⓓ는 H, h, T, t를 순서 없이 나타낸 것이고, ㉠~㉤은 0, 1, 2, 3, 4를 순서 없이 나타낸 것이다.

구성원	대립유전자				대문자로 표시되는 대립유전자의 수
	소문자 ⓐ	대문자 ⓑ	대문자 ⓒ	소문자 ⓓ	
아버지	○	○	×	○	㉠ 1
어머니	○	○	○	○	㉡ 2
자녀 1	?○	×	×	○	㉢ 0
자녀 2	○	○	?○	×	㉣ 3
자녀 3	○	?○	○	×	㉤ 4

(○: 있음, ×: 없음)

Hhtt 또는 hhTt 아버지
HhTt 어머니
hhtt 자녀 1
HHTt 또는 HhTT 자녀 2
HHHTt 또는 HhTTT 자녀 3 — 서로 대립유전자 → 감수 2분열 비분리

○ 아버지의 정자 형성 과정에서 염색체 비분리가 1회 일어나 염색체 수가 비정상적인 정자 P가 형성되었다. P와 정상 난자가 수정되어 자녀 3이 태어났다.

○ 자녀 3을 제외한 이 가족 구성원의 핵형은 모두 정상이다.

이에 대한 설명으로 옳은 것만을 〈보기〉에서 있는 대로 고른 것은? (단, 제시된 염색체 비분리 이외의 돌연변이와 교차는 고려하지 않는다.) [3점]

〈보기〉 풀이

어머니는 ⓐ~ⓓ(H, h, T, t)를 모두 가지므로, 어머니의 (가)의 유전자형은 HhTt이고, ㉡은 2이다. ㉤이 0이라면 자녀 3의 (가)의 유전자형에는 대문자로 표시되는 대립유전자가 없으므로 ⓑ와 ⓓ는 모두 대문자로 표시되는 대립유전자이어야 한다. 이 경우 자녀 1의 (가)의 유전자형에서 ⓑ와 ⓒ가 없고 ⓓ는 있으므로 자녀 1의 (가)의 유전자형은 HHtt 또는 hhTT이고, ㉢은 2가 되어야 한다. 그런데 ㉡과 ㉢은 서로 다른 수이므로 ㉤은 0이 아니다. ㉣이 0이라면 자녀 2의 (가)의 유전자형은 hhtt이므로 ⓐ와 ⓑ는 소문자로 표시되는 대립유전자의 수, ⓒ와 ⓓ는 대문자로 표시되는 대립유전자의 수이어야 한다. 이 경우 자녀 1의 (가)의 유전자형은 HHtt 또는 hhTT이고, ㉢은 2가 되어야 한다. 그런데 ㉡과 ㉢은 서로 다른 수이므로 ㉣은 0이 아니다. 따라서 ㉢이 0이며, 자녀 1의 (가)의 유전자형에는 대문자로 표시되는 대립유전자가 없으므로 ⓑ와 ⓒ는 모두 대문자로 표시되는 대립유전자이다. 아버지의 (가)의 유전자형에서 ⓐ~ⓓ(H, h, T, t) 중 대문자로 표시되는 대립유전자 ⓒ만 없으므로, 아버지의 (가)의 유전자형에서 대문자로 표시되는 대립유전자의 수는 1이다. 따라서 ㉠은 1이다. ㉠이 1, ㉡이 2이므로, 자녀가 가질 수 있는 (가)의 유전자형에서 대문자로 표시되는 대립유전자의 수는 3, 2, 1, 0이다. 자녀 2의 (가)의 유전자형에서 대문자로 표시되는 대립유전자의 수는 3이므로 ㉣은 3, ㉤은 4이다.

㉠ 아버지는 t를 갖는다.

➡ 아버지의 (가)의 유전자형에서 대문자로 표시되는 대립유전자의 수는 1이므로, 아버지의 (가)의 유전자형은 Hhtt 또는 hhTt이다. 따라서 아버지는 t를 갖는다.

㉡ ⓐ는 ⓒ와 대립유전자이다.

➡ ⓐ가 ⓑ와 대립유전자라면 ㉣이 3이므로 자녀 2의 (가)의 유전자형에서 ⓒ가 2개이어야 하며, 이 경우 아버지와 어머니로부터 ⓒ를 모두 물려받아야 한다. 그런데 아버지의 (가)의 유전자형에는 ⓒ가 없다. 따라서 ⓐ는 ⓒ와 대립유전자이다.

✗ 염색체 비분리는 감수 1분열에서 일어났다.

➡ 정상 자녀가 가질 수 있는 (가)의 유전자형에서 대문자로 표시되는 대립유전자의 수는 3, 2, 1, 0인데 ㉤이 4이다. 이는 자녀 3이 (가)의 유전자형에서 대문자로 표시되는 대립유전자의 수가 1인 아버지로부터 대문자로 표시되는 대립유전자를 2개 물려받았기 때문이다. 따라서 아버지의 정자 형성 과정에서 염색체 비분리는 감수 2분열에서 일어났다.

26
일차

/ 01 ③ 02 ④ 03 ① 04 ④ 05 ① 06 ② 07 ② 08 ③ 09 ⑤ 10 ④ 11 ② 12 ④
13 ① 14 ② 15 ④ 16 ③ 17 ③

문제편 269쪽~273쪽

---

01 | 생태계 구성 요소 간의 관계 2020학년도 10월 학평 11번 | 정답 ③ | 정답률 87%

적용해야 할 개념 ③가지

① 생태계는 생물적 요인(생산자, 소비자, 분해자)과 비생물적 요인(빛, 공기, 물, 토양, 온도 등)으로 구성된다.

② 생물적 요인은 빛에너지를 이용하여 무기물로부터 유기물을 합성하는 생산자, 다른 생물을 먹이로 섭취하여 유기물을 얻는 소비자, 생물의 사체나 배설물 속의 유기물을 무기물로 분해하여 에너지를 얻는 분해자로 구분된다.

③ 생태계 구성 요소 간의 관계에는 비생물적 요인이 생물적 요인에 영향을 주는 작용, 생물적 요인이 비생물적 요인에 영향을 주는 반작용, 생물적 요인 사이에 영향을 주고받는 상호 작용이 있다.

문제 보기

그림은 생태계를 구성하는 요소 사이의 상호 관계를 나타낸 것이다.

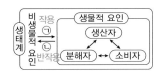

이에 대한 옳은 설명만을 〈보기〉에서 있는 대로 고른 것은?

보기

〈보기〉 풀이

㉠은 비생물적 환경 요인이 생물적 요인에 영향을 주는 작용이고, ㉡은 생물적 요인이 비생물적 환경 요인에 영향을 주는 반작용이다.

ㄱ. 소나무는 생산자에 해당한다.

➡ 소나무는 빛에너지를 이용하여 이산화 탄소와 물로부터 포도당을 합성하므로 생산자에 해당한다. 광합성을 하여 무기물로부터 유기물을 합성하는 식물은 모두 생산자에 해당한다.

ㄴ. 소비자에서 분해자로 유기물이 이동한다.

➡ 생태계의 생물적 요인 사이에서 유기물은 먹이 사슬에 의해 생산자에서 소비자로 이동하거나 생산자와 소비자의 사체나 배설물을 통해 분해자로 이동한다. 즉, 생산자와 소비자에서 분해자로 유기물이 이동한다.

ㄷ. 질소 고정 세균에 의해 토양의 암모늄 이온이 증가하는 것은 ㉠에 해당한다.

➡ 질소 고정 세균은 생물적 요인에 해당하고, 토양은 비생물적 환경 요인에 해당하므로 질소 고정 세균에 의해 토양의 암모늄 이온이 증가하는 것은 반작용(㉡)에 해당한다.

적용해야 할 개념 ③가지

① 생태계 구성 요소 간의 관계에는 비생물적 요인이 생물적 요인에 영향을 주는 작용, 생물적 요인이 비생물적 요인에 영향을 주는 반작용, 생물적 요인 사이에 영향을 주고받는 상호 작용이 있다.

② 개체군은 일정한 지역에 같은 종의 개체가 무리를 이루어 생활하는 집단이며, 군집은 일정한 지역에 여러 종류의 개체군이 모여 생활하는 집단이다.

③ 환경 저항은 서식 공간과 먹이 부족, 노폐물 축적, 개체 간의 경쟁, 질병 등과 같이 개체군의 생장을 억제하는 환경 요인을 말한다.

문제 보기

그림 (가)는 생태계를 구성하는 요소 사이의 상호 관계를, (나)는 영양염류를 이용하는 종 X를 배양했을 때 시간에 따른 X의 개체 수와 영양염류의 농도를 나타낸 것이다.

생물적 요인이 비생물적 요인에 영향을 주는 것

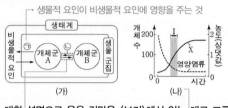

(가)   (나)

이에 대한 설명으로 옳은 것만을 〈보기〉에서 있는 대로 고른 것은?

서로 다른 종 사이의 상호 작용으로 종간 경쟁, 분서, 편리 공생, 상리 공생, 기생, 포식과 피식 등 다양하다.

X의 개체 수가 증가하여 영양염류의 농도가 감소: 생물적 요인 → 비생물적 요인(㉠)

〈보기〉 풀이

ㄱ. **개체군 A는 동일한 종으로 구성된다.**

➡ 개체군은 일정한 지역에 사는 같은 종의 개체들의 집단을 말하므로, 개체군 A는 동일한 종으로 구성된다. 생태계를 구성하는 요소 중 물, 빛, 온도, 공기 등은 비생물적 요인에 해당한다.

ㄴ. **구간 Ⅰ에서 X에 대한 환경 저항이 작용한다.**

➡ 환경 저항은 개체군의 생장을 억제하는 환경 요인으로, 구간 Ⅰ에서 X의 개체 수가 기하급수적으로 증가하지 않고 개체군의 생장 속도가 느려지는 것은 영양염류 부족과 같은 환경 저항이 작용하기 때문이다.

ㄷ. **X에 의해 영양염류의 농도가 감소하는 것은 ㉡에 해당한다.**

➡ X는 생물적 요인이고, 영양염류의 농도는 비생물적 요인이다. 따라서 X에 의해 영양염류의 농도가 감소하는 것은 생물적 요인이 비생물적 요인에 영향을 주는 ㉠의 예에 해당한다. ㉡은 서로 다른 개체군 사이의 상호 작용이다.

보기

03 생태계 구성 요소 간의 관계 2025학년도 6월 모평 16번 　　　　정답 ① | 정답률 91 %

적용해야 할 개념 ③가지

① 생물적 요인에는 생산자, 소비자, 분해자가 있고, 비생물적 요인에는 빛, 물, 온도, 공기, 토양 등이 있다.

② 생태계 구성 요소 간의 관계에는 비생물적 요인이 생물적 요인에 영향을 주는 작용, 생물적 요인이 비생물적 요인에 영향을 주는 반작용, 생물적 요인 사이에 영향을 주고받는 상호 작용이 있다.

③ 개체군 내 상호 작용에는 텃세(세력권), 순위제, 리더제, 사회생활, 가족생활이 있으며, 개체군 사이의 상호 작용에는 종간 경쟁, 분서, 상리 공생, 편리 공생, 기생, 포식과 피식 등이 있다.

문제 보기

그림은 생태계를 구성하는 요소 사이의 상호 관계를 나타낸 것이다.

서로 다른 개체군 사이의 상호 작용: 종간 경쟁, 분서, 상리 공생, 편리 공생, 기생, 포식과 피식

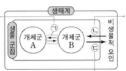

비생물적 요인이 생물 군집에 영향을 주는 것

생물 군집이 비생물적 요인에 영향을 주는 것

이에 대한 설명으로 옳은 것만을 〈보기〉에서 있는 대로 고른 것은?

〈보기〉 풀이

ㄱ. 늑대가 말코손바닥사슴을 잡아먹는 것은 ㉠의 예에 해당한다.

➡ 늑대와 말코손바닥사슴은 서로 다른 개체군에 속하므로 늑대가 말코손바닥사슴을 잡아먹는 것은 개체군 사이의 상호 작용 ㉠의 예에 해당한다. ㉠의 예에는 포식과 피식 외에도 종간 경쟁, 분서, 상리 공생 등 다양한 상호 작용이 있다.

✗ 지의류에 의해 암석의 풍화가 촉진되어 토양이 형성되는 것은 ㉡의 예에 해당한다.

➡ 지의류(생물적 요인)에 의해 암석의 풍화가 촉진되어 토양(비생물적 요인)이 형성되는 것은 생물 군집이 비생물적 요인에 영향을 미치는 ㉢의 예에 해당한다. ㉡은 비생물적 요인이 생물 군집에 영향을 주는 것이다.

✗ 분해자는 비생물적 요인에 해당한다.

➡ 분해자는 생물 군집에 해당하며, 비생물적 요인에는 빛, 온도, 물, 토양 등이 있다.

---

04 생태계 구성 요소 간의 관계 2020학년도 수능 20번 　　　　정답 ④ | 정답률 90 %

적용해야 할 개념 ②가지

① 생태계는 생산자, 소비자, 분해자의 생물적 요인과 빛, 공기, 토양, 온도 등의 비생물적 요인으로 구성된다.

② 생태계 구성 요소 간의 관계에는 비생물적 요인이 생물적 요인에 영향을 주는 작용, 생물적 요인이 비생물적 요인에 영향을 주는 반작용, 생물적 요인 사이에 영향을 주고받는 상호 작용이 있다.

문제 보기

그림은 생태계를 구성하는 요소 사이의 상호 관계를 나타낸 것이다.

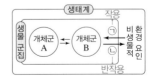

이에 대한 설명으로 옳은 것만을 〈보기〉에서 있는 대로 고른 것은?

〈보기〉 풀이

㉠은 비생물적 환경 요인이 생물적 요인에 영향을 주는 작용이고, ㉡은 생물적 요인이 비생물적 환경 요인에 영향을 주는 반작용이다.

✗ 뿌리혹박테리아는 비생물적 환경 요인에 해당한다.

➡ 뿌리혹박테리아는 질소 고정 작용을 하는 생물이므로 생물적 요인에 해당한다.

ㄴ. 기온이 나뭇잎의 색 변화에 영향을 미치는 것은 ㉠에 해당한다.

➡ 기온은 비생물적 환경 요인이고, 나무는 생물적 요인이므로 기온이 나뭇잎의 색 변화에 영향을 미치는 것은 작용(㉠)에 해당한다.

ㄷ. 숲의 나무로 인해 햇빛이 차단되어 토양 수분의 증발량이 감소되는 것은 ㉡에 해당한다.

➡ 나무는 생물적 요인이고, 토양 수분은 비생물적 환경 요인이므로 숲의 나무로 인해 햇빛이 차단되어 토양 수분의 증발량이 감소되는 것은 반작용(㉡)에 해당한다.

적용해야 할 개념 ③가지

① 생태계는 생산자, 소비자, 분해자 등의 생물적 요인과 빛, 공기, 물, 토양, 온도 등의 비생물적 요인으로 구성된다.

② 생태계 구성 요소 간의 관계에는 비생물적 요인이 생물적 요인에 영향을 주는 작용, 생물적 요인이 비생물적 요인에 영향을 주는 반작용, 생물적 요인 사이에 영향을 주고받는 상호 작용이 있다.

③ 개체군은 일정한 지역에 같은 종의 개체가 무리를 이루어 생활하는 집단을 말하며, 군집은 일정한 지역에 여러 종류의 개체군이 모여 생활하는 집단을 말한다.

문제 보기

그림은 생태계를 구성하는 요소 사이의 상호 관계를 나타낸 것이다.

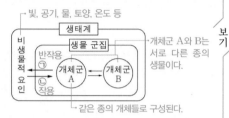

- 빛, 공기, 물, 토양, 온도 등
- 개체군 A와 B는 서로 다른 종의 생물이다.
- 같은 종의 개체들로 구성된다.

이에 대한 설명으로 옳은 것만을 〈보기〉에서 있는 대로 고른 것은?

〈보기〉 풀이

㉠은 생물적 요인이 비생물적 환경 요인에 영향을 주는 반작용이고, ㉡은 비생물적 환경 요인이 생물적 요인에 영향을 주는 작용이다.

ㄱ 개체군 A는 동일한 종으로 구성된다.

➡ 개체군은 일정한 지역에 같은 종의 개체가 무리를 이루어 생활하는 집단이므로, 개체군 A는 동일한 종으로 구성된다.

✗ 수온이 돌말의 개체 수에 영향을 미치는 것은 ㉠에 해당한다.

➡ 수온은 비생물적 환경 요인에 해당하고, 돌말은 생물적 요인에 해당하므로 수온이 돌말에 영향을 주는 것은 작용(㉡)에 해당한다.

✗ 식물의 낙엽으로 인해 토양이 비옥해지는 것은 ㉡에 해당한다.

➡ 식물의 낙엽은 생물적 요인에 해당하고, 토양은 비생물적 환경 요인에 해당하므로 식물의 낙엽이 토양에 영향을 주는 것은 반작용(㉠)에 해당한다.

적용해야 할 개념 ③가지

① 생태계는 생물적 요인(생산자, 소비자, 분해자)과 비생물적 요인(빛, 온도, 공기, 물, 토양 등)으로 구성되며, 생물적 요인과 비생물적 요인은 서로 영향을 주고받는다.

② 개체군은 일정한 지역에 같은 종의 개체가 무리를 이루어 생활하는 집단을 말하며, 군집은 일정한 지역에 여러 종류의 개체군이 모여 생활하는 집단을 말한다.

③ 생물 군집 내 개체군 사이의 상호 작용에는 종간 경쟁, 분서, 상리 공생, 편리공생, 기생, 포식과 피식 등이 있다.

문제 보기

그림은 생태계 구성 요소 사이의 상호 관계를 나타낸 것이다.

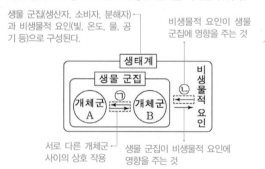

- 생물 군집(생산자, 소비자, 분해자)과 비생물적 요인(빛, 온도, 물, 공기 등)으로 구성된다.
- 비생물적 요인이 생물 군집에 영향을 주는 것
- 서로 다른 개체군 사이의 상호 작용
- 생물 군집이 비생물적 요인에 영향을 주는 것

이에 대한 옳은 설명만을 〈보기〉에서 있는 대로 고른 것은? [3점]

〈보기〉 풀이

✗ A는 여러 종으로 구성되어 있다.

➡ A는 하나의 개체군이며, 개체군은 일정한 지역에 서식하는 한 종으로 구성된다.

ㄴ 분서(생태 지위 분화)는 ㉠의 예이다.

➡ 분서는 생태적 지위가 중복되는 서로 다른 개체군이 서식 공간이나 먹이를 달리 하여 경쟁을 피하는 것이다. 따라서 분서는 생물 군집 내 서로 다른 개체군 사이의 상호 작용인 ㉠의 예이다. ㉠의 예에는 분서 외에도 종간 경쟁, 기생과 공생, 포식과 피식 등이 있다.

✗ 음수림에서 층상 구조의 발달이 높이에 따른 빛의 세기에 영향을 주는 것은 ㉡에 해당한다.

➡ 음수림에서 층상 구조의 발달로 아래로 갈수록 도달하는 빛의 세기가 약해지는 것은 생물 군집이 비생물적 요인에 영향을 주는 예이므로 ㉡에 해당하지 않는다.

07 생태계 구성 요소 간의 관계와 물질 이동 2020학년도 3월 학평 17번

정답 ② | 정답률 79 %

적용해야 할 개념 ②가지

① 생태계는 생물적 요인과 비생물적 요인으로 구성되며, 생물적 요인은 빛에너지를 이용하여 무기물로부터 유기물을 합성하는 생산자, 다른 생물을 먹이로 섭취하여 유기물을 얻는 소비자, 생물의 사체나 배설물 속 유기물을 무기물로 분해하여 에너지를 얻는 분해자로 구분된다.

② 생태계 구성 요소 간의 관계

작용	비생물적 요인이 생물적 요인에 영향을 준다. 예 빛의 세기에 따라 식물 잎의 두께가 다르다.
반작용	생물적 요인이 비생물적 요인에 영향을 준다. 예 식물의 낙엽이 쌓이면 토양이 비옥해진다.
상호 작용	생물적 요인이 서로 영향을 주고받는다. 예 토끼의 개체 수가 증가하면 풀의 개체 수가 감소한다.

문제 보기

그림은 생태계 구성 요소 사이의 상호 관계와 물질 이동의 일부를 나타낸 것이다. A와 B는 생산자와 소비자를 순서 없이 나타낸 것이다.

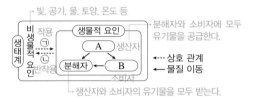

이에 대한 옳은 설명만을 〈보기〉에서 있는 대로 고른 것은?

〈보기〉 풀이

㉠은 비생물적 환경 요인이 생물적 요인에 영향을 주는 작용이고, ㉡은 생물적 요인이 비생물적 환경 요인에 영향을 주는 반작용이다.

✗ 사람은 A에 속한다.

➡ 생태계의 생물적 요인에는 생산자, 소비자, 분해자가 있다. 이들 사이에서 물질은 먹이 사슬을 통해 생산자에서 소비자로 이동하거나 생산자와 소비자의 사체와 배설물을 통해 분해자로 이동한다. 따라서 A는 생산자이고, B는 소비자인데, 사람은 다른 생물을 먹이로 하여 살아가므로 소비자(B)에 속한다.

ㄴ. A에서 B로 유기물 형태의 탄소가 이동한다.

➡ 생산자(A)에서 소비자(B)로, 생산자(A)에서 분해자로, 소비자(B)에서 분해자로의 이동, 즉 생물적 요인 사이에서 탄소는 유기물의 형태로 이동한다.

✗ 지렁이에 의해 토양의 통기성이 증가하는 것은 ㉠에 해당한다.

➡ 지렁이는 생물적 요인에 해당하고, 토양의 통기성은 비생물적 환경 요인에 해당하므로 지렁이에 의해 토양의 통기성이 증가하는 것은 반작용(㉡)에 해당한다.

보기

---

08 생태계 구성 요소 간의 상호 관계 2021학년도 4월 학평 6번

정답 ③ | 정답률 90 %

적용해야 할 개념 ②가지

① 개체군은 일정한 지역에 같은 종의 개체가 무리를 이루어 생활하는 집단을 말한다.

② 생태계 구성 요소 간의 관계

작용	비생물적 요인이 생물적 요인에 영향을 준다. 예 빛의 세기에 따라 식물 잎의 두께가 다르다.
반작용	생물적 요인이 비생물적 요인에 영향을 준다. 예 식물의 낙엽이 쌓이면 토양이 비옥해진다.
상호 작용	생물적 요인이 서로 영향을 주고받는다. 예 토끼의 개체 수가 증가하면 풀의 개체 수가 감소한다.

문제 보기

그림은 생태계를 구성하는 요소 사이의 상호 관계를, 표는 상호 관계 (가)와 (나)의 예를 나타낸 것이다. (가)와 (나)는 ㉠과 ㉡을 순서 없이 나타낸 것이다.

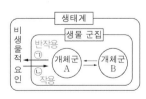

상호 관계	예
(가) ㉠ ㉡	빛의 파장에 따라 해조류의 분포가 달라진다.
(나) ㉠	?

이에 대한 설명으로 옳은 것만을 〈보기〉에서 있는 대로 고른 것은? [3점]

〈보기〉 풀이

ㄱ. 개체군 A는 동일한 종으로 구성된다.

➡ 하나의 개체군은 일정한 지역에 사는 같은 종의 개체들로 이루어진다. 따라서 개체군 A는 동일한 종으로 구성된다.

✗ (가)는 ㉠이다.

➡ ㉠은 생물적 요인이 비생물적 요인에 영향을 주는 반작용이고, ㉡은 비생물적 요인이 생물적 요인에 영향을 주는 작용이다. (가)는 빛의 파장(비생물적 요인)이 해조류(생물적 요인)의 분포에 영향을 준 것이므로 ㉡이다.

ㄷ. 지렁이에 의해 토양의 통기성이 증가하는 것은 (나)의 예에 해당한다.

➡ (가)는 ㉡, (나)는 ㉠이다. ㉠은 생물적 요인이 비생물적 요인에 영향을 주는 반작용이다. 지렁이(생물적 요인)에 의해 토양(비생물적 요인)의 통기성이 증가하는 것은 반작용(나)의 예에 해당한다.

보기

적용해야 할 개념 ②가지

① 생태계를 구성하는 생물적 요인에는 생산자, 소비자, 분해자가 있고, 비생물적 요인에는 빛, 온도, 공기, 물, 토양, 영양염류 등이 있다.

② 생태계 구성 요소 간의 관계

작용	비생물적 요인이 생물적 요인에 영향을 준다. 예 빛의 세기에 따라 식물 잎의 두께가 다르다.
반작용	생물적 요인이 비생물적 요인에 영향을 준다. 예 식물의 낙엽이 쌓이면 토양이 비옥해진다.
상호 작용	생물적 요인이 서로 영향을 주고받는다. 예 토끼의 개체 수가 증가하면 풀의 개체 수가 감소한다.

문제 보기

다음은 생태계의 구성 요소에 대한 학생 A~C의 발표 내용이다.

생물적 요인에는 생산자, 소비자, 분해자가 있습니다.
학생 A

영양염류는 비생물적 요인입니다.
학생 B

지의류에 의해 암석의 풍화가 촉진되어 토양이 형성되는 것은 생물적 요인이 비생물적 요인에 영향을 미치는 예입니다.
학생 C

제시한 내용이 옳은 학생만을 있는 대로 고른 것은?

보기

<보기> 풀이

Ⓐ 생물적 요인에는 생산자, 소비자, 분해자가 있습니다.

➡ 생태계 구성 요소는 생물적 요인과 비생물적 요인으로 구분한다. 생물적 요인에는 스스로 유기물을 합성하는 생산자, 다른 생물을 먹어 유기물을 얻는 소비자, 생물의 사체나 배설물에 들어 있는 유기물을 분해하여 에너지를 얻는 분해자가 있다.

Ⓑ 영양염류는 비생물적 요인입니다.

➡ 빛, 온도, 물, 토양, 공기, 영양염류 등 생물을 둘러싼 환경 요인은 비생물적 요인에 해당한다.

Ⓒ 지의류에 의해 암석의 풍화가 촉진되어 토양이 형성되는 것은 생물적 요인이 비생물적 요인에 영향을 미치는 예입니다.

➡ 지의류는 생물적 요인이고 토양은 비생물적 요인이므로 지의류가 암석의 풍화를 촉진하여 토양을 형성하는 것은 생물적 요인이 비생물적 요인에 영향을 주는 예이다.

10 생태계 구성 요소 간의 관계 2020학년도 6월 모평 13번

정답 ④ | 정답률 67 %

적용해야 할 개념 ②가지

① 개체군 내의 상호 작용에는 텃세, 순위제, 리더제, 사회생활, 가족생활 등이 있으며, 군집 내 개체군 사이의 상호 작용에는 경쟁(종간 경쟁), 분서, 공생, 기생, 포식과 피식 등이 있다.

② 생태계 구성 요소 간의 관계

작용	비생물적 요인이 생물적 요인에 영향을 준다. 예 빛의 세기에 따라 식물 잎의 두께가 다르다.
반작용	생물적 요인이 비생물적 요인에 영향을 준다. 예 식물의 낙엽이 쌓이면 토양이 비옥해진다.
상호 작용	생물적 요인이 서로 영향을 주고받는다. 예 토끼의 개체 수가 증가하면 풀의 개체 수가 감소한다.

문제 보기

그림은 생태계를 구성하는 요소 사이의 상호 관계를 나타낸 것이다.

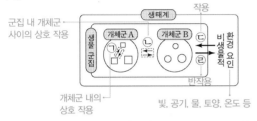

이에 대한 설명으로 옳은 것만을 〈보기〉에서 있는 대로 고른 것은?

〈보기〉 풀이

㉠은 개체군 내의 상호 작용, ㉡은 군집 내 개체군 사이의 상호 작용이다. ㉢은 비생물적 환경 요인이 생물적 요인에 영향을 주는 작용이고, ㉣은 생물적 요인이 비생물적 환경 요인에 영향을 주는 반작용이다.

✗ **스라소니가 눈신토끼를 잡아먹는 것은 ㉠에 해당한다.**
➡ ㉠은 한 개체군 내의 상호 작용이다. 스라소니와 눈신토끼는 서로 다른 종으로 스라소니가 눈신토끼를 잡아먹는 것은 군집 내 개체군 사이의 상호 작용 중 하나인 포식과 피식이다. 따라서 ㉡에 해당한다.

ㄴ **분서는 ㉡에 해당한다.**
➡ 분서는 생태적 지위가 비슷한 개체군들이 경쟁을 피하기 위해 먹이, 서식지, 활동 시기, 산란 시기 등을 달리하여 경쟁을 피하는 것이므로, 군집 내 개체군 사이의 상호 작용인 ㉡에 해당한다.

ㄷ **질소 고정 세균에 의해 토양의 암모늄 이온(NH_4^+)이 증가하는 것은 ㉣에 해당한다.**
➡ 질소 고정 세균은 생물적 요인이고, 토양의 암모늄 이온(NH_4^+)은 비생물적 환경 요인이다. 따라서 질소 고정 세균에 의해 토양의 암모늄 이온(NH_4^+)이 증가하는 것은 반작용(㉣)에 해당한다.

보기

11 생태계 구성 요소 간의 상호 관계 2023학년도 6월 모평 14번

정답 ② | 정답률 89 %

적용해야 할 개념 ③가지

① 생태계는 생물적 요인(생산자, 소비자, 분해자)과 비생물적 요인(빛, 온도, 공기, 물, 토양 등)으로 구성된다.

② 생태계 구성 요소 간의 관계에는 비생물적 요인이 생물적 요인에 영향을 주는 작용, 생물적 요인이 비생물적 요인에 영향을 주는 반작용, 생물적 요인 사이에 영향을 주고받는 상호 작용이 있다.

③ 개체군은 일정한 지역에 같은 종의 개체가 무리를 이루어 생활하는 집단을 말하며, 군집은 일정한 지역에 여러 종류의 개체군이 모여 생활하는 집단을 말한다.

문제 보기

그림은 생태계를 구성하는 요소 사이의 상호 관계를 나타낸 것이다.

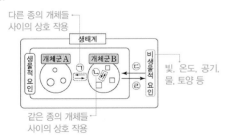

이에 대한 설명으로 옳은 것만을 〈보기〉에서 있는 대로 고른 것은?

〈보기〉 풀이

✗ **같은 종의 기러기가 무리를 지어 이동할 때 리더를 따라 이동하는 것은 ㉠에 해당한다.**
➡ 같은 종의 기러기는 하나의 개체군을 이룬다. 따라서 같은 종의 기러기가 무리를 지어 이동할 때 리더를 따라 이동하는 것은 개체군 내의 상호 작용이므로 ㉡에 해당한다. ㉡의 예로는 순위제, 텃세, 리더제, 사회생활, 가족생활이 있다. ㉠은 군집 내 다른 종의 개체군 사이의 상호 작용으로, ㉠의 예로는 종간 경쟁, 분서, 포식과 피식, 기생과 공생이 있다.

ㄴ **빛의 세기가 소나무의 생장에 영향을 미치는 것은 ㉢에 해당한다.**
➡ 빛은 비생물적 요인이고, 소나무는 생물적 요인이다. 따라서 빛의 세기가 소나무의 생장에 영향을 미치는 것은 비생물적 요인이 생물적 요인에 영향을 주는 ㉢에 해당한다.

✗ **군집에는 비생물적 요인이 포함된다.**
➡ 군집은 일정한 지역에 모여 생활하는 여러 종류의 개체군으로 구성되므로 생물적 요인만 포함되고 비생물적 요인은 포함되지 않는다. 군집(생물적 요인)과 비생물적 요인을 모두 포함하는 것은 생태계이다.

보기

적용해야 할 개념 ③가지

① 생태계는 생물적 요인(생산자, 소비자, 분해자)과 비생물적 요인(빛, 온도, 공기, 물, 토양 등)으로 구성된다.

② 생태계 구성 요소 간의 관계에는 비생물적 요인이 생물적 요인에 영향을 주는 작용, 생물적 요인이 비생물적 요인에 영향을 주는 반작용, 생물적 요인 사이에 영향을 주고받는 상호 작용이 있다.

③ 개체군은 일정한 지역에 같은 종의 개체가 무리를 이루어 생활하는 집단을 말하며, 서로 다른 개체군의 상호 작용의 예에는 경쟁(종간 경쟁), 분서, 공생, 기생, 포식과 피식 등이 있다.

문제 보기

그림은 생태계를 구성하는 요소 사이의 상호 관계를, 표는 상호 관계 (가)~(다)의 예를 나타낸 것이다. (가)~(다)는 ㉠~㉢을 순서 없이 나타낸 것이다.

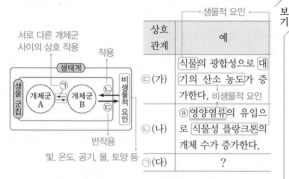

상호 관계	예
㉢ (가)	식물의 광합성으로 대기의 산소 농도가 증가한다. 비생물적 요인
㉡ (나)	ⓐ영양염류의 유입으로 식물성 플랑크톤의 개체 수가 증가한다.
㉠ (다)	?

이에 대한 설명으로 옳은 것만을 〈보기〉에서 있는 대로 고른 것은?

〈보기〉 풀이

✗ (가)는 ㉡이다.

➡ (가)는 생물적 요인인 식물이 비생물적 요인인 대기의 산소 농도에 영향을 주는 것이므로 ㉢이다. (나)는 비생물적 요인인 영양염류가 생물적 요인인 식물성 플랑크톤에 영향을 주는 것이므로 ㉡이다. (다)는 서로 다른 개체군 사이의 상호 작용인 ㉠이다.

○ ㄴ. ⓐ는 비생물적 요인에 해당한다.

➡ 질산염, 인산염과 같은 영양염류(ⓐ)는 비생물적 요인에 해당한다.

○ ㄷ. 생태적 지위가 비슷한 서로 다른 종의 새가 경쟁을 피해 활동 영역을 나누어 살아가는 것은 (다)의 예에 해당한다.

➡ (다)는 서로 다른 개체군 사이의 상호 작용인 ㉠이다. 생태적 지위가 비슷한 서로 다른 종의 새가 경쟁을 피해 활동 영역을 나누어 살아가는 분서(나누어살기)는 (다)(㉠)의 예에 해당한다.

적용해야 할 개념 ③가지

① 생태계는 생물적 요인(생산자, 소비자, 분해자)과 비생물적 요인(빛, 온도, 공기, 물, 토양 등)으로 구성된다.

② 생태계에서 생물적 요인과 비생물적 요인은 서로 영향을 주고받으며, 생물 군집 내에서도 다양한 상호 작용이 나타난다.

③ 생물 다양성에는 유전적 다양성, 종 다양성, 생태계 다양성이 있다.

유전적 다양성	같은 생물종이라도 하나의 형질을 결정하는 대립유전자가 다양하여 각 개체마다 형질이 다양하게 나타나는 것이다.
종 다양성	한 지역에 서식하는 생물종의 다양한 정도이다.
생태계 다양성	어느 지역에 존재하고 있는 생태계의 다양함이다.

문제 보기

그림은 생태계를 구성하는 요소 사이의 상호 관계를 나타낸 것이고, 표는 습지에 서식하는 식물 종 X에 대한 자료이다.

비생물적 요인이 생물에 영향을 주는 것이다.

```
        ┌─── 생태계 ───────────────┐
 생 생   │  ┌─────┐    ┌─────┐   │ 비
 물 물   │  │개체군│ →  │개체군│ →㉠│ 생
   군   │  │  A  │    │  B  │←㉡│ 물
   집   │  └─────┘    └─────┘   │ 적
        └──────────────────────┘ 요
                                   인
```

A와 B는 서로 다른 종이다.   생물이 비생물적 요인에 영향을 주는 것이다.

X는 식물이므로 생물 군집에 속한다.

○ ⓐ X는 그늘을 만들어 수분 증발을 감소시켜 토양 속 염분 농도를 낮춘다. └ 생물 → 비생물적 요인(㉡)

○ X는 습지의 토양 성분을 변화시켜 습지에 서식하는 생물의 ⓑ 종 다양성을 높인다.

└ 생물종의 다양한 정도이며, 다양한 종이 고르게 분포할수록 다양성이 높다.

이에 대한 설명으로 옳은 것만을 〈보기〉에서 있는 대로 고른 것은? [3점]

〈보기〉 풀이

○ ㄱ. X는 생물 군집에 속한다.

➡ X는 식물이므로 생물 군집에 속한다.

✗ ⓐ는 ㉠에 해당한다.

➡ X가 그늘을 만들어 토양의 수분 증발을 감소시켜 토양 속 염분 농도를 낮추었으므로 ⓐ는 생물 군집이 비생물적 요인에 영향을 주는 ㉡에 해당한다.

✗ ⓑ는 동일한 생물 종이라도 형질이 각 개체 간에 다르게 나타나는 것을 의미한다.

➡ 동일한 생물 종이라도 형질이 각 개체 간에 다르게 나타나는 것은 유전적 다양성이다. 종 다양성(ⓑ)은 한 지역에 서식하는 생물종의 다양한 정도이다.

14 생태계 구성 요소 간의 관계와 질소 순환 2022학년도 7월 학평 8번

정답 ② | 정답률 59 %

적용해야 할 개념 ③가지

① 생태계 구성 요소 간의 관계에는 비생물적 요인이 생물적 요인에 영향을 주는 작용, 생물적 요인이 비생물적 요인에 영향을 주는 반작용, 생물적 요인 사이에 영향을 주고받는 상호 작용이 있다.

② 생물적 요인 사이의 상호 작용으로는 개체군 내 상호 작용의 예로 순위제, 텃세, 리더제, 사회생활, 가족생활이 있으며, 다른 개체군 사이의 상호 작용의 예로 종간 경쟁, 분서, 포식과 피식, 기생과 공생이 있다.

③ 질소 고정 작용은 대기 중의 질소(N_2)를 암모늄 이온(NH_4^+)으로 전환시키는 과정으로 질소 고정 세균이 관여하고, 탈질산화 작용은 질산 이온(NO_3^-)을 질소(N_2)로 전환하는 작용으로 탈질산화 세균(탈질소 세균)이 관여한다.

문제 보기

그림은 생태계를 구성하는 요소 사이의 상호 관계를, 표는 세균 ⓐ와 ⓑ에 의해 일어나는 물질 전환 과정의 일부를 나타낸 것이다. ⓐ와 ⓑ는 탈질소 세균과 질소 고정 세균을 순서 없이 나타낸 것이다.

세균	물질 전환 과정
ⓐ	$N_2 \longrightarrow NH_4^+$
ⓑ	$NO_3^- \longrightarrow N_2$

이에 대한 설명으로 옳은 것만을 〈보기〉에서 있는 대로 고른 것은?

〈보기〉 풀이

✗ 순위제는 ©에 해당한다.

➡ 순위제는 같은 종으로 이루어진 개체군 내에서 일어나는 상호 작용이다. 개체군 A와 개체군 B는 서로 다른 종이므로 순위제는 군집 내 다른 종의 개체군 사이의 상호 작용인 ©에 해당하지 않는다. ©의 예로는 종간 경쟁, 분서, 포식과 피식, 기생과 공생이 있다.

Ⓛ ⓑ는 탈질소 세균이다.

➡ 질산 이온(NO_3^-)을 대기 중의 질소(N_2)로 전환하는 과정을 탈질산화 작용이라고 하며, 이에 관여하는 세균 ⓑ는 탈질소 세균(탈질산화 세균)이다.

✗ ⓐ에 의해 토양의 NH_4^+ 양이 증가하는 것은 ©에 해당한다.

➡ 대기 중의 질소(N_2)를 암모늄 이온(NH_4^+)으로 전환시키는 과정을 질소 고정 작용이라고 하며, 이에 관여하는 세균 ⓐ는 질소 고정 세균이다. 질소 고정 세균(ⓐ)의 작용으로 토양의 암모늄 이온(NH_4^+)이 증가하는 것은 생물적 요인이 비생물적 환경 요인에 영향을 주는 ㉠에 해당한다. ㉡은 비생물적 환경 요인이 생물적 요인에 영향을 주는 것으로, 토양의 암모늄 이온(NH_4^+)이 증가하여 식물이 잘 자라는 것이 ㉡의 예에 해당한다.

적용해야 할 개념 ③가지

① 생태계는 생물적 요인(생산자, 소비자, 분해자)과 비생물적 요인(빛, 온도, 공기, 물, 토양 등)으로 구성된다.
② 생태계에서 생물적 요인과 비생물적 요인은 서로 영향을 주고받는다.
③ 생물 군집 내에서 다양한 상호 작용이 나타난다.
　— 개체군 내의 상호 작용으로는 텃세, 순위제, 리더제, 사회생활, 가족생활 등이 있다.
　— 군집 내 개체군 사이의 상호 작용으로는 종간 경쟁, 분서, 공생(상리 공생, 편리공생), 기생, 포식과 피식 등이 있다.

문제 보기

그림은 생태계를 구성하는 요소 사이의 상호 관계를 나타낸 것이다.

A와 B는 서로 다른 개체군이므로 ㉠의 예로는 종간 경쟁, 분서, 공생, 기생, 포식과 피식 등이 있다.

비생물적 요인이 생물 군집에 영향을 주는 것이다.

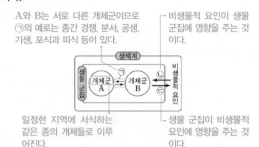

일정한 지역에 서식하는 같은 종의 개체들로 이루어진다.

생물 군집이 비생물적 요인에 영향을 주는 것이다.

이에 대한 설명으로 옳은 것만을 〈보기〉에서 있는 대로 고른 것은?

〈보기〉 풀이

ㄱ. **곰팡이는 생물 군집에 속한다.**
➡ 곰팡이는 생물의 사체나 배설물 속의 유기물을 무기물로 분해하여 에너지를 얻는 분해자이며, 생물 군집에 속한다.

ㄴ. **같은 종의 개미가 일을 분담하며 협력하는 것은 ㉠의 예에 해당한다.**
➡ 같은 종의 개미가 일을 분담하며 협력하는 것은 개체군 내의 상호 작용이므로, 서로 다른 개체군 사이의 상호 작용인 ㉠의 예에 해당하지 않는다. ㉠의 예로는 종간 경쟁, 분서, 공생, 기생, 포식과 피식 등이 있다.

ㄷ. **빛의 세기가 참나무의 생장에 영향을 미치는 것은 ㉡의 예에 해당한다.**
➡ 빛의 세기(비생물적 요인)가 참나무(생물적 요인)의 생장에 영향을 미치는 것은 비생물적 요인이 생물적 요인에 영향을 주는 ㉡의 예에 해당한다. ㉢은 생물적 요인이 비생물적 요인에 영향을 주는 것으로, 참나무가 무성하게 자라서 지면에 도달하는 빛의 세기가 약해지는 것은 ㉢의 예에 해당한다.

16 환경과 생물의 관계 2020학년도 9월 모평 18번

정답 ③ | 정답률 80 %

적용해야 할 개념 ②가지

① 생태계는 생산자, 소비자, 분해자 등의 생물적 요인과 빛, 공기, 물, 토양, 온도 등의 비생물적 요인으로 구성된다.

② 일조 시간이 길어지는 시기에 꽃이 피는 식물을 장일 식물, 일조 시간이 짧아지는 시기에 꽃이 피는 식물을 단일 식물이라고 한다. 개화 여부에 영향을 미치는 것은 연속적으로 빛이 없는 시간의 길이로, 이를 한계 암기라고 한다.

문제 보기

일조 시간이 식물의 개화에 미치는 영향을 알아보기 위하여, 식물 종 A의 개체 I~V에 빛 조건을 달리하여 개화 여부를 관찰하였다. 표는 I~V에 '빛 있음', '빛 없음', ⓐ, ⓑ 순으로 처리한 기간과 I~V의 개화 여부를 나타낸 것이다. ⓐ와 ⓑ는 각각 '빛 있음'과 '빛 없음' 중 하나이고, 이 식물이 개화하는 데 필요한 최소한의 '연속적인 빛 없음' 기간은 8시간이다.

> I 에서 개화하고, II와 III에서 개화하지 않았으므로
> ⓐ는 '빛 있음', ⓑ는 '빛 없음'이다.

0 ━━━━━━━━ 24(시)

'빛 있음' '빛 없음'

개체	처리 기간(시간)				개화 여부
	빛 있음	빛 없음	ⓐ	ⓑ	
I	12	0	0	12	개화함
II	12	4	1	7	개화 안 함
III	14	4	1	5	개화 안 함
IV	7	1	4	12	개화함
V	5	1	9	9	㉠ 개화함

> '연속적인 빛 없음' 기간이 8시간
> 이상이므로 개화한다.

이 자료에 대한 설명으로 옳은 것만을 〈보기〉에서 있는 대로 고른 것은? (단, 제시된 조건 이외는 고려하지 않는다.) [3점]

〈보기〉 풀이

이 식물이 개화하는 데 필요한 최소한의 '연속적인 빛 없음' 기간은 8시간이다. 그런데 I 에서는 개화하고, II와 III에서는 개화하지 않았으므로 ⓐ는 '빛 있음'이고, ⓑ는 '빛 없음'이다.

ㄱ. ⓐ는 '빛 있음'이다.

➡ ⓐ가 '빛 없음'이고, ⓑ가 '빛 있음'이면 I ~IV 모두 '연속적인 빛 없음' 기간이 8시간 이하이므로 개화하지 않아야 한다. 그러나 I 과 IV에서는 개화했으므로 ⓐ는 '빛 있음'이다.

ㄴ. ㉠은 '개화 안 함'이다.

➡ V는 '연속적인 빛 없음' 기간이 8시간 이상이므로 ㉠은 '개화함'이다.

ㄷ. 일조 시간은 비생물적 환경 요인이다.

➡ 비생물적 환경 요인에는 빛, 공기, 물, 토양, 온도 등이 있다. 일조 시간이란 하루 중 햇빛이 지표면에 내리쬐는 시간을 말하므로 일조 시간은 비생물적 환경 요인이다.

---

17 생태계 구성 요소 간의 관계 2025학년도 수능 6번

정답 ③ | 정답률 90 %

적용해야 할 개념 ③가지

① 생태계 구성 요소 간의 관계에는 비생물적 요인이 생물적 요인에 영향을 주는 작용, 생물적 요인이 비생물적 요인에 영향을 주는 반작용, 생물적 요인 사이에 영향을 주고받는 상호 작용이 있다.

② 개체군 내 상호 작용에는 텃세(세력권), 순위제, 리더제, 사회생활, 가족생활이 있다.

③ 군집 내 개체군 사이의 상호 작용에는 종간 경쟁, 분서, 상리 공생, 편리 공생, 기생, 포식과 피식 등이 있다.

문제 보기

그림은 생태계를 구성하는 요소 사이의 상호 관계를, 표는 상호 작용의 예를 나타낸 것이다. (가)와 (나)는 순위제의 예와 텃세의 예를 순서 없이 나타낸 것이다.

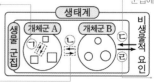

- 개체군 내의 상호 작용
- 군집 내 개체군 사이의 상호 작용
- 비생물적 요인이 생물 군집에 영향을 주는 것
- 생물 군집이 비생물적 요인에 영향을 주는 것

(가) 갈색벌새는 꿀을 확보하기 위해 다른 갈색벌새가 서식 공간에 접근하는 것을 막는다.

(나) 유럽산비둘기 무리에서는 서열이 높은 개체일수록 무리의 가운데 위치를 차지한다.

이에 대한 설명으로 옳은 것을 〈보기〉에서 있는 대로 고른 것은?

〈보기〉 풀이

ㄱ. (가)는 텃세의 예이다.

➡ 텃세는 개체군 내의 상호 작용으로 먹이와 서식 공간을 확보하고 배우자를 독점하기 위해 일정한 영역을 차지하여 다른 개체의 침입을 막는 것이다. 갈색벌새가 먹이인 꿀을 확보하기 위해 다른 갈색벌새의 접근을 막는 것은 텃세의 예이다.

ㄴ. (나)의 상호 작용은 ㉠에 해당한다.

➡ (나)에서 유럽산비둘기 무리에서 서열이 높은 개체일수록 무리의 가운데 위치를 차지하는 것은 개체군 내에서 힘의 서열에 따라 순위가 정해지는 순위제의 예이다. 따라서 (나)는 개체군 내의 상호 작용 ㉠에 해당한다.

ㄷ. 거북이의 성별이 발생 시기 알의 주변 온도에 의해 결정되는 것은 ㉣의 예에 해당한다.

➡ 발생 시기 알의 주변 온도(비생물적 요인)에 의해 거북이(생물)의 성별이 결정되는 것은 비생물적 요인이 생물 군집에 영향을 미치는 것으로 ㉢의 예에 해당한다.

27 일차

01 ④	02 ⑤	03 ④	04 ①	05 ③	06 ②	07 ①	08 ①	09 ④	10 ⑤	11 ①	12 ②
13 ⑤	14 ②	15 ②	16 ③	17 ④	18 ④	19 ②	20 ⑤	21 ①	22 ③	23 ③	24 ③
25 ②	26 ①	27 ①	28 ②	29 ①	30 ③	31 ④	32 ①	33 ②	34 ④		

문제편 276쪽~285쪽

---

01 개체군의 생장 곡선 2022학년도 3월 학평 12번 | 정답 ④ | 정답률 70 %

적용해야 할 개념 ④가지

① 개체군의 생장 곡선은 시간에 따른 개체군의 개체 수 변화를 그래프로 나타낸 것으로, 환경 저항이 작용하는 실제 환경에서는 S자형을 나타낸다.
② 환경 저항은 서식 공간과 먹이 부족, 노폐물 축적, 개체 간의 경쟁, 질병 등과 같이 개체군의 생장을 억제하는 환경 요인이다.
③ 개체군의 밀도는 일정 공간에 서식하는 개체군의 개체 수이다.
④ 환경 수용력은 주어진 환경 조건에서 서식할 수 있는 개체군의 최대 크기이다.

문제 보기

그림은 어떤 식물 개체군의 시간에 따른 개체 수를 나타낸 것이다.

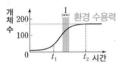

· 환경 저항: $t_1 < t_2$
· 개체 수 증가율: $t_1 > t_2$
· 개체군 밀도: $t_1 < t_2$

이에 대한 옳은 설명만을 〈보기〉에서 있는 대로 고른 것은? (단, 이입과 이출은 없으며, 서식지의 면적은 일정하다.)

〈보기〉 풀이

✗ 환경 저항은 t_1일 때가 t_2일 때보다 크다.
➡ 환경 저항은 개체군의 생장을 억제하는 환경 요인으로, 환경 저항이 클수록 개체 수 증가율이 낮다. 개체 수 증가율은 그래프의 기울기 값에 해당하는데, t_1일 때가 t_2일 때보다 개체 수 증가율이 크므로 t_1일 때가 t_2일 때보다 환경 저항이 작다. 일반적으로 환경 저항은 개체 수가 증가할수록 커진다.

ㄴ. 구간 Ⅰ에서 개체군 밀도는 시간에 따라 증가한다.
➡ 개체군의 밀도 = $\dfrac{\text{개체군을 구성하는 개체 수}}{\text{개체군이 서식하는 공간의 면적}}$ 인데, 구간 Ⅰ에서는 서식 공간이 일정한 상태에서 개체 수가 증가하므로 개체군의 밀도가 시간에 따라 증가한다.

ㄷ. 환경 수용력은 100보다 크다.
➡ 환경 수용력은 주어진 환경 조건에서 서식할 수 있는 개체군의 최대 크기이므로 개체 수가 더 이상 증가하지 않는 t_2일 때의 개체 수로 100보다 크다.

---

02 개체군의 생장 곡선 2020학년도 6월 모평 20번 | 정답 ⑤ | 정답률 80 %

적용해야 할 개념 ③가지

① 환경 저항이 작용하는 실제 환경에서는 개체군의 밀도가 높아지면 환경 저항이 커져 개체 수가 증가하다가 일정하게 유지되는 실제의 생장 곡선(S자형)을 나타낸다.
② 환경 저항은 서식 공간과 먹이 부족, 노폐물 축적, 개체 간의 경쟁, 질병 등과 같이 개체군의 생장을 억제하는 환경 요인을 말한다.
③ 개체 수 증가율은 단위 시간당 증가한 개체 수로, 그래프의 기울기가 클수록 개체 수 증가율이 크다.

문제 보기

그림은 먹이의 양이 서로 다른 두 조건 A와 B에서 종 ⓐ를 각각 단독 배양했을 때 시간에 따른 개체 수를 나타낸 것이다. 먹이의 양은 A가 B보다 많다.

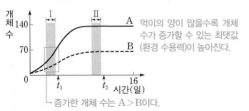

먹이의 양이 많을수록 개체 수가 증가할 수 있는 최댓값(환경 수용력)이 높아진다.

· 증가한 개체 수는 A > B이다.

이 자료에 대한 설명으로 옳은 것만을 〈보기〉에서 있는 대로 고른 것은? (단, 제시된 조건 이외는 고려하지 않는다.) [3점]

〈보기〉 풀이

먹이 부족은 개체군의 생장을 억제하는 환경 저항 중 하나이다. 따라서 먹이의 양이 많을수록 개체군이 최대로 도달할 수 있는 개체 수(환경 수용력)가 증가한다.

ㄱ. 구간 Ⅰ에서 증가한 ⓐ의 개체 수는 A에서가 B에서보다 많다.
➡ 구간 Ⅰ에서 증가한 ⓐ의 개체 수는 구간 Ⅰ의 첫 시점에서의 개체 수와 마지막 시점에서의 개체 수의 차이이다. 따라서 그래프의 기울기가 큰 A에서가 B에서보다 많다.

ㄴ. A의 구간 Ⅱ에서 ⓐ에게 환경 저항이 작용한다.
➡ 먹이 부족, 서식 공간 부족, 노폐물 증가, 질병 증가 등의 환경 저항은 실제 환경에서는 항상 작용하며, A의 구간 Ⅱ에서 개체 수가 더 이상 증가하지 않는 것은 환경 저항이 작용하기 때문이다.

ㄷ. B의 개체 수는 t_2일 때가 t_1일 때보다 많다.
➡ B의 개체 수는 t_2일 때가 약 60, t_1일 때가 약 30으로 t_2일 때가 t_1일 때보다 많다.

03 개체군의 생장 곡선 2020학년도 9월 모평 11번

정답 ④ | 정답률 73%

적용해야 할 개념 ②가지

① 개체군은 일정한 지역에 같은 종의 개체가 무리를 이루어 생활하는 집단이다.
② 환경 저항은 서식 공간과 먹이 부족, 노폐물 축적, 개체 간의 경쟁, 질병 등과 같이 개체군의 생장을 억제하는 환경 요인으로, 실제 환경에서는 항상 존재한다.

문제 보기

그림은 어떤 군집을 이루는 종 A와 종 B의 시간에 따른 개체 수를 나타낸 것이고, 표는 상대 밀도에 대한 자료이다.

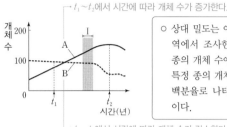

$t_1 \sim t_2$에서 시간에 따라 개체 수가 증가한다.

○ 상대 밀도는 어떤 지역에서 조사한 모든 종의 개체 수에 대한 특정 종의 개체 수를 백분율로 나타낸 것이다.

$t_1 \sim t_2$에서 시간에 따라 개체 수가 감소한다.

이에 대한 설명으로 옳은 것만을 〈보기〉에서 있는 대로 고른 것은? (단, A와 B 이외의 종은 고려하지 않는다.)

〈보기〉 풀이

✗ ㄱ. A는 B와 한 개체군을 이룬다.

➡ 개체군은 일정한 지역에 같은 종의 개체가 무리를 이루어 생활하는 집단이다. 종 A와 B는 서로 다른 종이므로 한 개체군을 이루지 않는다.

◯ ㄴ. 구간 Ⅰ에서 A에 환경 저항이 작용한다.

➡ 제시된 자료는 A와 B가 실제 환경에서 서식할 때 시간에 따른 개체 수를 나타낸 것으로, 실제 환경에서는 항상 환경 저항이 작용한다. 따라서 구간 Ⅰ에서 A에 환경 저항이 작용한다.

◯ ㄷ. B의 상대 밀도는 t_1에서가 t_2에서보다 크다.

➡ 상대 밀도는 모든 종의 개체 수에 대한 특정 종의 개체 수인데, t_1에서 t_2로 될 때 B의 개체 수는 감소하고, A의 개체 수는 증가한다. 따라서 B의 상대 밀도$\left(\dfrac{\text{B의 개체 수}}{\text{A의 개체 수}+\text{B의 개체 수}} \right)$는 t_1에서가 t_2에서보다 크다.

---

04 생존 곡선 2024학년도 6월 모평 12번

정답 ① | 정답률 59%

적용해야 할 개념 ①가지

① 생존 곡선은 같은 시기에 태어난 개체들이 시간이 지남에 따라 얼마나 살아남는지를 그래프로 나타낸 것이다.

유형	특징	예
Ⅰ형	적은 수의 자손을 낳지만 초기 사망률이 낮고 수명이 길어 대부분 성체로 생장한다.	사람, 대형 포유류 등
Ⅱ형	출생 이후 개체 수가 일정한 비율로 줄어든다.	다람쥐와 같은 소형 포유류, 기러기와 같은 조류 등
Ⅲ형	많은 수의 자손을 낳지만 초기 사망률이 높아 성체로 생장하는 개체 수가 적다.	고등어, 굴 등 어패류

문제 보기

그림은 생존 곡선 Ⅰ형, Ⅱ형, Ⅲ형을, 표는 동물 종 ㉠, ㉡, ㉢의 특징과 생존 곡선 유형을 나타낸 것이다. ⓐ와 ⓑ는 Ⅰ형과 Ⅲ형을 순서 없이 나타낸 것이며, 특정 시기의 사망률은 그 시기 동안 사망한 개체 수를 그 시기가 시작된 시점의 총개체 수로 나눈 값이다.

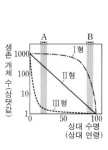

종	특징	유형
㉠	한 번에 많은 수의 자손을 낳으며 초기 사망률이 후기 사망률보다 높다.	ⓐ 형
㉡	한 번에 적은 수의 자손을 낳으며 초기 사망률이 후기 사망률보다 낮다.	ⓑ 형
㉢	?	Ⅱ형

이에 대한 설명으로 옳은 것만을 〈보기〉에서 있는 대로 고른 것은?

〈보기〉 풀이

◯ ㄱ. ⓑ는 Ⅰ형이다.

➡ 한 번에 많은 수의 자손을 낳으며 초기 사망률이 후기 사망률보다 높은 유형 ⓐ의 생존 곡선은 Ⅲ형이고, 한 번에 적은 수의 자손을 낳으며 초기 사망률이 후기 사망률보다 낮은 유형 ⓑ의 생존 곡선은 Ⅰ형이다.

✗ ㄴ. ㉢에서 $\dfrac{\text{A 시기 동안 사망한 개체 수}}{\text{B 시기 동안 사망한 개체 수}}$ 는 1이다.

➡ ㉢은 생존 곡선 Ⅱ형이다. 생존 곡선 그래프에서 생존 개체 수를 나타낸 Y축의 값은 상댓값으로 나타낸 상태로 $1000 \rightarrow 100 \rightarrow 10 \rightarrow 1$로 바뀐다. 따라서 A 시기 동안 사망한 개체 수가 B 시기 동안 사망한 개체 수보다 많으므로 ㉢에서 $\dfrac{\text{A 시기 동안 사망한 개체 수}}{\text{B 시기 동안 사망한 개체 수}}$ 는 1보다 크다.

✗ ㄷ. 대형 포유류와 같이 대부분의 개체가 생리적 수명을 다하고 죽는 종의 생존 곡선 유형은 Ⅲ형에 해당한다.

➡ 생리적 수명을 다하고 죽는 종은 초기 사망률이 매우 낮고 수명을 다하는 후기 사망률이 높게 나타난다. 즉, 그래프에서 상대 수명이 작을 때는 대부분의 개체가 생존하고 상대 수명 100에 가까운 지점에서 생존 개체 수가 급격하게 감소하는 형태를 나타내므로 대형 포유류의 생존 곡선은 Ⅰ형이다.

적용해야 할 개념 ①가지

① 생존 곡선: 같은 시기에 태어난 개체들이 시간이 지남에 따라 얼마나 살아남았는지를 그래프로 나타낸 것
- Ⅰ형: 적은 수의 자손을 낳지만 부모의 보호를 받아 초기 사망률이 낮고, 대부분의 개체가 수명을 다하고 죽어 후기 사망률이 높다. 예 사람, 대형 포유류 등
- Ⅱ형: 출생 이후 개체 수가 일정한 비율로 줄어든다. ➡ 시간에 따른 사망률이 비교적 일정하다. 예 히드라, 다람쥐 등
- Ⅲ형: 많은 수의 자손을 낳지만 초기 사망이 높아 성체로 생장하는 개체 수가 적다. 예 굴, 어류 등

문제 보기

그림은 생존 곡선 Ⅰ형, Ⅱ형, Ⅲ형을, 표는 동물 종 ㉠의 특징을 나타낸 것이다. 특정 시기의 사망률은 그 시기 동안 사망한 개체 수를 그 시기가 시작된 시점의 총 개체 수로 나눈 값이다.

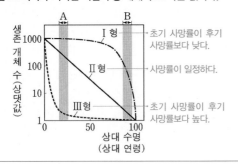

○ ㉠은 한 번에 많은 수의 자손을 낳으며, 초기 사망률이 후기 사망률보다 높다.
○ ㉠의 생존 곡선은 Ⅰ형, Ⅱ형, Ⅲ형 중 하나에 해당한다.

이에 대한 설명으로 옳은 것만을 〈보기〉에서 있는 대로 고른 것은?

〈보기〉 풀이

보기

✗ Ⅰ형의 생존 곡선을 나타내는 종에서 A 시기의 사망률은 B 시기의 사망률보다 높다.
➡ Ⅰ형의 생존 곡선을 나타내는 종은 A 시기에는 개체 수가 일정하게 유지되고 B 시기에는 개체 수가 급격하게 감소하고 있으므로 사망률은 A 시기보다 B 시기에 높다.

✗ Ⅱ형의 생존 곡선을 나타내는 종에서 A 시기 동안 사망한 개체 수는 B 시기 동안 사망한 개체 수와 같다.
➡ Ⅱ형의 생존 곡선을 나타내는 종은 상대 연령에 따른 사망률이 일정하다. 그러나 전체 개체 수는 A 시기에서가 B 시기에서보다 많으므로 A 시기 동안 사망한 개체 수가 B 시기 동안 사망한 개체 수보다 많다.

ㄷ ㉠의 생존 곡선은 Ⅲ형에 속한다.
➡ ㉠은 초기 사망이 후기 사망률보다 높다. 그래프에서 상대 수명에 따른 생존 개체 수의 기울기는 사망률에 비례하므로 ㉠은 초기에 기울기가 급격하게 나타나는 Ⅲ형에 해당한다. Ⅲ형에 해당하는 생물은 한 번에 많은 수의 자손을 낳아 종을 유지한다.

적용해야 할 개념 ④가지

① 개체군의 생장 곡선은 시간에 따른 개체군의 개체 수 변화를 그래프로 나타낸 것으로, 환경 저항이 작용하는 실제 환경에서는 S자형을 나타낸다.
② 환경 저항은 서식 공간과 먹이 부족, 노폐물 축적, 개체 간의 경쟁, 질병 등과 같이 개체군의 생장을 억제하는 환경 요인으로, 환경 저항이 클수록 개체 수 증가율이 작다.
③ 개체군의 밀도는 일정 공간에 서식하는 개체군의 개체 수이다.
④ 생존 곡선은 같은 시기에 태어난 개체들이 시간이 지남에 따라 얼마나 살아남았는지를 그래프로 나타낸 것이다.

문제 보기

그림 (가)는 동물 종 A의 시간에 따른 개체 수를, (나)는 A의 상대 수명에 따른 생존 개체 수를 나타낸 것이다. 특정 구간의 사망률은 그 구간 동안 사망한 개체 수를 그 구간이 시작된 시점의 총개체 수로 나눈 값이다.

출생률=사망률 ➡ 개체군의 크기가 더 이상 증가하지 않는다.

초기 사망이 후기 사망률보다 낮다. ➡ Ⅰ형

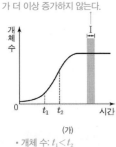
(가)
• 개체 수: $t_1 < t_2$
• 개체군 밀도: $t_1 < t_2$

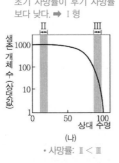
(나)
• 사망률: Ⅱ < Ⅲ

이에 대한 설명으로 옳은 것만을 〈보기〉에서 있는 대로 고른 것은? (단, 이입과 이출은 없으며, 서식지의 면적은 일정하다.)

〈보기〉 풀이

보기

✗ 구간 Ⅰ에서 A에게 환경 저항이 작용하지 않는다.
➡ 구간 Ⅰ에서 시간이 지나도 개체 수가 변하지 않는 것은 환경 저항이 커서 개체군의 생장이 억제되고 있기 때문이다. 환경 저항은 실제 자연 환경에서는 항상 작용하며, 개체 수가 증가할수록 환경 저항이 커진다.

ㄴ A의 개체군 밀도는 t_1일 때가 t_2일 때보다 작다.
➡ 개체군의 밀도$=\dfrac{개체군을\ 구성하는\ 개체\ 수}{개체군이\ 서식하는\ 공간의\ 면적}$ 인데, 서식 공간이 일정한 조건에서 개체군의 밀도는 개체 수에 비례한다. A의 개체 수는 t_1일 때가 t_2일 때보다 적으므로 A의 개체군 밀도는 t_1일 때가 t_2일 때보다 작다.

✗ A의 사망률은 구간 Ⅱ에서가 구간 Ⅲ에서보다 높다.
➡ (나)에서 구간 Ⅱ에서는 대부분의 개체가 생존하였으므로 사망률이 낮지만, 구간 Ⅲ에서는 생존 개체 수가 급격하게 감소하였으므로 사망률이 높다. 따라서 A의 사망률은 구간 Ⅱ에서가 구간 Ⅲ에서보다 낮다. 그래프의 세로축이 생존 개체 수이므로 특정 구간에서의 사망률은 그래프에서 그 구간에서의 기울기 값의 절댓값이 된다.

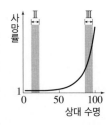

적용해야 할 개념 ③가지

① 방형구법은 조사하려는 곳에 방형구를 설치하고, 방형구에 나타난 식물 종의 개체 수(밀도), 종이 출현한 방형구 수(빈도), 종이 지표를 덮고 있는 정도(피도)를 조사하는 방법이다.

② 상대 밀도 $=\dfrac{\text{특정 종의 밀도}}{\text{조사한 모든 종의 밀도 합}}\times100(\%)$, 상대 빈도 $=\dfrac{\text{특정 종의 빈도}}{\text{조사한 모든 종의 빈도 합}}\times100(\%)$, 상대 피도 $=\dfrac{\text{특정 종의 피도}}{\text{조사한 모든 종의 피도 합}}\times100(\%)$이다.

③ 중요치는 상대 밀도, 상대 빈도, 상대 피도의 합이며, 중요치가 가장 큰 종이 그 군집의 우점종이다.

문제 보기

표는 방형구법을 이용하여 어떤 지역의 식물 군집을 조사한 결과를 나타낸 것이다.

종	개체 수	빈도	상대 피도(%)	중요치(중요도)
A우점종 36	0.8	38	?138
B	?12	0.5	27	72
C	12	0.7	35	90
합계	60	2.0	100	

이에 대한 옳은 설명만을 〈보기〉에서 있는 대로 고른 것은? (단, A~C 이외의 종은 고려하지 않는다.) [3점]

〈보기〉

〈보기〉 풀이

ㄱ. **A의 상대 빈도는 40 %이다.**

➡ 상대 빈도 $=\dfrac{\text{특정 종의 빈도}}{\text{조사한 모든 종의 빈도 합}}\times100(\%)$이다. 조사한 모든 종의 빈도 합은 $0.8+0.5+0.7=2$이므로, A의 상대 빈도는 $\dfrac{0.8}{2}\times100=40$ %이다. B의 상대 빈도는 $\dfrac{0.5}{2}\times100=25$ %이고, C의 상대 빈도는 $\dfrac{0.7}{2}\times100=35$ %이다.

ㄴ. **B의 개체 수는 20이다.**

➡ 중요치는 '상대 밀도＋상대 빈도＋상대 피도'이다. C의 중요치 $90=$ 상대 밀도$+35+35$이므로 C의 상대 밀도는 20 %이다. 상대 밀도 $=\dfrac{\text{특정 종의 밀도}}{\text{조사한 모든 종의 밀도 합}}\times100(\%)$이고, 면적이 동일하므로 밀도 대신 개체 수로 계산하면 된다. 따라서 C의 상대 밀도 $20=\dfrac{12}{36+\text{B}+12}\times100$이므로 B의 개체 수는 12이다.

ㄷ. **우점종은 C이다.**

➡ A의 상대 밀도는 $\dfrac{36}{60}\times100=60$ %이고, B의 상대 밀도는 $\dfrac{12}{60}\times100=20$ %로 A, B, C의 중요치는 표와 같다. 따라서 우점종은 중요치가 가장 큰 A이다.

종	상대 밀도(%)	상대 빈도(%)	상대 피도(%)	중요치
A	60	40	38	138
B	20	25	27	72
C	20	35	35	90

적용해야 할 개념 ②가지

① 상대 밀도 = $\dfrac{\text{특정 종의 밀도}}{\text{조사한 모든 종의 밀도 합}} \times 100(\%)$, 상대 빈도 = $\dfrac{\text{특정 종의 빈도}}{\text{조사한 모든 종의 빈도 합}} \times 100(\%)$,

상대 피도 = $\dfrac{\text{특정 종의 피도}}{\text{조사한 모든 종의 피도 합}} \times 100(\%)$이다.

② 중요치는 상대 밀도, 상대 빈도, 상대 피도의 합이며, 중요치가 가장 큰 종이 그 군집의 우점종이다.

문제 보기

표는 어떤 지역에 면적이 1 m^2인 방형구를 200개 이용한 식물 군집 조사 결과를 나타낸 것이다.

종	개체 수	1개체당 지표를 덮는 면적(m^2)	상대 빈도(%)
A	30	0.8 ×30	30
B	60	0.4 ×60	㉠ 15
C	40	0.6 ×40	35
D	70	0.4 ×70	20
합계	200	100	100

이에 대한 옳은 설명만을 〈보기〉에서 있는 대로 고른 것은? (단, 각 개체는 서로 겹쳐 있지 않으며, A~D 이외의 종은 고려하지 않는다.) [3점]

보기

〈보기〉풀이

ㄱ. ㉠은 15이다.

→ 상대 빈도는 $\dfrac{\text{특정 종의 빈도}}{\text{조사한 모든 종의 빈도 합}} \times 100(\%)$으로 계산하므로 A~D의 상대 빈도의 합은 100이다. 따라서 B의 상대 빈도는 $100-(30+35+20)=15(\%)$이다.

ㄴ. A의 상대 밀도는 D의 상대 피도보다 크다.

→ 상대 밀도 = $\dfrac{\text{특정 종의 밀도}}{\text{조사한 모든 종의 밀도 합}} \times 100(\%)$이고, 면적이 동일하므로 밀도 대신 개체 수로 계산하면 된다. A~D 개체 수의 합은 200이므로 A의 상대 밀도는 $\dfrac{30}{200} \times 100 = 15(\%)$이다. 상대 피도는 $\dfrac{\text{특정 종의 피도}}{\text{조사한 모든 종의 피도 합}} \times 100(\%)$이고, 각 종의 피도는 '1개체당 지표를 덮는 면적×개체 수'로 계산하면 된다. A~D의 피도의 합이 100이므로 상대 피도의 값은 피도와 같아 D의 상대 피도는 28(%)이다. 따라서 A의 상대 밀도(15%)는 D의 상대 피도(28%)보다 작다.

종	상대 밀도(%)	상대 피도(%)	상대 빈도(%)	중요치(중요도)
A	$15\left(=\dfrac{30}{200} \times 100\right)$	$24(=0.8 \times 30)$	30	69
B	$30\left(=\dfrac{60}{200} \times 100\right)$	$24(=0.4 \times 60)$	15	69
C	$20\left(=\dfrac{40}{200} \times 100\right)$	$24(=0.6 \times 40)$	35	79
D	$35\left(=\dfrac{70}{200} \times 100\right)$	$28(=0.4 \times 70)$	20	83

ㄷ. 우점종은 C이다.

→ 우점종은 중요치가 가장 큰 D이다.

09 식물 군집 조사 2023학년도 4월 학평 20번

정답 ④ | 정답률 57%

적용해야 할 개념 ③가지

① 방형구법은 조사하려는 곳에 방형구를 설치하고, 방형구에 나타난 식물 종의 개체 수(밀도), 종이 출현한 방형구 수(빈도), 종이 지표를 덮고 있는 정도(피도)를 조사하는 방법이다.

② 상대 밀도 $= \dfrac{\text{특정 종의 밀도}}{\text{조사한 모든 종의 밀도 합}} \times 100(\%)$, 상대 빈도 $= \dfrac{\text{특정 종의 빈도}}{\text{조사한 모든 종의 빈도 합}} \times 100(\%)$, 상대 피도 $= \dfrac{\text{특정 종의 피도}}{\text{조사한 모든 종의 피도 합}} \times 100(\%)$이다.

③ 중요치는 상대 밀도, 상대 빈도, 상대 피도의 합이며, 중요치가 가장 큰 종이 그 군집의 우점종이다.

문제 보기

표는 어떤 지역에 면적이 1 m²인 방형구를 10개 설치한 후 식물 군집을 조사한 결과를 나타낸 것이다.

종	개체 수	출현한 방형구 수	점유한 면적(m²)
A	30	5	0.5
B	20	6	1.5
C	40	4	2.0
D	10	5	1.0
합계	100	20	5.0

이에 대한 설명으로 옳은 것만을 〈보기〉에서 있는 대로 고른 것은? (단, A~D 이외의 종은 고려하지 않는다.) [3점]

보기

〈보기〉 풀이

ㄱ. **B의 빈도는 0.6이다.**

➡ 빈도는 전체 방형구 수에 대한 특정 종이 출현한 방형구 수이다. B는 전체 10개의 방형구 중 6개의 방형구에서 출현하였으므로 B의 빈도는 $\dfrac{6}{10} = 0.6$이다.

ㄴ. **A는 D와 한 개체군을 이룬다.**

➡ 개체군은 동일한 지역에 서식하는 같은 종의 개체들로 이루어진다. A와 D는 다른 종이므로 한 개체군을 이루지 않는다.

ㄷ. **중요치가 가장 큰 종은 C이다.**

➡ 중요치는 '상대 밀도＋상대 빈도＋상대 피도'이다. 상대 밀도는 개체 수가 많을수록, 상대 빈도는 출현한 방형구 수가 많을수록, 상대 피도는 점유한 면적이 클수록 크다. A~D 4종의 상대 밀도, 상대 빈도, 상대 피도 및 중요치는 표와 같다. A~D 중 중요치가 가장 큰 종은 C이다.

종	상대 밀도(%)	상대 빈도(%)	상대 피도(%)	중요치
A	$\dfrac{30}{100} \times 100 = 30$	$\dfrac{5}{20} \times 100 = 25$	$\dfrac{0.5}{5.0} \times 100 = 10$	65
B	$\dfrac{20}{100} \times 100 = 20$	$\dfrac{6}{20} \times 100 = 30$	$\dfrac{1.5}{5.0} \times 100 = 30$	80
C	$\dfrac{40}{100} \times 100 = 40$	$\dfrac{4}{20} \times 100 = 20$	$\dfrac{2.0}{5.0} \times 100 = 40$	100
D	$\dfrac{10}{100} \times 100 = 10$	$\dfrac{5}{20} \times 100 = 25$	$\dfrac{1.0}{5.0} \times 100 = 20$	55

적용해야 할 개념 ③가지

① 방형구법은 조사하려는 곳에 방형구를 설치하고, 방형구에 나타난 식물 종의 개체 수(밀도), 종이 출현한 방형구 수(빈도), 지표를 덮고 있는 정도(피도)를 조사하는 방법이다.

② 상대 밀도 $= \dfrac{\text{특정 종의 밀도}}{\text{조사한 모든 종의 밀도 합}} \times 100(\%)$, 상대 빈도 $= \dfrac{\text{특정 종의 빈도}}{\text{조사한 모든 종의 빈도 합}} \times 100(\%)$,

상대 피도 $= \dfrac{\text{특정 종의 피도}}{\text{조사한 모든 종의 피도 합}} \times 100(\%)$이다.

③ 중요치(%)=상대 밀도+상대 빈도+상대 피도이며, 중요치가 가장 높은 종이 그 군집의 우점종이다.

문제 보기

다음은 어떤 지역에서 방형구를 이용해 식물 군집을 조사한 자료이다.

○ 면적이 같은 4개의 방형구 A~D를 설치하여 조사한 질경이, 토끼풀, 강아지풀의 분포는 그림과 같으며, D에서의 분포는 나타내지 않았다.

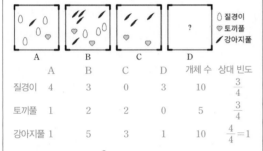

	A	B	C	D	개체 수	상대 빈도
질경이	4	3	0	3	10	$\dfrac{3}{4}$
토끼풀	1	2	2	0	5	$\dfrac{3}{4}$
강아지풀	1	5	3	1	10	$\dfrac{4}{4}=1$

○ 토끼풀의 빈도는 $\dfrac{3}{4}$이다.
○ 질경이의 밀도는 강아지풀의 밀도와 같고, 토끼풀의 밀도의 2배이다.
○ 중요치가 가장 큰 종은 질경이다.

이에 대한 옳은 설명만을 〈보기〉에서 있는 대로 고른 것은? (단, 방형구에 나타낸 각 도형은 식물 1개체를 의미하며, 제시된 종 이외의 종은 고려하지 않는다.) [3점]

〈보기〉 풀이

빈도는 종이 출현한 방형구 수인데, 토끼풀의 빈도가 $\dfrac{3}{4}$이므로 토끼풀은 4개의 방형구 중 3개에서 발견된다. 그림에 제시된 A, B, C 3개의 방형구에 모두 토끼풀이 있으므로 D에는 토끼풀이 없다. 따라서 4개의 방형구에서 발견된 토끼풀의 개체 수는 1+2+2=5이다. 조사한 면적이 같으므로 종의 밀도는 개체 수에 비례하는데, 질경이와 강아지풀의 밀도가 토끼풀의 밀도의 2배이므로 질경이와 강아지풀의 개체 수가 토끼풀의 개체 수의 2배인 10이다. 따라서 D에서 질경이의 개체 수는 3이고, 강아지풀의 개체 수는 1이다.

ㄱ. D에 질경이가 있다.
➡ D의 식물 종 분포는 질경이 3개체, 강아지풀 1개체가 있고, 토끼풀은 없다.

ㄴ. 토끼풀의 상대 밀도는 20 %이다.
➡ 전체 방형구의 면적이 일정하므로 특정 종의 상대 밀도는 조사한 모든 종의 개체 수에 대한 특정 종의 개체 수의 비로 계산할 수 있다. 따라서 토끼풀의 상대 밀도는 $\dfrac{5}{10+5+10} \times 100= 20(\%)$이다.

ㄷ. 상대 피도는 질경이가 강아지풀보다 크다.
➡ 중요치(%)=상대 밀도+상대 빈도+상대 피도로 구한다. 질경이와 강아지풀의 밀도가 같으므로 질경이와 강아지풀의 상대 밀도는 같다. 질경이는 A, B, D 3개의 방형구에 출현하므로 상대 빈도는 $\dfrac{3}{4}$이고, 강아지풀은 A~D 4개의 방형구에 모두 출현하므로 상대 빈도가 1이다. 상대 빈도가 질경이보다 강아지풀이 큰데도 중요치가 가장 큰 종이 질경이이므로 상대 피도는 질경이가 강아지풀보다 크다.

11 식물 군집 조사 2024학년도 5월 학평 17번

적용해야 할 개념 ③가지

① 상대 밀도 $= \dfrac{\text{특정 종의 밀도}}{\text{조사한 모든 종의 밀도 합}} \times 100(\%)$, 상대 빈도 $= \dfrac{\text{특정 종의 빈도}}{\text{조사한 모든 종의 빈도 합}} \times 100(\%)$,

상대 피도 $= \dfrac{\text{특정 종의 피도}}{\text{조사한 모든 종의 피도 합}} \times 100(\%)$이다.

② 각 종의 상대 밀도의 합, 상대 빈도의 합, 상대 피도의 합은 각각 100(%)이다.

③ 중요치는 상대 밀도, 상대 빈도, 상대 피도의 합이며, 중요치가 가장 큰 종이 그 군집의 우점종이다.

문제 보기

표는 방형구법을 이용하여 어떤 지역의 식물 군집을 조사한 결과를 나타낸 것이다.

$\longrightarrow \textcircled{L}+10$

종	상대 밀도(%)	상대 빈도(%)	상대 피도(%)	중요치
A	18	㉠25	30 ?	73
B	38	㉠25	20 ㉴	83
C	? 14	15	20 ㉴	? 49
D	30	? 35	30	? 95
합계	100	100	100	

이 자료에 대한 설명으로 옳은 것만을 〈보기〉에서 있는 대로 고른 것은? (단, A~D 이외의 종은 고려하지 않는다.) [3점]

〈보기〉 풀이

ㄱ. C의 상대 밀도는 14 %이다.

➡ A~D 각 종의 상대 밀도, 상대 빈도, 상대 피도의 합은 각각 100 %이다. 따라서 C의 상대 밀도는 100−(18+38+30)=14(%)이다.

ㄴ. A가 출현한 방형구의 수는 D가 출현한 방형구의 수보다 많다.

➡ B의 중요치는 A의 중요치보다 10이 큰데 비해 B의 상대 밀도는 A의 상대 밀도보다 20이 크다. 따라서 A의 상대 피도는 ㉴+10이고, 상대 피도의 합은 (㉴+10)+㉴+㉴+30=100이므로 ㉴은 20이다. B의 중요치가 83이므로 ㉠은 83−(38+20)=25이다. D의 상대 빈도는 100−(25+25+15)=35(%)이다. A의 상대 빈도는 25 %이고, D의 상대 빈도는 35 %이므로 출현한 방형구의 수는 A보다 D가 많다.

ㄷ. 우점종은 B이다.

➡ C의 중요치는 49, D의 중요치는 95로 우점종은 중요치가 가장 큰 D이다.

---

12 식물 군집 조사 2020학년도 10월 학평 19번

적용해야 할 개념 ②가지

① 개체군은 일정한 공간에 서식하는 같은 종의 개체들의 집단이다.

② 개체군의 밀도 $= \dfrac{\text{특정 종의 개체 수}}{\text{전체 서식지의 면적}}$, 상대 밀도 $= \dfrac{\text{특정 종의 밀도}}{\text{조사한 모든 종의 밀도 합}} \times 100(\%)$으로 계산한다.

문제 보기

표는 지역 (가)와 (나)에 서식하는 식물 종 A~C의 개체 수를 나타낸 것이다. 면적은 (나)가 (가)의 2배이다.

종\지역	A	B	C	총 개체 수
면적 S (가)	11	24	15	50
면적 $2S$ (나)	46	24	30	100

이에 대한 옳은 설명만을 〈보기〉에서 있는 대로 고른 것은? (단, A~C 이외의 종은 고려하지 않는다.)

〈보기〉 풀이

ㄱ. (가)에서 A는 B와 한 개체군을 이룬다.

➡ 개체군은 일정 지역에 같은 종의 개체가 무리를 이루어 생활하는 집단이다. A와 B는 서로 다른 종이므로 한 개체군이 될 수 없다.

ㄴ. B의 밀도는 (가)에서가 (나)에서의 2배이다.

➡ 개체군의 밀도는 $\dfrac{\text{특정 종의 개체 수}}{\text{전체 서식지의 면적}(m^2)}$로 구한다. (가)와 (나)에서 B의 개체 수는 24로 같지만 전체 서식지의 면적이 (나)가 (가)의 2배이므로 B의 밀도는 (가)에서가 (나)에서의 2배이다. 예를 들어, (가)의 면적을 S, (나)의 면적을 $2S$라고 하면 B의 밀도는 (가)에서는 $\dfrac{24}{S}$이고, (나)에서는 $\dfrac{24}{2S}=\dfrac{12}{S}$가 된다.

ㄷ. C의 상대 밀도는 (나)에서가 (가)에서의 2배이다.

➡ 상대 밀도는 $\dfrac{\text{특정 종의 밀도}}{\text{조사한 모든 종의 밀도 합}} \times 100(\%)$으로 구한다. 밀도는 조사한 면적에 있는 특정 종의 개체 수로 구하는데, 같은 지역 내에서는 면적이 동일하므로 개체 수로 계산하면 된다. 종 A~C의 총 개체 수는 (가)에서는 11+24+15=50이고, (나)에서는 46+24+30=100이다. 따라서 C의 상대 밀도는 (가)에서 $\dfrac{15}{50} \times 100=30$ %, (나)에서 $\dfrac{30}{100} \times 100=30$ %로, (가)와 (나)에서 같다.

지역	밀도			상대 밀도(%)		
	A	B	C	A	B	C
(가)	$\dfrac{11}{S}$	$\dfrac{24}{S}$	$\dfrac{15}{S}$	$\dfrac{11}{50} \times 100=22$	$\dfrac{24}{50} \times 100=48$	$\dfrac{15}{50} \times 100=30$
(나)	$\dfrac{46}{2S}=\dfrac{23}{S}$	$\dfrac{24}{2S}=\dfrac{12}{S}$	$\dfrac{30}{2S}=\dfrac{15}{S}$	$\dfrac{46}{100} \times 100=46$	$\dfrac{24}{100} \times 100=24$	$\dfrac{30}{100} \times 100=30$

적용해야 할
개념 ③가지

① 개체군의 밀도 = $\dfrac{\text{특정 종의 개체 수}}{\text{전체 서식지의 면적}(\text{m}^2)}$, 상대 밀도 = $\dfrac{\text{특정 종의 밀도}}{\text{조사한 모든 종의 밀도 합}} \times 100(\%)$으로 계산한다.

② 개체군의 상대 빈도 = $\dfrac{\text{특정 종의 빈도}}{\text{조사한 모든 종의 빈도 합}} \times 100(\%)$, 상대 피도 = $\dfrac{\text{특정 종의 피도}}{\text{조사한 모든 종의 피도 합}} \times 100(\%)$으로 계산한다.

③ 중요치(%) = 상대 밀도 + 상대 빈도 + 상대 피도이며, 중요치가 가장 높은 종이 그 군집의 우점종이다.

문제 보기

표 (가)는 어떤 지역의 식물 군집을 조사한 결과를 나타낸 것이고, (나)는 우점종에 대한 자료이다.

상대값은 전체에서 특정 종이 차지하는 비율을 나타낸 것이므로 상대 밀도의 합, 상대 빈도의 합, 상대 피도의 합은 각각 100 %이다.

종	개체 수	빈도	상대 피도(%)
(가) A	198	0.32	㉠ 32
B	81	0.16	23
C	171	0.32	45

(나)
○ 어떤 군집의 우점종은 중요치가 가장 높아 그 군집을 대표할 수 있는 종을 의미하며, 각 종의 중요치는 상대 밀도, 상대 빈도, 상대 피도를 더한 값이다.

이에 대한 설명으로 옳은 것만을 〈보기〉에서 있는 대로 고른 것은? (단, A~C 이외의 종은 고려하지 않는다.) [3점]

보기

〈보기〉 풀이

ㄱ. **㉠은 32이다.**

→ 상대 피도는 $\dfrac{\text{특정 종의 피도}}{\text{조사한 모든 종의 피도 합}} \times 100(\%)$으로 구한다. 모든 종의 상대 피도의 합은 100 %이므로 A의 상대 피도 ㉠은 100 − (23 + 45) = 32이다.

ㄴ. **B의 상대 빈도는 20 %이다.**

→ 상대 빈도는 $\dfrac{\text{특정 종의 빈도}}{\text{조사한 모든 종의 빈도 합}} \times 100(\%)$으로 구한다. 모든 종의 빈도의 합은 0.32 + 0.16 + 0.32 = 0.8이고, B의 빈도가 0.16이므로 B의 상대 빈도는 $\dfrac{0.16}{0.8} \times 100 = 20$ %이다.

ㄷ. **이 식물 군집의 우점종은 C이다.**

→ 상대 밀도는 $\dfrac{\text{특정 종의 밀도}}{\text{조사한 모든 종의 밀도 합}} \times 100(\%)$으로 구한다. 밀도는 조사한 면적에 있는 특정 종의 개체 수로 구하는데, 조사한 면적이 모두 같으므로 개체 수로 계산하면 된다. 모든 종의 개체 수는 198 + 81 + 171 = 450이므로 A의 상대 밀도는 $\dfrac{198}{450} \times 100 = 44$ %이다. 이와 같은 방법으로 A, B, C의 상대 밀도, 상대 빈도, 상대 피도를 계산한 후 중요치를 구하면 다음 표와 같다.

종	상대 밀도(%)	상대 빈도(%)	상대 피도(%)	중요치(%)
A	44	40	32	44 + 40 + 32 = 116
B	18	20	23	18 + 20 + 23 = 61
C	38	40	45	38 + 40 + 45 = 123

따라서 중요치가 가장 높은 C가 이 식물 군집의 우점종이다.

14 방형구를 이용한 식물 군집 조사 2021학년도 7월 학평 17번

적용해야 할 개념 ②가지

① 상대 밀도 $= \dfrac{\text{특정 종의 밀도}}{\text{조사한 모든 종의 밀도 합}} \times 100(\%)$, 상대 빈도 $= \dfrac{\text{특정 종의 빈도}}{\text{조사한 모든 종의 빈도 합}} \times 100(\%)$,

상대 피도 $= \dfrac{\text{특정 종의 피도}}{\text{조사한 모든 종의 피도 합}} \times 100(\%)$이다.

② 중요치는 상대 밀도, 상대 빈도, 상대 피도의 합이며, 중요치가 가장 큰 종이 그 군집의 우점종이다.

문제 보기

표 (가)는 어떤 지역의 식물 군집을 조사한 결과를 나타낸 것이고, (나)는 종 A와 B의 상대 피도와 상대 빈도에 대한 자료이다.

종	개체 수	빈도
A	240	0.20
B	60	㉠ 0.28
C	200	0.32

(가)

B와 C의 상대 피도의 합은 45 %

○ A의 상대 피도는 55 %이다.
○ B의 상대 빈도는 35 %이다.

$\dfrac{㉠}{0.20+㉠+0.32} \times 100 = 35$, ㉠$=0.28$

(나)

이에 대한 설명으로 옳은 것만을 〈보기〉에서 있는 대로 고른 것은? (단, A~C 이외의 종은 고려하지 않는다.)

〈보기〉 풀이

✗ ㉠은 0.35이다.

➡ B의 상대 빈도는 $\dfrac{㉠}{0.20+㉠+0.32} \times 100 = 35$ %이므로 ㉠은 0.28이다.

ㄴ. B의 상대 밀도는 12 %이다.

➡ 밀도는 개체 수에 비례하므로 B의 상대 밀도는 $\dfrac{60}{240+60+200} \times 100 = 12$ %이다.

✗ 중요치는 A가 C보다 낮다.

➡ 중요치는 '상대 밀도+상대 빈도+상대 피도'로 구한다. 상대 밀도는 개체 수가 많을수록, 상대 빈도는 빈도가 높을수록, 피도는 지표면을 덮는 면적이 넓을수록 크다. A~C의 상대 밀도, 상대 빈도, 상대 피도 및 중요치는 표와 같다.

종	상대 밀도(%)	상대 빈도(%)	상대 피도(%)	중요치
A	$\dfrac{240}{500} \times 100 = 48$	$\dfrac{0.20}{0.80} \times 100 = 25$	55	128
B	$\dfrac{60}{500} \times 100 = 12$	$\dfrac{0.28}{0.80} \times 100 = 35$	?	47+?
C	$\dfrac{200}{500} \times 100 = 40$	$\dfrac{0.32}{0.80} \times 100 = 40$	?	80+?

A의 상대 피도가 55 %이므로 C의 상대 피도는 45 % 미만이고, C의 중요치는 125 미만으로 A의 중요치 128보다 클 수 없다. 따라서 중요치는 A가 C보다 높다.

| 적용해야 할 개념 ③가지 | ① 방형구법은 조사하려는 곳에 방형구를 설치하고, 방형구에 나타난 식물 종의 개체 수(밀도), 종이 출현한 방형구 수(빈도), 지표를 덮고 있는 정도(피도)를 조사하는 방법이다. |

① 방형구법은 조사하려는 곳에 방형구를 설치하고, 방형구에 나타난 식물 종의 개체 수(밀도), 종이 출현한 방형구 수(빈도), 지표를 덮고 있는 정도(피도)를 조사하는 방법이다.

② 상대 밀도$=\dfrac{\text{특정 종의 밀도}}{\text{조사한 모든 종의 밀도 합}}\times100(\%)$, 상대 빈도$=\dfrac{\text{특정 종의 빈도}}{\text{조사한 모든 종의 빈도 합}}\times100(\%)$,

상대 피도$=\dfrac{\text{특정 종의 피도}}{\text{조사한 모든 종의 피도 합}}\times100(\%)$이다.

③ 중요치(%)=상대 밀도+상대 빈도+상대 피도이며, 중요치가 가장 높은 종이 그 군집의 우점종이다.

문제 보기

표는 방형구법을 이용하여 어떤 지역의 식물 군집을 조사한 결과를 나타낸 것이다.

종	개체 수	상대 밀도(%)	빈도	상대 빈도(%)	상대 피도(%)
A	? 24	20	0.4	20	16
B	36	30	0.7	? 35	24
C	12	? 10	0.2	10	? 30
D	㉠ 48	? 40	? 0.7	? 35	30

이 자료에 대한 설명으로 옳은 것만을 〈보기〉에서 있는 대로 고른 것은? (단, A~D 이외의 종은 고려하지 않는다.) [3점]

〈보기〉 풀이

방형구를 이용하여 식물 군집을 조사할 때 특정 식물 종의 밀도는 $\dfrac{\text{특정 종의 개체 수}}{\text{전체 방형구의 면적(m}^2)}$인데, 전체 방형구의 면적은 일정하므로 각 종의 밀도는 개체 수에 의해 결정된다. 상대 밀도는 $\dfrac{\text{특정 종의 밀도}}{\text{조사한 모든 종의 밀도 합}}\times100(\%)$인데, 각 종의 상대 밀도를 구할 때 '조사한 모든 종의 밀도 합'은 같으므로 결국 상대 밀도는 개체 수에 의해 결정된다. B의 상대 밀도는 30 %인데 개체 수가 36이므로, 상대 밀도가 20 %인 A의 개체 수는 $36\times\dfrac{20}{30}=24$이고, 개체 수가 12인 C의 상대 밀도는 10 %이다. 군집을 구성하는 각 종의 상대 밀도의 합은 100 %이므로, D의 상대 밀도는 $100-(20+30+10)=40(\%)$이고, D의 개체 수(㉠)는 48이다.

상대 빈도는 $\dfrac{\text{특정 종의 빈도}}{\text{조사한 모든 종의 빈도 합}}\times100(\%)$이므로, 각 종의 빈도와 상대 빈도는 비례한다. 빈도가 0.4인 A의 상대 빈도가 20 %이므로 빈도가 0.7인 B의 상대 빈도는 $20\times\dfrac{0.7}{0.4}=35(\%)$이며, 각 종의 상대 빈도의 합은 100 %이므로 D의 상대 빈도는 $100-(20+35+10)=35(\%)$이고, 빈도는 0.7이다. 각 종의 상대 피도의 합은 100 %이므로 C의 상대 피도는 $100-(16+24+30)=30(\%)$이다.

✗ ㉠은 24이다.
➡ ㉠은 48이다.

◯ ㄴ. 지표를 덮고 있는 면적이 가장 작은 종은 A이다.
➡ 피도는 식물이 지표를 덮고 있는 정도를 나타내는 것으로, 지표를 덮고 있는 면적이 가장 작은 종은 상대 피도가 가장 작은 A이다.

✗ 우점종은 B이다.
➡ 우점종은 군집을 대표하는 종으로, 중요치가 가장 높은 종이다. 중요치=상대 밀도+상대 빈도+상대 피도이므로 A가 56(=20+20+16), B가 89(=30+35+24), C가 50(=10+10+30), D가 105(=40+35+30)로, D가 우점종이다.

16 식물 군집 조사 2021학년도 수능 20번

정답 ③ | 정답률 56 %

적용해야 할 개념 ④가지

① 식물 군집을 구성하는 식물 종의 상대 밀도, 상대 빈도, 상대 빈도의 합은 각각 100 %이다.
② 중요치(%)＝상대 밀도＋상대 빈도＋상대 피도이며, 중요치가 가장 높은 종이 그 군집의 우점종이다.
③ 두 지역을 조사할 때 면적이 동일한 경우 개체군의 밀도는 개체 수에 비례한다.
④ 생물종의 수가 많을수록, 각 생물종의 분포 비율이 고를수록 종 다양성이 높다.

문제 보기

표 (가)는 면적이 동일한 서로 다른 지역 I과 II의 식물 군집을 조사한 결과를 나타낸 것이고, (나)는 우점종에 대한 자료이다.

(가)

지역	종	상대 밀도(%)	상대 빈도(%)	상대 피도(%)	총 개체 수
I	A	30	?44	19	
	B	?41	24	22	100
	C	29	31	?59	
II	A	5	?45	13	
	B	?25	13	25	120
	C	70	42	?62	

(나)

○ 어떤 군집의 우점종은 중요치가 가장 높아 그 군집을 대표할 수 있는 종을 의미하며, 각 종의 중요치는 상대 밀도, 상대 빈도, 상대 피도를 더한 값이다.

이에 대한 설명으로 옳은 것만을 〈보기〉에서 있는 대로 고른 것은? (단, A~C 이외의 종은 고려하지 않는다.)

보기

〈보기〉 풀이

ㄱ. I의 식물 군집에서 우점종은 C이다.

➡ 특정 식물 군집을 구성하는 식물 종의 상대 밀도, 상대 빈도, 상대 피도의 합은 각각 100 % 이므로, 제시된 표에서 ?로 표시된 값을 넣고 중요치를 계산하면 다음과 같다.

지역	종	상대 밀도(%)	상대 빈도(%)	상대 피도(%)	중요치
I	A	30	44	19	93
	B	41	24	22	87
	C	29	31	59	119
II	A	5	45	13	63
	B	25	13	25	63
	C	70	42	62	174

따라서 I의 식물 군집에서 우점종은 중요치가 가장 높은 C이다.

ㄴ. 개체군 밀도는 I의 A가 II의 B보다 크다.

➡ 개체군 밀도는 $\dfrac{\text{특정 종의 개체 수}}{\text{전체 서식지의 면적}}$, 상대 밀도는 $\dfrac{\text{특정 종의 밀도}}{\text{조사한 모든 종의 밀도 합}} \times 100(\%)$으로 계산하므로 면적이 동일하면 개체군의 밀도와 상대 밀도는 개체 수에 비례하며, 개체 수＝상대 밀도×총 개체 수×$\dfrac{1}{100}$로 계산할 수 있다. I의 A의 개체 수는 $30 \times 100 \times \dfrac{1}{100} = 30$이고, II의 B의 개체 수는 $25 \times 120 \times \dfrac{1}{100} = 30$으로 같다.

I과 II의 면적이 동일하므로 개체군 밀도는 I의 A와 II의 B가 같다.

ㄷ. 종 다양성은 I에서가 II에서보다 높다.

➡ 한 지역에 사는 생물종의 수가 많을수록, 각 생물종의 분포 비율이 균등할수록 종 다양성이 높다. I과 II의 식물 종 수는 3으로 같지만, A, B, C 3종의 상대 밀도가 비슷한 I이 상대 밀도의 차이가 큰 II보다 종이 고르게 분포하므로, 종 다양성은 I에서가 II에서보다 높다.

적용해야 할 개념 ③가지

① 개체군의 밀도 $= \dfrac{\text{특정 종의 개체 수}}{\text{전체 서식지의 면적}}$ 이다.

② 상대 밀도 $= \dfrac{\text{특정 종의 밀도}}{\text{조사한 모든 종의 밀도 합}} \times 100(\%)$ 이고, 식물 군집을 구성하는 각 종의 상대 밀도의 합은 100이다.

③ 상대 빈도 $= \dfrac{\text{특정 종의 빈도}}{\text{조사한 모든 종의 빈도 합}} \times 100(\%)$ 이고, 식물 군집을 구성하는 각 종의 상대 빈도의 합은 100이다.

문제 보기

표는 서로 다른 지역 (가)와 (나)의 식물 군집을 조사한 결과를 나타낸 것이다. (가)의 면적은 (나)의 면적의 2배이다.

지역	종	개체 수	상대 빈도(%)	총개체 수
(가)	A	?40	29	
	B	33	41	100
	C	27	?30	
(나)	A	25	32	
	B	?31	35	100
	C	44	?33	

이에 대한 설명으로 옳은 것만을 〈보기〉에서 있는 대로 고른 것은? (단, A~C 이외의 종은 고려하지 않는다.) [3점]

보기

〈보기〉 풀이

✗ **A의 개체군 밀도는 (가)에서가 (나)에서보다 크다.**

➡ (가)와 (나)의 총 개체 수는 각각 100이므로 지역 (가)의 A의 개체 수는 $100-(33+27)=40$ 이다. 개체군 밀도는 $\dfrac{\text{특정 종의 개체 수}}{\text{전체 서식지의 면적}}$ 인데, (가)의 면적이 (나)의 면적의 2배이므로 (나)의 면적을 S라고 하면 (가)의 면적은 $2S$이다. 따라서 A의 개체군 밀도는 (가)에서는 $\dfrac{40}{2S}=\dfrac{20}{S}$ 이고, (나)에서는 $\dfrac{25}{S}$ 이므로 (가)에서가 (나)에서보다 작다.

ㄴ **(나)에서 B의 상대 밀도는 31 %이다.**

➡ (나)에서 B의 개체 수는 $100-(25+44)=31$ 이다. 상대 밀도는 $\dfrac{\text{특정 종의 밀도}}{\text{조사한 모든 종의 밀도 합}} \times 100(\%)$ 인데, (나)의 면적은 일정한 값이므로 B의 상대 밀도는 $\dfrac{\text{B의 개체 수}}{\text{조사한 모든 종의 개체 수}} \times 100 = \dfrac{31}{100} \times 100 = 31$ %이다.

ㄷ **C의 상대 빈도는 (가)에서가 (나)에서보다 작다.**

➡ 군집 내 각 종의 상대 빈도의 합은 100이므로 C의 상대 빈도는 (가)에서는 $100-(29+41)=30$ %이고, (나)에서는 $100-(32+35)=33$ %로 (가)에서가 (나)에서보다 작다.

18 방형구를 이용한 식물 군집 조사 2022학년도 6월 모평 18번

정답 ④ | 정답률 69 %

적용해야 할 개념 ④가지

① 상대 밀도: 조사한 모든 종의 밀도 합에 대한 특정 종의 밀도로 나타내며, 개체 수가 많을수록 상대 밀도가 높다.
② 상대 빈도: 조사한 모든 종의 빈도 합에 대한 특정 종의 빈도로 나타내며, 출현한 방형구의 수가 많을수록 상대 빈도가 높다.
③ 상대 피도: 조사한 모든 종의 피도 합에 대한 특정 종의 피도로 나타내며, 지표를 덮고 있는 면적이 클수록 상대 피도가 높다.
④ 중요치: 상대 밀도, 상대 빈도, 상대 피도의 합이며, 중요치가 가장 큰 종이 그 군집의 우점종이다.

문제 보기

다음은 어떤 지역의 식물 군집에서 우점종을 알아보기 위한 탐구이다.

(가) 이 지역에 방형구를 설치하여 식물 종 A~E의 분포를 조사했다.
(나) 표는 조사한 자료를 바탕으로 각 식물 종의 상대 밀도, 상대 빈도, 상대 피도를 구한 결과를 나타낸 것이다.

개체 수가 많을수록 크다. / 출현하는 방형구 수가 많을수록 크다. / 지표를 덮고 있는 면적이 클수록 크다.

종	상대 밀도 (%)	상대 빈도 (%)	상대 피도 (%)	중요치
A	30	20	20	70
B	5	24	26	55
C	25	25	10	60
D	10	26	24	60
E	30	5	20	55

(다) 이 지역의 우점종이 A임을 확인했다.

이 자료에 대한 설명으로 옳은 것만을 〈보기〉에서 있는 대로 고른 것은? (단, A~E 이외의 종은 고려하지 않는다.) [3점]

〈보기〉 풀이

ㄱ. 중요치(중요도)가 가장 큰 종은 A이다.
➡ 중요치는 상대 밀도, 상대 빈도, 상대 피도를 더한 값으로, 각 종의 중요치는 A가 70, B가 55, C가 60, D가 60, E가 55이므로 중요치가 가장 큰 종은 A이다.

ㄴ. 지표를 덮고 있는 면적이 가장 큰 종은 B이다.
➡ 지표를 덮고 있는 면적은 피도로 알 수 있다. 피도는 전체 방형구의 면적에 대해 특정 종이 점유하는 면적으로, 상대 피도가 큰 종일수록 지표를 덮고 있는 면적이 크다. 따라서 지표를 덮고 있는 면적이 가장 큰 종은 상대 피도가 가장 큰 B이다.

ㄷ. E가 출현한 방형구의 수는 D가 출현한 방형구의 수보다 많다.
➡ 특정 식물 종이 출현한 방형구의 수는 빈도로 알 수 있다. 빈도는 전체 방형구 수 중에서 특정 종이 출현한 방형구의 수로, 상대 빈도가 클수록 출현한 방형구의 수가 많다. E의 상대 빈도는 5 %이고, D의 상대 빈도는 26 %이므로 E가 출현한 방형구의 수는 D가 출현한 방형구의 수보다 적다.

| 적용해야 할 개념 ③가지 | ① 방형구법은 조사하려는 곳에 방형구를 설치하고, 방형구에 나타난 식물 종의 개체 수(밀도), 종이 출현한 방형구 수(빈도), 종이 지표를 덮고 있는 정도(피도)를 조사하는 방법이다. |

② 상대 밀도$=\dfrac{\text{특정 종의 밀도}}{\text{조사한 모든 종의 밀도 합}}\times100(\%)$, 상대 빈도$=\dfrac{\text{특정 종의 빈도}}{\text{조사한 모든 종의 빈도 합}}\times100(\%)$,

상대 피도$=\dfrac{\text{특정 종의 피도}}{\text{조사한 모든 종의 피도 합}}\times100(\%)$이다.

③ 상댓값은 군집을 구성하는 모든 종의 값의 합에 대한 특정 종의 값의 상대적 비율이므로 군집을 구성하는 모든 종의 상대 밀도, 상대 빈도, 상대 피도의 합은 각각 100이다.

문제 보기

다음은 학생 A와 B가 면적이 서로 다른 방형구를 이용해 어떤 지역에서 같은 식물 군집을 각각 조사한 자료이다.

○ 이 지역에는 토끼풀, 민들레, 꽃잔디가 서식한다.
○ 그림 (가)는 A가 면적이 같은 8개의 방형구를, (나)는 B가 면적이 같은 2개의 방형구를 설치한 모습을 나타낸 것이다.

A와 B가 (가)와 (나)에 설치한 방형구 수는 다르지만 조사 면적은 $8a^2$으로 같다.

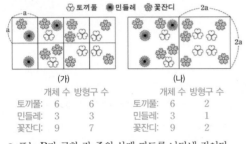

	개체 수	방형구 수		개체 수	방형구 수
토끼풀:	6	6	토끼풀:	6	2
민들레:	3	3	민들레:	3	1
꽃잔디:	9	7	꽃잔디:	9	2

(가)   (나)

○ 표는 B가 구한 각 종의 상대 피도를 나타낸 것이다.

종	토끼풀	민들레	꽃잔디
상대 피도(%)	27	? 21	52

이에 대한 옳은 설명만을 〈보기〉에서 있는 대로 고른 것은? (단, 방형구에 나타낸 각 도형은 식물 1개체를 의미하며, 제시된 종 이외의 종은 고려하지 않는다.) [3점]

〈보기〉 풀이

(가)와 (나)에서 토끼풀, 민들레, 꽃잔디의 개체 수와 상대 밀도, 출현한 방형구 수와 상대 빈도를 구하면 표와 같다.

(가)

식물 종	토끼풀	민들레	꽃잔디	계
개체 수	6	3	9	18
상대 밀도(%)	$\dfrac{6}{18}\times100=33.3$	$\dfrac{3}{18}\times100=16.7$	$\dfrac{9}{18}\times100=50.0$	100
출현한 방형구 수	6	3	7	16
상대 빈도(%)	$\dfrac{6}{16}\times100=37.5$	$\dfrac{3}{16}\times100=18.75$	$\dfrac{7}{16}\times100=43.75$	100

(나)

식물 종	토끼풀	민들레	꽃잔디	계
개체 수	6	3	9	18
상대 밀도(%)	$\dfrac{6}{18}\times100=33.3$	$\dfrac{3}{18}\times100=16.7$	$\dfrac{9}{18}\times100=50.0$	100
출현한 방형구 수	2	1	2	5
상대 빈도(%)	$\dfrac{2}{5}\times100=40$	$\dfrac{1}{5}\times100=20$	$\dfrac{2}{5}\times100=40$	100

ㄱ. A가 구한 꽃잔디의 상대 밀도는 50 %이다.
➡ 상대 밀도는 조사한 모든 종의 밀도 합에 대한 특정 종의 밀도로 계산하는데, 서식 면적이 일정하므로 조사한 모든 종의 개체 수의 합에 대한 특정 종의 개체 수의 비율로 계산하면 된다. (가) 지역에 서식하는 토끼풀, 민들레, 꽃잔디의 개체 수의 합은 18이고, 꽃잔디의 개체 수는 9이다. 따라서 A가 구한 꽃잔디의 상대 밀도는 50 %이다.

ㄴ. B가 구한 민들레의 상대 피도는 21 %이다.
➡ 모든 종의 상대 피도 값의 합은 100이다. 따라서 민들레의 상대 피도는 $100-(27+52)=21(\%)$이다.

✗ A와 B가 구한 토끼풀의 상대 빈도는 서로 같다.
➡ 상대 빈도는 조사한 모든 종의 빈도 합에 대한 특정 종의 빈도로 계산하는데, 전체 방형구 수가 일정하므로 조사한 모든 종이 출현한 방형구 수의 합에 대한 특정 종이 출현한 방형구 수의 비율로 계산하면 된다. A가 구한 토끼풀의 상대 빈도는 37.5 %이고, B가 구한 토끼풀의 상대 빈도는 40 %이다.

보기

적용해야 할 개념 ③가지

① 방형구법은 조사하려는 곳에 방형구를 설치하고, 방형구에 나타난 식물 종의 개체 수(밀도), 종이 출현한 방형구 수(빈도), 종이 지표를 덮고 있는 정도(피도)를 조사하는 방법이다.

② 상댓값은 군집을 구성하는 모든 종의 값의 합에 대한 특정 종의 값의 상대적 비율이므로 군집을 구성하는 모든 종의 상대 밀도, 상대 빈도, 상대 피도의 합은 각각 100이다.

③ 중요치는 상대 밀도, 상대 빈도, 상대 피도의 합이며, 중요치가 가장 큰 종이 그 군집의 우점종이다.

문제 보기

다음은 어떤 지역의 식물 군집에서 우점종을 알아보기 위한 탐구이다.

(가) 이 지역에 방형구를 설치하여 식물 종 A∼E의 분포를 조사했다. 표는 조사한 자료 중 A∼E의 개체 수와 A∼E가 출현한 방형구 수를 나타낸 것이다.

합	구분	A	B	C	D	E
240	개체 수	96	48	18	48	30
80	출현한 방형구 수	22	20	10	16	12

(나) 표는 A∼E의 분포를 조사한 자료를 바탕으로 각 식물 종의 ⊙∼ⓒ을 구한 결과를 나타낸 것이다. ⊙∼ⓒ은 상대 밀도, 상대 빈도, 상대 피도를 순서 없이 나타낸 것이다.

구분	A	B	C	D	E
상대 빈도(⊙)(%)	27.5	?	ⓐ	20	15
상대 밀도(ⓒ)(%)	40	?	7.5	20	12.5
상대 피도(ⓒ)(%)	36	17	13	?	10

이 자료에 대한 설명으로 옳은 것만을 〈보기〉에서 있는 대로 고른 것은? (단, A∼E 이외의 종은 고려하지 않는다.) [3점]

〈보기〉 풀이

설치한 방형구 수가 같아 면적이 같으므로 밀도는 종의 개체 수로 구한다. A의 상대 밀도는 $\frac{96}{96+48+18+48+30} \times 100 = 40(\%)$이므로 ⓒ은 상대 밀도이다. 빈도는 종이 출현한 방형구 수로 구한다. A의 상대 빈도는 $\frac{22}{22+20+10+16+12} \times 100 = 27.5(\%)$이므로 ⊙은 상대 빈도이다. 따라서 ⓒ은 상대 피도이다. 각 식물 종의 상대 빈도, 상대 밀도, 상대 피도 및 중요치(상대 밀도＋상대 빈도＋상대 피도)를 계산하면 표와 같다.

구분	A	B	C	D	E
상대 빈도(⊙)(%)	27.5	25	12.5(ⓐ)	20	15
상대 밀도(ⓒ)(%)	40	20	7.5	20	12.5
상대 피도(ⓒ)(%)	36	17	13	24	10
중요치	103.5	62	33	64	37.5

ㄱ. ⓐ는 12.5이다.

➡ C의 상대 빈도(⊙)값 ⓐ는 $\frac{10}{22+20+10+16+12} \times 100 = 12.5(\%)$이다.

ㄴ. 지표를 덮고 있는 면적이 가장 작은 종은 E이다.

➡ 군집을 구성하는 생물 종의 상대 피도를 더한 값은 100이므로 D의 상대 피도(ⓒ)는 100－(36+17+13+10)=24(%)이다. 따라서 지표를 덮고 있는 면적이 가장 작은 종은 상대 피도(ⓒ)가 가장 작은 E이다.

ㄷ. 우점종은 A이다.

➡ 우점종은 중요치가 가장 큰 종이고, 중요치는 '상대 밀도＋상대 빈도＋상대 피도'로 구한다. 군집을 구성하는 각 생물 종의 중요치는 A는 103.5, B는 62, C는 33, D는 64, E는 37.5이므로 이 군집의 우점종은 A이다.

적용해야 할 개념 ③가지

① 방형구법은 조사하려는 곳에 방형구를 설치하고, 방형구에 나타난 식물 종의 개체 수(밀도), 종이 출현한 방형구 수(빈도), 종이 지표를 덮고 있는 정도(피도)를 조사하는 방법이다.

② 상댓값은 군집을 구성하는 모든 종의 값의 합에 대한 특정 종의 값의 상대적 비율이므로 군집을 구성하는 모든 종의 상대 밀도, 상대 빈도, 상대 피도의 합은 각각 100이다.

③ 중요치는 상대 밀도, 상대 빈도, 상대 피도의 합이며, 중요치가 가장 큰 종이 그 군집의 우점종이다.

문제 보기

표는 방형구법을 이용하여 어떤 지역의 식물 군집을 조사한 결과를 나타낸 것이다. A~C의 개체 수의 합은 100이고, 순위 1, 2, 3은 값이 큰 것부터 순서대로 나타낸 것이다.

종	상대 밀도(%)		상대 빈도(%)		상대 피도(%)		중요치 (중요도)	
	값	순위	값	순위	값	순위	값	순위
A	32	2	38	1	?39	?1	?109	?1
B	㉠37	1	?25	3	?35	?2	97	?2
C	?31	3	㉠37	2	26	?3	?94	?3

이에 대한 설명으로 옳은 것만을 〈보기〉에서 있는 대로 고른 것은? (단, A~C 이외의 종은 고려하지 않는다.) [3점]

〈보기〉 풀이

상대 밀도, 상대 빈도, 상대 피도 값의 합은 각각 100이다. C의 상대 밀도 값은 100−(32+㉠)인데 순위는 3이므로 ㉠은 36보다 크다. C의 상대 빈도 값은 ㉠인데 순위는 2이므로 ㉠은 1순위인 A의 상대 빈도 값인 38보다 작다. 따라서 ㉠은 37이고, B의 상대 빈도 값은 25이다. 중요치는 '상대 밀도+상대 빈도+상대 피도'이므로 B의 상대 피도 값은 97−(37+25)=35이다. A의 상대 피도 값은 100−(35+26)=39이고, 중요치는 32+38+39=109이다. C의 상대 밀도 값은 100−(32+37)=31이고, 중요치는 31+37+26=94이다.

㉠ 지표를 덮고 있는 면적이 가장 큰 종은 A이다.
→ 지표를 덮고 있는 면적이 가장 큰 종은 상대 피도 순위가 1인 A이다.

✗ B의 상대 빈도 값은 26이다.
→ B의 상대 빈도 값은 25이다.

✗ C의 중요치(중요도) 값은 96이다.
→ C의 중요치(중요도) 값은 31+37+26=94이다.

적용해야 할 개념 ③가지	① 밀도는 개체 수, 빈도는 출현한 방형구 수, 피도는 지면을 덮는 면적으로 구한다. ② 상대 밀도 = $\dfrac{\text{특정 종의 밀도}}{\text{조사한 모든 종의 밀도 합}} \times 100(\%)$, 상대 빈도 = $\dfrac{\text{특정 종의 빈도}}{\text{조사한 모든 종의 빈도 합}} \times 100(\%)$, 상대 피도 = $\dfrac{\text{특정 종의 피도}}{\text{조사한 모든 종의 피도 합}} \times 100(\%)$이다. ③ 중요치는 상대 밀도, 상대 빈도, 상대 피도의 합이며, 중요치가 가장 큰 종이 그 군집의 우점종이다.

문제 보기

표 (가)는 어떤 지역에 방형구를 설치하여 식물 군집을 조사한 자료의 일부를, (나)는 이 자료를 바탕으로 종 A와 ㉠의 상대 밀도, 상대 빈도, 상대 피도를 구한 결과를 나타낸 것이다. ㉠은 종 B~D 중 하나이다.

구분	A	B	C	D
개체 수	42	120	? 48	90
출현한 방형구 수	? 18	24	16	22

구분	A	㉠ B
상대 밀도(%)	14.0	40.0
상대 빈도(%)	22.5	30.0
상대 피도(%)	17.0	41.0

(가)   (나)

이 자료에 대한 설명으로 옳은 것만을 〈보기〉에서 있는 대로 고른 것은? (단, A~D 이외의 종은 고려하지 않는다.) [3점]

〈보기〉 풀이

A의 개체 수는 42이고, 상대 밀도가 14.0 %이다. $\dfrac{42}{\text{조사한 모든 종의 개체 수}} \times 100 = 14.0$이므로 조사한 모든 종의 개체 수는 300이다. C의 개체 수는 $300 - (42 + 120 + 90) = 48$이다. ㉠은 상대 밀도가 $\dfrac{x}{300} \times 100 = 40.0$이므로 개체 수가 120인 B이다. B의 상대 빈도는 $\dfrac{24}{\text{조사한 모든 종이 출현한 방형구 수}} \times 100 = 30.0$이므로 조사한 모든 종이 출현한 방형구 수는 80이다. A가 출현한 방형구 수는 $80 - (24 + 16 + 22) = 18$이다.

ㄱ. **C의 개체 수는 48이다.**
➡ A~D의 개체 수 합은 300이고, C의 개체 수는 48이다.

ㄴ. **이 지역의 우점종은 B이다.**
➡ 우점종은 중요치가 가장 큰 종이고, 중요치는 '상대 밀도＋상대 빈도＋상대 피도'이다. C와 D의 상대 피도의 합은 $100 - (17.0 + 41.0) = 42.0$이다. C와 D의 상대 피도가 최대값인 42.0이라고 가정하더라도 상대 밀도, 상대 빈도, 상대 피도의 합이 111보다는 작으므로 이 지역의 우점종은 중요치가 가장 큰 B이다.

종	상대 밀도(%)	상대 빈도(%)	상대 피도(%)	중요치(중요도)
A	$\dfrac{42}{300} \times 100 = 14.0$	$\dfrac{18}{80} \times 100 = 22.5$	17.0	53.5
B	$\dfrac{120}{300} \times 100 = 40.0$	$\dfrac{24}{80} \times 100 = 30.0$	41.0	111
C	$\dfrac{48}{300} \times 100 = 16.0$	$\dfrac{16}{80} \times 100 = 20.0$	x	$36 + x$
D	$\dfrac{90}{300} \times 100 = 30.0$	$\dfrac{22}{80} \times 100 = 27.5$	y	$57.5 + y$

ㄷ. **A가 출현한 방형구 수는 38이다.**
➡ A~D가 출현한 방형구 수의 합은 80이고, A가 출현한 방형구 수는 18이다.

23 방형구를 이용한 식물 군집 조사 2023학년도 수능 11번

적용해야 할 개념 ②가지

① 상대 밀도 $= \dfrac{\text{특정 종의 밀도}}{\text{조사한 모든 종의 밀도 합}} \times 100(\%)$, 상대 빈도 $= \dfrac{\text{특정 종의 빈도}}{\text{조사한 모든 종의 빈도 합}} \times 100(\%)$, 상대 피도 $= \dfrac{\text{특정 종의 피도}}{\text{조사한 모든 종의 피도 합}} \times 100(\%)$이다.

② 중요치는 상대 밀도, 상대 빈도, 상대 피도의 합이며, 중요치가 가장 큰 종이 그 군집의 우점종이다.

문제 보기

표는 방형구법을 이용하여 어떤 지역의 식물 군집을 두 시점 t_1과 t_2일 때 조사한 결과를 나타낸 것이다.

시점	종	개체 수	상대 빈도 (%)	상대 피도 (%)	중요치 (중요도)	상대 밀도 (%)
t_1	A	9	?20	30	68	18
	B	19	20	20	?78	38
	C	?7	20	15	49	14
	D	15	40	?35	?105	30
t_2	A	0	?0	?0	?0	0
	B	33	?40	39	?134	55
	C	?6	20	24	?54	10
	D	21	40	?37	112	35

이 자료에 대한 설명으로 옳은 것만을 〈보기〉에서 있는 대로 고른 것은? (단, A~D 이외의 종은 고려하지 않는다.) [3점]

〈보기〉 풀이

보기

중요치는 '상대 밀도+상대 빈도+상대 피도'인데, t_1일 때 C의 중요치는 49이므로 상대 밀도$=$ $49-(20+15)=14(\%)$이다. 면적이 일정할 때, 특정 식물 종의 밀도는 개체 수에 의해 결정되고, 상대 밀도는 $\dfrac{\text{특정 종의 개체 수}}{\text{조사한 모든 종의 개체 수의 합}} \times 100(\%)$로 계산할 수 있다. t_1일 때 C의 개체 수를 x라고 하면 $\dfrac{x}{9+19+x+15} \times 100 = 14(\%)$이므로 $x=7$이다. t_2일 때 A의 개체 수는 0이므로 A의 상대 밀도, 상대 빈도, 상대 피도는 모두 0이다. 각 종의 상대 피도의 합은 $100(\%)$이므로 t_2일 때 D의 상대 피도는 $100-(39+24)=37(\%)$이고, 중요치가 112이므로 상대 밀도는 $112-(40+37)=35(\%)$이다. t_2일 때 C의 개체 수를 y라고 하면 D의 상대 밀도는 $\dfrac{21}{0+33+y+21} \times 100 = 35(\%)$이므로 $y=6$이다.

ㄱ t_1일 때 우점종은 D이다.
➡ t_1일 때 각 종의 중요치는 A는 68, B는 78, C는 49, D는 105이므로 우점종은 D이다.

ㄴ t_2일 때 지표를 덮고 있는 면적이 가장 큰 종은 B이다.
➡ t_2일 때 지표를 덮고 있는 면적이 가장 큰 종은 상대 피도가 39로 가장 큰 B이다.

C의 상대 밀도는 t_1일 때가 t_2일 때보다 작다.
➡ C의 상대 밀도는 t_1일 때 $\dfrac{7}{50} \times 100 = 14(\%)$이고, t_2일 때 $\dfrac{6}{60} \times 100 = 10(\%)$이다. 따라서 C의 상대 밀도는 t_1일 때가 t_2일 때보다 크다.

24 식물 군집 조사 2025학년도 6월 모평 18번 정답 ③ | 정답률 64 %

적용해야 할 개념 ③가지

① 상대 밀도 $= \dfrac{\text{특정 종의 밀도}}{\text{조사한 모든 종의 밀도 합}} \times 100(\%)$, 상대 빈도 $= \dfrac{\text{특정 종의 빈도}}{\text{조사한 모든 종의 빈도 합}} \times 100(\%)$,

상대 피도 $= \dfrac{\text{특정 종의 피도}}{\text{조사한 모든 종의 피도 합}} \times 100(\%)$이다.

② 각 종의 상대 밀도의 합, 상대 빈도의 합, 상대 피도의 합은 각각 100(%)이다.

③ 중요치는 상대 밀도, 상대 빈도, 상대 피도의 합이며, 중요치가 가장 큰 종이 그 군집의 우점종이다.

문제 보기

다음은 서로 다른 지역 Ⅰ과 Ⅱ의 식물 군집에서 우점종을 알아보기 위한 탐구이다.

(가) Ⅰ과 Ⅱ 각각에 방형구를 설치하여 식물 종 A~C의 분포를 조사했다.

(나) 조사한 자료를 바탕으로 각각의 지역에서 A~C의 개체 수와 상대 빈도, 상대 피도, 중요치(중요도)를 구한 결과는 표와 같다.

지역	종	개체 수	상대 빈도 (%)	상대 피도 (%)	중요치
Ⅰ	A	10	?20	30	?100
	B	5	40	25	90
	C	?5	40	45	110
Ⅱ	A	30	40	?25	125
	B	15	30	?40	?100
	C	?5	?30	35	75

이 자료에 대한 설명으로 옳은 것만을 〈보기〉에서 있는 대로 고른 것은? (단, A~C 이외의 종은 고려하지 않는다.) [3점]

〈보기〉 풀이

지역 Ⅰ에서 B의 중요치가 90이므로 B의 상대 밀도는 $90-(40+25)=25(\%)$이다. B의 개체 수는 5인데 상대 밀도가 25 %이므로 $\dfrac{5}{10+5+C\text{의 개체 수}} \times 100 = 25$이고 C의 개체 수는 5이다. 지역 Ⅱ에서 C의 상대 빈도는 $100-(40+30)=30(\%)$이고, 상대 밀도는 $75-(30+35)=10(\%)$이다. A의 상대 밀도와 B의 상대 밀도의 합은 $100-10=90(\%)$이고, A가 B보다 개체 수가 2배 많으므로 상대 밀도도 2배 크다. 따라서 A의 상대 밀도는 60 %이고, B의 상대 밀도는 30 %이며, C의 개체 수는 5이다.

지역	종	개체 수	상대 밀도(%)	상대 빈도(%)	상대 피도(%)	중요치(중요도)
Ⅰ	A	10	$50\left(=\dfrac{10}{20}\times100\right)$	20	30	100
	B	5	$25\left(=\dfrac{5}{20}\times100\right)$	40	25	90
	C	5	$25\left(=\dfrac{5}{20}\times100\right)$	40	45	110
Ⅱ	A	30	$60\left(=\dfrac{30}{50}\times100\right)$	40	25	125
	B	15	$30\left(=\dfrac{15}{50}\times100\right)$	30	40	100
	C	5	$10\left(=\dfrac{5}{50}\times100\right)$	30	35	75

ㄱ. Ⅰ에서 C의 상대 밀도는 25 %이다.

➡ Ⅰ에서 C의 개체 수는 5이고, 상대 밀도는 $\dfrac{5}{20}\times100=25$ %이다.

ㄴ. Ⅱ에서 지표를 덮고 있는 면적이 가장 큰 종은 B이다.

➡ Ⅱ에서 지표를 덮고 있는 면적이 가장 큰 종은 상대 피도가 40 %로 가장 큰 B이다.

ㄷ. Ⅰ에서의 우점종과 Ⅱ에서의 우점종은 모두 A이다.

➡ Ⅰ에서의 우점종은 중요치가 110으로 가장 큰 C이고, Ⅱ에서의 우점종은 중요치가 125로 가장 큰 A이다.

적용해야 할 개념 ③가지

① 천이는 시간이 지나면서 군집의 종 구성과 특성이 달라지는 현상으로, 토양이 없는 조건에서 시작되는 1차 천이와 토양이 있는 조건에서 시작되는 2차 천이가 있다.
② 1차 천이에는 용암 대지와 같은 건조한 지역에서 시작하는 건성 천이와 연못이나 호수와 같이 수분이 많은 지역에서 시작하는 습성 천이가 있다.
③ 건성 천이는 '척박한 땅 → 지의류, 이끼류 → 초원 → 관목림 → 양수림 → 혼합림 → 음수림'으로 진행된다. 천이의 마지막 안정된 군집 상태를 극상이라고 하며, 일반적으로 음수림으로 극상을 이룬다.

문제 보기

다음은 어떤 지역에서 일어나는 식물 군집의 1차 천이 과정을 순서대로 나타낸 자료이다. ㉠~㉢은 음수림, 양수림, 관목림을 순서 없이 나타낸 것이다.

┌1차 천이, 건성 천이　　┌개척자
(가) 용암 대지에서 지의류에 의해 암석의 풍화가 촉진되어 토양이 형성되었다.
(나) 식물 군집의 천이가 진행됨에 따라 초원에서 ㉠을 거쳐 ㉡이 형성되었다.
양수림━┘　　　┃└관목림
　　　　음수림
(다) 이 지역에 ㉢이 형성된 후 식물 군집의 변화 없이 안정적으로 ㉢이 유지되고 있다. 극상

이에 대한 설명으로 옳은 것만을 〈보기〉에서 있는 대로 고른 것은?

〈보기〉 풀이

(가)에서 토양이 없는 용암 대지에서 암석의 풍화로 토양이 형성된 후 식물 군집의 천이가 일어났으므로 이 지역에서는 1차 천이 중 건성 천이가 일어났다. 토양이 형성된 후 식물 군집의 천이는 초원 → 관목림 → 양수림 → 혼합림 → 음수림으로 진행된다. 따라서 ㉠은 관목림, ㉡은 양수림, ㉢은 음수림이다.

✘ ㉢은 관목림이다.
➡ (다)에서 ㉢이 형성된 후 식물 군집의 변화 없이 안정적으로 유지되고 있으므로 ㉢은 극상을 이룬 음수림이다.

ㄴ. 이 지역의 천이는 건성 천이이다.
➡ 용암 대지에서 시작된 이 지역의 천이는 건성 천이이다.

✘ 이 지역의 식물 군집은 ㉡에서 극상을 이룬다.
➡ 극상은 천이의 마지막 안정된 군집 상태로 변화 없이 안정적으로 유지되는 상태를 말한다. 따라서 이 지역의 식물 군집은 ㉢에서 극상을 이룬다.

보기

적용해야 할 개념 ③가지

① 1차 천이는 토양이 없는 불모지에서 시작되는 천이이고, 2차 천이는 기존의 식물 군집이 산불이나 산사태 등으로 식물 군집이 사라지고 토양이 남아 있는 지역에서 시작되는 천이이다.
② 2차 천이는 일반적으로 초원 → 관목림 → 양수림 → 혼합림 → 음수림의 순서로 진행된다.
③ 천이의 마지막 안정된 단계를 극상이라고 하는데, 일반적으로 음수림이 극상을 이룬다.

문제 보기

그림은 어떤 지역의 식물 군집에 산불이 일어나기 전과 후 천이 과정의 일부를 나타낸 것이다. A~C는 초원(초본), 양수림, 음수림을 순서 없이 나타낸 것이다.

이에 대한 설명으로 옳은 것만을 〈보기〉에서 있는 대로 고른 것은?

〈보기〉 풀이

A는 관목림 이후에 형성되므로 강한 빛에서 잘 자라는 목본으로 이루어진 양수림이고, B는 산불 후에 형성되는 초원(초본)이며, C는 극상을 이루는 음수림이다.

ㄱ. B는 초원(초본)이다.
➡ 식물 군집이 형성된 상태에서 산불이 일어난 후 진행되는 2차 천이에서는 토양이 이미 형성되어 있는 상태이므로 B는 초원(초본)이다.

✘ 이 지역의 식물 군집은 A에서 극상을 이룬다.
➡ 천이는 군집의 마지막 안정된 단계이며, 이 지역의 식물 군집은 C에서 극상을 이룬다. C는 양수림(A)의 그늘에서도 자랄 수 있는 어린 묘목이 자라서 혼합림을 이룬 후 형성된 음수림이다.

✘ 산불이 일어난 후 진행되는 식물 군집의 천이 과정은 1차 천이이다.
➡ 산불이 일어난 후 진행되는 식물 군집의 천이는 2차 천이이며, 토양이 없는 불모지에서 시작되는 1차 천이에 비해 빠르게 진행된다.

보기

27 식물 군집의 천이 2021학년도 9월 모평 14번

적용해야 할 개념 ③가지

① 일반적으로 토양이 형성된 이후에 식물 군집의 천이는 초원 → 관목림 → 양수림 → 혼합림 → 음수림 순으로 진행된다.

② 천이의 마지막 안정된 단계를 극상이라고 하며, 일반적으로 음수림이 극상을 이룬다.

③ 양수림이 형성되면 지표면에 도달하는 빛의 양이 줄어들면서 숲 아래에서는 음수 묘목이 양수 묘목보다 잘 자라 양수림에서 음수림으로 천이가 일어난다.

문제 보기

그림 (가)는 어떤 식물 군집의 천이 과정 일부를, (나)는 이 과정 중 ㉠에서 조사한 침엽수(양수)와 활엽수(음수)의 크기(높이)에 따른 개체 수를 나타낸 것이다. ㉠은 A와 B 중 하나이며, A와 B는 양수림과 음수림을 순서 없이 나타낸 것이다.

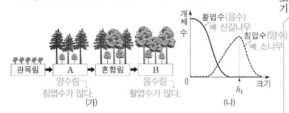

관목림 → A → 혼합림 → B
　　　양수림┐　　　　음수림
　침엽수가 많다.　　활엽수가 많다.
(가)

개체 수 / 활엽수(음수) 예 신갈나무 / 침엽수(양수) 예 소나무 / 크기 / h_1
(나)

이에 대한 설명으로 옳은 것만을 〈보기〉에서 있는 대로 고른 것은? [3점]

〈보기〉 풀이

일반적으로 삼림 생태계는 초원 → 관목림 → 양수림 → 혼합림 → 음수림 순으로 천이가 진행되므로 A는 양수림, B는 음수림이다. 양수림에는 소나무와 같이 바늘 형태의 뾰족한 잎을 가진 침엽수(양수)가 많고, 음수림에는 신갈나무와 같이 넓은 잎을 가진 활엽수(음수)가 많다.

(ㄱ.) ㉠은 양수림이다.

➡ (나)는 A와 B 중 한 과정(㉠)에서 침엽수와 활엽수의 크기에 따른 개체 수를 조사한 것이다. (나)를 보면 ㉠에서 침엽수가 활엽수보다 크기(높이)가 큰 개체들이 많다. 침엽수는 강한 빛에서 빠르게 생장하는 양수이므로 ㉠은 양수가 우점종인 양수림(A)이다.

(✗) ㉠에서 h_1보다 작은 활엽수는 없다.

➡ 활엽수는 약한 빛에서도 생장하는 음수이므로 키 큰 침엽수가 무성한 양수림 아래의 그늘에서도 어린 묘목이 잘 자란다. (나)를 보면 ㉠에서 대부분의 활엽수는 크기가 h_1보다 작다. 즉 ㉠에서 h_1보다 작은 활엽수가 있다.

(✗) 이 식물 군집은 혼합림에서 극상을 이룬다.

➡ 이 식물 군집에서 침엽수가 우점종을 이루는 양수림에서 활엽수의 어린 묘목이 자라 키가 크면서 양수와 음수의 혼합림을 이룬다. 이후 오래된 양수는 점차 고사하고 음수림 아래의 약한 빛에서는 양수의 어린 묘목이 잘 자라지 못하게 되면서 음수림 상태가 오래 지속되므로, 이 식물 군집은 음수림(B)에서 극상을 이룬다.

---

28 식물 군집의 천이 2024학년도 6월 모평 9번

적용해야 할 개념 ③가지

① 2차 천이는 기존의 식물 군집이 산불이나 산사태 등으로 훼손된 곳에서 시작되는 천이로, 토양에 남아 있는 기존 식물의 종자나 뿌리 등에 의해 초원부터 시작되어 초원 → 관목림 → 양수림 → 혼합림 → 음수림의 순서로 진행된다.

② 극상은 천이의 마지막 안정된 군집 상태로, 일반적으로 음수림으로 극상을 이룬다.

③ 우점종은 식물 군집을 대표하는 종으로, 중요치(=상대 밀도+상대 빈도+상대 피도)가 가장 높은 종이다.

문제 보기

그림은 어떤 지역의 식물 군집에서 산불이 난 후의 천이 과정 일부를, 표는 이 과정 중 ㉠에서 방형구법을 이용하여 식물 군집을 조사한 결과를 나타낸 것이다. ㉠은 A와 B 중 하나이고, A와 B는 양수림과 음수림을 순서 없이 나타낸 것이다. 종 Ⅰ과 Ⅱ는 침엽수(양수)에 속하고, 종 Ⅲ과 Ⅳ는 활엽수(음수)에 속한다.

관목림 → A → 혼합림 → B
　　　양수림　　　　음수림(극상)

구분	침엽수		활엽수	
	Ⅰ	Ⅱ	Ⅲ	Ⅳ
상대 밀도 (%)	30	42	12	16
상대 빈도 (%)	32	38	16	14
상대 피도 (%)	34	38	17	11

침엽수(양수)가 활엽수(음수)보다 상대 밀도, 상대 빈도, 상대 피도가 높으므로 양수가 우점종(양수림A)

이에 대한 설명으로 옳은 것만을 〈보기〉에서 있는 대로 고른 것은? (단, Ⅰ~Ⅳ 이외의 종은 고려하지 않는다.) [3점]

〈보기〉 풀이

기존의 식물 군집이 있던 곳에 산불이 나서 군집이 파괴된 후 일어나는 천이는 2차 천이이다. 2차 천이는 토양이 있는 상태에서 진행되어 초원 → 관목림 → 양수림 → 혼합림 → 음수림으로 진행되므로 A는 양수림, B는 음수림이다.

(✗) ㉠은 B이다.

➡ ㉠에서 침엽수(양수) Ⅰ, Ⅱ가 활엽수(음수) Ⅲ, Ⅳ보다 상대 밀도, 상대 빈도, 상대 피도가 모두 높게 나타나므로 ㉠은 양수가 우점종인 양수림(A)이다.

(ㄴ.) 이 지역에서 일어난 천이는 2차 천이이다.

➡ 기존의 식물 군집이 있던 곳에 산불이 난 후 토양이 있는 상태에서 진행되는 천이이므로 이 지역에서 일어난 천이는 2차 천이이다.

(✗) 이 식물 군집은 혼합림에서 극상을 이룬다.

➡ 극상은 천이의 마지막 단계로 안정된 군집 상태이다. 혼합림 이후에 음수림(B)이 형성되었으므로 이 식물 군집은 혼합림에서 극상을 이루지 않고, 음수림에서 극상을 이룬다.

적용해야 할 개념 ③가지

① 천이는 시간이 지나면서 군집의 총 구성과 특성이 달라지는 현상으로, 토양이 없는 조건에서 시작되는 1차 천이와 토양이 있는 조건에서 시작되는 2차 천이가 있다.
　－ 1차 천이(건성 천이): 척박한 땅 → 지의류 → 초원 → 관목림 → 양수림 → 혼합림 → 음수림
　－ 2차 천이: 초원 → 관목림 → 양수림 → 혼합림 → 음수림
② 천이의 마지막 안정된 군집 상태를 극상이라고 하며, 일반적으로 음수림으로 극상을 이룬다.
③ 종 다양성은 한 군집에 서식하는 생물 종의 다양한 정도를 의미하며, 유전적 다양성은 같은 생물 종이라도 하나의 형질을 결정하는 대립유전자가 다양하게 나타나는 것을 의미한다.

문제 보기

다음은 어떤 지역 X의 식물 군집에 대한 자료이다.

○ 그림은 X에서 산불이 일어나기 전과 일어난 후 천이 과정의 일부를 나타낸 것이다. A~C는 양수림, 음수림, 초원을 순서 없이 나타낸 것이다.

○ X에서의 ⓐ 종 다양성은 천이 중기에서 가장 높게 나타났고, 이후에│다시 감소하였다.
　└ 군집에 서식하는 생물 종의 다양한 정도

이에 대한 설명으로 옳은 것만을 〈보기〉에서 있는 대로 고른 것은?

〈보기〉 풀이

X는 산불이 나기 전에 관목림이었으므로 토양이 형성된 이후에 산불이 나서 2차 천이가 일어나는 과정이다. 식물 군집의 2차 천이는 '초원 → 관목림 → 양수림 → 혼합림 → 음수림'으로 진행된다. 따라서 A는 초원, B는 양수림, C는 음수림이다.

ㄱ. **A는 초원이다.**
➡ 토양이 형성되어 관목림이었던 상태에서 산불이 일어난 후에는 초원부터 천이가 시작된다. A는 초원이다.

✗. **X의 식물 군집은 양수림에서 극상을 이룬다.**
➡ 극상은 천이의 마지막 안정된 군집 상태로 변화없이 안정적으로 유지되는 상태를 말한다. 이 지역의 식물 군집은 C(음수림)에서 극상을 이룬다.

✗. **ⓐ는 동일한 생물 종이라도 형질이 각 개체 간에 다르게 나타나는 것을 의미한다.**
➡ 종 다양성은 한 군집에 서식하는 생물 종의 다양한 정도이다. 동일한 생물 종이라도 형질이 각 개체 간에 다르게 나타나는 것은 유전적 다양성이다.

보기

적용해야 할 개념 ③가지

① 2차 천이는 기존의 식물 군집이 산불이나 산사태 등으로 불모지가 된 후 시작되는 천이로, 토양에 남아 있는 기존 식물의 종자나 뿌리 등에 의해 초원부터 시작되어 초원 → 관목림 → 양수림 → 혼합림 → 음수림의 순서로 진행된다.
② 식물 군집의 총생산량＝호흡량＋순생산량이다.
③ 극상은 천이의 마지막 안정된 군집 상태로, 극상에 이를수록 식물 군집의 호흡량은 증가한다.

문제 보기

그림 (가)는 산불이 난 지역의 식물 군집에서 천이 과정을, (나)는 식물 군집의 시간에 따른 총생산량과 호흡량을 나타낸 것이다. A~C는 음수림, 양수림, 초원을 순서 없이 나타낸 것이다.

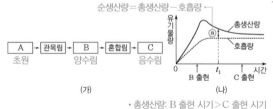

순생산량＝총생산량－호흡량

(가)　　　(나)

・총생산량: B 출현 시기＞C 출현 시기
・호흡량: B 출현 시기＜C 출현 시기

이에 대한 설명으로 옳은 것만을 〈보기〉에서 있는 대로 고른 것은? [3점]

〈보기〉 풀이

ㄱ. **(가)는 2차 천이를 나타낸 것이다.**
➡ (가)는 기존의 식물 군집이 있던 상태에서 산불이 나서 진행되는 2차 천이로, A는 초원, B는 양수림, C는 음수림이다.

ㄴ. **t_1일 때 ⓐ는 순생산량이다.**
➡ t_1일 때 ⓐ는 식물 군집의 '총생산량－호흡량'이므로 순생산량이다.

✗. **이 식물 군집의 호흡량은 양수림이 출현했을 때가 음수림이 출현했을 때보다 크다.**
➡ B가 양수림이고, C가 음수림이다. 이 식물 군집의 호흡량은 양수림(B)이 출현했을 때가 음수림(C)이 출현했을 때보다 작다.

보기

31 식물 군집의 천이 2025학년도 9월 모평 3번   정답 ④ | 정답률 94%

적용해야 할 개념 ③가지

① 천이는 시간이 지나면서 군집의 종 구성과 특성이 달라지는 현상이다.

② 1차 천이는 토양이 형성되지 않은 곳에서 시작되는 천이로, 건성 천이와 습성 천이가 있다.

건성 천이	• 용암 대지와 같이 건조한 지역에서 시작되는 천이 • 척박한 땅 → 지의류 → 초원 → 관목림 → 양수림 → 혼합림 → 음수림
습성 천이	• 연못, 호수 등과 같이 물이 많은 곳에서 시작되는 천이 • 빈영양호 → 부영양호 → 습지 → 초원 → 관목림 → 양수림 → 혼합림 → 음수림

③ 천이의 마지막 안정된 군집 상태를 극상이라고 하며, 일반적으로 음수림으로 극상을 이룬다.

문제 보기

그림은 어떤 지역에서 호수(습지)로부터 시작된 식물 군집의 1차 천이 과정을 나타낸 것이다. A와 B는 관목림과 혼합림을 순서 없이 나타낸 것이다.

호수(습지) → 초원 → A(관목림) → 양수림 → B(혼합림) → 음수림

이에 대한 설명으로 옳은 것만을 〈보기〉에서 있는 대로 고른 것은? [3점]

〈보기〉 풀이

호수와 같은 습지에서 시작되어 토양이 형성되고 식물 군집의 천이가 일어나는 것은 1차 천이 중 습성 천이에 해당한다. 습지에 토양이 형성된 이후에는 건성 천이나 2차 천이와 마찬가지로 '초원 → 관목림 → 양수림 → 혼합림 → 음수림'으로 진행된다. 따라서 A는 관목림이고, B는 혼합림이다.

ㄱ. **A는 관목림이다.**
➡ 토양이 형성되어 초원이 형성된 이후에는 키가 작은 관목림이 형성된다. 이후 강한 빛에서 잘 성장하는 양수림이 형성된 후 음수림과의 혼합림(B)이 형성되고, 숲의 그늘에서도 잘 성장하는 음수림으로 극상을 이룬다.

ㄴ. **이 지역에서 일어난 천이는 습성 천이이다.**
➡ 호수(습지)에서 시작된 천이이므로 이 지역에서 일어난 천이는 습성 천이이다.

✗ **이 식물 군집은 B에서 극상을 이룬다.**
➡ 극상은 천이의 마지막 안정된 군집 상태로 변화 없이 안정적으로 유지되는 상태를 말한다. 이 식물 군집에서 B(혼합림) 이후에 음수림으로 진행되었으므로, 음수림에서 극상을 이룬다.

32 식물 군집의 천이 2022학년도 4월 학평 15번   정답 ① | 정답률 65%

적용해야 할 개념 ③가지

① 맨땅에서 시작되는 식물 군집의 천이는 토양의 형성 → 초원 → 관목림 → 양수림 → 혼합림 → 음수림의 순서로 진행된다.

② 식물 군집의 우점종이 초원 → 관목 → 교목(양수림, 음수림)으로 진행될수록 군집의 평균 높이는 높아진다.

③ 천이의 마지막 안정된 단계를 극상이라고 하는데, 일반적으로 음수림으로 극상을 이룬다.

문제 보기

그림은 빙하가 사라져 맨땅이 드러난 어떤 지역에서 일어나는 식물 군집 X의 천이 과정에서 A~C의 피도 변화를 나타낸 것이다. A~C는 관목, 교목, 초본을 순서 없이 나타낸 것이다.

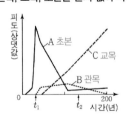

이 자료에 대한 설명으로 옳은 것만을 〈보기〉에서 있는 대로 고른 것은? [3점]

〈보기〉 풀이

빙하가 사라져 맨땅이 드러난 지역에서는 지의류와 같은 개척자가 들어와 토양이 형성되면서 점차 초본, 관목, 교목이 우점종이 된다.

ㄱ. **A는 초본이다.**
➡ A는 맨땅이 드러난 지역에서 시작되는 천이 초기에 빠르게 개체 수가 증가하여 우점종이 되는 식물이므로 초본이다.

✗ **t_1일 때 X는 극상을 이룬다.**
➡ 토양이 점차 형성되면서 키 작은 나무인 관목(B)이 자라고, 시간이 지나면서 키 큰 교목(C)이 자란다. 처음에는 강한 빛에서 빠르게 자라는 교목으로 된 양수림을 이루지만, 숲이 우거지게 되면 지표면에 도달하는 빛의 세기가 약해지게 되어 점차 음수의 묘목이 자라 음수림이 극상을 이루게 된다. t_1일 때 X는 초본이 우점종을 이루는 상태이며 계속해서 천이가 진행되는 상태이므로 극상이 아니다.

✗ **X의 평균 높이는 t_1일 때가 t_2일 때보다 높다.**
➡ X의 평균 높이는 우점종이 초본 → 관목 → 교목으로 바뀌어 갈수록 높아지므로 t_1일 때가 t_2일 때보다 평균 높이가 낮다.

적용해야 할 개념 ②가지

① 천이는 시간이 지나면서 군집의 종 구성과 특성이 달라지는 현상이다.

1차 천이(건성 천이)	용암 대지 등 척박한 땅 → 지의류(개척자), 이끼류 → 초원(초본류) → 관목림 → 양수림 → 혼합림 → 음수림
2차 천이	초원(초본류) → 관목림 → 양수림 → 혼합림 → 음수림

② 식물 군집이 일정 시간 동안 생산한 유기물의 총량을 총생산량이라고 한다. 총생산량에서 호흡량을 뺀 유기물량을 순생산량이라고 한다.
총생산량=호흡량+순생산량

문제 보기

그림 (가)는 천이 A와 B의 과정 일부를, (나)는 식물 군집 K의 시간에 따른 총생산량과 호흡량을 나타낸 것이다. A와 B는 1차 천이와 2차 천이를 순서 없이 나타낸 것이고, ㉠과 ㉡은 양수림과 지의류를 순서 없이 나타낸 것이다.

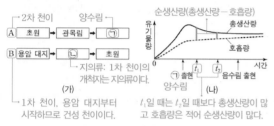

이에 대한 설명으로 옳은 것만을 〈보기〉에서 있는 대로 고른 것은?

〈보기〉 풀이

✗ B는 2차 천이이다.
➡ B는 토양이 없는 용암 대지부터 시작하는 1차 천이이다. 1차 천이의 개척자 ㉡은 지의류이다.

㉡ ㉠은 양수림이다.
➡ B가 1차 천이이므로 A는 2차 천이이다. 2차 천이는 '초원 → 관목림 → 양수림 → 혼합림 → 음수림'으로 진행되므로 ㉠은 양수림이다.

✗ K의 $\dfrac{순생산량}{호흡량}$ 은 t_2일 때가 t_1일 때보다 크다.
➡ 식물 군집에서 순생산량=총생산량−호흡량이다. K의 순생산량은 t_2일 때가 t_1일 때보다 작고, 호흡량은 t_2일 때가 t_1일 때보다 크다. 따라서 $\dfrac{순생산량}{호흡량}$ 은 t_2일 때가 t_1일 때보다 작다.

적용해야 할 개념 ③가지

① 식물 군집의 천이는 시간이 지나면서 군집의 총 구성과 특성이 달라지는 현상으로, 토양이 형성된 이후에는 초원 → 관목림 → 양수림 → 혼합림 → 음수림으로 진행된다.
② 상대 밀도, 상대 빈도, 상대 피도의 합은 각각 100(%)이다.
③ 식물 군집의 중요치는 상대 밀도, 상대 빈도, 상대 피도의 합이며, 중요치가 가장 큰 종이 그 군집의 우점종이다.

문제 보기

그림은 어떤 식물 군집의 천이 과정 일부를, 표는 이 과정 중 ㉠에서 방형구법을 이용하여 식물 군집을 조사한 결과를 나타낸 것이다. ㉠은 A와 B 중 하나이고, A와 B는 양수림과 음수림을 순서 없이 나타낸 것이다. 종 Ⅰ과 Ⅱ는 침엽수(양수)에 속하고, 종 Ⅲ과 Ⅳ는 활엽수(음수)에 속한다. ㉠에서 Ⅳ의 상대 밀도는 5%이다.

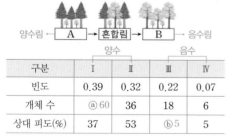

구분	Ⅰ	Ⅱ	Ⅲ	Ⅳ
빈도	0.39	0.32	0.22	0.07
개체 수	ⓐ 60	36	18	6
상대 피도(%)	37	53	ⓑ 5	5

이 자료에 대한 설명으로 옳은 것만을 〈보기〉에서 있는 대로 고른 것은? (단, Ⅰ~Ⅳ 이외의 종은 고려하지 않는다.) [3점]

〈보기〉 풀이

Ⅰ~Ⅳ의 빈도를 모두 더하면 1이 되므로 각 종의 상대 빈도는 각 빈도×100(%)이다. ㉠에서 Ⅳ의 상대 밀도는 5%라고 하였으므로 $\dfrac{6}{ⓐ+36+18+6} \times 100 = 5$로 ⓐ는 60이다. 이를 이용하여 $\dfrac{\text{특정 종의 개체 수}}{120} \times 100$으로 상대 밀도를 계산한다. 또, 상대 피도의 합은 100(%)이므로 ⓑ$=100-(37+53+5)=5(\%)$이다.

구분	Ⅰ	Ⅱ	Ⅲ	Ⅳ
상대 빈도(%)	39	32	22	7
상대 밀도(%)	50	30	15	5
상대 피도(%)	37	53	5(ⓑ)	5
중요치	126	115	42	17

✗ ㉠은 B이다.
➡ 식물 군집의 천이 과정에서 A는 양수림, B는 음수림이다. 그런데 ㉠에서 양수인 Ⅰ과 Ⅱ의 중요치는 126, 115인데 비해 음수인 Ⅲ과 Ⅳ의 중요치는 42와 17로 낮다. 따라서 ㉠은 우점종이 양수인 A(양수림)이다.

㉡ ⓐ+ⓑ=65이다.
➡ ⓐ는 60이고, ⓑ는 5이므로 ⓐ+ⓑ=65이다.

㉢ ㉠에서 중요치(중요도)가 가장 큰 종은 Ⅰ이다.
➡ ㉠에서 Ⅰ의 중요치가 126으로 가장 크다.

28
일차

01 ⑤	02 ③	03 ⑤	04 ①	05 ③	06 ②	07 ②	08 ①	09 ①	10 ④	11 ①	12 ④
13 ③	14 ①	15 ⑤	16 ④	17 ④	18 ⑤	19 ⑤	20 ⑤	21 ⑤	22 ⑤	23 ④	24 ②
25 ⑤	26 ②	27 ⑤									

문제편 288쪽~295쪽

01 군집 내 개체군의 상호 작용 2021학년도 수능 12번

정답 ⑤ | 정답률 96 %

적용해야 할 개념 ②가지

① 군집 내 개체군의 상호 작용에는 경쟁(종간 경쟁), 분서, 공생, 기생, 포식과 피식 등이 있다.

② 공생에는 한쪽 개체군은 이익을 얻지만 다른 개체군은 이익도 손해도 없는 편리 공생, 두 개체군 모두 이익을 얻는 상리 공생이 있다.

구분	종간 경쟁	편리 공생	상리 공생	기생	포식과 피식
개체군 A	손해	이익	이익	이익(기생 생물)	이익(포식자)
개체군 B	손해	—	이익	손해(숙주 생물)	손해(피식자)

문제 보기

다음은 종 사이의 상호 작용에 대한 자료이다. (가)와 (나)는 기생과 상리 공생의 예를 순서 없이 나타낸 것이다.

> ┌이익   ┌손해
> (가) 겨우살이는 다른 식물의 줄기에 뿌리를 박아 물과 양분을 빼앗는다. ➡ 기생   ┌이익
> (나) 뿌리혹박테리아는 콩과식물에게 질소 화합물을 제공하고, 콩과식물은 뿌리혹박테리아에게 양분을 제공한다. ➡ 상리 공생   └이익

이에 대한 설명으로 옳은 것만을 〈보기〉에서 있는 대로 고른 것은?

〈보기〉 풀이

보기

ㄱ. (가)는 기생의 예이다.

➡ 겨우살이는 다른 식물로부터 물과 양분을 얻어 생장하므로 이익이지만, 다른 식물은 겨우살이에게 물과 양분을 빼앗겨 잘 자라지 못하므로 손해이다. 따라서 (가)는 기생의 예이며, 겨우살이는 기생 생물이고 다른 식물은 숙주 생물이다.

ㄴ. (가)와 (나) 각각에는 이익을 얻는 종이 있다.

➡ (나)에서 뿌리혹박테리아는 양분을 얻고 콩과식물은 질소 화합물을 얻으므로 (나)는 두 생물 모두 이익을 얻는 상리 공생의 예이다. 따라서 (가)에서는 겨우살이가, (나)에서는 뿌리혹박테리아와 콩과식물이 이익을 얻는다.

ㄷ. 꽃이 벌새에게 꿀을 제공하고, 벌새가 꽃의 수분을 돕는 것은 상리 공생의 예에 해당한다.

➡ 꽃은 벌새를 통해 수분을 하고, 벌새는 꽃의 꿀을 얻으므로 꽃과 벌새 모두 이익을 얻는다. 따라서 꽃과 벌새의 상호 작용은 상리 공생의 예에 해당한다.

02 군집 내 개체군 간의 상호 작용 2025학년도 9월 모평 14번 정답 ③ | 정답률 83%

적용해야 할 개념 ③가지

① 군집 내 서로 다른 종 사이의 상호 작용 중 상리 공생은 두 종에게 모두 이익이 되는 관계이고, 분서는 먹이나 서식 공간을 달리하여 경쟁을 피하는 관계이다.

② 환경 저항은 서식 공간과 먹이 부족, 노폐물 축적, 개체 간의 경쟁, 질병 등과 같이 개체군의 생장을 억제하는 환경 요인을 말하며, 생물이 살아가는 동안 환경 저항은 항상 작용한다.

③ 먹이 지위와 공간 지위를 생태적 지위라고 하며, 생태적 지위가 겹치는 생물 종은 경쟁을 하게 된다. 생태적 지위가 많이 겹칠수록 경쟁이 심한데, 때로로 경쟁에서 진 종이 서식지에서 사라지기도 하며 이를 경쟁 배타라고 한다.

문제 보기

다음은 종 사이의 상호 작용에 대한 자료이다. (가)와 (나)는 분서와 상리 공생의 예를 순서 없이 나타낸 것이다.

> (가) 상리 공생 꿀잡이새는 꿀잡이오소리를 벌집으로 유도해 꿀을 얻도록 돕고, 자신은 벌의 공격에서 벗어나 먹이인 벌집을 얻는다.
>
> (나) 분서 붉은뺨솔새와 밤색가슴솔새는 서로 ㉠ 경쟁을 피하기 위해 한 나무에서 서식 공간을 달리하여 산다.

이에 대한 설명으로 옳은 것만을 〈보기〉에서 있는 대로 고른 것은?

〈보기〉 풀이

보기

ㄱ. (가)는 상리 공생의 예이다.
➡ 꿀잡이새는 꿀잡이오소리가 꿀을 얻을 수 있도록 돕고, 꿀잡이오소리의 도움으로 먹이인 벌집을 얻으므로 두 종의 상호 작용은 서로 이익이 되는 상리 공생의 예에 해당한다.

✗ (나)의 결과 붉은뺨솔새에 환경 저항이 작용하지 않는다.
➡ 붉은뺨솔새와 밤색가슴솔새가 서식 공간을 달리하여 두 종 간의 경쟁을 피한다고 해도 먹이 부족, 천적, 개체 간 경쟁 등 다양한 환경 저항이 존재한다. 생물이 자연에서 서식하면 생활하는 동안 환경 저항은 항상 작용한다.

ㄷ. '서로 다른 종의 새가 번식 장소를 차지하기 위해 서로 다툰다.'는 ㉠의 예에 해당한다.
➡ 서로 다른 종의 새가 번식 장소를 차지하기 위해 다투는 것은 경쟁의 예이다. 두 종 사이에 경쟁은 먹이와 서식 공간이 겹칠 때 일어나며, 생태적 지위가 중복될수록 경쟁이 심하다.

---

03 군집 내 개체군의 상호 작용 2020학년도 3월 학평 19번 정답 ⑤ | 정답률 66%

적용해야 할 개념 ③가지

① 군집은 일정한 지역에 여러 종류의 개체군이 모여 생활하는 집단이다.

② 군집 내 개체군의 상호 작용에는 경쟁(종간 경쟁), 분서, 공생, 기생, 포식과 피식 등이 있다.

③ 공생이란 서로 다른 두 종의 개체군이 서로 밀접하게 관계를 맺으면서 함께 생활하는 것으로, 두 개체군이 모두 이익을 얻는 관계를 상리 공생이라고 한다. 상리 공생의 예로는 콩과식물과 뿌리혹박테리아, 말미잘과 흰동가리 등이 있다.

문제 보기

다음은 하와이 주변의 얕은 바다에 서식하는 하와이짧은꼬리오징어에 대한 자료이다.

> ㉠ 하와이짧은꼬리오징어는 주로 밤에 활동하는데, 달빛이 비치면 그림자가 생겨 ㉡ 포식자의 눈에 잘 띄게 된다. 하지만 오징어의 몸에 사는 ㉢ 발광 세균이 달빛과 비슷한 빛을 내면 그림자가 사라져 포식자에게 쉽게 발견되지 않는다. 이렇게 오징어에게 도움을 주는 발광 세균은 오징어로부터 영양분을 얻는다.

하와이짧은꼬리오징어

• ㉠과 ㉡: 먹고 먹히는 관계 ➡ 포식과 피식
• ㉠과 ㉢: 두 개체군 모두 이익을 얻는 관계 ➡ 상리 공생

이에 대한 옳은 설명만을 〈보기〉에서 있는 대로 고른 것은?

〈보기〉 풀이

보기

ㄱ. ㉠과 ㉡은 같은 군집에 속한다.
➡ 군집은 일정한 지역에 여러 개체군이 모여 생활하는 집단이다. 하와이짧은꼬리오징어(㉠)와 포식자(㉡)는 서로 다른 종이지만 같은 지역에 서식하므로 같은 군집에 속한다.

ㄴ. ㉠과 ㉢ 사이의 상호 작용은 상리 공생이다.
➡ 발광 세균(㉢)은 하와이짧은꼬리오징어(㉠)가 포식자에게 쉽게 발견되지 않도록 하고, 하와이짧은꼬리오징어(㉠)는 발광 세균(㉢)에게 영양분을 제공한다. 따라서 ㉠과 ㉢ 사이의 상호 작용은 서로에게 이익이 되는 상리 공생이다.

ㄷ. ㉡을 제거하면 ㉠의 개체군 밀도가 일시적으로 증가한다.
➡ 포식자(㉡)를 제거하면 피식자인 하와이짧은꼬리오징어(㉠)의 개체군 밀도가 일시적으로 증가한다.

04 군집 내 개체군 사이의 상호 작용 2021학년도 7월 학평 12번   정답 ① | 정답률 59 %

적용해야 할 개념 ③가지

① 군집은 일정한 지역에 여러 종류의 개체군이 모여 생활하는 집단이다.
② 경쟁 배타는 생태적 지위가 중복되는 두 종이 함께 서식할 때 경쟁에서 진 한 종이 서식지에서 사라지는 현상이다.
③ 환경 저항은 개체군의 생장을 억제하는 요인으로, 먹이 부족, 생활 공간 부족, 노폐물 증가, 개체 간의 경쟁, 천적과 질병의 증가 등이 있다.

문제 보기

그림 (가)는 고도에 따른 지역 Ⅰ~Ⅲ에 서식하는 종 A와 B의 분포를 나타낸 것이다. 그림 (나)는 (가)에서 A를, (다)는 (가)에서 B를 각각 제거했을 때 A와 B의 분포를 나타낸 것이다.

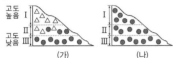 

Ⅰ에는 A, Ⅱ에는 A와 B, Ⅲ에는 B가 서식한다.

A를 제거하면 B가 Ⅰ, Ⅱ, Ⅲ에 모두 서식한다. ➡ (가)의 Ⅰ에서는 A와 B 사이에 경쟁 배타가 일어나 B가 사라졌다.

B를 제거하더라도 A는 Ⅰ, Ⅱ에만 서식한다. ➡ A는 Ⅲ에 서식하지 않는다. ➡ (가)의 Ⅲ에서는 A와 B의 경쟁이 없다.

이에 대한 설명으로 옳은 것만을 〈보기〉에서 있는 대로 고른 것은? [3점]

〈보기〉 풀이

(가)에서 A와 B가 함께 있을 때는 A는 고도가 높은 Ⅰ에, B는 고도가 낮은 Ⅲ에 주로 서식하며, 중간 고도의 Ⅱ에는 A와 B가 공존한다. A를 제거한 (나)에서 B는 고도가 높은 Ⅰ에도 서식하므로 (가)에서 Ⅰ에 B가 서식하지 않는 것은 A와의 경쟁에서 지고 도태되었기 때문이다. 즉, (가)의 Ⅰ에서는 A와 B 사이에서 경쟁 배타가 일어나 B가 사라졌다. (다)에서 B를 제거하더라도 A는 고도가 낮은 Ⅲ에 서식하지 않는 것으로 보아 A는 B의 존재 여부와 관계없이 고도가 낮은 곳에서는 서식하지 않는다는 것을 알 수 있다.

ㄱ. (가)의 Ⅱ에서 A는 B와 한 군집을 이룬다.

➡ 군집은 일정한 지역에 서식하는 모든 개체군으로 이루어지므로 (가)의 Ⅱ에서 서식하는 A와 B는 한 군집을 이룬다.

✗. (가)의 Ⅲ에서 A와 B 사이에 경쟁 배타가 일어났다.

➡ (가)의 Ⅲ에서 B만 서식하는 것은 (다)에서 알 수 있듯이 A는 고도가 낮은 Ⅲ에서 서식하지 않기 때문이다. 즉, (가)의 Ⅲ에서는 A와 B의 서식 공간이 중복되지 않으므로 이들 사이에 경쟁이 일어나지 않는다.

✗. (나)의 Ⅰ에서 B는 환경 저항을 받지 않는다.

➡ 환경 저항은 서식 공간과 먹이 부족, 노폐물 축적, 개체 간의 경쟁, 천적과 질병의 증가 등과 같이 개체군의 생장을 억제하는 환경 요인으로, 실제 환경에서는 항상 존재하여 개체군의 크기가 기하급수적으로 증가하지 못하게 된다. (나)에서 A를 제거하였을 때 B는 A와의 경쟁이 없어 Ⅰ에도 서식하게 되었지만, B종 개체 간의 경쟁이나 먹이 부족, 노폐물 축적 등과 같은 환경 저항은 여전히 존재한다.

05   군집 내 개체군 사이의 상호 작용   2022학년도 9월 모평 11번   정답 ③ | 정답률 85%

적용해야 할 개념 ③가지

① 분서는 생태적 지위가 비슷한 두 개체군이 먹이, 서식 공간 등을 달리하여 경쟁을 피하는 현상이다.
② 개체군은 일정한 지역에 서식하는 같은 종의 개체들로 이루어진다.
③ 경쟁 배타는 생태적 지위가 중복되는 두 종이 함께 서식할 때 경쟁에서 진 한 종이 서식지에서 사라지는 현상이다.

문제 보기

다음은 어떤 섬에 서식하는 동물 종 A~C 사이의 상호 작용에 대한 자료이다.

○ A와 B는 같은 먹이를 먹고, C는 A와 B의 천적이다.
○ 그림은 Ⅰ~Ⅳ 시기에 서로 다른 영역 (가)와 (나) 각각에 서식하는 종의 분포 변화를 나타낸 것이다.

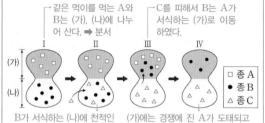

○ Ⅰ 시기에 <u>⊙ A와 B는 서로 경쟁을 피하기 위해 A는 (가)에, B는 (나)에 서식하였다.</u>
○ Ⅱ 시기에 C가 (나)로 유입되었고, C가 B를 포식하였다.
○ Ⅲ 시기에 B는 C를 피해 (가)로 이주하였다.
○ Ⅳ 시기에 (가)에서 A와 B 사이의 경쟁의 결과로 A가 사라졌다.

이 자료에 대한 설명으로 옳은 것만을 〈보기〉에서 있는 대로 고른 것은? (단, 제시된 조건 이외는 고려하지 않는다.) [3점]

〈보기〉 풀이

ㄱ ⊙에서 A와 B 사이의 상호 작용은 분서에 해당한다.

➡ Ⅰ 시기에 같은 먹이를 먹는 A와 B가 각각 다른 영역 (가)와 (나)에 나누어 사는 것은 경쟁을 피하기 위한 것이다. 이와 같이 생태적 지위가 비슷한 두 개체군이 서식지를 달리하여 경쟁을 피하는 것을 분서(나누어살기)라고 한다.

✕ Ⅱ 시기에 (나)에서 C는 B와 한 개체군을 이루었다.

➡ Ⅱ 시기에 (나)에 유입된 C는 B를 포식하는 천적이다. 개체군은 같은 장소에 사는 같은 종의 개체들로 구성되는데, B와 C는 서로 다른 종이므로 한 개체군을 이루지 않는다.

ㄷ Ⅳ 시기에 (가)에서 A와 B 사이에 경쟁 배타가 일어났다.

➡ 천적인 C를 피해 B가 (나)에서 (가) 지역으로 옮겨온 후 Ⅳ의 (가)에서 A가 사라졌다. 이와 같이 생태적 지위가 유사한 두 개체군이 함께 서식하게 될 때 경쟁에서 진 한 종이 사라지는 현상을 경쟁 배타라고 한다. 즉, A와 B 사이에 종간 경쟁이 일어나 경쟁 배타가 일어났다.

---

06   군집 내 개체군 간의 상호 작용   2024학년도 9월 모평 14번   정답 ② | 정답률 85%

적용해야 할 개념 ③가지

① 개체군은 일정한 지역에서 같은 종의 개체가 무리를 이루어 생활하는 집단이다.
② 종간 경쟁은 두 개체군이 먹이와 서식지를 두고 다투는 것으로, 경쟁이 일어나면 두 종 모두 손해를 본다.
③ 상리 공생은 서로 밀접하게 관계를 맺고 함께 살아가는 두 개체군이 모두 이익을 얻는 상호 작용이다.

문제 보기

다음은 종 사이의 상호 작용에 대한 자료이다. (가)와 (나)는 경쟁과 상리 공생의 예를 순서 없이 나타낸 것이다.

┌─ 종간 경쟁

(가) 캥거루쥐와 주머니쥐는 같은 종류의 먹이를 두고 서로 다툰다.
(나) 꽃은 벌새에게 꿀을 제공하고, 벌새는 꽃의 수분을 돕는다.

└─ 상리 공생

이에 대한 설명으로 옳은 것만을 〈보기〉에서 있는 대로 고른 것은?

〈보기〉 풀이

✕ (가)에서 캥거루쥐는 주머니쥐와 한 개체군을 이룬다.

➡ 개체군은 같은 공간에 서식하는 같은 종의 개체로 이루어진다. 캥거루쥐와 주머니쥐는 서로 다른 종이므로 함께 서식한다고 해도 한 개체군을 이루지 않는다.

ㄴ (나)는 상리 공생의 예이다.

➡ 꽃이 벌새에게 꿀을 제공하고, 벌새는 꽃의 수분을 도우므로 꽃과 벌새는 서로에게 이익이 되는 관계이다. 따라서 (나)는 서로 밀접하게 관계를 맺고 함께 살아가는 두 개체군이 서로 이익을 얻는 상리 공생의 예이다.

✕ 스라소니가 눈신토끼를 잡아먹는 것은 경쟁의 예에 해당한다.

➡ 포식자인 스라소니가 피식자인 눈신토끼를 잡아먹는 것은 포식과 피식의 예이다. 경쟁은 생태적 지위가 중복되어 같은 먹이와 서식지를 두고 다툴 때 나타나는 상호 작용으로, (가)가 종간 경쟁의 예이다.

07 | 생물 사이의 상호 작용 2023학년도 3월 학평 18번

정답 ② | 정답률 72 %

적용해야 할 개념 ③가지

① 개체군 내의 상호 작용에는 텃세(세력권), 리더제, 순위제, 사회생활, 가족생활 등이 있다.

② 군집 내 개체군 사이의 상호 작용에는 종간 경쟁, 분서, 상리 공생, 편리공생, 기생, 포식과 피식 등이 있다.

③ 종간 경쟁은 생태적 지위(먹이 지위, 공간 지위)가 중복될 때 일어나며, 먹이와 서식지를 두고 경쟁이 일어나므로 두 종 모두 손해를 본다.

문제 보기

다음은 상호 작용 (가)와 (나)에 대한 자료이다. (가)와 (나)는 텃세와 종간 경쟁을 순서 없이 나타낸 것이다.

┌─ 텃세 – 개체군 내의 상호 작용

> (가) 은어 개체군에서 한 개체가 일정한 생활 공간을 차지하면서 다른 개체의 접근을 막았다.
>
> (나) 같은 곳에 서식하던 ㉠ 애기짚신벌레와 ㉡ 짚신벌레 중 애기짚신벌레만 살아남았다. 손해   손해

└─ 종간 경쟁 – 군집 내 개체군 사이의 상호 작용

이에 대한 옳은 설명만을 〈보기〉에서 있는 대로 고른 것은?

〈보기〉 풀이

보기

✖ (가)는 종간 경쟁이다.

➡ (가)는 개체군 내의 상호 작용인 텃세이다. 개체군은 동일한 지역에 사는 같은 종의 개체들로 구성된다.

○ ㄴ. ㉠은 ㉡과 다른 종이다.

➡ 애기짚신벌레와 짚신벌레는 서로 다른 종이며, 두 종의 생태적 지위가 비슷할 때 종간 경쟁이 일어난다.

✖ (나)가 일어나 ㉠과 ㉡이 모두 이익을 얻는다.

➡ 먹이와 서식지를 두고 경쟁하는 종간 경쟁이 일어나면 ㉠과 ㉡이 모두 손해를 입는다. 두 종이 모두 이익을 얻는 상호 작용은 상리 공생이며, 예로는 흰동가리와 말미잘, 콩과식물과 뿌리혹박테리아 등이 있다.

08 | 군집 내 개체군 사이의 상호 작용 2022학년도 6월 모평 13번

정답 ① | 정답률 91 %

적용해야 할 개념 ③가지

① 먹이 사슬에서 생산자를 먹는 것은 1차 소비자, 1차 소비자를 먹는 것은 2차 소비자라고 한다.

② 안정된 생태계에서는 일반적으로 개체 수, 생물량, 에너지양이 하위 영양 단계에서 상위 영양 단계로 갈수록 감소한다.

③ 경쟁 배타는 생태적 지위가 중복되는 두 종이 함께 서식할 때 경쟁에서 진 한 종이 서식지에서 사라지는 현상이다.

문제 보기

그림 (가)는 어떤 지역에서 일정 기간 동안 조사한 종 A~C의 단위 면적당 생물량(생체량) 변화를, (나)는 A~C 사이의 먹이 사슬을 나타낸 것이다. A~C는 생산자, 1차 소비자, 2차 소비자를 순서 없이 나타낸 것이다.

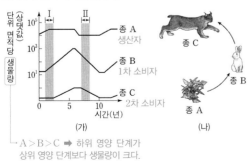

(가)

(나)

└─ A > B > C ➡ 하위 영양 단계가 상위 영양 단계보다 생물량이 크다.

이 자료에 대한 설명으로 옳은 것만을 〈보기〉에서 있는 대로 고른 것은?

〈보기〉 풀이

보기

(나)에서 먹이 사슬은 A → B → C이므로 A는 생산자, B는 1차 소비자, C는 2차 소비자이다. (가)에서 생산자인 A의 생물량이 가장 많고 2차 소비자인 C의 생물량이 가장 적으므로 하위 영양 단계에서 상위 영양 단계로 갈수록 생물량이 감소하여 안정된 생태 피라미드 형태를 나타낸다.

○ ㄱ. I 시기 동안 $\dfrac{\text{B의 생물량}}{\text{C의 생물량}}$ 은 증가했다.

➡ I 시기 동안 B의 생물량은 증가하고 C의 생물량은 거의 일정하게 유지되고 있으므로 $\dfrac{\text{B의 생물량}}{\text{C의 생물량}}$ 은 증가했다.

✖ C는 1차 소비자이다. .

➡ C는 1차 소비자인 B를 잡아먹고 사는 2차 소비자이다.

✖ II 시기에 A와 B 사이에 경쟁 배타가 일어났다.

➡ 경쟁 배타는 생태적 지위가 중복되는 두 종이 함께 서식할 때 경쟁에서 진 한 종이 서식지에서 사라지는 현상이다. A는 생산자이고, B는 1차 소비자이므로 A와 B는 먹이 지위가 달라서 생태적 지위가 다르므로 이들 사이에 경쟁 배타가 일어나지 않는다.

적용해야 할 개념 ③가지

① 포식과 피식에서 포식자는 이익을 얻고 피식자는 손해를 보는 상호 작용이다. 포식과 피식의 경우 시간에 따른 개체 수 변화 그래프는 주기적인 변동 곡선으로 나타나며 개체 수는 포식자보다 피식자가 많다.

② 환경 저항은 서식 공간과 먹이 부족, 노폐물 축적, 개체 간의 경쟁, 질병 등과 같이 개체군의 생장을 억제하는 환경 요인이다.

③ 개체군의 밀도는 일정 공간에 서식하는 개체군의 개체 수이므로 서식 공간이 일정하다면 개체군의 밀도는 개체 수에 의해 결정된다.

문제 보기

그림은 동물 종 A와 B를 같은 공간에서 혼합 배양하였을 때 개체 수 변화를 나타낸 것이다. A와 B 중 하나는 다른 하나를 잡아먹는 포식자이다.

A의 개체 수가 증가하면 B의 개체 수도 증가한다.

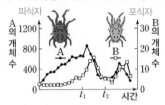

이에 대한 옳은 설명만을 〈보기〉에서 있는 대로 고른 것은?

〈보기〉 풀이

보기

ㄱ. **B는 포식자이다.**

→ A와 B 중 하나는 다른 하나를 잡아먹는 포식자이므로 A와 B는 포식과 피식의 관계이다. 일반적으로 개체 수는 피식자가 포식자보다 많고, 피식자의 개체 수가 증가하면 먹이가 풍부해져 포식자의 개체 수도 증가하고, 피식자의 개체 수가 감소하면 먹이 부족으로 포식자의 개체 수도 감소한다. 따라서 A가 피식자이고 B가 포식자이다.

ㄴ. t_1일 때 A는 환경 저항을 받지 않는다.

→ 환경 저항은 개체군의 생장을 억제하는 환경 요인으로, t_1일 때 A의 개체 수가 증가함에 따라 포식자인 B의 개체 수도 증가하여 A가 피식되므로 환경 저항을 받는다.

ㄷ. t_1일 때 B의 개체군 밀도는 t_2일 때 A의 개체군 밀도보다 크다.

→ 개체군의 밀도는 $\dfrac{\text{개체 수}}{\text{서식하는 공간의 면적}}$로 구하는데, A와 B는 같은 공간에서 서식하고 t_1과 t_2에 서식 공간의 변화가 없으므로 결국 각 개체군의 개체 수에 비례한다. t_1일 때 B의 개체 수는 약 70이고, t_2일 때 A의 개체 수는 약 200이므로 t_1일 때 B의 개체군 밀도는 t_2일 때 A의 개체군 밀도보다 작다.

적용해야 할 개념 ②가지

① 군집에는 여러 개체군이 서식하고 있으며 이들 사이의 상호 작용에 의해 개체군의 크기가 조절된다.

② 환경 저항은 개체군의 생장을 억제하는 요인으로, 서식 공간과 먹이 부족, 노폐물 축적, 개체 간의 경쟁, 천적, 질병 등이 있다. 실제 환경에서는 환경 저항이 항상 작용한다.

문제 보기

그림은 어떤 지역에서 늑대의 개체 수를 인위적으로 감소시켰을 때 늑대, 사슴의 개체 수와 식물 군집의 생물량 변화를, 표는 (가)와 (나) 시기 동안 이 지역의 사슴과 식물 군집 사이의 상호 작용을 나타낸 것이다. (가)와 (나)는 Ⅰ과 Ⅱ를 순서 없이 나타낸 것이다.

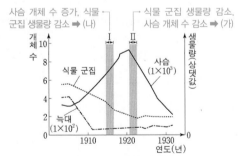

시기	상호 작용
(가)	식물 군집의 생물량이 감소하여 사슴의 개체 수가 감소한다.
(나)	사슴의 개체 수가 증가하여 식물 군집의 생물량이 감소한다.

이 자료에 대한 설명으로 옳은 것만을 〈보기〉에서 있는 대로 고른 것은? [3점]

〈보기〉 풀이

보기

ㄱ. **(가)는 Ⅱ이다.**

→ (가) 시기는 그래프에서 식물 군집의 생물량과 사슴의 개체 수가 모두 감소하는 Ⅱ이고, (나) 시기는 사슴의 개체 수는 증가하고 식물 군집의 생물량은 감소하는 Ⅰ이다.

ㄴ. **Ⅰ 시기 동안 사슴 개체군에 환경 저항이 작용하였다.**

→ 환경 저항은 개체군의 생장을 억제하는 요인으로 먹이 부족, 서식 공간 부족, 천적 증가, 노폐물 증가, 질병 증가 등이며, 실제 생태계에서는 항상 존재한다.

ㄷ. 사슴의 개체 수는 포식자에 의해서만 조절된다.

→ Ⅰ 시기 동안 사슴의 개체 수가 증가한 것은 포식자인 늑대의 개체 수가 감소한 영향이지만 Ⅱ 시기 동안 사슴의 개체 수가 감소한 것은 먹이인 식물 군집의 생물량이 감소한 영향이다. 이와 같이 사슴의 개체 수는 포식자인 늑대 뿐 아니라 먹이인 식물 군집의 생물량에 의해서도 조절된다.

11 | 군집 내 개체군 간의 상호 작용 2024학년도 3월 학평 19번

정답 ① | 정답률 66 %

적용해야 할 개념 ③가지

① 군집은 일정한 지역에 여러 종류의 개체군이 모여 생활하는 집단이다.
② 환경 저항은 서식 공간과 먹이 부족, 노폐물 축적, 개체 간의 경쟁, 질병 등과 같이 개체군의 생장을 억제하는 환경 요인을 말한다.
③ 상리 공생은 군집 내 서식하는 두 종에게 모두 이익이 되는 상호 작용이며, 예로는 흰동가리와 말미잘, 콩과식물과 뿌리혹박테리아 등이 있다.

문제 보기

그림은 동일한 배양 조건에서 종 A와 B를 혼합 배양했을 때와 B를 단독 배양했을 때 시간에 따른 B의 개체 수를 나타낸 것이다.
이에 대한 옳은 설명만을 〈보기〉에서 있는 대로 고른 것은?

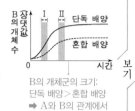

B의 개체군의 크기:
단독 배양 > 혼합 배양
➡ A와 B의 관계에서 B는 손해

〈보기〉 풀이

ㄱ. **혼합 배양했을 때 구간 Ⅰ에서 A와 B는 한 군집을 이룬다.**
➡ 군집은 일정한 지역에 사는 여러 개체군으로 이루어지므로 혼합 배양하여 같은 공간에 서식하는 A와 B는 한 군집을 이룬다.

ㄴ. **구간 Ⅱ에서 B에 작용하는 환경 저항은 단독 배양했을 때가 혼합 배양했을 때보다 크다.**
➡ 구간 Ⅱ에서 B의 개체군 크기가 혼합 배양했을 때가 단독 배양했을 때보다 작으므로 B에 작용하는 환경 저항은 혼합 배양했을 때가 단독 배양했을 때보다 크다.

ㄷ. **A와 B 사이의 상호 작용은 상리 공생이다.**
➡ 상리 공생은 함께 서식하는 두 종이 모두 이익을 얻는 상호 작용이므로 B의 개체군 크기가 혼합 배양했을 때가 단독 배양했을 때보다 크게 나타나야 한다. 따라서 A와 B 사이의 상호 작용은 상리 공생이 아니다.

---

12 | 군집 내 개체군의 상호 작용, 생장 곡선 2020학년도 10월 학평 17번

정답 ④ | 정답률 81 %

적용해야 할 개념 ③가지

① 환경 저항은 서식 공간과 먹이 부족, 노폐물 축적, 개체 간의 경쟁, 질병 등과 같이 개체군의 생장을 억제하는 환경 요인을 말한다. 실제 개체군의 생장 곡선은 환경 저항이 작용하여 S자형으로 나타난다.
② 환경 수용력은 주어진 환경 조건에서 서식할 수 있는 개체군의 최대 크기이다.
③ 경쟁하는 두 종을 혼합 배양하면 단독 배양할 때보다 개체 수가 느리게 증가하며, 환경 수용력도 감소한다. 또 생태적 지위가 많이 중복되는 두 종이 경쟁할 때는 경쟁에서 진 한 종이 서식지에서 사라지는 경쟁 배타가 일어나기도 한다.

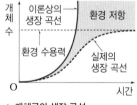

▲ 개체군의 생장 곡선

문제 보기

그림 (가)~(다)는 동물 종 A와 B의 시간에 따른 개체 수를 나타낸 것이다. (가)는 고온 다습한 환경에서 단독 배양한 결과이고, (나)는 (가)와 같은 환경에서 혼합 배양한 결과이며, (다)는 저온 건조한 환경에서 혼합 배양한 결과이다.

두 종을 혼합 배양했을 때 B종이 사라졌다(경쟁 배타).
➡ 두 종 사이의 상호 작용은 경쟁이다.

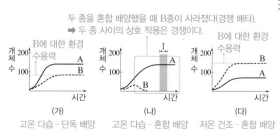

(가) 고온 다습 - 단독 배양
(나) 고온 다습 - 혼합 배양
(다) 저온 건조 - 혼합 배양

이에 대한 옳은 설명만을 〈보기〉에서 있는 대로 고른 것은? [3점]

〈보기〉 풀이

ㄱ. **구간 Ⅰ에서 A는 환경 저항을 받는다.**
➡ 구간 Ⅰ에서 A종의 개체 수가 더 이상 증가하지 않고 일정하게 유지되는 것은 먹이 부족, 서식지 부족, 개체 간의 경쟁 증가 등과 같은 환경 저항 때문이다.

ㄴ. **(나)에서 A와 B 사이에 상리 공생이 일어났다.**
➡ (나)에서 A종과 B종을 혼합 배양했을 때 A종은 살아남았지만 B종은 사라졌으므로 두 종 사이의 상호 작용은 경쟁(종간 경쟁)이다. 상리 공생은 두 종의 개체군이 모두 이익을 얻는 관계이므로, 두 종을 단독 배양했을 때보다 혼합 배양할 때 두 종 모두 개체군의 크기가 커진다.

ㄷ. **B에 대한 환경 수용력은 (가)에서가 (다)에서보다 작다.**
➡ 환경 수용력은 주어진 환경 조건에서 서식할 수 있는 개체군의 최대 크기이다. B종은 (가)에서가 (다)에서보다 개체군의 최대 크기가 작으므로 B에 대한 환경 수용력은 (가)에서가 (다)에서보다 작다.

13 | 군집 내 개체군 사이의 상호 작용 2021학년도 10월 학평 18번

정답 ③ | 정답률 89%

적용해야 할 개념 ④가지

① 환경 저항이 작용하는 실제 환경에서는 개체군의 밀도가 높아지면 환경 저항이 커져 개체 수가 증가하다가 일정하게 유지되는 S자형 생장 곡선이 나타난다.

② 환경 저항은 개체군의 생장을 억제하는 요인으로 먹이 부족, 생활 공간 부족, 노폐물 증가, 천적과 질병의 증가 등이 있다.

③ 환경 수용력은 주어진 환경 조건에서 서식할 수 있는 개체 수의 최댓값이다.

④ 경쟁 배타는 생태적 지위가 중복되는 두 종이 함께 서식할 때 경쟁에서 진 한 종이 서식지에서 사라지는 현상이다.

문제 보기

그림 (가)는 영양염류를 이용하는 종 A와 B를 각각 단독 배양했을 때 시간에 따른 개체 수와 영양염류의 농도를, (나)는 (가)와 같은 조건에서 A와 B를 혼합 배양했을 때 시간에 따른 개체 수를 나타낸 것이다.

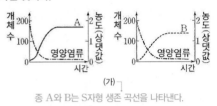

(가)
종 A와 B는 S자형 생존 곡선을 나타낸다.

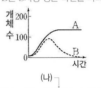

(나)
A는 살아남고 B는 사라졌다. ➡ 경쟁 배타

이에 대한 옳은 설명만을 〈보기〉에서 있는 대로 고른 것은?

〈보기〉 풀이

보기

ㄱ. (가)에서 영양염류의 농도 감소는 환경 저항에 해당한다.

➡ (가)에서 종 A와 B의 개체 수가 증가함에 따라 영양염류의 농도가 감소하고, 영양염류의 농도가 매우 낮아짐에 따라 종 A와 B의 개체 수가 더 이상 증가하지 않으면서 생장 곡선이 S자형을 나타낸다. 이와 같이 영양염류의 농도 감소는 종 A와 B의 생장을 억제하는 환경 저항에 해당한다.

✗ (가)에서 환경 수용력은 B가 A보다 크다.

➡ 환경 수용력은 주어진 환경 조건에서 서식할 수 있는 개체 수의 최댓값이다. (가)에서 개체 수의 최댓값은 종 A가 종 B보다 많으므로 환경 수용력은 A가 B보다 크다.

ㄷ. (나)에서 경쟁 배타가 일어났다.

➡ (나)에서 두 종을 혼합 배양하면 종 A는 살아남지만, 종 B는 사라지는 경쟁 배타가 일어났다. 이를 통해 종 A와 B는 생태적 지위가 유사하다는 것을 알 수 있다.

---

14 | 군집 내 개체군 사이의 상호 작용 2024학년도 6월 모평 18번

정답 ① | 정답률 79%

적용해야 할 개념 ④가지

① 종간 경쟁은 생태적 지위(먹이 지위, 공간 지위)가 중복될 때 일어나며, 먹이와 서식지를 두고 경쟁이 일어나므로 두 종 모두 손해를 본다.

② 상리 공생은 함께 서식하는 두 종이 모두 이익을 얻는 상호 작용이다.

③ 개체군은 일정한 지역에 서식하는 같은 종의 개체로 이루어진 무리이다.

④ 환경 저항은 서식 공간과 먹이 부족, 노폐물 축적, 개체 간의 경쟁, 질병 등과 같이 개체군의 생장을 억제하는 환경 요인이다.

문제 보기

다음은 동물 종 A와 B 사이의 상호 작용에 대한 자료이다.

○ A와 B 사이의 상호 작용은 경쟁과 상리 공생 중 하나에 해당한다.

B의 개체 수: ㉠>㉡
B에 작용하는 환경 저항: ㉠<㉡

○ A와 B가 함께 서식하는 지역을 ㉠과 ㉡으로 나눈 후, ㉠에서만 A를 제거하였다. 그림은 지역 ㉠과 ㉡에서 B의 개체 수 변화를 나타낸 것이다.

이 자료에 대한 설명으로 옳은 것만을 〈보기〉에서 있는 대로 고른 것은? (단, 제시된 조건 이외는 고려하지 않는다.) [3점]

〈보기〉 풀이

보기

ㄱ. A와 B 사이의 상호 작용은 경쟁에 해당한다.

➡ B의 개체 수는 A와 함께 서식하는 지역 ㉡에서보다 A를 제거한 지역 ㉠에서 더 많다. 따라서 A와 B는 생태적 지위가 중복되어 경쟁하는 관계라고 추론할 수 있다. 만일 A와 B의 상호 작용이 상리 공생이라면 B의 개체 수는 A와 함께 서식하는 ㉡에서가 A를 제거한 ㉠에서보다 많게 나타났을 것이다.

✗ ㉡에서 A는 B와 한 개체군을 이룬다.

➡ 개체군은 같은 공간에 서식하는 같은 종의 개체들로 이루어진다. A와 B는 서로 다른 종이므로 ㉡에서 함께 서식한다고 해도 한 개체군을 이루지 않는다.

✗ 구간 Ⅰ에서 B에 작용하는 환경 저항은 ㉠에서가 ㉡에서보다 크다.

➡ 환경 저항은 개체군의 생장을 억제하는 요인이므로 환경 저항이 작을수록 개체 수가 많다. 구간 Ⅰ에서 B의 개체 수는 ㉠에서가 ㉡에서보다 많으므로 B에 작용하는 환경 저항은 ㉠에서가 ㉡에서보다 작다.

| **15** | 군집 내 개체군의 상호 작용 2021학년도 9월 모평 9번 | 정답 ⑤ | 정답률 77 % |

적용해야 할 개념 ③가지

① 개체군은 일정한 지역에 같은 종의 개체가 무리를 이루어 생활하는 집단이고, 군집은 일정한 지역에 여러 종류의 개체군이 모여 생활하는 집단이다.
② 먹이 지위와 공간 지위를 생태적 지위라고 하며, 생태적 지위가 많이 겹칠수록 경쟁이 심해진다.
③ 경쟁 배타는 생태적 지위가 크게 중복되는 두 종이 경쟁하였을 때 경쟁에서 진 한 종이 서식지에서 사라지는 현상이다.

문제 보기

그림은 서로 다른 종으로 구성된 개체군 A와 B를 각각 단독 배양했을 때와 혼합 배양했을 때, A와 B가 서식하는 온도의 범위를 나타낸 것이다. 혼합 배양했을 때 온도의 범위가 $T_1 \sim T_2$인 구간에서 A와 B 사이의 경쟁이 일어났다.

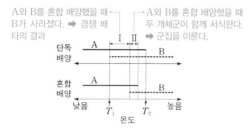

이에 대한 설명으로 옳은 것만을 〈보기〉에서 있는 대로 고른 것은? (단, 제시된 조건 이외는 고려하지 않는다.) [3점]

〈보기〉 풀이

보기

ㄱ. **A가 서식하는 온도의 범위는 단독 배양했을 때가 혼합 배양했을 때보다 넓다.**
➡ A를 단독 배양했을 때는 서식하는 온도의 범위에 $T_1 \sim T_2$가 모두 포함되지만, B와 혼합 배양했을 때는 서식하는 온도의 범위에 $T_1 \sim T_2$ 사이의 일부 구간이 포함되지 않는다. 따라서 A가 서식하는 온도의 범위는 단독 배양했을 때가 혼합 배양했을 때보다 넓다.

ㄴ. **혼합 배양했을 때, 구간 Ⅰ에서 B가 생존하지 못한 것은 경쟁 배타의 결과이다.**
➡ A와 B 모두 단독 배양했을 때보다 혼합 배양했을 때 서식하는 온도의 범위가 좁아지므로 A와 B는 경쟁 관계라는 것을 알 수 있다. 구간 Ⅰ은 A와 B를 단독 배양했을 때는 A와 B 모두 서식하는 온도의 범위인데, 혼합 배양했을 때는 구간 Ⅰ에서 B가 사라졌으므로 경쟁 배타의 결과이며, 이 구간에서 B가 경쟁에서 졌음을 알 수 있다.

ㄷ. **혼합 배양했을 때, 구간 Ⅱ에서 A는 B와 군집을 이룬다.**
➡ 군집은 일정한 지역에 여러 종류의 개체군이 모여 생활하는 집단이다. 혼합 배양했을 때 구간 Ⅱ에서 개체군 A와 B가 모두 서식하므로 A는 B와 군집을 이룬다.

| **16** | 군집 내 개체군 사이의 상호 작용 2023학년도 수능 20번 | 정답 ④ | 정답률 88 % |

적용해야 할 개념 ③가지

① 개체군은 일정한 지역에 서식하는 같은 종의 개체들로 이루어진 집단이다.
② 환경 저항은 개체군의 생장을 억제하는 환경 요인으로, 환경 저항을 받는 개체군의 생장 곡선은 S자형을 나타낸다.
③ 상리 공생은 함께 서식하는 두 종이 모두 이익을 얻으며, 두 종을 단독 배양하였을 때보다 혼합 배양했을 때 종의 최대 개체 수(환경 수용력)가 모두 증가한다.

문제 보기

표는 종 사이의 상호 작용 (가)~(다)의 예를, 그림은 동일한 배양 조건에서 종 A와 B를 각각 단독 배양했을 때와 혼합 배양했을 때 시간에 따른 개체 수를 나타낸 것이다. (가)~(다)는 경쟁, 상리 공생, 포식과 피식을 순서 없이 나타낸 것이고, A와 B 사이의 상호 작용은 (가)~(다) 중 하나에 해당한다.

상호 작용	이익	손해	예
포식과 피식(가)			ⓐ 늑대는 말코손바닥사슴을 잡아먹는다.
경쟁(나)			캥거루쥐와 주머니쥐는 같은 종류의 먹이를 두고 서로 다툰다. ─ 모두 손해
상리 공생(다)			딱총새우는 산호를 천적으로부터 보호하고, 산호는 딱총새우에게 먹이를 제공한다. ─ 모두 이익

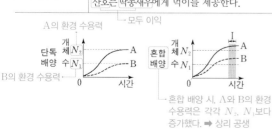

이에 대한 설명으로 옳은 것만을 〈보기〉에서 있는 대로 고른 것은?

〈보기〉 풀이

보기

(가)는 한 종이 다른 종을 먹이로 하는 포식과 피식, (나)는 생태적 지위가 중복되는 두 종이 먹이를 두고 일어나는 경쟁, (다)는 함께 생활하는 것이 두 종 모두에게 이익이 되는 상리 공생이다.

✗ ⓐ에서 늑대는 말코손바닥사슴과 한 개체군을 이룬다.
➡ 개체군은 같은 지역에 서식하는 같은 종의 개체들로 이루어진다. 늑대와 말코손바닥사슴은 서로 다른 종이므로 이들은 한 개체군을 이루지 않는다.

ㄴ. **구간 Ⅰ에서 A에 환경 저항이 작용한다.**
➡ 구간 Ⅰ에서 A와 B의 개체 수 증가율이 둔화되어 개체군 크기가 비교적 일정하게 유지되는 것은 실제 환경에서는 환경 저항이 작용하기 때문이다.

ㄷ. **A와 B 사이의 상호 작용은 (다)에 해당한다.**
➡ 그래프에서 A와 B는 단독 배양할 때보다 혼합 배양할 때 환경 수용력이 더 크므로 혼합 배양하는 것이 두 종 모두에게 이익이 된다. 따라서 A와 B의 상호 작용은 (다) 상리 공생에 해당한다.

적용해야 할 개념 ③가지

① 군집 내 개체군 사이의 상호 작용에는 종간 경쟁, 분서, 상리 공생, 편리공생, 기생, 포식과 피식 등이 있다. 종간 경쟁은 두 개체군 모두 손해, 상리 공생은 두 개체군 모두 이익, 기생은 한쪽은 이익이고 다른 한쪽은 손해인 관계이다.

② 생태계는 생물적 요인(생산자, 소비자, 분해자)과 비생물적 요인(빛, 온도, 공기, 물, 토양 등)으로 구성된다.

③ 개체군은 일정한 지역에 같은 종의 개체가 무리를 이루어 생활하는 집단을 말하며, 군집은 일정한 지역에 여러 종류의 개체군이 모여 생활하는 집단을 말한다.

문제 보기

다음은 식물 종 **A**, **B**와 토양 세균 **X**의 상호 작용을 알아보기 위한 실험이다.

> ○ A와 X 사이의 상호 작용은 ㉠, B와 X 사이의 상호 작용은 ㉡이다. ㉠과 ㉡은 각각 기생과 상리 공생 중 하나이다.
>
> [실험 과정 및 결과]
>
> (가) ⓐ 멸균된 토양을 넣은 화분 Ⅰ~Ⅳ에 표와 같이 Ⅲ과 Ⅳ에만 X를 접종한 후 Ⅰ과 Ⅲ에는 A의 식물을 심고, Ⅱ와 Ⅳ에는 B의 식물을 심는다.
>
> | 화분 | X의 접종 여부 | 식물 종 |
> |------|--------------|---------|
> | Ⅰ | 접종 안 함 | A |
> | Ⅱ | 접종 안 함 | B |
> | Ⅲ | 접종함 | A |
> | Ⅳ | 접종함 | B |
>
> (나) 일정 시간이 지난 후, Ⅰ~Ⅳ에서 식물의 증가한 질량을 측정한 결과는 그림과 같다.

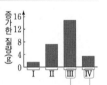

A는 X와 함께 있을 때 증가한 질량이 더 크다.

B는 X와 함께 있을 때 증가한 질량이 더 작다.

이에 대한 설명으로 옳은 것만을 〈보기〉에서 있는 대로 고른 것은? (단, 제시된 조건 이외는 고려하지 않는다.) [3점]

〈보기〉 풀이

식물 A를 심은 화분 Ⅰ과 Ⅲ을 비교하면 X를 접종하지 않았을 때보다 X를 접종했을 때 A에서 증가한 질량이 훨씬 크다. 즉, A는 X와 함께 있을 때 더 빠르게 생장하여 이익이다. 한편 식물 B를 심은 화분 Ⅱ와 Ⅳ를 비교하면 X를 접종하였을 때 오히려 B의 증가한 질량이 작다. 따라서 B는 X와 함께 있으면 손해를 입는 관계이므로 B와 X의 상호 작용 ㉡은 기생이고, A와 X의 상호 작용 ㉠은 상리 공생이다.

ㄱ. ㉠은 상리 공생이다.

➡ A는 단독으로 서식할 때보다 X와 함께 서식하면 이익이므로 A와 X의 상호 작용 ㉠은 상리 공생이다.

ㄴ. ⓐ는 생태계의 구성 요소 중 비생물적 요인에 해당한다.

➡ 토양, 빛, 물 등과 같이 생물을 둘러싼 환경은 생태계의 구성 요소 중 비생물적 요인이다.

✗ (나)의 Ⅳ에서 B와 X는 한 개체군을 이룬다.

➡ 개체군은 일정 지역 내에 서식하는 동일 종의 생물 개체들로 이루어진다. B는 식물 종이고, X는 세균이므로 같은 지역에 서식하고 있다고 해도 B와 X는 한 개체군을 이룰 수 없다.

18	군집 내 개체군 간의 상호 작용과 연역적 탐구 방법 2025학년도 9월 모평 5번	정답 ⑤ ㅣ 정답률 90 %

적용해야 할 개념 ③가지

① 연역적 탐구 방법은 인식한 문제에 대한 가설을 세우고, 실험을 통해 검증하는 탐구 방법이다. 실험을 설계할 때는 변인을 구분하여 대조 실험을 하여 실험 결과의 타당성을 높일 수 있어야 한다. 조작 변인은 가설 검증을 위해 실험에서 의도적으로 변화시킨 변인이고, 통제 변인은 실험에서 일정하게 유지하는 변인이며, 종속변인은 실험 결과에 해당한다.

② 개체군은 일정한 지역에 서식하는 같은 종의 개체로 이루어지며, 같은 지역에 서식하는 종이 다른 생물들은 한 개체군을 이룰 수 없다.

③ 경쟁 배타는 생태적 지위가 크게 중복되는 두 종이 경쟁하였을 때 경쟁에서 진 한 종이 서식지에서 사라지는 현상이다.

문제 보기

다음은 어떤 연못에 서식하는 동물 종 ㉠~㉢ 사이의 상호 작용에 대한 실험이다.

보기

○ ㉠과 ㉡은 같은 먹이를 두고 경쟁하며, ㉢은 ㉠과 ㉡의 천적이다.
　　　　　　　　　　　　　　　포식자　피식자

[실험 과정 및 결과]

(가) 인공 연못 A와 B 각각에 같은 개체 수의 ㉠과 ㉡을 넣고, A에만 ㉢을 추가한다. → 조작 변인　　통제 변인

(나) 일정 시간이 지난 후, A와 B 각각에서 ㉠과 ㉡의 개체 수를 조사한 결과는 그림과 같다. → 종속변인

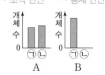

이 자료에 대한 설명으로 옳은 것만을 〈보기〉에서 있는 대로 고른 것은? (단, 제시된 조건 이외는 고려하지 않는다.)

〈보기〉 풀이

경쟁은 생태적 지위가 비슷한 두 종 사이에 서식 공간과 먹이를 차지하기 위해 일어나는 상호 작용으로, 경쟁의 결과 한 종은 도태되어 사라지고 한 종만 생존하는 경쟁 배타가 일어나기도 한다. 포식과 피식은 한 종이 다른 종을 먹이로 하는 것으로 포식자를 천적이라고 한다.

㉠ **조작 변인은 ㉢의 추가 여부이다.**

➡ (가)에서 인공 연못 A와 B에 같은 개체 수의 ㉠과 ㉡을 넣고 A에만 ㉢을 추가하여 실험하였으므로 A와 B에서 의도적으로 다르게 처리한 ㉢의 추가 여부는 조작 변인이고, 실험 결과로 측정하고 있는 시간이 지난 후 A와 B에서의 ㉠과 ㉡의 개체 수는 종속변인이다.

✗ **A에서 ㉠과 ㉡은 한 개체군을 이룬다.**

➡ 개체군은 일정한 지역에 서식하는 같은 종의 개체들로 이루어지는데, ㉠과 ㉡은 같은 먹이를 두고 경쟁하는 서로 다른 종이므로 한 개체군을 이루지 않는다.

㉢ **B에서 ㉠과 ㉡ 사이에 경쟁 배타가 일어났다.**

➡ ㉢을 추가하지 않은 B에서 ㉠과 ㉡ 사이에 먹이를 두고 경쟁이 일어난 결과 ㉡이 사라졌으므로 경쟁 배타가 일어났다.

19	생물 간의 상호 작용 2021학년도 3월 학평 9번	정답 ⑤ ㅣ 정답률 64 %

적용해야 할 개념 ④가지

① 생물 간의 상호 작용에는 개체군 내 개체 사이의 상호 작용과 군집 내 개체군 사이의 상호 작용이 있다.

② 개체군 내의 상호 작용에는 텃세(세력권), 리더제, 순위제, 사회생활, 가족생활 등이 있다.

③ 군집 내 개체군 사이의 상호 작용에는 경쟁(종간 경쟁), 분서, 공생(상리 공생, 편리공생), 기생, 포식과 피식 등이 있다.

④ 기생, 포식과 피식은 한 종이 이익이지만 다른 한 종은 손해이고, 경쟁(종간 경쟁)은 두 종이 모두 손해, 상리 공생은 두 종이 모두 이익이다.

문제 보기

표는 생물 사이의 상호 작용을 (가)와 (나)로 구분하여 나타낸 것이다.

보기

한 종은 이익, 다른
한 종은 손해

구분	상호 작용
군집 내 개체군 사이의 상호 작용 ── (가)	㉠ 기생, 포식과 피식
개체군 내의 상호 작용 ── (나)	순위제, ㉡ 사회생활

일을 분담하며
협력한다.

이에 대한 옳은 설명만을 〈보기〉에서 있는 대로 고른 것은?

〈보기〉 풀이

㉠ **(가)는 개체군 사이의 상호 작용이다.**

➡ (가)의 기생, 포식과 피식은 군집 내 개체군 사이에서 일어나는 상호 작용이고, (나)의 순위제와 사회생활은 개체군 내에서 일어나는 상호 작용이다.

㉡ **㉠의 관계인 두 종에서는 손해를 입는 종이 있다.**

➡ 기생(㉠) 관계인 두 종에서 기생 생물은 이익을 얻지만 숙주 생물은 손해를 입는다.

㉢ **꿀벌이 일을 분담하며 협력하는 것은 ㉡의 예이다.**

➡ 꿀벌 개체군 내에서 여왕벌과 수벌은 생식을 담당하고 일벌은 먹이를 얻는 것과 같이 역할을 분담하며 생활하는 것은 사회생활(㉡)의 예이다.

적용해야 할 개념 ②가지

① 군집 내 개체군의 상호 작용에는 경쟁(종간 경쟁), 분서, 공생, 기생, 포식과 피식 등이 있다.
② 공생에는 한쪽 개체군은 이익을 얻지만 다른 개체군은 이익도 손해도 없는 편리 공생, 두 개체군 모두 이익을 얻는 상리 공생이 있다.

구분	종간 경쟁	편리 공생	상리 공생	기생	포식과 피식
개체군 A	손해	이익	이익	이익(기생 생물)	이익(포식자)
개체군 B	손해	−	이익	손해(숙주 생물)	손해(피식자)

문제 보기

표는 종 사이의 상호 작용을 나타낸 것이다. ㈀과 ㈁은 상리 공생, 포식과 피식을 순서 없이 나타낸 것이다.

상호 작용	종 1	종 2
포식과 피식 ㈀	손해	? 이익
상리 공생 ㈁	ⓐ 이익	이익

이에 대한 설명으로 옳은 것만을 〈보기〉에서 있는 대로 고른 것은?

〈보기〉 풀이

포식과 피식 관계에서는 포식자가 이익을 얻고 피식자가 손해를 보며, 상리 공생 관계에서는 함께 생활하는 두 종이 모두 이익을 얻으므로 ㈀은 포식과 피식이고, ㈁은 상리 공생이다.

ㄱ. **ⓐ는 '이익'이다.**
➡ 상리 공생(㈁)에서는 종 1과 종 2가 모두 이익을 얻으므로 ⓐ는 '이익'이다.

ㄴ. **㈀은 포식과 피식이다.**
➡ ㈀은 포식과 피식이다. 이때 손해를 보는 종 1은 피식자이고, 종 2는 이익을 얻는 포식자이다.

ㄷ. **뿌리혹박테리아와 콩과식물 사이의 상호 작용은 ㈁에 해당한다.**
➡ 뿌리혹박테리아는 콩과식물에게 질소 화합물을 제공하고, 콩과식물은 뿌리혹박테리아에게 유기물과 서식지를 제공하므로, 두 종 모두 이익을 얻는다. 따라서 두 종 사이의 상호 작용은 상리 공생(㈁)에 해당한다.

보기

적용해야 할 개념 ②가지

① 기생은 두 종의 개체군이 함께 생활할 때 한쪽 생물이 다른 생물에게 해를 주는 상호 작용이다.
② 공생이란 서로 다른 두 종의 개체군이 서로 밀접하게 관계를 맺으면서 함께 생활하는 것으로, 두 개체군이 모두 이익을 얻는 관계를 상리 공생이라고 한다.

문제 보기

표는 종 사이의 상호 작용을 나타낸 것이다. ㈀과 ㈁은 기생과 상리 공생을 순서 없이 나타낸 것이다.

상호 작용	종 1	종 2
기생 ㈀	손해	ⓐ 이익
상리 공생 ㈁	이익	? 이익
포식과 피식	손해	이익

이에 대한 설명으로 옳은 것만을 〈보기〉에서 있는 대로 고른 것은?

〈보기〉 풀이

상리 공생은 함께 생활하는 두 종이 모두 이익을 얻으며, 기생은 한쪽은 이익을 얻고, 한쪽은 손해를 본다. 따라서 ㈀은 기생이고, ㈁은 상리 공생이며, ⓐ는 '이익'이다.

ㄱ. **ⓐ는 '손해'이다.**
➡ ㈀에서 종 1이 손해를 보므로 ㈀은 기생이다. 기생에서는 한 종은 손해를 보고 다른 종은 이익을 얻으므로 ⓐ는 '이익'이다.

ㄴ. **㈁은 상리 공생이다.**
➡ 한 종이 손해를 보는 ㈀이 기생이므로 ㈁은 상리 공생이다.

ㄷ. **스라소니가 눈신토끼를 잡아먹는 것은 포식과 피식에 해당한다.**
➡ 스라소니가 눈신토끼를 잡아먹는 것은 포식과 피식에 해당하며, 이때 잡아먹는 스라소니를 포식자, 잡아먹히는 눈신토끼를 피식자라고 한다.

보기

22 생태계 구성 요소 간의 관계 2023학년도 4월 학평 3번

정답 ⑤ | 정답률 91%

적용해야 할 개념 ④가지

① 생태계는 생물적 요인(생산자, 소비자, 분해자)과 비생물적 요인(빛, 온도, 공기, 물, 토양 등)으로 구성된다.
② 생태계 구성 요소 간의 관계에는 비생물적 요인이 생물적 요인에 영향을 주는 작용, 생물적 요인이 비생물적 요인에 영향을 주는 반작용, 생물적 요인 사이에 영향을 주고받는 상호 작용이 있다.
③ 개체군은 일정한 지역에 같은 종의 개체가 무리를 이루어 생활하는 집단을 말하며, 군집은 일정한 지역에 여러 종류의 개체군이 모여 생활하는 집단을 말한다.
④ 개체군 내의 상호 작용의 예로는 텃세(세력권), 순위제, 리더제, 사회생활, 가족생활 등이 있고, 군집 내 개체군 사이의 상호 작용의 예로는 종간 경쟁, 분서, 포식과 피식, 상리 공생, 편리공생, 기생 등이 있다.

문제 보기

표는 생태계를 구성하는 요소 사이의 상호 관계 (가)~(다)의 예를 나타낸 것이다.

비생물적 요인이 생물적 요인에게 영향을 주는 사례

상호 관계	비생물적 요인 예
(가)	㉠ 물 부족은 식물의 생장에 영향을 준다.
(나)	㉡ 스라소니가 ㉢ 눈신토끼를 잡아먹는다.
(다)	같은 종의 큰뿔양은 뿔 치기를 통해 먹이를 먹는 순위를 정한다.

㉡과 ㉢은 서로 다른 종이며, 포식과 피식의 관계이다.
개체군 내의 상호 작용: 순위제
군집 내 개체군 사이의 상호 작용

이에 대한 설명으로 옳은 것만을 <보기>에서 있는 대로 고른 것은?

<보기> 풀이

ㄱ. **㉠은 비생물적 요인에 해당한다.**
➡ 생태계를 구성하는 요소 중 물, 빛, 온도, 공기 등은 비생물적 요인에 해당한다.

ㄴ. **㉡과 ㉢의 상호 작용은 포식과 피식에 해당한다.**
➡ 스라소니는 눈신토끼를 잡아먹는 천적이므로 ㉡과 ㉢의 상호 작용은 포식과 피식에 해당한다.

ㄷ. **(다)는 개체군 내의 상호 작용에 해당한다.**
➡ 동일한 지역에서 무리를 이루어 사는 같은 종의 개체들을 개체군이라고 한다. 같은 종의 큰뿔양이 뿔 치기를 통해 먹이를 먹는 순위를 정하는 순위제는 개체군 내의 상호 작용에 해당한다.

---

23 군집 내 개체군의 상호 작용 2020학년도 7월 학평 14번

정답 ④ | 정답률 90%

적용해야 할 개념 ②가지

① 군집 내 개체군의 상호 작용에는 경쟁(종간 경쟁), 분서, 공생, 기생, 포식과 피식 등이 있다.
② 상리 공생에서는 함께 서식하는 두 종이 모두 이익을 얻고, 기생에서는 기생 생물은 이익을 얻고 숙주 생물은 손해를 보며, 포식과 피식에서는 피식자는 손해를 보고 포식자는 이익을 얻는다.

문제 보기

표는 종 사이의 상호 작용과 예를 나타낸 것이다. (가)~(다)는 기생, 상리 공생, 포식과 피식을 순서 없이 나타낸 것이다. ⓐ와 ⓑ는 각각 '손해'와 '이익' 중 하나이다.

구분	(가) 상리 공생		(나) 기생		(다) 포식과 피식	
상호 작용	종Ⅰ	종Ⅱ	종Ⅰ 기생 생물	종Ⅱ 숙주 생물	종Ⅰ 포식자	종Ⅱ 피식자
	이익	?이익	ⓐ 이익	손해	ⓑ이익	손해
예	흰동가리는 말미잘의 보호를 받고, 말미잘은 흰동가리로부터 먹이를 얻는다.		겨우살이는 숙주 식물로부터 영양소와 물을 흡수하여 살아간다.		?	

이에 대한 설명으로 옳은 것만을 <보기>에서 있는 대로 고른 것은?

<보기> 풀이

흰동가리와 말미잘은 함께 생활하면서 두 종 모두 이익을 얻는 상리 공생의 예이고, 겨우살이와 숙주 식물은 한쪽은 이익을 얻고 한쪽은 손해를 보는 기생의 예이다. 따라서 (가)는 상리 공생, (나)는 기생, (다)는 포식과 피식이다.

ㄱ. **(가)는 기생이다.**
➡ (가)는 함께 서식하면서 두 종 모두 이익을 얻는 상리 공생이다. 기생 생물은 이익을 얻지만 숙주 생물은 손해를 보는 (나)가 기생이다.

ㄴ. **ⓐ와 ⓑ는 모두 '이익'이다.**
➡ (나)는 기생이며, 종Ⅱ는 손해를 보는 숙주 생물이고 종Ⅰ은 이익(ⓐ)을 얻는 기생 생물이다. (다)는 포식과 피식이며, 종Ⅱ는 손해를 보는 피식자이고 종Ⅰ은 이익(ⓑ)을 얻는 포식자이다. 따라서 ⓐ와 ⓑ는 모두 '이익'이다.

ㄷ. **'스라소니는 눈신토끼를 잡아먹는다.'는 (다)의 예이다.**
➡ 스라소니는 포식자이고 눈신토끼는 피식자로, 스라소니가 눈신토끼를 잡아먹는 것은 포식과 피식(다)의 예에 해당한다.

적용해야 할 개념 ③가지

① 개체군은 일정한 지역에 같은 종의 개체가 무리를 이루어 생활하는 집단이고, 군집은 일정한 지역에 여러 종류의 개체군이 모여 생활하는 집단이다.

② 군집 내 개체군의 상호 작용에는 경쟁(종간 경쟁), 분서, 공생, 기생, 포식과 피식 등이 있다.

③ 공생에는 한쪽 개체군은 이익을 얻지만 다른 개체군은 이익도 손해도 없는 편리 공생, 두 개체군 모두 이익을 얻는 상리 공생이 있다.

구분	종간 경쟁	편리 공생	상리 공생	기생	포식과 피식
개체군 A	손해	이익	이익	이익(기생 생물)	이익(포식자)
개체군 B	손해	—	이익	손해(숙주 생물)	손해(피식자)

문제 보기

표 (가)는 종 사이의 상호 작용을 나타낸 것이고, (나)는 바다에 서식하는 산호와 조류 간의 상호 작용에 대한 자료이다. Ⅰ과 Ⅱ는 경쟁과 상리 공생을 순서 없이 나타낸 것이다.

상호 작용	종 1	종 2
상리 공생 Ⅰ	이익	ⓐ 이익
경쟁 Ⅱ	ⓑ 손해	손해

(가)

○ 산호와 함께 사는 조류는 산호에게 산소와 먹이를 공급하고, 산호는 조류에게 서식지와 영양소를 제공한다. → 상리 공생

(나)

이 자료에 대한 설명으로 옳은 것만을 〈보기〉에서 있는 대로 고른 것은?

〈보기〉 풀이

경쟁은 두 종 모두 손해를 보고, 상리 공생은 두 종 모두 이익을 얻는다. 따라서 Ⅰ은 상리 공생이고, Ⅱ는 경쟁이다.

✗ ⓐ와 ⓑ는 모두 '손해'이다.

⇒ Ⅰ은 두 종 모두 이익을 얻는 상리 공생이므로 ⓐ는 '이익'이고, Ⅱ는 두 종 모두 손해를 보는 경쟁이므로 ⓑ는 '손해'이다.

◯ ㄴ. (나)의 상호 작용은 Ⅰ의 예에 해당한다.

⇒ 조류는 산호에게 산소와 먹이를 공급하고, 산호는 조류에게 서식지와 영양소를 제공하므로 두 종 모두 이익을 얻는다. 따라서 (나)의 상호 작용은 상리 공생(Ⅰ)의 예에 해당한다.

✗ (나)에서 산호는 조류와 한 개체군을 이룬다.

⇒ 개체군은 같은 종의 개체들로 이루어진 집단이다. (나)에서 산호와 조류는 서로 다른 종이므로 각각 다른 개체군을 이룬다.

적용해야 할 개념 ②가지

① 군집 내 개체군 사이의 상호 작용에는 종간 경쟁, 분서, 상리 공생, 편리 공생, 기생, 포식과 피식 등이 있다.

② 종간 경쟁은 생태적 지위가 비슷할 때 일어나며 두 개체군 모두 손해, 상리 공생은 두 개체군 모두 이익, 포식과 피식은 한쪽(포식자)은 이익이고 다른 한쪽(피식자)은 손해이다.

문제 보기

표 (가)는 종 사이의 상호 작용을 나타낸 것이고, (나)는 ㉠에 대한 자료이다. Ⅰ~Ⅲ은 경쟁, 상리 공생, 포식과 피식을 순서 없이 나타낸 것이고, ㉠은 Ⅰ~Ⅲ 중 하나이다.

상호 작용	종 1	종 2
Ⅰ 상리 공생	ⓐ 이익	? 이익
Ⅱ 경쟁	? 손해	손해
Ⅲ 포식과 피식	손해 피식자	이익 포식자

(가)

경쟁 ㉠은 하나의 군집 내에서 동일한 먹이 등 한정된 자원을 서로 차지하기 위해 두 종 사이에서 일어나는 상호 작용으로, 생태적 지위가 비슷할수록 일어나기 쉽다.

(나)

이에 대한 설명으로 옳은 것만을 〈보기〉에서 있는 대로 고른 것은?

〈보기〉 풀이

경쟁은 생태적 지위가 비슷한 두 종 사이에 서식 공간과 먹이를 차지하기 위해 일어나는 상호 작용으로 두 종 모두에게 손해이다. 상리 공생은 두 종이 함께 서식하는 것이 따로 서식하는 것보다 이익이 되는 관계로 두 종 모두에게 이익이 되는 상호 작용이므로 Ⅰ이다. 포식과 피식은 한 종이 다른 종을 먹이로 하는 것으로 포식자에게는 이익이지만 피식자에게는 손해인 상호 작용이므로 Ⅲ이다. 상호 작용 Ⅱ와 (나)에 제시되어 있는 ㉠은 경쟁이다.

◯ ㄱ. ㉠은 Ⅱ이다.

⇒ ㉠은 생태적 지위가 비슷하여 서식 공간과 먹이 등 한정된 자원을 차지하기 위한 경쟁으로, 두 종 모두에게 손해인 상호 작용 Ⅱ(경쟁)이다.

✗ ⓐ는 '손해'이다.

⇒ 상호 작용 Ⅰ은 상리 공생이고, 두 종 모두에게 이익이므로 ⓐ는 '이익'이다.

◯ ㄷ. 스라소니가 눈신토끼를 잡아먹는 것은 Ⅲ의 예에 해당한다.

⇒ 스라소니가 눈신토끼를 잡아먹는 것은 포식과 피식으로 상호 작용 Ⅲ의 예에 해당한다. 스라소니는 이익이므로 종 2에 해당하고 눈신토끼는 손해이므로 종 1에 해당한다.

적용해야 할 개념 ③가지

① 기생은 한 종은 이익을 얻고, 한 종은 손해를 보는 상호 작용이다.

② 상리 공생은 함께 서식하는 두 종이 모두 이익을 얻는 상호 작용이다.

③ 종간 경쟁은 생태적 지위(먹이 지위, 공간 지위)가 중복될 때 일어나며, 먹이와 서식지를 두고 경쟁이 일어나므로 두 종 모두 손해를 본다.

문제 보기

표는 종 사이의 상호 작용과 예를 나타낸 것이다. (가)와 (나)는 기생과 상리 공생을 순서 없이 나타낸 것이다.

상호 작용	종 1	종 2	예
(가) 기생	손해	? 이익	촌충은 숙주의 소화관에 서식하며 영양분을 흡수한다.
(나) 상리 공생	이익	이익	?
경쟁	㉠ 손해	손해	캥거루쥐와 주머니쥐는 같은 종류의 먹이를 두고 서로 다툰다.

이에 대한 설명으로 옳은 것만을 〈보기〉에서 있는 대로 고른 것은? [3점]

(보기)

〈보기〉 풀이

(나)는 두 종 모두에게 이익이므로 상리 공생이다. 따라서 (가)는 기생이며, 기생에서는 숙주 생물(종 1)은 손해지만 기생 생물(종 2)은 이익이다. 종간 경쟁은 일반적으로 서식 공간과 먹이를 두고 일어나므로 두 종 모두에게 손해이다.

✗ **(가)는 상리 공생이다.**

➡ (가)의 예에서 촌충은 이익이고, 숙주는 손해인 관계이므로 (가)는 기생이다.

✗ **㉠은 '이익'이다.**

➡ 두 종 사이에 경쟁이 일어나는 것은 서식 공간과 먹이가 중복되어 생태적 지위가 겹치기 때문이다. 따라서 경쟁이 없을 때에 비해 경쟁이 일어나면 두 종 모두 손해이므로 ㉠은 '손해'이다.

ⓒ **'꽃은 벌새에게 꿀을 제공하고, 벌새는 꽃의 수분을 돕는다.'는 (나)의 예에 해당한다.**

➡ (나)는 종 1과 종 2 모두에게 이익이 되는 상호 작용이므로 상리 공생이다. 벌새는 꽃으로부터 먹이인 꿀을 얻으므로 이익이고, 꽃은 벌새를 통해 수분을 하므로 이익이다. 따라서 '꽃은 벌새에게 꿀을 제공하고, 벌새는 꽃의 수분을 돕는다.'는 상리 공생(나)의 예에 해당한다.

27 군집 내 개체군 사이의 상호 작용 2024학년도 10월 학평 14번   정답 ⑤ | 정답률 95%

적용해야 할 개념 ③가지

① 군집 내 개체군 사이의 상호 작용에는 (종간) 경쟁, 분서, 상리 공생, 편리 공생, 기생, 포식과 피식 등이 있다.
② (종간) 경쟁은 생태적 지위가 비슷할 때 일어나며 두 개체군 모두에게 손해이다.
③ 기생은 기생 생물에게는 이익이고, 숙주 생물에게는 손해이다.

문제 보기

표는 종 사이의 상호 작용을 나타낸 것이다. ㉠과 ㉡은 경쟁과 기생을 순서 없이 나타낸 것이다.

상호 작용	종 1	종 2
경쟁 ㉠	손해	? 손해
기생 ㉡	이익	ⓐ 손해

이에 대한 옳은 설명만을 <보기>에서 있는 대로 고른 것은?

<보기> 풀이

경쟁은 생태적 지위가 비슷한 두 종 사이에서 서식 공간과 먹이를 차지하기 위해 일어나는 상호 작용으로 두 종 모두에게 손해이다. 기생은 기생 생물에게는 이익이지만, 숙주 생물에게는 손해인 관계이다. 상호 작용 ㉡에서 종 1에게는 이익이므로 ㉡은 기생이고, 종 1은 기생 생물, 종 2는 숙주 생물이다. 상호 작용 ㉠은 경쟁이며, 종 1과 종 2 모두 손해이다.

보기

ㄱ. ㉠은 경쟁이다.

➡ ㉠은 서식 공간이나 먹이와 같은 한정된 자원을 차지하기 위한 경쟁으로, 두 종 모두에게 손해이다.

ㄴ. ⓐ는 '손해'이다.

➡ ㉡은 기생이며, 기생 생물인 종 1은 이익인 반면 숙주 생물인 종 2는 손해이다. 따라서 ⓐ는 '손해'이다.

ㄷ. '촌충은 숙주의 소화관에 서식하며 영양분을 흡수한다.'는 ㉡의 예에 해당한다.

➡ 촌충이 숙주 생물 내에서 서식하며 영양분을 흡수하는 것은 ㉡ 기생의 예에 해당한다.

484

01 ③	02 ①	03 ②	04 ③	05 ③	06 ④	07 ①	08 ②	09 ⑤	10 ④	11 ②	12 ②
13 ③	14 ①	15 ③	16 ②	17 ①	18 ④	19 ②	20 ①	21 ④	22 ④	23 ④	24 ②
25 ④	26 ④	27 ⑤	28 ③	29 ②	30 ④	31 ③	32 ⑤	33 ④	34 ⑤		

29
일차

문제편 298쪽~307쪽

01 생태계에서의 에너지 흐름 2023학년도 3월 학평 5번

정답 ③ | 정답률 77 %

적용해야 할 개념 ③가지

① 생산자는 광합성을 통해 빛에너지를 화학 에너지로 전환하여 유기물에 저장한다.

② 생산자의 총생산량=호흡량+순생산량(고사량, 낙엽량, 피식량, 생장량)이다. 피식량은 생산자에서 1차 소비자로 이동한 에너지양으로, 1차 소비자의 생장량과 호흡량이 포함되어 있다.

③ 생태계에서 에너지는 먹이 사슬을 따라 생산자로부터 최종 소비자까지 유기물의 형태로 이동하며, 각 영양 단계에서 호흡을 통해 생명 활동에 사용되어 열에너지 형태로 방출되므로 상위 영양 단계로 갈수록 이동하는 에너지양이 감소한다.

문제 보기

다음은 생태계에서 일어나는 에너지 흐름에 대한 학생 A~C의 발표 내용이다.

빛에너지를 화학 에너지로 전환하는 생물은 생산자입니다.

1차 소비자의 생장량은 생산자의 호흡량에 포함됩니다.

1차 소비자에서 2차 소비자로 유기물에 저장된 에너지가 이동합니다.

보기

포함되지 않는다.

학생 A   학생 B   학생 C

제시한 내용이 옳은 학생만을 있는 대로 고른 것은?

<보기> 풀이

Ⓐ 빛에너지를 화학 에너지로 전환하는 생물은 생산자입니다.

➡ 식물, 식물 플랑크톤과 같은 생산자는 광합성을 통해 태양의 빛에너지를 포도당과 같은 유기물 속의 화학 에너지로 전환한다.

✗ 1차 소비자의 생장량은 생산자의 호흡량에 포함됩니다.

➡ 생산자의 호흡에 사용한 유기물은 1차 소비자로 이동하지 않고 열로 방출되므로 1차 소비자의 생장량은 생산자의 호흡량에 포함되지 않는다. 1차 소비자의 생장량은 1차 소비자에 의해 생산자가 피식된 양에 포함된다.

Ⓒ 1차 소비자에서 2차 소비자로 유기물에 저장된 에너지가 이동합니다.

➡ 생태계에서 에너지는 생산자와 소비자 사이의 먹이 사슬을 통해 유기물의 형태로 이동한다. 따라서 1차 소비자에서 2차 소비자로 유기물에 저장된 에너지가 이동한다.

적용해야 할 개념 ③가지	① 생태계 평형은 생태계 내에서 생물 군집의 구성이나 개체 수, 물질의 양, 에너지 흐름이 안정된 상태를 유지하는 것으로, 생물종이 다양하고 먹이 그물이 복잡할수록 생태계 평형이 잘 유지된다.
	② 안정된 생태계에서는 생태계 평형이 일시적으로 깨지더라도 대부분 시간이 지나면 먹이 사슬을 통해 평형 상태를 회복한다. ➡ 어느 한 영양 단계가 감소하거나 증가하면 먹이 관계에 있는 다른 영양 단계도 감소하거나 증가하여 평형 상태를 회복한다.
	③ 생태 피라미드는 먹이 사슬의 각 영양 단계에 속하는 생물의 생물량, 개체 수, 에너지양 등을 하위 영양 단계부터 상위 영양 단계로 차례로 쌓아 올린 것이다. 안정된 생태계에서는 상위 영양 단계로 갈수록 생물량, 개체 수, 에너지양이 감소하여 피라미드 형태를 이루므로 생태 피라미드라고 한다.

문제 보기

그림은 평형 상태인 생태계 S에서 1차 소비자의 개체 수가 일시적으로 증가한 후 평형 상태로 회복되는 과정의 시점 $t_1 \sim t_5$에서의 개체 수 피라미드를, 표는 구간 Ⅰ～Ⅳ에서의 생산자, 1차 소비자, 2차 소비자의 개체 수 변화를 나타낸 것이다. ㉠은 '증가'와 '감소' 중 하나이다.

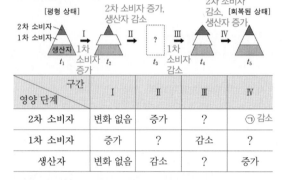

구간 영양 단계	Ⅰ	Ⅱ	Ⅲ	Ⅳ
2차 소비자	변화 없음	증가	?	㉠ 감소
1차 소비자	증가	?	감소	?
생산자	변화 없음	감소	?	증가

이에 대한 설명으로 옳은 것만을 〈보기〉에서 있는 대로 고른 것은? (단, 제시된 조건 이외는 고려하지 않는다.)

〈보기〉 풀이

안정된 생태계에서 1차 소비자의 개체 수가 일시적으로 증가(Ⅰ)하면 2차 소비자의 개체 수가 증가하고 생산자의 개체 수가 감소(Ⅱ)한다. 그에 따라 1차 소비자의 개체 수가 감소(Ⅲ)하면 다시 2차 소비자의 개체 수가 감소(㉠)하고 생산자의 개체 수가 증가(Ⅳ)하여 평형 상태를 회복하게 된다.

ㄱ ㉠은 '감소'이다.
➡ 과정 Ⅳ에서는 1차 소비자의 개체 수 감소로 먹이가 줄어든 2차 소비자의 개체 수가 감소하므로 ㉠은 '감소'이다. 1차 소비자에 의한 피식량이 감소한 생산자의 개체 수는 증가한다.

✗ $\dfrac{2차\ 소비자의\ 개체\ 수}{생산자의\ 개체\ 수}$ 는 t_2일 때가 t_3일 때보다 크다.
➡ 2차 소비자의 개체 수는 t_2일 때가 t_3일 때보다 적고, 생산자의 개체 수는 t_2일 때가 t_3일 때보다 많다. 따라서 $\dfrac{2차\ 소비자의\ 개체\ 수}{생산자의\ 개체\ 수}$ 는 t_2일 때가 t_3일 때보다 작다.

✗ t_5일 때, 상위 영양 단계로 갈수록 각 영양 단계의 에너지양은 증가한다.
➡ t_5일 때 생태계는 다시 평형을 회복한 상태이므로 상위 영양 단계로 갈수록 각 영양 단계의 개체 수, 에너지양, 생물량은 감소한다.

03 생태계에서의 에너지 흐름 2022학년도 3월 학평 20번

정답 ② | 정답률 78 %

적용해야 할 개념 ③가지

① 생산자는 광합성을 통해 빛에너지를 화학 에너지로 전환하여 유기물에 저장한다.

② 생태계에서 에너지는 먹이 사슬을 따라 생산자로부터 최종 소비자까지 유기물의 형태로 이동하며, 유기물 중 일부는 각 영양 단계에서 호흡을 통해 생명 활동에 사용되어 열에너지 형태로 방출되므로 상위 영양 단계로 갈수록 이동하는 에너지양이 감소한다.

③ 안정된 생태계에서는 특정 영양 단계가 받아들인 에너지양과 방출하는 에너지양이 같다.

문제 보기

그림은 어떤 안정된 생태계의 에너지 흐름을 나타낸 것이다. A~C는 각각 생산자, 1차 소비자, 2차 소비자 중 하나이며, 에너지양은 상댓값이다.

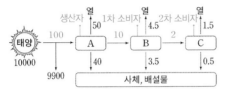

이에 대한 옳은 설명만을 〈보기〉에서 있는 대로 고른 것은?

〈보기〉 풀이

A는 태양의 빛에너지를 이용하여 유기물을 합성할 수 있는 생산자이고, B는 생산자를 먹이로 하는 1차 소비자, C는 1차 소비자를 먹이로 하는 2차 소비자이다.

ㄱ. 곰팡이는 A에 속한다.

➡ 곰팡이는 광합성을 하지 못하므로 생산자(A)에 속하지 않는다. 곰팡이는 다른 생물의 사체나 배설물에 있는 유기물을 흡수하여 살아가므로 분해자에 속한다.

ㄴ. B에서 C로 유기물이 이동한다.

➡ 생태계를 구성하는 생물적 요인 사이에서 에너지는 유기물에 저장된 형태로 먹이 사슬을 따라 상위 영양 단계로 이동한다. 즉, 생산자(A)에서 1차 소비자(B)로, 1차 소비자(B)에서 2차 소비자(C)로 유기물이 이동한다.

ㄷ. A에서 B로 이동한 에너지양은 B에서 C로 이동한 에너지양보다 적다.

➡ 태양으로부터 생산자(A)로 유입된 에너지는 100이고, 생산자의 호흡에 의해 열로 방출된 에너지가 50, 사체와 배설물 형태로 40이 이동하였으므로 생산자(A)에서 1차 소비자(B)로 이동한 에너지양은 100−(50+40)=10이다. 1차 소비자로 이동한 에너지양 10 중 1차 소비자의 호흡에 의해 열로 방출된 에너지가 4.5, 사체와 배설물 형태로 3.5가 이동하였으므로 1차 소비자(B)에서 2차 소비자(C)로 이동한 에너지양은 10−(4.5+3.5)=2이다. 따라서 A에서 B로 이동한 에너지양(10)은 B에서 C로 이동한 에너지양(2)보다 많다. 생태계에서 각 영양 단계 생물의 호흡으로 방출된 에너지는 다음 영양 단계로 이동하지 않으므로 먹이 사슬의 상위 영양 단계로 갈수록 이동하는 에너지양은 감소한다.

---

04 생태계에서의 에너지 흐름 2021학년도 10월 학평 14번

정답 ③ | 정답률 89 %

적용해야 할 개념 ②가지

① 안정된 생태계에서 먹이 사슬의 각 영양 단계에 속하는 생물의 생물량, 개체 수, 에너지양은 하위 영양 단계부터 상위 영양 단계로 갈수록 감소하는 경향이 있다.

② 에너지 효율(%)= $\dfrac{\text{현 영양 단계가 보유한 에너지 총량}}{\text{전 영양 단계가 보유한 에너지 총량}} \times 100$

문제 보기

그림은 어떤 생태계에서 각 영양 단계의 에너지양을 나타낸 것이다. 에너지 효율은 3차 소비자가 1차 소비자의 2배이다.

영양 단계	에너지양(상댓값)	에너지 효율
생산자	1000	─
1차 소비자	ⓐ 100	10 %
2차 소비자	15	15 %
3차 소비자	3	20 %

이에 대한 옳은 설명만을 〈보기〉에서 있는 대로 고른 것은? [3점]

〈보기〉 풀이

ㄱ. ⓐ는 100이다.

➡ 3차 소비자의 에너지 효율은 $\dfrac{\text{3차 소비자의 에너지양}}{\text{2차 소비자의 에너지양}} \times 100(\%)$이므로 $\dfrac{3}{15} \times 100 = 20\%$이다. 1차 소비자의 에너지 효율은 $\dfrac{\text{1차 소비자의 에너지양}}{\text{생산자의 에너지양}} \times 100(\%)$인데, 3차 소비자의 에너지 효율의 $\dfrac{1}{2}$인 10 %이다. 따라서 $\dfrac{ⓐ}{1000} \times 100 = 10\%$이므로 ⓐ는 100이다.

ㄴ. 1차 소비자의 에너지는 모두 2차 소비자에게 전달된다.

➡ 1차 소비자의 에너지 중 일부는 2차 소비자에게 전달되지만 1차 소비자의 호흡에 사용되거나 사체나 배설물에 의해 분해자로 전달된 에너지는 2차 소비자에게 전달되지 않는다.

ㄷ. 소비자에서 상위 영양 단계로 갈수록 에너지 효율은 증가한다.

➡ 에너지 효율은 1차 소비자는 10 %, 2차 소비자는 $\dfrac{15}{100} \times 100 = 15\%$, 3차 소비자는 20 %이다. 따라서 소비자에서 상위 영양 단계로 갈수록 에너지 효율은 증가한다.

적용해야 할 개념 ④가지

① 포식과 피식 관계에 있는 두 종은 개체 수 변화에 서로 영향을 미쳐 포식자와 피식자의 수는 주기적으로 변한다.

② 환경 저항은 서식 공간과 먹이 부족, 노폐물 축적, 개체 간의 경쟁, 질병 등과 같이 개체군의 생장을 억제하는 환경 요인이다.

③ 안정된 생태계에서 상위 영양 단계로 갈수록 에너지양은 감소하고 에너지 효율은 증가하는 경향이 있다.

④ 에너지 효율(%)$=\dfrac{\text{현 영양 단계가 보유한 에너지 총량}}{\text{전 영양 단계가 보유한 에너지 총량}}\times100$

▲ 포식과 피식의 관계

문제 보기

그림은 어떤 안정된 생태계에서 포식과 피식 관계인 개체군 ㉠과 ㉡의 시간에 따른 개체 수를, 표는 이 생태계에서 각 영양 단계의 에너지양을 나타낸 것이다. ㉠과 ㉡은 각각 1차 소비자와 2차 소비자 중 하나이고, A~C는 각각 1차 소비자, 2차 소비자, 3차 소비자 중 하나이다. 1차 소비자의 에너지 효율은 15 %이다.

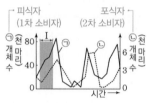

구분		에너지양(상댓값)
A	3차 소비자	5
B	2차 소비자	15
C	1차 소비자	?75
생산자		500

이에 대한 설명으로 옳은 것만을 〈보기〉에서 있는 대로 고른 것은?

〈보기〉 풀이

포식과 피식 관계인 개체군에서 피식자의 개체 수가 포식자의 개체 수보다 많으며, 피식자의 개체 수가 증가하면 포식자의 개체 수가 증가한다. 따라서 ㉠이 피식자이며 1차 소비자이고, ㉡이 포식자이며 2차 소비자이다. 또한, 안정된 생태계에서는 상위 영양 단계로 갈수록 에너지양이 감소하며, 각 영양 단계의 에너지 효율은 $\dfrac{\text{현 영양 단계가 보유한 에너지 총량}}{\text{전 영양 단계가 보유한 에너지 총량}}\times100(\%)$으로 구한다.

1차 소비자의 전 영양 단계는 생산자이므로 1차 소비자의 에너지 효율$=\dfrac{\text{1차 소비자의 에너지양}}{500}\times100=15(\%)$이므로 1차 소비자의 에너지양은 75이다. A와 B의 에너지양은 75가 아니므로 C가 1차 소비자이고, 에너지양이 15인 B가 2차 소비자이며, 에너지양이 가장 적은 A가 3차 소비자이다.

㉠ ㉡은 B이다.

➡ ㉠은 ㉡보다 개체 수가 많고 ㉠의 개체 수가 증가하면 ㉡의 개체 수가 증가하므로 ㉠이 피식자인 1차 소비자이고 ㉡이 포식자인 2차 소비자이다. 표에서 2차 소비자(㉡)는 B이다.

✘ Ⅰ 시기 동안 ㉠에 환경 저항이 작용하지 않았다.

➡ Ⅰ 시기 동안 ㉠의 개체 수가 증가함에 따라 천적인 ㉡의 개체 수가 증가하므로 환경 저항이 작용하였다. 실제 자연 환경에서는 환경 저항이 항상 작용하며, 개체 수가 증가할수록 환경 저항이 커진다.

㉢ 이 생태계에서 2차 소비자의 에너지 효율은 20 %이다.

➡ 2차 소비자의 에너지 효율$=\dfrac{\text{2차 소비자의 에너지양}}{\text{1차 소비자의 에너지양}}\times100=\dfrac{15}{75}\times100=20(\%)$이다.

적용해야 할 개념 ②가지

① 생태 피라미드는 먹이 사슬의 각 영양 단계에 속하는 생물의 생물량, 개체 수, 에너지양 등을 하위 영양 단계부터 상위 영양 단계로 차례로 쌓아 올린 것이다.

② 에너지 효율(%)$=\dfrac{\text{현 영양 단계가 보유한 에너지 총량}}{\text{전 영양 단계가 보유한 에너지 총량}}\times100$

문제 보기

그림 (가)와 (나)는 각각 서로 다른 생태계에서 생산자, 1차 소비자, 2차 소비자, 3차 소비자의 에너지양을 상댓값으로 나타낸 생태 피라미드이다. (가)에서 2차 소비자의 에너지 효율은 15 %이고, (나)에서 1차 소비자의 에너지 효율은 10 %이다.

이 자료에 대한 설명으로 옳은 것만을 〈보기〉에서 있는 대로 고른 것은? (단, 에너지 효율은 전 영양 단계의 에너지양에 대한 현 영양 단계의 에너지양을 백분율로 나타낸 것이다.)

〈보기〉 풀이

✘ A는 3차 소비자이다.

➡ 생태 피라미드 중 에너지 피라미드는 먹이 사슬의 각 영양 단계에 속하는 생물의 에너지양을 하위 영양 단계부터 상위 영양 단계로 차례로 쌓아 올린 것이다. 따라서 가장 아래쪽에 위치한 A는 생산자이다.

ㄴ ㉠은 100이다.

➡ (나)에서 1차 소비자의 에너지 효율이 10 %라고 하였고, 생산자의 에너지가 1000이므로 1차 소비자의 에너지양인 ㉠은 100이다.

ㄷ (가)에서 에너지 효율은 상위 영양 단계로 갈수록 증가한다.

➡ (가)에서 1차 소비자의 에너지 효율은 $\dfrac{100}{1000}\times100=10$ %이고, 2차 소비자의 에너지 효율은 $\dfrac{15}{100}\times100=15$ %이며, 3차 소비자의 에너지 효율은 $\dfrac{3}{15}\times100=20$ %이다. 따라서 상위 영양 단계로 갈수록 에너지 효율은 증가한다.

07 생태 피라미드, 생태계에서의 에너지 흐름 2020학년도 4월 학평 14번

정답 ① | 정답률 60 %

적용해야 할 개념 ③가지

① 생태 피라미드는 먹이 사슬의 각 영양 단계에 속하는 생물의 생물량, 개체 수, 에너지양 등을 하위 영양 단계부터 상위 영양 단계로 차례로 쌓아 올린 것이다.

② 안정된 생태계에서 생물량, 개체 수, 에너지양은 상위 영양 단계로 갈수록 감소하는 경향이 있다.

③ 에너지 효율(%)= $\dfrac{\text{현 영양 단계가 보유한 에너지 총량}}{\text{전 영양 단계가 보유한 에너지 총량}} \times 100$

문제 보기

그림은 어떤 생태계에서 생산자와 A~C의 에너지양을 나타낸 생태 피라미드이고, 표는 이 생태계를 구성하는 영양 단계에서 에너지양과 에너지 효율을 나타낸 것이다. A~C는 각각 1차 소비자, 2차 소비자, 3차 소비자 중 하나이고, Ⅰ~Ⅲ은 A~C를 순서 없이 나타낸 것이다. 에너지 효율은 C가 A의 2배이다.

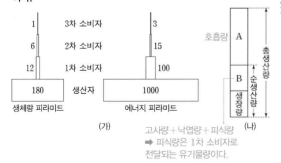

영양 단계	에너지양 (상댓값)	에너지 효율(%)
Ⅰ C	3	? 20
Ⅱ A	?	10
Ⅲ B	㉠ 15	15
생산자	1000	?

이에 대한 설명으로 옳은 것만을 〈보기〉에서 있는 대로 고른 것은? [3점]

〈보기〉 풀이

그림에서 A는 1차 소비자, B는 2차 소비자, C는 3차 소비자이다.

표에서 생산자의 에너지양이 1000이고 Ⅰ의 에너지양이 3이다. Ⅰ이 A(1차 소비자)라면 A의 에너지 효율은 $\dfrac{3}{1000} \times 100 = 0.3$ %이므로 Ⅱ와 Ⅲ 중 에너지 효율이 A의 2배인 0.6 %가 있어야 하는데 그렇지 않으므로 Ⅰ은 A가 아니다. 따라서 Ⅱ와 Ⅲ 중 하나가 A인데, Ⅱ와 Ⅲ의 에너지 효율은 2배 관계가 아니므로 Ⅱ와 Ⅲ 중 나머지 하나는 B이고 Ⅰ이 C이다.

생산자의 에너지양은 1000이므로 1차 소비자와 2차 소비자의 에너지 효율이 각각 10 %와 15 % 중 하나라면, 2차 소비자인 B의 에너지양은 15(1000 $\xrightarrow{10 \%}$ 100 $\xrightarrow{15 \%}$ 15 또는 1000 $\xrightarrow{15 \%}$ 150 $\xrightarrow{10 \%}$ 15)이므로 3차 소비자인 C의 에너지 효율은 $\dfrac{3}{15} \times 100 = 20$ %이다. C의 에너지 효율은 A의 2배이므로 Ⅱ가 A이고, Ⅲ이 B이다.

ㄱ. **Ⅱ는 A이다.**
➡ Ⅰ은 C, Ⅱ는 A, Ⅲ은 B이다.

ㄴ. **㉠은 150이다.**
➡ 2차 소비자(B)인 Ⅲ의 에너지양 ㉠은 15이다.

ㄷ. **C의 에너지 효율은 30 %이다.**
➡ C(Ⅰ)의 에너지 효율은 A(Ⅱ)의 2배인 20 %이다.

08 생태 피라미드, 식물 군집의 물질 생산과 소비 2021학년도 9월 모평 20번

정답 ② | 정답률 82 %

적용해야 할 개념 ③가지

① 생태 피라미드는 먹이 사슬의 각 영양 단계에 속하는 생물의 생물량(생체량), 개체 수, 에너지양 등을 하위 영양 단계부터 상위 영양 단계로 차례로 쌓아 올린 것이다.

② 에너지 효율(%)= $\dfrac{\text{현 영양 단계가 보유한 에너지 총량}}{\text{전 영양 단계가 보유한 에너지 총량}} \times 100$

③ 식물 군집의 총생산량=호흡량+순생산량(고사량, 낙엽량, 피식량, 생장량)

문제 보기

그림 (가)는 어떤 생태계에서 영양 단계의 생체량(생물량)과 에너지양을 상댓값으로 나타낸 생태 피라미드를, (나)는 이 생태계에서 생산자의 총생산량, 순생산량, 생장량의 관계를 나타낸 것이다.

이 자료에 대한 설명으로 옳은 것만을 〈보기〉에서 있는 대로 고른 것은?

〈보기〉 풀이

일정 기간 동안 생산자가 광합성으로 생산한 유기물의 총량을 총생산량이라고 하며, 총생산량에서 생산자가 호흡에 사용한 유기물량인 호흡량을 제외한 유기물량을 순생산량이라고 한다. 순생산량은 피식량, 고사량, 낙엽량, 생장량으로 구성된다. 따라서 A는 호흡량, B는 고사량+낙엽량+피식량이다.

ㄱ. **1차 소비자의 생체량은 A에 포함된다.**
➡ A는 총생산량에서 순생산량을 뺀 생산자의 호흡량으로, 호흡량은 생산자가 생명 활동에 필요한 에너지를 얻기 위해 호흡에 사용한 유기물량이다. 따라서 1차 소비자의 생체량은 생산자의 호흡량(A)에 포함되지 않는다.

ㄴ. **2차 소비자의 에너지 효율은 20 %이다.**
➡ 특정 영양 단계의 에너지 효율은 $\dfrac{\text{현 영양 단계가 보유한 에너지 총량}}{\text{전 영양 단계가 보유한 에너지 총량}} \times 100$(%)으로 구한다.

따라서 2차 소비자의 에너지 효율은 $\dfrac{15}{100} \times 100 = 15$ %이다.

ㄷ. **상위 영양 단계로 갈수록 에너지양은 감소한다.**
➡ 에너지 피라미드에서 생산자 → 1차 소비자 → 2차 소비자 → 3차 소비자인 상위 영양 단계로 갈수록 에너지양은 1000 → 100 → 15 → 3으로 감소한다.

적용해야 할 개념 ③가지

① 대기 중의 탄소(CO_2)는 생산자의 광합성을 통해 유기물로 합성되고, 유기물 중 일부는 먹이 사슬을 따라 생산자에서 소비자로 이동한다. 생산자와 소비자의 유기물 중 일부는 호흡을 통해 CO_2로 분해되어 대기로 돌아간다.

② 생태계에서 에너지는 먹이 사슬을 따라 생산자로부터 최종 소비자까지 유기물의 형태로 이동하며, 각 영양 단계에서 에너지의 일부는 호흡에 사용되어 열에너지 형태로 방출되므로 상위 영양 단계로 갈수록 이동하는 에너지양이 감소한다.

③ 에너지 효율(%)= $\dfrac{\text{현 영양 단계가 보유한 에너지 총량}}{\text{전 영양 단계가 보유한 에너지 총량}} \times 100$

문제 보기

그림 (가)는 어떤 생태계에서 탄소 순환 과정의 일부를, (나)는 이 생태계에서 각 영양 단계의 에너지양을 상댓값으로 나타낸 생태 피라미드를 나타낸 것이다. Ⅰ~Ⅲ은 각각 1차 소비자, 3차 소비자, 생산자 중 하나이고, A와 B는 각각 생산자와 소비자 중 하나이다.

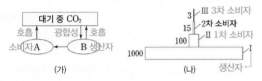

(가)　　　　　　(나)

이에 대한 옳은 설명만을 〈보기〉에서 있는 대로 고른 것은? [3점]

〈보기〉 풀이

(가)에서 대기 중 이산화 탄소(CO_2)를 흡수하여 유기물을 합성하는 B는 생산자이고, A는 먹이 사슬을 통해 B로부터 이동한 유기물을 분해하여 대기 중의 이산화 탄소로 되돌려보내는 소비자이다. 생태계에서 에너지는 먹이 사슬을 따라 생산자로부터 1차 소비자, 2차 소비자, 3차 소비자로 이동하며, 각 영양 단계에서 호흡에 의해 에너지의 일부는 열에너지 형태로 방출되므로 상위 영양 단계로 갈수록 에너지양이 감소한다. 따라서 Ⅰ이 생산자, Ⅱ는 1차 소비자, Ⅲ은 3차 소비자이다.

✘ **Ⅲ은 B에 해당한다.**

➡ Ⅲ은 2차 소비자를 먹이로 하는 3차 소비자이며, 생산자를 제외한 1차 소비자, 2차 소비자, 3차 소비자는 모두 (가)의 소비자(A)에 해당한다.

ㄴ **Ⅰ에서 Ⅱ로 유기물 형태의 탄소가 이동한다.**

➡ 생물 사이의 에너지 이동은 탄수화물, 단백질, 지방과 같은 유기물 형태로 이동한다. Ⅰ(생산자)은 Ⅱ(1차 소비자)에게 피식되어 유기물 형태의 탄소가 이동한다.

ㄷ **(나)에서 1차 소비자의 에너지 효율은 10 %이다.**

➡ 에너지 효율(%)= $\dfrac{\text{현 영양 단계가 보유한 에너지 총량}}{\text{전 영양 단계가 보유한 에너지 총량}} \times 100$인데 1차 소비자의 전 영양 단계는 생산자이므로 1차 소비자의 에너지 효율은 $\dfrac{100}{1000} \times 100 = 10(\%)$이다. 2차 소비자의 에너지 효율은 $\dfrac{15}{100} \times 100 = 15(\%)$이고, 3차 소비자의 에너지 효율은 $\dfrac{3}{15} \times 100 = 20(\%)$이다.

적용해야 할 개념 ③가지

① 식물 군집의 총생산량은 식물 군집이 일정 기간 동안 생산한 유기물의 총량이다.

② 순생산량은 '총생산량－호흡량'이며, 순생산량은 '피식량＋고사량＋낙엽량＋생장량'으로 나타낼 수 있다.

③ 식물 군집의 피식량에는 1차 소비자인 초식 동물의 호흡량, 피식량, 자연사량, 생장량, 배출량이 포함되어 있으며, 초식 동물의 피식량에는 2차 소비자의 호흡량, 피식량, 자연사량, 생장량, 배출량이 포함된다.

문제 보기

그림은 어떤 생태계의 식물 군집에서 물질 생산과 소비의 관계를 나타낸 것이다. ㉠과 ㉡은 각각 순생산량과 피식량 중 하나이다.

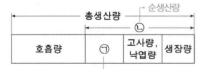

이에 대한 옳은 설명만을 〈보기〉에서 있는 대로 고른 것은?

피식량: 1차 소비자에 의해 피식된 양으로, 1차 소비자의 호흡량, 생장량, 피식량, 자연사량, 배출량이 모두 포함되어 있다.

〈보기〉 풀이

ㄱ **식물 군집의 광합성량이 증가하면 총생산량이 증가한다.**

➡ 총생산량은 식물 군집이 일정 기간 동안 광합성을 통해 생산한 유기물의 총량이므로, 식물 군집의 광합성량이 증가하면 총생산량이 증가한다.

✘ **1차 소비자의 생장량은 ㉠과 같다.**

➡ ㉠은 식물 군집이 1차 소비자에게 먹힌 양으로 생산자의 피식량이다. 생산자의 피식량(㉠)에는 1차 소비자의 호흡량, 피식량, 자연사량, 생장량, 배출량이 모두 포함되므로 1차 소비자의 생장량은 생산자의 피식량(㉠)보다 작다.

ㄷ **분해자의 호흡량은 ㉡에 포함된다.**

➡ ㉡은 '총생산량－호흡량'으로 생산자의 순생산량이다. 생산자의 순생산량(㉡)에서 일부가 상위 영양 단계 생물과 분해자로 전달되므로 소비자와 분해자의 호흡량, 생장량 등이 여기에 포함된다. 따라서 분해자의 호흡량은 ㉡에 포함된다.

11 식물 군집의 물질 생산과 천이 2024학년도 10월 학평 16번

정답 ② | 정답률 85 %

적용해야 할 개념 ③가지

① 식물 군집의 총생산량은 식물 군집이 일정 기간 동안 생산한 유기물의 총량이다.

② 순생산량은 '총생산량－호흡량'이며, 순생산량은 '피식량＋고사량＋낙엽량＋생장량'으로 나타낼 수 있다.

③ 천이는 시간이 지나면서 식물 군집의 총 구성과 특성이 달라지는 현상으로, 토양이 없는 조건에서 시작되는 1차 천이와 토양이 있는 조건에서 시작되는 2차 천이가 있다.

　－1차 천이(건성 천이): 척박한 땅 → 지의류 → 초원 → 관목림 → 양수림 → 혼합림 → 음수림

　－2차 천이: 초원 → 관목림 → 양수림 → 혼합림 → 음수림

문제 보기

그림은 식물 군집 A의 시간에 따른 총생산량과 호흡량을 나타낸 것이다.

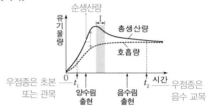

이에 대한 옳은 설명만을 〈보기〉에서 있는 대로 고른 것은?

〈보기〉 풀이

✗ **A의 생장량은 호흡량에 포함된다.**

➡ 식물 군집의 호흡량은 생산자 자신의 호흡으로 소비되는 유기물의 양이고, 생장량은 생산자에게 남아있는 유기물의 양이다. 생장량은 순생산량에서 1차 소비자에게 먹힌 피식량, 말라죽은 고사량, 낙엽으로 없어진 낙엽량을 제외한 값으로, 순생산량에 포함된다.

ㄴ **A에서 우점종의 평균 키는 t_2일 때가 t_1일 때보다 크다.**

➡ 토양이 형성된 후 식물 군집의 천이는 '초원 → 관목림 → 양수림 → 혼합림 → 음수림'이다. t_1은 양수림이 출현하기 전인 상태이므로 초본 또는 관목이 우점종이고, t_2는 음수림이 출현한 이후이므로 음수 교목이 우점종이다. 따라서 A에서 우점종의 평균 키는 t_2일 때가 t_1일 때보다 크다.

✗ **구간 Ⅰ에서 A의 순생산량은 시간에 따라 증가한다.**

➡ 군집의 순생산량은 '총생산량－호흡량'이다. 구간 Ⅰ에서 시간에 따라 총생산량은 감소하지만 호흡량은 증가하므로 순생산량은 감소한다.

---

12 식물 군집의 물질 생산과 소비 2021학년도 3월 학평 11번

정답 ② | 정답률 58 %

적용해야 할 개념 ②가지

① 식물 군집의 건성 천이는 척박한 땅 → 지의류 → 초원 → 관목림 → 양수림 → 혼합림 → 음수림 순으로 진행된다.

② 식물 군집의 총생산량은 일정 기간 동안 생산자가 생산한 유기물의 총량이고, 순생산량은 총생산량에서 호흡량을 제외한 유기물량이다.

　•총생산량＝순생산량＋호흡량　•순생산량＝총생산량－호흡량　•호흡량＝총생산량－순생산량

문제 보기

그림은 어떤 식물 군집의 시간에 따른 총생산량과 순생산량을 나타낸 것이다. ㉠과 ㉡은 각각 양수림과 음수림 중 하나이다.

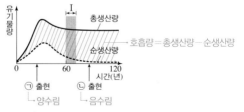

이에 대한 옳은 설명만을 〈보기〉에서 있는 대로 고른 것은? [3점]

〈보기〉 풀이

✗ **㉠은 음수림이다.**

➡ 식물 군집의 천이 과정에서 양수림이 먼저 형성된 후 양수림의 그늘에서도 자랄 수 있는 음수림의 묘목이 생장하면서 음수림이 형성된다. 따라서 군집에서 먼저 출현하는 ㉠이 양수림이고, 나중에 출현한 ㉡이 음수림이다.

ㄴ **구간 Ⅰ에서 호흡량은 시간에 따라 증가한다.**

➡ 호흡량은 총생산량－순생산량이며, 구간 Ⅰ에서 시간이 지나면서 두 그래프의 차가 커지므로 호흡량이 증가한다는 것을 알 수 있다.

✗ **순생산량은 생산자가 광합성으로 생산한 유기물의 총량이다.**

➡ 생산자가 광합성으로 생산한 유기물의 총량은 총생산량이고, 순생산량은 총생산량에서 생산자의 호흡으로 소비된 양을 제외한 유기물의 양이다. 순생산량＝총생산량－호흡량

적용해야 할 개념 ②가지

① 식물 군집이 일정 기간 동안 생산한 유기물의 총량을 총생산량이라고 한다. 총생산량에서 호흡량을 뺀 유기물량을 순생산량이라고 하며, 순생산량은 피식량, 고사량, 낙엽량, 생장량으로 구성된다.

② 천이는 시간이 지나면서 군집의 종 구성과 특성이 달라지는 현상으로, 천이의 마지막 안정된 군집 상태를 극상이라고 한다. 천이가 진행 중인 군집은 생체량은 적지만 순생산량이 많고, 극상에 도달한 군집은 생체량은 많지만 총생산량과 호흡량이 균형을 이루어 순생산량이 적다.

문제 보기

그림 (가)는 어떤 식물 군집에서 총생산량, 순생산량, 생장량의 관계를, (나)는 이 식물 군집에서 시간에 따른 A와 B를 나타낸 것이다. A와 B는 총생산량과 호흡량을 순서 없이 나타낸 것이다.

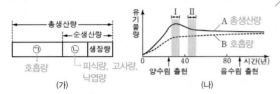

(가)   (나)

이에 대한 설명으로 옳은 것만을 〈보기〉에서 있는 대로 고른 것은?

〈보기〉 풀이

(가) 총생산량에서 순생산량을 뺀 값인 ㉠은 호흡량이다. 순생산량에서 생장량을 제외한 유기물량 ㉡에는 고사량, 낙엽량, 피식량이 포함되어 있다.

(나) A는 총생산량이고, B는 호흡량이다. 구간 Ⅰ에서는 구간 Ⅱ에서보다 총생산량과 순생산량(총생산량−호흡량)이 많다.

✘ **B는 ㉡에 해당한다.**

➡ '총생산량−순생산량'인 ㉠이 호흡량이다. 즉, 호흡량(B)은 ㉠에 해당한다.

✘ **구간 Ⅰ에서 이 식물 군집은 극상을 이룬다.**

➡ 극상은 식물 군집 천이의 마지막 안정된 군집 상태이다. 양수림이 출현하고 구간 Ⅰ과 Ⅱ를 지난 후 음수림이 출현하므로 구간 Ⅰ에서 이 식물 군집은 극상을 이루지 않는다.

Ⓓ **구간 Ⅱ에서 순생산량은 시간에 따라 감소한다.**

➡ 순생산량은 '총생산량−호흡량'이므로 A와 B의 차이값이다. 구간 Ⅱ에서는 시간에 따라 총생산량(A)은 감소하고 호흡량(B)은 증가하므로 순생산량이 감소한다.

적용해야 할 개념 ③가지

① 총생산량은 일정 기간 동안 생산자가 광합성을 통해 생산한 유기물의 총량이며, 순생산량은 총생산량에서 호흡량을 제외한 유기물량이다.

② 식물 군집의 총생산량＝호흡량＋순생산량(고사량, 낙엽량, 피식량, 생장량)

③ 소비자는 생산자의 유기물로부터 에너지를 얻으므로 소비자의 호흡량은 생산자의 피식량(소비자의 섭식량)에 포함된다.

문제 보기

그림 (가)는 어떤 식물 군집에서 총생산량, 순생산량, 생장량의 관계를, (나)는 이 식물 군집의 시간에 따른 생물량(생체량), ㉠, ㉡을 나타낸 것이다. ㉠과 ㉡은 각각 총생산량과 호흡량 중 하나이다.

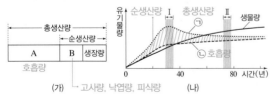

(가)   (나)

이에 대한 설명으로 옳은 것만을 〈보기〉에서 있는 대로 고른 것은? [3점]

〈보기〉 풀이

일정 기간 동안 생산자가 광합성으로 생산한 유기물의 총량을 총생산량이라고 하고, 총생산량 중 생산자가 호흡에 사용한 유기물량을 호흡량, 총생산량에서 호흡량을 제외한 유기물량을 순생산량이라고 한다. 따라서 (가)에서 A는 호흡량이고, 순생산량에서 생장량을 제외한 B는 고사량, 낙엽량, 피식량이며, (나)에서 값이 큰 ㉠이 총생산량, 값이 작은 ㉡이 호흡량이다.

Ⓖ **㉠은 총생산량이다.**

➡ 총생산량＝호흡량＋순생산량이므로 값이 큰 ㉠은 총생산량이다.

✘ **초식 동물의 호흡량은 A에 포함된다.**

➡ A는 식물 군집의 호흡량이므로 초식 동물의 호흡량은 A에 포함되지 않는다. 초식 동물의 호흡량은 피식량에 포함되므로 B에 포함된다.

✘ $\dfrac{순생산량}{생물량}$ **은 구간 Ⅱ에서가 구간 Ⅰ에서보다 크다.**

➡ 순생산량은 총생산량−호흡량으로, 구간 Ⅰ에서가 구간 Ⅱ에서보다 많고, 생물량은 구간 Ⅱ에서가 구간 Ⅰ에서보다 많으므로 $\dfrac{순생산량}{생물량}$은 구간 Ⅱ에서가 구간 Ⅰ에서보다 작다.

보기

| **15** | 식물 군집의 물질 생산과 소비 2021학년도 수능 5번 | 정답 ③ \| 정답률 79 % |

| 적용해야 할 개념 ②가지 | ① 총생산량은 식물 군집이 일정 기간 동안 광합성을 통해 생산한 유기물의 총량이다.
② 식물 군집의 순생산량＝총생산량－호흡량 |

문제 보기

그림은 평균 기온이 서로 다른 계절 Ⅰ과 Ⅱ에 측정한 식물 A의 온도에 따른 순생산량을 나타낸 것이다.

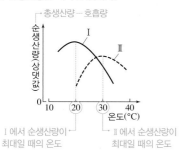

이에 대한 설명으로 옳은 것만을 〈보기〉에서 있는 대로 고른 것은? [3점]

〈보기〉 풀이

ㄱ. **순생산량은 총생산량에서 호흡량을 제외한 양이다.**
➡ 식물 군집에서 순생산량은 총생산량에서 호흡량을 제외한 양이다. 총생산량은 식물 군집이 일정 기간 동안 광합성을 통해 생산한 유기물의 총량이고, 호흡량은 식물 군집의 생명 활동에 필요한 에너지를 얻기 위해 호흡으로 소비한 유기물의 양이다.

ㄴ. **A의 순생산량이 최대가 되는 온도는 Ⅰ일 때가 Ⅱ일 때보다 높다.**
➡ A의 순생산량이 최대가 되는 온도는 계절이 Ⅰ일 때는 약 20 ℃이고, Ⅱ일 때는 약 30 ℃로 Ⅰ일 때가 Ⅱ일 때보다 낮다.

ㄷ. **계절에 따라 A의 순생산량이 최대가 되는 온도가 달라지는 것은 비생물적 요인이 생물에 영향을 미치는 예에 해당한다.**
➡ 계절에 따라 A의 순생산량이 최대가 되는 온도가 달라지는 것은 계절에 따른 빛의 세기, 온도, 강수량 등 비생물적 요인이 생물인 식물 A의 광합성량과 호흡량에 영향을 주기 때문이다.

| **16** | 식물 군집의 천이와 물질 생산과 소비 2023학년도 수능 12번 | 정답 ② \| 정답률 85 % |

| 적용해야 할 개념 ②가지 | ① 2차 천이는 기존의 식물 군집이 산불이나 산사태 등으로 불모지가 된 후 시작되는 천이로, 토양에 남아 있는 기존 식물의 종자나 뿌리 등에 의해 초원부터 시작되어 초원 → 관목림 → 양수림 → 혼합림 → 음수림의 순서로 진행된다.
② 식물 군집의 총생산량＝호흡량＋순생산량이고, 순생산량＝피식량＋고사량＋낙엽량＋생장량이다. |

문제 보기

그림은 어떤 생태계를 구성하는 생물 군집의 단위 면적당 생물량(생체량)의 변화를 나타낸 것이다. t_1일 때 이 군집에 산불에 의한 교란이 일어났고, t_2일 때 이 생태계의 평형이 회복되었다. ㉠은 1차 천이와 2차 천이 중 하나이다.

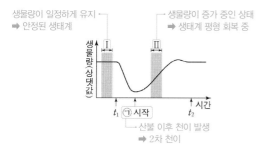

이 자료에 대한 설명으로 옳은 것만을 〈보기〉에서 있는 대로 고른 것은? [3점]

〈보기〉 풀이

✗ **㉠은 1차 천이이다.**
➡ 기존의 식물 군집이 있던 상태에서 산불이 나서 진행되는 천이는 2차 천이다.

✗ **Ⅰ 시기에 이 생물 군집의 호흡량은 0이다.**
➡ 생물은 호흡을 통해 생명 활동에 필요한 에너지를 얻어서 살아간다. 따라서 생물 군집의 호흡량이 0이라는 것은 살아있는 생물이 없는 경우를 의미한다. Ⅰ 시기에 이 생물 군집의 단위 면적당 생물량이 일정하게 유지되고 있으므로 생물 군집을 이루는 생물들이 일정 수준으로 유지되고 있다는 것을 의미하므로 호흡량은 0이 아니다.

ㄷ. **Ⅱ 시기에 생산자의 총생산량은 순생산량보다 크다.**
➡ 생산자의 총생산량은 '순생산량＋호흡량'인데, 생물 군집의 단위 면적당 생물량이 증가하는 Ⅱ 시기에 생산자의 호흡량은 0보다 큰 값이므로 총생산량은 순생산량보다 크다.

보기

적용해야 할 개념 ②가지	① 총생산량＝호흡량＋순생산량
	② 순생산량＝피식량＋고사량＋낙엽량＋생장량

문제 보기

그림은 식물 군집 A의 60년 전과 현재의 ㉠과 ㉡을 나타낸 것이다. ㉠과 ㉡은 각각 총생산량과 호흡량 중 하나이다.

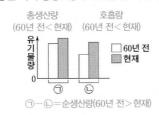

이에 대한 옳은 설명만을 〈보기〉에서 있는 대로 고른 것은?

〈보기〉 풀이

ㄱ. ㉠은 총생산량이다.

➡ 식물 군집의 총생산량이 호흡량보다 적다면 60년 동안 군집이 유지되지 못하므로 유기물양이 더 많은 ㉠이 총생산량이고 ㉡이 호흡량이다.

ㄴ. A의 생장량은 ㉡에 포함된다.

➡ 총생산량에는 호흡량과 순생산량이 포함되고, 순생산량에는 생장량이 포함된다. 호흡량은 '총생산량－순생산량'이므로 A의 생장량은 총생산량(㉠)에는 포함되지만 호흡량(㉡)에는 포함되지 않는다.

ㄷ. A의 순생산량은 현재가 60년 전보다 많다.

➡ 순생산량＝총생산량－호흡량이므로 A의 순생산량은 ㉠－㉡이다. 따라서 ㉠과 ㉡의 차이가 클수록 순생산량이 많다. 총생산량은 60년 전이 현재보다 적지만 호흡량이 60년 전보다 현재가 훨씬 많아서 순생산량(㉠－㉡)은 현재가 60년 전보다 적다.

적용해야 할 개념 ③가지	① 생태계에서 에너지는 한 방향으로 흐르다가 생태계 밖으로 빠져나가지만, 탄소와 질소 같은 물질은 생물과 비생물 환경 사이를 순환한다.
	② 탈질산화 작용은 질산 이온(NO_3^-)을 대기 중의 질소(N_2)로 전환시키는 과정으로, 탈질산화 세균이 관여한다.
	③ 광합성은 빛에너지를 이용하여 이산화 탄소와 물로부터 포도당과 같은 유기물을 합성하는 작용이다.

문제 보기

다음은 생태계에서 물질의 순환에 대한 학생 A~C의 발표 내용이다.

제시한 내용이 옳은 학생만을 있는 대로 고른 것은?

〈보기〉 풀이

A. 생태계에서 질소는 순환하지 않습니다.

➡ 생태계에서 탄소와 질소 같은 물질은 생물적 요인과 비생물적 요인 사이를 순환한다.

B. 탈질산화 작용에 세균이 관여합니다.

➡ 탈질산화 작용은 토양 속의 질산 이온(NO_3^-)을 질소 기체(N_2)로 전환하여 대기로 돌려보내는 작용으로, 탈질산화 세균이 관여한다.

C. 식물의 광합성에 이산화 탄소가 이용됩니다.

➡ 식물에서 일어나는 광합성은 빛에너지를 이용하여 물과 이산화 탄소로부터 포도당을 합성하고 산소를 방출하는 과정이다. 따라서 식물의 광합성에는 잎의 기공을 통해 흡수한 이산화 탄소가 이용된다.

적용해야 할 개념 ③가지

① 질소 고정 작용은 대기 중의 질소(N_2)를 암모늄 이온(NH_4^+)으로 전환시키는 과정으로 질소 고정 세균이 관여한다.

② 질산화 작용은 암모늄 이온(NH_4^+)을 질산 이온(NO_3^-)으로 전환시키는 과정으로, 질산화 세균이 관여한다.

③ 탈질산화 작용은 질산 이온(NO_3^-)을 질소(N_2)로 전환하는 작용으로 탈질산화 세균(탈질소 세균)이 관여한다.

문제 보기

표는 생태계의 질소 순환 과정에서 일어나는 물질의 전환을 나타낸 것이다. I~III은 질산화 작용, 질소 고정 작용, 탈질산화 작용을 순서 없이 나타낸 것이고, ⓐ와 ⓑ는 암모늄 이온(NH_4^+)과 대기 중의 질소 기체(N_2)를 순서 없이 나타낸 것이다.

구분	물질의 전환
I	질소 기체(N_2) ⟵ⓐ ⟶ ⓑ⟶ 암모늄 이온(NH_4^+)
II	ⓑ ⟶ 질산 이온(NO_3^-)
III	질산 이온(NO_3^-) ⟶ ⓐ

이에 대한 설명으로 옳은 것만을 〈보기〉에서 있는 대로 고른 것은?

보기

질소 고정 작용: 뿌리혹박테리아, 아조토박터 같은 질소 고정 세균이 관여한다.

질산화 작용: 질산화 세균이 관여한다.

탈질산화 작용: 탈질산화 세균이 관여한다.

〈보기〉 풀이

질소 고정 작용은 대기 중의 질소 기체(N_2)가 암모늄 이온(NH_4^+)으로 전환되는 과정이고, 질산화 작용은 암모늄 이온(NH_4^+)이 질산 이온(NO_3^-)으로 전환되는 과정이며, 탈질산화 작용은 질산 이온(NO_3^-)이 대기 중의 질소 기체(N_2)로 전환되는 과정이다. I은 질소 고정 작용, II는 질산화 작용, III은 탈질산화 작용이며, ⓐ는 질소 기체(N_2), ⓑ는 암모늄 이온(NH_4^+)이다.

✗ II는 질소 고정 작용이다.

➡ II는 암모늄 이온(NH_4^+)을 질산 이온(NO_3^-)으로 전환하는 질산화 작용이다.

✗ ⓐ는 암모늄 이온(NH_4^+)이다.

➡ ⓐ는 질소 기체(N_2)이고, ⓑ는 암모늄 이온(NH_4^+)이다.

ㄷ 탈질산화 세균은 III에 관여한다.

➡ III은 질산 이온(NO_3^-)이 대기 중의 질소 기체(N_2)로 전환되는 탈질산화 작용이며, 이 과정에는 탈질산화 세균이 관여한다.

적용해야 할 개념 ③가지

① 질소 고정 작용은 대기 중의 질소(N_2)를 암모늄 이온(NH_4^+)으로 전환시키는 과정으로 질소 고정 세균이 관여한다.

② 질소 고정 세균에는 뿌리혹박테리아, 아조토박터 등이 있다.

③ 질산화 작용은 암모늄 이온(NH_4^+)을 질산 이온(NO_3^-)으로 전환시키는 과정으로, 질산화 세균이 관여한다.

문제 보기

그림은 생태계에서 일어나는 질소 순환 과정의 일부를 나타낸 것이다. Ⅰ과 Ⅱ는 질산화 작용과 질소 고정 작용을 순서 없이 나타낸 것이고, ㉠과 ㉡은 암모늄 이온(NH_4^+)과 질산 이온(NO_3^-)을 순서 없이 나타낸 것이다.

이에 대한 옳은 설명만을 〈보기〉에서 있는 대로 고른 것은?

〈보기〉 풀이

질소 고정 작용은 대기 중의 질소 기체(N_2)가 암모늄 이온(NH_4^+)으로 전환되는 과정이고, 질산화 작용은 암모늄 이온(NH_4^+)이 질산 이온(NO_3^-)으로 전환되는 과정이다. 따라서 Ⅰ은 질소 고정 작용, Ⅱ는 질산화 작용이며, ㉠은 암모늄 이온(NH_4^+), ㉡은 질산 이온(NO_3^-)이다.

ㄱ. 뿌리혹박테리아는 Ⅰ에 관여한다.

➡ Ⅰ은 대기 중의 질소 기체(N_2)를 암모늄 이온(NH_4^+)으로 전환시키는 질소 고정 작용이며, 질소 고정 세균으로는 뿌리혹박테리아, 아조토박터 등이 있다.

ㄴ. Ⅱ는 질소 고정 작용이다.

➡ 질소 고정 작용은 Ⅰ이고, Ⅱ는 질산화 작용이다.

ㄷ. ㉡은 암모늄 이온(NH_4^+)이다.

➡ Ⅱ는 질산화 작용으로 ㉠ 암모늄 이온(NH_4^+)을 ㉡ 질산 이온(NO_3^-)으로 전환시키는 작용이다.

보기

21 | 탄소 순환 2021학년도 3월 학평 14번

정답 ④ | 정답률 81 %

적용해야 할 개념 ③가지

① 생산자는 대기 중의 이산화 탄소(CO_2)를 흡수하여 포도당과 같은 유기물을 합성하고, 분해자는 생물의 사체나 배설물 속의 유기물을 무기물로 분해한다.

② 생산자가 합성한 유기물은 먹이 사슬을 통해 소비자로 이동한다.

③ 생산자, 소비자, 분해자는 모두 호흡을 통해 유기물을 분해하여 생명 활동에 필요한 에너지를 얻으며, 이 과정에서 이산화 탄소를 방출한다.

문제 보기

그림은 생태계에서 탄소 순환 과정의 일부를 나타낸 것이다. A와 B는 각각 분해자와 생산자 중 하나이다.

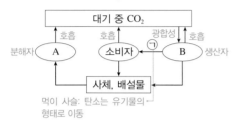

이에 대한 옳은 설명만을 〈보기〉에서 있는 대로 고른 것은?

〈보기〉풀이

✗ **A는 생산자이다.**
➡ A는 생물의 사체와 배설물의 유기물을 분해하여 대기 중으로 이산화 탄소(CO_2)를 방출하므로 분해자이다.

ㄴ. **B는 호흡을 통해 CO_2를 방출한다.**
➡ B는 생산자로, 광합성을 통해 대기 중의 이산화 탄소를 이용하여 유기물을 합성하며, 일부는 호흡을 통해 생명 활동에 필요한 에너지를 얻는 데 사용한다. 이 과정에서 이산화 탄소를 대기 중으로 방출한다.

ㄷ. **과정 ㉠에서 유기물이 이동한다.**
➡ 생산자가 생산한 유기물 중 일부는 먹이 사슬을 통해 소비자에게 이동한다. 따라서 과정 ㉠에서 탄소는 유기물의 형태로 이동한다.

---

22 | 질소 순환 2024학년도 9월 모평 16번

정답 ④ | 정답률 81 %

적용해야 할 개념 ③가지

① 질소 고정 작용은 대기 중의 질소(N_2)를 암모늄 이온(NH_4^+)으로 전환시키는 과정으로 질소 고정 세균이 관여한다.

② 질산화 작용은 암모늄 이온(NH_4^+)을 질산 이온(NO_3^-)으로 전환시키는 과정으로, 질산화 세균이 관여한다.

③ 탈질산화 작용은 질산 이온(NO_3^-)을 대기 중의 질소(N_2)로 전환하는 작용으로 탈질산화 세균이 관여한다.

문제 보기

표는 생태계의 질소 순환 과정에서 일어나는 물질의 전환을 나타낸 것이다. Ⅰ과 Ⅱ는 탈질산화 작용과 질소 고정 작용을 순서 없이 나타낸 것이고, ㉠과 ㉡은 질산 이온(NO_3^-)과 암모늄 이온(NH_4^+)을 순서 없이 나타낸 것이다.

암모늄 이온(NH_4^+)　　　질산 이온(NO_3^-)

구분	물질의 전환
질산화 세균이 관여한다. 질산화 작용	㉠ → ㉡
Ⅰ	대기 중의 질소(N_2) → ㉠
Ⅱ	㉡ → 대기 중의 질소(N_2)

질소 고정 작용, 뿌리혹 박테리아나 아조토박터 같은 질소 고정 세균이 관여한다.

탈질산화 작용, 탈질산화 세균이 관여한다.

이에 대한 설명으로 옳은 것만을 〈보기〉에서 있는 대로 고른 것은?

〈보기〉풀이

대기 중의 질소(N_2)가 암모늄 이온(NH_4^+)으로 전환되는 과정은 질소 고정 작용이고, 암모늄 이온(NH_4^+)이 질산 이온(NO_3^-)으로 전환되는 과정은 질산화 작용이다. 질산 이온(NO_3^-)이 대기 중의 질소(N_2)로 전환되는 과정은 탈질산화 작용이다. 따라서 ㉠은 암모늄 이온(NH_4^+)이고, ㉡은 질산 이온(NO_3^-)이며, Ⅰ은 질소 고정 작용이고, Ⅱ는 탈질산화 작용이다.

✗ **㉠은 질산 이온(NO_3^-)이다.**
➡ ㉠은 암모늄 이온(NH_4^+)이고, ㉡은 질산 이온(NO_3^-)이다.

ㄴ. **Ⅰ은 질소 고정 작용이다.**
➡ Ⅰ에서 대기 중의 질소(N_2)가 암모늄 이온(NH_4^+)으로 전환되므로 Ⅰ은 질소 고정 작용이다.

ㄷ. **탈질산화 세균은 Ⅱ에 관여한다.**
➡ Ⅱ는 질산 이온(NO_3^-)이 대기 중의 질소(N_2)로 전환되는 과정으로 탈질산화 작용이며, 이 과정에는 탈질산화 세균이 관여한다.

적용해야 할 개념 ④가지

① 질소 고정 작용은 대기 중의 질소(N_2)를 암모늄 이온(NH_4^+)으로 전환시키는 과정으로, 질소 고정 세균이 관여한다.
② 질산화 작용은 암모늄 이온(NH_4^+)을 질산 이온(NO_3^-)으로 전환시키는 과정으로, 질산화 세균이 관여한다.
③ 탈질산화 작용은 질산 이온(NO_3^-)을 대기 중의 질소(N_2)로 전환시키는 과정으로, 탈질산화 세균이 관여한다.
④ 생산자(식물)는 암모늄 이온(NH_4^+)과 질산 이온(NO_3^-)을 이용하여 단백질과 핵산을 합성하는 질소 동화 작용을 한다.

문제 보기

그림은 생태계에서 일어나는 질소 순환 과정의 일부를 나타낸 것이다.

이에 대한 옳은 설명만을 〈보기〉에서 있는 대로 고른 것은?

〈보기〉 풀이

보기

ㄱ. 뿌리혹박테리아는 ㉠에 관여한다.

➡ ㉠은 대기 중의 질소를 암모늄 이온으로 전환시키는 질소 고정 작용이다. 뿌리혹박테리아는 질소 고정 작용(㉠)에 관여하는 질소 고정 세균이다.

ㄴ. ㉡은 탈질산화 작용이다.

➡ ㉡은 암모늄 이온을 질산 이온으로 전환시키는 질산화 작용으로, 질산화 세균이 관여한다. 탈질산화 작용은 질산 이온을 대기 중의 질소로 전환시키는 작용으로, 탈질산화 세균이 관여한다.

ㄷ. 식물은 암모늄 이온을 이용하여 단백질을 합성한다.

➡ 식물은 암모늄 이온과 질산 이온을 이용하여 단백질이나 핵산을 합성하는데, 이를 질소 동화 작용이라고 한다.

적용해야 할 개념 ③가지

① 질소 고정 작용은 대기 중의 질소(N_2)를 암모늄 이온(NH_4^+)으로 전환시키는 과정이다.
② 탈질산화 작용은 질산 이온(NO_3^-)을 대기 중의 질소(N_2)로 전환시키는 과정이다.
③ 생산자(식물)는 암모늄 이온(NH_4^+)과 질산 이온(NO_3^-)을 이용하여 단백질과 핵산을 합성하는 질소 동화 작용을 한다.

문제 보기

그림은 생태계에서 일어나는 질소 순환 과정의 일부를 나타낸 것이다.

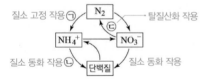

이에 대한 설명으로 옳은 것만을 〈보기〉에서 있는 대로 고른 것은?

〈보기〉 풀이

보기

ㄱ. 과정 ㉠은 탈질산화 작용이다.

➡ 대기 중의 질소(N_2)를 암모늄 이온(NH_4^+)으로 전환시키는 과정 ㉠은 질소 고정 작용이다. 탈질산화 작용은 ㉢이다.

ㄴ. 과정 ㉡에서 동화 작용이 일어난다.

➡ 식물은 뿌리로 흡수한 암모늄 이온(NH_4^+)과 질산 이온(NO_3^-)을 이용하여 단백질이나 핵산을 합성하는 질소 동화 작용을 한다. 따라서 암모늄 이온(NH_4^+)을 단백질로 합성하는 과정 ㉡에서 동화 작용이 일어난다.

ㄷ. 과정 ㉢은 질소 고정 작용이다.

➡ 질산 이온(NO_3^-)을 대기 중의 질소(N_2)로 전환시키는 과정 ㉢은 탈질산화 작용이다. 질소 고정 작용은 ㉠이다.

25 질소 순환 2021학년도 4월 학평 20번

정답 ④ | 정답률 61%

적용해야 할 개념 ③가지

① 질소 고정 작용은 대기 중의 질소(N_2)를 암모늄 이온(NH_4^+)으로 전환시키는 과정으로, 질소 고정 세균이 관여한다.

② 질산화 작용은 암모늄 이온(NH_4^+)을 질산 이온(NO_3^-)으로 전환시키는 과정으로, 질산화 세균이 관여한다.

③ 탈질산화 작용은 질산 이온(NO_3^-)을 대기 중의 질소(N_2)로 전환시키는 과정으로, 탈질산화 세균이 관여한다.

문제 보기

그림은 생태계에서 일어나는 질소 순환 과정의 일부를 나타낸 것이다. (가)와 (나)는 질소 고정과 탈질산화 작용을 순서 없이 나타낸 것이고, ⓐ와 ⓑ는 각각 암모늄 이온과 질산 이온 중 하나이다.

이에 대한 설명으로 옳은 것만을 〈보기〉에서 있는 대로 고른 것은?

〈보기〉 풀이

보기

✗ ⓑ는 질산 이온이다.

➡ ⓑ가 ⓐ로 되는 질산화 작용은 질산화 세균이 관여하여 암모늄 이온(NH_4^+)을 질산 이온(NO_3^-)으로 전환시키는 작용이다. 따라서 ⓑ가 암모늄 이온이고, ⓐ가 질산 이온이다.

ㄴ. (가)는 탈질산화 작용이다.

➡ (가)는 질산 이온(ⓐ)을 대기 중의 질소로 전환하는 탈질산화 작용으로, 탈질산화 세균이 관여한다.

ㄷ. 뿌리혹박테리아는 (나)에 관여한다.

➡ (나)는 대기 중의 질소를 암모늄 이온(ⓑ)으로 전환하는 질소 고정 작용이며, 뿌리혹박테리아와 같은 질소 고정 세균이 관여한다.

26 질소 순환 2023학년도 7월 학평 11번

정답 ④ | 정답률 50%

적용해야 할 개념 ④가지

① 질소 고정 작용은 대기 중의 질소(N_2)를 암모늄 이온(NH_4^+)으로 전환시키는 과정으로 질소 고정 세균이 관여한다.

② 질산화 작용은 암모늄 이온(NH_4^+)을 질산 이온(NO_3^-)으로 전환시키는 과정으로, 질산화 세균이 관여한다.

③ 질소 동화 작용은 생산자가 암모늄 이온(NH_4^+)과 질산 이온(NO_3^-)을 이용하여 단백질과 같은 질소 화합물을 합성하는 작용이다.

④ 탈질산화 작용은 질산 이온(NO_3^-)을 질소(N_2)로 전환하는 작용으로 탈질산화 세균(탈질소 세균)이 관여한다.

문제 보기

그림은 생태계에서 일어나는 질소 순환 과정 일부를 나타낸 것이다. ㉠~㉢은 암모늄 이온(NH_4^+), 질소 기체(N_2), 질산 이온(NO_3^-)을 순서 없이 나타낸 것이고, 과정 Ⅰ과 Ⅱ는 각각 질소 고정 작용과 탈질산화 작용 중 하나이다.

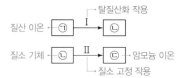

이에 대한 설명으로 옳은 것만을 〈보기〉에서 있는 대로 고른 것은?

〈보기〉 풀이

보기

질소 기체(N_2)가 암모늄 이온(NH_4^+)으로 전환되는 과정은 질소 고정 작용이고, 질산 이온(NO_3^-)이 질소 기체(N_2)로 전환되는 과정은 탈질산화 작용이다. 따라서 두 작용에 공통적으로 있는 물질 ㉡은 질소 기체(N_2)이다. ㉠은 질산 이온(NO_3^-)이고, ㉢은 암모늄 이온(NH_4^+)이며, Ⅰ은 탈질산화 작용이고 Ⅱ는 질소 고정 작용이다.

✗ ㉡은 암모늄 이온(NH_4^+)이다.

➡ ㉡은 질소 기체(N_2)이다.

ㄴ. 뿌리혹박테리아에 의해 Ⅱ가 일어난다.

➡ Ⅱ는 질소 기체(N_2)를 암모늄 이온(NH_4^+)으로 전환하는 질소 고정 작용이다. 질소 고정 세균의 예로는 뿌리혹박테리아, 아조토박터 등이 있다.

ㄷ. 식물은 ㉠을 이용하여 단백질과 같은 질소 화합물을 합성할 수 있다.

➡ 식물은 질산 이온(NO_3^-)(㉠)이나 암모늄 이온(NH_4^+)(㉢)을 뿌리로 흡수하여 아미노산을 합성하는 데 이용하고, 아미노산이 펩타이드 결합으로 연결되어 단백질이 합성된다. 즉, 식물은 ㉠을 이용하여 단백질과 같은 질소 화합물을 합성하는 질소 동화 작용을 할 수 있다.

적용해야 할 개념 ②가지	① 생태계의 생물 군집에는 생산자, 소비자, 분해자가 있다.	
	생산자	빛에너지를 이용하여 무기물로부터 유기물을 합성하는 생물 예 식물, 조류, 식물 플랑크톤
	소비자	다른 생물을 먹이로 하여 유기물을 섭취하는 생물 예 동물
	분해자	다른 생물의 사체나 배설물 속 유기물을 무기물로 분해하여 에너지를 얻는 생물 예 세균, 곰팡이

② 대기 중의 이산화 탄소에 포함된 탄소는 생산자의 유기물 합성에 이용되고, 유기물에 포함된 탄소는 먹이 사슬을 따라 상위 영양 단계로 이동한다.

문제 보기

다음은 생태계에서 일어나는 탄소 순환 과정에 대한 자료이다. ㉠과 ㉡은 생산자와 소비자를 순서 없이 나타낸 것이고, ⓐ와 ⓑ는 유기물과 CO_2를 순서 없이 나타낸 것이다.

생산자 ㉠ ─────── ㉡ 소비자

○ 탄소는 먹이 사슬을 따라 ㉠에서 ㉡으로 이동한다.
○ 식물은 광합성을 통해 대기 중 ⓐ로부터 ⓑ를 합성한다.
   CO_2 ── ⓐ   ⓑ ── 유기물

이에 대한 옳은 설명만을 〈보기〉에서 있는 대로 고른 것은?

〈보기〉 풀이

ㄱ. 식물은 ㉠에 해당한다.
➡ 먹이 사슬은 생산자에서 소비자로 연결되므로 ㉠은 생산자이고, ㉡은 소비자이다. 생산자는 무기물로부터 스스로 유기물을 합성하여 양분을 얻는 생물이므로, 광합성을 할 수 있는 식물이나 식물 플랑크톤은 생산자(㉠)에 해당한다. 다른 생물을 먹고 사는 동물은 소비자(㉡)에 해당한다.

ㄴ. 대기에서 탄소는 주로 ⓐ의 형태로 존재한다.
➡ 식물은 광합성을 통해 대기 중의 CO_2(ⓐ)로부터 유기물(ⓑ)인 포도당을 합성한다. 대기에서 탄소는 주로 CO_2(ⓐ)의 형태로 존재한다.

ㄷ. 분해자는 사체나 배설물에 포함된 ⓑ를 분해한다.
➡ 분해자는 생물의 사체나 배설물에 포함된 유기물(ⓑ)을 분해하여 생명 활동에 필요한 에너지를 얻는다. 세균이나 곰팡이 등이 분해자에 해당한다.

보기

적용해야 할 개념 ④가지	① 질소 고정 작용은 대기 중의 질소(N_2)를 암모늄 이온(NH_4^+)으로 전환시키는 과정으로, 질소 고정 세균이 관여한다.
	② 질산화 작용은 암모늄 이온(NH_4^+)을 질산 이온(NO_3^-)으로 전환시키는 과정으로, 질산화 세균이 관여한다.
	③ 세포 호흡은 포도당과 같은 유기물을 이산화 탄소(CO_2)와 물(H_2O)로 분해하여 생명 활동에 필요한 에너지를 얻는 과정으로, 물질대사 중 이화 작용에 속한다.
	④ 물질대사는 생명체 내에서 일어나는 모든 화학 반응으로, 효소가 관여한다.

문제 보기

표는 생태계에서 일어나는 질소 순환 과정과 탄소 순환 과정의 일부를 나타낸 것이다. (가)~(다)는 세포 호흡, 질산화 작용, 질소 고정 작용을 순서 없이 나타낸 것이다.

구분	과정
질소 고정 작용 (가)	$N_2 \longrightarrow NH_4^+$
질산화 작용 (나)	$NH_4^+ \longrightarrow NO_3^-$
세포 호흡 (다)	유기물 $\longrightarrow CO_2$

이에 대한 설명으로 옳은 것만을 〈보기〉에서 있는 대로 고른 것은?

〈보기〉 풀이

ㄱ. 뿌리혹박테리아에 의해 (가)가 일어난다.
➡ (가)는 대기 중의 질소(N_2)를 암모늄 이온(NH_4^+)으로 전환시키는 질소 고정 작용이다. 질소 고정 작용에는 뿌리혹박테리아와 같은 질소 고정 세균이 관여한다.

✗ (나)는 질소 고정 작용이다.
➡ (나)는 암모늄 이온(NH_4^+)을 질산 이온(NO_3^-)으로 전환시키는 질산화 작용이다. 질산화 작용에는 질산화 세균이 관여한다.

ㄷ. (다)에 효소가 관여한다.
➡ (다)는 포도당과 같은 유기물을 이산화 탄소와 물로 분해하는 세포 호흡이다. 세포 호흡과 같이 생명체 내에서 일어나는 물질대사에는 효소가 관여한다.

보기

29 질소 순환 2022학년도 수능 12번

적용해야 할 개념 ③가지

① 질소 고정 작용은 대기 중의 질소(N_2)를 암모늄 이온(NH_4^+)으로 전환시키는 과정으로, 질소 고정 세균이 관여한다.
② 질산화 작용은 암모늄 이온(NH_4^+)을 질산 이온(NO_3^-)으로 전환시키는 과정으로, 질산화 세균이 관여한다.
③ 탈질산화 작용은 질산 이온(NO_3^-)을 대기 중의 질소(N_2)로 전환시키는 과정으로, 탈질산화 세균이 관여한다.

문제 보기

다음은 생태계에서 일어나는 질소 순환 과정에 대한 자료이다. ㉠과 ㉡은 질소 고정 세균과 탈질산화 세균을 순서 없이 나타낸 것이다.

┌ 탈질산화 작용   탈질산화 세균 ┐

(가) 토양 속 ⓐ 질산 이온(NO_3^-)의 일부는 ㉠에 의해 질소 기체로 전환되어 대기 중으로 돌아간다.
(나) ㉡에 의해 대기 중의 질소 기체가 ⓑ 암모늄 이온(NH_4^+)으로 전환된다. ← 질소 고정 세균

└ 질소 고정 작용

이에 대한 설명으로 옳은 것만을 〈보기〉에서 있는 대로 고른 것은?

〈보기〉 풀이

✗ (가)는 질소 고정 작용이다.
➡ (가)는 질산 이온(ⓐ)을 대기 중의 질소 기체로 전환하는 탈질산화 작용이고 이에 관여하는 ㉠은 탈질산화 세균이다. (나)는 대기 중의 질소 기체가 암모늄 이온(ⓑ)으로 되는 질소 고정 작용이고 이에 관여하는 ㉡은 뿌리혹박테리아 등의 질소 고정 세균이다.

보기
ㄴ. 질산화 세균은 ⓑ가 ⓐ로 전환되는 과정에 관여한다.
➡ 질산화 세균은 암모늄 이온(ⓑ)을 질산 이온(ⓐ)으로 전환시키는 질산화 작용에 관여하는 세균이다.

✗ ㉠과 ㉡은 모두 생태계의 구성 요소 중 비생물적 요인에 해당한다.
➡ ㉠은 탈질산화 세균이고, ㉡은 질소 고정 세균이다. 세균은 생태계의 구성 요소 중 생물적 요인에 해당한다.

---

30 질소 순환 2022학년도 4월 학평 9번

적용해야 할 개념 ④가지

① 질소 고정 작용은 대기 중의 질소(N_2)를 암모늄 이온(NH_4^+)으로 전환시키는 과정으로, 질소 고정 세균이 관여한다.
② 질산화 작용은 암모늄 이온(NH_4^+)을 질산 이온(NO_3^-)으로 전환시키는 과정으로, 질산화 세균이 관여한다.
③ 질소 동화 작용은 생산자가 암모늄 이온(NH_4^+)과 질산 이온(NO_3^-)을 이용하여 단백질과 같은 질소 화합물을 합성하는 작용이다.
④ 탈질산화 작용은 질산 이온(NO_3^-)을 질소(N_2)로 전환하는 작용으로, 탈질산화 세균(탈질소 세균)이 관여한다.

문제 보기

다음은 생태계에서 일어나는 질소 순환 과정에 대한 자료이다. ㉠~㉢은 암모늄 이온(NH_4^+), 질산 이온(NO_3^-), 질소 기체(N_2)를 순서 없이 나타낸 것이다.

암모늄 이온(NH_4^+) ┐

(가) 뿌리혹박테리아의 질소 고정 작용에 의해 ㉠이 ㉡으로 전환된다. ← 질소 기체(N_2)
(나) 생산자는 ㉡, ㉢을 이용하여 단백질과 같은 질소 화합물을 합성한다. 질소 동화 작용 ← 질산 이온(NO_3^-)
(다) 탈질산화 세균에 의해 ㉢이 ㉠으로 전환된다.
└ 탈질산화 작용

이에 대한 설명으로 옳은 것만을 〈보기〉에서 있는 대로 고른 것은?

〈보기〉 풀이

✗ ㉠은 질산 이온이다.
➡ 질소 고정 작용은 대기 중의 질소를 암모늄 이온으로 전환시키는 과정이다. 따라서 ㉠은 질소 기체(N_2), ㉡은 암모늄 이온(NH_4^+), ㉢은 질산 이온(NO_3^-)이다. 질소 고정 작용에 관여하는 세균은 뿌리혹박테리아, 아조토박터 등이 있다.

보기
ㄴ. (나)는 질소 동화 작용에 해당한다.
➡ 생산자가 암모늄 이온(㉡)과 질산 이온(㉢)을 흡수하여 단백질, 핵산과 같은 질소 화합물을 합성하는 작용 (나)는 질소 동화 작용이다.

ㄷ. 질산화 세균은 ㉡이 ㉢으로 전환되는 과정에 관여한다.
➡ 암모늄 이온(㉡)을 질산 이온(㉢)으로 전환하는 과정을 질산화 작용이라고 하며, 이 과정에 질산화 세균이 관여한다.

<table>
<tr><td>**31**</td><td>질소 순환 2023학년도 9월 모평 9번</td><td>정답 ③ | 정답률 79 %</td></tr>
</table>

적용해야 할 개념 ③가지

① 질소 고정 작용은 대기 중의 질소(N_2)를 암모늄 이온(NH_4^+)으로 전환시키는 과정으로, 질소 고정 세균이 관여한다.
② 질산화 작용은 암모늄 이온(NH_4^+)을 질산 이온(NO_3^-)으로 전환시키는 과정으로, 질산화 세균이 관여한다.
③ 탈질산화 작용은 질산 이온(NO_3^-)을 질소(N_2)로 전환시키는 작용으로, 탈질산화 세균(탈질소 세균)이 관여한다.

문제 보기

표 (가)는 질소 순환 과정의 작용 A와 B에서 특징 ㉠과 ㉡의 유무를 나타낸 것이고, (나)는 ㉠과 ㉡을 순서 없이 나타낸 것이다. A와 B는 질산화 작용과 질소 고정 작용을 순서 없이 나타낸 것이다.

작용\특징	㉠	㉡
A	○	×
B	○	?○

(○: 있음, ×: 없음)

(가)

특징(㉠, ㉡)
○ 암모늄 이온(NH_4^+)이 ⓐ질산 이온(NO_3^-)으로 전환된다. ㉡
○ 세균이 관여한다. ㉠

(나)

이에 대한 설명으로 옳은 것만을 〈보기〉에서 있는 대로 고른 것은? [3점]

〈보기〉 풀이

'암모늄 이온(NH_4^+)이 질산 이온(NO_3^-)으로 전환된다.'는 질산화 작용이 갖는 특징이고, '세균이 관여한다.'는 질산화 작용과 질소 고정 작용이 모두 갖는 특징이다.

ㄱ. **B는 질산화 작용이다.**
➡ 특징 ㉠과 ㉡을 모두 갖는 B는 질산화 작용이고, 특징 ㉠만 갖는 A는 질소 고정 작용이다.

ㄴ. ~~㉡은 '세균이 관여한다.'이다.~~
➡ 질소 고정 작용과 질산화 작용이 모두 갖는 특징 ㉠은 '세균이 관여한다.'이고, ㉡은 질산화 작용만 갖는 특징인 '암모늄 이온(NH_4^+)이 질산 이온(NO_3^-)으로 전환된다.'이다.

ㄷ. **탈질산화 세균은 ⓐ가 질소 기체로 전환되는 과정에 관여한다.**
➡ 탈질산화 세균은 질산 이온(NO_3^-, ⓐ)을 질소 기체로 전환시키는 탈질산화 작용에 관여한다.

보기

<table>
<tr><td>**32**</td><td>질소 순환과 군집 내 개체군의 상호 작용 2021학년도 10월 학평 12번</td><td>정답 ⑤ | 정답률 88 %</td></tr>
</table>

적용해야 할 개념 ③가지

① 질소 고정 작용은 대기 중의 질소(N_2)를 암모늄 이온(NH_4^+)으로 전환시키는 과정으로, 질소 고정 세균이 관여한다.
② 군집 내 개체군 사이의 상호 작용에는 경쟁(종간 경쟁), 분서, 공생(상리 공생, 편리공생), 기생, 포식과 피식 등이 있다.
③ 기생, 포식과 피식은 한 종은 이익이지만 다른 한 종은 손해이고, 경쟁(종간 경쟁)은 두 종이 모두 손해, 상리 공생은 두 종이 모두 이익이다.

문제 보기

그림은 식물 X의 뿌리혹에 서식하는 세균 Y를 나타낸 것이다. Y는 N_2를 이용해 합성한 NH_4^+을 X에게 제공하며, X는 양분을 Y에게 제공한다.

함께 서식하는 것이 둘 모두에게 이익 ➡ 상리 공생
세균 Y → 뿌리혹박테리아
공과식물 → 식물 X
뿌리혹

이에 대한 옳은 설명만을 〈보기〉에서 있는 대로 고른 것은? [3점]

〈보기〉 풀이

ㄱ. **X는 단백질 합성에 NH_4^+을 이용한다.**
➡ 식물 X는 세균 Y에 의해 합성된 NH_4^+을 이용하여 아미노산을 합성하고, 아미노산을 결합하여 단백질을 합성한다. 따라서 X는 단백질 합성에 필요한 질소를 NH_4^+으로부터 얻어 이용한다.

ㄴ. **Y에서 질소 고정이 일어난다.**
➡ Y는 공기 중의 질소(N_2)를 식물이 이용할 수 있는 형태인 NH_4^+으로 합성하는데, 이와 같은 작용을 질소 고정이라고 한다.

ㄷ. **X와 Y 사이의 상호 작용은 상리 공생이다.**
➡ X는 Y에게 에너지원인 양분을 제공하고, Y는 X에게 단백질 합성에 필요한 NH_4^+을 제공하므로 X와 Y의 상호 작용은 함께 사는 것이 서로에게 이익이 되는 상리 공생이다.

보기

33 생태계에서의 물질 순환 2024학년도 수능 20번

적용해야 할 개념 ③가지

① 생태계에서 물질(탄소, 질소)은 생물과 비생물 사이를 순환한다.
② 탄소 순환 과정에서 생산자는 광합성을 통해 이산화 탄소(CO_2)를 유기물로 합성하고, 유기물은 먹이 사슬을 따라 소비자로 이동하며, 분해자는 생물의 사체와 배설물 속의 유기물을 무기물로 분해한다. 생산자, 소비자, 분해자는 모두 호흡을 통해 유기물을 분해하고 이산화 탄소(CO_2)를 방출한다.
③ 질소 순환 과정에서 질소 고정 작용(대기 중의 질소(N_2) → 암모늄 이온(NH_4^+)), 질산화 작용(암모늄 이온(NH_4^+) → 질산 이온(NO_3^-)), 탈질산화 작용(질산 이온(NO_3^-) → 질소 기체(N_2))이 일어난다. 생산자는 암모늄 이온과 질산 이온을 흡수하여 질소 동화 작용으로 단백질과 같은 유기물을 합성하며, 이는 먹이 사슬을 따라 소비자로 이동한다.

문제 보기

표는 생태계의 물질 순환 과정 (가)와 (나)에서 특징의 유무를 나타낸 것이다. (가)와 (나)는 질소 순환 과정과 탄소 순환 과정을 순서 없이 나타낸 것이다.

질산화 작용: 질산화 세균이 관여한다.

탄소 순환 과정 ← 질소 순환 과정

물질 순환 과정 특징	(가)	(나)
토양 속의 ㉠ 암모늄 이온(NH_4^+)이 질산 이온(NO_3^-)으로 전환된다.	×	○
식물의 광합성을 통해 대기 중의 이산화 탄소(CO_2)가 유기물로 합성된다.	○	×
ⓐ	○	○

탄소 순환 과정과 질소 순환 과정의 공통 특징 　(○: 있음, ×: 없음)

이에 대한 설명으로 옳은 것만을 〈보기〉에서 있는 대로 고른 것은? [3점]

〈보기〉 풀이

보기

✗ (나)는 탄소 순환 과정이다.
➡ 토양 속의 암모늄 이온(NH_4^+)이 질산 이온(NO_3^-)으로 전환되는 특징을 갖는 (나)는 질소 순환 과정이다. 식물의 광합성을 통해 대기 중의 이산화 탄소(CO_2)가 유기물로 합성되는 특징을 갖는 (가)가 탄소 순환 과정이다.

ㄴ. 질산화 세균은 ㉠에 관여한다.
➡ 암모늄 이온(NH_4^+)이 질산 이온(NO_3^-)으로 전환되는 과정 ㉠은 질산화 작용으로, 이 과정에 질산화 세균이 관여한다.

ㄷ. '물질이 생산자에서 소비자로 먹이 사슬을 따라 이동한다.'는 ⓐ에 해당한다.
➡ 탄소 순환 과정과 질소 순환 과정에서 물질은 생물 군집과 비생물적 환경 사이를 순환하고, 생물 군집 내에서는 먹이 사슬을 따라 이동하는 특징이 있다. 따라서 '물질이 생산자에서 소비자로 먹이 사슬을 따라 이동한다.'는 (가)와 (나) 두 과정의 공통적인 특징 ⓐ에 해당한다.

---

34 질소 순환 2025학년도 수능 20번

적용해야 할 개념 ③가지

① 질소 고정 작용은 대기 중의 질소(N_2)를 암모늄 이온(NH_4^+)으로 전환시키는 과정으로 질소 고정 세균이 관여한다.
② 질산화 작용은 암모늄 이온(NH_4^+)을 질산 이온(NO_3^-)으로 전환시키는 과정으로, 질산화 세균이 관여한다.
③ 탈질산화 작용은 질산 이온(NO_3^-)을 대기 중의 질소(N_2)로 전환하는 작용으로 탈질산화 세균(탈질소 세균)이 관여한다.

문제 보기

표 (가)는 질소 순환 과정에서 나타나는 두 가지 특징을, (나)는 (가)의 특징 중 A와 B가 갖는 특징의 개수를 나타낸 것이다. A와 B는 질소 고정 작용과 탈질산화 작용을 순서 없이 나타낸 것이다.

특징
○ 세균이 관여한다.
○ 대기 중의 질소 기체가 ㉠ 암모늄 이온(NH_4^+)으로 전환된다.

(가)

구분	특징의 개수
A　질소 고정 작용	2
B　탈질산화 작용	1

(나)

이에 대한 설명으로 옳은 것만을 〈보기〉에서 있는 대로 고른 것은?

〈보기〉 풀이

보기

질소 고정 작용은 대기 중의 질소 기체(N_2)가 암모늄 이온(NH_4^+)으로 전환되는 과정이고, 탈질산화 작용은 질산 이온(NO_3^-)이 대기 중의 질소 기체(N_2)로 전환되는 과정이다. 질소 고정 작용과 탈질산화 작용 모두 세균이 관여하여 일어난다. 따라서 2가지 특징을 모두 갖는 A는 질소 고정 작용이고, 1가지 특징을 갖는 B는 탈질산화 작용이다.

ㄱ. B는 탈질산화 작용이다.
➡ A는 질소 고정 작용이고, B는 탈질산화 작용이다.

ㄴ. 뿌리혹박테리아는 A에 관여한다.
➡ 뿌리혹박테리아, 아조토박터와 같은 질소 고정 세균은 질소 고정 작용(A)에 관여한다.

ㄷ. 질산화 세균은 ㉠이 질산 이온(NO_3^-)으로 전환되는 과정에 관여한다.
➡ 질산화 작용은 ㉠ 암모늄 이온(NH_4^+)이 질산 이온(NO_3^-)으로 전환되는 과정으로, 이 과정에는 질산화 세균이 관여한다.

30
일차

문제편 309쪽~312쪽

---

01 | 생물 다양성 2023학년도 4월 학평 5번 | 정답 ④ | 정답률 65%

적용해야 할 개념 ③가지

① 생물 다양성은 일정한 지역에 존재하는 생물의 다양한 정도를 의미하며, 유전적 다양성, 종 다양성, 생태계 다양성을 모두 포함한다.

유전적 다양성	같은 생물종이라도 하나의 형질을 결정하는 대립유전자가 다양하여 무늬, 색 등의 형질이 다양하게 나타나는 것을 의미하며 유전자를 갖는 모든 생물종에서 나타난다.
종 다양성	한 군집에 서식하는 생물종의 다양한 정도를 의미하며 생물종의 수가 많을수록, 각 생물종의 분포 비율이 고를수록 종 다양성이 높다.
생태계 다양성	어느 지역에 존재하고 있는 생태계의 다양한 정도를 의미한다.

② 생물 다양성 감소 원인에는 서식지 파괴와 단편화, 외래 생물 도입, 불법 포획과 남획, 환경 오염 등이 있다.

③ 생물 다양성 보전 대책으로는 서식지 보호, 생태 통로 설치, 외래 생물의 무분별한 도입 금지, 불법 포획과 남획 금지, 보호 구역 지정 등이 있다.

문제 보기

생물 다양성에 대한 설명으로 옳은 것만을 〈보기〉에서 있는 대로 고른 것은?

보기

〈보기〉 풀이

✗ 한 생태계 내에 존재하는 생물종의 다양한 정도를 생태계 다양성이라고 한다.

➡ 한 생태계 내에 존재하는 생물종의 다양한 정도는 종 다양성이다. 생태계 다양성은 어느 지역에 있는 생태계의 다양한 정도를 의미한다.

ㄴ 남획은 생물 다양성을 감소시키는 원인에 해당한다.

➡ 생물 다양성을 감소시키는 원인에는 서식지 파괴와 단편화, 외래 생물 도입, 불법 포획과 남획, 환경 오염 등이 있다. 남획은 개체군의 크기가 회복되지 못할 정도로 과도하게 생물을 포획하는 것으로 생물 다양성을 감소시키는 원인에 해당한다.

ㄷ 서식지 단편화에 의한 피해를 줄이기 위한 방법에 생태 통로 설치가 있다.

➡ 서식지 단편화는 서식지가 소규모로 분할되는 것으로, 서식지의 총면적이 감소하고 단편화된 서식지 사이에 생물의 이동이 차단되어 생물 다양성이 감소하는 원인이 된다. 서식지 단편화에 의한 피해를 줄이기 위해서는 단편화된 서식지 사이에 생물이 이동할 수 있는 생태 통로를 설치하는 방법이 있다.

02 개체군 내 상호 작용, 생물 자원, 생물 다양성 2024학년도 5월 학평 20번   정답 ⑤ | 정답률 93%

적용해야 할 개념 ③가지

① 동일한 종으로 이루어진 개체군 내에서의 상호 작용에는 텃세(세력권), 리더제, 순위제, 사회생활, 가족생활 등이 있다.

② 생물 자원은 인간의 생활과 생산 활동에 이용되는 모든 생물을 말한다.

③ 생물 다양성 중 유전적 다양성은 같은 생물 종이라도 하나의 형질을 결정하는 대립유전자가 다양한 정도를, 종 다양성은 한 군집에 서식하는 생물종의 다양한 정도를, 생태계 다양성은 어느 지역에 존재하는 생태계의 다양한 정도를 의미한다.

문제 보기

다음은 어떤 꿀벌 종에 대한 자료이다.

(가) 꿀벌은 여왕벌, 수벌, 일벌이 서로 일을 분담하여 협력한다. → 사회생활: 개체군 내에서 역할을 나누어 맡는다.

(나) 꿀벌이 벌집을 만들기 위해 분비하는 물질인 밀랍은 광택제, 모형 제작, 방수제, 화장품 등에 사용된다. → 생물로부터 얻은 생물 자원을 인간의 생활에 활용하였다.

(다) 환경이 급격하게 변화하였을 때 ㉠ 유전적 다양성이 높은 집단에서가 낮은 집단에서보다 더 많은 수의 개체가 살아남았다. 동일한 종 내에서 하나의 형질을 결정하는 대립유전자가 다양한 정도

이에 대한 설명으로 옳은 것만을 〈보기〉에서 있는 대로 고른 것은? [3점]

〈보기〉 풀이

ㄱ. (가)는 개체군 내의 상호 작용의 예에 해당한다.

➡ (가)에서 동일한 종으로 이루어진 꿀벌 개체군 내에서 생식을 담당하는 여왕벌과 수벌, 먹이 수집과 새끼를 돌보는 일벌처럼 서로 일을 분담하여 협력하는 사회생활은 개체군 내의 상호 작용의 예에 해당한다.

ㄴ. (나)에서 생물 자원이 활용되었다.

➡ 사람의 생활에 사용하는 광택제, 모형 제작, 방수제, 화장품 등에 생물인 꿀벌로부터 얻은 밀랍을 사용하였으므로 (나)에서 생물 자원이 활용되었다.

ㄷ. 동일한 종의 무당벌레에서 반점 무늬가 다양하게 나타나는 것은 ㉠의 예에 해당한다.

➡ 유전적 다양성은 같은 종 내에서 하나의 형질을 결정하는 대립유전자가 다양한 정도를 의미하므로, 동일한 종의 무당벌레에서 대립유전자가 다양하여 반점 무늬가 다양하게 나타나는 것은 ㉠ 유전적 다양성의 예에 해당한다.

보기

03 생물 다양성 2020학년도 3월 학평 20번   정답 ③ | 정답률 82%

적용해야 할 개념 ④가지

① 생물 다양성은 일정한 지역에 존재하는 생물의 다양한 정도를 의미하며, 유전적 다양성, 종 다양성, 생태계 다양성을 모두 포함한다.

② 유전적 다양성은 같은 생물종이라도 하나의 형질을 결정하는 대립유전자가 다양하여 형질이 다양하게 나타나는 것을 의미한다.

③ 종 다양성은 한 군집에 서식하는 생물종의 다양한 정도를 의미하며, 생물종의 수가 많을수록, 각 생물종의 분포 비율이 고를수록 종 다양성이 높다.

④ 종 다양성이 높을수록 복잡한 먹이 그물을 형성하여 생태계 평형이 쉽게 깨지지 않는다.

문제 보기

생물 다양성에 대한 옳은 설명만을 〈보기〉에서 있는 대로 고른 것은? [3점]

〈보기〉 풀이

ㄱ. 생물 다양성이 낮을수록 생태계의 평형이 깨지기 쉽다.

➡ 생물 다양성은 유전적 다양성, 종 다양성, 생태계 다양성을 모두 포함한다. 생태계에서 종 다양성이 낮으면 먹이 사슬이 단순하여 어떤 생물종이 사라지면 그 포식자도 사라질 가능성이 높으므로 생태계 평형이 깨지기 쉽다.

ㄴ. 사람의 눈동자 색깔이 다양한 것은 유전적 다양성에 해당한다.

➡ 사람의 눈동자 색깔이 다양한 것은 사람마다 눈동자 색깔을 결정하는 대립유전자 구성이 다르기 때문이다. 이처럼 같은 생물종 내에서 유전적 차이에 의해 형질이 다양하게 나타나는 것을 유전적 다양성이라고 한다.

✗. 한 지역에서 종의 수가 일정할 때, 각 종의 개체 수 비율이 균등할수록 종 다양성이 낮다.

➡ 종 다양성은 종 풍부도와 종 균등도에 의해 결정된다. 한 지역에 사는 생물종의 수가 많을수록, 각 생물종의 분포 비율이 균등할수록 종 다양성이 높다. 따라서 한 지역에서 종의 수가 일정할 때, 각 종의 개체 수 비율이 균등할수록 종 다양성이 높다.

보기

04 생물 다양성 2025학년도 6월 모평 20번

정답 ③ | 정답률 94 %

적용해야 할
개념 ②가지

① 생물 다양성은 일정한 지역에 존재하는 생물의 다양한 정도를 의미하며, 유전적 다양성, 종 다양성, 생태계 다양성을 모두 포함한다.

유전적 다양성	같은 생물종이라도 하나의 형질을 결정하는 대립유전자가 다양하여 무늬, 색 등의 형질이 다양하게 나타나는 것을 의미한다.
종 다양성	한 군집에 서식하는 생물종의 다양한 정도를 의미하며, 생물종의 수가 많을수록 각 생물종의 분포 비율이 고를수록 종 다양성이 높다.
생태계 다양성	어느 지역에 존재하고 있는 생태계의 다양한 정도를 의미한다.

② 생물 다양성 감소 원인에는 서식지 파괴와 단편화, 외래 생물 도입, 불법 포획과 남획, 환경 오염 등이 있다.

문제 보기

다음은 생물 다양성에 대한 자료이다. A와 B는 유전적 다양성과 종 다양성을 순서 없이 나타낸 것이다.

> ○ A는 한 생태계 내에 존재하는 생물종의 다양한 정도를 의미한다. → 종 다양성
> ○ 같은 종의 개체들이 서로 다른 대립유전자를 가져 형질이 다양하게 나타나는 것은 B에 해당한다. → 유전적 다양성

이에 대한 설명으로 옳은 것만을 〈보기〉에서 있는 대로 고른 것은?

〈보기〉 풀이

ㄱ. A는 종 다양성이다.

➡ 한 생태계 내에 존재하는 생물종의 다양한 정도는 종 다양성이므로 A는 종 다양성이다. 종 다양성은 생물종의 수가 많을수록(종 풍부도), 각 생물종의 분포 비율이 고를수록(종 균등도) 높다.

ㄴ. A가 감소하는 원인 중에는 서식지 파괴가 있다.

➡ A(종 다양성)가 감소하는 원인에는 서식지 파괴와 단편화, 불법 포획과 남획, 외래종 유입, 환경 오염 등이 있다.

ㄷ. B가 높은 종은 환경이 급격히 변했을 때 멸종될 확률이 높다.

➡ B는 같은 종의 개체들이 서로 다른 대립유전자를 가져 형질이 다양하게 나타나는 것이므로 유전적 다양성이다. B(유전적 다양성)가 높은 종은 환경이 급격히 변했을 때 살아남아 환경 변화에 적응하는 개체가 있을 확률이 높아 멸종될 확률이 낮다.

보기

---

05 생물 다양성 2021학년도 4월 학평 4번

정답 ⑤ | 정답률 92 %

적용해야 할
개념 ③가지

① 종 다양성은 한 생태계 내의 군집에 서식하는 생물종의 다양한 정도를 의미한다.
② 유전적 다양성은 같은 생물종이라도 하나의 형질을 결정하는 대립유전자가 다양하여 형질이 다양하게 나타나는 것을 의미한다.
③ 생태계 다양성은 생물의 서식지인 생태계의 다양한 정도를 의미하며, 생태계 다양성이 증가할수록 생물 다양성은 증가한다.

문제 보기

다음은 생물 다양성에 대한 학생 A~C의 발표 내용이다.

| 한 생태계 내에 존재하는 생물종의 다양한 정도를 종 다양성이라고 합니다. | 같은 종의 무당벌레에서 반점 무늬가 다양하게 나타나는 것은 유전적 다양성에 해당합니다. | 삼림, 초원, 사막, 습지 등이 다양하게 나타날수록 생물 다양성은 증가합니다. |

학생 A   학생 B   학생 C

제시한 내용이 옳은 학생만을 있는 대로 고른 것은?

〈보기〉 풀이

A. 한 생태계 내에 존재하는 생물종의 다양한 정도를 종 다양성이라고 합니다.

➡ 한 생태계에 있는 생물종의 다양한 정도를 종 다양성이라고 한다. 종 다양성은 생물종의 수(종 풍부도)가 많을수록, 각 종의 분포 비율(종 균등도)이 고를수록 높다.

B. 같은 종의 무당벌레에서 반점 무늬가 다양하게 나타나는 것은 유전적 다양성에 해당합니다.

➡ 같은 종의 무당벌레라도 대립유전자의 구성이 다양하여 반점 무늬가 다양하게 나타나는 것은 유전적 다양성에 해당한다. 유전적 다양성이 높을수록 급격한 환경 변화에도 멸종될 확률이 낮다.

C. 삼림, 초원, 사막, 습지 등이 다양하게 나타날수록 생물 다양성은 증가합니다.

➡ 삼림, 초원, 사막 등과 같은 생태계가 다양할수록 서로 다른 환경에 적응하여 살아가는 생물종이 많아지므로 생물 다양성이 증가한다.

보기

06 생물 다양성의 의미 2023학년도 6월 모평 9번

정답 ① | 정답률 85 %

적용해야 할 개념 ③가지

① 생물 다양성은 일정한 지역에 존재하는 생물의 다양한 정도를 의미하며, 유전적 다양성, 종 다양성, 생태계 다양성을 모두 포함한다.

② 유전적 다양성은 같은 생물 종이라도 형질을 결정하는 대립유전자가 다양하여 형질이 다양하게 나타나는 것을 의미한다.

③ 종 다양성은 한 군집에 서식하는 생물 종의 다양한 정도를 의미하며, 생물 종의 수가 많을수록, 각 생물 종의 분포 비율이 고를수록 종 다양성이 높다.

문제 보기

다음은 생물 다양성에 대한 학생 A∼C의 대화 내용이다.

같은 종의 무당벌레에서 색과 무늬가 다양하게 나타나는 것은 유전적 다양성에 해당해.

한 생태계 내에 존재하는 생물 종의 다양한 정도를 생태계 다양성이라고 해. ─ 종 다양성

종 수가 같을 때 전체 개체 수에서 각 종이 차지하는 비율이 균등할수록 종 다양성은 낮아져. 높아져

학생 A   학생 B   학생 C

보기

제시한 내용이 옳은 학생만을 있는 대로 고른 것은?

<보기> 풀이

Ⓐ **같은 종의 무당벌레에서 색과 무늬가 다양하게 나타나는 것은 유전적 다양성에 해당해.**

➡ 동일한 생물 종이라도 각 개체의 형질이 다르게 나타나는 것은 개체마다 형질을 결정하는 대립유전자 구성이 다르기 때문이다. 같은 종의 무당벌레에서 색과 무늬가 다양한 것은 유전적 다양성에 해당한다.

B̶ **한 생태계 내에 존재하는 생물 종의 다양한 정도를 생태계 다양성이라고 해.**

➡ 한 생태계 내에 존재하는 생물 종의 다양한 정도를 종 다양성이라고 한다.

C̶ **종 수가 같을 때 전체 개체 수에서 각 종이 차지하는 비율이 균등할수록 종 다양성은 낮아져.**

➡ 종 다양성은 종 풍부도와 종 균등도에 의해 결정된다. 종 풍부도는 한 지역에 사는 생물 종의 수이고, 종 균등도는 각 생물의 분포 비율이 균등한 정도이다. 생물 종의 수가 많을수록 종 다양성이 높고, 종 수가 같다면 각 생물 종의 분포 비율이 균등할수록 종 다양성이 높다.

적용해야 할 개념 ③가지

① 종 다양성은 한 군집에 서식하는 생물종의 다양한 정도를 의미하며, 생물종의 수가 많을수록, 각 종의 분포 비율이 균등할수록 높다.

② 개체군 밀도는 일정한 공간에 서식하는 개체 수로, $\dfrac{개체군을 \ 구성하는 \ 개체 \ 수}{개체군이 \ 서식하는 \ 공간의 \ 면적}$ 로 구한다.

③ 개체군은 일정한 지역에 같은 종의 개체가 무리를 이루어 생활하는 집단을 말한다.

문제 보기

그림은 서로 다른 지역 (가)~(다)에 서식하는 식물 종 A~C를 나타낸 것이고, 표는 종 다양성에 대한 자료이다. (가)~(다)의 면적은 모두 같다. _{밀도와 개체 수가 비례한다.}

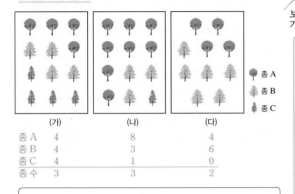

	(가)	(나)	(다)
종 A	4	8	4
종 B	4	3	6
종 C	4	1	0
종 수	3	3	2

● 종 A
● 종 B
● 종 C

○ 어떤 지역의 종 다양성은 종 수가 많을수록, 전체 개체 수에서 각 종이 차지하는 비율이 균등할수록 높아진다.

이 자료에 대한 설명으로 옳은 것만을 〈보기〉에서 있는 대로 고른 것은? (단, A~C 이외의 종은 고려하지 않는다.) [3점]

보기

〈보기〉 풀이

종 다양성은 한 군집에 서식하는 생물종의 다양한 정도를 의미한다.

ㄱ. 식물의 종 다양성은 (가)에서가 (나)에서보다 높다.

➡ 종 다양성은 종 수가 많을수록, 전체 개체 수에서 각 종이 차지하는 비율이 균등할수록 높다. (가)와 (나)는 모두 3종의 식물이 서식하여 종 수는 같지만, 각 종이 차지하는 비율이 (가)에서가 (나)에서보다 균등하므로 식물의 종 다양성은 (가)에서가 (나)에서보다 높다.

✘. A의 개체군 밀도는 (가)에서가 (다)에서보다 낮다.

➡ 개체군 밀도는 일정한 공간에 서식하는 개체 수로, (가)와 (다)의 면적이 서로 같고, A의 개체 수도 4로 같으므로 A의 개체군 밀도는 (가)와 (다)에서 같다.

✘. (다)에서 A는 B와 한 개체군을 이룬다.

➡ 개체군은 동일한 종으로 이루어진 무리이다. A와 B는 서로 다른 종이므로 한 개체군을 이루지 않는다.

적용해야 할 개념 ③가지

① 개체군의 밀도는 $\dfrac{특정 \ 종의 \ 개체 \ 수}{전체 \ 서식지의 \ 면적}$ 로 구하고, 상대 밀도는 $\dfrac{특정 \ 종의 \ 밀도}{조사한 \ 모든 \ 종의 \ 밀도 \ 합} \times 100(\%)$ 으로 구한다.

② 두 지역을 조사할 때 면적이 동일한 경우 개체군의 밀도는 개체 수에 비례한다.

③ 종 다양성은 한 군집에 서식하는 생물종의 다양한 정도를 의미하며, 생물종의 수(종 풍부도)가 많을수록, 각 생물종의 분포 비율(종 균등도)이 고를수록 종 다양성이 높다.

문제 보기

표 (가)는 면적이 동일한 서로 다른 지역 Ⅰ과 Ⅱ에 서식하는 식물 종 A~E의 개체 수를, (나)는 Ⅰ과 Ⅱ 중 한 지역에서 ㉠과 ㉡의 상대 밀도를 나타낸 것이다. ㉠과 ㉡은 각각 A~E 중 하나이다.

(가)

구분		A	B	C	D	E	총 개체 수
Ⅰ	5종	9	10	12	8	11	50
Ⅱ	4종	18	10	20	0	2	50

(나)

구분	상대 밀도(%)	
㉠	Ⅰ의 A	18 $\frac{x}{50}\times100=18$ ➡ 개체 수 9
㉡	Ⅰ의 B	20 $\frac{y}{50}\times100=20$ ➡ 개체 수 10

이에 대한 설명으로 옳은 것만을 〈보기〉에서 있는 대로 고른 것은? (단, A~E 이외의 종은 고려하지 않는다.) [3점]

보기

〈보기〉 풀이

✘. ㉡은 C이다.

➡ Ⅰ과 Ⅱ의 면적이 동일하므로 개체군의 밀도는 개체 수에 비례한다. 각 지역에 서식하는 총 개체 수를 구하면 지역 Ⅰ은 9＋10＋12＋8＋11＝50, 지역 Ⅱ는 18＋10＋20＋0＋2＝50으로 같다. 상대 밀도는 $\dfrac{특정 \ 종의 \ 밀도}{조사한 \ 모든 \ 종의 \ 밀도 \ 합} \times 100(\%)$ 으로 구하는데, ㉠은 상대 밀도가 $\dfrac{x}{50}\times100=18$ 이므로 개체 수가 9이고, ㉡은 상대 밀도가 $\dfrac{y}{50}\times100=20$ 이므로 개체 수가 10이다. 따라서 ㉠과 ㉡은 각각 지역 Ⅰ에 서식하는 A와 B이다.

ㄴ. B의 개체군 밀도는 Ⅰ과 Ⅱ에서 같다.

➡ 개체군의 밀도는 $\dfrac{특정 \ 종의 \ 개체 \ 수}{전체 \ 서식지의 \ 면적}$ 로 구하는데, 지역 Ⅰ과 Ⅱ의 면적이 동일하고 B의 개체 수가 Ⅰ과 Ⅱ에서 10으로 같으므로, B의 개체군 밀도는 Ⅰ과 Ⅱ에서 같다.

✘. 식물의 종 다양성은 Ⅰ에서가 Ⅱ에서보다 낮다.

➡ 종 다양성은 종 풍부도와 종 균등도에 의해 결정된다. 한 지역에 사는 생물종의 수가 많을수록, 각 생물종의 분포 비율이 균등할수록 종 다양성이 높다. 지역 Ⅰ이 지역 Ⅱ보다 생물종 수가 하나 더 많고 각 종이 차지하는 비율이 더 고르므로 식물의 종 다양성은 Ⅰ에서가 Ⅱ에서보다 높다.

적용해야 할 개념 ③가지

① 상대 밀도 = $\dfrac{\text{특정 종의 밀도}}{\text{조사한 모든 종의 밀도 합}} \times 100(\%)$으로 계산한다.

② 종 다양성은 한 군집에 서식하는 생물종의 다양한 정도를 의미하며, 생물종의 수가 많을수록, 각 생물종의 분포 비율이 고를수록 종 다양성이 높다.

③ 특정 환경 조건을 충족하는 군집에서만 발견되어 그 군집의 특징을 나타내는 종을 지표종이라고 하며, 예로는 이산화 황의 오염 정도를 알 수 있는 지의류가 있다.

문제 보기

표 (가)는 어떤 지역에서 시점 t_1과 t_2일 때 서식하는 식물 종 A~C의 개체 수를 나타낸 것이고, (나)는 C에 대한 설명이다. t_1일 때 A~C의 개체 수의 합과 B의 상대 밀도는 t_2일 때와 같고, t_1과 t_2일 때 이 지역의 면적은 변하지 않았다.

구분	개체 수		
	A	B	C
t_1	16	17	?17
t_2	28	⊙17	5

(가)

C는 대기 중 오염 물질의 농도가 높아지면 개체 수가 감소하므로, C의 개체 수를 통해 대기 오염 정도를 알 수 있다.

(나) C는 지표종

이에 대한 설명으로 옳은 것만을 〈보기〉에서 있는 대로 고른 것은? (단, A~C 이외의 다른 종은 고려하지 않고, 대기 오염 외에 C의 개체 수 변화에 영향을 주는 요인은 없다.) [3점]

보기

〈보기〉 풀이

ㄱ. ⊙은 **17이다.**

⇒ t_1일 때와 t_2일 때 면적이 변하지 않았으므로 B의 상대 밀도는 $\dfrac{\text{B의 개체 수}}{\text{A의 개체 수+B의 개체 수+C의 개체 수}} \times 100(\%)$이다. t_1일 때와 t_2일 때 A~C의 개체 수 합과 B의 상대 밀도가 같으므로 $\dfrac{17}{33+t_1\text{일 때 C의 개체 수}} = \dfrac{⊙}{33+⊙}$이므로 ⊙은 17이고, t_1일 때 C의 개체 수도 170이다.

ㄴ. **식물의 종 다양성은 t_1일 때가 t_2일 때보다 높다.**

⇒ 종 다양성은 종의 수가 많을수록, 각 종의 분포 비율이 균등할수록 높다. t_1일 때와 t_2일 때 종의 수는 3으로 같지만 A~C 각 종의 개체 수는 t_1일 때가 t_2일 때보다 균등하다. 따라서 식물의 종 다양성은 t_1일 때가 t_2일 때보다 높다.

✗. 대기 중 오염 물질의 농도는 t_1일 때가 t_2일 때보다 높다.

⇒ C의 개체 수는 t_1일 때 17에서 t_2일 때 5로 감소하였다. 따라서 대기 중 오염 물질의 농도는 t_1일 때가 t_2일 때보다 낮다.

적용해야 할 개념 ②가지		
① 생물 다양성은 일정한 지역에 존재하는 생물의 다양한 정도를 의미하며, 유전적 다양성, 종 다양성, 생태계 다양성을 모두 포함한다.		
	유전적 다양성	같은 생물종이라도 하나의 형질을 결정하는 대립유전자가 다양하여 무늬, 색 등의 형질이 다양하게 나타나는 것을 의미하며, 유전자를 갖는 모든 생물종에서 나타난다.
	종 다양성	한 군집에 서식하는 생물종의 다양한 정도를 의미하며, 생물종의 수가 많을수록, 각 생물종의 분포 비율이 고를수록 종 다양성이 높다.
	생태계 다양성	어느 지역에 존재하고 있는 생태계의 다양한 정도를 의미한다.
② 생물 다양성 감소 원인에는 서식지 파괴와 단편화, 외래 생물 도입, 불법 포획과 남획, 환경 오염 등이 있다.		

문제 보기

생물 다양성에 대한 설명으로 옳은 것만을 〈보기〉에서 있는 대로 고른 것은?

〈보기〉 풀이

ㄱ. **불법 포획과 남획에 의한 멸종은 생물 다양성 감소의 원인이 된다.**
➡ 생물 다양성은 유전적 다양성, 종 다양성, 생태계 다양성을 모두 포함하는 것으로, 불법 포획과 남획에 의한 멸종으로 생물종 수가 감소하면 생물 다양성이 감소한다.

ㄴ. **생태계 다양성은 어느 한 군집에 서식하는 생물종의 다양한 정도를 의미한다.**
➡ 한 군집에 서식하는 생물종의 다양한 정도는 종 다양성이며, 생태계 다양성은 사막, 초원, 삼림, 습지, 산, 호수, 강, 바다 등 생태계의 다양함을 의미한다.

ㄷ. **같은 종의 기린에서 털 무늬가 다양하게 나타나는 것은 유전적 다양성에 해당한다.**
➡ 같은 종의 기린이라도 개체에 따라 털 무늬가 다양하게 나타나는 것은 개체가 지닌 대립유전자 구성이 다양하여 형질이 다양하게 나타나기 때문이며, 이는 유전적 다양성에 해당한다.

적용해야 할 개념 ③가지	
① 생물 다양성은 유전적 다양성, 종 다양성, 생태계 다양성을 모두 포함한다.	
② 종 다양성은 한 군집에 서식하는 생물종의 다양한 정도를 의미하며, 생물종의 수가 많을수록, 각 생물종의 분포 비율이 고를수록 종 다양성이 높다.	
③ 개체군은 일정한 지역에 서식하는 같은 종의 개체들로 이루어지므로, 같은 지역에 서식하더라도 종이 다르면 한 개체군이 아니다.	

문제 보기

그림 (가)는 어떤 숲에 사는 새 5종 ㉠~㉤이 서식하는 높이 범위를, (나)는 숲을 이루는 나무 높이의 다양성에 따른 새의 종 다양성을 나타낸 것이다. 나무 높이의 다양성은 숲을 이루는 나무의 높이가 다양할수록, 각 높이의 나무가 차지하는 비율이 균등할수록 높아진다.

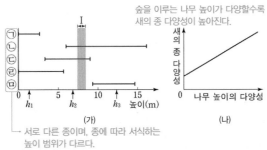

숲을 이루는 나무 높이가 다양할수록 새의 종 다양성이 높아진다.

└ 서로 다른 종이며, 종에 따라 서식하는 높이 범위가 다르다.

이 자료에 대한 설명으로 옳은 것만을 〈보기〉에서 있는 대로 고른 것은?

〈보기〉 풀이

ㄱ. **㉠이 서식하는 높이는 ㉤이 서식하는 높이보다 낮다.**
➡ ㉠은 높이가 약 2.5 m 이하인 나무에서 서식하고, ㉤은 높이가 약 9~14.5 m인 나무에서 서식하므로 ㉠이 서식하는 높이는 ㉤이 서식하는 높이보다 낮다.

ㄴ. **구간 Ⅰ에서 ㉡은 ㉢과 한 개체군을 이루어 서식한다.**
➡ ㉡과 ㉢은 서로 다른 종이므로 같은 높이에서 서식한다고 해서 한 개체군이 되지는 않는다.

ㄷ. **새의 종 다양성은 높이가 h_3인 나무만 있는 숲에서가 높이가 h_1, h_2, h_3인 나무가 고르게 분포하는 숲에서보다 높다.**
➡ (나)에서 나무 높이의 다양성이 높을수록 새의 종 다양성이 증가한다. 즉, 높이가 h_3인 나무만 있는 숲에서가 높이가 h_1, h_2, h_3인 나무가 고르게 분포하는 숲에서보다 새의 종 다양성이 낮다.

적용해야 할 개념 ③가지

① 생물 다양성은 일정한 지역에 존재하는 생물의 다양한 정도를 의미하며, 유전적 다양성, 종 다양성, 생태계 다양성을 모두 포함한다.

② 종 다양성은 한 생태계 내의 군집에 서식하는 생물종의 다양한 정도를 의미하며, 종 다양성이 높을수록 복잡한 먹이 그물을 형성하여 생태계 평형이 쉽게 깨지지 않아 생태계가 안정적으로 유지된다.

③ 생태계 구성 요소는 생물적 요인(생산자, 소비자, 분해자)과 비생물적 요인(빛, 온도, 공기, 물, 토양 등)으로 구성되며, 생물적 요인과 비생물적 요인은 서로 영향을 주고받는다.

문제 보기

그림 (가)는 서대서양에서 위도에 따른 해양 달팽이의 종 수를, (나)는 이 해양에서 평균 해수면 온도에 따른 해양 달팽이의 종 수를 나타낸 것이다.

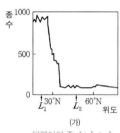

(가)

달팽이의 종 수: $L_1 > L_2$

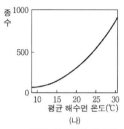

(나)

평균 해수면의 온도가 높을수록 해양 달팽이의 종 수가 증가한다.

이에 대한 설명으로 옳은 것만을 〈보기〉에서 있는 대로 고른 것은? [3점]

〈보기〉 풀이

✗ 해양 달팽이의 종 수는 위도 L_2에서가 L_1에서보다 많다.

➡ 해양 달팽이의 종 수는 위도 L_2에서는 약 100이지만 L_1에서는 약 900으로 L_2에서가 L_1에서보다 적다.

ㄴ. (나)에서 평균 해수면 온도가 높을수록 해양 달팽이의 종 수가 증가하는 것은 비생물적 요인이 생물에 영향을 미치는 예에 해당한다.

➡ (나)에서 평균 해수면 온도(비생물적 요인)에 따라 달팽이(생물적 요인)의 종 수가 달라지는 것은 비생물적 요인이 생물적 요인에 영향을 미치는 예에 해당한다.

ㄷ. 종 다양성이 높을수록 생태계가 안정적으로 유지된다.

➡ 생태계를 구성하는 생물들은 먹고 먹히는 먹이 사슬을 형성하며, 먹이 사슬을 통해 물질과 에너지가 이동한다. 종 다양성이 높을수록 복잡한 먹이 그물을 형성하여 생태계에서 환경의 변화로 특정 종의 개체 수가 감소하거나 증가하는 변화가 나타나더라도 평형 상태를 회복하므로 종 다양성이 높을수록 생태계가 안정적으로 유지된다.

적용해야 할 개념 ③가지

① 종 다양성은 한 생태계 내의 군집에 서식하는 생물종의 다양한 정도를 의미하며, 생태계 다양성은 생물의 서식지인 생태계의 다양한 정도를 의미한다.

② 생물 다양성 감소 원인에는 서식지 파괴와 단편화, 외래 생물 도입, 불법 포획과 남획, 환경 오염 등이 있다.

③ 생물 다양성 보전 대책으로는 서식지 보호, 생태 통로 설치, 불법 포획과 남획 금지, 외래 생물의 무분별한 도입 방지, 보호 구역 지정 등이 있다.

문제 보기

다음은 생물 다양성에 대한 학생 A~C의 대화 내용이다.

학생 A: 한 생태계에 있는 생물종의 다양한 정도를 생태계 다양성 이라고 해.

학생 B: 불법 포획과 남획은 생물 다양성 감소의 원인이야.

학생 C: 국립공원 지정은 생물 다양성을 보전하기 위한 방안이야.

제시한 내용이 옳은 학생만을 있는 대로 고른 것은?

<보기> 풀이

~~A.~~ 한 생태계에 있는 생물종의 다양한 정도를 생태계 다양성이라고 해.

➡ 한 생태계에 있는 생물종의 다양한 정도는 종 다양성이라고 한다. 종 다양성은 생물종의 수(종 풍부도)가 많을수록, 각 종의 분포 비율(종 균등도)이 고를수록 높다.

B. 불법 포획과 남획은 생물 다양성 감소의 원인이야.

➡ 희귀 식물을 채취하거나 야생 생물을 밀렵하는 것과 같이 특정 생물종을 불법 포획하거나 남획하면 그 생물종의 개체 수가 급격히 감소하여 멸종 위험이 커진다.

C. 국립공원 지정은 생물 다양성을 보전하기 위한 방안이야.

➡ 국립공원과 같이 보호 구역을 지정하는 것은 멸종 위기종이나 희귀 생물의 불법 포획이나 남획을 방지하고 생물이 서식하는 환경을 보호하고 유지함으로써 생물 다양성을 보전하는 데 도움이 된다.

보기

Ⅲ │ 항상성과 몸의 조절

01 ① **02** ① **03** ⑤ **04** ③ **05** ③ **06** ③ **07** ②
08 ①

---

01 막전위의 변화와 흥분 전도 속도   정답 ①

선택 비율 | ① 44 % | ② 13 % | ③ 19 % | ④ 14 % | ⑤ 10 %

문제 풀이 TIP

이런 유형의 문제에서는 A~C에서 자극을 준 지점 P를 찾아야 하는데, 뉴런에서 활동 전위가 발생하였을 때 각 지점의 막전위 변화는 하나의 그래프로 제시되어 있으므로 P에서의 막전위는 A~C에서 모두 같다는 것을 생각한다.

＜보기＞ 풀이

⊙이 4 ms일 때 P의 막전위는 모두 −70 mV이다. 따라서 자극을 준 지점 P는 Ⅰ이며, Ⅰ은 d_2~d_4 중 하나이다. P가 d_2라면 Ⅱ와 Ⅲ은 각각 d_3과 d_4 중 하나이다. 그런데 이 경우 A에서 Ⅱ와 Ⅲ에서의 막전위가 모두 +30 mV일 수 없으므로 P는 d_2가 아니다. A에서 P가 d_4라면 Ⅱ와 Ⅲ이 각각 d_2와 d_3 중 하나이고, Ⅱ와 Ⅲ의 막전위가 모두 +30 mV일 수 없으므로 P는 d_4가 아니다. 따라서 P(Ⅰ)는 d_3이다.

A의 d_3에 자극을 주고 경과된 시간이 4 ms일 때 각각 d_2와 d_4 중 하나인 Ⅱ와 Ⅲ에서의 막전위가 +30 mV로 같으므로 (가)에는 시냅스가 없다. 따라서 (나)와 (다)에는 시냅스가 있으며, A의 흥분 전도 속도 ⓑ는 B와 C를 구성하는 두 뉴런의 흥분 전도 속도 ⓐ와 다르다. A에서 d_3에 자극을 주고 경과된 시간이 4 ms일 때 d_2와 d_4의 막전위가 +30 mV이므로 흥분이 도달하고 2 ms가 지난 상태이다. d_3에서 2 cm 떨어진 지점 d_2 또는 d_4로 흥분이 이동하는 데 걸린 시간이 2 ms이므로 A의 흥분 전도 속도 ⓑ는 1 cm/ms이다.

B에서 d_3에 자극을 주고 경과된 시간 4 ms일 때 d_1에서의 막전위가 +30 mV이므로 흥분이 도달하고 2 ms가 지난 상태이다. d_3에서 4 cm 떨어진 지점 d_1까지 흥분이 이동하는 데 걸린 시간이 2 ms이므로 B를 구성하는 뉴런에서의 흥분 전도 속도 ⓐ는 2 cm/ms이다.

ㄱ. Ⅱ는 d_2이다.

➡ B와 C를 구성하는 뉴런의 흥분 전도 속도는 2 cm/ms로 같다. C에서 d_3에 자극을 주고 경과된 시간이 4 ms일 때 2 cm 떨어진 d_4에 흥분이 이동하는 데 걸린 시간은 1 ms이고, d_4에 흥분이 도달하고 3 ms가 지난 상태이므로 d_4의 막전위는 −80 mV이다. 따라서 Ⅲ이 d_4이고, Ⅱ는 d_2이다.

✗ ⓐ는 1 cm/ms이다.

➡ B와 C를 구성하는 두 뉴런의 흥분 전도 속도 ⓐ는 2 cm/ms이고, A를 구성하는 뉴런의 흥분 전도 속도 ⓑ는 1 cm/ms이다.

✗ ⊙이 5 ms일 때 B의 d_5에서의 막전위는 −80 mV이다.

➡ ⊙이 4 ms일 때 B의 d_4(Ⅲ)에서 막전위가 +30 mV이므로 B의 d_3에서 d_4까지 자극이 전달되는 데 2 ms가 걸린다. 따라서 ⊙이 5 ms일 때는 B의 d_4에서의 막전위가 −80 mV이고, d_4에서 2 cm 떨어진 d_5에서의 막전위는 +30 mV이다.

선배의 TMI 이것만 알고 가자!   흥분의 전도와 전달

지점 P를 찾았다면 한 뉴런에서는 흥분이 양방향으로 전도된다는 것과 P로부터 양쪽으로 같은 거리에 있는 지점의 막전위가 같다는 것을 생각해야 해요. 경과 시간(t)＝(자극이 특정 지점까지 도달하는 데 걸린 시간)＋(그 지점의 막전위 변화가 일어나는 데 걸린 시간)으로 계산하는 것은 꼭 알아두어야 해요. 그리고 뉴런에서의 흥분 전도 속도는 시냅스가 없는 한 뉴런에서 계산한다는 것도 중요한 실마리랍니다.

---

02 막전위의 변화와 흥분 전도 속도   정답 ①

선택 비율 | ① 25 % | ② 10 % | ③ 30 % | ④ 22 % | ⑤ 13 %

문제 풀이 TIP

Ⅰ~Ⅲ 각각에서 자극을 준 지점에서의 막전위 변화는 동일하다는 것을 생각하여 Ⅰ과 Ⅱ에서 자극을 준 지점 P는 d_2이고, Ⅲ에서 자극을 준 지점 Q는 d_4라는 것을 알아낸다.

＜보기＞ 풀이

Ⅰ~Ⅲ 각각에서 활동 전위가 발생하였을 때 각 지점에서의 막전위 변화는 동일하므로 Ⅰ과 Ⅱ에서 자극을 준 지점 P에서의 막전위는 같아야 한다. 따라서 P는 막전위가 다른 d_4를 제외한 d_1, d_2, d_3, d_5 중 하나이다. P가 d_1이라면 Ⅰ과 Ⅱ의 흥분 전도 속도가 다르고 Ⅰ에는 시냅스가 존재하므로 d_2에서 막전위가 ⓐ로 같을 수 없다. P가 d_3라면 d_3로부터 같은 거리에 있는 d_2와 d_4의 막전위가 같아야 하는데 Ⅰ에서는 ⓐ와 ⓑ로, Ⅱ에서는 ⓐ와 ⓒ로 다르다. P가 d_5라면 자극을 주고 경과된 시간이 4 ms이므로 Ⅱ의 막전위 ⓑ는 −70이고, Ⅰ의 d_4에서 막전위가 ⓑ(−70)가 될 수 없다. 따라서 Ⅰ과 Ⅱ에서 자극을 준 지점 P는 d_2이고 자극을 주고 경과된 시간이 4 ms일 때의 막전위 ⓐ는 −70이다.

Ⅲ에서 자극을 준 지점 Q는 자극을 주고 경과된 시간이 4 ms이므로 막전위가 ⓐ(−70)인 d_4이다. Ⅲ의 d_2의 막전위 −80은 흥분이 d_2에 도달한 후 3 ms가 경과되었을 때의 막전위이므로 Ⅲ의 d_4에서 2 cm 떨어진 d_2까지 흥분이 이동하는 데 걸린 시간은 1 ms이며 Ⅲ의 흥분 전도 속도 $6v$＝2 cm/ms이다. 따라서 Ⅱ의 흥분 전도 속도 $3v$＝1 cm/ms이고, Ⅰ을 구성하는 두 뉴런의 흥분 전도 속도 $2v$＝$\frac{2}{3}$ cm/ms이다. 따라서 Ⅱ에서 자극을 준 지점 d_2로부터 2 cm 떨어져 있는 d_1, d_4로 흥분이 이동하는 데 걸린 시간은 2 ms이고, 각 지점에 흥분이 도달한 후 경과한 시간은 2 ms이므로 막전위 ⓒ는 약 0이고, d_2로부터 3 cm 떨어진 d_5에서의 막전위(ⓑ)는 흥분이 도달한 후 1 ms가 경과하였을 때이므로 약 −65이다.

ㄱ. Q는 d_4이다.

➡ P는 d_2이고, Q는 d_4이다.

✗ Ⅱ의 흥분 전도 속도는 2 cm/ms이다.

➡ Ⅰ을 구성하는 두 뉴런의 흥분 전도 속도는 $\frac{2}{3}$ cm/ms이고, Ⅱ의 흥분 전도 속도는 1 cm/ms이며, Ⅲ의 흥분 전도 속도는 2 cm/ms이다.

✗ ⊙이 5 ms일 때 Ⅰ의 d_5에서 재분극이 일어나고 있다.

➡ Ⅰ을 구성하는 두 뉴런의 흥분 전도 속도는 $\frac{2}{3}$ cm/ms이므로 자극을 준 지점 d_2에서 3 cm 떨어진 지점 d_5까지 흥분이 이동하는 데 걸리는 시간은 $\frac{9}{2}$ ms이다. 따라서 ⊙이 5 ms일 때 Ⅰ의 d_5는 흥분이 도달한 후 $\frac{1}{2}$ ms가 경과하였을 때이므로 탈분극이 일어나고 있다.

오답률 높은 ③   ㄷ이 옳다고 생각했다면?

자극을 준 지점 P,Q 그리고 각 뉴런에서의 흥분 전도 속도 등을 계산하는 복잡한 과정을 수행하는 동안 Q는 뉴런 Ⅲ에서 자극을 준 지점이었는데 ㄷ에서는 뉴런 Ⅰ의 d_5에서의 막전위를 묻고 있다는 것을 혼동했을 가능성이 있어요. 뉴런 Ⅰ에서 자극을 준 지점 P는 d_4가 아닌 d_2이고, 따라서 자극을 준 지점으로부터 3 cm 떨어져 있어서 d_5까지 흥분이 도달하는 데 걸린 시간을 계산하면 d_5에서는 재분극이 아니라 탈분극이 일어난다는 것을 추론할 수 있지요.

문제 풀이 TIP

근수축이 일어날 때 근육 원섬유 마디(X)의 길이, I대(㉠)의 길이, H대(㉢)의 길이가 줄어들고, 두 필라멘트가 겹친 부분(㉡)의 길이가 늘어나는 것을 알고 있다면, 이들의 길이 변화량의 양적 관계를 통해 연립방정식을 만들어 ㉠, ㉡, ㉢의 길이를 계산할 수 있다. 이 경우 근수축이 일어나더라도 길이가 변하지 않는 A대의 길이(마이오신 필라멘트의 길이)와 액틴 필라멘트의 길이(㉠의 길이+㉡의 길이)가 단서가 되며, 근육 원섬유 마디 X의 길이는 '2×(㉠의 길이+㉡의 길이)+㉢의 길이'인데, 액틴 필라멘트의 길이(㉠의 길이+㉡의 길이)가 변하지 않으므로 X의 길이 변화량은 곧 ㉢의 길이 즉, H대의 길이 변화량과 같다는 것을 알 수 있다.

<보기> 풀이

근육이 수축할 때 근육 원섬유 마디 X의 길이가 $2d$만큼 감소하면 ㉠의 길이는 d만큼, ㉢의 길이는 $2d$만큼 감소하고, ㉡의 길이는 d만큼 증가한다. ㉡의 길이가 길어질수록 근육이 더 수축한 상태이므로 F_1일 때가 F_2일 때보다 더 수축한 상태이다. F_1일 때 ㉠의 길이를 x, ㉡의 길이를 y라고 하면 ㉢의 길이는 x와 같으며, 근육 원섬유 마디 X의 길이는 $4y$이다. F_2일 때는 F_1에 비해 이완된 상태이므로 X의 길이가 F_1일 때보다 $2d$만큼 길면 ㉠의 길이는 $x+d$, ㉡의 길이는 $y-d$, ㉢의 길이는 $x+2d$이다.

힘	$\dfrac{㉢}{㉠}$	$\dfrac{X}{㉡}$	㉠	㉡	㉢	X
F_1	1	4	x	y	x	$4y$
F_2	$\dfrac{3}{2}$	?	$x+d$	$y-d$	$x+2d$	$4y+2d$

A대의 길이는 '2×㉡의 길이+㉢의 길이'로 $2y+x=1.6(\mu m)$이므로 $2y=1.6-x$이다. F_1일 때 근육 원섬유 마디 X의 길이는 '2×㉠의 길이+2×㉡의 길이+㉢의 길이'$=2x+2y+x=4y$이므로 $3x=1.6-x$이다. 따라서 $x=0.4\ \mu m$이고, $y=0.6\ \mu m$이다.

F_2일 때 $\dfrac{㉢}{㉠}=\dfrac{x+2d}{x+d}=\dfrac{0.4+2d}{0.4+d}=\dfrac{3}{2}$이므로 $d=0.4\ \mu m$이다. 따라서 F_1과 F_2일 때 각 부분의 길이는 다음과 같다.

힘	$\dfrac{㉢}{㉠}$	$\dfrac{X}{㉡}$	㉠(I대)	㉡	㉢(H대)	X
F_1	1	4	0.4	0.6	0.4	2.4
F_2	$\dfrac{3}{2}$	16	0.8	0.2	1.2	3.2

✗ **ⓐ는 H대의 길이가 0.3 μm일 때가 0.6 μm일 때보다 작다.**
➡ ⓐ는 X가 생성할 수 있는 힘으로, X가 수축하여 두 필라멘트가 겹친 부분(㉡)의 길이가 길수록 I대(㉠)의 길이와 H대(㉢)의 길이가 짧을수록 ⓐ가 크다. 따라서 ⓐ는 H대의 길이가 0.3 μm일 때가 0.6 μm일 때보다 크다.

ㄴ. **F_1일 때 ㉠의 길이와 ㉡의 길이를 더한 값은 1.0 μm이다.**
➡ '㉠의 길이+㉡의 길이'는 액틴 필라멘트의 길이이며, 근육의 수축과 이완 시 필라멘트의 길이는 일정하므로 F_1일 때의 값은 1.0 μm로 같다.

ㄷ. **F_2일 때 X의 길이는 3.2 μm이다.**
➡ F_2일 때 근육 원섬유 마디 X의 길이는 3.2 μm이다.

문제 풀이 TIP

t_1일 때와 t_2일 때의 근육 원섬유 마디의 길이, ㉠~㉢의 길이로 제시된 다양한 길이의 값을 제시된 실마리를 이용하여 하나의 변수로 나타낼 수 있으면 이들의 길이 상댓값을 표현할 수 있다.

<보기> 풀이

근육이 수축할 때 근육 원섬유 마디 X의 길이가 $2d$만큼 감소하면 ㉠의 길이는 d만큼 감소하고, ㉢의 길이는 $2d$만큼 감소하며, ㉡의 길이는 d만큼 증가한다. 골격근 수축 과정에서 t_1일 때 X의 길이가 L이면, 수축이 좀 더 진행된 t_2일 때 X의 길이는 L$-2d$로 나타낼 수 있고, t_2일 때 ㉠~㉢의 길이가 모두 같으므로 ㉠~㉢을 각각 x라고 가정하면 t_1일 때와 t_2일 때 각 부분의 길이는 표와 같다.

(단위: μm)

시점	X의 길이	㉠의 길이	㉡의 길이	㉢의 길이
t_1	L$(5x+2d)$	$x+d$	$x-d$	$x+2d$
t_2	L$-2d(5x)$	x	x	x

ⓐ는 ㉠과 ㉢ 중 하나인데, ⓐ를 ㉠이라고 하면 $\dfrac{t_2 일\ 때\ ⓐ의\ 길이}{t_1 일\ 때\ ⓐ의\ 길이}$ $=\dfrac{t_1 일\ 때\ ㉡의\ 길이}{t_2 일\ 때\ ㉡의\ 길이}$에서 $\dfrac{x}{x+d}=\dfrac{x-d}{x}$이므로 $x^2=x^2-d^2$이고 $d^2=0$이다. 골격근 수축 과정에서 근육 원섬유 마디 X의 길이가 감소하므로 d는 0이라는 것은 조건과 맞지 않다. 따라서 ⓐ는 ㉢이고, 이를 식으로 풀어 보면 $\dfrac{t_2 일\ 때\ ⓐ의\ 길이}{t_1 일\ 때\ ⓐ의\ 길이}=\dfrac{t_1 일\ 때\ ㉡의\ 길이}{t_2 일\ 때\ ㉡의\ 길이}$에서 $\dfrac{x}{x+2d}=\dfrac{x-d}{x}$이므로 $x^2=x^2+dx-2d^2$이다. 이 식을 풀어보면 $dx=2d^2$이므로 $x=2d$가 된다. 근육 원섬유 마디 X의 길이는 2(㉠+㉡)+㉢의 길이가 되므로 t_1일 때 X의 길이 L$=2(x+d+x-d)+x+2d=5x+2d$이고, t_2일 때 X의 길이 L$-2d=5x$가 된다. 위 표의 값에 $x=2d$를 대입하면 다음과 같이 정리할 수 있다.

(단위: μm)

시점	X의 길이	㉠의 길이	㉡의 길이	㉢의 길이
t_1	$12d$	$3d$	d	$4d$
t_2	$10d$	$2d$	$2d$	$2d$

ㄱ. **ⓐ는 ㉢이다.**
➡ ⓐ는 ㉠과 ㉢ 중 하나인데, ⓐ가 ㉠이라면 골격근 수축 과정에서 근육 원섬유 마디 X의 길이 변화량 $2d=0$이 되어 모순이 되므로, ⓐ는 ㉢이다.

✗ **H대의 길이는 t_1일 때가 t_2일 때보다 짧다.**
➡ H대는 마이오신 필라멘트만 있는 부분 ㉢이고, ㉢의 길이는 t_1일 때 $4d$이고 t_2일 때 $2d$이므로 t_1일 때가 t_2일 때보다 길다.

ㄷ. **t_1일 때, X의 Z_1로부터 Z_2 방향으로 거리가 $\dfrac{3}{10}$L인 지점은 ㉡에 해당한다.**
➡ t_1일 때 X의 길이 L의 값은 $12d$이므로 X의 Z_1로부터 Z_2 방향으로 거리가 $\dfrac{3}{10}$L에서 L$=12d$를 대입하면 $\dfrac{36}{10}d=3.6d$이다. t_1일 때 ㉠의 길이가 $3d$이므로 Z_1로부터 Z_2 방향으로 $3.6d$인 지점은 ㉡에 해당한다.

✗ $l_1 > l_2$이다.
➡ Z_1로부터 Z_2 방향으로의 거리는 $l_1 < l_2 < l_3$이다.

✗ X는 P의 근육 원섬유 마디이다.
➡ X는 $t_1 → t_2$가 되는 과정에서 이완이 일어나는 골격근 Q의 근육 원섬유 마디이다.

ㄷ. t_2일 때 Z_1로부터 Z_2 방향으로 거리가 l_1인 지점은 ㉠에 해당한다.
➡ $t_1 → t_2$가 될 때 골격근 Q에서는 이완이 일어난다. 골격근이 이완될 때 근육 원섬유 마디에서 액틴 필라멘트로만 되어 있는 ㉠의 길이는 길어지므로, t_2일 때 Z_1에서 Z_2 방향으로 거리가 l_1인 지점은 ㉠에 해당한다.

오답률 높은 ④ ㄱ, ㄴ이 옳다고 생각했다면?

(나)에 제시된 근육 원섬유 마디 X를 (가)의 P의 구조라고 잘못 생각하고 문제를 풀었을 가능성이 높아요. 표에서 l_3 지점에서 t_2일 때 ㉢이 된 것을 통해 t_1일 때 ㉢는 ㉠은 될 수 없고 ㉡이나 ㉢ 중 하나라는 것을 유추해야 해요. ㉢가 ㉡이라면 수축이 일어나는 근육 P에서는 길어져야 하고 이완이 일어나는 근육 Q에서는 짧아진다는 것을 생각해야 합니다. 또 ㉢가 ㉢이라면 수축이 일어나는 근육 P에서는 짧아져야 하고 이완이 일어나는 근육 Q에서는 길어진다는 것을 생각해야 해요. 이 두 가지 경우를 다른 거리 l_1과 l_2에서의 지점이 해당하는 구간에서의 변화와 모순이 생기지 않는 경우를 찾으면 (나)의 X가 골격근 Q의 근육 원섬유 마디를 나타낸 것이라는 것을 알아낼 수 있어요.

근육이 수축할 때 근육 원섬유 마디의 길이 X의 감소량은 H대(㉢)의 감소량과 같고, I대(㉠)의 감소량 및 두 필라멘트가 겹친 부분(㉡)의 증가량과 2배 차이가 난다는 점을 이용하여 각 부분의 길이 변화량을 d와 같은 하나의 변수로 나타내면 문제를 풀기에 좋아요. 또 문제에 제시된 또 다른 실마리인 t_2일 때 ㉠~㉢의 길이가 모두 같다는 것을 이용하여 t_2일 때 각 부분의 길이를 x와 같은 변수로 나타낼 수 있지요. 그런 다음 제시된 마지막 실마리로부터 d와 x의 관계를 방정식으로 나타내고, x의 값도 d로 나타냄으로써 근육 원섬유 마디의 길이와 ㉠~㉢의 길이를 모두 d 하나의 변수로 나타내면 돼요.

---

05 근수축과 근육 원섬유 마디의 길이 변화   정답 ③

선택 비율 | ① 10 % | ② 12 % | ③ 39 % | ④ 30 % | ⑤ 8 %

문제 풀이 TIP

팔을 구부릴 때 근육 P는 수축하고 근육 Q는 이완하며, 수축하는 근육에서 ㉠과 ㉢은 짧아지고 ㉡은 길어지며 이완하는 근육에서는 이와 반대의 변화가 일어난다는 것으로부터 (나)가 P와 Q 중 어느 근육에 해당하는지 파악한다.

<보기> 풀이

근육에서 수축이 일어날 때는 Z선에 연결된 액틴 필라멘트가 마이오신 필라멘트 사이로 미끄러져 들어가 근육 원섬유 마디의 길이가 짧아지고, 이완이 일어날 때는 반대로 Z선에 연결된 액틴 필라멘트가 마이오신 필라멘트 사이를 빠져나가 근육 원섬유 마디의 길이가 길어진다. 수축하는 골격근의 근육 원섬유 마디에서 ㉠과 ㉢의 길이는 감소하고 ㉡의 길이는 증가하며, 이완하는 골격근의 근육 원섬유 마디에서 ㉠과 ㉢의 길이는 증가하고 ㉡의 길이는 감소한다.

팔을 구부릴 때 골격근 P는 수축하고 Q는 이완하며, ㉢의 길이는 t_1일 때가 t_2일 때보다 짧다.

(1) ㉢가 ㉡이라면 X는 $t_1 → t_2$일 때 수축이 일어나는 P의 근육 원섬유 마디이다. 그런데 골격근 P가 수축할 때 l_3에서 ㉡이 ㉢이 될 수는 없으므로 ㉢는 ㉡이 아니다.

(2) ㉢가 ㉠이라면 X는 $t_1 → t_2$일 때 이완이 일어나는 Q의 근육 원섬유 마디이다. 그런데 골격근 Q가 이완할 때 l_3에서 ㉠이 ㉢이 될 수는 없으므로 ㉢는 ㉠이 아니다.

따라서 ㉢는 ㉢이며, ㉢의 길이가 t_1일 때가 t_2일 때보다 짧다고 하였으므로 X는 $t_1 → t_2$일 때 이완이 일어나는 Q의 근육 원섬유 마디이다.

골격근 Q가 이완할 때 l_2에서 ⓑ가 ⓐ로 변화하였다고 하였으므로 ⓑ는 ㉡이고, ⓐ는 ㉠이다. 따라서 l_1은 t_1, t_2일 때 모두 ㉠에 해당하는 지점이다. t_1과 t_2일 때 각각 l_1, l_2, l_3 모두 $\dfrac{\text{X의 길이}}{2}$보다 작다고 하였으므로, Z_1로부터의 거리가 l_1, l_2, l_3인 지점의 위치는 그림과 같다.

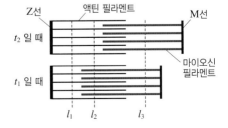

---

06 신경계의 구성   정답 ③

선택 비율 | ① 3 % | ② 3 % | ③ 39 % | ④ 26 % | ⑤ 27 %

문제 풀이 TIP

뇌와 척수가 중추 신경계라고 생각해서 뇌에 연결되어 얼굴에 분포하는 뇌신경과 척수와 연결되어 온몸에 분포하는 척수 신경을 중추 신경계에 속하는 것으로 착각하지 않도록 주의한다.

<보기> 풀이

Ⓐ. 척수에는 연합 뉴런이 있습니다.
➡ 척수는 중추 신경계에 속하며, 중추 신경계에는 연합 뉴런이 있다.

Ⓑ. 뇌신경은 말초 신경계에 속합니다.
➡ 말초 신경계는 중추 신경계와 몸의 각 부분을 연결하는 신경계로, 뇌에서 뻗어 나온 뇌신경과 척수에서 뻗어 나온 척수 신경으로 구분한다.

✗ 척수 신경은 12쌍으로 이루어져 있습니다.
➡ 뇌신경은 12쌍이고, 척수 신경은 31쌍이다.

말초 신경계는 해부학적 구조와 기능에 따라 다르게 구분되기 때문에 잘 정리해 두어야 혼동되지 않아요.
1. 해부학적 구조에 따른 구분: 어디에서 뻗어 나오느냐에 따라 구분한다.
① 뇌신경: 뇌에서 뻗어 나온 신경으로, 12쌍이 있다.
② 척수 신경: 척수에서 뻗어 나온 신경으로, 31쌍이 있다.
2. 기능에 따른 구분: 흥분을 전달하는 방향에 따라 구분한다.
① 구심성 뉴런: 감각 기관에서 받아들인 자극을 중추 신경계로 전달한다.
② 원심성 뉴런: 중추 신경계의 명령을 반응기로 전달한다.

문제 풀이 TIP

주변 환경이 체온보다 높을 때 체온은 올라가고, 체온보다 낮을 때 체온은 내려간다. 변화된 체온을 원래의 체온으로 되돌리기 위하여 열 발생량과 열 발산량이 조절되는 등 여러 반응이 일어난다. 이러한 체온 조절 과정을 이해하여 (가)와 (나)가 각각 원인과 결과 중 어느 것에 해당하는지 파악해야 한다.

<보기> 풀이

✗ ㉠은 '체온보다 낮은 온도의 물에 들어갔을 때'이다.

➡ ㉠일 때 체온이 높아지므로 ㉠은 '체온보다 높은 온도의 물에 들어갔을 때'이다.

✗ 열 발생량은 구간 Ⅰ에서가 구간 Ⅱ에서보다 많다.

➡ 체온이 높아지면 체온을 낮추기 위해 땀 분비량은 증가하고 열 발생량은 감소하며, 이와 반대로 체온이 낮아지면 체온을 높이기 위해 땀 분비량은 감소하고 열 발생량은 증가한다. 따라서 체온이 높아질 때 값이 증가하는 A는 땀 분비량이고, 체온이 낮아질 때 값이 증가하는 B는 열 발생량이다. 그러므로 열 발생량(B)은 구간 Ⅰ에서가 구간 Ⅱ에서보다 적다.

◯ ㄷ 시상 하부가 체온보다 높은 온도를 감지하면 땀 분비량은 증가한다.

➡ 시상 하부는 체온 조절의 중추이다. 시상 하부가 체온보다 높은 온도를 감지하면 체온을 낮추기 위해 땀 분비량(A)은 증가하고 열 발생량(B)은 감소한다.

오답률 높은 ⑤   ㄱ, ㄴ이 옳다고 생각했다면?

항상성 유지라고 생각하여 ㉠이 '체온보다 낮은 온도의 물에 들어갔을 때'라고 생각하고, 열 발생량을 늘려 체온을 상승시킨 것으로 생각하였다면 ㄱ, ㄴ이 옳다고 생각했을 수 있다. 항상성 유지와 호르몬 분비량 변화에 관한 그래프를 해석할 때 원인과 결과를 혼동하는 경우가 많은데, 체온의 1차적인 변화는 체온보다 낮은 온도의 물에 들어갔는가 높은 온도의 물에 들어갔는가에 의해 나타난다. 이러한 체온 변화를 감지하여 체온이 정상보다 낮아지면 체온을 정상 수준으로 높이기 위한 반응이 나타나고, 체온이 정상보다 높아지면 체온을 정상 수준으로 낮추기 위한 반응이 나타나는 것이다. 따라서 (가)에서 정상 수준을 유지하고 있던 체온이 ㉠에서 올라간 것은 체온보다 높은 온도의 물에 들어갔기 때문이고, 높아진 체온을 낮추기 위해서 열 발생량은 줄이고 땀 분비량은 높이는 것으로 해석해야 하므로 ㄱ, ㄴ은 모두 틀린 것이 된다.

문제 풀이 TIP

근수축 문제를 풀 때 가장 먼저 생각해야 할 것은 근수축 과정에서 액틴 필라멘트와 마이오신 필라멘트의 길이는 변하지 않는다는 것이다. 액틴 필라멘트의 길이는 '㉠+㉡'의 길이이고, 마이오신 필라멘트의 길이는 A대의 길이로 '2㉡+㉢'의 길이이다.

<보기> 풀이

(1) 근육이 수축하거나 이완할 때 필라멘트 자체의 길이는 변하지 않는다. ㉠+㉡은 액틴 필라멘트가 있는 부분이므로 ㉠과 ㉡의 길이를 더한 값은 시점에 관계없이 같다. @~ⓒ의 t_1일 때의 길이가 $5d$, $6d$, $8d$와 t_2일 때의 길이 $2d$, $6d$, $7d$에서 각각 두 값을 더했을 때 같은 값이 되는 것은 $13d(5d+8d=6d+7d)$이다. 따라서 ㉢의 길이는 t_1일 때 $6d$이고, t_2일 때 $2d$이다. t_1에서 t_2로 될 때 ㉢의 길이는 $6d$에서 $2d$로 $4d$만큼 감소하였으므로 근육 원섬유 마디 X의 길이는 $4d$ 감소, ㉠의 길이는 $2d$ 감소, ㉡의 길이는 $2d$ 증가한다. t_1일 때와 t_2일 때 ㉠~㉢의 길이는 표와 같다.

시점	㉠의 길이	㉡의 길이	㉢의 길이
t_1일 때	$8d$	$5d$	$6d$
t_2일 때	$6d$	$7d$	$2d$

(2) A대의 길이는 '2×㉡의 길이+㉢의 길이'이므로 $16d$이다. t_1일 때 A대의 길이는 ㉢의 길이의 2배이므로 ㉢의 길이는 $8d$이고, ⓒ는 ㉢이다. @가 ㉢이라면 t_1일 때 l_1인 지점은 Z_1로부터 $13d$(㉠과 ㉡의 길이 합=액틴 필라멘트의 길이)보다 먼 거리에 위치하고, t_2일 때도 액틴 필라멘트의 길이는 변하지 않으므로 l_1인 지점은 ㉢에 위치해야 한다. 그런데 t_2일 때 l_1인 지점은 ㉡에 해당하므로 @는 ㉡이고, ⓑ는 ㉢이다.

◯ ㄱ $l_2 > l_1$이다.

➡ t_1일 때 Z_1로부터 Z_2 방향으로 거리가 l_1인 지점은 ㉡이고, l_2인 지점은 ㉢이므로 $l_2 > l_1$이다.

✗ t_1일 때, Z_1로부터 Z_2 방향으로 거리가 l_3인 지점은 ㉡에 해당한다.

➡ t_2일 때 Z_1로부터 Z_2 방향으로 거리가 l_3인 지점은 ㉠(ⓒ)에 해당한다. ㉠의 길이는 t_2일 때는 $6d$이고, t_1일 때는 $8d$로 더 길므로 t_1일 때 l_3인 지점도 ㉠에 해당한다.

✗ t_2일 때, @의 길이는 H대의 길이의 3배이다.

➡ t_2일 때 @(㉡)의 길이는 $7d$로 H대(㉢)의 길이 $2d$의 3.5배이다.

IV | 유전

문제편 318쪽~343쪽

01 ④	02 ④	03 ⑤	04 ③	05 ④	06 ②	07 ③
08 ②	09 ③	10 ②	11 ②	12 ②	13 ⑤	14 ③
15 ⑤	16 ④	17 ③	18 ④	19 ①	20 ③	21 ④
22 ④	23 ④	24 ②	25 ⑤	26 ①	27 ③	28 ②
29 ⑤	30 ④	31 ③	32 ④	33 ③	34 ①	35 ⑤
36 ⑤	37 ①	38 ④	39 ④	40 ②	41 ③	42 ④
43 ①	44 ④	45 ④	46 ①	47 ⑤	48 ①	49 ⑤
50 ⑤	51 ①	52 ④				

01 핵형과 핵상

정답 ④

문제 풀이 TIP

가장 먼저 그림을 보고 같은 모양의 염색체가 있는 것을 찾아 같은 종의 세포가 무엇인지 찾고, 핵상이 $2n$인 세포와 n인 세포를 구분한다. 이후 그림에서 나타낸 염색체 수를 비교하여 ㉠이 어떤 염색체인지 파악한다.

<보기> 풀이

세포 (가)~(라)의 핵형을 비교하면 (가), (나), (라)는 같은 종의 개체에서 얻은 세포이므로 (다)는 종 C의 개체에서 얻은 세포이다. (가)에는 3쌍의 상염색체와 ㉠(검은색 염색체)이 있다. 만약 ㉠이 Y 염색체라면 ㉠이 있는 (가)와 (라)는 수컷의 세포, (나)와 (다)는 암컷의 세포이다. 이 경우 그림에 X 염색체를 나타내지 않았으므로 (나)와 (다)에는 상염색체 3개와 X 염색체 1개가 있으며 핵상은 n이고, 체세포 1개당 염색체 수는 (나)와 (다)를 갖는 개체가 모두 8이다. 그러나 종 B와 C의 체세포 1개당 염색체 수는 서로 다르고, (나)와 (다)는 서로 다른 종의 개체에서 얻은 세포이므로, ㉠(검은색 염색체)은 X 염색체이다. (가)는 3쌍의 상염색체를 가지고 있으므로 성염색체로는 X 염색체(㉠), 검은색 염색체와 Y 염색체를 가지고 있고, (나)는 3개의 상염색체와 Y 염색체를 가지고 있다. 따라서 (가)와 (나)는 수컷의 세포이고, (다)와 (라)는 암컷의 세포이다. (다)의 핵상과 염색체 수는 $n=3$이고 (다)에는 상염색체 2개와 X 염색체 1개가 있으며, (라)의 핵상과 염색체 수는 $n=4$이다. 따라서 체세포 1개당 염색체 수는 종 A와 B가 8이고, 종 C는 6이다.

✗ ㉠은 Y 염색체이다.
➡ ㉠(검은색 염색체)은 X 염색체이다.

ㄴ. (가)와 (라)는 서로 다른 개체의 세포이다.
➡ (가)는 수컷의 세포이고 (라)는 암컷의 세포이므로, (가)와 (라)는 서로 다른 개체의 세포이다.

ㄷ. C의 체세포 분열 중기의 세포 1개당 상염색체의 염색 분체 수는 8이다.
➡ 종 C의 체세포 1개당 염색체 수는 6이므로, C의 체세포 분열 중기의 세포 1개당 상염색체의 염색 분체 수는 $4 \times 2 = 8$이다.

오답률 높은 ① ㄷ이 옳지 않다고 생각했다면?

동물 C에서 얻은 세포는 (다)이며, (다)의 핵상과 염색체 수는 $n=3$이예요. 이로부터 동물 C의 체세포의 핵상과 염색체 수는 $2n=6$(상염색체 수 4, 성염색체 수 2)임을 알 수 있지요. 체세포 분열이 일어나기 전 DNA 복제가 일어나 하나의 염색체는 두 가닥의 염색 분체로 이루어져 있어요. 따라서 동물 C의 체세포 분열 중기의 세포 1개당 상염색체의 염색 분체 수는 8, 성염색체의 염색 분체 수는 4예요. ㄷ이 옳지 않다고 생각했다면 상염색체가 아닌 체세포 분열 중기의 세포에 있는 모든 염색체의 염색 분체 수를 계산했기 때문이겠죠.

02 핵형과 유전자

정답 ④

문제 풀이 TIP

표에서 Ⅲ에 A와 a가 모두 없으므로, A와 a는 X 염색체에 있고, 핵상은 n이며, 수컷인 P의 세포임을 파악한다. 이후 Ⅳ에서 a와 b의 DNA 상대량이 각각 2와 1이므로 핵상은 $2n$이며, 암컷인 Q의 세포임을 알아낸다. 다음으로 Ⅱ에 a 없이 A만 있으므로 P의 세포이고, Ⅰ에 A 없이 a만 있으므로 Q의 세포임을 파악한다.

<보기> 풀이

(1) 세포 (가)와 (나)에는 모두 상동 염색체가 쌍으로 존재하므로 (가)와 (나)의 핵상은 모두 $2n$이다. (가)에서 상동 염색체를 이루는 검은색 염색체 2개는 모양과 크기가 다르고, (나)에서는 같다. 따라서 검은색 상동 염색체는 성염색체이고, (가)는 수컷인 P의 세포, (나)는 암컷인 Q의 세포이다.

(2) 표에서 Ⅲ에는 유전자 A와 a가 모두 없으므로 X 염색체가 없고 Y 염색체만 있음을 알 수 있다. 따라서 ㉠의 유전자(A와 a)는 X 염색체에 있고, ㉡의 유전자(B와 b)와 ㉢의 유전자(D와 d)는 2개의 서로 다른 상염색체에 있다. Ⅲ의 핵상은 n이며, 수컷인 P의 세포이다. 세포 Ⅳ에서 a와 b의 DNA 상대량이 각각 2와 1이므로 Ⅳ는 성염색체 구성이 XX이고 핵상은 $2n$이다. 따라서 Ⅳ는 Q의 세포 (나)이다. (가)에 있는 염색체는 각각 2개의 염색 분체로 구성되므로 (가)에서 각 대립유전자의 DNA 상대량은 0, 2, 4 중 하나이다. Ⅰ에서 D의 DNA 상대량이 4이므로 Ⅰ이 (가)일 수 있는데, 만약 Ⅰ이 (가)라면 P와 Q의 체세포($2n=6$)에는 모두 A가 없게 되므로 Ⅱ와 같이 A가 있는 세포는 존재할 수 없다. 따라서 P의 세포 (가)는 Ⅱ이고, Ⅰ은 Ⅳ에서 DNA가 복제된 상태의 세포이다.

세포	DNA 상대량					
	X 염색체		상염색체		상염색체	
	A	a	B	b	D	d
Ⅰ (Q, $2n$)	0	ⓐ(4)	?(2)	2	4	0
Ⅱ (P, $2n$)	2	0	ⓑ(2)	2	?(2)	2
Ⅲ (P, n)	0	0	1	?(0)	1	ⓒ(0)
Ⅳ (Q, $2n$)	0	2	?(1)	1	2	0

✗ (가)는 Ⅰ이다.
➡ (가)는 Ⅱ이다.

ㄴ. Ⅳ는 Q의 세포이다.
➡ Ⅳ는 Q의 세포인 (나)이다.

ㄷ. ⓐ+ⓑ+ⓒ=6이다.
➡ Ⅰ은 Ⅳ(나)가 S기를 거쳐 DNA가 복제된 상태의 세포이므로 a의 DNA 상대량(ⓐ)은 4이다. Ⅱ는 (가)이므로 B의 DNA 상대량(ⓑ)은 2이며, Ⅲ은 감수 분열을 끝낸 P의 세포로 유전자 D가 있으므로 d의 DNA 상대량(ⓒ)은 0이다. 따라서 ⓐ+ⓑ+ⓒ=4+2+0=6이다.

오답률 높은 ② ㄷ이 옳지 않다고 생각했다면?

표에서 Ⅳ는 A 없이 a 있는 Q의 세포이며 핵상이 $2n$임을 알 수 있어요. 이를 통해 Ⅱ는 a 없이 A만 있으므로 P의 세포임을 알 수 있지만, 핵상은 알 수 없어요. 표에서 Ⅱ에 A, b, d의 DNA 상대량은 각각 2이고, a의 DNA 상대량이 0이라, B와 D의 DNA 상대량도 0으로 생각하고 핵상을 n으로 판단해서 ⓑ를 0이라고 생각했을 수 있어요. 그러면 ⓐ+ⓑ+ⓒ=4가 되겠죠. 그러나 문제에서 (가)와 (나)는 각각 Ⅰ~Ⅳ 중 하나라고 했고, P의 세포 중 Ⅲ은 핵상이 n이므로 Ⅱ는 핵상이 $2n$이 되어야 해요. 그러면 ⓑ는 2가 되고 ⓐ+ⓑ+ⓒ=6이에요.

03 감수 분열   정답 ⑤

선택 비율	① 11 %	② 14 %	③ 21 %	④ 12 %	⑤ 42 %

문제 풀이 TIP

세포 Ⅰ~Ⅳ가 감수 분열의 어느 단계에 해당하는지 확인한 후 상염색체 수를 파악한다. 이 동물의 유전자형을 이용하여 각 세포에서 A와 a의 DNA 상대량을 더한 값을 파악한 후, 이를 세포 ㉠~㉣과 비교하여 ㉠~㉣이 각각 Ⅰ~Ⅳ 중 어느 것에 해당하는지 파악한다.

<보기> 풀이

유전자형이 Aa인 이 동물의 G_1기 세포 Ⅰ에는 A와 a가 각각 1개씩 있으므로 A와 a의 DNA 상대량을 더한 값이 2이다. Ⅰ이 Ⅱ로 될 때 DNA 복제가 일어나 감수 1분열 중기 세포 Ⅱ에는 A와 a가 각각 2개씩 있으므로 A와 a의 DNA 상대량을 더한 값이 4이다. Ⅰ~Ⅳ 중 A와 a의 DNA 상대량을 더한 값이 가장 큰 세포는 Ⅱ이므로, ㉣은 감수 1분열 중기 세포인 Ⅱ이다. 감수 1분열에서 염색체 수가 반으로 감소하므로 G_1기 세포 Ⅰ과 감수 1분열 중기 세포 Ⅱ의 상염색체 수는 모두 8이 된다. 따라서 ㉠은 G_1기 세포인 Ⅰ이다. Ⅱ가 Ⅲ으로 될 때 상동 염색체가 분리되어 염색체 수와 DNA양이 반감되므로 감수 2분열 중기 세포인 Ⅲ의 상염색체 수는 4, A와 a의 DNA 상대량을 더한 값은 2가 된다. 따라서 ㉡은 감수 2분열 중기 세포 Ⅲ, ㉢은 감수 2분열이 끝난 세포인 Ⅳ이다.

ㄱ. ㉠은 Ⅰ이다.

➡ ㉠은 G_1기 세포인 Ⅰ, ㉡은 감수 2분열 중기 세포인 Ⅲ, ㉢은 감수 2분열이 끝난 세포인 Ⅳ, ㉣은 감수 1분열 중기 세포인 Ⅱ이다.

ㄴ. @+ⓑ=5이다.

➡ Ⅲ이 Ⅳ로 될 때 감수 2분열이 일어나 염색 분체가 분리되므로 염색체 수는 변화 없지만 DNA양이 반감된다. Ⅲ(㉡)의 상염색체 수는 4, A와 a의 DNA 상대량을 더한 값은 2이므로, Ⅳ(㉢)의 상염색체 수는 4, A와 a의 DNA 상대량을 더한 값은 1이 된다. 따라서 @는 4, ⓑ는 1이고, 4+1=5이다.

ㄷ. Ⅱ의 2가 염색체 수는 5이다.

➡ 이 동물의 G_1기 세포에는 상염색체가 8개(4쌍), 성염색체(XX)가 2개(1쌍) 있으므로 감수 1분열 중기 세포인 Ⅱ에는 상동 염색체가 접합한 형태인 2가 염색체가 5개 있다.

오답률 높은 ③ ㄷ이 옳지 않다고 생각했다면?

2가 염색체는 상동 염색체가 접합한 것으로, 감수 1분열 중기 세포(Ⅱ)에서 관찰되지요. 이 동물은 상염색체 수가 8이고, 성염색체(XX) 수가 2이므로, 전체 염색체 수는 10이 됩니다. 따라서 감수 1분열 중기 세포(Ⅱ)의 2가 염색체 수는 5가 되지요. 표는 상염색체 수만 나타냈는데, 이것을 전체 염색체 수로 착각하여 Ⅱ의 2가 염색체 수가 4라고 생각했을 수 있어요. 자료를 꼼꼼히 읽어보고 이러한 실수를 하지 않도록 해요.

04 감수 분열 시 대립유전자의 DNA 상대량 변화   정답 ③

선택 비율	① 14 %	② 10 %	③ 48 %	④ 13 %	⑤ 15 %

문제 풀이 TIP

사람 Ⅰ과 Ⅱ의 유전자형을 토대로 Ⅰ과 Ⅱ의 감수 1분열 중기 세포와 감수 2분열 중기 세포가 갖는 대립유전자 구성을 먼저 생각해보고, (가)의 @가 감수 1분열 중기 세포와 감수 2분열 중기 세포 중 어느 것인지를 표에 제시된 대립유전자 2개의 DNA 상대량을 더한 값을 분석하여 파악하도록 한다.

<보기> 풀이

사람 Ⅰ의 유전자형은 HHtt, Ⅱ의 유전자형은 hhTt이므로, 감수 분열 과정에서 생성되는 각 세포에 있는 대립유전자의 종류와 수를 표시하면 다음과 같다.

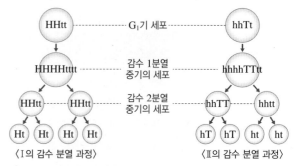

〈Ⅰ의 감수 분열 과정〉   〈Ⅱ의 감수 분열 과정〉

@가 감수 1분열 중기 세포라면 대립유전자 2개의 DNA 상대량을 더한 값은 0이거나 8이어야 한다. 그런데 표를 보면 @에서 ㉡+㉢은 2이므로, @는 감수 2분열 중기 세포이다. 사람 Ⅰ의 감수 2분열 중기 세포(@)의 대립유전자 구성은 HHtt인데 표의 @에서 ㉠+㉢은 0이므로, ㉠과 ㉢은 각각 h와 T 중 서로 다른 하나이고, ㉡과 ㉣은 각각 H와 t 중 서로 다른 하나이다.

사람 Ⅱ의 유전자형은 hhTt인데, ㉠과 ㉡의 DNA 상대량을 더한 값과 ㉢과 ㉣의 DNA 상대량을 더한 값이 각각 2이므로 ⓑ는 감수 2분열 중기 세포이다. Ⅱ의 감수 2분열 중기 세포(ⓑ)가 가질 수 있는 대립유전자 구성은 hhTT이거나 hhtt이다. 표를 보면 ⓑ에서 ㉠+㉡(h+T)은 2이므로 ⓑ의 대립유전자 구성은 hhtt이고, ㉠+㉢은 4이므로, ㉠은 h, ㉡은 T, ㉢은 t, ㉣은 H이다.

ㄱ. ㉮+㉯=6이다.

➡ 사람 Ⅰ의 감수 2분열 중기 세포(@)의 대립유전자 구성은 HHtt이므로, @에서 ㉢+㉣(t+H)의 값인 ㉮는 4이다. 사람 Ⅱ의 감수 2분열 중기 세포(ⓑ)의 대립유전자 구성은 hhtt이므로 ⓑ에서 ㉡+㉢(T+t)의 값인 ㉯는 2이다. 따라서 ㉮+㉯=4+2=6이다.

ㄴ. @의 $\dfrac{\text{염색 분체 수}}{\text{성염색체 수}}$=46이다.

➡ 감수 2분열 중기 세포인 @의 핵상과 염색체 수는 $n=23$(상염색체는 22개, 성염색체는 1개)이며 @에 있는 각 염색체는 두 가닥의 염색 분체로 이루어져 있으므로, @의 염색 분체 수는 46이다. 따라서 @의 $\dfrac{\text{염색 분체 수}}{\text{성염색체 수}}=\dfrac{46}{1}=46$이다.

ㄷ. ㉢에는 t가 있다.

➡ 사람 Ⅱ에서 ⓑ의 대립유전자 구성은 hhtt이므로, ㉢의 대립유전자 구성은 hhTT이다. 따라서 ㉢에는 t가 없다.

선배의 TMI 이것만 알고 가자!   감수 1분열 중기 세포와 감수 2분열 중기 세포의 비교

간기에 DNA 복제가 일어나니까 감수 1분열 중기 세포에는 상동 염색체가 쌍으로 존재하고, 염색체는 두 가닥의 염색 분체로 이루어져 있어요. 감수 2분열 중기 세포에는 상동 염색체를 이루는 염색체 중 하나의 염색체가 있고, 각 염색체는 두 가닥의 염색 분체로 이루어져 있구요. 감수 1분열에서 상동 염색체의 분리가 일어나니까 대립유전자 쌍은 분리되지요. 따라서 서로 다른 감수 2분열 중기 세포의 염색체 조합(대립유전자 조합)은 달라요.

05 감수 분열 시 대립유전자의 DNA 상대량 변화   정답 ④

선택 비율	① 6 %	② 20 %	③ 11 %	④ 47 %	⑤ 16 %

문제 풀이 TIP

상동 염색체가 쌍으로 존재하여 대립유전자가 쌍을 이루는 세포의 핵상은 $2n$, 상동 염색체 중 1개씩만 있어 대립유전자가 쌍을 이루고 있지 않은 세포의 핵상은 n이다. 이를 근거로 ㉠~㉢에서 ㉢이 대립유전자 A인 것과 (가)의 핵상을 파악한다.

<보기> 풀이

세포 (다)에서 a와 B의 DNA 상대량은 각각 1인데 ©은 없으므로, ㉠과 ㉡ 중 하나가 a이고, ©은 대립유전자 A와 b 중 하나이다. 세포 (가)에서 ㉠과 ㉡이 모두 없으므로 대립유전자 a가 없다. (가)에 a가 없으면 A는 있으므로 ©은 A이고, (가)의 핵상은 n이다. 핵상이 n이면서 B의 DNA 상대량이 2인 세포는 감수 2분열 중기 세포인 Ⅲ이므로, (가)는 Ⅲ이다. (다)에서 a와 B의 DNA 상대량은 각각 1인데 ©(A)이 없으므로 (다)는 핵상이 n인 세포 Ⅳ이다. 감수 2분열 중기 세포 Ⅲ의 유전자형은 AB이고, 감수 2분열을 마친 세포 Ⅳ의 유전자형은 aB이다. 따라서 감수 1분열 중기 세포 Ⅱ의 유전자형은 AaBB이므로, 세포 Ⅱ에는 a는 있고 b는 없다. Ⅰ에서 Ⅱ가 될 때 DNA 복제가 일어났으므로 a의 DNA 상대량은 2, B의 DNA 상대량은 4이다. 따라서 (나)는 Ⅱ이고, (라)는 Ⅰ이며, ㉠은 a, ㉡은 b이다.

ㄱ. Ⅳ에 ㉠이 있다.
➡ Ⅳ는 감수 2분열을 마친 세포 (다)이고, (다)에서 a의 DNA 상대량은 1이다. ㉠은 a이므로, Ⅳ에 ㉠이 있다.

ㄴ. (나)의 핵상은 $2n$이다.
➡ (나)는 감수 1분열 중기 세포 Ⅱ이고 대립유전자 ㉠(a)과 ©(A)이 함께 존재하므로, (나)의 핵상은 $2n$이다.

ㄷ. P의 유전자형은 AaBb이다.
➡ 감수 1분열 중기 세포 Ⅱ의 유전자형은 AaBB이므로, P의 유전자형은 AaBB이다.

선배의 TMI 이것만 알고 가자! 대립유전자와 핵상

대립유전자는 상동 염색체의 같은 위치에 존재하며, 상동 염색체는 부모로부터 하나씩 물려받으므로 상동 염색체에 있는 대립유전자는 같을 수도 있고, 서로 다를 수도 있어요. 감수 2분열 중기 세포의 핵상은 n이므로 이 세포에는 대립유전자가 쌍으로 존재하지 않지요. 핵상이 $2n$인 세포에는 모든 대립유전자가 다 있기 때문에 대립유전자 중 없는 것이 있다면 그 세포의 핵상은 n인 것을 알 수 있어요.

---

06 감수 분열과 대립유전자 정답 ②

선택 비율 | ① 7 % | ② 33 % | ③ 19 % | ④ 17 % | ⑤ 24 %

문제 풀이 TIP

감수 1분열 중기 세포와 감수 2분열 중기 세포의 핵상을 먼저 파악하고, ㉠~② 모두 상염색체에 있는지 아니면 어느 대립유전자가 X 염색체에 있는지를 파악한다. 그 후 ㉠~② 중 대립유전자 쌍 관계에 있는 것끼리 짝을 짓는다.

<보기> 풀이

(가), (나), (다)는 서로 다른 감수 분열 중기 세포인데 대립유전자 ©이 모두 없으므로 ©은 성염색체에 있는 대립유전자이며, P는 ©을 갖지 않는다. 유전자가 상염색체에 있는 경우 감수 1분열 중기 세포에서는 대립유전자가 쌍으로 존재하고, 감수 2분열 중기 세포에서는 쌍을 이루는 대립유전자 중 하나만 존재한다. (가)에서는 대립유전자가 ㉡만 있으므로 (가)는 감수 2분열 중기 세포이며, ㉡은 상염색체에 있다. (나)와 (다)가 모두 감수 1분열 중기 세포라면 대립유전자가 3개(상염색체에 존재하는 대립유전자 1쌍, 성염색체에 존재하는 대립유전자 1개) 있어야 하는데 (나)와 (다)에는 모두 대립유전자가 2개씩 있으므로 (나)와 (다)는 모두 감수 2분열 중기 세포이다. ②이 상염색체에 있다면 ㉡과 ②은 대립유전자 관계이므로 (나)에서 함께 있을 수 없다. 따라서 ②은 성염색체에 있는 대립유전자이고, ㉠은 ㉡의 대립유전자이다.

ㄷ. P에게서 ㉠과 ©을 모두 갖는 생식세포가 형성될 수 있다.
➡ 사람 P는 남자이고, ⓐ의 유전자 중 상염색체에 있는 대립유전자는 ㉠과 ㉡이며, 성염색체에 있는 대립유전자는 ②이다. P는 ©을 갖고 있지 않으므로 P에게서 ㉠과 ©을 모두 갖는 생식세포가 형성될 수 없다.

ㄴ. (가)와 (다)의 핵상은 같다.
➡ (가), (나), (다)는 모두 감수 2분열 중기 세포이므로, (가), (나), (다)의 핵상은 n으로 모두 같다.

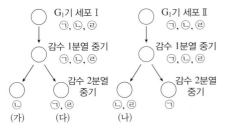

ㄱ. Ⅰ로부터 (나)가 형성되었다.
➡ (가), (나), (다)는 모두 감수 2분열 중기 세포이며 (가), (나), (다) 중 2개가 G₁기 세포 Ⅰ로부터 형성되었다. 만약 Ⅰ로부터 (나)가 형성되었다면 (나)는 ㉡을 가지고 있으므로 ㉡을 가진 (가)는 Ⅰ로부터 형성된 것이 아니며, (나)가 ②을 가지고 있으므로 ②을 가진 (다)도 Ⅰ로부터 형성된 것이 아니라 주어진 조건과 모순이다. 따라서 Ⅱ로부터 (나)가 형성되었으며, Ⅰ로부터 (가)와 (다)가 형성되었다.

선배의 TMI 이것만 알고 가자! 감수 1분열 중기 세포와 감수 2분열 중기 세포

감수 1분열 중기 세포의 핵상은 $2n$이므로 상동 염색체가 쌍을 이루고 있어 상염색체에 있는 대립유전자는 쌍으로 존재하며, 남자일 경우 X 염색체에 있는 대립유전자는 쌍으로 존재하지 않아요. 감수 2분열 중기 세포의 핵상은 n이므로 상동 염색체 중 1개씩만 있어 대립유전자가 쌍을 이루고 있지 않지요.

---

07 감수 분열 시 대립유전자의 DNA 상대량 변화 정답 ③

선택 비율 | ① 6 % | ② 19 % | ③ 48 % | ④ 16 % | ⑤ 11 %

문제 풀이 TIP

(가)는 상염색체에 있는 대립유전자에 의해, (나)는 X 염색체에 있는 대립유전자에 의해 결정되므로 남자의 체세포에서 (가)를 결정하는 대립유전자의 DNA 상대량을 합한 값은 (나)를 결정하는 대립유전자의 DNA 상대량을 합한 값의 2배이다. Ⅳ에서 t의 DNA 상대량(㉠)이 0, 1, 2 중 어느 것일지를 예상하여 예상한 조건에서 다른 세포에서 각 대립유전자의 DNA 상대량이 맞는지를 추론해나가면 된다.

<보기> 풀이

Ⅳ에서 H의 DNA 상대량이 4이므로 Ⅳ는 DNA 복제가 일어났고, 감수 1분열이 일어나기 전의 세포이다. 따라서 Ⅳ의 핵상은 $2n$이다. 만약 Ⅳ가 남자 P의 세포라면 X 염색체에 있는 T의 DNA 상대량이 2이므로 t의 DNA 상대량(㉠)은 0이며, 여자 Q의 세포라면 2개의 염색 분체로 구성된 X 염색체가 2개 있으므로 X 염색체에 있는 T와 t의 DNA 상대량 총 합은 4이어야 하므로 t의 DNA 상대량(㉠)은 2이다. ㉠이 2라면 Ⅰ에서 T의 DNA 상대량(㉠)은 2이므로, 대립유전자 관계인 H와 h의 DNA 상대량을 합한 값은 2가 되어야 한다. 그런데 ㉠~©은 각각 0, 1, 2 중 하나이므로 H의 DNA 상대량(©)은 0 또는 1이 되어 이 조건을 만족시킬 수 없다. 따라서 ㉠은 2가 될 수 없으므로 0이며, Ⅳ는 남자 P의 세포(HHXᵀY)이다. ©이 1, ©이 2라면 Ⅲ에서 X 염색체에 있는 t의 DNA 상대량(©)이 1이 되며, 남자 P는 t를 갖지 않으므로 Ⅲ은 여자 Q의 세포이다. 그리고 T의 DNA 상대량(㉠)은 0이므로 감수 2분열이 완료된 세포이다. 이 경우 H와 h 중 하나만 있어야 하므로 DNA 상대량을 합한 값은 1이 되어야 하는데 h의 DNA 상대량(©)이 2이므로 모순이다. 따라서 ©이 2, ©이 1이다.

ㄱ. ⓒ은 2이다.
➡ ⊙은 0, ⓒ은 2, ⓒ은 1이다.
ㄴ. Ⅱ는 Q의 세포이다.
➡ 남자 P의 (가)와 (나)에 대한 유전자형은 HHXᵀY이므로 t가 있는 Ⅱ와 Ⅲ은 모두 Q의 세포이고, Ⅰ은 P의 세포이다.
✗ Ⅰ이 갖는 t의 DNA 상대량과 Ⅲ이 갖는 H의 DNA 상대량은 같다.
➡ Ⅰ은 남자 P의 세포이며, P는 t를 갖지 않으므로 Ⅰ이 갖는 t의 DNA 상대량은 0이다. Ⅲ은 여자 Q의 세포이고 X 염색체에 있는 T와 t의 DNA 상대량을 합한 값이 2이므로, 상염색체에 있는 H와 h의 DNA 상대량을 합한 값도 2가 되어야 한다. 따라서 Ⅲ이 갖는 h의 DNA 상대량이 1이므로 H의 DNA 상대량은 1이다.

선배의 TMI 이것만 알고 가자! **핵상과 대립유전자**

남자에서 G_1기 세포는 핵상이 $2n$이므로 상염색체에 있는 대립유전자의 DNA 상대량을 합한 값은 2, X 염색체에 있는 대립유전자의 DNA 상대량을 합한 값은 1입니다. DNA 복제가 일어난 S기를 거친 핵상이 $2n$인 세포에서는 상염색체에 있는 대립유전자의 DNA 상대량을 합한 값은 4, X 염색체에 있는 대립유전자의 DNA 상대량을 합한 값은 2죠. 감수 1분열을 완료한 핵상이 n인 세포에서는 상염색체에 있는 대립유전자의 DNA 상대량을 합한 값은 2, X 염색체에 있는 대립유전자의 DNA 상대량을 합한 값은 0(X 염색체가 없음) 또는 2(X 염색체 있음)이며, 감수 2분열을 완료한 핵상이 n인 세포에서는 상염색체에 있는 대립유전자의 DNA 상대량을 합한 값은 1, X 염색체에 있는 대립유전자의 DNA 상대량을 합한 값은 0 또는 1입니다.

---

08 염색체와 대립유전자 정답 ②

| 선택 비율 | ① 12 % | ②39 % | ③ 16 % | ④ 10 % | ⑤ 22 % |

문제 풀이 TIP
핵상이 $2n$인 세포에는 상동 염색체가 쌍으로 존재하지만, 핵상이 n인 세포에서는 상동 염색체가 쌍을 이루지 않는다. 이를 근거로 세포 Ⅰ~Ⅳ 중 핵상이 $2n$인 세포와 n인 세포를 먼저 구별한 후, ⊙~ⓒ 중 상동 염색체인 것을 파악한다.

<보기> 풀이
⊙~ⓒ 염색체 중 일부가 없는 세포 Ⅰ, Ⅲ, Ⅳ는 핵상이 n이다. 핵상이 n인 세포 Ⅲ에서 ⊙과 ⓒ이 함께 있으므로 ⊙과 ⓒ은 상동 염색체가 아니고, Ⅳ에서 ⊙과 ⓒ이 함께 있으므로 ⊙과 ⓒ도 상동 염색체가 아니다. 따라서 ⓒ과 ⓒ이 상동 염색체이며, ⓒ과 ⓒ은 각각 ⓐ와 ⓑ 중 하나이다. ⊙은 ⓒ이며, ⓒ과 ⓒ이 모두 있는 세포 Ⅱ는 핵상이 $2n$이다.

세포 Ⅲ에서 r의 DNA 상대량이 0이므로 R의 DNA 상대량은 2이고, 세포 Ⅳ에서 r의 DNA 상대량이 2인데 세포 Ⅲ에는 ⊙과 ⓒ이 있고, 세포 Ⅳ에는 ⊙과 ⓒ이 있다. ⊙에는 같은 유전자가 있으므로 ⓒ에 r, ⓒ에 R이 있고, ⊙에는 H가 있다. 만약 이 사람의 핵상이 $2n$인 세포에 H와 h가 모두 있다면 세포 Ⅰ에서 ⊙(ⓒ)이 없으므로 H의 DNA 상대량은 0, h의 DNA 상대량이 1이어야 하지만 세포 Ⅰ에서 H의 DNA 상대량이 1이므로, 이 사람의 핵상이 $2n$인 세포에는 H만 있고 h는 없다.

✗ Ⅰ과 Ⅱ의 핵상은 같다.
➡ 염색체 중 일부가 없는 세포 Ⅰ의 핵상은 n이다. 세포 Ⅱ에는 7번 염색체인 ⓐ와 ⓑ(ⓒ과 ⓒ)가 쌍으로 존재하므로 핵상이 $2n$이다.
ㄴ. ⓒ과 ⓒ은 모두 7번 염색체이다.
➡ ⓒ과 ⓒ은 상동 염색체로, 각각 ⓐ와 ⓑ 중 하나이므로 모두 7번 염색체이다.
✗ 이 사람의 유전자형은 HhRr이다.
➡ 이 사람의 유전자형은 HHRr이다.

오답률 높은 ⑤ ㄷ이 옳다고 생각했다면?

이 사람의 유전자형을 파악하려면 염색체 ⊙~ⓒ이 각각 ⓐ~ⓒ 중 어느 것인지, 7번 염색체와 8번 염색체에 어떤 유전자가 있는지를 제시된 표의 자료를 분석하여 파악해야 해요. 이 분석을 정확하게 하지 않아서 핵상이 $2n$인 세포 Ⅱ에서 H의 DNA 상대량을 1로 파악해 이 사람의 유전자형을 HhRr라고 판단하여 ㄷ을 옳다고 생각했을 거예요. 이 문항의 경우 표의 자료를 근거로 세포 Ⅰ~Ⅳ에 있는 염색체와 대립유전자를 그림으로 표현하면 쉽게 정답을 찾을 수 있어요.

---

09 염색체와 대립유전자 정답 ③

| 선택 비율 | ① 9 % | ② 15 % | ③45 % | ④ 18 % | ⑤ 13 % |

문제 풀이 TIP
핵상이 $2n$인 세포에는 대립유전자가 쌍으로 존재하지만, 핵상이 n인 세포에는 대립유전자 쌍 중 하나만 있다. 이를 근거로 세포 (가)~(마) 중 핵상이 n인 세포를 먼저 찾고, ⊙~ⓗ 중 상동 염색체의 동일한 위치에 있는 대립유전자 쌍을 파악한다.

<보기> 풀이
핵상이 $2n$인 세포에는 상동 염색체가 쌍으로 존재하지만, 핵상이 n인 세포에는 상동 염색체 중 1개씩만 있다. 그리고 대립유전자는 상동 염색체의 같은 위치에 있으므로, 핵상이 $2n$인 세포에는 대립유전자가 쌍으로 있지만, 핵상이 n인 세포에는 대립유전자가 쌍으로 있지 않다. P의 세포 (가)와 (다)에 있는 대립유전자의 종류가 서로 다르므로 (가)와 (다)의 핵상은 모두 n이고, Q의 세포 (마)와 (바)에 있는 대립유전자의 종류가 서로 다르므로 (마)와 (바)의 핵상은 n이다. 핵상이 n인 세포 (마)와 (바)에는 상동 염색체가 쌍을 이루고 있지 않고 상동 염색체 중 1개씩만 있으므로 ⓒ은 ⊙, ⓒ, ⓒ, ⓗ과 대립유전자가 아니다. 따라서 ⓒ은 ⓒ과 대립유전자이다. 핵상이 n인 세포 (다)와 (바)를 비교하면 ⓒ은 ⊙, ⓗ과 대립유전자가 아니므로, ⓒ은 ⓒ과 대립유전자, ⊙은 ⓗ과 대립유전자이다. 세포 (나)에는 대립유전자 ⓒ과 ⓒ이 모두 있고, 세포 (라)에는 대립유전자 ⓒ과 ⓒ이 모두 있으므로, (나)와 (라)의 핵상은 모두 $2n$이다. (나)에는 (가)와 (다)에 있는 대립유전자가 모두 있고, (라)에는 (마)와 (바)에 있는 대립유전자가 모두 있으므로 이를 정리하면 다음과 같다.

대립유전자	P의 세포			Q의 세포		
	(가)n	(나)$2n$	(다)n	(라)$2n$	(마)n	(바)n
⊙	✕	?(○)	○	?(○)	○	✕
ⓒ	✕	✕	✕	○	○	✕
ⓒ	?(✕)	○	○	○	✕	○
ⓒ	✕	ⓐ(○)	○	○	✕	○
ⓒ	○	○	✕	✕	○	✕
ⓗ	✕	✕	✕	?(○)	✕	○

(○: 있음, ✕: 없음)

ㄱ. ⊙은 ⓗ과 대립유전자이다.
➡ ⊙은 ⓗ과, ⓒ은 ⓒ과, ⓒ은 ⓒ과 각각 대립유전자이다.
✗ ⓐ는 '✕'이다.
➡ 세포 (나)의 핵상은 $2n$이므로 핵상이 n인 세포 (다)에 있는 대립유전자 ⓒ을 가지고 있다. 따라서 ⓐ는 '○'이다.

ㄷ. **Q의 ⓑ의 유전자형은 BbDd이다.**

→ 핵상이 n인 세포 (가)에는 대립유전자 ⓒ과 ⓓ 중 ⓓ만 있고, ㉠과 ⓗ, ⓛ 과 ⓔ이 모두 없다. 이를 통해 세포 (가)에는 Y 염색체가 있어 X 염색체에 있는 ⓑ의 유전자가 없음을 알 수 있다. 따라서 ⓒ과 ⓓ은 상염색체에 있는 ㉮의 대립유전자이고, ㉠과 ⓗ, ⓛ과 ⓔ은 모두 X 염색체에 있는 ⓑ의 대립유전자이다. Q의 세포인 (라)의 세포에는 ㉠과 ⓗ, ⓛ과 ⓔ이 모두 있으므로, Q의 ⓑ의 유전자형은 BbDd이다.

선배의 TMI 이것만 알고 가자! **핵상이 n인 여자 세포와 남자 세포의 차이**

핵상이 n인 여자 세포에는 X 염색체가 반드시 있지만 핵상이 n인 남자 세포 중에는 X 염색체가 있는 것이 있고, Y 염색체가 있는 것이 있어요. 특정 형질 을 결정하는 대립유전자 A와 a가 X 염색체에 있다면 Y 염색체를 가진 핵상 이 n인 남자 세포에는 A와 a가 없어요.

---

10 사람의 유전 　　　　　　　　　　정답 ②

선택 비율	① 15 %	② 48 %	③ 17 %	④ 13 %	⑤ 7 %

문제 풀이 TIP

제시된 자료를 분석하여 (가)와 (나)의 유전자는 한 상염색체에 함께 있고, (다)의 유전자는 다른 상염색체에 있음과 ⓐ의 (가)~(다)의 표현형이 모두 Q와 같을 확률은 $\frac{1}{8}=\frac{1}{2}\times\frac{1}{4}$에서 ⓐ의 (다)의 표현형이 Q와 같을 확률 을 구하여, 남자 P와 여자 Q의 대립유전자 구성을 파악한다.

<보기> 풀이

(1) (가)~(다)의 유전자가 서로 다른 2개의 상염색체에 있으므로, 3개의 유전 자 중 2개의 유전자는 같은 상염색체에 있고 나머지 유전자는 다른 상염색체 에 있다. (가)의 유전에서 유전자형이 AA, Aa인 사람의 표현형은 같고, (나) 의 유전에서 유전자형이 BB, Bb, bb인 사람의 표현형은 서로 다르다. (다)의 유전에서 대립유전자의 우열 관계는 D > E > F이므로 유전자형이 DD, DE, DF인 사람의 표현형은 서로 같고, EE, EF인 사람의 표현형이 서로 같으며, FF인 사람의 표현형은 다른 유전자형을 가진 사람의 표현형과 다르다.

(2) (가)와 (나)의 유전자가 서로 다른 염색체에 있는 경우 ⓐ에게서 나타날 수 있는 유전자형은 표와 같다.

P의 생식세포 유전자형 Q의 생식세포 유전자형	AB	Ab	aB	ab
AB	AABB	AABb	AaBB	AaBb
aB	AaBB	AaBb	aaBB	aaBb

이 경우 ⓐ에게서 나타날 수 있는 (가)와 (나)의 표현형은 4가지(A_BB, A_ Bb, aaBB, aaBb)이므로 조건에 맞지 않는다.

(3) (가)와 (나)의 유전자가 같은 염색체에 있는 경우 ⓐ에게서 나타날 수 있는 유전자형은 다음의 2가지 경우가 있다.

P의 생식세포 유전자형 Q의 생식세포 유전자형	AB	ab
AB	AABB	AaBb
aB	AaBB	aaBb

P의 생식세포 유전자형 Q의 생식세포 유전자형	Ab	aB
AB	AABb	AaBB
aB	AaBb	aaBB

자료에서 ⓐ가 가질 수 있는 (가)와 (나)의 유전자형 중에는 AABB가 있다고 했으므로, (가)~(다)의 유전자 중 (가)와 (나)의 유전자는 같은 상염색체, (다)의 유전자는 다른 상염색체에 있고, 남자 P에서 대립유전자 A는 B와, a는 b와 같은 염색체에 있다.

(4) ⓐ가 가질 수 있는 (다)의 유전자형 중에는 FF가 있어야 하므로 남자 P와 여자 Q는 모두 대립유전자 F를 가지고 있다. ⓐ의 (가)~(다)의 표현형이 모두 Q와 같을 확률은 $\frac{1}{8}=\frac{1}{2}\times\frac{1}{4}$이고, ⓐ의 (가)와 (나)의 표현형이 Q(A_BB)와 같을 확률은 $\frac{1}{2}$이다. 따라서 ⓐ의 (다)의 표현형이 Q와 같을 확률은 $\frac{1}{4}$이다. Q의 (다)의 유전자형이 DF나 FF이면 ⓐ의 (다)의 유전자형이 Q와 같을 확률 이 $\frac{1}{4}$이 되지 않으므로 Q의 (다)의 유전자형은 EF이다. 조건을 만족하는 P의 (다)의 유전자형은 DF이다. 결론적으로 (가)~(다)의 유전자형이 AaBbDF인 P와 AaBBEF인 Q 사이에서 ⓐ가 태어날 때 ⓐ의 (가)~(다)의 표현형이 모 두 P(A_BbD_)와 같을 확률은 $\frac{1}{4}\times\frac{1}{2}=\frac{1}{8}$이다.

✗ $\frac{1}{16}$　②$\frac{1}{8}$　✗ $\frac{3}{16}$　✗ $\frac{1}{4}$　✗ $\frac{3}{8}$

선배의 TMI 이것만 알고 가자! **독립 유전과 연관 유전**

유전 형질 (가)와 (나)는 같은 상염색체에 있고 (다)는 다른 상염색체에 있기 때 문에 (가)와 (나)는 연관 유전을 하지만 (다)는 독립 유전을 해요. 따라서 부모 의 (가)와 (나)의 대립유전자 구성과 (다)의 유전자형을 파악한 다음 ⓐ에게서 나타날 수 있는 (가)와 (나)의 유전자형과 (다)의 유전자형을 각각 구하고 ⓐ의 (가)와 (나)의 표현형이 모두 P(A_Bb)와 같을 확률과 (다)의 표현형이 P(D_) 와 같을 확률을 곱하면 ⓐ의 (가)~(다)의 표현형이 모두 P와 같을 확률을 구 할 수 있지요.

---

11 단일 인자 유전 　　　　　　　　　정답 ②

선택 비율	① 10 %	② 30 %	③ 21 %	④ 21 %	⑤ 18 %

문제 풀이 TIP

제시된 자료를 분석하여 (가)~(다)의 유전자는 한 상염색체에 함께 있고 (라)의 유전자는 다른 염색체에 있음과, ⓐ의 (가)~(라)의 표현형이 모두 부모와 같을 확률은 $\frac{3}{16}=\frac{3}{4}\times\frac{1}{4}$에서 ⓐ의 (라)의 표현형이 부모와 같을 확률은 $\frac{3}{4}$이고, ⓐ의 (가)~(다)의 표현형이 부모와 같을 확률은 $\frac{1}{4}$이라는 것을 파악해야 한다.

<보기> 풀이

(가)~(다)의 유전자는 하나의 상염색체에 함께 있고, (라)의 유전자는 다른 염 색체에 있다. (가)~(라)의 표현형이 모두 우성인 부모는 A, B, D, E를 모두 갖는다. 이 부모 사이에서 태어난 ⓐ의 (가)~(라)의 표현형이 모두 부모와 같 아 우성일 확률은 $\frac{3}{16}=\frac{3}{4}\times\frac{1}{4}$이다. 부모의 (라)의 유전자형에는 각각 E가 있으므로 ⓐ의 (라)의 표현형이 부모와 같을 확률이 $\frac{3}{4}$ 또는 $\frac{1}{4}$이려면 부모 의 (라)의 유전자형은 각각 Ee이고, ⓐ의 (라)의 표현형이 부모와 같이 우성 (E_)일 확률은 $\frac{3}{4}$이다. 따라서 ⓐ의 (가)~(다)의 표현형이 부모와 같이 우성 (A_, B_, D_)일 확률은 $\frac{1}{4}$이므로, 부모는 (가)~(다)의 유전자형이 모두 이형 접합성(AaBbDd)이고, 대립유전자 구성은 ABd/abD, Abd/aBD와 같이

'한 염색체에 우성 대립유전자 2개/열성 대립유전자 1개' 또는 '한 염색체에 우성 대립유전자 1개/열성 대립유전자 2개'를 가져야 한다. 부모의 대립유전자 구성이 ABd/abD, Abd/aBD인 경우 ⓐ가 가질 수 있는 (가)~(다)의 유전자형은 다음과 같다.

생식세포의 유전자형	ABd	abD
Abd	AABbdd	AabbDd
aBD	AaBBDd	aaBbDD

부모의 (라)의 유전자형은 각각 Ee이므로 ⓐ가 가질 수 있는 (라)의 유전자형은 다음과 같다.

생식세포의 유전자형	E	e
E	EE	Ee
e	Ee	ee

ⓐ가 (가)~(라) 중 적어도 2가지 형질의 유전자형을 이형 접합성으로 가질 확률은 {(가)~(다)의 유전자형 중 1가지 형질의 유전자형이 이형 접합성(AABbdd,aaBbDD)일 확률×(라)의 유전자형이 이형 접합성(Ee)일 확률}+(가)~(다)의 유전자형 중 2가지 형질의 유전자형이 이형 접합성(AabbDd, AaBBDd)일 확률이므로 이 확률은 $\left(\frac{1}{2}×\frac{1}{2}\right)+\frac{1}{2}=\frac{3}{4}$ 이다.

 $\frac{7}{8}$ ② $\frac{3}{4}$ $\frac{5}{8}$ $\frac{1}{2}$ $\frac{3}{8}$

같은 상염색체에 있는 (가)~(다)는 연관 유전을 하고, 다른 상염색체에 있는 (라)는 독립 유전을 해요. 따라서 부모의 대립유전자 구성과 ⓐ의 대립유전자 구성, ⓐ가 (가)~(라) 중 적어도 2가지 형질의 유전자형을 이형 접합성으로 가질 확률을 구할 때 모두 (가)~(다)의 유전자와 (라)의 유전자를 따로 생각해야 해요.

---

12 단일 인자 유전과 다인자 유전   정답 ②

선택 비율	① 8 %	② 38 %	③ 20 %	④ 21 %	⑤ 9 %

문제 풀이 TIP

제시된 조건 중 ⓐ에게서 나타날 수 있는 표현형은 최대 11가지이고, ⓐ가 가질 수 있는 유전자형 중 aabbddee인 조건을 만족하기 위해, 각 대립유전자가 같은 염색체에 있는지 서로 다른 염색체에 있는지를 먼저 파악한다.

<보기> 풀이

㉠은 3쌍의 대립유전자에 의해 결정되므로 다인자 유전을 하고, ㉡은 한 쌍의 대립유전자에 의해 결정되므로 단일 인자 유전을 한다.

㉠과 ㉡의 유전자형이 AaBbDdEe인 부모 사이에서 태어난 ⓐ에게서 나타날 수 있는 표현형은 최대 11가지이고, ⓐ가 가질 수 있는 유전자형 중 aabbddee가 있으려면, ㉠을 결정하는 데 관여하는 3개의 유전자는 각각 서로 다른 상염색체에 있고, ㉡을 결정하는 유전자가 ㉠을 결정하는 3개의 유전자 중 하나와 같은 염색체에 있어야 한다. 또, ⓐ가 가질 수 있는 유전자형 중 aabbddee가 있으므로 ㉡을 결정하는 대립유전자 E(e)는 ㉠을 결정하는 데 관여하는 대립유전자 A, B, D(a, b, d) 중 하나와 같은 염색체에 있어야 한다. (E와 e는 대립유전자이므로 상동 염색체의 같은 위치에 있다.)

❶ ㉠을 결정하는 데 관여하는 대립유전자 A와 B(a와 b)가 다른 염색체에 있다면 독립적으로 유전되므로, ⓐ에서 대문자로 표시되는 대립유전자의 수가 0개일 확률은 $\frac{1}{16}$, 1개일 확률은 $\frac{4}{16}$, 2개일 확률은 $\frac{6}{16}$, 3개일 확률은 $\frac{4}{16}$, 4개일 확률은 $\frac{1}{16}$ 이다.

❷ ㉠을 결정하는 데 관여하는 대립유전자 D(d)와 ㉡을 결정하는 대립유전자 E(e)가 같은 상염색체에 있다면 ⓐ에서 ㉠의 대문자로 표시되는 대립유전자의 수가 2개이고 ㉡의 표현형이 우성(EE, Ee)일 확률은 $\frac{1}{4}$, ㉠의 대문자로 표시되는 대립유전자의 수가 1개이고 ㉡의 표현형이 우성(EE, Ee)일 확률은 $\frac{1}{2}$, ㉠의 대문자로 표시되는 대립유전자의 수가 0개이고 ㉡의 표현형이 열성(ee)일 확률은 $\frac{1}{4}$ 이다.

유전자형이 AaBbDdEe인 부모는 ㉠의 대문자로 표시되는 대립유전자의 수가 3개, ㉡의 표현형은 우성(Ee)이므로 ⓐ에서 ㉠과 ㉡의 표현형이 모두 부모와 같을 확률은 다음과 같다.

(㉠의 대문자로 표시되는 대립유전자의 수가 1개일 확률 $\frac{4}{16}$)×(㉠의 대문자로 표시되는 대립유전자의 수가 2개이고 ㉡의 표현형이 우성(EE, Ee)일 확률 $\frac{1}{4}$)+(㉠의 대문자로 표시되는 대립유전자의 수가 2개일 확률 $\frac{6}{16}$)×(㉠의 대문자로 표시되는 대립유전자의 수가 1개이고 ㉡의 표현형이 우성(EE, Ee)일 확률 $\frac{1}{2}$)=$\frac{1}{4}$ 이다.

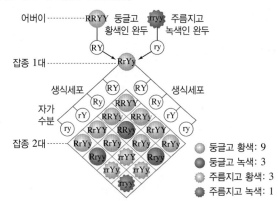 ① $\frac{3}{11}$ ② $\frac{1}{4}$ ③ $\frac{1}{8}$ ④ $\frac{3}{32}$ ⑤ $\frac{1}{16}$

독립의 법칙은 두 쌍 이상의 대립 형질이 함께 유전될 때 서로의 유전에 영향을 미치지 않고 각각 독립적으로 분리되어 유전되는 현상이에요. 중학교 때 배웠던 멘델의 완두 실험에서 둥글고 황색(RrYy)인 완두를 자가 교배하였을 때 자손의 유전자형은 다음과 같이 구할 수 있었어요. (단, 대립유전자 R와 r, Y와 y는 서로 다른 상염색체에 있음)

문제의 해설 ❶에서 ㉠을 결정하는 데 관여하는 3가지 유전자 중 서로 다른 염색체에 존재하는 2가지 유전자가 자손에게 전달되어 나타날 수 있는 표현형, 즉 대문자로 표시되는 대립유전자의 수가 4개, 3개, 2개, 1개일 확률은 위와 같은 방법으로 구하면 돼요.

---

13 사람의 유전 및 돌연변이 분석   정답 ⑤

선택 비율	① 14 %	② 16 %	③ 28 %	④ 15 %	⑤ 28 %

문제 풀이 TIP

자료를 분석하여 아버지에게서 형성되는 정상 정자에서 대문자로 표시되는 대립유전자의 수가 얼마인지를 구하면, 아버지의 (가)의 유전자형을 알 수 있다. 어머니와 아버지의 (가)의 유전자형을 알면 주어진 보기의 내용이 옳고 그름을 판단할 수 있다.

＜보기＞ 풀이

(가)는 상염색체에 있는 2쌍의 대립유전자에 의해 결정되므로, 어머니의 (가)의 대립유전자 구성은 HT/Ht이다. ⓐ의 동생에게서 나타날 수 있는 (가)의 표현형은 최대 2가지이고, 이 아이가 가질 수 있는 (가)의 유전자형은 최대 4가지이다. 따라서 아버지에게서 형성되는 모든 정상 정자의 유전자형에서 대문자로 표시되는 대립유전자의 수는 같아야 하고, 모든 조건을 만족하려면 그 수가 1이면서 아버지의 대립유전자 구성이 Ht(1)/hT(1)이어야 한다.

ㄱ 아버지의 (가)의 유전자형에서 대문자로 표시되는 대립유전자의 수는 2이다.

➡ 아버지의 (가)의 유전자형은 HhTt이므로, 대문자로 표시되는 대립유전자의 수는 2이다.

ㄴ ㉠ 중에는 HhTt가 있다.

➡ 어머니(HT/Ht)와 아버지(Ht/hT) 사이에서 태어나는 ⓐ의 동생이 가질 수 있는 유전자형을 나타내면 다음과 같다. ( )는 유전자형에서 대문자로 표시되는 대립유전자의 수이다.

어머니의 난자 ＼ 아버지의 정자	Ht(1)	hT(1)
HT(2)	HHTt(3)	HhTT(3)
Ht(1)	HHtt(2)	HhTt(2)

따라서 ㉠(ⓐ의 동생이 가질 수 있는 (가)의 유전자형) 중에는 HhTt가 있다.

ㄷ 염색체 비분리는 감수 1분열에서 일어났다.

➡ ⓐ의 (가)의 유전자형에서 대문자로 표시되는 대립유전자의 수는 4이고, ⓐ는 아버지로부터 대문자로 표시되는 대립유전자를 1개 물려받는다. 따라서 어머니로부터는 대문자로 표시되는 대립유전자를 3개 받아야 하므로, 염색체 수가 비정상적인 난자 Q는 HT가 있는 염색체와 Ht가 있는 염색체를 모두 가진다. 상동 염색체를 모두 가진 비정상적인 난자 Q는 어머니의 난자 형성 과정 중 감수 1분열에서 염색체 비분리가 일어나 형성되었다.

오답률 높은 ③ ㄷ이 틀렸다고 생각했다면?

ⓐ(대문자로 표시되는 대립유전자의 수 4)는 아버지(Ht/hT)에게서 대문자로 표시되는 대립유전자를 1개 물려받으므로, 어머니(HT/Ht)에게서 대문자로 표시되는 대립유전자를 3개 물려받아야 한다는 것을 파악해야 해요. 만약 어머니의 난자 형성 과정에서 염색체 비분리가 감수 2분열에서 일어났다면 염색체 수가 비정상적인 난자 Q의 (가)의 유전자형은 HHTT이거나 HHtt이기 때문에 대문자로 표시되는 대립유전자의 수가 4 또는 2가 되어 조건과 맞지 않아요. 따라서 염색체 비분리는 감수 1분열에서 일어났다는 것을 알 수 있어요.

---

14 단일 인자 유전과 다인자 유전 정답 ③

선택 비율	① 5 %	② 13 %	③ 39 %	④ 33 %	⑤ 10 %

문제 풀이 TIP

감수 분열 과정에서 상동 염색체가 분리되어 서로 다른 생식세포로 들어가며, 이때 한 염색체에 같이 있는 대립유전자는 같은 생식세포로 들어간다. 이 개념을 이용하여 P와 Q에서 생성될 수 있는 생식세포의 유전자 구성을 파악한 다음, 아이가 가질 수 있는 유전자형을 구한다.

＜보기＞ 풀이

㉠은 한 쌍의 대립유전자에 의해 형질이 결정되므로 단일 인자 유전을 하고, ㉡은 3쌍의 대립유전자에 의해 형질이 결정되므로 다인자 유전을 한다.

그림 (가)와 (나)로부터 남자 P와 여자 Q의 유전자형을 알 수 있다. 유전자형이 AaBbDdEe인 남자 P에서 형성될 수 있는 정자의 유전자형은 AbDE, Abde, aBDE, aBde이고, 유전자형이 AaBbDdEe인 여자 Q에서 형성될 수 있는 난자의 유전자형은 ABDe, ABdE, abDe, abdE이다. 따라서 남자 P의 정자와 여자 Q의 난자가 수정되어 태어난 아이가 가질 수 있는 유전자형은 다음과 같으며, ( ) 안의 숫자는 ㉡의 유전자형에서 대문자로 표시되는 대립유전자의 수이다.

P의 정자 ＼ Q의 난자	ABDe(2)	ABdE(2)	abDe(1)	abdE(1)
AbDE(2)	AABbDDEe(4)	AABbDdEE(4)	AabbDDEe(3)	AabbDdEE(3)
Abde(0)	AABbDdee(2)	AABbddEe(2)	AabbDdee(1)	AabbddEe(1)
aBDE(3)	AaBBDDEe(5)	AaBBDdEE(5)	aaBbDDEe(4)	aaBbDdEE(4)
aBde(1)	AaBBDdee(3)	AaBBddEe(3)	aaBbDdee(2)	aaBbddEe(2)

㉠은 유전자형이 다르면 표현형이 다르다고 했으므로, AA, Aa, aa인 개체의 표현형이 서로 다르고, ㉡은 유전자형에서 대문자로 표시되는 대립유전자의 수가 다르면 표현형이 다르다. 따라서 이 아이에게서 나타날 수 있는 표현형은 AA(4), AA(2), Aa(5), Aa(3), Aa(1), aa(4), aa(2)이므로, 표현형의 최대 가짓수는 7이다.

 5 6 ③ 7 8 9

선배의 TMI 이것만 알고 가자! 자손의 유전자형을 구하는 방법

부모의 유전자형이 둘 다 Aa일 때, 이 부모 사이에서 태어날 수 있는 자손의 유전자형은 오른쪽 그림과 같이 구해요.

한 염색체에 있는 유전자들은 생식세포 형성 과정에서 함께 이동하여 같은 생식세포로 들어가지요. 문제의 자료에서와 같이 체세포에서 한 염색체에 유전자들이 함께 있다면 이로부터 형성되는 생식세포의 유전자형은 많지 않으므로, 아이가 가질 수 있는 유전자형은 위 그림에서와 같은 방법으로 구하는 게 더 간단해요. 그리고 ㉡의 표현형은 대문자로 표시되는 대립유전자의 수에 의해 결정되므로 ㉡의 유전자형에서 대문자로 표시되는 대립유전자의 수를 ( ) 안의 숫자로 나타내면 더 빨리 문제를 풀 수 있어요.

---

15 복대립 유전 정답 ⑤

선택 비율	① 18 %	② 20 %	③ 15 %	④ 21 %	⑤ 24 %

문제 풀이 TIP

제시된 자료 내용 중 복대립 유전 형질인 ㉢에서 대립유전자 간의 우열 관계를 파악한다. 그리고 여자 P의 상염색체와 유전자 그림에서 유전 형질 ㉠과 ㉢이 같은 염색체에 있어 함께 유전되고, 유전 형질 ㉡은 독립적으로 유전됨을 파악한다. 이후 자녀 ⓐ의 ㉠~㉢의 표현형 중 한 가지만 부모와 같을 확률 조건에 맞는 남자 Q의 유전자 구성을 파악한다.

＜보기＞ 풀이

㉢은 복대립 유전 형질로, 유전자형은 6가지(DD, DE, DF, EE, EF, FF)가 있다. 이 중 DE와 EE의 표현형이 같으므로 E는 D에 대해 우성이고, DF와 FF의 표현형이 같으므로 F는 D에 대해 우성이다. ㉢의 표현형이 4가지(DD/DE, EE/DF, FF/EF)이므로 E와 F는 공동 우성임을 알 수 있다. 즉, ㉢의 대립유전자의 우열 관계는 E=F＞D이다.

여자 P와 남자 Q 사이에서 태어난 ⓐ의 ㉠~㉢의 표현형 중 한 가지만 부모와 같을 확률은 $\frac{3}{8}$인데 Q의 ㉢이 FF이면 이 조건을 만족하는 경우가 없으므로 Q의 ㉢은 DF이다. 또 Q의 ㉢이 DF이면서 ㉠이 AA일 때도 ⓐ의 ㉠~㉢의 표현형 중 한 가지만 부모와 같을 확률이 $\frac{3}{8}$이라는 조건을 만족하지 못하므로 Q의 ㉠은 Aa이다.

여자 P와 남자 Q의 ㉠과 ㉢의 대립유전자 구성이 모두 AD/aF라면 ⓐ가 가질 수 있는 ㉠과 ㉢의 유전자형은 표와 같다.

생식세포	AD	aF
AD	AADD	AaDF
aF	AaDF	aaFF

이 경우 ㉠의 AA와 Aa가 서로 같은 표현형을 나타낼 때 ⓐ의 ㉠과 ㉢의 표현형 중 한 가지만 부모와 같을(AADD, aaFF) 확률은 $\frac{1}{2}$이고 AA와 Aa가 서로 다른 표현형을 나타낼 때 ㉠과 ㉢의 표현형 중 한 가지만 부모와 같을 (aaFF) 확률은 $\frac{1}{4}$이다. Q의 ㉡의 유전자형은 BB 또는 Bb가 될 수 있는데 어느 경우도 ⓐ의 ㉡의 표현형이 부모와 다를 확률과 ㉠과 ㉢의 표현형 중 한 가지만 부모와 같을 확률을 곱하여 $\frac{3}{8}$이 되지 않는다.

반면, 남자 Q의 ㉠과 ㉢의 대립유전자 구성이 aD/ AF라면 ⓐ가 가질 수 있는 ㉠과 ㉢의 유전자형은 표와 같다.

생식세포	AD	aF
aD	AaDD	aaDF
AF	AADF	AaFF

이 경우 ㉠의 AA와 Aa가 서로 같은 표현형을 나타낼 때 ⓐ의 ㉠과 ㉢의 표현형 중 한 가지만 부모와 같을(AADD, aaDF) 확률은 $\frac{1}{2}$인데, ⓐ의 ㉡의 표현형이 부모와 같지 않을 확률은 $\frac{3}{4}$이 되지 않는다. ㉠의 AA와 Aa가 서로 다른 표현형을 나타낼 때 ⓐ의 ㉠과 ㉢의 표현형 중 한 가지만 부모와 같을 (AaDD, aaDF, AADF) 확률은 $\frac{3}{4}$이다. ㉡의 BB와 Bb가 서로 다른 표현형을 나타낼 때 Q의 ㉡의 유전자형은 Bb가 되며, ⓐ에 나타날 수 있는 ㉡의 유전자형의 분리비는 BB : Bb : bb=1 : 2 : 1이므로 ⓐ의 ㉡의 표현형이 부모와 같지 않을(BB, bb) 확률은 $\frac{1}{2}$이다. 따라서 ㉠의 AA와 Aa, ㉡의 BB와 Bb는 각각 서로 다른 표현형을 나타내며, 남자 Q의 유전자 구성은 aD/AF, Bb이다.

ㄱ. ㉡의 표현형은 BB인 사람과 Bb인 사람이 서로 다르다.
➡ ㉡의 BB와 Bb는 표현형이 일치하지 않는다.

✗ Q에서 A, B, D를 모두 갖는 정자가 형성될 수 있다.
➡ Q에서 a와 D(A와 F)는 같은 염색체에 있고, B(b)는 다른 염색체에 있으므로, Q의 정자가 가질 수 있는 유전자형은 aBD, abD, ABF, AbF이다.

ㄷ. ⓐ에게서 나타날 수 있는 표현형은 최대 12가지이다.
➡ ⓐ에게서 나타날 수 있는 ㉠과 ㉢의 표현형은 4가지(AaDD, aaDF, AADF, AaFF), ㉡의 표현형은 3가지(BB, Bb, bb)이다. 따라서 ⓐ에게서 나타날 수 있는 최대 표현형은 4×3=12이다.

선배의 TMI 이것만 알고 가자! 독립 유전과 연관 유전

유전 형질 ㉠과 ㉢의 유전자는 같은 염색체에 있으므로 여자 P의 생식세포 형성 과정에서 대립유전자 A와 D는 분리되지 않고 같은 생식세포로 들어가요. 반면 유전 형질 ㉡의 유전자는 다른 염색체에 있으므로 독립적으로 유전된답니다. 따라서 자녀 ⓐ의 ㉠~㉢의 표현형 중 한 가지만 부모와 같을 확률인 $\frac{3}{8}$을 $\frac{1}{2} \times \frac{3}{4}$으로 구분하여 이에 맞는 경우를 찾아내야 해요.

---

16 단일 인자 유전과 복대립 유전   정답 ④

문제 풀이 TIP

(가)~(다)의 유전자가 서로 다른 3개의 상염색체에 있으므로 독립적으로 유전된다는 것을 우선적으로 파악해야 하며, (가)와 (나)의 표현형이 각각 최대 몇 가지일 수 있는지 확인한 후 제시된 자료를 분석하여 (다)의 대립 유전자 사이의 우열 관계를 파악하도록 한다.

<보기> 풀이

(가)에서 A는 A*에 대해 완전 우성이므로 AA와 AA*는 같은 표현형, A*A*는 다른 표현형을 나타낸다. 따라서 (가)의 표현형은 최대 2가지이다. (나)는 유전자형이 다르면 표현형이 다르므로, BB, BB*, B*B*는 서로 다른 표현형을 나타낸다. 따라서 (나)의 표현형은 최대 3가지이다. (다)는 대립유전자가 3개이며, 각 대립유전자 사이의 우열 관계가 분명하다.

❶ **(나)와 (다)의 유전자형이 BB*DF인 아버지와 BB*EF인 어머니 사이에서 ㉠이 태어날 때**

㉠이 가질 수 있는 (나)의 유전자형의 분리비는 BB : BB* : B*B*=1 : 2 : 1이므로 ㉠에게서 나타날 수 있는 (나)의 표현형은 최대 3가지이다. ㉠에게서 나타날 수 있는 (가)~(다)의 표현형은 최대 12가지인데 (나)의 표현형이 최대 3가지이므로 (가)와 (다)의 표현형은 각각 최대 2가지이어야 한다. 그리고 ㉠에서 (나)의 표현형이 아버지(BB*)와 같을 확률은 $\frac{1}{2}$이다.

㉠에게서 나타날 수 있는 (다)의 표현형은 최대 2가지이므로, ㉠에서 (다)의 표현형이 아버지와 같을 확률은 2가지 중 하나이므로 $\frac{1}{2}$이다. ㉠에서 (가)의 표현형이 아버지와 같을 확률을 x라고 하면 ㉠에서 (가)~(다)의 표현형이 모두 아버지와 같을 확률 $\frac{3}{16}=x \times \frac{1}{2} \times \frac{1}{2}$이므로, x는 $\frac{3}{4}$이다. ㉠에서 (가)의 표현형이 아버지와 같을 확률이 $\frac{3}{4}$이라는 것을 통해 ㉠이 가질 수 있는 (가)의 유전자형의 분리비는 AA : AA* : A*A*=1 : 2 : 1이므로, 어머니와 아버지의 (가)의 유전자형은 모두 AA*라는 것을 알 수 있다.

❷ **유전자형이 AA*BBDE인 아버지와 A*A*BB*DF인 어머니 사이에서 ㉡이 태어날 때**

㉡이 가질 수 있는 (가)의 유전자형의 분리비는 AA* : A*A*=1 : 1이고, 이 중 (가)의 표현형이 어머니(A*A*)와 같을 확률은 $\frac{1}{2}$이다. ㉡이 가질 수 있는 (나)의 유전자형의 분리비는 BB : BB*=1 : 1이고, 이 중 (나)의 표현형이 어머니(BB*)와 같을 확률은 $\frac{1}{2}$이다. ㉡에서 (다)의 표현형이 어머니와 같을 확률을 y라고 하면, ㉡에서 (가)~(다)의 표현형이 모두 어머니와 같을 확률 $\frac{1}{16}=\frac{1}{2} \times \frac{1}{2} \times y$이므로, y는 $\frac{1}{4}$이다. ㉡이 가질 수 있는 (다)의 유전자형은 DD, DE, DF, EF인데 ㉡에서 (다)의 표현형이 어머니(DF)와 같을 확률이 $\frac{1}{4}$이므로, DF가 다른 유전자형과 다른 표현형을 나타내려면 F는 D에 대해 완전 우성, E는 F에 대해 완전 우성이어야 한다.

✗ D는 E에 대해 완전 우성이다.
➡ D, E, F의 우열 관계는 E>F>D이므로, E는 D에 대해 완전 우성이다.

ㄴ. ㉠이 가질 수 있는 (가)의 유전자형은 최대 3가지이다.
➡ ㉠이 가질 수 있는 (가)의 유전자형은 AA, AA*, A*A*이므로 최대 3가지이다.

ㄷ. ㉡의 (가)~(다)의 표현형이 모두 아버지와 같을 확률은 $\frac{1}{8}$이다.
➡ ㉡이 가질 수 있는 (가)의 유전자형의 분리비는 AA* : A*A*=1 : 1이므

로, ⓒ의 (가)의 표현형이 아버지(AA*)와 같을 확률은 $\frac{1}{2}$이다. ⓒ이 가질

수 있는 (나)의 유전자형의 분리비는 BB : BB*=1 : 1이므로, ⓒ의 (나)

의 표현형이 아버지(BB)와 같을 확률은 $\frac{1}{2}$이다. ⓒ이 가질 수 있는 (다)의

유전자형은 DD, DE, DF, EF이고, E는 F와 D에 대해 완전 우성이므로

ⓒ에서 (다)의 표현형이 아버지(DE)와 같을 확률은 $\frac{1}{2}$이다. 따라서 ⓒ의

(가)~(다)의 표현형이 모두 아버지와 같을 확률은 $\frac{1}{2} \times \frac{1}{2} \times \frac{1}{2} = \frac{1}{8}$이다.

선배의 TMI 이것만 알고 가자! 복대립 유전

복대립 유전 형질은 1쌍의 대립유전자에 의해 결정되지만, 대립유전자가 3가
지 이상이어서 유전자형과 표현형이 다양하게 나타나지요. 복대립 유전 형질
에 관한 문항이 출제되면 각 대립유전자 간의 우열 관계를 정확히 파악해야
합니다. 대립유전자가 3가지인데 표현형이 4가지인 경우 대립유전자 중 2가
지 사이의 우열 관계가 명확하지 않아요.

---

17 다인자 유전 정답 ②

선택 비율 | ① 12 % | ②48 % | ③ 26 % | ④ 9 % | ⑤ 6 %

문제 풀이 TIP

(가)는 3쌍의 대립유전자에 의해 결정되므로 다인자 유전이라는 것을 먼저
파악한다. 2쌍의 대립유전자(A와 a, B와 b)는 7번 염색체에 있으므로 함
께 유전되고 D와 d는 2쌍의 대립유전자와 다른 상염색체에 있으므로 독
립적으로 유전된다. 따라서 ⓐ의 유전자형이 AABbDD일 확률이 $\frac{1}{8}$이

라는 자료에서 $\frac{1}{8} = \frac{1}{2} \times \frac{1}{4}$이라는 것을 알 수 있어야 한다.

<보기> 풀이

A, a, B, b는 같은 염색체에 있고 D, d는 다른 염색체에 있으며, (가)의 표현
형이 서로 같은 P와 Q 사이에서 태어난 ⓐ의 유전자형이 AABbDD일 확률
은 $\frac{1}{8} \left(= \frac{1}{2} \times \frac{1}{4} \right)$이므로, P와 Q 중 한 사람은 A와 B가 함께 있는 염색체와
D가 있는 염색체를 갖고, 다른 한 사람은 A와 b가 함께 있는 염색체와 D가
있는 염색체를 갖는다.

만약 P와 Q의 유전자형이 DD라면 ⓐ의 유전자형이 DD일 확률은 1이므로,

ⓐ의 유전자형이 AABbDD일 확률 $\frac{1}{8} \left(= \frac{1}{2} \times \frac{1}{4} \right)$의 조건을 맞출 수 없다.

만약 P와 Q의 유전자형이 각각 DD와 Dd라면 ⓐ의 유전자형이 DD일 확률

은 $\frac{1}{2}$이 되므로, AABb일 확률이 $\frac{1}{4}$이 되어야 하는데, 이러한 경우의 P와

Q의 유전자형의 예로 AB/ab, DD와 Ab/AB, Dd를 살펴보면 ⓐ의 표현형

이 부모와 같을 확률이 $\frac{3}{8}$이라는 조건을 충족할 수 없다.

P와 Q는 각각 Dd를 가지며, ⓐ의 유전자형이 DD일 확률은 $\frac{1}{4}$, AABb일

확률은 $\frac{1}{2}$이다. ⓐ의 유전자형이 AABb일 확률이 $\frac{1}{2}$이 되려면 P와 Q의 유

전자형이 AB/ab와 Ab/Ab 또는 AB/Ab와 Ab/AB 중 하나이다.

P와 Q의 유전자형이 AB/ab, Dd와 Ab/Ab, Dd인 경우 ⓐ의 표현형이 부

모와 같을 확률이 $\frac{3}{8}$이라는 조건을 충족할 수 없다. 따라서 P와 Q 중 한 사람

의 유전자형은 AB/Ab, Dd이고, 다른 한 사람의 유전자형은 Ab/AB, Dd이

다. P와 Q 사이에서 태어난 ⓐ가 가질 수 있는 유전자형은 다음과 같으며, ( )
는 ⓐ의 유전자형에서 대문자로 표시되는 대립유전자의 수를 나타낸 것이다.

구분		P 또는 Q(AB/Ab, Dd)			
		ABD(3)	ABd(2)	AbD(2)	Abd(1)
Q 또는 P (Ab/AB, Dd)	AbD(2)	AABbDD(5)	AABbDd(4)	AAbbDD(4)	AAbbDd(3)
	Abd(1)	AABbDd(4)	AABbdd(3)	AAbbDd(3)	AAbbdd(2)
	ABD(3)	AABBDD(6)	AABBDd(5)	AABbDD(5)	AABbDd(4)
	ABd(2)	AABBDd(5)	AABBdd(4)	AABbDd(4)	AABbdd(3)

ⓐ가 유전자형이 AaBbDd인 사람과 동일한 표현형(대문자로 표시되는 대립

유전자의 수가 3)일 확률은 $\frac{4}{16} = \frac{1}{4}$이다.

❌ $\frac{1}{8}$ ② $\frac{1}{4}$ ❌ $\frac{3}{8}$ ❌ $\frac{1}{2}$ ❌ $\frac{5}{8}$

선배의 TMI 이것만 알고 가자! A와 B(a와 b)가 같은 염색체에 있는 경우와 A와 b(a와 B)가 같은 염색체에 있는 경우

A와 B(a와 b)가 같은 염색체에 있는 경우 유전자형이 AB, ab인 생식세포가,
A와 b(a와 B)가 같은 염색체에 있는 경우 유전자형이 Ab, aB인 생식세포가
형성됩니다.

---

18 단일 인자 유전과 다인자 유전 정답 ④

선택 비율 | ① 4 % | ② 28 % | ③ 15 % | ④43 % | ⑤ 9 %

문제 풀이 TIP

P와 Q 사이에서 태어난 ⓐ가 유전자형이 AABBDDEE인 사람과 같은
표현형을 가질 수 있다는 것에서 P와 Q는 모두 유전자형이 ABDE인 생
식세포를 만들 수 있음을 파악해야 한다. 그리고 P와 Q는 (나)의 표현형이
서로 다르므로 한 사람의 (나) 유전자형이 EE이면, 다른 사람의 (나) 유전
자형은 Ee라는 것을 추론할 수 있다.

<보기> 풀이

(가)의 유전자와 (나)의 유전자는 서로 다른 상염색체에 있으므로 독립적으로
유전된다. ⓐ는 유전자형이 AABBDDEE인 사람과 같은 표현형을 가질 수
있으므로 P와 Q는 모두 유전자형이 ABDE인 생식세포를 만들 수 있다.

(나)는 유전자형이 다르면 표현형이 다르고, P와 Q는 (나)의 표현형이 다르므
로 (나)에 대한 유전자형은 한 사람이 EE이면 다른 사람은 Ee이다. EE와 Ee

인 P와 Q 사이에서 태어난 ⓐ의 유전자형(표현형)이 EE일 확률은 $\frac{1}{2}$, Ee일

확률은 $\frac{1}{2}$이므로, ⓐ의 (나)의 표현형이 P와 같을 확률은 $\frac{1}{2}$이다.

ⓐ의 (가)와 (나)의 표현형이 모두 P와 같을 확률이 $\frac{3}{16} \left(= \frac{1}{2} \times \frac{3}{8} \right)$이므로

ⓐ의 (가)의 표현형이 P와 같을 확률은 $\frac{3}{8}$이다. P와 Q는 (가)의 표현형이 서

로 같으므로 유전자형에서 대문자로 표시되는 대립유전자의 수가 같으며, 모
두 유전자형이 ABD인 생식세포를 만드는데, ⓐ의 (가)의 표현형이 P와 같을

확률이 $\frac{3}{8}$이 되려면 P와 Q의 (가)에 대한 유전자형에서 대문자로 표시되는

대립유전자의 수가 4이어야 한다.

다음은 P와 Q의 유전자형이 AABbDd(대문자로 표시되는 대립유전자의 수
가 4)인 경우를 예시로 하여 나타낸 것이다.

구분		P		
		ABD(3)	ABd(2)	AbD(2)	Abd(1)
Q	ABD(3)	AABBDD(6)	AABBDd(5)	AABbDD(5)	AABbDd(4)
	ABd(2)	AABBDd(5)	AABBdd(4)	AABbDd(4)	AABbdd(3)
	AbD(2)	AABbDD(5)	AABbDd(4)	AAbbDD(4)	AAbbDd(3)
	Abd(1)	AABbDd(4)	AABbdd(3)	AAbbDd(3)	AAbbdd(2)

ⓐ에서 나타날 수 있는 (가)의 표현형은 최대 5가지(대문자로 표시되는 대립유전자의 수가 6, 5, 4, 3, 2)이고, (나)의 표현형은 최대 2가지(유전자형이 EE, Ee이다. 따라서 ⓐ에서 나타날 수 있는 표현형의 최대 가짓수는 5×2=10이다.

❌ ① 5   ❌ ② 6   ❌ ③ 7   ④ ⑩ 10   ❌ ⑤ 14

선배의 TMI 이것만 알고 가자! 독립 유전

사람의 유전 형질 (가)와 (나)를 결정하는 대립유전자 쌍이 서로 다른 상염색체에 존재하면, 한 대립유전자 쌍은 다른 대립유전자 쌍에 의해 영향을 받지 않고 독립적으로 분리되어 유전됩니다. 따라서 자손의 표현형이 (가) 발현, (나) 발현일 확률을 구하려면, 자손에서 (가)가 나타날 확률, (나)가 나타날 확률을 각각 구한 후 각 확률을 곱하면 되겠죠.

19 복대립 유전과 중간 유전   정답 ①

선택 비율	① 33 %	② 22 %	③ 21 %	④ 15 %	⑤ 9 %

문제 풀이 TIP

제시된 자료에서 ㉠~㉢의 유전 방식을 읽고 각각의 유전자형과 표현형을 파악한 후, ⓐ에서 나타날 수 있는 ㉠~㉢의 표현형이 최대 12가지인 조건에 맞는 P와 Q가 Ⅰ~Ⅳ 중 누구인지를 파악하도록 한다.

<보기> 풀이

❶ ㉠의 유전자형은 AA, AB, AD, BB, BD, DD이고, 표현형은 4가지이다. ㉠의 유전자형이 AD인 사람과 AA인 사람의 표현형이 같으므로 A는 D에 대해 우성 대립유전자이고, BD인 사람과 BB인 사람의 표현형이 같으므로 B는 D에 대해 우성 대립유전자이다. 이를 근거로 ㉠의 4가지 표현형은 A_(AA, AD), B_(BB, BD), AB, DD이다. 따라서 A와 B는 우열 관계가 없으므로, 우열 관계는 A=B>D이다.

❷ ㉡은 유전자형이 다르면 표현형이 다르므로 ㉡의 표현형은 3가지로, EE, EE*, E*E*이다.

❸ ㉢의 표현형은 2가지로, F_(FF, FF*), F*F*이다.

❹ ⓐ에서 나타날 수 있는 ㉠~㉢의 표현형은 최대 12가지(=2×3×2)이므로, ㉠~㉢의 표현형은 각각 2가지, 3가지, 2가지 중 하나이다.(사람 Ⅰ~Ⅳ의 유전자형에서 ㉠~㉢의 표현형이 각각 4가지, 3가지, 1가지인 경우는 성립하지 않는다.) Ⅱ와 Ⅲ의 ㉢의 유전자형은 모두 FF로, Ⅱ와 Ⅲ 사이에서 태어나는 자녀에게서 나타날 수 있는 ㉢의 표현형은 최대 1가지(F_)이므로 ㉠~㉢의 표현형은 각각 2가지, 3가지, 2가지 중 하나라는 조건에 맞지 않는다. 따라서 P와 Q 중 하나는 Ⅰ, 다른 하나는 Ⅳ이다. ㉠~㉢의 유전자는 서로 다른 상염색체에 있으므로 독립적으로 유전된다. Ⅰ과 Ⅳ의 ㉠의 유전자형은 각각 AB, BD이므로 ⓐ에서 나타날 수 있는 ㉠의 유전자형은 AB, AD, BB, BD이다. 따라서 ㉠의 표현형(유전자형)은 AB(AB), A_(AD), B_(BB, BD)로 3가지이다. Ⅰ과 Ⅳ의 ㉡의 유전자형은 각각 EE, EE*이므로 ⓐ에서 나타날 수 있는 표현형은 2가지이다. Ⅰ과 Ⅳ의 ㉢의 유전자형은 각각 FF*, F*F*이므로 ⓐ에서 나타날 수 있는 표현형(유전자형)은 F_(FF*), F*F*(F*F*)로 2가지이다. 따라서 ⓐ의 ㉠~㉢의 표현형이 모두 Ⅰ(ABEEF_)과 같을 확률은 $\frac{1}{4}×\frac{1}{2}×\frac{1}{2}=\frac{1}{16}$이다.

 ① $\frac{1}{16}$ $\frac{1}{8}$ $\frac{3}{16}$ $\frac{1}{4}$ $\frac{3}{8}$

선배의 TMI 이것만 알고 가자! 단일 인자 유전과 독립 유전

한 쌍의 대립유전자에 의해 형질이 결정되는 유전 현상을 단일 인자 유전이라고 하는데, 제시된 유전 형질 ㉠~㉢은 모두 단일 인자 유전이에요. 그리고 ㉠~㉢의 유전자가 서로 다른 3개의 상염색체에 있으니까 서로의 유전에 영향을 미치지 않고 각각 독립적으로 유전되는 멘델의 독립의 법칙을 따르는 거죠.

20 다인자 유전과 중간 유전   정답 ③

선택 비율	① 9 %	② 11 %	③ 28 %	④ 37 %	⑤ 15 %

문제 풀이 TIP

가계도 분석을 통해 (가)의 3가지 표현형을 나타나게 하는 유전자형이 무엇인지 먼저 파악해야 하며, 구성원 1에서 7번 염색체와 8번 염색체에 어떤 대립유전자가 있는지와 체세포 1개당 E, H, R, T의 DNA 상대량을 더한 값을 근거로 구성원 1의 유전자 구성을 파악한 후 각 구성원의 대립유전자 구성을 분석할 수 있어야 한다.

<보기> 풀이

(가)의 유전자형은 3가지(EE, Ee, ee)이고, 각 유전자형에 따른 표현형은 3가지(㉠, ㉡, ㉢)이다. 구성원 1은 대립유전자 e를 가지고 있으므로, 구성원 1(㉡)의 (가)에 대한 유전자형은 Ee 또는 ee이다. 만약 ㉡의 유전자형이 Ee라면, ㉠과 ㉢의 유전자형 중 하나는 EE, 다른 하나는 ee이다. 이 경우 구성원 3(㉢)과 구성원 4(㉠) 사이에서 태어난 자녀의 (가)에 대한 유전자형은 Ee이므로, 자녀의 표현형은 ㉡이어야 한다. 그런데 가계도에서 구성원 3과 4의 자녀인 7과 8의 (가)의 표현형이 각각 ㉢과 ㉠이므로, ㉡의 유전자형은 Ee가 될 수 없다. 따라서 ㉡의 유전자형은 ee이다. 가계도에서 구성원 5와 6은 모두 구성원 1로부터 e를 물려받으므로, 구성원 2, 5, 6의 (가)에 대한 유전자형은 Ee이다. 따라서 ㉠의 유전자형은 Ee, ㉢의 유전자형은 EE이므로, 구성원 3과 7의 (가)에 대한 유전자형은 EE, 4와 8의 (가)에 대한 유전자형은 Ee이다.

구성원 1에서 e, H, R는 7번 염색체에 있고, T는 8번 염색체에 있으며, (가)에 대한 유전자형은 ee이다. 그리고 E+H+R+T는 6이므로, 구성원 1의 (가)와 (나)의 대립유전자 구성은 eHR/eHR, TT이다. 구성원 3에서 (가)에 대한 유전자형은 EE이고, E+H+R+T는 2이므로, 구성원 3의 (가)와 (나)에 대한 대립유전자 구성은 Ehr/Ehr, tt이다. 구성원 5는 구성원 1로부터 eHR와 T를 물려받았으므로, 구성원 5의 H+R+T는 3, 4, 5, 6 중 하나이다. 구성원 8은 구성원 3으로부터 Ehr와 t를 물려받았으므로, 구성원 8의 H+R+T는 0, 1, 2, 3 중 하나이다. 다인자 유전 형질인 (나)의 표현형은 유전자형에서 대문자로 표시되는 대립유전자의 수(H+R+T)에 의해 결정되며, 구성원 2, 4, 5, 8의 (나)의 표현형은 모두 같으므로 구성원 2, 4, 5, 8의 H+R+T는 모두 3이다. 따라서 구성원 5의 (가)와 (나)에 대한 대립유전자 구성은 eHR/Ehr, Tt이며, 구성원 8의 (가)와 (나)에 대한 대립유전자 구성은 Ehr/eHR, Tt이다.

표는 구성원 1~8의 (가)에 대한 유전자형과 (나)의 표현형(H+R+T)을, 그림은 가계도에 구성원 1~8의 (가)와 (나)에 대한 대립유전자 구성을 나타낸 것이다.

구성원	1	2	3	4
(가)의 유전자형	ee	Ee	EE	Ee
(H+R+T)	6	3	0	3
구성원	5	6	7	8
(가)의 유전자형	Ee	Ee	EE	Ee
(H+R+T)	3	4	1	3

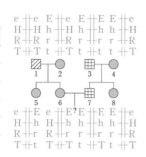

ㄱ. ⓐ는 4이다.

➡ 구성원 5의 (가)와 (나)에 대한 대립유전자 구성은 eHR/Ehr, Tt이며, 구성원 1로부터 eHR와 T를 물려받았으므로, 구성원 2로부터 Ehr와 t를 물려받았다. 구성원 2의 (가)에 대한 유전자형은 Ee이고, H+R+T는 3이므로, 구성원 2의 (가)와 (나)에 대한 대립유전자 구성은 Ehr/eHR, Tt이다. 따라서 구성원 2의 E+H+R+T(ⓐ)는 4이다.

ㄴ. 구성원 4에서 E, h, r, T를 모두 갖는 생식세포가 형성될 수 있다.

➡ 구성원 3의 (가)에 대한 유전자형은 EE이고, E+H+R+T는 2이므로, 구성원 3의 (가)와 (나)에 대한 대립유전자 구성은 Ehr/Ehr, tt이다. 구성원 8은 (가)에 대한 유전자형이 Ee이고 구성원 3으로부터 Ehr와 t를 물려받았으며, H+R+T는 3이다. 따라서 구성원 8의 (가)와 (나)에 대한 대립유전자 구성은 Ehr/eHR, Tt이며, eHR와 T는 구성원 4로부터 물려받은 것이다. 구성원 4는 (가)에 대한 유전자형이 Ee이고, H+R+T는 3이므로, 구성원 4의 (가)와 (나)에 대한 대립유전자 구성은 eHR/Ehr, Tt이다. 따라서 구성원 4에서 형성될 수 있는 생식세포의 유전자형은 eHRT, eHRt, EhrT, Ehrt이므로, 구성원 4에서 E, h, r, T를 모두 갖는 생식세포가 형성될 수 있다.

✗ 구성원 6과 7 사이에서 아이가 태어날 때, 이 아이에게서 나타날 수 있는 (나)의 표현형은 최대 5가지이다.

➡ 구성원 6의 (가)에 대한 유전자형은 Ee이고, 구성원 1로부터 eHR와 T를 물려받았으며, E+H+R+T는 5이다. 따라서 구성원 6은 구성원 2로부터 Ehr와 T를 물려받았으므로, 구성원 6의 (가)와 (나)에 대한 대립유전자 구성은 eHR/Ehr, TT이다. 구성원 7은 (가)에 대한 유전자형이 EE이고, 구성원 3으로부터 Ehr와 t를 물려받았으며, E+H+R+T는 3이다. 따라서 구성원 7은 구성원 4로부터 Ehr와 T를 물려받았으므로, 구성원 7의 (가)와 (나)에 대한 대립유전자 구성은 Ehr/Ehr, Tt이다. 구성원 6과 7 사이에서 아이가 태어날 때, 이 아이가 가질 수 있는 (가)와 (나)의 대립유전자 구성과 (나)의 표현형은 다음과 같다.

대립유전자 구성	eHR/Ehr, TT	eHR/Ehr, Tt	Ehr/Ehr, TT	Ehr/Ehr, Tt
(나)의 표현형 (H+R+T)	4	3	2	1

따라서 구성원 6과 7 사이에서 태어난 아이에게서 나타날 수 있는 (나)의 표현형은 최대 4가지이다.

어떤 형질이 대립유전자 E와 e에 의해 결정되며 E와 e가 상염색체에 있을 때, 유전자형 Ee인 사람의 감수 분열 과정에서 E와 e는 분리되어 서로 다른 생식세포로 들어가요. 그러니까 유전자형이 Ee와 ee인 부모에서 각각 형성된 정자와 난자가 수정되어 아이가 태어날 때, 이 아이가 가질 수 있는 유전자형은 Ee, ee이며, EE는 가질 수 없어요.

선택 비율	① 12 %	② 17 %	③ 22 %	④ 39 %	⑤ 10 %

문제 풀이 TIP

가계도와 표를 분석하여 (가)와 (나)가 우성과 열성 중 어떤 형질인지 파악한 후 (가)와 (나)의 유전자 중 어느 것이 X 염색체에 있는지를 파악하고 ㉠(A와 a 중 하나)을 알아낸다.

<보기> 풀이

(1) (나) 발현인 5와 6 사이에서 (나) 미발현인 7이 태어났으므로 (나)는 우성 형질이다. 따라서 B는 (나) 발현 대립유전자, b는 (나) 미발현 대립유전자이다. 6의 (나)의 유전자형은 Bb이다. 6에서 (㉠+B)가 2이므로 6의 (가)의 유전자형은 Aa이고, 6은 (가) 발현이므로 (가)는 우성 형질이다. 따라서 A는 (가) 발현 대립유전자, a는 (가) 미발현 대립유전자이다.

(2) (가), (나) 발현인 3은 유전자 A와 B를 모두 가지고 있는데 (㉠+B)가 1이다. 따라서 ㉠은 a이다.

(3) (나) 발현인 1과 2 사이에서 (나) 미발현인 4가 태어났으므로, 1에서 체세포 1개당 B의 DNA 상대량은 1이다. 1에서 (㉠+B)가 2이므로 체세포 1개당 ㉠의 DNA 상대량은 1인데, (가)는 우성 형질이며 1은 (가) 미발현이다. 만약 (가)의 유전자가 상염색체에 있다면 1의 (가)의 유전자형은 aa이어서 1에서 체세포 1개당 ㉠의 상대량은 2가 되어야 하는데, 1이다. 따라서 (가)의 유전자는 X 염색체에 있어 1의 (가)의 유전자형은 X^aY이다. (가)와 (나)의 유전자는 서로 다른 염색체에 있으므로, (나)의 유전자는 상염색체에 있다.

✗ ㉠은 A이다.

➡ ㉠은 a이다.

ㄴ. (나)의 유전자는 상염색체에 있다.

➡ (가)의 유전자는 X 염색체에, (나)의 유전자는 상염색체에 있다.

ㄷ. 7의 동생이 태어날 때, 이 아이에게서 (가)와 (나)가 모두 발현될 확률은 $\frac{3}{8}$이다.

➡ (가)와 (나)의 유전자는 서로 다른 염색체에 있으므로 (가)와 (나)의 유전은 독립적이다. 5의 (가)의 유전자형은 X^aY, 6의 (가)의 유전자형은 X^AX^a이므로 7의 동생이 가질 수 있는 (가)의 유전자형은 X^AX^a, X^aX^a, X^AY, X^aY이다. 따라서 7의 동생에게서 (가)가 발현(X^AX^a, X^AY)될 확률은 $\frac{1}{2}$이다. 5와 6의 (나)의 유전자형은 모두 Bb이므로, 7의 동생이 가질 수 있는 (나)의 유전자형 분리비는 BB : Bb : bb=1 : 2 : 1이다. 따라서 7의 동생에게서 (나)가 발현(BB, Bb)될 확률은 $\frac{3}{4}$이다. 결론적으로 7의 동생에게서 (가)와 (나)가 모두 발현될 확률은 $\frac{1}{2} \times \frac{3}{4} = \frac{3}{8}$이다.

어떤 유전 형질이 우성인 경우 이 형질이 발현되지 않은 남자가 열성 대립유전자를 1개만 가지고 있다면 이 유전 형질을 결정하는 유전자는 X 염색체에 있어요. X 염색체 유전에서 형질이 우성인 경우 아버지가 형질 발현이면 딸은 항상 형질 발현이고, 형질이 열성인 경우 어머니가 형질 발현이면 아들은 항상 형질 발현이지요. 반성 유전에서는 아버지와 딸, 어머니와 아들 사이의 관계를 잘 살펴야 해요.

22　두 가지 형질의 유전 가계도 분석　　　정답 ④

선택 비율	① 9 %	② 21 %	③ 10 %	④47 %	⑤ 12 %

문제 풀이 TIP

유전 형질 (가)와 (나)의 가계도를 따로 작성한 다음, 각각의 형질에서 우열 관계를 먼저 파악한다. (가)와 (나)의 유전자는 모두 X 염색체에 있으므로, 독립적으로 유전되지 않고 함께 유전된다.

<보기> 풀이

(가)와 (나)의 유전자는 모두 X 염색체에 있으며, 아들은 어머니의 X 염색체와 아버지의 Y 염색체를 물려받고, 딸은 어머니와 아버지에게서 각각 X 염색체를 물려받는다. 가계도 구성원 중 (나)가 발현된 어머니 4로부터 (나)가 발현되지 않은 아들 7이 태어났으므로, (나) 발현은 우성 형질임을 알 수 있다. 따라서 R는 (나) 발현 대립유전자, r는 (나) 미발현 대립유전자이다.

(나)가 발현되지 않은 6의 (나)에 대한 유전자형은 X^rX^r이므로 9는 6으로부터 X^r를 물려받았지만 (나)가 발현되었다. 따라서 9의 (나)에 대한 유전자형은 X^RX^r이고, X^R은 ⓑ로부터 물려받았으므로 ⓑ는 (나)가 발현된 남자이다. 그런데 ⓐ와 ⓑ 중 한 사람은 (가)와 (나)가 모두 발현되었고, 나머지 한 사람은 (가)와 (나)가 모두 발현되지 않았다고 했으므로, ⓑ는 (가)와 (나)가 모두 발현되었고, ⓐ는 (가)와 (나)가 모두 발현되지 않았다. 딸인 ⓐ는 (가)가 발현되지 않았는데 ⓐ의 아버지 1은 (가)가 발현되었으므로 (가) 발현은 열성 형질이며, H는 (가) 미발현 대립유전자, h는 (가) 발현 대립유전자임을 알 수 있으며, ⓐ는 1에게서 X^h를, 2에게서 X^H를 물려받았다.

✗ **ⓐ에게서 (가)와 (나)가 모두 발현되었다.**

➡ ⓐ에게서 (가)와 (나)가 모두 발현되지 않았고, ⓑ에게서 (가)와 (나)가 모두 발현되었다.

ㄴ. **2의 (가)에 대한 유전자형은 이형 접합성이다.**

➡ 2는 (가)가 발현되지 않았으므로 X^H를 가지고 있고, 2의 아들 ⓑ는 (가)가 발현되었으므로 2로부터 X^h를 물려받았다. 따라서 2의 (가)에 대한 유전자형은 X^HX^h이므로 이형 접합성이다.

ㄷ. **8의 동생이 태어날 때, 이 아이에게서 나타날 수 있는 표현형은 최대 4가지이다.**

➡ (가)와 (나)가 모두 발현된 남자 5의 (가)와 (나)에 대한 유전자형은 $X^{hR}Y$이다. ⓐ는 (가)만 발현된 1로부터 X^{hr}을 물려받았으므로, (가)와 (나)가 모두 발현되지 않은 ⓐ의 (가)와 (나)에 대한 유전자형은 $X^{HR}X^{hr}$이다. 5와 ⓐ 사이에서 태어난 아이가 가질 수 있는 (가)와 (나)에 대한 유전자형과 표현형은 다음과 같다.

$X^{hR}X^{Hr}$ ➡ (가) 미발현, (나) 발현

$X^{hR}X^{hr}$ ➡ (가) 발현, (나) 발현

$X^{Hr}Y$ ➡ (가) 미발현, (나) 미발현

$X^{hr}Y$ ➡ (가) 발현, (나) 미발현

따라서 8의 동생에게서 나타날 수 있는 표현형은 최대 4가지이다.

선배의 TMI 이것만 알고 가자!　X 염색체 유전

성별에 따른 성염색체 구성은 남자의 경우 XY, 여자의 경우 XX이며, 감수 1분열에서 한 쌍의 성염색체는 분리되어 서로 다른 생식세포로 들어가요. 남자의 경우 X 염색체의 대립유전자는 어머니에게서 물려받고 딸에게만 전달되므로, X 염색체 유전을 하는 형질의 경우 아들에서는 발현되지만 어머니에서는 발현되지 않는다면 이 형질은 열성이에요. 또, 아버지가 우성 형질이면 딸은 반드시 우성 형질을 나타내지요.

23　사람의 유전　　　정답 ④

선택 비율	① 8 %	② 21 %	③ 22 %	④43 %	⑤ 4 %

문제 풀이 TIP

P의 유전자형은 AaBbDF이고, Q는 P와 (나)의 표현형이 다르며(➡ Q의 (나)의 유전자형은 BB와 bb 중 하나임), ⓐ가 유전자형이 AAbbFF인 사람과 (가)~(다)의 표현형이 모두 같을 확률은 $\frac{3}{32}$(➡ Q는 b를 갖고 있음)이라는 조건을 통해 Q의 (나)의 유전자형은 bb임을 먼저 파악한다.

<보기> 풀이

(1) (가)~(다)의 유전자는 서로 다른 3개의 상염색체에 있으므로, 독립적으로 유전한다. (가)에서 대립유전자 A는 a에 대해 완전 우성이므로 (가)의 표현형은 2가지 [(AA, Aa), aa]이다. (나)에서 유전자형이 다르면 표현형이 다르므로 (나)의 표현형은 3가지 [BB, Bb, bb]이다. (다)에서 대립유전자의 우열 관계는 D>E>F이므로 (다)의 표현형은 3가지 [(DD, DE, DF), (EE, EF), FF]이다.

(2) P는 (나)의 유전자형이 Bb이고 P와 Q는 (나)의 표현형이 서로 다르므로 Q는 (나)의 유전자형이 BB와 bb 중 하나이어야 한다. ⓐ가 유전자형이 bb인 사람과 (나)의 표현형이 같을 확률은 0보다 크므로 Q는 (나)의 유전자형이 bb이다.

(3) (나)의 유전자형이 Bb인 P와 bb인 Q 사이에서 태어난 ⓐ가 가질 수 있는 (나)의 유전자형은 Bb, bb이므로, ⓐ가 P와 (나)의 표현형이 같을 확률은 $\frac{1}{2}$이다. ⓐ가 P와 (가)~(다)의 표현형이 모두 같을 확률은 $\frac{3}{16}$이므로, ⓐ가 P와 (가)와 (다)의 표현형이 같을 확률은 $\frac{3}{8}\left(=\frac{3}{4}\times\frac{1}{2}\right)$이다. ⓐ가 유전자형이 AAbbFF인 사람과 (가)~(다)의 표현형이 모두 같을 확률이 $\frac{3}{32}$이고, ⓐ가 (나)의 표현형이 bb일 확률은 $\frac{1}{2}$이다. 따라서 ⓐ가 유전자형이 AAFF인 사람과 (가)와 (다)의 표현형이 같을 확률은 $\frac{3}{16}\left(=\frac{1}{4}\times\frac{3}{4}\right)$이다.

(4) ⓐ가 유전자형이 FF인 사람과 (다)의 표현형이 같을 확률은 $\frac{1}{4}$이므로 Q의 (다)의 유전자형은 EF와 DF 중 하나이다. P의 (다)의 유전자형이 DF, Q의 (다)의 유전자형이 EF라면 ⓐ가 가질 수 있는 (다)의 유전자형은 DE, DF, EF, FF이다. 이 경우 ⓐ가 P와 (다)의 표현형이 같을 확률은 $\frac{1}{2}$이므로 P와 (가)의 표현형이 같을 확률은 $\frac{3}{4}$이 된다. 이 조건을 만족하는 Q의 (가)의 유전자형은 Aa이고, ⓐ가 가질 수 있는 (가)의 유전자형 분리비는 AA : Aa : aa=1 : 2 : 1이다. Q의 (가)의 유전자형이 Aa이면 ⓐ가 유전자형이 AA인 사람과 (가)의 표현형이 같을 확률은 $\frac{3}{4}$, 유전자형이 FF인 사람과 (다)의 표현형이 같을 확률은 $\frac{1}{4}$이 되어, 제시된 자료의 조건을 충족한다. 반면 Q의 (다)의 유전자형이 DF이면 ⓐ가 가질 수 있는 (다)의 유전자형 분리비는 DD : DF : FF=1 : 2 : 1이다. 이 경우 ⓐ가 P와 (다)의 표현형이 같을 확률은 $\frac{3}{4}$이므로 ⓐ가 P와 (가)의 표현형이 같을 확률은 $\frac{1}{2}$이 되어야 하기 때문에 Q의 (가)의 유전자형은 aa이어야 한다. 그러면 ⓐ가 유전자형이 AA인 사람과 (가)의 표현형이 같을 확률은 $\frac{1}{2}$이 되므로 제시된 자료의 조건(ⓐ가 유전자형이 AAFF인 사람과 (가)와 (다)의 표현형이 같을 확률은 $\frac{1}{4}\times\frac{3}{4}$)에 맞지 않는다. 따라서 Q의 (가)~(다)의 유전자형은 AabbEF이다. P(AaBbDF)와 Q(AabbEF) 사이에서 태어나는 ⓐ의 유전자형이 aabbDF일 확률은 aa일

확률$\left(\dfrac{1}{4}\right)$×bb일 확률$\left(\dfrac{1}{2}\right)$× DF일 확률$\left(\dfrac{1}{4}\right)=\dfrac{1}{32}$이다.

 $\dfrac{1}{4}$　　 $\dfrac{1}{8}$　　 $\dfrac{1}{16}$　　④ $\dfrac{1}{32}$　　 $\dfrac{1}{64}$

선배의 TMI 이것만 알고 가자!　독립 유전

사람의 유전 형질 (가)~(다)의 유전자가 서로 다른 3개의 상염색체에 있을 경우, 하나의 형질을 결정하는 대립유전자 쌍은 다른 형질을 결정하는 대립유전자 쌍에 영향을 미치지 않고 각각 독립적으로 유전되지요. 따라서 자손이 사람 P와 (가)~(다)의 표현형이 모두 같을 확률을 구할 때, 자손이 P와 (가)의 표현형이 같을 확률, 자손이 P와 (나)의 표현형이 같을 확률, 자손이 P와 (다)의 표현형이 같을 확률을 각각 구해서 그 값을 곱하면 되겠죠.

24　두 가지 형질의 유전 가계도 분석　정답 ②

| 선택 비율 | ① 12 % | ② 30 % | ③ 18 % | ④ 21 % | ⑤ 18 % |

문제 풀이 TIP

$\dfrac{1,\,2,\,5,\,6\ 각각의\ 체세포\ 1개당\ E의\ DNA\ 상대량을\ 더한\ 값}{3,\,4,\,7,\,8\ 각각의\ 체세포\ 1개당\ r의\ DNA\ 상대량을\ 더한\ 값}=\dfrac{3}{2}$의 조건을 이용하여 (가)의 유전자가 상염색체와 X 염색체 중 어느 것에 있는지, (가) 발현이 우성인지 열성인지를 가계도 분석을 통해 파악한다. 이후 자료에 제시된 (나)에 대한 조건을 이용하여 1~9의 (나)의 유전자형을 파악한다.

<보기> 풀이

❶ (가)의 유전자가 상염색체에 있고, (가) 발현이 정상에 대해 우성인 경우 (R는 (가) 발현 대립유전자, r는 정상 대립유전자)

정상인 4와 7의 (가)의 유전자형은 모두 rr, (가) 발현인 3과 8의 (가)의 유전자형은 모두 Rr이므로, 3, 4, 7, 8 각각의 체세포 1개당 r의 DNA 상대량을 더한 값은 1+2+2+1=6이다.

❷ (가)의 유전자가 상염색체에 있고, (가) 발현이 정상에 대해 열성인 경우 (R는 정상 대립유전자, r는 (가) 발현 대립유전자)

(가) 발현인 3과 8의 (가)의 유전자형은 rr, 정상인 4와 7의 (가)의 유전자형은 Rr이므로, 3, 4, 7, 8 각각의 체세포 1개당 r의 DNA 상대량을 더한 값은 2+1+1+2=6이다.

❸ (가)의 유전자가 X 염색체에 있고, (가) 발현이 정상에 대해 우성인 경우 (R는 (가) 발현 대립유전자, r는 정상 대립유전자)

(가) 발현인 아버지 3의 (가)의 유전자형은 $X^R Y$, 정상인 어머니 4의 (가)의 유전자형은 $X^r X^r$, 정상인 아들 7의 (가)의 유전자형은 $X^r Y$, (가) 발현인 딸 8의 (가)의 유전자형은 $X^R X^r$이므로, 3, 4, 7, 8 각각의 체세포 1개당 r의 DNA 상대량을 더한 값은 0+2+1+1=4이다.

❹ (가)의 유전자가 X 염색체에 있고, (가) 발현이 정상에 대해 열성인 경우 (R는 정상 대립유전자, r는 (가) 발현 대립유전자)

(가) 발현인 딸 6의 (가)의 유전자형은 $X^r X^r$이고 6은 어머니와 아버지로부터 각각 r가 있는 X 염색체를 물려받았으므로, 아버지 1의 (가)의 유전자형은 $X^r Y$가 되어 아버지 1은 (가) 발현이어야 한다. 그러나 가계도에서 1은 정상이므로, (가) 발현은 정상에 대해 열성일 수 없다.

❶과 ❷의 경우 모두 3, 4, 7, 8 각각의 체세포 1개당 r의 DNA 상대량을 더한 값은 6이므로

$\dfrac{1,\,2,\,5,\,6\ 각각의\ 체세포\ 1개당\ E의\ DNA\ 상대량을\ 더한\ 값}{3,\,4,\,7,\,8\ 각각의\ 체세포\ 1개당\ r의\ DNA\ 상대량을\ 더한\ 값}=\dfrac{3}{2}$을 충족하려면 1, 2, 5, 6 각각의 체세포 1개당 E의 DNA 상대량을 더한 값은 9이어야 한다. 하지만 1, 2, 5, 6의 (나)의 유전자형이 모두 EE이어도 1, 2, 5, 6 각각의 체세포 1개당 E의 DNA 상대량을 더한 값은 8이므로, ❶과 ❷는 조건을

충족하지 못한다. 따라서 ❸의 조건만 충족된다. 결론적으로 (가)의 유전자는 X 염색체에 있고 (가) 발현이 정상에 대해 우성이므로, (가) 발현 대립유전자는 R, 정상 대립유전자는 r이다. 따라서 3, 4, 7, 8 각각의 체세포 1개당 r의 DNA 상대량을 더한 값은 4이고, 1, 2, 5, 6 각각의 체세포 1개당 E의 DNA 상대량을 더한 값은 6이다.

(나)의 유전자형은 6가지(EE, EG, FG, FF, EF, GG)이며, (나)의 표현형은 4가지이다. 유전자형이 EG인 사람과 EE인 사람의 표현형이 같고, FG인 사람과 FF인 사람의 표현형이 같다고 했으므로, EF인 사람과 GG인 사람의 표현형은 서로 다르다. 1, 2, 5, 6 각각의 체세포 1개당 E의 DNA 상대량을 더한 값이 6이므로, 1, 2, 5, 6 중 두 사람의 (나)의 유전자형은 EE이고, 나머지 두 사람은 (나)의 유전자형 중 E가 하나씩 있다. 또, 1, 2, 3, 4의 (나)의 표현형은 모두 다르고, 3의 (나)의 유전자형은 이형 접합성이므로, 3의 (나)의 유전자형은 FG, 4의 (나)의 유전자형은 GG, 8의 (나)의 유전자형은 FG이다. 2, 6, 7, 9의 (나)의 표현형은 모두 다르므로, 7의 (나)의 유전자형은 GG이고, 9의 (나)의 유전자형은 FG이며, 6의 (나)의 유전자형은 EF, 2의 (나)의 유전자형은 EE이다.

 (가)의 유전자는 상염색체에 있다.
　➡ (가)의 유전자는 성염색체인 X 염색체에 있다.

ㄴ 7의 (나)의 유전자형은 동형 접합성이다.
　➡ 7의 (나)의 유전자형은 GG이므로 동형 접합성이다.

✕ 9의 동생이 태어날 때, 이 아이의 (가)와 (나)의 표현형이 8과 같을 확률은 $\dfrac{1}{8}$이다.

　➡ (가)와 (나)의 유전자는 서로 다른 염색체에 있으므로 독립적으로 유전된다. 6의 (가)의 유전자형은 $X^R X^r$이고 7의 (가)의 유전자형은 $X^r Y$이므로, 9의 동생이 가질 수 있는 (가)의 유전자형은 $X^R X^r$, $X^R Y$, $X^r X^r$, $X^r Y$이다. 이 중 (가) 발현인 8의 표현형과 같은 유전자형은 $X^R X^r$, $X^R Y$이므로, 9의 동생에게서 (가)의 표현형이 8과 같을 확률은 $\dfrac{1}{2}$이다.

　6의 (나)의 유전자형은 EF이고 7의 (나)의 유전자형은 GG이므로, 9의 동생이 가질 수 있는 (나)의 유전자형은 EG, FG이며, 이 중 8의 표현형과 같은 유전자형은 FG이다. 따라서 9의 동생에게서 (나)의 표현형이 8과 같을 확률은 $\dfrac{1}{2}$이다.

　종합하면, 9의 동생에게서 (가)와 (나)의 표현형이 8과 같을 확률은 $\dfrac{1}{2} \times \dfrac{1}{2} = \dfrac{1}{4}$이다.

오답률 높은 ④　ㄱ이 옳다고 생각했다면?

$\dfrac{1,\,2,\,5,\,6\ 각각의\ 체세포\ 1개당\ E의\ DNA\ 상대량을\ 더한\ 값}{3,\,4,\,7,\,8\ 각각의\ 체세포\ 1개당\ r의\ DNA\ 상대량을\ 더한\ 값}=\dfrac{3}{2}$에서 1, 2, 5, 6 각각의 체세포 1개당 E의 DNA 상대량을 더한 값을 3이라 하고, 3, 4, 7, 8 각각의 체세포 1개당 r의 DNA 상대량을 더한 값을 2라고 생각하면 정답을 얻을 수가 없어요. (나)의 유전자는 상염색체에 있다고 했으므로, (가)의 유전자가 상염색체에 있는 경우와 성염색체(X 염색체)에 있는 경우를 가계도 분석을 통해 파악해야 해요. (가)의 유전자가 X 염색체에 있고, (가) 발현이 열성인 경우 딸 6이 (가) 발현이면 아버지 1은 반드시 (가) 발현이어야 해요. 또 (나)의 유전자는 상염색체에 있고, 표현형이 4가지이므로 유전자형이 EF인 사람과 GG인 사람의 유전자형이 다르다는 것을 파악할 수 있어야 해요.

25 염색체 비분리   정답 ⑤

문제 풀이 TIP

X 염색체 유전에서 아들은 어머니로부터 X 염색체 하나를 물려받으므로, ㉠~㉢이 만약 X 염색체 유전이라면 자녀 1(남)과 자녀 3(남)이 가진 유전자를 통해 어머니의 유전자형을 알아낼 수 있다. 이때 아버지와 어머니 사이에서 자녀 2(여)의 표현형이 나타날 수 있는지 파악한다. 이를 통해 ㉠~㉢ 중 (나)와 (다)에 해당하는 것을 알아낸다.

<보기> 풀이

(1) (가)의 유전자는 상염색체에 있고 (나)와 (다)의 유전자는 모두 X 염색체에 있으므로 (가)는 독립적으로 유전되지만, (나)와 (다)는 함께 유전된다.

(2) ㉠과 ㉡이 X 염색체에 함께 있다면 ㉠과 ㉡이 모두 발현된 딸이 태어날 수 없고, ㉠과 ㉢이 X 염색체에 함께 있다면 ㉠은 발현되고 ㉢은 발현되지 않은 딸이 태어날 수 없다. 따라서 ㉡과 ㉢이 X 염색체에 함께 있다.

(3) ㉡이 X 염색체 열성 유전 형질(다)이라면 ㉡이 발현된 어머니로부터 태어난 남자인 자녀 1과 자녀 3에서 모두 ㉡이 발현되어야 하지만 자녀 3은 ㉡이 발현되지 않았으므로 ㉡은 X 염색체 우성 유전 형질인 (나)이고, ㉢은 X 염색체 열성 유전 형질인 (다)이다. 즉, ㉠은 (가), ㉡은 (나), ㉢은 (다)이다.

㉠ ⓐ는 '○'이다.

➡ 자녀 1(남)의 (나)와 (다)의 유전자형은 $X^{Bd}Y$, 자녀 3(남)의 (나)와 (다)의 유전자형은 $X^{bd}Y$이므로, 어머니의 (나)와 (다)의 유전자형은 $X^{Bd}X^{bd}$이다. 따라서 어머니에게서 (다)가 발현되므로 ⓐ는 '○'이다.

㉡ 자녀 2는 A, B, D를 모두 갖는다.

➡ 자녀 2(여)의 (가)의 유전자형은 Aa이고, (나)와 (다)의 유전자는 아버지로부터 X^{bD}, 어머니로부터 X^{Bd}를 물려받았다. 따라서 자녀 2는 A, B, D를 모두 갖는다.

㉢ G는 아버지에게서 형성되었다.

➡ 자녀 4(남)는 (나)와 (다)가 모두 미발현이므로 아버지로부터 X^{bD}를 물려받았음을 알 수 있다. 따라서 자녀 4는 아버지의 생식세포 형성 과정 중 감수 1분열에서 성염색체 비분리가 1회 일어나 형성된 비정상적인 정자(생식세포 G, $X^{bD}Y$)와 정상 난자(X^{bd})의 수정에 의해 태어났다.

선배의 TMI 이것만 알고 가자! 성염색체(X 염색체) 유전

❶ 유전 형질 (나)가 X 염색체 유전이고 우성 형질이라면, 아버지에게서 (나)가 발현되면 딸에게서 (나)가 발현되고, 아들에게서 (나)가 발현되면 어머니에게서 (나)가 발현되어야 해요.

❷ 유전 형질 (다)가 X 염색체 유전이고 열성 형질이라면, 어머니에게서 (다)가 발현되면 아들에게서 (다)가 발현되고, 딸에게서 (다)가 발현되면 아버지에게서 (다)가 발현되어야 해요.

26 DNA 상대량을 통한 가계도 분석   정답 ①

문제 풀이 TIP

제시된 표의 남자 4에서 E+F는 0, F+G=1인 것을 통해 4의 체세포에는 G가 1개 있으므로 (가)와 (나)의 유전자가 X 염색체에 있다는 것을 파악한 후, ㉠~㉢을 구한다

<보기> 풀이

❶ 남자 4에서 E+F는 0, F+G=1이므로 4의 체세포에는 G가 1개만 있다. 이를 통해 (나)의 유전자는 X 염색체에 있고, (가)의 유전자도 X 염색체에 있으며, 4의 (나)의 유전자형은 $X^G Y$이다.

❷ (가) 발현이 우성이면 (가) 발현인 남자 1로부터 태어난 딸 3은 (가) 발현이어야 하는데 정상이다. 따라서 (가) 발현은 열성이며, A는 (가) 미발현 대립유전자, a는 (가) 발현 대립유전자이다.

❸ 남자 1과 5는 (나)의 대립유전자 E, F, G 중 1개만 갖는다. 따라서 ㉠과 ㉢은 모두 2가 될 수 없으므로 ㉡이 2이다. 여자 ⓐ에서 E+F=㉡(2)이므로 ⓐ의 (나)의 유전자형은 $X^E X^F$이고, 여자 3에서 E+F=1, F+G=1이므로 3의 (나)의 유전자형은 $X^E X^G$이다. 여자 3과 여자 ⓐ는 남자 1로부터 동일한 X 염색체를 물려받았으므로 남자 1의 (나)의 유전자형은 $X^E Y$이다. 따라서 남자 1에서 F+G=0이므로 ㉠은 0, ㉢은 1이고, 여자 2의 (나)의 유전자형은 $X^F X^G$, 남자 5의 (나)의 유전자형은 $X^F Y$이다.

㉠ ⓐ의 (가)의 유전자형은 동형 접합성이다.

➡ 남자 1과 5에서 (가)가 발현되었으므로 1과 5는 모두 a를 가지므로, (가)와 (나)의 유전자형은 1이 $X^{aE}Y$, 5가 $X^{aF}Y$이다. 여자 ⓐ는 1로부터 X^{aE}를 물려받았고, 5에게 X^{aF}를 물려주었다. 따라서 ⓐ의 (가)의 유전자형은 aa이므로 동형 접합성이다.

✗ 이 가계도 구성원 중 A와 G를 모두 갖는 사람은 2명이다.

➡ A는 (가) 미발현 대립유전자이므로 이 가계도에서 (가)가 발현되지 않은 2, 3, 4가 모두 A를 갖는다. (나)의 유전자형은 2가 $X^F X^G$, 3은 $X^E X^G$, 4는 $X^G Y$이므로, 2, 3, 4는 모두 G를 갖는다. 따라서 A와 G를 모두 갖는 사람은 3명이다.

✗ 5의 동생이 태어날 때, 이 아이의 (가)와 (나)의 표현형이 모두 2와 같을 확률은 $\frac{1}{2}$이다.

➡ ⓐ의 (가)와 (나)의 유전자형은 $X^{aE} X^{aF}$이고, 4의 (가)와 (나)의 유전자형은 $X^{AG}Y$이므로, 5의 동생이 가질 수 있는 (가)와 (나)의 유전자형을 구하면 다음과 같다.

생식세포의 유전자형	X^{aE}	X^{aF}
X^{AG}	$X^{AG} X^{aE}$	$X^{AG} X^{aF}$
Y	$X^{aE}Y$	$X^{aF}Y$

(나)의 대립유전자의 우열 관계는 E>F>G이고, 2의 (가)와 (나)의 유전자형은 $X^{AG} X^{aF}$이므로 표에서 2와 (가)와 (나)의 표현형이 같은 유전자형은 $X^{AG} X^{aF}$ 1개이다. 따라서 5의 동생이 태어날 때, 이 아이의 (가)와 (나)의 표현형이 모두 2와 같을 확률은 $\frac{1}{4}$이다.

선배의 TMI 이것만 알고 가자! X 염색체 유전

(가)와 (나)는 모두 X 염색체 유전을 하므로 우성 형질을 가진 아버지로부터는 우성 형질을 가진 딸만 태어나야 하는데 (가) 발현인 남자 1의 딸 3은 정상이므로 (가) 발현은 열성 형질임을 알 수 있어요. 성염색체에 있는 유전자의 우열 관계는 아버지와 딸, 어머니와 아들의 관계를 보고 파악할 수 있어요. 그리고 남녀에 따라 X 염색체 수가 다르므로, 여자의 체세포에서 (가)와 (나)의 대립유전자 수는 각각 2이고, 남자의 체세포에서 (가)와 (나)의 대립유전자 수는 각각 1이랍니다.

27 가계도 분석　　　　　　　정답 ③

선택 비율	① 18 %	② 19 %	③ 37 %	④ 14 %	⑤ 9 %

문제 풀이 TIP

가계도와 주어진 조건을 분석하여 (가)와 (나)의 유전자가 X 염색체에 같이 있음을 먼저 파악한다. 이후 (가)와 (나)가 모두 열성 형질임을 알아낸다. 그 다음 구성원의 (가)와 (나)의 유전자형을 파악한다.

<보기> 풀이

(1) (가)의 유전자가 상염색체에 있다면 h의 DNA 상대량인 ㉠~㉢은 0, 1, 2 를 순서 없이 나타낸 것이므로 ⓐ~ⓒ의 (가)의 유전자형은 HH, Hh, hh 중 하나이다. 따라서 ⓐ~ⓒ 중 2명은 H를 갖는다. (가)가 상염색체 우성 유전 형질이라면 ⓐ~ⓒ 중 (가)가 발현된 사람은 2명이어야 하는데 1명만 발현되었다고 했으므로 (가)는 상염색체 우성 형질이 아니다. (가)가 상염색체 열성 유전 형질이라면 6의 (가)의 유전자형은 hh이고, ⓑ와 ⓒ는 모두 h를 가지므로, ⓐ의 (가)의 유전자형은 HH이어야 한다. 그런데 이 경우 (가)가 발현된 4(hh)가 태어날 수 없다. 따라서 (가)의 유전자와 (나)의 유전자는 모두 X 염색체에 있다.

(2) (가)가 X 염색체 우성 형질이라면 2의 (가)의 유전자형은 X^HY이고, 3의 (가)의 유전자형은 X^hX^h이므로 ⓒ(여자)의 (가)의 유전자형은 X^HX^h이다. 4의 (가)의 유전자형은 X^HY이므로 ⓐ는 H를 가져야 하는데 이 경우 ⓐ~ⓒ 중 h 를 2개 가진 사람이 없으므로 모순이다. 따라서 (가)는 X 염색체 열성 유전 형질이고, H는 (가) 미발현 대립유전자, h는 (가) 발현 대립유전자이다.

(3) (나)가 X 염색체 우성 유전 형질이라면 ⓒ의 부모 2와 3은 모두 (나) 미발현이므로 ⓒ의 (나)의 유전자형은 X^tX^t이다. ⓒ의 자녀인 6은 (나) 발현 남자이므로 어머니 ⓒ로부터 X^T를 물려받아야 하지만 ⓒ는 X^T를 갖지 않으므로 모순이다. 따라서 (나)는 X 염색체 열성 유전 형질이고, T는 (나) 미발현 대립유전자, t는 (나) 발현 대립유전자이다.

ㄱ. **(가)는 열성 형질이다.**
➡ (가)와 (나)는 모두 열성 형질이다.

✗ **ⓐ~ⓒ 중 (나)가 발현된 사람은 2명이다.**
➡ ⓐ는 $X^{Ht}X^{ht}$, ⓑ는 $X^{Ht}Y$, ⓒ는 $X^{hT}X^{ht}$로 ⓐ~ⓒ 중 (나)가 발현된 사람(X^tX^t, X^tY)은 없다.

ㄷ. **6의 동생이 태어날 때, 이 아이에게서 (가)와 (나)가 모두 발현될 확률은 $\frac{1}{4}$이다.**
➡ ⓑ의 (가)와 (나)의 유전자형은 $X^{Ht}Y$이고, ⓒ의 (가)와 (나)의 유전자형은 $X^{hT}X^{ht}$이므로, 6의 동생이 가질 수 있는 (가)와 (나)의 유전자형은 $X^{Ht}X^{ht}$, $X^{Ht}X^{ht}$, $X^{hT}Y$, $X^{ht}Y$이다. 따라서 6의 동생에게서 (가)와 (나)가 모두 발현될($X^{ht}Y$) 확률은 $\frac{1}{4}$이다.

28 DNA 상대량 조사를 통한 두 가지 형질의 유전 가계도 분석　　　정답 ②

선택 비율	① 12 %	② 29 %	③ 22 %	④ 27 %	⑤ 10 %

문제 풀이 TIP

가계도에서 (가)와 (나)의 유전자 중 어느 것이 X 염색체에 있는지를 파악하고, (나)의 대립유전자 T와 t 중 어느 것이 (나) 발현 대립유전자인지를 알아낸다. 그리고 ㉠이 T와 t 중 어느 것에 해당할 때 1, 2, 5에서 (가)의 유전자형과 표현형이 일치하는지를 찾도록 한다.

<보기> 풀이

❶ (가)가 X 염색체 우성 유전을 한다면 (가) 발현(우성 형질)인 남자 1로부터 여자 5는 우성 대립유전자가 있는 X 염색체를 물려받아 (가) 발현이어야 하는데 정상(열성 형질)이다. 그러므로 (가)는 X 염색체 우성 유전을 하지 않는다.

❷ (가)가 X 염색체 열성 유전을 한다면 (가) 발현(열성 형질)인 여자 4로부터 남자 6은 열성 대립유전자가 있는 X 염색체를 물려받게 되므로 (가) 발현이어야 하는데 정상(우성 형질)이다. 그러므로 (가)는 X 염색체 열성 유전을 하지 않는다. 따라서 (가)는 상염색체 유전, (나)는 X 염색체 유전을 한다.

❸ (나)가 X 염색체 우성 유전을 한다면 (나) 발현(우성 형질)인 남자 1로부터 정상(열성 형질)인 여자 4가 태어날 수 없다. 따라서 (나)는 X 염색체 열성 유전을 하므로, T는 정상 대립유전자, t는 (나) 발현 대립유전자이다.

❹ 구성원 1, 2, 5의 (나)의 유전자형은 각각 X^tY, X^TX^t, X^tX^t이고, (가)가 우성 형질인 경우 1, 2, 5의 (가)의 유전자형은 각각 Hh, hh, hh이고, (가)가 열성 형질인 경우 1, 2, 5의 (가)의 유전자형은 각각 hh, Hh, Hh이다. ㉠이 T인 경우 1, 2, 5에서 체세포 1개당 T의 DNA 상대량은 각각 0, 1, 0이 되므로, ㉢는 0, ⓐ는 1, ⓑ는 2이며, 1, 2, 5의 (가)의 유전자형은 각각 HH, hh, HH 중 하나이다. 따라서 ㉠이 T인 경우에는 1, 2, 5의 (가)의 유전자형이 (가)가 우성 형질이든 열성 형질이든 일치하는 것이 없다. 따라서 ㉠은 t이고, ㉢는 1, ⓐ는 2, ⓑ는 0이며, 표의 구성원 Ⅲ은 5(X^tX^t)이다. Ⅰ과 Ⅲ(5)은 H 를 가지고 있지 않으므로 (가)의 유전자형이 각각 hh이다. Ⅲ(5)은 (가)의 표현형이 정상이므로 (가)는 상염색체 우성 유전을 한다는 것을 알 수 있다. 따라서 H는 (가) 발현 대립유전자, h는 정상 대립유전자이고, Ⅰ은 2(hh, X^TX^t), Ⅱ는 1(Hh, X^tY)이다.

✗ **(가)는 열성 형질이다.**
➡ (가)는 우성 형질, (나)는 열성 형질이다.

ㄴ. **Ⅲ의 (가)와 (나)의 유전자형은 모두 동형 접합성이다.**
➡ Ⅲ(5)의 (가)의 유전자형은 hh, (나)의 유전자형은 X^tX^t이다. 따라서 모두 동형 접합성이다.

✗ **6의 동생이 태어날 때, 이 아이에게서 (가)와 (나)가 모두 발현될 확률은 $\frac{1}{4}$이다.**
➡ 3의 (가)의 유전자형은 hh, 4의 (가)의 유전자형은 Hh이므로, 6의 동생이 가질 수 있는 (가)의 유전자형 분리비는 Hh : hh = 1 : 1이다. 따라서 6의 동생에게서 (가)가 발현될(Hh) 확률은 $\frac{1}{2}$이다. 3의 (나)의 유전자형은 X^TY, 4의 (나)의 유전자형은 X^TX^t이므로 6의 동생이 가질 수 있는 (나)의 유전자형은 X^TX^T, X^TX^t, X^TY, X^tY이다. 따라서 6의 동생에게서 (나)가 발현될(X^tY) 확률은 $\frac{1}{4}$이다. 결론적으로 6의 동생이 태어날 때, 이 아이에게서 (가)와 (나)가 모두 발현될 확률은 $\frac{1}{2} \times \frac{1}{4} = \frac{1}{8}$이다.

선배의 TMI 이것만 알고 가자! 가계도 분석하기

부모의 표현형이 같고 자녀의 표현형이 부모와 다른 경우 부모의 표현형이 우성, 자녀의 표현형이 열성이에요. 유전 형질이 X 염색체 유전을 따른다면 우성 형질을 가진 아버지로부터는 우성 형질을 가진 딸만 태어나고, 열성 형질을 가진 어머니로부터는 열성 형질을 가진 아들만 태어나게 돼요.

29 두 가지 형질의 유전 가계도 분석 　정답 ⑤

선택 비율	① 6 %	② 20 %	③ 15 %	④ 25 %	⑤ 34 %

문제 풀이 TIP

(가)와 (나)의 유전자가 모두 X 염색체에 있으므로 남자는 대립유전자를 한 종류만 가진다. 따라서 가계도를 분석할 때 남자의 유전자형은 쉽게 파악할 수 있다. 또, 어머니와 아들의 표현형이 다르다면 어머니의 유전자형은 이형 접합성이고 아들의 표현형은 열성, 어머니의 표현형은 우성이 된다. (나)의 경우 어머니 2는 (나) 발현인데 아들 5는 정상이므로, (나) 발현 대립유전자가 정상 대립유전자에 대해 우성이라는 것을 알 수 있다.

<보기> 풀이

(가)의 유전자와 (나)의 유전자가 모두 X 염색체에 있다고 했으므로 (가)와 (나)는 반성유전을 한다.

- 유전 형질 (나): (나) 발현인 어머니 2로부터 정상인 아들 5가 태어난 것으로 보아 어머니 2는 아들 5에게 정상 대립유전자가 있는 X 염색체를 물려주었다. 따라서 어머니의 (나)에 대한 유전자형은 이형 접합성($X^T X^{T*}$)이며, (나) 발현은 정상에 대해 우성이다. 따라서 T는 (나) 발현 대립유전자, T*는 정상 대립유전자이다. (나) 발현 남자인 3은 (나)에 대한 유전자형이 $X^T Y$이므로, 3에서 T*의 DNA 상대량(㉠)은 0이다. 정상 여자인 4는 (나)에 대한 유전자형이 $X^{T*} X^{T*}$이므로, 4에서 T*의 DNA 상대량(㉢)은 2이다. 정상 남자인 5는 (나)에 대한 유전자형이 $X^{T*} Y$이므로 5에서 T*의 DNA 상대량(㉡)은 1이다.

- 유전 형질 (가): ㉠(1에서 H의 DNA 상대량)이 0이므로 (가) 발현 남자인 1의 (가)에 대한 유전자형은 $X^{H*} Y$이며, ㉡(2에서 H의 DNA 상대량)이 1이므로 정상 여자인 2의 (가)에 대한 유전자형은 $X^H X^{H*}$이다. 따라서 H는 정상 대립유전자, H*는 (가) 발현 대립유전자이며, (가) 발현은 정상에 대해 열성이다. ㉢(6에서 H의 DNA 상대량)이 2이므로 정상 여자인 6의 (가)에 대한 유전자형은 $X^H X^H$이다.

- 구성원 ⓐ, ⓑ: (가)와 (나)에 대한 유전자형은 1에서 $X^{H*T*} Y$, 5에서 $X^{HT*} Y$이며, 5의 H와 T*가 있는 X 염색체는 2로부터 물려받은 것이다. 따라서 2는 $X^{HT*} X^{H*T}$이다. 8은 $X^{HT} Y$이고, 8의 H와 T가 있는 X 염색체는 어머니로부터 물려받은 것이다. ⓐ가 8의 어머니라면 ⓐ는 H와 T가 있는 X 염색체를 가지고 있어야 하는데 ⓐ의 부모인 1과 2에는 H와 T가 있는 X 염색체가 없으므로 ⓐ에도 없다. 따라서 ⓐ는 8의 어머니가 아닌 아버지(남자)이고, ⓑ가 8의 어머니(여자)이다.

ㄱ. (가)는 열성 형질이다.

➡ (가)는 정상에 대해 열성 형질이다.

ㄴ. $\dfrac{7, ⓐ \text{ 각각의 체세포 1개당 T의 DNA 상대량을 더한 값}}{4, ⓑ \text{ 각각의 체세포 1개당 H*의 DNA 상대량을 더한 값}} = 1$이다.

➡ (가)와 (나)의 대립유전자가 ⓐ와 7에게 전달된 경로를 가계도에 표시하면 다음과 같다.

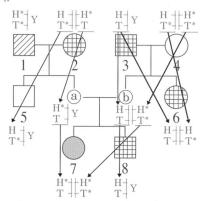

따라서 7과 ⓐ 각각의 체세포 1개당 T의 DNA 상대량은 1이고, 4와 ⓑ 각각의 체세포 1개당 H*의 DNA 상대량은 1이므로,

$\dfrac{7, ⓐ \text{ 각각의 체세포 1개당 T의 DNA 상대량을 더한 값}}{4, ⓑ \text{ 각각의 체세포 1개당 H*의 DNA 상대량을 더한 값}} = \dfrac{1+1}{1+1} = 1$

이다.

ㄷ. 8의 동생이 태어날 때, 이 아이에게서 (가)와 (나) 중 (나)만 발현될 확률은 $\dfrac{1}{2}$이다.

➡ (가)와 (나)에 대한 유전자형은 ⓐ에서 $X^{H*T} Y$, ⓑ에서 $X^{HT} X^{H*T*}$이므로, 8의 동생이 가질 수 있는 유전자형은 $X^{H*T} X^{HT}$, $X^{H*T} X^{H*T*}$, $X^{HT} Y$, $X^{H*T*} Y$이다. 8의 동생에게서 (가)와 (나) 중 (나)만 발현되려면 H와 T가 있는 X 염색체를 가지면 되므로($X^{H*T} X^{HT}$, $X^{HT} Y$), 이 아이에게서 (가)와 (나) 중 (나)만 발현될 확률은 $\dfrac{1}{2}$이다.

---

30 DNA 상대량 조사를 통한 두 가지 형질의 유전 가계도 분석 　정답 ④

선택 비율	① 9 %	② 21 %	③ 28 %	④ 22 %	⑤ 18 %

문제 풀이 TIP

가계도와 표에 제시된 구성원에서 체세포 1개당 (가)와 (나)의 대립유전자 DNA 상대량을 더한 값을 근거로 (가)와 (나)가 각각 X 염색체 우성 유전, X 염색체 열성 유전, 상염색체 우성 유전, 상염색체 열성 유전 중 어떤 유전을 하는지 파악한다.

<보기> 풀이

3의 ㉠과 ㉡의 DNA 상대량을 더한 값은 0인데 3의 표현형은 정상이므로 ㉠은 (가) 발현 대립유전자, ㉡은 (나) 발현 대립유전자이다.

(가)에 대한 각 경우에서 1, 3, 6, ⓐ의 (가)의 유전자형은 다음과 같다.

구분	1	3	6	ⓐ
X 염색체 우성 유전	$X^H Y$	$X^h Y$	$X^H X^h$	$X^- Y$
X 염색체 열성 유전	$X^h Y$	$X^H Y$	$X^h X^h$	$X^h Y$
상염색체 우성 유전	H_	hh	Hh	_h
상염색체 열성 유전	hh	Hh	hh	_h

3의 ㉠과 ㉡의 DNA 상대량을 더한 값은 0이므로 (가) 발현 대립유전자(㉠)가 있는 상염색체 열성 유전은 하지 않는다.

(나)가 X 염색체 열성 유전을 한다면 정상인 남자 1로부터 (나) 발현인 딸 6이 태어날 수 없으므로, (나)는 X 염색체 열성 유전을 하지 않는다. (나)가 상염색체 열성 유전을 한다면 3의 (나)의 유전자형은 Tt인데, 3의 ㉠과 ㉡의 DNA 상대량을 더한 값은 0이므로 (나)는 상염색체 열성 유전을 하지 않는다.

(나)에 대한 각 경우에서 1, 3, 6, ⓐ의 (나)의 유전자형은 다음과 같다.

구분	1	3	6	ⓐ
X 염색체 우성 유전	$X^T Y$	$X^T Y$	$X^T X^t$	$X^- Y$
상염색체 우성 유전	tt	tt	Tt	_t

6에서 ㉡의 DNA 상대량은 1이므로 ㉠과 ㉡의 DNA 상대량을 더한 값이 3이 되려면 ㉠이 2이어야 한다. 따라서 (가)는 X 염색체 열성 유전을 하며, ㉠은 h이다. 6은 정상 유전자를 가졌는데 (나)가 발현되었으므로 ㉡은 T이다.

(나)가 X 염색체 우성 유전을 한다면 (가)와 (나)의 유전자는 X 염색체에 있어 함께 유전되어야 한다. 이 경우 5와 6은 1로부터 X^{hT}를 물려받고, 2로부터 h가 있는 X 염색체를 물려받아 표현형이 같아야 하는데 (나)의 표현형이 서로 다르다. 따라서 (나)는 상염색체 우성 유전을 한다.

ⓐ에서 ㉠(h)과 ㉡(T)의 DNA 상대량을 더한 값이 1이 되려면 T가 없어야 하므로 ⓐ의 (나)의 유전자형은 tt이다.

✗ **(나)의 유전자는 X 염색체에 있다.**

➡ (가)의 유전자는 X 염색체에, (나)의 유전자는 상염색체에 있다.

ㄴ. **4에서 체세포 1개당 ㉡의 DNA 상대량은 1이다.**

➡ 4는 ⓐ에게 t를 물려주었으므로 (나)의 유전자형이 Tt이다. 즉 ㉡(T)의 DNA 상대량이 1이다.

ㄷ. **6과 ⓐ 사이에서 아이가 태어날 때, 이 아이에게서 (가)와 (나)가 모두 발현될 확률은 $\frac{1}{2}$이다.**

➡ 6과 ⓐ의 (가)의 유전자형은 각각 X^hX^h, X^hY이므로, 이들 사이에서 태어나는 아이에게서 (가)가 발현될 확률은 1이다. 6과 ⓐ의 (나)의 유전자형은 각각 Tt, tt이므로, 이들 사이에서 태어나는 아이에게서 (나)가 발현(Tt)될 확률은 $\frac{1}{2}$이다. 결론적으로 이 아이에게서 (가)와 (나)가 모두 발현될 확률은 $1 \times \frac{1}{2} = \frac{1}{2}$이다.

유전 형질 (가)가 대립유전자 H와 h에 의해 결정되고 H는 h에 대해 완전 우성일 때, (가)가 X 염색체 우성 유전이면 (가) 발현인 남자의 유전자형은 X^HY, (가) 발현인 여자의 유전자형은 X^HX^H 또는 X^HX^h예요. X 염색체 열성 유전이면 (가) 발현인 남자의 유전자형은 X^hY, (가) 발현인 여자의 유전자형은 X^hX^h이죠. 상염색체 우성 유전이면 (가) 발현인 남자와 여자의 유전자형은 모두 HH 또는 Hh이고, 상염색체 열성 유전이면 (가) 발현인 남자와 여자의 유전자형은 모두 hh임을 기억해요.

---

31 세 가지 형질의 유전 가계도 분석　　정답 ②

선택 비율	① 9 %	② 41 %	③ 23 %	④ 15 %	⑤ 10 %

문제 풀이 TIP

(가)~(다)의 유전자 중 2개가 X 염색체에, 나머지 1개가 상염색체에 있다는 것을 먼저 파악하고, 가계도에서 (나)의 유전자가 상염색체에 있다는 것을 분석할 수 있어야 한다. 그리고 각 형질에서 우열 관계를 분석하도록 한다.

〈보기〉 풀이

가계도를 통해 (가)의 유전자가 상염색체와 X 염색체 중 어디에 있는지 판단하기는 어렵지만, (나)의 유전자는 판단할 수 있다.

❶ (나)의 유전자가 X 염색체에 있고 (나) 발현이 우성 형질이라면, 아버지 1이 (나) 발현(우성)이므로 딸 5도 (나) 발현(우성)이어야 하는데 정상이므로, 맞지 않다.

❷ (나)의 유전자가 X 염색체에 있고 (나) 발현이 열성 형질이라면, 아버지 3이 정상(우성)이므로 딸 6도 정상(우성)이어야 하는데 (나) 발현이므로, 맞지 않다.

❸ (나)의 유전자가 상염색체에 있고 (나) 발현이 우성 형질이라면, 부모 3과 4는 모두 정상(열성)이므로 딸 6도 정상(열성)이어야 하는데 (나) 발현이므로, 맞지 않다.

따라서 (나)의 유전자는 상염색체에 있고 (나) 발현은 열성 형질이며, R는 정상 대립유전자, r는 (나) 발현 대립유전자이다.

(가)~(다)의 유전자 중 2개는 X 염색체에, 나머지 1개는 상염색체에 있다고 했으므로, (가)와 (다)의 유전자는 모두 X 염색체에 있다.

(가)의 가계도에서 (가) 발현이 열성 형질이라면 아버지 3은 정상(우성)이므로 딸 7도 정상(우성)이어야 하는데 (가) 발현이다. 따라서 (가)는 우성 형질이며, H는 (가) 발현 대립유전자, h는 정상 대립유전자이다.

(다) 발현이 우성 형질이어서 T는 (다) 발현 대립유전자, t는 정상 대립유전자인 경우 (가)와 (다)가 모두 발현된 어머니 2는 (가)와 (다)가 모두 발현되지 않는 딸 5에게 h와 t가 있는 X 염색체를 물려주게 되므로, ⓐ에게는 H와 T가 있는 X 염색체를 물려주게 되고, 아버지 ⓐ는 딸 8에게 H와 T가 있는 X 염색체를 물려주게 된다. 그 결과 딸 8은 (다) 발현이어야 하는데 정상이다. 따라서 (다) 발현은 열성 형질이며, T는 정상 대립유전자, t는 (다) 발현 대립유전자이다.

✗ **(나)의 유전자는 X 염색체에 있다.**

➡ (나)의 유전자는 상염색체에, (가)와 (다)의 유전자는 X 염색체에 있다.

ㄴ. **4의 (가)~(다)의 유전자형은 모두 이형 접합성이다.**

➡ (가)의 경우 딸 6이 정상인 것은 부모 3과 4로부터 h가 있는 X 염색체를 물려받기 때문이므로, (가) 발현인 4의 (가)의 유전자형은 X^HX^h로 이형 접합성이다. (나)의 경우 딸 6이 (나) 발현이므로 정상인 부모 3과 4는 모두 (나)의 유전자형이 Rr로 이형 접합성이다. (다)의 경우 딸 7이 (다) 발현인 것은 부모 3과 4로부터 t가 있는 대립유전자를 물려받기 때문이므로, 정상인 4의 (다)의 유전자형은 X^TX^t로 이형 접합성이다.

✗ **8의 동생이 태어날 때, 이 아이에게서 (가)~(다) 중 (가)만 발현될 확률은 $\frac{1}{4}$이다.**

➡ ⓐ와 6의 (가)와 (다)의 유전자형은 각각 $X^{Ht}Y$, $X^{hT}X^{ht}$이므로, 8의 동생이 가질 수 있는 (가)와 (다)의 유전자형은 $X^{Ht}X^{hT}$, $X^{Ht}X^{ht}$, $X^{hT}Y$, $X^{ht}Y$이다. 따라서 8의 동생에게서 (가)는 발현되고 (다)는 발현되지 않을 ($X^{Ht}X^{hT}$) 확률은 $\frac{1}{4}$이다.

ⓐ와 6의 (나)의 유전자형은 각각 Rr, rr이므로, 8의 동생이 가질 수 있는 (나)의 유전자형의 분리비는 Rr : rr=1 : 1이다. 따라서 8의 동생에게서 (나)가 발현되지 않을(Rr) 확률은 $\frac{1}{2}$이다.

종합하면, 8의 동생에게서 (가)와 (다) 중 (가)만 발현될 확률은 $\frac{1}{4} \times \frac{1}{2} = \frac{1}{8}$이다.

어떤 유전 형질의 유전자가 X 염색체에 있고 열성 형질이면 우성 대립유전자를 가진 아버지는 딸에게 우성 대립유전자가 있는 X 염색체를 물려주므로 딸은 반드시 우성 형질을 나타냅니다. 즉, 유전 형질을 나타내지 않습니다(정상). 또한 열성 형질을 나타내는 어머니는 아들에게 열성 대립유전자가 있는 X 염색체만 물려주므로 아들은 반드시 열성 형질을 나타냅니다. 즉, 유전 형질을 나타냅니다.

32 세 가지 형질의 가계도 분석 정답 ④

선택 비율	① 17 %	② 25 %	③ 17 %	④ 27 %	⑤ 14 %

문제 풀이 TIP

(가)와 (나)의 발현 여부를 나타낸 가계도를 분석하여 어느 형질의 유전자가 상염색체에 있는지를 파악한 다음, 표에 제시된 체세포 1개당 대립유전자의 DNA 상대량을 근거로 ㉠~㉢이 각각 어떤 대립유전자인지를 파악하여 가계도 구성원의 (가)~(다)의 유전자형을 알아낸다.

<보기> 풀이

❶ (가)의 유전자가 X 염색체에 있고 (가)가 우성 형질이라면 (가) 발현인 아버지(1)는 딸에게 (가) 발현 대립유전자가 있는 X 염색체를 물려주므로 정상인 딸(5)이 태어날 수 없다. 따라서 (가)는 X 염색체 우성 유전을 하지 않는다. (가)의 유전자가 X 염색체에 있고 (가)가 열성 형질이라면 (가) 발현인 어머니(3)는 아들에게 반드시 (가) 발현 대립유전자가 있는 X 염색체를 물려주므로 정상인 아들(6)이 태어날 수 없다. 따라서 (가)는 X 염색체 열성 유전을 하지 않는다. 결론적으로 (가)의 유전자는 상염색체에, (나)와 (다)의 유전자는 X 염색체에 있다.

❷ 표에서 2의 A, B, d의 DNA 상대량이 모두 1이므로 2의 (가)의 유전자형은 Aa임을 알 수 있다. 2는 (가)의 표현형이 정상이므로 (가)는 열성 형질이고, A는 정상 대립유전자, a는 (가) 발현 대립유전자이다. (가) 발현인 3의 유전자형은 aa로, 체세포 1개당 A의 DNA 상대량이 0이므로, 표에서 ㉡은 A이다. 2에서 체세포 1개당 B와 d의 DNA 상대량이 모두 1이므로 2의 (나)와 (다)의 유전자형은 모두 이형 접합성이다. 2의 (나)의 유전자형은 X^BX^b, (나)의 표현형이 정상이므로 (나)는 열성 형질이고, B는 정상 대립유전자, b는 (나) 발현 대립유전자이다. (나) 발현인 1의 유전자형은 X^bY이므로 1에서 체세포 1개당 B의 DNA 상대량은 0이다. 따라서 ㉠은 B, ㉢은 d이다.

❸ 3에서 체세포 1개당 d(㉢)의 상대량이 2이므로 3의 (다)의 유전자형은 X^dX^d이고, 6에게 d가 있는 X 염색체를 물려주므로 6의 유전자형은 X^dY이다. 3과 6은 d만 가지고 있으므로 표현형이 같은데 3, 6, 7 중 (다)가 발현된 사람은 1명이므로 7이 (다)가 발현된 사람이다. 따라서 (다)는 우성 형질이고, D는 (다) 발현 대립유전자, d는 정상 대립유전자이다. 7은 3으로부터 d가 있는 X 염색체를 물려받으므로 ⓐ로부터 D가 있는 X 염색체를 물려받아 7의 유전자형은 X^DX^d이다. 4와 7의 (다)의 표현형이 서로 같으므로 4는 (다) 발현 남자이다.

❹ 4는 (가) 발현, (나)는 정상, (다) 발현이므로 4의 유전자형은 $aaX^{BD}Y$이다. 4는 2로부터 B와 D가 함께 있는 X 염색체를 물려받았고, 2의 (가)~(다)의 유전자형은 모두 이형 접합성이므로, 2의 유전자형은 $AaX^{BD}X^{bd}$이다. 1은 (가) 발현, (나) 발현이고, 1에서 체세포 1개당 d(㉢)의 DNA 상대량이 1이므로, 1의 유전자형은 $aaX^{bd}Y$이다. 5는 (가)의 표현형이 정상이고, (나) 발현이므로 1로부터 a와 X^{bd}를, 2로부터 A와 X^{bd}를 물려받아 유전자형은 $AaX^{bd}X^{bd}$이다. 표를 보면 ⓐ에서 체세포 1개당 대립유전자 A(㉡), B(㉠), d(㉢)의 DNA 상대량은 각각 1, 0, 0이므로 ⓐ의 유전자형은 $AaX^{bD}Y$이고, 3에서 체세포 1개당 대립유전자 A(㉡), B(㉠), d(㉢)의 DNA 상대량은 각각 0, 1, 2이므로 3의 유전자형은 $aaX^{Bd}X^{bd}$이다. 6은 (가)~(다)의 표현형이 모두 정상이므로 ⓐ로부터 A, Y 염색체를, 3으로부터 a, B와 d가 있는 X 염색체를 물려받았다. 따라서 6의 유전자형은 $AaX^{Bd}Y$이다. 7은 (가) 발현, (나)는 정상, (다) 발현이므로 ⓐ로부터 a, b와 D가 있는 X 염색체를, 3으로부터 a, B와 d가 있는 X 염색체를 물려받아 유전자형은 $aaX^{bD}X^{Bd}$이다.

㉠ ㉠은 B이다.

➡ ㉠은 B, ㉡은 A, ㉢은 d이다.

✗ 7의 (가)~(다)의 유전자형은 모두 이형 접합성이다.

➡ 7의 유전자형은 $aaX^{bD}X^{Bd}$이므로, (가)는 동형 접합성, (나)와 (다)는 이형 접합성이다.

㉢. 5와 6 사이에서 아이가 태어날 때, 이 아이에게서 (가)~(다) 중 한 가지 형질만 발현될 확률은 $\frac{1}{2}$이다.

➡ 5와 6의 (가)의 유전자형은 각각 Aa이므로, 아이가 가질 수 있는 유전자형 비는 AA : Aa : aa=1 : 2 : 1이다. 따라서 이 아이에게서 (가)가 발현(aa)될 확률은 $\frac{1}{4}$, (가)의 표현형이 정상(AA, Aa)일 확률은 $\frac{3}{4}$이다.

5와 6의 (나)와 (다)의 유전자형은 각각 $X^{bd}X^{bd}$, $X^{Bd}Y$이므로, 아이가 가질 수 있는 유전자형 분리비는 $X^{Bd}X^{bd}$: $X^{bd}Y$=1 : 1이다. 따라서 이 아이에게서 (나)와 (다)의 표현형이 모두 정상($X^{Bd}X^{bd}$)일 확률은 $\frac{1}{2}$, (나) 발현이고 (다)의 표현형이 정상($X^{bd}Y$)일 확률은 $\frac{1}{2}$로, (가)~(다) 중 (가)만 발현될 확률은 $\frac{1}{4} \times \frac{1}{2} = \frac{1}{8}$, (나)만 발현될 확률은 $\frac{3}{4} \times \frac{1}{2} = \frac{3}{8}$이다. 결론적으로 이 아이에게서 (가)~(다) 중 한 가지 형질만 발현될 확률은 $\frac{1}{8} + \frac{3}{8} = \frac{1}{2}$이다.

오답률 높은 ② ㄴ이 옳다고 생각했다면?

(가)~(다)의 유전자 중 어느 것이 상염색체에 있는지를 파악하지 못함으로써 ㄴ을 옳다고 파악한 거예요. (가)~(다)의 유전자 중 2개가 X 염색체에, 나머지 1개가 상염색체에 있으므로, (가)와 (나)의 발현 여부를 나타낸 가계도에서 (가)와 (나) 중 어느 것이 상염색체 유전을 하는지 우선적으로 파악해야 해요. 어떤 형질이 X 염색체 우성 유전을 하는 경우 아버지가 우성 형질을 나타내면 딸도 반드시 우성 형질을 나타냅니다. 그리고 어떤 형질이 X 염색체 열성 유전을 하는 경우 어머니가 열성 형질을 나타내면 아들도 반드시 열성 형질을 나타내지요. 이를 기억하고 있다면 가계도 분석에서 (가)의 유전자가 상염색체에 있다는 것을 알 수 있고, (가)의 유전자는 독립적으로 유전되므로 7의 (가)의 유전자형이 동형 접합성이라는 것을 비교적 쉽게 파악할 수 있어 ㄴ이 틀린 보기라는 것을 알 수 있었을 거예요.

---

33 두 가지 형질의 가계도 분석 정답 ③

선택 비율	① 9 %	② 23 %	③ 32 %	④ 18 %	⑤ 18 %

문제 풀이 TIP

가계도에서 유전 형질 (나)가 우성인지 열성인지를 파악한 후, 표의 조건이 성립하기 위해서 (나)의 유전자가 상염색체와 X 염색체 중 어느 염색체에 있는지를 알아보아야 한다.

<보기> 풀이

(나) 발현 1과 2로부터 정상 남자 5가 태어났으므로 (나)는 우성 형질이다. 따라서 대립유전자 B는 (나) 발현 대립유전자, b는 정상 대립유전자이다. (나)의 유전자가 상염색체에 있다면 1과 2의 (나)의 유전자형은 모두 Bb, 5의 (나)의 유전자형은 bb이므로 1, 2, 5에 모두 b가 있다. 이 경우 1, 2, 5에서 체세포 1개당 A와 b의 DNA 상대량을 더한 값이 0이 될 수 없으므로 표의 조건과 맞지 않다. 따라서 (나)의 유전자는 X 염색체에 있다. 1은 (나) 발현 남자이고, 2는 정상인 아들 5에게 b를, (나) 발현인 아들 6에게 B를 물려주었으므로, 유전자형은 1에서 X^BY, 2에서 X^BX^b, 5에서 X^bY이다.

㉠에서 A와 b의 DNA 상대량을 더한 값이 0이므로 ㉠은 b를 갖지 않는 1이며, 1(㉠)은 (가)의 대립유전자로 a만 갖는다. 1(㉠)은 (가) 발현이고 a만 갖고 있으므로 (가)는 열성 형질로, a는 (가) 발현 대립유전자, A는 정상 대립유전자이다. (가)의 유전자가 X 염색체에 있다면 (가)의 유전자와 (나)의 유전자는 모두 X 염색체에 있으므로 (가)와 (나)는 함께 유전될 것이며, 이 경우 유전자형

은 1에서 $X^{aB}Y$, 5에서 $X^{ab}Y$, 6에서 $X^{aB}Y$이므로, 5와 6의 어머니 2의 (가)와 (나)의 유전자형은 $X^{ab}X^{aB}$가 되어야 하며 2는 (가) 발현이어야 한다. 그러나 2는 (가)에 대해 정상이므로, (가)의 유전자는 상염색체에 있다.

㉠ (가)의 유전자는 상염색체에 있다.

➡ (가)의 유전자는 상염색체에, (나)의 유전자는 X 염색체에 있다.

✗ 8은 ㉤이다.

➡ 1, 5, 6은 모두 (가) 발현이므로 1, 5, 6의 (가)의 유전자형은 모두 aa이다. 2는 (가)에 대해 정상이며 아들 5와 6에게 각각 a를 물려주었으므로 2의 (가)의 유전자형은 Aa이다. (나)의 유전자형은 1에서 X^BY, 2에서 X^BX^b, 5에서 X^bY이므로, 체세포 1개당 A와 b의 DNA 상대량을 더한 값은 1에서 0, 2에서 2, 5에서 1이다. 따라서 ㉠은 1, ㉡은 5, ㉢은 2이다.

3, 7, 8은 모두 (가)에 대해 정상이므로 A를 가지고 있으며, 4는 (가) 발현이므로 4의 (가)의 유전자형은 aa이다. 4는 딸 7과 8에 모두 a를 물려주므로 7과 8의 (가)의 유전자형은 모두 Aa이다. 3은 (나)에 대해 정상이므로 3의 (나)의 유전자형은 X^BY이고, 7과 8은 모두 아버지 3으로부터 X^B를 물려받았다. 7과 8의 (나)의 표현형이 서로 다르므로 7은 4로부터 X^B를, 8은 4로부터 X^b를 물려받았다. 따라서 4의 (나)의 유전자형은 X^BX^b이며, 7의 (나)의 유전자형은 X^BX^B, 8의 (나)의 유전자형은 X^bX^b이다. 체세포 1개당 A와 b의 DNA 상대량을 더한 값은 4에서 1, 8에서 3이므로 ㉣은 4, ㉤은 8이고, ㉥은 3이다.

㉢ 6과 7 사이에서 아이가 태어날 때, 이 아이의 (가)와 (나)의 표현형이 모두 ㉡과 같을 확률은 $\frac{1}{8}$이다.

➡ ㉡(5)은 (가) 발현, (나)에 대해 정상인 남자이다. (가)의 유전자형은 6에서 aa, 7에서 Aa이므로, 6과 7 사이에서 태어난 아이가 가질 수 있는 (가)의 유전자형 분리비는 Aa : aa = 1 : 1이다. 따라서 이 아이의 (가)의 표현형이 ㉡(5)과 같을(aa) 확률은 $\frac{1}{2}$이다. (나)의 유전자형은 6에서 X^BY, 7에서 X^BX^b이므로, 6과 7 사이에서 태어난 아이가 가질 수 있는 (나)의 유전자형은 X^BX^B, X^BX^b, X^BY, X^bY이다. 따라서 이 아이의 (나)의 표현형이 ㉡(5)과 같을(X^bY) 확률은 $\frac{1}{4}$이다. 종합하면 6과 7 사이에서 태어난 아이의 (가)와 (나)의 표현형이 모두 ㉡(5)과 같을 확률은 $\frac{1}{2} \times \frac{1}{4} = \frac{1}{8}$이다.

선배의 TMI 이것만 알고 가자! X 염색체 유전

X 염색체 유전을 하는 형질의 경우 남자는 성염색체 구성이 XY이므로 대립유전자가 쌍으로 존재하지 않고, 여자는 성염색체 구성이 XX이므로 대립유전자가 쌍으로 존재한다는 것을 기억해요.

---

34 DNA 상대량 조사를 통한 두 가지 형질의 유전 가계도 분석   정답 ①

문제 풀이 TIP

가계도의 6에서 (가)와 (나)가 모두 발현되므로 (가)와 (나)의 유전자 중 하나는 X 염색체에 있고, 다른 하나는 상염색체에 있음을 파악한다. 표의 ⓐ에서 B와 b의 DNA 상대량이 각각 ㉠이므로 (나)의 유전자는 상염색체에 있고, (가)의 유전자는 X 염색체에 있으며, ㉠은 1임을 알아낸다.

<보기> 풀이

(1) (가)의 유전자와 (나)의 유전자 중 하나만 X 염색체에 있으므로 다른 하나는 Y 염색체 또는 상염색체에 있다. 여자인 6에서 (가)와 (나)가 모두 발현되므로 다른 하나는 상염색체에 있다.

(2) ⓐ에서 B와 b의 DNA 상대량은 각각 ㉠이다. B와 b가 X 염색체에 있다면 남자인 ⓐ는 둘 중 하나만 가져야 하므로 B와 b의 DNA 상대량이 같을 수 없다. 따라서 (나)의 유전자는 상염색체에 있고, (가)의 유전자는 X 염색체에 있다. B와 b가 상염색체에 있으면서 체세포 1개당 DNA 상대량이 같으려면 ㉠은 1이 되어야 한다.

(3) 3에서 B의 DNA 상대량이 ㉠(1)이므로 b의 DNA 상대량도 1이다. 3의 (나)의 유전자형이 Bb이며, (나)가 발현되지 않으므로 (나)는 열성 형질이다. 따라서 B는 (나) 미발현 대립유전자, b는 (나) 발현 대립유전자이다.

(4) 4에서 (나)가 발현되었으므로 4의 (나)의 유전자형은 bb이며 ㉢은 2이다. 6에서도 (나)가 발현되었으므로 6의 (나)의 유전자형은 bb이며 ㉡은 0이다.

(5) 4에서 a의 DNA 상대량이 ㉠(1)이므로 A의 DNA 상대량도 1이다. 4의 (가)의 유전자형이 X^AX^a이며, (가)가 발현되지 않으므로 (가)는 열성 형질이다. 따라서 A는 (가) 미발현 대립유전자, a는 (가) 발현 대립유전자이다.

(6) 6에서 (가)가 발현되었으므로 6의 (가)의 유전자형은 X^aX^a이며, 6은 ⓐ와 5로부터 각각 X^a를 하나씩 물려받았다. 따라서 ⓐ의 (가)의 유전자형은 X^aY이고, 5의 (가)의 유전자형은 X^AX^a이다.

㉠ (가)의 유전자는 X 염색체에 있다.

➡ (가)의 유전자는 X 염색체에 있고, (나)의 유전자는 상염색체에 있다.

✗ 이 가계도 구성원 중 체세포 1개당 a의 DNA 상대량이 ㉢인 사람은 3명이다.

➡ (가)의 유전에서 A는 (가) 미발현 대립유전자, a는 (가) 발현 대립유전자이다. 체세포 1개당 a의 DNA 상대량이 ㉢(2)인 사람은 (가)가 발현된 여자이므로 6만 해당된다. 따라서 이 가계도 구성원 중 체세포 1개당 a의 DNA 상대량이 ㉢(2)인 사람은 1명이다.

✗ 6의 동생이 태어날 때, 이 아이에게서 (가)와 (나) 중 (나)만 발현될 확률은 $\frac{1}{8}$이다.

➡ (가)의 유전자와 (나)의 유전자는 서로 다른 염색체에 있으므로 독립적으로 유전된다. ⓐ의 (가)의 유전자형은 X^aY, 5의 (가)의 유전자형은 X^AX^a이므로, 6의 동생이 가질 수 있는 (가)의 유전자형은 X^AX^a, X^aX^a, X^AY, X^aY이다. 따라서 6의 동생에게서 (가)가 발현되지 않을(X^AX^a, X^AY) 확률은 $\frac{1}{2}$이다. ⓐ의 (나)의 유전자형은 Bb, 5의 (나)의 유전자형은 bb이므로, 6의 동생이 가질 수 있는 (나)의 유전자형은 Bb, bb이다. 따라서 6의 동생에게서 (나)가 발현될(bb) 확률은 $\frac{1}{2}$이다. 종합하면 6의 동생이 태어날 때, 이 아이에게서 (가)와 (나) 중 (나)만 발현될 확률은 $\frac{1}{2} \times \frac{1}{2} = \frac{1}{4}$이다.

선배의 TMI 이것만 알고 가자! 가계도 분석

ⓐ에서 B와 b의 DNA 상대량이 각각 ㉠일 때, B와 b가 X 염색체에 있다면 남자인 ⓐ는 B와 b 중 하나만 있어야 하므로 (나)는 상염색체 유전이고, (가)는 X 염색체 유전이며, ㉠은 1임을 알 수 있어요. ➡ 3에서 B의 DNA 상대량이 ㉠(1)이므로 (나)의 유전자형이 Bb이고, (나)가 발현되지 않았으므로 (나)는 열성 형질임을 알 수 있어요. ➡ 4에서 a의 DNA 상대량이 ㉠(1)이므로 (가)의 유전자형이 X^AX^a이고, (가)가 발현되지 않았으므로 (가)는 열성 형질임을 알 수 있어요.

문제 풀이 TIP

가계도와 표를 분석하여 (가)와 (나)의 유전자 중 어느 것이 X 염색체에 있는지를 파악하고, 구성원 5에서 체세포 1개당 a의 DNA 상대량(ⓒ)을 알아낸다. 그리고, 구성원 2에서 체세포 1개당 a의 DNA 상대량(㉠)과 B의 DNA 상대량(ⓒ)을 파악한다.

〈보기〉 풀이

(1) (가)와 (나)는 모두 우성 형질이므로, A는 (가) 발현 대립유전자, a는 정상 대립유전자, B는 (나) 발현 대립유전자, b는 정상 대립유전자이다.

(2) 표에서 1의 체세포에 a가 1개 있으므로 (가)의 유전자가 상염색체에 있다면 유전자형이 Aa로 (가)가 발현되었어야 하는데 1은 정상이다. 따라서 (가)의 유전자는 X 염색체에 있고, (가)와 (나)의 유전자는 서로 다른 염색체에 있으므로 (나)의 유전자는 상염색체에 있다.

(3) 5는 (가) 발현이므로 5의 (가)의 유전자형은 X^AY이다. 따라서 5의 체세포에는 a가 없으므로 ⓒ은 0이다. 6은 (가)에 대해 정상이므로 6의 (가)의 유전자형은 X^AX^a이다. 6의 X^A는 1과 2로부터 각각 하나씩 물려받은 것이므로, 2의 (가)의 유전자형은 X^AX^a이다. 따라서 ㉠은 1, ⓒ은 2이다.

ㄱ. (가)의 유전자는 X 염색체에 있다.

➡ (가)의 유전자는 X 염색체, (나)의 유전자는 상염색체에 있다.

ㄴ. ⓒ은 2이다.

➡ ㉠은 1, ⓒ은 0, ⓒ은 2이다.

ㄷ. 6과 7 사이에서 아이가 태어날 때, 이 아이에게서 (가)와 (나) 중 (나)만 발현될 확률은 $\frac{1}{2}$이다.

➡ (가)와 (나)의 유전자는 서로 다른 염색체에 있으므로 (가)와 (나)는 독립적으로 유전된다. (가)의 유전자형은 6은 X^AX^a, 7은 X^aY이므로, 6과 7 사이에서 태어나는 아이가 가질 수 있는 (가)의 유전자형은 X^aX^a 또는 X^aY이다. 따라서 이 아이에게서는 (가)가 발현되지 않는다. (나)의 유전자형은 6은 Bb, 7은 bb이므로, 6과 7 사이에서 태어나는 아이가 가질 수 있는 (나)의 유전자형은 Bb 또는 bb이다. 따라서 이 아이에게서 (나)가 발현(Bb)될 확률은 $\frac{1}{2}$이다. 종합하면 이 아이에게서 (가)와 (나) 중 (나)만 발현될 확률은 $\frac{1}{2}$이다.

선배의 TMI 이것만 알고 가자!   가계도 분석하기

어떤 유전 형질이 우성인 경우 열성 대립유전자를 1개 가진 남자에서 우성 형질이 발현되지 않으면 이 유전 형질은 X 염색체에 있어요. X 염색체 유전에서 여자의 경우 X 염색체의 대립유전자는 양쪽 부모로부터 하나씩 물려받으며, 여자의 X 염색체의 대립유전자는 아들과 딸 모두에게 전달되지요. 형질의 우열을 파악했으면 우성 대립유전자와 열성 대립유전자가 무엇인지 헷갈리지 않도록 적어놓고 시작하는 것도 좋아요.

문제 풀이 TIP

ABO식 혈액형의 유전자는 상염색체에 존재하므로, (가)와 (나)의 유전자 중 어느 것이 X 염색체에 있는지를 파악한 후, 표에 제시된 자료 분석을 통해 구성원의 대립유전자 구성을 분석할 수 있어야 하며, 이 과정에서 (가)와 (나)가 각각 우성과 열성 중 어떤 형질인지를 파악하도록 한다.

〈보기〉 풀이

(가)가 발현 안 된 아버지와 어머니로부터 (가) 발현인 자녀 2가 태어났으므로, (가)는 열성 형질이다. (가)의 유전자가 X 염색체에 있다면 우성 형질((가)가 발현 안됨)을 가진 아버지는 자녀 2(딸)에게 우성 대립유전자가 있는 X 염색체를 물려주므로, 자녀 2(딸)에서는 (가)가 발현되지 않아야 한다. 그런데 자녀 2(딸)에서는 (가)가 발현되었으므로, (가)의 유전자는 상염색체에 있다. 따라서 (가)의 유전자와 ABO식 혈액형 유전자는 같은 상염색체에 있고, (나)의 유전자는 X 염색체에 있다.

A형인 아버지와 B형인 어머니로부터 B형인 자녀 2와 A형인 자녀 3이 태어났으므로, 아버지의 혈액형 유전자형은 I^Ai, 어머니의 혈액형 유전자형은 I^Bi이다. 자녀 2는 아버지로부터 i를, 어머니로부터 I^B를 물려받았으므로 자녀 2의 혈액형 유전자형은 I^Bi, 자녀 3은 아버지로부터 I^A를, 어머니로부터 i를 물려받았으므로 자녀 3의 혈액형 유전자형은 I^Ai이다.

(가)는 열성 형질이므로, H는 (가) 미발현 대립유전자, h는 (가) 발현 대립유전자이다. (가)의 유전자와 ABO식 혈액형의 유전자는 같은 상염색체에 있다. 이를 근거로 자녀 1을 제외한 가족 구성원의 (가)와 ABO식 혈액형의 대립유전자 구성을 정리하면 다음과 같다.

구성원	아버지	어머니	자녀 2	자녀 3
(가)의 발현 여부	×	×	○	×
ABO식 혈액형	A형	B형	B형	A형
유전자 구성	I^AH/ih	I^Bh/iH	I^Bh/ih	I^AH/iH

✗ (나)는 열성 형질이다.

➡ (나)의 유전자는 X 염색체에 있다. (나)가 열성 형질이라면 우성 형질((나)가 발현 안 됨)을 가진 아버지로부터 열성 형질((나) 발현됨)을 가진 자녀 3(딸)이 태어날 수 없다. 따라서 (나)는 우성 형질이므로, T는 (나) 발현 대립유전자, t는 (나) 미발현 대립유전자이다.

ㄴ. ㉠은 H이다.

➡ 혈액형이 AB형인 자녀는 아버지로부터 I^AH를, 어머니로부터 I^Bh를 물려받으므로, 이 자녀의 (가)에 대한 유전자형은 Hh가 되기 때문에 이 자녀는 (가)가 발현되지 않는다. 그런데 자녀 1은 혈액형이 AB형이지만 (가)가 발현되었으므로, 아버지의 생식세포 형성 과정에서 H가 h로 바뀌는 돌연변이가 일어났음을 알 수 있다. 따라서 ㉠은 H, ⓒ은 h이다.

ㄷ. 자녀 3의 동생이 태어날 때, 이 아이의 혈액형이 O형이면서 (가)와 (나)가 모두 발현되지 않을 확률은 $\frac{1}{8}$이다.

➡ 아버지와 어머니의 (가)와 ABO식 혈액형의 대립유전자 구성은 각각 I^AH/ih, I^Bh/iH이므로, 자녀 3의 동생이 가질 수 있는 대립유전자 구성은 표와 같다.

어머니의 생식세포	아버지의 생식세포	
	I^AH	ih
I^Bh	I^AI^BHh	I^Bihh
iH	I^AiHH	$iiHh$

자녀 3의 동생이 혈액형이 O형이면서 (가)가 발현되지 않는 경우의 유전자 구성은 iiHh이므로, O형이면서 (가)가 발현되지 않을 확률은 $\frac{1}{4}$이다.

(나)가 발현되지 않은 자녀 2(딸)는 아버지와 어머니로부터 각각 X^t를 물

려받았다. 따라서 (나)가 발현되지 않은 아버지의 (나)에 대한 유전자형은 X^TY, (나)가 발현된 어머니의 (나)에 대한 유전자형은 X^TX^t이다. 자녀 3의 동생이 가질 수 있는 (나)에 대한 유전자형은 X^TX^t, X^tX^t, X^TY, X^tY이다.

오답률 높은 ④ **ㄱ이 옳다고 생각했다면?**

어떤 유전 형질의 유전자가 X 염색체에 있고 열성 형질이면 우성 대립유전자를 가진 아버지는 딸에게 우성 대립유전자가 있는 X 염색체를 물려주므로 딸은 반드시 우성 형질을 나타내야 해요. 또한 열성 형질을 나타내는 어머니는 아들에게 열성 대립유전자가 있는 X 염색체만 물려주므로 아들은 반드시 열성 형질을 나타내야 하죠. (가)가 발현되지 않은 아버지와 어머니에게서 (가)가 발현된 자녀 2(딸)가 태어났으므로 (가)는 열성 형질이에요. (가)의 유전자가 X 염색체에 있다면 (가)가 발현되지 않은 아버지로부터 열성 형질인 (가)가 발현된 자녀 2(딸)가 태어날 수 없어요. 이로부터 (가)의 유전자는 상염색체에, (나)의 유전자는 X 염색체에 있다는 것을 파악해야 해요. 그리고 (나)가 열성 형질이라면 (나)가 발현되지 않은 아버지로부터 (나)가 발현된 자녀 3(딸)은 태어날 수 없다는 것을 이해하여 (나)는 우성 형질임을 알아내야 해요.

---

37 염색체 이상과 사람의 유전   정답 ①

선택 비율 | ① 27 % | ② 21 % | ③ 16 % | ④ 15 % | ⑤ 19 %

문제 풀이 TIP
P와 Q의 유전자형을 근거로 표에서 ㉠~㉢이 무엇인지 구한 다음 (가)~(다)의 유전자 중 같은 염색체에 있는 유전자를 파악한다. 그리고 사람 P와 Q에서 2개의 상염색체에 있는 (가)~(다)의 대립유전자의 위치를 파악한 후 ⓐ와 ⓑ가 각각 어느 세포인지 알아낸다.

<보기> 풀이

Q의 유전자형은 AabbDd이므로 Q의 정상 세포에서 b의 DNA 상대량은 1, 2, 4가 가능하다. 만약 ㉠이 0이면 Q의 세포 Ⅴ와 Ⅵ의 b의 DNA 상대량이 0이 되므로 Ⅳ~Ⅵ 중 염색체 이상이 일어난 세포가 1개라는 조건에 맞지 않는다. 따라서 ㉠은 1 또는 2이다. 세포 Ⅳ에서 b의 DNA 상대량이 2이므로 세포 Ⅳ가 정상 세포라면 ㉢은 1이고, ㉠은 2, ㉡은 0이다. 이를 근거로 표에서 DNA 상대량을 표시하면 다음과 같다.

사람	세포	DNA 상대량					
		A	a	B	b	D	d
P	Ⅰ	0	1	?(0)	㉢(1)	0	㉡(0)
	Ⅱ	㉠(2)	㉡(0)	㉠(2)	?(0)	㉠(2)	?(0)
	Ⅲ	?(1)	㉡(0)	0	㉢(1)	㉢(1)	㉡(0)
Q	Ⅳ	㉢(1)	?(1)	?(0)	2	㉢(1)	㉢(1)
	Ⅴ	㉡(0)	㉢(1)	0	㉠(2)	㉢(1)	?(0)
	Ⅵ	㉠(2)	?(0)	?(0)	㉠(2)	㉡(0)	?(2)

세포 Ⅱ의 대립유전자의 종류와 수는 AABBDD이고, 세포 Ⅲ의 대립유전자의 종류와 수는 AbD이며, (가)~(다)의 유전자는 서로 다른 2개의 상염색체에 있다. 세포 Ⅱ와 Ⅲ에서 A와 D는 함께 있고, Ⅱ에는 B, Ⅲ에는 b가 있다. 따라서 사람 P에서 A와 D(a와 d)가 같은 염색체에 있고, B(b)는 다른 염색체에 있다. a와 d가 같은 염색체에 있는데 세포 Ⅰ에는 a만 있고 d는 없으므로 세포 Ⅰ은 (다)의 유전자가 있는 염색체의 일부가 결실된 세포이다. 세포 Ⅱ와 Ⅲ은 모두 정상 세포이다.

세포 Ⅴ의 대립유전자의 종류와 수는 abbD이므로 사람 Q에서 a와 D가 같은 염색체에 있고, b의 DNA 상대량이 2인 것으로 보아 b가 있는 염색체가 2개 있다. 따라서 세포 Ⅴ는 b가 있는 염색체의 비분리가 일어나 형성된 염색체 수가 비정상적인 세포이다. 세포 Ⅵ의 대립유전자의 종류와 수는 AAbbdd로 감수 1분열이 완료된 정상 세포이다.

㉠~㉢의 수가 다른 조합을 살펴보면 돌연변이가 세포 수의 조건에 맞지 않는다.

ㄱ (가)의 유전자와 (다)의 유전자는 같은 염색체에 있다.

➡ (가)의 유전자와 (다)의 유전자는 같은 염색체에 있고, (나)의 유전자는 다른 염색체에 있다.

✗ ㄴ Ⅳ는 염색체 수가 비정상적인 세포이다.

➡ 세포 Ⅰ에서 D와 d의 DNA 상대량이 모두 0이므로 Ⅰ은 (다)의 대립유전자가 있는 부분이 결실된 세포 ⓐ이다. 세포 Ⅴ에서 a와 D가 있는 염색체는 1개 있는데 b가 있는 염색체는 2개 있으므로 Ⅴ는 염색체 수가 비정상적인 세포 ⓑ이다. Ⅳ는 정상 세포이다.

✗ ㄷ ⓐ에서 a의 DNA 상대량은 ⓑ에서 d의 DNA 상대량과 같다.

➡ ⓐ(Ⅰ)에서 a의 DNA 상대량은 1이다. Q에서 a와 D(A와 d)가 같은 염색체에 있으므로 ⓑ(Ⅴ)에서 A의 DNA 상대량(㉡)이 0이면 d의 DNA 상대량도 0이다.

선배의 TMI 이것만 알고 가자! **염색체 비분리**

상동 염색체 쌍에 서로 다른 대립유전자 B와 b가 각각 있는 경우 감수 1분열에서 상동 염색체의 비분리가 1회 일어나 형성된 염색체 수가 비정상적인 세포에는 B와 b가 함께 있거나, B와 b가 모두 없어요. 감수 2분열에서 B가 있는 염색체의 염색 분체의 비분리가 1회 일어나 형성된 염색체 수가 비정상적인 세포에는 B가 2개 있거나 B가 없지요. 염색체 비분리 결과 만들어진 세포의 유전자형을 보면 염색체 비분리가 언제 일어났는지 알 수 있어요.

---

38 사람의 유전 및 돌연변이 분석   정답 ④

선택 비율 | ① 11 % | ② 20 % | ③ 17 % | ④ 43 % | ⑤ 9 %

문제 풀이 TIP
그림과 표를 분석하여 어머니(Ab/aB)와 아버지(AB/Ab)로부터 태어나는 자녀가 가질 수 있는 (가)~(다)의 대립유전자 구성을 구한 다음, 자녀 1의 (가)의 유전자형을 파악하여 자녀 1~3의 (가)의 유전자형이 AA임을 알아낸다. 그리고 자녀 3의 (다)의 유전자형을 구하여 ㉠과 ㉡이 각각 무엇인지를 파악한다.

<보기> 풀이

(1) (가)와 (나)의 유전자는 7번 염색체에 있으므로 함께 유전되고, (다)의 유전자는 13번 염색체에 있으므로 독립적으로 유전된다. 어머니(Ab/aB)와 아버지(AB/Ab)로부터 태어나는 자녀가 가질 수 있는 (가)와 (나)의 대립유전자 구성과 어머니(dd)와 아버지(Dd)로부터 태어나는 자녀가 가질 수 있는 (다)의 대립유전자 구성은 각각 다음과 같다.

정자 \ 난자	Ab	aB
AB	AB/Ab	AB/aB
Ab	Ab/Ab	Ab/aB

정자 \ 난자	d
D	Dd
d	dd

(2) 정상인 자녀 1의 (A+b+D)가 5이므로 자녀 1의 유전자형은 AAbbDd
이다. 따라서 자녀 2와 3은 (가)의 유전자형이 모두 AA이다. 정상인 자
녀 2에서 (A+b+D)와 (a+b+d)가 모두 3이므로 자녀 2의 유전자형은
AABbdd이다. 자녀 3의 체세포 1개당 염색체 수는 47이므로 자녀 3의 체세
포에는 13번 염색체가 3개 있다. 따라서 자녀 3은 어머니로부터 받은 (다)의
유전자 d가 있고 (가)의 유전자형은 AA인데, (a+b+d)가 1이므로 어머니로
부터 유전자 A와 함께 있는 유전자 b를 물려받지 않았다. 즉, 어머니의 생식
세포 형성 과정 중 7번 염색체에서 유전자 b가 결실되었다(㉠). 아버지로부터
는 A와 B가 함께 있는 7번 염색체를 물려받으며 (A+b+D)가 4이므로 유
전자 D가 있는 13번 염색체가 2개 있어야 한다. 따라서 13번 염색체 비분리
는 아버지의 생식세포 형성 과정 중 감수 2분열에서 일어났다(㉡).

✗ **자녀 2에게서 A, B, D를 모두 갖는 생식세포가 형성될 수 있다.**
➡ 자녀 2의 대립유전자 구성은 AB/Ab, dd이므로 자녀 2에게서 (A, B, d),
(A, b, d)를 갖는 생식세포가 형성될 수 있다. 즉, 자녀 2에게서 A, B, D
를 모두 갖는 생식세포는 형성될 수 없다.

ㄴ. **㉠은 7번 염색체 결실이다.**
➡ ㉠은 어머니의 생식세포 형성 과정에서 일어난 7번 염색체 결실이다.

ㄷ. **염색체 비분리는 감수 2분열에서 일어났다.**
➡ 아버지의 생식세포 형성 과정 중 감수 2분열에서 D를 갖는 13번 염색체의
비분리가 일어나 DD를 갖는 정자 Q가 형성되었다.

선배의 TMI 이것만 알고 가자! 염색체 비분리

상동 염색체 쌍에 서로 다른 대립유전자 D와 d가 각각 있는 경우 감수 1분
열에서 상동 염색체의 비분리가 1회 일어나 형성된 염색체 수가 비정상적
인 세포에는 D와 d가 함께 있거나, 모두 없어요. 감수 2분열에서 D가 있
는 염색체의 염색 분체의 비분리가 1회 일어나 형성된 염색체 수가 비정
상적인 세포에는 D가 2개 있거나 D가 없지요. 자녀 3의 (다)의 유전자형
은 DDd이므로 아버지의 생식세포 형성 과정 중 감수 2분열에서 13번 염색
체 비분리(㉡)가 일어나 DD를 갖는 정자 Q가 형성되었음을 알 수 있어요.

자형에서 ⓐ~ⓓ(H, h, T, t) 중 대문자로 표시되는 대립유전자 ⓒ만 없으므
로, 아버지의 (가)의 유전자형에서 대문자로 표시되는 대립유전자의 수는 1이
다. 따라서 ㉠은 1이다. ㉠이 1, ㉡이 2이므로, 자녀가 가질 수 있는 (가)의 유
전자형에서 대문자로 표시되는 대립유전자의 수는 3, 2, 1, 0이다. 자녀 2의
(가)의 유전자형에서 대문자로 표시되는 대립유전자의 수는 3이므로 ㉣은 3,
㉤은 4이다.

ㄱ. **아버지는 t를 갖는다.**
➡ 아버지의 (가)의 유전자형에서 대문자로 표시되는 대립유전자의 수는 1이
므로, 아버지의 (가)의 유전자형은 Hhtt 또는 hhTt이다. 따라서 아버지
는 t를 갖는다.

ㄴ. **ⓐ는 ⓒ와 대립유전자이다.**
➡ ⓐ가 ⓑ와 대립유전자라면 ㉣이 3이므로 자녀 2의 (가)의 유전자형에서 ⓒ
가 2개이어야 하며, 이 경우 아버지와 어머니로부터 ⓒ를 모두 물려받아야
한다. 그런데 아버지의 (가)의 유전자형에는 ⓒ가 없다. 따라서 ⓐ는 ⓒ와
대립유전자이다.

✗ **염색체 비분리는 감수 1분열에서 일어났다.**
➡ 정상 자녀가 가질 수 있는 (가)의 유전자형에서 대문자로 표시되는 대립유
전자의 수는 3, 2, 1, 0인데 ㉤이 4이다. 이는 자녀 3이 (가)의 유전자형에
서 대문자로 표시되는 대립유전자의 수가 1인 아버지로부터 대문자로 표
시되는 대립유전자를 2개 물려받았기 때문이다. 따라서 아버지의 정자 형
성 과정에서 염색체 비분리는 감수 2분열에서 일어났다.

오답률 높은 ⑤ ㄷ이 옳다고 생각했다면?

자녀 3의 (가)의 유전자형에서 대문자로 표시되는 대립유전자의 수(㉤)는 4이
므로, 자녀 3은 (가)의 유전자형에서 대문자로 표시되는 대립유전자의 수가 1
인 아버지로부터 대문자로 표시되는 대립유전자를 2개 물려받았어요. 이를 통
해 감수 2분열에서 대문자로 표시되는 대립유전자가 있는 염색체의 염색 분체
비분리가 1회 일어나 대문자로 표시되는 대립유전자가 2개 있는 정자 P가 형
성되었음을 알 수 있지요. 만약 감수 1분열에서 상동 염색체의 비분리가 1회
일어났다면 대문자로 표시되는 대립유전자가 2개 있는 정자가 형성될 수 없으
므로 ㉤은 4가 될 수 없답니다.

---

39 다인자 유전과 염색체 비분리   정답 ④

선택 비율	① 18 %	② 8 %	③ 17 %	④31 %	⑤ 26 %

문제 풀이 TIP

제시된 표에서 어머니의 (가)의 유전자형이 이형 접합성이어서 ㉡이 2라
는 것을 우선적으로 파악한 후 ⓐ~ⓓ 중 어느 것이 대문자로 표시되는 대
립유전자인지를 알아내고 ㉠, ㉢, ㉣, ㉤을 각각 구한다.

<보기> 풀이

어머니는 ⓐ~ⓓ(H, h, T, t)를 모두 가지므로, 어머니의 (가)의 유전자형은
HhTt이고, ㉡은 2이다. ㉤이 0이라면 자녀 3의 (가)의 유전자형에는 대문자
로 표시되는 대립유전자가 없으므로 ⓑ와 ⓓ는 모두 대문자로 표시되는 대립
유전자이어야 한다. 이 경우 자녀 1의 (가)의 유전자형에서 ⓑ와 ⓒ가 없고 ⓓ
는 있으므로 자녀 1의 (가)의 유전자형은 HHtt 또는 hhTT이고, ㉡은 2가
되어야 한다. 그런데 ㉡과 ㉤은 서로 다른 수이므로 ㉤은 0이 아니다. ㉣이 0
이라면 자녀 2의 (가)의 유전자형은 hhtt이므로 ⓐ와 ⓑ는 소문자로 표시되는
대립유전자의 수, ⓒ와 ⓓ는 대문자로 표시되는 대립유전자의 수이어야 한다.
이 경우 자녀 1의 (가)의 유전자형은 HHtt 또는 hhTT이고, ㉡은 2가 되어
야 한다. 그런데 ㉡과 ㉤은 서로 다른 수이므로 ㉣은 0이 아니다. 따라서 ㉤이
0이며, 자녀 1의 (가)의 유전자형에는 대문자로 표시되는 대립유전자가 없으므
로 ⓑ와 ⓒ는 모두 대문자로 표시되는 대립유전자이다. 아버지의 (가)의 유

---

40 염색체 비분리   정답 ②

선택 비율	① 11 %	②45 %	③ 8 %	④ 26 %	⑤ 10 %

문제 풀이 TIP

부모와 자녀 2, 3을 분석하여 (가)가 우성 형질이며 (가)의 유전자가 13번
염색체에 있음을 파악한다. 이후 자녀 2, 3을 분석하여 (나)와 (다)가 각각
13번 염색체와 X 염색체에 있음을 알아내고, 자녀 4를 분석하여 (나)와
(다)가 각각 열성 형질과 우성 형질임을 알아낸다.

<보기> 풀이

(1) (가)가 발현된 부모 사이에서 (가)가 발현되지 않은 자녀 2와 자녀 3이 태어
났으므로 (가)는 우성 형질이고, H는 (가) 발현 대립유전자, h는 (가) 미발
현 대립유전자이다. 우성 형질이면서 X 염색체에 유전자가 있다면 아버지
에게 (가)가 발현되었을 때 딸인 자녀 2는 (가)가 발현되어야 한다. 따라
서 (가)의 유전자는 13번 염색체에 있다.

(2) 자녀 2와 자녀 3은 부모로부터 각각 h 대립유전자를 물려받았다. h 대
립유전자와 함께 13번 염색체에 있는 (나) 또는 (다)의 유전자를 물려
받았으므로 (나) 또는 (다)의 표현형이 같아야 한다. 자녀 2와 자녀 3
에서 (나)의 표현형이 같고, (다)의 표현형이 다르므로 (나)의 유전자는
13번 염색체에 있고, (다)의 유전자는 X 염색체에 있다.

(3) 자녀 4가 태어날 때 ㉠과 ㉡의 형성 과정에서 각각 13번 염색체 비분리가
1회 일어났으므로 성염색체는 비분리가 일어나지 않았다. (다)가 열성 형질

538

이면서 X 염색체에 유전자가 있다면 아버지에게서 (다)가 발현되지 않았을 때 딸인 자녀 4도 (다)가 발현되지 않아야 한다. 따라서 (다)는 우성 형질이고, (나)는 열성 형질이며, R는 (나) 미발현 대립유전자, r는 (나) 발현 대립유전자이고, T는 (다) 발현 대립유전자, t는 (다) 미발현 대립유전자이다.

(4) 표는 가족 구성원의 (가)~(다)의 유전자형을 나타낸 것이다.

구성원	성별	(가) 우성	(나) 열성	(다) 우성	유전자 구성
아버지	남	○(Hh)	×(Rr)	×(X^tY)	Hr/hR, X^tY
어머니	여	○(Hh)	○(rr)	○($X^T$$X^t$)	Hr/hr, $X^T$$X^t$
자녀 1	남	○(H_)	○(rr)	○(X^TY)	Hr/_r, X^TY
자녀 2	여	×(hh)	×(Rr)	×($X^t$$X^t$)	hR/hr, $X^t$$X^t$
자녀 3	남	×(hh)	×(Rr)	○(X^TY)	hR/hr, X^TY
자녀 4	여	×(hh)	○(rr)	○($X^T$$X^t$)	hr/hr, $X^T$$X^t$

(5) 자녀 2의 대립유전자의 상동 염색체 배열은 hR/hr이므로 어머니로부터 hr를 물려받았고, 아버지로부터 hR를 물려받았다. 따라서 부모의 대립유전자의 상동 염색체 배열은 아버지는 Hr/hR이고, 어머니는 Hr/hr이다.

(6) 자녀 4의 대립유전자의 상동 염색체 배열은 hr/hr이므로 어머니로부터만 hr를 2개 물려받았다. 따라서 염색체 수가 22인 생식세포 ㉠은 정자, 염색체 수가 24인 생식세포 ㉡은 난자이며, ㉡은 어머니의 생식세포 분열 중 감수 2분열에서 13번 염색체 비분리가 1회 일어나 형성된 난자이다.

✗ (나)는 우성 형질이다.
➡ (가)와 (다)는 우성 형질이고, (나)는 열성 형질이다.

ㄴ 아버지에게서 h, R, t를 모두 갖는 정자가 형성될 수 있다.
➡ 아버지의 (가)~(다)의 대립유전자의 상동 염색체 배열은 Hr/hR, X^tY이다. 따라서 아버지에게서 h, R, t를 모두 갖는 정자가 형성될 수 있다.

✗ ㉡은 감수 1분열에서 염색체 비분리가 일어나 형성된 난자이다.
➡ ㉡은 감수 2분열에서 염색체 비분리가 일어나 형성된 난자이다.

선배의 TMI 이것만 알고 가자! **성염색체(X 염색체) 유전**

❶ 유전 형질 (가)가 열성 형질이고 대립유전자가 X 염색체에 있는 경우, 어머니에게서 (가)가 발현되면 아들에게서 (가)가 발현되고, 딸에게서 (가)가 발현되면 아버지에게서 (가)가 발현되어야 해요.

❷ 유전 형질 (나)가 우성 형질이고 대립유전자가 X 염색체에 있는 경우, 아버지에게서 (나)가 발현되면 딸에게서 (나)가 발현되고, 아들에게서 (나)가 발현되면 어머니에게서 (나)가 발현되어야 해요.

문제 풀이 TIP
표에서 구성원 2, 3, 5의 체세포 1개당 H와 r의 DNA 상대량을 더한 값(H+r)과 체세포 1개당 R와 t의 DNA 상대량을 더한 값(R+t)을 통해 (가)~(다)가 각각 우성 형질인지 열성 형질인지, 9번 염색체에 있는지 X 염색체에 있는지 파악한다.

<보기> 풀이

(1) **구성원 3**에서 (H+r)의 값이 0이므로 (가)의 유전자형은 hh이며, (가)가 발현되지 않았다. 따라서 H는 (가) 발현 대립유전자, h는 (가) 미발현 대립유전자이다. 또 r가 없고 R만 있으며, (나)가 발현되지 않았다. 따라서 R는 (나) 미발현 대립유전자, r는 (나) 발현 대립유전자이다.

(2) **구성원 2**에서 (가)가 발현되지 않았으므로 (가)의 유전자형은 hh이다. H가 없고 (H+r)의 값이 1이므로 (나)의 유전자형은 Rr이다. R가 1개 있고 (R+t)의 값이 3이므로 (다)의 유전자형은 tt이며, (다)가 발현되었다. 따라서 T는 (다) 미발현 대립유전자, t는 (다) 발현 대립유전자이다.

(3) **구성원 5**에서 (가)가 발현되지 않았으므로 (가)의 유전자형은 hh이고, (나)가 발현되지 않았으므로 R가 있어야 한다. (H+r)의 값이 1이므로 (나)의 유전자형은 Rr이다. 따라서 (나)의 유전자는 (가)의 유전자와 함께 9번 염색체에 있고, (다)의 유전자는 X 염색체에 있다. 5의 (R+t)의 값이 2이므로 (다)의 유전자형은 X^tY이다.

(4) **구성원 7**에서 (가)가 발현되었고 (나)가 발현되지 않았으며 (H+r)의 값이 1이므로 (가)의 유전자형은 Hh이고 (나)의 유전자형은 RR이다. (R+t)의 값이 2이므로 (다)의 유전자형은 X^TY이다.

(5) **구성원 8**에서 (가)와 (나)가 발현되지 않았으며 (H+r)의 값이 1이므로 (가)의 유전자형은 hh이고 (나)의 유전자형은 Rr이다. (R+t)의 값이 2이므로 (다)의 유전자형은 $X^T$$X^t$이다.

(6) 위 내용을 정리하면 (가)의 유전자형은 (가)가 발현되지 않은 구성원 2, 3, 5, 8에서 hh이고, (가)가 발현된 구성원 1, 4, 6, 7에서 Hh이다. (나)의 유전자형은 (나)가 발현된 구성원 1에서 rr이고, (나)가 발현되지 않은 구성원 2~8에서 R가 1개 이상 있다. (다)의 유전자형은 (다)가 발현된 2에서 $X^t$$X^t$, 5에서 X^tY이다.

❶ (가)와 (나)의 유전자형은 구성원 1에서 Hr/hr, 구성원 2에서 hR/hr, 구성원 5에서 hR/hr, 구성원 6에서 Hr/hR이다. 구성원 3에서 hR/hR, 구성원 4에서 HR/hr, 구성원 7에서 HR/hR, 구성원 8에서 hR/hr이다.

❷ (다)의 유전자형은 구성원 1에서 X^TY, 구성원 2에서 $X^t$$X^t$, 구성원 5에서 X^tY, 구성원 6에서 $X^T$$X^t$이다. 구성원 3에서 X^TY, 구성원 4에서 $X^T$$X^t$이다, 구성원 7에서 X^TY, 구성원 8에서 $X^T$$X^t$이다.

ㄱ (다)의 유전자는 X 염색체에 있다.
➡ (가)와 (나)의 유전자는 9번 염색체에 함께 있고, (다)의 유전자는 X 염색체에 있다.

ㄴ 4의 (가)~(다)의 유전자형은 모두 이형 접합성이다.
➡ 4의 (가)~(다)의 유전자형은 HhRr, $X^T$$X^t$이므로 모두 이형 접합성이다.

✗ 6과 7 사이에서 아이가 태어날 때, 이 아이의 (가)~(다)의 표현형이 모두 6과 같을 확률은 $\frac{3}{16}$이다.
➡ 6의 (가)와 (나)의 유전자형은 Hr/hR이고, 7의 (가)와 (나)의 유전자형은 HR/hR이므로, 6과 7 사이에서 태어나는 아이가 가질 수 있는 (가)와 (나)의 유전자형은 HR/Hr, HR/hR, Hr/hR, hR/hR이다. 따라서 6과 7 사이에서 태어나는 아이의 (가)와 (나)의 표현형이 모두 6과 같을 확률은 $\frac{3}{4}$이다. 6의 (다)의 유전자형은 $X^T$$X^t$이고, 7의 (다)의 유전자형은 X^TY이므로, 6과 7 사이에서 태어나는 아이가 가질 수 있는 (다)의 유전자형은 $X^T$$X^T$, $X^T$$X^t$, X^TY, X^tY이다. 따라서 6과 7 사이에서 태어나는 아이의

정답률 낮은 문제, 한번 더!

(다)의 표현형이 6과 같을 확률은 $\frac{3}{4}$이다. 종합하면 6과 7 사이에서 아이

가 태어날 때, 이 아이의 (가)~(다)의 표현형이 모두 6과 같을 확률은 $\frac{3}{4}$

$\times \frac{3}{4} = \frac{9}{16}$이다.

DNA 상대량과 가계도 분석

표에서 구성원 2, 3, 5, 7, 8의 체세포 1개당 H와 r의 DNA 상대량을 더한 값(H+r)과 체세포 1개당 R와 t의 DNA 상대량을 더한 값(R+t)이 주어졌을 때, 그 값이 0인 구성원을 먼저 분석하면 비교적 쉽게 문제를 해결할 수 있어요. 위 문제에서도 구성원 3에서 (H+r)의 값이 0인 것으로부터 (가)의 유전자형이 hh이며 (가)가 발현되지 않았으므로 (가)는 우성 형질이고, r 없이 R만 있는데 (나)가 발현되지 않았으므로 (나)는 열성 형질이라는 것을 알 수 있어요.

---

42 염색체 이상과 사람의 유전   정답 ⑤

문제 풀이 TIP

(가)와 (나)의 유전자는 7번 염색체에 같이 있고, (다)의 유전자는 X 염색체에 있으므로, (가)와 (나)는 함께 유전되고 (다)는 독립적으로 유전된다. 어떤 대립유전자 1개의 DNA 상대량이 1인 경우 대립유전자의 DNA 상대량이 4인 세포는 DNA 복제가 일어나 2개의 염색 분체로 이루어진 염색체가 2개 있다는 것을 기억하여 가족 구성원의 유전자형을 파악한다.

<보기> 풀이

(가)와 (나)의 유전자는 모두 상염색체인 7번 염색체에 있고, (다)의 유전자는 성염색체인 X 염색체에 있다.

오빠의 세포 Ⅱ에서 A의 DNA 상대량이 1이고, B의 DNA 상대량이 2이므로 Ⅱ에는 A와 B가 있는 7번 염색체와 A*와 B가 있는 7번 염색체가 각각 한 개씩 있음을 알 수 있다. 이를 통해 Ⅱ는 상동 염색체가 있는 체세포로 핵상이 $2n$이라는 것을 알 수 있다. 또 Ⅱ에서 D*의 DNA 상대량이 0이므로 X 염색체에는 D가 있다는 것을 알 수 있다. 따라서 오빠의 (가)~(다)에 대한 유전자형은 AA*BBX^DY이다.

영희의 세포 Ⅲ에서 A의 DNA 상대량이 4이고 B의 DNA 상대량이 0이므로 Ⅲ에는 A와 B*가 있는 7번 염색체가 2개 있고, 각 염색체는 2개의 염색 분체로 이루어져 있으며, Ⅲ의 핵상이 $2n$이라는 것을 알 수 있다. 또 Ⅲ에서 D*의 DNA 상대량이 0이므로 2개의 X 염색체에는 모두 D가 있음을 알 수 있다. 따라서 영희의 (가)~(다)에 대한 유전자형은 AAB*B*X^DX^D이다.

남동생의 세포 Ⅳ에서 A의 DNA 상대량이 0이고 B의 DNA 상대량이 2이므로 Ⅳ에는 A*와 B가 있는 7번 염색체가 2개 있고, Ⅳ의 핵상이 $2n$이라는 것을 알 수 있다. 또 Ⅳ에서 D*의 DNA 상대량이 1이므로 X 염색체에는 D*가 있음을 알 수 있다. 따라서 남동생의 (가)~(다)에 대한 유전자형은 A*A*BBX^D*Y이다.

✗ **Ⅰ은 G₁기 세포이다.**

➡ 영희의 (가)와 (나)에 대한 유전자형은 AAB*B*이므로 영희는 어머니와 아버지로부터 A와 B*가 있는 7번 염색체를 각각 한 개씩 물려받았다. 따라서 어머니의 G₁기 세포에는 A와 B*가 있어야 한다. 어머니의 세포 Ⅰ에서 A와 B의 DNA 상대량이 같다는 것을 통해 어머니의 G₁기 세포에

는 A와 B*가 있는 7번 염색체 뿐만 아니라 A와 B가 있는 7번 염색체도 있다는 것을 알 수 있다. 따라서 어머니의 G₁기 세포에서 A의 DNA 상대량은 2, B의 DNA 상대량은 1이 되어야 하는데, Ⅰ에서 A의 DNA 상대량은 2이고 B의 DNA 상대량은 2이므로 Ⅰ은 G₁기 세포가 아니다. Ⅰ은 A와 B가 있는 7번 염색체가 1개 있고, 염색체가 2개의 염색 분체로 이루어져 있으며 핵상이 n인 감수 2분열 중인 세포이다.

ㄴ **㉠은 A이다.**

➡ 영희의 (가)와 (나)에 대한 유전자형은 AAB*B*이므로 영희는 어머니와 아버지로부터 A와 B*가 있는 7번 염색체를 각각 한 개씩 물려받았다. 따라서 아버지는 A와 B*가 있는 7번 염색체를 가지고 있다. 오빠의 (가)와 (나)에 대한 유전자형은 AA*BB이므로 오빠는 어머니와 아버지로부터 A와 B가 있는 7번 염색체와 A*와 B가 있는 7번 염색체를 각각 한 개씩 물려받았다. 남동생의 (가)와 (나)에 대한 유전자형은 A*A*BB이므로 남동생은 어머니와 아버지로부터 A*와 B가 있는 7번 염색체를 각각 한 개씩 물려받았다. 따라서 오빠와 남동생은 모두 아버지로부터 A*와 B가 있는 7번 염색체를 물려받았고, 오빠는 어머니로부터 A와 B가 있는 7번 염색체를 물려받았다. 이를 종합하면, 남동생이 가지고 있는 A*와 B가 있는 7번 염색체 중 하나는 어머니의 A와 B가 있는 7번 염색체에서 A가 A*로 바뀌는 돌연변이가 일어난 후 물려받은 것임을 알 수 있다. 따라서 ㉠은 A, ㉡은 A*, ⓐ는 남동생이다.

ㄷ **아버지에게서 A*, B, D를 모두 갖는 정자가 형성될 수 있다.**

➡ 영희의 (다)에 대한 유전자형이 X^DX^D이므로 영희는 아버지로부터 D가 있는 X 염색체를 물려받았다. 따라서 아버지의 체세포에는 A와 B*가 있는 7번 염색체와 A*와 B가 있는 7번 염색체가 각각 한 개씩 있고, D가 있는 X 염색체와 Y 염색체가 각각 한 개씩 있다. 정자 형성 과정에서 감수 분열이 일어나므로 A*와 B가 있는 7번 염색체와 D가 있는 X 염색체가 함께 있는 정자가 형성될 수 있다.

ㄱ이 옳다고 생각했다면?

제시된 그림에서 어머니의 세포 Ⅰ은 A와 B의 DNA 상대량과 D의 상대량이 각각 2이므로 어머니의 (가)~(다)의 유전자형이 AABBX^DX^D라고 섣불리 생각한 경우, Ⅰ은 A와 B가 있는 7번 염색체와 D가 있는 X 염색체가 각각 쌍으로 있는 G₁기 세포라고 잘못 생각할 수 있어요. 하지만 영희는 어머니로부터 A와 B*가 있는 7번 염색체를 물려받았으므로 Ⅰ이 G₁기 세포라면 A의 DNA 상대량이 2, B의 DNA 상대량이 1이 되어야 해요. 따라서 각 구성원의 유전자형을 함께 파악하는 게 중요해요.

---

43 염색체 비분리와 사람의 유전   정답 ①

문제 풀이 TIP

딸의 체세포는 각 형질에 대한 대립유전자가 쌍으로 존재하며, 아버지와 어머니의 생식세포로부터 대립유전자를 각각 1개씩 물려받는다. Ⅴ에서 d의 DNA 상대량이 0이므로 딸은 부모로부터 d를 물려받지 않았고 ⓐ와 ⓑ에는 모두 d가 없어야 한다는 것을 파악한 후 Ⅰ~Ⅳ 중 어느 것이 ⓐ와 ⓑ인지 판단한다.

<보기> 풀이

딸의 체세포 Ⅴ는 핵상이 $2n$인데 d의 DNA 상대량이 0이므로 D의 DNA 상대량은 2이다. 딸은 부모로부터 d를 물려받지 않았고 아버지의 정자 Ⅰ과 Ⅱ 중 Ⅱ에서 d의 DNA 상대량이 1이므로 염색체 수가 비정상적인 정자 ⓐ

는 Ⅰ이다. 아버지의 정자 Ⅰ(ⓐ)에서 D의 DNA 상대량이 0이므로 딸은 어머니로부터 D를 물려받았다. 어머니의 난자 Ⅲ과 Ⅳ 중 Ⅳ에서 D의 DNA 상대량이 0이므로 염색체 수가 비정상적인 난자 ⓑ는 Ⅲ이다.

ㄱ (나)의 유전자는 X 염색체에 있다.
➡ 아버지의 정자 Ⅱ는 핵상이 n이고 정상인데 Ⅱ에서 B와 b의 DNA 상대량이 각각 0이므로 X 염색체는 없고 Y 염색체만 있음을 알 수 있다. 따라서 (나)의 유전자는 X 염색체에, (가)와 (다)의 유전자는 서로 다른 상염색체에 있다.

✗ ㉠+㉡=2이다.
➡ 딸의 체세포 Ⅴ에서 D의 DNA 상대량은 2인데, 아버지의 정자 Ⅰ(ⓐ)에서 D의 DNA 상대량이 0이므로 어머니의 난자 Ⅲ(ⓑ)에서 D의 DNA 상대량 ㉠은 2이다. 아버지의 정자 Ⅰ(ⓐ)에서 b의 DNA 상대량이 0, 어머니의 난자 Ⅲ(ⓑ)에서 B의 DNA 상대량이 0인데, 딸의 체세포 Ⅴ는 핵형이 정상이므로 B와 b를 각각 1개씩 갖고 있다. 따라서 아버지의 정자 Ⅰ(ⓐ)에서 B의 DNA 상대량은 1이고, 어머니의 난자 Ⅲ(ⓑ)에서 b의 DNA 상대량은 1이므로 딸의 체세포 Ⅴ에서 b의 DNA 상대량 ㉡은 1이다. 종합하면, ㉠+㉡=2+1=3이다.

✗ $\dfrac{\text{아버지의 체세포 1개당 B의 DNA 상대량}}{\text{어머니의 체세포 1개당 D의 DNA 상대량}}=\dfrac{1}{2}$이다.
➡ B와 b는 X 염색체에 있으며 아버지의 정자 Ⅰ(ⓐ)에서 B의 DNA 상대량이 1이다. 아버지의 체세포에는 X 염색체가 1개 존재하며, 이 X 염색체에는 B가 있으므로 아버지의 체세포 1개당 B의 DNA 상대량은 1이다. 어머니의 난자 Ⅳ의 핵상은 n이고 정상이므로, Ⅳ에는 D와 d 중 하나가 있어야 한다. Ⅳ에서 D의 DNA 상대량이 0이므로 Ⅳ는 d를 가지고 있고 어머니의 난자 Ⅲ에는 D가 있으므로, 어머니의 체세포에는 D와 d 각각 1개씩 있다. 따라서 어머니의 체세포 1개당 D의 DNA 상대량은 1이다.
종합하면, $\dfrac{\text{아버지의 체세포 1개당 B의 DNA 상대량}}{\text{어머니의 체세포 1개당 D의 DNA 상대량}}=\dfrac{1}{1}=1$이다.

오답을 높은 ❸ ㄷ이 옳다고 생각했다면?

딸의 체세포는 핵상이 $2n$이므로 Ⅴ에는 (다)를 결정하는 대립유전자가 쌍으로 존재하고, Ⅴ에서 d의 DNA 상대량이 0이므로 D의 DNA 상대량은 2라는 것을 파악했을 거예요. Ⅰ(ⓐ)에서 D의 DNA 상대량이 0이므로 Ⅲ(ⓑ)에서 D의 DNA 상대량(㉠)은 2가 되지요. 이 상황에서 어머니의 체세포에는 D가 2개 있다고 잘못 생각하여 ㄷ을 옳다고 생각했을 수 있어요. 하지만 Ⅲ(ⓑ)은 염색체 수가 비정상적인 난자로, D가 1개 있어야 하는데 2개가 있는 거예요. 정상 난자인 Ⅳ에서 D의 DNA 상대량은 0이므로 d의 DNA 상대량은 1이 되고, 따라서 어머니의 체세포에는 D와 d가 각각 1개씩 있다는 것을 알 수 있어요.

---

44 다인자 유전과 염색체 비분리 정답 ①

선택 비율 ①26 % ② 28 % ③ 7 % ④ 22 % ⑤ 17 %

문제 풀이 TIP

감수 분열 결과 형성된 정상 정자에는 상동 염색체에 존재하는 대립유전자가 쌍으로 존재하지 않으므로 정상 정자는 A 또는 a를 가진다. 그런데 감수 1분열에서 염색체 비분리가 일어나면 상동 염색체가 분리되지 않아 대립유전자 A와 a를 모두 갖는 정자가 형성된다. 이를 근거로 표 (나)를 분석하면, A와 a가 있는 Ⅱ가 감수 1분열에서 염색체가 비분리되어 형성된 정자임을 알 수 있다.

<보기> 풀이

정자 Ⅱ에 대립유전자 관계인 A와 a가 함께 있으므로 정자 Ⅱ는 세포 P의 감수 1분열에서 상동 염색체(A가 있는 염색체와 a가 있는 염색체)의 비분리가 일어나 형성된 정자이다. 따라서 정자 Ⅰ과 Ⅲ은 세포 Q의 감수 2분열에서 염색 분체의 비분리가 일어나 형성된 정자이다. 아버지의 ㉠에 대한 유전자형에서 대문자로 표시되는 대립유전자의 수가 3인데 정자 Ⅱ에 A, B, D가 모두 있으므로 아버지의 ㉠에 대한 유전자형은 AaBbDd이다.

만약 ㉠을 결정하는 데 관여하는 3개의 유전자가 서로 다른 상염색체에 존재한다면 아버지와 어머니가 자녀에게 물려줄 수 있는 대문자로 표시되는 대립유전자의 수는 각각 최대 3이므로, 자녀에서 대문자로 표시되는 대립유전자의 수가 6을 넘을 수 없는데, 대문자로 표시되는 대립유전자의 수가 8인 자녀 1이 태어났다. 따라서 3개의 유전자는 서로 다른 염색체에 존재하지 않는다. 만약 3개의 유전자 A, B, D가 하나의 상염색체에 함께 있다면 아버지에서 만들어지는 정자의 유전자 구성은 ABD, abd이므로 정자 Ⅰ에서 A, B, D의 DNA 상대량이 같아야 하는데 B는 1, A와 D는 0이다. 따라서 3개의 유전자는 한 염색체에 있지 않다. 따라서 3개의 유전자 중 2개의 유전자는 동일한 상염색체에 함께 있고, 나머지 1개의 유전자는 다른 상염색체에 있다. 정자 Ⅰ에서 B의 DNA 상대량이 1이고 A와 D의 DNA 상대량이 0이므로, 아버지에서 A와 D(a와 d)가 하나의 상염색체에 함께 있고, B(b)가 다른 염색체에 있다.

ㄱ Ⅰ은 감수 2분열에서 염색체 비분리가 일어나 형성된 정자이다.
➡ 정자 Ⅱ는 대립유전자 관계인 A와 a가 함께 있으므로 감수 1분열에서 상동 염색체(A가 있는 염색체와 a가 있는 염색체)의 비분리가 일어나 형성된 정자이다. 따라서 Ⅰ과 Ⅲ은 감수 2분열에서 염색 분체의 비분리가 일어나 형성된 정자이다.

✗ 자녀 1의 체세포 1개당 $\dfrac{\text{B의 DNA 상대량}}{\text{A의 DNA 상대량}}=1$이다.
➡ 자녀 1은 ㉠에 대한 유전자형에서 대문자로 표시되는 대립유전자의 수가 8이다. 이를 통해 대문자로 표시되는 대립유전자 3개(A, B, D)를 가진 정상 난자와 대문자로 표시되는 대립유전자 5개를 가진 정자의 수정으로 자녀 1이 태어났다는 것을 알 수 있다. 정자 Ⅲ에서 A의 DNA 상대량이 2이므로 같은 염색체에 있는 D의 DNA 상대량도 2이다. Ⅲ은 감수 2분열에서 염색 분체의 비분리가 일어나 형성된 정자이므로 A와 대립유전자 관계인 a는 없다. 따라서 a는 0이고, B의 DNA 상대량은 1이다. 결론적으로 자녀 1은 유전자 구성이 AABDD인 정자 Ⅲ과 유전자 구성이 ABD인 난자가 수정되어 태어났으므로, 자녀 1의 체세포 1개당 A의 DNA 상대량은 3, B의 DNA 상대량은 2이다. 따라서 $\dfrac{\text{B의 DNA 상대량}}{\text{A의 DNA 상대량}}=\dfrac{2}{3}$이다.

✗ 자녀 1의 동생이 태어날 때, 이 아이에게서 나타날 수 있는 ㉠의 표현형은 최대 5가지이다.
➡ 아버지와 어머니의 ㉠에 대한 유전자형에서 대문자로 표시되는 대립유전자의 수가 각각 3이므로, 대문자로 표시되는 대립유전자의 수가 6, 5, 4, 3, 2, 1, 0인 아이가 태어날 수 있다. 따라서 자녀 1의 동생에게서 나타날 수 있는 ㉠의 표현형은 최대 7가지이다.

---

45 다인자 유전과 염색체 비분리 정답 ④

선택 비율 ① 10 % ② 16 % ③ 25 % ④37 % ⑤ 12 %

문제 풀이 TIP

표를 분석하여 세포 Ⅰ~Ⅴ의 핵상과 아버지, 어머니가 갖는 대립유전자 구성을 파악한 후 대립유전자 ㉠이 무엇인지와, 어머니의 생식세포 형성 과정에서 염색체 비분리는 어느 시기에 일어났는지를 알아낸다.

아버지의 세포 Ⅰ에서 대립유전자 B와 B*의 DNA 상대량을 더한 값이 1이 므로 세포 Ⅰ의 핵상은 n이다. 자녀 1의 세포 Ⅲ에서 A의 DNA 상대량이 2, B*의 DNA 상대량이 1이므로 세포 Ⅲ의 핵상은 $2n$이다. 만약 세포 Ⅲ의 핵 상이 n이고 DNA가 복제된 상태라면 B*의 DNA 상대량이 짝수(0, 2, 4) 이어야 하는데 1이다. 따라서 세포 Ⅲ은 DNA 복제 전이고, 핵상은 $2n$이다. 이를 통해 자녀 1의 세포 Ⅲ에서 A*의 DNA 상대량은 0, B의 DNA 상대량 은 1, D의 DNA 상대량은 2임을 알 수 있고, 자녀 1이 가진 대립유전자 구성 은 AB/AB*, DD이다. 그러므로 아버지와 어머니는 모두 A와 D를 갖는다. 어머니는 D를 갖고 있는데 어머니의 세포 Ⅱ에는 D가 없으므로 세포 Ⅱ의 핵 상은 n이다. 세포 Ⅱ에서 D*의 DNA 상대량이 1이 아닌 2이므로 DNA가 복제된 상태이다. 따라서 세포 Ⅱ에서 A*와 B의 DNA 상대량은 모두 2이고, 어머니는 A*와 B가 함께 있는 7번 염색체와 D*를 가진다. 자녀 2의 세포 Ⅳ 에는 A와 B의 DNA 상대량이 모두 0이므로 세포 Ⅳ는 A*와 B*가 함께 있 는 7번 염색체를 갖는다. 어머니는 A*와 B가 함께 있는 염색체와 A가 있는 염색체를 가지고 있으므로 자녀 2의 A*와 B*는 아버지로부터 물려받은 것이 다. 따라서 아버지가 가진 7번 염색체의 대립유전자 구성은 AB/A*B*이다. 자녀 3의 세포 Ⅴ에서 D*의 DNA 상대량이 3이므로 어머니에서 9번 염색체 비분리가 일어나 D*를 2개 가진 난자 Q가 형성되었음을 알 수 있고, 세포 Ⅴ 의 핵상은 $2n$이다.

ㄱ **㉠은 B*이다.**

➡ 자녀 3의 세포 Ⅴ($2n$)에서 A의 DNA 상대량은 2이므로, 자녀 3은 아버 지로부터 A와 B가 있는 7번 염색체를, 어머니로부터 A와 B*가 있는 7번 염색체를 물려받았다. 그런데 세포 Ⅴ($2n$)에서 B*의 DNA 상대량이 2이 므로, 아버지의 생식세포 형성 과정에서 7번 염색체에 있는 대립유전자 B* 가 D*가 있는 9번 염색체로 이동하는 돌연변이가 일어났음을 알 수 있다. 따라서 ㉠은 B*이다.

✗ **어머니에게서 A, B, D를 모두 갖는 난자가 형성될 수 있다.**

➡ 어머니의 세포($2n$)에는 A와 B가 있는 7번 염색체와 A*와 B가 있는 7 번 염색체가 있으므로, 어머니에게서 A와 B*를 갖거나, A*와 B를 갖는 난자만 형성된다. 따라서 어머니에게서 A, B, D를 모두 갖는 난자가 형성 될 수 없다.

ㄷ **염색체 비분리는 감수 2분열에서 일어났다.**

➡ 어머니의 (다)의 유전자형은 DD*이므로, D*를 2개 가진 난자 Q는 감수 2분열에서 염색체 비분리가 일어나 형성된 것이다.

어머니의 (가)의 유전자형이 AA*, (나)의 유전자형이 BB*, (다)의 유전자형이 DD*니까 어머니에게서 A, B, D를 모두 갖는 난자가 형성될 수 있다고 판단 하여 ㄴ이 옳은 답이라고 생각할 수 있어요. 그러나 (가)와 (나)의 유전자는 7 번 염색체에, (다)의 유전자는 9번 염색체에 있다고 자료에 제시되어 있으니까 A와 B가 7번 염색체의 상동 염색체 중 하나에, A*와 B가 다른 하나에 있는 거죠. 따라서 생식세포 형성 과정에서 A와 B*가 함께 있는 생식세포나 A*와 B가 함께 있는 생식세포는 형성되지만 A와 B가 함께 있는 생식세포는 형성 되지 않는다는 것을 파악해야 해요.

---

46 염색체 구조 이상과 염색체 비분리 정답 ①

문제 풀이 TIP

아버지와 어머니의 체세포 각각에 들어 있는 염색체와 유전자를 보고 H 와 H*, R와 R*는 함께 유전되고, T와 T*는 독립적으로 유전된다는 것 을 파악해야 한다. 그리고 아버지와 어머니의 생식세포 유전자형을 파악 한 후 정상인 자녀가 가질 수 있는 유전자형을 구한 다음, 자료에 제시된 자녀 ⓐ의 체세포 1개당 대립유전자의 DNA 상대량을 근거로 ㉠과 ㉡ 중 어느 것이 염색체 비분리, 염색체 결실인지 찾도록 한다.

H와 H*, R와 R*는 하나의 염색체에 있으므로 함께 유전되고, T와 T*는 다 른 염색체에 있으므로 독립적으로 유전된다. (가)의 유전자형이 HR*/H*R, T*T*인 아버지와 HR/H*R*, TT*인 어머니 사이에서 태어날 수 있는 정상 적인 자녀의 유전자형은 다음과 같다.

생식세포	HR*	H*R		생식세포	T*
HR	HHRR*	HH*RR		T	TT*
H*R*	HH*R*R*	H*H*RR*		T*	T*T*

ⓐ의 체세포 1개당 H*의 DNA 상대량은 0이고, R의 DNA 상대량은 2이므 로 ⓐ는 아버지로부터 H*가 있는 부위는 결실되고 R만 있는 염색체를, 어머 니로부터 H와 R가 있는 염색체를 물려받았음을 알 수 있다. ⓐ의 체세포 1개 당 T의 DNA 상대량은 1이고, T*의 DNA 상대량은 2이므로 ⓐ는 아버지 로부터 T*가 있는 염색체를, 어머니로부터 T가 있는 염색체와 T*가 있는 염 색체를 물려받았음을 알 수 있다. 따라서 아버지의 생식세포 형성 과정에서 일 어난 ㉠은 염색체 결실이고, 어머니의 생식세포 형성 과정에서 일어난 ㉡은 염색체 비분리이다.

ㄱ **난자 Q에는 H가 있다.**

➡ 난자 Q에는 H와 R가 있는 염색체, T가 있는 염색체, T*가 있는 염색체 가 있으므로, H가 있다.

✗ **생식세포 형성 과정에서 염색체 비분리는 감수 2분열에서 일어났다.**

➡ 난자 Q에 T와 T*가 모두 있는 것은 어머니의 생식세포 형성 과정 중 감 수 1분열에서 염색체 비분리가 일어났기 때문이다.

✗ **ⓐ의 체세포 1개당 상염색체 수는 43이다.**

➡ ⓐ의 핵형이 정상이라면 T와 T*가 각각 있는 상염색체를 1쌍 가지고 있 으며 상염색체 수는 44이어야 한다. 그러나 ⓐ의 체세포에는 T가 있는 염 색체 1개, T*가 있는 염색체 2개가 있으므로, ⓐ의 체세포 1개당 상염색 체 수는 45이다.

유전자형이 TT*인 경우 감수 1분열에서 염색체의 비분리가 일어나면 T가 있는 염색체와 T*가 있는 염색체를 모두 가진 생식세포가 형성됩니다. 감수 2 분열에서 T*가 있는 염색체의 염색 분체의 비분리가 일어나면 T*가 있는 염 색체를 2개 가진 생식세포가 형성되지요.

47 염색체 비분리와 사람의 유전　　　　정답 ⑤

선택 비율	① 8 %	② 26 %	③ 18 %	④ 20 %	⑤ 28 %

문제 풀이 TIP

제시된 자료 분석을 통해 ⓒ의 성염색체 구성이 XX로 어머니로부터 형성된 난자라는 것을 파악해야 하며, (가)~(다)의 유전자가 모두 X 염색체에 있으므로 반성 유전의 원리를 이용해 (가)~(다)가 각각 우성 형질인지, 열성 형질인지를 파악하도록 한다.

〈보기〉 풀이

❶ ㈀과 ㈁의 형성 과정에서 모두 성염색체 비분리가 일어났고, 그 결과 ㈀의 염색체 수는 22, ㈁의 염색체 수는 24이다. 이를 통해 ㈀에는 성염색체가 없고, ㈁에는 성염색체가 2개 있음을 알 수 있다. 가족 구성원의 핵형이 모두 정상이므로 ⓐ의 핵형도 정상이어서 ⓐ의 체세포에는 성염색체가 2개 있다. ⓐ는 성별이 서로 다른 자녀 3과 4 중 하나이므로, ⓐ의 성염색체 구성은 XX 또는 XY이다.

❷ 형질 (가)~(다)의 유전자는 X 염색체에 있고 아버지는 (가)와 (나)가 모두 발현된다. 따라서 ㈁이 아버지에서 형성된 생식세포(정자)라면 ⓐ가 아들인 경우 아버지로부터 (가) 발현 대립유전자와 (나) 발현 대립유전자가 있는 X 염색체와 Y 염색체를 물려받게 되므로 (가)와 (나)가 모두 발현되어야 하고, ⓐ가 딸인 경우에도 아버지로부터 (가) 발현 대립유전자와 (나) 발현 대립유전자가 있는 X 염색체를 2개 물려받게 되므로 (가)와 (나)가 모두 발현되어야 한다. 그러나 자녀 3과 4 중 이 조건을 만족하는 자녀가 없으므로, ㈁은 어머니에서 형성된 생식세포(난자)로, ㈁의 성염색체 구성은 XX이다.

❸ 만약 (가)가 우성 형질이라면 (가) 발현인 아버지는 자녀 1(딸)에게 (가) 발현 대립유전자가 있는 X 염색체를 물려주므로, 자녀 1(딸)은 (가)가 발현되어야 하지만 (가)가 발현되지 않았다. 따라서 (가)는 열성 형질이고, H는 (가) 미발현 대립유전자, h는 (가) 발현 대립유전자이다. 그리고 자녀1(딸)에서 (가)가 발현되지 않았으므로 아버지는 h가 있는 X 염색체를, 어머니는 H가 있는 X 염색체를 가지고 있다. 자녀 2(아들)는 (가)~(다)가 모두 미발현이므로, 어머니는 H, (나) 미발현 대립유전자, (다) 미발현 대립유전자를 가진 X 염색체를 가지고 있음을 알 수 있다. 어머니의 (가)의 유전자형이 $X^H X^H$라면 자녀 3과 4는 모두 어머니로부터 X^H를 물려받았으므로 (가) 미발현이어야 하지만 자녀 3은 (가) 발현이고, 자녀 4는 (가) 미발현이다. 따라서 어머니의 (가)의 유전자형은 $X^H X^h$이다.

❹ 자녀 1(딸)은 (나) 발현, (다) 발현인데 어머니로부터 H, (나) 미발현 대립유전자, (다) 미발현 대립유전자를 가진 X 염색체를 물려받았다. 이를 통해 자녀 1(딸)은 (나) 발현 대립유전자, (다) 발현 대립유전자를 모두 가지고 있으며, (나)와 (다)가 모두 우성 형질임을 알 수 있다. 따라서 R는 (나) 발현 대립유전자, r는 (나) 미발현 대립유전자, T는 (다) 발현 대립유전자, t는 (다) 미발현 대립유전자이다.

어머니는 H, r, t가 있는 X 염색체(X^{Hrt})와 h, _, _가 있는 X 염색체(X^{h--})를 가지고 있다. 자녀 1(딸)은 (가) 미발현, (나) 발현, (다) 발현이므로 어머니로부터 X^{Hrt}를, 아버지로부터 h, R, T가 있는 X 염색체(X^{hRT})를 물려받았다. 따라서 아버지의 (가)~(다)의 유전자형은 $X^{hRT}Y$이다. 자녀 3은 (가) 발현, (나) 미발현, (다) 발현이므로 아버지로부터 X^{hRT}를 물려받지 않았음을 알 수 있으며, 어머니로부터 h, r, T가 있는 X 염색체(X^{hrT})를 물려받았다. 따라서 어머니의 (가)~(다)의 유전자형은 $X^{Hrt}X^{hrT}$이다. 자녀 4는 (가) 미발현, (나) 미발현, (다) 발현이므로 아버지로부터 X^{hRT}를 물려받지 않았고, 어머니로부터 X^{Hrt}와 X^{hrT}를 물려받았다. 이를 통해 ⓐ는 자녀 4(딸)이고, 자녀 3은 아들임을 알 수 있다.

㈀ ⓐ는 자녀 4이다.

➡ 자녀 4는 어머니로부터 2개의 X 염색체(X^{Hrt}, X^{hrT})를 물려받았으므로, ⓐ는 자녀 4이다.

㈁ ㈁은 감수 1분열에서 염색체 비분리가 일어나 형성된 난자이다.

➡ 어머니가 자녀 4에게 물려준 두 X 염색체의 유전자 구성이 다르므로, ㈁은 감수 1분열에서 X 염색체 비분리가 일어나 형성된 난자이다.

㈂ (나)와 (다)는 모두 우성 형질이다.

➡ (가)는 열성 형질, (나)와 (다)는 모두 우성 형질이다.

오답률 높은 ②　ㄱ, ㄴ이 틀리다고 생각했다면?

(가)~(다)는 모두 X 염색체 유전을 하는 형질이므로, 각 형질의 대립유전자는 생식세포 형성 과정에서 독립적으로 분리되지 않고 함께 생식세포로 들어갑니다. 이를 근거로 자료에 제시된 아버지와 자녀의 (가)~(다)의 형질 발현 여부를 분석하여 형질의 우열 관계를 파악한 후, 아버지와 어머니의 (가)~(다)의 유전자형과 자녀 3과 4의 (가)~(다)의 유전자형을 구했다면 ㄱ, ㄴ이 옳은 답인 것을 알 수 있었을 거예요.

48 유전 형질의 분석　　　　정답 ①

선택 비율	① 28 %	② 15 %	③ 20 %	④ 24 %	⑤ 10 %

문제 풀이 TIP

유전 형질 (가)가 복대립 유전을 하며 각 대립유전자 사이의 우열 관계는 분명하므로, (가)의 유전자형 10가지(DD, DE, DF, DG, EE, EF, EG, FF, FG, GG)와 표현형 4가지를 파악한 후 가계도 구성원의 유전자형, 표현형, 체세포 1개당 G의 DNA 상대량을 참고하여 구성원의 유전자형을 분석하도록 한다.

〈보기〉 풀이

유전 형질 (가)의 대립유전자는 D, E, F, G의 4가지이며, (가)는 상염색체에 있는 1쌍의 대립유전자에 의해 결정되므로 복대립 유전을 한다. 대립유전자의 우열 관계는 D＞E＞F＞G이므로 (가)의 표현형은 4가지(DD, DE, DF, DG / EE, EF, EG / FF, FG / GG)이다.

문제의 조건에서 1~8의 유전자형은 각각 서로 다르고, 3, 4, 5, 6의 표현형은 모두 다르며, 1과 4의 체세포 1개당 G의 DNA 상대량은 1이고, 3과 5의 체세포에는 G가 없다고 하였다. 이 조건을 모두 만족하려면 1의 유전자형은 EG, 2의 유전자형은 DF, 3의 유전자형은 EF, 4의 유전자형은 FG, 5의 유전자형은 DE, 6의 유전자형은 GG가 되어야 한다. 만약 1의 유전자형이 DG나 FG가 되면 3, 4, 5의 유전자형이 서로 다르고 표현형이 모두 다른 경우는 나타나지 않는다.

㈀ 5와 7의 표현형은 같다.

➡ 1의 유전자형은 EG, 2의 유전자형은 DF일 때 5의 유전자형이 EF라면 4의 유전자형이 FG이므로 7의 유전자형은 EG가 되어야 한다. 이 경우 7과 1의 유전자형이 같으므로 문제에 제시된 조건에 맞지 않는다. 따라서 5의 유전자형은 DE이며, 7의 유전자형은 DG이다. 5와 7에는 모두 우성 대립유전자인 D가 있으므로 5와 7의 표현형은 같다.

✗ ⓐ는 5에서 형성되었다.

➡ 5의 유전자형은 DE, 6의 유전자형은 GG이고, 아들 7의 유전자형이 DG이므로, 딸 8의 유전자형은 EG가 되어야 하지만, 이 경우 2와 8의 표현형이 같지 않다. 따라서 6에서 대립유전자 G가 D로 바뀌는 돌연변이가 일어나 D를 갖는 생식세포가 형성되었다. 이 생식세포는 D를 가진 5의 정상 생식세포와 수정되어 8이 태어나 8의 유전자형은 DD가 되었다. 8의 유전자형이 DD이면 1~8의 유전자형은 각각 서로 다르고, 2와 8의 표현형이 같다는 조건을 충족한다. 결론적으로, ㈀은 G, ㈁은 D이며, ⓐ는 6에서 형성되었다.

✗ 2~8 중 1과 표현형이 같은 사람은 2명이다.

➡ 1의 유전자형이 EG이므로 1과 표현형이 같으려면 유전자형이 EE 또는 EF이어야 한다. 2~8 중 3만 유전자형이 EF이므로 2~8 중 1과 표현형이 같은 사람은 1명이다.

ㄴ이 옳다고 생각했다면?

그림의 가계도에서 1~6의 유전자형은 각각 서로 다르고, 3, 4, 5, 6의 표현형도 모두 다르며, 1과 4의 체세포 1개당 G의 DNA 상대량은 1이고, 3과 5의 체세포에는 G가 없다는 조건을 모두 만족하도록 구성원 1~6의 유전자형을 구해야 합니다. 그리고 자료에 제시된 (가)의 대립유전자 사이의 우열 관계는 분명하고 D가 E, F, G에 대해 우성이라는 것을 파악했어야 해요. 5, 6, 7의 유전자형을 파악하면 8의 유전자형을 추론할 수 있는데, 이때 2와 8의 표현형이 같다는 조건을 고려하지 않아 ⓐ가 6에서 형성되었다는 것을 찾아내지 못한 것이죠.

DNA 상대량과 가계도 분석

유전자형이 AABb인 사람의 감수 분열 과정에서 세포 1개당 DNA 상대량의 변화를 보면 특정 대립유전자의 DNA 상대량이 4인 세포는 감수 1분열 중기 세포이고, 특정 대립유전자의 DNA 상대량이 1인 세포는 G_1기 세포와 생식세포 중 하나인 것을 알 수 있어요.

---

49 감수 분열 시 대립유전자의 DNA 상대량 변화   정답 ⑤

선택 비율	① 5 %	② 28 %	③ 7 %	④ 16 %	⑤ 45 %

문제 풀이 TIP

세포 Ⅰ은 G_1기 세포이므로 핵상이 $2n$인데, (A+a)의 DNA 상대량이 1이므로 (가)의 유전자는 X 염색체에 있음을 파악한다. 이후 세포 Ⅱ~Ⅳ의 대립유전자의 DNA 상대량을 분석하여 각각 감수 1분열 중기 세포, 생식세포, 감수 2분열 중기 세포임을 알아내고, (가)의 유전자형을 파악한다.

<보기> 풀이

(1) 세포 Ⅰ은 G_1기 세포이므로 핵상이 $2n$이고, 만약 대립유전자 A와 a가 상염색체에 있다면 (A+a)의 DNA 상대량은 2가 되어야 한다. 하지만 (A+a)의 DNA 상대량이 1이므로 대립유전자 A와 a, B와 b, D와 d는 성염색체에 있다. 세포 Ⅱ에서 여자인 어머니도 A와 a를 가지고 있으므로, 대립유전자 A와 a, B와 b, D와 d는 X 염색체에 있다. <u>아버지의 (가)의 유전자형은 $X^{ABd}Y$이다.</u>

(2) 세포 Ⅲ에서 대립유전자의 DNA 상대량이 1이 있으므로 세포 Ⅲ은 생식세포이다. <u>아들의 (가)의 유전자형은 $X^{aBd}Y$이다.</u>

(3) 세포 Ⅱ에서 (A+a)의 DNA 상대량이 4이므로 핵상이 $2n$이며 DNA가 복제된 상태이다. 따라서 <u>세포 Ⅱ는 감수 1분열 중기 세포이고, 세포 Ⅳ는 감수 2분열 중기 세포이다.</u>

(4) 세포 Ⅱ에서 (B+b)의 DNA 상대량이 4이므로 ⓐ는 4이고, 세포 Ⅳ에서 a가 0개 있으므로 A의 DNA 상대량인 ⓑ는 2이다.

(5) 세포 Ⅳ의 (가)의 유전자형은 $(X^{ABD})_2$이고, 아들의 (가)의 유전자형은 $X^{aBd}Y$이므로, <u>어머니의 (가)의 유전자형은 $X^{ABD}X^{aBd}$이다.</u> 아버지의 (가)의 유전자형은 $X^{ABd}Y$이므로 <u>딸의 (가)의 유전자형은 $X^{ABD}X^{ABd}$이다.</u>

✘ ⓐ+ⓑ=4이다.
➡ ⓐ는 4이고 ⓑ는 2이므로, ⓐ+ⓑ=6이다.

ㄴ. $\dfrac{\text{Ⅱ의 염색 분체 수}}{\text{Ⅳ의 염색 분체 수}}$=2이다.
➡ Ⅱ는 감수 1분열 중기 세포이므로 핵상과 염색체 수가 $2n=46$이며, DNA가 복제된 상태이므로 염색 분체 수는 $46 \times 2 = 92$이다. Ⅳ는 감수 2분열 중기 세포이므로 핵상과 염색체 수가 $n=23$이며, DNA가 복제된 상태이므로 염색 분체 수는 $23 \times 2 = 46$이다.
따라서 $\dfrac{\text{Ⅱ의 염색 분체 수}}{\text{Ⅳ의 염색 분체 수}} = \dfrac{92}{46} = 2$이다.

ㄷ. ㉠의 (가)의 유전자형은 AABBDd이다.
➡ ㉠은 어머니로부터 ABD를, 아버지로부터 ABd를 물려받아 (가)의 유전자형이 AABBDd이다.

---

50 사람의 유전 및 돌연변이 분석   정답 ⑤

선택 비율	① 10 %	② 32 %	③ 13 %	④ 14 %	⑤ 31 %

문제 풀이 TIP

표에서 자녀 3의 대립유전자의 DNA 상대량을 통해 (가)와 (다)의 유전자가 X 염색체에 함께 있고 (나)의 유전자가 상염색체에 있음을 먼저 파악한다. 이후 아버지, 어머니, 자녀 4의 (가)와 (다)의 유전자형을 통해 생식세포 Q의 형성 과정을 알아낸다.

<보기> 풀이

(1) (가)~(다)의 유전자 중 2개는 X 염색체에 있다.
　❶ (가)와 (나)의 유전자가 X 염색체에 함께 있다면, (가)와 (나)의 유전자형은 아버지에서 $X^{Ab}Y$, 어머니에서 $X^{aB}X^{ab}$이므로, 대립유전자 A를 갖고 b를 갖지 않는 자녀 3이 태어날 수 없다. 따라서 (가)와 (나)의 유전자는 X 염색체에 함께 있지 않다.
　❷ (나)와 (다)의 유전자가 X 염색체에 함께 있다면, (나)와 (다)의 유전자형은 아버지에서 $X^{bd}Y$, 어머니에서 $X^{BD}X^{bd}$ 또는 $X^{Bd}X^{bD}$이므로, 대립유전자 b를 갖지 않고 d를 2개 갖는 자녀 3이 태어날 수 없다. 따라서 (나)와 (다)의 유전자는 X 염색체에 함께 있지 않다.

(2) 위 내용을 정리하면 (가)와 (다)의 유전자는 X 염색체에 함께 있고, (나)의 유전자는 상염색체에 있다.
　❶ (가)와 (다)의 유전자형은 아버지에서 $X^{Ad}Y$, 어머니에서 $X^{aD}X^{ad}$, 자녀 1에서 $X^{aD}Y$, 자녀 2에서 $X^{ad}Y$, 자녀 3에서 $X^{Ad}X^{ad}$, 자녀 4에서 $X^{Ad}X^{Ad}$이다. 따라서 자녀 4가 태어날 때 어머니의 생식세포 형성 과정에서 대립유전자 a가 A로 바뀌는 돌연변이가 일어나 A를 갖는 생식세포 Q가 형성되었음을 알 수 있다. ㉠은 a, ㉡은 A이다.
　❷ (나)의 유전자형은 아버지에서 Bb, 어머니에서 Bb, 자녀 1에서 Bb, 자녀 2에서 Bb, 자녀 3에서 BB, 자녀 4에서 bbb이다. 따라서 자녀 4가 태어날 때 아버지의 생식세포 형성 과정 중 감수 2분열에서 염색체 비분리가 1회 일어나 염색체 수가 비정상적인 생식세포 P가 형성되었음을 알 수 있다.

✘ 자녀 1~3 중 여자는 2명이다.
➡ 자녀 1과 2는 XY를 갖는 아들이고, 자녀 3은 XX를 갖는 딸이다. 따라서 자녀 1~3 중 여자는 1명이다.

ㄴ. Q는 어머니에게서 형성되었다.
➡ (가)와 (다)의 유전자형은 아버지에서 $X^{Ad}Y$, 어머니에서 $X^{aD}X^{ad}$, 자녀 4에서 $X^{Ad}X^{Ad}$이므로 자녀 4가 태어날 때 어머니의 생식세포 형성 과정에서 대립유전자 a가 A로 바뀌는 돌연변이가 일어나 A를 갖는 생식세포 Q가 형성되었음을 알 수 있다. 따라서 Q는 어머니에게서 형성되었다.

ㄷ. 자녀 3에게서 A, B, d를 모두 갖는 생식세포가 형성될 수 있다.
➡ 자녀 3의 (가)와 (다)의 유전자형은 $X^{Ad}X^{ad}$이고, (나)의 유전자형은 BB이다. 따라서 자녀 3에게서 A, B, d를 모두 갖는 생식세포가 형성될 수 있다.

생식세포 P와 Q의 형성 과정을 알아내면서 자녀 4의 (가)~(다)의 유전자형이 $X^{Ad}X^{Ad}$, bbb라는 것을 파악하고, 자녀 4에게서 A, B, d를 모두 갖는 생식세포가 형성될 수 없으므로 ㄷ을 옳지 않다고 생각했을 수 있어요. ㄷ은 자녀 4가 아니라 자녀 3에 대한 내용이므로 보기를 꼼꼼히 읽어 보고 이러한 실수를 하지 않도록 해요.

---

51 감수 분열 시 대립유전자의 DNA 상대량 변화   정답 ①

선택 비율 | ① 37 % | ② 15 % | ③ 26 % | ④ 10 % | ⑤ 12 %

문제 풀이 TIP

표를 분석하여 (가)~(다)의 핵상이 n임을 파악한 후, (가)~(다) 각각에 존재하는 대립유전자를 통해 사람 P의 ㉮의 유전자형을 알아낸다. 그 다음 세포 Ⅰ로부터 (가)와 (나)가 형성되었고, 세포 Ⅱ로부터 (다)가 형성되었음을 알아낸다.

<보기> 풀이

(1) 사람 P의 세포 (가)~(다)에서 대립유전자 ㉠이 세포 (나)에는 있지만 세포 (가)와 (다)에는 없으므로 세포 (가)와 (다)의 핵상은 n이고, 대립유전자 ㉣이 세포 (가)에는 있지만 세포 (나)에는 없으므로 세포 (나)의 핵상은 n이다.

(2) 세포 (가)~(다)의 핵상은 모두 n이고, ㉮를 결정하는 3쌍의 대립유전자는 상염색체에 존재하므로 세포 (가)~(다)는 A와 a 중 하나, B와 b 중 하나, D와 d 중 하나를 가져야 한다.

❶ 세포 (다)에서 대립유전자 ㉢만 있는데 A의 DNA 상대량이 2이므로 ㉢은 A임을 알 수 있다. 대립유전자 ㉠, ㉡, ㉣이 모두 없으므로 a, b, D가 모두 없다. 따라서 세포 (다)는 A, B, d를 갖는다.

❷ 세포 (가)에서 대립유전자 ㉢(A)이 있고 B의 DNA 상대량이 2이므로 a, b가 모두 없다. 이를 통해 ㉣은 D임을 알 수 있다. 따라서 세포 (가)는 A, B, D를 갖는다.

❸ 세포 (나)에서 B의 DNA 상대량이 2이므로 b가 없다. 이를 통해 ㉡은 b, ㉠은 a임을 알 수 있다. 따라서 세포 (나)는 a, B, d를 갖는다.

(3) 위 내용을 정리하면 사람 P의 ㉮의 유전자형은 AaBBDd이다. P의 G_1기 세포 하나로부터 A를 갖는 세포 (가)와 A를 갖는 세포 (다)가 동시에 형성될 수 없고, d를 갖는 세포 (나)와 d를 갖는 세포 (다)가 동시에 형성될 수 없다. 이를 통해 (가)와 (나)가 G_1기 세포 하나로부터 동시에 형성되었음을 알 수 있다. 따라서 세포 Ⅰ로부터 (가)와 (나)가 형성되었고, 세포 Ⅱ로부터 (다)가 형성되었다.

ㄱ. ㉡은 b이다.

➡ ㉠은 a, ㉡은 b, ㉢은 A, ㉣은 D이다.

✗ Ⅰ로부터 (다)가 형성되었다.

➡ Ⅰ로부터 (가)와 (나)가 형성되었고, Ⅱ로부터 (다)가 형성되었다.

✗ P의 ㉮의 유전자형은 AaBbDd이다.

➡ P의 G_1기 세포로부터 핵상이 n인 세포 (가) (A, B, D), (나) (a, B, d), (다) (A, B, d)가 형성되었으므로 P는 b를 갖지 않는다. P의 ㉮의 유전자형은 AaBBDd이다.

선배의 TMI 이것만 알고 가자! 형성되는 생식세포의 종류

어떤 개체의 유전자형이 AaBBDd이고, A/a, B/b, D/d가 서로 다른 상염색체에 있는 경우, 감수 분열 결과 형성되는 생식세포의 대립유전자 조합은 최대 4가지(㉮~㉭)가 가능해요. ㉮(A, B, D), ㉯(a, B, d), ㉰(A, B, d), ㉱(a, B, D)이지요. G_1기 세포 하나로부터 A를 갖는 ㉮와 A를 갖는 ㉰가 동시에 형성될 수 없고, D를 갖는 ㉮와 D를 갖는 ㉱가 동시에 형성될 수 없어요. 따라서 ㉮와 ㉯가 G_1기 세포 하나로부터 동시에 형성될 수 있고, ㉰와 ㉱가 다른 G_1기 세포 하나로부터 동시에 형성될 수 있어요.

---

52 사람의 유전   정답 ④

선택 비율 | ① 6 % | ② 25 % | ③ 13 % | ④ 44 % | ⑤ 11 %

문제 풀이 TIP

ⓐ에게서 나타날 수 있는 (가)~(다)의 표현형이 최대 8가지임을 이용하여 (가)와 (나)의 유전자가 같은 염색체에 있고, (나)는 대문자로 표시되는 대립유전자가 소문자로 표시되는 대립유전자에 대해 완전 우성이며, (다)는 유전자형이 다르면 표현형이 다르다는 것을 알아낸다.

<보기> 풀이

(1) (가)~(다)의 유전자가 서로 다른 2개의 상염색체에 있으며, (가)의 유전자와 (다)의 유전자는 서로 다른 상염색체에 있으므로, (나)의 유전자는 (가) 또는 (다)의 유전자와 같은 염색체에 있다. (나)의 유전자가 (다)의 유전자와 같은 염색체에 있다면 ⓐ에게서 나타날 수 있는 (가)의 표현형이 AA, Aa, aa로 최대 3가지이므로, ⓐ에게서 나타날 수 있는 (가)~(다)의 표현형이 최대 8가지라는 조건을 만족할 수 없다. 따라서 (나)의 유전자는 (가)의 유전자와 같은 염색체에 있다.

(2) ⓐ에게서 나타날 수 있는 (가)~(다)의 표현형이 최대 8가지라는 조건을 만족하기 위해 P(DD)와 Q(Dd) 사이에서 태어나는 ⓐ의 (다)의 표현형은 2가지가 되어야 하므로 (다)는 유전자형이 다르면 표현형이 다르고, (나)는 대문자로 표시되는 대립유전자가 소문자로 표시되는 대립유전자에 대해 완전 우성이다.

(3) 유전자형이 AabbDd인 아버지와 AaBBDd인 어머니 사이에서 아이가 태어날 때, 이 아이의 (가)~(다)의 표현형은 표와 같다.

❶ Q와 (가)와 (나)의 표현형이 같을 확률 → $\frac{1}{2}$

어머니＼아버지	Ab	ab
AB	AABb	AaBb
aB	AaBb	aaBb

❷ Q와 (다)의 표현형이 같을 확률 → $\frac{1}{2}$

어머니＼아버지	D	d
D	DD	Dd
d	Dd	dd

따라서 아이의 (가)~(다)의 표현형이 모두 Q와 같을 확률은 $\frac{1}{2} \times \frac{1}{2} = \frac{1}{4}$이다.

✗① $\frac{1}{16}$ ✗② $\frac{1}{8}$ ✗③ $\frac{3}{16}$ ④ $\frac{1}{4}$ ✗⑤ $\frac{3}{8}$

유전자형이 AabbDd인 아버지와 AaBBDd인 어머니 사이에서 태어나는 아이의 (가)와 (나)의 유전자형은 AABb, AaBb, AaBb, aaBb이고, (다)의 유전자형은 DD, Dd, Dd, dd이에요. 따라서 이 아이의 (가)~(다)의 표현형이 모두 Q와 같을 확률은 $\frac{1}{2} \times \frac{1}{2} = \frac{1}{4}$이고, P와 같을 확률은 $\frac{1}{2} \times \frac{1}{4} = \frac{1}{8}$이에요. 문제를 꼼꼼히 읽어 보고 실수를 하지 않도록 해요.

V | 생태계와 상호 작용

문제편 344 쪽

01 ③

---

01 방형구법을 이용한 식물 군집 조사			정답 ③

| 선택 비율 | ① 7 % | ② 5 % | ③ 47 % | ④ 11 % | ⑤ 30 % |

문제 풀이 TIP

먼저 상대 밀도, 상대 빈도, 상대 피도 값은 조사한 모든 종의 각 값의 합에 대한 특정 종의 값의 백분율로 구하므로 각각의 합은 100이 되는 것과 '상대 밀도＋상대 빈도＋상대 피도' 값을 합한 것이 중요치라는 것을 바탕으로 빈칸을 최대한 채운다.

<보기> 풀이

중요치는 '상대 밀도＋상대 빈도＋상대 피도'인데, t_1일 때 C의 중요치는 49이므로 상대 밀도＝49－(20＋15)＝14(%)이다. 면적이 일정할 때, 특정 식물 종 의 밀도는 개체 수에 의해 결정되고, 상대 밀도는 $\dfrac{\text{특정 종의 개체 수}}{\text{조사한 모든 종의 개체 수의 합}} \times 100(\%)$로 계산할 수 있다. t_1일 때 C의 개체 수를 x라고 하면 $\dfrac{x}{9+19+x+15} \times 100 = 14(\%)$이므로 $x=7$이다. t_2일 때 A의 개체 수는 0이므로 A의 상대 밀도, 상대 빈도, 상대 피도는 모두 0이다. 각 종의 상대 피도의 합은 100(%)이므로 t_2일 때 D의 상대 피도는 100－(39＋24)＝37(%)이고, 중요치가 112이므로 상대 밀도는 112－(40＋37)＝35(%)이다. t_2일 때 C의 개체 수를 y라고 하면 D의 상대 밀도는 $\dfrac{21}{0+33+y+21} \times 100 = 35(\%)$이므로 $y=6$이다.

ㄱ. t_1일 때 우점종은 D이다.

➡ t_1일 때 각 종의 중요치는 A는 68, B는 78, C는 49, D는 105이므로 우점종은 D이다.

ㄴ. t_2일 때 지표를 덮고 있는 면적이 가장 큰 종은 B이다.

➡ t_2일 때 지표를 덮고 있는 면적이 가장 큰 종은 상대 피도가 39로 가장 큰 B이다.

✗ C의 상대 밀도는 t_1일 때가 t_2일 때보다 작다.

➡ C의 상대 밀도는 t_1일 때 $\dfrac{7}{50} \times 100 = 14(\%)$이고, t_2일 때 $\dfrac{6}{60} \times 100 = 10(\%)$이다. 따라서 C의 상대 밀도는 t_1일 때가 t_2일 때보다 크다.

선배의 TMI 이것만 알고 가자! 방형구법을 이용한 식물 군집 조사

어떤 식물 군집의 우점종은 중요치(중요도)가 가장 높은 식물이죠. 중요치는 '상대 밀도＋상대 빈도＋상대 피도'의 합으로 계산하는데, 상대 밀도, 상대 빈도, 상대 피도 값은 조사한 모든 종의 각 값의 합에 대한 특정 종의 값의 백분율로 구하므로 각각의 합은 100이 되어야 해요. 즉, t_1에서 A종의 상대 빈도는 100－(20＋20＋40)으로 계산할 수 있다는 것이지요. 그리고 밀도는 $\dfrac{\text{개체 수}}{\text{조사한 면적}}$로 계산하지만 동일한 방형구를 이용하여 조사하는 경우 조사한 면적이 같으므로 결국 밀도는 개체 수로 나타낼 수 있어요. 따라서 상대 밀도를 구할 때는 $\dfrac{\text{특정 종의 개체 수}}{\text{조사한 모든 종의 개체 수}} \times 100$으로 계산할 수 있답니다. 이런 원리를 알고 제시되어 있지 않은 나머지 개체 수, 상대 빈도, 상대 피도를 계산하여 채워가다 보면 빈칸을 모두 채워 넣어 문제를 해결할 수 있어요.

1. ⑤	2. ⑤	3. ③	4. ④	5. ③
6. ⑤	7. ⑤	8. ③	9. ②	10. ②
11. ①	12. ⑤	13. ④	14. ④	15. ④
16. ①	17. ②	18. ③	19. ①	20. ③

1. 생물의 특성

ㄴ. 다세포 생물은 발생과 생장 과정에서 하나의 수정란이 세포 분열을 통해 구조적·기능적으로 완전한 개체가 된다.

ㄷ. 더운 지역에 사는 사막여우가 열 방출에 효과적인 큰 귀를 갖는 것은 생물이 자신이 살아가는 환경에 적합한 몸의 형태와 기능, 생활 습성 등을 갖게 되는 것으로 생물의 특성 중 적응과 진화에 해당한다.

2. 물질대사와 노폐물의 생성

ㄱ. 포도당이 분해되면 이산화 탄소와 물이 생성된다. 따라서 ㈀은 이산화 탄소이다.

ㄴ. 아미노산이 분해되면 이산화 탄소(㈀), 물과 함께 암모니아(㈁)가 생성된다. 암모니아(㈁)는 간에서 요소로 전환된 후 배설계를 통해 몸 밖으로 배출된다.

ㄷ. 포도당의 분해(Ⅰ)와 아미노산의 분해(Ⅱ)는 모두 더 작고 간단한 물질로 분해하는 작용이므로 이화 작용에 해당한다.

3. 항체의 구조와 체액성 면역

ㄱ. 항체 Y는 병원체 X에 감염되었을 때 B 림프구가 분화하여 만들어진 형질 세포에서 생성되며, 그것을 만들게 한 항원에만 특이적으로 결합한다.

ㄴ. ㈁은 항체의 불변 부위로, 항체의 구조를 유지하고 면역 반응과 생물학적 활성을 유도한다.

ㄷ. (나)는 X와 Y가 항원 항체 반응으로 결합하는 것으로, 체액성 면역 반응에서 일어난다.

4. 호르몬의 종류와 기능

ㄱ. TSH를 분비하는 내분비샘 ㈀은 뇌하수체 전엽이고, ADH를 분비하는 내분비샘 ㈁은 뇌하수체 후엽이다.

ㄴ. 혈장 삼투압이 높을 때 ADH 분비가 증가하여 콩팥에서 재흡수되는 물의 양이 증가하고 그에 따라 오줌 생성량이 감소한다.

ㄷ. TSH나 ADH와 같은 호르몬은 혈액을 통해 온몸으로 운반되어 멀리 떨어진 표적 기관에 신호를 전달한다.

5. 체세포 분열 과정

ㄱ. Ⅰ은 전기, Ⅱ는 후기, Ⅲ은 중기의 세포이다.

ㄴ. 체세포 분열 중기에서 상동 염색체의 접합이 일어나지 않는다.

ㄷ. 체세포 분열의 모든 과정에 뉴클레오솜이 존재하며, 뉴클레오솜은 DNA가 히스톤 단백질을 감고 있는 구조이다. 따라서 Ⅰ~Ⅲ에는 모두 히스톤 단백질이 있다.

6. 생명 과학의 탐구 방법

ㄱ. 조작 변인은 ㈀의 주사 여부이다.

ㄴ. ⓐ에서만 암세포의 수가 줄어들었으므로 ⓐ에 면역 세포가 암세포를 인식하도록 돕는 물질을 주사하였을 것이다. 따라서 ⓐ는 Ⅱ이다.

ㄷ. (라)에서 '암이 있는 생쥐에서 면역 세포가 암세포를 인식하도록 도우면 암세포의 수가 줄어든다.'는 결론을 내렸으므로, (라)는 연역적 탐구 방법의 과정 중 결론 도출 단계에 해당한다.

7. 자율 신경계의 구조와 기능

ㄱ. 교감 신경(A)의 신경절 이후 뉴런의 축삭 돌기 말단에서는 노르에피네프린이 분비되고, 부교감 신경(B)의 신경절 이후 뉴런의 축삭 돌기 말단에서는 아세틸콜린이 분비된다.

ㄴ. 방광에 분포하는 교감 신경과 부교감 신경의 신경절 이전 뉴런의 신경 세포체는 모두 척수에 있다.

ㄷ. A와 B는 자율 신경으로 모두 말초 신경계에 속한다.

8. 기관계의 통합적 작용

ㄱ. A는 음식물을 분해하여 영양소를 흡수하는 소화계이고, B는 오줌을 통해 노폐물을 몸 밖으로 내보내는 배설계이다.

ㄴ. 소장은 A에 속한다.

ㄷ. 소화계(A)에서 흡수한 영양소의 일부는 순환계를 통해 온몸의 조직 세포로 운반되어 생명 활동에 필요한 에너지원으로 쓰이거나 물질을 합성하는 데 사용된다.

9. 핵형과 핵상

(가)에서 크기가 제일 작은 흰색 염색체가 ㈀이며, 만약 ㈀이 X 염색체라면 (나)의 성염색체는 YY가 되어야 한다. 따라서 ㈀은 Y 염색체이며, (가)의 체세포의 핵상과 염색체 수는 $2n=4+XY$, (나)의 체세포의 핵상과 염색체 수는 $2n=4+XX$이다. (다)의 핵상과 염색체 수는 $2n=5$이다. 따라서 염색체가 쌍을 이루지 않는 크기가 제일 작은 회색 염색체가 ㈀(Y 염색체)이며, (다)의 체세포의 핵상과 염색체 수는 $2n=4+XY$이다.

(라)의 핵상과 염색체 수는 $2n=5$이다. 따라서 염색체가 쌍을 이루지 않는 크기가 제일 작은 흰색 염색체가 ㈀(Y 염색체)이며, (라)의 체세포의 핵상과 염색체 수는 $2n=4+XY$이다.

ㄱ. ㈀은 Y 염색체이다.

ㄴ. (가)와 (라)는 A의 세포이고, (나)는 B의 세포이며, (다)는 A와 성이 같은 C의 세포이다.

ㄷ. B의 $\dfrac{X \text{ 염색체 수}}{\text{상염색체 수}}=\dfrac{2}{4}$이고, C의 $\dfrac{X \text{ 염색체 수}}{\text{상염색체 수}}=\dfrac{1}{4}$이다.

10. 질병의 종류와 병원체의 특성

ㄱ. 세균, 바이러스, 원생생물은 공통적으로 유전 물질을 가지므로 ㈀은 '○'이다.

ㄴ. B(말라리아)는 모기를 매개로 하여 말라리아 원충이 감염되어 발병하므로 감염성 질병에 속한다. 비감염성 질병은 병원체 없이 발생하는 질병으로, 고혈압, 헌팅턴 무도병 등이 있다.

ㄷ. C(독감)의 병원체는 바이러스로, 스스로 물질대사를 하지 못한다.

11. 혈당량 조절

ㄱ. 인슐린(㈀)은 이자의 β 세포에서 분비되어 조직 세포로의 포도당 흡수를 촉진하고 간에서 포도당을 글리코젠으로 전환하는 작용을 촉진하여 혈당량을 낮추는 작용을 한다.

ㄴ. 인슐린(㈀)은 혈중 포도당 농도가 높을 때 분비가 촉진되어 혈당량을 낮추는 작용을 하므로 혈중 포도당 농도는 ㈀의 농도가 높은 t_1일 때가 t_2일 때보다 높다.

ㄷ. 인슐린(㈀)과 글루카곤(㈁)의 분비는 이자에서 혈당량을 직접 감지하여 조절하거나, 간뇌의 시상하부에서 자율 신경을 통해 이자를 자극하여 조절한다.

12. 감수 분열 시 대립유전자의 DNA 상대량 변화

세포 Ⅰ은 G_1기 세포이므로 핵상이 $2n$이고, 만약 대립유전자 A와 a가 상염색체에 있다면 (A+a)의 DNA 상대량은 2가 되어야 한다. 하지만 (A+a)의 DNA 상대량이 1이므로 대립유전자 A와 a, B와 b, D와 d는 성염색체에 있다. 세포 Ⅱ에서 여자인 어머니도 A와 a를 가지고 있으므로, 대립유전자 A와 a, B와 b, D와 d는 X 염색체에 있다. 아버지의 유전자형은 $X^{ABd}Y$, 아들의 유전자형은 $X^{aBd}Y$, 어머니의 유전자형은 $X^{ABD}X^{aBd}$, 딸의 유전자형은 $X^{ABD}X^{ABd}$이다.

ㄱ. ⓐ는 4이고 ⓑ는 2이므로, ⓐ+ⓑ=6이다.

ㄴ. $\dfrac{\text{Ⅱ의 염색 분체 수}}{\text{Ⅳ의 염색 분체 수}}=\dfrac{92}{46}=2$이다.

ㄷ. ㈀은 어머니로부터 ABD를, 아버지로부터 ABd를 물려받아 (가)의 유전자형이 AABBDd이다.

13. 근수축과 근육 원섬유 마디의 길이 변화

t_1일 때 2㈁+㈂=1.6이고, ㈁+㈂=1.4이므로 ㈁의 길이는 $1.6-1.4=0.2\,\mu$m이고, ㈂의 길이는 $1.4-0.2=1.2\,\mu$m이다. t_2일 때 X의 길이는 2.8 μm이고, A대의 길이가 1.6 μm이므로 ㈀의 길이는 $\dfrac{2.8-1.6}{2}=0.6\,\mu$m이다. ㈀+㈂의 길이가 1.4 μm이므로 ㈂의 길이는 0.8 μm이고, ㈁의 길이는 $\dfrac{1.6-0.8}{2}=0.4\,\mu$m이다. '㈀+㈁'의 길이는 t_1일 때와 t_2일 때 1.0 μm로 일정하므로 t_1일 때 ㈀의 길이는 0.8 μm이다.

ㄱ. X의 길이는 t_1일 때 3.2 μm이고, t_2일 때가 2.8 μm로 t_1일 때가 t_2일 때보다 0.4 μm 길다.

ㄴ. t_1일 때 ㈁의 길이는 0.2 μm이고, t_2일 때 ㈂의 길이는 0.8 μm이므로 이 두 길이를 더한 값은 1.0 μm이다.

ㄷ. t_1일 때 '㈀+㈁'의 길이가 1.0 μm이고 ㈂의 길이가 1.2 μm이므로 X의 Z_1로부터 Z_2 방향으로 거리가 $\dfrac{3}{8}\times3.2=1.2\,\mu$m인 지점은 ㈂에 해당한다.

실전모의고사

14. 복대립 유전과 다인자 유전

P와 Q 사이에서 ⓐ가 태어날 때, ⓐ에게서 나타날 수 있는 (나)의 표현형은 표와 같다.

Q \ P	Ef/eF(1/1)	EF/ef(2/0)
Ef/Ef(1/1), Ef/eF(1/1), eF/eF(1/1)	대문자 수 2 (표현형 1가지)	대문자 수 1, 3 (표현형 2가지)
EF/ef(2/0)	대문자 수 1, 3 (표현형 2가지)	대문자 수 0, 2, 4 (표현형 3가지)

P와 Q 사이에서 ⓐ가 태어날 때, ⓐ에게서 나타날 수 있는 (가)와 (나)의 표현형은 최대 12가지이므로, ⓐ에게서 나타날 수 있는 (나)의 표현형은 3가지(P와 Q의 대립유전자 배열은 모두 EF/ef)이고, (가)의 표현형은 4가지이다.

P와 Q 사이에서 ⓐ가 태어날 때, ⓐ에게서 나타날 수 있는 (가)의 표현형은 표와 같다.

Q \ P	AB	
AA	[AA, AB]	(표현형 1가지)
AB	[AA, AB], [BB]	(표현형 2가지)
DD	[AD], [BD]	(표현형 2가지)
BD	[AB], [BB], [AD], [BD]	(표현형 4가지)
AD	[AA, AB], [AD], [BD]	(표현형 3가지)
BB	[AB], [BB]	(표현형 2가지)

Q의 (가)의 유전자형은 BD이고, (나)의 유전자형은 EeFf이므로, Q의 (가)와 (나)의 유전자형은 BDEeFf이다. ⓐ의 (가)의 표현형이 Q(BD)와 같을 확률은 $\frac{1}{4}$이고, ⓐ의 (나)의 표현형이 Q(대문자로 표시되는 대립유전자의 수가 2)와 같을 확률은 $\frac{1}{2}$이므로, ⓐ의 (가)와 (나)의 표현형이 모두 Q와 같을 확률은 $\frac{1}{4} \times \frac{1}{2} = \frac{1}{8}$이다.

15. 막전위 변화와 흥분 전도 속도

A의 P에 역치 이상의 자극을 주고 경과된 시간이 6 ms일 때 d_3과 d_4의 막전위 x와 y는 +30과 −60 중 하나이므로 +30 mV를 기준으로 0.5 ms 차이일 때 막전위가 −60 mV가 될 수 있는 것은 (나)이다. 따라서 A의 막전위 변화는 (나)이고, C의 막전위 변화는 (가)이다. 또한, P로부터 더 가까운 d_3의 막전위 x는 +30이고, d_4의 막전위 y는 −60이라는 것도 알 수 있다. P에 역치 이상의 자극을 주고 경과된 시간이 3 ms일 때 d_1에서의 막전위는 −80 mV이고, d_2의 막전위는 −60 mV(y)이다. 따라서 t_1은 3 ms이고, t_2는 7 ms이며, ㉠은 d_1, ㉡은 d_2이다. d_5에서 d_6으로 흥분이 이동하는 데 걸린 시간은 1.5 ms이며, d_5와 d_6의 막전위 차이는 (가)에서 1.5 ms 차이이다. ㉢과 ㉣의 막전위는 −60(y)과 0인데, d_6의 막전위가 0 mV라면 d_5의 막전위가 −60 mV가 될 수 없으므로 d_6에서의 막전위가 탈분극 상태인 −60 mV이고, d_5에서의 막전위가 재분극 상태인 0 mV이다. 따라서 ㉢이 d_6이고, ㉣이 d_5이다.

ㄱ. x는 +30이고, y는 −60이다.

ㄴ. ㉢은 d_6이고, ㉣은 d_5이다.

ㄷ. Q에 역치 이상의 자극을 주고 7 ms가 경과하였을 때 d_5의 막전위가 재분극 상태인 0 mV이므로 흥분이 도달하고 2.5 ms가 경과한 상태로 흥분이 d_5에 도달하기까지 걸린 시간은 4.5 ms이다. 따라서 Q에 역치 이상의 자극을 주고 경과된 시간이 6 ms일 때는 d_5에 흥분이 도달한 후 1.5 ms가 경과했을 때이므로 막전위는 0 mV이고, 탈분극 상태이다.

16. 생태계 구성 요소 간의 관계

ㄱ. 늑대와 말코손바닥사슴은 서로 다른 개체군에 속하므로 늑대가 말코손바닥사슴을 잡아먹는 것은 개체군 사이의 상호 작용 ㉠의 예에 해당한다.

ㄴ. 지의류(생물적 요인)에 의해 암석의 풍화가 촉진되어 토양(비생물적 요인)이 형성되는 것은 생물 군집이 비생물적 요인에 영향을 미치는 ㉢의 예에 해당한다. ㉡은 비생물적 요인이 생물 군집에 영향을 주는 것이다.

ㄷ. 분해자는 생물 군집에 해당하며, 비생물적 요인에는 빛, 온도, 물, 토양 등이 있다.

17. 염색체 비분리

(가)가 발현된 부모 사이에서 (가)가 발현되지 않은 자녀 2와 자녀 3이 태어났으므로 (가)는 우성 형질이고, X 염색체에 유전자가 있다면 아버지에게서 (가)가 발현되었을 때 딸인 자녀 2는 (가)가 발현되어야 한다. 따라서 (가)의 유전자는 13번 염색체에 있다. 자녀 2와 자녀 3은 부모로부터 각각 h 대립유전자를 물려받았다. h 대립유전자와 함께 13번 염색체에 있는 (나) 또는 (다)의 유전자를 물려받았으므로 (나) 또는 (다)의 표현형이 같아야 한다. 자녀 2와 자녀 3에서 (나)의 표현형이 같고, (다)의 표현형이 다르므로 (나)의 유전자는 13번 염색체에 있고, (다)의 유전자는 X 염색체에 있다.

(다)가 열성 형질이면서 X 염색체에 유전자가 있다면 아버지에게서 (다)가 발현되지 않았을 때 딸인 자녀 4도 (다)가 발현되지 않아야 한다. 따라서 (다)는 우성 형질이고, (나)는 열성 형질이다.

자녀 2의 대립유전자의 상동 염색체 배열은 hR/hr이므로 어머니로부터 hr를 물려받았고, 아버지로부터 hR를 물려받았다. 따라서 부모의 대립유전자의 상동 염색체 배열은 아버지는 Hr/hR이고, 어머니는 Hr/hr이다. 자녀 4의 대립유전자의 상동 염색체 배열은 hr/hr이므로 어머니로부터만 hr를 2개 물려받았다. 따라서 염색체 수가 22인 생식세포 ㉠은 정자, 염색체 수가 24인 생식세포 ㉡은 난자이며, ㉡은 어머니의 생식세포 분열 중 감수 2분열에서 13번 염색체 비분리가 1회 일어나 형성된 난자이다.

ㄱ. (가)와 (다)는 우성 형질이고, (나)는 열성 형질이다.

ㄴ. 아버지의 (가)~(다)의 대립유전자의 상동 염색체 배열은 Hr/hR, X^{t}Y이다. 따라서 아버지에게서 h, R, t를 모두 갖는 정자가 형성될 수 있다.

ㄷ. ㉡은 감수 2분열에서 염색체 비분리가 일어나 형성된 난자이다.

18. 식물 군집 조사

지역 Ⅰ에서 B의 중요치가 90이므로 B의 상대 밀도는 90−(40+25)=25(%)이다. B의 개체 수는 5인데 상대 밀도가 25 %이므로 $\frac{5}{10+5+C의 개체 수} \times 100 = 25$이고 C의 개체 수는 5이다. 지역 Ⅱ에서 C의 상대 빈도는 100−(40+30)=30(%)이고, 상대 밀도는 75−(30+35)=10(%)이다. A의 상대 밀도와 B의 상대 밀도의 합은 100−10=90(%)이고, A가 B보다 개체 수가 2배 많으므로 상대 밀도도 2배 크다. 따라서 A의 상대 밀도는 60 %이고, B의 상대 밀도는 30 %이며, C의 개체 수는 5이다.

ㄱ. Ⅰ에서 C의 상대 밀도는 $\frac{5}{20} \times 100 = 25$ %이다.

ㄴ. Ⅱ에서 지표를 덮고 있는 면적이 가장 큰 종은 상대 피도가 40 %로 가장 큰 B이다.

ㄷ. Ⅰ에서의 우점종은 중요치가 110인 C이고, Ⅱ에서의 우점종은 중요치가 125인 A이다.

19. DNA 상대량 조사를 통한 두 가지 형질의 유전 가계도 분석

ⓐ에서 B와 b의 DNA 상대량은 각각 ㉠이다. B와 b가 X 염색체에 있다면 남자인 ⓐ는 둘 중 하나만 가져야 하므로 B와 b의 DNA 상대량이 같을 수 없다. 따라서 (나)의 유전자는 상염색체에 있고, (가)의 유전자는 X 염색체에 있다. B와 b가 상염색체에 있으면서 체세포 1개당 DNA 상대량이 같으려면 ㉠은 1이 되어야 한다. 3에서 B의 DNA 상대량이 ㉠(1)이므로 b의 DNA 상대량도 1이다. 3의 (나)의 유전자형이 Bb이며, (나)가 발현되지 않으므로 (나)는 열성 형질이다. 4에서 (나)가 발현되었으므로 4의 (나)의 유전자형은 bb이며 ㉢은 2이다. 6에서도 (나)가 발현되었으므로 6의 (나)의 유전자형은 bb이며 ㉡은 0이다. 4에서 a의 DNA 상대량이 ㉠(1)이므로 A의 DNA 상대량도 1이다. 4의 (가)의 유전자형이 X^{A}X^{a}이며, (가)가 발현되지 않으므로 (가)는 열성 형질이다.

ㄱ. (가)의 유전자는 X 염색체에 있고, (나)의 유전자는 상염색체에 있다.

ㄴ. 체세포 1개당 a의 DNA 상대량이 ㉢(2)인 사람은 (가)가 발현된 여자이므로 6만 해당된다.

ㄷ. ⓐ의 (가)의 유전자형은 X^{a}Y, 5의 (가)의 유전자형은 X^{A}X^{a}이므로, 6의 동생이 가질 수 있는 (가)의 유전자형은 X^{A}X^a, X^{a}X^a, X^{A}Y, X^{a}Y이다. 따라서 6의 동생에게서 (가)가 발현되지 않을(X^{A}X^a, X^{A}Y) 확률은 $\frac{1}{2}$이다. ⓐ의 (나)의 유전자형은 Bb, 5의 (나)의 유전자형은 bb이므로, 6의 동생이 가질 수 있는 (나)의 유전자형은 Bb, bb이다. 따라서 6의 동생에게서 (나)가 발현될(bb) 확률은 $\frac{1}{2}$이다. 종합하면 6의 동생이 태어날 때, 이 아이에게서 (가)와 (나) 중 (나)만 발현될 확률은 $\frac{1}{2} \times \frac{1}{2} = \frac{1}{4}$이다.

20. 생물 다양성

ㄷ. B(유전적 다양성)가 높은 종은 환경이 급격히 변했을 때 살아남아 환경 변화에 적응하는 개체가 있을 확률이 높아 멸종될 확률이 낮다.

2회 2025학년도 9월 모평

1. ④	2. ②	3. ④	4. ③	5. ⑤
6. ①	7. ①	8. ③	9. ④	10. ②
11. ⑤	12. ④	13. ②	14. ③	15. ⑤
16. ①	17. ③	18. ⑤	19. ④	20. ①

1. 생물의 특성
ㄱ. 발생(㉠) 과정에서 세포 분열이 일어난다.
ㄴ. 주변 환경과 유사하게 메뚜기가 몸의 색을 변화시켜 포식자의 눈에 띄지 않는 것은 비생물적 요인이 생물적 요인에 영향을 미치는 예에 해당한다.

2. 물질대사와 노폐물의 생성
ㄱ. 세포 호흡의 결과 생성되는 노폐물이 물과 이산화 탄소(㉠)인 (가)는 탄수화물이고, 여기에 암모니아(㉡)가 생성되는 (나)는 단백질이다.
ㄴ. 이산화 탄소(㉠)는 순환계를 통해 호흡계로 운반된 후 폐포로 확산되어 날숨을 통해 배출된다. 따라서 호흡계를 통해 ㉠이 몸 밖으로 배출된다.
ㄷ. 지방을 구성하는 원소는 탄소(C), 수소(H), 산소(O)이므로 세포 호흡에 사용된 결과 생성된 노폐물에는 물과 이산화 탄소는 있지만 암모니아(㉡)는 없다.

3. 식물 군집의 천이
ㄱ, ㄴ. 호수와 같은 습지에서 시작되어 토양이 형성되고 식물 군집의 천이가 일어나는 것은 1차 천이 중 습성 천이에 해당한다. 습지에 토양이 형성된 이후에는 건성 천이나 2차 천이와 마찬가지로 '초원 → 관목림 → 양수림 → 혼합림 → 음수림'으로 진행된다. 따라서 A는 관목림이고, B는 혼합림이다.
ㄷ. 극상은 천이의 마지막 안정된 군집 상태로 변화 없이 안정적으로 유지되는 상태를 말한다. 이 식물 군집에서 B(혼합림) 이후에 음수림으로 진행되었으므로, 음수림에서 극상을 이룬다.

4. 질병의 종류와 병원체
ㄱ. 말라리아의 병원체는 원생생물이다.
ㄴ. 낫 모양 적혈구 빈혈증은 헤모글로빈 유전자 이상에 의해 발생하는 비감염성 질병이다.
ㄷ. R(정상 적혈구)와 S(낫 모양 적혈구)를 각각 말라리아 병원체와 혼합하여 배양한 결과 말라리아 병원체에 감염된 빈도가 R가 S보다 높다. 따라서 말라리아 병원체에 노출되었을 때, S를 갖는 사람은 R만 갖는 사람보다 말라리아가 발병할 확률이 낮다.

5. 군집 내 개체군 간의 상호 작용과 연역적 탐구 방법
ㄱ. A와 B에서 의도적으로 다르게 처리한 ㉢의 추가 여부는 조작 변인이고, 실험 결과로 측정하고 있는 시간이 지난 후 A와 B에서의 ㉠과 ㉡의 개체 수는 종속변인이다.
ㄴ. 개체군은 일정한 지역에 서식하는 같은 종의 개체들로 이루어지는데, ㉠과 ㉡은 같은 먹이를 두고 경쟁하는 서로 다른 종이므로 한 개체군을 이루지 않는다.

ㄷ. ㉢을 추가하지 않은 B에서 ㉠과 ㉡ 사이에 먹이를 두고 경쟁이 일어난 결과 ㉡이 사라졌으므로 경쟁 배타가 일어났다.

6. 혈당량 조절
호르몬 X를 투여한 후 ⓐ와 ⓑ가 모두 증가하였으므로 X는 글루카곤이다.
ㄱ. X를 투여하였을 때 그 값이 즉시 증가하는 ⓐ가 '간에서 단위 시간당 글리코젠으로부터 생성되는 포도당의 양'이고, 서서히 증가하는 ⓑ는 '혈중 포도당 농도'이다.
ㄴ. 혈중 인슐린 농도는 혈중 포도당 농도(ⓑ)가 낮은 구간 Ⅰ에서가 구간 Ⅱ에서보다 낮다.
ㄷ. 글루카곤(X)은 혈중 포도당 농도가 낮을 때 분비가 촉진되어 혈중 포도당 농도를 높이는 작용을 한다. 따라서 혈중 포도당 농도가 증가하면 X의 분비는 억제된다.

7. 세포 주기
체세포의 세포 주기 중 핵막은 M기(분열기)의 전기에 사라지고, 말기에 나타나므로 M기(분열기)의 중기 세포는 핵막이 '소실됨'이고, G_1기와 G_2기 세포는 핵막이 '소실 안 됨'이다. 따라서 세포 Ⅱ는 M기(분열기)의 중기에 관찰되는 세포이다.
R의 DNA 상대량은 G_1기에서 2, G_2기에서 4, M기(분열기)의 중기에서 4이다. 세포 Ⅰ과 Ⅱ의 R의 DNA 상대량을 더한 값이 8이고, 세포 Ⅱ의 R의 DNA 상대량은 4이므로, 세포 Ⅰ의 R의 DNA 상대량은 4이다. 따라서 세포 Ⅰ은 G_2기에 관찰되는 세포이고, Ⅲ은 G_1기에 관찰되는 세포이다.
ㄱ. 세포 Ⅱ는 M기(분열기)의 중기이고, ㉠은 '소실 안 됨'이다.
ㄴ. Ⅰ은 G_2기의 세포이고, Ⅱ는 M기(분열기)의 중기의 세포이며, Ⅲ은 G_1기의 세포이다.
ㄷ. R의 DNA 상대량은 Ⅱ에서가 Ⅲ에서보다 2배 많다.

8. 자율 신경계의 구조와 기능
ㄱ. 심장에 분포하는 부교감 신경의 신경절 이전 뉴런(㉠)의 신경 세포체는 연수에 있고, 교감 신경의 신경절 이전 뉴런(㉢)의 신경 세포체는 척수에 있다.
ㄷ. 교감 신경의 신경절 이후 뉴런의 말단에서 분비되는 노르에피네프린은 심장 박동을 촉진하여 심장 박동 수를 증가시킨다. 심장 박동 수는 t_2일 때가 t_1일 때보다 작으므로 ㉣의 말단에서 분비되는 신경 전달 물질의 양은 t_2일 때가 t_1일 때보다 적다.

9. 호르몬의 분비 조절 과정
ㄱ. ㉡ 농도가 감소했을 때 ㉠은 농도가 증가하므로 ㉠은 TSH이고, ㉡은 티록신이다.
ㄷ. 물질대사량은 티록신(㉡)의 농도에 어느 정도 비례하므로 t_1일 때가 t_2일 때보다 높고, 혈중 TSH(㉠)의 농도는 t_1일 때가 t_2일 때보다 낮다. 따라서 $\dfrac{물질대사량}{혈중 \text{ TSH } 농도}$ 은 분자 값은 크고 분모 값은 작은 t_1일 때가 t_2일 때보다 크다.

10. 막전위 변화와 흥분 전도 속도
Ⅲ에서 t_1일 때 d_2와 d_5의 막전위가 ⓒ로 같다. ⓒ가 -80이나 $+30$이라면 자극을 준 지점 P나 Q 중 하나는 $d_1 \sim d_5$가 될 수 없다. 따라서 ⓒ는 -70이다.
Ⅰ에서 t_1일 때 d_2와 d_4의 막전위가 ⓒ로 같으므로 Ⅰ에서 자극을 준 지점은 d_3이며, $d_2 \sim d_3$, $d_3 \sim d_4$에는 시냅스가 없다. 따라서 Ⅰ은 B와 C 중 하나이다.
Ⅰ이 B라면 P는 d_3이고, Ⅱ와 Ⅲ 중 하나는 d_3의 막전위가 ⓒ로 같아야 한다. 그런데 Ⅱ와 Ⅲ의 d_3의 막전위는 ⓒ가 아니므로 Ⅰ은 C이고, Q는 d_3이다. Ⅱ와 Ⅲ은 A와 B 중 하나이고, A와 B에서 자극을 준 지점 P에서 t_1일 때의 막전위는 ⓒ(-70)로 같아야 한다. 따라서 A와 B에서 자극을 준 지점 P는 d_5이다. Ⅲ에서 d_5에 자극을 준 후 d_4에서가 d_3에서보다 먼저 흥분이 전도되므로 ⓑ가 -80, ⓐ가 $+30$이고, d_4에서 d_3으로의 흥분 전도 속도는 1 cm/ms이다. 그런데 d_3에서 d_2로의 흥분 전도 속도는 이보다 느리므로 Ⅲ은 ㉮에 시냅스가 있는 A이다.
ㄱ. ⓐ는 $+30$이고, ⓑ가 -80, ⓒ가 -70이다.
ㄴ. A(Ⅲ)에서 d_4에서 d_3으로의 흥분 이동 속도보다 d_3에서 d_2로의 흥분 이동 속도가 느리므로 시냅스는 ㉮에 있다.
ㄷ. B(Ⅱ)에서 t_1일 때 P(d_5)에서 2 cm 떨어진 d_3의 막전위가 ⓑ(-80)인데, C(Ⅰ)에서 t_1일 때 Q(d_3)에서 1 cm 떨어진 d_2와 d_4의 막전위가 ⓑ(-80)이므로 흥분 전도 속도는 B가 C보다 2배 빠르다. 따라서 B의 흥분 전도 속도는 2 cm/ms이다. P(d_5)에 역치 이상의 자극을 주었을 때 3 cm 떨어진 d_2에 흥분이 도달하는 데 걸리는 시간은 1.5 ms이므로 ㉠이 3 ms일 때 d_2에 흥분이 도달하고 1.5 ms가 경과되어 탈분극이 일어나고 있다.

11. 근수축과 근육 원섬유 마디의 길이 변화
t_1일 때 X의 길이=$2 \times (㉠ + ㉡) + ㉢$이므로 $8d = 2 \times (㉠ + ㉡) + 2d$이고, '㉠ + ㉡'의 길이는 $3d$이다.
$\dfrac{ⓐ}{ⓑ} = 2$이므로 ㉠과 ㉡ 중 하나의 길이는 $2d$이고, 나머지 하나의 길이는 d이다. t_2일 때는 t_1일 때에 비해 H대(㉢)의 길이가 d만큼 감소하였으므로 근육 원섬유 마디 X의 길이도 d만큼 감소하여 $7d$이다. 또, 근수축이 일어난 t_2일 때는 t_1일 때에 비하여 ㉠의 길이는 $\dfrac{d}{2}$만큼 감소하고, ㉡의 길이는 $\dfrac{d}{2}$만큼 증가하며 액틴 필라멘트의 길이에 해당하는 '㉠ + ㉡'의 길이는 $3d$로 변하지 않는다. t_2일 때 $\dfrac{ⓐ}{ⓑ} = 1$이므로 ⓐ는 수축 시 길이가 감소하는 ㉠이고, ⓑ는 수축 시 길이가 증가하는 ㉡이며, 이때 ㉠과 ㉡의 길이는 $1.5d$로 같다.
ㄱ. t_1에서 t_2로 될 때 ㉠은 길이가 감소하고 ㉡은 길이가 증가하는데, $\dfrac{ⓐ}{ⓑ}$의 값이 감소하였으므로 ⓐ는 ㉠이고, ⓑ는 ㉡이다.
ㄴ. t_1일 때 ㉠(ⓐ)의 길이는 $2d$이고, ㉢(H대)의 길이도 $2d$이므로 ㉠의 길이와 ㉢의 길이는 서로 같다.
ㄷ. t_2일 때 ㉠과 ㉡의 길이가 각각 $1.5d$이므로 Z_1로부터 Z_2 방향으로 거리가 $2d$인 지점은 ㉡에 해당한다.

12. 에너지 섭취량과 에너지 소비량의 균형

ㄱ. ㉠은 구간 Ⅰ에서 체중이 증가하고, t_1일 때보다 t_2일 때 체지방량이 증가하였으므로 충분한 먹이를 섭취한 A이다.

ㄴ. 체중과 체지방량이 감소한 것은 에너지 소비량이 에너지 섭취량보다 많기 때문이다.

ㄷ. (나)에서 B(㉡)의 체지방량은 t_1일 때가 t_2일 때보다 많다.

13. 핵형과 핵상

(가)와 (다)는 모양과 크기가 같은 염색체들로 이루어져 있으므로 같은 종의 세포이고, (나)는 다른 종의 세포이다. A~C 중 B만 암컷이므로, A와 B의 성별이 다르다. ㉡이 성염색체, ㉠이 상염색체라면, (가)와 (다)는 염색체 구성이 같다. 따라서 ㉡은 상염색체, ㉠은 성염색체이다. (다)에서 성염색체(흰색)의 모양과 크기가 같으므로 (다)는 암컷인 B의 세포이다. (가)는 수컷인 A의 세포이므로 ㉠은 Y 염색체이다.

ㄱ. ㉠은 Y 염색체이다.

ㄴ. (나)와 (다)는 모두 핵상이 $2n$이다.

ㄷ. (가)는 X 염색체와 Y 염색체가 각각 1개씩 있으므로 X 염색체 수는 1이고, 2가닥의 염색 분체로 구성된 염색체가 6개 있으므로 (가)의 염색 분체 수는 12이다.

14. 군집 내 개체군 간의 상호 작용

ㄴ. 서식 공간을 달리하여 두 종 간의 경쟁을 피한다고 해도 먹이 부족, 천적, 개체 간 경쟁 등 다양한 환경 저항이 존재한다. 생물이 자연에서 서식하면 생활하는 동안 환경 저항은 항상 작용한다.

ㄷ. 서로 다른 종의 새가 번식 장소를 차지하기 위해 다투는 것은 경쟁의 예이다.

15. 사람의 유전 및 돌연변이 분석

(가)와 (다)의 유전자는 X 염색체에 함께 있고, (나)의 유전자는 상염색체에 있다. (가)와 (다)의 유전자형은 아버지에서 $X^{Ad}Y$, 어머니에서 $X^{aD}X^{ad}$, 자녀 1에서 $X^{aD}Y$, 자녀 2에서 $X^{ad}Y$, 자녀 3에서 $X^{Ad}X^{ad}$, 자녀 4에서 $X^{Ad}X^{Ad}$이다. 따라서 자녀 4가 태어날 때 어머니의 생식세포 형성 과정에서 대립유전자 a가 A로 바뀌는 돌연변이가 일어나 A를 갖는 생식세포 Q가 형성되었음을 알 수 있다. ㉠은 a, ㉡은 A이다. (나)의 유전자형은 아버지에서 Bb, 어머니에서 Bb, 자녀 1에서 Bb, 자녀 2에서 Bb, 자녀 3에서 BB, 자녀 4에서 bbb이다. 따라서 자녀 4가 태어날 때 아버지의 생식세포 형성 과정 중 감수 2분열에서 염색체 비분리가 1회 일어나 염색체 수가 비정상적인 생식세포 P가 형성되었음을 알 수 있다.

ㄱ. 자녀 1과 2는 XY를 갖는 아들이고, 자녀 3은 XX를 갖는 딸이다. 따라서 자녀 1~3 중 여자는 1명이다.

ㄴ. Q는 어머니에게서 형성되었다.

ㄷ. 자녀 3의 (가)와 (다)의 유전자형은 $X^{Ad}X^{ad}$이고, (나)의 유전자형은 BB이다. 따라서 자녀 3에게서 A, B, d를 모두 갖는 생식세포가 형성될 수 있다.

16. 감수 분열 시 대립유전자의 DNA 상대량 변화

사람 P의 세포 (가)~(다)에서 대립유전자 ㉠이 세포 (나)에는 있지만 세포 (가)와 (다)에는 없으므로 세포 (가)와 (다)의 핵상은 n이고, 대립유전자 ㉣이 세포 (가)에는 있지만 세포 (나)에는 없으므로 세포 (나)의 핵상은 n이다. 세포 (가)~(다)의 핵상은 모두 n이고, ㉑를 결정하는 3쌍의 대립유전자는 상염색체에 존재하므로 세포 (가)~(다)는 A와 a 중 하나, B와 b 중 하나, D와 d 중 하나를 가져야 한다. 세포 (다)에서 대립유전자 ㉢만 있는데 A의 DNA 상대량이 2이므로 ㉢은 A임을 알 수 있다. 대립유전자 ㉠, ㉡, ㉣이 모두 없으므로 a, b, D가 모두 없다. 따라서 세포 (다)는 A, B, d를 갖는다. 세포 (가)에서 대립유전자 ㉢(A)이 있고 B의 DNA 상대량이 2이므로 a, b가 모두 없다. 이를 통해 ㉣은 D임을 알 수 있다. 따라서 세포 (가)는 A, B, D를 갖는다. 세포 (나)에서 B의 DNA 상대량이 2이므로 b가 없다. 이를 통해 ㉡은 b, ㉠은 a임을 알 수 있다. 따라서 세포 (나)는 a, B, d를 갖는다.

ㄱ. ㉠은 a, ㉡은 b, ㉢은 A, ㉣은 D이다.

ㄴ. Ⅰ로부터 (가)와 (나)가 형성되었고, Ⅱ로부터 (다)가 형성되었다.

ㄷ. P의 G_1기 세포로부터 핵상이 n인 세포 (가) (A, B, D), (나) (a, B, d), (다) (A, B, d)가 형성되었으므로 P는 b를 갖지 않는다. P의 ㉑의 유전자형은 AaBBDd이다.

17. 가계도 분석

구성원 3에서 (H+r)의 값이 0이므로 (가)의 유전자형은 hh이며, (가)가 발현되지 않았다. 따라서 H는 (가) 발현 대립유전자, h는 (가) 미발현 대립유전자이다. 또 r가 없고 R만 있으며, (나)가 발현되지 않았다. 따라서 R는 (나) 미발현 대립유전자, r는 (나) 발현 대립유전자이다. 구성원 2에서 (가)가 발현되지 않았으므로 (가)의 유전자형은 hh이다. H가 없고 (H+r)의 값이 1이므로 (나)의 유전자형은 Rr이다. R가 1개 있고 (R+t)의 값이 3이므로 (다)의 유전자형은 tt이며, (다)가 발현되었다. 따라서 T는 (다) 미발현 대립유전자, t는 (다) 발현 대립유전자이다.

구성원 5에서 (가)가 발현되지 않았으므로 (가)의 유전자형은 hh이고, (나)가 발현되지 않았으므로 R가 있어야 한다. (H+r)의 값이 1이므로 (나)의 유전자형은 Rr이다. 따라서 (나)의 유전자는 (가)의 유전자와 함께 9번 염색체에 있고, (다)의 유전자는 X 염색체에 있다. 5의 (R+t)의 값이 2이므로 (다)의 유전자형은 X^tY이다. 구성원 7에서 (가)가 발현되었고 (나)가 발현되지 않았으며 (H+r)의 값이 1이므로 (가)의 유전자형은 Hh이고 (나)의 유전자형은 RR이다. (R+t)의 값이 2이므로 (다)의 유전자형은 X^TY이다. 구성원 8에서 (가)와 (나)가 발현되지 않았으며 (H+r)의 값이 1이므로 (가)의 유전자형은 hh이고 (나)의 유전자형은 Rr이다. (R+t)의 값이 2이므로 (다)의 유전자형은 X^TX^t이다.

ㄱ. (가)와 (나)의 유전자는 9번 염색체에 함께 있고, (다)의 유전자는 X 염색체에 있다.

ㄴ. 4의 (가)~(다)의 유전자형은 HhRr, X^TX^t이므로 모두 이형 접합성이다.

ㄷ. 6의 (가)와 (나)의 유전자형은 Hr/hR이고, 7의 (가)와 (나)의 유전자형은 HR/hR이므로, 6과 7 사이에서 태어나는 아이가 가질 수 있는 (가)와 (나)의 유전자형은 HR/Hr, HR/hR, Hr/hR, hR/hR이다. 따라서 6과 7 사이에서 태어나는 아이의 (가)와 (나)의 표현형이 모두 6과 같을 확률은 $\frac{3}{4}$이다. 6의 (다)의 유전자형은 X^TX^t이고, 7의 (다)의 유전자형은 X^TY이므로, 6과 7 사이에서 태어나는 아이가 가질 수 있는 (다)의 유전자형은 X^TX^T, X^TX^t, X^TY, X^tY이다. 따라서 6과 7 사이에서 태어나는 아이의 (다)의 표현형이 6과 같을 확률은 $\frac{3}{4}$이다. 종합하면 6과 7 사이에서 아이가 태어날 때, 이 아이의 (가)~(다)의 표현형이 모두 6과 같을 확률은 $\frac{3}{4} \times \frac{3}{4} = \frac{9}{16}$이다.

18. 인체의 방어 작용

ㄱ. 침과 눈물에 들어 있는 세균의 증식을 억제하는 물질의 예로는 라이소자임이 있다.

ㄴ. 침의 농도가 0.01일 때는 세균이 증식했지만, 0.1일 때는 세균이 증식하지 않았다. 이를 통해 침의 농도가 0.1 이상일 때는 라이소자임과 같은 세균의 증식을 억제하는 물질이 세균의 증식을 억제할 만큼 농도가 높다고 추론할 수 있다. 따라서 침의 농도가 1일 때도 세균의 증식이 억제되어 @는 '×'이다.

ㄷ. 침과 눈물에 의해 세균의 증식이 억제되는 방어 작용은 세균의 종류에 관계없이 일어나는 비특이적 방어 작용에 해당한다.

19. 사람의 유전

(나)의 유전자가 (다)의 유전자와 같은 염색체에 있다면 @에게서 나타날 수 있는 (가)의 표현형이 AA, Aa, aa로 최대 3가지이므로, @에게서 나타날 수 있는 (가)~(다)의 표현형이 최대 8가지라는 조건을 만족할 수 없다. 따라서 (나)의 유전자는 (가)의 유전자와 같은 염색체에 있다. @에게서 나타날 수 있는 (가)~(다)의 표현형이 최대 8가지라는 조건을 만족하기 위해 P(DD)와 Q(Dd) 사이에서 태어나는 @의 (다)의 표현형은 2가지가 되어야 하므로 (다)는 유전자형이 다르면 표현형이 다르고, (나)는 대문자로 표시되는 대립유전자가 소문자로 표시되는 대립유전자에 대해 완전 우성이다. 유전자형이 AabbDd인 아버지와 AaBBDd인 어머니 사이에서 아이가 태어날 때, 이 아이의 (가)와 (나)의 표현형이 Q와 같을 확률은 $\frac{1}{2}$(AaBb)이고, (다)의 표현형이 Q와 같을 확률은 $\frac{1}{2}$(Dd)이다. 따라서 아이의 (가)~(다)의 표현형이 모두 Q와 같을 확률은 $\frac{1}{2} \times \frac{1}{2} = \frac{1}{4}$이다.

20. 생태계 평형

ㄱ. 과정 Ⅳ에서는 1차 소비자의 개체 수 감소로 먹이가 줄어든 2차 소비자의 개체 수가 감소하므로 ㉠은 '감소'이다.

ㄴ. 2차 소비자의 개체 수는 t_2일 때가 t_3일 때보다 적고, 생산자의 개체 수는 t_2일 때가 t_3일 때보다 많다. 따라서 $\dfrac{\text{2차 소비자의 개체 수}}{\text{생산자의 개체 수}}$는 t_2일 때가 t_3일 때보다 작다.

ㄷ. t_5일 때 생태계는 다시 평형을 회복한 상태이므로 상위 영양 단계로 갈수록 각 영양 단계의 개체 수, 에너지양, 생물량은 감소한다.

3회 2025학년도 수능

1. ⑤	2. ①	3. ④	4. ②	5. ①
6. ③	7. ③	8. ②	9. ④	10. ②
11. ⑤	12. ④	13. ②	14. ⑤	15. ①
16. ④	17. ②	18. ③	19. ①	20. ⑤

1. 생물의 특성

ㄱ. 생물이 종족을 유지하기 위해 자신과 닮은 자손을 만드는 과정에서 유전 물질이 자손에게 전달된다.

ㄴ. 넓적부리도요가 영양소를 분해하여 장거리 비행에 필요한 에너지를 얻는 과정(ⓒ)에서 물질대사인 세포 호흡이 일어난다.

ㄷ. 넓적부리도요가 갯벌에서 먹이를 잡기에 적합한 숟가락 모양의 부리를 갖는 것은 환경에 적응하여 진화한 결과이다.

2. 에너지 대사의 균형과 대사성 질환

ㄱ. t_1일 때보다 t_2일 때 체중이 감소하고 혈중 지질 농도가 감소한 B가 '규칙적으로 운동을 한 사람'이다.

ㄴ. 구간 Ⅰ에서 A는 체중이 증가하였으므로 '에너지 섭취량 > 에너지 소비량'이고, B는 체중이 감소하였으므로 '에너지 섭취량 < 에너지 소비량'이다.

ㄷ. (나)에서 t_2일 때 혈중 지질 농도는 A에서가 B에서보다 높다.

3. 중추 신경계와 자율 신경

ㄱ. 뇌줄기는 생명 유지에 중요한 역할을 하는 뇌 부분으로, 중간뇌, 뇌교, 연수로 구성된다. 소뇌(C)는 뇌줄기를 구성하는 부분이 아니므로 ⓐ는 '×'이다.

ㄴ. B는 시상 하부가 있으므로 간뇌이다.

ㄷ. (가)는 연수(A)에는 있는 특징이지만 간뇌(B)와 소뇌(C)에는 없는 특징이다.

4. 생명 과학의 탐구 방법

ㄱ. 이 탐구에서 조작 변인은 새와 박쥐의 차단 여부이고, 종속변인은 곤충 개체 수이다.

ㄴ. 포식자인 새의 접근이 가능한 ⓒ에서 곤충에 대한 환경 저항이 작용하였다.

ㄷ. 곤충 개체 수는 ⓑ에서가 ⓒ에서보다 적으므로, 곤충 개체 수 감소에 미치는 영향은 박쥐가 새보다 크다.

5. 삼투압 조절

ㄱ. ADH는 뇌하수체 후엽에서 분비되어 콩팥에서 물의 재흡수를 촉진하는 작용을 한다.

ㄴ. 소금(ⓒ) 섭취량이 같을 때 Ⅰ은 Ⅱ보다 혈장 삼투압이 높다. 이것은 Ⅰ은 'ADH가 정상보다 적게 분비되는 개체'로, 콩팥에서 물의 재흡수가 정상보다 적게 일어나기 때문이다.

ㄷ. Ⅱ에서 단위 시간당 오줌 생성량은 혈중 ADH 농도가 낮은 C_1일 때가 C_2일 때보다 많다.

6. 생태계 구성 요소 간의 관계

ㄴ. (나)의 상호 작용은 순위제의 예이다.

ㄷ. 발생 시기 알의 주변 온도(비생물적 요인)에 의해 거북이(생물)의 성별이 결정되는 것은 비생물적 요인이 생물 군집에 영향을 미치는 것으로 ⓒ의 예에 해당한다.

7. 질병과 병원체의 특성

ㄱ. 결핵의 병원체는 세균이고, 결핵의 치료에는 세균의 생장을 억제하는 항생제가 이용된다.

ㄴ. 바이러스는 스스로 물질대사를 하지 못하고, 숙주 세포의 물질대사 체계를 이용하여 증식한다.

ㄷ. 결핵의 병원체에 노출되었을 때 결핵 발병 확률(ⓑ)은 구간 Ⅰ에서가 구간 Ⅱ에서보다 낮다.

8. 세포 주기와 체세포 분열

ㄱ. 세포 주기는 Ⅱ 방향으로 진행된다.

ㄴ. 체세포 세포 주기 중 M기(분열기)에 상동 염색체의 접합이 일어나지 않는다.

ㄷ. S기인 ⓒ과 G_2기인 ⓒ은 모두 간기에 속한다.

9. 체액성 면역

ㄱ. ⓐ에 대한 보조 T 림프구를 주사한 생쥐 Ⅱ, Ⅳ, Ⅵ 중에서 ⓒ을 주사한 Ⅱ와 Ⅵ은 죽었지만, ⓒ만 주사한 Ⅳ는 살았으므로 ⓐ는 ⓒ이다.

ㄴ. (다)의 Ⅳ에서 항원 항체 반응이 일어났으므로 B 림프구가 ⓒ에 대한 항체를 생성하는 형질 세포로 분화되었다는 것을 알 수 있다.

ㄷ. (다)의 Ⅵ에서 ⓒ에 대한 특이적 방어 작용이 일어났다. 그러나 생쥐 Ⅵ은 ⓒ에 대한 항체는 생성하지 못하여 ⓒ의 감염과 그로 인한 질병으로 죽었다고 판단할 수 있다.

10. 혈당량 조절

ㄱ. 혈중 포도당 농도(ⓑ)는 상대적으로 구간 Ⅰ에서가 구간 Ⅲ에서보다 높다.

ㄴ. 혈중 인슐린 농도는 ⓑ(혈중 포도당 농도)가 상대적으로 높은 구간 Ⅰ에서가 ⓑ가 감소하고 있는 구간 Ⅱ에서보다 낮다.

ㄷ. 혈중 글루카곤 농도는 ⓐ(간에서 단위 시간당 글리코젠으로부터 생성되는 포도당의 양)가 낮아지는 구간 Ⅱ에서가 ⓐ가 상대적으로 높고 증가하는 구간 Ⅲ에서보다 낮다.

11. 물질대사

ㄱ. 녹말이 포도당으로 분해되는 과정에서 고분자 물질로부터 저분자 물질이 생성되므로 이화 작용이 일어난다.

ㄴ. 물질대사에는 효소가 관여한다.

ㄷ. 지방이 세포 호흡에 사용된 결과 생성되는 노폐물에는 물과 이산화 탄소가 있다.

12. 막전위 변화와 흥분 전도 속도

A에서 막전위가 -70 mV인 d_3가 자극을 준 지점 P이다. P가 d_2나 d_4라면 d_3의 막전위가 -70 mV가 될 수 없다. 또, d_1의 막전위가 $+30$ mV이므로 d_3에 준 자극이 d_1으로 전도되었고 ⓒ에는 시냅스가 없다는 것을 알 수 있다. A를 구성하는 모든 뉴런의 흥분 전도 속도는 1 cm/ms인데 d_3에서 2 cm 떨어진 d_5의 막전위가 $+30$ mV가 아닌 -60 mV(탈분극)인 것은 ⓒ에 흥분 전달 속도를 느려게 하는 시냅스가 있기 때문이다. C에서 Q에 자극을 준 후 ⑦가 4 ms일 때 d_3와 d_5의 막전위가 -80 mV로 같으므로 Q는 두 지점으로부터 같은 거리만큼 떨어져 있는 d_4이고, ⓑ에는 시냅스가 없다. d_4로부터 1 cm 떨어진 d_3와 d_5로 흥분이 전도되는 데 걸린 시간이 1 ms이므로 C를 구성하는 모든 뉴런의 흥분 전도 속도 y는 1 cm/ms이다. d_4로부터 3 cm 떨어진 d_1의 막전위가 -60 mV가 아닌 -70 mV이므로 ⓑ에는 시냅스가 있고 d_1은 휴지 전위 상태라는 것을 알 수 있다. C를 구성하는 모든 뉴런의 흥분 전도 속도 y가 1 cm/ms이므로 B를 구성하는 모든 뉴런의 흥분 전도 속도 x는 2 cm/ms이다. B에서 자극을 준 지점 P는 d_3이고, 이로부터 2 cm 떨어진 d_5의 막전위가 -80 mV가 아닌 $+30$ mV이므로 ⓒ에는 흥분 전달이 느려지게 하는 시냅스가 있다. ⓒ, ⓒ, ⓑ에 시냅스가 있고, ⓒ~ⓒ 중 세 곳에만 시냅스가 있다고 하였으므로 ⓒ에는 시냅스가 없다. 따라서 B에서 d_3로부터 2 cm 떨어진 d_1까지 흥분이 도달하는 데 걸린 시간이 1 ms이고, 흥분이 도달한 후 3 ms일 때의 막전위 ⓐ는 -80 mV이다.

ㄱ. ⓐ는 -80이다.

ㄴ. 시냅스는 ⓒ, ⓒ, ⓑ에 있다.

ㄷ. ⑦가 4 ms일 때 B의 d_5의 막전위가 흥분 도착 후 2 ms일 때의 $+30$ mV이므로 ⑦가 3 ms일 때의 막전위는 흥분 도착 후 1 ms일 때의 -60 mV로 탈분극이 일어나고 있는 상태이다.

13. 근수축과 근육 원섬유 마디의 길이 변화

t_1일 때 X의 길이는 $2(ⓒ+ⓒ)+ⓒ=3.4$ μm인데, $2ⓒ+ⓒ=1.6$ μm이므로 $2ⓒ=1.8$ μm이다. 따라서 ⓒ의 길이는 0.9 μm이다. t_1일 때 $\dfrac{ⓒ-ⓒ}{ⓒ}=\dfrac{0.9-ⓒ}{ⓒ}=\dfrac{5}{8}$이므로 $7.2-8ⓒ=5ⓒ$이고, $8ⓒ+5ⓒ=7.2$ μm이다. $4(2ⓒ+ⓒ)+ⓒ=7.2$이고, $2ⓒ+ⓒ=1.6$ μm이므로 $4(1.6)+ⓒ=7.2$이고 ⓒ은 0.8 μm, ⓒ은 0.4 μm이다. t_2일 때의 $\dfrac{ⓒ-ⓒ}{ⓒ}$ 값을 t_1일 때의 값으로 구하면 $\dfrac{0.9-d-(0.4+d)}{0.8-2d}$ $=\dfrac{1}{2}$이므로 $d_{t2}=0.1$ μm이고, X_{t2}의 길이는 $3.4-2d_{t2}=3.2$ μm이다. t_3일 때의 $\dfrac{ⓒ-ⓒ}{ⓒ}$ 값을 t_1일 때의 값으로 구하면 $\dfrac{0.9-d-(0.4+d)}{0.8-2d}$ $=\dfrac{1}{4}$이므로 $d_{t3}=0.2$ μm이고, X_{t3}의 길이 L은 $3.4-2d_{t3}=3.0$ μm이다.

ㄱ. H대의 길이는 t_3일 때 0.4 μm이고, t_1일 때 0.8 μm로 t_3일 때가 t_1일 때보다 0.4 μm 짧다.

ㄴ. t_2일 때 ㉠의 길이는 $0.8 \ \mu\mathrm{m}$로 t_1일 때 ㉢의 길이 $0.4 \ \mu\mathrm{m}$보다 2배 길다.

ㄷ. t_3일 때 Z_1으로부터 Z_2 방향으로 거리가 $\frac{1}{4}$L인 지점은 $\frac{1}{4} \times 3.0 = 0.75 \ \mu\mathrm{m}$로 ㉢에 해당한다.

14. 감수 분열 시 대립유전자의 DNA 상대량 변화

세포 (가)~(라)의 핵상은 모두 n이고, 사람 P의 ㉮의 유전자형은 AaBbDd이다. 세포 (가)에서 대립유전자 ㉡만 있으므로, ㉡은 A와 a 중 하나이고, b와 D는 없다. (a+B+D)의 값이 4이므로, a, B, D 중 2개만 있으며 DNA가 복제되어 있음을 알 수 있다. 따라서 세포 (가)의 대립유전자 구성은 (aBd)$_2$이고, ㉡은 a이다. 세포 (나)에서 (a+B+D)의 값이 3이므로, 세포 (나)의 대립유전자 구성은 aBD이고, ㉢은 D이다. 세포 (다)에서 대립유전자 ㉠과 ㉢(D)만 있으므로, ㉠은 A이고, b는 없다. (a+B+D)의 값이 2이며, a는 없고 B와 D는 있으므로, 세포 (다)의 대립유전자 구성은 ABD이고, ㉠~㉣ 중 남은 ㉣은 b이다. 세포 (라)에서 대립유전자 ㉣(b)이 있으므로 B는 없고, ㉠(A)이 없으므로 ㉡(a)이 있다. (a+B+D)의 값이 1이므로, 세포 (라)의 대립유전자 구성은 abd이다.

ㄱ. ㉠은 A, ㉡은 a, ㉢은 D, ㉣은 b이다.

ㄴ. I로부터 (다)와 (라)가 형성되었다.

ㄷ. ⓑ의 대립유전자 구성은 AbD이고, DNA가 복제되어 있는 상태이므로 (a+b+D)의 값은 4이다.

15. 복대립 유전

I과 III 사이에서 아이가 태어날 때, 이 아이가 유전자형이 DD인 사람과 (가)의 표현형이 같을 확률이 $\frac{3}{4}$이 되려면, I과 III이 각각 D를 하나씩 가지며, D는 E, F에 대해 완전 우성이어야 한다. 따라서 ㉠은 D이다. 아이가 유전자형이 TT인 사람과 (나)의 표현형이 같을 확률이 $\frac{3}{4}$이 되려면, I과 III이 각각 T를 하나씩 가지며, T는 H, R에 대해 완전 우성이어야 한다. 따라서 ㉣은 T이다. 만약 ㉡이 E라면, ⓐ에게서 나타날 수 있는 (가)의 유전자형은 DE, EE이므로, (가)의 표현형은 2가지로 주어진 조건을 만족하지 않는다. 따라서 ㉡은 F, ㉢은 E이다. 이때 ⓐ에게서 나타날 수 있는 (가)의 유전자형은 DE, DF, EE, EF이며, (가)의 표현형이 3가지가 되려면 F는 E에 대해 완전 우성이어야 한다. 만약 ㉤이 R이라면, ⓐ에게서 나타날 수 있는 (나)의 유전자형은 TR, HR이므로, (나)의 표현형은 2가지로 주어진 조건을 만족하지 않는다. 따라서 ㉤은 H이다. 이때 ⓐ에게서 나타날 수 있는 (나)의 유전자형은 TR, TH, HR, HH이며, (나)의 표현형이 3가지가 되려면 R은 H에 대해 완전 우성이어야 한다.

ㄱ. ㉠은 D, ㉡은 F, ㉢은 E, ㉣은 T, ㉤은 H이다.

ㄴ. T는 R, H에 대해 완전 우성이고, R은 H에 대해 완전 우성이다.

ㄷ. ⓐ의 (가)의 표현형이 III와 같을 확률은 $\frac{1}{4}$이고, (나)의 표현형이 III와 같을 확률은 $\frac{1}{2}$이다.

16. 식물 군집의 천이와 조사 방법

㉠에서 IV의 상대 밀도는 5 %라고 하였으므로 $\frac{6}{ⓐ+36+18+6} \times 100 = 5$로 ⓐ는 60이다. 상대 피도의 합은 $100(\%)$이므로 ⓑ $= 100 - (37+53+5) = 5(\%)$이다.

ㄱ. 식물 군집의 천이 과정에서 A는 양수림, B는 음수림이다. 그런데 ㉠에서 양수인 I과 II의 중요치는 126, 115인데 비해 음수인 III과 IV의 중요치는 42와 17로 낮다. 따라서 ㉠은 우점종이 양수인 A(양수림)이다.

ㄴ. ⓐ는 60이고, ⓑ는 5이므로 ⓐ+ⓑ = 65이다.

ㄷ. ㉠에서 I의 중요치가 126으로 가장 크다.

17. 사람의 유전 및 돌연변이 분석

㉠과 ㉡ 중 한 명은 어머니이고, 다른 한 명은 딸이다. ㉢이 아버지라고 가정하거나 자녀 4라고 가정하면 부모와 자녀의 유전자 관계가 맞지 않는다. 따라서 ㉢은 정상 아들이다. ㉢의 (나)의 유전자형이 BB이므로 (나)의 유전자는 상염색체에 있고, (가)와 (다)의 유전자는 X 염색체에 있다. ㉢의 (가)와 (다)의 유전자형은 $X^{ad}Y$이고, (나)의 유전자형은 BB이다. 따라서 어머니는 B를 가져야 하므로 ㉡이 어머니이다. ㉡의 (가)와 (다)의 유전자형은 $X^{AD}X^{ad}$이고, (나)의 유전자형은 Bb이다. ㉤이 a와 D를 모두 가지는 것은 어머니의 난자 형성 과정 중 감수 1분열에서 비분리가 일어나 $X^{AD}X^{ad}$를 가진 난자 P와 정상 정자가 수정되어 태어났기 때문이다. 따라서 ㉤이 자녀 4이다. 아버지는 B와 b를 모두 가지고 있어야 한다. 따라서 ㉣이 아버지이다.

ㄱ. ㉣이 아버지, ㉤은 자녀 4이다.

ㄴ. (가)와 (다)의 유전자형은 아버지에서 $X^{AD}Y$, 어머니에서 $X^{AD}X^{ad}$, ㉤(자녀 4)에서 $X^{AD}X^{ad}Y$이므로, 어머니의 난자 형성 과정 중 감수 1분열에서 상동 염색체의 비분리가 1회 일어났음을 알 수 있다.

ㄷ. ㉠의 (가)와 (다)의 유전자형은 $X^{AD}X^{ad}$이고, (나)의 유전자형은 bb이다.

18. 핵형과 대립유전자

세포 (가)에 h가 있으므로, (가)는 II와 IV 중 하나이다. 세포 (가)는 핵상이 $2n$이며 DNA가 복제되어 있으므로 (4개의 h) 또는 (2개의 H와 2개의 h)가 있다. 따라서 세포 (가)는 세포 IV이며 H가 2개, h가 2개 있다. IV에서 (H+t)의 값이 4이므로 t가 2개 있으며, t는 X 염색체에 있음을 알 수 있다. 따라서 ㉠은 X 염색체이다. 세포 (가)는 암컷인 Q의 세포이며, Q의 ㉮의 유전자형은 HhX^TX^t이다. 세포 (나)에 H가 있으므로, (나)는 I과 III 중 하나이다. 세포 (나)는 핵상이 n이며 H가 1개 있다. 따라서 세포 (나)는 세포 III이다. 위에서 ㉠이 X 염색체였으므로 ㉡은 Y 염색체이고, 세포 (나)는 수컷인 P의 세포이다. 세포 I은 핵상이 $2n$이며 H가 2개, t가 1개 있으므로, 세포 I은 ㉮의 유전자형이 HhX^tX^t로 암컷인 Q의 세포가 아니라 수컷인 P의 세포이며, P의 ㉮의 유전자형은 HHX^tY이다.

ㄱ. (가)는 Q의 세포이고, (나)는 P의 세포이다.

ㄴ. I의 핵상은 $2n$이고 III의 핵상은 n이다.

ㄷ. II와 IV는 모두 h가 2개 있으므로 Q의 세포이다. II는 H가 0개, h가 2개, t가 0개 있으므로, 핵상이 n이며 DNA가 복제된 상태이고 T가 2개 있음을 알 수 있다. IV는 H가 2개, h가 2개, t가 2개 있으므로, 핵상이 $2n$이며 DNA가 복제된 상태이고 T가 2개 있음을 알 수 있다.

19. DNA 상대량 조사를 통한 두 가지 형질의 유전 가계도 분석

2에서 B의 DNA 상대량이 1이다. 2에 대립유전자 B가 있는데 (나)가 발현되지 않았으므로 (나)는 열성 형질이다. 1에서 (나)가 발현되었으므로, 1에는 대립유전자 b만 있다. 3과 4에서 모두 (나)가 발현되었으므로, 3과 4의 (나)의 유전자형이 bb이다. 따라서 ㉡은 0이다. ⓐ에서 B의 DNA 상대량이 ㉡(0)이므로, ⓐ의 (나)의 유전자형은 bb이다. ⓑ는 1과 ⓐ로부터 대립유전자 b를 각각 하나씩 물려받으므로, ⓑ의 (나)의 유전자형은 bb이다. 5와 6에서 모두 (나)가 발현되지 않았으므로 대립유전자 B가 있고, 각각 3과 ⓑ로부터 대립유전자 b를 물려받으므로, 5와 6의 (나)의 유전자형은 Bb이다. 따라서 ㉢은 1이고, 나머지 ㉠은 2이다. ⓑ의 (나)의 유전자형은 bb이므로 6은 ⓒ로부터 B를 물려받아야 하고, 3의 (나)의 유전자형은 bb이므로 ⓒ는 2로부터 B를 물려받아야 한다. 만약 (가)와 (나)의 유전자가 X 염색체에 있다면 ⓒ는 2로부터 B를 물려받을 수 없다. 따라서 (가)의 유전자와 (나)의 유전자는 상염색체에 있다. ⓒ는 6에게 B를 물려주어야 하므로 대립유전자 B가 있고, 3으로부터 대립유전자 b를 물려받으므로, ⓒ의 (나)의 유전자형은 Bb이다. 5에서 a의 DNA 상대량이 ㉠(2)이므로, 5의 (가)의 유전자형은 aa이다. 이때 (가)가 발현되지 않았으므로 (가)는 우성 형질이다. 5와 6에서 대립유전자의 상동 염색체 배열은 aB/ab이다. 따라서 ⓑ는 ab를 가지고 있고, ⓒ는 aB를 가지고 있다. ⓐ~ⓒ의 (나)의 유전자형은 ⓐ에서 bb, ⓑ에서 bb, ⓒ에서 Bb이므로, ⓐ와 ⓑ에서 모두 (나)가 발현되었고 ⓒ에서 (나)가 발현되지 않았다. 따라서 ⓒ에서 (가)만 발현되었으므로 ⓒ는 A를 가지고 있다. ⓒ에서 대립유전자의 상동 염색체 배열은 aB/Ab이다. 4에서 대립유전자의 상동 염색체 배열은 Ab/ab이고, ⓐ는 Ab를 가지고 있다. 따라서 ⓐ에서 (가)와 (나)가 모두 발현되었고, ⓑ에서 (나)만 발현되었다.

ㄱ. (가)는 우성 형질이고, (나)는 열성 형질이다.

ㄴ. 이 가계도 구성원 중 체세포 1개당 b의 DNA 상대량이 ㉠(2)인 사람은 (나)의 유전자형이 bb인 1, ⓐ, 3, 4, ⓑ로 모두 5명이다.

ㄷ. (가)와 (나)의 대립유전자의 상동 염색체 배열은 ⓑ에서 ab/ab이고, ⓒ에서 aB/Ab이다. 6의 동생이 가질 수 있는 (가)와 (나)의 유전자형은 Aabb, aaBb이다.

20. 질소 순환

ㄱ. A는 질소 고정 작용, B는 탈질산화 작용이다.

ㄴ. 뿌리혹박테리아, 아조토박터와 같은 질소 고정 세균은 질소 고정 작용(A)에 관여한다.

ㄷ. 질산화 작용은 ㉠ 암모늄 이온(NH_4^+)이 질산 이온(NO_3^-)으로 전환되는 과정으로, 이 과정에는 질산화 세균이 관여한다.

Full수록 수·능·기·출·문·제·집 30일 내 완성, 평가원 기출 완전 정복 Full수록! 수능기출 완벽 마스터

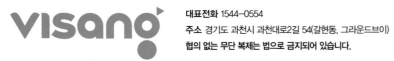

대표전화 1544-0554
주소 경기도 과천시 과천대로2길 54(갈현동, 그라운드브이)
협의 없는 무단 복제는 법으로 금지되어 있습니다.